VDI-Lexikon Bauingenieurwesen

Springer

Berlin
Heidelberg
New York
Barcelona
Budapest
Hongkong
London
Mailand
Paris
Santa Clara
Singapur
Tokio

VDI-Lexikon Bauingenieurwesen

Zweite, überarbeitete und erweiterte Auflage

Herausgegeben von
Prof. Dr.-Ing. Hans-Gustav Olshausen
und
VDI-Gesellschaft Bautechnik

 Springer

Die Deutsche Bibliothek – CIP-Einheitsaufnahme

Verein Deutscher Ingenieure:
VDI-Lexikon Bauingenieurwesen / hrsg. von Hans-Gustav Olshausen und
VDI-Gesellschaft Bautechnik. – 2., überarb. und erw. Aufl. – Berlin ;
Heidelberg ; New York ; Barcelona ; Budapest ; Hongkong ; London ; Mailand ;
Paris ; Santa Clara ; Singapur ; Tokio : Springer, 1997

ISBN-13: 978-3-642-48098-0   e-ISBN-13: 978-3-642-48097-3
DOI: 10.1007/978-3-642-48097-3

NE: Olshausen, Hans-Gustav [Hrsg.]; HST

Redaktion: Dipl.-Ing. Zitta Glaser
Graphische Darstellungen: Peter Lübke
Satz: Konrad Triltsch GmbH
Umschlaggestaltung: Struve & Partner, Heidelberg

SPIN: 10560468   68/3020-5 4 3 2 1 0 – Gedruckt auf säurefreiem Papier

Vorwort zur 2. Auflage

Aufgabenstellung und Ziele des VDI – Lexikons „Bauingenieurwesen" sind unverändert geblieben. Das erstmalig 1991 erschienene Werk hat eine kaum erwartete Nachfrage erfahren, so daß schon aus diesem Grunde eine Neuauflage notwendig wurde. Darüber hinaus hat sich durch die vielseitige Weiterentwicklung des gesamten Wissensgebietes „Bauingenieurwesen" im Lehr- und Forschungsbereich eine grundlegende Überarbeitung als unumgänglich herausgestellt.

Für noch fehlende Arbeitsfelder konnten neue, wissenschaftlich hochqualifizierte Autoren hinzugewonnen werden. Dieses betrifft im wesentlichen die Fachgebiete Bauinformatik, Baurecht, Baustoffprüfung, Qualitätsmanagement, Schalungstechnik, Schienenverkehr und Umwelttechnik.

Die bereits vorhandenen Stichworte wurden mit großer Sorgfalt grundsätzlich überarbeitet, soweit notwendig durch weitergehende ergänzt und mit neuen Hinweisen auf wichtige und vertiefende Fachliteratur versehen. Der Umfang des Lexikons ist dadurch auf über 2.500 Stichworte beträchtlich erweitert worden.

Die Herausgeber und der Verlag hoffen, daß das vorliegende Fachlexikon mit seiner 2. Auflage wiederum auf eine positive Aufnahme in der Fachwelt des Bauingenieurs und seinem interessierten Umfeld stößt.

Wir danken allen Autoren und der Fachredaktion für ihren unermüdlichen und engagierten Einsatz zum erfolgreichen Gelingen dieser Neuauflage und dem VDI-Verlag wieder für die exzellente Ausstattung des Lexikons.

Die Herausgeber
Hans-Gustav Olshausen
VDI-Gesellschaft Bautechnik

Vorwort zur 1. Auflage

Das Bauen war in der Geschichte stets ein sichtbarer Ausdruck der Hochkulturen. Es prägt heute im technischen Zeitalter wie damals das Antlitz unserer Erde. Dem Bauingenieur fallen dabei entscheidende Aufgaben der Planung, des Entwurfes, der Konstruktion, Berechnung und Ausführung zu. Gleichzeitig trägt er dafür die Verantwortung; denn das Ergebnis seiner Arbeit bestimmt über Jahrzehnte die Umwelt, in der wir leben.

Durch einen verhältnismäßig schnellen Wandel der Auffassungen und Wertmaßstäbe sind die Aufgaben und Problemfelder immer größer geworden. Neue Zielkonflikte werden sichtbar, so etwa

☐ die existentiellen Probleme der Energieversorgung und Energieeinsparung,

☐ die Aufgaben der optimalen Ausnutzung der vorhandenen Rohstoffe und die damit verbundene Notwendigkeit der Wiederaufbereitung,

☐ die Fragen der Ökologie, der tiefgreifenden Folgewirkungen des technischen Fortschritts auf unsere Umwelt,

☐ die Umwelterhaltung durch Schutz gegen Lärm und Luftverschmutzung sowie Gewährleistung eines funktionsfähigen Wasserhaushaltes,

☐ die notwendigen Infrastrukturmaßnahmen und die Voraussetzungen für einen bedarfsorientierten Verkehr bei der dichten Besiedelung in den Ballungsräumen.

Die vielseitigen Beteiligungsfelder mit ständig wechselnden neuen Aufgabenbereichen bedeuten für den Bauingenieur eine fortwährende Herausforderung. Dementsprechend hat das Anforderungsprofil zugenommen; es setzt eine hervorragende Ausbildung auf breiter Basis voraus, die sich auch im internationalen Vergleich bewähren muß.

Die große wirtschaftliche und gesellschaftspolitische Bedeutung von Baumaßnahmen führt dazu, daß Architekten und Bauingenieure an der Gestaltung unserer Gegenwart und Zukunft aktiv beteiligt sind. Dabei werden außer Neubauprojekten zunehmend der Erhalt wertvoller Bausubstanz, die Anpassung an neue Nutzungsbedingungen und nicht zuletzt der Umweltschutz an Bedeutung gewinnen. Vom Bauingenieur wird künftig erwartet, daß er fachübergreifende Lösungen in einem günstigen Verhältnis von Kosten und Nutzen anbieten und die Auswirkungen neuer Technologien abschätzen kann.

Das vorliegende VDI-Fachlexikon Bauingenieurwesen vermittelt in verständliche und anschaulicher Form einen Überblick über die wichtigsten Fachgebiete der Bautechnik. Es soll Bauingenieuren, Architekten, Studenten und allen an bautechnischen Problemen Interessierten einen Einblick und Einstieg in die Gebiete ermöglichen, auf denen sie ihre Kenntnisse erweitern wollen.

Es ist gelungen, für die Bearbeitung der unterschiedlichen Wissensgebiete anerkannte und kompetente Autoren zu gewinnen, die ihre Fachgebiete mit Umsicht und großer Sorgfalt in Text und zahlreichen Bildern dargestellt haben. Das Arbeiten mit diesem Fachlexikon, das etwa 2 000 Stichwörter erläutert, wird darüber hinaus durch teilweise sehr ausführliche Literaturhinweise gestützt.

Die Herausgeber und der Verlag hoffen, daß das vorliegende Fachlexikon bei allen Lesern – sowohl Fachleuten als auch Laien – auf eine positive Resonanz stößt.

Wir danken den Autoren und der Fachredaktion für ihre tatkräftige, erfolgreiche Mitwirkung und dem VDI-Verlag für die hervorragende Ausstattung des Werkes.

Hans-Gustav Olshausen
VDI-Gesellschaft Bautechnik

Die Herausgeber

Professor Dr.-Ing. Hans-Gustav Olshausen studierte Bauingenieurwesen an der TH Karlsruhe. 1952 bis 1978 war er in der Bauwirtschaft bei der Beton- und Monierbau AG, Niederlassung Hamburg und Bremen – von 1971 bis 1978 als Vorstandsmitglied – tätig. Es folgten 1977 Promotion an der TU Braunschweig, 1978 die Berufung zum ordentlichen Professor an die Universität Hannover, Lehrgebiet Baubetrieb und Baubetriebswirtschaft. Dort war er Institutsleiter bis zu seiner Emeritierung 1995. Seit 1978 Vorstand der VDI-Gesellschaft Bautechnik, von 1979 bis 1983 deren Vorsitzender.

Die VDI-Gesellschaft Bautechnik ist eine Fachgliederung des Vereins Deutscher Ingenieure (VDI), die sich der technisch-wissenschaftlichen Gemeinschaftsarbeit auf dem Gebiet des Bauingenieurwesens widmet.

Die Autoren

Prof. Dr.-Ing. Hartmut Beckedahl
Institut für Straßenentwurf und Straßenbau,
Bergische Universität Gesamthochschule Wuppertal

Dipl.-Ing. Andreas Becker
Institut für Bodenmechanik und Grundbau,
Universität Kaiserslautern

Dr. Claus-Gerhard Bergs
Bundesministerium für Umwelt, Naturschutz
und Reaktorsicherheit, Bonn

Dipl.-Ing. (FH) Willibald Beul
Forschungs- und Materialprüfungsanstalt
Baden-Württemberg,
Otto-Graf-Institut, Stuttgart

Univ.-Prof. Dr. Erich Cziesielski
Institut für Baukonstruktionen und Festigkeit,
Technische Universität Berlin

Prof. Dr.-Ing. Rudolf Damrath
Institut für Bauinformatik,
Universität Hannover

Dipl.-Ing. Jürgen Diehl
ROMZentrale RUD. OTTO MEYER
Hamburg

Prof. Dr.-Ing. Gerhard Drees
Institut für Baubetriebslehre,
Universität Stuttgart

Prof. Dr.-Ing. Franz Joseph Dreyhaupt
Universität Kaiserslautern

Prof. Dipl.-Ing. Georg Dröge
Laboratorium für Bauforschung,
Salzgitter

Prof. Dr.-Ing. Alexander Gerlach
Hannover, vorm. Institut Konstruktiver Straßenbau,
Universität Hannover

Dipl.-Geophys. Josef Giebel
Landesumweltamt Nordrhein-Westfalen,
Essen

Prof. Dr.-Ing. habil. Karl Gösele
Auenwald

Univ.-Prof. Dr. rer. nat. Wolfgang Haber
Lehrstuhl für Landschaftsökologie,
Technische Universität München, Freising

Dr. jur. Klaus Hansmann
Ministerium für Umwelt, Raumordnung und
Landwirtschaft des Landes Nordrhein-Westfalen
Düsseldorf

Prof. Dipl.-Ing. Friedrich H. Hoffmann
Ingenieurbüro – Baubetrieb,
Willich

Dipl.-Ing. Rolf Jäger
Forschungs- und Materialprüfungsanstalt
Baden-Württemberg,
Otto-Graf-Institut,
Stuttgart

Dipl.-Ing. Peter Jagfeld
Forschungs- und Materialprüfungsanstalt
Baden-Württemberg,
Otto-Graf-Institut,
Stuttgart

Prof. Dr.-Ing. Dieter Jungwirth
Dyckerhoff & Widmann AG,
München

Die Autoren

Prof. Hermann Korbion
Vors. Richter am OLG a.D.,
Düsseldorf

Univ.-Prof. Dr.-Ing. Dr.-Ing. E.h. Karl Kordina
Institut für Baustoffe, Massivbau und Brandschutz,
Technische Universität Braunschweig

Prof. Dr.-Ing. Rolf Kracke
Institut für Verkehrswesen, Eisenbahnbau und -betrieb,
Universität Hannover

o. Prof. Dr.-Ing. Günter Kühn
Institut für Maschinenwesen im Baubetrieb,
Universität Karlsruhe

Dipl-Met. Siegfried Külske
Landesumweltamt Nordrhein-Westfalen,
Essen

Prof. Dr.-Ing. Dr.-Ing. E.h. Dr. h.c. mult. Karl-Hans
Laermann
Institut Lehr- und Forschungsgebiet Baustatik,
Bergische Universität – Gesamthochschule Wuppertal

Dipl-Ing. Christine Laskowski
Forschungs- und Materialprüfungsanstalt
Baden-Württemberg,
Otto-Graf-Institut,
Stuttgart

o. Prof. Dr. sc. techn. Kurt Lecher
Institut für Wasserwirtschaft, Hydrologie und
landwirtschaftlichen Wasserbau,
Universität Hannover

Prof. Dr.-Ing. Wolfgang Lohrer
Umweltbundesamt, Berlin

Prof. Dr.-Ing. Herrmann Lücke
Obernkirchen, vorm. Institut für Verkehrswirtschaft,
Universität Hannover

Dipl.-Ing. Rüdiger Matthes
Bundesamt für Strahlenschutz,
Oberschleißheim

Prof. Dr. Georg Mattheß
Geologisch-Paläontologisches Institut,
Universität Kiel

Prof. Dr.-Ing. Gerhard Mehlhorn
Institut für Massivbau,
Universität – Gesamthochschule Kassel

Prof. Dr.-Ing. Helmut Meißner
Institut für Bodenmechanik und Grundbau,
Universität Kaiserslautern

Prof. Dipl.-Ing. Wilfried Muth
Versuchsanstalt für Wasserbau,
Fachhochschule Karlsruhe

Dipl.-Ing. Bernd Neubert
Forschungs- und Materialprüfungsanstalt
Baden-Württemberg,
Otto-Graf-Institut, Stuttgart

Dr.-Ing. Klaus-Peter Neuenhahn
Ruhrkohle Umwelt GmbH, Bottrop

Prof. Dr.-Ing. Hans-Gustav Olshausen
Institut für Baubetrieb und Baubetriebswirtschaft,
Universität Hannover

Univ.-Prof. Dr.-Ing. habil. Dr. h.c.mult. Hans Pelzer
Geodätisches Institut,
Universität Hannover

Dr.-Ing. Siegfried H. Pfeiff
Feldafing

Dr. Bernhard Prinz
Landesumweltamt Nordrhein-Westfalen,
Essen

Dipl.-Ing. Borimir Radovic
Forschungs- und Materialprüfungsanstalt
Baden-Württemberg,
Otto-Graf-Institut, Stuttgart

Univ. Prof. Dr. Dr.-Ing. E.h. Dr. h.c. Gallus Rehm
Forschungs- und Materialprüfungsanstalt
für das Bauwesen,
Universität Stuttgart

Dipl-Ing. Klaus Rosenbusch
Umweltbundesamt, Berlin

Dr.-Ing. Wolf-Rüdiger Runge
Siemens AG, Braunschweig

Prof. Dr.-Ing. H. Rainer Sasse
IBAC, Institut für Bauforschung,
RWTH, Aachen

Prof. Dr.-Ing. Gerhard Sedlacek
Lehrstuhl für Stahlbau,
RWTH, Aachen

Prof. Dr.-Ing. Peter Schießl
IBAC, Institut für Bauforschung,
RWTH, Aachen

Prof. Dr.-Ing. Horst Scholz
Lehrstuhl für Stahlbau,
RWTH, Aachen

Dr.-Ing. Helmut Schnurer
Bundesministerium für Umwelt,
Naturschutz und Reaktorsicherheit, Bonn

Dr.-Ing. Peter Schubert
IBAC, Institut für Bauforschung,
RWTH, Aachen

Prof. Dipl.-Ing. Friedrich Spengelin
Institut für Städtebau und Wohnungswesen,
Universität Hannover

Dr.-Ing. Heinz Splittgerber
Essen, vorm. Landesanstalt für Immissionsschutz
des Landes Nordrhein-Westfalen, Essen

Dipl.-Ing. Klaus Stief
Umweltbundesamt, Berlin

Dipl.-Ing. Herbert Strauch
Landesumweltamt Nordrhein-Westfalen,
Essen

Dr.-Ing. Karl-Theodor Teichen
Forschungs- und Materialprüfungsanstalt
Baden-Württemberg,
Otto-Graf-Institut, Stuttgart

Prof. Dr. Hans Willi Thoenes
Vorsitzender des Rates von Sachverständigen
für Umweltfragen, Wiesbaden

Dr.-Ing. Erich Vordermeier
Forschungs- und Materialprüfungsanstalt
Baden-Württemberg,
Otto-Graf-Institut, Stuttgart

Prof. Dr. jur. Klaus Vygen
Vors. Richter am OLG,
Duisburg

Univ. Prof. Dr.-Ing. Harald Wagner
Institut für Unterirdisches Bauen,
Universität Hannover

Prof. Dr. Karlhans Wesche
IBAC, Institut für Bauforschung,
RWTH Aachen

Dr.-Ing. Gerhard Werner
Forschungs- und Materialprüfungsanstalt
Baden-Württemberg,
Otto-Graf-Institut, Stuttgart

Dipl.-Ing. Kurt Zeus
Forschungs- und Materialprüfungsanstalt
Baden -Württemberg,
Otto-Graf-Institut, Stuttgart

Erläuterungen zur Benutzung

Die zahlreichen Gebiete des Bauingenieurwesens sind in rund 2 500 Stichwörter gegliedert. Unter einem aufgesuchten Stichwort ist seine erläuternde Erklärung zu finden, die dem Benutzer das entsprechende Wissen vermittelt. Die zahllosen Verweise führen entweder zu einem synonymen oder zu einem übergeordneten Begriff, unter dem das entsprechende Stichwort abgehandelt ist. Die Querverweise im Text (→) sollen durch Aufsuchen anderer, verwandter oder ergänzender Stichwörter zu einer Vertiefung des Wissens beitragen. Der Verweispfeil → fordert dazu auf, das dahinterstehende Wort nachzuschlagen, um weitere Auskunft zu finden.

Die Stichworte folgen einander alphabetisch. Diese alphabetische Reihenfolge ist – auch bei zusammengesetzten Stichwörtern oder bei Abkürzungen – strikt eingehalten worden. Zusammengesetzte Begriffe sind vorwiegend unter dem Substantiv eingeordnet. Auch die Substantive werden im Singular aufgeführt, wobei Aufnahmen nur zur besseren Handhabung vorkommen und auf die übliche Ausdrucksweise geachtet wurde. Adjektive erscheinen also vor Substantiven, weil sie beim Aufsuchen ausschlaggebend sind.

Wie in lexikalischen Werken üblich, werden die Umlaute ä, ö, ü und die wie Umlaute gesprochenen Doppelbuchstaben ae, oe, ue wie die einfachen Buchstaben (Grundlaute a, o, u) behandelt.

Die zahlreichen Illustrationen zu den einzelnen Stichwörtern sind im Anschluß an den Absatz plaziert, im dem sie erwähnt oder erläutert wurden. Ausnahmsweise kann es auch vorkommen, daß diese – besonders im Falle von zweispaltigen Zeichnungen oder Tabellen – erst auf der nächsten Seite stehen. Die Zuordnung ist durch das Wiederholen des Stichwortes in der Bildunterschrift oder in der Tabellenüberschrift gewährleistet.

Im Text werden die Stichwörter mit dem ersten für die Alphabetisierung maßgeblichen Buchstaben abgekürzt. Dies gilt auch bei Wortzusammensetzungen mit dem Stichwort.

Literaturhinweise sind knapp gehalten und auf die wichtigsten Werke beschränkt. Deutschsprachige Werke wurden – soweit vorhanden – bevorzugt.

Düsseldorf, im August 1996 *Die Redaktion*

A

Abbauverfahren. A. sind Verfahren zur Herstellung untertägiger Hohlräume. Grundsätzlich legt man diese außer durch Abbau von Hand mit Hilfe der Sprengtechnik (→ Sprengverfahren), mit → Vortriebsmaschinen oder (evtl. im → Salzgestein) durch Aussolen an. Die Auswahl des Verfahrens richtet sich in erster Linie nach der Beschaffenheit des Gebirges. Aber auch die Querschnittsgröße und das Hohlraumprofil des geplanten Untertagebauwerkes sowie die gewählte → Tunnelbauweise beeinflussen das A. Während in hartem Felsgestein überwiegend gesprengt wird, kann sich in weniger festem Gebirge auch der Einsatz von Vortriebsmaschinen als sinnvoll erweisen. Üblicherweise arbeiten in standfestem Gebirge Bohrmaschinen mit Rollmeißeln oder Reißmeißeln und in nichtstandfestem Gebirge Schildvortriebsmaschinen mit Schrämmeißeln, Reiß oder Stichelmeißeln und Schneidmessern, also Vortriebsmaschinen in Verbindung mit einem Schild als wandernder Sicherung im Rahmen des → Schildvortriebes. *Wagner*
Literatur: *Maidl, B.*: Handbuch des Tunnel- und Stollenbaus. Konstruktion und Verfahren. Essen 1984. – *Mandel/Wagner*: Verkehrs-Tunnelbau. Berlin 1968.

Abbauwerkzeug. A. für → Vortriebsmaschinen (→ Vollschnittmaschine und → Teilschnittmaschine) dienen zur mechanischen Bearbeitung des Gebirges, um dieses im Rahmen der Herstellung unterirdischer Hohlräume in Stücke geeigneter Größe zerkleinern und kontinuierlich abtransportieren zu können. Sie sind der wichtigste Bestandteil von Bohr- oder Vortriebsmaschinen, da die Wirtschaftlichkeit dieser Maschinen im wesentlichen von der Werkzeugqualität bzw. -standzeit (→ Standzeit) abhängig ist. Die A. sind i. a. auswechselbar am Bohrkopf solcher Maschinen angebracht und müssen je nach Verschleiß bzw. Beschaffenheit des Gebirges ausgewechselt werden. Die mechanische Wirkung der A. beruht auf einer lokalen Überbeanspruchung des Gesteins. Die Werkzeuge arbeiten entweder nach dem Keilprinzip oder nach dem Reiß- oder Schneidprinzip, also spanabhebend. Zur ersten Gruppe gehören → Rollmeißel der unterschiedlichsten Ausführungen, zur zweiten Gruppe Schrämmeißel, Reißmeißel, → Stichelmeißel und Schneidmesser. Rollmeißel sind auf einem drehenden Bohrkopf montiert und werden mit hohem Druck gegen den Fels gedrückt, der infolge einer Überlastung rillen- oder punktförmig zermahlen wird und schließlich in kleinen Teilen abschert. Die abbaubaren Gesteinshärten liegen zwischen 8 MPa bis zu 30 MPa. Stichelmeißel, Reiß- und

Schneidzähne sind am Bohrkopf so befestigt, daß sie entweder spanabhebend konzentrische Abbaubahnen ausführen oder über Frässcheiben Planetenbahnen in Form von Epi- und Hypozykloiden bilden. Schneidmesser schälen den Boden flächenhaft ab. Sie erlauben einen wesentlich kleineren Anpreßdruck, da die Werkzeuge quer zur Vortriebsrichtung schneiden und die dafür notwendige Kraft hauptsächlich über das Drehmoment der Maschine eingeleitet wird. Bei Anwendung gehärteter Stähle sind solche Schneidwerkzeuge noch bei Gesteinsdruckfestigkeiten bis zu 18 MPa einsetzbar. A. sind abhängig von
□ der Härte der Minerale des Gesteins,
□ dem Anteil der harten Mineralien,
□ der Kornbindung und dem Korngefüge,
□ der Anisotropie und Inhomogenität des Gebirgsverbandes. *Wagner*
Literatur: *Maidl, B.*: Handbuch des Tunnel- und Stollenbaus. Konstruktion und Verfahren. Essen 1984. – *Mandel/Wagner*: Verkehrs-Tunnelbau. Berlin 1968.

Abbildung, geodätische. Darstellung eines Teiles der Oberfläche eines → Referenzellipsoids (Meridianstreifen, Breitenzone) in einem ebenen kartesischen Koordinatensystem. Sie dient zur einheitlichen numerischen Festlegung von Ergebnissen der Landesvermessung und als Grundlage für großmaßstäbige Karten. Besonders einfach ist die ordinatentreue Abbildung (Bild 1). Dabei wird zunächst auf dem Ellipsoid ein Hauptmeridian NS und auf diesem ein Nullpunkt 0 für die Abszissenzählung definiert. Die Ordinate Y eines Punktes ist das ellipsoidische Lot auf den Hauptmeridian, seine Abszisse X der Abstand des Lotfußpunktes F vom Nullpunkt 0. In der Abbildung erscheint der Hauptmeridian als x-Achse eines ebenen Koordinatensystems. Die Koordinaten x, y eines abgebildeten Punktes P′

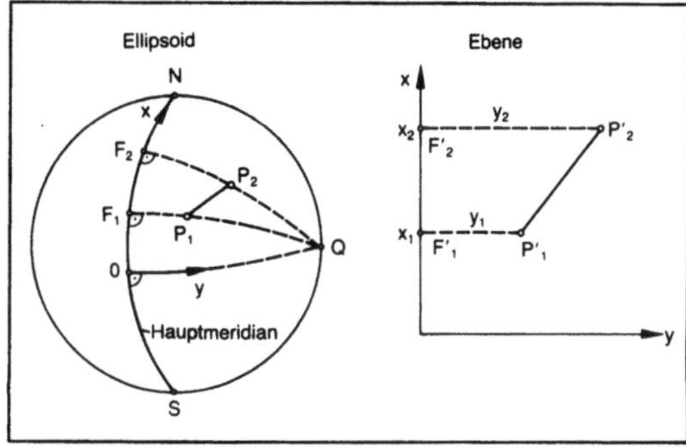

Abbildung, geodätische 1: Ordinatentreue Abbildung.

werden den ellipsoidischen Koordinaten X, Y gleichgesetzt; x = X, y = Y. Weil die Ordinaten auf dem Ellipsoid im Punkte Q konvergieren, in der Abbildung aber parallel verlaufen, treten in größerem Abstand vom Hauptmeridian starke Abbildungsverzerrungen auf, die die Verarbeitung von Vermessungsergebnissen erschweren. Deshalb wurde z. B. in Preußen, wo diese Abbildung im 19. Jahrhundert zur Anwendung kam, die Ausdehnung der Abbildungsgebiete auf 64 km beiderseits des Hauptmeridians beschränkt.

Die unvermeidlichen Abbildungsverzerrungen sind bei der von *C. F. Gauß* für die Landesvermessung des Königreichs Hannover (1822–1847) entwickelten konformen Abbildung weniger störend. Bei dieser wird die Abszissendehnung der ordinatentreuen Abbildung durch eine entsprechende Ordinatendehnung kompensiert, so daß die Längenverzerrung in allen Richtungen gleich ist. Die von *Gauß* nur bruchstückhaft hinterlassenen Formeln der konformen Abbildung wurden von *L. Krüger* (1912, 1919) für die Praxis aufbereitet, so daß man im deutschen Sprachraum von einer Gauß-Krüger-Abbildung spricht. International ist die Bezeichnung transversale Mercator-Abbildung gebräuchlich. Das in der Bundesrepublik Deutschland verwendete *Gauß-Krüger*-System besteht aus mehreren Meridianstreifen mit den Hauptmeridianen 3°, 6°, 9° usw. (Bild 2). Die Streifenbreite beträgt 1,5° beider-

seits des Hauptmeridians, also rd. 200 km. Der jeweilige Hauptmeridian wird längentreu abgebildet; die Abszissenzählung beginnt am Äquator. Die osteuropäischen Staaten verwenden das gleiche Abbildungssystem, jedoch vielfach mit größerer Streifenbreite (6°). Ursprünglich für militärische Zwecke der Vereinigten Staaten und der NATO wurde das Universal Transversal Mercator (UTM)-System eingerichtet, das man inzwischen in vielen Ländern auch zivil nutzt. Das System überdeckt die Erde von 84° nördlicher bis 80° südlicher Breite in 6° breiten Streifen (Hauptmeridiane 3°, 9°, …). Um die Längenverzerrungen am Rand der Abbildungsstreifen zu mildern, wird der Hauptmeridian nicht längentreu, sondern mit dem Maßstabsfaktor 0,9996 abgebildet. Die Meridianstreifenabbildung eignet sich nicht für die Polargebiete, wo andersartige Abbildungen mit günstigeren Verzerrungseigenschaften verwendet werden. Auch einzelne Staaten benutzen, vielfach aus historischen Gründen, andere konforme oder nichtkonforme Abbildungen des jeweiligen Referenzellipsoids. *Pelzer*

Abbrand. A. ist jene Menge brennbaren Materials (→ Brandlast), die je Zeiteinheit verbrennt. A. ist auch die verkohlte Außenzone bei Holzbauteilen (→ Hochtemperaturverhalten). *Kordina*

Abbrenngeschwindigkeit. Als A. wird die Geschwindigkeit der Flammenausbreitung in einem Brand bezeichnet und in Metern je Minute angegeben. Man beobachtet je nach Brandverlauf A. zwischen 0,05 und 5,0 m/min, im „flash over" bis zu 10,0 m/s.

Kordina

Abbruchsprengung. A. ist eine Bausprengung, mit der Bauwerke oder Bauwerkteile zum Einsturz gebracht, zumindest aufgelockert und/oder zerkleinert werden. A. wird zum wirtschaftlichen Abbruch besonders von hohen Schornsteinen, Fördertürmen und Aufbereitungsanlagen des Bergbaus, Bunkern, Hochhäusern, hohen Masten und ähnlichen Bauwerken angewendet. Die Art der Sprenganlage, die Berechnung der Sprengladungen und die Wahl der Zündung sind von der Art des zu sprengenden Objekts und dem Ziel der Sprengung abhängig. Die Wahl des Vorgehens erfordert viel praktische Erfahrung. Bei A. ist fast immer die mögliche Wirkung durch die zu erwartenden Erschütterungsimmissionen auf Bauwerke oder Einrichtungen zu beachten, die in der Nähe des Sprengobjekts liegen.

Bei A. ist für die größten auftretenden Erschütterungsamplituden in aller Regel nicht die Energie maßgebend, die durch die Zündung der Sprengladung bedingt ist, sondern diejenige, die durch das Aufschlagen der herabstürzenden Baumassen verursacht wird. Zeitlich versetzt auftreffende Massen und die Umwandlung von Energie beim Aufprallen in Reibungs- und Verdichtungsarbeit, z. B. beim Aufschlagen auf ein vorbereitetes Fallbett aus lockerem Material wie → Bau-

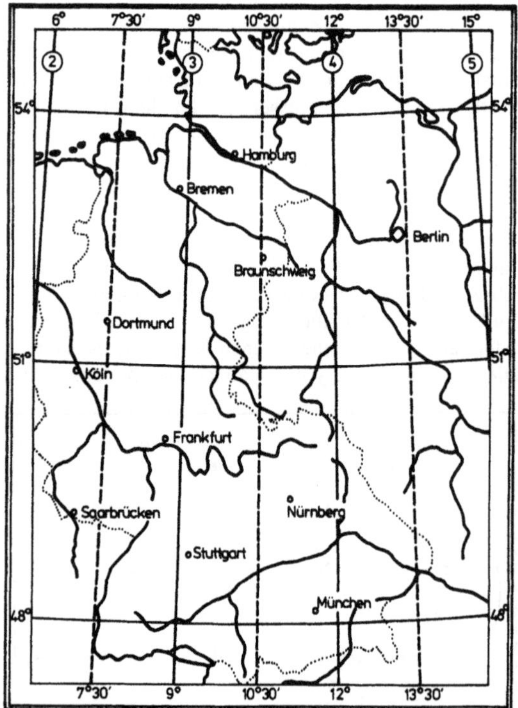

Abbildung, geodätische 2: Gauß-Krüger-Abbildung für die Bundesrepublik Deutschland.

schutt oder lockere Aufschüttungen, führen zu einer Verringerung der im Boden verursachten Erschütterungsamplituden.

Bei A. von Schornsteinen mit Höhen von 50–130 m und potentiellen Energien (Masse × Schwerpunkthöhe) im Bereich von etwa 140–330 MJ, die ohne Anlage von Fallbetten gesprengt wurden, sind durch Erschütterungsmessungen an → Fundamenten in Gebäuden mit Abständen von etwa 20–100 m von der Abbruchstelle größte Scheitelwerte der Schwinggeschwindigkeiten im Bereich von etwa 5–25 mm/s festgestellt worden. Zum Sprengen von Bauwerken, die mit Wasser gefüllt werden können, z. B. von Silos, wird als A. auch das Vollraumsprengverfahren angewendet. Für eine lautlose, erschütterungsfreie und damit umweltfreundliche Art von A. können auch nichtexplosive Sprengmittel eingesetzt werden. *Splittgerber*

Literatur: *Schomann, A.*: Erschütterungen durch umstürzende Bauwerke bei Abbruchsprengungen. Nobel-Hefte (1983) Nr. 3/4. – *Thomas, K.*: Vereinfachung der Lademengenberechnung für das Sprengen von Bauwerken und Bauwerksteilen. Nobel-Hefte (1988) Nr. 1. – *Oehm, W.*: Kinematische Bedingungen beim Sprengen starrer Bauwerke. Nobel-Hefte (1992) Nr. 1. – *Roller, H.*: Die Sprengtechnik – ein Verfahren zur Verringerung von Abbrucherschütterungen. VDI-Ber. Nr. 1145, 1994. – *Busch, J.*: Sprengen einer Brückenplatte unter Anwendung des Vollraumsprengverfahrens. Nobel-Hefte (1992) Nr. 1.

Abbund. A. ist das Anreißen, Zuschneiden, Bearbeiten, Vorbohren und Fräsen sämtlicher Hölzer einer Holzkonstruktion. Organisatorisch unterscheidet man:

☐ ortsfesten A.: Die Holzkonstruktion wird in den Hallen und auf den Plätzen eines Holzbauunternehmens abgebunden;

☐ fliegenden A.: Die Holzkonstruktion bindet man am Standort des Bauwerkes oder in seiner Nähe im Freien oder in einer vorübergehend errichteten Halle ab;

☐ A. durch Zulegen: Die Hölzer werden schon auf dem Werkplatz zusammengelegt, passend vorgebohrt, bearbeitet, besonders gekennzeichnet, wieder zerlegt und auf der Baustelle der Kennzeichnung folgend zusammengesetzt;

☐ schablonenmäßigen A.: Er wird bei sich häufig wiederholenden Tragwerksteilen angewendet. Die Netzlinien der entsprechenden Teile überträgt man auf Brettschablonen, mit denen die Hölzer angerissen werden;

☐ computergesteuerten A.: Sämtliche Maße und Winkel berechnet man durch elektronische Datenverarbeitung. Die Abbundzeichnungen werden durch Plotter erstellt. Das Zuschneiden geschieht auf einer elektronisch gesteuerten Abbundmaschine. Abbundprogramme unterstützen die Lagerhaltung, Stücklistenerstellung, Abrechnung, Abgabe von Angeboten und die Archivierung von Zeichnungen usw. *Dröge*

Literatur: *Halász, R. v.*, u. *C. Scheer* (Hrsg.): Holzbau-Taschenbuch. Bd. 1. 9. Aufl. Berlin 1996.

ABC-Methode → Qualitätsmanagement-Werkzeuge

Abdichtung. Schutz eines Gebäudes vor Wassereintritt und Durchfeuchtung oder, z. B. bei Dämmen (→ Dammbau), Behältern oder Deponien, Verhinderung von → Wasserverlusten und Austritt von aggressiven Flüssigkeiten. A. müssen i. d. R. auf Dauer beständig sein. Da diese häufig nach Fertigstellung des Bauwerkes nicht mehr zugänglich sind, lassen sich nachträgliche Reparaturen schwer oder überhaupt nicht mehr vornehmen. Als A.-Systeme werden Bitumen-, Kunststoff- und Metallabdichtungen unterschieden. Bitumenbahnen werden an Überlappungen durch Heißbitumen verklebt oder zusammengeschmolzen. Sie bieten Schutz vor → Sickerwasser und drückendem Wasser. Bei nackten Bitumenbahnen muß grundsätzlich eine geringste Flächenpressung (Mindesteinpressung) von 10 kPa vorhanden sein. Dies ist erforderlichenfalls durch Einbau von Tellerankern sicherzustellen. Durch Einbau von Metallbandeinlagen kann man größte Einpressungen bis zu 1,5 MPa zulassen.

Kunststoffbahnen sind zwischen 1,5–2 mm dick, Nähte werden verschweißt. Der Untergrund unter lose verlegten Kunststoffabdichtungen braucht nicht trocken zu sein. Es wird keine Mindesteinpressung gefordert. Die Materialien basieren vor allem auf den thermoplastischen Kunststoffen → Polyethylen (PE) und → Polyvinylchlorid (PVC). Kombinierte Kunststoff- und Bitumenabdichtungen sind möglich. Aluminium und Kupfer wird bei A. vor allem zur Verstärkung von Bitumenabdichtungen und/oder zur Aktivierung des Wasserdruckes als Einpressung herangezogen. Als alleiniges A.-System hat man lediglich vereinzelt im → Tunnelbau Stahlbleche mit Dicken von 5–6 mm verwendet. Vielfach wird heute auf besondere A.-Systeme verzichtet und ein wasserundurchlässiger Beton hergestellt. Wannen, sog. weiße Wannen, wurden bereits bis 15 m unterhalb des Wasserspiegels staubtrocken ausgeführt. Voraussetzung ist allerdings eine ausreichende Anzahl von → Fugen und deren A. mit thermoplastischen oder elastomeren Kunststoffbändern.

Eine A. gegen Bodenfeuchtigkeit nach DIN 18 195 ist bei allen unterirdischen Bauteilen als Mindestsicherung vorzusehen. Dadurch muß die → Kapillarität zwischen Boden und Bauwerk unterbrochen werden. In aufgehenden Wänden werden horizontal Bitumendichtungsbahnen angeordnet sowie unter waagerechten Flächen, wie z. B. der Sohlplatte bewohnter Kellerräume, einlagige Bitumen- oder Kunststoffbahnen verlegt. Wände sind durch Bitumenanstrich, einlagige Abdichtungshäute, Dichtungsputze oder Dichtungsschlämmen gegen eindringende Feuchtigkeit zu schützen. Ist nicht nur mit Bodenfeuchtigkeit, sondern auch mit Sickerwasser zu rechnen, so müssen für bitumenverklebte A. zwei Lagen vorgesehen werden. A. gegen von außen oder innen drückendes Wasser sind in DIN 18 195 getrennt behandelt. Hier müssen wenigstens zwei, höchstens aber fünf Lagen gewählt werden.

Einen besonderen Aufwand erfordert die A. aller Durchdringungen von Sohl- und Wand-A. sowie – vor allem bei Bitumen-A. – der Anschluß der Wand- zur Sohldichtung. Bei Rohrdurchführungen oder Pfahlanschlüssen müssen erforderlichenfalls Brunnentöpfe ausgeführt werden. Übergänge von der Sohl- zur Wandabdichtung kann man als Kehlstoß oder als rückläufigen Stoß ausbilden (→ Tunnelabdichtung).   *Meißner*

Literatur: Grundbau-Taschenbuch. Tl. 2. 4. Aufl. Berlin 1991. – DIN 18 195: Bauwerksabdichtungen.

Abfall. A. sind nach ursprünglicher (1972) gesetzlicher Definition bei uns „bewegliche Sachen, deren sich der Besitzer entledigen will oder deren geordnete Beseitigung zur Wahrung des Wohls der Allgemeinheit geboten ist" (§ 1, Abfallgesetz). Nicht erfaßt von diesem Gesetz sind dabei die in Tierkörperbeseitigungsanlagen anfallenden A., Kernbrennstoffe und sonstige radioaktive Stoffe, der Bergaufsicht unterstehende A., gasförmige Stoffe, Abwässer und Altöle (bis 1987), da für diese andere gesetzliche Regelungen gelten. Für die Abfallbeseitigung sind nach § 2 des Gesetzes Grundsätze aufgestellt, die beachtet werden müssen. Nach § 3.1 sind „Abfälle dem Beseitigungspflichtigen zu überlassen", nach § 4.1 darf A. „nur in… zugelassenen Anlagen… (→ Abfallentsorgung) behandelt, gelagert oder abgelagert werden"; dabei sind verschiedene Ausnahmen möglich. Auch Autowracks und Autoreifen (§ 5) sind A. Um A. einzusammeln oder zu befördern, müssen (wirtschaftliche) Unternehmen eine Genehmigung haben; ausgenommen sind die nach Landesrecht eingesetzten Unternehmen. Für bestimmte Abfallgruppen gelten spezielle Vorschriften und Regelungen: Nach § 16 und 24 der Gewerbeordnung betriebene Anlagen müssen ihren A. anmelden und „wesentliche Änderungen" anzeigen (§ 11.2). Für nicht mit Haushaltsabfällen beseitigte Abfälle kann der Nachweis über Menge und Verbleib über ein spezielles Begleitscheinsystem verlangt werden, das bisher auf einzelne Abfallgruppen aus einem sehr umfangreichen Katalog solcher Abfälle beschränkt ist (§ 11.3). In diese Gruppe fallen auch die → Sonderabfälle, die ursprünglich nicht genau definiert wurden und jetzt durch Verordnungen aufgelistet und in der Kontrolle geregelt worden sind. Besondere Regelungen für den Bereich der Abfalltechnik über „grenzüberschreitenden Verkehr" (§ 13), Verpackungen, Behältnisse (§ 14), landwirtschaftlich genutzte Abfallstoffe u. ä. (§ 15) sind im Abfallgesetz mit mehreren Fortschreibungen bisher geregelt. → Reststoffe sind ursprünglich bei uns kein A., da der Besitzer sie noch wirtschaftlich im Rahmen der Abfallwirtschaft verwerten will, oft nach Lagerung, z. B. in → Halden. Sie werden daher auch nicht von der Abfallbeseitigung erfaßt.

Mit dem neuen Kreislauf-Wirtschafts-Gesetz KWG (KrW-/AbfG) ergibt sich aus der europäisch einheitlichen Vorgabe nun der neue A.-Begriff. Dazu wird der Begriff des „Entledigens" – als Voraussetzung für A. – nun auf die drei Gruppen von Vorgängen bezogen. Die zu entledigende bewegliche Sache wird
– einem Verwertungsverfahren mit 13 Verfahrensmöglichkeiten (R1 – R13) nach Anhang II B
– oder einem Beseitigungsverfahren mit 15 Verfahrensmöglichkeiten (D1 – D15) nach Anhang II A des Gesetzes zugeführt
– oder der Besitzer gibt „seine tatsächliche Sachherrschaft" auf, so daß jede weitere Zweckbestimmung wegfällt.

Die Art und Weise, wie dabei jeweils „ordnungsgemäß" vorgegangen werden soll, ergibt sich aus den Regelungen dieses Gesetzes sowie aus der → TA Abfall und → TA Siedlungsabfall.

Das alte Abfallgesetz gilt noch bis 1996, dann erst gilt die neue gesetzliche Regelung. Für bestimmte Stoffe und Erzeugnisse (z. B. Altautos, Elektronikschrott, Batterien, → Altpapier, → Bauschutt) kann die Bundesregierung noch Sonderregelungen erlassen, sie sind teilweise bereits in der Diskussion. A. ist in erster Linie zu vermeiden, in zweiter Linie stofflich oder energetisch zu verwerten.   *Pfeiff*

Abfall, asbesthaltig. Lungengängige Asbestfasern (→ Asbest) zählen zu den krebserzeugenden Stoffen mit besonders hohem Gefährdungspotential. Wegen seiner chemischen und physikalischen Eigenschaften fand Asbest in mehr als 3 000 Produkten Verwendung. Im Bausektor wurde Asbest auf Grund verschiedener bautechnisch vorteilhafter Eigenschaften zur Herstellung von Baustoffen und Bauteilen verwendet.

Größere Mengen von a. A. fallen beim Abriß und bei der Sanierung von Gebäuden an (→ Asbestsanierung). Von Bedeutung sind hier insbesondere Asbestzementprodukte, asbesthaltige Leichtbauplatten und Spritzasbest, wobei Spritzasbest und Asbeststäube als besonders überwachungsbedürftige Abfälle (→ Sonderabfall) eingestuft und nach der → TA Abfall Teil 1 zu behandeln sind. Der unsachgemäße Umgang mit a. A. kann in erheblichem Umfang zur Freisetzung von Asbestfasern führen. Es muß daher sichergestellt werden, daß Faserfreisetzungen während des gesamten Entsorgungsweges von der Anfallstelle bis zur Ablagerung ausgeschlossen sind.

Beim Abbruch von Gebäuden müssen alle asbesthaltigen Materialien durch vorherigen Ausbau getrennt erfaßt werden, um ein → Recycling der asbestfreien Baustoffe zu ermöglichen. Asbestzementprodukte sind soweit wie möglich zerstörungsfrei und ohne Staubentwicklung zu entfernen. Spritzasbest soll in getrennten Arbeitsbereichen unter Unterdruck ausgebaut und möglichst an der Sanierungsbaustelle verfestigt werden. Als → Bindemittel kommt überwiegend → Zement zur Anwendung. Daneben gibt es Ansätze für eine Faserzerstörung mit Hilfe thermischer, physikalischer oder chemischer Verfahren. Asbesthaltige Leichtbauplatten werden üblicherweise in Kunststoffolien verpackt bzw. mit geeigneten Mitteln beschichtet oder penetriert. So behandelte a. A. sollen auf Monoabschnitten von Siedlungsabfalldeponien oder auf Monodeponien abgelagert werden. Für eine Ablagerung auf → Sonderabfalldeponien besteht keine Notwendigkeit. *Rosenbusch*

Literatur: LAGA-Merkblatt: Entsorgung asbesthaltiger Abfälle vom 6. Sept. 1995, In: Mitteilungen der Länderarbeitsgemeinschaft Abfall (LAGA) Nr. 14. Berlin.

Abfallabbau, aerober. Die aerobe Abfallbehandlung oder → Kompostierung organischer Abfälle (Haus- und Gartenabfälle, Produktionsabfälle, landwirtschaftliche Abfälle) stellt eines der ältesten Recycling-Verfahren dar. Bei der Kompostierung werden nativ-organische Stoffe durch biochemische Oxidation unter Bildung von Wasser, Wärme und Kohlendioxid in eine erdähnliche, humusartige Masse umgewandelt.

An dem zum Produkt Kompost führenden Rotteprozeß sind Destruenten oder Zersetzer beteiligt, die die organische Substanz mechanisch zerkleinern und so die durch Mikroorganismen besiedelbare Oberfläche um ein Vielfaches vergrößern. Der weitere biochemische Abbau erfolgt hauptsächlich durch Pilze und Bakterien.

Voraussetzung für eine optimale Rotte ist ein ausreichender Feuchtigkeitsgehalt, ein ausgeglichenes Nährstoffverhältnis des Ausgangsmaterials und das Vorhandensein von Sauerstoff.

Der Kompostierungsprozeß kann ablaufmäßig in folgende drei Phasen eingeteilt werden:
– Abbauphase (Vorrotte),
– Umbauphase (Hauptrotte),
– Aufbauphase (Nachrotte).

Die höchsten Temperaturen im Verlauf des Kompostierungsprozesses werden bei der Vorrotte mit Werten von mehr als 60 °C erreicht, wobei krankheitserregende Keime und Unkrautsamen abgetötet werden.

Die am Ende der drei Phasen anfallenden Produkte werden als Frischkompost, Fertigkompost und Reifekompost bezeichnet und für jeweils spezielle Einsatzgebiete vermarktet. Bei Einhaltung günstiger Milieubedingungen wird aus kommunalen Pflanzen- und Bioabfällen nach einer Rottedauer von rd. 12 Wochen ein qualitativ hochwertiger Fertigkompost erzeugt.

Für die Kompostierung von Bioabfall kommt eine breite Palette unterschiedlicher Verfahren und Verfahrenskombinationen zum Einsatz. Das technisch einfachste und am häufigsten eingesetzte Verfahren ist die Mietenrotte mit Umsetzen. *Bergs*

Abfallabbau, anaerober. Beim a. A. (Vergärung) werden nativ-organische Abfälle unter Sauerstoffabschluß abgebaut.

Als Produkte der anaeroben Abfallbehandlung entstehen energiereiches Biogas (hoher Methananteil), überschüssiges Wasser sowie ein fester → Reststoff (Faulschlamm), der kompostiert werden kann.

Der a. A. erfolgt durch mehrere Bakteriengruppen in hintereinander ablaufenden Prozeßschritten (Hydrolyse, Säurebildung, Acetatbildung, Methanbildung). Während die anaerobe Behandlung bei der Klärschlamm- und Güllebehandlung schon seit längerer Zeit eingesetzt wird, gibt es derzeit in der Bundesrepublik Deutschland nur vereinzelt im Entsorgungsmaßstab arbeitende Anlagen zur anaeroben Abfallbehandlung.

Die bestehenden Verfahrenskonzepte unterscheiden sich hinsichtlich der Verfahrenstechnik beträchtlich. Eine Einteilung kann in einstufige Verfahren (anaerobe Umsetzung in einem Reaktor) oder in zweistufige Verfahren (nacheinander erfolgender Ablauf der Verfahrensschritte Hydrolyse und Methanbildung in zwei Reaktoren) erfolgen. Daneben kann zwischen der sog. Trockenfermentation (Wassergehalt 60–70%) und der Naßfermentation (Wassergehalt 85–90%) unterschieden werden.

Grundsätzlich stellt die anaerobe Behandlung organischer Abfälle eine verfahrenstechnisch deutlich aufwendigere Alternative zur → Kompostierung (aerober → Abfallabbau) dar, die aber durch geringeren Platzbedarf, potentiell geringere Geruchsbelästigung sowie durch Energiegewinn gekennzeichnet ist.

Im Vergleich zur Kompostierung ist mit höheren Behandlungskosten zu rechnen. *Bergs*

Abfallabbau, biologischer. Von den Siedlungsabfällen enthält insbesondere Haushaltsabfall erhebliche Anteile (30–40%) nativ-organischer Bestandteile, die nach getrennter Erfassung einer Verwertung zugeführt werden können.

Der hierfür erforderliche b. A. der nativ-organischen Abfälle kann im Rahmen spezieller Abfallentsorgungsanlagen durch aerobe (Kompostierung, Rotte) oder durch anaerobe Verfahren (Vergärung, → Faulung, Fermentation) erfolgen.

Bei beiden Verfahren entstehen Energie, Wasser und feste → Reststoffe. Während die bei der aeroben Rotte entstehende Energie verlorengeht, kann das im Verlauf der anaeroben Behandlung entstehende Biogas (vorwiegend Methan) zur energetischen Nutzung eingesetzt werden.

Grundsätzlich können die bei beiden Verfahrenskonzepten anfallenden festen Rückstände – bei Einhaltung entsprechender Qualitätsvorgaben – stofflich verwertet werden, z. B. als Bodenverbesserungsmittel.

Während die Kompostierung von nativ-organischen Abfällen ein seit langem praktiziertes Verfahren darstellt, steht für die Vergärung ein flächendeckender Einsatz unter Entsorgungsbedingungen in der Bundesrepublik Deutschland noch aus. Bei der Klärschlammentsorgung, Güllebehandlung und Behandlung industrieller Abwässer sind anaerobe Verfahren dagegen seit längerem Stand der Technik.

Auf Grund des wesentlich höheren Aufwands für die Anlagentechnik dürften die Kosten für die anaerobe Behandlung des Bioabfalls höher liegen als bei der aeroben Behandlung (→ Abfallabbau, aerober; → Abfallabbau, anaerober). *Bergs*

Abfallablagerung. Zukünftig wird der → Abfalldeponie als Endlager für → Abfälle im Rahmen von Abfallwirtschaftskonzepten die wichtigste Rolle zukommen, denn es wird trotz aller Bemühungen zur Abfallverwertung immer noch Abfälle geben, die nach allen möglichen Behandlungsschritten in ihrer Restsubstanz abgelagert werden müssen.

Lange Zeit wurde das von → Deponien ausgehende Gefahrenpotential unterschätzt und Abfälle wurden ohne Abdichtungs- und Vorbehandlungsmaßnahmen abgelagert. Nicht selten müssen derartige Altablagerungen heute unter hohem Kostenaufwand als → Altlasten saniert werden.

Seit den 70er Jahren konzentrierte man sich auf die fortgesetzte Verbesserung der nachgeschalteten Abdichtungssysteme von Deponien, um das Austreten gefährlicher Schadstoffemissionen aus dem → Deponiekörper zu unterbinden.

In den letzten Jahren hat sich jedoch verstärkt die Erkenntnis durchgesetzt, daß Altlasten der Zukunft nur dann zuverlässig zu verhindern sind, wenn nur solche Abfälle abgelagert werden, bei denen keine Umsetzungsprozesse und keine oder nur geringe Freisetzungen schädlicher Stoffe stattfinden und deren Emissionen die umgebenden Umweltbereiche auch langfristig nicht negativ beeinflussen.

Die wesentliche Rolle in einem derartigen Konzept spielt dabei der Deponiekörper, d. h. die Beschaffenheit der Abfälle, die zur Ablagerung kommen. Ziel ist, nur noch solche Abfälle abzulagern, die mineralisiert sind, das heißt, sie müssen aus anorganischen, in Wasser nicht oder nur schwer löslichen Stoffen bestehen. Natürliche und technische Dichtungssysteme dienen dabei im wesentlichen nur als zusätzliche Sicherungssysteme, die allerdings auch langfristig funktionsfähig sein sollten, weil es eine absolute Inertisierung nicht geben dürfte.

Auf Grund der Annahme, daß von der Behandlung und weiteren → Entsorgung von Abfällen ein geringeres Wirkungsrisiko ausgeht als von der Ablagerung unbehandelter Abfälle, sollen sie in Zukunft nur noch in mineralischer Form oder nach einem Inertisierungs-Verfahren endgelagert werden (→ Abfallbehandlung). Die entsprechenden Vorgaben in Form von Zuordnungskriterien sind in der → TA Abfall Teil 1 (→ TA Sonderabfall) und in der → TA Siedlungsabfall festgelegt.

Von einem inerten oder inertisierten und damit auf lange Sicht weitgehend problemlos ablagerbaren Abfall ist dann auszugehen, wenn die zulässigen Höchstgehalte der entsprechenden Parameter (Zuordnungskriterien) nicht überschritten werden. Hierbei handelt es sich sowohl um Schadstoffparameter als auch um Parameter, die gewisse physikalische Eigenschaften des Abfalls charakterisieren, z. B. der → pH-Wert, die Leitfähigkeit oder der wasserlösliche Anteil.

Zusätzlich gewährleisten die niedrigen Werte sowohl der TA Abfall Teil 1 als auch der TA Siedlungsabfall, daß nur geringe Mengen an organischen Stoffen im Ablagerungsmaterial enthalten und deshalb biochemische Umsetzungsprozesse im Deponiekörper nicht zu befürchten sind.

Zur Sicherstellung der genannten Zielvorgaben enthalten die TA Abfall Teil 1 und die TA Siedlungsabfall neben den Vorgaben für den abgelagerten Restabfall (Deponiekörper) konkrete Anforderungen an den Deponiestandort, an das Deponieauflager und an die Deponieabdichtung (Multibarrierenkonzept). *Bergs*

Abfallbehandlung, biologisch-mechanische. In den letzten Jahren wurden als Alternativen zur thermischen → Abfallbehandlung auch biologisch-mechanische Restabfallbehandlungsverfahren in die Diskussion gebracht. Diese sog. „kalten" Verfahren umfassen eine mechanische Abfallaufbereitung sowie einen biologischen Behandlungsschritt. Die biologische Behandlung kann unter aeroben Bedingungen als Restabfallrotte oder unter anaeroben Bedingungen als Restabfallvergärung erfolgen.

Umfassende Kenntnisse zur „kalten Behandlung", insbesondere zum Langzeitverhalten der nach diesen Behandlungsverfahren abgelagerten Restabfälle liegen bislang nicht vor. Es ist davon auszugehen, daß bei Ablagerung „kalt" behandelter Abfälle der langfristige Betrieb von Einrichtungen zur Sickerwasser- und Deponiegaserfassung erforderlich ist.

Daneben bewirken diese Verfahren zur Restabfallbehandlung im Gegensatz zur thermischen Behandlung keine Zerstörung oder Abscheidung der im Abfall diffus enthaltenen Schadstoffe; es findet vielmehr durch den Abbau der organischen Substanz eine relative Schadstoffanreicherung statt.

→ Deponien auf denen „kalt" behandelte Abfälle abgelagert werden, bergen nach derzeitigem Stand der Kenntnisse somit durchaus die Gefahr der Entstehung zukünftiger → Altlasten in sich. Sie entsprechen daher in einem der zentralen Punkte nicht den Forderungen der → TA Siedlungsabfall. *Bergs*

Abfallbehandlung, biologische. B. A. beruht auf biologischen Abbau- und Umwandlungsprozessen. Einer biologischen Behandlung können alle biologischen Substanzen zugeführt werden, wobei zwischen nativ-organischer, d. h. natürlich entstandener Substanz und synthetisch- oder derivativ-organischer, d. h. technisch be- und verarbeiteter (organischer) Substanz unterschieden wird. Die organische Substanz wird in Degradationsprozessen mikrobiell abgebaut; organische Verbindungen werden mineralisiert oder in Makromoleküle (z. B. Huminstoffe) umgewandelt (→ Abfallabbau, aerober/anaerober/biologischer).

Dem noch weitgehend auf die → Kompostierung beschränkten Einsatz von biologischen Verfahren in der Hausabfall-Behandlung (in jüngster Zeit wird verstärkt die anaerobe Abfallbehandlung im Pilotmaßstab eingesetzt) stehen fortgeschrittene Verfahren zum biologischen Abbau von Schadstoffen in → Altlasten gegenüber, insbesondere zum Abbau von Kohlenwasserstoffverbindungen in kontaminierten Böden. Als biologische Behandlungsverfahren für Altlasten werden sowohl on-site- und off-site- als auch in-situ-Verfahren eingesetzt. Dabei handelt es sich im abfallrechtlichen Sinne um Abfallbehandlung, soweit die biologischen Verfahren on site (aber nicht in situ) oder off site eingesetzt werden. Die positiven Ansätze in diesem Altlasten-/Abfallbereich lassen mit den Fortschritten in der Biotechnologie entsprechende Entwicklungen auch für die biologische Behandlung von produktionsspezifischen Abfällen erwarten.   *Neuenhahn*

Abfallbehandlung, chemisch-physikalische. Chemisch-physikalische Verfahren (CP-Verfahren) finden in der Regel Anwendung bei der Behandlung besonders überwachungsbedürftiger Abfälle (→ Sonderabfall).

Gemäß Nr. 4.4.2.1 der → TA Abfall Teil 1 soll nicht verwertbarer Abfall vorzugsweise der CP-Behandlung zugeführt werden, wenn er Stoffe oder Stoffgemische enthält, die abgetrennt, umgewandelt oder immobilisiert und dadurch in ihrer Schädlichkeit vermindert werden können.

Hierbei handelt es sich vornehmlich um flüssige oder pastöse Abfälle, die nach der CP-Behandlung verwertbar sind oder den Anforderungen an eine weitgehend problemlose Endlagerung genügen. Prozeßbedingt anfallendes Wasser und Behandlungsrückstände müssen gegebenenfalls einer Nachbehandlung unterzogen werden.

CP-Behandlungstechnologien können alleine eingesetzt werden oder auch Bestandteil einer Verfahrenskombination sein; im wesentlichen kommen folgende Verfahren zum Einsatz:
- Dekantieren,
- Entgiftung,
- Entwässerung,
- Extraktion,
- Filtration,
- Inertisierung,
- Neutralisation,
- Osmose,
- Trennverfahren,
- Ultrafiltration,
- Umkehrosmose,
- Zentrifugieren.   *Bergs*

Abfallbehandlung, thermische. Hierunter wird die Abfallbehandlung durch Wärme verstanden. Die t. A. umfaßt die folgenden Behandlungsverfahren:
- Verbrennung.
- Pyrolyse (Entgasung): thermische Zersetzung organischen Materials unter weitgehender Sauerstoffabwesenheit.
- Vergasung: Umwandlung des organischen Materials mit einem geeigneten Vergasungsmittel, z. B. Luft, Sau-

erstoff, Wasserdampf, in die Brenngase Kohlenmonoxid und Wasserstoff sowie in Kohlendioxid.

Je nach Verfahren entstehen gasförmige, feste und flüssige Stoffe, die entsprechend ihrer Beschaffenheit verwertet, abgelagert oder weiterbehandelt werden können bzw. müssen.

Die t. A. hat das Ziel, die im → Abfall enthaltenen Schadstoffe zu zerstören oder in einen weitgehend immobilen Zustand zu überführen. Dabei wird gleichzeitig die zu deponierende Abfallmenge wesentlich verringert und Wärme bzw. elektrische Energie erzeugt. Vor allem bei der Abfallpyrolyse können außerdem verwertbare Stoffe zurückgewonnen werden.

Zur t. A. werden in Deutschland ausschließlich Abfallverbrennungsanlagen großtechnisch eingesetzt. Darüber hinaus werden in einer großen Anzahl von Feuerungsanlagen regelmäßig auch Abfälle mitverbrannt. Die Verfahren der Pyrolyse befinden sich noch in der Erprobungsphase. Nicht weiterverfolgt werden bisher die Verfahren zur Abfallvergasung.   *Neuenhahn*

Abfalldeponie, oberirdische. Anlage zur dauerhaften, geordneten und kontrollierten Ablagerung von Abfall in der Pedosphäre, in Sonderfällen ohne, in der Regel jedoch nach einer mechanischen, biologischen, chemisch-physikalischen oder thermischen → Abfallbehandlung.

Auch unter Ausschöpfung aller abfallwirtschaftlichen Maßnahmen werden nicht vermeidbare und nicht verwertbare Restabfälle übrig bleiben. deshalb wird der o. A. auf der Basis des Multibarrierenkonzepts wesentliche Bedeutung zukommen.

Durch erhebliche Fortschritte in der Abfallvermeidung und -verwertung sowie durch konsequente Abfallbehandlung wird sich die Zusammensetzung der abzulagernden Abfälle wesentlich ändern.

Die langfristig größten Probleme im Bereich der Abfallbehandlung liegen in den weder biologisch, chemisch noch thermisch abbaubaren Schadstoffen. Die Beschaffenheit dieser Schadstoffe in den Restabfällen von Abfallverwertungs- und -behandlungsanlagen entscheidet darüber, ob die Abfälle überhaupt o. A. zugeführt werden dürfen und, wenn ja, welche konkreten Anforderungen an die → Deponien zu stellen sind (→ Abfallablagerung).   *Neuenhahn*

Abfallentsorgung. A. umfaßt das Einsammeln, Transportieren und „Beseitigen" von → Abfällen. Es ist in der Bundesrepublik Deutschland ursprünglich (1972, 1976) durch das Rahmengesetz des Bundes (AbfG) und Ausfüllungsgesetze der dafür zuständigen Länder oft von Land zu Land unterschiedlich geregelt. Nach dem „Gesetz über die Vermeidung und Entsorgung von Abfällen" (Abfallgesetz) von 1986 sind (§ 2) „Abfälle... so zu beseitigen, daß das Wohl der Allgemeinheit nicht beeinträchtigt wird", insbes. nicht Gesundheit der Menschen und Tiere „gefährdet", Gewässer, Boden,

Pflanzen „schädlich beeinflußt", „schädliche Umwelteinwirkungen... herbeigeführt", wichtige Belange „nicht gewahrt" oder „öffentliche Ordnung... gefährdet oder gestört werden". Abfallbeseitigung ist „dem Beseitigungspflichtigen zu überlassen" (§ 3). Dies sind nach Landesrecht Städte, Gemeinden und Landkreise, auch spezielle A.-Verbände (Körperschaften öffentlichen Rechts). Im Auftrag dieser besorgen oft private Unternehmer (→ Abfalltechnik) oder Eigenbetriebe das Einsammeln und die Müllabfuhr nach verschiedenen Systemen. Bei großen Transportwegen werden Umschlagstellen, oft mit einer Kompaktierung (Pressen), und anschließend Spezialtransporte zur weiteren Handhabung eingesetzt. Dabei ist die meistens (1988 rd. 75% des Hausabfalls), allerdings mit sinkendem Anteil, angewendete Methode der Entsorgung die → Deponie. Hier tritt bei Mineralisierung der Siedlungsabfälle mit Gasentwicklung in etwa 15–25 Jahren eine weitgehende Verrottung ein. Zunehmend, in Ballungsgebieten überwiegend, beseitigt man Abfälle durch Verbrennung (1995 rd. 33% der Siedlungsabfälle), oft bei Energiegewinnung, die das Volumen der Abfälle auf rd. 10–20% reduziert. Diese Schlacken bereiten gelegentlich bei ihrer Beseitigung auf Deponien ebenso wie die Verbrennungsabgase Schwierigkeiten, da in ihnen – oft allerdings nur in Spuren – schädliche Komponenten enthalten sein können. Schließlich spielen die → Kompostierung oder sonstige A.-Verfahren keine nennenswerte Rolle, obwohl sie im Sinne des → Recycling oft als wünschenswert im Gespräch sind. Neuerdings (1994) ist durch das Kreislauf-Wirtschafts-Gesetz mit 64 Paragraphen – mit vorgegebenen Fristen – eine weiterentwickelte Vorgabe für den Umgang mit Abfällen und nach neuer Definition des (rechtlich) Betroffenen geschaffen, nachdem 1991 bereits mit der Verpackungsverordnung eine durchgreifende Weiterentwicklung aus gesetzlichen Regelungs-Vorgaben erfolgte. Nicht vermeidbare Abfälle sind danach stofflich oder energetisch zu verwerten, ehe sie durch chemisch/physikalische Behandlung, thermische Behandlung (Verbrennung, Schwelung) oder sonstige Behandlung einer oberirdischen oder Untertage-Deponie zugeführt werden. Auch hierfür sind die Wege und Überwachungen und Nachweise für die verschiedenen Abfälle durch Verordnungen zur Abfall- und Reststoffbestimmung, -überwachung, -verbringung, und für -beauftragte sowie die Entsorgung halogenierter Lösemittel, von → Altöl oder der verschiedenen Verpackungen, die Gefahrstoffverordnung (Chemie) und die → TA Abfall und → TA Siedlungsabfall und Sonderabfall in umfassender und oft kaum mehr übersehbarer Weise geregelt.

Durch die Länderarbeitsgemeinschaft Abfall (LAGA) ist ein Abfallartenkatalog mit einer Nummernkennzeichnung (Abfallschlüssel), ebenso wie bei der EU, eingeführt (Sonderabfall). Umfassend wird ab 1996 das Kreislaufwirtschaftsgesetz von 1994 greifen. Dabei sind Übergangsfristen für vorhandene Anlagen

z. T. bis über 2000 hinaus eingeräumt (→ Abfallbehandlung).
Pfeiff

Abfalltechnik. A. umfaßt alle Maßnahmen und Technologien, um → Abfall zu vermeiden oder zu vermindern, zu sortieren und zu sammeln, zu transportieren, umzuschlagen, aufzubereiten, wieder zu verwenden bzw. verwendbar zu machen, durch thermische, biologische und mechanische Aufbereitung, zu kompostieren oder stofflich zur Verwertung herzurichten und schließlich Rückstände zu deponieren und Techniken dazu zu entwickeln.
Pfeiff

Abfallverbrennung. Verfahren der → Abfallentsorgung, das dazu dient, den Energieinhalt des Abfalls zu verwerten und dessen Volumen auf rd. 12–20% des ursprünglichen Volumens zu kompaktieren, um so Deponieraum zu sparen. Die Abfallverbrennungsanlagen werden möglichst nahe an den Anfallschwerpunkten eingerichtet. Nach dem Wägen werden die Müllbunkerräume angefahren und die Abfallsammelbehälter für die nächste Fahrt geleert. Den Kessel beschickt man dann meist über Zyklongreifer und Krananlagen aus dem Müllbunker von oben. Dabei sind oft Brecheranlagen zur Sperrmüllzerkleinerung vorgeschaltet; evtl. wird auch über ein Band eine magnetische Vorsortierung vorgenommen, um Eisen und teilweise andere Metalle auszuscheiden. Die heiße Schlacke wird meist naß gelöscht, granuliert und überwiegend auf einer → Deponie endgelagert. Bestimmte Anteile davon kann man gelegentlich verwerten (Auffüllung, Schlackengranulat). Die Abgase werden vor allem naß gereinigt. Dabei setzt man verschiedene Filterarten, z. B. Elektrofilter, Gewebefilter, ein. Die Energie wird als Fernwärme oder Strom weitgehend nutzbar gemacht.

Die A. ist in einigen Ländern die bevorzugte Abfall-Beseitigungslösung (Japan, Schweiz, Dänemark). Sie ist bei uns (33% des Restmülls der Haushalte) durch die Dioxin-Diskussion in der Akzeptanz belastet. Die alternativen thermischen A.-Verfahren (Vergasung, Verschwelung) sind in der Entwicklung.

Nach den bei uns vorgegebenen Grundarten für die Abgasreinigung kann die Belastung der → Umwelt aus A. – neben anderen natürlichen und anthropogenen gegebenen Belastungen – als gering bezeichnet werden. Aus der gesetzlichen Vorgabe über den organischen Anteil für auf Deponien ab 2000 nur noch zugelassenen Stoffen, wird die thermische Belastung zukünftig auch bei uns erhebliches Gewicht bei der Abfallbehandlung bekommen (→ TA Abfall, → TA Siedlungsabfall).
Pfeiff

Abfallverwertung → Abfallbehandlung, biologische, → Abfallbehandlung, chemisch-physikalische, → Abfallbehandlung, thermische

Abfallwirtschaft. Sie umfaßt alle Aktivitäten beim Haushalt, Gewerbe und bei der Industrie, → Abfälle und → Reststoffe entweder zu vermeiden, zu mindern oder im Kreislauf (→ Recycling) oder Kaskaden zu nutzen oder wirtschaftlich zu verwerten. Sie erhielt seit den 70er Jahren als Ziel der → Abfalltechnik gegenüber dem bis dahin vor allem im öffentlichen, häuslichen und gewerblichen Bereich vorherrschenden Prinzip der „Abfallbeseitigung" mindestens verbal in der Gesetzgebung Vorrang. Die A. ist nun mit dem Kreislauf-Wirtschafts-Gesetz (1994) konzeptionell auf eine neue Grundlage gesetzt. Dabei war in Anlehnung an die Vorgaben der Europäischen Union die Einteilung in Abfälle zur Verwertung, zur Beseitigung oder zur Freigabe nötig (→ Abfall).

Durch die Verpackungsverordnung (1991) und durch die Reaktion der Industrie darauf (gelbe Tonne, gelber Sack) das Recycling aus den Verpackungsstoffen selbstverantwortlich in die Hand zu nehmen, ergab sich ein weites Feld von Verwertungsentwicklungen und eine neue Logistik der Sammlung und Aufbereitung zur stofflichen und energetischen Verwertung bei steigendem Aufwand und Gebühren.

Im Ergebnis ist der Verpackungsmüll 1991–1993 um 587 000 t gesunken, die Sammelquote bis 1994 auf 68% gestiegen und es sind 4,7 Mio. t aussortiert und recycelt. Wiederverwertet wurden vom Eingesammelten 71% bei Papier, Pappe, Karton, 52% bei Kunststoffen, 57% bei Weißblech, 40% bei Getränkeverbundmaterial und 32% beim Aluminium. Nach Vorgabe der EU von 1994 wird dabei – bei dem Verpackungsrecycling – eine stoffliche Quote von 45% festgelegt, für den Rest kommt die thermische Verwertung in Frage.

Dabei ergeben sich besondere – noch nicht voll ausgereifte – Wege, die in einem wirtschaftlichen Ausleseprozeß wohl erst in den nächsten 10–15 Jahren zu endgültigen Verwertungswegen als Wirtschaftsfaktor mit Bestand führen werden. Hierbei spielt auch der notwendige Lernprozeß der Industrie – gerade erst im beginnenden Erkenntnisstand – hinein, bereits im Planungs- und Entwurfsvorgang aller Produkte auch den Verbleib nach dem Ende des Lebens- oder Nutzungszeitraums oder zur „Entledigung" als Abfall zu bedenken und technisch brauchbar zu lösen (Life Cycle Assessment LCA/→ Ökobilanzen). Damit ergibt sich aus der A. ein Eingriff in alle Bereiche der Produktion von Wirtschaftsgütern. Unterstützt wird dieser Prozeß aus der Umwelt-Öko-Audit-Regelung der EU, die inzwischen auch bei uns eingeführt ist, als Nachweismöglichkeit über eine umweltbewußte Produktion. *Pfeiff*

Abfluß. A. ist die ober- und unterirdische Bewegung des nicht verdunsteten → Niederschlages nach seinem Auftreffen auf die Landoberfläche zum Meer (Tabelle) oder in abflußlose Senken. Diese Fließbewegung vollzieht sich unter dem Einfluß der Schwerkraft in Vorflutersystemen, die natürliche Gewässer (Rinnsale, Bäche, Flüsse, Ströme) und künstliche Gewässer (Gräben und Kanäle) umfassen. Hier ist der A. aus einem → Einzugsgebiet sichtbar und als das Wasservolumen meßbar, das den Abflußquerschnitt in der Zeiteinheit durchfließt (DIN 4049-3). Der Gesamtabfluß und die Größe der verschiedenen Abflußkomponenten sind von den Charakteristiken des Niederschlages sowie von den

Abfluß. Tabelle: Größte A. aus Strömen zum Weltmeer. (Baumgartner/Reichel, 1975)

Strom	Einzugsgebiet			Abfluß R			
	10^6 km²	¹)	²)	m³/s	km³	³)	mm
Amazonas	7 180	4,8	6,2	190 000	6 000	15,1	835
Kongo	3 822	2,6	3,3	42 000	1 330	3,4	340
Yangtsekiang	1 970	1,3	2,7	35 000	1 100	2,8	560
Orinoco	1 086	0,7	0,9	29 000	915	2,2	845
Brahmaputra	589	0,4	0,5	20 000	630	1,6	1 070
La Plata	2 650	1,8	2,3	19 500	615	1,5	235
Yenissei	2 599	1,7	2,2	17 800	565	1,4	215
Mississippi	3 224	2,2	2,8	17 700	560	1,4	175
Lena	2 430	1,6	2,1	16 300	515	1,3	210
Mekong	795	0,8	0,7	15 900	500	1,3	630
Ganges	1 073	0,7	0,9	15 500	490	1,2	455
Irawadi	431	0,3	0,4	14 000	440	1,1	1 020
Ob	2 950	2,0	2,6	12 500	395	1,0	135
Sikiang	435	0,3	0,4	11 500	365	0,9	840
Amur	1 843	1,2	1,6	11 000	350	0,9	190
St. Lorenz	1 030	0,7	0,9	10 400	330	0,8	310

¹) *Anteil des Festlandes* ($148{,}9 \cdot 10^6$ km²)
²) *Anteil des peripheren Gebiets* ($115{,}7 \cdot 10^6$ km²)
³) *Anteil des genannten Abflusses* ($39{,}7 \cdot 10^3$ km³)

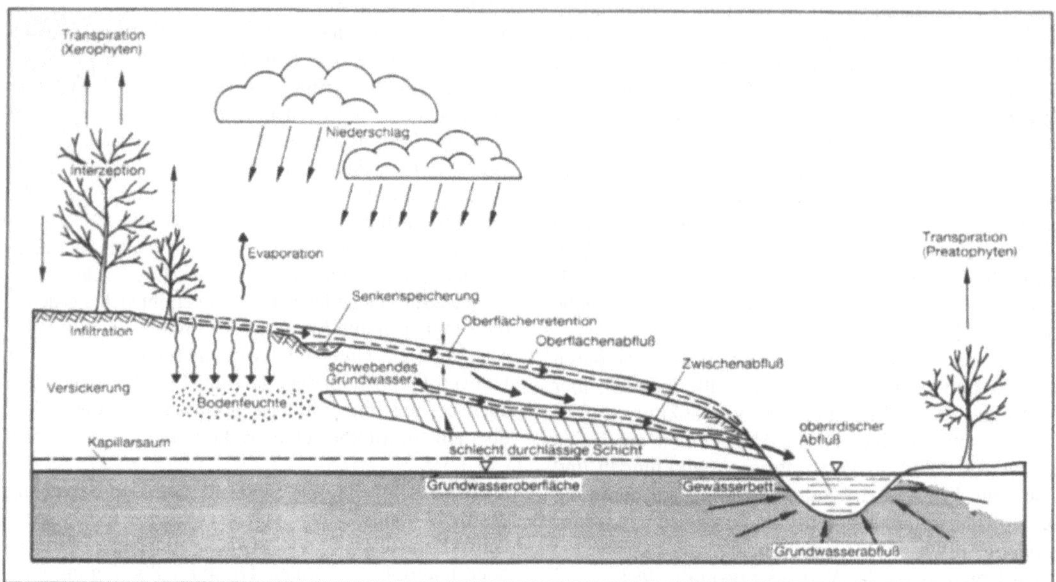

Abfluß: Schema des Abflußvorganges.

natürlichen und vom Menschen beeinflußten Verhältnissen des Einzugsgebietes abhängig. Hierzu gehören u. a. die klimatischen Verhältnisse, die Form, Lage und Exposition des Einzugsgebietes, dessen Oberflächenrelief, geologischer Aufbau, Bodenbeschaffenheit und Vegetation, vor allem Waldbestand sowie dessen Gewässerdichte (Bild).

Ein Teil des Niederschlages fällt direkt in die oberirdischen Gewässer, ein anderer Teil auf die Landoberfläche. Für den A. ist die Form und die zeitliche Verteilung des Niederschlages von großer Bedeutung. Niederschläge, die als Schnee fallen, werden kurz- oder mittelfristig zurückgehalten und kommen bei der Schneeschmelze verzögert zum A. Zu Beginn eines Regenereignisses wird der erste Anteil des Niederschlages von den Laubflächen der Pflanzen (Interzeption) und von der Landoberfläche in mehr oder weniger großen Bodensenken als Pfützen zurückgehalten und gespeichert (Oberflächenretention, Senkenspeicherung). Dieses Wasser, das wegen der großen verfügbaren Oberflächen intensiver → Verdunstung unterliegt, trägt zum A. nicht bei. Regenfälle von geringer Intensität und kurzer Dauer können so gänzlich durch die Interzeption und Oberflächenretention zurückgehalten und durch Verdunstung aufgebraucht werden. Bei anhaltenden Niederschlägen wird der Speichervorrat auf den Blättern und in Depressionen der Erdoberfläche immer mehr gesättigt. Wenn das Rückhaltevermögen der Pflanzenoberflächen und der Bodendepressionen überschritten wird, können erste Abflußvorgänge beobachtet werden. Der weitere Vorgang hängt von Niederschlagsdichte und -fracht und von der Infiltrationsrate und -kapazität des Bodens ab.

Im Boden können zeitweise erhebliche Wassermengen gespeichert werden, bis die Hohlraumanteile des Bodens wassergesättigt sind. Der Infiltrationsanteil des Niederschlages und seine Verweilzeit im Boden hängen u. a. von den hydraulischen Eigenschaften, der Beschaffenheit des Bodens und seiner Bodenhorizonte (→ Hohlraumanteil, → Durchlässigkeit), der Bodennutzung, dem Pflanzenbewuchs, dem Flurabstand der Grundwasseroberfläche und vom Oberflächenrelief ab. Ein Teil des infiltrierten Wassers bleibt im Sickerraum (Geologie) als Bodenfeuchte zurück, ein Teil tritt als → Zwischenabfluß in Erscheinung, ein weiterer Teil wird durch Transpiration, Evaporation und Wasserdampfaustausch wieder an die Atmosphäre abgegeben (Verdunstung), und ein anderer Teil des infiltrierten Wassers sickert bis zum Grundwasserspiegel hinab und speist das → Grundwasser, das als Grundwasser-bürtiger A. und als Grundwasserabstrom zum Abflußvorgang beiträgt. Das Grundwasser legt unterschiedlich große Wege in den Grundwasserleitern zurück und tritt z. T. mit großer zeitlicher Verzögerung in → Quellen zu Tage oder speist direkt in die oberirdischen Gewässer ein (effluenter Zustand). In Teilbereichen kann das oberirdische Gewässer ständig Wasser an das Grundwasser abgeben (influenter Zustand), oder es wechseln effluente und influente Zustände ab: Bei Niedrigwasser und meistens auch Mittelwasser fließt das Grundwasser in die oberirdischen Gewässer ab (effluente Verhältnisse). *Mattheß*

Literatur: *Matheß, G.*, u. *K. Ubell*: Allgemeine Hydrogeologie – Grundwasserhaushalt. Berlin, Stuttgart 1983.

Abflußmeßwesen. Abflußmessungen werden als Wasserstands- und Abflußmengenmessungen vorgenommen. Den → Abfluß bestimmt man für gewässerkundliche Untersuchungen an langfristig eingerichteten Meßstellen. Geeignete Pegelquerschnitte unterliegen weder dauerhaften Veränderungen des Durchflußprofils durch → Erosion oder Akkumulation noch zeitweisen Störungen durch Rückstau, Treibeis oder Verkrautung. Die Wasserstände liest man an Pegeln unterschiedlicher Art (Lattenpegel, Schrägpegel, Treppenpegel) ein- oder mehrmals täglich ab. An höherwertigen Meßstellen werden Schreibpegel für die kontinuierliche Aufzeichnung der Wasserstände (Schwimmerschreibpegel, Bandmeßpegel, Druckluftpegel, elektrische und induktive Widerstandspegel) sowie Fernpegel mit elektrischen Wasserstandsanzeigern und Fernsprecheinrichtungen eingesetzt. Abflußmessungen erfassen die in der Sekunde den Abflußquerschnitt durchfließende Wassermenge. Abflußquerschnitt ist der vom abfließenden Wasser angefüllte kleinste lotrechte Gerinnequerschnitt in fließenden Gewässern. Die aufwendigen Abflußmessungen werden bei verschiedenen Wasserständen nur gelegentlich durchgeführt. Die fortlaufende Bestimmung der Abflußwerte geschieht indirekt über die Messung des Wasserstandes und dessen Umrechnung zum Abfluß auf Grund der Wasserstand-Abfluß-Beziehung der jeweiligen Meßstation.

Der Abfluß läßt sich unmittelbar volumetrisch in kalibrierten Meßgefäßen und ortsfesten Kammern bekannten Inhaltes durch die in einer bestimmten Zeit in das Gefäß eingelaufene Wassermenge messen. In kleineren Flüssen, Bächen, künstlichen Kanälen und in wasserbaulichen Anlagen mißt man den Abfluß an scharfkantigen Meßwehren mit verschiedenen Querschnitten und eingebauten künstlichen Kontrollquerschnitten durch Bestimmen der Durchflußhöhen. Aus der Überfallhöhe und den Dimensionen und der Form des → Wehres ist der Durchfluß eindeutig zu berechnen. Am häufigsten wird der Abfluß über den Durchflußquerschnitt und die Fließgeschwindigkeit bestimmt. Die Fließgeschwindigkeit ermittelt man in natürlichen Wasserläufen meist mit hydrometrischen Meßflügeln. Sie ergibt sich aus der Umdrehungszahl des Flügels, eines schraubenförmigen Schaufelrades, an bestimmten Stellen des Abflußquerschnittes. In Gewässern mit stark turbulenter Strömung läßt sich die Fließgeschwindigkeit aus der Transportgeschwindigkeit einer Markierungsstoffwolke, ferner der Abfluß unmittelbar durch kontinuierliche oder momentane Zugabe der Lösung eines Markierungsstoffes bekannter Konzentration in den Wasserlauf und Messen des Verdünnungsverhältnisses unterhalb der Eingabestelle bestimmen (Mischungs- oder Verdünnungsverfahren). Bei breiten, stark verkrauteten oder schwemmsandführenden Flüssen sowie bei Gewässern mit Rückströmung werden elektromagnetische Verfahren und Ultraschallverfahren eingesetzt. Für die Bundesrepublik Deutschland enthalten die Deutschen Gewässerkundlichen Jahrbücher, die von den gewässerkundlichen Dienststellen des Bundes und der Länder herausgegeben werden, eine ausführliche gewässerkundliche Statistik über Wasserstände und Abflüsse der wichtigen Wasserläufe. *Matheß*

Literatur: DIN 4049-3: Hydrologie. Begriffe zur quantitativen Hydrologie. Ausg. 1994.

Ablaufabschnitt. Begriff des → Arbeitsstudiums. Er wird zur Untergliederung eines Arbeitsablaufs in Abschnitte verwendet. Der A. kann sowohl ein ganzes Bauwerk als auch sehr kleine Abschnitte umfassen. Welcher Feinheitsgrad gewählt wird, hängt vom zu erreichenden Ziel ab, insbes. bei → Zeitstudien. Bei Zeitstudien auf Baustellen wird am häufigsten der → Arbeitsvorgang als Ablaufabschnitt gewählt, manchmal auch der Teilvorgang (Tabelle). *Drees*

Ablaufart. Begriff des → Arbeitsstudiums. Er wird zur Analyse des Arbeitsablaufs durch → Zeitstudien verwendet. Nach → REFA gilt folgende Definition: A. sind Bezeichnungen für das Zusammenwirken von Mensch und Betriebsmittel mit der Eingabe innerhalb bestimmter → Ablaufabschnitte. Folgende A. treten bei Zeitstudien auf:

□ → Haupttätigkeit: planmäßige, unmittelbar der Erfüllung der Arbeitsaufgabe dienende Tätigkeit,

Ablaufabschnitt. Tabelle: Gliederung der A. nach REFA.

← Makroablaufschnitte →			← Mikroablaufschnitte →			
Projekt	Teil-projekt	Projekt-stufe	Vorgang	Teil-vorgang	Vorgangs-stufe	Vorgangs-element
Instituts-gebäude	Ergeschoß	Stahlbeton-wände des Kerns herstellen	Einschalen	Verbinden der Schal-elemente	Keil aufsetzen und einschlagen	Keil greifen

□ → Nebentätigkeit: planmäßige, nur mittelbar der Erfüllung der Arbeitsaufgabe dienende Tätigkeit,
□ zusätzliche Tätigkeit: eine hinsichtlich Vorkommen oder Ablauf nicht vorausbestimmbare Tätigkeit,
□ ablaufbedingtes Unterbrechen: Warten auf das Ende eines Ablaufabschnitts, der beim Betriebsmittel oder Arbeitsgegenstand selbständig abläuft,
□ störungsbedingtes Unterbrechen: Warten infolge von technischen und organisatorischen Störungen sowie Mangel an Informationen,
□ persönlich bedingtes Unterbrechen: Unterbrechen aus Gründen, die in der Person liegen,
□ erholungsbedingtes Unterbrechen (Erholung): Unterbrechen zum Zweck des Abbaus der Arbeitsermüdung.

Soweit eine A. nicht erkennbar ist, weil der beobachtete Mensch z. B. seinen Arbeitsplatz verläßt, ohne daß der Zweck dieses Verlassens erkennbar ist, wird die A. als nicht erkennbar bezeichnet. *Drees*

Ablaufkontrolle. Kontrolle der Ausführung eines vorgegebenen Ablaufs, i. a. durch Gegenüberstellung von Soll-Ablauf und Ist-Ablauf, angewendet insbes. bei der Vorgabe eines Bauablaufs durch die → Arbeitsvorbereitung oder → Projektsteuerung (→ Projektmanagement). Ziel der A. ist das Erkennen der Abweichung, um durch Gegenmaßnahmen den vorgegebenen Ablauf wieder zu erreichen. *Drees*

Ablaufoptimierung. Optimierung eines vorgegebenen Ablaufs durch Optimierungsverfahren, meist auf der Grundlage der Netzplantechnik. Vorgegeben werden Ablaufalternativen; berechnet wird die kürzest mögliche Ablaufzeit. Zu beachten ist das Ziel der A., da oftmals kürzest mögliche Ablaufzeit und geringst mögliche Kosten einander ausschließen. Für einen Auftraggeber ist ein kürzest möglicher Bauablauf insbesondere dann optimal, wenn hohe Zinskosten auftreten. Dies trifft vor allem bei einem frühzeitig erworbenen Baugrundstück zu, das bis zur Inbetriebnahme des Bauwerks zwischenfinanziert werden muß. Die Einsparungen an Zinsen sind den Mehrkosten der Bauausführung gegenüberzustellen. *Drees*

Ablaufplan. Darstellung des Zusammenhangs zwischen Arbeitsablauf und Zeit, meist als Balkendiagramm dargestellt, in Sonderfällen auch als → Zeit-Weg-Diagramm oder → Netzplan, manchmal auch als → Terminliste. Das Zeit-Weg-Diagramm findet bei vorwiegend eindimensional ausgerichteter Fertigung Verwendung, z. B. im Straßenbau. In abgewandelter Form wird es auch für die Darstellung der Mengenausbringung einer Produktion in Abhängigkeit von der Zeit verwendet (→ Bauzeitplan, → Terminplan). *Drees*

Ablaufplanung. Vorausschauende Festlegung eines Ablaufs, dessen Ergebnis ein Plan ist, im Bauwesen bezogen auf die Planung als Herstellung der Ausführungsunterlagen (Planung der Planung) oder auf die Herstellung des Bauwerks. Das Ergebnis wird als → Ablaufplan oder auch als → Bauzeitplan (→ Terminplan) bezeichnet. A. und → Ablaufkontrolle bedingen einander. Die A. bildet Bestandteil der Fertigungsvorbereitung (→ Arbeitsvorbereitung). *Drees*

Ablaufstudie. Untersuchung eines Ablaufs, meist zum Zweck des Erkennens von Schwachstellen und Verlustquellen, i. a. durchgeführt mit → Zeitstudien. Der Ablauf wird in → Ablaufabschnitte unterteilt, deren Dauer man mit Hilfe von Zeitaufnahmen bestimmt. Hierdurch ist eine Ablaufanalyse möglich, aus denen Schwachstellen und Verlustquellen erkannt werden können. Durch deren Ausschalten läßt sich ein optimaler Ablauf erreichen (→ Ablaufoptimierung). *Drees*

Abluftanlage. Raumlufttechnische Anlage mit Lüftungsfunktion, bei der die Raumluft durch Ventilatoren aus dem Raum abgeführt wird. Dabei entsteht im Raum ein Unterdruck, der dazu führt, daß die Raumluft durch Außenluft und Luft aus Nebenräumen ergänzt wird. Die A. dient zum Abführen von Geruchsstoff, Schadstoff, Wärme und Feuchte. Sie kann entweder aus einem zentralen Ventilator, einem Kanalnetz und mehreren Luftdurchlässen oder aus einem Ventilator oder mehreren dezentral angeordneten Ventilatoren und Nachströmöffnungen in der Gebäudehülle bestehen. Die → Wärmeschutzverordnung enthält Erleichterungen für A. mit → Wärmerückgewinnung. *Diehl*
Literatur: DIN 1946: Raumlufttechnik. Tl. 1–4.

Abmehlen. Zustand einer Betonoberfläche, bei dem das Feinstkorn äußerst geringe Haftung zum Substratbeton aufweist. Beim Berühren mit der Fingerkuppe wird diese deutlich „staubig". Eine abmehlende Betonoberfläche ist als Untergrund für eine Beschichtung (Anstrichfilm oder Mörtelschicht) ungeeignet. *Sasse*

Abnahme. Begriff des Bauvertragsrechts gem. § 12 VOB/B und § 640 BGB. Mit der A. geht die Gefahr auf den Auftraggeber über. Bis zur A. hat der Auftragnehmer die von ihm ausgeführten Leistungen und die ihm für die Ausführung übergebenen Gegenstände vor Beschädigung und Diebstahl zu schützen. Von der A. an wird die Beweislast umgekehrt, d. h. die Beweislast für etwaige Mängel liegt von diesem Zeitpunkt an beim Auftraggeber. Eine A. kommt erst dann in Betracht, wenn die → Bauleistung fertiggestellt ist, jedoch kann wegen wesentlicher Mängel die A. verweigert werden. Eine förmliche A. hat dann stattzufinden, wenn es eine Vertragspartei verlangt. In die Abnahmeniederschrift sind etwaige Vorbehalte wegen bekannter Mängel und wegen → Vertragsstrafen aufzunehmen. Die Verjährungsfrist für die → Gewährleistung beginnt mit dem Zeitpunkt der A. Hat der Auftraggeber die Bauleistung oder einen Teil davon in Benutzung genommen, so gilt die A. nach Ablauf von sechs Werktagen als erfolgt, soweit es sich nicht um eine Benutzung zur Weiterführung der Arbeiten handelt. *Drees*

Abpreßversuch. Versuch zur Ermittlung der Wasserdurchlässigkeit des Untergrundes. Bei → Festgesteinen führt man A. als Wasserdruckprüfungen (WD-Tests) aus, um die Notwendigkeit zusätzlicher Abdichtungsmaßnahmen zu überprüfen. In einem Bohrlochabschnitt, der durch Packer oder nach unten auch durch die Bohrlochsohle begrenzt ist, wird Wasser unter konstantem Druck in das → Gebirge gepreßt. Die Wassermenge in Litern, die in 1 min je Meter Bohrlochlänge bei einem Druck von 1 MPa vom Untergrund aufgenommen wird, heißt 1 Lugeon. Als ein Kriterium im Staudammbau gilt, daß eine zusätzliche Untergrundabdichtung unterbleiben kann, wenn bei Stauhöhen H ≤ 30 m Lugeon-Werte < 3 und bei H > 30 m Lugeon-Werte < 1 gemessen wurden. Der WD-Test wird heute auch zur Bestimmung der Orientierung von Trennflächen und von mechanischen Gebirgsparametern verwendet. Bei injiziertem Untergrund dient er zur Kontrolle des Injektionserfolges. In → Lockergesteinen läßt sich mit dem A. und dem *Darcy*schen Gesetz die Durchlässigkeit k abschätzen. *Meißner*

Abrechnung. Ermittlung der → Vergütung für eine vom Auftragnehmer erbrachte Leistung. Die Vorgehensweise ist in § 14 VOB/B festgelegt. Zu unterscheiden sind Abschlagsrechnung und Schlußrechnung. Abschlagsrechnungen werden in möglichst kurzen Zeiträumen während der Bauausführung aufgestellt, um eine → Abschlagszahlung des Auftraggebers zu bewirken; hierdurch erreicht man eine Zwischenfinanzierung des Bauvorhabens. Schlußrechnungen werden nach Fertigstellung des Bauvorhabens aufgestellt; sie führen zur → Schlußzahlung des Auftraggebers. Abschlagszahlungen sind ohne Einfluß auf die Haftung und → Gewährleistung des Auftragnehmers. Schlußzahlungen sind demgegenüber endgültige Zahlungen; die vorbehaltlose Annahme schließt Nachforderungen aus. Der Auftragnehmer hat seine Leistungen prüfbar abzurechnen und die erforderlichen Mengenberechnungen, Zeichnungen und andere Belege beizufügen. Änderungen und Ergänzungen des Vertrags sind in der Rechnung besonders kenntlich zu machen. Die für die A. notwendigen Feststellungen sind möglichst gemeinsam von Auftraggeber und Auftragnehmer vorzunehmen. Bei der A. sind die Abrechnungsvorschriften zu beachten, die jeweils im Abschn. 5 der Bestandteile (Normen) der VOB/C festgelegt sind. *Drees*

Abreißversuch. Bestimmung der Oberflächenzugfestigkeit des Betonuntergrundes bzw. der Haftzugfestigkeit einer darauf befindlichen Beschichtung durch Zugbeanspruchung normal zur Oberfläche. Die Versuchsergebnisse hängen in hohem Maße von der Art des Prüfgerätes und der Versuchsdurchführung ab. *Sasse*

Abscheider. A. sind vor allem in der → Abwassertechnik Einrichtungen, meist geschlossene Behälter mit speziellen Einbauten, um leichtere Flüssigkeiten durch Aufschwimmen in beruhigter Fließstrecke abzuscheiden. Durch Koaleszens (z. B. auf wachshaltigen Oberflächen) kann die Wirkung verstärkt werden. Es gibt A. für Leichtflüssigkeiten, wie Benzinabscheider (DIN 1999), Fettabscheider (DIN 4040/4041) Heizölabscheider und Heizölsperren (DIN 4043). Beim Stärke-A. (Norm in Vorbereitung) setzt sich die im Wasser mitgeführte Stärke allerdings am Boden des A. ab. Diese werden bei Kartoffelschälmaschinen eingesetzt. Bei allen durch Aufschwimmen funktionierenden A. sind Schlammfänge vorzuschalten. Bei den Leichtflüssigkeits-A. ist i. d. R. der verfügbare Speicherraum für Abgeschiedenes gering. Deshalb gibt es A. mit Einrichtungen, die nach Füllung des Speichers den weiteren Durchfluß blockieren und so anzeigen, daß der abgeschiedene Stoff geräumt werden muß.

Beim Benzin-A. wird auch jede Flüssigkeit abgeschieden, deren Dichte kleiner als die des Wassers ist, d. h. z. B. Heizöl oder leichte Öle, auch Fett. Benzinabscheider sind bei Tankstellen, Waschplätzen für Kraftfahrzeuge und gelegentlich auch bei Garagen, immer aber bei Umschlagstellen für Leichtflüssigkeit anzulegen. Heizölsperren sind in Räumen mit Heizölbehältern einzurichten, wenn Zutritte zum Kanal denkbar sind. Fett- und Stärke-A. sind bei der Gastronomie, auch bei Fleischereien angebracht. Immer soll durch A. der Zutritt der abscheidbaren Stoffe ins Kanalnetz vermieden werden, wenn Störungen (Fett) und Gefahren (Benzin, Öle), wie Gesundheits-, Explosions- und Brandgefahr, gegeben sein können. *Pfeiff*

Abscheren. → Beanspruchung von → Nieten, → Schrauben und → Bolzen durch Scherspannungen (→ Schubspannungen) im Schaft infolge von Kräften quer zur Schaftachse (Bild). *Sedlacek/Scholz*

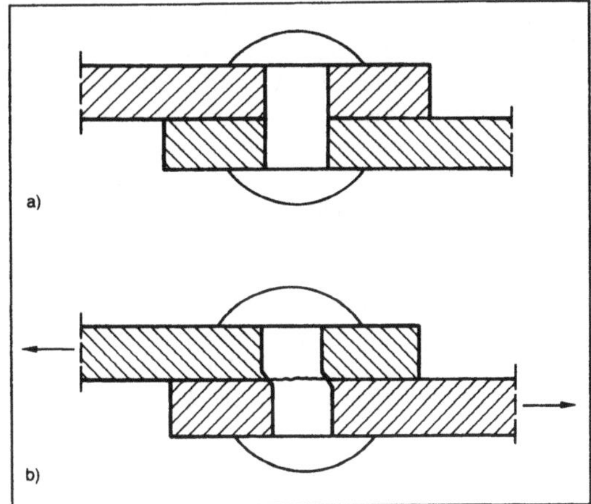

Abscheren: Nietverbindung
a) Unverformter Schaft
b) Abgescherter Schaft.

Abscherverbindung. Scherbeanspruchte Niet-, Schrauben- und Bolzenverbindung in einschnittiger oder mehrschnittiger Ausbildung (Bild).

Die Scherspannung im Schaft beträgt:

$$\tau = \frac{N}{n \cdot As}$$

mit n als der Anzahl der Scherflächen.

Sedlacek/Scholz

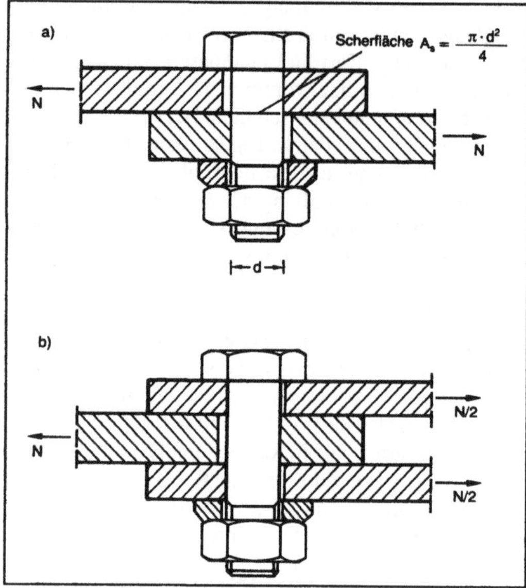

Abscherverbindung: Schraubenverbindung
a) Einschnittige Verbindung
b) Zweischnittige Verbindung.

Abschirmbeton → Strahlenschutzbeton

Abschlag. Ein A. kennzeichnet beim → Sprengverfahren jeweils den während eines abschnittweisen Tunnel- oder Stollenvortriebs freigelegten Hohlraum an der → Ortsbrust. Die Größe des A. wird durch das Hohlraumprofil sowie die Abschlagtiefe festgelegt. Die Abschlagtiefe ist von der → Standsicherheit des Gebirges, dem → Trennflächengefüge und von dem Sprengvorgang abhängig. Um in der Planungsphase eines Tunnelbauwerks einen Überblick über die zu erwartenden Bauzeiten und -kosten zu erhalten, sind Kenntnisse über den bei jedem A. erforderlichen Bedarf an Sprengmitteln und Zündmitteln, die notwendige Anzahl von Bohrlöchern, deren Länge und Lage sowie das zu wählende Sprengverfahren erforderlich. *Wagner*

Abschlagsrechnung → Abrechnung, → Abschlagszahlung

Abschlagszahlung. Zahlung, die während der Bauausführung vom Auftraggeber an den Auftragnehmer auf Grund einer Abschlagsrechnung geleistet wird. Maßgebend ist § 16 VOB/B. Sie ist auf Antrag in Höhe des Wertes der jeweils nachgewiesenen vertragsgemäßen Leistungen einschließlich des ausgewiesenen darauf entfallenden Umsatzsteuerbetrags in möglichen kurzen Zeitabständen (meist monatlich) zu gewähren.

Die Leistungen sind durch eine prüfbare Aufstellung nachzuweisen, die eine rasche und sichere Beurteilung der Leistung ermöglichen muß (Abschlagsrechnung). A. sind binnen 18 Tagen nach Zugang der Aufstellung zu leisten. Als Leistungen gelten hierbei auch die für die geforderte Leistung eigens angefertigten Bauteile sowie die auf der Baustelle angelieferten Stoffe und Bauteile, wenn dem Auftraggeber nach seiner Wahl das Eigentum an ihnen übertragen ist oder entsprechende → Sicherheit gegeben wird.

A. haben keinen Einfluß auf Haftung, → Gewährleistung und → Abnahme. Dem Auftraggeber verbleiben alle Rechte, obwohl er A. auf die festgelegte → Vergütung geleistet hat. Das gilt für → Einheitspreis- und → Pauschalverträge. Die in der Abschlagsrechnung aufgeführte und bezahlte Leistung bindet also den Auftraggeber nicht (→ Abrechnung). *Drees*

Abschliff. A. (Holzschliff) ist Mehl, das beim Schleifen der Holzoberfläche entsteht, auch Produkt zur Zellstoffherstellung. Mittels großer Schleifsteine schleift man entrindete Holzrundlinge (Scheiter) ab. Die Fasern werden aus ihrem Verband gerissen und zerrieben. Man unterscheidet Längs- und Querschleifverfahren.

Dröge

Abschreibung. Verfahren zur Verteilung der Anschaffungs- oder Herstellkosten abnutzbarer Anlagengegenstände auf die Nutzungszeit. Zu unterscheiden sind kalkulatorische, bilanzielle und steuerrechtliche A. Als A. kommen die lineare, die degressive und die progressive A. in Betracht. Die steuerrechtliche A. wird als Absetzung für Abnutzung (AfA) bezeichnet. Meist verwendet man hierfür die degressive Methode, die von jährlich fallenden Beträgen ausgeht. Hierdurch ergibt sich in den ersten Jahren nach der Anschaffung oder Herstellung ein höherer Betrag der Absetzung als bei linearer A.; zulässig nur bei beweglichen Gegenständen des Anlagevermögens. Bei der Kostenermittlung von → Bauleistungen (→ Kalkulation) wird die lineare (kalkulatorische) A. verwendet. Maßgeblich für die kalkulatorische A. ist der Wiederbeschaffungs- oder Tageswert. Die → Nutzungsdauer ist nach den vorliegenden technischen Kenntnissen zu schätzen. Gleiches gilt für die → Reparaturkosten, deren Gesamtbetrag gleichmäßig über die Nutzungszeit verteilt wird, so daß für A. und Reparaturen gleichbleibende Beträge anzusetzen sind. Zur Vereinfachung der Kalkulation sind in der → Baugeräteliste monatliche Abschreibungs- und Reparaturkosten angegeben, die man jedoch meist mit Abschlägen einsetzt. Sie werden durch die kalkulatorischen Zinsen ergänzt, das sind die Kosten der Bereitstellung des in den Baugeräten investierten Kapitals. Die übliche Nutzungsdauer für Baugeräte liegt zwischen vier und zehn Jahren, die jährliche Einsatzzeit auf den Baustellen (Vorhaltedauer) meist bei 60–70% der Kalenderzeit mit Abweichungen je nach Einsatzhäufigkeit nach oben und unten. *Drees*

Absetzbecken. Rechteckige oder runde Becken, die überwiegend horizontal, aber auch vertikal durchströmt werden, um mitgeführte absetzbare Stoffe als Bodenschlamm abzuscheiden. Dabei werden auch Leicht- oder Schwimmstoffe als Schwimmschlamm abgetrennt. Man nennt dies eine mechanische Reinigung des Wassers/Abwassers (Klärung). Die gleiche Wirkung wird auch in → Teichen, natürlichen oder künstlichen Speichern und Seen bei einer ausreichenden rechnerischen Aufenthaltszeit während des Durchflusses erreicht. Aufenthaltszeiten von 1–2 h sind üblich. In dieser Zeit werden 90 bis nahezu 100% der absetzbaren Stoffe sedimentiert. Beim Rundbecken wie beim langgestreckten Rechteckbecken wird der Bodenschlamm meist durch einen zirkulierenden oder längs über das Becken laufenden mobilen → Räumer (Räumwagen, Kratzer, Saugrüssel) in einen zentralen oder auf der Einlaufseite liegenden Schlammsammelraum befördert und von dort mit rd. 1 m Wasserüberdruck über Schlammentnahmerohre in Sammelschächte zur weiteren Behandlung gebracht. Auch der Schwimmschlamm wird so durch Abstreifer am Räumer kontinuierlich abgeschoben. Dies gilt vor allem für horizontal durchströmte A. Das vertikal durchströmte A. wird meist als tiefes Trichterbecken (Bild) nahe der Sohle, über der Schlammtrichterspitze, mit dem Rohwasser beschickt, das möglichst gleichmäßig über den Querschnitt verteilt nach oben strömt und dort in Ablaufrinnen ausläuft. Durch die aufwärts gerichtete Strömung bei abwärts sinkendem → Schlamm bzw. Absetzbarem ergibt sich ein besonders günstiger Koagulationseffekt der mechanischen Reinigung. Die dabei gegebene Steiggeschwindigkeit (in m/h) wird auch Oberflächenbeschickung genannt. Der so gewonnene gut fließfähige Schlamm der A. hat einen Wassergehalt von meist 96–99%. *Pfeiff*

Absperrbauwerk. In einem Gewässer wird ein Stau durch ein A. erzeugt. Bei → Staustufen wird es als → Wehr ausgeführt, das der Hebung des Wasserstandes und meist auch der Regelung des Abflusses dient. Bei anderen → Stauanlagen wird es als → Staumauer oder Staudamm errichtet. *Muth*

Absperrelement. Das A. und Drosselelement dient zum Verringern des Volumenstromes bis zum völligen Abschluß in Leitungen, Zu- und Abstromöffnungen. Es kann als Hahn, Klappe, Ventil oder Schieber ausgeführt sein. Die Verstellung läßt sich von Hand oder mit Hilfsenergie, wie Druckluft, Hydrauliköl, elektrischem Strom oder Druck des abzusperrenden Mediums, vor-

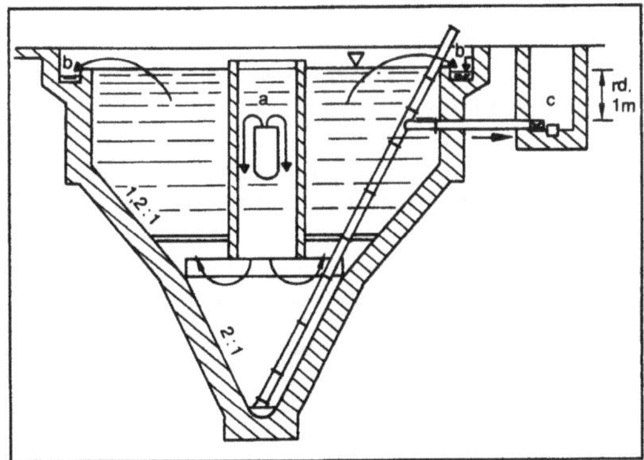

Absetzbecken: Tiefes Trichterbecken mit lotrechter Wasserbewegung (Dortmunder Brunnen).

a Zulauf, b r Überlauf, c Schlammentnahme

nehmen. Der Werkstoff ist entsprechend dem Medium sowie den Temperatur- und Druckbedingungen zu wählen. Für Brandschutzklappen in Lüftungsanlagen sind die Maßnahmen gemäß Prüfzeugnis zu beachten. *Diehl*

Abstandsgeschwindigkeit. Die A. des → Grundwassers ist der Quotient aus dem horizontalen Abstand zweier Meßpunkte und der Fließzeit des Grundwassers zwischen diesen Meßpunkten. *Mattheß*

Absteckung. Vermessungstechnische Übertragung eines bautechnischen Entwurfs in die Örtlichkeit. Dabei werden zunächst vor Beginn der Bauarbeiten die Hauptpunkte und -achsen des Projekts vermessen und im Gelände markiert. Je nach der Art des Projekts (Verkehrsweg, → Tunnel, → Brücke, → Gebäude usw.) sind im Verlauf der Bauarbeiten weitere Detailpunkte im Anschluß an die Hauptpunkte und Hauptachsen abzustecken. Die Verantwortung für die A.-Arbeiten wird i. d. R. durch Rechtsvorschriften oder vertragliche Vereinbarung zwischen dem Bauherrn und dem ausführenden Unternehmer aufgeteilt. In der Bundesrepublik Deutschland regelt z. B. die → Verdingungsordnung für Bauleistungen (VOB), daß der → Bauherr (oder ein von ihm beauftragter Vermessungsingenieur) die Hauptachsen eines Bauwerks anzugeben hat, während die darauf aufbauende Detailabsteckung dem Unternehmer obliegt. In Abhängigkeit von der Art des Projekts können die A.-Arbeiten mehr oder weniger aufwendig sein; dabei beeinflussen auch die zulässigen Bautoleranzen und die davon abhängigen A.-Toleranzen den Absteckungsaufwand maßgebend. Besonders aufwendig ist z. B. die A. eines Tunnels, der gewöhnlich von zwei Seiten aufgefahren wird (Bild). Im Bereich der → Tunnelportale richtet man Portalpunkte ein, deren relative Lage durch ein oberirdisches geodätisches Netz bestimmt wird. Daraus lassen sich die Vortriebsrichtungen zunächst in den Portalbereichen und später, nach entsprechendem Vortrieb, auch

im Tunnel selbst angeben. Beim heutigen Stand der Technik darf erwartet werden, daß auch bei längeren Tunneln (Länge > 10 km) die Abweichungen im Durchschlagspunkt nur wenige Zentimeter betragen.   *Pelzer*
Literatur: *Krüger, J.*: Absteckungsnetze, speziell für Tunnelabsteckungen. In: *Pelzer, H.* (Hrsg.): Geodätische Netze in Landes- und Ingenieurvermessung. Stuttgart 1985.

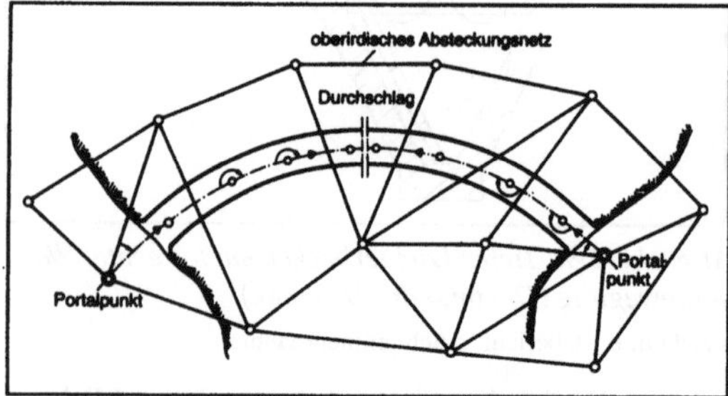

Absteckung: Prinzip der Tunnelabsteckung.

Abstrahleffekt. Man versteht darunter in der → Bauakustik die Erscheinung, daß dünne, biegeweiche Platten, z. B. Gipskartonplatten, bei gleich großen Körperschallschwingungen um 10–15 dB weniger Luftschall in einem Raum abstrahlen als dicke, biegesteife Platten, z. B. → Betondecken (Bild 1). Dieser Effekt ist für den praktischen → Schallschutz in Bauten von großer

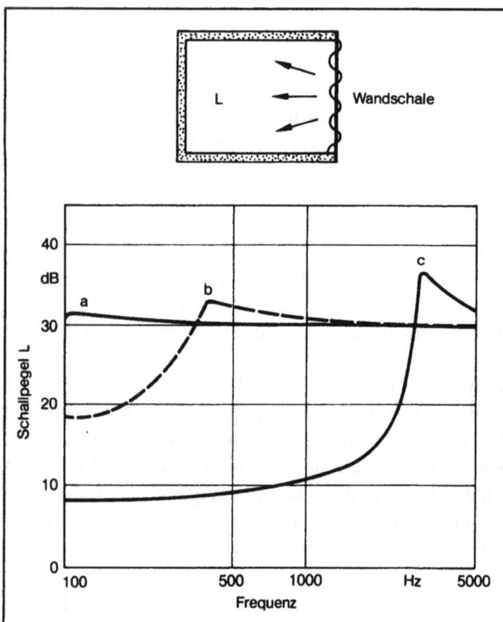

Abstrahleffekt 1: Schallabstrahlung dünner und dicker Wände, wenn sie zu gleich großen Biegeschwingungen angeregt sind.

a 120 mm dicke Normalbetonplatte   (biegesteif)
b 70 mm dicke Gipskartonplatte   (biegesteif)
c 10 mm dicke Gipskartonplatte   (biegeweich)

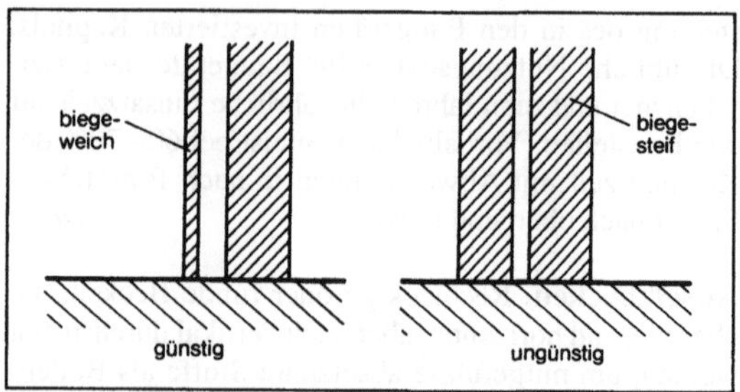

Abstrahleffekt 2: Biegeweiche Schale (links) vor einer Wand günstiger als eine biegesteife zweite Schale (rechts).

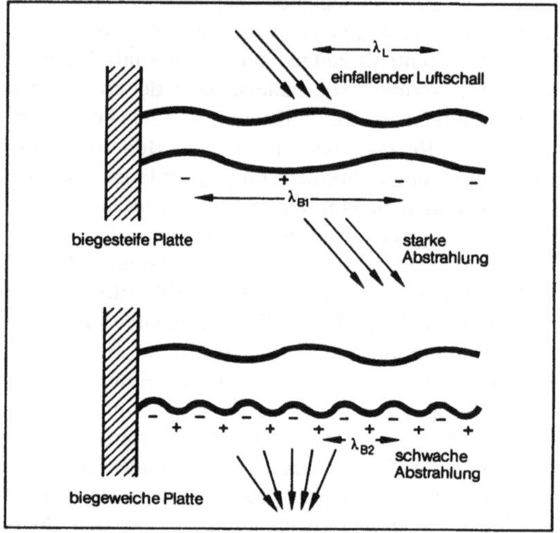

Abstrahleffekt 3: Bei dünnen, biegeweichen Platten verringerte Schallabstrahlung, weil Über- und Unterdrücke sich gegenseitig kompensieren.

Bedeutung. Für die schalldämmende → Verkleidung von Wänden und Decken verwendet man daher wegen dieses Effekts bevorzugt biegeweiche Platten, wie → Holzspanplatten, Gipskartonplatten (Bild 2). Die physikalische Ursache dieses Verhaltens liegt in der unterschiedlich großen Biegewellenlänge λ_B für dieselbe Frequenz bei dünnen und dicken Platten (Bild 3). Die Über- und Unterdrücke der Luft vor diesen Platten, in Bild 3 mit + bzw. – dargestellt, liegen bei dünnen Platten, verglichen mit der Wellenlänge λ_L des Schalls in Luft, relativ eng zusammen, so daß sie sich weitgehend gegenseitig kompensieren können (akustischer Kurzschluß). Entsprechend ist die Schallabstrahlung geringer als bei der dicken Platte, wo ein solcher Kurzschluß nicht auftritt. Zahlenmäßig gekennzeichnet wird der A. durch den Abstrahlgrad σ bzw. das Abstrahlmaß $10 \lg \sigma$.   *Gösele*
Literatur: DIN 52217: Bauakustische Prüfungen. Flankenübertragung. Begriffe. – DIN 4109: Schallschutz im Hochbau.

Beibl. 1. Ausg. 1989. – *Cremer, L.,* u. *M. Heckl:* Körperschall. Berlin 1996.

Abstreuen. Breitwürfiger Auftrag von getrockneten → Mineralstoffen auf eine frische organische Beschichtung, wobei die Körner einerseits fest in die Oberfläche eingebunden werden sollen, andererseits nicht in sie einsinken dürfen, um einen guten Haftgrund für eine nachfolgende Beschichtung zu liefern. *Sasse*

Abwägungsgebot → Belang

Abwärmeverwertung. Für die A. eines → Gebäudes sind die Abwärmeströme des Gebäudes sowie deren Temperaturniveau ausschlaggebend. Dies sind der Transmissionswärmestrom durch die Fassade, der Abluftwärmestrom durch Fassadenfugen und -öffnungen und ggf. raumlufttechnische Anlagen und der Wärmestrom, der das Gebäude mit dem Abwasser verläßt. Die Verwertung der Abwärmeströme setzt voraus, daß die Wärme an Stoffströme mit niedrigerem Temperaturniveau oder über Wärmepumpen übertragen werden kann. In der → Raumlufttechnik werden zur → Wärmerückgewinnung auch rotierende oder feststehende Speichermassen verwendet, die auch einen Teil der Luftfeuchte zurückgewinnen können. Absorptions-Kälteanlagen können Wärme oberhalb 80 °C für Kühlzwecke nutzbar machen. *Diehl*

Abwanderungsraum → Bevölkerungswanderung, → Raumordnung

Abwasserabgabengesetz. Das A. (AbwAG) von 1976, dz. gültig in der Fassung vom 5. 7. 1994 (BGBl. I S. 1453), sieht eine Abgabepflicht für die Einleitung schädlichen Abwassers (Gemeinden, Industrie) vor. Die Höhe der Abgabe richtet sich nach der Schädlichkeit des eingeleiteten Abwassers, die unter Zugrundelegung der oxidierbaren Stoffe, der organischen Halogenverbindungen, der Metalle Quecksilber, Cadmium, Chrom, Nickel, Blei, Kupfer und ihrer Verbindungen (seit 1991 auch Phosphor und Stickstoff) sowie der Giftigkeit des Abwassers gegenüber Fischen bestimmt wird (§ 3). Ausgedrückt wird die Schädlichkeit durch den Meßwert Schadeinheit (SE). Eine SE entspricht etwa der Schädlichkeit ungereinigten Abwassers eines Einwohners/Jahr (Einwohnergleichwert). Je geringer die Schädlichkeit eines Abwassers ist, um so kleiner ist auch die Abwasserabgabe. Diese soll daher dazu anreizen, die Schädlichkeit der Abwässer durch Abwasserbehandlung, Einführung abwasserarmer oder abwasserloser Produktionsverfahren und Einführung umweltfreundlicher Produkte (Umweltzeichen) zu vermindern. Die für eine SE zu entrichtende Abwasserabgabe (Abgabesatz) betrug 1981 12,– DM. Er steigerte sich bis 1993 auf 60,– DM/SE. Werden Menge und Schädlichkeit der Abwässer durch Vermeidungsmaßnahmen soweit vermindert, daß sie den → Mindestanforderungen nach § 7 a → Wasserhaushaltsgesetz oder den in

der wasserrechtlichen Erlaubnis der Einleitung gesetzten strengeren Anforderungen entsprechen, so ermäßigen sich die Abgabesätze je SE um die Hälfte (§ 9 Abs. 5). Das Aufkommen der Abwasserabgabe ist für Maßnahmen, die der Erhaltung oder Verbesserung der Gewässergüte dienen, zweckgebunden (§ 13). *Lecher*

Abwasserbeseitigungsplan. Wasserwirtschaftliches Planungsinstrument nach § 18 a Abs. 3 WHG (→ Wasserhaushaltsgesetz). A. werden von den Ländern nach überörtlichen Gesichtspunkten aufgestellt und sollen im Interesse des → Gewässerschutzes eine optimale Behandlung der Abwässer durch Festlegung entsprechender Planziele gewährleisten. Sie bauen auf den Festlegungen der wasserwirtschaftlichen → Rahmenpläne auf, die die wasserwirtschaftliche Grundlage bilden. Festzulegen sind in den A. insbes. die Standorte für bedeutsame Anlagen zur Behandlung von Abwasser, ihr Einzugsbereich, Grundzüge für die Abwasserbehandlung sowie die Träger der Maßnahmen. Diese Aufzählung des Mindestinhalts von A. ist nicht erschöpfend. Den Ländern bleibt es überlassen, einzelne oder sämtliche Festlegungen der A. für andere Behörden, Planungsträger, Abwasserbeseitigungspflichtige und sonstige Dritte für verbindlich zu erklären. *Lecher*

Abwassereinleitung-Mindestanforderungen → Mindestanforderungen

Abwasserentsorgung. Die Entsorgung von Sanitärabwasser aus WC, Bad und Küche geschieht durch teilgefüllte Abflußleitungen, Nennweite 40 oder 50, und Falleitungen, Nennweite 100, in die öffentliche → Kanalisation oder in Sickergruben. Die Sanitäreinrichtungen werden mit Geruchsverschluß (Siphon), der mit Wasser gefüllt ist, angeschlossen. Die Falleitung ist über Dach entlüftet. Abwasser aus der Industrie entsorgt man durch getrenntes Erfassen von Abwasser, das dem Klärwerk zugeführt werden kann, und Sonderabwasser, das gezielt gereinigt, neutralisiert oder deponiert wird. Grenzwerte für maximal zulässige Verunreinigungen werden bei den regional zuständigen Abwasserbehörden bzw. Klärwerksbetreibern erfragt. *Diehl*

Literatur: DIN 1986, ATV-Merkblätter.

Abwasserförderung → Abwasserhebung

Abwasserhebung. A. dient der Hebung von Abwasser auf ein höheres Energieniveau, eine größere geodätische Höhe oder/und dem Abwassertransport/der Abwasserförderung bei Nutzung dieser Energiehöhe. Man spricht von Abwasserhebeanlagen, wo das Abwasser unterhalb einer → Rückstauebene mit freiem Wasserspiegel anfällt und bis über diese Ebene gehoben werden muß, um Wasserzutritte aus dem Kanalnetz für → Mischwasser oder Regenwasser bzw. Schmutzwasser zu vermeiden. Dabei wird sanitäres Abwasser immer in einem geschlossenen Sammelbehälter (nach DIN 1986) gesammelt und aus diesem gewöhnlich über eine → Pumpe evtl. mit Ersatzpumpe auf die nötige Höhe über die Rückstauebene gehoben. Bei gering verschmutztem Waschwasser, Regen- oder Grundwasser ist dies auch über einen offenen oder abgedeckten Sumpf und die Pumpe möglich. Spezielle Verfahren der A. und Abwasserförderung sind die → Druck- oder die → Vakuumentwässerung. Man spricht von Abwasserpumpwerken, wenn Abwasser innerhalb eines Kanalnetzes oder einer Abwasserreinigungsanlage gelegentlich auch von Pumpstationen gehoben wird. Bei jeder A., vor allem, wenn auch Fäkalien mit zu fördern sind, werden spezielle Pumpentypen mit einem ausreichenden freien Durchgangsquerschnitt des Laufrades und der saug- und druckseitigen Anschlüsse gewählt (meist mindestens 80 mm Dmr.), z. B. Kanalrad- oder Wirbelradpumpen. Gelegentlich setzt man auch eine pneumatische Abwasserförderung über geschlossene Druck- oder Vakuumbehälter ein. Dabei geschieht die Abwasserförderung diskontinuierlich. Sobald der Sammelbehälter bei freiem Gefällezufluß bis zu einem Grenzstand gefüllt ist, werden ein Druckluftpolster aus einem Verdichter eingeblasen und durch Ventilschaltungen der Zulauf ab- sowie der Ablauf bis zur gewünschten Leerung und erneuten Umstellung auf den freien Zulauf eingestellt. Häufig beschickt man dabei zwei Sammelbehälter wechselweise.

Für bestimmte Aufgaben kann Abwasser durch in ein Steigrohr eingeleitete Druckluft gefördert werden (Mammutpumpe). *Pfeiff*

Abwasserreinigung. Die A. in Abwasserreinigungsanlagen (→ Kläranlage) und Klärwerken erfaßt i. d. R. die im Schmutzwasserkanal des Trennverfahrens oder im Mischwasserkanal des Mischverfahrens zusammengefaßten Abwässer, bei letzterem auch Anteile der wesentlich verschmutzten Regenwasserabflüsse. → Fremdwasser ist unerwünscht, leider aber oft gegeben. Dabei erfassen die kommunalen Abwasserreinigungsanlagen (ARA) außer den häuslichen Abwässern meist auch Abwässer gewerblicher (Bäcker, Fleischer usw.) und gelegentlich auch industrieller Herkunft als Indirekteinleiter. Für spezielle industrielle Abwässer ist oft die spezifische eigene Reinigung oder eine Vorbehandlung vor der Abgabe in das kommunale Kanalnetz üblich oder nötig.

Die A. umfaßt i. d. R. mehrere Stufen: Die → Vorreinigung (→ Sandfang, → Rechen) und die mechanische erste Reinigungsstufe entfernen absetzbare (abfilterbare), suspendierte Stoffe meist in → Absetzbecken, gelegentlich auch durch Flotation. Der anfallende Primärschlamm wird zusammen mit dem Sekundärschlamm der zweiten biologischen Reinigungsstufe meist anaerob ausgefault oder seltener auch aerob stabilisiert. Diese biologische Stufe erfaßt die gelösten und kolloi-

dalen, vor allem organischen, leichter abbaubaren (mineralisierbaren) Kohlenstoffverbindungen und weniger die Stickstoffverbindungen. Das Abwasser verbleibt rechnerisch etwa 2 h bis zu 8 – 10 h in dieser Behandlungsstufe einschl. einer → Nachklärung. Bei besonderen Anforderungen werden in einer dritten Reinigungsstufe die Nährstoffe Phosphat und evtl. auch Nitrate entfernt, die vor allem stehende Gewässer durch ihre Düngewirkung besonders belasten können. Außerdem läßt sich in einer vierten, bisher selten angewendeten Reinigungsstufe, z. B. durch Filtration, der Kläreffekt verbessern. Ebenso kann eine abschließende Schönung, z. B. das Durchleiten durch Fischteiche oder → Teiche allgemein, einen Kläreffekt bringen. Eine abschließende → Entkeimung, z. B. durch Chlorung, ist in der Bundesrepublik Deutschland nicht üblich, wird aber im Ausland gelegentlich angewendet.

Die mechanische Reinigung entfernt meist rd. 90% der absetzbaren oder rd. 30% der biologisch in fünf Tagen (BSB_5) abbaubaren Stoffe. Die biologische Reinigung ergibt gewöhnlich eine Reduzierung des BSB_5 von rd. 90%. Bei weitergehender Reinigung werden rd. 95% und ausnahmsweise bis zu etwa 98% erreicht. In der Praxis sind jedoch nicht diese Wirkungsgrade als Soll-Werte der A. vorgegeben, sondern BSB_5-Konzentrationen im Ablauf von 15 – 30 mg/l, meist 20 – 25 mg/l. Werte unter 10 mg/l sind ein sehr gutes A.-Ergebnis. Zum Vergleich: In unseren Gewässern gibt es häufig eine Belastung an BSB_5 von etwa 5 – 2 mg/l, die nicht nur anthropogen bedingt, sondern z. T. auch natürlich ist. Eine andere internationale und jetzt bei uns benutzte (aber umstrittene wegen der Laborabwässer) Meßgröße ist der chemische → Sauerstoffbedarf (CSB), der in unseren Gewässern oft im Bereich von 18 – 35 mg/l liegt. Die Keimzahlen lassen sich bei der A. in Größenordnungen von 90 – 99 und sogar 99,9%, je nach dem Grad der Reinigung, reduzieren. Durch die A. werden auch Wurmeier und Viren in diesen Größenordnungen im Klärschlamm zurückgehalten. *Pfeiff*

Abwasserreinigung, biologische. Durch die b. A. werden gelöste Schmutzstoffe, Kolloide und Schwebstoffe aus dem Abwasser durch einen aeroben und/oder anaeroben Abbau, Aufbau neuer Zellsubstanz und Adsorption an Bakterienflocken oder an biologischen Rasen entfernt. Bekannte Verfahren sind das Belebtschlammverfahren, der → Tropfkörper oder die → Tauchkörper. Auch die Schlammstabilisierung zählt hierzu, aerob oder anaerob; letzteres bezeichnet man als → Faulung. Biologischer Rasen ist die in jedem Gewässer je nach Nährstoffangebot mehr oder weniger starke belebte Schicht auf den wasserberührten Oberflächen. Alle bei der biologischen Reinigung beteiligten Lebewesen sind stets entweder im Abwasser oder in natürlichen Wässern, in der Luft und im Boden, vor allem im Humusboden und in Wasserläufen vorhanden.

Pfeiff

Abwasserreinigung, mechanische. Die m. A. arbeitet nach Regeln, die von physikalischen Gesetzen abgeleitet wurden: Filterung durch Gitterstrukturen, Sedimentation oder Flotation durch Dichteunterschiede, gelegentlich Flocculation (evtl. chemische Flockung), evtl. auch Stoffzerkleinerung mechanischer Art. Daher besteht die m. A. bei einer → Kläranlage – zählt man die → Vorreinigung dazu – immer aus Rechenanlagen, → Sandfang, evtl. Abscheidern für Leichtstoffe und den → Absetzbecken. Letzteres ist nach neuerer Beratung jedoch nicht in allen Fällen erforderlich. Damit werden alle sperrigen, festen und absetzbaren (abfilterbaren) Stoffe weitgehend erfaßt und durch den Reinigungsprozeß (Klärprozeß) als Rechengut, Schwimmschlamm, → Sand und → Schlamm aus dem Abwasser herausgeholt. Auch bei der → Wasseraufbereitung für betriebliche Zwecke oder bei der Trinkwasseraufbereitung speziell aus → Oberflächenwasser schaltet man meist eine m. A. ein, oft auch unter Einsatz von Flockung, um sonst nicht absetzbare Anteile aus dem Wasser zu entfernen. *Pfeiff*

Abwasserreinigungsverfahren. Je nachdem, ob der biologische Abbau der organischen Verbindungen im Abwasser bei Anwesenheit von Sauerstoff oder bei fehlendem, im Wasser gelösten Sauerstoff vorgenommen wird, spricht man von aeroben oder anaeroben A. Beim aeroben A. besorgen verschiedene Bakterientypen (Aerobier) diesen Abbau bei mindestens 1–2 mg/l gelöstem Sauerstoff im Wasser. Beim anaeroben A. holen sich andere Bakterientypen (Anaerobier) den zum Atmen fehlenden freien Sauerstoff durch Reduktion von im Wasser vorhandenen chemischen Verbindungen, z. B. aus NO_3 oder SO_4-Ionen. Beim aeroben Verfahren wird durch die Umsetzung der in den abbaubaren Stoffen enthaltenen Energie meist auch Wärme freigesetzt (exothermer Ablauf), durch die bei der Schlammstabilisierung (Abwasserstabilisierung) spürbare Aufwärmungen mit z. T. erwünschten Effekten bis zu über 50 °C erreicht werden können. Das bei diesem Vorgang freigesetzte Kohlensäuregas CO_2 ist auch im gesunden, natürlichen → Vorfluter vorhanden. Diese Prozesse laufen normalerweise ohne oder nur mit mäßigen Geruchemissionen ab. Die biologischen A. sind daher überwiegend aerobe Verfahren. Bei den anaeroben Verfahren (Faulverfahren, → Faulung, Gärung) wird außer einem CO_2-Anteil von rd. 40% meist auch Methan (55–60%) mit einem erheblichen Energieinhalt aus diesen Abbauprozessen freigesetzt. Bei bis zu rd. 50 °C handelt es sich um mesophile, bei über 50 °C um thermophile Bakteriengruppen. Da die Umsetzung bei den anaeroben A. über verschiedene Fettsäuren vor sich geht, sind diese Prozesse wegen der unangenehmen Gerüche nur in geschlossenen Räumen üblich. Sie kommen auch in der Natur häufig beim Bodenschlamm, aber auch bei Überlastung des Selbstreinigungsvermögens des Gewässers vor („umgekippter" Gewässerzustand). Die Entwicklung der letzten Jahre geht zunehmend dahin, Kombinationen der aeroben und anaeroben A. anzuwenden, wobei die anaeroben A. aus energetischen Gründen zunehmend aktuell werden. *Pfeiff*

Abwassertechnik. Die A. umfaßt alle Technologien, Abwasser zu vermeiden oder zu vermindern, zu sammeln, abzuleiten, zu behandeln, evtl. mehrfach zu nutzen (→ Recycling, Kaskade) und zu beseitigen. Als Abwasser bezeichnet man Wasser, das gegenüber seinem Zustand vor einer Benutzung verändert ist. Die Veränderung kann chemischer, physikalischer und biologischer Natur, sinnlich wahrnehmbar oder nicht wahrnehmbar sein. Abwasser wird über Entwässerungsanlagen abgeleitet, die man oft auch als → Kanalisation bezeichnet. Zum Abwasser rechnet auch in Entwässerungsanlagen abfließendes → Niederschlagwasser, vor allem Regenwasser. Ebenso wird das abfließende → Grundwasser und → Oberflächenwasser, das über → Dränagen oder Undichtigkeiten der Kanalisation oder aus Wasserläufen und Gräben hinzukommt, als → Fremdwasser dem Abwasser zugeordnet. Man unterscheidet häusliches, gewerbliches und industrielles Abwasser. → Kühlwasser, das nur durch Wärme belastet ist, ist auch Fremdwasser. Soweit Abwasser gereinigt werden muß, sollte Fremd- und Kühlwasser aus diesem Schmutzwassersystem herausgehalten werden. Es bewirkt lediglich eine Verdünnung, die nur in bestimmten Fällen erwünscht ist. Im Mischverfahren entwässert man das Niederschlagwasser gemeinsam mit dem ohnedies zu reinigenden Schmutzwasser. Leitet man das Niederschlagwasser in einem selbständigen System, das Schmutzwasser in einem zweiten, davon völlig getrennten ab, so entwässert man im → Trennverfahren. In der Praxis gibt es Übergänge und Kombinationen zwischen diesen Systemen. Abwasser wird meist im Freigefällsleitungssystem im Kanalnetz abgeleitet. → Abwasserhebung kann notwendig sein, wenn nicht ausreichend natürliches Gefälle bis zur Vorflut vorhanden ist.

Abwasser wird auf den bebauten Grundstücken in einer → Grundstückentwässerungsanlage (GEA) gesammelt und über einen Anschlußkanal mit Kontrollschacht/Revisionsschacht (→ Hausanschluß), auf der Grundlage der jeweiligen → Ortssatzung in die Kanalisation und zur → Abwasserreinigung geleitet. Wo diese nicht vorhanden ist, wird das in nicht öffentlicher Anlage gesammelte Abwasser in einer Kleinkläranlage im Trennverfahren behandelt. Dabei kann das Abwasser in → Gruben oder besser naturnahen Anlagen (→ Teich, Pflanzenbeet) gereinigt und dann entweder zum Versickern gebracht oder in einen → Vorfluter eingeleitet werden. Das im öffentlichen Kanalnetz gesammelte und abgeleitete Abwasser wird zur Abwasserreinigungsanlage (→ Kläranlage) geleitet und dort behandelt. Sofern zwar eine Kanalisation, jedoch noch keine Abwasserreinigungsanlage vorhanden ist, wird die Abwasserreinigung in einer Kleinkläranlage nach

DIN 4261 (Grube) verlangt. Seit den 50er Jahren ergibt sich mit den Fortschritten bei der Abwasserreinigung von Schmutzwasser zunehmend die Notwendigkeit, nunmehr auch die Gewässerbelastung aus den → Regenentlastungen beim Mischverfahren und den Regenwassereinleitungen beim Trennverfahren zu reduzieren. Hierzu richtet man → Rückhalteanlagen, teilweise auch mit einer Klärwirkung ein, und bringt so die verschmutzten Anteile aus den Niederschlagabflüssen auch zur Abwasserreinigung in die Kläranlagen. Ziel der → Gewässerreinhaltung ist, die → Gewässergüteklasse „mäßig belastet" zu erreichen. Die jeweiligen „Regeln der Technik" der A. ergeben sich aus den Richtlinien und Vorschriften der zuständigen Länder, der Abwassertechnischen Vereinigung (→ ATV) und sonstiger Fachausschüsse.

Für bestimmte – gesetzlich geregelte – gefährliche Abwässer ist nach § 7 a.1 WHG nach dem „Stand der Technik" zu reinigen, um die jeweils mögliche weitestgehende Senkung der Gefährlichkeit zu erreichen und den Anstoß zur Verwertung zu geben. Die Anforderungen zur Reinigung werden nach deutschen und europäischen Regelungen durch die EU, den Bund und die Länder gesetzt und zunehmend verschärft.

Eine Benutzung der Gewässer bedarf – nach § 2 und 7 WHG – der behördlichen Erlaubnis. Wenig belastetes Niederschlagwasser sollte – nach heutigen Einsichten – möglichst immer auf dem Anfall-Grundstück – zum Nutzen oder/und Versickern untergebracht und nur ausnahmsweise über die Kanalisation abgeleitet werden. Dies entspricht oft noch nicht den Regelungen der – älteren – Ortssatzungen über die → Entwässerung.

Pfeiff

Abwasserverregnung. Einsatz der → Beregnung zur biologischen → Abwasserreinigung. Die Bedeutung der landwirtschaftlichen Verwertung von Abwasser hat in den letzten Jahren wegen hygienischer Vorurteile, Kosten der Arbeitskräfte, Umstellungen in der Landwirtschaft u. a. abgenommen. In Ländern mit Wasserknappheit nutzt man jedoch Abwasser zunehmend landwirtschaftlich. Verregnet wird mindestes mechanisch vorgereinigtes Abwasser (Bild). Wegen der im Abwasser möglicherweise vorhandenen Schadstoffe und -organismen (Krankheitserreger) sind die für die A. festgelegten Normen (DIN 19650) und erlassenen Vorschriften unbedingt einzuhalten. Günstige Voraussetzungen sind:

☐ ausreichend großes Gelände,
☐ gut durchlüftete, durchlässige, sandig-lehmige Böden,
☐ zur Verfügung stehende Entlastungsflächen (Versickerungsbecken, Waldflächen) für Zeiten mit starkem Frost, bei Betriebsstörungen usw.

Vorteile sind u. a.:
☐ dem Boden werden entzogene Nährstoffe (Stickstoff, Kali, Phosphor, Kalk) und Humusstoffe wieder zugeführt,

☐ Oberflächengewässer werden weitgehend rein gehalten,
☐ der → Wasserkreislauf wird verlängert.
Nachteilig ist vielfach die stärkere Belastung des Grundwassers mit Nitrat.

Lecher

Literatur: DIN 19650: Bewässerung und Verwendung von Abwasserrückständen, Hygienische Richtlinien (1956).

Abwasserverregnung: Regnermaschine mit Regner im Einsatz. (Quelle: Abwasserverband Braunschweig)

Abziehbohle. A. sind zum Herstellen ebener, maßhaltiger Oberflächen, wie Sandplanum, Sauberkeits- und → Frostschutzschichten sowie Schwarzdecken und → Betondecken, erforderlich. Außer dem Verteilen, dem Abziehen und Glätten der Oberflächen wird das eingebaute Material mit Vibrations- oder Rüttelbohlen auch gleichzeitig verdichtet. In Fertigern für den → Straßenbau sind A. als Pendel-, Wipp- oder Vibrationsbohlen (Bild auf Seite 21) fest montiert. Zur Herstellung von Einzelflächen und Betonfußböden sind leicht transportable, handgeführte statische und dynamische A. im Einsatz. Im Gegensatz zu einfachen A., die aus einem Stahl- oder Aluminiumprofil gefertigt werden, bestehen Vibrationsbohlen aus ein- oder mehrteiligen ausgesteiften Rahmenprofilen mit angebauter Vibrationseinheit (→ Außenrüttler). Handgeführte Doppelvibrationsbohlen in Systembauweise sind bis 12 m Arbeitsbreite ausführbar mit Vortriebsgeschwindigkeiten von max. 60 m/h.

Kühn

Achsensystem. A. haben auf zwei → Planungsebenen große funktionale und wirtschaftliche Bedeutung. So haben sich großräumig im Laufe der städtischen Entwicklung, insbes. seit Beginn der → Industrialisierung, Entwicklungsachsen bzw. -bänder gebildet, die durch hohe Bewohner- und Beschäftigungsdichte und eine Aufeinanderfolge von zentralen Orten charakterisiert

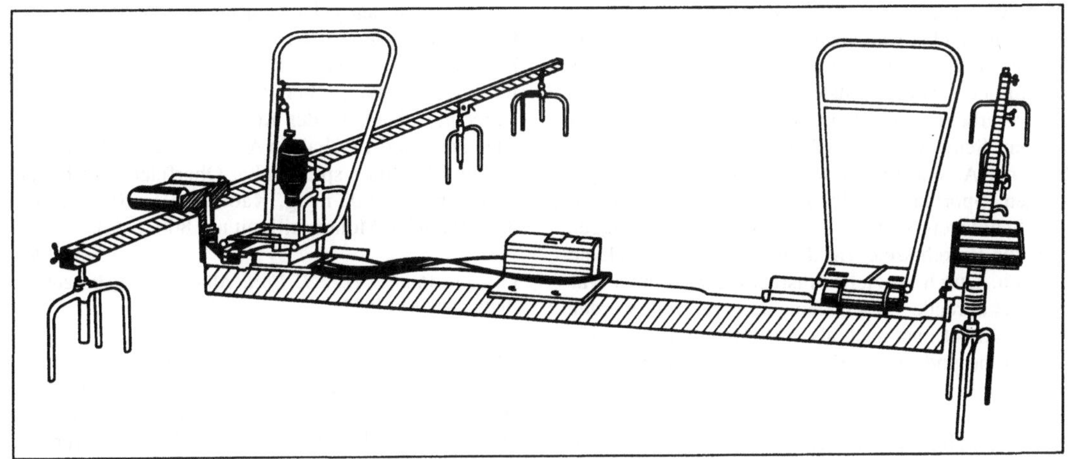

Abziehbohle: Handgeführte Vibrationsbohle mit Elektroantrieb.

und durch parallel geführte Verkehrswege (Eisenbahn, Autobahnen, Kanäle, Bundesstraßen) und Versorgungsleitungen erschlossen werden und oft Ländergrenzen überschreiten, z.B. Rheinachse von Basel bis Rotterdam. Voraussetzung sind oft topographische Gegebenheiten, wie die Lage an (schiffbaren) Flüssen. Die → Regional- und → Landesplanung unterscheidet, abgestuft nach der Bedeutung, drei Ordnungsstufen.

Innerhalb der städtischen Agglomerationen haben sich ebenfalls Entwicklungsachsen entlang von Verkehrsbändern gebildet bzw. werden planmäßig an diesen entlang ausgebaut. Im Idealfall gelingt es, im Nahbereich um die Stationen des ÖPNV (U- und S-Bahn-Systeme) Gebiete mit hoher Wohn- und Arbeitsstättendichte zu entwickeln (Geschoßflächenzahl GFZ 1,3–0,9), die von Flächen geringerer Wohndichte (GFZ 0,5–0,3), die der Bus erschließt, umgeben sind, z.B. Hamburg-Modell oder „Fingerplan" Kopenhagen (Bild). Dabei wird angestrebt, die Endpunkte solcher Achsen zu weitgehend autarken Städten bzw. Siedlungsschwerpunkten zu entwickeln, nicht zuletzt um

den ÖPNV durch Gegenverkehr in den Spitzenstunden besser auszulasten. *Spengelin*

Literatur: *Istel, W.*: Bandstruktur. In: Handwörterbuch der Raumforschung und Raumordnung. Hannover 1970. – *Krüger, T., P. Rathma u. J. Utech*: Das Hamburger Dichtemodell. Stadtbauwelt 36 (1972).

Acrylat. A. gehören trotz ihres relativ hohen Preises zu den im Außeneinsatz am häufigsten verwendeten thermoplastischen Kunststoffen. Sie zeichnen sich vor allem durch hervorragende lichttechnische Eigenschaften, sehr hohe Alterungsbeständigkeit, hohe Festigkeiten und hohe Elastizitätsmoduln aus. Die allgemeine Strukturformel lautet:

$$\left(-\underset{\underset{H}{|}}{\overset{\overset{H}{|}}{C}} - \underset{\underset{COOR}{|}}{\overset{\overset{CH_3}{|}}{C}} - \right)_n$$

mit $R = CH_3$ (Polymethacryl-methylester, PMMA, wichtigste Gruppe der A.) oder allgemein $R = C_nH_{(2n+1)}$. Je größer die Gruppe R wird, desto weicher und weniger wärmebeständig wird das Polymer. Diese Typen verwendet man daher zur Copolymerisation zu schlagzähen Modifikationen. Auch die sonst vorhandene Spannungsrißempfindlichkeit läßt sich hierdurch verringern. Mischpolymerisation mit Acrylnitril ergibt ebenfalls höhere Zähigkeiten und auch höhere Festigkeiten (AMMA). Die Vergilbung und die Kreidung von → Anstrichen und Mörtelbindemitteln aus A. nimmt mit sinkendem Anteil an Methacrylat stark zu. Durch biaxiales Recken bei erhöhten Temperaturen und Abkühlen unter Formzwang erhält man PMMA-Platten erhöhter Schlagzähigkeit und Bruchdehnung (nicht Kerbschlagzähigkeit) und hoher Spannungsrißbeständigkeit. Bei Temperaturen unterhalb rd. 60 °C tritt kein nennenswertes Rückschrumpfen auf. Unbelastete oder schwach belastete Bauteile aus reinem

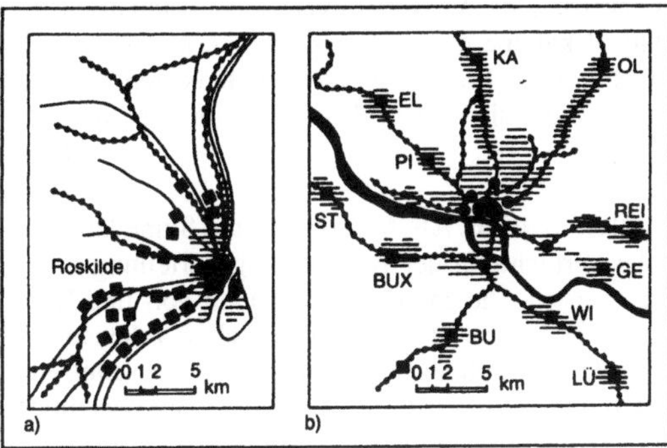

Achsensystem: Modelle.
a) „Fingerplan" Kopenhagen
b) Hamburg-Modell.

PMMA verändern unter dem Einfluß auch extremer Witterungen über weit mehr als zehn Jahre ihre mechanischen und optischen Eigenschaften nicht. A. lassen sich mit den verschiedensten Verfahren gut bearbeiten und verarbeiten: spangebende Bearbeitungen, Warmformen, Schweißen, → Kleben. Hauptanwendungsgebiete der A. sind im Bauwesen: großflächige Verglasungen (Sportanlagen, Industriehallen, Gewächshäuser), Schutzverglasungen und lichttechnische Anlagen, z. B. für Verkehrszeichen, Straßenleuchten, Reklameanlagen. Durch spezielle Ausrüstungen können wärmereflektierende → Lichtelemente hergestellt werden. A. verwendet man auch als → Bindemittel für Kunstharzbetone und → Kunstharzmörtel und als Anstrichbindemittel. *Sasse*

Acrylatfarbe. A. (Acrylfarben, Rein-Acrylatlack-Dispersionen) sind → Kunststoffdispersionsfarben aus wasserdispergierten Acrylatharzen (Acrylharzen, polymeren Acrylaten). Die Filme sind sehr alterungs- und witterungsbeständig auch bei intensiver UV-Bestrahlung und in Industrieatmosphäre. *Sasse*

Acrylharz → Acrylat

Acrylharzlack. A. (unpigmentiert), Acrylharzlackfarben (pigmentiert) sind wärme- und lufttrocknende lösemittelhaltige Anstrichmittel mit guter Haftfestigkeit. Sie sind beständig auf alkalisch reagierenden Untergründen (→ Putz, → Beton) und sehr alterungs- und witterungsbeständig. *Sasse*

Adaption. Übergang vom Tageslicht zur → Tunnelbeleuchtung im Tunnelinneren. Sie läßt sich mit konstruktiven Mitteln unterstützen, indem man beispielsweise das → Tunnelportal trompetenförmig aufweitet (Mont-Blanc-Tunnel) oder das Portal vorzieht und die Decke, u. U. auch die Wände, konstruktiv evtl. mit einem Raster so auflöst, daß anfangs auch noch Tageslicht in das Tunnelinnere gelangen kann. *Wagner*

Adhäsion. Im Bauwesen versteht man unter A. die Haftwirkung zwischen zwei Festkörperoberflächen; zugehörige Kenngrößen sind die Haftzugfestigkeit (→ Abreißversuch) und die Haftscherfestigkeit. Wirkmechanismen sind zwischenmolekulare Kräfte (*van-der-Waals*-Kräfte) und mikromechanische Verzahnungseffekte. Die Größe der A. hängt daher vor allem von der Sauberkeit, Trockenheit und Mikrorauheit des Untergrundes sowie von der Benetzung durch das Beschichtungsmaterial ab. *Sasse*

Adsorptionswasser. A. (hygroskopisches Wasser) umhüllt die feste Oberfläche der Bodenteilchen ohne Meniskenbildung. Die Bindung dieses Wassers beruht auf den *Van-der-Waals*-Kräften, der H-Bindung zwischen den Sauerstoffatomen der festen Oberfläche und den Wassermolekülen sowie auf elektrostatischen Kräf-

ten zwischen den geladenen festen Oberflächen, den hydratisierten Ionen und den Wasserdipolen. Die Wirkung der elektrischen Ladung der Partikel ist direkt von ihrer spezifischen Oberfläche abhängig und nimmt daher mit abnehmender Korngröße zu. Dementsprechend nimmt der Gehalt an A. bei sinkender Korngröße und zunehmender spezifischer Oberfläche der Körper zu (Feinsand 0,03 m^2/g, Kaolinit $10-20$ m^2/g, Illit $80-100$ m^2/g, Montmorillonit um 800 m^2/g). *Mattheß*

Literatur: *Matheß, G.,* u. *K. Ubell*: Allgemeine Hydrogeologie. Berlin, Stuttgart 1983.

AGB-Gesetz. Gesetz zur Regelung des Rechts der Allgemeinen Geschäftsbedingungen vom 9. 12. 1976 (BGBl I S. 3317), geändert durch Gesetz vom 29. 3. 1983 (BGBl I S. 377). Es ist für → Bauverträge wichtig, da vielfach Vertragsbedingungen vorgeschrieben werden, die dem AGB-G. widersprechen. Allgemeine Geschäftsbedingungen sind alle für eine Vielzahl von Verträgen vorformulierte Vertragsbedingungen, die eine Partei (Verwender) der anderen Partei bei Abschluß eines Vertrages stellt. Sie werden nur dann Vertragsbestandteil, wenn der Verwender die andere Vertragspartei ausdrücklich darauf hinweist oder ihr die Möglichkeit verschafft, von ihrem Inhalt Kenntnis zu nehmen, und die andere Vertragspartei mit ihrer Geltung einverstanden ist. Überraschende Klauseln werden nicht Vertragsbestandteil. Individuelle Vertragsabreden haben Gültigkeit vor Allgemeinen Geschäftsbedingungen. In §§ 10 und 11 sind zahlreiche Klauselverbote aufgeführt, deren Verwendung unwirksam ist. Diese Unwirksamkeit gilt jedoch nicht gegenüber einem Kaufmann, wenn der Vertrag zum Betrieb seines Handelsgewerbes gehört, oder gegenüber einer juristischen Person des öffentlichen Rechts oder einem öffentlich-rechtlichen Sondervermögen. Jedoch enthält § 9 eine Generalklausel, die für jede Vertragspartei gilt, nach der Bestimmungen in den Allgemeinen Geschäftsbedingungen dann unwirksam sind, wenn sie den Vertragspartner unangemessen benachteiligen. Das AGB-G. gibt die Möglichkeit zur Verbandsklage (Verbraucherverbände, Wirtschaftsverbände, Industrie- und Handelskammern, Handwerkskammern). Obwohl die VOB/B einige Klauselverbote enthält, ist gem. § 23(2) Nr. 5 AGBG die VOB/B dennoch gesetzeskonform. *Drees*

Agglomeration. Als A. im weitesten Sinne kann jegliche Verdichtung der Bevölkerungsverteilung aufgefaßt werden. Die daraus entstehenden Vor- und Nachteile, die für die moderne Gesellschaft relevant sind und die Raumplanung und -forschung beschäftigen, treten erst beim Vorliegen spezieller Voraussetzungen auf: Größe der Einwohnerzahl, Verdichtungsgrad, Fläche und Form des A.-Raumes. Erst bei einer bestimmten Mindestgröße der A. kann eine den modernen Ansprüchen genügende Daseinsvorsorge geboten werden. Auch Vorteile für Produktion und Effektivität im Dienstleistungsbereich (Fühlungsvorteile) durch räumliche Branchenkonzentration sind unbestreitbar:

☐ Einrichtungen, z. B. Messen, Schlachthöfe, Markthallen, lassen sich wirtschaftlicher nutzen bzw. werden durch Konzentration erst wirtschaftlich,

☐ durch spezialisierte Arbeitsmärkte entstehen Kostenvorteile der „Arbeits-Reservehaltung" sowie Anreize für die Zuwanderung einschlägiger Arbeitskräfte,

☐ durch spezialisierte Zulieferer (Vorleistungen aller Art) entstehen Transportkostenersparnisse.

Die von diesen und weiteren A.-Effekten ausgehenden Attraktionskräfte für Unternehmen sind in der Lage, von bestimmten Stadtgrößen ab selbständig einen Wachstumsprozeß in Gang zu setzen, der durch zunehmende A.-Vorteile, Zuwanderung von Unternehmen bzw. Bevölkerung und Nachfragewachstumsprozesse in wechselseitiger Abhängigkeit genährt wird. Dabei ist allerdings zu bedenken, daß privatwirtschaftliche Entscheidungen keineswegs immer zu einer gesamtwirtschaftlich sinnvollen Nutzungsstruktur der Stadt führen. Ausschlaggebend sind die „externen Effekte": die Tatsache, daß in die → Kalkulation Kosten nicht eingehen, die zwar entstehen, vom Verursacher aber auf andere abgewälzt werden, so etwa die Verschmutzung von Luft und Wasser durch industrielle Abfallprodukte, für die erst in jüngster Zeit rechtliche und wirtschaftliche Kompensationsmaßnahmen entwickelt wurden. Ebensowenig bezahlt der einzelne Betrieb für die Effekte, die ihm aus Leistungen anderer erwachsen, die sich aus der räumlichen Nähe funktional miteinander verknüpfter Betriebe und Einrichtungen ergeben, obwohl auch diese für die Allgemeinheit Kosten, nicht zuletzt Zuschüsse zu Nahverkehrsunternehmen, verursachen. Wichtig ist zudem die Tatsache, daß durch die erhöhten Ansprüche an das Wohn- und Arbeitsumfeld und durch automatisierte Produktionsmethoden, die fast immer flächenextensiv sind, die Siedlungsfläche in den A. überproportional steigt (Bild). *Spengelin*

Literatur: *Borchard, K.*: Gemeinbedarf und Arbeitsstätten. In: Grundriß der Stadtplanung. Hannover 1983. – *Boustedt, O.*: Agglomeration. In: Handwörterbuch der Raumforschung und Raumordnung. Hannover 1970.

Airless-Spritzen → Applikationstechnik

Akkreditierung. Der Deutsche Akkreditierungsrat (DAR) wirkt als oberstes Organ für nationale Akkreditierungsstrukturen im gesetzlich/bauaufsichtlich geregelten und im gesetzlich nicht geregelten/freiwilligen Bereich in Anlehnung an die Normenreihe EN 450xx. Im gesetzlich nicht geregelten Bereich vergibt die Trägergemeinschaft für A. GmbH (TGA) im Auftrage der DAR das Recht zu zertifizieren (→ Zertifizierung) an geeignete Institutionen wie die Deutsche Gesellschaft zur Zertifizierung von Qualitätssicherungssystemen GmbH, dem TÜV-Cert, einigen Landesgewerbeanstalten usw.

Über die DAR und TGA haben sich europäische Anerkennungen gebildet, wobei das E-Q-Net (European Network for Quality System Assessment and Certification) nahezu alle europäischen Länder vereinigt. Ähnliche Kooperationen bestehen auf außereuropäischer Ebene (→ Qualitätsmanagement-System). *Jungwirth*

Literatur: *Fuhr, H., Göpel, R. A., Jungwirth, D., Otto, Th.*: Qualitätsmanagement im Bauwesen. Düsseldorf 1996.

Albedo. Die A. ist das Verhältnis der zurückgeworfenen Lichtmenge zur auffallenden Lichtmenge. Der A.-Wert wird durch die Art der Oberfläche bzw. die Bodenbedeckung bestimmt. *Matheß*

Alignement. Geodätisches Meßverfahren zur Bestimmung horizontaler Abstände von Punkten gegenüber einer Bezugsgeraden. Das Verfahren wird hauptsächlich in der Ingenieurvermessung bei Deformationsmessungen an langgestreckten Bauwerken und Anlagen (Staudämmen, Turbinenachsen usw.) angewendet. Zwischen zwei Endpunkten P_A und P_E ist eine Bezugsgerade definiert. Die Abstände y_i bestimmter Zwischenpunkte P_i (i = 1, 2, ..., n) von dieser Geraden sind zu messen (Bild 1). Je nach der Art der Realisierung der Bezugsgeraden unterscheidet man dabei zwischen einem optischen und einem mechanischen A. In der optischen Variante wird die Bezugsgerade durch die Zielachse eines Fluchtfernrohrs oder durch einen Laser-

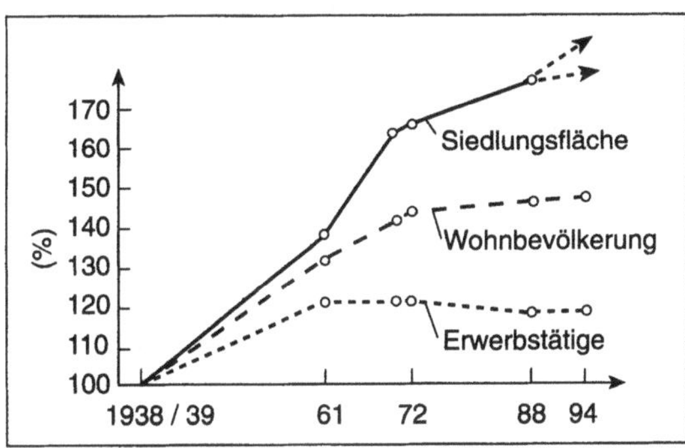

Agglomeration: Zuwachs an Siedlungsfläche, Wohnbevölkerung und Erwerbstätigen im Gebiet der Bundesrepublik Deutschland (ohne neue Bundesländer) von 1938/39–1994 (1938/39 = 100) (Quelle: Stat. Bundesamt).

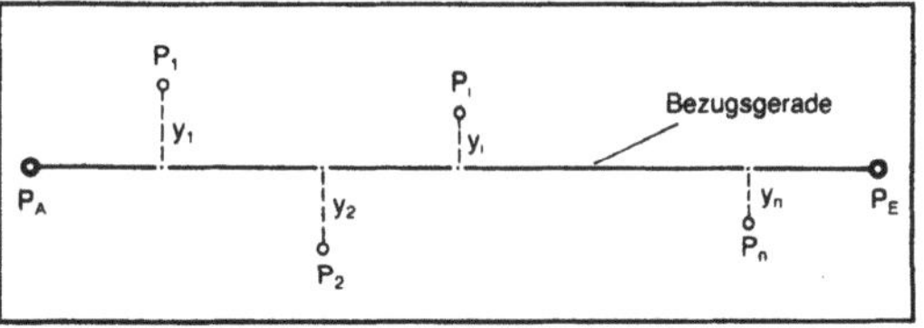

Alignement 1: Grundprinzip.

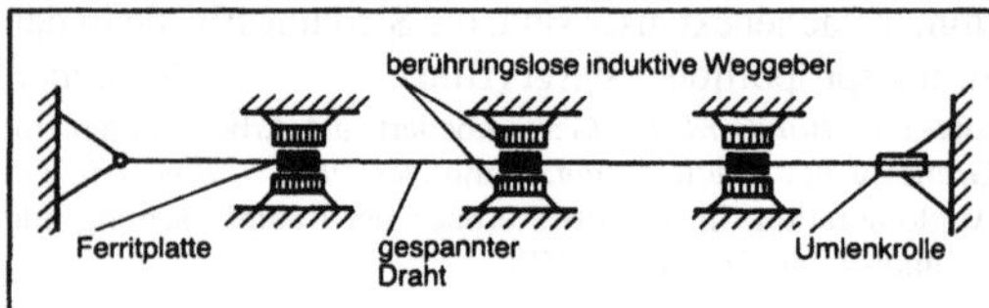

Alignement 2: Automatisiertes A. mit elektrischem Abgriff.

strahl realisiert; die senkrechten Abstände y_i liest man an Skalen ab. Bei der mechanischen Variante bildet ein gespannter Draht die Bezugsgerade; die Abstände der Zwischenpunkte können dabei ebenfalls an Skalen abgelesen oder z. B. mit berührungslosen induktiven Weggebern gemessen werden (Bild 2). Insbesondere in seiner mechanischen Variante ist das A. für die automatische Überwachung gefährdeter Objekte sehr geeignet.   *Pelzer*
Literatur: *Pelzer, H.* (Hrsg.): Ingenieurvermessung. 2. Aufl. Stuttgart 1988.

Alkalität. Stark basische Wirkung des Porenwassers im → Zementstein, die sich durch Lösung von Calciumhydroxid und anderen Alkalien einstellt und die den Korrosionsschutz des → Bewehrungsstahles im → Beton bewirkt (→ pH-Wert, → Karbonatisierung). Unter Alkalitätsreserve versteht man die von Zementart und Zementmenge abhängige Fähigkeit eines Betons, das durch Karbonatisierung aufgebrauchte Calciumhydroxid im Porenwasser des Zementsteins zu ersetzen.
                                                                        Sasse

Alkalitätsreserve → Alkalität

Alternativposition → Wahlposition

Alterung. DIN 50035 definiert die A. als „Gesamtheit aller im Laufe der Zeit in einem Material irreversibel ablaufenden chemischen und physikalischen Vorgänge". Diese naturwissenschaftliche Definition ist für die praktische Anwendung im Bauwesen zu weit gefaßt. Sie beinhaltet eine Reihe von Vorgängen, für die eine spezifische ingenieurmäßige Terminologie seit langem existiert und deren Auswirkungen auf die Baustoffeigenschaften bzw. das Bauteilverhalten standardisiert behandelt werden. Hierzu gehören:
– Zeitstandverhalten, → Dauerfestigkeit
– → Kriechen, Relaxation
– chemische Angriffe
– thermische Zersetzung.
   In der Ingenieurpraxis werden daher nur die Auswirkungen einer atmosphärischen Außenbewitterung als A. bezeichnet. Bei den Baustoffen und insbesondere bei Kunststoffen interessiert hierbei in erster Linie die Verschlechterung mechanischer Eigenschaften, von Bedeutung sind aber auch andere Veränderungen wie Verfärbungen, Glanzänderungen, optische Trübungen

usw. Der Begriff → Korrosion ist nicht gleichbedeutend mit dem hier als A. bezeichneten.   *Sasse*

Altglassammlung. Die A. wird als eine Sparte des → Recyclings in der Bundesrepublik Deutschland seit den 60er Jahren durch die Entwicklung von Gefäß-, Sammlungs- und Transportsystemen mit guten Ergebnissen praktiziert und weitgehend von der Bevölkerung akzeptiert. Wesentliche Voraussetzung war dabei, Glas nach mindestens drei Farbsortierungen zu sammeln, um es industriell verwerten zu können. Dies ist gelungen, und während 1975 noch < 10% der Produktion an Glas aus A. stammten, dürften es 1995 nahezu 65% sein.   *Pfeiff*

Altlasten.
   Allgemein. Ein vom Rat von Sachverständigen für Umweltfragen 1978 geprägter Begriff. Er bezog sich auf die unbekannten Risiken, die von Altdeponien und wilden Müllkippen ausgehen können. Aber nicht nur von Flächen mit Altablagerungen, sondern auch von Grundstücken stillgelegter Anlagen der gewerblichen Wirtschaft oder öffentlicher Einrichtungen, auf denen mit umweltgefährdenden Stoffen umgegangen worden ist, können durch Verunreinigungen des Bodens bzw. der Gewässer Umweltgefährdungen ausgehen. Für derartige Grundstücke hat sich der Begriff Altstandorte eingeführt; sie sind in der Regel altlasttypischen Branchen zuzuordnen.
   Altablagerungen und Altstandorte werden wegen der Möglichkeit, daß von ihnen Gefährdungen für die menschliche Gesundheit sowie für die belebte und unbelebte Umwelt ausgehen können, als altlastverdächtige Flächen bzw. als → Verdachtsflächen bezeichnet.
   Erst durch eingetretene Schadensfälle, z. B. nach der Wohnbebauung von Altablagerungsplätzen und Altstandorten, wurde das Umweltbewußtsein im Hinblick auf die immer zahlreicher werdenden Verdachtsflächen sensibilisiert. Diese Entwicklung führte auch zur Beteiligung der Öffentlichkeit bei der Abwehr und Beherrschung von Schadstoffbelastungen durch A. und einer gegebenenfalls damit verbundenen notwendigen Nutzungsanpassung. Es gehört heute zu den Zielen im → Umweltschutz, die durch Altablagerungen und an Altstandorten bereits entstandenen Gefährdungen und Umweltschäden zu erfassen (Erfassung von Verdachtsflächen) sowie zu untersuchen und zu bewerten (Altlasten-Bewertungsverfahren). Werden Gefährdungen der Umweltmedien und der Schutzgüter festgestellt, so sind diese einzuschränken (Schutz- und Beschränkungsmaßnahmen) und beherrschbar zu machen (Sicherungsmaßnahmen). Durch Dekontaminationsmaßnahmen können die zur Gefährdung führenden Verunreinigungen beseitigt werden. Darüber hinaus ist es wichtig, die bei der Erfassung, Untersuchung und → Sanierung gewonnenen Erkenntnisse bundesweit zu sammeln und zu nutzen, um künftig

derartige Umweltgefährdungen durch entsprechende Vorsorgemaßnahmen zu vermeiden, d. h. die Entstehung neuer A. zu verhindern.

Für die ökologischen A. sind für eine bundeseinheitliche Fassung Definitionen von der Arbeitsgruppe „Altablagerungen und Altlasten" der Länderarbeitsgemeinschaft Abfall (LAGA) und auch vom Rat von Sachverständigen für Umweltfragen (SRU) vorgeschlagen worden, die – mangels einer einheitlichen bundesrechtlichen (Rahmen-)Regelung – in verschiedenen Ländergesetzen, mehr oder weniger verändert, Eingang gefunden haben. Weiterhin existierte in der ehemaligen DDR eine A.-Definition, die nicht nur stillgelegte, sondern auch betriebene Anlagen und großflächige Bodenbelastungen umfaßte. Es ist zweckmäßig, auch für diese in Betrieb befindlichen Anlagen und noch genutzten kontaminierten Grundstücke in den neuen Bundesländern den Begriff A. zu verwenden, sofern die zur Gefährdung führenden Verunreinigungen vor dem 1. Juli 1990 („Umweltunion") entstanden sind (Altlasten-Freistellungsklausel).

In verschiedenen Ländergesetzen sind das Aufsuchen und Bergen von Munition und Kampfmittel ausgeklammert. Dieser Bereich gehört zu den Kriegsfolgelasten und zu den kriegs- und rüstungsbedingten A. (Rüstungsaltlasten). Darunter fallen alle umweltgefährdenden Verunreinigungen der Umweltgüter Boden, Wasser und Luft durch Chemikalien aus konventionellen und chemischen Kampfstoffen. Daneben existieren noch umweltgefährdende Kontaminationen auf ehemals militärisch genutzten Liegenschaften, sie werden als militärische oder Verteidigungs-A. bezeichnet.

Durch die A.-Problematik werden mehrere Rechtsgebiete berührt: das Polizei- und Ordnungsrecht, das Abfallrecht, das Wasserhaushaltsrecht, das Immissionsschutzrecht, das Bergrecht, das → Baurecht und das in Arbeit befindliche Bodenschutzrecht. Die Einordnung der A. in den → Bodenschutz zeigt Bild 1 (Umweltrecht).   *Thoenes*

Literatur: SRU: Umweltgutachten 1978. Stuttgart 1978. – SRU: Altlasten. Stuttgart 1990. – LAGA: Altablagerungen und Altlasten. Berlin 1991.

Arbeitsschritte. Der Umgang mit A. läßt sich in die Hauptphasen Erfassung, Gefährdungsabschätzung sowie → Sanierung und Überwachung einteilen (Bild 2). Die erste Phase, die Altlastenerfassung, umfaßt die Lokalisierung und Informationssammlung. Unter günstigen Umständen erlauben bereits die Ergebnisse aus der Erfassung eine Erstbewertung. In den meisten Fällen reichen die vorhandenen Informationen für eine endgültige Aussage nicht aus, so daß weitere orientierende Untersuchungen zur Gefährdungsabschätzung vorgenommen werden müssen. Durch diese orientierenden Untersuchungen soll eine Bewertung über die mögliche Gefährdung von Schutzgütern erreicht werden. Hierbei ist zu entscheiden, ob eine Altlast vorliegt oder der Altlastverdacht sich nicht bestätigt. Besteht der Altlastverdacht fort, muß die → Verdachtsfläche unter Beobachtung oder Überwachung bleiben. Hat sich der Altlastverdacht bestätigt, werden detaillierte Untersuchungen zur eindeutigen Feststellung über die Art und das Ausmaß der Gefährdungen durchgeführt. Die Ergebnisse müssen bewertet werden, um über eine Sanierung oder über eine weitere Beobachtung und Untersuchung entscheiden zu können.

Werden bei den Untersuchungen akute Gefährdungen für Mensch und Umwelt festgestellt, dann muß im Hinblick auf eine notwendige Gefahrenabwehr sofort

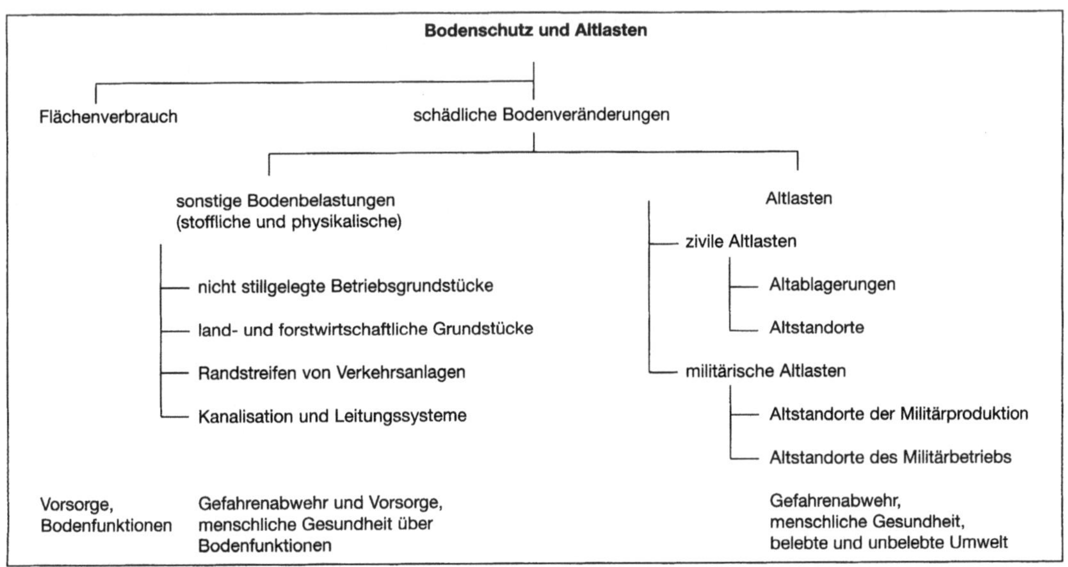

Altlasten 1: Einordnung der A. in den Bodenschutz (Quelle: SRU).

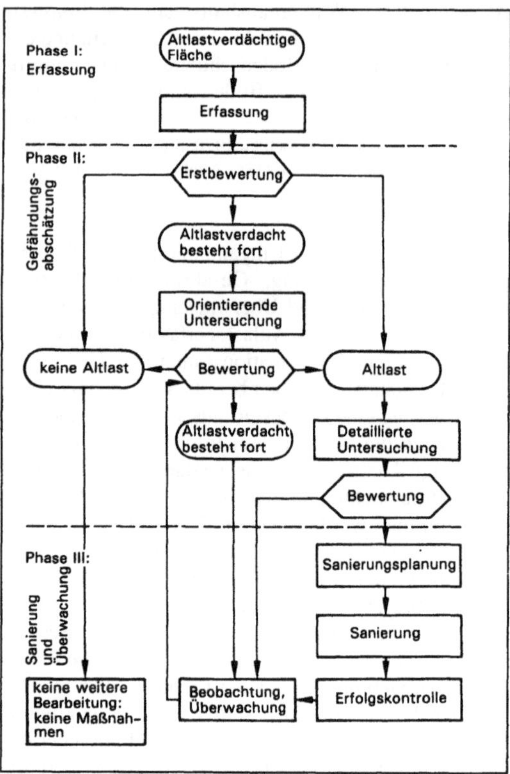

Altlasten 2: Vereinfachtes Ablaufschema des Umgangs mit Verdachtflächen und A. (Quelle: SRU)

über die erforderlichen Schutz- und Beschränkungsmaßnahmen entschieden werden.

Erfolgen Gefährdungsabschätzungen parallel an einer Vielzahl von Verdachtsflächen, dann können die Ergebnisse der Bewertungen auch für die Festlegung von Prioritäten für weitere Bearbeitungsschritte genutzt werden.

In der dritten Phase erfolgt die Planung und Realisierung der Sanierung. An die Sanierung muß sich eine Erfolgskontrolle der Sanierung und in Abhängigkeit von der angewandten Sanierungstechnik auch eine Beobachtung oder Überwachung der sanierten Fläche anschließen. *Thoenes*

Literatur: SRU: Altlasten. Stuttgart 1990. – SRU: Altlasten II, Stuttgart 1995.

Grundbau. Altablagerung und Altstandort, sofern von ihr eine Gefährdung für die Umwelt, insbesondere die menschliche Gesundheit, ausgeht oder zu erwarten ist. Als Altablagerungen gelten z.B. verlassene oder stillgelegte Ablagerungsplätze mit kommunalen sowie gewerblichen → Abfällen (Altdeponien) oder stillgelegte Aufhaldungen aus → Bauschutt, Bergematerial, Produktionsrückständen etc. Altstandorte sind Grundstücke stillgelegter Anlagen (Tankstellen, kommunale

Gaswerke etc.) oder auch nicht mehr verwendete Leitungs- und Kanalsysteme.

Zu Beginn einer jeden Altlastenerkundung steht ein mehr oder weniger begründeter Verdacht, daß ein Gebiet kontaminiert ist. Dieses als „altlastenverdächtige Fläche" bezeichnete Gebiet ist dann eine A., wenn durch detaillierte Erkundungen und Gefährdungsabschätzungen eine konkrete Gefährdung der menschlichen Gesundheit und/oder der Umwelt nachgewiesen ist.

Altlastverdachtsflächen sind in den einzelnen Bundesländern in Verdachtsflächen- oder Altablagerungskatastern dokumentiert und entsprechend der Rangfolge ihrer Gefährlichkeit in drei Klassen eingeteilt. Nach der Abschätzung des Gefährdungspotentials wird festgelegt, ob der Standort kontrollbedürftig, überwachungsbedürftig, vertieft untersuchungsbedürftig oder sicherungs- bzw. sanierungsbedürftig ist. Das Gefährdungspotential sollte Aussagen über die chronische Toxikologie, das mutagene und cancerogene Potential sowie das Ausbreit- und Abbauverhalten der Schadstoffe im Wasser und im Boden enthalten. Ein zentraler Punkt der Gefährdungseinschätzung sind dabei Richt- oder Grenzwerte für Boden-, Wasser- sowie Luftkontaminationen.

Das Ziel von Sicherungsmaßnahmen ist es, durch Sofortmaßnahmen akute Gefahren einzudämmen und langfristig eine Verschlechterung der Gesamtsituation zu verhindern. Durch eine → Sanierung soll hingegen das Gefährdungspotential eliminiert werden. Als Sicherungstechniken für A. haben sich die Umlagerung, die Abkapselung (Barrieresysteme: Dichtwand, Zwischenabdichtung etc.) sowie die Stabilisierung bewährt. Nach dem Sanierungsort wird zwischen In-situ-, On-site- sowie Off-site-Verfahren unterschieden. Erprobte Sanierungstechniken sind sowohl chemische und biologische als auch thermische Behandlungsmethoden. Vor allem bei leicht flüchtigen Kohlenwasserstoffen haben sich auch Extraktionsverfahren bewährt.

Meißner/Becker

Altlastenbehandlungsverfahren, biologisch. Die biologische Behandlung von kontaminierten Böden und Grundwasser eignet sich mit einer Vielfalt biotechnologischer Verfahren zum biologischen Abbau von organischen Schadstoffen durch Mikroorganismen. B. A. gehören zu den Dekontaminationsverfahren.

Die in der Praxis angewandten Verfahren unterstützen die im Boden und Grundwasser ablaufenden Vorgänge und führen durch Metabolisierung der organischen Schadstoffe zu Kohlendioxid und Wasser, wobei nicht alle Halogenverbindungen zerstört werden. Bei der Metabolisierung ist eine mögliche Bildung toxischer Abbauprodukte zu prüfen. Neben Mikroorganismen werden auch Pilze, z.B. Weißfäulepilze, für den Abbau polycyclischer aromatischer Kohlenwasserstoffe (PAK) eingesetzt.

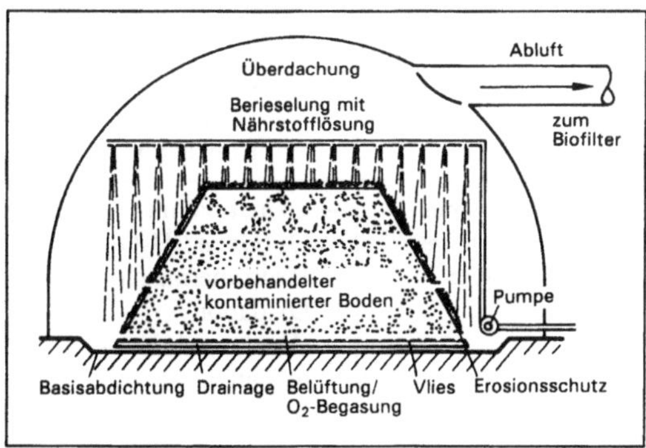

Altlastenbehandlungsverfahren, biologisch: Mikrobiologische on-site-/off-site-Bodenreinigung in Mieten. (Quelle: SRU)

Die sehr oft geforderte → Gewährleistung der Kontrolle und Steuerbarkeit der mikrobiologischen Behandlungsverfahren hat ihre Grenzen.

☐ On site- und off site-Behandlungsverfahren. Sie werden großtechnisch eingesetzt. Die kontaminierten Massen werden ausgehoben und am Standort der → Altlast (on site = an Ort und Stelle) oder in einem Sanierungszentrum (off site = außerhalb des (Stand-)Orts) behandelt (Bild). Nach einer mechanischen Vorbereitung werden die zu reinigenden Massen mit Bakterienkulturen, Nährstoffen, Lösungsvermittlern und Wasser versetzt. Eine ständige Belüftung oder Sauerstoffzugabe ist für den Abbau notwendig; die Abluft ist ggfs. zu reinigen. Die Behandlung kann je nach Schadstoffspektrum und erforderlichen Restkonzentrationen Wochen bis Jahre dauern. An Möglichkeiten zur Verkürzung der Behandlungsdauer wird ständig gearbeitet. Hierzu dienen sowohl Reaktoren als auch Verfahrensverbesserungen. In Abhängigkeit von der Dauer und Intensität der Behandlung können für Mineralölverunreinigungen Restkonzentrationen von unter 500 mg/kg Trockensubstanz erreicht werden.

☐ In situ-Behandlungsverfahren. Der biologische Abbau der Schadstoffe erfolgt ohne Aushub direkt im kontaminierten Bereich der Altlast (in situ = in der Lage vom lat. situs = Lage, Ortsverhältnisse). Derartige Verfahren werden für die Bodenreinigung und für die Reinigung des Grundwassers eingesetzt. Vor Beginn der biologischen Reinigung des Grundwassers ist eine hydrogeologische Untersuchung erforderlich. Das Grundwasser darf durch das Behandlungsverfahren nicht zusätzlich belastet werden.

Die Verfahrenstechnik der biologischen Bodenreinigung unterscheidet zwischen Oberflächenverfahren mit Tiefen bis 0,5 m und Verfahren für die Behandlung tieferer Bodenschichten. Bei der in situ-Bodenbehandlung erfolgt die Zugabe von erforderlichen Bakterien, Nährstoffen usw. über Versickerungen oder über Spülkreisläufe. Hierzu müssen geeignete Bodenverhältnisse im Hinblick auf → Durchlässigkeit vorliegen. Eine

mangelnde Durchströmbarkeit und Benetzbarkeit beschränken den Einsatz der in situ-Behandlung. Auch sind in situ-Verfahren schwerer zu kontrollieren und zu steuern als on site/off site-Verfahren. Das in situ-Verfahren kann als Zwischenstufe in Verfahrenskombinationen eingesetzt werden. *Thoenes*

Literatur: *Battermann, G.*: Kies- und Sandsedimente durch in-situ-Technik sanieren – Mikroorganismen zersetzen organische Schadstoffe. Umwelt (1987) 7/8 S. 417/22. – *Filip, Z., A. Geller, B. Schiefer, H. J. Schwefer u. G. Weirich*: Untersuchung und Bewertung von in-situ-biotechnologischen Verfahren zur Sanierung des Bodens und des Untergrundes durch Abbau petrochemischer Umweltchemikalien. BMFT-Forschungsbericht 1440456, Bonn 1989. – SRU: Altlasten. Stuttgart 1990.

Altlastenbehandlungsverfahren, chemisch-physikalisch. C.-p. A. nutzen zur Dekontamination der Schadstoffe in → Altlasten die Reaktionsmechanismen Extraktion, Gasaustausch, Adsorption, Ionenaustausch und chemische Umwandlung. Mit Hilfe dieser Mechanismen werden die Schadstoffe aus kontaminierten Feststoffen, z. B. Böden, Untergrundmaterial, → Bauschutt, aus kontaminiertem Grund-, Sicker- und Prozeßwasser sowie aus kontaminierter Bodenluft und Abluft separiert oder verteilt. Bei der Separationsmethode werden durch Trennung und Umwandlung relativ kleine Mengen an Schadstoffkonzentraten erzeugt. Bei der Verteilungsmethode entstehen relativ große Mengen von verdünnten Schadstoffströmen. Zur Separationsmethode gehören die on/off site Bodenwaschverfahren mit der Erzeugung von Schadstoffkonzentraten. Die in situ-Spülung mit der Ableitung der Schadstoffe im Abwasserstrom zählt zu den Verteilungsmethoden. Weitere Verfahren und Anwendungen enthält die Tabelle auf S. 28. *Thoenes*

Literatur: SRU: Altlasten II. Stuttgart 1995.

Altlastensanierung.

Allgemein. A. ist die Durchführung von administrativen und technischen Maßnahmen, durch die sichergestellt wird, daß von der → Altlast nach der → Sanierung keine Gefahren für Leben und Gesundheit des Menschen sowie keine Gefahren für die belebte und unbelebte Umwelt im Zusammenhang mit der vorhandenen oder geplanten Nutzung des Standortes ausgehen. Neben der Abwehr akuter Gefahren geht es vor allem auch um den nachhaltigen Schutz von Mensch und Umwelt. Eine Sanierung ist nur dann nicht notwendig, wenn sich vorhandene Kontaminationen nicht nachteilig auswirken und auch künftig Ausbreitungen und Auswirkungen nicht zu besorgen sind. Die weitestgehende Forderung aus ökologischer Sicht ist die Wiederherstellung des natürlichen Zustands am Altablagerungsplatz oder am Altstandort zum Zeitpunkt vor der beanstandeten Kontamination. Eine solche Wiederherstellung des ursprünglichen Zustands der Umweltmedien Boden und Wasser am Altablagerungsplatz oder Altstandort stößt aus naturwissenschaftlichen, technischen und ökonomischen Gründen an Grenzen.

Altlastenbehandlungsverfahren, chemisch-physikalisch: Tabelle: Chemisch-physikalische Trenn- und Umwandlungsverfahren der Bodenreinigung.

Extraktions- und Waschverfahren	Desorptionsverfahren	Elektrokinetische Verfahren	Chemische Umwandlung
– naßmechanische Bodenaufbereitung (Naßklassierung = Läuterung, Dispergierung, Bodenwäsche, mit/ohne Tensid-, Kaltreiniger-, Lösungsvermittlerzusatz) – Laugung, „Leaching" (chemisches Lösen; Komplexieren)*) – Extraktion mit organischen Lösungsmitteln (Solvent-Extraktion) – Gasextraktion*) (Abtreiben mit Gasen in überkritischem Zustand, z. B. mit CO_2-, H_2O- oder N_2O-Gas) – Kombinationen	– Gasaustausch (Bodenluftabsaugung, Stripping) – Abtreiben im Vakuum (Vakuumdestillation)**) – Wasserdampfdestillation**) (Abtreiben mit Sattdampf) [thermische Desorption/ Pyrolyse: s. thermische Verfahren/Entgasung] – Ultraschalldruck-Verfahren (Geoschock; Ultraschallenergie-Eintrag (in situ)*)	– Elektroosmose*) – Elektrophorese*) – Elektrolyse*)	– Oxidation mit O_3 (Ozon), H_2O_2 – Hydrothermische Oxidation (Hochdruck-Naßoxidation) – Ionenaustausch

*) Forschungs-, Entwicklungsstadium
**) Piloteinsatz

Der Begriff Sanierung der Altlast kann in der Regel nicht im Sinne einer völligen und zeitlich unbegrenzt wirksamen *Genesung* oder *Gesundung* verwendet werden.

Die mit der A. festzulegenden Sanierungsziele müssen in ein planerisches Gesamtkonzept eingebunden werden, das auf den vorliegenden Planungsraum mit seinen Nutzungen abgestimmt ist. Hierbei können auch sehr weitgehende Sanierungsziele eingeschlossen sein, die über die Gefahrenabwehr hinausgehen und auf die Multifunktionalität des Standorts ausgerichtet werden. In der Systematik der Maßnahmen zur Abwehr und Beherrschung von Umweltauswirkungen aus Altlasten (Bild auf Seite 29) werden die wirkungsorientierten Sicherungsmaßnahmen zur Unterbrechung der Kontaminationswege und die quellenorientierten Maßnahmen zur Dekontamination zusammenfassend als A. bezeichnet.

Zur A. gehört auch die Umlagerung (Bild). Die Umlagerung mit Aushub des Kontaminationskörpers und anschließendem Transport des unbehandelten Materials auf eine → Deponie stellt unter dem Gesichtspunkt des → Umweltschutzes eine Problemverlagerung in Raum und Zeit dar. Hierdurch ist nur der Standort, nicht aber die kontaminierte Masse gereinigt worden. Schutz- und Beschränkungsmaßnahme gelten nicht als Sanierungsmaßnahmen; sie werden als sonstige Maßnahmen bezeichnet.

Vor der Durchführung von Sanierungsmaßnahmen müssen die Ergebnisse der in der Sanierungsplanung vorgesehenen Sanierungsuntersuchung mit der Durchführbarkeitsstudie vorliegen. Hieraus ist ein Sanierungskonzept für den betreffenden Fall zu erarbeiten.

Der Erfolg der A. bemißt sich nicht nur an der Beseitigung der Gefahr oder nach der erreichten Restkontamination der Schadstoffe, sondern auch nach der Verbesserung des Image des Standortes. Darüber hinaus ist es sehr wichtig, daß mit der A. die Ängste und Besorgnisse der Anwohner ausgeräumt sind. *Thoenes*
Literatur: *Barkowski, D., P. Günther, E. Hinz* u. *R. Röchert*: Altlasten. Karlsruhe 1990. – SRU: Altlasten. Stuttgart 1990.

Finanzierung. Bei der Finanzierung hat das Verursacherprinzip grundsätzlich Vorrang, d.h. sie muß durch den Verursacher der Kontamination erfolgen. Die Realisierung des Prinzips ist in der Regel mit Schwierigkeiten verbunden, weil die zur Kontamination führenden Handlungen in der Vergangenheit stattgefunden haben. Deshalb ist in zahlreichen Fällen ein Verursacher oder eine Verursachergruppe nicht mehr festzustellen, die man zur Kostentragungspflicht heranziehen kann.

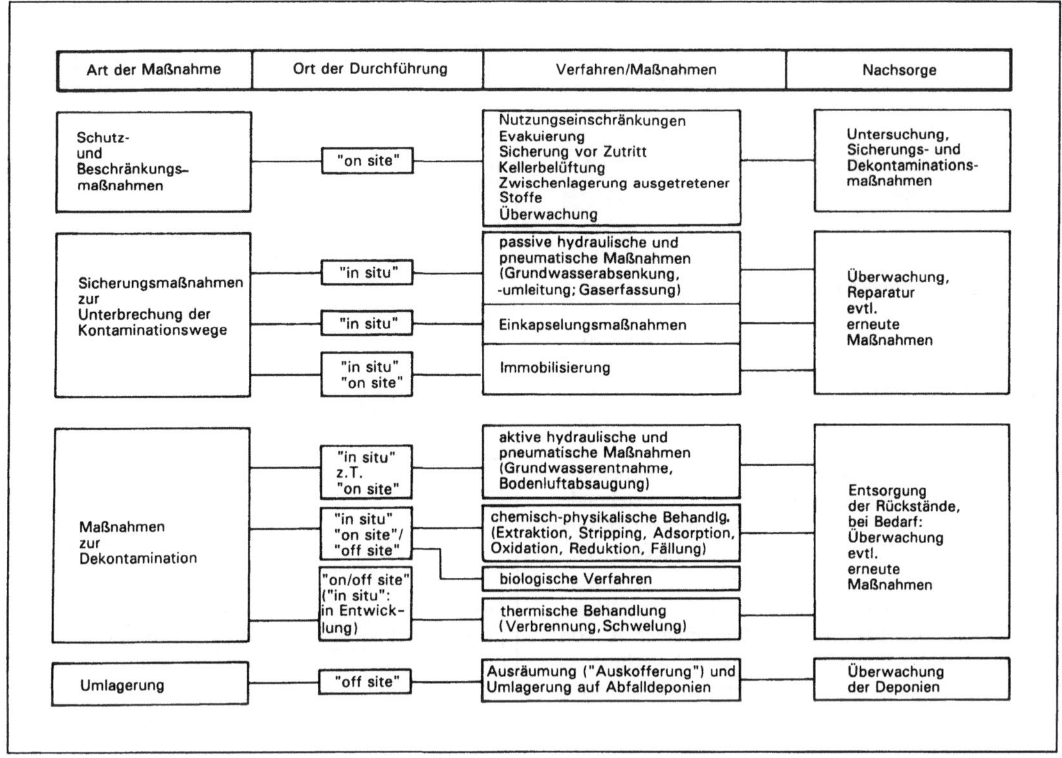

Altlastensanierung: Maßnahmen zur Abwehr und Beherrschung von Umweltauswirkungen aus Altlasten. (Quelle: SRU).

Für die Fälle, in denen es keinen rechtlich heranziehbaren oder keinen finanzkräftigen Verantwortlichen gibt, darf die öffentliche Hand nur dann belastet werden, wenn die Sanierung aus ökologischen und ökonomischen Interessen geboten ist. Dafür sind länderspezifische Finanzierungsmodelle vorgeschlagen und eingeführt worden. Hierzu gehören das Kooperationsmodell, das Lizenzmodell und die Fondslösungen. Bei Kooperationsmodellen, die gemeinsam von der öffentlichen Hand und der Wirtschaft getragen werden, kommt das Gemeinlastprinzip und das Gruppenlastprinzip gemeinschaftlich durch eine Mischfinanzierung zur Anwendung. *Thoenes*

Altöl. Das Altölgesetz von 1967 war der erste Versuch einer gesetzlichen Ordnung für eine → Abfallwirtschaft und eine geordnete Beseitigung. A. ist gesetzlich wie → Abfall definiert und auch so zu behandeln. Wer Motor- und Getriebeöle an Endverbraucher abgibt, muß auch auf die nötige ordnungsgemäße Beseitigung hinweisen und eine Rücknahme ermöglichen (§ 5 a, 5 b AbfG). Durch eine Altölverordnung des Bundes sind die Verwertungsmöglichkeiten (Aufbereiten, Verbrennen) oder die Behandlung als → Sonderabfall geregelt. Durch die Altölverordnung von 1987 ist die Überwachung dazu geregelt. *Pfeiff*

Altpapier. A. ist → Abfall, dessen sich der Besitzer entledigen will oder das er zum Zwecke des → Recycling (→ Abfalltechnik) einer Sammlung überläßt oder in ein Altpapiersammelgefäß einbringt. A. wird bei der Papierindustrie und -verarbeitung jeder Art schon immer gesammelt und in der Produktion im Kreislauf eingesetzt. Den Hauptaltpapieranteil verwendet man für Packpapier und Kartonagen. Zum Einsatz bei besseren Papiersorten müssen die Druckfarben des A. entfernt werden (deinking). Um Altpapieranteile >50% auch bei Zeitungs- und Sanitärpapier einsetzen zu können, muß man den Füllstoffanteil durch spezielle Verfahren senken. *Pfeiff*

AMMA → Acrylat

Anbaugerät. A. sind meist Zusatzeinrichtungen für → Rad- oder → Raupenlader sowie → Planierraupen und verleihen den Geräten Vielseitigkeit. Üblicherweise handelt es sich dabei um Hoch- und Tieflöffel, Greifer oder Kranausrüstungen oder Frontladeschaufeln; dabei bevorzugt man fast ausschließlich den hydraulischen Antrieb (Bild). Kran- und Hebeeinrichtungen werden auch als Aufsatzgeräte für Lastkraftwagen gebaut. Bei Baggerausrüstungen handelt es sich meistens um Heckbagger. Die Leistungsfähigkeit der Löse- und A.

29

Anbaugerät: Anbauheckbagger mit Teleskopabstützung.

ist im Vergleich zu Einzelgeräten wegen der fehlenden detaillierten Abstimmung beschränkt. Seilwinden und → Aufreißer werden bevorzugt auf Planierraupen montiert. *Kühn*

Angebotsfrist. Die den Bietern für die Bearbeitung und Einreichung der Angebote zur Verfügung stehende Frist gem. § 18 VOB/A. Die A. endet mit der Öffnung der Angebote am Eröffnungstermin (Submission). Die A. soll vom Auftraggeber ausreichend bemessen werden, bei kleinen Bauleistungen nicht unter zehn Werktagen. Üblich sind bei größeren Bauvorhaben A. von etwa vier Wochen. Sind umfangreiche technische Ausarbeitungen vorzunehmen, so ist die A. auf sechs bis acht Wochen zu verlängern, teilweise auch noch darüber hinausgehend. Bis zum Ablauf der A. können bereits eingereichte Angebote zurückgezogen werden. *Drees*

Angebotskalkulation. Die dem Angebot des Bieters zugrunde liegende → Kalkulation (Bild 1 und 2). Der Begriff A. wird verwendet, um sie von der → Arbeitskalkulation, → Auftragskalkulation und → Nachtragskalkulation zu unterscheiden. Abgekürzt wird meist der Begriff der Kalkulation (Kostenermittlung) benutzt. Die Kalkulation baut sich folgendermaßen auf:

1.	Einzelkosten der Teilleistungen
2.	Gemeinkosten der Baustelle
1+2 3.	Herstellkosten Allgemeine Geschäftskosten
1 – 3 4.	Selbstkosten Wagnis und Gewinn
1 – 4 5.	Angebotssumme ohne Umsatzsteuer Umsatzsteuer
1 – 5	Angebotssumme mit Umsatzsteuer

Statt Angebotssumme wird auch der Begriff Endsumme verwendet. Die Kalkulation hat alle voraussichtlich bei der Bauausführung entstehenden Kosten zu erfassen. Sie ist also eine Kostenschätzung, deren Genauigkeit von der Erfahrung des Kalkulators, den voraussichtlichen Umständen der Bauausführung und

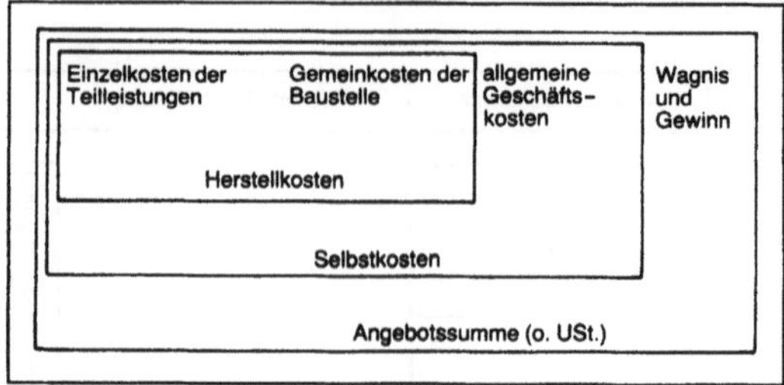

Angebotskalkulation 1: Schematische Darstellung der vereinfachten Kalkulationsgliederung.

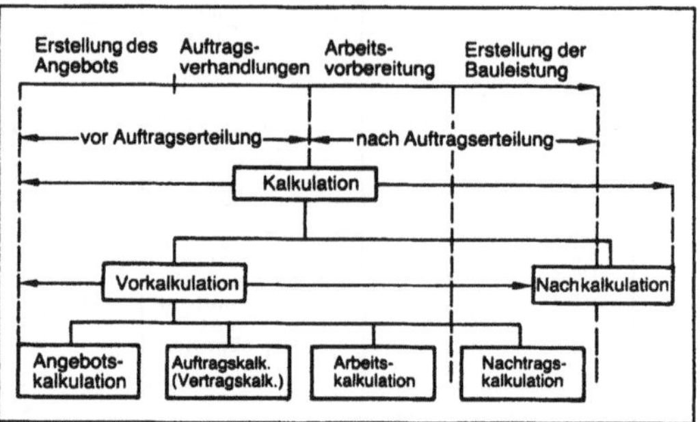

Angebotskalkulation 2: Arten der Kalkulation in Abhängigkeit vom Stand der Auftragsabwicklung.

der voraussehbaren wirtschaftlichen Entwicklung abhängt. Die Kalkulation führt zur Ermittlung des Einheitspreises der im → Leistungsverzeichnis aufgeführten Teilleistungen (Positionen) oder zum Pauschalpreis. Hierzu werden die → Gemeinkosten sowie Wagnis und → Gewinn in der Umlage mit Hilfe eines Verteilungsschlüssels (Zuschlagssätze) auf die → Einzelkosten der Teilleistungen umgelegt. Üblich ist, den → Zuschlag für den Lohn auf etwa 50–60% festzulegen und für die übrigen Einzelkosten (Stoffkosten, Gerätekosten, Kosten der Nachunternehmerleistungen usw.) 5–20% anzusetzen. Die Umsatzsteuer wird als getrennter Betrag ausgewiesen. Sie ist i. a. in den Einheitspreisen nicht enthalten. Bei der Ermittlung der in das Angebot eingesetzten Einheitspreise und der Angebotssumme wird zusätzlich zu den Kosten auch die Situation des Baumarktes berücksichtigt. *Drees*

Angebotsprüfung. Gemäß § 23 VOB/A sind die Angebote rechnerisch, technisch und wirtschaftlich zu prüfen, ggf. mit Hilfe von Sachverständigen. Nicht geprüft zu werden brauchen Angebote, die im Eröffnungstermin bei der Öffnung des ersten Angebots nicht vorlagen, und solche Angebote, die keine rechtsverbindliche Unterschrift tragen, bei denen Änderungen an den → Verdingungsunterlagen vorgenommen wurden und bei denen Änderungen des Bieters an seinen Eintragungen nicht zweifelsfrei sind. Der Einheitspreis ist maßgebend, wenn der Gesamtbetrag einer Position mit dem Einheitspreis nicht übereinstimmt. Die auf Grund der Prüfung festgestellten Angebotsendsummen sind in der Niederschrift über den Eröffnungstermin zu vermerken. *Drees*

Angriff, chemischer. Beton kann durch Wässer, Gase, Luftverunreinigungen, pflanzliche und tierische Stoffe angegriffen werden. Die Art des Angriffs kann entweder rein chemisch oder chemisch-physikalisch sein. Beide können auch gemeinsam wirken. Beim rein chemischen oder lösenden Angriff handelt es sich um einen reinen Lösungsvorgang durch weiches Wasser, Säuren, starke Basen, Salze oder Fette und Öle. Der chemisch-physikalische oder treibende Angriff entsteht durch chemische Reaktion mit dem → Zementstein, die zur Bildung neuer Verbindungen mit größerem Volumen und damit zum → Treiben führt. Während bestimmte betonschädliche Stoffe schon in geringer Konzentration gefährlich werden können, wenn sie in fließendem Wasser immer wieder an den Beton gelangen, sind sie als Bestandteil des Anmachwassers bei der Betonherstellung meistens ungefährlich, da die chemischen Reaktionen schon vor dem → Erstarren ablaufen und dadurch keine Zerstörungen auftreten können. Gefährlich sind dagegen organische Verunreinigungen, wie z. B. Humine, Glyzerin und Zucker, da sie bereits in Spuren das Erstarren bzw. das → Erhärten (→ Zement) erheblich beeinträchtigen können.

☐ Lösender Angriff. Einen lösenden c. A. rufen Säuren, bestimmte austauschfähige Salze, starke Basen, organische Fette und Öle und in geringem Maße auch weiches Wasser hervor. Dabei werden die Hydratphasen durch Hydrolyse gespalten und das dabei freigesetzte $Ca(OH)_2$ sowie durch Ionenaustausch gebildete leichtlösliche Salze gelöst. Zuschläge werden angegriffen, wenn sie aus Kalk- oder Dolomitgestein bestehen. Für den → Angriffsgrad saurer Wässer ist außer der Konzentration der Säure in erster Linie ihre Stärke, ausgedrückt durch den → pH-Wert, maßgebend. Organische Säuren greifen den Beton i. a. weniger stark als Mineralsäuren an. Schwefelwasserstoff greift als schwache Säure den Beton praktisch nur im Gasraum von Abwasseranlagen an, wo er sich bei dem durch Sauerstoffmangel bedingten Übergang des Abwassers vom aeroben in den anaeroben Zustand bildet. Auf den feuchten Oberflächen kann sich dann besonders im Bereich turbulenter Strömung und bei Temperaturen über 30 °C unter der Wirkung von aeroben Mikroorganismen Schwefelsäure bilden. Kohlensäure tritt vor allem in Gebirgswässern und im Bereich von Mineralquellen auf. Sie kann den Beton nur dann angreifen, wenn mehr Kohlensäure vorhanden ist als für die Bildung und das In-Lösung-Halten von Karbonaten benötigt wird. Zu den austauschfähigen Salzen, die den Beton angreifen, gehören vor allem die Salze des Magnesiums und Ammoniums. Basische Flüssigkeiten greifen nur als konzentrierte Lösungen starker Basen, wie Natron- und Kalilauge, an. Ein wesentlicher c. A. durch Fette und Öle ist nur bei pflanzlicher und tierischer Herkunft zu erwarten.

☐ Treibender Angriff. Wenn in Wasser gelöste Sulfate in den Beton eindringen können, reagieren sie mit den Aluminathydraten des erhärteten Zementes und bilden zunächst Ettringit (Erstarren), das durch seine große Wasserbindung beim Kristallwachstum einen starken Druck auf die Porenwände ausübt und dadurch Zugspannungen und Spaltrisse im Beton verursacht. Der Umfang der Ettringitbildung hängt von dem Gehalt des Zementes an Tricalciumsulfat (beim Portlandzement) bzw. vom Hüttensandgehalt (beim Hochofenzement) ab (→ Zement). Meerwasser wäre bei Salzgehalten bis 4% auf Grund seines Magnesium- und Sulfatgehaltes als sehr stark betonangreifend (Angriffsgrad) einzustufen. Daß es weit weniger stark angreift als reine Magnesium- und Sulfatlösungen gleicher Konzentration, kann darauf zurückgeführt werden, daß die im Meerwasser enthaltenen Chloride und Calciumhydrogenkarbonate das Eindringen der angreifenden Stoffe hemmen. *Wesche*

Angriffsgrad. Beim chemischen → Angriff auf → Beton kann sich ein Verdacht auf Betonschädlichkeit aus äußeren Merkmalen, wie Farbe des Bodens, Farbe und Geruch von Wasser, aus der allgemeinen Erfahrung, aus der Beurteilung der Beständigkeit benachbarter Bauwerke und aus geologischen bzw. Bodentypenkarten ableiten. Es ist dann eine Beurteilung der angreifenden Wässer, Böden oder Gase entsprechend DIN 4030 mit Hilfe einer chemischen Analyse erforderlich. Der A. ergibt sich aus dem Vergleich der Analysenwerte mit Grenzwerten aus DIN 4030. Wässer, vorwiegend natürlicher Zusammensetzung, werden auf Grund ihres → pH-Wertes und ihres Gehaltes an kalklösender Kohlensäure, Ammonium, Magnesium und Sulfat (→ Angriff, chemischer) in die A. schwach, stark und sehr stark angreifend eingeteilt. Böden, die häufig durchfeuchtet werden, können je nach Säuregrad und Sulfatgehalt schwach oder stark angreifend sein. Die A. „schwach" und „stark" wurden so festgelegt, daß ein entsprechend zusammengesetzter und hergestellter Beton (→ Betonwiderstandsfähigkeit) diesen Angriffen ausreichend widersteht. Bei „sehr starkem" Angriff muß der Beton durch zusätzliche Schutzschichten geschützt werden. *Wesche*

Anhängeschürfwagen. A. (Anhängescraper) sind ein- oder meist zweiachsige Schürfgeräte, die einen Transportbehälter auf dem Fahrgestell tragen, der zum Lösen und Tragen des Bodens dient. Der auf Reifen geführte Anhängescraper wird von Raupenschleppern gezogen. Bei Kübelinhalten von normalerweise $6-20 \text{ m}^3$ muß der Schlepper eine Motorleistung von ungefähr $70-240 \text{ kW}$ aufbringen. Beim → Schürfen wird der Kübel unter Anheben der vorderen Klappe und Absenken der häufig mit dreiteiligen Schneidemessern bestückten Kübelschneide gefüllt, zum Transport bodenfrei angehoben und die Klappe wieder geschlossen. Am Zielort entleert man den Kübel in

Anhängeschürfwagen: Arbeitsweise eines Anhängerscrapers.

Fahrtrichtung mit einem Ausstoßschild und planiert das Material gleichzeitig (Bild). Der A. arbeitet immer vorwärtsfahrend im Kreisverkehr. Sein Leergewicht beträgt bei den meisten Modellen zwischen 7 und 18 t. Kübelschneiden von 2,0–3,1 m Breite erlauben je nach Ausführung maximale Schnittiefen zwischen 28 und 40 cm. Auf Grund der hohen Traktion und Kraft des Schlepperfahrwerks kann sich der A. neben der → Schürfraupe ohne fremde Hilfe beladen (→ Motorschürfwagen). In der Kombination Reifenfahrwerk beim Scraper und Raupenfahrwerk beim Schlepper führt dieses Gerät ein Zwitterdasein mit Vor- und Nachlen. *Kühn*

Anhydritbinder. A. nach DIN 4208 ist ein mineralisches, nichthydraulisches → Bindemittel, das aus Anhydrit und einem Anreger besteht und für Innenputze und → Estriche (→ Mörtel) verwendet wird. Der Anhydrit kann entweder Naturanhydrit aus natürlichen Vorkommen oder synthetischer Anhydrit aus einem Industrieprozeß, der Anreger basisch, z. B. → Baukalk, salzartig, z. B. Sulfat, oder ein Gemisch aus beiden sein. *Wesche*

Anker.
Grundbau. Auf Zug beanspruchte Bauelemente, die auf Stützbauwerke wirkende Kräfte in den hinter den Bauwerken anstehenden Baugrund oder Auftriebskräfte, z. B. bei Becken, sowie Zugkräfte, z. B. auf → Fundamente, in den tiefer anstehenden Untergrund leiten. Man unterscheidet je nach dem Untergrund zwischen Fels- und Erdankern sowie nach der Herstellungsart zwischen i. d. R. vorgespannten Injektions- oder Verpreßankern, Ankerpfählen, Kleinbohrpfählen und Spundwandankern. Hat der A. für länger als zwei Jahre eine statische Funktion zu erfüllen, so liegt ein Daueranker (DIN 4125, Bl. 2) vor; andernfalls handelt es sich um A. für vorübergehende Zwecke (DIN 4125, Bl. 1). Bei Injektionsankern wird ein Rohr von 7–14 cm Dmr. ggf. mit Spülhilfe in den Boden gerammt oder gebohrt. In standfestem Boden kann die Verrohrung auch entfallen, oder es wird zur Stützung des Bohrloches eine Tonsuspension (→ Stützflüssigkeit) eingespült. Den mit einem aufgesetzten Kopfstück versehenen Ankerstahl führt man in das Bohrloch ein und verpreßt in der Krafteintragungsstrecke einen → Zementleim bzw. -mörtel mit 5–20 bar bei gleichzeitigem Ziehen des Bohrrohres. Bei unverrohrten Bohrlöchern wird ein Packer ver-

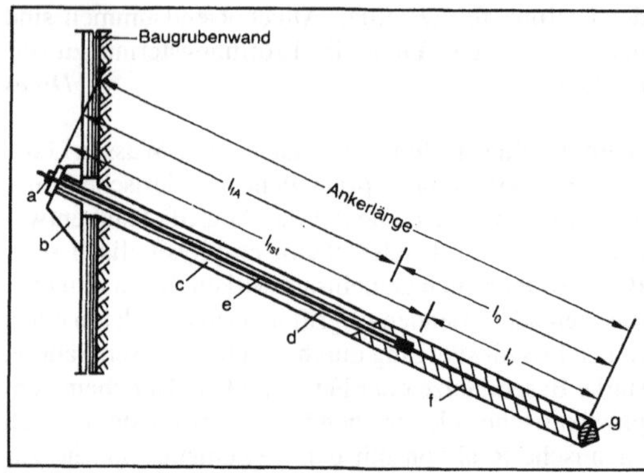

Anker 1: Bestandteile eines Verpreßankers.
a Ankerkopf mit Nachspannmöglichkeit, b Auflagerkonstruktion (Stahlprofile, Stahlbetonbalken), c Bohrloch, d Hüllrohr (zum Korrosionsschutz verpreßt), e Stahlanker, f Verpreßkörper, g Ankerfuß (hier mit verlorener Bohrgestängespitze), lfA freie Ankerlänge, lo Länge der Krafteintragung in den Boden, lfst freie Stahllänge, lv Verankerungslänge des Stahls

wendet. Die Verankerungsstrecke darf sich bei A. gemäß DIN 4125 nicht bis zur Baugrubenwand erstrecken und muß in tragfähigem Baugrund liegen.

Die Bestandteile eines Verpreßankers sind im Bild 1 dargestellt. Spezielle Ausführungen für → Festgesteine sind Spreizanker, bei denen die Ankerkraft durch ein spreizförmiges Aufweiten des Ankerfußes auf das Gebirge abgetragen wird. Die Ankerstähle müssen auf der freien Länge durch Hüllrohre und dauerelastische Verpreßmaterialien gegen → Korrosion geschützt sein. Es werden Einstab- und Litzenquerschnitte ausgeführt. Für Injektionsanker ist im Sinne einer Typenzulassung eine Grundsatzprüfung an mindestens drei A. vorzunehmen. Vor Einsatz auf der Baustelle muß an mindestens drei A. unter den örtlichen Bedingungen eine Eignungsprüfung vorgenommen werden (→ Ankerprüfung). Jeder hergestellte A. ist im Rahmen einer Abnahmeprüfung zu kontrollieren. Daueranker, die sich durch besondere Korrosionsschutzmaßnahmen in der Verankerungsstrecke von den A. für vorübergehende Zwecke unterscheiden, müssen, wenn keine Befreiung davon vorliegt, alle zwei Jahre stichprobenartig nachgeprüft werden. Bei → Lockergesteinen liegen die Grenzzugkräfte der angebotenen A. in der Größenordnung von 700 kN; bei Fels kann man bis zu etwa 10fach höhere Grenzwerte zulassen. Zu unterscheiden ist auch zwischen einer → Beanspruchung durch aktiven → Erddruck und Erdruhedruck.

Zur Aufnahme der Erddruckkräfte bei → Spundwänden werden, wenn die Bodenverhältnisse und der Grundwasserstand es zulassen, Verankerungen aus Rundstahl mit Spannschlössern verwendet. Die A. werden am Gurt oder Holm der Spundwand und an rückwärts eingebetteten Ankerwänden bzw. -platten gelenkig angeschlossen. Andere Verankerungselemente sind

Verpreßpfähle (MV-Pfähle), Stahlpfähle und Kleinbohrpfähle, bei denen auf der gesamten Strecke zwischen Baugrubenwand und Pfahlfuß eine Kraftübertragung in den Boden auftritt. Außer dem Nachweis, daß bei A. eine ausreichende Sicherheit gegen Herausziehen bzw. gegen Aufbruch vor der Ankerwand bzw. -platte besteht, ist stets ein → Standsicherheitsnachweis (→ Bodenmechanik) für das Gesamtsystem Stützbauwerk und den A. zu führen.

Als spezielle Form der A. sind die Felsnägel (etwa 3 m lang) und die Bodennägel anzusehen. Mit Felsnägeln wird der Nahbereich beim Hohlraumbau im Festgestein gesichert. Ein mit Rundstählen bewehrter Bodenkörper wirkt wie ein Monolith. Steile Böschungen und senkrechte Erdwände lassen sich dadurch wirtschaftlich sichern. Die Nägel werden in den Boden gedrückt oder in Bohrlöcher eingeführt und auf ganzer Länge vermörtelt. Der Herausziehwiderstand beträgt je nach anstehendem Boden etwa 40 kN/lfdm. Der Nagelabstand beträgt etwa 1,5 m. Die Böschungs- oder Wandoberfläche wird durch → Spritzbeton in einer Dicke von rd. 10–25 cm gesichert. *Meißner*
Literatur: Grundbau-Taschenbuch. Bd. 2. 4. Aufl. Berlin 1991.

Stahlbau. Zugbeanspruchte Verbindungsstäbe zwischen der Stahlkonstruktion und den massiven Unterbauten (Betonkonstruktionen), z. B. → Fundamente, Wände oder → Balken. In der Regel werden Rundstähle der Güte 4.6 oder 5.6 verwendet, in Sonderfällen auch hochfeste Rundstähle der Güte 10.9 oder Spannstähle, z. B. System Dywidag. Die A. (Ankerschrauben) erfüllen zwei Funktionen:
☐ Montagehilfe zur Fixierung der Stützen und zum Ausrichten der fertig montierten Stahlkonstruktion,
☐ Aufnahme der von reinen Zugstäben oder eingespannten Stützenfüßen ausgeübten abhebenden Zugkräfte und Ableitung der Zugkräfte in die Unterkonstruktion (i. a. Fundamente).

Bei Stützenverankerungen mit kleinen Zugkräften (A.-Dmr. ≤ M 30) kommen Rundstahlanker mit i. a. einfacher Hakenaufbiegung und Winkelprofilen als Verankerungstraversen zur Anwendung (Bild 2). Zur Aufnahme größerer Zugkräfte setzt man Rundstahlanker mit angeschmiedetem sog. Hammerkopf ein, die ihre Zugkräfte über Traversen aus U-Profilen in die Fundamente abgeben (Bild 3). Hammerkopfanker werden bis zu Durchmessern von 150 mm, in Extremfällen bis 250 mm verwendet. *Sedlacek/Scholz*

Betonstraße → Fuge

Ankerprüfung. Verfahren zur Überprüfung des Tragverhaltens von Ankern. Dazu gehört auch, daß die erforderlichen Bodenuntersuchungen und die Bauausführung der → Anker überwacht werden. Für Verpreßanker sind in DIN 4125 detaillierte Prüfungen

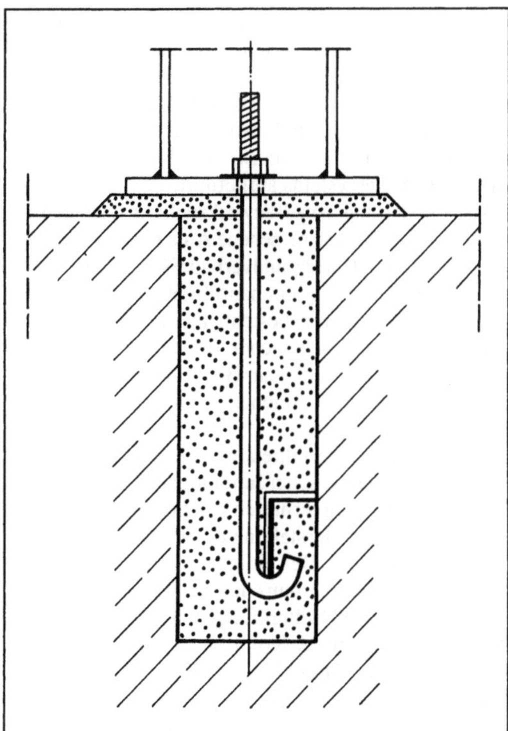

Anker 2: Rundstahlanker.

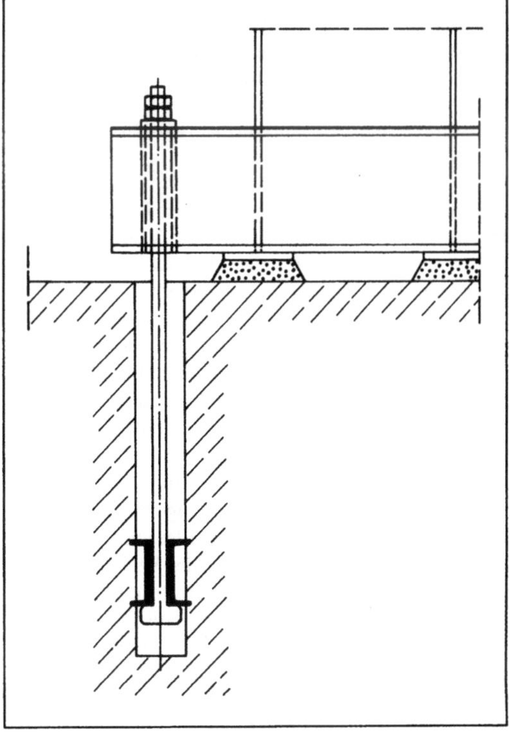

Anker 3: Hammerkopfanker.

gefordert. Voraussetzung für die bauaufsichtliche Zulassung eines Ankersystems ist eine Grundsatzprüfung. Das Tragverhalten der Anker wird dabei für einen bestimmten rolligen Boden, einen bindigen Boden oder Fels ermittelt. Nach dem Versuch legt man den gesamten Anker frei. Die Ergebnisse sind im Zulassungsbescheid des Ankersystems aufgeführt.

Vor Herstellung von Bauwerksankern muß geprüft werden, ob sich das vorgesehene Ankersystem auch bei den anstehenden Untergrundverhältnissen eignet. Es ist eine Eignungsprüfung durchzuführen, die aus Zugversuchen an drei Ankern besteht. Die Zuglast ist unter Berücksichtigung mehrfacher Be- und Entlastungen sowie von Zeitabschnitten zur Beobachtung des Kriechverhaltens bis zur 1,5fachen rechnerischen → Gebrauchslast zu steigern.

Um das Herstellverfahren eines jeden Einzelankers und den Einfluß möglicher Inhomogenitäten im Untergrund auf das Tragverhalten zu prüfen, muß jeder Anker nach seiner Herstellung einer Abnahmeprüfung unterzogen werden. Bei einigen Systemen sind laut Zulassung darüber hinaus nach Fertigstellung des → Bauwerkes noch Nachprüfungen in bestimmten Zeitabständen erforderlich. Kriterien für die Beurteilung zulässiger Ankerlasten sind in DIN 4125 aufgeführt. Dazu gehört auch, daß bei Daueranker (Anker) ein zulässiges Kriechmaß nicht überschritten werden darf. *Meißner*

Anode. Die A. ist die positiv geladene Elektrode einer elektrolytischen Zelle, die z.B. aus einem feuchten Beton und einem darin eingebetteten Bewehrungsstab bestehen kann. Der anodische Teilprozeß einer Metallkorrosion gibt Metallionen an den → Elektrolyten ab und ist mit einem Substanzverlust (Rosten) verbunden (→ Betonstahlkorrosion). *Sasse*

Anschlußschrank. Der A. (Bild) ist Bestandteil der Baustellenstromversorgung. Nach VDE 0100/5.73 müssen elektrische → Betriebsmittel auf Baustellen von besonderen Speisepunkten aus versorgt werden. Zum Anschluß an ein Niederspannungsnetz dient der A., dem Verteilerschränke nachgeschaltet sind; an diese werden die elektrischen Verbraucher unmittelbar angeschlossen. Bei kleineren Baustellen faßt man A. und → Verteilerschrank zu einem Anschluß-Verteiler-Schrank zusammen. Der A. enthält Anschlußsicherung, Meßeinrichtung (Verbrauchsmessung), Hauptsicherung, Hauptschalter sowie die Abgänge mit Lasttrenner für die angeschlossenen Verteilerschränke. Der Anschluß-Verteiler-Schrank bzw. der Verteilerschrank ist mit einem FI-Schalter (Fehlerstromschutzschalter) sowie den Steckdosenabgängen ausgerüstet. Bei großen Baustellen werden hinter einem A. Hauptverteilerschränke angeordnet, an die über Sicherungslasttrenner weitere Verteilerschränke angeschlossen sind. Sind auf einer Baustelle → Nachunternehmer eingesetzt, deren Stromverbrauch dem Hauptunternehmer vom EVU

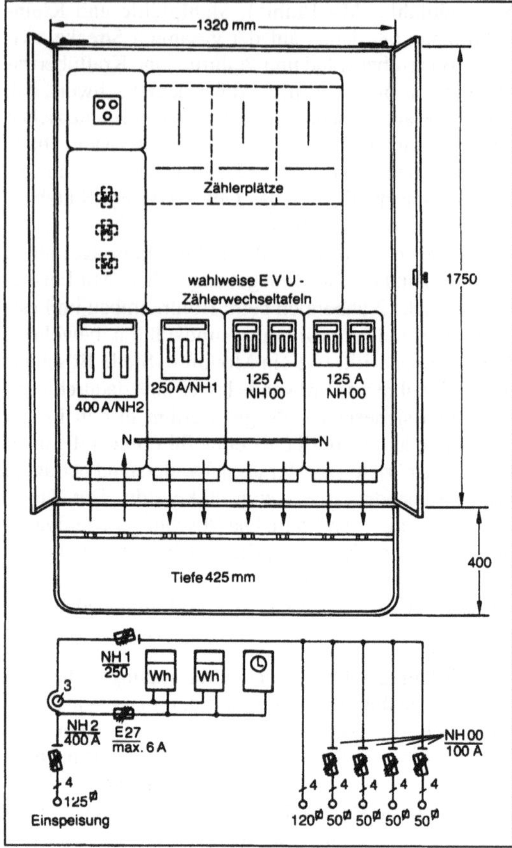

Anschlußschrank: A. mit fünf Abgängen.

belastet wird, so setzt man hierfür besondere Verteilerschränke mit abschließbaren Feldern und individueller Verbrauchsmessung ein (Subunternehmerschränke). *Drees*

Anstrich. A. sind aus Anstrichstoffen hergestellte dünne Beschichtungen auf einem festen Untergrund, auf dem sie nach dem Trocknen haften. Bei mehreren (zwei bis etwa sechs) übereinander angeordneten Schichten spricht man von Anstrichaufbau oder Anstrichsystem bzw. → Beschichtungssystem. A. sollen den Untergrund gegen äußere Einflüsse schützen (Witterung, mechanische und chemische Angriffe) oder/und das äußere Bild des → Bauwerks oder → Bauteils verändern (verschönern, hinweisen, Aufmerksamkeit erregen).

Nach der → Verdingungsordnung für Bauleistungen (VOB) sind A. auf mineralischen Untergründen nach der geforderten Beanspruchbarkeit auszuführen. Dabei gibt es nach DIN 18 363 folgende Unterscheidungen:

– Waschbeständig ist ein A., wenn er nach der dem Anstrichstoff entsprechenden Trocknungs- und Abbin-

dezeit mit Schwamm unter Zusatz eines neutralen Feinwaschmittels gewaschen werden kann, ohne daß sich das Reinigungswasser färbt. Dafür verwendbare A.- und → Beschichtungsstoffe sind Dispersionsfarben, Ölfarben, Öl-Lackfarben, → Lacke und Lackfarben.
– Scheuerbeständig ist ein A., wenn er nach der dem Anstrichstoff entsprechenden Trocknungs- und Abbindezeit mit einer Waschbürste aus Naturborsten und Wasser unter Zusatz eines neutralen Feinwaschmittels gescheuert werden kann, ohne daß der A. beschädigt wird oder das Reinigungswasser sich färbt. Dafür verwendbare A. und Beschichtungsstoffe sind Dispersionsfarben, Lacke und Lackfarben.
– Wetterbeständig ist ein A., wenn er unter Witterungseinflüssen, mit denen normalerweise gerechnet werden muß, noch nach zwei Jahren in zweckentsprechendem Zustand ist. Dafür verwendbare Anstrich- und Beschichtungsstoffe sind Kalk-, Kalk-Weißzement, Silicatfarben, Dispersionssilicatfarben, Dispersionsfarben, Ölfarben, Öl-Lackfarben, Lacke und Lackfarben.
– Von allen A., Lackierungen und Beschichtungen wird gefordert, daß sie fest haften und als gleichmäßige Fläche ohne Ansätze und Streifen erscheinen.

Besonders bei → Stahlbeton, aber auch bei allen anderen porigen mineralischen Untergründen kommt den Diffusionseigenschaften des A. eine bisher noch nicht genügend beachtete Bedeutung zu. Häufig werden filmbildende Beschichtungen vor allem deshalb angeordnet, weil man Wasser und schädliche Gase vom Beton, Stahl oder Mauerwerk fernhalten will. Zur Verhinderung von Wasserstau hinter der Beschichtung infolge rückwärtiger Durchfeuchtung, Kondensation oder Eindringens durch Fehlstellen im A. ist meist eine gute Wasserdampfdurchlässigkeit erwünscht. Da die genormte Messung an freien Filmen (→ Folien) vorgenommen wird, sind ihre Ergebnisse für A. auf porigen Untergründen nicht direkt verwertbar. Entsprechend geänderte Prüfverfahren sind bisher nicht allgemein eingeführt. Die einzelnen Anstricharten (Kunststoffarten) und die verschiedenen Gase können Permeationskoeffizienten ergeben, die sich um mehrere Größenordnungen unterscheiden (Bild).

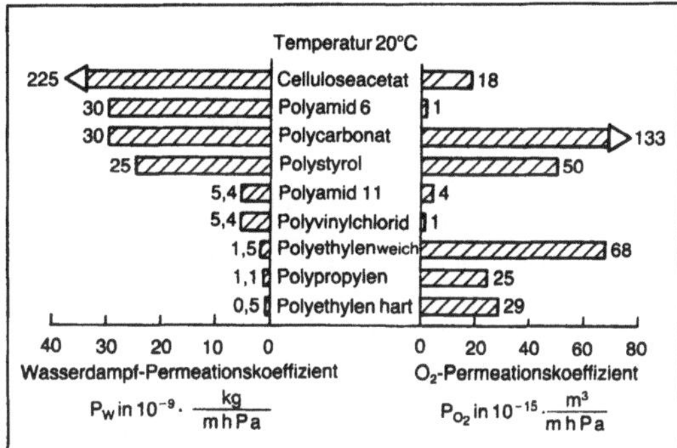

Anstrich: Wasserdampf- und Sauerstoffdurchlässigkeit von Kunststoffolien.

□ Farbgebung. Ein großer Teil der Anstrichstoffe oder Beschichtungsstoffe wird streichfähig geliefert, und zwar z. B. Wandfarben i. d. R. weiß, die dann i. a. nur noch mit Abtönfarben in Form von Pigmentpasten (Tubenfarben) auf den gewünschten Farbton gebracht werden (teilweise Automaten). Das RAL-Farbtonregister enthält in Form von Farbkarten etwa 130 in der Wirtschaft gebräuchliche Farbtöne. Die Numerierung dieser Farbtöne ermöglicht es, bei Auftragserteilungen einen bestimmten Farbton genau festzulegen, z. B. RAL 1005: postgelb. Außerdem gibt es DIN-Farbenkarten (DIN 6164). Sie erlauben eine Bezeichnung der Farbe nach dem Farbton (T) oder dem Buntton in 24 Farbtonfolgen, nach der Sättigungsstufe (S) oder dem Grad der Buntheit in sieben Stufen und der Dunkelstufe (D) als Maß für die Helligkeit, je nach Grautönung in bis zu acht Stufen. Die Bezeichnung für ein bestimmtes Rot ist z. B. T : S : D = 7 : 2 : 4. Der Farbton kann auch „farblos" sein. Außerdem läßt sich der Glanzgrad beschreiben, z. B. hochglänzend, seidenmatt.
□ → Adhäsion, → Dauerhaftigkeit. Es gibt zahlreiche sehr unterschiedliche Schäden an Beschichtungen. Die überwiegende Mehrzahl betrifft jedoch Ablösungen, die oft mit Rissen verbunden sind, deren Ursache mangelnde oder verlorengegangene Haftfähigkeit ist. Obwohl eine einwandfreie Verbindung zwischen einer Beschichtung und ihrem Untergrund als eine notwendige Voraussetzung für die Dauerhaftigkeit einer Beschichtung angesehen werden muß, gilt es noch als ungelöst, wie auf bestimmten Werkstoffen eine langfristige Haftung von polymergebundenen Beschichtungen mit wirtschaftlich tragbarem Aufwand unter gegebenen Bedingungen, z. B. auf einer Baustelle, zu erzielen ist.

Generell problematisch als Untergründe sind:
– Stoffe mit Inhaltsstoffen, z. B. tropische Hölzer,
– unpolare Kunststoffe, z. B. → Polyethylen,
– chemisch reaktive Untergründe, z. B. Magnesium,
– Stoffe mit geringer Eigenfestigkeit, z. B. bestimmte → Putze.

Unter Baustellenbedingungen sind als Untergründe problematisch:
– alle obengenannten Stoffe, ferner:
– Aluminiumlegierungen, Zink,
– völlig vernetzte Duroplaste,
– durchfeuchtete Untergründe,
– wasserempfindliche Untergründe.

Die baupraktischen Ursachen von Ablösungserscheinungen sind außerordentlich vielseitig, z. B. geringe Adhäsion, ungenügende Untergrundfestigkeit (z. B. absandende Putze oder → Betonflächen), ausblühende Salze, → Schwinden und → Quellen des Untergrundes (vor allem bei → Holz), Wärmedehnungsunterschiede von Beschichtung und Untergrund (z. B. kalter Gewitterregen auf sommerlich heiße Beschichtung). *Sasse*

Anstrichmittel → Beschichtungsstoff

Anstrichstoff → Beschichtungsstoff

Anwaltsplanung. Um komplizierte Planungsprozesse zu klären, insbes. solche, in denen diametral entgegengesetzte Interessen auszugleichen sind, wurde das Aufstellen von Planungsalternativen üblich, die sowohl Grundlage einer Bewertung (nach Kriterien) als auch bei der Beschlußfassung im politischen Raum Gegenstand der Diskussion sind; sie werden auch im → Baugesetzbuch erwähnt. Solche Alternativen können nicht nur die Bauämter oder durch die Gemeinden beauftragte Planer, sondern auch Anwaltsplaner aufstellen, die zwar i. d. R. von der Gemeinde honoriert, jedoch von dieser unabhängig als fachliche Berater von Interessenvertretern bzw. → Bürgerinitiativen handeln. Der Anwaltsplaner wird so zum fachlich gleichberechtigten und die Verwaltungsmeinung komplettierenden Gesprächspartner der planenden Behörde. Seine Vorschläge können gleichberechtigt in den Beschlußprozeß sowohl in der → Bauleitplanung als auch bei Detail- oder Gestaltungsfragen eingebracht werden.
Spengelin

Applikationstechnik. Die → Dauerhaftigkeit von Beschichtungen im Bauwesen wird in erheblichem Maße durch die Witterungsbedingungen während der Beschichtungsarbeiten und auch während der → Trocknungszeit (Erhärtungszeit) sowie durch das Aufbringverfahren beeinflußt. Die einzelnen Bindemitteltypen verhalten sich hinsichtlich ihrer Empfindlichkeit gegen Witterungseinflüsse etwas unterschiedlich. Generell kann folgendes gesagt werden:
☐ Niedrige Temperaturen erschweren die Applikation selbst, da durch höhere Viskositäten der → Beschichtungsstoff nicht bis in die „Täler" der Mikrorauheiten gelangt und sich die Haftfläche verringert; auch verzögert sich die Trocknung. Wird die Beschichtung in noch nicht ausreichend erhärtetem („reifem") Zustand beansprucht, so kann ihre Dauerhaftigkeit beeinträchtigt werden.
☐ Hohe Temperaturen können wegen niedrigerer Viskositäten zu dünne Filme ergeben, und bei lösemittelhaltigen Anstrichstoffen kann es zu Blasenbildungen infolge zu rascher Erhärtung der äußeren Zone kommen.
☐ Bei Untergrundtemperaturen, die in der Nähe des Taupunktes liegen, können mit dem Auge nicht sichtbare Kondenswasserfilme auf dem Untergrund, vor allem in feinsten Rauhtiefen und Poren, vorhanden sein. Hierdurch können Haftungsstörungen zur Bauteiloberfläche oder zwischen den einzelnen Schichten auftreten.

Aus den genannten Gründen sollen Beschichtungsarbeiten i. d. R. nicht ausgeführt werden, wenn
– die Lufttemperatur + 5 °C unterschreitet,
– die Lufttemperatur + 30 °C überschreitet,
– die Untergrundtemperatur weniger als 3 K über der Lufttemperatur liegt, was häufig bei rasch steigender Lufttemperatur der Fall ist,
– Nebel oder Regen unmittelbar bevorsteht,

– nach feuchter Witterung der Untergrund nicht zweifelsfrei durchgetrocknet ist.

Je nach Beschichtungsstoff und Untergrund können die genannten Zahlen etwas variieren. Bei sehr sorgfältigem Pinselauftrag können die Grenzwerte etwas weiter gefaßt werden. Die Festlegung der anzuwendenden A. hängt vom zu beschichtenden → Bauteil und in einigen Fällen auch vom Beschichtungsstoff ab:
☐ Streichen. Durch handwerklich richtiges Arbeiten mit geeigneten Pinseln wird eine optimale Benetzung des Untergrundes erreicht. Der erforderliche Lohnkostenaufwand ist hoch, die technischen Vorteile sind jedoch erheblich. Durch den federnden Andruck und die Bewegung der zahlreichen Pinselborsten werden Luft, Feuchtigkeitsreste und Staubteilchen aus kleinsten Vertiefungen des Untergrundes herausgearbeitet. Der Flächenkontakt zwischen Untergrund und → Bindemittel wird dadurch praktisch vollständig hergestellt. Das Verbleiben der ggf. abgelösten Fremdstoffe und der Luft im Beschichtungsfilm ist wesentlich unschädlicher als in der kritischen Haftzone.
☐ Rollen. Durch Verwenden von fell- oder faserbelegten Rollen oder Walzen läßt sich gegenüber dem Pinsel eine nennenswerte Steigerung der Arbeitsleistung bei großflächigen Bauteilen erreichen. Die Vorteile des Streichens kommen jedoch wegen der wesentlich geringeren örtlichen Turbulenzen und Drücke nicht zum Tragen. Rollen wird daher zumindest für Grundbeschichtungen nicht empfohlen; für Deckbeschichtungen kann man es mit geeigneten Anstrichstoffen jedoch einsetzen.
☐ Druckluftspritzen. Für das Druckluftspritzen gelten hinsichtlich der technischen Nachteile ähnliche Aussagen wie für das Rollen. Feine Oberflächenvertiefungen und Kehlen bleiben ungefüllt; sie können Ursache vorzeitiger Ablösungen werden. Außerdem muß man aus Viskositätsgründen meist mit relativ hohen Lösemittelanteilen („Verdünnern") arbeiten. Die Beschichtung kann hierdurch mikroporös und weniger dauerhaft werden. Die auf die Arbeitszeit bezogene Flächenleistung beträgt das Zwei- bis Dreifache gegenüber der manuellen Pinseltechnik. Das Druckluftspritzen wird daher für Deckbeschichtungen großflächiger Bauteile angewendet. Besonders bei gegliederten Bauteilen tritt ein erheblicher Sprühverlust (Spritznebel) auf, der nicht nur direkte Kosten durch Materialverlust (bis über 50%), sondern vor allem Umweltschäden, z. B. an Bauteilen, Fahrzeugen, Pflanzen, im Umkreis von mehreren 100 m verursachen kann.
☐ Höchstdruckspritzen. Diese apparativ aufwendige A. bezeichnet man häufig auch mit Airless-Spritzen. Bei ihr wird der Beschichtungsstoff ohne Luftbeimengung mit Drücken bis zu 400 bar durch Düsen versprüht. Die intensive Verwirbelung des Beschichtungsstoffes auf dem Untergrund macht das Verfahren auch für Grundbeschichtungen anwendbar. Die Verschmutzungen der Umgebung durch Spritznebel sind wesentlich geringer als beim Druckluftspritzen, jedoch nicht in jedem Fall zu vernachlässigen.
Sasse

Apsidenkuppel. Unter einer A. oder Halbkuppel ist die Hälfte einer → Rotationsschale zu verstehen, die längs eines Breitenkreises gestützt ist (Bild). Am senkrechten Rand treten keine Ringkräfte auf. Es ist jedoch nicht möglich, an diesem Rand auch die Schubkräfte zum Verschwinden zu bringen; deshalb ist ein Randglied erforderlich, das in seiner Ebene biegesteif ist und die Schubkräfte aufnehmen kann, während es senkrecht dazu vollkommen biegeweich sein soll.

Laermann

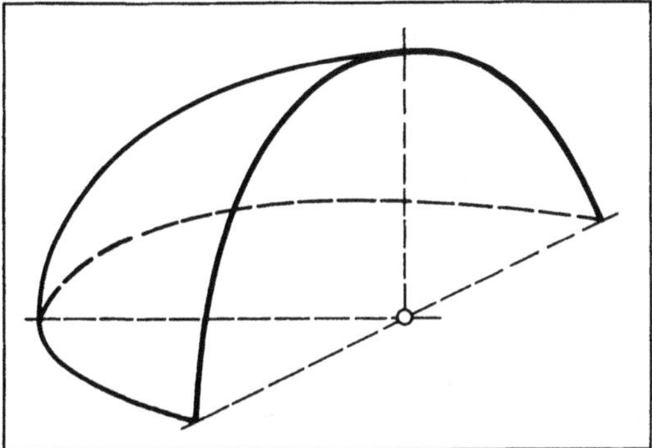

Apsidenkuppel: Vereinfachte Darstellung.

Aquädukt. Bauwerk zur Überführung eines → Kanals (Kanalbrücke) oder einer Leitung über eine Senke oder ein Tal. Ein A. kann von Stützen getragen und aus → Mauerwerk, → Beton, → Holz oder Stahl trog- oder rinnenförmig gebaut sein. Der nach Tontafeln aus der Bibliothek von Ninive unter *Sanherib* (705–681 v. Chr.) zur Versorgung der assyrischen Hauptstadt Ninive erbaute A. bei Jerwan (Irak) war rd. 300 m lang, 12 m breit und 7,5 m hoch. Seine Durchflußleistung betrug etwa 50 m^3/s. Zwischen 312 v. Chr. und 226 n. Chr. fällt die Bauzeit der elf antiken Wasserzuleitungen für die Stadt Rom. Die Kanalbrücken der Aqua Julia (33 v. Chr.) waren insgesamt 9,6 km, die der Aqua Claudia (38 bis 52 n. Chr.) 14 km lang. Die meisten der älteren A. wurden aus sorgfältig behauenen Quadern ohne Verwendung von → Mörtel errichtet, z. B. Pont du Gard (Bild, → Brücke). Die A. der römischen Wasserleitungen gehören zu den eindrucksvollsten Bauwerken der römischen Baukunst.

Lecher

Literatur: *Garbrecht, G.:* Wasser. Vorrat, Bedarf und Nutzung in Geschichte und Gegenwart. Hamburg 1985.

Aquiclude. A. (→ Grundwassernichtleiter) sind Gesteine, die größere Wassermengen speichern, aber nicht durchlassen können, z. B. → Tongesteine.

Mattheß

Aquifer → Grundwasserleiter

Aquifuge. A. (→ Grundwassernichtleiter) sind Gesteine, die weder Wasser durchlassen noch Wasser speichern, z. B. → Plutonite.

Mattheß

Aquitarde. A. (Grundwasserhemmer) sind Gesteine, die Wasser speichern und auch genügend Wasser durchlassen, um den regionalen Grundwasserhaushalt zu beeinflussen, nicht aber genug, um Brunnen zu speisen,

Aquädukt: Pont du Gard bei Nîmes (Südfrankreich).

z. B. Löß. Löß ist ein äolisches Lockersediment. Er weist Porositäten (→ Hohlraumanteil) von 40–55%, nutzbare (durchflußwirksame) Porositäten von <15–35% und → Durchlässigkeitskoeffizienten in der Größenordnung von 10^{-9}–10^{-5} m/s auf. *Mattheß*
Literatur: *Mattheß, G., u. K. Ubell*: Allgemeine Hydrogeologie – Grundwasserhaushalt. Berlin, Stuttgart 1983.

Arbeitsanweisung (*engl.* Working Instruction or Methods Statements) → Qualitätsmanagement-Anweisung

Arbeitsbedingung. Begriff des → Arbeitsstudiums. Nach der von → REFA herausgegebenen Methodenlehre des Arbeitsstudiums sind hierunter alle technischen, wirtschaftlichen, organisatorischen und sozialen Einflüsse zu verstehen, denen ein → Arbeitssystem ausgesetzt ist. Bei der Zeitaufnahme sind die A. genau zu beschreiben, insbes. solche, die bei ihrer Veränderung einen wesentlichen Einfluß auf den Arbeitsablauf haben können und somit das Ergebnis der Zeitaufnahme verändern. Zu den A. gehören z. B. bei Zeitaufnahmen auf einer Baustelle: Witterung, vorhandene → Hebezeuge, Werkzeuge, Schalungsart, Größe der beobachteten Fertigungsgruppe, Organisation der Baustelle, Art und Zustand der verwendeten Baustoffe, Uhrzeit, Kalendertag. *Drees*

Arbeitsbewertung. Begriff des → Arbeitsstudiums: Ermittlung der von einem → Arbeitssystem an einen Menschen gestellten Anforderungen, verwendet zur → Arbeitsgestaltung, Lohndifferenzierung und zur Personalorganisation eines Unternehmens. Für die Ermittlung der Anforderungen ist eine genaue Arbeitsbeschreibung notwendig, die zur Anforderungsanalyse führt. Grundlage der Anforderungsanalyse sind die Anforderungsarten: geistige Anforderungen, körperliche Anforderungen, Verantwortung, → Arbeitsbedingungen. → REFA unterscheidet sechs Anforderungsarten: 1. Kenntnisse, 2. Geschicklichkeit, 3. Verantwortung, 4. geistige Belastung, 5. muskelmäßige Belastung, 6. Umgebungseinflüsse. Je nach der Höhe der Anforderungen in den einzelnen Anforderungsarten lassen sich Anforderungsprofile erstellen. Zur Lohndifferenzierung sind die Anforderungsarten zu gewichten und die Anforderungshöhe jeder Anforderungsart festzulegen, oft als %-Angabe mit Hilfe von Brückenbeispielen. Der Arbeitswert – und damit die Einstufung in das betriebliche Lohngefüge – ergibt sich als Summe der Produkte aus Gewicht und Anforderungshöhe. Ein objektiver Maßstab läßt sich für die Gewichtung nicht finden, so daß der Arbeitswert in hohem Maß durch das soziale Umfeld geprägt wird. *Drees*

Arbeitsgemeinschaft (Arge). Zusammenschluß mehrerer → Bauunternehmen zum Zweck der Ausführung eines → Bauwerks. Gründe hierfür können die Bündelung der vorhandenen Kapazität, die Risiko-

streuung oder aber auch das Bestreben des Auftraggebers sein, möglichst viele Bauunternehmen an der Ausführung eines größeren Bauwerks zu beteiligen. Die Rechtsbeziehungen richten sich nach dem BGB; man spricht deshalb auch von BGB-Gesellschaft. Alle Partner haften gesamtschuldnerisch. Die Partner schließen einen Arbeitsgemeinschaftsvertrag ab. Hierfür liegt ein Vertragsmuster der Verbände des Bauhauptgewerbes vor. Oberstes Organ ist die Aufsichtsstelle, in der sämtliche Partner (Gesellschafter) vertreten sind. Für die Ausführung der Beschlüsse sowie die Vertretung der A. nach außen ist das federführende Unternehmen zuständig, oft in technische und kaufmännische Federführung unterteilt. Das federführende Unternehmen erhält als → Vergütung seiner zusätzlichen Aufwendungen eine Federführungsgebühr.

Die A. wird als selbständiger Betrieb geführt. Gewinne und Verluste werden nach den jeweiligen Beteiligungsquoten verteilt. Die Unternehmen stellen die notwendige Kapazität zur Verfügung. Jedoch kann die A. auch über eigene Arbeitskräfte und Geräte verfügen. A. werden auch häufig im Anlagenbau gegründet; hier meist als Konsortium bezeichnet (Konsortialvertrag). Bei einer Losarbeitsgemeinschaft (Losarge) übernehmen die Partnerunternehmen im Innenverhältnis streng voneinander getrennte Einzellose, die sie selbständig ausführen und deren Ergebnis dem jeweils ausführenden Unternehmen zugerechnet wird, obwohl sie im Außenverhältnis gemeinschaftlich haften. *Drees*

Arbeitsgestaltung. Begriff des → Arbeitsstudiums. Nach → REFA ist hierunter das Schaffen eines aufgabengerechten, optimalen Zusammenwirkens von arbeitenden Menschen, Betriebsmitteln und Arbeitsgegenständen durch zweckmäßige Organisation von → Arbeitssystemen unter Beachtung der menschlichen Leistungsfähigkeit und Bedürfnisse zu verstehen. Durch die A. werden Arbeitsmethoden, → Arbeitsbedingungen und Arbeitsplätze verbessert oder neu entwickelt. Die A. hat insbes. zur Verbesserung von Maschinen, Werkzeugen und Hilfsmitteln geführt. Beispiele im Bauwesen sind hierfür die Führerkabinen von Baumaschinen, der verstärkte Einsatz von Handmaschinen, die bessere Ausrüstung mit → Hebezeugen, die leichtere Bedienbarkeit von Baumaschinen, die Herabsetzung des → Schallpegels. Hierdurch konnten die muskelmäßige Belastung und die schädlichen Umgebungseinflüsse bei gleichzeitiger Erhöhung der → Arbeitssicherheit und der Arbeitsleistung herabgesetzt werden. Zur A. gehört auch die Verbesserung der → Arbeitsorganisation durch die → Arbeitsvorbereitung (Fertigungsplanung). *Drees*

Arbeitskalkulation. Überarbeitung der → Angebotskalkulation im Zusammenhang mit der → Arbeitsvorbereitung (Fertigungsplanung). Ziel ist die Herstellung einer Kostenvorgabe, die bei der Bauausführung einzuhalten ist. Da zwischen der Angebotskalkulation und der Bauausführung oft längere Zeit liegt und sich dabei viele Voraussetzungen ändern können, kann die A. zu einer veränderten Kostenstruktur führen. Ob die Vorgaben der A. eingehalten werden, läßt sich durch einen Vergleich der vorgegebenen Soll-Kosten mit den Ist-Kosten der Bauausführung kontrollieren (Soll-Ist-Vergleich). Da sich die auszuführende → Bauleistung ständig ändert (nachträglich vereinbarte Leistungen, Fortfall von vertraglichen Leistungen), ist auch die A. ständig zu überarbeiten. *Drees*

Arbeitskette. Begriff der → Arbeitsorganisation (Ablauforganisation) beim Einsatz von Baumaschinen in Zusammenhang mit vielstufigen Arbeitsabläufen. Bestimmend für die von der A. erzielte Arbeitsleistung ist das Leitgerät. Alle anderen Geräte sind hierauf abzustimmen. Beispiel für eine A. im → Erdbau: → Bagger (Lösen und Laden), Lastkraftwagen (Transport des Aushubs), → Planierraupe (Verteilen des abgekippten Aushubs), Walze (Bodenverdichtung). Fällt ein Glied der A. aus, so kommt es zu Produktionsstörungen, wenn keine Zwischenlager vorhanden sind. Beispiele: Warteschlange der Lastkraftwagen, wenn Aushub- oder Einbaugerät ausfällt. Einbau von Schwarzmischgut oder → Transportbeton: Warteschlange an der Mischanlage oder am Einbaugerät bei Produktionsstörungen (Bild). *Drees*

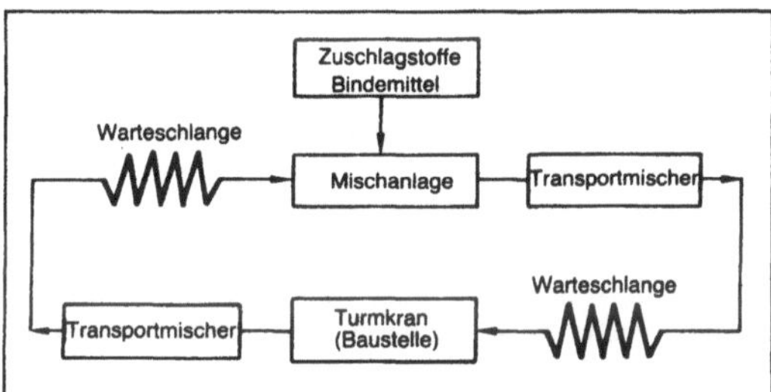

Arbeitskette: Warteschlangenmodell einer A.

Arbeitsorganisation. A. (Ablauforganisation) ist die gestaltende Strukturierung des Arbeitsablaufs, um eine Fertigung mit dem geringstmöglichen Aufwand zu erreichen. Die Verbesserung der A. geschieht durch → Arbeitsstudien, vor allem durch → Zeitstudien zur Durchleuchtung aller → Arbeitsvorgänge. Die A. verknüpft Mensch, → Betriebsmittel und Arbeitsgegenstand miteinander. *Drees*

Arbeitsschutz beim Umgang mit Altlasten. Um Arbeitsunfälle beim Umgang mit → Altlasten zu verhüten, sind umfangreiche A.-Maßnahmen erforderlich. Diese Maßnahmen sollen auch den Schutz der unmittelbar im Bereich der Altlast wohnenden Bevölkerung berücksichtigen, wenn Erkundungs- und Bauarbeiten ausgeführt werden. Der Baugrund Altablagerung und der Baugrund Altstandort mit teilweise verborgenen

Risiken sind in der Regel als unbekannter und nicht normierter Baugrund Boden anzusehen. Bauarbeiten auf diesem Baugrund bergen neben den bei jeder üblichen → Bauleistung latent vorhandenen Gefahren ein zusätzliches Gefährdungspotential, das durch die Schadstoffbelastungen des Baugrundes verursacht werden kann. Deshalb sind zusätzliche Sicherungsmaßnahmen zu treffen, die vorsorgend sowohl dem Schutz der Beschäftigten als auch der → Nachbarschaft der Baustellen dienen. Für die Festlegung der notwendigen Sicherungsmaßnahmen ist zunächst der Auftraggeber und für die Umsetzung vor Ort der Auftragnehmer verantwortlich. Bei der Festlegung eines A.-Konzepts mit dem Ziel, Schutzmaßnahmen für Beschäftigte und Anwohner zu beschreiben, muß auf die Ergebnisse und Bewertungen der Gefährdungsabschätzung zurückgegriffen werden. Entsprechende Schutzmaßnahmen sind aber auch schon bei Erkundungsarbeiten, z. B. beim Anlegen von Schürfen, bei der Durchführung von Bohrungen und Sondierungen, bei Begehungen und Probenahmen, vorzusehen.

Die zu beachtenden Bestimmungen hat der Fachausschuß Tiefbau beim Hauptverband der gewerblichen Berufsgenossenschaften in *Sicherheitsregeln für Bauarbeiten in kontaminierten Bereichen* zusammengefaßt. Da bei Arbeiten in kontaminierten Bereichen der Kontakt mit → Gefahrstoffen nie ganz ausgeschlossen werden kann, ist eine Beschäftigungsbeschränkung für Jugendliche und für Frauen sowie für Alleinarbeit festgelegt.

Die Schutzmaßnahmen umfassen die Einrichtung von eingezäunten Schutzzonen und Arbeitszonen. Bei der Festlegung der Schutzausrüstungen muß stets von der ungünstigsten Situation ausgegangen werden. Je nach Art der technischen Maßnahmen und Arbeiten auf dem kontaminierten Gelände, muß die jeweils erforderliche persönliche Schutzausrüstung, z. B. Schutzkleidung, vorgeschrieben werden. Zu jeder → Sanierung gehört ein meßtechnisches Überwachungsprogramm der Luft am Arbeitsplatz, um Gefahrstoffe in gesundheitsgefährlicher Konzentration und um Gase, Dämpfe, Nebel oder Stäube, die in Verbindung mit Luft eine explosionsfähige Atmosphäre bilden können, rechtzeitig zu erkennen. Auch sollte hierbei die Überwachung der Emissionen in die unmittelbare Nachbarschaft der Altlastenfläche einbezogen werden. Zu den Schutzmaßnahmen gehört auch ein arbeitsmedizinisches Begleitprogramm.

Bei der → Baustelleneinrichtung ist beim Umgang mit verunreinigtem Material ein Schwarz-Weiß-Bereich vorzusehen. Auch sind die Fahrerkabinen auf den Maschinen und Fahrzeugen mit Filteranlagen auszustatten. Für verschmutzte Maschinen, Fahrzeuge und Stiefel müssen Reinigungseinrichtungen vorhanden sein.

Die Festlegungen über die vom Standort und Baugrund ausgehenden Gefährdungen und die sich daraus ergebenen Sicherheitsmaßnahmen sind in einem Sicherheitsplan zusammenzustellen.

Die Verhaltensregeln der Beschäftigten sind in einer Betriebsanweisung und in einem Notfallplan verbindlich vorzugeben. In der Anweisung sind für jeden → Arbeitsvorgang Ausführungsort, mögliche Gefahren, erforderliche Schutzausrüstung sowie die einzuhaltenden Sicherheitsmaßnahmen genau zu beschreiben. Die Notfallplanung muß auch die Maßnahmen für den Schutz der Nachbarschaft bei Betriebsstörungen einschließen.

Bei Rüstungsaltlasten ist ein erhöhter Aufwand für die Arbeits- und Anwohnersicherheit zwingend erforderlich, z. B. besondere Abgasreinigung. *Thoenes*
Literatur: Hauptverband der gewerblichen Berufsgenossenschaften/Fachausschuß Tiefbau: Sicherheitsregeln für Bauarbeiten in kontaminierten Bereichen. Sankt Augustin, 1990. – *Burmeier, H.*, u. *G. Fork*: Sicherheitspläne für das Sanieren von Altlasten. Umwelt (1991) Nr. 21, S. 278/79. – *Rumler, R.*: Arbeitsmedizinische Aspekte bei der Sanierung von Altlasten. Die Tiefbau-Berufsgenossenschaft, 1989, Heft 1.

Arbeitssicherheit. Gesamtheit aller betrieblichen Maßnahmen zur Gefahrenabwehr, um eine unfallfreie Bauausführung zu erreichen. Die Organisation der betrieblichen A. hat folgende Bereiche zu umfassen: → Arbeitsvorbereitung, Erste Hilfe, → Brandschutz, Prüffristen, Körperschutzmittel, Sicherheitskennzeichen, Unterweisung, Zuständigkeit, Verantwortung. Die Arbeitsvorbereitung hat vor allem bei der Auswahl der Fertigungsmethoden und der Planung der → Baustelleneinrichtung die A. zu beachten. Dies betrifft z. B. Absicherung der Baustelle gegen den öffentlichen Verkehr, Planung ausreichender Arbeitsräume, Aufstellung der Tagesunterkünfte und Baustellenbüros außerhalb der Verkehrsbereiche der Baustelle und der Schwenkbereiche der → Krane, → Standsicherheit von Maschinen, Böschungen, Gerüsten usw.; des weiteren: Sicherheitsabstände, Planung der elektrischen Anlage durch Elektrofachkraft, Überdachung von Arbeitsplätzen im Gefahrenbereich, Absturzsicherungen, Baugruben- und → Grabenverbau. Zur Ersten Hilfe gehören: Notruf von der Baustelle, ausgebildete Ersthelfer, Verbandskasten, Rettungstransportmittel, Rettungsgeräte, → Sanitätsraum (bei mehr als 50 Beschäftigten eines Unternehmens), richtige Unfallmeldung. Versicherungsunfälle sind Arbeitsunfall, Wegeunfall, Berufskrankheit.

Beim Brandschutz sind Brandverhütung und Brandbekämpfung organisatorisch vorzubereiten. Hierzu gehören insbes.: gesonderte Lagerung von feuergefährlichen Flüssigkeiten, Entfernung von brennbaren Abfällen aus feuergefährdeten Bereichen, laufende Überwachung der feuergefährdeten Bereiche nach Arbeitsschluß, Bereitstellung von Feuerlöschern auf der Baustelle und in den Unterkünften, Aufstellung eines Alarmplans für Großbaustellen mit feuergefährlichen Arbeiten.

Bei der Beschaffung von Maschinen und Geräten ist nach dem Gerätesicherheitsgesetz (GSG) darauf zu achten, daß sie das GS-Zeichen (GS Geprüfte Sicherheit) tragen. Ab 1995 waren die Europäische Maschinenrichtlinie und die dazu erlassenen europäischen Normen zu beachten. Ab 1995 mußte auch das europäische CE-Zeichen vom Hersteller angebracht werden. Die Einhaltung der Prüffristen durch Sachverständige und Sachkundige ist zu überwachen. Zweck der Sicherheitskennzeichnung ist es, schnell und leicht verständlich die Aufmerksamkeit auf vorhandene Gefahren zu lenken. Zu verwenden sind die vorgeschriebenen Sicherheitszeichen (Verbotszeichen, Warnzeichen, Gebotszeichen, Rettungszeichen) und Sicherheitsfarben (rot, gelb, blau, grün) mit den Kontrastfarben (weiß, schwarz).

Körperschutzmittel dienen der Abwehr noch verbleibender und nicht zu beseitigender Gefahren. Beispiele hierfür sind Schutzhelm, Schutzschuhe, Augenschutz, Anseilschutz, Gehörschutz, Atemschutz, Wetter- und Winterschutzkleidung. Unternehmer hat Anschaffungspflicht, Beschäftigter Tragpflicht.

Ziel der Unterweisung ist, die Betriebsangehörigen mit den Sicherheitsvorschriften bekanntzumachen. Die → Unfallverhütungsvorschriften bilden Gegenstand der Unterweisung, zunächst für jeden Mitarbeiter bei Beginn des Beschäftigungsverhältnisses, danach mindestens einmal jährlich. Hierzu gehören auch: Auslegen von Informationsmaterial, Anbringen von Plakaten an gut sichtbaren Stellen, Einzelunterweisung von Maschinenführern, Aufstellen der Sicherheitskennzeichen, Vorträge über A. anläßlich Betriebsversammlungen. Im Arbeitssicherheitsgesetz ist festgelegt, daß bei Betrieben mit mehr als 20 Beschäftigten eine Sicherheitsfachkraft (Sicherheitsingenieur, -techniker oder -meister) zu bestellen ist, die den Unternehmer in allen Fragen der A. berät. Zusätzlich sind Sicherheitsbeauftragte zu bestellen, die auf der Baustelle oder in Betriebsteilen tätig werden und dort für alle Sicherheitsfragen zuständig sind. Weitere Organe der A. sind der Arbeitsschutzausschuß und die Betriebsärzte. Verantwortlich für die A. ist der Unternehmer oder die Geschäftsführung eines Unternehmens. Sie ist zuständig für die Abgrenzung der Zuständigkeits- und Verantwortungsbereiche. Der verantwortliche Vorgesetzte (auf Baustellen meist der → Bauleiter) hat dafür zu sorgen, daß die betrieblichen Anweisungen und die Sicherheitsvorschriften eingehalten werden. Wenn bei Verstößen Vorsatz oder Fahrlässigkeit vorliegt, werden diese mit Bußgeld nach dem Ordnungswidrigkeitsgesetz oder Kriminalstrafe nach dem Strafgesetzbuch (StGB) geahndet, insbes. bei Verursachung von Körper- oder Sachschäden (siehe hierzu §§ 222, 230, 323, 310a StGB). Des weiteren können zivilrechtliche Folgen auftreten, z. B. Schadensersatzansprüche nach § 823 BGB. Auch den Berufsgenossenschaften steht ein Rückgriffsrecht bei grober Fahrlässigkeit oder Vorsatz nach § 640 RVO zu. *Drees*

Arbeitsstättenverordnung. Die Verordnung über Arbeitsstätten vom 20. März 1975 (BGBl I S. 729) mit den zugehörigen Arbeitsstätten-Richtlinien regelt im 4. Kapitel die Einrichtung der Arbeitsplätze, Verkehrswege, Tagesunterkünfte, Wasch-, Trocken- und Toiletteneinrichtungen sowie der Sanitätsräume und Einrichtungen der Ersten Hilfe auf → Baustellen. Zuständig für die Überwachung der Einhaltung dieser Verordnung sind die Gewerbeaufsichtsämter. Festgelegt sind Abmessung und Ausstattung der Tagesunterkünfte, Anzahl der Duschen, Waschplätze, WC-Kabinen usw. Ziel der A. ist, den Arbeitnehmern auch auf Baustellen angemessene Einrichtungen zur Verfügung zu stellen, die den Vorstellungen der Sozialordnung und der Hygiene entsprechen. *Drees*

Arbeitsstudie. Früher vielfach verwendeter Begriff für Datenermittlung mit dem Ziel der Verbesserung der Wirtschaftlichkeit betrieblicher Abläufe. *Drees*

Arbeitsstudium. Begriff der REFA-Lehre. Es besteht in der Anwendung von Methoden und Erfahrungen zur Untersuchung und Gestaltung von → Arbeitssystemen mit dem Ziel, unter Beachtung der Leistungsfähigkeit und der Bedürfnisse des arbeitenden Menschen, die Wirtschaftlichkeit des Betriebs zu verbessern. Ziele und Schwerpunkte des A. sind nach → REFA:
- □ Datenermittlung,
- □ → Arbeitsgestaltung,
- □ → Arbeitsbewertung,
- □ → Arbeitsunterweisung.

Das A. verarbeitet Erkenntnisse folgender Wissenschaften: Arbeitswissenschaft, Betriebswirtschaftslehre, Statistik, Sozial- und Rechtswissenschaften. Analyse und Gestaltung von Arbeitsabläufen sind das Hauptanwendungsgebiet des Arbeitsstudiums, um betriebliche Verlustquellen aufzufinden und zu beseitigen. Durch die Arbeitsgestaltung leistet das A. einen entscheidenden Beitrag zur Humanisierung der Arbeit (Bild). *Drees*

Literatur: REFA in der Baupraxis. Tl. 1. Bearbeitet von *G. Berg.*

Arbeitssystem. Begriff des → Arbeitsstudiums. Nach → REFA das Zusammenwirken von Mensch und Betriebsmittel, um einen Arbeitsgegenstand im weitesten Sinn zu verändern. Zum Arbeitsgegenstand im weitesten Sinn gehören z. B. auch Energie und Informationen. So wirken z. B. Bauarbeiter, Turmkran, Schalung und Rüttler zusammen, um aus Stahl und Beton einen Stahlbetonbau zu errichten. *Drees*

Arbeitsunterweisung. Begriff des → Arbeitsstudiums. Nach → REFA besteht die A. in der Vermittlung von Kenntnissen und Fertigkeiten an Arbeitspersonen für die ordnungsgemäße Ausführung von Arbeitsabläufen. *Drees*

Arbeitsverzeichnis. Hilfsmittel der → Arbeitsvorbereitung zum Zweck der Planung der Fertigung. Im A. wird das Bauvorhaben in → Arbeitsvorgänge zerlegt, denen man → Aufwandswerte zuordnet. Aus der herzustellenden Menge und dem zugehörigen Aufwandswert lassen sich die benötigten Arbeitsstunden ermitteln, die für die Ausführung des Arbeitsvorgangs benötigt wer-

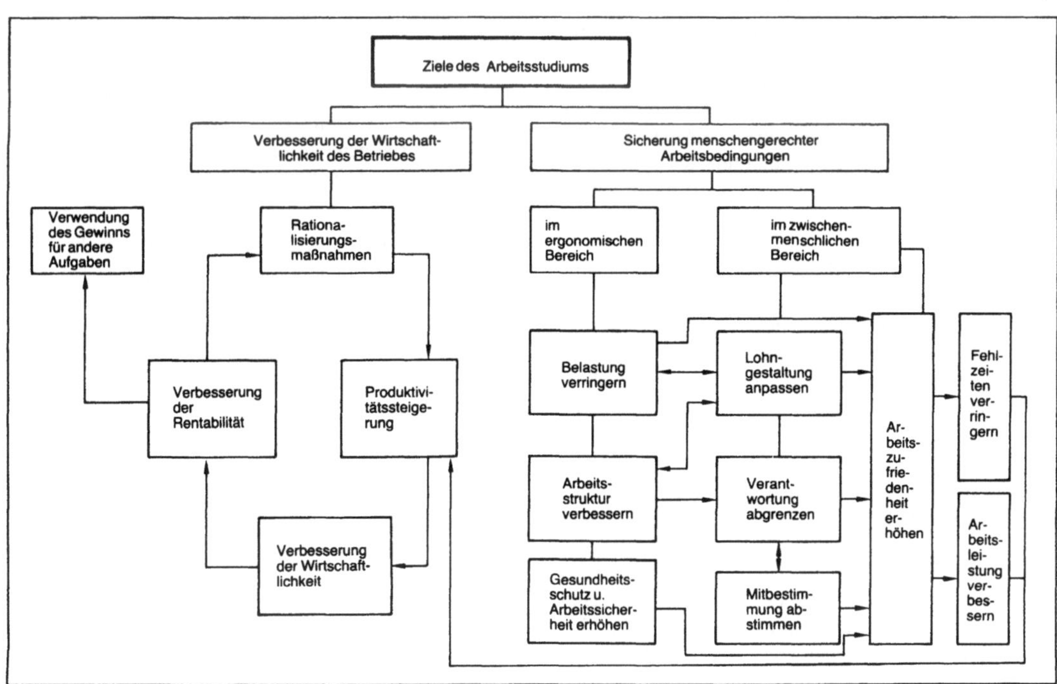

Arbeitsstudium: Ziele des A. und ihre Wechselwirkung.

den. Aus der Vorgabe der Taktzeit läßt sich die Anzahl der benötigten Bauarbeiter ermitteln. Das A. wird insbes. für die Ablauforganisation der Taktfertigung benötigt, um → Fertigungsgruppen und Taktzeit aufeinander abzustimmen. *Drees*

Arbeitsvorbereitung. Gesamtheit aller Maßnahmen, um eine Fertigung innerhalb einer vorgegebenen Zeit mit den geringstmöglichen Kosten zu realisieren. Die A. umfaßt die → Ablaufplanung (Fertigungsplanung), die Ablaufsteuerung (Fertigungssteuerung) mit Hilfe der → Feinplanung und die → Ablaufkontrolle (Fertigungskontrolle). Die Ablaufplanung setzt sich zusammen aus:
☐ Analyse des Bauvorhabens,
☐ Zerlegung in geeignete → Ablaufabschnitte,
☐ Auswahl eines optimalen Fertigungsverfahrens,
☐ Aufstellen des → Ablaufplans,
☐ Aufstellen des Einrichtungsplans der Baustelle,
☐ Planung der Bereitstellung der Arbeitskräfte, Maschinen, Geräte und Baustoffe.

Die Ablaufsteuerung umfaßt alle Maßnahmen, die zur Einhaltung des Ablaufplans notwendig sind. Grundlage ist ein ständiger Vergleich von Soll-Ablauf und Ist-Ablauf mit Abweichungsanalyse, um durch geeignete Steuerungsmaßnahmen die Abweichung zu beseitigen. Während die Ablaufplanung ein langfristiges Konzept der Fertigung zu erarbeiten hat, das während der gesamten Herstellung des Bauwerks gültig ist, hat die Ablaufsteuerung kurzfristige Maßnahmen zu treffen, um den jeweiligen Ist-Zustand mit dem langfristigen Ablaufplan in Übereinstimmung zu bringen. Die Ablaufkontrolle hat den Soll-Ist-Vergleich durchzuführen, ohne die eine Ablaufsteuerung nicht möglich ist. Dieser Soll-Ist-Vergleich umfaßt sowohl den Zeitvergleich als auch den → Kostenvergleich, da die Ablaufplanung nicht nur die Zeit vorgibt, sondern auch die Kosten (→ Arbeitskalkulation). Die Ablaufkontrolle ist somit ein wichtiger Bestandteil des → Controlling des Unternehmens, das vor allem erfolgsorientiert ist. *Drees*

Arbeitsvorgang. Begriff des → Arbeitsstudiums: eine in sich geschlossene Tätigkeit als Abschnitt eines Arbeitsablaufs. Unterteilung des A. in Teilvorgänge. Beim Herstellen einer Stahlbetonwand z. B. ist der A.: Einschlagen oder Ausschalen, der Teilvorgang: Ausrichten der → Wandschalung, Reinigen der Wandschalung, Verankern der beiden Wandschalungen. Die Unterteilung eines Arbeitsablaufs in Teilvorgänge und A. ist für die Zeitaufnahme als Grundlage der Ablaufanalyse erforderlich. *Drees*

Arbeitszeit-Richtwert. Begriff des → Arbeitsstudiums. Der A.-R. ist eine in tabellarischer Form vorliegende → Vorgabezeit, die man als Anhalt für die Vereinbarung von Vorgabezeiten verwendet. Der Richtwert kann durch Zu- oder Abschläge an die tatsächlichen Baustellenverhältnisse angepaßt werden. Er gibt die

richtige Größenordnung an, ohne jedoch verbindlich zu sein. A.-R. liegen in Form von ARH-Tabellen (ARH A.-R. Hochbau) vor (Tabelle, S. 43). A.-R. werden auch als → Planzeiten bezeichnet. Sie sind nach REFA Soll-Zeiten für bestimmte Abschnitte, deren Ablauf mit Hilfe von Einflußgrößen beschrieben ist. *Drees*

Armatur.
Siedlungswasserwirtschaft. A. werden in der → Siedlungswasserwirtschaft bei der → Wasserversorgung, weniger bei der Ortsentwässerung, benötigt. Sie umfassen Abschlüsse zur Netzunterteilung für Betrieb und Instandsetzungsarbeiten, Abschlüsse zur Mengenmessung und die notwendige Ausstattung von Förderanlagen (Pumpen, Verdichter) sowie zur Druckregelung und -überwachung. Man spricht in der Siedlungswasserwirtschaft von Schiebern und Ventilen bei Abschlüssen und Verschlüssen, von Hähnen bei Entleerungen und → Entlüftungen, von Manometern bei der Druckmessung, von Rückflußverhinderern, die Wasserrückfluß bei Abschaltung als Klappen, Kugelventile oder andere Ventile verhindern. Dazu kommen Druckminderer, Wasserzähler und schließlich die verschiedenen Hydranten, an denen Wasser meist mit speziellen Einrichtungen entnommen werden kann. Je nach Einbauart unterscheidet man Unterflur- oder Überflur-A., bei ersteren oft über Straßenkappen (Einbauarmaturen) zugänglich gemacht. Spezialarmaturen, wie Rohrbruchsicherungen, kommen gelegentlich vor. Beim Abwasser sind A. die verschiedenen Abläufe bzw. Einläufe (Sinkkasten, Gully), Reinigungskästen (Zugänge zum Reinigen, Putzen), Geruchverschlüsse, Wasserverschlüsse, Syphons. Oft zählt man auch die bei Leitungssystemen der Siedlungswasserwirtschaft benötigten vielen „Formstücke" zu den Armaturen.

Als Material gewinnt neben Guß/Stahl und Beton im Verbund, Kunststoff zunehmend an Bedeutung. *Pfeiff*

Wasserbau. Eine A. ist ein Verschluß in Rohrleitungen zum Absperren oder Regeln des Durchflusses. Eine Absperrarmatur dient zum Absperren oder Freigeben des Durchflusses; sie kann nur in Endstellungen (auf/zu) betrieben werden. Eine Regelarmatur regelt den Durchfluß in Abhängigkeit von der jeweiligen Zwischenstellung; sie kann auch zum Absperren dienen. Eine A. zum zeitweisen Abschluß einer Rohrleitung wird als Revisionsverschluß bezeichnet. A. (Bild, S. 44) unterscheidet man in bezug auf die Bewegungsrichtung ihres Verschlußteiles zur Strömung:
☐ Schieber (senkrecht),
☐ Ventil (parallel),
☐ Hahn (um Achse drehend),
☐ Klappe (um Aufhängung drehend).

Je nach Bauart des Verschlußorganes werden unterschieden: Ringventil, Kegelstrahlventil, Hohlstrahlventil und Kugelhahn. *Muth*

Arbeitszeit-Richtwert. Tabelle: ARH-Tabelle. Grobtabelle im Auszug

ARH	Arbeitszeit-Richtwerte Hochbau		Zimmerei Holzbau	Sparrenköpfe (Zulagen)				Z 30.422

	Art der Arbeit		Zeit/ Ein-heit	Sparrendach				Kehlbalkendach o. Stützen				Pfettendach				Kehlbalkendach m. Stützen				Flachdach
		Konstruktionsbreite		bis 10 m		über 10 m		bis 10 m		über 10 m		bis 10 m		über 10 m		bis 10 m		über 10 m		mit 3−6° Neigung
		Dachneigung		<35°	>35°	<35°	>35°	<35°	>35°	<35°	>35°	<35°	>35°	<35°	>35°	<35°	>35°	<35°	>35°	
	51		52	53	54	55	56	57	58	59	60	61	62	63	64	65	66	67	68	69
01	Sparrenkopf gehobelt schräg geschnitten	Sparren/Schifter	Std/ St	0.13	0.13	0.13	0.13	0.13	0.13	0.13	0.13	0.13	0.13	0.13	0.13	0.13	0.13	0.13	0.13	0.13
02		Gratsparren		0.18	0.18	0.18	0.18	0.18	0.18	0.18	0.18	0.18	0.18	0.18	0.18	0.18	0.18	0.18	0.18	0.18
03		Kehlsparren		0.21	0.21	0.21	0.21	0.21	0.21	0.21	0.21	0.21	0.21	0.21	0.21	0.21	0.21	0.21	0.21	0.21
04	Sparrenkopf gehobelt schräg geschnitten Schalung eingeschnitten	Sparren/Schifter	Std/ St	0.20	0.20	0.20	0.20	0.20	0.20	0.20	0.20	0.20	0.20	0.20	0.20	0.20	0.20	0.20	0.20	0.20
05		Gratsparren		0.30	0.30	0.30	0.30	0.30	0.30	0.30	0.30	0.30	0.30	0.30	0.30	0.30	0.30	0.30	0.30	0.30
06		Kehlsparren		0.35	0.35	0.35	0.35	0.35	0.35	0.35	0.35	0.35	0.35	0.35	0.35	0.35	0.35	0.35	0.35	0.35
07	Sparrenkopf gehobelt schräg geschnitten Knaggenwiderlager	Sparren/Schifter	Std/ St	0.20	0.20	0.20	0.20	0.20	0.20	0.20	0.20	0.20	0.20	0.20	0.20	0.20	0.20	0.20	0.20	0.20
08		Gratsparren		0.30	0.30	0.30	0.30	0.30	0.30	0.30	0.30	0.30	0.30	0.30	0.30	0.30	0.30	0.30	0.30	0.30
09		Kehlsparren		0.35	0.35	0.35	0.35	0.35	0.35	0.35	0.35	0.35	0.35	0.35	0.35	0.35	0.35	0.35	0.35	0.35
10	Sparrenkopf gehobelt. schräg geschnitten. Schalung eingeschnitten. Knaggenwiderlager	Sparren/Schifter	Std/ St	0.24	0.24	0.24	0.24	0.24	0.24	0.24	0.24	0.24	0.24	0.24	0.24	0.24	0.24	0.24	0.24	0.24
11		Gratsparren		0.40	0.40	0.40	0.40	0.40	0.40	0.40	0.40	0.40	0.40	0.40	0.40	0.40	0.40	0.40	0.40	0.40
12		Kehlsparren		0.46	0.46	0.46	0.46	0.46	0.46	0.46	0.46	0.46	0.46	0.46	0.46	0.46	0.46	0.46	0.46	0.46
13	Sparrenkopf gehobelt schräg geschnitten Widerlager	Sparren/Schifter	Std/ St	0.20	0.20	0.20	0.20	0.20	0.20	0.20	0.20	0.20	0.20	0.20	0.20	0.20	0.20	0.20	0.20	0.20
14		Gratsparren		0.30	0.30	0.30	0.30	0.30	0.30	0.30	0.30	0.30	0.30	0.30	0.30	0.30	0.30	0.30	0.30	0.30
15		Kehlsparren		0.35	0.35	0.35	0.35	0.35	0.35	0.35	0.35	0.35	0.35	0.35	0.35	0.35	0.35	0.35	0.35	0.35
16	Sparrenkopf gehobelt. schräg geschnitten. Schalung eingeschnitten. Widerlager	Sparren/Schifter	Std/ St	0.24	0.24	0.24	0.24	0.24	0.24	0.24	0.24	0.24	0.24	0.24	0.24	0.24	0.24	0.24	0.24	0.24
17		Gratsparren		0.40	0.40	0.40	0.40	0.40	0.40	0.40	0.40	0.40	0.40	0.40	0.40	0.40	0.40	0.40	0.40	0.40
18		Kehlsparren		0.46	0.46	0.46	0.46	0.46	0.46	0.46	0.46	0.46	0.46	0.46	0.46	0.46	0.46	0.46	0.46	0.46
19	Sparrenkopf mit eingelegter Rinne	Sparren/Schifter	Std/ St	0.10	0.10	0.10	0.10	0.10	0.10	0.10	0.10	0.10	0.10	0.10	0.10	0.10	0.10	0.10	0.10	0.10
20		Gratsparren		0.14	0.14	0.14	0.14	0.14	0.14	0.14	0.14	0.14	0.14	0.14	0.14	0.14	0.14	0.14	0.14	0.14
21		Kehlsparren		0.16	0.16	0.16	0.16	0.16	0.16	0.16	0.16	0.16	0.16	0.16	0.16	0.16	0.16	0.16	0.16	0.16
22	Sparrenkopf mit eingelegter Rinne Knaggenwiderlager	Sparren/Schifter	Std/ St	0.15	0.15	0.15	0.15	0.15	0.15	0.15	0.15	0.15	0.15	0.15	0.15	0.15	0.15	0.15	0.15	0.15
23		Gratsparren		0.23	0.23	0.23	0.23	0.23	0.23	0.23	0.23	0.23	0.23	0.23	0.23	0.23	0.23	0.23	0.23	0.23
24		Kehlsparren		0.27	0.27	0.27	0.27	0.27	0.27	0.27	0.27	0.27	0.27	0.27	0.27	0.27	0.27	0.27	0.27	0.27
25	Sparrenkopf mit eingelegter Rinne Widerlager	Sparren/Schifter	Std/ St	0.15	0.15	0.15	0.15	0.15	0.15	0.15	0.15	0.15	0.15	0.15	0.15	0.15	0.15	0.15	0.15	0.15
26		Gratsparren		0.23	0.23	0.23	0.23	0.23	0.23	0.23	0.23	0.23	0.23	0.23	0.23	0.23	0.23	0.23	0.23	0.23
27		Kehlsparren		0.27	0.27	0.27	0.27	0.27	0.27	0.27	0.27	0.27	0.27	0.27	0.27	0.27	0.27	0.27	0.27	0.27
28																				

Asbest. A. (*griech.* asbestos, unauslöschlich, unzerstörbar) ist eine Sammelbezeichnung für in der Natur vorkommende silikatische Minerale der Serpentin- und Amphibolgruppe. Hauptabbaugebiete liegen in Kanada, der früheren Sowjetunion (GUS) sowie im südlichen Afrika; in Europa gibt es nur in Italien und Griechenland Lagerstätten. Zur Serpentingruppe gehört Chrysotil (Weißasbest). Zur Amphibolgruppe zählen Krokydolith (Blauasbest), Amosit (Braunasbest) und weitere unbedeutende Sorten.

A.-Fasern stellen (im Gegensatz zu künstlichen Mineralfasern) ein Bündel von Elementarfibrillen mit einem spezifischen Durchmesser von 0,02 bis 0,1 µm (10^{-6} m) je nach Sorte dar; zum Vergleich: Der Durchmesser eines Menschenhaares beträgt etwa 25 bis 100 µm. Die Anzahl dieser Fibrillen pro Bündel bestimmt den Faserdurchmesser. Eingeatmete A.-Fasern können grundsätzlich kanzerogene (Lungenkrebs, Mesotheliom) und bei hohen Belastungen fibrogene (Asbestose) Wirkungen haben.

Ein Schwellenwert für eine kanzerogene Wirkung von A. kann nicht angegeben werden, wohl aber verhält sich die Wahrscheinlichkeit einer Erkrankung etwa proportional zur Belastungskonzentration und Einwirkungsdauer. Die kleinste Einheit für eine mögliche kanzerogene Wirkung mit entsprechend geringer Wirkwahrscheinlichkeit ist eine einzelne Faser.

□ Einsatzbereiche. Seit dem Zweiten Weltkrieg stieg der A.-Verbrauch in der Bundesrepublik Deutschland auf Spitzenwerte von jährlich 160 000 t (1980) und sank auf Grund von Asbestverboten bereits bis 1989 auf 40 000 t. Heute werden nur noch vernachlässigbar geringe Mengen für Ausnahmefälle (s. im folgenden) eingesetzt. In der ehemaligen DDR betrugen die entsprechenden jährlichen Verbrauchsmengen 75 000 t bzw. 45 000 t. 85% des verbrauchten A. wurden zu Asbest-

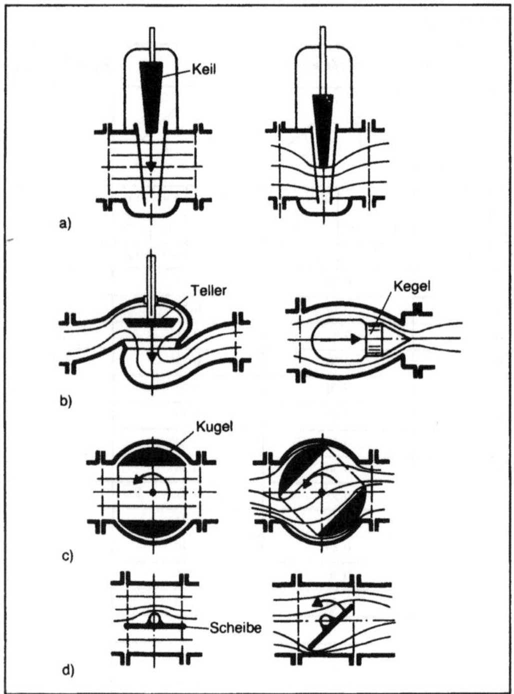

Armatur: Grundtypen
a) Schieber
b) Ventil
c) Hahn
d) Klappe.

zement (Hoch- und Tiefbau) verarbeitet. Der Rest ging in die Produkte Brems- und Kupplungsbeläge, Leichtbauplatten, Hitzeschutztextilien, Fußbodenbeläge, Dichtungen, Filtermaterialien, Straßendecken, Spritzmassen, bauchemische Produkte u. a. Mehr als 90% des verarbeiteten A. war Chrysotil, Krokydolith wurde für Sonderanwendungen (Asbestzementrohre im Tiefbau und Spritzasbest) eingesetzt.

Die Gefahrstoffverordnung von 1986 legte bereits ein grundsätzliches Expositionsverbot für A. fest. Ausnahmen galten für Abbruch-, Sanierungs- und Instandhaltungs-(ASI-)Arbeiten (→ Asbestsanierung); ferner wurden Übergangsfristen für die Herstellung und Verwendung bestimmter A.-Produkte gesetzt. So war Anfang 1991 die Herstellung der meisten Produkte (z. B. Asbestzement im Hochbau, Scheibenbremsbeläge für Kraftfahrzeuge) verboten. Bereits 1980 waren schwach gebundene Produkte wie Leichtbauplatten in den alten Bundesländern verboten (in der ehemaligen DDR seit 1. 7. 1991). Ende 1993 ist die Ausnahmefrist für Asbestzement im Tiefbau und fast vollständig für die restlichen Produkte (bestimmte Kupplungsbeläge, Dichtungen u. a.) ausgelaufen. Mit der Novelle der Gefahrstoffverordnung und Schaffung der Chemikalien-Verbotsverordnung wurden 1993 die Verbote auf das Inverkehrbringen aller Asbestprodukte ausgedehnt.

Damit sind nicht nur die Beschäftigten im Herstellungs- und gewerblichen Anwendungsbereich, sondern auch private Verbraucher von den Gefahren durch Asbestfeinstaub geschützt.

Seit Anfang 1994 ist das Asbestverbot mit der einzigen Ausnahme von Diaphragmen für die Chloralkalielektrolyse umfassend. Dies ist weltweit einmalig.

☐ Emission/Immission. A.-Fasern werden anlagengebunden aus Produktionsstätten und produktgebunden beim Bearbeiten und Beseitigen sowie beim Verschleiß asbesthaltiger Produkte emittiert. Die Emissionen wurden in den alten Bundesländern für das Basisjahr 1977 erstmalig umfassend untersucht. Es ergaben sich folgende Schwerpunkte: Emissionen durch Produktverwendung entstanden bei Zuschnitt, Bearbeitung, Abrieb, Verschleiß, Verwitterung, Renovierung, Abbruch, Transport oder Beseitigung asbesthaltiger Produkte. Besondere Problembereiche waren → Baustellen und der Heimwerkerbereich.

Emissionen aus stationären Anlagen traten auf bei Baustoffgroßhandlungen (Zuschneiden von Asbestzement (AZ)-Produkten), der Produktion von Reibbelag, der Herstellung von Asbestzement, bei der Aufbereitung von Asbestmineralien zu A.-Fasern und bei Produktionsbetrieben textiler A.-Produkte.

Die gleichen Emissionsquellen wurden im Umweltbundesamt für das Jahr 1989 erneut geschätzt. Danach stellten verwitterte AZ-Produkte mit etwa 90% die größte Emissionsquelle dar.

Eine gleichzeitig durchgeführte Auswertung von Immissionsmessungen in der näheren Umgebung von abwitternden Asbestzementplatten, in der Umgebung von Industrieemittenten und an Stellen ausgewiesener Verkehrsdichte ergab hinsichtlich des Jahresmittelwertes ein für alle drei Fälle vergleichbares Belastungsniveau mit etwa 100 Fasern (kritischer Dimension)/m^3. Die aktuellen kurzzeitigen Konzentrationen können um bis zu einer Zehnerpotenz um diesen Wert schwanken.

☐ Grenz- und Richtwerte. Emissionsbegrenzende Anforderungen wurden in der → TA Luft (Emissionswert 0,1 mg/m^3, bei neuen Anlagen 0,01 mg/m^3) und in den Technischen Regeln für Gefahrstoffe (TRGS 519) für ASI-Arbeiten (Emissionswert 1 000 Fasern mit kritischer Dimension/m^3) festgelegt. Sie werden mit Hilfe von hintereinander geschalteten Gewebefiltern eingehalten. Für Arbeitsplätze in Herstellungs- und Verarbeitungsbetrieben gilt die Technische Richtkonzentration (Tabelle); darüber hinaus wurden Auslöseschwellen für besondere Schutzmaßnahmen und Orientierungswerte für ASI-Arbeiten festgelegt.

Für die Außenluft hat eine Arbeitsgruppe Krebsrisiko durch Luftverunreinigungen für den Länderausschuß für Immissionsschutz (LAI) Vorschläge für Beurteilungsmaßstäbe erarbeitet, die vom LAI als Bericht mit dem Titel „Krebsrisiko durch Luftverunreinigungen" 1991 der Umweltministerkonferenz zur Kenntnis gegeben worden ist. Für A. wurde ein Richtwert in der

Asbest. Tabelle: Grenz-/Richtwerte für Asbestbelastungen. Die Übersicht stellt die Grenz- und Richtwerte an Arbeitsplätzen und in der Umwelt gegenüber.

Bezeichnung der Werte	Meßmethode	F/m^3
Arbeitsplatz Expositionsverbot nach § 15 a Abs. 1 GefStoffV Ausnahmen zum Expositionsverbot bestehen derzeit für ASI-Arbeiten an bestehenden Anlagen, Fahrzeugen, Gebäuden, Einrichtungen oder Geräten und bei der Herstellung und Verwendung, sofern die Konzentration unterhalb von 1 000 F/m^3 liegt (§ 54 Abs. 2 GefStoffV) Orientierungswert für zu treffende Schutzmaßnahmen nach TRGS 519 (Vollschutz) (Nur bei Abriß, Sanierung und Instandhaltung)	ZH 1/120.46	15 000
Umwelt, Außenluft: Immissions(grenz)wert gemäß Vorschlag des LAI	VDI 3492	100
Umwelt, Innenraumluft: Kein Richtwert gegeben! Leitwert nach erfolgreich abgeschlossener Sanierung im Innenraum entsprechend TRGS 519 und Asbestrichtlinien (endgültige/vorläufige Maßnahme); es ist kein akzeptierter Dauerwert, mit den Raumluftwechseln werden diese Restfasern verschwinden	ZH 120.46	– $\leq$ 500/1 000

Größenordnung von 100 Fasern (kritischer Dimension)/m^3 im Jahresmittel angegeben.

Für Innenräume gibt es keine Richtwerte für andauernde Belastungen. Hier gilt, daß bei Vorhandensein schwach gebundener A.-Produkte (Asbestsanierung) eine Sanierung grundsätzlich zu prüfen ist und ggf. unverzüglich erfolgen muß. *Lohrer*

Literatur: *Albracht, G.,* u. *O. A. Schwerdtfeger* (Hrsg.): Herausforderung Asbest. Wiesbaden 1991. – Ärztliche Mitteilungen **88** (1991) Nr. 27. A: S. 2402–2409; B: S. 1595–1600; C: S. 1339–1344. – Belastung der Bevölkerung durch Asbest. Empfehlungen des Wissenschaftlichen Beirates der Bundesärztekammer. Sonderdruck Deutsches Ärzteblatt – Ministerium für Umwelt, Raumordnung und Landwirtschaft des Landes Nordrhein-Westfalen (Hrsg.): Bericht des Länderausschusses für Immissionsschutz (LAI) an die Umweltministerkonferenz (UMK): Krebsrisiko durch Luftverunreinigungen. Düsseldorf 1992.

Asbestsanierung. Von „schwach gebundenen Asbestprodukten" in → Gebäuden können wechselnde und langfristige Raumbelastungen durch → Asbest durch → Alterung und äußere Einwirkungen ausgehen. Diese Produkte begründen baurechtlich stets einen Gefahrenverdacht, eine unverzügliche Sanierung ist gemäß → Bauordnung der Länder allerdings erst bei „konkreter Gefahr" notwendig. Das Vorhandensein einer konkreten Gefahr wird in den Asbest-Richtlinien, herausgegeben vom Institut für Bautechnik, durch die Bewertung der Dringlichkeit ermittelt.

Wird der Bauaufsichtsbehörde bekannt, daß in einem Gebäude derartige Produkte ungeschützt vorhanden sind, so soll sie den Eigentümer bzw. den Verfügungsberechtigten verpflichten, die Bewertung der Sanierungsdringlichkeit innerhalb vier Wochen, und, soweit die Sanierung dringlich erforderlich ist (konkrete Gefahr), diese nach einem bestimmten Konzept vornehmen zu lassen.

☐ Bewertung der Dringlichkeit. Die den Asbest-Richtlinien zugrunde liegenden Verfahren zur Bewertung der Sanierungsdringlichkeit basieren auf der Beurteilung der Art und des baulichen Zustands des Asbestprodukts, dessen mögliche Beeinträchtigung sowie der Raumnutzung und der Lage des Asbestprodukts im Raum. Damit lassen sich auch mögliche zukünftige Gefährdungen grob abschätzen. Fasermessungen sind für die Bewertung der Dringlichkeit (bzw. einer akuten Gefahr) dagegen nicht ausschlaggebend.

Die Asbest-Richtlinien unterscheiden drei Dringlichkeitsstufen. Ergibt die Bewertung mindestens 80 Punkte (Dringlichkeitsstufe I), ist eine unverzügliche Sanierung vorgeschrieben, weil in diesen Fällen eine „konkrete Gefahr" unterstellt wird.

Bei den Dringlichkeitsstufen II und III wird dies für die Gegenwart nicht angenommen. Erneute Bewertungen werden nach spätestens 2 bzw. 5 Jahren vorgeschrieben. Ergibt die Neubewertung die Dringlichkeitsstufe I, ist unverzüglich zu sanieren.

☐ Sanierungsvorbereitung. Die Asbest-Richtlinien legen die Sanierungsmethoden, erforderliche Schutzmaßnahmen, abschließende Arbeiten und Erfolgskontrollen durch Messungen fest.

Die A. muß umfassend bis zur → Abfallentsorgung geplant und der zuständigen Behörde gemeldet werden. Die Sanierungsfirmen müssen die notwendigen Vorkehrungen insbesondere zum Arbeits- und Umweltschutz einschließlich der sachgerechten → Entsorgung treffen. Die Sachkunde ist gemäß der Technischen Regeln für Gefahrstoffe TRGS 519 nachzuweisen.

☐ Sanierungsmaßnahmen. Das Sanierungsverfahren soll dauerhaft das Freisetzen von Fasern in Gebäuden verhindern; dies wird als endgültige Maßnahme bezeichnet. Sind Räume mit der Bewertung Dringlichkeitsstufe I (konkrete Gefahr) nicht unverzüglich zu sanieren, muß durch geeignete Maßnahmen ein Risiko oder eine Freisetzung von Fasern soweit minimiert werden, daß eine weitere Raumnutzung ohne konkrete Gefahr möglich ist. Derartige vorläufige Maßnahmen sind nur unter bestimmten Bedingungen zulässig.

Für eine dauerhafte A. sind drei Verfahren geeignet: Entfernen, Beschichten, räumliche Trennung. Arbeiten zur Entfernung sind in nassem Zustand durchzuführen, die → Abfälle in staubdichten Behältern zu entsorgen. Wenn möglich, kann das Asbestbauteil durch geeignete → Beschichtungssysteme staubdicht eingeschlossen werden. Für das Beschichtungssystem ist hinsichtlich der Eignung, insbesondere Staubdichtigkeit, Haftung und Dauerhaltbarkeit, ein Prüfzeugnis erforderlich; die dafür zugrundegelegten Anforderungen sind im Anhang 2 der Asbest-Richtlinien genannt.

Bei der räumlichen Trennung wird mit zusätzlichen Bauteilen eine staubdichte Abtrennung vorgenommen.

Aufwendige Schutzmaßnahmen sind gemäß TRGS 519 während der Sanierungsarbeiten für den Arbeitnehmer und die Umwelt vorgeschrieben. Aus dem Arbeitsbereich dürfen keine Asbestfasern in andere Räume gelangen; an die Außenluft darf die Arbeitsraumluft nur kontrolliert abgegeben werden. Zu den abschließenden Arbeiten gehört die Reinigung. Asbestbauteile, die durch Beschichtung oder räumliche Trennung saniert wurden, sind zu kennzeichnen.

Der Erfolg einer A. muß meßtechnisch nachgewiesen werden. Kein Meßwert darf unmittelbar nach Abschluß der Arbeiten über 500 F/m^3 betragen. Die Obergrenze des nach der Poisson-Verteilung berechneten 95%-Vertrauensbereiches muß unterhalb von 1 000 F/m^3 liegen.

Für Abbruch-, Sanierungs- und Instandhaltungs-(ASI-)Arbeiten geringeren Umfangs und einer Expositionszeit von maximal 2 Stunden können gemäß TRGS 519 geringere Schutzmaßnahmen ausreichend sein. Arbeiten nur geringen Umfangs entbinden nicht von der Anzeigepflicht. Atemschutz ist anzuwenden. *Lohrer*

Literatur: *Albracht, G.*, u. *O. A. Schwerdtfeger* (Hrsg.): Herausforderung Asbest. Wiesbaden 1991. – *Bossenmayer, H. J., H.-P. Schumm* u. *R. Tepasse* (Hrsg.): Asbest-Handbuch. Ergänzender Leitfaden für die Sanierungspraxis. Berlin 1991.

Asbestzementrohr-Prüfung. Die A.-P. dient dem Nachweis der für den Anwendungsbereich dieser → Rohre geforderten Materialeigenschaften.

Damit Asbestzementrohre, meist für den Bau von Entwässerungsleitungen eingesetzt, ihre Funktion möglichst auf Dauer erfüllen, müssen sie die in DIN 19 830 geregelten Anforderungen an die Maßhaltigkeit, Festigkeit, Wasserdichtheit und Frostbeständigkeit erfüllen.

Bei der Prüfung der Maßhaltigkeit dürfen festgelegte vorgegebene Abweichungen hinsichtlich der Rohrlänge, des Innen- und Außendurchmessers, der Wanddicke, der Muffentiefe und der Abweichung der Rohrachse von der Geraden (Durchbiegung) nicht überschritten werden. Zur Beurteilung der Festigkeit der Rohre sind diese auf Ringzugfestigkeit, Scheiteldruckfestigkeit und Biegefestigkeit zu prüfen.

Die Ringzugfestigkeit wird nach DIN 50 105 durch Aufbringen eines Wasserdrucks im Innern eines Rohrs bis zum Bruch geprüft. Zur Bestimmung der Scheiteldruckfestigkeit wird nach DIN 52 150 das zu prüfende Rohr in Längsrichtung zwischen zwei Druckverteilungsbalken aus → Hartholz eingebaut und diese bis zum Bruch des Rohres belastet. Die Biegefestigkeit wird nach DIN 51 227 durch eine mittig, zwischen zwei Rohrauflagern angeordnete, bis zum Bruch gesteigerte Last bestimmt.

Zur Prüfung der Wasserdichtheit wird nach DIN 50 104 in einem Rohrabschnitt ein Wasserinnendruck aufgebracht und die Außenfläche hinsichtlich einer Tropfenbildung beobachtet.

Zur Prüfung auf Frostbeständigkeit werden wassergesättigte Prüfstücke 25mal abwechselnd einer Temperatur von – 15 °C ausgesetzt und in Wasser von + 20 °C aufgetaut, um vor jeder neuen Frostbeanspruchung die Prüfstücke auf mögliche Schäden, wie Risse, Abplatzungen usw., zu untersuchen.

Die Erfüllung der in DIN 19 830 festgelegten Anforderungen ist jährlich mindestens einmal durch eine Prüfung einer anerkannten Materialprüfungsanstalt nachzuweisen. *Rehm/Zeus*

Asphalt. A. ist ein natürlich vorkommendes oder technisch hergestelltes Gemisch aus Bitumen als → Bindemittel sowie → Mineralstoff und ggf. weiteren Zuschlägen und/oder Zusätzen. Technisch hergestellter A. wird i. d. R. in stationären → Mischanlagen zusammengesetzt. Bei großen Bauvorhaben kommen – wenn auch selten – mobile Mischanlagen direkt an der Baustelle zum Einsatz. Die Mineralstoffe werden in Lieferkörnungen gelagert, über Vordoseure in die gewünschte Zusammensetzung gebracht und in einer Trockentrommel getrocknet und erhitzt, d. h. das Mineralstoffgemisch gelangt dann über eine Wägevorrichtung in den → Mischer, häufig nachdem das Mineralstoffgemisch nochmals abgesiebt wurde. Dort werden der → Füller (Gesteinsmehl) und das Bindemittel zugegeben und mit den Mineralstoffen vermischt. Das → Asphaltmischgut wird meistens sofort zur Einbaustelle transportiert oder in beheizten Mischgutsilos bis zum Abtransport aufbewahrt.

Man unterscheidet zwischen Asphaltmakadam, → Asphaltbeton (auch → Walzasphalt genannt), → Asphaltmastix, → Splittmastixasphalt und → Gußasphalt. Gußasphalt wird meist direkt in heizbare Gußasphaltbehälter mit Rührwerk verladen. Natürlich vorkommender A. (Naturasphalt) ist durch Verharzung von Erdölrückständen entstanden. Am meisten bekannt sind die Asphaltseen in Trinidad, Kalifornien und Venezuela. Den bei Straßeninstandsetzungen (→ Straßenerhaltung) anfallenden Altasphalt muß man wiederverwenden (→ Recycling). Er wird dazu im besonderen Recyclingverfahren gesammelt, sortiert und aufbereitet. Die A.-Komponenten konzipiert man aufgrund von Eignungsprüfungen entsprechend den Anforderungen an die mechanischen Eigenschaften der A. unter Berücksichtigung der Art, Dicke und Tiefenlage der Schichten, der Verkehrsbelastungen und der Einbaubedingungen. *Beckedahl*
Literatur: Technische Lieferbedingungen für Asphalt im Straßenbau (TLG Asphalt StB). – Zusätzliche Technische Vertragsbedingungen und Richtlinien für den Bau von Fahrbahndecken aus Asphalt (ZTV Asphalt). – Merkblatt für Eignungsprüfungen an Asphalt.

Asphaltbeton. A. ist ein Gemisch aus → Mineralstoffen abgestufter Körnung mit → Straßenbaubitumen (→ Heißeinbau) oder → Fluxbitumen (→ Warmeinbau). Das Mischgut wird in heißem bzw. warmem Zustand eingebaut und verdichtet. A. im Heißeinbau verwendet man als → Deckschicht, → Binderschicht und → Tragschicht für alle Verkehrsflächen. Im Warmeinbau werden sie in Ausnahmefällen und nur auf Straßen mit geringer Verkehrsbelastung als Deckschicht eingebaut. *Beckedahl*
Literatur: Zusätzliche Technische Vertragsbedingungen und Richtlinien für den Bau von Fahrbahndecken aus Asphalt (ZTV Asphalt). – Zusätzliche Technische Vertragsbedingungen und Richtlinien für Tragschichten im Straßenbau (ZTVT-StB).

Asphaltbinder. A. ist ein mit → Straßenbaubitumen gebundenes Mineralstoffgemisch abgestufter Körnung, dessen Zusammensetzung auf eine standfeste → Binderschicht abgestimmt ist. Damit wird die schubfeste Verbindung zwischen der Asphaltdeckschicht und der → Asphalttragschicht hergestellt. Die Lagerungsdichte und die Korngrößenverteilung dürfen sich unter Verkehr nur wenig verändern. Der A. kann auf Straßen und Wegen aller Art sowie auf anderen Verkehrsflächen als Binderschicht eingebaut werden und ist dann Bestandteil der → Asphaltdecke. Nach dem Größtkorn unterscheidet man zwischen A. 0/22, 0/16 und 0/11 mm, die in unterschiedlicher Einbaudicke verlegt werden. Ein A. 0/22 kann in 7–10 cm und ein A. 0/16 in 4–7 cm Dicke eingebaut werden. Der A. 0/11 dient in den Bauklassen IV bis VI nach den RStO (→ Bemessung, → Straßenbefestigung) nur zum Profilausgleich. *Beckedahl*

Literatur: Hinweise für die Zusammensetzung, die Herstellung und den Einbau von Asphaltbinderschichten für Straßen der Bauklassen SV und I sowie für Verkehrsflächen mit besonderen Beanspruchungen.

Asphaltdecke. Die A. ist nach den „Zusätzlichen Technischen Vertragsbedingungen und Richtlinien für den Bau von Fahrbahndecken aus Asphalt" (ZTV Asphalt) der obere Teil des → Oberbaus und liegt auf der → Tragschicht oder einer anderen geeigneten Unterlage. Die A. besteht aus der → Deckschicht und einer darunterliegenden → Binderschicht oder nur aus einer Deckschicht. Die Deckschicht kann man aus → Asphaltbeton, → Gußasphalt, → Asphaltmastix oder aus → Splittmastixasphalt herstellen. Die → Tragdeckschicht erfüllt die Funktionen der → Asphalttragschicht sowie die der → Decke und wird einlagig gefertigt. → Oberflächenschutzschichten führt man ein- oder zweilagig (→ Oberflächenbehandlung) oder als Schlämmen in dünnen Schichten aus. *Beckedahl*

Asphaltmastix. Nach den „Zusätzlichen Technischen Vertragsbedingungen und Richtlinien für den Bau von Fahrbahndecken aus Asphalt" (ZTV Asphalt) ist A. eine dichte Masse aus → Sand und → Füller mit → Straßenbaubitumen oder mit Straßenbaubitumen mit Naturasphalt, die im heißen Zustand gieß- und streichbar ist. Der heiße A. wird mit Splitt abgestreut, der dann mit einer schweren Walze einzudrücken ist. A. und Splitt ergeben eine A.-Deckschicht, die man auf Straßen und Wegen aller Art sowie anderen Verkehrsflächen verwenden kann, die aber für Straßen mit schnellem Verkehr wegen der geringen → Griffigkeit wenig geeignet ist. A.-Deckschichten werden meist zur Oberflächensanierung als dünner Überzug auf die Deckenarten → Pflasterdecke, → Betondecke und → Asphaltdecke aufgebracht. *Beckedahl*

Asphaltmischanlage. Großbaustellen im Straßen- und Autobahnbau erfordern für das zügige Einbringen des Deckenmaterials die laufende Herstellung des bituminösen Mischgutes in einer kontinuierlich arbeitenden → Mischanlage. Deren Hauptbestandteile sind – in der Reihenfolge des Mischprozesses: Materialsilos, Trockentrommel, Becherwerk, Siebanlage, Wiegesilos, Mischer, Füllersilo, Materialaufzug, Verladeeinrichtung. Verwendet werden Trommel- oder Chargenmischer für Heiß- und Kaltmischgut. Der Leistungsbereich liegt, je nach Größe der Anlage, zwischen 100 und 600 t/h Mischgut. Die einzelnen Aggregate können fahrbar, mobil oder stationär ausgeführt werden. Wichtig ist die → Entstaubungsanlage – verbunden mit einem Trockenstaubabscheider (Staubzentrifuge), nachfolgend mit einer Naßentstaubung. Das abgeschiedene Material aus der Trockenentstaubung wird je nach Bedarf als Füllermaterial dem Mischgut beigegeben. Moderne Anlagen arbeiten weitgehend automatisch. *Kühn*

Asphaltmischgut. A. wird aus → Mineralstoffen (Masseanteil etwa 95%) und → Bitumen hergestellt. Die Zusammensetzung der verschiedenen A.-Arten wählt man nach dem gewünschten Verhalten beim Einbau, im eingebauten Zustand sowie nach den Einflüssen von Verkehr und Wetter. Gebräuchlich sind A.-Arten für:

☐ → Asphalttragschicht,
☐ → Tragdeckschicht,
☐ → Asphaltbinder,
☐ → Asphaltbeton,
☐ → Splittmastixasphalt,
☐ → Gußasphalt,
☐ → Asphaltmastix,
☐ → Dränasphalt,
☐ → Kalteinbau.

Die A.-Zusammensetzung wird durch eine Eignungsprüfung im Asphaltlabor festgelegt, bei der bestimmte A.-Eigenschaften unter genormten Bedingungen ermittelt werden. Die Verdichtbarkeit erkennt man an der Zunahme der Verdichtung mit wachsender Verdichtungsarbeit. Aus der Verdichtbarkeit lassen sich Rückschlüsse auf die Verarbeitbarkeit und auf die Standfestigkeit ziehen. Standfestigkeit ist der Verformungswiderstand, den der → Asphalt den äußeren Kräften entgegensetzt. Im Hinblick auf die Entstehung von Spurrinnen wird insbes. auf stark belasteten Straßen eine große Standfestigkeit benötigt. Diese läßt sich durch einen großen Anteil gebrochenen Korns, einen hohen Verdichtungsgrad, härteres oder durch Zusätze versteiftes bzw. modifiziertes → Straßenbaubitumen sowie durch einen günstigen Hohlraumgehalt beeinflussen. Asphaltbeton im → Heißeinbau weist i.d.R. seine höchste Standfestigkeit bei dichtester Lagerung und einem optimalen Hohlraumgehalt zwischen 3 und 5% auf. Durch die Wahl des Mineralstoffes lassen sich die Verschleißfestigkeit, → Griffigkeit und Helligkeit beeinflussen. Darüber hinaus haben Gesteinsart, Kornform und Korngrößenverteilung, Bindemittelsorte und -gehalt sowie die A.-Herstellung, der Transport und der Einbau Einfluß auf die A.-Eigenschaften.

Für Asphalttragschichten gibt es nach den „Zusätzlichen Technischen Vertragsbedingungen und Richtlinien für → Tragschichten im → Straßenbau" (ZTVT-StB) die Mischgutarten AO, A, B und C, die sich durch den Kornanteil über 2 mm unterscheiden. Für besondere Beanspruchung unterscheidet sich die Mischgutart CS von der Mischgutart C dadurch, daß der Masseanteil an gebrochenem Korn über 2 mm im Mineralstoffgemisch mindestens 60% betragen muß und ein Verhältnis von Brechsand zu Natursand von mindestens 1 : 1 aufzuweisen hat. Die Tragdeckschicht erfüllt die Aufgabe der → Decke und der Asphalttragschicht. Das A. wurde aus der Mischgutart C für Asphalttragschichten entwickelt, unterscheidet sich aber im Bitumengehalt und im Größtkorn. In den „Zusätzlichen Technischen Vertragsbedingungen und Richtlinien für den Bau von Fahrbahndecken aus Asphalt" (ZTVAsphalt-StB) sind die Anforderungen an das A. für Tragdeckschichten

enthalten. Dies gilt ebenfalls für Asphaltbinder, Asphaltbeton, Splittmastixasphalt, Gußasphalt und Asphaltmastix sowie für Asphaltbeton im → Warmeinbau. Für → Deckschichten aus Dränasphalt muß ein spezielles A. hergestellt werden, dessen Einzelheiten in den „Richtlinien für Drainasphaltschichten auf Flugplätzen" geregelt sind. Stellt man A. für den Kalteinbau her, so sind die besonderen Bedingungen zu beachten, die das → Kaltbitumen oder die → Bitumenemulsion an das Mischgut stellt. Für dünne Beschichtungen mit kalt verarbeitbaren Gemischen, die bei der → Straßenerhaltung eingesetzt werden, sind Einzelheiten in dem „Merkblatt für die Erhaltung von Asphaltstraßen" geregelt. *Beckedahl*

Asphaltoberbau. Der A. gehört nach den „Richtlinien für die Standardisierung des Oberbaues von Verkehrsflächen" (RStO) (→ Bemessung) zu den standardisierten Bauweisen mit vollgebundenem Oberbau, zu denen auch der Betonoberbau (→ Betondecke) zählt. Die Besonderheit dieser Bauweise ist, daß zwischen dem → Planum, das einen Verformungsmodul von mindestens $E_{v2} = 45$ MN/m^2 aufweisen muß, keine ungebundene → Frostschutzschicht vorgesehen ist und alle Schichten des Oberbaues aus Mineralstoffgemischen bestehen, die mit → Bindemittel gebunden sind. Eine bestimmte Dicke des frostsicheren Oberbaues ist dabei nicht erforderlich. Bei Böden der Frostempfindlichkeitsklasse F3 oder bei ungünstigen Wasserverhältnissen und Böden der Frostempfindlichkeitsklasse F2 ist eine → Bodenverfestigung von → Untergrund bzw. → Unterbau in einer Mindestdicke von 15 cm notwendig, damit die gebundene → Tragschicht unmittelbar auf dem Planum eingebaut werden kann (Tabelle, S. 49). Die Bauweisen mit voll gebundenem Oberbau sind in ihren gebundenen Tragschichten so bemessen, daß die durch die Verkehrslasten erzeugten Beanspruchungen des Bodens so gering bleiben, daß der Untergrund bzw. Unterbau auch bei verminderter Tragfähigkeit, insbes. durch Auftauen des durch Frosteinwirkung gefrorenen Wassers, keine schädlichen Verformungen erleidet. *Beckedahl*

Asphalttragschicht. Die A. fällt unter den Oberbegriff der → Tragschicht. Sie besteht aus einem Mineralstoffgemisch und einem → Straßenbaubitumen als → Bindemittel (→ Straßenbau), die auch bituminöse Tragschicht genannt wird, wenn als Bindemittel Pech (Teer) oder ein → Bitumen-Pech(Teer)-Gemisch verwendet worden ist. *Beckedahl*

Ast. Äste bringen sehr starke Störungen in den Faserverlauf des → Holzes, die zu erheblichen Verminderungen der Zug- und Biegezugfestigkeit führen können, während die Druckfestigkeit weniger beeinflußt wird.

Asphaltoberbau. Tabelle: Bauweisen mit vollgebundenem Oberbau für Fahrbahnen.

Dickenangaben in cm, Angaben des Verformungsmoduls E_{vs} in MN/m²

Bauklasse	SV	I	II	III	IV	V	VI
Verkehrsbelastungszahl	> 3200	> 1800	900-1800	300-900	60-300	10-60	< 10

Asphaltoberbau

Asphalttragschicht auf Planum (Ev2 = 45 auf Planum)

Schicht	SV	I	II	III	IV	V	VI
Deckschicht	4	4	4	4	4	4	4
Binderschicht	8	8	8	4	4		
Asphalttragschicht	34	30	26	26	22	22	18
E_{vs}	46	42	38	34	30	26	22

Asphalttragschicht und hydraulisch gebundene Tragschicht auf Planum (Ev2 = 45 auf Planum; jeweils *))

Schicht	SV	I	II	III	IV	V	VI
Deckschicht		4	4	4	4	4	8 °)
Binderschicht		8	8	4	8	8	
Asphalttragschicht		10	8	8			
hydraul. geb. Tragschicht		25	25	26	26	22	22
E_{vs}		47	45	42	38	34	30

Betonoberbau

Tragschicht mit hydraulischem Bindemittel auf Planum (Ev2 = 45 auf Planum)

Schicht	SV	I	II	III	IV	V	VI
Betondecke	26	24	22	22	18	16 *)	14 *)
Tragschicht mit hydraulischem Bindemittel	25	25	23	20	20	15	15
E_{vs}	51	49	45	42	38	31	29

Bodenverfestigung mit hydraulischem Bindemittel auf Planum (Ev2 = 45 auf Planum)

Schicht	SV	I	II	III	IV	V	VI
Betondecke	26	24	22	22	18	16	14
Bodenverfestigung mit hydraulischem Bindemittel	25 □)	25 □)	23 □)	20 □)	20 □)	15	15
E_{vs}	51	49	45	42	38	31	29

*) Ohne umfangreiche Erprobung
°) Tragdeckschicht
□) mit zusätzlichen Maßnahmen zur gezielten Rißbildung, z.B. gem. ZTVT-StB.

Diese Störungen wirken sich um so stärker aus, je dicker die Äste im Vergleich zum Querschnitt und je mehr Äste im Bauteil vorhanden sind. Deshalb dürfen bei → Bauholz Durchmesser von Einzelästen und Durchmessersummen von Astansammlungen sowie bestimmte Verhältniswerte, die in DIN 4074 festgelegt sind, nicht überschritten werden.   *Wesche*

Astung. Zur Verbesserung der Holzeigenschaften (Zugfestigkeit) sägt man am lebenden Baum in regelmäßigen Abständen die trockenen Äste und Aststummel direkt am Stamm ab: A. (Ästung). Die Schnittstellen werden in wenigen Jahren von Holzfasern überwachsen.   *Dröge*

ATV. Abk. Allgemeine Technische Vertragsbedingungen für Bauleistungen, VOB Teil C, unterteilt nach einzelnen Leistungsbereichen (z. Zt. 54), z.B. Erdarbeiten, Verkehrswegebauarbeiten, Mauerarbeiten, Beton- und Stahlbetonarbeiten, Abdichtungsarbeiten, Tischlerarbeiten, Klempnerarbeiten usw. DIN 18 300 ff. Die ATV haben seit 1992 eine Vornorm DIN 18 299, „Allgemeine Regelungen für Bauarbeiten jeder Art", die für sämtliche Leistungsbereiche übergreifend Gültigkeit hat.

Die jeweilige Untergliederung der einzelnen Leistungsbereiche erfolgt einheitlich in sechs Abschnitte:
0 – Hinweise für das Aufstellen der → Leistungsbeschreibung
1 – Geltungsbereich
2 – Stoffe, Bauteile
3 – Ausführung
4 – → Nebenleistungen, Besondere Leistungen
5 – → Abrechnung

Durch diese Unterteilung nach einheitlichen Gesichtspunkten wird die Anwendung der ATV wesentlich erleichtert. Außer den DIN-Normen gibt es in den ATV EN-Normen, das sind in das nationale Regelwerk übernommene europäische Normen.   *Olshausen*

ATV-Regel → ATV

Aufbereitungsanlage. Begriff der Maschinentechnik und → Baustelleneinrichtung. Hierunter sind sämtliche maschinellen Anlagen zu verstehen, mit denen Bau- und Rohstoffe zu einem Vor- oder Endprodukt aufbereitet werden. Wichtige A. betreffen insbes. die Herstellung von → Beton und Schwarzmischgut sowie von → Kies, → Sand und gebrochenem Korn. Weitere A. werden z. B. für Wiederaufbereitung (→ Recycling) von Abbruchstoffen und Baggerschlamm eingesetzt, um aus ihnen Baustoffe zu gewinnen und so Rohstoffe einzusparen und die Deponien zu entlasten. Die früher übliche Aufstellung von mobilen A. auf der Baustelle, insbes. für die Herstellung von Beton und Schwarzmischgut, wurde weitgehend durch stationäre Anlagen ersetzt, da sich durch sie eine wesentlich verbesserte Maschinentechnik einsetzen läßt und die Vorschriften für den Umweltschutz eingehalten werden können (Luftreinhaltung, Lärmschutz). Eine Beton-A. setzt sich zusammen aus Vorratssilos für Kies, Sand, Zement, Abmeßvorrichtung für Baustoffe, Betonzusatzmittel

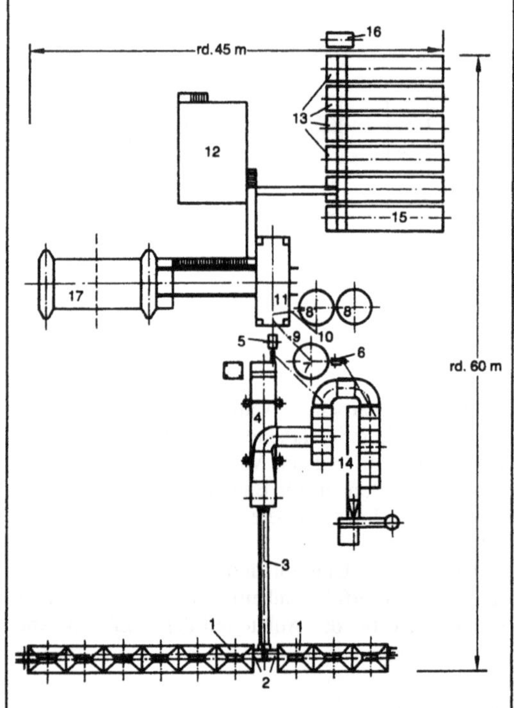

Aufbereitungsanlage: A. für Schwarzmischgut.
1 Einfach-Doseure, je 7,5 m³ Fassungsvermögen, 2 Gurtförderer unter den Doseuren, 3 Gurtförderer, 4 Trockenmaschine mit Trockentrommel, 5 Heißbecherwerk, 6 Doppelfüllerbecherwerk mit Zwischensilos, 7 Eigenfüllersilo, 8 Fremdfüllersilo, 9 Eigenfüllerschnecke, 10 Fremdfüllerschnecke, 11 Sieb- und Mischanlage, 12 Kommandozentrale, 13 Bindemittelbehälter, 14 Filterentstaubung, 15 Heizöltank, 16 Thermalölaggregat, 17 Verladesilo

und Wasser, Mischvorrichtung. Bei der A. für Schwarzmischgut (Bild) ist außer den Vorratssilos für gebrochenes Korn und Bitumen sowie der Wiege- und Mischanlage noch eine Trockentrommel sowie ein Abgabesilo für das fertige Produkt vorhanden.

Drees

Aufbrauch. In der → Hydrologie ist A. die Abnahme der ober- und unterirdischen Wasservorräte durch → Abfluß und → Evapotranspiration während der Zeiten negativer klimatischer → Wasserbilanz; in Mitteleuropa im Sommer (→ Vorratsänderung). *Mattheß*
Literatur: DIN 4049-3: Hydrologie. Begriffe zur quantitativen Hydrologie. Ausg. 1994. – *Mattheß, G.,* u. *K. Ubell:* Allgemeine Hydrogeologie – Grundwasserhaushalt. Berlin, Stuttgart 1983.

Auffangplanung → Entwicklungsplanung, städtische

Aufgabevorrichtung. Den Aufbereitungsmaschinen sind besondere Vorrichtungen zum → Beschicken vorgeschaltet, die das Material angepaßt, dabei absatzweise oder stetig zugeben. Entsprechend ihrem Schluckvermögen und ihrer Durchsatzleistung sollen Aufbereitungsmaschinen möglichst gleichmäßig, in der für den Aufbereitungsprozeß günstigen Menge, beaufschlagt werden. Das zu verarbeitende Gut, ein Gemenge unterschiedlicher oder eine Anzahl gleicher Stück- und Korngrößen, kommt entweder stoßweise, dabei im größeren Quantum, z. B. über einen Schüttbunker, an, oder es ist stetig, oftmals im Durchsatz veränderbar, z. B. aus einem Vor(rats)silo abzuziehen und der Aufbereitungsmaschine aufzugeben. Zu der verlangten Vergleichmäßigung ist demnach eine bestimmte Zuteilung gefordert. Dazu sind spezielle Austragsvorrichtungen vorzusehen, die meist volumetrisch, in besonderen Fällen gewichtsmäßig zumessen. Mit zusätzlichen Verschlußorganen, z. B. statisch betätigten Klappen und Schiebern, läßt sich der Durchfluß in Grenzen einstellen. Dem unkontrollierten Nachrutschen von sehr grobem Material aus Bunkern wird in einfacher Weise durch Kettenvorhänge (Bild, S. 51)), in leichteren Fällen durch Pendelaufgeber begegnet. Bei sich bewegenden Abzugsvorrichtungen wird die Anpassung des Fördergutstroms meist steuerbar oder regelbar durch den Antrieb bzw. das Bewegungssystem der Abzugseinrichtung ermöglicht. Daneben sieht man oftmals eine Abtrennung von Körnung, die den folgenden Aufbereitungsgang umgehen soll, oder Abscheidung ungeeigneter Bestandteile vor. Ohne Abtrennung arbeiten → Plattenbänder und übliche Förderbänder, von den unvermeidlichen Materialverlusten infolge Aufprall und Wurfwirkung abgesehen. Einen Trenneffekt haben Rollenroste und sonstige Roste in ihren verschiedenen Bauformen. → Schubwagenspeiser und Schwingförderer können mit Längs- bzw. Queröffnungen oder einer Lochung zwecks Vorabscheidung versehen sein. Außer den an Bunker oder → Silo fest angebauten Austrags- und Abzugsvorrichtungen bestehen eigenständige Einheiten als A., die zugleich die Zwischenförderung übernehmen. *Kühn*

Aufgabevorrichtung: Schüttbunker mit Kettenvorhang.

Auflockerungsdruck. Nach einer Modellvorstellung ist der A. der Druck eines auf dem Tunnelfirst lastenden, durch eine Parabel, Ellipse oder ein Dreieck im → Gebirge begrenzten (aufgelockerten) Bruchkörpers. Das außerhalb der Begrenzungslinie befindliche Gebirge bleibt mehr oder weniger ungestört (→ Geostatik).

Wagner

Auflockerungszone. Die A. entsteht in → Festgesteinen durch Gebirgsentspannung. Die zur Erdoberfläche parallelen Entspannungsklüfte folgen in vielen Fällen der tektonischen Klüftung, Schieferung oder sonstigen → Trennfugen. Sie unterscheiden sich durch eine rauhere Oberfläche und geringe vertikale Ausdehnung von den ebenflächigeren, weiterreichenden tektonischen Klüften. Die Abstände der oberflächenparallelen Entspannungsklüfte betragen zwischen etwa 5 cm und fast 100 cm, im Durchschnitt 40–70 cm; sie nehmen von einigen Zentimeter nahe der Oberfläche zur Tiefe hin zu. Die Mächtigkeit der A. beträgt meist zwischen wenigen Metern und rd. 100 m, gelegentlich bis 200 m. In verkarstungsfähigen Gesteinen ist die wasserwegsame oberflächennahe A. besonders intensiv verkarstet.

Mattheß

Literatur: *Mattheß, G.,* u. *K. Ubell*: Allgemeine Hydrogeologie – Grundwasserhaushalt. Berlin, Stuttgart 1983.

Aufmaß. Feststellen des Umfanges der erbrachten → Bauleistung durch Messen (ggf. auch Zählen) unmittelbar am Bauwerk. Die → Vergütung einer Bauleistung wird i. d. R. nach den vertraglich vereinbarten Einheitspreisen und den tatsächlich ausgeführten Leistungen berechnet. Daher wird das A. jeder einzelnen Teilbauleistung für die → Abrechnung (vgl. → ATV Abschn. 5) notwendig. Die für die Abrechnung notwendigen Feststellungen sind dem Fortgang der Leistung entsprechend möglichst gemeinsam vorzunehmen (§ 14 Nr. 2 Satz 1 VOB/B).

Olshausen

Literatur: *Damerau/Tauterat*: Abrechnung nach VOB. 1993. Wiesbaden.

Aufnahmebogen. Tabelle: Ausgefüllter A. für die systematische Multimomentaufnahme (Quelle: Berner)

AUFNAHMEBOGEN FÜR SYSTEMATISCHE MULTIMOMENTAUFNAHMEN — Beobachter: BERNER — Blatt Nr.: 1 — Datum: 10.5.81

Nr.	Teilvorgang	0	1	2	3	4	5	6	7	8	9	0	1	2	3	4	n_A	k	k_1
10	Aufstellen																		
11	Verbinden																		
12	Verspannen																		
13	Ausrichten																		
14	Betonierobergrenze																		
15	Zwischenschalung																		
16	Aussteifen																		
17	Verspannung lösen								I	II	II	I–I	I				8	3	/
18	Verbindung lösen																		
19	Ausschalen											II	II				4	2	/
20	Aussteifung lösen							I		I	I						3	2	1
30	Reinigen, Ölen																		
31	Ablegen der Elemente																		
32	Ausbessern									I		I	I	I			4	2	1
33	Aufräumen						I	I	I								3	1	/
34	Gerüste aufstellen																		
36	Vorbereiten							I	I	I			I	I		I	6	3	1
37	Anhängen														II		2	1	/
38	Bew. ausschneiden																		
39	Handtransport							I	I–I	I			I	I		I	7	4	1
40	Materialsuche							I	I						I		3	2	1
50	Transport TDK																		
60	Unnötiges Handeln														I		1	1	1
61	Wege z. Arbeitsplatz	III	III	III	III	III	III	III	III	II	II						28	3	/
63	Information					I	I	II	II			I	I		I		9	4	1
64	Randarbeiten											I					1	1	1
65	Warten auf TDK												I	I			2	1	/
67	Warten auf Vorarbeiten																		
68	Rauchen															I	1	1	1
69	Bedürfnis																		
70	Privatgespräch												II	II			4	2	/
80	Erholung												I		II	I	4	3	1
	Gesamt	3	3	3	3	3	3	3	3	3	3	3	3	3	3	3	90		

Beobachtungszeit: von 7:00 h bis 12:30 h
Pause: von 9:00 h bis 9:30 h
Bauvorhaben: ETJ
Gewerk: SCHALEN
Wochentag: MONTAG
Witterung: bewölkt, 5° – 12° C
Arbeitsbedingung: gut
Art des Arbeitsablaufes: Taktarbeit
Bemerkungen: keine besonderen Vorkommnisse

n_A — Anzahl der Notierungen eines Teilvorgangs
k — Häufigkeit des Auftretens eines Teilvorgangs
k_1 — Häufigkeit des einmal beobachteten Auftretens eines Teilvorgangs

Aufnahmebogen. Begriff des → Arbeitsstudiums: Formular für Zeitaufnahmen entweder als Stoppuhraufnahme oder als → Multimomentaufnahme (Tabelle, S. 51). *Drees*
Literatur: *Berner, F.:* Verlustquellenforschung im Ingenieurbau. Wiesbaden 1983.

Aufreißer. A. sind Hilfsgeräte, die vorwiegend an → Flachbagger, speziell an zugkraftstarke → Planierraupen montiert oder seltener auch angehängt werden und zum Lösen oder Lockern von festeren Böden und weichem Fels dienen. A. sind gewöhnlich 1–3zinkig gebaut und werden hydraulisch in Arbeitsstellung gebracht und gehalten. Wurzelrechen zum Roden haben bis zu zehn Zinken. Einzahnradialausführungen verwendet man für festes Material, auch Fels, und große Reißtiefen. Der Reißwinkel der Zahnspitze kann konstant sein oder sich mit der Reißtiefe verändern. Bei Mehrzahnaufreißern in Parallelogrammausführung sind an einem → Querträger je nach der Art des Einsatzes und des Materials ein, zwei oder drei Reißzähne montiert. Zur Erhöhung der Lebensdauer sind die Spitzen z. T. selbstschärfend. Zur Bestimmung der Reißbarkeit eines Materials dienen seismische Wellengeschwindigkeitsdiagramme (Bild). Niedrige seismische Wellengeschwindigkeiten deuten auf gute Reißbarkeit des Materials hin. Jedoch bestimmen oft das Eindringvermögen und die Eindringtiefe, die von der Schichtung des Materials abhängig sind, unabhängig von der seismischen Wellengeschwindigkeit, die Reißleistung eines Einsatzes. *Kühn*

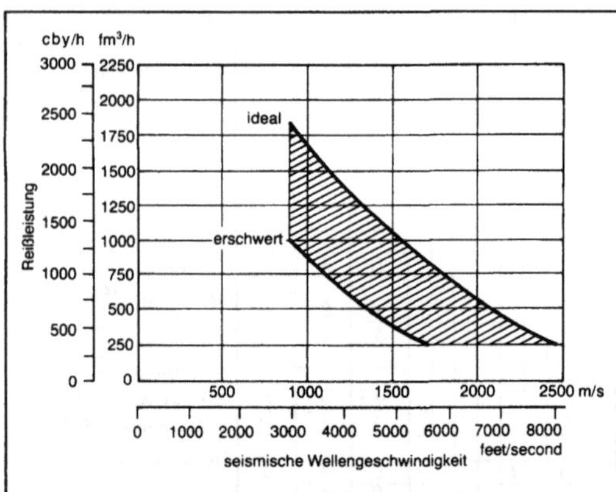

Aufreißer: Reißleistungsdiagramm einer Planierraupe mit Einzahnaufreißer und maximaler Zugkraft von 530 kN.

Aufschiebling. Am traufenseitigen Ende eines Sparrens aufgeschmiegtes → Kantholz zur Erzielung eines Dachüberstandes (Bild); dabei wird die Dachneigung an der Traufe verringert (→ Dachstuhl). *Dröge*

Aufsichtsbeamter. Technischer Beamter des höheren Dienstes der Berufsgenossenschaft, der für die → Unfall-

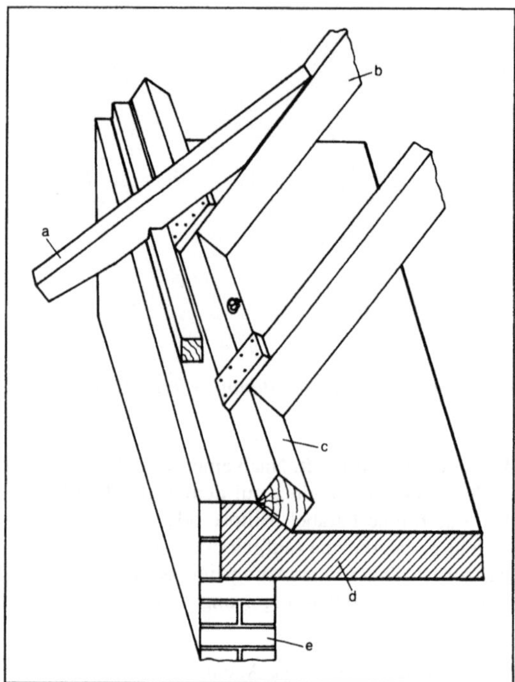

Aufschiebling: Schematische Darstellung.
a Aufschiebling, b Sparren, c Fußpfette, d Deckenplatte, e Außenwand

verhütung innerhalb eines Aufsichtsbezirks zuständig ist. Er hat die dort tätigen Betriebe (→ Baustellen) auf Einhaltung der → Unfallverhütungsvorschriften zu überwachen und für die Abstellung von Verstößen zu sorgen. Voraussetzung: einschlägiges technisches Studium an einer Universität (Technische Hochschule) sowie Referendariat in einer Berufsgenossenschaft. *Drees*

Aufstellraum für Kälteanlagen. Kälteanlagen unterliegen hinsichtlich ihrer Aufstellung den Bestimmungen der DIN 8975 und der → Unfallverhütungsvorschrift VBG 20. Je nach der Art des Kälteübertragungssystems und der Zutrittsbefugnis für Personen ist das Kältemittelfüllgewicht der Anlage begrenzt. Maschinenräume müssen so eingerichtet sein, daß freiwerdende Kältemittel abgeführt werden können und Gase nicht in Nebenräume oder enge Höfe übertreten können. → Schwingungen und Schall müssen ggf. begrenzt werden. *Diehl*

Aufstieg, kapillarer. Aufstieg des Wassers durch → Evapotranspiration an der Bodenoberfläche in der wasserungesättigten Zone aus dem Grund- oder Sickerraumwasser (Strömung im wasserungesättigten Bereich). Die Wassernachlieferung wird durch den → Durchlässigkeitskoeffizienten bei dem betreffenden Sättigungszustand und durch den Potentialgradienten bestimmt. *Mattheß*

Auftragskalkulation. Überarbeitung der → Angebotskalkulation, um die sich aus den Auftragsverhandlungen ergebenden Veränderungen, wie z. B. Fortfall von Positionen, Einfügen neuer Positionen, Preiszugeständnisse, einzuarbeiten. Vordringliches Ziel der A. ist es, ein klares Bild über den im Bauauftrag enthaltenen Deckungsbeitrag zu gewinnen und die mit der Bauausführung verbundenen Risiken zu erkennen. Eine A. ist insbes. bei größeren Veränderungen des Angebots infolge von Auftragsverhandlungen notwendig, um sich noch rechtzeitig über die Annahme oder Ablehnung des Auftrags entscheiden zu können (→ Vorkalkulation). *Drees*

Auftrieb. Auf eine Fläche lotrecht nach oben gerichtete Wassereinwirkung, deren Betrag von der Wasserverdrängung des eintauchenden Körpers abhängt. Dem A. oder Sohlwasserdruck wirken Widerstände entgegen. Der Quotient aus Widerständen und A. ist als Auftriebssicherheit definiert. In DIN 1054 ist für das Eigengewicht eine 1,1fache Auftriebssicherheit gefordert. Für zusätzlich haltend wirkende Erddruckkräfte ist je nach Lastfall eine partielle Sicherheit von 1,4 bzw. 1,2 einzuhalten. Bei tiefen → Baugruben mit Unterwasserbeton-Sohlen oder z. B. Klär- sowie Rückhaltebecken ist das Bauwerkseigengewicht häufig zu gering für eine ausreichende Auftriebssicherheit. Dann kann z. B. eine Sohlverankerung mit Verpreßankern oder Ankerpfählen gewählt werden. Die → Anker tragen einen Teil der Auftriebslast in den tieferen Untergrund ab. Eine Verankerung kann z. B. auch für Tunnelröhren unterhalb von Flußläufen oder im → Grundwasser notwendig werden, wenn die Erdauflast zu klein ist, um ein Aufschwimmen zu verhindern. Bei der Sohlabdichtung von Baugruben durch Injektionssohlen muß die horizontale Sperrzone zwischen den wasserdichten Baugrubenwänden so tief gelegt werden, daß eine ausreichende Auftriebssicherheit besteht. *Meißner/Becker*

Aufwandswert. Begriff der Kostenermittlung von → Bauleistungen:

$$A. = \frac{\text{Arbeitsstunden}}{\text{Mengeneinheit}}$$

Typische A. sind z. B. h/m^2 Schalung oder h/t Stahl oder h/m^3 Beton. Durch den A. erfaßt man die für die Ausführung der Bauleistung notwendigen Arbeitsstunden. *Drees*

Aufzug. A. sind Maschinen zum Heben und Senken von Personen und Lasten, bei denen das Lastaufnahmemittel (Kippkübel, Fahrkorb, Plattform o. ä.) auf einem festgelegten, meist lotrechten oder zur Lotrechten nur leicht geneigten Förderweg schienengeführt wird. Das wesentliche Bauteil der zu den → Hebezeugen zählenden A. sind die Trommelwinden (→ Winde), die die eigentliche Transportarbeit verrichten. Man unterscheidet selbsttragende und nichtselbsttragende A.; letztere müssen am → Bauwerk mehrfach abgestützt

bzw. rückverankert werden. Die wesentlichen selbsttragenden Bauformen sind:
☐ der Anlege-A.,
☐ der freistehende A.
Beide Ausführungen können verfahrbar sein. *Kühn*

Ausbaustrecke. Zur Beseitigung von Kapazitätsengpässen, zur Anpassung des Schienennetzes an die Verkehrsströme, zur Anpassung der Infrastruktur an neuzeitliche Anforderungen in bezug auf → Lichtraumprofil, Streckengeschwindigkeit und Streckenausrüstung sowie zur Steigerung der Reisegeschwindigkeiten zwischen Ballungszentren mit hohem Verkehrsaufkommen in Konkurrenz zu Pkw und Flugzeug werden Eisenbahnstrecken neu gebaut (→ Neubaustrecke) oder grundlegend umgebaut: A.

Der Ausbau vorhandener Schienenstrecken für hohe Geschwindigkeiten wird seit Mitte der siebziger Jahre im Rahmen der → Bundesverkehrswegepläne realisiert. Bei A. handelt es sich um vorhandene → Strecken, die so trassiert sind, daß sich durch geringe Eingriffe folgende Maßnahmen realisieren lassen:
– Linienverbesserungen für Geschwindigkeiten bis zu 200 km/h
– Verbesserungen der signaltechnischen Einrichtungen (und Linienzugbeeinflussung für Streckenabschnitte mit zulässigen Höchstgeschwindigkeiten > 160 km/h)
– Anlagen für Gleiswechselbetrieb
– Bau von zusätzlichen Streckengleisen
– schienenfreie Bahnsteigzugänge
– Beseitigung von → Bahnübergängen.

Bis 1992 wurden bei der Deutschen Bundesbahn mehr als 1 100 km des Bestandnetzes zu A. umgerüstet, wobei fast die Hälfte mit einer Höchstgeschwindigkeit von 200 km/h befahren werden kann. Besondere Bedeutung haben die Verbindungsstrecken zwischen den alten und neuen Bundesländern nach der Wiedervereinigung als Projekte „Deutsche Einheit" erlangt. Zusammen mit diesen Maßnahmen sind bei der DB AG noch rund 3 500 km A. in Planung oder Bau.

Kracke/Runge

Ausbauwiderstand. Modellhafte Idealisierung der Tragfunktion des → Tunnelausbaus durch einen konstant oder veränderlich über den Tunnelumfang verteilten radialen Innendruck. Die Idee eines aktiven Innendrucks beruht auf der Modellvorstellung, daß der Ausbau dem in den Hohlraum eindrängenden → Gebirge auf Grund seiner Steifigkeit einen Widerstand entgegensetzt, die Größe dieses A. jedoch unabhängig von der Steifigkeit und den aufgetretenen Hohlraumrandverschiebungen geschätzt werden muß. Bezüglich der Größe des für eine Begrenzung der Verformungen erforderlichen A. gelten Überlegungen, nach denen dieser – ausgehend vom vorherrschenden Primärspannungszustand – mit wachsender Entspannung des Gebirges immer kleiner wird, jedoch bei Überschreiten bestimmter Grenzen infolge wachsender Gebirgsauflockerungen wieder steigen muß. Der Ansatz des Innendruckes in der Theorie des A. als wegunabhängige Größe bietet bis heute Anlaß zu erheblicher Kritik, da diese Vorstellung im Gegensatz zu den Berechnungsmodellen steht, in denen der Ausbau als dünnwandiges → Schalentragwerk angesehen wird. Neuere Untersuchungen zeigen aber, daß ein sehr früh hochbelasteter junger → Spritzbeton im Laufe des Bauvorganges durchaus ein vergleichbares Verhalten aufweisen kann. *Wagner*

Ausbildung im Qualitätsmanagement. Neben der fachlichen Qualifikation der im → Qualitätsmanagement-System Beteiligten ist eine qualitätsmanagementbezogene A. erforderlich.

Der Hauptverband der Deutschen Bauindustrie bearbeitet mit der Deutschen Gesellschaft für Qualität ein Schulungsprogramm. Das Lehrgangskonzept besteht aus 3 Modulen und trägt den Bedürfnissen der → Bauunternehmen verschiedener Größen Rechnung.
☐ Modul 1: Qualitätsbeauftragter Bau
☐ Modul 2: Qualitätsmanager Bau
☐ Modul 3: Fachauditor Bau

Je nach Modul reicht die A. von Grundkenntnissen in Anlehnung an DIN EN ISO 9000 ff. bis zur Interviewtechnik. Die Lehrgänge schließen mit einer Prüfung und einem Zertifikat ab. Der Qualitätsbeauftragte-Bau wird auch als QM-Ingenieur bezeichnet. *Jungwirth*
Literatur: *Fuhr, H., Göpel, R. A., Jungwirth, D., Otto, Th.*: Qualitätsmanagement im Bauwesen. Düsseldorf 1996.

Ausbläser. Plötzliches Entweichen der Druckluft aus einem im Bau befindlichen und im → Druckluftverfahren erstellten Tunnelbauwerkes. Es handelt sich dabei um eine äußerst kritische Situation für Mineure und Bauwerk. Ein plötzlicher Druckabfall kann zu katastrophalen Gesundheitsschäden bei der Baumannschaft führen, und die nun ungehemmt einströmenden Wasser- und Bodenmassen können das gesamte Bauwerk gefährden. *Wagner*

Ausblühung. Meist weißliche Verfärbung von Oberflächenbereichen kapillarporiger Baustoffe (→ Beton, → Mörtel, Ziegel, Natursteine) durch auskristallisierte Salze. Diese entstammen entweder dem Baustoff selbst, oder sie werden von außen in ihn eingetragen, z. B. aus dem Erdreich. Bei aufsteigender Feuchte bilden sich häufig Ausblühungshorizonte im Bereich starker Verdunstung. *Sasse*

Ausdehnungsgefäß. In geschlossenen Heiz-, Trink- und Kühlwassersystemen tritt bei Temperaturerhöhung eine Volumenvergrößerung auf und umgekehrt. Die Volumenveränderung zwischen der tiefsten und der höchsten Wassertemperatur wird vom A. aufgenommen. Ein zur Atmosphäre offenes A. muß an der höchsten Stelle der Anlage, ein geschlossenes A. kann tiefliegend angeordnet sein. Das geschlossene A. hat ein

Gaspolster, das durch eine Elastomermembran getrennt sein kann. Als Gaspolster wird wegen der geringeren Korrosionsgefahr Stickstoff verwendet, bei Heizwassersystemen mit ständig höheren Vorlauftemperaturen als 100 °C auch Dampf. *Diehl*
Literatur: DIN 4807 – DIN 4757 – DIN 4752.

Ausführungsfrist. Begriff der → Verdingungsordnung für Bauleistungen (VOB). Die A. ist die für die Herstellung des → Bauwerks vertraglich vereinbarte Frist, auch als Bauzeit bezeichnet. Gem. § 11 VOB/A sind die A. ausreichend zu bemessen; Jahreszeit, Arbeitsverhältnisse und etwaige besondere Schwierigkeiten sind zu berücksichtigen. Für die Bauvorbereitung (→ Arbeitsvorbereitung, Fertigungsplanung) ist dem Auftragnehmer genügend Zeit zu lassen. Besonders wichtige Einzelfristen (Zwischentermine) sind als Vertragsfristen zu bezeichnen. Bei der Ausführung sind gem. § 5 VOB/B die Bauleistungen nach den verbindlichen Fristen zu beginnen, angemessen zu fördern und zu vollenden. Wenn die Produktionsmittel unzureichend sind, muß der Auftragnehmer auf Verlangen des Auftraggebers unverzüglich Abhilfe schaffen. Gerät der Auftragnehmer in Verzug, so kann der Auftraggeber → Schadensersatz verlangen oder ihm nach Verstreichen einer Verzugsfrist den Auftrag entziehen. *Drees*

Ausgleichsfeuchte. In allen kapillarporigen Baustoffen stellt sich – in Abhängigkeit von der Menge der Poren und ihrer Radienverteilung – infolge Kapillarkondensation ein Gleichgewicht zwischen dem Wassergehalt des Stoffes und der relativen Feuchte der Umgebungsluft ein. Die Darstellung dieser Stoffeigenschaft erfolgt in Form von hygrischen Isothermen, die den nichtlinearen Zusammenhang zwischen dem Wassergehalt des Stoffes und der Luft darstellen (→ Feuchtegehalt, praktischer). *Sasse*

Ausgleichsfläche. Mit der Verabschiedung des Bundesnaturschutzgesetzes (BNatG) im Jahr 1976 wurde als maßgebliche Neuerung die „Eingriffsregelung" gesetzlich verankert. Ein baulicher oder technischer Eingriff wird danach definiert als „Veränderung der Gestalt und Nutzung von Grundflächen, die die Leistungsfähigkeit des Naturhaushaltes oder das Landschaftsbild erheblich oder nachhaltig beeinträchtigen können". § 8 BNatG gibt rahmenrechtlich den wesentlichen Inhalt der naturschutzrechtlichen Eingriffsregelung vor, durch die Naturschutzgesetze der Länder wird diese Regelung unmittelbar geltendes Recht.

Führen Eingriffe zu unvermeidbaren Beeinträchtigungen, werden besondere Maßnahmen des Naturschutzes und der → Landschaftspflege möglichst frühzeitig durch Ausgleichsmaßnahmen erforderlich. Primär sind die von Eingriffen betroffenen Flächen so herzurichten, daß die Beeinträchtigung der Leistungsfähigkeit des Naturhaushaltes oder des Landschaftsbildes so weit wie möglich reduziert wird. Im juristischen

Sinn ist der Ausgleich dann erreicht, wenn alle erheblichen Beeinträchtigungen auf ein unerhebliches Maß reduziert werden können. Ein Ausgleich kann auch durch eine landschaftsgerechte und verbessernde Neugestaltung im angrenzenden Raum oder auch an anderer Stelle geschaffen werden. Diese Art des Ausgleichs nimmt keinen unmittelbaren Einfluß auf die Art des Eingriffs selbst. Sie zielt auf eine annähernde Kompensation der Eingriffsfolgen. Die Ausgleichsmaßnahmen sind Bestandteil des Vorhabens und deshalb Gegenstand des Rechtsverfahrens.

Ist ein Ausgleich nicht möglich, ist abzuwägen, ob der Eingriff trotzdem zulässig ist und Ersatzmaßnahmen ausreichen, oder ob der Eingriff untersagt werden muß. *Spengelin*

Ausgleichungsmodell. In der → Ausgleichungsrechnung benötigtes mathematisches Modell zur Beschreibung der stochastischen Eigenschaften gemessener Größen (stochastisches A.) sowie des funktionalen Zusammenhangs dieser Größen untereinander (funktionales A.). *Pelzer*

Ausgleichungsrechnung. Im engeren Sinne ein Verfahren zur optimalen Kompensation der zufälligen Meßabweichungen (Beobachtungsfehler), die bei der meßtechnischen Erfassung eines physikalischen Vorgangs oder bei der Ausmessung eines geometrischen Gebildes auftreten, mit Anwendungen vornehmlich in der → Geodäsie, der Astronomie und der Physik. Im weiteren Sinne ist die A. ein Teilgebiet der mathematischen Statistik mit vielfältigen Anwendungen in allen experimentell arbeitenden Disziplinen. *Pelzer*

Auskofferung. Technischer Ausdruck für das Abtragen und Ausheben bzw. die Entnahme der kontaminierten Massen und Substanzen an Altablagerungsplätzen und Altstandorten. Die notwendigen Arbeitsschritte sind Lösen, Fördern, Transportieren, Abladen und gegebenenfalls Umladen. Bei den Arbeitsschritten sind die Art der Kontamination, die mögliche Freisetzung der Kontaminanten als Emissionen und der → Arbeitsschutz bei der Planung und Durchführung zu berücksichtigen. Wichtig ist, daß keine neuen Kontaminationswege ermöglicht werden. Auftretende Arbeitsplatz- und Umweltgefährdungen sind auf ein vertretbares Maß zu begrenzen. Hilfreich ist die Zuordnung der baubetrieblichen Klassifizierung zu den erforderlichen Sicherheitsanforderungen.

Im Zusammenhang mit der Umlagerung wird auch von A. gesprochen. *Thoenes*

Ausschleusungszeit. Die Zeit, die für die Ausschleusung der Baumannschaft erforderlich ist, abhängig vom jeweiligen Überdruck im Tunnelinneren gegenüber dem atmosphärischen Außendruck. *Wagner*

Ausschreibung. Begriff der → Vergabe von → Bauleistungen (§ 3 VOB/A). In der A. wird das zu erstellende → Bauwerk bekannt gegeben, um von den an der Ausführung interessierten Bewerbern Angebote zu erhalten. Je nach der Art der Bekanntgabe und der Aufforderung zur Teilnahme am Wettbewerb werden öffentliche und beschränkte A. unterschieden. An der öffentlichen A. kann sich nach öffentlicher Aufforderung eine unbeschränkte Anzahl von Unternehmen beteiligen und Angebote einreichen. Sie ist der Regelfall bei der Vergabe öffentlicher Aufträge. Eine beschränkte A. soll nur dann stattfinden, wenn die Leistung nur von einem beschränkten Kreis von Unternehmen ausgeführt werden kann. Es sollen nach § 8 VOB/A nur drei bis acht fachkundige, leistungsfähige und zuverlässige Bewerber aufgefordert werden. Oft verbindet man die beschränkte A. mit einem öffentlichen Teilnahmewettbewerb, um geeignete Bewerber für die beschränkte A. auszusuchen, bei Auslandsarbeiten auch als Prequalifikation bezeichnet. Die beschränkte A. ohne öffentlichen Teilnahmewettbewerb ist das übliche Vergabeverfahren bei nicht öffentlichen Auftraggebern. Bei der freihändigen Vergabe wird der Bauauftrag auf dem Verhandlungsweg (ohne Wettbewerb) unmittelbar an einen Bewerber vergeben. Dies ist bei der Ausführung von Bauleistungen üblich, wenn außervertragliche Leistungen zu erbringen sind, die nicht Gegenstand der A. waren (→ Verfahren, nichtoffenes/offenes).

Von der Europäischen Union wurden zusätzliche Vergabebestimmungen erlassen (→ EG-Baukoordinierungsrichtlinie und EG-Sektorenrichtlinie), nach denen Baumaßnahmen mit einem Gesamtwert von 5 Millionen ECU europaweit anzukündigen und auszuschreiben sind. Das betrifft insbesondere Bauvorhaben der Öffentlichen Hand sowie der Versorgungs- und Telekommunikationsunternehmen. *Drees*

Ausschreibungsverfahren → Verfahren, nichtoffenes/offenes

Außenbereich. Im Gegensatz zu Vorhaben in Planungsbereichen von → Bebauungsplänen und innerhalb der im Zusammenhang bebauten Ortsteile ist das Bauen im A. grundsätzlich unerwünscht.

Die Zulässigkeit von Vorhaben wird nach dem → Baugesetzbuch (BauGB) in § 35 „Bauen im Außenbereich" geregelt.

Hier werden privilegierte Vorhaben benannt, die im A. zulässig sind, wenn öffentliche Belange nicht entgegenstehen und die ausreichende Erschließung gesichert ist. Dazu zählen insbesondere land- und forstwirtschaftliche Betriebe oder Landwirten zu Wohnzwecken dienende Vorhaben, Landarbeiterstellen, Vorhaben des Fernmeldewesens und der öffentlichen Versorgung sowie Vorhaben, die der Erforschung, Entwicklung oder Nutzung der Kernenergie dienen. Sonstige Vorhaben können im Einzelfall zugelassen werden, wenn ihre Ausführung oder Benutzung öffentliche Belange nicht beeinträchtigt. Für diese nicht privilegierten Vorhaben werden im Gesetz die Beeinträchtigungen öffentlicher Belange exakt definiert.

Da die Zulässigkeit von Vorhaben gemäß §§ 30 und 33 BauGB durch den Geltungsbereich des Bebauungsplanes exakt definiert ist, kommt der Abgrenzung zwischen A.- und Innenbereich besondere Bedeutung zu. Der Gesetzgeber hat die Gemeinden in § 34 Absatz 4 BauGB ermächtigt, die Grenze zwischen dem Innenbereich und dem A. rechtsverbindlich festzulegen. Von der Gemeinde können Abgrenzungssatzungen, Entwicklungssatzungen oder Abrundungssatzungen aufgestellt werden.

Mit diesen Satzungen ist den Gemeinden auch eine Gestaltungskompetenz zur Abgrenzung von Innenbereich und A. bei bodenrechtlich zweifelhaften Situationen gegeben.

Die Erkenntnis, in zunehmendem Umfang Fragen des → Umweltschutzes bei der städtebaulichen Entwicklung zu berücksichtigen (→ Stadtplanung, ökologische), hat dazu geführt, daß der A. heute in weit stärkerem Maß in die Planung einbezogen werden muß, als dieses früher der Fall war. Der → Landschaftsplanung, die sich in starkem Maße mit dem A. auseinandersetzt, kommt daher künftig erhöhte Bedeutung zu.

Spengelin

Literatur: *Schiwy, P., Th. Harmony, A. Decker,*: Baugesetzbuch (BauGB), Kommentar, Stand 3/96. Starnberg 1996 – *Schwier, V.*: Arbeitsberichte zur städtebaulichen Planung – Innenbereichs-Satzungen. Niedersächsisches Sozialministerium (Hrsg.) Hannover 1992.

Außenrüttler. A. sind Schwingungserreger, die fest mit einer Betonschalung, einem → Rütteltisch oder einer Vibrationsbohle verbunden werden und ihre Rüttelenergie von außen, z. B. über die → Schalung (Schalungsrüttler), an den → Beton abgeben. Durch die Energieeinleitung in periodisch wechselnder Richtung vollzieht sich eine Umlagerung innerhalb des zu verdichtenden Materials, dies vermindert die Reibung zwischen den einzelnen Materialbestandteilen und führt so unter dem Einfluß der Schwerkraft oder einer Auflast zu einer größtmöglichen → Lagerungsdichte. Als Auslaufhilfen werden A. zudem überall dort eingesetzt, wo ein schnelles Abfließen des Materials erforderlich ist, z. B. Siloausläufe. A. (Bild) bestehen aus einem Elektro- oder Druckluftantrieb, an dessen Wellenenden verstellbare Exzenter angebracht sind, durch die eine weitgehend stufenlose Veränderung der Fliehkraft ermöglicht wird. Es sind Geräte mit Fliehkräften bis maximal 22 kN und Frequenzbereichen bis 12 000 min^{-1} im Einsatz.

Kühn

Außenschale → Tunnelausbau, zweischaliger

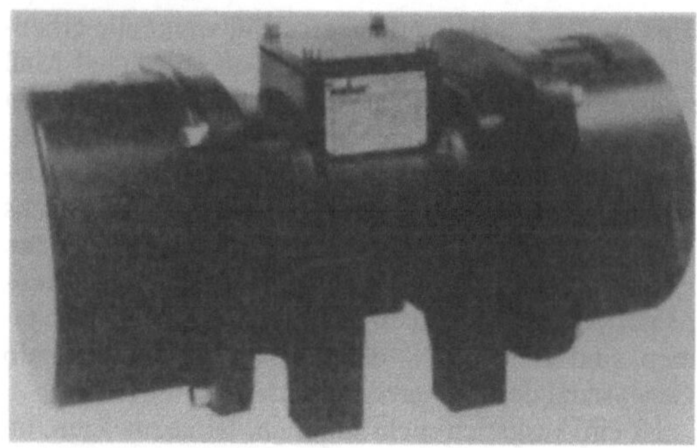

Außenrüttler: Ansicht.

Austrocknungskoeffizient. Der A. ist ein in der Austrocknungsgleichung von *E. Maillet* definierter Koeffizient α:

$$Q_t = Q_0 \cdot e^{-\alpha t},$$

mit Q_0 als → Abfluß bei Erstmessung, Q_t als → Quellschüttung oder Abfluß nach einer Zeit t. Der A. α ist ein Maß für das Wasserrückhaltevermögen des Untergrundes oder eines Einzugsgebietes. Er hängt von der Größe, dem → Hohlraumanteil und der → Durchlässigkeit des Grundwasservorkommens ab. Niedrige α-Werte deuten auf höheres Rückhaltevermögen (Retention). Quellen aus hochgradig verkarsteten Gesteinen haben $\alpha > 1 \cdot 10^{-2}$ d^{-1}, manchmal auch 0,9 d^{-1}, Quellen aus wenig oder nicht verkarsteten Gesteinen $\alpha < 5 \cdot 10^{-3}$ d^{-1}. Für wenig geklüftete → Sandsteine werden α-Werte von $1,0 \cdot 10^{-3} - 2,4 \cdot 10^{-3}$ d^{-1} angegeben.

Mattheß

Literatur: *Mattheß, G.*, u. *K. Ubell*: Allgemeine Hydrogeologie – Grundwasserhaushalt. Berlin 1983.

Automation von Baumaschinen. Baumaschinen und mehr und mehr auch ganze Bauvorgänge werden immer stärker automatisiert. Beispiele hierfür sind: der automatische (programm- und sensorgesteuerte) → Bagger, die automatisch arbeitende → Mischanlage, der automatisch ablaufende Hochhausbau usw. Unterschieden werden muß zwischen Automatik und → Robotik. Erstere wird über Sensoren gesteuert, letztere über Programme. Die Sensoren für die Automatik sitzen teilweise in schmutz- oder staubgefährdeten Bereichen und müssen dem rauhen Baubetrieb gewachsen sein. Beispiel hierfür ist der automatisch schürfende Scraper, der seine Schürftiefe dem Grabwiderstand entsprechend über Sensoren automatisch einstellt und damit für eine optimale Ausnutzung der maschinellen Vortriebskraft sorgt. Beispiel für die Robotik ist das Setzen der Bausteine im Hochbau nach einem vorgegebenen Programm. Im zukunftsorientierten Hochbau wird das geschoßweise Hochziehen der → Schalung, das Verlegen der → Bewehrung, das Einbringen des → Frischbetons und seine Verdichtung nach Programm durchgeführt.

Kühn

B

Backenbrecher. Diese Steinbrecher weisen eine feste und eine vom Antrieb bewegte Brechbacke auf, zwischen denen das Brechgut je nach Arbeitsbewegung vorwiegend drückend, z.T. auch scherend oder mit einer bestimmten Schlagwirkung zerkleinert wird. Sie benötigen zur Überwindung der ungleichmäßigen Beaufschlagung einen Energiespeicher in Form einer Schwungscheibe. Erforderlich sind besondere Sicherheitseinrichtungen gegen Überlastung. Zudem ist eine Verstellung des rechteckigen Brechraums in moderner Bauweise mittels Hydraulik ermöglicht. Der Zugstangenbrecher (Bild), auch (Doppel)Kniehebel- oder Pendelschwingenbrecher genannt, wirkt mit seiner vom Kurbeltrieb im Langsamlauf unter 400 min^{-1} über Zugstange und zwei Kniehebel eben pendelnd bewegten Brechbacke überwiegend durch Druck. Bei einer Bauart sind die rechteckigen Brechbacken so geformt und ihr Bewegungsablauf so ausgerichtet, daß die Reibung beim Brechvorgang minimiert wird. Zugstangenbrecher sind mit einem Zerkleinerungsgrad von 5:1 bis 10:1 als Großvorbrecher (Grobbrecher) in der Hartzerkleinerung wegen ihrer Zuverlässigkeit insbes. in Baustellenanlagen eingesetzt. Der Einschwingenbrecher, besser Kurbelschwingenbrecher genannt, führt mit seiner an einer Exzenterwelle hängenden Brechschwinge, die an einem Kniehebel und federnd abgestützt ist, eine mehr elliptisch pendelnde Bewegung ebenfalls im Langsamlauf aus; hierdurch kommt zum Druck eine verstärkte Scherkomponente. Eingesetzt sind diese Brecher mit dem Zerkleinerungsgrad 3:1 bis 10:1 als Grobbrecher und als Nachbrecher in der Mittelhartzerkleinerung. Eine Variante ist der Granulator, bei dem das Brechwerkzeug gewölbt ist. Ein B. mit Direktantrieb an der Stelle des Kniehebels ist der Schlagbrecher, der schrägliegende Brechbacken hat. Bei einem anderen Feinbrecher wird die Brechschwinge, oben über Gelenke abgestützt, von der untenliegenden Exzenterwelle bewegt. Mit den sich schnell bewegenden, abgefederten Brechbacken, die eine quasi schlagende Wirkung haben, wird in der Hart- bzw. Mittelhartzerkleinerung kubischer Splitt und Schotter erzeugt. *Kühn*

Bagger. B. sind Erdbaugeräte, die vornehmlich zum Lösen und Laden von Boden und Fels verwendet werden. Die Bezeichnungen der breitgestreuten Palette richten sich nach dem Antrieb, der Art der Kraftübertragung, der Lage der abzutragenden Massen zum Arbeitsplanum, dem Arbeitswerkzeug und dem Fahrwerk. Als Beispiele seien die Trocken- und → Naßbag-

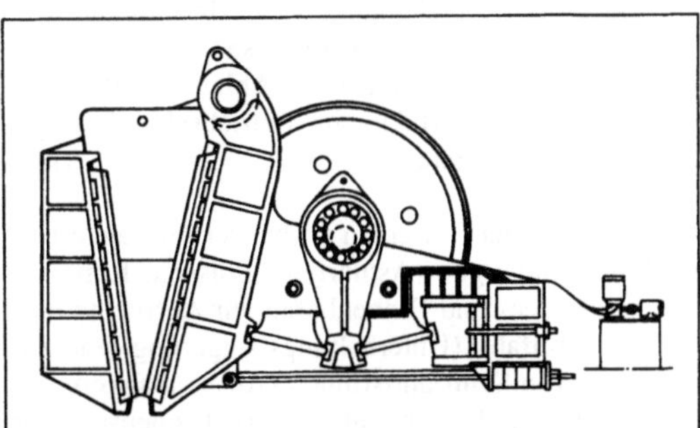

Backenbrecher: Zugstangenbrecher.

ger, → Hydraulik- und → Seilbagger, Hoch- und Tieflöffelbagger, Eimerseilbagger, Raupen- und Mobilbagger genannt. Weiterhin unterscheidet man nach der Arbeitsweise kontinuierlich oder absatzweise arbeitende Geräte (→ Eimerkettenbagger, → Schaufelradbagger) und Sonderbauweisen, wie z.B. den → Teleskopbagger. Am verbreitetsten sind die wegen ihrer vielseitigen Verwendungsmöglichkeit auch als Universalbagger bezeichneten Hydraulik- und Seilbagger.

Der Universalbagger besteht aus:
– Unterwagen mit Fahrwerk,
– Oberwagen mit Motor, Hydraulikanlage oder Windwerken, Führerstand und evtl. Seilwinden.

An Werkzeugen stehen Hochlöffel, Tieflöffel, Greifer und Schürfkübel zur Auswahl. Während der B. mit dem Hochlöffel von der Aushubsohle aus nach oben arbeitet, steht er mit allen anderen Einrichtungen über der Aushubsohle auf dem auszuhebenden Material und arbeitet von unten her zur Baggersohle hin. Die Leistung eines B. wird nach der Ladeleistung in festem Boden je Zeiteinheit beurteilt (m^3/h). Parameter, die die Leistungen entscheidend beeinflussen, sind der Inhalt des Grabgefäßes, der Füllfaktor des Löffels, der Auflockerungsfaktor des Bodens und die Dauer eines Arbeitsspiels. *Kühn*

Bagger-Lkw-Betrieb. Der B.-L.-B. ist das am häufigsten anzutreffende Materialtransportsystem, das zu den einfachsten, robustesten seiner Art (→ Transportsystem) zählt und dessen Ansprüche an das zu transportierende Material ähnlich gering sind wie bei der → Gleisförderung. Vorherrschendes Ladegerät ist der → Bagger. Es können jedoch sämtliche im Baubetrieb gebräuchlichen Ladegeräte (→ Erdbaugerät) Verwendung finden. Dabei ist im Zusammenspiel Lader/Transportfahrzeug zu beachten, daß letzteres mit einer möglichst geringen Anzahl an Ladespielen (4–10) gefüllt wird. Die Nutzlast der als → Transportfahrzeug gebräuchlichen Last- und Schwerlastkraftwagen reicht von 12 bis über 200 t. Weitere Einsatzkriterien dieses B.-L.-B. sind die wirtschaftlich sinnvolle maximale Förderweite von ungefähr 10 km und die maximalen Steigungen, die 10% nicht übersteigen sollten. Außerdem sollte der Instandhaltung der → Baustraßen, d. h. der Förderstrecke, größte Aufmerksamkeit geschenkt werden, damit ein reibungsloser Ablauf möglich ist. Ein gravierender Störfaktor im Betriebsablauf ist der Ausfall des Ladegerätes. *Kühn*

Baggergut. Unter B. werden die bei der Ausbaggerung von Flußmündungen (Ästuarien), Flüssen, Kanälen, Seen sowie See- und Binnenhäfen zur Aufrechterhaltung der Schiffahrt (Unterhaltungsbaggerung) und zur Vertiefung von Schiffahrtsrinnen (Ausbaubaggerung), ferner die bei der Entschlammung von Binnenseen zur Vermeidung einer Hypertrophierung mittels verschiedener Baggerverfahren geförderten Feststoffe unterschiedlichster Körnung wie Felsgestein (Geröll), → Kies, → Sand, Schluff und Ton verstanden. Letztere bilden mit organischen Bestandteilen der Schwebstoffe einen → Schlamm, der geogene sowie anthropogene Schadstoffe enthält.

Als geogene Sedimentbestandteile kommen vor allem Schwermetalle, aber auch Kohlenwasserstoffe in Frage, während die anthropogenen darüber hinaus insbesondere Biozide einschließlich schwer abbaubarer organischer Verbindungen wie Organohalogenverbindungen betreffen können. Aus der Frage des Verbleibs dieser Feinanteile resultiert die hauptsächliche Umweltproblematik des B.

Die anthropogenen Verunreinigungen stammen sowohl aus Punktquellen wie kommunalen und industriellen Abwassereinleitungen als auch aus diffusen Einleitungen, wie z. B. durch → Abflüsse von landwirtschaftlich genutzten Flächen (Düngemittel, Pflanzenschutzmittel), bei Unfällen mit Gefahrgütern oder → Gefahrstoffen auf oder in der Nähe von Gewässern, durch Abflüsse von Löschwässern und – in geringerem Umfang – durch atmosphärische → Immissionen. Zwar werden die Schadstoffeinleitungen durch stringente emissionsmindernde Maßnahmen an den Einleitungsstellen, insbesondere nach dem Gewässerschutzrecht, zunehmend eingeschränkt, sie lassen sich aber nicht gänzlich vermeiden.

Die → Selbstreinigung im Gewässer bewirkt ebenfalls eine Verbesserung der Wassergüte, verlagert aber die Schadstoffe teilweise in das Sediment und damit – im Falle der Ausbaggerung – in das B. Da die Schadstoffe fast ausschließlich an die Feinfraktion gebunden sind, steigt in der Regel der Schadstoffgehalt des B. mit zunehmendem Anteil an Schluff und Ton.

B. kann in der Feinfraktion Schadstoffkonzentrationen aufweisen, die bei der Ablagerung auf Land die Grundwasserqualität oder die landwirtschaftliche Nut-

zung gefährden können, die aber auch eine Umlagerung oder Verklappung in Gewässern nicht zulassen.

☐ B.-Aufkommen: In der Bundesrepublik Deutschland liegt das langjährig gemittelte jährliche B.-Aufkommen in der Größenordnung von 50 Mio. m³, entsprechend etwa 75 Mio. t (bei einer mittleren Feuchtraumdichte von 1,5 t/m³). Die Hauptbaggerreviere mit etwa 90% des gesamten B.-Aufkommens liegen in den Tide- und Küstengewässern, in denen die Seehäfen von sicheren Zufahrten auch großer Schiffe mit entsprechendem Tiefgang abhängig sind. In den Ästuaren von Elbe, Weser und Ems, in der Jade, im Nord-Ostsee-Kanal sowie in den Zufahrten der Ostseehäfen beträgt das mittlere B.-Aufkommen etwa 40 Mio. m³/a; dazu kommen noch etwa 5 Mio. m³/a aus notwendigen Baggerarbeiten in den Häfen selbst.

Demgegenüber fallen im Binnenbereich (Wasserstraßen, Seen, Häfen) nur um die 5 Mio. m³ B. pro Jahr an: Für die Bundeswasserstraßen im Binnenbereich kann mit etwa 3 Mio. m³/a gerechnet werden; dazu kommen noch die B.-Mengen aus der Verantwortung der Länder oder Kommunen unterliegenden Wasserläufen und Häfen.

☐ Unterbringung von B.: Betroffen sind
– die Einbringung in ein Gewässer (Umlagerung oder Verklappung),
– die Ablagerung an Land (Spülfeld oder → Deponie) sowie
– die Verwertung.

Die Rechtsgrundlagen für die Baggerungen sowie die zugehörige B.-Unterbringung sind sehr kompliziert. Für die weit überwiegenden B.-Mengen im Küstenbereich gelten internationale Vereinbarungen zur Reinhaltung des Meeres in bezug auf die Einbringung von B. in die Hohe See, in das Küstenmeer und in die sog. inneren Gewässer, die grundsätzlich die Einbringung von B. in die genannten Gebiete zulassen.

Für die Wasser- und Schiffahrtsverwaltung des Bundes ist 1992 eine Handlungsanweisung zur Anwendung der internationalen Richtlinien erlassen worden, die sich auf die deutschen Konventionsgebiete und die „inneren Gewässer" an der Nord- und Ostseeküste erstreckt. Diese Handlungsanweisung sieht für jede Einbringung von B. in die Konventionsgebiete oder die inneren Gewässer eine Reihe von Untersuchungen sowie ein Überwachungsprogramm für die Einbringungsstelle vor, insbesondere hydromorphologische, sedimentologische, chemische und biologische Untersuchungen sowie eine Auswirkungsprognose.

Ein wesentliches Entscheidungskriterium, ob B. in die Konventionsgebiete oder die inneren Gewässer eingebracht werden kann, stellen hinsichtlich der Schadstoffkonzentrationen Richtwerte für Schwermetalle und für organische Stoffe in B. dar, mit denen nach zugehörigen Vorschriften entnommene und analysierte Proben zu bewerten sind.

In der Praxis wird das bei Baggerarbeiten in Tide- und Küstengewässern anfallende B. weitgehend umgelagert oder verklappt. In den Seehäfen und im Binnenbereich ist die Umlagerungsquote wesentlich geringer; hier wird mehr B. an Land abgelagert oder verwertet.

☐ Verwertung von B.: Soweit eine Umlagerung oder Verklappung von B. in Gewässern nicht in Frage kommt, muß das B. an Land entsorgt werden. Dafür kommen grundsätzlich in Betracht:

– die ungesicherte Ablagerung (z. B. Spülfelder) oder Verwendung auf landwirtschaftlichen Flächen oder im Landschaftsbau, soweit eine unzulässige Schadstoffbelastung nicht vorliegt;

– die Aufbereitung mit dem Ziel, verwertbare Fraktionen von unverwertbaren, als → Abfall zu entsorgenden Fraktionen zu trennen;

– die gesicherte Ablagerung (Deponierung), soweit eine Verwertung ausgeschlossen ist.

Für die Aufbereitung kommen, je nach Art und Menge des B., zentral gelegene oder (Teil-)Aufbereitungsanlagen vor Ort („Entsorgungsschiffe") in Frage. Die Aufbereitungsschritte, die von chemischen Analysen begleitet werden müssen, sind im wesentlichen:

– Vorabsiebung von Abfallgegenständen und Gestein größer als Kies- oder Schotterfraktion und ggfs. Brechen des Gesteins auf diese Größe,

– Reinigung der Grobfraktion (Kies, Schotter, gebrochenes Material) von anhaftenden Feinstoffen und Auflösen von Lehm- und Tonknollen in Wäschern,

– Abtrennung und ggf. Klassierung der gereinigten schadstofffreien Grobfraktion zur Verwertung als Baumaterial (→ Wasserbau, → Straßenbau, Hoch- und Tiefbau, Baustoffherstellung),

– Abtrennung des Sandes aus der Suspension, Entwässerung, Verwertung als schadstofffreies Baumaterial,

– Entwässerung und Eindickung der schadstoffangereicherten Ton-Schluff-Suspension zur Verwertung, z. B. nach thermischer Behandlung und Granulierung als Baumaterial oder direkt in der Mauerziegelherstellung, oder zur (Abfall-)Deponierung,

– Abwasserbehandlung je nach den Inhaltsstoffen und → Entsorgung schadstoffbelasteter Rückstände.

Die größten Probleme der B.-Kontamination und -Aufbereitung liegen in Fließgewässern und Häfen stark industrialisierter Regionen. In der Literatur eingehend beschrieben sind die Probleme und Lösungsansätze für den Hamburger Hafen, der durch seine Lage im Stromspaltungsgebiet eines Tideflusses und infolge seiner ausgedehnten tideoffenen Hafenbecken der ständigen Versandung und Verschlickung mit Schadstoffanreicherungen ausgesetzt ist. Im Hamburger Hafen müssen jährlich etwa 2 Mio. m³ B. ausgebaggert werden. Die bisher praktizierte Unterbringung des ausgebaggerten Sediments auf Spülfeldern ist aufgrund der im Schlick enthaltenen Schadstoffe nicht mehr möglich. Zur Problemverminderung soll der nicht mit Schadstoffen belastete, etwa 50% ausmachende Sandanteil in einer Anlage zur mechanischen Trennung von Hafen-B. (METHA) abgetrennt und für eine weitere bauwirtschaftliche Verwendung aufbereitet werden. Der schadstoffbelastete Schlickanteil soll nach einem mittelfristigen Konzept in Form von allseitig abgedichteten Schlickhügeln deponiert, längerfristig nach einer thermischen Behandlung, die die Zerstörung der organischen und die keramische Einbindung der anorganischen Schadstoffe gewährleistet, der Verwertung als Baumaterial in Form eines keramischen Agglomerats zugeführt werden. *Dreyhaupt*

Literatur: *Bergmann, H.:* Internationale Richtlinien für das Verklappen von Baggergut an der Küste; Schiff und Hafen/Seewirtschaft (1991), Nr. 11, S. 103–105. – Bundesanstalt für Gewässerkunde: Handlungsanweisung Anwendung der Baggergut-Richtlinien der Oslo- und der Helsinki-Kommission in der Wasser- und Schiffahrtsverwaltung des Bundes (HABAK-WSV); Koblenz August 1992, BfG-Nr. 0700, ergänzt durch Erlaß des Bundesministers für Verkehr vom 10. Januar 1995 – BW 15/15.82.10-051. – Der Rat von Sachverständigen für Umweltfragen: Abfallwirtschaft – Sondergutachten September 1990. Stuttgart 1991. – *Knöpp, H.:* Flußsedimente und Hafenbaggerschlämme; Müll und Abfall, Kennzahl 3009, Lfg. 4/89. – *Kröning, H.:* Hafenschlick trennen und entwässern: Aufbereitungs-Technik 31 (1990) Nr. 4, S. 205–214. – *Seidel:* Nationale Rechtsgrundlagen für Unterhaltungs- und Ausbaubaggerungen in Bundeswasserstraßen sowie die zugehörige Baggergutunterbringung; in: Bundesanstalt für Gewässerkunde, Ökologisch verträgliche Unterbringung von Baggergut im Küstenbereich; Koblenz April 1992, BfG 0665. – Umweltbehörde Hamburg (Hrsg.): Der Hafen – eine ökologische Herausforderung; Umweltbehörde Hamburg. Hamburg 1989.

Baggerlader. B. sind Traktoren mit Frontladeschaufel und am Heck angebautem Tieflöffel. Mit Leistungen von 32–64 kW, Ladeschaufelinhalten von 0,5 –0,85 m³, Grabtiefen von 3,5–4,5 m und einem Gewicht von 5–7,5 t sind sie relativ leichte Geräte. Eine besondere Ausführungsart ist das Mehrzweckgerät mit mechanischem Seitengetriebe für motorabhängige Nebenwerkzeuge. Nach dem Baukastensystem können Ladeschaufel und → Bagger mit kurzem Zeitaufwand an- und abgebaut und durch verschiedene Anbaugeräte ersetzt werden. Zur Auswahl stehen → Aufreißer, Ladekran, Mehrzweckschaufel, Zweischalengreifer, Gabelstapeleinrichtung usw. Die Betätigung der verschiedenen Arbeitseinrichtungen geschieht hydraulisch. Im Frontladerbetrieb bringen die Schwimmstellung und die automatische Parallelstellung der Schaufel und ihre Rückführung in die Schürfstellung eine Verbesserung der Ladeleistung. Durch eine mögliche Überbrückung des Drehmomentwandlers läßt sich jederzeit die volle Kraft auf die Ladehydraulik konzentrieren. B. sind als Universalgeräte vielseitig einsetzbar. Das Leistungsvermögen der Lade- und Baggereinrichtung ist hingegen – verglichen mit Einzelgeräten – begrenzt. *Kühn*

Baggerpumpe. B. werden vor allem in Naßbaggern (→ Wasserbaugerät) und den dazugehörigen Zwischenpumpstationen verwendet, die die erreichbare Förderweite vergrößern. Für diese Aufgabe findet die Baggerkreiselpumpe Verwendung. Ihre Konstruktion und ihr Aufbau unterscheiden sich von einer normalen Kreiselpumpe auf Grund der mitzufördernden, eventuell großen Feststoffpartikel hauptsächlich darin, daß man die Durchgangsquerschnitte möglichst groß ausführt, die Anzahl der Laufradschaufeln reduziert (3–5) und diese auch kleiner, d. h. kürzer, ausbildet. Um der sehr großen Schleißbeanspruchung entgegenzutreten, werden die Pumpengehäuse aus harten Werkstoffen gegossen und auf der Innenseite entweder mit Verschleißplatten ausgekleidet oder ein spezielles Verschleißinnengehäuse eingesetzt. Um die Zerstörung der B. durch grobes Stückgut (Wurzelwerk, große Steine usw.) zu verhindern, wird in der Saugleitung, d. h. noch vor der Pumpe, ein Steinkasten (Bild) installiert. Darin sollen sich die großen Stücke absetzen und somit auch ein Verstopfen der Pumpe verhindern. Um die Sogwirkung auf die Unterdruckseite zu erhöhen, wird die Pumpe meist unter die Wasserspiegelhöhe abgesenkt.

Kühn

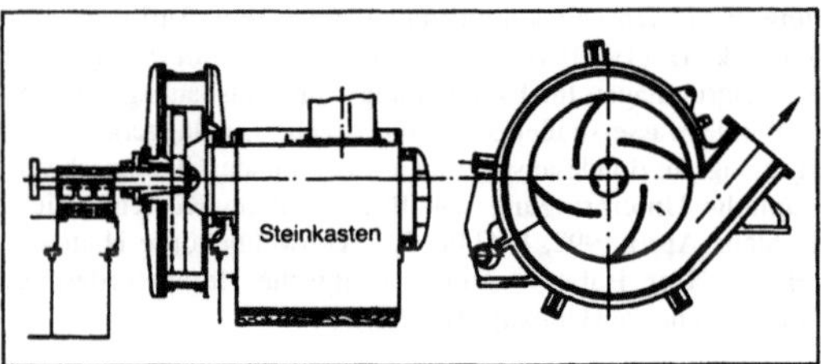

Baggerpumpe: Längs- und Querschnitt durch eine B.

Bahnanlage. Der Begriff der B. ist in der Eisenbahn-Bau- und Betriebsordnung (EBO) in § 4 definiert. Als B. werden alle zum Betrieb der Eisenbahn erforderlichen festen Infrastrukturanlagen (keine Fahrzeuge) bezeichnet. Hierzu zählen die → Bahnhöfe, Anlagen an der freien Strecke sowie sonstige Einrichtungen z. B. für die Instandhaltung und Energieversorgung. Bahnhöfe mit verkehrlichen Aufgaben sind Personenbahnhöfe, Güterbahnhöfe und Umschlagbahnhöfe für den kombinierten Verkehr Straße/Schiene bzw. Schiff/Schiene. Sie ermöglichen für die Kunden bzw. das Ladegut den Zugang zum System Eisenbahn. Rangierbahnhöfe, Abstellbahnhöfe und Bahnbetriebswerke haben dagegen rein innerbetriebliche Aufgaben zu erfüllen. In den Rangierbahnhöfen werden Wagen oder Wagengruppen getrennt und zu neuen Güterzügen zusammengestellt, in den Abstellbahnhöfen Personenzüge gebildet bzw. aufgelöst und in den Bahnbetriebswerken Fahrzeuge untersucht und gewartet.

Innerhalb der Bahnhöfe gehören die → Gebäude, Rampen, → Bahnsteige, die → Gleise sowie die Signal-, Fahrleitungs- und Fernmeldeanlagen zu den B. Auf der freien Strecke zählen hierzu Anschlußstellen, → Bahnübergänge, Blockanlagen und Haltepunkte.

Der Umfang und die Topologie der Gleisanlagen richtet sich nach den Aufgaben der jeweiligen Einrichtung (z. B. Anzahl gleichzeitig zu bildender Züge).

Gegenüber der EBO kennt die → Verordnung über den Bau und Betrieb der Straßenbahnen (BO-Strab) anstelle des Begriffs B. den Begriff Betriebsanlage. Betriebsanlagen sind alle dem Betrieb der Straßenbahnen und U-Bahnen dienenden Anlagen, aber nicht die Fahrzeuge.

Kracke/Runge

Bahnhof. B. sind gemäß Definition → Bahnanlagen mit mindestens einer Weiche, wo Züge beginnen, enden, kreuzen, überholen oder wenden dürfen.

Für die Haltepunkte der S-Bahn und die Haltestellen der nach BOStrab (→ Verordnung über den Bau und Betrieb der Straßenbahnen) betriebenen Nahverkehrsbahnen hat sich, insbesondere bei unterirdischen Anlagen, ebenfalls der Begriff B. im allgemeinen Sprachgebrauch eingebürgert. Die B. werden bezüglich ihrer Aufgaben in verkehrlicher Hinsicht in Personenbahnhöfe und Güterbahnhöfe sowie Hafenbahnhöfe, Industriebahnhöfe, Postbahnhöfe und in betrieblicher Hinsicht in Abstell- und Rangierbahnhöfe eingeteilt. Eine weitere Unterscheidung der B. ist nach der Lage im Netz, nach Bahnhofsformen und nach Zuordnung der Personen- und Güterverkehrsanlagen möglich (Bild 1). Im Bahnhofsbereich werden die → Gleise nach der Eisenbahn-Bau- und Betriebsordnung (EBO) entsprechend ihrer betrieblichen Bedeutung eingeteilt in Hauptgleise, durchgehende Hauptgleise und Nebengleise.

Hauptgleise werden planmäßig von Zügen befahren; die Zugfahrten erfolgen auf Hauptsignal. Die durchgehenden Hauptgleise sind die Fortsetzung der Streckengleise im B. Je nach Zweckbestimmung der Hauptgleise gibt es Einfahrgleise, Ausfahrgleise oder Betriebsüberholungs- (Überholen von Reisezügen und Güterzügen) bzw. Verkehrsüberholungsgleise (Überholen von Güterzügen während der verkehrlichen Bedienung). Nebengleise sind Gleise, die in der Regel nur von Rangierfahrten befahren werden, wie Durchlauf- oder Verkehrsgleise, Abstellgleise, Aufstellgleise, Ladegleise und Ausziehgleise (Bild 2). Die häufigste B.-Form ist der Durchgangsbahnhof mit Personen- und Güterverkehr. Wichtig ist die zügige → Trassierung der durchgehenden Hauptgleise im → Gleisabstand der freien Strecke durch den B., damit nichthaltende Züge ohne Geschwindigkeitsabminderung durchfahren können. Ein Inselbahnsteig oder ein Überholungsgleis in Mittellage ist wegen der Gleisverziehungen der durchgehenden Hauptgleise ungünstig. Die Betriebsüberholungsgleise werden in der Regel in Außenlage so angeordnet, daß in jeder Richtung ein Gleis ohne Kreuzung der Gegenrichtung erreichbar ist.

Bei Trennungsbahnhöfen gibt es für die Führung der durchgehenden Hauptgleise verschiedene Möglichkeiten. Die dabei auftretenden Überschneidungen der Fahrwege können entweder höhengleich oder (durch ein Bauwerk) kreuzungsfrei gestaltet werden. Bei verhinderter Durchfahrt sollten die Züge in den Bahnhof

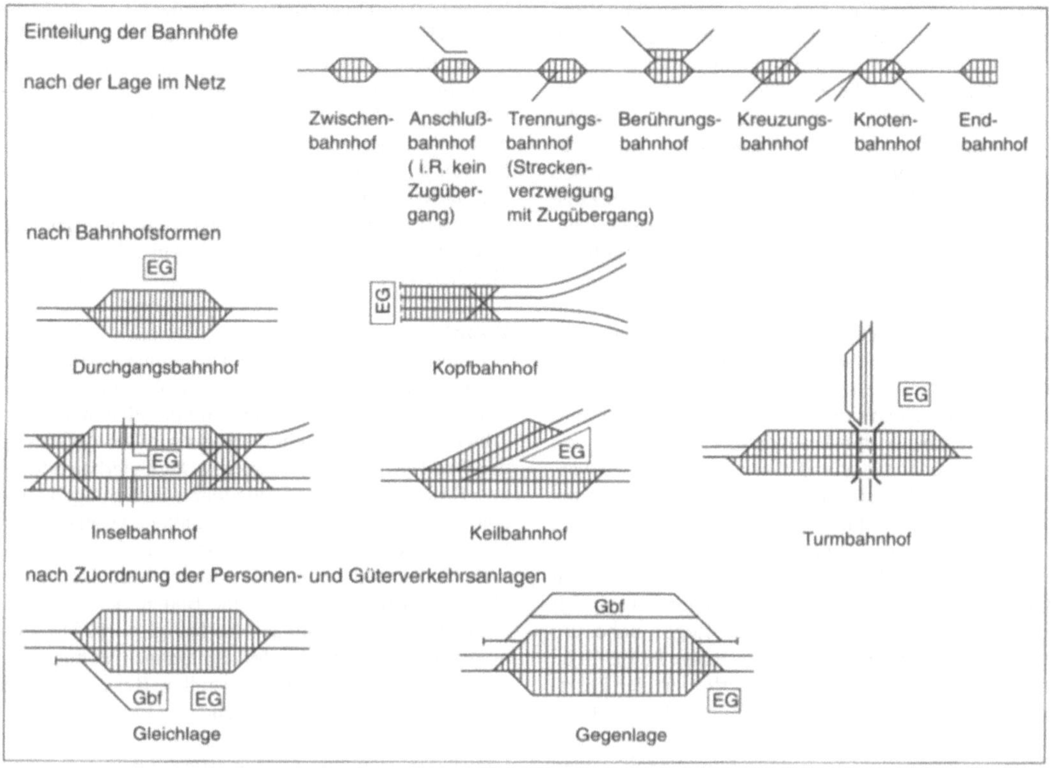

Bahnhof 1: Einteilung der B.

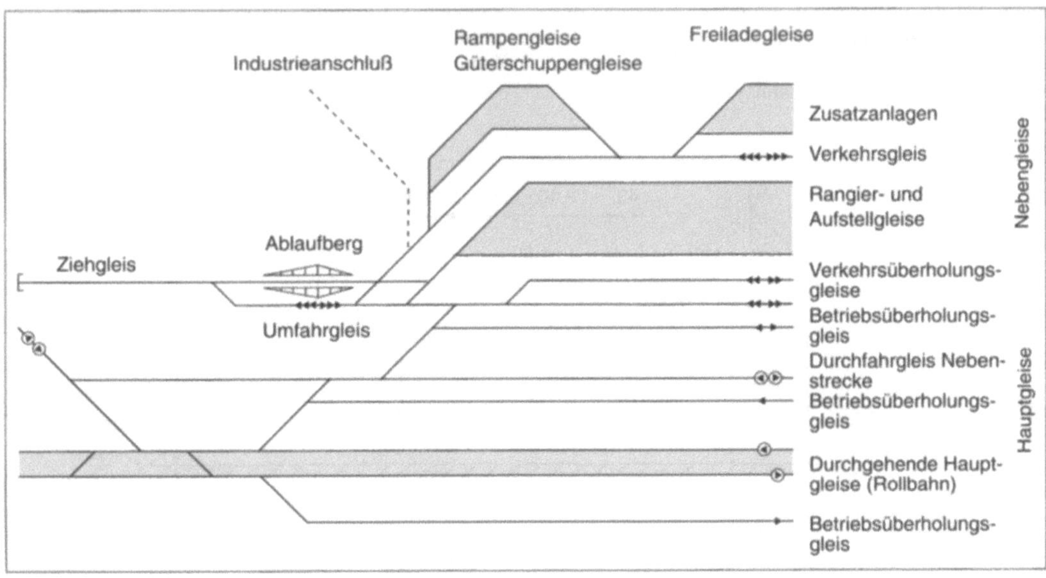

Bahnhof 2: Schema der Gleisbereiche in Knotenpunkt-B.

einfahren (gleichzeitige Einfahrt aus allen drei Richtungen) können, damit die Ein- und Aussteigevorgänge während der Wartezeit erfolgen können. Bei zweigleisigen Strecken wird die Zweigleisigkeit durch den B. hindurch erhalten, damit Begegnungen durchfahrender Züge nicht ausgeschlossen werden. Dabei sind Richtungs- und Linienbetrieb möglich. Bei höhengleichen Trennungsbahnhöfen wird die Überleitung der Züge wahlweise am Anfang und am Ende des B. vorgesehen, damit die Kreuzung des Gegengleises auf die Zugfolge abgestimmt werden kann.

Ebenso gibt es bei Kreuzungsbahnhöfen für die Führung der durchgehenden Hauptgleise verschiedene Möglichkeiten. Die Wahl des Spurplanes und die Gestaltung der Kreuzungspunkte (höhenfrei oder höhengleich) richten sich nach dem Betriebsprogramm des B. Maßgebend ist insbesondere, wieviele Züge den B. diagonal oder tangential durchlaufen, im Eckverkehr auf andere Strecken übergehen und im B. wenden bzw. beginnen und enden.

Großstädte haben oft historisch bedingt Kopfbahnhöfe, bei denen als kennzeichnendes Merkmal die Hauptgleise stumpf vor einem Querbahnsteig enden (Endbahnhof). Sie liegen in der Regel nahe am Stadtzentrum. Kopfbahnhöfe haben einige betriebliche und bauliche Besonderheiten. So erfordert der Fahrtrichtungswechsel durchlaufender Züge erhöhten Rangieraufwand durch Triebfahrzeugwechsel. Zusammen mit der verminderten Einfahrgeschwindigkeit wegen der Stumpfgleise führt das zu insgesamt längeren Aufenthaltszeiten der Züge im B. und damit zu einer größeren Zahl von Bahnsteiggleisen. Die Konzentration der Zug- und Rangierfahrten auf den Weichenbereich vor den → Bahnsteigen mit seinen zahlreichen Behinderungspunkten erfordert aufwendige Weichenstraßen mit vielen Fahrtmöglichkeiten und im Bereich der Streckenausfädelungen meist Kreuzungsbauwerke.

Der B. erfüllt aber nicht nur die Funktion eines Zugangspunktes zum Eisenbahnsystem, sondern verkörpert oft den historischen Stellenwert bzw. Stolz der Bahn schlechthin, was sich in der aufwendigen Architektur vieler B. widerspiegelt. In jüngerer Zeit wandeln sich die B. zu Dienstleistungszentren mit Bahnanschluß. Es soll gezielt eine Erlebniswelt mit den Bereichen Gastronomie, Handel, Hotel und Konferenzen, Freizeit und Kultur sowie allgemeine Dienstleistungen geschaffen werden.

Nach der Umstrukturierung der Deutschen Bahn zur AG sind die Personenbahnhöfe ein eigenständiger Geschäftsbereich geworden. *Kracke/Runge*

Bahnkörper. Der B. setzt sich aus → Oberbau, → Unterbau und → Untergrund zusammen (Bild). Zum Oberbau zählen das Gleis- und Weichengestänge (Gleisrost) sowie die Bettung und die Planumsschutzschicht. Die Planumsschutzschicht wird zur Abführung des Oberflächenwassers geneigt. Der Unterbau besteht aus Erdkörpern in verschiedenen Höhenlagen, wie Dämmen, Einschnitten und Anschnitten. Dazu gehören die → Sohle von Tunneln, → Brücken, Stützmauern, sonstige Kunstbauten und Entwässerungsanlagen. Der Untergrund ist der gewachsene Boden, der bei unzureichender → Tragfähigkeit verfestigt wird. Die Planumsschutzschicht zweigleisiger Bahnen ist mit zweiseitig geneigtem Gefälle herzustellen. Bei eingleisigen Bahnen ist eine einseitig geneigte Planumsschutzschicht auszubilden, dies ermöglicht den Einsatz von Gleisbaumaschinen zur Reinigung der Bettung. Für → Ausbaustrecken wird die Schotterbreite vor den Schwellenköpfen auf 50 cm und die Erdplanumsbreite bei eingleisigen → Strecken auf 6,60 m, bei zweigleisigen Strecken auf 11,00 m erweitert. Der → Standsicherheit des B. wird besondere Aufmerksamkeit gewidmet. Die Erdbaurichtlinien der DB (DV 836) sehen besondere Verdichtungsanforderungen in Abhängigkeit von den Bodenarten vor. Einheitlich wird für das Erdplanum (Unterbaukrone) ein Verformungsmodul EV2 von 120 MN/m^2 gefordert.

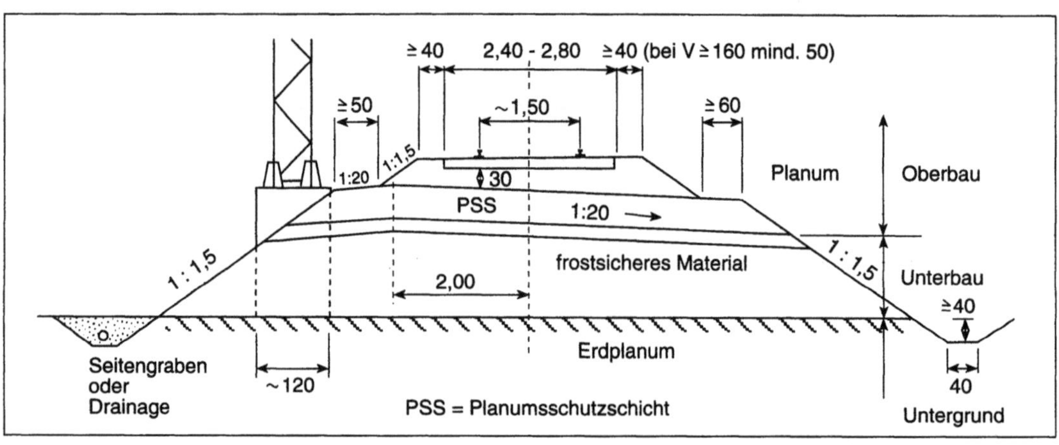

Bahnkörper: Querschnitt.

Zur Stand- und Tragfähigkeit des B. tragen die Entwässerungsanlagen wesentlich bei. Dazu gehören Gräben, → Dränagen und Tiefenentwässerungen. Sie sollen Oberflächenwasser und unterirdisches Schichtwasser vom B. fernhalten sowie in die Bettung eingedrungenes Wasser über die Planumsschutzschicht abführen. Auch bei Straßen- und Stadtbahnen wird ein B. hergerichtet, wenn der Verkehrsraum außerhalb öffentlicher Straßen liegt. *Kracke/Runge*

Bahnsteig. B. dienen zum sicheren Ein- und Aussteigen der Fahrgäste und zum Ein- und Ausladen des Gepäcks, Expreß- und Postgutes am Halteplatz der Züge. Je nach Lage und baulicher Ausbildung werden B. unterschieden in Hausbahnsteig und Inselbahnsteig (Mittelbahnsteig). Bei Kopfbahnhöfen sind dem Querbahnsteig die Zungenbahnsteige vorgelagert. Nahverkehrshaltepunkte bzw. -haltestellen mit sehr starkem Fahrgastandrang können Zwillingsbahnsteige zu beiden Seiten eines → Gleises haben. Dies gestattet auch einen besonderen Fahrgastfluß, indem ein B. nur für Einsteiger und einer nur für Aussteiger vorgesehen wird (spanische Lösung).

Bei Nahverkehrsbahnen gibt es manchmal Doppel-B.; sie ermöglichen das gleichzeitige Halten zweier Züge. B. -Zugänge sollen schienenfrei sein, wobei dem Personentunnel gegenüber der Personenbrücke der Vorzug gegeben wird. Die Bahnsteiglänge richtet sich nach dem längsten haltenden Zug. Bei Fernbahnen ergeben sich bis zu 400 m, im S-Bahn-Verkehr 210 m, bei U- und Stadtbahnen bis 75 m. Die Bahnsteighöhe richtet sich nach den eingesetzten Fahrzeugen. Nach der Eisenbahn-Bau- und Betriebsordnung (EBO) beträgt die Regelbahnsteighöhe im Fernverkehr 38 oder 76 cm über SO (Schienenoberkante). Im Nahverkehr werden bei S-Bahnen 95 bzw. 96 cm, bei U-Straßenbahnen 32 bis 35 cm und bei Straßenbahnen 15 bis 35 cm über SO vorgesehen. Die Breite des B. richtet sich nach dem Fahrgastaufkommen und der Anordnung der Bahnsteigzugänge. Als Mindestbreite können bei Außenbahnsteigen 3 m und bei Inselbahnsteigen 6 m angesehen werden. *Kracke/Runge*

Bahnübergang. B. sind höhengleiche Kreuzungen zwischen dem Straßen- und Schienenverkehr. Auf B. besteht grundsätzlich ein Vorrang der Schienenfahrzeuge, der durch entsprechende Verkehrszeichen nach der Straßenverkehrsordnung (StVO) angezeigt wird. Dieser Vorrang wird begründet durch den langen Bremsweg von Schienenfahrzeugen (geringer Haftbeiwert von Stahlrad auf Stahlschiene).

Die elementare Aufgabe der B.-Sicherung ist es, die Erkennbarkeit der Annäherung des Zuges für den Straßenverkehrsteilnehmer zu gewährleisten, damit der B. rechtzeitig geräumt bzw. noch vor dem B. angehalten werden kann. Für neue Straßen- und Eisenbahnen sind nach § 2 des Eisenbahnkreuzungsgesetzes keine B., sondern nur noch höhenungleiche Kreuzungen zugelassen (→ Brücken, → Tunnel). Auch für Schnellfahrstrecken, die mit Geschwindigkleiten > 160 km/h befahren werden, sind B. unzulässig (EBO, § 11).

Bei der DB AG gibt es (Stand 1.1.1995) noch 14110 technisch gesicherte B. und 15336 B. ohne technische Sicherung. B. ohne technische Sicherung sind nur auf Nebenbahnen zulässig, wenn am B. nur schwacher oder mäßiger Straßenverkehr (bis 2500 Kraftfahrzeuge pro Tag) herrscht. Zum rechtzeitigen Erkennen des Schienenfahrzeugs müssen hier ausreichende Sichtflächen vorhanden sein. Wenn diese Sichtflächen nicht hergestellt werden können, wird die zulässige Höchstgeschwindigkeit auf der Straße soweit reduziert, daß Straßenfahrzeuge entweder rechtzeitig anhalten (mit einer Bremsverzögerung von 2,5 m/s^2) oder bei gleichbleibender Geschwindigkeit den B. gefahrlos räumen können.

Eine technische Sicherung wird erreicht durch
– Lichtzeichen (gelb/rot-Folge)
– Lichtzeichen mit Halbschranken
– Vollschranken mit oder ohne Lichtzeichen.

Bei neuen Anlagen kommen als automatische zuggesteuerte B.-Sicherungen nur noch Lichtzeichenanlagen mit Halbschranken (in Ausnahmefällen ohne Halbschranken) zur Anwendung. Die ausschließliche Sicherung mit Lichtzeichen ist nur an eingleisigen Strecken zulässig.

Die ehemals üblichen roten Blinklichter werden als ungeeignet eingestuft, da die Straßenverkehrsteilnehmer durch die Vielzahl von Lichtsignalanlagen im Straßenraum auf das rote Ruhelicht als Haltegebot eingestellt sind. Das rote Blinksignal wurde durch andersfarbige Blinksignale, z. B. „Gelb" zur Kennzeichnung allgemeiner Gefahrenstellen, sehr stark entwertet.

Technisch gesicherte B. werden entweder wärter- oder zugbedient und sind in der Regel signalabhängig geschaltet.

B. -Sicherungen können auch durch die Zugfahrten selbst gesteuert werden. Hierbei unterscheidet man lokführerüberwachte Anlagen (Lo-Anlagen) und durch Fahrdienstleiter eines benachbarten Stellwerks fernüberwachte Anlagen (Fü-Anlagen).

Das Einschalten eines B. ist nicht nur über streckenseitige Gleisschaltmittel, sondern inzwischen auch über Funk möglich. Die Freigabe des B. erfolgt bei modernen Anlagen durch das Überfahren von Induktionsschleifen im B.-Bereich. Ältere Anlagen waren mit Schaltungen versehen, die nach Ablauf einer größeren Zeitspanne nach dem Einschaltzeitpunkt die Sicherung des B. aufhoben.

Die DB hat in Zusammenarbeit mit Herstellerfirmen für Eisenbahnsignalanlagen eine Einheits-Bahnübergangs-Technik – EBÜT 80 – entwickelt. Die EBÜT 80 wird derzeit für alle Bedarfsfälle der technischen B.-Sicherung eingesetzt. Durch einheitliche Baugruppen wird eine Vereinfachung der Planung, wirtschaftliche

Erstellung und Lagerhaltung sowie eine raschere und problemlose Entstörung und Wartung erreicht.

Kracke/Runge

Balken. Ein gerades → Stabtragwerk, das äußere Lasten vorwiegend über Biegebeanspruchung abträgt; auch als Träger bezeichnet. Er kann statisch bestimmt (Einfeldträger, Gerberträger) oder über mehrere Auflager durchlaufend statisch unbestimmt gelagert sein (→ Durchlaufträger). Der Querschnitt ist i. a. gleichbleibend über die gesamte → Stützweite (→ Biegeträger).

Laermann

Balkendiagramm. Darstellung eines Arbeitsablaufs durch einen Zeitstreifen (Bild). Manchmal wird es auch als *Gannt*-Diagramm bezeichnet nach dem amerikanischen Betriebswirtschaftler *Gannt*, der das B. als Leistungskontrolle zum Soll-Ist-Vergleich verwendete (Gannt Charts). Das B. ist die häufigste Darstellungsform eines Bauablaufs. In der Fertigungsplanung wird der geplante Bauablauf, unterteilt nach den wichtigsten → Ablaufabschnitten, als B. dargestellt. Die laufende Verfolgung des Arbeitsablaufs wird als Ist-Zustand darunter eingetragen, so daß sich die Soll-Ist-Differenz am Stichtag leicht feststellen läßt. Die Beliebtheit des B. beruht auf seiner leichten Verständlichkeit und Übersichtlichkeit.

Drees

Balkenschalung → Unterzugschalung

Bandförderung. Das Rückgrat des kontinuierlich betriebenen → Transportsystems B. ist die → Bandstraße, d. h. mehrere Förderbänder sind hintereinander angeordnet und übergeben das Transportgut von einem auf das andere. Dazu gehört ein möglichst kontinuierlich arbeitendes Ladegerät, z. B. → Schaufelradbagger. Sollte dies nicht möglich sein, so sollte zumindest an der Aufgabestation ein Puffer (→ Silo) vorhanden sein, um den kontinuierlichen Betrieb zu gewährleisten. Das gleiche gilt auch für die Entladestelle, z. B. mit Absetzern. Den Vorteilen der hohen Leistungsfähigkeit und der Fähigkeit, Steigungen bis zu 30% zu überwinden, stehen folgende Nachteile gegenüber:
– nur für fein- und mittelkörniges Material geeignet;
– empfindlich gegenüber starkbindigem, klebendem Fördergut;
– relativ starre Linienführung der Fördertrasse;
– hohe Investitionskosten bei Neuerwerb;
– geringe Wiederverwendbarkeit außerhalb des stationären Betriebs.

Trotz dieser Nachteile spricht die hohe Förderleistung für den Einsatz von Bandförderern, vor allem, wenn die Leistung 100 000 m³/Tag übersteigen soll. Die ideale Transportweite liegt bei 1–5 km; allerdings waren schon weitaus längere Weiten im Einsatz (bis 100 km Förderweite).

Kühn

Bandlader. Der B. hat die Aufgabe, gelöstes Material über ein Förderband zu verladen. Gewinnung und Abfuhr des Materials sind diskontinuierlich. Die Beschickung des Bandes wird meist mit → Planierraupen durchgeführt, die das Material entweder mit Hilfe ihres eigenen Reißzahnes oder durch zusätzlich eingesetzte → Hydraulikbagger lösen. Die Abfuhr des Materials wird meist mit Schwerlastkraftwagen durchgeführt. Die Förderleistung des Gesamtsystems steht und fällt mit einer ausreichenden Anzahl von → Transportfahrzeugen. Ziel des B. ist es, die Beladezeit und somit die → Spielzeit der Schwerlastkraftwagen zu verkürzen.

Kühn

Bandstadt. Unter den in erster Linie am → Verkehrssystem ausgerichteten → Strukturmodellen kommt der B. (Bild) besondere Bedeutung zu. Wenn auch der

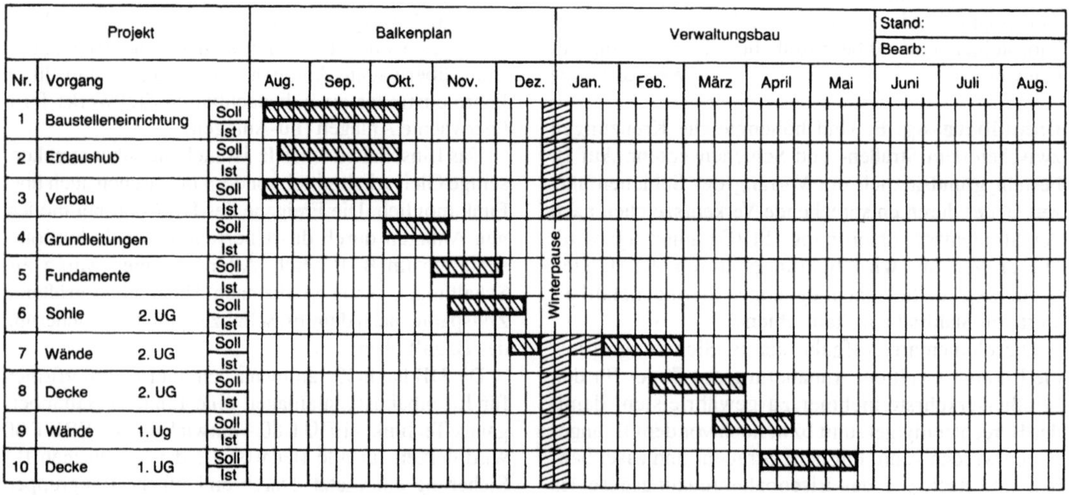

Projekt			Balkenplan					Verwaltungsbau								Stand: Bearb:
Nr.	Vorgang		Aug.	Sep.	Okt.	Nov.	Dez.	Jan.	Feb.	März	April	Mai	Juni	Juli	Aug.	
1	Baustelleneinrichtung	Soll / Ist														
2	Erdaushub	Soll / Ist														
3	Verbau	Soll / Ist														
4	Grundleitungen	Soll / Ist														
5	Fundamente	Soll / Ist														
6	Sohle 2. UG	Soll / Ist														
7	Wände 2. UG	Soll / Ist														
8	Decke 2. UG	Soll / Ist														
9	Wände 1. Ug	Soll / Ist														
10	Decke 1. UG	Soll / Ist														

Balkendiagramm: Ausschnitt aus einem B. eines Hochbaus.

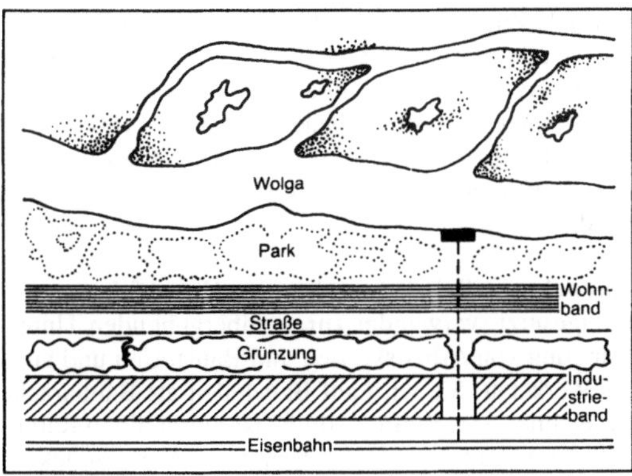

Bandstadt: Planung von Miljutin für Stalingrad (Wolgograd) 1930.

historische Ursprung linearer Entwicklungen so alt wie das Straßendorf ist, so stammt doch der entscheidende Impuls, aus diesem Gedanken eine zweckmäßige Stadtform zu entwickeln, von dem Spanier *Soria Y Mata*. Als vielseitiger Reformer hat er 1875 die erste Straßenbahn für Madrid geplant. Dieses „schnelle, dichte und wirtschaftliche Verkehrsmittel" machte er dann zur Basis seiner städtebaulichen Vorschläge. „Eine einzige Straße mit einem Einzugsbereich von 500 m Breite und der Länge, die notwendig ist, das ist die Stadt der Zukunft, deren äußerste Punkte Cadiz und Petersburg oder Peking und Brüssel sein können. Setze in die Mitte dieses riesigen Bandes Züge und Bahnen, Röhren für Wasser, Gas und Elektrizität, Becken, Gärten und – in Abständen – Gebäude für verschiedene öffentliche Dienste – Feuerwache, sanitäre Einrichtungen, Gesundheitswesen, Polizeiwesen usw. – und es würden sogleich fast alle die zusammenhängenden Probleme gelöst sein, die durch die starke Überbevölkerung unseres städtischen → Lebensraumes geschaffen wurden. Die von uns vorgeschlagene Stadt bindet die hygienischen Vorzüge des Landlebens an die großen Hauptstädte". Diese über die Grenzen der bisherigen Städte hinausgreifenden Ideen zeigen, daß die *Ciudad Lineal* letztlich ähnliche Reformabsichten anstrebt wie die zur gleichen Zeit vorgeschlagene → Gartenstadt.

Während das von *Soria Y Mata* entwickelte Modell noch keine unterschiedlichen Nutzungszonen innerhalb des Bandes auswies, beziehen die in den 30er Jahren von *Miljutin, Le Corbusier* und *Hilberseimer* entwickelten B.-Modelle ihr Hauptargument gerade aus dem Gedanken einer parallelen Anordnung von Industrie- und Wohnzonen, mit dem die Hoffnung auf eine starke Reduzierung der Arbeitswege, eine Entflechtung des Verkehrs und einen unmittelbaren Zugang zu den Erholungsflächen verbunden war. Als weiterer großer Vorteil von B.-Modellen gilt ihre Anpassungsfähigkeit an Wachstumsvorgänge, die – anders als bei einer konzentrischen Stadtentwicklung – keine Verdrängungsprozesse und Ungleichgewichte auslösen müssen.

Nicht befriedigend zu beantworten ist allerdings die Frage nach geeigneten Standorten für zentrale Einrichtungen, außer denen der untersten Zentralitätsstufe, die jeweils Wohngebietseinheiten zugeordnet werden können. Realistischer ist die Vorstellung eines Hauptbandes, das in geeigneten Abständen von senkrecht dazu verlaufenden Sekundärachsen geschnitten wird. Ein solches Konzept liegt dem M.A.R.S.-Plan für London aus den 30er Jahren zugrunde, ebenso den prinzipiellen Vorschlägen von *Hilberseimer* nach seiner Emigration in Amerika. Hier bilden die Sekundärachsen die Träger der wichtigsten Verkehrsinfrastruktur und sind gemeinsam auf eine gleichfalls bandförmige Zone höherer zentraler Bedeutung bezogen. *Spengelin*

Literatur: *Dittmann, E.*: Bandstadt. In: Handwörterbuch der Raumforschung und Raumordnung. Hannover 1970. – *Hilberseimer, L.*: Entfaltung einer Planungsidee. Frankfurt/M. 1963. – *Istel, W.*: Bandstruktur. In: Handwörterbuch der Raumforschung und Raumordnung. Hannover 1970.

Bandstraße. B. sind Einrichtungen zum Transportieren von kleinstückigem oder pulverförmigem Fördergut. Sie werden im Bereich der Materialgewinnung, Zwischenlagerung und Endlagerung eingesetzt. Haupteinsatzgebiet ist der Tagebau. Dort sind die B. oder Gurtbandförderanlagen (Bild 1) Stetigförderer aus Gummi oder/und Kunststoffen, in die Zugbänder aus Textilgewebe oder Stahlseile eingebettet sind. Der jeweilige Gurt, der als Zug- und Tragorgan dient, wird von gerade oder muldenförmig angeordneten Tragrollen oder von einer glatten Unterlage geführt. Für die unterschiedlichen Transportaufgaben sind zahlreiche Varianten und Sonderformen von Transportbändern gebräuchlich. Die Wahl des Bandes ist von der Fördergutkantenlänge, der Gurtgeschwindigkeit und der Steigung abhängig.

Die maßgebenden Parameter zur Dimensionierung einer B. sind die Förderleistung (in m^3/h) und die Antriebsleistung (in kW). Die Förderleistung ist das

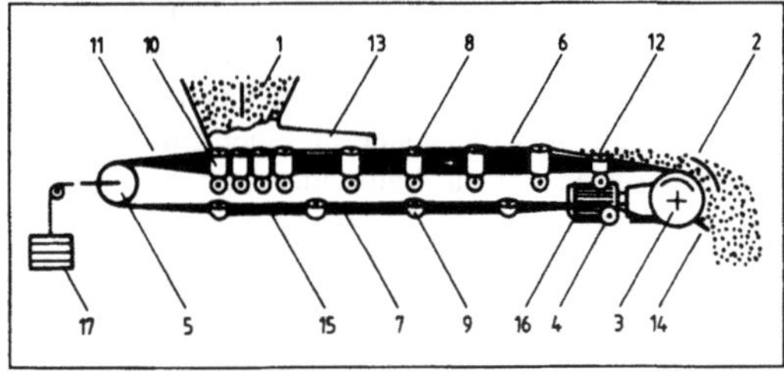

Bandstraße 1: Komponenten einer Gurtbandförderanlage.

1 Fördergutaufgabe, 2 Fördergutabwurf, 3 Kopftrommel (Antriebstrommel), 4 Knick- oder Ablenktrommel, 5 Schluß- oder Umlenktrommel (Spanntrommel), 6 Obertrum (Lasttrum), 7 Untertrum (Leertrum), 8 Obertrumtragrollen, 9 Untertrumtragrollen, 10 Aufgaberollen, 11 Einmuldung, 12 Ausmuldung, 13 Ausgabeschurre, 14 Gurtreiniger (Querabstreifer), 15 Gurtreiniger (Pflugabstreifer), 16 Antriebseinheit, 17 Spanngewicht

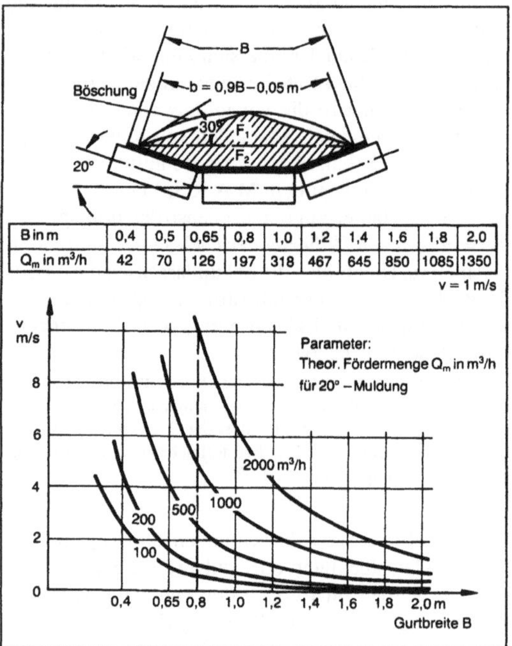

B in m	0,4	0,5	0,65	0,8	1,0	1,2	1,4	1,6	1,8	2,0
Q_m in m³/h	42	70	126	197	318	467	645	850	1085	1350

Bandstraße 2: Berechnungsgrundlagen für Gurtförderer. (Quelle: DIN 22 101)

Produkt aus Querschnittsfläche, Dichte und Fördergeschwindigkeit (Bild 2). Die resultierende Querschnittsfläche, die das Fördergut auf dem Gurtband einnimmt, hängt von der Gurtbreite, vom Muldungswinkel des Gurts und den Eigenschaften des Fördergutes selbst ab. Den Schüttwinkel, die Schüttdichte und mögliche mechanische, chemische oder temperaturabhängige Einflußfaktoren auf das Fördergut entnimmt man einschlägigen Tabellen. Die Fördergeschwindigkeit richtet sich nach den Erfordernissen des Fördergutes, z. B. Haftung am Band, nach der Schonung des Gurtbandes, nach allgemeinem Verschleiß der Anlage und nach maximaler Antriebsleistung. Die erforderliche Antriebsleistung ergibt sich aus dem geforderten Massenstrom, der Förderhöhe und den Bewegungswiderständen.

Die Bewegungswiderstände an einer Gurtbandförderanlage setzen sich aus Laufwiderstand der Tragrollen, Walkwiderstand des Gurtes, Walkwiderstand des Fördergutes, Aufgabewiderstand, Schurrenreibungswiderstand, Abstreiferreibungswiderstand, Gurtumlenkwiderstand an den Trommeln und Steigungswiderstand zusammen. Wegen der Abstimmung des Gurtbandes auf die weiteren Komponenten der Gurtbandanlage ist nur die Verwendung genormter Gurtbreiten sinnvoll. Die Standardgurtbreiten erstrecken sich in einem Bereich von 300–3200 mm. Zur Sicherung gegen Gurtbruch sind die Zugkräfte mit Sicherheitszahlen zu multiplizieren. Mit diesen Sicherheitszahlen werden die erhöhten Zugkräfte beim Anlauf sowie die geringere Festigkeit der Gurtverbindungen berücksich-

tigt. Als Zugträger finden Kunstfasern, Stahlseile und auch Carbonfasern Verwendung. Aus der Bezeichnung des Gurts gehen der Aufbau des Zugträgers und die Zugfestigkeit hervor. So bedeutet z. B.: EP 1000/4, daß der Gurt eine Zugfestigkeit von 1 000 N/mm² hat und der Zugträger aus vier Lagen Kunstfasern gebildet wird. *Kühn*

Baracke. → Behelfsbau, i. a. aus Holztafeln zusammengesetzt, verwendet zur vorübergehenden Unterbringung von Arbeitskräften und Baustoffen und auch als Werkstatt. Sie wird auf Baustellen als Baubaracke bezeichnet. Der Einsatz von B. ist durch die → Raumzellen (→ Container) und → Bauwagen stark zurückgegangen, da die Kosten des Auf- und Abbaus hoch sind. Jedoch sind B. noch häufig auf längerdauernden Baustellen zu finden, z. B. als Bauleitungsbüro, Tagesunterkünfte, Magazine, → Baustellenwerkstatt. *Drees*

Basismessung. Geodätisches Meßverfahren zur Maßstabsbestimmung in geodätischen Netzen (→ Triangulation). Eine relativ kurze Seite (5 bis 10 km) eines Triangulationsnetzes wird mit Hilfe von Stangen oder Drähten sehr genau gemessen und dann durch → Winkelmessung vergrößert (Bild). *Pelzer*

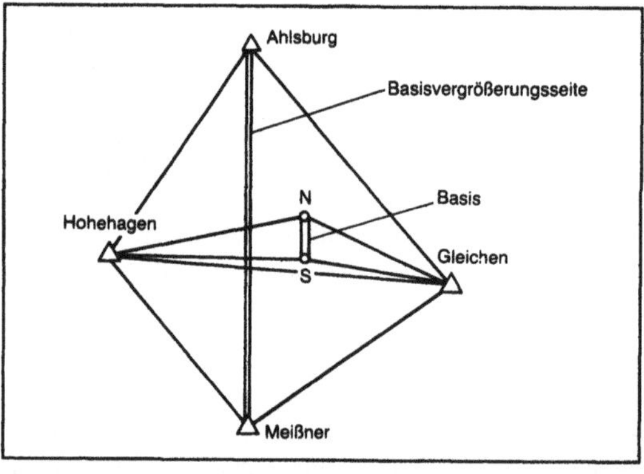

Basismessung: Göttinger Basis mit Basisvergrößerungsnetz.

Länge der Basis: 5,2 km, Länge der Basisvergrößerungsseite: 57,5 km

Bast. B. (Innenrinde) ist die zwischen Borke und → Kambium des Baumes liegende Innenschicht der → Rinde; sie wird auch als lebende Rinde bezeichnet. B. besteht aus dem äußeren Teil der kreisförmig um den Stamm angeordneten Gefäßbündel (Phloem). Durch das Kambium (zellbildende Schicht) ist B. vom inneren Teil der Gefäßbündel, dem eigentlichen → Holz (Xylem), getrennt. Die äußeren Teile der Bastschicht reißen bei den meisten Holzarten wegen der Dickenzunahme auf, sterben ab und werden zu Borke. Man unterscheidet Früh- und Spätbast bzw. Weich- und Hartbast (Bild). *Dröge*

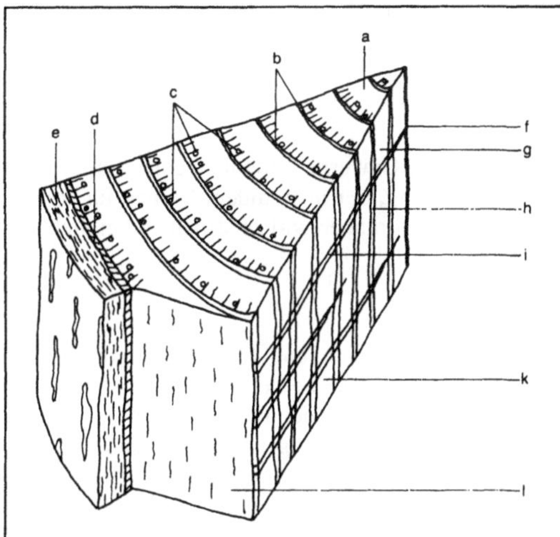

Bast: Holzkeil aus einem Stamm.

a Hirnschnitt, b Jahrringe, c Harzkanäle, d Bast, e Borke, f Mark, g Frühholz, h Spätholz, i Markstrahl, k Radialschnitt, l Tangentialschnitt

Bau, schlüsselfertig → Schlüsselfertigbau

Bau-Furnierschichtholz (BFSH). Schichtholzplatten, die auf Grund von Sonderzulassungen für die Herstellung von Holztragwerken verwendet werden dürfen. Sehr verbreitet sind *Kerto*-Schichtholzplatten. Sie sind in Breiten bis 1,80 m und Längen bis 20 m im Handel. Die einzelnen faserparallel aufeinander geleimten 3 mm dicken, geschäfteten Furnierlagen bestehen aus Fichte. Die Plattendicken ergeben sich aus einem Vielfachen von 3 mm und betragen 27 bis 79 mm. Platten dieser Art zeichnen sich durch hohe Zugfestigkeit parallel der Faser aus und sind vielseitig einzusetzen (→ Schichtholz). *Dröge*

Bau-Furniersperrholz (BFU). Sperrholzplatten, aus unterschiedlichen Hölzern deren Güteeigenschaften DIN 68 705, Tl. 3 oder aus Buche deren Güteeigenschaften DIN 68 705, Tl. 5 entsprechen und für → Tragkonstruktionen verwendet werden dürfen (→ Sperrholz). *Dröge*

Bauabfall. B. verursacht mit Abstand die größten Abfallmengen. Die notwendige intensive Bautätigkeit in den neuen Ländern läßt erwarten, daß die Gesamtabfallmengen für Deutschland überproportional ansteigen werden.

B. wird in vier Gruppen eingeteilt: → Baustellenabfälle, → Bauschutt, → Straßenaufbruch und → Bodenaushub.

Während Bauschutt und Bodenaushub in erheblichem Umfang deponiert werden, müssen gleichzeitig mineralische Rohstoffe der Erde entnommen und zu

Bauabfall. Tabelle: Verwertungsziele für B.

Art der Bauabfälle	Verwertungs-Ziele (in % der anfallenden Bauabfälle pro Jahr)
Baustellenabfälle	40
Bauschutt	60
Straßenaufbruch	90
Bodenaushub	100

Baumaterialien verarbeitet werden, so daß ein großer Markt für Recyclingbaustoffe vorhanden ist. Der verstärkte Einsatz von Sekundärrohstoffen vermindert gleichzeitig die Eingriffe in die Landschaft und die mit der Gewinnung von mineralischen Baustoffen verbundenen Umweltbelastungen.

Die Bundesregierung hat daher der Bauwirtschaft Ziele zur stärkeren Verwertung von B. vorgeschlagen (Tabelle) und gleichzeitig eine Rechtsverordnung vorgesehen, um Schadstoffe (z. B. Bauchemikalien) von B. getrennt zu halten und getrennt zu entsorgen und damit das Entstehen vermischter, nicht verwertbarer B. zu vermindern.

Nicht kontaminierter Bodenaushub soll künftig nicht mehr deponiert, sondern grundsätzlich wiederverwendet werden. *Schnurer*

Literatur: *Marek, K.:* Recycling von Baurestmassen, Müll-Handbuch, Kennzahl 8666, Lieferung 2/88. Berlin 1988. – Baujahr 1989, Jahrbuch des deutschen Baugewerbes, Ausg. 90 Band 40. Bonn.

Bauakustik. Der Teil der Akustik, der vornehmlich den → Schallschutz in Gebäuden und Bauwerken behandelt. Zur B. gehört die → Luftschalldämmung von raumbegrenzenden Elementen wie Fenster, Wände, Decken, Türen, Dachkonstruktionen, die das Eindringen von Schall in das Gebäude oder die Schallausbreitung zwischen Räumen innerhalb des Gebäudes verhindert oder mindert.

Außerdem gehört zur B. die Bearbeitung von Aufgaben zur Schalldämmung in Körpern und Materialien, um das Fortleiten des Schalls zu behindern, sowie von Fragen der → Schallabsorption von Grenzflächen in Räumen.

Von der B. werden ebenfalls Maßnahmen zur Verhinderung der Schallausbreitung in Kanälen und Schächten in Gebäuden (Kabelkanäle, Aufzugsschächte) sowie geräuscharme Sanitärinstallationen und → Armaturen für Wohngebäude entwickelt. *Strauch*

Literatur: DIN 4109: Schallschutz im Hochbau. Anforderungen und Nachweise. 11/1989.

Bauarbeitsschlüssel (BAS). Verzeichnis von Arbeitspositionen (BAS-Positionen), das im Gegensatz zum → Leistungsverzeichnis des Auftraggebers nach Ausführungsarten gegliedert ist, die sich auf der → Baustelle durch das Berichtswesen erfassen lassen. Die Arbeitspositionen sind meist dreistellig verschlüsselt und einheitlich für das Unternehmen festgelegt, so daß sich z. B. der Stundenaufwand gleicher Ausführungsarten auf verschiedenen Baustellen miteinander vergleichen läßt. Der Stundenaufwand mit Hilfe des Berichtswesens läßt sich nur dann annähernd genau erfassen, wenn möglichst nicht mehr als 30 Arbeitspositionen für ein Bauobjekt festgelegt werden, so daß man gegenüber den Positionen des Leistungsverzeichnisses – bei größeren Hochbauten z. B. mehrere Hundert – erhebliche Zusammenfassungen und Vereinfachungen vornehmen muß. *Drees*

Bauauftragsrechnung. Begriff der → Baubetriebsrechnung, gleichbedeutend mit → Kalkulation als der Zweig des baubetrieblichen Rechnungswesens, der sich mit der kalkulatorischen Kostenermittlung für einen Bauauftrag und dessen Kontrolle (→ Nachkalkulation) beschäftigt (Bild). *Drees*

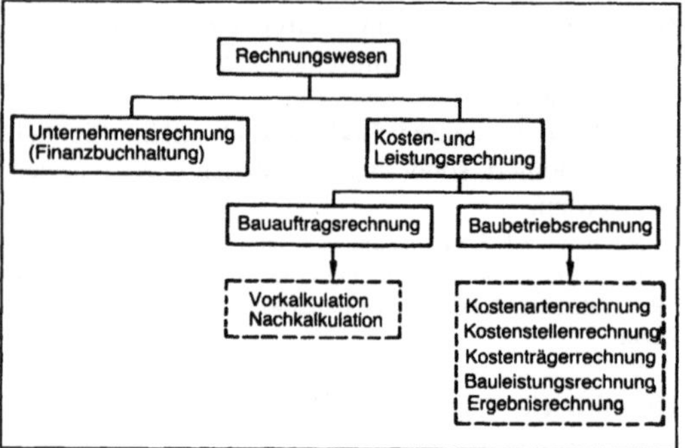

Bauauftragsrechnung: Wichtige Bereiche des Rechnungswesens im Bauunternehmen.

Bauberufsgenossenschaft. Träger der gesetzlichen Unfallversicherung, Körperschaft des öffentlichen Rechts. Mitglieder sind die Unternehmer, die alleinige Beitragszahler sind. Der Beitrag bestimmt sich nach dem Arbeitsentgelt und der Gefahrenklasse. Die Verfassung der B. beruht auf der Selbstverwaltung, je hälftig versicherte Arbeitnehmer und Arbeitgeber. Außer der Unfallversicherung (Rentenzahlung, Rehabilitationsverfahren) haben die B. vor allem die Durchführung der → Unfallverhütungsvorschriften zu überwachen, die von ihnen herausgegeben werden. Den B. obliegt auch die Ausbildung der Sicherheitsfachkräfte und Sicherheitsbeauftragten, die für Betriebe mit mehr als 20 Beschäftigten vorgeschrieben sind. Für die Überwachung der Baustellen auf Einhaltung der Unfallverhütungsvorschriften sind die technischen → Aufsichtsbeamten zuständig. Die 7 B. sind regional gegliedert (Bau-BG Bayern und Sachsen, Württembergische Bau-

BG, Südwestliche Bau-BG, Bau-BG Frankfurt/M., Bau-BG Hannover, Bau-BG Wuppertal, Bau-BG Hamburg). Außerdem besteht eine Tiefbau-B., die für das ganze Bundesgebiet zuständig ist. *Drees*

Baubetreuer. Gewerbetreibender gemäß § 34 c der Gewerbeordnung, der in fremdem Namen für fremde Rechnung Bauvorhaben wirtschaftlich vorbereitet oder durchführt. *Drees*

Baubetrieb.
1. Abgekürzte Bezeichnung für Baubetriebslehre als dem Zweig der Industriebetriebslehre, der sich mit allen baubetriebswirtschaftlichen Fragen befaßt, insbes. mit der Unternehmensführung und der Bauausführung. Hierzu gehören auch technische Probleme der Bauausführung, das → Projektmanagement sowie alle mit der Wirtschaftlichkeit der Bauausführung zusammenhängende Fragestellungen. An den Universitäten (Technischen Hochschulen) und Fachhochschulen bestehen Institute (Lehrstühle) und Professuren für Forschung und Lehre.
2. Zusammenfassung aller Produktionsfaktoren (menschliche Arbeit, Maschinen, Werkstoffe, Disposition) zur Erstellung von → Bauwerken. Der B. ist eine örtliche, technische und organisatorisch selbständige Einheit. In der Wirtschaftsstatistik ist somit jede Niederlassung eines Bauunternehmens und jede Arbeitsgemeinschaftsbaustelle ein Betrieb, so daß es mehr B. als → Bauunternehmen gibt, und zwar insgesamt etwa 65 000 B., vorwiegend Kleinbetriebe. *Drees*

Baubetriebsrechnung. Begriff des baubetrieblichen Rechnungswesens: Verfahren zur Ermittlung des Ergebnisses der innerbetrieblichen Leistungsprozesse durch Gegenüberstellung der erbrachten Leistung und der entstandenen Kosten. Die B. setzt sich zusammen aus: Kostenrechnung, Leistungsrechnung, Ergebnisrechnung. Sie stellt den innerbetrieblichen Rechnungskreis dar. Innerhalb des Baukontenrahmens wird die B. in den Kontengruppen 93 bis 99 durchgeführt (Tabelle). Die Kontengruppen 91 und 92 sind der Abgrenzungsrechnung vorbehalten. In der Kostenrechnung werden sämtliche Kosten (auch die innerbetrieblichen) nach → Kostenarten erfaßt und den jeweiligen → Kostenstellen unmittelbar oder mittelbar zugerechnet (Kostenstellen der Verwaltung, der → Hilfsbetriebe und der → Baustellen sowie Verrechnungskostenstellen). Da es sich bei der Bauproduktion um eine Einzelproduktion handelt, ist die Baustelle sowohl Kostenstelle als auch → Kostenträger. Die Leistungsrechnung setzt voraus, daß die in der Bauabrechnung erfaßte → Bauleistung sachgerecht abgegrenzt wird, da die abgerechnete Bauleistung vielfach nur eine Schätzung ist. Abgrenzungen betreffen z. B. erbrachte, aber noch nicht abgerechnete Leistung, Leistungsvorgriffe, Rückstellungen für Mängelbeseitigung, Vorräte. *Drees*

Baubetriebsrechnung. Tabelle: Die B. im Baukontenrahmen. Kontengruppen 93 bis 99 in der Kontenklasse 9 des Baukontenrahmens.

90	aus der Unternehmensrechnung übernommene Aufwendungen und Erträge		Übernahmekreis
91	unternehmensbezogene Abgrenzungen	t e z e q t e e e e e e z e e e e e e e q	Abgrenzungsrechnung
92	betriebezogene Abgrenzungen		
93	Kosten- und Leistungsarten		
94	Schlüsselkosten		
95	Verwaltung		
96	Hilfsbetriebe und Verrechnungskostenstellen		Baubetriebsrechnung
97	Baustellen		
98	Übergangskostenstellen zu Gemeinschaftsbaustellen (z.B. Argen)		
99	Ergebnisrechnung		

Baudynamik. Zur Untersuchung von Bauteilen und Bauwerken unter der Wirkung dynamischer Lasten dient die B. Sie faßt ein Bauwerk als ein System von masselosen Elementen und Massen auf. Bei dynamisch beanspruchten Systemen tritt ein Austausch von potentieller und kinetischer Energie auf, der natürlicherweise immer mit einer Verminderung der mechanischen Energie verbunden ist (Umwandlung z. B. in Wärme). Um diese für das Systemverhalten wichtigen Vorgänge berücksichtigen zu können, muß außer der Elastizität und der Masse noch eine dritte Größe, die → Dämpfung, angegeben werden. Bei mechanischen → Schwingungen sind außer Trägheits-, Rückstell- und Erregerkräften auch Dämpfungskräfte vorhanden. Diese bewirken bei freien Schwingungen eine monoton auf null abklingende Schwingungsamplitude. Die Dämpfung setzt sich aus verschiedenen, unterschiedlich zu bewertenden Anteilen zusammen: der Baustoffdämpfung, der Baugrunddämpfung, dem Einfluß der Reibung bei Verbindungen, der äußeren Reibung, z. B. gegen Luft und Wasser. Das Maß der Dämpfung wird vom Bauingenieur meist sehr überschläglich festgelegt.

Das einfachste dynamische System ist ein Einmassenschwinger (Bild 1), dessen Verhalten durch die Verschiebungsgrößen u_1 in Richtung der Koordinatenachsen x_1 beschrieben wird; er hat mithin einen Freiheitsgrad. Mit k, dem elastischen Element, dem Dämpfer c und der Erregerkraft P(t) lautet die Schwingungsdifferentialgleichung

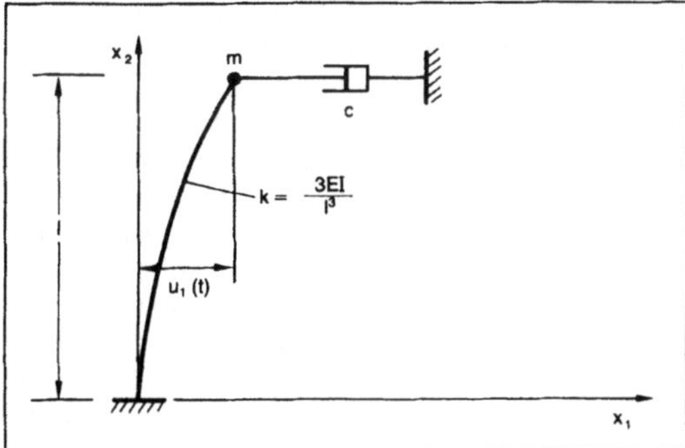

Baudynamik 1: Einmassenschwinger.

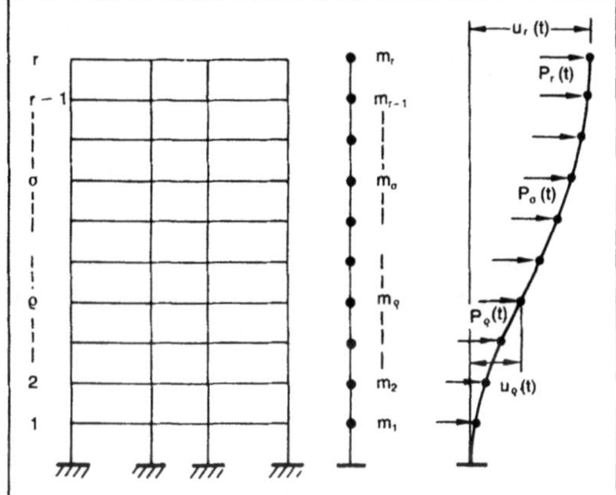

Baudynamik 2: Geschoßbau mit 3 r Freiheitsgraden.

$$m\,\ddot{u} + c\cdot\dot{u} + k\cdot u = P(t) \qquad (1)$$

Ein System mit n Verschiebungsgrößen hat demzufolge n Freiheitsgrade. Es hängt von den untersuchten Bauwerken ab, wie weit einzelne Verschiebungsgrößen vernachlässigt werden können. Bei Geschoßbauten (Rahmentragwerken) ist es i. a. zulässig, bei dynamischen Horizontalkräften, wie z. B. bei Wind und Erdbeben, die Systemmassen in den Geschoßdecken zu konzentrieren und deren Verschiebung in zwei Richtungen sowie eine Verdrehung um eine vertikale Achse, also bei r Geschossen insgesamt n = 3 r Freiheitsgrade, zu berücksichtigen (Bild 2). Die Schwingungsdifferentialgleichung lautet in diesem Fall

$$[M]\{\ddot{u}\} + [C]\{\dot{u}\} + [K]\{u\} = \{P(t)\}$$

$$[M]\{e\} = \{m_\rho\}, \{u\} = \{u_\rho\}, \ [C] = [c_\rho\sigma], \qquad (2)$$

$$[K] = [k_\rho\sigma], \ \rho,\sigma \in = [1/r]$$

Dabei ist $c_{\rho\sigma}$ die Dämpfungskraft im Geschoß ρ für den Bewegungszustand $\dot{u}_\sigma = 1$ für $\sigma = \rho$, $\dot{u}_\sigma = 0$ für $\sigma \neq \rho$, $k_{\rho\sigma}$ die Festhaltekraft im Geschoß ρ für den Verschiebungszustand $u_\sigma = 1$ für $\sigma = \rho$, $u_\sigma = 0$ für $\sigma \neq \rho$. Systeme mit stetiger Massenverteilung haben unendlich viele dynamische Freiheitsgrade. Es kann zwischen periodischen und nichtperiodischen Schwingungen unterschieden werden. Eine Stoßbelastung ist als wichtiger Sonderfall einer nichtperiodischen Schwingung zu betrachten. Hängt der Zeitverlauf einer dynamischen → Beanspruchung von zufälligen Faktoren ab, so liegt ein stochastischer Prozeß vor. Zur Untersuchung des Bauwerksverhaltens sind in einem solchen Falle zweckmäßig statistisch ermittelte, von den Zufälligkeiten der einzelnen Abläufe unabhängige Prozeßgrößen einzuführen. *Laermann*

Literatur: *Müller, F. P.*: Baudynamik. In: Betonkalender, Tl. II. Berlin 1978. – *Nowacki*: Baudynamik. Berlin 1974.

Bauen, unterirdisches. Übergeordneter Begriff für den unterirdischen Hohlraumbau wie → Tunnelbau, Stollenbau, → Kavernenbau, → Schachtbau usw.
Wagner

Baufläche. Eine grobe Aufteilung der Nutzungsstruktur der Stadt ergibt zwei Grundarten von Nutzflächen: Flächen, die der Ausübung spezifischer Funktionen oder Kombinationen von Funktionen, sowie Flächen, die der Verbindung zwischen diesen gewidmet sind und auf denen sich der Transport von Menschen und Gütern vollzieht. Als B. bezeichnet man alle die Grundstücke innerhalb eines Gemeindegebietes, die im → Flächennutzungsplan als bebaubar ausgewiesen sind. Im Gegensatz dazu stehen Verkehrsflächen, Grünflächen, Wasserflächen sowie Flächen für Land- und Forstwirtschaft (→ Außenbereich). Die → Baunutzungsverordnung (BauNVO) unterscheidet Wohnbauflächen, gemischte B., gewerbliche B. und Sonder-B. Im → Bebauungsplan werden entsprechend § 1 (2) Bau-NVO i. d. R. die B. nach Baugebieten differenziert, die dann auch parzellenscharf begrenzt werden: Kleinsiedlungsgebiete, reine allgemeine und besondere Wohngebiete, Dorfgebiete, Mischgebiete, Kerngebiete, Gewerbegebiete, Industriegebiete und Sondergebiete, für die besondere Nutzungen festgesetzt werden: Wochenend-, Ferien- oder Campingplatzgebiete bzw. Kurgebiete, Hochschulgebiete, Klinikgebiete und Hafengebiete. Eine problematische Rolle spielen Einkaufszentren und großflächige Handelsbetriebe, die man außer in Kerngebieten außerhalb der übrigen Baugebiete nur dann als besonderes Sondergebiet ausweisen soll, wenn sichergestellt ist, daß die Existenz bzw. die Entwicklung der zentralen Versorgungsbereiche in der Gemeinde oder in Nachbargemeinden durch zu großen Kaufkraftabfluß nicht beeinträchtigt wird.

In den östlichen Bundesländern hat es sich inzwischen für die gesamte Stadtentwicklung, insbesondere für die dort dringend erforderliche → Revitalisierung der Innenstädte, als sehr nachteilig erwiesen, daß sowohl in der Anzahl als auch in der Fläche beträchtliche Überangebote von Einkaufszentren ausgewiesen und realisiert wurden.

In den §§ 2 bis 11 der BauNVO ist im einzelnen aufgeführt, welche Nutzungen in einem Gebiet zulässig oder ausnahmsweise zulässig sind. Das Höchstmaß der jeweiligen Nutzung ergibt sich aus den §§ 16 bis 21. Die Gliederung der B. in Gebiete soll eine funktional begründete räumliche Ordnung der Bebauung sicherstellen und gegenseitige Störungen unterschiedlicher Nutzungen möglichst ausschließen. So darf z. B. ein reines Wohngebiet nicht direkt neben einem Gewerbegebiet liegen, weil sonst das Wohnen durch → Lärm und andere Emissionen beeinträchtigt werden kann. Um hier sinnvolle Übergangszonen herzustellen, können innerhalb eines Gebietes stufenweise Nutzungsbeschränkungen festgesetzt werden. Um Einrichtungen der Infrastruktur, die für ein Baugebiet nach dessen besonderen Erfordernissen wichtig sind, zweckmäßig anzuordnen, ist auch anderseits eine Differenzierung in „positivem" Sinn möglich. So können z. B., wenn städtebauliche Gründe dies rechtfertigen, unterschiedliche Nutzungen geschoßweise festgesetzt werden. *Spengelin*

Baufrist. Vielfach verwendet als Kurzform für den Begriff „→ Ausführungsfristen für Bauleistungen".
Olshausen

Bauführer. Leiter kleiner Baustellen, z. B. bei Handwerksbetrieben. Meist synonym zu Bauleiter gebraucht. *Drees*

BauGB → Baugesetzbuch

Baugebiet → Baufläche, → Baunutzungsverordnung

Baugenehmigung.
1. Das Bauordnungsrecht der Bundesländer regelt die materiellen Anforderungen an baulichen Anlagen und daneben formelle Anforderungen zum baurechtlichen Genehmigungsverfahren, zu den Zuständigkeiten und den Eingriffsbefugnissen der Baubehörden.

Alle → Bauordnungen der Bundesländer bestimmen, daß die Errichtung, Änderung, Nutzungsänderung oder der Abbruch baulicher Anlagen einer B. bedarf, soweit in den Bauordnungen nicht etwas anderes konkret bestimmt ist. Eine B. ist nicht erforderlich, wenn die Bauordnung oder eine sog. Freistellungsverordnung ein Vorhaben als genehmigungsfrei aufführt oder wenn anstelle der B. in einem spezialgesetzlichen Genehmigungs- oder Planfeststellungsverfahren mit Konzentrationswirkung eine umfassende Kontrolle auch der bauordnungs- und bauplanungsrechtlichen Anforderungen erfolgt.

Nach allen Bauordnungen ist die B. zu erteilen, wenn dem Vorhaben öffentlich-rechtliche Vorschriften nicht entgegenstehen. Die B. stellt somit die Vereinbarkeit des Vorhabens mit dem öffentlichen Recht fest und erlaubt die Ausführung des Bauvorhabens. Der Bauwillige hat bei Vorliegen der Genehmigungsvoraussetzungen einen Rechtsanspruch auf Erteilung der B.

Hoppe/Beckmann

Literatur: *Finkelnburg/Ortloff:* Öffentliches Baurecht, Band II: Bauordnungsrecht, 2. Aufl. München 1990.

2. Die Erteilung der B. und damit die Frage der Bebaubarkeit und Bebauungsart hängt davon ab, ob dem Bauvorhaben irgendwelche öffentlichen Baubeschränkungen entgegenstehen. Deshalb bedarf es der Klärung,
– ob das Grundstück nach dem → Flächennutzungsplan als Baugebiet vorgesehen ist und nicht etwa als Gemeindebedarfsfläche, Verkehrsfläche, als Fläche für Versorgungs- oder Entsorgungsanlagen, als Grünfläche, Fläche für Land- oder Forstwirtschaft usw.,
– ob die geplante Bebauung des Grundstücks dem → Bebauungsplan, der Art und Maß der baulichen Nutzung, die Bauweise, die Mindestgröße der Baugrundstücke, die Höhenlage der Gebäude, die Flächen für Stellplätze und Garagen u.a.m. festlegt, entspricht,
– ob die Erschließung, verkehrsmäßige Anbindung usw. gesichert ist,
– ob sich eventuelle Beschränkungen aus dem Städtebauförderungsgesetz ergeben, z.B. aus Gründen städtebaulicher Sanierungs- und → Entwicklungsmaßnahmen,
– ob sich Beschränkungen aus der → Baunutzungsverordnung ergeben,
– ob nach der Landesbauordnung des jeweiligen Landes eine Baugenehmigung erforderlich ist oder nur eine Anzeigepflicht besteht,
– welche Bestimmungen für das konkrete Bauvorhaben über die bauliche Ausnutzung des Grundstücks, die einzuhaltenden Fluchtlinien und Bauwerks- bzw. Grenzabstände und die Gestaltung der baulichen Anlagen zu beachten sind. *Olshausen/Vygen*

Literatur: *Vygen, K.:* Bauvertragsrecht nach VOB u. BGB. 1991. Wiesbaden-Berlin.

Baugerät. Der Gesamtkomplex B. läßt sich gliedern in Geräte für → Erdbau, → Wasserbau, Tagebau, Steinbruch, Tiefbau, → Tunnelbau, → Straßenbau, → Gleisbau, Kanalbau, Brückenbau; → Schalungen, Rüstungen, Materialaufbereitung, Materialherstellung, Materialeinbau, Materialtransport, → Hilfsbetriebe. Alle wesentlichen Daten über die Maschinen und Geräte sind in der → Baugeräteliste (BGL) zusammengefaßt, die in mehrjährigem Abstand neu herausgegeben wird. Sie enthält Angaben über Neuwert, wirtschaftliche → Nutzungsdauer, → Abschreibung und → Verzinsung, Betriebskosten, Energieverbrauch, → Reparaturkosten usw. Die Arbeit eines B. wird meist auf Stundenbasis (oder Monatsbasis) kalkuliert. Die Kosten einer Gerätestunde setzen sich aus Festkosten (Abschreibung und Verzinsung), Betriebskosten (Reparatur, Energieverbrauch) und Lohn für den Maschinisten zusammen. Der Anteil der Geräte an den Gesamtkosten eines → Bauwerkes liegt

etwa zwischen 15% (Hochbau) und bis zu 60% (Tiefbau). Angeschafft und anschließend auch betreut werden die Geräte in größeren Bauunternehmungen von der maschinentechnischen Abteilung (MTA), die diese an die einzelnen Baustellen „vermietet", d.h. die Kosten für die Ausleihung eines Geräts rechnet man über die „Gerätemiete" ab.

Von ganz entscheidender Bedeutung ist die Betreuung der Geräte im Einsatz auf der Baustelle, in einer → Feldfabrik, im → Fertigteilwerk, im Steinbruch und in einer → Aufbereitungs- und → Mischanlage zum Herstellen von → Frischbeton, bituminösem Mischgut, Erdstoffgemischen usw. Immer stärker setzt sich auch bei den B. die Automatisierung durch. Ähnlich ist es mit dem Transport des Materials über Schiene oder Band. Schwieriger zu automatisieren sind die hochmechanisierten Werkzeuge, wie etwa → Bagger. Sie müssen dem rauhen Betrieb auf der Baustelle gewachsen sein. Wichtig ist die Aufrechterhaltung der Betriebsbereitschaft. Dafür sind die maschinentechnischen Abteilungen und auf den Baustellen die Werkstätten zuständig. Immer häufiger praktiziert man eine „vorbeugende Wartung". Die Maschinen arbeiten nicht mehr so lange, bis z.B. eine Welle bricht oder ein Schlauch platzt. Vielmehr werden die kritischen Bauteile nach einem bestimmten Zeitplan ausgewechselt und so der Ausfall der Geräte im voraus festgelegt. Moderne elektronische Überwachungsanlagen kontrollieren während des laufenden Betriebs bis zu 150 Meßstellen im Gerät und melden rechtzeitig, wenn der jeweils zulässige Grenzwert erreicht ist. Wesentlich für die → Qualität einer Maschine ist die „Verfügbarkeit" (availability), d.h. die Zeit, in der sie betriebsbereit, verfügbar ist. Dieser Wert beträgt für gute Maschinen 92–96%. Die „Ausnutzung" (utilisation) gibt an, wieviel von der verfügbaren → Betriebszeit praktisch genutzt wurde. *Kühn*

Baugeräteliste. Katalog der im → Bauunternehmen vorhandenen Geräte mit und ohne Motorantrieb (Tabelle, S. 72). Die B. (BGL) wird etwa alle zehn Jahre durch einen Arbeitskreis von Maschineningenieuren der Unternehmen des Bauhauptgewerbes neu gefaßt. Sie enthält wichtige technische und betriebswirtschaftliche Daten, wie z.B. Motorleistung, Gewicht, Abmessungen, Neuwert, Tragkraft, → Nutzungsdauer, Vorhaltemonate, Verrechnungssätze für die kalkulatorische → Abschreibung und → Verzinsung sowie → Reparaturkosten. Sie ist ein wichtiges Instrument der → Kalkulation und der → Baubetriebsrechnung und wird i.a. auch den Arbeitsgemeinschaftsverträgen zugrunde gelegt. Die Verrechnungssätze sind nur eine Empfehlung. Die Unternehmen bilden meist ihre eigenen Sätze auf Grund ihrer innerbetrieblichen Erfahrung. *Drees*

Baugesetzbuch (BauGB). Das im Juli 1987 in Kraft getretene B. vereinigt das 1960 verkündete Bundesbaugesetz und das 1971 in Kraft getretene Städtebauförderungsgesetz (StBauFG) zu einem einheitlichen

Baugeräteliste. Tabelle: Ausschnitt aus der B. 1991.

2121 – 2123 Turmkrane, stationär, obendrehend, obenkletternd, mit Innenturm im Außenturm
Hub-, Dreh- und Katzfahrzeuge sowie Laufkatzausleger und Gegengewichtsausleger sind über dem Drehkranz auf dem Innenturm angeordnet. Der Innenturm klettert im eigentlichen Turm, dem Außenturm.
Zusätzliche Turmstücke werden von außen um den Innenturm auf den Außenturm aufgesetzt. Dies erfordert teilbare Außenturmstücke. Das Klettern kann bei diesen Kranen sowohl hydraulisch als auch mechanisch durch Einscheren des Hubseiles erfolgen.

Normalausrüstung:
Werte mit Maschinenrahmen mit Drehkranz und Turmspitze, Gegengewichtsausleger, Ausleger mit der in nachfolgender Tabelle angegebenen Länge, allen erforderlichen Elektromotoren mit Steuereinrichtungen im Führerhaus, sämtlichen erforderlichen Sicherheitseinrichtungen, allen maschinellen Einrichtungen wie Hub-, Dreh- und Katzfahrwerke sowie Führerhaus und Seilausrüstung für maximal mögliche freistehende Höhe auf Normalturm und Ballast für den Gegengewichtsausleger bei normaler Ausladung;
jedoch **ohne** Innen- und Außenturmstücke unterhalb des Drehkranzes, auch wenn sie für die Grundaufstellung erforderlich sind, **ohne** Führungsrahmen, **ohne** Stromzuführungskabel, **ohne** Klettervorrichtung, **ohne** Fahrwerke sowie **ohne** Zentral-Ballast.

Unterwagen siehe Nr. 2133.

2121 Turmkrane stationär, obendrehend, obenkletternd, mit Innenturm im Außenturm, Laufkatzausleger
TURMKR KLET INNEN L

Werte einschließlich Hubwerk mit fernschaltbarem 2 – 3-Gang-Getriebe, Wirbelstrombremse, **ohne** Klettereinrichtung.

Nutzungsjahre.	**8**
Vorhaltemonate	**60 – 55**
Monatl. Satz für Abschreibung und Verzinsung . . .	**2,1 – 2,3 %**
Monatl. Satz für Reparaturkosten.	**1,1 %**
Kenngröße: Nennlastmoment (tm)	

< Nr. 0250 siehe BAUGERÄTELISTE 1981 sowie Vorbemerkungen zur BAUGERÄTELISTE 1991, Abschnitt 11.
> Nr. 0250 Gewichtsabweichungen bei Kranen älterer Bauart möglich.

Nr.	Nennlast-moment	Traglast lt. Diagramm	zugehörige Ausladung	zugehörige Hubhöhe fahrbar	Hubwerksleistung	Gesamtmotorenleistung	Gewicht ohne Ballast	Mittlerer Neuwert	Monatliche Reparaturkosten	Monatlicher Abschreibungs- und Verzinsungsbetrag	
	tm	kg	m	m	kW	kW	kg	DM	DM	von DM	bis
2121 – 0250	250	5 435	46	56	75 – 90	105 – 137	43 000	595 000,–	6 550,–	12 500,–	13 690,–
280	280	5 960	47	58	75 – 90	105 – 137	47 000	620 000,–	6 820,–	13 020,–	14 260,–
355	355	7 245	49	62	80 – 100	110 – 135	55 000	715 000,–	7 870,–	15 020,–	16 450,–
400	400	8 000	50	64	80 – 100	110 – 135	58 000	775 000,–	8 530,–	16 280,–	17 830,–
500	500	9 615	52	68	80 – 100	110 – 135	68 000	880 000,–	9 680,–	18 480,–	20 240,–
560	560	10 560	53	70	80 – 100	125 – 150	71 000	960 000,–	10 560,–	20 160,–	22 080,–
630	630	11 670	54	72	80 – 100	125 – 150	80 000	1 050 000,–	11 550,–	22 050,–	24 150,–
900	900	15 790	57	78	80 – 100	125 – 150	108 000	1 300 000,–	14 300,–	27 300,–	29 900,–
1250	1 250	20 830	60	84	80 – 100	125 – 150	118 000	1 500 000,–	16 500,–	31 500,–	34 500,–
1800	1 800	28 570	63	90	80 – 100	150 – 180	180 000	2 400 000,–	26 400,–	50 400,–	55 200,–

Gesetzeswerk. Es ist die erste Gesamtkodifikation des deutschen Städtebaurechts. Seine wesentlichen Vorschriften regeln die → Bauleitplanung, deren Sicherung und Verfahren, die Bodenordnung, die → Enteignung, die Erschließung sowie – in einem eigenen Kapitel als „Besonderes Städtebaurecht" – die → Sanierung. Nicht zuletzt durch die Wiedervereinigung wurde das BauGB erneut novelliert und ergänzt. Insbesondere wurden die → Entwicklungsmaßnahmen (§§ 165 – 171) wieder komplett eingeführt.

§ 246a enthält „Überleitungsregelungen aus Anlaß der Herstellung der Einheit Deutschlands". Durch Sonderregelung für Berlin als Hauptstadt der Bundesrepublik Deutschland (§ 247) soll in der Abwägung den Belangen, die sich aus der Entwicklung Berlins als Hauptstadt Deutschlands ergeben, und den Erfordernissen der Verfassungsorgane des Bundes für die Wahrnehmung ihrer Aufgaben besonders Rechnung getragen werden. Die Belange und Erfordernisse werden zwischen Bund und Berlin in einem Gemeinsamen Ausschuß erörtert.

Durch das ergänzende Maßnahmengesetz zum B. (BauGB-MaßnahmenG) in der Fassung vom 28. April 1993 soll einem dringenden Wohnbedarf der Bevölkerung besonders Rechnung getragen werden. So kann nach § 1 ein → Bebauungsplan auch aufgestellt, geändert oder ergänzt werden, bevor der → Flächennutzungsplan geändert oder ergänzt ist. Im § 6 ist das Instrument „Städtebaulicher Vertrag" neu geschaffen worden. Die Gemeinde kann einem Dritten durch Vertrag die Vorbereitung und Durchführung städtebaulicher Maßnahmen übertragen. Gegenstand können insbesondere auch die privatrechtliche Neuordnung der Grundstücksverhältnisse und die Ausarbeitung der erforderlichen städtebaulichen Planungen sein. Bauwillige können sich gegenüber der Gemeinde verpflichten, Kosten für Planungen und Einrichtungen, die der Allgemeinheit dienen, zu übernehmen. § 7 BauGB-MaßnahmenG enthält das neue Instrument des Vorhaben- und Erschließungsplans. Er enthält eine besondere Ausformung des Zusammenwirkens zwischen Gemeinde und Investor; er ist – grundsätzlich anders als der Bebauungsplan – auf die unmittelbare Plandurchführung angelegt. Auf Grund eines Vertrags entsteht eine Durchführungsverpflichtung zwischen Vorhabenträger und Gemeinde. Die Gemeinde kann demnach durch Satzung die Zulässigkeit von Vorhaben bestimmen, wenn der Vorhabenträger auf der Grundlage eines von ihm vorgelegten und mit der Gemeinde abgestimmten Plans sich zur Durchführung innerhalb einer bestimmten Frist und zur Tragung der Planungs- und Erschließungskosten ganz oder teilweise verpflichtet. Die Gemeinde hat auf Antrag des Vorhabenträgers nach pflichtgemäßem Ermessen zu entscheiden.

Spengelin

Literatur: *Battis, U., M. Krautzberger* u. *R. P. Löhr*: BauGB und Kommentar. 2. Auflage. München 1987. – *Schmidt-Eichstaedt, G.*: Einführung in das neue Städtebaurecht. Stuttgart 1987. – *Stich, R.*: Rechtsgrundlagen der Stadtplanung und ihres Vollzuges. In: Grundriß der Stadtplanung. Hannover 1983.

Baugips. B. nach DIN 1168 sind mineralische, nichthydraulische → Bindemittel, deren wesentliche Anteile bei der Dehydratation des Calciumsulfatdihydrats $CaSO_4 \, 2H_2O$ entstehen. Sie werden aus Gipsgestein, Nebenprodukten der chemischen Industrie (Chemie- oder Industriegips) oder Rückständen aus Rauchgasentschwefelungsanlagen (REA-Gips) ggf. unter Zugabe von Zusätzen und → Füllstoffen hergestellt. Sie erhärten nach dem Anmachen mit Wasser durch die chemische Bindung von $1\frac{1}{2}$–2 Molekülen Wasser. Reine Gipsbindemittel ohne Zusätze sind Stuckgips und Putzgips. Letzterer ist bei höheren Temperaturen gebrannt, versteift früher, ist aber länger zu bearbeiten als Stuckgips. Diese beiden Gipse sind auch die erhärtungsfähigen Bestandteile der übrigen B. Zu ihnen zählen der Fertigputzgips, der Haftputzgips und der Maschinenputzgips für Innenputze (→ Mörtel) sowie der Ansetzgips, der Fugengips und der Spachtelgips für das Ansetzen, Verbinden und Verspachteln von Gipskartonplatten und Gipsbauplatten. *Wesche*

Baugrube. Ausschachtung, die vor dem Herstellen eines → Bauwerkes notwendig ist. Einzelheiten sind in der DIN 4124 geregelt. Für Gräben sind Kriterien angegeben, bei deren Beachtung besondere statische Nachweise für den Verbau entfallen können (Normverbau). Senkrechte Baugrubenwände dürfen i. a. nur bis zu 1,25 m, mit oberer Abböschung nur bis zu 1,75 m unverbaut stehen bleiben. Bei größeren Geländesprüngen muß entweder eine ausreichend standsichere Böschung (→ Böschungsstandsicherheit) oder aber eine Sicherung durch einen Baugrubenverbau gewählt werden. → Bermen sind anzuordnen, falls dies zum Auffangen von abrutschenden Steinen, Felsbrocken, Findlingen, Bauwerksresten u. dgl. oder zum Einrichten einer → Wasserhaltung erforderlich ist. Die Grundrißabmessungen einer B. richten sich nach den Bauwerksabmessungen, den evtl. notwendigen Schalkonstruktionen für Außenwände und der notwendigen Arbeitsraumbreite. Diese sollte 0,50 m nicht unterschreiten. B. werden i. a. im Trockenen hergestellt. Der Grundwasserspiegel sollte tiefer als 0,50 m unterhalb der Baugrubensohle anstehen. Andernfalls ist eine → Grundwasserabsenkung vorzunehmen. In Einzelfällen nimmt man den Baugrubenaushub auch unter Wasser vor. Wasserdichte Baugrubenwände sind dann bereits hergestellt und es wird eine auftriebsichere Bauwerkssohle im → Kontraktorverfahren betoniert. Das Wasser wird anschließend abgepumpt. Eine Alternative ist das Herstellen einer Sperrzone in größerer Tiefe unterhalb der Baugrubensohle (→ Injektionstechnik).

Die Aushubarbeiten und die Bauarbeiten dürfen zu keiner Auflockerung des Baugrundes unterhalb der Baugrubensohle führen. So sollte bei rolligen Böden das → Planum vor dem Betonieren von → Fundamenten und Sohlplatten zunächst mit einem Oberflächenrüttler verdichtet werden. Stehen weiche bis steife bindige Böden an, so darf das Planum nicht mit schwerem Gerät befahren werden. Eine Sicherung der Baugrubensohle kann durch Verlegen eines Vlieses (→ Geotextilien) und Aufschütten von → Kies oder Splitt erreicht werden. Noch unter Druck stehendes Porenwasser ist erforderlichenfalls durch Vakuumlanzen (→ Brunnen) zuvor zu entspannen.

Der Baugrubenverbau hat die Aufgabe, den Geländesprung zu sichern und eine Auflockerung des Bodens hinter der Wand zu verhindern. Darf keine Auflockerung und damit keine Zusatzsetzung benachbarter Gebäude auftreten, so sind verformungsarme Verbauten wie → Schlitzwände, Bohrpfahlwände, Injektions- oder Frostkörper – bei Erfordernis mit Ankern – zu wählen. Diese Verbausysteme sind auch wasserundurchlässig und nehmen daher ggf. den vollen Wasserdruck auf. Da nur sehr kleine Wandbewegungen entstehen, muß mit einem erhöhten → Erddruck gerechnet werden. Injektions- oder Frostkörper werden i. a. nur dann ausgeführt, wenn gleichzeitig Fundamente angrenzender Gebäude unterfangen werden müssen (→ Unterfangung). Eine überschnittene Bohrpfahlwand ist wasserdicht; bei tangierenden Pfählen ist mit Sickerwassereintritten in die B. zu rechnen. Sowohl die Schlitzwand als auch die Bohrpfahlwand lassen sich vielfach wirtschaftlich als Außenwände in den Neubau integrieren.

Unter den Verbausystemen, die i. d. R. als nicht verformungsarm anzusehen sind, nehmen die → Trägerbohlwände (Bohrträgerwände) und die → Spundwände eine dominierende Stellung ein. Spundwände sind wasserdicht, Trägerbohlwände nicht. Letzere wurden bereits Anfang dieses Jahrhunderts beim U-Bahnbau in Berlin eingesetzt und heißen heute noch Berliner Verbau, wenn die Bohlwand als äußere → Schalung für Stahlbetonwände dient. Die Rammträger werden beim Berliner Verbau später wieder gezogen, während die → Bohlen im Untergrund verbleiben. Zur Herstellung von Trägerbohlwänden werden Stahlprofile im Abstand von 1,5 – 2,5 m in den Untergrund gerammt, eingespült oder in Bohrlöcher eingestellt (Bohrträgerwand), dann am Fuß ausbetoniert. Während des Baugrubenaushubs kleidet man den Bereich zwischen den Trägern durch Holzbohlen, Schal- oder Spritzbeton, Kanaldielen oder auch Betonfertigteile, die im Gleitverfahren abgeteuft werden, aus. Bei tieferen B. müssen die Träger durch Gurte sowie → Anker oder Steifen bzw. Abspießungen zusätzlich ausgesteift werden. Abspießungen mit räumlichen Verschwertungen werden heute nur noch in Ausnahmefällen gewählt, da sie eine erhebliche Beeinträchtigung für den Baubetrieb darstellen. Die Regel sind Anker, bei denen der Innenraum der B. unverbaut bleibt. Für die → Bemessung von Trägerbohlwänden enthalten die Empfehlungen des Arbeitsausschusses „Baugruben" der Deutschen Gesellschaft für Geotechnik (DGGT) einfache Ansätze.

Als sehr flexible und wirtschaftliche Verbauten erweisen sich die → Elementwände sowie die Bodenvernagelung. Elementwände bestehen aus Betonfertigteilen, die auch verankert sein können. Bei der Bodenvernagelung wird die senkrechte oder leicht abgeböschte Baugrubenwand durch Spritzbeton versiegelt und im Abstand von 1 – 2 m werden Nägel in Bohrungen eingebracht und vermörtelt. Der Boden sollte wenigstens auf 0,5 – 1,0 m Aushubtiefe standfest sein.

Für Gebäudesicherungen im Bereich von Ausschachtungen, Gründungen sowie Unterfangungen ist die DIN 4123 maßgebend. Darin sind u. a. einfache Fälle definiert, für die besondere erdstatische Nachweise für Nachbarbauten entfallen dürfen. Begleitend sollte stets eine Beweissicherung durchgeführt werden. *Meißner/Becker*

Baugrunddynamik. Teilgebiet der → Bodenmechanik und des → Grundbaus, das die folgenden Themen umfaßt:
– Reaktion des Untergrundes auf dynamische Einwirkungen; Wellenausbreitung im Untergrund.
– Wechselwirkungen zwischen Gebäuden und Baugrund; dabei kann die Schwingungserregung sowohl vom Baugrund, wie z. B. durch Verkehrserschütterungen, als auch vom Gebäude, wie z. B. bei Kirchtürmen durch pendelnde Glocken, ausgehen.
– Bestimmung dynamischer Bodenparameter in Laboratoriums- und → Feldversuchen.
– Erschütterungsschutz (DIN 4150) und Abschirmungsmaßnahmen.
– Langzeitverhalten von Boden unter zyklischen → Beanspruchungen, wie z. B. aus Wellen- und Windbelastungen oder aus Verkehr.
– → Untergrunderkundungen durch seismische oder dynamische Verfahren.
– Integritätsprüfung von Pfählen und Traglastabschätzungen.
– Bauen in Erdbebengebieten (DIN 4149, Eurocode EC 8). Die auftretenden → Verzerrungen sind um etwa zwei bis vier Zehnerpotenzen größer als in den übrigen Gebieten der B. Der Untergrund wird großflächig angeregt.

Es werden vorwiegend harmonische → Schwingungen betrachtet. Das Basismodell für die Untersuchung der Wechselwirkungen zwischen Untergrund und angeregtem → Fundament zeigt Bild 1.

Mit der Federkonstanten k und der Dämpfungskonstanten r ergibt sich aus dem Kräftegleichgewicht in z-Richtung:

$$m\ddot{z} + r\dot{z} + kz = F_z(t)$$

Gelöst wird die Gleichung, indem man das Belastungsglied um einen imaginären Anteil ergänzt. Die Lösung für die Ortskoordinate z und seine Ableitungen setzt sich aus einem Real- und einem Imaginärteil zusammen. Bei einer nur einmaligen Auslenkung des Fundaments und $F_z(t) = 0$ liegt ein Ausschwingungsversuch vor, durch den sich die Dämpfungskonstante bestimmen läßt. Für z(t) ergibt sich der in Bild 2 dar-

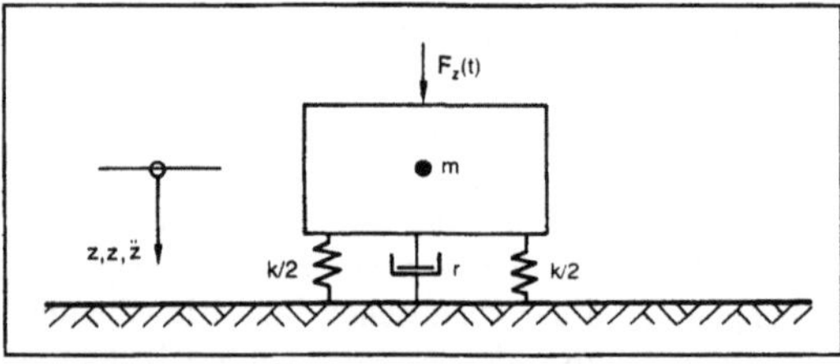

Baugrunddynamik 1: Kelvin-Voigt-Modell für ein durch Schwingungen angeregtes Fundament.

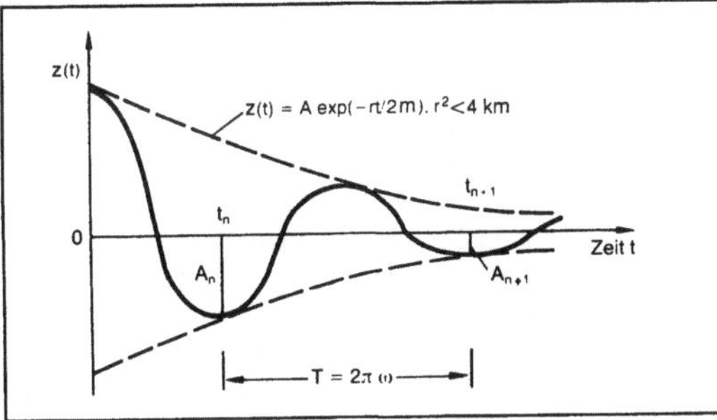

Baugrunddynamik 2: Gedämpfte freie Schwingung.

gestellte Verlauf. Das Verhältnis aufeinanderfolgender Amplitudenwerte beträgt:

$$\delta = \ln \frac{A_n}{A_{n+1}} = \frac{2 \cdot \pi \cdot D}{\sqrt{1 - D^2}};$$

dabei wird δ als logarithmisches Dekrement und D als Dämpfungsgrad bezeichnet, der durch

$$D = \frac{r}{2 \cdot \sqrt{k \cdot m}}$$

definiert ist. Mit Kenntnis von k und m läßt sich somit die Dämpfung r bestimmen, die einen entscheidenden Einfluß auf das Resonanzverhalten eines Fundaments hat. Durch Elastomerauflager oder Federn läßt sich r, durch z. B. die Abmessungen des Fundaments die Masse m beeinflussen. Dadurch kann z. B. die Resonanzfrequenz eines Fundaments festgelegt werden. Liegt die Erregerfrequenz unterhalb der Resonanzfrequenz, so ist das Fundament „hoch", andernfalls „tief" abgestimmt.

Das Schwingverhalten von Fundamenten mit mehreren Freiheitsgraden, einer Gründungstiefe sowie auch unter Berücksichtigung der geometrischen → Dämpfung durch Wellenausbreitung wie auch der Materialdämpfung durch Dissipationsenergie an den Kornkontakten beschreiben die Gleichungen von *Lysmer* (1965) und *Hall* (1967).

Der Energietransport im Untergrund geschieht durch Wellen. Man unterscheidet vier Formen. Scher- oder Transversalwellen (S-Wellen) haben Bodenverformungen quer zur Ausbreitungsrichtung zur Folge, erzeugen also nur Gestaltänderungen. Kompressions- oder Longitudinalwellen (P-Wellen) führen zu reinen Volumenänderungen und Bodenbewegungen in Wellenrichtung. Beide Wellen werden als Raumwellen bezeichnet, deren Geschwindigkeiten sich wie folgt ergeben:
S-Welle:

$$v_s = \sqrt{\frac{G}{\rho}}$$

P-Welle:

$$v_p = \sqrt{\frac{2 \cdot G \cdot (1 - \upsilon)}{\rho \cdot (1 - 2 \cdot \upsilon)}};$$

darin ist G der dynamische → Schubmodul, ρ die Bodendichte und υ die Poisson-Zahl.

An der Geländeoberfläche entsteht bei einer → Erschütterung die *Rayleigh*-Welle (R-Welle). Der Wirkungsbereich dieser energiestärksten Welle erstreckt sich auf eine Tiefe von etwa einer Wellenlänge. Die vierte Welle ist die Love-Welle, die in einem geschichteten Untergrund durch Reflektionen an den Schichtgrenzen entsteht. Bei einer seismischen Erschütterung werden an einer Meßstelle durch einen Seismographen zunächst die P-, dann die S- und als letztes die R-Welle registriert. Die R-Welle weist i. a. die größte Amplitude auf und verursacht die stärksten Erschütterungen. Der Energietransport eines vertikal schwingenden Kreisfundaments verteilt sich z. B. auf die einzelnen R-, S- und P-Wellen zu 67%, 26% und 7%.

Die für Schwingungsberechnungen wesentlichen Parameter Schubmodul G, *Poisson*-Zahl υ und Dämpfungsgrad D (Materialdämpfung) bestimmt man im Laboratorium vorwiegend im Resonant-Column-Gerät sowie in Feldversuchen. Im Resonant-Column-Test werden Zylinderproben vertikal oder auf → Torsion dynamisch beansprucht. Als Versuchsergebnisse erhält man aus den Torsionsversuchen die → Schubspannungen und die Verzerrungen, die üblicherweise zwischen $\gamma = 10^{-3}$ bis 10^{-6} liegen. Damit ist G festgelegt. υ läßt sich z. B. durch Ultraschallversuche ermitteln. Das Ziel von Feldversuchen besteht in der Ermittlung von Geschwindigkeiten für die P- und S-Wellen. Auf der Geländeoberfläche erzeugt man eine seismische Erschütterung. Die davon ausgehenden Wellen reflektieren und refraktieren an Schichtgrenzen und werden von einem Seismographen auf der Geländeoberfläche registriert. Mit bekanntem Untergrundaufbau lassen sich dann aus den gemessenen Laufzeiten die Geschwindigkeiten und damit die Parameter G und υ berechnen. Umgekehrt kann dieser Feldversuch auch zur Erkundung des Untergrundaufbaus dienen, wie es z. B. bei Erdölexplorationen geschieht. Die Parameter G und υ werden dann als ausreichend bekannt angenommen. Ein weiterer häufig ausgeführter Feldversuch zur Ermittlung der dynamischen Stoffparameter ist der *Cross-Hole*-Versuch. Hier erzeugt man die Erschütterung in einem Bohrloch. Die Laufzeiten der Wellen werden in benachbarten Bohrlöchern gemessen (Bohrlochabstand rd. 6 bis 10 m).

Im Vergleich zum statischen Schubmodul ist der dynamische Schubmodul für trockene Sande nur um 15%, für teilweise gesättigte oder gesättigte Böden hingegen um 50 bis 300% größer. Im → Grundwasser steigt die Geschwindigkeit der P-Welle sprunghaft an. Erfahrungswerte für die dynamischen Bodenparameter sind:
Sand mit runder Kornform:

$$G = \frac{1270 \cdot p_a \cdot (2,17 - e)^2}{1 + e} \cdot \sqrt{\frac{I_\sigma}{p_a}}$$

Sand mit scharfkantiger Kornform:

$$G = \frac{600 \cdot p_a \cdot (2,97 - e)^2}{1+e} \cdot \sqrt{\frac{I_\sigma}{p_a}} \; ;$$

dabei sind e die Porenzahl und p_a der Atmosphärendruck. Die Beziehungen gelten für Verzerrungen $\gamma \leq 10^{-4}$. Die Poisson-Zahl beträgt $0,25 \leq \upsilon \leq 0,33$, und der Materialdämpfungsgrad liegt in den Grenzen $0,01 \leq D \leq 0,1$.

→ Erschütterungen werden von einer Vielzahl von Erregern verursacht. Unterschieden werden Erschütterungen, die aus dem Betrieb industrieller Anlagen (z. B. Webereien, Schmiedehämmer) oder einem Baustellenbetrieb (z. B. Rammgeräte, Verdichter, Rüttler, Sprengarbeiten) resultieren. Eine Sonderstellung nehmen Erschütterungen ein, die aus Naturkräften folgen (Wind, Erdbeben, Seegang). Eine weitere große Erschütterungsursache ist der Straßen- und/oder Schienenverkehr. Bodenerschütterungen können zu Belästigungen der Anlieger oder auch zu Schäden an baulichen Anlagen führen. Richtlinie für die Beurteilung von Erschütterungen (auch nach dem Bundes-Immissionsschutzgesetz) ist die DIN 4150. Als maßgebliche Schwingungsgröße für die Beurteilung der Erschütterungswirkung ist dort die Schwinggeschwindigkeit v_i in mm/s der an Fundamenten oder Decken ankommenden Bodenerschütterung genannt. Die Messung erfolgt mittels dreiachsialer Aufnehmer in den drei Hauptschwingungsrichtungen v_x, v_y und v_z. Zur Beurteilung der Wirkung von Erschütterungen auf Gebäude wird die größte Einzelkomponente frequenzabhängigen Anhaltswerten der DIN 4150 gegenübergestellt. Schäden an → Bauwerken können sowohl durch direkte Erschütterungseinwirkung als auch indirekt durch → Setzungen oder Sackungen entstehen, die durch Erschütterung ausgelöst werden.

Die Wahrnehmung von Erschütterungen durch Menschen hängt nicht nur von den verschiedenen Erschütterungskenngrößen ab, sondern ist auch stark subjektiven Maßstäben unterworfen. Die Spürbarkeitsschwelle von Menschen liegt etwa bei $v_i = 0,1$ mm/s. In der DIN 4150, Teil 2 sind bauwerksbezogene Wahrnehmungsstärken in Form von frequenz- und schwinggeschwindigkeitsabhängigen KB-Werten aufgeführt.

Abschirmungsmaßnahmen für erschütterungsempfindliche Bauwerke haben zum Ziel, die Amplitude der oberflächennahen R-Welle zu reduzieren. Eine wirkungsvolle Konstruktion sind mit Luftkissen oder Bentonitsuspension gefüllte Schlitze, die man im Untergrund zwischen Erschütterungsquelle und Bauwerk herstellt. Brücken, über die sich Wellen fortpflanzen können, müssen vermieden werden.　*Meißner/Becker*

Baugrundgutachten. Das B. enthält alle notwendigen bodenmechanischen und gründungstechnischen Angaben für eine Baumaßnahme. Häufig wird es in zwei zeitlich aufeinanderfolgenden Abschnitten ausgearbeitet. Der erste Abschnitt enthält eine Baugrundbeschreibung und die Ergebnisse aus Laboratoriumsuntersuchungen. Darüber hinaus nimmt er zur grundsätzlichen Bebaubarkeit eines Geländes Stellung und gibt Gründungsempfehlungen. Zum Zeitpunkt der Ausarbeitung des zweiten Abschnittes, dem Gründungsgutachten, liegen i. d. R. bereits die Lasten des → Bauwerkes vor. Das Gründungsgutachten enthält die ingenieurmäßigen Nachweise und Schlußfolgerungen für die Gründungsmaßnahme. Ergänzende Aufschlüsse oder Laboratoriumsuntersuchungen können noch erforderlich werden.

Ein B. wird zweckmäßig in die folgenden Abschnitte untergliedert:
– Anlaß, kurze Erläuterung der Zielsetzung,
– verwendete Unterlagen für die Ausarbeitung des Gutachtens,
– Beschreibung des Untergrundaufbaues und der Topographie,
– bodenmechanische Laboratoriums- und Felduntersuchungen; Zusammenstellung der Ergebnisse,
– Beschreibung der Baumaßnahme,
– Stellungnahme zum gründungstechnischen Teil der Baumaßnahme,
– Diskussion alternativer Varianten, Gründungsempfehlung, erdstatische Nachweise.　*Meißner*

Baugrunduntersuchung → Untergrunderkundung

Bauherr. Als B. können Einzelpersonen, Personengemeinschaften, Genossenschaften oder juristische Personen, wie freie oder gemeinnützige Wohnungsunternehmen, öffentliche Körperschaften und Wirtschaftsunternehmen auftreten. Bei Durchführung wichtiger Maßnahmen für die öffentliche Infrastruktur ist die jeweilige Gemeinde B. Der B. sorgt für die Finanzierung, erteilt die Planungs- und Bauausführungsaufträge und trägt das wirtschaftliche Risiko für die gesamte Maßnahme. Der B. kann das in seinem Auftrag errichtete → Gebäude selbst nutzen, vermieten oder verkaufen. Soweit staatliche Förderungsmittel bei der Finanzierung in Anspruch genommen werden, ergeben sich daraus Einschränkungen, z. B. Belegungsbindungen oder Mietobergrenzen. Bei größeren Bauvorhaben, insbes. auch städtebaulichen Projekten, z. B. → Sanierungen, kann der B. Maßnahmeträger einsetzen, die als Treuhänder in eigenem Namen, aber auf Rechnung des B. handeln und dafür bezahlt werden. So kann ein Sanierungsträger oder Entwicklungsträger im Auftrag einer Gemeinde die Finanzierung erbringen, die Erschließung vorbereiten und ausführen und Grundstücke kaufen, die nach Abschluß der Maßnahme, die auch die Bodenordnung einbezieht, jedoch wieder verkauft werden müssen.　*Spengelin*

Bauhöhe. Im Ingenieurbau der vertikale Abstand zwischen der untersten und obersten Begrenzungslinie eines tragenden Bauteils. Bei Eisenbahnbrücken wird der Abstand von Oberkante Schiene bis zur Unterkante der tragenden Konstruktion als B. bezeichnet.

Sedlacek/Scholz

Bauholz. Vorzugsweise aus geeigneten, von Borke und → Bast befreiten Nadelhölzern bestehendes Vollholz, das in DIN 4074 nach der → Tragfähigkeit in drei Sortierklassen (S 7, S 10, S 13), bei visueller Sortierung und in vier Sortierklassen (MS 7, MS 10, MS 13, MS 17), bei maschineller Sortierung unterteilt ist und bestimmten Sortiermerkmalen und -kriterien genügen muß. Für bestimmte Bauwerke kann von Borke und Bast befreites Rohholz als → Baurundholz eingesetzt werden. Wegen der einfacheren Verarbeitbarkeit verwendet man jedoch meist das Bauschnittholz als → Kantholz, → Bohle, → Brett und Latte. *Dröge*

Bauinformatik. Der Einsatz von Computern hat die Arbeitsprozesse bei der Planung, dem Entwurf und der Durchführung von Bauvorhaben grundlegend verändert. Die Querschnittsaufgaben bei den Anwendungen der Informations- und Kommunikationstechnik bilden das eigenständige Fachgebiet B. Die Grundlagen der B. sind die Mathematik, die Informatik und das Bauingenieurwesen. Die Inhalte der B. gliedern sich in die Bereiche Technik, Methoden, Modelle und Prozesse.

□ Die Technik der B. umfaßt die Geräte und Verfahren zur Datenhaltung, Datenverarbeitung und Datenübertragung. Dabei bestehen enge fachliche Bezüge zur technischen und angewandten Informatik. Die typischen Techniken sind:
– Gerätetechnik: Architektur von Arbeitsplatzrechnern, Vektorrechnern und Parallelrechnern, periphere Geräte, Aufbau und Einsatz von Betriebssystemen.
– Programmiertechnik: Programmiersprachen, Programmbibliotheken, Programmentwicklung.
– Datentechnik: Speicherungstechnik, Dateien, Datenverwaltung, Datenübertragung, Datenbanken.
– Kommunikationstechnik: Aufbau und Einsatz von Netzen, Netzwerkbetriebssysteme, verteilte Informationsverarbeitung in Netzen.

□ Die Methoden der B. umfassen theoretische Grundlagen, Datenstrukturen und Algorithmen für fachgebietsübergreifende Aufgaben aus dem Bauingenieurwesen sowie deren Realisierung unter Einsatz der beschriebenen Techniken. Dabei bestehen enge fachliche Bezüge zur angewandten Mathematik und Informatik. Typische Methoden sind:
– Algebraische Methoden: Mengen und Relationen, Vektoren und Matrizen, Tensoren, lineare und nichtlineare Algebra.
– Numerische Methoden: Numerische Interpolation und Approximation, Finite Differenzen, Finite Elemente, Zeitverlaufsverfahren.
– Planungsmethoden: Systemanalyse und Systementwurf, Statistik, Stochastik, Optimierung, Simulation, Entscheidungstheorie.
– Darstellungsmethoden: Textverarbeitung, Graphik, Visualisierung, Technische Zeichnungen, Technische Dokumentation.

□ Die Modelle der B. sind eine Grundlage für eine rechnerunterstützte Bearbeitung von Bauvorhaben. Sie bauen auf den Techniken und Methoden der B. auf. Für die verschiedenen Bereiche des Bauingenieurwesens sind unterschiedliche Modelle erforderlich. Typische Modelle sind CAD-Modelle zum Entwerfen und Konstruieren von Bauwerken, Tragwerksmodelle zur statischen Berechnung und → Bemessung von Bauwerken, Modelle für den technischen Gebäudeausbau, Geländemodelle für geotechnische Maßnahmen und Vorgänge, Simulationsmodelle im Straßen- und Schienenverkehr, Simulationsmodelle im → Küsteningenieurwesen und in der → Wasserwirtschaft sowie Organisationsmodelle für die Durchführung von Bauvorhaben. Die B. befaßt sich mit dem systematischen Entwerfen derartiger Modelle, der schematischen Strukturierung der Modellobjekte, der Integration von Modellkomponenten für technische Normen und Regeln sowie dem Einsatz von Daten- und Methodenbanken. Dabei bestehen enge fachliche Bezüge zur angewandten Informatik und zu allen Fachgebieten des Bauingenieurwesens.

□ Die Prozesse der B. sind eine Grundlage für eine rechnerunterstützte Bearbeitung von Bauprojekten. Für die verschiedenen Phasen der Bearbeitung werden unterschiedliche Modelle eingesetzt. Diese Modelle werden am Rechner erstellt, im Rechner verwaltet und über Kommunikationsnetze zwischen den am Projekt Beteiligten übertragen. Die projektbezogene Kommunikation erfordert eine Standardisierung für den Austausch von Modellen. Dieses ist bereits bei der Modellentwicklung zu berücksichtigen. Typische Prozesse sind Planungsprozesse, Entwurfsprozesse, Konstruktionsprozesse und Ausführungsprozesse. Die B. befaßt sich mit der systematischen Analyse derartiger Prozesse, der schematischen Strukturierung der Abläufe, der Spezifikation von Schnittstellen für den Modellaustausch, der Nutzung verfügbarer Standards und dem Einsatz von Informations- und Kommunikationssystemen bei der Realisierung der Prozesse. Dabei bestehen enge fachliche Bezüge zu allen Fachgebieten des Bauingenieurwesens. *Damrath*

Literatur: *Broy, M.* u. *O. Spaniol* (Hrsg.): Lexikon für Informatik und Kommunikationstechnik. Düsseldorf 1997.

Baukalk. B. sind mineralische → Bindemittel nach DIN 1060. Sie werden im Gegensatz zu → Zement unterhalb der Sintergrenze gebrannt und erhärten nach dem Anmachen mit Wasser vorwiegend durch CO_2-Aufnahme an der Luft. Dies geschieht ausschließlich bei den Luftkalken mit sehr hohem CaO- bzw. MgO-Gehalt. Mit zunehmendem Gehalt an SiO_2, Al_2O_3 und Fe_2O_3 (Zement) und durch den Zusatz von latenthydraulischen (Stoff, latent-hydraulischer) und puzzolanischen Stoffen (→ Puzzolan) entstehen hydraulisch erhärtende Kalke, die nach mehrtägiger Luftlagerung auch unter Wasser erhärten können und höhere Festigkeiten als Luftkalke aufweisen. Zu den Luftkalken gehören Weißkalk, Dolomitkalk und Carbidkalk, zu den hydraulisch erhärtenden Kalken – nach steigender Festigkeit geordnet – Wasserkalk, hydraulischer Kalk und hochhydraulischer Kalk. Der Luftkalk und der Wasserkalk werden gemahlen als gebrannter Feinkalk, der Weißkalk auch als gebrannter Stückkalk geliefert. Sie werden aber i. a. als trocken gelöschtes Kalkhydrat, Weiß- und Carbidkalk, seltener als naß gelöschter Kalkteig verwendet. B. sind Bindemittel für Mauer- und Putzmörtel (→ Mörtel).　*Wesche*

Baukalkprüfung. → Baukalke nach DIN 1060 haben bestimmten Anforderungen an ihre Materialeigenschaften zu genügen. Zu diesen Prüfgrößen gehören die chemische Zusammensetzung, Kornfeinheit, Schüttdichte, Ergiebigkeit, Verarbeitbarkeit, Raumbeständigkeit sowie Druckfestigkeit. Die Einhaltung der geforderten Eigenschaften wird durch regelmäßig durchzuführende Eigen- und Fremdüberwachung überprüft.

Bezüglich der chemischen Zusammensetzung sind Grenzwerte für die Gehalte an Calciumoxid, Magnesiumoxid, Kohlendioxid und Sulfat festgelegt. Referenzverfahren zur Bestimmung dieser Gehalte sind naßchemische Analysen.

Die Kornfeinheit ist durch die Siebrückstände auf den Prüfsieben 0,63 und 0,1 mm charakterisiert. Vor dem Sieben müssen die Kalke – je nach ihrer Handelsform – getrocknet werden.

Die Schüttdichte wird mit Hilfe eines Einlaufgeräts bestimmt. Dabei läßt man das gesiebte Prüfmaterial (Korngröße < 2 mm) über eine Verschlußklappe locker in ein Litergefäß fallen und bestimmt dann das Gewicht des Gefäßinhalts.

Als Ergiebigkeit bezeichnet man das Volumen eines Kalkteigs, bezogen auf 10 kg Feinkalk, das sich aus einem Kalk-Wasser-Gemisch nach dem Ablöschen in einem Löschgefäß ergibt. Die Messung des Volumens wird begonnen, wenn sich der Kalkteig von den Gefäßwandungen abgesetzt hat.

Als Kennwert für die Verarbeitbarkeit gilt die Eindringtiefe, die sich ergibt, wenn ein Meßstab mit einem daran befestigten Fallkörper in einen Kalkmörtelkörper mit vorgegebenem Ausbreitmaß eindringt.

Die Ermittlung der Raumbeständigkeit von Baukalken erfolgt durch Prüfung im Wärmeschrank und durch Prüfung bei Wasserlagerung. Die Prüfung im Wärmeschrank (Luftkalke) gilt als bestanden, wenn die Probekörper nach mehrstündiger Lagerung bei 105 °C fest sind und keine Treibrisse aufweisen. Beim Wasserlagerungsversuch gelten die Kalke als raumbeständig, wenn nach mehrtägiger Lagerung die Probekörper scharfkantig und rissefrei sind und sich nicht erheblich verkrümmt haben.

Bei der Prüfung der Druckfestigkeit mit Hilfe einer Druckprüfmaschine werden Kalkmörtelprismen mit definierten Maßen durch eine kontinuierlich gesteigerte Prüfkraft bis zur Bruchgrenze belastet.

In besonderen Fällen wird nach Vereinbarung eine Prüfung auf Reaktionsfähigkeit beim Löschen von Feinkalken durchgeführt. Diese Prüfung erfolgt durch Messung der bei der Umsetzung mit Wasser einsetzenden Temperaturerhöhung in Abhängigkeit von der

Reaktionsdauer. In DIN 1060 werden keine Anforderungen an die Reaktionsfähigkeit gestellt.

Rehm/Laskowski

Bauklammer. B. (Gerüstklammern) sind aus Flach- oder Rundstahl hergestellte bügelartige Holzverbindungsmittel, die zur Lagesicherung und behelfsmäßigen Verbindung von Hölzern im Dach- und Gerüstbau und bei Bauhilfskonstruktionen verwendet werden. Der Stahl ist an den Enden spitz und umgebogen.　*Dröge*
Literatur: *Halász, R. v.,* u. *C. Scheer* (Hrsg.): Holzbau-Taschenbuch. Bd. 1. 9. Aufl. Berlin 1996.

Baukonzession. Begriff des Vergaberechts gem. §§ 32 und 32 a der Allgemeinen Vergabebestimmungen VOB/C Abschnitt 2. B. sind Bauaufträge zwischen einem Auftraggeber und einem Unternehmer (Baukonzessionär), bei denen die Gegenleistung für die Bauarbeiten statt in einer → Vergütung in dem Recht auf Nutzung der baulichen Anlage, ggf. zuzüglich in der Zahlung eines Preises, besteht (Beispiel: Mautstraßen, Gebührenautobahnen).　*Drees*

Baukoordinierungsrichtlinie, EG-. Richtlinie des Rates der EG vom 26. Juli 1971 über die Koordinierung der Verfahren zur → Vergabe öffentlicher Bauaufträge, geändert durch die Richtlinie des Rates vom 18. Juli 1989. Sie verpflichtet die Mitgliedstaaten der EU, öffentliche Bauaufträge bei einem Gesamtauftragswert der Baumaßnahme, also des gesamten Bauwerks, von 5 Millionen ECU (European Currency Unit) ohne Umsatzsteuer nach den Richtlinien der EG auszuschreiben, um einen gemeinsamen Baumarkt zu schaffen (→ Verfahren, nichtoffenes/offenes, → Verhandlungsverfahren). Die Baumaßnahme ist dem Amt für amtliche Veröffentlichung der EU in Luxemburg zwecks Vorinformation im Amtsblatt der EU mitzuteilen.　*Drees*

Baukunststoff. Kunststoffe prägen unsere gebaute Umwelt in immer höherem Maße. Sie sind wegen ihrer vielfältigen positiven und oft einzigartigen Eigenschaften ein fester Bestandteil der im Bereich des Ingenieurwesens einzusetzenden Werkstoffe. Nicht zuletzt tragen sie in vielen Einsatzbereichen im Bauwesen zur Einsparung von Energie und Rohstoffen bei. Insgesamt werden rd. 25% der Kunststoffproduktion im Bauwesen eingesetzt, mengenmäßig überwiegend im Bereich des Ausbaues, z. B. Dämmung, → Dichtung, sanitäre und elektrische Installation, Bodenbeläge und → Anstriche. Im Bereich der tragenden → Bauteile haben sie bisher Bedeutung erlangt für Dächer (Sandwichplatten, Profilplatten, Schalen, → Faltwerke, Lichtkuppeln), Wände (Sandwichplatten, Schaumbetonplatten, Lichtwände, Fassadenplatten), Traglufthallen, → Silos, Flüssigkeitsbehälter, Schwimmbecken, Ab- und Zuluftkamine, → Türme (Funktechnik, Signalwesen), Radome, bauwerkartige Verkehrszeichen, Rohrleitungen u. a. Im Bereich der Instandsetzung geschädigter Bauteile, insbes. aus → Stahlbeton und Naturstein, werden zunehmend Reaktionsharzmörtel, Injektionsharze und hydrophobierende Imprägniermittel verwendet.

Trotz vielfältiger Vorteile der Kunststoffe, z. B. fast völlige Freiheit der Formgebung, Eignung zum Leichtbau, chemische Beständigkeit, setzen aufwendige und anspruchsvolle Berechnungsverfahren und vor allem Kostengründe bisher eindeutige Grenzen der Einsatzmöglichkeiten im konstruktiven Bauwesen. Den spezifischen Eigenschaften angepaßte gestalterische und konstruktive Neuentwicklungen erweitern den Bereich jedoch ständig. Entwicklungsrichtungen sind außerdem durch anwendungsbezogene Forschungen auf den Gebieten Sandwichanwendungen, hochfeste Faserverstärkungen, beschichtete Chemiefasergewebe und verstärkte Schaumstoffe gekennzeichnet. Der deutliche Preisrückgang bei hochfesten Kunststoffasern (Aramidfaser) und Kohlenstoffasern läßt den Einsatz technisch sehr interessanter, jedoch z. Z. noch als „exotisch" bezeichneter Materialien im Bauwesen der nächsten Jahrzehnte möglich erscheinen. Für zahlreiche Anwendungsfälle, vor allem für tragende Bauteile, kombiniert man die reinen Polymere mit Füll- und Verstärkungsstoffen anorganischer Art, z. B. Mehle, Sande, Fasern. Wegen des großen Einflusses der als kontinuierliche Phase vorliegenden Kunststoffe auf die Eigenschaften der Verbundwerkstoffe werden diese Verbundwerkstoffe, deren volumenmäßiger Polymeranteil meist wesentlich geringer als der der Füll- und Verstärkungsstoffe ist, technologisch, wirtschaftlich, bauaufsichtlich und im Sprachgebrauch ebenfalls als Kunststoffe behandelt.

Für tragende Bauteile setzt man Kunststoffe im Bauwesen bisher nur in vergleichsweise geringem Umfange ein. Die Gründe hierfür sind vielfältig; sie sind jedoch alle mit den technischen Eigenschaften verknüpft:

☐ Kunststoffe gelten bauaufsichtlich allgemein als neuartig und unbewährt. Es sind daher Zulassungen für Baustoffe bzw. Bauteile oder Zustimmungen im Einzelfall erforderlich, die zu ihrer Erlangung erhebliche Kenntnisse der Eigenschaften sowie zeit- und kostenaufwendige Prüfungen erfordern.

☐ Zur Beschreibung der mechanischen Eigenschaften reichen die bei traditionellen Baustoffen üblichen „Einpunkt"-Kennwerte, z. B. Festigkeit, → Elastizitätsmodul, nicht aus. Auch bei normalen Gebrauchsbedingungen bestehen komplexe Zusammenhänge zwischen Spannung, Verformung, Zeit und Temperatur. Für die Bemessung von Bauteilen benötigt man weitgehende Informationen über dieses mehrdimensionale Kennfeld. Einfache Kennwerttabellen und Angaben über zulässige Spannungen oder Verformungen sind daher für konkrete Bemessungsfälle i. d. R. nicht anwendbar.

☐ Die Kenntnisse der entwerfenden Architekten und der konstruierenden und berechnenden Bauingenieure auf dem Kunststoffgebiet sind mehrheitlich außerordentlich gering. Dies hängt direkt mit der Vielfalt der Stoffe und ihrer Eigenschaften zusammen, die die des gesamten übrigen Baustoffbereiches bei weitem übertrifft.

☐ Kunststoffbauteile werfen Probleme hinsichtlich konstruktiver Durchbildung und Bemessung auf. Wegen grundsätzlich andersgearteter Eigenschaften sind bewährte konstruktive Grundsätze und Berechnungsverfahren häufig nicht anwendbar. Sie müssen dann auf Grund der Stoffeigenschaften mit oft hohem Aufwand neu erarbeitet werden.

Bei Prüfung in Raumklima und zügiger Beanspruchung, d. h. bei den üblichen Laborversuchen, erreichen Kunststoffe Festigkeiten, die im Bereich der Festigkeiten üblicher Baustoffe liegen (Bild 1). Wegen des starken Einflusses der Temperatur auf die Molekülbeweglichkeit ist jedoch eine deutliche Abhängigkeit von der Temperatur vorhanden. Auch die üblichen Baustoffe zeigen bereits im Bereich der normalen Gebrauchstemperaturen, d. h. etwa zwischen −30 °C und +80 °C, temperaturbedingte Festigkeitsunterschiede. Auf die übliche Prüftemperatur bezogen sind die Festigkeitsunterschiede jedoch so gering, daß sie in die jeweiligen Sicherheitsbeiwerte eingearbeitet werden konnten; dies ist bei bauüblichen Kunststoffen wegen zu großer Abweichungen nicht mehr möglich. Auch innerhalb einer Kunststoffart können erhebliche Unterschiede in der Wärmestandfestigkeit auftreten. Der Abfall der Festigkeit im Laufe von Dauerstandbelastungen ist bei allen Kunststoffen bei doppelt-logarithmischer Darstellung über die Zeit etwa linear (Bild 2). Die Dauerstandfestigkeit muß daher als Zeitstandfestigkeit unter festgelegten Umweltbedingungen angegeben werden, da auch nach Jahren ein asymptotischer Verlauf der Zeitstandfestigkeitskurven noch nicht eindeutig erkennbar wird und theoretisch eine Spannung, die unendlich lange ertragen werden kann, nicht ableitbar ist. Bei niedrigen Dauerspannungen im Vergleich zur Kurzzeitfestigkeit kann mit den bei traditionellen Baustoffen üblichen Lebensdauern gerechnet werden, sofern besondere Alterungserscheinungen und chemische

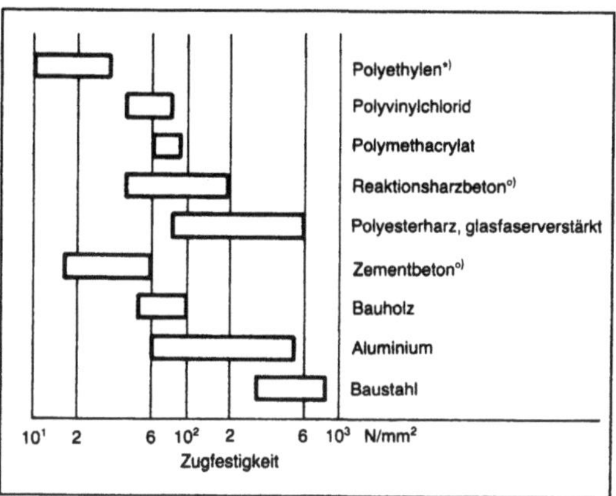

Baukunststoff 1: Festigkeiten wichtiger Baustoffe.

*) Streckgrenze, °) Druckfestigkeit

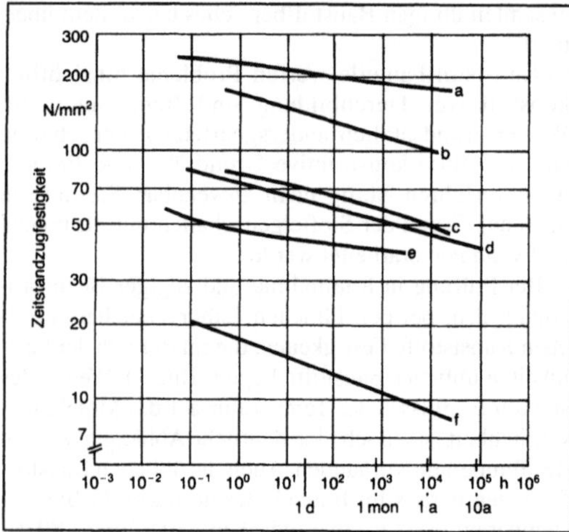

Baukunststoff 2: Zeitstandverhalten von Kunststoffen.
a GF-EP (Gewebe), b GF-UP 1 (Matte), c GF-UP 2 (Matte),
d PMMA, e PVC-hart, f PE-hart

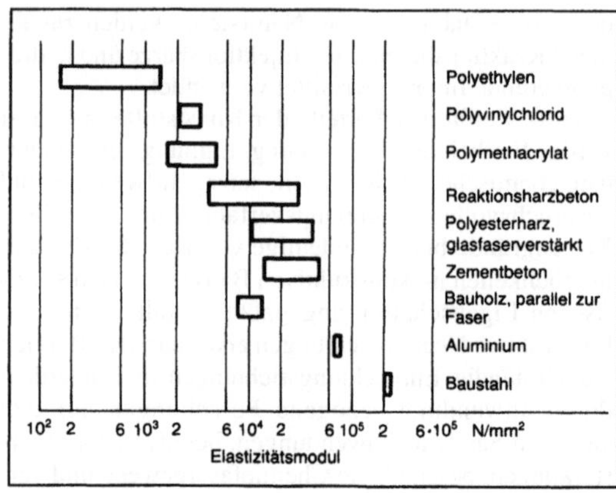

Baukunststoff 3: Elastizitätsmoduln wichtiger Baustoffe.

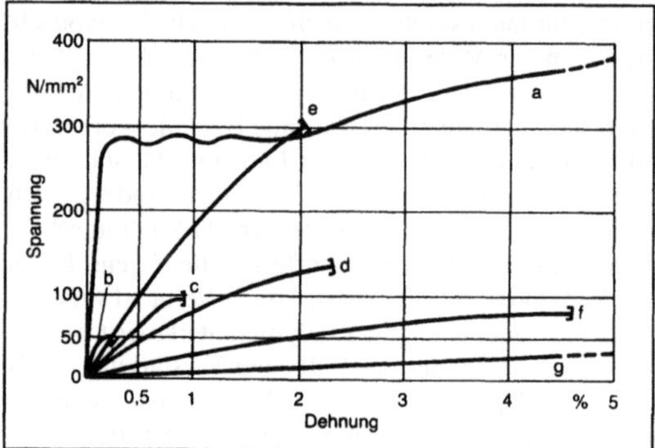

Baukunststoff 4: Spannungs-Dehnungs-Linien wichtiger Baustoffe.

Raumtemperatur, zügige Belastung, Beton druckbeansprucht,
übrige Baustoffe zugbeansprucht
a Baustahl St 37, b Beton, c Holz, d GFK 1, e GFK 2, f PMMA,
g PE

Angriffe nicht zu erwarten sind. Schwierigkeiten bei der Ermittlung zulässiger Dauerbeanspruchungen bestehen wegen des hohen Aufwandes für Langzeitversuche.

Der Elastizitätsmodul von reinen Kunststoffen ist bereits bei Raumtemperatur vergleichsweise klein. Es lassen sich jedoch durch mineralische Füll- und Verstärkungsstoffe (Quarzsand, Glasfasern) je nach volumenmäßigem Anteil erhebliche Steigerungen erzielen (Bild 3). Die für tragende Bauteile verwendeten Kunststoffe weisen ein sprödes Bruchverhalten auf. Dies bedeutet das Fehlen eines horizontalen bzw. abfallenden Astes der Spannungs-Dehnungs-Linie. Dieser Bereich ist z. B. bei üblichem Baustahl zweimal vorhanden: an der Streckgrenze sowie im Bereich der Höchstlast. Auch der bei Zugbeanspruchung rein spröde Beton weist bei Druckbeanspruchung einen horizontalen und abfallenden Ast der Spannungs-Dehnungs-Linie auf (Bild 4). Diese auf innere Rißbildungen zurückzuführende scheinbare Plastizität kann man genauso wie die von Stahl technisch nutzen. Bei den spröden Kunststoffen dagegen können örtliche Spannungsspitzen nicht durch Fließen oder Mikrorißbildungen abgebaut werden. Zwar treten durch Kriecherscheinungen im Laufe der Zeit Spannungsumlagerungen auf. Rasche Laststeigerungen können jedoch im Bereich von Lasteinleitungsstellen, Kanten, → Kerben usw. zu plötzlich auftretenden Rißschäden führen. Hierauf ist durch geeignete konstruktive Maßnahmen Rücksicht zu nehmen.

Die Wärmedehnungskoeffizienten reiner Kunststoffe sind etwa 5–20mal so groß wie die von Stahl und Beton (Bild 5). Dies kann je nach konstruktiver Verbindung zwischen den verschiedenen Baustoffen zu hohen Zwängungsspannungen führen. Durch den Ein-

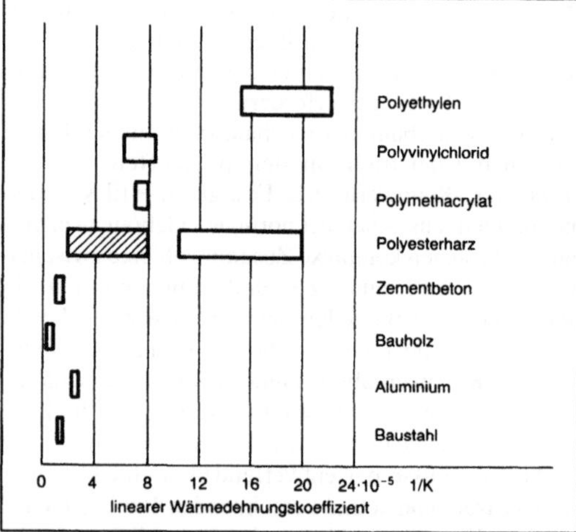

Baukunststoff 5: Wärmedehnung wichtiger Baustoffe.
▨ glasfaserverstärkt

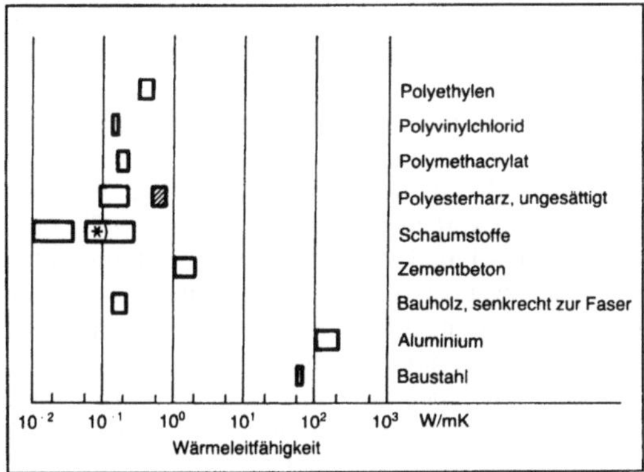

Baukunststoff 6: Wärmeleitfähigkeit wichtiger Baustoffe.

▨ glasfaserverstärkt, *) gefüllt mit Leichtzuschlag

fluß silikatischer Füll- und Verstärkungsstoffe sinkt der Wärmedehnungskoeffizient stark ab. Die Wärmeleitfähigkeiten sind relativ klein (Bild 6). Bei ungefüllten Stoffen liegen sie in der Größenordnung von → Bauholz, bei gefüllten und verstärkten im Bereich des → Zementbetons. Die Abhängigkeit von der Temperatur ist unbedeutend. Zahlreiche Kunststoffe sind schäumbar. Bei hohen Luftgehalten und entsprechend niedrigen Rohdichten ergeben sich äußerst niedrige Wärmeleitfähigkeiten. Zahlreiche weitere Eigenschaften sind für den Einsatz von Kunststoffen in den sehr unterschiedlichen Anwendungsbereichen des Bauwesens von Bedeutung, z. B. Temperatur-Zeit-Verhalten, chemische und biologische Widerstandsfähigkeit, Diffusionsverhalten, elektrische und dielektrische Eigenschaften, optische Eigenschaften und Alterungsverhalten. *Sasse*

Literatur: *Wesche, K.*: Baustoffe für tragende Bauteile. Bd. 4: Holz und Kunststoffe. 2. Aufl. Wiesbaden 1987.

Baulärm. B. ist der von → Baustellen hauptsächlich durch den Betrieb von Baumaschinen und -geräten verursachte → Lärm. Kennzeichnend für B. sind die im allgemeinen zeitliche Begrenztheit des Baustellenbetriebs und die vorwiegend im Freien stattfindenden geräuschintensiven Arbeitsabläufe. Einerseits sind daher die Anwohner einer Baustelle dem davon ausgehenden B. nur eine begrenzte, absehbare Zeit ausgesetzt, andererseits können aber auch wegen des quasi-mobilen Freiluftbetriebs an die Emissionsminderung nicht die spezifisch gleichen Anforderungen wie an eine entsprechende stationäre Anlage gestellt werden, bei der in der Regel Einhausungsbedingungen mit sehr viel weitergehenden Geräuschabschirmmaßnahmen üblich sind.

Baumaschinen/-geräte – und auch Baustellen – sind nicht genehmigungsbedürftige Anlagen i. S. des BImSchG und unterliegen insbesondere hinsichtlich ihres Betriebs der Verpflichtung zur Einhaltung des Standes der Technik zur Emissionsminderung und zur Beschränkung der nicht in vollem Umfang vermeidba-

ren schädlichen Umwelteinwirkungen durch von ihnen ausgehenden B. Zur Konkretisierung und Erreichung dieser Ziele dienen folgende Vorschriften:
– die Baumaschinenlärm-Verordnung (15. BImSchV)
– die Allgemeinen Verwaltungsvorschriften (VwV) zum Schutz gegen Baulärm:
VwV Emissionsrichtwerte/Emissionswerte,
VwV Emissionsmeßverfahren und
VwV Geräuschimmissionen.

□ **Emissionsanforderungen.** Nach der 15. BImSchV dürfen Baumaschinen nur in den Verkehr gebracht werden, wenn
– sie zulässige – in EG-Richtlinien, die durch die Aufnahme in die Verordnung in nationales Recht transformiert worden sind, festgesetzte – Schalleistungspegel nicht überschreiten,
– für den Baumaschinentyp eine EG-Baumusterprüfbescheinigung vorliegt,
– eine EG-Übereinstimmungsbescheinigung beigefügt ist und
– die Maschine mit einer (dauerhaften) EG-Kennzeichnung versehen ist.

Durch in § 3 der Baumaschinenlärm-Verordnung genannte EG-Richtlinien sind als zulässige Emissionswerte Schalleistungspegel festgesetzt für Motorkompressoren, → Turmdrehkräne, Schweißstromerzeuger, Kraftstromerzeuger, handbediente Betonbrecher, Abbau-, Aufbruch- und Spatenhämmer sowie für → Hydraulikbagger, → Seilbagger, Planiermaschinen, → Lader und → Baggerlader.

Ist eine Baumaschine in Verkehr gebracht, so können für deren Betrieb keine Maßnahmen aus der Baumaschinenlärm-Verordnung mehr veranlaßt werden. Die durch diese Verordnung gesetzten Schalleistungspegel können aber neben den in den VwV: Emissionsrichtwerte/Emissionswerte genannten und nach der VwV: Emissionsmeßverfahren ermittelten Emissionspegeln im Einzelfall Hinweise auf den Stand der Lärmminderungstechnik geben; dies gilt insbesondere für die in den VwVen beschriebenen erhöhten Anforderungen an den → Schallschutz, die einer Unterschreitung der nach den VwVen normalerweise anzuwendenden Emissionspegel von mindestens 5 dB(A) entsprechen. Eine Anpassung der VwV: Emissionsrichtwerte/Emissionswerte, die für Drucklufthämmer, Betonmischeinrichtungen und Transportbetonmischer, → Radlader, → Kompressoren, → Betonpumpen, → Planierraupen, Kettenlader, → Bagger und → Krane in den Jahren von 1971 bis 1976 erlassen worden sind, an die entsprechenden EG-Richtlinien erscheint geboten, um die Kluft zwischen dem Stand der Technik beim Inverkehrbringen einerseits und beim Betrieb der Maschinen andererseits zu schließen.

□ → **Immissionsrichtwerte.** Die VwV Geräuschimmissionen vom 19. August 1970 (Beilage zum Bundesanzeiger Nr. 160 vom 1.9.1970) – die noch an das durch das BImSchG 1974 aufgehobene Gesetz zum Schutz gegen B. von 1965 anknüpft – setzt Immissionsrichtwerte für tags und nachts (20 Uhr bis 7 Uhr) in Abhängigkeit von dem bauplanungsrechtlichen Nutzungscharakter der zu schützenden Gebiete (Baugebiete) fest, die weitgehend den Immissionsrichtwerten der → TA Lärm entsprechen. Das vorgeschriebene Verfahren zur Ermittlung des Beurteilungspegels stimmt ebenso weitgehend mit dem in der TA Lärm beschriebenen Verfahren überein. *Strauch*

Bauleistung. Gemäß § 1 der → Verdingungsordnung für B. (VOB), Tl. A, gilt:
□ B. sind Bauarbeiten jeder Art mit oder ohne Lieferung von Stoffen und Bauteilen.
□ Lieferung und Montage maschineller Einrichtungen sind keine B. *Drees*

Bauleistungskalkulation → Kalkulation

Bauleiter. Fachmann, meist Bauingenieur oder Architekt, verantwortlich für die vertragsgemäße Ausführung der → Bauleistung sowie Organisation und Überwachung der Bauausführung. Als B. des Auftraggebers übernimmt er die → Objektüberwachung gemäß § 15 Abs. 2 Nr. 8 HOAI; als verantwortlicher B. gemäß Landesbauordnung ist er dafür verantwortlich, daß die genehmigte Planung ausgeführt wird.

Als B. des Unternehmers hat er die Bauleistung unter eigener Verantwortung nach dem Vertrag auszuführen und dabei die anerkannten Regeln der Technik sowie die behördlichen Bestimmungen zu beachten. Er hat für Ordnung auf seiner Arbeitsstelle zu sorgen und ist für die Erfüllung der gesetzlichen, behördlichen und berufsgenossenschaftlichen Verpflichtungen gegenüber seinen Arbeitnehmern allein verantwortlich. *Drees*

Bauleitplanung. Bauleitpläne sind das wichtigste Instrument zur Regelung sämtlicher Nutzungsnotwendigkeiten bzw. Nutzungsansprüche innerhalb der gesamten Gemeindefläche. Sie sollen „eine geordnete städtebauliche Entwicklung und eine dem Wohl der Allgemeinheit entsprechende sozialgerechte Bodennutzung gewährleisten und dazu beitragen, eine menschenwürdige Umwelt zu sichern und die natürlichen Lebensgrundlagen zu schützen und zu entwickeln" (§ 1 → Baugesetzbuch). Der bei einer Novellierung des BauGB eingefügte Satz „Mit Grund und Boden soll sparsam und schonend umgegangen werden" hat insbesondere unter dem Aspekt der ökologischen → Stadtplanung in den letzten Jahren erhöhte Bedeutung erlangt. Die Bauleitpläne werden als wichtige Aufgabe der gemeindlichen Selbstverwaltung (→ Planungshoheit) vom Gemeinderat als Satzung beschlossen und haben damit Gesetzeskraft. Sie können nur auf dem gleichen (langwierigen) Weg geändert werden, auf dem sie zustande kommen. Die Gemeinde muß die Bürger möglichst frühzeitig über Ziele und voraussichtliche Auswirkungen der Planung unterrichten; dabei sollen – wenn möglich – Planungsalternativen in die Erörterung

einbezogen werden. Während der vorgeschriebenen öffentlichen Auslegung kann jedermann Bedenken und Anregungen vortragen, die geprüft und ggf. berücksichtigt werden müssen. Die Träger öffentlicher Belange sind zu beteiligen. Man unterscheidet zwei Stufen mit unterschiedlicher Genauigkeit und Verbindlichkeit: den vorbereitenden Bauleitplan (→ Flächennutzungsplan) und den verbindlichen Bauleitplan (→ Bebauungsplan). Die Bauleitpläne müssen sich den Zielen der → Landesplanung bzw. → Regionalplanung anpassen sowie übergeordnete Fachplanungen von Bund und Land berücksichtigen. Sie müssen mit den Nachbargemeinden abgestimmt werden. Der Flächennutzungsplan sowie Bebauungspläne, die nicht auf Grund eines rechtskräftigen Flächennutzungsplanes erstellt werden, bedürfen der Genehmigung der höheren Verwaltungsbehörde. Alle übrigen Bebauungspläne sind der höheren Verwaltungsbehörde anzuzeigen, die das ordnungsgemäße Zustandekommen und die Übereinstimmung mit dem BauGB und den einschlägigen Rechtsvorschriften überprüft. Der Bundesminister für Raumordnung, Bauwesen und Städtebau wurde vom Gesetzgeber ermächtigt, Verordnungen über Darstellungen und Festsetzungen in den Bauleitplänen zu erlassen (→ Baunutzungsverordnung, → Planzeichenverordnung). *Spengelin*
Literatur: *Bihr/Veil/Marzahn*: Die Bauleitpläne. Stuttgart 1971.

Baumangel. Der Begriff des Mangels bei Bauarbeiten ist aus § 13 Nr. 1 VOB/B abzuleiten. Danach liegt ein B. vor, wenn die → Bauleistung
– nicht die vertraglich zugesicherten Eigenschaften hat
– nicht den anerkannten Regeln der Technik entspricht
– mit Fehlern behaftet ist, die den Wert oder die Tauglichkeit zu dem gewöhnlichen oder dem nach dem Vertrag vorausgesetzten Gebrauch aufheben oder mindern.

Wenn einer der aufgeführten Merkmale zum Zeitpunkt der → Abnahme einer Bauleistung vorliegt, dann handelt es sich um einen Gewährleistungsmangel.
Olshausen

Baumassenzahl → Dichtewert

Baumkante. B. (Fehlkante, Waldkante) ist bei Schnittholz der an den Längskanten sichtbare, beim → Einschnitt stehengelassene gerundete Teil der ursprünglichen Stammoberfläche. Die zulässigen Abmessungen der B. sind in DIN 4074 festgelegt. *Dröge*

Baunutzungsverordnung (BauNVO). Die B. wurde 1962 vom BMBau auf Grund des Bundesbaugesetzes erlassen und seither wiederholt novelliert (Tabelle). Wesentlicher Inhalt sind die Vorschriften über Art und Maß der baulichen Nutzung, jeweils differenziert nach → Bauflächen und Baugebieten. Um ein ausgewogenes, den unterschiedlichen Bedürfnissen städtischer Funktionen entsprechendes Verhältnis von bebauten und unbebauten Flächen zu gewährleisten, sind insbes. die in den §§ 16–21 festgelegten → Dichtewerte von

Baunutzungsverordnung. Tabelle: Obergrenzen für die Bestimmung des Maßes der baulichen Nutzung (Quelle: BauNVO § 17, Fassung Jan. 1990).

Baugebiete	Grundflächenzahl (GRZ)	Geschoßflächenzahl (GFZ)	Baumassenzahl (BMZ)
Kleinsiedlungsgebiete (WS)	0,2	0,4	–
reine Wohngebiete (WR) allgemeine Wohngebiete (WA) Ferienhausgebiete	0,4	1,2	–
besondere Wohngebiete (WB)	0,6	1,6	–
Dorfgebiete (MD) Mischgebiete (MI)	0,6	1,2	–
Kerngebiete (MK)	1,0	3,0	–
Gewerbegebiete (GE) Industriegebiete (GI) sonstige Sondergebiete	0,8	2,4	10,0
Wochenendhausgebiete	0,2	0,2	–

Bedeutung. Dabei wird nach Grundflächenzahl (GRZ), dem Verhältnis von Grundstücksfläche zur bebauten Fläche, Geschoßflächenzahl (GFZ), dem Verhältnis von Grundstücksfläche zur Summe der Flächen aller Vollgeschosse, und – bei Bauvorhaben, in denen die Anwendung der Geschoßflächenzahl nicht sinnvoll ist – nach Baumassenzahl (BMZ), dem Verhältnis von Grundstücksfläche zum umbauten Raum, unterschieden. Die sehr differenzierte, auf die Anzahl der Vollgeschosse bezogene Festsetzung von Höchstgrenzen der Ausnutzung, die die B. ursprünglich kennzeichnete, wurde bei der letzten Novellierung durch eine neue Festsetzung ersetzt, die sich lediglich auf die Baugebiete insgesamt bezieht (→ Baufläche, Baugebiet).

Nach wie vor enthält die B. die Möglichkeit, die GFZ über die in der Tabelle enthaltenen Grenzwerte hinaus zu erhöhen, wenn besondere städtebauliche Gründe dies erfordern, die Überschreitungen durch Umstände ausgeglichen sind oder durch Maßnahmen ausgeglichen werden, durch die sichergestellt ist, daß die allgemeinen Anforderungen an gesunde Wohn- und Arbeitsverhältnisse nicht beeinträchtigt, nachteilige Auswirkungen auf die Umwelt vermieden und die Bedürfnisse des Verkehrs befriedigt werden, und sonstige öffentliche Belange nicht entgegenstehen.

Auch in Gebieten, die 1962 überwiegend bebaut waren, können die Obergrenzen überschritten werden, wenn städtebauliche Gründe dies erfordern. Des weiteren ist eine Überschreitung möglich, wenn besondere Leistungen zur Unterbringung der Kraftfahrzeuge unternommen werden. Darüber hinaus werden die Begriffe offene und geschlossene Bauweise definiert. Die B. ist für die Behörden verbindlich, den einzelnen Bürger betrifft sie nur indirekt über die Festsetzungen des → Bebauungsplanes. *Spengelin*

Bauordnung.

Landesbauordnungen. Es gibt in der Bundesrepublik Deutschland kein einheitliches → Baurecht. Das Bauordnungsrecht bleibt nach dem Gutachten des Bundesverfassungsgerichts vom 16.6.1954 (BVerfGE Bd. 3, 407) der Gesetzgebung der Länder und Stadtstaaten vorbehalten. Diese Aufspaltung der Zuständigkeiten verhinderte nicht nur die Rechtsvereinheitlichung, sondern stellte den Bundesgesetzgeber zugleich vor die Notwendigkeit einer sachlichen und administrativen Verzahnung (→ Baugesetzbuch §§ 30–37). Die B. gehen auf die seit Anfang des 19. Jahrhunderts erlassenen (örtlichen) Baupolizeiordnungen, die insbes. für → Sicherheit und Hygiene sorgten, zurück. Die heute gültigen Landesgesetze, die zwar einmal eine gemeinsame Musterbauordnung (1960) zum Vorbild hatten, weisen allerdings sowohl strukturell als auch inhaltlich teilweise beträchtliche Verschiedenheiten auf. Sie enthalten ordnungsrechtliche Anforderungen an die Errichtung, bauliche Änderung, Nutzungsänderung, Instandhaltung und den Abbruch der einzelnen baulichen Anlagen und beziehen in diesem Zusammenhang auch das Baugrundstück ein. Wichtige Vorschriften beziehen sich auf Anforderungen an die Bauausführung, an Baustoffe und Bauarten sowie an die Sicherheit (→ Brandschutz, Rettungswege im Gebäude, → Schall-, → Wärme- und Erschütterungsschutz usw.) sowie die Wahrung sozialer Belange. Schließlich obliegt ihnen die Aufgabe, die Anforderungen durchzusetzen, die nach den planungsrechtlichen und sonstigen öffentlichen Vorschriften an bauliche Anlagen gestellt werden. Insbesondere regeln die B. auch das Genehmigungsverfahren durch die Bauaufsichtsbehörden (Bauantrag und Bauvorlagen). In Ergänzung und parallel zum Städtebaurecht des Baugesetzbuches regeln die B. Grenzabstände und Abstände von Gebäuden untereinander, die Erhaltung von Bäumen, die Einrichtung von Kinderspielplätzen, den Brand-, Wärme-

und → Schallschutz usw. Auf ihrer Basis können auch besondere Anforderungen an die Baugestaltung (Gestaltungssatzung, Gestaltungsverordnung) von der Gemeinde erlassen werden. *Spengelin*
Literatur: Die Bauordnungen der Deutschen Bundesländer und die entsprechenden Kommentare.

Brandschutz. Die Landes-B. ist die wichtigste Vorschrift innerhalb der bauaufsichtlichen Brandschutzforderungen; sie ist ein Gesetz und jeweils unmittelbar wirksames Recht. Vorschriften der B. gelten auch dann, wenn bei der Errichtung baulicher Anlagen im Bauschein z. B. nicht auf die Beachtung der einen oder anderen Bestimmung ausdrücklich hingewiesen wird. Zusätzlich zu den Landes-B. bestehen Durchführungsverordnungen für übliche bauliche Anlagen und Sonderverordnungen für bauliche Anlagen besonderer Art oder Nutzung. Die wichtigsten Durchführungsverordnungen sind die Bauvorlagen-VO und die Allgemeine Durchführungs-VO bzw. die erste Durchführungs-VO zur B. Dort wird u. a. festgelegt, wie Brandschutznachweise zu erbringen sind. Unter den Sonderverordnungen sind die Versammlungsstätten-VO, die Schulbaurichtlinien und die Richtlinien über die bauaufsichtliche Behandlung von Hochhäusern zu finden. Die Gesetze und Verordnungen werden durch technische Baubestimmungen und durch Verwaltungsvorschriften ergänzt. Für den → Brandschutz ist die Richtlinie für die Verwendung brennbarer Baustoffe im Hochbau von besonderer Wichtigkeit. DIN 4102 zeigt, wie den Anforderungen der B. usw. entsprochen werden kann. *Kordina*
Literatur: DIN 4102. Tl. 2 u. 4. – *Kordina* u. *Meyer-Ottens*: Beton-Brandschutz-Handbuch. Düsseldorf 1981. – Holz-Brandschutz-Handbuch. DGfH Berlin, 1994.

Bauphysik. Leistungen für die Planung, Überwachung und Messung physikalischer Anforderungen und Eigenschaften von → Bauwerken gem. Teil X und XI der → HOAI (§§ 77 bis 90 HOAI). Die B. umfaßt die thermische B. (→ Wärme- und Kondensatfeuchteschutz), → Schallschutz und Raumakustik. Sie ist insbesondere bei Hochbauten als Planungsleistung üblich geworden, um das Bauwerk optimal zu gestalten und Baumängel, die oft auf bauphysikalische Unkenntnisse zurückgehen, zu vermeiden. Die B. ist besonders durch die Notwendigkeit der → Energieeinsparung hervorgetreten. *Drees*

Baupreisrecht. Zusammenfassende Bezeichnung von gesetzlichen Regelungen, die die Preisermittlung und Preisfestsetzung bei öffentlichen oder überwiegend mit öffentlichen Mitteln finanzierten Bauaufträgen betreffen. Das B. gibt dem öffentlichen Auftraggeber das Recht, preisregulierend in die Vertragsgestaltung einzugreifen, soweit Baupreise nicht durch Wettbewerb zustande gekommen sind. Das B. ist im Zusammenhang mit § 24 Nr. 3 VOB/A zu sehen. Hiernach ist es dem öffentlichen Auftraggeber nicht gestattet, Preis-

verhandlungen mit Bietern zu führen. Im März 1972 wurden von den öffentlichen Auftraggebern neue Bestimmungen zu den Baupreisen erlassen. Der Form nach besteht das B. 1972 aus:
☐ der Verordnung PR Nr. 1/72 über die Preise für → Bauleistungen bei öffentlichen oder mit öffentlichen Mitteln finanzierten Aufträgen vom 6. März 1972,
☐ der Anlage zur Verordnung Nr. 1/72 vom 6. März 1972 „Leitsätze für die Ermittlung von Preisen für Bauleistungen aufgrund von Selbstkosten (LSP-Bau)" und
☐ der Begründung:
– zur Verordnung Nr. 1/72 vom März 1972 (Bundesanzeiger Nr. 49 vom 10.3.1972),
– zu den Leitsätzen (LSP-Bau) (Bundesanzeiger Nr. 49 vom 10.3.1972),
– Bekanntmachung des Bundesministers für Wirtschaft und Finanzen LSP-Bau vom 9.3.1972 (Bundesanzeiger Nr. 54 vom 17.3.1972). *Drees*

Baurecht. B. ist eine umfassende Bezeichnung für sehr unterschiedliche Rechtsverhältnisse. Sie beinhaltet sowohl die rechtlichen Beziehungen zwischen dem Bürger und den mit Baufragen befaßten Behörden als auch insbesondere die Rechtsbeziehungen, die zwischen den Baubeteiligten untereinander bestehen, also die Verträge, die zwischen dem → Bauherrn und dem → Bauunternehmer, dem Bauherrn und dem Architekten oder Ingenieur als Sonderfachmann abgeschlossen werden. Man unterscheidet demgemäß zwischen „öffentlichem" und „privatem" B. als klar getrennten Gebieten mit unterschiedlichem Regelungszweck. Während sich das öffentliche B. mit hoheitlichem Handeln gegenüber einzelnen oder Gruppen von Bürgern befaßt, wie z. B. der baulichen Ordnung im Rahmen der Gemeinschaft, darunter vornehmlich dem Bodenrecht, dem → Städtebau und den → Bauordnungen, bezieht sich das private B. auf das Bauen des einzelnen mit Hilfe anderer, also auf die Bauvergabe und die Bauvertragsgestaltung sowie die Abwicklung geschlossener → Bauverträge im Verhältnis des Auftraggebers zum Auftragnehmer.

Hierher gehören auch die Verträge, die der Auftraggeber mit Sonderfachleuten im Einzelfall abschließt, z. B. mit Architekten und Ingenieuren. Dabei handelt es sich um reines Privatrecht, d. h., die Verhandlungs- und Vertragsparteien stehen sich in gleichberechtigter Partnerschaft gegenüber. Dasselbe gilt nicht zuletzt auch für Verträge über Bauten der öffentlichen Hand, die dem Unternehmer hier nicht in hoheitlicher Form, sondern als gleichberechtigter und -verpflichteter Partner gegenübertritt. *Korbion/Hochstein*
Literatur: *Korbion/Hochstein*: VOB-Vertrag Düsseldorf 1994.

Baurundholz. Gerade gewachsene Baumstammabschnitte aus geeigneten Nadelhölzern, die von → Ästen, Borke und → Bast befreit sind und bestimmten, in DIN 4074 geregelten Güteansprüchen genügen. B. wird u. a. überwiegend ohne weitere größere Bearbeitung im

→ Grundbau, Gerüstbau und landwirtschaftlichem Bauwesen verwendet. *Dröge*

Bauschutt. B. ist unter den Oberbegriff → Bauabfall eingeordnet und besteht aus → Abfällen, die beim Abbruch oder Abriß von → Bauwerken oder → Bauteilen des Hoch- und Tiefbaus anfallen. In Abhängigkeit vom Alter (bauzeittypische Baumaterialien) und der Konstruktionsweise (Massiv-, Stahl-, Holz-, Fertigbau) des Bauwerks unterscheidet sich die Zusammensetzung des Abbruchmaterial-Konglomerats erheblich. Die B.-Inhaltsstoffe sind im wesentlichen Mauerwerks-, Beton- und Stahlbetonteile, Stahlkonstruktionsteile (Profilstahl), Holzkonstruktionsteile (→ Balken, → Pfetten, → Bohlen, → Bretter), Metall- und Kunststoffrohrleitungen, Sanitär- und sonstiges Keramikmaterial, Dacheindeckungsmaterialien (Dachziegel, Zementdachpfannen, Teer-, Bitumen-, Kunststoffbahnen, Asbestzementplatten), Fußbodenbeläge (PVC-, Teppichboden), Fensterglas, Einbauteile aller Art je nach Zweckbestimmung des Bauwerks (Wohnhaus, Geschäftshaus, Gewerbe- oder Fabrikbetrieb, woraus auch art- oder produktionsspezifische Schadstoffbelastungen von Bau- und Einbauteilen resultieren können).

B. enthält von Schadstoffen unbelastete und mit Schadstoffen belastete Abfallanteile. Zum unbelasteten B. gehören vorzugsweise Profilstahl-, Baustahlgewebe-, Mauerwerks- und Betonteile, Ton- und Zementdachpfannen, Glasreste und sonstige weitgehend inerte Baustoff- oder Bauwerksreste aus „unbelasteten" Bauwerken, also z. B. nicht aus kontaminierten Gebäuden, die auf Altlasten-Standorten (Altstandorte) abgerissen werden. Die weitgehend inerten unbelasteten B.-Materialien sind primär der Verwertung zuzuführen; sie können aber, soweit die Verwertung nach Prüfung gemäß der → TA Siedlungsabfall nicht möglich ist, auch ohne weitere Behandlung einer Mineralstoffdeponie (→ Bauschuttdeponie) oder Siedlungsabfalldeponie zugeführt werden.

Vice versa ist belasteter B. solcher, der nicht ohne Abfallvorbehandlung einer → Deponie zugeführt werden könnte. Dazu gehören alle B.-Anteile, die → Gefahrstoffe oder in höherem Maße eluierbare (Schad-)Stoffe enthalten und damit nicht weitgehend inert sind. Auch für diese B.-Fraktionen gilt das primäre Verwertungsgebot mit Prüfung gemäß der → TA Siedlungsabfall. Sekundär sind diese B.-Anteile in entsprechenden Behandlungsanlagen zu „beseitigen" bzw. deponierungsfähig vorzubehandeln; so kommt z. B. für belastete organische Bestandteile wie mit gefährlichen Holzschutzmitteln (z. B. Pentachlorphenol) behandelte Holzkonstruktionsteile nur die → Abfallverbrennung in Frage, wenn die Weiterverwendung dieser Materialien nicht gegeben ist.

Es kommt daher darauf an, beim Abbruch oder Abriß die Vermischung von unbelasteten und belasteten Bauwerksresten weitgehend zu vermeiden und auch im übrigen die Vermischung unterschiedlicher Bauwerksmaterialien im Interesse der leichteren und besseren Verwertbarkeit möglichst gering zu halten. Auch hier gilt das Prinzip der Getrennthaltung von Abfällen.

Anzustreben ist mit dem Ziel einer höheren Verwertungsquote ein möglichst weitgehender sortenreiner Abbruch durch getrennte Demontage anstelle des globalen Abrisses mittels Sprengung oder Abbruchkugel (Pendelgewicht).

Für die Aufbereitung von B. stehen – neben der Aussortierung von Wertstoffen direkt an der Abbruchstelle (z. B. Stahlschrott aus Stahlkonstruktionsteilen) – mobile, semimobile und stationäre Anlagen zur Verfügung. Während mobile und semimobile B.-Aufbereitungsanlagen direkt an der Abbruch-(Anfall-)stelle unter Berücksichtigung der zu erwartenden Mengen und der Beschaffenheit des Abbruchmaterials gezielt eingesetzt werden können, sind die – meist in Ballungszentren mit einem rentablen Einzugsgebiet plazierten – stationären Anlagen in der Regel als Baureststoff- oder noch umfassender als Gewerbeabfall-Aufbereitungs- und Verwertungsanlagen ausgelegt. *Dreyhaupt*

Literatur: Der Rat von Sachverständigen für Umweltfragen (SRU): Abfallwirtschaft – Sondergutachten September 1990. Stuttgart 1991.

Bauschuttdeponie. Deponie zur Ablagerung von festen → Abfällen aus Bauwerksabbrüchen. In der Sache bestehen keine grundsätzlichen Unterschiede zwischen B. und Mineralstoffdeponien: Eine B. ist – wegen der Beschränkung auf die Mineralstoffart → Bauschutt – ein Unterfall der Mineralstoffdeponie. Bei Gebäudeabbrüchen enthält der Bauschutt jedoch häufig auch schwermetallhaltige Versorgungsleitungen, Bauteile und Raumausstattungen aus Kunststoffen wie → PVC, und organische Bestandteile, z. B. → Holz und Papier, und erfüllt damit nicht mehr das Kriterium einer anorganisch-mineralischen (inerten) Stoffzusammensetzung für eine → Abfallablagerung ohne Vorbehandlung. Durch Bauschuttsortierung ist es möglich, aus gemischtem Bauschutt die unbelasteten, mineralischen Anteile abzutrennen und damit die Voraussetzung zur weiteren Verwertung oder zur Ablagerung auf einer B. oder Mineralstoffdeponie zu schaffen. *Neuenhahn*

Baustahlmatte → Betonstahlmatte

Baustelle. Die auf einer B. eingesetzten Baumaschinen erzeugen oft beträchtliche Geräusche (→ Baulärm) und z. T. auch erhebliche → Erschütterungen. Zu den Baugeräten, die in der → Nachbarschaft von B. störende Erschütterungsimmissionen verursachen können, gehören hauptsächlich die im Tiefbau eingesetzten Geräte.

Rammen mit schlagender Arbeitsweise verschiedener Bauart wie Freifall-, Dampf-, Druckluft- und Diesel-Rammen erzeugen Stoßerregungen des Baugrunds, die sich als Erschütterungen in der Umgebung ausbreiten. Vibrationsrammen, die auch als Rüttler bezeichnet werden, verursachen während des Rammvorgangs sta-

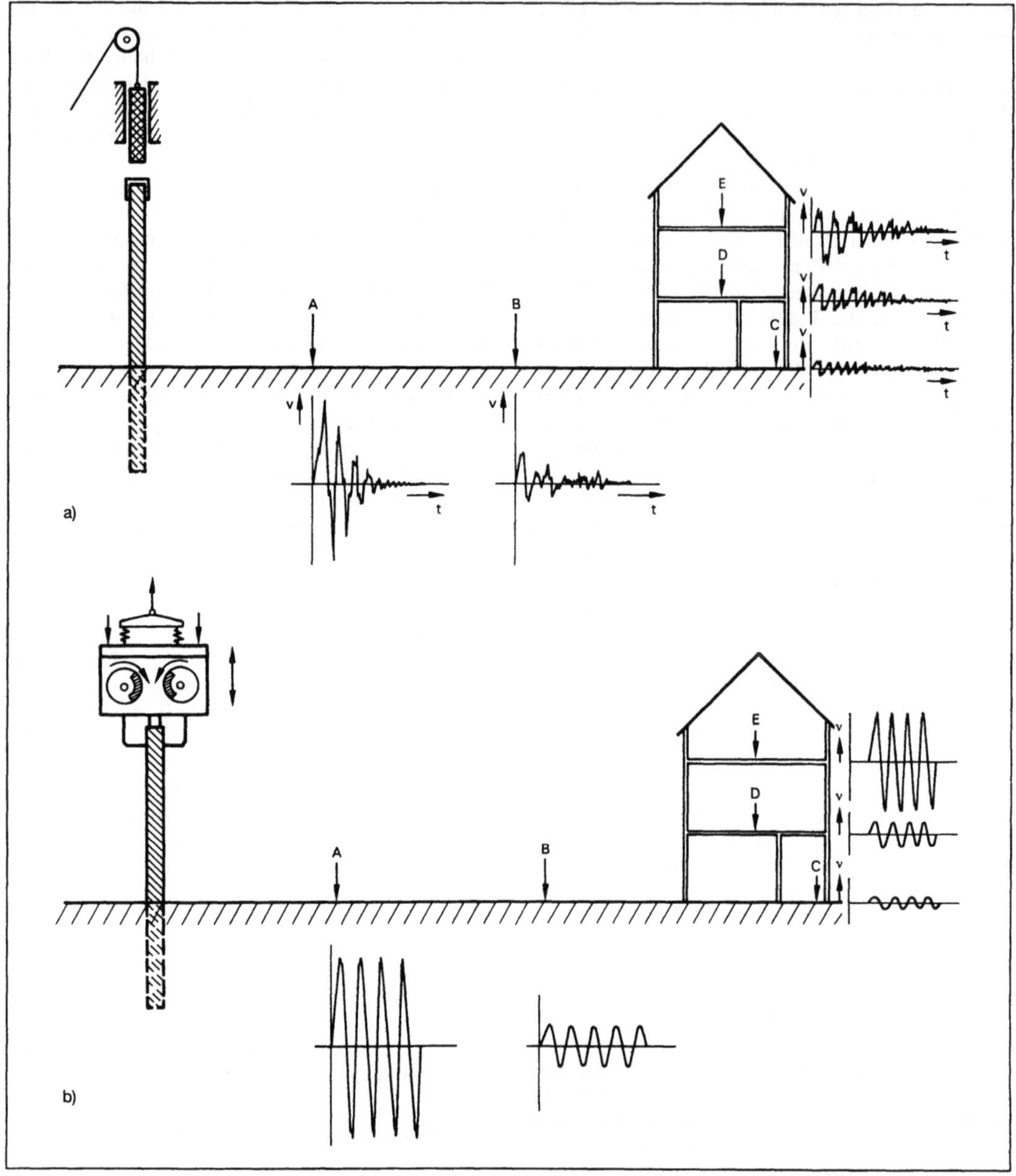

Baustelle: Ausbreitung von Rammerschütterungen.
a) verursacht durch eine schlagende Ramme
b) verursacht durch eine Vibrationsramme

A–E) Meßorte

tionäre erzwungene → Schwingungen des Baugrunds und benachbarter baulicher Anlagen mit Erregerfrequenzen, die oft im Bereich von etwa 20–30 Hz liegen. Wegen der Gefahr des Auftretens von → Resonanz mit Bauteilen von Gebäuden, insbesondere von Geschoßdecken, ist der Einsatz von Vibrationsrammen in bebauten Gebieten problematisch.

Typische Schwinggeschwindigkeits-Zeit-Verläufe (v-t-Bild) der von schlagenden Rammen und von Vibrationsrammen erzeugten Erschütterungen und die prinzipielle Art ihrer Ausbreitung im Boden und in Gebäuden sind im Bild dargestellt. Auch bei der Bodenverdichtung mit Hilfe von Stampfern, Rüttelplatten und → Vibrationswalzen werden Erschütterungen verursacht. Durch den Einsatz von Schlagmeißeln und Aufbruchhämmern zum Lockern des anstehenden festen, z. B. felsigen Baugrunds oder von Gehwegbelägen oder Straßendecken können ebenfalls nachteilige Erschütterungen in benachbarten Gebäuden verursacht werden. Bei Baugrubensprengungen zum Lockern und Absprengen des Baugrunds für den → Bodenaushub entstehen → Sprengerschütterungen, die je nach der Art der Sprengung und des anstehenden Bodenmaterials besonders im Nahbereich des Sprengortes Erschütterungen mit relativ hohen Frequenzen verursachen, die z. T. auch oberhalb von 100 Hz liegen. Auch bei unterirdischen Sprengungen zum Vortrieb von Tunneln werden kurzzeitige stoßartige Erschütterungen ausgelöst. Bei mechanischem Vortrieb durch Fräsmaschinen werden dagegen andauernde stationäre Erschütterungen erzeugt. Dabei können die Erschütterungen über feste Körper, z. B. vom Baugrund über → Fundamente in Gebäude eingeleitet werden und Menschen durch sog. Körperschall, d. h. Sekundärschall, beeinträchtigen und stören.

Durch → Abbruchsprengungen werden in der Umgebung der Abbruchstelle Erschütterungen verursacht, deren Größe in der Regel nicht durch die Sprengstoffmenge pro Zündzeitstufe, sondern durch die Energie der beim Aufprall der herabstürzenden Massen auf den Boden bedingt ist.

Wenn die durch den Betrieb von Baumaschinen auf B. verursachten Erschütterungen unzulässig groß sind, kann durch Ausweichen auf andere Bauverfahren Abhilfe geschaffen werden. Zum Beispiel kann das Einbringen von Rammgütern mit Hilfe von Rüttlern durch Bohren oder Schlitzen erfolgen. Bei zu starken Sprengerschütterungen sind gegebenenfalls andere Abbruch- bzw. Abschlagverfahren wie Aufbrechen mit Meißeln oder hydraulischen Gesteinsbrechern notwendig. Die Ausweicharbeitsverfahren sind meistens kostenaufwendiger.

Zur Beurteilung der von B. ausgehenden Erschütterungen sind im Regelwerk DIN 4150 „Erschütterungen im Bauwesen", Entwurf T. 2/A1 (Ausg. August 1995) Anhaltswerte angegeben. Die Beurteilung von zeitlich begrenzten Erschütterungseinwirkungen durch Baumaßnahmen erfolgt in drei Stufen, I–III, d. h. von einer Stufe I, bei deren Unterschreitung nicht mit erheblichen Belästigungen zu rechnen ist, bis zu einer Stufe III, bei deren Überschreitung die Einwirkungen unzumutbar sind. Dabei wird das in der DIN 4150, T. 2 (Ausg. Dez. 1992) beschriebene Beurteilungsverfahren angewendet. *Splittgerber*

Literatur: *Meseck, H.*: Ausbreitung von Erschütterungen bei der Herstellung von Verdrängungspfählen. In: Steinwachs, M. (Hrsg.) Ausbreitung von Erschütterungen im Boden und Bauwerk. 3. Jtg. DGEB, Clausthal 1988. – *Splittgerber, H.*: Erschütterungen, Erschütterungsemissionen und -immissionen. In: Haupt, W. (Hrsg.): Bodendynamik, Grundlagen und Anwendung, Braunschweig 1986. – *Uhrig, R.*: Zur Ausbreitung von Erschütterungen im Baugrund beim Ziehen von Spundbohlen mit Hilfe eines Vibrators. In Steinwachs, M. (Hrsg.): Ausbreitung von Erschütterungen im Boden und Bauwerk. 3. Jtg. DGEB, Clausthal 1988. – *Wittmann, L.*, u. *B. Engelhardt*: Praxisleitfaden Baustellenerschütterungen. Hrsg.: Hauptverband der Deutschen Bauindustrie e. V., Wiesbaden 1995.

Baustellenabfall. B. ist unter den Oberbegriff → Bauabfall eingeordnet und besteht aus → Abfällen, die bei der Errichtung, dem Um- oder Ausbau von → Bauwerken sowie bei baulichen Reparatur- oder Erhaltungsarbeiten sowohl im Hochbau als auch im Tiefbau anfallen; B. wird in der Regel in Containern auf der Baustelle gesammelt. Nicht zum B. gehört der → Bauschutt aus Bauwerksabbruch- oder -abrißarbeiten, die die Entfernung ganzer Bauwerke oder größerer Bauwerksteile zum Ziel haben.

B. hat grundsätzlich ein breites Spektrum verschiedenartiger Abfallbestandteile, insbesondere bei Neu- und Umbaumaßnahmen im Hochbau. Neben geringen Anteilen von Abbruchmaterialien (Bauschutt) sind typisch für B. Baustoff-Verpackungsmaterialien (Holz, Kunststoff, Pappe, Styropor, Folie), bis auf Restmengen leere Behältnisse für flüssige und pastöse Bauhilfsstoffe wie Kanister, Dosen oder Fässer für Bautenschutzmittel, Farben, → Lacke, → Lösemittel, Klebstoffe und Bitumen sowie Reste sonstiger Baustoffe aller Art, wie z. B. Dachziegel, Fliesen, Sanitärkeramik, Metalle (Rohrleitungsstücke, Verpackungsbänder, Draht, Blechreste, Profilstahlstücke), Bodenbeläge aus Kunststoffen, Teppichauslegeware, Tapeten, Holzausbauteile und Isoliermaterial.

Die → Entsorgung dieses äußerst heterogenen Abfallgemischs mit partiell hohem Schadstoffgehalt – aber auch hohem Verwertungspotential –, das insgesamt als belasteter Bauabfall eingestuft werden muß, ist problematisch. Eine direkte Ablagerung auf Bauschutt-, Mineralstoff- oder Siedlungsabfalldeponien ist ausgeschlossen. Die möglichst sortengerechte Trennung in unbelastete B.-Fraktionen (z. B. Keramik, Beton-, Ziegel- und Mörtelreste) einerseits und belastete B.-Fraktionen (z. B. Kunststoffe, Behältnisse mit Lösemittel- oder Kleberresten, Mineralfasermaterial) andererseits ist unbedingte Voraussetzung für weitere Entsorgungsschritte, die sich primär am Verwertungsprinzip zu orientieren haben. Belastete B.-Fraktionen sind einer → Abfallbehandlung zu unterziehen mit dem Ziel, eine Verwertungsmöglichkeit (z. B. gereinigte Blechemballagen als → Schrott oder zur Wiederverwendung) oder die Deponiefähigkeit zu erreichen (→ TA Siedlungsabfall). Die Menge der B. „zur Beseitigung" i. S. von § 3 Abs. 1 des Kreislaufwirtschafts- und Abfallgesetzes kann durch Getrennthaltung verwertbarer Komponenten auf der Baustelle erheblich reduziert werden.

Für die Aufbereitung von B. stehen stationäre Anlagen zur Verfügung, die zum Teil als Baureststoff-Aufbereitungsanlagen ausgelegt sind und insbesondere auch Bauschutt mitverarbeiten; der Trend geht jedoch zu Sortieranlagen, über die sowohl B. als auch andere Gewerbeabfälle gefahren werden können. *Dreyhaupt*

Literatur: Der Rat von Sachverständigen für Umweltfragen (SRU): Abfallwirtschaft, Sondergutachten September 1990. Stuttgart 1991.

Baustellenausstattungsliste (BAL). Verzeichnis der für die Ausstattung von Baustellen verwendeten Gegenstände mit Angabe von Verrechnungssätzen. *Drees*

Baustelleneinrichtung. Zusammenfassend Bezeichnung für die auf einer Baustelle befindlichen Maschinen, Geräte, Behelfsbauten, Wege, Straßen, Versorgungs- und Aufbereitungsanlagen sowie sonstige Gegenstände und Anlagen, die für die Herstellung des → Bauwerks benötigt werden. Der Entwurf der B. ist eine wichtige Aufgabe innerhalb der → Arbeitsvorbereitung, da sich Fehler in der B. kostenerhöhend in der Produktion auswirken. Die B. ist so zu gestalten, daß insbes. die Transportkosten der Baustoffe und der für die Herstellung benötigten → Schalungen sowie die Wege für Arbeitskräfte und Maschinen sowie Transportgeräte möglichst klein gehalten werden. Insbesondere ist auf einen ungestörten → Fertigungsfluß zu achten. Da der Auf- und Abbau der B. hohe Kosten verursacht, ist der Einsatz von solchen Gegenständen und Anlagen vorzusehen, die leicht montierbar und demontierbar sind. *Drees*

Baustellengemeinkosten. Begriff der → Kalkulation von → Bauleistungen. Hierunter sind solche Kosten zu verstehen, die zwar der Baustelle insgesamt, nicht aber den → Einzelkosten der Teilleistungen zugerechnet werden können. Der Begriff entspricht den Fertigungsgemeinkosten. Die B. lassen sich nach zeitunabhängigen → Gemeinkosten und zeitabhängigen Gemeinkosten untergliedern (Tabelle). Die B. werden zusammen mit den Allgemeinen → Geschäftskosten und den Beträgen für Wagnis und Gewinn auf dem Weg der Umlage (→ Zuschlagskalkulation) den Einzelkosten zugerechnet (Bild). *Drees*

Baustellenwerkstatt. Einrichtung zur Instandhaltung und Wartung von Baugeräten. Sie ist heute nur noch auf Großbaustellen zu finden, insbes. des → Erdbaus mit hohem Mechanisierungsgrad. Bei üblichen Baustellen wurde sie durch Werkstattwagen ersetzt (Kundendienstwagen). *Drees*

Baustoff, gebrannter keramischer – Prüfung. Die Prüfung von g. k. B., wie z. B. Fliesen und Spaltplatten,

Baustellengemeinkosten. Tabelle: Gemeinkosten der Baustelle.

Zeitunabhängige Kosten	**Zeitabhängige Kosten**

Kosten der Baustelleneinrichtung
☐ Ladekosten
☐ Frachtkosten
☐ Auf-, Um- und Abbaukosten für
 – Geräte
 – Baracken
 – Wasser, elektrische Energie, Telefon
 – Zufahrten, Wege, Zäune, Lager-
   und Werkplätze
 – Sicherungseinrichtungen
 	
Kosten der Baustellenausstattung
☐ Hilfsstoffe
☐ Werkzeuge und Kleingerät
☐ Ausstattung für Büros, Unterkünfte, Sanitär-
   installationen, soweit nicht unter Vorhaltekosten
 	
Technische Bearbeitung und Kontrolle
☐ Konstruktive Bearbeitung
☐ Arbeitsvorbereitung
☐ Baustoffprüfung, Bodenuntersuchung
 	
Bauwagnisse
☐ Sonderwagnisse der Bauausführung
☐ Versicherungen
 	
Sonderkosten
☐ ungewöhnliche Bauzinsen
☐ Lizenzgebühren
☐ Arge-Kosten
☐ Winterbaumaßnahmen
☐ Beseitigung von Baumüll und Bauschutt
   (Containerschutt)
☐ sonstige einmalige Kosten
	Vorhaltekosten
	☐ Geräte
	☐ besondere Anlagen
	☐ Baracken, Container, Bauwagen
	☐ Fahrzeuge
	☐ Einrichtungsgegenstände, Büroausstattung
	☐ Rüst-, Schal- und Verbaustoffe
	
	Betriebskosten
	☐ Geräte
	☐ besondere Anlagen
	☐ Baracken, Unterkünfte
	☐ Fahrzeuge
	
	Kosten der örtlichen Bauleitung
	☐ Gehälter
	☐ Telefon, Porto, Büromaterial
	☐ Pkw- und Reisekosten
	☐ Werbung
	
	Allgemeine Baukosten
	☐ Hilfslöhne
	☐ Transportkosten zur Versorgung der Baustelle
	   (falls nicht unter Vorhaltekosten oder Betriebs-
	   kosten)
	☐ Instandhaltungskosten der Wege, Plätze, Straßen
	   und Zäune
	☐ Pachten und Mieten
	☐ sonstige zeitabhängige Kosten

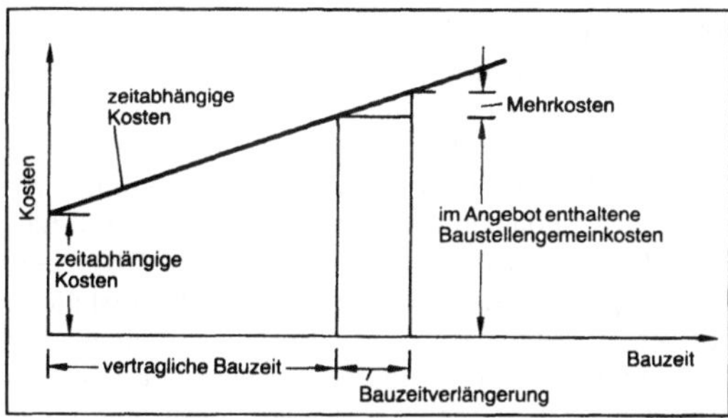

Baustellengemeinkosten: Zusammenhang zwischen Bauzeit und Baukosten bei den B.

dient dem Nachweis der für diese Baustoffe genormten Materialeigenschaften. Damit ein g. k. B., z. B. als Wand- oder Bodenbelag eingebaut, seine Funktion je nach Anwendungsbereich möglichst auf Dauer erfüllt, müssen die hierfür erforderlichen Materialeigenschaften von

Fliesen   nach DIN 18 155
Spaltplatten   nach DIN 18 166
Bodenklinkerplatten nach DIN 18 158
geprüft und überwacht werden.

Unabhängig vom Anwendungsbereich werden bei diesen meist plattenartigen Baustoffen die Maße, die Rechtwinkeligkeit, die Ebenflächigkeit und die Biegefestigkeit geprüft. Je nach Anwendungsbereich als Wand- oder Bodenplatte mit Belastung, z. B. durch schleifende, stoßende, schlagende oder thermische Beanspruchung, durch Wasser- oder Säureangriff, können noch Prüfungen zur Ermittlung folgender Materialkennwerte erforderlich sein: Wasseraufnahme, Widerstand gegen Oberflächenverschleiß, Ritzhärte der Oberfläche, linearer Wärmeausdehnungskoeffizient, Temperaturwechselbeständigkeit, Frostbeständigkeit, Lichtechtheit der Färbung der Glasur, Beständigkeit gegen Fleckenbildner, gegen Haushaltschemikalien oder gegen Säuren und Laugen, elektrische Leitfähigkeit, rutschhemmende Eigenschaften bei der Verwendung für Bodenbeläge in Arbeitsräumen oder in naßbelasteten Barfußbereichen.

Das Vorgehen bei der Ermittlung dieser Materialkennwerte ist meist in DIN-EN-Normen geregelt.

Rehm/Zeus

Baustoffkosten. Zur Herstellung eines → Bauwerks verwendete Stoffe (Baumaterial), wie z. B. Stahl, Holz, Beton, Mauerziegel, Walzprofile, Leichtbauplatten. Hiervon zu unterscheiden sind Bauhilfsstoffe, die zwar für die Herstellung benötigt, aber nicht Bestandteil des Bauwerks werden, wie z. B. Trennmittel für die → Schalung. Die Baustoffe gehören zu den → Einzelkosten der Teilleistungen, da sie der einzelnen Teilleistung (Position) unmittelbar zugerechnet werden können, während die Bauhilfsstoffe in Form eines → Zuschlags (meist in Abhängigkeit von den → Lohnkosten) in der → Kalkulation erfaßt werden.

Drees

Baustraße. Bestandteil der → Baustelleneinrichtung: Erschließungsstraße auf dem Baugelände außerhalb des öffentlichen Straßennetzes. Auf Hochbaustellen sollten sie als Umfahrt angelegt werden, um einen reibungslosen Baustellenverkehr möglich zu machen. Stichstraßen baut man nur zum Erschließen einzelner Gebäudeteile. Auf Erdbaustellen dienen B. zum Transport des Bodens zwischen Entnahme- und Einbaustelle. B. sollten stets befestigt werden, um den Baustellenverkehr auch bei Schlechtwetter reibungslos abwickeln zu können. Bei leichtem Verkehr sind B. meist mit Siebschutt oder Mineralbeton, bei größerer Beanspruchung mit einem Belag aus Schwarzmischgut befestigt (Bild 1). Bei hohen Fahrgeschwindigkeiten sollte eine Richtungsfahrbahn mindestens 1 m breiter als das breiteste Fahrzeug sein (Bild 2). Fahrbahndicke meist 20 bis 30 cm.   *Drees*

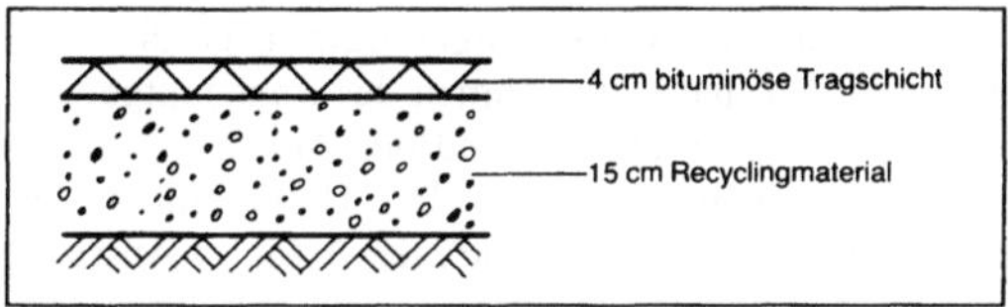

Baustraße 1: Aufbau einer B. bei größerer Beanspruchung.

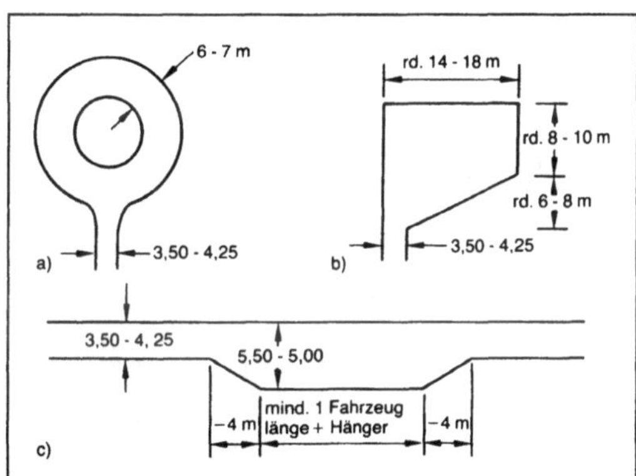

Baustraße 2: Einspurige B.
a) Wendekreis,
b) Wendeplatte,
c) Ausweichstelle.

Bauteil. In Brandschutzvorschriften werden B. als feuerhemmend oder feuerbeständig bezeichnet. Als Kriterium gilt jene Zeit, in der diese B. im Normbrandversuch während 30 bzw. 90 min ihren Zusammenhang und ihre → Tragfähigkeit nicht verlieren und den Durchtritt des Brandes verhindern. Die DIN 4102 unterscheidet B. nach F 30, F 60, F 90 und für Sonderfälle auch F 180 und F 210; ein Zusatz A, AB oder B zeigt an, ob diese B. aus nichtbrennbaren oder (teilweise) aus brennbaren Baustoffen bestehen. Die Bezeichnung F 30 entspricht dem Begriff feuerhemmend, die Bezeichnung F 90 dem Begriff feuerbeständig.   *Kordina*

Bauträger. Gewerbetreibender gemäß § 34 c der Gewerbeordnung, der als → Bauherr in eigenem Namen für eigene oder fremde Rechnung Bauvorhaben vorbereitet oder durchführt und dabei Vermögenswerte von Erwerbern, Mietern, Pächtern oder sonstigen Nutzungsberechtigten oder von Bewerbern um Erwerbs- oder Nutzungsrechte verwendet. *Drees*

Bauüberwachung → Objektüberwachung

Bauunternehmen. Organisatorisch-rechtliche Einheit, deren Unternehmenszweck die Ausführung von → Bauwerken ist. Größere B. bestehen meist aus mehreren Niederlassungen, die als selbständige Betriebe geführt werden. Einen Zusammenschluß von mehreren B. zum Zweck der Ausführung eines Bauwerks bezeichnet man als → Arbeitsgemeinschaft (Arge); sie wird ebenfalls als selbständiger Betrieb geführt. Zu unterscheiden sind Unternehmen des Bauhauptgewerbes (Rohbauunternehmen) und des Ausbaugewerbes (Ausbauunternehmen) (Bild). Die Unternehmen des Bauhauptgewerbes sind je nach der Art ihrer Ausrichtung als bauindustrielle oder baugewerbliche Unternehmen in unterschiedlichen Verbänden organisiert (Hauptverband der Deutschen Bauindustrie, Zentralverband des Deutschen Baugewerbes), die jeweils über Landesverbände verfügen. *Drees*

Bauvertrag. Vertragliche Vereinbarung zwischen Auftraggeber (→ Bauherr) und Auftragnehmer (→ Bauunternehmer) zur Ausführung eines → Bauwerks, in dem insbes. das herzustellende Werk beschrieben, der Preis festgelegt und der Ausführungstermin bestimmt wird. Grundlage ist das im Bürgerlichen Gesetzbuch festgelegte Werksvertragsrecht (§§ 631 bis 650 BGB). Hiernach verpflichtet sich der Unternehmer zur Herstellung des versprochenen Werks, der Besteller (Bauherr) zur Entrichtung der vereinbarten → Vergütung. Dabei schuldet der Unternehmer die Herbeiführung eines bestimmten Erfolgs, und zwar auch dann, wenn sich dies nur unter Abweichung von vorhandenen Vorschriften erreichen läßt, soweit sie nicht gesetzlich festgelegt sind. Das BGB wird ergänzt durch die → Verdingungsordnung für Bauleistungen (VOB) mit den Teilen A (Allgemeine Bestimmungen für die Vergabe von Bauleistungen), B (Allgemeine Vertragsbedingungen für die Ausführung von Bauleistungen), C (Allgemeine Technische Vertragsbedingungen für Bauleistungen), von denen jedoch Teil A nicht Vertragsbestandteil werden kann, da in ihm nur die Vergabe geregelt ist. Je nach den Erfordernissen wird der B., in dessen Mittelpunkt die Beschreibung der Bauleistung steht, noch durch Zusätzliche und Besondere Vertragsbedingungen (ZVB und BVB) sowie durch Zusätzliche Technische Vertragsbedingungen (ZTV) ergänzt. Im

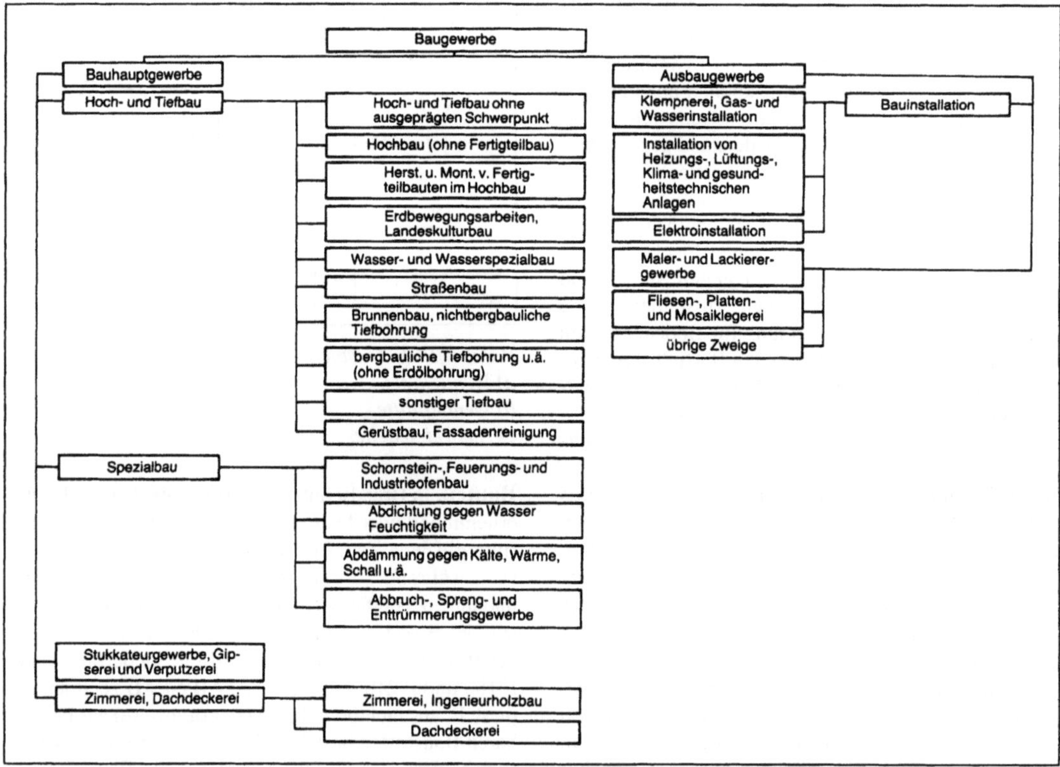

Bauunternehmen: Gliederung des Baugewerbes nach Systematik der Wirtschaftszweige.

Zweifelsfall ist zu klären, ob die Vertragsbedingungen den gesetzlichen Vorschriften nach dem Gesetz zur Regelung des Rechts der Allgemeinen Geschäftsbedingungen (→ AGB-Gesetz) vom 9. Dez. 1976 entsprechen (die VOB ist gesetzeskonform). Zum B. können auch Zeichnungen, Probestücke u. ä. gehören, wenn dies zur → Leistungsbeschreibung erforderlich ist.

Drees

Bauwagen. Fahrbare Unterkunft; Bestandteil der → Baustelleneinrichtung. Vor allem wird er als Sanitärwagen mit Wasch-, Dusch- und WC-Einrichtung verwendet. Als Tagesunterkunft wurde der B. auf größeren Baustellen meist durch die → Raumzellen (→ Container) abgelöst. Auf kleineren Baustellen erfreut er sich wegen des möglichen schnellen Ortswechsels und der geringen Aufbaukosten großer Beliebtheit. In der → Arbeitsstättenverordnung sind die vorgeschriebenen Abmessungen, insbes. Raumhöhe und Flächenbedarf, festgelegt (Bild 1, 2). *Drees*

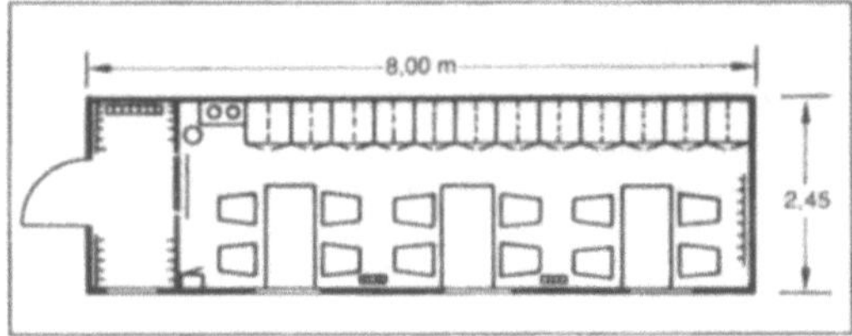

Bauwagen 1: B. für zwölf Personen mit Trockenabteil.

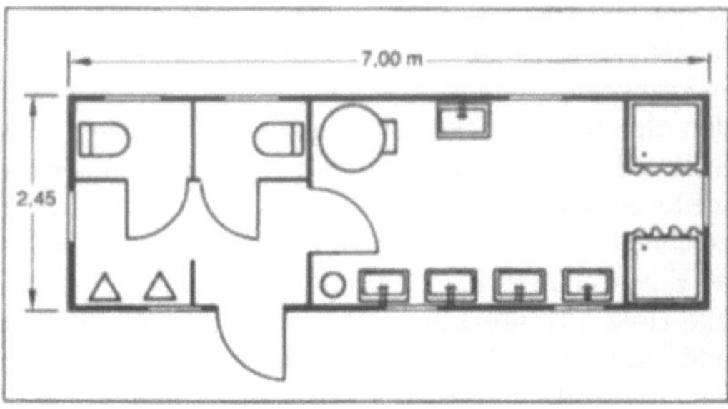

Bauwagen 2: Wasch- und WC-Wagen für 25 Personen.

Bauwerk. Nach der Hessischen Bauordnung z. B. werden als bauliche Anlagen solche verstanden, die mit dem Erdboden verbunden und aus Baustoffen und Bauteilen hergestellt sind. Auch wenn die Anlage nur durch eigene Schwere auf dem Boden ruht oder auf ortsfesten Bahnen beweglich ist oder, wenn die Anlage dazu bestimmt ist, überwiegend ortsfest benutzt zu werden, liegt eine bauliche Anlage vor. Zu den baulichen Anlagen zählen auch die B., die in fester Verbindung mit dem Erdboden hergestellt sind. Dabei ist es unerheblich, ob das B. über oder unter der Erde errichtet wurde. B. sind → Brücken, Gleisanlagen, → Tragkonstruktionen von Seilbahnen, Förderanlagen von Gruben, Kanäle, Rohrbrunnen. Sportplätze, lose im Erdboden verlegte Rohrleitungen oder → Dränagen zählen dagegen nicht zu den B.

Die Baumaßnahmen der heutigen Zeit können grob in den Hochbau, den Tiefbau, den → Wasserbau und den Ingenieurbau untergliedert werden; eine eindeutige Zuordnung ist nicht immer möglich. Zum Hochbau gehören i. a. alle B., deren wesentlichste konstruktive und räumliche Teile über der Erdoberfläche liegen. Dies gilt z. B. für Wohn(hoch)häuser, Verwaltungs- und Bürogebäude (Bild), Schulen, Universitäten, Kaufhäuser, Krankenhäuser, Theatergebäude, Stadthallen, Schwimmbäder und Sportanlagen. Der Tiefbau umfaßt außer dem → Grundbau auch alle Baumaßnahmen, deren Ausführung, Lage und Gestalt wesentlich mit dem Erdreich zu tun haben. Zum Tiefbau gehören alle B. für Untergrundbahnen, für den ruhenden und fließenden Straßen- und Schienenverkehr (Tiefgaragen, Bahnhofsanlagen, → Tunnel) und insbes. auch B., die der Versorgung mit Wasser, Gas, Elektrizität, Wärme und der Entsorgung dienen, das sind z. B. die Anlagen des Siedlungswasserbaus, Wasserbehälter, → Pumpwerke, → Filteranlagen, → Kläranlagen, Abfallverbrennungs- und Abfallaufbereitungsanlagen.

Bauwerk: Rathaus von Toronto.

B. des Wasserbaues sind → Schleusen, → Schiffshebewerke, Kanäle, B. zum Schutz der Küsten und zur Regulierung der Flüsse (→ Deiche, Dämme, Kanäle, Schleusen) sowie Anlagen zur Erzeugung der Wasserkraft (Staudämme, Stauwehre, Wasserkraftwerke). Zum Ingenieurbau gehören alle B. des Hoch-, Tief- und Wasserbaues, bei deren Planung, Konstruktion, Berechnung und Ausführung der Bauingenieur maßgeblich beteiligt ist. Es sind B., bei denen entweder die Tragkonstruktion oder das Bauverfahren wesentlich den Entwurf und die Kosten eines B. beeinflussen. Zum Ingenieurbau gehören z. B. → Hallen, → Behälter, → Silos, → Brücken, → Hochstraßen, Hochhäuser, weitgespannte Dächer und Überdachungen, pneumatische Konstruktionen (Traglufthallen), → Türme, Hochspannungsmaste, → Portalkrane, Förder- und Hebeeinrichtungen im Bergbau, Bohrtürme, feste und schwimmende Bohrinseln usw.

B. werden von den Bauschaffenden (Bauhandwerkern, Bauingenieuren und Architekten) nach den allgemeinen Regeln der Bautechnik errichtet. Darunter versteht man alle handwerklichen und technisch-wissenschaftlichen Kenntnisse, Fähigkeiten und Erfahrungen, die zum sicheren Bauen notwendig sind. „Wer bei Planung, Leitung oder Ausführung eines Baues oder eines Abbruchs eines B. gegen die allgemeinen Regeln der Technik verstößt und dadurch Leib oder Leben eines anderen gefährdet, wird mit Freiheitsstrafe bis zu fünf Jahren oder mit Geldstrafe bestraft" (330 StGB). Beim Zustandekommen eines B. sind mehrere Personen und Gruppen beteiligt: Der → Bauherr (dies kann eine einzelne Person, eine Gesellschaft oder die öffentliche Hand sein) formuliert seine Wünsche hinsichtlich Zweck, Lage und Größe des B. Er hat vor allem für die Finanzierung und das Baugrundstück zu sorgen. Bei B. des Tief-, Wasser- und Ingenieurbaus hat vornehmlich der Bauingenieur, im Hochbau vornehmlich der Architekt die Aufgabe, bei Berücksichtigung der Wünsche des Bauherrn und der örtlichen Gegebenheiten die Planung, Gestaltung, Konstruktion und Ausführung des B. sowie die finanzielle Abwicklung und zeitliche Koordinierung der Bauarbeiten durchzuführen. Dem Bauingenieur obliegt auch das Aufstellen der statischen Berechnung, in der die Abmessungen und Baustofffestigkeitsklassen der tragenden Bauwerksteile festgelegt werden und die → Tragfähigkeit und Gebrauchstauglichkeit des B. nachgewiesen wird.

Die Baubehörde erteilt in einem Genehmigungsverfahren die → Baugenehmigung. Die Behörde prüft, ob das Bauvorhaben in Übereinstimmung mit dem → Bebauungsplan errichtet wird, ob berechtigte private oder öffentliche Einwände vorliegen und ob gegen das jeweils geltende öffentliche Recht verstoßen wird. Baugenehmigungspflichtig sind alle baulichen Veränderungen. Der → Bauunternehmer (oder die Baufirma) übernimmt schließlich die Ausführung des B. Er stellt die Fach- und Hilfsarbeiter, die erforderlichen Maschinen und Geräte und bildet ggf. → Arbeitsgemeinschaf-

ten mit anderen Unternehmen oder vergibt einen Teil der Bauarbeiten an Subunternehmer. Die vom Bauunternehmer zu erbringenden Bauarbeiten nennt man → Bauleistungen. Sie werden zu Wettbewerbsbedingungen öffentlich oder beschränkt ausgeschrieben, oder sie werden in freier → Vergabe dem Bauunternehmer übertragen. Die Vergabe der Bauarbeiten geschieht nach der → Verdingungsordnung für Bauleistungen (VOB).

Ein B. wird nach bestimmten Bauverfahren errichtet. Darunter versteht man eine bestimmte, zeitliche Reihenfolge der Bauarbeiten, zu der eine festgelegte Kombination von Arbeitskräften, Geräten, Maschinen und Baustoffen sowie eine Arbeitsanweisung gehört, die aus Plänen, mündlichen oder schriftlichen Absprachen und Anordnungen bestehen kann. Beim Bauverfahren wird das gesamte Bauobjekt in Bauabschnitte möglichst gleicher Arbeitsmenge zerlegt. Bei allen Unterteilungen sind wegen der entstehenden Arbeitsfugen konstruktive Gesichtspunkte zu beachten. Beispiele für Bauabschnitte sind das Brückenfeld bei Mehrfeldbrücken oder das Geschoß im Wohnungsbau. Beispiele für Bauverfahren sind das Taktschiebeverfahren oder der → Freivorbau im Brückenbau und die Schottenbauweise im Wohnungsbau.

Für die Errichtung eines B. benötigt man die unterschiedlichsten Baustoffe; dabei bestimmen diese wesentlich die Konstruktionsform eines Bauwerks mit. Dies wird besonders in der Untergliederung des konstruktiven Ingenieurbaus in → Massivbau, → Stahlbau und → Holzbau deutlich. Die ältesten Baustoffe waren der Naturstein und das → Holz. Es folgten der Mauerziegel und später der → Beton, den man im 19. Jahrhundert zum → Stahlbeton und im 20. Jahrhundert zum → Spannbeton entwickelte. Im 18. Jahrhundert entstanden die ersten Brücken aus Gußeisen, das später zum Schmiedeeisen und schließlich zum hochwertigen Stahl weiterentwickelt wurde. Die klassischen Baustoffe zeichnen sich insbes. dadurch aus, daß sie verschiedene Eigenschaften in sich vereinigen. Bei Mauerziegel und Holz z. B. nutzt man die Festigkeitseigenschaften und die bauphysikalischen Eigenschaften gleichzeitig aus. Baustoffe der neueren Zeit werden hingegen aufgabenspezifisch eingesetzt. Beispiele hierfür sind der Stahl, der eine sehr hohe Werkstoffestigkeit, jedoch keine wärmedämmenden Eigenschaften hat, und der Schaumstoff, der zwar keine nennenswerte Festigkeit hat, sich dafür aber sehr gut für die Wärme- und Schalldämmung eignet. Die Kombination von Stahl bzw. Stahlbeton und Hartschaum findet in der Sandwichplatte ihre Anwendung.

Die Wahl der Baustoffe hängt sehr von der Belastung und Beanspruchung des B. ab. Unter Belastung versteht man die Summe aller Kräfte, die auf ein B. oder Teile eines B. einwirken. Die wesentlichsten Lasten eines Bauwerks sind die Eigengewichtslasten, Nutzlasten, Erddrucklasten, Windlasten, Anprallasten, Bremslasten und Erdbebenlasten. Die Belastungsannahmen sind in der Bundesrepublik Deutschland für den Hochbau in DIN 1055, für Straßen- und Wegbrücken in DIN 1072 und für die Brücken der Deutschen Bundesbahn in DV 804, Berechnungsgrundlagen für stählerne Eisenbahnbrücken (BE), festgelegt. Die DIN-Vorschriften unterteilen die Lasten in ständige Lasten, Verkehrslasten, vorwiegend ruhende Lasten, nicht vorwiegend ruhende Lasten, ferner in Haupt- und Zusatzlasten. Die Belastung eines B. führt zu dessen Beanspruchung auf Druck, Zug, Biegung, Schub und Torsion. Beanspruchungen eines B. ergeben sich auch aus physikalischen oder chemischen Veränderungen der Baustoffe oder des Baugrundes, z.B. infolge von Temperaturdehnungen, → Kriechen und → Schwinden sowie Auflagerverschiebungen infolge der Nachgiebigkeit des Baugrundes.

Um die Beanspruchungen rechnerisch erfassen zu können, zerlegt der Bauingenieur das B. gedanklich in einzelne Tragsysteme. Die Abmessungen der einzelnen Teile eines Tragsystems legt er in der statischen Berechnung fest, in der er auch die → Standsicherheit und Gebrauchstauglichkeit nachweist. Die → Sicherheit eines B. wurde in den vergangenen Jahren dadurch nachgewiesen, daß man die aus der Belastung resultierenden und nach der → Elastizitätstheorie ermittelten (vorhandenen) Spannungen mit zulässigen Spannungen verglich, die um ein bestimmtes Maß, den Sicherheitsbeiwert, unterhalb der Festigkeit eines Baustoffs lagen. Im Laufe der Zeit erkannte man, daß in vielen Fällen kein linearer Zusammenhang zwischen Belastung und Spannung besteht, was material- oder systembedingt sein kann. Diese Überlegungen führten zur Einführung von getrennten Sicherheitsbeiwerten (Teilsicherheitsbeiwerten) für die Belastung und die Werkstoffestigkeit. *Mehlhorn*

Bauwerksgründung. Die Gründung hat die Aufgabe, die Lasten aus dem → Bauwerk sicher und ohne schädliche → Setzungen in den Baugrund überzuleiten. Hierbei sind – von Ausnahmefällen abgesehen – nicht die Setzungen selbst, sondern die ungleichmäßigen Setzungen von Bauwerksteilen schädlich. Bei der Auswahl eines Gründungssystems sind die Bodenverhältnisse und der Grundwasserstand sowie der Bauablauf, die Nachbarbebauung und die Eigenschaften des Bauwerks zu beachten. So ist z.B. ein weiches Bauwerk unempfindlicher gegen Setzungen als ein steifes Bauwerk. Unsichere Bodenverhältnisse, z.B. in → Bergsenkungsgebieten, erfordern oft, das Bauwerk weich zu konstruieren bzw. durch Fugen und Gelenke zu unterteilen. Für den Entwurf von Gründungen für kleinere und mittlere Bauwerke in teilbebauten Gebieten sind i.d.R. keine besonderen Baugrunduntersuchungen erforderlich, da man in diesen Gebieten meist ausreichende Erfahrungen mit den örtlichen Bodenverhältnissen hat. Eine besondere Bodenuntersuchung durch ein anerkanntes Baugrundinstitut ist jedoch stets erforderlich, wenn der Boden nicht gleichmäßig geschichtet ist oder wenn in der Nähe von stehenden

oder fließenden Gewässern gebaut werden soll. Für jedes Bauwerk gilt der Grundsatz, daß die Gründung bis in eine tragfähige (möglichst gewachsene) und frostfreie Schicht (in Deutschland rd. 1 m tief) reichen muß. Außerdem sollte ein Bauwerk niemals auf verschiedenen Bodenarten stehen, wenn es nicht durch Fugen unterteilt ist. Schlechter Baugrund läßt sich in bestimmten Fällen durch spezielle Verfahren verbessern, z.B. durch → Bodenaustausch oder durch mechanische oder chemische → Bodenverfestigung. Die wichtigsten Gründungssysteme sind die → Flachgründungen und die → Tiefgründungen.

Flachgründungen kommen zur Ausführung, wenn die tragfähige Schicht nicht allzu tief liegt und ausreichend dick ist. Zu den Flachgründungen gehören: Einzelfundamente unter Stützen, Streifenfundamente (Bankette) unter Wänden oder Stützenreihen und Flächengründungen unter ganzen Bauwerken oder Bauwerksteilen. Die Grundrißabmessungen von Einzel- und Streifenfundamenten ergeben sich aus den vom Baugrund abhängigen zulässigen Bodenpressungen und aus der Forderung, daß die Setzungen benachbarter → Fundamente möglichst gleich sein sollten. Eine Flächengründung (durchgehende Sohlplatte) wird erforderlich, wenn das Bauwerk gegen → Grundwasser abgedichtet werden soll oder wenn die Bauwerkslasten sehr groß bzw. die zulässigen Bodenpressungen sehr klein sind, so daß der gesamte Bauwerksgrundriß als Fundamentfläche benötigt wird. Eine wirklichkeitsnahe Berechnung von Flächengründungen ist stets schwierig. Die Hauptprobleme sind die gesetzmäßige Abhängigkeit der Bodenpressungen von den Bodenzusammendrückungen und die gegenseitige Beeinflussung von Baugrund und Bauwerk.

Steht der tragfähige Baugrund erst in großer Tiefe an, so wird eine Tiefgründung erforderlich. Hierzu zählt man Pfahl-, Brunnen- und Druckluftgründungen. Pfahlgründungen sind seit altersher bekannt. Manche alten Städte, z.B. Venedig, sind fast ganz auf Pfählen gegründet. Zur Anwendung kommen heute Fertigpfähle und Ortpfähle. Fertigpfähle werden aus → Holz, Stahl oder → Stahlbeton hergestellt und durch Rammen in den Boden eingetrieben. Ortpfähle fertigt man erst an der endgültigen Verwendungsstelle im Boden. In der Regel wird ein Stahlrohr in den Boden getrieben, der Boden im Rohr entfernt und der entstandene Hohlraum mit Beton bzw. Stahlbeton ausgefüllt. Während bei Pfahlgründungen die Arbeitsebene stets oben bleibt, liegt sie bei der Brunnengründung am unteren Brunnenrand und wandert mit diesem tiefer. Bei Brunnengründungen wird auf dem Gelände oder der → Sohle einer → Baugrube ein unten und oben offener Kasten hergestellt und der Boden innerhalb des Kastens ausgehoben, zuerst in der Mitte und dann zu den schneidenförmigen Rändern des Kastens hin. Durch sein Gewicht bzw. durch zusätzliche Auflasten senkt sich der Kasten infolge des Aushubs stetig ab. Der → Brunnen kann auch oben geschlossen und unter Druckluft abgesenkt werden. Man spricht dann von Druckluftgründung. Die Druckluft verhindert das Eindringen von Wasser in den Arbeitsraum und ermöglicht die Gründung von Bauwerken, deren Sohle unter dem Wasserspiegel liegt. In diesem Fall wird der → Senkkasten (Caisson) am Ufer hergestellt und z. B. mit Hilfe von → Schwimmkranen zu Wasser gebracht und abgesenkt. Der weitere Absenkvorgang unter Wasser verläuft ähnlich wie bei der Brunnengründung. Mit Brunnen- und Senkkastengründungen kann man in großen Tiefen gründen. Bei der Salazar-Brücke über den Tejo in Lissabon z. B. wurde eine Gründungstiefe von rd. 83 m erreicht.

Mehlhorn

Bauwerksüberwachung. Tragfähigkeit und → Standsicherheit (→ Standsicherheitsnachweis) eines Bauwerks werden über die → Nutzungsdauer beeinflußt von Alterungs- und Ermüdungseffekten der Werkstoffe, von aggressiven Umwelteinflüssen und gegebenenfalls von Nutzungsänderungen. Deshalb sind Bauwerke, insbesondere Großkonstruktionen mit hohen Schadenspotentialen im Versagensfall, auf ihre aktuelle Tragfähigkeit, ihre Restnutzungsdauer, ihre → Sicherheit zu untersuchen bzw. zu überwachen. Dies ist auch aus volkswirtschaftlichen Gründen zunehmend bedeutsam. Es kann erfolgen

☐ durch einmalige Überprüfung des Resttragvermögens und/oder von Ertüchtigungs- bzw. Reparaturmaßnahmen, vielfach in Verbindung mit Probebelastungen,

☐ durch Überwachung und Monitoring im normalen Nutzungszustand – regelmäßig oder permanent – zur frühzeitigen Feststellung von Schäden und Gefährdungen, um rechtzeitig Gegen- bzw. Sicherungsmaßnahmen einleiten zu können. Dazu entwickelte komplexe Überwachungssysteme, die auch weitgehend automatisiert sein können, basieren im wesentlichen auf → Schwingungsmessungen und → Verformungsmessungen.

Laermann

Bauwerksüberwachung, geodätische. Spezialbereich der geodätischen → Deformationsmessungen. Das Ziel ist die Bestimmung geometrischer Veränderungen an Bauwerken. In ihren Anfängen geht die g.B. zurück auf die ersten Jahrzehnte des 20. Jahrhunderts. In dieser Zeit wuchs die Erkenntnis, daß z.B. die Talsperren (Staumauern, Staudämme) ein erhebliches Gefährdungspotential für die Umgebung darstellen, während andere Ingenieurbauwerke wie Brücken, Tunnel, usw. hinsichtlich ihrer Stand- und Verkehrssicherheit gefährdet sein können. Daraus hat sich das Bedürfnis entwickelt, die Verformungen derartiger Bauwerke unter wechselnden Betriebszuständen oder auch als Funktion der Zeit zu erfassen. Ganz ähnliche Problemstellungen treten im Maschinen- und Anlagenbau auf.

Je nach der Art eines Bauwerks, nach der aktuellen Fragestellung und nach den meßtechnischen Möglichkeiten werden der → Bauwerksüberwachung gewisse Modellvorstellungen zugrunde gelegt. Sehr einfach ist das quasistatische Deformationsmodell, das als klassisch bezeichnet werden kann und besonders häufig angewendet wird. Die Bilder 1 und 2 zeigen dieses Modell exemplarisch für eine Talsperrenüberwachung. Die zu überwachende Staumauer wird mit Objektpunkten versehen, deren Raumkoordinaten im Rahmen eines Überwachungsnetzes von stabilen Stützpunkten aus bestimmt werden können. Durch Wiederholung der Messung bei einem anderen Belastungszustand oder auch nur zu einem späteren Zeitpunkt lassen sich zwischenzeitliche Verschiebungen der Objektpunkte erkennen und analysieren. Nach Anwendung mathematischer Filterverfahren, durch welche die Meßunsicherheiten in den einzelnen Objektpunkten bereinigt werden, kann der gesuchte Deformationszustand mathematisch dargestellt werden; häufig wird er daneben auch (wegen der besseren Anschaulichkeit) visualisiert.

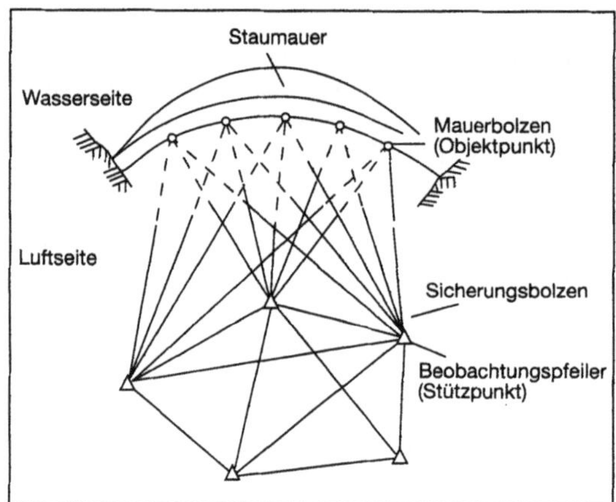

Bauwerksüberwachung, geodätische 1: Überwachungsnetz einer Talsperre.

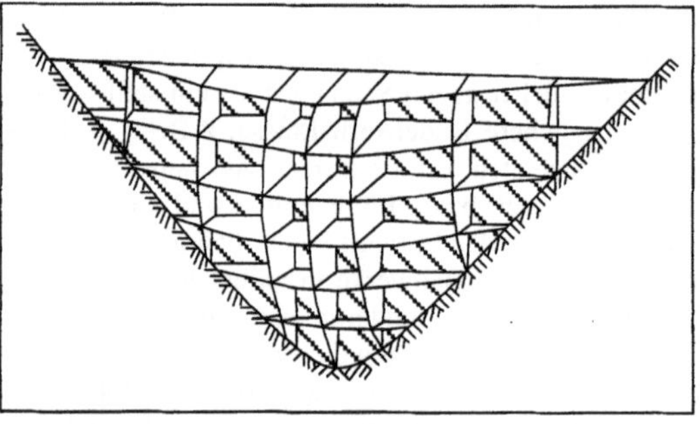

Bauwerksüberwachung, geodätische 2: Deformationszustand einer Talsperre, bezogen auf eine Referenzepoche.

Die für eine quasistatische Modellbildung erforderliche epochenweise Vermessung eines Bauwerks ist vielfach sehr zeit- und kostenaufwendig. Sie ist häufig auch im laufenden Betrieb des Bauwerks aus meßtechnischen Gründen kaum durchführbar, z.B. bei Brückenüberwachungsmessungen. Deshalb, aber auch wegen der schnelleren Verfügbarkeit der Meßwerte und der damit möglichen schnelleren Bestimmbarkeit anomaler Deformationszustände, werden in zunehmendem Maße permanente Meßeinrichtungen zur Erfassung von Längen-, Höhen- und Neigungsänderungen in gefährdete Bauwerke eingebaut. Die Verformungen der Bauwerke erscheinen dann als (mehrdimensionale) Zeitfunktionen und sind entsprechend zu analysieren. Falls dabei die Ursachen der Verformungen (Belastung, Temperatur, Winddruck usw.) ebenfalls als Zeitfunktionen erfaßt und in die Analyse einbezogen werden können, spricht man von einem dynamischen Deformationsmodell. Nicht selten muß man sich allerdings mit einem kinematischen Deformationsmodell begnügen, bei dem die verursachenden Faktoren eines Deformationsprozesses meßtechnisch nicht erfaßt und auch nur unzureichend modelliert werden können. *Pelzer*

Literatur: *Pelzer, H.* (Hrsg.): Ingenieurvermessung. 2. Aufl., Stuttgart 1988.

Bauwerksvermessung. Mit den Meßverfahren der → Geodäsie wird zu Baubeginn die Lage der Bauwerke eingemessen, während des Bauvorgangs die Planmäßigkeit der Ausführung kontrolliert, Verformung und Tragverhalten, Funktion, Restnutzungsdauer, → Sicherheit sicherheitsrelevanter Bauwerke überwacht sowie gegebenenfalls die Wirkung von Ertüchtigungs- und Reparaturmaßnahmen überprüft. *Laermann*

Bauwesenversicherung. Die B. wird unterteilt in
☐ Bauleistungsversicherung (BLV)
☐ Baugeräteversicherung (BGV).
Die BLV kann sowohl vom Auftraggeber als auch vom Auftragnehmer nach den jeweiligen Versicherungsbedingungen abgeschlossen werden. Der BLV liegen zugrunde
– Allgemeine Bedingungen für die Bauwesenversicherung von Gebäudeneubauten durch Auftraggeber (ABN)
– Allgemeine Bedingungen für die Bauwesenversicherung von Unternehmerleistungen (ABU).
Die BGV deckt die Beschädigungen und/oder den Untergang der bei den versicherten Bauvorhaben vom Auftragnehmer verwendeten Geräte ab. *Olshausen*

Bauzeitplan. Synonym für Bauablaufplan oder → Terminplan: zeichnerische Darstellung des Zusammenhangs zwischen Bauwerk und zugehöriger Bauzeit. Meist stellt man den B. als Balkenplan dar, im → Straßenbau und bei sonstigen vorwiegend eindimensional ausgerichteten Bauwerken (Tunnel- und Stollenbau, Rohrleitungsbau) als → Zeit-Weg-Diagramm (→ Liniendiagramm, Geschwindigkeitsdiagramm). Bei Bauwerken mit einer Vielzahl von Abhängigkeiten wird auch eine Darstellung als → Netzplan gewählt. Der B. wird i. a. zum Vertragsbestandteil gemacht. *Drees*

Beanspruchung. Bezeichnung für die inneren Kraftwirkungen eines belasteten und deformierten Bauteiles, z. B. → Stab oder → Platte. Infolge der Belastung werden im Querschnitt des Bauteils B. auf Zug, Druck, Biegung, Schub und Torsion hervorgerufen. Sie können jede für sich allein oder gleichzeitig auftreten. Im ersteren Fall spricht man von einachsiger, im zweiten Fall von mehrachsiger B. Im → Stahlbau spielen vor allem die Druckbeanspruchungen eine große Rolle, weil durch sie Instabilitätserscheinungen, wie → Knicken, → Kippen und Beulen, bei den im Stahlbau typischen schlanken und dünnwandigen Stahlbauteilen auftreten können. *Sedlacek/Scholz*

Bearbeitungsfläche. Bestandteil der → Baustelleneinrichtung: Fläche zur Herstellung von → Schalung, → Bewehrung, Fertigteilen und anderen Gegenständen, die für die Herstellung des Bauwerks benötigt werden (Bild). Bei den meisten Bauwerken verlegt man die Bearbeitung von der Baustelle in stationäre Werkstätten (Schalungswerkstatt, Stahlbiegebetrieb, → Fertigteilwerk), da die Fertigung sich hier rationeller ausführen läßt. Bei sehr großen Baustellen, z. B. Kraftwerke, Staumauern, kann auch die Fertigung auf der Baustelle lohnend sein. Die B. sollen ähnlich den → Baustraßen mit Siebschutt, Mineralbeton oder Schwarzmischgut befestigt sein. Vielfach sind sie auch überdeckt und heizbar, um während der Schlechtwetterperiode arbeiten zu können. *Drees*

Bearbeitungsverfahren → Applikationstechnik

Bebauungsplan. Der B. (B-Plan) als verbindlicher Bauleitplan enthält die rechtsverbindlichen Festsetzungen für die städtebauliche Ordnung innerhalb eines eindeutig begrenzten Geltungsbereiches. Er bindet sowohl

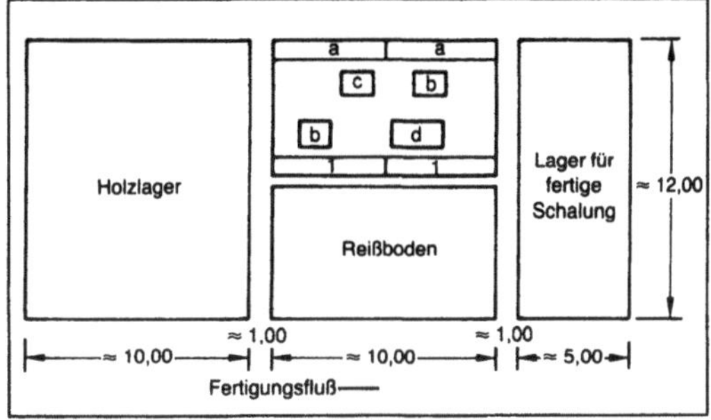

Bearbeitungsfläche: B. für das Herstellen der Schalung.
a Werkbank, b Kreissäge, c Bandsäge, d Hobelmaschine

die öffentlichen Körperschaften als auch die privaten Grundbesitzer. Er ist aus dem → Flächennutzungsplan zu entwickeln. Bevor ein gültiger Flächennutzungsplan vorhanden ist, können B. nur aufgestellt werden, wenn dringende Gründe es erfordern. Die möglichen Festsetzungen des B. werden in § 9 des → Baugesetzbuches (BauGB) im einzelnen abschließend genannt. Wesentliche Inhalte sind:

☐ die Art und das Maß der baulichen Nutzung;

☐ die Bauweise, z. B. offen oder geschlossen, die überbaubaren und die nicht überbaubaren Grundstücksflächen sowie die Stellung der baulichen Anlagen;

☐ Mindestmaße für die Größe, Breite und Tiefe der Baugrundstücke und auch Höchstmaße aus Gründen des sparsamen und schonenden Umgangs mit Grund und Boden für Wohnbaugrundstücke;

☐ die Flächen für den Gemeinbedarf sowie für Sport- und Spielanlagen;

☐ aus besonderen städtebaulichen Gründen die höchstzulässige Anzahl der Wohnungen in Wohngebäuden;

☐ die Flächen, die von der Bebauung freizuhalten sind, und ihre Nutzung;

☐ die Verkehrsflächen sowie Verkehrsflächen besonderer Zweckbestimmung, wie Fußgängerbereiche, Flächen für das Parken von Fahrzeugen;

☐ die öffentlichen und privaten Grünflächen, wie Parkanlagen, Dauerkleingärten, Sport-, Spiel-, Zelt- und Badeplätze, Friedhöfe;

☐ Maßnahmen zum Schutz, zur Pflege und zur Entwicklung von Natur und Landschaft.

Darüber hinaus können, wenn besondere städtebauliche Gründe dies rechtfertigen, gesonderte Festsetzungen für übereinanderliegende Geschosse und Ebenen getroffen werden. Nach anderen gesetzlichen Vorschriften getroffene Festsetzungen nach Landesrecht, wie etwa die Belange der → Denkmalpflege, sollen in den B. nachrichtlich übernommen werden, soweit sie zu seinem Verständnis oder für die städtebauliche Beurteilung von Baugesuchen notwendig oder zweckmäßig sind.

Der B. ist grundsätzlich die Voraussetzung und Grundlage für die Umlegung, Grenzregelung, → Enteignung, Erschließung und die Ausübung des gemeindlichen Vorkaufrechts. Wenn die Gemeinde den Beschluß zur Aufstellung eines B. gefaßt hat, kann sie zur Sicherung der Planung eine → Veränderungssperre beschließen. Die Gemeinde beschließt den B. als Satzung; er tritt nach Genehmigung durch die höhere Verwaltungsbehörde in Kraft. Er ist mit der Begründung zu jedermanns Einsicht bereitzuhalten; über seinen Inhalt ist auf Verlangen Auskunft zu geben. Probleme bestehen in der Tatsache, daß die Gemeinde nur in beschränktem Maße die Möglichkeit hat, die Festsetzungen des B. durchzusetzen, wenn die privaten Eigentümer ihre Grundstücke nicht bebauen wollen.

Spengelin

Literatur: *Daub, M.*: Bebauungsplanung. Stuttgart 1973. – *Gehrmann, W.*: Die Bebauungspläne im Spiegel der Rechtsprechung. Düsseldorf 1973. – *Heinz, H.*: Planungsrecht und Baugestalt. Wiesbaden, Berlin 1985.

Beckenbewässerung. Bewässerungsverfahren, bei dem die zu bewässernde Fläche in durch Erdwälle abgegrenzte, mehr oder weniger lange Zeit eingestaute Becken unterteilt wird. Die B. (→ Bewässerung) umfaßt über 50% der Weltbewässerungsfläche. Rund 150 Mill. ha Reisanbaufläche und die Anbauflächen für andere Getreidearten bewirtschaftet man meist, Baumplantagen, Flächen für Gemüse, Baumwolle und Futterpflanzen in ariden Gebieten oft im Beckeneinstau. Lange, schmale Konturbecken (Terrassen) am Hang oder regelmäßige, bis zu 2 ha große, in Rechteckform angelegte Becken auf flachem Gelände werden durch gemeinsame Zuleitungs- und Dränkanäle zu Blöcken zusammengefaßt oder von Terrasse zu Terrasse mit Wasser beschickt. Um den Einsatz von Landmaschinen zu erleichtern, soll der Höhenunterschied benachbarter Becken 10 cm nicht überschreiten. Die Erdwälle werden dabei 15–45 cm hoch und an der Basis 1–2 m breit angelegt.

Lecher

Bedarfsposition. Die B. (Eventualposition) ist ein Begriff der → Bauauftragsrechnung (→ Kalkulation) und des Leistungsverzeichnisses. Man verwendet ihn zur Kennzeichnung von solchen Teilleistungen (Positionen), die nur auf besondere Anordnung des Auftraggebers ausgeführt werden. Ob B. in die Angebotssumme und damit in die Wertung der Angebote einbezogen werden, hängt vom jeweiligen ausschreibenden Auftraggeber ab. B. sind mit besonderen Überlegungen zur Umlage der → Gemeinkosten verbunden. Eine große Anzahl von B. erschwert eine vergleichende Wertung der Angebote, so daß die Anzahl der B. auf ein Minimum zu beschränken ist.

Drees

Befahrbarkeit. Eine entscheidende Bedeutung bezüglich → Sicherheit, Wirtschaftlichkeit, → Umweltverträglichkeit, Schnelligkeit und Bequemlichkeit bei Ortsveränderungen kommt den vielfältigen Wechselbeziehungen zwischen Fahrer, Fahrzeug und Fahrbahn und somit der B. von Straßen zu. Die Fahrweise des Fahrzeugführers wird vorwiegend durch visuelle Einflüsse, die ihn unmittelbar erreichenden Fahrzeugreaktionen sowie durch seine persönliche Erfahrung und momentane Stimmungslage geprägt. Der Gestaltung des äußeren Erscheinungsbildes von Verkehrswegen und dessen Umfeld kommt daher ein maßgebliches Gewicht zu. Die gefahrene Geschwindigkeit, die fahrdynamische Ausbildung der Straße, der witterungsbedingte Fahrbahnzustand und die Oberflächeneigenschaften der Straße beeinflussen die Fahrzeugreaktionen erheblich. Während die fahrdynamischen und entwässerungstechnischen Gesichtspunkte weitestgehend in der Planungsphase seitens des Entwurfsingenieurs berücksichtigt werden, ist der Oberflächenzustand von vielen Faktoren, wie → Bemessung (→ Straßenbefestigung), Materialwahl, Klimaeinwirkungen, Art und Umfang der Verkehrsbelastung u. a. m. abhängig. Durch den → Befahrbarkeitsbeiwert PSI lassen sich die Merkmale des Fahrbahnoberflächenzustandes mittels Messungen seiner Einzelkomponenten und deren rechnerischer Verknüpfung quantifizieren. Die Oberflächenstruktur von Fahrbahnen läßt sich nicht durch ein einheitliches physikalisch-mathematisches Gesetz beschreiben, sondern wird durch Zufallsfunktionen geprägt. Daher lag es nahe, die Zusammenhänge zwischen dem subjektiven Empfinden der Fahrbahnnutzer und dem objektiven Oberflächenzustand von Straßen statistisch zu untersuchen.

In den USA befaßte man sich seit 1956 mit dieser Problematik und ermittelte Korrelationen zwischen dem Fahrempfinden und dem Oberflächenzustand, indem man eine große Anzahl von Kraftfahrern, die mit ihren Fahrzeugen gut vertraut waren und genügend Fahrpraxis hatten, nach ihrem subjektiven Urteil über die B. bestimmter Straßenabschnitte befragte, deren geometrische Oberflächengestalt bekannt war. Die als augenblicklicher Befahrbarkeitsbeiwert bezeichneten Fahrermeinungen wurden mit den Daten der Oberflächenmessungen statistisch korreliert und in mathematischen Beziehungen formuliert, mit denen die momente Straßentauglichkeit aus Oberflächenmeßdaten generell berechnet werden kann. Eine in Deutschland durchgeführte Wiederholung der Versuche, das subjektive Fahrempfinden mit der geometrischen Oberflächengestalt in Verbindung zu bringen, führte zu annähernd identischen statistischen Zusammenhängen wie in den USA. Mit dem Befahrbarkeitsbeiwert kann also ein augenblicklicher Oberflächenzustand bewertet werden. Eine Beurteilung des Verbrauchszustandes der inneren Substanz oder eine Abschätzung der zukünftigen Oberflächenzustandsentwicklung ist damit jedoch nicht möglich. Im VESYS-Konzept, einem Ende der 60er Jahre von der US-Straßenbaubehörde DOT begonnenen Entwicklungsprogramm, wurden erste Ansätze zur Erfassung und rechnerischen Behandlung der Zusammenhänge zwischen dem Befahrbarkeitsbeiwert und den Merkmalen des Straßenaufbaus sowie des Verkehrsgeschehens gemacht. Während durch die Messungen des Befahrbarkeitsbeiwertes das Benutzerempfinden mit dem Fahrbahnoberflächenzustand in Verbindung gebracht werden soll, versucht man durch das VESYS-Konzept, die Straßenbeanspruchung mit der Oberflächenzustandsentwicklung in Abhängigkeit von der Lastwechselzahl und den klimatischen Gegebenheiten zu verknüpfen. Das VESYS-Konzept wurde so zu einem Programmsystem erweitert, daß die Entwicklung der B. theoretisch berechnet und prognostiziert werden kann. Darüber hinaus lassen sich die zukünftigen Entwicklungen der Oberflächenzustände als Funktion verschiedenartiger Erhaltungsstrategien (→ Straßenerhaltung) bestimmen. *Beckedahl*

Befahrbarkeitsbeiwert. Der momentane B. PSI (Abk. *engl.* Present Serviceability Index) ist ein Maß für die subjektive Beurteilung von Straßenoberflächenzuständen durch Personen am Steuer des ihnen vertrauten und gewohnten Kraftwagens im Sinne einer → Befahrbarkeit. Versuchstechnisch wurde nachgewiesen, daß der momentane B. das mittlere Fahrgefühl aller Kraftfahrer widerspiegelt und geeignet ist, die augenblicklich vorhandene Befahrbarkeit von Straßen unabhängig von der Fahrzeugart zu bewerten. Aus gemessenen Oberflächenkenngrößen (Längsunebenheit, Spurtiefe, Riß- und Flickstellenanteil) läßt sich der B. über statistisch korrelierte Beziehungen berechnen; dabei muß nach flexiblen und starren Bauweisen unterschieden werden.

Für flexible Bauweisen (→ Asphaltdecke) gilt:

$$PSI = 5,0 - 1,91 \log (1 + SV) - 0,01 \sqrt{C + P} - 1,38 \, RD^2;$$

für starre Bauweisen (→ Betondecke) ergibt sich:

$$PSI = 5,4 - 1,80 \log (1 + SV) - 0,09 \sqrt{C + P} - f(x),$$

wobei mit f(x) die Wurzel aus der Gleichung

$$x^3 + 0,42735043 \cdot x^2 + PSI \cdot x - PSI \cdot 0,42735043 = 0$$

bezeichnet wird.

In den Gleichungen bedeuten:
PSI Present Serviceability Index, der augenblickliche mittlere B. eines Fahrbahnabschnittes,
SV Slope Variance, die mittlere Streuung der Längsprofilneigung der Fahrbahnoberfläche in den Fahrspuren (Längsunebenheit),
RD Rut Depth in inch, die mittlere Spurtiefe, bezogen auf eine Basis von 1,22 m Breite,
C Cracking in $inch^2/1\,000\,inch^2$, der mittlere Anteil sichtbarer Risse und
P Patch in $inch^2/1\,000\,inch^2$, der mittlere Flickstellenanteil.

Neu gebaute Straßen weisen einen B. auf, der i. d. R. zwischen 5,0 und 4,0 liegt. Ein B. der Größe 5,0 ist ein ideal guter Wert, während ein Wert von 0 einen ideal schlechten Straßenoberflächenzustand beschreibt. Bei B. unter 2,5 bzw. 1,5 sind Straßeninstandsetzungen (→ Straßenerhaltung) notwendig, dabei gilt der untere Grenzwert von 2,5 für schnell befahrbare Straßen. *Beckedahl*

Literatur: *Wehner/Siedek/Schulze* (Hrsg.): Handbuch des Straßenbaus. Bd. 1–3. Berlin 1977 u. 1979.

Behälter im Ingenieurbau. B. im Ingenieurbau sind Bauwerke, die vorwiegend der Lagerung von Stoffen dienen. Es gibt B. für gasförmige, flüssige und feste Stoffe. B. für feste Stoffe (Schüttgüter) werden auch → Silo genannt. Gas- und Flüssigkeitsbehälter dienen oft außer der Lagerung auch dem Druckaufbau bzw. Druckausgleich innerhalb des Systems, in das sie integriert sind. Gasbehälter werden deshalb oft als Druckbehälter bezeichnet. Primäre Forderung an einen B. ist seine Dichtigkeit. Diese muß deshalb durch entsprechende Wahl der Materialien und der Konstruktion

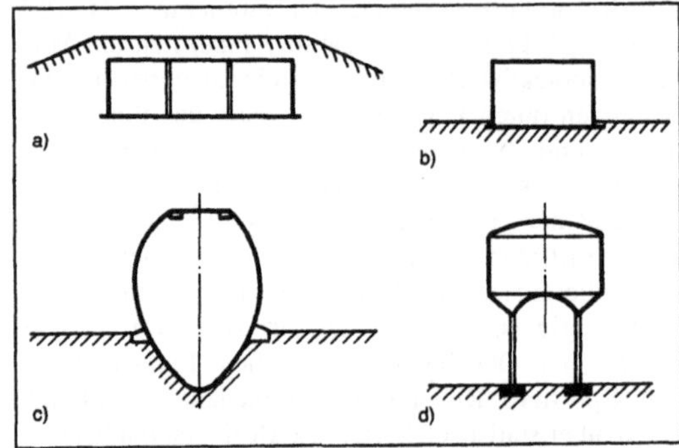

Behälter im Ingenieurbau: Einteilung nach Aufstellungsart.

a) Tiefbehälter als Zylinder mit Innenstützen.

b) Oberflächenbehälter als Rechteckbehälter.

c) Oberflächenbehälter als allgemeine Rotationsschale.

d) Hochbehälter als Zylinder mit Kugelkalottenboden.

sichergestellt sein. B. lassen sich entsprechend ihrer Aufstellungsart in → Tiefbehälter, Oberflächenbehälter und → Hochbehälter (aufgeständerter Behälter) untergliedern (Bild). Der Begriff Hochbehälter, der auch für Wasserbehälter in der → Wasserversorgung benutzt wird, beschreibt jedoch dort nur die Lage des B. (hoch) gegenüber dem Versorgungssystem und gibt hier keinen Aufschluß über die Art der Konstruktion.

Die Hauptbeanspruchung der B. entsteht durch die Abtragung bzw. die Aufnahme der senkrecht zu den Behälterwänden auftretenden Kräfte infolge der Behälterfüllung bzw. des Innendrucks. Bei Flüssigkeiten ist dieser Druck linear von der Füllhöhe und der Dichte der Flüssigkeit abhängig. Bei Gasbehältern ist der Druck (unter Vernachlässigung des kleinen Eigengewichts des Gases) konstant. Bei Tiefbehältern kommt zu der Beanspruchung infolge Innendrucks noch die Beanspruchung infolge seitlichen → Erddrucks und der Erdauflast hinzu. Häufig vorkommende Formen und Tragsysteme sind:

☐ Rechteckige B.: B., die in ihrem Grundriß rechteckig sind, tragen die Kräfte aus dem Horizontaldruck der Füllung vorwiegend über Biegung der Wände als Plattentragwerk ab. Ob die Lastabtragung vorwiegend in horizontaler oder vertikaler Richtung geschieht, hängt davon ab, ob die Breite oder die Höhe des B. größer ist, da Platten vorzugsweise über die kürzere Richtung abtragen. Die Auflagerkräfte ergeben für die senkrecht dazu angeordneten Bauteile Normalkräfte, die von diesen aufgenommen werden müssen.

☐ Regelmäßige Vielecke: Ist der Grundriß eines B. ein regelmäßiges Vieleck, so wird die horizontale Lastabtragung nach der Theorie der → Faltwerke ermittelt.

☐ Kreiszylinder (häufigste Sonderform der allgemeinen Rotationsschale): Ist der Grundriß eines B. kreisförmig und der Radius über die Höhe konstant, so ist der B. ein Kreiszylinder. Der Horizontaldruck auf die Wand wird überwiegend durch Ringkräfte in der Zylinderwand abgetragen. In der Nähe von Decke und Boden treten Behinderungen der Zylinderdeformation auf, die zu Biegestörungen der → Zylinderschale und zu Beanspruchungen von Decke und Boden des B. führen.

☐ Allgemeine Rotationsschalen: Ist der Grundriß des B. kreisförmig und der Radius über die Höhe veränderlich, so ist das Tragsystem eine allgemeine Rotationsschale. Zylinder, Kegel- und Kugelschalen sind ausgezeichnete Formen dieses Schalentyps. Die Lasten werden hier primär durch Normalkräfte in Umfangs- und Meridianrichtung abgetragen. Bei Unstetigkeiten in der Geometrie oder der Belastung des B. treten Biegebeanspruchungen der Schale auf.

Wird die Form eines B. so gewählt, daß hauptsächlich Normalkraftbeanspruchungen auftreten, führt dies zu materialsparenden und deshalb oft wirtschaftlichen Konstruktionen. Die Horizontaldrücke, die durch die Wandkonstruktionen aufgenommen werden müssen, wachsen bei Flüssigkeitsbehältern linear mit der → Bauhöhe des B. Deshalb sind sehr hohe B. meist nicht wirtschaftlich. Bei B. mit großen Grundrißabmessungen muß man der Decken- und Bodenkonstruktion besondere Beachtung schenken. Bei Tiefbehältern muß die Deckenkonstruktion zusätzlich zum Eigengewicht die Erdauflast tragen. Hier werden oft die Decken durch Anordnung von Stützen im B. entlastet. Bei Hochbehältern, bei denen der Behälterboden das Gewicht der Füllung auf die Stützkonstruktion übertragen muß, wird diese oft als → Schalentragwerk, z. B. Kugelkalotte, ausgebildet.

Kleine B. werden meist aus Metall hergestellt. Größere B. werden oft auch als Stahlbetonkonstruktionen ausgeführt. Da der → Stahlbeton unter Zugbeanspruchung Risse aufweist, ist ein Stahlbetonbehälter nicht absolut dicht. Werden hohe Anforderungen an die Dichtigkeit gestellt, müssen dichte Auskleidungen vorgesehen werden. Eine weitere Alternative, die Dichtheit zu gewährleisten, ist, die Betonkonstruktion so vorzuspannen (Stahlbeton, → Spannbeton), daß keine Zugspannungen in der Konstruktion verbleiben. Spannbetonbehälter verwendet man besonders für große Volumen und für Druckbehälter immer häufiger. Für Kreiszylinderschalen wurden spezielle Vorspannverfahren entwickelt (→ Behälterwickelverfahren). *Mehlhorn*

Behälterwickelverfahren. Spezielles → Spannverfahren zur → Vorspannung rotationssymmetrischer → Behälter oder anderer Bauwerke aus Stahlbeton. Hierbei wird hochfester Stahl mit Spezialmaschinen unter Zugspannung auf den Behälter aufgewickelt (Bild). *Mehlhorn*

Behaglichkeit, thermische. Die Gesundheit und Leistungsfähigkeit der Menschen wird durch das Raumklima wesentlich beeinflußt. Die Beschreibung eines

Behälterwickelverfahren: Wickelmaschine für Druckbehälter.

Vorspannung des Verfahrens des Bureaus BBR, Zürich. Photo: Archiv Bureau BBR

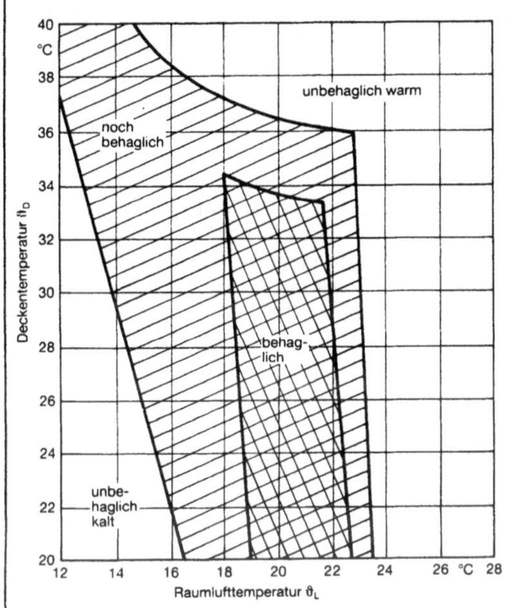

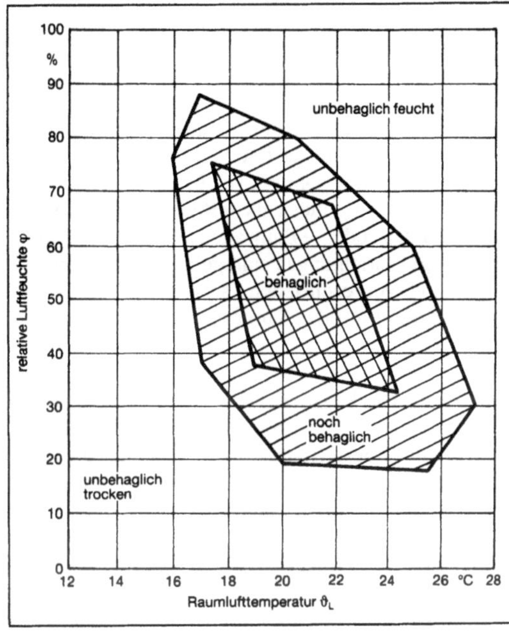

Behaglichkeit, thermische 1: Behaglichkeitsfeld für das Wertepaar Raumlufttemperatur und Oberflächentemperatur von Geschoßdecken. (Frank 1975)

Behaglichkeit, thermische 2: Behaglichkeitsfeld für das Wertepaar Raumlufttemperatur und relativer Luftfeuchtigkeit. (Frank 1975)

Behaglichkeit, thermische. Tabelle: Faktoren, die die t. B. beeinflussen.

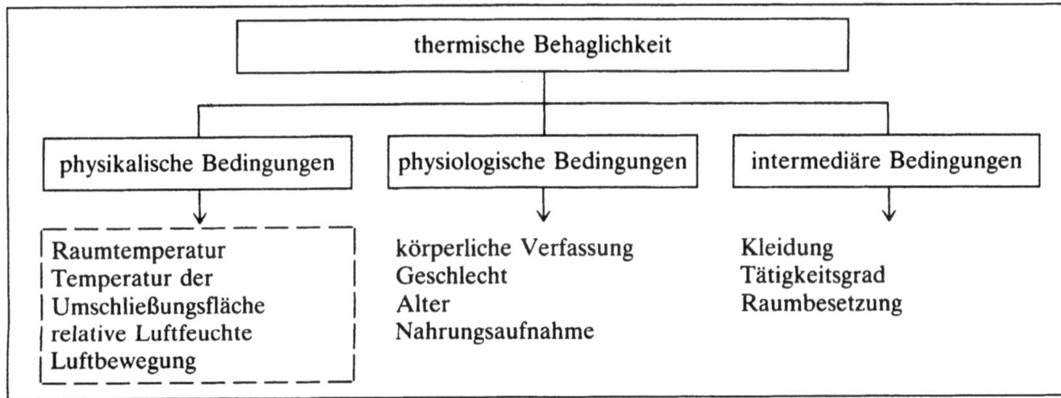

günstigen Raumklimas wird durch die t. B. zu erläutern versucht. Ein Zustand t. B. liegt vor, wenn Zufriedenheit mit der thermischen Umgebung besteht (*Mayer* 1986). Die Zufriedenheit bedeutet, daß der Mensch keine Veranlassung hat, Veränderungen der die thermische Umgebung ausmachenden Bedingungen vorzunehmen. Die t. B. wird durch die in der Tabelle (S. 99) aufgeführten Randbedingungen beeinflußt, wobei insbesondere die physikalischen Randbedingungen bedeutsam sind.

In Bild 1 und 2 (S. 99) sind beispielhaft zwei Behaglichkeitsfelder dargestellt, die durch statistisch abgesicherte Feststellungen bei einer Vielzahl von Personen gewonnen wurden. *Cziesielski*

Literatur: *Frank, W.:* Raumklima und Thermische Behaglichkeit. Ber. a. d. Bauforsch. H. 104, 1975. – *Mayer, E.:* Tagesgang für thermisches Behaglichkeitsempfinden. Gesundh.-Ing. **107** (1986) Nr. 3, S. 173/76.

Behelfsbau. Bestandteil der → Baustelleneinrichtung: vorübergehend errichtetes Bauwerk zur Unterbringung von Personal, Aufbewahrung von Maschinen und Baustoffen. Der B. wird meist als → Raumzelle (→ Container), → Baracke oder → Bauwagen ausgeführt. Abmessungen und Einrichtungen sind gem. → Arbeitsstättenverordnung vorgeschrieben, soweit es Tages- und Schlafunterkünfte oder Sanitäreinrichtungen betrifft. *Drees*

Beileitung. Die B. ist eine Anlage zur Vergrößerung des → Einzugsgebietes. Sie führt über Hanggräben, Stollen und Überleitungen (→ Kreuzungsbauwerk) Wasser aus anderen Einzugsgebieten einem anderen Gewässer, meist einer → Stauanlage, zu. *Muth*

Belag → Beschichtung, rißüberbrückende

Belang. Unter B. versteht man im öffentlichen Recht private oder öffentliche, von Bund, Ländern, Gemeinden und anderen öffentlichen Körperschaften vertretene Interessen. Das Grundgesetz gewährleistet einen Spielraum für private B. Oberster Grundsatz des Verwaltungshandelns ist das Abwägungsgebot zwischen den verschiedenen B. Durch die bereits in der Novellierung des BBauG enthaltene und im → Baugesetzbuch (BauGB) übernommene Beteiligung der Bürger am Planungsverfahren (§ 3) wird die Artikulierung privater Interessen frühzeitig ermöglicht. Desgleichen ist die Beteiligung der Träger öffentlicher B. (§ 4) geregelt. *Spengelin*

Belebung. B. und → Belüftung sind Vorgänge und Maßnahmen, um Belebtschlamm im Abwasser zu erhalten. Die natürlicherweise in jedem Gewässer ähnlichen Abläufe sind die Grundlage für die Reinigung von Abwasser im weit verbreiteten Belebtschlammverfahren. Dabei werden vor allem die organischen Verunreinigungen im Abwasser, die die Nahrung für eine sehr große Anzahl von Bakterien sind, durch Adsorption, Absorption und Abbau erfaßt. Organische Verunreinigungen sind vor allem schnell abbaubare C-Verbindungen und langsamere mineralisierbare N-Verbindungen. Bei dem aeroben Vorgang ist hierzu durch Belebung/Belüftung mindestens $1-2$ mg/l O_2 im Wasser erforderlich. Je nach dem Nährstoffangebot ist daher Luft, bei einigen Verfahren auch direkt O_2, durch Belüfter einzutragen. Oberflächenbelüfter besorgen dies durch Wasserumwälzung. Dabei bilden sich immer wieder neue Austauschflächen zwischen Wasser und Luft; nur an diesen findet ein nahezu momentaner Austausch bis zur Sättigung statt. Über grob- oder feinblasige Belüftung wird die Luft (oder O_2) über Filter oder spezielle Rohrsysteme eingebracht: da bilden die aufsteigenden Luftblasen die Austauschfläche auf ihrem Weg nach oben. Die gleichzeitig einsetzende lebhafte Aufwärtsströmung wälzt den Beckeninhalt um. Der Belebtschlamm muß stets an allen Stellen in Bewegung gehalten bleiben, um Schlammansammlungen mit den folgenden anaeroben Prozessen zu vermeiden. Nur durch diese ständige Bewegung und die laufende O_2-Eintragung hat der Belebtschlamm eine flockige Suspension aus Nährstoffen, Schmutzstoffen und Bakterien sowie diesen fressenden Kleinlebewesen (Pilze, Würmer), gute Lebensbedingungen. Dabei wird angestrebt, zuerst eine rasche Reinigung durch Adsorption zu erreichen und den → Schlamm dann nach anderen Methoden zweckdienlich zu stabilisieren, z. B. durch → Faulung (anaerob) oder langfristige B. (aerob). *Pfeiff*

Belebungsgrabenwalze. Bei der → Abwasserreinigung muß Sauerstoff in Abwasser eingetragen und das Abwasser in Bewegung gehalten werden, um Schlammabsetzungen zu vermeiden. Hierzu sind – ausgehend von den Niederlanden – schon in den 30er Jahren rotierende bürstenähnlich besetzte Walzen eingesetzt worden, die später im bei kleinen Anlagen oft benutzten Belebungsgraben – einer Belebtschlammreinigungsanlage – dann mit metallischen oder Kunststoffaufsätzen bei unterschiedlich einrichtbarer oder fester Eintauchtiefe der Walze (Bürste) in das Wasser übernahmen, Sauerstoff einzubringen (auch durch die Turbulenz der Oberfläche des Wassers dabei) und das Abwasser im Rundgrabenumlauf (oder auch Becken) umzuwälzen aus der so eingebrachten Energie. Drehzahl und Eintauchtiefe sind oft regelbar an den Bedarf angepaßt. *Pfeiff*

Belüftung. Gebläse werden im → Baubetrieb hauptsächlich im Tunnel- und Stollenbau eingesetzt. Für ihre Bemessung sind die Druckdifferenzen maßgebend. Die B.-Anlage besteht aus Flügelrad- oder Radialverdichtern, den Luttenventilatoren und den Luttenrohren. Als B. im → Tunnelbau wird die Zufuhr von Frischluft sowie die Beseitigung gesundheitsschädlicher Gase und Schwaden bezeichnet. Verantwortlich für diese Verunreinigungen sind während des Tunnelbaus Sprengarbeiten, Motorenabgase sowie Oxidationsprozesse an den Gesteinen. Letztere – vor allem die Abgase der Verkehrsmittel – sind auch der Grund für eine Betriebs-B. des fertigen Tunnels.

Man kann in Druckbelüftung (bis zu 600 m Tunnellänge) und Saugbelüftung (bis zu 1 400 m) unterscheiden (Bild); auch eine kombinierte B. ist möglich. Einstufige und auch mehrstufige Ventilatoren führen die verunreinigte Luft über → Lutten und anschließende B.-Kanäle von 300–1 400 mm Dmr. nach außen. Bei saugender B. sind diese Kanäle aus Stahlblechrohr, bei drückender B. aus Stoff oder Kunststoff. Die dadurch in den Tunnel nachströmende Frischluft soll eine Geschwindigkeit von 4 m/s nicht überschreiten. Belegschaftsstärke und Tunnellänge bestimmen die Mindestquerschnitte der Lutten in Abhängigkeit von der Leistung der Exhaustoren. Lüfter und Gebläse lassen sich auch als Kühler und Wärmeübertrager verwenden. In der Strömungsfördertechnik können feinkörnige Medien, wie Staub, Sand, Häcksel usw., gefördert werden. Voraussetzung sind jedoch niedrige Drücke, da sonst → Kompressoren zum Einsatz kommen. Als Gebläsebauarten gibt es Axial- und Radialventilatoren, die sich von den entsprechenden → Pumpen hauptsächlich durch ihre leichtere Bauart unterscheiden. *Kühn*

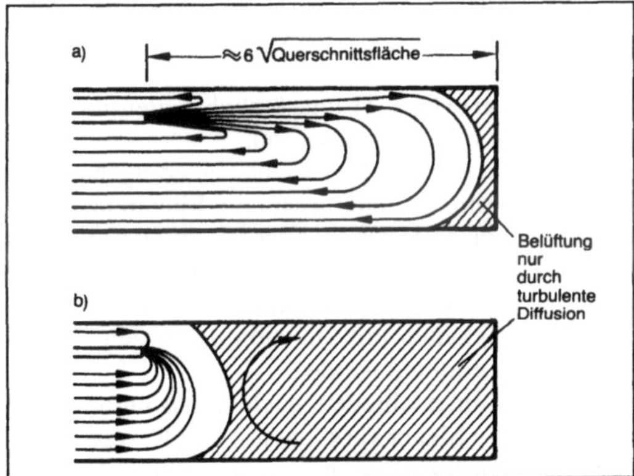

Belüftung: Wirkungsweise von Druck- und Saugbelüftung.
a) Blasende B.
b) Saugende B.

Bemessung.

Betonbau. Unter der B. der → Tragwerke und Bauteile wird allgemein die ausreichende Dimensionierung, die Baustoffwahl und die konstruktive Durchbildung verstanden, damit die Tragwerke und Bauteile *funktionstüchtig* sind.

Die Funktionstüchtigkeit eines → Bauwerks bzw. eines Bauteils setzt voraus, daß die einwandfreie konstruktive Durchbildung und die Ausführung des Bauwerks bzw. Bauteils gewährleistet ist und, daß der Bemessungswert der äußeren Einwirkungen S_d den zur konstruktiven Durchbildung zugehörigen Bemessungswert der inneren Widerstände R_d nicht überschreitet, d. h. es muß gelten:

$$S_d \leq R_d$$

Während der Herstellung (hier sind auch die verschiedenen Bauzustände während der Errichtung zu beachten), während des Bestehens und gegebenenfalls während des Abbruchs unterliegt ein Bauwerk verschiedenen äußeren Einwirkungen. Diese ergeben sich aus der Einwirkung der Eigenlasten und aus der Nutzung (Einwirkung der Verkehrslasten) des Bauwerks. Aber auch die aus den Baugrundverhältnissen sowie den klimatischen Bedingungen (Wind- und Schneelasten sowie gleichmäßige und ungleichmäßige Temperaturveränderungen) herrührenden Einwirkungen sind bei den Schnittgrößenermittlungen zu berücksichtigen. Daneben können noch Untersuchungen des Tragverhaltens zu außergewöhnlichen Einwirkungen (z. B. Erdbebenwirkungen, Brand, Explosionen, Schiffs- und Fahrzeuganprallasten) erforderlich werden.

Die äußeren Einwirkungen werden in der Regel sog. Lastfällen zugeordnet, z. B. den Lastfällen Eigen- und Verkehrslast, Windlast, Temperatur und Baugrundverformungen. Werden Konstruktionen vorgespannt (→ Spannbeton), kann die Wirkung der → Vorspannung entweder bei den Einwirkungen oder beim inneren Widerstand erfaßt werden.

Die für die B. maßgebenden, sich aus den Einwirkungen ergebenden Beanspruchungen werden durch Überlagerungen der Schnittgrößen der möglichen gleichzeitig auftretenden, voneinander unabhängigen Lastfälle bestimmt. Setzt man physikalisch und geometrisch lineares Tragwerksverhalten voraus (elastisches Materialverhalten, Beschränkung auf kleine Verformungen), können die aus den einzelnen Lastfällen getrennt ermittelten Beanspruchungen sowohl bei statisch bestimmten als auch bei statisch unbestimmten Systemen superponiert werden. Bei statisch unbestimmten Systemen mit nichtlinearem Materialverhalten ist das Superpositionsprinzip nicht gültig. Für Tragwerke mit großen Verformungen ist die Anwendung des Superpositionsprinzips generell nicht zulässig. Bei Tragwerken mit nichtlinearem Verhalten können deshalb die Schnittgrößen nicht lastfallweise ermittelt und anschließend superponiert werden. Sie sind statt dessen jeweils gemeinsam aus den für die B. maßgebenden Lastfallkombinationen zu ermitteln. Wendet man das Superpositionsprinzip in diesen Fällen dennoch an, erhält man für die Überlagerung der in den einzelnen Lastfällen getrennt ermittelten Schnittgrößen nur eine mehr oder weniger gute Näherung.

Neben der Ermittlung der Schnittgrößen aus den äußeren Einwirkungen müssen die inneren Widerstände des Tragwerks bestimmt werden. Die inneren Widerstände werden durch die geometrische Gestaltung des

Tragwerks, durch die materialbedingten Festigkeiten, durch die konstruktive Durchbildung sowie durch das Verformungsverhalten bestimmt. Sowohl die sich aus den Belastungen ergebenden Einwirkungen als auch die Materialkenngrößen sind als streuende Größen als Zufallsvariable aufzufassen (→ Sicherheit). Von Sonderfällen bei der B. außergewöhnlicher Tragwerke abgesehen wird für die B. der Tragwerke von der auf der stochastischen Strukturmechanik beruhenden Zuverlässigkeitsanalyse für die Festlegung eines für dieses Tragwerk speziell festzulegenden Sicherheitsbeiwerts kein direkter Gebrauch gemacht.

Bemißt man Tragwerke des → Massivbaus nach dem Eurocode 2, wird das sog. semi-probabilistische → Sicherheitskonzept angewandt, bei dem Teilsicherheitsfaktoren verwendet werden, die die jeweiligen statistischen Unsicherheiten der einzelnen Eingangsgrößen, z. B. Belastungen und Baustoffestigkeiten auf der Einwirkungs- und Widerstandsseite erfassen. Dies führt zu einer größeren Transparenz und ermöglicht eine bessere Vergleichbarkeit verschiedener Konstruktionsalternativen.

Sowohl auf der Einwirkungs- als auch auf der Widerstandsseite werden für die verschiedenen Belastungen und für die verschiedenen Baustoffe (→ Beton, → Bewehrung) wegen der verschieden hohen Streuungen der Belastungsarten und der Materialkennwerte unterschiedliche Teilsicherheitsbeiwerte angesetzt. Die Festlegungen der Teilsicherheitsbeiwerte in den Regelwerken basieren auf der Wahrscheinlichkeitstheorie, und es werden sog. charakteristische Werte verwendet, die als Quantilwerte so definiert sind, daß sie nur mit einer bestimmten Wahrscheinlichkeit überschritten (Einwirkung) bzw. unterschritten (Widerstand) werden. Es ist unwahrscheinlich, daß beim Auftreten mehrerer veränderlicher Belastungen alle Belastungen gleichzeitig mit ihrem aus Extremverteilungen hergeleiteten Bemessungswerten auftreten. Dies wird durch die Einführung von Kombinationsbeiwerten berücksichtigt. Es sei noch darauf hingewiesen, daß es unmöglich ist, völlig ohne Abweichungen von den gewollten Idealvorstellungen zu bauen, weshalb auch die geometrischen Werte (z. B. Querschnittsabmessungen, Abweichungen der Stabachse oder bei → Flächentragwerken der Mittelfläche von der Sollage) als Zufallsvariable aufzufassen sind und dieser Umstand in den Teilsicherheitsbeiwerten auf der Widerstandsseite bzw. in anzusetzenden → Imperfektionen in den Regelwerken erfaßt ist.

Mit welchen Werten die äußeren Einwirkungen und die inneren Widerstände in der Tragwerksberechnung zu berücksichtigen sind, hängt von dem dem jeweiligen Regelwerk zugrundeliegenden Konzept der → Gewährleistung der Tragwerkszuverlässigkeit ab. Grundsätzlich sind zwei Forderungen zu erfüllen. Die Tragwerke sind so auszulegen, daß ihre Überlebenswahrscheinlichkeit hinreichend groß ist und unter den vorgegebenen Nutzungsanforderungen während der Nutzungszeit gebrauchtüchtig bleiben. Dies führt zur Festlegung der beiden zu betrachtenden Zustände:

– → Grenzzustand der Tragfähigkeit
– Grenzzustand der Gebrauchstauglichkeit.

Für die beiden genannten Grenzzustände sind bei der B. nach Eurocode 2 unterschiedliche Größen für die Teilsicherheitsbeiwerte zu wählen.

Bei der B. von Tragwerken des Massivbaus nach den Regelwerken der DIN 1045 und DIN 4227 gelten im Prinzip die gleichen Überlegungen. Im Gegensatz zu den moderneren Regelwerken des Eurocode 2 werden beim Nachweis nach DIN die Teilsicherheitsbeiwerte zu einem globalen Sicherheitsbeiwert zusammengefaßt, der nur auf der Einwirkungsseite berücksichtigt wird. Dies führt zu sehr unterschiedlichen Tragwerkszuverlässigkeiten und ganz besonders bei der B. zur Schubtragfähigkeit von vorgespannten Stahlbetontragwerken zu unwirtschaftlichen Konstruktionen. Zur Gewährleistung der Gebrauchstauglichkeit sind zusätzlich zum Nachweis der ausreichenden Tragfähigkeit die Tragwerksverformungen und die Rissebeschränkungen nachzuweisen. Insbesondere die konstruktive Durchbildung des Tragwerks einschließlich der Bewehrungsführung ist für die Funktionstüchtigkeit von besonderer Bedeutung. *Mehlhorn*

Literatur: Eurocode 2: Planung von Stahlbeton- und Spannbetontragwerken, Teil 1-1. Grundlagen und Anwendungsregeln für den Hochbau. Deutsche Fassung ENV 1992-1-1. 1991. – DIN 1045: Beton und Stahlbeton. Bemessung und Ausführung. Juli 1988. – DIN 4227. Spannbeton, Bauteile aus Normalbeton mit beschränkter und voller Vorspannung. Juli 1988. – *Mehlhorn, G.*: Bemessung im Betonbau. In DER INGENIEURBAU (Hrsg.: G. Mehlhorn) im Band BEMESSUNG. Berlin 1996.

Mauerwerksbau. Grundsätzlich gelten die Ausführungen zur B. im → Betonbau.

Der Nachweis der → Standsicherheit erfolgt nach den DIN-Vorschriften, allerdings auf der Einwirkungsseite unter → Gebrauchslasten. Auf der Widerstandsseite sind für die verschiedenen Mauerwerksfestigkeitsklassen zulässige Spannungen festgelegt, die aus den → Mauerwerksfestigkeiten mit Division durch den Sicherheitsbeiwert ermittelt wurden.

Es wird unterschieden nach unbewehrtem und bewehrtem → Mauerwerk sowie nach Rezeptmauerwerk und Mauerwerk nach Eignungsprüfung.

Rezeptmauerwerk ist Mauerwerk, dessen Druckfestigkeit in Abhängigkeit von Steinfestigkeitsklassen, Mörtelarten und Mörtelgruppen festgelegt wird. Die zulässigen Spannungen des Mauerwerks ergeben sich aus DIN 1053, Teil 1.

Mauerwerk nach Eignungsprüfung ist Mauerwerk, das aufgrund von Eignungsprüfungen an Mauerwerkskörpern in Mauerwerksfestigkeitsklassen eingestuft wird. Die Baustoffe müssen besonders überwacht werden. Die Anforderungen an die Mauerwerksdruckfestigkeit von Mauerwerk nach Eignungsprüfung sind in DIN 1053, Teil 2 angegeben.

Für verschiedene Anwendungen ist auch bewehrtes Mauerwerk üblich. Horizontale Bewehrung kann in den Lagerfugen, in Formsteinen oder in ummauerten Aus-

sparungen, vertikale Bewehrung in Formsteinen oder in ummauerten Aussparungen angeordnet werden. Die Bewehrung, die aus geripptem → Betonstahl bestehen muß, darf nur in Zementmörtel oder → Beton eingebettet werden. Die B. bewehrter Querschnitte erfolgt mit einigen Abweichungen grundsätzlich nach den im Betonbau geltenden Regeln. *Mehlhorn*
Literatur: DIN 1053, T. 1: Mauerwerk, Rezeptmauerwerk; Berechnung und Ausführung. Februar 1990. – DIN 1053, T. 2: Mauerwerk; Mauerwerk nach Eignungsprüfung; Berechnung und Ausführung. Juli 1984. – DIN 1053, T. 3: Mauerwerk; Bewehrtes Mauerwerk; Berechnung und Ausführung. Februar 1990.

Stahlbau. Bisher wurden im → Stahlbau zwei Bemessungsverfahren zugelassen:
– das σ_{zul}-Verfahren und
– das Grenzlast-Verfahren.

Bezugsgröße in beiden Fällen ist die → Fließspannung f_y. Die Fließspannung dividiert durch den Sicherheitsbeiwert γ ergibt die zulässige Spannung $\sigma_{zul}=f_y/\gamma$ die gleich oder größer als die vorhandene Spannung infolge der Gebrauchsbelastung sein muß. Der Sicherheitsbeiwert ist hierbei eine konstante Größe.

Mit dem Jahresbeginn 1996 ist die Anwendung des σ_{zul}-Verfahrens nicht mehr zulässig. Es gilt nunmehr ausschließlich das Grenzlast-Verfahren, wie es auch der DIN 18 800 (1990) zugrunde liegt und bei dem unterschiedliche Teil-Sicherheitsbeiwerte γ_F für die verschiedenen Belastungsarten und Lastkombinationen ψ zu berücksichtigen sind. Dadurch wird die Bauwerks-B. den wirklichen Verhältnissen besser angepaßt.

→ Grenzzustände sind hierbei Zustände des Tragwerkes, die den Bereich der Beanspruchung, in dem das Tragwerk tragsicher bzw. gebrauchstauglich ist, begrenzen.

Die erforderlichen Nachweise sind für die Tragsicherheit, die Lagersicherheit sowie die Gebrauchstauglichkeit für das Tragwerk, seine Teile und Verbindungen zu führen. Nachzuweisen ist, daß die Beanspruchungen S_d eines Tragwerkes die Beanspruchbarkeiten R_d nicht überschreiten:

$S_d \leq R_d$

Dabei sind die Grenzzustände für den Nachweis der Tragsicherheit
– der Beginn des Fließens,
– das Durchplastizieren eines Querschnittes,
– die Ausbildung einer → Fließgelenkkette,
– der Bruch.

Grenzzustände für den Nachweis der Gebrauchstauglichkeit sind, soweit sie nicht in anderen Grundnormen oder Fachnormen geregelt sind, zu vereinbaren.

Mit dem Nachweis der Tragsicherheit wird belegt, daß das Tragwerk und seine Teile während der Errichtung und der geplanten Nutzung gegen Versagen ausreichend sicher sind. Die Gebrauchstauglichkeit des Bauwerkes kann je nach Anwendungsbereich Be-

schränkungen, z. B. von Formänderungen oder von → Schwingungen erforderlich machen.

Die Bemessungswerte F_d der Einwirkungen sind die mit einem Teilsicherheitsbeiwert γ_F und gegebenenfalls mit einem Kombinationsbeiwert ψ vervielfachten charakteristischen Werte F_k der Einwirkungen:

$F_d = \gamma_F \cdot \psi \cdot F_k$.

Die charakteristischen Werte F_k der Einwirkungen F sind den einschlägigen Normen über Lastannahmen zu entnehmen. Die Nachweise sind nach einem der drei folgenden Verfahren zu führen:

für S_d	für R_d
Elastisch	Elastisch
Elastisch	Plastisch
Plastisch	Plastisch

Dabei sind grundsätzlich zu berücksichtigen:
– Tragwerksverformungen (Theorie 2. Ordnung)
– geometrische Imperfektion
– Schlupf in Verbindungen
– planmäßige Außermittigkeit. *Sedlacek/Scholz*
Literatur: DIN 18 800, Tl. 1 (1990).

Straßenbefestigung. Die B. von Verkehrsflächenbefestigungen für Straßen, Wege, Flugplätze, Eisenbahnen, hat zum Ziel, für die Fahrbahnbenutzer und deren Fahrzeuge geeignete Fahrbahnen in Verknüpfung mit minimalen Nutzer-, Bau- und Unterhaltungskosten zu entwerfen. Die Bemühungen zur Lösung dieser Aufgabe streben von vordem rein empirischen Vorgehensweisen auf der Grundlage von Erfahrungen und Intuitionen zu immer mehr physikalisch-theoretisch-fundierten hin. Angestrebt wird eine langfristige Verhaltensvoraussage, um damit Eingreifmaßnahmen und Zeitpunkte für die → Straßenerhaltung und Erneuerung und daraus dann den erforderlichen Finanzbedarf planen zu können.

Die für den Verkehrswegebau verfügbaren Baustoffe haben von Natur aus keine ausgeprägte → Dauerfestigkeit, d. h. jede Verkehrslast bzw. klimatisch bedingte mechanische Beanspruchung verursacht zwangsläufig eine zunächst interne (latente → Ermüdung) und/oder unmittelbar äußerlich erkennbare (bleibende Verformung) Schädigung. Die sich kumulierenden Schädigungen bewirken kontinuierlich zunehmende bleibende Verformungen und ggf. Rißbildungen an der Fahrbahnoberfläche, so daß die → Befahrbarkeit mehr oder weniger stetig, aber unvermeidbar abnimmt. Das Grundprinzip der B. besteht somit darin, die von den Verkehrslasten in Verbindung mit den klimatischen Bedingungen (Temperatur, Feuchtigkeit) initiierten mechanischen Beanspruchungen (theoretisch oder experimentell) zu ermitteln und die daraus resultierenden kumulativen Anstrengungen und Reaktionen zu prognostizieren.

Die mechanischen Beanspruchungen lassen sich mit Hilfe kontinuumsmechanischer Modelle, wie z. B.

Theorien der gebetteten Platten, Mehrschichtentheorie, finite Elemente, berechnen. Die von den Beanspruchungen hervorgerufenen bleibenden Verformungen an der Fahrbahnoberfläche werden aufgrund der Betriebsformänderungsgesetze der einzelnen Befestigungsschichten berechnet. In dem VESYS-Konzept sind beide Verfahrensschritte zusammengefaßt und Grundlage für die prognostive Berechnung der Befahrbarkeitsveränderung. Wegen der Komplexität derartiger B.-Verfahren wendet man in der Praxis vielfach Näherungsmethoden an, z. B. die CBR-Bemessungsmethode. Dabei wird (nur) die erforderliche Dicke des Straßenoberbaus in Abhängigkeit von dem minimalen → CBR-Wert des → Untergrundes und einer maximalen Verkehrslast mit einem halbempirischen Verfahren berechnet. Das Verfahren eignet sich lediglich für überschlägige B. und nicht für zuverlässige Betriebsverhaltensermittlungen.

Wegen der Unzuverlässigkeit der Näherungsverfahren und der Vielzahl der komplexen B.-Parameter dimensioniert man → Straßenbefestigungen in Deutschland an Hand der „Richtlinien für die Standardisierung des Oberbaues von Verkehrsflächen" (RStO) normativ. Die maßgebenden B.-Parameter sind die Verkehrsbelastungszahl in Abhängigkeit von der effektiven Verkehrslastmenge und der Konzentration sowie die erforderliche Dicke des frostsicheren Oberbaues in Abhängigkeit von den klimatischen und hydrologischen Gegebenheiten. Die RStO umfassen Bauweisen für insgesamt sieben Bauklassen in Abhängigkeit von der Verkehrsbelastungszahl bzw. dem Straßentyp (Tabelle 1, 2).

Sollen Straßen erneuert werden, stehen drei prinzipiell unterschiedliche Möglichkeiten zur Verfügung, die Erneuerung im Hocheinbau, die Erneuerung im Tiefeinbau und die Erneuerung als Kombination aus Hoch- und Tiefeinbau. Unter Erneuerung versteht man Maßnahmen zur vollständigen Wiederherstellung des Gebrauchswertes einer vorhandenen Verkehrsflächenbefestigung, sofern bei der Erneuerung in Asphaltbauweise mehr als die → Deckschicht und bei der Betonbauweise die → Decke betroffen ist. Werden eine oder mehrere Schichten von insgesamt mehr als 4 cm auf vorhandene Verkehrsflächenbefestigungen eingebaut, spricht man von der Erneuerung im Hocheinbau. Bei einem vollständigen Ersatz einer vorhandenen Befestigung, gegebenenfalls bei gleichzeitiger Anpassung an geänderte Belastungsbedingungen, spricht man von einer Erneuerung im Tiefeinbau. Wird ein Teil einer vorhandenen Befestigung durch eine oder mehrere Schichten ersetzt und erhöht sich dadurch die Befestigungsdicke, handelt es sich um eine Erneuerung als Kombination von Hoch- und Tiefeinbau.

Die B. der Erneuerung wird mit den „Richtlinien für die Standardisierung des Oberbaues bei der Erneuerung von Verkehrsflächen" (RStO-E) durchgeführt. Diese standardisierte B. erfolgt über die Bewertung der

Bemessung. Tabelle 1: Verkehrsbelastungszahl und zugeordnete Bauklassen.

maßgebende Verkehrsbelastungszahl VB			Bauklasse
über	3 200		SV
über	1 800	bis	3 200	I
über	900	bis	1 800	II
über	300	bis	900	III
über	60	bis	300	IV
über	10	bis	60	V
	bis	10	VI

Bemessung. Tabelle 2: Straßentypen und zugeordnete Bauklassen.

Straßentyp	Bauklasse
Schnellverkehrsstraße	SV, I
Schnellverkehrsstraße, Industriesammelstraße	I, II
Hauptverkehrsstraße, Industriestraße, Fußgängerzone mit schwerem Ladeverkehr	II, III
Sammelstraße, Fußgängerzone mit Ladeverkehr	IV
Anliegerstraße, Fußgängerzone	V
Anliegerstraße, befahrbarer Wohnweg	VI

Restsubstanz der vorhandenen Verkehrsfläche, indem dazu vornehmlich der Oberflächenzustand herangezogen wird. Die Tragfähigkeit der vorhandenen Verkehrsfläche ist in den RStO-E kein quantitatives B.-Kriterium. *Beckedahl/Gerlach*

Bemessungsabfluß. → Abfluß oder Durchfluß (in m^3/s), für den ein Gewässerbett oder Bauwerk bemessen wird (DIN 4047, Tl. 5). In den meisten Fällen sind die Durchflußquerschnitte auf Hochwasserabflüsse bestimmter Jährlichkeit (hydrologisches Ereignis, Wahrscheinlichkeit) zu bemessen. Dabei ist die Nutzung der evtl. betroffenen Flächen maßgebend (Tabelle 1). In begründeten Fällen können auch andere Wiederholungszeitspannen gewählt werden. Bauwerke, an die besondere Sicherheitsanforderungen gestellt werden, z. B. Hochwasserentlastungsanlagen von → Hochwasserrückhaltebecken (Tabelle 2), sind auf Hochwässer höherer Jährlichkeit oder auf das → Maximalhochwasser zu bemessen. Für die Dimensionierung von Speicherräumen ist nicht der momentane Spitzenabfluß, sondern das Abflußvolumen über einem festzulegenden Schwellenwert (→ Hydrologie) entscheidend.

Lecher

Literatur: DIN 19700. Tl. 12: Stauanlagen – Hochwasserrückhaltebecken (1986).

Bemessungsregen. Regenhöhe in mm eines bestimmten Regenereignisses, die der wasserwirtschaftlichen und baulichen Planung zugrunde gelegt wird. Die von *Reinhold* 1940 für viele deutschen Städte ermittelten Größen des Zusammenhangs zwischen Regenspende, Regenhäufigkeit und Regendauer (Reinhold-Regenreihe) werden seit 1987 zunehmend durch KOSTRA (KOordinierte STarkregion-Regionalisierung – Auswertung) ersetzt. KOSTRA liefert für das Gesamtgebiet Deutschlands Starkregenhöhen mit weitgehend gesicherten Jährlichkeiten von $T = 0,5$ a bis 100 a, d. h. jährlichen Überschreitungshäufigkeiten von $n = 2/a$ bis $0,01/a$ (hydrologisches Ereignis, Wahrscheinlichkeit), und Dauerstufen von 5 min bis 72 h. Mit dem B., in der Stadtentwässerung auch als → Berechnungsregen bezeichnet, wird über die → Niederschlag-Abfluß-Beziehung der für die Bemessung maßgebliche → Abfluß ermittelt.

Für die Bemessung der Hochwasserüberläufe von → Talsperren und Rückhaltebecken empfiehlt DIN 19700 eine Flutwelle, die nur einmal in 1 000 Jahren auftritt. Da KOSTRA entsprechende Werte nur für Niederschlagsereignisse mit Wiederkehrintervallen bis zu 100 Jahren bereitstellt, laufen derzeit Arbeiten, die über die Ermittlung maximierter Punktniederschläge, die Methodenentwicklung zur Berechnung eines maximierten → Gebietsniederschlags (MGN) sowie die Ermittlung extremer Niederschlagsdargebote aus der Schneedecke die erforderlichen Grundlagen für Extremwertbetrachtungen bei sicherheitsrelevanten wasserwirtschaftlichen Baumaßnahmen in Form von Tabellen und Karten für verschiedene Dauerstufen mit jahreszeitlicher Differenzierung liefern.

Lecher

Bemessungsabfluß. Tabelle 1: Wiederholungszeitspannen für die Bemessung von Gewässerquerschnitten. (DIN 19 700, Tl. 12)

Klasse	Unterlieger	Wieder-holungszeit-spanne Jahre
I	hochwertige bebaute Gebiete	100
II	übrige bebaute Gebiete, überortliche Verkehrsanlagen	50 – 100
III	Einzelbauten, nicht dauernd bewohnte Siedlungen	25 – 50
IV	landwirtschaftliche Intensivkulturen	10 – 25
V	Ackerflächen	5 – 10

Bentonit. Hellfarbiges, quellfähiges Tonmineral, das zu $75–90\%$ aus Na-Montmorillonit besteht; anstatt Natrium können auch andere Alkalien oder Erdalkalien stehen. B. ist ein Verwitterungsprodukt von Erstarrungsgesteinen, wie Tuff oder Asche. In der Baunormung sind B. unter dem Oberbegriff Schlitzwandtone zusammengefaßt und in Form von Suspensionen in DIN 4127 behandelt. Sie werden wie → Zement als pulverförmiges, fein gemahlenes Material angeliefert. Durch Einrieseln in Wasser und Umrühren entsteht eine Suspension mit thixotropen Eigenschaften (→ Stützflüssigkeit).

Meißner

Bemessungsabfluß. Tabelle 2: Lastfälle für die Bemessung der Hochwasserentlastungsanlage von Hochwasserrückhaltebecken. (DIN 19 700, Tl. 12)

Lastfall	Wiederholungszeitspanne Jahre		maximale Inanspruchnahme des im Freibord enthaltenen Sicherheitszuschlages %	
Bezeichnung	kleine Becken	mittlere und große Becken	kleine Becken	mittlere und große Becken
Normallastfall	100	200	0	0
außergewöhnlicher Lastfall	1 000	1 000	75	90
Sonderlastfall bei beweglichen Verschlüssen	300	200	75	90

Beobachtungsintervall. Begriff des → Arbeitsstudiums: Zeitabschnitt zwischen zwei → Beobachtungszeitpunkten einer → Multimomentaufnahme. Bei der systematischen Multimomentaufnahme kleinerer Arbeitsgruppen wählt man meist zwischen 0,5 und 1 min, bei größeren Gruppen auch 3 min. Um den Beobachtungsfehler möglichst klein zu halten, soll das B. τ größer als die kleinste Dauer der gemessenen Teilvorgänge sein (Bild). *Drees*

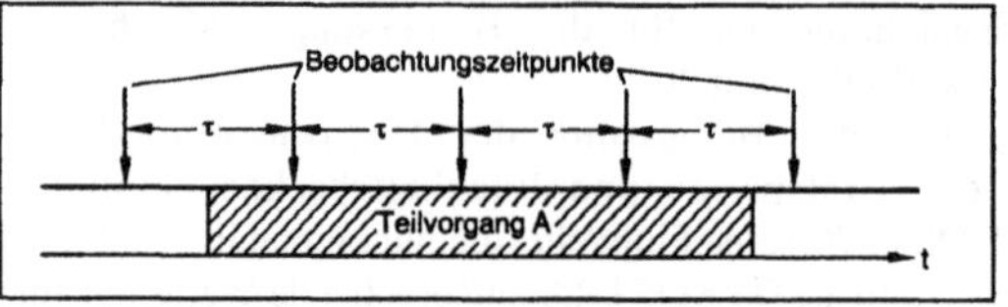

Beobachtungsintervall: Schematische Darstellung.

Beobachtungszeitpunkt. Bei Zeitaufnahmen der Zeitpunkt, an dem der Zeitnehmer bei Stoppuhraufnahmen den Wechsel einer Tätigkeit beobachtet und notiert. Bei → Multimomentaufnahmen ist der B. Anfang oder Ende eines → Beobachtungsintervalls. Er hat zu diesem Zeitpunkt die Tätigkeit auf der vorbereiteten Strichliste zu notieren, die die beobachtete Person gerade ausführt. *Drees*

Berechnungsregen. Ein der rechnerischen Bemessung oder hydraulischen Nachrechnung einer → Kanalisation zugrundegelegter Regenfall. Früher war dies meist ein Regenabschnitt, heutzutage gelegentlich ein ganzer Regenablauf von bestimmter konstanter oder variabler Intensität und Dauer aus statistischer Häufigkeit aus Regenmessungen, die fehlerbehaftet sind (Wind, Geräte-Typ). *Pfeiff*

Beregnung. Regenartige feine Verteilung des in Druckrohrleitungen auf die zu bewässernden Flächen geförderten Wassers durch feststehende, schwenkende oder rotierende Düsen. Im Vergleich zur → Bewässerung durch Flächeneinstau (→ Beckenbewässerung) oder Berieselung (→ Rieselbewässerung) erfordert die B. umfangreiche Geräteausrüstung (Pumpen, Rohre, Regner und Zubehör), deren Handhabung technisches Verständnis voraussetzt und zu deren Anschaffung erhebliches Investitionskapital gehört. Als Bewässerungsverfahren entwickelte sich die Feldberegnung seit ihrem ersten Einsatz um die Jahrhundertwende ständig weiter. Schlauchberegnungssysteme, selbstfahrende Beregnungsmaschinen oder ortsfest unterflur verlegte stationäre Anlagen verdrängen heute immer mehr die bereits als klassisch zu bezeichnenden vollbeweglichen Beregnungsanlagen mit aus Schnellkupplungsrohren zusammengesetzten Leitungen. Bei teilortsfesten Anlagen (Bild) sind die Pumpanlage und die Zufuhrleitung

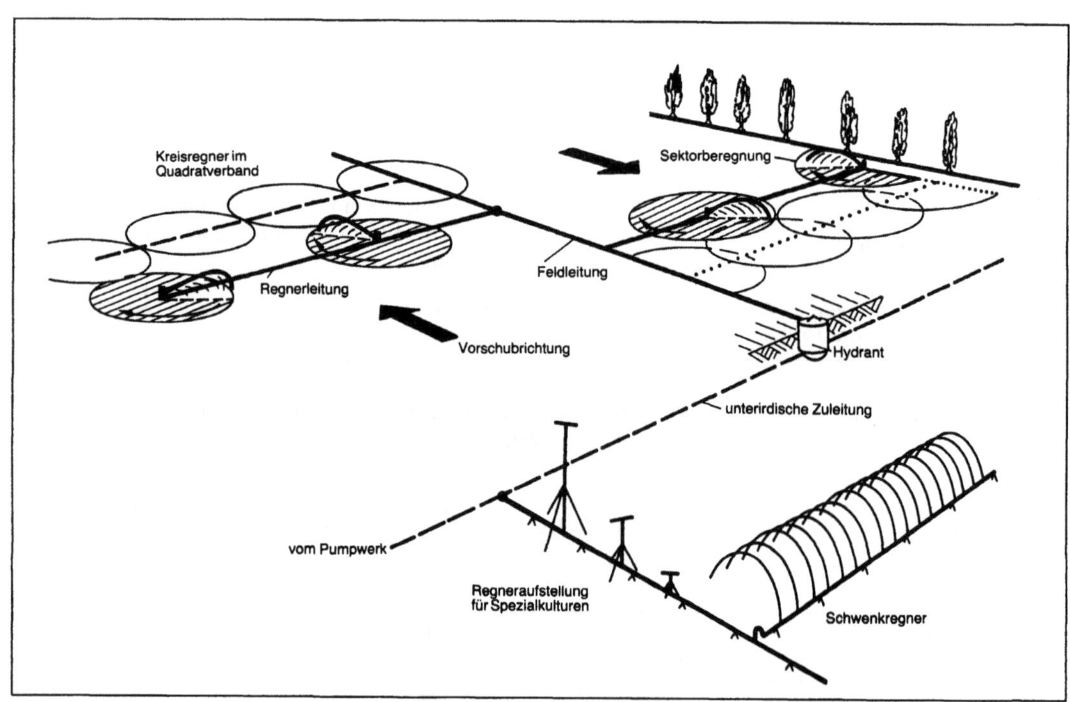

Beregnung: Schema einer teilortsfesten Beregnungsanlage. (H. Grubinger)

mit Hydranten fest verlegt; 200–300 m lange Feld- und Regnerleitungen werden nach jeder Regengabe an einen anderen Standort transportiert.

In der Feldberegnung haben sich die Schwinghebelregner allgemein durchgesetzt. Diese Drehstrahlregner – das Wasser wird aus umlaufenden Strahlrohren mit Düsen verteilt – sind auch als Sektorregner lieferbar. In Gärten und Parkanlagen werden auch Standregner und Schwenkregner (Bild) eingesetzt. Festverlegte Leitungen bestehen aus → Faserzement, PVC oder Schleuderbeton, bewegliche Leitungen (Schnellkupplungsrohre und/oder Schläuche) aus verzinktem Bandstahl, Aluminium, → Polyethylen u. a. Mit Beregnungsdichte wird die auf eine Fläche/Stunde im Mittel entfallende Bewässerungshöhe bezeichnet. Sie reicht von wenigen Millimetern/Stunde bis über 17 mm/h (Starkberegnung). *Lecher*

Bereitstellungsplanung. Begriff der → Arbeitsvorbereitung: Planung des zeitlichen und örtlichen Einsatzes von Arbeitskräften, Geräten und Baustoffen. Die B. ist ein Dispositionsinstrument der Ablauforganisation und wird meist als Balkenplan oder Liste dargestellt. Er ist auch für die Kapazitätsplanung des gesamten Betriebs wichtig, da der Bedarf der einzelnen Baustellen mit der vorhandenen Kapazität des Betriebs abgestimmt werden muß. *Drees*

Bergbau. Der B. ist ein Industriezweig, der die Rohstoffe aus natürlichen Vorkommen für die verarbeitende Industrie liefert. Der B. umfaßt den Abbau an der Oberfläche (Tagebau) und den untertägigen und untermeerischen Abbau fester, flüssiger und gasförmiger Stoffe. Die Einteilung der verschiedenen Bergbauzweige wird in Abhängigkeit vom abzubauenden Wertmineral vorgenommen: Kohlenbergbau (Stein- und Braunkohle), Erzbergbau (Eisen und andere Metallerze), Salzbergbau (Kali, Steinsalz und Solegewinnung), Erdöl- und Erdgasgewinnung, Graphit-, Flußspat- und Schwerspatbergbau, Torfindustrie und sonstiger B. Im Vordergrund steht die Gewinnung; aber auch das Aufsuchen (Exploration und Prospektion) sowie das Aufbereiten der Bodenschätze sind Teilgebiete des B. Lagerstätten können mit geologischen und geophysikalischen Methoden gesucht werden. Für eine genaue Beurteilung der Abbauwürdigkeit einer entdeckten Lagerstätte sind zusätzliche Informationen, wie Untersuchungsbohrungen, erforderlich. An den Nachweis der wirtschaftlichen Gewinnbarkeit der Lagerstätte schließen sich die Aufschlußarbeiten (Vorbereitung für die eigentliche Gewinnung) an.

Der Aufschluß geschieht im Untertagebau durch Stollen, die man in den Berghang hineintreibt, oder durch Schächte mit Streckensystemen (Tiefbau). Der Aufschluß mit Stollen ist kostengünstig und einfach durchzuführen. Er ermöglicht aber häufig nur die Gewinnung von Teilen der Lagerstätte. Die anderen Lagerstättenteile müssen dann anschließend im Tief-

bau, d. h. durch Schächte und Strecken, aufgeschlossen und abgebaut werden. Das vom Schacht eines Bergwerks ausgehende Streckennetz kann in mehreren Niveaus (→ Sohlen) übereinander liegen, so daß der Abbau der Lagerstätte auch in lotrechter Richtung vorgenommen werden kann. Den Mehrsohlenbau wendet man überall dort an, wo sich der Lagerstätteninhalt in großer lotrechter Richtung erstreckt (Kohlenflöze, Erz- und Salzlagerstätten). Das Herstellen des Schachtes und der Strecken im Nebengestein wird als Ausrichtung, das Herstellen von Strecken innerhalb der Lagerstätte dagegen als Vorrichtung bezeichnet. In Abhängigkeit von der Art der Lagerstätte erschließt man das Bergwerk durch mehrere Schächte und Sohlen. Zwischen den einzelnen Sohlen baut man die Lagerstätte ab, fördert das anfallende Material auf den Sohlen zum Schacht und durch diesen an die Oberfläche. In Abhängigkeit von Gebirgsbeschaffenheit und Teufenlage können die Hohlräume ohne Abstützung oder nur mit einem stützenden Ausbau offengehalten werden. Die planmäßige → Belüftung (→ Bewetterung) des Grubengebäudes ist eine Voraussetzung für den Aufenthalt von Menschen und den Betrieb von Maschinen. Die Bewetterung dient außer der reinen Versorgung mit Frischluft auch zur Abführung von Gasen und zur Senkung der Temperatur innerhalb des Bergwerks. Fließt aus dem Gebirge Wasser zu, so muß auch dieses abgepumpt werden. Die → Abbauverfahren, die Gewinnung des Wertminerals, werden durch die Art der Lagerstätte, z. B. Flöz-, Gang-, Diffusionslagerstätte, bestimmt. Das Herstellen der Schächte (Schachtabteufen) und der Strecken (Vortrieb) geschieht durch Spreng- und Ladearbeit. Dazu treibt man mit Bohrhämmern Sprengbohrlöcher in das Gestein, die man anschließend mit → Sprengstoff füllt und zur Explosion bringt.

Durch die Sprengung wird das anstehende Gestein zertrümmert und mit Lademaschinen abgefördert. In neuerer Zeit werden für den Streckenvortrieb im verstärkten Maß schneidende Verfahren, wie Teil- und → Vollschnittmaschinen, eingesetzt. Für die Gewinnung des Wertminerals sind im wesentlichen folgende Verfahren üblich:

☐ Blockbruchbau,
☐ Kammerpfeilerbau (room and pillar),
☐ Langfrontbau,
☐ Gangbergbau.

Beim Blockbruchbau unterfährt man den abzubauenden Lagerstättenteil mit einer Trichtersohle. Nach einer initialen Sprengphase bricht das Wertmineral selbsttätig ohne weitere Sprengarbeit nach und kann auf der Fördersohle abgezogen werden. Der Abbau in den einzelnen Abschnitten ist dann beendet, wenn der Anteil von Wertmineral im geförderten Gut auf Grund der vorgegebenen wirtschaftlichen Randbedingungen zu gering wird. Den Kammerpfeilerbau wendet man vielfach in flachgelagerten Lagerstätten an, z. B. bei der Salzgewinnung. Hauptmerkmal dieses Verfahrens ist das Auffahren von Kammern (Hohlräumen) mit dazwischenliegenden Pfeilern. Der Nachteil dieses Verfahrens besteht in den großen Abbauverlusten. Die Steinkohle in der Bundesrepublik Deutschland wird fast ausschließlich im Langfrontbau gewonnen. Charakteristisch für dieses Verfahren ist die vollmechanische Gewinnung des Wertminerals in einem Streb zwischen zwei parallel in einem Abstand von bis zu 200 m aufgefahrenen Strecken mit einem Hobel oder Walzenschrämlader, überwiegend mit dem Ausbau gekoppelt. Den Gangbergbau wendet man bei gangartigen Erzlagerstätten an. Dort hängt die Streckenführung von dem Verlauf des Ganges ab.

Im Tagebau werden Lagerstätten abgebaut, wenn sie direkt an der Tagesoberfläche anstehen oder sich die → Überdeckung in wirtschaftlicher Weise abtragen läßt. Der Vorteil dieses Verfahrens liegt in der Einsatzmöglichkeit von Großgeräten. Die technischen Möglichkeiten führten dazu, daß der Anteil der Förderung aus Tagebaubetrieben im Laufe der Zeit ständig wuchs. Heute baut man mit diesem Verfahren zunehmend ärmere und tieferliegende Vorkommen ab. In der Bundesrepublik werden in erster Linie Braunkohle und Minerale der Steine- und Erdenindustrie im Tagebau gewonnen.

Der B. auf Kohlenwasserstoffe (Erdöl und Erdgas) unterscheidet sich stark vom Tage- und Tiefbau. In diesem sehr bedeutenden Bergbaubereich findet die Gewinnung von der Tagesoberfläche aus statt. Da diese Rohstoffe i. d. R. in gas- oder flüssiger Phase unter Lagerstättendruck vorliegen, genügt eine Bohrung, um sie zu fördern. Wesentliche Tätigkeiten bei der Gewinnung von Kohlenwasserstoffen sind das Bohren und Fördern, das sowohl an Land (on-shore) als auch im Meeresbereich (off-shore) möglich ist. Da mit den herkömmlichen Förderungsmethoden ein großer Teil der Reserven nicht gewonnen werden kann, bemüht man sich in letzter Zeit durch Tertiärmaßnahmen, z. B. Dampf- und Tesidfluten, die Ausbeute der Lagerstätten zu steigern. *Wagner*
Literatur: Das kleine Bergbaulexikon. Essen 1985.

Bergschlag. Sich unkontrolliert lösendes Gestein in einem nichtausgebauten Tunnel- oder Stollensystem. *Wagner*

Bergsenkungsgebiet. Gebiet, in dem durch unterirdischen Abbau Verschiebungen an der Geländeoberfläche eintreten. In Abhängigkeit vom Abbauvorgang können für ein Gebiet sowohl Stauchungen (Pressungszone) wie auch Streckungen (Zerrungszone) entstehen. → Bauwerksgründungen müssen den unterschiedlichen Verschiebungsmoden angepaßt werden. *Meißner*

Bergwasser. Unter B. wird das in Klüften, Störungen, Fugen, Porenräumen und größeren Hohlräumen fließende oder stehende → Grundwasser verstanden. Seine negative Wirkung auf die Baukonstruktion beruht auf:

☐ der hydrostatischen Wirkung und Strömungsdruckwirkung,

☐ der auflösenden und gesteinsumwandelnden Wirkung und der

☐ aggressiven Wirkung, die für den Ausbau schädlich sein kann.

Die Mengen und Arten der auftretenden Bergwässer hängen im wesentlichen von den lokalen geologischen Gegebenheiten ab. Erkundungsmaßnahmen hinsichtlich der hydrologischen Verhältnisse sind daher in der Planungsphase unterirdischer Hohlraumbauten von großer Bedeutung (→ Dränage, → Bauen, unterirdisches). *Wagner*

Berme. Horizontale Ebene in einer Böschung oder einem Hang. Die B. kann zur Unterhaltung der Böschung als Weg ausgebaut werden und bewirkt eine Abflachung der Gesamtböschungsneigung. *Meißner*

Berufsgenossenschaft → Bauberufsgenossenschaft

Berufsgruppe. Begriff des Tarifvertragsrechts. Die tarifliche Bezahlung der gewerblichen Arbeitnehmer richtet sich nach der B. Die Zuordnung geschieht nach den Kriterien Berufsausbildung, Berufserfahrung, Verantwortung. Folgende B. sind vorhanden (Stand 1996):

I	Werkpolier,
II	Bauvorarbeiter,
III/1 bis III/3	Spezialbaufacharbeiter,
IV/1 bis IV/4	Gehobener Facharbeiter,
V/1 und V/2	Baufacharbeiter,
VI	Baufachwerker,
VII	Bauwerker,
VIII	Hilfskräfte.

Drees

Besatz. Der B. ist das Verdämmen von Sprengbohrlöchern. Er unterstützt die Wirkung des Gasdruckes bei einer Sprengung. Die Wirkung des B. ist jedoch nur bei langsam detonierenden → Sprengstoffen (Schwarzpulver) von Bedeutung. Bei brisanten Sprengstoffen spielt der B. keine wesentliche Rolle. Es gibt verschiedene Arten von Besatzstoffen:

☐ plastische Besatzstoffe: Letten, Lehm u. a.,

☐ körnige Besatzstoffe: Gesteinsstaub, Sand, Bohrklein u. a.,

☐ flüssige Besatzstoffe: Wasser, thixotrope Flüssigkeiten (→ Bentonite), Gallertmassen, Pasten.

Besatzstoffe werden ggf. in Patronen und Schläuchen geliefert. *Wagner*

Beschichtung, rißüberbrückende. Ob und inwieweit eine B. in der Lage ist, im Untergrund vorhandene oder neu entstehende Risse auch bei zyklischen Rißweitenänderungen dauerhaft zu überbrücken, hängt von zahlreichen Variablen ab, z. B.

☐ absolutes Maß der Rißweitenänderung,

☐ Geschwindigkeit und Häufigkeit der Rißweitenänderung,

☐ Temperaturbeanspruchung,
☐ Dicke der B.,
☐ Verformungsverhalten und Festigkeit der B.,
☐ → Adhäsion der B. am Untergrund,
☐ → Alterung der B.

Unabhängig von allen anderen Faktoren sind starre, nicht bewehrte B. (übliche → Anstriche und → Mörtel) ungeeignet. *Sasse*

Beschichtungsstoff. Anstrichstoffe oder Anstrichmittel sind im Bereich des Bauwesens flüssige B., die aus → Bindemitteln meist organischer Natur sowie ggf. aus → Pigmenten und anderen Farbmitteln, → Füllstoffen, Lösemitteln und Hilfsstoffen bestehen. Sie werden durch Streichen, Spritzen, Tauchen, Fluten oder Gießen auf einen Untergrund aufgetragen und passen sich in flüssigem Zustand dessen Oberfläche weitgehend an. Nach physikalischer oder chemischer Verfestigung („Trocknung") ergeben sie einen festen Film. *Sasse*

Beschichtungssystem. Für die Anwendung im Mauerwerkbau, → Betonbau, → Stahlbau und → Holzbau steht eine fast unübersehbare Vielfalt an Anstrichstoffen bzw. Anstrichsystemen nicht nur polymerer Art zur Verfügung. Die unter firmenbezogenen Produktnamen angebotenen polymeren Anstrichstoffe bestehen jedoch aus nur wenigen unterschiedlichen Grundstoffen. Durch Modifikationen und Zusätze können auch bei gleicher Kunststoffbasis merkliche Unterschiede in den Gebrauchseigenschaften auftreten. *Sasse*
Literatur: *Wesche, K.*: Baustoffe für tragende Bauteile. Bd. 3. Tl. H; 2. Aufl. 1985 u. Bd. 4. Tl. I; 2. Aufl. 1987. Wiesbaden.

Beschichtungsverfahren → Applikationstechnik

Beschicker. B. (Bild) sind Fördereinrichtungen in → Betonbereitungsanlagen, die die in → Dosieranlagen und Wägeanlagen dosierten und abgemessenen → Zuschläge in den → Mischer übergeben. B., auch Aufzugskübel genannt, verwendet man größtenteils auch gleichzeitig als Wägebehälter. Sie können als Kippkübel oder als → Bodenentleerer ausgeführt werden. Bei ersteren kippt man den gesamten B.-Kübel in die Entleerstellung; beim Bodenentleerer wird durch einen zwangsbetätigten Bodenverschluß entleert. Die Führung des B.-Aufzugs geschieht in einer aus U-Profilen bestehenden Aufzugsbahn, deren Konstruktion durch die Anordnung des Mischers, die Höhe der Anlage, ihre Dosiereinrichtung sowie durch die Platzverhältnisse bestimmt wird. Die Anordnung einer B.-Grube kann wegen der Überflurdosierung entfallen. Die Kraftübertragung besteht überwiegend aus Ein- oder Zweiseilantrieben. Als Antrieb für die Aufzugswinden verwendet man Elektromotoren, mit denen z. T. auch mehrere jeweils dem Teilvorgang angepaßte Geschwindigkeiten zwischen 0,2–0,5 m/s eingestellt werden können. *Kühn*

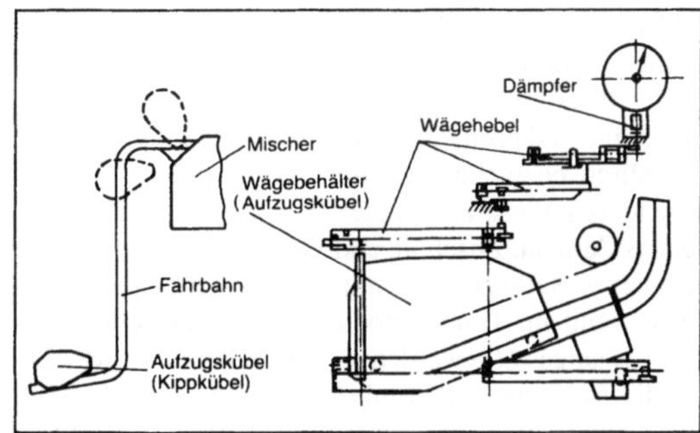

Beschicker: Senkrechtaufzug mit Überflurdosierung und Wägeeinrichtung.

Beschleunigungskraft. B. treten als stochastische Größen mit großen Schwankungen auf, hauptsächlich bei Erdbeben. Ihre Wirkungen auf sicherheitstechnisch relevante → Bauwerke und → Bauteile sind nach dynamischen Methoden zu berechnen, welche die Eigenschaften der B. (Zeitverläufe, räumliche Antwortspektren und Bodenbeschleunigungen), das tatsächliche Verhalten des Bodens, der Bauwerke bzw. Bauteile (Werkstoffverhalten, Massen von Bauwerk, Einbauten und Nutzmassen, Lagerung) sowie Dämpfungseffekte sicher erfassen. *Laermann*

Beschleunigungsvergütung. Begriff der → Verdingungsordnung für Bauleistungen (VOB), Tl. A, Allgemeine Vergabebestimmungen. B. sind Prämien für die vorzeitige Erfüllung der Vertragstermine. Sie sollen gem. §12 nur vorgesehen werden, wenn die Fertigstellung vor Ablauf der Vertragsfristen erhebliche Vorteile bringt. *Drees*

Bestandsaufnahme → Planungsmethode, → Sozialplanung

Beton.
Baustoffe. B. und → Mörtel sind im Grunde genommen keine Baustoffbezeichnungen, sondern Strukturbegriffe, die ein Konglomerat von Zuschlägen (→ Betonzuschlag) kennzeichnen, die durch ein → Bindemittel verkittet sind. In der Natur kommen Mörtel und B. z. B. als → Sandstein bzw. Nagelfluh vor. Es handelt sich also um einen Zweiphasenstoff, dessen disperse Phase, der Zuschlag, in einer Matrix verteilt ist, die vorwiegend von → Zementstein gebildet wird. Die Bindemittel können anorganischer (→ Baukalk, → Zement) oder organischer Natur sein (→ Asphalt, Kunstharz). Als Zuschläge können natürlich beschaffene oder gebrochene Natursteine, künstliche anorganische Körner, Holzspäne oder Kunststoffe eingesetzt werden (Betonzuschlag). Durch verschiedene Maßnahmen, vor allem durch die Wahl des Zuschlags, läßt sich die Rohdichte in weiten Bereichen variieren. Man spricht danach von

→ Normalbeton, → Leichtbeton und Schwerbeton (Rohdichte > 2 800 kg/m^3).

Der B. kann nach der Art der Bindemittel und Zuschläge und nach bestimmten Besonderheiten unterschiedlich bezeichnet werden (Normalbeton). Ohne besonderen Vorsatz bedeutet B. i. a. → Zementbeton, der aus Zement, Zuschlag und Wasser ggf. unter Zugabe eines → Betonzusatzes auf der Baustelle oder heute vorwiegend im Transportbetonwerk hergestellt wird. Die Ausgangsstoffe werden zu → Frischbeton gemischt, der die für Transport, Einbringen in die → Schalung und Verdichten notwendige Verarbeitbarkeit haben muß. Der Frischbeton erhärtet zum → Festbeton, der im Zementstein etwa 30–60% Poren enthält, die fast alle Eigenschaften des B. maßgebend beeinflussen (→ Betondruckfestigkeit, → Dauerhaftigkeit). Die Vorteile des B. gegenüber anderen Baustoffen sind
– die unbegrenzte Gestaltungsmöglichkeit,
– die auf alle Beanspruchungen gezielt einstellbaren Eigenschaften,
– die bei richtiger Anwendung und Ausführung hervorragende Dauerhaftigkeit ohne nennenswerte Unterhaltung und
– die daraus resultierende Wirtschaftlichkeit.

Dem stehen allerdings bemerkenswerte Nachteile entgegen:
☐ Bezogen auf die Druckfestigkeit sind die Rohdichte (Normalbeton) und damit das Gewicht von Betonbauwerken hoch,
☐ B. schwindet und kriecht (→ Betonkriechen, → Betonschwinden), was zu großen Verformungen und zur Rißgefährdung führt und bei der Bemessung von Spannbetonbauten berücksichtigt werden muß,
☐ Betonbauwerke sind nur mit großem Aufwand abzubrechen.

Der größte Nachteil ist jedoch, daß die Zugfestigkeit des B. (→ Betonzugfestigkeit) nur etwa ¹⁄₁₀ der Druckfestigkeit beträgt. Dies führte zur Entwicklung des → Stahlbetons, bei dem die Zugspannungen, vor allem im biegebeanspruchten Querschnitt, vom → Bewehrungsstahl übernommen werden. Das Zusammenwirken von B. und Stahl im Verbundbaustoff Stahlbeton ist aber nur dadurch möglich, daß B. und Stahl einen etwa gleichen Wärmedehnungskoeffizienten haben (Normalbeton) und der B. den Stahl gegen → Korrosion schützt. *Wesche*

Straßenbau. B., ein künstlicher Stein aus einem Gemisch von → Zement, mineralischen Zuschlagstoffen, Wasser und ggf. auch Zusätzen, der durch hydraulische Erhärtung des → Zementleims entsteht, muß für den Einsatz im → Straßenbau eine hohe Biegezugfestigkeit und Druckfestigkeit aufweisen. Darüber hinaus sind Verschleißfestigkeit, → Griffigkeit und Frosttausalzbeständigkeit zu gewährleisten. Die Zuschlagstoffe müssen den „Technischen Lieferbedingungen für Mineralstoffe im Straßenbau" (TL Min-StB) entsprechen und dürfen abschlämmbare Bestandteile

< 0,063 mm nur im begrenzten Umfang enthalten. Stoffe, die das → Erhärten stören, sowie Schwefelverbindungen und alkalische Kieselsäure dürfen die verwendeten Mineralstoffe nicht aufweisen. Darüber hinaus sind stahlangreifende Stoffe auszuschließen. Die Frosttausalzbeständigkeit von B. wird durch Luftporenbildner erhöht. Auf die noch feuchte Betonoberfläche werden Nachbehandlungsmittel aufgesprüht, damit das Wasser während des Abbindevorganges nicht verdunstet und somit Schäden (wilde Risse) am abgebundenen B. vermieden werden. *Beckedahl*

Literatur: DIN 1045: Beton- und Stahlbetonbau. – DIN 1048: Prüfverfahren für Beton. – DIN 1164: Zement. – DIN 4226: Zuschlag für Beton. – Zusätzliche Technische Vertragsbedingungen und Richtlinien für die Ausführung von Tragschichten im Straßenbau (ZTVT-StB). – Zusätzliche Technische Vertragsbedingungen und Richtlinien für den Bau von Fahrbahndecken aus Beton (ZTV Beton).

Beton, hochfest. Betone üblicher Zusammensetzung erreichen Festigkeiten bis etwa 60 N/mm^2. Durch spezielle → Betonzusätze, wie z.B. hochreaktive Zusatzstoffe (z.B. Silicastaub) und hochwirksame Fließmittel (zur Reduktion des Wasserbedarfes), können Festigkeiten bis über 100 N/mm^2 erzielt werden. Durch spezielle Zuschläge und Faserzusätze sind Festigkeiten über 200 N/mm^2 erreichbar. Betone mit Festigkeiten über 60 N/mm^2 werden als h. B. bezeichnet, im Bauwesen sind unter Wirtschaftlichkeits- und Sicherheitsbetrachtungen Festigkeiten bis etwa 120 N/mm^2 realisierbar. Entsprechende Regelwerke (z.B. Richtlinie „Hochfester Beton" des Deutschen Ausschusses für Stahlbeton) existieren. *Schießl*

Beton, kunstharzimprägnierter (PIC). Werden die Poren eines erhärteten Betonkörpers mit einer geeigneten monomeren Substanz gefüllt, so entsteht nach Härtung des Harzes ein kunstharzmodifizierter Beton, den man als polymerisierten Beton, *engl.* Polymer Impregnated Concrete (PIC) bezeichnet. Der Übergang zur → Versiegelung ist fließend. Das Herstellverfahren umfaßt vier Stufen:
☐ Herstellung eines Bauteils aus üblichem Beton im Betonfertigteilwerk,
☐ Entfernen der Feuchtigkeit aus dem Kapillarsystem des Betons in einer Trockenkammer,
☐ möglichst weitgehende Füllung des Verdichtungs- und Kapillarporenraumes mit einem niedrigviskosen Monomer in einer Vakuumkammer und/oder Druckkammer,
☐ Polymerisation des Monomers durch Gammastrahlung in einer Strahlenkammer oder thermische Aufheizung in einem Ofen.

Durch eine derartige Behandlung verbessern sich fast alle technisch wichtigen Betoneigenschaften, während direkte Verschlechterungen nicht auftreten. Die Kosten der polymerisierten Betone sind allerdings außerordentlich hoch. Der Grad der Verbesserung der verschiedenen Betoneigenschaften hängt wesentlich von der Menge der aufgenommenen monomeren Substanz ab. Als Ausgangswerkstoffe werden daher Betone mittlerer Festigkeit gewählt. Sehr dichte Betone eignen sich nicht als Ausgangsstoffe. Die Ursache der Festigkeitssteigerungen liegen nicht in einem besseren Verbund zwischen → Zementstein und → Zuschlag, sondern in einer Steigerung der Zugfestigkeit des Zementsteines durch Ausfüllung des Kapillarporenraumes mit Kunstharz. Die erreichbaren Druckfestigkeiten (Kurzzeitversuch, Raumtemperatur, trockene Lagerung) betragen $100-150$ N/mm^2 bei Ausgangsfestigkeiten von rd. $20-40$ N/mm^2. Der Gewinn an ausnutzbarer zulässiger Spannung steht jedoch in keinem Verhältnis zu den Mehrkosten, verglichen mit einem in normaler Technologie hergestellten hochwertigen → Zementbeton. Die Nachteile der sehr hohen Kosten müssen daher durch erhebliche Vorteile auf anderen Gebieten kompensiert werden, vor allem auf dem Gebiet der Beständigkeit gegen chemische → Angriffe (kein Kapillarporenraum), evtl. auch durch die höhere Zugfestigkeit und das sehr geringe → Kriechen. *Sasse*

Beton, kunststoffmodifizierter → Zementbeton, kunststoffmodifizierter

Beton, polymerimprägnierter → Beton, kunstharzimprägnierter

Betonaggressivität. Die B. bei Wässern beruht auf dem Vorhandensein von freien Säuren, kalklösender Kohlensäure, bestimmten organischen Verbindungen oder auf dem Vorkommen von Ammonium- bzw. Magnesiumionen. Wässer, die derartige Stoffe enthalten sowie sehr weiche Wässer bewirken Lösungs- und Auslaugungserscheinungen im → Beton. Wässer, die insbesondere Sulfate enthalten, können Treiberscheinungen verursachen.

Als aggressive Böden gelten Torfböden, Schlick- und Marschböden, kalkfreie Humusböden, sulfat- und sulfidhaltige Böden sowie verunreinigte Böden und besonders Auffüllungen von Schlacken und Müll.

Die Beurteilung der Aggressivität erfolgt über einen Bewertungskatalog mit zwölf Eingangsgrößen nach dem Merkblatt des → DVGW (Arbeitsblatt GW 9, 1971: Beurteilung der Korrosionsgefährdung von Eisen und Stahl im Erdboden) sowie nach der DIN 4030 (Beurteilung betonangreifender Wässer, Böden und Gase). Neben der chemischen Analyse fließen in die Beurteilung weitere Faktoren wie beispielsweise die → Durchlässigkeit des Bodens, die Fließgeschwindigkeit des Wassers oder die Zeitdauer des Einwirkens des Wassers mit ein.

→ Bodenproben sind auf B. zu untersuchen, wenn der Verdacht besteht, daß der Boden betonangreifende Stoffe enthält und eine Wasserentnahme nicht möglich, aber mit einer zeitweisen Durchfeuchtung zu rechnen ist. Der → Angriffsgrad des Bodens ist nach den in Tabelle 5 der DIN 4030 angegebenen Grenzwerten zu beurteilen. *Meißner/Becker*

Betonbau. Herstellung von → Bauwerken und Errichtung der tragenden Konstruktionsteile aus → Beton, → Stahlbeton oder → Spannbeton (→ Massivbau). *Mehlhorn*

Betonbereitungsanlage. B. haben die Aufgabe, die unterschiedlichen Komponenten des → Betons wie Zuschlagstoffe, → Bindemittel, Wasser, Zusatzstoffe und Zusatzmittel, zu lagern und nach einer genau festgelegten Rezeptur zu dosieren, zu fördern und zu mischen. Die Anlagen dazu lassen sich prinzipiell in zwei Grundausführungen, die Vertikal- und die Horizontalanlagen, einteilen. Bei den Vertikalanlagen (Bild 1) befinden sich die Zuschlagstoffe über dem Mischer. Diese Anlagenform, die Turmanlage, ist die leistungsfähigste, aber kapitalintensivste Alternative (hohe Montage- und Anschaffungskosten) und wird deshalb auch nur für große Transportbetonwerke oder aber auf Großbaustellen verwendet, wo sie eine Mischleistung von bis zu 250 m^3/h erreicht. Die Förderung des Zuschlags geschieht mit Becherwerk oder Förderband über Aufgabetrichter. Der Zuschlag befindet sich in den Zellen oder Kammern, wo er geschützt gelagert ist. Der → Zement wird in gesonderten → Silos gespeichert. In der Regel sind Mischtürme mit mehreren Mischern ausgestattet. Die Mischtürme arbeiten vollautomatisch. Bei den Horizontalanlagen sind zwei Bauarten zu finden: Die Sternanlage und die Reihenanlage. Bei der Sternanlage (Bild 2) sind die Zuschlagstoffe in Boxen halbkreisförmig und ebenerdig um den Mischer gruppiert; dabei übernimmt eine halb- oder vollautomatisch arbeitende → Schrappanlage die Förderung des Zuschlags. Der Zement ist seitlich in Silos gelagert. Bei der Reihenanlage befindet sich der Zuschlag in hinter- oder nebeneinander liegenden offenen Dosierbehältern. Dabei läßt sich das Material von einer Zufahrt aus direkt eingeben.

Für Baustellen, auf denen die → Mischanlage nur kurze Zeit benötigt wird, sind mobile Mischanlagen im Einsatz. Diese sind stets als Horizontalanlagen ausgeführt, heute vorzugsweise als Reihenanlagen in Kompaktbauweise. Diese meist straßenfahrbaren Anlagen vereinen alle Geräte zur Betonherstellung in einer Baueinheit. Unabhängig von der Bauart ist der Ablauf bei allen Varianten etwa gleich. Mittels Zuteilgeräten füllt man die Materialvorratsbehälter. Anschließend werden in → Dosieranlagen und Wägeanlagen die Zuschlagstoffe meist additiv in einer gemeinsamen Waage gewogen, ebenso Zement und Wasser, sofern man Wasser nicht volumetrisch sofort in den Mischer dosiert. Über einen → Beschicker geschieht die Befüllung des Mischers (nur bei Horizontalanlagen). Nach Ablauf der eingestellten Mischzeit wird der fertige Beton über elektrische oder hydraulische

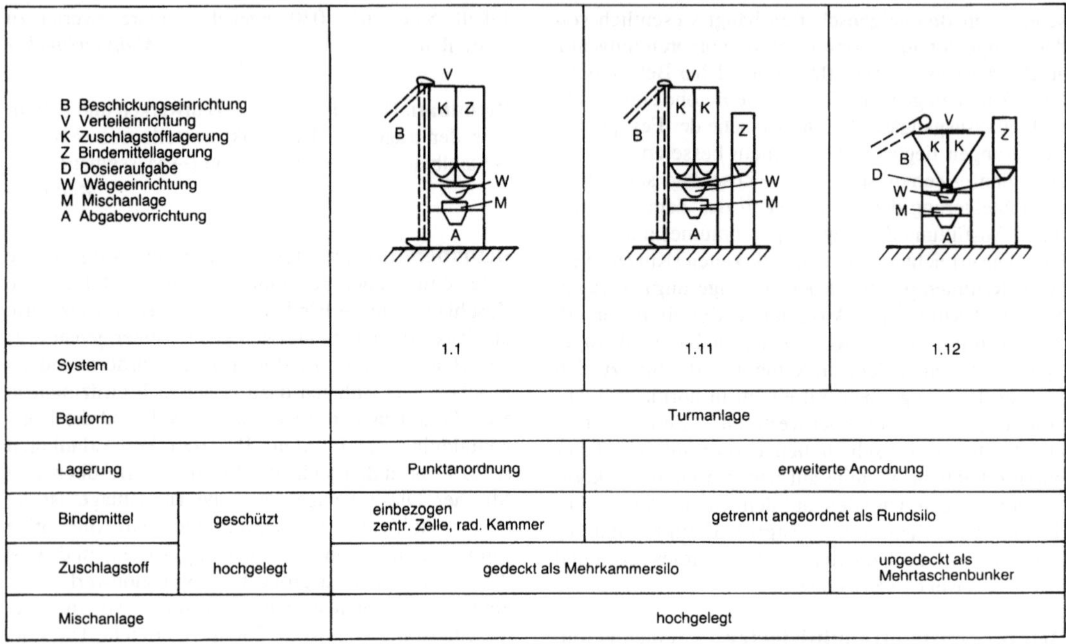

System		1.1	1.11	1.12
Bauform		Turmanlage		
Lagerung		Punktanordnung	erweiterte Anordnung	
Bindemittel	geschützt	einbezogen zentr. Zelle, rad. Kammer	getrennt angeordnet als Rundsilo	
Zuschlagstoff	hochgelegt	gedeckt als Mehrkammersilo		ungedeckt als Mehrtaschenbunker
Mischanlage		hochgelegt		

Betonbereitungsanlage 1: Anlage mit hauptsächlich vertikalem Aufbau und Produktionsablauf.

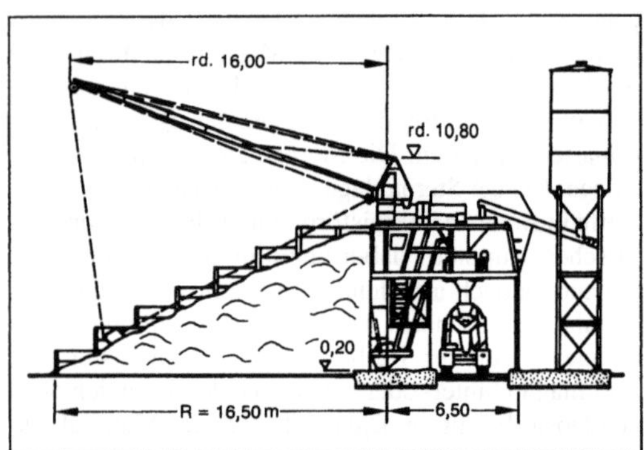

Betonbereitungsanlage 2: Sternanlage mit Radialschrapper.

Entleereinrichtungen an Transportbetonfahrzeuge oder sonstige Fördergeräte abgegeben. *Kühn*

Betondecke. B. gehören zu den starren Aufbauelementen der → Straßen- und → Flugplatzbefestigungen. Sie haben praktisch keine plastischen Verformungseigenschaften. Die ihnen dadurch fehlende Schmiegsamkeit bedarf im Verbund mit flexiblen Schichten aus bindemittelfreiem oder mit Bitumen gebundenem Material besonderer konstruktiver Überlegungen. Wegen der nicht vorhandenen Plastizität und der hohen Verschleißfestigkeit des → Betons tritt eine Spurrinnenbildung nur in sehr geringem Maße auf. Andererseits fehlt dem Beton die notwendige Relaxationsfähigkeit, die zur Aufteilung der Fahrbahn in Platten mit begrenzten Abmessungen zwingt. Hierdurch entsteht eine durch → Fugen unterteilte Verkehrsfläche, deren Zusammenhang und Kraftübertragung an der Fuge durch → Anker und → Dübel gewährleistet werden muß. Aufgrund der Einbaudicken, Festigkeit und → Steifigkeit übernehmen B. sowohl Deckenfunktion als auch ganz oder teilweise Tragschichtaufgaben. Die B.-Bauweisen sind in den „Richtlinien für die Standardisierung des Oberbaues von Verkehrsflächen" (RStO) normiert. Sie werden nach der Art der unter der Decke angeordneten → Tragschicht bzw. → Frostschutzschicht unterschieden. Darüber hinaus kann auch ein vollgebundener Betonoberbau zur Anwendung kommen. *Beckedahl/Lücke*

Betondeckengerät. Es besteht eine Vielfalt hinsichtlich Aufbau, → Betonzusammensetzung und Fertigungsverfahren zur Herstellung der Straßendecke von 22 cm Dicke, die mit Scheinfugen in Quer- und Längsrichtung aufgetrennt ist. Nach ihrem Aufbau unterscheidet man zweischichtige und einschichtige → Decken, erstere mit unterschiedlicher Zusammensetzung des Ober- und Unterbetons. Die Decke (→ Straßenbau) kann zweilagig bzw. einlagig eingebaut und ebenso verdichtet werden. Zu den klassischen Verfahren mit seitlicher → Schalung und schienengeführten Geräten kam die Gleitschalungsfertigung hinzu. Die Fertigung geht nun über die volle Deckenbreite einschl. der Standspur. Betonverteiler übernehmen das Betongemisch von der Lkw-Mulde und legen es dem

Betondeckenfertiger gleichmäßig vor. Hauptsächlich wird der Beton von Hinterkippern in frontbeschickte Kübelverteiler bei einschichtiger Decke bzw. bei der zweischichtigen Decke für die untere Schicht und für die Oberschicht über ein besonderes Übergabegerät in seitenbeschickte Kübelverteiler übergeben und verteilt.

Bei der Gleitschalungsfertigung (Bild 1) wird der Beton zweckmäßigerweise über selbstfahrende Verteilgeräte auf die → Tragschicht aufgelegt. Man setzt ebenso → Schwarzdeckenfertiger in regulärer Ausrüstung ein, die dabei bereits vorverdichten. Der Oberbeton wird von der Seite durch Übergabegeräte mit → Bandförderung in Längsrichtung aufgehäuft und mit der am Fertiger angebauten Verteileinrichtung quer vorgelegt. Schienengeführte Betondeckenfertiger arbeiten in der Oberflächenverdichtung mit Vibrierbohlen, die zugleich Nickbewegungen ausführen gegen den → Unterbau und die (feste) Seitenschalung. Zum Ausgleich des vom Verteiler auf die Überschüttungshöhe entsprechend dem Verdichtungsmaß zuzüglich der Abziehtiefe ausgelegten Betons ist eine Ausgleichvorrichtung in Form einer Schaufelwalze oder Wendeschaufel vorgebaut. Als Oberbetonfertiger oder bei einlagiger Verdichtung ist eine Glätteinrichtung, mit der die verdichtete Schicht auf die Sollhöhe abgezogen wird, hinten angesetzt; im Unterbeton entfällt naturgemäß diese → Abziehbohle. Beim Einsatz von Schwarzdeckenfertigern mit ihrer Verteilerschnecke sind das Abgleichselement und die Verdichtungsbohle sowie beim einlagigen Einbau die Glätteinrichtung in dem angehängten, auf Schienen laufenden Geräteträger gelagert. Damit ergibt sich für die einschichtige, einlagig eingebaute Decke ein Deckenbauzug von kurzer Länge, was besondere Vorteile der Handhabung unter Witterungseinwirkung, z. B. Regen, bietet. Für kleinere Bauabschnitte sind Leichtbaugeräte, getrennt in Verdichtungs- und Abziehelement, im Einsatz. Untergeordnete Flächen werden auch im Handbetrieb mit sehr leichter Verdichtungs- bzw. Abziehbohle bearbeitet.

Eine wesentliche Aufgabe ist das Einsetzen der → Anker an den Längsscheinfugen und der → Dübel an den Querscheinfugen. Beides wird von besonderen Vorrichtungen, mit Anker- und Dübelsetzern (Bild 2) als Einzelgeräte oder in Kombination, in den verdichteten Beton, so in den Unterbeton oder in die einschichtige Decke, an den Bereichen der späteren Scheinfugen, eingerüttelt. Bei der einlagigen Bauweise läuft zwecks Ausgleichs- und Nachverdichtung an diesen Deckenquerschnitten, die in einem bestimmten Maße in der Struktur gestört sind, ein weiterer Fertiger nach, dessen Verdichtungsbohle auf verminderte Vibration eingestellt ist. Die besondere Ebenheit erreicht man im schienengeführten Einbau mit einem Nachlaufglätter, dessen mit Vibration beaufschlagter Abziehbalken schräg gestellt ist.

Der Gleitschalungsfertiger vereinigt die Funktionen des Verdichtens des Betons, des Ausformens der Decke

Betondeckengerät 1: Gleitschalungsfertigung einer zweischaligen Decke einschl. Standspur.

Betondeckengerät 2: Dübelsetzgerät der schienengeführten Fertigung.

und des Abziehens und Glättens der Oberfläche in einer Geräteeinheit bei einem Übergang. Bisweilen arbeitet man auch auf einschichtiger Decke zweilagig, d. h. mit zwei Geräten. Die Verdichtung einer jeden Schicht besorgen besondere Tauchrüttler. Dies sind Rüttelflaschen mit elektromotorischem oder auch hydraulischem Antrieb, die in Längsrichtung in Abständen von rd. 0,4–0,6 m angeordnet sind. Es wird ein Beton weicherer Konsistenz als bei der Oberflächenverdichtung mit schienengeführten Geräten verwendet. Die → Betondecke formt sich zwischen der kurzen seitlichen Schleppschalung und der aufliegenden → Gleitschalung aus, die eine bestimmte Länge hat. Eine Abzieh- und Glättvorrichtung am letzten Fertiger bildet den Abschluß. Die Geräte sind mit den erforderlichen Vorrichtungen des Ankersetzens und Dübeleinrüttelns vervollständigt. Die Lenkung der Fahrrichtung und der Abgleich der Deckenhöhe geschieht über Nivelliereinrichtungen, abgetastet von der seitlich ausgerichteten Drahtführung.

Die glatt abgezogene Decke erhält allgemein einen von Hand gezogenen Besenstrich querüber. Je nach Ausführung werden die Eckkanten von Hand nachbearbeitet. Auf die frisch gefertigte Decke sprüht man einen Nachbehandlungsfilm. Es werden Schutzzelte von 50 m Länge nachgeschleppt bzw. -gefahren. Sobald als möglich sind in die erhärtende Betondecke zunächst → Kerben, die zur Aufnahme der Fugenfüllung später oben zu einem Fugenspalt erweitert werden, an den Scheinfugen in Quer- und Längsrichtung einzuschneiden. *Kühn*

Betondeckung. Der Schutz der Betonstahlbewehrung gegen → Korrosion erfolgt durch das im → Beton vorhandene alkalische Milieu, das von der Qualität des Betons abhängig ist. Die Betonstahlbewehrung wird durch Beton überdeckt. Der Abstand von der Oberfläche der Betonstahlbewehrung nach außen zur Betonoberfläche wird als B. bezeichnet. Die erforderliche B. ist von den Umweltbedingungen und der Betonqualität des Bauteils abhängig.

Zwischen dem Beton und den Betonstählen sind Verbundkräfte wirksam, deren Größe von der Stahlfestigkeit, der Betonfestigkeit, der Oberflächenbeschaffenheit der → Bewehrung und dem Bewehrungsdurchmesser abhängt. Bei Brandeinwirkungen verlieren Stahlbetonbauteile in der Regel ihre → Tragfähigkeit, wenn die Betonstahlbewehrung ihre kritische Stahltemperatur erreicht. Die erforderliche B. ist deshalb von der konstruktiven Ausbildung zur Übertragung der auftretenden Verbundkräfte und von der Art der Bauwerksnutzung, die die erforderliche Feuerwiderstandsklasse bestimmt, abhängig. *Mehlhorn*

Betondichtheit. Beton, der z. B. für Sperrmauern, Wasserbehälter, Wasserschlösser, → Kühltürme, Faulbehälter, Betonrohre, wannenartige Gründungen im Grundwasser und für den → Tunnelbau verwendet wird, muß wasserundurchlässig sein, d. h., das Wasser darf zwar wenige Zentimeter in den Beton ein-, aber nicht hindurchdringen. Für die Wasserdichtheit ist vor allem der Kapillarporenraum des → Zementsteins ausschlaggebend, der sich bei einem Wasser-Zement-Wert (→ Zementleim) w/z≥0,40 bildet, aber erst bei etwa w/z≥0,60 zusammenhängend und damit wasserdurchlässig wird. Ein gut zusammengesetzter Beton mit w/z≤0,60, guter Verdichtung (→ Frischbeton) und sorgfältiger Nachbehandlung (→ Festbeton) weist im Alter von 28 Tagen eine Wassereindringtiefe (DIN 1048, Tl. 1) ≤50 mm auf. Ein Bauwerk aus wasserundurchlässigem Beton braucht aber noch nicht wasserdicht zu sein, da das Wasser an Fehlstellen, Rissen und Fugen durchtreten kann. Risse können vor allem durch Zwängungsspannungen aus Schwinden (→ Betonschwinden) und Wärmedehnung (→ Normalbeton) entstehen. Leichtflüssige Öle und Ölderivate geringer → Viskosität dringen in trockenen Beton ein. Bei Ölbehältern ist daher meist eine Schutzschicht erforderlich. Wasserundurchlässiger Beton ist meist auch gasdicht, vor allem wenn er feucht oder naß ist. Die Gasdichtheit des Betons ist außer im Behälterbau besonders für das Eindringen der Luftkohlensäure in den Beton, die dadurch verursachte → Karbonatisierung und die damit verbundene Aufhebung des Korrosionsschutzes der → Bewehrung wichtig. *Wesche*

Betondruck (auch Frischbetondruck, Schalungsdruck). Unter B. wird die Last verstanden, die der frisch eingebrachte → Beton auf die gegenseitig verankerten oder einseitig abgestützten Wand- oder Stützenelemente ausübt. Die konkretere Definition dieses Prozesses wird entsprechend DIN 18218 als „Frischbetondruck auf lotrechte Schalung" bezeichnet. Diesem Druck hat die → Schalung – vor allem die Schalhaut – ausreichenden Widerstand entgegenzusetzen.

Frischbetondrücke (Pb) bei vertikalen Bauteilen werden nach DIN 18218 in Abhängigkeit zur Steigegeschwindigkeit (Vb) in m/h ermittelt, entsprechend dem Frischbetonrohgewicht, der → Betonkonsistenz, der Erstarrungszeit, der Außen- und Frischbetontemperatur und anderen Einflüssen.

Hierzu zählen das Verdichten des Betons mit Rüttlern, der Menge und Art von Erstarrungsverzögerern, Verflüssigern und vor allem der Zementart und Güte. *F. Hoffmann*

Literatur: DIN 18218.

Betondruckfestigkeit. Da der → Beton in erster Linie Druckspannungen aufnehmen muß, die Druckfestigkeit leicht zu bestimmen ist und diese sich auch zur Abschätzung von Verformungen und anderen → Beanspruchungen benutzen läßt, wird der Beton nach seiner Druckfestigkeit beurteilt und in Festigkeitsklassen eingeteilt. Diese bezeichnet man mit dem Buchstaben B und einer Zahl, die die Mindestdruckfestigkeit in N/mm^2 im Alter von 28 Tagen, die Nennfestigkeit, angibt. Sie wird nach DIN 1048 an Würfeln mit 200 mm Kantenlänge bestimmt (→ Festbeton). Aus der Nennfestigkeit leitet man die Rechenfestigkeit ab, die die Grundlage für die → Bemessung der Stahl- und Spannbetonbauteile ist. In besonderen Fällen kann es notwendig sein, außer der maßgebenden 28-Tage-Festigkeit auch für einen früheren Zeitpunkt eine Mindestfestigkeit festzulegen, um z. B. frühzeitig ausschalen, transportieren oder vorspannen zu können. Andererseits läßt sich der Gütenachweis für die Festigkeitsklasse auch für einen späteren Zeitpunkt vereinbaren, wenn z. B. die Reißneigung durch einen langsam erhärtenden → Zement herabgesetzt werden soll. Der größte Teil des Betons wird heute als Beton der Festigkeitsklasse B 25 hergestellt und verarbeitet.

Die B. ist bei gleicher Zuschlagart im wesentlichen von der Zementsteinfestigkeit abhängig, da der → Zementstein das schwächste Glied im Zweiphasenstoff Beton ist. Die Zementsteinfestigkeit wird vom Zementsteinporenraum und von der Zementnormdruckfestigkeit (→ Erhärten) beeinflußt. Der Zementsteinporenraum und damit auch der Festbetonporenraum ergeben sich aus dem Wassergehalt des → Frischbetons, aus dem nach der Verdichtung noch vorhandenen Luftgehalt und dem bei der Hydratation (Erhärten) chemisch gebundenen Wasser. Da bei den üblichen Betonen von diesen Einflußgrößen das Wasser im Frischbeton das größte Volumen hat, ist der w/z-Wert ω neben der Zementnormdruckfestigkeit die wichtigste Einflußgröße für die B. und genügt in vielen Fällen für deren Vorausberechnung.

Da die B. β_b linear von der Zementdruckfestigkeit β_z abhängig ist, kann man im β, ω-Diagramm auf der Ordinate β_b durch β_b/β_z ersetzen und so die Abhängigkeiten in einer Ebene darstellen (Bild). Wenn der Beton nicht vollkommen verdichtet ist, wird der Streubereich zu groß und die Genauigkeit der Berechnung, besonders bei ungünstiger → Kornzusammensetzung und niedrigen w/z-Werten, zu schlecht. Für die Anwendung in der Praxis kann man aber annehmen, daß die Luftporen die gleiche Wirkung auf die Druckfestigkeit haben wie eine volumengleiche Menge Wasser, und die Genauigkeit des Diagramms dadurch verbessern, daß man an Stelle des w/z-Wertes ω den (Wasser + Luft)/Zement-Wert auf der Abszisse aufträgt. Mit diesen Beziehungen kann man feststellen, daß sich mit den üblichen Ausgangsstoffen und Herstellverfahren unter besonders günstigen Bedingungen höchstens B. von 80 bis 100 N/mm^2 erreichen lassen. Größere Festigkeiten erhält man nur durch besondere Maßnahmen, die aber i. a. kostspielig sind.

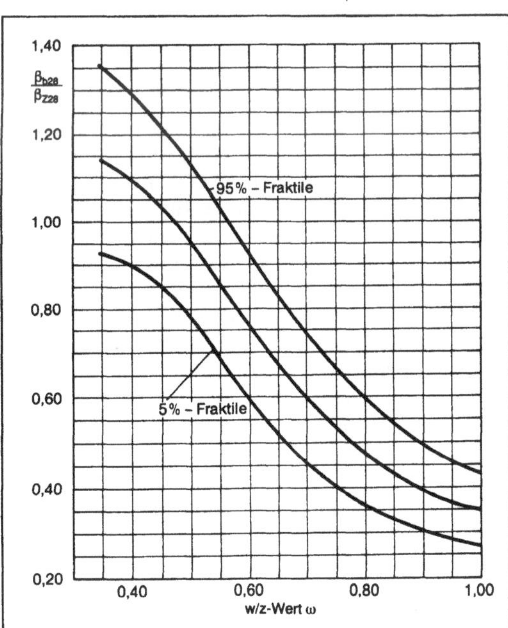

Betondruckfestigkeit: Beziehung zwischen B. β_{b28}, Zementnormdruckfestigkeit β_{z28} und w/z-Wert ω. (Walz/Wischers 1976)

Die angegebenen Beziehungen gelten allgemein für Beton mit Kiessand mit glatter Kornoberfläche. Bei gebrochenem Naturstein mit rauher Kornoberfläche (Kornform und -oberfläche) erhöht sich der Wasseranspruch des Zuschlags und damit der w/z-Wert. Die damit verbundene Festigkeitsminderung wird aber i. a. durch eine größere Haftzugfestigkeit zwischen Zementstein und Zuschlag ausgeglichen oder sogar übertroffen. Bei hohen Temperaturen, wie sie z.B. bei Reaktordruckbehältern, im Industrieofenbau und bei Bränden auftreten, nimmt die Druckfestigkeit ab. Sie liegt nach einer Dauerbeanspruchung von 300 °C zwischen 50 und 100%, von 600 °C zwischen 0 und 65% der Festigkeit bei Raumtemperatur. Bei Wechseltemperaturbeanspruchung wird dieser Abfall noch größer. Bei tiefen Temperaturen, wie sie z.B. in Behältern zum Transport und zur Lagerung von Flüssiggas auftreten, steigt die Druckfestigkeit bei normalfeuchtem Kiessandbeton bis zum mehr als 3fachen der Festigkeit bei Raumtemperatur. In der Praxis wird der Beton nicht wie bei der → Betonprüfung nur in einer Richtung beansprucht. Besonders bei mehrfeldrigen Deckenplatten, bei sich kreuzenden → Balken, bei dicken mehrachsig vorgespannten Bauteilen, im Behälterbau und beim Massenbeton, z.B. Staumauern, treten mehraxiale Druckbeanspruchungen auf. Hier wird die Querdehnung, die bei der einaxialen Beanspruchung zum Bruch führt, behindert, im Extremfall sogar verhindert und dadurch die Druckfestigkeit erhöht. *Wesche*

Literatur: *Walz, K.*, u. *G. Wischers*: Über Aufgaben und Stand der Betontechnologie. beton 26 (1976), S. 403/08, 442/44, 476/80.

Betonfläche. B. jeglicher Art, ob sichtbar bleibend oder nachträglich behandelt (geputzt etc.) werden durch die → Schalungshaut, und/oder die Oberflächenstruktur von → Schalungselementen, vordergründig gestaltet. B. sind nach DIN 18 217 „das Spiegelbild der Schalungshaut, oder das Ergebnis nachträglicher Bearbeitung und/oder Behandlung". Es wird unterschieden nach:
– B. ohne besondere Anforderungen
– B. mit Anforderungen an das Aussehen.

B., die aus ästhetischen oder auch aus Gründen gezielter Nachbehandlungen bestimmten Forderungen unterliegen, sind in → Ausschreibung und Auftragsvereinbarung dementsprechend ausführlich zu behandeln.

Anforderungen an → Schalung und → Beton müssen praktisch nachvollziehbar und dem allgemeinen Stand und den Regeln der Technik entsprechen.

F. Hoffmann

Literatur: DIN 18 217.

Betonkonsistenz. Maß für die Verarbeitbarkeit und Verdichtbarkeit des → Frischbetons. *Wesche*

Betonkriechen. Die Gesamtverformung eines → Betons bei längerer Belastung setzt sich zusammen aus:
□ Schwinden (→ Betonschwinden),

□ bleibender Verformung, die bei der ersten Belastung auftritt,
□ elastischer Verformung (→ Elastizitätsmodul, Beton) und
□ → Kriechen.

Die bleibende Verformung ist nur klein und wird der Einfachheit halber zum Kriechen gerechnet. Durch Versuch bestimmt man das Kriechmaß ε_k, indem man die Gesamtverformung ε_{tot} eines belasteten Prüfkörpers mißt, gleichzeitig das Schwindmaß ε_s an einem unbelasteten Prüfkörper ermittelt, aus dem Elastizitätsmodul die elastische Verformung ε_{el} errechnet und dann Schwindmaß und elastische Verformung von der Gesamtverformung abzieht:

$$\varepsilon_k = \varepsilon_{tot} - \varepsilon_s - \varepsilon_{el}.$$

Wenn der Beton entlastet wird, geht die elastische Verformung sofort zurück. Die Verformung bleibt dann aber nicht konstant, sondern vermindert sich im Laufe von mehreren Monaten asymptotisch um einen Teil des Kriechens, der verzögert-elastischen Verformung. Das Kriechen besteht also aus einem reversiblen Teil, der verzögert-elastischen Verformung, und einem irreversiblen Teil, der Fließverformung.

Der Beton kriecht vorwiegend durch das Kriechen des → Zementsteins, das im wesentlichen auf der Änderung der Verteilung des Wassers im Gel- und Kapillarporenraum beruht. Der Beton kriecht daher um so mehr und um so länger, je feuchter der Zementstein bei Belastungsbeginn ist und je schneller er während der Belastung austrocknet. Bereits völlig ausgetrocknete Betone kriechen praktisch nicht. Das Kriechen kann mehrere Jahre dauern. Für die Berechnung der Durchbiegung weitgespannter Bauteile und der → Vorspannung im Spannbetonbau muß das Kriechmaß bekannt sein. Es wird nach DIN 4227 über die Kriechzahl $\varphi = \varepsilon_k/\varepsilon_{el}$ berechnet, die somit angibt, wievielmal das Kriechen so groß ist wie die elastische Verformung. Die Kriechzahl von Beton beträgt je nach Lage und Querschnitt des Bauteils, Belastungsalter und -dauer zwischen rd. 1–6.

Wesche

Betonmischanlage. B. stellen aus Zuschlagstoffen, → Zement, Verarbeitungszusätzen und Wasser den → Frischbeton her. Wesentliche Bestandteile einer B. sind: Materialsilos, Wiegeeinrichtungen, → Dosieranlagen, → Freifall- oder → Zwangsmischer, Austragsvorrichtungen. Für Massenbeton (Korndurchmesser zwischen 100 und 150 mm) werden Freifall-, für → Normalbeton Zwangsmischer verwendet. Großanlagen (z. B. Itaipu) sind aus bis zu 4 Mischsträngen mit Freifallmischern zusammengebaut und leisten pro Stunde bis 1 500 m³ Frischbeton. Zusatzanlagen dienen der Kühlung des Frischbetons zur Abführung der → Hydratationswärme. Aus Platzgründen werden diese Anlagen meist in Mischtürmen untergebracht.

Kühn

Betonmischungsentwurf → Mischungsentwurf für Beton

Betonoberbau → Asphaltoberbau

Betonprüfung. Sie dient als Nachweis, daß der für eine Baumaßnahme vorgesehene → Beton im Hinblick auf die Verarbeitbarkeit im frischen Zustand sowie die Festigkeit und → Dauerhaftigkeit im erhärteten Zustand den gestellten Anforderungen gerecht wird. Die Grundsätze für den Nachweis der Betongüte sind in DIN 1045 aufgeführt. Danach wird zwischen folgenden Prüfungen unterschieden:
□ Eignungsprüfung: Sie hat zum Ziel, vor der Betoniermaßnahme die Zusammensetzung des Betons mit den vorgesehenen Ausgangsstoffen so abzustimmen und zu überprüfen, daß die geforderten Eigenschaften später sicher erreicht werden.
□ Güteprüfung: Sie dient dem Nachweis, daß der für die Baumaßnahme hergestellte Beton die geforderten Eigenschaften besitzt. Dazu sind den verschiedenen Mischungen bzw. Lieferungen entsprechende Betonproben zu entnehmen.
□ Erhärtungsprüfung: Mit dieser Prüfung wird der Erhärtungsverlauf des Betons unter den am → Bauwerk vorherrschenden Bedingungen verfolgt, beispielsweise um den Ausschalzeitpunkt zu bestimmen. Die Prüfkörper sind dazu unter Baustellenbedingungen zu lagern und nachzubehandeln.
□ Festigkeitsprüfungen am Bauwerk: Sie werden dann erforderlich, wenn Zweifel an der ausreichenden Betonfestigkeit bestehen oder wenn keine Ergebnisse von Druckfestigkeitsprüfungen vorliegen.

Der vorgeschriebene Prüfaufwand hängt von der Art des Betons ab. Er ist geringer, wenn es sich um Beton niedrigerer Festigkeiten ($\leq$ B 25) nach festgelegten Rezepturen handelt (Beton B I). Er ist umfangreicher, wenn Beton einer höheren Festigkeit (> B 25) zum Einsatz kommt oder besondere Eigenschaften, wie z. B. Wasserundurchlässigkeit oder ein hoher Frostwiderstand gefordert werden (Beton B II). So sind Eignungsprüfungen bei B II stets durchzuführen, während sie bei B I nur notwendig sind, wenn von den Rezepturen abgewichen wird (z. B. niedrigere Zementgehalte, Verwendung von Zusatzmitteln). Weiterhin unterliegt der Beton B II auf der Baustelle, ebenso wie → Transportbeton, einer Fremdüberwachung durch eine anerkannte Überwachungsgemeinschaft oder Prüfstelle.

Für die Durchführung der Prüfungen ist der → Bauleiter verantwortlich. Angaben zu den Prüfungen, zur Häufigkeit der Durchführung und die jeweiligen Anforderungen enthält DIN 1045. Die Prüfverfahren selbst sind in DIN 1048 beschrieben.

Neben den → Frischbetonprüfungen gelten als wichtigste Prüfungen die Nachweise von Rohdichte und Druckfestigkeit des erhärteten Betons. Sie werden an gesondert hergestellten Probekörpern, i. d. Regel Würfel mit Kantenlängen von 20 oder 15 cm, im Alter von 28 Tagen ermittelt. Als Prüfkörper sind auch Betonzylinder gebräuchlich. Auch kann, je nach Anforderung, ein früheres oder späteres Prüfalter vereinbart werden.

Für die in DIN 1045 definierten Festigkeitsklassen sind Nennfestigkeiten (Mindestwert der Druckfestigkeit jedes Würfels) und Serienfestigkeiten (Mindestwert für die mittlere Druckfestigkeit einer Würfelserie) angegeben. Zur Sicherstellung, daß die erforderliche Druckfestigkeit im Bauwerk auch erreicht wird, ist die Serienfestigkeit von drei Würfeln bei Beton B I bzw. sechs Würfeln bei Beton B II um 5 N/mm^2 gegenüber der Nennfestigkeit angehoben. Darüber hinaus muß bei der Eignungsprüfung zur Abdeckung von späteren Ungenauigkeiten auf der Baustelle die mittlere Druckfestigkeit von drei Würfeln um ein Vorhaltemaß (i. a. 5 N/mm^2) über der Serienfestigkeit liegen.

Neben der Druckfestigkeit kommen im Bedarfsfall die Prüfung der Biegezugfestigkeit an Prismen, der Spaltzugfestigkeit und des statischen → Elastizitätsmoduls an Zylindern sowie der Wasserundurchlässigkeit an Rechteckplatten in Betracht. Bei der Prüfung auf Wasserundurchlässigkeit wird die Prüffläche über einen Zeitraum von fünf Tagen in Abstufungen einem Wasserdruck von bis zu 7 bar ausgesetzt. Als Beurteilungsmaß gilt die nach dem Aufspalten des Prüfkörpers gemessene größte Wassereindringtiefe.

Die nachträgliche Festigkeitsbestimmung des Betons am Bauwerk wird entweder an gesondert entnommenen Bohrkernen vorgenommen oder erfolgt zerstörungsfrei mit Hilfe eines sog. Rückprallhammers. Bei dieser Schlagprüfung wird der Widerstand des oberflächennahen Betons als Kennzahl ermittelt, aus der auf die Druckfestigkeit geschlossen werden kann. Hinweise zum Prüfumfang und die Bewertungskriterien sind in DIN 1048 Teil 2 enthalten. *Rehm/Neubert*

Betonpumpe. Man unterscheidet zwei Typen von B. (→ Rohrförderung):
☐ Kolbenpumpen (→ Feststoffpumpen), für kleine Förderleistungen die Einzylinderkolbenpumpe, im Normalfall die Zweizylinderkolbenpumpe. Beide bewirken durch Saughub/Druckhub oder Umschalten auf den zweiten Zylinder eine absatzweise Förderung, was bei den hohen Förderdrücken (normal 80–100 bar, maximal um 200 bar) zu großen Beanspruchungen im anschließenden Rohrleitungssystem führt.
☐ Rotorschlauchpumpen (Bild), bei denen durch das Zusammenpressen eines Schlauches durch rotierende Quetschrollen ein kontinuierlicher Pumpbetrieb erreicht wird. Beide Pumpenbauarten werden über regelbare Ölhydraulik hydrostatisch angetrieben.
Kühn

Betonschwinden. Da das Schwinden des → Betons durch das Schwinden des → Zementsteins entsteht, hängt das Schwindmaß maßgeblich vom Wassergehalt des Zementsteins und vom Zementsteingehalt des

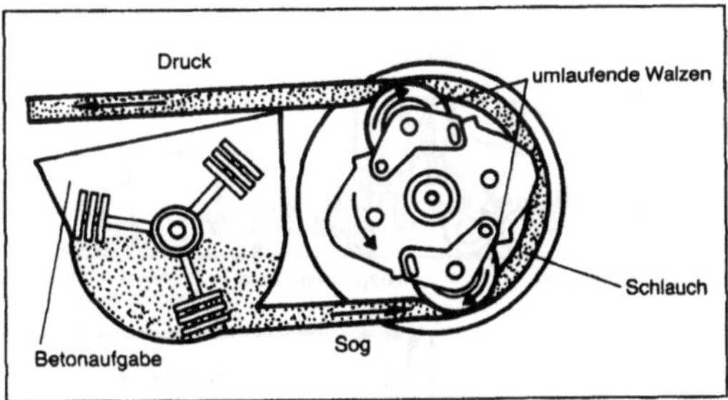

Betonpumpe: Rotorschlauchpumpe.

Betons ab. Es wird durch den i. a. nicht schwindenden Zuschlag behindert und dadurch verringert. Die dabei auftretenden inneren Schwindzugspannungen können an der Grenzfläche Zuschlagkorn/Zementstein und im Zementstein selbst zu Mikrorissen führen, die die Festigkeiten verringern und die Formänderungen vergrößern (→ Elastizitätsmodul, Beton). Beim Austrocknen eines Bauteils nimmt von innen nach außen die Feuchtigkeit ab und das Schwinden daher zu. Dabei wird jedoch das Schwinden der äußeren Schichten durch den noch feuchten und nicht schwindenden Kern behindert, so daß am Querschnittsrand Zug- und im Kern Druckspannungen auftreten. Wenn diese äußeren Schwindzugspannungen die Zugfestigkeit überschreiten, treten im Randbereich Schwindrisse auf, die sich bei Austrocknung des Kerns wieder mehr oder weniger schließen können. Das Schwinden kann bei dicken Bauteilen je nach Austrocknungsbedingungen sehr viele Jahre dauern. Das Schwindmaß kann bis zu etwa 1,0 mm/m groß werden. Zur Vorausberechnung dient die Spannbetonnorm DIN 4227. *Wesche*

Betonspritzmaschine. Mobile oder ortsfest montierte Geräte zum spritzfähigen Zubereiten, Fördern und Verspritzen von → Beton. Die pneumatischen Betonfördergeräte bestehen aus Antrieb, Zuteilvorrichtung, Rührwerk, Vorrats- oder Druckbehälter, Druckluftsteuerleitung und Förderleitung einschl. deren Verbindungselementen. Entscheidend für die Maschinenkonstruktion ist das angewandte Förderprinzip, nach dem man Dichtstrom- und Dünnstromförderung unterscheidet. Bei der Dichtstromförderung wird ein Naßgemisch aus → Bindemittel, Zuschlag und Wasser – ähnlich wie bei → Betonpumpen – ohne Luftauflockerung durch eine Pumpleitung gepreßt. Diese Förderart, bei der Beton den gesamten Leitungsquerschnitt ausfüllt, ist nur beim Naßspritzverfahren (Bild) anwendbar. Bei der Dünnstromförderung wird das Trockengemisch aus Bindemittel und Zuschlägen mittels Druckluft schwimmend in einem Druckluftstrom mitgerissen und durch die Förderleitung bis zur Düse transportiert. Die Dünnstromförderung kommt beim Trockenspritzverfahren zur Anwendung.

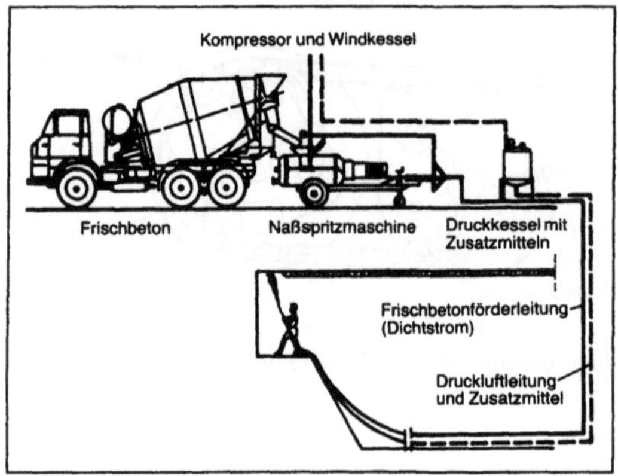

Betonspritzmaschine: B. für Naßspritzverfahren.

Bei den Bauarten der B. für das Trockenspritzverfahren unterscheidet man folgende Ausführungsarten:
☐ Zweikammerspritzgeräte mit Einschleus- und Arbeitskammer, bei denen der vorgemischte Beton aus einer Vorkammer in die Hauptkammer gepreßt und aus dieser mit einem Taschenradzuteiler dem Druckluftstrom dosiert zugeführt wird.
☐ Einkammergeräte, bei denen man das vorgemischte Material über einen Einfülltrichter und eine Zellenrad- oder Trommelrotorzuteilung direkt dem Druckluftstrom zuführt. Bei beiden Varianten, die kontinuierlich arbeiten, wird das erforderliche Wasser erst an der Spritzdüse zugeleitet. Als Geräte für die Dichtstromförderung, bei der man die Treibluft dem Naßgemisch erst an der Spritzdüse zuleitet, werden Kolbenpumpen und Rotationsschlauchpumpen verwendet, die hinsichtlich des Arbeitsprinzips mit Betonpumpen identisch sind.

Kühn

Betonstahl. Der Begriff B. umfaßt Betonstabstähle und geschweißte → Betonstahlmatten zur Bewehrung von → Stahlbeton. Spannstähle für den Spannbeton gehören nicht zu den B. Im Verbundsystem Stahl–Beton übernimmt der Stahl Zugkräfte, während der → Beton Druckkräfte aufnimmt. Zur Sicherung des Verbundes und der Verankerung im Beton sind die Oberflächen der Betonstähle i. d. R. mit Rippen versehen, die zusätzlich der optischen Kennzeichnung dienen. Glatte und (mit wenig ausgeprägten Rippen) profilierte B. sind nur für spezielle geschweißte Bewehrungselemente zugelassen. B. stellt man als naturharte, kaltverformte oder wärmebehandelte Stähle her. Im Falle des naturharten B. werden die Festigkeitseigenschaften ausschließlich durch die chemische Zusammensetzung bestimmt, bei kaltverformten B. werden sie durch eine zusätzliche Kaltverformung (Ziehen, Kaltwalzen, Recken, Verdrehen) gewährleistet. Wärmebehandelte B. durchlaufen nach dem letzten Walzgerüst in rotglühendem Zustand eine Wasserkühlstrecke. Die

Betonstahl. Tabelle: Sorteneinteilung und Eigenschaften der B.

BSt 420 S	Betonstabstahl mit einer Nennstreckgrenze β_S = 420 N/mm^2, Nenndurchmesser 6 – 28 mm
BSt 500 S	Betonstabstahl mit einer Nennstreckgrenze β_S = 500 N/mm^2, Nenndurchmesser 6 – 28 mm
BSt 500 M	geschweißte Betonstahlmatte aus kaltgewalzten, gerippten Drähten mit einer Nennstreckgrenze β_S = 500 N/mm^2. Die Nenndurchmesser der Einzeldrähte betragen 4 – 12 mm

rasche Abkühlung erzeugt durch Martensitbildung eine Festigkeitssteigerung; die verbleibende Walzhitze im Kern bewirkt einen anschließenden Anlaßvorgang der gehärteten Randschicht.

Die Einteilung und Kennzeichnung von B. geschieht nach den Anwendungsbedingungen (Streckgrenze, Lieferform). In DIN 488, Tl. 1, sind die Betonstahlsorten genormt (Tabelle). Als Streckgrenze gilt die 0,2%-Dehngrenze (0,2% bleibende Dehnung). Die Nennstreckgrenze ist als 5%-Quantil der Grundgesamtheit definiert. Die Unterscheidung der drei Sorten ist durch die Anordnung der Rippen auf der Staboberfläche und durch die Lieferform möglich. Alle genormten B. sind mit den für B. üblichen Verfahren schweißbar (Abbrennstumpfschweißen, Gaspreßschweißen, Widerstandspunktschweißen, Lichtbogenhandschweißen, Schutzgasschweißen). Sie sind kaltbiegegeeignet, aber grundsätzlich nicht warmbiegegeeignet. Eine gleichbleibende Qualität von B. gewährleisten Eigen- und Fremdüberwachung. Außer den genannten Eigenschaften (Tabelle) werden dabei die Verformungsfähigkeit und die Dauerschwingfestigkeit nachgewiesen. B. werden als Stabstähle in gerader Form in Regellängen von 12 – 14 m oder bis 14 mm Dmr. in Ringen geliefert. Betonstahlmatten sind geschweißte Gitter aus Einzeldrähten mit Abmessungen bis 14 m Länge und 2,50 m Breite. In der Bundesrepublik Deutschland werden jährlich zwischen 2,5 und 3,0 Mio. t B. verbraucht, das sind knapp 10% der Rohstahlproduktion.

Schießl

Betonstahlkorrosion. Stahl ist in normengemäß zusammengesetztem → Beton durch die hohe → Alkalität des Porenwassers (pH > 12,5) vor → Korrosion geschützt. In diesen pH-Wert-Bereichen bildet sich auf der Stahloberfläche eine mikroskopisch dünne Oxidschicht aus, die die anodische Eisenauflösung verhindert. Diese Passivschicht geht verloren, wenn die → Karbonatisierung des Betons die Oberfläche der → Bewehrung erreicht oder wenn Halogenide, insbes.

Chloride, im Bereich der Stahloberfläche eine kritische Konzentration erreichen. In der Folge kann örtlich oder über größere Flächen Korrosion der Bewehrung auftreten. Es handelt sich dabei um eine elektrochemische, abtragende Korrosion mit Beton als → Elektrolyt. An der → Anode gehen positiv geladene Eisenionen in Lösung, an der Kathode werden mit den im Metall zurückbleibenden Elektronen, Wasser und Sauerstoff, Hydroxilionen gebildet. Im Beton tritt praktisch nur dieser Sauerstoffkorrosionstyp auf; der Wasserstoffkorrosionstyp kommt unter normalen baupraktischen Bedingungen nicht vor. Anodisch und kathodisch wirkende Oberflächenbereiche der Bewehrung können örtlich voneinander getrennt sein. Korrosion kann nur auftreten, wenn der Beton nach → Depassivierung der Stahloberfläche ausreichend feucht ist und gleichzeitig ausreichende Mengen Sauerstoff zur Oberfläche der Bewehrung gelangen können. Bei Bauteilen in trockenen Innenräumen tritt deshalb auch nach einer Depassivierung ebensowenig Korrosion auf wie bei Bauteilen, die sich ganz und ständig unter Wasser befinden.

Der kritische Chloridgehalt, von dem ab mit Korrosion an der Bewehrung gerechnet werden muß, hängt von einer Vielzahl komplex miteinander verknüpfter Einflußparameter ab. Ein allgemein gültiger Grenzwert existiert deshalb nicht. Bei ausreichend dicker und dichter Betondeckungsschicht kann ein Wert von 0,5% Cl^-, bezogen auf die Zementmasse, als ausreichend auf der sicheren Seite liegend angenommen werden. Die in den einschlägigen Vorschriften festgelegten Mindestanforderungen zur Sicherung der Betonqualität in den oberflächennahen Bereichen und die Mindestbetondeckungen der Bewehrung stellen i. d. R. einen ausreichend dauerhaften Korrosionsschutz auch für Bauteile im Freien sicher. Dies gilt auch im Bereich von Rissen im Beton, sofern diese eine bestimmte Breite (0,3–0,5 mm) nicht überschreiten. Korrosion tritt in der Praxis immer dann auf, wenn durch Fehler in der Planung und Bauausführung die Mindestanforderungen nicht eingehalten werden oder wenn besonders ungünstige mikroklimatische Bedingungen an der Betonoberfläche gegeben sind. Solche Bedingungen liegen beispielsweise bei häufiger starker Durchfeuchtung und Austrocknung unter gleichzeitiger Einwirkung von Chloriden aus Tausalzen oder dem Meerwasser vor.

Korrosion an der Bewehrung kann sowohl zu Betonabplatzungen als auch zu Beeinträchtigungen der Tragwerksicherheit führen. Spannungsrißkorrosion und Wasserstoffversprödung kommt bei Betonstählen praktisch nicht vor. Als vorbeugende Schutzmaßnahmen kommen Beschichtungen der Betonoberflächen oder eine Beschichtung der Bewehrung in Betracht. Eine dauerhafte → Sanierung aufgetretener Korrosionsschäden an der Bewehrung ist möglich. Es muß aber eine fachgerechte Planung und Betreuung der Sanierungsmaßnahmen sichergestellt sein. *Schießl*

Betonstahlmatte. Geschweißte B. bestehen aus sich rechtwinklig kreuzenden Stäben, die durch Widerstandspunktschweißen scherfest miteinander verbunden sind. Ausgangsmaterial sind kaltgewalzte gerippte Betonstähle mit Durchmessern von 4–12 mm. Die → Scherfestigkeiten der Schweißungen sind definiert. Die Schweißknoten können für die Verankerungswirkung im → Beton deshalb planmäßig genutzt werden. Hauptanwendungsgebiete für geschweißte B. sind flächenartige Bauteile, wie Decken, Wände, Stützmauern, → Behälter o. ä. Gebogene Elemente setzt man aber auch zur Bewehrung stabförmiger Bauteile ein. Geschweißte B. kommen als Lagermatten, Listenmatten und Zeichnungsmatten in den Handel. Lagermatten werden in vorgegebenen Abmessungen (Länge 5,00 und 6,00 m, Breite 2,15 m) und Bewehrungsquerschnitten (0,84 cm^2/m bis 8,84 cm^2/m) objektunabhängig vorgefertigt und sind als standardisierte ebene Bewehrungselemente allgemein verfügbar. Listenmatten werden objektbezogen geplant, gefertigt und geliefert. Die Abmessungen sind mit Obergrenzen (Länge 14 m, Breite 2,50 m), die Stababstände in einem vorgegebenen Raster frei wählbar. Zeichnungsmatten sind ohne Vorgaben frei wählbar und werden einzeln durch zeichnerische Darstellung beschrieben. *Schießl*

Betonstahlprüfung. Zur Aufnahme von Zugkräften bei der Verbundbauweise → Stahlbeton erfolgt eine → Bewehrung des → Betons mittels → Betonstahl. Dieser Stahl, der als Betonstabstahl, geschweißte → Betonstahlmatte, Bewehrungsdraht oder Betonstahl vom Ring in verschiedenen Sorten geliefert wird, erfordert definierte Eigenschaften und unterliegt bestimmten Anforderungen. Die Gütesicherung von Betonstahl erfolgte im Rahmen von Erst- bzw. Zulassungsprüfungen und Regelprüfungen. Die Regelprüfungen unterteilen sich in Eigen- und Fremdüberwachung. Letztere sind während der Herstellung und Verarbeitung der Stähle laufend stichprobenartig vorzunehmen.

Zur Gewährleistung der erforderlichen Verbundeigenschaften zwischen Stahl und Beton wird die Oberflächengestalt von gerippten oder profilierten Betonstählen durch Messungen an den Schrägrippen bzw. Profilreihen überprüft und bei gerippten Stählen die bezogene Rippenfläche ermittelt.

Die Anforderungen an die mechanischen und technologischen Eigenschaften des Betonstahls werden durch folgende Versuche überprüft: Im Zugversuch werden die Festigkeits- und Verformungseigenschaften untersucht. Es sind festgelegt: Streck- bzw. 0,2%-Dehngrenze, Zugfestigkeit, Verhältniswert Streckgrenze/Zugfestigkeit und Bruchdehnung. Im Dauerschwingversuch wird eine ausreichende → Dauerfestigkeit des Stahls nachgewiesen. Die Verformungsfähigkeit und die Eignung zum Biegen werden im Rückbiegeversuch und im Faltversuch geprüft.

Bei geschweißten Betonstahlmatten ist zusätzlich durch → Scherversuche die Einhaltung einer vorgegebenen Knotenscherkraft an der Widerstands-Punkt-schweißung nachzuweisen. Anhand der Ergebnisse der Zug-, Falt- und Scherversuche wird beurteilt, ob eine ausreichende Verschweißung der Matten vorhanden ist.

Bei Betonstählen muß die in den entsprechenden Normen und Richtlinien festgelegte chemische Zusammensetzung bei der Schmelzen- und Stückanalyse eingehalten werden.

Dies gilt insbesondere auch zum Nachweis der Schweißeignung der Betonstähle. Beim Betonstabstahl ist innerhalb der Erstprüfung dieser Nachweis der Schweißeignung gesondert zu erbringen.

Die Güten, Eigenschaften und Anforderungen werden in DIN 488 „Betonstahl" festgelegt; DIN 488 „Betonstahl" beschreibt auch die entsprechenden Betonstahlprüfungen:

Teil 3: Betonstabstahl, Prüfungen
Teil 5: Betonstahlmatten und Bewehrungsdraht, Prüfungen
Teil 6: Überwachung (Güteüberwachung)
Teil 7: Nachweis der Schweißeignung von Betonstabstahl, Durchführung und Bewertung der Prüfungen. *Rehm/Beul*

Betontragschicht → Tragschicht

Betontreiben → Treiben

Betontübbing → Tübbing

Betonverhalten bei niedrigen Temperaturen. Die Betonerhärtung verläuft bei niedrigen Temperaturen langsamer und hört bei etwa – 10 °C ganz auf. Dadurch werden bei niedrigen Temperaturen
– das → Erstarren stark verzögert,
– die Gefrierbeständigkeit und Frostwiderstandsfähigkeit des → Betons im frühen Alter verringert und
– die Ausschal-, Ausrüst- und Vorspannfristen verlängert.

Man muß daher in der kalten Jahreszeit unbedingt für eine möglichst schnelle Entwicklung der → Hydratationswärme und damit der Betontemperatur und der Festigkeit sorgen. Diese läßt sich durch folgende Maßnahmen erreichen:
☐ Wahl eines → Zementes mit schneller Erhärtung und hoher Hydratationswärme (→ Erhärten),
☐ hoher Zementgehalt,
☐ kleiner w/z-Wert (→ Zementleim),
☐ Zugabe eines Erstarrungs- oder Erhärtungsbeschleunigers (→ Betonzusammensetzung),
☐ höhere Frischbetontemperatur durch Erwärmen von Anmachwasser und → Zuschlag,
☐ wärmedämmende → Schalung,
☐ wärmedämmendes Abdecken oder Beheizen.

Beim Aufheizen und Abkühlen des Betons, also auch beim Ausschalen und Entfernen wärmedämmender Abdeckung treten Temperaturunterschiede und damit

Spannungen im Bauteil auf, die bei Überschreiten der Zugfestigkeit zu Rissen im Bauteil führen können (→ Normalbeton). Die Bauteile sind daher durch Wärmedämmung und entsprechende Schalungsfristen möglichst lange Zeit vor Auskühlung zu schützen.

Bei Temperaturen unter dem Gefrierpunkt kommt es darauf an, ob junger Beton während der Anfangserhärtung oder bereits ausreichend erhärteter Beton einer Frosteinwirkung bzw. wiederholten Frost-Tau-Wechseln ausgesetzt wird. Bereits bei einmaligem Gefrieren des jungen Betons besteht die Gefahr, daß die Betonfestigkeit bleibend herabgesetzt oder andere Eigenschaften beeinträchtigt werden. Wiederholte Frost-Tau-Wechsel können allerdings auch bei erhärtetem Beton bestimmte Eigenschaften nachteilig beeinflussen. Die wichtigste Voraussetzung für hohen Frostwiderstand ist ein möglichst wasserdichter Beton (→ Betondichtheit) mit frostbeständigem Zuschlag, der je nach Klima eine Druckfestigkeit von mindestens rd. 15 – 40 N/mm² aufweist. Die Frostwiderstandsfähigkeit wird durch den Zusatz von Luftporenbildnern (→ Betonzusatz) erhöht, die die Kapillarporen und deren Wassersaugwirkung unterbrechen und in die das Wasser aus den Kapillarporen hineingefrieren kann. *Wesche*

Betonwiderstandsfähigkeit. Beim chemischen → Angriff auf → Beton ist i. a. nur der → Zementstein, selten der Zuschlag betroffen. Die Widerstandsfähigkeit ist um so größer, je widerstandsfähiger der → Zement und je dichter der Beton, d. h. je kleiner der Zementsteinporenraum ist (→ Zementstein). Bei lösendem Angriff ist der Unterschied der verschiedenen Zementarten im Vergleich zur Wirkung anderer betontechnischer Maßnahmen klein, so daß man alle Normzemente als praktisch gleich widerstandsfähig gegen lösende Angriffe bezeichnen kann. Gegenüber Sulfatangriff kann jedoch sonst gleicher Beton aus verschiedenen Zementen recht unterschiedlich widerstandsfähig sein. Die Widerstandsfähigkeit wird gegenüber normalem Portlandzement durch eine Verringerung des C_3A-Gehaltes (→ Erstarren) und beim Hochofenzement durch einen hohen Anteil an Hüttensand verbessert. Zemente mit hohem Sulfatwiderstand werden neben der Abkürzung für die Zementart und der Festigkeitsklasse (→ Erhärten) zusätzlich mit den Buchstaben HS gekennzeichnet. Ein kleiner Zementsteinporenraum ergibt sich bei einem kleinen w/z-Wert, bei guter Verdichtung und ausreichender Nachbehandlung (→ Festbeton, → Betondruckfestigkeit). Erst wenn diese Voraussetzungen erfüllt sind, lohnt sich eine zusätzliche Erhöhung der Widerstandsfähigkeit durch Verwendung eines Spezialzementes. Bei schwach bzw. stark angreifenden Stoffen (→ Angriffsgrad) darf der w/z-Wert nach DIN 1045 0,60 bzw. 0,50 nicht überschreiten. Beim Angriff von Meerwasser ist Beton unabhängig von der Zementart beständig, wenn der Zementsteinporenraum kleiner als 35% ist, was etwa einem w/z-Wert von 0,47 entspricht. *Wesche*

Betonzugfestigkeit. Die Zugfestigkeit des → Betons bestimmt seine Druckfestigkeit, da der Beton bei Druckbeanspruchung durch Überschreiten der Zugfestigkeit quer zur Beanspruchungsrichtung bricht (→ Betondruckfestigkeit). Außerdem ist sie bei allen Konstruktionen von Bedeutung, bei denen Risse vermieden werden müssen, z. B. bei Fahrbahndecken und Behältern. Die Zugfestigkeit bei zentrischer Beanspruchung, d. h. gleichmäßiger Spannungsverteilung über den Querschnitt, beträgt nur etwa 4–20% der Druckfestigkeit. Daher wird im Stahlbetonbau den Stahleinlagen die Aufnahme der Zugkräfte zugewiesen und bei den auf Biegung beanspruchten Bauteilen nur die Druckfestigkeit des Betons ausgenutzt. In der Biegezugzone ist die → Dehnung des → Bewehrungsstahls bei Ausnutzung der zulässigen Beanspruchung aber größer als die Zugbruchdehnung des Betons. Man muß daher i. a. mit gerissener Zugzone rechnen. Die Prüfung der Zugfestigkeit ist umständlich, schwierig und aufwendig. Daher wird statt der Zugfestigkeit meist die Biegezugfestigkeit oder die Spaltzugfestigkeit geprüft. Die Ergebnisse dieser Prüfungen sind jedoch nicht ohne weiteres zu vergleichen, weil jeweils andere Spannungsverhältnisse vorliegen. Die Zugfestigkeit beträgt nur etwa die Hälfte der Biegezugfestigkeit, aber im Mittel etwa 85% der Spaltzugfestigkeit. *Wesche*

Betonzusammensetzung. Alle Eigenschaften des → Festbetons werden maßgeblich durch die Zusammensetzung und die Eigenschaften des → Frischbetons beeinflußt. Frischbeton besteht aus → Zement, Zuschlag, Wasser und ggf. → Betonzusätzen. Zement und Wasser bilden den → Zementleim, der zu → Zementstein erhärtet und i. a. noch Luftporen enthält, die durch unvollkommene Verdichtung entstehen oder künstlich als Mikroluftporen durch Luftporenbildner (Betonzusatz) eingeführt werden. Der erforderliche Zementleimgehalt ergibt sich aus dem Porenraum des Zuschlaghaufwerkes, der mit Zementleim gefüllt werden muß (→ Kornzusammensetzung), und dem Zementleim zwischen den Zuschlagkörnern, der zur Verarbeitung des Frischbetons notwendig ist. Da Zementleim mit niedrigem w/z-Wert schwerer verarbeitbar ist als solcher mit hohem w/z-Wert, benötigt ein steifer, gerade noch verarbeitbarer Frischbeton mit günstiger Kornzusammensetzung des Zuschlags bei 32 mm Größtkorn bei w/z=0,80 etwa 175 l Zementleim/m^3 Beton, bei w/z=0,50 dagegen 205 l/m^3; dies entspricht einem Zementgehalt von rd. 150 bzw. 250 kg/m^3. Die geringen Werte genügen jedoch nicht, um eine sichere Umhüllung des → Bewehrungsstahls durch den Zementstein und damit den Korrosionsschutz der → Bewehrung zu gewährleisten. Die Stahlbetonnorm DIN 1045 fordert daher i. a. mindestens 240 kg Zement/m^3 Beton, im ungünstigen Fall der durch das Klima einschl. Luftverschmutzung beanspruchten Außenbauteile sogar 300 kg/m^3. Um die Eigenschaften des Betons günstig zu beeinflussen, sie besonderen

Anforderungen anzupassen oder um Zement zu ersetzen, kann man Betonzusätze zugeben, die chemisch, physikalisch oder chemisch-physikalisch wirken. *Wesche*

Betonzusatz. Stoffe, die man dem → Beton zugibt, um seine Eigenschaften durch chemische und/oder physikalische Wirkungen zu beeinflussen.

Betonzusatzmittel werden flüssig oder pulverförmig in Mengen bis 50 g bzw. ml/kg Zement zugesetzt und in folgende acht Wirkungsgruppen eingeteilt:
- Betonverflüssiger (BV) zur Verminderung des Wasseranspruchs und/oder Verbesserung der Verarbeitbarkeit,
- Fließmittel (FM) zur Herstellung von Beton mit fließender Konsistenz (→ Fließbeton),
- Luftporenbildner (LP) zur Erhöhung des Frost- und Frosttaumittelwiderstandes,
- Dichtungsmittel (DM) zur Verminderung der kapillaren Wasseraufnahme,
- Verzögerer (VZ) zur Verzögerung des Erstarrens,
- Beschleuniger (BE) zur Beschleunigung des Erstarrens und/oder des Erhärtens,
- Einpreßhilfen (EH) zur Verbesserung der Eigenschaften des Einpreßmörtels (→ Mörtel),
- Stabilisierer (ST) zur Verminderung des Absonderns von Anmachwasser.

Alle Zusatzmittel bedürfen nach den bauaufsichtlichen Vorschriften einer Bauaufsichtlichen Zulassung des Deutschen Instituts für Bautechnik, Berlin.

B.-Stoffe sind fein aufgeteilte mineralische Stoffe, z. T. auch mit organischen Bestandteilen, meist in Form von Mehlkorn (→ Normalbeton). Sie werden dem Beton in größeren Mengen >50 g/kg Zement zugesetzt und sind daher als Stoffraumkomponente (→ Frischbeton) im Beton zu berücksichtigen. Sie können inert (Gesteinsmehl, → Farbstoffe), puzzolanisch (→ Puzzolan) oder latent-hydraulisch (→ Stoff, latent-hydraulischer) sein und bedürfen ebenfalls einer Bauaufsichtlichen Zulassung, wenn sie nicht DIN 4226 (→ Betonzuschlag) oder DIN 51043 (Traß) entsprechen.

In großem Umfang werden in Deutschland → Steinkohlenflugaschen als B. eingesetzt. Wegen ihrer puzzolanischen Eigenschaften dürfen sie auf den Wasser-Zement-Wert und den Zementgehalt angerechnet werden. *Schießl*

Betonzuschlag. Der Zuschlag ist das Korngerüst im → Beton, das durch den → Zementstein verkittet wird. Er besteht entweder aus natürlichem oder künstlichem dichtem sowie porigem Gestein oder aus Metallen oder organischen Stoffen mit Korngrößen, die für die Betonherstellung geeignet sind, und wird als Gemenge (Haufwerk) von gleich oder unterschiedlich großen Körnern verwendet. Je nach der Rohdichte des Zuschlagkorns wird der B. zu → Normalbeton, Schweroder → Leichtbeton verarbeitet. Normal- und Schwerzuschlag haben ein dichtes, Leichtzuschlag hat ein poriges Gefüge. Zuschlag darf nicht zu viele schädliche Bestandteile enthalten, seine → Kornzusammensetzung muß bestimmte Bedingungen erfüllen. Die Kornzusammensetzung wird durch Siebung ermittelt und mit vorgeschriebenen → Sieblinien verglichen. Der Zuschlag wird außer durch die Art durch die Sieblinie und das Größtkorn bezeichnet, z. B. Kiessand A 32, d. h. Sieblinie A nach DIN 1045, Größtkorn 32 mm. Beim Abmessen des Zuschlags für die Herstellung des Betons muß der → Feuchtigkeitsgehalt auf der Kornoberfläche bekannt sein, da dieser in den Wassergehalt des Betons eingeht und damit den Wasser-Zement-Wert (Zementstein) beeinflußt. Der Zuschlag beeinflußt die Festigkeit des Betons nur wenig, maßgebend jedoch die Formänderungen, den Frostwiderstand und vor allem das Verschleißverhalten des Betons.

☐ Arten. Beton kann mit den verschiedensten Arten von Zuschlägen hergestellt werden. Beim Normalbeton hängt die Auswahl in erster Linie von der Verfügbarkeit und der Wirtschaftlichkeit ab, bei anderen Betonen von den geforderten Eigenschaften des Betons. Im allgemeinen verwendet man natürliche Zuschläge, vorwiegend Kiessand, wegen der zurückgehenden Ausbeutefähigkeit der Kiesvorkommen in zunehmendem Maße auch Brechsand und Splitt. Kiessande (→ Kies, → Sand) werden aus Fluß- oder Gletschergeschieben durch Baggern oder Saugen gewonnen, danach in den meisten Fällen in Aufbereitungsanlagen gewaschen und nach Korngruppen getrennt. Zuschläge aus natürlichem Felsgestein werden in Steinbrechern, Prallmühlen und Walzen zerkleinert und dann gesiebt. Mehrfaches Brechen der Natursteine führt zu gedrungenen Körnern, die gewaschen als Edelsplitt angeboten werden. Der wichtigste natürliche Leichtzuschlag für Leichtbeton ist der Naturbims, ein hochporöses vulkanisches Glas, das vor rd. 11 000 Jahren bei der Vulkanexplosion am Laacher See ausgestoßen wurde und sich im Neuwieder Becken ablagerte. Leichtzuschlag wird künstlich vorwiegend aus Ton, Tonschiefer, Schieferton oder Schiefer hergestellt und hat gegenüber Kiessand eine geringere Kornrohdichte und Schüttdichte. Dem Gedanken der Kreislaufwirtschaft Rechnung tragend wird → Bauschutt zunehmend aufbereitet, geeignete Fraktionen können als Recyclingzuschlag zur Betonherstellung verwendet werden. Recyclingzuschlag muß eine ausreichende Eigenfestigkeit aufweisen und darf keine schädlichen Bestandteile insbesondere organischen Ursprungs enthalten.

☐ Schädliche Bestandteile. Im B. können schädliche Bestandteile enthalten sein, die das → Erstarren oder das → Erhärten des Betons stören, die Festigkeit oder die Dichtigkeit des Betons herabsetzen, zu Absprengungen führen oder den Korrosionsschutz der → Bewehrung beeinträchtigen. Schädlich können je nach Menge und Verteilung wirken: abschlämmbare, organische, erhärtungsstörende, erweichende, quellende, treibende (→ Treiben), brennbare und korrosionsfördernde Bestandteile (z. B. Chloride), bestimmte

Schwefelverbindungen und Glimmer. Abschlämmbare Bestandteile sind meist tonige Anteile oder sehr feines Gesteinsmehl. Sie sind schädlich, wenn ihr Anteil sehr hoch ist und sie dann den Wasser- bzw. Zementleimanspruch erhöhen, wenn sie am Grobkorn haften, beim → Mischen nicht abgerieben werden und den Verbund zwischen Zuschlag und Zementstein verhindern oder wenn sie als Knollen beim Mischen nicht verrieben werden und dann als Störstellen im Beton die Festigkeit vermindern. In Norddeutschland können im Zuschlag Anteile mit alkalilöslicher Kieselsäure, z. B. Opal, Chalcedon, reaktionsfähiger Flint, enthalten sein, die im Beton mit Alkalien, die meist aus dem → Zement stammen, reagieren. Wenn die Anteile bestimmte Grenzwerte überschreiten, kann der Zuschlag in Lösung gehen oder sein Volumen so vergrößern, daß der Beton durch Alkalitreiben zerstört wird.

Schießl/Wesche

Betonzuschlagprüfung. Nachweis der Eignung von Körnungen aus natürlichen Gesteinen und künstlichen mineralischen Stoffen für die Herstellung von → Beton oder → Mörtel bestimmter Güteanforderungen. Er wird durch eine ständige Gütekontrolle, bestehend aus einer Eigenüberwachung durch den Hersteller und Fremdüberwachung durch anerkannte Überwachungsgemeinschaften oder Prüfinstitute, erbracht. Die Anforderungen an → Betonzuschlag und die entsprechenden Prüfungen sind in DIN 4226 festgelegt.

Ausgehend von einer repräsentativen Probenzusammensetzung und einer i. d. R. in Abhängigkeit vom Durchmesser des Größtkorns festgelegten Prüfgutmenge sind allgemeine und zusätzliche Prüfverfahren angegeben. Zu den allgemeinen Prüfverfahren zählen:

– → Kornzusammensetzung, ermittelt durch Sieben der trockenen Zuschläge im genormten Prüfsiebsatz aus Drahtsiebböden und Lochblechen mit Quadratlochung,
– Kornform, beurteilt nach Augenschein,
– Schüttdichte, errechnet als Quotient aus Gewicht einer getrockneten, nach Vorschrift in ein Meßgefäß eingefüllten Korngruppe und dem Volumen des Meßgefäßes,
– Kornrohdichte, errechnet als Quotient aus Gewicht und durch Wasserverdrängung bestimmten Volumen der Zuschlagprobe (Meßzylinder- oder Pyknometer-Verfahren). Bei Zuschlag für → Leichtbeton muß i. d. R. aufgrund der → Porigkeit der Oberfläche vorab die Benetzung mit einer wasserabweisenden Flüssigkeit erfolgen.
– Widerstand gegen Frost; dabei werden die wassergetränkten Proben mehrerer Frost-Tau-Wechseln ausgesetzt, wobei die Frostbeanspruchung an der Luft oder unter Wasser abläuft und die Auftauphase im Wasserbad erfolgt. Die Verfahren sind in DIN 52 104 festgelegt. Es darf eine bestimmte Abwitterungsmenge nicht überschritten werden.
– Schädliche Bestandteile, die die Erhärtung, Festigkeit oder → Dauerhaftigkeit beeinträchtigen können, werden wie folgt ermittelt:

Abschlämmbare Bestandteile durch Auswaschen oder Absetzen, Stoffe organischen Ursprungs durch Farbreaktion in Natronlauge oder Aufschwimmen, erhärtungsstörende Stoffe durch Festigkeitsprüfungen an Prismen oder Würfeln, Gehalte an Sulfat und Chlorid auf naßchemischem Wege.

Als zusätzliche Prüfverfahren kommen zur Anwendung:
– für Zuschlag aus natürlichem Gestein die Alkalibeständigkeit,
– für künstlich hergestellten Zuschlag die Bestimmung des Glühverlustes sowie die Beurteilung der Raumbeständigkeit im Autoklavversuch,
– bei Zuschlag für Leichtbeton der Festigkeitsklassen LB 8 und höher die Auswirkung der Schwankungen von Kornrohdichte und Kornfestigkeit auf Rohdichte und Festigkeit des Betons an Probewürfeln.

Rehm/Neubert

Literatur: *Iken, H.*: Handbuch der Betonprüfungen. Düsseldorf 1987. – Richtlinie „Vorbeugende Maßnahmen gegen schädigende Alkalireaktionen im Beton". Düsseldorf 1987.

Betriebseinrichtung → Innenausbau

Betriebsfestigkeit. Die Ermüdungsfestigkeit (→ Ermüdung) eines Bauteils unter Berücksichtigung wirklichkeitsnaher Betriebsbedingungen und der Lebensdauer wird mit B. bezeichnet. Voraussetzung für die Festlegung der B. ist die Vorgabe einer beschränkten Lebensdauer für ein Bauteil oder → Bauwerk und die Kenntnis der regellosen Folge von Belastungen unterschiedlicher Größe und Häufigkeit (Lastkollektiv) sowie die Kenntnis der Beanspruchungsfolgen nach Größe und Häufigkeit (Spannungskollektiv). Last- und Spannungskollektive werden durch Messungen am Bauteil oder Bauwerk während des Betriebes gewonnen. Die B. für einen bestimmten Bauteil ist also kein fester Wert, der sich durch eine Materialkenngröße wie z. B. die → Dauerfestigkeit ausdrücken läßt. Da die Betriebsverhältnisse i. d. R. wesentlich günstiger sind als die Bedingungen, die den Wöhlerversuchen, d. h. der Dauerfestigkeit, zugrunde liegen, ist die Verwendung der B. als Bemessungsgrundlage nicht nur eine Frage der wirklichkeitsnäheren, sondern auch der wirtschaftlicheren → Bemessung. Die B. wird im Maschinen- und Flugzeugbau schon seit langer Zeit als Bemessungsgröße verwendet. Im → Stahlbau ist sie erst in neuerer Zeit (rd. 20 Jahre) Bemessungsgrundlage bei schwingender Beanspruchung. *Sedlacek/Scholz*

Betriebsmittel. Die für die Bauproduktion eingesetzten Maschinen und Geräte, wie sie zusammenfassend durch die → Baugeräteliste und die → Baustellenausstattungsliste dargestellt sind. Zum größten Teil haben sie Motorantrieb, wie z. B. Turmkrane, → Betonmischanlagen, Straßenfertiger, Verdichter (→ Kompressoren), → Bagger, → Planierraupen, Rammen, Straßenwalzen, Rüttelplatten. Dabei sind sie meist mit Elektro- oder Dieselmotor, selten mit Benzinmotor oder Druckluft angetrieben; letzterer kommt vorwiegend im Untertagebau und Sprengbetrieb zum Einsatz. B. im weiteren Sinn sind auch → Schalungen, → Container, Werkzeuge, Anbaugeräte und Behelfsbauten, die keinen Motorantrieb haben, trotzdem für die Bauproduktion unumgänglich notwendig sind. Innerbetrieblich werden die B. gegen Verrechnungssätze (monatlich, täglich, stündlich) zur Verfügung gestellt. Anhalt für die Verrechnungssätze gibt die Baugeräteliste. *Drees*

Betriebswasser. B. (Brauchwasser) ist das in den verschiedenen Nutzungen gebrauchte oder verbrauchte Wasser innerhalb eines Betriebes. Es kann im Durchlauf oder mehrfach im Kreislauf oder in einer Kaskade genutzt und dabei teilweise verbraucht sein. B. ist Wasser aus einer öffentlichen Trinkwasserversorgung oder einer → Eigenversorgung, → Oberflächenwasser, häufig auch → Grundwasser aus eigener Brunnen- oder auch Quellfassung. Für bestimmte betriebliche Aufgaben, z. B. → Kesselspeisewasser, wird wegen hoher Qualitätsansprüche meist Grundwasser eingesetzt, Oberflächenwasser i. d. R. nur nach einer Aufbereitung. Auch Heizungs-, Warm- und → Preßwasser sind B. im Sinne obiger Definition. Je nach Aufgabe ist B. chemisch-physikalisch und nach der Einsatztemperatur oft erst aufzubereiten, um es nutzen zu können. Zu diesem Zweck setzt man Filter und Siebe, → Absetzbecken, → Kühltürme, gelegentlich auch weitergehende Aufbereitung, wie → Entsäuerung, → Enthärtung, Entgasung, Ionenaustausch, und bis zur Destillation auch andere Verfahren ein. Immer ist auch der zur Nutzung erforderliche Druck durch → Druckerhöhung oder Pumpen für das Versorgungssystem nötig. Wenn im Kühler durchgehend oder abschnittweise auf der Stoffseite höherer Druck als auf der Wasserseite ansteht oder umgekehrt, kann bei Leckagen bei der Kühlung gewässerschädigender Stoffe das B. oder auch der Stoff (durch B.) verunreinigt werden. *Pfeiff*

Betriebszeit. Die Zeit eines → Betriebsmittels, in der es „in Betrieb" ist. Meist ist die B. dadurch gekennzeichnet, daß der Antriebsmotor in Betrieb ist; manchmal erfaßt durch Betriebsstundenzähler. Zu unterscheiden hiervon sind → Vorhaltezeit und → Einsatzzeit.

Drees

Bettung. Als B. betrachtet man in der → Geostatik idealisierend das den → Tunnelausbau umgebende → Gebirge (Bettungstheorie). Dabei wird angenommen, daß sich die mittragende Wirkung des Gebirges bei der Aufnahme der durch das Auffahren des Hohlraumes mobilisierten Umlagerungskräfte vereinfachend im statischen Modell durch eine elastische Federbettung erfassen läßt (Gebirge als Winklersches Bettungsmedium). Für das als Verbundtragsystem Gebirge/Ausbau zu betrachtende Tunnelbauwerk ergibt sich damit das Berechnungsmodell eines elastisch gebetteten ringförmigen Trägers. In der Praxis wird dieses Berechnungsmodell vorwiegend beim Entwurf von Tunneln im → Lockergestein angewendet. *Wagner*

Bettungsmodulverfahren. Verfahren zur Berechnung der Sohldruckverteilung unter Flächengründungen, wie → Platten oder Streifen. Die Biegesteifigkeit der Gründungskörper wird berücksichtigt. Vom → Steifemodulverfahren unterscheidet sich das B. durch die vereinfachte Setzungsabschätzung. → Setzungen werden mit einem üblicherweise konstanten Bettungsmodul

$$k_s = \frac{\sigma_0}{s}$$

ermittelt; dabei ist σ_0 der Sohldruck unter dem Gründungskörper und s die Setzung des Gründungskörpers. Außer von den Eigenschaften des Bodens hängt der Bettungsmodul auch von den Grundrißabmessungen des Gründungskörpers ab. Erfahrungswerte für k_s können aus Tabellen entnommen oder besser aus einer Setzungsabschätzung ermittelt werden; dabei nimmt man einen gleichmäßig verteilten Sohldruck an.

Wichtige Voraussetzungen des Verfahrens sind, daß keine Sohlschubspannungen und keine klaffenden → Fugen unter dem Gründungskörper auftreten. Ein Streifen einer Gründungsplatte wird in n Abschnitte mit der Länge von jeweils a unterteilt. Unter den Abschnittsmittelpunkten wirken die n gesuchten Sohldruckresultierenden Q_i. Betrachten wir jeweils drei der Elemente als → Balken auf nachgiebigen Stützen, so ergibt sich eine Beziehung zwischen Momenten und Balkendurchbiegungen. Gleichsetzen der Durchbiegungen und der Setzungen $s_i = Q_i/(k_s \cdot a)$ sowie die → Gleichgewichtsbedingungen führen zu einem Gleichungssystem für die Sohldruckresultierenden Q_i. Die Auflösung des Gleichungssystems und Division der Werte Q_i durch die Länge der Streifenabschnitte ergibt die abschnittsweise konstanten Sohldrücke. Die treppenförmige Verteilung kann noch durch eine Kurve unter Betrachtung der Gleichgewichtsbedingungen $\Sigma V = 0$ approximiert werden.

Das B. verwendet man auch zur Ermittlung des Tragverhaltens seitlich belasteter Pfähle. Der seitliche Bodenwiderstand wird durch ein Federsystem ersetzt, und wir erhalten ein dem Plattenstreifen vergleichbares System. *Meißner*

Literatur: Grundbau-Taschenbuch. Tl. 2. 3. Aufl. Berlin 1982. – DIN 4018 einschl. Beibl.: Berechnung der Sohldruckverteilung unter Flächengründungen.

Bettungsreinigungsmaschine. B. dienen dazu, den Schotter bestehender Gleisanlagen aufzunehmen, zu reinigen und wieder einzubauen. Der Schotter wird dabei mittels Schrapperketten aus dem Schotterbett aufgenommen und über Förderketten auf eine Siebanlage geworfen. Durch die Materialaufnahme, das Hochfördern und Abwerfen entsteht bereits eine Loslösung des Abraums vom Schotter. Die endgültige Trennung von Abraum und Schotter wird durch Absiebung mit i. d. R. mehrstufigen Sieben erreicht. Den gereinigten Schotter verteilt man anschließend mit Verteilerförderbändern über das ganze Bettungsprofil. Überschüssiger Schotter wird durch Planierketten nach außen gefördert und für das → Planum verwendet. *Kühn*

Beulen, überkritisches. Beulverhalten ebener und räumlicher → Flächentragwerke nach Überschreiten der Verzweigungslast (→ Stabilitätstheorie), wird bei Schalen (→ Schalentragwerk) auch als Nachbeulverhalten bezeichnet. Die Berechnung des überkritischen Beulverhaltens erfordert die Anwendung geometrisch nichtlinearer Theorien. *Laermann*

Beurteilungspegel für Geräusche. Kennzeichnende Geräuschgröße in Dezibel (dB), die zur Beurteilung der Geräuschsituation mit → Immissionsrichtwerten, → Immissionsgrenzwerten verglichen wird. Der B. L_r wird für die im Immissionsschutz zu beachtenden Geräusche des Straßen- und Schienenverkehrs, des Betriebs gewerblicher Anlagen sowie der Sport- und Freizeitaktivitäten aus dem mittleren Wert des Geräuschpegels (energieäquivalenter Dauerschallpegel) unter Berücksichtigung von geräuschspezifischen Zuschlägen ermittelt. Die Zuschläge werden für Ton-, Impuls- und Informationshaltigkeit des Geräusches sowie für das Auftreten in Ruhezeiten vergeben.
□ B. an Straßen:
Zum Vergleich mit den Immissionsgrenzwerten der Verkehrslärmschutzverordnung (16. BImSchV) sind die B. nach Anlage 1 dieser Verordnung zu berechnen. Diese Berechnungsvorschrift hat Rechtsnormcharakter. Der B. für einen Immissionspunkt wird getrennt für die Tageszeit (6.00–22.00 Uhr) und die Nachtzeit (22.00–6.00 Uhr) in Abhängigkeit folgender Größen berechnet:
– mittlere Verkehrsstärke in Kfz/h,
– Lkw-Anteil in %,
– zulässige Höchstgeschwindigkeit in km/h,
– Steigung oder Gefälle in %,
– Fahrbahnoberfläche,
– Fahrbahnverlauf (Kreuzung, Einmündung),
– Abstand zwischen Immissionspunkt und Straße,
– Bodenbewuchs und Meteorologie auf dem Schallausbreitungsweg,
– topographische Gegebenheiten, bauliche Maßnahmen und Reflexionen zwischen Straße und Immissionspunkt.

Einflüsse der Topographie, der baulichen Maßnahmen und von Reflexionen sind in jedem Falle nach den Richtlinien für den Lärmschutz an Straßen – RLS 90 – zu ermitteln.
□ B. an Schienenwegen:
Wie bei → Straßenverkehrsgeräuschen werden auch bei Schienenwegen zum Vergleich mit den Immissionsgrenzwerten der Verkehrslärmschutzverordnung

(16. BImSchV) die B. für einen Immissionspunkt nach dieser Verordnung berechnet. Die in Anlage 2 der 16. BImSchV festgelegte Berechnungsvorschrift hat Rechtsnormcharakter. Der B. für Immissionspunkte in → Nachbarschaft von Schienenwegen ist hiernach getrennt für den Tag (6.00–22.00 Uhr) und für die Nacht (22.00–6.00 Uhr) in Abhängigkeit nachstehender Größen zu berechnen:
– Zugart,
– mittlere Anzahl der Züge einer Zugart pro Stunde,
– Prozentsatz der Fahrzeuge mit Scheibenbremsen,
– Zuglänge und Geschwindigkeit,
– Gleisbauart,
– Abstand zwischen Gleismitte und Immissionsort,
– Bodenbewuchs und Meteorologie auf dem Schallausbreitungsweg,
– topographische Gegebenheiten, bauliche Maßnahmen und Reflexionen zwischen Gleis und Immissionspunkt.

Zur Berücksichtigung der geringeren Störwirkung des Schienenverkehrsgeräusches gegenüber Straßenverkehrsgeräuschen wird eine Korrektur von minus 5 dB(A) vorgenommen (Schienenbonus).

Die Berechnung der B. gilt für lange, gerade Gleise, die auf ihrer gesamten Länge konstante Emissionen und unveränderte Ausbreitungsbedingungen aufweisen. Falls eine dieser Voraussetzungen nicht zutrifft, muß das Gleis in einzelne Abschnitte unterteilt werden, deren B. nach der Richtlinie zur Berechnung der Schallimmissionen von Schienenwegen – Ausgabe 1990 – Schall 03 zu ermitteln und zu addieren sind.

☐ B. industrieller und gewerblicher Anlagen:
Der B. derartiger Anlagen wird nach der → TA Lärm für die Beurteilungszeit 6.00–22.00 Uhr (tags) und 22.00–6.00 Uhr (nachts) aus dem energieäquivalenten Dauerschallpegel des Anlagengeräusches unter Berücksichtigung eines Tonhaltigkeitszuschlages (Einzelton) von 0–5 dB (A) und eines Zuschlages von 0–5 dB(A) für impulshaltige Geräusche sowie eines Abzugs von 3 dB (A) für Meßunsicherheit berechnet und mit den Immissionsrichtwerten der TA Lärm verglichen. Für impulshaltige Geräusche und Geräusche mit zeitlich schwankenden Schalldruckpegeln ist nach der TA Lärm der B. mit Hilfe des Taktmaximalwert-Verfahrens zu ermitteln, das die Vergabe eines Impulszuschlags erübrigt.

Von der Bundesregierung wird z. Zt. eine Novellierung der seit 1968 geltenden TA Lärm angestrebt. Bis zum Erscheinen einer neuen TA Lärm haben die Bundesländer eine vom Länderausschuß für Immissionsschutz (LAI) erarbeitete Musterverwaltungsvorschrift zur Ermittlung, Beurteilung und Verminderung von Geräuschimmissionen den zuständigen Behörden zur Konkretisierung der TA Lärm bei der Genehmigung zur Errichtung und zum Betrieb von Anlagen im Sinne des BImSchG vorgegeben.

☐ B. durch Sport und Freizeitaktivitäten:
Für → Immissionen durch Sportanlagen wird der B. nach der Sportanlagenlärm-Verordnung (18. BImSchV) rechnerisch oder durch Geräuschmessungen ermittelt. Die B. werden für Tageszeiten, Nachtzeiten und Ruhezeiten bestimmt. Ruhezeiten sind die Zeitabschnitte 6.00–8.00 und 20.00–22.00 Uhr an Werktagen sowie 7.00–9.00, 13.00–15.00 und 20.00–22.00 Uhr an Sonn- und Feiertagen.

Für Freizeitaktivitäten wird der B. nach der vom Länderausschuß für Immissionsschutz (LAI) erarbeiteten Musterverwaltungsvorschrift zur Ermittlung, Beurteilung und Verminderung von Geräuschimmissionen ermittelt. Die Bestimmung dieses B. ist ähnlich der Bestimmung des B. nach der 18. BImSchV. *Strauch*

Bevölkerungswanderung. Eine genaue Kenntnis der mit der Bevölkerung zusammenhängenden Phänomene ist eine wichtige Voraussetzung für alle Entscheidungen im Rahmen der räumlichen Planung. Dies gilt auch für sachliche Teilplanungen, wie Wirtschaftsplanung, → Sozialplanung sowie andere Fachplanungen. Ausgehend von der Bevölkerungszahl und den Versuchen, die künftige Entwicklung durch Prognosen abzuschätzen, ist insbes. der Altersaufbau für alle mit der Infrastruktur zusammenhängenden Planungen von Bedeutung. Daneben steht das Problem der Mobilität. Die amtliche Statistik unterscheidet Außenwanderung (Auswanderung, Einwanderung über die Staatsgrenzen; dabei ist die Abgrenzung zwischen Besuchern und Dauerein- oder -auswanderern schwierig, z. B. Gastarbeiter) sowie Binnenwanderung (über die Gemeindegrenzen). Die Differenz zwischen Abwanderungen und Zuwanderungen ergibt die Wanderungsbilanz. In der Bundesrepublik Deutschland wechseln jährlich etwa 3,5 Mio. Ew. den Wohnort. Allerdings zieht der weitaus überwiegende Teil nur innerhalb von Gemeinden bzw. zwischen Stadt und Umlandgemeinden um. Wichtig für die Verkehrsplanung ist noch die Pendelwanderung, die tägliche oder wöchentliche Ortsveränderung zwischen Arbeitsplatz oder Ausbildungsstelle und Wohnung. Seit Mitte der 80er Jahre gibt es in der Bundesrepublik Deutschland in starkem Maße wieder eine Einwanderung durch Asylbewerber, deutschstämmige Aussiedler insbes. aus Ostblockstaaten sowie Binnenwanderung von den neuen zu den alten Bundesländern. Inwieweit die Gewerbefreiheit und die Freizügigkeit innerhalb der EG u. U. zu einer Süd-Nord-Wanderung führen wird, ist noch nicht ablesbar.

Die Bundesforschungsanstalt für Landeskunde und Raumordnung hat im Frühjahr 1995 eine gesamtdeutsche Prognose veröffentlicht, aus welcher hervorgeht: Die Bevölkerung in Deutschland wird bis zum Jahr 2010 voraussichtlich um 5 Mio. auf 85,7 Mio. anwachsen. Dabei würden die natürlichen Bevölkerungsbewegungen insgesamt – mit beträchtlichen Sterbeüberschüssen – eine abnehmende Bevölkerungszahl bewirken, die Außenwanderungen mit Wanderungsgewinnen von 8 Mio. Personen drehen diesen Trend jedoch um. Als „dramatische Entwicklungen" werden eine weitere

Bevölkerungskonzentration auf die Verdichtungsräume und Verluste in den ländlichen und ostdeutschen Regionen genannt. Das Umland der großen Zentren werde noch um bis zu 10% wachsen. Das bedeutet z.B., daß die positiven Funktionen, welche die unbebauten Flächen gerade in den Verdichtungsräumen haben (→ Außenbereich), durch weitere Zersiedelung zerstört werden, wenn keine Gegensteuerung einsetzt.

B. haben verschiedenartige Gründe:

☐ Für „großräumige" Wanderungen zwischen strukturschwachen und starken Regionen bzw. „kleinräumige" zwischen ländlichen Bereichen und Verdichtungsgebieten bzw. den Städten (Verstädterung) gibt meistens ein neuer Arbeitsplatz den Anstoß. Die städtische Strukturpolitik ist (nicht immer erfolgreich) bemüht, in den Abwanderungsräumen attraktive Arbeitsplätze zu schaffen, um die Bevölkerung am angestammten Wohnsitz zu halten.

☐ Ein zweites Wanderungsmotiv ist der Wunsch nach einer besseren Wohnung bzw. Wohnumgebung. Gerade in den Verdichtungsräumen ziehen viele Einwohner aus größeren Städten in das Umland, entweder weil die Stadt Wohnungen der gewünschten → Qualität nicht mehr bieten kann oder bei Bauabsichten die Grundstücke zu rar oder zu teuer sind (Stadtflucht).

☐ Die freundlich als Senioren bezeichneten Altersgruppen wechseln ihren Wohnsitz, um den Lebensabend in landschaftlich reizvollen, gesunden Gegenden zu verbringen, allerdings ohne auf die Annehmlichkeiten der sozialen und kulturellen Infrastruktur in gut erreichbaren zentralen Orten verzichten zu wollen.

Insgesamt gesehen geben also die Personalstruktur der Wandernden (Alter, Geschlecht, Beruf, Intelligenz, Nationalität) sowie die Sozial- und Berufsstruktur, z.B. Wandel von der agraren zur industriellen Lebensweise, Ansatzpunkte für das Verhalten. Ein wichtiges Ergebnis ist die verstärkte Konzentration gut verdienender jüngerer Einwohner in den z.T. schon überlasteten Verdichtungsräumen, während die Bevölkerung in den ländlichen Bereichen überaltert. Innerhalb der Verdichtungsgebiete führt die Abwanderung in die Umlandgemeinden zu einer sozialen Segregation (Stadtviertel mit bestimmten Bevölkerungsschichten). Alle derartigen Entwicklungen erschweren die den Gemeinden auferlegte Daseinsvorsorge, die allen Bürgern gleichermaßen zugute kommen soll (→ Wohnfolgeeinrichtung, → Freizeiteinrichtung, → Infrastruktur). Insbesondere durch qualitätssteigernde Maßnahmen im Rahmen der → Revitalisierung und → Sanierung und durch Verbesserung der → Wohnqualität versuchen die Gemeinden, die Bevölkerung in ihrem Gebiet, insbes. auch im Innenstadtbereich zu halten. *Spengelin*

Literatur: BfLR (Hrsg.) Raumordnungsprognose. Bonn, 1995

Bewässerung. Künstliche ober- oder unterirdische Zufuhr von Wasser auf landwirtschaftlich, gärtnerisch oder forstwirtschaftlich genutzte Flächen zur Erhaltung oder Verbesserung der Bodenfruchtbarkeit. Über ein aus Rohrleitungen oder Kanälen bestehendes Transportsystem wird Wasser in den Wurzelbereich der Kulturpflanzen im Boden geleitet. Die Verfahren lassen sich zu drei Gruppen zusammenfassen:

☐ Oberflächenbewässerung. Rieseln des Wassers über die Bodenoberfläche (→ Rieselbewässerung) oder Aufstau auf der Bodenoberfläche (→ Beckenbewässerung), damit es in den Boden einsickern kann.

☐ Untergrundbewässerung. Leiten des Wassers in den Boden in einer Tiefe, daß es kapillar in den Wurzelbereich aufsteigt und

☐ Verregnen des Wassers über dem Boden (→ Beregnung, Bild) bzw. die wasser- und energiesparenden Verfahren der → Mikro- und → Tropfbewässerung.

Bewässerung: Weitstrahlregner im Einsatz. (Quelle: Röhren- und Pumpenwerk Bauer, Voitsberg)

Jedes der angegebenen Verfahren weist Vor- und Nachteile auf, die es für bestimmte Verhältnisse besonders geeignet erscheinen lassen. Das Problem der wasserbürtigen Krankheiten z.B. ist stärker bei Oberflächenbewässerung. Abgesehen vom Zweck, den → Wasserbedarf der Pflanzen ganz oder teilweise zu decken, können einer → Bewässerungsanlage noch weitere Aufgaben zukommen. Dies sind u.a.:

– Grundwasseranreicherung (→ Gießgang);

– Düngung. Über die Bewässerungsanlage lassen sich organische Stoffe, z.B. → Gülleverregnung, und anorganische Stoffe zur Pflanzenernährung ausbringen;

– → Abwasserreinigung. Durch Zuleitung von mechanisch gereinigtem Abwasser auf zumeist land- und forstwirtschaftlich genutzte Flächen wird das Abwasser biologisch gereinigt, und gleichzeitig werden Wasser und Pflanzennährstoffe verwertet (→ Abwasserverregnung);

– Frostschutz. Ausnutzung der beim Gefrieren des Wassers frei werdenden Erstarrungswärme (→ Frostschutzberegnung);

– Pflanzenschutz. Zur Bekämpfung von Pflanzenschädlingen und -krankheiten wird das Leitungssystem zum Ausbringen von im Wasser gelösten Pflanzenschutzmitteln eingesetzt.

Für den Landwirt ist die Bewässerung Teil einer erfolgreichen Pflanzenproduktion, etwa auf einer Stufe mit der Düngung, der Unkraut- und Schädlingsbekämpfung, der Bodenbearbeitung und der → Entwässerung. Die B. darf nicht isoliert betrachtet werden. Kombiniert mit anderen Maßnahmen kann sie vorteilhaft oder schädlich wirken, je nachdem, wie sie betrieben wird. Harmonisch auf das Entwässerungssystem abgestimmt schafft sie einen feuchten, durchlüfteten, für die Pflanzenwurzeln idealen Boden und macht die Nährstoffe den Pflanzen leichter zugänglich. Übermäßig aufgebrachtes Wasser wäscht Nährstoffe aus, überlastet das Dränsystem (Entwässerung) und fördert in ariden Gebieten die Entwicklung von Salzböden.

In Trockengebieten ohne nennenswerten → Niederschlag ist die B. Voraussetzung für eine landwirtschaftliche Nutzung. Andernorts ist die Bewässerung zwar sehr nützlich, aber nicht unentbehrlich. Bei vorhandenen Trockenzeiten läßt sich die Wachstumsperiode durch B. verlängern und somit das Spektrum der anbaubaren Pflanzenarten vergrößern oder der Ertrag der vorhandenen erhöhen. Bleibt der benötigte Regen in manchen Jahren aus, sichert die B. die sonst ausfallenden Ernten. Für die Art des Bewässerungssystems, z. B. ortsfeste, teilortsfeste oder vollbewegliche Beregnungsanlagen (→ Beregnung) ist es wesentlich, ob der Pflanzenwasserbedarf insgesamt oder teilweise, jedes Jahr oder in einzelnen Jahren, über das gesamte Jahr oder einen Teil des Jahres gedeckt werden muß. In Ländern wie dem Irak, Indien oder dem Norden Chiles, in denen während der gesamten oder eines großen Teiles der Vegetationsperiode nicht mit natürlichem Regen gerechnet werden kann, ist eine Vollbewässerung notwendig. B. und Landwirtschaft sind hier nicht zu trennen, und eine Entscheidung, in die landwirtschaftliche Entwicklung zu investieren, beruht weitgehend auf den sozialen, wirtschaftlichen und politischen Gegebenheiten. Die Zusatzbewässerung ist zumeist Teil einer hochentwickelten Landwirtschaft und verbessert die landwirtschaftliche Betriebspraxis in technischer Hinsicht. Ob bewässert werden soll oder nicht, hängt allein vom finanziellen Gewinn ab. *Lecher*

Bewässerungsanlage. In einer B. wird der Bewässerungseinsatz nach pflanzenphysiologischen, bodenphysikalischen oder klimatologischen Kriterien gesteuert. Die pflanzenphysiologischen Kriterien berücksichtigen die Tatsache, daß die verschiedenen Pflanzenarten auf die Wasserversorung im Wachstumsverlauf unterschiedlich reagieren. Die bodenphysikalischen Kriterien beziehen sich im wesentlichen auf die pflanzennutzbare Speicherfeuchte des Bodens. Wachstumsoptimale Werte liegen bei einem Versorgungsgrad zwischen 50 und 80%. Versorgungsgrad V = 100% heißt, daß die pflanzennutzbare Speicherfeuchte des Bodens aufgefüllt ist (V ≤ 0%: Den Pflanzen steht kein Wasser zur Verfügung). Die Einsatzsteuerung nach klimatologischen Kriterien nutzt u. a. die nach *Haude* (→ Wasserbedarf) erstellte klimatische → Wasserbilanz. *Lecher*

Bewehrung. Im Stahlbetonbau, einem Verbundsystem aus Stahl und → Beton, werden in den Beton → Betonstähle als B. eingelegt. Die B. dient dazu, die Zugkräfte aufzunehmen. Die auftretenden Druckspannungen übernimmt vorzugsweise der Beton (→ Bewehrungsstahl). *Mehlhorn*

Bewehrungskorrosion → Betonstahlkorrosion, → Spannstahlkorrosion

Bewehrungsstahl. Stahleinlage im → Beton, die in der Lage ist, Zugkräfte aufzunehmen und auf den Beton zu übertragen. Übliche Stahleinlagen sind → Betonstahl im → Stahlbeton und → Spannstahl im → Spannbeton. *Schießl*

Bewetterung. → Belüftung unterirdischer Bauwerke im Bauzustand und im → Bergbau im Gegensatz zur Belüftung von Tunnelbauwerken im Betriebszustand (→ Tunnelbelüftung). Die B. dient einer ausreichenden Luftversorgung, einer möglichst schnellen Beseitigung der Sprenggase beim Sprengvortrieb, ferner der Reinhaltung der Luft von Dieselabgasen und Staub. Man unterscheidet das Absaugverfahren, bei dem die Luft an der Arbeitsstelle abgesaugt wird und Frischluft nachströmt und das Einblasen frischer Luft vor Ort, die die verbrauchte Luft verdrängt. Beide Verfahren lassen sich auch miteinander kombinieren. Der Luftstrom wird künstlich durch Ventilatoren erzeugt und in Luttenleitungen gefördert. Der Frischluftbedarf ist von der Anzahl der im → Tunnel beschäftigten Menschen, der Art und dem Umfang der Sprengungen, der Tunnellänge und der Umgebungstemperatur abhängig. Die notwendige Luftmenge Q in m³/min ergibt sich nach *W. Zanoskar* etwa zu:

$$Q = \frac{S \cdot 25}{t};$$

dabei bedeuten S der notwendige → Sprengstoff in kg und t die mittlere Lüftungszeit in min, wenn je kg Sprengstoff beispielsweise 25 m³ Frischluft benötigt werden. *Wagner*

Bewirtschaftungsplan. Instrument der wasserwirtschaftlichen Planung entsprechend § 36 b des → Wasserhaushaltsgesetzes (WHG) mit dem Ziel, die vielfältigen Inanspruchnahmen der Gewässer so zu steuern, daß eine angestrebte Gewässergüte erhalten oder wieder erreicht wird. Nach § 1 a WHG sind die Gewässer so zu bewirtschaften, daß sie dem Wohl der Allgemeinheit, d. h. vor allem der öffentlichen Trinkwasserversorgung, und im Einklang mit ihm auch dem Nutzen einzelner dienen und daß jede vermeidbare Beeinträchtigung unterbleibt. Der Inhalt der B. setzt sich wie folgt zusammen:

☐ Festlegen der Nutzungen, denen das Gewässer dient oder dienen soll,

☐ Merkmale, die das Gewässer dementsprechend in seinem Verlauf aufweisen soll,

☐ Maßnahmen, die erforderlich sind, um die festgelegten Merkmale zu erreichen oder zu erhalten und

☐ einzuhaltende Fristen.

Eine auch für die Länder verbindliche Verwaltungsvorschrift des Bundes mit dem Zweck, B. in Deutschland nach Form und Inhalt weitgehend vergleichbar zu machen, enthält Grundsätze über die Kennzeichnung der Merkmale für die Beschaffenheit des Wassers und bestimmt, welche Merkmale in die B. zwingend aufzunehmen und wie diese Merkmale zu ermitteln sind. Der B. als neues Planungsinstrument zwischen → Rahmenplan und → Abwasserbeseitigungsplan baut auf herkömmlichen Planungsmethoden und Planungsaussagen auf, ist aber mit der Zuweisung von Nutzungsarten zu bestimmten Gewässerabschnitten unter Abwägung der zahlreichen Nutzungsansprüche an die Gewässer eine neue Vorgehensweise innerhalb der wasserwirtschaftlichen Planungsarbeit. *Lecher*

Bewitterung. Methode der Materialprüfung, wobei das zu untersuchende Material (z. B. Baustoffe, → Anstriche usw.), welches für einen Einsatz im → Außenbereich konzipiert ist, monate- oder jahrelang der Witterung ausgesetzt wird. Eine B. kann auch unter Standardbedingungen im Laboratorium vorgenommen werden. Man spricht dann von einer Kurzbewitterung oder besser von einer künstlichen B. im Gegensatz zu der sog. Freibewitterung, welche Witterungseinflüsse wie Sonne, Hitze, Kälte, Regen, Industrieabgase usw. an einem bestimmten Ort der Erdoberfläche bei einer definierten Lagerung beinhaltet.

Die Veränderung, welche ein Material unter Witterungseinfluß erfährt, ist maßgeblich davon abhängig, in welcher Weise die Witterungsfaktoren einwirken:

– Land- und Gebirgsklima: mit geringer Luftverunreinigung, hohem Lichtanteil und nennenswerten Temperaturwechseln

– Industrie- und → Stadtklima: mäßige bis starke Luftverunreinigung, reduzierte Licht- und Temperaturwechsel-Beanspruchung

– Feuchtklima: hohe → Luftfeuchtigkeit, Kondenswasserbeanspruchung, häufige → Beregnung

– Meeresklima: hoher Chloridgehalt, nennenswerte Feuchte, reduzierte Temperaturwechsel-Beanspruchung.

Die Art der B. ist also von Ort zu Ort sehr verschieden und von der klimatischen Situation und der Lage bezüglich der Himmelsrichtung abhängig. Jedes Klima beinhaltet die einzelnen Faktoren in unterschiedlichem Umfang, z. B. sind folgende Faktoren im Hinblick auf organisch aufgebaute Beschichtungen von besonderer Wichtigkeit:

– Sonnenlicht (insbesondere der UV-Anteil)

– Temperatur (insbesondere hohe und schnell wechselnde)

– Sauerstoff (besonders auch Ozon)

– Wasser in jeder Form (Regen, Nebel, Schnee, Wasserdampf, Tau)

– Aggressive Luftverunreinigung (z. B. SO_2 und NO_x)

Die meisten Witterungsfaktoren haben eine geringe Tiefenwirkung. Die Bewitterungstechnik wurde deshalb ursprünglich für dünnschichtige Stoffe, z. B. Beschichtungen, Lackierungen, frühzeitig entwickelt. Der Angriff der B. äußert sich, z. B. bei Metallen, in der Bildung von Korrosionsprodukten, bei organischen Stoffen (z. B. Kunststoffbeschichtungen) im Abbau des organischen → Bindemittels.

Einzelheiten über die Ausführung von Bewitterungsversuchen, insbesondere über die Lage und Anordnung der Prüfkörper, sind aus den entsprechenden Normen zu entnehmen. Eine Bewertung ist nur aus den Ergebnissen der anschließenden Untersuchungen zu erhalten, welche mit den entsprechenden Eigenschaftskennwerten im unbewitterten Zustand zu vergleichen sind, z. B. Farbe, Glanz, Härte, Dehnverhalten, Festigkeit, Korrosionsgrad.

Das Bestreben, sich von den Zufälligkeiten des Wetters unabhängig zu machen und die Prüfdauer der B. in der Atmosphäre abzukürzen, führten zur Entwicklung von Geräten zur künstlichen B., auch als Kurzzeitprüfung bzw. Kurzbewitterung bezeichnet.

Diese Geräte kommen in großem Ausmaß bei der Untersuchung von Kunststoffen, insbesondere von Anstrichen, zum Einsatz. Die Beanspruchungszeiträume liegen zwischen 14 und 42 Tagen (1 000 Stunden). In den einzelnen Geräten werden jeweils die gemeinsam wirkenden Klimafaktoren zusammengefaßt und aus den Einzelergebnissen eine Gesamtaussage hergeleitet.

Beispiele für Geräte: Xenotestgeräte, Kondenswassergeräte, Korrosionsprüfgeräte, Klimaprüfschränke.

Allen Geräten gemeinsam ist der Betrieb unter erhöhter Temperatur (35 °C bis 50 °C) zur Beschleunigung der physikalischen und chemischen Vorgänge. Die Übertragung der Ergebnisse aus der künstlichen B. in die Praxis ist nicht unproblematisch und erfordert eine große Erfahrung im Verhalten gleichartiger Materialien bei der künstlichen B. im Vergleich zur natürlichen B. *Rehm/Jäger*

Literatur: *Helmen, T.* u. *E. Hess*: Bedeutung des Suntest-Gerätes für die Kurzbewitterung von Lacken. Farbe und Lack (1979) Nr. 10, S. 835–841. – *Helmen, T.*: Kurzbewitterung und Kreidungsmessung. Farbe und Lack (1981) Nr. 3, S. 181–189. – *Klopfer, H.*: Anstrichschäden. Wiesbaden 1976. – *van Oeteren, K.-A.*: Korrosionsschutz durch Beschichtungsstoffe. München, Wien 1980.

Biegedrillknicken. Instabilitätserscheinung eines geraden → Stabes, bei dem unter einer kritischen Druckbeanspruchung gleichzeitig Verdrehungen und seitliche Verschiebungen unter Querbelastungen auftreten (→ Stabilitätstheorie). *Laermann*

Biegelinie. Linie der unter der Wirkung äußerer Lasten eintretenden Verformungen von Stab- und Fachwerken bzw. deren Gurten senkrecht zu den Systemlinien. Ihre Berechnung geschieht zumeist unter Zugrundelegung der technischen Biegelehre. *Laermann*

Biegeträger. Gerades oder gekrümmtes → Stabtragwerk, das äußere Lasten vorwiegend über Biegebeanspruchung abträgt (→ Balken). Im Gegensatz zum Balken kann der Querschnitt veränderlich oder auch aufgelöst sein. *Laermann*

Bildflug. Systematisches Aufnahmeverfahren zur Gewinnung photogrammetrischer Meßbilder der Geländeoberfläche vom Flugzeug aus. Das Gelände wird streifenweise überflogen (Bild 1) und dabei mit Hilfe einer Reihenmeßkammer (Bild 2) senkrecht von oben photographiert. Bei der Planung und Durchführung eines B. ist darauf zu achten, daß sich die Bilder längs und quer zur Flugrichtung ausreichend überdecken, damit sie mittels gemeinsamer Punkte in verschiedenen Bildern untereinander verknüpft werden können. Für diesen Zweck reicht eine Querüberdeckung q = 20% aus. In Flugrichtung arbeitet man normalerweise mit einer Längsüberdeckung p = 60%. Dadurch ist gewährleistet, daß jeder Punkt der Geländeoberfläche in mindestens zwei Aufnahmen abgebildet ist, so daß eine stereoskopische Auswertung möglich ist. Für den B. wird ein spezielles Bildflugzeug mit eingebauter Reihenmeßkammer und besonderen Navigationshilfen benötigt. Die Reihenmeßkammern haben meist das Bildformat 23 cm × 23 cm und eine kürzeste Bildfolgezeit von rd. 2 s. Der Bildmaßstab s'/s (Bild 3) richtet sich nach dem Verwendungszweck der Aufnahmen, z. B. klein- oder großmaßstäbige Kartierung. Er wird durch die Flughöhe h_G über Grund geregelt:

$$h_G = f \frac{s}{s'},$$

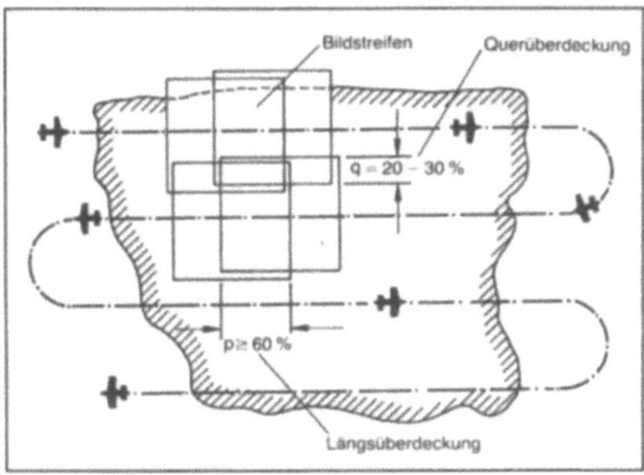

Bildflug 1: B.-Anordnung.

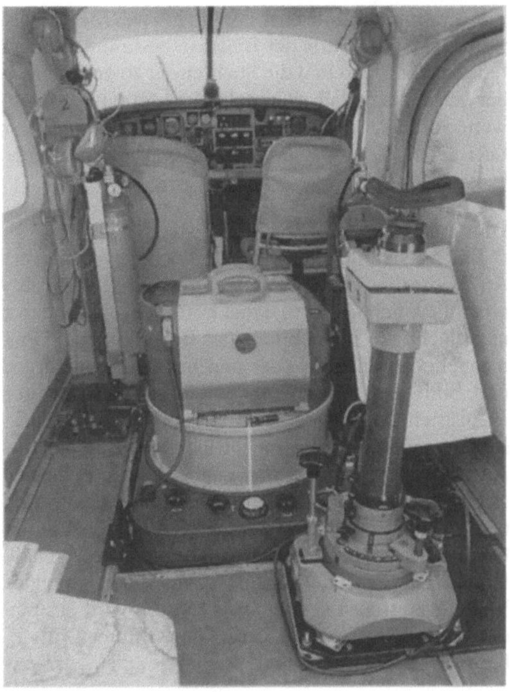

Bildflug 2: Reihenmeßkammer und Navigationsinstrumente im Bildflugzeug.

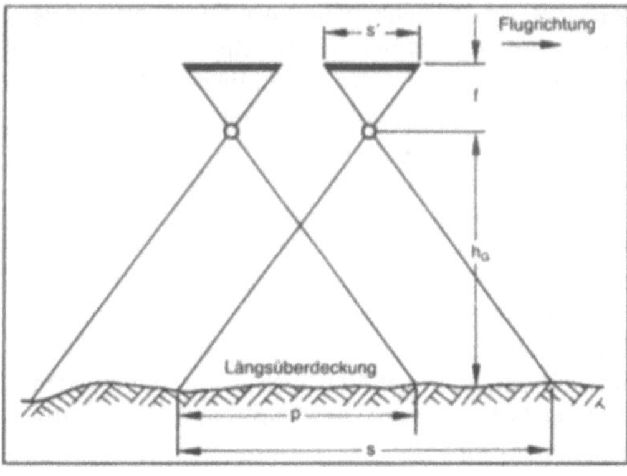

Bildflug 3: Zusammenhang zwischen Flughöhe und Bildmaßstab.

mit f als Brennweite der Reihenmeßkammer. Der Anwendungszweck bestimmt auch das Filmmaterial für die Aufnahmen (Schwarzweiß-, Farb- oder Infrarotaufnahmen). *Pelzer*

Literatur: *Konecny, G.,* u. *G. Lehmann*: Photogrammetrie. 4. Aufl. Berlin 1984.

Bildkorrelation. Verfahren der → Photogrammetrie zur automatischen Auswertung von Stereomeßbildern.

Zur Ermittlung identischer Punkte in zwei Meßbildern werden die Grauwerte der Bilder in bestimmten Suchfenstern analysiert und die Suchfenster so gegeneinander verschoben, daß maximale Korrelation der Grauwerte vorliegt. *Pelzer*

Literatur: *Konecny, G., u. G. Lehmann*: Photogrammetrie. 4. Aufl. Berlin 1984.

Bindemittel.

Baukunststoffe. B. ist der nichtflüchtige Anteil eines Anstrichstoffes ohne → Pigment und → Füllstoff, aber einschl. Weichmachern, Trockenstoffen und anderen nichtflüchtigen Hilfsstoffen. Das B. verbindet die Pigmentteilchen untereinander und mit dem Untergrund und bildet so mit ihnen gemeinsam den fertigen → Anstrich. In pigment- und füllstofffreien Anstrichstoffen umfaßt das B. alle nichtflüchtigen Bestandteile. Auch reaktive flüchtige Stoffe gehören zum B., soweit sie durch chemische Reaktion Bestandteil des trockenen Anstriches werden. B. sind z.B. Leinöl bei Ölfarben, Wasserglas bei Silicatfarben, Bitumen bei Asphaltlacken, Epoxidharz, Alkydharz usw. Bei erhärtenden Mineralgemischen (→ Beton, → Mörtel) wird der bindende Stoff (→ Zement, Kalk, Gips, Bitumen) als B. bezeichnet. *Sasse*

Straßenbau. Durch B. werden Einzelkörner eines Mineralstoffgemisches zu einem dauerhaft zusammenhängenden Material verkittet. Im → Straßenbau unterscheidet man Bitumen und hydraulische B. Bitumen als B. im Straßenbau muß den DIN 1995 entsprechen. Bitumen wird bei der Destillation von Erdölen gewonnen und ist ein schwerflüchtiges und dunkelfarbiges Gemisch aus Kohlenwasserstoffen. Es hat viskoelastisches Verhalten, das sich mit der Temperatur verändert. Je nach Temperatur hat Bitumen eine flüssige bis feste Konsistenz. Auch die in Naturasphalten enthaltenen Bitumenanteile rechnet man zu den Bitumen. Nach den Herstellungsverfahren unterscheidet man Destillationsbitumen (→ Straßenbaubitumen), Hochvakuumbitumen und Oxidationsbitumen. Zu den bitumenhaltigen B. gehören auch → Fluxbitumen (bisher Verschnittbitumen), → Kaltbitumen und → Bitumenemulsionen.

Für die Herstellung der → Betondecke ist in den → Verdingungsunterlagen festzulegen, daß als hydraulisches B. ein → Zement nach DIN 1164-1, i.d.R. Portlandzement CEM I der Festigkeitsklasse 32,5 R, zu verwenden ist. Dafür gelten über die DIN 1164 hinausgehende Anforderungen bezüglich des Wassergehaltes, der Druckfestigkeit im Alter von zwei Tagen und der → Mahlfeinheit. In Abstimmung mit dem Auftraggeber dürfen auch folgende Zemente nach DIN 1164-1 verwendet werden: Portlandhüttenzement CEM II/A-S und CEM II/B-S (früher Eisenportlandzement), Portlandölschieferzement CEM II/A-T und CEM II/B-T, Portlandkalksteinzement CEM II/A-L und Hochofenzement CEM III/A.

Für die Herstellung der hydraulisch gebundenen → Tragschicht und der → Bodenverfestigung mit Zement lagen zur Zeit der Drucklegung noch keine Festlegungen bezüglich der neuen Zementsorten nach den DIN 1164-1 vor. *Beckedahl*

Literatur: DIN 1060: Baukalk. – DIN 1164: Zement. – DIN 1995: Bituminöse Bindemittel für den Straßenbau auf Bitumen- und Teerbasis. – DIN 18506: Hydraulische Bindemittel für Tragschichten, Bodenverfestigungen und Bodenverbesserungen; hydraulische Tragschichtbinder. – DIN EN 196: Prüfverfahren für Zement.

Bindemittel, bituminöses. B. B. ist ein Sammelbegriff für Bitumen, Straßenpech (bisher Straßenteer) und → Bitumen-Pech(Teer)-Gemische. Im → Straßenbau werden von den b. B. wegen der Gesundheitsgefährdung keine pechhaltigen → Bindemittel verwendet. Daher wird das Wort bituminös nur noch dann verwendet, wenn es sich um alte Straßenschichten handelt, die mit Straßenpech oder pechhaltigen Bindemitteln gebunden sind. Als → Asphalt wird dagegen nur solches Material bezeichnet, das als Bindemittel Bitumen enthält. *Beckedahl*

Binderschicht. Als Bestandteil der → Asphaltdecke bildet die B. den Übergang zwischen der grobkörnigen → Asphalttragschicht und der feinkörnigen → Deckschicht im → Oberbau. Die B. muß eine gute Spannungsaufnahme, insbes. der → Schubspannungen, gewährleisten, was durch eine geeignete Zusammensetzung des Mischgutes zu erreichen ist. Mit dem einlagigen Einbau werden Unebenheiten der → Tragschicht ausgeglichen. Daher existieren für B. auch spezielle Ebenheitsanforderungen. Die → Bemessung der Dicke richtet sich nach der Verkehrsbelastung und ist in den standardisierten Oberbauten mit 4 oder 8 cm angegeben. Bei geringer Verkehrsbelastung kann die B. auch ganz entfallen, so daß die Asphalttragschicht die Aufgabe der B. übernimmt. Je nachdem, wie der Binder zusammengesetzt ist, kann der Blasenbildung z.B. unter → Gußasphalt entgegengewirkt werden, jedoch ist damit häufig der Nachteil verbunden, daß die B. weniger standfest ist und somit eine Spurrinnenbildung begünstigt. *Beckedahl*

Binnenwasserstraße. Verkehrsweg für die Schiffahrt (Güter-, Passagier-, Sport- und Freizeitverkehr) auf einem freifließenden oder staugeregelten Fluß oder auf einem → Schiffahrtskanal. Für Bau, Ausbau, Betrieb und Unterhaltung einer B. ist die Wasser- und Schifffahrtsverwaltung des Bundes zuständig. Das Netz der B. (Bild) ist entsprechend den unterschiedlichen Abmessungen des Fahrwassers nach den Wasserstraßenklassen I bis VI (Tabelle, S. 132) untergliedert, z.B. die Fulda I, der Rhein abwärts Duisburg VI. *Muth*

Biotop. Räumliche Grundeinheit als Lebensstätte für Pflanzen und Tiere und ihre Lebensgemeinschaften, die

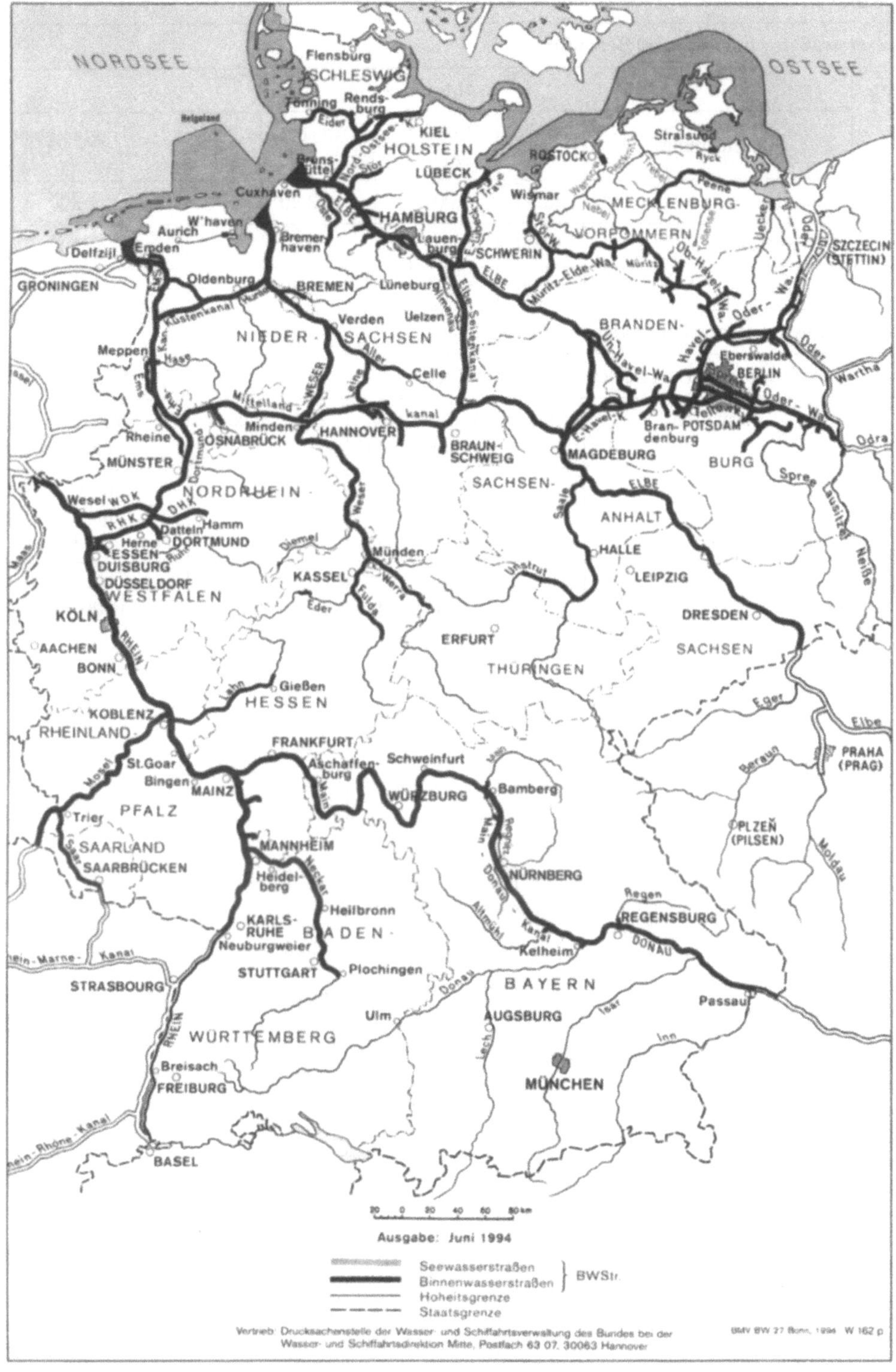

*Binnenwasserstraße: Die B. der Bundesrepublik Deutschland. (Quelle: Bundesminister f. Verkehr, Abt. Wasser-
straßen, 1994).*

131

Binnenwasserstraße. Tabelle: Klassifizierung der europäischen B.

A Wasserstraßen von nationaler Bedeutung					
Wasser-straßen-klasse	Motorschiffe				
	Bezeichnung	Länge m	Breite m	Abladetiefe m	Tragfähigkeit t
I	Penische	38,50	5,00	2,20	300
II	Kempenaar	50,00	6,60	2,50	600
III	Dortmund-Ems-Kanal-Typ	67,00	8,20	2,50	1 000

B Wasserstraßen von internationaler Bedeutung					
Wasser-straßen-klasse	Schubverbände: Europaleichter II 76,50×11,50				Motorschiffe
	Formation	Abladetiefe m	Gesamt-länge m	Tragfähigkeit t	Zugehörige Tragfähigkeit
IV a		2,50	95–105	1 660	1 000–1 500 Europaschiffstyp: 1350
IV b			172–185	3 320	
V			175–190	10 080	1 500–3 000
VI oder und größer		3,50	260 und größer	15 120 und mehr	3 000 und mehr

an einen bestimmten Boden-, Wasser- und Klimahaushalt gebunden sind. Unter dieser Definition hat auch der → Lebensraum des Menschen und die für seine Existenz nötigen Voraussetzungen den Charakter eines B. Um den Populationsaustausch zu verbessern, muß die Planung anstreben, die entsprechenden Flächen zu vernetzen.

Die Vielfalt der Lebensgemeinschaften wird bestimmt durch die Vielfalt der Ausstattung des Lebensraumes mit natürlichen Elementen. Z. B. erhalten in der Stadt B. in Siedlungsrändern, Parkanlagen, Gewässern und naturnahen Gärten besondere Bedeutung. B. werden bei der Bestandsaufnahme zur Vorbereitung von Planungskonzepten der → Stadt- und → Landschaftsplanung kartiert. Sie können auf der Grundlage der Landes-Naturschutzgesetze (z. B. § 28 a Niedersächsisches Naturschutzgesetz „Besonders geschützte B.") unter Schutz gestellt werden. *Spengelin*

Literatur: *Drachenfels, O. V.*: Kartierschlüssel für Biotoptypen in Niedersachsen unter besonderer Berücksichtigung der nach § 28 a NNatG geschützten Biotope. Oktober 1992 in: Naturschutz Landschaftspflege in Niedersachsen Nr. A/4. – *Kuttler, W.* (Hrsg.): Handbuch zur Ökologie. Berlin 1993. – *Odum, E.-P.*: Prinzipien der Ökologie, Lebensräume, Stoffkreisläufe, Wachstumsgrenzen. Heidelberg 1991. – *Spitzer, H.*: Raumnutzungslehre. Stuttgart 1991.

Bitumen → Straßenbaubitumen, → Bindemittel

Bitumen-Pech(Teer)-Gemisch. Während Bitumen ein Erdöldestillat ist, ist Straßenpech eine Lösung von Steinkohlenteerspezialpech, das als Rückstand bei der Destillation von Steinkohlenteeren anfällt. Es wird im → Straßenbau wegen der Gesundheitsgefährdung nicht mehr eingesetzt. B.-P.(Teer)-G. wurden früher im Straßenbau verwendet. Bei der → Straßenerhaltung ist der → Straßenaufbruch auf diese Stoffe hin zu untersuchen (→ Recycling). *Beckedahl*

Bitumenemulsion. Kaltflüssiges Bitumenprodukt, das einen Bindemittelgehalt zwischen 30 und 70% (bezogen auf die Masse) aufweist und vorwiegend für die → Oberflächenbehandlung und für Unterhaltungsarbeiten (→ Straßenerhaltung) verwendet wird. Mittels Emulgatoren werden feinste Bitumentröpfchen in Wasser dispergiert. Die Moleküle der Emulgatoren bewirken eine gleichsinnige elektrische Ladung der Bitumentröpfchen, durch die sie sich gegenseitig abstoßen und so am Zusammenfließen gehindert werden. Man unterscheidet anionische (negative elektrische Ladung) und kationische (positive elektrische Ladung) B. Bei der Berührung mit der Gesteinsoberfläche bricht die Verbindung zwischen Bitumen und Wasser auf, so daß das Gestein mit einem Bitumenfilm umhüllt wird. Soll die B. gespritzt werden, verwendet man schnellbrechende (kationische), für Mischvorgänge langsambrechende (anionische) B. Bei einer kationischen B. wird das positiv geladene Teil des Emulgatormoleküls durch die negativ geladene Gesteinsoberfläche absorbiert, so daß eine unmittelbare Abscheidung des Bitumens am Gestein stattfindet; dabei wird Wasser von der Gesteinsoberfläche verdrängt. Bei anionischen B. umhüllt das Wasser die Gesteinsoberfläche. Der Abbindeprozeß des Bitumens am Gestein wird bis zum vollständigen Verdunsten des Wassers verzögert. *Beckedahl*

Bitumenprüfung. Bitumen und Teere sind organische → Bindemittel, die im großen Umfang im → Straßenbau, → Wasserbau, Hoch- und Tiefbau sowie in der Abdichtungstechnik Verwendung finden. In der Regel werden sie in Mischungen mit Mineralien verarbeitet, nur in der Abdichtungstechnik kommen insbesondere Bitumen in unverfülltem Zustand zum Einsatz.

Bitumen wird in quasifester Form angeboten (Primärbitumen) und muß dann durch Erhitzen auf einen dem Verwendungszweck angemessenen Fließzustand gebracht werden. Durch Fluxung oder Emulgierung kann die Verarbeitungstemperatur beträchtlich herabgesetzt werden. Bitumen und Teere sind thermoplastische und viskoelastische Baustoffe mit recht kompliziertem Verformungsverhalten. Es werden deshalb zu ihrer Klassifikation international konventionelle Gebrauchsprüfungen angewandt, die nur in beschränktem Umfang Beziehungen herstellen zu ihrem rheologischen Verhalten. Im wesentlichen handelt es sich um Prüfungen, bei denen der Einfluß der Temperatur auf gewisse Fließzustände ermittelt oder kompensiert werden. Bitumen werden im allgemeinen durch folgende Prüfungen beschrieben:
- Nadelpenetration
- Erweichungspunkt Ring und Kugel
- Brechpunkt nach Fraass
- Duktilität.

Aus Penetration und Erweichungspunkt Ring und Kugel läßt sich der Penetrationsindex PI ermitteln, der deutliche Hinweise auf den Charakter des Bitumens gibt und die Verbindung zu zeit- und temperaturabhängigen Steifigkeitsbetrachtungen herstellt.

Teere werden u. a. untersucht auf
- → Viskosität
- Siedeverhalten mit Aufteilung des Destillats in Leicht-, Mittel-, Schwer- und Anthracenöl.

Ihre Lösefähigkeit in organischen Lösemitteln ermöglicht es, die bituminösen Bindemittel durch Extraktion und anschließende Destillation quantitativ zurückzugewinnen und wieder qualitativ zu prüfen.

→ Asphalte lassen sich je nach Verwendungszweck ebenfalls untersuchen. Am gebräuchlichsten sind hier aus Standfestigkeitsgründen bei höheren Temperaturen ablaufende Verfahren, z. B. das Prüfverfahren nach *Marshall* für walzfähiges Mischgut oder Eindringversuche mit ebenen bzw. profilierten Stempeln für gießfähiges Material, z. B. → Gußasphalt. Die Übertragbarkeit der konventionell ermittelten Stoff-Prüfdaten auf Praxiszustände ist generell beschränkt. Hier helfen nur Systemprüfungen weiter. *Rehm/Vordermeier*
Literatur: *Abraham*: Asphalt and allied Substances. 6. Aufl. 1960. – *Arbit*: Bitumen- und Asphalt-Taschenbuch. Wiesbaden 1976. – DIN 1996: Prüfung bituminöser Massen für den Straßenbau und verwandte Gebiete. – DIN 52 000 ff.: Prüfung bituminöser Bindemittel.

Bituminös → Bindemittel, bituminöses, → Bitumen-Pech(Teer)-Gemisch

Blattverbindung → Verblattung

Blockheizkraftwerk (BHKW) → Wärme-Kraft-Kopplung

Blockstruktur → Wohngebietsstruktur

Boden. Nationalökonomische Theorie und planerische Praxis gingen lange Zeit davon aus, daß sich die bestmöglichen Standorte für die verschiedenen Nutzungen und Funktionen in der Agglomeration aus der Konkurrenz des Marktes ergeben: Wer aus einem bestimmten Grundstück einen höheren Ertrag erwirtschaften kann, wird auch einen höheren Preis zu zahlen bereit sein: So geht der B. „zum besten Wirt". Selbst wenn man mit der klassischen Theorie annimmt, daß auf diese Weise auch der größtmögliche Beitrag zum allgemeinen Wohlstand geleistet wird, so läßt sich hierdurch doch mit → Sicherheit eines nicht leisten: die Bereitstellung von Flächen für solche Nutzungen, für die es einen Markt im eigentlichen Sinne nicht gibt: Straßen, Sport- und Grünflächen, Gebäude für Kultur, Erziehung und öffentliche Verwaltungen, Krankenhäuser, Ver- und Entsorgungsanlagen usw. Diese Vorsorge obliegt i. a. der Gemeinde, die in gewissem Maße ebenfalls von den Marktverhältnissen abhängig ist. Auch wo sie Sonderrechte genießt und Grundstücke zugunsten wichtiger öffentlicher Nutzungen auch gegen den Willen des Eigentümers durch → Enteignung oder auch freihändig erwerben kann, muß sie sich bei der Festsetzung der Entschädigung i. d. R. am Marktpreis orientieren. So ergeben sich Überlagerungen von Planungsentscheidungen und Markteinflüssen, bei denen die Bodenwerte eine wichtige Rolle spielen. Diese wiederum ergeben sich aus Ertragserwartungen, die abhängig von der gegenwärtigen, durch Planung geschaffenen oder voraussichtlichen Nutzungsmöglichkeit eines Grundstücks sind.

Zu den augenfälligsten Beispielen für eine durch die → Bauleitplanung hervorgerufene Wertsteigerung gehören die Umwandlung von land- und forstwirtschaftlich genutzten Flächen in → Baufläche oder die Verbesserung der Ausnutzungsmöglichkeit eines Grundstücks durch die Erhöhung der → Dichtewerte und/oder Änderung der Gebietskategorie, wenn etwa ein zweigeschossiges Wohnhaus durch ein fünfgeschossiges Geschäftshaus ersetzt werden kann. Infrastrukturmaßnahmen der öffentlichen Hand führen zu Agglomerationseffekten und damit zu Wertsteigerungen bestimmter Flächen (Erschließung von Gebieten für die Neubebauung oder Aufwertung der Innenstadt durch öffentliche Bauten oder Verkehrsverbesserungen). Eine Rechtfertigung für die seit Jahrzehnten erhobene Forderung, solche Gewinne, die ohne Arbeits- und Kapitaleinsatz des Eigentümers zustande kommen, auch der Allgemeinheit zufließen zu lassen, wäre so sicher gegeben. Obgleich diese Forderung Bestandteil der Weimarer Verfassung von 1919 wie auch der Bayerischen Verfassung von 1946 ist, gelang es in der Bundesrepublik Deutschland bisher nicht, sie praktisch in die Wirklichkeit umzusetzen. Eine Ausnahme bildet lediglich die Sonderregelung für Sanierungs- und Entwicklungsgebiete nach dem Städtebauförderungsgesetz, die in das → Baugesetzbuch (§ 154) als Ausgleichsbetrag übernommen wurde. Um Bodenspekulationen einzuschränken, die sich aus der begrenzten Verfügbarkeit von Bauland und eine in guten Lagen oft das Angebot übersteigende Nachfrage ergeben, wird immer wieder empfohlen, das Angebot an Bauland zu erhöhen (→ Bodenvorratspolitik).

Einer allzu großzügigen Ausweitung der Bauflächen stehen jedoch wichtige Gründe entgegen: zum einen die Erhaltung der natürlichen Lebensgrundlagen und des ökologischen Gleichgewichts, die Sicherung von landwirtschaftlichen Nutzflächen und Erholungsbereichen; zum anderen die kurzfristige Erreichbarkeit der Arbeitsplätze und der wesentlichen zentralen Einrichtungen sowie eine zweckmäßige und wirtschaftliche Verteilung der → Infrastruktur. Diese Gründe sprechen eher für eine Begrenzung und räumliche Zusammenfassung der Neubauflächen. Sollen die Preise trotzdem in Grenzen gehalten werden, so bietet sich als Korrektiv eine umfassende gemeindliche Bodenvorratspolitik an, die leider allzuoft am Geldmangel scheitert.

Voraussetzung für fast alle hier geschilderten, den B. betreffenden Maßnahmen ist eine Veränderung der auf anderen Nutzungen beruhenden Grundstücksgrenzen. Diese Bodenordnung wird durch Flurbereinigung im land- und forstwirtschaftlichen Bereich gemeinsam von Grundstückseigentümern, Landwirtschaftskammer und Flurbereinigungsbehörde, aber ohne die Pächter, vorgenommen. Sie kann im Straßen-, Wege- oder Gewässerbau oder zur Ertragssteigerung notwendig werden. Im Siedlungsbereich wird die Bodenordnung Umlegung genannt. In Altbaugebieten wird sie im Zuge von → Sanierung meist erforderlich. Grundlage dafür ist ein → Bebauungsplan. Beteiligt sind Grundstückseigentümer und Eigentümer von grundstücksgleichen

Rechten, wie Erbbaurecht, Wohnungseigentum oder Wegerecht, aber nicht die Mieter und Pächter. Das Verfahren wird nach dem Baugesetzbuch (Kap. 1, Tl. 4: Bodenordnung; Tl. 5: Enteignung; Kap. 3, Tl. 1: Wertermittlung) durchgeführt. Bei Umwandlung landschaftlicher Flächen in Baugrundstücke müssen die Eigentümer bei der Umlegung einen bestimmten Flächenanteil abtreten, der für die Erschließung gebraucht wird (Straßen, Wege und Grünanlagen). Der Umfang dieser Abtretung ist gesetzlich begrenzt. Wertsteigerungen im Verlauf einer Umlegung kommen den Eigentümern zugute, Wertminderungen dagegen müssen ausgeglichen werden (Entschädigung). Im Sanierungsgebiet schöpft allerdings die Gemeinde planungsbedingte Wertsteigerungen teilweise ab (§§ 154 und 155 BauGB).   *Spengelin*

Literatur: *Bonczek, W.*: Bodenwirtschaft in den Gemeinden. In: Handwörterbuch der Raumforschung und Raumordnung. Hannover 1970. – *Meyer, K.*: Boden und Bodenreform. In: Handwörterbuch der Raumforschung und Raumordnung. Hannover 1970. – *Schussmann, K.*: Die Stadt als Wirtschaftsgefüge. In: Grundriß der Stadtplanung. Hannover 1983. – *Winkler, W.*: Bodenrecht. In: Handwörterbuch der Raumforschung und Raumordnung. Hannover 1970.

Bodenaushub. B. ist unter dem Oberbegriff → Bauabfall eingeordnet, ist aber grundsätzlich kein „Abfall zur Beseitigung" i. S. von § 3 Abs. 1 des Kreislaufwirtschafts- und Abfallgesetzes. Boden wird nämlich in aller Regel im Zuge von Baumaßnahmen gezielt ausgehoben und entweder an Ort und Stelle zur Geländeauffüllung bzw. -erhöhung oder an anderer Stelle zu ähnlichen Zwecken wiederverwendet, z. B. → Rekultivierung oder Aufschüttung von Lärmschutzwällen. Einen casus sui generis stellt in diesem Zusammenhang die in der Abfolge baulicher B.-Maßnahmen zunächst zu entfernende Mutterbodenschicht dar; diese humushaltige, fruchtbare oberste Schicht der Pedosphäre unterliegt nach § 202 BauGB einer besonderen Erhaltungspflicht: im Rahmen einer Baumaßnahme ausgehobener Mutterboden „ist in nutzbarem Zustand zu erhalten und vor Vernichtung oder Vergeudung zu schützen".

B. wird primär dann zu „Abfall zur Beseitigung", wenn es sich nicht um Erd- oder Felsmaterial in natürlichem Zustand handelt, sondern um mit Schadstoffen verunreinigte Böden, wie insbesondere bei Altstandorten und Altablagerungen, aber auch nach Chemikalien- oder → Ölunfällen.

Unbelasteter B. kann jedoch auch Abfall zur Beseitigung sein, wenn eine Verwertungsmöglichkeit objektiv nicht gegeben ist. In diesem Fall wäre eine Deponierung – abgesehen von der in hohem Maße unerwünschten Flächeninanspruchnahme – im Normalfall unproblematisch, da das Material „erdgleich" ist und damit die Grundvoraussetzung für eine Abfalldeponierung bedingungslos erfüllt; nur in Sonderfällen, wie z. B. bei der Anlegung von Bergehalden, können sich im Einzelfall Eluierungsprobleme ergeben.

Nach der Abfallstatistik werden immer noch erhebliche Mengen unbelasteter B. auf → Deponien abgelagert. Dies soll zukünftig aber nur noch in dem Maße geschehen, wie unbelasteter B. als Hilfsmaterial für die Sicherung von Deponien erforderlich ist.

Für die Behandlung von kontaminiertem B. können die bei der → Sanierung von → Altlasten angewandten Verfahren eingesetzt werden. *Dreyhaupt*

Bodenaustausch. Läßt sich durch → Bodenverbesserung oder → Bodenverfestigung kein tragfähiger Untergrund herstellen, muß der vorhandene, nichttragfähige Boden ausgetauscht werden. Für den B. gibt es verschiedene Verfahren. Steht der nichttragfähige Boden in einer Dicke von weniger 3–4 m an, so bietet sich bei nicht notwendig werdender Grundwasserhaltung ein Bodenvollaustausch im Trockenen an. Außerdem kann vor allem aber bei Dicken des nichttragfähigen Bodens von mehr als 3–4 m ein teilweiser B. im Trockenen erwogen werden. Hierbei tauscht man nur einen Teil des nichttragfähigen Bodens aus, um gleichmäßigere und kleinere → Setzungen zu erreichen. Wenn der nichttragfähige Boden und das Austauschmaterial gespült werden können, bietet sich ein Bodenvollaustausch im Nassen an. Eine weitere Möglichkeit ist ein B. durch Verdrängen; hierbei unterscheidet man zwischen niedrigen und hohen (> 2 m) Dammschüttungen sowie → Moorsprengungen. *Beckedahl*

Bodenentleerer. B. oder Bodenschütter sind Spezialfahrzeuge, deren Transportmulde während der Fahrt durch Bodenklappen entleert wird. Dabei läßt sich ein gleichmäßiger Bodenauftrag erreichen. Gebräuchlich sind B. mit Motorleistungen von 207–783 kW, Nutzlasten von 18–150 t, Muldeninhalten von rd. 10–88 m^3 und Leergewichten bis über 100 t. Vereinzelt werden noch größere Modelle gebaut. Mit relativ weichem Fahrwerk erreichen sie in Verbindung mit EM-Reifen (EM: Earth Moving) einen Bodendruck von nur 0,2–0,3 N/mm^2. B. eignen sich besonders für langgestreckte, flächenhafte Schüttungen mit kurzer Entleerzeit. *Kühn*

Bodenklasse. → Locker- und → Festgesteine sind in DIN 18 300 in insgesamt sieben Klassen unterteilt. In den Klassen sind jeweils Böden oder Fels mit annähernd gleichem stofflichen Aufbau und ähnlichen bodenphysikalischen Eigenschaften zusammengefaßt, z. B. Klasse 1: Mutterboden oder Klasse 7: schwer lösbarer Fels. Es ist dann ausreichend, den Untergrund in einer → Leistungsbeschreibung durch Angabe von B. zu charakterisieren. Die der Klassifikation zugrundeliegenden bodenphysikalischen Parameter sind in DIN 18 196 aufgeführt. *Meißner*

Bodenluft. Durch die Zersetzung der organischen Bestandteile in Ablagerungen entstehen Gase. Diese

biochemischen Stoffwechselvorgänge verlaufen bis zum Verbrauch des Luftsauerstoffes in der Ablagerung aerob und danach anaerob.

Im Deponiebau hat die Gasbildung eine besondere Bedeutung. Das Gas muß gefaßt und einer Verwendung zugeführt werden. Es besteht hauptsächlich aus Methan, Kohlenstoffdioxid, Schwefelwasserstoff sowie aus geruchsintensiven Spurengasen.

Die Konzentration der B. hängt u. a. vom Bodenaufbau, dem → Feuchtigkeitsgehalt, der Tiefenlage der Grundwasseroberfläche, dem Luftdruck sowie der Temperatur ab. Im Rahmen einer Erstuntersuchung (→ Altlast) ist eine B.-Messung vor allem für den Nachweis von FCKWs geeignet, um so auf eine eventuelle Kontamination des Bodens zu schließen. Eine Aussage über die Gesamtkonzentration im Boden selbst oder im → Grundwasser ist damit allerdings nicht möglich.

B.-Messungen erfolgen punktuell in der ungesättigten Bodenzone (Bild). Hierzu werden üblicherweise aus verrohrten und abgedichteten Sondierbohrlöchern Bodenluftproben entnommen. Dies kann mittels Kolbenprober und anschließende Analyse im Labor oder einem Gaschromatographen vor Ort erfolgen. Eine weitere Möglichkeit stellen perforierte Rammsonden und anschließende Analysen mittels handelsüblichen Prüfröhrchen dar. Diese Prüfröhrchen sind auf bestimmte Schadstoffgruppen oder einzelne Schadstoffe kalibriert. *Meißner/Becker*

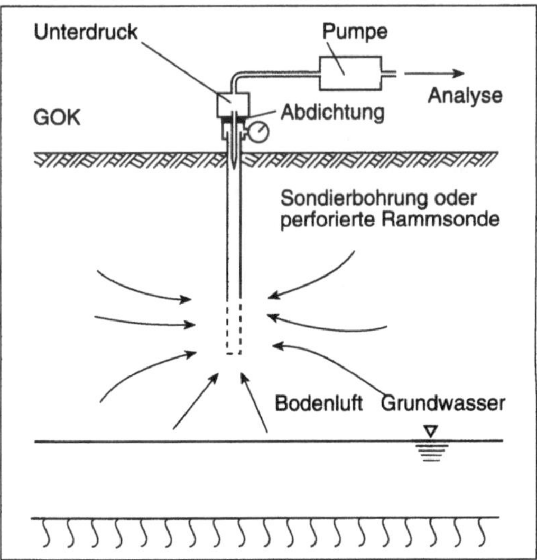

Bodenluft: Schematische Darstellung der B.-Messung.

Bodenmarkt → Boden

Bodenmechanik. Wissenschaft der bodenphysikalischen Grundlagen für das Bauen im Untergrund, die Gründung von → Bauwerken sowie der Herstellung von

Erdbauwerken. Boden ist ein → Lockergestein, das durch Sedimentation oder Verwitterung von → Festgesteinen entstanden ist. Die physikalischen Grundlagen der Festgesteine werden in der → Felsmechanik behandelt. Begründer der modernen B. ist *K. Terzaghi* (1883 – 1963).

Das Gesamtgebiet kann unterteilt werden in:
– Ermittlung von Bodenparametern aus Laboratoriums- und Feldversuchen.
– Entwicklung von Stoffbeziehungen, mit denen das mechanische Verhalten des Bodens unter einer → Beanspruchung beschrieben wird.
– Analytische Untersuchungen zur Ermittlung der → Standsicherheit sowie der Verschiebungen von Bauwerken, der Spannungen und Verformungen im Baugrund und in Erdbauwerken sowie der Wasserströmung im Untergrund.

☐ Bodenparameter. Boden ist ein Gemisch aus Feststoffsubstanz, Wasser und Luft. Im Gelände steht über dem Grundwasserspiegel der geschlossene und darüber der teilweise gesättigte Kapillarsaum an (→ Kapillarität). Im Laboratorium ermittelt man Bodenparameter an → Bodenproben, die Bohrungen oder → Schürfen entnommen werden (→ Untergrunderkundung). Die Parameter können Indexwerte zur Klassifizierung eines Bodens oder auch Stoffparameter für analytische Beziehungen sein. Der wichtigste → Indexversuch ist die Korngrößenverteilung (DIN 18 123 Siebanalyse). Feinkörnige Böden mit Korndurchmessern $d \leq 0{,}06$ mm sind i. a. bindig oder kohäsiv, wie z. B. Ton oder Schluff. → Sand, → Kies oder Steine sind grobkörnige oder rollige Böden, die allenfalls nur geringe Feinkornanteile enthalten. Aus der Korngrößenverteilung lassen sich verschiedene Bodeneigenschaften abschätzen oder herleiten, wie z. B. die → Durchlässigkeit oder die Frost- sowie die Filterkriterien.

Organische Anteile oder Kalkanteile im Boden bestimmt man durch die Indexversuche Glühverlust oder Kalkgehalt. Zur Ermittlung des Wassergehaltes (DIN 18 121) wird eine Probe bei 105 °C getrocknet. Der Wassergehalt w ist als das Verhältnis der Masse des verdampften Wassers m_w zur Trockenmasse m_d der Probe definiert:

$$w = m_w / m_d .$$

Wird m_d durch das Ausgangsvolumen V der Probe dividiert, das durch Ausstechzylinder oder z. B. für einen grobkörnigen Boden durch die Ersatzmethode (→ Erdbau) bestimmt werden kann, so ergibt sich die Trockendichte ρ_d des Bodens. Die Dichte der Körner ohne Porenvolumen heißt Korndichte ρ_s (rollige Böden: $\rho_s \approx 2{,}65$ t/m³, bindige Böden: $\rho_s \approx 2{,}60$ bis $2{,}75$ t/m³).

Die Porenzahl e sowie der Porenanteil n einer Probe mit dem Gesamtvolumen V berechnen sich zu:

$$e = (V - V_s)/V_s \text{ sowie}$$

$n = (V - V_s)/V$, wobei V_S das Volumen der Feststoffsubstanz (Körner) ist.

Mit n wird die Trockendichte eines Bodens zu

$$\rho_d = \rho_s \cdot (1 - n)$$

erhalten. Hat der Boden einen Wassergehalt w, so beträgt seine Dichte

$$\rho = \rho_d \cdot (1 + w).$$

Unterhalb des Grundwasserspiegels reduziert sich dieser Wert auf

$$\rho' = \rho_d - (1 - n) \cdot \rho_w .$$

Mit $\rho_w = 1$ t/m³ ist die Wasserdichte bezeichnet. Der Wassergehalt w dient auch zur Beschreibung der Zustandsform oder Konsistenz (→ Indexversuch) eines bindigen Bodens (DIN 18 122). Ein „steifer Boden" hat die Konsistenzzahl $0{,}75 \leq I_c \leq 1{,}0$. Der Konsistenzzahl bei bindigen Böden entspricht die → Lagerungsdichte bei rolligen Böden. Dicht gelagerte Böden haben relative Lagerungsdichten $0{,}67 \leq I_D \leq 1{,}0$.

Wasserströmungen verhalten sich im Untergrund überwiegend laminar (→ Sickerströmung). Somit kann die → Filtergeschwindigkeit durch das *Darcy*sche Fließgesetz

$$v = k \cdot i$$

beschrieben werden; i ist der hydraulische Gradient, k der → Durchlässigkeitskoeffizient des Bodens, der stark von der Wassertemperatur und vom Anteil der Lufteinschlüsse im Wasser abhängt. Für Sande erhält man $k \approx 10^{-2}$ bis 10^{-4} cm/s, für Schluffe $k \approx 10^{-5}$ bis 10^{-8} cm/s. Nach *Hazen* läßt sich k aus der Korngrößenverteilung mit d_{10} als Korndurchmesser für 10% Siebdurchgang zu k (in cm/s) $\approx d_{10}^{2}$ (in mm) abschätzen. In feinkörnigen Böden tritt ein → Fließen erst auf, wenn das hydraulische Gefälle größer als das Stagnationsgefälle i_0 ist.

Für Berechnungen von → Grundwasserabsenkungen ergeben sich aus Schluck- oder Pumpversuchen in situ zuverlässigere Werte für k als aus Laboratoriumsversuchen. Im Laboratorium wird der Durchlässigkeitskoeffizient k_f nach DIN 18 130 bestimmt. Für grobkörnige Böden (Kies, Sand) kommt zumeist die Versuchsanordnung mit konstantem hydraulischem Gefälle zur Anwendung. Für feinkörnige Böden (Schluff, Ton) ist die Versuchsanordnung mit veränderlichem hydraulischem Gefälle gebräuchlich.

Fundamentsetzungen resultieren aus der Zusammendrückung des unterhalb der → Fundamente anstehenden Bodens. → Kompressionsversuche liefern die für Setzungsabschätzungen benötigten Basisgrößen Steifemodul E_s, Schwellmodul E_c oder Kompressionsbeiwert C_c sowie Schwellbeiwert C_s. In gesättigten feinkörnigen Böden kann das Porenwasser bei einer plötzlichen Spannungserhöhung nicht rasch genug abströmen. Erst mit zunehmender Belastungsdauer tritt dann eine Spannungsumlagerung vom Porenwasser auf das Korngerüst ein. Es entstehen zeitabhängige → Setzungen (→ Konsolidation).

Für die Ermittlung des → Erddruckes und für Standsicherheitsuntersuchungen (→ Böschungsstandsicherheit, → Grundbruch) benötigt man die Scherfestigkeitsparameter Reibungswinkel φ und Kohäsion c. Beide Größen werden im Rahmenscherversuch oder in → Triaxialversuchen ermittelt. Stehen feinkörnige Böden an, ist unmittelbar nach der Herstellung des Bauwerkes oder nach der Belastung die Anfangsstandsicherheit, nach Abbau des Porenwasserüberdruckes im Boden (→ Konsolidation) die Endstandsicherheit zu ermitteln. Die i. d. R. geringere Anfangsstandsicherheit muß mit den Scherfestigkeitsparametern der undränierten Proben ermittelt werden (→ Scherfestigkeit). Die Kohäsion c_u undränierter Proben hängt entscheidend von der Verzerrungsgeschwindigkeit j ab. Durch → Flügelsondierungen oder in Triaxialversuchen mit sprunghafter Änderung der Vortriebsgeschwindigkeit läßt sich der Geschwindigkeitseinfluß bestimmen. Versuchsergebnis ist u. a. der Zähigkeitsindex $I_{v\alpha}$, der in Beziehungen zur Ermittlung des Fließdruckes auf Pfähle oder z. B. bei der Geschwindigkeitsabschätzung von Kriechhängen Eingang findet.

□ Stoffbeziehungen stellen eine Verknüpfung zwischen Spannungen und Verformungen oder bei Strömungen zwischen Geschwindigkeit und Gradient (*Darcy*sches Fließgesetz) her. Stoffbeziehungen oder -gesetze müssen den Grundprinzipien der Kontinuumsmechanik genügen. So muß vor allem das Prinzip der materiellen Objektivität eingehalten werden, das eine Invarianz gegenüber Änderungen des Bezugssystems fordert. Daraus folgt, daß → Stoffgesetze im allgemeinen Fall durch die Invarianten des Deformations- oder → Spannungstensors formuliert werden müssen. Vereinfachte, problemspezifische Formulierungen sind in der B. gebräuchlich. Das linear-elastische Stoffgesetz verwendet man in der B. vor allem zur Ermittlung von Spannungsverteilungen im Untergrund, wie z. B. unter rechteckförmigen Lastflächen nach *Steinbrenner*. Zur Berechnung von Untergrundverschiebungen müssen allerdings Stoffgesetze herangezogen werden, die das Materialverhalten von Böden realitätsnäher beschreiben.

In einer Vielzahl von Fällen haben sich elasto-plastische Stoffmodelle als zutreffend erwiesen. Man unterscheidet dabei zwischen elastischen und plastischen Deformationen. Plastische Formänderungen entstehen, wenn ein Spannungs-Verformungs-Zustand die Fließbedingung erfüllt. Die Richtung der plastischen Verformungsinkremente ist dann durch eine oder mehrere Fließregeln festgelegt. Auch die *Cam-Clay*-Theorie für gesättigte bindige Böden ist in diese Stoffmodellklasse einzuordnen. Von anderen Werkstoffen unterscheidet sich das Materialverhalten des Bodens vor allem durch das wechselnde dilatante oder kontraktante Volumenverhalten (Bild).

Die Werte der in den Materialgesetzen enthaltenen Stoffparameter werden üblicherweise durch Kompressions- sowie Extensionsversuche bestimmt. Beides sind

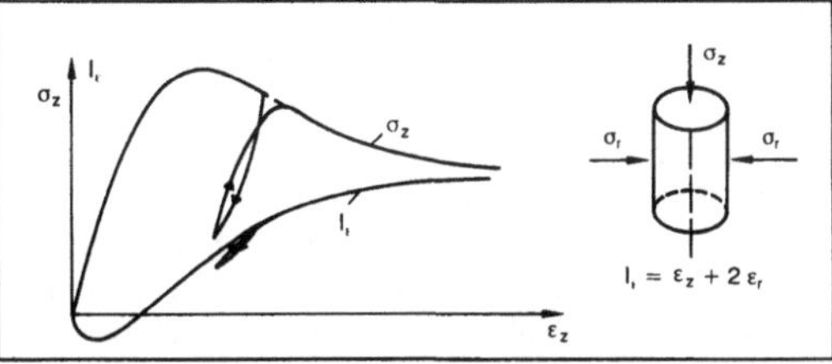

Bodenmechanik: Probenverhalten im Triaxialversuch.

spezielle Triaxialversuche, bei denen die Spannungssumme während des gesamten Versuches konstant bleibt. In Kompressionsversuchen ist die Vertikalspannung größer als die Radialspannung, in Extensionsversuchen herrschen umgekehrte Spannungsverhältnisse.

□ Analytische Untersuchungen. Zu unterscheiden ist zwischen → Grenzzuständen und Verformungs- oder Verschiebungsberechnungen. Grenzzustände werden bei Erddruckberechnungen oder bei Standsicherheitsuntersuchungen angenommen. In Gleitflächen, die einen → Bruchmechanismus bilden, sind dabei die Scherfestigkeitsparameter mobilisiert. Für Fundamente (→ Grundbruch) erhält man z. B. aus dieser Betrachtung die maximale → Traglast und die Sicherheit für den aktuellen Lastzustand. Dieses einfache Traglastverfahren ist heute jedoch bereits größtenteils durch das neue → Sicherheitskonzept des Bauingenieurwesens abgelöst. In den Gleitflächen werden danach durch Partialsicherheiten abgeminderte Scherfestigkeitsparameter angesetzt. Die Gleichgewichtsbetrachtungen ergeben dann zulässige Lasten für z. B. den Grenzzustand GZ1 (DIN 1054-100), die größer als die vorhandenen sein müssen.

In einigen Fällen, wie bei der Berechnung von Setzungen unter Fundamenten, lassen sich Verschiebungsberechnungen in der B. durch eine abschnittsweise Linearisierung der Spannungs-Verformungs-Kurven vereinfachen. In den meisten Fällen muß jedoch das tatsächliche Materialverhalten und ein numerisches Rechenverfahren (→ Finite-Elemente-Berechnung) verwendet werden, um zutreffende Ergebnisse zu erhalten. *Meißner/Becker*

Bodenordnung → Boden

Bodenprobe. Eine B. wird einem Aufschluß zur Erkundung des Untergrundes (→ Untergrunderkundung) entnommen und dient zur Ermittlung von Bodenparametern im Laboratorium. Aus Schürfen kann die Probe z. B. durch Ausstechzylinder, aus Bohrungen z. B. durch Entnahmestutzen entnommen werden. Die Güte und die Abmessungen der Proben müssen dem jeweiligen Untersuchungsprogramm angepaßt sein. In DIN 4021, Bl. 1, sind fünf Güteklassen für B. definiert. Klasse 1 kennzeichnet ungestörte Proben (UP), Güteklasse 5 die völlig gestörte Probe, bei der auch die

→ Kornzusammensetzung verändert ist. Letztere werden dem Bohrgut entnommen. Aus Bohraufschlüssen in rolligen Böden lassen sich nur unter erheblichem Mehraufwand weitgehend ungestörte Proben gewinnen. Zur Ermittlung der üblichen Bodenparameter reichen Proben mit einem Durchmesser zwischen 100 und 160 mm und einer Höhe zwischen 100 und 250 mm aus. Die Proben bringt man in geschlossenen Gefäßen, bei ungestörten Proben mit versiegelten Endflächen, zum Laboratorium. Dort werden sie aus den Metallzylindern gedrückt und auf die erforderlichen Abmessungen der Versuchsgeräte zugeschnitten.

Meißner

Bodenprobenentnahmegerät. Qualitativ hochwertig, aber auch sehr teuer und aufwendig ist die Entnahme von → Bodenproben mit Bohrgeräten im → Wasserbau. Die Proben werden durch Eindrücken, Einrütteln oder Einschlagen eines Probebehälters oder durch Drehbohren gewonnen. Die Bohrungen werden von einem schwimmenden Geräteträger (→ Ponton, Bohrschiff, → Hubinsel) aus durchgeführt, so daß bei schlechtem Wetter und dem damit verbundenen Seegang der einige Tage dauernde Bohrvorgang abgebrochen und bei besseren Witterungsbedingungen wiederholt werden muß. Für die Erfassung der Feinstteile im Boden sind Schlauchkernbohrungen erforderlich.

Kühn

Bodenschutz. Nachdem gesetzliche Regelungen die → Umwelt betreffend zuerst dem Wasser (WHG, Wasserstraßengesetz, Detergentiengesetz), dann der Luft (BimSchG), später dem Wald (Bundeswaldgesetz) und dem Naturschutz (Naturschutzgesetz) gewidmet waren, beginnt 1972 im Europarat auch die Diskussion um den Boden mit der „European Soil Charta…". So entsteht in Anlehnung an den Wortbegriff „Umweltschutz" der späten 60er Jahre, forciert in den 80er Jahren die Diskussion um den Begriff B., als bisher gesetzlich nicht ganzheitlich gefaßtem Bereich der zu bewahrenden Umwelt. Der Entwurf eines Bodenschutzgesetzes ist seitdem im Gespräch und weitgehend vorbereitet. B. umfaßt vor allem Bereiche der Land- und Forstwirtschaft, der Raumplanung und Stadtentwicklung, aber auch der Wirtschaft und alle Bereiche der Bodennutzung. B. muß sich mit der Nutzung und Erhaltung des Bodens, seines Zustands – z. B. → Erosion, Verdichtung, → Be- und → Entwässerung, Düngung und Bewirtschaftung – befassen, ebenso aber auch mit den gegebenen Einflüssen aus der Luft, den → Niederschlägen, der Pflanzen- und Tierwelt und auch der Regelung bei → Altlasten. Er ist ein Kernpunkt der Ökologie und von hoher Komplexität der – oft nur wenig überschaubaren und ausreichend bekannten – Vernetzungen und Zusammenhänge.

Bis jetzt sind dabei die Stichworte der „nachhaltigen (sustainable) Entwicklung" und der „guten fachlichen Landwirtschaft", oft auch der „ökologischen Land- und Forstwirtschaft" sowie des „integrierten Pflanzenbaus" Kennzeichen für diese derzeit gegebene Diskussion zum B. Ein Bodenschutzgesetz (BBodSchG) war 1995 in konkreter Vorbereitung.

Pfeiff

Bodenuntersuchungsgerät. Bevor eine Anlage gebaut oder Boden unter Wasser aufgenommen werden kann, benötigt man Informationen darüber, um welchen Boden es sich handelt, wie tragfähig bzw. wie lösbar er ist. Die Bodenuntersuchungen in offenem Gewässer werden von einem Schwimmkörper (→ Ponton) oder einer → Hubinsel aus vorgenommen. Außer den sowieso bei Bodenuntersuchungen auftretenden Problemen kommen hier noch die umfeldspezifischen Einflüsse dazu, wie Schiffsbewegungen, Wassertiefe, keine Unterwassersicht usw. Folgende B. kommen im → Wasserbau zum Einsatz: Echolote, → Kastengreifer, Schwerkraftbohrer, Sondiergeräte, → Bodenprobenentnahmegeräte, Unterwasserbodenuntersuchungsgeräte.

Kühn

Bodenverbesserung. Verfahren zur Verbesserung der Einbaufähigkeit und Verdichtbarkeit von Böden, zur Verbesserung der Bodeneigenschaften bei Frosteinwirkung, zur Verringerung der → Durchlässigkeit sowie zur Erhöhung der → Scherfestigkeit und Verringerung der Zusammendrückbarkeit des Bodens. Häufige Anwendungsgebiete sind der Baugrund unterhalb von → Bauwerken und der → Straßenbau. Ein einfaches Verfahren ist das Verdichten durch statische Lasten (Vorlasten) bei bindigen Böden. Durch Anordnung vertikaler Dräns (Kunststoff, → Sand) in gesättigten, bindigen Böden kann erreicht werden, daß die → Setzungen unter der Vorlast schnell abklingen (Konsolidierung). Verdichtungen sind auch durch Oberflächen- oder Tiefenrüttler möglich. Bei einer Tiefenrüttlung (rolliger Boden) entstehen Trichter, in die körniges Material zugegeben wird. Bei einer Rüttelstopfverdichtung wird rolliger Boden über ein Rohr und eine Schleuse am Rüttlerkopf zugegeben. Stoßverdichtungen an der Oberfläche (DYNIV) werden mit Fallplatten durchgeführt, die von einem Hebegerät aus Höhen von bis zu 40 m ungebremst fallen gelassen werden. Der Boden wird mit einem regelmäßigen Raster beaufschlagt, wobei die Verdichtungspunkte 4 – 10 m voneinander entfernt liegen. Zur Festlegung der Schlaganzahl je Verdichtungspunkt, der Anzahl der Verdichtungsübergänge, der Fallplattengeometrie sowie der in den Boden einzubringenden Energie werden Probeverdichtungen durchgeführt.

Zu den Stoßverdichtungen zählen auch die Sprengverdichtungen, bei denen im Untergrund Sprengladungen gezündet werden. Die Sprenglöcher werden bis in eine Tiefe von 50 – 75% der Dicke der zu verdichtenden Schicht in einem Rastermaß von 5 – 15 m entweder durch Einspülen oder durch Einrütteln hergestellt.

Eine weitere Art der B. ist die → Bodenverfestigung, bei der hydraulische (Kalke, Zemente) oder bituminöse → Bindemittel dem Boden untergemischt werden. Bodenverfestigungen und B. durch Bindemittel im Straßenbau sind in den ZTVV – StB 81 geregelt. Zunehmend setzt man auch Stahlstäbe, Geogitter oder → Geotextilien zur B. ein. Ein → Bodenaustausch, wie z. B. der Austausch eines stark zusammendrückbaren Kleis durch Sand, ist ebenfalls eine Baugrundverbesserung. Dabei kann es u. U. ausreichen, nur die obersten Meter einer wenig tragfähigen Schicht auszutauschen (→ Polstergründung). Ein Bodenaustausch durch Verdrängung wird gelegentlich bei sehr weichen, wasserreichen Böden im Straßenbau angewendet. Das Einsinken einer Aufschüttung wird dann i. d. R. durch Sprenghilfen (→ Moorsprengung) kontrolliert gesteuert. *Meißner/Becker*

Literatur: Zusätzliche Technische Vertragsbedingungen und Richtlinien für Erdarbeiten im Straßenbau (ZTVE-StB).

Bodenverfestigung. Verfahren zur dauerhaften Erhöhung der Widerstandsfähigkeit des Bodens gegen Beanspruchung durch Verkehr und Klima. Eine dauerhafte Tragfähigkeit und Frostbeständigkeit wird durch Einmischen von Bitumen oder hydraulischen Bindemitteln erreicht. Das Bild zeigt die Korngrößenbereiche für die Verwendbarkeit von → Zement und Bitumen für B. nach *Brand*.

Bei den Verfahren zur B. unterscheidet man zwischen dem Baumischverfahren (mixed-in-place) und dem Zentralmischverfahren (mixed-in-plant). Bei dem Baumischverfahren wird der Boden an Ort und Stelle in einer Tiefe von 15 bis maximal 20 cm verfestigt. Bei dem Zentralmischverfahren wird der an der Baustelle anstehende Boden aufgenommen, in einer Mischanlage mit Bindemitteln und Zusatzstoffen gemischt und anschließend wieder eingebaut. Mit diesem Verfahren lassen sich gleichmäßige und relativ hochwertige Schichten herstellen. Mit B. werden auch die fertigen, mit Bindemitteln verfestigten Schichten (bodenverfestigte → Frostschutzschicht) bezeichnet. *Beckedahl*

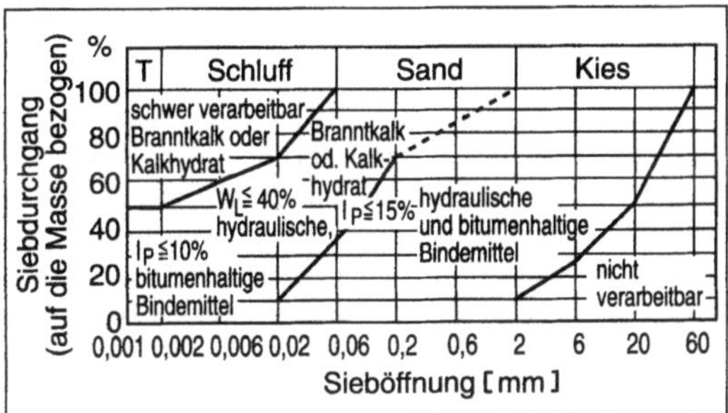

Bodenverfestigung: Korngrößenbereiche für B. nach Brand.

w_L Fließgrenze, I_p Plastizitätszahl gem. DIN 18 122, Tl. I

Literatur: Zusätzliche Technische Vertragsbedingungen und Richtlinien für Erdarbeiten im Straßenbau (ZTVE-StB). – DIN 18 122, Tl. I: Bestimmung der Fließ- und Ausrollgrenze.

Bodenverformung, zeitabhängige. Die Gesamtverschiebung (→ Setzung) unter einer Einwirkung setzt sich aus den Sofortsetzungen, Konsolidationssetzungen sowie Kriechsetzungen zusammen. Während die Sofortsetzungen direkt nach Lastaufbringung auftreten, setzen die Konsolidationssetzungen und die Kriechsetzungen zeitlich verzögert ein. Diese zeitabhängigen Verformungsanteile resultieren bei gesättigten, bindigen Böden aus einer Porenwasserströmung (→ Konsolidierung) sowie aus der Zähigkeit des Erdstoffes. Die Kriechsetzungen haben nur bei hoch belasteten Gründungen oder weichen, wassergesättigten, bindigen Böden Bedeutung. So können bei weichen Böden mit häufig organischen Anteilen nach Ablauf der Konsolidationssetzungen noch Jahrzehnte danach Kriechvorgänge im Untergrund auftreten. Nach dem Gesetz von *Buisman* lassen sich diese Kriechsetzungen s wie folgt beschreiben:

$$s = C_B \cdot \ln (t/t_0), \quad t > t_0,$$

wobei t_0 die Abschlußzeit der Primärsetzungen und C_B der *Buisman*-Faktor ist. *Meißner/Becker*

Bodenvorratspolitik. Mit den Mitteln der kommunalen B. sind in den Jahrzehnten nach Ende des Zweiten Weltkriegs hervorragende Städtebau- und Wohnungsbauleistungen verwirklicht worden, die ohne die von den Gemeinden bereitgestellten Bodenvorräte (angesichts der zunächst unter der Herrschaft des Preisstopps vorherrschenden Bodenzurückhaltung) nicht erreichbar gewesen wären. Seit etwa 1970 konnte eine entsprechende B. im städtebaulich und raumordnerisch erwünschten Umfang nicht betrieben werden, da die finanziellen Mittel der Gemeinden angesichts der auch in Bauerwartungsgebieten und in peripheren Stadtrandgebieten erreichten Bodenpreise nicht ausreichen und das geltende Enteignungsrecht die zeitlich weiter vorausgreifende Bodenvorratsenteignung nicht zuläßt.

Eine gewisse Hilfe könnten in diesem Sinne die → Entwicklungsmaßnahmen bringen (BauGB §§ 167–171). Im allgemeinen sind die Mittel der kommunalen Bodenpolitik der freihändige Ankauf, der freihändige Tausch, die Ausübung des gemeindlichen Vorkaufsrechtes und die → Enteignung. Für langfristige B. kommen nur die ersten in Betracht. Das gemeindliche Vorkaufsrecht und die Enteignung können nur für solche Zwecke in Anspruch genommen werden, die in absehbarer Zukunft realisierbar sind.

Spengelin

Böschungsmaschine. B. sind Sonderbaumaschinen für den Kanalbau. Sie werden für das Herstellen des

Feinplanums und das Einbringen und Verdichten des Auskleidungsmaterials auf den Böschungsflächen eingesetzt. B. können sowohl für eine diskontinuierliche Bearbeitung in Kanalquerrichtung als auch für eine kontinuierliche Bearbeitung in Längsrichtung konzipiert sein. Der Vorteil der Quermaschine besteht u. a. darin, daß kleine und leichte Geräte zum Einsatz kommen, die einfacher und leichter gebaut und deshalb billiger sind. Die Beschickung ist von der Kanalsohle oder von der Krone aus möglich. Die Breite des Arbeitsgeräts ist von der geforderten Beschickereinrichtung, von der Böschungslänge, der Deckendicke und der Einbauleistung abhängig. Nachteilig wirkt sich auf das Verfahren mit der Quermaschine aus, daß eine relativ hohe Anzahl von Nähten entsteht, deren Nachbehandlung sehr viel Zeit und Kosten in Anspruch nimmt und daß durch die diskontinuierliche Arbeitsweise Quermaschinen einen relativ hohen Anteil an Leerlaufzeiten zu verzeichnen haben.

Für die Herstellung des Feinplanums eingesetzte B. haben als Arbeitswerkzeuge Fräs- bzw. Eimerketten, Schaufelräder und Kratzbänder mit → Aufreißer. Beton-B. (Bild) fördern den Beton über ein → Transportband mit einem fahrbaren Abstreifer in einen Einbaurahmen (Schleppschalung). Unter dem Einbaurahmen befindet sich eine Rütteleinrichtung für die Verdichtung des Betons. Die Schleppschalung ist mit Messern versehen, mit denen Scheinfugen in Längsrichtung geschnitten werden können. Querfugen stellt man mit einem an der Schleppschalung befestigten Fugenmesser her. Die gesamte Arbeitseinrichtung ist auch hier auf einem Raupenfahrwerk untergebracht, das durch einen Hydraulikmotor angetrieben wird. Beton-B. leisten bis 80 m³/h.

Asphaltbeton-B. haben eine Stampf- und Glätteinrichtung, die in Aufbau und Arbeitsweise den bei Straßenfertigern üblichen Anfertigungen entspricht. Die Beschickung mit → Asphaltbeton geschieht über einen am Gerät angekoppelten, fahrbaren Übernahmebehälter. Nach der Verteilung wird mit der Stampf- und Glättvorrichtung vorverdichtet und profilgerecht abgezogen.

Böschungsmaschine: Böschungsbetoniermaschine.

In dem Übernahmebehälter ist eine Dosiereinrichtung eingebaut, die die Einbauleistung regelt. Das Gerät ist so gebaut, daß es von einer Kanalböschung auf die andere ohne zusätzliche Hilfe selbständig umgesetzt werden kann. Somit ist es möglich, die verschiedenen Schichten eines Belages in ganz verschiedenen Zeitabschnitten mit demselben Gerät einzubauen.

Für Kanalquerschnitte mit Profillinien über 25 m wird man bevorzugt B. wählen. Bei Böschungslinien bis max. 50 m wird man die Längsmaschine und die Quermaschine mit Traggerüst einsetzen. Bei Böschungslinien bis max. 100 m setzt man entweder die B. mit Traggerüst stufenweise oder die Quermaschine ohne Traggerüst ein. Beim Einsatz von B. wird die Kanalsohle von üblichen Straßenbaugeräten bearbeitet. *Kühn*

Böschungsstandsicherheit. Sicherheit einer Böschung gegenüber dem kritischen Zustand, in dem ein Bodenkörper entlang einer Gleitfläche (→ Gleitlinie) abrutscht. In der Gleitfläche, die auch als → Bruchmechanismus bezeichnet wird und aus ebenen sowie gekrümmten Flächen zusammengesetzt sein kann, ist im → Grenzzustand die → Scherfestigkeit des Erdstoffes erreicht. Entsprechend wie für Böschungen sind Nachweise auch allgemein für Geländesprünge zu führen. DIN 4084 enthält Hinweise zu Rechenverfahren. Allen Verfahren zur Ermittlung der B. ist gemeinsam, daß derjenige Bruchmechanismus gefunden werden muß, für den die Sicherheit einen Kleinstwert erreicht. Bei rolligen Böden ohne Kapillarkohäsion (→ Kapillarität) ist dies stets die Böschungsoberfläche. Ist die Böschung unter dem Winkel β geneigt und hat der Erdstoff den Reibungswinkel φ, so beträgt die Sicherheit η oberhalb oder unterhalb eines Wasserspiegels:

$$\eta = \frac{\tan\varphi}{\tan\beta}$$

Für eine hangparallel durchströmte Böschung reduziert sich die Sicherheit auf:

$$\eta = \frac{\gamma'}{\gamma' + \gamma_w} \cdot \frac{\tan\varphi}{\tan\beta}$$

dabei ist γ' die Auftriebswichte des Bodens und γ_w die Wasserwichte.

Während also für rollige Böden die B. unabhängig von der Höhe des Geländesprunges ist, hängt die Sicherheit bei bindigen Böden entscheidend von der Standhöhe ab. Ein möglicher Bruchmechanismus bei bindigen Böden ist eine Zylinderfläche und damit in der Ebene ein Gleitkreis. Steht ein einheitlicher Boden an, so kann die → Standsicherheit des Geländesprunges schnell nach dem Reibungskreisverfahren von *Krey* ermittelt werden. Genauer, aber aufwendiger sind Verfahren, bei denen der Gleitkörper in Lamellen unterteilt wird. Diese Lamellenverfahren sind immer dann anzuwenden, wenn die Gleitlinie Schichten mit unter-

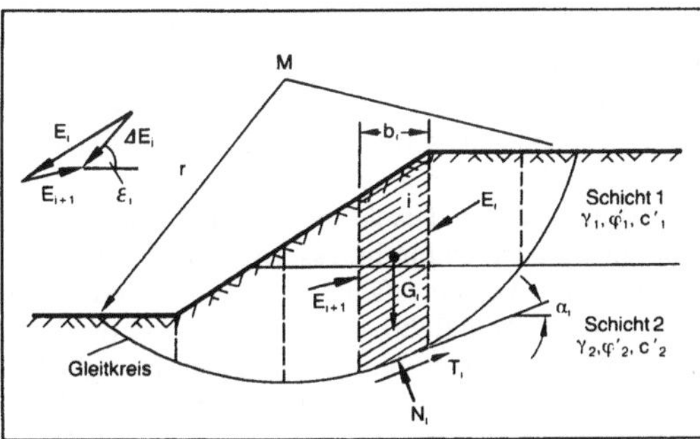

Böschungsstandsicherheit: In Lamellen unterteilter Gleitkörper mit Gleichgewichtskräften für die Lamelle i.

schiedlichen Scherfestigkeiten durchschneidet (Bild). Die Standsicherheit bei den Gleitkreisverfahren ist als Quotient der Momente aus den haltend und den treibend wirkenden Kräften um den Kreismittelpunkt definiert. Mit den Bezeichnungen im Bild ergibt sich mit ausreichender Genauigkeit:

$$\eta = \frac{r \cdot \sum T_i}{r \cdot \sum G_i \cdot \sin \alpha_i}$$

T_i enthält sowohl Reibungs- wie auch Kohäsionsanteile. Werden die Neigungen ε_i der Resultierenden aus den Lamellenseitenkräften E_i gleich α_i angenommen, so ergibt sich die Sicherheitsdefinition nach *Fellenius*. Die Annahme $\varepsilon_i = 0$ führt zur Definition nach *Bishop*, in der die Sicherheit implizit enthalten ist.

Treibend wirkende Volumenkräfte, wie z. B. Strömungskräfte oder Lasten im Bereich des oberen Böschungsknickes, verringern die Standsicherheit. Eine Verdübelung, z. B. durch → Pfähle oder → Anker, die im nichtgleitgefährdeten Untergrundbereich einbinden, vergrößern den η-Wert. Die Variation der Lage des Kreismittelpunktes und des Kreisradius führt zum kritischen Gleitkreis mit der geringsten Sicherheit η.

Für aus Ebenen oder aus Ebenen und gekrümmten Flächen zusammengesetzte Gleitflächen (zusammengesetzte Bruchmechanismen) ändert sich die Sicherheitsdefinition. Es kann mit verringerten, durch Partialsicherheiten dividierten Scherfestigkeitsparametern gerechnet oder die Sicherheit als Verhältnis der im Laborversuch ermittelten zu der rechnerisch beanspruchten Kohäsion definiert werden. Das Kräftegleichgewicht muß stets erfüllt sein. Beim Verfahren des Blockgleitens (DIN 4084) werden für die Widerstände sowie für die Erddrücke in zwei angenommenen, lotrechten Schnittebenen Scherfestigkeitsparameter verwendet, die um die Partialsicherheiten abgemindert sind. Um bei diesem Verfahren das Krafteck aus sämtlichen einwirkenden Kräften zum Schluß zu bringen, muß i. d. R eine Kraft ΔT angesetzt werden, die Bruchursache heißt (→ Bruchmechanismus). Üblicher-

weise wird angenommen, daß ΔT in einer Gleitfläche wirkt. Hat ΔT die Wirkung einer zusätzlichen treibenden Kraft, so besteht eine ausreichende Sicherheit.

Meißner/Becker

Bogen. Bogentragwerke sind einfache oder mehrteilige elastische Gebilde aus biegesteifen, gekrümmten Stäben, biegesteifen Stabzügen oder Fachwerkscheiben. Im Gegensatz zu Balkenträgern werden die Lasten durch Querkräfte, Biegemomente und über Längskräfte abgetragen. Diese entstehen durch die Stützung der Bogenkämpfer auf unverschieblichen oder elastisch verschieblichen → Widerlagern oder durch zusätzliche gestreckte oder gesprengte Zugbänder. Der Dreigelenk-B. ist statisch bestimmt gelagert, der Zweigelenk-B. ist 1fach, der beidseitig eingespannte Bogen 3fach statisch unbestimmt (Bild). Für Lasten, die dauernd über die Bogenstützweite verteilt sind, kann die Geometrie der Bogenachse so bestimmt werden, daß das → Tragwerk momentenfrei ist (Stützlinie). *Laermann*

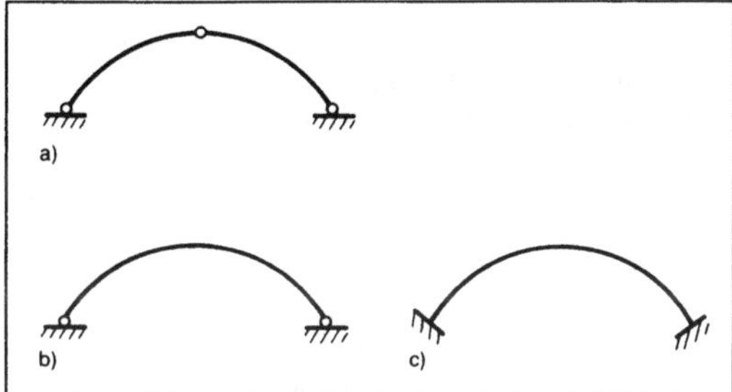

Bogen: B.-Konstruktionen.
a) Dreigelenk-B.
b) Zweigelenk-B.
c) Beidseitig eingespannter B.

Bogenbrücke. Größere → Spannweiten lassen sich mit B. erreichen. Wenn die Bogenachse nach der Stützlinie (→ Bogen) ausgebildet ist, werden die gesamten Eigengewichtslasten nur über Druckspannungen nach den → Widerlagern übertragen. Biegemomente entstehen durch Verkehrslasten sowie durch Widerlagerausweichen, Schwinden, Temperaturänderungen und durch die Verkürzung der Bogenachse infolge der Druckbeanspruchungen. Die Biegemomente sind im Vergleich zu denen von Balkenbrücken klein; die daraus resultierenden Zugspannungen werden weitgehend durch die Druckspannungen aus Eigengewicht überdrückt (→ Brücke). *Laermann*

Bogenhalbmesser → Radius

Bohle. Breites, relativ dickes Schnittholz. Besteht die B. aus europäischem Nadelholz, ist sie nach DIN 4071, Tl. 1, bei einer Holzfeuchte von 16–18% im sägerauhen Zustand 44–75 mm dick und 75–300 mm breit, mit gehobelter Oberfläche 41,5–72,5 mm dick.

Dröge

Bohrgerät.

Boden. In der Bautechnik unterscheidet man B. zum Gesteinsbohren (Fels, Hartgestein vorwiegend bei der Materialgewinnung) und B. zum Tiefbohren (meist → Lockergestein bei der Errichtung von Bauwerken und im Off-shore-Bereich). Die Übergänge sind nicht exakt definiert. Tief-B. werden eingeteilt:
– nach der Art der Kraftübertragung zum Bohrwerkzeug mittels Gestänge (Gestängebohrer) oder mittels Seil (Seilbohrer),
– nach der Art der Förderung des Bohrkleins in Trocken- oder Spülbohrer und
– nach der Art, wie das Werkzeug arbeitet, in Schlag-, Dreh-, Rotationsbohrer.

Tief-B. werden für folgende Bauaufgaben eingesetzt:
□ Aufschlußbohrungen zur Baugrunderkundung bis Tiefe $T = 50$ m und Durchmesser $D = 200$ mm (→ Kernbohrgerät),
□ Bohrlöcher für Trägerverbau bis $T = 25$ m und $D = 800$ mm (Pfahlbohrgeräte),
□ Herstellung von Bohrpfählen und Bohrpfahlwänden bis $T = 30$ m, $D = 800$ mm,
□ Herstellung von Pfahlgründungen bis $T = 90$ m, $D = 2000$ mm,
□ Bohrungen für Rückverankerungen bis $T = 25$ m, $D = 150$ mm (Ankerbohrgeräte),
□ Bohrungen für Injektionen für $T = 300$ m, $D = 100$ mm (→ Injektionsanlagen),
□ → Grundwasserabsenkung bis $T = 40$ m, $D = 1800$ mm (→ Wasserhaltung),
□ Großlochbohrungen bis $T = 50$ m, $D = 500–3000$ mm,
□ Horizontalbohrungen bis $T = 60$ m, $D = 800$ mm.

B. arbeiten
– in standfestem Boden ohne Verrohrung des Bohrloches mit oder ohne → Stützflüssigkeit, z. B. → Bentonit,
– in nichtstandfestem Boden mit einer Verrohrung durch ein Mantelrohr, das meist aus abschnittsweise zusammengesetzten (verschraubten) Stahlrohrschüssen besteht.

Das Bohrgut wird trocken mit Greifer, Schnecke, Kübel o. ä. entfernt oder mit einer Spülflüssigkeit heraufgespült (Rotary-B. und → Saugbohranlagen). B. arbeiten vor allem beim Herstellen von Baugrubenwänden geräusch- und erschütterungsärmer als Rammgeräte, aber auch langsamer. B. und Verrohrungsgerät werden heute meist als Einheit auf ein geländegängiges Fahrwerk (auch Schreitwerk) oder auf hydraulische Raupenbagger montiert.

Kühn

Fels. Der Bohr- und Sprengvortrieb ist durch leistungsfähige B., sichere → Sprengstoffe, wirkungsvolle Belüftungs- und Sicherungsmaßnahmen sowie durch eine effiziente Schutterausrüstung gekennzeichnet. Die Reihenfolge der Arbeitsgänge Bohren, Besetzen und Verdämmen, Sprengen und Lüften sowie Schuttern wird von pneumatisch oder hydraulisch betriebenen Bohrvorrichtungen eröffnet, die das auf die → Ortsbrust projizierte Bohrschema, teilweise bereits elektronisch unterstützt, rasch und exakt mit Bohrlochlängen bis zu 5 m und Bohrlochdurchmessern von 17–127 mm abbohren. Die Leistungsfähigkeit bestimmt weitgehend der Antrieb und die Bohrbarkeit des Gesteins, die durch die mechanischen Gesteinseigenschaften (Festigkeiten, Härte) beschreibbar ist. Eine Abschätzung der Härtegrade läßt sich mit den Meßmethoden von z. B. *Mohs, Brinell* oder *Knoop* vornehmen. Die Anordnung und Anzahl der Bohrjumbos, die aus einem Arrangement von B., Bohrarm, Lafette und Trägergerät bestehen, erlauben das Auffahren von Querschnitten ab 4 m^2 und bis über 100 m^2. Dabei richtet sich die Voll- oder Teilauffahrung nach der Art und Größe des untertägigen Hohlraumes sowie nach den Gebirgsverhältnissen. Die Bohrjumbos werden verfahrensbedingt auf Schienen, Portalkonstruktionen, Raupen oder Radfahrwerk verfahren. Die Bohrwerkzeuge der Bohrhämmer zerkleinern das Gestein je nach Ausbildung schlagend, schneidend, drehend oder dreh-schlagend. Die gebräuchlichsten Schneidenformen sind Einfachmeißelschneide, Y-Meißelschneide und Kreuzmeißelschneiden (Bild). Über das ein- oder mehrteilige Bohrgestänge geschieht die Kraftübertragung vom → Bohrhammer auf das Bohrwerkzeug. Bei Förderung des Bohrkleins ohne Spülhilfe werden Vollstahlprofile verwendet; bei Austrag mit Druckluft oder Wasser sind Hohlstangenprofile erforderlich.

Kühn

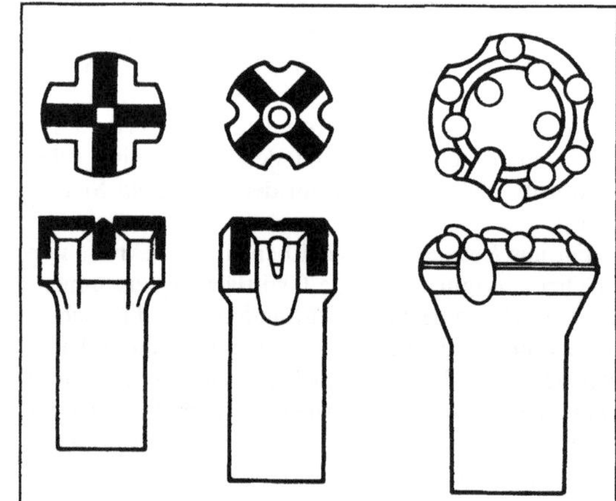

Bohrgerät: Meißelschneiden.

Bohrhammer. B. werden nach Gewicht in leichte, mittelschwere und schwere B. klassifiziert. Der Antrieb ist pneumatisch oder hydraulisch (Bild). Elektrischhydraulisch betriebene Aggregate bieten Vorteile hinsichtlich Arbeitsweise (Lärm, Staub, Handling), Anpas-

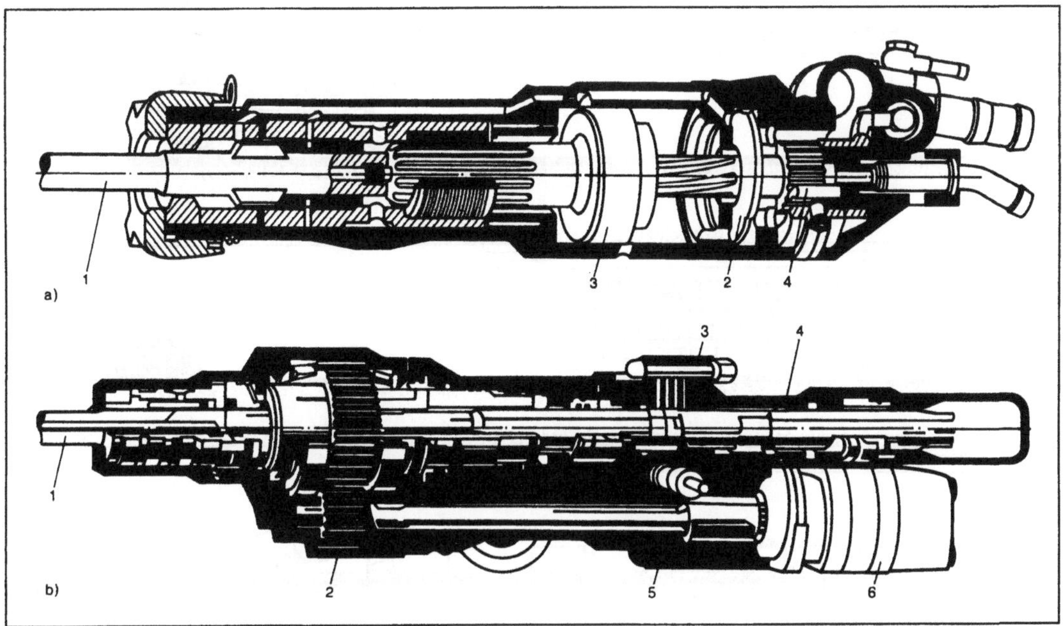

Bohrhammer: Druckluft- und Hydraulik-B. Schnittzeichnung.

a) Druckluftbohrhammer.
Bei jedem Vorwärtsgang schlägt der Schlagkolben 3 auf das Einsteckende 1 der Bohrstange. Nach dem Aufschlag des Kolbens wird die Druckluft durch die Ventilsteuerung 2 auf die Kolbenrückseite geleitet und beim Rückhub die Bohrstange durch die Umsetzvorrichtung 4 umgesetzt. Der Druck beträgt 4 – 6 bar.

b) Hydraulikbohrhammer.
Der Schlagkolben 4 wird durch die Hydraulikanlage je nach Typ mit 90 – 250 bar Druck angetrieben. Für das Drehmoment der Bohrstange 1 sorgt der Rotationsmotor 6 mit Hilfe des Getriebes 2. Die Hublänge wird durch den Regelstöpsel 3, das Schlagwerk durch den Ventilkolben 5 gesteuert.

sungsfähigkeit (Drehzahl), Wirtschaftlichkeit (Energieversorgung, Leistungsfähigkeit) und auch Automatisierung (Energieübertragung, Ansteuerbarkeit). Die Andruckkraft des B. erzielt man mit Vorschubeinrichtungen. Die Vorschubeinheit ist für leichte B. (bis rd. 16 kg Masse) als Bohrstütze mit druckluftbeaufschlagter Teleskopstange und im übrigen als Bohrlafette ausgebildet. Mittelschwere und schwere B. werden schlittenmontiert auf dem Rahmen der Lafette längs verschoben. Dabei erreichen Spindelantriebe 6 – 8 kN Andruckkraft, Kettenantriebe 8 – 12 kN und Hydraulikantrieb 10 – 12 kN. Vertikale und horizontale Bewegungen mit oder ohne parallele Zwangsführung führt der Hydraulikbohrarm aus, auf dem Bohrlafette und B. montiert sind. Auf Grund seiner Beweglichkeit in allen Richtungen und der beliebigen Anordnung, Ausstattung und Montage auf Trägergeräten sind alle Arten von Bohrungen für Spreng-, Ankerbohr- und Sicherungsarbeiten ausführbar. *Kühn*

Bohrpreßgerät. Eine Weiterentwicklung der Einpreßgeräte für Rammgüter (Spundbohlen usw.) sind B., die zur Verringerung der Bodenabhängigkeit den Boden während des Einpressens durch zwei Schneckenbohrwerke in den Spundwandtälern entspannen. Über die Bohrschnecken wird soviel Boden gefördert, wie die → Bohlen beim Eindringen verdrängen; dadurch wird der Spitzenwiderstand verringert. Man verwendet ein Trägergerät (i. a. ein → Hydraulikbagger), ein Führungs- und ein Klammergerüst auf Baggerunterwagen. Daran wird eine Spundwandtafel von zwölf Einzelbohlen gehalten und justiert. Die Bohlen preßt man einzeln. *Kühn*

Bohrwagen. Trägergeräte für Bohrarme in ein- bis mehrfacher Anordnung sind B., die bei 6 – 15 m² großen → Tunnelquerschnitten auf Schienen verfahren werden. Ab 12 m² dominierten Ketten- und Radfahrzeuge; dabei können Tunnellänge, Abstimmung mit den Transporteinrichtungen und Belüftungsverhältnisse gerätebestimmend sein. Gezogene oder selbstfahrende Portaljumbos sind Spezialanfertigungen meist für große Querschnitte auf Schienen- und auch auf Reifenfahrwerken und erlauben auf Grund ihrer Konstruktion das Durchfahren von Fahrzeugen, die Abraum- oder Sicherungsmaterialien transportieren (Bild, S. 144). *Kühn*

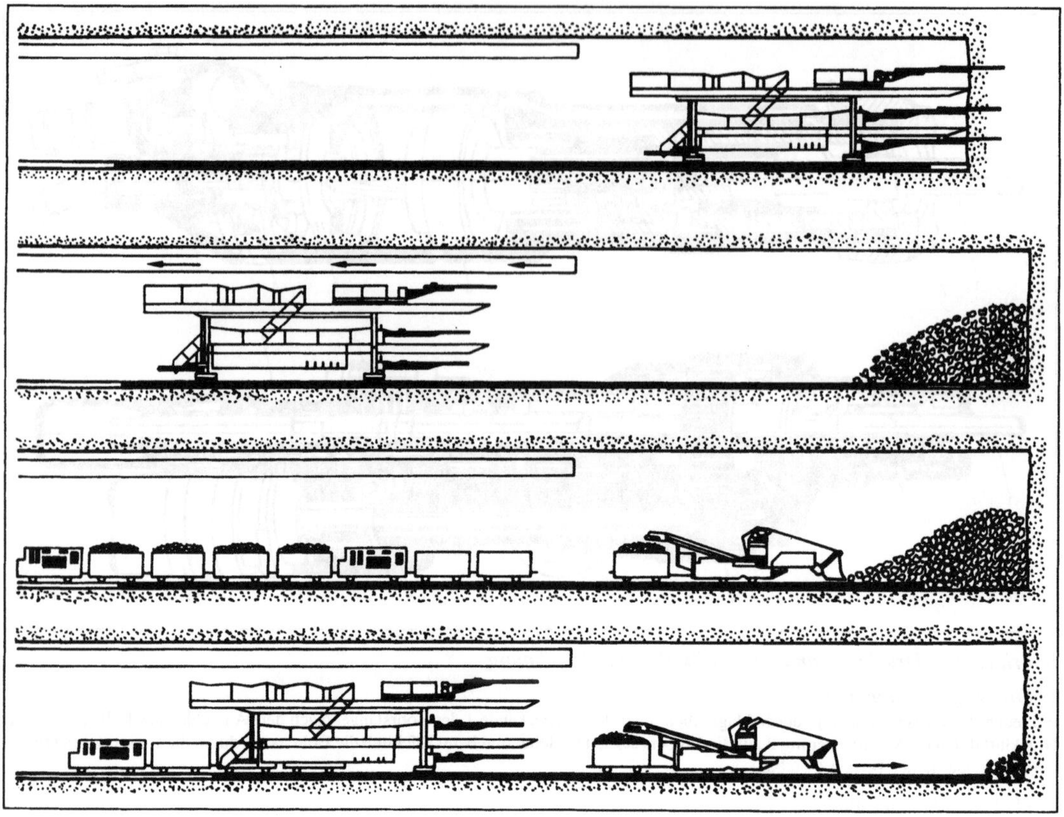

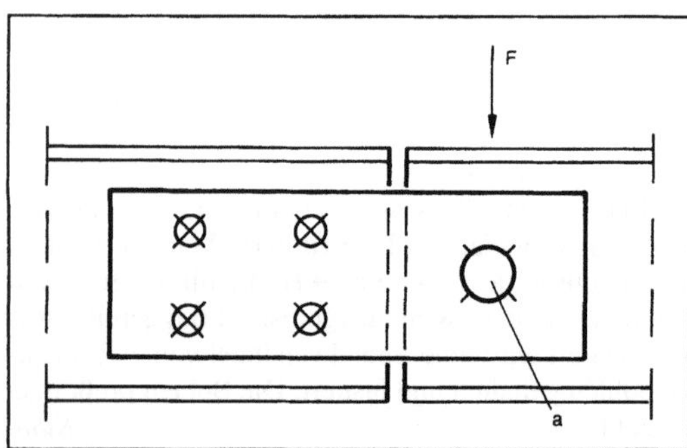

Bohrwagen: Bohr- und Sprengvortrieb mit Portaljumbo und Gleisförderung.

Bolzen: Gelenkpunkt von Trägern.
a Bolzen

Bolzen. Ein B. ist ein runder Stahlstift zur Verbindung von Bauteilen (Bild); für lösbare Verbindungen hat er ein Gewinde. Anwendungsgebiete sind Gelenkpunkte (Gelenkbolzen) von Trägern (Gerbergelenke) und Stützen. Der B. überträgt Quer- und Normalkräfte.

Sedlacek/Scholz

Bootsgasse. Die B. (Bootsrutsche) ist eine Rinne an → Stauanlagen, die den ungehinderten Verkehr für Was-sersportfahrzeuge erlaubt. Offene Gassen werden ständig mit einem Mindestdurchfluß von 1,5–2,5 m³/s durchströmt. Bei geringerer Wasserführung sind geschlossene Gassen erforderlich, die am Einlauf einen Verschluß haben, den der Bootsfahrer öffnet und der sich nach einiger Zeit automatisch schließt. Kanugassen sind 1,3 m, Universalgassen 2,3 m breit. Die Wassertiefe über den Schikanen auf der Sohle, die dem Boot in Gassenmitte eine sichere Führung geben, beträgt ≥0,4 m. Die Rinne hat nach dem horizontalen Einlauf eine Neigung von 1:10, die sich am Auslauf auf 1:20 verringert. Die Krümmungsradien im Grundriß betragen 150 bis 250 m. Bei kleineren B. kann man das Boot über die Anlage treideln. Auch die Förderung über eine Gleisanlage (Bootsschleppe) ist möglich. Bei größeren Stauanlagen ordnet man eigene Bootsschleusen (→ Schleuse) an, die der Bootsfahrer selbsttätig betreibt. Zum Umtragen kleinerer Boote gibt es meist gesonderte Bootstreppen.

Muth

Literatur: Empfehlungen für die Gestaltung von Wassersportanlagen an Binnenwasserstraßen. Bonn 1979.

Brand, natürlicher. Als n. B. (Schadenfeuer) gilt ein → Feuer, das sich außerhalb einer Feuerstätte aus eigener Kraft entwickelt und unkontrolliert ausgebreitet hat.

In der Bundesrepublik Deutschland werden jährlich etwa 300 000 Schadenfeuer mit einer Schadenhöhe von etwa 2 Mrd. DM gezählt. Etwa 75% dieser Schadenfeuer sind auf Unvorsichtigkeit, Fahrlässigkeit beim Umgang mit Wärmequellen sowie auf elektrische Anlagen und Geräte zurückzuführen. Etwa 20% der Schadenfeuer sind die Folge von vorsätzlicher oder grobfahrlässiger Brandstiftung. Jährlich werden in der Bundesrepublik Deutschland etwa 600 bis 800 Tote im Zusammenhang mit Bränden gezählt. Die Verluste durch Brände verteilen sich zu etwa 60% auf Industrie und Gewerbe, der Rest je zur Hälfte auf landwirtschaftliche Betriebe und Wohnanlagen. Als Großbrand bezeichnet man Ereignisse mit einer Schadenssumme von mehr als 2 Mio. DM. Jährlich werden etwa 300 Großbrände in Deutschland gezählt. Im Rahmen der → Brandschutzforschung wird als „natürlicher Brand" ein sich aus eigener Kraft entwickelndes Feuer in einer Versuchsanlage mit definierten Randbedingungen bezeichnet. *Kordina*

Brandabschnitt. Als B. wird ein Gebäudeteil bezeichnet, dessen Umgrenzungsbauteile so ausgeführt sind, daß die Übertragung eines Brandes auf angrenzende Bereiche (B.) für eine bestimmte Mindestzeit verhindert wird. Zu den umgrenzenden → Bauteilen zählen → Brandwände, die eine besonders hohe Feuerwiderstandsfähigkeit aufweisen müssen. Brandraum nennt man jenen Bereich (Raum), in dem der Brand abläuft. Er ist vielfach identisch mit dem B. *Kordina*

Branddauer, äquivalente. Als ä. B. wird jene Zeit bei einer Temperaturbeanspruchung entsprechend der Einheitstemperaturkurve (ETK) verstanden, in der dieselbe Brandwirkung wie bei einem natürlichen Brand an bestimmten charakteristischen Punkten des zu beurteilenden → Bauteiles erzielt bzw. erreicht wird. *Kordina*
Literatur: DIN 18 230.

Brandklasse. Begriff zur Kennzeichnung des Anwendungsbereiches von Feuerlöschern und Feuerlöschmitteln. Er dient zur Unterscheidung der Brände nach der Art des brennenden Stoffes. In Deutschland werden folgende B. unterschieden: A feste Stoffe (außer Metallen), B Flüssigkeiten, C Gase, D Metalle, E elektrische Anlagen. *Kordina*
Literatur: DIN 14 406. – VDE-Merkblatt 0132/5.6.5.

Brandlast. Als B. wird die Gesamtmenge brennbarer Stoffe innerhalb eines → Brandabschnittes nach Masse verstanden. Die B. entspricht der Wärmemenge sämtlicher anzurechnender brennbarer Stoffe und wird i. d. R. in MJ angegeben. Die B. kann annähernd gleichmäßig verteilt sein oder in Teilbereichen des Brandabschnittes konzentriert vorliegen. Je nach der Art der B. und ihrem Abbrandverhalten ergibt sich unter Berücksichtigung der Ventilationsverhältnisse der → Brandverlauf.
Kordina

Brandschaden. Ein B. wird unterschieden nach Schäden an baulichen Anlagen und an Schäden oder Verlusten an Inventar und schließlich nach Vermögensschäden, die z. B. durch Produktionsausfall entstehen. Getrennt hiervon werden Schäden an Leib und Leben der von einem Brand betroffenen Personen erfaßt.
Kordina

Brandschutz. Umfaßt alle Maßnahmen zur Bekämpfung und Verhütung von Bränden. Er dient der öffentlichen Sicherheit und ist dadurch zugleich Aufgabe der Sicherheitspolizei, der Baupolizei und der Gewerbepolizei. Rechtlich ist der B. durch Landesgesetze (→ Bauordnung) geregelt. Hinzu kommen zahlreiche Verordnungen und Erlasse, die auf Landesrecht zurückgehen.

Der bekämpfende B. umfaßt alle Maßnahmen zur frühzeitigen Entdeckung von Bränden und zu ihrer Bekämpfung. Diese kann in Verbindung mit automatischen → Feuermeldeanlagen auch selbsttätig (→ Sprinkleranlagen) oder durch Feuerwehren einsetzen. Die Feuerwehren verfügen über eine Reihe von Rettungs- und Löscheinrichtungen, die je nach Art und Umfang des Brandes eingesetzt werden. Zu den → Rettungseinrichtungen zählen Leitern, die bis zum achten Wohngeschoß einschl. die Rettung von Hausbewohnern erlauben. Deswegen gelten für Wohnbauten mit mehr als acht Geschossen (rd. 22,0 m) die → Hochhausrichtlinien. Unter den Löschmitteln ist vor allem der Einsatz von Schaum oder Wasser zu nennen.

Zu den Aufgaben der Brandverhütung gehören die Überwachung der Errichtung von Gebäuden, von Feuerungs-, Heizungs- und Beleuchtungsanlagen und die Überprüfung von Feuerstätten und → Schornsteinen. Außerdem zählen alle vorbeugenden baulichen Maßnahmen zur Verhütung von Schadenfeuern, zur Begrenzung der → Brandschäden und zur Verhinderung der Brandausbreitung hierzu. Vor allem aber dient der vorbeugende bauliche B. der Sicherung einer hinreichenden Zeitspanne zur Rettung von Menschen und Tieren und zur Bekämpfung des Brandes. Dem vorbeugenden baulichen B. dienen außer der Aufstellung von → Bebauungsplänen die Gliederung des Siedlungsgebietes durch Freiflächen, Trennung von Gewerbe- und Industriegebieten gegenüber Wohnbereichen und Begrenzung der Geschoßzahl von Wohn- und Verwaltungsgebäuden; hinzu kommen Richtlinien über den städtebaulichen Luftschutz.

An bebaute Grundstücke werden besondere Anforderungen gestellt: befestigter Zugang für Feuerlöschfahrzeuge, u. U. Freiflächen zur Verhinderung der Brandübertragung auf Nachbargebäude, bestimmte brandschutztechnische Anforderungen an Umfassungswände und Dächer, Errichtung von → Brandwänden an Grundstückgrenzen. Die tragenden Bauteile im Gebäudeinnern müssen ebenfalls bestimmten brandschutztechnischen Anforderungen (→ Feuerwiderstandsdauer) genügen. Wohn- und Wirtschaftsräume sind ggf. durch

Brandwände oder Wände mit erhöhter Feuerwiderstandsdauer zu trennen. Geschoßdecken sind i. d. R. feuerbeständig auszuführen. Als Dachhaut wird i. a. eine „harte Dacheindeckung" gefordert (Ziegel, Betondachsteine oder Metall). Dächer aus brennbaren Baustoffen, wie Stroh, Schilfrohr usw., werden ausnahmsweise zugelassen, doch sind dann besonders große Abstände zu benachbarten Gebäuden einzuhalten.

Kordina

Brandschutz, baulicher. B. B. im Industriebau wird in DIN 18230 definiert. Diese Norm befaßt sich mit einem Berechnungsverfahren, das die Ermittlung der Brandbeanspruchung der tragenden bzw. raumabschließenden Bauteile in Industriegebäuden in Abhängigkeit von der → Brandlast, den Ventilationsbedingungen und den Wärmeabzugsmöglichkeiten, den geometrischen Verhältnissen des → Brandabschnittes und der Möglichkeit der Brandbekämpfung gestattet. Diese Norm gilt nicht für Industrieanlagen mit besonderem Brandrisiko, z. B. nicht für Kernkraftwerke. *Kordina*

Brandschutzforschung. Die B. wird danach unterschieden, ob sie sich dem bekämpfenden oder dem vorbeugenden → Brandschutz zuwendet. Innerhalb des vorbeugenden Brandschutzes wendet sich die B. mit Vorrang dem → Brandverhalten tragender → Bauteile bzw. einzelner Bauwerksabschnitte zu und beschreibt in → Brandversuchen nach DIN 4102 und durch rechnerisch-theoretische Untersuchungen das Brandverhalten dieser Bauteile unter möglichst wirklichkeitsnahen Bedingungen. Hierbei geht es im wesentlichen darum, jene Zeitdauer zu bestimmen, in der das Bauteil unter zulässiger Last und unter Normbrandbedingungen standsicher ist, seinen Zusammenhalt wahrt und den Durchtritt des Brandes oder heißer Gase verhindert. Diese Zeitdauer wird als → Feuerwiderstandsdauer bezeichnet. Nach Ablauf der Feuerwiderstandsdauer darf das Bauteil versagen, d. h. das Bauteil oder ein Bauwerkabschnitt kann einstürzen. Für Sonderfälle, z. B. Brand eines Tankfahrzeugs in einem Tunnel, werden von der Einheitstemperaturzeitkurve (Bild 1) abweichende Temperatur-Zeit-Verläufe zugrundegelegt (Bild 2). Forschungsarbeiten auf dem Gebiete des bekämpfenden Brandschutzes wenden sich u. a. der Entwicklung besonderer Löschmittel zu, studieren die Zuverlässigkeit automatischer Brandmelde- und Brandbekämpfungseinrichtungen und erproben die Zuverlässigkeit von Rettungswegen und → Rettungseinrichtungen. *Kordina*

Literatur: Ber. d. Sonderforschungsbereiches „Brandverhalten von Bauteilen". TU Braunschweig 1972–1986.

Brandverhalten von Baukunststoffen. In ungefüllter Form sind alle im Bauwesen eingesetzten Kunststoffe brennbar; eine Ausnahme bildet lediglich das nur als Gleitlagerwerkstoff einsetzbare PTFE. Bei Erwärmung über die Zersetzungstemperatur infolge Flam-

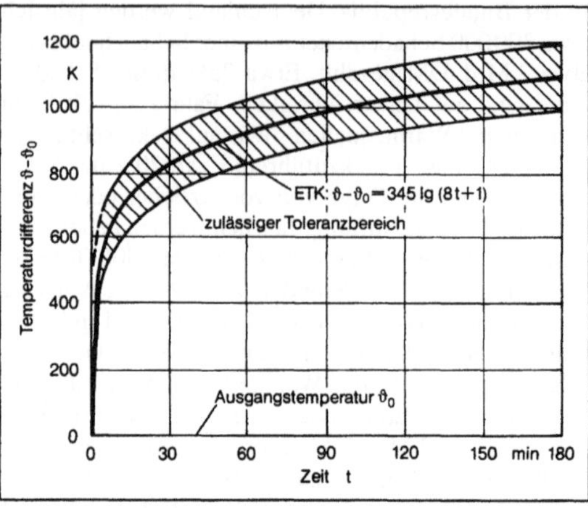

Brandschutzforschung 1: Einheitstemperaturzeitkurve (ETK) nach DIN 4102, Tl. 2.

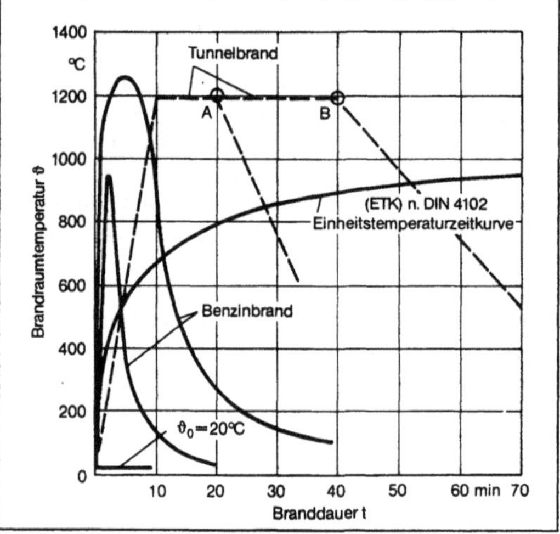

Brandschutzforschung 2: Beispiele für Temperatur-Zeit-Verläufe bei Benzinbränden und bei Bränden in Tunnelanlagen im Vergleich zur Einheitstemperaturzeitkurve (ETK) nach DIN 4102.

A Temperaturabfall bei niedriger Brandlast
B Beginn wirksamer Löschmaßnahmen bei hoher Brandlast

meneinwirkung durch eine fremde Zündquelle spalten sich niedermolekulare gasförmige Bruchstücke der Makromoleküle ab. Diese bilden i. d. R. mit dem Luftsauerstoff entflammbare Gemische. Das B. eines Baustoffes umfaßt die für die bauliche → Sicherheit wesentlichen Größen

☐ → Entflammbarkeit,
☐ Fähigkeit zur Flammenausbreitung,
☐ Beitrag zur Hitzeentwicklung,
☐ → Rauchentwicklung,
☐ Entwicklung toxischer Brandgase.

Während das stoffliche B. von der chemischen Struktur der Polymere und von niedermolekularen Additiven sowie anorganischen Füll- und Verstärkungsstoffen bestimmt wird, spielen für das B. von → Bauteilen außerdem geometrische und konstruktive Gegebenheiten eine wichtige Rolle:
– Verhältnis von Oberfläche zu Volumen (dünne Platten und Schaumstoffe sind stärker brandgefährdet),
– Stellung der Bauteile im Raum (lotrechte Bauteile, die unten gezündet werden, brennen infolge → Konvektion lebhafter),
– Wärmeableitung (dünne Beschichtungen auf gut wärmeleitendem → Untergrund brennen kaum selbständig),
– verfügbare Luftmenge (→ Schwelbrand bei Sauerstoffmangel).

Die von einem Brand ausgehenden Gefahren umfassen:
– Rauchbildung (Sichtbehinderung in → Fluchtwegen und für Feuerwehr, Panikwirkung, Erstickungsgefahr) als weitaus wichtigste Gefahr,
– Hitzewirkung (Verbrennungsgefahr, Einsturzgefahr),
– Entwicklung toxischer Brandgase (Vergiftungsgefahr).

□ → Brennbarkeit. Die Anforderungen an das B. von Baustoffen und Bauteilen sind in DIN 4102 geregelt. Danach wird das B. anwendungsbezogen und unabhängig von der Art des Baustoffes geprüft und bewertet. Die Baustoffe teilt man ein in
– nichtbrennbare Stoffe (Klasse A),
– brennbare Stoffe (Klasse B).

Die Einstufung eines Baustoffes in die Klasse A besagt nicht, daß daraus hergestellte Bauteile feuerbeständig sind und im Brandfall während bestimmter Zeiten ihre Funktionen erfüllen. Sichergestellt ist jedoch, daß von eingebauten nichtbrennbaren Baustoffen im Brandfall keine Gefahren durch Rauch, Hitze und → Toxizität für die im Gebäude befindlichen Menschen ausgehen, die nennenswert über die durch den Brand von Einrichtungsgegenständen, Lagergütern oder brennbaren Baustoffen gegebenen Gefahren hinausgehen. Nichtbrennbare Baustoffe werden u. a. für folgende Bauteile gefordert:
– feuerbeständige Bauteile in tragenden und aussteifenden Konstruktionen,
– Dächer und Fassaden bei Hochhäusern,
– Lüftungskanäle,
– Verkleidungen und Einbauten in bestimmten Räumen, z. B. Flure, Treppenhäuser.

Eine Einstufung von Kunststoffen in die Klasse A ist nur dann möglich, wenn das Volumen anorganischer Füll- oder Verstärkungsstoffe einen sehr hohen Anteil aufweist. Dies kann z. B. bei hochverstärkten GFK und bei günstig aufgebauten Kunstharz- und Kunstharzschaumbetonen der Fall sein. Unbrennbare Polymere, wie sie z. B. in der Raumfahrt und für spezielle Fälle im Maschinenbau und in der Elektrotechnik angewendet werden, sind aus Verarbeitungs- und Kostengründen im Bauwesen derzeit nicht anwendbar. Die brennbaren

Baustoffe teilt man in drei Untergruppen ein:
– Klasse B 1: schwer entflammbar,
– Klasse B 2: normal entflammbar,
– Klasse B 3: leicht entflammbar.

Im eingebauten Zustand leicht entflammbare Stoffe dürfen in der Bundesrepublik Deutschland im Bauwesen nicht verwendet werden. Als schwer entflammbar gilt bei Einhaltung von Mindestdicken ohne Nachweis nach DIN 4102: PVC-hart (Rohre und Formstücke), und als normalentflammbar gelten u. a. PE, GF-UP, PMMA sowie die üblichen Hartschaumstoffe. Einige Kunststoffe unterliegen dickenabhängig Anwendungsbeschränkungen, da sie „brennend abfallen oder abtropfen" können. Entsprechende Angaben enthalten die bauaufsichtlichen Prüfbescheide, die alle nicht in DIN 4102, Tl. 4, aufgeführten Baustoffe der Klassen A, B 1 und B 2 haben müssen. Die Einteilung in Brennbarkeitsklassen wird z. Z. in den einzelnen Staaten nach sehr unterschiedlichen Prüfverfahren und Beurteilungskriterien vorgenommen. Sehr unvollkommen ist allgemein die Messung und Beurteilung der wichtigen Eigenschaft → Rauchdichte. Bei sehr hohen Anforderungen kann auf die in der Luftfahrtindustrie angewendeten Verfahren zurückgegriffen werden. Das Bild gibt ein Beispiel für das unterschiedliche Verhalten von vier verschiedenen Hartschaumstoffen.

□ Feuerwiderstandsfähigkeit. Das B. von Bauteilen, d. h. ihre Feuerwiderstandsfähigkeit, wird durch die Mindestdauer in Minuten, während der das Bauteil im genormten → Brandversuch bestimmte Anforderungen erfüllt, beurteilt. Die bauaufsichtlichen Bezeichnungen „feuerhemmend" und „feuerbeständig" sind dabei gleichbedeutend mit den Feuerwiderstandsklassen F 30 bzw. F 90 (→ Feuerwiderstandsdauer 30 bzw. 90 min) nach DIN 4102. Die an die Klassenbezeichnung angefügten Buchstaben bedeuten:

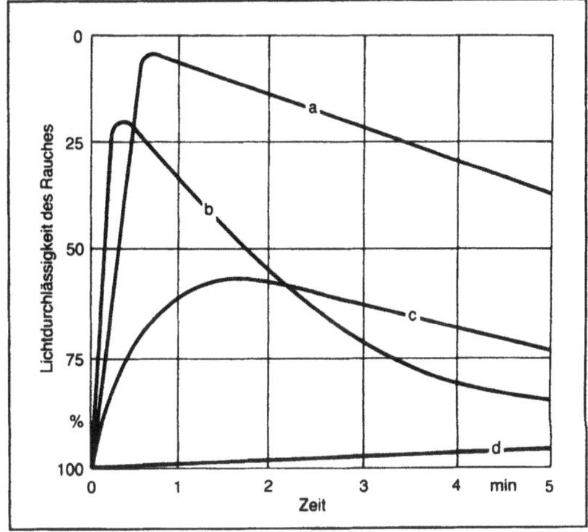

Brandverhalten: Rauchdichte unterschiedlicher Hartschaumstoffe (Normversuche).
a PUR (B1), b PS (B1) c Isocyanurate, d PF

– B: wesentliche Teile aus brennbaren Stoffen,
– AB: wesentliche Teile aus nichtbrennbaren Stoffen,
– A: Alle Teile aus nichtbrennbaren Stoffen.

Eine Einstufung von Bauteilen aus reinen Kunststoffen in Feuerwiderstandsklassen ist bisher nicht möglich. Durch Kombination mit anorganischen Stoffen können jedoch die Anforderungen für F 30-B und evtl. für F 90-B erreicht werden.

☐ Flammschutzmittel. Obwohl es unmöglich ist, auf Grund ihrer chemischen Struktur brennbare Kunststoffe durch Herstellmodifikationen unbrennbar zu machen, so läßt sich doch die Brennbarkeit durch den Zusatz niedermolekularer Flammschutzmittel merklich reduzieren. Dies kann auf physikalischen oder chemischen Prozessen beruhen; letztere werden z. Z. bevorzugt. Die Zusätze bewirken:
– Kühlung, z. B. durch Verdampfung bei Aluminiumhydroxid,
– Bildung einer Schutzschicht aus unbrennbaren Gasen, die den Sauerstoffzutritt und die Wärmeübertragung behindern, z. B. Halogene (Bromverbindungen),
– Verdünnung der zündfähigen Masse durch inerte → Füllstoffe,
– Absättigen der bei der Zersetzung entstehenden brennbaren Radikale, dadurch Verhinderung der exothermen Oxidation,
– Ausbildung einer Kohleschicht auf der Kunststoffoberfläche, die wärmedämmend wirkt und den Luftzutritt behindert.

Zu beachten ist, daß einige (billige) Flammschutzmittel nur temporär wirksam sind, da sie infolge Diffusion „ausschwitzen" können. Die Prüfvorschriften der Bundesrepublik Deutschland sehen Wiederholungsprüfungen nach längeren Lagerzeiten vor. Außerdem wirken sich die meisten Flammschutzmittel negativ auf die mechanischen und teilweise auch auf die nichtmechanischen Eigenschaften aus. So muß ggf. eine erhöhte Brandsicherheit z. B. mit geringeren Festigkeiten und verschlechtertem Alterungsverhalten erkauft werden.

☐ Toxische und korrosive Gase. Die Verbrennungsprodukte (Rauchgase) bei Kunststoffbränden enthalten außer ungefährlichem Kohlendioxid und Wasser (vor allem bei Schwelbränden) giftiges Kohlenmonoxid und je nach Kunststoffart und → Brandverlauf auch andere toxisch wirkende Gase, wie Salzsäure und zahlreiche kompliziert aufgebaute, theoretisch nicht vorhersehbare Polymerbruchstücke, u. a. Dioxine. Der Zusatz von Flammschutzmitteln erschwert i. d. R. eine chemische Identifikation der Brandgase noch weiter. Eine vollständige chemische Identifikation der vielfältigen Produkte stößt auch bei Anwendung modernster Analysenverfahren bisher auf fast unüberwindliche Schwierigkeiten. Die Toxizität von Brandgasen wird daher z. Z. im kritischen Tierversuch beurteilt. Trotz weltweit interdisziplinärer Forschungsaktivitäten liegen derzeit noch keine allgemein anerkannten Prüf- und Bewertungskriterien vor. Die Bedeutung dieses Mangels ist

allerdings für die im bauaufsichtlich relevanten Bereich eingesetzten Kunststoffe im Vergleich zu anderen brandgefährdeten Materialien (Möbel, Haushalts- und Bürogeräte usw.) sehr gering. Diese Materialien setzen vor allem bei Schwelbränden wesentlich mehr toxische Gase frei als fest installierte Baustoffe.

Einige Kunststoffe geben bei Überschreiten der Zersetzungstemperatur stark korrosionsfördernde Gase ab; z. B. entweichen bei PVC und CR nennenswerte Chlormengen, die zu beträchtlichen Schäden an Betriebseinrichtungen führen können, die durch den eigentlichen Brand gar nicht beschädigt wurden. Die bei der → Verbrennung von Bodenbelägen, Rohrleitungen, elektrischen Anlagen u. a. entstehenden Chlorgase verbinden sich mit dem Löschwasser zu Salzsäurenebel. Dieser wird durch die Brandthermik weiträumig verbreitet und schlägt sich an kalten Geräten oder Bauteilen aus Stahl sowie auch auf Stahlbeton/Spannbetonbauteilen nieder und führt zu starker → Korrosion, bei Stählen im Beton infolge zeitabhängiger Diffusion durch die → Betondeckung (→ Betonstahlkorrosion, → Spannstahlkorrosion). *Sasse*

Literatur: *Prager, F. H.*: Sicherheitskonzept für die brandschutztechnische Bewertung der Rauchgastoxizität. Diss. RWTH Aachen 1985. – *Troitsch, J.*: Brandverhalten von Kunststoffen. München 1981.

Brandverlauf. Der Verlauf eines Brandes wird i. a. in vier Abschnitte getrennt (Bild). Die beiden ersten Abschnitte sind durch die Brandentstehung, die beiden letzten durch den voll entwickelten Brand charakterisiert. Die Zündphase bildet den ersten Abschnitt. Durch eine Zündquelle geraten brennbare Stoffe zur Entzündung, was u. a. von der Art der Stoffe, deren Abmessungen und Lagerungsdichte, ihrer Oberflächenbeschaffenheit und ferner von der Luftzufuhr und Raumtemperatur abhängt. Aus der Zündphase entwickelt sich im zweiten Abschnitt ein → Schwelbrand. Es entstehen bereits Flammen, die sich den örtlichen Gegebenheiten entsprechend ausbreiten und den Brandraum immer mehr aufheizen. Sobald alle im Raum vorhandenen brennbaren Stoffe hinreichend erhitzt und zur Entzündung bereit sind, tritt der „flash over" ein: Der Schwelbrand ist in einen voll entwickelten Brand übergegangen. Beim Vollbrand unterscheidet man die Erwärmungsphase, in der rasch Temperaturen bis zu 1 000 °C erreicht werden. Nach Überschreiten des Temperaturmaximums schließt sich die Abkühlungsphase an. Die Dauer eines voll entwickelten Brandes richtet sich nach der Menge der brennbaren Stoffe, nach dem Sauerstoffangebot und nach den örtlichen Gegebenheiten. *Kordina*

Literatur: *Birth, Lemke* u. *Polthier*: Handbuch Brandschutz. Landsberg/Lech 1980.

Brandversuch. B. nennt man u. a. die Prüfung eines Baustoffes oder → Bauteiles nach DIN 4102. Charakteristisch ist, daß die Versuchsbedingungen sehr eng

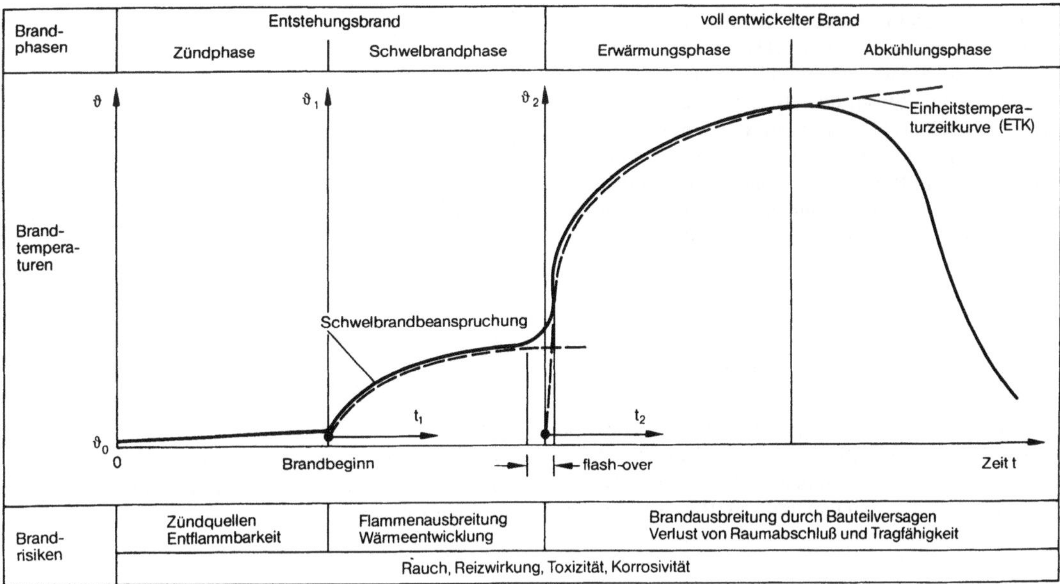

Brandverlauf: Brandphasen.

definiert sind. Für die Prüfung der → Brennbarkeit von Baustoffen ist ein sog. Brandschacht vorgesehen. Größe und Art der Anbringung der Proben sind festgelegt. Für die Prüfung von Bauteilen ist i. a. die Einheitstemperaturkurve (ETK) vorgeschrieben, die einer international gültigen Regelung entspricht und den Temperatur-Zeit-Verlauf im Versuch festlegt. Gegenüber den bei natürlichen Bränden auftretenden Temperaturzeitzusammenhängen werden z. T. erhebliche Unterschiede beobachtet. Ein Rückschluß auf das Verhalten von Bauteilen unter natürlichen Brandbedingungen auf Grund von Versuchserfahrungen in → Normbränden ist mit Hilfe der äquivalenten Branddauer möglich.

Kordina

Literatur: DIN 4102. – *Kordina* u. *Meyer-Ottens*: Beton-Brandschutz-Handbuch. Düsseldorf 1981.

Brandwand. B. sollen den Übergriff von Bränden auf benachbarte Gebäude oder → Brandabschnitte verhindern. Sie müssen gegenüber sonstigen Außen- oder Trennwänden erhöhten Anforderungen in brandschutztechnischer Hinsicht genügen und dürfen i. a. keine Öffnungen oder Hohlräume aufweisen. Tragende → Bauteile, wie Träger, Balken oder Decken aus brennbaren Baustoffen oder Stahl, dürfen in B. entweder gar nicht oder nur bei Wahrung besonderer Vorschriften aufgelagert werden. Öffnungen in B. sind nur ausnahmsweise, z. B. im Industriebau, gestattet und müssen mit selbstschließenden, feuerbeständigen Abschlüssen versehen werden. B. müssen stets bis unmittelbar unter die Dachhaut reichen. Sie sind bei Bauwerken mit mehr als drei Vollgeschossen i. a. mindestens 50 cm weit über die Dachfläche hinaus zu führen. Innerhalb ausgedehnter

Gebäude, z. B. Industrieanlagen, sind B. i. a. in Abständen von 40 m anzuordnen, bei Flachbauten ebenfalls 50 cm über die Dachfläche hinaus zu führen.

Kordina

Literatur: DIN 4102. Tl. 3.

Brauchwarmwasserbedarf. Der Bedarf an Brauchwarmwasser im Haushalt ist in hohem Maße von den Komfortansprüchen und den Nutzungsgewohnheiten abhängig. Er beträgt durchschnittlich 20–60 l je Tag und Person. Im gewerblichen Bereich liegen die Verbrauchswerte bei etwa 50 l je Tag und Person bei körperlicher Arbeit, bei im Büro tätigen Personen 10 l/d. In Hotels wird mit 50–150 l je Gast und Tag gerechnet. Sparhinweise: Duschen statt baden, Volumenstrom begrenzen, selbsttätig schließende Auslaufarmaturen verwenden.

Diehl

Literatur: DIN 4708.

Brauchwarmwasserversorgung. Brauchwarmwasser (→ Warmwasser, Heißwasser) ist erwärmtes Wasser von Trinkwasserqualität. Es wird im Haushalt vorwiegend zur Reinigung von Körper, Geschirr, Wäsche und Gebäude verwendet, im gewerblichen Bereich auch zur Speisezubereitung, für industrielle Bäder, Spülzwecke usw. Die Versorgung geschieht aus dem Trinkwassernetz mit zentraler oder dezentraler Erwärmung und Weitertransport durch korrosionsgeschützte und temperaturbeständige Rohrleitungen. Zur Begrenzung des Legionellen-Wachstums werden die Systeme auf Temperaturen oberhalb 55 °C gehalten oder regelmäßig über diese Temperatur erwärmt.

Diehl

Literatur: DIN 4708, DIN 4753.

149

Brauchwassererwärmer. B. können mit Warmwasservorrat (Speicher) oder ohne (Durchlauferhitzer) ausgestattet sein. Sie werden durch Heizwasser, Kältemittel, elektrischen Strom oder Brennstoffe beheizt. Zur sicherheitstechnischen Ausrüstung gehören vor allem ein Sicherheitsventil zur Überdruckentlastung (DIN 4753), ein Rückflußverhinderer am Kaltwasserzulauf, ggf. ein → Ausdehnungsgefäß und eine druckgeprüfte und korrosionsgeschützte Behälterwand.

Diehl

Braunkohlenflugasche. Der Entstehungsprozeß entspricht dem von → Steinkohlenflugaschen. B. sind aufgrund des Begleitgesteins i. d. R. kalkreicher als Steinkohlenflugaschen und besitzen deshalb z. T. ein eigenständiges Erhärtungsvermögen mit Wasser. Sie sind deshalb als Bodenstabilisat zusammen mit REA-Wasser gut geeignet. Grundsätzlich sind B. auch als Bindemittelbestandteil zementgebundener Baustoffe geeignet. Häufig steht einer solchen Verwertung aber ein erhöhter Sulfatgehalt und eine unzureichende Gleichmäßigkeit im Wege.

Schießl

Brennbarkeit. Die B. von Baustoffen ist an Hand von DIN 4102, Tl. 1, zu prüfen. Es werden Baustoffklassen getrennt nach nichtbrennbaren und brennbaren Baustoffen unterschieden. Die B. bzw. das Abbrennverhalten von Lagergütern beliebiger Art wird mit Hilfe des m-Faktors nach DIN 18 230, Tl. 2, ermittelt und läßt u. a. erkennen, welchen Temperatur-Zeit-Ablauf ein bestimmtes Lagergut im Brandfall erwarten läßt.

Kordina

Brennstempel. Dient allgemein zur Beschriftung von Holzteilen oder Holzwerkstoffteilen mit Inhaltsangaben, Firmen- oder Warenzeichen. Im → Holzbau dient er speziell der Markierung von Holzbereichen, die nach DIN 1052 der Güteklasse I entsprechen müssen (Bild).

Dröge

Brennwertgerät. Das B. ist ein Heizkessel, bei dem die Abgase bis unter den Wasserdampftaupunkt heruntergekühlt werden. Dadurch erreicht er maximale Wirkungsgrade. Er kann mit Gas oder Öl befeuert sein. Das Kondensat ist sauer. Es muß bei größeren Anlagen, je nach Anforderung der örtlichen Abwasserentsorger, ggf. neutralisiert werden. Um die beste Brennstoffausnutzung zu erreichen, wird die Rücklauftemperatur so niedrig wie möglich konzipiert und gefahren. Kesselteile, die von Kondensat berührt werden können, sowie Abgasrohre, müssen säurefest sein. *Diehl*

Brett. Breites, relativ dünnes Schnittholz. Besteht das B. aus europäischen Nadelhölzern, ist es nach DIN 4071, Tl. 1, bei einer Holzfeuchte von 16–18% im sägerauhen Zustand 16–38 mm dick und 75–300 mm breit, mit gehobelter Oberfläche nach DIN 4073, Tl. 1, 13,5–45,5 mm dick. *Dröge*

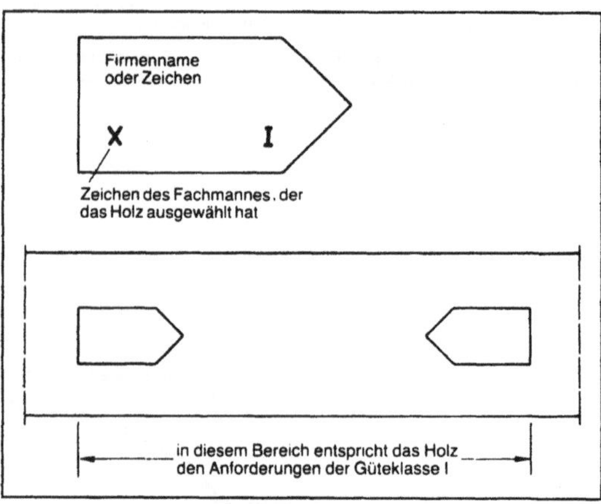

Brennstempel: Kennzeichnung von Tragwerksabschnitten, in denen das Holz den Anforderungen der GK I genügen muß.

Brett, gespundetes. Gespundet ist ein Brett, das auf der einen Schmalseite mit einer Nut und auf der gegenüberliegenden mit einer Feder versehen ist.

Dröge

Brettschichtträger. Der B. (BSH-Träger, Hetzer-Träger) ist ein → Vollwandträger aus flächigen, unter Preßdruck verleimten, auf die zu erwartende Ausgleichsfeuchtigkeit vorgetrockneten Brettern gleicher Breite, mit Dicken bis 40 mm. Die überwiegend mittels Keilzinkung gestoßenen Bretter ergeben eine Endloslamelle, die zu geraden und gekrümmten Trägern von praktisch beliebiger Länge verleimt werden können. Das maximale Verhältnis Lamellendicke : Krümmungsradius beträgt 1 : 200, in Sonderfällen 1 : 150. Zur → Verleimung verwendet man vorwiegend Resorcin- und Harnstoffharzleime. BSH-Träger können in Form von Bogenbindern und Spannbändern → Stützweiten von über 100 m erreichen. Anschnitte von Lamellen dürfen nicht im Freien liegen, da sie kapillar schnell Wasser ins Innere des Holzes leiten können. Bewitterte Stirnseiten sind deshalb gegen das Eindringen von Feuchtigkeit zu schützen. Vor dem Verladen sollten die Träger mit einem wasserabweisenden Überzug versehen werden, um die Aufnahme von Feuchtigkeit während des Transportes und des Einbaues zu verhindern. BSH-Träger dürfen in der Bundesrepublik Deutschland nur von Firmen mit behördlicher Leimgenehmigung hergestellt werden. Ihren Aufbau und ihre Berechnung regelt DIN 1052 (→ Leim). *Dröge*

Literatur: *Halász, R. v.*, u. *C. Scheer*: Holzbau-Taschenbuch. Bd. 1. 9. Aufl. Berlin 1996.

Brettsteg. Aus einsinnig oder gegeneinander gekreuzten, unter einem Winkel von 30–45° zur Trägerlängsachse geneigten Brettern bestehender Steg von Brettwandträgern mit I-, Kasten- oder I-Kasten-Querschnitt. Die → Bretter werden häufig zur Vermeidung von Staubansammlungen im Trägerinneren mit Nut und Feder versehen. Der B. kann aus einer oder mehreren Brettlagen bestehen, deren Neigung entweder über die ganze Trägerlänge gleich ist oder sich an der Symmetrieachse spiegelt. Seine Höhe entspricht der Trägerhöhe. Sind große Einzel- oder Streckenlasten einzuleiten, wird er durch eine Pfostenwand zwischen den Brettlagen versteift. Der Steg darf für die Berechnung des wirksamen Trägheitsmomentes nicht berücksichtigt werden. Zur Verringerung der Knickgefahr kann man bei gekreuzt liegenden Brettern die druckbeanspruchten Bretter durch Vernagelung mit den zugbeanspruchten verbinden (→ Brettwandträger, → Nagelverbindung).

Dröge

Brettwandträger. → Vollwandträger mit I-, Kasten- oder I-Kasten-Querschnitt, der aus durchgehenden → Brettstegen und aufgenagelten Gurthölzern besteht. Da der Träger aus nachgiebig zusammengesetzten Querschnitten besteht, ist bei der Bestimmung des effektiven Trägheitsmomentes die Nachgiebigkeit der Verbindungen zu berücksichtigen. Die Gurthölzer können aus Schnitt- oder Brettschichtholz bestehen. Bei einsinnig geneigten Brettstegen müssen, bei gegeneinander gekreuzten können entweder senkrechte → Pfosten zwischen Ober- und Untergurt angeordnet und mit dem Brettsteg verbunden werden, oder ein mindestens zweischichtiger Brettsteg wird durch eine senkrechte, zwischen den Brettlagen liegende durchgehende Pfostenwand ergänzt. Schub- und Querkräfte werden vom Brettsteg, Normalkräfte von den Gurthölzern aufgenommen. B. kann man z. B. für → Dachbinder auch mit veränderlicher Trägerhöhe herstellen. Genagelte B. haben wegen des erforderlichen hohen Arbeitsaufwandes keine große Bedeutung mehr und wurden von Vollwandträgern mit Holzwerkstoffstegen verdrängt (→ Brettsteg, → Nagelverbindung, Dachbinder). *Dröge*

Literatur: *Dröge, G.*: Grundzüge des Holzbaues. Bd. 1. 2. Aufl. Berlin 1993. – *Fonrobert, F.*: Grundzüge des Holzbaues im Hochbau. 7. Aufl. Berlin 1960.

Bruchkriterium → Bodenmechanik

Bruchlast. Belastung eines Bauteiles, die zum Versagen (Zusammenbruch) dieses Bauteiles führt. Häufig wird die B. fälschlich auch als Begriff für das Erreichen bestimmter → Grenzzustände (→ Grenzlast) verwendet, die nicht unbedingt den Bruch des Bauteiles zur Folge haben. *Mehlhorn*

Bruchmechanismus. Kinematische Methode zur Ermittlung von → Grenzzuständen der → Tragfähigkeit im → Grundbau.

Treten große Deformationen auf, so darf davon ausgegangen werden, daß sich im Boden plastische Grenzzustände einstellen. Die statische Unbestimmtheit verringert sich dadurch, daß Spannungen bzw. Kräfte eine Grenzbedingung erfüllen.

Nach der kinematischen Methode tritt kein Versagen auf, wenn kein kinematisch zulässiges Geschwindigkeitsfeld mit einer kinetischen Energie $dK > 0$ existiert (oberes Schrankentheorem). Dabei ist:

$\delta K = \delta A - \delta D$: Kinetische Energie,
δA: Arbeitsanteil aus äußeren Kräften,
δD: Dissipationsarbeit in den Gleitfugen.

Die kinematische Methode geht von vereinfachten B. aus, bei denen die Scherung auf diskreten Gleitflächen konzentriert ist. Diese Mechanismen sind solange zu variieren, bis der jeweils ungünstigste gefunden ist. Je nach Typ des B. kommen eine oder mehrere ebene und/oder gekrümmte Gleitflächen zur Anwendung.

Im Entwurf zur DIN 4084 (Böschungs- und Geländebruchberechnungen) vom Juni 1990 sind Berechnungsverfahren angegeben, die auf verschiedenen B. basieren. Ausgangspunkt der Berechnung sind neben den Systemabmessungen und den Einwirkungen die charakteristischen Werte der Scherfestigkeitsparameter und der Wichten. Für die Sicherheitsnachweise müssen alle in Frage kommenden B. betrachtet werden. In Abhängigkeit der vorliegenden Untergrundverhältnisse oder auch konstruktiver Elemente (z. B. → Anker) können B. für einen Gleitkörper (mit gerader, kreisförmiger oder beliebig einsinnig gekrümmter Gleitlinie) oder für mehrere Gleitkörper (mit geraden Gleitebenen oder aus Ebenen und gekrümmten Gleitflächen zusammengesetzten Mechanismen) den kritischen Zustand (geringste Sicherheit) beschreiben.

Meißner/Becker

Brücke. Bauwerk zur Überführung eines Verkehrsweges über ein Hindernis, z. B. über ein Tal oder über einen kreuzenden Verkehrsweg. B. zählen zu den wichtigsten Bauwerken der Kulturgeschichte. Sie dienen stets der Verbindung, sei es zur Begegnung von Menschen oder zum Transport von Handelsgütern. So hatten B. für den Menschen stets eine besondere Bedeutung.

Man kann die B. nach den verschiedensten Gesichtspunkten einteilen. Je nach der Art des über die Brücke geführten Verkehrsweges unterscheidet man wie folgt:
- Straßenbrücke,
- Eisenbahnbrücke,
- Gehwegbrücke,
- Kanalbrücke,
- Rohrbrücke,
- Bandbrücke.

Nach dem Standort kann man folgende Unterteilung vornehmen:
- Talbrücke,
- Hangbrücke,
- Flußbrücke,
- Vorlandbrücke,
- → Hochstraße.

Nach der Konstruktionsform ergibt sich die Unterteilung:
- → Bogenbrücke,

- Balkenbrücke,
- Fachwerkträgerbrücke,
- → Hängebrücke,
- Plattenbrücke,
- Rahmenbrücke,
- Schrägkabelbrücke,
- Spannbandbrücke.

Nach den verwendeten Materialien sind folgende Unterscheidungen zweckmäßig:
- Betonbrücke,
- Holzbrücke,
- Spannbetonbrücke,
- Stahlbetonbrücke,
- → Stahlbrücke,
- Steinbrücke.

Man könnte die B. auch z. B. nach den Bauverfahren einteilen. Bei der Einteilung der B. nach den Konstruktionsformen bzw. der Tragwirkung kommt man zunächst zu der Grobstruktur: → Bogen, → Biegeträger, → Platte, Rahmen, Band. Nach dem Überspannen von Öffnungen geringer Lichtweite mit Baumstämmen oder einfachen Steinplatten und neben Kragsteinbrücken der

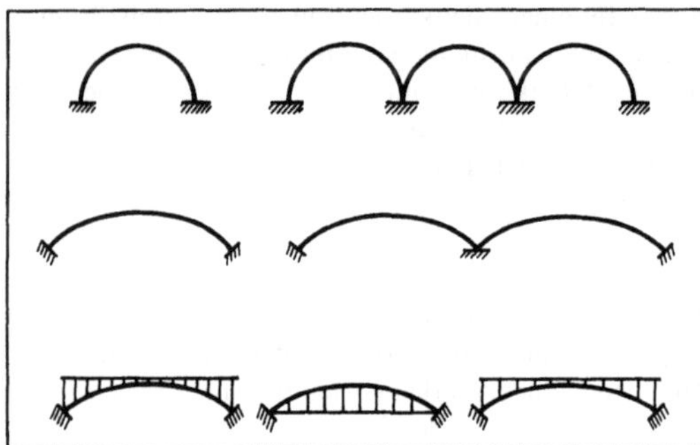

Brücke 1: Übliche Bogensysteme.

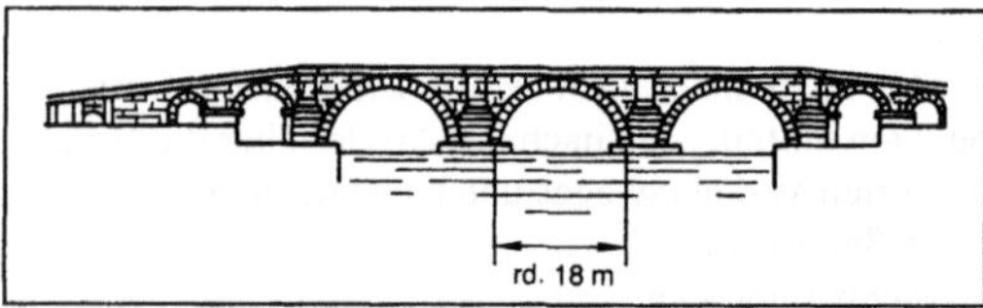

Brücke 2: Engelsbrücke in Rom.

ältesten Kulturvölker ist der Bogen die ursprünglichste Grundform der B., was sich aus der Verwendung von → Mauerwerk ergab, das in den → Fugen kaum Zugspannungen übertragen kann. Die Bogenbrücke als Massivbrücke und die Balkenbrücke als Holzbrücke beherrschten die Brückenbaukunst des Altertums und des Mittelalters.

☐ Bogenbrücken. In Bild 1 ist eine Auswahl üblicher Bogensysteme gezeigt. Außer dem Einzelbogen und der Bogenreihe kommen vor allem bei Stahlbrücken und bei Stahlbetonbrücken mit zunehmenden → Stützweiten aufgelöste Bogen hinzu, weil mit der Zunahme der Stützweite die Eigenlast an Bedeutung gewinnt. Die B. des Altertums – hier erwiesen sich besonders die Römer als wahre Meister der Brückenbaukunst – sind vor allem als B. mit kreisbogenförmiger Leibung ausgeführt. Bild 2 zeigt die im zweiten Jahrhundert n. Chr. erbaute Engelsbrücke in Rom mit einer größten lichten Öffnung von rd. 18 m, Bild 3 den 18 v. Chr. fertiggestellten Pont du Gard in Südfrankreich, ein → Aquädukt, eines der hervorragenden römischen Ingenieurbauwerke mit einer größten Bogenspannweite von etwa 24 m. Die Form der Leibung ist der Halbkreis. Dies ergibt Stützkräfte, die nahezu lotrecht gerichtet sind, was für die günstige Beanspruchung des Baugrundes von besonderer Wichtigkeit ist. Dieses Konstruktionsprinzip wurde auch während des Mittelalters beibehalten.

Mit der Entwicklung der baustatischen Methoden Ende des 17. Jahrhunderts und im 18. Jahrhundert wurde es möglich, B. genauer zu berechnen. Zunächst beherrscht – bedingt durch die zur Verfügung stehenden Materialien Holz und Steine – der Bogen als Konstruktionsform weiterhin den Massivbrückenbau. Er wird nun allerdings nach der Stützlinie geformt, d. h. es wird die Bogenform ermittelt, bei der die den äußeren Lasten widerstehenden inneren Kräfte für den gesamten Bogen eine zentrische Druckbeanspruchung ergeben. Es ist selbstverständlich, daß es für jeden Lastfall nur eine dieser Definition entsprechende Stützlinie gibt, die man aus dem Seileck erhält. Wegen der Lastwechsel aus Verkehrslast sind die Bogendicke und die Bogenform so zu wählen, daß die resultierende Bogendruckkraft innerhalb des Kernquerschnitts verbleibt (d. h. im gesamten Querschnitt treten nur Druckbean-

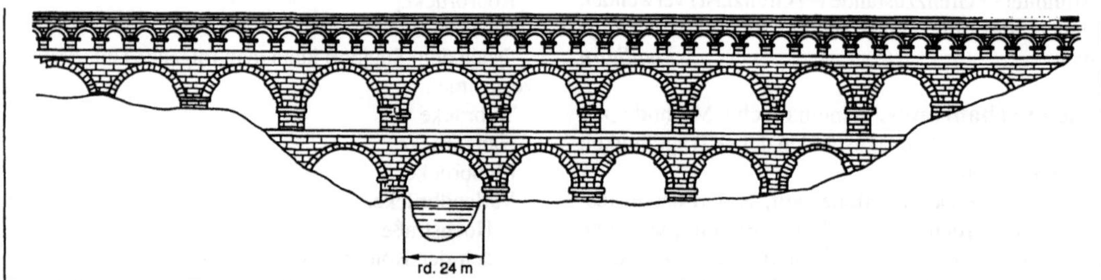

Brücke 3: Pont du Gard bei Nîmes (Südfrankreich).

spruchungen auf) bzw. keine über ein bestimmtes Maß hinausgehende Exzentrizität hat, so daß die klaffende Fuge nur über einen begrenzten Bereich reicht. Trotz der nun möglichen Berechnung der Bogenträger änderte sich am äußeren Erscheinungsbild gegenüber den Bauwerken des Altertums und des Mittelalters nur wenig. Die Bauwerke wurden etwas schlanker, die Bogenspannweiten etwas größer. Auch die Verwendung des Stampfbetons veränderte die Konstruktionsformen des Massivbrückenbaus kaum. Erst nach der Entwicklung der Stahlbetonbauweise um die vergangene Jahrhundertwende war es möglich, die Bogenform freier zu wählen und vor allem den Bogen leichter zu gestalten, so daß dem Massivbrückenbau nun auch große → Spannweiten erschlossen wurden, die bis dahin nur Stahlbauten überbrücken konnten. So setzte mit der Entwicklung des → Stahlbetons eine wesentliche Veränderung der Konstruktionsformen der Massivbrücken ein. Für moderne Massivbogenbrücken werden folgende Konstruktionen angewendet:

– Volles Gewölbe mit massivem Aufbau. Diese Konstruktionsform entwickelte sich unmittelbar aus den Steinbrücken des Altertums und des Mittelalters.

– Massives Gewölbe mit Hohlräumen in Längs- oder Querrichtung, durch die sich Gewichtseinsparungen erzielen ließen.

– Bogen mit aufgeständerten Einzelstützen oder Querscheiben.

– Versteifter → Stabbogen, bestehend aus einem biegesteifen Versteifungsbalken (Fahrbahnplatte und → Längsträger), dem geknickten Stabbogen und diese verbindende Querscheiben, die ein räumliches Tragwerk ergeben. Typisches Beispiel einer Stabbogenbrücke ist die im Jahre 1933 bei Schwarzenburg im Kanton Bern (Schweiz) fertiggestellte Schwandbachbrücke nach einem Entwurf von *Maillart* (Bild 4).

– Maillart-Bogen (Bild 5). Bei diesem System wird am konsequentesten die räumliche Wirkung des Brückenbogens (geschlossener Kasten) ausgenutzt. Um im Bereich des Kämpfers die Gewölbestützlinie möglichst zentrisch in die Druckplatte des Kastenträgers zu zwingen, werden in diesem Bereich die Stege ausgespart. Dabei war *Maillart* so konsequent, daß er diese Zwickel auch wirklich optisch sichtbar aussparte und nicht etwa verblendete. Ein besonders markantes Beispiel für den *Maillart*-Bogen ist die Salginatobelbrücke bei Schiers im Kanton Graubünden (Schweiz), die mit einer Stützweite von rd. 90 m weitestgespannte Brücke dieses Systems (Bild 6).

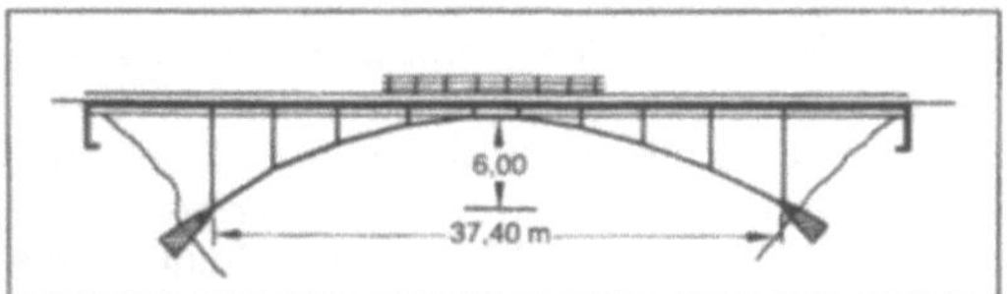

Brücke 4: Schwandbachbrücke: Stabbogenbrücke nach einem Entwurf von R. Maillart.

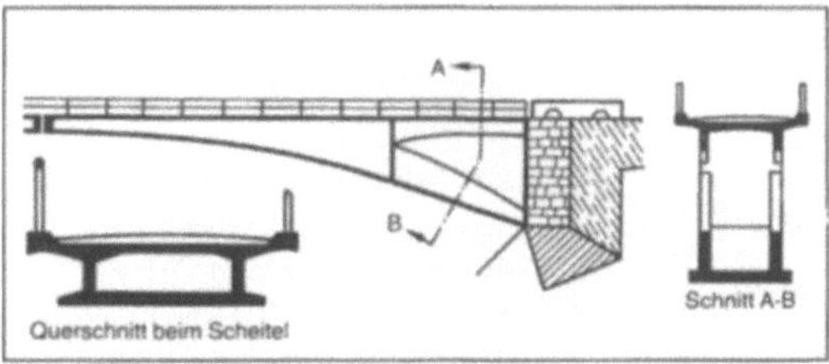

Brücke 5: Maillart-Bogen: 1905 als erste B. dieses Typs fertiggestellte Rheinbrücke bei Tavanasa (Schweiz); 1927 durch Steinlawine zerstört.

Brücke 6: Salginatobelbrücke bei Schiers im Prätigau. Brückenentwurf und Ausführung von R. Maillart.

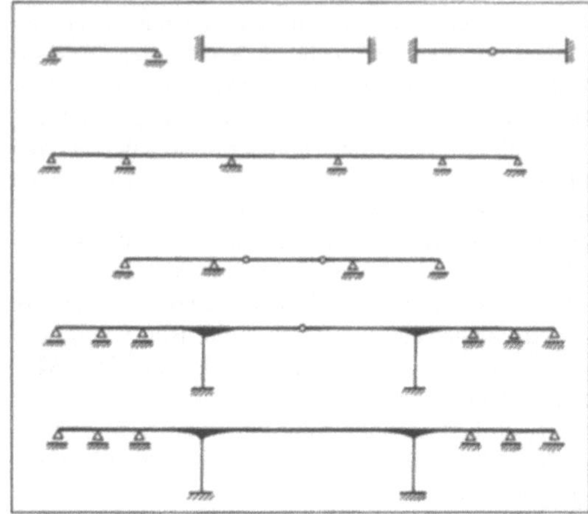

Brücke 7: Statistische Systeme von Balken- und Plattenbrücken.

☐ Balken- und Plattenbrücken sind die am häufigsten angewandte Konstruktionsform des modernen Brückenbaus (Bild 7). Im vorigen Jahrhundert dominierte bei großen Spannweiten die Stahlbrücke, z.B. die 1850 fertiggestellte Britanniabrücke mit 141 m

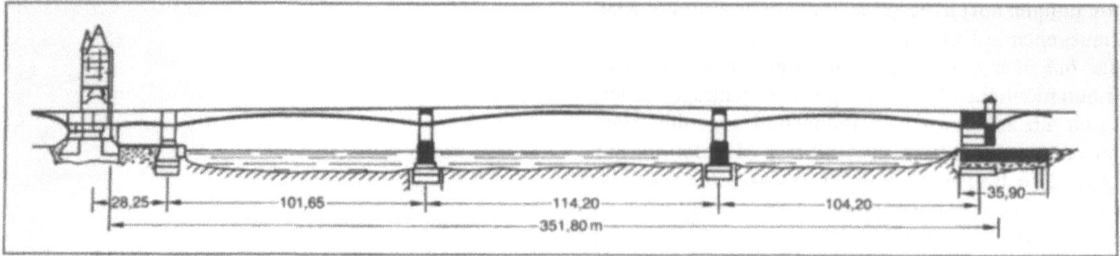

Brücke 8: Nibelungenbrücke Worms.

Spannweite und die 1890 fertiggestellte B. über den *Firth of Forth*, die als Auslegerbrücke mit Einhängeträger konstruiert wurde und eine Spannweite von 521 m hat. Mit der Verwendung des Stahlbetons seit Beginn dieses Jahrhunderts war es möglich, außer der Bogenform auch den Biegeträger bzw. die Platte als Konstruktionsform für Massivbrücken zu wählen. So setzte sich zeitlich parallel zur Entwicklung der modernen Stahlbetonbogen die Verwendung der biegebeanspruchten Stahlbetontragglieder durch. Kleinere Spannweiten wurden als Stahlbetonplatten, mittlere als Stahlbetonplattenbalkenbrücken ausgeführt. Abgesehen von den großen Bogenbrücken konnten Stahlbetonbrücken mit den Stahlbrücken kaum konkurrieren, wenn Spannweiten über 60 m erforderlich waren. Als fruchtbar für die Weiterentwicklung im → Massivbau erwies sich die → Vorspannung der Stahlbetontragwerke. Heute werden bei Spannweiten zwischen 30 m bis 200 m die meisten B. in Westeuropa aus → Spannbeton ausgeführt.

Der erste bekanntgewordene Entwurf einer Spannbetonbrücke überhaupt stammt aus dem Jahre 1930 von *U. Finsterwalder.* Sein Entwurf für die Dreirosenbrücke in Basel kam allerdings nicht zur Ausführung. Die erste in Spannbetonbauweise ausgeführte B. wurde 1936 in Aue gebaut. Bei dieser B. führte man die Spannglieder außerhalb des Betonquerschnitts, um sie jederzeit entsprechend den auftretenden Verformungen später nachspannen zu können. Als besonders wichtige Spannbetonbrücke aus der Zeit Anfang der 50er Jahre sei die Nibelungenbrücke Worms genannt (Bild 8), die mit 114,2 m als erste Balkenbrücke in Massivbauweise eine größere Spannweite als 100 m hatte. Bild 9 zeigt die von *C. Menn* entworfene Ganterbrücke mit 174 m Mittelspannweite, die 1980 im Zuge des Ausbaues der historischen bedeutenden Simplonstraße fertiggestellt wurde. – Für Stahlbrücken sind auch Fachwerkträgerbrücken üblich.

□ Schrägkabelbrücken. Zur Überbrückung von Spannweiten zwischen rd. 200 und 1 000 m eignet sich besonders das System der Schrägkabelbrücke, bei der Träger, Schrägkabel und → Pylon die Haupttragglieder sind. Die Kabel halten den Träger elastisch und geben ihre Kräfte an den Pylon und ein entsprechendes Kabel im Nachbarfeld ab. Man unterscheidet prinzipiell einfache oder mehrfache Schrägkabelanordnungen, die als Büschel, Harfe, Fächer oder Stern ausgebildet werden

Brücke 9: Ganterbrücke.

einfach	zweifach	dreifach	vielfach	variabel	
⟋△⟍	⟋△⟍	⟋△⟍	⟋△⟍	⟋△⟍	Büschel
	⟋△⟍	⟋△⟍	⟋△⟍		Harfe
		⟋△⟍	⟋△⟍		Fächer
	⟋△⟍				Stern

Brücke 10: Systeme von Schrägkabelbrücken.

können (Bild 10). Schrägkabelbrücken errichtet man außer in Stahl auch in Spannbeton.

Die derzeit größte Schrägkabelbrücke der Welt ist die im Januar 1995 eingeweihte 2 141,25 m lange Normandie-Brücke über die Seine bei Le Havre mit einer Spannweite des Brückenmittelteils von 856 m.

□ Rahmenbrücken. Verbindet man → Widerlager und → Pfeiler biegesteif mit dem Überbau, erhält man ein rahmenartiges Tragwerk. Dabei werden die Lasten hauptsächlich durch Biegung abgetragen. An den Stützungen treten wie beim Bogen Horizontalschübe auf, was voraussetzt, daß guter Baugrund ansteht, der in der Lage ist, die schräg gerichteten Auflagerkräfte aufzunehmen. Deshalb werden Rahmenbrücken verhältnismäßig selten gebaut. Durch Vorspannung lassen sich die Horizontalschübe günstig beeinflussen: Es ist möglich, den Horizontalschub wesentlich oder ganz durch Vorspannung aufzuheben. Zu Beginn der Entwicklung des Spannbetons wurden deshalb bemerkenswerte Rahmenbrücken gebaut, z. B. die Gänstorbrücke in Ulm (Bild 11) und die Dischingerbrücke in Berlin (Bild 12).

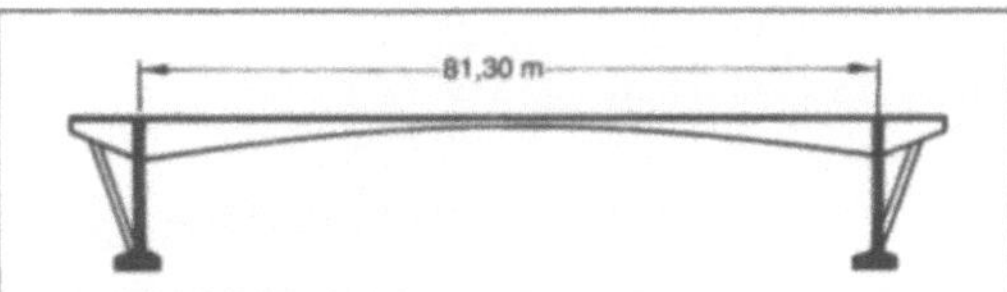

Brücke 11: Gänstorbrücke in Ulm.

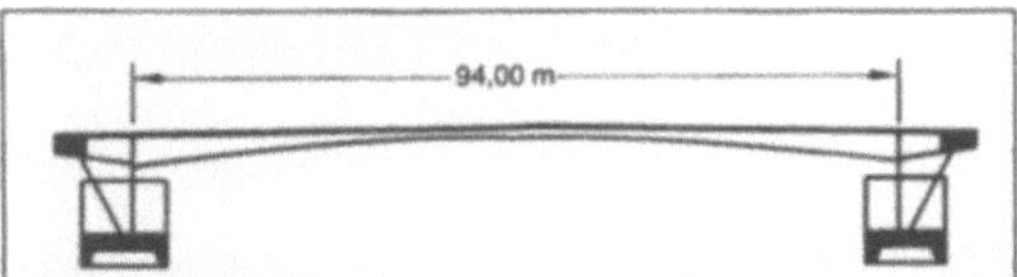

Brücke 12: Dschingerbrücke in Berlin.

□ Hängebrücken, Spannbandbrücken. Zum Überspannen sehr großer Öffnungen eignen sich besonders Hängebrücken, bei denen die Lasten von Hängekabeln getragen werden. Die ältesten Vorgänger der uns heute bekannten stählernen Hängebrücken sind die aus Naturfasern geflochtenen Seile und später die eisernen Kettenbrücken. Vor allem *J. A. Roebling* machte sich im vorigen Jahrhundert um die Entwicklung der modernen Hängebrücken sehr verdient. Die 1883 vollendete Brooklyn-Brücke über den East River in New York ist mit 486 m Spannweite die bedeutendste der von ihm entworfenen B. Das von *Roebling* entwickelte Verfahren des Kabelspinnens wurde bei allen späteren großen Hängebrücken angewandt. *O. H. Ammann* errichtete mit dem Bau der 1931 fertiggestellten *George-Washington*-Brücke über den Hudson in New York, die eine Spannweite von 1 067 m aufweist, die erste B. mit über 1 000 m Spannweite. Diese B. wurde als im Fels verankerte Hängebrücke mit Versteifungsträgern ausgeführt. Sie ist nicht nur wegen ihrer Spannweite ein wichtiger Markstein der Geschichte des Hängebrückenbaus. Vor allem wegen der von *Ammann* grundlegend dargelegten Konstruktionsgrundsätze für Hängebrücken kann sie als Vorläufer aller großen Hängebrücken gelten. *Ammann* baute auch die 1964 mit einer Spannweite von 1 298 m fertiggestellte *Verrazano-Narrows*-Brücke (Bild 13), die den Eingang zum Hafen von New York überspannt. 1981 wurde die *Humber Bridge* in Hull (GB) errichtet, die eine Spannweite von 1 410 m aufweist. Zur Zeit wird die *Storebelt*-Brücke in Dänemark mit einer Spannweite von 1 624 m gebaut, und in Japan werden im Zusammenhang mit drei Verbindungsrouten zwischen den beiden Inseln Honshu und Shikoku verschieden weitgespannte B. errichtet, von denen die im Bau befindliche *Akashi-Kaikyo*-Brücke (Bild 14, S. 156) mit 1 990 m Spannweite die weitestgespannte B. der Erde sein wird.

Bei der Hängebrücke werden die Lasten hauptsächlich durch die Hängekabel getragen. Bei → Hängekonstruktionen werden die aus Einzel- und Streckenlasten

Brücke 13: Verrazano-Narrows-Brücke.

entstehenden Biegemomente durch die Formänderungen des Systems stark vermindert. Diese Formänderungen sind für Verkehrswege nachteilig. Um die Verformungen aus Einzel- und Streckenlasten zu begrenzen, benötigt die Hängebrücke außer den Hängekabeln einen Versteifungsträger, der mit Querträgern und der Fahrbahn zusammenwirkt. Bei den Spannbandbrücken, einem auf Ideen von *U. Finsterwalder* beruhenden Brückentyp, fallen die bei der Hängebrücke üblichen wesentlichen Konstruktionsteile, die Hängekabel und Versteifungsträger, zum „Spannband" zusammen. Dieses wird wie ein Hängekabel einer Hängebrücke vor allem durch Längskräfte, aber auch, wie der Versteifungsträger einer Hängebrücke, gleichzeitig durch Biegemomente beansprucht. Die Längskräfte werden durch Spannglieder aufgenommen, deren Durchhang durch die zulässige Neigung der Brückengradiente begrenzt wird (Bild 15, S. 156). Beton trägt zur Erhöhung der Dehnsteifigkeit des Systems bei und verringert damit die auftretenden Verformungen. Wesentlich für die Tragwirkung ist die gute Verankerung der Spannglieder.

→ Kreuzungsbauwerk　　　　*Mehlhorn*

Literatur: *Bill, M.*: Robert Maillart-Brücken und Konstruktionen. 3. Auflage. Zürich 1969. – *Bonatz, P.*, u. *F. Leonhardt*: Brücken. Königstein/Ts. 1965. – *Hoshino, K.*: Gestaltung von Brücken. Stuttgart 1972. – *Jurecka, C.*: Brücken – Historische Entwicklung – Faszination der Technik. Wien/München 1979, Berlin 1979. – *Leonhardt, F.*: Brücken. Stuttgart 1982. – *Stüssi, F.*: Othmar H. Ammann – Seine Beiträge zur Entwicklung des Brückenbaus. Basel/Stuttgart 1974. – *Virlogeux, M.*: Les études du Pont de Normandie. Travaux (1993) Nr. 686, S. 10–27. – *Wittfoht, H.*: Triumph der Spannweiten – Vom Holzsteg zur Spannbetonbrücke. Düsseldorf 1972.

Brücke, bewegliche. Kann die für die Schiffahrt notwendige Durchfahrthöhe an Wasserstraßen nicht eingehalten werden, weil örtliche, bauliche oder wirt-

Brücke 14: Im Bau befindliche Akashi-Kaikyo-Brücke in Japan (Quelle: Honshu-Shikoku-Bridge-Authority.

Brücke 15: Spannband-Fußgängerbrücke in Freiburg/Breisgau.

schaftliche Bedingungen dies nicht zulassen, so richtet man Brücken mit beweglichem Überbau ein. Die Durchfahrt für die Schiffahrt wird dann unter gleichzeitiger Unterbrechung des über die Brücke führenden Verkehrsweges zeitweise freigemacht. Je nach der Art der Bewegung werden im wesentlichen Hub-, Klapp-, Dreh-, Roll- und Schiffbrücken unterschieden.

Laermann

Brückenbaugerät. B. entwickelten sich in den vergangenen 20 Jahren zusammen mit den Rüstsystemen.

Moderne Brückenbaustellen vor allem schwerer und großer Bauwerke sind ohne verfahrbare B. kaum noch vorstellbar. Trassenführung und Gelände lassen in etwa 50% aller Brückenbauten Rüstsysteme zu, bei denen mit konventionellen Baumaschinen (→ Turmdrehkran usw.) gearbeitet wird. → Vorschubgerüste (25% aller Brückenbauten) und Freivorbaugerüste (15%) beschränken sich vor allen Dingen auf den Bau von großen Talbrücken oder → Hochstraßen. Hierbei kommen B., wie z. B. → Vorbauwagen, zum Einsatz. Geringe Bedeutung haben Fertigteilbrücken, die von einer bestimmten Größe ab mit speziellen Verlegegeräten gebaut werden. Leichte Fertigteilbrücken lassen sich mit konventionellen Baugeräten erstellen. Eine klare Trennungslinie zwischen B. und Rüstgeräten läßt sich kaum ziehen. Der Bereich der reinen B. ist sehr eng abgegrenzt und beschränkt sich auf:

☐ Vorschubgerüste,
☐ Vorbauwagen,
☐ Freivorbaugeräte,
☐ Geräte für Taktschiebebrücken,
☐ Montagegeräte für Fertigteilbrücken. *Kühn*

Brückenbelag. B. sollen die Verkehrskräfte aufnehmen und das Bauwerk gegen → Oberflächenwasser sowie gegen Tausalze schützen. Sie setzen sich aus einer → Abdichtung und einer → Deckschicht zusammen. Die Abdichtung auf Betonbrücken besteht aus der → Grundierung, → Versiegelung oder Kratzspachtelung der Dichtungsschicht und der Schutzschicht. Auf → Stahlbrücken wird die Abdichtung aus der Haftschicht, die den B. mit der Stahlplatte verbindet und diese gegen → Korrosion schützt, der Dichtungsschicht und der Schutzschicht gebildet. Die Anforderungen an B. sind sehr hoch. B. unterliegen besonderen Beanspruchungen. Deshalb müssen sie verkehrssicher, standfest sowie rißsicher sein, sicheren Korrosionsschutz bieten und dürfen sich nicht verschieben. Wegen der extremen Wärmeschwankungen, die aus dem fehlenden Wärmespeicher des Bodens resultieren, und der → Schwingungen, die der Verkehr sowie bei Stahlbrücken großer → Spannweite der Wind verursachen, ist es schwierig, alle Anforderungen gemeinsam optimal zu erfüllen.

Aufgrund der Ergebnisse einer Prüfung von 99 Brückenabdichtungs- und Belagssystemen sollen für B. auf Beton folgende in den „Vorläufigen Technischen Vorschriften und Richtlinien für die Herstellung von Brückenbelägen auf Beton" (ZTV Bel-B) enthaltenen Bauweisen in Bundesfernstraßen bevorzugt werden:
☐ B. mit Dichtungsschicht aus einer Bitumenschweißbahn und Schutzschicht aus → Gußasphalt,
☐ B. mit Dichtungsschicht aus zweilagig aufgebrachten Bitumendichtungsbahnen und Schutzschicht aus → Asphaltbeton,
☐ B. mit Dichtungsschicht aus Flüssigkunststoff und Schutzschicht aus Gußasphalt.

Die Sonderbauweisen
☐ Dichtungsschicht aus → Asphaltmastix mit hohem Bindemittelgehalt und
☐ Dichtungsschicht aus Sandasphalt
sollen nur noch dann ausgeführt werden, wenn die vom Bundesminister für Verkehr aufgestellten Bedingungen zur Sicherstellung der Güteeigenschaften der Dichtungsschicht eingehalten werden. Bild 1 bis 3 zeigen den Belagaufbau, wie er im Fahrbahn-, Kappen- und Randbereich von Betonbrücken mit Dichtungsschicht aus Flüssigkunststoff nach ZTV-Bel-B 3 auszuführen ist.

In den „Zusätzlichen Vertragsbedingungen und Richtlinien für die Herstellung von Brückenbelägen aus

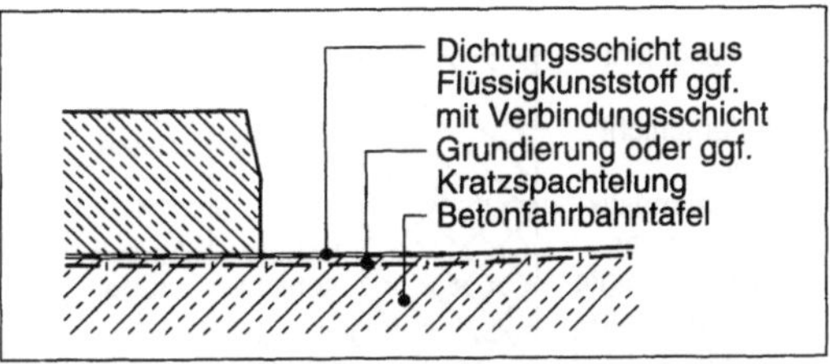

Brückenbelag 2: Belagaufbau im Kappenbereich von Betonbrücken.

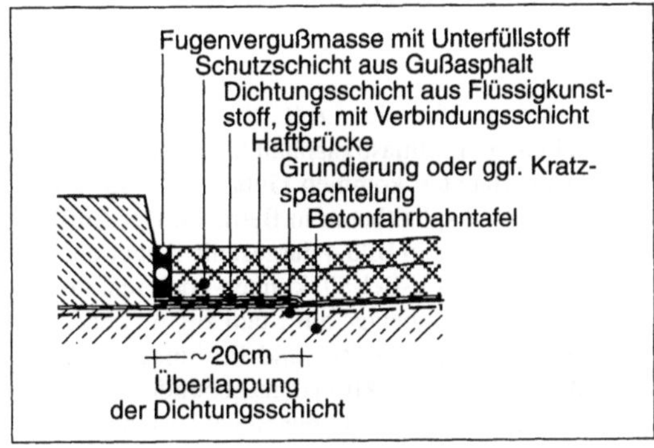

Brückenbelag 3: Belagaufbau im Randbereich von Betonbrücken.

Stahl" (ZTV-Bel-ST) werden drei verschiedene Abdichtungsarten unterschieden:
– Bauart mit Reaktionsharz-Dichtungsschicht: Reaktionsharz-Grundierungsschicht, Reaktionsharz-Haftschicht und Kleberschicht oder Abstreuung und Pufferschicht,
– Bauart mit Bitumen-Dichtungsschicht: Bitumenhaltige Grundierungsschicht und bitumenhaltige Haftschicht oder bitumenhaltige Haft- und Grundierungsschicht und Asphaltmastixschicht oder splittverfestigte Asphaltmastixschicht,
– Bauart mit Reaktionsharz/Bitumen-Dichtungsschicht, Reaktionsharz-Grundierungsschicht, Bitumenschweißbahn oder bitumenhaltige Haftschicht.

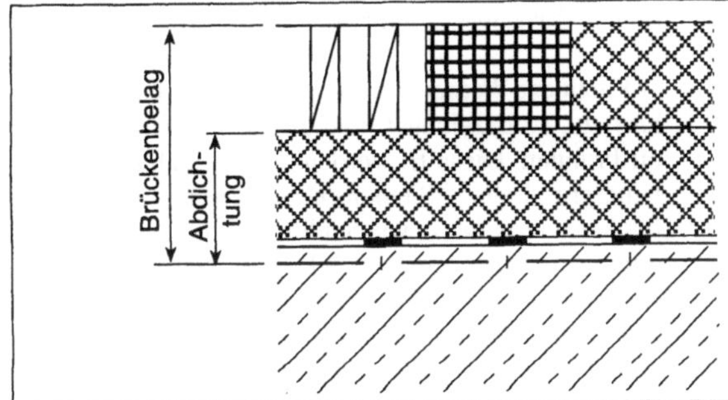

Brückenbelag 1: Belagaufbau im Fahrbahnbereich von Betonbrücken.

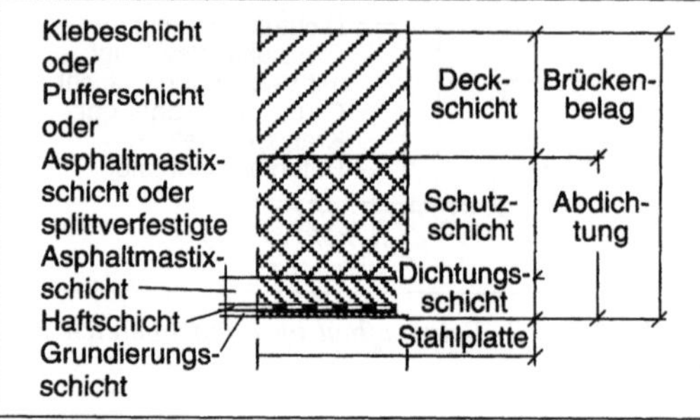

Brückenbelag 4: Aufbau eines B. auf Stahl (Prinzipskizze).

Als Schutzschicht wird i.d.R. Gußasphalt oder in Sonderfällen → Splittmastixasphalt 0/11 S eingesetzt.

Für Deckschichten kommen Gußasphalt, Splittmastixasphalt oder Asphaltbeton in Betracht. Der Aufbau eines B. auf Stahl ist in Bild 4 dargestellt. Außer den B. auf Stahl gemäß ZTV-Bel-ST können noch reaktionsharzgebundene Dünnbeläge auf Stahl zur Anwendung kommen. Die Baugrundsätze und Prüfungen sind in dem „Merkblatt für reaktionsharzgebundene Dünnbeläge auf Stahl" geregelt. In der Regel bestehen reaktionsharzgebundene Dünnbeläge aus einer Grundbeschichtung und einer oder mehreren Deckschichten. Die Grundbeschichtung dient als Korrosionsschutz und gewährleistet den Verbund des Gesamtbelages zum Stahl. Die Deckbeschichtung enthält ein Korngerüst aus → Mineralstoff. Die Dünnbeläge sollen im Bereich von Fahrbahnen zwischen 6 und 15 mm dick sein.

Beckedahl

Literatur: Vorläufige Zusätzliche Technische Vorschriften und Richtlinien für die Herstellung von Brückenbelägen auf Beton, Tl. 1, Dichtungsschicht aus einer Bitumenschweißbahn (ZTV-Bel-B 1), Tl. 2 Dichtungsschicht aus zweilagig aufgebrachten Bitumendichtungsbahnen (ZTV-Bel-B 2). – Technische Prüfvorschriften für Reaktionsharze für Grundierungen, Versiegelungen und Kratzspachtelungen unter Asphaltbelägen auf Beton (TP-Bel-EP). – Technische Lieferbedingungen für Grundierungen, Versiegelungen und Kratzspachtelungen unter Asphaltbelägen auf Beton (TL-Bel-EP). – Zusätzliche Technische Vertragsbedingungen und Richtlinien für das Herstellen von Brückenbelägen auf Beton, Tl. 3, Dichtungsschicht aus Flüssigkunststoff (ZTV-Bel-B 3). – Technische Lieferbedingungen für Baustoffe zur Herstellung von Brückenbelägen auf Beton mit Dichtungsschicht nach ZTV-Bel-B 3 (TL-Bel-B 3). – Technische Prüfvorschriften für Baustoffe zur Herstellung von Brückenbelägen auf Beton mit Dichtungsschicht nach ZTV-Bel-B, Tl. 3 (TP-Bel-B 3). – Zusätzliche Vertragsbedingungen und Richtlinien für die Herstellung von Brückenbelägen auf Stahl (ZTV-Bel-ST). – Technische Lieferbedingungen für Baustoffe der Dichtungsschichten für Brückenbeläge auf Stahl (TL-Bel-ST). – Technische Prüfvorschriften für die Prüfung der Dichtungsschichten und der Abdichtungssysteme für Brückenbeläge auf Stahl (TL-Bel-ST).

Brunnen.

Grundbau. Konstruktionselement zur Abtragung von Bauwerkslasten in den tieferen Untergrund oder zur Absenkung eines Grundwasserspiegels, Entnahme von Brauchwasser oder Versickerung von Wasser (Schluckbrunnen). Als Gründungselemente sind die B. ähnlich wie Senkkästen konstruiert, allerdings ohne Arbeitskammer, Luftüberdruck und → Schleusen. Man stellt einen Hohlkasten ohne Bodenplatte, aber mit Schneide am unteren Kastenumfang her. Durch Aushub des Bodens und planmäßige Grundbrüche unter der Schneide wird der B. dann infolge seines Eigengewichtes bis zur vorgegebenen Tiefe abgesenkt. B. zur → Grundwasserabsenkung unterteilt man in Flach-, Tief- und Punktbrunnen (Wellpoints). Punktbrunnen aus Kunststoff- oder Stahlrohren mit Durchmessern bis zu etwa 10 cm können durch Einspülen in den Untergrund hergestellt werden. Für Flach- und Tiefbrunnen (Bild) sind zuvor Bohrungen abzuteufen.

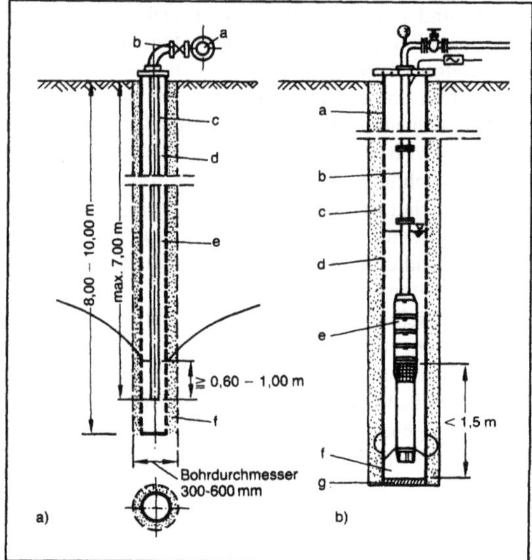

Brunnen: Aufbau von Absenkbrunnen.
a) Flachbrunnen.

a Sammelleitung, b Schieber, c Saugrohr, d Aufsatzrohr (vollwandig im oberen Bereich), e Filterrohr, 150–400 mm Dmr. (geschlizt), f Filterkiespackung, filterfest, 50–100 mm

b) Tiefbrunnen

a Aufsatzrohr, b Druckrohr, c Filter, d Filterrohr, e Unterwasserpumpe, f Sumpfrohr, g Holzdeckel

Fließt das Wasser dem B. nur auf Grund der Schwerkraft zu, so bezeichnet man die B. auch als Gravitationsbrunnen. Diese B. werden dann gewählt, wenn der Untergrund aus → Sanden oder → Kiesen besteht. Bei feinkörnigen Böden, wie Schluffen und Feinsanden mit nennenswert geringerer → Durchlässigkeit als z. B. Kies, läßt sich der Wasserzufluß zum B. durch Erzeugen eines Unterdruckes im B. vergrößern. Man spricht vom Vakuumverfahren; Punktbrunnen heißen dann Vakuumlanzen. Im Gegensatz zu den Gravitationsbrunnen steht beim Vakuumverfahren nicht so sehr die

Wassermenge als vielmehr die Entspannung des Porenwasserdruckes und damit die Verfestigung z. B. einer Baugrubensohle oder die Stabilisierung einer Böschung im Vordergrund.

Der prinzipielle Unterschied zwischen Flach- und Tiefbrunnen besteht in der Anordnung der → Pumpe. Beim Flachbrunnen ist diese in Höhe des Brunnenkopfes installiert. Das Wasser wird dann aus dem B. gesogen; die größte Saughöhe beträgt etwa 7–8 m. Bei Tiefbrunnen befindet sich die Pumpe als Unterwasserpumpe hingegen am Brunnenfuß; die Förderhöhen sind damit praktisch unbegrenzt. Der wichtigste Bestandteil eines B. ist der Filter (→ Filtermaterial). Dieser muß gewährleisten, daß kein Feinkorn in die B. eingeschwemmt wird und daß das Wasser drucklos in das Brunnenrohr eintritt. Im unteren Rohrabschnitt ist das Brunnenrohr als Filterrohr mit engen Schlitzen ausgebildet. Statt eines Filters wie im Bild kann auch ein Kunststoffkiesbelag oder eine Gewebeummantelung für die Filterrohrstrecke gewählt werden. *Meißner*

Siedlungswasserwirtschaft. B. sind eine sehr alte Form der → Wasserfassung in einem meist lotrecht in das → Grundwasser reichenden, dort durchlässigen Schacht oder Rohr von rundem oder gelegentlich eckigem Querschnitt. Durch B. wird Wasser gefaßt oder in den Untergrund infiltriert. Es gibt je nach der Tiefe, Bauart oder Funktion Tiefbrunnen, → Flachbrunnen, Bohrbrunnen, aber auch Sammelbrunnen, Förderbrunnen, Sickerbrunnen und Schluckbrunnen. Sonderformen sind der Horizontalbrunnen mit aus einem Schacht vorgetriebenen horizontalen Fassungen, oder der Schrägbrunnen mit von der Oberfläche schräg zum Schacht hinunter oder umgekehrt geführten Fassungssträngen. B. müssen immer gegen Zutritt von → Oberflächenwasser geschützt sein. Hierzu dient meist der besonders ausgebildete obere Abschluß, der Brunnenkopf. Schachtbrunnen sind immer so groß bemessen, daß sie schon während des Bauens zugänglich sind (mindestens 1 m Dmr.). Die nicht zugänglichen Rohrbrunnen (< 60 cm Dmr.) bringt man in ein Bohrloch ein. Der Raum zwischen dem Bohrloch und dem im Fassungsbereich durchlässigen, im Vortriebbereich undurchlässigen, inneren Brunnenrohr ist beim Filterbrunnen als → Filterschicht aus durchlässigen Schichten (→ Sand, → Kies) unterschiedlich gekörnt aufgebaut. Der einfachste Rohrbrunnen, z. B. der Abessinierbrunnen, besteht aus einem unten gelochten, oben geschlossenen Rohr, das meist unmittelbar mit einer Kolbenpumpe zum Fördern kombiniert ist.

Oft ist eine Brunnenreihe durch Heber zu einem Sammelbrunnen zusammengefaßt, aus dem Pumpen das Wasser in die Wasserversorgungsanlage fördern. Heute bevorzugt man den Förderbrunnen meist mit einer U-Pumpe (auch der Antrieb ist dabei im Wasser eingetaucht). Dabei wird entweder direkt in die → Wasseraufbereitung oder in einen Wasserspeicher oder auch direkt in das → Rohrnetz gefördert. Durch Probe- oder Versuchsbrunnen erkundet man die Grundwasserverhältnisse nach → Wasserqualität und Ergiebigkeit, durch Grundwasserbeobachtungsbrunnen beobachtet man die Wasserstände, um die Erschöpfung oder Regeneration und Strömung des Grundwassers zu verfolgen. Bei gespanntem Grundwasser ergibt sich eine artesische → Wasserförderung, da die Energielinie des Grundwassers dann über dem Geländeniveau liegt. Normalerweise hat jeder wichtige B. ein Beobachtungsrohr, um den Wasserspiegel, z. B. mit einer Brunnenpfeife, zu messen und Wasserproben zu nehmen. Je nachdem ob der B. bis zum Grundwasserträger ganz oder nur teilweise in der Grundwasserschicht eingetaucht ist, spricht man vom vollkommenen oder unvollkommenen B.

Bei der → Entnahme durch Wasserförderung aus dem B. bildet sich je nach → Durchlässigkeit der spendenden Grundwasserbodenschicht und der natürlichen Abflußsituation ein Absenkungstrichter im Grundwasserdruckhorizont. Der Eintrittswiderstand ergibt sich aus der Höhendifferenz zwischen dem Wasserspiegel im B. und dem Grundwasserspiegel am äußeren Brunnenrand. Größere Schachtbrunnen (Kesselbrunnen) setzt man gleichzeitig oft auch zur → Wasserspeicherung ein. Es gibt viele unterschiedliche Systeme für den Bau von B. B. können auch mit Sammel- und Sickerleitungen kombiniert sein. Sicker- und Schluckbrunnen (Senkbrunnen) dienen nicht der Wasserfassung, sondern der Versickerung. Wie bei den Fassungsbrunnen gibt es auch hier zahlreiche ähnliche Formen, Konstruktionen und Bezeichnungen dieser B. Durch Eisenausfällung aus dem Wasser, vor allem im engeren Brunnenbereich, kommt es zu einer Verockerung, (gelegentlich auch Strahlenbehandlung) oft mit starken Zusetzungen, die durch chemische Entockerung beseitigt wird. Beim Brunnenbau benutzt man je nach dem Wasserchemismus viele unterschiedlich geeignete und nach Prüfung zugelassene Materialien, vor allem Stahl, Kunststoffe, oft kombiniert. Brunnenartige → Bauwerke werden auch in der → Abwassertechnik benutzt und oft als B. bezeichnet. *Pfeiff*

Brustversatz → Versatz

Brustzapfen. Zur Verminderung der Biegebeanspruchung an der Oberseite verstärkter → Zapfen. Man wendet ihn an, wenn in einem Gebälk ein Wechselbalken höhengleich an den Hauptbalken zimmermannsmäßig angeschlossen werden soll. Der B. wird wegen der auftretenden Querschnittsschwächung nur noch selten ausgeführt. Er wurde durch Verbindungen mit Blechformteilen (Balkenschuh u. ä.) verdrängt (Bild, S. 160). *Dröge*

Literatur: *Halász, R. v.*, u. *C. Scheer* (Hrsg.): Holzbau-Taschenbuch. Bd. 1. 9. Aufl. Berlin 1996.

Bürgerbeteiligung → Bauleitplanung

Bürgerinitiative. Unter B. versteht man mehr oder weniger formelle Zusammenschlüsse von Bürgern, die

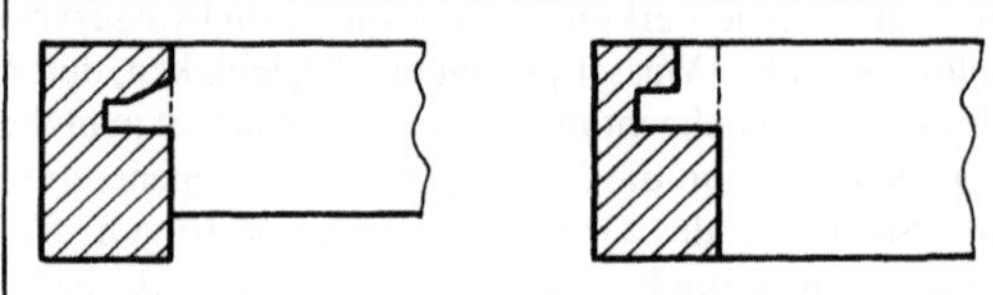

Brustzapfen: Schematische Darstellung.

entweder gemeinsame Interessen innerhalb eines Stadtteils, beispielsweise die Errichtung eines Freizeitheims oder Veränderung des → Verkehrssystems, durchsetzen wollen oder die sich auf fachliche Ziele übergeordneter Art richten, z. B. Verhinderung einer städtischen Umgehungsstraße, die durch landschaftlich wertvolle Flächen führt. Aktivitäten von B. treten auf verschiedene Art in Erscheinung: Versammlungen, Resolutionen, Demonstrationen bis hin zur Hausbesetzung. In der Regel sind B. temporär und lösen sich auf, wenn das gesteckte Ziel erreicht ist oder erkennbar wird, daß dieses nicht möglich ist. Der Gesetzgeber hat bereits bei der Novellierung des Bundesbaugesetzes auf diese Initiativen Rücksicht genommen und die Bürgerbeteiligung im Verfahren der → Bauleitplanung verankert.

Spengelin

Buhne → Regelungsbauwerk

Bundesverkehrswegeplan. Ab Mitte der sechziger Jahre entstand der Wunsch, angesichts des stark gestiegenen Investitionsvolumens im Verkehrswegebau die Verkehrsplanung nicht mehr wie bis zu diesem Zeitpunkt sektoral zu betreiben, sondern durch eine aufeinander abgestimmte Gesamtplanung Parallelinvestitionen zu vermeiden und die Auswirkung einzelner Maßnahmen auf das Gesamtgefüge des Verkehrs rechtzeitig abschätzen und bewerten zu können.

Der B. soll ein funktionsfähiges Verkehrswesen mit leistungsstarken Verkehrsunternehmen und einem bedarfsgerecht ausgebauten Verkehrswegenetz ermöglichen, welches
– die Mobilität des einzelnen Bürgers und die Entwicklung der Gemeinschaft,
– die vom Grundgesetz geforderten gleichwertigen Lebensbedingungen in allen Regionen,
– die Leistungskraft der Wirtschaft und wirtschaftliches Wachstum,
– die Schaffung und Erhaltung von Arbeitsplätzen in einer arbeitsteiligen Wirtschaft
fördert.

Es ist Ziel der Verkehrsordnungspolitik, bei freier Wahl des Verkehrsmittels innerhalb eines staatlichen Ordnungsrahmens
☐ den Mobilitätsbedarf der Bürger und der Wirtschaft in allen Regionen verkehrssicher und kostengünstig zu befriedigen,

☐ bei Angleichung der Wettbewerbsbedingungen eine volkswirtschaftlich sinnvolle Aufgabenteilung herzustellen durch:
– lauteren Wettbewerb,
– Entgelte, die Marktbedingungen entsprechen,
– Verhinderung des Mißbrauchs von Marktmacht,
☐ die Strukturanpassungen bei den Deutschen Bahnen zu fördern und abzusichern,
☐ die Schaffung eines gemeinsamen europäischen Verkehrsmarktes mit harmonisierten Wettbewerbsbedingungen zu ermöglichen.

Im Jahre 1973 wurde der erste B. verabschiedet. Für den B. 1985 wurden integrierte Gesamtverkehrsprognosen für alle Verkehrszweige erstellt. Darüber hinaus wurden einheitliche Kriterien für die Bewertung der Bauwürdigkeit und der Dringlichkeit von Projekten in den Verkehrszweigen Straße, Schiene und Wasserstraße angewandt.

Über eine Abschätzung der zukünftigen Verkehrsentwicklung wurden verschiedene Bedarfsbereiche ermittelt. Zu unterscheiden ist in Ersatzinvestitionen zur Erneuerung bestehender Anlagen und Investitionen für neue Maßnahmen. Diese Maßnahmen dienen der qualitativen Verbesserung der Verkehrsverhältnisse, der Vervollständigung bestehender Verkehrswege oder sind begründet in zunehmender Verkehrsnachfrage.

Der B. 1992 (BVBWP '92) ist als erster gesamtdeutscher Investitionsplan entworfen worden. Als zentrale Aufgabe der Verkehrspolitik wird die Schaffung von Voraussetzungen dafür gesehen, daß der Verkehr weiterhin Wirtschaftswachstum und Mobilität ermöglicht. Ausdrücklich betont wird im BVWP '92 aber auch die umweltgerechte Gestaltung des → Verkehrssystems, die Vernetzung der Verkehrsträger und konkret ein Beitrag des Verkehrsbereichs zur Reduktion der Kohlendioxid-Emission.

Die Globalprognosen als Eckzahlen für den Investionsbedarf lassen ein weiteres starkes Verkehrswachstum – insbesondere im Straßenverkehr – erwarten. Der BVWP '92 umfaßt einen Gesamtinvestionsbedarf von 493 Mrd. DM für den Zeitraum von 1991 bis 2010. Die Maßnahmen sind gegliedert in:
– Ersatz- und Erhaltungsbedarf sowie Nachholbedarf in den neuen Bundesländern,
– „Überhang" aus dem BVWP '85,
– „Vordringlicher Bedarf" aus dem BVWP '85,
– „Verkehrsprojekte Deutsche Einheit" und
– Neue Vorhaben.

Bei den Einzelmaßnahmen handelt es sich überwiegend um → Ausbaustrecken (z. B. Dortmund–Kassel), → Neubaustrecken (z. B. Köln–Rhein/Main), Umschlagbahnhöfe für den Kombinierten Verkehr und den Ausbau von Knoten (z. B. Dresden).

In den BVWP '92 wurde auch erstmals die Magnetschnellbahn Transrapid aufgenommen, die nach den aktuellen Beschlüssen des Bundes ab dem Jahr 2005 zwischen Hamburg und Berlin als neues Verkehrsmittel fahren soll.

Kracke/Runge

Bundeswasserstraßengesetz. Das B. (WaStrG) von 1968, in der Fassung vom 25. Juli 1986 (BGBl. I S. 1120) regelt die rechtlichen Verhältnisse an den Binnen- und Seewasserstraßen. Als → Binnenwasserstraßen gelten die in der Anlage zum WaStrG aufgeführten Wasserstraßen. Die Begrenzung der Seewasserstraßen deckt sich im wesentlichen mit der der Küstengewässer. Das → Wasserhaushaltsgesetz und die Landeswassergesetze sind grundsätzlich auch auf die Bundeswasserstraßen anwendbar. Besondere Bestimmungen betreffen u. a. das Eigentum an den Seewasserstraßen. Folgende Punkte sind darüber hinaus hervorzuheben:

☐ Der Gemeingebrauch kann durch die Behörden der Wasser- und Schiffahrtsverwaltung des Bundes in bestimmten Fällen geregelt, beschränkt oder untersagt werden.

☐ Wenn Bundeswasserstraßen neu gebaut oder als Verkehrsweg ausgebaut werden sollen, führen die Wasser- und Schiffahrtsdirektionen das Planfeststellungs- oder Plangenehmigungsverfahren nach den Vorschriften des WaStrG durch.

☐ Für Kreuzungen von Bundeswasserstraßen mit öffentlichen Verkehrswegen enthält das WaStrG nähere Bestimmungen über die Kostenverteilung und Unterhaltung.

☐ Den Behörden der Wasser- und Schiffahrtsverwaltung obliegt es, zur Gefahrenabwehr Maßnahmen zu treffen, die nötig sind, um die Bundeswasserstraßen in einem für die Schiffahrt erforderlichen Zustand zu erhalten (Strompolizei). *Lecher*

Bunkerzug. Der B. erlaubt die kontinuierliche Aufnahme von Haufwerk. Er setzt sich aus mehreren Förderwagen zusammen, die gelenkig miteinander verbunden sind und keine Zwischenwände haben. Die Förderkapazität ist auf eine Abschlagskubatur ausgelegt, die von einem → Lader aufgenommen und über ein Aufgabeband den Bunkerwagen zugeführt wird. Kettenförderer, die über die gesamte Wagenlänge reichen, verteilen das Haufwerk bzw. entladen es auch wieder. Das Fassungsvermögen der Bunkerwagen beträgt $9-14\ m^3$ und bietet sich für → Tunnelquerschnitte ab $5\ m^2$ an. B. setzt man in Verbindung mit anderen Transporteinrichtungen als Zwischensilo ein, um einen reibungslosen Ablauf des Vortriebes zu gewährleisten.

Eine Weiterentwicklung ist der Bunkerpendelzug (Bild), der aus zwei Wagenteilen besteht. Während der eine als B. beladen wird, fährt der andere Wagen mit der Lokomotive zum Entladen. Danach kehrt der leere

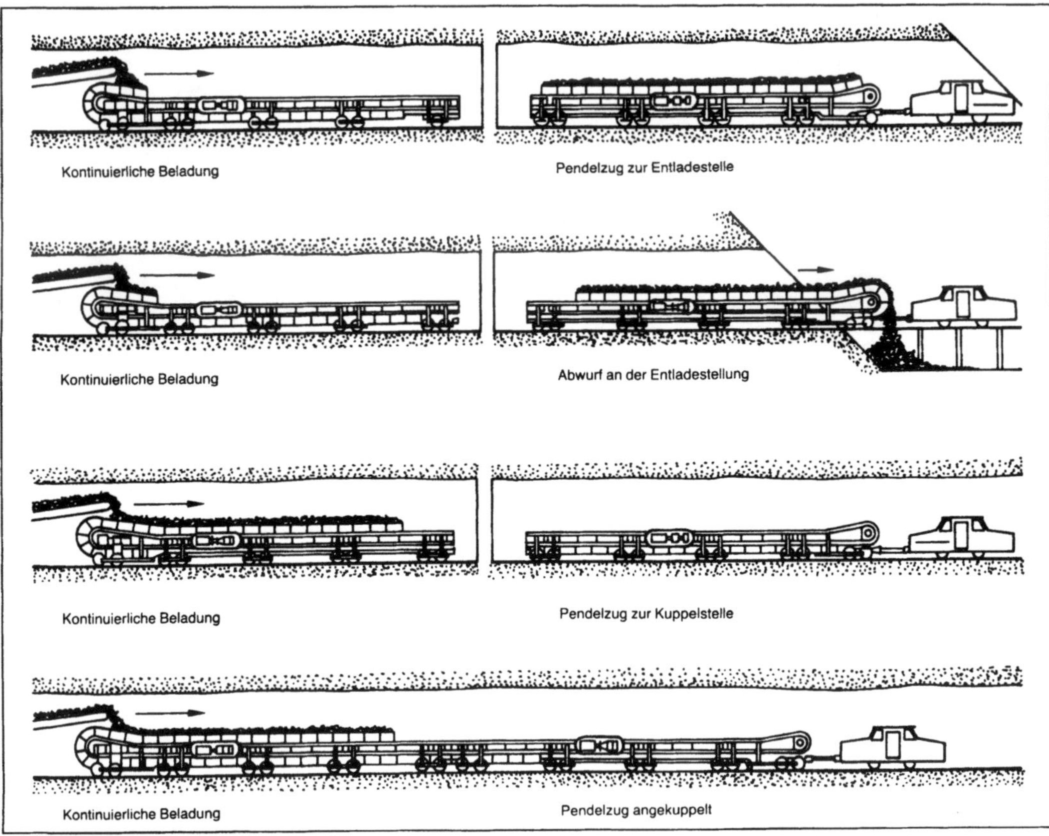

Bunkerzug: Bunkerpendelzug.

Pendelzug zurück und wird an den B. angekoppelt, der nun sein Haufwerk an den mobilen Pendelzug übergibt. Somit ist eine kontinuierliche → Schutterung möglich. Außer der Abförderung des Ausbruches geschieht die Versorgung vor Ort mit Personal und Material durch Schienenfahrzeuge, die ihren Spezialaufgaben entsprechend ausgestattet sind. *Kühn*

Bussole. Ein mit einer Visiereinrichtung versehener Kompaß entweder als Einzelgerät oder als Zusatzeinrichtung zu einem → Theodolit. Mit der B. werden Winkel gegenüber der magnetischen Nordrichtung (Streichwinkel, magnetische Azimute) gemessen. Ein Einzelgerät ist die Stativbussole (Bild 1), die z. B. bei einfachen geologischen oder archäologischen Vermessungen verwendet wird. Für umfangreichere Vermessungen benutzt man einen Bussolentheodolit (Bild 2), der außer der Messung von Streichwinkeln auch → Richtungsmessungen erlaubt und sich deshalb universeller einsetzen läßt. Da die Bestimmung der magnetischen Nordrichtung recht unsicher ist, werden B. heute nur noch bei gröberen Vermessungen in unübersichtlichem Gelände (Waldgebiete usw.) benutzt. Bei höheren Genauigkeitsansprüchen bestimmt man die Orientierung gegenüber der Nordrichtung mit einem Kreiseltheodolit. *Pelzer*

Butylkautschuk. B. (IIR) ist ein Copolymerisat aus Isobutylen und Isopren, das wegen seiner guten Alterungsbeständigkeit als Dichtungsbahn und Fugenmasse eingesetzt wird. *Sasse*

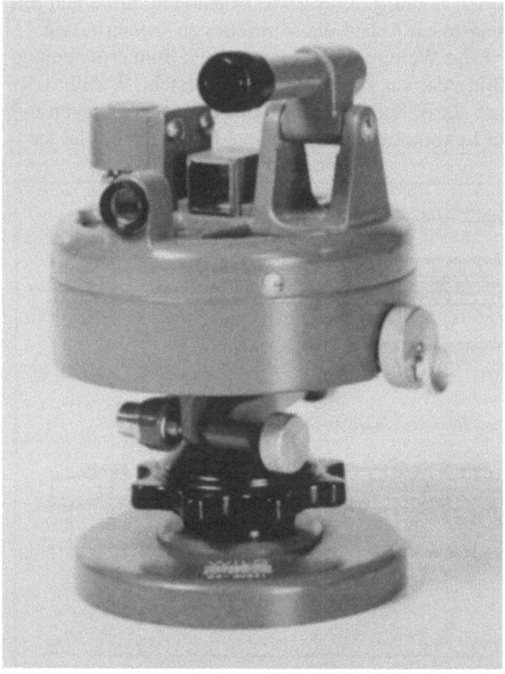

Bussole 1: Stativbussole.

Bussole 2: Bussolentheodolit.

C

CAD. Mit CAD wird im allgemeinen das rechnerunterstützte Entwerfen und Konstruieren bezeichnet. In der Grundkonfiguration für das Bauingenieurwesen umfaßt CAD die für den Entwurf einer Konstruktion oder eines Produktes erforderlichen Berechnungen, insbesondere die Festigkeitsnachweise, die Festlegung von Geometrie und Abmessungen. Damit verbunden ist die Erstellung der Konstruktions- und Detailzeichnungen. Es gibt Erweiterungen zur rechnerunterstützten Arbeitsplanung, um Daten für Teilefertigung und Bauanweisungen zu erzeugen, aufbauend auf den Ergebnissen des Konstruierens. Diese Daten wiederum sind Grundlage für die technische Steuerung des Fertigungs- und Bauprozesses, für Bereitstellung der → Betriebsmittel, Maschinen, Material, für Lagerhaltung und Transportkapazitäten und schließlich Grundlage für die rechnerunterstützte Planung und Durchführung der Qualitätssicherung, sowie für die Erstellung von Prüf- und Überwachungsplänen und deren Umsetzung.

Laermann

Caissonbauweise. Ähnlich dem → Einschwimmverfahren und Absenkverfahren von Tunnelelementen können bei der Unterquerung von offenen Gewässern Teilstücke des → Tunnels auch als Senkkästen ausgebildet, auf die Gewässersohle abgesetzt und zu einem Gesamtbauwerk zusammengefügt werden. Die Besonderheit der Caissonabsenkung ist ein Arbeitsraum unterhalb des Caissons, der es erlaubt, mit Hilfe von Druckluft (→ Druckluftverfahren) die Gründungssohle und die → Fundamente des Tunnelbauwerks einzuziehen bzw. das Tunnelbauwerk noch weiter in den Untergrund abzusenken. Der Arbeitsraum kann u. U. zu Bedienungsgängen, Lüftungskanälen oder als Zweittunnel ausgebaut werden. *Wagner*

Literatur: *Kretschmer, M.*, u. *E. Fliegner*: Unterwassertunnel in offener und geschlossener Bauweise. Berlin 1987.

Caissonkrankheit → Druckluftkrankheit

CBR-Versuch. Für die → Bemessung von Verkehrsflächenbefestigungen ist die Kenntnis des Verformungswiderstandes auf dem Planum und auf der Tragschicht ohne Bindemittel von großer Wichtigkeit. Die → Tragfähigkeit der Befestigungen der Standardbauweisen nach den RStO ist durch den → Plattendruckversuch mit Hilfe der Verformungsmodulen bei der Zweitbelastung (E_{v2}) nachzuweisen. Für das halbempirisch hergeleitete CBR-Bemessungsverfahren (*engl.* CBR California Bearing Ratio) verwendet man die Ergebnisse des CBR-V. Bei diesem wird ein Stempel von 5 cm Durchmesser mindestens 5 mm tief in den Boden eingedrückt. Dabei liegen bis zu drei Ringscheiben um den Stempel, mit denen die Auflast der → Straßenbefestigung simuliert werden soll. Der Versuch kann auf der Baustelle oder im Labor ausgeführt werden. In beiden Fällen wird der Setzungsverlauf gemessen und in Abhängigkeit von dem Stempeldruck aufgetragen. Aus dem Last-Setzungs-Verhalten ermittelt man den → CBR-Wert, der in Korrelation zu den mit Plattendruckversuchen bestimmten Verformungsmoduln steht. *Beckedahl*

CBR-Wert. Die beim → CBR-Versuch gemessenen → Setzungen werden in Abhängigkeit von dem Stempeldruck registriert. Diese Druck-Setzungs-Kurve vergleicht man mit der eines Standardmaterials (Schotter), indem die Belastung p (Stempeldruck) bei 2,5 mm Setzung mit der des Standardmaterials ($p_s = 7{,}0$ MN/m^2) ins Verhältnis gesetzt wird. Dieser Verhältniswert in % ist der CBR-W. Wenn für eine Setzung von 5 mm ein größerer CBR-W. ermittelt wird, so ist dieser maßgebend:

$$\mathrm{CBR} = \frac{p}{p_s} \cdot 100\%.$$

Im Bild sind drei durch CBR-Versuche ermittelte

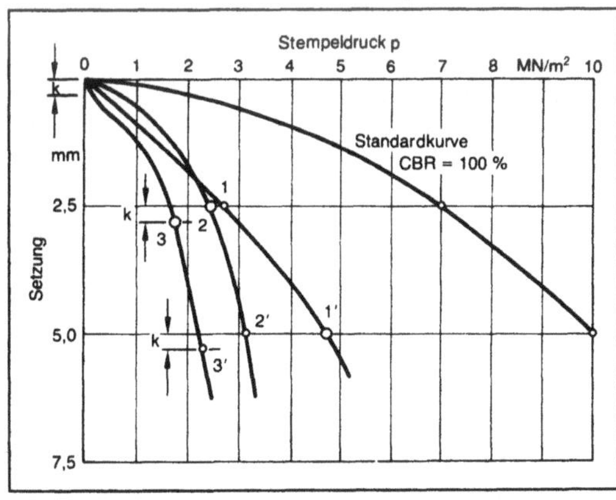

CBR-Wert: Auswertung von CBR-Versuchen.

$$1 \ \mathrm{CBR} = \frac{2{,}7}{7{,}0} \cdot 100\% = 38{,}6\%$$

$$2 \ \mathrm{CBR} = \frac{2{,}43}{7{,}0} \cdot 100\% = 34{,}7\%$$

$$3 \ \mathrm{CBR} = \frac{1{,}75}{7{,}0} \cdot 100\% = 25{,}0\%$$

$$1' \ \mathrm{CBR} = \frac{4{,}65}{10{,}0} \cdot 100\% = 46{,}5\%$$

$$2' \ \mathrm{CBR} = \frac{3{,}12}{10{,}0} \cdot 100\% = 31{,}2\%$$

$$3' \ \mathrm{CBR} = \frac{2{,}30}{10{,}0} \cdot 100\% = 23{,}0\%$$

k = Korrektur des Nullpunktes

Druck-Setzungs-Kurven neben der Standardkurve aufgetragen und die daraus berechneten CBR-W. eingetragen. Der Zusammenhang zwischen dem Verformungsmaß E_{v2} bei Zweitbelastung und dem CBR-W. wurde näherungsweise zu

$$E_{v2} \approx 10 \cdot CBR$$

ermittelt. In der Gleichung sind E_{v2} in MN/m^2 und CBR in % einzusetzen. *Beckedahl*

Literatur: Technische Prüfvorschriften für Boden und Fels im Straßenbau (TP BF-StB), Tl. B 7.1, CBR-Versuch.

Charakteristikenmethode. Verfahren, das im → Grenzzustand eine Aussage über das Spannungsfeld im Untergrund und insbes. zur → Grenzlast liefert. Erstmals von *Massau* (1899) zur Lösung von Erddruck- und Erdwiderstandsproblemen angewendet. Im plastifizierten Gebiet wird ein Gleitlinienfeld konstruiert. Übergänge zum elastischen Gebiet sind durch Unstetigkeitsstellen gekennzeichnet. *Meißner*

Charta von Athen. Die C. v. A. ist ein städtebauliches Manifest. Sie ist das Ergebnis intensiver Diskussion des → CIAM aus dem Jahre 1933. Gegenstand war der Zustand der Stadt auf Grund einer Analyse von 33 Groß- und Mittelstädten, Ausgangspunkt die Feststellung, daß die „untersuchten Städte ein chaotisches Bild bieten und in keiner Weise die wichtigsten biologischen und psychologischen Bedürfnisse" ihrer Bewohner befriedigen. Die C. v. A. wurde weitgehend von dem holländischen Planer *van Eesteren* konzipiert und von *Le Corbusier* propagiert und später mit Ergänzungen veröffentlicht. In Deutschland diskutierte man die C. v. A. erst nach dem Zweiten Weltkrieg eingehend. Dabei befolgte man eine der dort entwickelten Erkenntnisse, nämlich die vier Funktionen: Wohnen, Erholung und Arbeit sowie deren verbindendes Element, den Verkehr, in dem Maße voneinander zu separieren, daß sie sich gegenseitig nicht stören, bei vielen Stadterweiterungs- und Stadtumbauprojekten allzu schematisch. Auf Grund der hieraus resultierenden erkennbaren Fehler tendierte das Planungsleitbild wieder von der → Funktionstrennung zu einer vernünftigen Funktionsmischung. *Spengelin*

Literatur: *Hilpert, Th.*: Le Corbusiers „Charta von Athen". Text u. Dokumente. Kritische Neuausgabe. Braunschweig 1984.

Chlorkautschuklackfarbe. Gegen ständige Wasserbeanspruchung, Säuren und Laugen beständiges Anstrichmittel, das auch als Unterwasseranstrich bei Wasserbecken verwendet wird. Es eignet sich auf Untergründen aus → Putz, → Beton und Metallen, ist nicht lösemittelbeständig und wird wegen Kapillarporosität des Filmes meist in drei oder vier Schichten aufgetragen. *Sasse*

CIAM. CIAM (Abk. Congrès Internationaux d'Architecture Moderne – Internationale Kongresse für neues Bauen) wurde 1928 unter dem maßgeblichen Einfluß von *Le Corbusier* mit der Absicht gegründet, „...das zeitgenössische Problem der Architektur zu formulieren; den Geist der modernen Architektur aufzuzeigen; diesem Geist in technischen, wirtschaftlichen und sozialen Kreisen zum Durchbruch zu verhelfen; die Verwirklichung der Aufgabe der Architektur zu überwachen". Es ist das Verdienst der Kongresse, einen weltweiten Ideenaustausch herbeigeführt und mit dazu beigetragen zu haben, daß die Qualitätsprobleme von → Städtebau und Wohnungsbau in größeren Kreisen diskutiert und in der (Kommunal-)Politik als Aufgabe erkannt wurden.

Themen waren u. a.:
– Wohnung für das Existenzminimum, Frankfurt 1929,
– Rationelle Bebauungsweisen, Brüssel 1930,
– Grundsätze des Städtebaus (→ Charta von Athen), Athen 1933,
– Wohnung und Freizeit, Paris 1937,
– Das Zentrum, das Herz der Städte, Hoddesdon 1951,
– Menschliches Wohnen, Aix-en-Provence 1953,
– Das Habitat, Dubrovnik 1956.

Auflösungsbeschluß 1958. *Spengelin*

Literatur: *Hoffmann, H.*: CIAM. In: Handwörterbuch der Raumforschung und Raumordnung. Hannover 1970. – *Le Corbusier*: Ausblick auf eine Architektur. Frankfurt/Main 1964.

City-Randgebiet → Cityfunktion

Cityfunktion. Der Begriff City bezeichnete ursprünglich den Stadtkern von London. Hier setzte bereits um 1800 eine Entvölkerung (damals rd. 128 000 Ew., z. Zt. rd. 5 000) ein. Diese Entvölkerung der Innenstadt und das Ersetzen von Wohnungen durch Büro- und Geschäftsbauten ist typisch. Zur Citybildung kommt es vor allem in Großstädten mit 100 000 Ew. und mehr, aber auch in kleineren Städten, sofern besondere Funktionen darauf hinwirken und ein großer Einzugsbereich aus dem Umland existiert, der durch gute Verkehrsmittel erschlossen ist. Die in den Kerngebieten zulässigen hohen → Dichtewerte führen zu hohen Grundstückspreisen. Die Folge davon ist, daß sich hier nur bestimmte Funktionen wirtschaftlich halten können, wie Kaufhäuser, Geschäfte, Banken, Versicherungen, Büros von Rechtsanwälten und andere private Dienstleistungsbetriebe; ferner die nicht vom Markt abhängigen staatlichen und städtischen Behörden und zentrale kulturelle Einrichtungen, wie Theater, Museen und Ausbildungsstätten. Zu den Standortvorteilen des Kernbereiches gehören die optimale Erreichbarkeit und die Vielfalt des Angebots an Gütern, Dienstleistungen und Kommunikationsmöglichkeiten. Die Folge ist eine → Funktionstrennung. Dabei ist die abendliche „Verödung" der City, die allzugern kritisiert wird, oft weniger der fehlenden Wohnbevölkerung als anderen Faktoren (Ladenschlußzeiten, Fernsehgewohnheiten) zuzuschreiben. Zudem besteht durchaus die Berechtigung, die einzigartigen Standortvorteile des Kernbereichs den Nutzungen vorzubehalten, bei denen sie einem möglichst großen Teil der Bevölkerung zugute kommen. Der Kernbereich bietet Standortvorteile nicht nur für Betriebe, sondern auch für die zahlreichen dort Beschäftigten. Vergleicht man den → Flächenbedarf je Beschäftigten bei Büronutzung mit dem Flächenbedarf je Bewohner bei Wohnnutzung und berücksichtigt dabei die jeweils für Büro- und Wohnnutzung unterschiedlichen höchstzulässigen Dichten entsprechend der → Baunutzungsverordnung, so stehen 100 Bewohnern mindestens 300–400 Beschäftigte gegenüber.

Problematisch im Stadtkern sind allerdings Dienstleistungseinrichtungen ohne starken Publikumsverkehr, etwa große, auf ein überregionales Gebiet bezogene Verwaltungen. Sie genießen zwar „Fühlungsvorteile", wenn entsprechende Institutionen in der Nähe sind, bei knappem Grundstücksangebot verdrängen sie aber auf Grund ihrer finanziellen Leistungsfähigkeit andere stärker publikumsbezogene Einrichtungen. Die aus diesem Grund bewußt eingeleiteten Großplanungen mit dem Ziel, Managementbetriebe konzentriert auszusiedeln, wie sie etwa in Hamburg (City Nord) und Frankfurt (Geschäftsstadt Niederrad) gemacht wurden, waren insofern erfolgreich, als sie die Stadtzentren entlasteten. Die Monofunktionalität der neuen Bürozentren und die daraus resultierende funktionale und soziale Isolation, unter der vor allem die Beschäftigten zu leiden haben, führte dazu, daß inzwischen für ähnliche Maßnahmen einer Angliederung an vorhandene Nebenzentren der Vorzug gegeben wird. In solchen Planungen liegt ein Ansatz zu einer Auflösung der überkommenen monozentrischen Struktur einer Stadt. Voraussetzung hierfür ist allerdings – je nach Größe des → Verdichtungsraumes – die (in Zeiteinheiten) kurze Verbindung des Nebenzentrums mit (soweit vorhanden) anderen ähnlichen Einrichtungen und vor allem mit dem Hauptzentrum. Immer wenn ein erhöhter wirtschaftlicher Druck auf die Stadtkerne, insbesondere größerer und großer Städte einsetzt, werden auch die City-Randgebiete davon betroffen. Diese Flächen sind meist ähnlich gut erschlossen, zudem weisen sie meist noch Platzreserven und geringere Grundstückspreise auf. Gerade in den City-Randbereichen ist allerdings die mit der Nutzungsumwandlung einhergehende Verdrängung von Wohnfunktionen besonders verhängnisvoll, da diese Flächen an sich die Aufgabe haben, citynahe Wohnbereiche darzustellen. *Spengelin*

Literatur: *Gruen, V.*: Das Überleben der Städte. Wien 1973. – *Papageorgiou, A.*: Stadtkerne im Konflikt. Tübingen 1970. – *Spengelin, F.*: Ordnung der Stadtstruktur. In: Grundriß der Stadtplanung. Hannover 1983.

Computer Aided Design → CAD

Container. Behelfsbau der → Baustelleneinrichtung, der für Unterkünfte, Magazine, Sanitärräume und Sanitätsräume verwendet wird (Bild). Der C. besteht aus einer geschweißten Raumkonstruktion aus Stahl-

profilen mit wärmegedämmten Außenflächen. Er hat genormte Abmessungen (H=2591 mm, B=2435 mm, L=2990 mm, 6055 mm, 9125 mm) und kommt heute meist auf größeren Baustellen zum Einsatz. Der C. ist widerstandsfähiger als → Baracken. Er ist stapelbar.

Drees

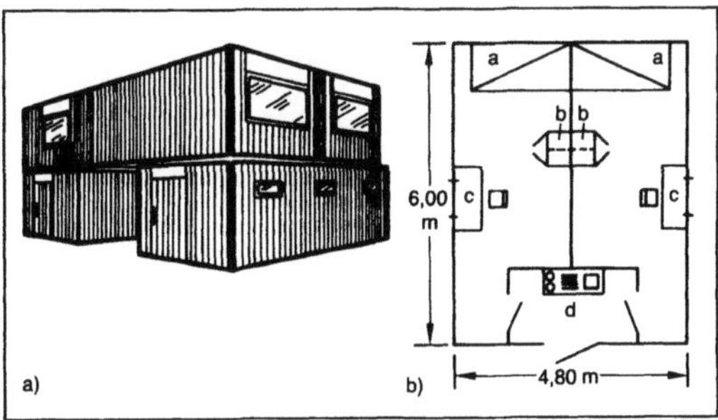

Container: Doppel-C. als Baustellenunterkunft.
a) Perspektivische Darstellung,
b) Grundriß.

a Bett, b Doppelspind, c Schreibtisch, d Herd mit Spüle

Controlling. Teilfunktion der Unternehmensführung zur Steuerung des Unternehmens auf der Grundlage einer zielorientierten Planung. Man unterscheidet das Unternehmens-C. und das Baustellencontrolling. Die Planung erstellt das zu erreichende Ziel als Soll-Vorgabe. Das betriebliche Informationssystem hat die betrieblichen Daten zur Erfassung des Ist-Zustands zu liefern, um den Soll-Ist-Vergleich zu ermöglichen. Ergibt der Soll-Ist-Vergleich eine Differenz zu Lasten des Unternehmens, so sind Verbesserungsmaßnahmen einzuleiten; dabei kann es auch zu Änderungen der Soll-Vorgabe kommen. Gegenstand des Unternehmenscontrolling können sein: → Bauleistung des Gesamtunternehmens oder der Sparten, Gewinn, Kapazität, → Gemeinkosten, Wertschöpfung. Das Baustellen-C. hat vor allem den Soll-Ist-Vergleich der Arbeitsstunden und der → Baustellengemeinkosten zum Gegenstand. Die Soll-Vorgabe errechnet sich aus der → Kalkulation, insbes. der → Arbeitskalkulation. Beim monatlichen (vierteljährlichen) Soll-Ist-Vergleich wird das Soll aus der erbrachten Leistung und der Kalkulationsvorgaben ermittelt und dem in der Kostenartenrechnung ermittelten Ist gegenübergestellt. Die besonderen Schwierigkeiten des Baustellen-C. liegen im periodenechten Abgrenzen der erbrachten Leistung, da diese durch Erfassen sehr vieler Positionen ermittelt werden muß, die sich in unfertigem Zustand befinden. Eine weitere Schwierigkeit liegt in den Veränderungen der vereinbarten Bauleistung, z.B. durch außervertragliche Leistungen oder Preisänderungen, und in Änderungen der vorgegebenen Soll-Kosten, z.B. durch Weitervergabe von Leistungen an → Nachunternehmer statt des Einsatzes eigener Arbeiter und Geräte. Auch die periodenechte Erfassung der Ist-Kosten ist mit Schwierigkeiten verbunden, wenn z.B. Lieferanten- oder Nachunternehmerrechnungen zu spät eintreffen oder Baustoffe bereits geliefert, aber noch nicht eingebaut sind, so daß Baustellenvorräte bewertet werden müssen. Ein funktionierendes Baustellen-C. setzt nicht nur ein ausgefeiltes DV-Informationssystem, sondern auch eine große Erfahrung in der Beurteilung der von den Baustellen gemeldeten Leistung und der dieser gegenüberstehenden Kosten voraus. *Drees*

Cross-Verfahren → Momentenausgleichsverfahren

D

Dach-Arbeitsgemeinschaft (Dach-Arge). Zusammenschluß mehrerer → Bauunternehmen zum Zweck der Ausführung eines → Bauwerks, bei dem die D.-A. ihrerseits Nachunternehmerverträge mit den an der D.-A. beteiligten Unternehmen abschließt. Ziel ist die nach Spezialisierung aufgeteilte Bauausführung durch die Mitglieder der → Arbeitsgemeinschaft. So kann z. B. eine aus Unternehmen des Erdbaus, Betonbaus und Stahlbaus gebildete Arbeitsgemeinschaft den beteiligten Unternehmen jeweils diejenigen Bauteile zur Ausführung übergeben, für die sie besondere Erfahrungen und Ausrüstungen besitzen. Die Bauunternehmen haften allein für die jeweils ihnen übergebenen Bauteile. Als Mitglied der D.-A. haften sie aber auch gesamtschuldnerisch für die Bauausführung des Gesamtbauwerks. *Drees*

Dachbahnprüfung, Dichtungsbahnprüfung. Dach- und Dichtungsbahnen sind Produkte für die Bauwerksabdichtung gegen Grund- und Tagwasser, Boden- und → Luftfeuchtigkeit und Medien. Sie bestehen entweder aus bitumenhaltigen Stoffen – üblicherweise mit Trägereinlagen – und/oder aus Kunststoffen, meist ohne Träger, vielfach aber mit Kaschierungen. Bei Dach- und Dichtungsbahnen ist gegenüber den Beschichtungen bereits ein hoher Vorfertigungsgrad erreicht worden. → Abdichtungen entstehen aber erst durch weitere Verarbeitung zu bauwerk-abdeckenden oder -umschließenden Bauteilen.

Bituminöse Bahnen werden in der Regel durch → Kleben oder Schweißen zu mehrlagigen → Dichtungen verarbeitet, während Kunststoffbahnen vorzugsweise einlagig oder aber auch in Verbindung mit bituminösen Bahnen verwendet werden. Bei einlagiger Verwendung von Kunststoffbahnen spielt die Fügetechnik eine herausragende Rolle.

□ Bituminöse Bahnen.

Extraktion zur Wiedergewinnung und Bewertung der → Deckschichten und Einlagen. Feststellung von mineralischen und polymeren Zusätzen. Wärme- und Kältebeständigkeit sowie Festigkeitseigenschaften (einachsige Zugbeanspruchung) der Bahn.

In neuerer Zeit gewinnen Gebrauchsprüfungen an Bedeutung, wie → Bewitterung, Simulierung der Wind-Sog-Druck-Beanspruchung und → Dauerhaftigkeit der Verklebungen und Fügungen, mehrachsige Prüfungen unter Kurzzeit- und Langzeit-Einwirkung.

Je nach Einsatzgebiet können für bituminöse Bahnen und aus ihnen gefertigte mehrlagige Dichtungsaufbauten weitere, zweckgebundene Prüfungen erforderlich sein.

□ Kunststoffbahnen.

Das stoffliche Spektrum ist bei Kunststoffbahnen wesentlich breiter als bei bituminösen Bahnen. Daraus ergeben sich stoffbezogene Prüfungsschwerpunkte mit Betonung der mechanisch-physikalischen Eigenschaften und deren Änderung durch die Einwirkung ihrer Umgebung.

In erster Linie sind ein-, vielfach auch mehrachsige Zugversuche, Dichtigkeits- und Permeationsversuche vor und nach Lagerung in Medien, Eluaten, Wärme und Kälte und einer künstlichen oder natürlichen Bewitterung üblich. Spezielle Kurz- und Langzeitversuche befassen sich mit den Fügestellen (Stöße, Nähte) und der Verträglichkeit und gemeinsamen Verarbeitbarkeit verschiedenartiger Bahntypen (→ Bitumenprüfung). *Rehm/Vordermeier*

Literatur: DIN 16726: Prüfung von Kunststoff-Dach- und Dichtungsbahnen. – DIN 18195: Bauwerksabdichtungen. – DIN 52123: Prüfung von Bitumen- und Polymer-Bitumenbahnen. – *TAKK*: Werkstoffblätter 1982. Hrsg. Techn. Arbeitsgruppe Kunststoff- und Kautschukbahnen für Dach- und Bauwerksabdichtung e. V. – *Lufsky*: Bauwerksabdichtung Stuttgart 1983. – Flachdachrichtlinien. Hrsg. Zentralverband des Deutschen Dachdeckerhandwerks.

Dachbinder. Allgemeine Bezeichnung für das queraussteifende und/oder lastabtragende Tragsystem eines Haus- oder Hallendaches. Beim Hausdach besteht der D. aus dem Bindergespärre und einem Bock oder aus dem Stuhl, in den in Abständen von 3–5 m die Lasten aus den entsprechenden → Pfetten eingeleitet werden. Vereinzelt bestehen D. auch aus Spreng- oder Hänge-

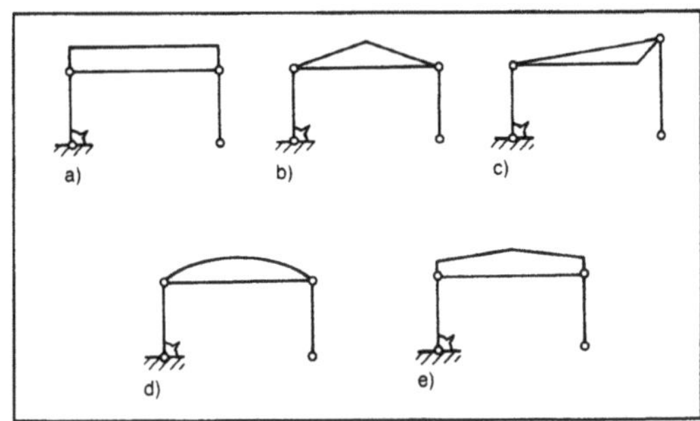

Dachbinder: Formen von D.
a) Balkenbinder
b) Dreieckbinder
c) Einhüftiger Dreieckbinder
d) Bogenbinder
e) Trapezbinder.

werken. Bei Hallenbauten sind D. Tragsysteme, die die Belastung aus Dachhaut, Verkehrs-, Schnee-, Windlast, Eigengewicht und aus Wind- und Aussteifungsverbänden auf die unterstützenden Bauteile, z. B. eingespannte Holzmaste, Stahl-, Stahlbeton- oder Holzstützen, Wände usw. übertragen. Die Lasten aus der Dachhaut leitet man i. d. R. über Sparrenpfetten in den D. Nach der Form unterscheidet man Balken- oder Parallelbinder, Dreieckbinder, einhüftige Dreieckbinder, Bogenbinder, Trapezbinder (Bild), nach der Art des Tragsystems Fachwerkbinder, Vollholz- oder Brettschichtbinder und Vollwandbinder (→ Fachwerkträger, → Brettschichtträger, → Brettwandträger, → Dachstuhl).

Dröge

Dachgaube. Eine D. (Dachgaupe) ist ein aus einer geneigten Dachfläche herausspringender Baukörper zur Erzielung lotrechter Belichtungsflächen für den Dachraum im Bereich der Dachflächen. Nach dem äußeren Erscheinungsbild werden unterschieden: Schleppgaube, Giebelgaube, Walmgaube, Fledermausgaube oder Ochsenauge (Bild). Der Einbau von D. ist beim Pfettendach einfach, da sich die → Sparren problemlos auswechseln lassen, ist jedoch beim Sparrendach und Kehlriegeldach konstruktiv aufwendig (→ Dachstuhl). *Dröge*

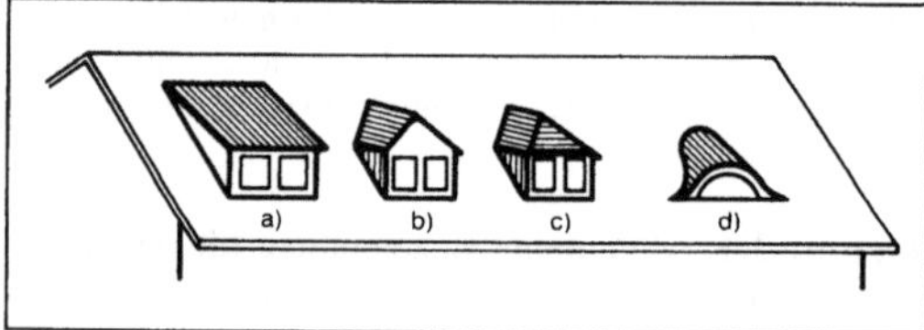

Dachgaube: Erscheinungsbild von D.
a) Schleppgaube
b) Giebelgaube
c) Walmgaube
d) Fledermausgaube (Ochsenauge).

Dachlatte. Tragglied aus Schnittholz, vorwiegend Fichte, Tanne, Kiefer und Douglasie, zur Aufnahme harter, meist kleinformatiger Dacheindeckungselemente, wie z. B. Dachpfannen, Wellplatten, Metalltafeln. Bevorzugte Abmessungen sind b/h = 24 mm/48 mm, 30 mm/50 mm, 40 mm/60 mm. Bei Abständen von rd. 0,30 m bemißt man für gebräuchliche Dacheindeckungen und normale Schneelasten i. a. nach Erfahrungswerten:
– 24/48 für Stützweite l < 0,70 m,
– 30/50 für Stützweite l < 0,80 m,
– 40/60 für Stützweite l < 1,00 m. *Dröge*

Dachpfette → Pfette

Dachsparren → Sparren

Dachstuhl. Volkstümlich die gesamte, das Hausdach mit geneigten Dachflächen bildende → Tragkonstruktion, die das Eigengewicht der Konstruktionsteile sowie die Lasten aus Dachhaut, Zwischendecken, Schnee, Wind und u. U. aus der Nutzung herrührende Verkehrslasten in den Unterbau leitet. In der Fachsprache wird mit D. nur die Unterstützungskonstruktion des Pfettendaches bezeichnet. Nach der Form des Daches werden unterschieden: Satteldach, Pultdach, Walmdach, Mansardendach, Zeltdach und daraus entstandene Mischformen (Bild 1). Als → Tragwerke gibt es das Sparrendach, das Kehlriegeldach und das Pfettendach (Tabelle).

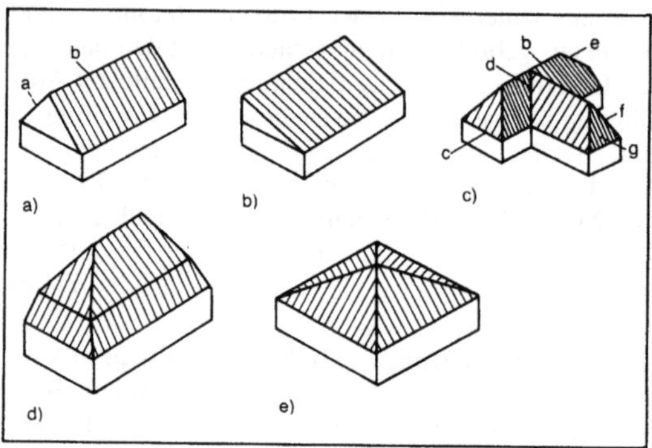

Dachstuhl 1: D.-Formen.
a) Satteldach
b) Pultdach
c) Walmdach. Dachverschneidung zweier Walmdächer
d) Mansardendach
e) Zeltdach.

a Ortgang, b First, c Traufe, d Kehle, e Krüppelwalm, f Grat, g Walmfläche

☐ Sparrendach: Tragwerk, das einen stützenfreien Dachraum umschließt und aus hintereinander liegenden Bindern (Gespärren) gebildet wird, die aus einem Dreigelenkstabzug von zwei sich gegenüberliegenden und gegeneinander geneigten → Sparren und der Geschoßdecke bestehen (Bild 2). Die Längssteifigkeit des Daches wird durch das Zusammenwirken einer in der Firstlinie angeordneten → Firstpfette, Firstbohle oder Firstlatte mit schräg vom → First zur Traufe hin in der Dachebene verlaufenden Windrispen erreicht. Das Dach eignet sich für Dachflächen von 30–50° Neigung. Für Haustiefen bis 9 m bestehen die Sparren i. a. aus Kanthölzern, bei größeren Haustiefen aus Brettschichtholzträgern, I-Trägern oder Fachwerkträgern. Das Sparrendach läßt sich entwicklungsgeschichtlich auf das Zeltdach zurückführen; es ist für Hausdächer im nordeuropäischen Raum das ursprüngliche Dachtragwerk.

Dachstuhl. Tabelle: Tragwerke

Pfettendach			Sparrendach		
strebenloses Pfettendach	abgestrebtes Pfettendach		reines Sparrendach (Dreigelenkbinder)	Kehlriegeldach	
	bockgestützt	stuhlgestützt		seitlich unverschieblich	seitlich verschieblich
Pfettendach mit Drempel			Sparrendach mit Drempel		

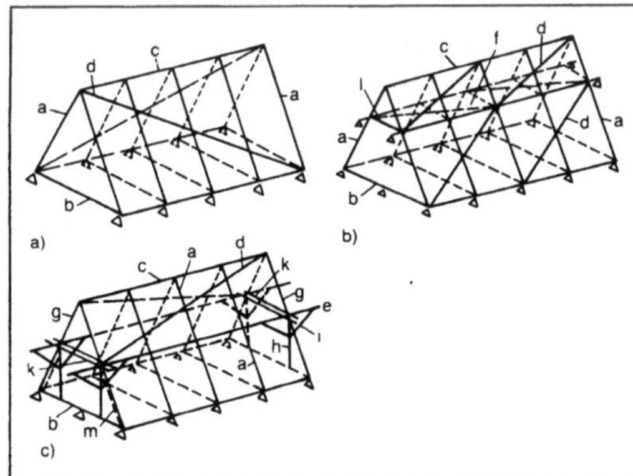

Dachstuhl 2: Tragwerkarten.
a) Sparrendach
b) Kehlriegeldach (unverschieblich)
c) Pfettendach (stuhlgestützt).

a Sparren, b Balken, c aussteifende Firstpfette, d Windrispe, e tragende Mittelpfette, f Kehlscheibe zur Aufnahme der Windlast, g Bindersparren, h Pfosten (Stütze), i Kopfband, k Zange, l Kehlriegel, m Strebe

☐ Kehlriegeldach (Kehlbalkendach): Sparrendach, bei dem zur Verringerung der Tragbeanspruchung der Sparren im mittleren Drittel der Höhe zwischen Fußgelenk und Firstgelenk zwei gegenüberliegende, gegeneinander geneigte Sparren (Gespärre) durch einen horizontalen → Kehlriegel jeweils gelenkig miteinander verbunden sind (Bild 2). Das statisch bestimmte Sparrendach wird durch Einfügung des Kehlriegels zum einfach statisch unbestimmten Kehlriegeldach. Als verschiebliches Kehlriegeldach bezeichnet man es dann, wenn z. B. bei einem asymmetrischen System und/oder asymmetrischen Lastfall eine ungehinderte Verschiebung der Anschlußgelenke Kehlriegel/Sparren möglich ist. Ein unverschiebliches Kehlriegeldach liegt vor, wenn in der horizontalen Ebene der Kehlriegellage ausreichend steife Scheiben oder Verbände dazu führen, daß die Verschiebung der Gelenkpunkte Kehlriegel/Sparren vernachlässigbar klein bleiben. Das Kehlriegeldach eignet sich besonders für das symmetrische Satteldach mit einer Dachneigung von 30–50°. Es ist infolge der sehr direkten Ableitung der Kräfte i. a. sehr wirtschaftlich, besonders dann, wenn es als unverschieblich angesehen werden kann und das einfache Tragsystem nicht zu sehr durch Dachflächenfenster oder Gauben unterbrochen wird. Längssteifigkeit des Kehlriegeldaches wie beim Sparrendach.

□ Pfettendach: Das Pfettendach ist dadurch gekennzeichnet, daß der sog. Stuhl, bestehend aus → Pfetten, Stiel und Streben, die Sparren mit der Dacheindeckung trägt. Das Pfettendach ist besonders für Dächer mit geringer Neigung und/oder Dächer mit Dachaufbauten (Gauben) geeignet. Es läßt sich entwicklungsgeschichtlich auf die obere flach geneigte Balkendecke des Hauses im Mittelmeerraum zurückführen. *Dröge*

Literatur: *Fonrobert, F.*: Grundzüge des Holzbaues im Hochbau. 7. Aufl. Berlin 1960. – *Halász, R. v.*, u. *C. Scheer*: Holzbau-Taschenbuch. Bd. 1. 9. Aufl. Berlin 1996. – *Schmitt, H.*: Hochbaukonstruktion. 8. Aufl. Braunschweig 1980.

Dachverschneidung. Durchdringungslinie geneigter Dächer von miteinander verbundenen Baukörpern. Die Konstruktion der Verschneidung ist von der Gebäudetiefe, der Dachneigung und der First- und Traufhöhe der einzelnen Baukörper abhängig. In den Durchdringungslinien werden Kehlsparren, Kehlbohlen und → Schiftsparren angewendet (→ Dachstuhl). *Dröge*

Dachziegelprüfung. Das Ergebnis einer D. dient dem Nachweis der für Dachziegel genormten Materialeigenschaften. Damit eine geneigte, aus flächigen keramischen Bauteilen – den Dachziegeln – hergestellte Dachfläche ihre Funktion möglichst auf Dauer erfüllt, müssen Dachziegel die in DIN 456 geregelten Anforderungen an die Maß- und Formhaltigkeit, an die Wasserundurchlässigkeit, an die Frostbeständigkeit und an die → Tragfähigkeit erfüllen.

Bei der Prüfung der Maßhaltigkeit sind bei verfalzten Preßdachziegeln und Strangdachziegeln vor allem die Prüfung der Decklänge und Deckbreite von Bedeutung. Hierbei werden in zwei Reihen jeweils zwölf Dachziegel mit gezogenen und anschließend mit gestoßenen Falzen verlegt, um dann über eine Länge bzw. Breite von zehn verfalzten Dachziegeln die Deckmaße zu bestimmen.

Bei der Prüfung der Formhaltigkeit wird die Verkrümmung in Längsrichtung der Dachziegel und die Flügeligkeit – Verwindung – in der Dachziegelfläche bestimmt.

Zur Prüfung der Wasserundurchlässigkeit wird auf die in einen Rahmen eingebauten Dachziegel Wasser 50 mm hoch über der tiefsten und 10 mm hoch über der höchsten Stelle des Dachziegels aufgeschüttet, um dann auf einen Tropfenabfall an der Unterseite des Dachziegels zu achten.

Für die Beurteilung der Frostbeständigkeit ist vorrangig das Verhalten der Ziegel auf dem Dach maßgebend. Zur Prüfung der Frostbeständigkeit ist DIN 52253 in Vorbereitung, die direkte und indirekte Verfahren für die Prüfung der Frostwiderstandsfähigkeit von Dachziegeln enthält.

Zur Ermittlung der Tragfähigkeit werden die Dachziegel mittig in Längsrichtung auf Biegung mit einer Einzellast in Stützweitenmitte bis zum Bruch geprüft. Diese Prüfungen hat der Hersteller von Dachziegeln in geregelten Abständen durchzuführen, um die geforderten Eigenschaften sicher zu gewährleisten.

Rehm/Zeus

Dämpfung. In der → Baugrunddynamik Parameter, der den Energieverlust während eines Schwingungsvorganges erfaßt. Die D. bewirkt bei einer freien → Schwingung eine stetige Abnahme des Schwingungsausschlages. Sie wird auch als viskose D. bezeichnet, da sie proportional zur Geschwindigkeit ist. Zu unterscheiden ist zwischen der geometrischen D. durch Wellenabstrahlung in den Baugrund und der Materialdämpfung, die sich in Form bleibender Verformungen des Baugrundes äußert. *Meißner*

Dalben. Pfahlkonstruktion zur punktuellen Begrenzung eines Fahrwassers. Je nach Funktion werden an den Schiffahrtsstraßen und insbesondere im Bereich von Häfen sowie Zufahrten von → Schleusen und → Schiffshebewerken Leitdalben, Schutzdalben, Anfahrdalben und Kopfdalben gesetzt. Die Konstruktion kann aus einem → Pfahl bestehen, der bei Schiffsstoß überwiegend auf Biegung beansprucht wird. Die → Tragfähigkeit eines D. hängt von der Rammtiefe und der Bodenart ab. Seine Höhe reicht bis über den höchsten Hochwasserspiegel (HHW). Zur Erhöhung der Tragfähigkeit werden mehrere schräge Pfähle am oberen Ende gebündelt und durch ein → Kopfband zu einer Gesamtkonstruktion verbunden. Beim Aufprall eines Schiffes soll die Bewegungsenergie weitgehend in Verformungsarbeit des D. umgesetzt werden, um den Schaden am Schiffsrumpf gering zu halten. An → Binnenwasserstraßen gilt: D. sollen schräg (1 : 50) zur Anfahrseite hin gerammt werden. Das Arbeitsvermögen soll beim Verkehr mit Schubverbänden möglichst 140 kN/m erreichen. Bei der Bemessung ist von einer Stoßkraft von 1 000 kN und einer Durchbiegung zwischen 20 und 30 cm auszugehen. *Muth*

d'Alembertsches Prinzip. Dieses Prinzip wurde 1742 von *d'Alembert* erkannt. Es besagt, daß das Newtonsche Prinzip von actio = reactio nicht nur für Körper gilt, die sich im statischen Gleichgewicht befinden, sondern auch für frei bewegliche Körper. In diesem Fall bestehen die Reaktionen ausschließlich in den Trägheitskräften. Es herrscht kinetisches Gleichgewicht zwischen den Trägheitskräften des Systems und den auf das System einwirkenden äußeren Kräften F nach der Beziehung $F - m \cdot \ddot{r} = 0$ *Laermann*

Dammbau. Dämme sind Erdbauwerke, die nach ihrer Zweckbestimmung unterschieden werden in:

□ Erdstaudämme als Abschlußbauwerke von Tälern, in denen Wasser aus Gründen der → Wasserversorgung oder z. B. der Energiegewinnung aufgestaut wird. Betonierte oder gemauerte Abschlußbauwerke heißen Staumauern;

□ Fluß- und Seedeiche zum Hochwasser- und Überflutungsschutz;

□ Verkehrsdämme als Unterbau für Straßen und Gleisanlagen;

□ → Halden als Abraum- und Bergendeponien, wie z. B. im Kohle- und Erzabbau;

□ Klärteichdämme, die einen Klärteich einschließen, in dem die Feststoffanteile einer eingespülten Trübe, wie sie z. B. bei Kalkwerken anfällt, sedimentieren;

□ Fangedämme als Sicherung von → Baugruben im offenen Wasser gegen Überflutung.

Die höchsten bisher ausgeführten Abschlußbauwerke von → Talsperren sind Staudämme. Der *Nurek-Wachsch*-Damm (UdSSR) und der *Oroville-Feather-River*-Damm (Kalifornien) haben eine Höhe von 300 m bzw. 220 m. Die Dammaufstandsbreiten betragen 1 180 bzw. 1 070 m. Vergleichsweise niedrig sind dagegen der *Assuan*-Staudamm (Ägypten) und der Damm der *Sorpe*-Talsperre (Deutschland) mit 111 bzw. 62 m. Gewaltige Bauwerke aus den 70er und 80er Jahren sind der *Tarbela*-Damm (Pakistan) mit einer Höhe von 143 m und der *Itapuh*-Staudamm (Brasilien).

Dämme sind Ingenieurbauwerke, die nach den anerkannten Regeln der Bautechnik herzustellen sind. Verkehrsdämme haben eine tragende Funktion und müssen so ausgeführt werden, daß unter Belastungen keine größeren → Setzungen auftreten. Die Aufgabe der Erdstaudämme und → Deiche besteht außer in der Aufnahme von Wasserdruckkräften vor allem in einer → Abdichtung gegen durchsickerndes Wasser. Eine Überströmung darf wegen der dabei entstehenden → Erosionen nicht auftreten. Der Erdstoff muß nach den im → Erdbau festgelegten Richtlinien eingebaut und verdichtet werden. Allgemein gilt für Dämme, daß eine ausreichende → Standsicherheit gem. DIN 4084 nachzuweisen ist. Darin muß auch der Nachweis enthalten sein, daß kein Gleiten in der Dammaufstandsfläche auftritt, also eine ausreichende Sicherheit zur Aufnahme der Spreizschubkräfte besteht.

Die Standsicherheit eines Dammes verringert sich bei Durchströmung der luftseitigen Böschung oder z. B. bei einer Erdbebenbeanspruchung. Um die Strömungskräfte ermitteln zu können, muß die Lage der Sickerlinie bekannt sein (Bild 1–3). Als Sickerlinie wird die freie Wasseroberfläche des durchströmten Dammes bezeichnet, die man durch den Einbau von Filtern festlegen kann. Filter bestehen aus einem i. d. R. rolligen, verwitterungsbeständigen Boden, der Filterkriterien genügen muß (→ Filtermaterial). Die Sickerlinie, die Durchflußmenge durch einen Damm und den für die Standsicherheit benötigten Strömungsdruck erhält man z. B. durch Konstruktion des Stromliniennetzes (→ Sickerströmung). Eine vereinfachte Ermittlung ergibt sich bei Anwendung der Sickerparabel nach *Kozeny* (Bild 2). Als experimentelle Verfahren zur

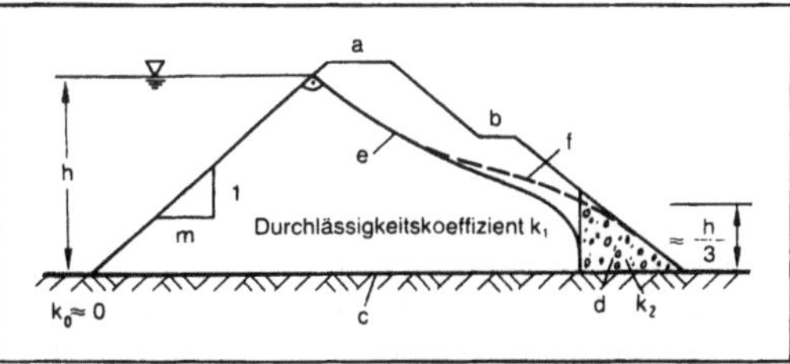

Dammbau 1: *Homogener Damm mit Filterfuß.*

a Dammkrone, b Berme, c Dammaufstandsfläche, d Filterfuß mit $k_2 > k_1$, e Sickerlinie, f Sickerlinie ohne Filterfuß

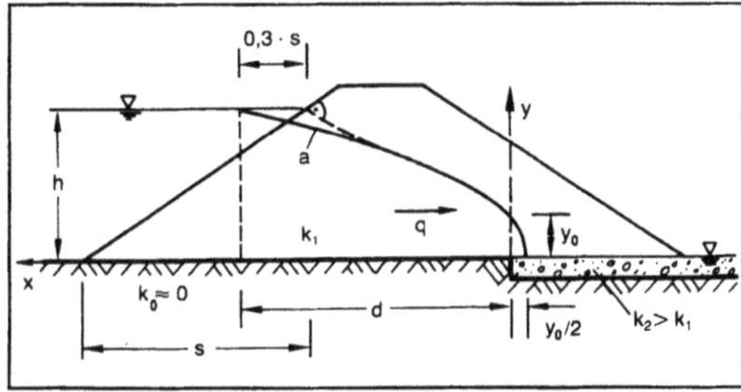

Dammbau 2: *Sickerparabel nach Kozeny für einen homogenen Damm mit Sohlfilter.*

a Sickerparabel, Durchflußmenge $q = k_i \cdot \left(\sqrt{h^2 + d^2} - d \right)$

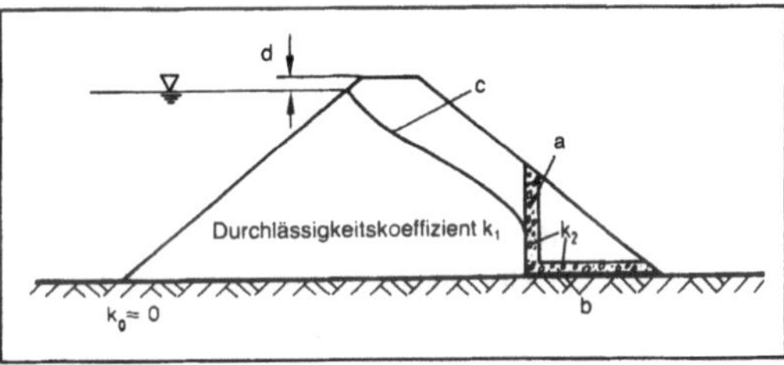

Dammbau 3: *Homogener Damm mit Kamin- und Sohlfilter.*
a Kaminfilter mit $k_2 > k_1$, b Sohlfilter mit $k_2 > k_1$, c Sickerlinie, d Freibord

Ermittlung des Stromliniennetzes sind hydraulische Modelle (*Hele-Shaw*-Modell) und elektroanaloge Modelle bekannt.

Richtlinien zu → Stauanlagen, wie der Entwurf, der Bau und der Betrieb von Talsperren, sind in DIN 19 700 enthalten. Bei Talsperren und Speichern sind Nebenbauwerke, wie z. B. Betriebsausläße und → Grundablässe, durch die eine Entleerung des Beckens möglich ist, und eine Hochwasserentlastung vorzusehen. Besondere Sorgfalt ist auf die Abdichtung von Rohrdurchlässen durch Dämme zu legen. Zur Verlängerung des Sickerweges entlang der Leitungen werden am Rohrumfang Manschetten angeschweißt oder anbetoniert.

Staudämme teilt man nach dem Erdstoffeinbau in homogene Dämme und in Zonendämme sowie nach der Abdichtung in oberflächengedichtete- und kerngedichtete Dämme ein. Homogene Dämme sind aus einem Material mit einheitlicher → Durchlässigkeit geschüttet und haben i.d.R. einen Sohl- und/oder Kaminfilter, der auch schräg verlaufen kann (Bild 3) oder einen Filterfuß (Bild 1). Zonendämme bestehen aus einem Dichtungskörper und Stützkörpern. Bei einer Oberflächendichtung (Bild 4) werden auf der wasserseitigen Böschung z.B. etwa 5–15 cm dicke Asphaltbetonschichten aufgebracht, die durch Dränschichten getrennt sind. Um einerseits ein Hängenbleiben von Eisschollen zu vermeiden, andererseits aber noch eine Begehbarkeit zu ermöglichen, sollte die Böschungsneigung zwischen 1:1,5 bis 1:1,8 betragen. Für Oberflächendichtungen können außer → Asphaltbeton auch Beton- und Betonplatten, Pflasterungen, → Folien und Bleche, Rasen (vor allem im Deichbau) sowie Tone und Schluffe, die durch eine → Deckschicht vor dem Austrocknen gesichert sein müssen, verwendet werden. Oberflächendichtungen sollten möglichst so flexibel sein, daß sie die unvermeidlich auftretenden Dammverformungen ohne Rißgefährdung mitmachen können.

Wird der Dichtungskörper im inneren Dammquerschnitt angeordnet, so liegt eine Innen- oder Kerndichtung vor (Bild 5). Die seitlichen Dammkörper heißen Stützkörper. Im Talsperren- und Speicherbau sollte der Dichtungskern bei häufiger auftretenden Seespiegelabsenkungen und der damit zusammenhängenden Standsicherheit des Dammes möglichst zentrisch im Querschnitt liegen. Als Material für die Innendichtung setzt man vor allem Ton und Schluff ein. → Dichtungen aus Asphaltbeton und Beton haben den Nachteil, daß sie starrer als das umgebende Dammschüttmaterial und damit rißgefährdet sind. Eine Reparaturmöglichkeit, wie sie z.B. bei Oberflächendichtungen gegeben ist, besteht nicht. Für den Stützkörper in Zonendämmen werden Materialien, wie z.B. Felsschüttungen oder Gerölle, verwendet, die um Zehnerpotenzen durchlässiger als das Dichtungsmaterial sind. Besteht zwischen den Schüttmaterialien des Stütz- und Dichtungskörpers keine ausreichende mechanische Filterfestigkeit, so sind Filter einzubauen (Bild 5). Bei steileren luftseitigen Böschungen werden etwa 2 m breite Bermen angeordnet, die eine Inspektion der Böschungsoberfläche ermöglichen (Bild 1).

Bei den meisten Staudämmen muß ein Unter- oder Umströmen des Bauwerkes wegen unerwünschter → Wasserverluste und aus Gründen der Standsicherheit verhindert oder eingeschränkt werden. Im Anschluß an den Dichtungskern oder die Oberflächendichtung stellt man daher z.B. bis zum tiefer anstehenden, weniger durchlässigen → Festgestein Lehmsporne oder Betonschürzen in offener Baugrube her. Die vor allem in den USA früher ausgeführten Betonsporne oder Herdmauern, die nicht nur eine Durchsickerung verhindern sollten, sondern zusätzlich als Gleitsicherung gedacht waren, haben sich nicht bewährt. Weitere Verfahren zur

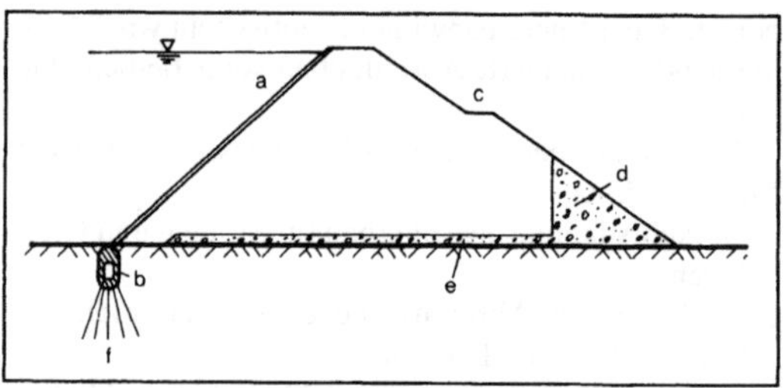

Dammbau 4: Oberflächengedichteter Damm mit Kontrollgang.

a Oberflächendichtung, b Kontrollgang mit Herdmauer, c Berme, d Grobsteinschüttung, e Sohlfilter, f Zementeinpressung, Injektionsschleier

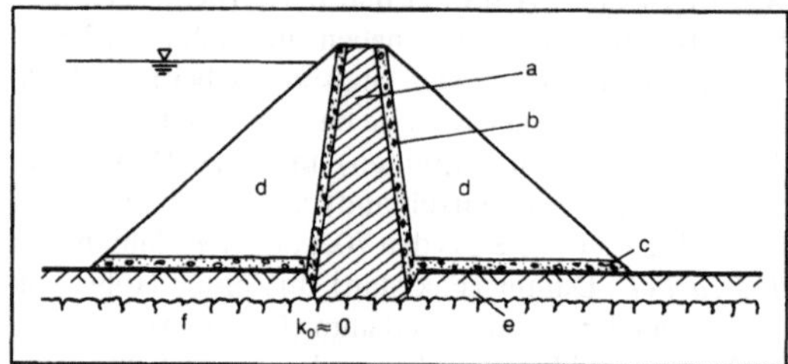

Dammbau 5: Zonendamm mit Kerndichtung.

a Dichtungskern mit dem Durchlässigkeitskoeffizienten k_1, b Filterschicht mit $k_3 > k_1$, c Sohlfilter, d Stützkörper, e Talüberlagerung mit $k_2 > k_1$, f Fels mit $k_0 \approx 0$

Abdichtung des Untergrundes sind → Schlitz- oder Bohrpfahlwände, → Spundwände oder mehrreihige Injektionsschleier, die von der Geländeoberfläche oder aber von Stollen aus angelegt werden. Zur Kontrolle der Abdichtungswirkung und zum Zwecke evtl. erforderlich werdender Nachdichtungsarbeiten sieht man häufig am Anschluß des Dichtungskörpers einen Kontrollgang vor (Bild 4). Zur Verlängerung des Sickerweges und damit zur Verringerung des Auftriebes und der Gefahr des hydraulischen Grundbruches an der luftseitigen Dammböschung werden auch Dichtungsteppiche ausgeführt, die die Taloberfläche oberhalb des Sperrenbauwerkes teilweise abdichten.

Ein Deichquerschnitt ist in Bild 6 dargestellt. Winterdeiche bieten gegenüber dem höchsten → Hochwasser (HHW) einen Schutz. Die vorgelagerten niedrigeren Sommerdeiche schützen nur gegen Hochwasser (HW).

Als Dammbaustoffe verwendet man leicht einbaufähige Erdstoffe, wie z.B. an der Küste Sand, der häufig eingespült wird. Da Deiche nur kurzzeitig dem Wasserdruck ausgesetzt sind, dichtete man sie früher nicht besonders ab. Neuerdings werden aber auch Seedeiche z.B. mit einer Oberflächendichtung aus Bitumenbeton hergestellt. Die Regel ist jedoch der Schutz durch eine dichte Grasnarbe. Zur besseren Absenkung der Sickerlinie im Deichquerschnitt wird am Fuß der

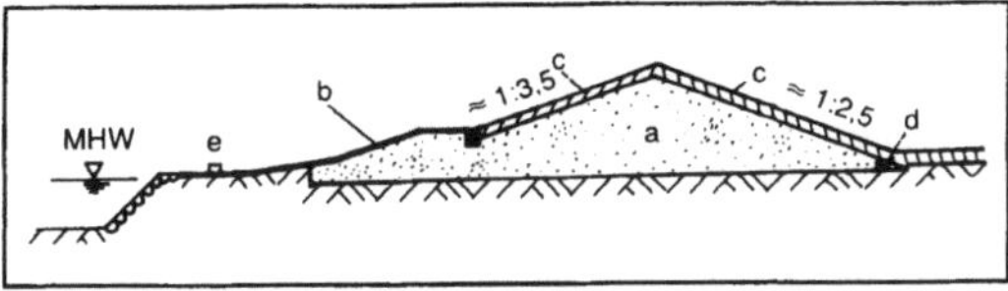

Dammbau 6: Seedeich.

a Sand, b Bitumenbeton, c Ton und Rasen, d Dränage, e Wellenbrecher

Innenböschung häufig eine Deichzehe aus grobem → Kies oder Schotter vorgesehen. Als guter Schutz vor Wellen hat sich bei Seedeichen die Anordnung von Wellenbrechern in Verbindung mit einer flach ansteigenden Wellenberuhigungsstrecke erwiesen, die gepflastert und mit → Asphalt vergossen oder durch Bitumenbeton geschützt ist.

Verkehrsdämme sind üblicherweise homogene Dämme. Werden verschiedene Erdstoffe verwendet, so sind diese in horizontal liegenden Schichten einzubauen. Als Schüttmaterialien kommen alle Erdstoffe und Festgesteine außer stark organische und stark wasserlösliche Salze enthaltende Böden in Betracht. In den Bereichen an der Dammkrone und in den Böschungen, die durch den Verkehr bzw. die Witterung am stärksten beansprucht werden, sind witterungsunempfindliche Materialien einzubauen. Während der Bauzeit muß der Querschnitt so gestaltet sein, daß sich kein → Oberflächenwasser ansammeln kann. Die Kronenbreite eingleisiger Eisenbahnstrecken wird zu rd. 6 m, die zweigleisiger Strecken zu rd. 10 m ausgeführt. Während früher die Böschungen bei niedrigen Verkehrsdämmen durchweg mit der Einheitsneigung 1 : 1,5 gebaut wurden, wählt man heute wegen des Landschaftsschutzes häufig flachere Böschungen mit Ausrundungen am Dammfuß. Bei Gleisstrecken lassen sich kleinere Setzungen und Sackungen durch Nachstopfen des Gleitschotters ausgleichen.

Im → Straßenbau bezeichnet man die obere 70–120 cm dicke Schicht des Dammes als → Oberbau. Der Oberbau besteht aus einer → Trag- und → Frostschutzschicht; letztere muß den Frostkriterien genügen. Wird ein Dammquerschnitt auf einen stark setzungsempfindlichen Untergrund geschüttet, so läßt sich die Dammsetzung durch eine → Bewehrung des Untergrundes mit Rundstählen, Stahlprofilen, Geogittern oder → Geotextilien vereinheitlichen und reduzieren. In anderen Verfahren wird der setzungsempfindliche Boden durch Sand oder Kiessand ausgetauscht oder wie bei der → Moorsprengung durch Sprengungen seitlich verdrängt. Eine Vorwegnahme von Dammsetzungen kann man durch ein Überschütten des späteren Dammprofiles erreichen. In bindigen Böden läßt sich die Konsolidierung unter einer derartigen Vorlast durch Anordnung vertikaler Papp- oder Sanddräns beschleunigen (→ Bodenmechanik). Der → Dränabstand liegt in der Größenordnung von 1,50 m. *Meißner*

Literatur: *Prinz, H.*: Abriß der Ingenieurgeologie. Stuttgart 1982. – *Striegler, W.*, u. *D. Werner*: Dammbau in Theorie und Praxis. Berlin 1969. – *Wilson, S. D.*, u. *R. J. Marsal*: Current trends in design and construction of embankment dams. Amer. Soc. Civ. Eng. (1979). – ZTVE-StB: Zusätzliche Technische Vorschriften und Richtlinien für Erdarbeiten im Straßenbau. Der Bundesminister f. Verkehr, Abt. Straßenbau.

Dampfhärtung. Erhärten silicatischer Baustoffe (Kalksandsteine, Silicatbeton, Gasbeton) im Autoklaven im gespannten Dampf bei etwa 200 °C entsprechend 16 bar (1,6 MPa). Bei Zugabe von Quarzmehl, das bei der hohen Temperatur reaktionsfähig wird, bilden sich zusammen mit Kalkhydrat, das man entweder als → Bindemittel zugibt oder das bei der Hydratation von → Zement entsteht (→ Erhärten), Calciumsilicathydrate hoher Festigkeit und Beständigkeit. *Wesche*

Dampfheizsystem. Das D. besteht aus einer Dampferzeugungsanlage mit Speisewasserversorgung, Dampferzeugern und Dampfverteilern, mehreren Wärmeverbrauchern, einem Dampfverteilnetz, einem Kondensat(rücklauf)netz und einem Kondensatsammelbehälter. Den Druck im System legt man so aus, daß die gewünschte Temperatur an den Verbrauchern erreicht wird. Wärmeverbraucher kondensieren den Dampf, Dampfverbraucher entnehmen ihn. Für Heizzwecke verwendet man überwiegend Niederdruckdampf (bis 1 bar Überdruck). Das Speisewasser wird aufbereitet, um Kalkablagerungen und Korrosionsschäden zu verhindern. *Diehl*

Dampfstrahlen → Oberflächenbehandlung

Dauerfestigkeit. Bauwerke werden nach ihrem Verwendungszweck entweder ruhend (statisch) oder veränderlich (dynamisch) belastet. Bei veränderlicher Belastung entstehen im Bauteil → Beanspruchungen, deren Größe sich zeitlich vielfach ändert. Diese häufigen Lastwechsel (schwingende Belastung) können zum Bruch führen (Dauerbruch), obwohl die Beanspruchung sehr viel kleiner als die Zugfestigkeit des Werkstoffes ist (→ Ermüdung). Die Bezugsgrenze, die bei statischer Belastung die → Fließgrenze ist, ist bei schwingender Belastung die D. Unter der D. wird die Spannung verstanden, die der Werkstoff bei veränderlicher Belastung beliebig oft ohne Bruch ertragen kann. Je größer die Anzahl der Lastwechsel, um so kleiner ist die zum Bruch führende Spannung. Dieses Verhalten kommt in der → Wöhlerlinie zum Ausdruck. Die D. bei Stahl ist für eine Lastspielzahl von $2 \cdot 10^6$ bei gleichen Amplituden definiert. Sie hatte bis vor rd. 20 Jahren große Bedeutung bei der Berechnung der dynamisch belasteten Eisenbahnbrücken, → Krane und Kranbahnen. In neuer Zeit wird die wirklichkeitsnähere → Betriebsfestigkeit als Bemessungsgrundlage bei schwingender Beanspruchung verwendet.

Sedlacek/Scholz

Dauerhaftigkeit.

Beton. Guter Beton ist ausreichend dauerhaft, d. h. er kann bei normaler Beanspruchung über viele Jahrzehnte ohne Beeinträchtigung seiner Eigenschaften in voller Funktionsfähigkeit genutzt werden. Wenn trotzdem die Schäden an Beton- und Stahlbetonbauwerken eine erschreckende Größenordnung angenommen haben, so ist dies darauf zurückzuführen, daß der D. des Betons im Gegensatz zur Festigkeit zu wenig Beachtung geschenkt wurde, obwohl die Einflüsse auf die D. in den letzten Jahrzehnten vielfältiger und intensiver wurden. Die Einflüsse kommen zunächst aus neuen Ausgangsstoffen der Betonherstellung, d. h. aus Bindemitteln (→ Zement), Zuschlägen (→ Betonzuschlag), → Betonzusätzen und deren Zusammenwirken. Wichtiger sind jedoch die äußeren Einflüsse, die entweder übliche Umwelteinflüsse sein können, wie Feuchte, Temperatur, Frost (→ Betonverhalten bei niedrigen Temperaturen), Luft- und Wasserverschmutzung, oder aus dem Betrieb stammen, z. B. chemischer → Angriff, Verschleiß, radioaktive Strahlung, → Feuer.

Oberflächen- und Bodenwässer einschl. schädlicher Bestandteile der Böden, Atmosphärilien einschl. der Luftverunreinigungen sowie pflanzliche und tierische Stoffe können den Beton chemisch angreifen. Gase können in lufttrockenen Beton eindringen und mit verschiedenen Bestandteilen des Zementes reagieren. Die für diese chemischen Reaktionen notwendigen geringen Feuchtigkeitsmengen sind i. a. im Beton oder in der umgebenden Luft enthalten. Die Stärke des Angriffs von Wässern ist vor allem vom Gehalt an aggressiven Bestandteilen des Wassers und davon abhängig, ob es sich um stehendes oder fließendes Wasser handelt. Die Wirkung des Angriffs, d. h. der Korrosionswiderstand des Betons, beruht im wesentlichen auf der Wasserdichtheit, die wiederum von der Dichtigkeit, also von der Größe und Art des Porenraumes abhängt (→ Betonwiderstandsfähigkeit).

Die meisten der heute sichtbaren Schäden an Stahlbetonbauten sind allerdings meist weniger auf die Qualität des Betons als auf eine geringe → Betondeckung des → Bewehrungsstahls zurückzuführen. Der Betonschaden ist nur sekundär: Der Beton wird durch die → Korrosion des Stahls abgedrückt (→ Betonstahlkorrosion). Unzureichende D. beginnt beim schlechten Aussehen des Betons, z. B. durch ungleichmäßig herabgelaufenes Regenwasser. Sie geht über Risse, Abtragung des Betons und Korrosion des Stahls bis zur Zerstörung des Bauwerks. Ausreichende D. beginnt beim dauerhaftigkeitsgerechten Entwurf des Bauwerks: Abhalten von → Niederschlägen und angreifenden Stoffen und Einflüssen. Sie geht über die richtige Auswahl der Ausgangsstoffe und → Betonzusammensetzung, die sachgemäße Herstellung und Nachbehandlung bis – wenn notwendig – zum Schutz des Betons, der von der → Imprägnierung bis zur mehr oder weniger dicken Bekleidung reichen kann (→ Schutzmaßnahme).

Wesche

Stahlbau. Die D. der im → Stahlbau verwendeten Stähle ist unter statischer → Beanspruchung sehr hoch (→ Dauerstandfestigkeit). Sie kann stark eingeschränkt werden durch
– dynamische Beanspruchung (→ Ermüdung),
– hohe Temperaturen und
– Rostbildung.

Durch Überzüge, wie → Anstriche, Verzinkung, Kunststoffbeschichtung, kann man den Stahl vor → Korrosion schützen. Eine weitere Möglichkeit, die D. zu vergrößern, besteht in der Verwendung wetterfester Stähle, die auf Grund der Legierung mit Kupfer, Chrom, Nickel und Phosphor erhöhte Widerstandsfähigkeit gegen Rostbildung aufweisen. Hierbei wird zwar kein Stillstand der Korrosion, aber eine sehr starke Verzögerung erreicht.

Sedlacek/Scholz

Holz. Holz ist ein natürlicher Recyclingstoff, der durch organische Vorgänge entsteht und durch Organismen zu Stoffen abgebaut wird, aus denen wieder Holz wächst. Die an diesem → Recycling beteiligten Organismen sind also ökologisch erwünscht und nützlich. Erst bei der Betrachtung der D. des Holzes als Bau- und Werkstoff werden sie zu Schädlingen. Als organischer Baustoff kann Holz bei ausreichender Feuchtigkeit durch Bakterieneinfluß faulen. Sein größter Nachteil ist aber, daß es durch Pilze, Tiere und Feuer leicht zerstört werden kann. Da gegen diese Angriffe nur wenige Holzarten ausreichend widerstandsfähig sind, ist in den meisten Fällen eine Schutzbehandlung erforderlich. Holzwerkstoffe sind i. a. so dauerhaft wie das Holz und die → Bindemittel bzw. Klebstoffe, aus denen sie hergestellt sind. Die Beständigkeit gegen Verwitterung an der Atmosphäre schwankt in sehr weiten Grenzen in Abhängigkeit von der → Beanspruchung, der Holzart und den Schutzmaßnahmen. Ohne Schutzbehandlung kann man bei einwandfreiem → Kernholz ohne andere Angriffe mit folgenden Lebensdauern rechnen:
– im Freien ungeschützt 5 – 120 Jahre,
– im Freien unter Dach 15 – 200 Jahre,
– unter Wasser 30 – 800 Jahre,
– trocken 100 – 1 000 Jahre.

Dabei liegen Kiefer, Lärche und Eiche immer im oberen Bereich, Tanne immer an der unteren Grenze. In der Wasserwechselzone von Wasserbauten kann man selbst bei tropischen Hölzern nur mit einer Lebensdauer von 20 – 30 Jahren rechnen.

Die Widerstandsfähigkeit gegen mechanische Abnutzung steigt grundsätzlich
– mit steigender Rohdichte,
– mit steigender Härte,
– mit steigendem Anteil an widerstandsfähigerem → Spätholz,
– bei Kernholz gegenüber → Splintholz,
– mit abnehmendem Porenanteil,
– bei stehenden gegenüber liegenden Jahresringen,

– mit abnehmender Holzfeuchte (→ Feuchtigkeitsgehalt),
– mit abnehmendem Gehalt an Ölen und weichen Harzen,
– bei → Oberflächenbehandlung durch Bohnern, Imprägnieren und Versiegeln.

Einzelne Holzarten sind gegen chemischen → Angriff verhältnismäßig widerstandsfähig, vor allem bei Angriff von Säuren und Laugen im pH-Bereich zwischen 3 und 10. Außerhalb dieses Bereiches ist dagegen mit großer Festigkeitsminderung und Zerstörung zu rechnen. Im allgemeinen sind Nadelhölzer widerstandsfähiger als Laubhölzer. Auch gegenüber Gasen ist Holz verhältnismäßig resistent. Wegen dieser hohen Widerstandsfähigkeit wird Holz heute verstärkt zum Bau von Lagerhallen für die chemische Industrie verwendet. Insekten schädigen das Holz durch Zernagen, Pilze durch chemischen Abbau. Dadurch werden die physikalisch-mechanischen Eigenschaften bis zur völligen Zerstörung verringert. Manche Pilze verfärben nur das Holz, ohne die Festigkeit zu beeinträchtigen. Splintholz ist nie ausreichend widerstandsfähig. Auch das Kernholz hat nur bei wenigen, meist tropischen Hölzern eine so große Widerstandsfähigkeit gegen Pilze und Insekten, daß man ohne Schutzbehandlung auskommen kann. Andererseits können die Schädlinge nur bei bestimmten, meist eng begrenzten Klimabedingungen leben. Alle Pilze und viele Insekten können sich nur bei einer so hohen Holzfeuchte entwickeln, wie sie im Hochbau unter normalen Verhältnissen nicht vorkommt (→ Holzschäden).

Bei Vorhandensein einer Zündquelle beginnt Holz ab etwa 225 °C zu brennen, ohne Zündquelle sich ab 330–470 °C selbst zu entzünden. Dünnes Holz kann sich aber bei Wärmestau und langer Einwirkung hoher Temperaturen schon bei Werten unter 200 °C selbst entzünden. Ab 250–300 °C bildet sich auf der Holzoberfläche eine Holzkohleschicht, deren Wärmeleitfähigkeit nur noch etwa 20% der des normalen Holzes beträgt. Dadurch wird die weitere Wärmezufuhr in das Holzinnere erheblich erschwert und die Abbrandgeschwindigkeit kleiner. Bei längerer Branddauer wird jedoch bei den meisten Hölzern der gesamte Querschnitt zerstört. Die Abbrandgeschwindigkeit hängt von Rohdichte, Holzfeuchte und Harzgehalt ab. Man kann senkrecht zur → Faserrichtung
– für Nadelholz mit 0,65–1,10 mm/min,
– für Laubholz mit 0,39–0,66 mm/min
rechnen. Ringporige Laubhölzer (Eiche, Teak) sind widerstandsfähiger als zerstreutporige (Buche, Bongossi). In Faserrichtung sind die Werte etwa doppelt so groß.

Die Widerstandsfähigkeit wächst mit
– steigender Rohdichte,
– zunehmender Holzfeuchte durch Verbrauch der Verdampfungswärme,
– abnehmendem Verhältnis Oberfläche/Volumen, da der Einfluß der natürlichen Schutzschicht durch Holzkohlebildung mit der Größe des Querschnitts wächst.

Die Widerstandsfähigkeit nimmt ab mit
☐ zunehmendem Harzgehalt,
☐ zunehmender Verformung,
☐ größeren Schwindrissen und an Fugen,
☐ höherem Sauerstoffangebot. *Wesche*

Dauerlinie. Zeichnerische Darstellung statistisch gleichwertiger Einzelbeobachtungen (Wasserstände, → Abflüsse) in der Reihenfolge ihrer Größe. Wasserwirtschaftlich wichtig ist die D. für alle Aufgaben, bei denen gefragt wird, wie lange ein bestimmter Wasserstand oder Abfluß über- oder unterschritten wird (→ Gewässerregelung). Die D. läßt sich auf zwei Arten ermitteln:
☐ Ordnen der Werte der Größe nach und Auftragen der Reihe nach aufsteigend (absteigend): Damit erhält man die D. der Unterschreitung (Überschreitung).
☐ Werden die Werte in Klassen eingeteilt, die Häufigkeiten (hydrologisches → Ereignis, Häufigkeit) der einzelnen Klassen vom Kleinstwert beginnend aufwärts summiert und die jeweiligen Summen an den Klassenobergrenzen aufgetragen, erhält man die D. der Unterschreitung, durch Summieren, vom größten Wert beginnend, und Auftragen der Summen an den Klassenuntergrenzen die Überschreitungsdauerlinie (Bild, S. 176). *Lecher*

Dauerstandfestigkeit. D. ist die konstante lang andauernde (statische) → Beanspruchung, die ohne Bruch gerade noch ertragen werden kann. Sie ist größer als die → Fließgrenze und fällt erst bei hohen Temperaturen >300 °C stark ab. Die D. ist praktisch schwer meßbar und wird deswegen durch die Zeitstandfestigkeit ersetzt, die man aus Festigkeitsprüfungen insbes. bei hohen Temperaturen gewinnt. *Sedlacek/Scholz*

DD-Lack → Polyurethan-Lackfarbe

Deckanstrich. Der D. muß die unteren Anstrichschichten vor äußeren chemischen und physikalischen Einflüssen schützen und ästhetischen Anforderungen genügen. Die letzte Schicht des Anstrichsystems nennt man auch Schlußanstrich. Wichtige Kriterien zur Auswahl des Anstrichmittels sind:
☐ Wetterbeständigkeit. Vor allem bei Bauteilen, die starker Sonneneinstrahlung ausgesetzt sind, ist auf gute UV-Beständigkeit des Bindemittels und der Pigmentierung zu achten. Dunkle Farbtöne können zu starken Erwärmungen mit dadurch hervorgerufenen Zwängungsspannungen innerhalb des Anstrichaufbaus und des Untergrundes führen. Mögliche Rißbewegungen des Untergrundes werden dadurch verstärkt, und einige Anstrichstoffe erweichen reversibel und werden verschmutzungsempfindlicher.
☐ Mechanischer Widerstand. Härte und Festigkeit müssen auf die zu erwartenden → Beanspruchungen abgestimmt werden. Normale, je nach Nutzung des Bauwerks unterschiedliche Schlag-, Stoß- und Scheu-

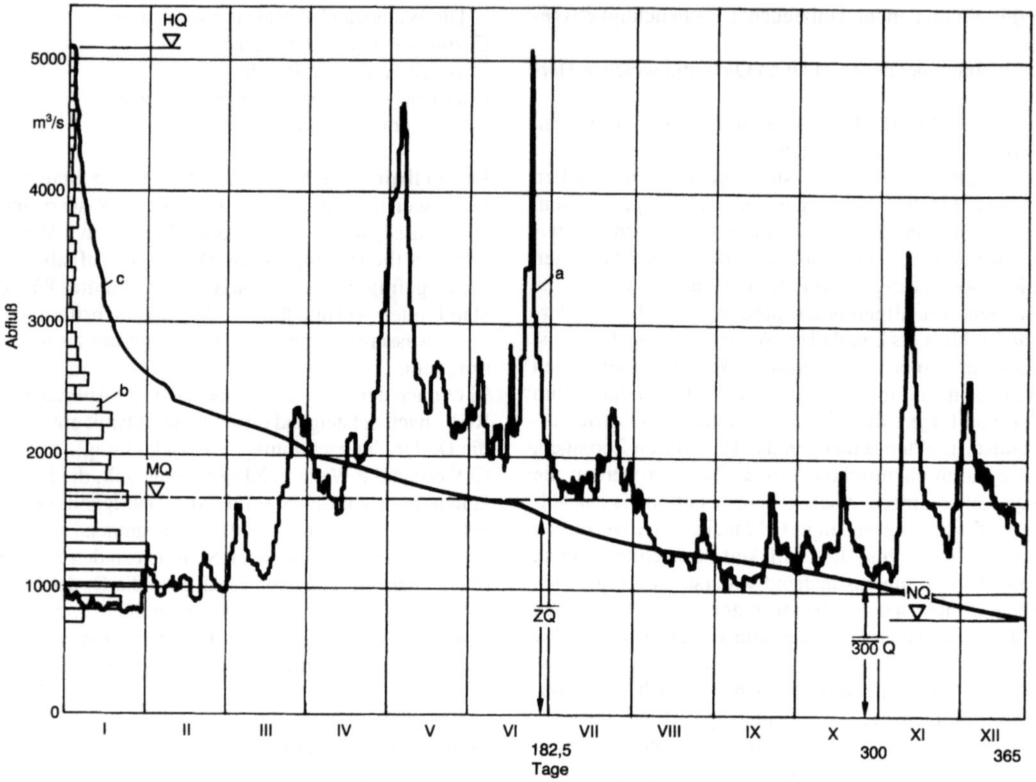

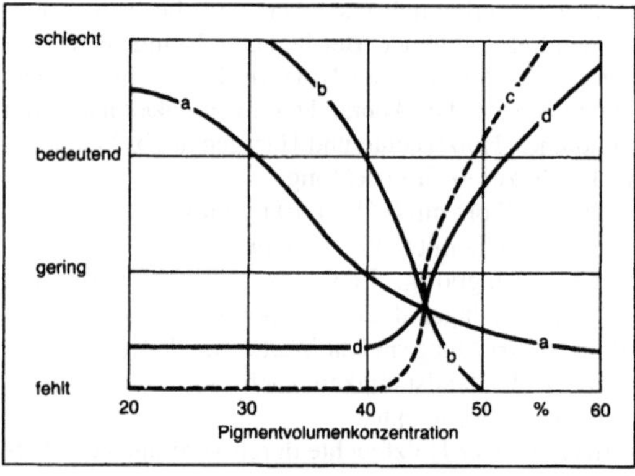

Dauerlinie: Abflußganglinie, Häufigkeitslinie und Überschreitungsdauerlinie. (W. Kresser)

a Ganglinie, b Häufigkeitslinie, c Dauerlinie, HQ oberer Grenzwert der Abflüsse, MQ arithmetischer Mittelwert der Abflüsse, ZQ Median der Abflüsse, NQ unterer Grenzwert der Abflüsse, $\overline{300}$ Q Abfluß der Überschreitungsdauer 300 Tage.

erbeanspruchungen (Reinigung) dürfen nicht zu Absplitterungen, Rißfurchen oder großflächigem Abtrag durch Schleifverschleiß führen.

☐ Glanzgrad. Matte Beschichtungen sind wegen ihrer mikrorauhen Oberfläche vor allem gegen Verschmutzung empfindlicher als stärker glänzende; auch die Reinigungsfähigkeit ist ungünstiger. An die Qualität der Applikation, vor allem bei Pinselauftrag, werden erhöhte handwerkliche Ansprüche gestellt, um größere Flächen gleichmäßig zu beschichten.

☐ Widerstand gegen biologischen Angriff. Sockelbereiche, Umfassungsmauern und andere gefährdete Bereiche sollten zur Verhinderung biologischer Angriffe durch einen Zusatz fungizider Wirkstoffe zum Anstrichmittel geschützt werden.

Die Eigenschaften der fertigen Beschichtung werden außer von den Bindemitteleigenschaften in hohem Maße von der Art und Menge der → Pigmente beeinflußt. Eine Grundkenngröße ist die Pigmentvolumenkonzentration (PVK) (Bild). Klarlackierungen sind gegen Adhäsionsversagen wesentlich empfindlicher als pigmentierte Beschichtungen. Die energiereichen UV-Strahlen können bis zur kritischen Haftzone durch-

dringen, während sie bei lichtundurchlässigen Stoffen Alterungsprozesse nur im Oberflächenbereich bewirken können. Der Begriff D. sagt nichts über das Deck-

Deckanstrich: Einfluß der Pigmentvolumenkonzentration auf wichtige Beschichtungseigenschaften (Prinzip).

a Glanz, b Blasen, c Rosten, d Durchlässigkeit

vermögen aus, d. h. über die Eigenschaft, die Farbe des Untergrundes zu verdecken. *Sasse*

Deckbeschichtung → Deckanstrich

Decke. Die Aufgabe der D. ist es, von der → Tragschicht, die aus relativ grobem Material besteht, den Übergang zu der befahrbarkeitsgerechten, ebenen und griffigen Oberfläche zu schaffen. Gleichzeitig soll die D. einen wasserdichten oberen Abschluß der → Straßenbefestigung bilden, der dem Aufbau eine verschleißfeste Oberfläche verleiht, deren Neigung ein seitliches Abfließen des Niederschlagswassers (→ Entwässerung, → Dränasphalt) gewährleisten soll. Die wesentlichen Deckentypen sind die → Asphaltdecke, die → Betondecke und die → Pflasterdecke. Bei untergeordneten Straßen und Wegen (→ Wegebefestigung) kann auch eine → Oberflächenbehandlung der Tragschicht ausreichen, um die genannten Deckenaufgaben zu erfüllen. Asphaltdecken bestehen i. d. R. aus der → Deckschicht und der Bindeschicht. Die Aufgaben der Tragschicht und der D. können auch von einer → Tragdeckschicht erfüllt werden. Betondecken stellt man i. a. in ein oder zwei Lagen her. Pflasterdecken bestehen aus den Pflastersteinen einschl. der Pflasterbettung. *Beckedahl*

Deckelbauweise. Eine offene → Tunnelbauweise, wobei konstruktiv auf einen steifen U-Rahmen ein „Deckel" als obere Abdeckung aufgelegt wird (auch als Fertigteil-Platten-Bauweise bekannt). *Wagner*
Literatur: *Mandel/Wagner:* Verkehrstunnelbau. Berlin, 1968.

Deckenschalung. Zu den horizontalen Bauteilen zählen Deckenplatten mit und ohne Unterzüge, Kragplatten, → Balken u. ä., bis max. 3% geneigt.
Für Deckenbauteile können je nach Grundrißfläche, Geometrie, Raumbegrenzung, Geschoßhöhe, Deckenlast u.v.m. die unterschiedlichsten Arten und Systeme von → Schalungen eingesetzt werden. Hierzu gehören → Schalungssysteme wie
☐ flexible Träger-/Stützensysteme, zusammengesetzt aus Schalungsgeräten wie
– Baustützen (Stahl, Aluminium),
– Trägern (→ Holz, Aluminium, Stahl),
– Schalhautplatten nach DIN 18 218, 68 791 und 68 792 (Bild).
☐ Alu-Rahmentafelsysteme,
☐ Schalungstische, → Tischschalungen,
☐ Sonderschalungskonstruktionen, → Sonderschalungen, je nach Geometrie und Häufigkeit des Einsatzes,
☐ teilvorgefertigte D., bestehend aus 5–6 cm dicken, vorgefertigten Betonplatten mit eingebauten Gitterträgern und Bewehrungsstäben als Armierung, durch → Schalungsgerüste unterstützt oder frei gespannt.
F. Hoffmann

Deckfurnier. Als D. bezeichnet man die jeweils außenliegenden Furniere von Sperrholzplatten. Je nach Verwendungszweck werden unterschiedliche Qua-

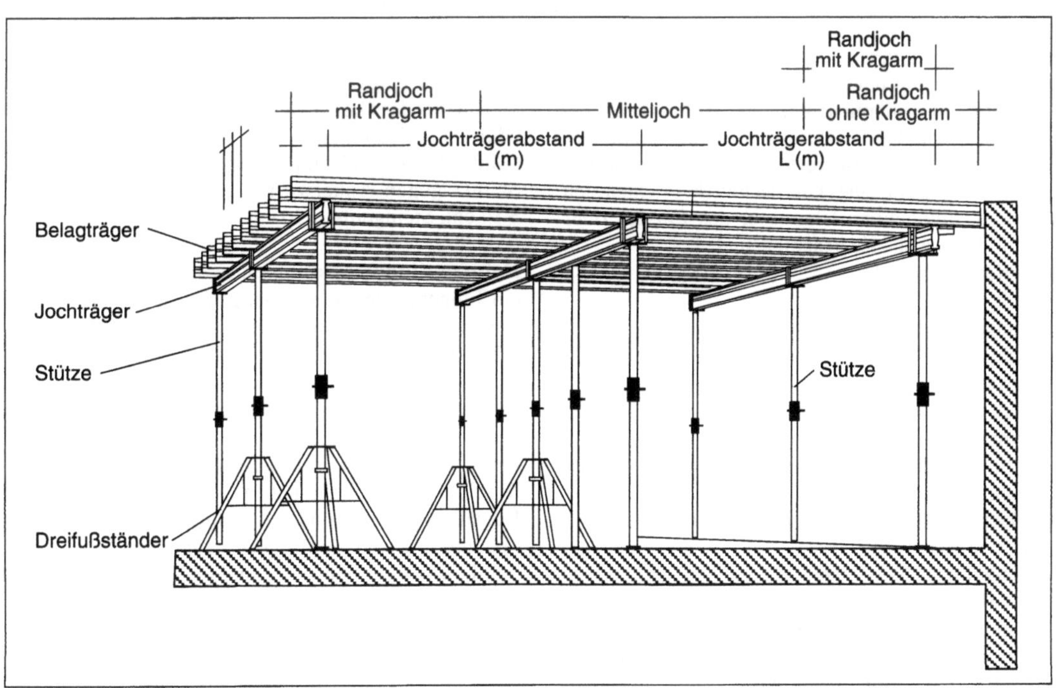

Deckenschalung: Flexibles Trägersystem.

litätsanforderungen an diese Furniere gestellt. Je nach der Art der Schältechnik (Radial-, Tangential-, Rundschälung) lassen sich verschiedenartige → Maserungen erzeugen. *Dröge*

Deckschicht.

Geologie. Die D. (Sickerraum) umfaßt die in der wasserungesättigten Zone vorhandenen Gesteine einschl. des Bodens im engeren Sinne bis zur Grundwasseroberfläche. *Mattheß*

Straßenbau. Als D. bezeichnet man die oberste Schicht der → Asphaltdecke, da die Asphaltdecke i.d.R. aus der D. und der → Binderschicht besteht. Die → Betondecke und → Pflasterdecke unterteilt man nicht in Schichten. Die früher üblichen Bezeichnungen für die D., wie Verschleißschicht oder Verschleißdecke, werden nicht mehr verwendet. D. stellt man aus → Asphaltbeton (→ Heißeinbau, selten → Warmeinbau), → Asphaltmastix, → Splittmastixasphalt oder aus → Gußasphalt her. Eishemmende, aufgehellte, farbige, ölbeständige D. oder die D. aus → Dränasphalt sowie D. aus halbstarrem Belag finden wie der → Brückenbelag in Sonderfällen im Straßenbau Verwendung.

Beckedahl

Deckvermögen → Deckanstrich

Deckwerk.

D. ist eine Abdeckung der Uferböschung von → Binnenwasserstraßen. Seine Aufgabe ist es, die Uferböschungen zu schützen und damit die → Standsicherheit, Profilbegrenzung und die Einhaltung des geforderten Fahrwassers zu gewährleisten. Es wird zwischen durchlässigen und dichten D. unterschieden. Bei Grundwasserständen, die höher als der Fahrwasserstand sind, muß der Aufbau des D. eine schadlose Durchströmung ermöglichen. Im umgekehrten Fall, bei Stauhaltungen und Schiffahrtskanälen, soll ein dichter Aufbau größere → Wasserverluste verhindern. Gestaltung und Bemessung eines Uferdeckwerkes richten sich nach dem allgemeinen Charakter des Flusses oder → Schiffahrtskanals. Zu beachten sind:
– Niedrigwasserregelung,
– Stauregelung,
– Abflußänderungen,
– Geschiebetrieb,
– Fahrwasserbegrenzung,
– Zweck des Stauhaltungsdammes,
– Strömung, Wind, Wellen und Eisgang.
Weiterhin sind die hydrodynamischen Vorgänge bei der Schiffahrt zu berücksichtigen:
– Rückströmung des verdrängten Wassers,
– Bug- und Heckwellen,
– Absenkung des Wasserspiegels und des Schiffes,
– Auswirkung des Schraubenstrahls.

Entsprechend den angreifenden hydraulischen Kräften und der Lagestabilität werden die Decklagen am Fluß i.d.R. aus losen Elementen mit ausreichendem Eigengewicht aufgebaut. Die Schichtdicke muß min-

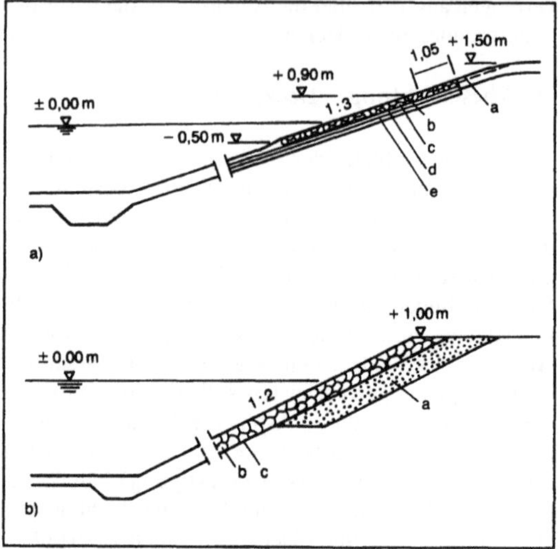

Deckwerk: Ausführungsformen.
a) Asphaltbauweise.

a 20 cm Mutterbodenandeckung, b Mutterbodenüberdeckung, c 15 cm Steinsatz oder Bitumenschotter, d Asphaltbettung, e 10 cm Tragschicht aus Bitumensplitt

b) Vergossenes Steingerüst.
a 50 cm Frostschutzschicht, b 30 cm Schüttsteine 10–25 cm, voll vermörtelt, c Filter aus Kunststoffmatte (Vlies)

destens das 1,8fache der größten Kantenlänge eines Elementes aufweisen. D. zur Auskleidung eines Schifffahrtskanals grenzen das Kanalprofil ab. Hier übt der Schraubenstrahl die größte Zerstörungskraft auf die Kanalverkleidung und vor allem auf die Böschung aus. Das D. im Fahrwasserbereich muß daher ein zusammenhängendes Ganzes bilden, z.B. in Asphaltbauweise oder als verklammertes bzw. vergossenes Steingerüst (Bild). Bei der Schichtdicke muß man den notwendigen Schutz gegen Ankerwurf berücksichtigen: Asphalt > 14 cm, Steingerüst > 30 cm. *Muth*

Deformationsmessung. Unter dem Begriff D. wird ein Teilgebiet der → Ingenieurgeodäsie verstanden, das sich mit der Bestimmung und Analyse von geometrischen Veränderungen an natürlichen und künstlichen Objekten befaßt. Ein natürliches Objekt kann z.B. die gesamte Erde mit ihren plattentektonischen Veränderungen sein. Andere natürliche Objekte sind die weltweit verbreiteten rutschgefährdeten Hänge und Böschungen mit ihrem hohen Gefährdungspotential. Künstliche Objekte sind z.B. Staumauern und -dämme, Schleusenbauwerke, Brücken und Türme, aber auch Stahlkonstruktionen und Fundamente von Großmaschinen.
Unabhängig von der Verschiedenartigkeit dieser Objekte läßt sich der Grundgedanke einer D. auf ein Konzept reduzieren, das im Bild skizziert ist. Dieses geometrische Objektmodell abstrahiert das Untersuchungsob-

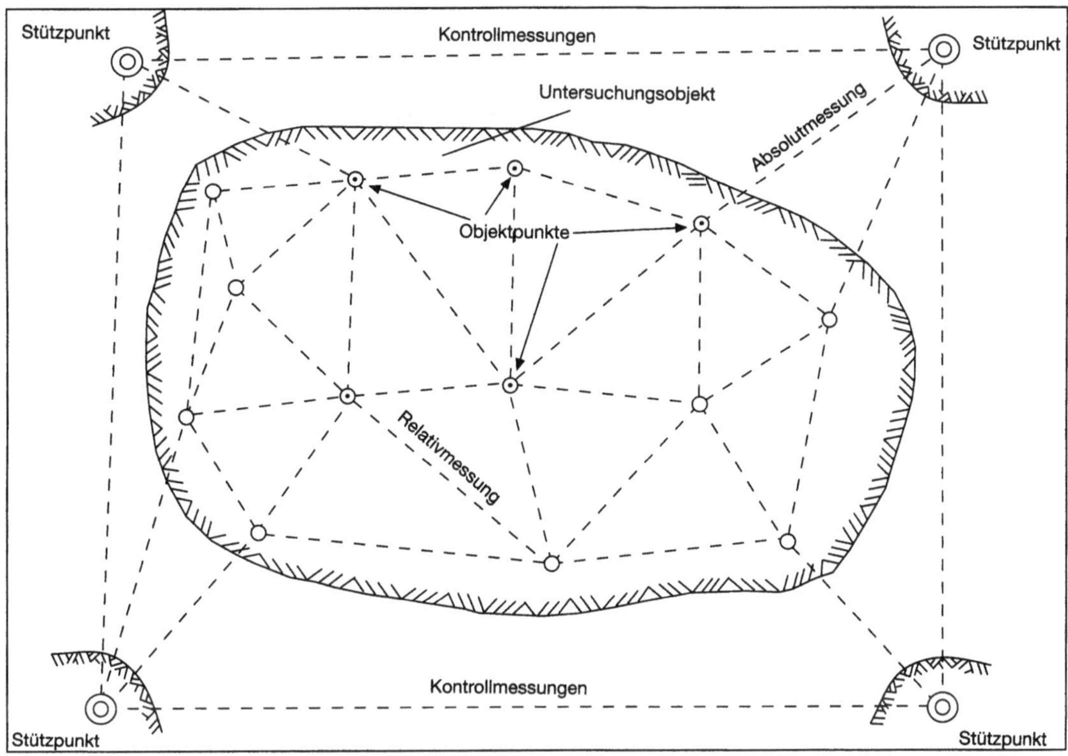

Deformationsmessung: Quasistatisches Objektmodell.

jekt durch eine Anzahl von Objektpunkten, deren Bewegungen – relativ zueinander und absolut im Raum oder gegenüber der Umgebung – zu erfassen sind. Die Objektpunkte sind durch geometrische Größen (Distanzen, Winkel, Höhenunterschiede) untereinander verknüpft, die direkt oder indirekt gemessen werden können (Relativmessungen). Wird die Bestimmung dieser Verknüpfungselemente in gewissen Zeitabständen wiederholt, lassen sich dadurch Relativverschiebungen der Objektpunkte und letztlich innere Verformungen des Untersuchungsobjektes ableiten.

Falls neben den inneren Verformungen auch Absolutbewegungen des Objekts (Starrkörperbewegungen) interessieren, werden Stützpunkte außerhalb des eigentlichen Untersuchungsobjekts benötigt, die von den Ursachen etwaiger Objektverformungen unberührt sind und auch keine sonstigen Störbewegungen erwarten lassen. Die ebenfalls wiederholte meßtechnische Verknüpfung dieser Stützpunkte mit den Objektpunkten (Absolutmessungen) zeigt dann die gesuchten Starrkörperbewegungen auf. Zusammengefaßt ergeben sich die im Bild dargestellten Verschiebungsvektoren zwischen zwei Meßepochen, die in Absolut- und Relativverschiebungen zerlegt werden müssen; dies ist eine Aufgabe der Deformationsanalyse.

Schließlich ist noch zu erwähnen, daß die zunächst hypothetische Stabilität der Stützpunkte durch geeig-

nete Kontrollmessungen und entsprechende Stabilitätsuntersuchungen sichergestellt werden muß, wie dies in der Abbildung angedeutet ist. *Pelzer*

Dehnung. D. sind die bezogenen Verformungen eines infinitesimal kleinen räumlichen Werkstoffelementes infolge Zug- bzw. Druckbeanspruchung. Sie sind dimensionslos und geben das Verhältnis der Längenänderung infolge der Beanspruchung zur ursprünglichen infinitesimalen Kantenlänge an (→ Verzerrung, → Elastizitätstheorie). *Laermann*

Deich. Damm aus Erdbaustoffen zum Schutz gegen → Hochwasser und/oder Sturmfluten. Bei Flußdeichen (Bild 1, S. 180) unterscheidet man die folgenden Arten: Geschlossene D. (a in Bild 1) schließen beiderseits, offene D. (b) nur oberstrom an hochwasserfreies Gelände an. Durch offene D. geschützte Flächen werden im Hochwasserfall nicht durchströmt (→ Erosionsschutz). Rückstaudeiche (c) sind an Nebengewässern so weit nach oben geführt, daß keine Überflutung des zu schützenden Gebietes durch Rückstau vom Hauptfluß aus eintritt. Leitdeiche (d) haben die Aufgabe, die Strömung zu lenken. Binnendeiche (e) teilen ein geschütztes Gebiet, um bei Deichbrüchen den Schaden zu mindern. Ringdeiche (f) umgeben allseits das zu schützende Gebiet, Kuver- oder Schloßdeiche (g) und Qualm-

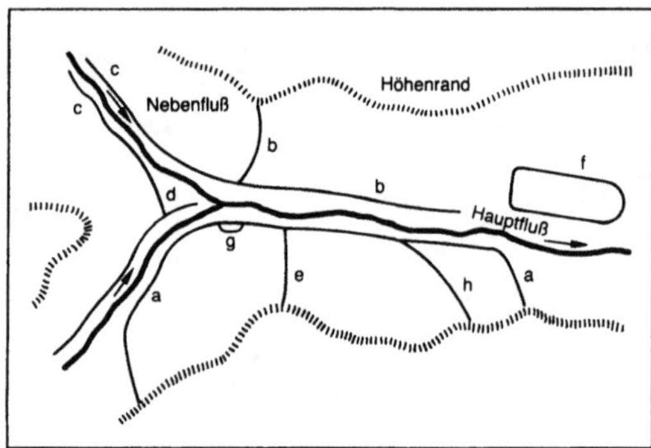

Deich 1: Deicharten bei Flußdeichen.

a geschlossener Deich, b offener Deich, c Rückstaudeich, d Leitdeich, e Binnendeich, f Ringdeich, g Kuver- oder Schloßdeich, h Schlafdeich

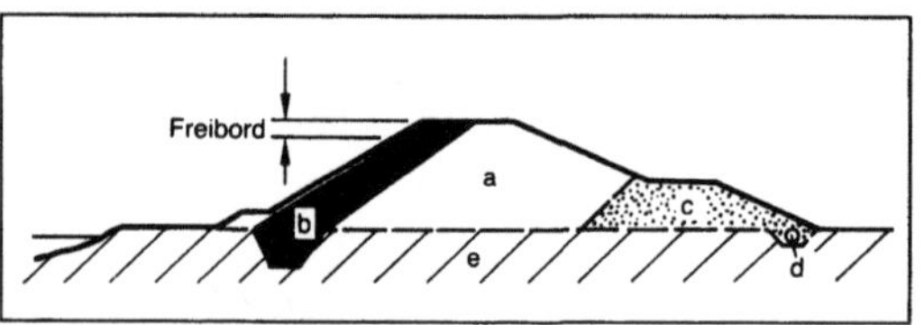

Deich 2: Erstrebenswerter Aufbau eines D.

a durchlässiger Deichkörper, b Dichtung, c Filter, d Drän, e Untergrund

deiche umschließen Wasseraustritte am Hauptdeich oder im Talboden. Schlafdeiche (h) dienen nach vorverlegter Deichlinie nur noch der erhöhten Sicherheit. Schardeiche liegen ohne Vorland direkt am Flußufer. Überlaufstrecken in D. sind so ausgebildet, daß sie ohne wesentliche Schäden am D. überströmt werden können.

Die Linienführung eines D. wird vom Fluß- und Talverlauf, von hydraulischen Bedingungen, Untergrund, landschaftlichen, ökologischen und städtebaulichen Belangen sowie von vorhandenen Nutzungsansprüchen bestimmt. Die Deichhöhe legt man entsprechend dem Bemessungswasserstand und dem zu wählenden → Freibord fest (Bild 2). Dieser setzt sich aus Windstau, Wellenauflauf, ggf. Eisstau und Zuschlägen zusammen. Für die Wahl der Böschungsneigung des D. sind vor allem Gesichtspunkte der → Standsicherheit, der Unterhaltung und der Landschaftsgestaltung maßgebend. Vielfach wählt man etwa 1:3 für die Wasser- und die Landseite. Seedeiche sind im Vergleich zu Flußdeichen stärkeren Wellenbelastungen ausgesetzt. Ihre wasserseitige Böschung ist daher wesentlich flacher. Unter bestimmten Bedingungen kann man die landseitige Böschung z.T. mit Gehölz bepflanzen. In Form von Deichrampen werden Wege über den D., durch mit zwei Dammbalkenlagen oder Stemmtore (→ Hochwassersperrtor) verschließbare Deichscharten durch den D. geführt. *Lecher*

Literatur: DVWK-Merkblätter, H. 210: Flußdeiche. Hamburg, Berlin 1986.

Deichverteidigung. Technische und organisatorische Vorkehrungen für die Verteidigung der Hauptdeichlinie bei → Hochwasser und Sturmflut. Bei Gefährdung durch Wellenschlag, starke Strömung und Eisschollen erhält man provisorischen Schutz durch Sandsäcke, → Faschinen u.a., Dauerschutz durch Pflasterung. → Quellen auf der Binnenseite (Luftseite) sind durch mit Sandsäcken beschwerte Folien auf der Außenseite (Wasserseite) zu beseitigen. Ist dies nicht möglich, hilft ein an der Austrittsstelle die Quelle umschließender Fangdamm. Rutschungen (Warnzeichen: Durchquellung und Risse) ist durch Belastung des Böschungsfußes mit Sandsäcken oder durch Vorschütten von Boden vorzubeugen. Überströmen der Deichkrone wird durch Aufhöhen des → Deiches mit Sandsäcken (bei geringer erforderlicher zusätzlicher Höhe) oder mit einfacher bzw. doppelter Bretterwand und Erdfüllung (Aufkadung) verhindert. Ein Deichverteidigungsweg ist ein befestigter Weg auf der Binnenseite des Deiches, der auch bei höheren Binnenwasserständen nicht überflutet wird. Er dient der Deichunterhaltung und der Anfuhr von Geräten und Baustoffen für gefährdete und geschädigte Deiche. *Lecher*

Dekontaminierung → Kontaminierung

Denitrifikation. Wir sprechen von der Nitrifikation und D. – beim Abwasser – im Verlauf des Reinigungsprozesses. Dabei werden die organischen langsamer (als die Kohlenstoffverbindungen) abbaubaren Stickstoffverbindungen vor allem biologisch – durch Bakterien – bei ausreichendem Sauerstoffangebot zu NO_3 „nitrifiziert", dies im aeroben Zustandsbereich des Abwassers.

Andererseits werden – ebenfalls biologisch (durch andere Bakteriengruppen) – im anaeroben sauerstoffarmen bis -freien Bereich diese NO_x-Verbindungen reduziert und von den Bakterien der Sauerstoff des NO_3 zum Weiterleben benutzt, der Stickstoff N gasförmig ausgeschieden, denitrifiziert, wozu immer ein ausreichendes H-Wasserstoffangebot vorhanden sein muß, als „Donator". Dies können eine chemische Verbindung mit dem H-Angebot (z.B. Methanol oder auch bestimmte geeignete Abwässer sein), meist benutzt man hierzu jedoch das „frische" Abwasser. So kann der Stickstoff im Abwasser auf vorgegebene Grenzwerte reduziert werden durch Nitrifikation/Denitrifikation und geeignete Führung und Zusammenführen der Wasserteilströme in Zonen aeroben und anaeroben Zustands. ...$(NO_3^- + \frac{1}{2}H_2O \rightarrow \frac{1}{2}N_2 + \frac{5}{2}O_2 + OH^-)$. *Pfeiff*

Denkmalpflege. Das → Baugesetzbuch weist in §§ 1 (5) und 136 auf die Rolle des Denkmalschutzes bei städtebaulichen Planungen, insbes. bei Sanierungsmaßnahmen hin. Grundlage hierfür ist die sog. Verunstaltungsgesetzgebung, die Bestandteil der → Bauordnungen ist. Die D. versteht unter dem Begriff „Denkmal" alle von Menschenhand geschaffenen Werke vergangener Epochen, die sich durch Qualität oder durch Einmaligkeit auszeichnen. Dazu gehören öffentliche Bauten (Kirchen, Klöster und Rathäuser, Schlösser und ihre Gärten usw.) und private Bauten (Wohn- und Bauernhäuser, technische Anlagen, Mühlen, Brücken, Kräne usw.), deren Erhaltung wegen ihres geschichtlichen, wissenschaftlichen oder künstlerischen Wertes im öffentlichen Interesse liegt. Die Anfänge der D. im heutigen Sinne gehen in Deutschland auf die von einer Bildungsschicht im 19. Jahrhundert getragenen Bemühungen um die Erhaltung von nationalen „Symbolen" zurück, wie Marienburg (ab 1817), Wartburg (ab 1839) oder Kölner Dom (ab 1842), die zu Ende gebaut, wiederhergestellt oder rekonstruiert wurden. Während sich das Interesse anfangs auf große Monumente richtete, wurde schon vor dem Ersten Weltkrieg und verstärkt nach den Zerstörungen des Zweiten Weltkrieges die Bedeutung von „Ensembles" (Gebäudegruppen, homogene Stadtviertel oder ganze Städte) auch für eine größere Öffentlichkeit deutlich.

Die Länder sind Träger der D. Die Organisationen sind unterschiedlich. Als untere Denkmalschutzbehörden fungieren in der Regel die Kreise und kreisfreien Städte. Obere Denkmalschutzbehörden sind die Landesämter für D. (die Bezeichnungen variieren). Oberste Instanz ist ein Ministerium, meistens der Kultusminister. Die oberen Denkmalschutzbehörden sind als beratende Organe nicht selbst Unternehmer, aber verpflichtet, denkmalpflegerische Arbeiten zu überwachen und nach wissenschaftlichen Grundsätzen zu leiten. Dabei legen die von den Ländern erlassenen unterschiedlichen Denkmalschutzgesetze den Eigentümern von Baudenkmälern Erhaltungspflichten auf, unterwerfen die Veränderung von Kulturdenkmälern einem Erlaubnisvorbehalt, regeln → Enteignung, Entschädigung u. a. Während die D. im 19. Jahrhundert noch historisierende Stilnachahmung praktizierte, wird heute der Bestand i. d. R. nach streng wissenschaftlichen Erkenntnissen hinsichtlich der ursprünglichen Gestalt ergänzt und die Farbfassung freigelegt bzw. erneuert. Die Spannweite reicht von reiner Konservierung, Behebung von späteren Verunstaltungen bzw. Wiederherstellung eines Originalzustandes (welches?) bis zu Rekonstruktionen und Kopien. Die Ergebnisse, insbes. der letztgenannten Bemühungen, werden auch unter Denkmalpflegern kontrovers diskutiert. *Spengelin*

Literatur: *Benevolo, L.*: Die Geschichte der Stadt. Frankfurt 1983. – *Breitling, P.*: Die Stadt als geschichtliches Zeugnis. In: Grundriß der Stadtplanung. Hannover 1983. – Denkmalschutzgesetze der Bundesländer – *Meckseper, C.*: Stadt im Wandel. Stuttgart 1985. – *Trieb, M.*, u. a.: Erhaltung und Gestaltung des Ortsbildes. Stuttgart 1985.

Denkmalschutz → Denkmalpflege

Depassivierung. Verlust des Korrosionsschutzes von Stahleinlagen in Betonbauteilen (→ Alkalität), bedingt durch → Karbonatisierung des umgebenden Betons oder durch Belegung der Stahloberfläche mit eindiffundierten Chlorionen (z. B. aus Tausalzen bei Straßen, Brücken und Parkhäusern oder im Meerwasserbereich). *Sasse*

Deponie. Geordnete Ablagerung von → Abfällen, wie z. B. Hausmüll (Siedlungsabfall) oder Sondermüll. Es ist zwischen Verdichtungs- und Rottedeponien zu unterscheiden. Bei der Verdichtungsdeponie werden die Abfälle nach einem festen Betriebsplan mit z. B. → Planierraupen oder speziellen Müllkompaktoren in Lagen bis maximal 2 m eingebaut und verdichtet. Bei der Rottedeponie zerkleinert man die Abfälle i. d. R. in Shredderanlagen, bevor man sie auf gesonderten Flächen ausbreitet. Nach etwa drei bis vier Monaten sind die organischen Bestandteile verrottet. Klärschlamm kann mit abgelagert werden. Das Verfahren ist sehr flächenintensiv und wird heute daher nur noch selten angewendet.

Von D.-Neuanlagen sind bestehende Müll- sowie → Abfalldeponien zu unterscheiden, die wegen unzureichender → Abdichtungen den Boden oder das → Grundwasser belasten (→ Altlast, → Grundbau). Ist der Untergrund bereits belastet, so spricht man von einem kontaminierten Standort. In der Bundesrepublik Deutschland existieren mehrere Tausend sanierungsbedürftige Altlasten. Als Sicherungs- sowie Sanierungsverfahren für Altdeponien stehen vor allem die Einkapselung, das Absenken des Wasserspiegels in der Altlast oder darunter, die Umlagerung oder z. B. der mikrobiologische Abbau zur Verfügung. Durch seitliche Dichtwände soll verhindert werden, daß kontaminiertes Wasser aus dem Altstandort in die Umgebung sickert. Bei einer Absenkung strömt Wasser aus dem angrenzenden Untergrund in die D. Kontaminiertes Wasser wird dadurch an einer seitlichen Ausbreitung gehindert. Wasserlösliche Schadstoffe lassen sich durch Mikroorganismen abbauen. Zu unterscheiden ist dabei das In-Situ-Verfahren, bei dem der Abfall in der D. verbleibt, das On-Site-Verfahren, bei dem kontaminierter Boden ausgebaut wird und an Ort und Stelle behandelt wird sowie das Off-Site-Verfahren, bei dem z. B. belasteter Boden in einer Verbrennungsanlage gereinigt und dann wieder eingebaut wird.

Entscheidende Konstruktionselemente bei D. sind die Abdichtungen. Es muß vermieden werden, daß belastetes Wasser in den Untergrund sickert sowie → Oberflächenwasser in die Ablagerung eindringt. Die wichtigsten Schadstoffanteile von Sickerwässern (Deponiewässern) sind Schwermetalle und Kohlenwasserstoff-Verbindungen (KW-Verbindungen). Der Deponiebau orientiert sich an dem multibarrieren Konzept. Dieses Konzept sieht fünf Barrieren vor (Bild 1, S. 182). Es sind die geologische Barriere und damit die

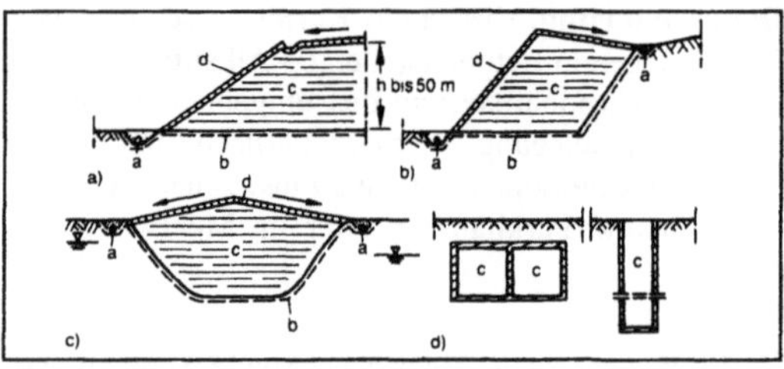

Deponie 1: D.-Typen.

a Dränage, b Basisabdichtung, c Müll, d Abdeckung

a) Haldendeponie

b) Hangdeponie

c) Grubendeponie

d) Behälter- und Schachtdeponie.

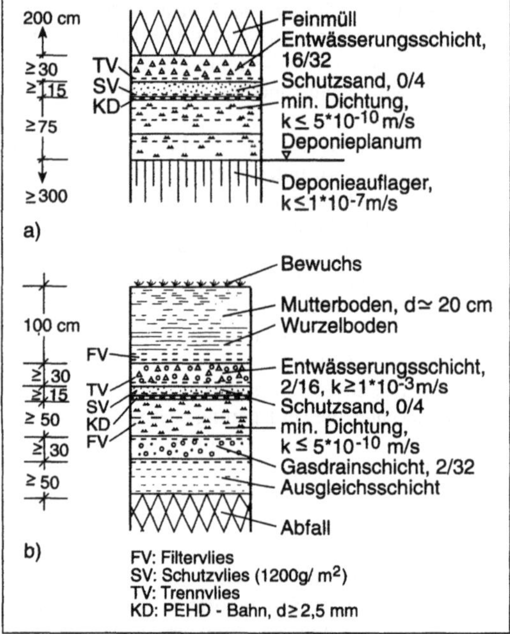

Deponie 2: D.-Abdichtungen.

FV Filtervlies, SV Schutzvlies (1 200 g/m^2), TV Trennvlies, KD PEHD-Bahn, d≥2,5 mm

a) Basisabdichtung

b) Oberflächenabdichtung.

Wahl eines geeigneten Standortes, die Basisabdichtung, die Ablagerung selbst einschließlich Sickerwasser- und Gasfassung, die Oberflächenabdichtung sowie das Nachsorgekonzept mit diversen Kontrollen. Bei Altdeponien mit fehlender Basisabdichtung wird häufig als Ersatz für diese – bevor mit einer Weiterverfüllung fortgefahren wird – auf dem Altmüllkörper eine Zwischenabdichtung hergestellt.

An den Standort einer D. werden zwar verschiedene Anforderungen gestellt, entscheidend ist aber häufig die Akzeptanz des Standortes bei der Bevölkerung. Die günstigsten Standorte von D. liegen fernab von Wohnsiedlungen und → Wasserschutzgebieten und haben einen wenig durchlässigen Untergrund. Unterhalb der Deponiesohle sollte Ton oder Schluffton (geologische Barriere) anstehen, der eine Schichtdicke von wenigstens 3 m und eine → Durchlässigkeit k ≤ 10^{-9} m/s hat. Hinweise zur Bodenkundlichen Standortbestimmung gibt die DIN 4220 (E 10/92). Aus Mangel an geeigneten Standorten und häufig auch wegen kommunalpolitischer Zwänge lassen sich diese Anforderungen nicht immer erfüllen. Die Nachteile des Standortes müssen dann durch Zusatzmaßnahmen ausgeglichen werden. Anstatt der geologischen Barriere sind dann z. B. zusätzliche Dichtungsschichten einzubauen. Die Anforderungen an die geologische Barriere sowie die Dichtungsschichten enthalten die → TA Abfall sowie die → TA Siedlungsabfall.

Die Basisabdichtung (Bild 2 a), soll ein Versickern von Schadstoffen in den Untergrund verhindern. Die heute gebräuchlichste Ausführung besteht in der Kombination aus mineralischer → Dichtung z. B. Ton, und einer Kunststoffdichtungsbahn (KDB). Oberhalb der geologischen Barriere oder der Ersatzschichten wird die mineralische Dichtung der Basisabdichtung lagenweise eingebaut und verdichtet. Es werden 3 bis 4 Lagen zu jeweils 25 cm Dicke gewählt. Nach dem multimineralischen Konzept sollte die oberste Lage kaolinitisch, die darunter befindlichen Lagen bentonitisch sein. Im verdichteten Zustand muß der → Durchlässigkeitskoeffizient für alle Lagen k ≤ 5 · 10^{-10} m/s sein. Auf dem Ton wird bei kombinierten Basisabdichtungen eine KDB aus hochdichtem → Polyethylen (HDPE) verlegt, die zum Schutze vor mechanischen Einwirkungen durch ein Schutzvlies sowie einen Schutzsand abgedeckt wird. Darüber wird ein Trennvlies und der etwa 30 cm dicke Flächenfilter der Körnung 16 mm/32 mm eingebaut. Im Flächenfilter werden Sickerwasserleitungen verlegt, die das → Sickerwasser zu einem Sammelbecken führen. Die Kunststoffabdichtung ist zwar für Wasser undurchlässig; Kohlenwasserstoffe diffundieren jedoch hindurch und müssen dann von der darunterliegenden mineralischen Dichtung adsorbiert werden.

Die Oberflächendichtung soll das Einsickern von Oberflächenwasser in die D. verhindern und ein Fassen des Deponiegases (rd. 75 m^3/t Hausmüll) ermöglichen. Eine Ausführungsvariante zeigt Bild 2 b). Vliese dienen dazu, filterfeste Zustände zu gewährleisten oder Schichten voneinander zu trennen. Das Deponiegas wird über Gasdome sowie die Gasdrainageschicht abgesogen (aktive Entgasung). Der Ton ist weitgehend gasundurchlässig, die HDPE-Folie wasserundurchlässig. Als Dränage des Wurzelbodens sind auch Dränmatten üblich.

Für die Basisabdichtung im Deponiebau wird mit zunehmender Tendenz auch → Asphaltbeton eingesetzt, ein Dichtungselement, das in der Schweiz fast ausschließlich verwendet wird. Als Variante der kombinierten Oberflächenabdichtung wird auch häufig nur eine mineralische Dichtung gewählt. Ab dem Jahr 2005 (→ TA Siedlungsabfall) sollten auf Siedlungsabfalldeponien nur noch → Reststoffe mit geringen organischen Anteilen (Verbrennungsrückstände) abgelagert werden. Vor allem der Aufbau der Basisabdichtung darf dann vereinfacht werden.

Die Anforderungen an die Konstruktionselemente einer D. sowie die Kontrollprüfungen für die einzelnen Materialien müssen in einem → Qualitätssicherungsplan festgeschrieben werden. Vor Beginn des Dichtungsbaus müssen die Eignung der vorgesehenen Einbau- und Verdichtungsgeräte sowie die gewählten Verdichtungsparameter in einem Versuchsfeld getestet werden. *Meißner/Becker*

Deponiegasnutzung. Anlagen zur D. sind in erster Linie Anlagen zur Deponiegasbehandlung im Hinblick auf eine Minimierung der von der → Deponie ausgehenden Schadstoffemissionen. Eine energetische Nutzung bietet sich an wegen seines hohen Gehalts an Methan. Ein m^3 Deponiegas hat etwa den Energieinhalt von 0,3–0,4 l Heizöl. Der Heizwert von Deponiegas ist etwa identisch mit dem von Stadtgas.

Schwerpunkt der D. in Deutschland ist die Stromerzeugung mit Hilfe von Verbrennungsmotorenanlagen und die Erzeugung von Raum- und Prozeßwärme durch Verbrennung in Feuerungsanlagen. Heute verfügen knapp 40% der in Betrieb befindlichen Hausmülldeponien über Anlagen zur D. Daneben gibt es eine größere Anzahl von Gasnutzungsanlagen auf bereits geschlossenen Deponien.

Mit der Verbrennung von Deponiegas in Feuerungsanlagen können in der Regel die höchsten Wirkungsgrade erzielt werden. Da oftmals kein geeigneter Wärmeabnehmer in der Umgebung der Deponie vorhanden ist, ist der Anteil der Deponiegasfeuerungsanlagen an den Gasnutzungsanlagen vergleichsweise gering. Deponiegas wird überwiegend verbrannt in Dampf- und Warmwasserkesseln zur Gewinnung von Raumwärme, Prozeßwärme und gelegentlich auch zur Stromerzeugung sowie in Tunnelöfen von Ziegeleien und auch in Drehrohröfen in Zement- und Blähtonwerken. Ein besonders guter Abgasausbrand läßt sich mit Hochtemperaturfeuerungen (Verbrennungstemperatur >1 000 °C) erzielen.

Auf der überwiegenden Zahl der Deponien erfolgt die D. durch Verstromung von Deponiegas über Verbrennungskraftmaschinen. Teilweise wird die dabei anfallende Abwärme für Heizzwecke (Fernwärme, Gärtnereien usw.) genutzt. Der elektrische Wirkungsgrad der Deponiegasverstromung liegt zwar nur bei knapp über 30%, der erzeugte Strom kann aber problemlos in das Stromnetz eingespeist werden. Auf Grund des Energieeinspeisungsgesetzes müssen die Elektrizitäts-Versorgungsunternehmen den Strom abnehmen und angemessen vergüten; 1995 lagen die durchschnittlichen Erlöse zwischen 12,5 und 15,4 Pfennig/kWh.

Andere Möglichkeiten der D., die in Deutschland allerdings noch keine größere Bedeutung haben, sind der Einsatz in Gasturbinen und die Aufbereitung zu Erdgas oder zu Treibstoff für Deponiefahrzeuge. *Rosenbusch*

Deponieklassen. Abzulagernde → Abfälle werden auf Grund der Gehalte an Restorganik und der in ihrem Eluat gemessenen Stoffkonzentrationen verschiedenen D. zugeordnet.

Die → TA Siedlungsabfall sieht zwei D. vor. Dabei sollen auf der zukünftig als Regeldeponie angestrebten D. I nicht verwertbare Abfälle mit besonders niedrigen Eluatwerten und ohne nennenswerte Anteile an organischen Stoffen abgelagert werden.

Auf D. II dürfen Abfälle mit etwas höheren Anteilen an biologisch abbaubaren Stoffen und reduzierten Anforderungen an das Eluat abgelagert werden. Als Ausgleich für die weniger strengen Anforderungen an die Eigenschaften des abzulagernden Restabfalls sind bei → Deponien der Klasse II jedoch deutlich höhere Anforderungen an Deponiestandort und Deponie-Abdichtungssysteme (Basisabdichtung, Oberflächenabdichtung) einzuhalten (Deponieabdichtung).

Als dritte D. kann die gemäß → TA Abfall Teil 1 (TA Sonderabfall) anzulegende → Sonderabfalldeponie (SAD) angesehen werden, die in ihrem Anforderungsniveau mit D. II der TA Siedlungsabfall auf einer Stufe steht. *Bergs*

Deponiekörper. Als D. wird die Masse der in einer → Deponie abgelagerten → Abfälle bezeichnet. Das Verhalten des D. bestimmt weitgehend die langfristige → Umweltverträglichkeit einer Deponie. Als Deponieverhalten bezeichnet man im wesentlichen die Sickerwasser- und Deponiegas-Emissionen sowie die → Standsicherheit der Deponie einschließlich der → Setzungen.

In Deponien, in denen biologisch abbaubare Abfälle abgelagert werden, z. B. herkömmliche Hausmülldeponien, Klärschlammdeponien, laufen weitgehend ungesteuerte physikalische, chemische und vor allem biologische Prozesse ab, die zu praktisch nicht prognostizierbaren Sickerwasser- und Deponiegasemissionen sowie Setzungen des D. hinsichtlich der Größe und des zeitlichen Verlaufs führen.

Bei Deponien, die entsprechend der → TA Abfall für besonders überwachungsbedürftige Abfälle und entsprechend der → TA Siedlungsabfall für Siedlungsabfälle errichtet und betrieben werden, werden keine biologisch abbaubaren Abfälle abgelagert, so daß die von Hausmülldeponien bekannte Deponiegasemission, organische Sickerwasserbelastung und Setzungen nicht zu erwarten sind. Die abzulagernden Abfälle müssen den Zuordnungskriterien in Anhang B der TA Siedlungsabfall genügen. Außerdem werden Eigenkontrollen des Deponieverhaltens, sowie die Auswertung der Meßergebnisse hinsichtlich der Planungsannahmen gefordert. Um den Aufbau des D. einer Deponie zu dokumentieren, werden Ablagerungspläne (Abfallkataster) angelegt. *Stief*

Derrickkran. D. (Bild) sind zum Heben schwerster Lasten geeignet; ihr Einsatz ist meist ein Spezialfall. Ihre Konstruktion besteht aus einem je nach Ausführung schwenkbaren und eventuell teleskopierbaren, über Seile, Streben oder auch beides kombiniert abgespannten Standbaum, auch Standmast, und einem verstellbaren Schwenkbaum (verstellbarer Ausleger). *Kühn*

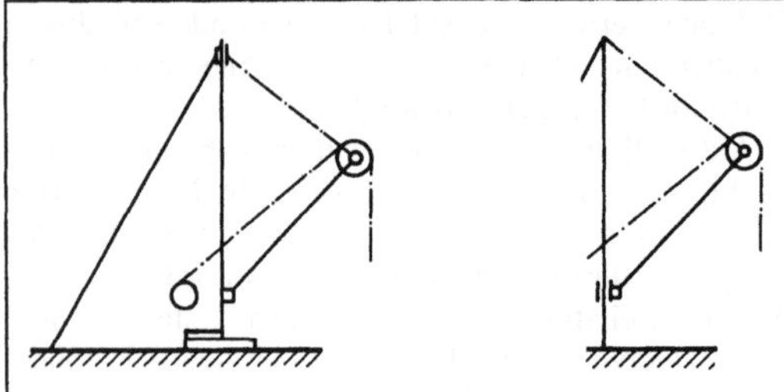

Derrickkran: Schematische Darstellung.

Desinfektion → Entkeimung

Destillationsbitumen → Bindemittel

Destruktionsfäule. Die D. (Braun- oder Rotfäule) ist eine von Pilzen hervorgerufene Zerfallserscheinung. Die Pilze, z. B. Haus- und Porenschwamm, bauen vorzugsweise Zellulose ab; das Zellgefüge bleibt zunächst unversehrt. Durch Volumenverringerung entstehen Schwindrisse in Richtung der Fasern, Markstrahlen und längs der Jahrringe. Das → Holz zerfällt würfelförmig. Im letzten Stadium zerfallen die Zellwände, und das Holz läßt sich zu Pulver verreiben. Durch das beim Zelluloseabbau zurückbleibende Lignin entsteht eine rotbraune Färbung. *Dröge*

Dezentralisierung → Regionalstadt, → Standortgefüge, polyzentrisches; → Strukturmodell

Dichtewert. D. sind Daten, die die Voraussetzung für Planungsmaßnahmen im Bereich des → Städtebaus bilden. Es gibt verschiedene Dichtebegriffe:
□ Die Bevölkerungsdichte, die sich auf größere Einheiten (Region oder Land) bezieht (in der Bundesrepublik Deutschland in den Verdichtungsräumen insges. 1000 Personen/km^2 und, bezogen auf das gesamte Gebiet (alte und neue Bundesländer) 225 Personen/km^2, USA 20 Personen/km^2).
□ Die Wohndichte, die angibt, wie viele Personen auf einer bestimmten Fläche im Stadtgebiet leben. In der Bundesrepublik sind dies i. d. R. 200–450 Personen/ha Wohnbauland. Dies entspricht einer

□ Siedlungsdichte von 100–300 Personen/ha Stadtgebiet oder in Kernstädten zwischen 140 und 250 m^2/Ew., bezogen auf die besiedelte Stadtfläche.
□ Die Belegungsdichte, die angibt, wie viele Menschen in einer Wohnung, einem Raum oder auf einem Quadratmeter → Wohnfläche leben. Hier läßt sich innerhalb dieses Jahrhunderts eine beträchtliche Steigerung feststellen: Von rd. 15 m^2 in – dem sozialen Wohnungsbau vergleichbaren – Wohnvorhaben der 20er Jahre über rd. 23 m^2 (Mittelwert) 1965 auf annähernd 39 m^2 um 1995 (alte Bundesländer). Eine Sättigungsgrenze ist vorerst nicht abzusehen, zumal die Familienaufsplittung weiter anhält, die Nachfrage jüngerer oder expandierender Haushalte nach größeren Wohnungen steigt, während Ältere, auch bei schrumpfender Familie, ihre größere Wohnung nicht freimachen. Auch die durchschnittliche Wohnfläche je Wohnung ist gestiegen, von rd. 50 m^2 um 1950 auf ca. 88 m^2 (alte Bundesländer) und ca. 65 qm (neue Bundesländer) um 1993. Die „Raumordnungsprognose 2010" der BfLR erwartet für die alten Bundesländer ca. 42 m^2 und die neuen Bundesländer 40 m^2.

Wegen der permanenten Veränderung der Belegungsdichte geben personenbezogene Werte keinen ausreichenden Anhalt mehr für das Maß der baulichen Nutzung der Grundstücke. Auf Grund dieser Tatsache wurden in der → Baunutzungsverordnung (BauNVO) die Begriffe Grundflächenzahl (GRZ) und Geschoßflächenzahl (GFZ) eingeführt. Die Obergrenzen für Neubaugebiete, die in § 17 der BauNVO festgelegt sind, wurden im Laufe der vergangenen Jahrzehnte mehrfach erhöht bzw. weniger differenziert als ursprünglich vorgesehen. Sie liegen gleichwohl erheblich unter der Dichte von Altbaugebieten und werden, besonders in Großstädten, durch die Festsetzungen in den → Bebauungsplänen auf Grund städtebaulicher Überlegungen überschritten. Diese Werte eignen sich wegen ihres Flächenbezuges auch für die → Bemessung sämtlicher Bauvorhaben in einer Stadt, mit Ausnahme von Gebäuden für die Industrie mit überdurchschnittlicher Stockwerkshöhe, für die der Begriff Baumassenzahl (BMZ) eingeführt wurde. *Spengelin*

Literatur: BMBau: Raumordnungsbericht 93.

Dichtstoffe im Hochbau. Nach DIN 52460 sind D. Werkstoffe zum Abdichten von Fugen zwischen Bauteilen aus gleichem oder unterschiedlichem Material, z. B. Beton/Beton oder Glas/Stahl. Je nach dem Einsatzgebiet haben D. die Aufgabe, das Eindringen von Wasser, → Wasserdampf oder Luft im Bereich einer Fuge zu verhindern. Die der Fuge benachbarten Bauteile können in bestimmten Grenzen Bewegungen gegeneinander ausführen, die durch Verformungen der gummielastischen D. zwängungsarm aufgenommen werden. Man unterteilt D. in
□ → Fugendichtungsmassen, das sind D., die zur Verarbeitung im plastischen Zustand vorliegen, und

□ → Profildichtungen, das sind vorgefertigte profilierte Dichtungsbänder. *Sasse*

Dichtstoffprüfung. Damit → Fugenabdichtungen funktionstüchtig sind, sind folgende Grundanforderungen an die Dichtstoffe zu stellen, deren Erfüllung durch Prüfungen nachzuweisen ist:
- Dichtwirkung,
- Aussehen,
- Verträglichkeit,
- Beständigkeit,
- → Brandverhalten.

Mit Ausnahme der Prüfung des Brandverhaltens sind die Prüfmethoden und die daraus abgeleiteten Detailanforderungen der Art des Dichtstoffs (→ Fugendichtungsmasse, → Profildichtung) und dem Einsatzgebiet (z. B. Betonfugen, Verglasung) angepaßt.

□ Dichtwirkung.

Fugendichtungen müssen je nach Art der Ausführung luft- und wasserdicht oder zumindest schlagregendicht sein. Bei Fugendichtungsmassen ist die Dichtwirkung gegeben, wenn keine Ablösungen von den angrenzenden Bauteilen und keine Rißbildung in der Masse auftreten. Zur Prüfung werden 50 mm lange Fugenmodelle im Zugversuch um ein bestimmtes Maß gedehnt und diese → Dehnung 24 h lang aufrechterhalten (Bild).

Bei Profildichtungen werden Shorehärte, Zugfestigkeit, Dehnung bei Höchstzugkraft, Weiterreißfestigkeit oder Druckverformungsrest an Proben aus den Bändern ermittelt. Bei Elastomer-Dichtprofilen können diese Proben auch aus Versuchsklappen von der gleichen Kautschuk-Mischungs-Charge entnommen werden.

□ Aussehen.

Fugendichtungsmassen müssen in Fugen ausreichend standfest sein, dürfen nicht ablaufen und dürfen angrenzende Baustoffe nicht durch Bindemittel- oder Weichmacherwanderung verfärben.

Zur Prüfung des Standvermögens bzw. der Ablaufneigung werden U-förmige Aluminium-Profile mit

Dichtstoffprüfung: Ungedehntes (links) und gedehntes (rechts) Fugenmodell aus Fugendichtmasse zwischen Beton.

Fugendichtungsmasse gefüllt und diese in Prüfräumen mit 5 °C und 70 °C verbracht, wobei die Dichtstoffoberfläche senkrecht steht. Ausbuchtungen und Ablaufen werden beurteilt.

Zur Prüfung der Verfärbung angrenzender Baustoffe wird Fugendichtungsmasse streifenförmig auf den Baustoff – für Beton Probekörper aus Weißzement – aufgetragen. Die beschichteten Probekörper werden fünf Tage lang hochkant stehend zur Hälfte in Wasser eingetaucht gelagert.

□ Verträglichkeit.

Dichtstoffe müssen mit den angrenzenden Baustoffen verträglich sein.

Zur Prüfung von Dichtstoffen, die mit → Beton, → Mörtel oder → Putz in Berührung kommen oder zwischen Beton eingebaut werden, werden Fugenmodelle oder Probekörper aus dem Dichtstoff in $Ca(OH)_2$-gesättigtes Wasser (Kalkmilch) eine bestimmte Zeit gelagert und anschließend die Dichtwirkung oder die Stoffveränderungen im Zugversuch überprüft.

Zur Verträglichkeitsprüfung von Profildichtungen mit Bitumen werden Probekörper in Bitumen 85/25 eingegossen und bei 70 °C längere Zeit gelagert. Anschließend werden die Stoffveränderungen im Zugversuch überprüft.

□ Beständigkeit.

Fugenabdichtungen sollten die Anforderungen der Dichtwirkung und des Aussehens über längere Zeit erfüllen. Nach UEAtc-Richtlinie wird bei Fugendichtungsmassen von einer Mindestdauer von zehn Jahren ausgegangen.

Die Dichtstoffe müssen demnach beständig sein gegen
- Klimaeinflüsse wie Temperaturen, Wasser, Sonneneinstrahlung, Zusammensetzung der Atmosphäre,
- einmalige und sich wiederholende Dimensionsänderungen der angrenzenden Bauteile, welche eine Breitenänderung der Fugen und damit eine Verformungsbeanspruchung des Dichtstoffs bewirken, wie z. B. Dehnung, Stauchung, Scherung.

Die Beständigkeit von Fugendichtungsmassen gegen Klimaeinflüsse wird durch eine mehrwöchige Wechsellagerung von Fugenmodellen in Wärme (70 °C) und Wasser (23 °C) mit anschließendem Zugversuch bei −20 °C überprüft.

Die Verformungswilligkeit der Fugendichtungsmasse auch nach längerer Einbauzeit wird im Labor durch wechselnde Dehn-Stauch-Beanspruchung von zuvor wechselgelagerten Fugenmodellen bei gleichzeitiger Einwirkung von Temperatur überprüft (Dehnung bei Kälte, Stauchung bei Wärme). Außerdem wird das Rückstellvermögen an gleichartig vorbehandelten Fugenmodellen ermittelt.

Zur Beständigkeitsprüfung von Profildichtungen wird der Einfluß von Wärme (70 °C oder 100 °C), Kälte (−20 °C oder −10 °C), künstl. Bewitterung im Xenontestgerät (thermoplastische Dichtungen) bzw. von Ozoneinwirkung (Elastomer-Dichtprofile) auf das Zug-Dehnungs-Verhalten festgestellt. Die dauerhafte Verformungswilligkeit kann durch Ermittlung der Druckverformungsreste oder durch Relaxationsversuche (Rückgang des Anpreßdrucks) beschrieben werden; die Probekörper sollten hierzu ebenfalls zuvor einer Alterungslagerung (Wärme, künstl. Bewitterung) unterzogen worden sein.

☐ Brandverhalten.

Nach den Landesbauordnungen der Länder der BRD dürfen sämtliche Baustoffe – also auch Dichtstoffe – im eingebauten Zustand nicht leichtentflammbar sein, d. h. sie müssen mindestens der Baustoffklasse B 2 nach DIN 4102 (normalentflammbar) angehören. Der Nachweis der Baustoffklasse B 2 ist gemäß DIN 4102 Teil 1 zu führen, Fugendichtungsmassen sind dabei im ausgehärteten Zustand in Fugenmodellen zu prüfen. Dichtstoffe, die in DIN 4102 Teil 4 als normalentflammbar aufgeführt sind, brauchen nicht mehr geprüft zu werden. *Rehm/Jagfeld*

Literatur: DIN 7863 – Nichtzellige Elastomer-Dichtprofile im Fenster- und Fassadenbau. – DIN 18 540 – Abdichten von Außenwandungen im Hochbau mit Fugendichtungsmassen. – DIN 18 541 – Fugenbänder aus thermoplastischen Kunststoffen zur Abdichtung von Fugen im Beton. – DIN 18 545 – Abdichten von Verglasungen mit Dichtstoff. – UEAtc-Richtlinie – Fugendichtungsmassen im Hochbau.

Dichtung. Die D. spielt bei → Deponien als Grund- und/oder Oberflächendichtung in der → Abfallwirtschaft heute eine Rolle als Bauwerks- oder Kanaldichtung bei Abwasseranlagen, beides als Schutz des Bodens und Grundwassers.

☐ Bei Deponien ist neben der D. aus der natürlichen Barriere der geologischen Bodenformationen der Aufbau aus Folien und Mineralgemischen (Ton) üblich, oft – zur Kontrolle – kombiniert mit Drainschichten und → Dränagen. Die Anforderungen ergeben sich aus der → TA Abfall und → TA Siedlungsabfall.

☐ Bei Bauwerken erfolgt die D. ebenfalls durch Folien aus Kunststoff oder Edelstahl und aus Auspressungen der undichten Bauwerksteile und evtl. des anliegenden Bodens mit speziellen → Zementen und chemischen Zusätzen oder Kunststoffen.

☐ Ähnlich wird auch bei Kanälen für Abwasser, die – nach allen Vorgaben „dicht" sein sollen, es bei älteren Kanälen und oft bis gelegentlich auch bei neueren nicht „vollständig" sind – D. durch eingezogene Folien, Schläuche oder Auskleidungselemente aus einem reichhaltigen Marktangebot durchgeführt oder es werden Auspressungen mit chemischen Stoffen oder Zement, auch Auskleidungen maschinell oder – bei zugänglichen Kanälen – von Hand vorgenommen. Besonders problematisch ist die D. der Kanalanschlüsse bei nicht zugänglichen Kanälen (bis DN 700/800). Hier wird eine Reihe von D.-Systemen mit Manipulatoren eingesetzt. *Pfeiff*

Dichtung, einstufige → Witterungsschutz

Dichtung, zweistufige → Witterungsschutz

Dichtungsbahn → Folie

Dickenresonanz bei Wänden. Normalerweise führen einschalige Wände bei Luftschallanregung Biegeschwingungen aus, bei denen Vorder- und Rückseite der Wandelemente als Ganzes gleichphasig schwingen. Bei dicken Außenwänden können jedoch zusätzlich D. auftreten, bei denen sich die Dicke der Wandelemente periodisch ändert (Bild). Dadurch wird die Schalldämmung der Wand, vor allem jedoch die Längsdämmung stark verschlechtert. Ursache ist, daß der Elastifizitätsmodul der Wand senkrecht zu ihrer Fläche, vor allem durch eine schalltechnisch ungeeignete Lochausbildung infolge gegeneinander versetzter Stege, relativ klein ist. Durch Änderungen der Lochausbildung kann dieser Mangel beseitigt werden. *Gösele*

Literatur: *Gösele, K.:* Verringerung der Luftschalldämmung von Wänden durch Dickenresonanzen. Bauphysik 12 (1990), S. 187.

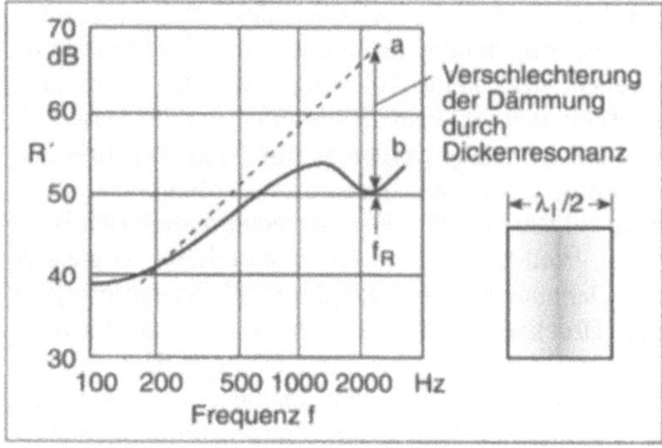

Dickenresonanz: Schalldämmung zweier Einfachwände mit gleicher flächenbezogenen Masse. Ursache der Abweichung: D. f_R bei der dicken Wand.

a dünne Wand mit hohem Raumgewicht
b dicke Wand mit geringem Raumgewicht

Differenzenverfahren. Der Grundgedanke des Verfahrens besteht im Ersatz von Ableitungen (Differentialquotienten) durch Differenzenquotienten, z.B. für die beiden ersten Ableitungen einer Funktion y(x) (Bild, S. 187):

$$y'_i = \frac{1}{2\Delta x}(y_{i+1} - y_{i-1}),$$

$$y''_i = \frac{1}{\Delta x^2}(y_{i-1} - 2y_i + y_{i+1}).$$

Ähnlich lassen sich auch höhere Ableitungen ausdrücken. Differentialgleichungen von Rand- und Eigenwertproblemen können auf diese Weise in lineare Gleichungssysteme umgewandelt werden. Das Verfahren verlangt zur Erzielung ausreichender Genauigkeit eine sehr feine Unterteilung des Grundintervalls und führt damit auf umfangreiche Gleichungssysteme, zu einer hohen Zahl von Unbekannten. Durch Verwendung genauerer Grundformeln, z.B. nach dem Mehrstellen-

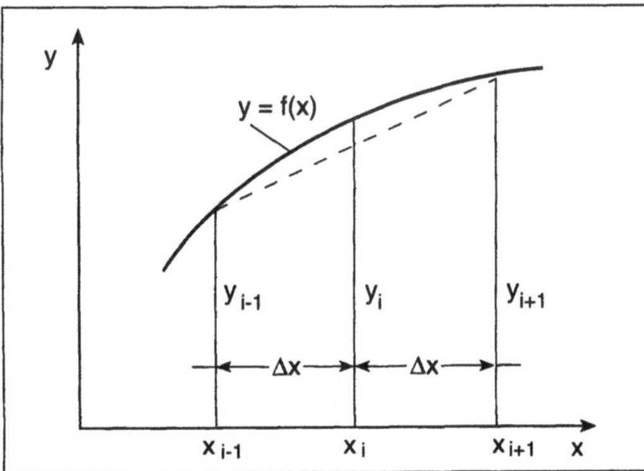

Differenzenverfahren: Darstellung des Differenzquotienten für die Ableitungen der Funktion y(x).

verfahren, an Stelle der einfachen Differenzenquotienten läßt sich die Zahl der Unbekannten wesentlich reduzieren, ohne daß das Verfahren an Einfachheit einbüßt.   *Laermann*

Literatur: *Zurmühl, R.*: Praktische Mathematik für Ingenieure und Physiker. 5. Aufl. Berlin-Heidelberg-New York 1965.

Diffusion. Durchmischung von unterschiedlichen, zunächst getrennten gasförmigen oder flüssigen Stoffen, wobei in der Regel das Konzentrationsgefälle über einen Querschnitt (z. B. Wanddicke) abnimmt. Wichtigste Einflußgrößen auf den zeitabhängigen Diffusionsprozeß sind der Konzentrationsunterschied zwischen verschiedenen Orten in einem Baustoff, Temperaturunterschiede und Druckunterschiede. Durch Diffusionsvorgänge wird z. B. Kohlendioxid aus der Luft in das Betoninnere transportiert (→ Karbonatisierung), oder es gelangt – in geringen Mengen je Zeiteinheit – → Wasserdampf durch einen flüssigkeitsdichten Anstrichfilm in das Innere eines Holzbauteiles. Die D.-Widerstandszahl gibt an, wievielmal größer der Durchlaßwiderstand eines Stoffes ist als der einer gleich dicken ruhenden Luftschicht gleicher Temperatur. Sie hat für jeden diffundierenden Stoff (z. B. Wasserdampf oder CO_2) einen anderen Wert (→ Anstrich). Sie ist außerdem temperatur- und bei kapillarporigen Stoffen feuchteabhängig.   *Sasse*

Diffusionswiderstand → Diffusion

DIN EN ISO 9000 ff.   → Qualitätsmanagement-System

Direkteinleiter. Die Bezeichnung D. oder Indirekteinleiter kennzeichnet die Art der Abwassereinleitung eines Verbrauchers. Diese ist direkt in einen → Vorfluter oder indirekt über ein Kanalisationssystem einer Kommune bzw. eines Abwasserverbandes möglich. Der verantwortliche Betreiber des Kanalsammelsystems ist der D. mit einer Einleitungsgenehmigung nach dem

→ Wasserhaushaltsgesetz (WHG) und den Länderwassergesetzen. Während die Anforderungen an die Einleitung beim D. auf die bei jedem Betrieb gegebenen speziellen Abwässer eingerichtet werden können, war dies bei vielen Indirekteinleitern eines Sammelsystems bisher problematisch.

Viele kleine, mittlere und teils auch größere Betriebe sind Indirekteinleiter. D. sind die meisten Gemeinden, Städte und Verbände. Das Problem ist für diese D., die Indirekteinleiter ihres Netzes ausreichend kennen und überwachen zu können. Dieses Problem wurde besonders akut, als durch eine Verordnung der Bundesregierung (Klärschlammverordnung von 1982) die gefährlichen und bedenklichen Inhaltsstoffe im Klärschlamm, wie die Schwermetalle Cd, Pb, Zn und bestimmte Kohlenwasserstoff-Verbindungen, für Fälle der landwirtschaftlichen Schlammverwertung scharf begrenzt wurden. Anteile dieser Metalle und Stoffe im Abwasser tauchen im → Schlamm der → Abwasserreinigung um das Mehrhundertfache bis ins Tausendfache angereichert auf. Sie überschreiten oft Grenzwerte, und machen die bis dahin weitgehend übliche landwirtschaftliche Schlammverwertung oft unmöglich. Der Schlamm muß dann teuer weitergehend aufbereitet und deponiert werden. Daher gelten seit 1987 mit einer Änderung der gesetzlichen WHG-Grundlage auch für die Indirekteinleiter die gleichen scharfen Anforderungen an die durchzuführende Abwasserreinigung wie bei D.

Die Kommunen erfassen die Beteiligten durch Indirekteinleiter-Kataster, überwachen diese Einleitungen – neben der notwendigen Eigenkontrolle der Einleiter – und die Länder haben hierzu jeweils auch eigene Regelungen eingeführt. Die Einhaltung der Grenzwerte im Klärschlamm ist daher nun überwiegend zuverlässig gegeben.   *Pfeiff*

Dispersion. Unter einer D. versteht man ganz allgemein die feinste Verteilung eines Stoffes in einem anderen, wobei beide Stoffe ineinander schwer- oder unlöslich sind und voneinander unterschiedliche Zustandsformen (fest, flüssig, gasförmig) einnehmen können. Sind beide Stoffe Flüssigkeiten, so spricht man von einer Emulsion.   *Sasse*

Dispersion, hydrodynamische. Vorgang, bei dem absichtlich oder unabsichtlich (Untergrundverunreinigungen) in das → Grundwasser gelangte Stoffe durch das fließende Wasser transportiert werden, sich allmählich ausbreiten und einen immer größeren Teil des durchströmten Mediums einnehmen.   *Mattheß*

Dispersionslänge. Der Dispersionskoeffizient D_L in der Gleichung der hydrodynamischen → Dispersion hängt von der Abstandsgeschwindigkeit v_w und der D. (Dispersivität) α ab:

$$D_L = \alpha \cdot v_w^a .$$

Der Exponent a liegt zwischen 1 und 1,2. Die D. (Einheit m) ist als Gesteinseigenschaft ein Maß für die hydraulische Inhomogenität des Untergrundes. Sie steigt bei → Lockergesteinen mit abnehmender Porosität, wachsender Korngröße, abnehmendem Rundungsgrad und wachsendem → Ungleichförmigkeitsgrad. In → Festgesteinen hängt die D. von der Verteilung der → Trennfugen ab. Bei rolligen Lockersedimenten (→ Sanden und → Kiesen) wurden im Labor Dispersivitäten in der Größenordnung von 1 cm – 1 m und bei → Feldversuchen in der Größenordnung von 0,1 – 100 m, bei Kluft- und Karstgrundwasserleitern in der Größenordnung von 10 – 1 000 m beobachtet. *Mattheß*

Literatur: *Mattheß, G.*, u. *K. Ubell*: Allgemeine Hydrogeologie – Grundwasserhaushalt. Berlin, Stuttgart 1983.

Divergenz. Bewegungen der äußeren Profillinie eines unterirdischen Hohlraumes nach außen, je nach dem Angriff der äußeren Belastung auf den Hohlraum (→ Konvergenz). *Wagner*

Divisionskalkulation. Kalkulationsverfahren, bei dem die Kosten eines Produktes durch den Quotienten Gesamtkosten/Produktmenge ermittelt werden. Die Gesamtkosten umfassen → Einzel- und → Gemeinkosten. Das Verfahren ist nur bei Einproduktenfertigung möglich, die im Bauwesen nicht auftritt. In abgewandelter Form wendet man es als „Äquivalenzziffernkalkulation" bei der Herstellung von Vorprodukten an, so z. B. bei der Ermittlung von Mischkosten bei Schwarzmischgut, die vor allem zeitabhängig sind. Durch Bildung von Verhältnisziffern zur Mischzeit werden die Produkte gleichnamig gemacht. Die „Richtsorte" versieht man mit der Äquivalenzziffer 1 und bezieht alle anderen Sorten (Produkte) hierauf. Die D. wird auch bei der Ermittlung von Stundenverrechnungssätzen in Architektur- und Ingenieurbüros verwendet, um unterschiedliche Anzahl von Arbeitsstunden und unterschiedliche → Vergütungen berücksichtigen zu können. Durch Multiplikation des Verrechnungssatzes der Richtsorte mit den Äquivalenzziffern anderer (hierauf bezogener) Sorten (Produkte) läßt sich deren Verrechnungssatz ermitteln. *Drees*

Dollen. D. stellt man meist aus Rundstahl oder stabförmigem → Hartholz her. Sie dienen der Lagesicherung von Hölzern und werden jeweils zur Hälfte in die entsprechenden Tragwerksteile eingelassen, z. B. Verbindung übereinanderliegender Balken, Anschluß Stütze/Schwelle (Bild). *Dröge*

Dorferneuerung → Dorfplanung

Dorfplanung. Etwa 50% der Bevölkerung der Bundesrepublik Deutschland lebt in dörflichen Gemeinden. Die typischen Elemente des „alten Dorfes" (grob wie folgt charakterisiert: Landwirtschaft als ökonomische Grundlage, Überschaubarkeit der räumlichen und sozialen Beziehungen, enge Verbindung von Siedlung und Landschaft), werden durch den wirtschaftlichen

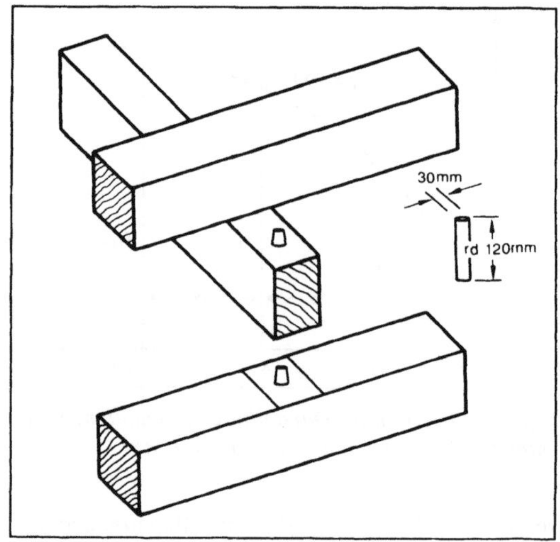

Dollen: Balkenverbindung mit D.

und sozialen Wandel zunehmend in Frage gestellt. Neben den daraus resultierenden Problemen weisen Dörfer als Wohn-, Arbeits- und Erholungsorte auch spezifische Vorzüge, Chancen und Entwicklungspotentiale auf, die sich mit den Stichworten Naturnähe, geringere Umweltbelastungen, günstigere Grundstückspreise und soziale Beziehungen beschreiben lassen.

Die Schwerpunkte und Zielsetzungen der D. und Dorferneuerung bezogen sich früher im wesentlichen auf die Verbesserung der agrarstrukturellen Rahmenbedingungen. Angesichts des o. g. Wandlungsprozesses in den Dörfern vergrößerte sich jedoch die Aufgabenstellung der Dorferneuerung und D.: Sie umfaßt heute insbesondere die Aufwertung der alten Dorfkerne, die städtebauliche Dorferneuerung als ganzheitliches Entwicklungskonzept und die städtebauliche Erneuerung der bebauten Ortslage unter Einbeziehung der Randbereiche zur freien Landschaft.

Die Aufgabenstellungen der D. unterscheiden sich entsprechend den unterschiedlichen Dorftypen und Problemlagen. Typische Rahmenbedingungen, Entwicklungspotentiale und -ziele dörflicher Siedlungen können in vier Grundtypen der städtebaulichen Dorferneuerung unterschieden werden:

☐ Sicherung und Verbesserung der zentralörtlichen Struktur von Gemeinden in ländlichen Gebieten
☐ Stärkung und Sicherung der Fremdenverkehrsfunktion
☐ Sicherung und Entwicklung von ländlichen Wohnstandorten in Verdichtungsräumen
☐ Dorferneuerungsmaßnahmen zur Stabilisierung rückläufiger Entwicklungen in abgelegenen Orten in ungünstiger Wirtschaftsstruktur.

Die Dorferneuerung stellt insbesondere im Zusammenhang mit der Herstellung der deutschen Einheit eine besondere Aufgabe dar. Die Entwicklungen, die in der ehemaligen DDR schon seit den 80er Jahren für viele Dörfer typisch waren, lassen sich wie folgt beschreiben: Überalterung der Bevölkerung, Gefährdung der Existenzerhaltung und Nutzung der Siedlungssubstanz, ungenügende Nutzung der Potentiale der Siedlungen als zentrale Orte sowie als Wohn-, Arbeits- und Erholungsorte. Vor diesem Hintergrund muß die städtebauliche Dorferneuerung als ein Instrument der allgemeinen Strukturpolitik zur umfassenden Verbesserung der Lebens- und → Arbeitsbedingungen gesehen werden. D. und Dorferneuerung bedeutet hier auch die besondere Berücksichtigung der spezifischen sozialen, kulturellen, ökonomischen und ökologischen Belange.

Das Verfahren der Dorferneuerung wird durch das Besondere Städtebaurecht (→ Baugesetzbuch § 136) geregelt. Der Lösung der Probleme in den ländlichen Räumen wurde in den letzten Jahren dadurch besonders Rechnung getragen, daß im Rahmen der Städtebauförderung der auf die Gemeinden des ländlichen Raumes entfallende Anteil erheblich gesteigert und im Baugesetzbuch die Handhabung der städtebaulichen Erneuerung gerade für kleinere Gemeinden verbessert wurde. Mit dem neuen Strukturhilfegesetz wurde zudem die städtebauliche Dorferneuerung zu einem der Förderschwerpunkte. *Spengelin*

Literatur: BMBau; Städtebauliche Dorferneuerung, Bonn 1990. – *Grube, J.*; *D. Rost*: Dorferneuerung in Sachsen-Anhalt, Alternative Siedlungsentwicklung. Ministerium für Ernährung, Landwirtschaft und Forsten (Hrsg.), Magdeburg 1995. – *Landzettel, W.*: Ländliche Siedlungen in Niedersachsen. Hannover 1981.

Dosieranlage. D. sind Bauteil einer → Mischanlage, die dazu dienen, → Bindemittel und Zuschlagstoffe in den gewünschten Verhältnissen vor dem Mischvorgang zuzuteilen. Abhängig davon, ob man volumetrisch oder gravimetrisch dosiert, werden für die Zuschlagstoffdosierung hauptsächlich dreierlei Dosierelemente verwendet (Bild):
– der Schwingverschluß ohne und mit Feindosierung,
– Dosierbänder mit und ohne Feindosierung,
– Vibrorinnen mit nicht regelbarer Unwucht oder regelbarem Magnetantrieb.

Die Steuerung der Schwingverschlüsse (Drehschieber) besorgen Elektromotoren oder Druckluft- oder Hydraulikzylinder. Die Vibrationsaufgeber der Abzugsbänder werden in Verbindung mit den Wägeanlagen elektrisch gesteuert. Als D. für die gleichmäßige Beschickung von Zementwaagen dienen Förderschnecken als Zuteilschnecken oder Zellenradzuteiler. Zuteilschnecken für Zementwaagen setzt man als Nor-

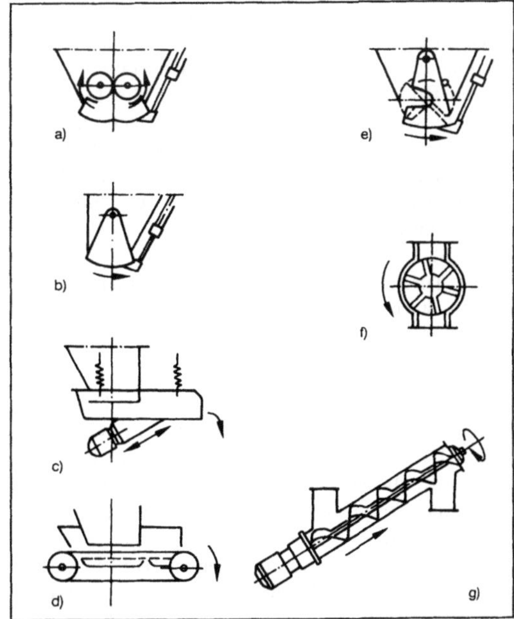

Dosieranlage: Dosiereinrichtungen für Zuschlagstoffe und Zement.

a) Doppelschwingverschluß
b) Einfachschwingverschluß
c) Vibrorinne
d) Abzugsband
e) Taschenradzuteiler mit Segmentverschluß
f) Zellenradzuteiler
g) Förderschnecke.

malschnecken und als Steilförderschnecken ein; sie sind für Hintereinanderschaltung geeignet. Zellenradzuteiler (Zuteilschleusen) werden direkt unter dem Auslauf des → Silos angebaut und mit Elektromotoren angetrieben. *Kühn*

Dränabstand. Den Abstand der lotrechten Saugerachsen einer → Dränung bezeichnet man als D. Er wird in Abhängigkeit von der Niederschlagshöhe und der → Durchlässigkeit des Bodens bzw. der Bodenart bestimmt. Theoretisch läßt sich die Strömung des Wassers zum Dränrohr mit der Potentialtheorie erfassen. Für Grundwasserböden wird der D. nach *Hooghoudt* auf der Basis der Dränabflußspende (l/(s ha)), der

Dränabstand. Tabelle: Typische D. bei rd. 1 m Dräntiefe.

Boden	Dränabstand	Boden	Dränabstand
Ton	6–9 m	Sand	20–30 m
Schlufflehm	8–12 m	Seemarsch	10–20 m
sandiger Lehm	12–16 m	Brackmarsch	8–15 m
lehmiger Sand	15–20 m	Flußmarsch	8–20 m

Durchlässigkeit und der Mächtigkeit der einzelnen Bodenschichten ermittelt. Für den D. von Stauwasserböden ist außer der Durchlässigkeit der oberen durchlässigen Bodenschicht vor allem auch die Tiefe der Stausohlenschicht unter der Bodenoberfläche maßgebend. Die Melioration (→ Kulturtechnik) von Haftnässeböden soll das Gefüge des Bodens, insbes. den Lufthaushalt des Bodens verbessern. Der D. wird hier nach der Bodenart bestimmt (DIN 1185, Tl. 2) (Tabelle, Seite 189). *Lecher*

Literatur: DIN 1185: Dränung; Regelung des Bodenwasserhaushaltes durch Rohrdränung, Rohrlose Dränung und Unterbodenmelioration.

Dränage

Grundbau. Kiessandfilter mit oder ohne Dränrohr, der Wasser faßt und drucklos ableitet. Er wird zum Schutze baulicher Anlagen (DIN 4095), im Rahmen einer → Grundwasserabsenkung oder zum Schutze vor → Erosionen hergestellt. Die D.-Materialien müssen den Filterkriterien (→ Filtermaterial) genügen. Ring-D. an den Kelleraußenwandfundamenten (Bild 1) sollen einsickerndes → Oberflächenwasser ableiten und so einen Wasseranstieg im wiederverfüllten Arbeitsraum verhindern. D. hinter Stützwänden senken z. B. einen Hangwasserspiegel ab und reduzieren damit den Wasserdruck auf das Stützbauwerk. Im Böschungsbau fassen mit Filtermaterial gefüllte Sickerschlitze (→ Rigole) das Oberflächenwasser und verhindern damit eine großflächige Erosion an der Böschungsoberfläche. Die Anforderungen an D.-Systeme im Deponiebau (→ Deponie) sind in der DIN 19 667 geregelt. Ein großes Anwendungsgebiet für Flächenfilter ist der → Dammbau. Durch Filter wird die Lage der Sickerlinie beeinflußt und damit die → Standsicherheit des Dammes erhöht. *Meißner/Becker*

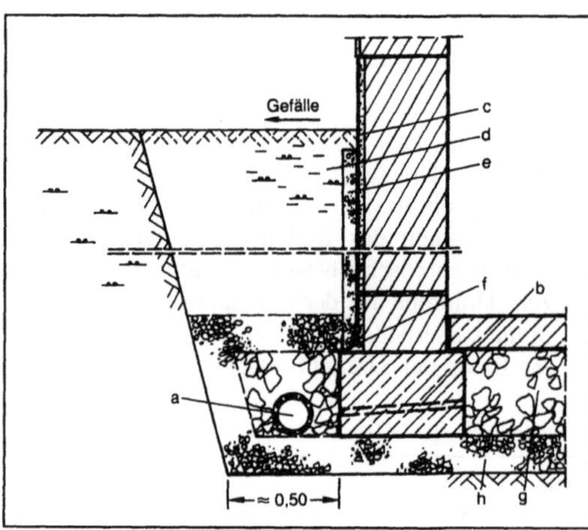

Dränage 1: Ringdränage in einer Baugrubenverfüllung.

a Dränrohr, 70–100 mm Dmr., I≥0,5%, b Verbindungsrohr, 70–80 mm Dmr., e=4–5 m, c Zementputz, d Baugrubenverfüllung, e Dränplatte oder Dränmatte, f Hohlkehle, g Grobfilter (15–50), h Feinfilter (0–30)

Unterirdisches Bauen. System aus flächen- und röhrenförmigen Leitungsbahnen zur Fassung und Ableitung des Grund- und Bergwassers in der Umgebung unterirdischer Bauwerke (Bild 2). D. sind i. d. R. als Bestandteil der → Abdichtung konstruiert, können aber auch zur → Entwässerung im Bauzustand bei starkem lokalen Wasserandrang verwendet werden. Die Dränleitungen bestehen aus geschlitzten oder gelochten, ganz- oder halbschaligen PVC-Rohren. Eine flächenhafte → Wasserfassung läßt sich durch ein Vlies oder durch Höcker- und Noppenfolien erreichen (Bild 3). Die einzelnen Dränleitungen werden direkt oder mittels Filterbetonen an diese Folien angeschlossen. *Wagner*

Literatur: *Maidl, B.*: Handbuch des Tunnel- und Stollenbaus. Konstruktion und Verfahren. Essen 1984.

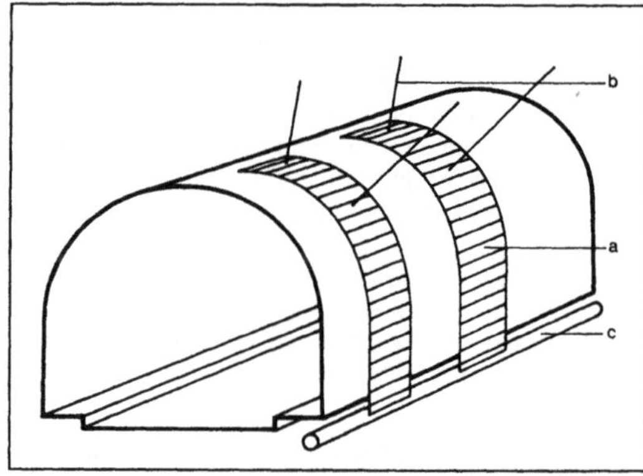

Dränage 2: Flächendränung mit Entwässerungsbohrungen.

a Flächendränung, b Entwässerungsbohrung, c Längssammler

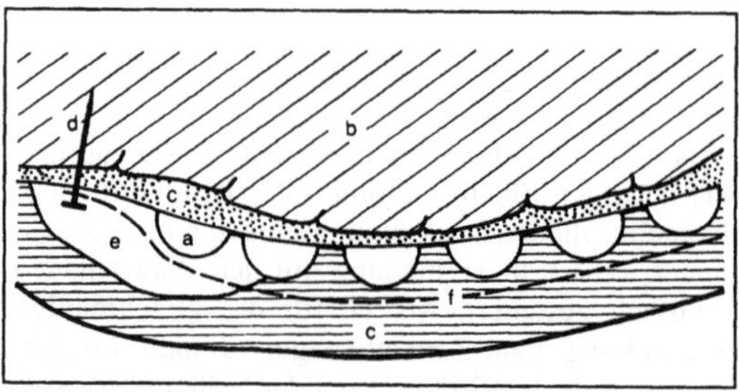

Dränage 3: Flächenhafte Wasserfassung durch Höckerfolie.

a Höckerfolie, b Gebirge, c Spritzbeton, d Felsnagel, e Abdichtungsmörtel, f Maschendraht

Siedlungswasserwirtschaft. D. werden in der → Siedlungswasserwirtschaft und → Abfalltechnik genutzt, um Wasser (oder auch Gas) zu fassen und dabei den Wasserspiegel (Druck) abzusenken oder das Wasser in den Boden einzubringen. D. bestehen aus

Schüttungen hohlraumreichen Materials, wie Steine, Schotter, Splitt, → Kies und → Sand, die oft filterartig beim Fassen im Fließsinne vom Feineren zum Gröberen in der Körnungsgröße (etwa 1:3) abgestuft sind. Sie bilden gelegentlich verzweigte Leitungssysteme. Dies können Stollen mit durchlässigen Wänden, meist jedoch gelochte oder poröse Dränagerohre sein, evtl. auch dichte Rohre mit „offenen" (durchlässigen) Rohrstößen oder einfach Packungen. Die D. hilft in der einfachsten Form, Leitungen zu verlegen, wenn man → Grundwasser in der → Baugrube antrifft. Die Baugrubensohle wird trocken gelegt, indem das Wasser mit Hilfe der etwas tiefer eingerichteten Dränage gefaßt und in einen Sumpf abgeleitet und abgepumpt wird.

Pfeiff

Dränasphalt. → Deckschichten aus D. wurden entwickelt, um Aquaplaning und Sprühfahnenbildung durch eine möglichst schnelle Ableitung des Oberflächenwassers (→ Entwässerung, → Straßenbau) zu vermeiden. Der D. weist bei einem Größtkorn von 5–11 mm mit einem Massegehalt von mehr als 80% Splitt einen Hohlraumgehalt von 15–20% auf. Als → Bindemittel wird → Straßenbaubitumen B 65 oder B 80, polymermodifiziertes Bitumen mit stabilisierenden Zusätzen (Cellulosefasern, Gummimehl) oder vorgefertigte Sonderbindemittel eingesetzt. Das → Nieder-

schlagwasser versickert in den Hohlräumen des D., so daß bei Regenfällen normaler Ergiebigkeit kein Wasser an der Oberfläche der Deckschicht vorhanden ist. Die unter dem D. liegende → Binderschicht muß versiegelt werden und eine ausreichende Querneigung aufweisen. In bebauten Gebieten sind spezielle Entwässerungseinrichtungen vorzusehen. Über die Dränfähigkeit hinaus werden durch die offenporige Oberfläche Reifenabroll- und Antriebsgeräusche z. T. absorbiert, so daß eine Verringerung des → Schallpegels um bis zu 3 dB(A) erreichbar ist. Im → Winterdienst läßt sich die D.-Deckschicht nur mit Frosttausalzen oder flüssigen Taumitteln eisfrei halten. Abstumpfende Mittel, wie Splitt, dürfen nicht verwendet werden, damit die offenporige Oberfläche und damit der drän- sowie lärmmindernde Effekt lange erhalten bleibt. Aufgrund von Verschmutzungen und wegen der geringeren Haltbarkeit einer Deckschicht aus D. ist ein nennenswerter Verlust der Schallminderung in den ersten fünf Jahren zu erwarten. Die Haltbarkeit wird vornehmlich durch die Versprödung bzw. Verhärtung des Bindemittels verringert.

Beckedahl

Dränung. Regelung des Bodenwasserhaushaltes (→ Entwässerung) durch die Verfahren der Rohrdränung, der rohrlosen D. und der → Unterbodenmelioration (DIN 1185). Die Rohrdränung geschieht mit einem

Dränung 1: Rohrdränung. (Quelle: Eidg. Anstalt für das forstl. Versuchswesen, Birmensdorf).
a Sauger, b Nebensammler, c Sammler

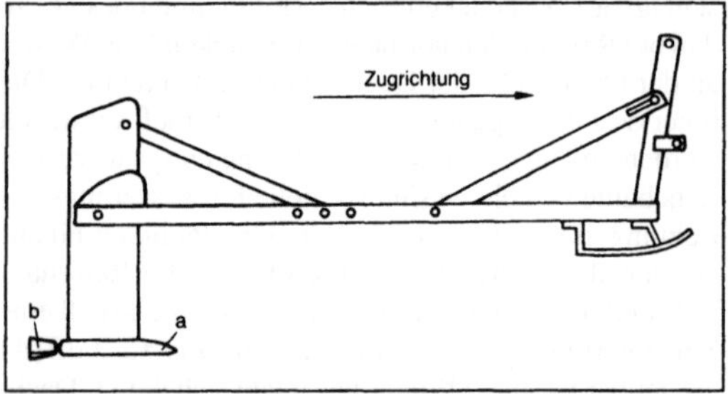

Dränung 2: Rohrpflug.

a Dorn, b Preßkopf (Erweiterungskegel)

System von im Boden verlegten Rohren aus gebranntem Ton, Kunststoff oder Beton, den Saugern und Sammlern (Bild 1, S. 191). Zur rohrlosen D., die man vielfach auch als Maulwurfdränung bezeichnet, werden mit Hilfe des Rohrpfluges (Bild 2) in einer Tiefe um 70 cm und in Abständen von wenigen Metern rohrlose Hohlgänge im Boden hergestellt. Der Drän ist ein unterirdischer Leitungsstrang zum Bodenentwässern. Die Sauger nehmen das Bodenwasser durch etwa 2–7 mm weite Löcher oder Schlitze bzw. (bei Tonrohren) durch die Stoßfugen auf. Der Sammler leitet es über eine Dränausmündung dem → Vorfluter (→ Vorflut) zu. Dränschächte (Prüfschächte) sind an der Einmündung von Nebensammlern in den Sammler, am Übergang eines starken Sammlergefälles in ein wesentlich schwächeres oder zur Unterteilung langer Sammler in die Sammlerleitung eingebaut. Zum Abfangen von → Fremdwasser, d. h. Wasser, das von außerhalb einem Entwässerungsgebiet zufließt, dienen Fangdräne. Mit einem Schlucker entwässert man eine kleinere Geländemulde. Ein Schlucker ist ein Erdschacht oder Schacht aus durchlässigem Material, z. B. ein gelochter Betonschacht, der mit → Filtermaterial, z. B. → Kies, gefüllt wird. Der Schlucker ist durch einen Dränstrang an ein Dränsystem oder an den Vorfluter angeschlossen. Im Sammler eingebaute Dränabstürze dienen zur Überwindung von Geländeabsätzen u. ä.

Eine D. dimensioniert man auf der Basis von Bodenkennwerten, z. B. Bodenart, Bodenprofil, → Durchlässigkeit, und hydrologischen Gegebenheiten, z. B. Vernässung, Niederschlagshöhe, Abflußspende (DIN 1185, Tl. 1). Etwa 12–18 m sind mittlere Werte für den → Dränabstand bei landwirtschaftlichen Nutzflächen. Die Dräntiefe liegt hier i. a. zwischen 0,8 und 1,3 m. Die Mindestnennweite für Sauger beträgt 50 cm. Das minimale Saugergefälle von 0,3% kann bei künstlichem Gefälle (Vorflut) unterschritten werden. *Lecher*

Literatur: DIN 1185: Dränung. Regelung des Bodenwasserhaushaltes durch Rohrdränung, Rohrlose Dränung und Unterbodenmelioration.

Drehbohrgerät.

Boden. D. setzt man als bewegliche Bohrgeräte zum Tiefbohren für Pfahlgründungen von Bauwerken für Trocken- und Spülbohren ein. Im Trockendrehbohrverfahren werden 30 m Tiefe bis max. 1 200 mm Dmr. erreicht. Geräte für Aufschlußbohrungen, Ankerbohrungen und für den Brunnenbau arbeiten je nach den Bodenverhältnissen mit oder ohne Verrohrung. Sie sind maschinell angetrieben und oft mit einer zusätzlichen Möglichkeit zur Förderung (Stetigförderung) des Bohrguts versehen (Rotarybohrgeräte, Saugbohrgeräte, Lufthebebohranlagen); dazu muß das Bohrgestänge hohl sein. Das Bohrgestänge mit dem Werkzeug wird von einem Drehtisch über eine Mitnehmerstange, z. B. Kellystange, angetrieben und kann beim Drehen nach unten gedrückt werden. Man erhält eine hohe Bohrleistung. Lufthebebohrverfahren verwenden Druckluft, die unten in das Bohrgestänge eingeblasen wird. Die aufsteigenden Luftblasen im (wassergefüllten) Bohrgestänge ergeben einen Förderstrom und reißen das Wasser-Bohrgut-Gemisch nach oben mit.

Gestein. Beim Drehbohren wird die Schneide des Bohrwerkzeugs unter gleichzeitigem Andruck über einen Drehtisch und ein Hohlbohrgestänge gegen die Bohrlochsohle gedreht. Für den Antrieb verwendet man Elektro- oder Hydraulikmotoren. Der Vorschub geschieht mit Seil, Spindel, Kette oder Hydraulikzylinder. Die Bohrwerkzeuge sind mit Hartmetallschneiden versehene Vollbohrkronen, deren Gestaltung von der benötigten spezifischen Bohrandruckkraft abhängig ist. Je nach der Gesteinshärte und Gesteinsstruktur kommen vor allem dreiflügelige Drehbohrer, Stufendrehbohrer und exzentrische Drehbohrer zum Einsatz. D. sind auf → Bohrwagen mit einem geländegängigen Reifen- oder Raupenfahrwerk montiert, die meistens einen eigenen Antrieb haben. Die Bohrlafette ist nach allen Seiten schwenkbar, und je nach der Größe und Leistungsfähigkeit sind die Geräte mit einem automatischen Gestängemagazin ausgerüstet. *Kühn*

Drehschlagbohrgerät.

Drehschlagbohrgerät. Das Drehschlagbohren ist eine Kombination aus Schlagbohren und Drehbohren und eignet sich für alle Gesteinsarten. Der Bohrmeißel wird durch einen frei aufliegenden Kolben periodisch gegen die Bohrlochsohle geschlagen und von einem separaten Motor über das Bohrgestänge in Drehung versetzt. Wie beim → Tieflochhammer kann der Schlagmechanismus zur Verringerung von Dämpfungsverlusten und zur Entlastung des Bohrgestänges direkt über der Bohrkrone angebracht sein. Der Antrieb kann vollhydraulisch oder kombiniert hydraulisch-pneumatisch sein. Drehschlagbohrmaschinen sind meist als → Bohrwagen ausgeführt (Bild). *Kühn*

Drehwuchs. D. (Spiralwuchs) nennt man den schraubenförmigen Verlauf von Holzfasern. Er tritt überwiegend bei Kiefer, Rotbuche und Roßkastanie auf und ist bei Schnittholz an den zur Stabachse geneigten Schwindrissen zu erkennen. Bei Bauschnittholz ist nach DIN 4074 die größte zulässige Faserneigung zur Längskante 70 mm/m bei Sortierklasse S 13,

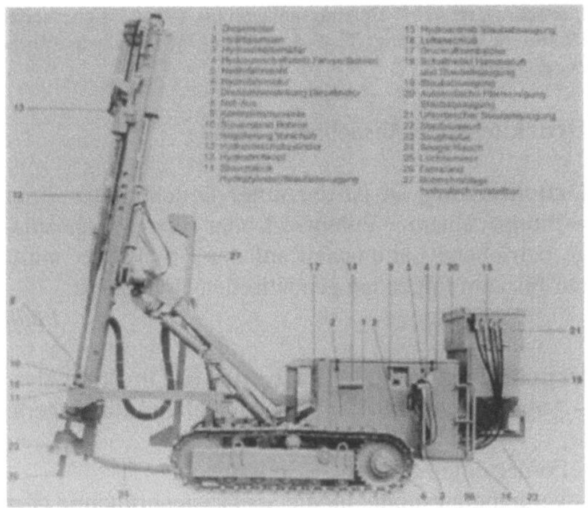

Drehschlagbohrgerät: Raupenbohrwagen mit D. und kombiniertem hydraulisch-pneumatischem Antrieb.

1 Dieselmotor, 2 Hydropumpe, 3 Hydraulikölbehälter, 4 Hydroumschaltventil Fahren/Bohren, 5 Hydrofahrventil, 6 Hydrofahrmotor, 7 Drehzahlverstellung Dieselmotor, 8 Not-Aus, 9 Kontrollinstrumente, 10 Steuerstand Bohren, 11 Regulierung Vorschub, 12 Hydrovorschubzylinder, 13 Hydrodrehkopf, 14 Steuerblock Hydrozylinder/Staubabsaugung, 15 Hydroantrieb Staubabsaugung, 16 Luftanschluß, 17 Druckluftzentralöler, 18 Schalthebel Hammerluft und Staubabsaugung, 19 Staubabsaugung, 20 automatische Filterreinigung Staubabsaugung, 21 Unterbrecher Staubabsaugung, 22 Staubauswurf, 23 Saughaube, 24 Saugschlauch, 25 Lochhammer, 26 Fahrstand, 27 Bohrrohrablage, hydraulisch verstellbar

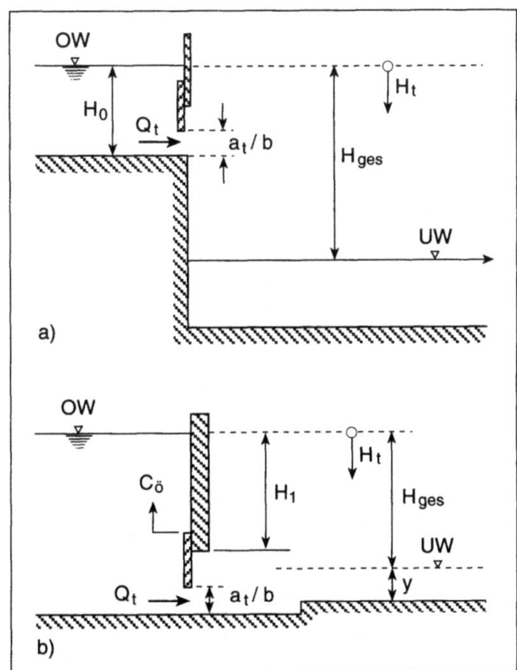

Drempel: Ausführungen.
a) Tiefliegende D.
b) Hochliegende D.

120 mm/m bei Sortierklasse S 10 und 200 mm/m bei Sortierklasse S 7. Die Ursache für D. ist nicht eindeutig geklärt (Mutation, Standort, Erdstrahlen). Man unterscheidet zwischen rechts- (widersonnigem) und linksgedrehtem (sonnigem) Holz. Bei starker Drehung, eine volle Drehung auf einer Länge von zehn oder weniger Meter, ist das Holz gewerblich nicht mehr nutzbar (→ Schnittklasse).   *Dröge*

Drempel. Schwelle für den Anschlag des geschlossenen Schleusentores. Die Drempeltiefe ist somit die geringste Fahrwassertiefe einer → Schleuse. Allgemein wird diese Tiefe über der höchsten Erhebung der Sohle im Bereich des Schleusenhauptes gemessen, da der D. bei den verschiedenen Torkonstruktionen nicht immer die höchste Erhebung bildet. Bei der hydraulischen Berechnung der Füllung einer Schleuse unterscheidet man je nach der Lage des Füllquerschnitts oberhalb bzw. unterhalb des Unterwasserspiegels in der Schleuse zwischen hochliegendem und tiefliegendem D. (Bild).   *Muth*

Drosselelement → Absperrelement

Druckentwässerung. Die D. ist wie die → Vakuumentwässerung eine spezielle Form der Ortsentwässerung. Eine → Druckleitung ist eine nur durch Wasser oder/und Luftdruck kontinuierlich oder diskontinuierlich beaufschlagte Transportleitung. Die D. wird bei weiträumigen, flachen und meist dünn besiedelten, ländlichen Gebieten oder auch bei hügeligem Gelände oder schwierigen Grundwasserverhältnissen eingesetzt. Dabei handelt es sich anders als bei der durch natürliches Geländegefälle gegebenen → Entwässerung immer um eine Abwasserförderung durch über Pumpen oder Verdichter erzeugten Druck (soweit technisch beherrschbar) oder Unterdruck (Vacuum, bis ca. 6–7 m Wasserhöhe WH). Bei der D. wird das Abwasser des Hauses oder einer Häusergruppe in einem Sammelschacht im freien Gefälle zusammengeführt. Aus diesem → Hausanschluß fördert bei der Niederdruckentwässerung eine Pumpe in das Entwässerungsnetz. Zu jeder Pumpe gehört ein Rückflußverhinderer. Das Kanalnetz wird von einer peripheren Spülstation aus diskontinuierlich mit Druckluft durchgespült, um einen längeren Aufenthalt im Kanal durch die stoßweise als Pfropfen eingeleiteten Abwässer zu vermeiden. Bei diesem D.-System sind Drücke bis 2 bar üblich. Beim Hochdruckentwässerungssystem transportiert man nicht mit Pumpen, sondern mit pneumatischen Abwasserförderanlagen aus den Hausanschlüssen. Man setzt die D. wirtschaftlich nur bei der Schmutzwasserentwässerung im → Trennverfahren ein. Die Leitungen müssen einen Mindestdurchmesser von 80–100 mm (in anderen EU-Ländern oft auch 50 mm, dann mit Küchen-Abfall-Zerkleinerung) haben. Diese D. kann, evtl. mit Zwischenpumpstationen, in erheblichen Längen, auch kombiniert mit üblichen Entwässerungsnetzen herkömmlicher Bauart, eingerichtet werden.

Pfeiff

Druckerhöhung. D. wird in Wasserversorgungsanlagen notwendig, wenn der Netzdruck den erforderlichen Versorgungsdruck für bestimmte Teilgebiete oder spezielle Anlagen, wie Hochhäuser, nicht erreicht. Man nimmt eine D. meist über → Pumpen vor, die direkt aus dem Netz mit dem Netzvordruck beaufschlagt werden und den Druck mindestens auf die erwünschte Höhe bringen. Allgemein soll an der kritischen höchsten oder entferntesten Zapfstelle rd. 3 bar Fließdruck d. h. rd. 30 m Wassersäule, mindestens aber 1,5 bar, höchstens rd. 6 bar herrschen. Zur Steuerung der Pumpen auf der Druckseite ist ein Druckkessel eingeschaltet, der zur Hälfte bis zu zwei Drittel mit Gas (meistens Luft) als Puffer gefüllt ist. Bei Erreichen des oberen Grenzdrucks der D. ist die Luftblase maximal zusammengedrückt, und die Druckerhöhungspumpe wird abgeschaltet. Durch Wasserentnahme sinkt der Druck im Bereich der D. bei Ausdehnung der Gasblase im Druckkessel bis zum Mindestdruck, so daß die Pumpe nun vom Druck oder Wasserspiegel gesteuert wieder eingeschaltet wird. Rückschlagventile an der Pumpe verhindern den Rücklauf des Druckerhöhungswassers zum Netz mit niedrigerem Druck. Das Gaspolster muß man von Zeit zu Zeit auffüllen; hierzu braucht man einen kleinen Verdichter. Je nach dem Druck und der Temperatur ist der in Lösung befindliche Gasanteil schwankend. Gelegentlich wird die D. auch nur mit einer Pumpe in line mit Rückschlagventil durchgeführt. Die Pumpe läuft ständig und schaltet nur bei einem maximalen Druck ab. Der Druck ist je nach dem Netzdruck und der Entnahme immer schwankend. Bei minimalem Druck wird die Druckerhöhungspumpe wieder zugeschaltet. Druckerhöhungsanlagen werden im Netz vom → Wasserversorgungsunternehmen, bei einzelnen Objekten vom jeweils zuständigen Eigentümer betrieben.

Pfeiff

Druckhaltung. Die D. in Heißwasserheizungsanlagen auf Werte über dem Umgebungsluftdruck ermöglicht Heizwassertemperaturen über der dem Umgebungsluftdruck entsprechenden Sattdampftemperatur ohne Dampfbildung (Beispiel: 1 bar≙100 °C, 2 bar≙120 °C). Übliche Verfahren sind Druckhaltepumpen in Verbindung mit Überströmventilen, → Ausdehnungsgefäße mit Eigen- oder Fremddampfpolster, Luft- oder Inertgaspolster. Für die Trinkwasserversorgung hochliegender Zapfstellen werden Druckerhöhungsanlagen verwendet, die aus Pumpen mit saug- und druckseitigen Vorratsbehältern bestehen.

Diehl

Literatur: DIN 4751: Heizungsanlagen bis 120 °C. Sicherheitstechnische Ausrüstung. Tl. 1–3. – DIN 4752: Heißwasserheizungsanlagen.

Druckkessel → Ausdehnungsgefäß

Druckleitung D. ist der unter Druck hinter einer → Pumpe, einem → Pumpwerk oder einer → Hebeanlage betriebene Leitungsteil auf der Druckseite, meist nur bis zum folgenden geodätischen Hochpunkt.

Pfeiff

Drucklufthaltung. Im Baubetrieb ist Druckluft als:
– Antriebsmittel für Hämmer, Meißel und Rammgeräte,
– Fördermittel, z. B. bei → Spritzbeton,
– Verdrängungsmittel für die Senkkastengründung oder den → Schildvortrieb im → Grundwasser
eingesetzt. Betrieb und Unterhaltung einer Druckluftstation sind i. a. unproblematisch. Druckluftwerkzeuge sind robust und ohne Schaden überbelastbar. Druckluftanlagen werden in Niederdruckanlagen (Druck bis etwa 3,5 bar), Mitteldruckanlagen (bis etwa 7 bar) und Hochdruckanlagen (bis etwa 200 bar) unterteilt. Mehrere Erzeuger von Druckluft (→ Kompressor) können – mit dem Vorteil der Anschaffung kleinerer Einheiten – einen oder mehrere Hauptspeicherbehälter oder ein gemeinsames Rohrleitungsnetz versorgen. Bei dem im Baubereich üblichen Arbeitsdruck (unter 8,80 bar) genügt i. d. R. ein Speicherinhalt, der 1/10 der Liefermenge der Kompressoren entspricht. Die augenblickliche Entnahme soll dabei die Kompressorliefermenge nicht überschreiten. Nachkühler sind je nach Leistungsbedarf erforderlich, wenn die Drucklufttemperatur 60 °C bzw. 80 °C übersteigt. Zur Verteilung der Druckluft dienen Rohr- und Schlauchleitungen. Die Dimensionierung der Leitungsquerschnitte und die Installation der Leitungen beeinflußt die Wirtschaftlichkeit der Gesamtanlage wesentlich. Die Leitungen sind so zu bemessen, daß ein vorgegebener Druckabfall (max. 3 bar) nicht überschritten wird, und so zu installieren, daß möglichst keine Leckverluste auftreten. Die Druckluftmotoren (Tabelle, S. 195) entsprechen der systematischen Umkehrung von Kompressoren. Die Ansteuerung und Arbeitsweise ist analog den Hydraulikmotoren.

Kühn

Druckluftkrankheit. Außer Krankheitserscheinungen in der Kompressionsphase (Barotrauma) und bei gleichbleibendem Druck (Störungen des zentralen Nervensystems) ist in der Dekompressionsphase besonders die Caissonkrankheit zu beachten, der auch gleichermaßen Taucher unterliegen können. Druckluftarbeiten sind daher an die „Verordnung über Arbeiten unter Druckluft" gebunden, in der alle Einsatz-, Schleusungs- und Wartezeiten geregelt sind.

Wagner

Literatur: *Kretschmer, M.*, u. *E. Fliegner*: Unterwassertunnel in offener und geschlossener Bauweise. Berlin 1987. – Verordnung über Arbeiten unter Druckluft (Druckluftverordnung) v. 4. Oktober 1972. BGBl. Nr. 110.

Drucklufthaltung. Tabelle: Druckluftmotoren.

Prinzip		Verdrängung			Dynamisch
Charakteristik	Radialkolben	Kulissenführung	Lamellen	Zahnrad	Turbine
max. Arbeitsdruck bar	1 0	8	8	1 0	8
Leistungsbereich kW	1,5-30	1-6	0,1-18	0,5-5	0,01-0,2
max. Drehzahl min^{-1}	6 000	5 000	30 000	15 000	120 000
spezifischer Luftverbrauch l/kJ	15-23	20-25	25-50	30-50	30-60
max. Expansionsverhältnis	1:2	1:1,5	1:1,6	1:1	–
Zylinderzahl oder Arbeits-räume / Umdrehung	4-6	4	2-10	10-25	einstufig
Momentschwankung % vom Mittelwert	30-15	60-40	60-2	20-10	–
Dichtung	Kolbenring/ Ventilspiel	Kolbenring/ Ventilspiel	Gehäuse/ Arbeitselement	Gehäuse Arbeitselement	Spiel
Schmierung	Ölsumpf und/oder Arbeitsluft	Arbeitsluft	Arbeitsluft	Arbeitsluft	nur Lager-schmierung
max. interne relative Luftgeschwindigkeit, m/s	25	20	30	30	70

Druckluftschleuse. D. (Bild) werden überall dort eingesetzt, wo Menschen oder Material in einen Druckraum gebracht werden müssen, z.B. bei der Druckluftgründung. Sie dienen als Verbindung zwischen Arbeitskammer und Außenluft der Förderung von Mensch und Material. Man unterscheidet

☐ Materialschleusen,

☐ Personenschleusen,

☐ kombinierte Material- und Personenschleusen.

Personenschleusen sitzen wie alle anderen → Schleusen auf dem Schachtrohr und sind in horizontaler Bauweise mit ein oder zwei Vorkammern ausgerüstet. Die durch einen Deckel gegen das Schachtrohr abgedichtete Hauptkammer enthält als Arbeitsraum 0,75 m³/Mann, die Temperatur ist mit 10−25 °C festgelegt. Statt der zwei Vorkammern ist die Materialschleuse mit jeweils zwei nach oben und unten gerichteten Zu- und Abfuhrvorrichtungen versehen. Ihr Aufnahmevolumen beträgt das 2−4fache eines Kippkübels mit 100−500 l Fassungsvermögen, der mit einer elektrischen → Winde betätigt wird und von dem sie durch Klappen mit Verriegelung abgetrennt sind. Zur Bodenförderung kann ein automatisch bodenentleerender Kübelaufzug mit bis zu 6 kN Tragkraft und 60 m/min Geschwindigkeit verwendet werden. Die kombinierten Material- und Personalschleusen sind sowohl mit Vorkammern für Personalverkehr als auch mit den obengenannten Vorrichtungen für die Zu- und Abfuhr von Material ausgestattet. Die Verordnung für „Arbeiten in Druckluft" schreibt eine Zufuhr von mindestens 30 m³/h Frischluft je Arbeiter vor, so daß die Druckluftanlage nach diesem Maß ausgelegt sein muß. Darüber hinaus gibt es genaue Anweisungen über die Ein- und Ausschleusungszeiten von Personen und die notwendigen gesundheitlichen Voruntersuchungen. *Kühn*

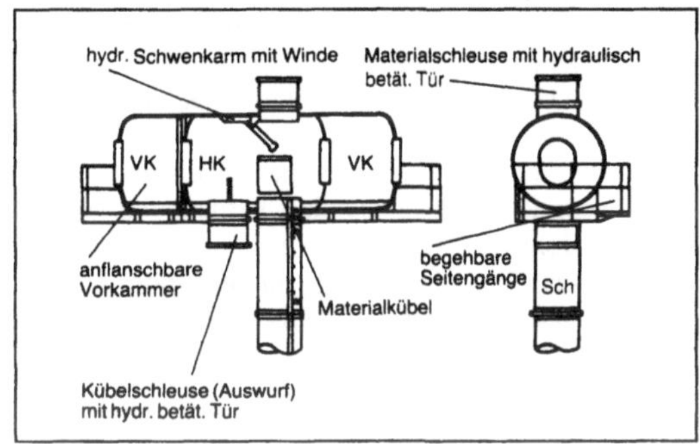

Druckluftschleuse: Schematische Darstellung.

VK Vorkammer, HK Hauptkammer, Sch Schachtrohr

Druckluftspritzen → Applikationstechnik

Druckluftverfahren. Sonderverfahren zur Durchörterung wasserführender Gebirgsschichten oder durchlässiger Gebirge, auch unter offenen Gewässern, bei denen eine → Grundwasserabsenkung nicht möglich ist oder die → Ortsbrust durch den Luftdruck zusätzlich gestützt werden soll. Begrenzt wird das Verfahren durch eine maximal zulässige Druckhöhe von 3 bar, wie sie in der Druckluftverordnung vorgeschrieben ist, durch eine zu hohe → Durchlässigkeit des anstehenden Gebirges oder eine zu geringe → Überdeckung. Das D. wird sowohl im Rahmen der Caissonabsenkung wie auch beim Vortrieb von Tunneln und Stollen angewandt. Es beruht auf der grundwasserverdrängenden Wirkung der aus dem Caisson/Tunnel ausströmenden Luft. Der Luftüberdruck muß etwa dem Wasserdruck an der Cais-

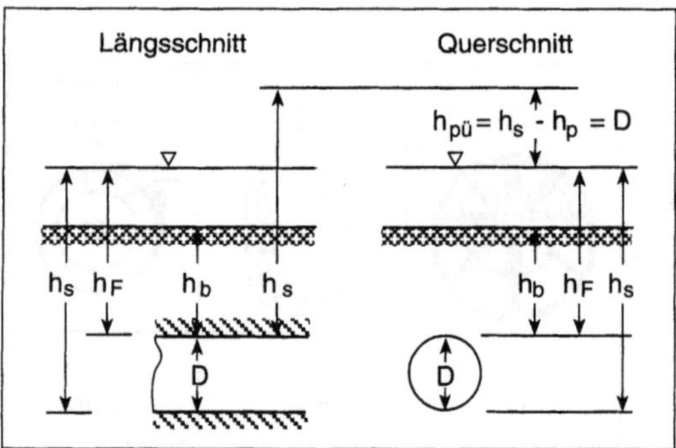

Druckluftverfahren 1: Schematische Darstellung der Zusammenhänge von Boden, Wasser und Luft beim Tunnelvortrieb mit Druckluft.

D = Tunneldurchmesser, h_B = Bodenüberdeckung über First, h_s = Wasserdruck an der Sohle, h_F = Wasserdruck am First, $h_{pü}$ = Luftüberdruck am First

son- bzw. Tunnelsohle entsprechen. Während sich aber bei einer lotrechten Caissonabsenkung (→ Senkkasten) kein gefährlicher Luftüberdruck gegenüber dem anstehenden Wasserdruck ausbilden kann, da der Wasserdruck an jedem Punkt der Caissonsohle gleich groß ist, bildet sich beim Tunnelvortrieb am → First des Druckluftschildes (horizontaler Caisson) ein gefährlicher Überdruck aus, der u.U. zu einem Ausbläser führen kann, wenn keine ausreichende Überdeckung vorhanden ist. Infolge der Ausbildung eines von der Ortsbrust ausgehenden stationären Luftströmungsfeldes kann es zu Auflockerungen an der Oberfläche des darüber befindlichen Gebirges kommen. In strömenden Gewässern wird dieser aufgelockerte Bereich u.U. abgetragen,

was eine Verringerung der Überdeckung zur Folge haben kann und die Gefahr von Ausbläsern erhöht. Ein Schutz gegen solche Auflockerungen ist durch das Aufbringen eines gut abgestuften Bodenfilters auf der Gewässersohle zu erreichen. Die feste, nicht aufgelockerte Bodenüberdeckung über dem Tunnelfirst muß mindestens gleich dem Tunneldurchmesser D sein, um einen Ausbläser zu vermeiden. Wird kein Bodenfilter aufgebracht, muß die Überdeckung $2D$ betragen, da bis zu 50% der Überdeckung aufgelockert werden kann (Bild 1, 2, 3). *Wagner*

Literatur: *Kretschmer, M., u. E. Fliegner*: Unterwassertunnel in offener und geschlossener Bauweise. Berlin 1987. – *Mandel/Wagner*: Verkehrs-Tunnelbau. Berlin 1968. – Taschenbuch für den Tunnelbau 77. Essen 1977.

Druckluftverordnung → Druckluftkrankheit

Druckluftversorgung. Die der Baustelle zur Verfügung stehende und zum Antrieb der Maschinen benötigte Drucklufterzeugungsanlage (Kolbenverdichter, Schraubenverdichter mit zugehörigem Windkessel zur Druckluftspeicherung) mit zugehörigem Rohrleitungsnetz, vor allem im Untertagebau und beim Druckluftbetrieb im → Tunnelbau und bei Senkkastengründungen; auch vorhanden bei Verwendung von Druckluftwerkzeugen in Werkstätten. Die Liefermenge der Drucklufterzeugungsanlage hängt vor allem von der Anzahl der vorhandenen Druckluftgeräte (Gleichzeitigkeitsfaktor beachten) und von der Länge und dem Instandhaltungszustand der Rohrleitungen (Undichtigkeiten) ab. Für größere Liefermengen verwendet man heute meist Schraubenverdichter, für fahrbare Erzeuger meist Kolbenverdichter, seltener Rotationsverdichter. *Drees*

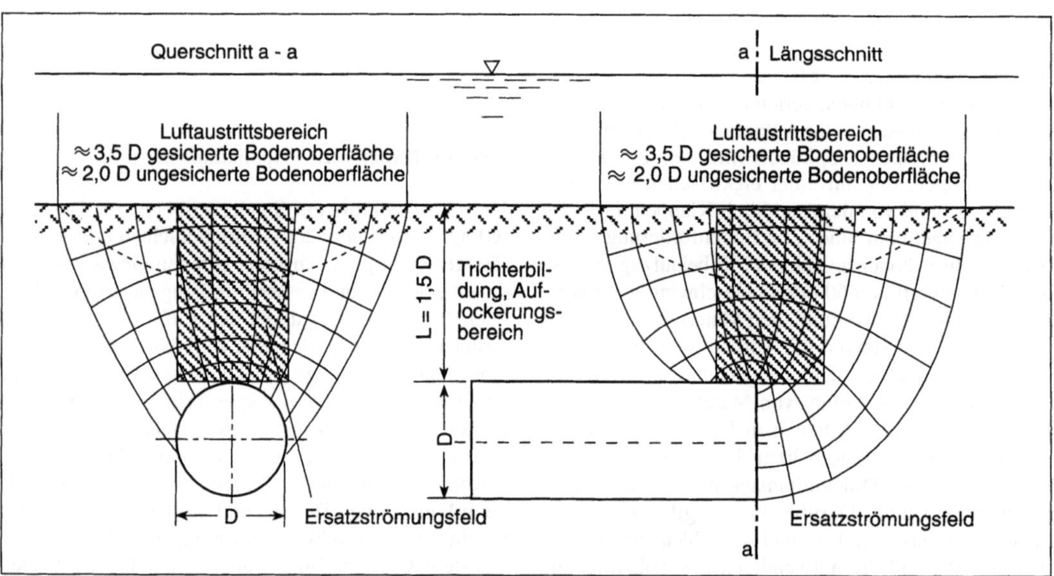

Druckluftverfahren 2: Schematische Darstellung eines Luftströmungsfeldes beim Druckluftvortrieb.

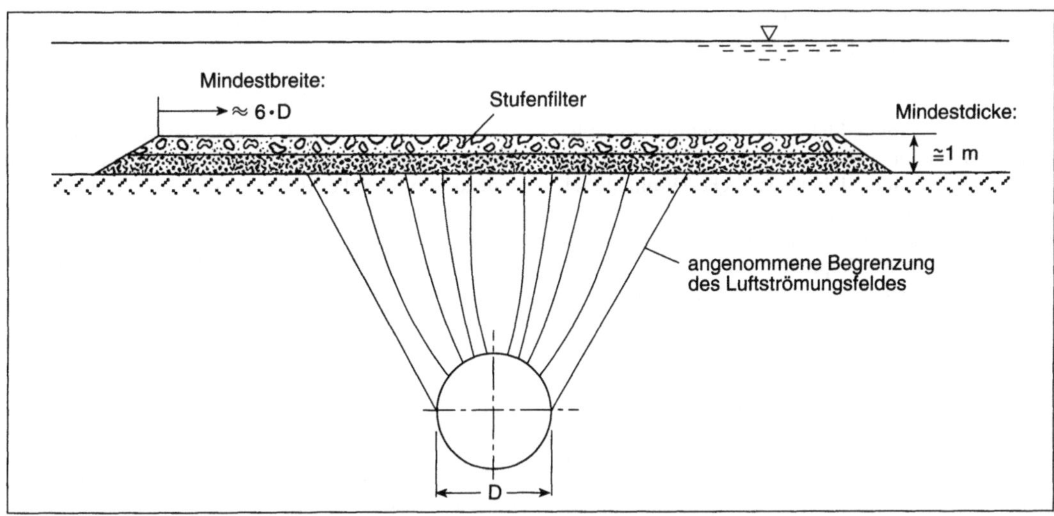

Druckluftverfahren 3: Schematische Darstellung eines abgestuften Bodenfilters als Sohlensicherung gegen Ausbläser in offenen Gewässern.

Druckluftvortrieb → Druckluftverfahren

Drucksondiergerät. D. bestehen aus einer Eintreibvorrichtung mit festem oder fahrbarem Untergestell sowie der eigentlichen Sonde, einem Stahl- oder Stahlrohrgestänge mit kegelförmiger Spitze (Querschnitt meist 10 cm^2), die durch eine statische Kraft mit konstanter Geschwindigkeit lotrecht in den Boden gedrückt wird; dabei lassen sich der Gesamtwiderstand, der Spitzendruck und ggf. die → Mantelreibung getrennt messen. Dazu wird das Sondiergestänge (mit der Spitze) entweder in einem Mantelrohr geführt oder ein zusätzlicher elektrischer Dehnungsmesser in der Sondenspitze angeordnet (Einstabsonde). Abmessungen von Spitze und Gestänge sind nach DIN 4094, Tl. 1 (1974) genormt. Zur Aufnahme der Reaktionskräfte sind entweder Zuganker oder Totlasten, z. B. Sondierwagen, erforderlich. D. einschl. Meßeinrichtungen sind vollständig in einem Lkw integriert als mobiles Meßlabor auf dem Markt (Bild). *Kühn*

Drucksondiergerät: Drucksonde.

Druckstollen. Ein unter erhöhtem Innendruck stehender wasserführender Stollen, im Gegensatz zum → Freispiegelstollen mit einem freien Wasserspiegel ohne Überdruck. Für den D. gibt es mindestens zwei Belastungszustände:

☐ auf den leeren Stollen wirkt der volle → Gebirgsdruck,

☐ beim gefüllten Stollen wirkt der Wasserdruck und belastet die Stollenwand auf Zug. Eine solche (ungünstige) Zugbelastung kann konstruktiv durch eine mechanische → Vorspannung (→ Bewehrung) oder eine hydrostatische Vorspannung (Wasser, Öl usw.) aufgenommen werden. *Wagner*

Dübel. D. sind → Verbindungsmittel in mechanischen Verbindungen und dienen der Kraftübertragung von Holz zu Holz oder Stahl zu Holz. Sie werden überwiegend auf → Abscheren beansprucht und sind i. d. R. durch Klemmbolzen zu sichern, um ein Kippen in den verbundenen Tragwerksteilen zu verhindern. Man unterscheidet:

☐ Stab-D.: Sie werden aus rundem Stabstahl hergestellt und in paßgenau vorgebohrte Löcher eingetrieben. In Verbindung mit Muttern oder Köpfen können sie gleichzeitig als Klemmbolzen verwendet werden und Zugkräfte in Schaftlängsrichtung übertragen;

☐ Rechteck- und T-D.: Aus Hartholz (nur Rechteckdübel) oder Profil- und Flachstahl hergestellte D. (→ Flachstahldübel), die in paßgenau ausgearbeitete Schlitze oder rechteckige Vertiefungen in die Tragwerksteile eingelassen werden (Einlaßdübel). Der Faserverlauf des Hartholzdübels entspricht dem der zu verbindenden Holzteile;

☐ D. besonderer Bauart: Man stellt sie aus Stahl, Stahlblech, Spritzguß oder Hartholz her. Diese D. sind zulassungspflichtig. Sie werden in eingefräste Vertiefungen

eingelassen (Einlaßdübel), in Holzteile eingepreßt (Einpreßdübel) oder eingelassen und eingepreßt (Einlaß-Einpreß-D.). DIN 1052 unterscheidet folgende Dübeltypen:
Dübeltyp A, → Ringkeildübel aus Leichtmetallgußlegierung (Einlaßdübel) Ringdübel;
Dübeltyp B, Rundholzdübel aus Eiche (Einlaßdübel, keine Zulassung erforderlich);
Dübeltyp C, runder oder quadratischer → Krallenverbinder aus St 2 K 40 (Einpreßdübel);
Dübeltyp D, runder Krallenverbinder aus Temperguß (Einpreßdübel);
Dübeltyp E, Krallenverbinder aus Temperguß (Einlaß-Einpreß-D.).

Rechteckdübel und die Dübeltypen A, C, D und E stellt man auch als einseitige D. her; dadurch eignen sie sich auch zur Verbindung von Stahl- und Holzteilen. Die Berechnung und Ausführung von → Dübelverbindungen wird nach DIN 1052, Tl. 2, vorgenommen (Dübelverbindung, → Holzverbindung, Verbindungsmittel).
→ Fuge *Dröge*
Literatur: *Dröge, G.*: Grundzüge des neuzeitlichen Holzbaues. Bd. 1. 2. Aufl. Berlin 1993. – *Halász, R. v.*, u. *C. Scheer* (Hrsg.): Holzbau-Taschenbuch. Bd. 1. 9. Aufl. Berlin 1996.

Dübelverbindung. Verbindung zweier oder mehrerer Holztragwerksteile mit Hilfe von → Dübeln. D. führt man überwiegend in Knotenpunkten von Stabwerken aus, können aber auch bei nachgiebig zusammengesetzten Tragwerksteilen angewendet werden. *Dröge*

Düker → Kreuzungsbauwerk

Dükerbauverfahren → Kreuzungsbauwerk

Dünnbettmörtel. Bei der üblichen Herstellung von → Mauerwerk betragen die Stoß- und Lagerfugendicken etwa 10–12 mm. Diese Fugendicke dient auch zum Ausgleich der Maßabweichungen der einzelnen Steine und darf deshalb nicht ohne weiteres reduziert werden, auch wenn z. B. in manchen Fällen zur Verbesserung der Wärmedämmung eine Verringerung wünschenswert wäre. Bei bestimmten Steinarten, z. B. Gasbetonsteinen und Plansteinen aus Kalksandstein, sind die Maßabweichungen der Steine deutlich geringer. In diesen Fällen kann die Dicke der sonst üblichen Mörtelschichten verringert werden. Im Idealfall kann man sich die Steine als verklebt vorstellen. Wegen der zwar kleinen, aber trotzdem unvermeidlichen Maßabweichungen sowie der Mörteleigenschaften betragen diese Fugendicken in der Praxis etwa 1–3 mm. Der für diese Bauweise verwendete → Mörtel wird D. genannt. *Mehlhorn*

Durcharbeitungszug, mechanischer. Die Kombination von → Gleisstopfmaschinen und Weichenstopf-

maschinen mit dynamischen Stabilisiermaschinen ermöglicht die mechanische Durcharbeitung von bestehenden Gleisanlagen. Das Schottermaterial wird dabei neu unter die → Schwellen gestopft und anschließend mit horizontaler Vibration und statischer lotrechter Belastung wieder verdichtet. Beide Geräte erlauben eine kontinuierliche Arbeitsweise. *Kühn*

Durchlässigkeit. Die D. (auch Permeabilität) ist die Eigenschaft eines porösen Mediums, Fluide (Gas, Wasser, Erdöl) unabhängig von ihren Eigenschaften passieren zu lassen. Sie wird in m^2 oder (meist) in D (Darcy) angegeben (1 D $\approx$ 1 · 10^{-8} cm^2). Als Maß für die D. von → Grundwasser dient der → Durchlässigkeitskoeffizient. Weitere Durchlässigkeitsmaße sind die Brunnenleistungen und die → Ergiebigkeitsziffer. In → Festgesteinen ist zwischen der Trennfugen-D. und der Gesteins-D. zu unterscheiden, die zusammen die Gebirgs-D. ergeben. Die Trennfugen-D. (Wasserwegsamkeit) ist die D. des Gebirges auf Grund seiner Trennfugen, wie Spalten, Klüfte, Schicht-, Schieferungs- und Abkühlungsfugen sowie Lösungshohlräumen. Die Gesteins-D. ist die durch die Porenräume der nicht von Trennfugen zerlegten Gesteinskörper bedingte D. Die den Grundwassernichtleitern zuzuordnenden → Tongesteine, die → Kluftgrundwasserleiter (→ Sandsteine, → Vulkanite, → Plutonite und → Metamorphite) und die → Karstgrundwasserleiter haben meist keine bedeutungsvolle Gesteins-D., so daß bei diesen Gesteinen die Gebirgs-D. praktisch ausschl. von der Trennfugen-D. herrührt. Ausnahmen sind bindemittelarme, grobkörnige Sandsteine, grobporige Karbonatgesteine und grusig verwitterte Plutonite und Metamorphite, in denen die Gesteins-D. zur Gebirgs-D. beiträgt. Bei konstanten physikalischen Eigenschaften des Wassers, das den Porenraum durchfließt, ist die D. einer homogenen Probe von deren sedimentologischen Eigenschaften (Kornform, -rauhigkeit, -rundungsgrad, Lagerungsdichte, Ungleichförmigkeit in der Kornverteilung und wirksame Korngröße) abhängig. In größeren Bereichen eines Porengrundwasserleiters wechseln D. und Porosität in Abhängigkeit von Änderungen der Korngrößenverteilung und von der Aneinanderreihung unterschiedlicher Grundwasserkörper in waagerechter und lotrechter Richtung. Geschichtete → Grundwasserleiter haben meist eine größere waagerechte als lotrechte D.

D. und → Hohlraumanteil (Porosität) werden für größere Bereiche aus Pumpversuchen (Durchlässigkeitskoeffizient) und Markierungsversuchen als Mittelwerte erhalten. Ein eindeutiger Zusammenhang zwischen D. und Porosität besteht nicht. Die Porosität ist durch das Verhältnis von Hohlraumvolumen zu Gesamtvolumen und durch die geometrische Anordnung der Körner bzw. Gesteinskörper bestimmt. Bei der D. spielen außer diesen statischen Elementen auch Bewegungsvorgänge eine Rolle. Näherungsweise läßt sich die D. aus der nutzbaren Porosität, der Korngrößenverteilung und der spezifischen Oberfläche des festen Mediums bestimmen. *Mattheß*

Literatur: *Mattheß, G.,* u. *K. Ubell*: Allgemeine Hydrogeologie – Grundwasserhaushalt. Berlin, Stuttgart 1983.

Durchlässigkeitskoeffizient. Der D. ist ein Maß für den Energieverlust, den das → Grundwasser als Folge der Reibung an den Porenwänden des festen Mediums bei laminarer Strömung durch sandig-kiesige → Grundwasserleiter unter der Wirkung eines hydraulischen Gradienten erleidet. Zwischen Fließgeschwindigkeit v_f und hydraulischem Gradienten i gilt mit k_f als D. die Darcy-Gleichung

$$v_f = k_f \cdot i.$$

Der D. k_f ist durch die Dichte ρ, die dynamische → Viskosität η und durch die → Durchlässigkeit (Permeabilität) K des festen porösen Mediums bestimmt, die alle als konstant angenommen werden. Durchlässigkeit K und D. k_f sind durch folgende Umrechnungsbeziehung verknüpft (g Erdbeschleunigung):

$$k_f = \frac{\rho}{\eta} \cdot g \cdot K.$$

In der → Hydrologie und im Wasserwerksbetrieb wird der D. k_f in m/s, in der Bodenkunde und der → Bodenmechanik in cm/s angegeben. Für natürliche Lockermaterialien gelten für k_f und K die mittleren Werte der Tabelle. Die Darcy-Gleichung gilt nur für laminare Strömung (→ Grundwasserströmung). Diese Bedingung ist in den meisten natürlichen Grundwasserströmen erfüllt: Die kritische Reynolds-Zahl Re < 1 wird eingehalten. Ab dem Bereich Re = 1 bis Re = 10 tritt turbulente Grundwasserströmung auf. In schluffig-tonigen Gesteinen wird die Grundwasserströmung durch Oberflächenkräfte beeinflußt. Erst bei Überschreiten eines hydraulischen Grenzgefälles i_0 beginnt das nicht molekular gebundene Wasser zu fließen. Für bindige Böden gilt so die erweiterte Darcy-Gleichung $v_f = k_f \cdot (i - i_0)$. Als Anfangsgefälle i_0 werden für Schluffe Werte zwischen 0,2 und 5, für Ton zwischen 0 und 18 angegeben.

Den D. k_f von → Lockergesteinen bestimmt man im Laboratorium an gestörten Proben bei versuchstechnisch dichtester Lagerung mit Hilfe von Permeametern. Indirekte Näherungsmethoden nutzen die Zusammenhänge zwischen D., Korngröße, Kornverteilung, Porosität und spezifischer Oberfläche. Die Gesteinsdurchlässigkeit von → Festgesteinen wird im Laboratorium an Probezylindern mit Luft oder Wasser als strömendem Medium ermittelt. Die Bestimmung des D. der → Transmissivität und des Speicherkoeffizienten bzw. des nutzbaren → Hohlraumanteiles durch Pumpversuche stützt sich auf die Messung von Druck- und Wasserhöhenverteilungen bei Pumpversuchen in freiem und gespanntem Grundwasser bei stationären und instationären Zuständen. *Mattheß*

Literatur: *Mattheß, G.,* u. *K. Ubell*: Allgemeine Hydrogeologie – Grundwasserhaushalt. Berlin, Stuttgart 1983.

Durchlaß → Kreuzungsbauwerk

Durchlässigkeitskoeffizient. Tabelle: Mittlere Werte von k_f und K in Lockergesteinen.

Boden	k_f in m/s	K in Darcy
Kies	$10^{-2} - 1$	$10^3 - 10^5$
reine Sande	$10^{-5} - 10^{-2}$	$1 - 10^3$
tonige Sande, Feinsande	$10^{-8} - 10^{-5}$	$10^3 - 1$
Kaolinit	10^{-8}	10^{-3}
Montmorillonit	10^{-10}	10^{-5}

Durchlaufträger. Als solche werden Träger bezeichnet, die über n Felder ($n \geq 2$) durchlaufen, ohne daß → Gelenke zwischengeschaltet sind. Die Feldweiten können unterschiedlich groß, die Querschnitte (Trägheitsmomente) bei Stabwerken feldweise konstant oder veränderlich sein; der durchlaufende Träger kann auch als Fachwerk ausgebildet sein. Er ist (n – 1)fach statisch unbestimmt, d. h. zur Bestimmung der Schnittkräfte sind neben den → Gleichgewichtsbedingungen n – 1 Elastizitätsgleichungen (Verformungsbedingungen) zu formulieren. Die Stützung (Auflager) kann

– starr sein oder

– nachgiebig sein, d. h. die Stützenverschiebung senkrecht zur Trägerachse ist dann eine Funktion der Stützkräfte, oder

– die freie Verdrehbarkeit über den Auflagern ist durch elastische Einspannung dort behindert.

Die Berechnung der Stützmomente bei feldweise konstanten Trägheitsmomenten kann auf der Basis des → Kraftgrößenverfahrens erfolgen.

☐ Drei-Momenten-Gleichung (Bild 1a)

$$M_{i-1}\, l_i' + 2M_i(l_i' + l_{i+1}') + M_{i+1}\, l_{i+1}' = -6EI_c\, \tau_{i0};\ l' = 1\frac{I_c}{I}.$$

☐ Fünf-Momenten-Gleichung (Bild 1 b)

$$M_{i-2}\frac{6EI_c}{l_{i-1}l_i K_{i-1}} + M_{i-1}\left[l_i' - \frac{6EI_c}{l_i}\left[\left(\frac{1}{l_{i-1}} + \frac{1}{l_i}\right)\frac{1}{K_{i-1}} + \left(\frac{1}{l_i} + \frac{1}{l_{i+1}}\right)\frac{1}{K_i}\right]\right] +$$

$$+2M_i\left[l_i' + l_{i+1}' + 3EI_c\left[\left(\frac{1}{l_i}\right)^2\frac{1}{K_{i-1}} + \left(\frac{1}{l_i} + \frac{1}{l_{i+1}}\right)^2\frac{1}{K_i} + \left(\frac{1}{l_{i+1}}\right)^2\frac{1}{K_{i+1}}\right]\right] +$$

$$+M_{i+1}\left[l_{i+1}' - \frac{6EI_c}{l_{i+1}}\left[\left(\frac{1}{l_i} + \frac{1}{l_{i+1}}\right)\frac{1}{K_i} + \left(\frac{1}{l_{i+1}} + \frac{1}{l_{i+2}}\right)\frac{1}{K_{i+1}}\right]\right] +$$

$$+M_{i+2}\frac{6EI_c}{l_{i+1}l_{i+2}K_{i+1}} = -6EI_c\, \tau_{i0}.$$

☐ Vier-Momenten-Gleichung (Bild 1 c)

$$M_{i-1}^r \cdot l_i' + 2M_i^r \cdot l_i' + M_{i+1}^l \cdot l_{i+1}' = -6EI_c(\tau_{io}^l + \tau_{io}^r)$$

$$M_{i-1}^r \cdot l_i' + M_i^l\left(2\, l_i' - \frac{1}{K_i}\, 6EI_c\right) + M_i^r\, \frac{1}{K_i}\, 6EI_c$$

$$= -6EI_c \cdot \tau_{io}^l,$$

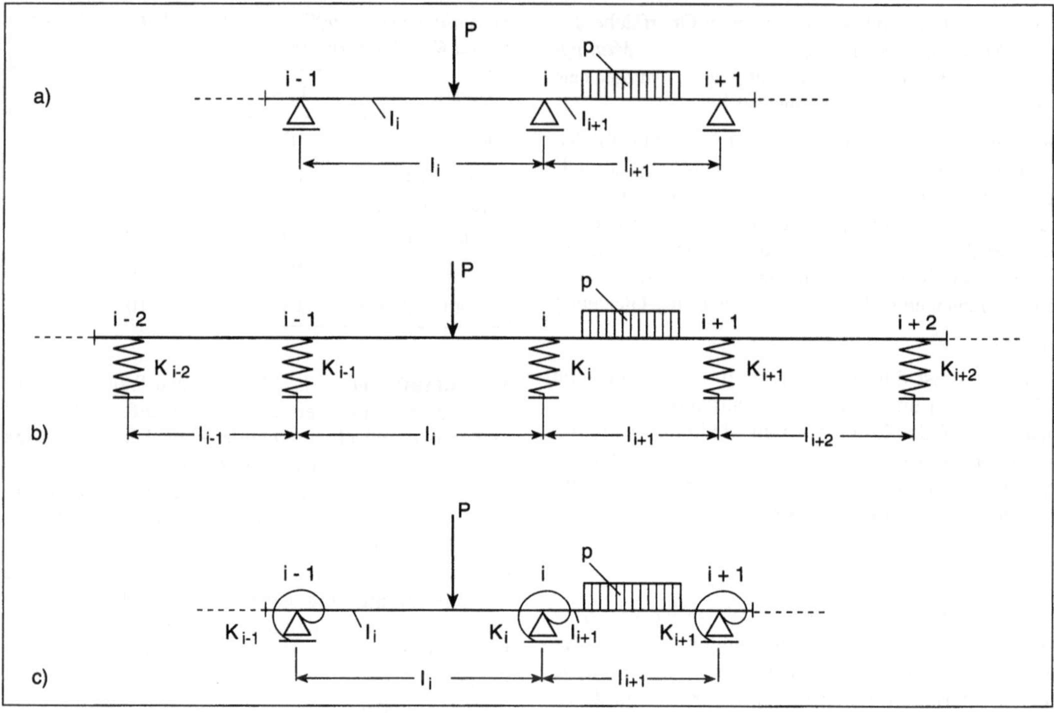

Durchlaufträger: Schematische Darstellung zur Berechnung der Stützmomente.
a) Drei-Momenten-Gleichung   b) Fünf-Momenten-Gleichung   c) Vier-Momenten-Gleichung.

mit den Stabendmomenten M_i^l und M_i^r links (Feld l_i) und rechts (Feld l_{i+1}) der Stützung i.

In diesen Gleichungen bezeichnet I_c ein Bezugsträgheitsmoment, K_i die → Steifigkeit einer Feder (elast. nachgiebige Lagerung) bzw. eine Drehfeder (elast. Einspannung), τ_{io} die gegenseitige Verdrehung der Stabendtangenten der Einfeldträger im statisch bestimmten Grundsystem am Auflager i infolge äußerer Belastung.

Die Stützmomente bei starrer Lagerung können für gleiche Feldweiten bei bis zu fünf Feldern auch baustatischen Tabellenwerken entnommen werden.

Bei feldweise veränderlichen Trägheitsmomenten sind die Verdrehungswinkel der Stabendtangenten der Einfeldträger des statisch bestimmten Grundsystems infolge äußerer Lasten sowie der Einheitswerte der unbekannten Stützmomente gesondert, etwa durch numerische Integration zu berechnen; für einige grundlegende Fälle können sie auch aus Tabellen ermittelt werden.   *Laermann*

Durchschlagrakete. Gerät zur Herstellung von Rohrleitungen unter Verkehrswegen, Flußläufen usw. Es enthält einen Schlagkolben, der sich durch Druckluftsteuerung vor- und zurückbewegen kann. Bei diesem Verfahren ist kein Schutzrohr erforderlich. Vom Startschacht aus wird zunächst ein Druckgestänge kleineren Durchmessers bis zum Zielschacht vorgeschoben. Vor Beginn des Rückziehvorganges hängt man einen Aufweitungskopf bis zu 260 mm Dmr. und die Rohrleitung an das Druckgestänge an.   *Meißner*

Durchtrennungsgrad. Der D. ist ein Maß für den Kluftflächenanteil an der Gesamtfläche einer parallel zur Raumstellung der Kluft verlaufend gedachten Fläche.   *Wagner*
Literatur: Grundbegriffe der Felsmechanik und der Ingenieurgeologie. Hrsgg. v. d. Dt. Ges. Erd- u. Grundbau. Essen 1982.

DVGW. Abk. für Deutscher Verein des Gas- und Wasserfaches, Verein der mit den Fragen der Trinkwasser- und Gasversorgung befaßten Fachleute, Unternehmen und Firmen, der sich naturgemäß auch mit wasserwirtschaftlichen Fragen befaßt und Kontakte zu der → ATV und anderen benachbarten Organisationen pflegt.

Durch ehrenamtliche Arbeit der Mitglieder werden Regelwerke „Wasser" und „Gas" als Arbeitsblätter A..., Merkblätter M..., Hinweise H... und Entwürfe E... sowie DIN-Regeln – auch europäische – erarbeitet und herausgegeben. Sie befassen sich neben der Trinkwasserversorgung und dem Feuerlöschwasser auch mit der Gasversorgung und der Wasserchemie. Die Mitglieder werden über die Fachzeitschrift „Das Gas und Wasserfach GWF" in einer Ausgabe „Wasser/Abwasser" und „Gas" informiert.   *Pfeiff*

E

E-Modul → Elastizitätsmodul

ECC → Zementbeton, kunststoffmodifizierter

Egalisierung → Grundierung

Eigenform. E. wird auch Mode genannt: Bestimmter Verschiebungszustand eines Systems. Bezug zur → Baugrunddynamik: Für ein erregtes System ergeben sich → Eigenfrequenzen, die von der Ordnungszahl n abhängen. Mit zunehmendem n erhöht sich die Eigenfrequenz, und es stellt sich ein veränderter Verschiebungszustand oder eine veränderte E. des Systems ein. *Meißner*

Eigenfrequenz. Die Frequenz freier → Schwingungen eines → Tragwerkes wird E. genannt, sie wird in Hertz (Hz) angegeben und kennzeichnet den zeitlichen Verlauf einer Eigenschwingung. Dies sind solche Schwingungen, die nur von den Dimensionen des Schwingungsgebildes abhängen, bei Tragwerken von der elastischen Nachgiebigkeit der einzelnen Tragwerkselemente. Schwingungsgebilde können auch mehrere E. haben. Die 2π-fache Eigenfrequenz wird als Eigenkreisfrequenz bezeichnet. *Laermann*

Eigenspannung. E. sind Spannungen in Bauteilen, die in sich im Gleichgewicht sind und keine resultierenden Schnittgrößen in den Querschnitten ergeben. Sie entstehen durch den Herstellungsprozeß (Walzen von Stahlprofilen, Schweißen, Kaltverformung) oder durch plastische Verformungen im Gebrauchszustand des → Tragwerks bei wechselnder → Beanspruchung. Es können dabei Spannungsspitzen bis zur Größe der → Fließspannung auftreten. Hohe E. sind deshalb oft Versagensursache. Eine rechnerische Vorherbestimmung ist nicht möglich. Mit verschiedenen Meß- und Materialprüftechniken können sie am Bauteil experimentell nachgewiesen werden. *Laermann*

Eigenversorgung. Die E. ist in der → Siedlungswasserwirtschaft eine für ein einzelnes Anwesen oder einen Betrieb vorhandene selbständige → Wasserversorgung für → Trinkwasser und/oder → Betriebswasser. Sie kommt oft bei ländlichen Einzelanwesen, bei Gewerbebetrieben, bei der Industrie und nur ausnahmsweise als Ausnahmeregelung nach Befreiung vom Anschlußzwang vor, wie er in → Ortssatzungen für die Trinkwasserversorgung durch → Wasserversorgungsunternehmen (WVU) verlangt wird. Oft mußten brauchbare E. stillgelegt werden, wenn eine zentrale öffentliche Trinkwasserversorgung und hierfür die dann vom gemeindlichen Ortsgesetzgeber erlassene Satzung dies erforderte. Das WVU kann seine Versorgung mit Trinkwasser in einer hygienisch nach strengen Regelungen sicherzustellenden Qualität wirtschaftlich nur bei Anschlußzwang einrichten und betreiben. E. besteht – wie die öffentliche Trinkwasserversorgung und Betriebswasserversorgungen immer auch – aus der Fassung, den Förderanlagen, evtl. der Aufbereitung und Speicherung und immer auch aus dem Eigenversorgungsnetz, der Verteilung zu Verbrauchstellen. Auch in E. wird → Grundwasser, → Oberflächenwasser oder auch uferfiltriertes Grundwasser benutzt. Die hierzu bestehenden gesetzlichen Regelungen über Genehmigung sind zu beachten. Meist ist im Rahmen des Gemeingebrauches die → Entnahme begrenzter Mengen zum Trinken, Tränken, Waschen und Nutzen, in einer Größenordnung von z. B. 20 m³/d im Saarland, nach den Landeswassergesetzen genehmigungsfrei.

Einige solcher stillgelegten Anlagen sind später für eine Notfall-Versorgung wieder in einen betriebsfähigen Zustand eingerichtet, werden aber nicht benutzt. *Pfeiff*

Eimerkettenschwimmbagger. Der E. besteht aus einem → Ponton, der in der Mitte eine Öffnung für die Eimerleiter hat. An den Enden der Eimerleiter läuft die Kette über zwei Umlenktrommeln; die obere heißt Oberturas, die untere Unterturas. Die 200–1 000 l fassenden Eimer lösen das zu baggernde Material während des Umlenkvorgangs am Unterturas. Die gefüllten Eimer werden durch die Endloskette bis zum Oberturas gezogen, wo das Material über seitliche Rutschen in → Schuten geladen wird. Die Kette mit den leeren Eimern hängt frei durch. Die Antriebskraftübertragung der Kette geschieht mit einem hydrodynamischen Wandler, so daß sich die Antriebsgeschwindigkeit und die an der Schneide bzw. den Zähnen des Eimers zur Verfügung stehende Kraft den Bodenverhältnissen anpaßt. *Kühn*

Eimerkettentrockenbagger. Der E. (Bild) ist ein kontinuierlich arbeitendes → Tagebaugerät, das sich beim Bau von Kanälen (Suezkanal, Nordostseekanal, Mittellandkanal) sowie im Braunkohletagebau und Kreidetagebau hervorragend bewährt hat. Bei E. sind hinsichtlich des Betriebsverfahrens und der Bauweise zwei Typen zu unterscheiden: E. auf Raupen und E. auf Schienen. E. auf Raupen sind meist mit einem

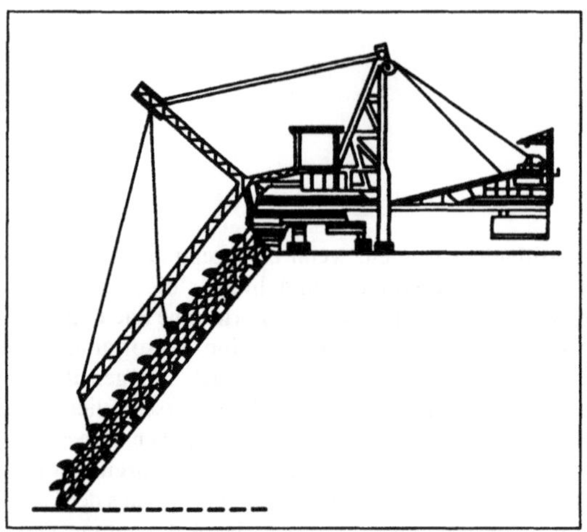

Eimerkettentrockenbagger: E. auf Gleisen oder Raupen.

Schwenkwerk für den → Oberbau ausgerüstet. Sie können damit im Hoch- und Tiefschnitt arbeiten. Der Abbau geschieht meist im Blockbetrieb, in manchen Fällen im Frontbetrieb. E. auf Schienen arbeiten überwiegend im Tiefschnitt im Frontbetrieb. In diesem Fall werden die Eimerkettentiefbagger mit Rückmaschinen ausgestattet, die den Gleisrost für den E. und die → Bandstraße entsprechend der abgebaggerten Spandicke von der Böschungskante wegrücken.

Der Baggeroberwagen nimmt senkrecht zur Fahrtrichtung die Eimerleiter auf, deren unterer beweglicher Teil am Baggerhaus gelenkig und an einem Ausleger über eine oder mehrere Eimerleiterhebewinden aufgehängt ist. Auf der Eimerleiter läuft eine endlose Eimerkette, die entweder bei größeren E. geführt oder bei kleineren lose auf Schleifschienen gelagert ist. Durch Abknicken des vorderen Teiles der Eimerleiter ist auch eine genaue Bearbeitung eines gebrochenen Profils, z. B. eines Kanaleinschnitts, möglich. Die Eimerkette läuft je nach Beschaffenheit des Bodens mit einer Geschwindigkeit von 1–1,5 m/s. Je nach der Schwere des Bodens werden die Eimer in 4, 6 oder 8fachem Teilungsabstand (Schakung) auf der Kette mit ihren Eimerohren angeordnet und mit Messern oder Schneidzähnen ausgerüstet. Entleert wird über den Rücken des offenen Eimers in den Schüttrumpf und von da über eine pneumatisch betätigte Schüttklappe entweder in bereitstehende Wagen oder auf Förderbänder. Der Antrieb geschieht bei den Raupenbaggern und den kleineren Schienenbaggern durch Dieselmotoren und evtl. nachgeschaltete Hydraulikmotoren. Die Großgeräte haben elektrischen Antrieb, selten über Kabel, meist über Schleifleitungen mit Spannungen bis zu 3 000 V. Die Förderleistung eines Eimerkettenbaggers kann über 2 000 fm³/h betragen.

Der E. ist das typische Großleistungsgerät für leichte, mittlere und schwere Böden (Sand, Kies, Lehm, Ton, Braunkohle, Schiefer, leichter Sandstein usw.), da er relativ große Grabkräfte aufbringen kann. Er arbeitet im Hoch- oder Tiefschnitt und kann ohne große Leistungseinbußen den Boden aus dem Wasser holen, ihn mischen oder schichtenweise in dünnen Spanstärken abtragen. Auch läßt sich mit ihm ein verhältnismäßig genaues → Planum, vor allem unter Wasser, herstellen. Der E. wird gängigerweise im Baubetrieb auf Raupen mit 10–100 l Eimerinhalt und auf Schienenfahrwerk mit 70–1 400 l Eimerinhalt verwendet. Eine Variante ist der → Eimerkettenschwimmbagger. Die vertikale Abbauhöhe kann bis zu 60 m betragen.

Kühn

Einarbeitungszuschlag. Zeitzuschlag zur Berücksichtigung der Zeit, die der Mensch zur Sammlung von Erfahrung und zur Eingewöhnung benötigt, bis er mit den technischen und organisatorischen Bedingungen seiner Arbeitsaufgabe voll vertraut ist und sich auf die Zusammenarbeit mit seinen Mitarbeitern eingestellt hat. Erst nach Erreichen der vollen Einarbeitung kann die Normalleistung des arbeitenden Menschen erreicht werden. Der Zeitbedarf je Produktionseinheit nimmt mit steigender Einarbeitung ab und bleibt nach erreichter Einarbeitung gleich. Der E. ist also die Mehrzeit gegenüber der benötigten Zeit nach Erreichen der Normalleistung. Bei schwierigen Arbeiten kann der für die erste Arbeitsausführung notwendige E. weit über 100% liegen.

Drees

Einbruch. Der zentrale Bereich einer Bohrlochanordnung an der → Ortsbrust (→ Sprengbild). Man unterscheidet Schräg- und Parallel-E.

Wagner

Literatur: *Wild, H. W.*: Sprengtechnik im Bergbau, Tunnel- und Stollenbau. Essen 1984.

Einfluß, meteorologischer. Der m. E., insbes. Lufttemperatur und Wind, ist der Grund für die Beheizung der Gebäude. Für die → Raumlufttechnik sind zusätzlich Luftfeuchte und Sonneneinstrahlung von Bedeutung. Dieser Einfluß birgt somit die wichtigsten Kriterien für die Bemessung und die Regelung der Heizungs- und Klimaanlagen, aber auch Chancen für die Nutzung von Umweltwärme und alternativer Energie. Für energetische und thermische Simulationsrechnungen werden synthetische Testreferenzjahre (TRY) zur Verfügung gestellt.

Diehl

Literatur: DIN 4701: Wärmebedarfsberechnung. Tl. 1–3. – DIN 4710: Meteorologische Daten. – VDI 2078: Kühllastberechnung.

Einflußlinie. E. geben den Einfluß einer Einheitslast bei wechselnder Laststellung („Wanderlast") auf die Bezugsgröße (Schnittkraft, Formänderung) an einer bestimmten Stelle des → Tragwerkes an (Bild). Sie können stetig oder unstetig sein; ihre Nullstellen trennen positive und negative Beitragsstrecken (→ Zustandslinie).

Laermann

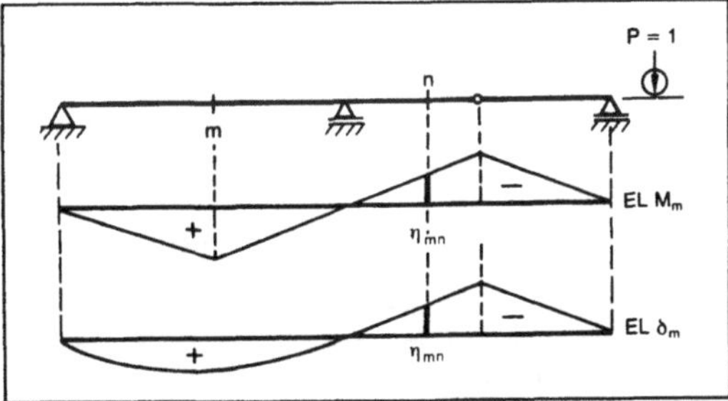

Einflußlinie: E. (EL) M_m und δ_m für das Biegemoment und die Durchbiegung an der Stelle m.

Einheitsganglinie. Charakteristische Abflußganglinie eines oberirdischen → Einzugsgebietes nach einem gleichmäßig verteilten, konstanten, abflußwirksamen → Niederschlag von 1 mm Höhe und bestimmter Dauer (→ Niederschlag-Abfluß-Beziehung). Der E. (Unit Hydrograph) liegt die von *Sherman* 1932 gemachte Feststellung zugrunde, daß mit guter Näherung gleicher abflußwirksamer Niederschlag immer gleiche Abflußkurven erzeugt (Zeitinvarianz) und daß bei gleicher Regendauer die Ordinaten der Abflußkurve den abflußwirksamen Niederschlägen direkt proportional sind (Linearität). Damit kann man sich jede Abflußwelle des direkten Abflusses Q als Überlagerung von Einzelwellen denken, die aus je einem Intervall des abflußwirksamen Niederschlags R_i entstanden sind und deren Ordinaten sich durch Multiplikation der UH-Ordinaten X_i (UH Unit Hydrograph) mit der Größe des abflußwirksamen Niederschlags des Intervalls ergeben (Bild). Das UH-Verfahren ist in der Ingenieurhydrologie wichtig (→ Hydrologie). *Lecher*

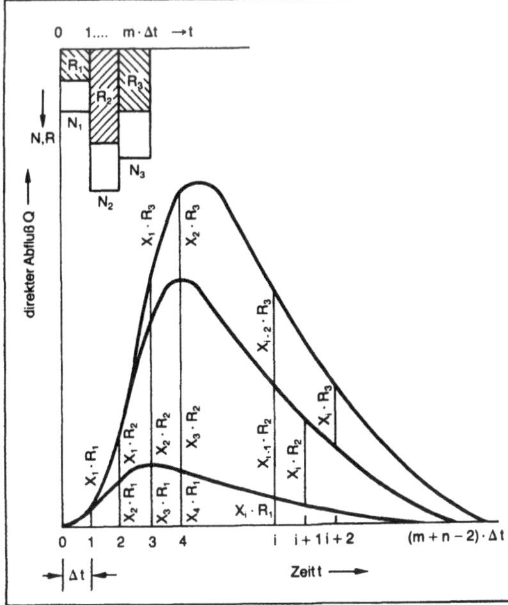

Einheitsganglinie: Überlagerung von drei Abflußganglinien.

Einheitspreisvertrag. Vertragsform für die Ausführung von → Bauleistungen gem. § 5 Nr. 1 a VOB/A, bei der die → Vergütung der ausgeführten Bauleistung nach Einheitspreisen für technisch und wirtschaftlich einheitliche Teilleistungen (Positionen) berechnet wird, deren Menge nach Maß, Gewicht oder Stückzahl durch die → Abrechnung gem. § 14 Nr. 1 VOB/B festgestellt wird:
(ausgeführte Menge × vertraglicher Einheitspreis = Rechnungsbetrag). *Drees*

Einkapselungsverfahren. Verfahren, die die Einschließung einer → Altlast und damit eine Unterbrechung bzw. Kontrolle der Ausbreitungspfade bewirken. Die angewandten Verfahren sind bautechnischer Art. Neben den bautechnischen E. sind gegebenenfalls auch Maßnahmen zur → Wasserhaltung und zum Abpumpen kontaminierten Grundwassers (hydraulische Maßnahmen) vorzusehen. Sofern gasförmige Emissionen auftreten, sind entsprechende Einrichtungen zur Absaugung und Reinigung (pneumatische Maßnahmen) erforderlich. Zur Einschließung gehören Systeme zur Oberflächenabdichtung und zur vertikalen → Dichtung; bei einem durchlässigen Untergrund zusätzlich noch eine Untergrundabdichtung (Bild 1).

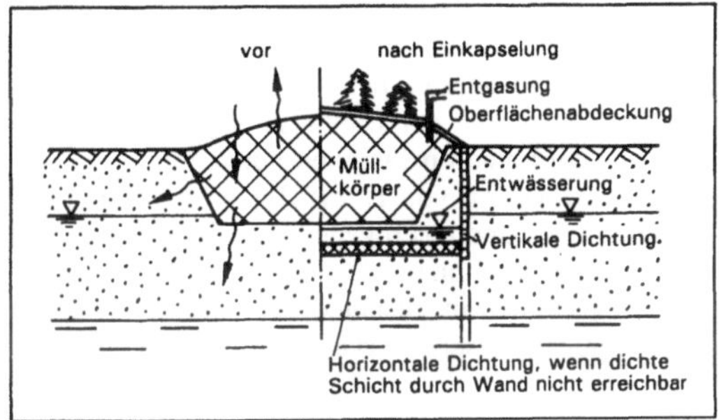

Einkapselungsverfahren 1: Einkapselungsschema einer Altdeponie. (Quelle: Jessberger*)*

☐ Oberflächenabdichtungssysteme: Sie bestehen in der Regel aus einer Kombination von → Deckschicht, Dichtschicht und Schutzschicht. Die Dichtschicht besteht aus mineralischen Materialien mit und ohne Kunststoffdichtungsbahnen. Zu den wichtigsten Aufgaben der Oberflächenabdichtung gehören das Vermindern des Einsickerns von → Oberflächenwasser, die Kontrolle und Ableitung von im Untergrund gebildeten Gasen sowie die Verminderung von → Erosion und Verwehungen. Um die Wirksamkeit einer Oberflächenabdichtung abzuschätzen, empfiehlt sich das Anlegen von Testfeldern und die Durchführung von Wasserhaushaltsberechnungen.
☐ Vertikale Abdichtung: Sie erfolgt durch Dichtwände, die als Schmal-, Spund-, Schlitz- oder Injektionswände ausgeführt werden. Bei der → Schlitzwand gibt es

Ausführungsformen als Einphasen-, Zweiphasen- und Mehrschichtdichtwand, ggf. mit Sperrschicht. Bei Injektionsverfahren kann eine Düsenstrahlwand oder ein Injektionsschirm hergestellt werden. Zu den zahlreichen Ausführungsformen gehört auch das Doppelwandsystem mit Kammern. Besondere Anforderungen werden an die Materialien der Dichtwände gestellt, die für die Abdichtung und Langzeitstabilität verantwortlich sind. Hierzu müssen geeignete Baustoffe für die Dichtwandmassen und beständige Kunststoffolien ausgesucht werden. Der Durchlässigkeitsbeiwert und die Permeationsrate dienen u. a. als Beurteilungskriterien bei Eignungsprüfungen (Bild 2). Die vertikalen Dichtwände müssen in den gering durchlässigen Untergrund oder in eine zusätzlich eingebrachte Untergrundabdichtung eingebunden sein.

☐ Untergrundabdichtung: Sie kann bei Nichtvorhandensein natürlicher und gering durchlässiger Schichten im Untergrund, z. B. an der → Sohle einer Altablagerung, nachträglich notwendig werden. Durch Injektion ist eine vollständige und sichere Abdichtung nicht immer zu erreichen, auch können zusätzliche wasserschädigende Stoffe mobilisiert werden. Andere Systeme zur Untergrundabdichtung arbeiten nach der Stollenbauweise oder benutzen das Schwerteinbauverfahren mit und ohne Robotereinsatz.

Beim Bau der Einkapselung ist die Ausführung der Arbeiten auf der Grundlage von Qualitätssicherungsprogrammen zu überwachen. Nach Fertigstellung ist über die Lebenszeit der Einkapselung eine ständige Kontrolle der Funktionsfähigkeit notwendig.

Die Anwendung von E. erfolgt vornehmlich bei großvolumigen und heterogenen Altablagerungen. Sie haben sich auch schon bei der Einschließung von Kontaminationsherden an Altstandorten bewährt. Eine derartige Maßnahme setzt voraus, daß der Kontaminationsherd keinen Kontakt zum → Grundwasser hat oder eine → Grundwasserneubildung aus dem verunreinigten Bodenbereich verhindert wird. Eine Einkapselungsmaßnahme kann dazu dienen, für eine später vorzunehmende Dekontamination Zeit zu gewinnen.

Thoenes

Literatur: SRU: Altlasten. Stuttgart 1990. – SRU: Altlasten II. Stuttgart 1995. – *Jessberger, H. J.*: Empfehlungen des Arbeitskreises *Geotechnik der Deponien und Altlasten* der Deutschen Gesellschaft für Erd- und Grundbau e. V. Bautechnik (1988) 65, S. 289/300. – *Nussbaumer, M.*: Mehrschichtige Deponiedichtwand System Züblin. In: Bundesministerium für Forschung und Technologie/Umweltbundesamt (Hrsg.): Sanierung kontaminierter Standorte, Berlin 1985.

Einlaßmittel → Grundierung

Einpreßgerät. E. sind umweltfreundlich (sehr geräuscharm und erschütterungsfrei, wenig Abgase) arbeitende Ersatzgeräte für laute Rammen. Sie drücken Spundbohlen statisch mittels Hydraulikpressen in den Boden, indem sie bereits eingepreßte → Bohlen als → Widerlager benutzen. Die Nachteile der Geräte sind: langsames Arbeiten und starke Bodenabhängigkeit. Daher sind sie nur bei Böden mit kleinem Spitzenwiderstand und großer → Mantelreibung anwendbar, z. B. nicht bei mitteldicht bis dicht gelagerten → Sanden und → Kiesen, auch nicht bei Felseinschlüssen, die von einer schlagenden Ramme u. U. noch durchschlagen werden können. Der in England entwickelte Pilemaster arbeitet gleichzeitig mit acht Spundbohlen; dabei werden immer zwei eingepreßt (eine Doppelbohle) und sechs dienen als Widerlager. Der in Japan entwickelte Silent-Piler (Bild) hat dort dank seiner Fähigkeit, sich ohne Hilfsgerät auf den Spundbohlen fortzubewegen und Ecken/Krümmungen zu „rammen", weite Verbreitung gefunden. Die Bohlen werden einzeln gedrückt.

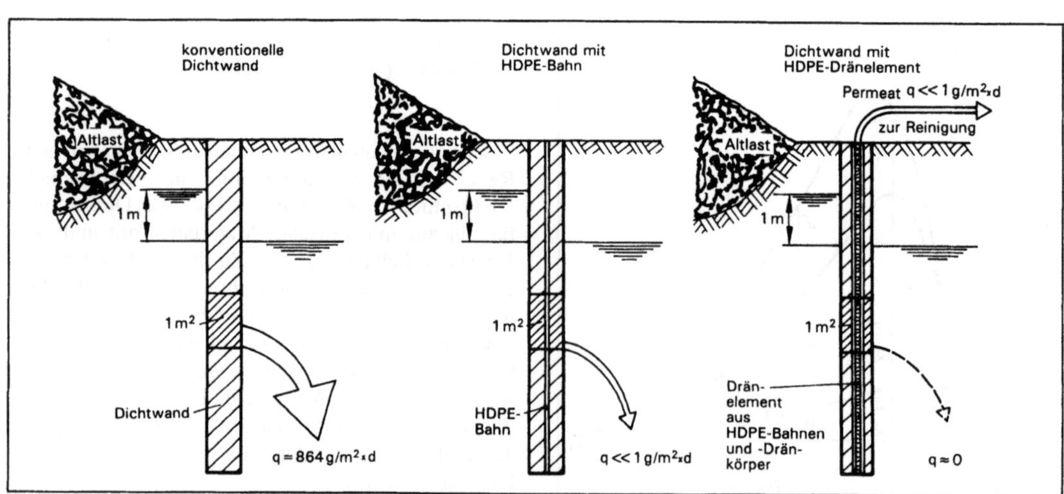

Einkapselungsverfahren 2: Vergleich der Permeationsrate von Dichtwänden mit und ohne Dichtungsbahnen aus Polyethylen hoher Dichte (HDPE). – Medium: kohlenwasserstoffhaltiges Wasser (Quelle: SRU)

Einpreßgerät: E. für Spundbohlen.

Durch hydraulische Klemmbacken arbeitet dieses Gerät schneller. Der Einsatz läßt sich nahezu voll automatisieren, auch das Aufnehmen der Bohlen. Ähnliche Geräte werden auch in Deutschland hergestellt.

Kühn

Einrichtung, sanitäre. Die s. E. umfaßt alle Einrichtungsgegenstände, die der Hygiene dienen, wie Waschtisch, Waschbecken, Ausguß, Spüle, Badewanne, Dusche, WC, Bidet usw. mit den dazugehörigen Zu- und Ablaufarmaturen. Die Einrichtungsgegenstände sind vorwiegend aus Porzellan oder Kunststoff, Ausguß und Badewanne auch aus Stahlblech mit emaillierter Oberfläche. Zu- und Ablauf müssen nach DVGW-Regeln beschaffen sein. *Diehl*

Literatur: *Recknagel/Sprenger/Schramek:* Taschenbuch für Heizung und Klimatechnik. München 1994/95.

Einrohrverteilung. Bei der E. in einer Heizungsanlage sind die → Heizkörper hintereinander an einem Versorgungsrohr angeordnet. Sie werden aus diesem Rohr gespeist und geben ihr Rücklaufwasser wieder an dieses Rohr ab. Somit ist die Eintrittstemperatur des Wassers für jeden nachgeschalteten Heizkörper niedriger. Einrohrheizungen bezeichnet man als „waagerecht" oder „senkrecht" je nach Anordnung des Ver-

sorgungsrohres. Vorteile sind: Stabile Netzhydraulik, einfache Vorfertigung; Nachteil: ungleiche Heizflächen bei gleicher Wärmeleistung. Diesem Nachteil kann abgeholfen werden durch wechselnde Strömungsrichtung im System (Perpendikel-Heizung). *Diehl*

Literatur: *Recknagel/Sprenger/Schramek:* Taschenbuch für Heizung und Klimatechnik. München 1994/95.

Einsatzzeit. Zeit, während der ein Gerät auf der Baustelle im Einsatz ist. Sie entspricht der → Vorhaltezeit abzüglich der Zeiten für Transporte, Auf- und Abladen, Auf-, Ab- und Umbau sowie auf der Baustelle entstehenden Reparatur- und Wartungszeiten und der → Stillliegezeiten. Zieht man von der E. die betrieblich bedingten Wartezeiten, die Zeiten infolge Betriebsstörungen und die durch den Geräteführer persönlich verursachten → Verteilzeiten ab, so erhält man die → Betriebszeit. Die E. wird vielfach als Grundlage der Zurechnung der Gerätekosten zu der Baustelle mit Hilfe von Stundenverrechnungssätzen benutzt, soweit es sich um solche Gerätekosten handelt, die als → Einzelkosten erfaßt werden können, wie z.B. Bagger, Straßenfertiger, Rammen usw. *Drees*

Einschienenhängebahn. Die E. entspricht etwa der Wuppertaler Schwebebahn: Die Gondeln zum Personen- oder Lasttransport fahren mit Eigenantrieb auf der Leitschiene, die ihrerseits mit Weichen für Abstell- und Überholgleise versehen ist. Bekannt wurde die E. im → Baubetrieb unter der Bezeichnung Translift durch ihre Verwendung auf der größten Baustelle der Welt (Itaipu) zum Frischbetontransport, wobei der Vorteil vor allem darin bestand, daß die ganze Anlage programmgesteuert arbeitete und nur ein Maschinist erforderlich war, um damit 540 m³/h Beton vom Mischturm an die verschiedensten Einbaustellen bzw. Übergabestellen an die → Kabelkrane und mit verschiedenen Betonrezepturen zu überwachen. Die Gondellast betrug 20 t (mit jeweils 6 m³ Frischbeton). Nachteilig war allerdings, daß z.B. für jeden Arbeitstag ein neues Programm für die jeweiligen Transportaufgaben ausgearbeitet werden mußte. Die Einsparung an Personal überwog jedoch bei weitem. *Kühn*

Einschnitt. Abtrag von Boden oder Fels, so daß ein Geländesprung entsteht. Im Verkehrswegebau sind E.-Strecken i.d.R. durch Böschungen gesichert.

Meißner

Einschubdecke. Die E. (Zwischendecke, Fehl- oder Blindbohle) bildet den oberen Abschluß eines Raumes und übernimmt die Luftschall- und Wärmedämmung zwischen übereinanderliegenden Räumen. Sie besteht aus Brettern, → Schwarten, → Holzspanplatten, Gipsplatten o.ä., die auf seitlich an die Balken einer Balkenlage genagelten Holzlatten liegen oder (heute seltener) in gefräste Nuten der Balken geschoben werden. Der Einschub trägt die Dämmstoffe. *Dröge*

Einschwimmverfahren. Ein Verfahren, bei dem an Land in Trockendocks (Bild 1) oder auf Hellingen hergestellte und durch provisorische Stirnflächen schwimmfähige Tunnelelemente mit Schlepperhilfe in einem offenen Gewässer über ihre Einbaustelle geschwommen und dort abgesenkt und eingebaut werden. Der Einschwimmvorgang kann von Land aus durch Seilzüge unterstützt werden. Die Lagekontrolle geschieht über Richttürme, die an beiden Enden der Schwimmkörper montiert sind. Die Tunnelelemente rüstet man i. d. R. mit Ballasttanks für das spätere Absenken aus. Der Einschwimmvorgang kann im Baudock beginnen, wenn man dieses nach Fertigstellung der Elemente flutet. Die Tunnelelemente werden entweder flach gegründet, indem die Auflagerfläche durch einen Planierpflug eingeebnet wird – das Element selbst dient dabei als Führungslehre –, oder sie werden provisorisch an drei Punkten auf hydraulischen Pressen statisch bestimmt gelagert, genau eingemessen und mit Sand unterspült. Auf extrem schlechtem Untergrund kann man die Tunnelstücke auch auf Pfählen gründen (Bild 2). Dabei faßt man lange Pfähle in Gruppen zusammen und setzt das Tunnelstück auf Bankette auf. Kürzere Pfähle werden über die ganze Fläche verteilt. Um dabei eine gleichmäßige Auflagerung zu erreichen, werden Pfahlschaft und Pfahlkopf getrennt, durch einen Führungsschaft und Kunststoffverpreßsack miteinander verbunden und mit Zementmörtel verpreßt. Im Hinblick auf einen gleichen Auflagerdruck für alle Pfähle muß man den → Mörtel überall mit dem gleichen Druck verpressen. Gegen Wracklasten und Ankerwurf müssen die eingebauten Tunnelelemente an ihrer Oberfläche geschützt werden. Dafür erhalten sie entweder eine besonders bewehrte Decke oder eine Steinpackung über dem → First. Die Fugen zwischen den Tunnel-

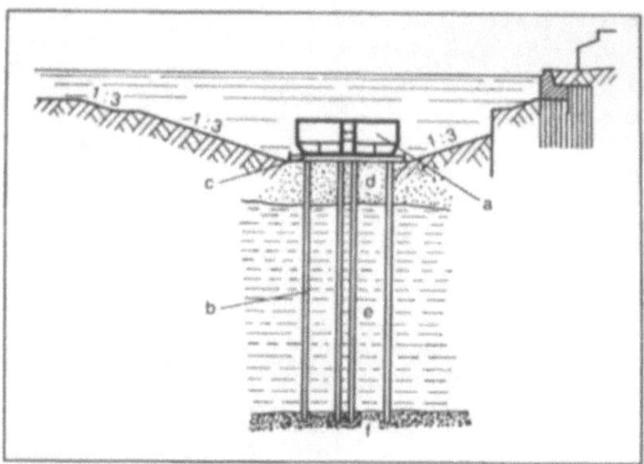

Einschwimmverfahren 2: Gründung eines Tunnelelementes auf langen Pfählen und Auflagerung auf Banketten (Ij-Tunnel Amsterdam).

a Tunnelelement, b Pfahl, c Bankett, d lockerer Sand, e weicher Ton, f feste Sandschicht

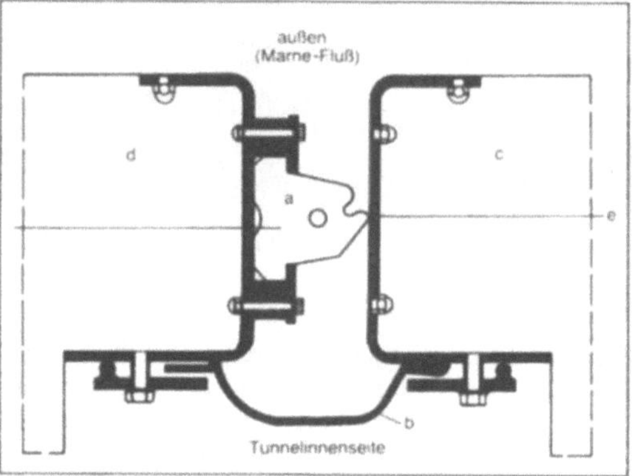

Einschwimmverfahren 3: Stirndichtung eines Tunnelelementes (Autobahntunnel Nogent-sur-Marne).

a Gina-Dichtung, b Omega-Dichtung, c bereits eingebautes Tunnelelement, d einzubauendes Tunnelelement, e gefalztes Blech

stücken erhalten ein Hartgummiband mit Weichgumminase, eine sog. Gina-Dichtung (Bild 3). Ist das Tunnelstück eingemessen und abgesenkt, wird es mit hydraulischen Pressen so weit an das bereits eingebaute Tunnelstück gedrückt, daß die Weichgumminase des Dichtungsringes eben eingedrückt wird. Dadurch bildet sich zwischen den beiden Tunnelelementen eine dichte, wassergefüllte Kammer. Wird das Wasser aus ihr abgelassen, entsteht hier gegenüber dem Außenwasserdruck ein Unterdruck, der so groß ist, daß die Elemente durch den Außenwasserdruck völlig wasserdicht zusammengedrückt werden. *Wagner*

Literatur: *Kretschmer, M.,* u. *E. Fliegner:* Unterwassertunnel in offener und geschlossener Bauweise. Berlin 1987. – *Mandel/ Wagner:* Verkehrs-Tunnelbau. Berlin 1968.

Einschwimmverfahren 1: Vorbereitung eines Tunnelelementes zum Einschwimmen (Autobahntunnel Nogent-sur-Marne). Quelle: Ministère de l'Equipement et du Logement, Paris.

Einzelkosten. E. bezeichnet man auch als direkte Kosten. Es sind die → Kostenarten, die der Teilleistung unmittelbar zugerechnet werden. Hierzu gehören vor allem → Lohnkosten der Fertigung, Stoffkosten, Kosten der Nachunternehmerleistungen, Fremdgerätemieten, jedoch die Kosten der eigenen Geräte nur insoweit, als sie sich über Verrechnungssätze einer Teilleistung zuordnen lassen, wie z. B. Bagger (Aushub), Fertiger (Einbau von Schwarzmischgut), Rammen (Einbau von Spundbohlen). Eine Besonderheit sind die Kosten der Rüst-, Schal- und Verbaustoffe, die man in vielen Fällen in der → Kalkulation zwar als E. ansetzt (i. a. DM/m^2), die in der → Baubetriebsrechnung jedoch als Vorhaltekosten (außer Holz) nur der Baustelle (→ Kostenstelle) insgesamt, nicht aber der Teilleistung zugerechnet werden können. Manchmal schreibt man die Vorhaltekosten der Geräte auch als Positionen aus, so daß sie dann als E. behandelt werden. *Drees*

Einzelzeitaufnahme. Zeitaufnahme, bei der die Dauer eines einzelnen → Ablaufabschnitts gesondert gemessen wird (im Gegensatz zur Fortschrittszeitaufnahme, bei der das Zeitmeßgerät durchläuft). Beim Einzelzeitverfahren wird das Zeitmeßgerät am ersten Meßpunkt in Gang gesetzt und beim nächsten Meßpunkt des Abschnitts wieder gestoppt. Die Lückenlosigkeit der Einzelzeitmessung ist durch eine zusätzliche Gesamtzeitmessung zu kontrollieren; die Summe der Einzelzeiten muß der Gesamtzeit entsprechen. Die Einzelzeitmessung nimmt man meist mit einer Doppelzeigerstoppuhr vor, die einen Hauptzeiger und einen zugehörigen Schleppzeiger hat. Bei der Erfassung des Meßpunktes wird der Schleppzeiger gestoppt. Der Hauptzeiger springt wieder auf null zurück und beginnt seinen Lauf von neuem. Nach Ablesen der Einzelzeit wird die Stoppuhr wieder betätigt, und der Schleppzeiger springt dem Hauptzeiger nach. *Drees*

Einzugsgebiet. Gebiet, aus dem der → Abfluß eines bestimmten Abflußquerschnittes oder einer abflußlosen Wasseransammlung entstammt. Es wird begrenzt durch Wasserscheiden. Man unterscheidet ober- und unterirdische E. und auch Wasserscheiden, die in der Regel nicht zusammenfallen. *Lecher*

Eisspeicher. → Wärmespeicher, bei dem im wesentlichen die Kristallisationswärme des Wassers genutzt wird. Hierzu wird Kältemittel oder Sole mit Temperaturen unter dem Gefrierpunkt in Wärmetauschern durch den E. geleitet (Ladevorgang). Beim Entladen strömt das zu kühlende Medium, meist Kühlwasser, durch die Wärmetauscher. E. werden bei der Kälteerzeugung für raumlufttechnische Anlagen oder Produktionsanlagen verwendet, um große Schwankungen des Kältebedarfes mit kleinen Kälteerzeugungsanlagen und günstigen Energietarifen zu beherrschen. Die begrenzte Entladeleistung läßt sich bei E. unter Verwendung von Eisbrei (Flo-Ice, Binäreis) steigern. Eisbrei wird in Generatoren durch Schaben an gekühlten Flächen erzeugt, ist auch pumpfähig und kann ggf. in direkten Kontakt mit zu kühlendem Gut (z. B. beim Fischfang) gebracht werden oder Wärmetauscher durchfließen. Als Zusatzmittel zur Herabsetzung des Gefrierpunktes werden Salze oder Alkohol verwendet. *Diehl*

Elastizitätsmodul. Der E. (E-Modul) des → Betons wird im Stahlbetonbau zur Berechnung der Bauwerksverformung, vor allem jedoch im Spannbetonbau zur Berechnung der notwendigen Vorspannkräfte benötigt, die sich aus der entsprechenden Stahldehnung zuzüglich der Betonverformungen ergeben, d. h. aus der elastischen Verformung, dem → Kriechen und dem → Schwinden. Da die Kriechwerte aus dem Verhältnis der Kriechverformung zur elastischen Verformung berechnet werden (→ Betonkriechen), ist der E. nicht nur für die Berechnung der elastischen Verformung, sondern auch der Kriechverformung maßgebend. Im Beton sind unter normalen Klimabedingungen wegen des inhomogenen Gefüges und des Schwindens des → Zementsteins immer Mikrorisse (→ Betonschwinden) vorhanden, die sich bei Belastung vergrößern. Außerdem treten bei jeder Belastung außer den rein elastischen Verformungen auch verzögert-elastische, bleibende und viskose Verformungen auf. Die Spannungs-Dehnungs-Linie ist daher vom Ursprung an gekrümmt, und der E. nimmt als Sekantenmodul mit zunehmender Spannung ab. Den E. des Betons bestimmt man aus diesem Grunde nach DIN 1048 bei einer Prüfspannung von einem Drittel der Druckfestigkeit nach mehrmaliger Vorbelastung. Durch diese Vorbelastung werden die σ,ε-Linie gestreckter und die zeitabhängigen Verformungen bei der Belastung geringer. Im Gegensatz zur Druckfestigkeit (→ Betondruckfestigkeit), die im wesentlichen nur von den Zementsteineigenschaften abhängig ist, wird der E. auch stark vom E. des → Zuschlags und damit auch vom Volumen des → Zementleims bzw. des Zuschlags beeinflußt. Trotz dieser komplexen Zusammenhänge wird in der Stahlbetonnorm DIN 1045 der einfacheren Berechnung wegen der E. im Alter von 28 Tagen mit Werten zwischen 22 000 und 39 000 N/mm^2 nur in Abhängigkeit von der Festigkeitsklasse angegeben. Genau wie die Druckfestigkeit nimmt der E. mit zunehmendem Alter zu. Im Gegensatz zur Druckfestigkeit ist die Entwicklung aber im frühen Alter stärker; dafür ist die Zunahme oberhalb 28 Tage nur noch gering. *Wesche*

Elastizitätstheorie. Nach der E. berechnet man die Spannungen und Formänderungen in elastischen Körpern. Unter Körpern werden dabei sowohl stabförmige Tragelemente, wie Stäbe, Balken, Säulen, aus solchen Elementen zusammengesetzte Tragwerke, wie Fachwerke und Rahmentragwerke, verstanden als auch zweidimensionale Körper, wie z. B. Platten, Scheiben, und dreidimensionale Körper, zu denen z. B. Schalentragwerke ebenso gehören wie aus ebenen und/oder räumlichen Tragelementen zusammengesetzte Systeme, wie z. B. Faltwerke. Zu unterscheiden ist zwischen einer linearen und nichtlinearen E. Die erstere geht von einem linearen Zusammenhang zwischen Spannungen und Dehnungen aus:

$$\sigma_{ij} = C_{ijkl} \cdot \varepsilon_k \tag{1};$$

dabei setzt man homogenes und meistens isotropes Stoffverhalten voraus, das durch das Hookesche Gesetz beschrieben wird (Stoffgesetz). Führt man die Beziehungen zwischen Verschiebungen und Verzerrungen

$$\varepsilon_{ij} = \frac{1}{2}(u_{i,j} + u_{j,i}) \tag{2}$$

in das Stoffgesetz ein und setzt die daraus resultierenden Komponenten des Spannungstensors in die Gleichgewichtsbedingungen

$$\sigma_{ij,i} + X_j = 0 \tag{3}$$

unter Beachtung der Einsteinschen Summationsvereinbarung ein, so ergeben sich die Differentialgleichungen

$$\nabla^2 u_i + \frac{1}{1-2\mu} \cdot \varepsilon_{kk,i} + \frac{1}{G} \cdot X_i = 0 \tag{4},$$

mit dem *Laplace*-Operator $\nabla^2 = ---,_{kk}$. Diese Differentialgleichungen können als elastische Grundgleichungen der E. bezeichnet werden.

Infolge äußerer Belastung erfährt ein Tragwerk elastische Verformungen, und infolge der dadurch bedingten Verschiebungen der Lastangriffspunkte leisten die äußeren Kräfte Arbeit, die dem System als Energie zugeführt wird. Wenn man die Kräfte so aufbringt, daß sie von null auf ihren Endwert wachsen, die Lasten stets mit den inneren Kräften im Gleichgewicht stehen und keine kinetische Energie entsteht, so wird die dem System zugeführte Energie nahezu ausschließlich für die elastischen Verformungen aufgewandt und deshalb als Formänderungsarbeit bezeichnet. Diese Formänderungsarbeit, bezogen auf die Raumeinheit (bezogene Formänderungsarbeit), beträgt unter Berücksichtigung des → *Hooke*schen Gesetzes

$$A = \frac{1}{2}\sigma_{ij} \cdot \varepsilon_{ij} \tag{5a}$$

$$A = \frac{E}{2(1+\mu)} \cdot \left(\varepsilon_{ij} \cdot \varepsilon_{ij} + \frac{\mu}{1-\mu} \cdot \varepsilon_{kk}^2 \right) \tag{5b}.$$

An Stelle der Gleichgewichtsbedingungen, Gl. (3), kann das Prinzip der virtuellen Verrückungen eingeführt werden, das besagt, daß ein Gleichgewichtszustand dann vorliegt, wenn bei kleinen Änderungen der Verformungen die von den inneren und äußeren Kräften geleistete Arbeit gleich null ist. Mit den virtuellen Verschiebungen δu_i und den zugehörigen virtuellen Dehnungen $\delta \varepsilon_{ij}$ gilt dann:

$$\int_V \sigma_{ij} \cdot \delta \varepsilon_{ij} \cdot dV = \int_V X_i \cdot \delta u_i \cdot dV +$$
$$+ \int_F p_i \cdot \delta u_i \cdot dF \tag{6}.$$

Die linke Seite dieser Integralgleichung ist der Zuwachs der elastischen Energie des Körpers, die rechte Seite hingegen die von den Schwerkräften und den äußeren Lasten geleistete Arbeit, also die abgegebene Energie. Die gesamte potentielle Energie des Systems und der an diesem angreifenden Lasten ist im Gleichgewichtsfall ein Extremum, im Falle stabilen Gleichgewichtes ein Minimum. Dieses Prinzip vom Minimum der potentiellen Energie gem. Gl. (6) liefert mit der bezogenen Formänderungsarbeit nach Gl. (5 b) unter Berücksichtigung der Beziehungen, Gl. (2), ausreichende Aussagen zur Lösung von Aufgaben der E.

Zwei Arten von Nichtlinearität können im Rahmen der E. gleichzeitig oder unabhängig voneinander auftreten:

☐ Wenn die Formänderungen u_i groß und deren erste Ableitungen nicht infinitesimal, sondern endlich sind, so daß die Gleichgewichtsbedingungen am verformten Schnittelement zu formulieren sind, liegt eine geometrische Nichtlinearität vor.

☐ Wenn wegen der Größe der Verzerrungen die Proportionalitätsgrenze des Werkstoffes überschritten oder von vornherein das Stoffverhalten durch einen nichtlinearen Zusammenhang zwischen Spannungen und Verzerrungen zu beschreiben ist, also das Hookesche Gesetz nicht mehr gilt, liegt eine physikalische Nichtlinearität vor. *Laermann*

Elastomere. E. setzt man im Bauwesen für Anwendungen ein, bei denen ihre sehr kleinen Elastizitätsmoduln und ihre sehr großen Bruchdehnungen ausgenützt werden, z. B. für flächenhafte und linienförmige → Abdichtungen oder → Verformungslager. Sie werden als Halbzeuge, z. B. → Folien, Profile, eingebaut oder erhärten als Ein- oder Mehrkomponentenmaterialien am Bauwerk aus. Außer den üblichen Hilfsstoffen, wie Alterungsschutzmitteln, Vernetzungshilfen, Weichmachern usw., spielt für die Produkteigenschaften die Verstärkung durch aktive Feinstoffe, vor allem Ruß und hochdisperse Kieselsäure (weißer Ruß), eine große Rolle. Die sehr großen, an Laborproben ermittelbaren Bruchdehnungen (200–600%) können im baupraktischen Einsatz nur unter Ansatz eines sehr hohen Sicherheitsbeiwertes (Größenordnung 20–50) ausgenutzt werden. Obwohl E. (außer bei → Elastomerlagern) im herkömmlichen Sinne keine Baustoffe in tragender Funktion sind, so üben sie doch in vielen Fällen sehr wichtige Funktionen auch für → Sicherheit und → Dauerhaftigkeit bei Ingenieurbauwerken aus. Beispiele sind Abdichtungen gegen nichtdrückendes und drückendes Wasser im Hochbau, unterirdisches Bauen und Erdbau (Dämme, Deponien u. a.), Fugenmassen und -profile. *Sasse*

Elastomerlager. E. bestehen aus synthetischem Kautschuk (Chloroprenekautschuk), der eine gute Witterungsbeständigkeit haben muß (alterungsbeständig). Die im Brückenbau verwendeten E. sind meist mit

Stahlplatten bewehrt. Sie können als feste oder bewegliche Lager ausgebildet werden. *Mehlhorn*

Elektrolyt. Durch Anwesenheit von Ionen elektrisch leitfähige Flüssigkeit, z. B. wäßrige Lösung, die auch im Porensystem von Festkörpern (Erdboden, Beton) absorbiert sein kann. Die elektrolytische Leitfähigkeit spielt z. B. bei der → Betonstahlkorrosion und ihrer Verhinderung eine große Rolle. *Sasse*

Elektroosmose. Verfahren zur → Entwässerung feinkörniger Böden, wie z. B. Ton oder Schluff. Zwischen einem Stahlfilterrohr als Kathode, umgeben mit → Filtermaterial, und einem Stahlstab in 3–5 m Abstand als → Anode wird ein elektrisches Potentialgefälle erzeugt. Es tritt eine → Sickerströmung zur Kathode hin auf. Das Verfahren eignet sich besonders zur raschen Sicherung von tonigen Rutschmassen, da beliebig gerichtete Strömungskräfte erzeugt werden können und diese unmittelbar nach dem Einschalten des Gleichstromes wirken. Eine weitere Verwendung des Verfahrens ergibt sich beim Ziehen von im bindigen Boden eingerammten Stahlprofilen, wie z. B. Spundwandbohlen zur Baugrubenumschließung: das zu ziehende Element wird als Kathode angeschlossen, in einigem Abstand dazu werden Anoden in den Untergrund eingebracht (Verfahren der Elektrokinese). Es entsteht ein Wasserfilm an dem zu ziehenden Stahlelement, der bindige Boden weicht auf und die → Mantelreibung wird deutlich verringert. Als Dekontaminationsverfahren bei der → Sanierung von Altlasten oder als Sicherungsverfahren zur Abschirmung kontaminierter Flächen findet das Verfahren in jüngster Zeit neue Anwendungsgebiete. *Meißner/Becker*

Elektroosmose-Verfahren. Beim E.-V. wird die Molekularanziehung der Bodenkörner auf das Wasser unter Nutzung der Dipoleigenschaft des Wassers überwunden. Zwischen zwei im Boden eingebauten Stahlstäben erzeugt man ein elektrisches Feld. Das Porenwasser fließt dann von der → Anode zur Kathode, die als Filterbrunnen ausgebildet und an eine → Pumpe angeschlossen ist (Bild). *Kühn*

Elementwand. Ein aus Fertigteilen zusammengesetztes → Bauwerk zur Sicherung von Geländesprüngen. Als Fertigteile kommen Betonplatten mit Ankern, beim Verfahren der bewehrten Erde Halbschalen mit Zugbändern, übereinander versetzt angeordnete Brunnenringe, → Gabionen oder bei der Bauweise der Raumgitter orthogonal angeordnete Stahlbetonbalken in Betracht. Die Brunnenringe und das Raumgitter werden mit Boden oder Steinen verfüllt und sind dann eine Schwergewichtsmauer, die noch zusätzlich verankert werden kann. *Meißner*

Emissionsstandard (im Immissionsschutzrecht). E. sind eine im wesentlichen auf das Immissions-

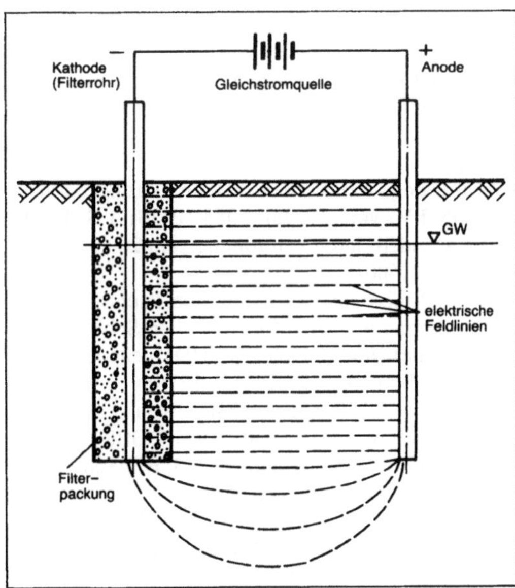

Elektroosmose-Verfahren: Prinzipielle Darstellung.

schutzrecht bezogene Untergruppe von Umweltstandards und beinhalten allgemein Werte zur Begrenzung von Emissionen wie Luftverunreinigungen, Geräuschen, → Erschütterungen und Licht; Geräusch-E. sind jedoch auch im Straßenverkehrsrecht (§ 49 StVZO) und im Luftfahrtrecht, E. zur Luftreinhaltung ebenfalls im Straßenverkehrsrecht (§ 47 StVZO) gesetzt.

Je nach ihrer rechtlichen Qualität und Zielsetzung werden im Immissionsschutzrecht E. als Emissionsgrenzwerte oder Emissionswerte bezeichnet. Die Unterscheidung ist gegeben durch den Grad der Verbindlichkeit der Regelungsnorm. Die Festsetzung emissionsbegrenzender Werte in Rechtsverordnungen mit direkter Außenwirkung gegenüber den Betroffenen hat in aller Regel Grenzwertcharakter, d. h. bei Nichteinhaltung des Emissionsgrenzwerts ist die Norm verletzt. Emissionsbegrenzende Werte in Verwaltungsvorschriften wie → TA Luft und → TA Lärm, die nur die Behörde anweisen, wie das zugrunde liegende Recht (BImSchG) einheitlich anzuwenden ist, erhalten erst durch Verwaltungshandeln (Genehmigung, Anordnung) Außenwirkung. Sie werden in der Regel als Emissionswerte bezeichnet und sind von der Behörde nicht schematisch anzuwenden wie Emissionsgrenzwerte, die – wenn nicht besonders normiert – der Behörde keinen Spielraum lassen.

In der immissionsschutzrechtlichen Praxis sind die beiden Begriffe nur im Bereich der Emissionsminderung von Luftverunreinigungen und Geräuschen durch konkrete staatliche Regelungen in Rechtsverordnungen und/oder allgemeinen Verwaltungsvorschriften ausgeprägt.

Für den Bereich der Luftreinhaltung besteht ein entsprechendes umfangreiches Regelwerk, in dem die E. in der Regel als Massenkonzentrationen im Abgas, aber auch als Emissionsgrad, Reinigungsgrad oder – speziell – Geruchsminderungsgrad (Geruchszahl) angegeben sind:
– Verordnung (VO) über Kleinfeuerungsanlagen (1. BImSchV) vom 15. Juli 1988 (BGBl. I S. 1059), zuletzt geändert durch Verordnung vom 20. Juli 1994 (BGBl. I S. 1680)
– VO zur Emissionsbegrenzung von leichtflüchtigen Halogenkohlenwasserstoffen (2. BImSchV) vom 10. Dezember 1990 (BGBl. I S. 2694), geändert durch VO vom 5. Juni 1991 (BGBl. I S. 1218)
– VO zur Auswurfbegrenzung von Holzstaub (7. BImSchV) vom 18. Dezember 1975 (BGBl. I S. 3133)
– VO über Großfeuerungsanlagen (13. BImSchV) vom 22. Juni 1983 (BGBl. I S. 719)
– VO über Verbrennungsanlagen für Abfälle und ähnliche brennbare Stoffe (17. BImSchV) vom 23. November 1990 (BGBl. I S. 2545, 2832)
– VO zur Begrenzung der Kohlenwasserstoffemissionen beim Umfüllen und Lagern von Ottokraftstoffen (20. BImSchV) vom 7. Oktober 1992 (BGBl. I S. 1727)
– VO zur Begrenzung der Kohlenwasserstoffemissionen bei der Betankung von Kraftfahrzeugen (21. BImSchV) vom 7. Oktober 1992 (BGBl. I S. 1730)
– Technische Anleitung zur Reinhaltung der Luft (TA Luft) vom 27. Februar 1986 (GMBl. S. 95).

Die daneben in zahlreichen VDI-Richtlinien, die hauptsächlich Prozeß- und zugehörige Abgasreinigungstechnologien beschreiben, enthaltenen konkreten Daten zur Emissionsbegrenzung an bestimmten Anlagen haben zwar teilweise auch den Charakter von E., sie sind jedoch in diesem Punkt angesichts der Dichte und Stringenz der staatlichen Regelungen, z. T. mit Dynamisierungsklauseln, weitgehend ausgeschöpft.

Im Bereich des Lärmschutzes sind „zulässige Geräuschemissionswerte" hinsichtlich des Inverkehrbringens von Rasenmähern bzw. Baumaschinen festgesetzt, die entsprechend ihrem Rechtsnormcharakter als Emissionsgrenzwerte anzusprechen sind:
– Rasenmäherlärm-Verordnung (8. BImSchV) in der Fassung der Bekanntmachung vom 13. Juli 1992 (BGBl. I S. 1248), geändert durch Gesetz vom 27. April 1993 (BGBl. I S. 512)
– Baumaschinenlärm-Verordnung (15. BImSchV) vom 10. November 1986 (BGBl. I S. 1729), zuletzt geändert durch Gesetz vom 27. April 1993 (BGBl. I S. 512).

Entsprechende Werte für den Bereich der Erschütterungen existieren nicht. *Dreyhaupt*

Emulsion → Dispersion

Energie, alternative. Als a. E. wird in der Wärmetechnik die Wärme bezeichnet, die man aus der Umwelt gewinnen kann. Dies ist vor allem die Sonnenstrahlung, die oberhalb etwa 200 W/m^2 direkt mittels Kollektoren an Wärmeverbraucher übertragen oder gespeichert werden kann. Wärmeübertragung aus Luft, Fluß- und Grundwasser an Verbraucher mit höheren Temperaturen als die der Wärmequelle ist mit Kompressions- oder Absorptionswärmepumpen möglich. Die Windenergie kann durch Windräder zur Stromerzeugung oder für Pumpzwecke genutzt werden.

Diehl

Literatur: *Recknagel/Sprenger/Schramek:* Taschenbuch für Heizung und Klimatechnik. München 1994/95.

Energiebedarf. Der E. ist der rechnerisch bestimmte E. eines → Gebäudes unter Verwendung normierter meteorologischer Randbedingungen und Nutzungsgewohnheiten. Im Gegensatz dazu stellt der Energieverbrauch den unter vorhandenen meteorologischen Randbedingungen und Nutzungsgewohnheiten tatsächlich entstandenen und ablesbaren Energieverbrauch dar.

Der rechnerisch ermittelte E. eines klimatisierten Gebäudes setzt sich wie folgt zusammen:
– Energie zur Beleuchtung des Gebäudes
– Energie zur Luftaufbereitung (Heizen, Kühlen, Be- und Entfeuchten)
– Energien zur Förderung von Luft, Wasser u. ä. (Ventilatoren, Pumpen, Aufzug).

Um den E. eines bestimmten Gebäudes in Relation zu anderen Gebäuden beurteilen zu können, ist eine → Energiekennzahl eingeführt worden. *Cziesielski*

Energieeinsparung. Die E. in haustechnischen Anlagen hat die Schwerpunkte: hohe Wärmedämmung, hohe Wirkungsgrade, niedrige Raumtemperaturen, geringe Lufterneuerung, optimal angepaßte Regelung und sparsamer Verbrauch. Die Möglichkeiten der E. werden durch Mindestanforderungen an menschliche Behaglichkeit und Hygiene sowie durch staatliche Vorgaben und die Wirtschaftlichkeit begrenzt. Das → Energieeinsparungsgesetz ermächtigt die Bundesregierung, Verordnungen über energiesparende Maßnahmen zu erlassen, soweit diese wirtschaftlich vertretbar sind:

☐ Die → Wärmeschutzverordnung schreibt ein Mindestmaß an baulichem → Wärmeschutz vor und nimmt Einfluß auf die raumlufttechnischen Anlagen. Sie begrenzt den Jahres-Heizwärmebedarf und die Undichtheit der Gebäudehülle und fordert einen Wärmebedarfsausweis.

☐ Die Heizungsanlagenverordnung gilt für Heizungs- und Warmwasseranlagen über 4 kW. Sie begrenzt die zulässigen Abgasverluste, fordert Einrichtungen zur witterungs- und raumtemperaturabhängigen Regelung, schreibt die Anpassung der Wärmeerzeugernennwärmeleistung an den Wärmebedarf vor und fordert bei Nennwärmeleistungen über 70 kW mehrere Wärmeerzeuger oder mehrstufige bzw. stufenlose Feuerungsregelung. Sie läßt Ausnahmen z. B. für Anlagen, die überwiegend mit Abwärme beheizt werden, Gebäude besonderer Nutzung (Senioren) und Niedertemperaturwärmeerzeuger zu. Wärmeerzeuger müssen ab 1998 Niedertemperatur- oder Brennwertkessel mit CE-Zeichen sein. Betriebsbereitschaftsverluste und Wärmeverteilverluste werden begrenzt.

□ Die Heizkostenverordnung fordert vom Gebäudeeigentümer die Umlage der Heizkosten für Raumwärme und Brauchwarmwasser auf die Nutzer bei zentral versorgten Anlagen. Geeignete Geräte dafür werden in DIN 4713 und 4714 behandelt. Die Kosten müssen mit einem Anteil von mindestens 50%, höchstens 70%, verbrauchsabhängig, der Rest z. B. grundflächenabhängig, umgelegt werden. *Diehl*

Literatur: Energieeinsparungsgesetz v. 22. Juli 1976. – Wärmeschutzverordnung v. 16. August 1994. – Heizungsanlagenverordnung v. 22. März 1994. – Heizkostenverordnung v. 20. Januar 1989.

Energieeinsparungsgesetz. Das Gesetz zur → Energieeinsparung in Gebäuden (EnEG) vom 22. Juli 1976 (BGBl. I S. 1873), geändert durch Gesetz vom 20. Juni 1980 (BGBl. I S. 701), dient unmittelbar der Schonung fossiler Energieressourcen, mittelbar aber durch Verringerung der Wärmeabgabe in die Umgebung und der CO_2-Emissionen auch dem → Umweltschutz. Primäres Ziel des EnEG ist eine möglichst weitgehende Vermeidung von Energieverlusten beim Beheizen und Kühlen von Gebäuden sowie bei der Brauchwasserversorgung, wobei als Grenzen der Anforderungen der Stand der Technik einerseits und die wirtschaftliche Vertretbarkeit andererseits vorgesehen sind. Materielle Vorschriften über konkrete Maßnahmen zur Energieeinsparung sind jedoch im EnEG nicht enthalten, sondern nur Ermächtigungen für die Bundesregierung zum Erlaß entsprechender Rechtsverordnungen; das EnEG selbst verpflichtet also noch niemanden zu Energieeinsparungsmaßnahmen.

Das EnEG erfaßt grundsätzlich alle zu beheizenden Gebäude, vor allem Neubauten. Einzelheiten dazu, insbesondere auch hinsichtlich der Geltung für bereits bestehende Gebäude, sowie die konkreten Anforderungen zum → Wärmeschutz von Gebäuden sind im Rahmen der Ermächtigung nach dem EnEG in der → Wärmeschutzverordnung (WärmeschutzV) vom 16. August 1994 (BGBl. I S. 2121) geregelt.

Hinsichtlich der heizungstechnischen und Brauchwasseranlagen sieht der Ermächtigungsrahmen des EnEG im wesentlichen Anforderungen an neu zu errichtende, aber auch eingeschränkt an bestehende Anlagen – bis hin zu Nachrüstungsgeboten – vor. Anforderungen an den Betrieb der Anlagen können sich dagegen uneingeschränkt auf neue wie auf alte Anlagen erstrecken. Die entsprechenden Regelungen sind in der Heizungsanlagen-Verordnung (HeizAnlV) vom 22. März 1994 (BGBl. I S. 613) enthalten.

Mit der Neufassung der WärmeschutzV und der HeizAnlV im Jahr 1994 soll durch Verschärfung der Anforderungen an den baulichen Wärmeschutz und an die Beschaffenheit und den Betrieb von Heizungs- und Brauchwasseranlagen unmittelbar der Energieverbrauch, mittelbar aber insbesondere die CO_2-Emission im Gebäudebereich deutlich weiter vermindert werden. Unmittelbare immissionsschutztechnische Maßnahmen zur Minderung der Emissionen von luftverunreinigenden Stoffen aus Anlagen zur Gebäudebeheizung oder Brauchwasserversorgung sind nicht Gegenstand des EnEG und der darauf gestützten WärmeschutzV und HeizAnlV. Diese Regelungen sind in der 1. BImSchV (Kleinfeuerungsanlagenverordnung) vom 15. Juli 1988 (BGBl. I S. 1059), zuletzt geändert durch Verordnung vom 20. Juli 1994 (BGBl. I S. 1680), enthalten, einschließlich der Regelungen zur Begrenzung der Abgasverluste. *Dreyhaupt*

Energiekennzahl. Die E. E ist der jährliche Energieverbrauch in einem Gebäude, bezogen auf den m^2 Bruttogeschoßfläche.

Da in einem Gebäude Energien unterschiedlicher Wertigkeit verbraucht werden, z. B. Strom für die Beleuchtung und Wärme für das Beheizen, rechnet man für die Addition der unterschiedlichen Energien diese auf die Primärenergie um:

$$E = u\,(E_s + v \cdot E_k) + w \cdot E_w \text{ in kWh/}(m^2 \cdot a)$$

Es bedeuten:

E   Energiekennzahl

E_w Jährlicher Wärme- und Energieverbrauch für Heizung und Warmwasser

E_s Jährlicher Strom-Energieverbrauch (z. B. für Beleuchtung, Pumpen, Aufzug, Ventilatoren o. ä.)

E_k Jährlicher Kälte-Energieverbrauch, der in der Regel als Stromverbrauch ausgewiesen wird

u   Anzahl an Einheiten thermischer Energie, die zur Erzeugung einer Einheit elektrischer Energie erforderlich ist; bei thermischen Kraftwerken, $u \approx 3$

v   Anzahl an Einheiten elektrischer Energie, die zur Erzeugung einer Einheit thermischer Kälteenergie benötigt wird; $v \approx 0{,}33$ bis $0{,}50$

w Umrechnungsfaktor von Nutz- in Primärenergie, wobei der Jahresnutzungsgrad des Heizkessels mit $\eta \approx 0{,}80$ berücksichtigt wird; weiterhin werden die Verluste für die Verteilung der Heizenergie und die Verluste bei der Umwandlung von Rohöl in Heizöl berücksichtigt; $w \approx 1{,}5$.

Für ein modernes, klimatisiertes Bürogebäude beträgt die E. ca. 350 bis 400 kWh/$(m^2 \cdot a)$. Der Anteil der Beleuchtung beträgt ca. 25%, für die Lüftung und das Klima werden ca. 45% sowie für die Heizung ca. 30% des Energieverbrauchs benötigt.

Gebäude, die nach der → Wärmeschutzverordnung (Fassung 1995) errichtet werden, weisen eine E. von ca. 100 bis 120 kWh/$(m^2 \cdot a)$ für Heizung, Lüftung und Warmwasser auf; für sog. Niedrigenergiehäuser können E. von ca. 50 bis 80 kWh/$(m^2 \cdot a)$ erreicht werden.

Die EG-Kommission hat 1987 den Begriff der Energie-Effizienz vorgeschlagen, um den Nutzern eines Gebäudes einen Anhalt über die Höhe der Bewirtschaftungskosten zu geben.

Nach der Wärmeschutzverordnung (Fassung 1995) muß für jeden Neubau eine E. in einem Wärmebedarfsausweis (Bild) aufgeführt werden. Diese E. stellt den Jahresheizwärmebedarf des Gebäudes dar. Dieser Wert wird unter einheitlichen Randbedingungen ermittelt, die durch die Wärmeschutzverordnung vorgegeben sind (z. B. meteorologische Daten, Annahmen über nutzbare interne Wärmegewinne und den Luftwechsel). Insoweit, wegen des nichteinbezogenen Wirkungsgrades der Heizungsanlage und wegen der im Einzelfall unterschiedlichen Nutzergewohnheiten kann der tatsächliche Heizenergieverbrauch aus dem Jahresheizwärmebedarf nur bedingt abgeleitet werden.

Der berechnete Jahresheizwärmebedarf ist nur dann zutreffend, wenn die Luftdichtigkeit des Gebäudes entsprechend der Wärmeschutzverordnung erfüllt ist.

Cziesielski

Literatur: Wärmeschutzverordnung vom 16. 8. 1994, Bundesgesetzblatt, Jahrgang 1994, Teil I, S. 2121–2132. – Allgemeine Verwaltungsvorschrift zu § 12 Wärmeschutzverordnung (AVV Wärmebedarfsausweis), Dezember 1994.

Energiekosten. Die E. für haustechnische Anlagen bestehen aus Kapitalkosten (Anlagen und zugehörige Bauwerke), Unterhaltungskosten (Betriebspersonal, Wartungsvertrag), Strom- und Brennstoffkosten. Sie sind vor allem von der Auslastung der Anlagen (Ausnutzungsgrad) in Vollaststunden/Jahr, dem Bedienungsaufwand und den Brennstoffkosten abhängig.

Diehl

Literatur: DIN 276: Kosten von Hochbauten. – VDI 2067: Berechnung der Kosten von Wärmeversorgungsanlagen. Bl. 1–7.

Energiewasserwirtschaft. Nutzung der potentiellen und kinetischen Energie des Wassers sowie Versorgung der Wärmekraftanlagen mit → Kühlwasser. Wasserwirtschaftlich bedeutsam sind dabei vor allem:

☐ Stau des Wassers (→ Stauanlage) und damit weitgehender Verlust der Durchgängigkeit für Wasserlebewesen entgegen der Fließrichtung, Sedimentation im Stauraum und u. U. Sohleneintiefungen im Unterwasser u. a.,

---

Wärmebedarfsausweis nach § 12 Wärmeschutzverordnung
für ein Gebäude mit normalen Innentemperaturen
bei Nachweis nach Anlage 1 Ziffer 1 und 6 Wärmeschutzverordnung

Bezeichnung des Gebäudes oder des Gebäudeteils...

Ort ....,.............. Straße u. Hausnummer ....

Gemarkung... Flurstücknummer ....

I. Jahres-Heizwärmebedarf

A/V	Maximal zulässiger Jahres-Heizwärmebedarf	Berechneter Jahres-Heizwärmebedarf
(Wärmeübertr. Umfassungsfläche $A = $.................. m² Beheiztes Bauwerksvolumen $V = $.................. m³) $A/V = $.......... m^{-1}	$Q'_{Hzul} = $.................. kWh/(m³·a) **oder** $Q''_{Hzul} = $.................. kWh/(m²·a)	$Q'_H = $.................. kWh/(m³·a) **oder** $Q''_H = $.................. kWh/(m²·a)

Dem flächenbezogenen Wert Q''_H des Jahres-Heizwärmebedarfs liegt eine aus dem Gebäudevolumen abgeleitete Fläche (Gebäudenutzfläche A_N) zugrunde.

Folgende Angabe ist freigestellt:

Umgerechnet auf die

☐ Wohnfläche nach § 44 Abs. 1 II. BV   ☐ Hauptnutzfläche nach DIN 277

    - nur bei Wohnnutzung - $A^* = $............ m²   - bei anderen Nutzungen - $A^* = $..........m²

ergibt sich ein Jahres-Heizwärmebedarf von

$$Q^{**}_H = Q_H / A^* = ... kWh/(m² \cdot a).$$

Energiekennzahl: Auszug aus dem Formblatt für die Erstellung eines Wärmebedarfsausweises (Quelle: AVV Wärmeschutzverordnung)

□ Aus- bzw. Ableitung von Wasser aus dem Gewässer über eine längere Strecke desselben Gewässers, z. B. Grand Canal d'Alsace/Rhein oder in ein anderes Gewässer,
□ Speicherung des Wassers, d. h. wesentliche Änderung des Abflußregimes (typische jahreszeitliche Schwankungen der Wasserführung) und
□ Erwärmung des Wassers bei Kühlwassereinleitung.

Bei den Flußkraftwerken wird das Wasser lediglich gestaut, das Abflußregime aber nicht wesentlich verändert. Für die Energieerzeugung ist die → Dauerlinie des Abflusses entscheidend. Bei Umleitungs- und Speicherkraftwerken ist zu beachten, daß der im Gewässer verbleibende Restabfluß (→ Restwasser) für die Gewässerökologie kritische Werte nicht unterschreitet. Pumpspeicheranlagen erhalten Speicher- und Ausgleichsbecken, um durch stark schwankenden Betrieb bedingte Abflußänderungen zu mindern. *Lecher*

Enteignung. Auf Grund der Rechtsgrundlagen, die sich aus dem Grundgesetz (Art. 14) und insbes. aus den einschlägigen Bestimmungen des → Baugesetzbuches (§§ 85 ff.) ergeben, kann eine Gemeinde oder eine Behörde private Grundstücke zwangsweise übernehmen, wenn diese für öffentliche Zwecke, besonders den → Straßenbau, oder für das Wohl der Allgemeinheit benötigt werden. Dabei spielen die Festsetzungen des → Bebauungsplans eine wichtige Rolle. Allerdings darf das Grundstück nur in dem Umfang enteignet werden, als dies zur Verwirklichung des Zweckes erforderlich ist. Im Zweifelsfalle muß auch nachgewiesen werden, daß es für die E. keine sinnvolle Alternative gibt. Für die E. ist Entschädigung zu bezahlen. Der Vorgang der E. ist im BauGB ausführlich geregelt. Dem Betroffenen steht das Recht zur Klage zu, die im Instanzenwege zu einer Verschleppung des Verfahrens führen kann. Aus diesem Grunde wurde bereits in einer Novelle zum Bundesbaugesetz von 1976 die Möglichkeit eröffnet, Enteignungsverfahren von dem Entschädigungsverfahren zeitlich zu trennen. Auch eine vorzeitige Besitzeinweisung ist unter bestimmten Voraussetzungen möglich. *Spengelin*

Enteisenung. → Trinkwasser soll <0,05 mg/l Fe enthalten, sonst wird eine → Vorreinigung durch E. notwendig. Eisen liegt meist in zweiwertiger Form gelöst oder stabil gebunden vor. Bei ersterem fällt es bei Zutritt von Sauerstoff als brauner Schlamm im meist vorkommenden neutral-alkalischen Bereich aus. Bei gebundenem Fe ist die Entfernung des Fe meist problematisch und schwierig.

Die bei uns meist angewendete Methode der Umwandlung/Ausfällung des zweiwertigen Fe zu unlöslichem dreiwertigen Fe erfolgt durch → Belüftung, pH-Wert-Einstellung auf den neutral-alkalischen Bereich und anschließende Filterung. Diese Filterung über alkalisches Mineral kann besonders wirksam sein.

Besondere Schwierigkeiten aus Fe (gelöst) im Wasser ergeben sich in der Praxis bei Brunnenfassungen aus der Verockerung – durch Ausfallen des Eisens und biologische Prozesse – im unmittelbaren Bereich des Brunnens. Neben dem Fe, oft auch begleitend vorhanden, kann auch Mangan in ähnlicher Weise entfernt werden. *Pfeiff*

Entflammbarkeit. Eigenschaft eines Materials oder Produktes, unter festgelegten Prüfbedingungen mit Flammenbildung brennen zu können (DIN 50060). Die E. von Baustoffen wird nach DIN 4102, Tl. 1, geprüft. Für Stoffe, die nicht als Baustoffe zu bezeichnen sind, wird als Kriterium für die E. in aller Regel eine Grenztemperatur angegeben, bei der der betreffende Stoff zur Flammenbildung neigt. Die Eigenschaft der E. steht begreiflicherweise in engem Zusammenhang mit der → Brennbarkeit eines bestimmten Stoffes. Diese Eigenschaften spielen im Bereich des → Brandschutzes bei Textilien aller Art eine wesentliche Rolle. So sollten die Bezüge und Auflagen von Sitzmöbeln, vor allem von Sitzen in Kraftfahrzeugen und Flugzeugen, aus nicht brennbaren, zumindest aber aus nicht-leichtentflammbaren Stoffen bestehen. Kinderkleider sollten grundsätzlich nicht entflammbar sein. Ähnliches gilt für die Dienstkleidung von Feuerwehrleuten und Soldaten. *Kordina*

Enthärtung. Als Härte des Wassers bezeichnet man den Anteil der Ca- und Mg-Verbindungen im Wasser. E. ist das teilweise (Teilenthärtung) oder vollständige (Vollenthärtung) Entfernen dieser Verbindungen aus dem Wasser. Der meist größere Anteil von CO_2-Verbindungen dabei im Wasser wird Karbonathärte genannt. Man spricht bei deren Reduzierung gelegentlich auch von Entkarbonisierung. Bisher kennzeichnete man die Härte i. d. R. in deutschen Härtegraden (°DH), die von deren anderer Länder etwas abweichen: 1 °DH entspricht 10,4 mg/l an Ca- und Mg-Verbindungen im Wasser. Die neueren Härteangaben macht man in mol/m³; 1 mol/m³ ≈ 5,6 °DH. Die Härte des Wassers machen verschiedene Verbindungen aus, die auch unterschiedliche Eigenschaften beim Erwärmen haben. Dabei spielt die CO_2-Bindung eine besondere Rolle; sie ist teilweise von der Temperatur und dem Druck abhängig. Durch die Erwärmung des Wassers fällt mit dem ausgetriebenen CO_2 ein Teil der die Härte bestimmenden Verbindungen als Kesselstein kristallin oder auch schlammig aus, letzteres z. B. bei Anwesenheit bestimmter Phosphate oder oft im Magnetfeld. Der Grad der E. hängt von der Art der Wassernutzung ab: Teilenthärtung reicht bei Nutzungen in niedrigen Temperaturbereichen. Bei einer Nutzung bei höheren Temperaturen, z. B. beim → Kesselspeisewasser, wird eine Vollenthärtung, bei den modernen Hochdruckkesseln sogar eine Vollentsalzung notwendig. Die E. über Ionentauscher, die Ca- und Mg-Ionen gegen Na-Ionen „austauschen", ist das vor allem angewandte Verfahren.

Nach Erschöpfung der Austauschkapazität muß die Harzmasse durch NaCl regeneriert werden. E. ist im Haushalt nur für → Warmwasser gelegentlich sinnvoll; im Gewerbe oft und für bestimmte industrielle Nutzungen ist sie oft notwendig. Je nach Ausgangswasser, Grad der E. und Größe der Anlage entstehen Kosten von ca. $0,15-10$ DM/m^3. *Pfeiff*

Entkeimung. Die E. wie auch die speziellere Desinfektion sind Techniken, gesundheitlich gefährliche Keime weitestgehend unschädlich zu machen. Dabei werden unter Keimen alle Mikrolebewesen verstanden, z.B. Viren, Bakterien, bestimmte Pilze, oft auch spezielle Pflanzenkeime und tierische Kleinlebewesen (Parasiten). E. kann Wasser, Räume und Luft, aber auch die ganze Rauminnenausstattung und medizinisches Gerät, ferner Abwasser und daraus hervorgegangene Schlämme, ebenso aber auch Lebensmittel, insbes. haltbar zu machende betreffen. Nach Formaldehyd und Chlor bevorzugt man heute nach erkannten bedenklichen Nebenwirkungen abgestuft die Pasteurisierung (Erwärmung über rd. 71 °C), beim → Trinkwasser die Ozonbehandlung, Bestrahlung und Silberbehandlung. Bei der Desinfektion wird teilweise auch mit stärkeren Giftstoffen oder mit Tensiden gearbeitet. Keime sind natürlicherweise in jedem Trinkwasser in einer Anzahl von wenigen bis zu höchstens 100/cm^3 vorhanden. Im Abwasser finden sie sich in mehreren Millionen bis Milliarden und mehr je cm^3 und im Gewässer je nach seiner Belastung in Größenordnungen zwischen diesen Grenzen. Gelegentlich wird auch Abwasser entkeimt (Chlor, UV-Strahlung). Als Kriterium für die Brauchbarkeit eines Gewässers zum Baden dient meist die Anzahl von 2 Gruppen leicht bestimmbarer Kolibakterien, also nur eines Indikatorkeimes für fäkale Verunreinigung durch Warmblüter. Statt der E. ist es oft sinnvoller, die Belastung des Gewässers zu reduzieren. Ein spezielles Gebiet bietet sich der E. beim Klärschlamm. Nach der Klärschlammverordnung dürfen auf Grünland und beim Feldfutteranbau nur noch „entseuchte" Schlämme aufgebracht werden. Man versucht dazu, außer den genannten Techniken eine Kalkbehandlung, → Kompostierung und → Faulung als gängige Lösungen einzusetzen. *Pfeiff*

Entlüftung. Einrichtungen, die es erlauben, bei Leitungssystemen für Flüssigkeiten zum Vermeiden von Betriebs- und Transportschwierigkeiten im System Gas (Luft) zu- bzw. abzuleiten, und zwar bei teilgefüllten Systemen möglichst ohne Druckstöße zu- oder abzuführen, bei vollgefüllten Systemen nach oben auszuscheiden. Luftblasen in vollgefüllten Wasserleitungssystemen engen den Querschnitt ein und begünstigen durch die Kompressibilität Druckstöße, was eine Unterbrechung der Förderung bewirken kann. Das abgesonderte Gas muß daher möglichst kontinuierlich und automatisch ausnahmsweise diskontinuierlich und manuell, an den Hochpunkten, wo es sich sammelt, aus dem System ausgeschieden werden. Meist dienen hierzu Schwimmer, die auf Grund des Wasserdrucks eine obere Entlüftungsöffnung verschließen, bei Gasblasenbildung absinkend den Gasausgang aber kurzfristig zur E. freigeben. Gas ist je nach dem Druck, der Temperatur und dem Sättigungsdefizit beim jeweiligen Medium in Flüssigkeiten gelöst enthalten. Es wird bei sinkendem Druck und ansteigender Temperatur teilweise ausgeschieden, da sich der Sättigungszustand ändert. Dies gilt z. B. für jedes Wasserleitungsnetz von der Förderanlage zum Verbraucher. E. unterbrechen bei entstehendem Unterdruck im System einen evtl. möglichen Rückfluß („Rücksaugen"), durch den Verunreinigungen des Systems mit Schmutzwasser, z. B. aus Schlauchverbindungen in Badewannen, Spülbecken oder anderen Behältern (Gewerbe, Industrie), zustande kommen können. Über die E. dann bei Unterdruck eintretende Luft gleicht diesen im System bis zum Außendruck so aus, daß die Leitung teilweise mit Luft gefüllt wird. Bei der normalerweise nur teilgefüllt betriebenen → Grundstückentwässerungsanlage, vor allem der Hausentwässerung, müssen die Falleitungen zur E. mit ihrem vollen Querschnitt über das Dach geführt werden, um größere Druckschwankungen durch die Luftführung zu vermeiden. Sonst können Wasserverschlüsse, Geruchverschlüsse oder Syphons „ausgeblasen", der Wasserinhalt in diesen ausgeworfen werden. Ebenso müssen längere Anschlußleitungen an die Falleitungen der Hausentwässerung spezielle E. erhalten. Bei Hochhäusern und speziellen Bauwerken können eigene Leitungssysteme zur E. notwendig werden.

Pfeiff

Entnahme. In der → Siedlungswasserwirtschaft gilt als E. von Wasser jede Art von → Wasserfassung, speziell jedoch die Wasserfassung zur Nutzung von → Oberflächenwasser aus Bächen, Flüssen, Seen, Talsperren oder Stauhaltungen. Man spricht auch bei der → Wasserverteilung und → Wasserförderung von E. der Verbraucher oder der Förderanlage und von E. aus Wasserspeichern. Ein Entnahmebauwerk bei Oberflächenwasser (DIN 4046) ist in einfachster Ausführung ein im Ufer unter dem Wasserspiegel eingebautes offenes Rohr. Die E. muß gegen gröbere Schwimm- und Treibstoffe im Wasser durch ein Sieb oder einen → Rechen geschützt sein. Bei → Talsperren ist die E. meist nahe beim Staukörper untergebracht. Wie auch bei Seewasser und allen sonstigen E. ist sie immer so anzulegen, daß kein Bodenschlamm durch zuströmendes Wasser aufgewirbelt und so mit entnommen wird. Die E. von Wasser, auch von → Grundwasser, ist – außer zum Schöpfen und Tränken und zum Gemeingebrauch in geringen Mengen, z. B. 20 m^3/d im Saarland – nach dem → Wasserhaushaltsgesetz (WHG) und den Landeswassergesetzen immer genehmigungspflichtig. Der Anteil am Aufwand für die Entnahmebauwerke und deren Betrieb ist bei den Wasserkosten meist nur gering. *Pfeiff*

Entrindungsverfahren. Das E. richtet sich nach dem Weiterverarbeitungszweck des Baumstammes. Bis auf das Handschälverfahren behandelt man i. a. die Stämme mit Dampf und/oder heißem Wasser vor. Es werden unterschieden:

☐ Handschälverfahren: Die → Rinde wird meist im Frühjahr oder Frühsommer mit Stoßeisen und Ziehmessern vom gefällten Baumstamm entfernt;

☐ schneidende Entrindungsmaschinen: Während ein rotierender Messerkopf die Rinde abschneidet, werden die Rundlinge gedreht und in Längsrichtung verschoben. Die Stämme werden einwandfrei rund, die Holzverluste sind hoch;

☐ Reibungs- oder Friktions-Entrindungsmaschinen: Bei Reibung Stamm gegen Stamm dreht man die Stämme in Trögen oder Trommeln unter Wasser oder bei Berieselung mit Wasser gegeneinander.

Bei Reibung gegen Kette oder Werkzeug laufen die Stämme in Längsrichtung durch die Maschine und werden durch rotierende Ketten, abgerundete Stahlnasen o. ä. geschält;

☐ hydraulische Entrindungsmaschinen: Die Rinde wird durch einen scharfen, aus Düsen schießenden Wasserstrahl abgerissen und weggespült;

☐ Dampf-Explosions-E.: Das Holz befindet sich in einem dickwandigen Stahlzylinder, den man erst evakuiert, dann mit Hochdruckdampf füllt. Anschließend wird der Druck plötzlich aufgehoben; dabei reißt die Rinde explosionsartig vom Stamm ab;

☐ chemische E.: Hierbei wird im Frühjahr ein kleines Stück Rinde unten vom stehenden Stamm entfernt und das → Splintholz mit einer giftigen Chemikalie bestrichen und abgedeckt. Das aufsteigende Gift zerstört das → Kambium, und der Baum stirbt ab. Nach dem Fällen der Bäume im Herbst läßt sich die Rinde leicht mit üblichen Werkzeugen entfernen. *Dröge*

Entsäuerung. Durch die E. lassen sich Anteile von freiem Kohlensäuregas CO_2 aus dem → Trinkwasser entfernen. Auf diese Weise wird bei manchen Wässern die → Korrosion infolge CO_2 vermieden. Das zur E. meist angewendete Verfahren ist die → Belüftung des Trinkwassers über Kaskaden und Tropfeinrichtungen oder das Durchlaufen über spezielle Schüttringe oder Kunststoffkörper mit großer Oberfläche im Gegenstrom oder quer zur Luftführung. Die Luft wird waagerecht oder von unten nach oben geführt. Hierfür sind Gebläse zur Luftführung erforderlich. Das CO_2 wird so „ausgeblasen". Andere Verfahren der E. bestehen darin, CO_2-bindende Stoffe, z. B. Kalkmilch, in einer möglichst der Säureabbindung entsprechenden Menge zuzudosieren. *Pfeiff*

Entsandungsanlage. Unter den Begriffen Fein(st)sandrückgewinnung und -abscheidung sind besondere Verfahrensabläufe zu verstehen, mit denen man einerseits brauchbare Feinkörnung gewinnt, andererseits nicht nutzbare Mengen und unbrauchbare Anteile abscheidet. Das Rohmaterial entstammt zum einen dem nassen → Baggergut oder dem Spülwasser der Naßklassierung sowie dem Waschwasser der Reinigung von → Sand und → Kies, zum anderen kann benötigter Feinzuschlag aus geeigneten Ablagerungen allein gewonnen werden. Die Verfahren arbeiten mit einer Vielzahl von Geräten auf mechanisch-hydraulischem oder rein hydraulischem Wege. Diese Arbeitsgänge sind den Aufbereitungsstufen der Klassierung zugeschaltet; vielfach sind diese Einrichtungen in die → Aufbereitungsanlagen wie bei den Wäschen integriert. Die → Entwässerung von Feinkörnung unter 4 mm Korndurchmesser, die man oft als Sandrückgewinnung bezeichnet, geschieht mit Entwässerungsschnecken, Schöpfrädern und Kratzbändern, mit denen aus Abzugbehältern Sand stetig ausgetragen wird, während das Wasser mit dem meist enthaltenen Schwebstoff und auch Feinstkorn getrennt abfließt.

Sandfänge(r) (Schlämmer) dienen der Sandrückgewinnung und zugleich der Korntrennung im Feinstbereich von 0,05 – 0,2 mm aus Körnung bis rd. 3 mm (Bild 1). Es sind Tröge, in denen der Sand separiert wird und die übrigbleibende Trübe oben abfließt. Mechanische Vorrichtungen fördern das Sediment heraus; mit Zusatzeinrichtungen, wie Schwerter und Waschkammern, reinigt man den Sand. Auf Entwässerungsrinnen und -sieben, die Böden mit Schlitzen längs oder quer von meist 0,2 – 0,3 mm haben, wird die Vibrationstechnik genutzt, um Sand zu entwässern und bei ersteren auch gleichzeitig zu fördern. Mit einem rotierenden, axial schwingenden Siebkorb, der eine konische Form hat, arbeitet die Schwingsiebschleuder.

Außer den mechanisch wirkenden Geräten gibt es eine Reihe von Vorrichtungen, in denen das Strömungsprinzip angewendet wird. Diese im System nach der vorherrschenden Bewegungsrichtung des Mediums geordneten Stromklassierer dienen zudem der Abtrennung von Feinstkörnung bis 0,1 mm und manchmal bis 0,01 mm. Zu den Horizontalstromklassierern gehören → Absetzbecken und Spitzkastenklassierer, bei denen Körnungen 0,1 – 10 mm in Ablagerungen von sehr grob bis fein entnommen werden. Die Trenngüte wird beim Hydrosizer mittels eines wechselnden Aufstroms verbessert (Bild 2). Vertikalstromklassierer wirken in Gegenströmung auf verzweigter oder krummer Bahn.

Entsandungsanlage 1: Sandfang.

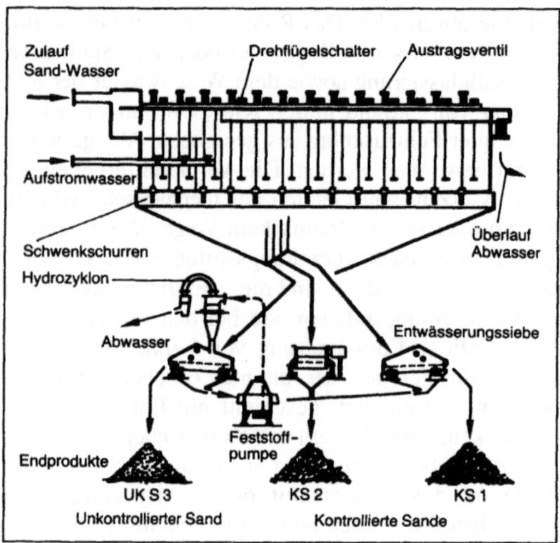

Entsandungsanlage 2: Sandklassierung im Horizontal- und Aufstrom.

Der bekannteste ist die Rheaxanlage. In ihr wird Körnung über 0,1–4 mm in fein, mittel und grob getrennt. Beim Verbundschlämmer geschieht die Abtrennung wiederholt und der Reihe nach in Teilbehältern von oben her. Sehr wirksam im Feinstsand 0,01–0,2 mm sind die Spiralstromklassierer (Hydrozyklone), bei denen die Abtrennung in der Wirbelbildung durch die Zentrifugalkraft bewirkt wird. An die Prozedur der Entwässerung bzw. Rückgewinnung von Sand und der Feinstsandklassierung schließen sich mit Rücksicht auf den Umweltschutz Kläreinrichtungen der verbliebenen Wasser-Schwebstoff-Trübe an; hierzu dienen Schlammabscheider und Eindicker in Form von Absetzbecken oder Behältern. *Kühn*

Entschädigungspflicht der Gemeinde → Boden, → Enteignung

Entsorgung. E. ist in der → Siedlungswasserwirtschaft und → Abfalltechnik der Sammelbegriff für alle technischen Maßnahmen und Einrichtungen, um Haushalten, Betrieben und Anlagen anfallendes Abwasser und anfallenden → Abfall abzunehmen, sie zu „entsorgen". Zur E. gehören alle Einrichtungen der Ortsentwässerung, wie die → Kanalisation für Schmutzwasser und Regenwasser (Abwasser), aber auch die Beseitigung der Betriebsabwässer und des Abfalls einschl. → Altöl. Außerdem zählen zum Abfall neben der Gruppe des häuslichen Abfalls (Müll) der → Kehricht aus der Straßen-, Markt- und Gehwegreinigung, ebenso wie auch der gewerblich-industrielle Abfall und der Problemabfall bis zum Sondermüll. Nach den neueren Regelungen soll der Müll/Abfall bereits bei der Sammlung – durch Vor-Sortierung – nach Kompartimenten getrennt werden: Papier – Flaschen (farbig sortiert) –

Metall – Kunststoffe (nach verschiedenen Sorten) je zur Verwertung nach Aufbereitung und Restmüll sowie Sperrmüll, zur jeweiligen speziellen Behandlung. Je nach der Länder-Zuständigkeit (Kommune, Verband, Kreis...) sind die Methoden dabei oft sehr unterschiedlich, ebenso die benutzten → Sammler (→ Feuer, → Behälter, → Container). Mit der Verpackungs-Verordnung VerpackV hat sich hier seit 1991 ein Umbruch bei den meisten Abfall-Entsorgungen ergeben und die Entwicklung ist im Fluß.

Im statistischen Mittel sind die deutschen Haushalte mit ca. 335 kg/E./a zu entsorgen. Darin sind 241 kg/E./a Hausmüll, 40 kg/E./a Sperrmüll und 57 kg/E./a Bioabfälle (Hessen).

Beim Abwasser rechnet man alle zum Transport durch Wasser und zur Reinigung gehörenden Anlagen und Einrichtungen ebenso aber auch die Behandlung und Unterbringung des → Schlammes und der Rückstände aus Straßeneinläufen zur E. Auch die Wasserversorgungsanlagen mit ihrem Abwasser und Schlamm aus der → Wasseraufbereitung gehören zur E. Zur E. rechnet man heute zunehmend auch im land- und forstwirtschaftlichen Bereich anfallende Abfälle und selbst bestimmte → Reststoffe, die noch zur Verwertung kommen können. Der gesamte Bereich der Abfallsammlung, teilweise des → Recyclings, der Abfallaufbereitung und -behandlung, der Abfalldeponierung und -beseitigung ist eine E. Statistisch werden bisher jeweils nur bestimmte Teilaspekte der E. nach Mengen und Aufwand erfaßt. *Pfeiff*

Entstaubungsanlage. Im Rahmen des → Umweltschutzes und der → Arbeitssicherheit ist die Emission von Staub, staubiger Abluft und ähnlichen Abgasen eingeschränkt. Davon abgesehen wird bei der Heißaufbereitung bituminöser Massen Baustoff, nämlich der erforderliche Bestandteil „Füller", zurückgewonnen. Die Entstaubung im Baubetrieb geschieht im trocknen, zum großen Teil im heißen Zustand. Die Naßentstaubung im Naßabscheider beruht auf einem gänzlich anderen Vorgang. Die erste Stufe der Entstaubung wird mit zu Batterien parallel oder hintereinander geschalteten Zyklonen vorgenommen, in denen eine Abscheidung größerer Partikel unter einer Schwerkraft-Fliehkraft-Wirkung eintritt (Bild). Die gestellten Anforderungen erfüllen allein Filtereinrichtungen aus (temperaturfesten) Gewebeschlauchfiltern, mit denen eine Entstaubung bis auf 50 mg/m^3, manchmal bis auf 20 mg/m^3 praktiziert wird. Erforderlich ist eine Filterfläche von 5,5 m^2 je t/h Mischgutproduktion, von der 70% effektiv von außen beaufschlagt ist. Hinsichtlich der Gesundheit des Bedienungspersonals von Gesteinsbohrmaschinen ist die → Immission an quarzhaltigem Staub auf 0,15 mg/m^3 Luft begrenzt. Dazu sind mit innen beaufschlagten Tuchfiltern bestückte Filtereinheiten in der Größe von 3–26 m^2 für handgeführte Hämmer und Drehbohrgeräte installiert. *Kühn*

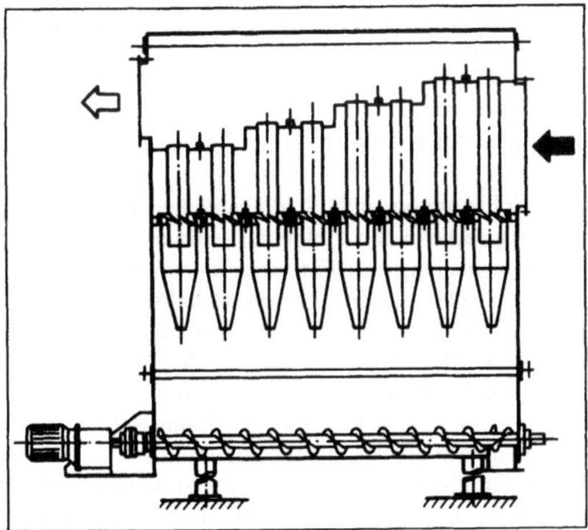

Entstaubungsanlage: Zyklonsystem zur Entstaubung.

Entwässerung.

Wasserwirtschaft. Ableitung schädlicher Bodennässe mit Dränen (→ Dränung) und → Vorflutern. Es ist zu unterscheiden zwischen der E. landwirtschaftlich genutzter Flächen als Teil des landwirtschaftlichen Wasserbaus (→ Kulturtechnik), der Stadtentwässerung (→ Siedlungswasserwirtschaft), der Dränung zum Schutz baulicher Anlagen und der E.-Maßnahmen im Tiefbau (→ Grundbau) einschl. Stollen- und → Tunnelbau sowie der E. beim Bau von Verkehrswegen. Im landwirtschaftlichen Wasserbau beseitigt man durch die E. die für Kulturpflanzen und Bodenbearbeitung schädliche Bodennässe, verbessert die Durchlüftung des Bodens, erschließt tiefere Bodenbereiche für die Pflanzenwurzeln, nützt Nährstoffe besser aus, baut organische Säuren ab und regt die Tätigkeit der Bodenbakterien an. Die Möglichkeit einer zeitigeren Bestellung verlängert die Wachstumszeit. Die Bewirtschaftung wird erleichtert und Schäden im Zusammenhang mit der Mechanisierung (Bodenpressung) werden gemindert oder beseitigt. Die Weiden werden trittfester, die → Niederschläge während der Wachstumszeit lassen sich besser ausnützen. Durch die erhöhte Speicherfähigkeit verfügen vor allem stau- und haftnasse Böden nach der Dränung in Trockenzeiten über wesentlich mehr pflanzennutzbare Bodenfeuchte. Vor Entscheidungen über technische Maßnahmen ist festzustellen, ob grundwasservernäßter, staunasser oder haftnasser Boden ansteht (DIN 1185, Bl. 1).

Ein Boden ist grundwasservernäßt, wenn sich das Wasser im Boden zwar frei bewegen kann, die Grundwasseroberfläche aber für die Kulturpflanzen und die Bearbeitung des Bodens ungünstig hoch liegt. Ein optimaler Bodenwasserhaushalt läßt sich durch Absenken der Grundwasseroberfläche auf einen günstigen Flurabstand erreichen. Bei genügend durchlässigem Boden ist dies u. U. allein durch Verbesserung der → Vorflut möglich. Staunaß ist ein Boden, wenn die lotrechte Wasserbewegung im Boden durch eine Stauwassersohle gehemmt ist und sich für die Kulturpflanzen und für die Bearbeitung zeitweilig schädliches Stauwasser bildet. Ein haftnasser Boden liegt vor, wenn er mindestens bis zur Dräntiefe (→ Dränung) sehr wenig durchlässig ist (→ Durchlässigkeitskoeffizient k ≤ 0,01 m/d). Bei stau- und haftnassen Böden ist die Vernässung durch Rohrdränung, rohrlose Dränung, → Unterbodenmelioration oder kombinierte Dränung zu beseitigen. In allen Fällen ist anzustreben, das → Fremdwasser (Wasser, das einer Entwässerungsfläche von außerhalb ober- oder unterirdisch zufließt) vom Entwässerungsgebiet durch Fanggräben, Fangdräne u. a. fernzuhalten. Die nachhaltige Wirksamkeit einer Dränung ist nur gesichert, wenn die Anlagen fachgerecht geplant, einwandfrei ausgeführt und ständig unterhalten werden. Bei ungenügender oder unregelmäßiger Unterhaltung ist die Dränung erfahrungsgemäß schon nach wenigen Jahren nicht mehr funktionsfähig. Es empfiehlt sich, die Unterhaltung im Rahmen größerer Unterhaltungsverbände (→ Wasserverbandsgesetz) durchzuführen. Dies macht eine maschinelle Unterhaltung möglich und wirtschaftlich, erleichtert die Überwachung und stellt die Zweckbestimmung am besten sicher. In Bodenrutschgebieten sind vielfach Schlitzdräne mit Füllung aus Steinen und Kies zweckmäßig (Bild 1). *Lecher*

Literatur: DIN 1185: Dränung. Regelung des Bodenwasserhaushaltes durch Rohrdränung, Rohrlose Dränung und Unterbodenmelioration.

Entwässerung 1: Schlitzdrän mit Filtermatten.

Straßenbau. Verkehrswege stellen eine beträchtliche wasserversiegelnde Fläche dar, auf die große Mengen an Niederschlagswasser auftreffen. Diese müssen auf schadlose Weise abgeführt werden. Zu diesem Zweck bedient man sich der Neigung der Straßenoberfläche und eines Systems von E.-Einrichtungen, die das Wasser aufnehmen und es einer → Vorflut zuführen. Wenn möglich nutzt man bei diesem Ableitungsprozeß auch die Versickerung und die → Verdunstung aus. Zu den E.-Einrichtungen zählen offene Gerinne (Straßenrinnen, Mulden und Gräben), Rohrleitungen, Straßenabläufe u. a. m. Ein Flußdiagramm (Bild 2) zeigt, wie eine schadlose Aufnahme und Versickerung bzw. die Weiterleitung und Ableitung des Wassers bis zum → Vorfluter festgelegt wird. Innerhalb des Straßenkörpers anfallendes Wasser, das entweder an schadhafter Stelle von außen eingedrungen oder nicht gebundenes Bodenwasser ist, muß gefaßt werden, ehe es Schaden am Bauwerk anrichten kann. Zur Verhütung werden Sickereinrichtungen aus → Filtermaterial (→ Filterschicht, → Filtervlies) als unterirdische E.-Anlagen in Form von Sickerschichten und Sickersträngen eingebaut. Ihre Wirkung beruht auf einer ausreichenden Wasserdurchlässigkeit bei Filterstabilität gegenüber dem angrenzenden Boden. Diese Einrichtungen nehmen das innere Wasser auf und führen es einer Vorflut zu. Die → Frostschutzschicht erfüllt außer ihren anderen Aufgaben z. B. auch die eines Flächenfilters. *Beckedahl/Lücke*

Literatur: Richtlinien für die Anlage von Straßen (RAS). Teil: Entwässerung (RAS-Ew). – Richtlinien für bautechnische Maßnahmen an Straßen in Wassergewinnungsgebieten (RiStWag).

Entwässerungsanlage → Entsandungsanlage

Entwicklungsbereich. Städtebaulichen Maßnahmen, die entsprechend den Zielen der → Raumordnung und → Landesplanung neue Orte schaffen, vorhandene Orte zu neuen Siedlungseinheiten entwickeln oder um neue Ortsteile erweitern und die der Strukturverbesserung in den Verdichtungsräumen, der Verdichtung von Wohn- und Arbeitsstätten im Zuge von Achsensystemen oder dem Ausbau von Entwicklungsschwerpunkten außerhalb der Verdichtungsräume (insbes. in den hinter der allgemeinen Entwicklung zurückbleibenden Gebieten) dienen, wurde durch das Städtebauförderungsgesetz ähnliche Förderung aus öffentlichen Haushalten zuteil wie der → Sanierung (→ Entwicklungsmaßnahme). Die Maßnahmen sollen einheitliche Vorbereitung und Planung und eine zügige Durchführung innerhalb eines absehbaren Zeitraums gewährleisten. Der E. muß förmlich festgesetzt werden. *Spengelin*

Entwicklungsmaßnahme. Durch städtebauliche E. werden Ortsteile oder andere Gemeindeteile entsprechend ihrer besonderen Bedeutung für die städtebauliche Entwicklung und Ordnung der Gemeinde oder die

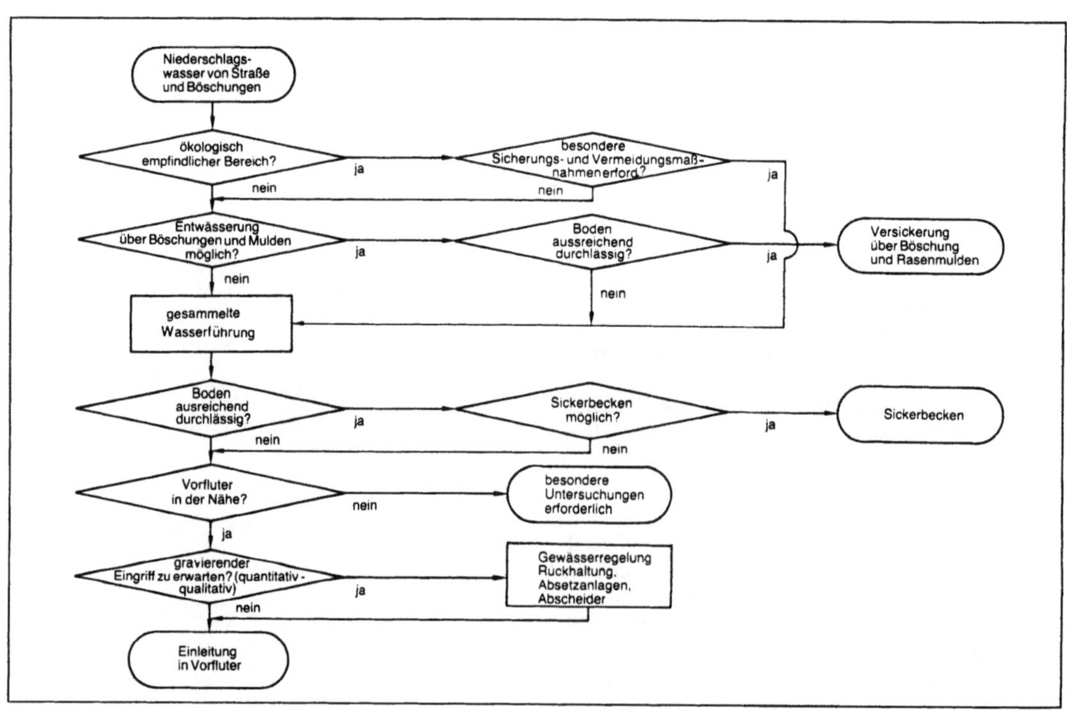

Entwässerung 2: Flußdiagramm zur Wahl der E.-Maßnahmen.

Entwicklung des Landesgebiets oder der Region erstmals entwickelt oder im Rahmen einer städtebaulichen Neuordnung einer neuen Entwicklung zugeführt. Die Maßnahmen konnten auf Grund des 1971 erlassenen Städtebauförderungsgesetzes (StBauFG) als räumlich und sachlich begrenztes Sonderrecht eingeleitet werden; das → Baugesetzbuch (BauGB) hat 1986 allerdings nur die Fortführung eingeleiteter Maßnahmen vorgesehen. Mit dem Investitionserleichterungs- und Wohnbaulandgesetz wurde das Instrument wieder komplett in das BauGB eingeführt (§§ 165–171). Verfahrensmäßige Besonderheit ist die Einleitung durch Gemeindesatzung (nach BauGB). Wesentliche Merkmale sind die zügige Durchführung der Maßnahmen, grundsätzlicher Erwerb der Grundstücke durch die Gemeinde mit Veräußerungspflicht für Zwecke der E., im übrigen Ausgleichspflicht des Eigentümers für entwicklungsbedingte Werterhöhungen (→ Bodenvorratspolitik).   *Spengelin*

Literatur: *Schiwy, P., Harmony, Th.* u. *Decker, A.*: Baugesetzbuch (BauGB), Kommentar. Stand 3/96. Starnberg 1996

Entwicklungsplanung, städtische. Allgemein bedeutet E. im Gegensatz zu Anpassungsplanung oder Auffangplanung, mit der man akute Mißstände kurzfristig behebt, ohne ihre Ursachen zu durchleuchten und andere Entwicklungsmöglichkeiten aufzuzeigen, ein an langfristigen Zielen orientiertes Konzept für das jeweilige gesamte Planungsgebiet. E. wird auf allen → Planungsebenen betrieben. Es wird dabei versucht, möglichst alle öffentlichen Planungsaufgaben (auch die eigene Finanzplanung!) zu koordinieren und ihre Durchführung möglichst konzentriert zu steuern:
– räumlich: Ausweisung neuer Bau- und Siedlungsflächen samt Erschließung mit Verkehrs- und Versorgungseinrichtungen;
– sozialpolitisch: Vergabe von Förderungsmitteln für den Wohnungsbau und von Erholungs-, Spiel- und Sportanlagen, Kindergärten, Jugendheimen und Einrichtungen des Gesundheitswesens;
– kulturpolitisch: Festlegung der Standorte und Förderung von Schulen und Hochschulen;
– wirtschaftspolitisch: Verbesserung der Wirtschaftsstruktur, um bestehende Arbeitsplätze zu modernisieren und neue zu schaffen (Wirtschaftsförderung, Wirtschaftssektor).
Im besten Falle gelingt es, Förderungen der verschiedensten Instanzen bzw. Haushaltstitel auf die Maßnahmen zu konzentrieren, die für die Entwicklungsziele der Stadt langfristig den größten Erfolg bringen. Allerdings werden bei Mischfinanzierung die Gemeinden auch oft verleitet, ihre (raren) komplementären Mittel auf Vorhaben zu lenken, für die gerade der Bund oder das Land eine Finanzierungshilfe, z. B. Subvention bei Konjunkturprogrammen, anbieten, ohne auf Prioritäten bei der Stadtentwicklung zu achten. Auch die rigide Zweckbestimmung und -bindung öffentlicher Mittel verhindert oft die gemeinwirtschaftlich sinnvollste kombinierte Verwendung.   *Spengelin*

Epoxidharzlackfarbe. E. (auch EP-Lackfarben) sind chemisch härtende, zur Viskositätserniedrigung manchmal auch → Lösemittel enthaltende Zweikomponentenanstrichstoffe. Die niedrigsten Anwendungstemperaturen betragen je nach Modifikation $+15\,°C - +5\,°C$. Sie zeigen eine sehr gute Beständigkeit gegen Wasser und übliche chemische Angriffe, auch gegen Öle und Lösemittel. Bei → Bewitterung neigen sie im Laufe der Zeit zur Kreidung. EP-Lackfarben haben eine sehr gute Haftfestigkeit auf allen mineralischen Untergründen und auf Metallen, in sehr niedrigviskoser Konsistenz auch als Grundanstrich.   *Sasse*

Erdbau. Der E., die Technologie des Bauens mit Erdstoffen, findet Anwendung im → Dammbau, bei der Herstellung des → Unterbaues von Verkehrswegen, bei der Verfüllung von Gräben, der Hinterfüllung von Stützmauern und → Widerlagern, bei Böschungssicherungen und bei der Herstellung eines tragfähigen Untergrundes für die Gründung von Bauwerken. Im einzelnen umfaßt der E. die Teilgebiete:
☐ Erkundung von Gewinnungsstellen für den Baustoff Erde,
☐ Einteilung und Beurteilung der Bodenarten und Ermittlung bodenmechanischer Kennwerte,
☐ Lösen oder Gewinnen des Bodens,
☐ Laden und Transportieren (Fördern) zur Verwendungsstelle,
☐ Einbau oder Ablagern der gewonnenen Bodenmassen,
☐ Überprüfen der geforderten Verdichtung des eingebauten Erdstoffes,
☐ Boden- oder Untergrundverbesserung.
Bevor mit detaillierten Erkundungen von Gewinnungsstellen begonnen wird, sind geologische Karten einzusehen, Ortsbegehungen vorzunehmen und Auskünfte über Auflagen zum Umwelt- und Landschaftsschutz sowie vor allem zum → Wasserrecht einzuholen. Geeignete Lagerstätten werden vorwiegend in Formationen des Pleistozän (Diluvium, Eiszeitalter) und den nacheiszeitlichen alluvialen Ablagerungen des Holozän gefunden. Die Erkundungsverfahren sind die gleichen wie in der → Untergrunderkundung. Im E. gilt für das Zusammenfassen von Böden und Fels in verschiedene Klassen deren Zustand beim Lösen. Die → Bodenklassen sind in DIN 18 300 und der ZTVE-StB 94 definiert. Es wird zwischen sieben Bodenklassen unterschieden. Im einzelnen handelt es sich um Oberboden (Mutterboden), fließende Bodenarten, leicht, mittelschwer oder schwer lösbare Bodenarten sowie um leicht oder schwer lösbaren Fels. Mutterboden ist die oberste von Bakterien belebte Schicht des Untergrundes, die Träger des Wachstums der Kulturpflanzen ist.
Die Ermittlung der bodenmechanischen Parameter der Erdstoffe, wie z. B. der Korngrößenverteilung, der Scherfestigkeitsparameter oder der → Durchlässigkeit ist in Normen geregelt und geschieht nach den Verfah-

ren der → Bodenmechanik. Im Gegensatz zur Bodenmechanik richtet sich die Bezeichnung der Bodenarten im E. nicht nur nach der Korngrößenverteilung und den Wassergehalten, sondern auch nach ihrer chemischen und mineralogischen Zusammensetzung oder nach dem Entstehungsort. Löß ist z. B. ein aus Flugsanden entstandener Boden (äolisch sedimentierte Staubablagerungen). Fluviale Ablagerungen sind in Flußtälern zu finden. Mergel als chemisches Sediment der mittleren Muschelkalkformation besteht aus Sand, Gips, Anhydrit und Salzen. Als Verwitterungsprodukte des Mergels bleiben Lehme und Tone zurück. Außer den bodenmechanischen Parametern für erdstatische Berechnungen müssen für den Erdstoff u. a. die Frostempfindlichkeit (→ Frostkriterium) und seine Verdichtbarkeit bestimmt werden.

Zur Abschätzung der auf Baustellen erreichbaren Dichte des Bodens und zur Ermittlung einer Bezugsgröße für die Beurteilung der im Boden vorhandenen oder auf Baustellen erreichbaren Dichte des Bodens dient der Proctorversuch (DIN 18 127). Bei diesem Versuch wird eine → Bodenprobe in einen Stahlzylinder mit festgelegten Abmessungen eingebaut und durch ein Fallgewicht mit einer bestimmten Verdichtungsarbeit nach einem vorgegebenen Arbeitsverfahren verdichtet. Man ermittelt die Trockendichte ρ_d des Bodens nach der Verdichtung als Funktion des Wassergehaltes w. Der Versuch besteht aus mindestens fünf Einzelversuchen mit jeweils unterschiedlichem w. Versuchskurven sind in Bild 1 dargestellt. Als Proctordichte wird die größte erreichbare Dichte ρ_{Pr} bei einer volumenbezogenen Verdichtungsarbeit von $A = 0{,}6$ MN · m/m^3 bezeichnet. Die modifizierte Proctordichte $\rho_{Pr\,mod}$ erreicht man durch Versuche mit einer Verdichtungsarbeit $A = 2{,}75$ MN · m/m^3. Der optimale Wassergehalt w_{Pr} bzw. $w_{Pr\,mod}$ entspricht der Proctordichte bzw. der modifizierten Proctordichte (Bild 1). Als Verdichtungsgrad bezeichnet man den Quotient $D_{Pr} = \rho_d/\rho_{Pr}$; dabei ist ρ_d die Trockendichte des anstehenden oder eingebauten Bodens. Im → Straßenbau werden Werte für D_{Pr} zwischen 95 und 103% gefordert.

Nur bei kleineren Mengen löst und gewinnt man den Erdstoff in Handarbeit. Beim Lösen von festem Fels muß i. d. R. gesprengt werden. Ein Einschnitt kann als Langbau in Form von Lagenbau, Seitenbau oder Schlitzbau (Röschenbau) oder als Kopfbau bzw. Stufen- oder Strossenbau ausgehoben werden. Für den maschinellen Abbau werden an der See und in Flüssen → Naßbagger (Schwimm- und → Saugbagger) eingesetzt. Bei den Trockenbaggern unterscheidet man nach der Bauart des Grabwerkzeuges zwischen: Löffel-, Greif-, Schlepplöffel-, Eimerketten-, → Flachbagger und z. B. Schaufellader. Nach der Lage des Baggers unterscheidet man zwischen Hochbaggern, bei denen der Abbau oberhalb der Baggeraufstandsfläche vorgenommen wird, wie z. B. bei den Löffelbaggern, den Tiefbaggern, wie z. B. den Greifbaggern, und den Flachbaggern. Eine weitere Einteilung gibt es nach der

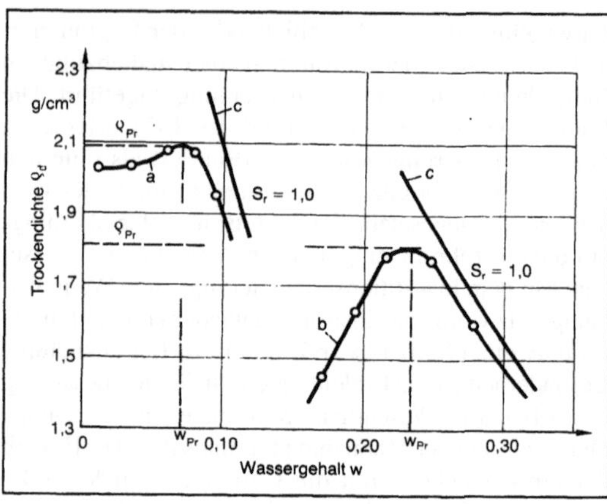

Erdbau 1: Proctorkurven rolliger und bindiger Böden.
a rolliger Boden, b bindiger Boden, c Sättigungslinie

Fahrwerkausbildung in Schienenräder-, Raupen- und Gummiräderbagger. Die Abbauleistungen der im Baubetrieb üblichen → Bagger bewegen sich zwischen etwa 30 m³/h beim Greifbagger bis zu über 500 m³/h bei Eimerkettenbaggern. Ein Förderbetrieb auf Gleisen wird im E. nur bei längeren Strecken angewendet. Die Regel ist der gleislose Förderbetrieb. Für kleine Förderweiten sind → Planierraupen und Erdhobel, für größere Schürfkübelwagen und Kippfahrzeuge wirtschaftlich. Der Erdstoff muß nach einem festgelegten Arbeitsprogramm eingebaut werden. Unter Dämmen ist ein sauberes → Planum herzustellen. Das → Oberflächenwasser darf sich nicht in Vertiefungen, wie z. B. Spurrillen sammeln, sondern muß während der gesamten Bauzeit abgeleitet werden können. Die Abmessungen von Filtern (→ Filtermaterial) sind ggf. durch Ziehbleche zu gewährleisten.

Den lagenweise locker aufgeschütteten Erdstoff muß man üblicherweise verdichten. Für rollige Böden sind vorwiegend dynamisch, für bindige Böden statisch wirkende Geräte zu verwenden (Tabelle). Die Eignung des → Verdichtungsgerätes für einen bestimmten Erdstoff, die Anzahl der Verdichtungsübergänge und die Schütthöhe einer Lage werden durch Probefelder bestimmt. Es handelt sich dabei um keilförmige Aufschüttungen. Nach jedem Verdichtungsübergang wird an mehreren Stellen die → Lagerungsdichte bestimmt und so z. B. für die vorgegebene Proctordichte der Zusammenhang zwischen Verdichtungsarbeit und Schütthöhe ermittelt. Um auf der Baustelle etwa den optimalen Wassergehalt w_{Pr} zu erreichen, feuchtet man zu trockenen Boden vor der Verdichtung auch an. Anstehende locker gelagerte rollige Böden lassen sich durch Tiefenrüttler oder durch → Sprengerschütterungen erfolgreich verdichten. Mit dem Stopfverdichtungsverfahren (Rüttelstopfverfahren) läßt sich ein Untergrund verbessern, der aus weichen bindigen Erdstoffen, wie z. B. Klei oder Torf, besteht. In Abständen von nur wenigen Metern rüttelt

Erdbau. Tabelle: Verdichtungsgeräte und Schütthöhen.

Gerät	Gewicht kN	Schütthöhe cm	Verdichtungs- übergänge	Leistung m²/h	Boden
Walzen					
glatte Straßenwalze	40 – 100	15 – 30	4 – 6	200 – 400	bindig
Erdbaugerät mit Raupen	50 – 300	20	3 – 4	Einbau und Verdichtung	bindig
Gummirad- walze	50 – 1 000	20 – 40	3 – 4	500 – 1 000	bindig
Schaffußwalze	50 – 500	40 – 50	3 – 4	300 – 500	Korn- durchmesser < 20 mm
Stampfer mit Fallhöhe h					
Elektro- stampfer h in mm bis cm	–	20 – 30	2 – 3	75 – 150	Korn- durchmesser < 20 mm
Explosions- ramme h ≈ 30 – 40 cm	2 10 – 25	20 – 30 40 – 100	2 – 3	75 – 150	alle
Stampfbagger h ≈ 1,5 – 2 m	20 – 45	60 – 150	2 – 3	100 – 150	alle
Rüttler					
Bodenrüttler	15	50 – 70	1	100 – 200	rollig
Oberflächen- rüttler	30 – 200	100 – 150	1	75 – 150	rollig
Rüttelwalzen	50 – 500	40 – 60	2 – 3	100 – 300	rollig und schwach bindig
Tiefenrüttler	20 – 100	–	1	–	rollig

man Kies oder Schotter in den wenig tragfähigen Untergrund (Bild 2). Der weiche Boden wird dabei verdrängt, und es entstehen tragfähige Schottersäulen. Bei größeren E.-Projekten wendet man gelegentlich auch das Verfahren der dynamischen → Intensivverdichtung an.

Im Verkehrswegebau wird möglichst ein Massenausgleich zwischen dem Aushub in Einschnittstrecken und der Auffüllung in Dammstrecken angestrebt. Überschüssigen Boden lagert man in Kippen ab. Der Mutterboden muß erhalten bleiben und darf nicht mit anderen Bodenmassen überdeckt oder vermischt werden. Er muß in Mieten von höchstens 1,3 m Höhe getrennt gelagert und muß bei keiner Wiederverwendung der Agrarwirtschaft zur Verfügung gestellt werden. Die Massenermittlung nimmt man mit Hilfe von Flächen- und Profilmaßstäben vor (Bild 3). Im Längsschnitt des Verkehrsweges erhält man damit in einem Flächenprofil den Abtrag und den Einbau. Durch graphische Inte-

gration wird daraus das Massenprofil ermittelt. In das Massenprofil wird eine Verteilungslinie so gelegt, daß sich möglichst kleine mittlere Förderweiten zwischen Abtrags- und Einbaumassen ergeben. Beim Massenausgleich ist zu beachten, daß der abzutragende Boden nicht mit der gleichen Dichte wieder eingebaut werden kann. Eine bleibende Auflockerung von etwa 10% ist zu berücksichtigen.

Zur Überprüfung der erreichten Dichte des eingebauten Erdstoffes entnimmt man nach DIN 18 125 aus der verdichteten Aufschüttung Bodenproben und ermittelt deren Volumen und Masse (Lagerungsdichte). Allgemein anwendbar sind die Ersatzverfahren, bei denen das Volumen des ausgehobenen Hohlraumes durch Sandersatz, Flüssigkeitsersatz oder Gipsersatz bestimmt wird. Für bindige Böden ohne Grobkorn und Sande wird das Ausstechzylinderverfahren empfohlen. Ein wirtschaftliches, schnell durchführbares Verfahren ist das Ballonverfahren. In Böden mit Steinen und

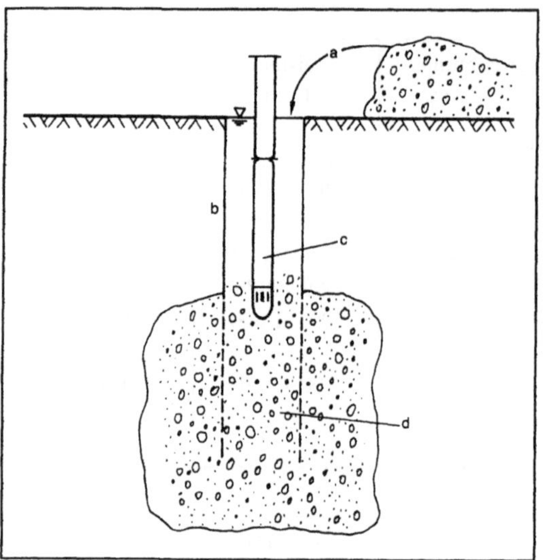

Erdbau 2: Stopfverdichtungsverfahren.

a Schottermaterial, b Rüttelloch (in weichem Boden durch Wasserinnendruck annähernd standsicher), c Torpedorüttler, d Schottersäule

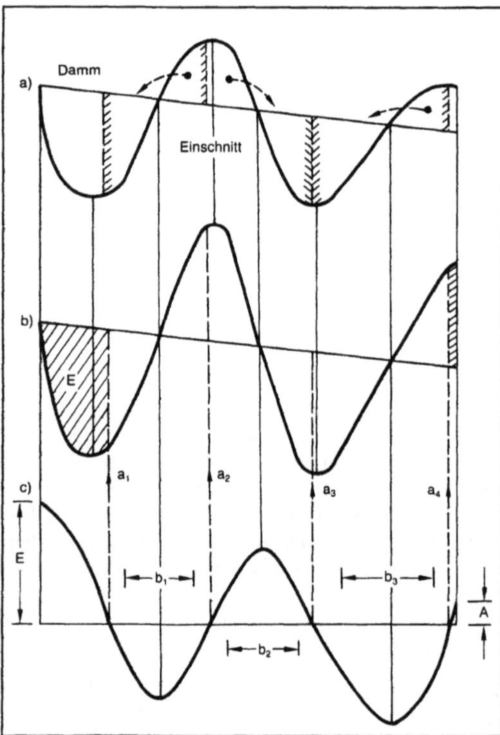

Erdbau 3: Massenausgleich und Förderweiten.

a_i Fördergrenze, b_i mittlere Förderweite, A Seitenablagerung, E Seitenentnahme

a) Längsprofil
b) Flächenprofil
c) Massenprofil.

Blöcken wird das Schürfgrubenverfahren angewendet. Mit der Masse m_f der ausgehobenen feuchten Bodenprobe und dem Volumen V des Hohlraumes erhält man die Dichte $\rho = m_f/V$. Mit dem Wassergehalt w wird die Trockendichte ρ_d bestimmt, die mit der geforderten Proctordichte ρ_{Pr} zu vergleichen ist. Zur Beurteilung der Verformbarkeit des Bodens und seiner Tragfähigkeit wird vor allem im Verkehrswegebau der → Plattendruckversuch ausgeführt (DIN 18 134). Versuchsergebnisse sind die Verformungsmoduln E_{v1} und E_{v2} für Erst- und Wiederbelastung der Lastplatte. In ZTVE-StB 94 sind für verschiedene Bauklassen des Straßenoberbaues Mindestwerte für das Planum gefordert. Der geringste Wert für den Unterbau ist $E_{v2} = 45$ MPa. Zur Verbesserung der Tragfähigkeit eines Bodens oder zur Verbesserung der Einbaufähigkeit und Verdichtbarkeit von Böden werden verschiedene Verfahren der → Bodenverfestigung sowie der → Bodenverbesserung angewendet. Verfahren für den Straßenbau sind in ZTVV-StB 81 zusammengestellt.

Meißner

Literatur: DIN 18 125. Bl. 1/2: Bestimmung der Dichte des Bodens. Labormethoden und Feldmethoden. – DIN 18 127: Proctorversuch. – DIN 18 134: Plattendruckversuch. – DIN 18 196: Erdbau. – ZTVE-StB 94: Zusätzliche Technische Vorschriften und Richtlinien für Erdarbeiten im Straßenbau. Der Bundesminister f. Verkehr, Abt. Straßenbau. – ZTVV-StB 81: Zusätzliche Technische Vorschriften und Richtlinien für die Ausführung von Bodenverfestigungen und Bodenverbesserungen im Straßenbau. – DIN 18 300: Erdarbeiten. – *Volquardts, H.:* Erdbau. 5. Aufl. Stuttgart 1963.

Erdbaugerät. E. sind Maschinen, die zur Bewegung von Bodenmassen, wie beispielsweise zur Schaffung von Dämmen und → Einschnitten, zum Bau von Verkehrswegen (z. B. Schienenwege, Autobahnen, Wasserstraßen, Flugplätze usw.) oder auch zum Aushub von → Baugruben und zur Gründung von Ingenieurbauwerken dienen. Die hinsichtlich ihrer Konstruktion und Arbeitsweise unterschiedlichsten Geräte dienen zum Gewinnen (Lösen und Laden), Transportieren, Einbauen (Verteilen und Planieren) und Verdichten von Bodenmassen. Dabei führen manche Geräte nur einen, andere mehrere Teilvorgänge aus.

Unter den reinen Gewinnungsgeräten verfügen → Bagger über die größten Lösekräfte. Sie sind als → Hydraulik-, → Seil- oder → Teleskopbagger stationär und diskontinuierlich arbeitende Maschinen. Dagegen arbeiten die vorwiegend im Tage-, Damm-, Kanal- und Hafenbau eingesetzten Schaufelrad- und Eimerkettenbagger kontinuierlich. → Lader arbeiten mobil und sind entweder mit Ketten- oder Reifenfahrwerk ausgerüstet (→ Rad-, → Raupenlader). Außer dem Lösen und Laden sind sie in der Lage, das Material auch über kurze Strecken zu transportieren. Als reine → Transportfahrzeuge sind auf der Erdbaustelle vor allem → Muldenkipper (→ Hinterkipper) von Bedeutung. → Bodenentleerer (Bodenschütter) können das Material während der Fahrt durch Bodenklappen entladen und verteilen.

→ Flachbagger sind als einzige E. in der Lage, den Boden zu lösen, zu laden, zu transportieren und auch einzubauen. In erster Linie gaben Scraper und Motorscraper (→ Anhängeschürfwagen, → Motorschürfwagen) dem gleislosen → Erdbau in seiner Entwicklung starke Impulse.

Mit zwischen einem Kettenfahrwerk montierten Schürfkübel und Brustschild ist die Schürfkübelraupe (→ Schürfraupe) auf der Mittelstrecke eine geländegängige Alternative zu den Scrapern und kann zusätzlich Planierarbeiten verrichten. Planiergeräte, wie → Reifendozer, → Planierraupe oder → Grader, kommen für das Herstellen eines → Planums (Feinplanums) oder einer Böschung zum Einsatz. Im gleislosen Erdbaubetrieb gewann ihr Einsatz zur Instandhaltung der Förderwege große Bedeutung. Auf Kurzstrecken bis 50 m befördern sie den Boden, indem sie ihn mit ihrem Schild schieben. Zur Verdichtung des eingebauten Materials werden außer rein statisch funktionierenden Geräten Maschinen eingesetzt, die dynamisch arbeiten und große Tiefenwirkungen erreichen (→ Vibrationswalzen, → Plattenrüttler). Unter den Anbaugeräten haben sich vor allem → Aufreißer in Verbindung mit Planierraupen, die über hohe Zugkräfte verfügen müssen, beim Reißen von Fels ein Arbeitsfeld erschlossen. → Pflugbagger und → Trommelbagger sind Spezialgeräte, die i. a. nur außerhalb Europas zum Einsatz kommen. Beide Geräte haben keinen eigenen Antrieb, sondern werden von einer Raupe oder mehreren Raupen gezogen.

Je nach der Art der Baustelle, dem Umfang und der Verteilung der zu bewegenden Massen, der Transportentfernung und des Zeitfaktors überschneiden sich die Einsatzbereiche der verschiedenen E. und stehen so in ständiger „Konkurrenz" (Tabelle). Die Entscheidung z. B., ob Bagger oder Lader, → Bagger-Lkw-Betrieb oder Flachbaggereinsatz zum Zuge kommen, muß immer auf der Grundlage der Wirtschaftlichkeitsbetrachtung für den speziellen Einzelfall getroffen werden. Lösefestigkeit des Bodens und die klimatischen Verhältnisse sind dabei ebenso von Bedeutung wie die Transportdistanz.

Die Fahrbewegungen der einzelnen E. lassen sich auf die drei Grundtypen
☐ Pendelverkehr, z. B. Schürfraupe,
☐ Kreisverkehr, z. B. Motorscraper,
☐ Wendeverkehr, z. B. Lkw,
zurückführen; dabei steigt die Fahrzeit vom ersteren zum letzteren wegen der Wendemanöver an. Einige E. werden in sonst ähnlicher Ausführung mit Ketten- oder Reifenfahrwerken, je nach Einsatzbestimmung, gebaut. Raupenfahrzeuge haben größere Kraftschlußbeiwerte als luftbereifte Fahrzeuge. Dadurch lassen sich große Zug- und Schubkräfte und größere Aufstandsflächen erreichen, die eine kleinere Bodenpressung unter dem Fahrwerk bewirken, was bei Böden mit geringer Tragfähigkeit vorteilhaft ist. Luftbereifte Fahrzeuge können dagegen mit relativ hoher Geschwindigkeit gefahren werden, haben höhere Bodendrücke und verursachen geringere → Reparaturkosten.

Nach dem Übergang von der mechanischen zur hydraulischen Kraftübertragung tendieren die heutigen Bauweisen zur automatischen Steuerung (Ladevorgang, elektronische Überwachung der Maschine und Energieeinsparung). Die Motordrehzahl des Dieselmotors läßt sich durch eine Anpassungsautomatik herunterregeln, sobald keine Antriebsleistung benötigt wird. Durch Stickstoffspeicher im Kreislauf der Hydraulikhubzylinder kann z. B. kinetische Energie der Absenkbewegung durch Kompression aufgefangen und beim Hubvorgang wieder aktiviert werden. Rechnergestützte Steuerungssysteme, z. B. Computer Aided Loading (CAL), können wiederkehrende Arbeitsbewegungen übernehmen und sie beschleunigen und dadurch den Fahrer entlasten. Automatische Schaufelbewegungen findet man auch z. B. bei Radladern, bei denen man Hubhöhe und Einstellwinkel den Schaufeln vorgeben kann. Elektronische Datenerfassungssysteme, die über Displayanzeigen abgerufen werden können, sollen den Serviceaufwand reduzieren. Ebenso tragen zentrale Schmiersysteme, abgedichtete Ladegestänge und abgedichtete Ketten bei Raupenfahrzeugen zur Verminderung der Wartung bei. Für Verdichtungswalzen gibt es kontinuierlich messende elektronische Geräte, die die erreichte Verdichtung ständig überwachen und in der Fahrerkabine anzeigen. *Kühn*

Erddruck. Einwirkung des Bodens auf die Rückseite einer Stützkonstruktion, wie z. B. einer Baugruben- oder Kellerwand oder einer → Stützmauer. Der E. ergibt sich durch Integration der E.-Verteilung über die Wandfläche. Die Größe des E. hängt von den Wandbewegungen ab (Bild 1). Bewegt sich die Wand nicht, so wirkt der Erdruhedruck E_0. Bei einer Wandbewegung vom Erdkörper weg oder auf ihn zu entstehen nach hinreichend großen Verschiebungen Grenzzustände im Boden, die aktiv oder passiv heißen. In Gleitflächen (→ Gleitlinie) ist dann die → Scherfestigkeit des Bodens

Einsatzbereiche	leichter Boden	mittelschwerer Boden	bindiger mittelschwerer Boden	schwerer Boden	leichter Fels	schwerer Fels
Grader	■	■				
Planierraupe	■	■	■			
Schaufellader	■	■				
Schürfkübelraupe	■	■	■	■		
Schürfkübelanhänger	■	■	■	■		
Motorschürfwagen	■	■	■			
Greifbagger	■	■	■			
Eimerkettenbagger	■	■	■	■		
Hoch- und Tieflöffelbagger	■	■	■	■	■	■

Erdbaugerät. Tabelle: Bodenspezifische Einsatzbereiche von E.

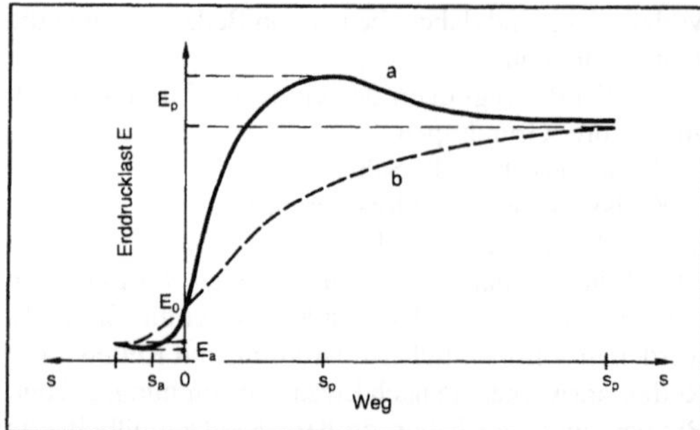

Erddruck 1: E. und Wandbewegung.

a dichte Lagerung, b lockere Lagerung, $s_a \gtrsim 1‰ \cdot h$ (h Wandhöhe), $s_p \gtrsim 50‰ \cdot h$

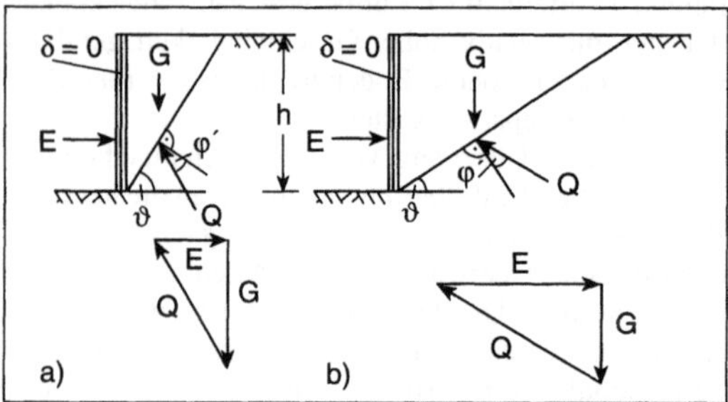

Erddruck 2: Gleitkörper und Kraftecke zur Ermittlung des
a) E. E_a,
b) Erdwiderstandes E_p.

erreicht. Der kleinste E. bei einer Wandbewegung vom Boden weg heißt aktiver E. oder einfach E. E_a. Der größte E. im passiven Zustand (Bewegung zum Boden hin) heißt Erdwiderstand E_p. Die E.-Verteilung hängt von den Formen der Wandbewegung (Fußpunkt-, Parallel- oder Kopfpunktbewegung) ab. Im passiven/aktiven Zustand werden die Ordinaten der Verteilungen mit e_a/e_p bezeichnet. Hydrostatische Verteilungen ergeben sich im aktiven Zustand bei einer Fußpunktdrehung, im passiven Zustand bei einer Parallelverschiebung der Wand.

E. lassen sich nach einem von *Coulomb* 1773 formulierten Extremalprinzip ermitteln. Sowohl im aktiven wie auch im passiven Zustand werden Gleitebenen angenommen, auf denen der Gleitkörper abrutscht oder hochgeschoben wird (Bild 2). Die Wand ist lotrecht, die Geländeoberfläche horizontal und der Wandreibungswinkel $\delta = 0$. Die Variation nach den Neigungen ϑ der Gleitebenen ergibt im aktiven Zustand als Maximum den E.:

$$E_a = \frac{\gamma \cdot h^2}{2} \cdot K_a - 2 \cdot h \cdot c' \cdot \sqrt{K_a} \, ,$$

$$K_a = \tan^2 (45° - \varphi'/2);$$

und im passiven Zustand als Minimum den Erdwiderstand:

$$E_p = \frac{\gamma \cdot h^2}{2} \cdot K_p + 2 \cdot h \cdot c' \cdot \sqrt{K_p} \, ;$$

$$K_p = \tan^2 (45° + \varphi'/2);$$

Die Werte für ϑ im aktiven oder passiven Zustand betragen:

$$\vartheta_a = 45° + \varphi'/2$$

$$\vartheta_p = 45° - \varphi'/2$$

Für den allgemeinen Fall geneigter Wandrückflächen und/oder Geländeoberflächen sowie für beliebige Wandreibungswinkel δ können die Beiwerte K_a und K_p nach einer Beziehung von *Müller-Breslau* (1906) ermittelt oder Tabellen entnommen werden.

Die Größe des Erdwiderstandes hängt bei der *Coulomb*schen Theorie in hohem Maße von der Größe des Wandreibungswinkels δ ab. Für große δ-Werte ist der kritische → Bruchmechanismus eine gekrümmte Gleitfläche oder ein zusammengesetzter Bruchmechanismus, die beide geringere K_p-Werte als nach *Coulomb* ergeben.

Für den Erdruhedruck gilt:

$$E_0 = \frac{\gamma \cdot h^2}{2} \cdot K_0 ,$$

wobei K_0 Erdruhedruckbeiwert heißt.

Für den Fall einer unter β geneigten Geländeoberfläche und eines Wandreibungswinkels $\delta = \beta$ beträgt der Ruhedruckbeiwert:

$$K_0 = (1 - \sin \varphi') \cdot (1 - \frac{\beta}{\varphi'}) + \frac{\beta}{\varphi'} \cdot \cos \varphi'.$$

E.-Verteilungen und E. werden durch Auflasten hinter der Wand, Strömungskräfte, Konsolidierungszustände sowie Wasserstände beeinflußt. In komplizierten Fällen bieten sich graphische Lösungsverfahren an. Ein Schichtwechsel hat i. d. R. einen Sprung, ein Wasserspiegel einen Knick in der Erddruckverteilung zur Folge. Ansätze zur Ermittlung der räumlichen E. sind in DIN 4085 enthalten.

Unter dem Einfluß von → Erschütterungen durch Erdbeben werden Stützbauwerke durch horizontale Beschleunigungskomponenten b_h zusätzlich belastet. Hierbei wirkt die Beschleunigung sowohl auf die Masse des Bauwerks als auch auf die Masse des den E. erzeugenden Gleitkörpers. Für Hinterfüllungen mit $\varphi' \approx 35°$ kann die dynamische Komponente des E. $E_{a,dyn}$ bei Erdbeben nach DIN 4085, Bbl. 1 zu

$$E_{a, dyn} = 0,5 \cdot \gamma \cdot h^2 \cdot 0,75 \cdot \frac{b_h}{g}$$

angesetzt werden. Der Angriffspunkt liegt bei 0,4 h unter der Oberkante der Hinterfüllung. Der Wert für b_h hängt von der jeweiligen Erdbebenzone ab (DIN 4149). *Meißner/Becker*

Erdfall. An der Geländeoberfläche morphologisch erkennbarer → Einbruch eines Hohlraumes. *Meißner*

Erdfigur. Die Figur der Erde kann in zweifacher Weise aufgefaßt werden: als physische oder als mathematische Erdoberfläche. Die physische Erdoberfläche ist die Begrenzung der festen Erde gegenüber dem umgebenden Luftraum oder dem Wasser der Ozeane. Die mathematische E. ist die ruhend gedachte Oberfläche der Ozeane, die man sich unter den Kontinenten fortgesetzt denkt, das → Geoid (Bild). Die Bestimmung der E. ist Aufgabe der → Geodäsie. Dabei kann die physische Erdoberfläche wegen ihrer Unregelmäßigkeit nur punktweise beschrieben werden. Dies geschieht durch Angabe von Koordinaten einzelner Punkte (→ Festpunktfeld) und durch topographische Karten. Das Geoid hat als Niveaufläche des Schwerefeldes der Erde zwar einen sehr viel ruhigeren Verlauf als die physische Erdoberfläche, läßt sich aber ebenfalls nicht in geschlossener mathematischer Form beschreiben. Deshalb wird ein Rotationsellipsoid als mittleres Erdellipsoid (Ellipsoid, → Referenzellipsoid) bestimmt, das sich dem Geoid optimal anpaßt. Die Abweichungen (Höhendifferenzen) des Geoids von einem solchen Ellipsoid sind kleiner als 100 m. Als Folge von Massenverlagerungen an der Erdoberfläche und im Erdinnern unterliegt die E. säkularen, periodischen und einmaligen Veränderungen, die durch geodätische Meß- und Analyseverfahren bestimmt werden können. *Pelzer*

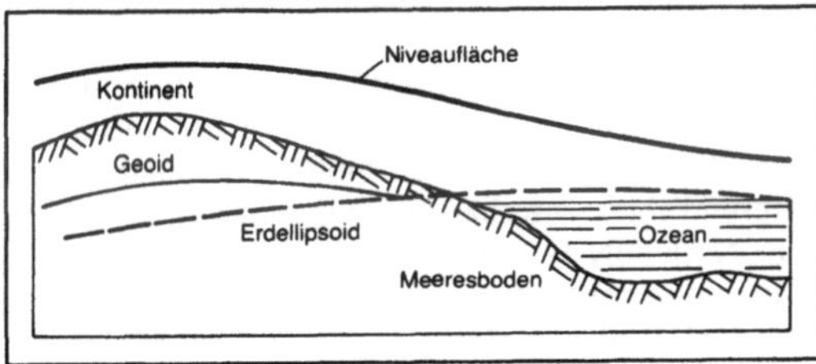

Erdfigur: E. mit geodätischen Bezugsflächen.

Ereignis, hydrologisches.

Häufigkeit. Aussage, wie oft der gleiche Wert oder die gleiche Wertegruppe zwischen zwei festgelegten Grenzwerten in einer hydrologischen Datenreihe, z.B. des → Niederschlags, Wasserstandes oder Abflusses, vorkommt. Sie wird in Form der Besetzungszahl (Anzahl der Werte), der relativen Häufigkeit (Verhältnis der Besetzungszahl zur Gesamtzahl der Einzelwerte) oder der Summenhäufigkeit (Dauerzahl der Über- oder Unterschreitung) angegeben. Die Häufigkeit des Auftretens h. E. ist für viele wasserwirtschaftliche Aufgaben bedeutungsvoll (→ Hydrologie, Ingenieurhydrologie). Für Häufigkeitsuntersuchungen von Starkregen- und Hochwasserereignissen sind vor allem die größeren Werte der Meßreihen wesentlich. Bei der Jahresserie wird je Jahr lediglich der höchste Wert verwendet. Die partielle Serie erfaßt alle Werte über einem bestimmten Schwellenwert. *Lecher*

Wahrscheinlichkeit. Zusammenhang zwischen Hochwasserscheitelabflüssen an einer Gewässerstelle u.a. und deren Auftretenswahrscheinlichkeit bzw. deren Wiederholungszeitspannen T (zeitlicher Abstand, in dem ein bestimmter → Abfluß usw. im Durchschnitt einmal erreicht oder über- bzw. unterschritten wird). T entspricht der Jährlichkeit eines Ereignisses, z.B. HQ_{100} 100jährlicher Hochwasserabfluß. Die Hochwasserwahrscheinlichkeit ist in der wasserbaulichen Praxis i.a. die Grundlage für die Wahl des Bemessungsabflusses. Als Ausgangsdaten dienen zumeist die jährlich höchsten Abflüsse (Jahresserie). Die Verwendung der partiellen Serie ist zweckmäßig, wenn lediglich eine sehr kurze Beobachtungsreihe zur Verfügung steht. Gibt es nicht ausreichend Meßdaten, können Hochwasserabflüsse auch über → Niederschlag-Abfluß-Beziehungen auf der Basis von Niederschlägen bestimmter Jährlichkeit ermittelt werden. Niedrigwasserwahrscheinlichkeiten sind für Gewässergütefragen, für die Schiffahrt u.a. bedeutungsvoll. *Lecher*

Literatur: Deutscher Verband für Wasserwirtschaft und Kulturbau (DVWK): Empfehlung zur Berechnung der Hochwasserwahrscheinlichkeit. DVWK-Regeln zur Wasserwirtschaft, H. 101, 2. Aufl. (1979).

Ergiebigkeitsziffer. Die E. nach *J. Stini* gibt die Zuflußmenge in l/s für 100 m Stollenlänge an. Die E. betragen in sandig-tonigen Gesteinsfolgen meist zwischen 0,5 und 1,0 l/(s · 100 m), in Gegenwart von Karbonatsteinen bis 200 l/(s · 100 m). Die E. ist ein Maß für die → Durchlässigkeit von → Festgesteinen. *Mattheß*

Literatur: *Mattheß, G.*, u. *K. Ubell*: Allgemeine Hydrogeologie – Grundwasserhaushalt. Berlin, Stuttgart 1983.

Erhärten. Am Erstarrungsende (→ Erstarren) sind bereits etwa 15% des → Zementes hydratisiert. Das Erstarren geht in das E. über, indem die Hydratation von der Zementkornoberfläche ins Korninnere vordringt und die CSH-Phasen den wassergefüllten Zwischenraum zwischen den Zementkörnern überbrücken. Später wachsen weitere CSH-Phasen in die noch vorhandenen Poren hinein und verdichten das Grundgefüge. Dabei muß das Wasser, um an den unhydratisierten Kern zu kommen, durch immer dichter werdende Gelschichten dringen; dadurch verlangsamen sich die Hydratation und damit die Festigkeitsentwicklung mit der Zeit. Erst wenn bei ausreichendem Wasserangebot der Zement völlig hydratisiert ist, was einige Jahre dauern kann, ist die Endfestigkeit erreicht. Dies wird um so später geschehen, je dicker das Zementkorn, d.h. je geringer die → Mahlfeinheit ist. Im Alter von 28 Tagen ist einerseits bereits eine ausreichende Festigkeit vorhanden, andererseits bei manchen Zementen kein größerer Festigkeitszuwachs mehr zu erwarten. Deshalb gilt allgemein die Festigkeit im Alter von 28 Tagen als Kriterium für die Güte (Festigkeitsklasse) des Zements und → Betons. Als Kennzahl der Festigkeitsklasse gilt die Mindestdruckfestigkeit nach Wasserlagerung im Alter von 28 Tagen, ggf. mit einem nachgestellten Kennbuchstaben L (langsam), z. B. HOZ 45 L, oder F (frühfest), z. B. PZ 45 F, für die Anfangserhärtung. Ein langsam erhärtender Zement hat über 28 Tage hinaus eine große Nacherhärtung, ein frühfester Zement nimmt nach 28 Tagen kaum noch an Festigkeit zu. Feuchtigkeit und Temperatur, denen erhärtender → Zementleim oder Beton ausgesetzt ist, haben einen wesentlichen Einfluß auf Erhärtungsverlauf und Endfestigkeit. Maximale Festigkeiten lassen sich nur bei dauernder Feuchtlagerung erreichen. Wird das zur Hydratation notwendige Wasser entzogen, so hört die Erhärtung auf. Bei dauernder Luftlagerung wird eine Endfestigkeit erreicht, die weit unter der normalen Festigkeit nach 28 Tagen liegt. Als chemische Reaktion ist die Zementerhärtung von der Temperatur abhängig: Bei hoher Temperatur verläuft sie schneller und umgekehrt. *Wesche*

Erholungszeit. Nach → REFA die Zeitart, die für das Erholen des Menschen erforderlich ist, damit er seine Arbeit ohne körperliche oder geistige Schädigung auf die Dauer durchführen kann. Bei der Ermittlung von → Vorgabezeiten wird die notwendige E. als %-Zuschlag berücksichtigt. Die Höhe des %-Satzes hängt von der Beanspruchung ab, z. B. durch Muskelarbeit, Aufmerksamkeit, Konzentration, Umgebungseinflüsse. Im Gegensatz zur Arbeit in geschlossenen Räumen wirkt bei der Arbeit auf der Baustelle auch die Witterung (Kälte, Hitze, Niederschläge, Wind) auf den Menschen ein, so daß der Bedarf an E. nicht immer gleichbleibend ist. *Drees*

Ermüdung. Die E. ist der Sammelbegriff für die bei veränderlicher (schwingender) Belastung abnehmende Werkstoffestigkeit. Das Versagen des Werkstoffes bei wiederholten Spannungswechseln ist mit fortschreitender Rißbildung verbunden und wird mit E. bezeichnet. Die zum Bruch führende Spannung wird um so kleiner, je größer die Anzahl der Lastspiele ist. Von einer bestimmten Lastspielzahl ab stellt sich beim Laborversuch eine annähernd konstante → Beanspruchung ein, die → Dauerfestigkeit. Dieser Grenzwert ist für Baustahl auf eine Lastspielzahl von $2 \cdot 10^6$ bezogen. Der Bereich mit Lastspielzahlen $<2 \cdot 10^6$ wird mit Zeitfestigkeit (→ Wöhlerlinie) bezeichnet. Man spricht von → Betriebsfestigkeit, falls die betriebsbedingten Lastspielzahlen und Spannungsausschläge bezogen auf die Lebensdauer eines Bauwerkes berücksichtigt werden. Die wichtigsten Einflüsse, die zur Reduzierung der Werkstoffestigkeit führen, sind die
– Spannungsdifferenz $\Delta\sigma = \sigma_{oben} - \sigma_{unten}$
– (Schwingbreite),

– Anzahl der Lastspiele,
– Kerbwirkung.

Die → Kerben im Werkstück, die i. a. an der Oberfläche auftreten und bei statischer Belastung keine Spannungsabminderungen hervorrufen, führen bei dynamischer Lastwirkung zur Rißbildung und damit zur Querschnittreduzierung. Das fortschreitende Rißwachstum bei wiederholtem Spannungswechsel vermindert die Querschnittsfläche zunehmend, und es kommt schließlich zum plötzlichen Bruch im Restquerschnitt (Sprödbruch ohne Vorankündigung). Durch konstruktive Maßnahmen, z. B. stetige Übergänge bei Anschlüssen und Verstärkungen, Schleifen von Schweißnähten usw., kann die Bildung von Kerben und damit die Ermüdungsgefahr herabgesetzt werden. *Sedlacek/Scholz*

Erosion. Umordnung der Kornstruktur des Bodens und Ablösen sowie Abtransport von feinkörnigen Anteilen. Man unterscheidet: äußere E. (z. B. infolge Wind, Wasser), innere E. durch strömendes Wasser (Bildung von Erosionskanälen) sowie Kontakt-E. in z. B. Schichtflächen oder an Bauwerksflächen.

Wird durch strömendes Wasser zwar Feinkorn aus dem Boden ausgespült, die Struktur des Bodens aber nicht verändert, heißt der Vorgang → Suffosion.

Die E.- oder Suffosionsanfälligkeit von → Lockergesteinen ist u. a. abhängig von der Korngröße und Korngrößenverteilung (Ungleichförmigkeitszahl U), der → Lagerungsdichte sowie der Filterfestigkeit angrenzender Bodenarten. Stark erosionsgefährdet sind gleichförmige Bodenarten im Körnungsbereich 0,02–0,6 mm (Grobschluff bis Mittelsand). Suffosion tritt vor allem bei ungleichförmigen Erdstoffen mit Ausfallkörnung auf. Stärker bindige Bodenarten sind aufgrund ihrer → Kohäsion einigermaßen erosionssicher. Nach DIN 19 700 soll das hydraulische Gefälle im Untergrund bei Böden mit einer Ungleichförmigkeitszahl $U \leq 10$ nicht größer als 0,3 und bei Böden mit $U \geq 20$ nicht größer als 0,1 sein (→ Erosionsschutz). *Meißner/Becker*

Erosionsschutz. Unter E. versteht man:
☐ Schutz des Bodens vor Oberflächenabtrag durch fließendes Wasser, Wind oder Schnee und Eis,
☐ Maßnahmen gegen Massenbewegungen, z. B. Rutschungen sowie
☐ Maßnahmen gegen Umlagerung und Transport innerhalb von Erdstoffkörpern.

Der Schutz vor Oberflächenerosion wird gefördert durch:
– Bodenbewirtschaftung, vor allem land- und forstwirtschaftliche Maßnahmen, wie z. B. Nutzungsänderung: Aufforstung, Umwandlung von Acker in Dauergrünland, Anbau bodendeckender Pflanzen, Bewirtschaftung entlang der Höhenlinien (Bild), Mulchen;
– Technische Maßnahmen (→ Ingenieurbiologie), wie z. B. Anlegen von Konturwällen, Terrassierung, Siche-

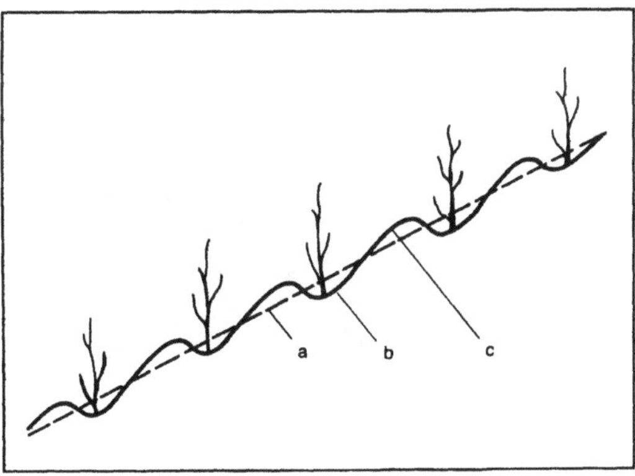

Erosionsschutz: Rillenpflanzung.

a Hangoberfläche, b Rille (Pflugriefe), c talseitig aufgeworfener Aushub

rung der Abflußrinnen und -gerinne entsprechend den Grundsätzen der → Wildbachverbauung und der → Gewässerregelung, → Küstenschutz, Windschutzanlagen.

Die technische Sicherung schafft vielfach erst die Voraussetzung für den nachfolgenden biologischen E. durch Begrünung und Aufforstung (→ Hangsicherung). *Lecher*

Ersatzstabverfahren. Dies gestattet den Knicknachweis (→ Knicken) für Einzelstäbe mit unterschiedlichen Lagerungsbedingungen und/oder veränderlichen Querschnitten oder für in ein größeres Tragsystem eingebundene Stäbe. Über die iterative Ermittlung einer ideellen Knicklänge s_{ki} für den → Stab wird der Nachweis auf einen Standardfall zurückgeführt; als Standardfall wählt man den Eulerstab II. Mit dem E. wird die Notwendigkeit umgangen, für einen beliebigen Stab eine Traglastberechnung durchführen zu müssen (→ Stabilitätstheorie). Dieses Verfahren ist auch unter der Bezeichnung *Vianello*-Verfahren bekannt.
Laermann

Erschließungsnetz (Stadtstruktur). Grundsätzlich ist zwischen äußerer Erschließung, die indirekt außerhalb des Plangebietes dessen Erreichbarkeit und Versorgung sicherstellt und innerer Erschließung im Gebiet selbst zu unterscheiden. Zur Erschließung gehören:

☐ Straßen, Wege, Grünanlagen, Parkplätze,

☐ → Wasserversorgung (auch Hydranten) und Abwasserbeseitigung,

☐ Zufahrten für Feuerwehr, Krankenwagen, Möbelwagen, Müllfahrzeuge und Ölanlieferungen,

☐ Leitungen für Strom, Gas, Telefon usw.,

☐ evtl. auch *Gleisanschlüsse.*

Zuständig für die Erschließung sind die Gemeinde und die für das Gebiet tätigen Verkehrs- und Versor-

gungsträger. Die Gemeinde kann ihre Aufgaben einem Erschließungsträger übergeben. Die Kosten der Erschließung werden zwischen Gemeinde und Grundstückseigentümer (Anliegerbeitrag) geteilt. Die innere Erschließung eines Baugebietes ist teuer. Nicht zuletzt deshalb geht es darum, die Erschließungsplanung in die städtebauliche Gesamtplanung zu integrieren, um Grundstücksflächen und Kosten zu sparen. Die Verkehrserschließung steht in engem Zusammenhang mit den → Wohngebietsstrukturen und der → Wohnqualität. Es bestehen grundsätzlich zwei Prinzipien: So kann das Straßennetz als periphere Erschließung angelegt sein, bei der der Durchgangsverkehr im Wohngebiet vermieden wird, oder es wird mit einer Zentralerschließung (Mittelerschließung) dafür Sorge getragen, daß insbes. der öffentliche Verkehr kurze und direkte Wege zum Zentrum hat (Bild, S. 228). Genauso wichtig wie das Straßensystem ist die Ausbildung eines Fuß- oder Radwegenetzes mit möglichst kurzen, direkten und gefahrlosen Verbindungen für Fußgänger und Radfahrer.

Es gibt z. B. bei neuen Städten in England und Holland konsequente Trennung der Verkehrsarten, so daß der ÖPNV auf eigenem Bahnkörper die Mitte des Quartiers (Environment) erreicht (z. T. unterirdisch), der Individualverkehr auf eine Periphererschließung mit nach innen führenden Schlaufen oder Stichstraßen verwiesen wird und für Fußgänger und Radfahrer kreuzungsfreie Wege vorgesehen sind. Ein frühes Beispiel für getrennte Wohngebietserschließung ist das nach einer Planung 1928 in New Jersey benannte Radburnsystem (Bild). Für Neubaugebiete entwickelte Prinzipien werden inzwischen auch bei der Umstrukturierung bestehender Gebiete angewandt (→ Verkehrsberuhigung). *Spengelin*

Erschließungsplan → Erschließungsnetz

Erschütterungen. Mit E. werden alle Schwingungsarten der beim Betrieb technischer ortsfester oder mobiler Anlagen oder bei der Anwendung technischer Verfahren (z. B. Sprengungen), aber auch durch natürliche Vorgänge (z. B. Erdbeben) verursachten unerwünschten mechanischen → Schwingungen von festen Körpern bezeichnet, die in der Umgebung der Erschütterungsquelle, auf dem Ausbreitungsweg und beim Einwirken in baulichen Anlagen auftreten; sie haben potentiell schädigende oder belästigende Wirkung. Die Begriffe E. und Schwingungen werden auch synonym verwendet. – Im Umweltschutz interessieren E. häufig nur mit Frequenzen von etwa 1 Hz bis 80 Hz, in seltenen Fällen die bis zu etwa 300 Hz.

Bei der Einwirkung von E. auf Sachgüter, z. B. auf Bauwerke sowie auf erschütterungsempfindliche Anlagen und Geräte, können diese Schäden oder Nachteile bewirken. Bei der Einwirkung von E. auf Menschen in Gebäuden steht insbesondere die belästigende Wirkung in Betracht.

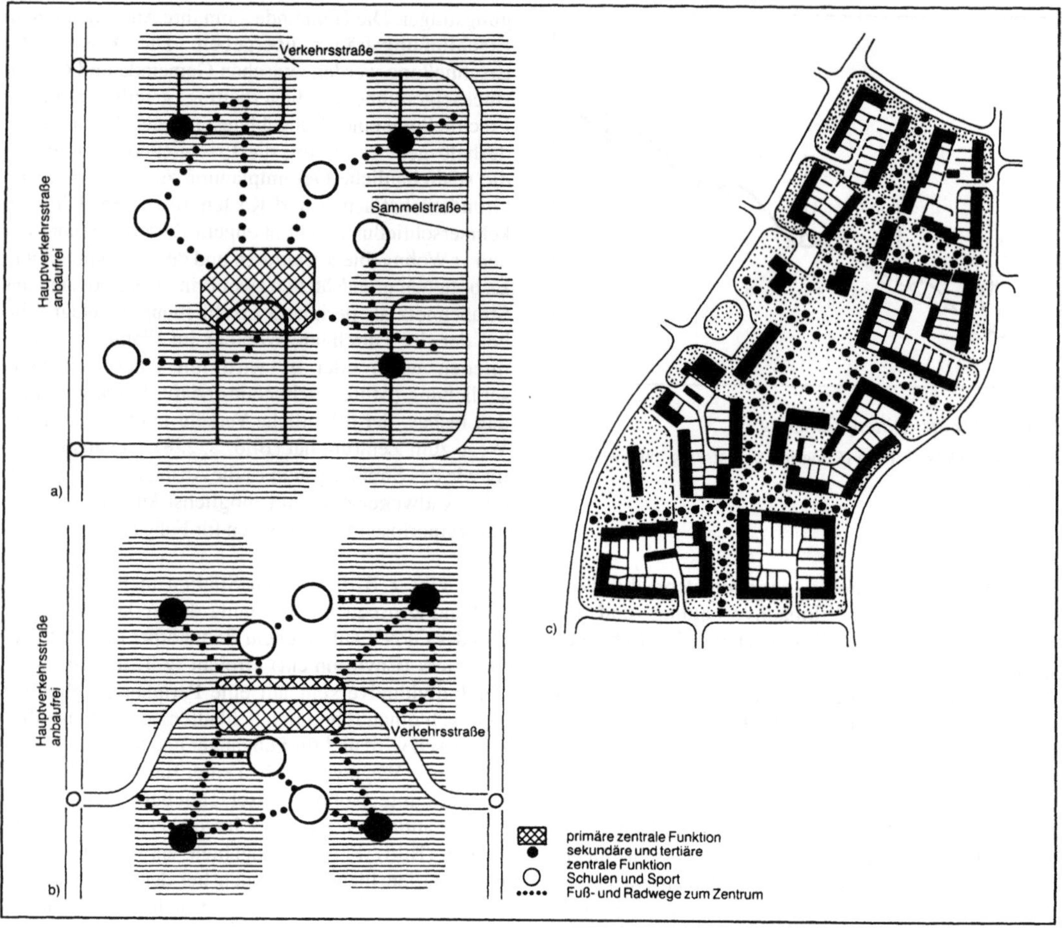

Erschließungsnetz: Prinzipien für das Anlegen des Straßennetzes.
a) Periphere Erschließung.
b) Zentralerschließung.
c) Radburnsystem.

E. können klassifiziert werden in determinierte und nichtdeterminierte, d. h. zufallsbedingte mechanische Schwingungen. In bezug auf die Einwirkungsdauer wird unterschieden zwischen stationären, d. h. zeitlich länger andauernd auftretenden E. und solchen, die zeitlich vorübergehend (transient) einmalig oder wiederholt mit mehr oder weniger großen Pausen zwischen den einzelnen Ereignissen auftreten.

E. werden z. B. beim Betrieb von Schmiedehämmern, Fallwerken, Rammen und Rüttlern auf → Baustellen, Pressen, Webmaschinen, Sägegattern, Zentrifugen, Kompressoren, beim Betrieb von Verkehrsfahrzeugen oder bei Sprengungen verursacht. E. gehören nach dem Bundesimmissionsschutzgesetz (BImSchG) zu den zu beachtenden Emissionen und → Immissionen.

Bei der Untersuchung von Erschütterungsproblemen hat sich die im Bild dargestellte Unterteilung des Systems in die drei Bereiche Emission, Transmission und Immission bewährt.

Die Erschütterungsemission wird gekennzeichnet durch die für die betrachteten Wirkungen wesentlichen physikalischen Größen, die von einer Erschütterungsquelle ausgehen und an die Umgebung, z. B. an den Erdboden, abgegeben werden.

Der Begriff Erschütterungsimmission bezeichnet den Übertritt von Schwingungsenergie bzw. der für die betrachteten Wirkungen verwendeten physikalischen Größen aus einer Umgebung, z. B. dem Erdboden oder einem Bauwerk, zu einem Empfänger, d. h. zu einem Objekt, auf das die E. einwirken. Das sind meistens Gebäude oder Bauteile, aber auch Menschen, die sich in Gebäuden aufhalten.

Der Begriff Transmission bezeichnet die Ausbreitung von E., die in einem Ausbreitungsmedium durch

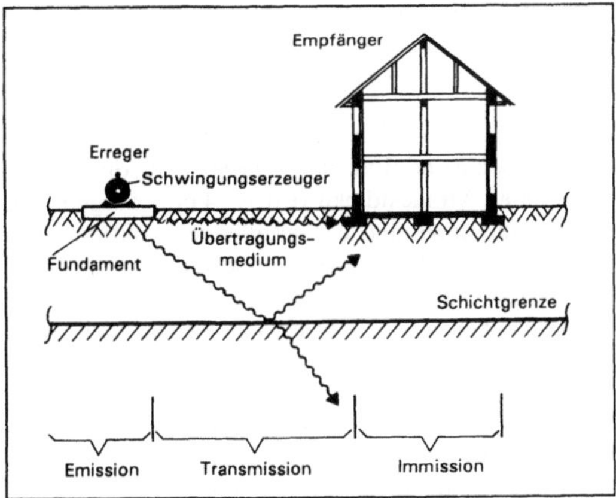

Erschütterungen: System zur Untersuchung von E. Es werden drei Bereiche unterschieden: Emission, Transmission und Immission.

Änderung der Spannungs- und Verformungszustände in Form von Wellen zwischen der Erschütterungsquelle und dem Immissionsort stattfindet. Ausbreitungsmedien sind meistens der Boden und bauliche Anlagen. Die rechnerische Ermittlung der Ausbreitungsvorgänge ist sehr komplex.

Messungen der Erschütterungsimmissionen werden überwiegend in Gebäuden durchgeführt. Bei Messungen auf dem Erdboden, die dann notwendig sind, wenn die Erschütterungswirkungen auf geplante, noch nicht vorhandene Bauwerke abgeschätzt werden sollen, ergeben sich Unsicherheiten durch die Übertragungsbedingungen, d. h. durch die Boden-Bauwerks-Wechselbeziehungen.

Beim Betrieb von technischen Anlagen an Aufstellungsorten, die mit betroffenen Bauwerken über feste Körper, z. B. über den Erdboden oder über Bauteile, verbunden sind, können durch Körperschall sog. Sekundärgeräusche auftreten. Dabei wird durch die Bauteile, die durch die E. dynamisch erregt werden, die angrenzende Luft in Räumen zu hörbarem Schall angeregt.

Im Regelwerk DIN 4150 „Erschütterungen im Bauwesen", T. 2 „Einwirkungen auf Menschen in Gebäuden" (Ausg. Dez. 1992) werden Angaben zur Beurteilung von E. gemacht mit dem Zweck, erhebliche Belästigungen von Menschen in Wohnungen und vergleichbaren Räumen zu vermeiden. – Das Regelwerk DIN 4150, T. 3 „Einwirkungen auf bauliche Anlagen" (Ausg. Mai 1986) enthält Angaben zur Beurteilung von E. mit dem Ziel, Schäden an baulichen Anlagen im Sinne einer Verminderung des Gebrauchswertes zu vermeiden.

Zu den Maßnahmen zur Minderung von E. gehören die Entwicklung von erschütterungsarmen Verfahren und Technologien sowie Isoliermaßnahmen an der Erschütterungsquelle und am betroffenen Objekt.

Im Umweltschutz sind E. meist nur bis zu einigen hundert Metern von der Erschütterungsquelle von Bedeutung. Auftretende und als nicht zumutbar eingestufte E. lassen sich nachträglich oft nur mit großem Aufwand mindern. E. sollten deshalb bereits bei der Planung von technischen Anlagen, von Baugebieten und von Verkehrsanlagen beachtet werden.

Splittgerber

Literatur: *Splittgerber, H.*: Erschütterungsemissionen und -immissionen. In *Haupt, W.* (Hrsg.): Bodendynamik. Braunschweig 1986. – *Steinwachs, M.* (Hrsg.): Ausbreitung von Erschütterungen im Boden und Bauwerk. 3. Jtg. DGEB, Trans Tech Publications, Clausthal, 1988.

Erstarren. Wenn an Stelle von Portlandzement (PZ) nur feingemahlener PZ-Klinker (→ Zement) mit Wasser gemischt wird, reagiert das beim Brennen des Klinkers gebildete Tricalciumaluminat (C_3A) sehr schnell mit dem Wasser und bewirkt dadurch eine unerwünschte zu frühe Verfestigung des Gemisches. Um daher → Beton in ausreichender Zeit sachgemäß herstellen, transportieren und verarbeiten zu können, muß dem Klinker Calciumsulfat in Form von Gips oder Anhydrit zugesetzt werden. Das Sulfat bildet mit den Aluminaten des Klinkers sofort das Trisulfat Ettringit ($3\,CaO \cdot Al_2O_3 \cdot 3\,CaSO_4 \cdot 32\,H_2O$), das praktisch keine Festigkeit hat und daher die Verarbeitung des → Frischbetons gewährleistet. Der PZ beginnt sofort nach der Zugabe des Anmachwassers zu hydratisieren, d. h. er bindet chemisch Wasser. Zunächst werden Calciumhydroxid $Ca(OH)_2$, das ebenfalls keine Festigkeit aufweist, und nach einer Stunde bis mehreren Stunden Calciumsilicathydrate, die sog. CSH-Phasen, gebildet, die für die Festigkeitsentwicklung des PZ maßgebend sind. Die sehr feinen CSH-Kristalle verwachsen miteinander, bilden ein Netzwerk und zusammen mit dem Wasser ein Gel mit einer spezifischen Oberfläche, die etwa 1 000mal so groß ist wie die Oberfläche des Zementes vor der Hydratation. Dadurch werden außer den chemischen Bindungen sehr große Massenanziehungskräfte (Van-der-Waals-Kräfte), die die Festigkeit hervorrufen, innerhalb des Gels wirksam. Mit der Bildung der CSH-Phasen tritt eine merkliche Verfestigung auf, die man den Erstarrungsbeginn nennt. Er wird durch größeren Wasserzusatz und ebenso durch niedrigere Temperatur verzögert, da bei höherem Wassergehalt die reagierenden Zementkörner durch dickere Wasserschichten getrennt sind und chemische Reaktionen bei niedrigeren Temperaturen i. a. langsamer ablaufen. Nach DIN 1164 darf der Erstarrungsbeginn frühestens nach 1 h und muß das Erstarrungsende spätestens nach 12 h eintreten.

Wesche

Erwärmungsvorgang. Als E. im brandschutztechnischen Sinne versteht man die allmähliche Erwärmung eines → Bauteils unter einem Brandangriff. Je nach der Art des Baustoffs ergeben sich erhebliche Unterschiede: Stahl ist sehr gut wärmeleitend und zeigt auch bei massigen Querschnitten nach vergleichsweise kurzer Zeit eine nahezu gleichmäßige Durchwärmung. Da die Festigkeitseigenschaften von Stahl mit zunehmender Erwärmung sehr rasch abfallen, versagen ungeschützte Stahlkonstruktionen in der Regel nach etwa 15 min Normbrandbeanspruchung. Demgegenüber erweisen sich Stahlbetonbauteile von Natur aus als wesentlich widerstandsfähiger gegenüber einem Brandangriff, weil → Beton sehr viel weniger wärmeleitend als Stahl ist. Hinzu kommt, daß das im Beton enthaltene Wasser beim Überschreiten einer Temperatur von etwa 100 °C verdampft und hierdurch eine bestimmte Verzögerung des E. eintritt. Bei biegebeanspruchten, statisch bestimmt gelagerten Stahlbetonbauteilen spielt die Erwärmung der Bewehrungseinlagen im Brandfalle eine entscheidende Rolle. Die nach DIN 1045 vorgeschriebene Mindestbetonüberdeckung verleiht biegebeanspruchten Stahlbetonkonstruktionen üblicher Bauweise i. a. bereits eine → Feuerwiderstandsdauer von 60 min. Bei Holzbauteilen ergibt die Verkohlung der Außenzonen einen bestimmten Schutz des Kernbereichs der Querschnitte, so daß auch Holzbauteile im Brandfalle nennenswerte Feuerwiderstandsdauern erreichen können. *Kordina*

Literatur: *Kordina* u. *Meyer-Ottens*: Beton-Brandschutz-Handbuch. Düsseldorf 1981. – *Kordina* u. *Meyer-Ottens*: Holz-Brandschutz-Handbuch. Berlin 1994.

Erweiterungstunnelbohrmaschine. E. (ETBM) sind im Durchmesser abgestufte Tunnelbohrmaschinen, mit denen in mehreren Schritten große Querschnitte bei geringer installierter Leistung aufgefahren werden. Antriebsaggregate und Verspannung der Bohreinheiten, die man zusammen oder getrennt betreiben kann, sind dabei im schon aufgefahrenen rohen Tunnelstück fixiert und leiten dadurch keine Reaktionskräfte in den fertig ausgebauten Tunnelbereich ein. Der vorauseilende Pilotstollen liefert Informationen über die anstehenden Gebirgsverhältnisse und ist meist mit Belüftungseinrichtungen versehen.

Kühn

Estavelle. Öffnung in der Karstoberfläche, die bei hohen Grundwasserständen als → Quelle, bei niedrigen Wasserständen als → Schwinde wirkt. *Mattheß*

Estrich. Als E. werden Ausgleichsschichten zwischen z. B. Rohbeton und Bodenbelag bezeichnet, die in einer bestimmten Mindestdicke (i. d. R. 4 cm) aufgebracht werden und auch eine lastverteilende Funktion übernehmen. Verbund-E. werden direkt auf den Rohbeton aufgebracht und müssen mit diesem eine feste Verbindung eingehen. Dafür gibt es Mindestanforderungen, z. B. an die Haftzugfestigkeit. Schwimmende E. haben keine zugfeste Verbindung zur Unterkonstruktion, sie werden i. d. R. auf schall- oder wärmedämmenden Zwischenschichten aufgebracht. Baupraktische Verwendung finden Zement-E. (→ Bindemittel, → Zement) und Gips- bzw. Anhydrit-E. Letztere werden i. d. R. als selbstnivellierende → Fließestriche in fließfähiger Konsistenz verwendet. *Schießl*

Ethylen-Propylen-Terpolymer (auch EPDM). Die dritte Komponente des Terpolymerisates besteht aus unterschiedlichen Dienen; hierdurch ergibt sich eine große Typenvielfalt. Wegen seiner sehr guten Alterungsbeständigkeit wird EPDM für Dichtungsbahnen und -profile und für → Elastomerlager verwendet. (→ Polyolefine). *Sasse*

Evaporation → Verdunstung

Evapotranspiration. E. ist die Summe von Boden-, Interzeptions- und Pflanzenverdunstung (DIN 4049-3). Der Beitrag der Evaporation aus kleinen Wasserläufen, größeren und kleineren Wasserflächen und zeitweisen Pfützen ist in der Praxis nicht von der E. zu trennen (Gebietsverdunstung). *Mattheß*

Literatur: DIN 4049-3: Hydrologie. Begriffe zur quantitativen Hydrologie. Ausg. 1994. – *Mattheß, G.*, u. *K. Ubell*: Allgemeine Hydrogeologie – Grundwasserhaushalt. Berlin, Stuttgart 1983.

Eventualposition → Bedarfsposition

F

Fachauditor-Bau → Ausbildung im Qualitätsmanagement

Fachwerk.
□ Geschlossenes sichtbares, wandbildendes Tragskelett aus Holzstäben, die in historischen Bauten vorwiegend durch Drucknormalkräfte beansprucht und nach einer bestimmten Ordnung, z. B. sächsische, fränkische, alemannische, durch teilweise kunstvolle → Kontaktverbindungen verknüpft sind (Bild). In der Neuzeit wird das Tragskelett i. a. nach statischen Gesichtspunkten gegliedert. Durch die Verwendung besonderer

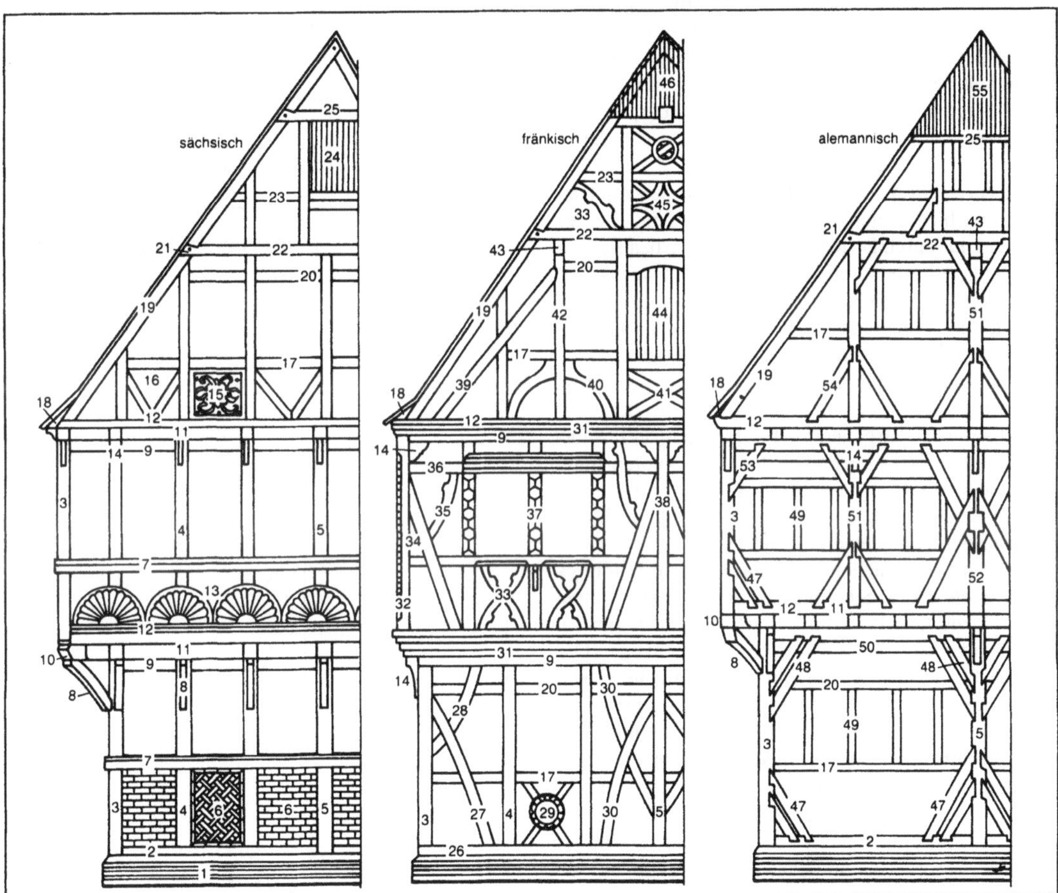

Fachwerk: Sächsische, fränkische und alemannische Fachwerkarten.

1 Kellergeschoß, Sockel, 2 Fußriegel, 3 Eckständer, 4 Ständer (Pfosten, Stiel), 5 Bundständer, Innenwandanschluß, 6 Ziegelausfachung, 7 Brüstungsriegel, aufgeblattet, 8 Kopfstrebe, 9 Rähm, 10 Gratstichbalken, 11 Stichbalken, 12 Schwelle, 13 Schnitzwerk, Fächerrosette, 14 Knagge, 15 Brüstungsfüllung, geschnitzt, 16 Fußstrebe, 17 Brüstungsriegel, gezapft, 18 Aufschiebling, 19 Sparren, 20 Sturzriegel, 21 Weichschwanzblatt, 22 Kehlbalken, 23 Riegel, Ausriegelung, 24 Lüftungsluke, 25 Hahnenbalken, 26 Schwelle/Schwellenkranz, 27 Dreiviertelstrebe, 28 krumme Kopfstrebe, 29 Sonnenscheibe auf Andreaskreuz, 30 gekreuzte V-Strebe, 31 Schalgesims profiliert, 32 Eckständer, geschnitzt, 33 Brüstungsstreben, geschweift, nasenbesetzt, 34 halber Mann, 35 Gegenstrebe, 36 Halsriegel, 37 rhein. Fenstererker, 38 ganzer Mann, 39 Strebe, 40 krumme Fußstrebe, 41 Andreaskreuz, 42 Stuhlsäule, 43 Stuhlrähm, 44 Ladeluke, 45 Brüstungszier, 46 Giebelnase mit Aufzugsbalken, 47 doppeltes Fußband, 48 doppeltes Kopfband, 49 Fensterstiel, 50 doppeltes Rähm, 51 Schwäbisches Weible, Verstrebefigur, 52 Wilder Mann, Verstrebefigur, 53 Kopfband, 54 Fußband, 55 Krüppelwalm

Verbindungselemente lassen sich in die Verbindungsknoten Druck- und Zugkräfte einleiten.

□ Wohl zuerst von *C. Culmann* eingeführte Bezeichnung für ein gegliedertes, innerlich und äußerlich statisch bestimmtes ebenes → Stabtragwerk zur Überspannung von Räumen mit a Stützungen und s einfachen Stäben, die in k Knoten durch reibungsfreie Gelenke derart miteinander verknüpft sind, daß die Gleichungen $s = 2k - 3$ und $a = 3$ erfüllt sind. Heute wird der Ausdruck F. auch auf statisch unbestimmte ebene Stabtragwerke mit $s \geq 3k - 3$, $s + a > 2k$, $a > 3$ und räumliche Stabtragwerke (Raumfachwerk) mit $s > 3k - 6$, $s + a > 3k$, $a > 6$ ausgedehnt. Die angenommenen reibungsfreien Gelenke sind im → Holzbau infolge der flächigen Verbindungen der Stäbe immer mehr oder weniger steife Drehfedergelenke, die zu unplanmäßigen Nebenspannungen führen, die jedoch infolge der Nachgiebigkeit der mechanischen Verbindungen meist vernachlässigbar klein bleiben (→ Dachbinder, → Fachwerkträger). *Dröge*

Fachwerk, ebenes, räumliches. Ein F. setzt sich aus einzelnen biegeweichen Stäben zusammen, die vorwiegend nur durch Druck- oder Zugkräfte beansprucht sind. Äußere Lasten greifen nur in den Fachwerkknoten an. In den Zugstäben kann die Festigkeit des Werkstoffes optimal ausgenutzt werden, während dies in den Druckstäben aus Stabilitätsgründen (→ Knicken) nicht in gleicher Weise möglich ist. Nach dem einfachsten Bildungsgesetz für ein ebenes F. wird dieses dergestalt aufgebaut, daß, ausgehend von einem aus drei Stäben bestehenden Fachwerkfeld, jeder neue Knoten durch zwei weitere Stäbe angeschlossen wird, Bild 1 a). Bei großen Knotenabständen können zur weiteren Unterteilung Zwischenfachwerke (Bild 1 b), vorgesehen werden. Für die mehrfachen F. gilt das einfache Bildungsgesetz nicht mehr. Sie sind dadurch gekennzeichnet, daß sich die Querkraft im → Fachwerkträger bzw. in der Fachwerkscheibe auf mehrere Strebenzüge (Diagonalstäbe) verteilt. Gebräuchliche zweifache F. sind das Rauten- und das K-F. (Bild 1 c und Bild 1 d).

Das einfachste Bildungsgesetz für ein räumliches F. geht von einem aus sechs Stäben bestehenden, regelmäßigen oder unregelmäßigen Tetraeder aus, an den jeder neue Knoten dreistäbig anzuschließen ist (Bild 2 a). Aus dieser Grundkonfiguration könnten raumüberdeckende, räumliche F.-Konstruktionen aufgebaut werden (Bild 2 b) (→ Fachwerkkuppel).

Zur Berechnung der inneren Kräfte werden ideale, reibungsfreie → Gelenke und zentrische Anschlüsse der Stäbe in den Knoten angenommen. In Wirklichkeit sind die genieteten, geschraubten oder geschweißten (bei Stahl) bzw. gedübelten oder genagelten (bei Holz) Fachwerkknoten biegesteif, und die Schwerachsen der Stäbe schneiden sich aus konstruktiven Gründen nicht zentrisch in den Systemknoten. Durch die dadurch bedingte elastische Einspannung und die Ausmittigkeit der Krafteinleitung resultieren Biegebeanspruchungen,

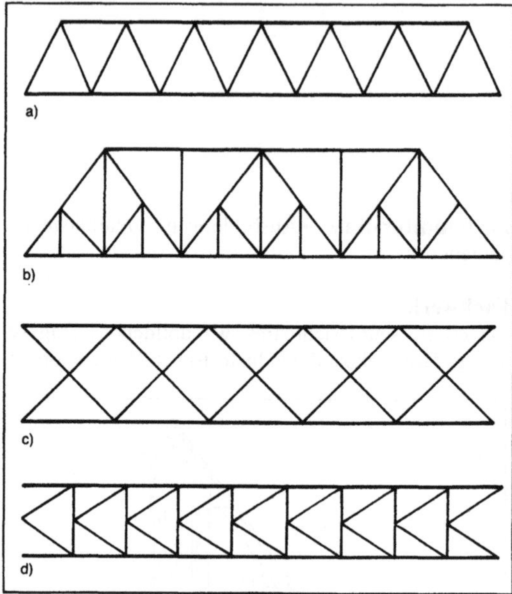

Fachwerk, ebenes, räumliches 1: Ausführungsformen ebener F.
a) Aus Diagonalstäben zusammengesetztes, ebenes, einfaches F.
b) Ebenes, einfaches F. mit Zwischenfachwerk
c) Ebenes zweifaches F. (Rautenfachwerk)
d) Ebenes zweifaches F. (K-F.).

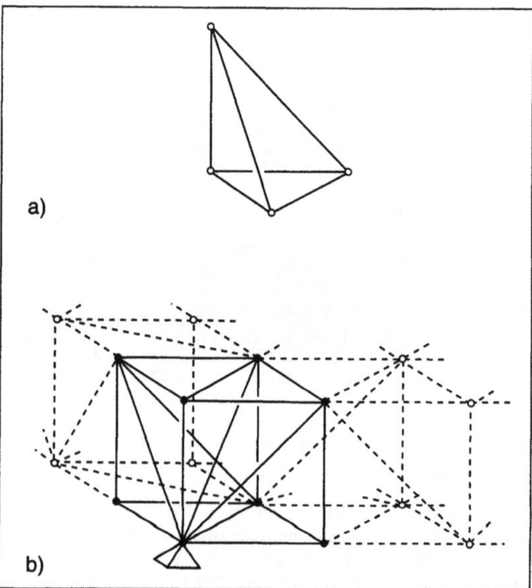

Fachwerk, ebenes, räumliches 2: Räumliche F.
a) Bildungsgesetz
b) Aufbau

die normalerweise als untergeordnete Nebenspannungen vernachlässigt werden können.

Als F. wird auch die tragende Holzkonstruktion von Gebäuden bezeichnet, die aus vertikalen und horizontalen → Balken besteht und die mit diagonalen Balken in einzelnen Feldern zur Stabilisierung der Wandscheibe und des gesamten Gebäudes versehen ist. Zimmermannsmäßige Verbindung der einzelnen Elemente mit → Zapfen und → Versatz. Die Ausfachung der Felder dient lediglich zum Raumabschluß. *Laermann*

Fachwerkbinder → Fachwerk, → Fachwerkträger, → Dachbinder

Fachwerkkuppel. Nach dem einfachsten Bildungsgesetz für ein räumliches → Fachwerk kann eine F. über regelmäßigem vieleckigem Grundriß so aufgebaut werden, daß von je drei festen Auflagerpunkten aus, die nicht auf einer Geraden liegen dürfen, ein weiterer Knoten starr angeschlossen wird. Für eine vorgegebene Meridiankurve entsteht so von Knoten zu Knoten fortschreitend ein Flechtwerk oder Mantelfachwerk, weil alle Stäbe in der Oberfläche liegen. Verschiedene Varianten der Anordnung von → Sparren, → Pfetten und Diagonalen sind möglich. Eine F. kann auch über n-eckigem Grundriß aus ebenen Fachwerkscheiben zusammengesetzt werden, wobei der Untergurt der nächstfolgenden Scheibe der Obergurt der vorherigen ist. Zur Berechnung der Stabkräfte werden reibungslose → Gelenke in den Knoten angenommen. Dies entspricht der Wirklichkeit noch weniger als bei ebenen Fachwerken. Besonders bei flachen Kuppeln führen die biegesteifen Knotenverbindungen zu beachtlichen zusätzlichen Biege- und Torsionsbeanspruchungen der einzelnen Stäbe. *Laermann*

Fachwerkstab. Als beidseitig gelenkig gelagert betrachteter Zug- oder Druckstab (→ Pfosten, Wechselstab) eines Fachwerkträgers (→ Fachwerk). *Dröge*

Fachwerkträger. Gegliedertes, ebenes, meist statisch bestimmt gelagertes → Stabtragwerk, das aus gelenkig miteinander verbundenen, überwiegend durch Zug- oder Druckkräfte beanspruchten äußeren Gurtstäben und inneren Füllstäben zusammengesetzt ist. Dabei sind die in den Knotenpunkten angenommenen reibungsfreien Gelenke auf Grund der angewendeten Verbindungen tatsächlich Drehfedergelenke, durch die eine bestimmte, meist jedoch vernachlässigbare elastische Einspannung der Stäbe im Knoten entsteht. Wegen der annähernd gleichmäßigen Verteilung der Spannungen über den Stabquerschnitt ist der Baustoff optimal ausgenutzt. Die Lasten werden zweckmäßig in die Knotenpunkte der F. eingeleitet, um Biegespannungen in den Gurtstäben weitgehend auszuschalten. Die Gurtstäbe führt man meist durchlaufend, ein- oder mehrteilig aus, stößt sie im Bedarfsfall im Knoten oder in der Nähe eines Knotens und führt sie deshalb möglichst

geradlinig. Die Füllstäbe (→ Pfosten und Streben) können ebenfalls ein- oder mehrteilig sein. Allgemein werden einteilige Stäbe, besonders als Druckstäbe, bevorzugt. Nach der Form unterscheidet man Parallel-, Dreieck-, Pult-, Trapez- und Bogenträger und nach dem statischen System innerlich und/oder äußerlich statisch bestimmte und statisch unbestimmte F. Trotz vielfältiger Möglichkeiten haben sich bestimmte klar gegliederte Grundformen für F. durchgesetzt. *Dröge*

Literatur: *Halász, R. v.*, u. *C. Scheer* (Hrsg.): Holzbau-Taschenbuch. Bd. 1. 9. Aufl. Berlin 1996.

Fachwerkträgerbrücke → Brücke

Fähre. Ein Schiff, das dem Übersetzen von Ufer zu Ufer im Zuge eines Landverkehrsweges dient. Sie besteht aus dem Fährschiff und den Anlegeeinrichtungen, wie der Landebrücke für das Fährschiff (Fähranleger) oder der Rampe zum Anlegen (Fährrampe). Entsprechend der Bewegung und Führung des Fährschiffes unterscheidet man verschiedene F.: Die Gierfähre wird durch die Strömung bewegt und an Seilen geführt, die Kettenfähre mit eigenem Antrieb an einer Kette und die Seilfähre mit eigenem Antrieb an einem Seil fortbewegt. Außerdem gibt es Fährschiffe mit eigenem Antrieb ohne besondere Führung. *Muth*

Fäulnis. Biochemischer Abbau des → Holzes durch Pilze. Man unterscheidet Braunfäule (→ Destruktionsfäule), Weißfäule, Weißlochfäule (Korrosionsfäule), Moder-, Stamm-, Lager-, Haus-, Innen-, Kern-, Hohl-, Ring-, Naß-, Trocken- und Lenzitesfäule. *Dröge*

Fahrbahn, feste. Die f. F. ist eine Verbundkonstruktion aus lagenweise harten und elastischen Elementen. Der wesentliche Unterschied zum Schotteroberbau besteht darin, daß hier keine Werkstoffe mit elasto-plastischem Verformungsverhalten, sondern nur rein elastisch reagierende Materialien verwendet werden. Ihre Kenngrößen sind definiert und somit berechen- und einstellbar. Die aktivierten Rückstellkräfte sorgen für Formtreue. Diese Systemeigenschaft führt logischerweise zu einer Beständigkeit in der Geometrie schnell befahrener → Gleise und Weichen. Langfristige Formtreue und niedriges Niveau der im Zusammenwirken Fahrzeug–Fahrweg aktivierten Kräfte und Spannungen in den Einzelbauteilen sind ausschlaggebend für geringe Instandhaltungsaufwendungen. Für den Einsatzzweck „Hochgeschwindigkeitsverkehr" hat im übrigen der langfristige Erhalt des Fahrkomforts besonderes Gewicht. Voraussetzung ist eine ingenieurmäßig hinreichend durchdachte, im Gebrauchsverhalten einwandfreie Konstruktion.

Eine f. F. ist auch Voraussetzung für die Weiterentwicklung der Weichentechnik und deren Ziel, durch zungenlose und schmierungsfreie Konstruktionen den Inspektions- und Instandhaltungsaufwand zu minimieren und die Präzision zu erhöhen.

Weitere Vorteile der f. F. sind im Bereich der Betriebssicherheit zu erkennen. Prud'hommesche Grenzwerte, seien sie beim Hochgeschwindigkeitsverkehr im geraden Gleis, in schnell befahrenen engen Radien oder nach Bauzuständen zu beachten, gehören dann der Vergangenheit an. Ebenso ist nicht mehr mit Verwerfungen aus Temperatureinflüssen zu rechnen, auch nicht auf → Brücken, in Gleisbögen oder bei Zusatzbelastungen durch Wirbelstrombremsen. Schotterwirbel gehören der Vergangenheit an.

Die Herstellung einer f. F. ist aufwendiger als die Herstellung eines Gleises im Schotteroberbau. Gleiskorrekturen sind nur sehr begrenzt möglich. Auswirkungen möglicher Entgleisungen sind noch nicht abschließend erforscht. In den letzten 20 Jahren wurden verschiedene Bauvarianten der f. F. auf insgesamt rund 60 km Strecke, u. a. auf Brücken- und Tunnelabschnitten von → Neubaustrecken, eingebaut und getestet. Die Realisierung der f. F. auf längeren Abschnitten ist vorgesehen auf:
– der Schnellbahnverbindung Hannover–Berlin (ca. 100 km),
– der Neubaustrecke Köln–Rhein/Main (ca. 200 km),
– der Ausbaustrecke Hamburg–Berlin (ca. 85 km),
– der Stadtbahn Berlin (ca. 15 km) sowie
– weiteren Neubaustrecken (ca. 450 km).

Bei allen Aus- und Neubaustrecken ist in der Planungsphase vom Einbau der f. F. auszugehen. Nur wenn sich der Schotteroberbau zweifelsfrei als vorteilhafter darstellt, ist eine vergleichende Wirtschaftlichkeitsbetrachtung durchzuführen. Ein Problem der schotterlosen Fahrbahn kann sich grundsätzlich einstellen, wenn bei umfangreichen Erdarbeiten nach der Betriebsaufnahme mit → Setzungen des → Planums zu rechnen ist.	*Kracke/Runge*

Fahrinsel. Nach der → Hubinsel und der → Schreitinsel tritt die F. als neueste Entwicklung auf. Während die Hubinsel ihren Standort jeweils nur schwimmend verändern kann (dazu muß sie sich mit der Plattform absenken und die Stützbeine anheben), schreitet die Schreitinsel gewissermaßen „rechenschieberartig" von Standort zu Standort und ist nicht unbedingt auf ausreichenden Wasserstand angewiesen. Demgegenüber sind bei der F. die Aufstandsflächen der Füße mit je einem Raupenfahrwerk versehen, das durch Hydraulikmotoren bewegt wird, so daß eine Standortänderung in Fahrtrichtung und auch mit geringfügiger Fahrtrichtungsänderung durchgeführt werden kann.	*Kühn*

Fahrlader. Für kurze bis mittlere Transportlängen bieten sich die F. an, die das Ladegut aufnehmen, transportieren und auch wieder abkippen. Der Schaufelinhalt kann bis zu 10 m^3 betragen. Die Knicklenkung erhöht die Wendigkeit, der drehbare Fahrersitz verbessert die Bedienung. Angetrieben werden die F. durch schadstoffarme Diesel- oder Elektromotoren.	*Kühn*

Fahrleitung → Oberleitung

Fahrstraße. Als F. wird der durch besondere Maßnahmen des Sicherns (Verschließen, Festlegen) eingestellte und vorgeschriebene Fahrweg von Schienenfahrzeugen bezeichnet. Zur F. gehören nicht nur die Elemente des Fahrweges selbst (Weichen, Gleissperren), welche die fahrenden Abteilungen gegen Folge- und Gegenfahrten, sondern auch Schutzweichen, welche sie gegen Flankenfahrten (Flankenschutz) sichern.

Man unterscheidet Rangier- und Zug-F. Bei Rangier-F. werden die Fahrstraßenelemente gegen Umstellen verschlossen (F.-Verschluß). Bei Zug-F. werden sie zusätzlich noch festgelegt, ehe das zugehörige Signal Fahrt zeigen kann.

Außerdem muß sichergestellt sein, daß der Durchrutschweg (eine hinter dem Zielpunkt-/Haltsignal folgende Gleisstrecke) frei ist. Je nach Vorschrift und/oder Geschwindigkeit wird die Länge des Durchrutschweges unterschiedlich festgelegt.

Für Rangier-F. gibt es keinen Durchrutschweg, weil die geringe Geschwindigkeit beim Rangieren ein jederzeitiges Anhalten der Abteilungen erlaubt. Einige Verwaltungen handhaben den Flankenschutz unterschiedlich, z. B. bei Rangierfahrten mit oder ohne Flankenschutz. Moderne Stellwerke bieten die Möglichkeit, die F. jeweils hinter dem letzten Fahrzeug der Abteilung sofort aufzulösen (Teilfahrstraßenauflösung). Dies trägt zur Flüssigkeit des Betriebes wesentlich bei, weil die freigewordenen Teile sofort wieder für neue F. verfügbar sind. Spurplanstellwerke erlauben auch die F.-Speicherung, bei der nach Einstellen und Festlegen einer F. bereits eine zweite vorgespeichert werden kann. Diese wird dann selbsttätig eingestellt, wenn die Behinderung durch die erste weggefallen ist. Eine automatische Fahrstraßeneinstellung ist durch Selbststellbetrieb oder Zuglenkung unter Ausnutzung der Zugnummernmeldung möglich.	*Kracke/Runge*

Fahrwasser. Ein dem benetzten Querschnitt einer Wasserstraße einbeschriebenes Rechteck mit der Fahrwasserbreite B und der Höhe H als der Mindestfahrwassertiefe. In diesem Querschnitt wird „freies" Wasser gewährleistet; er bestimmt die Größe und Leistungsfähigkeit einer Wasserstraße. Dazu gehört auch ein freies → Lichtraumprofil über dem F., dessen Höhe bei → Binnenwasserstraßen mindestens 6,00 m zuzüglich Wasserspiegelerhöhung durch Wellen betragen muß. Die Schiffahrt benötigt ein ausreichend breites und tiefes F., das volle Abladung, hohe Fahrgeschwindigkeiten und gefahrloses Begegnen und Überholen ermöglicht. Dies bedeutet, daß die Fahrrinne, d. h. die Lage der F.-Querschnitte im Grundriß, flache und übersichtliche Krümmungen aufweisen muß. Nach der Klassifizierung der Binnenwasserstraßen sind z. B. internationale Schifffahrtswege nach der Standardklasse IV mit dem Europaschiff (Länge 80 m, Breite

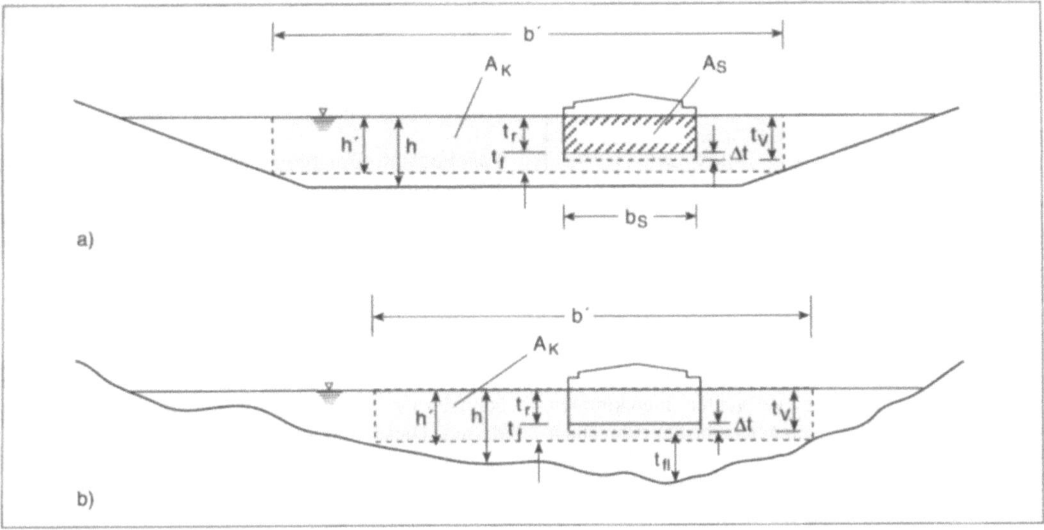

Fahrwasser: Querschnitt bei
a) Kanal
b) Fluß.

b′   Fahrrinnenbreite
h′   Fahrrinnentiefe
h   Wassertiefe
t_r Tiefgang
Δt   Einsinktiefe

t_v Tauchtiefe = t_r + Δt
t_f Kielfreiheit = h′ − t_r
t_{fl} Flottwasser
A_K Gesamt-Wasserquerschnitt
A_S Eingetauchter Schiffsquerschnitt am Hauptspant mit Breite b_s
n $= \dfrac{A_K}{A_S}$

9,50 m, Höhe 2,50 m, Tragfähigkeit 1 350 t) als Standardschiffseinheit mit der Fahrwasserbreite B = 28 m und der Höhe H = 3,50 m eingeteilt. Eine kennzeichnende Größe für die Leistungsfähigkeit eines F. und die Befestigung der Uferböschungen ist das Verhältnis n zwischen dem Abflußquerschnitt des Flusses oder → Kanals und dem eingetauchten Schiffsquerschnitt eines voll abgeladenen Regelschiffes. Für Binnenwasserstraßen von internationaler Bedeutung (Standardklasse IV) soll n ≥ 7 sein (Bild).   *Muth*

Fahrzeugkran. F. sind auf gleislosen oder gleisgebundenen Fahrzeugen aufgebaute → Krane. Im Bauwesen gebräuchlich sind der Raupenkran, dessen Kranaufbau sich auf einem Raupenunterwagen fortbewegt, der Mobil- und der Autokran (Bild), die beide einen heute vorwiegend luftbereiften Unterwagen haben und deren Ausleger meist als Gittermastkonstruktion oder teleskopierbares Kastenprofil mit maximalen Traglasten von 1 000 t ausgelegt sind. Der Mobilkran ist für den Einsatz im Nahbereich bei niederer Fahrgeschwindigkeit konzipiert. Beim Autokran finden Lastkraftwagenfahrgestelle üblicher Bauart oder Sonderbauart mit vergleichbaren Merkmalen Verwendung. Ihr Hauptvorteil liegt in dem kleinen und deshalb kurzen Montageaufwand. Deshalb sind diese Krane besonders für relativ kurze, rasch wechselnde Einsätze geeignet.   *Kühn*

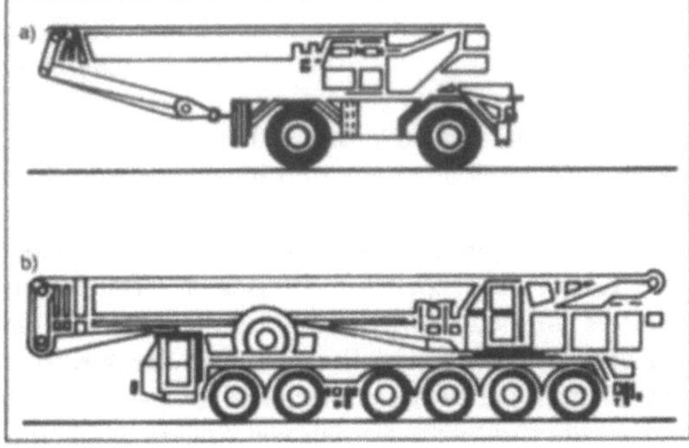

Fahrzeugkran: Gebräuchliche Typen.
a) Teleskopierbarer Mobilkran
b) Teleskopierbarer Autokran.

Fallinie → Streichen, Fallen

Faltwerk. Als F. wird ein → Tragwerk bezeichnet, das aus zwei oder mehr ebenen → Scheiben in Form eines Prismas oder eines schlanken Pyramidenstumpfes als offenes oder geschlossenes System zusammengesetzt ist (Bild). Ihr räumliches Tragverhalten wird durch sog. Binderscheiben gewährleistet. Die einzelnen Scheiben

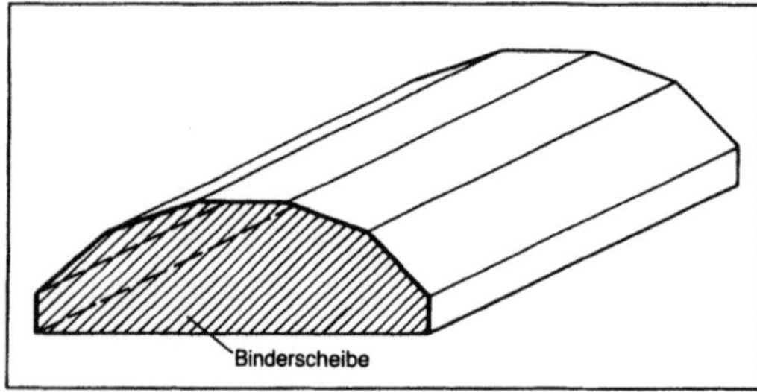

Faltwerk: Aus mehreren ebenen Scheiben in Form eines Prismas gebildetes F.

können längs der Kanten gelenkig (Gelenkfaltwerk) oder biegesteif miteinander verbunden angenommen werden. Während eine einzelne Scheibe nur dann einen ebenen Spannungszustand erfährt, wenn alle an ihr angreifenden Kräfte in ihrer Ebene liegen, vermögen die zu einem F. vereinigten Scheiben in den Kanten Lasten von beliebiger Richtung aufzunehmen, da diese stets in zwei Komponenten zerlegt werden können, die in die Ebenen der beiden angrenzenden Scheiben fallen und von diesen durch je ein ebenes Spannungssystem nach ihren Stützpunkten abgeleitet werden. Greifen die Lasten nicht an den Kanten an, sondern wie z.B. das Eigengewicht über die Faltwerksfläche verteilt, so entstehen senkrecht zu den Kanten Biegebeanspruchungen. Diese entstehen auch infolge der Deformation, die jede Scheibe in ihrer Ebene erfährt, und die eine Querschnittsverformung zur Folge hat. Dies gilt vor allem für dünnwandige Querschnitte, wie insbes. bei Profilblechen, meist verwendet in raumabschließender Funktion. *Laermann*

Fangedamm. Bauwerk zum Schutz von → Baugruben im offenen Wasser vor eindringendem Wasser. Es wird als Ufereinfassung, als Mole oder auch als Wellenbrecher eingesetzt. Häufigste Ausführungsformen sind Kasten- oder Zellen-F. Zwischen → Spundwänden, die auf den Gewässergrund gestellt oder in ihn eingerammt werden, wird Boden verfüllt. Beim Kastenfangedamm sind zwei Spundwandreihen parallel angeordnet; die Erddrücke werden von Ankern aufgenommen. Bei Zellenfangedämmen bilden die Spundwände Kreise mit dazwischenliegenden Zwickeln oder Flachzellen. Zugkräfte werden über die Spundwände und die Spundwandschlösser übertragen. In F. zur Baugrubensicherung sollte man den Wasserspiegel bis zur Baugrubensohle absenken. *Meißner*

Farbstoff. Farbmittel, die im Gegensatz zu den → Pigmenten in Lösemitteln und Bindemitteln von → Beschichtungsstoffen gelöst vorliegen. *Sasse*

Faschine. Zu Bündeln zusammengefaßte Ruten oder Zweige aus lebendem oder totem Material heißen F. Die Bündel werden in bestimmten Abständen in einen Hang eingebaut und mit Pflöcken festgenagelt. Bei nur geringem Sickerwasserzufluß verwendet man sie zum → Erosionsschutz des Hanges. Durch heckenförmige Anordnung mit geeigneter Linienführung läßt sich der Wasserabfluß auf der Böschung steuern. *Meißner*

Faserbeton. Bei besonderen Anforderungen, wie erhöhte Grünfestigkeit, Zugfestigkeit, Schlagfestigkeit und Rißsicherheit werden dem → Mörtel oder → Beton in eng begrenzten Anwendungsbereichen Fasern zugemischt, soweit die dadurch erhöhten Kosten noch wirtschaftlich sind, z.B. bei → Spritzbeton, bei Schutzraum- und Tresorbauten und bei Rammpfählen. Von praktischer Bedeutung sind nur Kunststoff-, Glas- und Stahlfasern, letztere vor allem beim Spritzbeton. Die Fasern behindern vor allem die Bildung und Ausbreitung von Rissen. Diese Wirkung ist besonders groß, wenn die Fasern möglichst dünn und lang und in Zugrichtung orientiert sind. Sie ist daher bei Mörtel größer als bei Beton. *Wesche*

Faserrichtung. Richtung, in der die Holzfasern verlaufen. Im → Holzbau nimmt man an, daß diese Richtung der Stammachse parallel ist, obwohl dies allein wegen der konischen Form des Baumstamms (im Mittel 6‰ bei europäischen Nadelhölzern) nicht der Fall ist. Bedeutender und nicht immer vernachlässigbar sind Faserabweichungen durch Wuchsfehler, z.B. → Drehwuchs. Für → Bauholz ist die zulässige Faserabweichung in den Sortierbedingungen der einzelnen Sortierklassen (DIN 4074) festgelegt. *Dröge*

Faserzement. F. ist die Weiterentwicklung von Asbestzement, wobei → Asbest – wegen möglicher Gesundheitsgefährdung (erst nach 20–25 Jahren wirksam) – jetzt durch andere Fasern ersetzt worden ist.

F. wird für Rohrleitungen für → Trinkwasser, Abwasser, → Dränagen sowie für andere flüssige Medien eingesetzt, ebenso aber auch für verschiedene Fertigbauteile, wie z.B. Schächte der → Kanalisation.

F.-Rohre sind nach DIN 19840 für Abwasserleitungen genormt, ebenso nach EN 488-1 und 512. *Pfeiff*

Faulung. Die F. ist ein natürlicher anaerob ablaufender Abbauprozeß organischer Verbindungen, der durch technische Maßnahmen selbständig oder durch „Impfung" unterstützt in Gang kommt. Die F. im Faulraum wird in der → Siedlungswasserwirtschaft vor allem zur Stabilisierung des bei der → Abwasserreinigung anfallenden Klärschlammes eingesetzt. Je nach dem Anteil organischer Substanz im → Schlamm erhält man aus 1 kg organischer Trockensubstanz 300–450 l Faulgas. Durch spezielle Techniken, z.B. Vorerhitzung des eingesetzten Schlammes auf 120–180 °C, kann man die Gasausbeute bis zu etwa 600 l steigern. Die bei einer Temperatur von rd. 33–37 °C übliche Faulzeit beträgt mindestens 5–7 bis zu 20–25 Tagen bei täglicher Zugabe von Frischschlamm und dementsprechender

→ Entnahme von technisch ausgefaultem stabilisiertem Klärschlamm. Man unterscheidet die meist angewandte mesophile F. im Temperaturbereich von etwa 31–37 °C und die raschere, aber ohne wesentliche Gasmehrausbeute ablaufende thermophile F. über 50 °C. Faulräume werden in der Bundesrepublik Deutschland bevorzugt in einer Birnenform, die die ständige Umwälzung begünstigt, mit einer Entnahme in der unteren Spitze und Auswurf im engen oberen Teil erstellt. Faulräume (Faultürme) sind als Bauwerksteile der → Kläranlage meist deren teuerste Anlagen. Sie erhalten neben der Beschickungs-, Heizungs- und Umwälzanlage oft eine weitgehend automatische Regelung der Funktionen. Faulräume werden vor allem in → Stahlbeton, konkurrierend auch in Stahl erstellt. Von den Kosten der Abwasserreinigung entfallen rd. 20–30% auf die F.

Zu beachten sind die Bereiche der immer entstehenden Schwimmschlammdecke, des anschließend abzutrennenden Faulschlammwassers und auch die Eindickung vor dem Faulraum, da „Wasser" den teuren Faulraum unnötig beansprucht.

In diesen Faulräumen können auch sonstige organische Stoffe (Laub, Grünmaterial) ausgefault werden.

Das entstandene Faulgas (45–60% Methan, CO_2, oft etwas Schwefel) wird als Energiespender meist über Gasmotoren genutzt. *Pfeiff*

Fehlanschluß. Ein F. ist bei der → Kanalisation im Trennverfahren ein fehlerhafter (vertauschter) Anschluß des Anschlußkanals von der Grundstückentwässerung zum Straßenkanal für Schmutzwasser oder Regenwasser. Dabei bewirkt der falsche Anschluß des Schmutzwasserkanals des Grundstücks an den Regenwasserkanal eine Belastung des Gewässers, in das der Regenwasserkanal entwässert, mit ungereinigtem Schmutzwasser. Auch kann bei Starkregen Stau aus dem Regenwasserkanal in den Schmutzwasser-Hausanschluß hinein dort zu unerwünschten Überschwemmungen führen.

Andererseits bewirkt ein falsch an die Schmutzwasserkanalisation der Ortsentwässerung angeschlossener Regenwasser-Anschlußkanal von einem Grundstück mit Regenwasser in dem Schmutzwasserkanal bei → Niederschlägen und auf der → Kläranlage eine falsche, unerwünschte Füllung oder Überfüllung der Ortskanäle und eine hydraulische Belastung der Kläranlage mit meist wenig belastetem Regenwasser.

F. – wie sie in der Praxis leider immer wieder vorkommen – sind das Dilemma des Systems des → Trennverfahrens, meist teurer als das Mischverfahren. Sie können nur durch Kontrolle der Anschlüsse beim Bau und durch sorgfältige Abnahme vor der Grabenverfüllung oder später durch Rauch- oder Sichtkontrollen gefunden und ausgemerzt werden. *Pfeiff*

Fehlerfortpflanzung. Auswirkung der (zufälligen) Fehler oder Unsicherheiten von Meßgrößen auf eine

daraus abgeleitete Folgegröße. Jede gemessene Größe ist mit unvermeidlichen Meßfehlern behaftet. Dies hat zur Folge, daß auch Funktionen gemessener Größen fehlerbehaftet sind. Als Beispiel sei die Fläche A eines Dreiecks aus den drei gemessenen Seiten a, b und c zu berechnen (Bild). A läßt sich formal als Funktion der Meßgrößen darstellen:

$$A = f(a,\ b,\ c).$$

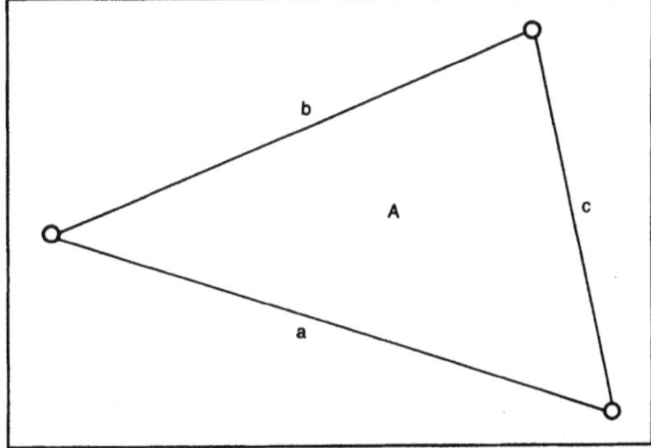

Fehlerfortpflanzung: Beispiel zur F.: Flächenberechnung des Dreiecks aus den drei Seiten.

Die wahren Fehler der Meßgrößen (Abweichungen der gemessenen von den wahren Werten) seien ε_a, ε_b und ε_c; sie seien sehr (differentiell) klein gegenüber den Meßgrößen selbst. Dann ergibt sich der wahre Fehler ε_A der Fläche A durch Bildung des totalen Differentials:

$$\varepsilon_A = \frac{\partial f(a,\ b,\ c)}{\partial a}\,\varepsilon_a + \frac{\partial f(a,\ b,\ c)}{\partial b}\,\varepsilon_b + \frac{\partial f(a,\ b,\ c)}{\partial c}\,\varepsilon_c$$

In gleicher Weise lassen sich die wahren Fehler ε_F beliebiger Funktionen gemessener Größen L_1, $L_2 \ldots, L_n$ berechnen:

$$F = f(L_1, L_2, \ldots, L_n) \tag{1},$$

$$\varepsilon_F = \frac{\partial F}{\partial L_1}\,\varepsilon_1 + \ldots + \frac{\partial F}{\partial L_n}\,\varepsilon_n \tag{2}.$$

Die praktische Bedeutung der Formel, Gl. (2), ist jedoch gering, weil die wahren Fehler gemessener Größen kaum jemals bekannt sind. Ihre Bedeutung erlangt diese Formel erst durch die Tatsache, daß sich auch die Varianzen in ähnlicher Weise fortpflanzen:

$$\partial_F^2 = \left(\frac{\partial F}{\partial L_1}\right)^2 \partial_1^2 + \ldots + \left(\frac{\partial F}{\partial L_n}\right)^2 \partial_n^2 \tag{3};$$

$$\partial_1^2 \ldots \partial_n^2,\ \partial_F^2:$$

Varianzen von Meßgrößen und Funktionen von diesen. Gl. (3), manchmal auch Gl. (2), wird als Fehlerfortpflanzungsgesetz bezeichnet; Gl. (3) müßte richtiger Varianzfortpflanzungsgesetz heißen. *Pelzer*

Literatur: *Koch, K. R.*: Parameterschätzung und Hypothesentests in linearen Modellen. 2. Aufl. Bonn 1987.

Fehlerkosten → Qualitätskosten

Feinplanung. Bestandteil der Fertigungsplanung. In der F. wird der Bauablauf detailliert festgelegt. Ausgewiesen werden die → Arbeitsvorgänge in ihrem zeitlichen Ablauf mit den zugehörigen Arbeitskräften, wie z. B. Ein- und Ausschalen von Stützen, Wänden, Schächten, Decken, Einbau der Bewehrung und Betonieren, ebenfalls getrennt nach Bauteilen. Ziel der F. ist die Ablaufsteuerung unter Berücksichtigung der vorhandenen Arbeitskräfte und der vorhandenen → Betriebsmittel, wie z. B. Turmkran, Schalmaterial. Den Feinplan stellt man mit Hilfe des Arbeitsverzeichnisses auf, in dem alle Bauteile nach Art und Menge einzeln erfaßt sind, so daß sich mit Hilfe von → Aufwandswerten die → Fertigungsgruppen festlegen lassen. *Drees*

Feldfabrik. Betriebsstätte zur Herstellung von Fertigteilen auf der → Baustelle. Im allgemeinen ist sie nur dann lohnend, wenn eine große Anzahl gleichartiger Fertigteile hergestellt werden muß oder wenn die Fertigteile wegen ihres Gewichts oder ihrer Abmessungen nicht im öffentlichen Straßenverkehr transportiert werden können. Früher war die F. häufiger anzutreffen, heute nur noch in Ausnahmefällen, da die Fertigungskosten meist höher als im stationären → Fertigteilwerk sind. Hin und wieder wendet man sie bei Fertigteilbrücken an. *Drees*

Feldkapazität. Die F. gibt den Wassergehalt in % der Masse oder des Volumens des bei 105 °C getrockneten Bodens an, oberhalb dessen jede weitere Wasserzufuhr zur Wasserabgabe in die Tiefe, zur Versickerung, führt. Die F. hängt vom Gleichgewichtszustand des Porenwassers, von der Körnung, dem Gehalt an organischer Substanz, dem Gefüge und der Schichtfolge ab. Die F. ist in groben Untergrundmaterialien wesentlich kleiner als in feinen. *Mattheß*

Feldversuch. F. dienen vor Ort der Bestimmung des Spannungs-Dehnungs-Verhaltens von Fels für Beanspruchungen unterhalb der Bruchgrenze. Im Vergleich zu Laborversuchen sind sie geeignet, nicht nur die Festigkeits- und Verformungseigenschaften des Gesteins an einer ungestörten Probe, sondern auch die Materialeigenschaften des → Gebirges unter Berücksichtigung der Klüfte und des Trennflächengefüges zu bestimmen. Ziel der Versuche ist die Eingrenzung der Gebirgsparameter, wie sie in die theoretischen Berechnungsmodelle Eingang finden. Vergleichsweise günstig lassen sich Bohrlochaufweitungsversuche durchführen, deren Prinzip darin besteht, die sich infolge eines Innendrucks ergebenden Verschiebungen der Bohrlochwand zu messen. Unter idealisierten Annahmen bezüglich der Gebirgseigenschaften ist damit eine Aussage über die Verformbarkeit des Fels in der Umgebung des Bohrloches möglich. Je nach der Art der Lastaufbringung werden Dilatometer und Borehole Jacks unterschieden. Beim Dilatometer bringen ein Druckgas oder eine Flüssigkeit den Innendruck auf, beim Borehole Jack überträgt ein Plattenpaar die Kraft. Man mißt die Verformung entweder direkt über induktive Wegaufnehmer oder indirekt über eine Messung der Volumenzunahme in der Druckzelle. Einen wesentlich größeren Gebirgsbereich erfassen Druckkissenversuche, bei denen ein hydraulisch arbeitendes Druckkissen einen in den Fels gesägten Schlitz aufweitet. Gemessen werden die Aufweitung des Kissens und das erforderliche Flüssigkeitsvolumen. Abhängig von der Anzahl und Anordnung der Druckkissen lassen sich so der → Elastizitätsmodul, aber auch der Primärspannungszustand im Gebirge herleiten. Mit den vorgestellten Verfahren ist die Querdehnung nicht zu bestimmen. Diese muß man in Laborversuchen ermitteln. Weitere Versuche im Gelände sind der → Triaxialversuch, Lastplattenversuch und Radialpressenversuch sowie Druckkammerversuch. *Wagner*

Literatur: *Wittke, W.*: Felsmechanik. Berlin 1984.

Felsmechanik. Teilgebiet der → Geomechanik, das seit Anfang der 50er Jahre eine eigenständige wissenschaftliche Disziplin ist und die Erfassung, Analyse und Prognose der sowohl durch bergbauliche wie auch durch felsbauliche Tätigkeiten bewirkten Vorgänge im Fels (Festgebirge) zur Aufgabe hat. Die F. ist damit als die Grundlagenwissenschaft für den ober- und untertägigen → Bergbau und Ingenieurfelsbau anzusehen. Sie entstand unter dem Zwang, auf Grund der zunehmenden Größe felsbaulicher Projekte, z. B. im Bereich Bergbau, Verkehr, Energiewirtschaft, und der damit verbundenen hohen sicherheitlichen und wirtschaftlichen Verantwortung verläßliche Planungs- und Entwurfsgrundlagen vor Beginn der Ausführung zu liefern. Die jahrhundertelang geübte empirisch-gefühlsmäßige Bearbeitung tritt damit zunehmend in den Hintergrund. Das Ziel der modernen F. besteht somit darin, die Grundlagen für eine zuverlässige Prognose des Tragverhaltens von Felsbauten unter den jeweiligen relevanten geologischen, geometrischen, stofflichen und betrieblichen Randbedingungen zu erstellen. Methodisch geht man dabei so vor, daß zunächst die praktischen Erfahrungen analysiert werden, z. B. im Hinblick auf die als Folge technischer Eingriffe im Gebirge wirksam werdenden Mechanismen, und darauf aufbauend dann im Rahmen von Prognosemodellen die so erhaltenen Erkenntnisse auf neue Aufgaben unter Einbeziehung der projektspezifischen Randbedingungen übertragen werden.

Nach *Müller-Salzburg* lassen sich in der F. drei Richtungen mit grundsätzlich unterschiedlichen methodischen Ansätzen unterscheiden:

☐ Bergmännische → Gebirgsmechanik (seit etwa 1920–1930). Sie ist gekennzeichnet durch die Idealisierung des Gebirges als Quasikontinuum, die Durchführung intensiver Feldbeobachtungen, wie Messung von Stempeldrücken, Hohlraumverformungen und → Gebirgsspannungen, die Durchführung von Laborversuchen an Gesteinsprüfkörpern in Konsequenz des kontinuumsmechanischen Gebirgsmodells und durch Modelluntersuchungen im Rahmen der Ähnlichkeitsmechanik auch unter Einbeziehung des Trennflächengefüges.

□ Ingenieurbauliche Geomechanik (seit etwa 1950). Ihre Anfänge gehen in die 20er Jahre zurück, z. B. die Erkenntnis von dem signifikanten Einfluß der Klüfte auf das mechanische und hydraulische Verhalten des Gebirgsverbandes. Danach ist das Gebirge als Kluftkörperverband anzusehen, das aus Kluftkörpern und Klüften besteht. Das Gebirgsverhalten wird also wesentlich durch das → Trennflächengefüge und nur untergeordnet durch die Gesteinssubstanz bestimmt. In diesem Rahmen ist F. als Gefügemechanik (Diskontinuumsmechanik) zu betreiben. Laborversuche an handstückgroßen Prüfkörpern treten in der Bedeutung hinter Felduntersuchungen mit Messung von abbau- oder vortriebsbedingten Verformungen und Spannungen sowie mit Versuchen über das mechanische Verhalten und die hydraulischen Eigenschaften des Gesteinsverbandes (Fels) zurück.

□ Übertragung von Ansätzen aus der → Bodenmechanik auch auf → Festgestein. Diese Vorgehensweise kann bei weichen Gesteinen, die durch das überprägte Trennflächengefüge keine wesentliche Entfestigung mehr erfahren, bzw. bei zu → Lockergestein zerklüftetem Fels zweckmäßig sein.

Im Gegensatz zu früheren Auffassungen wird im Rahmen der modernen F. beim Entwurf von Felsbauprojekten das Gebirge mit dem vorliegenden Primärspannungszustand und seinen lokalen mechanischen Eigenschaften in den Vordergrund der Betrachtung gestellt. Bei einer unzureichenden Eigentragfähigkeit des Gebirges legt man ergänzend bis zum Erreichen der geforderten Tragwerkssicherheit die temporären bzw. endgültigen Sicherungsmittel fest. Die Schwierigkeit für einen felsmechanischen Entwurf liegt damit darin, bei einem aus technischen Gründen sowie aus Kosten- und Zeitgründen nur begrenzten Gebirgsaufschluß dennoch ein standsicheres und wirtschaftliches Felsbauwerk zu konzipieren und auszuführen. Um diesen Anforderungen gerecht zu werden, umfaßt die F. folgende Aufgabengebiete:

– Entwicklung einer Versuchstechnik zur Erkundung der In-Situ-Verhältnisse, z. B. im Hinblick auf Gebirgsaufbau mit Gesteinsarten und Trennflächengefüge, Primärspannungen, Bergwasser, Gaseinschlüsse,

– Formulierung von Gesetzmäßigkeiten zur Beschreibung des mechanischen und hydrogeologischen Verhaltens von Fels auf der Grundlage von idealisierenden Modellvorstellungen,

– Entwicklung einer Meß- und Versuchstechnik zur Bestimmung der relevanten mechanischen, hydrauli-

schen und auch thermischen Kennwerte in Labor und Feld,

– Entwicklung von Berechnungsverfahren zur Untersuchung des Tragverhaltens felsbaulicher Konstruktionen, wie Gründungen, Böschungen, Stollen, Tunnel, Schächte, Kavernen,

– Entwurf und Bemessung felsbaulicher Konstruktionen mit Nachweis von → Tragfähigkeit und Gebrauchsfähigkeit für die vorgesehene → Nutzungsdauer unter Berücksichtigung der lokalen Gebirgsverhältnisse,

– Entwicklung von Verfahren zum Lösen des Gesteins beim Vortrieb bzw. Abbau,

– Entwicklung von Methoden zur Beherrschung von Steinfall-, Wasser- und Gaseinbruchgefahren,

– Entwicklung von Verfahren zur Prognose der Auswirkung felsbaulicher Tätigkeiten auf die Tagesoberfläche.

Zur Analyse des Tragverhaltens setzt man in der F. zunehmend auch numerische Berechnungsverfahren, wie die Methode der finiten Elemente, ein. So können insbes. in der wissenschaftlichen Grundlagenforschung mit Computersimulationen neue Erkenntnisse über die Mechanismen erhalten werden, die z. B. beim Tunnel- oder Streckenvortrieb das mechanische Verhalten des geklüfteten Gebirges im Ortsbrustbereich in Verbindung mit der frisch eingebrachten, früh belasteten und sich viskos verformenden Spritzbetonschale bestimmen. Die Kenntnis dieser Mechanismen wiederum ist bei der Interpretation von baubegleitenden Feldmessungen und bei der Festlegung von zusätzlichen Sicherungsmaßen bei drohenden → Verbrüchen notwendig.   *Wagner*

Literatur: *Rokahr, R. B.,* u. *K. H. Lux*: Zur Vorbemessung tiefliegender Tunnel im Fels. In: Taschenbuch für den Tunnelbau. Essen 1986, s. bes. S. 203/84 u. 1987, s. bes. S. 155/93. – *Wittke, W.*: Felsmechanik. Berlin 1984.

Fernkälteversorgung. Bei der F. werden mehrere Kälteverbraucher über ein Versorgungsnetz mit Mediumkreislauf von einer zentralen Kälteanlage versorgt. Je nach Temperaturniveau verwendet man als Medium Wasser, Wasser mit Frostschutzmittel oder eine Sole. Die Anlagenteile werden gegen → Wärmeverluste gedämmt und gegen Kondensat aus der Luftfeuchte mit einem dampfdiffusionsdichten Mantel umhüllt. Die Leitungssysteme können wie bei der → Fernwärmeversorgung oberirdisch, in Gebäuden oder unterirdisch verlegt sein. Durch die → Halonverbotsverordnung werden kleine Kälteanlagen mit FCKW-haltigen Kältemitteln vorzugsweise ersetzt durch die F. Sie kann optimiert werden durch Abwärmenutzung in Absorptionskälteanlagen, Einsatz von Eisspeichern und durch Verwendung von Eisbrei (Flo-Ice, Binäreis) als Transportmedium.   *Diehl*

Fernwärmeversorgung. Bei der F. werden mehrere Wärmeverbraucher über ein Fernwärmenetz mit Medi-

umkreislauf von einer zentralen Wärmeerzeugungsanlage versorgt. Als Medium hat sich Wasser wegen seines geringen Preises durchgesetzt. Kostenoptimierte F. bedingt einen größtmöglichen Temperaturunterschied zwischen Vorlauf und Rücklauf im Netz. Dabei sind die Rücklauftemperatur von der Art der Verbraucher, die Vorlauftemperatur von den Grenzen im Genehmigungsverfahren und vom höchsten Anlagendruck begrenzt. Das Versorgungsnetz kann oberirdisch, in Gebäuden oder unterirdisch verlegt sein. Bei unterirdisch verlegten → Rohrnetzen können die Mediumrohre bis zu Medientemperaturen von 60 °C aus Kunststoff bestehen; darüber sind sie aus Metall. Fernwärmeleitungen in Haubenkanälen werden vor Ort mit Mineralwollewärmedämmatten umhüllt und gegen Tropfwasser z. B. mit Teerpappe umwickelt. Direkt erdverlegte Fernwärmeleitungen werden vorisoliert angeliefert, verschweißt und an den Schweißstellen nachisoliert. Das äußere Schutzrohr kann bis zu einem Durchmesser von etwa 1 m aus Kunststoff, z. B. → Polyethylen, bestehen; über 1 m ist es aus Stahl mit Korrosionsschutz. Rohrleitungen mit Kunststoffmantelrohren isoliert man vorzugsweise mit einem Schaum, z. B. Polyurethan, der Mediumrohr und Mantelrohr fest verbindet (Verbundsystem). Als Treibmittel beim Schäumen wurden früher FCKW, heute Kohlendioxid oder Propan- und Butan-Mischungen verwendet. Bei Rohrleitungen mit Stahlmantelrohren kann zusätzlich zur Isolierung der Zwischenraum evakuiert werden. Dies verringert die → Wärmeverluste und ermöglicht eine einfache Schadensmeldung durch Überwachung des Vakuums. Andere Systeme sind auf feuchtigkeitsempfindliche Meldekabel angewiesen, die entlang des Rohrnetzes verlegt werden. Bei allen Fernwärmeleitungen sind die durch Temperaturschwankungen bedingten Längenänderungen zu berücksichtigen, z. B. durch Dehnungsstellen und Festpunkte. Als besonders vorteilhaft hat sich die F. in Kombination mit der Stromerzeugung (Kraft-Wärme-Kopplung) und zur schadstoffarmen Wärmeversorgung von Ballungsgebieten erwiesen. *Diehl*
Literatur: DIN 4747: Fernwärmeanlagen.

Fertigteilbau. Unter F. versteht man das Errichten eines → Bauwerks unter Verwendung von Fertigteilen. Diese werden nicht an der Verwendungsstelle hergestellt, sondern dorthin transportiert. Aus den Fertigteilen wird das endgültige Bauwerk zusammengesetzt. Im → Holzbau und im → Stahlbau war diese Bauweise schon immer üblich. Obwohl die Entwicklung des Stahlbetonbaus mit der Fertigung von Betonformerzeugnissen, die Fertigteile sind, begann, setzte sich die breite Anwendung von Fertigteilen im Stahlbetonbau bei der Errichtung von → Gebäuden erst Ende des Zweiten Weltkrieges und vor allem danach durch. *Mehlhorn*

Fertigteilwerk. Stationäre Fertigungsstätte, in dem Teile eines → Bauwerks vorgefertigt werden. Beson-

ders häufig sind Beton-F. des konstruktiven Ingenieurbaus, in dem z. B. Träger, Stützen, Wände, Treppen, Decken als Einzelelemente hergestellt, zur Baustelle transportiert und dort montiert werden. Dabei kann ein Bauwerk vollständig oder teilweise aus Betonfertigteilen hergestellt werden. *Drees*

Fertigungsfluß. Ablauf eines mehrstufigen Fertigungsverfahrens. Der F. ist so zu organisieren, daß ein möglichst kurzer Transportweg entsteht und die Abläufe einzelner Verfahren sich nicht gegenseitig behindern; wichtig bei der Einrichtung von → Baustellen. Alle Bestandteile der → Baustelleneinrichtung sind so anzuordnen, daß der F. auf das Bauwerk hin gerichtet ist (Antransport – Abladen – Zwischenlagern – Aufnehmen – Transport zur Einbaustelle – Absetzen – Einbauen). Es sind also Fertigungsstraßen zu installieren. *Drees*

Fertigungsgruppe. Organisatorische Einheit zur Ausführung von → Bauleistungen. Bei vorwiegend manuell ausgerichteten Arbeiten im Hoch- und Ingenieurhochbau (→ Betonbau, Mauerwerksbau) ist sie als Arbeitergruppe, bei vorwiegend maschinenintensiven Arbeiten (Straßendeckenbau, → Erdbau, → Tunnelbau) als Arbeiter-Maschinen-Gruppe zusammengesetzt. Es ist Aufgabe der Fertigungsplanung, den Einsatz der F. vorzubereiten und zu überwachen. *Drees*

Fertigungsvorbereitung. Synonym für Fertigungsplanung; Bestandteil der → Arbeitsvorbereitung, auch als → Ablaufplanung bezeichnet. *Drees*

Fertigungszeit. Die für die Ausführung einer → Bauleistung zur Verfügung stehende Zeit. Sie wird meist als Bauzeit bezeichnet, wenn es die Fertigung (Ausführung) eines gesamten Bauvorhabens betrifft; festgelegt in den Besonderen Vertragsbedingungen durch Angabe von Terminen. *Drees*

Festbeton.
☐ Porenraum. Wenn der → Frischbeton erhärtet, wird bis zur völligen Hydratation so viel Wasser chemisch gebunden, d. h. in den festen Zustand überführt, daß der Wassergehalt in einem guten Beton und damit der Zementsteinporenraum (→ Zementstein) um fast die Hälfte zurückgeht. Jede Verminderung der Hydratation (→ Erhärten) erhöht also den Porenraum und verschlechtert die Eigenschaften des F. Der Porenraum in einem guten Beton beträgt 8–12% (→ Porigkeit). Da die Hydratation und damit die Erhärtung in den ersten Tagen schneller abläuft als später, muß man den Beton ausreichend lange nachbehandeln, d. h. man muß ihn während der ersten Zeit des Erhärtens gegen schädigende Einflüsse, wie Hitze, Wind (Austrocknen), Kälte, strömendes Wasser (Auswaschen), chemische → Angriffe und → Erschütterungen, schützen. Besonders wichtig ist die Nachbehandlung

– bei Betonen, die an der Oberfläche sehr stark beansprucht werden, wie z. B. Beton, der hohen Widerstand gegen Frost, chemischen Angriff und Verschleiß haben soll,
– bei wasserundurchlässigem Beton,
– bei → Sichtbeton und
– bei dünnen Schichten, wie z. B. → Estrichen.

Für die Nachbehandlung kommen folgende Maßnahmen in Betracht: Feuchthalten durch Besprühen und feuchte Tücher, Schutz gegen Austrocknen durch Schutzdächer und Abdeckungen mit Gewebebahnen, Schilfmatten, Strohmatten, Kunststoffolien und Nachbehandlungsfilmen, die nach leichtem Abtrocknen des Betons aufgesprüht werden. Beim Besprühen mit Wasser ist plötzliches Abkühlen zu vermeiden, da es zu unerwünschten Temperaturspannungen führt. Da der Hydratationsverlauf und damit der Festbetonporenraum maßgebend von der Temperatur beeinflußt wird, muß während der kalten Jahreszeit dafür gesorgt werden, daß vor allem bei dünnen Bauteilen die im Beton erzeugte → Hydratationswärme nicht zu schnell abfließt.

□ Prüfung. Da Größe und Gestalt der Prüfkörper die Festigkeit beeinflussen, sind sie in den Prüfnormen festgelegt. Nach der Stahlbetonnorm DIN 1045 ist für die Einteilung in Festigkeitsklassen (→ Betondruckfestigkeit) die an Würfeln von 200 mm Kantenlänge ermittelte Druckfestigkeit maßgebend. International wird dagegen entweder der 150 mm-Zylinder oder 150 mm-Würfel empfohlen. Das Herstellen, Lagern und Prüfen der Prüfkörper ist in DIN 1048 geregelt. Bei der Prüfung wird der Prüfkörper zwischen Stahlplatten auf Druck beansprucht. Ohne Zwischenschichten ist eine freie Querdehnung nur außerhalb der unter Querdruck stehenden Doppelpyramide möglich. Der Beton bricht durch Zug-Scherspannungen entlang des Pyramidenrandes; die Doppelpyramide bleibt stehen (Bild). Beim Gütenachweis unterscheidet man zwischen
– Eignungsprüfung zur Bestätigung eines Mischungsentwurfs,
– Güteprüfung zur Kontrolle der laufenden Betonproduktion und
– Erhärtungsprüfung zur Bestimmung von Ausschal- und Vorspannterminen.

Bei der Erhärtungsprüfung werden die Prüfkörper auf oder neben zugehörigen Bauteilen gelagert, um die wirkliche Betonfestigkeit im Bauwerk festzustellen, während Eignungsprüfkörper und Güteprüfkörper bei normalen Bedingungen lagern (+ 20 °C, sieben Tage feucht, dann an Raumluft). Eine Prüfung der Betonfestigkeit im Bauwerk selbst ist daher immer eine Erhärtungsprüfung, deren Ergebnis fast immer niedriger als der Wert der entsprechenden Güteprüfung liegt. Die Prüfung im Bauwerk wird notwendig, wenn die Güteprüfung nicht ordnungsgemäß ausgeführt wurde oder unzureichende Ergebnisse brachte. Man kann sie zerstörend an Bohrkernen, die direkt einen Aufschluß über Gefüge und Druckfestigkeit geben, oder zerstörungsfrei vornehmen.

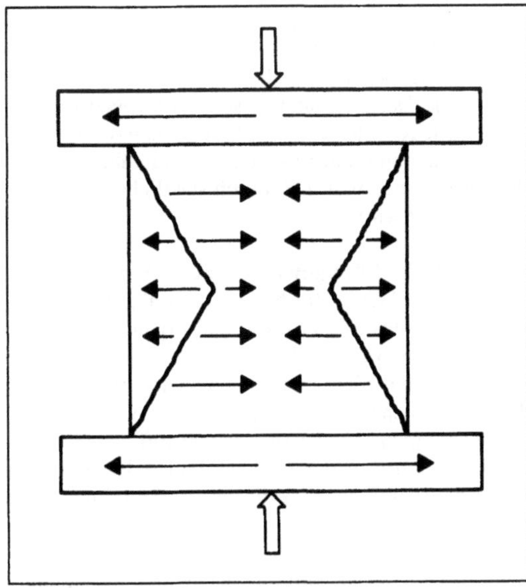

Festbeton: Spannungszustand in einem Betonwürfel während der Druckfestigkeitsprüfung.

Das zerstörungsfreie Prüfverfahren, das sich am meisten durchgesetzt hat und auch in DIN 1048, Tl. 2, genormt ist, besteht in der Messung des Rückpralls mit dem Rückprallhammer. Bei dieser Schlagprüfung trifft ein Schlagbolzen, der unter der Wirkung einer Feder beschleunigt wird, auf die Oberfläche des Betons. Die Schlagenergie wird z. T. für die Erzeugung eines bleibenden Eindrucks in der Betonoberfläche, z. T. für den elastischen Rücksprung des Schlaggewichtes verbraucht. Bei einem weiteren zerstörungsfreien Prüfverfahren schickt man einen Ultraschallimpuls durch den Beton, mißt die Schallaufzeit zwischen Sender und Empfänger und ermittelt daraus die Schallgeschwindigkeit, aus der man den → Elastizitätsmodul berechnen kann. Beide Verfahren haben den Nachteil, daß die Druckfestigkeit nur indirekt über die elastischen Eigenschaften bestimmt wird, denn der Zusammenhang zwischen Druckfestigkeit und Elastizitätsmodul unterliegt sehr großen Streuungen. Deswegen ist eine genauere Prüfung über große Flächen hinweg nur durch die Kombination von zerstörenden und zerstörungsfreien Prüfverfahren möglich (DIN 1048, Tl. 4) (→ Betonprüfung). *Wesche*

Festgestein. F. umfassen Sedimentgesteine, Magmatite (→ Plutonite, → Vulkanite) und → Metamorphite. *Mattheß*

Festpunktfeld. Gesamtheit der geodätischen Festpunkte, die der Vermessung der Erdoberfläche dienen und in einem einheitlichen geodätischen Referenzsystem bestimmt sind. Festpunkte sind dauerhaft vermarkte Punkte, deren Lage, Höhe oder Schwere in den entsprechenden Referenzsystemen vorliegen. Entsprechend werden Lage-, Höhe- und Schwerefestpunktfelder unterschieden. Die F. bilden die Grundlage für topographische Detailaufnahmen sowie für Detailvermessungen im Kataster und in der Ingenieurvermessung. Ihre Einrichtung und Erhaltung ist Aufgabe der Landesvermessung, die i. d. R. durch staatliche Dienststellen ausgeübt wird. *Pelzer*

Feststoffe in Fließgewässer. Feste Stoffe ausschl. Eis, die vom Wasser fortbewegt oder abgelagert werden. Schwimmstoffe (vorwiegend organische Stoffe) sind auf dem Wasser schwimmende F., Schwebstoffe stehen mit dem Wasser im Gleichgewicht oder werden durch Turbulenz in Schwebe gehalten. Als Sinkstoffe bezeichnet man abgelagerte Schwebstoffe. → Geschiebe (Bild) wird an der Gewässersohle bewegt. Der Schwebstofftransport ist die in der Zeiteinheit, die Schwebstofffracht die Summe der in einem bestimmten Zeitabschnitt, z. B. einem Jahr, durch einen Querschnitt transportierte Schwebstoffmasse; analoge Bezeichnungen gibt es für das Geschiebe. Als Schwebstoffgehalt wird die in 1 l oder 1 m³ Wasser enthaltene Schwebstoffmasse bezeichnet. *Lecher*

Literatur: *Vischer, D., u. A. Huber:* Wasserbau. 5. Aufl. Berlin, Heidelberg 1993.

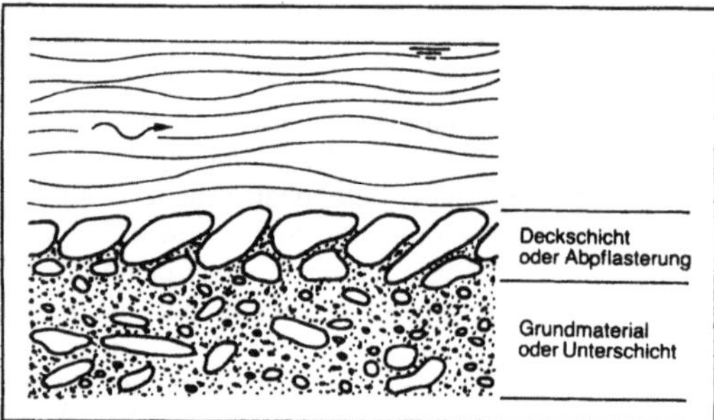

Feststoffe in Fließgewässer: An Gewässersohle abgelagertes Geschiebe. (Vischer/Huber 1993)

Feststoffherd. Örtlichkeit, aus der → Feststoffe in das Gewässer gelangen (→ Gewässerregelung, → Wildbachverbauung). Bei Sohleneintiefung wirkt die Gewässersohle als F. Uferanbrüche (Bild 1) entstehen vor allem durch Unterspülung der Uferböschungen, Feilenabbrüche durch in → Lockergesteinen oberflächlich abfließendes Wasser. Hangabschürfungen treten in erster Linie als Folge von Schneeschub (Ausbrechen von festgefrorenen Rasensoden) und Lawinen auf. Verwitterungswände finden sich als Steinschlagwände meist in → Festgesteinen, als abgrusende Wände meist in veränderlichen Gesteinen. Anbrüche als Folge von Rutschungen (Bild 2) sind durch Translations- und Rotationsrutschungen entstandene Wundhänge. Rutschmassen gelangen durch Translationsrutschungen,

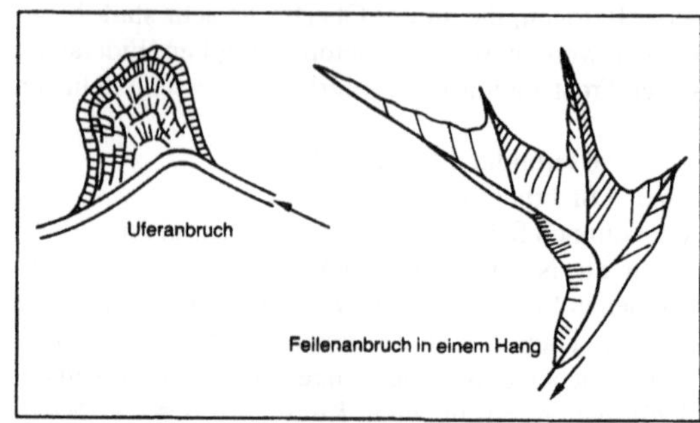

Feststoffherd 1: Anbruchformen. (H. Grubinger)

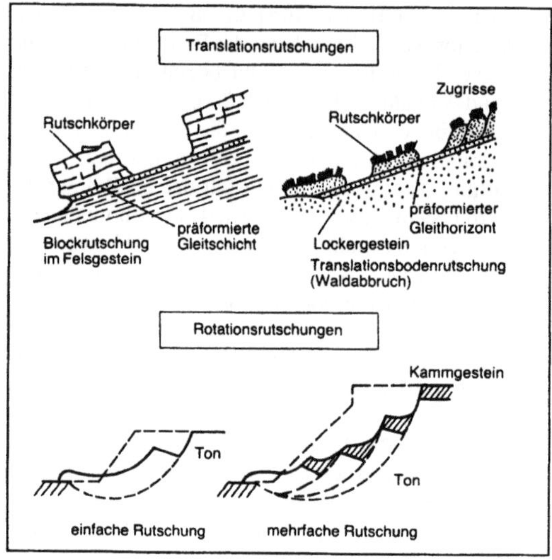

Feststoffherd 2: Rutschungen. (H. Grubinger)

Rotationsrutschungen und Talzuschübe in den Angriffsbereich oberirdisch abfließenden Wassers. Holzanhäufungen, z. B. Verklausungen (Verlegung des Abflußquerschnittes durch Wildholz), werden z. B. durch Waldabbrüche, Lawinen und Windwurf verursacht. Unmittelbar anthropogene F. können durch Baumaßnahmen, → Deponien u. a. entstehen. *Lecher*

Feststoffpumpe. Im Baubetrieb wird mit F. Beton mit relativ zäher Konsistenz (→ Betonpumpe) und → Spritzbeton im Naßspritzverfahren gefördert. *Kühn*

Feuchtedehnung (von Holz). Das → Schwinden und → Quellen (→ Holzbau), das in der Praxis auch als „Arbeiten" des Holzes bezeichnet wird, beruht auf einer Änderung des → Feuchtigkeitsgehaltes der Holzfasern, d. h. der Zellwände. Beim Austrocknen werden die Zellwände durch Kapillarkräfte und von einer Holzfeuchte von massebezogen rd. 15% ab durch die Abgabe von Wassermolekülen zwischen den Mizellen in den

Cellulosefasern zusammengezogen. Bei Befeuchtung geht der Vorgang umgekehrt vor sich. Das freie Wasser in den Holzzellen selbst hat auf Schwinden und Quellen kaum Einfluß. Daher tritt oberhalb des Fasersättigungsbereiches keine F. auf. Unterhalb dieses Bereiches ist die F. etwa linear von der Holzfeuchte abhängig. Auch beim eingebauten Holz muß also bei wechselnder Luft- und damit auch Holzfeuchte immer mit F. gerechnet werden. Wegen der Ausrichtung der Cellulosefasern und der unterschiedlichen Verformbarkeit der Holzzellen verhalten sich die F. von Nadelholz in Längs-, Radial- und Tangentialrichtung wie etwa 1 : 10 : 20. Bei den Laubhölzern, die ein stärker unterschiedliches Gefüge als Nadelholz aufweisen (Holz), können die Verhältniswerte von denen des Nadelholzes wesentlich abweichen. Insgesamt betragen die Maximalwerte der F. je nach Holzart und Rohdichte
– in Längsrichtung zwischen 0,1 und 0,6%,
– in Radialrichtung zwischen 2,2 und 7,4%,
– in Tangentialrichtung zwischen 3,6 und 13,0%.

Wie groß die F. von Holz ist, soll das Beispiel eines Fichtenholzbrettes von 140 mm Breite mit parallel zur Breite liegenden Jahresringen zeigen. Wenn sie durch Feuchtigkeitsaufnahme die Holzfeuchte massebezogen von 10 auf 30% erhöht, beträgt das Quellmaß in Richtung der Brettbreite etwa 7 – 10 mm.

Bei der Beurteilung und beim Vergleich von Schwind- und Quellmaßen ist zu beachten, daß diese entgegen der Terminologie bei anderen Baustoffen auf verschiedene Ausgangsmaße bezogen werden. So bezieht man das lineare Quellmaß auf die Länge im darrtrockenen Zustand, das lineare Schwindmaß dagegen auf die Länge im nassen Zustand. Durch die verschiedenen Bezugsmaße kann somit das lineare Quellmaß bei gleicher Größe des Schwindens und Quellens bis zu 1,5 Prozentpunkte größer als das Schwindmaß sein. Bei flächigen Holzwerkstoffen ist die Dickenquellung etwa 20mal so groß wie die Längen- und Breitenquellung. Diese starke Dickenquellung kann bei direkter Feuchtigkeitseinwirkung, z. B. bei Fassadenbekleidungen, zum Verwerfen und Ausbeulen führen. Bei Feuchtigkeitseinwirkung sollten daher nur Platten verwendet werden, deren Dickenquellung bei 24stündiger Wasserlagerung unter 10% liegt.

Das Stehvermögen, d. h. der Widerstand gegen sichtbare Verformungen und gegen das Reißen des Holzes, ist im wesentlichen vom Unterschied zwischen Schwinden oder Quellen in tangentialer und radialer Richtung, d. h. von der Anisotropie der F. abhängig. Besonders Angelique (*Basralocus*), Eiche, Buche und Keruing neigen zum Reißen und Verwerfen, wenn sie nicht sehr vorsichtig getrocknet werden. Durch das über den Querschnitt unterschiedliche Formänderungsverhalten und durch unterschiedliche Feuchten in Kern und Splint nehmen die Formänderungen vom Mark nach außen zu, so daß beim Austrocknen zu feucht gesägter Hölzer und auch bei späteren größeren Änderungen der Holzfeuchte unregelmäßige Verformungen auftreten (Bild).

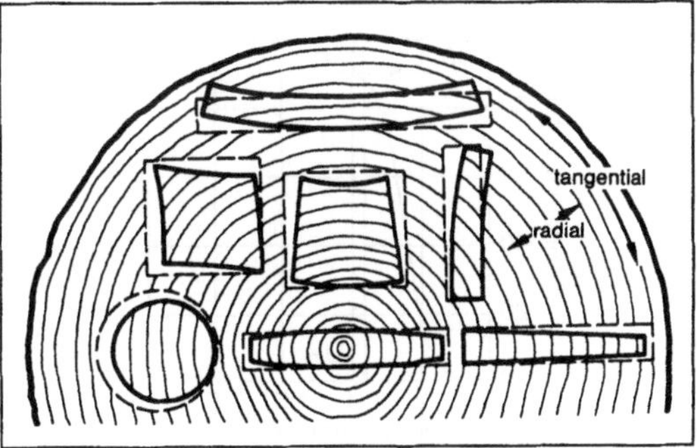

Feuchtedehnung: Verformungen durch F. je nach Lage im Querschnitt des Baumstammes. (US Forests Products Laboratory, Madison)

Der bei der Behinderung des Quellens von Holz entstehende → Quellungsdruck ist so groß, daß früher im Steinbruch Fels durch die Wassersättigung trockener Holzkeile abgedrückt wurde. Bei Feuchtigkeitsschäden kann der Quellungsdruck, z. B. von Parkettböden, zu Spannungen bis zu 5 N/mm^2 und dadurch zum Ausknicken bis zur Unbegehbarkeit von Böden oder zum Wegdrücken von dünnen Wänden führen. *Wesche*

Feuchtegehalt, praktischer. Unter dem p. F. eines Baustoffes versteht man den Feuchtegehalt, der bei der Untersuchung genügend ausgetrockneter Bauten, die zum dauernden Aufenthalt von Menschen dienen, in 90% aller Fälle nicht überschritten wird. Der p. F. dient vorzugsweise zur Festlegung des Rechenwertes der Wärmeleitfähigkeit λ_R von Baustoffen, da die Wärmeleitfähigkeit in hohem Maße vom → Feuchtigkeitsgehalt des Baustoffes beeinflußt wird. Die Ermittlung des p. F. geschieht wie folgt: Nach dem Entweichen der Baufeuchte und dem Sicheinstellen einer weitgehend konstanten Feuchte (Bild 1) werden aus dem Bauwerk Proben entnommen. Bei der Entnahme werden unterschiedliche Standorte (geographische Lage), unter-

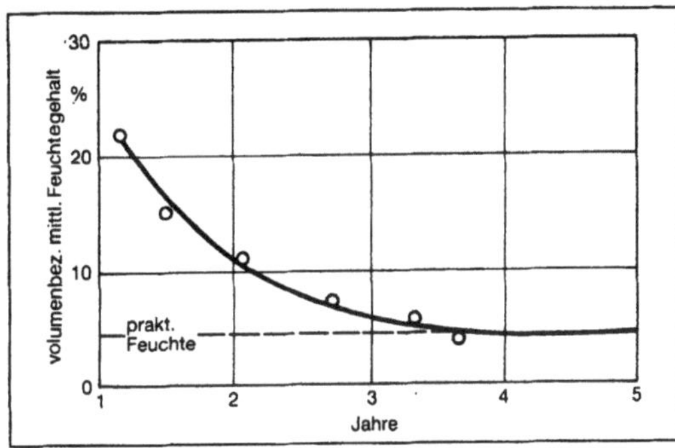

Feuchtegehalt, praktischer 1: Austrocknung einer nach Westen orientierten Außenwand.

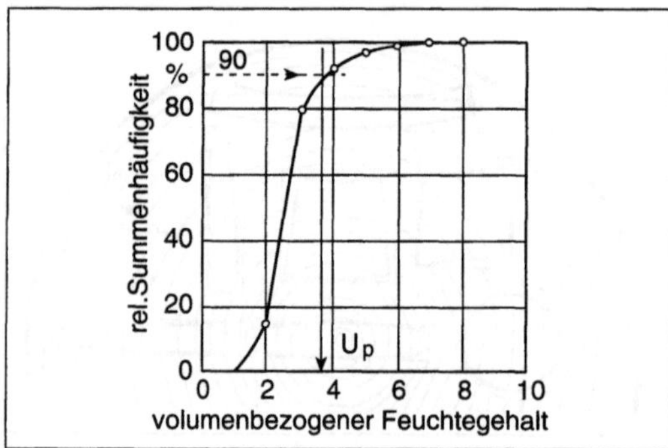

Feuchtegehalt, praktischer 2: Summenhäufigkeitslinie für den Feuchtigkeitsgehalt eines Bauteiles.

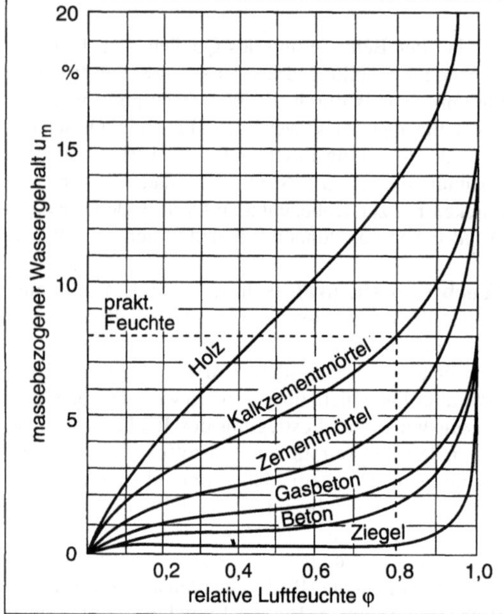

Feuchtegehalt, praktischer 3: Sorptionsthermen unterschiedlicher Baustoffe.

schiedliche Himmelsrichtungen (insbes. West- und Südlagen) sowie unterschiedliche Gebäudenutzungen berücksichtigt. Von den in der Regel am Ende der „Befeuchtungsperiode" (Ende März, April) entnommenen Proben wird der Feuchtegehalt durch Rücktrocknung gravimetrisch bestimmt. Den p. F. ermittelt man aus der Summenhäufigkeitslinie definitionsgemäß (Bild 2). Für neuartige Baustoffe oder in den Fällen, in denen eine Vielzahl von Proben nicht zur Auswertung zur Verfügung stehen, wird der p. F. an Hand der Sorptionsthermen bestimmt. Sorptionsthermen sind Kurven, die den Gleichgewichtszustand zwischen feuchter Luft und dem vom Baustoff aufgenommenen Wasser darstellen (Bild 3). Der p. F. der Baustoffe ist näherungs-

weise der Feuchtegehalt, der sich bei 80% relativer → Luftfeuchtigkeit einstellt. *Cziesielski*

Feuchteschutz. Feuchteschutztechnische Maßnahmen haben zur Aufgabe, das → Gebäude oder Teile des Gebäudes gegen Durchfeuchtung zu schützen. Die Beanspruchung des Gebäudes durch Wasser geschieht unterschiedlich:

☐ bei Beanspruchung durch → Niederschläge: → Witterungsschutz;

☐ bei Beanspruchung durch → Wasserdampf: → Wasserdampfdiffusion;

☐ bei Beanspruchung der im Erdreich befindlichen Bauteile durch im Boden vorhandenes Wasser: Der F. wird durch → Abdichtungen erzielt;

☐ bei Beanspruchung durch Wasser im Gebäudeinnern (Küchen, Bäder, Schwimmhallen): Der F. wird ebenfalls durch Abdichtungen erzielt.

Die Art der Abdichtung für Bauwerke im Erdreich sowie die Wahl der Abdichtungsmaterialien (Bild 1) ist vom Grundwasserstand sowie vom anstehenden Boden und seiner Schichtung abhängig. Nach DIN 18 195 werden unterschieden:

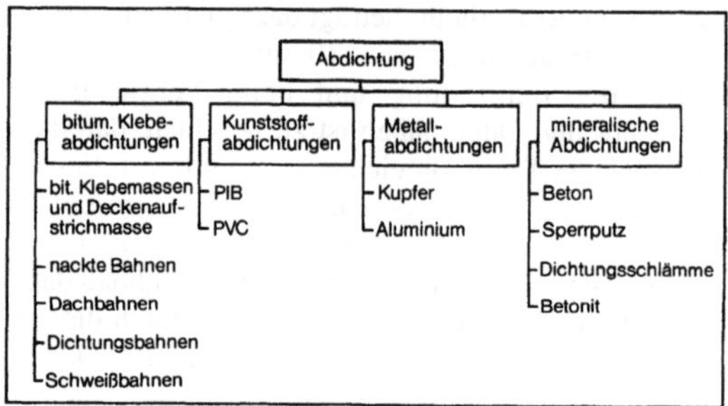

Feuchteschutz 1: Materialien zum Abdichten von Bauwerken.

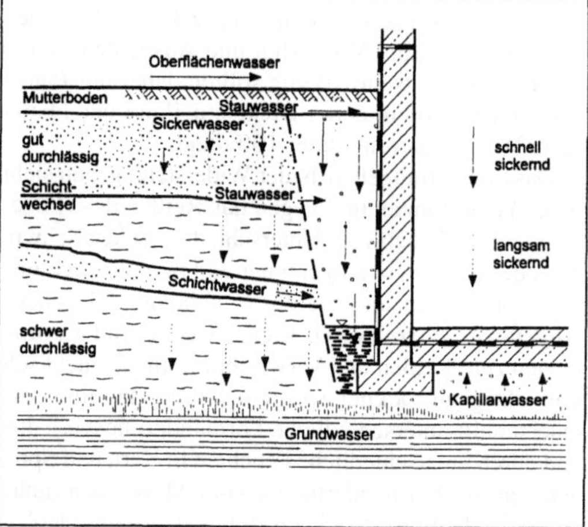

Feuchteschutz 2: Entstehen von Stau- und Schichtenwasser. (Muth)

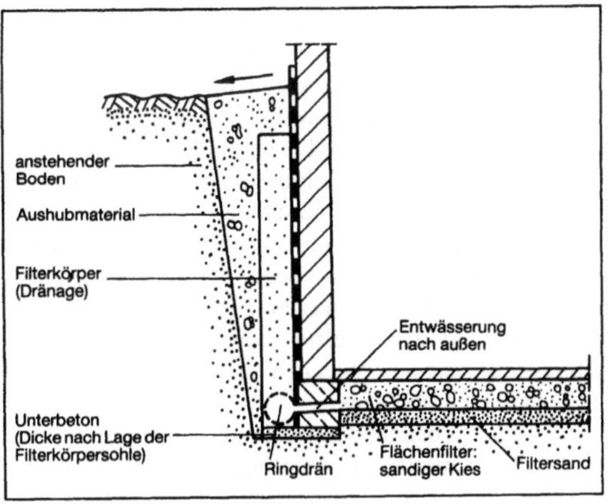

Feuchteschutz 3: Wanddränage im Prinzip.

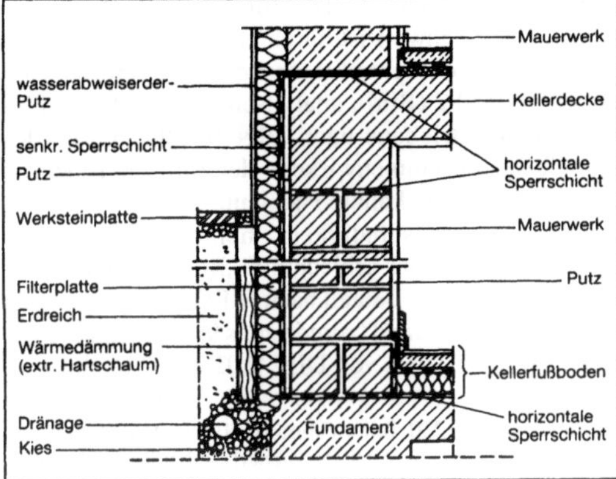

Feuchteschutz 4: Wanddränage im Detail.

– Abdichtung gegen Bodenfeuchtigkeit. Das Bauwerk steht im rolligen Erdreich (→ Sand, → Kies). Die Abdichtung der Kelleraußenwände besteht in der Regel aus bituminösen → Anstrichen.

– Abdichtung gegen nichtdrückendes Wasser. Das Bauwerk wird durch Schichtenwasser oder Stauwasser beansprucht (Bild 2). Damit das Wasser keinen Druck auf das Bauwerk ausübt, ist eine → Dränage vorzusehen. Unter einer Dränage versteht man einen unterirdischen Leitungsstrang sowie eine Flächenentwässerung zur Abführung des im Boden befindlichen Wassers vor dem Bauwerk (Bild 3 und 4). Das in der Dränage anfallende Wasser wird entweder in einen → Vorfluter (Bach, Fluß, See) geleitet oder in hinreichender Entfernung von dem zu schützenden Gebäude zum Versickern gebracht.

– Abdichtung gegen von außen drückendes Wasser. Das Bauwerk steht im → Grundwasser. Die Abdichtung besteht entweder aus mehreren Lagen bituminöser Bahnen (die Anzahl der Bahnen richtet sich nach der Ein-

tauchtiefe) oder aus Kunststoffabdichtungsbahnen. Die Bemessung und Konstruktion der Abdichtung führt man nach DIN 18 195 T. 6, aus. Alternativ kann das Bauwerk aus wasserundurchlässigem Beton hergestellt werden. Der Vorteil, Bauwerke aus wasserundurchlässigem Beton zu errichten, besteht gegenüber den bituminösen Abdichtungen und Kunststoffabdichtungen in folgendem:

☐ Die Konstruktion des Bauwerkes wird vereinfacht (erforderliche Mindesteinpressung, maximale Spannung, erforderliche Schutzschichten bei bituminösen Abdichtungen, Nahtausbildung bei Kunststoffabdichtungen).

☐ Der Bauablauf wird durch den Wegfall eines Gewerkes (Abdichtungsunternehmen) beschleunigt.

☐ Es besteht die Möglichkeit einer → Nachbesserung von „undichten" Stellen (innenseitiges → Verpressen von Fehlstellen).

Darüber hinaus entfällt weitgehend die Witterungsabhängigkeit, die bei der Ausführung von bituminösen Abdichtungen besteht.

Da durch den wasserundurchlässigen Beton in sehr begrenztem Umfang Wasser durch die Außenbauteile durchtreten kann, ist die Anwendung wasserundurchlässiger Betone als wasserdruckhaltende Dichtung insbes. dann zweckmäßig, wenn die geringe durchtretende Wassermenge verdunsten kann oder wenn zusätzlich wasserdichte Schichten innenseitig aufgebracht werden, z. B. → Gußasphalt, Epoxidharzbeschichtungen.

Cziesielski

Literatur: *Cziesielski, E.,* u. *M. Friedmann:* Gründungsbauwerke aus wasserundurchlässigem Beton. Bautechn. (1985) Nr. 4, S. 113/18. – *Lufsky, K.:* Bauwerksabdichtungen. Stuttgart 1983. – *Muth, W.:* Schäden an Dränanlagen. Bd. 17, 1996.

Feuchtigkeitsgehalt. Der F. frisch geschlagenen → Holzes liegt i. a. zwischen etwa 40 und 60% (massebezogen). Er kann in Extremfällen, z. B. im → Splintholz der Tanne, bis zu 200% erreichen. Beim Austrocknen wird zunächst das freie Wasser aus den Zellhohlräumen abgegeben. Anschließend erst verdunstet das Wasser aus den feineren Poren der wassergesättigten Fasern der Zellwände. Diese Grenzfeuchte zwischen den beiden Austrocknungsbereichen bezeichnet man als Fasersättigungspunkt. Da jedoch dieser F. beim gleichen Holz wegen seiner Abhängigkeit von der Rohdichte sogar im selben Stamm und im selben Querschnitt keine Konstante ist, spricht man besser vom Fasersättigungsbereich. Bei den europäischen Hölzern kann man mit Fasersättigung bei einer Holzfeuchte von massebezogen 22–35%, im Mittel von rd. 30% rechnen. An der unteren Grenze liegen Nadelhölzer mit hohem Harzgehalt und ringporige Laubhölzer, an der oberen Nadelhölzer ohne Kern und zerstreutporige Laubhölzer. Vom Fasersättigungsbereich ab bis etwa 15% wird das Wasser in den Kapillaren angelagert. Von 15–6% wird es durch Van-der-Waals-Kräfte und unterhalb 6% durch chemische Reaktion an die Cellulosefasern gebunden. Die mittlere Gleichgewichtsfeuchte des Holzes im Bauwerk beträgt etwa 6–25%. Sie hängt vom Querschnitt und von der Lage des Bauteils, von der relativen Luftfeuchte und von der Temperatur ab. Durch Änderung der Lufttemperatur um ±10 K ändert sich die Gleichgewichtsfeuchte um etwa ∓ 0,2 bis ∓ 0,5%. Splintholz ist i. a. feuchter als → Kernholz.

Holzwerkstoffe haben auf Grund ihres Leim- und Bindemittelgehaltes geringere Gleichgewichtsfeuchten als das in ihnen verarbeitete Holz. Da die Holzfeuchte fast alle Eigenschaften des Holzes maßgebend beeinflußt, sind Holzbauteile möglichst mit einem F. einzubauen, der etwa der zu erwartenden Gleichgewichtsfeuchte entspricht. Auf jeden Fall muß diese bei rascher Nachtrocknung in Kürze erreicht werden, ohne daß das → Tragwerk durch Schwindverformung beeinträchtigt wird. Die Feuchte von Holz für Leimbauteile darf höchstens 15% (massebezogen) betragen, soll aber möglichst im unteren Teil der genannten Feuchtebereiche liegen, weil bei → Feuchtedehnung → Quellen weniger zum Reißen führt als → Schwinden. → Bauholz wird nach seinem F. bezeichnet als trocken bis 20% (massebezogen), als halbtrocken bis 30%, bei Querschnitten über 200 cm² bis 35%, darüber als frisch. Bei Holzwerkstoffen dürfen je nach der Art des Werkstoffes F. von 12–21% (massebezogen), kurzfristig bis 25% nicht überschritten werden. *Wesche*

Feuer. Verbrennungsvorgang, der durch die Freisetzung von Wärme gekennzeichnet sowie von Flammen und/oder Glimmen und ggf. von Rauch (DIN 50060) begleitet ist. Der Begriff F. umfaßt als Oberbegriff sowohl bestimmungsgemäßes Brennen (Nutzfeuer) als auch nicht bestimmungsgemäßes Brennen (Schadenfeuer). *Kordina*

Feuerbeständig. Als f. werden in den → Bauordnungen → Bauteile aus nichtbrennbaren Baustoffen bezeichnet, die bei einem → Brandversuch nach DIN 4102 während 90 min Einwirkung des Feuers nicht selbst in Brand geraten, ihren Zusammenhang und ihre → Tragfähigkeit nicht verlieren und den Durchgang des Feuers verhindern. Als hochfeuerbeständig bezeichnet man Bauteile, die den Anforderungen an f. Bauteile während einer Prüfzeit von 180 min genügen. *Kordina*
Literatur: DIN 4102. Tl. 2 und 4.

Feuerbeständigkeitsprüfung. Sie soll klären, wie sich tragende und/oder raumabschließende → Bauteile im Brandfall verhalten. Wesentliche Einflüsse (nach DIN 4102 Teil 4, A.1.1):
☐ Brandbeanspruchung (ein- oder mehrseitig),
☐ verwendeter Baustoff oder Baustoffverbund,
☐ Bauteilabmessungen (Querschnittsabmessungen, Schlankheit, Achsabstände usw.),
☐ bauliche Ausbildung (Anschlüsse, Auflager, Halterungen, Befestigungen, Fugen, Verbindungsmittel usw.),

☐ statisches System (statisch bestimmte und unbestimmte Lagerung, einachsige oder zweiachsige Lastabtragung, Einspannungen usw.),
☐ Ausnutzungsgrad der Festigkeiten der verwendeten Baustoffe infolge äußerer Lasten und
☐ Anordnung von Bekleidungen (Ummantelungen, Putze, Unterdecken, Vorsatzschalen usw.).

Das Versagen eines raumabschließenden Bauteils führt zur Ausbreitung des Feuers. Handelt es sich z. B. um eine Wand, die auch tragende Funktion hat, so wird die Decke (i. d. R. selbst tragend und raumabschließend) zusammenbrechen, und das → Feuer breitet sich auch nach oben aus.

Ziel des vorbeugenden baulichen → Brandschutzes ist es, die Bauteilfunktion Raumabschluß und/oder → Tragfähigkeit solange zu erhalten, wie es die Zeit zur Rettung von Menschen und Tieren sowie für wirksame Löscharbeiten erfordert. Diese → Feuerwiderstandsdauer wird von der Baurechtsbehörde für das zu genehmigende Gebäude bzw. für dessen Bauteile festgelegt. Der Nachweis ist durch eine erfolgreiche F. zu erbringen, experimentell in besonderen Prüföfen nach DIN 4102 Teil 2 (Bild), analytisch in einfacheren Fällen des Industriebaus nach DIN 18230. Wegen des komplexen Zusammenwirkens der Einflußgrößen ist dies nur durch anerkannte Fachleute zu beurteilen. Der Begriff „Feuerbeständigkeit" heißt nicht, daß ein Gebäude trotz Feuer schlechthin „Bestand" hat; „feuerbeständig" ist ein Bauteil nach → Baurecht zu nennen, das im „→ Normbrand" mindestens 90 min lang widerstandsfähig im Sinne von DIN 4102 Teil 2 bleibt.

Rehm/Teichen
Literatur: DIN 18230 Teil 1 (Vornorm 1982): Brandschutz im Industriebau. – *Klose, A.*: Brandsicherheit baulicher Anlagen. Bd. 1, 2. Düsseldorf 1978, 1982. – *Kordina, K.*, und *C. Meyer-Ottens*: Beton-Brandschutz-Handbuch. Düsseldorf 1981. – *Kordina, K.*, und *C. Meyer-Ottens*: Holz-Brandschutz-Handbuch. München 1983.

Feuerbeständigkeitsprüfung: Anlage zur Prüfung wandähnlicher Bauteile auf Brandverhalten.

Feuerbeton. Für Bauteile, die hohen Temperaturen ausgesetzt sind, z. B. Kernreaktoren, Industrieöfen, Winderhitzer und → Schornsteine, kann hitzebeständiger und für die Auskleidung von Öfen sogar feuerfester Beton verwendet werden. Derartige Betone bewahren ihre physikalisch-mechanischen Eigenschaften in bestimmten Grenzen auch bei lange andauernder Einwirkung hoher Temperaturen, mit feuerfesten → Zuschlägen sogar bis +2 000 °C. Als → Bindemittel werden Tonerdezement, Wasserglas oder Phosphatbindemittel, ggf. bei speziellen feingemahlenen Zuschlägen auch Portlandzement verwendet. *Wesche*

Feuerfest. F. sind Stoffe, die während ihres Gebrauches hohen Temperaturen standhalten. Sie werden u. a. in Heizanlagen, Schmelzöfen und für Feuerschutzanzüge benützt. F. Steine sind künstlich hergestellte oder natürliche → Mauersteine, deren Schmelzpunkt je nach Bedarf 1 580 – 1 790 °C beträgt. *Kordina*
Literatur: *Schimpke, Schropp* u. *König*: Technologie der Maschinenbaustoffe. Stuttgart 1977.

Feuerhemmend. Als f. werden in den → Bauordnungen Bauteile bezeichnet, die beim → Brandversuch nach DIN 4102 innerhalb von 30 min nicht selbst in Brand geraten, ihren Zusammenhang und ihre → Tragfähigkeit nicht verlieren und den Durchgang des Feuers verhindern. *Kordina*
Literatur: DIN 4102. Tl. 2 u. 4.

Feuerlöschanlage. F. sind ortsfeste Anlagen, die einen Brand unmittelbar nach seinem Ausbruch selbsttätig löschen, zumindest begrenzen sollen. Sie werden insbes. in Ausstellungsräumen und Industrieanlagen, vielfach in Verbindung mit automatischen → Feuermeldeanlagen eingesetzt. Als Feuerlöschmittel kommen Kohlendioxid oder Wasser in Betracht, das durch → Sprinkleranlagen ausströmt. Als Löschgas darf Halon nicht mehr eingesetzt werden. In letzter Zeit wird „Inergen" empfohlen. Luftschaum verwendet man zum Schutz von Tankanlagen für brennbare Flüssigkeiten. Hierbei wird in der Regel ein Wasser/Schaummittel/Luft-Gemisch über Schaumerzeuger auf das zu schützende Objekt verteilt oder auf die Oberfläche der brennenden Flüssigkeit gebracht und so das Feuer erstickt. Löschpulveranlagen verwenden in der Regel Natriumbikarbonat, das als Pulverwolke aus einer Spritzdüse ausgestoßen wird. *Kordina*
Literatur: *v. Schwartz, E.*: Handbuch der Feuer- und Explosionsgefahr.– *Total-Walther*: Inergen-Löschanlagen.

Feuerlöscher. F., Hand-F. und tragbare Feuerlöschgeräte zur Bekämpfung von kleinen Bränden enthalten ein Feuerlöschmittel, das den Verbrennungsvorgang zu unterbrechen vermag. Diese Mittel wirken durch Abkühlen oder durch Ersticken, d. h. sie hemmen die chemische Reaktion. Der Standard-F. ist nur für gewöhnliche Brände geeignet (Brandklasse A), hingegen bei Bränden von Flüssigkeiten, Gasen oder elektri-

schen Anlagen, also bei Brandklasse B, C, D und E, ungeeignet. Für Brände dieser Art werden Luftschaum, Kohlendioxid und Löschpulver verwendet. *Kordina*
Literatur: *Kaufhold, F.*: Verbrennen und Löschen. – *v. Schwartz, E.*: Handbuch der Feuer- und Explosionsgefahr.

Feuerlöschwasserversorgung. Die F. umfaßt alle Maßnahmen mit dem Ziel, Wasser in ausreichender Menge und bei ausreichendem Druck aus dem Versorgungssystem für den Brandfall als Löschwasser über eine Löschphase von mindestens 30–45 min und evtl. auch länger bereit zu halten. Dabei ist die F. aus dem Trinkwassernetz eines Wasserversorgungsunternehmens (WVU) der Regelfall. Je nach der Bedeutung des zu schützenden Objektes kommt eine F. über Hydranten, → Sprinkleranlagen und Sprühwasseranlagen in Betracht. Dabei gelten für die Einrichtung und Auslegung der F. besondere Regeln des DIN, des → DVGW und des Verbandes Deutscher Sachversicherer (Köln). Während die aus dem Trinkwassernetz gespeisten Überflur- und Unterflurhydranten in bebauten Ortslagen etwa alle 100 m üblich sind, bringt man die Wandhydranten oft in Treppenhäusern – vor allem bei größeren Bauwerken, wie Kaufhäuser, Schulen, Krankenhäuser usw. – oder nahe an Ein- und Ausgängen unter, da dies im Brandfall der „Angriffsweg" der Feuerwehr ist. Die Schläuche – je nach Frostgefahr „naß" oder „trocken" – sind 25–30 m lang. Sprinkler – auch diese naß, d. h. ständig unter Wasserdruck, oder trocken, d. h. Wasserzutritt bei Bedarf automatisch, temperaturgesteuert oder von Hand über Ventile bzw. Schieber – sind Düsensysteme, die bei bestimmten Raumtemperaturen automatisch an den betroffenen Düsen oder temperatur- bzw. gasgesteuert von speziellen Sensoren aus für ganze Bereiche über größere Flächen einen Wasserschleier spritzen. Sprühwasseranlagen, die ähnlich über Düsen wirken, werden in speziellen Fällen, z. B. in brandgefährdeten Schächten und Kanälen, für Leitungssysteme eingesetzt. In der Regel ist ein Löschwasserdruck von 3–6 bar an der Spritzstelle erwünscht. Die Feuerwehr ist mit ihrem Gerät darauf eingerichtet, spezielle Löschaufgaben dann immer bewältigen zu können. *Pfeiff*

Feuermeldeanlage. F. bestehen aus fest installierten Meldern, die entweder von Hand bedient werden oder automatisch auf Temperaturerhöhung oder Rauch ansprechen. *Kordina*
Literatur: DIN 14 675.

Feuersturm. Er entsteht bei Flächenbränden in Stadtgebieten, wie z. B. als Folge eines Luftangriffs auf Hamburg in der Nacht vom 27. zum 28. Juli 1943. Wird ein großes Gebiet mit hoher → Brandlast nahezu gleichzeitig in Brand gesetzt, ruft der Sog der aufwärts strebenden heißen Brandgase eine intensive, zum Mittelpunkt des Brandgebietes hin gerichtete Windströmung hervor, die Orkanstärke erreichen kann. *Kordina*

Feuerübersprung. Als F. wird der Übergriff eines Brandes von einem Geschoß auf das nächst höhere bezeichnet. Der F. wird durch bestimmte Windrichtungen begünstigt, vor allem aber führt das Vorhandensein brennbarer Stoffe im Bereich der Fensteröffnungen des nächst höheren Geschosses oder die Verwendung brennbarer Baustoffe im Bereich der Fassade zum Feuersprung. Bei Hochhäusern ist in der Bundesrepublik Deutschland die Verwendung brennbarer Baustoffe im Bereich der Außenfassade untersagt.   *Kordina*
Literatur: Landesbauordnungen; Hochhausrichtlinien.

Feuerwiderstandsdauer. F. ist die Zeit in Minuten, in der ein Bauteil in einem Normbrandversuch die gestellten Anforderungen erfüllt.   *Kordina*

Feuerwiderstandsfähigkeit → Brandverhalten

Filmdicke → Schichtdicke

Filter, biologischer. Die Bezeichnung b. F. ergab sich zuerst aus dem Einsatz von Kompost, als man die bei der Abfallaufbereitung, z. B. bei einer → Kompostierung, auftretenden erheblichen Geruchbelästigungen beseitigen wollte. Es zeigte sich, daß eine rd. 60–100 cm hoch geschüttete, lockere Humusschicht die durchgeleitete, geruchbelastete Abluft weitestgehend von dem belästigenden Geruch beseitigen kann. Dieses System der Geruchbeseitigung wurde später auch in anderen Bedarfsfällen mit Erfolg eingesetzt, z. B. bei bestimmter belästigender Abluft in Anlagen der → Abwasserreinigung (→ Kläranlage) und neuerdings auch in gewerblichen und industriellen Anwendungsfällen. Wahrscheinlich wirken die im Kompost aus → Abfall enthaltenen verschiedenen Schwermetalle dabei auch katalytisch mit. Die Kapazität des b. F., solche Gase, die den Geruch verursachen, aufzunehmen, ist nicht unbegrenzt. Die → Filterschicht muß daher nach einer bestimmten Nutzungszeit erneuert werden. Bei geringer Belastung kommt man gelegentlich auch mit kleineren Schichthöhen des b. F. aus.   *Pfeiff*

Filter, mathematisches. Verfahren zur Veränderung der Eigenschaften von stochastischen Prozessen und Zeitreihen. M. F. dienen z. B. zur Glättung von Meßreihen oder zur Hervorhebung bestimmter Effekte in solchen Meßreihen. In weiten Bereichen der Naturwissenschaften und der Technik werden die Zustandsgrößen bestimmter Objekte (Temperaturen, Drücke, geometrische Größen usw.) kontinuierlich oder in bestimmten zeitlichen Abständen registriert, um Erkenntnisse beispielsweise über den Ablauf von Naturereignissen oder von Produktionsprozessen zu gewinnen. Das Ergebnis einer solchen Registrierung ist entweder eine kontinuierliche Zeitfunktion x(t) oder eine Zeitreihe der Form

$$x = [x_1\ x_2 \ldots x_n],$$

die als Ergebnis einer Abtastung der Zeitfunktion x(t) mit der Frequenz $v_A = 1/\Delta t$ aufgefaßt werden kann. Zeitfunktionen oder Zeitreihen enthalten gewöhnlich außer der interessierenden Funktion, dem Signal, noch vielfältige Störinformationen, die unter dem Begriff Rauschen zusammengefaßt werden. Die Hauptaufgabe eines m. F. besteht darin, das interessierende Signal vom Rauschen zu trennen.   *Pelzer*

Filteranlage. Mechanisch wirksame Reinigungsanlagen, in denen Feststoffe an der Oberfläche oder auch in der Tiefe netzartiger, durchlässiger Systeme in der Ebene oder räumlich zurückgehalten werden. F. dienen auch der → Entwässerung, z. B. von Schlämmen. Je nach der Feinheit der Durchgangswege des Filters können Stoffe bis zu molekularen Größen herausgefiltert werden. Je nach Druckstufe und dem Filtermedium sprechen wir von Micro-, Ultra-Filterung und „umgekehrte Osmose".   *Pfeiff*

Filtergeschwindigkeit. Die F. der *Darcy*-Gleichung (→ Durchlässigkeitskoeffizient) ist der Quotient aus dem Filterdurchgang (in m^3/s) und dem Querschnitt (in m^2) eines porösen Mediums. Sie unterscheidet sich von der tatsächlichen Geschwindigkeit der einzelnen Wasserteilchen im Porenraum zwischen den Gesteinskörnern (Bahngeschwindigkeit) und von der → Abstandsgeschwindigkeit, dem Quotienten aus dem horizontalen Abstand zweier Meßpunkte und der Fließzeit des Grundwassers zwischen diesen Meßpunkten.

Mattheß
Literatur: *Mattheß, G.,* u. *K. Ubell*: Allgemeine Hydrogeologie – Grundwasserhaushalt. Berlin, Stuttgart 1983.

Filtermaterial. Es besteht aus verwitterungsbeständigen körnigen Böden und muß Filterkriterien genügen. Filter werden an Schichtgrenzflächen eingebaut, um ein Ausspülen von Feinkorn durch strömendes Grundwasser zu verhindern oder aber um eine Sickerlinie in gewünschter Lage zu erzwingen. Wird verhindert, daß Feinkorn in den Filter gelangt, so ist das Material mechanisch filterfest. Das in den Filter einsickernde Wasser muß drucklos einem → Vorfluter zugeführt werden. Das F. muß dann so durchlässig sein, daß der Filter hydraulisch wirksam ist. An Hand von Filterregeln ist das F. so zu wählen, daß die beiden Filterkriterien „mechanische Filterfestigkeit" und „hydraulische Wirksamkeit" erfüllt sind. Nach *Lubockow* muß die Ungleichförmigkeitszahl eines F. < 15 sein, damit dieses gegen innere → Suffosion stabil ist. Für gleichförmige körnige Böden und gleichförmiges F. mit $U \leq 2$ ist die Filterregel von *Terzaghi* zutreffend. Danach muß die Körnungslinie des F. innerhalb eines bestimmten Korngrößenbereiches bei 15% Siebrückstand liegen. Die Bereichsgrenzen sind durch $4 \cdot d_{15}$ (hydraulische Wirksamkeit) und $4 \cdot d_{85}$ (mechanische Filterfestigkeit) festgelegt; d_{15} bzw. d_{85} sind Durchmesser der Körnungslinie des Bodens bei 15 bzw. 85% Siebrückstand.

Für Böden mit größeren Ungleichförmigkeitszahlen als $U = 2$ sollte das F. nach der Filterregel von *Cistin* (1968) festgelegt werden. Ergeben sich zu weit gestufte Körnungslinien für das F. ($U \geq 15$), so sind Stufenfilter vorzusehen. *Meißner*

Filterschicht. Eine F. wird zum Schutz von Sickerleitungen ($\rightarrow$ Entwässerung, $\rightarrow$ Straßenbau) erforderlich, wenn eine $\rightarrow$ Frostschutzschicht aus enggestuftem und grobkörnigem Mineralstoffgemisch und ein feinkörniger Boden vorhanden sind. Die dann zwischen $\rightarrow$ Planum und Frostschutzschicht anzuordnende F. von mindestens 20 cm Dicke muß filterstabil aufgebaut sein, damit der feinkörnige Boden nicht infolge einer inneren $\rightarrow$ Erosion in die Frostschutzschicht geschwemmt werden kann; ansonsten wäre die Wirkung der Frostschutzschicht nicht mehr gewährleistet. Für ungleichkörnige Böden und Filter kann man die Filterstabilität nach *K. Terzaghi* (Bild 1)

$$\frac{D_{15}}{d_{85}} \leq 4, \quad \frac{D_{15}}{d_{15}} \geq 4{,}5 \leq \frac{D_{50}}{d_{50}} \leq 10$$

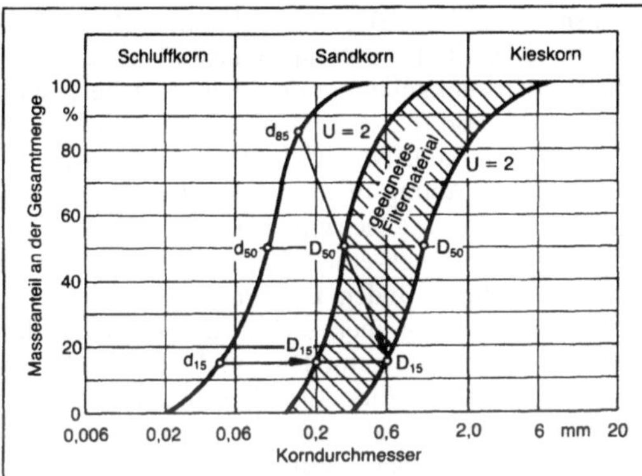

Filterschicht 1: Filterregeln nach Terzaghi.

oder nach *Cistin/Ziems* (Bild 2) bei Böden mit der Ungleichförmigkeitszahl $U > 2$ überprüfen:

$$U_d = \frac{d_{60}}{d_{10}}, \quad U_D = \frac{D_{60}}{D_{10}}, \quad A_{50vorh} = \frac{D_{50}}{d_{50}}$$

Eine F. aus $\rightarrow$ Filtermaterial kann auch durch ein $\rightarrow$ Filtervlies (Geotextil) ersetzt werden. *Beckedahl*

Filtervlies. Nach dem „Merkblatt für die Anwendung von Geotextilien im Erdbau" sind Vliesstoffe nach Filamentvliesstoffen oder Spinnfaservliesstoffen zu unterscheiden. Matten aus flächenhaft aufeinander gehäuften, regellos angeordneten Filamenten (endlose Fäden) oder 3 bis 15 cm langen Spinnfasern werden mechanisch und/oder adhäsiv bzw. kohäsiv verfestigt. Vliesstoffe setzt man überwiegend als Trennschicht und Filter ein. Die Wechselwirkung zwischen Boden- und Oberflächenstruktur des Vliesstoffes sowie die

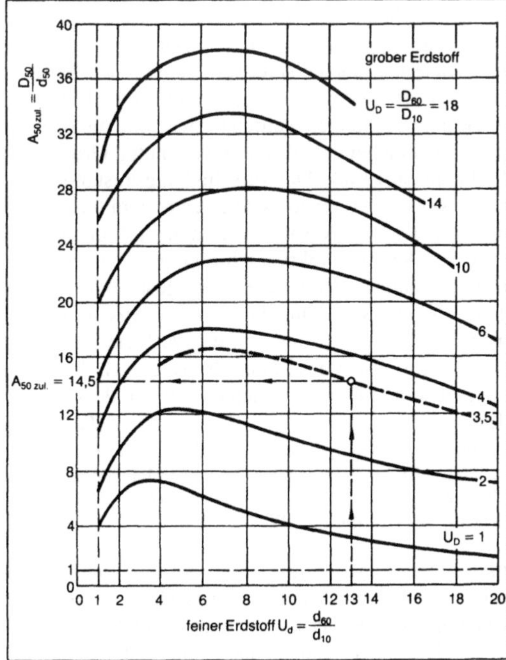

Filterschicht 2: Filterkriterium nach Cistin/Ziems.

großflächige Anpassungsfähigkeit des Vliesstoffes an die Unebenheiten der Auflage bestimmen im wesentlichen die Reibung und Haftung zwischen Boden und Vliesstoff. Die filtertechnischen Eigenschaften werden durch die wirksame Öffnungsweite und die Wasserdurchlässigkeit geprägt. Dicke Vliesstoffe lassen sich auch als Flächenfilter einsetzen. Ein F. muß mit der Öffnungsweite auf die zu trennenden Bodenarten abgestimmt sein, so daß eine mechanische Filterstabilität bzw. -wirksamkeit gewährleistet ist. Bemessen wird nach speziell hierfür aufgestellten Filterregeln, die in dem oben genannten Merkblatt enthalten sind. *Beckedahl*

Finite-Elemente-Methode. Die F.-E.-M. dient zur computerorientierten Berechnung von Baukonstruktionen unter statischen und dynamischen $\rightarrow$ Beanspruchungen. Sie ist vor allem für Variationsprobleme von Interesse, die näherungsweise gelöst werden. Zur Lösung der gegebenen Aufgabe zerlegt man das Grundgebiet durch gedachte Linien oder Flächen in einfache Teilgebiete, die finiten Elemente. Dabei wird angenommen, daß diese Elemente durch eine bestimmte Anzahl von Knotenpunkten an den Elementrändern miteinander verbunden sind. Eine solche Aufteilung ist vielfach schon durch das zu untersuchende $\rightarrow$ Tragwerk gegeben, z. B. bei Rahmentragwerken, Fachwerken. Bei zweidimensionalen Problemen, z. B. $\rightarrow$ Flächentragwerken, kann das Grundgebiet durch eine Unterteilung in Dreiecke, Parallelogramme, ggf. auch krummlinig berandete Elemente bei entsprechend feiner Diskretisierung gut approximiert werden. Bei dreidimensionalen Problemen sind entsprechend räumliche Elemente, wie z. B. Tetraeder, Quader, einzuführen. Bei Tragwerksuntersuchungen werden vorwiegend die Knotenpunktverschiebungen als die unbekannten Größen des Problems aufgefaßt. Der Verschiebungszustand innerhalb eines jeden Elementes läßt sich nun mittels zweckmäßig gewählter Ansatzfunktionen in Abhängigkeit von den Knotenpunktverschiebungen beschreiben. Damit ist dann auch der Verzerrungszustand im Inneren eines Elementes eindeutig bestimmbar. Aus diesen Formänderungsgrößen, den Anfangsverformungen und dem → Stoffgesetz des Materials ergibt sich der Spannungszustand im ganzen Element und an dessen Rändern. *Laermann*

Literatur: *Buck/Scharpf/Stein/Wunderlich*: Finite Elemente in der Statik. Berlin 1973. – *Schwarz, H. R.*: Methode der finiten Elemente. Stuttgart 1980. – *Zienkiewicz, O. C.*: Methode der finiten Elemente. München/Wien 1975.

First. Der höchste Punkt eines → Tunnelquerschnitts entsprechend dem Dachfirst eines Hauses, abgeleitet vom Fürst als oberster Instanz einer Feudalgesellschaft. Im süddeutschen Raum ist auch „die Firste" gebräuchlich. *Wagner*

Firstpfette. Im → First geneigter Dachflächen liegende → Pfette (→ Dachstuhl). *Dröge*

Fischaufstiegshilfe. Anlage, die Fischen und anderen Wasserlebewesen das Überwinden einer → Sohlenstufe ermöglicht; auch als Fischpaß oder Fischweg bezeichnet. F. (FAH) sind vorzusehen, wenn in einem Fließgewässer die Durchgängigkeit für Fische u. a. durch den Einbau von → Wehren, → Stauanlagen, Sohlenabstürze o. a. versperrt wird. Fischtreppen sind im oder neben dem versperrenden Bauwerk angelegte, kaskadenartig angeordnete Sohlenstufen. Fischschleusen gleichen in der Funktionsweise den Schiffsschleusen (→ Schleuse). Als Aalleitern eignen sich Rohre oder offene kastenförmige Gerinne, die mit Reisig locker ausgefüllt werden und durch die Wasser rieselt. Heute werden vorwiegend naturnah gestaltete, dem Fließgewässer (Bergbach, Niederungsgewässer) angepaßte F. gebaut. Den Weg zur F. finden die Fische usw. über das von oben über die F. abfließende Wasser, das als Lockstrom wirkt. *Lecher*

Literatur: Deutscher Verband für Wasserwirtschaft und Kulturbau (DVWK): Fischaufstiegsanlagen. DVWK-Merkblätter zur Wasserwirtschaft (1995), H. 228.

Fischsterben. F. kommt in meist örtlich begrenzten Bereichen der Gewässer infolge natürlicher oder anthropogen bedingter Einflüsse vor und ist gelegentlich auf bestimmte Spezies beschränkt. F. kann durch plötzlich auftretenden Sauerstoffschwund oder durch in Gewässer stoßweise eingeleitete Gifte vorkommen. Seltener ist F. durch langsames Absinken des Sauer-

stoffspiegels, z. B. bei längerem Niedrigwasser, in Trockenzeiten, in gestauten Flußabschnitten, bei geringer Verdünnung, fehlendem Wind, hohen Temperaturen und hoher Gewässerbelastung. Die Anzahl des in der Bundesrepublik Deutschland jährlich vorkommenden F. ist gering und nachweisbar mit der Verbesserung der → Gewässerreinhaltung zurückgegangen. *Pfeiff*

Flachbagger. Als F. bezeichnet man Erdbaugeräte, die den Boden im Flachschnitt lösen, laden, selbst transportieren und wieder flach einbauen. F. werden in Schürfgeräte und Planiergeräte unterteilt. Die wichtigsten Schürfgeräte sind:
- □ → Anhängeschürfwagen (Scraper),
- □ → Motorschürfwagen (Motorscraper),
- □ → Schürfraupen (Scrapedozer).

Schürfgeräte tragen zum Transport das abgetragene Material in ihrem Kübel, den sie selbst beladen. Die wichtigsten Planiergeräte sind:
- □ → Planierraupen,
- □ → Reifendozer,
- □ → Grader.

F. sind je nach der Bodentragfähigkeit teils mit Reifenfahrwerken, teils mit Raupenfahrwerken ausgestattet. Niederdruckgeländereifen haben dabei einen Bodendruck von $0,2-0,3$ N/mm^2; Moorketten erreichen Werte bis $0,002$ N/mm^2. F. werden bevorzugt zum großflächigen Abtrag relativ dünner Bodenschichten und zum Massenausgleich eingesetzt. Sie arbeiten unter günstigen Witterungsverhältnissen am effektivsten in schwach bindigem Boden. Das Einsatzgebiet ist i. d. R. ein verhältnismäßig ebenes Gelände mit nicht allzu großen Höhenunterschieden und Unebenheiten (Flächenbaustellen). Eine Ausnahme bildet die Schürfkübelraupe, die in beladenem Zustand noch Steigungen bis 20° bewältigt. Einen Anhaltspunkt für sinnvolle Förderweiten gibt Bild 1. Während manche F. im Kreisverkehr arbeiten und dabei immer vorwärtsfahrend an beiden Enden der Fahrstrecke 180°-Wendungen machen müssen, arbeiten andere durch Vorwärts- und Rückwärtsfahren im Pendelverkehr (Bild 2). Im F.-Betrieb arbeiten jeweils mehrere Geräte zusammen (Ideal: drei Scraper, eine Planierraupe, ein Erdhobel). Mit bestimmten Einschränkungen ist der F.-Betrieb das effektivste Fördersystem im → Erdbau. Im Gegensatz

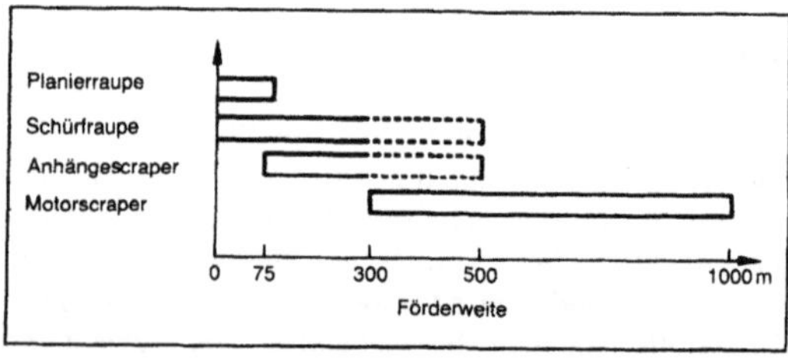

Flachbagger 1: Sinnvolle Förderweiten von F. unter normalen Einsatzbedingungen.

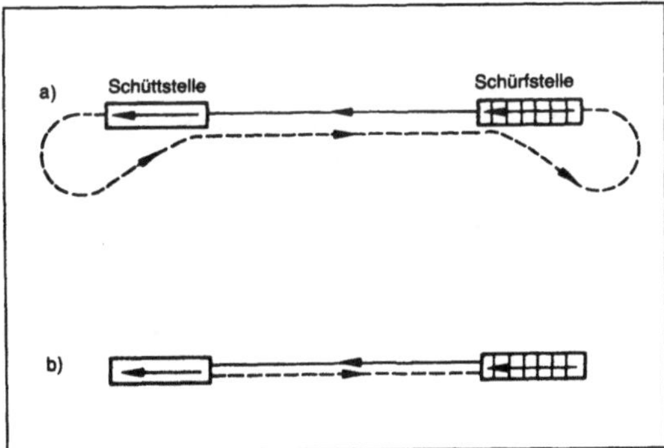

Flachbagger 2: Arbeitsweise von F.
a) Kreisverkehr: Scraper
b) Pendelverkehr: Schürfraupe, Planierraupe.

zu den USA findet er in Europa noch wenig Anwendung. Großflächige Baustellen, hohe Massenvolumen, schwachbindige Böden und trockenes Wetter sind Voraussetzungen für einen wirtschaftlichen Einsatz, die nicht immer gegeben sind. Ein Verband aus drei Motorscrapern, einer Schubraupe und einem Grader bildet die klassische Kombination bei diesem Arbeitssystem. *Kühn*

Flachbrunnen. Sie werden zur → Grundwasserabsenkung eingesetzt. Die → Wasserförderung geschieht mittels Kreiselpumpen, deren Saughöhe auf 7–8 m begrenzt ist. Die erreichbare Absenktiefe des Grundwasserspiegels beträgt 3–4 m (→ Brunnen, → Grundwasserabsenkung). *Meißner*

Flachdecke. F. sind großflächige Deckenplatten mit ebener Untersicht, die ohne Unterzüge oder → Haupt- und → Querträger außer an ihren Außenberandungen nur in einzelnen Punkten (Stützen) aufgelagert sind. Sie können als → Hohlplatten, auch orthotrop, ausgebildet sein (→ Trägerrost, → Pilzdecke, → Lift-Slab-Verfahren). *Laermann*

Flachgründung. Die Bauwerkslast wird über einen Gründungskörper, das → Fundament, flächenhaft in den Untergrund abgetragen. Das Fundament ist auf einer oberflächennahen, tragfähigen Bodenschicht gegründet. Die Gründungstiefe muß üblicherweise aber wenigstens 80–120 cm betragen, damit keine zusätzlichen Fundamentverschiebungen durch Witterungseinflüsse, wie Frost oder Austrocknung, entstehen. Die Lastabtragung vom Fundament auf den Untergrund muß nachgewiesen werden (→ Bodenmechanik). Von F. zu unterscheiden sind → Tiefgründungen, bei denen z. B. durch Pfähle die Bauwerkslasten in tiefergelegene Bodenschichten abgetragen werden. *Meißner*

Flachpreßspanplatte. Spanplatte, die im Flachpreßverfahren hergestellt wird. Zu Formlingen einge-
streute, beleimte Späne (härtbare Kunstharze) werden unter Druck und Hitze in Mehretagenpressen oder Bandpressen gepreßt und ausgehärtet. Die Späne sind in Plattenebene orientiert. Ein mehrschichtiger Aufbau, auch mit unterschiedlichen Spanqualitäten ist möglich. Preßspanplatten haben eine günstige Zug-, Druck- und Biegesteifigkeit in Plattenebene und eine geringe Zugfestigkeit rechtwinklig zur Plattenebene. Man verwendet sie in der Güte V 100 und V 100 G u. a. für bestimmte tragende und aussteifende Teile im Bauwesen. *Dröge*

Literatur: *Halász, R. v., u. C. Scheer* (Hrsg.): Holzbau-Taschenbuch. Bd. 1. 9. Aufl. Berlin 1996.

Flachstahldübel. Rechteckiger oder T-förmiger, aus Flachstahl hergestellter Einlaßdübel. Er überträgt Längskräfte von einem Holztragwerksteil auf ein anderes und ist durch Klemmbolzen gegen → Kippen zu sichern. Der rechteckige F. eignet sich gut zur Übertragung von Längskräften von Holz- auf Stahlteile, da er z. B. an Stahllaschen angeschweißt werden kann.

Dröge

Fladerschnitt → Tangentialschnitt

Flächenbedarf. Die Anlage eines jeden Verkehrswegs hat Auswirkungen auf die Umwelt. Hierzu gehört auch die Inanspruchnahme von Flächen, die damit einer anderen Nutzung entzogen werden. Die einzelnen Verkehrsträger haben einen unterschiedlichen F. bzw. Raumbedarf. Aufgrund der Spurführung beansprucht die Eisenbahn in der Regel weit weniger Platz als z. B. der Straßenverkehr. Von der Gesamtfläche Deutschlands entfallen ca. 5% auf Verkehrsflächen. Auf Straßen, Wege und Plätze entfallen 4,4%, die Flächen für Schienenwege, Luft-, Wasserverkehr beanspruchen nur 0,5% der Gesamtfläche. In den alten Bundesländern entfallen auf Straßen und Parkplätze etwa 11 300 Quadratkilometer, die → Wohnfläche bedeckt dagegen weniger als 25% davon.

Der unterschiedliche Raumbedarf wird auch bei der Gegenüberstellung von Regelquerschnitten für die verschiedenen Verkehrswege deutlich. Während die Eisenbahn für eine zweigleisige → Neubaustrecke nur eine Querschnittsbreite von 13,70 m benötigt, weist eine Bundesautobahn vergleichbarer Leistungsfähigkeit eine Breite von 29,0 m auf. Die Regelquerschnittsbreite des Main-Donau-Kanals beträgt 55,0 m.

Noch unterschiedlicher wird der Raumbedarf, wenn man Querschnitte gleicher Leistungsfähigkeit für den Nahverkehr betrachtet. Im großstädtischen Personenverkehr benötigt der Pkw rund 13mal soviel Verkehrsfläche wie die S-Bahn, um die gleiche Personenanzahl pro Stunde und Richtung befördern zu können. Bei den Bahnen und Bussen wird in diesem Beispiel eine Auslastung von 75% zugrunde gelegt, der Besetzungsgrad der Pkw mit 1,5 angenommen, was in etwa dem heutigen Durchschnittswert entspricht. *Kracke/Runge*

Flächenheizung. Bei der F. wird die Wärme durch den Raum umschließende Flächen übertragen. Dies können Decken, Wände, Fußboden oder vor diesen angeordnete Flächen sein. Die Wärme wird überwiegend durch Strahlung übertragen. Bei hohen Räumen läßt sich durch eine Flächenheizung im Aufenthaltsbereich gegenüber einer Beheizung mit überwiegend konvektiver Wärmezufuhr Energie einsparen, weil die Überheizung der Raumluft im Deckenbereich entfällt. Die F. weisen i. d. R. höhere Erstellungskosten als Luftheizungen oder Standheizflächen auf. Sie können jedoch durch Betrieb mit niedrigem Temperaturniveau und günstigem Energieverbrauch Betriebskosten einsparen. F. bestehen aus warmwasserführenden → Rohren mit parallelen, schneckenförmigen oder mäanderartigen Rohrführungen. Die Rohre können aus Stahl, Kupfer oder Kunststoff bestehen. Sie enden in einem gut zugänglichen zentralen Verteiler, an dem die Regel- und Absperrorgane angebracht sind. Auf der dem Raum abgewandten Seite des Rohrsystems befindet sich eine Wärmedämmung. Auf der dem Raum zugewandten Seite bevorzugt man gut wärmeleitende Baustoffe. Je dicker die Schicht dieses wärmeleitenden Baustoffs gewählt wird, desto gleichmäßiger sind die Oberflächentemperaturen und desto größer muß der Temperaturunterschied zwischen der Raumluft und dem Heizmedium sein. Bei der Verwendung von nicht diffusionsdichten Rohren müssen Korrosionsschutzmaßnahmen, wie Impfung des Heizwassers mit Chemikalien oder Trennung der korrosionsgefährdeten Anlagenteile durch Wärmeüberträger, beachtet werden. (→ Freiflächenheizung). Wird bei Wärmeüberschuß im Raum (zeitweilig) eine Kühlung verlangt, dann kann die F. ggf. auch Kühlaufgaben übernehmen, wenn sie an der Decke angeordnet und entsprechend konstruiert ist. *Diehl*

Literatur: DIN 4725: Warmwasser-Fußbodenheizung. Tl. 1 – 3. – DIN 4726 – 4729: Rohrleitungen für Warmwasser-Fußbodenheizungen.

Flächennutzungsplan. Der F. als vorbereitender Bauleitplan stellt die generelle Nutzung sämtlicher Flächen innerhalb eines Gemeindegebietes dar. Er wird für einen Zeitraum von 10 – 15 Jahren aufgestellt und sollte ständig den aktuellen Entwicklungsaufgaben der Gemeinde angepaßt werden. Der F. ist nicht parzellenscharf. Er beschränkt sich auf die Darstellung der → Bauflächen sowie auf die Standorte der wichtigsten öffentlichen Einrichtungen und sonstiger Infrastruktur und der land- und forstwirtschaftlichen Flächen. Als Erschließungsflächen werden i. d. R. die Hauptverkehrsstraßen, der schienengebundene Nahverkehr, die Bundesbahnstrecken und – soweit vorhanden – Flüsse und Kanäle dargestellt. Die Festsetzungen des F. binden die Behörden und andere Träger öffentlicher Belange, die an seiner Aufstellung beteiligt sind. Der einzelne Bürger wird insoweit betroffen, als die → Bebauungspläne aus dem F. entwickelt werden müssen. *Spengelin*

Flächentragwerk. Als solches wird ein → Tragwerk bezeichnet, dessen Abmessung senkrecht zur Fläche gegenüber den Randabmessungen klein ist. Ist die Fläche eine Ebene und werden nur Lasten eingeleitet, die in der Fläche wirken, nennt man das F. → Scheibe, wirken die Lasten senkrecht zur Fläche, nennt man es → Platte. Wenn die Fläche beliebig gekrümmt ist, so wird das F. als Schale oder → Schalentragwerk bezeichnet. Zu den F. sind auch die → Faltwerke zu zählen, bei denen die Beanspruchungszustände von Scheiben und Platten kombiniert auftreten. *Laermann*

Flammschutzmittel → Brandverhalten

Flammstrahlen → Oberflächenbehandlung

Flankenübertragung → Schalllängsleitung

Fließbeton. Beton mit Fließmitteln (Ausbreitmaß zwischen 41 und 50 cm) und F. (Ausbreitmaß zwischen 51 und 60 cm) weisen aufgrund der Zugabe von Fließmitteln eine kleine Konsistenz auf und können mit geringer bzw. ohne Verdichtung in die dichteste Lagerung gebracht werden. Wegen dieser Eigenschaft finden diese Betone im → Straßenbau dort Anwendung, wo große Maschinen nicht oder nicht wirtschaftlich eingesetzt werden können. Dies gilt insbes. für Reparaturarbeiten bei der Erhaltung von → Betondecken, Straßenverbreiterungen, für die Herstellung von Rad- und Wirtschaftswegen (→ Wegebefestigung) sowie für kleine Flächen und Flächen mit unregelmäßiger Begrenzung. Bei der Herstellung ist auf eine gute Durchmischung des Betons zu achten; dabei gibt man das Fließmittel wegen der schnell nachlassenden Wirkung unmittelbar vor dem Einbau zu. Die erforderliche Fließmittelmenge wird in der Eignungsprüfung ermittelt. Sie ist von der → Betonzusammensetzung, dem Fließmittel, der Temperatur und der angestrebten Konsistenz abhängig. Die Fließmittelmenge ist im Hinblick auf den Wasser-Zement-Wert dem Wassergehalt zuzurechnen. Der Einsatz von Betonen mit Fließmitteln bzw. von F. ist durch eine Neigung von etwa 3,5 % begrenzt, bis zu der eine ausreichende Ebenflächigkeit hergestellt werden kann. *Beckedahl*

Fließen. F. ist eine Formänderung, die durch Belastungen ausgelöst wird und die nicht mehr umkehrbar, d. h. plastisch bzw. bleibend ist. Fließerscheinungen treten bei Werkstoffen, die über ein plastisches Verformungsvermögen verfügen (Baustahl), in ausgeprägter Form auf. Das F. beginnt, wenn die → Beanspruchung des Bauteils einen bestimmten Grenzwert, die → Fließgrenze, erreicht hat. Bei weiter zunehmender Belastung treten überproportional zunehmende bleibende Verformungen auf. Fließerscheinungen haben im konstruktiven Ingenieurbau in zweifacher Hinsicht große Bedeutung:

☐ Gebrauchsfähigkeit: Bauteile, die unter Last bestimmte Funktionen erfüllen sollen, dürfen i. d. R.

nur kleine Verformungen aufweisen, die i. a. nicht größer als die unvermeidbaren elastischen Formänderungen sind. Fließerscheinungen sind in diesem Fall unerwünscht.

☐ Tragfähigkeit: Um die Tragfähigkeit eines Bauteiles oder Bauwerkes, bei dem die Verformungsanforderungen geringer sind, weitgehend auszunutzen, läßt man F. an bestimmten Stellen des Stabsystems zu und bestimmt die aufnehmbare Last des Bauteiles, die → Traglast, unter Berücksichtigung der entstandenen Fließzonen. Das Erfassen von Fließerscheinungen in dynamisch beanspruchten Bauteilen bzw. Bauwerken ist wegen der Abnahme der Ermüdungsfestigkeit (→ Ermüdung) i. a. nicht zugelassen (→ Kerbe).

Sedlacek/Scholz

Fließestrich. Selbstnivellierender → Estrich in fließfähiger Konsistenz, i.d.R. auf Gips- oder Anhydritbasis. *Schießl*

Fließgelenk. Bei Wirkung eines elastischen Grenzbiegemomentes beginnt die Randfaser eines Querschnittes zu fließen. Der Querschnitt hat seine elastische Grenztragfähigkeit erreicht (Querschnittsversagen). Ein Überschreiten des Grenzbiegemomentes führt zur Ausbreitung der Fließbereiche in Stablängsrichtung und vom Rand in den Querschnitt hinein. Kommt es zur Berührung der Fließbereiche an der Grenze Druck/Zug, ist der Querschnitt voll plastiziert und seine plastische Grenztragfähigkeit ist erschöpft (Bild a). Der Querschnitt kann keine weitere Last aufnehmen. Da die Fließzonenausbreitung in Stablängsrichtung i. a. schnell abnimmt, erhält man ausreichend genaue Ergebnisse, wenn diese Fließzonen vernachlässigt werden und die volle Plastizierung konzentriert nur in einem Querschnittspunkt, dem F., angenommen wird (Bild b). Dem F. ist dann das vom Querschnitt abhängige vollplasti-

sche Moment M_{pl} zugeordnet. Bei weiterer Laststeigerung in einem noch stabilen statischen System kommt es zur Drehung im F. und zur Bildung eines Knickwinkels. Das F. reagiert dann wie ein reibungsloses normales → Gelenk. Ein F. kann nicht nur bei Wirkung von Biegemomenten entstehen, sondern auch infolge von Normalkräften oder Querkräften oder bei einer Kombination dieser Schnittgrößen (→ Interaktionsbeziehung). Die Annahme von F. an Stelle der genaueren Ansätze mit Berücksichtigung der Fließzonenausbreitung in Stablängsrichtung (Fließzonentheorie) führt zu wesentlichen Vereinfachungen bei der Berechnung von plastischen → Grenzlasten (→ Traglast).

Sedlacek/Scholz

Fließgelenkkette. Ein Stabwerk wird bei zunehmender Belastung an Stellen mit relativer maximaler → Beanspruchung plastische Verformungen aufweisen, die zur Bildung von → Fließgelenken führen. Die Bildungsfolge der Fließgelenke läßt sich durch schrittweise elastische Rechnung finden, indem sukzessive nach Auftreten jedes einzelnen Fließgelenkes ein neues statisches System berechnet wird (Bild auf S. 254). Der → Grenzzustand ist dann erreicht, wenn die gebildeten Fließgelenke, die nach Definition wie reibungsfreie → Gelenke wirken, ein einfach statisch unterbestimmtes System ergeben, d.h. wenn das System zur kinematischen Kette mit einem Freiheitsgrad wird. Man bezeichnet diesen Mechanismus als F. und den zugehörigen vom System gerade noch aufnehmbaren Lastzustand als → Traglast. *Sedlacek/Scholz*

Fließgrenze. Beanspruchungsgrenzwert, der einen Fließvorgang auslöst. Während sich der Baustahl bis zur F. weitgehend elastisch verhält, treten mit ihrem Erreichen unvermittelt größere bleibende (plastische) Verformungen auf (→ Fließen). *Sedlacek/Scholz*

Fließspannung. Die F. entspricht der → Beanspruchung, bei der im Zugversuch das Fließen des Stahles gerade einsetzt. Sie hat im → Stahlbau als Bezugs- und Bemessungsgrenzwert (→ Bemessung, Stahlbau) eine außerordentlich große Bedeutung. Die F. des Baustahles, die aus dem Spannungs-Dehnungs-Diagramm hervorgeht, wurde aus Laborversuchen an genormten stabförmigen Probestäben unter reiner Zugbeanspruchung gewonnen. Bei beliebiger Beanspruchung hängt die F. auch von der Form des Bauteiles ab. Für Baustähle ist die F. in den Regelwerken einheitlich festgelegt. Sie beträgt bei den üblichen Baustahlsorten St 37 bzw. St 52 für Baustoffdicken t ≤ 40 mm 24 kN/cm² bzw. 36 kN/cm². Mit zunehmender Baustoffdicke (t > 40 mm) nimmt die F. ab. *Sedlacek/Scholz*

Floßgasse. Rinne für Floßbetrieb zwischen Ober- und Unterwasser, gegebenenfalls mit Einlaufverschluß (→ Bootsgasse). Die in vergangenen Jahrhunderten für die Holzbringung (Flößerei) wichtigen F. sind

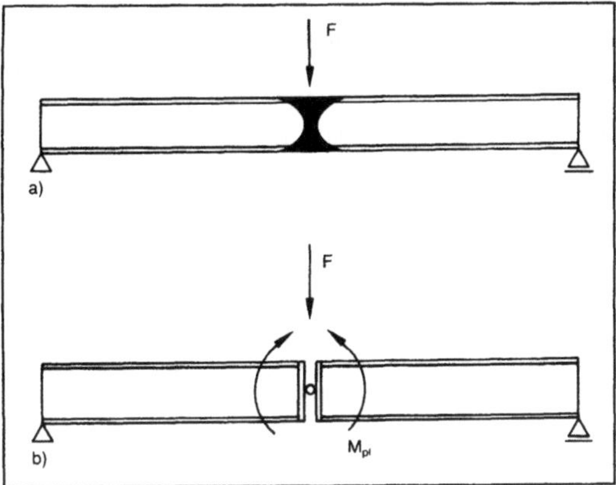

Fließgelenk: Balken auf zwei Stützen.
a) Fließzone
b) Fließgelenk.

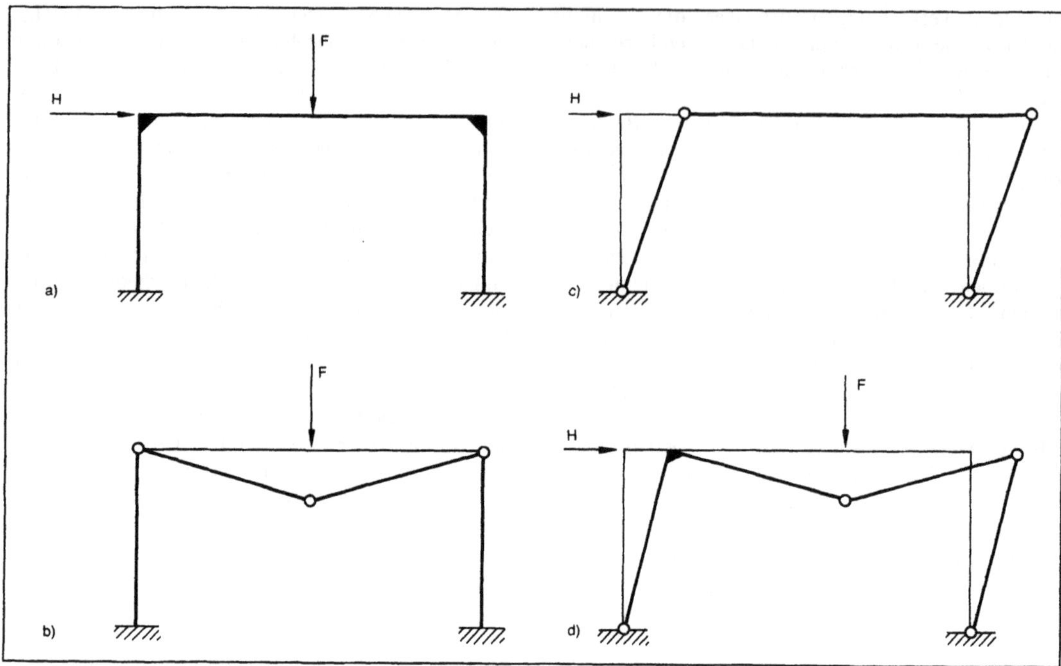

Fließgelenkkette: Eingespannter Rahmen.
a) System
b) Trägerkette
c) Verschiebungskette
d) Kombination aus Trägerkette und Verschiebungskette.

in Mitteleuropa heute nur noch historisch interessant. *Lecher*

Fluchtstollen. Ein als → Fluchtweg konzipierter Stollen. *Wagner*

Fluchtweg. F. sind durch besondere brandschutztechnische Maßnahmen geschützte Rettungswege. Rauchfreihaltung und Notbeleuchtung sowie Kennzeichnung der Fluchtrichtung zählen zu den wichtigsten Merkmalen von F. (→ Hochhausrichtlinien, → Rettungseinrichtungen). *Kordina*

Flügel eines Widerlagers. Seitliche Fortsetzung des → Widerlagers zur Aufnahme des → Erddruckes des Dammes des Verkehrsweges, der über die → Brücke überführt wird. *Mehlhorn*

Flügelsondierung. Feld- oder Laboratoriumsversuch zur Ermittlung der Scherfestigkeit c_u eines undränierten bindigen Bodens. Für die Felduntersuchungen gilt DIN 4096; vergleichbare Regeln gelten aber auch für die Versuche mit der kleineren Laborflügelsonde. Der Anwendungsbereich sind wassergesättigte bindige oder organische Böden, die eine weiche bis steife → Konsistenz mit einem oberen Grenzwert von etwa $c_u = 0{,}1$ MPa

haben. Das Flügelsondiergerät besteht aus der Flügelsonde, die am Ende eines Gestänges befestigt ist, der Drehvorrichtung für das Gestänge mit Sonde und einem Gerät zum Messen des Drehmomentes sowie des Drehwinkels. Die Flügelsonde (FS) besteht aus vier Stahlplatten, die jeweils einen Winkel von 90° einschließen. Bei Rotation entsteht im Boden ein Zylinder, der bei der Sonde FS 50 einen Durchmesser von 5 cm, bei der FS 75 einen solchen von 7,5 cm hat. Die Zylinderhöhe ist jeweils gleich dem doppelten Durchmesser. Als konstante Drehgeschwindigkeit wird üblich 0,5°/s gewählt. Dazu ist ein Drehmoment notwendig, das bis zu einem Höchstwert rasch wächst und danach langsam auf einen Grenzwert fällt. Für die Auswertung nimmt man vereinfachend an, daß eine gleichmäßige Verteilung der Scherfestigkeit c_u am Mantel und an den Stirnflächen des Bodenzylinders herrscht und c_u in allen Flächen gleich groß ist. Das Momentengleichgewicht liefert die gesuchte Scherfestigkeit c_u. Ausgeprägt plastische Tonböden zeigen bei langsamen Scherbewegungen wie z. B. Hangkriechen geringere Werte als die mit der Flügelsonde ermittelte → Scherfestigkeit. Es ist daher mit zunehmender Plastizitätszahl I_p bzw. steigender Fließgrenze w_l eine Abminderung von bis zu 55% (DIN 4014, Bild 2) vorzunehmen.

Meißner/Becker

Flüssigfolie. F. oder elastische Dichtungsschlämmen haben an Bedeutung gewonnen, seit es durch spezielle Modifikationen von elastomeren Bindemitteln gelang, unter Baustellenbedingungen einwandfreie Aushärtungen zu erzielen. Anwendungsbereiche sind Großbehälter aus Stahl und Beton sowie Auskleidungen von Tunneln, Kavernen und druckwasserdichten Wannen. Die relativ große Dicke macht die Elastomerbeschichtungen mechanisch unempfindlich. Die gummiartige Verformbarkeit erlaubt in bestimmtem Maße die Überbrückung sich bewegender Untergrundrisse. Die → Eigenspannungen, z. B. aus unterschiedlich temperierten Füllgütern, bleiben gering.　　*Sasse*

Flugplatzbefestigung. Die F. wird nach denselben Prinzipien wie die → Straßenbefestigung dimensioniert, hergestellt und unterhalten. Die Besonderheiten der Flugbetriebsflächen gegenüber den Straßenverkehrsflächen ergeben sich aus den speziellen Betriebserfordernissen für

☐ große Flugzeugfahrwerkslasten,

☐ komplexe Fahrwerkskonfigurationen,

☐ große Rollgeschwindigkeiten (bis zu 300 km/h) auf den Start- und Landebahnen, die hohe Anforderungen an die Ebenheit bzw. die zulässigen Unebenheiten, die → Griffigkeit und die → Entwässerung (→ Straßenbau) der Fahrbahnoberflächen bedingen,

☐ Flugzeugabstellflächen mit hohen Beanspruchungen durch ruhenden Verkehr.

Die Verkehrsstärke (Anzahl der Fahrzeuge je Zeiteinheit und Fahrbahnquerschnitt) ist für Flugbetriebsflächen allerdings wesentlich geringer als für hoch frequentierte Straßen. Die → Decken von F. werden wie im Straßenbau aus → Asphalt oder → Zementbeton hergestellt. Wegen der begrenzten Belastbarkeit der Decke müssen die Flugzeugradlasten limitiert werden; sie betragen maximal rd. 250 kN. Außerdem dürfen die von den Radlasten erzeugten Oberflächenbeanspruchungen der Befestigungen bestimmte Grenzwerte nicht überschreiten. Die maximal verträgliche vertikale Oberflächenpressung beträgt ungefähr 2 N/mm² (zum Vergleich: maximal zugelassene Radlast auf Straßen 57,5 kN Oberflächenpressung ≤ 1 N/mm²). Zur Aufnahme der Flugzeuggesamtgewichte von bis zu 4 000 kN werden deshalb komplexe, vielrädrige Fahrwerke mit großen Reifen bzw. Reifenaufstandsflächen benötigt (Bild 1).

Aus Gründen der Verkehrssicherheit müssen neben den Start- und Landebahnen Sicherheitsbereiche sowie maximale Quer- und Längsneigungen eingehalten werden (Bild 2). Zur Orientierung der Flugzeugführer sind in den Decken der Flugbetriebsflächen Befeuerungen installiert. Die Start- und Landebahnen (S/L-Bahnen) werden mit den Abfertigungs- und Abstellflächen durch Rollbahnen verbunden. Die Abfertigungsflächen dürfen wegen der einerseits notwendigen Oberflächenentwässerung und der andererseits zu begrenzenden Schrägstellung der Flugzeuge und Versorgungsfahrzeuge nur

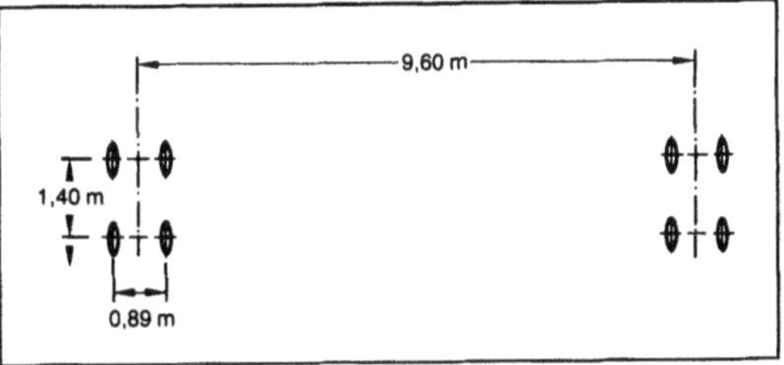

Flugplatzbefestigung 1: Hauptfahrwerke Airbus A 300-B4.

maximale Startmasse: 153 t
maximale Radlast: 180 kN
Reifengröße: 46″×16″
Reifeninnendruck: 12,8 bar
maximale vertikale Oberflächenpressung: 1,3 N/mm²

Neigungen im Bereich 0,5 % ≤ q ≤ 1 % aufweisen. Das → Oberflächenwasser muß wegen der eventuellen Verschmutzung durch Treibstoffe und Enteisungsmittel gesondert gesammelt und gereinigt werden. Die Asphaltbeläge und Fugendichtungen müssen treibstoffresistent sein. Wegen der gelegentlichen Verwendung von intensiv wirkenden Enteisungsmitteln, Harnstoffen, Alkoholen und Tausalzen müssen alle Decken von Flugbetriebsflächen besonders verwitterungsbeständig sein.

Im Gegensatz zu den standardisierten Straßenbefestigungen dimensioniert man F. jeweils individuell mittels empirischer bzw. theoretischer Methoden. Zu den empirischen bzw. empirisch-theoretischen Verfahren gehören die LCN- sowie die ACN/PCN-Methoden (Load-Aircraft-Pavement-Classification Number), die für Bauweisen mit → Asphaltdecken auf der CBR-Bemessungsmethode und für Bauweisen mit Zementbetondecken auf der Theorie elastisch gebetteter Platten beruhen. Sie sind relativ ungenau, so daß immer mehr die zuverlässigeren, jedoch rechenaufwendigen analytisch-theoretischen Methoden, die auf den kontinuumsmechanischen Theorien mehrschichtiger und finiter Elemente basieren, zum Einsatz kommen (→ Bemessung, → Straßenbefestigung). Als Richtwerte für die (mindestens) erforderlichen Befestigungsdicken können die Bauweisen der Bauklasse SV für Straßenbefestigungen zugrunde gelegt werden. Je nach Größe und Menge der Verkehrslasten ist die Dicke der gebundenen → Tragschicht zu erhöhen (Bild 3). Wegen der thermoplastischen Eigenschaften von Asphalt und der relativ großen Kontaktpressungen erhalten die Abfertigungsflächen (ruhender Verkehr) vorzugsweise eine Betondecke. → Spannbetondecken wendet man nur ausnahmsweise an, da ihre Herstellung und insbes. ihre Instandsetzung sehr kostspielig ist. Die Betondecken sind aus Gründen der rationellen Herstellbarkeit und Unterhaltung wie im Straßenbau i. d. R. unbewehrt und müssen durch → Fugen unterteilt werden. Hierauf ist im Flugplatzbau wegen der ausgedehnten Flächen

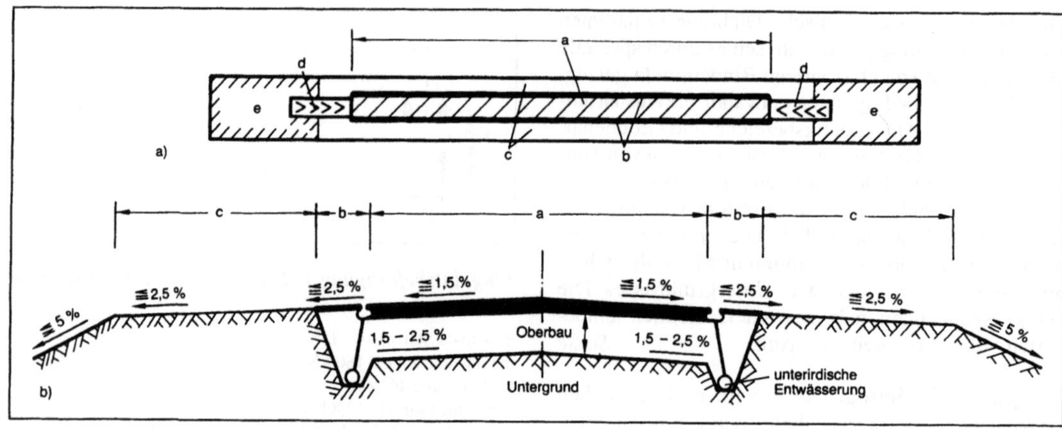

Flugplatzbefestigung 2: Start- und Landebahn.
a) Grundriß
b) Querschnitt.

a ☐ S/L-Bahn
2000–4000 m lang, 30–60 m breit, abhängig von maximaler Flugzeuggröße und Flugweite; Längsneigung ≤ 1,25%.
b Schulter
Breite 7,5 m mit schwacher Befestigung, nur zum Schutz der außenhängenden Triebwerke
c Sicherheitsbereich
50–150 m breit, für Bergungsarbeiten und zur Schneeräumung
d Überrollbereich
50–150 m lang, schwache Befestigung oder dauerhaft mit Rasen bepflanzt, zur Vermeidung triebwerksbedingter Erosionen
e Auffangbereich
200–300 m lang, für mißlungene Start- und Landevorgänge

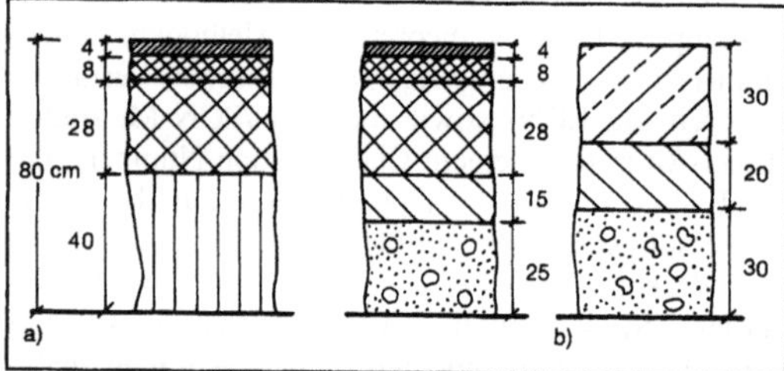

Flugplatzbefestigung 3: Ausführung von Befestigungen.
a) Asphaltdecken.
b) Unbewehrte Betondecke.

Fugenabstand: ≤ 7,5 m

(S/L-Bahnen, Abfertigungsfelder) und der Betriebsunterhaltungskosten erhöhte Sorgfalt zu verwenden.

An die Griffigkeit, Ebenheit (→ Befahrbarkeit) und Entwässerung der Aufsetzbereiche der S/L-Bahnen (Landebereich) werden wegen der großen, nicht beeinflußbaren Landegeschwindigkeiten besonders hohe Anforderungen gestellt, deren Einhaltung durch Prüfungen in kurzen Intervallen kontrolliert wird. Die Präzisierungen dieser Anforderungen befinden sich noch in der Entwicklung. *Beckedahl/Gerlach*

Literatur: Hinweise für den Bau von Betondecken auf Flugplätzen. – Richtlinien für den Oberbau mit bituminösen Decken auf Flugplätzen.

Flußgebietsmodell. Kombination deterministischer hydrologischer Modelle für die Abflußbildung (N-A-Modelle, → Niederschlag-Abfluß-Beziehung) und der Transformation in Gewässerstrecken (Flood-Routing-Modelle, → Hochwasserwellenablauf). Der Zweck der F. ist die Simulation von Abflußganglinien in Flußsystemen. Angewandt werden sie zur Analyse und Synthese des Abflusses sowie zur Berechnung der Auswirkungen geplanter Maßnahmen, wie z. B. Anlage und Betrieb von Speicherbecken, → Gewässerregelung, → Hochwasser- und → Gewässerschutz, Änderung der Landnutzung. Grundlage eines F. ist die Aufteilung des im → Einzugsgebiet vorhandenen Gewässernetzes. Für die jeweils untersten Punkte jedes Teilgebietes können als Ergebnis der Arbeit Abflußdaten bereitgestellt werden. *Lecher*

Literatur: *Ludwig, K.:* Bewirtschaftungspläne. Deutsche Gewässerkundl. Mitt. 27 (1983), S. 91/96.

Flußsperre. → Stauanlage, die im wesentlichen nur den Fluß und nicht die ganze Talbreite absperrt. Sie besteht aus → Absperrbauwerken (→ Wehr mit Stauhaltungsdämmen bzw. → Deichen und gegebenenfalls Flußkraftwerk und → Schleuse) und der Stauhaltung (→ Staustufe). *Lecher*

Fluxbitumen. Für → Asphaltbeton im Warmeinbau sowie zum Anspritzen für eine → Oberflächenbe-

handlung verwendet man F. als → Bindemittel. F. wird aus Destillationsbitumen (→ Straßenbaubitumen) durch Fluxen (Verschneiden) mit schwerflüchtigen Ölen auf Mineralölbasis hergestellt. Sie können bei Temperaturen von 80–130 °C verarbeitet werden. Nach DIN 1995 enthält Fluxbitumen rd. 15% Öle. Wegen der geringen → Viskosität neigt F. zum Ablösen von Gesteinsoberflächen bei Wasserzutritt. Daher werden sie mit Haftmittelzusatz geliefert. *Beckedahl*
Literatur: DIN 1995: Bituminöse Bindemittel für den Straßenbau.

FMEA (Abk. Fehler-Möglichkeiten und Einfluß-Analyse; failure mode and effective analysis) → Qualitätsmanagement-Werkzeuge

Fördergerät. Sammelbezeichnung für alle Materialtransportgeräte, mit denen Schütt- oder Stückgut absatzweise oder kontinuierlich mehr oder weniger horizontal befördert wird. Dazu gehören Bandförderer, → Schneckenförderer, → Luftförderanlagen, die gleisgebundenen F., wie → Lokomotiven und Förderwagen, die → Lastwagen, Schlepper und Anhänger und → Verteilermaste. *Kühn*

Folie. F. aus weichgemachten Thermoplasten und aus Elastomeren haben in weiten Bereichen des Bauwesens die traditionellen bituminösen Dach- und Dichtungsbahnen verdrängt; für die wichtigsten Bereiche liegen Normen vor. Gemeinsame Merkmale der zahlreichen marktüblichen Materialien sind einfache Verlegbarkeit (teilweise großflächig vorkonfektioniert), hohe Reißdehnung, Verrottungsbeständigkeit (Tabelle). *Sasse*

Formänderungsarbeit. Wird ein → Tragwerk belastet, so erfahren die Lastangriffspunkte elastische Verschiebungen, und die äußeren Kräfte leisten Arbeit. Wirken die Kräfte so langsam ein, daß keine kinetische Energie entsteht, so wird die zugeführte Energie ausschließlich zur Erzeugung der Deformation des Tragwerks aufgewandt; man bezeichnet die Energie als F. oder Formänderungsenergie. Für den Verschiebungszustand von Stab- und Fachwerken gelten die Minimalbedingungen der → Elastizitätstheorie, nach der die F. zum Minimum wird. *Laermann*

Formbeiwert. Darunter versteht man in der Fließgelenktheorie den querschnittabhängigen Beiwert

$$\alpha = \frac{W_{pl}}{W_{el}} = \frac{\text{plastisches Widerstandsmoment}}{\text{elastisches Widerstandsmoment}},$$

der zur Berechnung der vollplastischen Momente M_{pl} von Walzprofilen verwendet wird:

$$M_{pl} = \sigma_F \cdot \alpha \cdot W_{el},$$

mit σ_F als → Fließspannung. Für die Walzprofilreihen I, IPE, IPEo, IPEv, HEA, HEB, HEM sind die F. α in DAST 008 (Richtlinien zur Anwendung des Traglastverfahrens im Stahlbau) zusammengestellt. *Sedlacek/Scholz*

Fräsen → Oberflächenbehandlung

Freibord. F. ist der lotrechte Abstand zwischen der Krone eines Flußdeiches oder eines → Absperrbauwerkes einer → Stauanlage und dem Wasserspiegel beim Bemessungshochwasser oder dem höchsten → Stauziel (Bild). Er setzt sich aus den Höhen infolge Windstaus, Wellenauflaufs, Eisstaus und einem konstruktiven

Folie. Tabelle: F. im Bauwesen.

Kunststoffart	PVC weich	PE-HD	PIB	ECB	EPDM	CR
Verbindungsart						
thermisches Schweißen	×	×	×	×	–	–
Quellschweißen	×	–	×	–	(×)	–
Kleben	–	–	(×)	–	×	×
Verwendungsart						
Dachbahnen	×	–	×	×	–	×
Bautenabdichtung allgemein	×	–	×	×	×	–
Ingenieurtiefbau	×	–	×	–	–	–
Erdbau (Dämme, Deponien, Straßenunterbau)	×	×	–	–	–	–
Wasserbehälter, Stollen, Tunnel	×	×	–	–	–	–
Dehnfugenbänder, Profile	×				×	×
Dampfsperren, Dachunterspannbahnen		×	–	–	–	–

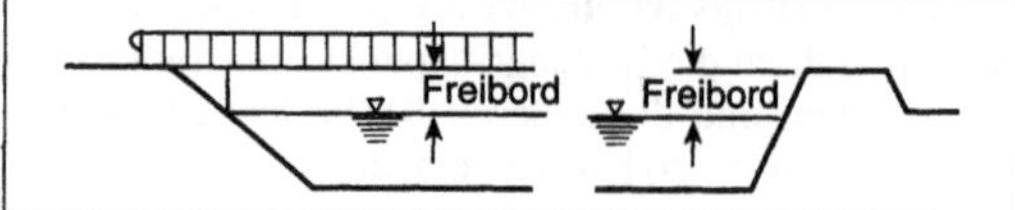

Freibord: F. bei Brücken und Dämmen.

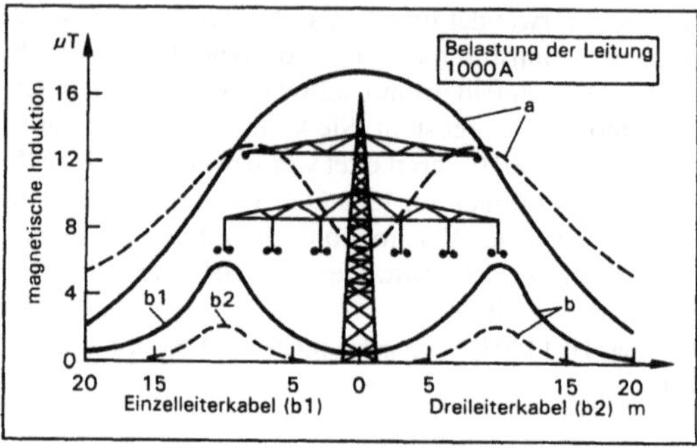

Freileitung, elektrische: Magnetische Induktion in der Umgebung einer 110-kV-F. und entsprechender Erdkabel.

a Freileitung bei unterschiedl. techn. Ausführung
b Erdkabel bei unterschiedl. techn. Ausführung

Sicherheitszuschlag zusammen. Der Windstau beträgt i. a. weniger als 5 cm, der Wellenauflauf erreicht bei mittleren und großen Stauanlagen in Abhängigkeit von der Seeoberfläche, der Böschungsneigung und der Windgeschwindigkeit Werte zwischen 0,5 und 1,5 m. Bei Flußdeichen wird der F. mit mindestens 0,5 m vorgesehen. Für Deichhöhen von 2,0 bis 5,0 m beträgt er 25% der Höhe. Ab 5,0 m Deichhöhe wird ein F. von 1,0 m ausgeführt. Bei Stauanlagen soll der F. mindestens 1,0 m betragen; bei größeren Anlagen ist er nachzuweisen. Bei → Kreuzungsbauwerken, wie Brücken oder Überleitungen, soll der F. 0,5 m betragen. Wird mit Treibgut aus dem → Einzugsgebiet gerechnet, ist er auf 1,0 m zu erhöhen. *Muth*

Freifallmischer. F. sind Mischmaschinen in → Mischanlagen, bei denen die Mischwirkung im wesentlichen mit der Schwerkraft, durch Rotation und durch die besondere Formgebung des Behälters und den daran angebrachten Mischwerkzeugen erreicht wird. F. werden in unterschiedlichen Bauformen als → Trommelmischer gebaut. *Kühn*

Freiflächenheizung. Eine Sonderform der → Flächenheizung für Verkehrsflächen, insbes. für durch Glatteis gefährdete Auffahrrampen, Rasenheizungen von Sportplätzen und dgl. Der Grundaufbau entspricht dem der Flächenheizung. Die Wärmedämmung muß der Tragfähigkeit des Gesamtaufbaues angepaßt sein. Der Heizwasserkreislauf wird mit Frostschutzmitteln geschützt und deshalb vom übrigen System durch Wärmeübertrager getrennt. *Diehl*

Freileitung, elektrische. Die elektrische Energieversorgung umfaßt die Erzeugung und Verteilung elektrischer Energie. Die Verteilung dieser Energie erfolgt in Deutschland über ein dichtes Netz von Hochspannungsleitungen, wodurch ein nennenswerter Teil der Fläche der Bundesrepublik mit elektrischen und magnetischen Feldern beaufschlagt wird.

Häufig, vor allem in Ballungsräumen, wurde und wird teilweise auch heute noch unmittelbar unter Hochspannungsleitungen gebaut. Dabei sind besondere Sicherheitsaspekte zu berücksichtigen (DIN VDE 0210). An die Bauausführung werden bestimmte Anforderungen z. B. bzgl. der → Bauhöhe gestellt, so daß ein Berühren der Leitung oder ein elektrischer Überschlag auf das Gebäude oder auf Personen verhindert wird. Außerdem soll eine nennenswerte Rückwirkung des Gebäudes auf die Leitung bzw. den Energietransport vermieden werden. Überlegungen zu einer möglichen gesundheitlichen Beeinflussung oder Belästigung durch das Einwirken der elektrischen und magnetischen Felder standen bisher meist im Hintergrund. Durch die zunehmende Sensibilisierung der Bevölkerung für Fragen der → Umwelt gewinnen aber derartige Überlegungen zunehmend nicht nur bei e. F., sondern allgemein bei Einrichtungen der Energieversorgung, wie z. B. bei Transformatoranlagen und Niederspannungsverteilungen in Häusern, an Bedeutung.

Die erzeugten Felder sind bei den einzelnen Komponenten der Energieversorgung unterschiedlich (Bild). Es kann nicht grundsätzlich ausgeschlossen werden, daß in öffentlich und privat zugänglichen Bereichen Feldstärken auftreten, die zu direkten und indirekten Wirkungen auf Menschen und zur Funktionsbeeinflussung elektronischer Geräte führen können. Damit ist in der Regel zwar keine nachweisliche gesundheitliche Gefahr verbunden, es kann aber zu einer Belästigung und Minderung der Lebensqualität durch Elektrisierungen und Störung elektronischer Geräte (z. B. Fernseh- und Audiogeräte) kommen. Für Patienten mit Herzschrittmacher kann eine Beeinflussung ihres Schrittmachers und eine daraus resultierende mögliche Gesundheitsgefährdung nicht ausgeschlossen werden. Die Wahrscheinlichkeit einer ernstlichen Bedrohung für diesen Personenkreis wird aber allgemein als eher gering eingeschätzt. *Matthes*

Literatur: *Haubrich, H. J.*: Das Magnetfeld im Nahbereich von Drehstromfreileitungen. Elektrizitätswirtschaft 73, 18, 1974. – *Matthes, R.*, and *H. J. Bernhardt*: Evaluation of the interference of electric and magnetic fields with the performance of unipolar cardiac pacemakers. Proceedings of the IVth European and XIIIth Regional Congress of IRPA. 1987. – DIN VDE 0210, Dezember 1985, Bau von Starkstrom-Freileitungen mit Nennspannungen über 1 kV.

Freispiegelabfluß. → Abfluß mit einem freien Wasserspiegel, auf den der Atmosphärendruck wirkt. Wichtig ist die Frage, ob F. vorliegt oder nicht generell bei geschlossenen Leitungen (z. B. bei Durchlässen und Abwasserkanälen). *Lecher*

Freispiegelstollen. Ein wasserführender Stollen ohne Innendruck mit freiem Wasserspiegel (→ Druckstollen). *Wagner*

Freivorbau. Darunter versteht man Bauvorgänge, bei denen die einzelnen Teile des Bauwerks zur Vermeidung von → Lehrgerüsten am bereits fertiggestellten Bauwerk vorn frei auskragend angebaut werden. Diese Bauweise wird oft bei → Brücken über tiefe Taleinschnitte oder Wasserläufe (Bild) angewendet, weil hier die Verwendung von Lehrgerüsten unwirtschaftlich ist. F. führt man bei → Stahlbrücken stets als Montagebauweise, bei Massivbrücken aus → Spannbeton entweder in → Ortbeton durch Anbetonieren einzelner Abschnitte oder als Segmentbauweise aus. *Mehlhorn*

Freivorbau: Moselbrücke Thörnich (im Bauzustand).

Freivorbaugerät. Der → Freivorbau kommt fast ohne Hilfsgerüste aus: Auf dem jeweiligem Pfeilerschaft wird zunächst in → Ortbeton ein Pfeilertisch errichtet und von diesem aus unter Verwendung von F. das Brückenfeld gleichzeitig nach beiden Seiten frei auskragend abschnittweise vorbetoniert. Das F. (Bild) ist als Fachwerkkonstruktion ausgebildet (→ Vorbauwagen). Damit können Bauabschnitte bis zu 5 m Länge hergestellt werden. Im Betonierzustand lagert das Gerüst am vorderen Rand des fertigen Bauabschnittes auf hydraulischen Pressen. Der rückwärtige Teil wird mit Gewindestäben gegen den Überbau verspannt. Das Gerüst wird mittels Pressen auf Schienen in den jeweils nächsten Betonierabschnitt geschoben. Dies geschieht zusammen mit der äußeren Kragarm- und Stegschalung und mit der Fahrbahn- und Bodenschalung.

Freivorbaugerät: Fertig montiertes F. ohne Schalung.

Der Personal- und Materialtransport muß jeweils über den → Pfeiler abgewickelt werden, von dem aus man vorbaut. Dies gestaltet sich vor allem bei sehr hohen Pfeilern sehr zeitraubend. Daher werden in Abwandlung des Freivorbausystems die Schalelemente nicht mehr an frei auskragenden Vorbaugeräten, sondern an einem Vorbauträger aufgehängt, der sich auf den Pfeilertisch und die bereits erstellte Fahrbahnplatte des Nachbarfelds abstützt. Dadurch ist ein freier Zugang zum Vorbaubereich über den schon erstellten Brückenteil möglich. *Kühn*

Freizeiteinrichtung. In den vergangenen 100 Jahren hat sich die Freizeit, die Bewohnern der industrialisierten Länder zur Verfügung steht, permanent vergrößert (Bild). Die gestiegene Freizeit beeinflußt die Lebensgewohnheiten. Probleme entstehen bei Unfähigkeit des einzelnen zur Selbstbeschäftigung. Mit zunehmender Ausweitung verstärkt sich auch die Notwendigkeit einer pädagogischen Anleitung zur Freizeitgestaltung (Freizeitpädagogik) und zur Schaffung geeigneter Einrichtungen, der von staatlicher, kommunaler, kirchlicher und privater (Vereine) Seite Rechnung getragen wird. Für die Raumplanung ist dabei die freiverfügbare Zeit, d. h. die von produktiven Tätigkeiten nicht beanspruchte tägliche und wöchentliche Zeit von Interesse. Durch Untersuchungen wurde nachgewiesen, daß ein Durchschnittsbürger von seiner Nettofreizeit etwa
– 72% zu Hause oder in Wohnungsnähe,
– 18% für die Wochenenderholung außerhalb des Wohnsitzes und
– 10% im Jahresurlaub
verbringt. Danach fällt dem Nahbereich der Wohnung eine wichtige Aufgabe zu. Prognosen über eine zukünftige Freizeitverwendung lassen sich nur aus dem derzeitigen Trend ableiten. Sicher werden die Bereiche Weiterbildung und schöpferische Betätigung noch stärker Bedeutung haben als heute. Primär stellen sich zusätzliche Anforderungen an das Wohnumfeld, sowohl hinsichtlich seiner formalen und ästhetischen Qualität als auch hinsichtlich seiner Nutzungsmöglichkeiten für

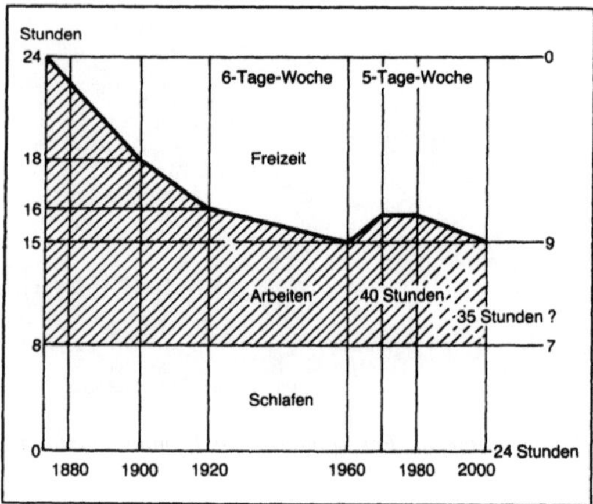

Freizeiteinrichtung: Veränderung der durchschnittlichen täglichen Freizeit zur Arbeitszeit. (Bonner Almanach 1971. Presse- und Informationsdienst)

eine Vielzahl von Aktivitäten. Dies gilt in besonderem Maße für alle, die keinen eigenen Garten zur Verfügung haben.

Eine Umgebung, die weder Gestaltungs- noch Betätigungsmöglichkeiten bietet, schränkt die Entwicklungs- und Entfaltungschancen der Bewohner insgesamt ein. Dies gilt in besonderem Maße für Kinder, deren Sozialisation sich im Umfeld der Wohnung abspielt, aber auch für Erwachsene, die i. d. R. die tägliche Freizeit und einen Teil der Wochenendfreizeit im unmittelbaren Wohnbereich verbringen. Hieraus ergeben sich Forderungen:

☐ Erweiterung möglichst vieler Wohnungen durch einen sichtgeschützten Außenraum, der auch im Geschoßbau größer sein sollte als die in den Richtlinien für den sozialen Wohnungsbau vorgesehenen Balkone oder Loggien,

☐ Sicherung der privaten Freiräume durch akustische und optische Maßnahmen (Schutz vor Einblick, Trennmauern),

☐ möglichst unmittelbare optische Beziehung und räumliche Verbindung zwischen der Wohnung und dem „halböffentlichen" Bereich der Freiflächen (Höfe, Spielplätze für Kinder und Erwachsene usw.),

☐ Gestaltung der Freiflächen im „wohnlichen" Sinne, d. h. vielfältig gegliedert, abwechslungsreich, einladend zum Verweilen,

☐ Abschirmung von den Gefährdungen und Belästigungen des Straßenverkehrs durch ein hierarchisch abgestuftes Erschließungssystem mit besonderer Priorität für Fußgänger und Radfahrer.

Besondere Flächenansprüche (→ Goldener Plan), die im → Flächennutzungsplan ausgewiesen sind und deren Lage aus der → Landschaftsplanung heraus entwickelt werden muß, da sie zugleich ein wesentliches Gliede-

rungselement der Agglomeration darstellen, ergeben sich für:

– wohngebietbezogene Grünräume: Sie versorgen ein größeres Wohngebiet, etwa Spielbereiche für größere Kinder, Jugendliche und Familien;

– stadtteilbezogene Grünräume: Sie sind einem Stadtteil oder Bezirk zugeordnet, etwa Sportanlagen, Kleingärten, Freibäder, Friedhöfe, kleinere Erholungsgebiete (Parks);

– stadt- und regionbezogene Grünräume: Sie sind für die ganze Stadt oder Region von Bedeutung, etwa Stadien und andere zentrale Sporteinrichtungen, historische, zoologische und botanische Gärten, übergeordnete Erholungsgebiete.

Den herkömmlichen Stadtpark, der seit Mitte des 19. Jahrhunderts meist als Landschaftsgarten angelegt wurde, lösten andere Formen des öffentlichen Grüns mit dem Ziel eines breiten Nutzungsangebotes ab:

☐ Stadtteilgrünplatz im dichtbebauten Gebiet, der u. U. durch Grünzüge mit anderen Attraktionen verbunden ist,

☐ landschaftlich geprägte Erholungsgebiete mit Badeseen, Liege- und Spielwiesen am Stadtrand oder Stadtteilrand,

☐ Freizeitpark, wie z. B. die Revierparks, das sind vom Siedlungsverband Ruhrkohlenbezirk entwickelte große Freizeitanlagen in Ballungszonen mit vielfältigem Angebot, wie Frei- und Hallenbäder, Spiel- und Sporteinrichtungen und Freizeithäusern.

Innerhalb des bebauten Stadtgebietes sind Größe und Lage von Kleingärten (Schrebergärten) ein besonderes Problem für den → Städtebau. Ursprünglich dienten sie als eingezäunte Gartenparzellen mit Laube außer dem Anbau von Nutzpflanzen auch zum Rückzug aus den beengten Wohnverhältnissen. Später trat die Erholungs- und Aufenthaltsfunktion immer stärker in den Vordergrund: Die Lauben wurden zu komfortablen Zweitwohnungen ausgebaut. Für die Allgemeinheit entstehen Kosten für die Ver- und Entsorgung. Ein erhöhter → Flächenbedarf resultiert aus zusätzlich notwendigen Infrastruktureinrichtungen, wie Parkplätzen, Fußwegen, Kinderspielplätzen, Vereinsheim. Demgegenüber wurden Mietergärten in unmittelbarem Bezug zur Wohnung bereits in den 20er Jahren planmäßig angelegt und werden heute in den Siedlungen der 60er und 70er Jahre nachträglich eingeführt. (→ Revitalisierung, → Nachbesserung). Sie sind ein interessanter Versuch, die Forderungen nach dem „vervollständigten Wohnbereich" mit der Möglichkeit des Geschoßwohnbaus zu verbinden. Im Vergleich mit den infolge des größeren Ausstattungsbedarfs nötigen Nettoflächen für einen Kleingarten von 250–400 m² ist der Platzverbrauch für einen Mietergarten mit 60–100 m² deutlich kleiner, zumal ein Anordnen in den nötigen „Abstandsflächen" zwischen den Gebäuden bei geschickter Planung möglich ist. *Spengelin*

Literatur: *Borchert, K.:* Orientierungspunkte für die städtebauliche Planung. 2. Aufl. München 1974. – *Gleichmann, P.:* Freizeit.

In: Handwörterbuch der Raumforschung und Raumordnung. Hannover 1970. – *Hennebo, D., u. A. Hoffmann*: Geschichte der deutschen Gartenkunst. Hamburg 1965. – *Hübotter, P., F. Spengelin u. D. Strube*: Grün im Städtebau. Niedersächsischer Sozialminister, Hannover. – *Richter, G.*: Handbuch Stadtgrün. München 1981. – *Wagenfeld, H.*: Stadtgrünplätze. Wiesbaden, Berlin 1985.

Freizeitpark → Freizeiteinrichtung

Fremdwasser. Als F. bezeichnet man in der → Siedlungswasserwirtschaft bestimmte Abflußanteile von Abwasser. Sie sind ihrer Natur nach schon sauberer als die Abläufe der → Kläranlage und bewirken daher nur eine die Kanalnetzkapazität beanspruchende und die Kosten der → Abwasserreinigung unnötig verteuernde reine Abwasserverdünnung. Zum F. rechnet man sauberes → Kühlwasser, das nur durch Abwärme belastet, sonst aber sauber von Trinkwasserqualität oder Flußwasserqualität ist. F. ist auch in das Kanalnetz oder in die zu entwässernden Bauwerke über Undichtigkeiten eingesickertes → Grundwasser. Auch über → Dränagen gefaßtes Grundwasser ist F. Schließlich zählen saubere → Abflüsse aus Wasserläufen, z. B. Gräben, kleine Bachläufe, Quellwasserabläufe (Ortsbrunnen und → Quellen), die in die Ortskanalisation eingeleitet wurden, auch zum F. F. ist in kleinen Mengen im Kanalnetz wegen seiner Spülwirkung meist nicht störend. Dagegen ist es in der Kläranlage immer unerwünscht. In der Praxis ist der F.-Anteil am Trockenwetterabfluß in der Kläranlage beim Misch- und ebenso beim → Trennverfahren oft mit 25–50%, ausnahmsweise sogar über 100% beteiligt. F. kann im Trennverfahren im Regenwasserkanal, sonst vernünftigerweise nur durch Versickerung, Verdunstung, über begrünte Flächen oder Teiche, Tümpel und Sickergruben dem natürlichen → Wasserkreislauf jeweils direkt zugeführt werden.

Pfeiff

Frischbeton.
□ Verarbeitbarkeit. Die Verarbeitbarkeit des F. hängt von der → Viskosität und Menge des → Zementleims sowie von der → Kornzusammensetzung und Kornform des Zuschlags ab. Sie läßt sich weiterhin durch → Betonzusätze (→ Betonzusammensetzung), vor allem durch Betonverflüssiger, Fließmittel, LP-Mittel und Flugasche, günstig verändern. Die Verarbeitbarkeit bestimmt das Verhalten des F. unter äußerer Beanspruchung beim Mischen, Transportieren, Einbringen und Verdichten, und sie muß daher auf die dazu benutzten Geräte abgestimmt werden. Die Verarbeitbarkeit ist eine komplexe, physikalisch nicht genau definierbare rheologische Eigenschaft, die die Begriffe Mischbarkeit, Transportierbarkeit (Widerstand gegen Entmischen beim Transport) und Verdichtbarkeit umschließt. Sie läßt sich daher auch nicht physikalisch bestimmen. Statt dessen prüft man die Konsistenz. Hierzu gibt es zahlreiche Verfahren, die je nach Prüfgerät und Versuchsablauf mehr oder weniger zu einem der o. g.

Begriffe neigen. Außer der Druckfestigkeit ist die Konsistenz eine maßgebende Betoneigenschaft, die man bei der Bestellung angeben muß. Ihre Wichtigkeit wird durch die Angabe der Konsistenzgruppen steif KS, plastisch KP, weich (Regelkonsistenz KR) und fließfähig KF in der Stahlbetonnorm DIN 1045 und durch die Festlegung von Prüfverfahren (Ausbreitversuch, Verdichtungsversuch) in der Betonprüfnorm DIN 1048 unterstrichen.

□ Verdichten. Würde der F., vor allem bei steifer und plastischer Konsistenz nach dem Einbringen ohne weitere Bearbeitung erhärten, so enthielte der → Festbeton Luftporen, die den Zementsteinporenraum vergrößern und damit fast alle Betoneigenschaften negativ beeinflussen (→ Zementstein). Da der Zementstein i. a. rd. $^1/_3$ des Betonvolumens einnimmt, entspricht etwa 1% Luftporen im Beton 3% Poren im Zementstein, was wiederum die Druckfestigkeit um rd. 10% und demgemäß auch die → Dauerhaftigkeit vermindert. Es ist also notwendig, den F. mit geeigneten Geräten und Verfahren möglichst vollkommen zu verdichten. Hierzu genügt beim → Fließbeton (→ Betonzusatz) leichtes Stochern, während beim steifen Beton kräftiges Rütteln notwendig ist. Beim Rütteln werden die statischen Kräfte aufgehoben. Der Beton verhält sich ähnlich wie eine Flüssigkeit: Die schweren Teile sinken nach unten und nehmen eine dichtere Lagerung ein. Daher darf Rüttelbeton nicht zu weich sein, da er sich sonst beim Rütteln entmischt.

□ Porenraum. Der Porenraum des F. besteht aus Verdichtungsporen, die bei unvollkommener Verdichtung auftreten und ggf. aus Mikroluftporen, die künstlich in den F. eingeführt werden (Betonzusatz). Aus Dichte bzw. Rohdichte der Betonausgangsstoffe Zement, Zuschlag, Wasser und ggf. Zusatzstoff kann man die Soll-Rohdichte des F. und dann im Vergleich mit der an Frischbetonproben ermittelten Rohdichte den Luftporengehalt berechnen. Der Porenraum in einem gut verdichteten F. liegt zwischen 0 und 2%. Bei einem Beton mit Mikroluftporen wird der Luftporengehalt mit einem Luftporenprüfgerät über die Zusammendrückbarkeit der im Beton vorhandenen Luft bestimmt. *Wesche*
Literatur: *Wesche, K.*: Baustoffe für tragende Bauteile. Bd. 2; 2. Aufl. Wiesbaden 1981; s. bes. S. 181/184.

Frischbetondruck → Betondruck

Frischbetonprüfung. Prüfung der Eigenschaften und Zusammensetzung von → Mörtel oder → Beton im frischen, noch verarbeitungsfähigen Zustand.

Die wichtigste Kenngröße für die Verarbeitbarkeit und die Eignung für bestimmte Betoniermaßnahmen ist die Konsistenz. Sie wird i. a. mit dem Ausbreitversuch nachgewiesen. Dabei wird mittels einer Kegelstumpfform eine bestimmte Betonmenge auf einen Ausbreittisch aufgesetzt und durch definierte Stoßbewegungen ausgebreitet. Der mittlere Durchmesser der ausgebreiteten Betonmenge stellt das Ausbreitmaß a dar. Bei steifen Betonen oder Splittbeton kann statt des Ausbreitversuchs ein Verdichtungsversuch zweckmäßig sein, wobei ein sich im Prüfbehälter einstellendes Absetzmaß in ein Verdichtungsmaß v umgerechnet wird. International ist der sog. *slumptest* weit verbreitet, der eine Ähnlichkeit mit dem Ausbreitversuch aufweist. Als Meßgröße dient dabei die durch die Stoßbewegungen der Aufsetzfläche verursachte Verringerung der Höhe des Kegelstumpfes gegenüber dem Ausgangszustand.

Mit den Versuchswerten a oder v kann der → Frischbeton den in DIN 1045 definierten Konsistenzbereichen zugeordnet werden: KS steifer Beton, KP plastischer Beton, KR Regelkonsistenz (a=42 bis 48 cm), KF fließfähiger Beton.

Geben erste Beurteilung über die spätere Betongüte:
□ Temperatur: Sie gibt Aufschluß über die zu erwartende Erhärtungs- und Festigkeitsentwicklung.
□ Luftgehalt als Maß für die erreichbare Verdichtung oder zur Kontrolle der Wirksamkeit eines luftporenbildenden Zusatzmittels. Die Bestimmung erfolgt in einem für diese Prüfung konstruierten LP-Topf.
□ Wasser-Zement-Wert als Kontrollmaß für die späteren Betoneigenschaften. Er wird entweder im *Darr*versuch (Trocknung des Betons) oder durch das Verfahren von *Thaulow* (Ermittlung des Gewichts des entlüfteten Betons in Wasser) bestimmt. *Rehm/Neubert*
Literatur: DIN 1048 Teil 1.

Frischmörtelprüfung → Frischbetonprüfung

Frostempfindlichkeitsklasse. Nach den „Zusätzlich Technischen Vertragsbedingungen und Richtlinien für Erdarbeiten im Straßenbau" (ZTVE-StB) werden Boden- oder Felsarten nach der Neigung zur Eislinsenbildung in drei Gruppen
□ F1 nicht frostempfindlich,
□ F2 gering bis mittel frostempfindlich und
□ F3 sehr frostempfindlich
eingeteilt. Liegen Böden der F. F2 oder F3 vor, so ist die Dicke des frostsicheren Straßenoberbaus darauf abzustimmen. Die Richtwerte liegen je nach Boden und Bauklasse zwischen 40 und 70 cm. Sie werden in Abhängigkeit von den jeweiligen örtlichen Verhältnissen abgemindert oder erhöht. Dabei unterscheidet man nach den Frosteinwirkungszonen, der Lage der Gradiente, der Lage der Trasse, den Wasserverhältnissen und nach der Ausführung von Randbereichen. Die Dicke des so ermittelten frostsicheren → Oberbaus wird bei der → Bemessung (→ Straßenbefestigung) berücksichtigt. *Beckedahl*

Frostkriterium. Es gibt Auskunft darüber, ob ein Boden frostsicher oder frostgefährdet bzw. frostempfindlich ist. Als frostempfindlich gelten Böden, die beim Gefrieren des Porenwassers ihr Volumen vergrößern; dabei nimmt die Dicke der Eislinsen mit der Gefrierzeit zu. Die Kristallisationsdrücke sind so groß,

daß auch belastete → Fundamente bei unzureichender Gründungstiefe angehoben werden können. Beim Auftauen hinterlassen die Eislinsen mit Wasser gefüllte Hohlräume, die z. B. bei Verkehrsbelastungen Ursache der bekannten Schlaglöcher sind.

Die Frostempfindlichkeit eines Bodens ist zwar von verschiedenen physikalischen und mineralogischen Faktoren abhängig. In der Praxis wird aber gewöhnlich nur der kritische Korngrößenbereich im Feinkornanteil in Abhängigkeit von der Ungleichförmigkeitszahl des Bodens betrachtet. Nach dem F. von *A. Casagrande* (1934) ist ein gleichförmiger Boden (U≤5) frostsicher, wenn er einen Gewichtsanteil Feinkorn mit d≤0,02 mm kleiner als 10% aufweist. Für ungleichförmige Böden (U≥15) verringert sich der zulässige Feinkornanteil auf 3%. Etwa doppelt so große Feinkornanteile sind nach dem F. von *Schaible* (1957) zulässig. Die „Zusätzliche Technische Vorschriften und Richtlinien für Erdarbeiten im Straßenbau" (ZTVE) enthalten eine von beiden genannten Kriterien abweichende Klassifikation der Frostempfindlichkeit von Bodenarten, die im Straßenbau zu beachten ist. *Meißner*

Frostschäden → Taumittelangriff

Frostschutzberegnung. Einsatz von Beregnungsanlagen (→ Beregnung) zur Verhütung von Frostschäden. Das verregnete Wasser benetzt die Pflanzen, kühlt sich an diesen ab und gefriert (Bild). Bereits beim Abkühlen des Wassers um 1 K werden 4,25 J/g frei. Mit 335 J/g Wasser wird jedoch die wesentlich größere Wärmemenge beim Gefrieren geliefert. Diese Wärmemenge reicht aus, um ein Absinken der Temperatur der vom gefrierenden Wasser umgebenen Pflanzen unterhalb von rd. −0,5 °C zu vermeiden. Für eine höchstmögliche

Frostschutzberegnung: F. einer Obstpflanzung. (Quelle: Perrot-Regnerbau, Calw)

Schutzwirkung sind genügende Beregnungsdichte (2–3,5 mm/h) und praktisch ununterbrochene Benetzung der Pflanzen (Umdrehungszeit des Drehstrahlregners ≤ 1 min) notwendig. Bei Windfrost spielt auch die → Luftfeuchtigkeit eine wichtige Rolle, da der Wärmeentzug durch → Verdunstung um so größer wird, je niedriger die Luftfeuchtigkeit ist. *Lecher*

Frostschutzschicht. Die erste unmittelbar auf dem → Planum aufliegende → Tragschicht soll außer ihrer druckverteilenden, die → Steifigkeit und Festigkeit erhöhenden Aufgabe noch einige weitere Funktionen erfüllen. Sie dient einmal als regulierendes Element bei der Abstimmung der frostsicheren Aufbaudicke (→ Frostempfindlichkeitsklasse) und deren Auswirkung auf die restliche Konstruktion. Weiterhin soll sie durch die Querneigung des Planums im Aufbau auftretendes Wasser seitlich zu Abflußeinrichtungen (→ Entwässerung, → Straßenbau) abführen. Außerdem kann sie erforderlichenfalls als → Filterschicht zwischen dem Untergrund bzw. → Unterbau und dem übrigen → Oberbau eingesetzt werden. In der Mehrzahl aller Einsatzfälle fungiert sie als F. Zu diesem Zweck soll sie außer der schnellen Ableitung eingedrungenen Wassers ein kapillares Wasseransaugen aus unteren Bereichen ausschalten und dadurch bei Frosteindringung die Bildung von Eislinsen sowie eine Wasserübersättigung mit Tragfähigkeitszusammenbruch beim Auftauen verhindern.

Die zur Erfüllung dieser Summe von Aufgaben geeigneten und eingesetzten Schichtbaustoffe sind frostunempfindliche, kornabgestufte Mineralkorngemische aus Natursanden und -kiesen oder gebrochenem Material aus Felsgestein, Hochofenschlacken oder sonstigen mineralischen Erzeugnissen (→ Mineralstoff, künstlicher; → Mineralstoff, natürlicher). Ihre Korngrößen betragen bis zu 63 mm; die granulometrische Zusammensetzung (→ Sieblinie) muß sowohl nach Tragfähigkeits- als auch nach Frostempfindlichkeitsgesichtspunkten abgestimmt sein. Der Verformungsmodul E_{v2} soll nach den derzeitigen Richtlinien durch die erste Tragschicht von einem Wert von 45 MN/m² auf dem Planum auf mindestens 100 MN/m², bei höher belasteten Straßen sogar auf 120 MN/m² angehoben werden. Diese Forderung ist i. d. R. nur mit hochwertigen Korngemischen zu erreichen. Steht ein Material zur Verfügung, mit dem diese Leistung nicht zu erbringen ist, muß die obere Zone der ersten Tragschicht verfestigt werden (→ Bodenverfestigung).

Zur Herstellung der F. wird das Mineralstoffgemisch mit Lastkraftwagen auf das Planum abgekippt, mit der Raupe oder dem → Grader verteilt und lagenweise mit geeigneten Geräten verdichtet. Bei verformungsempfindlichem Planum transportiert man das Material so an, daß es vor Kopf geschüttet werden kann. An die fertige Schicht werden Anforderungen hinsichtlich der Verdichtung (100 bzw. 103% der einfachen Proctordichte oder $E_{v2}/E_{v1} \leq 2{,}2$) und Tragfähigkeit ($E_{v2} \geq 100$ bzw. ≥ 120 MN/m²) gestellt, die in den „Zusätzlichen Technischen Vertragsbedingungen und Richtlinien für Tragschichten im Straßenbau" (ZTVT-StB) enthalten sind. Es ist eine möglichst gleichmäßige Tragfähigkeit und Verdichtung anzustreben, da ansonsten an der Fahrbahnoberfläche Unebenheiten entstehen und große Biegebeanspruchungen in den Tragschichten hervorgerufen werden. Bei Böden der Frostempfindlichkeitsklassen F2 und F3 kann auf eine F. verzichtet werden, wenn ein vollgebundener Oberbau (→ Asphaltoberbau bzw. Betonoberbau) vorgesehen ist. Als Frostschutz können auch Wärmedämmschichten zur Anwendung kommen, die das Eindringen des Frostes aufgrund von wenig wärmeleitenden Zuschlagstoffen behindern. Decken auf Wärmedämmschichten vereisen schnell und erfahren im Sommer einen Wärmestau. *Beckedahl*

Literatur: Merkblatt für die Herstellung von Trag- und Deckschichten ohne Bindemittel.

Füller. Als F. bezeichnet man Gesteinsmehle oder andere feinstkörnige Mineralstoffe der Kornklasse 0/0,09 mm ohne Überkorn. Die Lieferkörnung-F. kann einen Überkornanteil über 0,09 mm enthalten. Eigen-F. ist der in den verwendeten Mineralstoffkörnungen, insbes. im Sand, enthaltene F. <0,09 mm. Fremd-F. ist in der Form von Gesteinsmehlen oder anderen feinstkörnigen Mineralstoffen gesondert hergestellter F. Zu Fremd-F. zählt man auch F., die aus der Entstaubung bei der Herstellung von Mineralstoffkörnungen anfallen. Rückgewinnungs-F. sind F., die aus der Entstaubung des Mineralstoffgemisches bei der Herstellung von → Asphaltmischgut anfallen und ggf. in Silos zwischengelagert werden. Kennzeichnende Eigenschaften von F. sind die äußere Beschaffenheit, Korngrößenverteilung, Rohdichte und versteifende Eigenschaften. F. müssen bestimmte Anforderungen hinsichtlich der Korngrößenverteilung, des Hohlraumgehaltes nach *Rigden*, der Wasserempfindlichkeit, der wasserlöslichen Anteile und der organischen Bestandteile erfüllen.

Beckedahl

Literatur: Technische Lieferbedingungen für Mineralstoffe im Straßenbau (TLMin-StB). – Technische Prüfvorschriften für Mineralstoffe im Straßenbau (TPMin).

Füllstoff. Im Bereich der Beschichtungstechnik werden pulver- oder faserförmige, chemisch inerte Zusätze als F. bezeichnet, die die technischen Eigenschaften (z. B. E-Modul, Diffusionsverhalten, Härte) der ausgehärteten → Beschichtungsstoffe verändern und dabei im jeweiligen → Bindemittel praktisch unlöslich sind.

Sasse

Fuge.

Bauwerk. Grenzfläche zwischen zwei zusammenstoßenden Bauteilen. F. können als Trenn- bzw. Bewegungsfugen oder kraftschlüssig ausgebildet werden. Bei Trenn- bzw. Bewegungsfugen sollen möglichst keine Kräfte oder nur Kräfte in bestimmten Richtungen übertragen werden. Bei kraftschlüssigen F. werden über die F. Kräfte übertragen. Die F. müssen dementsprechend für die Aufnahme der Kräfte dimensioniert und konstruktiv durchgebildet sein. *Mehlhorn*

Betonstraße. Fahrbahnbefestigungen mit → Betondecken benötigen F. wegen der nicht genügend vorhandenen Relaxationsfähigkeit des Baustoffs → Beton. Man unterscheidet Längs- und Querschein-F., Raum-F. und Preß-F. Schein-F. sind Soll-Rißstellen, die durch eine obere Querschnittsschwächung der Betondecke um bis zu 30% (Querschein-F.) und bis zu 45% (Längsschein-F.) durch Einschneiden der Decke entstehen. → Schwinden und Schrumpfen des Betons sowie Längenänderungen infolge Temperaturdehnungen werden durch die Anordnung von F. ermöglicht. Den F.-Abstand wählt man so, daß die Zugspannungen aus der Reibung der Platte auf der Unterlage und die Wölbspannungen aus ungleichmäßiger Temperaturverteilung über die Plattendicke in Verbindung mit den aus der Verkehrslast entstehenden Spannungen kleiner bleiben als die → Dauerfestigkeit des Betons (ohne → Bewehrung, ungerissene Zugzone). Die Ausdehnung der Betonplatte infolge Temperatur kann nur bei schlanken Platten zum Ausknicken führen. Die optimale Plattenlänge, d. h. der optimale F.-Abstand, beträgt maximal das 25fache der Plattendicke und in den meisten Fällen 5 m. Betonplatten sollten möglichst quadratische Abmessungen aufweisen. Raum-F. werden durch eine zusammendrückbare F.-Einlage über die gesamte Decke gebildet. In den meisten Fällen sind sie entbehrlich. Preß-F. entstehen dort, wo frischer Beton an bereits erhärtetem Beton anbetoniert wird.

Damit bei dem Überfahren der Plattenränder die Spannungen in den jeweils belasteten Betonplatten nicht zu groß werden, setzt man → Dübel und → Anker ein. Im allgemeinen sind an den Quer-F. zur Lastübertragung und zur Sicherung gleicher Höhenlage der Platten Dübel und an den Längs-F. zur Verhinderung des Auseinanderwanderns der Platten Anker vorzusehen. Dübel übertragen nur Querkräfte. Sie bestehen aus glattem Rundstahl und sind kunststoffummantelt, damit die Haftung am Beton verhindert und gleichzeitig ein Korrosionsschutz gewährleistet wird. Anker bestehen aus Betonformstahl und haben einen vollen Verbund mit dem Beton, so daß sie Quer- und Längskräfte übertragen. Dübel haben einen Durchmesser von 25 mm und eine Länge von mindestens 500 mm. Der Dübelabstand beträgt je nach Verkehrsbelastung 250 bzw. 500 mm. Anker haben je nach Verkehrsbelastung einen Durchmesser von 16 bzw. 20 mm und eine Länge von mindestens 600 bzw. 800 mm. Je Platte werden drei bis fünf Anker verlegt. Dübel und Anker werden i. d. R. in den verdichteten Beton eingerüttelt. Dabei werden i. d. R. zunächst die Anker in den untersten Drittelpunkt und anschließend die Dübel in die Mitte der Plattendicke so eingebaut, daß sie in Neigung und Längsrichtung der Fahrbahn liegen. Die geschnittene Querschein-F. wird nach dem → Erhärten des Betons i. d. R. durch

einen F.-Schnitt, einer Abfasung der F.-Kante und Verfüllung mit einer Schutzeinlage nachgearbeitet. Anschließend erhält die F. eine Unterfüllung und wird mit einer Vergußmasse geschlossen oder erhält eine F.-Einlage oder ein Profil (Bild). *Beckedahl*

Literatur: Zusätzliche Technische Vertragsbedingungen und Richtlinien für den Bau von Fahrbahndecken aus Beton – ZTV Beton-StB.

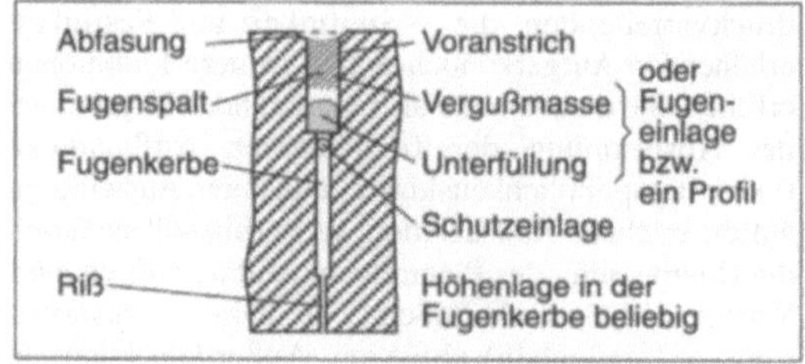

Fuge: Geschnittene Querscheinfuge

Fugenabdichtung. → Fugen zwischen Bauteilen haben die Aufgabe, nebeneinander liegende Bauteile zwängungsfrei anzuschließen, das Zusammenfügen unter Berücksichtigung auftretender Abmaße (Toleranzen) zu ermöglichen und die Bauteilbewegungen und -längenänderungen infolge Temperatur, Feuchtigkeit und Belastung schadensfrei zuzulassen. Die Fugenkonstruktion soll die statischen und bauphysikalischen Eigenschaften der angrenzenden Bauteile, z. B. Wände, nicht unzulässig mindern. Die Anforderungen, die an die F. gestellt werden, sind in Bild 1 aufgeführt.

Fugen zwischen Bauteilen werden in Abhängigkeit von ihrer Lage, z. B. Außen- oder Innenbauteil, durch unterschiedliche Faktoren beansprucht:
☐ Längenänderung der die Fugen begrenzenden Bauteile,
☐ Fugenbewegungen infolge Bodenbewegungen (→ Setzungen),
☐ → Schlagregen (außen), Spritzwasser (in Naßräumen),
☐ Wind (außen),

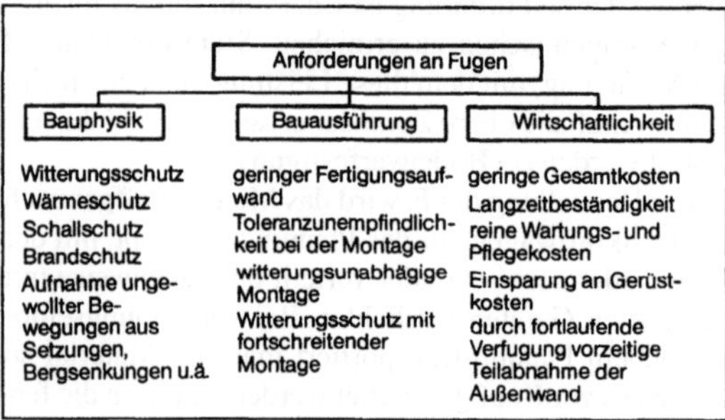

Fugenabdichtung 1: Anforderungen an Fugen. Übersicht.

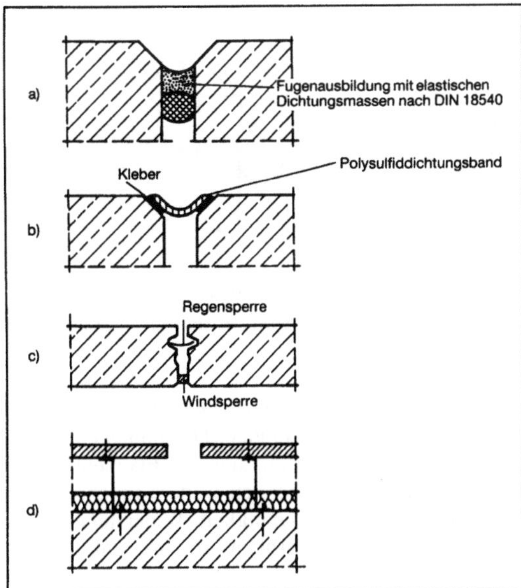

Fugenabdichtung 2: Prinzipien der Fugenausbildung in Außenwänden.
a) Fugenausbildung mit adhärierenden Dichtungsmassen nach DIN 18 540
b) Fugenausbildung mit aufgeklebten Dichtungsbändern
c) Belüftete Fuge nach DIN 4108
d) Offene Fuge.

☐ Sonnenbestrahlung (außen),
☐ Beanspruchung durch → Lärm,
☐ Beanspruchung im Brandfall,
☐ chemische Beanspruchung der → Abdichtung im Wechselspiel mit den Beschichtungen der Bauteile.

Fugen im Außenwandbereich haben vorrangig die Aufgaben des → Witterungsschutzes zu erfüllen (DIN 4108 T. 3). Die prinzipiellen Methoden der Fugenausbildung sind in Bild 2 dargestellt. Bei der Abdichtung mit Dichtungsmassen nach DIN 18 540 wird zwischen die die Fuge begrenzenden Bauteile eine adhärierende Dichtungsmasse in pastösem Zustand eingebracht, die dann aushärtet (Bild 2 a). Diese Art der Abdichtung ist schadensanfällig und wartungsintensiv. Die erforderlichen Fugenbreiten sind einzuhalten, damit die Dichtungsmassen bei zu kleinen Fugenbreiten nicht überdehnt werden (Maßtoleranzen der Bauteile beachten!). Bei der Verarbeitung der Dichtungsmassen ist darauf zu achten, daß die Bauteile ausreichend fest sind, da bei einer → Dehnung der Dichtungsmasse eine Zugbeanspruchung an den Wandteilrändern eintritt, die zu einer Rißbildung in den Bauteilen führen kann. Die Wandteilränder müssen trocken, staubfrei und z. B. frei von Schalungsölen sein, damit die Verklebung nicht gefährdet wird. Weiterhin darf die Oberflächentemperatur der Bauteile während des Einbringens der Dichtungsmasse nicht höher als 40 °C

sein, da sonst die Dichtungsmasse aus der Fuge herausfließen kann. Bei Temperaturen <5 °C lassen sich die meisten Dichtungsmassen nicht mehr verarbeiten, sie „versteifen". Die Eignung der Dichtungsmassen ist entsprechend DIN 18 540 nachzuweisen.

Eine wesentliche Verbesserung der F. mit adhärierenden Dichtstoffen ist die Abdichtung mit geklebten Fugendichtungsbändern (Bild 2 b).

Bei den belüfteten Fugen hängt die Dichtwirkung nicht von der Wirksamkeit einer Verklebung ab. An Hand von Bild 2 c, 3 und 4 sei die Wirkungsweise dieser Art der Abdichtung im Bereich einer Vertikalfuge erläutert: In den vertikalen Wandseitenrändern werden Profilierungen, z. B. in Form von Nuten, vorgesehen; in die vertikalen Nuten wird eine Regensperre eingebracht. Die Regensperre verhindert den direkten Einfall des Schlagregens in das Rauminnere. Die Schlagregensperre ist beweglich in den Rillen der Wand angeordnet und ermöglicht so eine ungehinderte Bewegung der Wände. Hinter der Regensperre befindet sich ein durch die Profilierung geschaffener Raum: der Druckausgleichsraum. Im Bereich der offenen Horizontalfuge ist der vertikal verlaufende Druckausgleichsraum mit der Außenluft verbunden. Eine Druckdifferenz zwischen dem Raum hinter der Regensperre und der Außenluft wird durch diese Verbindung der beiden Räume zwangsläufig verhindert. Ohne Druckdifferenz kann der Regen nicht um die Regensperre zum Rauminnern getrieben werden. Die Fuge ist somit dicht gegen → Niederschlag. Bild 3 und 4 zeigen Beispiele ausgeführter belüfteter Fugen im Betonfertigteilbau. Nach den bisherigen Erfahrungen weisen belüftete Fugen langfristig die größte Sicherheit gegen Durchfeuchtungen auf. Das Prinzip der belüfteten Fuge wird auch im Fensterbau mit Erfolg angewendet.

Im Bereich der Horizontalfuge wird dem Eindringen des Schlagregens durch eine „Schwelle" entgegengewirkt (Bild 3). Die erforderliche Höhe der Schwelle kann durch die Formgebung der Schwelle (Bild 4, S. 266) verringert werden.   *Cziesielski*

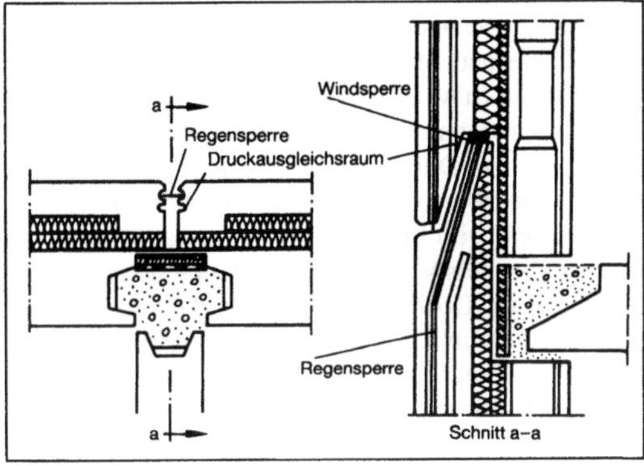

Fugenabdichtung 3: Ausgeführte belüftete Fuge im Betonfertigteilbau.

265

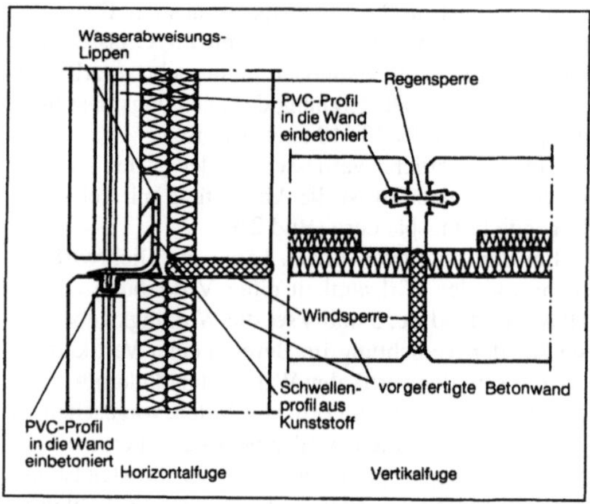

Fugenabdichtung 4: Ausgeführte belüftete Fuge im Betonfertigteilbau. Wasserabweisende Lippen.

Literatur: *Cziesielski, E., K. Daniels* u. *H. Trümper:* Ruhrgashandbuch. Stuttgart 1985.

Fugendichtungsmasse. F. sind Dichtstoffe, die bei der Verarbeitung im plastischen Zustand vorliegen. Ihre Grundstoffe sind Produkte auf der Basis Polysulfid, Polyurethan, Silicon, Polyacrylat, Butyl u. a. Die Vernetzung zum → Elastomer geschieht durch Zumischung eines chemisch reaktiven zweiten Stoffes (→ Reaktionsharz). Im Handel sind auch einkomponentige Fugenmassen, die durch Reaktion mit Luftbestandteilen härten oder durch Verdunsten von Lösemitteln trocknen (Kitte). Je nach der Aufgabenstellung zeigen die Massen ein vollelastisches Verhalten, z. B. bei Verglasungen oder im Sanitärbereich, oder sie haben teilplastische Eigenschaften, z. B. bei Außenwandfugen. Durch die plastischen bzw. verzögert elastischen Verformungen wird verhindert, daß sich bei Fugenverbreiterung, z. B. bei kalter Witterung, hohe Zugspannungen in der Fugenmasse aufbauen, die zu Ablösungen an den Flanken oder zu Rissen im Material führen können.

Eine Regelausbildung bei massiven Bauteilen zeigt das Bild. Besondere Sorgfalt ist der Vorbereitung der Fugenflanken zu widmen. Sie müssen ausreichend fest, sauber und trocken sein, da sonst Adhäsionsschäden zu befürchten sind. Durch die Anordnung einer → Profildichtung aus Weichschaumstoff o. ä. wird ein hoher Anpreßdruck beim Spritzen der Fugenmassen ermöglicht, der ebenfalls Voraussetzung für eine sichere Flankenhaftung ist. Obwohl die Dehnfähigkeiten der meisten Dichtstoffe im Laborversuch mehrere 100% betragen, sollten je nach Produkt im praktischen Einsatz nur etwa 5 – 10%, maximal bei einigen Stoffen bis 20% der mittleren Fugenbreite, zugelassen werden. Nur dann lassen sich – sorgfältige Handwerksarbeit vorausgesetzt – Lebensdauern erreichen, die wesentlich über etwa zehn Jahren liegen. Die Instandsetzung geschä-

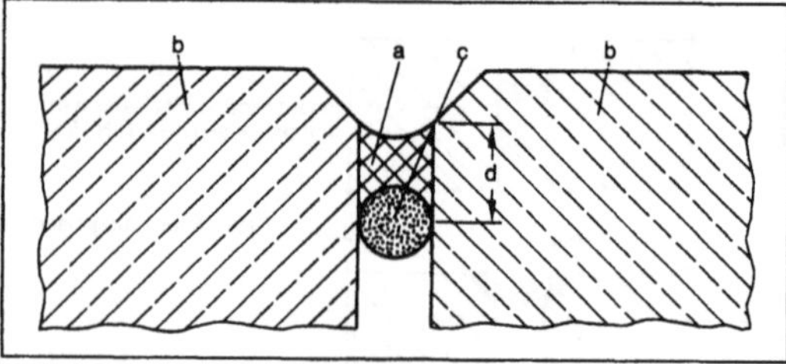

Fugendichtungsmasse: Stoßfuge.

a Fugendichtungsmasse, b Bauteil, c Hinterfüllmaterial, d Haftfläche

digter Fugen kann ein Mehrfaches der erstmaligen Kosten verursachen. Außer guter Dehnfähigkeit, geringen Zwängungskräften und sicherer Flankenhaftung werden je nach Einsatzbereich weitere Eigenschaften gefordert, z. B. UV-Beständigkeit, Widerstand gegen biologischen Angriff, Farbkonstanz und unkritisches → Brandverhalten (DIN 18540). *Sasse*

Fugendurchlaßkoeffizient. Durch undichte Fugen im Bereich von Außenbauteilen treten infolge des Luftaustausches → Wärmeverluste auf. Die Fugendurchlässigkeit, z. B. zwischen einem Fensterflügel und dem dazugehörigen Fensterrahmen, wird durch den F. a nach DIN 18055 gekennzeichnet. Der a-Wert gibt die Luftmenge in m^3 an, die in einer Stunde durch 1 m einer Fuge hindurchgeht, wenn zwischen innen und außen ein Druckunterschied von 1 daPa herrscht. Nach DIN 4108 wird für Fenster gefordert:

$$a \leq 1,0 \text{ bis } 2,0 \ m^3/(h \cdot m \cdot daPa^n).$$

Die Größe a ist nicht linear proportional zur Druckdifferenz, weil bei größeren Druckdifferenzen und den dann entstehenden größeren Strömungsgeschwindigkeiten der Luft die Reibung/Turbulenzen in den Fugen größer wird/werden. Aus diesem Grund wird die Druckdifferenz exponentiell berücksichtigt. Der Exponent n liegt zwischen n = 1 bei laminarer Strömung und n ≈ 0,5 bei vollkommener Turbulenz; für Fenster gilt für den Exponenten n ≈ 2/3. *Cziesielski*

Fundament. Gründungskörper für Wandscheiben, Stützen, → Pfeiler oder auch ganze → Bauwerke. F. gehören zu den → Flachgründungen, die in DIN 1054 geregelt sind. Die Abgrenzung zu den gleichfalls zu den Flachgründungen gehörenden → Plattengründungen ergeben sich aus der Biegesteifigkeit der Gründungskörper. F. betrachtet man als Starrkörper; bei → Platten wird die Biegesteifigkeit zur Ermittlung der Sohlpressung mit berücksichtigt. In Abhängigkeit von der Grundrißform unterscheiden wir Streifenfundamente unter durchlaufenden Konstruktionen, wie Wänden oder Scheiben, Einzelfundamente unter Stützen oder Pfeilern, die bei Fertigteilkonstruktionen auch Becher- oder Köcherfundamente heißen, Ringfundamente unter turmartigen Bauwerken, Blockfundamente sowie z. B. Streifenrostgründungen, bei denen sich kreuzende Streifenfundamente in Rasterform angeordnet sind.

Die F. bestehen heute fast ausschließlich aus → Stahlbeton mit statischer Bewehrung oder konstruktiver Mindestbewehrung. Als Mindestabmessungen sind in DIN 1054 eine F.-Breite sowie eine F.-Tiefe von jeweils 0,5 m angegeben. Die Gründungstiefe muß größer als die Frosteindringtiefe sein; in unseren Breiten daher etwa 1,0–1,2 m. Ansonsten sind die Gründungstiefe und die Grundrißabmessungen nach erdstatischen Erfordernissen oder baulichen Vorgaben festzulegen. In einfachen Fällen kann eine Dimensionierung an Hand der zulässigen Bodenpressungen nach DIN 1054 vorgenommen werden. Sind die dort genannten Voraussetzungen für die Anwendung der Tabellenwerte nicht gegeben, so muß man Setzungsberechnungen und → Standsicherheitsnachweise führen (→ Bodenmechanik). *Meißner*

Funktionstrennung, Funktionsmischung. In vielen Fällen sind die Ansprüche städtischer Grundfunktionen nicht so eindeutig auf bestimmte Standorte bezogen, daß deren Überlagerung am gleichen Standort nicht möglich wäre. Nach einer Phase der relativ strengen Trennung der Funktionen, wie sie vor allem in der → Charta von Athen gefordert wurde, ergaben sich seit den 60er Jahren wieder verstärkt Argumente für eine Mischung der Funktionen. Sie sollte insbes. der Verödung der Innenstädte, aus denen die Wohnnutzung nahezu völlig verschwunden war, entgegentreten, aber auch kürzere Arbeitswege und günstigere Versorgungsmöglichkeiten bewirken und – dies vor allem in Altbaugebieten – einer Erhaltung des vorhandenen Kleingewerbes dienen. Auch eine geringere Beanspruchung bzw. eine gleichmäßigere Auslastung der → Verkehrssysteme wurde erwartet. Die Möglichkeiten, eine solche Mischung durch planerische Maßnahmen durchzusetzen, sind zum einen durch die Verträglichkeit der Nutzungen untereinander, zum anderen aber auch durch die Stärke oder Schwäche der Nutzungsinteressen am Bodenmarkt bestimmt. Eine räumliche Trennung verschiedener Nutzungen ist daher keineswegs nur auf entsprechende baurechtliche Bestimmungen zurückzuführen. Sie ergibt sich ebenso aus dem Wettbewerb um günstige Standortbedingungen, die zu einer Konzentration von Nutzungen mit ähnlichen Ansprüchen und ähnlicher Zahlungsfähigkeit an bestimmten Stellen im Stadtgebiet (→ Cityfunktion) führen.

Entscheidend sowohl für die Sachgerechtigkeit als auch für die Durchsetzbarkeit einer F. ist nicht zuletzt die Größe der räumlichen Einheit, auf die sie bezogen wird. Eine Mischung von Wohnen und Arbeiten auf dem gleichen Grundstück wird nur dann möglich sein, wenn es sich um relativ kleine und nicht störende Betriebe handelt, die nur unerheblich Verkehr anziehen und keine Ansprüche an Ergänzungsflächen auf dem Grundstück stellen. Die in der Gründerzeit häufige Mischung von Gewerbebetrieben im Erdgeschoß und Wohnungen in den Obergeschossen erfüllte diese Forderung nicht. Auch unter wirtschaftlichen Gesichtspunkten war sie nur so lange rentabel, wie die Innenhöfe den Gewerbebetrieben zugeschlagen und auf Freiflächen für die Wohnungen weitgehend verzichtet wurde. Dies ging nahezu zwangsläufig zu Lasten des Wohnwertes. Möglich ist eine Mischung innerhalb eines Blocks, wenn durch geschickte Anordnung der für gewerbliche Nutzung bestimmten Geschoß- und Ergänzungsflächen Beeinträchtigungen vermieden werden. Auch hier besteht jedoch die Tendenz, daß bei unterschiedlichen Ertragserwartungen die lukrativere Nutzung die weniger lukrative verdrängt. Relativ die geringsten Schwierigkeiten dürfte es bereiten, die kleinsten Einheiten gleichartiger Nutzung etwa in der Größenordnung eines Baublocks anzusetzen. Damit würde eine immer noch vergleichsweise „feinkörnige" mosaikartige Mischung der Nutzungsbereiche erreicht (Bild).

Ein Sonderfall sind Kerngebiete, in denen sich die Standortansprüche nicht nur nach der Fläche, sondern auch nach der Höhe differenzieren. Eine Mischung von Ladengeschäften im Erdgeschoß und Büros in den Obergeschossen ist nahezu die Regel. Hier ist das Ausmaß, in dem die Obergeschosse, insbes. die obersten Geschosse, auch Wohnungen aufnehmen sollen und können, seit längerer Zeit Gegenstand der fachlichen Diskussion (besonders Wohngebiet nach → Baunutzungsverordnung). So können die Dachflächen tertiär genutzter Geschosse z. T. für besondere Bau- und Wohnformen, z. T. für die dazugehörigen Freiräume, genutzt werden. Gegenüber einer solchen Schichtung

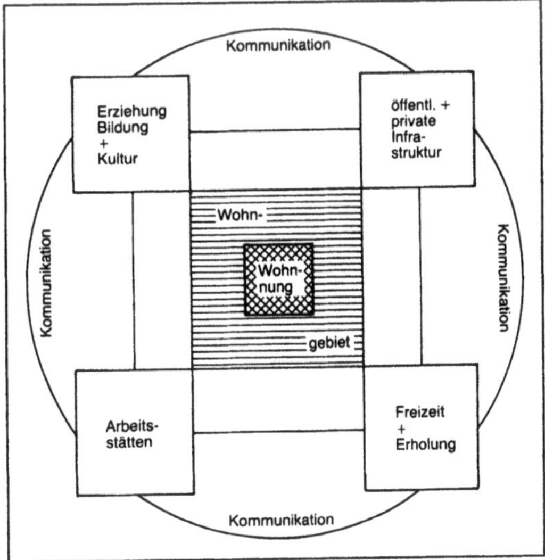

Funktionstrennung/Funktionsmischung: Wohnung und Wohnumgebung im Beziehungsgeflecht der Grundfunktionen (Schema).

hat jedoch i. a. ein Nebeneinander von Büro- und Wohnnutzung den Vorteil größerer Flexibilität, auch in bezug auf künftige Veränderungen. So können selbst im Citybereich mosaikartig Wohninseln entstehen, die ganz besondere Qualitäten haben. Eine solche Nutzungsmischung läßt sich allerdings über den Markt nur dann ermöglichen, wenn Bevölkerungsgruppen vorhanden sind, die den Büromieten vergleichbare Wohnungsmieten zu zahlen bereit und in der Lage sind. Dies ist sicher in gewissem Ausmaß der Fall.

Um den Markt zu regulieren und insbesondere in Kerngebieten auch den Wohungsbau zu fördern, kann nach § 2 BauNVO im → Bebauungsplan festgesetzt werden, daß in bestimmten Geschossen oder Ebenen nur einzelne oder mehrere Nutzungen zulässig sind bzw. einzelne oder mehrere Nutzungen unzulässig sind.

Abstrakt ausgedrückt kann das erste Ziel einer optimalen Nutzungsstruktur wie folgt definiert werden:

☐ Die Zuordnung der Flächen sollte derart geschehen, daß die jeweiligen Nutzungen bzw. die sich überlagernden Nutzungen die höchste Effektivität aus der Sicht der Stadtentwicklung und aus der Sicht der innerbetrieblichen Funktionen erhalten. Dabei wird diese Effektivität auch durch die jeweilige Nutzung der angrenzenden Flächen bestimmt.

☐ Der Zuschnitt von Wohnbauflächen, Arbeitsstätten und Freiflächen sollte jeweils in Dimensionen vorgenommen werden, die möglichst kurze, mindestens schnelle Wegeverbindungen untereinander zur Folge haben und aus denen ein möglichst gleichmäßig auf alle Hauptverkehrsstraßen verteiltes Verkehrsaufkommen resultiert.

☐ Die Zuordnung von Versorgungszentren zu den Wohn- und Arbeitsstätten sollte so sein, daß von beiden gute Erreichbarkeit (möglichst zu Fuß) gewährleistet ist; dies ist für einen ausgewogenen Tagesrhythmus der konsumtiven Dienstleistungsbetriebe wichtig. Dabei ermöglicht eine hierarchische Abstufung der Versorgungszentren eine stufenweise Ergänzung ihres Angebotes. *Spengelin*

Furnierplatte → Schichtholz, → Sperrholz.

Furniersperrholz → Sperrholz, → Bau-Furniersperrholz.

Furt. F. ist eine Stelle im Gewässer, die durchfahren werden kann. Bei der Kreuzung mit landwirtschaftlichen Wirtschaftswegen können bei flachen Gewässern F. kostengünstiger als Durchlässe sein. Grabensohle und Böschungen müssen befestigt, die Böschungen abgeflacht werden. Die Wassertiefe in der F. soll während des Nutzungszeitraumes <0,5 m sein, und die Fließgeschwindigkeit soll 1,0 m/s nicht überschreiten. Bei größeren Wassertiefen ist eine Grundschwelle einzubauen, die mit kleinen Durchlässen für den Niedrigwasserabfluß zu versehen ist. Sie darf keinen zusätzlichen Aufstau verursachen. *Muth*

Fußbodenheizung → Flächenheizung

Futterholz. Seinem Zweck entsprechend beliebig geformtes Holzstück zum Ausfüllen von Zwischenräumen. *Dröge*

G

Gabione. Drahtgeflechtkasten, der mit Steinen gefüllt ist und übereinander versetzt angeordnet eine Stützkonstruktion für Geländesprünge ergibt. An der Sicht- sowie der Erdseite werden die Steine i.d.R. aufgeschichtet, dazwischen hineingeschüttet. Die einzelnen Kästen schließt man oben durch Umbiegen des verzinkten Drahtgeflechtes. Dadurch können Zugkräfte übertragen werden. Die Kastenhöhe ist etwa gleich der Kastentiefe. Die G.-Mauern gründet man häufig auf Betonfundamenten. Sie sind sehr unempfindlich gegen Verschiebungen; Dehnungsfugen sind entbehrlich.

Meißner

Gang-Nail-System. G.-N.-S. (Nagelplatte) ist der Name für eine spezielle → Holzverbindung mit Nagelplatten aus verzinktem oder korrosionsbeständigem Stahlblech mit 1,0 mm < t < 2,5 mm und mit nagelförmigen Ausstanzungen. Die Nagelplatte wird als Knotenplatte oder Stoßlasche verwendet und immer beidseitig und symmetrisch in die zu verbindenden Hölzer eingepreßt. Bei Verwendung von Nagelplatten sind Mindestholzdicken einzuhalten (Bild). *Dröge*

Literatur: *Halász, R. v.*, u. *C. Scheer* (Hrsg.): Holzbau-Taschenbuch. Bd. 1. 9. Aufl. Berlin 1996.

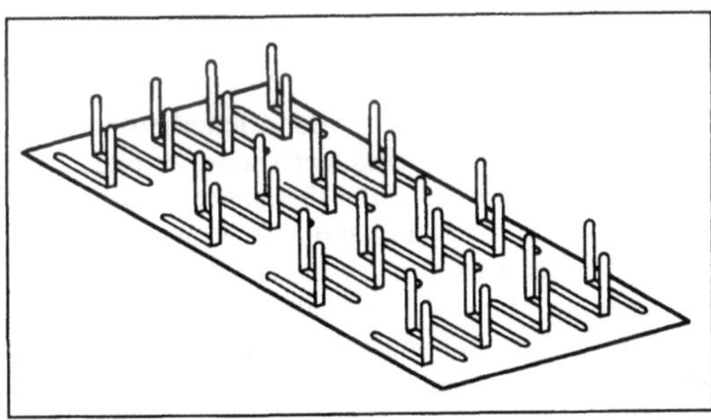

Gang-Nail-System: Nagelplatte.

Gartenstadt. Auf Grund der Auswirkungen der industriellen Revolution, die in England bereits um die Mitte des 19. Jahrhunderts durch die unkontrollierten Wucherungen der großen Städte ihre für die Lage der Wohnbevölkerung negativen Auswirkungen zeigte, entstand – geprägt von sozial-politischen Zielvorstellungen – die G.-Bewegung. Dabei kann der Engländer *Ebenezer Howard* als Initiator eines neuen Denkmodells (Bild) gelten, das die Kontrolle der städtischen Entwicklung durch Begrenzung der Ausuferung der Kernstädte und Gründung von Tochter- oder Traban-

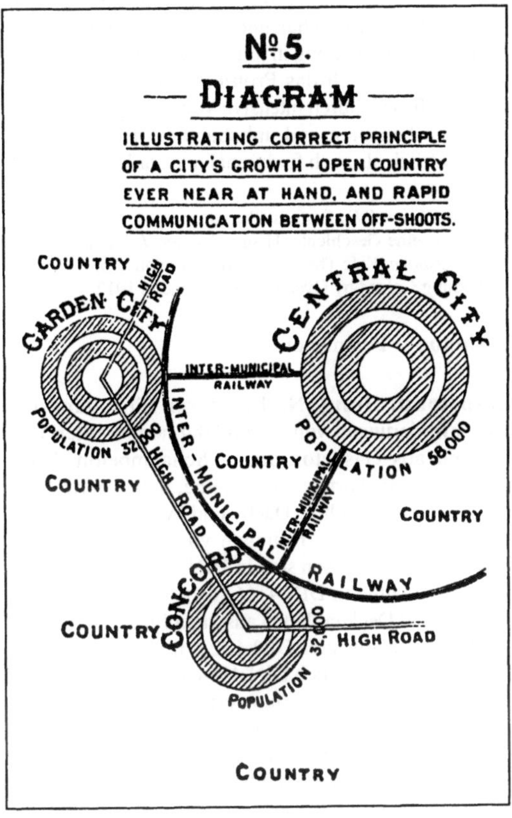

Gartenstadt: Stadt-Land-Modell von E. Howard *(1898).*

tenstädten erreichen wollte, für die er den Namen Garden City kreierte (Garden City of Tomorrow, 1898). Eine Eisenbahnlinie sollte die Tochterstädte miteinander verbinden, auch die entfernteste in 12 min erreichbar, während die Zentralstadt durch Radialstrecken in etwa 5 min zu erreichen ist. Jede der Tochterstädte sollte nicht über 32 000 Ew. hinauswachsen, so daß jeder Bewohner „in einer mittelgroßen Stadt wohnt, zu gleicher Zeit aber auch in einer großen, ungewöhnlich schönen Stadt, die etwa 250 000 Ew. hat und alle ihre Vorzüge genießt, dabei aber nicht auf die erfrischenden Freuden des Landlebens zu verzichten braucht" (*Howard*). In den Jahren 1903 bzw. 1919 wurden dieser theoretischen Vorstellung folgend auf Grund von Planungen der Architekten *Raymond Unwin* und *Barry Parker* die Städte Letchworth und Welwyn gegründet.

In Deutschland konstituierte sich die Deutsche Gartenstadtgesellschaft im Jahre 1902. Es entstand keine G. im englischen Sinn als autarke Einheit. Der Begriff wurde vielmehr auf größere Wohngebiete angewandt, die in gartenbezogener Bauweise entstanden, z. B. Dresden-Hellerau (1906–1914) oder Essen-Margaretenhöhe (1909). Die G. hat als Leitbild für die Planung insbesondere von größeren zusammenhängenden Stadterweiterungsflächen unter dem Aspekt der ökologischen → Stadtplanung in jüngster Zeit erneute Bedeutung erlangt. Auch das Problem der → Ausgleichsflächen läßt sich durch intensive Vernetzung und Zuordnung von bebauten und unbebauten Flächen sowohl wirtschaftlich als auch funktional und stadtgestalterisch gut lösen. *Spengelin*

Literatur: *Howard, E.*: Gartenstädte von morgen, Jena 1907. Das Buch und seine Geschichte. Hrsg.: *Posener, J.* Frankfurt/Main 1968. – *Osborn, F. J.*: The New Towns. London 1963. – *Unwin, R.*: Nothing Gained by Overcrowding. London 1912.

Gasbeton → Porenbeton

Gasbetonprüfung. Nachweis zur Einhaltung der Güteanforderungen von werkmäßig hergestellten Fertigteilen aus Gasbeton und → Schaumbeton. Dazu zählen dampfgehärtete Blocksteine, unbewehrte Bauplatten sowie bewehrte Dach- und Wandbauteile. Die Anforderungen und Prüfungen von dampfgehärteten Gasbeton-Blocksteinen sind in DIN 4165, die von Gasbeton-Bauplatten in DIN 4166 festgelegt. Für bewehrte Dach- und Deckenplatten aus dampfgehärtetem Gas- und Schaumbeton gibt DIN 4223 diesbezüglich Auskunft. Ebenfalls ist noch DIN 4164 aus dem Jahre 1951 gültig. Die Güteüberwachung erfolgt auf der Grundlage von DIN 18 200 (Eigenüberwachung durch den Hersteller und Fremdüberwachung durch anerkannte Überwachungsgemeinschaften oder Prüfinstitute).

Die Prüfung umfaßt die
– Einhaltung der Abmessungen der Bauteile innerhalb vorgegebener Toleranzen,
– Rohdichte je gefertigter Rohdichteklasse bei den unbewehrten Bauteilen bzw. bei den bewehrten → Platten,
– Druckfestigkeit bei den Gasbetonblocksteinen und den bewehrten Platten,
– Biegefestigkeit bei den unbewehrten Platten.

Bei den bewehrten Gasbetonbauteilen ist darüber hinaus das herstellungsbedingte Nachschwinden zu ermitteln. Ferner ist die Güte des eingelegten → Betonstahls und die → Tragfähigkeit der Schweißknoten der Bewehrungsmatten zu ermitteln.

Aufgrund der hohen Porosität des Gasbetons gilt dem Korrosionsschutzmittel für die → Bewehrung besondere Beachtung. Seine Eignung wird in einer Langzeitprüfung bei Lagerung in Feuchtklima sowie im Kurzzeitversuch bei Wechsellagerung in Luft und Kochsalzlösung bzw. in feuchtwarmem Wechselklima nachgewiesen. Nach der Prüfung darf nicht mehr als

5% der Staboberfläche mit Rost bedeckt sein. Blätterrost ist nicht zulässig. Die Tragfähigkeit der bewehrten Platten ist mittels einer Durchbiegungsprüfung nachzuweisen. Ein oberer Grenzwert für das Maß der Durchbiegung darf nicht überschritten werden.

Zu den einzelnen Prüfungen sind in den aufgeführten Normen genaue Angaben über Prüfkörperabmessungen, Prüfkörperanzahl, Feuchtezustand der Probekörper und Häufigkeit der Durchführung enthalten.

Rehm/Neubert

Gasversorgung. Die G. von Gebäuden geschieht bei Erdgas und Stadtgas durch Versorgungsnetze z. B. öffentlicher Versorgungsunternehmen, bei Flüssig- und Druckgasen in fest installierte Vorratstanks oder Flaschenbatterien. Vor den Verbrauchseinrichtungen wird der Druck in Druckminder- und Druckregelstationen reduziert; Ausnahme: Versorgung aus Niederspannungsnetzen. Gasleitungen dürfen nicht in unbelüfteten Hohlräumen verlegt werden. Vorteilhaft ist die Entspannung des Gases in Hubkolbenmotoren unter Nutzung der Energie. Dabei ist ggf. eine Vorwärmung nötig. *Diehl*

Literatur: DVGW-Regelwerk Gas. Frankfurt.

Gebäude. G. im bautechnischen Sinne sind → Bauwerke, die der Unterbringung von Menschen, Tieren, Produkten oder Produktionsmitteln dienen. Je nach der Art ihres Aussehens oder ihrer Nutzung unterscheidet man verschiedene G.-Typen, z. B. Haus, → Halle, Bunker, → Turm usw. oder Wohnhaus, Kaufhaus, Schule, Schloß, Lagerhalle, Werkshalle, Stall usw. Ihre Aufgabe ist es, die Menschen und Güter vor ungewollten Umwelteinflüssen, wie Temperatur, Feuchtigkeit, Lärm usw., zu schützen. Eine wichtige Forderung an G. ist ihre → Standsicherheit. Die Standsicherheit schließt sowohl die → Sicherheit einzelner Tragwerksteile gegen örtliches Versagen sowie die Gesamtstabilität des G. ein. Wichtig für die Stabilität des G. ist seine Aussteifung. Unter der Aussteifung eines G. versteht man jene Tragsysteme, die die Horizontalkräfte infolge von Wind, Erdbeben und von unvermeidbaren Lotabweichungen der planmäßig lotrechten Tragwerksteile in den Baugrund leiten (Tragsysteme der Hochhäuser). *Mehlhorn*

Gebäudeausrüstung, technische. Die Anlagen der t. G. haben die Aufgabe, in den Gebäuden für den Menschen behagliche und hygienische Zustände zu schaffen, in Industrie- und Produktionsstätten darüber hinaus die für die jeweiligen Prozesse notwendigen Umgebungsbedingungen zu schaffen. Durch Abtransport der → Luftfeuchtigkeit tragen sie zur Erhaltung der Bausubstanz bei. Folgende Teilaufgaben werden von den einzelnen Anlagenarten erfüllt:
☐ Wärmeversorgungsanlagen führen den Wärmeverbrauchern der Raumheizung, der → Brauchwarmwasserversorgung und der Lufttechnik Wärme zu.

□ Raumheizanlagen erwärmen die Raumluft durch Konvektions- und Strahlungswärme.

□ Kälteanlagen versorgen die Luftkühler der Lufttechnik und andere Kälteverbraucher mit Kälte.

□ Raumlufttechnische Anlagen filtern Stäube und Schadstoffe aus Zu-, Ab- und Umluft, trocknen oder befeuchten, erwärmen oder kühlen die Luft.

□ Sanitäre Anlagen versorgen mit Trink- und Nutzwasser und entsorgen die Abwässer einschl. Vor- und Nachbehandlung. *Diehl*

Literatur: *Recknagel/Sprenger/Schramek:* Taschenbuch für Heizung und Klimatechnik. München 1994/95.

Gebäudetyp. Im Wohnungsbau stehen verschiedene bewährte Grundformen zur Verfügung: Jeder G. hat dabei besondere Vor- und Nachteile, die es geraten erscheinen lassen, den Einsatz des Typs jeweils auf das vorgesehene Wohnungsbauprogramm und die städtebaulichen Rahmenbedingungen abzustimmen (Bild 1).

□ Freistehendes Einfamilienhaus:

Vorteile

– direkter Zugang von außen, relativ unabhängig von Himmelsrichtung und Nachbarn,

– relativ leicht in verschiedene Richtungen zu erweitern, ggf. Dach ausbaubar,

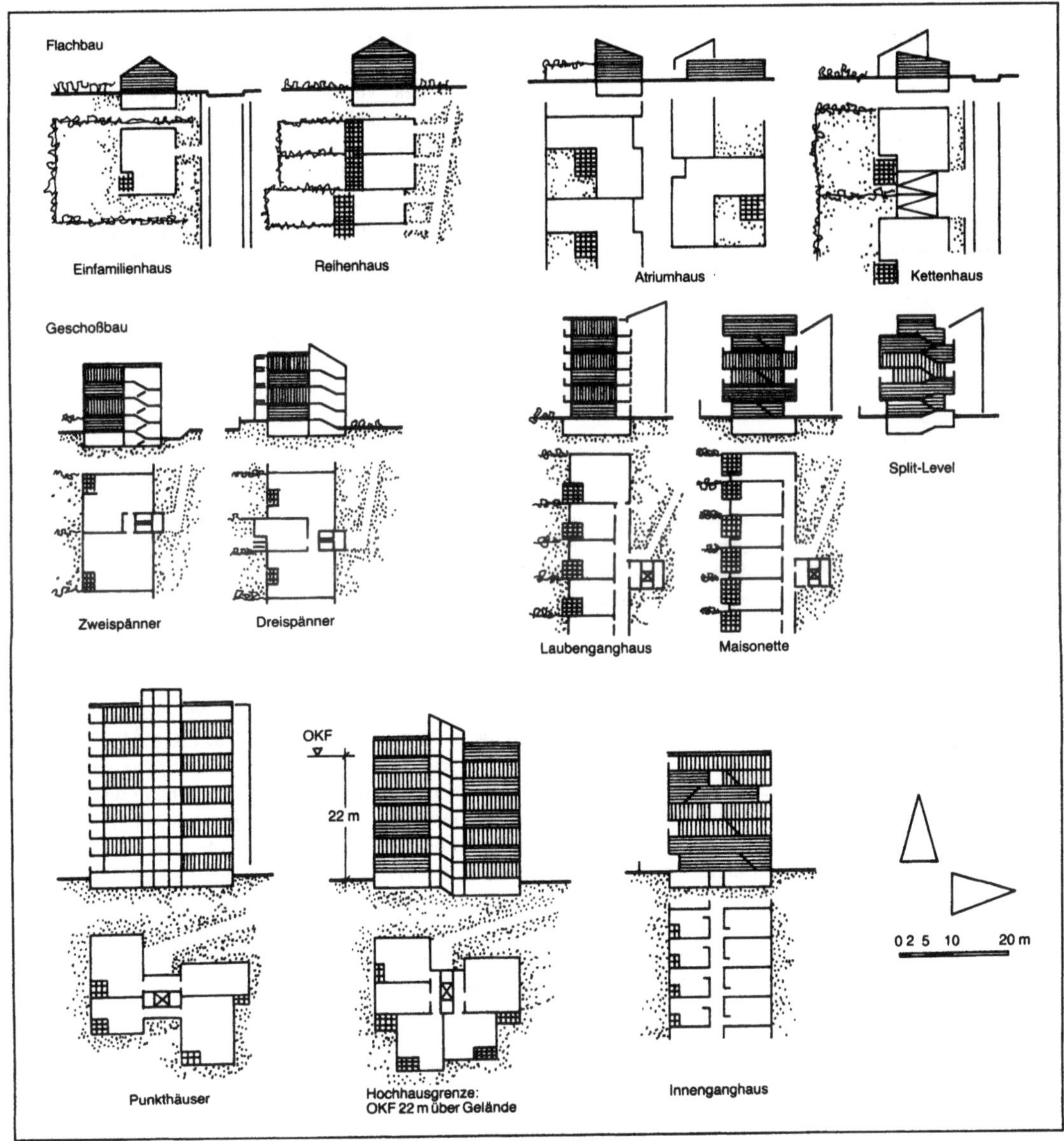

Gebäudetyp 1: Die gebräuchlichsten Wohngebäudetypen.

– geringe wechselseitige Störungen durch Nachbarn.
Nachteile
– Einsehbarkeit in die Freiräume bei zu kleinen Grundstücken,
– relativ großer Verbrauch an Grundstücks- und Erschließungsfläche,
– durch geringe Wohndichte in Stadtteilen mit Einfamilienhausbebauung ist eine zweckdienliche Versorgung durch ÖPNV nicht möglich.
☐ Atriumhaus (Gartenhofhaus):
Vorteile
– direkter Zugang von außen,
– freistehend oder anbaubar,
– relativ unabhängig von Himmelsrichtung und Nachbarn,
– uneinsehbarer Freiraum auch bei dichter (niedriger) Nachbarbebauung.
Nachteile
– nur begrenzt zu erweitern.
☐ Reihenhaus, Kettenhaus (zwei- oder mehrgeschossig):
Vorteile
– direkter Zugang von außen,
– Funktionstrennung (Wohnen unten, Schlafen oben o. ä.) leicht möglich,
– ggf. Dach ausbaubar.
Nachteile
– nachbarliche Störungen und Einblicke in die Freiflächen nicht auszuschließen,
– Treppensteigen nötig,
– nur begrenzt zu erweitern.
☐ Geschoßbau allgemein:
Vorteile
– gegenüber eingeschossigen Bauten geringere Bau-, Grundstücks- und Erschließungskosten,
– Mischung unterschiedlicher Wohnungstypen und -größen in einem Gebäude und entsprechende Kombinationsmöglichkeiten,
– den Wohnbereich erweiternde Service- und Gemeinschaftseinrichtungen, die wirtschaftlich tragbar sind,
– Anonymität des Wohnens,
– in den oberen Geschossen gute Sicht.
Nachteile
– Störungen durch Geräuschübertragung,
– Überdehnung der Kontaktzone zwischen Mutter und Kleinkind bei großer Stockwerkzahl.
Organisation von Grundrissen und Gebäudeschnitten:
☐ Zweispänner und Dreispänner:
– Wohnen in einer Ebene,
– beim Dreispänner günstige Relation von → Wohnfläche zur Erschließung, aber mittlere Wohnung ohne Querlüftung, deshalb nur als Kleinwohnung geeignet.
☐ Laubenganghaus:
– bei konsequenter Orientierung nach einer Seite gut als Abschirmung gegen Verkehrsimmissionen geeignet,
– günstige Relation der Wohnungszahl zur vertikalen Erschließung (Aufzug!),

– am Laubengang wegen Störung keine Wohn- und Schlafräume möglich, deshalb nur Kleinwohnungen,
– bei Anordnung des Laubengangs nur in jedem zweiten Geschoß große Wohnungen in Maisonetteform möglich; bei Split-Level (Halbgeschoßhaus) verschiedene Wohnungstypen übereinander stapelbar.
☐ Innenganghaus:
– durch große Bautiefe besonders günstiges Verhältnis zwischen Wohnfläche und Außenwandfläche,
– günstiges Verhältnis zwischen Wohn- und Erschließungsfläche,
– wegen fehlender Querlüftung am Gang nur Kleinwohnungen oder Maisonette möglich,
– lange unbelichtete Flure.
☐ Punkthaus:
– Orientierung nach allen Seiten, daher Mehrspänner und Überecklüftung möglich,
– günstiges Verhältnis zwischen Wohn- und Erschließungsfläche, meist schlechtes Verhältnis zwischen Wohn- und Außenwandfläche,
– relativ geringe Verschattung der Umgebung.

Angesichts der in den letzten Jahren weit überdurchschnittlich gestiegenen Grundstückspreise ist die Realisierung aller Wohnvorstellungen mit hohem Flächenanspruch heute nur noch im weiteren Umland der Städte möglich. Auch dort führt die Ausweisung von → Bauflächen und Parzellen, wie sie zum Bau „normaler" Einfamilienhäuser benötigt werden, zu einem Verbrauch von Landschaft, der unter städtebaulichen und wirtschaftlichen Gesichtspunkten negativ zu beurteilen ist, zur großen „Landzerstörung" (deutscher Werkbund).

Die schematische Darstellung üblicher Erschließungsmuster für freistehende Einfamilienhäuser, Gartenhofhäuser (Kettenhäuser), Reihenhäuser und 4geschossige Zweispänner (Bild 2) verdeutlicht die Zusammenhänge, die zwischen G., ihrer Gruppierung und dem Erschließungsaufwand bestehen. Um die Beispiele vergleichbar zu machen, geht das Schema von folgenden Randbedingungen aus:
– Die dargestellten Häuser bzw. Wohnungen haben alle eine Größe von 140 m² BGF (rd. 110 m² Wohnfläche).
– Für jede Wohnung ist ein Pkw-Stellplatz vorgesehen.
– Die Erschließung ist jeweils so günstig wie möglich: Bei Gartenhof- und Reihenhäusern gehen von einer Straße beidseitig befahrbare Wohnwege ab.
– Bei den freistehenden und den 4geschossigen Häusern ist eine Straßenerschließung dargestellt. Der befahrbare Wohnweg würde hier zu einem hohen, nicht typischen Erschließungsaufwand führen (zweiseitige Erschließung der Eckgrundstücke).

Die Flächenbilanzen zeigen das Verhältnis zwischen öffentlicher Erschließungsfläche und privater Grundstücksfläche sowie die absoluten Zahlen. An diesem Schema läßt sich nachweisen, wie stark je nach G. die Anzahl der Wohnungen variiert, die bei nahezu gleichbleibender Verkehrsfläche auf dem angenommenen Grundstück von 1 ha untergebracht werden kann. Die

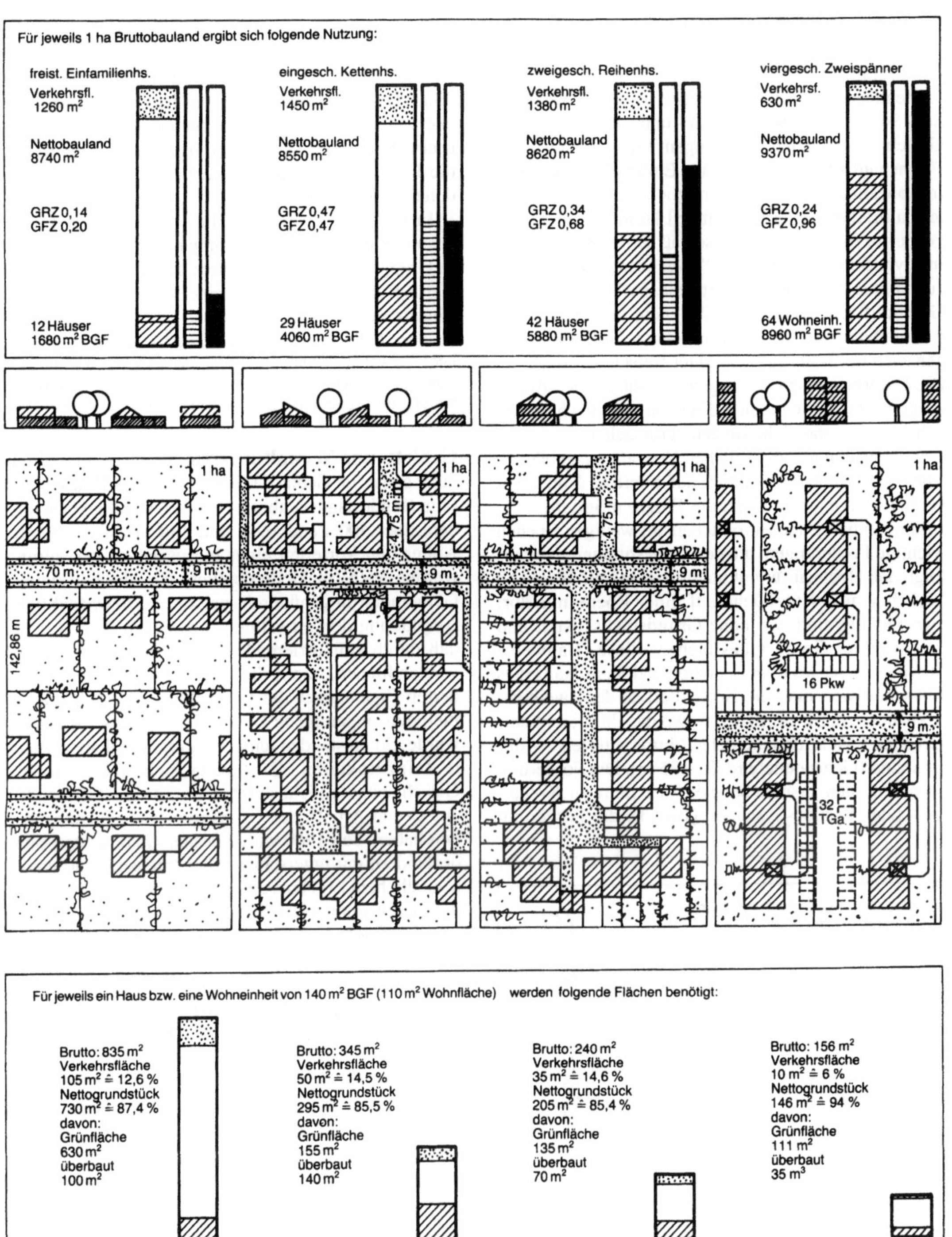

Gebäudetyp 2: Vergleich des Grundstücks und des Erschließungsbedarfes bei verschiedenen G.

GRZ Grundflächenzahl (jeweils mittlere Säule, oben), GFZ Geschoßflächenzahl (jeweils rechte Säule, oben), BGF Bruttogeschoßfläche

für die Erschließung einer Wohnung erforderliche Verkehrsfläche liegt dabei zwischen 105 m^2 (freistehendes Einfamilienhaus), 50 bis 35 m^2 bei Ketten- und Reihenhäusern und 10 m^2 (viergeschossiger Zweispänner). So zeigt das Ergebnis, daß – unter wirtschaftlichen Gesichtspunkten und bei geringem Erschließungs- und Flächenaufwand – Wohnen im Einfamilienhaus auch im konzentrierten Flachbau möglich ist. Es spricht vieles dafür, daß solche Sparsamkeit künftig immer dringender zu fordern sein wird, so daß den → Wohnformen im „verdichteten Flachbau" wachsende Bedeutung zukommen dürfte. Dichtewerte, die merklich über einer Geschoßflächenzahl von 0,7 liegen, lassen sich mit gutem Wohnwert bei entsprechenden Grundrißlösungen auch bei 3- bis 5geschossiger Bebauung erreichen. Die Unterbringung der nötigen Anzahl von Kraftfahrzeugen erfordert dann allerdings bautechnische Maßnahmen, die erhebliche Kosten verursachen.

Bei privaten und öffentlichen Verwaltungsgebäuden sind Flexibilität im Hinblick auf künftige Nutzungsveränderungen, kurze interne Wege, möglichst viel zusammenhängende Büroflächen auf wenigen Ebenen wichtige Forderungen, die den G. bestimmen. Hieraus folgt, daß Hochhäuser mit ungünstigem Verhältnis von Verkehrs- und Nutzfläche auf einer Ebene nur dort zweckmäßig sind, wo hohe Grundstückskosten und beschränkte Grundstücksflächen diese Bauweise erzwingen oder wo Repräsentation und Signifikanz dies wünschenswert machen. Normalfall ist der Zweibund (Gebäudetiefe rd. 14 m) oder – wo das Programm entsprechend viele unbelichtete Räume aufweist – der Dreibund (Gebäudetiefe rd. 22–25 m). Die Forderung nach zentralen Erschließungskernen führt zu Kreuz-, Hof- oder Ypsilon-Systemen (Bild 3), die Forderung

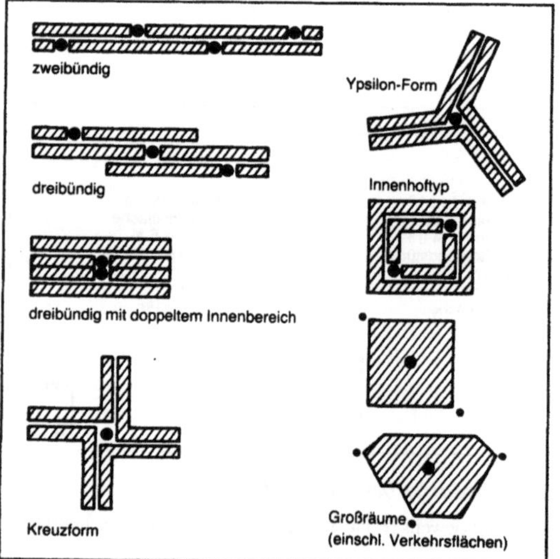

Gebäudetyp 3: Schemagrundrisse für Verwaltungsgebäude bei gleicher Nutzfläche.

nach möglichst großen zusammenhängenden flexiblen Flächen zum Großraumbüro, mit z. T. mehr als 400 Arbeitsplätzen je Geschoß und einer Gebäudetiefe bis 50 m. Der städtebauliche Vorteil ist hier, daß bei gleicher Bürofläche je Geschoß der am meisten konzentrierte Baukörper entsteht. Konsequenz ist allerdings die Klimatisierung der Räume und die damit verbundene größere Geschoßhöhe.

In neuerer Zeit werden die sog. Funktionsräume ebenso wie „Kombi-Büros" propagiert, in denen größere Gruppen zusammenarbeiten; dabei wählt man teilweise Büroraumtiefen, die eine Rückverwandlung in Einzelräume ermöglichen. *Spengelin*

Literatur: *Deilmann, H., u. A. Deilmann*: Gebäude für die öffentliche Verwaltung. Stuttgart 1979. – *Krekler, B.*: Verwaltungsbauten. München 1973. – *Spengelin, F.*: Wohnung und Wohnumfeld. In: Grundriß der Stadtplanung. Hannover 1983.

Gebiets- und Verwaltungsreform. Nach ihrer Gründung gab es im Gebiet der Bundesrepublik Deutschland (alte Bundesländer) über 24 000 selbständige Gemeinden, über 400 Landkreise und 139 kreisfreie Städte. Außer den Vorteilen einer bürgernahen Verwaltung wurden auch Nachteile deutlich, u. a. die bei kleinen Gemeinden ungenügende personelle bzw. fachliche Ausstattung der Verwaltung sowie auch die Tatsache, daß durch konkurrierende Planungen auf Grund des verständlichen, durch die Steuergesetzgebung geförderten Eigennutzes die Entwicklung der Nachbargemeinden ungenügend berücksichtigt bzw. behindert wurde. So entstanden teilweise unrationell ausgelastete Infrastrukturen. Oft ließen sich übergeordnete Gesichtspunkte nicht durchsetzen, da die Gemeinden auf Grund Art. 28 des Grundgesetzes → Planungshoheit haben. Seit 1960 wurde deshalb in den alten Bundesländern mit unterschiedlicher Intensität und unterschiedlichem Ergebnis eine G. betrieben mit dem Ziel, durch Zusammenschluß bzw. Eingemeindungen leistungsfähigere Verwaltungseinheiten zu erhalten und innerhalb der nun vergrößerten Gebiete Planungen und Investitionen besser abzustimmen. Dort, wo eine freiwillige Vereinigung nicht zustande kam, wurde diese oft auf Grund von umfangreichen Gutachten – zuletzt durch Landesgesetze erzwungen. Allerdings muß man feststellen, daß nicht überall raumordnerische Gesichtspunkte zum Durchbruch kamen, sondern Überlegungen politischer Zweckmäßigkeit untergeordnet wurden. Nach Verfassungsbeschwerden wurden einige Beschlüsse wieder aufgehoben.

Insgesamt ließ sich die Anzahl der Gemeinden auf etwa 11 000, die der Landkreise auf 250 und die der kreisfreien Städte auf 93 verringern. Die Hoffnungen, insbes. auf bessere Voraussetzungen im Bereich des → Städtebaus und der → Regionalplanung, haben sich nur teilweise erfüllt. Auch Kosteneinsparungen bei der Verwaltung sind kaum feststellbar. Vor allem in großen Flächengemeinden wurde die Bürgernähe von Rat und Verwaltung erschwert. Durch die Einrichtung von Ortsteilverwaltungen und Beiräten bzw. in den großen Städten durch Bezirksverwaltungen (manchmal mit Bezirksbürgermeistern) und Bezirksräten versuchte man, eine erneute Dezentralisierung zu erreichen, die allerdings vielfach zusätzlichen Verwaltungsaufwand und Kommunikationsschwierigkeiten verursacht. In der ehemaligen DDR wurden sehr frühzeitig die Länder abgeschafft und, teilweise grenzübergreifend, „zur Sicherung der Einheit von ökonomischer und sozialer Entwicklung in den Territorien" 14 Bezirke eingerichtet. Im Juli 1990 wurden die Bezirke aufgelöst und die Länder Brandenburg, Mecklenburg-Vorpommern, Sachsen, Sachsen-Anhalt und Thüringen wiederhergestellt bzw. neu gebildet, die dann, mit dem Beitritt zur Bundesrepublik Deutschland, übernommen wurden. Anfang der 90er Jahre erfolgten in den einzelnen Ländern Kreisreformen. Eine wirksame Zusammenfassung der teilweise sehr kleinen Gemeinden steht noch aus.

Spengelin

Gebietsniederschlag. Der G. ist das Flächenmittel der Niederschlagshöhe oder die über ein bestimmtes Gebiet gemittelte Niederschlagshöhe (DIN 4049-3). Seine Berechnung geht von den Meßwerten der Niederschlagsstationen aus. Dabei werden verschiedene Verfahren der Mittelbildung eingesetzt: arithmetischer Mittelwert, Rastermethode von *Meinardus, Thiessen*-Verfahren, Polygonmethode, Isohyetenverfahren und mathematische Anpassung. Bei entsprechender Netzdichte und gleichmäßiger Verteilung der Meßstellen über das Gebiet ist der G. am einfachsten als arithmetisches Mittel der Meßwerte der einzelnen Meßstationen zu bestimmen. Beim Rasterverfahren (Gitternetzverfahren, Einschaltmethode) nach *Meinardus* legt man ein äquidistantes Rasternetz über das Gebiet und berechnet die Niederschlagswerte in den Rasterpunkten an Hand der Meßergebnisse der benachbarten Meßstationen. Im Verfahren nach *Thiessen* multipliziert man die Meßwerte an den örtlich nicht gleichverteilten Stationen mit Gewichtungsfaktoren und erreicht einen gewogenen Mittelwert auf Grund einer theoretischen Gleichverteilung. Die Gewichtung geschieht im verbesserten *Thiessen*-Verfahren (Polygon- oder Mittelsenkrechtenmethode) durch Flächenbestimmung der Polygone, die von den Mittelsenkrechten auf den Verbindungslinien der Meßstationen gebildet werden. Beim Isohyetenverfahren konstruiert man aus den Meßwerten der Niederschlagsstationen Isohyeten (Niederschlagshöhengleichen) für ausgewählte Zeitintervalle und bestimmt den G. als gewogenen Mittelwert durch Planimetrieren der Flächengrößen zwischen den Isohyeten und Multiplikation mit dem jeweiligen Mittelwert, der sich aus den begrenzenden Isohyeten ergibt.

Mattheß

Gebietsverdunstung → Evapotranspiration, → Verdunstungsmessung

Gebirge. Der ein unterirdisches Bauwerk umgebende Untergrund in Form von → Lockergestein oder Fels. Das G. ist für das unterirdische Bauwerk gleichermaßen Baugrund und Teil des Bauwerks bzw. Belastung. Entsprechend muß das künstliche Bauwerk berechnet und dimensioniert werden.

Wagner

Gebirgsanker. Schlaffe oder vorgespannte Stahlstäbe bzw. Stahlstabbündel oder Stahlseile, die zum Vermeiden von Gebirgsentfestigungen und damit auch größeren Verformungen nach einem Abschlag als Teil der vorläufigen Sicherungsmaßnahmen in das → Gebirge getrieben werden. Ihre Wirkung beruht auf einem Verdübelungseffekt (schlaffe Anker werden auf Abscheren beansprucht), kann aber infolge von Gebirgsbewegungen in den Hohlraum hinein oder einer planmäßig aufgebrachten → Vorspannung durch die Ausbildung eines → Ausbauwiderstandes überlagert werden. Anker erlauben darüber hinaus eine individuelle Sicherung einzelner Gesteinsblöcke. Im Fall einer rasterförmig eingebrachten Systemankerung (Bild) läßt sich das Ausbilden der → Gewölbewirkung in der Hohlraumumgebung positiv beeinflussen. Das Tragverhalten der Anker basiert auf einer punktuellen Krafteinleitung in das Gebirge am Hohlraumrand über Ankerplatten. Im Gebirge selbst sind die Anker über Expansionseinrichtungen, wie Spreizhülsen oder Keile, befestigt, oder die Krafteinleitung geschieht über eine aus Beton oder Kunstharz gebildete Haftstrecke längs des Ankers.

Wagner

Literatur: *Wagner, H.*: Tunnelbau. Bet.-Kal. 71. Berlin. – *Rometsch, G.*: Der Einfluß einer systematischen Ankerung auf den Stabilisierungsvorgang in einem kriechfähigen Fels. Forschungsergebnisse aus dem Tunnel- und Kavernenbau, Heft 7, Univ. Hannover.

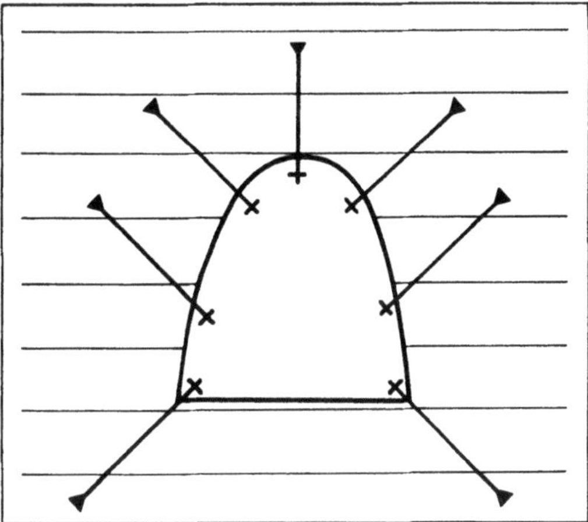

Gebirgsanker: Systemankerung.

Anordnung der Anker möglichst senkrecht zu Schichten oder Klüften

Gebirgsdruck. G. ist der Druck, den das → Gebirge auf den Hohlraum bzw. auf das künstliche Bauwerk ausübt. Er wird in der → Geostatik als sekundärer Spannungszustand definiert. Man unterscheidet folgende Modellvorstellungen:
- ☐ voller Überlagerungsdruck,
- ☐ Silodruck,
- ☐ → Auflockerungsdruck und den
- ☐ Spannungszustand der unendlich ausgedehnten, gelochten Scheibe. *Wagner*

Gebirgsdurchlässigkeit → Durchlässigkeit

Gebirgskennwert. Das mechanische, hydraulische und auch thermische Verhalten des → Gebirges wird im Rahmen geomechanischer Analysen durch theoretische Modelle beschrieben, in die außer den jeweiligen konstitutiven Beziehungen auch lokationsspezifische Kennwerte eingehen. Diese Kennwerte bezeichnet man als G. Sie sind von dem jeweils gewählten Stoffmodell abhängig und werden in geeigneten Labor- und → Feldversuchen bestimmt. Eine Vergleichbarkeit von Kennwerten verschiedener Lokationen ist nur dann gegeben, wenn einheitliche Versuchsbedingungen vorliegen. Die G. sind einerseits signifikanter Bestandteil bei der Formulierung von Prognosemodellen, mit denen das Gebirgsverhalten möglichst realistisch erfaßt werden soll. Andererseits ist ihre Bestimmung oft jedoch außerordentlich aufwendig und schwierig angesichts der Inhomogenität des Gebirges sowie der Tatsache, daß das Gebirgsverhalten überwiegend durch das jeweils vorliegende → Trennflächengefüge geprägt wird, im Labor jedoch nur handstückgroße Prüfkörper untersucht werden können. Die aus Laborversuchen erhaltenen Gesteinskennwerte sind daher oft nicht unmittelbar auf den Gesteinsverband anwendbar. Bei der Standsicherheitsuntersuchung von Tunnelbauwerken im → Festgestein sind u. a. folgende G. von Bedeutung: Verformungsmodul und Poisson-Zahl, Winkel der inneren Reibung und Kohäsion. *Wagner*

Literatur: Empfehlungen des Arbeitskreises „Versuchstechnik im Fels" der Deutschen Gesellschaft für Erd- und Grundbau.

Gebirgsklassifizierung. Die G. dient der Einteilung und Beurteilung des → Gebirges nach geotechnischen Gesichtspunkten, wie Standfestigkeit oder Gewinnbarkeit. Annähernd gleich geartete Gebirgsbereiche faßt man in Gebirgsklassen zusammen, die die Grundlage für die → Ausschreibung und → Abrechnung sind. Die Einteilung der Gebirgsklassen sollte sich an den jeweiligen Gegebenheiten des Bauprojektes orientieren und ist nicht starr festgelegt. Eine bestimmte Vereinheitlichung erlaubt die von der Deutschen Bundesbahn vorgeschriebene Klassifizierung in zehn Ausbruchsklassen. Eine in Abhängigkeit von der → Standzeit und der wirksamen → Stützweite formulierte Einteilung geht auf *H. Lauffer* zurück (Bild). *Wagner*

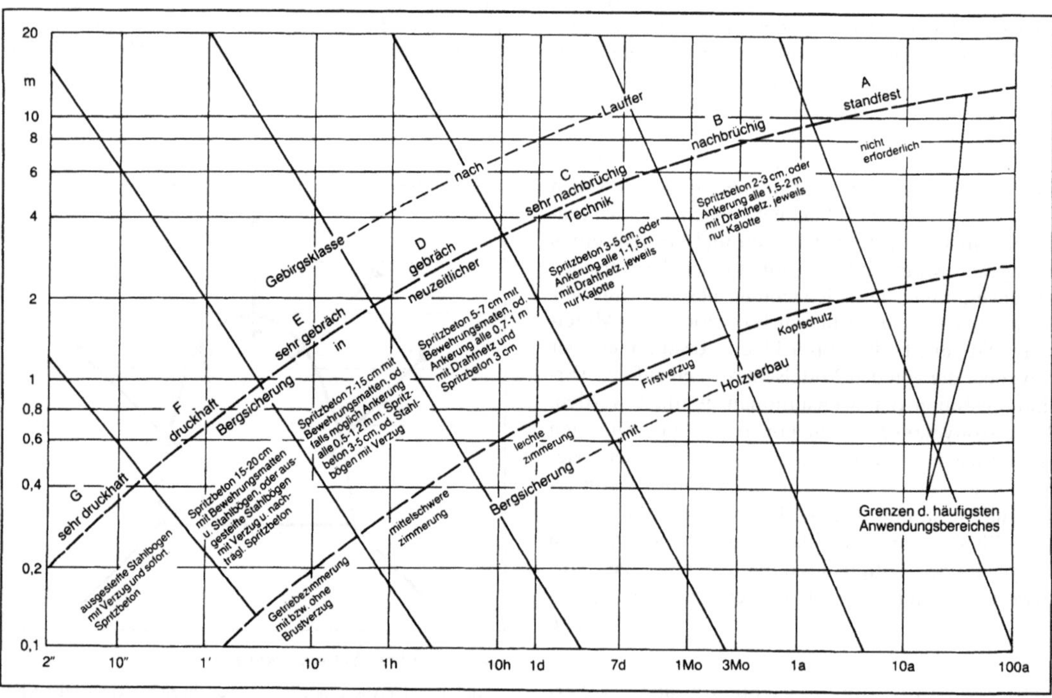

Gebirgsklassifizierung: G. nach H. Lauffer.

Literatur: *Lauffer, H.*: Gebirgsklassifizierung für den Stollenbau. Geologie u. Bauwesen 24 (1958/59). – Vorschriften der DB-Ausbruchklassen.

Gebirgsmechanik. Teilgebiet der → Geomechanik, das die Erfassung, Analyse und Prognose der durch → Bergbau und Ingenieurbau bewirkten Vorgänge in einem räumlich begrenzten Bereich der Erdkruste, dem → Gebirge, zum Gegenstand hat. Die G. gliedert sich erdstoffbezogen weiter in die → Bodenmechanik, → Felsmechanik, → Salzmechanik und Eismechanik auf. *Wagner*

Gebirgsspannung. Im → Berg- und → Tunnelbau verwendeter Begriff für sämtliche im → Gebirge vorkommenden Spannungszustände, also vor, während und nach der Erstellung untertägiger Hohlräume (→ Geostatik). Dabei unterscheidet man den primären Spannungszustand, der vor der Herstellung eines Hohlraumes im unberührten Gebirge herrscht, und den sekundären Spannungszustand, der sich während und nach der Herstellung des Bauwerkes im Gebirge einstellt. Im Druckstollenbau treten zusätzlich Tertiärspannungen auf, die sich aus dem jeweiligen Wasserdruck im Stollen ergeben und die Sekundärspannungen im Gebirge überlagern.

☐ Primärer Spannungszustand. In einem homogen und isotrop angenommenen, unberührten Gebirge steht jedes Teilchen unter dem lotrechten Überlagerungsdruck p_v der über ihm liegenden Massen, dessen Größe von der Wichte und der Tiefenlage h abhängig ist:

$$p_v = \gamma \cdot h.$$

Als waagerechter Druck wirkt der Seitendruck p_h, der sich aus dem senkrechten Druck und dem Seitendruckbeiwert k_0 ergibt:

$$p_h = k_0 \cdot p_v.$$

In wenig geklüftetem Gebirge kann die Größe k_0 mit Hilfe von Primärspannungsmessungen in Bohrlöchern (→ Feldversuch) abgeschätzt werden. Normalerweise herrscht in der Natur jedoch inhomogenes und anisotropes Gebirge vor. Der Überlagerungsdruck kann dann zusätzlich von den verschiedenen tektonischen Gebirgsdrücken und in den Hanglagen von Wander- und Rutschungsdrücken beeinflußt sein. Ferner gibt es im Gebirge oft Schichten mit kleinerem Scherwiderstand, was zu einer weiteren Störung des primären Spannungszustandes führen wird. Beispielsweise kann bei einseitig talwärts gerichtetem Fallen von Schichtenfolgen eine Abhängigkeit des Überlagerungsdruckes von der Neigung der Schichtung bestehen.

Auch im Lockergebirge gilt

$$p_v = \gamma \cdot h \text{ und}$$
$$p_h = k_0 \cdot p_v,$$

mit k_0 als Ruhedruckbeiwert. Wegen der i. a. unbekannten tektonischen Spannungen kann der Seitendruckbeiwert k_0 nicht mit Hilfe der Poisson-Zahl berechnet werden. Beispielsweise ist die unterschiedli-

che Verteilung des Druckes auf den Tunnelhohlraum in gefalteten Schichten in Mulden und Sätteln zu beobachten insbes., wenn der → Tunnel quer zur Faltungsachse verläuft. Bei der Durchquerung eines Sattels sind die Anfangsstrecken trotz kleinerer → Überdeckung oft einem größeren → Gebirgsdruck ausgesetzt als die mittleren Strecken mit einer größeren Überlagerungshöhe. Bei der Durchquerung einer Mulde ist diese Erscheinung umgekehrt. Faltungen rufen Pressungen im Kern und Zerrungen im Scheitel des Gewölbes einer Falte hervor. Diese wirken sich um so stärker aus, je intensiver die Faltung eingeengt ist. Ein Tunnel im Scheitel des Faltengewölbes befindet sich in einer durch Zugbeanspruchung aufgelockerten Zone. Dort muß man mit Nachbrüchen und größerem Wasserandrang rechnen. Im Kernbereich der Faltung wird der Tunnel starken Druckbeanspruchungen ausgesetzt sein. In einem tektonisch stark beanspruchten Gebirge ist jedoch auch dort mit Nachbrüchen zu rechnen. Tunnel mit Seitenlagen der Faltung erhalten meist ungünstige einseitige Gebirgsdrücke. Am günstigsten ist eine Mittellage des Tunnels in einer mehr oder weniger neutralen Zone der Faltung, die bei ihrer Bildung weder sehr große Zug- noch übermäßige Druckbeanspruchungen erhalten hat.

☐ Sekundärer Spannungszustand. Generell ist die Ermittlung des sekundären Spannungszustandes von der Wahl des theoretischen Berechnungsmodells abhängig. Beispielsweise kann man durch die Reduzierung des dreidimensionalen Problems auf ein zweidimensionales in Form einer Scheibe oder eines rotationssymmetrischen Gebirgskörpers bereits erhebliche Unterschiede in der Spannungsverteilung erhalten. Darüber hinaus beeinflussen die verschiedenen Annahmen über das Verformungs- und Festigkeitsverhalten des Gebirges, die Berücksichtigung des Bauablaufes, die Idealisierung des Trennflächengefüges und die Abschätzung des Primärspannungszustandes den Sekundärspannungszustand. Daher ist es z. Z. immer noch unsicher, ob der theoretisch ermittelte Spannungszustand im Gebirge während und nach der Herstellung eines unterirdischen Hohlraumes dem tatsächlich vorliegenden Spannungszustand in situ entspricht. Aus diesem Grunde sollte eine Berechnung des Sekundärspannungszustandes stets durch Messungen der Verformungen und der → Setzungen ergänzt werden. *Wagner*

Gebrauchsabnahme. Die G. ist ein öffentlich-rechtlicher Verwaltungsvorgang und dient im wesentlichen der Beurteilung der → Sicherheit des Neubauvorhabens und der technischen Einrichtungen, wie z. B. Feuerwehrzufahrt, Feuerschutztüren, Heizungseinrichtungen, → Brandabschnitte, → Fluchtwege, Treppenanlagen, → Aufzüge usw., aber auch der Überprüfung der öffentlich-rechtlichen Auflagen des Bauamtes im Bauschein (→ Baugenehmigungsverfahren). Die G. steht zwar grundsätzlich nicht im Zusammenhang mit der vertragsrechtlichen → Abnahme (§ 12 VOB/B), wird aber i. d. R. vom Auftraggeber als Voraussetzung für die rechtliche Abnahme verlangt. *Olshausen*

Gebrauchslast. Alle Lasten, die ein → Tragwerk im normalen Gebrauch belasten, z. B. Eigenlast, Verkehr, Wind, Schnee, → Erddruck usw., und die ohne Beeinträchtigung der Gebrauchstauglichkeit ertragen werden müssen. *Mehlhorn*

Gefahrenzonenplan. In Österreich und in der Schweiz eingeführte Kartierung von Wildbachgebieten (→ Wildbachverbauung) entsprechend dem Maß der Gefährdung, wie einfache Überflutung bis völlige Zerstörung von Objekten, und der effektiv möglichen Schäden an Personen, Objekten, Bahnlinien usw.) für bestimmte Wiederkehrintervalle (→ Ereignis, hydrologisches, Wahrscheinlichkeit). Generell werden folgende Zonen ausgeschieden: Bauverbot, Baubeschränkung bzw. besondere Auflagen, Freihaltezonen für Sicherungsmaßnahmen, keine Beschränkungen. Damit diese G. im öffentlichen Interesse rechtswirksam werden können, müssen die rechtlichen Grundlagen für Nutzungsbeschränkungen, Entschädigungs- und Haftpflicht usw. gegeben sein. Dabei ist zu beachten, daß der betroffene Grundbesitzer aus der Feststellung der Gefährdung bzw. aus der Einbeziehung seines Grundstückes in eine Gefahrenzone keinen Anspruch auf eine Entschädigung ableiten kann, da die Eigenschaften eines Grundstückes von Natur aus gegeben sind. *Lecher*

Gefahrstoff. G. nach der Gefahrstoffverordnung im Rahmen des Gesetzes über die Beförderung gefährlicher Güter (1975/90) sind beim Wasser die wassergefährdenden Stoffe bei der Beförderung in Rohrleitungen oder beim Transport gefährlicher Güter auf Wasserstraßen oder auf Straßen. Dazu gibt es Regelungen nach europäischen und deutschen Vorgaben.

Die europäische Gefahrstoffliste I und II von 1976/78, später erweitert, regelt für die Stoffe der Liste I die Festlegung von Emmissionswerten oder Qualitätszielen und für Liste II die Durchführung nationaler Programme. Ergänzend – zum Schutz des Grundwassers – 1980/81 die Verhinderung der Einleitung der Stoffe nach Liste I und die Begrenzung der Ableitung von Stoffen nach Liste II. Dies wurde durch deutsche Verordnungen und Erlasse umgesetzt, auch für Transporte auf der Straße, zur See oder auf den Wasserstraßen.

Bei den → Abfällen kam die Richtlinie über giftige und gefährliche Abfälle 1978/80 von der EG und das deutsche Gesetz über die Beförderung gefährlicher Güter 1975 (Gefahrguttransporte), nachdem bereits 1973 die Verordnung über die Beförderung gefährlicher Güter auf der Straße (1976 ergänzt) erschienen war. 1979 folgt die deutsche Verordnung auch für die Eisenbahn (GGVE).

An die Fahrer bei solchen Gefahrstofftransporten sind – abgestuft – besondere Ausbildungs- und Eignungsanforderungen zu stellen.

Nach dem Stand 1994 der europäischen Liste gefährlicher Abfälle sind jetzt 237 Abfallarten auf dem Abfallkatalog EWC. Die Länder können allerdings auch noch weitere – über diese verbindliche Liste hinaus – G. aufnehmen. Die Länder haben aber auch „Ausstiegsmöglichkeiten" für Ausnahmen bei ausreichendem Nachweis für bestimmte Fälle.

Auch die Störfallverordnung (1991/93) betrifft – bei industriell/gewerblichen Anlagen – die Sicherungspflicht, Anforderungen zur Verhinderung und Begrenzung von Störfällen und Auswirkungen sowie Meldepflichten beim Vorkommen. Betroffen sind dabei auch die Abwasseranlagen, Rohrleitungen/Förderleitungen und Lager-, Abfüll-, Umschlag- und Produktionsstellen gefährlicher Stoffe. *Pfeiff*

Gefrierlanze. Die Verteilung des kältetragenden Mittels in die zur Kälteabgabe bestimmten Gefrierelemente im Vereisungsbereich geschieht entweder durch ein vom Kälteaggregat ausgehendes Rohrleitungssystem oder in Einzelfällen durch quasidirekte Einspeisung in die im Boden befindlichen Gefrierrohre (Bild), die zu einem Durchlaufsystem hintereinander geschaltet oder zu einer Gruppe in Parallelschaltung zusammengefaßt werden können. Die Gefrierrohre werden von einem Bohrplanum aus mit Hilfe der üblichen Bohrverfahren, wie z. B. dem Exzenterbohrverfahren, abgeteuft. Bei horizontaler Lage der G. werden diese aus der Kaverne eines fertiggestellten Abschnittes mit Hilfe eines Bohrwagens in eine gegenüber der Tunnelachse geneigten Lage in den neuen Gefrierabschnitt eingebracht. Für Solegefriersysteme verwendet man Rohre aus Stahl St 52-3 oder Aluminiumrohre mit ausreichender Festigkeit; Fallrohre können auch aus Kunststoff sein. Um den besonderen Ansprüchen infolge der Temperaturen unter −40 °C zu genügen, ist es notwendig, NE-Metalle oder mit Nickel legierten Stahl einzusetzen. Die Wanddicke der Rohre bestimmt sich aus dem inneren

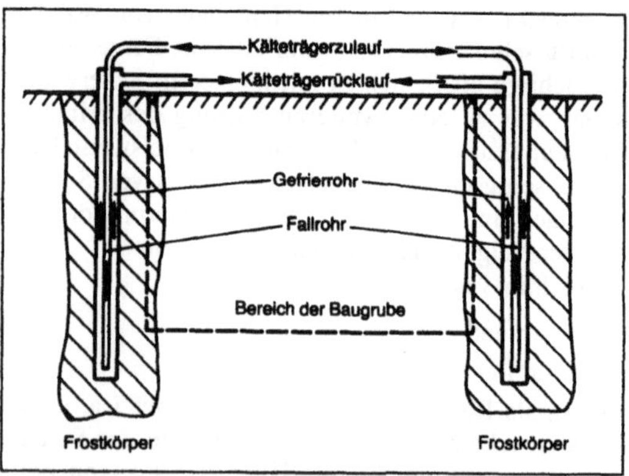

Gefrierlanze: Verteilung des Gefriermittels.

hydraulischen Druck und dem äußeren → Erddruck. Zur Verminderung von Kälteverlusten können Zuflußleitungen und Gefrierelemente mit z. B. Polystyren oder einer PVC-Umhüllung isoliert werden.

Kühn

Gefrierverfahren. Das G. wurde im letzten Drittel des 19. Jahrhunderts erstmals im → Bergbau zum Abteufen von Schächten angewendet. Durch das Gefrieren des Wassers erhält der feuchte oder gesättigte Boden eine so große Festigkeit, daß er wie Beton größere Erd- und Wasserdrücke aufnehmen kann. Häufige Anwendungsgebiete sind der Kanalleitungsbau in nichtstandfesten Böden aus Schwimmsanden, Torf oder Klei, der → Schachtbau, der → Tunnelbau und der Baugrubenverbau einschl. → Unterfangungen (Bild 1). Der Frostkörper wirkt zugleich abdichtend und tragend. Das Verfahren ist ausgesprochen umweltfreundlich.

Die Kälte wird unmittelbar auf der Baustelle durch Gefrieraggregate mit installierten Leistungen von 100 oder rd. 300 kW erzeugt oder aber in Form von flüssigem Stickstoff (LN_2) angeliefert. Das Schema einer Gefrieranlage mit den üblichen drei unabhängigen Kreisläufen ist in Bild 2 dargestellt. Der Kühlkreislauf enthält als wichtigste Komponenten einen Verdichter,

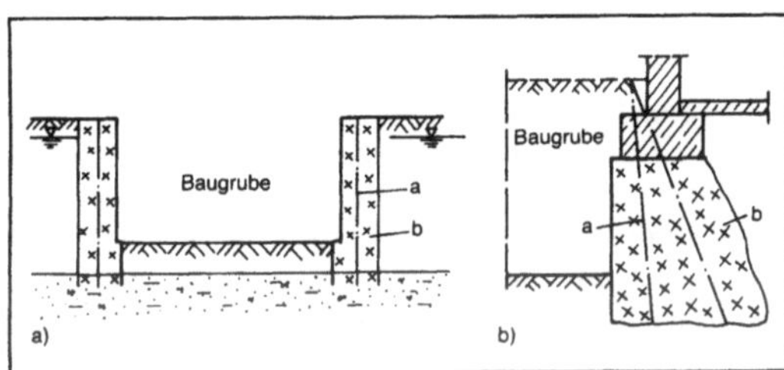

Gefrierverfahren 1: Anwendungsgebiete des G.
a) Baugrubensicherung
b) Unterfangung.

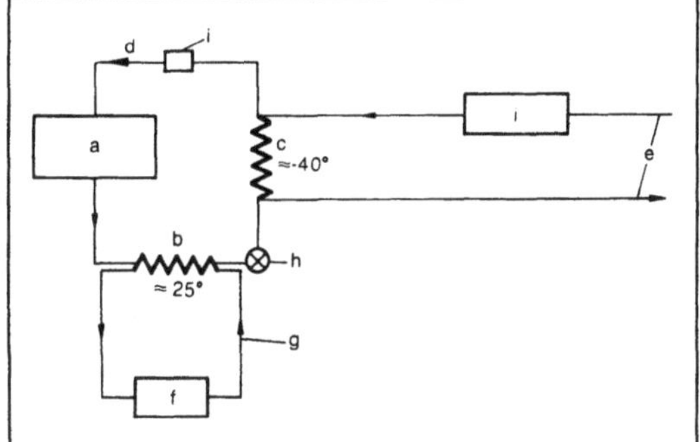

Gefrierverfahren 2: Schema einer Gefrieranlage.

a Verdichter, b Kondensator, c Verdampfer, d Kältemittel (Ammoniak oder Frigen), e Kälteträger ($MgCl_2$ oder $CaCl_2$, –15 bis rd. –40°C), f Rückkühlung, g Kühlwasser, h Drosselventil, i Pumpe

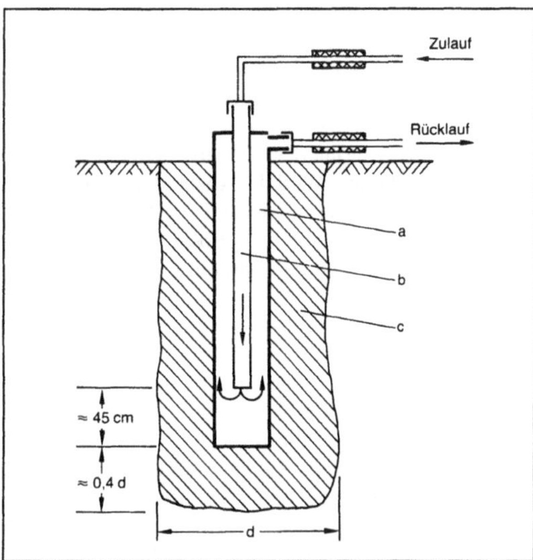

Gefrierverfahren 3: Einleitung der Kälte in den Untergrund

a Steigrohr, 98–160 mm Dmr., b Fallrohr, 30–50 mm Dmr., c Gefrierkörper

einen Kondensator und einen Verdampfer. Die bei der Verdichtung des Kältemittels entstehende Wärme wird am Kondensator durch einen zweiten Kreislauf abgeführt, der i. d. R. eine Luftkühlung enthält. Beim Entspannen des Kältemittels im Verdampfer entstehen Temperaturen bis etwa –40 °C, auf die auch der Kälteträger im dritten Kreislauf abgekühlt wird. Dieser fließt dann zu den Sammelleitungen, durch die einzelnen Gefrierrohre und zurück zum Verdampfer. Ein Gefrierrohr zeigt Bild 3. Ein exzentrisch rotierender Bohrmeißel zieht die Verrohrung in den Untergrund. Das Rohr mit einem Durchmesser von rd. 100 mm ist häufig auch gleichzeitig Steigrohr des Kälteträgers. Darin ist das Fallrohr eingehängt. Im Schachtbau wird die Frostwand i. d. R. in einem Zuge hergestellt. Die Bohr- und Rohrlängen können dann einige hundert Meter betragen. Flüssiger Stickstoff wird im Tankwagen auf die Baustelle geliefert und in isolierte Behälter gepumpt. Es ist nur der Kälteträgerkreislauf erforderlich. Der –196 °C kalte flüssige Stickstoff wird durch mehrere in Reihe geschaltete Gefrierrohre gepumpt und verdampft bei –143 °C.

Zur Abschätzung der zu installierenden Kälteleistung, des Frostfortschrittes und damit des Ausbruchbeginns eines Hohlraumes ist die Temperaturausbreitung im Untergrund zu ermitteln. Für das Transportproblem gilt die *Fourier*sche Wärmeleitungsgleichung

$$\frac{\partial T}{\partial t} = a \cdot \left(\frac{\partial^2 T}{\partial r^2} + \frac{1}{r} \cdot \frac{\partial T}{\partial r} \right);$$

darin ist T die Temperatur, t die Zeit, a die Temperaturleitzahl des gefrorenen oder ungefrorenen Bodens und r der Abstand von der Achse, z.B. eines Gefrierrohres oder eines Schachtes. Mit den jeweiligen Anfangs- und Randbedingungen ergeben sich Temperaturverteilungen in den Gebieten des gefrorenen und des ungefrorenen Bodens. Für die Frostausbreitung muß man die Kristallisationswärme des Wassers an der Frostgrenze mit berücksichtigen. Wird der Abstand der Frostgrenze von einer Rohrachse mit R und die Kristallisationswärme mit q_s ($q_s = 334{,}5$ kJ/kg) bezeichnet, so beträgt die Wärmebilanz an der Frostgrenze:

$$\frac{dR}{dt} = \frac{1}{\rho q_s} \cdot \left(\lambda_1 \cdot \frac{\partial T_1}{\partial r} - \lambda_2 \cdot \frac{\partial T_2}{\partial r} \right);$$

die Indizes 1 und 2 stehen für den gefrorenen oder ungefrorenen Boden; ρ ist die Wassermasse je Kubikmeter Boden. Sowohl für das Randwertproblem eines einzelnen Gefrierrohres wie auch für die Frostausbreitung um Schacht- oder → Tunnelquerschnitte sind Lösungsansätze entwickelt (*Tsytovich* 1975). Die → Wärmeleitzahl λ eines Stoffes erhalten wir mit der Temperaturleitzahl, der spezifischen Wärme c und der Dichte ρ zu

$$\lambda = a \cdot c \cdot \rho.$$

Für Boden gelten die Richtwerte: → Sand gefroren: $\lambda \approx 18{,}4$ kJ/hm K, ungefroren: $\lambda \approx 9{,}2$ kJ/hm K, Ton gefroren: $\lambda \approx 9{,}6$ kJ/hm K, ungefroren: $\lambda \approx 6{,}3$ kJ/hm K; Die spezifische Wärme des Bodens beträgt etwa $c = 0{,}84$ kJ/kg K.

Erhebliche Verzögerungen der Frostausbreitung um die Gefrierrohre ergeben sich durch strömendes Grundwasser. Von Strömungsgeschwindigkeiten von etwa 2,4 m/Tag ab muß man zusätzliche Maßnahmen treffen, um ein Zusammenwachsen benachbarter Frostbereiche, den → Ringschluß, zu erreichen. Der Gefrierrohrabstand wird üblich zu 1,0 bis 1,5 m gewählt. Dieser Abstand und die Gefriertemperatur stimmt man so aufeinander ab, daß die Vorgefrierzeit im Tunnelbau bis zum Ausbruch des Querschnittes etwa 14–20 Tage beträgt.

Gefrorener Boden kann auf Zug und Druck beansprucht werden. Kurzzeitig nehmen einaxial belastete Proben Druckspannungen von über 15 MPa auf. Der gefrorene Boden verhält sich wie ein viskoplastisches Material. Es besteht eine starke Abhängigkeit der Spannungen σ und der Verformungen ε_K von der Zeit t. Eine charakteristische Kriechkurve zeigt Bild 4. Bis zum Bereich II läßt sich die Kurve zutreffend durch das *Vialov*-Gesetz

$$\varepsilon_K = A(T) \cdot \sigma^\beta \cdot t^\alpha \quad \text{oder} \quad \varepsilon_K^m = \sigma \frac{t^{-2}}{(1-T)^k \, w}$$

approximieren; m, λ, k und w sind Materialparameter, die durch Laborversuche zu bestimmen sind. Die Festigkeit gefrorenen Bodens nimmt mit sinkender Temperatur, rascher Laststeigerung und wachsendem Wassergehalt zu. Bei rolligen Böden sollte ein Wassergehalt $w \geq 6\%$ vorhanden sein. Erforderlichenfalls muß der

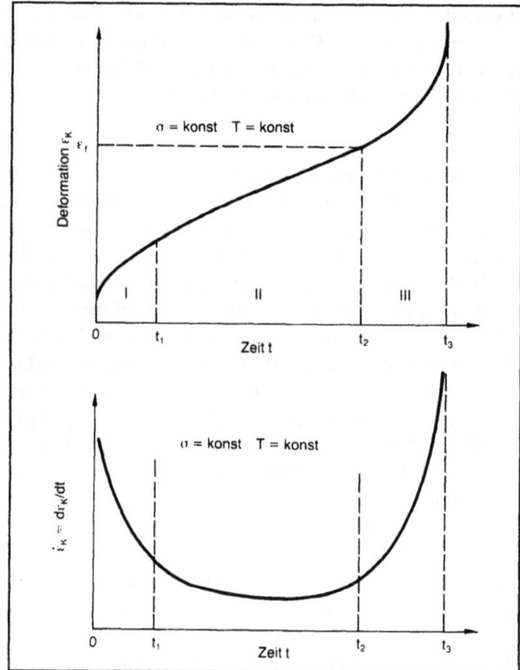

Gefrierverfahren 4: Kriechverformungen einer einaxial belasteten Probe aus geforenem Boden.

Untergrund zuvor berieselt werden. In rolligen Böden sind die Frosthebungen und die → Setzungen nach dem Auftauen des Frostkörpers klein. Sind Anteile feinkörniger Böden beigemischt (→ Frostkriterien) oder handelt es sich um bindige Böden, so entstehen Eislinsen, die je nach Boden und Gefrierzeit zu Hebungen und Setzungen der Geländeoberfläche von einigen Zentimetern führen können. In bindigen Böden tritt nach dem Auftauen bis zu einer erneuten Konsolidierung des Bodens eine z.T. große Verringerung der → Scherfestigkeit auf. *Meißner*

Literatur: Gefrierschachtbau. Glückauf-Betriebsbücher, Bd. 31. Essen 1985. – *Tsytovich, N. A.*: The mechanics of frozen ground. New York 1975.

Gegenstromprinzip → Planungsebene

Gehrung. Stoßfuge zweier, in beliebigem Winkel aufeinandertreffender Bauteile, z.B. Rahmen-, Kasten-, Türzargenecken usw. Ist die Stoßfuge gleichzeitig Winkelhalbierende, spricht man von echter, sonst von unechter G. *Dröge*

Gehrungsstoß. Verbindung zweier auf → Gehrung geschnittener Teile (Bild). *Dröge*

Gelenk. Ein G. ist im Bauwesen eine momentenfreie Verbindung mindestens zweier Stäbe. Die Stabenden können sich beliebig und reibungsfrei gegeneinander

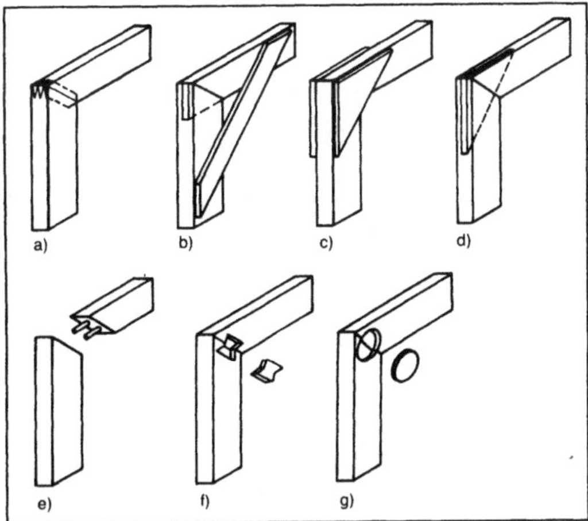

Gehrungsstoß: Arten von G.
a) Stoß mit Keilzinkung
b) Stoß auf Gehrung mit Zapfen
c) Stoß mit aufgesetztem Winkel
d) Stoß mit eingelassenem Winkel
e) Verdübelter Stoß
f) Stoß mit eingelassenem Schwalbenschwanzblatt
g) Stoß mit Runddübel.

verdrehen, Momente (Biege-, Torsions-) werden nicht zwischen den angeschlossenen Stäben übertragen. Analog werden auch solche Verbindungen als Gelenkverbindungen bezeichnet, die konstruktiv die Übertragung von Normalkräften und Querkräften ausschalten.

Laermann

Gelenkverbindung → Gelenk

Gemeinkosten. Die Kostenarten, die sich nicht als → Einzelkosten unmittelbar (direkt) einer Teilleistung zurechnen lassen; in der → Kalkulation als → Baustellengemeinkosten und Allgemeine → Geschäftskosten auftretend. Sie werden bei der Ermittlung des Einheitspreises den Einzelkosten mit Hilfe eines Zuschlagssatzes zugerechnet. Manchmal bezeichnet man die G. auch als Umlagekosten, da sie bei der Kalkulation über die Angebotssumme zur Berechnung des Zuschlagssatzes auf die Einzelkosten „umgelegt" werden. Bei der Ergebnisrechnung werden die Einzelkosten der Teilleistungen und die G. der Baustelle zusammengefaßt und der Baustelle als → Kostenstelle insgesamt zugerechnet (Einzelkosten der Teilleistungen + Gemeinkosten der Baustelle = Herstellkosten), da eine Zuordnung nach Teilleistungen ohne ein sehr umfangreiches und aufwendiges Berichtswesen nicht möglich ist. Die Differenz zwischen dem Erlös und den Herstellkosten ist der Deckungsbeitrag, aus dem die Allgemeinen Geschäftskosten abzudecken sind und ein Gewinn zu erwirtschaften ist.

Drees

Generalplaner. Planer, der sämtliche Planungsleistungen übernimmt, jedoch diese an andere Planer (Subplaner) vergibt, soweit er nicht auf diese eingerichtet ist. G. ist im Hochbau meist der Architekt, der mit Tragwerksplaner und den Fachingenieuren für Gebäudetechnik als Subplanern zusammenarbeitet. Der G. hat die → Gewährleistung für die Planung und die Koordination sämtlicher Planer zu übernehmen. In manchen Fällen wird auch der Projektmanager (Projektsteuerer) als G. eingesetzt, so daß er sämtliche Planungsleistungen weitervergibt, jedoch das Planungsziel und die Koordination garantiert.

Drees

Generalübernahme. Vergabe oder Übernahme einer → Bauleistung einschl. Planung und schlüsselfertiger Herstellung an oder durch einen → Generalübernehmer; → Vergütung mit einer Pauschalsumme.

Drees

Generalübernehmer. Auftragnehmer, der ein Bauvorhaben schlüsselfertig meist für eine Pauschalsumme übernimmt und dabei auch die Gesamtplanung, zumindest die Ausführungspläne liefert. Ein G. führt i. a. keine → Bauleistungen aus, sondern beschränkt sich auf Finanzierung und Management. Er übernimmt jedoch die → Gewährleistung für das gesamte Bauvorhaben, vergibt aber die Bauausführung meist an einen → Generalunternehmer, der seinerseits wieder einen großen Teil der Leistungen an → Nachunternehmer vergibt.

Drees

Generalunternehmer. Auftragnehmer, der ein Bauvorhaben schlüsselfertig meist für eine Pauschalsumme ausführt. Im allgemeinen übernimmt der G. nur die Rohbauarbeiten und vergibt die Ausbauleistungen und die gebäudetechnische Ausrüstung an → Nachunternehmer (Subunternehmer). Der G. hat die Koordination und die → Gewährleistung sämtlicher ihm übertragener Leistungen zu übernehmen. Eine → Vergabe an G. empfiehlt sich nur, wenn die Leistung nach Ausführungsart und Umfang genau bestimmt und mit einer Änderung bei der Ausführung nicht zu rechnen ist, da sonst die Einhaltung der Pauschalsumme nicht garantiert werden kann. Gegebenenfalls ist eine Anpassung der Pauschalsumme durch eine Preisliste für Mehr- oder Minderleistungen vorzusehen.

Drees

Geodäsie. In der klassischen Definition von *F. R. Helmert* (1880) die Wissenschaft von der Ausmessung und Abbildung der Erdoberfläche. Diese bis heute gültige Definition umfaßt sowohl die physische als auch die mathematische → Erdfigur sowie die Erfassung von zeitlichen Veränderungen. Sie schließt die Bestimmung des Erdschwerefeldes ein. Die Definition läßt offen, ob die gesamte Erdoberfläche oder nur eine Teilfläche zu betrachten ist. Dementsprechend umfaßt die G. eine Reihe von Teildisziplinen mit unterschiedlichen Aufgabenstellungen. Die Erdmessung beschäftigt sich mit der großräumigen Erfassung der Erdfigur einschl. des Erdschwerefeldes. Die Landesvermessung überdeckt ein Land mit geodätischen Festpunktfeldern und erstellt durch Detailvermessung topographische Karten. Die → Festpunktfelder der Landesvermessung bilden die Grundlage für weitere Detailvermessungen, z. B. im Bereich des Katasters oder in der Ingenieurvermessung. *Pelzer*

Geohydrologie. G. (→ Hydrogeologie) ist die Wissenschaft von den Erscheinungen des Wassers in der Erdrinde je nach dem Schwerpunkt der Betrachtungsweise. *Mattheß*
Literatur: DIN 4049. Tl. 1: Hydrologie. Grundbegriffe. Ausg. 1992.

Geoid. Als mathematische → Erdfigur bezeichnete Niveaufläche des Schwerefeldes der Erde. Das G. wird durch die Oberfläche der Ozeane realisiert, wenn diese sich in einem (theoretischen) Gleichgewichtszustand befinden, und kann unter den Kontinenten fortgesetzt gedacht werden (Bild 1). Es ist eine komplizierte Fläche, die sich nicht durch eine geschlossene mathematische Funktion darstellen läßt. Man berechnet deshalb punktweise die Geoidundulationen – dies sind die Höhendifferenzen des G. gegenüber einem → Referenzellipsoid – und stellt diese in Karten dar (Bild 2). *Pelzer*

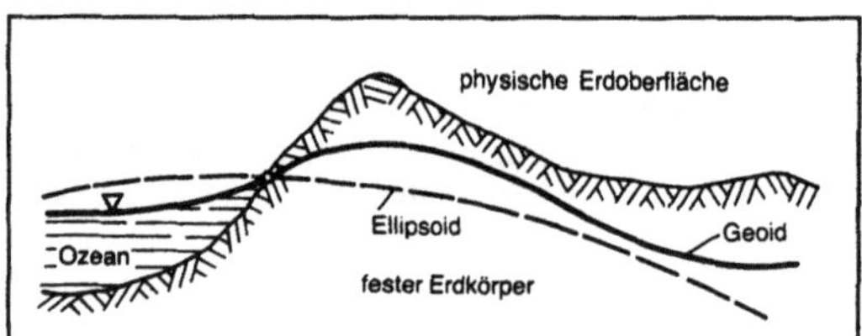

Geoid 1: G., Ellipsoid und Erdoberfläche.

Geoidbestimmung. Geodätische Meß- und Auswerteverfahren zur globalen oder lokalen Bestimmung des → Geoids. Dabei ermittelt man i. d. R. die Abweichungen des Geoids von einer einfachen Bezugsfläche (→ Referenzellipsoid). Diese werden als Geoidundulationen bezeichnet. Das Geoid als spezielle Niveaufläche des Schwerefeldes der Erde fällt gem. seiner Definition mit der Oberfläche der Ozeane zusammen, falls sich das Meerwasser in einem homogenen Gleichgewichtszustand befindet und keine äußeren Einflüsse, wie Wind und Gezeiten, wirksam sind. Da die Realität von dieser Modellvorstellung abweicht, sind die tatsächliche Meeresoberfläche und das Geoid nicht identisch. Andererseits sind viele Störeinflüsse kurzperiodischer Natur, z. B. die wesentlichen Gezeitenkomponenten, oder verlaufen mit einer ausgeprägten Jahresperiode (Luftdruck, Wind, Wassertemperatur,

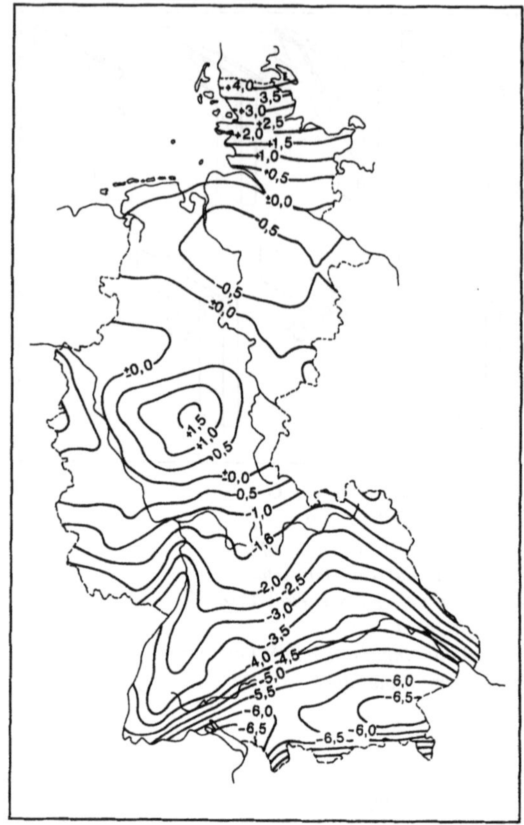

Geoid 2: Niveaulinien der Geoidundulationen in der Bundesrepublik Deutschland, bezogen auf das Bessel-Ellipsoid.
Äquidistanz der Höhenlinien: 0,5 m

Salzgehalt, Strömungen). Deshalb ist der mittlere Meeresspiegel, der durch mindestens einjährige Wasserstandsregistrierung an Küstenpegeln und Mittelbildung erfaßt werden kann, eine Annäherung an das Geoid. Unterhalb der Kontinente verläuft das Geoid im Erdinnern und kann dort nur indirekt bestimmt werden. Dafür stehen astronomisch-geodätische, gravimetrische und satellitengeodätische Verfahren zur Verfügung. Das gravimetrische Verfahren stützt sich auf die beobachteten Schwereanomalien Δg:

$$\Delta g = g_0 - \gamma_0.$$

Dabei ist g_0 die aus der gemessenen Oberflächenschwere g_P im Punkt P abgeleitete Schwere auf dem Geoid (Bild), zu deren Bestimmung die orthometrische Höhe H_P erforderlich ist. Weiterhin muß die Dichte der Massen oberhalb des Geoids bekannt sein. Die Größe γ_0 ist die Normalschwere, die sich auf einem Ellipsoid ergeben würde, dessen Oberfläche eine Niveaufläche ist und dessen Masse und Winkelgeschwindigkeit mit den entsprechenden Werten des tatsächli-

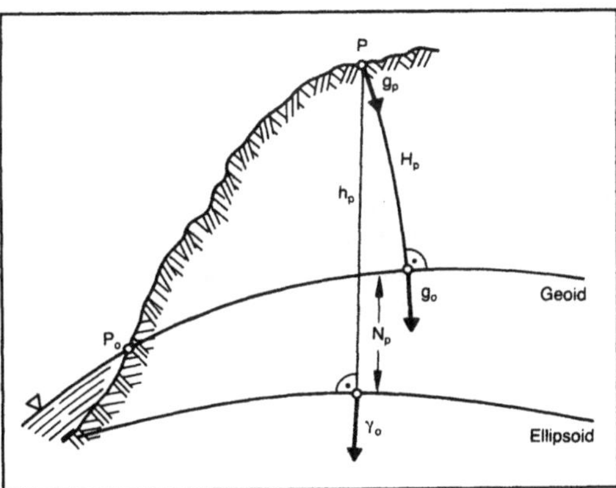

Geoidbestimmung: Zur Bestimmung der Geoidundulationen.

chen Erdkörpers übereinstimmt (Niveauellipsoid). Die Geoidundulation N_P folgt dann aus der Formel von *G. G. Stokes* (1819–1903)

$$N_P = \frac{R}{4\pi\gamma_m} \iint_\sigma S(\psi)\,\Delta g\,d\sigma;$$

in der Gleichung bedeuten:

R, γ_m Radius und mittlere Schwere für eine Referenzkugel,

Δg Schwereanomalie in einem Flächenelement $d\sigma$ der Kugel,

$S(\psi)$ Gewichtsfunktion des sphärischen Abstandes ψ vom Aufpunkt.

Das Integral ist über die gesamte Erde zu erstrecken. In der Praxis kann dies zu Schwierigkeiten führen, weil nicht von jedem Teil der Erde ausreichende Schwerewerte vorliegen. Eine andere Möglichkeit zur G. eröffnet die Satellitengeodäsie. Die dort entwickelten Meßverfahren liefern direkt die ellipsoidische Höhe h_P eines Oberflächenpunktes P über einem Referenzellipsoid. Ist für diesen Punkt auch die orthometrische Höhe H_P bekannt, ergibt sich die Geoidundulation N_P durch einfache Differenzbildung $N_P = h_P - H_P$. *Pelzer*

Geomechanik. Im Jahr 1928 von *H. Cloos* geprägter Begriff, der die an der → Geotechnik beteiligten verschiedenen naturwissenschaftlichen und ingenieurwissenschaftlichen Disziplinen, wie z. B. Geologie, Geophysik und Mineralogie, Mathematik und Physik sowie Bergbauwesen und Bauwesen, mit ihren geotechnisch relevanten Erkenntnissen, methodischen Ansätzen und Verfahren zusammenfaßt. Dabei bezeichnet G. die Wissenschaft vom thermomechanischen Verhalten der Erdkruste unter tektonisch oder technisch bedingten Einwirkungen. Sie hat zwei Teilbereiche: Tektonik/Gefügekunde und → Gebirgsmechanik. Während man in der Tektonik die Lagerungsformen (Bau) der Erdkruste, ihre Ursachen und ihre Mechanik erforscht, behandelt die Gebirgsmechanik die Erfassung, Analyse und Pro-

gnose der Vorgänge, die durch bergbauliche und ingenieurbauliche Tätigkeiten bewirkt wurden.   *Wagner*

Geostatik. Die G. ist die Lehre vom Gleichgewicht der Kräfte vor, während und nach der Herstellung eines unterirdischen Hohlraumbauwerkes, z. B. → Tunnels. Sie dient der wirtschaftlichen Bemessung der Sicherungsmaßnahmen und der Bestimmung der Verformungen und → Setzungen, die mit der Herstellung z. B. eines Tunnels im Zusammenhang stehen. In der klassischen Tunnelbautheorie sieht man den Tunnel als gewölbten Durchlaß in Form eines Zweigelenkbogens an. Diese Vorstellung resultiert aus der Herstellungsweise des Tunnels und den damit gewonnenen Erfahrungen hinsichtlich eines vom → First ausgehenden → Auflockerungsdrucks (Bild 1). Ein Auflockerungsdruck liegt vor, wenn ein begrenzter Bruchkörper auf dem Tunnelfirst lastet. Als Begrenzung nehmen einige Autoren geometrische Belastungsfiguren, wie Parabeln, Ellipsen oder Dreiecke, an. Das außerhalb dieses Bruchkörpers befindliche Gebirge bleibt nach dieser Vorstellung mehr oder weniger ungestört stehen. Man nimmt an, daß sich an den Fußpunkten der Widerlagerrückflächen beginnend Gleitflächen entwickeln, die unter dem Winkel $45° + \varphi/2$ (φ Reibungswinkel) gegen die Waagerechte geneigt sind. Durch die beiden Gleitflächen werden zu beiden Seiten der Tunnelauskleidung Gebirgsteile begrenzt, die die Auflast zu tragen haben. Hieraus ergibt sich, daß die Höhe des Auflockerungskörpers maßgebend für die Belastung der Tun-

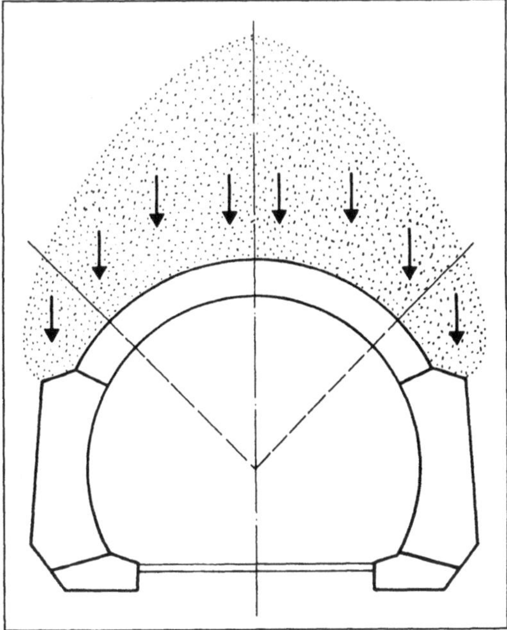

Geostatik 1: Auflockerungsdruck infolge Gebirgsentfestigung.

nelauskleidung ist. Ihre Bestimmung ist bis heute problematisch geblieben.

Allen neueren statischen Überlegungen gemeinsam ist die Vorstellung, daß bereits vor dem Hohlraumausbruch im Gebirge ein Spannungszustand wirksam ist, den man als primären Spannungszustand bezeichnet. Durch den Hohlraumausbruch und die damit verbundene Veränderung der geometrischen Situation des vorbeanspruchten Gebirges treten vom Hohlraumrand ausgehend Spannungsumlagerungen ein, durch die sich der primäre Spannungszustand lokal an die neuen Randbedingungen anpaßt. Diesen Umlagerungsprozeß simuliert man in der → Tunnelstatik dadurch, daß man am Hohlraumrand aus den dort vorhandenen primären Spannungen fiktive Umlagerungskräfte ermittelt, die als äußere aktive Belastung auf das jeweilige Tragsystem angesetzt werden. Eine Überlagerung der primären Spannungen und der aus den Umlagerungskräften berechneten Spannungen führt dann auf den sekundären Spannungszustand im Gebirge, auf die Ausbaubeanspruchung und die Verschiebungen des Tragsystems.

Für die Tragwerksplanung stehen verschiedene Berechnungsansätze und daraus entwickelte Berechnungsmodelle zur Verfügung. Im wesentlichen unterscheiden sie sich darin, wie durch das Verbundtragsystem Gebirge/Ausbau das Tragverhalten des Gebirges einerseits und das des Ausbaus andererseits eingeschätzt und entsprechend idealisiert wird. Bei den auf der Bettungsmodultheorie aufbauenden Modellen idealisiert man das Tunnelbauwerk durch einen ebenen entsprechend dem → Tunnelquerschnitt geformten elastisch gebetteten Ringträger. Grundlage für diese Theorie bildet die Winklersche Hypothese, die von der Proportionalität zwischen der Belastung eines Bodens und der resultierenden Setzung, d.h. dem Nachgeben des Bodens unter dieser Last ausgeht. Das Gebirge übt hier eine zweifache Funktion aus. Einerseits ist es Belastung durch die vortriebsbedingte Aktivierung von Umlagerungskräften und andererseits ist es ein mittragender Teil des Verbundsystems. Die sich infolge des Tunnelvortriebs im Baugrund bzw. Gebirge ergebende Beanspruchung kann mit diesem Berechnungsmodell nicht ermittelt werden. Daher ist dieses Modell nur für den → Tunnelausbau geeignet. Es ist konsequent, dann auch die Ermittlung der Beanspruchung in diesem Tragelement in den Vordergrund zu stellen. Bei Tunneln im → Lockergestein, insbes. bei schildvorgetriebenen Tunneln, bei denen man einen relativ steifen Tunnelausbau vorsieht, um die Baugrundverformungen möglichst gering zu halten, setzt man die auf der Bettungsmodultheorie beruhenden Berechnungsmodelle mit Erfolg ein.

Im Felstunnelbau, bei dem das Gebirge als Haupttragelement anzusehen ist und der Tunnelausbau eine notwendige, aber doch nur sekundäre Tragfunktion übernimmt, lassen sich die Berechnungsmodelle nach der Bettungsmodultheorie nicht anwenden, da man mit ihnen keine Aussage über die Beanspruchung vor allem des Haupttragelements erhält. Hier hilft jedoch die Kontinuumstheorie weiter. Im Gegensatz zu den Berechnungsmodellen der Bettungsmodultheorie wird der Baugrund bzw. das Gebirge bei den Berechnungsmodellen nach der Kontinuumstheorie als zwei- oder dreidimensionales Kontinuum und der Ausbau als biegesteife Schale idealisiert. Die durch den Hohlraumausbruch im Vollprofil oder im Teilprofil jeweils mobilisierten Umlagerungskräfte verteilt man entsprechend dem Steifigkeitsverhältnis und den Verbundeigenschaften auf die Tragelemente Gebirge und Ausbau. Unter Berücksichtigung der primären Spannungen lassen sich für Bauzustände und für den Endzustand Aussagen sowohl über den Spannungs- und Verschiebungszustand des Gebirges wie auch des Ausbaus erhalten.

Im Vergleich zu diesen Berechnungsmodellen nach der Kontinuumstheorie mit einer Idealisierung des Ausbaus als dünnwandigem → Schalentragwerk unterscheiden sich die auf der Ausbauwiderstandstheorie beruhenden Berechnungsmodelle nur in der Idealisierung des Ausbaus. Während man das Gebirge dabei ebenfalls als vorbelastetes Kontinuum betrachtet, wird die Tragfunktion des Ausbaus durch die Annahme erfaßt, daß die nach dem Ausbruch eingebaute Spritzbetonschale dem in den Hohlraum eindringenden Gebirge einen bestimmten Widerstand, den → Ausbauwiderstand, entgegensetzt. Diesen Ausbauwiderstand setzt man im einfachsten Fall als konstant über den Tunnelumfang verteilten radialen Innendruck an. Das scheibenartige, durch die primären Spannungen vorbelastete Kontinuum wird somit entlang der Hohlraumkontur durch die aus dem Hohlraumausbruch resultierenden Umlagerungskräfte und durch einen sofort wirksamen vorgegebenen Ausbauwiderstand belastet. Die Größe des Ausbauwiderstandes ist aus In-Situ-Messungen abzuschätzen.

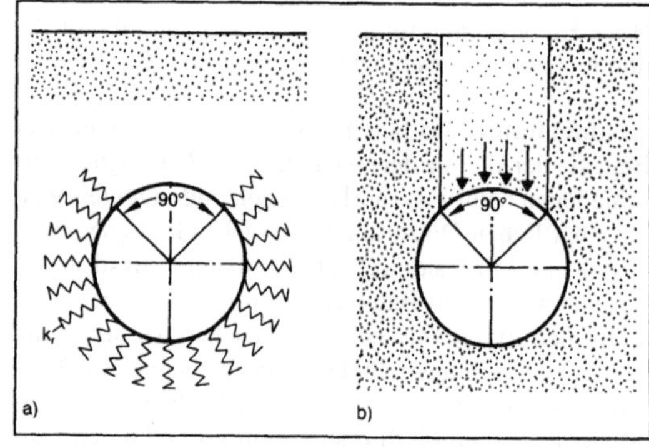

Geostatik 2: Berechnungsmodelle für oberflächennahe Tunnel.
a) Stabzug mit radialer Bettung.
b) Teilkontinuum ohne Stützwirkung für den Ausbau durch den Baugrund im Firstbereich.

Eine weitere Modifikation der Berechnungsmodelle hängt von der Tiefenlage des Tunnels ab. Bei oberflächennahen Tunneln, d. h. wenn die Überlagerungshöhe kleiner als der zweifache Durchmesser ist, wird der oberhalb des Firstbereiches gelegene Gebirgsteil nicht zum Mittragen herangezogen. Bei den Modellen der Bettungsmodultheorie bedeutet dies, daß der Firstbereich, in einem Sektor von etwa 90° (Bild 2), als nicht gebettet angesehen wird. Bei den Berechnungsmodellen der Kontinuumtheorie wird dieser Bereich so idealisiert, daß er nur belastend (Bild 2), aber nicht mittragend wirkt. Beide Voraussetzungen gelten nicht mehr, wenn die Überlagerungshöhe mehr als das Dreifache des Tunneldurchmessers beträgt. Wenn sich die Tiefenlage des Tunnels zwischen dem zweifachen und dem dreifachen Tunneldurchmesser befindet, hängt es von den geologischen Verhältnissen ab, ob man die eine oder andere Annahme den Berechnungen zugrundelegt. Je tiefer der Tunnel liegt, um so mehr hängt die statische Berechnung von den Festigkeits- und Verformungseigenschaften des Gebirges, von dem im Gebirge vorhandenen Primärspannungszustand und den nun schon in einem Berechnungsmodell erfaßbaren Bauzuständen ab. Darüber hinaus sind die sich aus der Hohlraumherstellung ergebenden zusätzlichen Beanspruchungen hauptsächlich vom Gebirge selbst aufzunehmen, da der Ausbau eine nur mittragende Funktion ausübt. Da die Materialeigenschaften des Gebirges naturgegeben und daher weitgehend unbeeinflußbar sind und erheblichen lokalen Schwankungen unterliegen können, wird deutlich, daß für tiefliegende Tunnel statische Berechnungen lediglich den Charakter von Näherungsberechnungen haben können. *Wagner*

Geotechnik. Oberbegriff für alle technischen Maßnahmen im Bereich der Erdkruste mit Entwurf, Planung und Ausführung dieser Maßnahmen im Rahmen der Disziplinen → Bergbau und Ingenieurbau (Praxis) sowie Bereitstellung der dazu benötigten wissenschaftlichen Grundlagen (Theorie). Zur G. gehören beispielsweise im Bereich Ingenieurbau der → Erd- und → Grundbau, der → Tunnel-, Stollen-, → Kavernen- und → Schachtbau, der → Dammbau sowie im Bereich Bergbau der Tage- und Tiefbau auf Rohstoffe. Die dazu unmittelbar erforderlichen wissenschaftlichen Grundlagen werden im Rahmen der → Geomechanik mit den Teilgebieten Tektonik/Gefügekunde und → Gebirgsmechanik erarbeitet. *Wagner*

Geotextilien. Aus synthetischen Fasern hergestellte, wasserdurchlässige Vliesstoffe, Gewebe und Verbundstoffe für den → Erd- und → Wasserbau. Vliesstoffe entstehen durch die Verfestigung von Matten aus regellos angeordneten Endlosfäden oder 3 – 15 cm langen Spinnfasern. Gewebe bestehen aus zwei sich rechtwinklig kreuzenden Fadensystemen. Flächenhaft verbundene Vliesstoffe und Gewebe heißen Verbundstoffe. G. setzt man im → Erdbau zum Trennen einzelner Schüttungen, zur Sicherung und Sanierung von Böschungen, als Filter und zum Bewehren von Erdbauwerken ein. Von G. zu unterscheiden sind → Folien, die zu → Abdichtungen verwendet werden. *Meißner*
Literatur: Merkblatt für die Anwendung von Geotextilien im Erdbau. Forschungsges. f. Straßen- u. Verkehrswesen, Köln. – Grundbau-Taschenbuch. Tl. 2. 4. Aufl. Berlin 1991.

Gerber-Träger. Von *H. Gerber* erfundener Träger mit so viel → Gelenken wie Zwischenstützen vorhanden sind. Der G.-T. ist somit statisch bestimmt. Er setzt sich gewöhnlich aus Einfeldträgern mit überkragenden Enden und eingehängten Schwebe- oder Koppelträgern zusammen (Bild). Seltener ist die Anordnung je eines Gelenkes in jedem Feld außer einem. *Laermann*

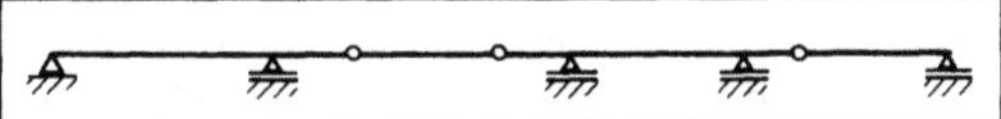

Gerber-Träger: Schematische Darstellung.

Gerinnesicherung. Sicherung des Wildbachgerinnes gegen Sohlen- und Böschungserosion durch Querwerke, wie z. B. Stützgurte, Sohlengurte, Grundschwellen und → Wildbachsperren, sowie durch Längswerke, wie z. B. Deck- und Leitwerke, Schalen, Sporne. Längsbauten sind erforderlich, um vor allem in Gerinnekrümmungen → Erosionen am Böschungsfuß zu verhindern. Sie werden aber auch eingesetzt, um bei Anbrüchen (→ Hangsicherung) den Hangfuß zu stabilisieren (Bild). *Lecher*

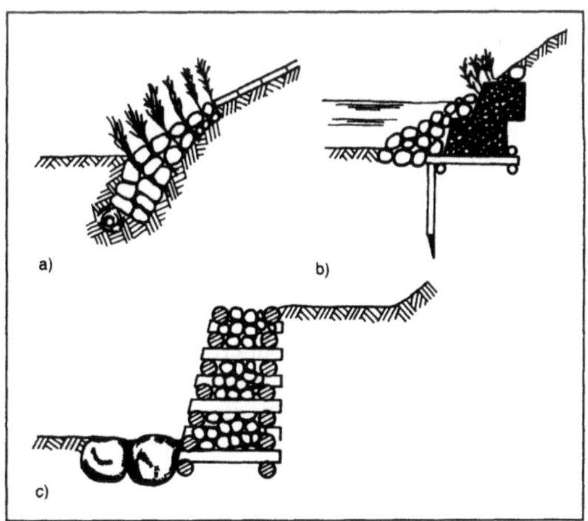

Gerinnesicherung: Längswerke.

a) Lebender Steinsatz (Steingraßbau) b) Drahtschotterkörbe (Gabionen) mit Pfahlgründung und Blockwurf als Vorgrundsicherung c) Zweiwandiger Steinkasten. (H. Grubinger)

Geröll → Geschiebe

Gerüst. Der Begriff G. wird im → Stahlbau in zweifacher Bedeutung verwendet: als Bezeichnung für Bauwerke, z. B. Kesselgerüst (Kraftwerksbau), Gebläsegerüst (Kraftwerksbau), Fördergerüst (→ Bergbau) sowie als Bezeichnung für umsetzbare Hilfskonstruktionen für das Erstellen und Reparieren von Bauwerken. Die Hilfsgerüste sind Gegenstand der folgenden Ausführungen.

Nach Art der Verwendung unterscheidet man Arbeitsgerüste, → Schutzgerüste und → Traggerüste. Die früher üblichen Holzgerüste wurden weitgehend durch stählerne G. abgelöst. In jüngster Zeit geht die Entwicklung zunehmend zum Leichtmetall als Gerüstwerkstoff. Das Grundelement für die Gerüstkonstruktion ist i. d. R. das Stahl- bzw. Leichtmetallrohr. Es wird sowohl für die Gerüststützen als auch für Diagonalen, Riegel und für geschweißte Aussteifungsfachwerkträger eingesetzt. Außerdem verwendet man Kaltprofile unterschiedlichster Form. Die Verbindungstechnik bei den G. entwickelt sich weitgehend unabhängig vom Stahlbau. Sie basiert auf der möglichst einfachen Lösbarkeit der Verbindungsmittel. Deswegen kommen vornehmlich Klemm-, Steck- und Bolzenverbindungen, Rohrkupplungen sowie kaltverformte Anschlüsse zur Anwendung.

Statisch sind G. räumliche Fachwerke mit z. T. biegesteifen Versteifungsträgern. Wegen der relativ großen Verformungen von G., die vornehmlich aus dem Schlupf der Verbindungen herrühren, ist der Nachweis ausreichender → Tragfähigkeit i. d. R. nach der elastischen Theorie 2. Ordnung unter γ-fachen Lasten und unter der Annahme von → Imperfektionen zu führen. Dies gilt insbes. für die meist hoch belasteten Traggerüste. Für Schutz- und Arbeitsgerüste werden vereinfachend auch ebene Ersatzsysteme untersucht.

Sedlacek/Scholz

Literatur: DIN 4420: Arbeits- und Schutzgerüste. – DIN 4421: Traggerüste. – *Nather*: Gerüstbau. In: Stahlbau-Handbuch. Bd. 2. 2. Aufl. Köln 1985; s. bes. S. 1241 ff.

Gerüstklammer → Bauklammer

Gerüstmontage. → Gerüste sind umsetzbare → Tragkonstruktionen aus Stahl oder Leichtmetall, heute nur noch selten aus Holz, die montiert und nach Zweckerfüllung demontiert werden. Man konzipiert sie so, daß die Montage und Demontage ohne größere → Hebezeuge möglich ist. Arbeits- und → Schutzgerüste, z. T. auch → Traggerüste (Gerüst) werden i. d. R. weitgehend von Hand montiert. Die Einzelbauteile von Gerüsten dürfen deswegen nur kleine, möglichst von einer Person hebbare Gewichte aufweisen. Die Wirtschaftlichkeit einer umsetzbaren Gerüstkonstruktion hängt weitgehend von den Kosten für die Montage und Demontage ab. Eine Minimierung der Kosten ist in erster Linie durch Verwendung gleicher industriell her-

gestellter Gerüstbauteile, möglichst einfach montierbarer Verbindungsmittel und durch den Einsatz spezialisierter Montagekolonnen zu erreichen.

Sedlacek/Scholz

Gerüststütze → Gerüst

Gesamtenergiedurchlaßgrad. Der G. g_F gibt an, wieviel der eingestrahlten Sonnenenergie in einen Raum gelangt (Bild). Er hängt vom Energiedurchlaßgrad g_v der Verglasung und ggf. vorhandenen Sonnenschutzmaßnahmen ab.

$$g_F = g_v \cdot z_1 \cdot z_2 \cdot \ldots \cdot z_n$$

$z_1 \ldots z_n$ stellen Abminderungsfaktoren für Sonnenschutzfaktoren nach DIN 4108 dar (Tabelle 1).

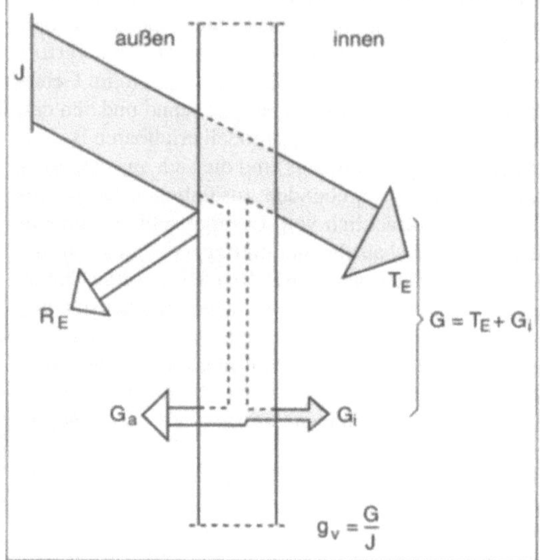

Gesamtenergiedurchlaßgrad: Schematische Darstellung der Strahlungsvorgänge an einer Glasscheibe.

T_E Strahlungstransmission, G_i sekundäre Wärmeabgabe innen, G_a sekundäre Wärmeabgabe außen, R_E Strahlungsreflexion, G Energiedurchgang

Gesamtenergiedurchlaßgrad. Tabelle 1: Abminderungsfaktoren für verschiedene Sonnenschutzmaßnahmen.

Sonnenschutzvorrichtung	z
kein Sonnenschutz	1,0
innenliegende Jalousie oder Vorhänge	0,5
außenliegende Jalousie oder Lamellen	0,25
Vordach, Loggien	0,3
Markisen	0,5

Der Energiedurchlaßgrad g_v einer Verglasung ist von den strahlungstechnischen und wärmeschutztechnischen Randbedingungen abhängig. Er wird experimentell nach DIN 67 507 (Lichttransmissionsgrade, Strahlungstransmissionsgrade und G. von Verglasungen) bestimmt. In DIN 4108 T 2 (Wärmeschutz im Hochbau) sind für baupraktische Berechnungen g_v-Werte angegeben (Tabelle 2). *Cziesielski*

Gesamtenergiedurchlaßgrad. Tabelle 2: g_v von Verglasungen.

Verglasung	Gesamtenergie-durchlaßgrad g_v
Doppelverglasung aus Klarglas	0,8
Dreifachverglasung aus Klarglas	0,7
Glasbaustein	0,6
Sonnenschutz-verglasungen	0,2 bis 0,8 *)

*) Der obere Grenzwert darf ohne Nachweis angewandt werden; sonst Nachweis entsprechend DIN 67 507.

Geschäftskosten. Die Kosten, die dem Unternehmen nicht durch einen bestimmten Bauauftrag, sondern durch den Betrieb als Ganzes entstehen. Hierzu gehören insbes. die Kosten der Verwaltung (Löhne und Gehälter des dort beschäftigten Personals), Raumkosten, Reisekosten, Kosten der → Hilfsbetriebe und des technischen Büros (soweit nicht den Baustellen direkt belastet), Beiträge zu Verbänden, Büromaterial, geringwertige Wirtschaftsgüter der Verwaltung, Versicherungen, Werbung, Repräsentation usw. Die Abgrenzung zwischen Allgemeinen G. und Baustellen-G. wird nicht einheitlich gehandhabt, so daß die Höhe der Verrechnungssätze der einzelnen Unternehmen meist nicht vergleichbar ist. So erfassen z. B. viele Unternehmen die Kosten der → Bauleiter und → Bauführer nicht als → Baustellengemeinkosten – wie es eigentlich richtig wäre –, sondern aus Vereinfachungsgründen als Allgemeine G. *Drees*

Geschiebe. An der Gewässersohle vom fließenden Wasser mitgeführte Feststoffe (Fließgewässer). Für die gröberen fluvialen Sedimente sind vier Begriffe in Gebrauch, die z. T. unterschiedlich definiert werden: Geröll, G., Schotter, Kies. Im → Wasserbau hat sich der Begriff G. (Feststoffe) durchgesetzt. Bei den Geowissenschaften steht „Geröll" für den einzelnen Partikel und „Schotter", seltener Kies, für das Sediment. Wiederum andere Definitionen gelten für die Baustoffe Kies und Schotter.

Der Bewegungsbeginn ist ein stochastischer Prozeß, der von mehreren Parametern (z. B. Geschwindigkeitsverteilung, Korngröße, Kornform) abhängt. Zudem ist der Übergang von der Ruhe zur Bewegung fließend. Die klassische, dimensionslose Beschreibung des Feststofftransportbeginns von *Shields* (1935) bilanziert die für rolliges Material maßgebenden Kräfte an der Sohle, die auf die Kornrauheit wirkende Sohlenschubspannung, sowie die widerstehenden Gewichtskraftkomponenten als Funktion der örtlichen Lagerungsbedingungen. Der wohl bekannteste, rein empirische Zusammenhang stammt von *Hjulström* (1935) und besteht vereinfacht aus der graphischen Darstellung eines Bereiches, der die Zustände „Ruhe" und „Bewegung" voneinander trennt (Bild). *Lecher*

Literatur: DVWK-Regeln zur Wasserwirtschaft, H. 127: Geschiebemessungen. Hamburg, Berlin 1992. – *Mangelsdorf, J. u. K. Scheurmann*: Flußmorphologie. München, Wien 1980.

Geschiebebewegung → Geschiebe

Geschieberegelung. Maßnahmen mit dem Ziel, schadenverursachendes → Geschiebe dauernd oder zeitweilig zurückzuhalten. Besonders gefürchtet sind Muren,

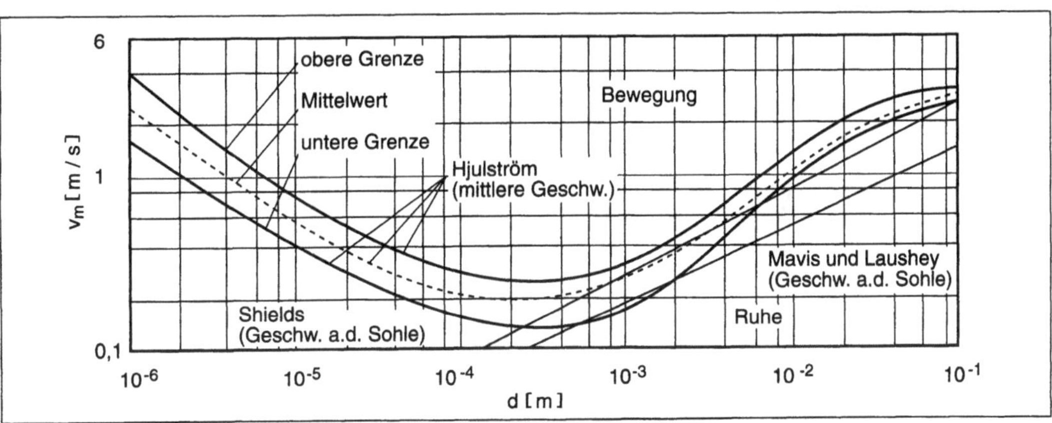

Geschiebe: Bewegungsbeginn für Quarzsand nach Hjulström. *(Quelle: DVWK 1992)*

die aus einem unterschiedlich zusammengesetzten Gemisch von Wasser, Steinblöcken, → Kies, → Sand, → Schlamm und Wildholz bestehen. Muren können beispielsweise entstehen, wenn durch Verklausungen, d. h. Verlegen des Abflußquerschnittes durch Wildholz, oder nach Hangrutschungen aufgestaute Wildbäche die Abflußhindernisse durchbrechen. Geschieberückhaltesperren (Bild 1) legen das Geschiebe im Rückhalteraum für dauernd fest. Dosiersperren (→ Wildbachsperre) sollen die Geschiebeführung so steuern, daß jenes Übermaß an Geschiebe zurückgehalten wird, das Schäden verursachen könnte, und daß das Transportvermögen bei mittleren → Abflüssen und bei kleineren Hochwässern weitgehend zum selbsttätigen Geschiebetransport aus dem Stauraum genutzt wird. Geschiebeablagerungsplätze (Bild 2) legt man vorwiegend am Ende des noch gefällereichen Mittellaufs an. Sie werden häufiger gebaut, seit Großmaschinen für die mehr oder weniger regelmäßige Räumung zur Verfügung stehen. *Lecher*

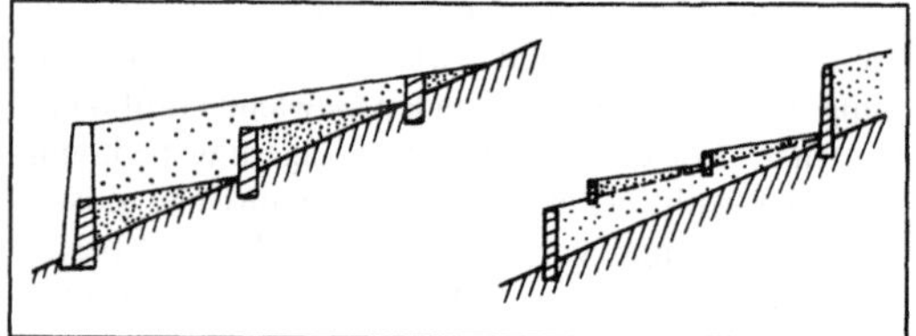

Geschieberegelung 1: Geschieberückhaltesperren. Gefällsermäßigung und Geschieberückhalt durch Wildbachsperren. (H. Grubinger)

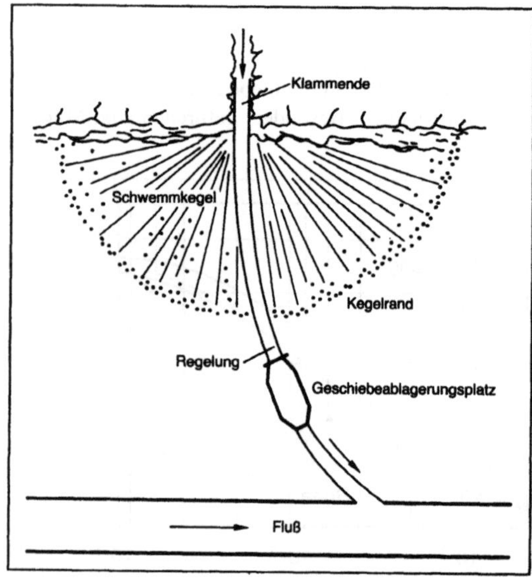

Geschieberegelung 2: Geschiebeablagerungsplatz. (A. Weber)

Geschoßflächenzahl → Dichtewert

Geschwemmsel → Treibsel

Gesteinsdurchlässigkeit → Durchlässigkeit

Getriebezimmerung. Alter Holzverbau im → Tunnel- und Stollenbau: Verpfählung (Eintreiben von Pfählen zur Sicherung des Querschnitts) mit Hilfe von Türstöcken, → Sparren-, oder → Jochzimmerungen (→ Tunnelzimmerung). *Wagner*

Gewährleistung. Vertragliche Verpflichtung des Auftragnehmers gem. §§ 633, 634 BGB und § 13 VOB/B. Er übernimmt die Gewähr, daß seine Leistung zur Zeit der → Abnahme die vertraglich zugesicherten Eigenschaften hat, den anerkannten Regeln der Technik entspricht und nicht mit Fehlern behaftet ist, die den Wert oder die Tauglichkeit zu dem gewöhnlichen oder dem Vertrag nach vorausgesetzten Gebrauch aufheben oder mindern. Die Verjährungsfrist beträgt für Bauwerke und Holzerkrankungen zwei Jahre (nach § 638 BGB fünf Jahre), für Arbeiten an einem Grundstück und für die vom Feuer berührten Teile von Feuerungsanlagen ein Jahr. Sie beginnt mit der Abnahme. *Drees*

Gewässer → Hydrologie

Gewässergüteklasse. G. sind nach biologischen Kriterien (Vorkommen bestimmter Biozönosen) eingeteilte und durch chemische Kriterien (Sauerstoffgehalt und → Sauerstoffbedarf) ergänzte Gewässerzustandsgruppen. Ausgehend von ursprünglich vier Gruppen des → Saprobiensystems wurden später drei Zwischengruppen und eine neue am „unteren Ende" (DDR) dazu eingeführt, so daß es nun acht G. gibt (Gruppe I: unbelastet, Gruppe IV: übermäßig verschmutzt und ökologisch zerstört) (Bild). Gewässergütekarten für Deutschland werden – je nach dem letzten Stand – von der Länderarbeitsgemeinschaft Wasser (LAWA) herausgegeben. Sie können auch beim Umweltbundesamt UBA bezogen werden. *Pfeiff*

Gewässergütemodellierung. Mathematischer Nachvollzug von Stofftransport und Stoffumsetzungen in Gewässern (Fluß, See, Hafen, Ästuar, Meer). Das Verhalten von Gewässergüteparametern, z. B. chemischer Sauerstoffbedarf (CSB), biochemischer Sauerstoffbedarf (BSB), Stickstoff- und Phosphorkomponenten, Anteil des gelösten Sauerstoffs, und anderer spezieller Inhaltsstoffe, z. B. halogenierte Kohlenwasserstoffe, Schwermetalle, werden auf elektronischen Rechenanlagen simuliert. Gewässergütemodelle weisen zwei funktionale Gruppen auf:
□ Hydrodynamik: Erfassung von Wassermengen und -geschwindigkeiten, Betrachtung des advektiven und dispersiven Transports des Wassers und seiner Inhaltsstoffe;

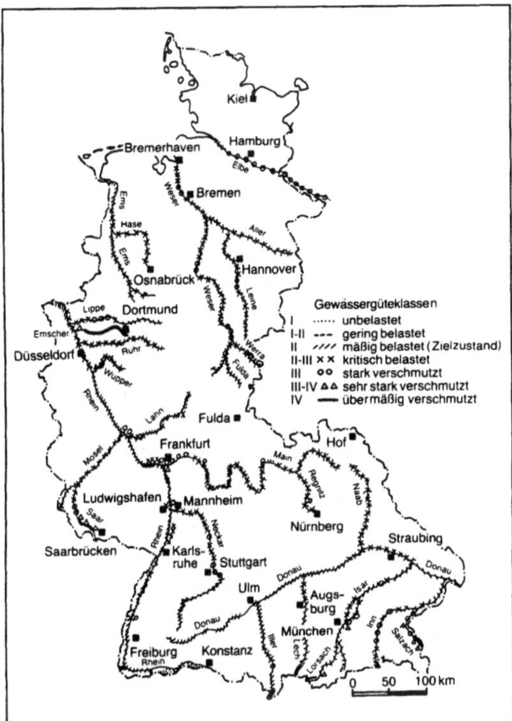

Gewässergüteklasse: Gewässergütekarte der Bundesrepublik Deutschland.

☐ Güte: Erfassung von Inhaltsstoffkonzentrationen, Betrachtung des biologischen und chemischen Stoffwechsels, physikalische Wiederbelüftung, Ausgasung (Volatisierung), Wechselwirkungen zum Sediment.

Stationäre Gewässergütemodelle (Steady-State-Models) simulieren zeitlich nicht veränderte Zustände. Sie eignen sich zur Untersuchung extremer Trockenwetterperioden bei hohen Temperaturen. Instationäre Modelle ermöglichen die Untersuchung zeitlich veränderter oder periodisch wiederholter Abläufe. Die Simulation geschieht nach Einteilung des Untersuchungsgebietes und des Simulationszeitraumes in endliche Anzahlen diskreter Abschnitte; dabei werden für einen Raum- und Zeitabschnitt nacheinander Hydrodynamik- und Güteberechnungen vorgenommen. *Lecher*

Gewässerrandstreifen → Uferstreifen

Gewässerregelung. Wasserbauliche Aufgabe, unter Berücksichtigung der Belange des Wasserschutzes (→ Profilsicherung, → Hochwasserschutz, → Vorflut, → Wasserqualität, → Geschieberegelung), der Wassernutzung (→ Wasserversorgung, → Bewässerung, Schiffahrt, Energieerzeugung, Fischerei, Erholung) und der Ökologie mit dem Ziel, eine flußmorphologische Stabilität im Grundriß, Quer- und Längsschnitt (längerfristig keine schädliche → Erosion oder Sedimentation)

zu schaffen. Für die Wahl der Regelungsmaßnahmen und -elemente, z. B. → Sohlenbauwerke, Buhnen, sowie die Durchführung der Regelung ist außer ökologischen Gesichtspunkten entscheidend, daß dieses Gleichgewicht mit einem Minimum an technischem und finanziellem Aufwand erreicht und erhalten wird. Aus der Nutzung der Tallandschaft durch den Menschen ergeben sich jeweils besondere Anforderungen in bezug auf Linienführung, Abflußvermögen des Gerinnes bzw. an den Hoch- und Mittelwasserstand, die Niedrigwassertiefe usw. Allen Nutzungsarten gemeinsam ist der Wunsch nach einem weitgehend stabilen Gerinne. Beispielsweise werden verlangt von

– Siedlungen, Wirtschaft, Verkehr: unschädliche Abfuhr des Bemessungshochwassers, minimale Inanspruchnahme von Nutzflächen,
– Siedlungen: ausreichende Verdünnung für einzuleitendes gereinigtes Abwasser,
– Landwirtschaft: günstiger Flurabstand,
– Schiffahrt: Mindestwassertiefe, insbesondere bei Niedrigwasser, stabile Fahrwasserrinne,
– Freizeit, Erholung: abwechslungsreiches, natürliches Bild hinsichtlich Linienführung, Querprofilgestaltung und Bepflanzung sowie gute Wasserqualität.

Das angestrebte Ziel einer G. läßt sich u. U. nicht in einem Zug erreichen, sondern muß besonders bei größeren Gewässern stufenweise nach folgendem Schema ausgeführt werden: Die Hochwasserregelung dämpft den → Abfluß durch den Bau von → Hochwasserrückhaltebecken oder verhindert schädliche Überflutungen durch den Ausbau des Gerinnes: Profilund/oder Gefällevergrößerung, Bau von → Deichen bzw. von Entlastungsgerinnen oder Flutmulden. Die Mittelwasserregelung hat die Aufgabe, für das sich ständig verlagernde Gewässer ein mehr oder weniger gleichbleibendes Bett zu schaffen. Weitere Ziele sind, die Linienführung (Gewässerlauf im Grundriß) zu verbessern und ein Geschiebegleichgewicht (Feststoffe) zu erzielen. Bei den mitteleuropäischen Flüssen ist die Mittelwasserregelung weitgehend abgeschlossen. Die Niedrigwasserregelung betrifft in erster Linie die Wassertiefe und damit auch die Schleppspannung, die bei größerem Wasserstand – bedingt durch die Einengung des Mittelwasserbettes – ansteigt und damit verhindert, daß sich Feststoffe ablagern, wenn die Wasserführung zurückgeht. So wird z. B. in schiffbaren Flüssen das hier vielfach verwendete Doppeltrapezprofil (Bild 1) mit Buhnen im Mittelwasserbereich verbaut. Dabei soll sich die Achse des Niedrigwasserbettes soweit möglich dem Weg des Mittelwasserabflusses anpassen (Bild 2). Allgemein gilt:
☐ Bei geplanten Änderungen des Abflußregimes (z. B. infolge Ableitung von Wasser), des Feststofftransportes (beispielsweise durch Anlage von Stauräumen und damit einsetzender Ablagerung von Feststoffen) oder der Gewässergeometrie (vor allem Durchflußquerschnitt und Gefälle) sind die zu erwartenden Störungen unterhalb der Eingriffstelle zu prüfen und erforder-

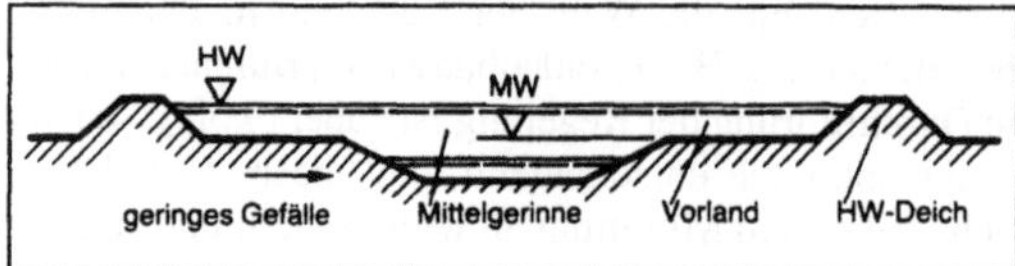

Gewässerregelung 1: Gegliederter Trapezquerschnitt. (Lange/Lecher 1993)

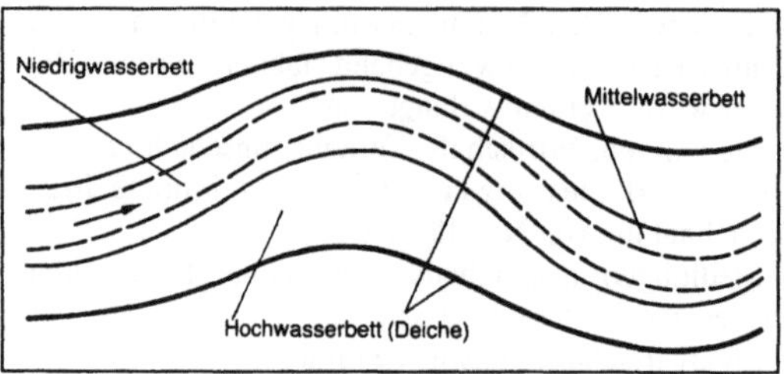

Gewässerregelung 2: Unterteilung eines Flußbettes nach Niedrigwasser-, Mittelwasser- und Hochwasserbett. (Lange/Lecher 1993)

lichenfalls Maßnahmen gegen unerwünschte Folgen zu treffen. So kann es z. B. unterhalb von → Stauanlagen notwendig werden, die → Sohle gegen Eintiefung zu sichern (→ Profilsicherung).

☐ Mit Ausnahme der Wildbäche (→ Wildbachverbauung) sind Gewässer grundsätzlich von unten nach oben auszubauen.

Naturnah ausgebildete Gewässerläufe mit einem standortgerechten Uferbewuchs stärken die biologische Wirksamkeit der Gewässerlandschaft, wirken abflußverzögernd und bereichern das Landschaftsbild. In Agrarproduktionslandschaften, in Industrie- und Siedlungsgebieten erhalten eingewachsene Gewässer als naturnaher und biologisch aktiver Landschaftsbestandteil erhöhte Bedeutung. G. ist deshalb nicht nur Abflußregelung, sondern auch Gestaltung und Pflege der Tallandschaft mit ihren Vegetationsstrukturen sowie in ökologisch verarmten Talräumen die → Renaturierung der Gewässer mit Aufbau eines entsprechenden Uferbewuchses.

Unter G. sind alle Maßnahmen zu verstehen, die der Stabilität des Gewässerbettes, der schadlosen Abfuhr von → Hochwasser und Feststoffen, der Nutzung des Wassers, der Anpassung des Grundwasserspiegels im angrenzenden Talbereich und nicht zuletzt der Erhaltung oder Verbesserung der ökologischen Verhältnisse im und am Gewässer dienen. Die Aufgaben und Ziele der G. verändern sich mit den Nutzungsanforderungen und den übrigen Ansprüchen der Bevölkerung. Wurde in den vergangenen Jahrzehnten Gewässerausbau vorwiegend nach technischen Gesichtspunkten betrieben, stehen heute ökologische Belange bei Überlegungen zur optimalen Nutzung unseres → Lebensraumes und seiner natürlichen Ressourcen weitgehend im Vorder-

grund. Dabei dürfen die hydraulischen und wasserbaulichen Grundsätze nicht außer acht gelassen werden. Eine fachgerechte Lösung erfordert eine enge Zusammenarbeit zwischen Ingenieuren, Biologen, Landschaftsplanern und anderen. *Lecher*

Literatur: *Lange, G.,* u. *K. Lecher* (Hrsg.): Gewässerregelung, Gewässerpflege. 3. Aufl. Hamburg, Berlin 1993.

Gewässerreinhaltung. Die G. umfaßt wie der → Gewässerschutz, jedoch mit anderer Akzentuierung, alle Maßnahmen, die Gewässer reinzuhalten. Als Ziele des Gewässerschutzes gelten: Den Gütezustand der Gewässer erhalten oder verbessern, wobei die Güte II angestrebt wird, um Wasser für alle geforderten Aufgaben, oft auch als → Trinkwasser nach Aufbereitung, nutzen zu können, und den Erholungswert der Gewässer für die Menschen erhalten. Dabei sind die Grenzen der noch akzeptablen Anteile belastender Stoffe im Gewässer in EU-Regeln vorgegeben, die für den Bereich der Bundesrepublik Deutschland oft noch verschärft wurden. G. ist eine ständige Aufgabe für jeden. In § 1a, Abs. 2, des → Wasserhaushaltsgesetzes (WHG) von 1987 heißt es: „Jedermann ist verpflichtet, bei Maßnahmen, mit denen Einwirkungen auf ein Gewässer verbunden sein können, die nach den Umständen erforderliche Sorgfalt anzuwenden, um eine Verunreinigung des Wassers oder eine sonstige nachteilige Veränderung seiner Eigenschaften zu verhüten und um eine mit Rücksicht auf den → Wasserhaushalt gebotene sparsame Verwendung des Wassers zu erzielen." *Pfeiff*

Gewässerschutz. Dazu zählen alle Maßnahmen, die der Erhaltung bzw. der Verbesserung der ökologischen Verhältnisse im und am Gewässer dienen. Die fließenden und stehenden oberirdischen Gewässer, das → Grundwasser und nicht zuletzt das Küstenmeer sowie darüber hinaus die Nord- und die Ostsee sind vor Gefahren und Schäden aus der Lagerung, dem Transport und der Anwendung wassergefährdender → Stoffe zu schützen. Zu den wassergefährdenden Stoffen, das sind chemische Stoffe oder deren Reaktionsprodukte, die geeignet sind, Gewässer zu verunreinigen oder sonst in ihren Eigenschaften nachteilig zu verändern, gehören u. a. Lösungsmittel, mineralölhaltige Rückstände, Pflanzenbehandlungsreste, Schwermetalle (z. B. Cadmium, Quecksilber), Phosphate sowie halogenierte Kohlenwasserstoffe. Vom BMI-Beirat „Lagerung und Transport wassergefährdender Stoffe" (BMI Bundesministerium des Innern) wurde ein Katalog wassergefährdender Stoffe entwickelt. Das Gesamtbild eines rechtlichen Instrumentariums zum Schutz der Gewässer umfaßt im wesentlichen: Ordnung der Abwasserbeseitigung, Regelungen der Wasserentnahme, Regelungen für die Schiffahrt und den Gemeingebrauch an den Gewässern, Regelungen baulicher Maßnahmen im oder am Gewässer, Beschränkungen der Flächennutzung durch Einrichtung von Schutzgebieten, Regelungen zur

Verhütung von Störfällen beim Umgang mit wassergefährdenden Stoffen, Ordnung der Abfallbeseitigung, Regelungen des Inverkehrbringens und der Verwendung von Chemikalien. *Lecher*

Gewässerschutzbeauftragter. Betriebsbeauftragter für → Gewässerschutz mit festumrissenen Aufgaben und Pflichten sowie Rechten in gesetzlich geregelter Stellung. Grundlage dafür, einen oder mehrere G. zu bestellen, ist § 21 a – g des → Wasserhaushaltsgesetzes (WHG) von 1976. Sie sind zu bestellen, wo mehr als 750 m³/d Abwasser abgeleitet oder Anlagen mit wassergefährdenden Stoffen betrieben werden oder die Behörde dies aus besonderen Gründen anordnet. Ähnliches gilt nach § 11 a – f AbfG auch für den Abfallbeauftragten. *Pfeiff*

Gewässerunterhaltung. Erhaltung eines ordnungsgemäßen Zustandes für den Wasserablauf und bei schiffbaren Gewässern die Erhaltung der Schiffbarkeit; dabei sind Bild und Erholungswert der Landschaft zu berücksichtigen (→ Wasserhaushaltsgesetz). Die Erweiterung der Unterhaltungsarbeiten um die ökologische Komponente der Erhaltung des naturnahen Zustandes, der Pflege von Pflanzen und Gehölzen sowie dem Schutz der Tierwelt wird durch den Begriff der Gewässerpflege erfaßt. Regelmäßig durchzuführende Unterhaltungsarbeiten sind u. a. Krauten, Mähen, in manchen Gebieten → Räumen der → Sohle sowie Pflege von Neuanpflanzungen. Unregelmäßig fallen u. a. an: Räumen des Abflußprofils, Beseitigung von Schäden und Abflußhindernissen sowie die Gehölzpflege. *Lecher*
Literatur: *Lange, G.,* u. *K. Lecher* (Hrsg.): Gewässerregelung, Gewässerpflege. 3. Aufl. Hamburg, Berlin 1993.

Gewinn. Als Betriebsgewinn Differenz zwischen erbrachter → Bauleistung und dadurch entstandenen Kosten; als Unternehmensgewinn Differenz zwischen Ertrag und Aufwand, ermittelt in der G.- und Verlustrechnung. In der → Kalkulation setzt man den G. als kalkulatorischen G. zusammen mit dem kalkulatorischen Wagnis als → Zuschlag an. Die Differenz zwischen Unternehmens- und Betriebsgewinn wird als neutraler G. bezeichnet, da er nicht auf die betriebliche Leistungserstellung zurückgeht, z. B. G. aus der Veräußerung von Anlagegütern oder Grundstücken, deren Erlös höher als der Buchwert ist. *Drees*

Gewölbewirkung. Gewölbeartiges Mittragen des → Gebirges im → Tunnelbau. *Wagner*

Geysir. Die nach dem Großen G. auf Nordwestisland benannten G. (Springquellen) sind → Quellen, die durch ständig oder in ziemlich regelmäßigen Intervallen überhitzten → Wasserdampf erumpieren. Die Wärme entstammt dem irdischen Wärmestrom. Das geförderte Wasser ist in seiner Hauptmasse → Kreislaufwasser (vadoses Wasser). Jedoch können kleinere Anteile auch aus der Primärentgasung des Magmas stammen (juveniles Wasser). G.-Systeme werden durch aufsteigendes heißes Wasser gespeist. Bei den entsprechenden Temperaturen kommt es zu einem sanften Aufsieden nahe der Erdoberfläche. Hierbei wird die Entstehung von mit Wasserdampf gesättigten Gasblasen durch anwesende Quellgase (CO_2, N_2) oder durch Zusatz oberflächenaktiver Stoffe (Seife, Torfstücke) begünstigt, die die Oberflächenspannung des Wassers herabsetzen. Das Aufsieden verstärkt sich und breitet sich schnell nach unten aus, wenn weiteres mit Gasen beladenes heißes Wasser von unten zutritt. Unter heftigem Aufsieden werden große Mengen von Gas und Wasser gefördert. (Die Analogie ist das Öffnen einer ungekühlten Mineralwasserflasche, bei der Gasblasen in der Flasche entstehen und der Inhalt herausgeschleudert wird.) Die Eruption kommt zum Stillstand, wenn weder Wasser noch Energie übrigbleiben, um die Eruption aufrecht zu erhalten. Das abgekühlte Wasser zieht sich dann tief in die Förderröhre zurück, und die Quelle füllt sich langsam wieder. *Mattheß*
Literatur: *Mattheß, G.,* u. *K. Ubell*: Allgemeine Hydrogeologie – Grundwasserhaushalt. Berlin, Stuttgart 1983.

GFK → Kunststoff, glasfaserverstärkter

Gießgang. Durchlaufendes, streckenweise künstliches Gerinne, das durch Verbindung bestehender Altarme mittels kleiner Durchstiche und Sohleneintiefungen geschaffen wird (Bild auf S. 292). Damit läßt sich in Augebieten, bei denen durch den Bau von Rückstaudeichen die lebenswichtigen Überflutungen bei kleineren und mittleren → Hochwässern entfallen, die Lage des Grundwasserspiegels weitgehend nach Bedarf regulieren. Durch an ausgewählten Stellen eingebaute Stauhaltungen (→ Stauanlage) wird der Wasserspiegel im G. der Geländeneigung angepaßt. Bei den österreichischen Donaukraftwerken sind solche Stauhaltungen i. d. R. dort angelegt, wo Hauptzufahrtswege das Gerinne queren. Die Stauhaltungen bestehen hier aus einem Querdamm mit Kastendurchlaß und → Furt. *Lecher*

Gipsprüfung. Die Materialprüfungen an → Baugipsen nach DIN 1168 umfassen Prüfverfahren für die Kenngrößen Kornfeinheit, Wassergipswert, Versteifungsbeginn, Biegezug- und Druckfestigkeit, Härte sowie Haftzugfestigkeit. Entsprechende Anforderungen an die Materialeigenschaften sind in Form von Grenzwerten in der Norm festgelegt.

Die Kornfeinheit wird über den Siebrückstand auf den Prüfsieben 3,15, 1,25 und 0,2 mm bestimmt.

Der Wassergipswert wird für Baugipse mit werkseitig beigegebenen Zusätzen (Stellmittel, → Füllstoffe) mit Hilfe des Ausbreitmaßes ermittelt. Unter dem Ausbreitmaß wird der Durchmesser eines Formkörpers („Kuchen") verstanden, der sich unter der Einwirkung von Hubstößen aus einem Gips-Wasser-Gemisch bildet. Bei Baugipsen ohne werkseitige Zusätze wird der Was-

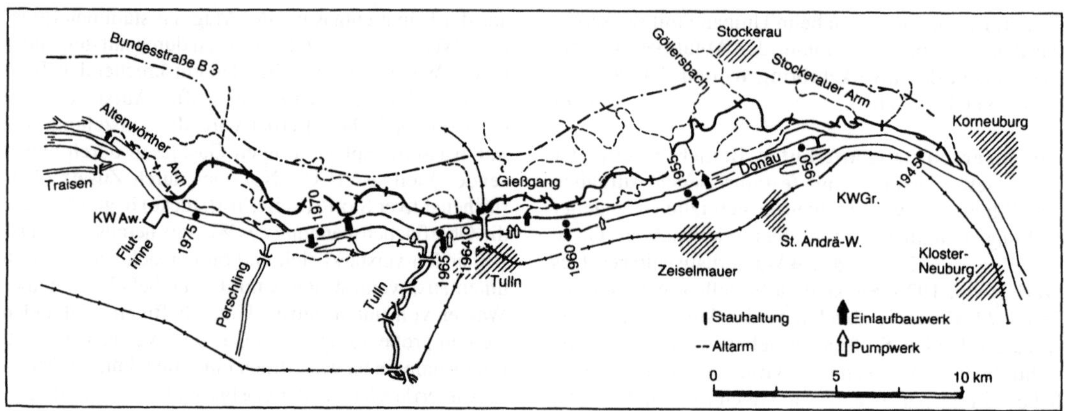

Gießgang: G. im Bereich der Staustufe Greifenstein der Donaukraftwerke.

sergipswert über die Gipsmenge berechnet, die beim Einstreuen in ein vorgegebenes Wasservolumen durchfeuchtet wird.

Der Versteifungsbeginn von Baugipsen ohne werkseitige Zusätze wird durch die Zeitspanne ab Beginn des Einstreuens in Wasser charakterisiert, nach der die Ränder eines durch einen Formkuchen geführten Messerschnittes nicht mehr zusammenfließen. Bei Baugipsen mit Zusätzen ist der Versteifungsbeginn als der Zeitpunkt definiert, bei dem ein Tauchkonus (Vicatgerät) beim Eindringen in einen Formkörper in einer festgelegten Höhe über der Unterlage steckenbleibt.

Die Biegezug- und Druckfestigkeit wird mit Hilfe eines Biegezugprüfgeräts bzw. einer Druckprüfmaschine ermittelt. Dabei wird ein definierter Probekörper durch eine kontinuierlich steigende Prüfkraft bis zur Bruchgrenze belastet.

Die Härte eines Prüfkörpers wird über die Eindringtiefe einer Stahlkugel bestimmt, die durch eine definierte Prüfkraft während einer festgelegten kurzen Belastungsdauer hervorgerufen wird.

Bei der Prüfung auf Haftzugfestigkeit wird ein Probekörper mit einem Abziehgerät bei steigender Zugbeanspruchung senkrecht von einer vorgegebenen Unterlage (Asbestzementplatten, Gipskarton-Bauplatten oder Gips-Wandbauplatten) abgerissen. Die zum Abreißen erforderliche Spannung ist als Maß für die Haftzugfestigkeit festgelegt.

Das Einhalten der für Baugipse geforderten Materialeigenschaften muß durch Eigen- und Fremdüberwachung in bestimmten Zeitintervallen überprüft werden. *Rehm/Laskowski*

Glaserdiagramm. Das G. dient dazu, näherungsweise abzuschätzen, wie groß die im Innern eines Bauteils ggf. anfallende Tauwassermenge als Folge von → Wasserdampfdiffusion ist. Das Verfahren wurde 1959 von *H. Glaser* entwickelt und ist in DIN 4108 übernommen worden. Die Abschätzung ist notwendig, da

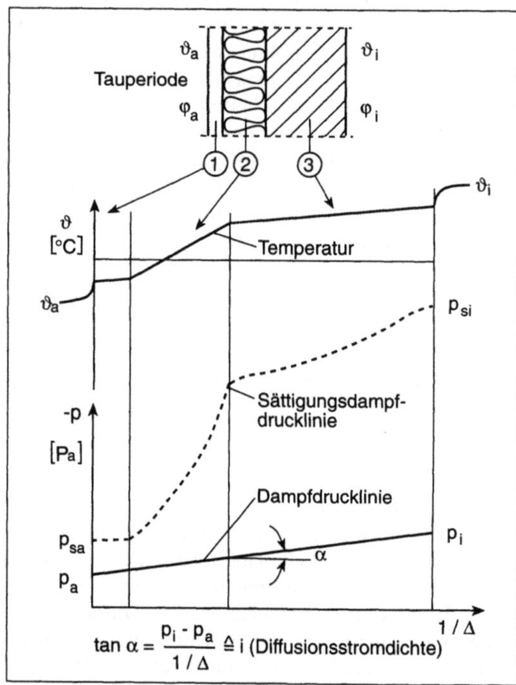

Glaserdiagramm 1: G. für ein Bauteil ohne Tauwasseranfall im Bauteilquerschnitt.

ein zu großer Tauwasseranfall das Bauteil u. U. schädigen oder zerstören kann (Frostgefährdung, verringerter → Wärmeschutz, → Korrosion, Faulen von Holz u. ä.). Bei der Berechnung des Diffusionsvorganges wird von einer stationären Wasserdampfdruckdifferenz zwischen den beiden an das zu untersuchende Bauteil angrenzenden Luftschichten ausgegangen. Man trägt in einem Koordinatensystem auf der Abszisse den → Wasserdampf-Diffusionsdurchlaßwiderstand bzw. die äquivalente → Luftschichtdicke ($\mu \cdot s$) des Bauteils und auf

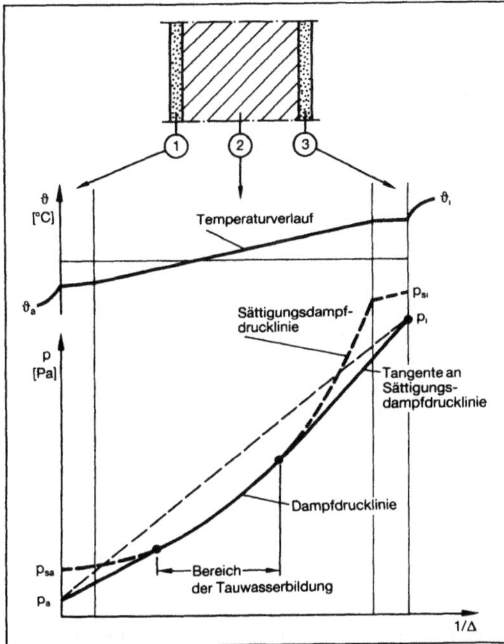

Glaserdiagramm 2: Glaserdiagramm mit Tauwasser-anfall (Seilmethode).

der Ordinate den Wasserdampfteildruck p_D auf. Zugehörig zu dem zuvor ermittelten → Temperaturverlauf wird der Verlauf des Wasserdampfsättigungsdruckes p_{DS} über die äquivalente Luftschichtdicke aufgetragen. Die Wasserdampfpartialdrücke zu beiden Seiten des Bauteiles (p_i, p_a) lassen sich bei vorgegebenen Klimaten (z. B. DIN 4108 T 5) berechnen. Die lineare Verbindung zwischen p_i und p_a liefert den Verlauf des Wasserdampfdruckes (Bild 1), weil bei einem stationären Diffusionsvorgang der Wasserdampfteildruck p_D direkt proportional dem Wasserdampf-Diffusionsdurchlaßwiderstand ist. Wenn die lineare Wasserdampfdrucklinie die Wasserdampfdrucksättigungslinie p_{DS} nicht schneidet, so ist an jeder Stelle p_D kleiner als p_{DS}, und es fällt kein → Tauwasser im Bauteilinnern an (Bild 1). Die Neigung der Geraden zwischen p_i und p_a gibt die Diffusionsstromdichte an:

$$\tan \alpha \mathbin{\hat=} i = \frac{\Delta p}{1/\Delta}$$

mit i in kg/m²h. Schneidet die lineare Verbindung zwischen p_i und p_a im Unterschied zu Bild 1 die p_{DS}-Linie (was physikalisch nicht möglich ist, weil p_D immer kleiner als p_{DS} sein muß), so wird der „richtige" Wasserdampfteildruckverlauf nach der Seilmethode ermittelt: Zwischen p_i und p_a wird ein Gummiseil gespannt gedacht, das sich an die p_{DS}-Linie als Begrenzung anschmiegt (Bild 2). Dort, wo das gedachte Gummiseil die p_{DS}-Linie berührt, fällt Tauwasser an. Die Menge des im Bauteilinnern anfallenden Tauwassers wird als

Differenz der in das Bauteil eindiffundierenden Wasserdampfmenge (Diffusionsstromdichte im Bereich p_i) und der aus dem Bauteil ausdiffundierenden Wasserdampfmenge ermittelt. Die Wasserdampfmenge ermittelt man aus der Diffusionsstromdichte ≙ Tangentenneigungswinkel, multipliziert mit der Dauer (Stunden) des Diffusionsvorganges. Die Randbedingungen für Wohngebäude sind in DIN 4108 T 5, angegeben. Der Vergleich der anfallenden Tauwassermenge mit der nach DIN 4108 als zulässig angesehenen Tauwassermenge sowie der Vergleich mit der während der Trocknungsperiode ausdiffundierenden Tauwassermenge (positive Feuchtebilanz) ist ein Beurteilungsmaßstab dafür, ob das untersuchte Bauteil in dampfdiffusionstechnischer Hinsicht als geeignet beurteilt werden kann. An der Weiterentwicklung der Berechnung von Feuchtetransportgesetzen wird gearbeitet. *Cziesielski*

Literatur: *Glaser, H.:* Graphisches Verfahren zur Untersuchung von Diffusionsvorgängen. Kältetechn. (1959) Nr. 10, S. 345/49.

Glasübergangstemperatur. Bei steigender Temperatur verringern sich der → Elastizitätsmodul und der → Schubmodul von Polymeren innerhalb einer Spanne von wenigen Kelvin um eine (manche Duromere) bis vier Größenordnungen (einige Thermoplaste und Elastomere). Ursache ist eine starke Zunahme der Brownschen Molekularbewegungen längerer Kettensegmente und der dadurch vergrößerte Molekularabstand mit der Folge einer stark verringerten molekularen Anziehungsenergie. Die G. liegen bei bauüblichen Elastomeren unter rd. −20 °C und bei Thermoplasten und Duromeren oberhalb von rd. 70 °C bis rd. 120 °C. Die G. ermöglicht Aussagen über zulässige Grenztemperaturen bei mechanischer Belastung. *Sasse*

Glattwalze. G. oder Stahlmantelwalzen sind Geräte zum Verdichten von Boden oder Fels; sie werden nach den glatten zylinderförmigen Walzenkörpern (Bandagen) bezeichnet. G. arbeiten in ihrer Verdichtungswirkung statisch oder dynamisch (→ Vibrationswalze). Das statische Einwirken des Gewichts ist durch die Linienlast (Gewicht der Walze je cm Bandagenbreite) gekennzeichnet. Der Flächendruck wächst mit steigender Verfestigung des Untergrundes, da die Bandagen weniger einsinken und somit die Aufstandsflächen geringer werden. Hauptaufgabe der G. ist der Einsatz auf Schotterdecken, das Nachwalzen von Oberflächen, die mit tiefergehenden Geräten vorverdichtet wurden und das Verdichten von Trag- und Verschleißschichten hinter Schwarzdeckenfertigern. Durch Ballastieren der Bandage mit Wasser läßt sich das Betriebsgewicht noch erhöhen. Berieselungseinrichtungen werden als Schwerkraft- oder Druckberieselung ausgeführt und dienen zur Benetzung der Manteloberfläche oder des Bodens.

G. bestehen aus einem Rahmen, an dem ein, zwei oder drei Walzen angebracht sind. Danach unterscheidet man Einrad-, Tandem- und Dreiradwalzen. Einrad-

Glattwalze 1: Dreiradwalze.

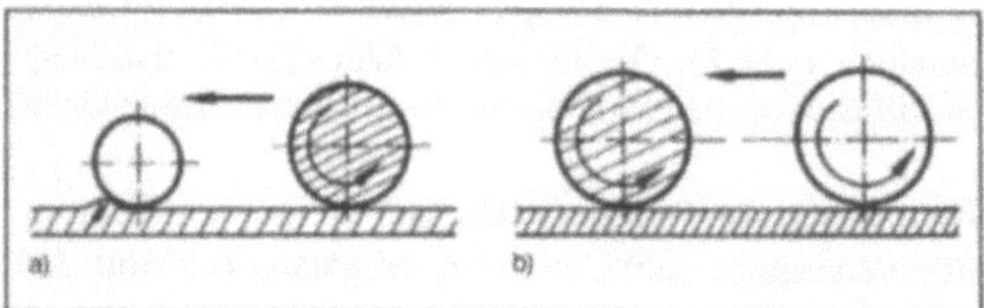

Glattwalze 2: Wellenbildung.
a) Wellenbildung vor dem geschobenen Rad
b) Keine Wellenbildung an der angetriebenen Bandage.

walzen werden meist als Anhängewalze von einer Zugmaschine mit Raupen- oder auch Reifenfahrwerk im Kriechgang bei Zugleistungen von 50–90 kW gezogen. Tandemwalzen sind Selbstfahrwalzen mit ein oder zwei Antriebsachsen. Als Lenksystem verfügen die Geräte je nach Hersteller häufig über eine Knicklenkung oder über eine Schemellenkung an der geteilten Hinter- oder Vorderachse. Stufenlose Geschwindigkeitsregelungen ermöglichen ruckfreies Anfahren und Ändern der Fahrtrichtung. Das Konstruktionsgewicht beträgt 3–8 t; die Leistung 13–39 kW und die Walzbreite 1–1,4 m. Dreiradwalzen haben zwei größere angetriebene Vorderräder und ein kleineres nicht angetriebenes Hinterrad (Bild 1). Allgemein liegen die Konstruktionsgewichte zwischen 6 und 16 t bei Leistungen von 30–40 kW und einer Walzenbreite von 1,2–2 m. G. erzielen nur eine geringe Tiefenwirkung (rd. 10 cm), da sie nur mit einem schmalen Streifen auf der Bodenfläche aufliegen. Dagegen ist die erreichbare Ebenheit i. a. gut. Kleine Bandagen und Geräte, die nur Hinterachsantrieb haben, erzeugen größeren Schub und neigen deshalb zur Wellen- und Rißbildung (Bild 2). Diese verlaufen quer zur Fahrtrichtung. Aus diesem Grund sollten die Räder nicht zu klein sein und man sollte mit den angetriebenen Rädern vorn arbeiten (Alternativ: Allbandagenantrieb). *Kühn*

Gleichgewichtsbedingung. Ein → Tragwerk befindet sich in einer Gleichgewichtslage, wenn entsprechend den Freiheitsgraden im Raum und in der Ebene

– die Vektorsumme aller angreifenden Kräfte einschließl. der Stützkräfte verschwindet und
– die Vektorsumme der einzelnen Drehmomente hinsichtlich eines beliebigen Bezugspunktes mit dem Nullvektor übereinstimmt.

Damit müssen auch die Summen aller entsprechenden Komponenten der Kräfte in Richtung der Achsen eines dreidimensionalen bzw. zweidimensionalen Koordinatensystems und der Drehmomente um diese Achsen verschwinden. *Laermann*

Gleichlaufmischer. Diese Bauart eines Trommelmischers mit horizontal liegender Mischtrommel hat eine oder zwei Öffnungen. Die Entleerung der Trommel geschieht dadurch, daß bei gleichbleibender Drehrichtung eine Auslaufschurre, deren Ende bis zur Trommelmitte reichen kann, unter einem Winkel von etwa 45° in die Trommel eingeschwenkt wird. Über diese Schurre wird der → Beton nach außen ausgetragen. Ein weiteres Mischsystem, der Schalentrommelmischer entleert durch Öffnen der zweiteiligen Trommel.

Kühn

Gleis. Das G. ist die Fahrbahn für spurgebundene Fahrzeuge (Schienenfahrzeuge). Es besteht aus den → Schienen und den → Schwellen sowie dem Kleineisen als den Befestigungsmitteln zwischen Schienen und Schwellen. Die Schwellen liegen in einem Schotterbett. Bei Verwendung einer festen Fahrbahn tritt an die Stelle der Schwelle im Schotterbett eine Betonplattenkonstruktion. Die feste Verbindung von Schienen, Schwellen und Kleineisen wird Gleisrahmen (Gleisrost) genannt. Gleisrahmen bestimmter Länge bezeichnet man als Gleisjoche. Das G. hat die Aufgabe, die Schienenfahrzeuge sicher zu tragen und zu führen und die auftretenden statischen und dynamischen vertikalen Lasten sowie die horizontalen Führungskräfte aufzunehmen und über die Schwellen in die Bettung bzw. die Plattenkonstruktion abzuleiten. Bei der Deutschen Bahn AG sind die G. vom betrieblichen Standpunkt in Haupt- und Nebengleise eingeteilt. Die Länge aller G. der DB AG betrug 1995 ca. 77 000 km.

Aus Gründen des Fahrkomforts, der Materialschonung und der Senkung der Unterhaltungskosten werden die Schienen lückenlos geschweißt. Es entsteht das sog. „Durchgehend geschweißte G.". Das mit dem Schotterbett über die Schwellen verzahnte G. ähnelt einem festeingespannten Stab, der sich bei Temperaturerhöhung oder -erniedrigung nicht ausdehnen oder verkürzen kann. In der Schiene entstehen Spannungen, deren Größe von der Verspanntemperatur abhängig ist. Diese Temperatur, bei der die Verspannung und die Schlußverschweißung ausgeführt wird und bei der die Schiene theoretisch spannungsfrei ist, ist bei der Deutschen Bahn AG auf eine Temperatur von 20 °C ± 3 festgelegt. Man rechnet mit einer Temperaturspanne von + 60 °C bis − 30 °C, so daß sich bei der Schiene UIC 60 maximale Druckkräfte von 790 kN und maximale Zugkräfte von 980 kN ergeben können. Die entsprechenden Spannungen sind 103 N/mm^2 Druck und 127 N/mm^2 Zug (Mindestzugfestigkeit der Schiene 900 N/mm^2). Die entstehenden großen Längskräfte im G. werden durch die Rahmensteifigkeit sowie den Quer- und Längsverschiebewiderstand des Gleisrostes aufgenommen. Diese Verhältnisse gelten allgemein für die mittleren Abschnitte langer, durchgehend verschweißter G. Am Endpunkt des G. ist im Bereich der sog. Atmungslänge eine Dehnung möglich. *Kracke/Runge*

Gleisabstand. Der G. ist abhängig vom Ort (freie Strecke oder → Bahnhof) und von der zulässigen Geschwindigkeit. Der Regelabstand beträgt 4 m (gemessen von Gleisachse bis Gleisachse). Zugbetrieb im Geschwindigkeitsbereich bis zu 200 km/h kann ohne Vergrößerung des Regelabstandes ausgeführt werden. Für höhere Geschwindigkeiten reicht dieser Abstand aber nicht mehr aus, denn die Druckwelle beim Begegnungsverkehr schneller Züge erreicht unzulässig hohe Werte, die entsprechende Schäden anrichten könnten. Auf den → Neubaustrecken, die mit Geschwindigkeiten von 250 km/h befahren werden, ist daher ein erweiterter G. von 4,70 m realisiert worden.

In Bahnhöfen wird ein G. von mindestens 4,50 m vorgesehen, denn nur dann ist zwischen den → Gleisen ausreichender Raum für die Installierung von Signalmasten. Außerdem ist dieser Abstand bei → Gleisverbindungen notwendig, um eine Weiche auszuwechseln, ohne gleich beide Gleise sperren zu müssen. Neben durchgehenden Hauptgleisen sind im Bahnhof 5,80 m G. erforderlich, wenn auf den Hauptgleisen bis zu 160 km/h gefahren wird. Bei Geschwindigkeiten von mehr als 160 km/h muß dieser Abstand auf 6,80 m vergrößert werden. Wenn die Gleise elektrifiziert sind, muß außerdem Platz für die Fahrleitungsmasten vorhanden sein. Es ergeben sich dann G. von mindestens 6 m.

In Nebengleisen, in denen z. B. Wagen gereinigt werden usw, sind Abstände größer als 5,50 m notwendig. Wenn → Bahnsteige zwischen den Gleisen angeordnet sind, so beträgt der Regelabstand 11,40 m, bei Bahnsteigen mit großem Publikumsverkehr erhöht sich die Bahnsteigbreite und somit der G. bis auf 14,25 m. *Kracke/Runge*

Gleisbau. Der G. ist ein zusammenfassender Begriff für alle Arbeiten am → Oberbau. Während sich die Gleiserhaltung mit Arbeiten am Oberbau einer bestehenden Trasse befaßt, bezieht sich der Gleisneubau auf die Herstellung des Oberbaues einer neuen Trasse.

Um fehlerhafte Gleislagen, die sich durch die Betriebsbelastungen einstellen, zu korrigieren, werden mit Hilfe von kombinierten Stopf-Richt-Maschinen zur Qualitätsverbesserung längere Streckenabschnitte durchgearbeitet. Bei einer meist mit einem Umbau verbundenen maschinellen Bettungsreinigung wird der alte Schotter von Verunreinigungen getrennt. Das alte Schotterbett erhält somit in Verbindung mit Neuschotter seine Elastizität zurück. Die maschinellen Oberbautechniken haben inzwischen eine sehr hohe Leistungsfähigkeit erreicht, womit ein wirtschaftlicher Einsatz bei relativ kurzen Sperrpausen für den Regelbetrieb ermöglicht wird.

Wegen der Erhöhung der Fahrgeschwindigkeiten und des Anstiegs der Streckenbelastungen besteht die technische Notwendigkeit zur Auswechslung und Erneuerung der Oberbaustoffe. Da die Schiene S 49 nach dem heutigen Wissensstand höheren Beanspruchungen auf längere Zeit nicht gewachsen ist, wurden die Hauptabfuhr- und Nebenfernstrecken weitgehend mit den stärkeren Schienen der Form UIC 60 und S 54 ausgerüstet. Der Übergang zu schwereren → Schienen und → Schwellen erforderte das Aufnehmen des alten → Gleises und das Verlegen des neuen Fahrweges (zum Teil mit zusätzlichen Planumsverbesserungen). Im Zeitraum zwischen 1970 und 1980 wurden durchschnittlich rund 1 000 km Schienen pro Jahr erneuert, danach sank dieser Wert auf ca. 150 km ab.

Unter der oberbautechnischen Zielvorgabe der Minimierung des Aufwandes für die Erhaltung der Gleisanlagen ist die Verwendung von Materialien mit längerer Nutzungszeit ein Teilaspekt. Wesentlicher sind die Kostensenkung für die Durchführung der Arbeiten und die Verbesserung der Arbeitsverfahren einschließlich der Planungsmethodik. Die Steigerung der Lohnkosten für die personalintensiven Arbeiten, die mit der Erhöhung der betrieblichen Belastung der Hauptstrecken immer kürzeren Betriebspausen und der Umfang der abzuwickelnden Arbeiten führt zwangsläufig zur Entwicklung maschineller Oberbauerhaltungstechniken.

Der erhebliche technische Fortschritt bei den → Gleisbaugeräten ist außer an den vollautomatischen Gleisunterhaltungsgeräten am deutlichsten an den Gleisumbauzügen zu erkennen. Hierbei wurden die auch bereits mechanisierten Taktverfahren durch ein Fließbandverfahren ersetzt, bei dem alle Arbeiten in einem Flußsystem gleichzeitig und kontinuierlich ausgeführt und möglichst große Umbaulängen angestrebt werden. Der Umbauzug besteht aus einem Gleis-Abbau-Zugteil, einem Gleis-Verlege-Zugteil und einer zwischen den beiden Zugteilen arbeitenden Schotter-Planierfräse. Die alten Schienen werden gelöst, aufgenommen und seitlich abgelegt, die alten Schwellen aufgenommen und palettiert. Das Schotterbett wird anschließend für die Aufnahme der neuen Schwellen vorbereitet und die Schwellen, die palettiert auf besonderen Wagen mitgeführt werden, in dem erforderlichen Abstand verlegt. Die vorher seitlich abgesetzten neuen Schienen werden auf die neuen Schwellen aufgesetzt und befestigt. So können bis zu 3 000 m neues Gleis pro 10-Stunden-Schicht verlegt werden. Der G. auf den → Neubaustrecken erfolgte mit einem modifizierten Fließbandverfahren, bei dem der Arbeitsschritt der Gleisaufnahme fehlt.

Beim Weichenumbau ist die Fertigungstechnik noch nicht soweit entwickelt. Bisher kommen zwei Techniken zur Anwendung: Das Einschieben einer ganzen Weiche auf Hilfsfahrbahnen und Hilfsfahrgestellen und der Einbau der Weiche mittels eines → Kranes, wenn dieser im Gleisfeld unter der → Oberleitung einsetzbar ist.

Jede Gleisbaumaßnahme an bestehenden Strecken ist mit einer Störung des Eisenbahnbetriebes verbunden. Daher gibt es für die weitere Zukunft zwei Strategien:
– Entwicklung unterhaltungsarmer Oberbaukonstruktionen,
– Weiterentwicklung von rechnergestützten Planungs- und Organisationsmethoden zur Optimierung der Gleisbauarbeiten. *Kracke/Runge*

Gleisbaugerät. Die Eisenbahn hat in den vergangenen Jahren große Fortschritte gemacht. Hohe Fahrgeschwindigkeiten der Züge, dichte Zugfolgen und steigende Achslasten von Waggons und → Lokomotiven stellen an den → Gleisbau und damit an die Gleisbaumaschinen und Gleiserhaltungsmaschinen neue Forderungen. So werden bei diesen Baumaschinen angestrebt:
– größere Arbeitsgeschwindigkeit bei gleichem Personalaufwand,
– ergonomische Arbeitsweise,
– Einsatz des technischen Standards und neuer wissenschaftlicher Erkenntnisse,
– größtmögliche Genauigkeit der Maschinenarbeit,
– Vermeidung von Langsamfahrstrecken auf Hochgeschwindigkeitsabschnitten,
– längere Erhaltung des Gleiszustands.

Da der technische Standard sowie die wirtschaftlichen Möglichkeiten der Eisenbahnunternehmen der Welt sehr unterschiedlich sind, stehen außer den hochtechnisierten Spitzengeräten auch zahlreiche einfache Maschinen zur Auswahl. Diese Maschinen ermöglichen die Mechanisierung weiterer Teilbereiche des Gleisbaus. So sind beispielsweise Stopfmaschinen mittlerer Leistung, Kleinstopfmaschinen und Spezialstopfmaschinen für Industriebahnen oder städtische Verkehrsbetriebe, ferner alle Zusatzgeräte, wie Zweiwegefahrzeuge und Anbaugeräte für konventionelle Baumaschinen, in diese Geräteklasse einzuordnen.

Vollmechanische G. sind wegen unterschiedlicher Anforderungen keine Maschinen „von der Stange", sondern Geräte, die im Baukastenprinzip den jeweiligen Erfordernissen des Anwenders angepaßt werden können. Zu diesen Geräten gehören:
☐ → Schotterverteil- und Planiermaschinen,
☐ → Stabilisier- und Verdichtungsmaschinen,
☐ → Bettungsreinigungsmaschinen,
☐ Schienenwechselmaschinen,
☐ → Schienenbearbeitungsmaschinen,
☐ → Planumverbesserungsmaschinen,
☐ → Mehrfachschraubmaschinen,
☐ → Gleisstopfmaschinen,
☐ → Nivellierstopf- und Richtmaschinen,
☐ → Gleisverlegemaschinen,
☐ → Schnellumbauzüge,
☐ → Weichenumbauzüge,
☐ mechanische → Durcharbeitungszüge.

Die Beanspruchung des → Gleises durch Züge bewirkt unterschiedliche Abnutzungserscheinungen an der → Schiene:
– Riffeln (periodische Unebenheiten kurzer Wellenlänge),
– Wellen (periodische Unebenheiten großer Wellenlänge),
– Überwalzungen der Schienenaußen- und -innenseiten,
– abgefahrene und verquetschte Fahrkanten.

Zur Beseitigung solcher Fehler im Gleis sind verschiedene Bearbeitungsmethoden erforderlich. Bei Riffeln und Wellen wird man in der Regel mit geringen Materialabtragungen auskommen, bei Verformungen des Schienenkopfes ist es notwendig mit größeren Abtragungen das Schienenprofil neu zu erstellen. Schienenbearbeitungsmaschinen sind deshalb sowohl mit Hobel- als auch mit Schleifeinrichtungen versehen. *Kühn*

Gleisförderung. Die G. ist ein vor allem im → Tunnel- und Stollenbau vorkommendes → Transportsystem, das sich jedoch nur für geringe Steigungen bis ungefähr 2,5% eignet; in engen Stollen ist sie oft die einzige sinnvolle Möglichkeit des Materialtransports. Außerdem wird die G. im Tagebau z. B. zum Abtransport der mit Schaufelradbaggern gelösten Braunkohle benutzt. Die wesentlichen Vorteile der G. sind die Einsetzbarkeit bei kleiner Tragfähigkeit des Untergrunds, die geringen Einschränkungen hinsichtlich des zu transportierenden Materials und die Erweiterungsfähigkeit der Gesamtanlage. Zur G. werden benötigt:
– die → Gleise, untertage zumeist die Schmalspur 600/900 mm, übertage Normalspur 1 435 mm;
– die → Lokomotiven, deren Antriebsleistung üblicherweise im Schmalspurbereich von 30–200 kW, im Normalspurbereich von 70–1 500 kW reicht;
– die Förderwagen, deren Nenninhalte 0,75–5,0 m³ im Schmalspurbereich und 15,0–100,0 m³ im Normalspurbereich betragen. *Kühn*

Gleisgerät. Beim Gleisbetrieb werden verschiedenartige Förderwagen, die sich in der Aufnahme und Entleerung des Haufwerks unterscheiden, zusammen mit → Lokomotiven unterschiedlicher Antriebsart verwendet. Für den Wagenwechsel unter beengten Platzverhältnissen gibt es unterschiedliche Verfahrensweisen. Ausweichstellen (parallele Gleise) sind wegen ihres großen Platzbedarfs nicht immer anwendbar, ebenso der zeitaufwendige Wagenwechsel in seitlichen Tunnelnischen mittels Schiebebühnen oder Drehscheiben. Der Cherry Picker ist eine meist in Portaljumbos integrierte Stahlkonstruktion, in der mittels Stahlketten oder Hydraulikzylindern durch Anheben leere Wag-

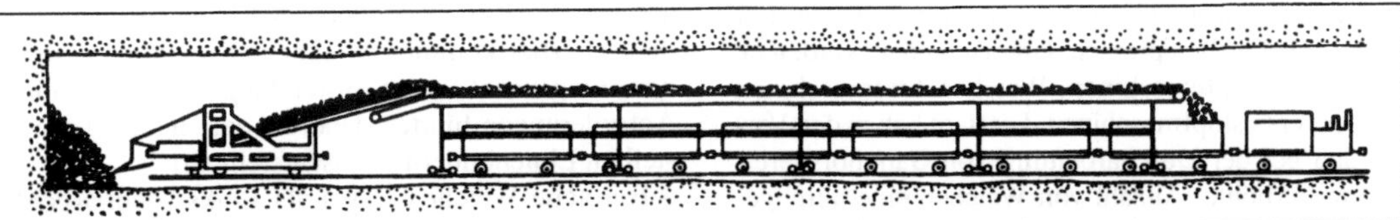

Gleisgerät: Übergabebrücke

gons an die Beladestelle umgesetzt werden. Dieses Verfahren ist aber ebenfalls zeitintensiv und setzt genügende Tunnelhöhe voraus. Übergabebrücken (Bild) beladen die Förderwagen über Band- oder Kettenförderer und beginnen dabei mit dem Wagen direkt hinter der Lokomotive. Ist dieser gefüllt, fährt der Zug zur Beladung Wagen für Wagen unter der Übergabebrücke hindurch. *Kühn*

Gleislagestabilität. Oberbautechnische Einflußgrößen für die Lagesicherheit (Lagestabilität) des → Gleises sind: Quer- und Längsverschiebewiderstand im Schotterbett, Rahmensteifigkeit des Gleisrostes, Lagefehler in Richtung und Höhe sowie Temperaturlängskraft beider Schienenstränge. Eine Störung der Lagesicherheit des Gleisrostes kann durch innere Kräfte und äußere Lasten hervorgerufen werden. Nach den Entstehungs- und Erscheinungsformen unterscheidet man:
– Die Gleisverdrückung – verursacht durch innere Längskräfte infolge hoher Temperatur ohne Einwirkung äußerer Lasten – wird ausgelöst durch zu große Richtungsfehler des Gleisrostes, örtliche Spannungsspitzen im Gleis, einen herabgesetzten Querverschiebewiderstand oder eine herabgesetzte Rahmensteifigkeit.
– Die klassische, unter dem fahrenden Zug im Sommer bei hoher Temperatur sich einstellende Gleisverwerfung wird im Bereich der Abhebewelle (Biegelinie der → Schiene) mit vermindertem Querverschiebewiderstand ausgelöst. Sie kann in horizontaler und vertikaler Richtung auftreten. Von Einfluß ist das Gewicht der Oberbaukonstruktion. Die Gleisverwerfung tritt unter den letzten Achsen eines überrollenden Zuges auf, da durch die mehrmalige Einwirkung von Achsen, verbunden mit einer wiederholten Abhebung des Gleisrostes, ein Aufschaukeleffekt ausgelöst wird.
– Gleisverschiebungen entstehen aufgrund zu großer Seitenkräfte, die, von einer Schwachstelle mit Anfangslagefehler ausgehend, durch Druckkräfte infolge Temperatur begünstigt werden.
Von entscheidender Bedeutung für die Lagesicherheit des Gleisrostes sind die von den Fahrzeugen ausgehenden Seitenkräfte und der Stabilisierungszustand des Gleises. Das Gleis hat neben den senkrechten Radkräften Q des Eisenbahnfahrzeuges auch die Querkräfte Y (Führungskräfte) aufzunehmen. Die Führungskräfte treten nicht nur im → Bogen auf; bei höheren Fahrgeschwindigkeiten sind sie auch im geraden Gleis nicht mehr von untergeordneter Bedeutung.

Der Querverschiebewiderstand ist wesentlich von der Betriebsbelastung durch darüber fahrende Züge abhängig (Stabilisierungszustand). Bei neuverlegten Gleisen oder nach der Durcharbeitung ist er am geringsten und steigt nach Durchfahrt verhältnismäßig weniger Züge stark an, bis er schließlich nach weiterer Betriebsbelastung einen Grenzwert erreicht. Nach Gleisarbeiten wird die Geschwindigkeit der Züge bis zum Erreichen einer Stabilisierung der Gleislage aus Sicherheitsgründen nur stufenweise erhöht oder als abschließender Arbeitsgang eine dynamische Verdichtung des Schotters vorgenommen. *Kracke/Runge*

Gleisstopfmaschine. Zum Stopfen, d. h. zum Unterschieben von Schotter unter die → Schwellen, werden G. eingesetzt. Die Maschinen sind mit Pickeln (Bild)

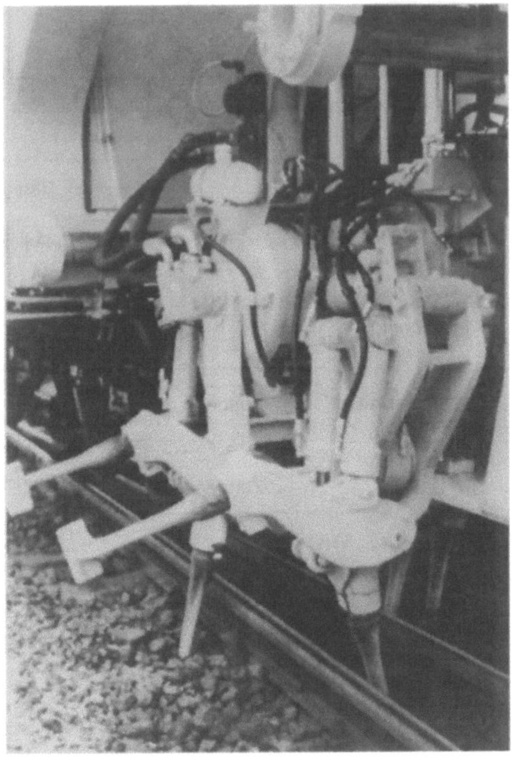

Gleisstopfmaschine: Stopfeinrichtung mit schwenkbaren Pickeln für Weichenstopfen.

ausgerüstet, die hydraulisch gesteuert den Schotter unter die Schwellen pressen. Unterschieden werden G. in Streckenstopfmaschinen, Weichenstopfmaschinen und Universalstopfmaschinen. Letztere haben den Vorteil, daß bei der Durcharbeitung von Bahnhofsbereichen mit erhöhter Anzahl von Weichen eine durchgehende Bearbeitung ohne großen Aufwand möglich ist. *Kühn*

Gleisverbindung. Bei der Eisenbahn und allen anderen spurgeführten Verkehrsmitteln sind G. notwendig,

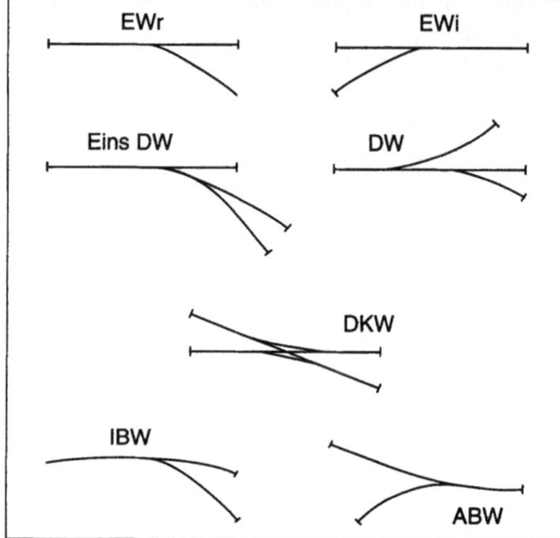

Gleisverbindung 1: Linienbilder der Weichenbauarten

um die einzelnen Fahrspuren miteinander zu verbinden. Hierbei kommen Weichen, Kreuzungen sowie Kreuzungsweichen zur Anwendung. Unterschiedliche Anforderungen führten dabei zu den in Bild 1 dargestellten Linienbildern (Achsdarstellung):
– Einfache Weichen (EW) als Links- oder Rechtsweiche, bestehend aus einem geraden und einem gekrümmten Gleis.
– Doppelweichen als zwei ineinander geschobene Einfache Weichen. Bei Einseitigen Doppelweichen (EinsDW) liegen beide Abzweigungen auf derselben Seite, bei Zweiseitigen Doppelweichen (DW) auf verschiedenen Seiten. Diese Weichentypen werden nur in untergeordneten Gleisen bei räumlich beengten Verhältnissen eingesetzt.
– Bogenweichen, bestehend aus zwei gekrümmten Gleisen, deren Bogenmittelpunkte auf einer Seite liegen (Innenbogenweiche, IBW) oder auf beiden Seiten (Außenbogenweiche, ABW).
– Kreuzungen, bestehend aus einer i.d.R. geraden Gleisüberschneidung.
– Kreuzungsweichen (Kreuzung), bestehend aus einer Gleisüberschneidung und aus ein oder zwei Gleisübergängen (Einfache oder Doppelte Kreuzungsweiche, EKW bzw. DKW).

Den prinzipiellen Aufbau einer Einfachen Weiche für das Rad/Schiene-System zeigt Bild 2. Der Ablenkung dienen die gebogene und die gerade Zunge mit den Zungenspitzen und den Zungenenden, den Bereichen der Zungenbewegung. Die Zungenspitzen schmiegen sich an die Backenschienen an. Der innere Strang des geraden Gleises (Stammgleis) und der äußere

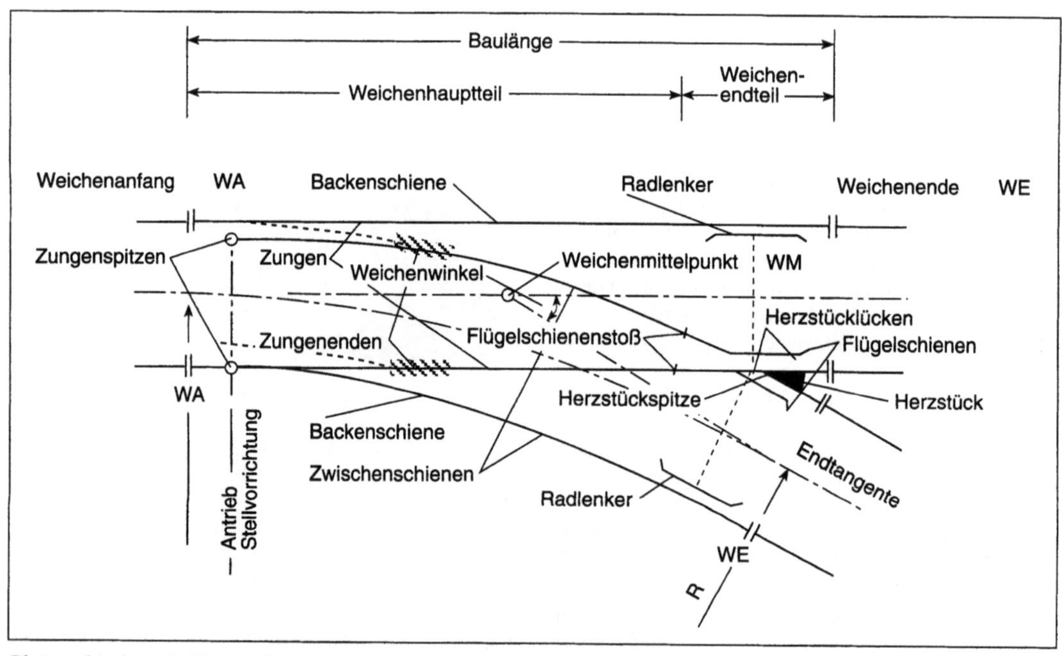

Gleisverbindung 2: Konstruktionselemente einer einfachen Weiche

Strang des gekrümmten Gleises (Zweiggleis) stoßen im Herzstück zusammen. Hier müssen die → Schienen wegen des Spurkranzdurchlaufes (Radsatz) unterbrochen und zu den Flügelschienen abgebogen werden. Da den Spurkränzen im Bereich der Herzstücklücke einseitig die seitliche Führung fehlt, werden winklig gegenüber der Herzstücklücke Radlenker angebracht.

Die Stellvorrichtung greift an der Zungenspitze an, bei langen Zungen mehrfach. Weichenwinkel werden i. a. durch den Tangens in der Schreibweise 1 : n angegeben. Die Bogenhalbmesser (von $R = 190$ m bis $R = 10\,000$ m) beziehen sich auf die Achse des Zweiggleises. Weichenbogen einfacher Weichen enden je nach Form schon vor dem Herzstück, am Weichenende oder kurz davor oder hinter dem Weichenende in dem anschließenden Gleisstück. Auf diese Weise lassen sich bei Weichen gleichen Halbmessers unterschiedliche Endneigungen erzielen. Gerade Weichen können zu Außen- oder Innenbogenweichen verbogen werden. Dies gilt für Einfache Weichen wie auch für Kreuzungsweichen.

Bei Einschienenbahnen, wie z. B. der Magnetbahn, stellt die Verzweigung der Spur ein schwieriges Problem dar. Entwickelt wurden Biegeweichen, deren schlanker Stahlträger für Geradeaus- und Abzweigfahrt über die gesamte Weichenlänge (bis 150 m) elastisch gebogen wird. Die Stellzeit beträgt ca. 20 s.

Kracke/Runge

Gleisverdrückung → Oberbau

Gleisverlegemaschine. G. (SVM) werden beim Neubau von Bahnstrecken eingesetzt. Sie verlegen Einzelschwellen und Schienensegmente. Der Vorderteil der Maschine ist mit einem Raupenfahrwerk ausgerüstet, das sich auf dem zuvor errichteten Schotterbett innerhalb der Langschienen bewegt. Ein Schotterpflug kann zum Einebnen des Schotterbetts an der Kopfseite der Maschine installiert sein. Die Langschienen werden mittels Hebe- und Führungseinrichtungen angehoben, die Einzelschwellen darunter verlegt und anschließend beide miteinander verschraubt. Der hintere Teil der Maschine läuft bereits auf dem fertigen Neugleis. Die Einzelschwellen werden auf Paletten von hinten an das Gerät angeliefert und mittels → Portalkran an die Einsatzstelle verfahren. *Kühn*

Gleisverschiebung → Oberbau

Gleisverwerfung → Oberbau

Gleitkletterschalung. Dieses Verfahren ist ein Mischprodukt aus → Gleit- und → Kletterschalung. Während die Geräte des Gleitbaus verwendet werden, kommen als Schalhaut Schaltafeln zum Einsatz, die umgesetzt werden. Die Schußhöhe beträgt ca. 1,00 m. Vorteil: kranunabhängig. Dafür geeignete Bauwerke sind z. B. Treppen- und Aufzugskerne, Schächte sowie Brückenpfeiler. *F. Hoffmann*

Literatur: *Hoffmann, F. H.*: Schalungstechnik mit System. Wiesbaden 1993.

Gleitlager. Ohne eine laufende Schmierstoffzufuhr treten auch bei sorgfältig bearbeiteten, hochfesten metallischen Gleitflächen Verschleiß- und Freßerscheinungen auf, die die Lebensdauer und die Höhe der Reibungszahlen ungünstig beeinflussen. Bei Verwendung bestimmter, in gewissen Grenzen plastisch verformbarer Kunststoffe als Gleitpartner für harte polierte Metallflächen stellt sich ein sehr gleichmäßiges Tragbild ein, das den Bau großflächiger G. vorzugsweise für den Brückenbau ermöglicht (→ Lager). Als Baustoff kommen für untergeordnete Zwecke → Polyethylen (PE), Polypropylen (PP), → Polyvinylchlorid (PVC) und Polyamide (PA) in Betracht, für G. mit exakt definierten Eigenschaften nur das wesentlich teurere und schwieriger verarbeitbare Polytetrafluorethylen (PTFE). Die Hauptschwierigkeit besteht darin, ein gut plastisch verformbares, aber noch ausreichend tragfähiges Material herzustellen. Einen brauchbaren Kompromiß zwischen diesen gegensätzlichen Forderungen bietet das freigesinterte, nicht nachverdichtete PTFE, das zur Erzielung möglichst kleiner Reibungszahlen auch keine verstärkenden → Füllstoffe enthalten darf. In allen bauaufsichtlich zugelassenen G. wird dieser PTFE-Typ verwendet.

Die Reibungszahl ungeschmierter PTFE-Lager ist keine Konstante, sondern eine u. a. von Temperatur, Geschwindigkeit, aufaddiertem Gleitweg, mittlerer Pressung abhängige Größe. Der Maximalwert tritt zu Beginn der Bewegung auf (Haftreibung, Anfahrreibung), die Gleitreibung ist, sofern kein Fressen auftritt, immer kleiner. Der Verschleiß ist in erster Linie dem Produkt aus der Pressung und der Geschwindigkeit proportional. Um den Verschleiß gering zu halten und die Gleitreibungszahlen zu senken, wendet man Schmierstoffe vor allem auf Siliconbasis an. Diese sind speziell auf gute Schmiereigenschaften bei niedrigen Temperaturen ausgelegt, da das Verhalten bei $-35\,°C$ für die Festlegung der zulässigen Reibungszahlen verwendet wird. Um über einen längeren Zeitraum eine Art Nachschmiereffekt zu erhalten und vorzeitigen Trockenlauf zu vermeiden, ordnet man in den PTFE-Platten mit Siliconfett gefüllte Schmiertaschen an. Hierdurch werden Lebensdauern von mehreren Jahrzehnten auch bei hoch belasteten Eisenbahn- und Straßenbrücken erreicht. Regelmäßige Kontrollen sind vorgeschrieben. Das Auswechseln der G. geschieht durch hydraulisches Anheben des Brückenüberbaues.

Im Brücken- und Ingenieurbau werden ausschließlich exakt für den betreffenden Lagerungsfall dimensionierte, maschinenbaumäßig hergestellte und von Fachfirmen des Ingenieurbaues versetzte Lager verwendet. Im Hochbau liegen weit unübersichtlichere Verhältnisse vor. Als Maßnahme gegen die zahlreichen Risse unter Flachdächern ordnet man z. B. einfache G. in Form von Kunststoffolien an. Zweilagige Folien von je 0,1–0,5 mm Dicke sind allerdings nicht in der Lage, einen durchaus üblichen Drehwinkel von 0,01–0,02 aufzunehmen: Es tritt eine bis zu mehreren Millimetern weite klaffende Fuge und eine große, zu Abplatzungen führende Kantenpressung auf. Die Gleitfolien müssen daher beidseitig mit einem geeigneten verformbaren Material von mindestens 4 mm Gesamtdicke kaschiert werden. Hierdurch lassen sich auch die bauüblichen Unebenheiten in der Auflagerfläche etwas ausgleichen. Einfache Schaumstoffe oder Kork ergeben allerdings weiche, wenig dauerhafte Kaschierungen, die ihrer Aufgabe nicht gerecht werden. Zur Aufnahme von Verdrehwinkeln müssen G. für den Brücken- und Ingenieurbau mit einem Kippteil kombiniert werden, z.B. mit einem Elastomertopflager oder einem Kalottenteil (Bild 1, 2). *Sasse*

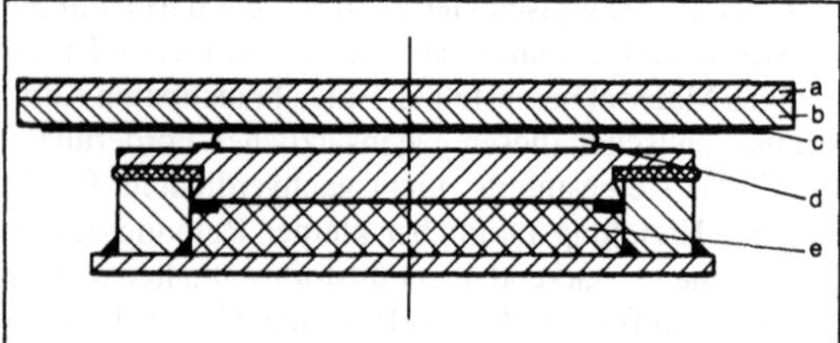

Gleitlager 1: Topfgleitlager.

a Ankerplatte, b Gleitplatte, c Gleitblech, d PTFE, e Topflager

Gleitlager 2: Kalottenlager.

a Lageroberteil, b Kalotte, c Lagerunterteil, d Gleitfläche: PTFE/Hartchrom bzw. PTFE/Stahl (CrNiMo)

Gleitlinie. Spannungscharakteristik, die die Flächenrichtung beschreibt, in der die → Scherfestigkeit bei Beginn des plastischen Zustandes einen → Grenzzustand erreicht. Es ist ein idealplastisches Materialverhalten vorausgesetzt. Wegen der Dilatation des Bodens stimmen allerdings die in Versuchen beobachteten G. i.a. nicht mit den Spannungscharakteristiken überein. Die Richtung der G. läßt sich für einen gegebenen Spannungszustand anschaulich durch die Polkonstruktion in der *Mohr*schen Spannungsebene darstellen. Für jeden plastischen Bereich kann ein Gleitlinienfeld konstruiert werden (→ Charakteristikenmethode). *Meißner*

Gleitreibung → Gleitlager

Gleitschalung. G. werden vornehmlich dort eingesetzt, wo ein in die Höhe gehendes Betonbauwerk erstellt werden soll. Dies gilt für Kamine, Fernmelde-, Wasser-, Bohr- und → Kühltürme, → Silos, Wasserbehälter, Tankummantelungen, Treppenhäuser und Innenkerne eines Wohnhochhauses, Brückenpfeiler, Hochregallager, Faulbehälter u.v.m.

Eine der maßgeblichen Voraussetzungen, ob die G. eingesetzt werden kann, ist z.B. die gewünschte Ansichtsfläche (DIN 18217). Die Oberflächenbeschaffenheit der gleitgeschalten Wände kann teilweise durch Einsatz von dafür ausgewähltem Schalhautmaterial beeinflußt werden, wobei allerdings nur senkrechte Strukturen möglich sind. Solche senkrechten Strukturen können z.B. durch konische Leisten und andere Profile, in unterschiedlichen Abständen angeordnet, erreicht werden.

Die G. gleitet kontinuierlich, d.h. in Minutenintervallen von wenigen Zentimetern, am lageweise eingebrachten → Beton, nach oben. Sie wird durch, meist hydraulisch betriebene Hebegeräte bewegt und über Kletterstangen gehalten. Die Gleitgeschwindigkeiten liegen i.M. bei 0,10–0,20 m/h bei 24-stündiger Arbeitszeit (Bild). *F. Hoffmann*

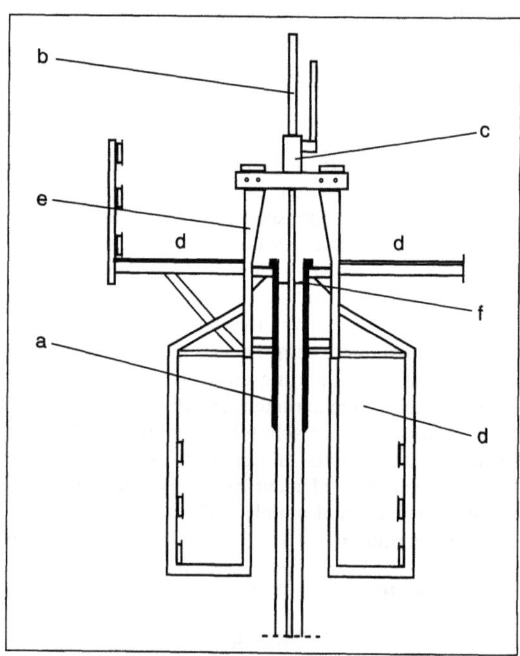

Gleitschalung: Ausführungsbeispiel.

a Schalung, b Kletterstange, c Heber, d Arbeitsbühne, e Joche

Gleitung. G. sind die → Verzerrungen eines räumlichen Werkstoffelementes infolge von Schubbeanspruchungen, die zu einer Änderung der ursprünglich rechten Kantenwinkel führen. *Laermann*

Gliederung, naturräumliche. Durch immer weitergehenden Flächenverbrauch für Wohn- und Arbeitsstätten und die daraus folgende Infrastruktur wird der durch die unbebauten Gebiete garantierte biologische Haushalt als Grundlage menschlicher Existenz angegriffen. Dies zwingt zu einer Bewertung der Landschaft als Hauptregulativ für das biologische Gleichgewicht. So sind es nicht nur ästhetische Gründe oder Gründe des Naturschutzes, die dazu zwingen, die natürlichen Gegebenheiten zu berücksichtigen: Oberflächengestaltung, Boden, Bewuchs, Gewässer, → Wasserhaushalt und klimatische Verhältnisse. Als Unterlagen dienen topographische Karten, in denen z. B. die Höhenschichtlinien des Geländes und Schutzzonen dargestellt sind; ferner Gewässerkarten und Klimakarten mit Darstellungen der Hauptwindrichtungen, der Niederschlagsmengen, der Sonnenscheindauer, der mittleren Temperaturen usw. Hieraus können im Vorfeld der Aufstellung eines → Flächennutzungsplanes Positiv- und Negativkarten entwickelt werden, die von Bebauung freizuhaltende Flächen, z. B. Täler, die für den funktionierenden Luftaustausch wichtig sind, und bebaubare Flächen ausweisen (→ Stadtplanung, ökologische).

Naturräume tragen – so verstanden – dazu bei,
– ausreichende Frei- und Erholungsflächen in der Nähe der Wohngebiete zu erhalten,
– einer ungeordneten Entwicklung mit einem Konzept zu begegnen, bei dem sich das Wachstum in jeweils begrenzten Einheiten vollziehen kann, deren formale und funktionale Integration in das Gesamtgefüge plan- und steuerbar ist,
– mit Hilfe gestalterischer Leitvorstellungen eine erfaßbare Stadtstruktur zu erhalten bzw. wiederherzustellen.

Für eine derartige n. G. bieten sich primär Flächen an, die ohnehin nicht oder nur schwer bebau- oder erschließbar sind. Dies sind vor allem:
☐ topographische Elemente: Höhenzüge, Täler,
☐ Wasserflächen: Flüsse und ihre Auen, Buchten von Seen und Meeren, künstliche Wasserflächen,
☐ Flächen mit ungünstiger Bodenbeschaffenheit: schlechter Baugrund (geringe Tragfähigkeit, Schichtenwasser, hohes Grundwasser), steile und felsige Lagen. *Spengelin*

Global-Positioning-System (Abk. GPS). Das satellitengestützte Navigationssystem wird im Vermessungswesen zur genauen Positionsbestimmung von terrestrischen Objekten wie zur Überwachung von Bauzuständen, Verformungen und Verschiebungen von Großbauwerken zur Sicherheitsüberwachung eingesetzt. Aus den Radiosignalen von mindestens vier GPS-Satelliten bestimmt der Empfänger auf der Erde die exakte Lage und Bewegung der Meßpunkte, unabhängig von Tageszeit und Witterungsbedingungen (→ Bauwerksvermessung). *Laermann*

Goldener Plan. Der G. P. wurde erstmals 1959 von der deutschen Olympischen Gesellschaft verkündet und seither mehrfach novelliert. Er enthält gemeinsam mit den kommunalen Spitzenverbänden entwickelte Richtlinien und Richtwerte für die Schaffung von wichtigen → Freizeiteinrichtungen, wie Erholungs-, Spiel- und Sportanlagen, deren Größenordnungen auf Grund von theoretischen Überlegungen und von Erfahrungswerten im einzelnen ermittelt und in Relation zur Gemeindegröße gebracht wurden. Ferner enthält er Empfehlungen für die richtige Lage im Stadtgebiet bzw. in der Region (→ Standortkriterien) und Hinweise auf die nötige Ausstattung. Dabei werden alle Altersgruppen berücksichtigt. *Spengelin*

GPS → Global-Positioning-System

Grabenaufnehmer. In der Literatur findet man verschiedene Bezeichnungen für G.: Grabenbunkergerät, Grabenbunkeraufnahmegerät, Grabenaufnahmegerät oder Schaufelradaufnahmegerät (*engl.* reclaimer). Man unterscheidet bei G. zwei verschiedene Bauformen: G. mit Eimerketten- oder Schaufelradaufnahmeelementen. Das Gerät hat die Aufgabe, den Abraum aus einem Bunkergraben auf → Bandstraßen umzuschlagen. Im folgenden wird nur auf den Schaufelrad-G. eingegangen. Die Brückenkonstruktion des Aufnahmegerätes überspannt den Bunkergraben sowie Zusatzeinrichtungen, wie Bandstraße und Gleisanlagen für Zugbetrieb. Da die Länge des Bunkergrabens begrenzt und der Schaufelraddurchmesser nicht übermäßig groß werden sollte, ist die Maschine in Richtung der Grabenlängsachse auf Schienen verfahrbar und bei verschiedenen Modellen der Ausleger quer zur Grabenlängsachse verschiebbar. Das Gleis der Auslegergelenkseite liegt um rd. 2 m tiefer als das der Gegenseite. Dadurch wird erreicht, daß das Schaufelradauslegerband einen kleineren Steigungswinkel erhält. Schaufelrad, Getriebe und elektrische Antriebsmotore sind auf dem Ausleger gelagert. Dieser ist nahe dem Schaufelrad in einer Hubwinde, die die Eintauchtiefe einzustellen gestattet, aufgehängt. Die vom Schaufelrad gebaggerten Massen werden auf ein Schaufelradauslegerband und von da auf weiterführende Bandstraßen geleitet. Der Hauptführerstand ist zur besseren Überschaubarkeit schräg über dem Schaufelrad angeordnet. Die Einrichtungen für die elektrische Schaltanlage, die Schaufelradwinde, die Kompressor- und Schmieranlage sowie die Werkstatt- und Aufenthaltsräume sind innerhalb der Brückenkonstruktion untergebracht. Braunkohlegroßkraftwerke benötigen eine Brennstoffreserve, die bei Förderausfall der → Grube an Sonn- und Feiertagen, aber auch infolge von Störungen, jederzeit mit geringem Personalaufwand greifbar sein muß. Aus diesem Grund verwenden Braunkohlekraftwerke einen Bunkergraben mit Schaufelradentleerung. *Kühn*

Grabenbaugerät. G. können unterschieden werden in:
– Aushubgeräte zur Herstellung des Schlitzes und
– Verbaugeräte zur Sicherung der Grabenwand.

Als Aushubgeräte kommen meist → Hydraulikbagger mit Tieflöffel – Grabenlöffel mit Trapezquerschnitt setzt man zur Profilierung von Freispiegelrinnen ein –, aber auch Spezialgeräte, wie → Grabenfräsen, zum Einsatz. Im Zuge der fortschreitenden Mechanisierung des → Grabenverbaus wurden weiterhin durch Kombination von Aushubgerät und wanderndem Verbaugerät → Grabenfertiger entwickelt, die gleichzeitig wirtschaftliche und umweltspezifische Vorteile bieten.

Kühn

Grabenentwässerung. → Entwässerung durch offene künstliche Wasserläufe (Gräben) im Gegensatz zur verdeckten Entwässerung, der → Dränung. Gräben (Bild) müssen → Vorflut haben und sind selbst → Vorfluter für andere Gräben und für das Binnenland. Sie werden eingeteilt in
☐ Hauptgräben (Hauptvorfluter) mit Sohlenbreiten von mindestens 0,5 m
☐ Neben-, Seiten-, Sammel- oder Zuggräben mit Sohlenbreiten von etwa 0,4 m sowie
☐ Beet- oder Dammgräben bzw. Grüppen mit Sohlenbreiten von rd. 0,25–0,3 m.

Alle Gräben außer Hauptgräben sind in landwirtschaftlich intensiv genutzten Gebieten weitgehend durch Dräne (Dränung) ersetzt. Vorteile der G. gegenüber der Dränung sind: Unmittelbares und schnelles Abführen von z.B. Starkregen, kleineres notwendiges Mindestgefälle, leichtes Erkennen und Beseitigen von Abflußstörungen, geringere Herstellungskosten. Besonderes Gewicht haben auch ökologische Gesichtspunkte. Bei Planung und Unterhaltung (→ Gewässerunterhaltung) der Gräben ist das pflanzliche und tierische Leben im und am Gewässer zu beachten. Das Mini-

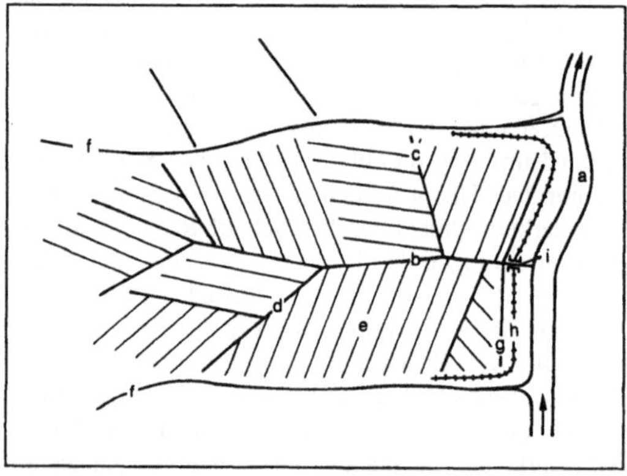

Grabenentwässerung: Schematische Darstellung.

a Vorfluter, b Hauptgraben, c Neben- oder Zuggraben, d Sammelgraben, e Beetgraben, f Rand- oder Fanggraben, g Deichgraben, h Deich, i Siel

malgefälle von 0,3‰ kann in Ausnahmefällen, z.B. bei Poldern, unterschritten werden. Die Grabentiefe und Grabenabstände richten sich nach der Nutzungsart und der → Durchlässigkeit des Bodens. Sie liegen zwischen 0,5 und 1,2 m bzw. 25 und 100 m.

Lecher

Grabenfertiger. G. sind an Grabenbreite und -tiefe anpaßbare wandernde Verbaukästen, die nach unten und oben offen sind. → Bodenaushub, Rohrverlegung sowie Bodeneinbau und Verdichtung werden direkt hintereinander im Bereich des G. ausgeführt, der entsprechend dem Baufortschritt vorwärts gleitet (wandernde Punktbaustelle). G. können sich nach Art der → Messerschilde oder mittels rückwärtig angebrachten, hydraulisch betätigten Druckschilden fortbewegen, die gleichzeitig die Verfüllung verdichten.

Kühn

Grabenfräse. G. bestehen aus einem Trägergerät und einer in vertikaler Ebene schwenkbaren Fräseinrichtung, die als Rad mit Rundschaftmeißeln bestückt oder als senkrecht oder schräg angeordneter Balken mit Fräsketten ausgebildet ist. Die Einsatzbereiche der G. reichen vom Erstellen schmaler Kabelschlitze bis zu Pipelinegräben von mehreren Metern Breite und Tiefe.

Kühn

Grabenverbau. Die Sicherung der Wände einer schmalen, aber langgestreckten → Baugrube, wie sie z.B. zur Verlegung der → Kanalisation oder von Leitungen erforderlich ist, nennt man G. oder Kanalverbau; Verbauarten sind in DIN 4124 geregelt. Gräben dürfen nur dann unverbaut bleiben, wenn die Aushubtiefe höchstens 1,25 m oder mit abgeböschten Wänden höchstens 1,75 m beträgt. Zum Schutze der oberen Grabenkante gegenüber Verkehrslasten sind aber auch dann schon häufig Saumbohlen mit einer Steifenlage empfehlenswert. Tiefere Gräben müssen aus Gründen des → Arbeitsschutzes und der Sicherung benachbarter Bauwerke verbaut werden. Im konventionellen G. werden dazu → Bohlen, Gurte und Steifen verwendet. Je nachdem, ob die Bohlen waagerecht oder senkrecht angeordnet sind, wird von einem waagerechten oder einem senkrechten Verbau gesprochen (Bild 1, 2)

In ausreichend standfesten Böden und oberhalb des Grundwasserspiegels läßt sich ein waagerechter Verbau ausführen, wenn der Baubetrieb die zahlreichen Steifen zuläßt. Vor die waagerechten Bohlen werden senkrechte Brusthölzer gestellt, die durch angekeilte Holzsteifen von 10–12 cm Dmr. oder stählerne Spindelsteifen gegen die Bohlen verspannt werden. Bei niedrigen Grabentiefen können die Bohlen auch mit Zwischenräumen verlegt werden. Ist der Boden nicht wenigstens bis auf eine Bohlenbreite standfest, so ist der senkrechte G. zu wählen. Holzbohlen oder Kanaldielen werden in den Untergrund gerammt, Konsolen daran befestigt und darauf horizontal Gurte aus Holz oder Stahl gelegt. Die Gurte können gegenseitig durch Holzsteifen oder Spindelsteifen verspannt werden oder

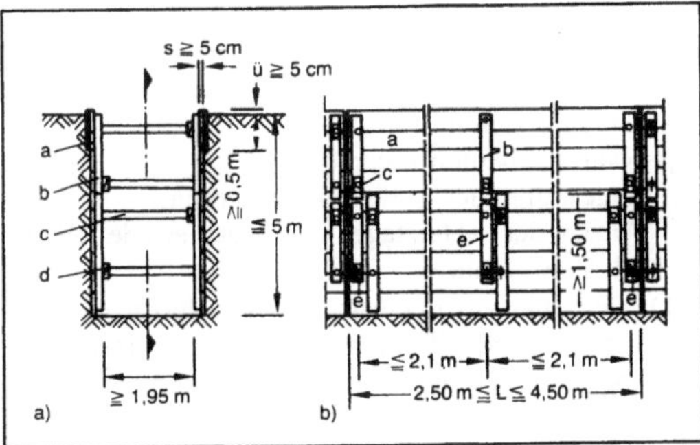

Grabenverbau 1: Waagerechter Normverbau.
a) Querschnitt
b) Längsschnitt.

a Bohle der Dicke d: 5 cm ≤ d ≤ 7 cm, b Brustholz, 8 cm×16 cm
bzw. 12 cm×16 cm, c Steife, 10 cm bzw. 12 cm Dmr., d Keil,
e zusätzliches Brustholz für Rohrverlegen

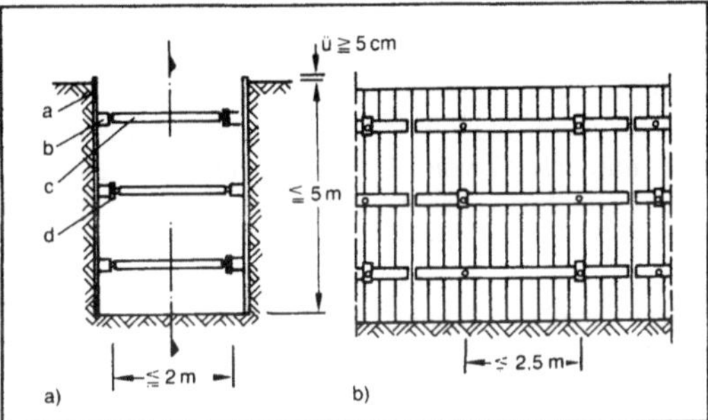

Grabenverbau 2: Senkrechter Normverbau.
a) Querschnitt
b) Längsschnitt.

a Bohle der Dicke d: 5 cm ≤ d ≤ 7 cm, b Gurt, 16 cm×16 cm
bzw. 20 cm×20 cm, c Steife, 12 cm bzw. 14 cm Dmr., d Keil,

in Ausnahmefällen können die Erddrücke auch durch
→ Anker aufgenommen werden. Bei tieferen Gräben
wird gelegentlich ein gepfänderter Verbau verwendet.
Dabei wird von einer Zwischensohle aus ein weiterer
Bohlenverbau in den Untergrund gerammt. Graben-
wände können auch wirtschaftlich durch Verbauele-
mente gesichert werden. Diese bestehen aus etwa 3 m
langen stählernen Verbauplatten einschließlich Spindeln, die als Einheit in den Graben gestellt werden oder
während des Aushubes abgesenkt werden. Durch
Anspannen der Spindeln wird eine Kontaktpressung
gegen die Baugrubenwand erzeugt.
Die in DIN 4124 beschriebenen Verbauarten sind
Normverbauten, für die bei Erfüllung der genannten
Voraussetzungen keine erdstatischen Nachweise erforderlich sind. Ansonsten sind entsprechend Baugruben-
verbauten auch für G. erdstatische Nachweise zu
führen. Dabei dürfen vereinfachte Erddruckverteilun-
gen angenommen werden (→ Baugrube).   *Meißner*

Grader. G. (*dt.*: Erdhobel) sind luftbereifte, nur bei
kleinen Geräten zwei-, sonst dreiachsige Planiergeräte,
die das Planierschild zwischen den Achsen tragen
(Bild 1). Sie werden wegen ihrer genauen Arbeitsweise für das Erstellen von Feinplanum jeder Art eingesetzt, ob es sich um ein Straßenplanum, um Böschungsflächen oder um Grabenaushub handelt. Ein weiteres
Einsatzgebiet ist das Mischen und Umsetzen von Stoffen bei der Bodenstabilisierung. Ihre wichtigste Aufgabe im gleislosen Erdbau ist die Pflege der Fahrwege
von → Transportfahrzeugen, durch die deutlich kürzere
Transportzeiten erzielt werden.

An einem Rahmengerät, das sich vorn an einer pendelnd aufgehängten Vorderachse und hinten am zweiachsigen Chassis, das Dieselmotor und Fahrersitz trägt,
abstützt, ist das Arbeitswerkzeug montiert: eine meist
um 360° drehbare, in sich gekrümmte Schar mit verstellbarem Schnittwinkel, die man nach beiden Seiten
bis auf einen Böschungswinkel von 70° bzw. 90° aus-
fahren kann. Alle Bewegungen der Schar werden

Grader 1: G. vom Typ G 12 im Einsatz.

Antriebsleistung: 101 kW, Betriebsgewicht: 13,39 t, Schar:
3650 mm×610 mm×22 mm, sechs Vorwärtsgänge, sechs Rück-
wärtsgänge

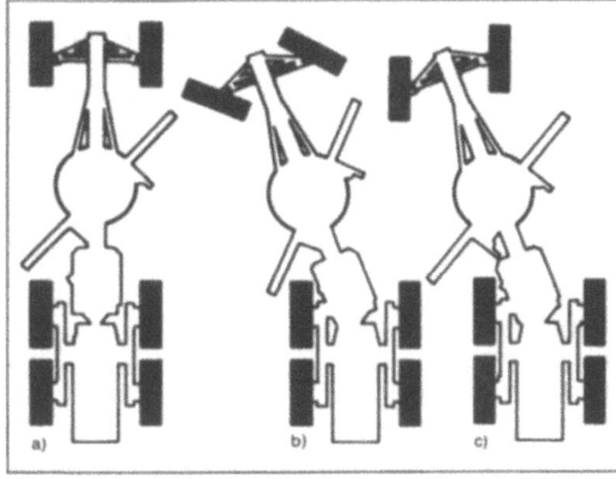

Grader 2: Lenkmöglichkeiten eines G.
a) Gerader Rahmen
b) Rahmenknicklenkung
c) Spurversetztes Fahren (Hundegang).

hydraulisch ausgeführt. Der Antrieb geschieht über Drehmomentwandler und Planetenlastschaltgetriebe an beiden Hinterachsen (Tandem-) bzw. an Hinter- und Vorderachsen (Allradantrieb). Verschiedene Variationen der hydraulischen Knicklenkung kommen als Lenksystem zum Einsatz (Bild 2, S. 303). Zusammen mit einem großen Lenkeinschlag der Vorderräder haben die Geräte einen kleinen Wenderadius; z.B. benötigt der 9,96 m lange 16 G einen Wendekreis von 16,4 m. G. werden in Größen von 37–252 kW Antriebsleistung, 5,4–41 t Betriebsgewicht und Fahrgeschwindigkeiten bis rd. 50 km/h gebaut. Das Schild hat eine Breite von 2,75–5,9 m. Außer einem → Aufreißer, der heck- oder frontseitig angebaut werden kann, ist der Erdhobel häufig mit anderen Zusatzgeräten ausgerüstet, z.B. mit hydraulisch heb- und senkbarem Brustschild (Stirnschar). Da die Schubkräfte des G. (Reifenfahrwerk) erheblich kleiner als bei der → Planierraupe (Kettenfahrwerk) sind, arbeitet er mit kleiner Schürftiefe. Durch relativ hohe Schürfgeschwindigkeiten kann er große Flächen und lange Strecken wirtschaftlich bearbeiten. Für exakteste Planierarbeiten können elektronisch gesteuerte Kommandogeräte eingebaut werden, dank derer sich ein Feinplanum mit einer Toleranz von wenigen Millimetern herstellen läßt.　　*Kühn*

Gradmessung. Klassische geodätische Methode zur Bestimmung der Parameter einer approximierenden Ersatzfläche (Kugel, Ellipsoid) für die → Erdfigur. Aus der Messung von Meridianbogenlängen (Breitengradmessung) oder Breitenkreislängen (Längengradmessung) lassen sich in Kombination mit astronomischen Beobachtungen der → Radius der Erdkugel oder die Halbachsen des Erdellipsoids berechnen.　　*Pelzer*

Gradtagszahl. Der jährliche Energieverbrauch Q einer Heizungsanlage wird wie folgt berechnet:

$$Q = q \cdot (t_{Ra} - t_{am}) \cdot z = q \cdot Gt;$$

in der Gleichung bedeuten:

q　spezifischer Wärmeverbrauch je Tag und je K Temperaturdifferenz zwischen innen und außen,

Gt　Gradtagszahl in $K \cdot d/a$,

t_{Ra}　Raumtemperatur innen (20 °C),

t_{am}　Tagesmittel der Außenlufttemperatur,

z　Anzahl der → Heiztage in der Heizperiode 1. 9. bis 31. 5 eines Jahres.

Das Produkt aus der Anzahl z der Heiztage in der Heizperiode mit der Temperaturdifferenz zwischen der mittleren Gebäudeinnentemperatur t_{Ra} und der mittleren Winteraußentemperatur t_{am} wird als G. Gt (Jahresgradtagszahl) bezeichnet. Als Heizperiode nimmt man die Anzahl von Tagen an, bei der im Fünftagesmittel die Heizgrenztemperatur t_{HG} unterschritten (Beginn der Heizzeit) bzw. überschritten wird (Ende der Heizzeit). In Deutschland ging man früher von einer Heizgrenztemperatur von $+12$ °C aus. Vor einigen Jahren wurde gem. Richtlinie VDI 2067, Bl. 2, der Wert für t_{HG} auf 15 °C erhöht. Nach Richtlinie VDI 2067, Bl. 1, unterscheidet man G. Gt_z für die Heizzeit vom 1. September bis zum 31. Mai des Folgejahres und in Analogie dazu auch für die Sommermonate (Tabelle). In der → Wärmeschutzverordnung (1995) wird für Deutschland von einer mittleren G. von $3\,500\ K \cdot d/a$ ausgegangen.

Das Gradtagskonzept wurde auch in der Lüftungstechnik eingeführt. Man spricht von Lüftungsgradstunden und bezeichnet damit das Produkt aus der Temperaturdifferenz zwischen der Außenluft t_{AU} und der Zuluft t_{ZU} mit der Lüftungsstundenzahl Z:

$$Gt_L = (t_{ZU} - t_{AU}) \cdot Z.　　\textit{Cziesielski}$$

Grat. Kante im Schnitt von zwei geneigten Dachflächen, z. B. beim Walmdach. In der Schnittlinie liegt der → Gratsparren (→ Dachstuhl).　　*Dröge*

Gratsparren. In der Verschneidungskante (→ Grat) von zwei geneigten Dachflächen liegender → Sparren

---

Gradtagszahl. Tabelle: Heiztage und G. für deutsche Städte.

Ort	September bis Mai			Juni bis Aug.	
	Heizt.	Mittl. Temp.	Gradt.	Heizt.	Gradt.
	z	°C	G_t	z	G_t
Berlin-Dahlem	252	4,9	3809	23	155
Bremen-Flughafen	256	5,6	3703	30	205
Düsseldorf	245	6,5	3300	22	139
Essen	249	6,1	3470	32	216
Frankfurt (Stadt)	242	6,0	3387	14	91
Hamburg-Flughafen	259	5,2	3837	35	241
Hannover-Flughafen	257	5,3	3782	32	216
Karlsruhe	242	5,9	3409	14	88
Stuttgart (Stadt)	244	6,0	3434	18	121
Kiel	262	5,5	3813	36	234
München-Flughafen	255	4,1	4046	30	219

mit fünfeckigem Querschnitt. Die oberseitige fünfte Ecke liegt in der Verschneidungslinie der Dachflächen. Gegen die vertikalen Flächen des G. laufen die → Schiftsparren (Schifter). Der G. kann Auflager der Schiftsparren sein und benötigt dann einen relativ großen Querschnitt. Er kann bei einem sinnvollen Konstruktionssystem aber auch von den Schiftern so unterstützt werden, daß ein verhältnismäßig kleiner Querschnitt nötig wird. *Dröge*

Literatur: *Böttcher, D.*: Stützenfreie Dächer. Berlin 1986.

Grenzfrequenz von Bauteilen. Die G. f_g von einschaligen Bauteilen ist die Frequenz, bei der die Wellenlänge λ_B der (freien) Biegewellen des Bauteils mit der Wellenlänge λ_L des Luftschalls übereinstimmt. In der Umgebung dieser Frequenz tritt ein relatives Minimum der → Luftschalldämmung auf (Bild). Dieses Minimum sollte möglichst nicht mitten im bauakustisch interessierenden Frequenzgebiet (100–3 000 Hz) liegen. Die G. ist um so größer, je dünner eine Platte und je kleiner ihr → Elastizitätsmodul ist. Die G. f_g in Hz ergibt sich für homogene Platten nach *L. Cremer* folgendermaßen:

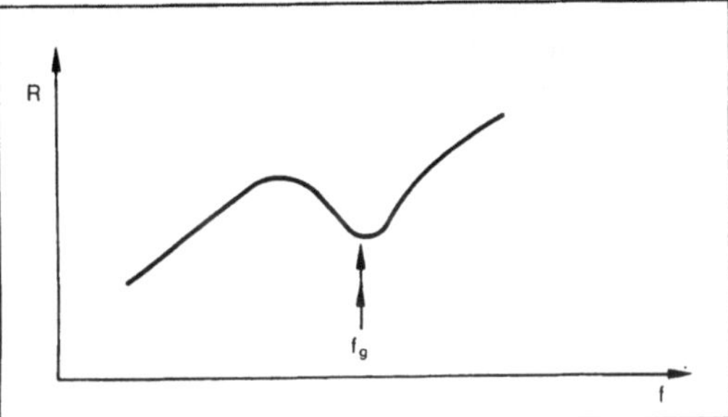

Grenzfrequenz von Bauteilen: Verlauf des Schalldämmmaßes R einer dünnen Platte in Abhängigkeit von der Frequenz f (f_g: Grenzfrequenz).

Grenzfrequenz von Bauteilen. Tabelle: G. von Platten aus verschiedenen Baustoffen.

Material	Plattendicke, mm	Grenzfrequenz, Hz
Beton	50 200	300 75
Vollziegel	115 240	170 85
Sperrholz	5 10	3 800 1 900
Gips	10 100	2 800 280
Glas	4 10	2 500 1 000

$$f_g = 6,4 \cdot 10^4 \cdot \frac{1}{d} \sqrt{\frac{\rho}{E}};$$

in der Gleichung bedeuten:
d   Dicke der Platte in m,
ρ Dichte des Wandmaterials in kg/m^3,
E   Elastizitätsmodul in N/m^2.

In der Tabelle sind die G. für einige typische Baustoffe angegeben. Von noch größerem Einfluß als auf das Schalldämmaß von einschaligen Platten ist die G. für die Schallabstrahlung, bei der sich der → Abstrahleffekt ergibt. *Gösele*

Literatur: *Cremer, L.*: Theorie der Schalldämmung dünner Wände bei schrägem Einfall. Akust. Z. 7 (1942), S. 81.

Grenzlast. Im Ingenieurbau bedeutet der Begriff G., daß ein Bauteil unter dieser Belastung einen bestimmten → Grenzzustand erreicht. Dies kann in der → Stabilitätstheorie z.B. das Erreichen der Verzweigungslast sein. Im → Stahlbau kann die G. dadurch definiert sein, daß ein Bauteil oder ein System durch Ausbilden von → Fließgelenken versagt. Im Stahlbetonbau kann das Erreichen der G. bedeuten, daß ein bestimmter Verzerrungszustand erreicht ist, z.B. 5, 10 oder 20‰ → Dehnung der → Bewehrung bzw. 3,5‰ Stauchung des Betons. Die G. kann auch dadurch erreicht sein, daß bestimmte unzulässige Verformungen (Durchbiegungen) auftreten. *Mehlhorn*

Grenzzustand.

Grundbau. Bezeichnet einen Spannungs-Verformungs-Zustand, ab dem mit zunehmenden Verformungen die Spannungen unverändert bleiben. Bei einem linear elastischen – ideal plastischen – → Stoffgesetz trifft dieses mit Erreichen der Grenzspannung σ_f zu. Rollige Böden erreichen nach größeren Verformungen einen plastischen G., der als kritischer Zustand oder Residualzustand bezeichnet wird. Bei normalkonsolidierten bindigen Böden stellt sich dieser Zustand etwa ab dem Peakzustand ein. *Meißner/Becker*

Betonbau. Ein Bauwerk oder ein Bauteil ist konstruktiv so auszubilden, daß es für den vorgesehenen Verwendungszweck und für die vorausgesetzte Lebensdauer funktionstüchtig ist. Für die → Bemessung im → Betonbau werden zwei G. betrachtet:
– der G. der Gebrauchstauglichkeit und
– der G. der → Tragfähigkeit.
Für den G. der Gebrauchstauglichkeit sind die Formänderungen so zu begrenzen, daß das Bauwerk oder das Bauteil bei normaler Nutzung keine Formänderungen erleidet, die die ordnungsgemäße Nutzung beeinträchtigen. Außerdem sind bei Bauwerken und Bauteilen des Betonbaus die Rißbildungen im Beton durch geeignete Wahl und konstruktive Anordnung der → Bewehrung zu beschränken. Dabei ist das Ziel, kleine Rißbreiten zu gewährleisten. Weiterhin sind übermäßige → Schwingungen des Bauwerks und der einzelnen Bauteile zu vermeiden.

Als G. der Tragfähigkeit wird der Zustand verstanden, bei dem das Bauwerk oder das Bauteil seine Tragfähigkeit verliert. Dies kann durch Versagen eines kritischen Querschnitts oder den Verlust der Stabilität als Folge zu großer Verformungen geschehen. Das Erreichen bestimmter Grenzdehnungen wird als rechnerische Tragfähigkeit definiert.

Auch eine allmähliche Zerstörung infolge → Ermüdung kann die Ursache des Tragfähigkeitsverlustes sein. Die Tragfähigkeit kann auch durch Feuereinwirkungen oder Explosionen beeinträchtigt werden.

Mehlhorn

Griffigkeit. Die Größe des Reibungswiderstandes zwischen Fahrzeugreifen und Fahrbahn, die G., beeinflußt maßgeblich die Sicherheit des Verkehrs. Um Antriebs-, Brems- und Seitenkräfte (bei der Kurvenfahrt) auf die Fahrbahnoberfläche zu übertragen, wird der Reibungswiderstand zwischen Reifen und Fahrbahnoberfläche benötigt. Auf trockener Straße ist die G. groß, während auf vereisten Fahrbahnoberflächen nur ein kleiner Reibungswiderstand existiert. Trockene, aber auch winterliche Straßenzustände sind vom Fahrzeuglenker hinsichtlich des vorhandenen Reibungswiderstandes gut einzuschätzen, während dies bei nassen Straßenoberflächen nicht der Fall ist, da die G. im wesentlichen von der Dicke des Wasserfilms auf der Fahrbahn, der Rauheit der Fahrbahnoberfläche, den Eigenschaften und dem Zustand der Reifen sowie besonders von der Fahrgeschwindigkeit beeinflußt wird. Die Rauheit der Straßenoberfläche beurteilt man nach dem Schärfegrad (Fein- oder Mikrorauheit) und dem Profil der Straßenoberfläche (Grob- oder Makro-

rauheit). Während die Grobrauheit hauptsächlich von dem Aufbau des Deckengemisches und dem Abnutzungszustand bestimmt wird, ist die Feinrauheit von der Beschaffenheit der Kornoberfläche und der Polierresistenz der Einzelkörner abhängig. Nach *Schulze* beeinflußt der Schärfegrad der Fahrbahnoberfläche die Höhe der Gleitbeiwerte im Geschwindigkeitsbereich bis etwa 50 km/h, während die Grobrauheit in Abhängigkeit von dem Schärfegrad den Reibungswiderstand bei Geschwindigkeiten um 80 km/h maßgeblich prägt (Bild 1).

Die Dicke des Wasserfilms bestimmt in Verbindung mit der gefahrenen Geschwindigkeit maßgeblich, ob ein Aufschwimmen des Reifens auf der Wasseroberfläche (Aquaplaning) stattfindet und somit der Kontakt zwischen Reifen und Fahrbahn verloren geht; dabei haben der Zustand und die Art des Reifens einen nicht unerheblichen Einfluß. Die G. von Fahrbahnoberflächen wird in Deutschland mit dem Stuttgarter Reibungsmesser (SRM), der Sideforce-Coefficient-Routine-Investigation-Machine (SCRIM) oder dem Skid-Resistance-Tester (SRT) bestimmt. Die Gleitbeiwerte liegen nach *Schulze* in den in Bild 2 dargestellten Bereichen. Mit Splitt abgestreute → Deckschichten aus → Gußasphalt haben im Neuzustand eine sehr hohe G., die sich durch allmähliches Abfahren des Splitts verringert. Bei anderen Asphaltdeckschichten, insbes. bei → Asphaltbeton, verbessert sich i.d.R. die G. in den ersten Wochen und Monaten nach der Verkehrsübergabe, wenn griffigkeitsmindernde Mörtelanreicherungen von der Oberfläche abgefahren werden. Bei der → Betondecke reichert sich meist während des Betoniervorganges etwas → Mörtel (→ Zementstein und

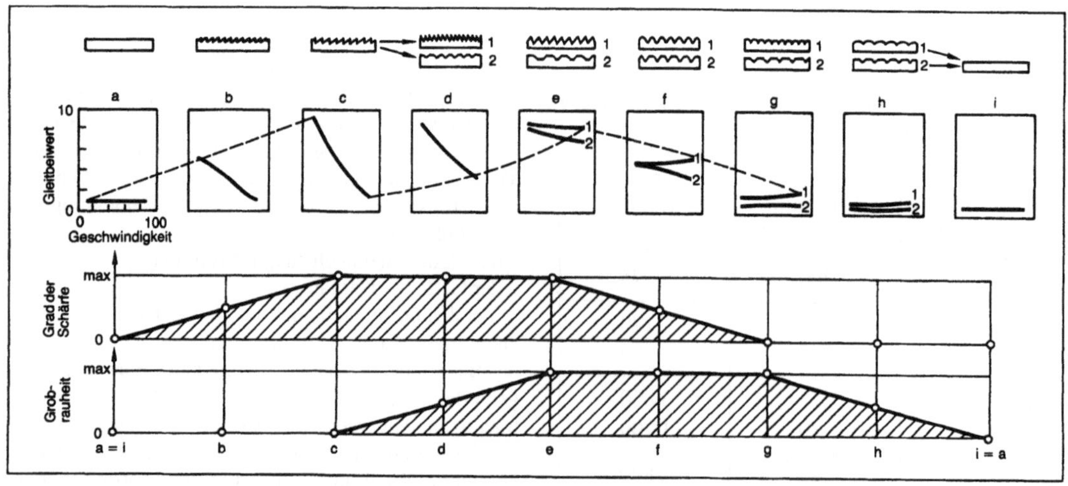

Griffigkeit 1: Zusammenwirken von Grob- und Feinrauheit nach Schulze.

Formen der Grobrauheit:

1 Dränagesystem zwischen den Körnern

2 aufgeprägtes Dränagesystem

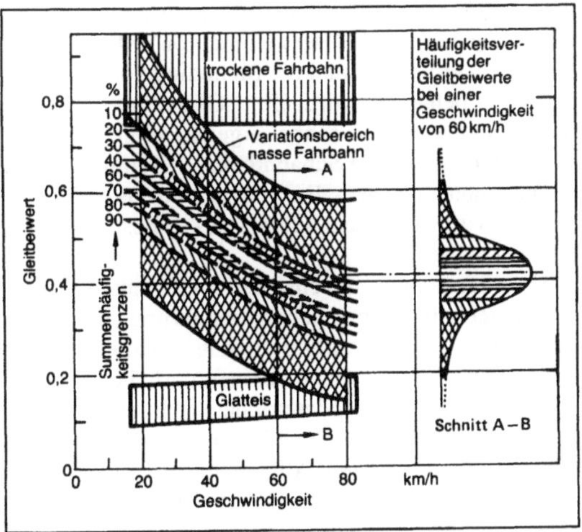

Griffigkeit 2: Häufigkeitsverteilung von Gleitbeiwerten nach Schulze.

→ Sand) an der Oberfläche an, der unter Verkehr poliert wird und dann eine geringe Feinrauheit zur Folge hat. Die Grobrauheit erreicht man durch einen kräftigen Besenstrich quer zur Fahrtrichtung. Die G. verbessert sich erst, wenn der Mörtel abgefahren ist und das Splittgerüst an die Oberfläche gelangt. Die Feinrauheit ist dann von der Widerstandsfähigkeit des Splitts gegen Polieren abhängig. Zeitliche Veränderungen der G. werden auch durch Witterungseinflüsse hervorgerufen. Nach längeren Trockenperioden nimmt die G., vor allem die Feinrauheit, durch Bildung eines Schmierfilms (Gemisch aus feinsten Teilen, wie Gummiabrieb u.ä., und Wasser) ab. Längere Regenzeiten bewirken eine Säuberung der Fahrbahnoberflächen und damit eine Zunahme der G. *Beckedahl*

Grobsortieranlage. Im Aufbereitungsdurchgang vor dem Zerkleinern und auch vor dem Absieben werden besondere Vorrichtungen geschaltet. Im Vordergrund steht die Abscheidung ungeeigneter Bestandteile wie anhaftender Lehm oder beigemengte Erde aus dem im Steinbruch oder in der Kiesgrube gewonnenem Material beim (Vor)Abscheider, dann die Abtrennung von Körnung und Stücken, die für den nachfolgenden Prozeß klein genug bzw. zu groß sind beim Vorsieb. Derartige Vorklassiergeräte sind der Beaufschlagung entsprechend robust ausgeführt. Zum Einsatz kommen dynamisch wirkende Systeme wie bewegliche Roste, Stangensizer und Großstück- bzw. Schwerlastsiebe. Die maximale Stückgröße des Aufgabegutes entspricht dem Schluckvermögen des zugehörigen Brechers, die Abtrennung geht bis 300 mm beim sog. Stückgutabscheider. Vielfach sind Aufgeber wie Schwingförderer und auch Schubspeiser mit Spaltrosten oder Lochblechen zwecks Abtrennung versehen. Ansonsten sind den eigentlichen Vorabscheidern → Beschicker zugeordnet (Bild). *Kühn*

Grobsortieranlage: Schwingsiebmaschine mit Lochblechboden als Vorabscheider.

Großflächenschalung. Unter G. wird alles verstanden, was großflächig zum Einsatz gelangt, ob für → Fundamente, Stützen, Wände oder Decken.

Zu den G. zählen bereits Elementgrößen mit einer Mindestfläche von 3,00 m². Rahmen-Standardtafeln, mit Breiten von 1,25 m und Höhe von 2,50 m zählen bereits zur G. G. sind nicht an ein bestimmtes System gebunden. *F. Hoffmann*

Großlochbohrgerät. G. sind → Schlag-, → Dreh- oder → Drehschlagbohrgeräte für größere Bohrtiefen und -durchmesser. Mit ihnen lassen sich Bohrlöcher mit Durchmessern bis zu 250 mm und Längen bis zu 180 m erzielen. Sie dienen zur Herstellung von Sprenglöchern für die im Steinbruchbetrieb weit verbreitete Großlochsprengung. Je nach Gestein werden Hartmetalldrehbohrkronen, Rollenmeißel oder Tieflochhämmer eingesetzt. Um auch in schwierigstem Gelände sicher fahren zu können, sind sie auf einem geländegängigem Reifen- oder Raupenfahrwerk installiert. Während des Bohrvorganges bockt sich das Gerät mit am Fahrgestell befestigten Stützen auf. Sämtliche Arbeitsgänge, wie Bohren, Gestängeverlängerung, Gestängeziehen und Ablegen der Bohrstangen im Magazin, steuert der Bohrmeister von einem Bedienungstand aus, der in einer Fahrerkabine untergebracht ist. Drehantrieb und Vorschub arbeiten hydraulisch, Schlagwerk, falls vorhanden, pneumatisch oder hydraulisch. Gespült wird mit Luft, die ein bordeigener Verdichter liefert. Sowohl Verdichter als auch Hydraulikaggregat werden von Diesel- oder Elektromotoren angetrieben. *Kühn*

Großtafelbau. → Fertigteilbau unter Verwendung geschoßhoher, meist raumgroßer Wand- und Deckenelemente. Die → Standsicherheit von G. beruht auf der Aneinanderreihung stabiler → Raumzellen. Sie entstehen, indem die Raumzellen an mindestens drei Grundrißseiten Wände haben, die durch eine Deckentafel kraftschlüssig verbunden sind. Die Systemlinien der drei Wände dürfen sich nicht in einem Punkt schneiden, weil sonst keine → Torsion aufgenommen werden kann. *Mehlhorn*

Grube. Die speziell in der → Abwassertechnik benutzte G. ist eine sehr alte Einrichtung, um Fäkalien von Mensch und Tier zu sammeln. Es gibt mancherorts noch heute die Abortgrube, bei der Tierhaltung die Dunggrube und oft die Jauchegrube. In dichten G. werden in der Bundesrepublik Deutschland häusliche Abwässer nur noch dort gesammelt, wo ein Anschluß an die öffentliche → Kanalisation nicht möglich ist. Gewöhnlich folgt dann wegen der erheblichen Wassermenge eine Versickerungsgrube; nur selten kann in Straßen- bzw. Regenkanäle eingeleitet werden. Die G. dichtet sich nur bei günstigen Bodenverhältnissen aus dem Inhalt von selbst ab. Meist gibt es eine ständige Versickerung der flüssigen Anteile. Dabei werden Feststoffe zurückgehalten und führen zu einem natürlichen, vor allem anaeroben Prozeß der → Faulung. Die G. zur → Abwasserreinigung – oft auch als Faulgrube oder Mehrkammerfaulgrube aus Beton bekannt – soll dicht sein. Der Grubeninhalt muß etwa 1–2mal jährlich geleert werden. Man brachte ihn früher als Dünger im Garten unter, was aus unserer heutigen Kenntnis über die so geförderte Askaridenverseuchung nur noch selten praktiziert wird. Die Grubeninhalte werden daher meist einer Abwasserreinigungsanlage übergeben, wo sich daraus bei höheren Anteilen aus G. gelegentlich Schwierigkeiten ergeben. *Pfeiff*

Grünordnungsplan → Landschaftsplanung

Grundablaß. Der G. ist die tiefste Entnahmeanlage zum Entleeren des Nutzraumes einer → Stauanlage. Bei → Hochwasserrückhaltebecken entspricht er dem Betriebsauslaß. Er wird auch zur Hochwasserentlastung herangezogen, wenngleich dies meist nicht in die Bemessung einbezogen werden darf. G. sind kurze Druckrohrleitungen, die nicht überlastbar sind. Sie bringen bei ansteigender Druckhöhe in der Stauanlage nur eine minimale Zunahme des Abflusses. Der G. wird unter dem → Absperrbauwerk oder als Umleitungsstollen um dieses geführt. Während der Bauzeit dient er i. d. R. zur Ableitung des Gewässers. Der G. kann ungesteuert oder gesteuert mit einer Regelarmatur (→ Armatur) ausgebildet werden. Auf der Einlaufseite befindet sich ein → Rechen und der Revisionsverschluß. Der Durchfluß Q berechnet sich bei einem kreisrunden Rohr mit der Nennweite d nach dem Ansatz von *Bernoulli* mit der Druckhöhe H zu:

$$Q = \sqrt{\frac{2\,g \cdot H}{1 + \Sigma \xi}} \cdot \frac{\pi \cdot d^2}{4},$$

mit dem Gesamtverlustbeiwert $\Sigma \xi$ für die Verluste am Einlauf, durch Rohrreibung, Rechen, Schieber u. a. sowie am Auslauf. *Muth*

Grundanstrich → Grundierung

Grundbau. Teilgebiet des konstruktiven Ingenieurbaues, in dem u. a. die Abtragung von Bauwerkslasten in den Baugrund, die konstruktive Ausbildung der Gründungskörper, die Herstellung von → Baugruben, die → Wasserhaltung und die Sicherung von Geländesprüngen behandelt wird. Zum G. gehören auch als mehr oder weniger schon eigenständige Gebiete: → Tunnelbau und → Schachtbau, → Dammbau und → Deponien, → Erdbau. Ein Untergrund aus → Lockergestein wird im G., ein solcher aus → Festgestein im Felsbau behandelt.

Voraussetzungen für eine den anerkannten Regeln der Bautechnik entsprechende Ausführung von Grundbauwerken sind eine ausreichende → Untergrunderkundung und das Erstellen der erforderlichen erdstatischen Nachweise (→ Bodenmechanik). Bauwerkslasten lassen sich über → Flach- oder → Tiefgründungen in den Baugrund abtragen. Allgemeine Richtlinien über die Lastaufnahme sind in DIN 1054 angegeben. Es wird zwischen drei verschiedenen Lastfällen unterschieden, für die z. T. unterschiedliche → Sicherheiten gegenüber einer Bruchursache oder aber Partialsicherheiten angegeben sind. Steht der tragfähige Baugrund unmittelbar unter dem → Bauwerk oder höchstens etwa 3–4 m tiefer als die Kellersohle des Bauwerks an, so wird i. d. R. die Ausführung einer → Flachgründung wirtschaftlich sein. Eine nur wenig tragfähige Zwischenschicht unterhalb der Kellersohle kann wirtschaftlich vertretbar auch durch einen → Bodenaustausch (→ Bodenverbesserung) ersetzt werden oder die Flachgründung kann durch diese Schicht bis auf den tragfähigen Baugrund geführt werden. Der Baugrund wird als tragfähig bezeichnet, wenn bei wirtschaftlich vertretbaren Abmessungen der Gründungskörper die zulässigen → Setzungen des Bauwerkes nicht überschreitet und eine ausreichende Sicherheit gegen → Grundbruch besteht. Tiefgründungen werden ausgeführt, wenn die tragfähigen Schichten erst in größerer Tiefe anstehen. Die Bauwerkslasten müssen dann über → Pfähle, Schlitzwandelemente, → Brunnen oder Senkkästen in den tragfähigen Baugrund geleitet werden. Die am häufigsten ausgeführten Tiefgründungen sind Pfahlgründungen. Brunnen- oder Senkkastengründungen werden gewählt, wenn große Lasten abzutragen oder aufzunehmen sind (Brücken- sowie Seebau).

Für Bauwerke, die nicht auf der Geländeoberfläche gegründet werden, ist eine Baugrube auszuheben. Die Abmessungen der Baugrube hängen u. a. von den Bauwerksabmessungen, einem erforderlichen Arbeitsraum, der Mindestgründungstiefe, den Grundwasserverhältnissen, der gewählten Baugrubensicherung und den Untergrundverhältnissen ab. Durch einen hoch anstehenden Grundwasserspiegel kann die Art der Baugrubenherstellung und -sicherung sowie die Tiefenlage der → Fundamente beeinflußt werden. Es ist dann zwischen verschiedenen Verfahren zur Trockenhaltung der Baugrube sowie einer gegen Druckwasser dichten Gebäudekonstruktion oder einer Höherverlegung des Bauwerkes zu wählen. Für die Sicherung von Baugrubenwänden kommen hauptsächlich zur Anwendung:

→ Spundwände, → Trägerbohlwände oder Bohrträgerwände, Bohrpfahlwände, → Schlitzwände und neuerdings auch die Bodenvernagelung mit einer Spritzbetonschicht. Man unterscheidet dabei zwischen den nachgiebigen Verbauarten, wie den Spundwänden und den Trägerbohlwänden, sowie verformungsarmen Verbauten, wie z. B. Bohrpfahl- und Schlitzwände. Bohrpfahlwände (→ Pfahl) bestehen aus eng nebeneinander stehenden Bohrpfählen (Bild 1). Bei größeren Standhöhen werden eine oder mehrere Lagen Stab- oder Verpreßanker angeordnet. Als Ausführungsarten werden unterschieden:

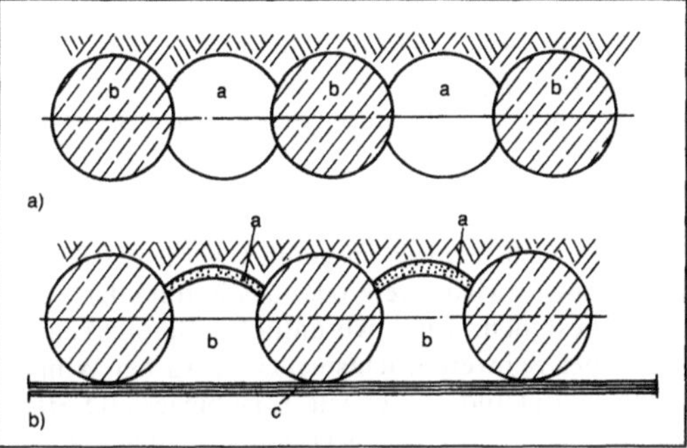

Grundbau 1: Bohrpfahlwände.
a) Überschnittene Pfahlwand
a zuerst hergestellte, unbewehrte Bohrpfähle, b danach hergestellte, bewehrte Bohrpfähle

b) Aufgelöste Pfahlwand
a Fertigelemente aus Filterbeton, b Hohlraum oder Verfüllung mit Sand. Ableitung des Sickerwassers zu einem Vorfluter, c vorgehängte Wandplatten

– Überschnittene Pfahlwände, bei denen zunächst die unbewehrten Pfähle a und anschließend die bewehrten Zwischenpfähle b hergestellt werden; letztere schneiden in die bereits betonierten Nachbarpfähle ein. Es entsteht so eine durchgehende, weitgehend wasserdichte Betonwand.
– Wände aus aneinandergereihten Pfählen mit etwa 5–10 cm lichtem Abstand (tangierende Bohrpfahlwand).
– Aufgelöste Pfahlwände mit z. B. → Spritzbeton zwischen den Pfählen, der gewölbeförmig ausgebildet ist und so den → Erddruck horizontal auf die Bohrpfähle abtragen kann.

Bohrpfahlwände dienen auch als bleibende Sicherung von Geländesprüngen, wie z. B. in Einschnittstrecken. Als Baugrubenverbau sind die Bohrpfahlwände i. d. R. gleichzeitig Gebäudewände und Gründungselement für die Bauwerkslasten.

Das Bauen unterhalb des See- oder Grundwasserspiegels ist stets mit zahlreichen Zusatzmaßnahmen verbunden. Zunächst ist eine trockene Baugrube herzustellen. In offenen Gewässern geschieht dieses häu-

fig durch Fangedämme, die die Baugrube umschließen. Die als Zellen- oder Kastenfangedämme ausgebildeten Konstruktionen bestehen aus überwiegend kreisförmig oder verankerten und parallel angeordneten Spundwänden, zwischen die ein gut drainbarer Boden verfüllt wird. Nach dem Abpumpen des Wassers (Lenzen) aus dem Baugrubenbereich tragen die Fangedämme die Wassereinwirkungen in den Untergrund ab.

Liegt die Baugrubensohle unterhalb des Grundwasserspiegels, muß zunächst mit den Bauaufsichtsbehörden abgeklärt werden, ob eine Wasserhaltung (→ Grundwasserabsenkung) zulässig ist oder nicht. Letzteres trifft i. a. für innerstädtische Baugruben zu, wie derzeit für die großen Bauprojekte in Berlin.

Die Wasserhaltung kann in Form einer offenen Wasserhaltung mit Pumpensümpfen oder mit Brunnen durchgeführt werden. Die Brunnen wirken üblicherweise nach dem Gravitationsprinzip, ein Unterdruck kann allerdings zusätzlich noch angelegt werden. Bis etwa 8 m Wasserförderhöhe werden → Flachbrunnen eingesetzt, bei denen die → Wasserförderung durch Kreiselpumpen und Unterdruck erfolgt. Bestehen größere Förderhöhen, wird eine mehrstufige Anlage aus Flachbrunnen oder häufig wirtschaftlicher, eine Anlage aus Tiefbrunnen gewählt. In jedem Tiefbrunnen befindet sich eine Tauchpumpe und das Wasser wird durch eine → Druckleitung gefördert.

Ist eine Wasserhaltung nicht gestattet, muß die Baugrube durch einen wasserdichten Verbau (Spundwand, Bohrpfahlwand, Schlitzwand) umschlossen werden. Bindet der Verbau in eine ausreichend mächtige Schicht aus wenig durchlässigem Boden (Ton, Schluff) ein, kann auf eine besondere Sohlabdichtung häufig verzichtet werden. Andernfalls muß eine künstliche → Abdichtung durch einen → Unterwasserbeton oder eine Injektionssohle vorgenommen werden. Nach dem Abpumpen des Wassers aus dem Baugrubenbereich muß noch eine ausreichende Auftriebssicherheit (→ Auftrieb) bestehen.

Die Bauwerksteile (Keller) unterhalb des Grundwasserspiegels müssen gegen drückendes Wasser (DIN 18195) abgedichtet werden. Früher wurden überwiegend geklebte Wannen ausgeführt. Die Bauwerksisolierung erfolgte dabei durch eine mehrlagige Bitumenpappe oder Kunststoffbahnen. Neuerdings wird häufig eine „weiße Wanne" gewählt, bei der der → Stahlbeton die Dichtungsfunktion übernimmt. Eine Rißbreitenbeschränkung der Konstruktion ist dann nachzuweisen. Ein Wasseranstieg in der Baugrube darf erst dann erfolgen, wenn für das Bauwerk eine ausreichende Auftriebssicherheit besteht (z. B. *Schürmann*-Bau, Bonn).

Flächengründungen können als Flachgründungen aus Einzelfundamenten, z. B. unter Stützen, aus Streifenfundamenten oder Banketten unter Stützenreihen oder Wänden oder aus → Plattengründungen unter ganzen Bauwerken oder Bauwerksteilen bestehen. Unter Flachgründungen sollte stets eine → Sauberkeitsschicht aus wenigstens 5 cm Magerbeton ausgeführt werden. Dadurch läßt sich eine kontrollierte Lage der → Bewehrung erzielen und ein Durchmischen des Betons mit Boden vermeiden. Die erforderlichen erdstatischen Nachweise für Einzel- und Streifenfundamente sind nach DIN 4017 und 4019 zu führen. Ein Nachweis ist auch nach DIN 1054 möglich. Werden die dort genannten zulässigen Bodenpressungen nicht überschritten, so kann ein Sicherheitsnachweis auf Grundbruch und eine Setzungsberechnung entfallen. Für exzentrisch und geneigt angreifende Lasten sind zusätzliche Nachweise zu führen. Es muß eine ausreichende Gleitsicherheit der Fundamente bestehen, für die gilt:

$$\eta_g = V \cdot \tan \varphi / H:$$

φ ist der Reibungswinkel in der Fundamentsohle, V die Vertikal- und H die Horizontalkomponente der Lastresultierenden. Weiter ist bei exzentrischer Beanspruchung die Verkantung des Fundamentes nachzuweisen. In der Sohlfläche oder Bodenfuge des Fundaments können nur Druckspannungen aufgenommen werden. Bei größeren Lastexzentritäten und bei Annahme einer gradlinigen Sohlspannungsverteilung hebt sich das Fundament dann rechnerisch teilweise vom Boden ab. Es entsteht die sog. klaffende Fuge. Ein Lastangriffspunkt, bei dem keine klaffende Fuge auftritt, liegt in der inneren Kernweite des Fundaments. Die Resultierende aus den ständigen Lasten muß diese Forderung stets erfüllen. Bei Gebäudefundamenten darf die Fuge unter der Gesamtlast höchstens bis zum Schwerpunkt klaffen. Bei → Schornsteinen nach DIN 1056 darf kein klaffender Bereich auftreten. Der Nachweis „klaffende Fuge" ersetzt den Nachweis einer Kippsicherheit der Gründung.

Ursache für Gebäudeschäden sind normalerweise nicht die Absolutsetzungen, sondern die Setzungsdifferenzen zwischen den Fundamenten. Der Quotient aus der Setzungsdifferenz Δs zwischen zwei Fundamenten und dem Abstand l der Fundamente beträgt $\tan \alpha \approx \alpha = \Delta s/l$. Bei biegeweichen Gebäuden, wie → Hallen, sollte $\alpha \leq 1:300$, bei biegesteifen, mit Wandscheiben ausgesteiften Gebäuden $\alpha \leq 1:1000$ bis $1:1500$ sein. Zwängungsspannungen aus Setzungsdifferenzen werden bei jungem Beton durch das → Kriechen weitgehend abgebaut. Bei älterem Beton und bei durch einen Konsolidierungsverzug zeitlich verzögert auftretenden Setzungen besteht die Gefahr, daß Risse im Beton entstehen.

Stützmauern oder → Widerlager sichern Geländesprünge bzw. sind Brückenauflager im Anschluß an Verkehrsdämme. Die Abmessungen von Stützmauern werden entscheidend von der geforderten Gleitsicherheit bestimmt. Zur Ausschaltung oder Reduzierung eines Wasserdruckes wird i.d.R. ein Dränagesystem angeordnet. Weiter ist für Stützmauern nachzuweisen, daß keine klaffende Sohlfuge auftritt und eine Sicherheit gegen Geländebruch besteht. Stützmauern, die als

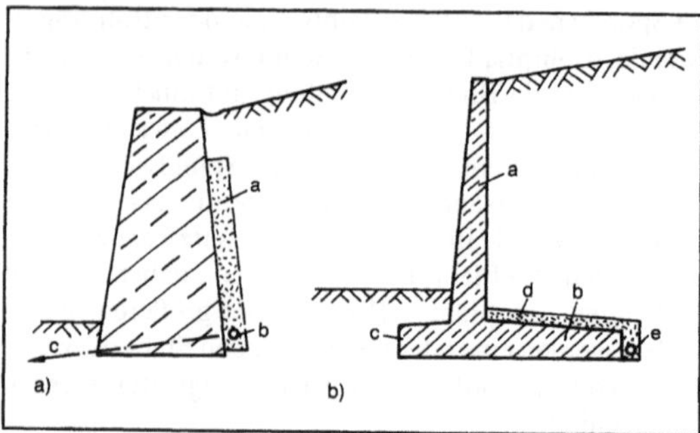

Grundbau 2: Stützmauern.
a) Schwergewichtsmauer

a Wandfilter, b Dränage, c Vorfluter (frostfrei)
b) Winkelstützmauer.
a Stahlbetonwand, b rückwärtiger Sporn, c vorderer Sporn, d Filter, e Dränage

Schwergewichtsmauern ausgeführt werden (Bild 2 a), können aus → Mauerwerk oder aus Beton oder Stahlbeton bestehen. Eine wesentliche Betonersparnis gegenüber Schwergewichtsmauern wird bei Winkelstützmauern (Bild 2 b), erzielt. Eine biegesteife Stahlbetonwand ist auf einer biegesteifen Stahlbetonplatte gegründet. Die über die Wand auskragenden Plattenteile heißen rückwärtiger sowie vorderer Sporn. Letzterer dient zur Erhöhung der Kippsicherheit. Die Erdüberlagerung des rückwärtigen Sporns darf wie das Mauereigengewicht bei dem Nachweis der Gleitsicherheit berücksichtigt werden. Varianten mit höher gelegenen Spornen zur Abminderung des Erddruckes oder Querrippen zur Aussteifung der Stahlbetonwand werden auch ausgeführt. Bei hohen Geländesprüngen werden auch aufgegliederte, verankerte Stützkonstruktionen gewählt. Dabei werden z.B. auf einer Spritzbeton-Unterkonstruktion verankerte Stahlbetonfertigplatten angeordnet. Zunehmende Anwendung finden nichtmonolithische Stützkonstruktionen in Form von Blockmauern oder Gittermauern. Diese Stützkonstruktionen werden aus Fertigteilen hergestellt und bieten außer dem Vorteil einer kurzen Bauzeit auch die Möglichkeit einer vielseitigen Gliederung und einer Begrünung.

An Neubauten angrenzende Altbauten müssen so gesichert werden, daß durch die Baumaßnahmen keine Schäden entstehen. Wird der Neubau tiefer gegründet als der Altbau, ist letzterer zu unterfangen. Dafür stehen verschiedene Verfahren, wie z.B. Betonwände oder Kleinbohrpfähle zur Auswahl. Erdstatische Nachweise für die Unterfangungsmaßnahmen dürfen nur dann unterbleiben, wenn die Arbeiten gemäß DIN 4123 durchgeführt werden.

Bei → Unterfahrungen wird ein Hohlraum (U-Bahn-Tunnel) unterhalb eines Gebäudes vorgetrieben. Die Gebäudelasten müssen dann über die Hohlraumkonstruktion in den tiefer gelegenen Baugrund abgetragen werden. *Meißner/Becker*

Grundbeschichtung → Grundierung

Grundbruch. → Grenzzustand unterhalb eines Fundamentes, in dem eine weitere Laststeigerung nicht mehr möglich ist. Die Last im Grenzzustand heißt → Bruchlast. Jedes Fundament muß eine ausreichende → Sicherheit gegenüber dem Grenzzustand aufweisen. Die Sicherheit läßt sich als Quotient der Bruchlast zur vorhandenen Last oder besser durch Partialsicherheiten definieren. Dabei werden die maßgebenden streuenden Größen, die Scherfestigkeitsparameter des Bodens (Reibungswinkel φ' und Kohäsion c') durch unterschiedlich große Partialsicherheiten dividiert. Mit den so reduzierten Parametern berechnet man eine zulässige Fundamentlast, die größer als die vorhandene sein muß.

Für einen einfachen Untergrundaufbau ist in DIN 4017 sowohl für mittige wie auch für schräg oder/und außermittig angreifende Lasten ein Verfahren zur Ermittlung der Sicherheit gegen G. angegeben. Bei dem Verfahren wird ein Streifenfundament (→ Fundament) mit der Breite b und der Gründungstiefe d betrachtet. Im Grenzzustand wird der im Bild dargestellte → Bruchmechanismus angenommen. In den Grenzflächen der drei Gleitkörper ist die → Scherfestigkeit mobilisiert. Dann läßt sich aus den → Gleichgewichtsbedingungen die Bruchlast V_b des Fundamentes berechnen. Diese setzt sich aus drei Anteilen zusammen, die als Einflußgrößen – sog. Tragfähigkeitsbeiwerte – die Gründungstiefe, die Gründungsbreite und die Kohäsion enthalten. Bei Rechteckfundamenten werden die unterschiedlichen Abmessungen zusätzlich durch → Formbeiwerte berücksichtigt. Wirkt die Last außermittig, so darf nur mit einer reduzierten Fundamentgrundrißfläche gerechnet werden, deren Schwerpunkt dann unter dem Lastangriffspunkt liegt. Zusätzliche Horizontallasten und damit schräge Lastresultierende verringern die G.-Sicherheit eines Fundamentes

drastisch. Die Bruchlast verringert sich mit abnehmender Scherfestigkeit des Bodens sowie mit abnehmender Breite b und Einbindetiefe d des Fundamentes.

Besteht der Untergrund im Nahbereich unterhalb der Fundamente aus Schichten mit unterschiedlichen Scherfestigkeiten, so können auch andere Bruchmechanismen als im Bild gezeigt für die Bruchlast maßgebend sein. Am häufigsten wird dann ein Gleitkreis (→ Böschungsstandssicherheit) angenommen. Ein G. oder eine Verringerung der Sicherheit kann auch eintreten, wenn bei gleichbleibender Last z. B. eine seitliche Abgrabung vorgenommen wird oder der Grundwasserspiegel ansteigt. *Meißner*

Grundbruch, hydraulischer. Er entsteht, wenn der nach oben gerichtete spezifische Strömungsdruck gleich der Auftriebswichte des Bodens ist oder – bezogen auf eine horizontale Ebene – der Strömungsdruck gleich dem Auftriebsgewicht des darüberliegenden Bodenkörpers ist (Bild). Die Gefahr eines h. G. besteht immer dann, wenn z. B. in Bohrungen wegen zu geringer Wassersäule im Rohr eine Strömung in das Bohrloch entsteht oder beim Baugrubenaushub, ggf. mit einhergehender → Grundwasserabsenkung ein Strömungsdruck zur → Baugrube hin entsteht. Im Bild wirkt auf die Unterfläche der wenig durchlässigen Schicht a mit der Dicke d der Wasserdruck $F_s = \gamma_w \cdot \Delta h$. Entgegengesetzt ist das Bodengewicht $F_G = \gamma' \cdot d$ gerichtet. Für $F_s = F_G$ schwimmt der Boden vor dem Stützbauwerk auf; der haltend wirkende Erdwiderstand ist dann null. Die Sicherheit gegen h. G. ist zu

$$\eta_h = \frac{F_G}{F_s} = \frac{d \cdot \gamma'}{\gamma_w \cdot \Delta h} = \frac{\gamma'}{f_s}$$

definiert; dabei ist

$$f_s = \gamma_w \cdot \frac{\Delta h}{d} = \gamma_w \cdot i$$

mit i als dem hydraulischen Gradienten. Im Zustand des Grenzgleichgewichtes $\eta_h = 1$ stellt sich in der Schicht a der kritische hydraulische Gradient $i = i_{kr}$ ein. *Meißner*

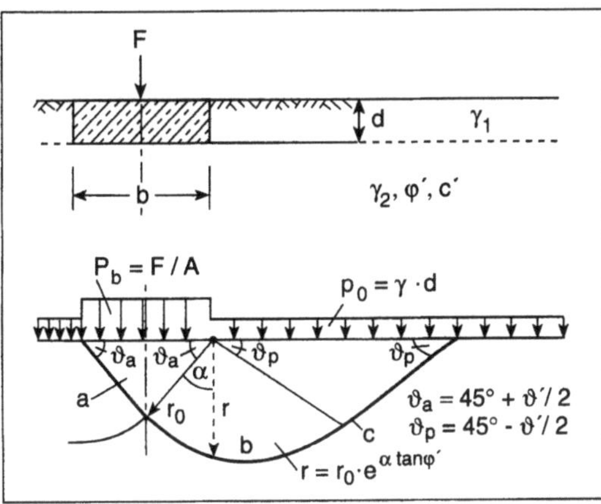

Grundbruch: Bruchmechanismus unter einem Streifenfundament.
a aktive Rankine-Zone, b Prandtl-Zone, c passive Rankine-Zone

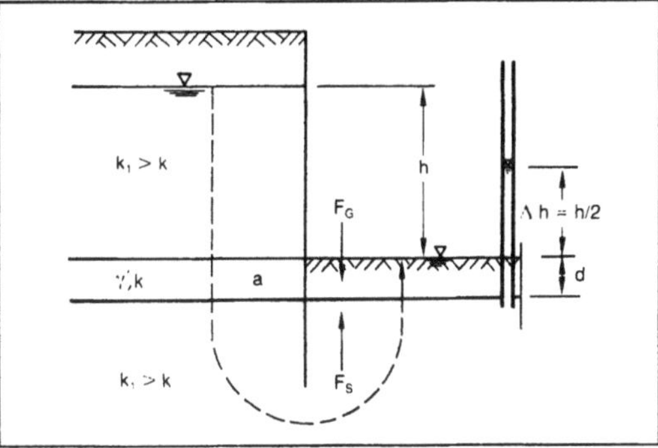

Grundbruch, hydraulischer: H. G. vor dem Spundwandfuß.

Grundflächenzahl → Dichtewert

Grundierung. Mit G. werden eine oder zwei Anstrichschichten bezeichnet, die geeignet sind, als Verbindung zwischen dem Werkstoff des → Untergrundes und den Zwischen- und Deckanstrichen zu dienen. Die G. kann auch noch Sonderaufgaben erfüllen, bei Metallen z.B. aktiven Korrosionsschutz durch spezielle → Pigmente. Die fachgerecht vorbereiteten Untergrundflächen erhalten einen Grundanstrich, dessen Aufgaben hauptsächlich sind:

– eine gute spezifische → Adhäsion an dem Untergrund herzustellen, möglichst unter zusätzlicher Ausnutzung einer mechanischen Verklammerung durch Eindringen in das Porensystem des Untergrundes,

– bei Stahlbauteilen eine passivierende Korrosionsschutzwirkung auf der Oberfläche durch aktive Pigmente hervorzurufen,

– die Poren sehr stark saugender Untergründe zu verschließen und sie damit zur Beschichtung geeignet zu machen,

– einen wenig tragfähigen Untergrund, z.B. sandenden Naturstein oder → Putz, in seinen oberen Schichten zu verfestigen.

Je nach dem Schwergewicht der Aufgabenstellung sind folgende Sonderbegriffe üblich:

☐ Als Egalisierung wird die Anordnung einer G. zum Zweck des Ausgleiches örtlich unterschiedlicher Saugfähigkeiten bezeichnet. Der Untergrund nimmt den folgenden → Anstrich dadurch gleichmäßiger an, und störende Farbunterschiede können vermieden werden.

☐ Ähnlich wirken Einlaßmittel, die außerdem eine mehr oder weniger ausgeprägte Absperr- und Verfestigungswirkung haben.

☐ Als Tiefgrundmittel bezeichnet man vorzugsweise nichtpigmentierte, lösemittelhaltige Polymerisatharze, die mehr als 2 mm in den Untergrund eindringen. Es soll dabei vor allem eine gute Haftung stark pigmentierter, wenig eindringfähiger Beschichtungsmittel (vor allem Dispersionsfarben) erreicht werden. Zusätzlich ergibt sich eine Untergrundverfestigung.

☐ Putzfestiger (Putzhärter) sind vorzugsweise lösemittelhaltige Polymerisatharzfarben, auch → Kunststoffdispersionsfarben, die möglichst tief in wenig feste, poröse Untergründe eindringen und dort weitgehend elastisch, nicht glasartig aushärten. Eine zu harte Außenschicht gibt infolge innerer Spannungen leicht zu neuen Schäden Anlaß, vor allem zu Rißbildungen und schalenförmigem Ablösen. *Sasse*

Grundstückentwässerungsanlage. In der G. werden die Schmutz- und Regenwässer von als Einheit benutzten Grundstücken erfaßt, ab- und zusammengeleitet und in einem Anschlußkanal (→ Hausanschluß) in die öffentliche Ortsentwässerung eingebracht. Dies geschieht entweder im Mischverfahren in einer Leitung für beide Abwasserarten außerhalb des Gebäudes oder im → Trennverfahren in je einem eigenen → Kanal.

Die technischen Regelungen für die Bemessung, Einrichtung und den Betrieb der G. ergaben sich aus DIN 1986, jetzt ergänzt durch DIN EN 752 „Entwässerungssysteme außerhalb von Gebäuden". *Pfeiff*

Grundwasser. G. ist das unterirdische Wasser, das zusammenhängend die Hohlräume in der Erdrinde ausfüllt und dessen Bewegung ausschließlich oder nahezu ausschließlich von der Schwerkraft und den Reibungskräften bestimmt wird. Es ist vom → Kapillarraum durch die Grundwasseroberfläche getrennt. Diese ist bei freiem G. die Fläche, entlang der der hydrostatische Druck gleich dem Luftdruck ist. Sie ergibt sich annähernd aus der Höhenlage von Wasserspiegeln in → Brunnen, die nur wenig in das G. eintauchen. Oberflächennahe, nur zu feuchten Jahreszeiten ausgebildete Grundwasservorkommen werden in der Bodenkunde als Stauwasser bezeichnet. Die Untergrenze der Grundwasserzone ist durch das Verschwinden zusammenhängender Kluft- und Porensysteme gegeben: in → Plutoniten und → Metamorphiten meist in Tiefen unter 3 000 m, in tiefen Sedimentbecken in Tiefen bis zu 17 000 m. *Mattheß*
Literatur: *Mattheß, G.,* u. *K. Ubell:* Allgemeine Hydrogeologie – Grundwasserhaushalt. Berlin, Stuttgart 1983.

Grundwasser, freies. Grundwasser, dessen Oberfläche oben an eine wasserungesättigte Zone grenzt, wird als f. G. bezeichnet. *Mattheß*

Grundwasser, gespanntes. Wird das Grundwasser durch schlecht durchlässiges bzw. undurchlässiges Gestein nach oben abgeschlossen und liegt die gedachte oder im Beobachtungsbrunnen ermittelte Grundwasseroberfläche oberhalb dieser Grenzfläche, so ist das Grundwasser gespannt. In diesem Falle wird die Grundwasseroberfläche als Grundwasserdruckfläche bezeichnet. Zwischen gespanntem und freiem Grundwasser bestehen alle Übergänge. Vielfach findet sich das oberste freie Grundwasser oberhalb der allgemeinen, mit Grundwasser erfüllten Zone als mehr oder weniger isolierter Grundwasserkörper, dessen Position durch die tektonische Struktur oder den Schichtenaufbau bestimmt wird. Derartige Vorkommen bezeichnet man als schwebende Grundwasserstockwerke. Artesisches Grundwasser ist g. G., dessen Druck frei ausfließende → Brunnen hervorruft. *Mattheß*
Literatur: *Mattheß, G.,* u. *K. Ubell:* Allgemeine Hydrogeologie – Grundwasserhaushalt. Berlin, Stuttgart 1983.

Grundwasser, uferfiltriertes. U. G. ist ein aus oberirdischen Gewässern stammendes Wasser, das durch eine Bodenpassage bei verschiedenen Parametern eine grundwasserähnliche Qualität erlangt hat. Da ufernahe → Wasserfassungen durch die schwankenden Wasserstände im Gewässer oft nicht immer echtes → Grundwasser, sondern zeitweise auch mehr oder weniger Anteile von u. G. liefern, ist die Abgrenzung zwischen diesen beiden schwierig, und es gibt größere Schwankungen bei der Temperatur und der chemischen Zusammensetzung. Uferfiltrat (Seihwasser) ist aus oberirdischen Gewässern in die Erde eindringendes Wasser (DIN 4049). *Pfeiff*

Grundwasserabsenkung. Verfahren zur Absenkung eines Grundwasserspiegels bis z. B. unterhalb einer Baugrubensohle. Bei einer offenen → Wasserhaltung strömt Wasser in die → Baugrube, wird dort in einem → Pumpensumpf gefaßt und durch eine Pumpe zum → Vorfluter gefördert. Die Abschätzung der zu einer Baugrube fließenden Wassermenge kann nach *Davidenkoff* erfolgen. In der Beziehung ist die räumliche Strömung im Untergrund berücksichtigt.

Bei G. durch → Flachbrunnen (→ Brunnen) ordnet man i. d. R. außerhalb des Bauwerkumrisses mehrere Brunnen in Abständen von rd. 5–10 m an. Die Brunnen sind durch eine Ringleitung miteinander verbunden. Eine Kreiselpumpe in Höhe der Brunnenköpfe saugt das Wasser aus den Brunnen in die Ringleitung und fördert es über eine → Druckleitung zum Vorfluter (Bild). Durch eine derartige Brunnenanordnung sind größte Saughöhen von 7–8 m und größte Absenktiefen in Baugrubenmitte von rd. 4 m erzielbar. Bei größeren Absenkungen können mehrstaffelige Anlagen mit stufenweiser Absenkung des Grundwasserspiegels gewählt werden. Vielfach wirtschaftlicher ist dann aber der Einsatz von Tiefbrunnen. Bei diesen ist eine Tauchpumpe am Brunnenfuß angeordnet, die das Wasser ausschließlich über Druckleitungen zum Vorfluter fördert. Tiefbrunnen werden üblicherweise als Einzelbrunnen ausgebildet und ermöglichen praktisch unbegrenzte Absenktiefen.

Die einem einzelnen Gravitationsbrunnen zufließende Wassermenge Q läßt sich nach einer von *Dupuit* und *Thiem* entwickelten Beziehung abschätzen. Es gilt:

$$Q = \pi \cdot k \cdot \frac{H^2 - h^2}{\ln (R/r_0)} \; ;$$

dabei ist r_0 der Brunnenradius, k der → Durchlässigkeitskoeffizient des Bodens, h die benetzte Filterhöhe am Brunnenfuß, H der Abstand vom Brunnenfuß bis zum noch nicht abgesenkten Grundwasserspiegel und R die Reichweite des Absenktrichters. Diese Reichweite wird nach *Sichardt* zu

$$R = 3000 \cdot s \cdot \sqrt{k}$$

mit k in m/s, R und s in m, oder besser nach *Weber* zu

$$R \approx 3 \cdot \sqrt{\frac{H \cdot k \cdot t}{n_e}}$$

abgeschätzt. Mit s ist die Absenktiefe am Brunnenrand, mit $n_e < n$ das dränierbare Porenvolumen, mit t die auf den Absenkbeginn bezogene Zeit bezeichnet. Die größ-

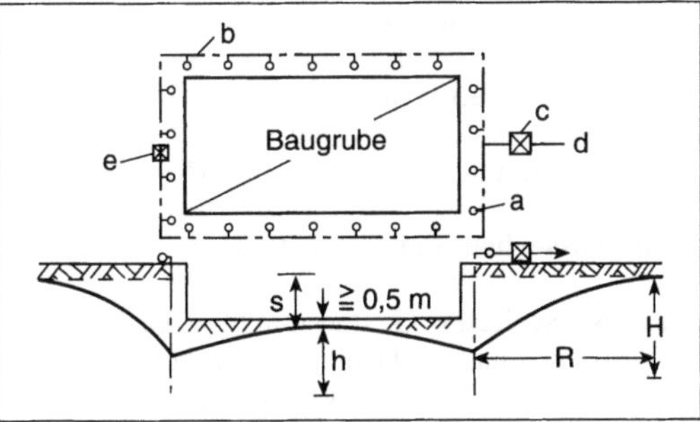

Grundwasserabsenkung: Mehrbrunnenanlage.

a Flachbrunnen, b Ringleitung (Saugleitung), c Pumpe, d Vorfluter (Druckleitung), e Schieber

te einem Brunnen zufließende Wassermenge heißt Brunnenergiebigkeit q. Sie hängt vom kritischen Gefälle

$$i \approx \frac{1}{15 \cdot \sqrt{k}} ,$$

k in m/s, am Brunnenrand ab und beträgt damit

$$q = 2 \cdot \pi \cdot r_0 \cdot h \cdot \frac{\sqrt{k}}{15}$$

Die Zuflußmenge Q gilt für vollkommene Brunnen, bei denen eine achsensymmetrische Strömung angenommen wird. Dies trifft etwa zu, wenn im Niveau des Brunnenfußes eine nur wenig durchlässige Schicht ansteht. Endet der Brunnen dagegen oberhalb einer solchen Schicht, so wird er als unvollkommen bezeichnet. Am Fuß entsteht eine näherungsweise punktsymmetrische Strömung, die zu einer gegenüber dem vollkommenen Brunnen um 10–30% größeren Wassermenge führt.

Bei Mehrbrunnenanlagen (Bild) und gedrungenem Grundriß kann die gesamte zu fördernde Wassermenge Q zu

$$Q = \pi \cdot k \cdot \frac{H^2 - h^2}{\ln (R/R_0)}$$

abgeschätzt werden; dabei ist h die Sickerlinienhöhe in Baugrubenmitte oberhalb des Niveaus der Brunnenfüße, s die dort vorhandene Absenktiefe und R_0 der → Radius eines angenommenen Brunnens mit gleicher Grundrißfläche, wie sie von den Brunnen eingeschlossen wird. Allgemein gilt nach *Forchheimer*:

$$Q = \pi \cdot k \cdot \frac{H^2 - h^2}{\ln R - \dfrac{1}{n} \cdot \sum_{i=1}^{n} \ln r_i}$$

r_i ist der Abstand des Brunnens i von dem Punkt der Baugrube, für den die Absenkung des Grundwasserspiegels ermittelt werden soll.

Voraussagen von Wassermengen weichen nicht selten um mehr als 100% von den tatsächlichen Meßwerten während einer Absenkung ab. Ursache ist meistens eine Fehleinschätzung des Durchlässigkeitskoeffizienten k, der vor allem in einem inhomogenen Untergrund nur grob bestimmt werden kann. Zusätzlich zu Laborversuchen sind häufig Probeabsenkungen im Feld empfehlenswert, aus deren Ergebnissen sich der k-Wert zutreffender ermitteln läßt. *Meißner/Becker*

Grundwasserhemmer → Aquitarde

Grundwasserleiter. G. sind durchlässige Gesteine, die → Brunnen und → Quellen speisen können. Diese Gesteine enthalten → Grundwasser und sind geeignet, es weiterzuleiten und in wirtschaftlich bedeutsamen Mengen zu liefern. Hydrogeologisch sind Poren-, Kluft- und → Karstgrundwasserleiter zu unterscheiden. In Porengrundwasserleitern zirkuliert das Wasser in Poren (Porengrundwasser), die ein mehr oder weniger engmaschiges Hohlraumsystem bilden. In Kluftgrundwasserleitern bewegt sich das Grundwasser (Kluftgrundwasser) auf Trennfugen, die als Klüfte oder Spalten durch mechanische Beanspruchung der Gesteine oder als Fugen in magmatischen Gesteinen durch die Kontraktion bei der Abkühlung der glutflüssigen Magmen entstanden sind. In den Karstgrundwasserleitern erweitert das Grundwasser (Karstgrundwasser) durch die Lösung die im Gestein vorhandenen Klüfte und Spalten, so daß zusammenhängende Hohlräume entstehen. Zu den Karstgrundwasserleitern gehören Kalk- und Dolomitgesteine sowie Gips- und Anhydritgesteine. *Mattheß*

Literatur: *Mattheß, G.*, u. *K. Ubell*: Allgemeine Hydrogeologie – Grundwasserhaushalt. Berlin, Stuttgart 1983.

Grundwassermarkierungsverfahren. Diese Verfahren wendet man zur Bestimmung der → Abstandsgeschwindigkeit und der Fließrichtung des Grundwassers an. Die Auswertung der Konzentration-Zeit-Kurven an einem Beobachtungspunkt ergibt aus dem Zeitpunkt des ersten Nachweises des Markierungsstoffes die maximale Abstandsgeschwindigkeit, aus der Zeit des Medianwertes der kumulativen Konzentration-Zeit-Kurve die mittlere Abstandsgeschwindigkeit und aus dem Zeitpunkt des Durchganges des Konzentrationsmaximums die dominierende Abstandsgeschwindigkeit. Aus der mittleren Abstandsgeschwindigkeit v_w errechnet sich bei bekanntem nutzbarem Hohlraumanteil n_e die → Filtergeschwindigkeit $v_f = n_e \cdot v_w$, aus der sich bei bekanntem Grundwassergefälle i der → Durchlässigkeitskoeffizient $k_f = v_f/i = n_e \cdot v_w/i$ ergibt. In → Festgesteinen erhält man so die Gebirgsdurchlässigkeit (→ Durchlässigkeit).

Markierungsmethoden werden weiterhin zur Untersuchung der hydrodynamischen → Dispersion, der Verweilzeiten und zum Nachweis hydraulischer Verbindungen zwischen Wasserkörpern eingesetzt. Man bringt die Markierungsstoffe in → Brunnen (Eingabebrunnen) oder → Schwinden (Versinkungs- bzw. Versickerungsstellen) in das → Grundwasser ein und beobachtet ihr Wiederauftreten an anderer Stelle. Verwendet werden feste Mar-

kierungsstoffe (z. B. Bakterien, Bärlappsporen), chemische Markierungsstoffe (z. B. NaCl, LiCl), Fluoreszenzfarbstoffe (z. B. Uranin, Pyranin) und radioaktive oder nach Geländeeinsatz im Reaktor aktivierbare Substanzen. Den Gehalt des Kreislaufwassers an stabilen und radioaktiven Umweltisotopen (^2H, T, ^{13}C, ^{14}C, ^{18}O), die eine Markierung des Wassers bewirken, zieht man zur Analyse der Grundwasserbewegung heran. *Mattheß*

Literatur: *Mattheß, G.*, u. *K. Ubell*: Allgemeine Hydrogeologie – Grundwasserhaushalt. Berlin, Stuttgart 1983. – *Käss, W.*: Geohydrologische Markierungstechnik. Berlin, Stuttgart 1992.

Grundwasserneubildung. G. bezeichnet den Zugang von infiltriertem Wasser zum → Grundwasser. Außer der natürlichen G. durch → Infiltration von Niederschlagswasser und auch – bei entsprechendem landwärtigem Gefälle – von oberirdischem Wasser aus Flüssen und Seen kann eine künstliche G. durch anthropogene Maßnahmen, wie z. B. durch Grundwasseranreicherung, Erzeugung von landwärtigem Gefälle an Flußufern (→ Uferfiltration), durch → Beregnung und Überstau, bewirkt werden. Die G. gibt man meistens als Grundwasserneubildungsrate in mm/a oder in $l/(s \cdot km^2)$ an.

Die G. durch versickertes Niederschlagswasser setzt in Mitteleuropa in den Herbstmonaten zwischen Oktober und Dezember allmählich ein und dauert bis März/April an. Während der Vegetationszeit kommt es nur in sehr niederschlagsreichen Jahren zu einer nennenswerten G. Die G. aus → Niederschlägen wird außer von den klimatischen Größen (Niederschlag, → Verdunstung) von der Art der Bodennutzung (Wald, Acker und Grünland) bestimmt. Die Versickerung nimmt von Wald- zu Grünland- zu Ackerbeständen zu. Innerhalb von Waldflächen wird die G. bei sonst gleichen Bedingungen durch die Art und das Alter der Waldbäume bestimmt. *Mattheß*

Grundwassernichtleiter. G. (früher Grundwassersperrer) sind praktisch undurchlässige Gesteine. Sie umfassen → Aquifugen, z. B. → Plutonite, und → Aquicluden (→ Tongesteine). *Mattheß*

Grundwasserspiegelschwankung. Die meisten G. beruhen auf → Vorratsänderungen des Grundwassers, auf Änderungen des atmosphärischen Druckes, auf Deformation des Grundwasserleiters durch Belastung oder tektonische Beanspruchung (Erdbeben) und auf Störungen innerhalb des Brunnens. Kleinere Schwankungen können durch chemische oder thermische Veränderungen in der Umgebung der Beobachtungsbrunnen entstehen. Die Grundwasserspiegelhöhen werden auch durch die Wasserstände in benachbarten oberirdischen Gewässern gesteuert. Speist das → Grundwasser in die oberirdischen Gewässer ein, so werden diese als effluent, geben diese Wasser an das Grundwasser ab, so werden sie als influent bezeichnet. Effluente und influente Bedingungen wechseln dabei je nach Wasserstand einander ab (→ Uferspeicherung, → Abfluß). *Mattheß*

Literatur: *Matheß, G.,* u. *K. Ubell*: Allgemeine Hydrogeologie – Grundwasserhaushalt. Berlin, Stuttgart 1983.

Grundwasserströmung. Bewegen sich die Wasserteilchen in weitgehend äquidistanten Bahnen, so handelt es sich um eine laminare Strömung (Bandströmung), folgen die Wasserteilchen ineinander verflochtenen Bahnen dagegen um eine turbulente Strömung (Flechtströmung). Die Grenze zwischen beiden Strömungsarten wird allgemein durch die kritische Reynolds-Zahl Re angegeben. Im → Grundwasser ist bei Re-Werten < 1 bis 10 mit laminarer Strömung zu rechnen. In allgemeiner Form wird die G. durch die *Darcy*-Gleichung beschrieben:

$$v_f = -k_v \, \text{grad} \, \Phi,$$

mit der Filtergeschwindigkeit v_f, dem Durchlässigkeitskoeffizienten k_f und dem Potentialgradienten grad Φ. Eine Wasserbewegung entsteht, wenn die Energie des Wassers in den verschiedenen Punkten des Grundwasserleiters unterschiedlich ist. Das Energiepotential Φ an einem gegebenen Punkt im → Grundwasserleiter ist das Produkt aus Erdbeschleunigung g und hydraulischer (piezometrischer) Höhe h: $\Phi = g \cdot h$. Die Grundwasserhöhengleichen sind somit Linien gleichen Potentials (Äquipotentiallinien). Sie setzen sich als Potentialflächen in den Untergrund fort. Das Grundwasser strömt von der Linie (Fläche) größeren Potentials zu der kleinerer Potentiale. In einem homogenen und isotropen Medium mit konstantem → Durchlässigkeitskoeffizienten und Wasser als flüssigem Medium stehen die Stromlinien senkrecht auf den Potentialflächen oder -linien. Die Richtung der Grundwasserbewegung kann im einfachsten Fall aus drei Beobachtungsbrunnen bestimmt werden (hydrologisches Dreieck). In anisotropen Medien, in denen der Durchlässigkeitskoeffizient bevorzugte Richtungen aufweist, weichen die Stromlinien von den Senkrechten zu den Äquipotentialflächen oder -linien ab. *Mattheß*

Gülleverregnung. Regenartige Verteilung von Gülle auf landwirtschaftlich genutzte Flächen. Gülle ist ein Gemisch aus Kot, Harn, Einstreu mit unterschiedlichem Wasseranteil, das nach Gärung als Flüssigmist ausgebracht wird. Man unterscheidet nach der Verdünnung Vollgülle (1:0–1:0,5), Halbgülle (1:1) und Dünngülle (1:3 bis 1:10). Ausgebracht wird die Gülle über Schnellkupplungsrohre (→ Beregnung) oder mittels Tankwagen (Bild). Die Möglichkeit, sehr große Tierzahlen mit relativ geringem Arbeitsaufwand weitgehend flächenunabhängig zu halten, schafft Probleme der Überdüngung, da die Kulturpflanzen nicht mehr als durchschnittlich 160–200 kg N/ha und 50–70 kg P_2O_5/ha entziehen, was nur einer Tierzahl von rd. 1,5 DGV/ha (DGV Düngergroßvieheinheit) entspricht. Güllestickstoff ist im Gegensatz zum Stickstoff aus Stallmist wesentlich leichter ver-

Gülleverregnung: Verregnung mittels Tankwagen. (Quelle: Perrot-Regnerbau, Calw)

fügbar und deshalb besonders auswaschungsgefährdet; dadurch besteht die Gefahr der Nitratanreicherung im → Grundwasser. Es ist daher anzustreben, Gülle möglichst nur unmittelbar vor der Frühjahrssaat, im Frühherbst jedoch nur zu Zwischenfrüchten und Wintergetreide auszubringen, wenn der Boden vorher auf löslichen Stickstoff untersucht wurde. *Lecher*

Güterbahnhof. In G. werden Güter ein-, aus- oder umgeladen. G. stellen die öffentliche Schnittstelle zwischen dem Eisenbahn- und dem Straßengüterverkehr dar. Traditionelle G. verfügen über Gleisanlagen für den Umschlag, die Zugbildung und über Abstellgleise. Zur allgemeinen Ausstattung der G. gehören Abfertigungsgebäude, Gleiswaage, Lademaß und Kräne.

Das zu befördernde Gut wird in Frachtgut, Eilgut (Beförderung mit Schnellgüterzügen) und Expreßgut (Beförderung mit Gepäck-, Expreß- und Postgutzügen) eingeteilt. Frachtgüter und Eilgüter werden auf G. oder in Eilgutanlagen und Expreßgut i. a. in Personenbahnhöfen abgefertigt.

Nach dem Umfang der Güter werden Stückgut (viele Sendungen in einem Wagen), Wagenladungen (einzelne Sendung beansprucht ganzen oder mehrere ganze Wagen) und Ganzzüge (Sendungsgröße erlaubt es, hierfür einen eigenen Zug zu bilden) unterschieden. Beim Stückgutverkehr wird das Be- und Entladen der Eisenbahnwagen in Stückgutanlagen bzw. Frachtzentren durchgeführt. In den traditionellen Stückgutanlagen führen die Ladegleise in eine Güterhalle, die vornehmlich dem zeitweiligen Unterbringen zu versendender und eingehender Stückgüter dient. Empfangs- und Versandbereich sind hier voneinander getrennt. Das Ladegut befindet sich meistens auf Flach- oder in Gitterboxpaletten und wird mit Flurfördergeräten bewegt. An der Straßen- und Gleisseite der Halle sind Ladebühnen angeordnet. In diesen herkömmlichen Stückgutanlagen befinden sich zwischen den Parallelgleisen Überladebühnen, die zum Umladen des Stückgutes von Eisenbahnwagen zu Eisenbahnwagen dienen.

In den modernen Frachtzentren erfolgt der schienenseitige Umschlag im Freien. Genormte Behälter bzw. Wechselaufbauten werden mit Straßenfahrzeugen zur Güterhalle transportiert, die mit automatisierten Förder- und Sortieranlagen für das Stückgut ausgerüstet ist.

Beim Wagenladungsverkehr erfolgt das Be- und Entladen im → Privatgleisanschluß oder in seltenen Fällen auch noch in Freiladeanlagen (Ladestraße und Rampe) durch den Versender oder Empfänger.

Für den Kombinierten Verkehr sind in den letzten Jahren besondere, zusätzliche oder selbständige Güterverkehrsanlagen (Container, Huckepack-Anlagen) eingerichtet worden.

Selbständige Ortsgüterbahnhöfe mit umfangreichen Anlagen für Stückgut- und Wagenladungsverkehr befinden sich meist in Großstädten und in guter Verbindung zum Rangierbahnhof. Hafen- und Industriebahnhöfe sind ebenfalls selbständige G. mit Rangieranlagen und Ladegleisen. *Kracke/Runge*

Gummi → Naturkautschuk

Gummierung → Beschichtungssystem

Gummilager → Verformungslager

Gummiradwalze. G. sind selbstfahrende → Verdichtungsgeräte, die anstatt zylindrischer Walzenkörper mehrere dicht nebeneinander angeordnete luftbereifte, glatte Gummiräder oder auch Hartgummiräder haben. Die Verdichtung geschieht statisch oder zusätzlich durch den Kneteffekt infolge Verformung der Reifen in den Aufstandsflächen. Die Einsatzgebiete der G. liegen hauptsächlich im bituminösen Deckenbau und in bindigem Boden mit geringer Schütthöhe, z.B. Dichtungskern von Erddämmen, und bei der → Bodenverfestigung, z.B. mit Kalk oder → Zement. Je nach Größe haben die Geräte 5–11 Räder, wiegen normalerweise 5–32 t bei einer Leistung bis rd. 150 kW. Im Gegensatz zu → Glattwalzen liegt das Betriebsgewicht (Konstruktionsgewicht + Ballast) von G. im Schnitt erheblich höher als das Konstruktionsgewicht (Betriebsgewicht rd. 2–3faches Konstruktionsgewicht). Mit Geschwindigkeiten i.a. bis 20 km/h gelten G. als schnell fahrende Verdichtungsgeräte.

Der Antrieb erfolgt oft über ein hydrodynamisches Getriebe mit Gelenkwelle auf ein Differential und von dort auf die angetriebenen Räder. Die Lenkung funktioniert in erster Linie hydrostatisch und wird in verschiedenen Varianten angeboten, z.B. ein- oder mehrpunktgelagerte Schemellenkung. Die Anzahl der Räder ist bei den meisten Typen ungerade. Ein → Versatz zwischen Vorder- und Hinterreifen gewährleistet eine Überlappung der Walzspuren. Eine pendelnde und tauchende Anordnung der Räder (Bild) ermöglicht, daß jedes Rad unabhängig von der Oberflächenstruktur des Bodens etwa den gleichen Bodendruck ausübt. Dadurch ist eine gute Verdichtungswirkung möglich. Der Kontaktdruck setzt sich aus Radlast und Aufstandsfläche zusammen und gilt als Kennziffer. Er ist

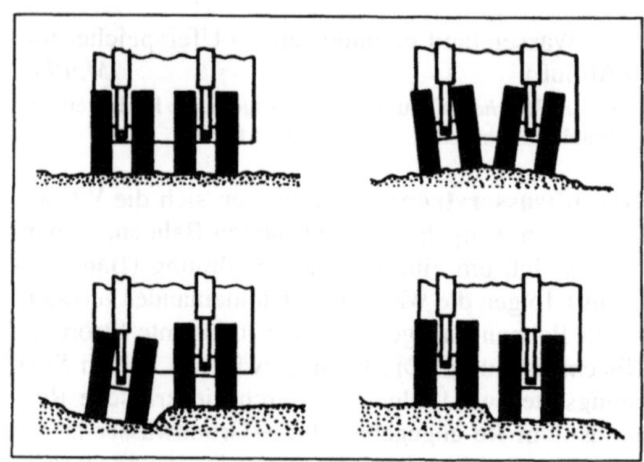

Gummiradwalze: Pendelnde und tauchende Anordnung der Räder bei Unebenheiten des Geländes.

bei verschiedenen neueren Typen durch eine automatische Reifendruckverstellung (2–8 bar) während der Fahrt von der Fahrerkabine aus verstellbar. Sprinkleranlagen (Druck oder Schwerkraft) gestatten eine Benetzung der Reifen und des Untergrundes. Die Tiefenwirkung der G. ist außer von dem Kontaktdruck noch von der Fahrgeschwindigkeit abhängig. Je höher Radlast und Reifendruck sind und je niedriger die Geschwindigkeit ist, desto größer ist die Tiefenwirkung. Wegen der besseren Haftung zwischen Gummireifen und dem zu verdichtenden Material ist die Steigfähigkeit (bis rd. 40%) erheblich größer als bei statischen Glattmantelwalzen. *Kühn*

Gurtholz. Im allgemeinen ein außenliegendes, in Spannrichtung verlaufendes Tragwerksteil des aufgelösten Biegeträgers (Ober-, Unter-, Druck- und Zuggurt), der aus mehreren Stäben oder Brettern zusammengesetzt ist, z.B. beim → Fachwerkträger, aber auch bei Brettwand- und Brettstegträger. *Dröge*

Gußasphalt. G. ist eine dichte, hohlraumfreie, in heißem Zustand gieß- und streichbare Masse aus Splitt, → Sand, → Füller und → Straßenbaubitumen oder Straßenbaubitumen und Naturasphalt (→ Asphalt), deren Mineralstoffgemisch hohlraumarm zusammengesetzt ist. G. wird i.d.R. in normalen → Asphaltmischanlagen hergestellt und in beheizbare G.-Ausfahrbehälter mit Rührwerk zur Homogenisierung der G.-Masse verladen. Der G. wird bei einer Temperatur zwischen 200 und 250 °C entweder von Hand, mit speziellen Einbaubohlen oder speziellen Fertigern eingebaut und mit Splitt abgestreut, den man durch Walzen andrückt. Zur Vermeidung von Wasserdampfkanülen und -blasen wird der G. häufig mit → Gummiradwalzen einer Knetwirkung unterzogen. G. eignet sich für → Brückenbeläge und Straßen mit hoher Beanspruchung. → Deckschichten aus G. weisen i.a. eine hohe → Griffigkeit auf, sind standfest und widerstandsfähig gegen → Alterung und Verschleiß. *Beckedahl*

Gußeisentübbing → Tübbing

H

Habitatelement. Schwellen (→ Sohlenbauwerke), Buhnen, Einzelblöcke, Abdeckungen, → Bermen u. a., deren Aufgabe im Rahmen der → Gewässerregelung im wesentlichen darin liegt, das Habitat (Wohnplatz) für bestimmte Tier- oder Pflanzenarten zu bilden. Unbeeinflußte Fließgewässer sind normalerweise durch eine große Habitatvielfalt mit → Kolken (wannenförmige Vertiefung im Gewässerbett), Riffeln, überhängender Vegetation, unterspülten Böschungen, Busch- und Strauchlagen, Wurzelstöcken, ins Wasser gestürzten Bäumen, Steinblöcken usw. gekennzeichnet. Diese gehen durch Gewässerregelungen weitgehend verloren. Mit den H. werden einige dieser Standorte, an denen bestimmte Tier- und/oder Pflanzenarten regelmäßig vorkommen, künstlich nachgebildet. *Lecher*

Hängebrücke. Bezeichnung für ein Brückensystem, bei dem die Fahrbahnkonstruktion an Tragkabeln aufgehängt ist, die parallel zur Brückenlängsachse verlaufen. Man unterscheidet die erdverankerte (echte) und die in sich selbst verankerte (unechte) H. Beim erstgenannten System werden die Kabel in gesonderten → Fundamenten, beim zweiten im Versteifungsträger der → Brücke verankert. Hierbei wird die Horizontalkomponente der Kabelkräfte als Druckkraft über den Versteifungsträgern ausgeglichen. Von allen Brückensystemen (→ Stahlbrücke) ist die H. für die Überwindung auch sehr großer → Spannweiten das am besten geeignete Tragsystem:
– Golden Gate Bridge (1937), mit einer Spannweite von 1 280 m (Bild),
– Humber Bridge (1981) mit einer Spannweite von 1 410 m,

Hängebrücke: Golden Gate, San Francisco (USA).

– Rheinbrücke Emmerich (1965) mit einer Spannweite von 500 m.

Die untere → Wirtschaftlichkeitsgrenze der H.-Spannweite ist wegen des Vordringens der Schrägseilbrücke noch im Fluß; auch die obere technisch erreichbare Grenze ist noch nicht geklärt. Nach den heutigen Erkenntnissen sind Schrägseilbrücken mit Spannweiten bis zu 900 m zu verwirklichen. Die im Bau befindliche Normandie-Brücke an der Seine-Mündung wird eine Spannweite von 856 m haben. Im Bereich bis 900 m liegt die zukünftige untere Wirtschaftlichkeitsgrenze der H.-Spannweiten. Die maximal erreichbare Grenzspannweite von H. schätzt man auf rd. 3 800 m. Bei Überschreitung dieser Länge werden die zulässigen Werkstoffestigkeiten allein durch die Wirkung des Stahleigengewichtes aufgezehrt. In Deutschland sind auf Grund der topologischen Bedingungen keine Brücken mit → Stützweiten von mehr als 500 m erforderlich. Nach den vorgenannten Grenzwerten beginnt heute die Wirtschaftlichkeit für H. erst bei größeren Spannweiten. Deshalb wurden in den letzten Jahren keine H. in Deutschland gebaut, was auch zukünftig gelten wird. Die letzte H., zugleich die größte deutsche H., entstand 1965: die Rheinbrücke Emmerich mit 500 m Spannweite. Alle größeren H. sind wegen der verhältnismäßig großen Verformungen als Straßenbrücken konzipiert. In neuerer Zeit hat man Untersuchungen mit dem Ziel angestellt, auch den Schienenverkehr über H. zu führen.

Das Problem der aerodynamischen Instabilität infolge von Windeinwirkung führte bei einigen H. großer Spannweiten vorwiegend in den USA zu Beschädigungen und in einigen Fällen zum Einsturz. Die letzte im Jahr 1940 eingestürzte H., die Tacoma-Brücke in den USA, ist der wohl bekannteste Fall von winderregten Flatterschwingungen, die zur aerodynamischen Instabilität und schließlich zum Versagen der Brücke führten. Der Bekanntheitsgrad dieses Ereignisses beruht nicht zuletzt darauf, daß der Vorgang im Film dokumentiert werden konnte. Die Brücke war bereits zuvor für jeglichen Verkehr gesperrt. Die Ursache der Tacoma-Katastrophe waren die vollwandig ausgebildeten → Hauptträger in Verbindung mit einer geschlossenen Fahrbahnplatte, also ein π-förmiger Querschnitt, der das Auftreten von winderregten Flatterschwingungen begünstigt. In der Folgezeit wurden – wie auch in den früheren Jahren – die Hauptträger nur noch als → Fachwerkträger konzipiert, die wegen ihrer offenen Struktur viel weniger empfindlich für dynamische Schwingungsanregungen sind.

Mit dem erstmals bei der Severn-H. 1966 in Großbritannien (988 m Spannweite) ausgeführten vollwandigen Versteifungsträger als torsionssteifem, windschlüpfrigem Kastenquerschnitt mit integrierter Stahlfahrbahnplatte begann wegen der aerodynamischen Stabilität dieser Querschnittsform eine neue Entwicklungsphase beim Bau von H. großer Spannweiten. Alle nach 1966 ausgeführten größeren H. weisen diesen aerodynamisch günstigen Querschnitt auf. Das Problem der Instabilität ist damit weitgehend behoben. Hinzu kommt ein großer wirtschaftlicher Vorteil, da die schweren Fachwerkhauptträger durch den Kastenquerschnitt ersetzt werden, was das Stahlgewicht der Konstruktion erheblich verringert. *Sedlacek/Scholz*

Literatur: *Brancaleoni*: Verformungen von Hängebrücken unter Eisenbahnlasten. Stahlbau 48 (1979). – *Chang, Cohen*: Longspan bridges. J. Structural Division ASCE Vol. 107, Nr.St. 7.

Hängekonstruktion. H. sind → Tragwerke, bei denen die äußeren Lasten in erster Linie durch Zugbeanspruchungen abgeleitet werden. Der große Vorteil von zugbeanspruchten Bauteilen ist in der optimalen Ausnutzung des Werkstoffes begründet. Bei Verwendung von Seilen bietet die nutzbare hohe Festigkeitseigenschaft der Seile noch weitere wirtschaftliche Vorteile. Besonders wichtig bei allen Seiltragsystemen ist das Vermeiden von Instabilitäten der Seile bzw. Netze. Instabilitäten entstehen durch schlaffe Seile, beispielsweise infolge von auf die Dachfläche wirkenden Windsogkräften oder auch durch den Vorspannungsstand bei Netztragwerken. Schlaffe Seile sind eine Gefährdung des Bauwerkes und daher unter allen Umständen zu vermeiden. Die Vielzahl der unterschiedlichen zugbeanspruchten Bauweisen läßt sich wie folgt klassifizieren:

☐ An Zugstangen abgehängte Fassaden- und Deckenbereiche im Hochhausbau.

☐ Frei hängendes Seil. Es ist nur bei Tragwerken ver-

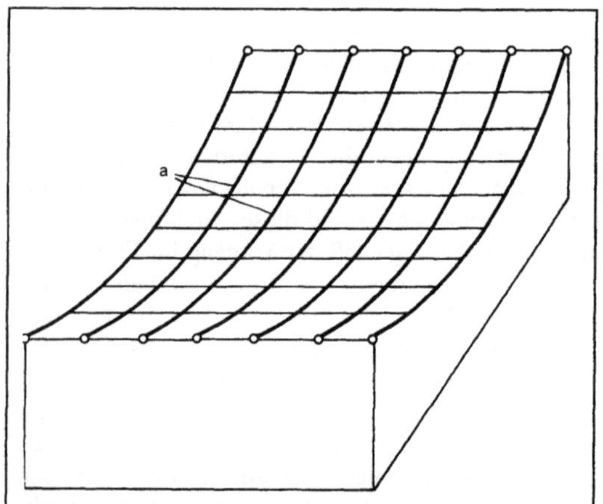

Hängekonstruktion 1: Einsinnig gekrümmtes Hängedach.

a Tragseil

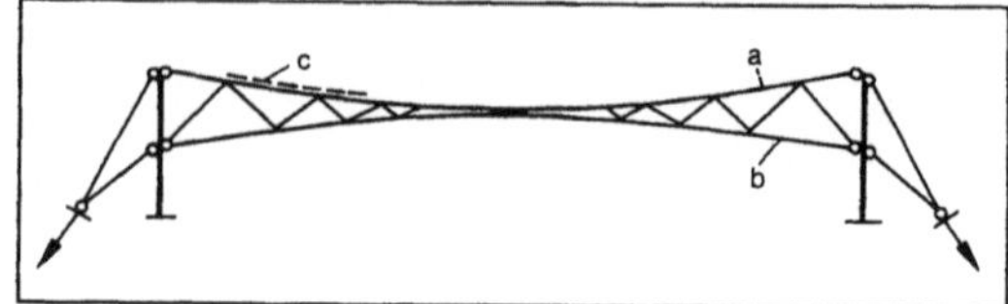

Hängekonstruktion 2: Seilbinder System Jawerth.
a Tragseil, b Spannseil, c Dachhaut

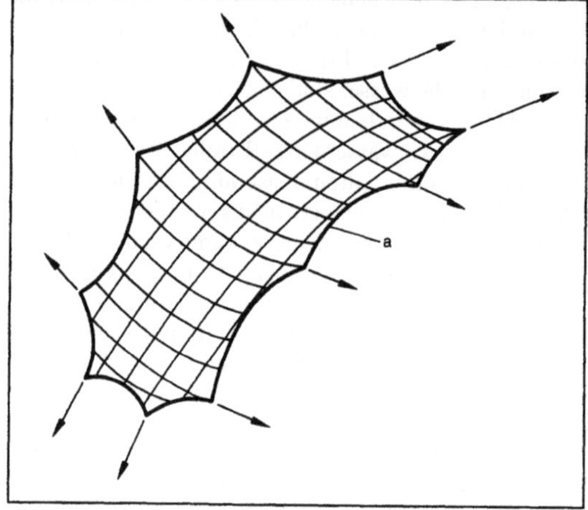

Hängekonstruktion 3: Seilnetz.
a Randseil

wendbar, die lotrecht belastet sind und keinen Durchbiegungsbeschränkungen unterliegen, z. B. → Kabelkrane, Seilbahnen.

☐ Hängedach. Die Dacheindeckung wird von Tragseilen aufgenommen (Bild 1). Die Stabilität der Tragseile gegenüber Windsogkräften muß man durch Ballast herbeiführen. Dies bedeutet die Verwendung schwerer Dacheindeckungen.

☐ Seilbinder. Die Tragseile, die wie beim Hängedach die Dachhaut tragen, werden mittels gegengekrümmter vorgespannter Spannseile stabilisiert (Bild 2).

☐ Hybride Systeme. Sie bestehen aus zug- und druckbeanspruchten Tragwerkteilen, den Seilen und den Versteifungsträgern und stellen die größte Anzahl ausgeführter H. Die bekanntesten Bauweisen sind → Hängebrücken, Schrägseilbrücken und abgespannte Hallen- und Tribünendächer.

☐ → Seilnetze sind zweisinnig gekrümmte → Flächentragwerke für Überdachungen und Umhüllungskonstruktionen. Das engmaschige, am Boden geflochtene Netz wird an Randseilen befestigt, die infolge von eingeleiteten, genau definierten Vorspannkräften die dreidimensionale Netzform herbeiführen (Bild 3). Aus Stabilitätsgründen muß das räumlich vorgespannte Netz in allen Bereichen Sattelflächen mit ausreichender Krümmung aufweisen. Der Montagevorgang setzt eine sehr genaue Bestimmung des Seilnetzzuschnittes und der theoretisch ermittelten Vorspannkräfte voraus. Bekannte Seilnetztragwerke sind der Deutsche Pavillon bei der Weltausstellung in Montreal (1967), das Olympiadach in München (1972) und der Kühlturm in Schmehausen (1975). *Sedlacek/Scholz*

Hafen. H. dienen vorwiegend dem Umschlag von Gütern. Außer diesen Umschlaghäfen gibt es Industriehäfen, z.B. für Öl, Stahl u.a., die als Werkshäfen nur bestimmten Betrieben vorbehalten sind und kleinere Betriebs- und Schutzhäfen zum Abstellen schwimmender Geräte bzw. zum Schutz der Schiffe bei → Hochwasser, Sturm und Eisgang. Der Standort eines H. erfordert begünstigende Faktoren, wie Anschlüsse an leistungsfähige Straßen und Schienenwege, sowie ein Hinterland mit Transportbedürfnissen. Ein H. dient in erster Linie der Schiffahrt. Durch günstige Bedingungen geht die Entwicklung oft über den eigentlichen Zweck hinaus, daher ist eine Erweiterungsmöglichkeit unabdingbar. Man unterscheidet Seehäfen an der Küste mit Tiefgang für große Schiffe und Binnenhäfen an den → Binnenwasserstraßen (Kanal-, Strom-, Flußhäfen). Aus wirtschaftlichen und betrieblichen Überlegungen entstanden verschiedene Bauformen.

Parallelhäfen (Länden) werden durch eine lotrechte Rampe auf der Böschung oder durch eine Verbreiterung des Fahrwassers hergestellt und durch einen Wendeplatz für Schiffe ergänzt. Ein Nachteil ist die Behinderung durch Strömung und Wellen, die durch vorbeifahrende Schiffe noch verstärkt werden. Dreieckshäfen (Bild 1) weisen den gleichen Nachteil wie Parallelhäfen auf. Die Vermehrung der Umschlagplätze wird durch eine aufwendige Erweiterung der Wasserfläche erkauft. Molenhäfen (Bild 2) sind Parallelhäfen, die gegen die Wasserstraße durch einen Trenndamm (Mole) abgeschirmt sind. Die Molenkrone läßt sich auf der

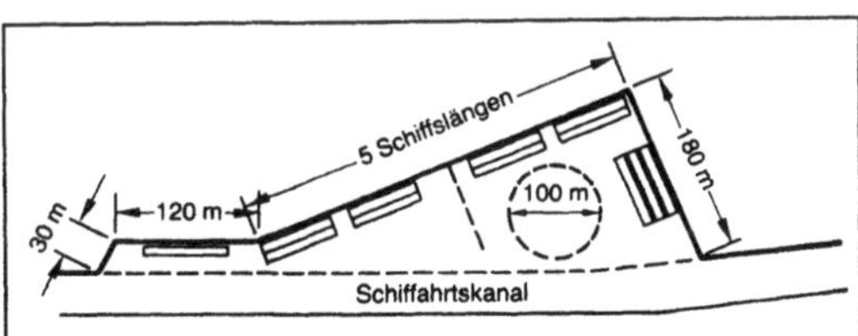

Hafen 1: Dreieckshafen

Innenseite für den Umschlag auf den Landverkehr nutzen. Stichhäfen mit einem oder mehreren Hafenbecken sind im Betrieb völlig unabhängig von der Wasserstraße.

Die Hafeneinfahrt liegt gewöhnlich am anderen Ende des Beckens, schräg stromab gerichtet (rd. 30°), damit Schiffe trotz der verlangsamten Fahrt gegen die Strömung steuerfähig bleiben. Ausfahrende Einheiten können zum freien → Fahrwasser hin beschleunigt fahren. Die Breite der Hafeneinfahrt soll mit 60 m etwa der eines dreischiffigen Kanals entsprechen. Übermäßige Breiten sind wegen der gesteigerten Verlandungsgefahr zu vermeiden. Die Ausbildung der Hafenufer richtet sich nach den örtlichen Verhältnissen, nach der Nutzung, nach der Ausladung der Krane und nach den Wasserspiegelschwankungen. Das Hafenplanum soll mindestens 1,0 m über dem höchsten Hochwasserspiegel (HHW) liegen. *Muth*

Haftbrücke. Bei Beschichtungsarbeiten, im Verbundestrichbau, bei Verklebungen u.ä. eingesetzte Grundbeschichtung zur Verbesserung der → Adhäsion, die in die Poren des → Untergrundes eindringt und meist im noch frischen Zustand mit einer Deckbeschichtung zumeist höherer → Viskosität überarbeitet wird.

Sasse

Haftkleber. Beim Einbau einer Asphaltschicht ist darauf zu achten, daß sie mit der Unterlage gut verklebt. Werden mehrere Asphaltschichten im → Heißeinbau kurzzeitig nacheinander eingebaut, erreicht man die Verklebung dadurch, daß das heiße Mischgut die obere Zone der unteren Schicht erwärmt und somit erweicht. Ansonsten ist eine ausreichende Verklebung durch Vorspritzen der Unterlage mit einer geringen Menge H. (flüssige Sonderemulsionen auf Bitumenbasis) zu erreichen. Zuviel Vorspritzmittel bildet eine Gleitschicht, die zu Schäden unter Verkehr führen kann. Ist die untere Schicht, z.B. durch Baustellenverkehr, verschmutzt, so ist sie vor Einbau der nächsten Schicht gründlich zu säubern, bevor sie mit H. vorgespritzt wird.

Beckedahl

Haftreibung → Gleitlager

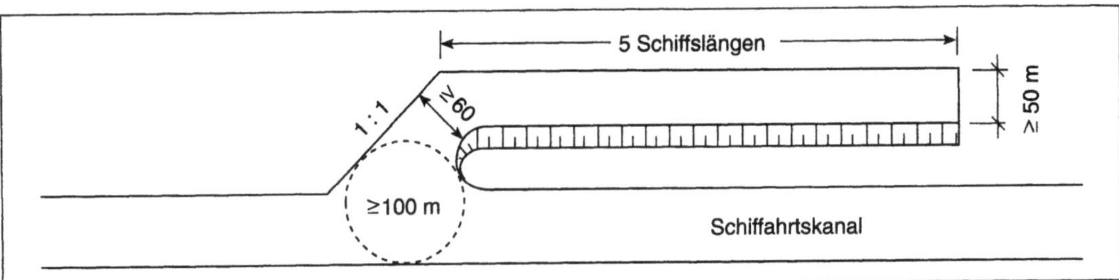

Hafen 2: Molenhafen

Haftwasser. H. ist der Wasseranteil in der ungesättigten Zone, der gegen die Schwerkraft gehalten wird. Es umfaßt so das → Adsorptionswasser (hygroskopisches Wasser) und das durch Kapillarkräfte gehaltene Porenwinkelwasser. *Mattheß*
DIN 4049-3: Hydrologie. Begriffe zur quantitativen Hydrologie. Ausg. 1994.

Haigh-Diagramm. Ein Dauerfestigkeitsschaubild (Bild) ähnlich dem → Smith-Diagramm, in dem die der → Dauerfestigkeit zugeordnete Spannungsamplitude σ_A als Funktion der Mittelspannung σ_m aufgetragen ist. Diese Darstellung gestattet es, den Einfluß von Eigenspannungen an großen Konstruktionsteilen abzuschätzen. Erfahrungsgemäß weisen kleine Probestücke, an denen die Dauerschwingversuche üblicherweise vorgenommen werden, kleine Eigenspannungen auf (Kurve a), große Konstruktionsteile, insbes. geschweißte Bauteile, sind dagegen meist mit großen Eigenspannungen behaftet (Kurve c). Das H.-D. zeigt, daß die Kurven mit zunehmender Eigenspannung der Probestücke auch zunehmend flacher verlaufen. Aus dem Vergleich der Kurve a mit Kurve c ergibt sich die Möglichkeit, den Einfluß der Prüfkörpergröße auf die Größe der Dauerfestigkeit abzuschätzen. *Sedlacek/Scholz*
Literatur: *Roik, K.*: Vorlesung über Stahlbau, Grundlagen. 2. Aufl. Berlin 1983.

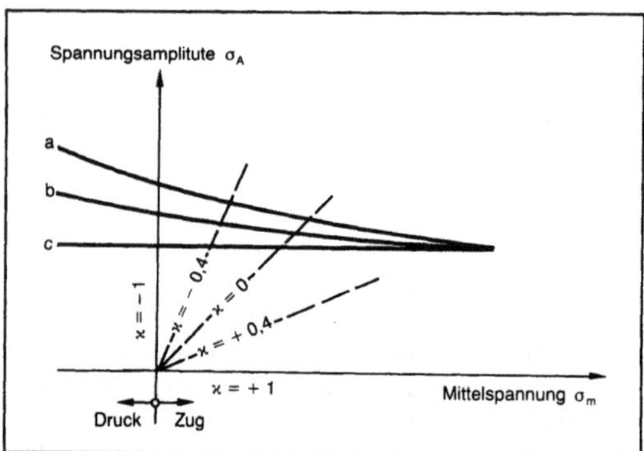

Haigh-Diagramm: Dauerfestigkeitsdiagramm nach Haigh.

a kleine Eigenspannungen, b mäßige Eigenspannungen, c große Eigenspannungen
$\kappa = \sigma_{min}/\sigma_{max}$

Halbebene. Eine durch $x_2 = 0$ begrenzte, sich ansonsten von $-\infty \leq x_1 \leq +\infty$, $x_2 \leq +\infty$ erstreckende Ebene.
In ihr herrscht ein ebener Spannungszustand, d. h. die → Normalspannung senkrecht zur Ebene (x_1, x_2) ist gleich Null, während die Querdehnung über die → Querkontraktionszahl mit den → Dehnungen in der Ebene verknüpft ist, oder ein ebener Formänderungszustand bei verhinderter Querdehnung, wobei senkrecht zur Ebene eine Normalspannung auftritt. *Laermann*

Halbprofilmaschine. H. bearbeiten in einem Arbeitsgang die halbe Kanalsohle samt zugehöriger Böschung. Ihr Einsatzbereich sind → Kanäle mit Profillinien zwischen 15 und 35 m, bei denen keine eindeutige Entscheidung für eine → Vollprofil- oder eine → Böschungsmaschine getroffen werden kann. Nach dem Grobaushub durch übliche Erdbaugeräte (→ Schaufelradbagger, Eimerkettenbagger, Eimerseilbagger, → Schreitbagger, → Schürfraupe) dienen sie zur Herstellung eines Feinplanums und der Beton- oder Asphaltauskleidung. Ihre Arbeitsorgane entsprechen denen der Vollprofil- und Böschungsmaschinen. *Kühn*

Halbraum. Der durch eine Ebene $x_3 = 0$ begrenzte, sich ansonsten von $-\infty \leq x_1, x_2 \leq +\infty, x_3 \leq +\infty$ erstreckende Raum, in der → Elastizitätstheorie meist in Verbindung mit elastisch-isotropem Stoffverhalten behandelt. *Laermann*

Halde. H. sind raumsparend meist in Kegel- und Fischgrätenformen, bei diskontinuierlich vorgeschobener Schüttplattform auch in asymmetrischem Kegel aufgeschüttete Stoffe. Je nach der Schüttart (seitlich, über Kopf) und dem Transport über gleisgebundene Gefäße oder Straßentransportgefäße können sich dabei unterschiedliche Haldenformen ergeben. *Pfeiff*

Halle. H. sind Ingenieurbauwerke mit großflächigen Nutzungsräumen. Sie finden als Fabrikations-, Lager-, Ausstellungs-, Kongreß-, Sport-, Flugzeug- und Bahnhofshallen Verwendung. Die Abmessungen einer H. (Grundriß und Lichtraum) werden wesentlich durch den Verwendungszweck bestimmt. Meist ist man bestrebt, die Grundrißfläche mit möglichst wenig Stützen zu überspannen. Außer dem Abhalten von Regen, Schnee und Wind sind die Belichtung, → Belüftung und Klimatisierung sowie in manchen Fällen die Akustik der H. wesentliche technische Probleme, die es zu lösen gilt und die bereits beim Entwurf einer H. berücksichtigt werden müssen.
Bis zu einer freien → Spannweite von rd. 40 m findet häufig die klassische Hallenbauweise Anwendung. Hierunter versteht man ein aus Dachhaut, → Pfetten, Bindern und Stützen bestehendes Tragsystem (Bild 1), bei dem die Dachhaut sowie die Pfetten und Binder hauptsächlich auf Biegung und die Stützen auf Biegedruck beansprucht sind. Binder und Stützen kann man auch zu einem Rahmenbinder vereinigen. H. dieser Form können aus → Holz, Stahl oder → Stahlbeton hergestellt werden. Bei einer Herstellung in Stahlbeton sind die Binder oft in → Spannbeton ausgeführt. Die klare Gliederung dieser Hallenbauweise erlaubt es auch, Stahlbetonfertigteile wirtschaftlich einzusetzen.
Große Spannweiten lassen sich bei H. mit Raumfachwerken, → Faltwerken, Schalen und Hängedächern überspannen. Raumfachwerke wirken ähnlich wie punktförmig gestützte → Platten. Mit der Mero-Bauweise, einem von *Max Mengeringhausen* entwickelten

Halle 1: Fertigteilhalle. Bauzustand.

Halle 2: Auf sechs Lagern gestützte Kugelsegment-schale: Jahrhunderthalle Höchst.

Halle 3: Shedhalle.

variablen Raumfachwerk, wurden bereits vielfältige Hallendächer gebaut. Bei den Faltwerken, räumlichen Traggebilden aus ebenen, sich schneidenden Flächen, nutzt man die Platten- und Scheibenwirkung gleichzeitig aus. Von den Schalen, → Tragwerken aus einsinnig oder doppelt gekrümmten Flächen haben doppelt gekrümmte Schalen eine größere → Steifigkeit. Bild 2 zeigt die Festhalle in Höchst, eine auf sechs Punkten gestützte Kugelsegmentschale. Einsinnig gekrümmte Schalen finden z. B. bei Shedhallen Anwendung (Bild 3). Diese Hallenform ermöglicht vor allem eine gute Belichtung von mehreren hintereinander angeordneten Hallenschiffen. Die leichtesten Dachtragwerke von H. sind die zugbeanspruchten Hängedächer, die ebenfalls einsinnig oder doppelt gekrümmt sein können. Bei im Grundriß kreisförmigen Hängedächern geben die radial verlaufenden Hängekabel ihre Zugkräfte an einen äußeren Kreisring ab, der – ähnlich wie die Felge eines Speichenrades – zentrisch auf Druck beansprucht wird. Bei dieser Konstruktion ergeben sich keine großen systembedingten Horizontalkräfte, die von besonderen stützenden Konstruktionen aufzunehmen und in den Baugrund weiterzuleiten sind.

Mehlhorn

Halonverbotsverordnung. Die Verordnung zum Verbot von bestimmten, die Ozonschicht abbauenden Halogenkohlenwasserstoffen vom 6. 5. 1991 betrifft neben Druckgaspackungen, Schaumstoffen, Reinigungs- und Lösemitteln vor allem FCKW-haltige Kältemittel. Sie verbietet die Verwendung von chlorhaltigen Kältemitteln in Abhängigkeit von der Füllmenge stufenweise ab 1991 bis 2000 und verpflichtet die Vertreiber zur Rücknahme und Entsorgung gebrauchter Kältemittel.

Diehl

Hammerbrecher. In einem Gehäuse läuft ein horizontaler Rotor mit angelenkten, meist in vier Reihen angeordneten Schlägern. Von diesen wird das eingegebene Gut direkt, auch zusätzlich an einer enganliegenden Leistenbahn, zerkleinert. Durch den unten anschließenden Austragsrost ist das Größtkorn fixiert; die → Kornzusammensetzung läßt sich über Drehzahl und Schlägeranzahl verändern. Neuartige Konstruktionen haben zwei gegenläufige Rotoren. Eingesetzt sind diese Zerkleinerungsmaschinen bei einem Zerkleinerungsgrad von 30 : 1 zum Brechen mit $200 - 500$ min^{-1} und in kleinerer Baugröße zum Mahlen mit $1\,500 - 2\,500$ min^{-1} in der Mittelhart- und Weichzerkleinerung.

Kühn

Hammermühle → Hammerbrecher

Handschild. Die → Ortsbrust wird bei kleineren Querschnitten von handgeführten Werkzeugen abgebaut. Durchmesserabhängig versieht man den → Tunnelquerschnitt mit horizontal und/oder vertikal angebrachten Unterteilungen (Bühnenschild), um ein Eindringen von locker gelagertem Ausbruchmaterial (Setzungsgefahr) zu verhindern. Zusätzlich können hydraulisch versetzbare Brustbleche angebracht sein. H. zeichnen sich durch geringe Investitionskosten aus und werden daher meist für kurze Tunnelstrecken eingesetzt.

Kühn

Hangsicherung. Stabilisierung und Wiederbegrünung von Hanganbrüchen (Blaiken) durch bautechnische und ingenieurbiologische Maßnahmen. Vor Beginn der Begrünungsarbeiten sind die Ursachen der Anbruchbildung (Oberflächen- und Boden- bzw. Grundwasser) durch Hangentwässerung (Bild) auszuschalten, d. h. Sicker- und Quellwasser geregelt abzuleiten. In der Folge werden die Böschungen abgeflacht, der Bruchrand ausgerundet, die Runsen (Rinnen) durch Ausbuschung (Einbau von lebenden, d. h. ausschlagfähigen Buschlagen), bei Bedarf unterstützt durch den Einbau von einzelnen Sperren oder von Sperrentreppen (→ Wildbachsperren), gesichert und übersteile Hänge u. a. durch Krainerwände (einwandige Steinkästen) festgelegt (→ Gerinnesicherung). Für die Begrünung ist die für den Standort (Rohböden) charakteristische Pflanzengesellschaft mit einem mehr oder weniger großen Anteil der wichtigsten Aufbauarten (Weiden, Erlen, Sanddorn, Robinie) maßgebend. Je nach klimatischer Lage und geologischer Situation lassen sich Blaikengrundtypen mit jeweils einer Pioniergesellschaft (Initialgesellschaft), einer Übergangs- und letztlich einer Finalgesellschaft unterscheiden. Eine solche Pflanzengesellschaft setzt sich aus verschiedenen Pflanzenarten zusammen, die gleiche Ansprüche an die Lebensbedingungen stellen und daher gemeinsam siedeln.

Lecher

Hartholz. Holz mit hohen Festigkeitseigenschaften, z. B. Eiche, Buche, Bongossi, insbes. bei Druck rechtwinklig zur → Faserrichtung.

Dröge

Hartschaumstoff → Schaumkunststoff

Hauptaufgabe, geodätische. Die Berechnung der Koordinaten (→ Koordinate, geographische, → Koordinatensystem, geodätisches) eines Punktes B (Bild 1) im Anschluß an einen gegebenen Punkt A, wenn das Azimut (→ Richtungswinkel) von A nach B und die Entfernung zwischen den Punkten gegeben sind, ist die erste g. H. Die Umkehrung dieses Problems, also die Berechnung von Azimut (oder Richtungswinkel) und Entfernung aus gegebenen Koordinaten der Endpunkte, heißt zweite g. H. In ihrer klassischen Definition beziehen sich die g. H. auf geographische Koordinaten. Bei der ersten g. H. sind die Länge λ_A und die Breite φ_A, außerdem das Azimut α_A und die ellipsoidische Strecke S, d. h. die Länge der geodätischen Linie zwischen A und B, gegeben. Gesucht sind die Länge λ_B und die Breite φ_B von B sowie das Gegenazimut α_B. Bei der zweiten g. H. sind λ_A, φ_A und λ_β, φ_B gegeben. Gesucht sind die Azimute α_A und α_B sowie die Strecke S. Die verschiedenen Lösungsverfahren der g. H. basieren gewöhnlich auf Reihenentwicklungen oder verlaufen iterativ; dies besonders für die zweite Hauptaufgabe. Über kurze Entfernungen (S < 100 km) bleibt der Rechenaufwand gering, während er für größere Punktabstände (S < 20 000 km) erheblich zunimmt, was bei den heutigen rechentechnischen Möglichkeiten jedoch belanglos ist. Über kürzere Entfernungen können die g. H. auch in geodätischen Parallelkoordinaten oder nach der geodätischen Abbildung eines Meridianstreifens in ebenen Koordinaten bearbeitet werden. In der Ebene reduzieren sich diese Aufgaben dann auf das einfache polare Anhängen eines Punktes (erste Hauptaufgabe) bzw. auf die Berechnung

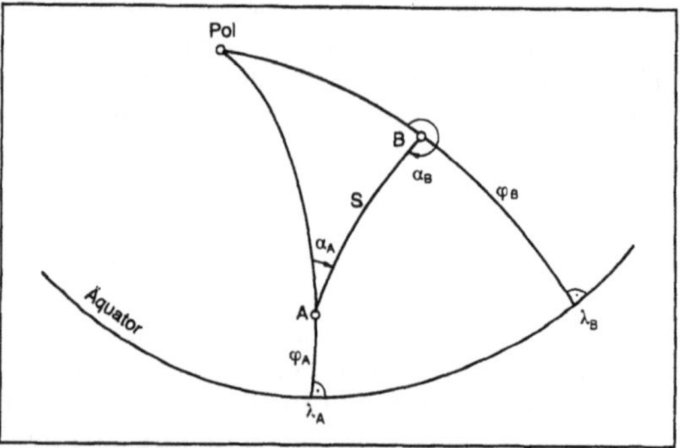

Hangsicherung: Hangentwässerung und Runsensicherung. (H. Grubinger)

Hauptaufgabe, geodätische 1: Hauptaufgabe in geographischen Koordinaten.

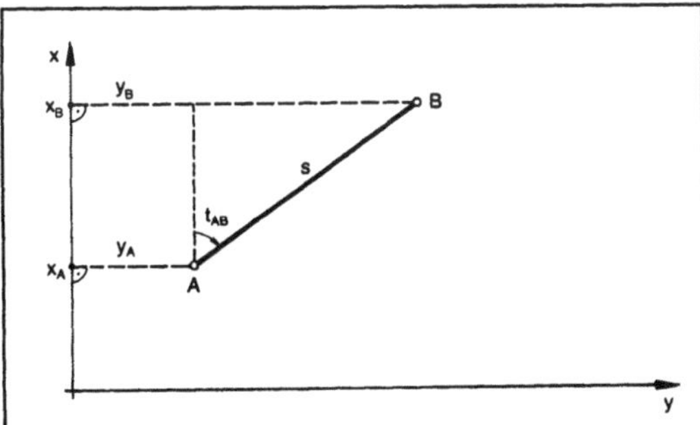

Hauptaufgabe, geodätische 2: Hauptaufgabe in geographischen Koordinaten.

von Richtungswinkel und Entfernung (zweite Hauptaufgabe). Die dabei anzuwendenden Rechenformeln lauten (Bild 2):

Polares Anhängen:

$$x_B = x_A + s \cos t_{AB}$$
$$y_B = y_A + s \sin t_{AB}$$

Richtungswinkel und Entfernung:

$$t_{AB} = \arctan \frac{y_B - y_A}{x_B - x_A}$$
$$s = \sqrt{(y_B - y_A)^2 + (x_B - x_A)^2}.$$

Pelzer

Hauptnutzung. Planmäßige, unmittelbar der Erfüllung der Arbeitsaufgabe dienende Nutzung eines → Betriebsmittels. Die Ausführungen zur → Haupttätigkeit gelten sinngemäß.

Drees

Hauptspannung. Die Komponenten des → Spannungstensors für einen bestimmten Beanspruchungszustand in einem differentiellen Schnittelement eines → Tragwerkes hängen nach Größe und Richtung von der Orientierung der Bezugsflächen dieses Schnittelementes im Raume ab. Es gibt drei aufeinander senkrecht stehende Richtungen, die Hauptachsen des Spannungszustandes, in denen die → Normalspannungen Extremwerte, die H., annehmen. In den Schnittebenen senkrecht zu den Hauptrichtungen treten keine → Schubspannungen auf.

Laermann

Haupttätigkeit. Planmäßige, unmittelbar der Erfüllung der Arbeitsaufgabe dienende Tätigkeit des Menschen. Sie ist Bestandteil der Gliederung der → Ablaufarten; zu verwenden bei der Ablaufanalyse von Arbeitsabläufen. Ziel der Ablaufanalyse ist die Beseitigung von Schwachstellen, um einen möglichst hohen Anteil der H. und einen möglichst geringen der → Nebentätigkeit, Unterbrechen der Tätigkeit und zusätzlicher Tätigkeit zu erhalten. Die H. sollte auf Baustellen über 50% der gesamten Tätigkeit umfassen.

Anteile von mehr als 70% sind erfahrungsgemäß nur schwer zu erreichen.

Drees

Hauptträger. Raumüberspannende → Tragwerke werden oft aus Biegeträgern gebildet, die in verschiedenen Richtungen verlaufen. Dabei kann eine Richtung als Haupttragrichtung bevorzugt werden. Träger in dieser Richtung bezeichnet man dann als H., die übrigen als → Querträger.

Laermann

Hausabfallverbrennung. Durch Verbrennung wird der Hausabfall bei Temperaturen von ca. 800 °C und ausreichendem Luftüberschuß zu festen Rückständen, Kohlendioxid und Wasser umgewandelt. Dabei wird das schadstoffbezogene Gefährdungspotential des Hausabfalls durch oxidative Umwandlung der organischen Bestandteile weitgehend reduziert. Moderne H.-Anlagen bestehen im wesentlichen aus folgenden Teileinheiten: Annahme (Annahmekontrolle), Lagerung, Aufbereitung, Beschickung, Verbrennung, Rauchgasreinigung und Rückstandsbehandlung (Bild, S. 324).

Ziel der H. ist vor allem
– die möglichst vollständige Zerstörung oder Immobilisierung der im Hausabfall vorhandenen Schadstoffe,
– der weitgehende Ausbrand, der zu einer Massenreduktion auf 25–35% und zu einer Volumenverringerung auf 5–10% führt,
– möglichst keine Neubildung von Schadstoffen.

In der Bundesrepublik Deutschland werden für die H. im wesentlichen Rostfeuerungssysteme eingesetzt, die sich vor allem durch robuste Ausführung, günstiges Regelungsverhalten auch in Teillastbereichen, hohen spezifischen Durchsatz und geringen → Energiebedarf auszeichnen.

Wirbelschichtfeuerungen für die H. befinden sich in der großtechnischen Erprobung.

Die Emissionsminderung bei H.-Anlagen ist in der 17. BImSchV geregelt (→ Abfallverbrennung).

Neuenhahn

Hausanschluß. H. gibt es beim → Trinkwasser und beim Abwasser, außerdem i. d. R. auch bei Strom, Gas, Telefon, neuerdings auch beim Kabel (Radio, Fernsehen). H. ist die Einspeiseeinrichtung vom öffentlichen Raum, von der öffentlichen (oder privaten) Versorgungsleitung in das jeweilige Anwesen meist bis zu einem bestimmten Übergabepunkt. Der Trinkwasserhausanschluß ist die „Anschlußleitung" (DIN 4046) von der Versorgungsleitung zur Übergabestelle, z. B. Wasserzähler oder Hauptabsperrarmatur. Meist gehört der Wasserzähler dem → Wasserversorgungsunternehmen und ist gegen eine Monatsgebühr an den Abnehmer ausgeliehen (geleast). Nach dem Eichgesetz müßte er alle fünf Jahre geeicht werden. Der Abschluß (Schieber, Ventil) hinter dem Zähler in Fließrichtung gehört meist bereits zur Hausinstallation. Die Wanddurchführung muß wasser- und gasdicht sein. Beim Abwasserhausanschluß ist der „Anschlußkanal" (DIN 4045) der „Kanal zwischen dem öffentlichen Abwasserkanal

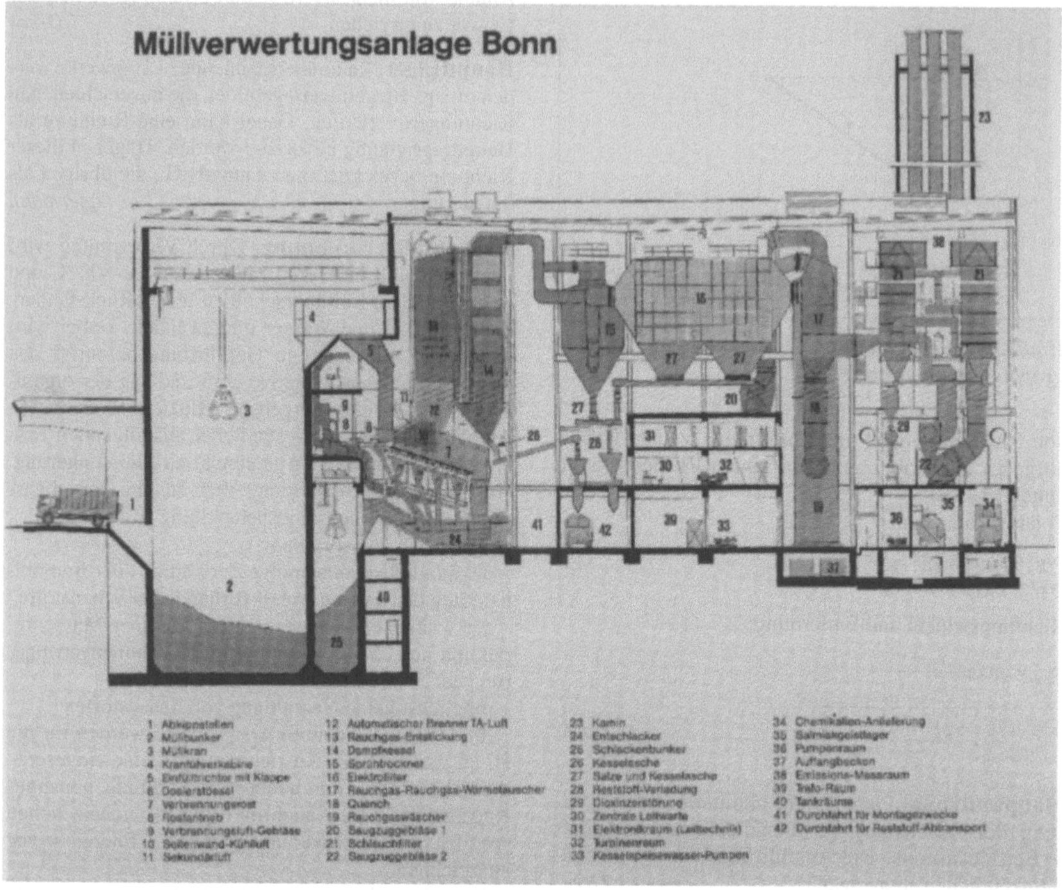

Hausabfallverbrennung: Müllverwertungsanlage Bonn GmbH, Anlagenlängsschnitt.

und der Grundstückgrenze bzw. der ersten Reinigungsöffnung (z. B. Übergabeschacht) auf dem Grundstück". Oft spricht man auch vom Revisions- oder Kontrollschacht. *Pfeiff*

Hausschwamm. H. ist eine holzzerstörende Pilzart. Es gibt den echten und den Porenhausschwamm. Der H. baut Zellulose ab und verursacht → Destruktionsfäule.
☐ Echter H. (Merulius lacrimans, – domesticus, – silvester): Bekannteste und gefährlichste Holzfäule. Er existiert bei Temperaturen von 3–22 °C, Sonderformen auch von –20 bis +27 °C, und verbreitet sich hauptsächlich in → Gebäuden, kann aber auch auf Holzlagerplätzen, in Bergwerken und im Freien gedeihen. Angegriffen werden bevorzugt Nadelhölzer, aber auch Laubhölzer (außer Eichenkernholz) und zellulosehaltige Stoffe. Der echte H. überbrückt mit seinen bis zu 10 mm dicken Strängen mehrere Meter für ihn ungeeigneter Strecken. Er bildet tellerförmige (bis zu 1 m Dmr.) oder konsolenartige, von weißem Myzel eingesäumte Fruchtkörper. Bei Nahrungsmangel schrumpfen die Myzelfäden zu Gemmen zusammen, die längere Trockenheit überstehen. Im Alter und bei Entwicklungsbehinderungen wandelt sich das Myzel in eine Haut (bis 1 mm dick) um, die schneller vordringt als das Myzel und durch Abscheidung von Atmungswasser auch auf gesundem Holz entsprechende Lebensbedingungen schafft. Gebäude werden mit dem H. i. a. durch die Verwendung bereits befallener Materialien infiziert (Fehlbodenfüllung, Wiederverwendung von Abbruchbalken, Kartoffelkisten usw.). Zur → Sanierung ist erkranktes Material restlos zu entfernen; Räume müssen ausgetrocknet und desinfiziert werden.
☐ Poren-H. (Poria vaporaria, Polyporus voporarius, – vaillantii, – medulla panis, – vulgaris): Wird oft mit dem echten H. verwechselt, ist aber weitaus weniger gefährlich, da er wegen hohen → Wasserbedarfs nur bei vorhandenem, tropfbarem Wasser leben kann. Er kommt überwiegend in feuchtwarmen Bergwerken, im Freien an Bauwerken und faulenden Wurzeln vor. Das Myzel breitet sich fächerartig aus, bleibt immer weiß und verbreitet einen eigenartig säuerlichen Geruch. Der

Poren-H. bildet Fruchtkörper mit nach unten gerichteten, wabenartigen Röhrchen. Er kann durch Austrocknung abgetötet werden.

Beide Pilzarten können beträchtliche Schäden in der zelluloseverarbeitenden Industrie anrichten. *Dröge*
Literatur: *Grosser, D.*: Pflanzliche und tierische Bau- und Werkholz-Schädlinge. Leinfelden-Echterdingen 1985.

Hebeanlage. Eine – nach DIN 1986 – maschinelle Einrichtung zur Hebung von Abwasser aus Räumen, die teilweise oder ganz unter der → Rückstauebene aus der Ortskanalisation (an der Grundstückentwässerungs-Einleitungsstelle zum Ortskanal) liegen. H. bestehen aus einem Sammelbecken – bei Schmutzwasser immer geschlossen – einer oder (als Reserve) zwei Pumpen (für Abwasser geeignet) und einer Druckleitung (einschließlich Armaturen), die gewöhnlich in einer Schleife bis über die Rückstauebene geführt wird und dann im Grunstückentwässerungssystem weiter zur Anschlußstelle das gehobene Wasser abführt. Dazu gehören Armaturen wie Schieber, Rückstausicherung und Antriebe, evtl. mit Zerkleinerung und Schaltautomatik sowie Überwachungseinrichtungen mit Signal für Störfälle. Es gibt eine Reihe einbaufertiger H.-Einrichtungen am Markt, gelegentlich auch pneumatisch (Druck-/Vakuum-Entwässerung). *Pfeiff*

Heberwehr. Eine Sonderform des festen → Wehres. Beim H. fließt das Wasser über die Überfallkrone ohne nennenswerten Anstieg des Oberwasserspiegels ($\Delta h = Z_H - Z_S$). Die Bestandteile des H. (Bild) sind Überlaufkrone, Heberdecke und Heberschlauch. Zunächst funktioniert der Heber – hierzu dient auch die Belüftung – wie ein festes Wehr. Mit zunehmendem → Abfluß wird die Luft aus dem Heber abgesaugt, bis sich – hierzu dient die Anspringnase – der Heberschlauch voll füllt. Der Abfluß eines voll angesprungenen Hebers ist größer als beim gleich breiten festen Wehr. Sinkt der Beckenwasserspiegel unter die Überlaufkrone, tritt Luft in den Heberschlauch, und der Abfluß reißt ab. Mit einem H. läßt sich zeitweilig ein größerer Abfluß bewirken, so daß es als zusätzliche Entlastung bei → Stauanlagen gebaut wird. Die Stauhöhe kann man mit dem Heber begrenzen. Der

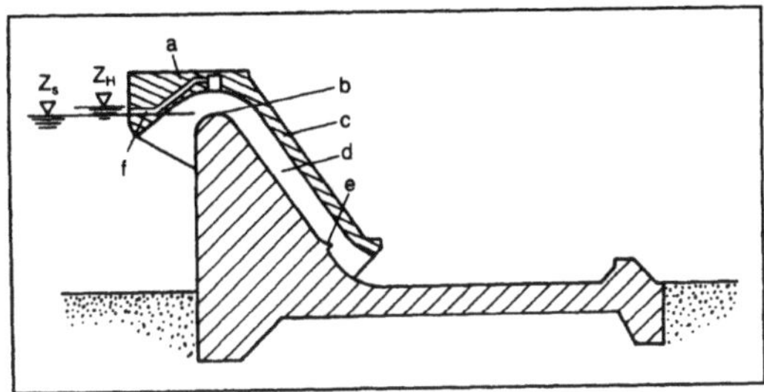

Heberwehr: Querschnitt eines H.
a Krone, b Überlaufkrone, c Heberdecke, d Heberschlauch, e Anspringnase, f Belüftung

Abfluß Q am Auslauf mit der Fläche A beträgt bei einer Höhendifferenz H zwischen Überlaufkrone und Austrittsquerschnitt

$$Q = \mu \cdot A \cdot \sqrt{2g\,H}$$

dabei ist g die Fallbeschleunigung und μ ein Verlustbeiwert für die Austritts-, Reibungs- und Krümmungsverluste, der je nach Ausführung zwischen 0,7 und 0,8 liegt. *Muth*

Hebezeug. H. sind Materialtransportgeräte, die Einzelgüter, z. B. Fertigteile, Betonkübel usw., in vorwiegend senkrechter Richtung auf kurze Entfernungen in intermittierendem Betrieb fördern. Ihre Vielgestaltigkeit resultiert aus der Anpassung an das Fördergut, ihrer Anwendung und den Forderungen aus Förderweg, Tragfähigkeit und Leistungsfähigkeit. Die wichtigsten H. im Baubetrieb sind → Krane, → Winden, → Aufzüge und Becherwerke. *Kühn*

Heckbagger → Anbaugerät

Heißeinbau. → Asphaltbeton im H. besteht aus einem hohlraumarmen, gut abgestuften Mineralstoffgemisch mit → Straßenbaubitumen als → Bindemittel und wird i. a. für → Decken und → Asphalttragschichten verwendet. Eine → Deckschicht aus Asphaltbeton im H. weist infolge eines hohen Splittanteils und der damit zu erreichenden Kornverzahnung eine hohe innere Reibung auf, die eine hohe Stand- und Schubfestigkeit der Deckschicht bewirkt, und muß daher durch Walzen verdichtet werden (→ Walzasphalt). Asphaltbeton im H. ist das am meisten verwendete Mischgut für Deckschichten im klassifizierten → Straßenbau. Die Verarbeitungstemperaturen für Asphaltbeton im H. sind abhängig von dem Härtegrad des verwendeten Bitumens. Die niedrigste zulässige Temperatur des abgeladenen Mischguts beim Einbau beträgt zwischen 120 und 140 °C. Die höchste zulässige Temperatur für das Mischgut beim Verlassen des Mischers beträgt zwischen 170 und 190 °C.

Eine Deckschicht aus Asphaltbeton im H. darf ihre Lagerungsdichte und Korngrößenverteilung unter Verkehr nur geringfügig verändern. Eine rißfreie Deckschicht mit einem Hohlraumgehalt unter 6 % gilt als wasserdichte Schicht, die auch dem kurzzeitigen Wasserdruck unter dem rollenden Reifen standhält. Das Mineralstoffgemisch für Asphaltbeton im H. besteht aus Edelsplitt, Edelbrechsand, Natursand und → Füller und wird nach der Korngrößenverteilung in fünf verschiedene Asphaltbetone unterschieden. Die Asphaltbetone 0/16S und 0/11S werden für Straßen mit besonderen Beanspruchungen verwendet und sollten nach Möglichkeit ausschließlich Edelbrechsand, d. h. keinen Natursand, enthalten. Brechsand erhöht die Standfestigkeit bei gleichzeitiger Erschwerung der Verdichtbarkeit, während Natursand die Verarbeitbarkeit des → Asphaltmischgutes verbessert. Es ist jedoch zu beachten, daß sich ein solches Material, das sich leicht verdichten läßt, auch unter Verkehr leicht verformt und daher zur Spurrinnenbildung neigt.

Asphaltbeton im H. verarbeitet man fast ausschließlich maschinell. Das Mischgut wird i. d. R. von Lastkraftwagen in den Mischguttrog des Fertigers gekippt, von dort aus auf die erforderliche Breite verteilt und durch die Einbaubohle abgeglichen und vorverdichtet. Durch den Einsatz von Walzen läßt sich die Hauptverdichtung erreichen. Das Mischgut wird durch den Fertiger so dick verlegt, daß man die erforderliche Schichtdicke nach der Dickenverminderung infolge der Walzverdichtung erhält. Die Fertiger sind so konstruiert, daß Unebenheiten der Unterlage auf der Oberfläche der fertigen Schicht verringert werden.

Beckedahl

Literatur: Zusätzliche Technische Vertragsbedingungen und Richtlinien für den Bau von Fahrbahndecken aus Asphalt (ZTVAsphalt-StB). – Zusätzliche Technische Vertragsbedingungen und Richtlinien für Tragschichten im Straßenbau (ZTVT-StB).

Heizkörper. H. werden in Gliederheizkörper (Radiatoren), Flachheizkörper (Plattenheizkörper), Rippen- und Glattrohrregister und Konvektoren (ggf. mit Gebläse) unterteilt. Die Temperaturen der Heizmittel können zwischen 40 und 110 °C betragen. Man bevorzugt den Bereich zwischen 50 und 70 °C. H. werden in den Druckstufen 4 bar, 6 bar oder nach Sondervereinbarungen geliefert. Die Wärmeleistung von H. berechnet man nach DIN 4703. H.-Verkleidungen oder leistungsmindernde Anstriche, z. B. Bronze, sind zu vermeiden oder rechtzeitig durch Vergrößerung der Heizflächen zu berücksichtigen.

Diehl

Literatur: DIN 4703: Raumheizkörper. – DIN 4704: Prüfung von Raumheizkörpern.

Heiztage. H. sind Tage, an denen das Tagesmittel der Außentemperatur unter + 15 °C liegt (Bild). Nach VDI 2067, Bl. 1 (Ausg. 1983), wird die Heizperiode

kalendermäßig vom 1. September bis zum 31. Mai des Folgejahres festgelegt.

Cziesielski

Literatur: *Recknagel, H., E. Sprenger u. W. Hönmann:* Taschenbuch für Heizung + Klimatechnik. München, Wien 1995.

Heizungsanlagenverordnung → Energieeinsparung

Heizungswasser. H. ist in Warmwasserheizungen eingesetztes Wasser, das im meist geschlossenen System gewöhnlich durch Pumpen umgesetzt wird. Früher erfolgte die Zirkulation aus dem aufsteigenden → Warmwasser aus dem Heizkessel, bei notwendig großem Rohr-Dmr. Ein Ausgleichsgefäß mit Luftpolster (→ Ausdehnungsgefäß) und freiem Wasserspiegel in hoher Lage über dem höchsten → Heizkörper oder auch bei tiefer Lage durch Druck auf die nötige Höhe einstellbar sorgt für einen Spielraum beim Wassernachschub in einem bestimmten Druckbereich. Das in diesen Anlagen eingesetzte Wasser unterliegt ähnlichen Vorgängen wie Warmwasser. Der Füllungszustand ist durch eine Druckmessung (Manometer) kontrollierbar und durch gelegentliche Nachfüllungen – meist aus dem Netz – in vorgegebenem Bereich zu halten.

Pfeiff

Heizwärmebedarf. Der nach der → Wärmeschutzverordnung berechnete jährliche H. Q_H ergibt sich aus dem Transmissions- (Q_T) und dem Lüftungswärmebedarf (Q_L), verringert um die solaren (Q_S) und internen → Wärmegewinne (Q_i) (Bild).

$$Q_H = 0{,}9 \cdot (Q_T + Q_L) - (Q_i + Q_S) \text{ in kWh/a.}$$

Der unter stationären Randbedingungen ermittelte Transmissions- und Lüftungswärmebedarf wird nur zu 90% bei der Ermittlung des H. Q_H berücksichtigt, um einerseits das instationäre Heizverhalten (Nachtabsenkung) und andererseits die unterschiedlichen Temperaturen innerhalb der Wohnung zu berücksichtigen (Wohnzimmer 20 °C, Schlafzimmer 16 °C, Diele 18 °C).

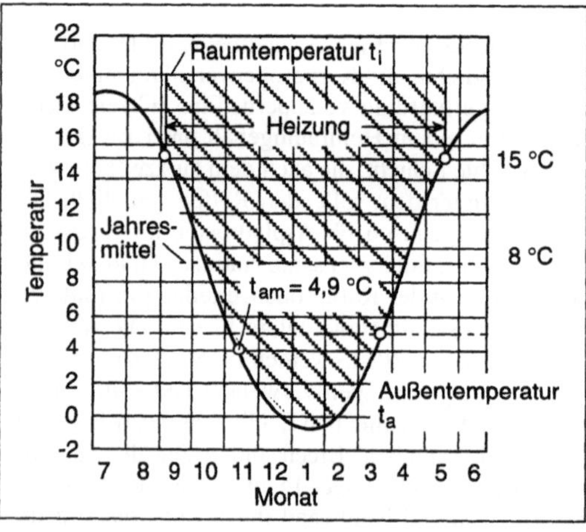

Heiztage: Ermittlung der H. für Berlin-Dahlem.

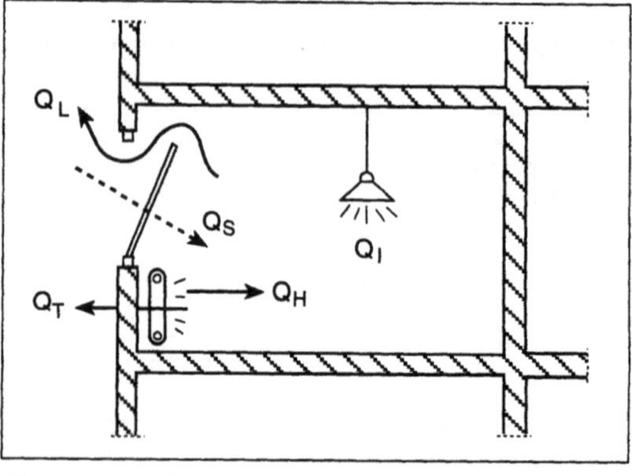

Heizwärmebedarf: Energiebilanz für einen Raum bzw. ein Gebäude.

Der Jahres-Transmissionswärmebedarf Q_T wird mit dem → Wärmedurchgangskoeffizienten und den Teilflächen der Gebäudehülle unter Zugrundelegung einer mittleren → Gradtagszahl berechnet. Bei dem Jahres-Lüftungswärmebedarf wird für Wohngebäude entsprechend der Wärmeschutzverordnung von einer → Luftwechselzahl $\beta = 0{,}8 \ h^{-1}$ ausgegangen. Bei Gebäuden mit mechanischer Lüftungsanlage mit oder ohne → Wärmerückgewinnung darf der Lüftungswärmebedarf entsprechend der Wärmeschutzverordnung abgemindert werden. Die jährlichen solaren Wärmegewinne werden unter Zugrundelegung des solaren Strahlungsangebotes in Abhängigkeit von der Orientierung der Fenster und dem → Gesamtenergiedurchlaßgrad sowie der Fläche der Fenster berechnet. Nach der Wärmeschutzverordnung können die solaren Wärmegewinne auch unter Berücksichtigung des äquivalenten Wärmedurchgangskoeffizienten der Fenster ermittelt werden. Die internen Wärmegewinne (z. B. durch Wärmegabe von Geräten, Personen und ähnlich) führen zu einer Reduzierung des Jahres-H.

Zur Beurteilung des errechneten Jahres-H. Q_H wird dieser entweder auf das beheizte Bauwerksvolumen V bezogen

$$Q_H' = \frac{Q_H}{V} \text{ in } kWh/(m^3 \cdot a)$$

oder auf den m^2 Gebäudenutzfläche A_N

$$Q_H'' = \frac{Q_H}{A_N} \text{ in } kWh/(m^2 \cdot a).$$

Der maximal zulässige bezogene Jahres-H. ist in der Wärmeschutzverordnung in Abhängigkeit vom Verhältnis A/V (A Fläche der Gebäudehüllfläche, V umbautes Gebäudevolumen) angegeben.

Cziesielski

Hertz-Pressung. Bei Lagern werden Lagerkräfte oft über runde Begrenzungsflächen übertragen, bei denen in der linienförmigen oder punktförmigen (Kugel) Kontaktfläche hohe Lagerpressungen σ auftreten, die nach der Formel von *Hertz* berechnet werden. Diese Formel lautet z. B. bei einer Übertragung der Lagerkraft über eine Rolle in ebene → Platten:

$$\sigma = 0{,}42 \sqrt{\frac{F \cdot E}{l \cdot r}},$$

wobei
F zu übertragende Kraft,
E → Elastizitätsmodul,
l Lagerlänge,
r Radius der Rolle. *Mehlhorn*

Hilfsbetrieb. Bei vielen Baumaßnahmen ist es außer der Bereitstellung der Hauptarbeitsgeräte notwendig, verschiedene H. zu unterhalten. Dazu gehören:
☐ → Wasserhaltung,
☐ → Drucklufthaltung,
☐ → Kältehaltung,
☐ → Belüftung,
☐ Entstaubung (→ Entstaubungsanlage).

Die sorgfältige Auswahl und Installation dieser H. ist für einen ordnungsgemäßen Bauablauf unerläßlich.

Kühn

Literatur: *Kühn, G.:* Die Bauausführung. In: Beton-Kalender 1986. Tl. II. Berlin 1986.

Hinterkipper. H. sind moderne Schwerlastkraftwagen (SKW), deren Spezialaufbau für den Bedarf im → Erdbau zugeschnitten ist. Sie werden je nach Größe als Zwei- oder Dreiachser gebaut. H. erreichen Muldeninhalte bis 140 m^3 bzw. 250 t Nutzlast bei 1 846 kW Motorleistung. Sie sind Großgeräte für schwerste Arbeiten und erlauben auch den Transport von grobstückigem Material. Die Mulde wird hydraulisch mit einem Kippwinkel zwischen 50 und 70° entleert. Sie ist zum Schutz des Führerhauses oft über dieses herübergezogen. Zweiachser, die billiger, wendiger und schneller sind, haben teilweise Knicklenkung und Allradantrieb. Dreiachser üben einen geringeren Bodendruck aus und verfügen über eine größere → Standsicherheit beim Rückwärtskippen an Böschungen. Sie haben oft einen Knickrahmen und meist 4-Rad- oder Allradantrieb. H. erreichen theoretische Maximalgeschwindigkeiten bis über 60 km/h. Diese können z.B. aus Fahrkraftdiagrammen in Abhängigkeit von der Zugkraft entnommen werden. *Kühn*

Hirnholz. Durch Schnitt senkrecht zur Längsachse (Hirnschnitt) sichtbar werdendes Holz. Es zeichnet sich durch kreisförmige → Rinde, Jahrringe und → Mark und radiale Markstrahlen ab. Punktförmig werden Harzkanäle sichtbar (→ Bast). *Dröge*

HOAI. Verordnung über die Honorare für Leistungen der Architekten und Ingenieure (HOAI). In der Honorarordnung (HO) sind die Honorare für Leistungen der Architekten (einschl. der Garten- und Landschaftsarchitekten) und der Ingenieure bei der Beratung des Auftraggebers, bei der Planung und Ausführung von Bauwerken und (technischen) Anlagen, bei der → Ausschreibung und → Vergabe von Bauleistungen sowie bei der Vorbereitung, Planung und Durchführung von städtebaulichen und verkehrstechnischen Maßnahmen geregelt. In der HO sind Mindest- und Höchstsätze festgesetzt. Dabei ist den berechtigten Interessen der Architekten und Ingenieure und der zur Zahlung Verpflichteten Rechnung getragen. Die Honorarsätze sind an der Art und dem Umfang der Aufgaben sowie an den Leistungen der Architekten und Ingenieure ausgerichtet. *Olshausen*

Literatur: *Locher/Koeble/Frick*: Kommentar zur HOAI mit Einführung in das Recht der Architekten und Ingenieure. Düsseldorf 1995. – *Hesse/Korbion/Mantscheff/Vygen*: Kommentar zur HOAI. 1991. München.

Hochbaustahlprüfung. An die im konstruktiven Ingenieurbau eingesetzten Baustähle werden oft hohe

Anforderungen hinsichtlich ihrer → Beanspruchung im Bauwerk gestellt. Einige wichtige sind zum Beispiel:
– hohe Streckgrenze, Festigkeit und Verformbarkeit,
– Beständigkeit gegen hohe Beanspruchungsgeschwindigkeiten, insbesondere auch bei Kerbeinwirkungen,
– ausreichende Eigenschaften bei tiefen Temperaturen,
– Unempfindlichkeit gegenüber → Korrosion,
– Schweißbarkeit usw.

Deshalb ist eine Überwachung der → Qualität dieser Stähle in der Fertigung und Abnahme unerläßlich. Die Prüfungen, die hierzu vorgenommen werden, umfassen fast alle Bereiche der Werkstoffprüfung.

☐ Chemische Zusammensetzung: Die Einhaltung der chemischen Zusammensetzung der Stähle wird anhand von Schmelzen- und Stückanalysen überprüft. Die Analysen können naß-chemisch durchgeführt werden. Aus Zeitgründen werden jedoch in der Regel spektrometrische Analyseverfahren oder die Röntgen-Fluoreszenz-Analyse angewandt.

☐ Mechanische Eigenschaften: Die wichtigste Prüfung ist hier der Zugversuch, da er für den Konstrukteur Werte für das Festigkeits- und Verformungsverhalten des Stahles liefert. Dieses Verhalten kann auch bei erhöhten bzw. erniedrigten Temperaturen untersucht werden. So ist zum Beispiel bei erhöhten Temperaturen die Durchführung von Warmzugversuchen üblich.

Viele Baukonstruktionen unterliegen wechselnden Belastungen. In diesem Fall muß der Stahl eine ausreichende Schwingfestigkeit aufweisen, welche im Dauerschwingversuch überprüft werden kann.

Oft ist es wichtig zu wissen, ob bei bestimmten Beanspruchungsverhältnissen zeitabhängige Veränderungen des Stahles auftreten. Dies kann in Dauerstandversuchen geprüft werden: In Kriechversuchen wird die Stahldehnung als Funktion der Zeit bei konstanter Spannung und Temperatur gemessen.

Zur Prüfung des Verhaltens bei schlagartiger Beanspruchung sind bei einigen Hochbaustählen Kerbschlagbiegeversuche vorgeschrieben. Diese Versuche werden insbesondere auch bei unterschiedlichen Prüftemperaturen an Normproben vorgenommen.

Häufig, z. B. zur raschen Überprüfung an Baustellen oder wenn die Stähle möglichst unbeschädigt bleiben sollen, genügt es, Härteprüfungen durchzuführen. Man unterscheidet dabei zwischen statischen Härteprüfverfahren (*Brinell-*, *Vickers-*, *Rockwell*härteprüfung) und dynamischen Härteprüfverfahren (Schlaghärteprüfung, Rücksprunghärteprüfung). Stähle unterliegen je nach Zusammensetzung und Anwendung Korrosionsangriffen, weshalb für bestimmte Anwendungsbereiche Korrosionsschutzmaßnahmen notwendig sind. Diese Prüfungen zum Korrosionsverhalten und der Korrosionsmaßnahmen sind in zahlreichen Normen, technischen Regeln und Richtlinien niedergelegt.

☐ Technologische Eigenschaften: Auch für Hochbaustähle genügt es in vielen Fällen, anwendungsbezogene, sogenannte gut/schlecht-Prüfungen durchzuführen.

So wird die Umformbarkeit von Stählen, die zum Warm- und Kaltumformen geeignet sind, im Faltversuch geprüft. Innerhalb von Prüfungen zum Nachweis der Schweißeignung von Stählen werden u. a. sogenannte Aufschweißbiegeversuche vorgenommen. Versuchsbedingungen, Versuchsdurchführung und die Beurteilung der erzielten Versuchsergebnisse sind hierbei in den einschlägigen Normen festgelegt.

Weiterhin gibt es eine Vielzahl von genormten Prüfungen zur Beurteilung der Verformungsfähigkeit der im Hochbau eingesetzten Stähle: Bei Drähten werden Hin- und Herbiegeversuche oder auch Verwindeversuche durchgeführt. Bleche, bei denen bestimmte Tiefzieheigenschaften nachgewiesen werden müssen, werden im Tiefungsversuch geprüft. → Niete, die bei Baukonstruktionen immer noch ein wichtiges Verbindungsmittel darstellen, werden im Kaltstauch- oder Warmstauchversuch geprüft. An → Rohren oder Rohrabschnitten nimmt man Aufweitversuche, Ringfaltversuche und Bördelversuche vor. Eine Möglichkeit, die Härtbarkeit von Stählen zu prüfen, ist die Untersuchung des Durchhärtevermögens im Stirnabschreckversuch nach *Jominy.*

☐ Prüfung von → Schweißverbindungen: Ein wichtiger Teil der H. ist die mechanische Prüfung von Schweißverbindungen. Geprüft werden hier schmelzgeschweißte Stumpfnähte, schmelzgeschweißte Kehlnähte und Punktschweißverbindungen. Nach festgelegten Normen werden in erster Linie Zugversuche, Faltversuche, Kerbschlagbiegeversuche, Kerbzug-, Rohr-Kerbzug- und Kerbfaltversuche sowie → Scherversuche durchgeführt. Aber auch andere, oben bereits genannte Prüfmethoden kommen bei der Prüfung von Schweißverbindungen zur Anwendung.

☐ Metallographische Untersuchungen: Oft kann auf das Verhalten von Stählen nur durch mikroskopische oder röntgenographische Untersuchungsmethoden geschlossen werden. Es können z. B. Untersuchungen zum Aufbau und zur Struktur des Werkstoffgefüges durchgeführt oder Oberflächenfehler mit diesen Methoden erkannt werden.

☐ Zerstörungsfreie Werkstoffprüfungen: Zerstörungsfreie Werkstoffprüfmethoden werden vor allem bei der Stahlherstellung und der Untersuchung von Schweißverbindungen angewandt. In der H. dienen sie vor allem zur Grobstrukturprüfung, d. h. zur Feststellung von makroskopischen Materialfehlern wie Risse, Poren, Lunker, Einschlüsse oder Bindefehlern.

Risse und Fehler, die dicht an der Stahloberfläche liegen, können mit magnetischen Rißprüfungsverfahren festgestellt werden.

Risse im Stahl, die an der Oberfläche enden, sind mit Hilfe von Penetrierflüssigkeiten zu erkennen.

Tiefer liegende Fehler können mit Röntgen- und Gammastrahlen oder durch Ultraschallprüfverfahren festgestellt werden.

Soweit möglich, ist die Probenentnahme bzw. Probenlage und der Probenumfang bei allen H. in den entsprechenden Normen geregelt und festgelegt.

Rehm/Beul

Literatur: Deutsches Institut für Normung e. V. (Hrsg.): Materialprüfnormen für metallische Werkstoffe 1. Berlin–Köln 1985. – Deutsches Institut für Normung e. V. (Hrsg.): Materialprüfnormen für metallische Werkstoffe 2. Berlin–Köln 1979. – DIN 17 100: Allgemeine Baustähle. – DIN 17 102: Schweißgeeignete Feinkornbaustähle, normalgeglüht. – DIN 17 200: Vergütungsstähle. – DIN 17 440: Nichtrostende Stähle. – Mitteilung aus dem Fachbeirat der Arbeitsgemeinschaft Korrosion e. V.: Übersicht der Normen, technische Regeln und Richtlinien auf dem Gebiet Korrosion, Korrosionsprüfung und Korrosionsschutz. Werkstoffe und Korrosion 35 (1984) S. 337–351. – *Wellinger, Gimmel, Uebing*: Werkstoffprüfung der Metalle, Stuttgart 1960.

Hochbehälter. Ein meist künstlich angelegter Wasserspeicher, der mit dem höchsten und niedrigsten Wasserspiegel so hoch über seinem Versorgungsgebiet liegt, daß dessen Trink- oder Betriebswasserversorgung sicher gewährleistet ist. Dies kann ein Erdbehälter (bei natürlicher Geländeerhebung) oder ein → Wasserturm sein. *Pfeiff*

Hochdruckinjektion. Mit diesem Verfahren (Abk.: HDI bzw. *Jet Grouting*) werden Bohrungen niedergebracht, durch die über einen horizontalen Schneidstrahl aus Hochdruckwasser oder Zementinjektion mit oder ohne Luftzusatz der anstehende Boden im Untergrund aufgeschnitten und ausgefräst wird. Der Düsendruck beträgt zwischen 100 und 400 bar. Der gelöste Boden wird gleichzeitig oder später mit Zementsuspension versetzt, so daß Säulen aus → Zementleim mit einem mehr oder weniger großen Bodenanteil entstehen. Damit können Erdsäulen mit bis zu 3 m Durchmesser und hoher Tragfähigkeit hergestellt werden, die vor allem zur Aufnahme von Gebäudelasten dienen. Neben der vertikalen Ausführung werden HDI-Säulen mehr und mehr auch horizontal für Gewölbeschirme im → Tunnelbau verwendet – gewissermaßen als Gegenstück zur (nassen) Vereisung. Der Bohrkopf, der auch die Druckdüsen für die Schneidstrahle enthält, trägt an der Spitze meist einen Rollenbohrkopf. Gerätebestandteile sind: Hochdruckpumpe, → Kompressor, Spülpumpe, → Silos für → Zement und → Bentonit, mobiles → Drehbohrgerät. *Kühn*

Hochdruckinjektionsverfahren (HDI-Verfahren). Es ist auch unter Firmenbezeichnungen, wie Soilcrete- oder Jet-Grouting-Verfahren, bekannt. Das Verfahren ist eine Weiterentwicklung des Injektionsverfahrens (→ Injektionstechnik) und wird zur Verbesserung des Untergrundes unter → Fundamenten oder zur → Abdichtung von z. B. Baugrubensohlen verwendet. Bei dem Verfahren teuft man zunächst in Spülhilfe ein Rohr mit etwa 12 cm Dmr. ab. Das Rohr hat am unteren Ende wenigstens zwei seitlich angeordnete Düsen. Nach Erreichen der Endteufe wird durch diese Düsen

Wasser mit 10–50 MPa Druck gepreßt und das Rohr mit langsamer Rotation gezogen. Dabei entsteht ein Zylinder, in dem der Boden durch die Wasserstrahlen ausgefräst ist. Der gelöste Boden wird dabei zum überwiegenden Teil entlang der Bohrlochwand nach oben gespült. Im gleichen oder in einem anschließenden Arbeitsgang verpreßt man nun Beton oder Zementsuspension; dabei gibt es eine homogene Vermischung mit dem restlichen, in Suspension befindlichen gelösten Boden. Die erreichbaren Druckfestigkeiten entsprechen denen von Beton. Die von der Bodenart und der Ziehgeschwindigkeit abhängigen Durchmesser betragen bis zu 3 m. Zahlreiche Varianten sind möglich. So ist das Auffräsen anstatt mit Wasser auch gleich mit Zementsuspension möglich. Der Suspensionsstrahl läßt sich auch durch Wasserstrahlen oder Druckluft lenken.

Meißner

Hochhaus. → Gebäude, deren oberste Decke mehr als 22 m über Geländeoberkante liegt, gelten nach den → Bauordnungen der deutschen Bundesländer als H. H. gab es bereits im Altertum (Rom: Fachwerkhäuser

Hochhaus 1: Monadnock-Building Chicago (1880).

Hochhaus 2: John-Hancock-Center Chicago (335 m). (Quelle: DYWIDAG).

Hochhaus 3: BMW-H. München. (Bauzustand). (Quelle: DYWIDAG).

bis 35 m Höhe). Der moderne Hochhausbau wurde jedoch erst durch die Entwicklung des → Stahlbaues, des Stahlbetonbaues, der elektrischen Aufzüge und der modernen Installationen ermöglicht. Allerdings entstanden bereits um 1880 in den USA Ziegelbauten mit bis zu 17 Geschossen (Bild 1). Die Raumknappheit und die steigenden Grundstückspreise sowie nicht zuletzt Prestigedenken führten etwa ab 1920 vor allem in den Großstädten der USA zu immer höheren H. Bei der Planung und beim Bau von H. sind außer den Problemen der Abtragung der vertikalen Eigen- und Verkehrslasten vor allen Dingen die Aufnahme der Horizontalkräfte infolge Wind und Erdbeben sowie der Horizontalkräfte infolge unvermeidlicher Lotabweichungen der vertikalen Tragglieder zu beachten. Neben den statischen Erfordernissen ist bei H. den besonderen Brand- und Katastrophenschutzvorschriften für H.

Rechnung zu tragen. Diese verschärften Vorschriften für Sicherheitstreppenhäuser, Rauchabzugssysteme usw. sollen sicherstellen, daß im Brand- oder Katastrophenfall aussichtsreiche Brandbekämpfungs- und Rettungsaktionen möglich sind.

Tragsysteme der H. sind die massive Bauweise, die Skelettbauweise und das Hängehochhaus. Bei der massiven Bauweise sind die Wände als tragende Bauteile sowohl für die vertikalen als auch für die horizontalen Kräfte in → Mauerwerk oder → Stahlbeton ausgeführt. Bei der Skelettbauweise trägt man die Vertikallasten durch ein System von Balken und Stützen ab. Für die Abtragung der Horizontallasten haben sich im Skelettbau verschiedene Systeme als sinnvoll erwiesen.

☐ Fachwerk. Ausbildung einiger Wände als → Fachwerkträger durch Einziehen von Diagonalen. Dieses System wird vorwiegend für reinen Stahlskelettbau verwendet (Bild 2).

☐ Rahmen. Durch die Ausbildung von biegesteifen Anschlüssen der Stützen und Balken in einigen Wänden (vorwiegend der Außenwände), werden Rahmentragwerke erzielt. Bei einigen der höchsten H., z. B. dem World-Trade-Center in New York (411 m) und dem Standard-Oil-Building Chicago (347 m) wurden die Rahmensysteme der Außenwände an den Ecken verbunden, und man erhält dadurch praktisch eine Röhre (Tube). Ein System aus Tubes, die in verschiedenen Höhen enden, bildet auch das Tragsystem des Sears-Towers in Chicago, erbaut 1975.

☐ Aussteifender Kern. Führt man die oft im Zentrum gelegenen Treppenhaus-, Aufzugsschacht- und Installationsschachtwände als relativ geschlossene Kästen in Stahl- bzw. Spannbeton aus, so bilden diese Kerne Kragträger für die Abtragung der Horizontalkräfte. Dieses System wurde z. B. bei den Marina-City-Buildings (179 m) und dem Lake-Point-Tower (197 m), beide in Chicago, angewendet. Bei diesen zu den höchsten Massivbauten zählenden H. führte man die Decken wegen der Gewichtsersparnis in Stahlleichtbeton aus. Die Skelettbauweise mit Aussteifungselementen bietet den Vorteil, daß die Stützen frei von Biegebeanspruchungen sind und deshalb relativ schlank und somit leicht gebaut werden können.

☐ Mischsysteme. In letzter Zeit wurden häufig Mischsysteme mit Rahmen in den Außenwänden und steifen Kernen ausgeführt, so z. B. das Shell-Oil-Building in Houston (Texas), ein 219 m hohes Massivhochhaus.

Beim Hängehochhaus werden nicht nur die Horizontallasten vom aussteifenden Kern übernommen, sondern alle Vertikallasten aus den Geschoßdecken über Zugstangen (Hänger) und ein massives Kopftragwerk in den Kern übertragen. Beim BMW-H. in München wird das Tragsystem des Hängehochhauses (Kern-Kopftragwerk-Hänger) im Bauzustand gut sichtbar (Bild 3). *Mehlhorn*

Literatur: *Hart, F., W. Henn* u. *H. Sontag:* Stahlbauatlas. München 1974. – *König:* Hochhäuser aus Stahlbeton. In: Betonkalender 1975. – *Rafeiner, F.:* Hochhäuser. Bd. 1–4. Wiesbaden 1976/79.

Hochhausrichtlinien. Als → Hochhäuser in brandschutztechnischer Hinsicht gelten nach → Bauordnung solche Bauwerke, bei denen der Fußboden eines Aufenthaltsraumes mehr als 22 m über der festgelegten Geländeoberfläche liegt. Der Grund hierfür ist der Umstand, daß die Leitern der Feuerwehren nur bis zu 22 m hoch reichen und so die Rettung von Menschen ermöglichen. Gebäude, die diese Höhe überschreiten, müssen im Hinblick auf den → Brandschutz besondere Anforderungen erfüllen. Es sind dies vor allem: Außenwandbekleidungen einschl. Dämmschichten, Unterkonstruktionen und Halterungen sind grundsätzlich aus Baustoffen der Klasse A auszuführen. Es sind mindestens zwei voneinander getrennte Treppenhäuser anzuordnen, die durch rauchdicht schließende Türen von den Fluren abzutrennen sind. Rettungswege sind besonders zu kennzeichnen, u. U. sind Feuerwehraufzüge,

Ersatzstromversorgungsanlagen, Lüftungsanlagen und Alarmeinrichtungen vorzusehen. Bei Außenwänden müssen zwischen den Geschossen Bauteile so angeordnet werden, daß der Überschlagsweg des Feuers mindestens 1,0 m beträgt. In besonderen Fällen kann eine Vergrößerung des Feuerüberschlagweges gefordert werden. Ebenso kann die Verwendung von gegen Feuer widerstandsfähigem Fensterglas gefordert werden. *Kordina*

Literatur: Landesbauordnungen; Hochhausrichtlinien.

Hochsicherheitsdeponie. Mit dem Begriff H. werden in der Regel Großbehälter bezeichnet (Behälterdeponie), bei denen die Abdichtungssysteme an der Basis, an der Oberfläche und an den Seiten kontrollierbar und reparierbar ausgeführt werden sollen. Da nach allgemeiner Auffassung und auch nach → TA Abfall und → TA Siedlungsabfall bei Planung, Bau und Betrieb von → Deponien das Multibarrierenkonzept zu beachten ist, reichen kontrollierbare Deponieabdichtungssysteme nicht aus, um unzureichende Abfalleigenschaften oder geologisch und hydrogeologisch ungeeignete Standorte zu kompensieren.

Die Konzeption für Hochsicherheitsbehälter sollte deshalb nur noch für Abfallager (Zwischenlager) verfolgt werden. Weil Abfallager nur für einen befristeten Zeitraum von einigen Jahrzehnten geplant werden müssen, kommen auch Standorte in Frage, die für Deponien hydrogeologisch und geologisch ungeeignet sind. An solchen Standorten und wegen der stark gewässergefährdenden Eigenschaften der gelagerten Abfälle sind kontrollierbare und reparierbare Dichtungssysteme sinnvoll und erforderlich. *Stief*

Hochstraße. Moderne Straßenzüge ohne → Brücken gibt es kaum. Dies kann so weit gehen, daß die Straße in eine Brückenstraße entartet, die dann H. genannt wird. Eine exakte Definition für H. bzw. eindeutige

Hochstraße: H. auf freier Strecke.

Abgrenzungen bezüglich kennzeichnender Merkmale zwischen Brücke und H. gibt es nicht. Im städtischen Bereich wird durch die H. meist die Anhebung eines Teils des Verkehrs in eine zweite Ebene erreicht, um durch die Kreuzungsfreiheit den Verkehr flüssiger zu gestalten. Auf freien Strecken baut man H. (Bild) vor allem deshalb, um verlorene Steigungen zu vermeiden. *Mehlhorn*

Hochtemperaturverhalten.

Beton. Das H. von Beton muß im wesentlichen nach folgenden drei Versuchsarten geprüft werden:

☐ Ermittlung der Spannungs-Dehnungs-Beziehung an Betonproben bei hohen, konstant gehaltenen Temperaturen; Erwärmungsphase mit und ohne Vorlast.

☐ Ermittlung der Zwängungskräfte in dehnungsbehinderten Betonproben unter Erwärmung.

☐ Ermittlung der Verformungen bei Erwärmung belasteter Betonproben unter jeweils konstanter Belastung.

Darüber hinaus wird das Festigkeits- und Verformungsverhalten von Beton unter zweiachsiger Beanspruchung studiert. Die Ermittlung der Verformungen hat für die Beschreibung des Brandverhaltens von → Bauteilen die größte Bedeutung, da hier unter einer praxisgerechten (konstanten) Belastung und einem vorgegebenen Temperaturanstieg Betonverformungen ermittelt werden. Dies bedeutet, daß anteilige Verformungen aus → Schwinden und → Kriechen bereits mit erfaßt werden.

Stahl. Während man früher die Festigkeit von Stählen unter Hochtemperatur in Warmzugversuchen bestimmte, werden heute Warmkriechversuche vorgezogen. Hierbei unterwirft man die Stahlprobe während der Aufheizzeit einer konstanten Spannung, so daß sich thermische → Dehnung und lastabhängige Kriechverformungen überlagern. Die Kriechverformungen gehen unmittelbar in Fließverformungen über, da unter den gleichmäßig ansteigenden Temperaturen die → Fließgrenze allmählich auf die Größe der Kriechspannung herabgesetzt wird. Dem Fließen folgt unmittelbar der Bruch. Als grobe Merkregel gilt, daß die Fließgrenze der Stähle bei etwa 500 °C auf die Hälfte ihres Wertes bei Normaltemperatur sinkt. Bei Sonderstählen, insbes. bei Spannstählen, kann dieser Festigkeitsabfall schon bei niedrigeren Temperaturen eintreten. Signifikante Unterschiede des H. von Baustählen gegenüber dem von Betonstählen sind nicht festzustellen.

Mauerwerk. Über das H. von Mauerwerk liegen bislang nur wenige Untersuchungen vor. In Abhängigkeit vom Baustoff der Steine, ihrer Formgebung (Lochungen) und der verwendeten Mörtelart ergaben sich erhebliche Unterschiede des Festigkeits- und Verformungsverhaltens unter Hochtemperatur. Eingehende Untersuchungen stehen z. Z. noch aus.

Holz. Der Baustoff Holz zeigt kein charakteristisches H. Das Verhalten von Holzbauteilen unter Brandangriff ist vielmehr dadurch gekennzeichnet, daß sich eine verkohlte Außenzone bildet, die gegenüber dem noch nicht verkohlten Kern eine zeitlich begrenzte Schutzwirkung ausübt. Die Festigkeits- und Verformungseigenschaften des → Kernholzes unterscheiden sich nicht signifikant von jenen eines nicht-brandbeanspruchten.

Kordina

Literatur: *Kordina* u. *Hahn*: Brandschutz im Mauerwerksbau. In: Mauerwerkskalender. Berlin 1987. – *Kordina* u. *Meyer-Ottens*: Beton-Brandschutz-Handbuch. Düsseldorf 1981. – *Kordina* u. *Meyer-Ottens*: Holz-Brandschutz-Handbuch. Berlin 1994.

Hochwasser. Vorübergehender Hochstand des Wasserspiegels eines Gewässers, bei Fließgewässern i. a. mit entsprechend großem → Abfluß; größere H. sind zumeist mit Überschwemmungen verbunden. Ursachen für H. sind Starkregen (→ Niederschlagsintensität) in kleinen, Dauerregen in großen → Einzugsgebieten, schnelle Schneeschmelze und gleichzeitiger Regen (Tauflut), Rückstau aus einem Hauptfluß u. a.; an Küsten und im Küstenhinterland Sturmfluten, Tsunamis (plötzliche Meereswellen nach Seebeben) sowie hohe Wasserstände im Meer verbunden mit höheren Abflüssen aus dem Binnenland.

Der vielfach verbreitete Eindruck, heute gäbe es mehr und es gäbe größere H., ist irrational und basiert auf vielen unzulässigen Vereinfachungen und Verallgemeinerungen. Insbesondere wird nicht unterschieden zwischen den von Menschen nicht beeinflußbaren exzessiven H. und den kleinen bis mittleren H. Beispiel: Die Wasserkraftwerke an der österreichischen Donau mit den Rückstaudeichen beschleunigen und erhöhen die Hochwasserspitzen flußabwärts. Dies stimmt für die vielen kleinen bis mittleren H., die zumeist nicht ausufern. Bei den besonders großen H., wenn auch die außerhalb der → Deiche liegenden Talflächen weiträumig überflutet sind, ist der Einfluß dieser Anlagen bedeutungslos. Analoges gilt für den Ausbau von Bächen und Flüssen. Ebenso wird die → Versiegelung von Siedlungsflächen usw. für manches Extremereignis in größeren Flußgebieten mit verantwortlich gemacht. Im Bereich von Siedlungsflächen (kleine Einzugsgebiete) spielt die Versiegelung eine Rolle; nicht aber für ein Flußgebiet wie das des Rheins bei Köln.

Es gibt keine Nachweise, daß sich Größe und Häufigkeit extremer H. in größeren Einzugsgebieten verändert haben. Auch die zu beobachtende Häufung im Verlauf weniger Jahre ist für solche Ereignisse normal. So sind auch bei Sturmfluten oder sog. Lawinenwintern oft aufeinanderfolgende Jahre mit besonders häufigen Extremereignissen keine Seltenheit.

Zweifellos enorm gestiegen sind die Hochwasserschäden. Dies hat aber andere Ursachen (Bauen in gefährdeten Tallagen, Intensivnutzung der Erdgeschoßräume u. a.). *Lecher*

Literatur: *Hoisl, R.* u. a. (Hrsg.): Hochwasser. Schwerpunktheft Z. f. Kulturtechnik und Landentwicklung (1996) Nr. 37.

Hochwasserhäufigkeit → Ereignis, hydrologisches, Wahrscheinlichkeit

Hochwasserrückhaltebecken. Künstlich geschaffene Speicherbecken mit dem Zweck, einen Teil des Hochwasserabflusses zurückzuhalten. Damit läßt sich die Abflußspitze in der unterhalb an das Becken anschließenden Gewässerstrecke vermindern. Notwendig wird der Bau eines Rückhaltebeckens bei erhöhten Anforderungen an den → Hochwasserschutz und/oder als Ausgleich für den Einfluß baulicher bzw. landesplanerischer Maßnahmen, durch die natürliche Retentionsräume verloren gehen oder die den Hochwasserabfluß vergrößern. Mit dem Bau von Rückhaltebecken kann häufig auf einen umfassenden Ausbau der Gewässerstrecke unterhalb des Beckens verzichtet werden, u. U. ist eine Kombination mit Ausbaumaßnahmen (→ Gewässerregelung) zweckmäßig. Man unterscheidet durchflossene und seitlich neben dem Gewässer angeordnete H., die über als → Streichwehre wirkende Überlaufschwellen, evtl. auch über ein Entlastungsgerinne gefüllt werden. Je nach Überflutungshäufigkeit und -dauer kann der Rückhalteraum ganz oder teilweise landwirtschaftlich genutzt werden. Rückhaltebecken mit Dauerstau bieten die Möglichkeit, den Verlust an natürlichen Wasser- und Feuchtflächen der vergangenen Jahrzehnte auszugleichen, indem sie als → Biotope (Lebensstätten für Pflanzen- und Tierarten) oder für Freizeit und Erholung, z. B. Badesee, nutzbar gemacht werden.

Das Abschlußbauwerk besteht bei H. fast ausschließlich aus einem Erddamm. Als Betriebsauslaß dient bei nichtsteuerbaren Rückhaltebecken ein im Abschlußdamm eingebauter Durchlaß (Drossel). Becken mit Dauerstau haben häufig mönchartige Auslaufbauwerke (Mönch). Bei steuerbaren Rückhaltebecken ist das Auslaßbauwerk mit einem Regelorgan ausgestattet. Solche steuerbaren Auslässe kommen für mittlere (rd. 75 000 – 750 000 m^3 Beckeninhalt) und große Rückhaltebecken in Betracht. Bei großen Becken werden sie auf der Basis von → Hochwasservorhersagen gesteuert. Die Hochwasserentlastung ist bei kombinierten Anlagen mit dem Auslaßbauwerk in einem Bauwerk zusammengefaßt. Kleine Becken haben eine Öffnung für den Grund- und Betriebsauslaß und eine feste Überfallkrone als Hochwasserentlastung. Bei mittleren und großen Becken sind auf der Wehrkrone i. a. bewegliche Verschlüsse (→ Wehr) aufgesetzt.

Lecher

Literatur: *Lange, G., u. K. Lecher* (Hrsg.): Gewässerregelung, Gewässerpflege. 3. Aufl. Hamburg, Berlin 1993.

Hochwasserschutz. Maßnahmen, um die Gefahr von Hochwasserschäden zu verhindern oder zu reduzieren, die durch Überflutung, → Erosion (→ Erosionsschutz), Vermurung (→ Wildbachverbauung) und dgl. an Siedlungen und Industrieanlagen, Verkehrslinien, landwirtschaftlichen Nutzflächen usw. verursacht werden. Zu den indirekten Maßnahmen gehören:

□ die Verbesserung der Fähigkeit einzelner Gebäude oder anderer Einrichtungen, zerstörenden Einflüssen des Hochwassers zu widerstehen,

□ Nutzungsänderungen bzw. -einschränkungen hochwassergefährdeter Flächen, z. B. Ausweisung von Überschwemmungsgrenzen und Ausarbeitung von → Gefahrenzonenplänen,

□ Information der Bevölkerung, z. B. Hochwasserwarndienst, aber auch Empfehlungen, tiefliegende Räume nicht für Wohnzwecke zu nutzen, sowie

□ Aufbau eines Versicherungsprogramms für Hochwasserschäden.

Direkte Maßnahmen sind:

□ → Gewässerregelung (Vergrößerung des Gerinnequerschnitts) einschl. Vorlandmodellierung (Abgrabungen, Anlage von Flutmulden), Bau von → Deichen und Speichern (→ Hochwasserrückhaltebecken),

□ Wildbachverbauung und

□ Küstenschutzarbeiten.

Lecher

Hochwassersperrtor. Das H. an der Mündung eines → Hafens oder Kanals in einen Fluß sichert den zulässigen Wasserstand auch bei → Hochwasser im Fluß. H. werden in Form von Schiebe- oder Klapptoren oder zweiteilig in Form von Doppelhakenschützen eingesetzt. Die größte hydrodynamische Belastung tritt ein, wenn bei Dammbruch im → Schiffahrtskanal bereits ein größerer Durchfluß im Torquerschnitt entstanden ist. Bei sehr langen Kanalhaltungen werden Sicherheitstore angeordnet, wenn die Zeit zum Schließen des Tores erheblich kürzer ist als der Zeitraum bis zum Auslaufen der Haltung. Dafür hält man Hubtore in einem Gehäuse oberhalb der freien Durchfahrtshöhe bereit.

Muth

Hochwasservorhersage. Verfahren zur kurzfristigen Vorhersage von Wasserständen und/oder → Abflüssen von Hochwasserereignissen. Ein guter Hochwasserwarndienst, der entsprechende Vorhersagen voraussetzt, ermöglicht rechtzeitige Evakuierung der von Überflutungen betroffenen Gebiete und den Schutz gefährdeter Deichstrecken. Damit können Gefahren gemindert und Schäden reduziert werden. Die einfachste H. beruht auf Pegelbezugslinien, einer graphischen Beziehung zwischen Wasserständen aufeinander folgender Pegel. Seit etwa 25 Jahren werden zunehmend mathematische Modelle eingesetzt, z. B. N-A-Modelle (→ Niederschlag-Abfluß-Beziehung), Verfahren des → Hochwasserwellenablaufes. Weitere Verbesserungen ließen sich durch Einbeziehen der Niederschlagsvorhersage, zuletzt unter Einsatz des → Wetterradars, erzielen.

Lecher

Hochwasserwellenablauf. Verformung und zeitliche Verschiebung von Hochwasserwellen längs einer bestimmten Fließstrecke. Die als Flood-Routing-Ver-

fahren bezeichneten Methoden der Ingenieurhydrologie (→ Hydrologie) werden eingesetzt:
– für die → Hochwasservorhersage mit dem Ziel, einen wirksamen Hochwasserwarndienst und eine effiziente Steuerung von → Hochwasserrückhaltebecken und -speichern zu ermöglichen,
– für das Abschätzen künftiger Entwicklung von Hochwasserverläufen nach Gewässerausbauten sowie
– innerhalb komplexer → Flußgebietsmodelle zur Beschreibung des Abflußverlaufes zwischen zwei interessierenden Punkten eines Flusses.

Die hydraulischen Verfahren beruhen auf der Integration der *Saint-Venant*-Gleichungen von der Erhaltung der Masse (Kontinuitätsgleichung) und der Energie (Energiegleichung). Änderungen der Gerinnegeometrie (Einbauten, Gewässerausbau) können bei diesen Verfahren rechnerisch erfaßt werden. Die hydrologischen Verfahren gehen nur von der Kontinuitätsgleichung aus. Die bei den hydraulischen Verfahren benutzte Energiebilanz wird hier durch Parameter ersetzt, die das Retentionsverhalten der betrachteten Gerinnestrecke in Abhängigkeit vom Durchfluß charakterisieren. Sie müssen nach Änderungen der Gewässergeometrie neu geeicht werden.　　　　*Lecher*

Höchstdruckspritzen → Applikationstechnik

Höhenmessung, trigonometrische. Die t. H. steht bei der Bestimmung von Höhenunterschieden in Konkurrenz zum geometrischen → Nivellement. Sie ist im Nahbereich bei Punktabständen bis ca. 200 m nur wenig ungenauer als das Nivellement, dafür aber wesentlich flexibler. Bei größeren Punktabständen nimmt die Genauigkeit deutlich ab, während jedoch der Vorteil der Flexibilität erhalten bleibt.

Der Grundgedanke der t. H. folgt aus der Abbildung. Gegeben ist ein Punkt P_A mit seiner orthometrischen Höhe H_A über dem → Geoid (→ Höhensystem). Gemessen ist der Zenitwinkel z, gesucht ist die Höhe H_B des Punktes P_B. Bei der Lösung dieser Aufgabe ist zu bedenken, daß sowohl das Geoid als auch der Zielstrahl gekrümmt sind. Es ergibt sich die nachstehende allgemeine Formel

$$H_B = H_A + D \cos z + (1-k)\frac{D^2}{z\,R} + i - t.$$

Darin ist der Refraktionskoeffizient k das Verhältnis zwischen dem Radius R der Bezugsfläche (Geoid) und dem Radius ρ des Zielstrahls; die Bedeutung der anderen Größen ist der Abbildung zu entnehmen. Der Zielstrahlradius ρ und damit auch der Refraktionskoeffizient k hängen stark von den Witterungsverhältnissen und der Topographie ab und sind daher recht unsicher. Entsprechend unsicher werden die berechneten Höhenunterschiede; diese Unsicherheit wächst mit dem Quadrat der Distanz D. Deshalb beschränkt man sich auch bei geringeren Genauigkeitsansprüchen gewöhnlich auf Distanzen D<5 km. Im Nahbereich (D<200 m) hingegen spielt der Refraktionseinfluß eine untergeordnete Rolle und kann meist vernachlässigt werden. Man rechnet dann nach der vereinfachten Formel

$$H_B = H_A + D \cos z.$$

Pelzer

Höhensystem. Unter einer Höhe versteht man den vertikalen Abstand eines Punktes von einer (gekrümmten) Bezugsfläche. Die Bezugsfläche kann geometrisch als → Referenzellipsoid oder physikalisch als Niveaufläche, speziell als → Geoid definiert sein. Dementsprechend unterscheidet man ellipsoidische und orthometrische Höhen (→ Geoidbestimmung).

Die Definition der orthometrischen Höhe (Bild) geht aus vom Schwerepotential der Erde. Das Potential ist die erforderliche Arbeit, um einen Massepunkt aus dem Schwerefeld der Erde zu entfernen; diese Arbeit ist vom Weg unabhängig. Punkte gleichen Potentials bilden eine Niveaufläche. Eine spezielle Niveaufläche ist das Geoid als ruhend gedachte Meeresoberfläche, die man sich unter den Kontinenten verlängert denkt. Auch jeder andere ruhende Wasserspiegel ist Teil einer zugeordneten Niveaufläche.

Die Potentialdifferenz zwischen einem Punkt P_0 auf dem Geoid und einem beliebigen Punkt P läßt sich damit gedanklich auf zweierlei Weise ermitteln. Man könnte einerseits an der Erdoberfläche jeweils kleine Höhenunterschiede dh und die Oberflächenschwere g messen. Dann ergibt sich nach dem Prinzip „Arbeit

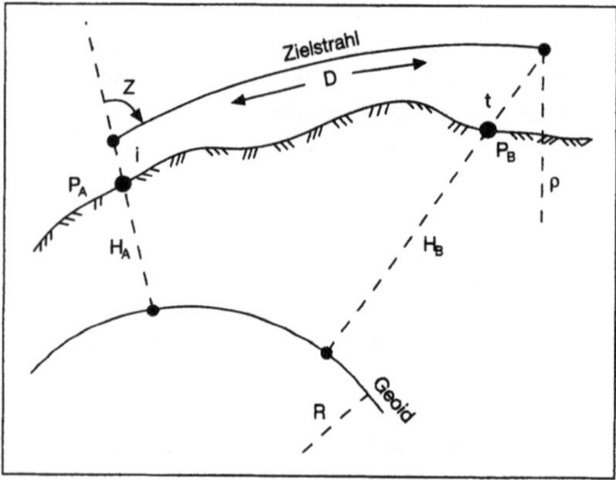

Höhenmessung, trigonometrische: Prinzipskizze.

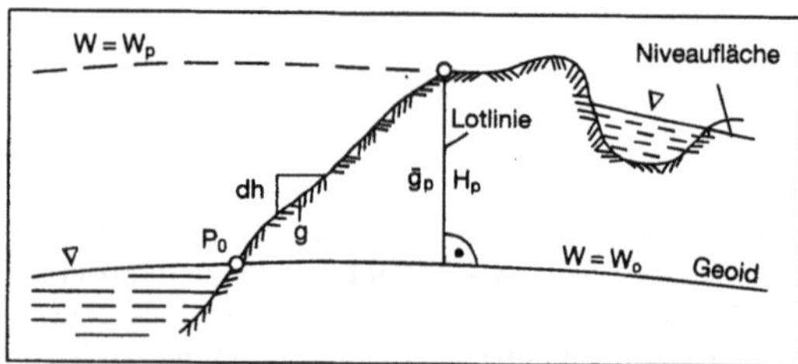

Höhensystem: Orthometrische Höhe eines Punktes.

gleich Kraft mal Weg" in der Summe

$$W_P - W_0 = - \int_{P_0}^{P} g\, dh,$$

wobei sich das negative Vorzeichen daraus ergibt, daß der Schwerevektor nach unten gerichtet und damit der Höhendefinition entgegengesetzt ist. Andererseits wäre es aber auch möglich, sich vom Punkt P_0 aus zunächst auf dem Geoid bis zum Fußpunkt der Lotlinie durch P zu begeben und dann dieser Lotlinie zu folgen. Man erhält dabei die Beziehung

$$W_P - W_0 = - \bar{g}_P\, H_P,$$

mit $\bar{g}_P$ als mittlerem Schwerewert längs der Lotlinie. Durch Gleichsetzen der vorstehenden Beziehungen erhält man die Bestimmungsgleichung für orthometrische Höhen

$$H_P = \frac{1}{\bar{g}_P} \int_{P_0}^{P} g\, dh,$$

man spricht häufig auch von Meereshöhen.

Die meßtechnische Realisierung dieser Gleichung stößt allerdings auf folgende Schwierigkeiten:
– Die Messung der Oberflächenschwere g war bis in die ersten Jahrzehnte des 20. Jahrhunderts hinein höchst aufwendig, so daß man bei der Einrichtung von historischen, aber heute noch verwendeten H. häufig auf Werte aus Schweremodellen für eine regularisierte Erde zurückgegriffen hat.
– Die mittlere Schwere $\bar{g}_P$ längs der Lotlinie ist nicht direkt meßbar und von der hypothetischen Dichteverteilung der Gesteine im Untergrund abhängig; auch hier bieten sich z. B. Modellwerte an.
– Das Bezugsniveau eines Punktes P_0 auf dem Geoid ist schwer zu bestimmen. Es liegt nahe, das langjährige Mittelwasser eines Küstenpegels als Bezugsniveau zu wählen. So gab es allein für die preußischen Gebiete im 19. Jahrhundert mindestens drei solcher Pegel: Pegel zu Neufahrwasser (Danzig), Flutmesser in Hamburg, Amsterdamer Pegel. Die lokalen Besonderheiten einer Pegelstation (bevorzugte Windrichtung, Temperatur und Salzgehalt des Wassers) können jedoch dazu führen, daß auch das langjährige Mittelwasser eines Pegels nicht mit dem Geoid identisch ist.

Z. B. bezieht sich das H. der Bundesrepublik Deutschland auf Normal-Null (NN). Von der Grundidee her ist dies eine Niveaufläche durch den Nullpunkt des Amsterdamer Pegels, dessen Höhe im Jahre 1879 auf die Berliner Sternwarte übertragen wurde. Daran anschließend wurden in der Folgezeit Tausende von Höhenfestpunkten bestimmt. Trägt man deren Höhen nach unten ab, so erhält man Stützwerte für eine NN-Fläche, die wegen der Meßunsicherheit im strengen Sinne keine Niveaufläche ist und auch kaum mit dem Geoid zusammenfällt. Im Bereich der praktischen Anwendungen sind diese Abweichungen ohne Bedeutung.

Pelzer

Höhere Gewalt. Unter dem Begriff h. G. versteht die Rechtsprechung ein von außen auf den Betrieb einwirkendes Ereignis, das unvorhersehbar ist, selbst bei Anwendung äußerster Sorgfalt ohne Gefährdung des wirtschaftlichen Erfolgs des Unternehmers nicht abgewendet werden kann und auch nicht wegen seiner Häufigkeit vom Betriebsunternehmer in Kauf zu nehmen ist. Dazu zählen vor allem Naturereignisse wie Erdbeben, Blitzschlag, Überschwemmungen, Orkane; ferner aber auch andere unvorhergesehene und objektiv unvorhersehbare Handlungen dritter Personen, die auf den Bauablauf einwirken, z. B. Brandstiftungen, mutwillige Sachbeschädigungen, Explosionen, soweit nach aller Erfahrung damit nicht im Rahmen einer gewissen Häufigkeit zu rechnen ist. Dabei ist entweder auf die Erfahrung in der weiteren Umgebung des Bauberreichs oder – bei Bauten besonderer Art – auf die Erfahrungen abzustellen, die gerade bei diesen Bauten (z. B. Beschädigung von militärischen Bauten durch Sabotageakte) gemacht worden sind. Geringstes eigenes Verschulden des Auftragnehmers schließt die Annahme von h. G. aus. *Korbion/Hochstein*

Literatur: *Korbion/Hochstein*: VOB-Vertrag. 6. Aufl. 1994. Düsseldorf.

Hohlplatte. Zur Industrialisierung des Bauens im → Betonbau leistet die Vorfertigung der Betonbauteile einen wichtigen Beitrag. Industriehallen im Betonbau werden bereits heute weitestgehend aus Fertigteilen hergestellt. Im Geschoßbau werden vor allem die Geschoß- und Dachdecken unter teilweiser Verwendung oder ganz aus Fertigteilen ausgeführt.

Die Spannbeton-H. ist dazu ein typisches Konstruktionselement. Der Begriff „H." bedeutet, daß die → Platte nicht massiv ist, sondern im Inneren Hohlräume aufweist. Im Bild ist ein typischer Querschnitt einer Spannbeton-H. dargestellt. Die durchgehenden Hohlräume ermöglichen niedrigere Eigenlasten und gewährleisten eine für die → Tragfähigkeit optimale Querschnittsform. Die Zug- und Druckzone werden optimal ausgenutzt, die Stege sind nur so breit, daß das Zusammenwirken der Zug- und Druckzone durch die Aufnahme der Schubkräfte gewährleistet ist. Die Spannbeton-H. wird durch Spannstähle im Spannbett vorgespannt. Ansonsten enthält die Spannbeton-H. in der Regel keine weitere → Bewehrung. Das bedeutet, daß die auftretenden Zugspannungen aus äußerer Belastung und aus der Einleitung der Vorspannkräfte durch die Zugfestigkeit des Betons aufgenommen werden müssen.

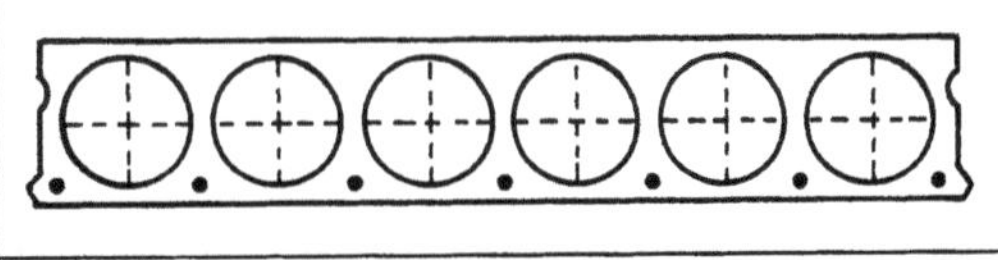

Hohlplatte: Typischer Querschnitt einer Spannbeton-H.

Durch die Verzahnung benachbarter Platten an den Längsfugen und Ortbetonverguß der → Fugen ist auch eine Querverteilung von Einzel- und Linienlasten gewährleistet. Dies setzt aber voraus, daß auch an den Auflagern quer zur Spannrichtung der Platten Bewehrung (z. B. → Ringanker) angeordnet wird, die eine ausreichende Dehnsteifigkeit besitzt.

Die aus H. hergestellten Decken können bei geeigneter Bewehrung (Bewehrung der Plattenfugen, Ringanker) auch als Deckenscheiben zur Verteilung der Horizontallasten zu den aussteifenden Bauteilen herangezogen werden. *Mehlhorn*

Hohlraumanteil. Wenn ein gegebenes Volumen V_0 eines porösen Mediums einen Volumenanteil V_s feste Substanz und einen Volumenanteil V_h Hohlräume enthält, so ist der H. (Porosität) als $n = V_h/V_0$ definiert. Daneben wird die Porenzahl e verwendet. Sie ist durch $e = V_h/V_s$ definiert und mit dem H. n durch $e = n/(1-n)$ verknüpft. Der Teil des H., der für die Grundwasserbewegung nach Abzug des Volumens n_g an → Adsorptionswasser und → Kapillarwasser verbleibt, wird als effektiver, nutzbarer oder durchflußwirksamer H. n_e bezeichnet. Er beträgt $n_e = n - n_g$. Von diesem unterscheidet man den speichernutzbaren H. n_{sp}, bei dem nur die bei Höhenänderungen der Grundwasserfläche entleerbaren oder auffüllbaren Hohlräume berücksichtigt sind. Porosität, nutzbare Porosität und → Durchlässigkeit hängen von Korngröße, -sortierung und -form, Porengrößenverteilung, Packungsdichte und etwaiger Verkittung ab. Die Korngröße bestimmt die relative Wichtigkeit der Oberflächenkräfte bei der Zurückhaltung (Retention) von Wasser in den Poren (Bild). Ferner beeinflußt sie die Porendurchmesser und damit die Durchlässigkeit und die nutzbare Porosität (Tabelle).

Die speicherwirksamen H. n_{sp} werden für Sand mit 22–25%, für Feinsand mit 19 bis 22%, für lehmigen Sand mit 17–19%, für Lehm mit 15–17%, für tonigen Sand mit 13–15% und für Ton mit < 13% angegeben. Die → Sortierung bestimmt das Ausmaß, zu dem kleinere Körner den Hohlraum zwischen größeren Körnern besetzen. Schlecht sortierte Sedimente weisen niedrigere Porositäten und nutzbare Porositäten als gut sortierte auf. Je näher der → Ungleichförmigkeitsgrad bei 1,0 liegt, desto größer ist die Porosität.

Der H. von Festgesteinskomplexen setzt sich aus der Porosität des Gesteins n_p und dem Kluftvolumen n_k (dem Quotienten aus Kluftraum V_k und Gesamtvolumen V_0) der → Trennfugen, z. B. Klüfte, Schicht-, Schieferungs- und Abkühlungsfugen und Lösungshohlräume, zusammen. Die Porosität ist außer in manchen Sedimentgesteinen und blasenreichen → Vulkaniten und Tuffen bei den meisten → Festgesteinen gegenüber dem Kluftvolumen zu vernachlässigen. Das an den Kluftwänden gebundene Adsorptionswasser, dessen maximale Schichtdicke rd. 20–40 nm beträgt, erfordert für eine hydraulisch wirksame Trennfuge eine Mindestklaffweite von mehr als 80 nm. Feinere Haarrisse lassen kein Wasser durch. Dem-

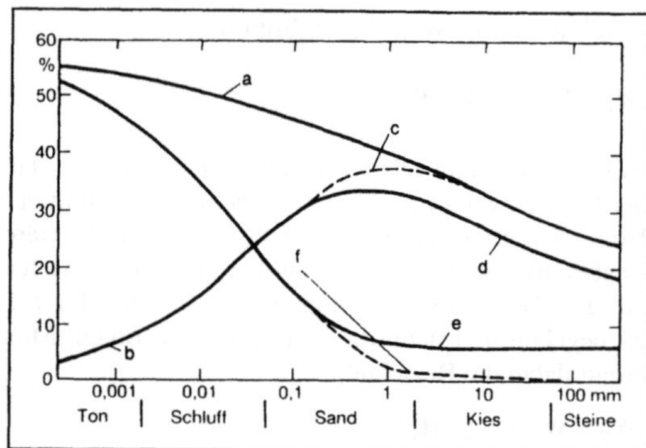

Hohlraumanteil: Beziehungen zwischen Gesamtporenraum, Nutzporenraum- und Adsorptionswasserraum in Abhängigkeit von der Korngröße klastischer Sedimente. (Langguth/Voigt 1980)

a Porosität, b nutzbare Porosität, c gut sortierte Grundwasserleiter, d gut sortierte Grundwasserleiter (Mittel), e spezifische Retention (Mittel)

Hohlraumanteil. Tabelle: Nutzbare Porosität von Lockergesteinen.

Ton	< 5 %
Feinsand	10–20 %
Mittelsand	12–25 %
Grobsand	15–30 %
kiesiger Sand	16–28 %
Feinkies	15–25 %
Mittelkies	14–24 %

entsprechend ist ein nutzbares Kluftvolumen analog zur nutzbaren Porosität zu definieren. Die räumliche Erstreckung und die Klaffweite der Klüfte ist je nach dem Grad der tektonischen Beanspruchung sehr unterschiedlich. Klüfte erstrecken sich über einige Zentimeter bis mehrere Meter. Die Klaffweiten betragen Bruchteile von Millimetern bis Zentimetern, selten bis 50 cm und mehr. Der nutzbare H. von Festgesteinen kann durch Messen von Klaffweiten und Kluftabständen in Stollen, Steinbrüchen und anderen Aufschlüssen und Berechnen der mittleren Kluftvolumina, aus Pumpversuchen und Markierungsversuchen bestimmt werden. *Mattheß*

Literatur: DIN 4049-3: Hydrologie. Begriffe zur quantitativen Hydrologie. Ausg. 1994. – *Langguth, H. R.*, u. *R. Voigt*: Hydrogeologische Methoden. Berlin 1980. – *Mattheß, G.*, u. *K. Ubell*: Allgemeine Hydrogeologie – Grundwasserhaushalt. Berlin, Stuttgart 1983.

Holz. Das H. ist ein Baustoff, zu dessen Bearbeitung und Weiterverarbeitung nur wenig Energie benötigt wird. H., das nicht als Massivholz verwendet werden kann, und Abfälle aus der Holzverarbeitung können zur Herstellung von Holzwerkstoffen oder Papier verwertet werden. Genutztes und nicht mehr verwertbares

H. läßt sich im Gegensatz zu anderen Baustoffen leicht beseitigen: Es kann verbrannt werden und trägt dann zur Energiegewinnung bei.

Fast 100 Jahre sind nötig, um aus einem Baumstamm → Bauholz gewinnen zu können. Diese begrenzte natürliche Produktion zwingt dazu, den Baustoff H. sinnvoll zu verwenden. Das natürliche Wachstum und die Einflüsse auf dieses Wachstum ergeben aber Fehler, die die Eigenschaften verschlechtern, die Streuung dieser Eigenschaften vergrößern und die Übertragung von Prüfergebnissen von kleinen Proben auf Bauteile erschweren. Die Einführung neuerer Verbindungstechniken, vor allem die Entwicklung der Leimbauweise aus Brettschichtholz mit hochfesten wasserbeständigen Kunstharzleimen, hat zusammen mit der Entwicklung des chemischen Holzschutzes zu einer ständigen Zunahme des Ingenieurholzbaues bei Industriehallen, Sporthallen, Versammlungsstätten und Brücken geführt. Nicht selten errichtete man Bauten mit → Spannweiten über 100 m. Mit einer Vergrößerung des Holzanteils im Hochbau und Ingenieurbau ist zu rechnen, wenn auf Grund weiterer Forschungsergebnisse bei normgerechter Holzauswahl die Sicherheitsbeiwerte reduziert werden können.

Bauholz wird fast ausschließlich aus dem Stamm des Baumes gewonnen, der die Aufgabe hat, die Krone des Baumes zu tragen, den Saft mit den Nährstoffen von den Wurzeln bis zu den Ästen zu transportieren und die Nährstoffe zu Trockenzeiten zu speichern. Biologisch gesehen ist H. ein durch die Tätigkeit des → Kambiums bei bestimmten Pflanzen nach innen erzeugtes sekundäres Dauergewebe. Im makroskopischen Sinne ist dies die aus verschiedenartigen Zellen zusammengesetzte Gewebemasse unter der → Rinde von Bäumen und Sträuchern, die Markröhre (→ Mark) ausgenommen, im mikroskopischen Sinne die verholzte Zellwand. Chemisch besteht das trockene H. fast ausschließlich aus Kohlenstoff (massebezogen rd. 50%), Sauerstoff (rd. 45%) und Wasserstoff (rd. 5%). Während sich diese Anteile bei den einzelnen Holzarten nur wenig unterscheiden, schwankt der Anteil der chemischen Verbindungen Zellulose, Hemizellulose und Lignin je nach Holzart, Standort und Lage der untersuchten Stelle im Stamm beträchtlich. Sie bestimmen die Holzeigenschaften und damit die Verwendung der Hölzer stark mit und sind in den meisten verwendeten Bauhölzern in folgenden Mengen enthalten:
- Zellulose 30–50%,
- Hemizellulose 20–40%,
- Lignin Nadelhölzer 26–31%,
- Lignin Laubhölzer 20–25%;
Die Prozentangaben beziehen sich auf die Masse. Daneben enthält H. Harze, Fette, Eiweiß, Gerb- und Farbstoffe mit einem Anteil von etwa 2–7%. Diese als Stoffwechselprodukte vorkommenden Nebenstoffe können nach Art und Menge durch chemische, physikalische und technische Wirkung Eigenschaften, wie Verkernung, Imprägnierbarkeit, Dichte, Festigkeit und → Dauerhaftigkeit, und damit die Verwendbarkeit des H. beeinflussen. Zellulosefasern, Hemizellulose und Lignin bilden zusammen lange Mikrofibrillen von etwa 10–20 nm Dmr., aus denen in mehreren Schichten die Zellwände entstehen. Die Mikrofibrillen bestehen wiederum aus submikroskopischen, stäbchenförmigen kristallinen Bündeln von Zellulosemolekülen von etwa 3–4 nm Dmr., den Protofibrillen oder Mizellen. Zwischen diesen befinden sich feinste Spalten, in die Wassermoleküle eindringen können. Die Zellwände sind dadurch quellfähig, aber unlöslich. In diesem Zellgewebe übernehmen verschiedene Zelltypen die Aufgaben des Stammes: Die Gefäße, Poren oder Tracheiden, die der Saftleitung und Speicherung dienen, die Hartfasern, auf denen die Festigkeit beruht, die Tracheiden, die beim Nadelholz beide Aufgaben übernehmen, und die in Querrichtung verlaufenden Markstrahlenzellen, die das Kambium versorgen und Nährstoffe speichern.

Der Baum wächst in den gemäßigten Zonen entsprechend den Jahreszeiten unregelmäßig; dabei besteht durch die Tätigkeit des Kambiums im Frühjahr der neue Holzmantel aus weiten und dünnwandigen Zellen. Durch das Nachlassen der Kambiumtätigkeit werden im Herbst kleinere und dickwandigere Zellen und damit die Jahresringe gebildet, die somit aus dem helleren und weicheren Frühholz und dem dunkleren und härteren → Spätholz bestehen. Durch die Unterbrechung des Wachstums im Winter und den dadurch bedingten schroffen Übergang vom Spätholz zum Frühholz zeichnen sich die Jahresringe deutlich ab, während sich der Übergang vom Frühholz zum Spätholz allmählich vollzieht. Die Jahresringe erlauben es, das Alter am Querschnitt am Fuß der Bäume abzulesen. Bei den am meisten verwendeten Bauhölzern liegt die Jahresringbreite zwischen 1 und 4 mm. Bei extrem schnell wachsenden Hölzern in tropischen Gebieten kann sie bis zu 20 mm und mehr betragen. Rohdichte und Festigkeit sind um so größer, je engringiger das H. und je größer der Spätholzanteil je Jahresring, bezogen auf den Querschnitt des Holzbauteils, ist. Die Ausbildung der Jahresringe ist allerdings stark umweltabhängig, so daß z. B. Trockenperioden und sonstige Witterungseinflüsse deutlich erkennbar sind. Bei extremen Witterungsbedingungen ist sogar mehr als ein Ring je Jahr möglich, während sich bei ständigem Wachstum in heißen Zonen überhaupt keine ausgeprägten Jahresringe ausbilden.

Das Gefüge mit vorwiegend in Längsrichtung verlaufenden Bündeln von Röhren, die in Querrichtung leicht zusammendrückbar sind, bei Druck in Längsrichtung leicht ausknicken, in dieser Richtung aber eine hervorragende Zugfestigkeit haben, bedingt das stark anisotrope Verhalten des H. Die unterschiedlichen Eigenschaften verschiedener Hölzer ergeben sich vorwiegend aus der Art der Zellen, deren Anteil, Durchmesser bzw. Querschnitt und Wanddicke. Aber nicht nur die Eigenschaften sind durch die Anisotropie je nach Beanspruchungsrichtung verschieden. Auch die

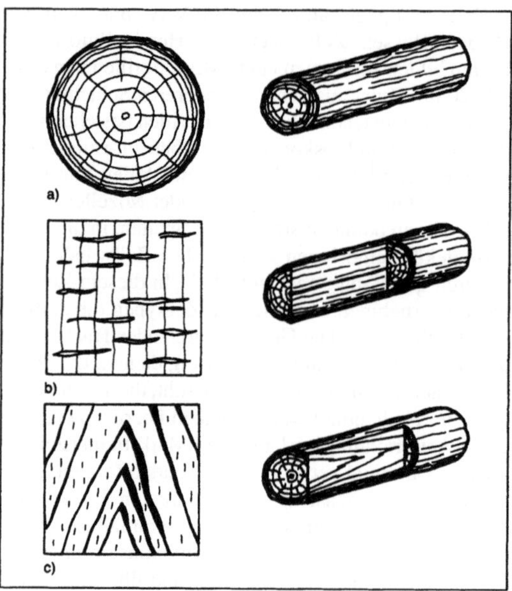

Holz 1: Schnitte bei Nutzholz. (Grosser 1977)

a) Querschnitt
b) Radialschnitt
c) Tangentialschnitt.

äußeren Erscheinungsmerkmale sind je nach Schnittrichtung andersartig. Man unterscheidet folgende Schnittrichtungen (Bild 1):
– Querschnitt oder Hirnschnitt,
– → Radialschnitt oder Spiegelschnitt,
– → Tangentialschnitt oder Fladerschnitt.

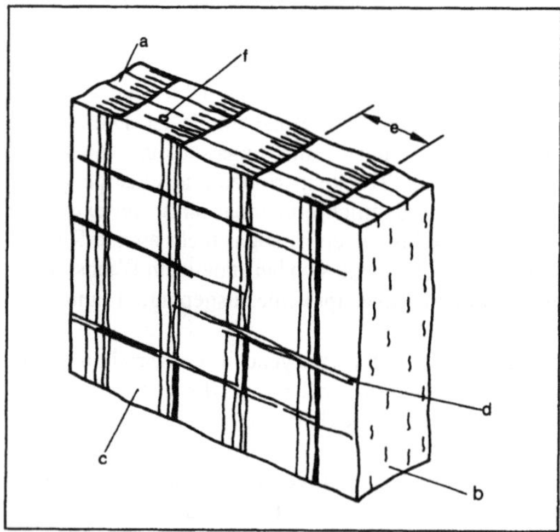

Holz 2: Aufbau von Nadelholz. (Lignum 1976)

a Querschnittfläche, b tangentiale Schnittfläche, c radiale Schnittfläche, d Markstrahl, e Jahrring, f Harzgang (fehlt bei einzelnen Nadelhölzern)

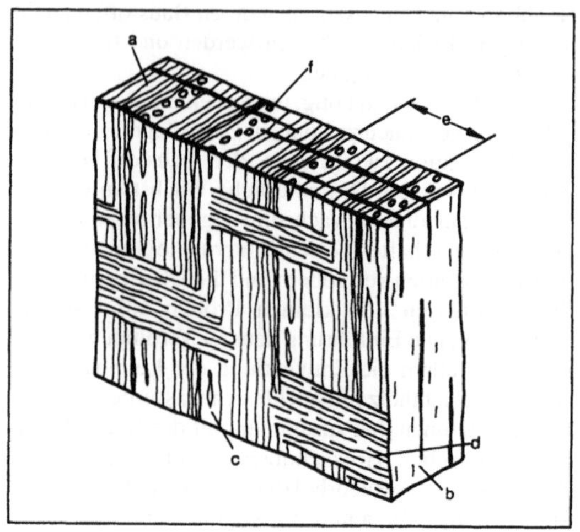

Holz 3: Aufbau von Laubholz. (Lignum 1976)

a Querschnittfläche, b tangentiale Schnittfläche, c radiale Schnittfläche, d Markstrahl, e Jahrring, f Gefäß

Der Querschnitt wird bei allen Bäumen von außen nach innen durch Borke, Bast, H. und Mark gebildet. Die Jahresringe mit Frühholz und Spätholz sind meist gut mit bloßem Auge zu erkennen. Im Querschnitt bestimmter Nadelhölzer zeigen sich Harzgänge als kleine helle Öffnungen. Beim Radialschnitt erscheinen die Jahresringe als fast parallel zur Stammachse laufende Streifen, die Markstrahlen als mehr oder weniger breite radial verlaufende glänzende Spiegel (daher auch Spiegelschnitt). Beim Tangentialschnitt bilden die Jahresringe verzerrte pyramiden-, bogen-, wellen-, parabel- oder ellipsenähnliche Kurven (Fladern, daher auch Fladerschnitt); dabei tritt die natürliche Zeichnung (→ Maserung, Textur) des H. am schönsten hervor. Größere etwa senkrecht geschnittene Markstrahlen treten bei manchen Holzarten als spindelförmige dunkle Striche auf. Nadelholz und → Nutzholz unterscheiden sich durch ihr Gefüge in ihren äußeren Erscheinungsmerkmalen (Bild 2 und 3).

☐ Lieferform. Als → Baurundholz bezeichnet man entästete und entrindete Stämme ohne weitere Bearbeitung. Die Verwendung als Rundholz hat den Vorteil einer besseren Querschnittausnutzung, eines ungestörten Faserverlaufs und dadurch einer höheren → Tragfähigkeit, jedoch den Nachteil eines wechselnden Querschnittes und somit schlechterer Verbindungsmöglichkeiten. Baurundholz wird bei → Pfosten, → Gerüsten, → Lehrgerüsten und fliegenden Bauten angewandt, da hier keine dauerhaften, hochfesten und formschönen Anschlüsse und meist keine Anstriche benötigt werden. Im allgemeinen wird der entrindete Stamm (Rohholz) im Sägewerk mit Gatter-, Band- und Kreissägen zu Schnittholz mit verschiedenen Maßen (Latten, → Bretter, → Bohlen, → Kanthölzer, → Balken) weiterverarbeitet. Da man meist frisches oder halbtrockenes

H. sägt, muß man mit nachträglichen Maßverkürzungen durch Schwinden rechnen. Schnittholz, bei dem alle Querschnittseiten über die ganze Länge voll von der Säge erfaßt wurden, bezeichnet man als scharfkantig. Seine Tragfähigkeit ist aber gegenüber Schnittholz mit sog. Baum- oder Fehlkanten nicht größer, da beim scharfkantigen H. der Faserverlauf stärker gestört ist. Kanthölzer und Balken sind in ihrer Spannweite und Verwendungsfähigkeit durch die natürlichen Wuchsbedingungen begrenzt. Bei größeren Holzkonstruktionen mit großen Spannweiten, d. h. im Ingenieurhochbau und Brückenbau, wird daher Brettschichtholz verwendet. Dabei verarbeitet man qualitativ durchschnittliche Brettware durch Verleimen zu hochwertigen Konstruktionsteilen:
– Entfernen von Störzonen (Äste, Risse, andere Schäden),
– Verkleben von Brettern mit Keilzinkenstößen zu langen Lamellen,
– innere Lamellen von Biegebauteilen aus Brettern geringer Qualität; nur äußere Bretter der Randzonen in der für die Bemessung maßgebenden Güteklasse.
– Begrenzung der Länge und Höhe nur durch Werkräume, Verleimungsbett, Hobelmaschine und Transportbedingungen.

Dies bringt folgende Vorteile:
– bessere Ausnutzung des angebotenen H.,
– geringere Formänderungen bei Feuchtewechseln,
– gekrümmte Bauteile möglich.

Brettschichtholz wird mit Trägerquerschnitten bis 0,30 m × 2,30 m hergestellt und besteht aus mindestens drei Einzelbrettern von i. d. R. bis zu 220 mm Breite und 30 mm, höchstens aber 40 mm Dicke, die mit ihren Breitseiten verleimt werden. Die Breite kann man bei geraden Bauteilen und besonders sorgfältiger Trocknung und Holzauswahl bis auf 400 mm erhöhen, wenn die Bauteile klimatisch nicht extrem beansprucht werden. Die auf 12 bis 15% Feuchtigkeit getrockneten und gehobelten Bretter werden so angeordnet, daß immer „linke" und „rechte" Seiten, d. h. äußere und innere Jahresringe aufeinanderliegen (Bild 4). Diese Regel wird nur einmal durchbrochen, damit an den Außenseiten nur „rechte" Seiten, d. h. innere Jahresringe liegen. Durch diese Anordnung lassen sich bei Klimaänderungen die → Eigenspannungen so weit wie möglich verringern. Für Brettschichtholz setzt man in der Bundesrepublik Deutschland praktisch nur europäisches Fichtenholz ein. Eine Kombination mit Tannenholz ist nicht zweckmäßig, da der Trocknungsvorgang bei beiden Holzarten unterschiedlich abläuft. Brettschichtholz hat gegenüber dem Vollholz als Ausgangsmaterial trotz der örtlichen Schwächung durch Keilzinkenstöße bessere mechanische Eigenschaften. Es wird durch Rißfreiheit, Entfernen von Ästen, Trocknen und Verleimen gegenüber Vollholz vergütet; dabei steigt der Grad der Vergütung mit der Anzahl der Lamellen und der Verringerung der Ästigkeit. Schäden treten fast nur durch Überschreiten der Zugfestigkeit quer zur Faser

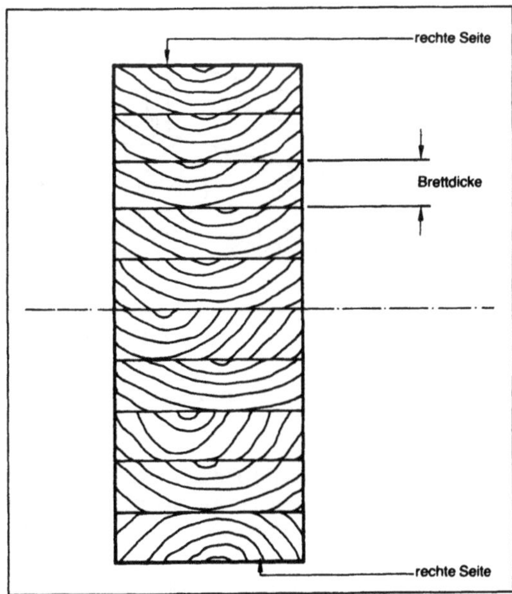

Holz 4: Lage der Bretter im Brettschichtholz.

auf, was wiederum in erster Linie auf falsches und unzureichendes Trocknen, falsches Verleimen der Keilzinken, mangelnden Schutz bei Transport und Einbau sowie umweltbedingte Einflüsse zurückzuführen ist. → Kreuzlagenholz ist ein Brettschichtholz, bei dem sich die Fasern der benachbarten Bretter unter einem Winkel zwischen 4 und 15° kreuzen. *Wesche*

Literatur: *Grosser, D.*: Die Hölzer Mitteleuropas: Ein mikrophotographischer Lehratlas. Berlin 1977. – Lignum, Schweizerische Arbeitsgemeinschaft für das Holz (Hrsg.): Dokumentation Holz. Bd. III: Materialtechnische Grundlagen. Bd. VII: Holzschutz und Oberflächenbehandlung. Zürich 1976.

Holzbalkendecke. Besteht aus der Balkenlage (tragender Teil, Balken verlaufen i. a. parallel zu den Giebelwänden), dem auf ihr liegenden Tragbelag (→ Bretter, Spanplatten), der dazwischen befestigten Einschubdecke und der darunter angebrachten (auch abgehängten) Unterdecke. Es werden nicht immer alle Elemente miteinander kombiniert. Der vielfältige Aufbau der H. hängt entscheidend von dem Verwendungszweck ab. Schwierigkeiten bereitet oft die Schalldämmung. Im Wohnungsbau beträgt der Abstand der Balken i. a. 60–80 cm und richtet sich nach der Deckenbelastung, der → Tragfähigkeit des Tragbelags und nach dem sich darüber befindenden → Tragwerk, wie z. B. der Dachkonstruktion. Bei Zwischenunterstützungen der Balkenlage durch Unterzugsbalken unterscheidet man die Stapelbauweise (die einzelnen Tragelemente liegen übereinander) und die Rostbauweise (alle Tragelemente liegen in einer Ebene). Bei der Rostbauweise sind die Auflagerungen der Balken aufwendig (Bild S. 340). Bei historischen Bauten trifft man Auflager als

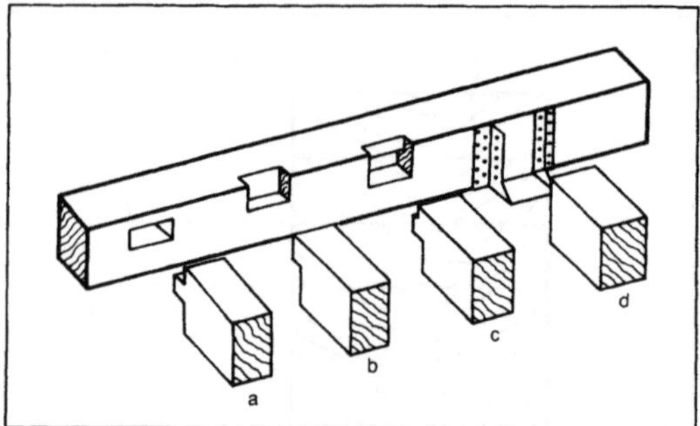

Holzbalkendecke: Querverbindungen bei Balkenlage in Rostbauweise.

a Zapfen, b Blatt, c Brustzapfen, d Balkenschuh.

Zapfen (a im Bild), Blatt (b) und Brustzapfen (c) an. In der Neuzeit werden meist Auflagerelemente aus Stahlblech, z. B. der Balkenschuh (d) verwendet (→ Rähm). *Dröge*

Literatur: *Gösele, K.*, u. *W. Schüle*: Schall, Wärme, Feuchte. 7. Aufl. Wiesbaden 1983. – *Halász, R. v.*, u. *C. Scheer*: Holzbau-Taschenbuch. Bd. 1. 9. Aufl. Berlin 1996.

Holzbau. Ursprüngliche Bauart in waldreichen Gebieten, bei der die → Tragkonstruktion durch Stellen, Legen und Zusammenfügen von natürlichen biegesteifen Holzstäben gebildet wird. Die älteste Form ist der Pfostenbau mit in den Baugrund eingetriebenen oder eingelassenen Holzpfählen, wie er heute noch in den sog. primitiven Kulturen allgemein, in jüngster Zeit in Europa und Nordamerika für landwirtschaftlich genutzte Bauten als Mastenbauart anzutreffen ist. Aus dem Pfostenbau gingen sowohl die normannischen Hallenkirchen als auch die mitteleuropäischen Fachwerkbauten hervor, die im 16. und 17. Jahrhundert ihre höchste Entwicklungsstufe erreichten. Gleichen Ursprungs sind die Tragstrukturen japanischer und amerikanischer Holzbauten. Während in Deutschland (Bild 1), den Beneluxländern und England die das → Traggerüst ausfüllenden Wandflächen meist aus einem lehmumhüllten Reisiggeflecht bestanden, wurden die Wände in Nordeuropa und Böhmen überwiegend aus horizontalen → Bohlen gebildet. Bei den amerikanischen Holzbauten der Pionierzeit ist das hölzerne Traggerüst i. d. R. durch äußere vollflächige Verbretterung oder Verschindelung gegen Witterungseinflüsse geschützt. Im Gegensatz zum H. mit Tragskelett sind in einigen waldreichen Gebieten Holzbauten mit tragenden Wänden anzutreffen, z. B. der Blockbau aus waagerecht geschichteten vollen oder bebeilten Rundhölzern und der Bohlenbau mit aneinandergereihten, senkrechtstehenden halbierten Stämmen oder Bohlen. Hauptverbreitungsgebiete des Blockbaues sind die Alpen, Karpaten sowie Böhmen, die nordeuropäischen Länder, Rußland und Sibirien. Vor allem der Holzskelettbau führte sehr früh zu einer hochentwickelten Holztechnik und einer Vorfertigung

Holzbau 1: Alte Waage (1534) in Braunschweig.

von Bauteilen und ließ schon in seinen Anfängen ein erstes ingeniöses Tun erkennen.

In der Gegenwart unterscheidet man den handwerklichen (zimmermannsmäßigen) H. und den Ingenieur-H. Der handwerkliche H. ist dadurch gekennzeichnet, daß die Bemessung der Tragglieder auf Erfahrung beruht und die Kräfte von Holz zu Holz überwiegend durch Kontakt (→ Versatz, → Zapfen, Blattverbindung) übertragen werden. Dabei fällt den → Verbindungsmitteln, wie Holznägeln, Bolzen und Nägeln, die Aufgabe der Lagesicherung der Stäbe zu. Bei handwerklichen H. ist oft zu beobachten, daß die Festigkeit reiner Druckstäbe nicht ausgeschöpft ist, die biegebeanspruchten → Balken dagegen keinen ausreichenden Sicherheitsabstand zur → Bruchlast aufweisen. In jüngster Zeit hat der handwerkliche H. durch die → Sanierung und Rekonstruktion historischer Holzbauten wieder erhöhte Bedeutung erlangt. Der Ingenieur-H. entwickelte sich aus den ursprünglich von Festungsbaumeistern (Ingenieuren) entwickelten Holzbauten, wie beispielsweise die → Brücke mit 120 m → Stützweite über die Limmat (1780) und genagelte Bogenbinder mit 100 m Stützweite von Oberst *Emy* (Anfang 19. Jahrhundert). In der Neuzeit ist der Ingenieurholzbau dadurch gekennzeichnet, daß die Tragkonstruktion einschl. der Verbindungen auf Grund von Festigkeitsberechnungen bemes-

Holzbau 2: Holzbrücke über den Main-Donau-Kanal (Altmühl) in Essing bei Kelheim.

sen wird, die auf wissenschaftlichen Grundlagen basieren. Nach zeitweiliger Zurückdrängung des Holzes als Baustoff durch Stahl und Stahlbeton ist wieder eine zunehmende Tendenz der Verwendung für Tragkonstruktionen von Dächern, Ausstellungshallen, Lagerhallen, Sportbauten, Unterstellbauten, Versammlungshallen, Sakralbauten, Türmen und Brücken (Bild 2) zu verzeichnen. Die Vorteile der Holzbauweise sind: nachwachsender Baustoff, geringes Gewicht im Verhältnis zur Festigkeit (große → Reißlänge), leichte Bearbeitbarkeit, gute Vorfertigung, schneller trockener Zusammenbau, hohe Lebensdauer, einfache Beseitigung ausgedienter Bauten. Der Nachteil ist die → Brennbarkeit. Dies ist jedoch meist nicht so schwerwiegend wie man vermutet. *Dröge*

Literatur: *Halász, R. v.*, u. *C. Scheer* (Hrsg.): Holzbau-Taschenbuch. Bd. 1. 9. Aufl. Berlin 1996. – Ingenieurholzbau. VDI-Ber. 547. Hrsgg. v. d. VDI-Ges. Bautechn. Düsseldorf 1985.

Holzfaserplatte. Aus Abfallholz und Holzschliff hergestellte → Platte. Das Rohholz wird in Würfel zerhackt, in Silos bei Feuchtigkeiten zwischen 50 und 60% zwischengelagert, anschließend zerfasert (durch Schleifen, chemische Erweichung, Dampfexplosion, Defibratorverfahren), sortiert, in Bütten gemischt, in Mischholländern mit Chemikalien durchsetzt (Leimauflöser, Alaunauflöser) und über → Siebmaschinen o. ä. zum Trocknen und Pressen weitergeleitet. Man unterscheidet:

– poröse H.: Rohdichte <0,45 g/cm^3, für Dämmzwecke in trockenen Räumen;

– Bitumenholzfaserplatten: erhöht feuchtebeständige, poröse Platten unter Zugabe von Bitumen hergestellt;

– mittelharte H.: Rohdichte von >0,35–0,80 g/cm^3 (für tragende und aussteifende Zwecke >0,65 g/cm^3);

– harte H.: Rohdichte über 0,80 g/cm^3, Dicken i. a. 1,2–6 mm.

Die H. verfügt in allen Richtungen der Plattenebene über annähernd gleiche elastomechanische Eigenschaften. Sie wird z. B. als harte und mittelharte H. als

Beplankung für tragende und aussteifende Bauteile verwendet. *Dröge*

Literatur: *Halász, R. v.*, u. *C. Scheer* (Hrsg.): Holzbau-Taschenbuch. Bd. 1. 9. Aufl. Berlin 1996.

Holzleimbau. Umfaßt Entwurf, Berechnung und Konstruktion von überwiegend aus verleimten Holzquerschnitten erstellten → Tragwerken. Auf Grund der flächigen → Leimverbindung sind H. Tragwerken mit mechanischen und/oder zimmermannsmäßigen Verbindungen hinsichtlich der → Steifigkeit überlegen, da diese wesentlich nachgiebiger als Leimverbindungen sind. Außerdem lassen sich die festigkeitsverringernden Eigenschaften des Vollholzes (Äste, Risse, Wuchsfehler) durch die entsprechende Verarbeitung aufheben. Deshalb konnte sich der H. in letzter Zeit für Vollwandtragwerke durchsetzen. Dies gilt jedoch nicht für → Fachwerkträger, da die steifen Leimverbindungen in den Knotenpunkten erhebliche Nebenspannungen erzeugen. Deswegen setzt man verleimte Fachwerke nur in für sie vorteilhaften Sonderfällen ein. Der H. wurde schon Mitte bis Ende des vorigen Jahrhunderts angewendet, konnte aber erst mit der Entwicklung von schimmel- und wasserfesten Kunstharzleimen sowie rationellen Fertigungsmethoden einen starken Aufschwung verzeichnen und in Domänen des Stahl- und Stahlbetonbaus eindringen. Da die Güte von Holzleimbauwerken wesentlich von der richtigen → Verleimung abhängt, müssen sich die Hersteller diversen Gütekontrollvorschriften unterwerfen und entsprechende Zulassungen beantragen.

Bei der Herstellung von H.-Teilen wird das Holz zunächst auf die am Einbauort zu erwartende → Ausgleichsfeuchte künstlich getrocknet. Nach dem Trocknen sortiert man das Holz nach Güteklassen von Hand oder mechanisch. Anschließend werden die Leimflächen bearbeitet. Zur Herstellung von Brettschichthölzern verbindet man die → Bretter mittels Keilzinkung oder → Schäftung zu Endloslamellen. Nach dem Hobeln wird der → Leim (Resorcin- oder Harnstoffharzleim) bei kleinen Flächen von Hand mittels Pinsel oder Spachtel, sonst mit Leimauftragsmaschinen aufgebracht. Das Beleimen sollte möglichst unmittelbar nach dem Hobeln geschehen, da die Auftragsfläche dann noch sauber und frisch aufgeschlossen ist. Staub und Hobelspäne sind vor dem Leimauftrag unbedingt zu entfernen. Nach dem Leimauftrag werden die Holzteile zusammengepreßt. Der Preßdruck dient in erster Linie der Fixierung bis zum Abbinden. Bei Einzelanfertigungen verleimt man die Bauteile i. a. kalt (bis +30 °C) oder temperiert (+30 bis +50 °C). Um den Preßvorgang bei Serienfertigung zu beschleunigen und dadurch entsprechende Herstellungsräume einzusparen, wird die Warmleimung (50–80 °C) oder Heißleimung (>80 °C) angewendet. Ein vorzeitiges Aushärten der Leime muß man durch entsprechendes Temperieren des Holzes und der Leimräume vermeiden. Nach dem Abbinden des Leims werden die Leimbauteile mit

Holzschutzmitteln behandelt, die die Verleimung nicht schädigen können. Vor dem Transport sind die Leimbauteile so zu verpacken, daß sie bis zum Einbau keine Feuchtigkeit mehr aufnehmen können.

Unter dem Begriff H. lassen sich folgende Holztragwerke oder Holzbauteile zusammenfassen:
☐ alle Längsverbindungen von Brettern, Voll- und Leimholz mittels Leimverbindung (überwiegend Keilzinkung);
☐ Brettschichtholzträger und -binder: Hier ist nur noch der Rechteckquerschnitt von Bedeutung;
☐ Verbundträger aus Brettschichtholz und Holzwerkstoffen. Es lassen sich Materialkosten sparen;
☐ → Vollwandträger mit I- oder Kastenquerschnitt: Die Stege bestehen allgemein aus Holzwerkstoffplatten. Auf Grund der Verleimung gelten diese Träger als steif verbunden;
☐ I-Träger aus Brettern oder → Bohlen: heute von geringer Bedeutung;
☐ Wellstegträger: wellenförmig verlaufender Sperrholzsteg;
☐ verleimte Fachwerkträger, z.B. Dreieckstrebenträger, → Trigonitträger;
☐ verleimte Schalen: Meist verleimt man nur die Randglieder. Die Brettlagen der Schale werden genagelt. *Dröge*
Literatur: *Halász, R. v.*, u. *C. Scheer* (Hrsg.): Holzbau-Taschenbuch. Bd. 1. 9. Aufl. Berlin 1996.

Holznagelbau. Von *W. Stoy* 1929 vermutlich erstmalig benutzter Ausdruck für eine von ihm auf wissenschaftlicher Grundlage entwickelte holzsparende Bauart, bei der die Kraft in den Verbindungsknoten der Hölzer durch rechtwinklig zu ihrem Schaft beanspruchte runde Stahlnägel übertragen wird. Durch die Verbreitung des → Holzleimbaus hat der arbeitsintensivere H. in den letzten Jahren an Bedeutung verloren und kommt in seiner ursprünglichen, reinen Form nur noch selten vor. *Dröge*

Holzprüfung. Bei der Prüfung physikalischer und technologischer Eigenschaften des → Holzes ist nach DIN 52180 zu unterscheiden zwischen Prüfungen an kleinen, fehlerfreien Proben und an Gebrauchsholz in Originalabmessungen.

Die Prüfungen kleiner, fehlerfreier Proben dienen zur Beurteilung der Eigenschaften einer Holzart und deren Veränderungen durch biologische, chemische und physikalische Einflußgrößen. Sie werden auch als begleitende Untersuchungen bei Versuchsreihen an Bauteilen, Baugliedern und Verbindungen durchgeführt.

Durch Prüfungen von Gebrauchsholz in Originalabmessungen werden physikalische und technologische Eigenschaften von Baugliedern, Bauteilen und deren Verbindungen bestimmt, sofern diese nicht ausreichend zutreffend einer Berechnung und Dimensionierung nach den für Holzbauwerke geltenden Vorschriften zugänglich sind.

Beschaffenheit der Proben, Probenahme und Anzahl der Proben regelt DIN 52180.

DIN 52181 beschreibt die Verfahren zur eindeutigen Bestimmung der Wuchseigenschaften von Nadelschnittholz. Die hiernach ermittelten zahlenmäßigen Angaben zu Astabmessung, Jahrringbreite, Faserneigung und Verformung sind Basis für eine allgemeine visuelle Beurteilung der Qualität von Holz und werden deshalb zur Einstufung von Schnittholz nach Güteklassen herangezogen.

Die Ermittlung der Rohdichte entsprechend DIN 52182 erfolgt in der Regel nach Lagerung der Proben in Normalklima 20/65-1 DIN 50014 (Normal-Rohdichte). Der Holzfeuchtigkeitsgehalt wird nach DIN 52183 durch Massenvergleich der feuchten und wasserfreien (darrtrockenen) Probe bestimmt. Von Rohdichte und Feuchtegehalt sind für die Holzverwendung wesentliche physikalische und technologische Eigenschaften abhängig, was man sich bei näherungsweiser, zerstörungsfreier Ermittlung von Kennwerten (Dichtebestimmung mit Hilfe von Durchstrahlungs- oder Eindringverfahren, Feuchtebestimmung mit elektrischem Schnellmeßgerät) zunutze macht. Die Abhängigkeit der Rohdichte des Holzes von Holzfeuchtigkeitsgehalt ist aus der DIN 52182 entnommenen Darstellung ersichtlich (Bild 1).

DIN 52184 beschreibt die Vorgehensweise zur Bestimmung der Quellung und Schwindung von Holz.

Die Durchführung und Auswertung der Druck-, Zug-, Scher- und Biegeversuche an Kleinproben ist in den DIN-Normen 52185 bis 52188 und 52192 verbindlich festgelegt (Bild 2). Bei diesen Prüfungen zur Ermittlung von Festigkeiten und Verformungsmoduln sind jeweils Angaben zur Holzart, den Wuchseigenschaften sowie der Feuchte und Rohdichte der fehlerfreien Proben erforderlich. In DIN 68364 sind Informationen über die an Kleinproben ermittelten, elastischen Eigenschaften, die Festigkeiten und die Resistenz wichtiger Handelshölzer zusammengestellt, die jedoch nicht auf → Bauholz übertragen werden können, da hierbei Einflüsse von Größe und Gütebeschaffenheit besonders zu berücksichtigen sind.

Die erforderlichen Prüfungen von Holz, das für tragende und aussteifende Bauteile verwendet werden soll, sind durch die Vorgaben zur Berechnung und Ausführung von Holzbauwerken und Holzbrücken (DIN 1052, DIN 1074) weitgehend reduziert auf die näherungsweise, zerstörungsfreie Bestimmung der Feuchte sowie eine durch visuelle Prüfungen und (maschinelle) Sortierung erfolgende Kontrolle der Einhaltung von Gütebedingungen zur Einstufung in Güteklassen. Aufgrund der Vielzahl verfügbarer Untersuchungsergebnisse werden die mechanischen Eigenschaften sowie das Quell- und Schwindverhalten für die üblicherweise zum Einsatz kommenden Nadel- und Laubhölzer und für Brettschichtholz als ausreichend

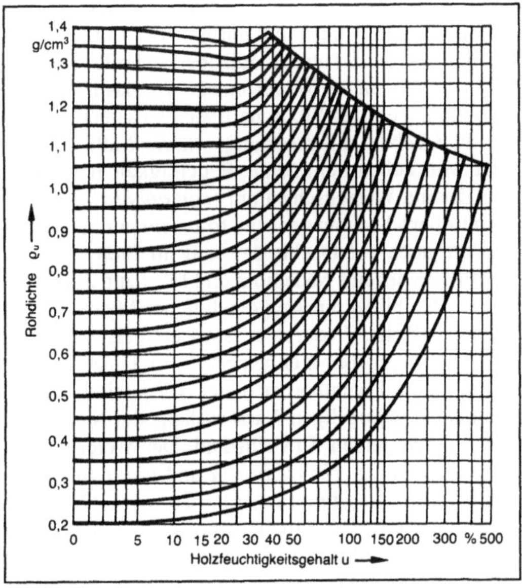

Holzprüfung 1: Abhängigkeit der Rohdichte des Holzes vom Holzfeuchtigkeitsgehalt (nach DIN 52 182).

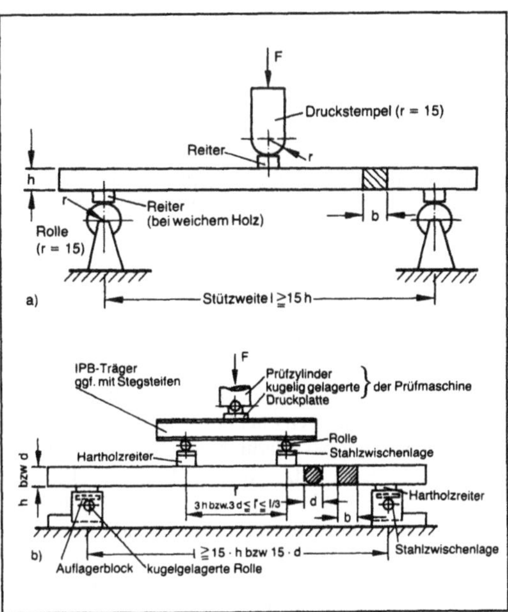

Holzprüfung 2: Versuchsanordnung.

a) Prüfung mit mittigem Kraftangriff
b) Prüfung von Kantholz- und Rundholz (Biegeversuch nach DIN 52 186).

gesichert angenommen. Zur Dimensionierung von Tragwerken unter Berücksichtigung von Beanspruchungen und Verformungen sind deshalb entsprechende Richtwerte (zulässige Spannungen, Elastizitäts- und Schubmoduln, Schwind- und Quellmaße) festgelegt, die keiner Überprüfung bedürfen. Als Voraussetzung zur Herstellung von geleimten tragenden Bauteilen ist allerdings ein Nachweis der Befähigung zum → Leimen mit entsprechenden Prüfungen zu erbringen. Die verwendeten Leime unterliegen den Prüfverfahren nach DIN 68 141. Eine Ausnahme bilden außerdem Bauglieder und Verbindungen, die sich aufgrund ihrer besonderen Ausbildung einer zutreffenden Berechnung entziehen. Deren Eignung und Belastbarkeit wird durch allgemeine bauaufsichtliche Zulassung geregelt und ist durch regelmäßige Überwachungsprüfungen nachzuweisen.

Die an Bauholz für Holzbauteile gestellten Gütebedingungen sind in DIN 4074 vereinbart. Zur Auswahl und zum Einbau von Bauschnittholz für tragende Teile sind hier Feuchte- und → Schnittklassen definiert. Die Einstufung in die nach → Tragfähigkeit vereinbarten Güteklassen erfolgt durch Anforderungen an die allgemeine Beschaffenheit, Maßhaltigkeit, Mindestwichte, Jahrringbreite, Ästigkeit, → Drehwuchs, Faserabweichung und Krümmung, die durch entsprechende Kontrollen zu überprüfen sind. *Rehm/Werner*

Literatur: DIN 1052 (4.88): Holzbauwerke; Berechnung und Ausführung. – DIN 1074 (90): Holzbrücken; Berechnung und Ausführung. – DIN 4074 (9.89): Sortierung von Nadelholz nach der Tragfähigkeit. – DIN 52 180 (11.77): Prüfung von Holz; Probenahme. – DIN 52 181 (8.75): Bestimmung der Wuchseigenschaften von Nadelschnittholz. – DIN 52 182 (9.76): Prüfung von Holz; Bestimmung der Rohdichte. – DIN 52 183 (11.77): Prüfung von Holz; Bestimmung des Feuchtigkeitsgehalts. – DIN 52 184 (5.79): Prüfung von Holz; Bestimmung von Quellung und Schwindung. – DIN 52 185 (9.76): Prüfung von Holz; Bestimmung der Druckfestigkeit parallel zur Faser. – DIN 52 186 (6.78): Prüfung von Holz; Biegeversuch. – DIN 52 187 (5.79): Prüfung von Holz; Bestimmung der Scherfestigkeit in Faserrichtung. – DIN 52 188 (5.79): Prüfung von Holz; Bestimmung der Zugfestigkeit parallel zur Faser. – DIN 52 192 (5.79): Prüfung von Holz; Druckversuch quer zur Faserrichtung. – DIN 68 141 (10.69): Prüfung von Leimen und Leimverbindungen für tragende Holzbauteile. – DIN 68 256 (4.76): Gütemerkmale von Schnittholz. – DIN 68 364 (11.79): Kennwerte von Holzarten; Festigkeit, Elastizität, Resistenz. – DIN 68 365 (11.57): Bauholz für Zimmerarbeiten; Gütebedingungen. – DIN 68 367 (1.76): Bestimmung der Gütemerkmale von Laubschnittholz. – *Noack, D.,* u. *E. Schwab:* Holz als Baustoff. Holzbau-Taschenbuch 8. Auflage 1986.

Holzschäden.

Durch Pilze. Die Dauerhaftigkeit des → Holzes kann u. a. durch Pilze verringert werden. Die Fruchtkörper der Pilze vermehren sich durch Sporen, die vorwiegend vom Wind verbreitet werden und auf feuchtem Untergrund keimen. Die Keimfähigkeit bleibt lange erhalten und wird selbst durch extreme Witterungsverhältnisse nicht beeinträchtigt. Aus den Keimen wachsen feine Zellfäden (Hyphen), die sich verzweigen und zu einem dichten Geflecht, dem Myzel, zusammenwachsen. Die Hyphenspitzen scheiden Fermente und Enzyme aus, die die Holzsubstanz chemisch abbauen. Der Pilz lebt von diesen Abbauprodukten und entwickelt im fortgeschrittenen Alter einen Fruchtkörper. Das Holz kann also bei Sichtbarwerden des eigentlichen Pilzes bereits beträchtlich geschädigt sein. Die Schädigung ist durch einen Verlust an Masse und an Festigkeit feststellbar. Pilze, die überwiegend Cellulose und wenig Lignin abbauen und dabei das Holz braun färben, werden Braunfäulepilze genannt. Sie treten häufiger an Nadelholz als an Laubholz auf. Das Holz reißt in allen Richtungen, wird spröde und läßt sich zu Pulver zerreiben. Pilze mit starkem Ligninabbau hellen das Holz auf. Diese Pilze nennt man Weißfäulepilze. Sie befallen vorwiegend Laubholz. Das Holz schrumpft ohne Risse und wird weich. Bei den biologisch niedrigeren → Schimmelpilzen gibt es bestimmte Arten, die auch Holzsubstanz abbauen können. Sie heißen Moderfäulepilze. Diese greifen Laubholz stärker als Nadelholz an, treten aber nur bei ständig hohen Holzfeuchten auf.

Holzverfärbende Pilze, in erster Linie die Bläuepilze, bevorzugen Kiefernsplintholz, treten aber auch in Laubholz auf. Durch überall anzutreffende Bläuepilzsporen besteht Befallsgefahr für Nadelholz mit einer Holzfeuchte >23% (massebezogen). Die Abnahme der mechanischen Eigenschaften durch die Verblauung ist verhältnismäßig gering. Jedoch kann die Durchtränkbarkeit mit Schutzstoffen infolge Verstopfung der Tüpfel zwischen den Zellen stark beeinträchtigt werden. Bläuepilze können auch durch Farblacke wachsen und helle Lacke färben. An den Durchdringungsstellen kann Feuchtigkeit eindringen, die dann die Voraussetzung für das Wachstum holzzerstörender Pilze bilden kann. Holzzerstörende Pilze wachsen nur in bestimmten Temperatur- und Feuchtebereichen. Die meisten Pilze leben optimal zwischen +27 und +30 °C, und alle Pilze mit Ausnahme des Echten → Hausschwammes brauchen eine Holzfeuchte von mindestens etwa 25% (massebezogen). Der Bildung von holzzerstörenden Pilzen kann also konstruktiv durch gute Belüftung begegnet werden. Eine große Gefahr liegt darin, daß die meisten Pilze das Tageslicht meiden, dadurch unsichtbar bleiben und ggf. erst zu einem Zeitpunkt großer Zerstörung durch die Bildung von Fruchtkörpern in Erscheinung treten. Der Echte Hausschwamm und der Weiße Porenhausschwamm können durch die → Fugen dicken Mauerwerks wachsen und dadurch auch fern von ihrem Entstehungsort sichtbar werden.

Der Echte Hausschwamm (*serpula lacrimans*) ist der häufigste und gefährlichste holzzerstörende Pilz, der vorwiegend Nadelholz befällt und zur Braunfäule führt. Er paßt sich den Klimabedingungen der Umgebung weitgehend an; nur zu seiner Entstehung braucht er ein bestimmtes Maß an Feuchtigkeit. Das Myzel überzieht das Holz als dichte watteartige Matte, in der dicke Stränge Feuchtigkeit und Nährstoffe über weite Strecken transportieren können. Die Fruchtkörper sind braune, am Zuwachsrand weiße 1–2 cm dicke Kuchen, die bis zu mehr als 1 m breit werden können. Das Wachstum und damit auch die Holzzerstörung sind so

intensiv, daß das als Stoffwechselprodukt entstehende Wasser in einer Umgebung mit hoher → Luftfeuchtigkeit auf dem Myzel an der Holzoberfläche Tropfen bildet und daher an der Wachstumsgrenze das Holz ständig anfeuchtet. Der Pilz schafft sich so selbst die notwendige Lebensvoraussetzung, während alle anderen Pilze von außen kommende Feuchtigkeit benötigen. Der Braune Warzenschwamm (*coniophora puteana*), auch Kellerschwamm genannt, tritt nicht nur in Kellern, sondern auch auf Dachböden und im Freien auf. Er befällt vorwiegend Nadelholz und führt zur Braunfäule. Der Pilz bildet nur wenig gelbliches Myzel auf der Holzoberfläche. Dadurch zerstört er meist das Holz schon sehr stark, bevor er bemerkt wird. Hinzu kommt, daß er selten Fruchtkörper bildet. Diese sind dunkelbraun mit halbkugeligen Warzen (daher der Name) und haben einen gelben Zuwachsrand. Der Weiße Porenhausschwamm (*poria vaporaria* und *poria vaillantii*) ist ebenfalls ein Braunfäulepilz, der vorwiegend auf Nadelholz lebt. Die Fruchtkörper sind meist an der Unterseite von Holzteilen dicht anliegende dicke Häute mit einer gut erkennbaren porigen Struktur (daher der Name).

Durch Tiere. Holz kann u. a. durch tierische Schädlinge zerstört werden (Dauerhaftigkeit). Auf dem Land sind praktisch nur die Insekten, im Wasser Muscheln und Asseln von Bedeutung. Bei den Insekten werden holzfressende und holzbrütende Insekten unterschieden. Erstere benutzen das Holz als Nahrung, während die holzbrütenden Insekten das Holz nur örtlich zernagen, um Brutplätze zu schaffen, nicht aber von der Holzsubstanz leben und daher nicht so gefährlich sind. Insekten durchlaufen vier verschiedene Entwicklungsstadien:
– Das fortpflanzungsfähige Vollinsekt (*Imago*), als Holzzerstörer meist Käfer mit kurzer Lebensdauer, die teilweise gar keine Nahrung aufnehmen;
– die von der Imago ins Holz abgelegten Eier;
– die aus diesen entstehenden Larven, für die das Holz in einer oft langen Entwicklungszeit als Nahrung dient und die daher die eigentlichen Holzzerstörer sind;
– die Puppe, eine Übergangsform zur Imago.

Wie bei den Pilzen sind für jede Insektenart unterschiedliche Temperatur- und Feuchtebereiche für Eiablage, Eientwicklung, Larvenwachstum und Verpuppung Vorausbedingung. Die meisten Larven benötigen zu ihrer Entwicklung eine Holzfeuchte, die wie bei den meisten Pilzen über dem Fasersättigungsbereich (→ Feuchtigkeitsgehalt) liegt. Einige wenige Arten können aber bei der normalen Gleichgewichtsfeuchte leben und wachsen und sind daher besonders gefährlich. Die Holzarten sind gegen Insektenbefall unterschiedlich widerstandsfähig. Einige Insekten befallen nur Nadelholz, andere nur Laubholz; die meisten meiden das → Kernholz. Viele Insektenarten leben vom Eiweiß- und Stärkegehalt des Holzes, andere sind in der Lage, die Zellulose des Holzes zu verwerten.

Der verbreitetste und gefährlichste Holzzerstörer in Mitteleuropa ist der Hausbockkäfer (*hylotrupes bajulus*), der hier ausschließlich in Nadelholz und vorwiegend im eiweißreicheren → Splintholz lebt. Seine Farbe ist schwarz oder bräunlich. Das gegenüber dem Männchen größere Weibchen wird bis zu 22 mm lang. Die Käfer verlassen das Holz durch 4 mm × 7 mm große ovale Fluglöcher und leben wenige Wochen lang in der Zeit von Mitte Juni bis Ende August. Das Weibchen legt mit Hilfe einer Legeröhre bis zu rd. 400 Eier von etwa 2 mm Länge in Risse und Spalten des Holzes. Je nach Temperatur schlüpfen die jungen Larven nach 2–4 Wochen aus den Eiern und nagen sich sofort mit Hilfe ihrer harten Kauwerkzeuge in das Holz ein. Die Larven benötigen für ihre Entwicklung bis zur Verpuppung je nach Nahrungswert des Holzes, Temperatur und Luftfeuchte zwischen zwei und mehr als zehn Jahre, werden dabei bis zu 30 mm lang und zerstören etwa das 100–1 000fache ihrer Gewichtszunahme an Holzmasse. Die günstigste Temperatur für die Entwicklung der Larven liegt zwischen 28 und 30 °C. Sie benötigen außerdem eine möglichst hohe Luftfeuchte mit einer optimalen Holzfeuchte von etwa 30%. Unter rd. 10 °C verfallen sie in Kältestarre. Unter 45–50% relativer Luftfeuchte, entsprechend 8–10% Holzfeuchte, können sie sich nicht entwickeln. Temperaturen über rd. 45 °C sind tödlich. Auf Grund dieser Lebensbedingungen ist zu verstehen, daß die größten Hausbockschäden in wenig wärmegedämmten, im Sommer stark erwärmten Dachräumen, im Dachhautbereich anderer Konstruktionen, in südexponierten Hausteilen und in der Nähe von Schornsteinen auftreten. Der Befall ist stärker, wenn z. B. durch Wäschetrocknung verstärkt Feuchtigkeit anfällt, und in der Nähe von Gewässern. Die Befallswahrscheinlichkeit ist in etwa 10–30 Jahre alten Bauteilen am größten. Über etwa 100 Jahre altes Bauholz wird wegen der Alterung und Umwandlung der Eiweißstoffe kaum befallen.

Ein weiterer weit verbreiteter und sehr schädlicher Holzzerstörer ist der Gewöhnliche Nagekäfer (*anobium punctatum*), der als „Holzwurm" allgemein durch seine Zerstörungstätigkeit in alten Möbeln bekannt ist. Er ist braun mit gepunkteten Längsstreifen und bis zu rd. 5 mm lang. Die Flugzeit dauert von April bis August. Das Weibchen legt bis zu 40 Eier, die sich in etwa zwei Wochen zur Larve entwickeln. Diese benötigt je nach Nahrungs- und Klimabedingungen ein bis drei Jahre bis zur Verpuppung, ist engerlingartig gekrümmt und wird bis zu 6 mm lang. Die 1–2 mm großen Fraßgänge mit kreisförmigem Querschnitt verlaufen vorwiegend in den hellfarbigen Frühholzschichten des Splintholzes aller einheimischen Holzarten. Gegenüber dem Hausbock benötigt der Nagekäfer niedrigere Temperaturen und höhere Luftfeuchten. Er kommt daher häufiger in Keller- und Erdgeschoßräumen, in feuchten Lagerräumen, in Stallungen und in Bodennähe vor. Das trocken-warme Klima moderner Hochbauten verträgt der Nagekäfer nicht. Die bis zu 7 mm langen Splint-

holzkäfer, zu denen der im Eichenholzparkett vorkommende „Parkettkäfer" gehört, legen ihre Eier in die angeschnittenen Öffnungen der weiten, langgestreckten Laubholzgefäße. Die engerlingartig ge-krümmten, bis 6 mm langen Larven leben von Stärke und Zucker im Holz und befallen daher ausschließlich Eiche und leichte hellfarbige Tropenhölzer. Die derzeit wichtigste Art, der Braune Splintholzkäfer (*lyctus brunneus*), ist mit Tropenhölzern nach Europa gekommen und hat sich hier sehr ausgebreitet. Die Larve kann sich in beheizten Räumen mit normaler Gleichgewichtsfeuchte des Holzes günstig entwickeln. Ameisen benutzen das Holz nicht als Nahrung, sondern als Wohnung und Brutplatz, besonders wenn es von holzzerstörenden Pilzen bereits abgebaut worden ist. In pilzbefallenem Holz sind ihre Wohnkammern regellose Holzräume; in gesundem Holz wird das weiche Frühholz (Holz) ausgefressen. Bei hölzernen Seewasserbauten (→ Brücken, Hafenanlagen) können auch große Querschnitte nicht ausreichend geschützten Holzes in wenigen Jahren völlig zerstört werden. Die wichtigsten Schädlinge sind die Bohrmuschel (*teredo navalis*), die nur das Innere eines Querschnittes angreift und daher den Grad der Schädigung äußerlich nicht erkennen läßt, und die Bohrassel (*limnoria lignorum*), ein Krebs, der das Holz nur von der Oberfläche her zerstört.

Wesche

Holzschutzmittel. Durch bauliche Maßnahmen kann man zwar Pilzen die Lebensbedingungen entziehen und den Widerstand gegen → Feuer (→ Dauerhaftigkeit, Holz) erhöhen, aber nicht das Holz gegen die meisten Insekten schützen (→ Holzschäden). Deshalb muß alles für die → Standsicherheit eines Bauwerks wirksame Holz nach DIN 68 800, Tl. 3, gegen Insektenbefall vorbeugend chemisch geschützt werden. Dazu muß man H. und Schutzverfahren nach folgenden Kriterien auswählen:
– Holzart: mechanische Eigenschaften, natürliche Dauerhaftigkeit, Feuchte bei der Behandlung, Tränkbarkeit, mögliche Eindringtiefe,
– Zweck und Ort der Holzverwendung,
– Ort der Ausführung der Schutzbehandlung,
– Zeitpunkt und Dauer der Schutzbehandlung mit Wiederholungen,
– Zeit für Diffusion und Fixierung,
– Nebenwirkung auf Menschen,
– chemische Verträglichkeit bei zweiter Schutzmittelbehandlung,
– Verträglichkeit mit anderen Baustoffen,
– spätere Zugänglichkeit der behandelten Teile.

Wegen der Wirkung auf den Menschen müssen außer DIN 68 800 zusätzlich die gesetzlichen Verordnungen über gefährliche Arbeitsstoffe, über den Verkehr mit Giften und über brennbare Flüssigkeiten beachtet werden. Alle H. müssen ein gültiges Prüfzeichen des Instituts für Bautechnik, Berlin, haben. Sie sind auf die Art

Holzschutzmittel. Tabelle: Prüfprädikate.

P	gegen Pilze wirksam (Fäulnisschutz)
Iv	gegen Insekten vorbeugend wirksam
(Iv)	gegen Insekten vorbeugend wirksam, aber nur bei Tiefschutz (Eindringtiefe ≥ 10 mm)
Ib	gegen Insekten bekämpfend wirksam
F	zur Brandschutzausrüstung von Holz und Holzwerkstoffen (Feuerschutzbehandlung) wirksam
S	geeignet zum Streichen, Spritzen (Sprühen) und Tauchen von Holz
(S)	geeignet zum Streichen, Spritzen (Sprühen) und Tauchen von Holz, aber nur in stationären Anlagen, jedoch nicht zum Streichen
St	geeignet zum Streichen und Tauchen von Holz, zum Spritzen nur in stationären Anlagen
W	geeignet für Holz, das der Witterung ausgesetzt ist, jedoch nicht bei Erdkontakt und in Gewässern
E	geeignet wie bei W, aber auch bei Erdkontakt und in Gewässern
M	geeignet zur Bekämpfung von Schwamm im Mauerwerk
K_1	geeignet bei Kontakt mit Chrom-Nickel-Stählen (keine Korrosion durch Lochfraß)
L	geeignet bei bestimmten Klebstoffen (Leimen).

der Gefährdung des Holzes ausgerichtet und wirken durch Herabsetzen der → Entflammbarkeit sowie gegen
– holzverfärbende Pilze,
– holzzerstörende Pilze,
– tierische Holzzerstörer,
– chemischen Angriff oder
– mehrere Arten der Gefährdung.

Nach der Beschaffenheit unterscheidet man folgende Gruppen:
– wasserlösliche H.,
– ölige H.,
– Öl-Salz-Gemische,
– Emulsionen und
– H. anderer Beschaffenheit.

Nach dem Einbringverfahren gibt es H. für
– Kesseldrucktränkung und Saftverdrängung,
– andere gebräuchliche Anwendungsverfahren,
– die Einarbeitung in Holzwerkstoffe.

Alle H. tragen auf Verpackung und Gebrauchsanweisung Prüfprädikate, aus denen Schutzart und Einbringverfahren hervorgehen (Tabelle). In DIN 68 800, Tl. 3, ist das Holz nach seiner Gefährdung in Schutzklassen eingeteilt, denen entsprechende Prüfprädikate zugeordnet sind. Die anzuwendenden H. müssen hin-

sichtlich Wirksamkeit und Witterungsbeständigkeit nach diesen Schutzklassen ausgewählt werden. H. können unter ungünstigen Voraussetzungen zu Schäden an anderen Baustoffen führen. Deshalb ist vor der Anwendung zu überprüfen, ob folgende Fälle eintreten können:
– Durchdringung von → Putz und → Mauerwerk mit Verfärbung und → Ausblühungen,
– → Korrosion von Metallteilen, vor allem durch wasserlösliche Mittel,
– Korrosion von keramischen Baustoffen und Glas durch fluorhaltige Mittel,
– Lösen von Kunststoffen, vor allem von Dämmstoffen und elektrischen Isolierungen, durch ölhaltige Mittel,
– Unverträglichkeit mit früheren Holzschutzbehandlungen,
– Unverträglichkeit mit Kalk- oder Zementmörtel,
– Unverträglichkeit mit Anstrichen.

H. und Klebstoff müssen verträglich sein, wenn verleimtes Holz chemisch geschützt oder chemisch geschütztes Holz verleimt werden soll. Vor sog. baubiologischen H., die bisher noch kein Prüfzeichen haben und gegen Pilze und Insekten unwirksam sind, muß gewarnt werden, denn um holzzerstörende Organismen abzutöten, müssen H. in einem bestimmten Maße giftig sein.

□ Arten. Bei den H. sind folgende Gruppen am wichtigsten:
– wasserlösliche Mittel,
– ölige Mittel,
– Feuerschutzmittel.

Die wasserlöslichen H. sind wasserlösliche chemische Verbindungen oder Gemische von Verbindungen, die i. a. als trockenes Salz geliefert und vor der Anwendung in Wasser gelöst werden. Sie sind mehr oder weniger geruchsfrei, erhöhen nicht die Entflammbarkeit und lassen deckende und transparente Anstriche zu. Sie sind vorwiegend für trockenes und halbtrockenes, unter bestimmten Voraussetzungen auch für frisches Holz geeignet und dringen durch Diffusion tief in das Holz ein. Bei frischem Holz muß man mit stärkeren Salzkonzentrationen arbeiten, da sonst das Mittel zu stark verdünnt und unwirksam wird. In sehr trockenem Holz kann dem Schutzmittel das Lösungswasser entzogen werden; die Diffusion kommt dann durch Eintrocknen zum Stillstand. Verwendet werden Chrom-Fluor-Salze (CF-Salze), Chrom-Fluor-Arsen-Salze (CFA-Salze), Silicofluoride (sF-Salze), Hydrogenfluoride (hF-Salze), Borverbindungen (B-Salze) und Chrom-Kupfer-Salze (CK-Salze).

Ölige H. werden gebrauchsfertig geliefert und dürfen nicht verdünnt werden. Der z. T. starke Geruch ist zu beachten. Sie erhöhen z. T. die Entflammbarkeit des Holzes. Die Teerölpräparate lassen meist keinen → Deckanstrich zu. Sie sind für trockenes und halbtrockenes Holz, jedoch nicht für frisches anwendbar, da die Holzzellen für das Eindringen der Mittel wasserfrei sein müssen. Sie sind auswaschbeständig und damit für

Holz im Freien geeignet. Bei dauerndem Wasser- oder Erdkontakt ist Tiefschutz erforderlich. Man unterscheidet Teerölpräparate (Destillate aus Steinkohlenteeröl) und lösungsmittelhaltige Mittel aus verschiedenartigen fungiziden und insektiziden Wirkstoffen.

Feuerschutzmittel können die natürliche Widerstandsfähigkeit des Holzes (Dauerhaftigkeit) verbessern. Das normalentflammbare Holz wird dadurch schwerentflammbar nach DIN 4102, Tl. 1. Die Entzündung und Brandausbreitung wird verzögert; die → Feuerwiderstandsdauer wird jedoch nur geringfügig erhöht. Die Mittel wirken entweder durch Wärmeisolierung oder durch Beschleunigung der Kohleschichtbildung.

Schaumschichtbildende Feuerschutzmittel bringt man i. d. R. als Anstrichfilm in ein bis zwei Arbeitsgängen auf. Sie erzeugen beim Erhärten durch Aufblähen eine 2 – 3 cm dicke Schaumschicht von hoher Wärmedämmung, die den Luftsauerstoffzutritt versperrt bzw. verlangsamt und dadurch die thermische Zerstörung des Holzes verzögert.

Wasserlösliche Salze, vor allem auf Phosphatbasis, beschleunigen die Bildung der weniger wärmeleitenden Holzkohleschicht und verringern den Heizwert der bei der Zersetzung entstehenden Gase.

Dreifachmittel enthalten außer dem Feuerschutzmittel noch H. gegen Pilze und Insekten.

☐ Einbringverfahren. H. müssen je nach Gefährdung unterschiedlich tief in das Holz eingebracht werden. Nach DIN 52 175 unterscheidet man:
– Oberflächenschutz mit sehr geringer Eindringtiefe, der nur für schaumschutzbildende Feuerschutzmittel in Betracht kommt,
– Randschutz mit einer Eindringtiefe < 10 mm,
– Tiefschutz mit einer Eindringtiefe ≥ 10 mm,
– Teilschutz als ein auf die gefährdeten Stellen beschränkter Tiefschutz.

Außerdem spricht man von Vollschutz, wenn der gesamte Querschnitt völlig durchtränkt wird. Da Schwindrisse tiefer als die Schutzzone sein können und dann in der Rißwurzel kein Schutz mehr vorhanden ist, muß man Schwindrisse grundsätzlich nachbehandeln. Bei der Schutzbehandlung werden die Zellen des Holzes mit dem flüssigen Mittel gefüllt. Bei einfachen Verfahren wirken nur Kapillarkräfte, bei aufwendigen Verfahren auch Druckkräfte, z. T. Vakuumeinflüsse. Die Dauer der Behandlung erstreckt sich von wenigen Sekunden beim Streichen und Spritzen bis zu mehreren Tagen bei der Trogtränkung. Durch Diffusion von Salzen, die über Wochen und Monate abläuft, und weniger durch kapillare Bewegung von Ölen kann man die Eindringtiefe vergrößern und die mengenmäßige Verteilung etwas ausgleichen.

Für die möglichst dauerhafte Wirkung eines H. muß das Einbringverfahren gewählt werden, das das Mittel in ausreichender Menge gleichmäßig genügend tief im Holz verteilt. Der Einsatz hängt von der Art, der Feuchte, den Maßen des Holzes, von den Eigenschaften des Schutzmittels und vom Verwendungsort ab. Tauchen, Spritzen und Streichen sind handwerkliche Verfahren mit geringem Aufwand, die Sekunden bis Minuten dauern und für die meisten Bauteile ausreichen. Bei der Trogtränkung wird das Holz in einem offenen Trog über mehrere Stunden bis Tage in dem Schutzmittel entweder ganz oder bei der Einstelltränkung nur mit den gefährdeten Enden getaucht gehalten. Bei der Heiß-Kalt-Trogtränkung kann man den beim Abkühlen entstehenden Unterdruck im Holz als Sog ausnutzen, dadurch das Einbringen beschleunigen und verbessern und die Tauchzeiten verkürzen. Die Kesseldrucktränkung ist das Verfahren mit der besten Wirkung, d. h. mit Tiefschutz bis Vollschutz, aber auch das aufwendigste. Bei ihr wird das H. in einem geschlossenen Kessel durch Phasen unterschiedlichen Drucks eingebracht. Je nach der Folge dieser Phasen ist der Aufwand und die erreichte Schutzwirkung unterschiedlich.

Wesche

Holzspanplatte. Wird hauptsächlich aus Holzspänen hergestellt, die man mit Bindemitteln unter Druck verleimt. Die Holzspäne (Flach-, Faden-, Kornspäne) werden aus Abfallspänen, geschälten Rundhölzern, Furnieren o. ä. gewonnen (Zerspanungsverfahren je nach erforderlicher Spanart), sortiert, siliert, getrocknet, mit → Bindemittel vermischt und gepreßt. Man unterscheidet:

☐ Flachpreßplatte: Die beleimten Späne werden zu einem Formling eingestreut und senkrecht zur Plattenebene gepreßt. Dadurch orientieren sich die Späne in Plattenebene, was zu günstigen Zug-, Druck- und Biegefestigkeiten in Plattenebene führt. Mehrschichtiger Aufbau auch aus unterschiedlichen Spansorten ist möglich;

☐ Strangpreßplatte: Die beleimten Späne stopft man kontinuierlich in einen Preßschacht. Dadurch orientieren sie sich quer zur Plattenebene, was eine relativ hohe Zugfestigkeit quer zur Plattenebene ergibt. Die Strangpreßplatte ist eine reine Mittelplatte und beidseitig zu beplanken, beispielsweise mit Furnieren oder Kunststoffplatten, wenn sie in Plattenebene beansprucht werden soll;

☐ mineralisch gebundene H.: Mit z. B. Zement und/oder Gips vermischte Späne werden im Flachpreßverfahren gepreßt.

Eine weitere Sonderform der H. ist die OSB-Platte (OSB Oriented Structural Board), in der die Späne bevorzugt in einer Achse der Plattenebene orientiert sind. H. finden im Holz- und Möbelbau vielseitige Verwendung. *Dröge*

Literatur: *Halász, R. v.,* u. *C. Scheer* (Hrsg.): Holzbau-Taschenbuch. Bd. 1. 9. Aufl. Berlin 1996.

Holzverbindung. Dient der Zusammenfügung einzelner Tragglieder zu Holztragwerken oder zur Herstellung tragender Querschnitte aus einzelnen Teilen. Nach der Art der Kraftübertragung unterscheidet man die direkte Verbindung (kaum oder keine Stoßdeckungsteile erforderlich, z.B. Versatz) und die indirekte Verbindung (Stoßdeckungsteile erforderlich, z.B. Zugstoß). Nach der Art der Ausführung und dem verwendeten → Verbindungsmittel werden unterschieden:

☐ → Kontaktverbindungen mit Druck senkrecht, parallel oder schräg zur → Faserrichtung: Hierzu zählen alle zimmermannsmäßigen Verbindungen. Kontaktverbindungen werden als → Kontaktstoß, → Gehrungsstoß, → Versatz, → Verkämmung und → Verblattung ausgeführt. Im weiteren Sinn gehören dazu noch → Zapfen, die meist mit einer der genannten Verbindungen gleichzeitig angewendet werden, sowie die Verbindung von → Bohlen, Brettern, → Platten u.ä. mittels Nut und Feder;

☐ mechanische Verbindungen: Die Kräfte werden durch Verbindungsmittel von einem Bauteil zum anderen übertragen. Zu den mechanischen Verbindungen zählen Verbindungen mit Stabdübeln, Paßbolzen, Schraubenbolzen, Dübeln, → Dollen, Holzschrauben, Nägeln, Bauklammern und Nagelplatten (→ Gang-Nail-System). Bei diesen Verbindungen werden die Kräfte punktuell eingeleitet;

☐ → Leimverbindungen: Flächenhafte Verbindungen, i.a. mit Resorcin- oder Harnstoff-Formaldehydleimen, die gegenüber der mechanischen Verbindung sehr steif sind. Bei verleimten Stößen wendet man i.d.R. die → Schäftung oder die Keilzinkenverbindung (→ Lamellenstoß) an;

☐ Knotenplatten: Für Verbindungen mittels Knotenplatten verwendet man Stahlbleche oder Baufurniersperrholz (Furnierplatte), die mit den Tragwerksteilen verleimt oder mit anderen Verbindungsmitteln verbunden werden;

☐ Räumliche Stahlteile: Sie werden entweder handwerklich als verschweißte Teile oder fabrikmäßig als Stahlblechformteile hergestellt. Beispielsweise haben Winkelverbinder, Balkenschuhe, Sparrenpfettenanker, Universalverbinder u.a.m. ein breites Anwendungsgebiet erobert, das ursprünglich von den zimmermannsmäßigen Verbindungen beherrscht wurde. Diese können jedoch heute wegen des hohen Material- und Herstellungsaufwandes meist nicht mit den Stahlblechformteilen konkurrieren. *Dröge*

Literatur: *Halász, R. v.*, u. *C. Scheer* (Hrsg.): Holzbau-Taschenbuch. Bd. 1. 9. Aufl. Berlin 1996.

Holzwerkstoffprüfung. Bei Holzwerkstoffen, die für tragende und aussteifende Zwecke im Bauwesen verwendet werden, sind zur Qualitätssicherung Erstprüfung und laufende Überwachungsprüfungen vorgeschrieben.

Bei den genormten Holzwerkstoffen sind die notwendigen Prüfungen in entsprechenden DIN-Normen enthalten. Für die allgemein zugelassenen Holzwerkstoffe ist im jeweiligen Zulassungsbescheid auf die erforderlichen Prüfungen hingewiesen, wobei sich

diese im allgemeinen an die Prüfungen der verwandten genormten Baustoffe anlehnen.

Untersucht werden:
– → Verleimung,
– elastomechanische Eigenschaften,
– physikalische Eigenschaften,
– → Brandverhalten,
– Formaldehydabgabe.

☐ Verleimung.

Hier handelt es sich um Überprüfung der Verbindung zwischen einzelnen Holzlagen (z.B. Furnieren) bzw. Holzpartikeln (Holzspäne, Holzfasern). Die Behandlung der Proben vor der eigentlichen Prüfung hängt von der jeweiligen Holzwerkstoffklasse ab. Bei der Holzwerkstoffklasse 20 werden die Proben vor der Prüfung entweder im Normalklima (Flachpreßplatten, harte und mittelharte → Holzfaserplatten) oder im kalten Wasser (→ Sperrholz) gelagert. Bei der Holzwerkstoffklasse 100 werden die Proben entweder einer Kochwasser- oder Kochwechsellagerung unterzogen.

Die Überprüfung der Verleimung bei → Bau-Furniersperrholz wird mit Zug-Scherkörpern (DIN 53255) vorgenommen. Bei Bau-Stabsperrholz und Bau-Stäbchensperrholz wird die Verleimung im Aufstechversuch (DIN 53255) geprüft.

Bei Flachpreßplatten wird infolge der Spanorientierung die Zugfestigkeit senkrecht zur Plattenebene (DIN 52365) als Kriterium für die Verleimung untersucht.

Aus gleichem Grund wird bei Strangpreßplatten die Zugfestigkeit in Plattenebene (DIN 68754 Teil 1) als Kriterium für die Verleimung geprüft. Bei beplankten Strangpreßplatten wird die Verleimung zwischen Rohplatte und Beplankung durch Zugbeanspruchung senkrecht zur Plattenebene als Schichtfestigkeit (DIN 68754 Teil 2) überprüft.

Bei harten und mittelharten Holzfaserplatten wird wie bei Flachpreßplatten die Zugfestigkeit senkrecht zur Plattenebene, hier aber gemäß Entwurf ISO DIN 3931 als Kriterium für die Verleimung untersucht.

Bei mineralisch gebundenen Holzwerkstoffen ist eine Verleimung nicht vorhanden, so daß eine entsprechende Prüfung entfällt.

☐ Elastomechanische Eigenschaften.

Hier handelt es sich im allgemeinen um Ermittlung von Flach-Biegefestigkeit und Flach-Biege-Elastizitätsmodul (DIN 52352, DIN 52362 und DIN 52371).

Bei Sperrholz sind hier noch die Ermittlung von Druckfestigkeit parallel zur Plattenebene (DIN 52376) sowie des Zug-Elastizitätsmoduls und der Zugfestigkeit (DIN 52377) zu berücksichtigen. Hinsichtlich der Schubfestigkeit und des → Schubmoduls ist z.Z. keine DIN-Norm vorhanden. Diese Eigenschaften werden, falls erforderlich, nach ASTM D 2719 (1981) ermittelt.

Alle bis jetzt erwähnten Prüfungen werden als Kurzzeitversuche vorgenommen.

Holzwerkstoffprüfung. Tabelle: Einschlägige DIN-Prüfnormen.

DIN	Ausgabe	Titel
52350	9.53	Prüfung von Holzfaserplatten; Probenahme, Dickenmessung, Bestimmung des Flächengewichtes und der Rohdichte
52351	9.56	Prüfung von Holzfaserplatten; Bestimmung des Feuchtegehaltes, der Wasseraufnahme und der Dickenquellung
52352	9.53	Prüfung von Holzfaserplatten; Biegeversuch
52360	4.65	Prüfung von Holzspanplatten; Allgemeines, Probenahme, Auswertung
52361	4.65	Prüfung von Holzspanplatten; Bestimmung der Abmessungen, der Rohdichte und des Feuchtegehaltes
52362 T. 1	4.65	Prüfung von Holzspanplatten; Bestimmung der Biegefestigkeit
52364	4.65	Prüfung von Holzspanplatten; Bestimmung der Dickenquellung
52365	4.65	Prüfung von Holzspanplatten; Bestimmung der Zugfestigkeit senkrecht zur Plattenebene
52366	9.74	Prüfung von Spanplatten; Bestimmung der Abhebefestigkeit und der Schichtfestigkeit
52367	8.80	Prüfung von Spanplatten; Bestimmung der Scherfestigkeit parallel zur Plattenebene
52371	5.68	Prüfung von Sperrholz; Biegeversuch
52372	9.77	Prüfung von Sperrholz; Bestimmung der Plattenmaße
52373	8.77	Prüfung von Sperrholz; Bestimmung der Probenmaße
52374	8.77	Prüfung von Sperrholz; Bestimmung der Rohdichte
52375	8.77	Prüfung von Sperrholz; Bestimmung des Feuchtegehaltes
52376	11.78	Prüfung von Sperrholz; Bestimmung der Druckfestigkeit parallel zur Plattenebene
52377	11.78	Prüfung von Sperrholz; Bestimmung des Zug-Elastizitätsmoduls und der Zugfestigkeit
53255	6.64	Prüfung von Holzleimen und Holzverleimungen; Bestimmung der Bindefestigkeit von Sperrholzleimungen (Furnier- und Tischlerplatten) im Zugversuch und im Aufstechversuch

Wichtig für die Gebrauchsfähigkeit eines Bauteils ist auch das Kriechverhalten von Holzwerkstoffen bei Biegebeanspruchung. In den letzten Jahren wurden diesbezüglich umfangreiche Versuche vorgenommen. Eine entsprechende Norm ist in Vorbereitung.

Die meisten bis jetzt vorgenommenen Versuche wurden an 30 cm breiten Plattenabschnitten, die als frei aufliegende → Biegeträger mit einer → Stützweite von 30 × Plattendicke durch zwei Einzellasten in den Viertelpunkten dauerbelastet waren, durchgeführt.

□ Physikalische Eigenschaften

Der Feuchtegehalt der Holzwerkstoffe wird bei Spanplatten, Sperrholz und Holzfaserplatten im Darrverfahren (DIN 52351, DIN 52361 und DIN 52375) ermittelt. Die Trocknung der Proben erfolgt dabei in einem Wärmeschrank bei 105 °C ± 2 °C.

Bei den mineralisch gebundenen Holzwerkstoffen muß die Trocknungstemperatur dem verwendeten mineralischen Verbundstoff angepaßt werden, z. B. bei Gipsfaserplatten beträgt die Trocknungstemperatur 40 °C.

Die Rohdichte beeinflußt im hohen Maße sowohl die elastomechanischen als auch die physikalischen Eigenschaften eines Holzwerkstoffes, so daß sie im allgemeinen zusammen mit dem Feuchtegehalt bei allen Untersuchungen der Holzwerkstoffe im Rahmen einer begleitenden Prüfung ermittelt wird. Die Ermittlung erfolgt in der Regel nach Ausklimatisierung in einem Normalklimaraum.

Die Ermittlung der Dickenquellung wird nur bei Spanplatten und Holzfaserplatten als ein weiterer Hinweis für die Güte der Verleimung vorgenommen. Sie erfolgt nach 24-stündiger Lagerung der Proben im kalten Wasser (DIN 52 361 und DIN 52 364). Beide Prüfnormen dienen allein zur Gütekontrolle der Holzwerkstoffe. Die ermittelten Werte ermöglichen keine Rückschlüsse auf die Abmessungsänderungen von Bauplatten bei wechselnden Klimabedingungen.

Für Quellung bzw. Schwindung der Holzwerkstoffe in Plattenebene ist noch keine DIN-Norm vorhanden.

Für Wärmeleitfähigkeit, Wasserdampf-Diffusionswiderstand und → Schallabsorption sind keine auf Holzwerkstoffe speziell bezogenen Normen vorhanden. Hierfür werden, falls erforderlich, allgemein gültige Normen herangezogen. Zum Brandverhalten wird auf die → Feuerbeständigkeitsprüfung verwiesen.

☐ Formaldehydabgabe.

Zur Zeit ist nur bei den Spanplatten die Prüfung der Formaldehydabgabe geregelt, und zwar in der „Richtlinie über die Klassifizierung der Spanplatten bezüglich ihrer Formaldehydabgabe".

Die Prüfung erfolgt entweder in einer 40 m³ großen Kammer oder nach einer von der Kammerprüfung abgeleiteten Methode, z. B. Perforatormethode oder Gasanalysemethode.

Da nach der Gefahrenstoff-Verordnung auch andere Holzwerkstoffe hinsichtlich der Formaldehydabgabe klassifiziert werden müssen, werden z. Z. auch für diese Holzwerkstoffe entsprechende Prüf-Richtlinien erarbeitet. *Rehm/Radović*

Literatur: *Gressel, P.*: Kriechen von Holz und Holzwerkstoffen. Bauen mit Holz (1984) Nr. 86, S. 216/223. – *Möhler, K.*, u. *J. Ehlbeck*: Versuche über das Dauerstandverhalten von Spanplatten und Furnierplatten bei Biegebeanspruchung. Holz als Roh- und Werkstoff. 26 (1986), S. 118–124. – *Noak, D.*, u. *E. Schwab*: Holzwerkstoffe im Bauwesen. Holzbau-Taschenbuch 8. Auflage. S. 29/50.

Holzwolleleichtbauplatte. Aus minderwertigem Faserholz, → Schwarten und anderem Abfallholz wird auf entsprechenden Maschinen Holzwolle gehobelt, von Splittern und Holzwollemull befreit, zur Erhöhung der Haftfähigkeit mit Kalkmilch o. ä. vorbereitet und auf Bandformanlagen mit mineralischen Bindemitteln (Magnesit, Zement, Gips) vermischt, geformt, gepreßt,

getrocknet und zugeschnitten. H. setzt man im Bauwesen überwiegend als Putzträger und zur Schall- und Wärmedämmung ein. *Dröge*

Honorarordnung → HOAI

Hookesches Gesetz. → Stoffgesetze beschreiben das Verhalten der Werkstoffe und insbes. die Beziehungen zwischen Spannungen und → Verzerrungen. In der Baustatik wird i. a. ein linearer Zusammenhang unterstellt und homogenes Werkstoffverhalten angenommen, was durch das *H. G.* beschrieben wird:

$$\sigma_{ij} = \frac{E}{1+\mu}\left(\varepsilon_{ij} + \frac{\mu}{1-\mu}\, e\cdot\delta_{ij}\right),$$

mit dem Elastizitätsmodul E und der Querdehnzahl μ. Dieses Gesetz idealisiert das wirkliche Verhalten der Werkstoffe, das je nach Baustoff und Höhe der Beanspruchung mehr oder weniger davon abweicht, z. B. nichtlinear-elastisches, elastisch-plastisches, viskoelastisches, viskoplastisches Werkstoffverhalten.

Laermann

Horizontalwinkel. In der → Geodäsie der Winkel zwischen zwei Vertikalebenen in einem lokalen astronomischen (topozentrischen) Koordinatensystem (→ Koordinatensystem, geodätisches). Die Vertikalebenen enthalten die Lotrichtung in einem Standpunkt P_0 und die Zielpunkte P_1 bzw. P_2 (Bild). H. werden mit dem → Theodolit gemessen (→ Winkelmessung). Sie ergeben sich dabei als Differenz zweier Richtungen (→ Richtungsmessung). *Pelzer*

Literatur: *Kahmen, H.*: Vermessungskunde II. Berlin 1986.

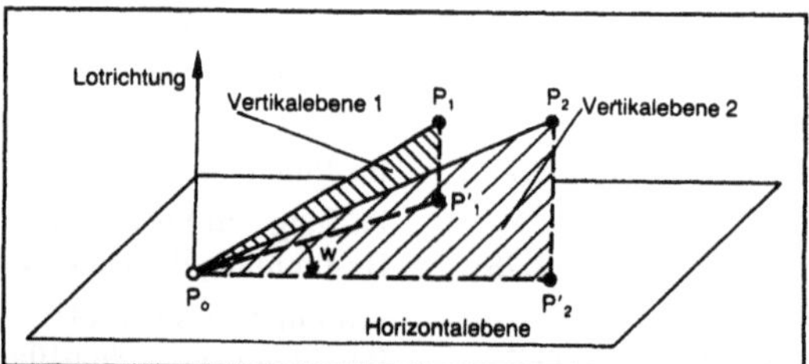

Horizontalwinkel: H. als Winkel zwischen zwei Vertikalebenen.

Hubinsel. Eine H. besteht aus einem → Ponton, der nach oben und unten ausfahrbare Stützbeine hat. Die H. wird mit angehobenen Stützbeinen zu ihrem Einsatzort geschleppt. Dort fährt man die Stützbeine auf dem Meeresboden aus, und anschließend „klettert" die H. daran aus dem Wasser, um von der Wasseroberfläche unabhängig zu sein. Die H. werden in erster Linie als Arbeitsplattformen für Bohrarbeiten, Rammen und das Verlegen von Fertigteilen eingesetzt, da diese Arbeitsverfahren hohe Genauigkeiten und damit einen sicheren Stand erfordern. *Kühn*

Hydratationswärme. Die Hydratation von → Zement ist ein exothermer Vorgang, bei dem Wärme frei wird, deren Menge und zeitliche Entwicklung von der Zusammensetzung des Zements abhängt. Vor allem durch langsam reagierende Zumahlstoffe, z. B. Hüttensand, Traß, Flugasche (Zement), kann die H. verringert werden. Die H. des für die Betonherstellung verwendeten Zementes soll bei niedrigen Außentemperaturen möglichst hoch sein, da dies den Erhärtungsfortschritt beschleunigt. Beim Massenbeton dagegen sollte die H. möglichst gering sein, da infolge der ungleichmäßigen Abkühlung ein Temperaturgefälle über den Betonquerschnitt von innen nach außen entsteht, das zu thermischen Spannungen und damit zur Rißbildung führen kann. *Wesche*

Hydraulik. In der Physik versteht man unter H. die näherungsweise eindimensionale Behandlung (Fadenströmung) inkompressibler Strömungen newtonscher Fluide, insbes. Wasser, in Rohren und offenen Gerinnen. Spielen mehrere Raumrichtungen eine Rolle, so verwendet man die Bezeichnung Hydrodynamik. Die durch einen Stromfaden fließende Flüssigkeitsmenge Q ist gleich dem Produkt aus konstanter Dichte ρ_0, Fadenquerschnitt F und über den Querschnitt gemittelter Geschwindigkeit $\overline{w}$: $Q = \rho_0 F \overline{w}$. Der Druck an einer beliebigen Stelle des Stromfadens wird mit der Bernoulli-Gleichung

$$p + \frac{\rho_0}{2} \cdot \overline{w}^2 + \rho_0 \cdot g \cdot z = \text{konst}$$

berechnet; g ist die Fallbeschleunigung, z beschreibt die Höhendifferenz in Schwererichtung. Diese Gleichung wird entsprechend der Gestalt des Stromfadens (Krümmer, Abzweig u. ä.) durch mehr oder weniger empirisch ermittelte Zusatzterme zur Beschreibung von Strömungsverlusten, z. B. durch Reibung, turbulente Durchmischung und Strömungsablösung, erweitert (Druckverlust). *Obermeier*

Hydraulikbagger. H. sind → Bagger, bei denen sämtliche Bewegungen, wie Verstellen der Ausleger und Grabgefäße, Drehen und Fahren, hydraulisch betätigt werden. Dadurch entfallen die bei rein mechanischem Antrieb notwendigen komplizierten Getriebe mit ihren Übersetzungen, Kupplungen, Wendegetrieben, Bremsen usw. Als Kenngröße dient die Leistung des installierten Dieselmotors. H. werden in den unterschiedlichsten Größen gebaut. So reicht z. B. bei einem Hersteller die Palette für Raupenfahrzeuge von 31 kW bis 2×250 kW Motorleistung für Maschinen, die vorwiegend mit Tieflöffel ($0,06 - 7,2$ m^3 nach CECE) bestückt werden können. Ihr Betriebsgewicht beträgt zwischen 4,3 und 145 t. Reine Ladebagger (*engl.*: front shovels) erreichen Größen bis 2×835 kW, 498 t und maximal 34 m^3 Ladeschaufelinhalt. Der benötigte Betriebsdruck der Hydraulikanlage, der je nach Fabrikat rd. 300 bar beträgt, wird meist mit zwei Axialkolbenpumpen, die an den Antriebsmotor gekoppelt sind, erzeugt. Die

Pumpen sind selbstregelnd, d. h., sie passen sich dem erforderlichen Druck je nach Belastung an. Eine Summenleistungsregelung erlaubt, daß eine der Hydraulikpumpen die gesamte verfügbare Motorleistung aufnimmt und an die entsprechenden Hydraulikkreise, denen bestimmte Bewegungen zugeordnet sind, abgeben kann. Übersteigt der gemeinsame Bedarf die verfügbare Motorleistung, senken die Pumpen automatisch die Fördermenge und passen sich so der verfügbaren Leistung an. Für die verschiedenen Arbeiten, wie Ausbrechen, Heben und Fahren, teilen die Pumpen stets die Leistung so auf, wie es erforderlich ist.

H. werden vorwiegend mit Tieflöffel oder Ladeschaufel (Klappschaufel) bestückt; doch kommen auch Hochlöffel, Greifer und Spezialwerkzeuge zum Einsatz. Für eine wirtschaftliche Ausnutzung der → Transportfahrzeuge soll das Verhältnis von Transportgefäßinhalt und Grabgefäßinhalt zwischen 3 und 6 liegen. Da beim H. sämtliche Bewegungen der Ausleger und Grabgefäße mit hydraulischen Zylindern erfolgen, sind die Reichweiten der Einrichtungen (Hydraulikschläuche) beschränkt. Der Verstellausleger gestattet durch mehrere Umsteckmöglichkeiten eine Veränderung der Reichweite und Reichtiefe. Ferner können hier Löffelstiele unterschiedlicher Länge verwendet werden. Jedoch nimmt mit größerer Reichweite die Nutzlast der Grabgefäße ab. Eine Parallelogrammanlenkung zwischen Ausleger und Löffelstiel ermöglicht eine saubere Horizontalführung des Löffels bei der Grabbewegung; damit wird eine gute Anpassung an das Grabprofil erreicht. H. kommen auf Grund ihrer hohen Flexibilität fast überall zum Einsatz; der → Bagger-Lkw-Betrieb nimmt dabei eine führende Stellung ein. *Kühn*

Hydrogeologie. Die H. behandelt das unterirdische Wasser im → Wasserkreislauf, die Wechselbeziehungen des Wassers zu den Gesteinen, seine chemischen und physikalischen Eigenschaften, seine Bewegung, die → Grundwasserleiter und die Grundwassererschließung. Die Abgrenzung zur → Geohydrologie als Teilbereich der → Hydrologie ist praktisch nicht möglich. Daher wurde in DIN 4049 auf eine Abgrenzung verzichtet: H., Geohydrologie ist die Lehre von den Erscheinungen des Wassers in der Erdkruste, je nach Schwerpunkt der Betrachtungsweise. *Mattheß*
Literatur: DIN 4049. Tl. 1: Hydrologie. Grundbegriffe. Ausg. 1992.

Hydrologie. Die Ingenieurhydrologie liefert die in der → Wasserwirtschaft zur Ermittlung der für die Planung und den Betrieb wasserbaulicher Anlagen und zur Lösung wasserwirtschaftlicher Aufgaben benötigten hydrologischen Daten und Bemessungswerte (Tabelle, S. 352). Zu den wasserbaulichen Anlagen zählen beispielsweise: Gerinne, Brücken und Durchlässe, Stau- und Wasserkraftanlagen; zu den wasserwirtschaftlichen Aufgaben: die → Hochwasservorhersage, die Abgrenzung von → Überschwemmungsgebieten, die Durch-

Hydrologie (Ingenieurhydrologie). Tabelle: Hydrologische Daten für wasserwirtschaftliche Aufgaben (Quelle: Maniak 1993).

Wasserwirtschaftl. Maßnahme \ Benötigte Daten	Abfluß		Wasserstand		Niederschlag (Regen)				Evaporation			Temperatur			Bodenfeuchte	Grundwasser			Wasserqualitätsparameter	Sedimente		Wind	Strahlung	Feuchte
	Ganglinie	Mittel	Flüsse	Speicher	Fläche	Punkt	Schnee	Tau	Evaporation	Transpiration	Evapotranspiration	Luft	Wasser	Boden		stand	abfluß	Eis		Schwebstoff	Geschiebe			
Wasserbilanzen	●	●		●	●		●	●	●		●	●	●	●	●	●	●	●	●	●	●	●	●	●
Hochwasserschutz und Vorhersage	●		●	●	●	●	●					●			●			●		●	●	●		
Bewässerung	●	●		●	●			●	●	●	●	●	●	●	●						●	●	●	●
Entwässerung	●	●	●			●									●	●	●		●					
Wasserversorgung städtisch	●	●	●	●		●					●					●	●		●	●				
Wasserversorgung ländlich																●	●		●					
Wasserversorgung Industrie- und Kühlwasser	●	●	●													●	●		●	●				
Krafterzeugung Speicher		●		●	●		●		●			●								●	●			
Krafterzeugung Flüsse	●		●									●	●			●		●			●			
Schiffahrt Flüsse/Seen	●	●	●	●								●	●			●		●			●			
Schiffahrt Kanäle		●				●		●				●	●			●		●	●			●		
Wassergütewirtschaft	●	●	●	●								●	●							●	●		●	
Erosionsschutz	●	●			●	●	●													●	●			
Versalzung		●	●		●								●		●	●	●		●					
Freizeit/Erholung	●	●	●	●												●				●	●			
Naturschutz	●	●	●	●									●			●				●	●			

führung wasserwirtschaftlicher Planungen, die Bewirtschaftung der Gewässer nach Menge und Güte. Die H. befaßt sich somit mit der Ermittlung, Überwachung und Prognose der Wasservorräte, d.h. des ober- und unterirdischen Wasserdargebots im Hinblick auf die Menge und Beschaffenheit des Wassers und seiner Verfügbarkeit. In der Regel dienen hydrologische Beobachtungen mehreren unterschiedlichen Aufgabenstellungen; dabei sind regionale klimatische Besonderheiten zu beachten. Bereits bei der Planung von Einrichtungen zur Erfassung, Übertragung und Aufbereitung von hydrologischen Daten (→ Hydrometrie) ist zu berücksichtigen, wie die Daten später genutzt werden sollen, da in Meßsystemen mit hoher zeitlicher Auflösung Sensoren, Datenspeicher und -übertragung häufig eine Einheit bilden. Die Daten lassen sich in hydrologische und hydrometeorologische Daten, physiographische und Prozeßparameter klassifizieren.

Im Rahmen hydrologischer Untersuchungen gewann die Statistik in den vergangenen Jahren stark an Bedeutung. Die Abflußvorgänge lassen sich damit objektiver definieren. Zusammenhänge und Beziehungen zwischen hydrologischen Größen untersucht man mit der Korrelations- und Regressionsrechnung. Die Wahrscheinlichkeitstheorie (→ Ereignis, hydrologisches, Wahrscheinlichkeit) ist die Grundlage zur Bestimmung von Merkmalsgrößen hydrologischer Ereignisse mit vorgegebener Wahrscheinlichkeit des Auftretens, z. B. eines 50jährlichen Hochwasserscheitels. Die → Zeitreihenanalyse dient u. a. dazu, auf der Basis kurzer Beobachtungsreihen langjährige Datenreihen zu erstellen.

Ein großer Teil der für die wasserwirtschaftliche und wasserbauliche Praxis durchgeführten hydrologischen Untersuchungen befaßt sich mit Hochwasserproblemen. Hochwasserabflußberechnungen sind zudem allgemein wesentlich komplizierter als solche im Mittel- und Niedrigwasserbereich. Dies ist darauf zurückzuführen, daß Abflußmessungen im Hochwasserfall besonders fehleranfällig sind und die Datenreihen in vielen Fällen nur lückenhaft vorliegen. Viele Verfahren zur Beschreibung von Hochwasserabflußvorgängen sind auch für die Beschreibung von Abflußvorgängen im Mittel- und Niedrigwasserbereich einsetzbar, z. B. statistisch-stochastische Verfahren, Verfahren zur Berechnung von → Gebietsniederschlägen oder einige Niederschlag-Abfluß-Modelle (→ Niederschlag-Abfluß-Beziehung).

In der stochastischen H. werden die Wahrscheinlichkeitstheorie und die mathematische Statistik in die H. mit einbezogen. Dabei nimmt man an, daß die hydrologischen Prozesse vom Zufall des einzelnen Ereignisses abhängen. Im Gegensatz dazu steht die deterministische H., die physikalische Gesetzmäßigkeiten zwischen zwei oder mehreren hydrologischen Faktoren klärt und anwendet. In der stochastischen H. wird von mathematisch definierten Begriffen ausgegangen, wie Wahrscheinlichkeit und Häufigkeit von hydrologischen Zufallserscheinungen (→ Ereignis, hydrologisches, Häufigkeit). Zur Charakterisierung der Ereignisse dienen mathematische Parameter oder Maßzahlen, wie Standardabweichung, Schiefe, Variationskoeffizient, das arithmetische Mittel, der Median und Modalwert und die statistische Sicherheit. Hydrologische Aufgaben sind i. a. dadurch gekennzeichnet, daß große Datenmengen zu verarbeiten und umfangreiche Berechnungen auszuführen sind. In beiden Fällen ist aus wirtschaftlichen Gründen der Einsatz der elektronischen Datenverarbeitung unerläßlich. *Lecher*

Literatur: *Maniak, U.*: Hydrologie und Wasserwirtschaft. 3. Aufl. Berlin 1993.

Hydrologisches Ereignis → Ereignis, hydrologisches

Hydrometrie. Hydrologisches Meßwesen: Verfahren und Einrichtungen für hydrometeorologische und hydrologische Messungen einschl. der grundlegenden Auswertung (Primärauswertung). Die dabei gewonnenen hydrometeorologischen und gewässerkundlichen Grunddaten sind unbedingte Voraussetzung zur Lösung der vielfältigen wasserwirtschaftlichen und wasserbaulichen Aufgaben (→ Wasserwirtschaft). Außer diesen Forderungen der Praxis vermitteln die Meßdaten auch einen tieferen Einblick in den → Wasserhaushalt und die damit verbundenen Erscheinungen. Des weiteren dienen die aus den Meßdaten gewonnenen gewässerkundlichen Hauptwerte (Tabelle, S. 354) der hydrologischen Charakterisierung eines Gewässers. Zu den hydrometeorologischen Größen zählen u. a.: → Niederschlag, → Verdunstung, Lufttemperatur, Luftfeuchte, → Wind, Sonnenscheindauer und Strahlung. Zu den hydrologischen Größen rechnet man vor allem: Wasserstand, Fließgeschwindigkeit, → Abfluß (Durchfluß), Feststofftransport (Feststoffe) und Wassertemperatur. Um vergleichbare und repräsentative Meßdaten zu erhalten, sind weitgehend vorgeschriebene Bedingungen für den Standort und die Aufstellung der Geräte sowie für die Durchführung der Messungen einzuhalten.

Die Auswertung der gewonnenen Meßwerte ist, wegen der großen Bedeutung, sehr sorgfältig auszuführen. Insbesondere müssen automatisch registrierte Daten vor der Verarbeitung überprüft werden, um keine vermeidbaren Fehler in spätere Berechnungen und Planungen einzuschleppen. Zur Auswertung von umfangreichen Ganglinienaufzeichnungen stehen Abtastgeräte zur Verfügung, die die aufgezeichneten Meßwerte digitalisieren und auf einem elektronischen Datenträger absetzen. Damit lassen sich langwierige Auswertearbeiten wesentlich vereinfachen. Die Ergebnisse der Primärauswertung gewässerkundlicher Meßdaten (Tageswerte der Wasserstände, der Abflüsse u. a.) einschl. der gewässerkundlichen Hauptwerte und → Dauerlinien ausgewählter Meßstellen sind in den gewässerkundlichen Jahrbüchern (jeweils für Flußgebiete oder Teile davon) zusammengestellt. Spezielle, darüber hinausgehende Aussagen können nur durch die Anwendung von Methoden der mathematischen Statistik und der neueren → Hydrologie getroffen werden. In jüngster Zeit zeichnet sich ein zunehmender Einsatz der Datenfernübertragung von den Meßstellen zu gewässerkundlichen Zentralstellen, z. B. Landesämter für Ökologie, und die Nutzung des Radars für Niederschlagsmessungen (→ Wetterradar), d. h. ein weitgehender Einsatz der Elektronik, ab. *Lecher*

Hydrophobiermittel. H. sind zur Erzielung einer → Hydrophobierung von kapillarporigen mineralischen Baustoffen eingesetzte Imprägniermittel, vorzugsweise

Hydrometrie. Tabelle: Bezeichnung der gewässerkundlichen Hauptwerte.

Erläuterung	Abfluß in m³/s	Wasserstand in cm		
		im Tidegebiet		außerhalb des Tide- gebietes
		Tideniedrig- wasser	Tidehoch- wasser	
	Q	Tnw	Thw	W
überhaupt bekannter höchster Wert (HH), Datum ist anzugeben	HHQ	HHTnw	HHThw	HHW
Höchster Wert (H) in einem anzugebenden Zeitraum	HQ	HTnw	HThw	HW
arithmetisches Mittel der Höchstwerte (MH) verschiedener Abflußjahre, Zeitraum ist anzugeben	MHQ	MHTnw	MHThw	MHW
arithmetisches Mittel in einem anzugeben- den Zeitraum (M)	MQ	MTnw	MThw	MW
für Niedrigwasser entsprechend MH	MNQ	MNTnw	MNThw	MNW
für Niedrigwasser entsprechend H	NQ	NTnw	NThw	NW
für Niedrigwasser entsprechend HH	MNQ	NNTnw	NNThw	NNW
Median (Z), d. h. Wert, der im anzugebenden Zeitraum von der gleichen Anzahl von Hauptbeobachtungen sowohl über- wie unterschritten wird (früher Zentralwert)	ZQ			ZW
dichtester oder häufigster Wert (D), d. h. im anzugebenden Zeitraum am häufigsten vor- kommender Hauptbeobachtungswert	DQ			DW
Wert einer Beobachtungsreihe, der von n Werten dieser Reihe erreicht oder über- schritten wird, n Jährlichkeit	Q_n			W_n

reaktive Siliciumverbindungen, die auf der mineralischen Oberfläche polymerisieren. Unabhängig vom Typ der Siliconverbindungen entsteht als Wirkstoff auf der Baustoffoberfläche und in den oberflächennahen Poren und Mikrorissen ein Polysiloxan, ein Siliconharz. Wichtig für die Dauerwirksamkeit sind vor allem die an die Si–O-Hauptkette angebundenen organischen Seitenketten. Handelt es sich um Methylreste (CH_3), so ist die Wirksamkeit auf neutralen bis leicht alkalischen Untergründen (Natursteine, karbonatisierter Putz und Beton) gut. Bei längeren Alkylresten (C_4H_9 bis C_8H_{17}) ist die Beständigkeit auf alkalischen Substraten wesentlich besser, auf neutralen dagegen eher ungünstiger.

☐ Siliconat. Siliconate sind wasserlösliche Siliciumverbindungen (Alkalisalze von Siloxanen), die nach einigen Stunden bis einigen Tagen unter Aufnahme von Luftkohlensäure polymerisieren und ihre hydrophobierende Wirkung entfalten. Durch → Schlagregen auf frisch behandelte Flächen treten starke Auswaschungen auf. Nach Eintritt der chemischen Reaktionen ist wegen der wasserabweisenden Wirkung keine erneute Behandlung mit wassergelösten H. möglich. Hauptanwendungsgebiet von Siliconaten ist die werkmäßige Hydrophobierung von keramischen Dachziegeln, Gasbeton und Gipsplatten.

☐ Polysiloxane. Gegenüber den sonst ähnlich wirkenden, wassergelösten Siliconaten ist es vorteilhaft, die in aromatischen und aliphatischen Lösungsmitteln gelösten Polysiloxane in mehreren unmittelbar aufeinanderfolgenden oder zeitlich auseinanderliegenden Arbeitsgängen aufzutragen. Bei ungleichmäßiger oder im Laufe der Jahre nachlassender Wirkung ist eine Neubehandlung ohne weiteres möglich. Die Begründung für diese Eigenschaft liegt darin, daß die hydrophobierende (wasserfeindliche) Wirkung eben nur gegenüber Wasser und nicht gegenüber den organischen Lösemitteln besteht. Polysiloxane sind nicht gesundheitsschädlich, sie greifen auch keine anderen Baustoffe (Glas, Metalle) korrodierend an.

☐ Silan. Silane sind chemisch gesehen die Monomere (Einzelbausteine) der kunststoffähnlichen polymeren

Polysiloxane. Sie sind im Gegensatz zu diesen in polaren, wasserverträglichen Lösemitteln (Alkoholen) löslich. Dadurch behindert der meist auf den mineralischen Grenzflächen der zu benetzenden Baustoffporen vorhandene dünne Wasserfilm die Haftung nicht. Eine bestimmte Untergrundfeuchtigkeit und auch → Alkalität sind für die stattfindenden chemischen Reaktionen sogar von Vorteil. Es wird daher verschiedentlich empfohlen, den Untergrund kurz vor der → Imprägnierung mittels Dampfstrahl zu reinigen. Stark oder völlig wassergesättigte Untergründe lassen sich jedoch nicht erfolgreich behandeln.

Die Silanmonomere vernetzen bei alkalischen Untergründen auf der Oberfläche, in Poren und Rissen zu einem hydrophobierenden Film aus mittelmolekularen (oligomeren) Polysiloxanen und gehen gleichzeitig mit den reaktiven OH-Gruppen von im Baustoff vorhandenen Mineralen echte chemische Bindungen ein. Die monomeren Imprägnierlösungen sind alkalifrei und greifen Metalle und Glas nicht an. Wegen ihrer Gesundheitsschädlichkeit sind Sicherheitsbestimmungen bei der Verarbeitung einzuhalten. Wasserlösliche Siloxantypen verringern die gesundheitlichen Gefahren erheblich. Je langsamer sich der Wirkstoff auf dem Substrat bildet, desto mehr Masse des leicht flüchtigen Silans verdunstet an die Atmosphäre, belastet diese und ist technisch unwirksam. Der Verlust ist um so größer, je weniger alkalisch und je trockener der Untergrund ist und je günstiger die physikalischen Verdunstungsbedingungen sind (hohe Lufttemperatur, Wind).

□ Oligomere Siloxane. Die erst seit wenigen Jahren angewendeten vorpolymerisierten Silane (Silanoligomere, kurzkettige Polysiloxane oder Oligosiloxane) haben eine sehr geringe Flüchtigkeit. Sie verbleiben daher auch bei ungünstigen Reaktionsbedingungen (niedrige Temperatur, fehlende Feuchtigkeit, mangelnde Alkalität) so lange auf der Baustoffoberfläche, um langsam zu der stabilen Polymerphase reagieren zu können. Die Entwicklung dieser sehr erfolgversprechenden Gruppe von H. ist noch nicht abgeschlossen.

Sasse

Hydrophobierung. Bezeichnung für die wasserabweisende → Imprägnierung kapillarporiger Baustoffe. Die Wasserdampfdurchlässigkeit wird kaum behindert, flüssiges Wasser wird dagegen nicht in die Kapillaren gesaugt, → Schlagregen perlt ab. Für Baustoffe geeignete → Hydrophobiermittel bestehen aus speziellen Siliciumverbindungen (Siliconate, Polysiloxane, Silane). Hydrophobiermittel wirken durch physikalische Oberflächenkräfte, die den Randwinkel des benetzenden Wassers so vergrößern, daß kein kapillares Einsaugen stattfinden kann. Sie sollen möglichst tief in den Untergrund eindringen, um eine möglichst hohe Sicherheit und Dauerhaftigkeit der wasserabweisenden Wirkung zu erreichen. Dies erreicht man durch eine auf die Porengröße des Untergrundes abgestimmte → Viskosität. → Pigmente und → Füllstoffe können nicht ver-

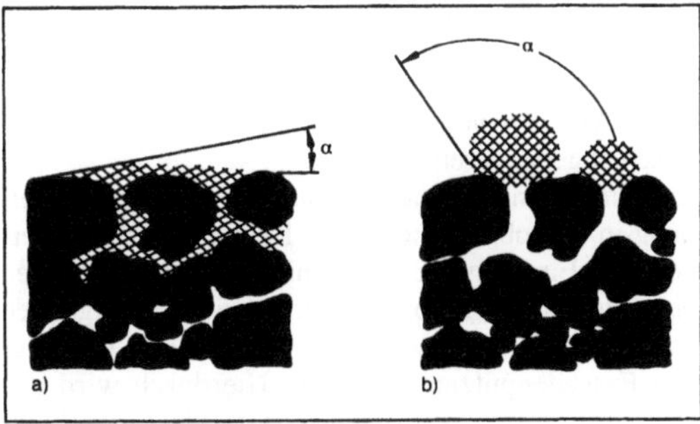

Hydrophobierung: Wassertropfen auf kapillarporigem Untergrund.
a) Nicht imprägniert,
b) Mit Siliconharz hydrophobiert.
α Benetzungswinkel,

wendet werden, da sie wegen ihrer Größe nicht in die Kapillarporen eindringen können. H. sind daher optisch nur durch den Abperleffekt bei Wasserbenetzung erkennbar. Bei sehr feinporigen Untergründen spielt sogar die Molekülgröße des Imprägniermittels eine Rolle. Große Polymermoleküle dringen dann nicht tief genug ein und benetzen auch nicht alle wasserfüllbaren Poren (Bild).

Ein in manchen Fällen nicht zu vernachlässigender Nebeneffekt einer H. ist die Verbesserung der mittleren Wärmedämmung von Außenwänden. Zum einen wird eine nicht unerhebliche Energiemenge benötigt, um eine durchfeuchtete Wand nach Ende eines Befeuchtungsvorganges (Schlagregen) zu trocknen, zum anderen kann der → Wärmedurchlaßwiderstand einer durchfeuchteten Wand bis auf ungefähr die Hälfte des Trockenzustandes abnehmen. Hydrophob wirkende Imprägniermittel können auch feine, kapillaraktive Risse gegenüber flüssigem Wasser abdichten. Diese Funktion beruht auf den gleichen Grundlagen wie bei den kapillaren Poren. Daher können auch keine größeren Risse (etwa oberhalb einer sichtbaren Weite von rd. 0,2 mm) gegen Wasserdurchtritt gesichert werden.

An H. werden zahlreiche verschiedenartige Forderungen gestellt. Mit den handelsüblichen Imprägniermitteln lassen sich diese Forderungen in unterschiedlichem Maße erfüllen. Je nach Bauwerk sind die Gewichtungen anders verteilt, so daß es kein optimales Verfahren geben kann, das für alle Anwendungsfälle gilt. Der i. d. R. auftretende Anforderungskatalog lautet:

□ Die Imprägnierung muß bewirken, daß flüssiges Wasser nicht in den Baustoff eindringt. Dies wird, da keine dichte Beschichtung vorliegt, durch einen physikalischen, wasserabweisenden Effekt, die H., erreicht. Wasser, dessen Oberflächenspannung durch Netzmittel stark herabgesetzt wurde, Flüssigkeiten mit geringer Oberflächenspannung, z. B. organische → Lösemittel, und dampfförmiges Wasser können eine hydrophobierte porige Schicht weiterhin durchdringen. Letzteres ist i. d. R. ein erwünschter Effekt.

□ Die Schutzwirkung muß möglichst lange anhalten. Dazu muß das Imprägniermittel mit dem zu schützenden Baustoff verträglich sein; es darf z. B. nicht durch die → Alkalität von zementhaltigen Baustoffen chemisch abgebaut (verseift) werden.

□ Es muß eine möglichst vollständige Porenauskleidung in den oberflächennahen Bereichen erzielt werden. Die Eindringtiefe soll minimal 2 mm bei dichten Natursteinen und Betonen, 20 mm bei stark saugenden Untergründen, wie bestimmten → Sandsteinen oder rauhen Fassadenputzen, betragen. Hierdurch wird das Imprägniermittel vor Witterungsangriffen geschützt und die Langzeitwirkung verbessert.

□ Das Imprägniermittel muß klebfrei auftrocknen. Es darf auch nach längerer → Bewitterung und bei starker Sonneneinstrahlung nicht erweichen. Hierdurch würden staubförmige Luftverunreinigungen festgehalten, und die Oberfläche würde stark verschmutzen, da Niederschlagswasser die fest haftenden Schmutzteilchen nicht abspülen kann.

□ Das Imprägniermittel soll aus ästhetischen Gründen i. d. R. unsichtbar bleiben. Es darf daher weder eine Eigenfarbe aufweisen noch sich bei längerer Bewitterung infolge von Alterungsprozessen gelblich oder bräunlich verfärben.

□ Die Dampfdurchlässigkeit der imprägnierten Schicht soll nicht zu stark verringert werden. Aus bauphysikalischen Gründen dürfen die Kapillarporen des Baustoffes durch das Imprägniermittel meist nur geringfügig verengt werden.

□ Die Imprägnierung darf die Eignung des Untergrundes für spätere Beschichtungen nicht verschlechtern. Erwünscht ist vielmehr eine verbessernde Wirkung. Wenn zu befürchten ist, daß Beschichtungen, die keine rißüberbrückende Wirkung haben, z. B. einfache Dispersionsfarbanstriche, durch Haarrißbewegungen aufreißen, so ist eine H. des Untergrundes vorteilhaft. Zum einen wird das mögliche Heranführen von anstrichschädigenden Stoffen aus dem Wandinnern verhindert, zum anderen wird der Riß sich trotz gerissenen → Anstrichs nicht deutlich abzeichnen, da die sonst üblichen Schmutzablagerungen im Rißbereich wegen des fehlenden Ansaugens von schmutzbeladenem → Niederschlagwasser nicht auftreten können. Dem vorzeitigen Lösen des Haftverbundes in Rißnähe (Abblättern des Anstrichfilmes) wird vorgebeugt.

□ Die Imprägniermittel, vor allem die in ihnen enthaltenen Lösemittel, müssen hinsichtlich → Toxizität, Entzündlichkeit und Geruch unkritisch sein.

Bei einer Reihe von Imprägniermitteln verringert sich der bei Benetzung mit Wasser deutlich sichtbare Abperleffekt im Laufe der Zeit. Dies ist nicht als nennenswerter Nachteil anzusehen, solange das Eindringen des Wassers in den Baustoff durch die hydrophobe Wirkung der Porenwände verhindert wird. Zur Prüfung am Bauwerk wird vielfach das Verfahren nach *Karsten* angewendet (*Klopfer* 1978). Genaue Ergebnisse erhält man durch Laborprüfungen an entnommenen Bohrker-

nen. Eine absolute Dichtheit gegen flüssiges Wasser wird man bei Imprägnierungen nicht erreichen können. Der Wasserhaushalt einer nicht unter ständigem Wasserdruck stehenden Außenwand ist jedoch wegen der gleichzeitig vorhandenen Dampfdurchlässigkeit so weit zum Trockenen hin verschoben, daß damit alle vernünftigen Anforderungen erfüllt werden. Bei der Imprägnierung von Stahlbetonbauteilen ohne nachfolgende dampfdichte Beschichtung ist zu beachten, daß die Karbonatisierungsgeschwindigkeit des Betons infolge des Fernhaltens von flüssigem Wasser merklich ansteigen und der Korrosionschutz der → Bewehrung gefährdet werden kann. Die Haftung eines nachträglich aufgebrachten → Putzes kann verringert werden. Mineralfarben soll man vorher aufbringen und erst anschließend imprägnieren. Die Haftung von Anstrichen auf organischer Grundlage wird i. d. R. abhängig von der Art des Imprägniermittels und des Anstrichmittels nicht beeinträchtigt, sondern verbessert. *Sasse*

Literatur: *Klopfer, H.*: Die Carbonatisation von Sichtbeton und ihre Bekämpfung. Bautenschutz und Bausanierung 1 (1978) Nr. 3, S. 86/88 u. S. 91/97.

Hydroschild. → Vortriebsschild mit einer thixotropen → Stützflüssigkeit an der → Ortsbrust (Bild). Mit einem H. (Thixoschild) können die Arbeiten in der Tunnelbaustelle i. a. unter normalem Luftdruck ausgeführt werden. Die Vortriebsmaschine (→ Voll- oder → Teilschnittmaschine) vor Ort arbeitet in einem mit einer thixotropen Stützflüssigkeit gefüllten Arbeitsraum. Da die Stützungswirkung einer solchen Flüssigkeit nur in Ruhe gewährleistet ist, muß bei drehendem Bohrkopf oder Schwenkarm der Vortriebsmaschine ein Druckluftpolster zu Hilfe genommen werden, um einen ähnlichen stützenden Effekt zu erreichen. Der Abraum wird zusammen mit einem Teil der Stützflüssigkeit abgeför-

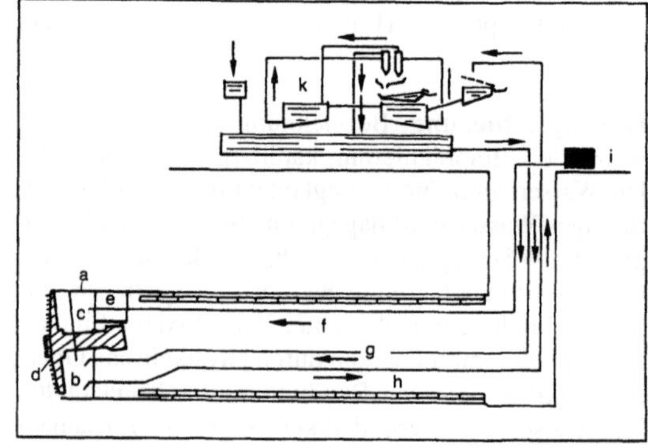

Hydroschild: Vortrieb mit H.

a Vortriebsschild, b mit thixotroper Stützflüssigkeit gefüllter Arbeitsraum, c Druckluftkammer (Druckluftpolster), d Vortriebsmaschine, e Schleuse, f Luftleitung, g Speiseleitung (thixotrope Flüssigkeit), h Förderleitung, i Verdichter, k Aufbereitungsanlage

dert. Letztere kann über Tage in einer → Aufbereitungsanlage separiert und wieder dem Arbeitsraum vor Ort zugeführt werden. Soll das Personal den Arbeitsraum vor Ort betreten, z. B. zur Beseitigung von Hindernissen oder Auswechseln des → Abbauwerkzeugs an der Vortriebsmaschine, so muß die Stützflüssigkeit abgepumpt und wie beim → Druckluftverfahren Druckluft entsprechend dem Wasserdruck eingeblasen werden, d. h. man muß ausreichend Druckluft vorhalten (→ Schildvortrieb). *Wagner*

Hydrosphäre. Die H. ist die Gesamtheit des festen, flüssigen und gasförmigen Wassers über, auf und in der Erde. *Mattheß*

Hygroskopizität → Wasseranlagerungswert

Hyparschale. Die Geometrie ihrer Fläche wird durch ein hyperbolisches Paraboloid beschrieben, eine Fläche, in die zwei Scharen sich kreuzender Geraden gelegt werden können. Grundsätzlich sind zwei Arten solcher Schalen zu unterscheiden:
□ Die Fläche füllt ein windschiefes Viereck aus und wird durch die Gleichung $x_3 = \dfrac{1}{C} x_2 \cdot x_2$ beschrieben (Bild 1). Mehrere solcher Flächen lassen sich zu verschiedenen Schalendächern zusammensetzen.

□ Werden die Koordinatenachsen in Bild 1 um 45° gedreht, so entsteht eine Fläche, die sich durch die Gleichung $x_3 = \dfrac{1}{2C}\left(x_1^2 - x_2^2\right)$ beschreiben läßt (Bild 2).

In beiden Fällen kann man den Spannungszustand mit der Membrantheorie nur ungenau erfassen, wie dies auch für die einschalige Hyperboloidschale (→ Rotationsschale) gilt. *Laermann*

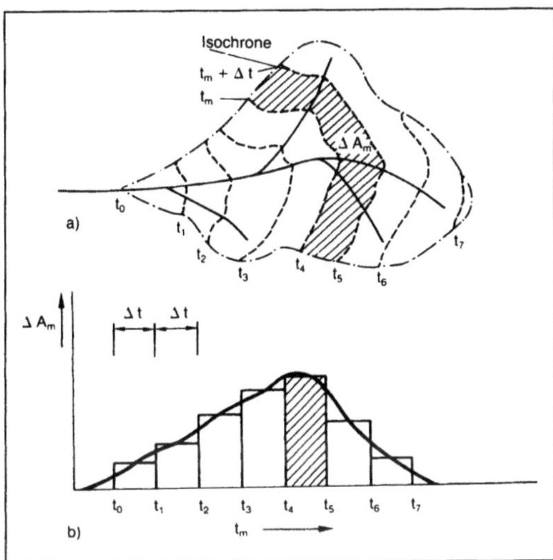

Hyreun-Verfahren 1: Lineare Translation.

a) Isochronen (Linien gleicher Fließzeit)
b) Zeit-Flächen-Diagramm.

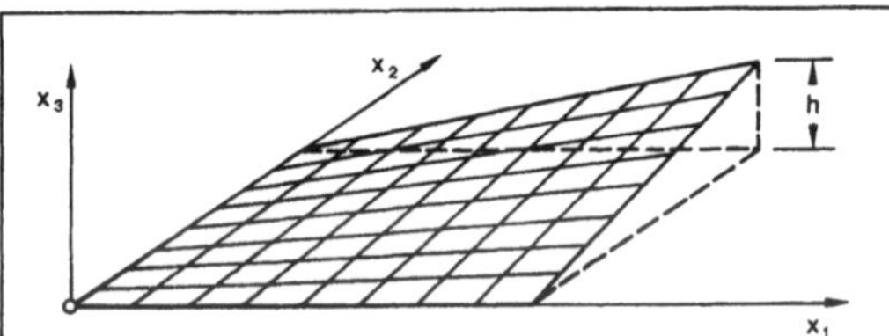

Hyparschale 1: Fläche nach der Gleichung

$$x_3 = \frac{1}{C} x_2 \cdot x_2$$

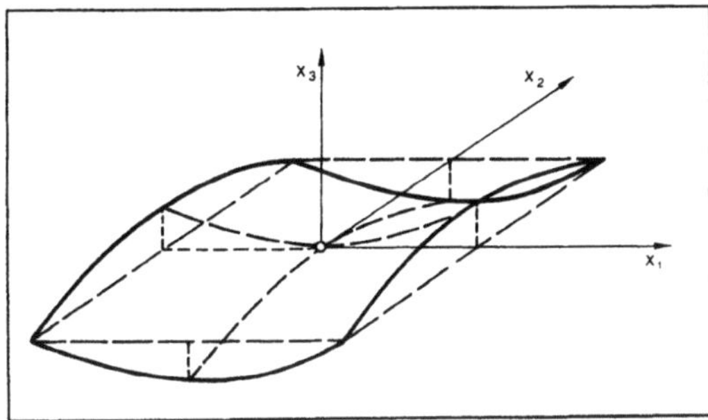

Hyparschale 2: Fläche nach der Gleichung

$$x_3 = \frac{1}{2C}\left(x_1^2 - x_2^2\right).$$

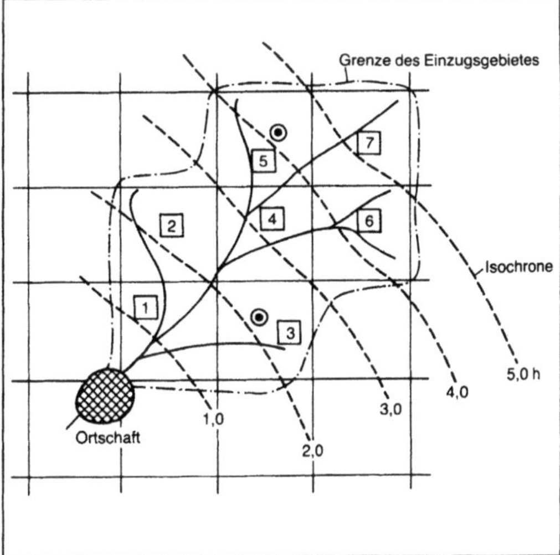

Hyreun-Verfahren 2: Schematisiertes Einzugsgebiet.

⊙ täglich gelesene Niederschlagsstation
● Regenschreiber

Hyreun-Verfahren. Das H.-V. (→ Niederschlag-Abfluß-Beziehung) kombiniert
– die lineare Translation im → Einzugsgebiet durch das Zeit-Flächen-Diagramm (Bild 1, S. 357) und
– einen am Ausgang des Gebiets gedachten linearen Speicher (→ Speichermodell). Das H.-V. (Hyreun: HYdrological REsearch UNit) gehört heute zu den Standardverfahren der Ingenieurhydrologie (→ Hydrologie). Es hat sich vor allem für Hochwasseruntersuchungen, im Flachland und im Hochgebirge, für Einzugsgebietsgrößen bis zu rd. 1 000 km^2 bewährt. Man verwendet Planquadrate, durch die sich auch eine ungleichförmige Überregnung des Einzugsgebietes berücksichtigen läßt (Bild 2, S. 357). *Lecher*

I

Immission. I. (*lat.* immittere = hineinsenden) sind Einwirkungen auf die → Umwelt eines zu schützenden Akzeptors (Mensch, Tier, Pflanze, Sachgut). Eine I. liegt vor, wenn
– mit physischen Mitteln auf Menschen, Tiere, Pflanzen oder leblose Sachen eingewirkt wird (psychische Einwirkungen – z. B. Beleidigungen durch Gesten u. ä. – sind keine I.),
– die Einwirkungen in irgendeiner Form nachteilige Folgen haben können (auf den Grad der Schädlichkeit kommt es bei der Begriffsbestimmung nicht an),
– die Einwirkungen unmittelbar (z. B. durch Geräusche) oder mittelbar (z. B. durch Absorption des Sonnenlichts durch verunreinigte Luft) durch menschliches Verhalten verursacht sind (Einwirkungen durch die Luft in ihrer natürlichen Zusammensetzung sind keine I.) und – die Einwirkungen über die bestehende Umwelt an die betroffenen Menschen, Tiere, Pflanzen oder Sachen herangetragen bzw. in den Boden, das Wasser oder die Atmosphäre eingetragen werden.

Nach der Legaldefinition des BImSchG sind I. auf Menschen, Tiere und Pflanzen, den Boden, das Wasser, die Atmosphäre sowie Kultur- und sonstige Sachgüter einwirkende Luftverunreinigungen, Geräusche, → Erschütterungen, Licht, Wärme, Strahlen und ähnliche Umwelteinwirkungen (§ 3 Abs. 2 BImSchG). Dieser Begriff steht in einem engen Zusammenhang mit dem Begriff der Emission, Emissionen werden zu I., wenn sie in einen Bereich gelangen, in dem sie unmittelbar auf einen Akzeptor einwirken können. Zwischen dem Verlassen des Emissionsbereichs und dem Eintritt in den Immissionsbereich liegt eine Transmission vor. *Hansmann*

Immissionsgrenzwert. Als I. wird im bundesdeutschen Immissionsschutzrecht nur ein immissionsbegrenzender Wert mit rechtsnormativer – und damit gegenüber Dritten unmittelbarer – Verbindlichkeit bezeichnet. Im Sprachgebrauch wird diese besondere Bedeutung gegenüber Begriffen wie Immissionswert, → Immissionsrichtwert, Immissionsleitwert oder maximale Immissionswerte (MI-Werte) nicht immer berücksichtigt.

Im Bereich der Lärmimmissionen sind I. zum Schutz der → Nachbarschaft vor schädlichen Umwelteinwirkungen durch Verkehrsgeräusche in § 43 Abs. 1 BImSchG vorgesehen und in der Verkehrslärmschutzverordnung vom 12. Juni 1990 (BGBl. I S. 1036) festgesetzt. Diese I. dürfen unter Zugrundelegung des in § 3 der Verordnung festgelegten Verfahrens zur Berech-

nung des Beurteilungspegels nicht überschritten werden. Für den Fall der Überschreitung sind nach § 42 BImSchG Entschädigungen für Schallschutzmaßnahmen an betroffenen baulichen Anlagen vorgesehen.

Auch die Sportanlagen-Lärmschutzverordnung vom 18. Juli 1991 (BGBl. I S. 1588) enthält für Dritte unmittelbar verbindliche immissionsbegrenzende Werte, die jedoch nicht als I., sondern als Immissionsrichtwerte bezeichnet sind. Dies hat seinen Grund darin, daß die Errichtung und der Betrieb einer Sportanlage nicht immer von der Einhaltung der Werte abhängen; ihnen fehlt insoweit der Grenzwertcharakter. Die Überprüfung der Einhaltung der grundsätzlich festgelegten Immissionsrichtwerte (§ 2 Abs. 2 der Verordnung), die nach einem in der Verordnung geregeltem Ermittlungs- und Beurteilungsverfahren vorgenommen wird, ist mit weiter differenzierenden Bewertungsvorschriften gekoppelt; außerdem soll die Behörde nicht bei jeder Überschreitung der Werte eingreifen.

Für den Bereich der Luftreinhaltung sind I. in einigen EG-Richtlinien über Grenzwerte und Leitwerte der Luftqualität enthalten:
– Richtlinie 80/779/EWG für Schwefeldioxid und Schwebestaub, geändert durch Richtlinie 89/427/EWG,
– Richtlinie 82/884/EWG für Blei,
– Richtlinie 85/203/EWG für Stickstoffdioxid,
– Richtlinie 92/72/EWG für Ozon (sog. Immissionsschwellenwerte).

EG-Richtlinien stellen jedoch nicht unmittelbar in der Bundesrepublik Deutschland anzuwendendes Recht dar, sondern müssen in nationales Recht transformiert werden. Dies ist für die genannten Immissionskomponenten in der Bundesrepublik in der Verordnung über Immissionswerte vom 26. Oktober 1993 (BGBl. I S. 1819), geändert durch Verordnung vom 27. Mai 1994 (BGBl. I S. 1059), geschehen.

Für den im Immissionsschutz zunehmend Bedeutung erlangenden Bereich der nichtionisierenden Strahlen (Licht, Wärme, elektrische und magnetische Felder) ist die Festsetzung von Immissionsgrenzwerten in der in Vorbereitung befindlichen Verordnung über elektromagnetische Felder vorgesehen, mit der dem Phaenomen des Elektrosmogs begegnet werden soll.

Dreyhaupt

Immissionsrichtwert (TA Lärm). Die I. der → TA Lärm (2.321) sind im Hinblick auf ein unterschiedliches Schutzbedürfnis des Menschen gegen Lärm einerseits (tagsüber/nachts) und Notwendigkeit der Rücksichtnahme in einer Industriegesellschaft gegen-

Immissionsrichtwert. Tabelle: I. der TA-Lärm (Nachtzeit 22 – 6 Uhr)

a) Gebiete, in denen nur gewerbliche oder industrielle Anlagen und Wohnungen für Inhaber und Leiter der Betriebe sowie für Aufsichts- und Bereitschaftspersonen untergebracht sind		70 dB (A)
b) Gebiete, in denen vorwiegend gewerbliche Anlagen untergebracht sind	tagsüber	65 dB (A)
	nachts	50 dB (A)
c) Gebiete mit gewerblichen Anlagen und Wohnungen, in denen weder vorwiegend gewerbliche Anlagen noch vorwiegend Wohnungen untergebracht sind	tagsüber	60 dB (A)
	nachts	45 dB (A)
d) Gebiete, in denen vorwiegend Wohnungen untergebracht sind	tagsüber	55 dB (A)
	nachts	40 dB (A)
e) Gebiete, in denen ausschließlich Wohnungen untergebracht sind	tagsüber	50 dB (A)
	nachts	35 dB (A)
f) Kurgebiete, Krankenhäuser und Pflegeanstalten	tagsüber	45 dB (A)
	nachts	35 dB (A)
g) Wohnungen, die mit der Anlage baulich verbunden sind	tagsüber	40 dB (A)
	nachts	30 dB (A)

über bestimmten wirtschaftlichen Betätigungen (Betrieb von mit Geräuschemissionen verbundenen Anlagen) andererseits festgesetzt. Letzterer Gesichtspunkt schlägt sich nieder in der graduellen Abstufung der I. entsprechend der baulichen Nutzung des Gebiets, in dem angemessener Schutz vor Lärm gewährt werden soll. Besonderen Schutz genießen Krankenhäuser, Pflegeanstalten und Wohnungen, die mit einer Lärm emittierenden Anlage baulich verbunden sind. Die Tabelle gibt die I. nach 2.321 der TA Lärm wieder. Die beschriebenen Gebiete korrespondieren grundsätzlich mit den in Bauleitplänen auszuweisenden Baugebieten.

Ist ein → Bebauungsplan nicht aufgestellt oder weicht in einem ausgewiesenen Gebiet die tatsächliche Nutzung erheblich von der festgesetzten ab, so ist von der tatsächlichen baulichen Nutzung auszugehen. Beim Zusammentreffen von Gebieten sehr unterschiedlicher Nutzung und Schutzwürdigkeit kann – entsprechend dem nicht schematischen Charakter des Richtwerts – durch eine Art Mittelwertbildung ein Interessenausgleich geschaffen werden. Im übrigen sind die I. nicht allein auf die von der betrachteten Anlage ausgehenden Geräusche abgestellt, sondern wegen ihres Akzeptorbezugs auf die gesamte Geräuschbelastung im Einwirkungsbereich der Anlage.

Zur Feststellung, ob der I. eingehalten ist, gilt der nach 2.422.5 der TA Lärm ermittelte Beurteilungspegel, der mit dem I. zu vergleichen ist. *Dreyhaupt*

Immissionsstandard. Als I., die eine auf das Immissionsschutzrecht bezogene Untergruppe von Umwelt-

standards darstellen, werden allgemein Werte zur Begrenzung von → Immissionen wie Luftverunreinigungen, Geräusche, → Erschütterungen, Licht und sonstige nichtionisierende Strahlen bezeichnet. Auf der staatlichen Ebene gesetzte I. werden je nach ihrer rechtlichen Qualität und ihrer Zielsetzung als → Immissionsgrenzwerte, Immissionswerte, → Immissionsrichtwerte oder Immissionsleitwerte angegeben. Derartige Regelungen existieren für die Bereiche Luftreinhaltung und Lärmschutz (Immissionsgrenzwert, Immissionsrichtwert (→ TA Lärm)).

Daneben werden im Bereich der Luftreinhaltung in VDI-Richtlinien unter dem Oberbegriff maximale Immissionswerte (MI-Werte) entwickelte MIK-Werte, MIR-Werte und MID-Werte für Konzentrationen, Raten bzw. Dosen verwendet sowie Werte der WHO-Luftqualitätsleitlinien.

Im Bereich der Erschütterungen werden in DIN-Normen, z. T. auch in VDI-Richtlinien angegebene Immissionsanhaltswerte zur Beurteilung von Erschütterungen angewendet.

Zur Begrenzung von Lichtimmissionen – konkret zur Vermeidung unerwünschter Raumaufhellung und störender Blendung – hat der Länderausschuß für Immissionsschutz in einer Licht-Richtlinie Immissionswerte angegeben.

In der in Vorbereitung befindlichen Verordnung über elektromagnetische Felder, die als Phaenomene der nichtionisierenden Strahlen über das Licht hinaus Bedeutung im Immissionsschutz gewonnen haben (Elektrosmog), sind Immissionsgrenzwerte der elektrischen und magnetischen Feldstärke sowie der magnetischen Flußdichte vorgesehen. *Dreyhaupt*

Literatur: Länderausschuß für Immissionsschutz: Messung und Beurteilung von Lichtimmissionen (Licht-Richtlinie), Berlin 1994.

Imperfektion. I. sind Ungenauigkeiten unterschiedlicher Ursache, die von den idealisierten Annahmen, wie z. B. ideal gerader Stabachse, zentrischer Krafteinleitung usw., abweichen. Die Berücksichtigung dieser imperfekten Eigenschaften der realen Stahlkonstruktion im Berechnungsmodell führt auf wirklichkeitsnähere Berechnungsweisen von Ingenieurbauwerken.

Man unterscheidet die strukturellen I.:
☐ → Eigenspannungen,
☐ Querschnittoleranzen und
☐ Werkstoffinhomogenitäten
sowie die geometrischen I.:
☐ Fertigungstoleranzen und
☐ Montageungenauigkeiten.

Vereinfachend werden diese Anteile zusammengefaßt und als geometrische Ersatz-I. bezeichnet. In den zukünftigen Regelwerken (Eurocode, DIN 18800) ist die Berücksichtigung der Ersatz-I. zwingend vorgeschrieben und zwar
– für Einzelstäbe parabelförmige Vorkrümmungen in Abhängigkeit von der Querschnittsform,
– für Stabsysteme definierte Schiefstellungen der Stützen.

In bestimmten Grenzfällen sind beide Ersatz-I. gleichzeitig zu berücksichtigen. Die Erfassung von I. führt stets auf ein Spannungsproblem (im Gegensatz zum Stabilitätsproblem), und die Berechnung der Bauwerke wird dann zweckmäßigerweise nach der → Spannungstheorie 2. Ordnung durchgeführt.

Sedlacek/Scholz

Imprägnierung. Schutzbehandlung von kapillarporigen Baustoffen, z. B. → Sandstein, → Putz, → Beton, → Holz, gegen physikalische, chemische oder biologische Angriffe durch Einbringen von flüssigen Schutzmitteln in das Porensystem. Aus wirtschaftlichen oder bauphysikalischen Gründen strebt man meist eine weitgehende Offenhaltung der Poren bei vollständiger Benetzung der Porenwände an. I. werden zur Verhinderung kapillarer Wasseraufnahme (→ Hydrophobierung) und zum Schutz gegen pflanzliche und tierische Schädlinge angewendet. Die Imprägniertechnik für Holzbauteile unterscheidet sich sowohl in der Zielsetzung als auch in der Art der verwendeten Wirkstoffe grundsätzlich von der für mineralische Baustoffe. Porenverschließende Kunstharzlösungen und -dispersionen sind keine Imprägniermittel, auch wenn sie tief in das Porensystem des → Untergrundes eindringen. Sie sind den → Versiegelungen oder → Grundierungen zuzuordnen. Baustoffe mit sehr kleinem oder nicht kapillar wirksamem Porenvolumen (dichte Natursteine, Klinker, glasierte Fliesen) können durch I. vor schädlichen Einflüssen nicht geschützt werden. Sie sind wegen ihrer fehlenden Wasser- und damit Schadstoffaufnahme

ohne zusätzliche Maßnahmen genauso beständig (oder unbeständig) wie chemisch gleiche Stoffe mit wirksamer I.

Sasse

Indexversuche. Versuche in der → Bodenmechanik zur Klassifizierung von Böden. Sie dienen zum Benennen von Bodenarten und zur Beschreibung von Böden nach DIN 4022, T1 sowie für ihre Zuordnung zu Bodengruppen nach DIN 18196. Die wichtigsten Versuche sind:
– die Ermittlung der Korngrößenverteilung (DIN 18123),
– bei fein- und gemischtkörnigen Böden zusätzlich die Ermittlung der Zustandsgrenzen (DIN 18122).

Die Zustandsgrenzen lassen sich nur für feinkörnige Böden ermitteln. Sie sind als diejenigen Wassergehalte definiert, die für den fließfähigen sowie den halbfesten Zustand des Bodens gelten. Die Differenz beider Wassergehalte heißt Plastizitätszahl I_p. Mit I_p und dem natürlichen Wassergehalt des Bodens läßt sich die Konsistenzzahl I_c ermitteln. Böden mit geringen I_c-Werten sind breiig oder weich, solche mit hohen Werten steif oder halbfest.

Anhand der Indexwerte lassen sich auch Anhaltswerte zur Festigkeit sowie zur → Durchlässigkeit von Böden herleiten.

Bei grobkörnigen Böden wird zur Zustandsbeschreibung die Lagerungsdichte D bzw. die bezogene Lagerungsdichte I_D ermittelt. Beide Größen hängen von der Porenzahl e oder dem Porenanteil n des anstehenden Bodens (DIN 18125) sowie den Grenzwerten von e und n (DIN 18126) ab (Bodenmechanik).

Weiter kann die Bestimmung der organischen Bestandteile (Glühverlust nach DIN 18128) sowie des Kalkgehalts (DIN 18129) erforderlich sein. Als Bezugsgröße für die Güteüberwachung bei Verdichtungen im → Erdbau dient die Proctordichte (DIN 18127).

Die Bestimmung der → Wasseraufnahmefähigkeit sowie der Schrumpfgrenze eines Bodens lassen Aussagen zu dessen Schwell- bzw. Schrumpffähigkeit zu.

Meißner/Becker

Indirekteinleiter → Direkteinleiter

Industrialisierung. Seit der industriellen Revolution im 19. Jahrhundert wurde die Industrie zeitweise zu demjenigen der Wirtschaftssektoren, der die größten Beschäftigungszahlen aufwies. In der Siedlungsentwicklung führte dies zur räumlichen Ballung von Wohngebieten, Gewerbegebieten und Industriegebieten. Dieses stürmische Wachstum verlangte zunehmend nach einer Steuerung räumlicher Entwicklung, wie es z. B. in der → Charta von Athen formuliert wurde. Inzwischen hat die Entwicklung des industriellen Bereichs, gemessen an der Anzahl der Arbeitsplätze, ihren Höhepunkt überschritten. Die → Baunutzungsverordnung unterteilt die im → Flächennutzungsplan ausgewiesenen gewerblichen → Bauflächen in Gewerbegebiete und Industriegebiete. Diese unterscheiden sich durch das dort zulässige Maß an Störungen. Die Gemeinden haben die Möglichkeit, durch Festsetzungen im → Bebauungsplan (Pflanzgebote, Begrenzung der bebaubaren Flächen usw.) Auflagen im Sinne besserer Arbeitsplatzqualität zu machen („Industriepark"). Andererseits müssen bei der Wiederverwendung brachliegender Industrieflächen, die durch Betriebsstillegung oder -verlagerung u. U. in für die Stadtentwicklung günstigen Standorten anfallen, oft → Altlasten (Bodenkontaminationen) beseitigt werden, was mit hohen Investitionen verbunden ist. In den neuen Bundesländern wurde nach der Wiedervereinigung die Ausweisung von Industrie- und Gewerbeflächen genauso wie von Sondergebieten für großflächigen Einzelhandel und Einkaufszentren an Stadträndern oder in Nachbargemeinden in überproportionalem Maße vorgenommen. Dies wirkte sich nicht nur zum Schaden der Attraktivität der Innenstädte aus, sondern auch dahingehend, daß vorhandene Industrie- und Gewerbeflächen brach fallen. *Spengelin*

Literatur: *Borchard, K.*: Arbeitsstätten. In: Grundriß der Stadtplanung. Hannover 1983. – *Mieth, W.*: Industrieansiedlungspolitik. In: Handwörterbuch der Raumforschung und Raumordnung. Hannover 1970. – *Sperling, H.*: Industrie. In: Handwörterbuch der Raumforschung und Raumordnung. Hannover 1970. – *Stavenhagen, G.*: Industriestandorttheorien. In: Handwörterbuch der Raumforschung und Raumordnung. Hannover 1970.

Industriebrache. Grundstücke, deren gewerbliche oder industrielle Nutzung seit mehreren Jahren durch den Eigentümer aufgegeben und keiner neuen Nutzung zugeführt wurde. Weiterhin rechnet man zu I. betriebliche Reserveflächen, die von dem Unternehmen nicht mehr genutzt werden. Im Rahmen einer geplanten Wiederverwendung der I. ist diese grundsätzlich als Altstandort und als → Verdachtsfläche anzusehen, weil nicht auszuschließen ist, daß Verunreinigungen mit umweltgefährdenden Stoffen am Standort vorliegen. Neben Verunreinigungen des Bodens, die während des Betriebes entstanden sind, können auch aus dem Abbruch der Anlagen und Bauwerke mehr oder weniger stark verunreinigter → Bauschutt und andere → Abfälle angefallen und als Auffüllmaterial verwendet worden sein. Maßnahmen, die zur Wiederverwendung brachliegender Grundstücke erforderlich sind, werden als Flächenrecycling bezeichnet. Der Umfang der Maßnahmen richtet sich nach der vorgesehenen Nutzung, so z. B. bei einer gemischten Wohnbebauung mit Gewerbebetrieben nach den allgemeinen Anforderungen an gesunde Wohn- und Arbeitsverhältnisse für die Bevölkerung (→ Bauleitplanung). *Thoenes*

Literatur: Minister für Landes- und Stadtentwicklung NW: Richtlinien für Ankauf, Freilegung, Baureifmachung und Wiederveräußerung von Gewerbe-, Industrie- und Verkehrsbrachen. MBl. NW 1984. – *Genske, D., u. H. P. Noll*: Brachflächen und Flächenrecycling. Berlin 1995.

Industriewasserwirtschaft. Umfaßt im wesentlichen
– die Versorgung mit → Betriebswasser und
– die Behandlung und Reinigung gewerblicher und industrieller Abwässer. Als Betriebswasser (Brauchwasser) wird das Wasser bezeichnet, das gewerblichen, industriellen, landwirtschaflichen oder ähnlichen Zwecken dient. Die Güteanforderungen richten sich nach dem jeweiligen Verwendungszweck. Lebensmittelverarbeitende Betriebe benötigen z. B. hygienisch beste Güte (Trinkwasserqualität), → Kesselspeisewasser darf nicht korrodierend wirken oder Kesselstein bilden usw. Nur in seltenen Fällen ist eine strenge Aufgliederung nach Produktionswasser und → Kühlwasser möglich. Letzteres dient zum Abführen maschinen- und prozeßbedingter überschüssiger Wärme. Die Notwendigkeit, aus Umweltschutz- und Kostengründen Wasser zu sparen, zwingt zur mehrfachen Nutzung des Wassers. Bei der → Kreislaufwassernutzung wird das Wasser ohne zeitliche Begrenzung in geschlossenen Kreisläufen geführt, z. B. bei der Kühlung. Im weitesten Sinne versteht man darunter auch die mehrfache Nutzung von Wasser. In Deutschland wird das von der Industrie geförderte oder bezogene Wasser im Durchschnitt 3,5mal genutzt. Eine weitere Möglichkeit zur Einsparung von Betriebswasser ist die Umstellung auf Produktionsprozesse ohne oder mit geringerem Wasserverbrauch. *Lecher*

Infiltration. I. ist die Bewegung des Sickerwassers infolge von → Niederschlägen, → Beregnung oder Überstauung von oben her in den Boden, wenn das Gesamtpotential >0 ist (Strömung im wasserungesättigten Bereich). Der Verlauf der I. wird durch die aktuelle Infiltrationsrate gekennzeichnet, d. h. die Wassermenge, die je Zeiteinheit versickert. Manchmal gibt man auch die innerhalb einer bestimmten Zeit insgesamt versickerte Wassermenge an (kumulative I.). Die aktuelle Infiltrationsrate weicht von der Infiltrationskapazität, der maximal möglichen Infiltrationsrate ab, da während des Sickervorganges biologische Vorgänge, Quellvorgänge der Bodenkolloide und die Lösung eingeschlossener Luft die → Durchlässigkeit des Bodens für das → Sickerwasser ständig verändern.

Die Infiltrationskapazität eines Bodens ist eine variable Größe, die von den physikalischen Bodeneigenschaften, insbes. vom Wasserhaltevermögen des Bodens sowie vom aktuellen → Feuchtigkeitsgehalt, vom makro- und mikroskopischen Bodenleben, von der Pflanzendecke, der Bodenneigung und -art sowie von der Verteilung der Niederschläge beeinflußt wird. Über Schichten mit kleinerem → Durchlässigkeitskoeffizienten kann es zu einem Wasserstau kommen. Böden mit niedrigem Feuchtigkeitsgehalt können beim Gefrieren körnig und durchlässiger, Böden mit hohem Feuchtigkeitsgehalt hingegen annähernd undurchlässig werden. Unter einer Schneedecke bleibt oft die Bodenstruktur erhalten, da eine mächtige Schneedecke das Gefrieren des Bodens verhindern kann. Die reale Sickergeschwindigkeit in der wasserungesättigten Zone (→ Wasser, unterirdisches) ist in skelettreichen Materialien am höchsten (größenordnungsmäßig bis zu mehreren Metern oder Zehnermetern je Tag). In Untergrundmaterialien mit hoher Feldkapazität bewegt sich dagegen das Sickerwasser sehr langsam nach unten, wie Untersuchungen mit tritiummarkiertem Sickerwasser in feinkörnigen Gesteinen (sandig-lehmige Materialien) zeigen. Bei einer Geschwindigkeit in der Größenordnung von 1 m/a dauert es bei entsprechenden Flurabständen Jahre, bis die Grundwasseroberfläche erreicht ist.

Matheß

Infrastruktur, städtische. Unter „Infrastruktureinrichtungen" läßt sich das zusammenfassen, was die Funktionen Wohnen und Arbeiten sowie deren Verbindung letztlich ermöglicht, z. B. auch die → Wohnfolgeeinrichtungen:

☐ Öffentliche I., so z. B. die Verkehrswege, die Ver- und Entsorgungseinrichtungen (Wasser, Strom, Telefon, Abwasser, Müll usw.) sowie die Einrichtungen für Bildung und Gesundheit, Sport und Spiel (→ Freizeiteinrichtung).

☐ Private Infrastruktureinrichtungen dienen der Versorgung der Bevölkerung mit täglichem, wöchentlichem und monatlichem Bedarf und beinhalten ebenfalls Teile der unter „Öffentliche Infrastruktur" genannten Einrichtungen, soweit sie privat betrieben werden (→ Wohnfolgeeinrichtung).

Mit Hilfe von Vorleistungen auf dem Gebiet der Infrastruktur versuchen Länder und Gemeinden, günstige Standortbedingungen zu schaffen sowie private Investitionen anzulocken bzw. zu binden. Sie sind insofern ein wesentliches Mittel der Stadtentwicklungspolitik, lassen sich aber zum größten Teil in bezug auf ihren tatsächlichen Nutzen schwer vorausschätzen bzw. berechnen. Im Hinblick auf die Finanzplanung der Gemeinden und anderer Gebietskörperschaften sind nicht nur die Investitionen für die Infrastruktur, sondern vor allem auch die Folgekosten (Betrieb und Reparatur) von Bedeutung. *Spengelin*

Literatur: *Jochimsen, R., u. K. Gustafsson*: Infrastruktur. In: Handwörterbuch der Raumforschung und Raumordnung. Hannover 1970. – *Treuner, P.*: Infrastrukturpolitik. In: Handwörterbuch der Raumforschung und Raumordnung. Hannover 1970.

Ingenieurbiologie. Biologisch ausgerichtetes Ingenieurwesen, das im Wasserbau lebende Pflanzen als Baustoff verwendet. Über diese ursprüngliche Definition hinaus befaßt sich die I. heute in zunehmendem Maße generell mit den Wechselwirkungen Bauingenieurwesen/Biologie. Bei der → Gewässerregelung sind es außer dem erwähnten Einsatz der Pflanzen als Baustoff (→ Profilsicherung) insbes. auch Aspekte der Beeinflussung des → Lebensraumes „Fließgewässer" durch wasserbauliche Eingriffe. Beim Straßenverkehrswesen werden ingenieurbiologische Bauverfah-

ren für den Lärm-, Staub- und Blendschutz eingesetzt. Unter ingenieurbiologischen Rahmenkonzepten sind Aussagen darüber zu verstehen, welche Nutzungen entsprechend dem ingenieurbiologischen Oberziel zu fördern sind und durch welche Maßnahmen dieses Oberziel „Nutzungsförderung" erreicht werden soll (Beispiel: Förderung der Nutzung „Wasserwirtschaft" durch das Unterziel „Ufersicherung"). Dazu genügen i. d. R. überschlägige Informationen vor allem über Klima, Boden, ggf. Gestein, Relief sowie über die reale und die heutige potentiell natürliche Vegetation als Gesamteffekt der Standortverhältnisse. Die Ausarbeitung ingenieurbiologischer Ausführungsplanungen ergibt sich vorwiegend aus den Nutzungen, Unterzielen der Rahmenkonzepte, Standortverhältnissen und den geplanten Vegetationsstrukturen. Sie erstreckt sich vor allem auf die Auswahl ingenieurbiologischer Bauverfahren, die räumliche Anordnung der ingenieurbiologischen Bauobjekte, die zeitliche Durchführung der Baumaßnahmen, Schätzung des Umfangs der Baumaßnahmen, Unterhaltungsmaßnahmen und die Ermittlung der voraussichtlichen Kosten. *Lecher*

Literatur: *Begemann, W., u. H. M. Schiechtl*: Ingenieurbiologie. Wiesbaden 1986. – *Schlüter, U.*: Pflanze als Baustoff. Berlin, Hannover 1986.

Ingenieurgeodäsie. Die I. ist ein Zweig des allgemeinen Vermessungswesens oder der → Geodäsie. Sie steht neben anderen Zweigen, die sich mit geowissenschaftlichen Fragen befassen oder im öffentlichen Interesse flächendeckende Vermessungssysteme, Geoinformationssysteme und topographische Kartenwerke aufbauen und unterhalten. Im Gegensatz zu diesen arbeitet die I. nicht flächendeckend, sondern bezieht sich auf einzelne Projekte aus dem Ingenieurbereich, besonders aus dem Bauingenieurwesen und aus dem Maschinen- und Anlagenbau.

Die I. gliedert sich in fünf verschiedene Teilaufgaben, die bei einem einzelnen Projekt mehr oder weniger stark anfallen können:

☐ Bei der Schaffung vermessungstechnischer Grundlagen geht es um die Erstellung von Bestands- und Projektplänen sowie um die Anlage projektbezogener → Festpunktfelder für Absteckungs- und Kontrollvermessungen in der Bauphase.

☐ Häufig ist es erforderlich, die vom planenden Ingenieur vorgegebene Projektgeometrie im Detail zu überarbeiten, sie zu konkretisieren und den örtlichen Gegebenheiten anzupassen. Als Resultat entstehen detaillierte Absteckpläne.

☐ Die → Absteckung ist die meßtechnische Übertragung eines geplanten Projekts in die Örtlichkeit; im engeren Sinne ist es die örtliche Angabe der Hauptpunkte und Hauptachsen des Projekts als Grundlage für die Bauausführung. Bei zunehmender Automatisierung von Bauvorgängen gehört dazu auch die Steuerung von Baumaschinen. Methodisch ganz ähnlich gelagert, wenn auch auf einem ganz anderen Anwendungsgebiet, ist die Kalibrierung und Steuerung von Industrierobotern, z. B. in der Automobilindustrie.

☐ Durch die Bauabnahmevermessung soll festgestellt werden, ob ein fertiges Bauwerk oder eine Anlage im Rahmen der vorgegebenen Toleranzen mit dem Projektplan übereinstimmt. Zugleich liefert diese Vermessung häufig Mengenangaben für die endgültige Bauabrechnung.

☐ Nach ihrer Fertigstellung sind viele Bauwerke und Anlagen durch innere und äußere Kräfte belastet, die zu Bewegungen und Verformungen eines Objekts führen können. Dadurch kann zum einen die innere Betriebssicherheit des Objekts beeinträchtigt werden; kostspielige Reparaturmaßnahmen können die Folge sein, z. B. bei Schleusenbauwerken, Brücken oder Großmaschinen. Auf der anderen Seite kann aber auch die äußere Sicherheit bedroht sein, wenn Objektveränderungen zu katastrophalen Zerstörungen am Objekt selbst und in dessen Gefährdungsbereich führen können, z. B. bei einem Dammbruch. In regelmäßigen Abständen durchgeführte → Deformationsmessungen dienen der Früherkennung kritischer Zustände. *Pelzer*

Ingenieurhydrologie → Hydrologie

Initialladung. Initialsprengstoffe sind sehr empfindliche → Sprengstoffe, die schon in kleinsten Mengen zur Detonation kommen und diese auf andere weniger empfindliche Sprengstoffe übertragen. I. enthalten die Primär- und Sekundärladungen. Die Primärladung aus Bleiazid wird durch Flammenzündung zur Detonation gebracht und überträgt diese auf die Sekundär- oder Hauptladung aus Tetryl, Nitropenta oder Hexogen (→ Sprengmittel, → Zünder). *Wagner*

Injektion → Verpressen

Injektionsanlage. I. zum Einpressen von abdichtenden oder verfestigenden Stoffen in Hohlräume des Untergrundes bestehen im wesentlichen aus den als Kompaktanlage ausgebildeten Aufbereitungsgeräten (Vorratsbehälter, Dosier- und Mischaggregat, Zwischenbehälter mit Rührwerk, Injektionspumpe, Druckschnellflußregler und -meßgeräte) sowie den Hilfsvorrichtungen zum Einbringen der Flüssigkeit in den Boden, die sich je nach Verfahren unterscheiden.

☐ Zum Injizieren von unten nach oben, durch gleichmäßiges oder abschnittweises Ziehen kommen Injektionsrohre einfachster Bauart (Rückschlagventil am unteren Ende), die in mit → Stützflüssigkeit gefüllte Bohrlöcher eingeführt werden, sowie direkt eingetriebene Injektionslanzen zum Einsatz. Injektionslanzen sind dünne Stahlrohre, die als Rammlanzen mit aufgesteckter lösbarer Spitze oder als Spüllanzen in geringer Tiefe eingesetzt werden. Verbesserte, aus zusammengeschraubten Rohrschüssen bestehende Ausführungen (Bethäuserlanze) mit Abschlußkragen und verdicktem Spitzenstück erweitern den Einsatzbereich bez. Druck und Tiefe (bis 30 m).

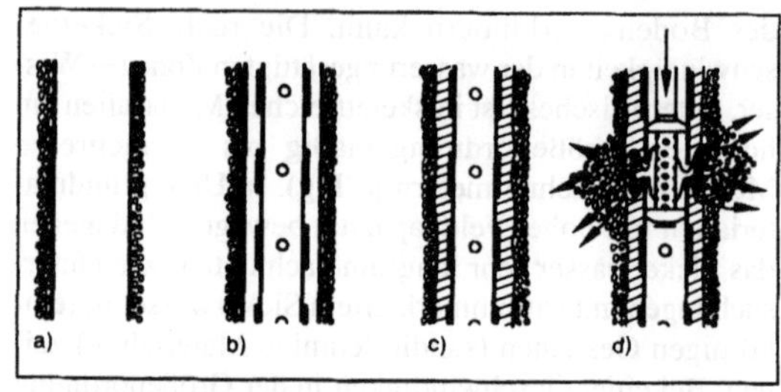

Injektionsanlage: Manschettenrohr mit Doppelpacker.
a) Verrohrte Bohrung
b) Einführung des Manschettenrohres
c) Einbringen der Umhüllung und Ziehen der Verrohrung
d) Injektion mittels Doppelpacker.

☐ Zum Injizieren von oben nach unten setzt man Rotarybohranlagen, bei denen das Injektionsmittel über das Bohrgestänge eingepreßt wird, Tiefenpacker oder Manschettenrohre ein. Die Tiefenpacker, die um das untere Ende des Injektionsrohrs angeordnet sind, können ihr Volumen stark vergrößern. Dadurch verschließen sie den Ringspalt zwischen Injektionsrohr und bereits verdichtetem Boden und verhindern somit ein Ausfließen der Injektionsflüssigkeit nach oben. Die am häufigsten eingesetzten Manschettenröhren (Ventilrohre), die in ein Bohrloch eingestellt werden, bestehen aus Kunststoff mit einem Nenndurchmesser von 30–60 mm. In einem vertikalen Abstand von rd. 30 cm sind ringförmig mehrere Öffnungen angeordnet, die jeweils durch eine Gummimanschette (Ventilwirkung) überdeckt werden. Das → Verpressen geschieht abschnittweise über jeweils eine Manschette unter Zuhilfenahme eines im Manschettenrohr längsverschieblich angeordneten Doppelpackers, der entweder selbständig durch den Injektionsdruck oder mechanisch bzw. pneumatisch expandiert und abdichtet (Bild). Neuerdings sind auch Manschettenrohre mit Schiebemuffen und zentrischen, durch Ventile verschließbaren Durchlaßkanälen sowie einbohrfähige Manschettenrohre aus Stahl auf dem Markt. Bei dem unter → Hochdruckinjektion oder Jet-Grouting bekannt gewordenen Verfahren werden Injektionsmittel mit Hochdruckpumpen (100–700 bar) über spezielle Düsenhalter in den Boden „gefräst". *Kühn*

Injektionstechnik. In der I. wird die Verfestigung des Untergrundes, z. B. bei → Unterfangungen, und seine → Abdichtung, z. B. unter Staudämmen oder von Baugrubensohlen, behandelt. Von Bohrlöchern aus preßt man ein auf die Untergrundverhältnisse abgestimmtes Injektionsmittel unter Drücken bis etwa 20 bar in den Untergrund ein. Als Injektionsmittel werden verwendet:
- → Zementleim mit Gesteinsmehl oder Feinsand als → Füller und Zementmörtel mit Grobsand als Zuschlag-

stoff, geeignet zum Verfüllen von größeren Hohlräumen, wie z. B. von Gebirgsklüften.

– Suspensionen, bei denen der Feststoff in einer Flüssigkeit fein verteilt ist. In grobporigem Untergrund aus → Kies werden Zement-Wasser-Gemische, Zement-Ton-Gemische oder Ton-Wasser-Gemische eingepreßt. Um ein Sedimentieren des → Zementes zu verhindern, mischt man dem Zement-Wasser-Gemisch häufig → Bentonit als Stabilisator bei.

– Chemische Mittel in Form von Lösungen, die zum Einpressen in Sande geeignet sind. Beim Zwei-Komponenten-Verfahren nach *Joosten* wird in einem ersten Schritt das Wasser durch Einpressen von Natronwasserglas ($Na_2O \cdot n \cdot SiO_2$) in den Untergrund weitgehend aus den Poren verdrängt. Im nachfolgenden zweiten Schritt preßt man Calciumchloridlösung ($CaCl_2$) nach. Zwischen dem Wasserglas und $CaCl_2$ kommt es zu einer chemischen Reaktion, und es entsteht u. a. das feste Kieselsäuregel SiO_2. Im Ein-Komponenten-Verfahren kann man die Wasserglaslösung vor dem Einpressen mit einem organischen Säurebildner, z. B. Ameisensäureamid, mischen. Das Kieselsäuregel wird erst nach einer vom Mischungsverhältnis abhängigen Reaktionszeit im Untergrund ausgefällt. Mit chemischen Einpreßmitteln lassen sich Würfeldruckfestigkeiten von 3–8 MPa erzielen. Der verfestigte Boden hat ein ausgeprägtes Kriechverhalten.

– → Bitumenemulsionen verwendet man zur Abdichtung des Untergrundes seltener.

Während der Phase des Einpressens wird eine möglichst kleine → Viskosität des Verpreßmittels angestrebt. Der Verpreßradius nimmt mit abnehmender Viskosität zu, so daß der Bohrlochabstand vergrößert werden kann. Bei thixotropen Verpreßmitteln, wie Bentonitsuspensionen, nimmt die wirksame → Schubspannung bei mechanischer → Beanspruchung stark ab. Nach längerer Ruhezeit erreicht sie ihren alten Wert wieder. Das Fließverhalten kann im Rotationsviskosimeter oder im Kapillarviskosimeter untersucht werden. Im Untergrund breitet sich das Verpreßmaterial so weit aus, bis ein Grenzwert des Druckgradienten, das Stagnationsgefälle, erreicht ist. Für die Einpreßarbeiten ist eine Verpreß- oder Injektionsstation zu installieren, die im wesentlichen aus einem Rührwerk, einer Pumpe sowie Zu- und Rücklaufleitungen besteht. Die Einpreßdrücke und die eingepreßten Materialmengen sind durch Schreiber zu registrieren.

Bei standfestem → Gebirge injiziert man aus wirtschaftlichen Gründen i. d. R. von unten nach oben. Die Bohrung kann auf volle Tiefe abgeteuft werden; durch Packer wird ein abschnittsweises Injizieren möglich (Bild 1). Die Packer dichten den Bereich zwischen der Injektionslanze und der Bohrlochwand ab und verhindern so Umläufigkeiten. Ein Einfachpacker dichtet eine Verpreßstrecke nur in einer Richtung. Mit einem Doppelpacker wird ein Einpreßabschnitt sowohl nach unten wie auch nach oben abgedichtet. In gebrächem Gebirge ist ein abschnittsweises Einpressen von oben nach

unten gebräuchlich. In diesem Fall muß man nach jedem Verpreßabschnitt den zuvor verpreßten Bereich neu aufbohren und die Bohrung um den nächsten Verpreßabschnitt tiefer führen.

Bei → Lockergesteinen wird das Manschettenrohrverfahren angewendet (Bild 2). Es ermöglicht das Herstellen des Bohrloches in einem Arbeitsgang. Nachinjektionen können ohne erneutes Aufbohren ausgeführt werden. Der Verpreßdruck öffnet die Gummimanschette, und das Injektionsmittel wird durch das zuvor eingebrachte, stellenweise aufreißende halbplastische Material in das Lockergestein gepreßt. Die Abstände der Injektionsbohrungen bei Abdichtungsarbeiten betragen etwa 1,5–3 m. Wegen des nur lokalen Auftretens entstehen auch dann noch keine Oberflächen-

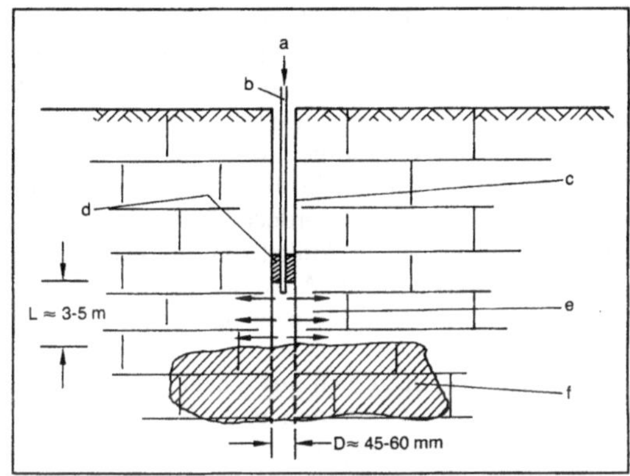

Injektionstechnik 1: Injektion eines Felsuntergrundes.

a Injektionsmittel, b Injektionslanze, c Bohrlochwand, d Packer, e Bereich wird injiziert, f injizierter Bereich

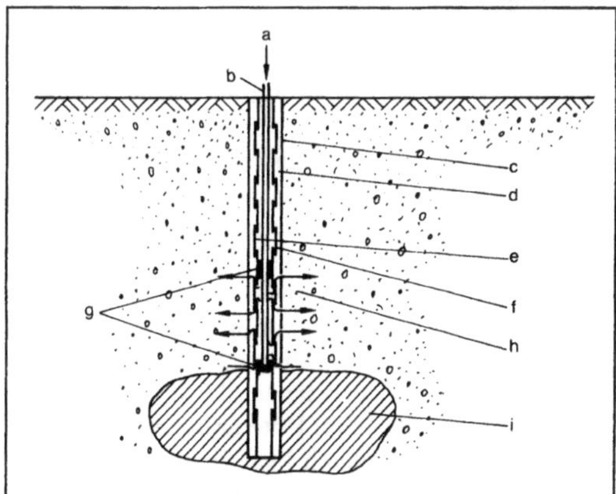

Injektionstechnik 2: Injektion im Lockergestein mit einem Manschettenrohr.

a Injektionsmittel, b Injektionslanze, c Bohrlochwand, d halbplastisches Material zur Stabilisierung des Bohrloches (Ton-Zement-Bentonit), e Manschettenrohr, f Gummimanschette, g Packer, h Bereich wird injiziert, i injizierter Bereich

hebungen, wenn die Einpreßdrücke größer als der Überlagerungsdruck gewählt werden.

Die Dichtigkeit eines Untergrundes und die Abdichtwirkung einer ausgeführten Injektion lassen sich durch Wasserabpreßversuche überprüfen. Kriterium ist der Wasserverlust auf 1 m Verpreßlänge in 1 min. Die Meßgröße 1 Lugeon ist zu 1 l/min · m bei 10 bar (1 MPa) Wasserdruck definiert (→ Abpreßversuch).

Meißner

Literatur: DIN 4093: Einpressungen in Untergrund und Bauwerke. – DIN 18 309 (VOB): Einpreßarbeiten. – DIN 19 700. Bl. 1: Stauanlagen. – *Cambefort, H.*: Bodeninjektionstechnik. Wiesbaden 1969.

Inklinometer. Gerät zur Messung der Neigungen in Bohrlöchern oder Meßrohren. Eine Integration über die Meßstreckenlänge liefert die Relativverschiebung zwischen Anfangs- und Endpunkt der Meßstrecke. Die I.-Sonde ist auf dem Pendelsystem aufgebaut. Auslenkungen aus dem Lot werden entweder durch Schwingsaitenaufnehmer (direkte Messung) oder durch Servobeschleunigungsaufnehmer (Messung durch Kompensation) ermittelt. In die Sonden sind i. d. R. zwei um 90° versetzt angeordnete Aufnehmer eingebaut. Mit zunehmendem Winkel zum Lot nehmen die Meßungenauigkeiten zu. Anwendungsgebiete sind daher vorwiegend lotrechte oder nur wenig geneigte Bohrlöcher.

Das System I. setzt sich aus einem Meßrohr, der Sonde mit Führungsschlitten und Meßkabel sowie Registrier- und Auswertegeräten zusammen. Als Meßrohr werden üblich Nutrohre mit Durchmessern zwischen 50 und 85 mm verwendet. Durch die Nut ist eine Führung der Sonde gewährleistet. Das Meßrohr soll so flexibel sein, daß es Verschiebungen im Untergrund keinen Widerstand leistet. Es muß allseitig gut zur Umgebung hin eingebettet sein. In das Nutrohr wird die Sonde mit Schlitten abgelassen. Der Schlitten ist an beiden Enden im Abstand von 1 m am Meßrohr zentriert. Durch schrittweises Ablassen können die Auslenkungen je Meter gemessen werden. Wiederholungsmessungen für 9 m lange Meßstrecken ergaben Fehler von nur ± 1,5 mm.

I.-Messungen werden zur Vermessung von Bohrungen, Gefrierrohren im → Schachtbau, einbetonierten Rohren, z. B. bei Pfählen, sowie auch in Rohren für Langzeitbeobachtungen oder vor Installation von Meßsystemen durchgeführt. Durch Wiederholungsmessungen in bestimmten Zeitabständen lassen sich zeitabhängige Verschiebungen im Untergrund oder bei Bauwerken feststellen. Dadurch kann man z. B. die Entwicklung von Erdrutschen verfolgen, die → Biegelinie schrittweise horizontal belasteter Pfähle bestimmen oder die Lage von Rutschflächen im Untergrund orten.

Meißner

Innenausbau. Anlagen und Einrichtungen, die für eine zweckmäßige Inbetriebnahme eines unterirdischen

Bauwerks erforderlich sind, dessen Standfestigkeit aber nicht beeinflussen. Hierzu zählen u. a.

☐ → Tunnelbelüftung zur ausreichenden Frischluftversorgung eines Tunnelbauwerkes,

☐ → Tunnelbeleuchtung,

☐ Signaleinrichtungen,

☐ Schallschluckvorrichtungen,

☐ Wandverkleidungen, die einerseits einer optischen Führung der Verkehrsteilnehmer dienen, andererseits aber auch aus gut reflektierendem, nicht blendendem Material bestehen müssen, um die erforderliche Leuchtdichte zu erhalten,

☐ Reinigungseinrichtungen für die Wandverkleidung,

☐ maschinelle und elektrische Anlagen zur Belüftung, Beleuchtung und Verkehrsüberwachung,

☐ Löschgeräte.

Wagner

Innenrüttler. I. (auch Tauchrüttler) werden vor allem im → Betonbau eingesetzt, wo sie, direkt in den Beton eingetaucht, ihre Schwingungsenergie unmittelbar auf das zu verdichtende Gemenge abgeben. Sie bestehen aus einem flaschenförmigen, glatten Stahlzylinder, der Rüttelflasche, mit einem innenliegenden Unwuchterreger (Bild). I. unterscheidet man nach der Lage des Antriebs in Rüttler mit innen- oder außenliegendem

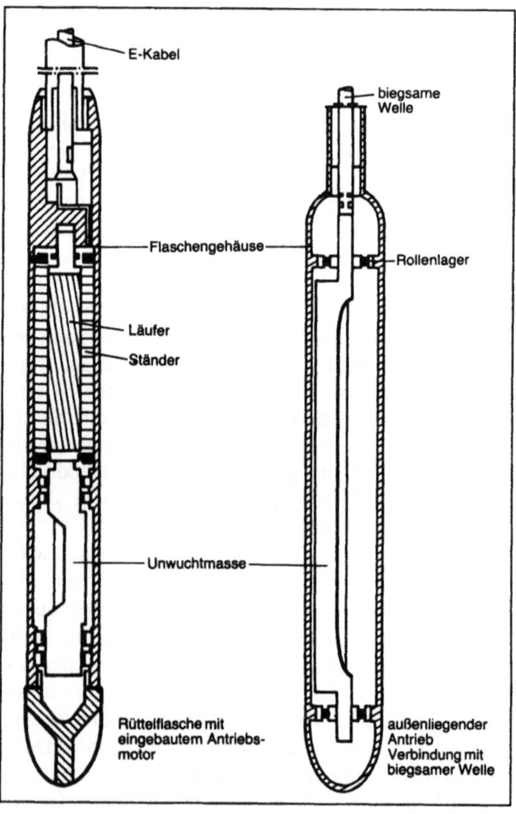

Innenrüttler: Bauformen.

Antrieb. Bei Rüttlern mit innenliegendem Antrieb wird die Unwucht durch einen in der Rüttelflasche eingebauten Elektromotor angetrieben, bei Rüttlern mit außenliegendem Antrieb besorgt eine 4–7 m lange, schlauchgeschützte biegsame Welle den Antrieb. Als Antriebsquelle sind Druckluft-, Elektro- oder Verbrennungsmotoren zu finden. I. werden mit Flaschendurchmessern von 30–160 mm hergestellt und arbeiten mit Frequenzen von 6000–12000 Schwingungen je Minute. *Kühn*

Innenschale → Tunnelausbau, zweischaliger

Inspektion. Eine regelmäßig wiederholte Kontrolle der Funktionsbereitschaft und Funktion, die im Bereich der → Kanalisation zur Abwehr von Schäden jetzt zunehmend notwendig wird. Sie ist in jederzeit einsehbaren Bereichen, also bei begehbaren Kanälen ab DN 800, schon immer gebräuchlich, erfaßt jetzt mit den neuen technischen Möglichkeiten der Fernsehüberwachung die, der Gesamtlänge nach viel wichtigeren, bisher unzugänglichen kleineren Rohrdimensionen bis DN 700. Rd. 50–60% der Länge eines Kanalnetzes haben nur die Mindestdimension von DN 200 oder 250–300. Die Grundstückentwässerungen haben meist nur eine Grundleitungsdimension DN 100/150–200.

Das Fernsehgerät ist entweder selbst fahrbar oder mit zusammensteckbaren Stangen positionierbar („Fernsehauge“). Es kann über Kabel von einem Steuerstand aus am Bildschirm die Situation im → Kanal zeigen, so daß Schäden der Zerstörung, Abflußbehinderung und – weniger sicher – zum Teil auch der Dichtheit (Wassereintritt/-austritt) feststellbar werden. Heute ist meist eine Dokumentation mit vielen Auswertemöglichkeiten über Computer möglich.

In den verschiedenen Ländern sind unterschiedliche Zeiträume für die Durchführung solcher I. des Kanalsystems jetzt vorgeschrieben. So ergab sich für diesen Bereich ein neuer Markt für Gerät und Dienstleistung.

Es gibt auch spezielle Einrichtungen, mit denen die Dichtheit der Kanalrohrstöße (→ Fugen) und Rohrabschnitte geprüft und bei Bedarf eine → Dichtung durch Einpressen eines Dichtungsmittels erfolgen kann.

Pfeiff

Intensivverdichtung. Verfahren zur Verdichtung körniger Böden, wie → Sande, → Kiese oder auch von Deponiematerial, sowie zur Beschleunigung der Konsolidierung bei bindigen Böden. Es handelt sich um eine dynamische Verdichtung. Daher wird sie auch als dynamische I. (DYNIV) bezeichnet. Schwere Fallplatten von 100–400 kN Gewicht läßt man in freiem Fall aus 10–40 m Höhe auf die Geländeoberfläche fallen. Die einzelnen Verdichtungspunkte haben einen Rasterabstand zwischen 4–10 m. Jeder Punkt erhält in einer Sequenz bis zu fünf Schläge; dabei sollten im Hinblick auf die Konsolidierung im Untergrund die Zeitabstände zwischen den letzten Schlägen zunehmen. Die Tiefenwirkung beträgt bis zu 12 m. Bei gesättigten bindigen Böden wird zunächst eine Sandaufschüttung aufgebracht. Durch Anwendung der DYNIV entstehen im Untergrund Risse, über die Porenwasser abströmen kann. *Meißner*

Interaktionsbeziehung. Die wechselseitige Beeinflussung von zwei oder mehr unabhängigen Schnittgrößen oder Spannungen wird mit Interaktion bezeichnet. Die I. zwischen den Schnittgrößen Biegemoment M, Normalkraft N und Querkraft Q sind Grundlage der Fließgelenktheorie. Sie lassen sich durch eine Raumfläche mit den Koordinaten M, N, Q beschreiben. Das vollplastische Moment M_{pl} aus der Biegemomentenwirkung allein kann bei gleichzeitigem Auftreten der Schnittkräfte N und/oder Q nicht mehr erreicht werden. Je größer N und/oder Q sind, um so kleiner wird das aufnehmbare vollplastische Biegemoment M_{pl}. Auch in der Beultheorie werden bei der Berechnung der Beulsicherheit I. zwischen den → Normalspannungen σ_x und σ_y sowie der → Schubspannung τ berücksichtigt. *Sedlacek/Scholz*

Ishikawa-Diagramm (auch Ursachen-/Wirkungs-Diagramm) → Qualitätsmanagement-Werkzeuge

J

Jochzimmerung. Alte Holzbauweise im → Tunnelbau für den Vollausbruch zur Aufnahme einer Verpfählung quer zur Tunnelachse (→ Tunnelzimmerung).

Wagner

K

Kabelkran. K. (Bild) werden zum Baustellentransport über große Spannweiten und Höhen oder auch dann eingesetzt, wenn auf dem Bauplatz der Raum zum Aufstellen anderer → Krane ungeeignet ist. K. sind Krane mit einer auf einem oder mehreren Drahtseilen (Tragseilen) fahrbaren (Fahrseil) Seillaufkatze, an der das Windwerk eines ein- oder mehrstrangigen Hubseils befestigt ist. Das Tragseil ist zwischen zwei entweder ortsfesten oder senkrecht zur Spannweite schwenkbaren, radial oder parallel verfahrbaren Stützen angeordnet; die Stützenvarianten sind auch kombinierbar.

Kühn

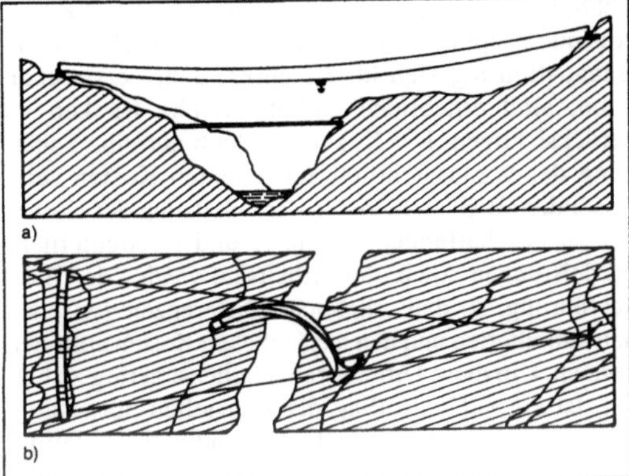

Kabelkran: Arbeitsbereich eines K. beim Staumauerbau.

a) Lotrechter Schnitt
b) Grundriß.

Kälteerzeuger. Das Kältemittel in Kühlaggregaten durchläuft folgenden Kreislauf (Bild):
□ Kompression des Kühlmittels, dabei Erwärmung,
□ Abkühlung, dabei Kondensation,
□ Entspannung des flüssigen Kältemittels (Verdampfung), dabei Abkühlung.
Zweistufige Aggregate ermöglichen Temperaturen bis −30 °C. Außer dem Kältemittelkreislauf werden noch ein Kühlwasserkreislauf sowie der Kälteträgerkreislauf benötigt. Kälteträger sind Chlormagnesiumoder Chlorkalziumlaugen, Kältemittel sind Ammoniak, Kohlensäure und Freone (Fluor-Chlor-Derivate). Werden die Gefrierrohre mit Flüssiggas (zumeist flüssiger Stickstoff) beschickt, geschieht dies über einen Zwischentank oder direkt aus dem Tankwagen. Nach Abgabe der Wärmekapazität verflüchtigt sich das Gas in der Atmosphäre. Im Gegensatz zum konventionellen

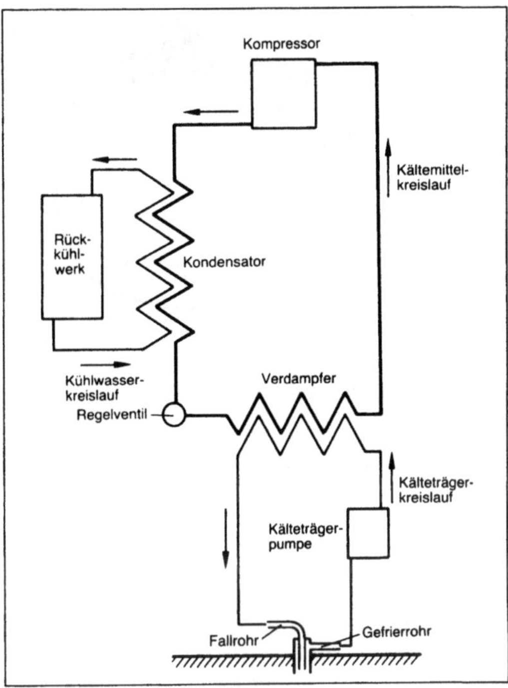

Kälteerzeuger: Kühlaggregat.

→ Gefrierverfahren (Temperaturdifferenz rd. 40 K) liegt die Differenz beim „Schockgefrieren" mit Flüssiggas bei 100–150 K. Die dem Boden je Zeiteinheit entziehbare Wärme wird von der möglichen Kondensationstemperatur und damit vom Temperaturniveau bestimmt, da die geforderte Gefriertemperatur die Verdampfungstemperatur des Kältemittels festlegt. Dieses Niveau sowie die Zeit, in der ein Frostkörper zu erstellen ist, bestimmen Größe und Kapazität einer solchen Anlage.

Kühn

Kältehaltung. Im → Gefrierverfahren (Bild) wird der Untergrund soweit abgekühlt, daß das Porenwasser im Boden gefriert und daß der Boden somit eine größere Festigkeit erhält als seine Umgebung und gleichzeitig wasserundurchlässig wird. Um die Frosteigenschaften aufrecht zu erhalten, muß man ständig Energie zuführen, so daß das Gefrierverfahren nur als zeitlich begrenzte Bauhilfsmaßnahme anzusehen ist. Außer der Sicherung von → Baugruben ist die Sicherung des Ausbruchquerschnitts im Tunnel- und Stollenbau eines der wichtigsten Einsatzgebiete von Kälte im Bauwesen.

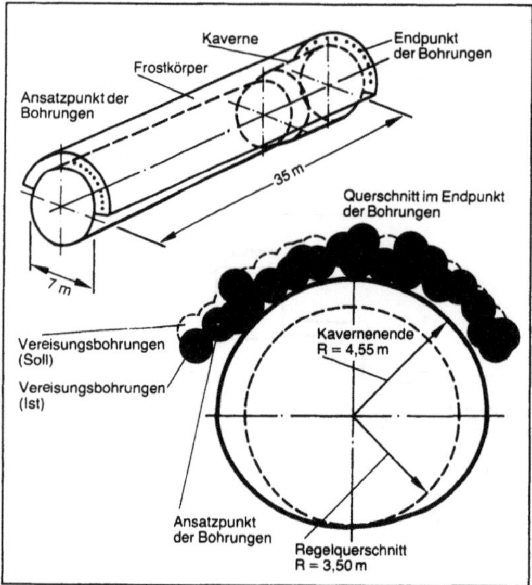

Kältehaltung: Gefrierverfahren.

Im → Bergbau werden wasserführende Deckgebirgs-schichten, z. B. zum Fließen neigende Sande, durch-teuft und durch Gefrieren standfest gemacht. Die Siche-rung von Baugruben geschieht mit kreis- oder ellip-senförmigen Frostwänden. Ausbruchsquerschnitte las-sen sich teilweise oder ganz durch einen Frostmantel sichern. Teilsicherungen im Firstbereich nimmt man durch Bohrungen für → Gefrierlanzen von Quer-schnittserweiterungen aus vor. Für die Herstellung einer Frostwand sind Bodenart, Wasser- und Salzgehalt sowie die Strömungsgeschwindigkeit des Grundwas-sers von Bedeutung. *Kühn*

Kältemittel, FCKW-frei. Nachdem die fluorchlor-kohlenwasserstoffhaltigen K. wegen ihrer schädlichen Auswirkungen auf die Erdatmosphäre verboten wur-den (→ Halonverbotsverordnung), werden wieder ver-mehrt alternative Kältemittel eingesetzt. In der Über-gangszeit stehen FKW mit wesentlich geringerem Schädigungspotential zur Verfügung, darüber hinaus Ammoniak, Propan, Butan und für Absorptionskäl-teanlagen Ammoniak/Wasser und Lithiumbromid/Was-ser. In der Entwicklung sind Kälteanlagen mit Kohlen-dioxid und Wasser als Kältemittel. *Diehl*

Kälteversorgung. Die Versorgung von Anlagen der technischen Gebäudeausrüstung mit Kälte geschieht überwiegend mit Kaltwasserkreisläufen. Die Kälte wird in Kältemaschinen erzeugt. Die Verbraucher sind Luft-kühler und -trockner. Die bevorzugten Wassertempera-turen betragen 6 °C im Vorlauf und 12 °C im Rücklauf. Tiefere Temperaturen erfordern den Einsatz von Sole oder Kältemitteln als Medium. Wie bei der → Fernkäl-teversorgung können auch hier → Eisspeicher zum Aus-

gleich von Lastschwankungen und Eisbrei als Trans-portmittel zur Optimierung beitragen. *Diehl*

Kämpfer. Fußpunkte bei einem Hufeisenprofil bzw. Maulprofil eines Tunnels (→ Tunnelquerschnitt). *Wagner*

Kai. K. ist in einem → Hafen ein Uferbauwerk mit landseitiger Betriebsfläche einschl. zugehöriger Betriebseinrichtungen für den Umschlag vom Schiff zur Straße oder Bahn. Die zugehörige Uferwand ist die Kaimauer. Ein mit dem Land verbundener und in das Wasser vorgebauter Kai wird als Pier bezeichnet. Dem Kaiumschlag dienen der Kaikran, die Kaistraße und – für Zwischenlagerung und Verarbeitung – die Kai-schuppen oder Speicher. *Muth*

Kalkulation. Teil der Kostenrechnung, insbes. der → Bauauftragsrechnung. Ziel ist die Ermittlung der bei der Bauausführung voraussichtlich auftretenden Kosten, um daraus den Angebotspreis unter Berück-sichtigung der Marktsituation abzuleiten. Da die K. der Auftragserteilung mehrere Monate vorausgeht und die Bauausführung sich über mehrere Jahre erstrecken kann, sind erhebliche kalkulatorische Risiken zu berücksichtigen. Die K. kann deshalb nur eine Schät-zung der voraussichtlich auftretenden Kosten sein. Besondere Risiken liegen in der Schätzung der Kosten der zu beschaffenden Baustoffe und Nachunterneh-merleistungen sowie des Arbeitsaufwandes der Bau-ausführung, so daß erhebliche Differenzen zwischen den kalkulierten und den tatsächlichen Kosten auftreten können. Um diese Differenzen möglichst gering zu hal-ten, ist ein → Controlling der Baustellen notwendig. Zu unterscheiden ist nach → Angebotskalkulation, → Auftragskalkulation, → Arbeitskalkulation, → Nach-tragskalkulation, → Vorkalkulation und → Nachkalku-lation. *Drees*

Kalotte. Der erste, obere Ausbruchsbereich bei der Österreichischen Tunnelbauweise bzw. Neuen Öster-reichischen Tunnelbauweise (→ NÖT) (→ Tunnelquer-schnitt). *Wagner*

Kaltbitumen. Besonders dünnflüssige Bitumen, die ein leichtflüssiges Lösungsmittel enthalten und somit kalt verarbeitbar sind (→ Kalteinbau), nennt man K. Durch den niedrigen Siedepunkt der Lösungsmittel ist der Abbindevorgang kurz, und der Bindemittelrest weist nahezu wieder die Härte des Ausgangsbitumens auf. Damit das → Bindemittel auf den zu benetzenden Oberflächen haftet, sollten diese auch bei Zugabe eines Haftmittelzusatzes trocken sein. Bei der Verwendung von K. ist äußerste Vorsicht geboten, da die Lösungs-mittel vielfach brennbar sind, mit Luft gemischte Lösungsmitteldämpfe in bestimmten Konzentrationen explosiv sein können und das Einatmen dieser Dämpfe auf Dauer zu Gesundheitsschäden führen kann. K. kann im → Straßenbau zur Herstellung von → Asphaltmischgut im Kalteinbau, z. B. bei der → Straßenerhaltung und zur → Bodenverfestigung eingesetzt werden.

Beckedahl

Kalteinbau. Für Asphaltschichten, die im K. hergestellt werden, verwendet man als Bindemittel → Bitumenemulsion oder → Kaltbitumen. Diese relativ teuren, ohne Erwärmung dünnflüssigen bitumenhaltigen Bindemittel können mit kalten → Mineralstoffen zu Kaltmischgut verarbeitet werden. Das Mischgut muß so zusammengesetzt sein, daß Emulsionswasser oder Lösungsmittel nach dem Einbau verdunsten kann. Dafür benötigen die fertiggestellten Schichten einen Anfangshohlraumgehalt von 9–12%, womit die Gefahr einer ungleichmäßigen und hohen Nachverdichtung unter Verkehr verbunden ist. Daher verwendet man Kaltmischgut hauptsächlich für Flickarbeiten und kleinere Reparaturen. Kaltmischgut kann auf Vorrat hergestellt werden.

Beckedahl

Kambium. Rings um den Querschnitt des → Holzes laufende feine Schicht dünnwandiger teilungsfähiger Zellen, die nach innen Holzzellen, nach außen Rinden- bzw. Bastzellen abscheidet.

Wesche

Kanal. Ein K. ist ein künstlicher Wasserlauf, der für besondere Zwecke angelegt wird: Schifffahrtskanal, Bewässerungskanal, Entwässerungskanal, Triebwerkskanal, Oberwasser- und Unterwasserkanal einer Wasserkraftanlage. Querschnitt und Uferbefestigung eines K. sind von der Zweckbestimmung und den örtlichen Gegebenheiten abhängig. K. weisen kleine Gefälle und kleine Fließgeschwindigkeiten auf, damit die Energieverluste gering gehalten werden können. Als K. bezeichnet man auch unterirdische Anlagen, wie Abwasserkanäle, Kabelkanäle u. a.

Muth

Kanalbaugerät. K. sind Sonderbaumaschinen, die überwiegend für den Bau von Bewässerungskanälen in den Ländern der Dritten Welt, teilweise auch beim Bau von → Binnenwasserstraßen eingesetzt werden. Grundsätzlich werden K. für folgende Arbeitsgänge verwendet:

☐ Herstellen und Verdichten des Feinplanums der Dammböschung oder der im Einschnitt anstehenden Böschungsfläche;

☐ Aufbringen und Verdichten des → Filtermaterials unter Berücksichtigung der Ebenheit der Auskleidungsschicht;

☐ Einbringen und Verdichten des jeweiligen Einbaumaterials sowie Behandlung der Oberfläche mit evtl. erforderlicher Fugenherstellung. Kanalbaumaschinen werden für den Einbau unterschiedlichster Materialien, wie → Beton, → Asphaltbeton, Ton, Hydraton usw., konzipiert. Heute hat sich vorwiegend der Beton und der Asphaltbeton als Auskleidungsbaustoff durchgesetzt.

☐ Mit neueren Maschinen wird angestrebt, den gesamten Aushub des Kanalprofils auszuführen.

Nachdem der Grobaushub mit den üblichen Erdbaugeräten (Eimerkettenbagger, → Schaufelradbagger, Eimerseilbagger, → Schreitbagger, → Schürfraupe) abgeschlossen ist, werden die K. zur Herstellung des Feinplanums und zur Auskleidung des Kanalprofils eingesetzt. Dabei steht ein kompletter Einbauzug zur Verfügung: Mit der Planiermaschine bereitet man den Unterbau für den Einbau der Kanaldecke vor. Anschließend baut man mit Deckenfertigern den Auskleidungsbaustoff ein. Eine eventuelle Nachverdichtung besorgen die im Straßenbau eingesetzten → Gummirad- und → Vibrationswalzen. Die Steuerung der Geräte auf den Kanalböschungen wird mit auf dem Leinpfad stationierten → Winden durchgeführt. Beim Betoneinbau sind dem Verteiler für den → Frischbeton die Verdichter- und Glätteinrichtung nachgeschaltet. Ähnliches gilt für den Einbau von Asphaltbeton. Entsprechend der Abwicklung des Kanalprofils werden → Vollprofilmaschinen, → Halbprofilmaschinen oder → Böschungsmaschinen in Verbindung mit Geräten, die die → Sohle bearbeiten, eingesetzt. K. haben vornehmlich Raupenfahrwerke. Als Bezugsnivellement werden vorgespannte Drähte angeordnet und mittels elektrohydraulischer Nivellierung abgetastet. Immer mehr führt man die Nivellierung mit Laserstrahleinrichtungen aus.

Die → Tragkonstruktion (Geräteträger) stützt und führt alle verfahrenstechnisch bedingten Arbeitsgeräte einschl. ihres Antriebes. Sie ist über Hydraulikzylinder entsprechend dem geforderten Niveau höhenverstellbar. Der Steuerstand befindet sich auf der Tragkonstruktion an einer Stelle, von der der Maschinenführer die Arbeitsorgane und das Fahrwerk gut übersehen kann. Für den Antrieb der Hydraulikpumpen und für die Stromerzeugung ist ein Dieselmotor mit nachgeschaltetem Drehstromaggregat installiert. Arbeitsorgane sind bei den Planiermaschinen: Fräs- bzw. Eimerketten, Schaufelräder und Kratzbänder mit Aufreißer. Bei den Auskleidungsmaschinen für den Betoneinbau sind es Verteilkübel, Rüttelbohlen, Glättebohlen, Tauchvibratoren, Rüttelflaschen oder Schalungsrüttler und Fugenschneidgeräte. Die Einbaumaschinen für den Asphaltbeton haben als Verteiler Schnecken, zum Abziehen und Verdichten → Abziehbohlen und → Stampfer.

Kühn

Kanalisation. Die K. umfaßt alle zur Ableitung der Schmutz- und Niederschlagwässer aus einer Fläche dienenden Einrichtungen. Das hierzu notwendige Röhrensystem ist das Kanalnetz. Man spricht bei der in der Straße geführten K. von Kanälen, auf dem Grundstück und im Haus jedoch von Leitungen. Im öffentlichen Kanalnetz werden die Abflüsse aus den Grundstücken und von den Straßen und Plätzen in Sammlern zusammengefaßt und einer → Kläranlage zugeführt. Die → Grundstückentwässerungsanlagen leiten die Abflüsse über Anschlußkanäle (→ Hausanschluß) dieser Ortskanalisation zu. Je nach dem System der K.

werden Schmutz- und Regenwässer in einem einzigen gemeinsamen Kanalnetz (Mischverfahren) oder auch jeweils in eigenen getrennten Kanalnetzen (→ Trennverfahren) geführt. In der Praxis findet man häufig eine Kombination aus diesen Systemen. Jedes Kanalnetz entwässert bevorzugt in freiem Gefälle, gelegentlich auch über → Pumpwerke, in einen → Vorfluter. Dabei werden Regenwässer oft direkt, Schmutzwässer und der besonders verschmutzte Teil der Mischwässer dagegen i. d. R. über eine Kläranlage zum Vorfluter geleitet. Das vom Kanalnetz jeweils entwässerte Gebiet bezeichnet man als das → Einzugsgebiet. Das Kanalnetz ist an den Hochpunkten meist vermascht. Es führt auf dem natürlichen Geländegefälle angepaßten kurzen Abflußwegen in Straßenzügen bis zum Ortsrand und dann zur Kläranlage und ist beim Mischverfahren oft auf diesem Wege über → Regenentlastungen (RegenüberlaufRÜ, RÜ-BeckenRÜB, RegenrückhaltebeckenRRB) entlastet. Bei Seen wird eine Ringkanalisation mit Ableitung der geklärten Abwässer möglichst in ein fließendes Gewässer angestrebt.

Kanalnetze werden für eine bestimmte Belastung von Schmutzwasser (je nach Trinkwasserverbrauch) und Regenwasser (→ Berechnungsregen bestimmter Häufigkeit) dimensioniert. Bei jedem Kanalnetz faßt man die Anfangshaltungen zu Nebensammlern und Hauptsammlern zusammen. Ortskanäle beginnen beim Mischverfahren meist mit 250–300 mm DN, beim Trennverfahren mit 200 mm DN für Schmutzwasser und 250–300 mm DN für Regenwasser. Revisionsschächte werden in rd. 50 m Abständen eingerichtet, bei großen, begehbaren Querschnitten bis über 100 m. Straßeneinläufe (Sinkkästen) sind etwa alle 30 m üblich. Oft muß man auch Abflüsse aus Außengebieten (meist über → Sandfänge und oft auch → Rechen) an das Kanalnetz anschließen, gelegentlich auch Wasserläufe, vor allem in Regenwasserkanälen in die K. aufnehmen. Grundwassereinleitungen als → Fremdwasser sind unerwünscht. K. sind dicht zu errichten; in der Praxis trifft dies nicht immer zu. Bei berührtem Grundwasserstand ergibt sich durch Undichtigkeiten und/oder aus der Baugrube und deren Verfüllung eine → Grundwasserabsenkung durch die K. bis etwa zur Sohlhöhe der Kanäle. Meist werden für das Kanalnetz Kreisprofile in Steinzeug und Beton, Faserbeton und neuerdings auch in Kunststoff, gelegentlich in Gußeisen bevorzugt, früher oft Eiprofile. Bei großen, begehbaren Querschnitten setzt man Maulprofile und verschiedene Sonderprofile ein. Immer ist bei den Kanälen des Mischverfahrens und beim Regenwasserkanal des Trennverfahrens bei bestimmten Starkregen mit → Kanalstau bis zur Straßenhöhe zu rechnen. Etwa reichlich ⅔ der Kosten der Ortsentwässerung entfallen auf die K., weniger als ⅓ auf die → Abwasserreinigung. Die K. wird durch Kanalanschlußbeiträge für das Kanalnetz und die Kläranlage und Kanalgebühren für den laufenden Betrieb finanziert. Während die Anschlußbeiträge etwa 200–800 DM/m Anliegerlän-

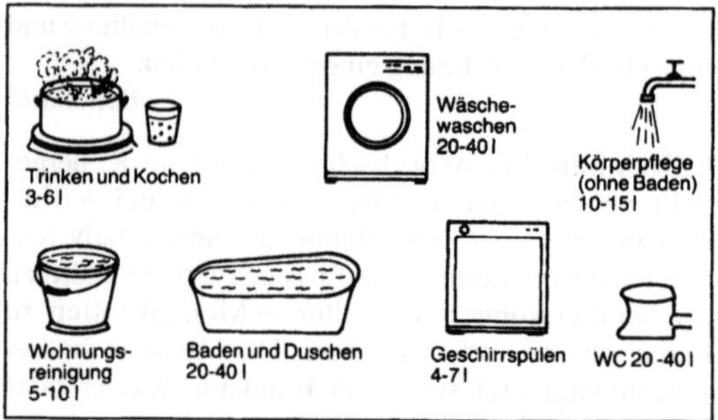

Kanalisation: Jeder Mensch produziert bei uns täglich etwa 150 l Abwasser.

ge kosten, betragen die Kanalgebühren (oft als Zuschlag zum Trinkwasserpreis) etwa 2–3 DM/m^3 Trinkwasser oder etwa 9–15 DM/Einwohner und Monat (1995). Dabei sind die Beiträge oft dadurch verbilligt, daß vom Land bzw. Bund Zuschüsse zur K. und Kläranlage gegeben werden, die 50–70% und mehr des Aufwands für die Errichtung der Anlagen erreichen können (Bild). *Pfeiff*

Kanalstau. K. (Rückstau, Einstau) und Kanalüberschwemmung sind Erscheinungen in Kanalnetzen, die durch Starkregenabschnitte, ausnahmsweise auch Zusetzungen, ausgelöst werden. Beim K. reicht die Füllung des Kanals über den Scheitel, bei der Kanalüberschwemmung bis über das Gelände. Beim ordnungsgemäß nach dem → Trennverfahren eingerichteten Kanalsystem können K. und Kanalüberschwemmung durch Regen in den Schmutzwasserkanälen gar nicht vorkommen. Verstopfungen des öffentlichen Netzes und der → Grundstückentwässerungsanlagen sind selten. Leider gibt es beim Trennverfahren oft → Fehlanschlüsse, so daß auch Regenwasser in Schmutzwasserkanäle gelangt und so K. und sogar Kanalüberschwemmung verursachen kann. Bei nach dem Mischverfahren angelegten Kanälen ist bei Starkregen immer mit K. und Kanalüberschwemmung zu rechnen. Kanalüberschwemmungen können erheblichen Schaden durch oberirdischen Wasserzugang auf Grundstücke auslösen. Für diesen Schaden haftet nach der Rechtsprechung die Gemeinde. Für Fälle von Schäden aus K. wegen fehlender Rückstausicherung auf dem Grundstück haftet die Gemeinde nach → Ortssatzung und bisher überwiegender Rechtsprechung i. d. R. nicht.

Nach der neueren europäisch bestimmten Normung sind Kanalnetze zukünftig auch nach dem Maß – statistisch – der zu erwartenden Häufigkeit von Kanalüberschwemmung/-flutung zu bemessen, z. B. in ländlichen Gebieten einmal in 10 a, in Wohngebieten in 20 a, Stadtzentren und Industriegebieten 30 a und bei Unterführungen, Tief-Anlagen nur in 50 a.

Hierauf sind viele Entwässerungsanlagen in Deutschland bisher nicht eingerichtet. *Pfeiff*

Kanalüberschwemmung → Kanalstau

Kanalverlegung. Dadurch, daß sich in den letzten Jahren – aus dem Ausland entwickelt – das sog. Microtunneling, d. h. der Vortrieb von Rohren für die → Kanalisation ohne umfangreiche Aufgrabungen, in Großstädten, vor allem Berlin, zunehmend einführte, ergab sich der Einsatz der Technik der geschlossenen K. durch statischen oder dynamischen Vortrieb aus einer Start- bis zu einer Zielgrube.

Das dynamische Verfahren arbeitet teilweise als dynamisches Preßlufthammerprinzip. Andererseits erfolgt der Vortrieb, auch mit statischem Preßdruck, hydraulisch.

Er wird schon häufig auch für Trinkwasserleitungen und Kabel bei Kreuzungen und Straßen, Bahnlinien und anderen Trassen eingesetzt, zunehmend auch bei Kanalabschnitten.

Im Gegensatz dazu ist die konservative K. im offenen Graben für Trinkwasser- oder Kanalnetze aus über 100-jähriger Praxis die herkömmliche Methode bei uns, die auf den Baustellen vorerst immer noch vorherrscht.

Die Durchpressungen können heute bei geeignetem Boden und fehlenden größeren Hindernissen (Steinen) auf bis zu 30–40 m häufig, ausnahmsweise auch schon bis zu etwa 150 m mit einer gewissen Zielgenauigkeit erreicht werden. Sie enthalten wegen der Unsicherheit der Voraussage über Hindernisse immer aber erhebliche Risiken, dies bei der Kanalisation auch wegen der Unsicherheit, ein mm-genaues Gefälle durchzuhalten.

Das bevorzugte Einzugsgebiet wird wohl bei → Hausanschlüssen, Kreuzungen und in empfindlichen Hauptverkehrsbereichen liegen.

Am Markt ist ein technisch breites Angebot dynamischer und statisch-hydraulischer Systeme für die geschlossene K. vorhanden. Sie ist oft konkurrenzfähig mit der offenen K. bei → Straßenaufbruch, Baugrubenaushub und -sicherung und Verlegung mit anschließender Verfüllung, Verdichtung und Wiederinstandsetzung der Oberflächen.

Ein Sonderfall der geschlossenen K. ist der bergmännische Vortrieb bei großen Kanaldimensionen.

Besondere Lösungen bei offener oder geschlossener K. sind bei → Grundwasser nötig. Hier kommen Verfahren der GW-Absenkung, der Abschirmung (→ Spundwände, thixotrope Stützwände, Betonbohrpfähle oder Luftstützung des Vortriebkopfes und Caissons z. B.) in Frage. *Pfeiff*

Kani-Verfahren → Momentenausgleichsverfahren

Kantholz. Voll- oder Schnittholz mit rechteckigem Querschnitt, Breite/Höhe > 60 mm/60 mm, das durch Sägen eine überwiegend scharfkantige Form erhalten hat, beispielsweise Balken, Eisenbahnschwellen. *Dröge*

Kapillarität. Anstieg des Wassers über den freien Grundwasserspiegel hinaus. Ursache ist die Oberflächenspannung des Wassers. In den Porenkanälen des Bodens spannen sich Menisken auf, über die das Gewicht der daran hängenden Wassersäule als Druckkraft auf das Korngerüst abgetragen wird. Diese Druckkräfte sind auch die physikalische Erklärung für die scheinbare Kohäsion (→ Bodenmechanik). Ersetzen wir den Porenkanal durch ein Kapillarrohr mit dem Durchmesser d (Bild), so steigt das Wasser in diesem bis zur Höhe h_c an. Das Gewicht der Wassersäule

$$F_w = \pi \cdot \frac{d^2}{4} \cdot \gamma_w \cdot h_c$$

steht dabei im Gleichgewicht mit der Kapillarkraft

$$F_c = \pi \cdot d \cdot t_c \sin\alpha;$$

dabei ist $t_c = 74{,}2$ N/cm die Membrankraft bei $T = 10\,°C$.

Gleichsetzen der beiden Kräfte und $\sin\alpha \approx 1$ ergibt die aktive kapillare Steighöhe

$$h_c \approx \frac{4 \cdot t_c}{d \cdot \gamma_w}$$

Für feinkörnige Böden ist h_c größer als für grobkörnige Böden. Die passive kapillare Steighöhe läßt sich im Laboratorium mit dem Gerät von *Beskow* ermitteln. In dem Versuch wird die Höhe gemessen, bei der durch Absenken eines Wasserspiegels die Wassersäule im Kapillarrohr unten abreißt. In der Natur beobachtet man kapillare Steighöhen von mehreren Dekametern. *Meißner*

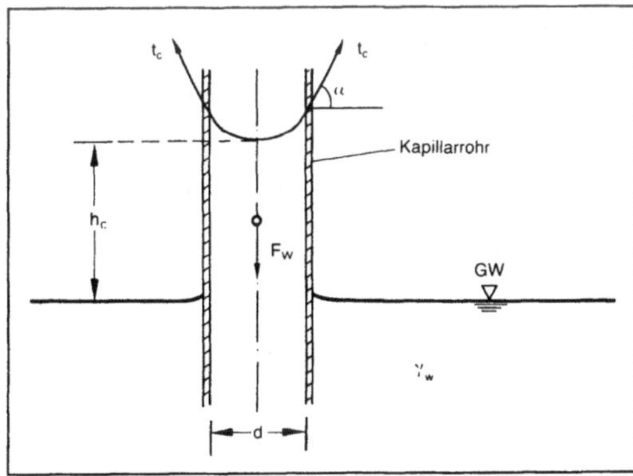

Kapillarität: Wasseranstieg in einem Kapillarrohr.

Kapillarraum. K. ist der kapillarwasserhaltige Gesteinskörper über der Grundwasseroberfläche. Seine Dicke hängt von der kapillaren Steighöhe ab. Die Oberfläche des K. ist in feinkörnigen Sedimenten unregelmäßig, in grobkörnigen Sedimenten ziemlich scharf ausgebildet. In Kluft- und Karstgesteinen kann der K.

in den offenen Gesteinsfugen völlig fehlen. Der obere Teil des K. enthält zahlreiche Luftbläschen, sein unterer Teil ist völlig wassergesättigt. Das Wasser im K. nimmt am Grundwasserabfluß teil. *Mattheß*
Literatur: *Matheß, G.*, u. *K. Ubell*: Allgemeine Hydrogeologie – Grundwasserhaushalt. Berlin, Stuttgart 1983.

Kapillarwasser. Das K., das sich über die Schichten des Adsorptionswassers legt, bildet an den Berührungsstellen mit den festen Teilchen stark gekrümmte Menisken aus, die die Grenzfläche zwischen Wasser und Luft verkleinern. Dabei wirken Adhäsionskräfte zwischen der festen Oberfläche und den Wassermolekülen mit Kohäsionskräften zwischen den Wassermolekülen unter Bildung von H-Brücken zusammen. Die Bindungsenergie ist um so größer, je kleiner der Durchmesser der kapillaren Hohlräume ist. Daher steigt das Wasser in engeren Poren höher als in weiten, in Poren mit unregelmäßiger Form höher als in ideal kreisförmigen. K. unterscheidet sich von → Adsorptionswasser durch fehlende Verdichtung, von → Sickerwasser durch das Fehlen einer merkbaren lotrechten oder schrägen Abwärtsbewegung. Es bleibt im Porenraum haften, ohne völlig jegliche Bewegung einzubüßen. *Matheß*
Literatur: *Matheß, G.*, u. *K. Ubell*: Allgemeine Hydrogeologie – Grundwasserhaushalt. Berlin, Stuttgart 1983.

Kappe. Oberster Querbalken eines → Türstockes.

Wagner

Karbonatisierung. Bei der Hydratation der Portlandzemente (→ Zement) wird durch die Hydrolyse $Ca(OH)_2$ abgespalten. Dieses geht zusammen mit anderen Alkalien in Lösung; dadurch stellt sich im Porenwasser ein → pH-Wert von 12,6 ein. Wenn das in der Luft enthaltene Kohlendioxid in den → Zementstein eindiffundiert und mit dem $Ca(OH)_2$ $CaCO_3$ bildet, kann sich der pH-Wert des Porenwassers bis unter 9 verringern. Dieser als K. bezeichnete Vorgang spielt im Stahl- und Spannbetonbau eine wichtige Rolle, da der → Bewehrungsstahl durch den hohen pH-Wert des Porenwassers im Zementstein gegen → Korrosion geschützt wird. Wenn der pH-Wert am Stahl infolge K. unter 9,3 sinkt, ist dieser Schutz i. a. nicht mehr vorhanden. Die Dicke der den Stahl schützenden → Betondeckung muß also auf die zu erwartende K.-Tiefe abgestimmt werden. Die K. ist im wesentlichen von der → Betonzusammensetzung, der Vorlagerung (Nachbehandlung des Betons) und den Lagerungsbedingungen während der K. (relative Luftfeuchte, Feuchtigkeitsgehalt des Zementsteins, CO_2-Gehalt der Luft) sowie der K.-Dauer abhängig. Relative Luftfeuchten von 50–70% sind für die K. am günstigsten, da einerseits für die CO_2-Reaktion Wasser benötigt wird und daher trockener Zementstein unter etwa 30% relativer Luftfeuchte nicht karbonatisieren kann, andererseits aber das CO_2-Gas nur durch Poren diffundieren kann, wenn sie nicht wassergefüllt sind. Dadurch ist die K.-Tiefe in Innenräumen meist höher als im Freien. Bei Beton

hoher Festigkeit wurden im Alter von 50 Jahren z. T. nur K.-Tiefen bis 5 mm gemessen, bei Beton mit großem Zementsteinporenraum ergaben sich dagegen Tiefen bis 80 mm. *Wesche*
Literatur: *Wesche, K.*: Baustoffe für tragende Bauteile. Bd. 3: Stahl, Aluminium. Tl. H; 2. Aufl. Wiesbaden 1985.

Karstgrundwasserleiter. Bei Karbonatgesteinen (Kalk-, Dolomitstein), Gips- und Anhydritgesteinen kann das → Grundwasser die Wasserwege durch Lösung erweitern (→ Verkarstung). Die Gips- und Anhydritgesteine (Porosität <4,8%) weisen praktisch nur eine Trennfugendurchlässigkeit (→ Durchlässigkeit) auf. Bei den Kalk- und Dolomitsteinen (Porositäten von 0,1% bis zu 66,6%) variieren die Gesteinsdurchlässigkeitskoeffizienten von $< 1 \cdot 10^{-8}$ m/s (kristalline, dichte Kalksteine, Marmore, tonreiche, dichte Kalksteine) bis zu mehreren 10^{-2} m/s (wenig verkittete grobe Breccien). Durch mechanische Verdichtung, Zementation, Lösung und Umkristallisation nehmen Gesteinsdurchlässigkeit und Porosität ab, so daß Kalk- und Dolomitsteine meist Gesteinsdurchlässigkeitskoeffizienten erheblich unter $4 \cdot 10^{-6}$ m/s aufweisen. Hierdurch, vor allem aber durch die sekundäre Hohlraumbildung bei der Verkarstung ist bei den Karbonatgesteinen die Gebirgsdurchlässigkeit meist erheblich höher als die Gesteinsdurchlässigkeit. Die Durchlässigkeit von Karstgesteinen ist gewöhnlich anisotrop. Dabei ist die Durchlässigkeit in Richtung der Grundwasserbewegung meist höher als quer dazu, weil das fließende Grundwasser die Karsthohlräume durch Auflösung des Gesteins vergrößert. Die Grundwasserbewegung in verkarstungsfähigen Gesteinen hängt von der Dichte, Weite und Vernetzung der Hohlraumsysteme ab. Die große Wasserwegsamkeit verkarsteter Karbonatgesteine erklärt das Vorkommen sehr wasserreicher → Quellen und hoher → Abstandsgeschwindigkeiten. Diese liegen in oberflächennahen Karstgrundwasservorkommen meist zwischen $3 \cdot 10^{-3}$ und $3 \cdot 10^{-1}$ m/s. In gespannten, tiefliegenden Karstgrundwässern ist mit geringerer Abstandsgeschwindigkeit bis zur Stagnation zu rechnen. Die Brunnenleistungen in Karbonatgesteinen betragen meist 0,3–1,2 l/s. Gelegentlich kommen Werte über 130 l/s vor. *Matheß*
Literatur: *Burger, A.*, u. *L. Dubertret*: Hydrogeology of Karstic Terrains. Hannover 1984. – *Matheß, G.*, u. *K. Ubell*: Allgemeine Hydrogeologie – Grundwasserhaushalt. Berlin, Stuttgart 1983.

Kartographie. Die K. befaßt sich mit dem Sammeln und Verarbeiten raumbezogener Daten und insbesondere mit deren Visualisierung in Karten und kartenverwandten Darstellungen. Nach klassischen Definitionen, die hier etwas verkürzt werden, ist die Karte eine verkleinerte, generalisierte und erläuterte Darstellung von Erscheinungen und Sachverhalten der Erde (oder anderer Himmelskörper) in einer Ebene.

Gewöhnlich wird zwischen topographischer und thematischer K. und den entsprechenden Karten unterschieden. Topographische Karten können z. B. die Situation (Verkehrswege, Bebauung usw.), die Gewässer, die Geländeformen und den Bodenbewuchs enthalten. Im Gegensatz dazu stellt eine thematische Karte einen gewissen Sachverhalt herausgehoben dar, wobei der Kartengrund (die topographische Karte) nur der allgemeinen Orientierung und der Einbettung des Themas dient. Die Grenzen zwischen topographischen und thematischen Karten sind fließend. So könnte man z. B. verschiedener Meinung darüber sein, ob eine Wanderkarte, die durch Eindrucken von Wanderwegen in eine topographische Karte entsteht, bereits eine thematische Karte darstellt. Abseits solcher Unterteilungen bildet die Methodik eine starke Klammer der K. Zu dieser Methodik gehören die Kartennetzentwürfe, die kartographische Modellbildung und die kartographische Technik.

Die neueren Entwicklungen auf den Gebieten der Datenspeicherung und Datenverwaltung (Datenbanken) einerseits und der graphischen Datenverarbeitung andererseits eröffnen der K. neue Möglichkeiten. Im Vordergrund stehen die Geo-Informationssysteme als wichtiger Spezialfall raumbezogener Informationssysteme. In solchen Systemen werden Daten aus allen geowissenschaftlichen Bereichen gesammelt, digital verarbeitet und zur analogen Ausgabe (Karte, Bildschirm) bereitgestellt. Dies erfordert die Entwicklung digitaler kartographischer Modelle, mit deren Hilfe sog. digitale Karten in Abhängigkeit vom jeweiligen Kartenmaßstab erarbeitet werden. Diese Entwicklungen sind noch nicht abgeschlossen. *Pelzer*

Literatur: *Hake, G.; D. Grünreich:* Kartographie, 7. Aufl., Berlin-New York 1994.

Kaskadennutzung. Die K. (Kaskade) ist die mehrfache Nutzung hintereinander von Wasser in einem Durchlauf. Dabei wird die Ausgangshöhe, -temperatur oder -wasserqualität in jeder Nutzungsstufe nur abschnittweise genutzt. *Pfeiff*

Kastengreifer. Der K. eignet sich zum Feststellen der → Kornzusammensetzung in weichem Sediment und gibt Aufschluß über die sich darin befindlichen Kleinlebewesen. Er wird von einem Schwimmkörper aus auf den Meeresboden abgelassen und dort dringt er, von Bleigewichten ballastiert, in die oberste Schicht des Meeresbodens ein. *Kühn*

Kastenstütze. Der kastenförmige Querschnitt ist nach Einführung der Schweißtechnik ein vielfach verwendetes Konstruktionselement. Durch seine geschlossene Form hat er im Verhältnis zum offenen Profil eine große Torsionssteifigkeit sowie große Biegesteifigkeitswerte in beiden Hauptachsenrichtungen und damit hohe Knickstabilitätswerte. Für große Druckbeanspruchungen und große Knicklängen ist die K. (Bild 1) besonders geeignet und im Ingenieurbau ein häufig verwendetes Bauelement. Der Kastenträger (Bild 2) wird

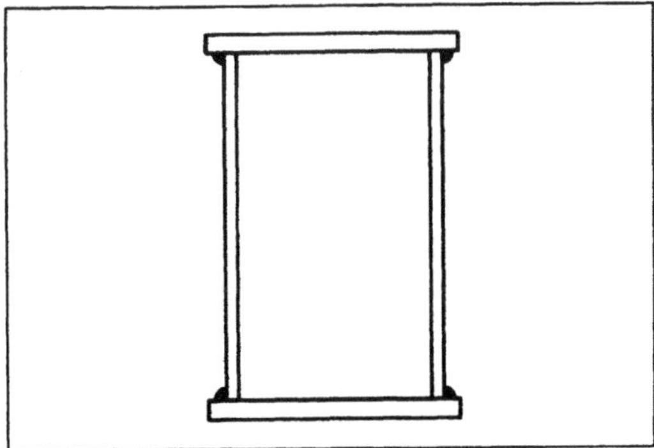

Kastenstütze 1: Querschnitt einer K.

Kastenstütze 2: Querschnitt eines Kastenträgers (Brückenquerschnitt).

wegen seiner großen Torsionssteifigkeit bevorzugt im Brückenbau eingesetzt. Exzentrische Belastungen infolge einseitiger Hauptspurbelastung sind i. a. problemlos aufnehmbar. *Sedlacek/Scholz*

Kastenträger → Kastenstütze

Kathode → Betonstahlkorrosion

Kationen-Austausch-Kapazität. Das Vermögen eines Bodens, eine bestimmte Menge Kationen austauschbar zu sorbieren, wird K.-A.-K. bzw. Kationenumtauschkapazität (KAK) genannt. Die DIN 19 684, T8, beschreibt die chemischen Laboruntersuchungen zur Bestimmung des KAK-Wertes. Der KAK-Wert hängt vom Tonmineralanteil, der Art der Tonminerale, dem Kalkgehalt, dem Anteil an organischen Bestandteilen sowie vom → pH-Wert des Bodens ab. Die DIN 4220, T2, nennt eine Näherungsbeziehung zur Ermittlung des KAK-Wertes.

Der maßgebliche Faktor für die Retention (Schadstoffrückhaltung) ist die Adsorption von kationischen Metallen (Pb, Cd, Zn, Cu, Hg, CrIII) an der Tonplättchenoberfläche und im Zwischengitterraum der Tonminerale. Die Anlagerung erfolgt im Austausch mit natürlich angelagerten Kationen der Alkali- sowie Erdalkaligruppe und ist ein begrenzter Vorgang, der bei quellfähigen Dreischichtmineralen erheblich umfangreicher ist als bei nicht aufweitbaren Dreischicht- oder Zweischichtmineralen. *Meißner/Becker*

Kautschuk → Naturkautschuk

Kavernenbau. Man unterscheidet Felskavernen und Salzkavernen.

☐ Felskavernen. Im Vergleich zu Tunneln sind Felskavernen gedrungene Hohlräume mit wesentlich größeren Querschnittsabmessungen. Die Länge beträgt i. a. das Zwei- bis Dreifache der Breite. Felskavernen dienen zur Unterbringung von Fabrikanlagen, beispielsweise als Maschinenkavernen für Wasserkraftanlagen, als unterirdische Produktionsstätten oder zur Speicherung von Rohöl. Die Bauweise, Sicherung des Hohlraums und die Standsicherheitsuntersuchung entsprechen denen im Felstunnelbau, da auch in diesem Fall der Fels selbst das Haupttragelement ist.

☐ Salzkavernen. Wie die Erfahrung aus dem Salz- und Kalibergbau zeigt, ist im → Salzgebirge die Erstellung großer, unausgebauter Hohlräume mit → Standzeiten über mehrere Jahrzehnte möglich (*Lux* 1984). Da Steinsalz außerdem im Gebirgsverband eine hohe Dichtigkeit hat und für Kohlenwasserstoffe unlöslich ist, speichert man seit vielen Jahren flüssige und gasförmige Kohlenwasserstoffe in Hohlräumen des Steinsalzgebirges. Ein Beispiel für eine Kavernenanlage ist das Kavernenfeld Etzel, in dem die Bundesrohölreserve eingelagert ist (Bild). Bei einem mittleren Durchmesser von 30 m beträgt die Höhe der in 800–1 800 m Teufe gelegenen insgesamt 33 Kavernen teilweise mehr als 600 m. Aus wirtschaftlichen Gründen werden diese Untergrundspeicher (Speicherkavernen) nicht bergmännisch mit Hilfe eines Schachtes im Bohr- und → Sprengverfahren oder maschinell aufgefahren, sondern über eine Bohrung im → Solverfahren hergestellt. In Abhängigkeit von ihrer Nutzung sind folgende Kavernentypen zu unterscheiden:
– Kavernen zur Solgewinnung,
– Kavernen zur Lagerung von Rohöl und Heizöl sowie von leicht verflüssigbaren Kohlenwasserstoffgasen (LPG),
– Kavernen zur Speicherung von Erdgas zum saisonalen Ausgleich bzw. zur Abdeckung von Verbrauchsspitzen,
– Kavernen zur Speicherung von Druckluft (in Verbindung mit einem Gasturbinenkraftwerk) als Energiereserve für tägliche Verbrauchsspitzen,
– Kavernen zur Lagerung von verflüssigtem Erdgas (LNG),
– Kavernen zur Endlagerung von toxischen oder radioaktiven Industrieabfällen.

Für den Betrieb der Kavernenanlagen ergeben sich je nach Betriebsbedingungen unterschiedliche Lastfälle, für die die Kavernen im einzelnen zu bemessen sind.

Wagner

Literatur: *Lux, K. H.*: Gebirgsmechanischer Entwurf und Felderfahrungen im Salzkavernenbau. Stuttgart 1984.

Kegelbrecher. Der Brechkegel, in steiler oder flacher Bauweise, ist an taumelnder Achse allein unten geführt. Mit vergrößertem Hub wird das Brechgut mehr schlagend-scherend zerkleinert. Die Aufgabeöffnung ist nicht durch Einbauten verengt. Zwecks gleichmäßiger Verteilung des Brechgutes ist oftmals ein Aufgabeteller aufgesetzt. K., die einen Zerkleinerungsgrad bis 12:1 bei über 300 min^{-1} aufweisen, sind in der Hartzerkleinerung meist als Feinbrecher im Einsatz. *Kühn*

Kehlriegel. Der K. (Kehlbalken) ist ein im mittleren Drittel der Dachraumhöhe angeordneter, horizontaler Stab zur Abstützung von zwei gegenüberliegenden, gegeneinander geneigten → Sparren des Sparrendaches. Das statisch bestimmte Sparrendach wird durch Einfügen des K. zum einfach statisch unbestimmten Kehlriegeldach (→ Dachstuhl). *Dröge*

Kehranlage. Bei Nahverkehrsbahnen (S-Bahn, U-Bahn, Straßenbahn) werden an einigen Haltestellen (Haltepunkten) einzelne Gleise oder Gleisgruppen – meist als Stumpfgleise – vorgesehen. Sie dienen zur Aufnahme wendender (umkehrender), nur über Teilstrecken verkehrender Züge und/oder zum Abstellen nur in Spitzenverkehrszeiten benötigter Züge; ferner zum vorübergehenden Abstellen schadhaft gewordener Züge. Um den durchgehenden Betrieb nicht zu behindern, werden die Gleisanlagen zwischen den Betriebsgleisen unmittelbar hinter dem → Bahnsteig angeordnet. Dabei ist es betrieblich günstig, daß endende Züge ohne Richtungswechsel in die K. einfahren können. Art und Ausführung der Anlagen richten sich nach der jeweiligen Aufgabenstellung. Für Straßenbahnen, die nur in eine Richtung verkehren können, müssen ggf. besondere Wendeschleifen vorgesehen werden.

Kracke/Runge

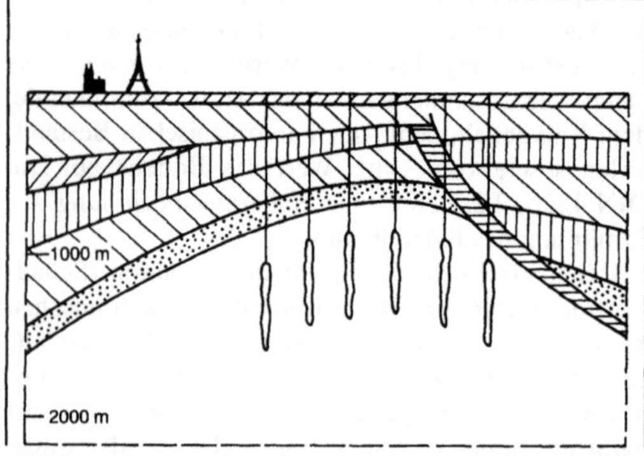

Kavernenbau: Rohölspeicherkavernenanlage Etzel. (*Quelle*: Lux 1984)

Daten einer Kaverne: Höhe rd. 500 m, Durchmesser rd. 30 m, Volumen rd. 500 000 m³

Kehricht. K. sind alle → Abfälle, die durch Kehren von Oberflächen anfallen. Diese Gruppe des Abfalls faßt man in der Abfallstatistik mit dem Hausmüll oder den hausmüllähnlichen Gewerbeabfällen zusammen.

Je nach Herkunft können darin viele organische Substanzen, oft auch Papier und Kunststoffe, enthalten sein. K. ist daher besonders zum Kompostieren, auch im eigenen Garten, geeignet. Die wesentlichen Anteile des K. fallen bei der Straßen- und Marktreinigung an. Sie ist meist eine Trockenreinigung mit einem nur geringen Anteil von Sprengwasser zur Staubbindung. Daneben gibt es auch Kombinationen mit „nasser" Reinigung oder nur eine „nasse" Reinigung, bei der der K. durch Sprengfahrzeuge in die Straßenrinne geschwemmt wird und so mit dem Wasser in die → Kanalisation und über die Abwasserreinigungsanlage schließlich in einen → Vorfluter gelangt. *Pfeiff*

Kerbe. K. in Werkstücken, die bei ruhender Belastung i. a. keine Abminderungen der → Beanspruchung hervorrufen, haben bei dynamischer Lastwirkung erheblichen abmindernden Einfluß auf die → Dauerfestigkeit. Als K. im allgemeinen Sinne wird jede mechanische Störung des Werkstücks verstanden, die zu örtlich konzentrierten Spannungserhöhungen führt. Bei dynamischer Beanspruchung kann man nicht mehr davon ausgehen, daß diese Spannungsspitzen etwa durch Plastizierung des Werkstoffes abgebaut werden. Es ist vielmehr zu erwarten, daß das Ermüdungsverhalten des Bauteiles (→ Ermüdung) stark abnimmt. Deswegen ist es nicht ausreichend, z. B. bei einem geschweißten Konstruktionselement für das Bauteil und für die Schweißnaht getrennt ausreichende Tragsicherheit nachzuweisen. Vielmehr muß das Konstruktionselement insgesamt nach dem Grad der Kerbwirkung beurteilt werden. Zu diesem Zweck ordnet man die Konstruktionselemente in sog. Kerbfälle ein, die der → Bemessung der Bauteile zugrunde gelegt werden. In DIN 15018 (→ Krane) ist die umfangreichste Anzahl von praktikablen Konstruktionselementen und deren Einordnung in acht Gruppen mit 70 Einzelpositionen zusammengestellt. *Sedlacek/Scholz*

Kerbspannung. K. treten an planmäßigen (wie z. B. → Kerben, Bohrungen, ein-, ausspringenden Ecken) wie unplanmäßigen (wie z. B. Rissen) Querschnittsänderungen auf. Solche Diskontinuitäten führen zu hohen Spannungskonzentrationen bei steilen Spannungsgradienten. Die Spannungswerte erreichen ein Vielfaches der Spannungen bei ungestörten Querschnitten. Das Verhältnis der maximalen K. zur Spannung des ungestörten Querschnitts wird als Kerbfaktor bezeichnet. Je schärfer eine Kerbe ist, desto größer sind die K. Durch geeignete Formgebung (Ausrundung, weiche Übergänge) lassen sie sich reduzieren. Durch Plastizieren des Werkstoffes werden die Maximalspannungen stark abgebaut, bevor – außer bei spröden Werkstoffen – ein Versagen des Bauteiles eintritt. *Laermann*

Kernbohrgerät. Für Beton-, Straßen- und Bodenuntersuchungen (Aufschlußbohrungen) werden zylinderförmige Proben mittels K. entnommen. Mit speziellen Probenentnahmegeräten ist es möglich, ungestörte → Bodenproben zu entnehmen. Die drehend arbeitende, rohrförmige Bohrkrone ist an der Schneide mit Hartmetall oder Diamanten versehen. Man erreicht eine Tiefe bis 50 m; der Bohrlochdurchmesser kann bis 200 mm betragen. K. sind hydraulisch angetriebene Drehbohrgeräte mit Kernrohren und Bohrkrone. Gefördert wird trocken mit Seilwinden: Im Kernrohr wird das Bohrklein portionsweise hochgezogen und ausgeworfen. *Kühn*

Kernholz. Entsteht im Laufe des Wachstums im inneren Stammbereich des Baumes, bei Laubholz durch Bildung von Thyllen (Füllzellen), bei Nadelholz durch Schließen der Tüpfel (Hoftüpfel). In den abgestorbenen Zellen lagern sich i. d. R. Harze, Fette, ätherische Öle, Alkaloide, Gerb- und Bitterstoffe u. ä. ein, wodurch das Schwindvermögen herabgesetzt wird, eine dunklere Färbung entsteht und eine erhöhte Resistenz gegen pflanzliche und tierische Schädlinge eintritt. Das K. ist dauerhafter als das → Splintholz. Die Holzarten werden nach ihrer unterschiedlichen Kernholzbildung wie folgt eingeteilt:

☐ Kernholzbäume: deutlicher Farb- und auch Feuchtigkeitsunterschied zwischen Kern und Splint, z. B. Eiche, Edelkastanie, Kiefer, Nußbaum, Lärche;

☐ Reifholzbäume: trockener Kern, kaum Farbunterschied, z. B. Feldahorn, Linde, Rotbuche, Fichte, Tanne;

☐ Splintholzbäume: kein Unterschied zwischen Splint und Kern, z. B. Birke, Erle, Berg- und Spitzahorn, Weißbuche, Aspe.

Bei verschiedenen Holzarten, beispielsweise Eiche, wird nur das K. verarbeitet. Anorganische Einlagerungen im Kern vieler Holzarten, z. B. Azobé, führen zu Erschwernissen bei der Verarbeitung. *Dröge*

Kesselaufstellraum. Der Raum, in dem die Kessel bzw. Wärmeerzeuger aufgestellt sind. Er kann Teil eines z. B. gewerblich genutzten Raumes sein. Die Anforderungen an den K. regeln die Feuerungsverordnungen der Länder. Werden Kessel mit einer Gesamtwärmeleistung von ≥ 50 kW in einem Raum aufgestellt, dann muß dieser Raum als Heizraum beschaffen sein. An Heizräume werden besondere Anforderungen hinsichtlich Zugänglichkeit, → Fluchtweg, Belichtung, → Belüftung, Entwässerung und die Verwendung nichtbrennbarer Materialien gestellt. Die Anforderungen sind in den Bundesländern unterschiedlich. *Diehl*
Literatur: Feuerungsverordnungen der Bundesländer. – VDI 2050: Heizzentralen.

Kesselspeisewasser. K. wird zur Herstellung von Dampf benötigt, der im Gewerbe und in der Industrie als Energieträger oder als Arbeitsmittel eingesetzt wird. Je nach den Kesselanforderungen und dem Dampfdrucknetz kommen verschiedene Reinheitsanforderungen zum Salz- und Gasgehalt des Wassers in Betracht.

Meist wird eine aufwendige K.-Aufbereitung nötig. *Pfeiff*

Kies. Natürliches Korngemenge mit einer Korngröße zwischen 4 und 63 mm. Man spricht bei einer Korngröße über 32 mm von Grobkies. Gebrochenes Material wird entsprechend der Korngröße mit Splitt bzw. Schotter bezeichnet. *Wesche*

Kiestragschicht. Die K. gehört wie auch die → Schottertragschicht zur → Tragschicht ohne Bindemittel. Sie wird nach den RStO (→ Bemessung, → Straßenbefestigung) für die Bauweisen mit → Asphaltdecke unter der → Asphalttragschicht angeordnet. K. verwendet man häufig dort, wo die Rohstoffe transportgünstig zu beschaffen sind und nur ein geringer Aufbereitungsaufwand (Korngrößenverteilung, Verunreinigungen) notwendig ist. Als Mineralstoffgemisch kommen Kiessande der Körnungen 0/32, 0/45 und 0/56 mm zur Anwendung, die im Werk dosiert und unter Zugabe von Wasser gemischt werden, damit sich das Material während des Transportes und beim Einbau nicht entmischt, so daß es sich auf der Baustelle optimal verdichten läßt. Die Anforderungen an die enge Kornabstufung sind in den „Zusätzlichen Technischen Vertragsbedingungen und Richtlinien für Tragschichten im Straßenbau" (ZTVT-StB) vorgegeben und von großer Wichtigkeit, da die Korngrößenverteilung einen erheblichen Einfluß auf die zu erreichende Kornverspannung und innere Reibung hat, die wiederum die Standfestigkeit und Tragfähigkeit der fertigen Schicht bestimmen. Mit Dicken von 20–25 cm läßt sich eine ausreichende Verspannung des Korngerüstes erzielen. *Beckedahl*

Kinematik. Mit Hilfe der K. lassen sich in der Baustatik die → Einflußlinien für Auflagerreaktionen und

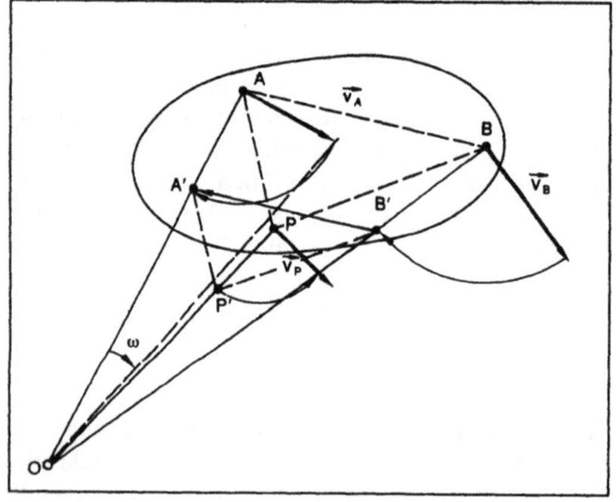

Kinematik 1: Drehung einer Scheibe um das Momentanzentrum.

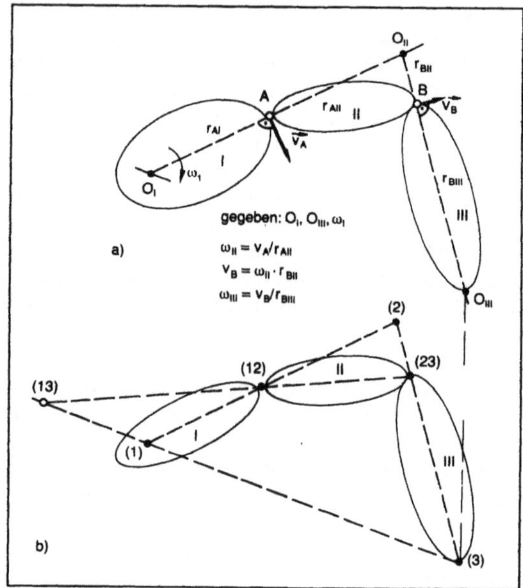

Kinematik 2: Geschwindigkeits- und Polplan dreier Scheiben.

a) Geschwindigkeitsplan
b) Polplan.

Schnittkräfte an statisch bestimmten Stab- und Fachwerken oder auch der Grad der Verschieblichkeit von → Tragwerken bestimmen. Sind die Geschwindigkeiten $\vec{v}_A$ und $\vec{v}_B$ einer ebenen Scheibe nach Größe und Richtung gegeben, so liegt der augenblickliche Drehpol, das Momentanzentrum O, im Schnittpunkt der Normalen zu den Geschwindigkeitsvektoren (Bild 1). Die Scheibe dreht sich um O mit der Winkelgeschwindigkeit $\omega = v_A / r_A = v_B / r_B$. Damit ist die Geschwindigkeit $\vec{v}_P$ jedes beliebigen Punktes P auf dieser Scheibe gegeben. Werden die Geschwindigkeiten um 90° im Uhrzeigersinn gedreht, so kann wegen der Ähnlichkeit der Dreiecke ABP und A′B′P′ der Geschwindigkeitsvektor $\vec{v}_P$ durch Drehung von PP′ im Gegenuhrzeigersinn gefunden werden. Sind mehrere Scheiben gelenkig miteinander verbunden und die Momentanzentren zweier Scheiben sowie die Winkelgeschwindigkeit einer dieser beiden Scheiben gegeben, so ist der Bewegungszustand dieser Scheibenkette insgesamt bestimmt; sie ist zwangläufig geführt (Bild 2a). Die Bewegung jeder Scheibe i dieser zwangläufigen kinematischen Kette ist mithin durch ihre Drehung um ihr Momentanzentrum (i), auch Hauptpol genannt, und durch die gegenseitige relative Verdrehung zweier Scheiben um den Nebenpol (ik) bestimmt. Der Polplan, die Gesamtheit aller Haupt- und Nebenpole einer Kette, wird mithin nach folgenden zwei Sätzen konstruiert (Bild 2b):

□ Die Hauptpole zweier Scheiben und der zugehörige Nebenpol liegen auf einer Geraden.

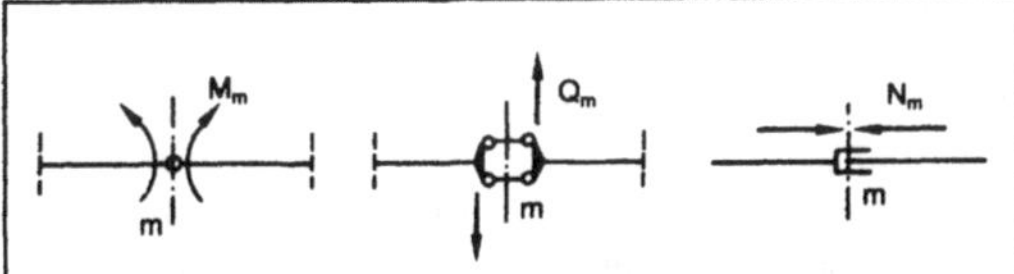

Kinematik 3: Gelenkmechanismen zur Freisetzung der jeweiligen Schnittkraft.

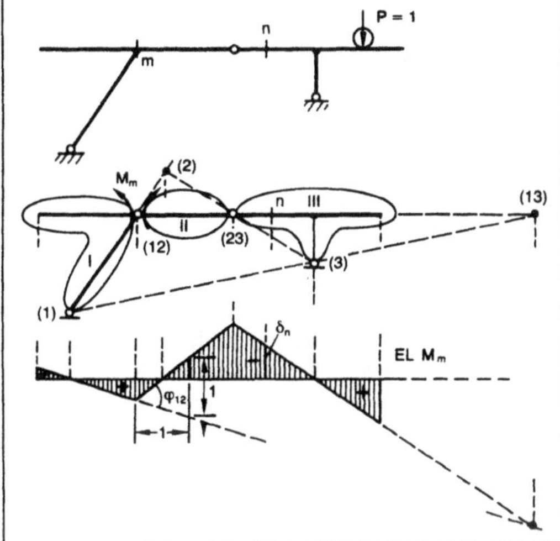

Kinematik 4: Momenteneinflußlinie für einen Dreigelenkrahmen.

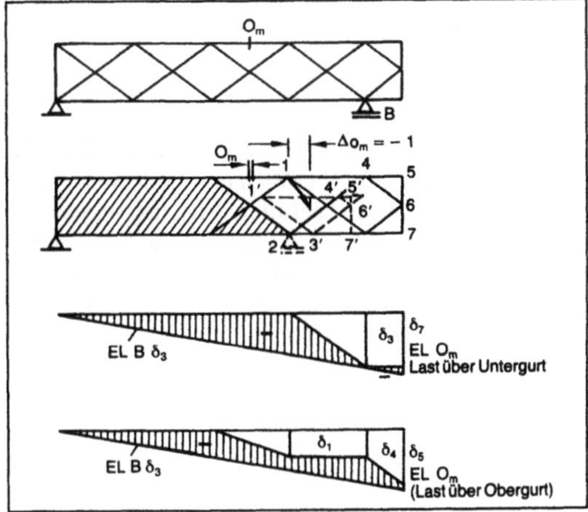

Kinematik 5: Beispiel einer Einflußlinie für ein Rautenfachwerk (gedrehte Geschwindigkeiten).

□ Die zugehörigen Nebenpole dreier Scheiben liegen auf einer Geraden.

Zur Bestimmung der Einflußlinie einer Schnittkraft an der Stelle m eines statisch bestimmten Tragwerkes ist in m ein gedachter Gelenkmechanismus einzuschalten, der die Wirkung der gesuchten Schnittkraft aufhebt; statt dessen ist diese als Doppelkraft anzubringen (Bild 3). Mit der Einführung dieses Freiheitsgrades wird das Tragwerk zu einer zwangläufigen kinematischen Kette. Die Schnittkraftpaare müssen nun solche Werte annehmen, daß die → Gleichgewichtsbedingungen, die nach dem Prinzip der virtuellen Verrückung formuliert werden, wieder erfüllt sind. Die virtuellen Verschiebungen sind klein gegen die geometrischen Abmessungen des Tragwerks; sie werden durch Ableitung nach der Zeit zu Geschwindigkeiten, also zu endlichen Größen, die vom Maßstab des Tragwerks unabhängig sind. Nach formaler Multiplikation mit dem Zeitdifferential lassen sich dann bei der Formulierung des Arbeitssatzes wieder die Verschiebungsgrößen einführen.

Für die Einflußlinien (EL) des Biegemomentes an der Stelle m eines Dreigelenkrahmens nach Bild 4 gilt $P \cdot \delta_n + M_m \cdot \varphi_{12} = 0$. Wird die gegenseitige Verdrehung der Scheibe I gegen Scheibe II entgegen der positiven Richtung des Momentes M_m angenommen und gleich 1 gesetzt, womit auch der Maßstab von δ_n gegeben ist, so ergibt sich EL $M_m = \delta_n$. Die Einflußlinien verlaufen über Scheibenlänge als Gerade, mit Nulldurchgang in den Hauptpolen und → Knicken in den Nebenpolen. Zur Bestimmung der Einflußlinien der Stabkräfte in Fachwerken kann das Verfahren der gedrehten Geschwindigkeiten angewandt werden (Bild 1). Für die EL O_m eines Rautenfachwerkes nach Bild 5 wird dieser Stab zerschnitten; die Schnittufer werden um $\Delta o_m = -1$ (Maßstab der Verschiebungen) auseinandergezogen. Damit ist die Geschwindigkeit (Verschiebung) des Knotens 1 gegeben, wenn man sich das Auflager B zunächst so versetzt denkt, daß eine unverschiebliche Scheibe erhalten wird. Dann ergeben sich die Geschwindigkeiten (Verschiebungen) der numerierten Knoten mit dem Geschwindigkeitsplan zwangläufig. In der Arbeitsgleichung ist die von der Auflagerkraft B (Einflußlinie) geleistete Arbeit mit zu berücksichtigen: EL $O_m = \delta_n + $ EL B δ_3. Man kann auch mit den tatsächlichen Geschwindigkeiten arbeiten. In diesem Fall ist ein gesonderter Geschwindigkeitsplan zu konstruieren. *Laermann*

Kippen. Instabilitätserscheinung von Stäben (Trägern) und Bögen bei gleichzeitiger Verdrehung und seitlicher Verschiebung des Stabquerschnittes aus seiner Symmetrieebene heraus: seitliches Ausweichen des gedrückten Gurtes (→ Biegedrillknicken). K. bezeichnet den kritischen Gleichgewichtszustand eines auf Biegung beanspruchten Bauelementes. Kippgefährdet sind vor allem hohe, senkrecht zur Lastebene schmale Querschnitte. Zur Abschätzung der → Tragfähigkeit bzw. der kritischen Belastung ist die tatsächliche nichtgeradlinige Spannungsverteilung im Querschnitt zu berücksichtigen. *Laermann*

Kipplager → Lager

Kipptrommelmischer. Die Kipptrommel (Bild) hat nur eine Öffnung zum Einfüllen und Entleeren. Zu den drei Arbeitsstellungen Einfüllen, Mischen und Entleeren wird die Trommel um ihre Kippachse geneigt. Dabei bleibt die Drehrichtung der Trommel erhalten. Zum Entleeren kippt man die Trommel bei Mischern bis 200 l Nenninhalt von Hand mittels eines Handrads, bei größeren Mischern hydraulisch oder pneumatisch nach unten. *Kühn*

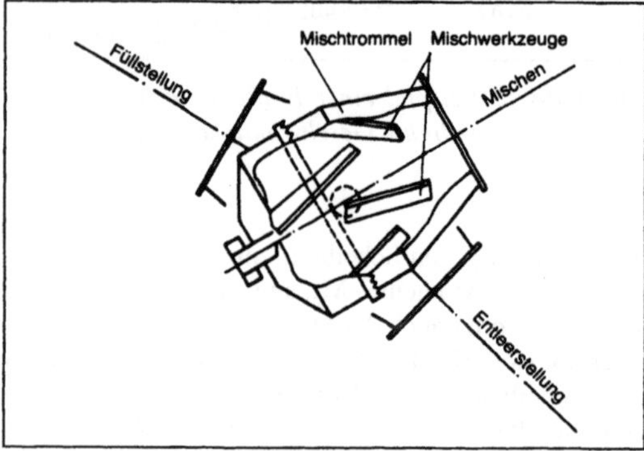

Kipptrommelmischer: Funktionsprinzip der Kipptrommel.

Kläranlage. Die K. (Abwasserreinigungsanlage) soll die Anteile des Abwassers, die die Gewässer belasten, die Gesundheit gefährden und die Nutzungen beeinträchtigen, möglichst weitgehend vom Gewässer zurückhalten. Sie arbeitet i.d.R. in drei Stufen. Die erste mechanische Reinigungsstufe ist durch → Rechen, Siebe und → Sandfänge sowie Absetz- und Flotationsbecken gekennzeichnet. Oft sind auch Fett- und Ölfänge eingeschaltet und meist Regenbecken, Rückhaltebecken und Hilfseinrichtungen zur → Entnahme und Förderung des ausgeschiedenen → Schlammes, → Sandes, Rechengutes vorhanden. In der zweiten, biologischen Stufe werden die erfaßbaren gelösten, meist organischen C- und nur teilweise auch N-Verbindungen aus dem Abwasser in Belebtschlamm-, Tropfkörper- oder Tauchkörperanlagen, bei uns vor allem durch Adsorption/Absorption in Schlamm verwandelt und in einer → Nachklärung abgesetzt/abgetrennt. Dabei können auch Effekte der Nitrifikation, jetzt oft auch einer erwünschten → Denitrifikation mit Ausscheidung als Stickstoffgas, allerdings bei hohem Energieaufwand, erreicht werden. Diese biologische Reinigung kann man auch in Abwasserteichen und in naturnahen Schlängelrinnen erzielen. Je nach dem Grad des so erreichbaren biochemischen (BSB$_5$), chemischen (CSB) oder organischen Kohlenstoffabbaus ist die Reinigung teilbiologisch bei etwa 70–80% Reduzierung, vollbiologisch bei gut über 90%. Verlangt nach deutschen und europäischen Vorschriften sind jetzt auch einzuhaltende Grenzwerte für Stickstoff- und Phosphorverbindungen, je abgestuft nach der Ausbaugröße der K. schärfer werdend. Bei den besonderen Anforderungen durch die Gewässer, vor allem bei stehenden Gewässern als → Vorflut, kommt daher eine dritte Reinigungsstufe in Betracht, in der vor allem Phosphate, aber auch Nitrat reduziert werden. Gelegentlich muß – bei besonderen Anforderungen empfindlicher Gewässer – auch eine vierte Reinigungsstufe eingerichtet werden, um Feinschlammaustragungen aus den Nachklärbecken – meist durch Filter, evtl. auch chronische Fällung – zurückzuhalten. Jede K. ist mit den notwendigen Meß-, Regel- und Steueranlagen ausgestattet, verbunden mit einer Dokumentation und Auswertung über die Funktion. *Pfeiff*

Klärschlamm → Schlamm

Klärteichdamm. Sperrenbauwerk für einen Klärteich. Ein Klärteich ist ein Becken, in das man eine Trübe oder eine Suspension leitet. Üblicherweise stammt diese Trübe aus einem industriellen Fertigungsprozeß, wie es z.B. bei der Zuckerindustrie oder der Kalkindustrie der Fall ist. Im Becken sollen die Schwebstoffe sedimentieren. Ein K. besteht aus einem Grunddamm, der nach den Regeln des → Dammbaues errichtet wird. Zur Steuerung der Sickerlinie sollte man also auch Filter vorsehen. Entlang der Dammböschung und eventuell auch der Klärteichhänge wird eine Ringleitung verlegt, über die die Trübe gleichmäßig verteilt in den Klärteich fließt. Grobe Kornanteile sedimentieren nahe der Dammböschung. Es entsteht dort ein „Spülstrand". Zur Teichmitte hin wird das Sediment immer feinkörniger und weicher. Weiter entfernt von den Einleitstellen der Trübe steht ein „Mönchsbauwerk", über das man geklärtes Wasser einem → Vorfluter zuführt. Ist der Klärteich mit Sediment nahezu gefüllt, wird der Damm erhöht; dabei schüttet man teilweise auf dem Spülstrand auf (Bild). Die Schütthöhe darf nur wenige Meter betragen, da die Anfangsstandsicherheit (→ Bodenmechanik) auf dem Spülstrand nur klein ist. Mit zunehmender Konsolidierung nimmt die → Standsicherheit jedoch zu, so daß nach einer bestimmten Zeit

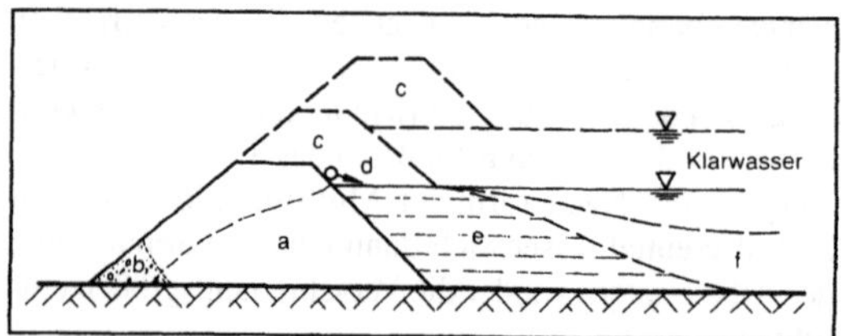

Klärteichdamm: Dammaufbau für einen Klärteich.
a Grunddamm, b Filterfuß, c Dammerhöhung, d Trübe, e Spülstrand (Grobkorn), f Spülsee (Feinkorn).

eine erneute Dammerhöhung vorgenommen werden kann. Es entsteht die bei K. charakteristische Sägezahnform der wasserseitigen Dammböschung.

Meißner

Kleben. Die seit dem Altertum unter Verwendung von Naturprodukten (Stärkekleister, Knochenleim, Naturharze) bekannte Klebetechnik wurde ingenieurmäßig durch die Entwicklung der Kunststoffe interessant. Heute stehen zahlreiche Produkte und Verfahren zur Verfügung, die eine sichere Überleitung von Kräften durch konstruktiv zweckmäßig ausgebildete Klebefugen in einer Höhe erlauben, die den zulässigen Beanspruchungen der zu verbindenden Teile entspricht. Bis vor wenigen Jahren wurden im Bauwesen Verklebungen lediglich bei untergeordneten Ausbauarbeiten (Tapeten, Bodenbelägen) verwendet; heute ersetzen sie vorteilhaft in steigendem Maße Verdübelungen und Verschraubungen. Übliche Überlappungsstöße zeigen eine stark ungleichmäßige Spannungsverteilung mit Schubspannungsspitzen und Abschälzugspannungen an den Enden des Überlappungsbereiches. Das Verhältnis von maximaler zu mittlerer → Schubspannung läßt sich durch konstruktive Maßnahmen und durch Wahl eines Klebstoffes mit kontrollierten Kriecheigenschaften günstig beeinflussen. Im → Stahlbau wurden Verklebungen zwar vereinzelt angewendet, trotz erfolgreicher Langzeitbewährung haben sie sich jedoch aus Kostengründen gegen das Schweißen nicht durchsetzen können. Dagegen sind Verklebungen bei den sehr dünnen Blechen des Fahrzeugbaues und der Luftfahrttechnik verbreitet. Hier können auch die hinsichtlich ihrer Festigkeit optimalen dünnen Klebschichtdicken problemlos eingehalten werden.

Eine Kombination von Verschraubung und Verklebung sind die VK-Verbindungen des Stahlbaues. Bei ihnen unterstützt eine hohe Schraubenvorspannung die Verklebung im Sinne einer gleichmäßigen Scherspannungsverteilung und Verhinderung von Schälspannungen. Die Lochlaibungsspannungen des Schraubenschaftes werden nicht in Anspruch genommen. Als Ersatz für Kontermuttern bei normalen Schraubverbindungen kann man das Spiel zwischen Mutter und Schraubenschaft mit Zyanoacrylatklebstoff ausfüllen. Im konstruktiven → Betonbau werden Stahlbetonfertigteile druck- und schubfest mit Hilfe gefüllter EP-Klebstoffe (Feinmörtel) verklebt. Unter der Voraussetzung, daß die Fugendicke einige Millimeter nicht übersteigt, kann man in bezug auf Festigkeit und Verformung von einer „monolithischen" Verbindung ausgehen. Bei sehr großen Querschnitten, z. B. bei der Segmentbauweise im Brückenbau, wird die erforderliche hohe Paßgenauigkeit häufig durch den Einsatz des Positiv-Negativ-Schalungsverfahrens erreicht: Das zu betonierende Element benutzt als Stirnschalung das mit einem Trennmittel versehene, bereits erhärtete, vorhergehende Element. Die Beseitigung der Trennmittelrückstände durch Sandstrahlen ergibt gleichzeitig die erforderliche Oberflächenrauheit. In den letzten Jahren hat die Verstärkung bestehender Stahlbeton- und Spannbetonbauwerke mit nachträglich an die Zugzone und ggf. an Stege von Balken geklebten Stahlblechen eine nennenswerte Bedeutung erlangt.　　*Sasse*

Kleineisen → Schienenbefestigung

Kleingarten → Freizeiteinrichtung

Klemmverbindung. Bei einer K. werden die zu verbindenden Bauteile zusammengespannt (Bild 1). Auf Bohrungen kann man verzichten. Dadurch ist die Wie-

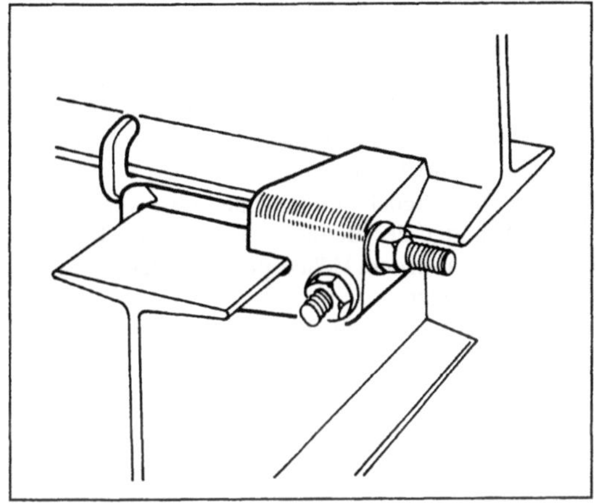

Klemmverbindung 1: Schematische Darstellung.

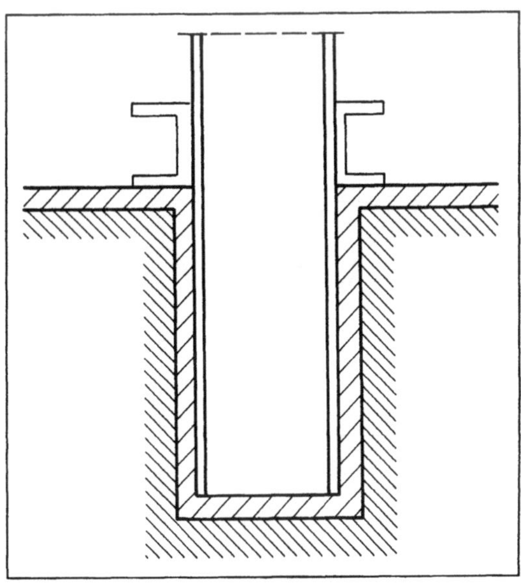

Klemmverbindung 2: Steckverbindung (Köcherverbindung).

derverwendung der Bauteile ohne Lochschwächung möglich. K. setzt man hauptsächlich im Rüstungsbau ein (→ Gerüst). Die Steckverbindung (Köcherverbindung) ist für Druck und Querkraft geeignet, bei entsprechender Einstecklänge auch für Biegemomente (Bild 2). *Sedlacek/Scholz*

Kletterschalung. Mit K. wird ein Schalungsverfahren bezeichnet, bei dem höhenbegrenzte Wandabschnitte von Mal zu Mal mit den unterschiedlichsten Wandschalungssystemelementen usw., hergestellt werden.

Im Prinzip werden diese Wandelemente mit oder ohne das zu erforderliche Aufstell- und Arbeitsgerüst mit Hebegeräten (→ Kran) umgesetzt. Aus diesem Grund wird immer mehr von Kletter-Umsetzschalungen gesprochen (Bild).

Als Selbstkletterschalungen werden Systeme bezeichnet, bei denen Wandschalungselemente unterschiedlichster Bauart auf kletternden Konsolgerüsten aufgebracht sind und mit diesen → Gerüsten automatisch ohne Kranhilfe abschnittsweise nach oben bewegt werden. Die → Schalungselemente selbst werden nach dem → Erhärten des Betons in horizontaler Richtung entfernt und nach dem Höhensprung wieder an die Einbaustelle versetzt.

Selbstkletterschalungen sind erst ab ca. 30 m Bauhöhe aus Gründen des hohen Montage- und

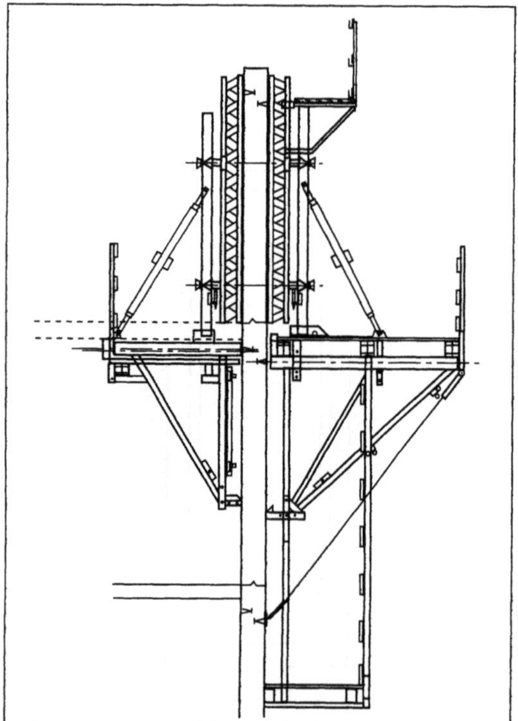

Kletterschalung: Ausführungsbeispiel einer Kletter-Umsetzschalung (System Peri).

Demontageaufwandes gegenüber der kranabhängigen Kletter-Umsetzschalung wirtschaftlich einsetzbar. *F. Hoffmann*

Literatur: *Hoffmann, F. H.*: Schalungstechnik mit System. Wiesbaden 1993.

Klimaanlage → Raumlufttechnik

Klimatechnik → Raumlufttechnik

Kluftgrundwasserleiter. K. sind → Festgesteine (Sedimentgesteine, → Sandsteine, Magmatite, → Plutonite, → Vulkanite und → Metamorphite), deren → Durchlässigkeit vor allem auf den anisotrop und inhomogen im Gebirge verteilten → Trennfugen beruht, die durch tektonische Beanspruchung oder Lösungsvorgänge gebildet werden. Die Gesteinsdurchlässigkeit trägt nur bei bindemittelarmen, porösen Sandsteinen und bei verwitterten Magmatiten und Metamorphiten nennenswert zur Durchlässigkeit bei. *Mattheß*

Kluftvolumen → Hohlraumanteil

Knagge. Unterstützendes, konsolenartiges Bauteil in Holz- und Stahlkonstruktionen. *Dröge*

Knicken. Instabilitätserscheinung bei axial gedrückten Stäben und Stabsystemen. Ein exakt gerader Stab befindet sich bis zur kritischen Last im indifferenten Gleichgewicht. Die geringste Störung (geringe Außermittigkeit der Druckkraft, kleinste Querbelastung oder → Imperfektion) verursacht Instabilität des Gleichgewichtes zwischen inneren und äußeren Kräften und läßt den Stab seitlich ausknicken. Die kritische Laststufe der Druckkraft wird als Knicklast bezeichnet. Sie ist eine Systemgröße, die von der Stablänge und dem Stabquerschnitt und beim Einzelstab auch von den Lagerungsbedingungen abhängt. Für diesen lassen sich vier verschiedene Lagerungsfälle mit den zugehörigen Knicklasten angeben (Bild), die vier Euler-Fälle (→ Stabilitätstheorie). *Laermann*

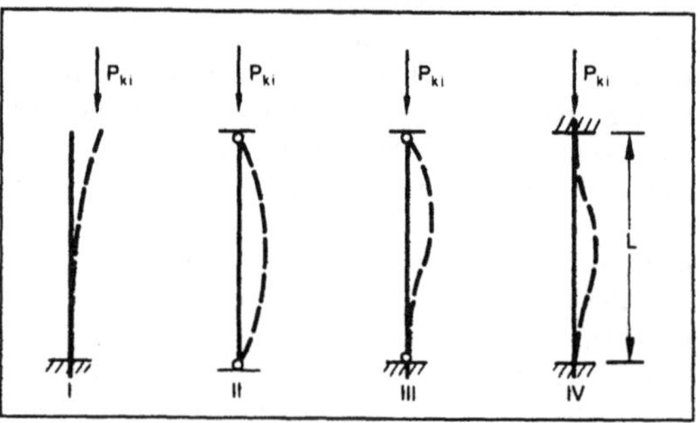

Knicken: Euler-Fälle I bis IV.

Körperschall → Schallschutz

Kohäsion. Physikalische Bezeichnung für den Zusammenhalt von Stoffen, der durch chemische Bindungen oder zwischenmolekulare Kräfte (*van-der-Waals*-Kräfte) verursacht wird. Bei den festen Baustoffen bewirkt die K. die Zug-, Druck- und → Scherfestigkeit. Tritt bei → Abreißversuchen das Versagen nicht in der Bindeebene zwischen zwei Stoffen (z. B. Beton und Beschichtungsstoff, → Adhäsion) auf, sondern innerhalb dieser Stoffe, so spricht man von Kohäsionsversagen. *Sasse*

Kolbeneffekt. Im → Tunnel durch Fahrzeuge bewirkter Belüftungseffekt. Maßgebend ist das Verhältnis von → Tunnelquerschnitt zu Fahrzeugquerschnitt. Der K. ist naturgemäß bei Eisenbahntunneln besonders ausgeprägt, denn ein Fahrzeug, das den Tunnelquerschnitt weitgehend ausfüllt (Eisenbahnen einschl. U-Bahnen), schiebt ein Luftpolster vor sich her und erzeugt hinter sich einen Unterdruck, der Frischluft nachströmen läßt. Der K. kann daher eine → Belüftung unterstützen. Da er aber auch entgegengesetzt wirken kann, wird er nicht in eine Berechnung miteinbezogen. *Wagner*

Kolk. K. ist eine örtlich begrenzte, durch Strömungsvorgänge hervorgerufene Vertiefung der beweglichen Sohle eines Gewässerbettes. K. entstehen durch Störungen des Abflusses nach Brückenpfeilern, Ausläufen von → Kreuzungsbauwerken oder nach → Sohlenbauwerken und nach → Wehren. Die Eintiefung der Sohle gefährdet das Bauwerk, so daß meist eine Kolkabwehr durch Einbauten von Steinschüttlagen, Sturzbetten oder Tosbecken vorzunehmen ist. *Muth*

Kolmation. Bei einem Strömungsvorgang das Einspülen von Feinkorn in ein Korngerüst aus grobkörnigem Boden und das Abfiltern des Feinkornes in dem Korngerüst (Abdichten, Zustopfen). Die K. wird auch künstlich zur Verringerung der → Durchlässigkeit von grobkörnigem Talschotter unter Dämmen herbeigeführt, wie z. B. beim *Assuan*-Staudamm. Der Abdichtungserfolg hängt von der Größe des hydraulischen Gradienten sowie von der zeitlichen Abstufung der verschiedenen Feinkornfraktionen ab, die in den Untergrund eingeschwemmt werden. *Meißner*

Kombinationsgründung. Bei einer K. (Pfahl-Platten-Gründung) werden die lotrechten Bauwerkslasten sowohl über Pfähle als auch über die Pfahlkopfplatte (Flächengründung) in den Baugrund abgetragen. Ein bekanntes Beispiel ist die Gründung des Messehochhauses in Frankfurt. Damit die Pfahlkopfplatte Lasten durch Sohlpressungen abtragen kann, müssen die Pfähle nachgeben, d. h. sich setzen.

Entstehen Porenwasserüberdrücke oder steht ein kriechfähiger Boden an, kommt es zu zeitabhängigen Umlagerungen der Widerstände. Das komplexe System läßt sich mit aus der Fachliteratur bekannten Ansätzen näherungsweise lösen. Realitätsnähere Lösungen lassen sich durch Anwendung numerischer Methoden (FEM) erzielen. *Meißner/Becker*

Kompatibilitätsbedingung → Verträglichkeitsbedingung

Kompostierung. K. ist die Verrottung organischer → Abfälle in aerober Atmosphäre entweder in offen aufgesetzten lockeren Mieten von 1–1,5 m Höhe oder in geschlossenen Rottekammern oder -türmen bei Umwälzung und einem geringen Feuchtigkeitsgehalt als biologischer Abbau-/Umbauprozeß durch Bakterien und andere Kleinlebewesen. Die stationären Mieten/Komposthaufen müssen öfters umgesetzt werden, was von Hand oder mit mobilem Gerät erfolgen kann. Im Rotteprozeß werden Temperaturen bis über 50 °C und so eine teilweise → Entkeimung erreicht. Das Material muß zweckmäßig vorzerkleinert und von gröberen Feststoffen (Glas, Steine, Sperrstoffe) befreit werden.

Geeignet sind neben allem Grünmaterial vor allem Gras, Garten- und Küchenabfälle, beschränkt Papier, Laub, Obst, Kleintiermist, Sägemehl und -späne und anderes. Der hierfür geeignete Anteil im häuslichen Abfall beträgt meist über 30% des Gewichts. Er wird durch die Biotonne erfaßt.

Kompostieren ist ein schon immer vom Menschen angewandtes System der → Abfallbehandlung, der reife Kompost ist ein wertvoller Bodenverbesserer dank des Düngemittelgehaltes an Mineralien, der krümeligen, gut durchlüftbaren Struktur und des natürlichen Stoffkreislaufes, biologisch sehr aktiv.

Bereits nach 1948 begann eine Welle von Versuchen, auch die geeigneten Anteile des häuslichen Abfalls zu kompostieren. Es gab bis in die 80er Jahre hinein immer wieder neue Ansätze bei zunehmend wissenschaftlich geklärten Grundlagen über das zweckmäßige N-/C-Verhältnis und eine technische Entwicklung. In der Praxis scheiterten – bis auf wenige Ausnahmen erfolgreichen Betriebs und auch Absatzes des Kompostes – diese Versuche an der wirtschaftlichen Problematik zwischen Aufwand (sehr personalintensiv) und Erlös. Hinzu kommen die Belastung aus bestimmten Komponenten der Einsatzstoffe mit Schwermetallen (Pb, Cd, Ni, Zn u. a.) und sog. gefährlichen Stoffen und die Belastung der Luft (Geruch) und des Bodens (Sickerwässer) bei offenen Anlagen.

Trotzdem wird jetzt wieder ein neuer Anlauf zu einer umfassenden K. des kompostierbaren Anteils im Hausabfall unternommen. Dieser Anteil wird in einigen Nachbarländern und USA weitgehend über Küchenzerkleinerung im Abwasser in die Faulräume der → Kläranlagen gebracht. Die „Biotonne" stößt auf Bedenken der Hygiene (Krankheitskeime, Schimmelpilzsporen, Ungeziefer) und der Frage des Massenabsatzes sehr unterschiedlicher Kompostqualitäten und wegen der Wirtschaftlichkeit, die jetzt zuletzt durch die Stützung aus den Abfallgebühren aus gesetzlicher Grundlage gedeckt werden muß.

Bisher werden nur etwa 3% des Abfalls bei uns in zentralen Kompostieranlagen behandelt in (1994) sieben Anlagen. 5 Anlagen sind im Bau, 8 in der Planung, vor allem in Niedersachsen, nach Angaben des Umweltbundesamtes über mechanisch-biologische Abfallbehandlungsanlagen in Deutschland. Man spricht hier auch von der „kalten Rotte" im Gegensatz zur „thermischen Behandlung". Derzeit gibt es eine Auseinandersetzung über die Unterbringung des Kompostes auch auf → Deponien. Dies ist nach der → TA Siedlungsabfall, wegen des zu hohen organischen Restanteils (Glühverlust) des Kompostes zukünftig nicht zulässig.

Die Behandlungskapazitäten der betriebenen/geplanten Anlagen schwanken zwischen 20000 und 180000 t/a, Kleinanlagen sind dabei nicht erfaßt.

Pfeiff

Kompressionsversuch. Versuch zur Ermittlung des Zusammendrückverhaltens von → Bodenproben, die unter Druck nicht seitlich ausweichen können. Aus möglichst ungestörten bindigen Bodenproben werden mit einem Schneidring scheibenförmige Versuchsproben mit Durchmessern von $d = 70$ mm oder 100 mm und Höhen von $h_0 = 14$ mm oder 20 mm ($d/h_0 = 5:1$) ausgestochen. Gestörte Proben baut man entweder mit einer bestimmten → Lagerungsdichte oder – bei bindigen Böden – mit einem bestimmten Wassergehalt direkt in das Versuchsgerät ein. Dieses besteht im wesentlichen aus einem Metallring, zwei Filtersteinen, zwischen die die Probe eingebaut ist, einer starren Lastplatte sowie Last- und Meßvorrichtungen.

Die Last wird schrittweise aufgebracht. In jeder Laststufe mißt man die → Setzungen in Abhängigkeit der Zeit. Häufig wird nach Erreichen einer vorgegebenen Maximalspannung eine stufenweise Entlastung vorgenommen. Die Meßwerte des K. ergeben das Zeit-Setzungs-Verhalten sowie das Druck-Setzungs-Verhalten einer Bodenprobe. Ersteres gibt Auskunft über das Konsolidierungsverhalten eines Bodens (→ Konsolidation). Beim Druck-Setzungs-Verhalten werden entweder die bezogenen Verformungen $\varepsilon = \Delta h/h_0$ über die Spannungen σ im normalen Maßstab oder aber die Porenzahlen $e = e_0 - \varepsilon(1 + e_0)$ über den Logarithmus der bezogenen Spannungen $\ln(\sigma/\sigma_0)$ aufgetragen (Bild). Die Größe Δh ist der Betrag der aufsummierten und in den einzelnen Laststufen nach der Beruhigung des jeweiligen Setzungsvorgangs beobachteten Setzungsanteile; e_0 sowie σ_0 sind Bezugsgrößen mit z. B. $\sigma_0 = 10$ kPa. Die Verbindung der einzelnen Versuchspunkte ergibt im Bild a) bei einer Erstbelastung die Kurve und bei Entlastung sowie Wiederbelastung die Gerade oder aber die Geraden in Bild b). Als Versuchsparameter ergeben sich für die Erstbelastung der Steifemodul $E_s = d\sigma/d\varepsilon$ sowie für die Wiederbelastung der Schwellmodul $E_c = \Delta\sigma/\Delta\varepsilon$.

Diesen Größen entsprechen im $e - \ln\sigma/\sigma_0$-Diagramm der Kompressionsbeiwert

$$C_c = -\Delta e/\Delta(\ln(\sigma/\sigma_0))$$

sowie für Ent-und Wiederbelastungen der Schwellbeiwert

$$C_s = -\Delta e/\Delta(\ln(\sigma/\sigma_0))$$

Zwischen Steifemodul Es und Kompressionsbeiwert Cc besteht die Beziehung:

$$E_s = \sigma' \cdot (1 + e_0)/C_c.$$

Entsprechendes gilt für E_c und C_s.

Der K. eignet sich auch dazu, an den belasteten Proben gleichzeitig den → Durchlässigkeitskoeffizienten zu bestimmen (→ Bodenmechanik).

Im Zeit-Setzungs-Diagramm ist die Gesamtsetzung s in die Anteile Sofortsetzung s_0, Konsolidationssetzung s_1 sowie Kriechsetzung s_2 unterteilt. Die Sofort- sowie Primärsetzungen (Konsolidationssetzungen) werden als bezogene Größen in das ε, σ-Diagramm eingetragen. Die Kriechsetzung s_2 ergibt sich bei bindigen Böden durch plastisches Fließen. Der Anteil zum Zeitpunkt t läßt sich nach dem Gesetz von *Buisman* wie folgt beschreiben:

$$s_2 = C_B \cdot \ln(t/t_0), \quad t > t_0.$$

Darin sind C_B der *Buisman*-Faktor, sowie t_0 die Abschlußzeit der Primärsetzungen. *Meißner/Becker*

Kompressor. K. (Verdichter; Bild) sind Maschinen zum Verdichten von Gasen und Dämpfen durch Erhöhung der Druckenergie des Fördermittels, was ein- oder mehrstufig geschehen kann. Zur Unterscheidung dient der Quotient aus den Drücken im Ansaug- und im Druckstutzen (Tabelle).

Beim Kolbenverdichter bewegt eine Antriebsmaschine über eine Kurbelwelle und Pleuelstange einen Kolben in einem Arbeitszylinder; dabei wird im Abwärtsgang das Fördermittel angesaugt und im Auftakt verdichtet.

Im Membranverdichter ist das oszillierende Organ eine nachgiebige Membran, die den Arbeitsraum abwechselnd vergrößert und verkleinert. Die Bewegung des Fördermittels geschieht über Ansaugen durch Vergrößerung und das Fördern durch anschließende Verkleinerung des Arbeitsraums.

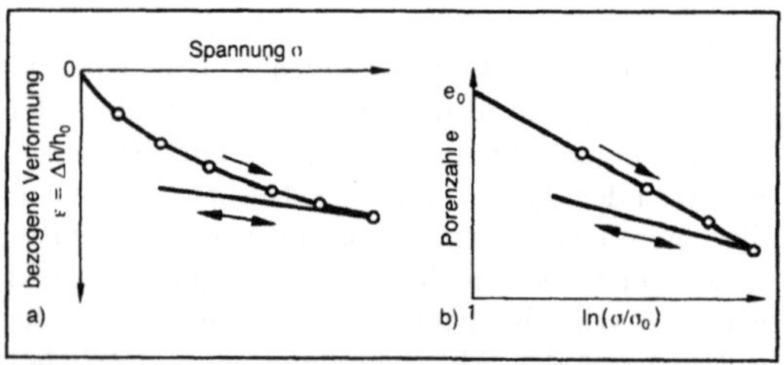

Kompressionsversuch: Ergebnisse eines K.

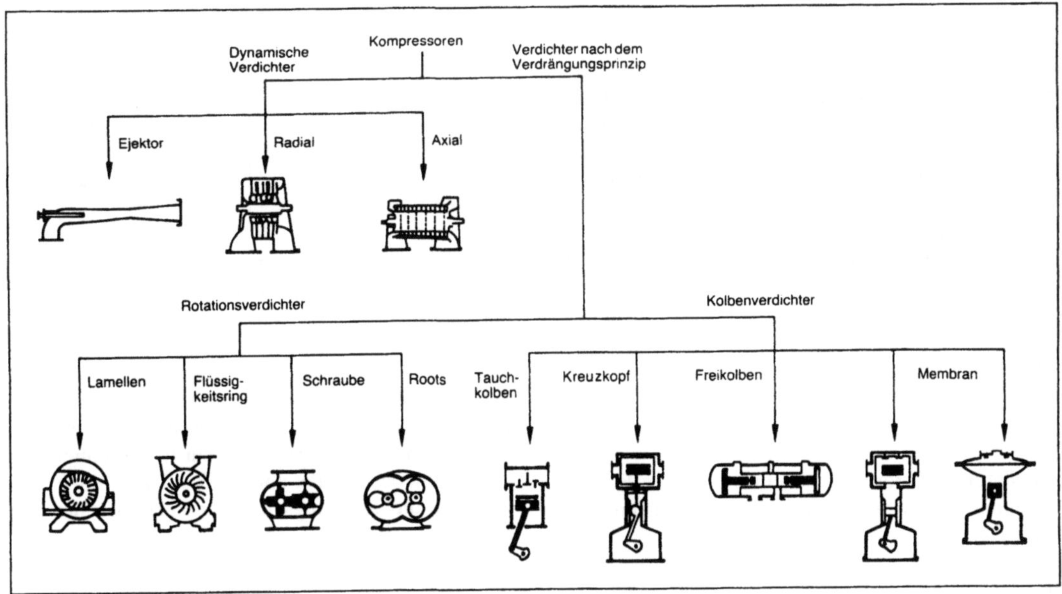

Kompressor: Zusammenstellung der K.-Bauarten.

Kompressor. Tabelle: Einteilung der K.

Bezeich-nung	Gerät	Druck-verhältnis
Gebläse Gebläse	Ventilatoren Kolben-, Drehkolben- und Kreiselgebläse, angetrieben von Elektromotoren, Dampf- und Gas-turbinen	1 : 1.1
Verdich-ter	Hochdruckverdichter (bis 500 bar) Höchstdruckverdichter (bis 5 000 bar)	1 : 3.0 1 : 3.0 bis 1 : 12.0

Die Umlaufkolbenverdichter sind Kapselgebläse (Rootsgebläse, Kreiskolbengebläse, Schraubenverdichter), bei denen sich Verdrängungskörper um ihre Achse drehen. Bei dieser Bewegung entsteht auf der Körper-innenseite eine Saugwirkung, die sich in Richtung Gehäuse in Druck umwandelt, wodurch eine fördernde Bewegung entsteht.

Diese Förderung geschieht im Rotationsverdichter (Drehkolbenverdichter) auch durch eine Veränderung des Arbeitsraums. Radial bewegliche Schieber auf einer zum Gehäuse exzentrisch gelagerten Welle trennen einerseits Saug- und Druckraum und bewirken ande-rerseits durch ihre rhythmische Bewegung Raumver-änderung und somit ein Ansaugen, Verdichten und För-dern des Fördermittels.

Kreiselverdichter, Maschinen zum Fördern und Ver-dichten von Luft, Dampf und Gas, lassen sich in Radi-al- und Axialverdichter unterteilen. Eine Änderung der Geschwindigkeit des durchströmenden Mediums bewirkt einen statischen Druck (Änderung der Rotati-ons-, bzw. Umfangsgeschwindigkeit) und einen dyna-mischen Druck (Änderung der absoluten Geschwin-digkeit). Dynamischer Druck kann durch Verändern des durchströmten Querschnitts (Verminderung der Geschwindigkeit) in statischen Druck umgewandelt werden.

Bei den Bau-K. haben sich die Schraubenverdichter in technischer und wirtschaftlicher Hinsicht durch-gesetzt. Fahrbare, als ein- oder zweiachsige Anhän-ger gem. der Straßenverkehrszulassungsordnung (StVZO) gebaute Geräte mit Liefermengen von rd. 2 bis über 40 m^3/min (bei 7 bar Betriebsdruck) wer-den für häufiger wechselnde Einsätze verwendet. Verladbare, ortsbewegliche Druckerzeuger mit Liefer-mengen von rd. 1 bis über 80 m^3/min (bei 7 bar Betriebsdruck) sind als kompakte Einheiten oder als Containeranlagen ausgebildet. Als Antrieb kom-men auf Grund ihrer großen Mobilität hauptsäch-lich Dieselmotoren zum Einsatz. Bei vorhandener → Stromversorgung an der Einsatzstelle und bei langer Betriebsdauer ist der elektromotorische Antrieb von Vorteil.

Bei den Schraubenverdichtern bis über 30 m^3/min Liefermenge (bei 7 bar Betriebsdruck) geschieht die Verdichtung einstufig und zwecks Dichtung und Kühlung unter Öleinspritzung mit nachfolgender Abscheidung. Bei größeren Verdichtern (unter 10 bar Betriebsdruck) vollzieht sich die Verdichtung zweistufig und ölfrei. Daneben werden auch noch vorhandene Kolbenverdichter in Baugrößen bis rd. 10 m³ Liefermenge (bei 7 bar Arbeitsdruck) meist in fahrbarer Ausführung auf Baustellen eingesetzt. Kleinere Druckluftanlagen sind mit einem oder zwei kleinen Kolbenverdichtern ausgestattet, erzeugen Liefermengen von rd. 100–1 800 l/min, bis über 10 bar Betriebsdruck bei einstufiger, bis über 20 bar Betriebsdruck bei zweistufiger Verdichtung und haben einen angeflanschten Elektromotor, Regelautomatik und Nachkühler auf dem Luftbehälter, dessen Inhalt ungefähr der Liefermenge entspricht. Zur pneumatischen Förderung feinstkörniger Stoffe, wie Zement oder Gesteinsmehl, sind kleine Kolbenverdichter, Liefermenge 5–6 m³ bei 1 bis 3 bar Betriebsdruck z. B. an Silofahrzeugen angebaut. *Kühn*

Konsistenz. Verformbarkeit eines bindigen Bodens; ein quantitatives Maß dafür ist die Konsistenzzahl. Diese ist zu

$$I_c = \frac{w_L - w}{w_L - w_p}$$

definiert; w_L heißt Fließgrenze des Bodens und ist eine Obergrenze des Wassergehaltes, w_p die Ausrollgrenze an der Untergrenze des Wassergehaltes; w ist der natürliche Wassergehalt des Bodens. Sowohl w_L wie auch w_p sind Wassergehalte, die durch genormte Versuche nach DIN 18 122 zu ermitteln sind. Zur Bestimmung von w_L dient das Fließgrenzengerät von *A. Casagrande*. Die Fließgrenze w_L ist der Wassergehalt, bei dem sich eine Furche in der Probe nach 25 Schlägen auf 10 mm gerade geschlossen hat. Die Ausrollgrenze ist erreicht, wenn 3–4 mm dicke → Bodenproben beim Ausrollen auf einer wasseraufsaugenden Unterlage zu zerbröckeln beginnen. Die Differenz beider Wassergehalte heißt Plastizitätszahl

$$I_p = w_L - w_p.$$

Erdstoffe mit $I_c < 0,5$ heißen breiig, mit $0,5 \le I_c < 0,75$ weich, mit $0,75 \le I_c \le 1$ steif und mit $I_c > 1$ halbfest oder hart. Die Zustandsform halbfest erreicht der Erdstoff dann, wenn er über die Ausrollgrenze hinaus austrocknet, wie es z. B. bei Lufttrocknung in einem Schrumpfversuch der Fall ist. *Meißner*

Konsolidation. Abbau des Porenwasserüberdruckes im Boden und eine davon abhängende verzögerte Zusammendrückung des Bodens. Eine K. tritt vor allem in wassergesättigten, feinkörnigen Böden, wie z. B. Schluff oder Ton auf. Nach einem plötzlichen Lastaufbringen wird bei wenig durchlässigen, bindigen Böden die Zusatzbeanspruchung zunächst von dem praktisch inkompressiblen Porenwasser aufgenommen. Erst ein Abströmen des Porenwassers verringert den Wasserüberdruck und bewirkt eine Spannungsumlagerung auf das Korngerüst. Nach vollem Abbau des Überdruckes ist der Boden dann um einen Betrag zusammenge-

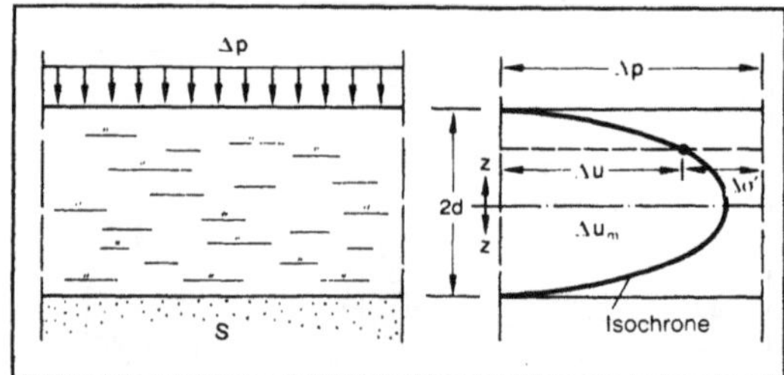

Konsolidation: Porenwasserdruckverteilung während der K.

drückt, wie er im nur teilgesättigten Zustand sofort aufgetreten wäre. Das Bild zeigt ein eindimensionales Konsolidierungsmodell mit zweiseitiger → Entwässerung. Ein Wasserteilchen kann nur in z-Richtung entweder zum oberen oder unteren Rand der Schicht strömen. Für die Strömungsgeschwindigkeit gilt das *Darcy*sche Gesetz

$$v = k \cdot i,$$

mit v als Filtergeschwindigkeit, k als Durchlässigkeitskoeffizienten und i als hydraulischem Gradienten (→ Sickerströmung). Für die Zusammendrückung gilt ein konstanter Zusammendrückungsmodul E_m (→ Setzung). Als Verfestigungsgrad $\bar{\mu}$ ist das Verhältnis der nach der Zeit t eingetretenen Setzung s_t zur Endsetzung s_∞, bei der kein Porenwasserüberdruck mehr besteht, definiert:

$$\bar{\mu} = \frac{s_t}{s_\infty}.$$

Die beiden Ausdrücke

$$c_v = \frac{k \cdot E_m}{\gamma_w} \quad \text{und} \quad \tau_v = \frac{c_v}{d^2} \cdot t$$

werden Konsolidierungsbeiwert und Zeitfaktor genannt. Die Konsolidierungstheorie liefert einen Zusammenhang zwischen dem Zeitfaktor τ_v und dem Verfestigungsgrad $\bar{\mu}$ und damit der Verteilung des Porenwasserüberdruckes in der Schicht zur Zeit t. Diese Verteilung läßt sich recht genau durch eine Parabel als Isochrone approximieren (Bild); Δu ist der in einer Ebene noch vorhandene Porenwasserüberdruck, $\Delta \sigma'$ der vom Korngerüst bereits aufgenommene Anteil von Δp. Mit den Bezeichnungen im Bild kann für den Verfestigungsgrad $\bar{\mu}$ somit auch geschrieben werden:

$$\bar{\mu} = 1 - \frac{2}{3} \cdot \frac{\Delta u_m}{\Delta p}.$$

Außer der Porenwasserdruckverteilung ist das Modellgesetz von *Terzaghi*:

$$\frac{t_L}{d_L^2} = \frac{t_N}{d_N^2}$$

das wichtigste Ergebnis der eindimensionalen Konsolidierungstheorie. Es verknüpft die Konsolidierungszeit t_L einer Probe der Dicke d_L im Laborversuch mit den entsprechenden Werten einer Schicht im Feld. Der Nutzendieser Beziehung besteht darin, daß für dünne Laborproben die K. in noch vertretbarer, relativ kurzer Zeit ermittelt werden kann. Ist das Modellgesetz erfüllt, so gilt für beide betrachteten Schichten der gleiche Verfestigungsgrad μ. Mit bekanntem Zeit-Setzungs-Verhalten der Laborprobe kann dann auf das Zeit-Setzungs-Verhalten der Schicht im Feld geschlossen werden. Lösungen für mehrdimensionale Konsolidierungsmodelle enthält die Fachliteratur.

Je nach Spannungsvorgeschichte werden normalkonsolidierte und überkonsolidierte Böden unterschieden. Als Maß der Vorbelastung wird das K.-Verhältnis („Overconsolidation ratio")

$$\text{OCR} = \frac{\sigma_v}{\sigma} \quad (\text{OCR oder } R_p)$$

herangezogen. Hierbei bedeutet σ_v die Vorbelastungsspannung (z. B. geologische Vorbelastung) und σ die augenblickliche Spannung. Vorbelastete Böden weisen ein steiferes Materialverhalten auf als erstbelastete Böden. *Meißner/Becker*

Konstruktionshöhe. Als K. bezeichnet man die vertikale Abmessung der tragenden Konstruktion, im Brückenbau z. B. von der Unterkante des Überbaues bis zur Oberkante der tragenden Konstruktion ohne Abdichtung und Fahrbahnbelag. *Mehlhorn*

Kontaktstoß. Stoß zweier Druckglieder mit paßgenau bearbeiteten Stoßflächen, z. B. im → Holzbau durch gemeinsamen → Sägeschnitt. Alle Druckkräfte werden über die Stoßflächen übertragen. Der Stoß ist gegen Verschieben der Stabenden durch Laschen oder → Dollen zu sichern. K., die seitlich nicht unverschieblich gehalten werden, benötigen Laschen zur Stoßdeckung. Im Holzbau geschieht die Berechnung und Ausführung nach DIN 1052. *Dröge*

Kontaktverbindung. Eine K. ist eine → Holzverbindung, bei der die Kräfte über Druckspannungen in Kontaktflächen übertragen werden (→ Kontaktstoß, → Verblattung, → Versatz). *Dröge*

Kontaminierung. Belegung (Verschmutzung) einer Bauteiloberfläche mit Fremdstoffen; meist wird der Begriff gebraucht für eine Belegung mit radioaktiven Produkten. Mit Dekontaminierung wird der entsprechende technische Säuberungsvorgang bezeichnet. *Sasse*

Kontraktorverfahren. Verfahren zur Herstellung von → Unterwasserbeton. Das Schüttrohr bindet wenigstens 1 m in den → Frischbeton ein. Während des gesamten Betoniervorganges besteht nur eine einzige Kontaktfläche Beton–Wasser, auf der sich sedimentierter Schlamm absetzt oder in der Zement ausgewaschen ist.

Durch das Betonieren wird die Frischbetonoberfläche angehoben, und nach Beendigung des Betonierens kann die Verunreinigung abgetragen und die Oberfläche glattgezogen werden. Häufigstes Anwendungsgebiet ist die Herstellung von Ortpfählen (→ Pfahl). *Meißner*

Konvektion. In der → Bauphysik wird unter K. eine Wärmeübertragung („Wärmeaustausch") zwischen einem Bauteil und der an ihm vorbeiströmenden Luft verstanden. Die übertragene Wärmemenge ist im wesentlichen vom Strömungszustand der an dem Bauteil vorbeistreichenden Luft abhängig. Man unterscheidet zwischen freier und erzwungener K.: Eine freie K. liegt vor, wenn die Luftströmung durch Temperatur- und Dichteunterschiede bewirkt wird (→ Heizkörper); eine erzwungene K. liegt vor, wenn die Luftströmung durch Hilfsmittel erzeugt wird (Gebläse, Wind). Die rechnerisch schwer zu erfassende Wärmemenge, die durch K. übertragen wird, wird im Bauwesen vereinfachend wie folgt definiert:

$$Q_K = \alpha_K \cdot A\,(\vartheta_L - \vartheta_0);$$

in der Gleichung bedeuten:
Q_K durch K. der Luft übertragene Wärmemenge in W,
α_K Wärmeübergangskoeffizient in $\text{W/m}^2\,\text{K}$,
A Oberfläche des Bauteils in m^2,
ϑ_L Lufttemperatur,
ϑ_0 Oberflächentemperatur des Bauteils.

Der Wärmeübergangskoeffizient α_K ist die Wärmemenge J, die in 1 s zwischen 1 m^2 einer Bauteiloberfläche und der Luft ausgetauscht wird, wenn zwischen der Oberfläche und der Luft ein Temperaturunterschied von 1 K vorhanden ist. Die Größe ist von der Strömungsgeschwindigkeit der Luft sowie von der Temperatur und der Oberflächenbeschaffenheit des Bauteils abhängig. Für wärmeschutztechnische Berechnungen ist α_K bzw. $1/\alpha_K$ in Abhängigkeit von den gegebenen Randbedingungen in DIN 4108 T 5 tabelliert. *Cziesielski*

Konvergenz. Volumenverringerung eines unterirdischen Hohlraums im Laufe der Zeit. Im → Tunnelbau mißt man die K. nur an wenigen ausgezeichneten Punkten, und zwar zieht man normalerweise die vertikalen Verschiebungen im → First und die horizontalen Verkürzungen im Bereich des größten Durchmessers heran. Wenn die Verformungen nach außen gerichtet sind, spricht man von → Divergenzen. Während bei oberflächennahen Tunneln die K. meistens nur einige Zentimeter betragen, können die Verschiebungen bei tiefliegenden Tunneln und Kavernen einige Dezimeter erreichen. Im Gegensatz zu Hohlräumen in → Festgestein, bei denen aus Gleichgewichtsgründen nach der Fertigstellung keine weiteren Verformungen auftreten, es sei denn, die Materialeigenschaften des → Gebirges oder des Ausbaus ändern sich über die Zeit, werden beim Hohlraumbau in → Salzgestein auch nach der Herstellung K.-Raten beobachtet, d. h. eine über die

Zeit stetige Volumenverringerung. Dieses Phänomen hängt mit den Materialeigenschaften des Salzgesteins zusammen. Die K.-Raten sind um so größer, je tiefer der Hohlraum liegt und je geringer der Innendruck ist. *Wagner*

Koordinate, geographische. G. K. dienen zur Festlegung von Punkten auf einer Kugel oder einem Ellipsoid, im engeren Sinne zur Festlegung von Punkten der Erdoberfläche auf einem → Referenzellipsoid. G. K. sind die geographische Länge λ und die geographische Breite φ (Bild). Die geographische Breite φ wird in der Meridianebene durch den zu bestimmenden Punkt P gemessen. Sie ist der Winkel zwischen der Flächennormalen in P und der Äquatorebene. Sie beträgt 0° am Äquator und wird nördlich und südlich bis zu den Polen (90°) gezählt. Die geographische Länge λ ist der Winkel zwischen der Meridianebene durch den Punkt P und einem Bezugsmeridian, i. d. R. dem Meridian durch Greenwich. Dieser Winkel kann in der Äquatorebene gemessen werden. Er wird östlich und westlich vom Bezugsmeridian von 0° bis 180° gezählt. Obwohl die g. K. als Winkel definiert sind, faßt man sie gewöhnlich als krummlinige Flächenkoordinaten auf. Dabei bilden die Linien gleicher Länge die Meridiane, die Linien gleicher Breite die Breitenkreise des Ellipsoids (oder der Kugel). G. K. lassen sich direkt durch astronomische oder indirekt durch geodätische Messungen ermitteln. Dabei unterscheiden sich die astronomisch bestimmten Koordinaten von den geographischen allerdings durch die Lotabweichungen. *Pelzer*

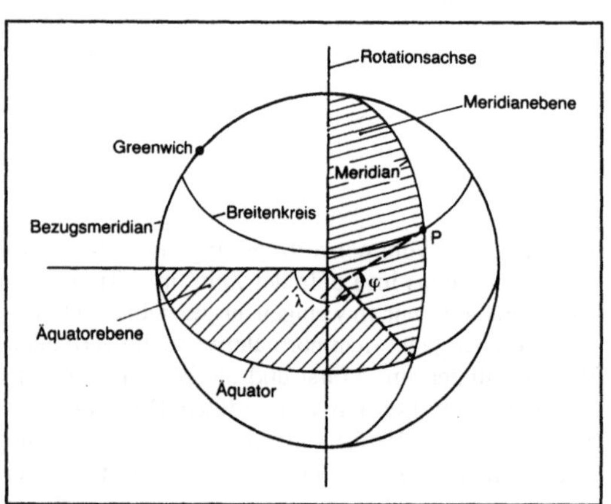

Koordinate, geographische: G. K. auf dem Ellipsoid.

Koordinatensystem, geodätisches. G. K. sind in der → Geodäsie benutzte Koordinatensysteme, mit deren Hilfe z. B. Punkte der Erdoberfläche einander zugeordnet werden. Je nach der Aufgabenstellung können solche Systeme global (geozentrisch) oder lokal (topozentrisch) definiert sein. Es kann sich um kartesische

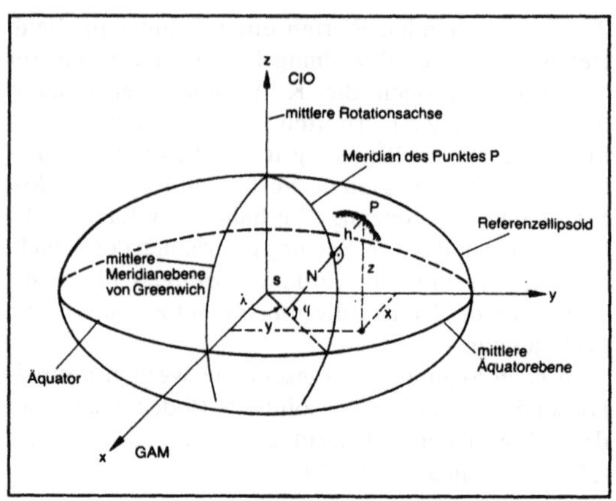

Koordinatensystem, geodätisches 1: Globales kartesisches und ellipsoidisches Koordinatensystem.

Koordinaten oder um Systeme von krummlinigen Flächenkoordinaten handeln. Das fundamentale g. K. ist ein globales geozentrisches kartesisches System, dessen Ursprung im Erdschwerpunkt S liegt (Bild 1). Die z-Achse fällt mit der mittleren Rotationsachse der Erde zusammen und zeigt zum Conventional International Origin (CIO). Sie unterscheidet sich von der momentanen Erdachse durch die Polbewegung. Die x-Achse des Systems zeigt in Richtung des mittleren Meridians von Greenwich, des Greenwich Astronomical Meridian (GAM). Das globale kartesische System ist für die Behandlung großräumiger oder globaler Vermessungsaufgaben geeignet, wie sie besonders in der Satellitengeodäsie anfallen. Einem Benutzer an der Erdoberfläche (im Punkte P) fehlt bei diesem Koordinatensystem jedoch der Bezug zu seiner Umwelt, insbes. zur Lotrichtung. Dieser Mangel läßt sich durch die Einführung eines ellipsoidischen Koordinatensystems (→ Koordinate, geographische) beheben, das sich der → Erdfigur anpaßt. Ein Punkt P wird dabei eindeutig durch die folgenden drei Koordinaten festgelegt:

□ ellipsoidische Breite φ,
□ ellipsoidische Länge λ,
□ ellipsoidische Höhe h.

Die Linien gleicher Breite und Länge bilden auf dem Ellipsoid ein globales System krummliniger Flächenkoordinaten. Dieses ist jedoch für den täglichen Gebrauch in kleineren Gebieten zu unhandlich, weil die Koordinaten in Winkelwerten ausgedrückt werden und weil die einer Winkelsekunde entsprechende Bogenlänge auf dem Ellipsoid von der Breite abhängt. Für begrenzte Gebiete bevorzugt man deshalb geodätische Parallelkoordinaten als ellipsoidische Flächenkoordinaten (Bild 2). Um ein derartiges Koordinatensystem zu konstruieren, definiert man einen geeigneten Punkt P_0 innerhalb des Vermessungsgebietes als Koordinatennullpunkt und den Meridian durch P_0 (Hauptmeridian) als Abszissenachse. Die Ordinaten in diesem System sind geodätische Linien, die senkrecht auf dem

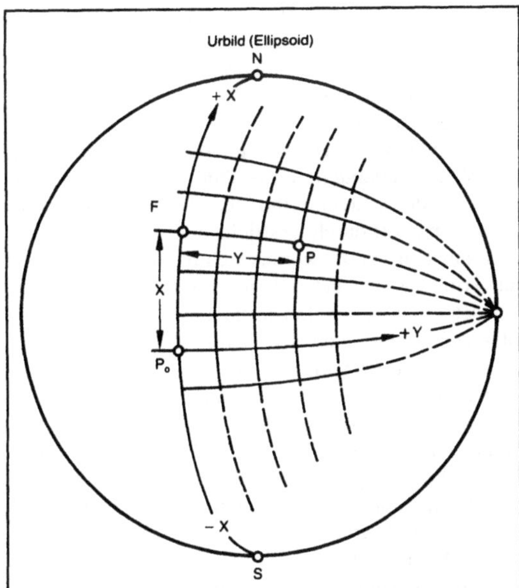

Koordinatensystem, geodätisches 2: Geodätische Parallelkoordinaten.

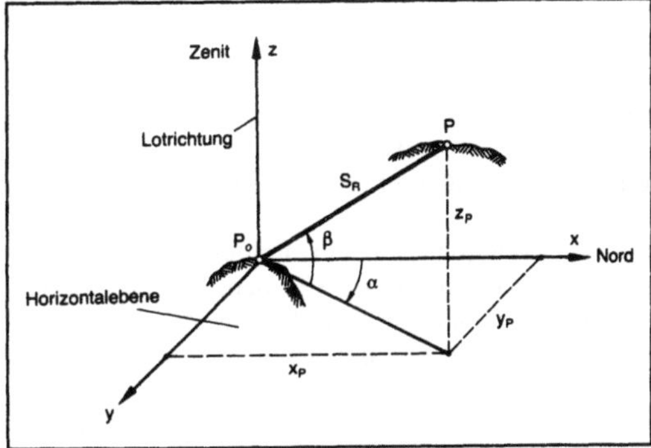

Koordinatensystem, geodätisches 3: Topozentrisches Koordinatensystem.

Hauptmeridian stehen. Ein Punkt P ist durch seine Abszisse x, die Bogenlänge auf dem Hauptmeridian bis zum Fußpunkt F, und seine Ordinate y festgelegt. Alle Punkte mit gleicher Ordinate y liegen auf einer geodätischen Parallelen zum Hauptmeridian. Grundsätzlich können in diesem Koordinatensystem der Nullpunkt P_0 und damit der Hauptmeridian beliebig gewählt werden. Es ist heute jedoch meist üblich, bestimmte Meridiane (z. B. $\lambda = 0°$, $3°$, $6°$ usw.) als Hauptmeridiane zu verwenden und als Koordinatennullpunkt P_0 den Schnitt eines solchen Meridians mit dem Äquator zu wählen. Auf diese Weise läßt sich das gesamte Erdellipsoid streifenweise mit Parallelkoordinatensystemen überdecken. Durch die begrenzte Ausdehnung dieser Streifen in der Ordinatenrichtung ist sichergestellt, daß sich die Konvergenz der Ordinaten nicht allzu störend bemerkbar macht. Solche Meridianstreifensysteme lassen sich relativ einfach in die Ebene abbilden (→ Abbildung, geodätische).

Topozentrische Koordinatensysteme benötigt man, um die Relativlage benachbarter Punkte an der Erdoberfläche zu beschreiben (Bild 3). Ein derartiges System hat seinen Ursprung im Topozentrum P_0. Seine z-Achse zeigt zum Zenit; damit ist die x, y-Ebene eine Horizontalebene. Die x-Achse wird als Tangente an den Meridian durch P_0 definiert, verläuft also in der Nordrichtung, und die y-Achse steht senkrecht auf der x, z-Ebene. In diesem System kann ein Punkt P durch seine kartesischen Koordinaten x_p, y_p und z_p oder aber durch seine Polarkoordinaten:
□ das Azimut α,
□ den Höhenwinkel β und

□ die Raumstrecke S_R
dargestellt werden.

Die verschiedenen geozentrischen und topozentrischen Koordinatensysteme stehen untereinander in festen funktionalen Zusammenhängen, so daß ein Übergang von einem System in ein anderes (Koordinatentransformation) theoretisch leicht möglich ist. Praktisch ergibt sich jedoch oftmals die Schwierigkeit, daß die Relativlage der Koordinatennullpunkte und auch die Winkel der Koordinatenachsen zueinander nur unzureichend bekannt sind. Man spricht vom Problem des geodätischen Datums. *Pelzer*

Literatur: *Torge, W.*: Dreidimensionale Netze. In: *Pelzer, H.* (Hrsg.): Geodätische Netze in Landes- und Ingenieurvermessung. Stuttgart 1985.

Kopfband. Das K. (Bandholz, Bugholz, Strebenband) ist eine zwischen horizontalem Biegeglied und vertikalem Unterstützungsglied, z. B. Stiel, angeordnete, meist unter 45° verlaufende Druckstrebe, Druck-Zug-Strebe oder Zugstrebe. Es bildet mit den angrenzenden Traggliedern einen Stabzug, der zur Aussteifung eines → Tragwerkes herangezogen werden kann (→ Dachstuhl, → Pfette, → Holzbau). *Dröge*

Kornform und -oberfläche. Kiessande (→ Betonzuschlag) sind auch im gleichen Vorkommen mineralogisch sehr unterschiedlich zusammengesetzt und waren unterschiedlich langer Beanspruchung im Flußgeschiebe unterworfen. Daher ist die Form und Oberfläche der einzelnen Körper sehr ungleichartig: Sie enthalten je nach Vorkommen sehr viel plattiges, längliches und splittriges bzw. rauhes und oberflächenporiges Material. Die Verarbeitbarkeit und Verdichtbarkeit des → Frischbetons hängt aber wesentlich von der Kornform des Zuschlags ab: Gedrungene (kugelige, würfelige) Zuschlagkörner sind am günstigsten. Diese Körper haben auch, vor allem bei glatter Oberfläche, einen geringen Wasser- und Zementleimanspruch, d. h. der w/z-Wert (→ Zementstein) und der Zementbedarf sind gering. *Wesche*

Kornzusammensetzung. Zur Herstellung von → Beton mit möglichst vollkommener Verdichtung müßten zwei widersprüchliche Forderungen erfüllt werden:

☐ Der Kornaufbau soll ein dichtes Korngerüst ergeben, damit der Gehalt an → Zementleim zum Umhüllen der Körner und zum Ausfüllen der Zwischenräume klein ist. Dazu wäre eine gleichmäßige Abstufung der Zuschlagkörner bis zum Feinstsand erforderlich, der jedoch wegen der damit verbundenen Oberflächenvergrößerung bei gleichem Zementleimgehalt zu geringerer Verdichtbarkeit führt. Eine diese Wirkung ausgleichende Zementleimvermehrung hebt dagegen die Vorteile des größeren Dichtigkeitsgrades wieder auf.

☐ Die Oberfläche soll möglichst klein, der → Zuschlag also möglichst grob sein, um die zur Umhüllung benötigte Zementleimmenge klein halten zu können.

Das Optimum liegt zwischen diesen Anforderungen, nach denen die Zuschlagoberfläche und gleichzeitig der Porenraum innerhalb des Zuschlaghaufwerks möglichst klein sein sollen. Günstige und brauchbare K. werden in der Stahlbetonnorm DIN 1045 durch → Sieblinien angegeben. Darüber hinaus läßt sich die → Betonzusammensetzung mit Hilfe von Zuschlagkennwerten optimieren, die man entweder aus der Sieblinie ableitet oder über die spezifische Oberfläche berechnet. *Wesche*

Korrosion.

Baustoffe. Mit K. wird allgemein die von der Oberfläche ausgehende, durch chemischen Angriff entstehende nachteilige Veränderung eines Werkstoffes bezeichnet. Es finden dabei chemische oder elektrochemische Umsetzungen zwischen Baustoff und seiner Umgebung statt (Betonkorrosion, → Betonstahlkorrosion). Derartige Vorgänge spielen bei Polymeren keine oder eine nur sehr untergeordnete Rolle, selbst wenn ihre Oberflächen sich makroskopisch und auch mikroskopisch ähnlich verändern wie bei abtragender echter K. anorganischer Stoffe (→ Alterung). *Sasse*

Wasser/Abwasser. Die innere und äußere K. ist ein chemisch, elektrolytisch, oft auch biologisch bedingter Umwandlungsprozeß an für bestimmte Anlagen benutzten Baustoffen mit Komponenten in der Umgebung. Sie führt oft zu Beeinträchtigungen und Schädigungen oder zur Zerstörung von Anlageteilen. K. und evtl. auch Korrosionsschutz spielt bei der Materialauswahl aller technischen Einrichtungen daher eine bedeutende Rolle. Bei Wasser- und Abwassersystemen gibt es eine innere K. infolge der Aggressivität des flüssigen Mediums, bei Rohrleitungen oft auch von der äußeren Seite. Wasserleitungsrohre aus Gußeisen, auch Stahl, schützt man innen mit einer Schicht aus Beton oder Kunststoff, außen oft mit einem bituminösen → Anstrich oder Kunststoff – auch Kombinationen – gegen K. In der Hausinstallation ist das verzinkte Rohr die bevorzugte Lösung. Die Zinkschicht verzögert die Eisenkorrosion um etwa 7 – 10 Jahre. Bei weichen, aggressiven Wässern ergeben sich daraus teilweise erhebliche Zinkanteile im → Trinkwasser und Abwasser. Auch den säureempfindlichen Beton der Bauwerke schützt man oft durch Anstriche oder Beschichtungen, z. B. aus Kunststoff, woraus sich bakterielle Einflüsse auf Trinkwasser ergeben können. Für Abwasserleitungen setzt man in der Hausinstallation das Gußrohr, das Steinzeugrohr oder das Kunststoffrohr, in Sonderfällen gerne auch Edelstahl, ein. Da diese Leitungen nicht immer vom Abwasser berührt sind, ist gewöhnlich kein besonderer Korrosionsschutz erforderlich. Bei den Kanälen ist Steinzeug gegen K. nahezu unempfindlich, Beton ebenfalls gegen normales Abwasser außer Säuren. Anlagen der → Abfalltechnik werden meist durch K. aus der Luft und nur selten von bestimmten aggressiven Medien betroffen. Bei dem gewöhnlich eingesetzten Stahl sind oft Schutzanstriche auf der Basis von Blei, Zink, Zinn oder Aluminium (nach Vorbehandlung der Oberfläche zum Entzundern) und Kunststoff üblich. *Pfeiff*

Kosten-Leistungsrechnung. Begriff des betrieblichen Rechnungswesens, Werkzeug zur Überwachung des Betriebserfolgs. Die K.-L. besteht aus der → Bauauftragsrechnung (Soll-Kosten) und der → Baubetriebsrechnung. Die Baubetriebsrechnung erfaßt die Ist-Kosten (Kostenstellenrechnung, Kostenartenrechnung, Kostenträgerrechnung) sowie die erbrachte und bewertete → Bauleistung. Durch Gegenüberstellung der Ist-Kosten des Bauwerks und der bewerteten Bauleistung (Bauleistungsrechnung) läßt sich das Ergebnis der Baustelle (Ergebnisrechnung) berechnen. Die besondere Schwierigkeit der Ermittlung des Betriebsergebnisses liegt im → Bauunternehmen in der Ermittlung der Bauleistung, die meist wegen der schwierigen periodenweisen Abgrenzung (Erfassung halbfertiger Leistungen) nur näherungsweise ermittelt werden kann.

Drees

Kostenart. Kosten als bewerteter Verzehr von Gütern und Leistungen, unterteilt nach ihrer Art. Wichtige K. sind z. B. Gehaltskosten, Lohnkosten, Stoffkosten, Gerätekosten, Kosten der Nachunternehmerleistungen. Zu unterscheiden sind primäre und sekundäre Kosten. Primäre Kosten sind solche, die als ursprüngliche K. entstehen, wie z. B. Stoffkosten, Gehalts- und Lohnkosten, Nachunternehmerleistungen. Sekundäre K. werden aus den primären K. zusammengesetzt. So enthalten z. B. die Gerätekosten → Abschreibung, kalkulatorische → Verzinsung und kalkulatorische → Reparaturkosten; dabei werden die Reparaturkosten wiederum aus verschiedenen primären K. zusammengesetzt. Die K. erfaßt man in der K.-Rechnung, für die das Prinzip der Reinheit (nur eine K.) und der Einheitlichkeit (eindeutige Beschreibung) gilt. Für die Bildung von sekundären Kosten sind Verrechnungskostenstellen einzurichten, auf denen die primären Kosten gesammelt und unter Bildung von kalkulatorischen Verrechnungssätzen den verursachenden → Kostenstellen, z. B. Baustellen, zugerechnet werden. *Drees*

Kostenstelle. Begriff des betrieblichen Rechnungswesens. Die K. ist ein rechnungsmäßig abgegrenztes Teilgebiet des Gesamtbetriebs, für das die Kostenbelastung gesondert ermittelt wird, um sie den Kostenträgern (→ Bauwerke) belasten zu können. Im → Bauunternehmen sind K. z. B. die Baustellen, die Reparaturwerkstatt, der Fuhrpark, der Lagerplatz, die Verwaltung. Soweit die Kostenbelastung einer K. nicht dem → Kostenträger direkt belastet werden kann, muß ein Verteilungsschlüssel angewendet werden. Ein Beispiel hierfür sind die Verwaltungskosten, die dem Kostenträger (Bauwerk) z. B. proportional zur → Bauleistung belastet werden können. Durch falsche Wahl des Verteilungsschlüssels kann es zu betrieblichen Fehlentscheidungen kommen. *Drees*

Kostenträger. Begriff des betrieblichen Rechnungswesens. Leistungseinheit des Betriebs, dem die betrieblichen Kosten nach dem Prinzip der Verursachung zugerechnet werden. Der K. des Bauunternehmens ist im allgemeinen das → Bauwerk, dessen Kosten in der → Bauauftragsrechnung durch → Kalkulation ermittelt werden. Zur Überwachung des Ergebnisses der Herstellung des einzelnen Bauwerks werden die Kosten auf den → Kostenstellen gesammelt und dem Bauwerk zugerechnet. Durch den Vergleich der Kalkulation (Soll-Kosten) mit den Ist-Kosten der Bauausführung können betriebliche Verlustquellen aufgedeckt werden. *Drees*

Kostenvergleich. Vergleich der Kosten von mehreren (mindestens zwei) unterschiedlichen Lösungen einer Aufgabe; im → Baubetrieb meist Vergleich von Bauverfahren mit dem Ziel, die wirtschaftlich günstigste Lösung zu erzielen. Den K. nimmt man mit der „Kostenvergleichsrechnung" vor, einem Verfahren der statischen Investitionsrechnung. Im Rahmen der → Arbeitsvorbereitung wird der K. als „kalkulatorischer Verfahrensvergleich" unter Ansatz von kalkulatorischen Kosten durchgeführt. Kalkulatorische Kostenvergleichsrechnungen leiden oft unter falschen kalkulatorischen Ansätzen, so daß es zu Fehlentscheidungen kommen kann. Kostenvergleichsrechnungen werden z. B. bei der Ausarbeitung von Nebenangeboten (Sondervorschlägen), Auswahl von Schalsystemen, Vergleich von Fertigteilen und Baustellenproduktion, Vergleich von Baustellenbeton und Transportbeton angewendet. Beim Vergleich von unterschiedlichen Lösungen (Alternativen) von Hochbauten verwendet man die Baunutzungskosten (DIN 18960), die sich aus

→ Abschreibung und → Verzinsung des investierten Kapitals, den Betriebskosten und den Bauunterhaltungskosten zusammensetzen. Hierbei hat die Wahl der → Nutzungsdauer und der Verzinsung einen besonders großen Einfluß auf das Ergebnis, so daß bei diesen Annahmen besondere Vorsicht geboten ist. *Drees*

Kostenverlauf. Darstellung der Abhängigkeit der Kosten von der hergestellten Menge. Zu unterscheiden sind variable und fixe Kosten. Als fixe Kosten werden solche Kosten bezeichnet, die bei Änderung der Bauzeit, der Beschäftigung oder der Menge unveränderlich bleiben. Variable Kosten sind solche, die von der hergestellten Menge abhängig sind (Bild 1). In vielen Fällen setzen sich die → Einzelkosten einer Teilleistung aus fixen und variablen Kosten zusammen, insbes. bei den Leistungen, die in Zusammenarbeit mit Maschinen oder nichtangetriebenen Betriebsmitteln, wie z. B. Schalungen, Rüstungen, Verbau, erbracht werden (Bild 2). Maschinen oder sonstige Betriebsmittel müssen meist für den Einsatz vorbereitet werden (An- und Abtransport, Auf- und Abbau), so daß man die hierdurch entstehenden Fixkosten auf die erbrachte Leistung verteilen (umlegen) muß. Eine gleiche Wirkung wie die vorerwähnten Fixkosten hat auch die Einarbeitung. Sie ist als Fixkostenbetrag anzusehen, der auf die hergestellte Leistung zu verteilen ist (tatsächlich verlaufen die Gesamtkosten degressiv). Aus der Zusammensetzung der Einzelkosten der Teilleistung aus Fixkosten und variablen Kosten ergibt sich die Forderung einer möglichst vielmaligen Wiederholung des Fertigungsvorgangs, da hierdurch eine Kostendegression eintritt. Variable Kosten sind vor allem Stoffkosten und

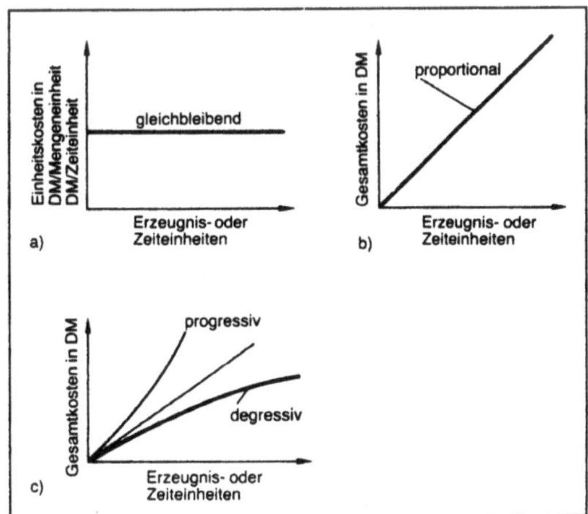

Kostenverlauf 1: Variable Kosten.
a) Kosten/Einheit gleichbleibend
b) Gesamtkosten in Abhängigkeit der Erzeugnis- oder Zeiteinheiten
c) Mögliche Gesamtkostenverläufe.

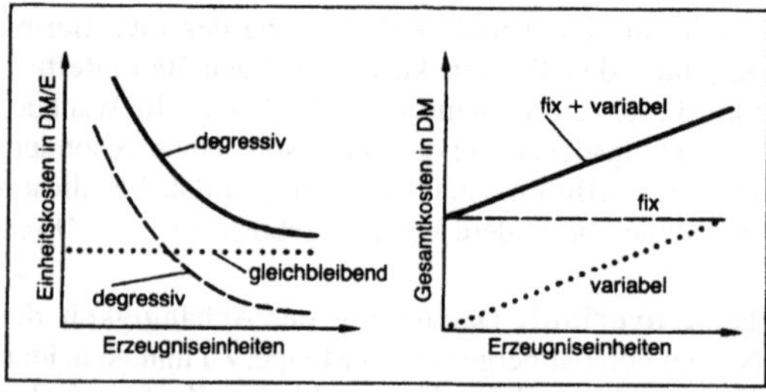

Kostenverlauf 2: Überlagerung von fixen und variablen Kosten.
a) In Abhängigkeit der Erzeugniseinheiten abnehmende Einheitskosten
b) In Abhängigkeit der Erzeugniseinheiten steigende Gesamtkosten.

Lohnkosten; Gleiches gilt auch für die Kosten der Subunternehmerleistungen, soweit diese nach Einheitspreisen abgerechnet werden.

Sprungkosten oder intervallfixe Kosten sind solche, bei denen das Hinzukommen einer Produktionseinheit eine Zunahme der Fixkosten verursacht. Dieser Fixkostensprung bringt bei nicht ausreichender Kapazitätsausnutzung der letzten Produktionseinheit eine Zunahme der Durchschnittskosten mit sich, die mit zunehmender Kapazitätsausnutzung abnehmen, bis die Durchschnittskosten vor dem Hinzukommen der letzten Produktionseinheit wieder erreicht sind. Im maschinenintensiven Baubetrieb ist deshalb die benötigte und die zur Verfügung stehende Kapazität aufeinander abzustimmen. Das Problem tritt insbes. bei großen Maschineneinheiten auf, deren Kapazität nicht ausgenutzt werden kann. *Drees*

Kraft-Faser-Winkel. Der von der Kraftangriffsrichtung und der → Faserrichtung des Holzes eingeschlossene Winkel α, für den gilt: $0° < \alpha < 90°$. Mit steigendem Winkel α fällt die zulässige Druckspannung σ_D. Für Vollholz ist gem. DIN 1052:
zul $\sigma_{D\measuredangle} =$ zul $\sigma_{D\|} - ($zul $\sigma_{D\|} -$ zul $\sigma_{D\perp}) \cdot \sin \alpha$
(Furnierplatte). *Dröge*

Kraftgrößenverfahren. Bei statisch unbestimmten ebenen und räumlichen → Tragwerken reichen die → Gleichgewichtsbedingungen allein nicht aus, um die Auflagerreaktionen bzw. die Schnittkräfte infolge äußerer Belastung zu bestimmen. Entsprechend dem Grad n der statischen Unbestimmtheit sind zusätzlich n Formänderungsbedingungen, die sog. Elastizitätsgleichungen, aufzustellen. Durch Einschalten gedachter → Gelenke, gedachter Schnitte durch einen Stab, oder durch Aufheben von Auflagerbedingungen wird ein statisch bestimmtes Grundsystem eingeführt, das für jeden Lastfall die Gleichgewichtsbedingungen erfüllen muß. Die an den Gelenken bzw. den Auflagern freigesetzten Schnittgrößen (M, Q, N, S) und Auflagerreaktionen (C)

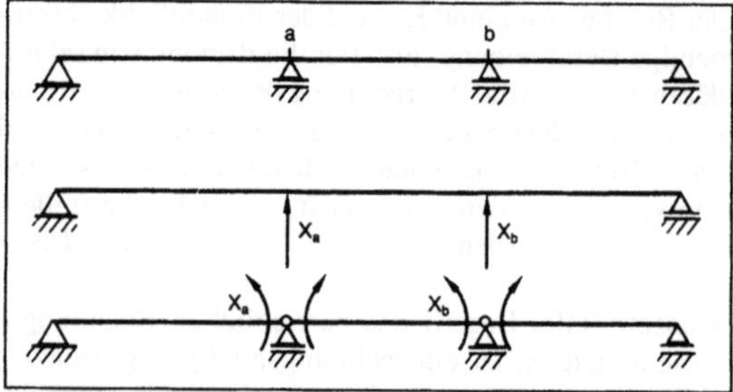

Kraftgrößenverfahren 1: Statisch bestimmte Grundsysteme und statische Unbestimmte zur Berechnung eines Durchlaufträgers.

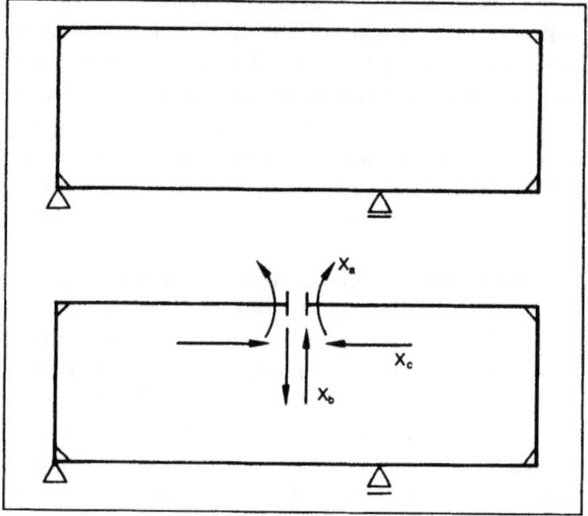

Kraftgrößenverfahren 2: Statisch bestimmtes Grundsystem und statische Unbestimmte zur Berechnung eines geschlossenen Rechteckrahmens auf zwei Stützen.

werden als statische Überzählige X_i, $i \in [1/n]$ bezeichnet (Bild 1, 2).

Für Einheitslastzustände $X_i = 1$ und die äußeren Lastzustände werden die Formänderungen δ_{ij} und δ_{io} an den gedachten Gelenken, Schnittstellen bzw. Auflagern am statisch bestimmten Grundsystem nach dem Prinzip der virtuellen Arbeit bestimmt, z. B.
für ein ebenes → Stabtragwerk:

$$1 \cdot \delta_{ij} = \int M_i M_j \frac{dx}{EI} + \kappa \int Q_i Q_j \frac{dx}{GA} + \int N_i N_j \frac{dx}{EA};$$

für ein ebenes Fachwerk:

$$1 \cdot \delta_{ij} = \sum S_i S_j \frac{s}{EA}$$

($\sum$ über alle Fachwerkstäbe).

Die statisch Überzähligen müssen nun solche tatsächlichen Werte annehmen, daß die Formänderungen bestimmte vorgegebene Bedingungen erfüllen. In der Regel sind die Formänderungen gleich null (gegenseitige Verdrehung, gegenseitige Verschiebung, Auflagerverschiebung). Dies führt auf die Elastizitätsgleichungen

$$\delta_i = \delta_{io} + \sum_j X_j \delta_{ij} = 0; \, i, j \in [1/n],$$

ein System linearer Gleichungen mit den unbekannten Kraftgrößen X_j; daher die Bezeichnung K. Nach Auflösung dieser Gleichungen werden die Auflagerreaktionen, die Zustandslinien der Schnittgrößen und die Formänderungen gemäß dem Superpositionsprinzip durch einfache Überlagerung bestimmt, z. B.

$$C = C_o + \sum_j C_j \cdot X_j;$$

$$M_m = M_{mo} + \sum_j M_{mj} \cdot X_j;$$

dabei sind C_j, M_{mj} usw. die Auflagerreaktionen bzw. Zustandslinien der Schnittgrößen infolge der Einheitslastzustände $X_j = 1$ am Grundsystem. *Laermann*

Kraftwerksnebenprodukt. In Kohlekraftwerken fällt eine Reihe von Verbrennungsrückständen an, die in großem Umfang wiederverwertet werden. Grob- bzw. Rostaschen als Straßenbau- und Bettungsmaterial, → Steinkohlenflugaschen als Betonzusatzstoffe, → Braunkohlenflugaschen für den Landschaftsrückbau der Tagebaue und REA-Gipse als → Baugipse.

Schießl

Krallenverbinder. Einlaßdübel, Einpreßdübel oder Einlaßeinpreßdübel besonderer Bauart. K. bestehen aus Stahlblech- oder Spritzgußformteilen, werden überwiegend auf Abscheren beansprucht und im → Holzbau als → Verbindungsmittel eingesetzt. *Dröge*
Literatur: *Halász, R. v.*, u. *C. Scheer* (Hrsg.): Holzbau-Taschenbuch. Bd. 1. 9. Aufl. Berlin 1996.

Kran. K. sind die gebräuchlichsten → Hebezeuge. Sie ermöglichen die nicht stetige Förderung von Transportgütern an einem Tragmittel (Seil o. ä.) innerhalb ihrer von der minimalen und maximalen Ausladung und der maximalen Lasthakenhöhe begrenzten Arbeitsbereiche nach allen Richtungen. Zu den K. zählen die → Turmdrehkrane, die → Portalkrane, die → Kabelkrane, die → Derrickkrane und die → Fahrzeugkrane (Mobilkrane). Die kennzeichnende Größe aller K. ist die Tragkraft, bei Auslegerkranen dazu das Lastmoment, das als das Produkt aus maximaler Ausladung und größter Tragkraft bei dieser Ausladung definiert ist. Entsprechend bedeutet z. B. „Form 120" bei einem Turmdrehkran, daß er bei 40 m maximaler Ausladung noch 3 t Tragkraft hat. *Kühn*

Krankheit, wasserbürtige. Krankheit, bei der Wasser als Transportmittel, z. B. Cholera, Typhus, oder als Lebensraum für Erreger und Zwischenwirte, u. a. Malaria, Bilharziose, Flußblindheit, dient (Tabelle, S. 394). Insbesondere können das Bereitstellen und Verwenden von Bewässerungswasser und das Anlegen von Stauseen zu einer Ausweitung entsprechender Krankheiten führen. Die Ursachen der Ausbreitung wasser-

gebundener Infektionskrankheiten liegen im Schaffen neuer Lebensräume für Krankheitsüberträger und -erreger, in mangelnder Hygiene und in fehlenden Schutz- und Vorbeugemaßnahmen. Diese Gefahren sind bei der Planung von wasserbaulichen Anlagen durch bauliche, vorbeugende und aufklärende Maßnahmen zu berücksichtigen. *Lecher*

Kranzholz. Parallel zur Spannrichtung des Bauwerks auf Ständern und Streben aufgelagertes Holz, das die → Schalung eines → Lehrgerüstes trägt. Seine Berechnung und Ausführung wird nach DIN 4420 vorgenommen. *Dröge*
Literatur: *Halász, R. v.*, u. *C. Scheer* (Hrsg.): Holzbau-Taschenbuch. Bd. 1. 9. Aufl. Berlin 1996.

Kreiselbrecher. K. sind vornehmlich für die Hartzerkleinerung als Vorbrecher (Zerkleinerungsgrad $12-20:1$, rd. $300 \, \text{min}^{-1}$) in stationären Anlagen und als Nachbrecher oder Feinbrecher (Zerkleinerungsgrad $6-10:1$, bis $750 \, \text{min}^{-1}$) ebenso auf Baustellen eingesetzt. Die Achse des Brechkegels ist im Kopflager zentrisch gelagert, das Fußende wird exzentrisch ohne Eigendrehung kreisend bewegt. Zerkleinert wird drückend und scherend. Bei einer Bauart ist das Brechmaul an zwei gegenüberliegenden Stellen aufgeweitet zum Backen-K., der mit übergroßen Stücken beaufschlagt werden kann. *Kühn*

Kreislaufwasser. K. (vadoses Wasser) ist in der → Hydrologie das Wasser der → Hydrosphäre, das am hydrologischen → Wasserkreislauf teilnimmt.

Mattheß

Kreislaufwassernutzung. Mehrfache Nutzung desselben Wasserinhalts für eine bestimmte Aufgabe. Die Technik gestattet es, den → Wasserbedarf vor allem für Aufgaben der Kühlung, aber auch für viele andere Aufgaben des Transports von Stoffen und für Reinigungsaufgaben auf eine Größenordnung von praktisch $\frac{1}{10}$ bis $\frac{1}{100}$ der Durchlaufwassernutzung zu reduzieren. Dazu muß das → Kreislaufwasser in jedem Umlauf insgesamt oder in einem Teilstrom davon gekühlt, gereinigt oder konditioniert werden, um wieder seine Aufgabe erfüllen zu können. Man unterscheidet den offenen und den geschlossenen Kreislauf. Beim geschlossenen Kreislauf treten nahezu keine Verluste auf, das Kreislaufvolumen wird nur einmal eingesetzt, z. B. beim Kühlschrank. Beim offenen Kreislauf entstehen Verluste durch → Verdunstung, was zu einer Eindickung der im Wasser immer gelöst vorliegenden Salze führt. Daher ist eine Abschlämmung und dementsprechend auch ein laufender Frischwasserzusatz in der o. g. Größenordnung als Anteil des Umlaufs/Durchlaufs nötig. Die Kreislaufwasserwirtschaft ist vor allem in den 60er/70er Jahren in Deutschland entwickelt.

Pfeiff

Kreuzlagenholz. K. (Brettsperrholz) wird durch gegenseitiges Verleimen von zwei, drei oder in Son-

Krankheit, wasserbürtige. Tabelle: Krankheiten, die durch Bewässerungsanlagen, Stauseen u. a. begünstigt werden. (J. Mock)

Krankheit	Erreger (Zwischenwirt)	Lebensraum (Übertragung)	Infektion
Typhus	begeißeltes Bakterium	verunreinigtes Wasser (Stuhl, Urin)	oral durch Wasser, Lebensmittel
Cholera	kommaförm. Bakterium	verunreinigtes Wasser (Stuhl, Urin)	oral durch Wasser Lebensmittel
Dysenterie (Ruhr)	Bazillen Amöben	Wasser, Schlamm (Stuhl, Urin)	oral durch Wasser Lebensmittel
Schistosomiasis (Bilharziose)	Saugwurm (Wasserschnecke)	langsames Wasser (Stuhl, Urin)	Larve durch die Haut
Filariasen			
– Wucheria bancrofti (Elephantiasis)	Fadenwürmer (Stechmücke)	langsames Wasser (Blut)	Stich
– Dracunculus (Guinea, Medinawurm)	(kleine Krebse)	langsames Wasser (Wasserkontakt)	oral, durch Haut
– Onchozerkose*) (Flußblindheit)	(Kriebelmücken)	O_2-reiches, schnelles Wasser (Blut)	Stich, tagaktiv
Malaria	Plasmodien (Anophelesmücke)	stagnierendes Wasser (Blut)	Stich, schatten- und nachtaktiv
Ankylostomiasis (Wurmkrankheiten)	Hakenwurm	Wasser, Schlamm (Urin)	Larven durch Haut, oral
Leptospirose	Spirochäten (Nagetiere u. a.)	Wasser, Schlamm (Urin)	Hautverletzung, oral, Biß
Trypanosomiasis (Schlafkrankheit)	Flagellaten (Tsetsefliege)	buschige Ufer (Blut)	Stich, tagaktiv
Virusinfektionen	Viren		Stich
– Denguefieber			
– Encephalitis	(Stechmücken)	stagnierendes	
– Gelbfieber		Wasser (Blut)	

*) *Weiterhin: Brugia malayi, Loa loa, Mansonella ozzardi, Acanthocheilonema perstans*

derfällen auch noch mehr kreuzweise mit einem Winkel von 8–12° übereinander angeordneten Brettlagen mit einer Dicke zwischen 20 und 40 mm hergestellt. Man verwendet es für Stege von Vollwandträgern und flächenhafte Eindeckungen. Das K. wurde in der letzten Zeit vom Brettschichtholz und Furnierschichtholz verdrängt. *Dröge*

Kreuzungsbauwerk. K. im Wasserbau sind Bauwerke, wie Brücken, Überleitungen, Durchlässe, Siele, Düker und Verrohrungen, die bei einer Kreuzung von Gewässern mit anderen Anlagen, wie Verkehrswege, Dämme oder Wasserläufe, notwendig werden und eine besondere konstruktive Durchbildung erfordern. Sind die Niveauunterschiede klein, so kann das kreuzende System überführt werden. Man erhält beim gekreuzten Gewässer in Abhängigkeit vom Verbauungsverhältnis als Quotient aus Durchlaßquerschnitt zum Gewässer-

querschnitt Brücken, Durchlässe oder Verrohrungen. Sind die Unterschiede in der Höhe hingegen sehr groß, werden Überleitungen, Talbrücken, Heber oder Druckrohrleitungen ausgeführt. Bei kleinem oder nicht vorhandenem Höhenunterschied unterführt man den kleineren Querschnitt; es ergibt sich ein Düker. Untergeordnete Verkehrswege, wie ländliche Wirtschaftswege, können auch niveaugleich als → Furt das Gewässer kreuzen (Bild 1).

Brücken zum Überleiten von Gewässern engen i. a. den Abflußquerschnitt nicht wesentlich ein. Auch bei Hochwasserabfluß verbleibt meist ein → Freibord. Die durch die → Widerlager bedingte Verbauung des Abflußquerschnittes muß man ausgleichen, um den Aufstau gering zu halten. Dabei darf die Fließgeschwindigkeit unterhalb des Mittelwasserabflusses nicht kleiner werden, damit keine Ablagerungen entstehen. Der Brückenquerschnitt ist rechteckförmig oder

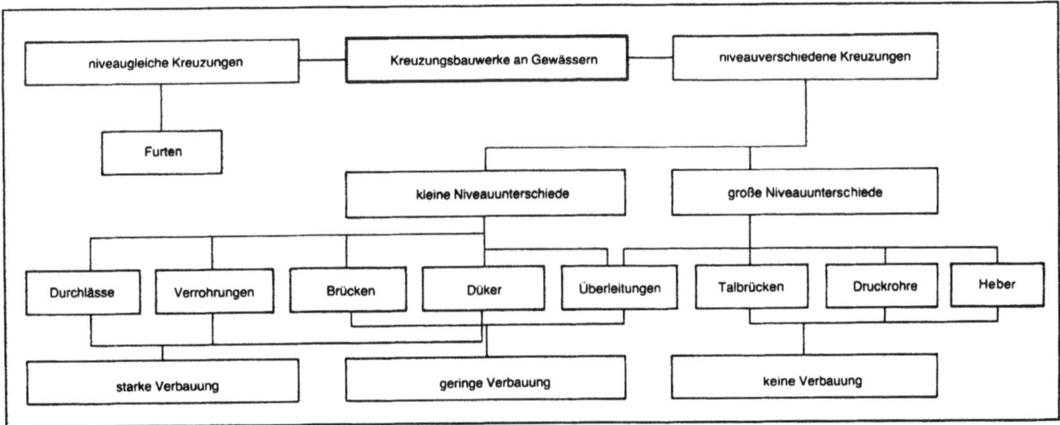

Kreuzungsbauwerk 1: Übersicht der K. im Wasserbau

trapezförmig. Günstig ist der Trapezquerschnitt mit hochliegenden Widerlagern. Erfordert die konstruktive Durchbildung Zwischenunterstützungen, werden diese bei gegliederten Querschnitten am Beginn des Vorlandes hydraulisch günstig in Strömungsrichtung angeordnet.

Überleitungen sind – vom gekreuzten Gewässer aus gesehen – ebenfalls Brücken. Man führt sie offen als Trogbrücke oder geschlossen als Rohrbrücke aus. Vom übergeleiteten Gewässer aus sind sie Durchlässe oder Freispiegelgerinne.

Durchlässe sind K., die eine erhebliche Einengung im offenen Gewässer verursachen. Bei Hochwasserabfluß sind sie meist eingestaut, so daß sich kein Freibord

einhalten läßt. Konstruktiv werden sie als Plattendurchlaß oder Rohrdurchlaß ausgeführt. Die lichte Weite des Rohres soll 400 mm (DN 400) nicht unterschreiten. Bekriechbare Durchlässe bildet man mit mindestens 0,8 m Höhe, begehbare Durchlässe mit mindestens 1,8 m Höhe aus (Bild 2). Ein Durchlaß mit einer meist durch den Wasserdruck betätigten Verschlußeinrichtung wird als Siel bezeichnet. Bei der hydraulischen Bemessung ist zwischen hydraulisch kurzen und hydraulisch langen Durchlässen zu unterscheiden. Bei den hydraulisch langen Bauwerken läuft der Abflußquerschnitt beim → Bemessungsabfluß voll. Der Rohrreibungsverlust ist außer dem Einlaufverlust und Auslaufverlust von Bedeutung. Beim hydraulisch kurzen

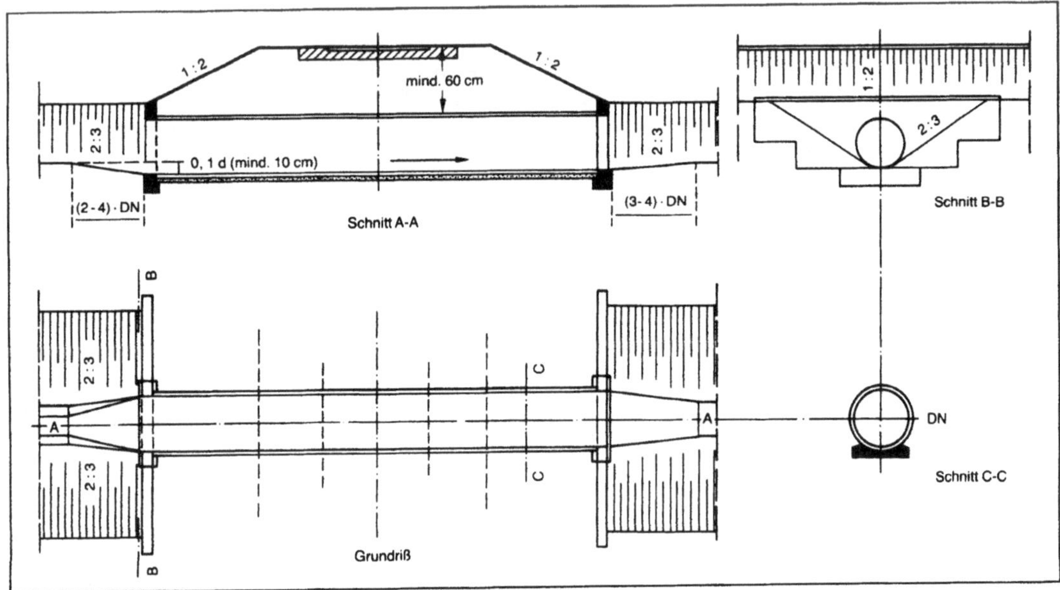

Kreuzungsbauwerk 2: Regelzeichnung für einen Rohrdurchlaß.

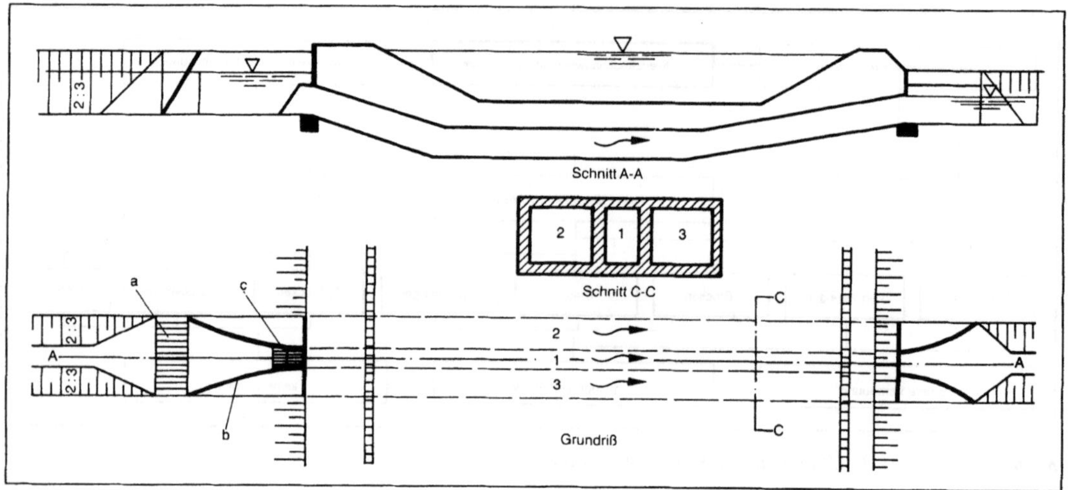

Kreuzungsbauwerk 3: Düker.
a Grobrechen, b Streichwehr, c Feinrechen

Durchlaß ergibt sich im Abflußquerschnitt schießender Abfluß. Der Stau wird durch die Verluste am Einlauf bestimmt. Wesentlich für die Auswirkung des Durchlasses im Gewässer ist das Verbauungsverhältnis. Bei engen Bauwerken liegt dieser Wert zwischen 0,15 und 0,4. Als Folge der am Bauwerk auftretenden Verluste ergibt sich ein Stau. Dadurch verringert sich das Wasserspiegelgefälle auf einer als Staulänge bezeichneten Strecke.

Verrohrungen sind überdeckte Durchleitungen von Gewässern unter ausgedehnten flächenhaften Hindernissen, wie Siedlungen, Verkehrs- und Industrieanlagen. Längere Verrohrungen sind für das Gewässer biologisch ungünstig. Die verrohrten Strecken verlieren die Vorfluteigenschaft für das oberirdisch und unterirdisch anfallende Wasser aus dem zugehörigen → Einzugsgebiet. Bei Sand- und Geschiebeführung wird vor dem Einlauf ein → Sandfang angeordnet. Das Einschwemmen von → Treibsel und Eis läßt sich durch einen → Rechen verhindern. Die Verrohrung ist wie ein hydraulisch langer Durchlaß zu berechnen. Zusätzlich sind Verluste durch Krümmer mit einer Abwinkelung <30° und durch den Rechen zu berücksichtigen.

Düker (Bild 3) sind K., in denen ein Gewässer unter einem Gewässer, Geländeeinschnitt oder tiefliegendem Hindernis unter Druck hindurchgeleitet wird. Der Düker muß sich den schwankenden Abflüssen anpassen. Für die Ausbildung des Abflußquerschnittes ist somit außer dem Bemessungshochwasser auch der mittlere Niedrigwasserabfluß MNQ und der Mittelwasserabfluß MQ zu beachten. Durch geeignete Wahl des Querschnittes sind günstige Verhältnisse bezüglich Fließgeschwindigkeit und Schleppspannung anzustreben. Die Fließgeschwindigkeit soll mindestens 1 m/s

betragen; sie darf 0,3 m/s (Sinkgeschwindigkeit) nicht unterschreiten. Dies läßt sich nur durch das Anordnen mehrteiliger Querschnitte ermöglichen, auf die der Abfluß durch vorgeschaltete Streichwehre verteilt wird. Bei Dükern ist immer ein Rechen vor dem Einlauf vorzusehen, vor dem kleinsten Dükerquerschnitt zusätzlich noch ein Feinrechen. Düker sind wie hydraulisch lange Durchlässe zu bemessen. Die zusätzlichen Verluste durch Krümmer und Rechen sind zu beachten. Die Baupraxis wendet die Bezeichnung Düker auf alle Arten von K. an, die in abgeknickter Form ein Hindernis, meist ein Gewässer, unterfahren. Deshalb werden auch Leitungen, die einen Fluß kreuzen und Wasser, Erdgas oder Leitungen führen, als Düker (Leitungsdüker) bezeichnet. Leitungsdüker verlegt man meist im Einziehverfahren. Daneben werden Düker in offener Baugrube oder im Absenkverfahren sowie im Einschwimm- und Einspülverfahren verlegt. Die Zugkräfte lassen sich verringern, indem man den Düker entweder leer mit Auftriebssicherung durch Ballast oder gefüllt mit Auftriebsregulierung durch Leichtern verlegt.

Heber als K. leiten das Wasser in einer Rohrleitung über ein hochliegendes Hindernis oder über ein Gewässer, wenn beispielsweise eine freie Durchfahrtshöhe gewährt sein muß. Hydraulisch machen sie sich das Prinzip des Hebers zunutze. *Muth*

Literatur: DIN 19661-1: Richtlinien für Wasserbauwerke. Kreuzungsbauwerke.

Kreuzwerk → Trägerrost

Kriechen.

Beton. Neben den beanspruchungsbedingten elastischen → Verzerrungen ε_{el} des Betons treten noch zeitabhängige Verzerrungen des Betons auf. Diese sind das → Schwinden und das K. des Betons sowie Temperaturverzerrungen.

Unter K. wird die zeitabhängige Verzerrungszunahme unter konstanter Spannung verstanden. Daneben tritt Relaxation auf, worunter die zeitabhängige Spannungsabnahme bei konstanter Verzerrung verstanden wird. Bei Betonbauteilen treten diese Erscheinungen in der Regel gleichzeitig auf. Vereinfacht werden sie im → Betonbau meistens zusammengefaßt behandelt und „K. des Betons" genannt. Die Kriechverzerrungen werden in drei Komponenten unterteilt, die als verzögert elastische Verzerrung, das Grundfließen und das Trocknungsfließen bezeichnet werden. Die verzögert elastische Verzerrung ist bei Entlastung reversibel.

Die Höhe der Kriechverzerrungen hängt nicht nur vom Spannungszustand ab, sondern vor allem auch von der Zusammensetzung des Betons, von den Umweltbedingungen und vom Alter des Betons zum Zeitpunkt der Lastaufbringung.

Bis zu einer Druckspannung, die 40% der Druckfestigkeit beträgt, kann das K. als linear abhängig von der Spannung angenommen werden. Bei höheren Spannungen nimmt die Kriechverzerrung überproportional zu.

Vor allem bei vorgespannten Betonkonstruktionen (→ Spannbeton) sind die Einflüsse des K. des Betons bei den Spannungsnachweisen zu untersuchen, weil durch das K. des Betons Verluste bei den Vorspannkräften auftreten.

Bei Bauwerken und Bauteilen, bei deren Bemessung die Formänderungen von wesentlicher Bedeutung sind, sind die zeitabhängigen Formänderungen stets zu ermitteln. *Mehlhorn*

Stahlbau. Plastische zeitabhängige Verformung unter konstanter (statischer) Last. Bei Baustahl tritt eine merkbare Kriechverformung erst bei erhöhten Temperaturen auf. Bei → Verbundkonstruktionen (schubfeste Verbindung von Betonplatte mit Stahlträger), spielt der Kriecheinfluß infolge erheblicher Kriechverformungen des Betons eine wichtige Rolle. *Sedlacek/Scholz*

Baustatik. → Viskoelastizitätstheorie

Kühldecke. K. unterstützen raumlufttechnische Anlagen bei der Raumkühlung, indem sie durch Strahlung und → Konvektion Wärme an Kaltwassersysteme übertragen (ggf. auch Kaltluft-). Die Wärmeabfuhr mit Wasser ist der mit Luft wegen des geringeren Energieaufwands und der kleineren Leitungsquerschnitten überlegen. K. werden besonders vorteilhaft eingesetzt in Räumen, in denen der Abtransport der Wärme im Verhältnis zum Luftaustausch hoch sein muß. Die Kühlleistung wird begrenzt durch die mögliche Schwitzwasserbildung bei hoher Raumluftfeuchte und niedrigen Oberflächentemperaturen. Die häufigsten Bauformen sind Rohrregister mit untergeklemmten Kassetten oder Langfeldplatten, Aluminium-Roll-Bond-Elemente mit Wasserkanälen und Kunststoff-

putz, Kapillarrohrmatten in Kassetten oder Langfeldplatten bzw. unter Putz, Alu-Strangpreßprofile mit eingepreßten Kupferrohren und Rohrregister mit angeklemmten Lamellen und untergehängten Rasterdecken. Die spezifische Wärmeabfuhr kann bei einer mittleren Temperaturdifferenz (Raum–Wasser) von 10 K von 40 bis 100 (150) W/m^2 betragen. *Diehl*

Kühlturm. In einem thermischen Kraftwerk kann nur etwa grob 40% der mit dem Brennstoff zugeführten Primärenergie in Strom umgewandelt werden. Der überwiegende Teil wird als Wärme an die Umgebung abgegeben, soweit nicht Wärmenutzung stattfindet. Da gewöhnlich keine Gewässer zur Kühlung vorhanden sind, die die Abwärme ohne unzulässige Aufheizung des → Vorfluters abführen können, wird sie meist über K. an die Atmosphäre abgegeben. In der Bundesrepublik werden dafür überwiegend Naturzug-Naß-K. mit Höhen zwischen 80 und 170 m eingesetzt. Ihre Abwärmeleistung liegt gewöhnlich zwischen 1 000 und 2 500 MW. Daneben gibt es Naturzug-Trocken- sowie Ventilator-K. Die Naturzug-Naß-K. haben den Nachteil, daß sie Wasser mit der aufgeheizten Kühlturmfahne an die Atmosphäre abgeben. Die Austrittsgeschwindigkeit der Kühlturmschwaden aus der Kühlturmmündung liegt bei 2–3 m/s, ihre Austrittstemperatur bei 25 °C. Ein Teil des emittierten Wassers kondensiert und macht die Kühlturmfahne zur sichtbaren Schwadenfahne. Beim Betrieb eines Naturzug-Naß-K. werden erwärmte Luft, Wasserdampf sowie aus dem verrieselten Wasser mitgerissene und aus dem Wasserdampf kondensierte Wassertröpfchen emittiert. In den mitgerissenen Tröpfchen sind darüber hinaus die Beimengungen des verwendeten Kühlwassers wie Salze und Keime enthalten. Die Durchmesser der mitgerissenen Tröpfchen liegen zwischen 50 und 300 µm. Ihre Konzentration beträgt etwa 0,1 g/m^3. Ohne Tropfenfangeinrichtung liegt die Konzentration höher. Die kondensierten Tröpfchen treten im Vergleich zu den mitgerissenen in einer etwa 10fach höheren Konzentration, also mit etwa 1 g/m^3 auf, wobei ihre Durchmesser mit Werten zwischen 1 und 10 µm wesentlich kleiner sind. Die kondensierten Tröpfchen breiten sich infolgedessen wie ein Gas aus, während die mitgerissenen Tröpfchen in Richtung Erdboden sinken und auf Straßen, die in unmittelbarer Kühlturmnähe verlaufen, im Winter Glatteis verursachen können; bei K. mit Tropfenfangeinrichtungen ist diese Gefahr weniger groß. *Giebel*

Kühlwasser. Das zur direkten oder meist indirekten Kühlung benutzte K. muß ausreichend kalt sein und je nach dem speziellen Einsatzfall bestimmten Qualitätsanforderungen hinsichtlich Sauberkeit und Stoffgehalt genügen. K. kann im Durchlauf (einmal je Nutzung) oder im Kreislauf (wiederholte Nutzung) gebraucht werden. Die Tendenz geht zur → Kreislaufwassernutzung oder zur → Kaskadennutzung. Meistens wird → Trinkwasser, dessen Temperatur gewöhnlich 8–15 °C beträgt als K. oder auch zur Speisung von Kühlwasserkreisläufen und Kühlwasserkaskaden eingesetzt. Wenn besonders niedrige Kühlwassertemperaturen erforderlich sind, läßt sich eine niedrigere Temperatur durch Wärmepumpen erreichen. Industriell wird K. im großen Umfang dem → Oberflächenwasser entnommen, vor allem bei der Energieerzeugung, der Chemie-, der Eisen- und Stahlerzeugung und bei den Gruben. Bei der direkten Kühlung kommt der zu kühlende Stoff unmittelbar mit dem K. in Kontakt, bei der indirekten Kühlung über eine gut wärmeleitende Trennwand aus Stahl, oft Edelstahl, gelegentlich auch Glas und Kunststoff. Meist ist der Kühlbereich nach oben auf eine Erwärmung des K. auf 50–60 °C beschränkt, da sonst Komplikationen aus der Härte des Wassers auftreten und oft → Korrosionen der benutzten Baustoffe verstärkt vorkommen. Bei höherer Temperatur ist K. daher zu konditionieren oder ähnlich wie → Kesselspeisewasser aufzubereiten. Aus Gründen der → Gewässerreinhaltung (von eingebrachter unerwünschter Wärme) ist man seit längerem bestrebt, mit Luft statt mit K. zu kühlen. Geringe Mengen von eingespritztem K. ergeben im Luftstrom, verdunstend, eine bedeutende Kühlung. Dies erfordert oft jedoch einen höheren Energieaufwand.

Nach den heutigen gesetzlichen Vorgaben (Immissionsschutzgesetz) muß die Abwärme wo immer wirtschaftlich möglich nutzbar gemacht werden. *Pfeiff*

Küsteningenieurwesen. Mit Aufgaben des → Küstenschutzes, des See- und Hafenbaus und in zunehmendem Maße auch mit Fragen der Umwelttechnik des Küstenbereiches befaßtes Fachgebiet. Als wissenschaftliche Disziplin in Forschung und Lehre etablierte sich das K. in den vergangenen 50 Jahren. In jüngerer Zeit gewannen die Ausbreitungs- und Vermischungsvorgänge von Kühl- und Abwässern, der Transport von Öl und Gas über Pipelines sowie auch ökologische Fragen im Zusammenhang mit der Erhaltung der vorgelagerten Wattsockel an Bedeutung. Für die Beurteilung der angeführten Ingenieuraspekte ist die Kenntnis der Wellen- und Tidetheorie unabdingbare Voraussetzung. Für die Planung und Bemessung von Küstenbauwerken ist die Kenntnis des örtlichen Wellenklimas sowie auch eine theoretische Erfassung der Sedimentbewegung im Küstenvorfeld erforderlich, um die auf die Küstenbauwerke wirkenden Kräfte bestimmen zu können. Zu den Randgebieten des K. gehören auch Fragen der Offshore-Technik (Bau von Öl- und Forschungsplattformen, Verlegung von Pipelines usw.) sowie auch der Baggertechnik. Während in früheren Jahrzehnten die Planung und Bemessung von Küstenanlagen auf den langjährigen, örtlich gemachten Erfahrungen basierte, versucht man heute durch mathematische Modelle und analytische Verfahren die Wechselwirkungen zwischen den wirkenden Kräften aus Seegang, Eis und Wind und den Küstenbauwerken theoretisch zu erfassen. An der Entwicklung neuer Bemessungsansätze wird zur Zeit in vielen Laboratorien der Welt intensiv geforscht. *Lecher*

Küstenschutz. Gesamtheit der Maßnahmen im Tidegebiet zum Schutz der Küsten des Festlandes und der Inseln vor den zerstörenden Einwirkungen des Meeres (→ Küsteningenieurwesen), d. h. vor allem Anlage von → Deichen, Buhnen, Deck- und Längswerken und Wellenbrechern. Deichschutzwerke, d. h. Deichvorland (→ Vorlandgewinnung), Lahnungen, Buhnen, Vordeiche, Sommerdeiche und in Sonderfällen Wellenbrecher, vermindern die Beanspruchung der Deiche, indem sie Seegang, Brandung, Strömung und Eisgang beeinflussen. Strandauffüllung (Aufspülung, Aufschüttung) mit Aufhöhung und/oder Verbreiterung eines natürlichen Strandes ersetzt Erosionsverluste (auch vorbeugend), hat aber nur zeitlich begrenzte Wirkung. Zum biologischen K. gehört die Aussaat und Anpflanzung von Gräsern und anderen Pflanzen der Verlandungsvegetation sowie von Gehölzen und ihre Pflege. Strand- und Ufermauern werden besonders stark beansprucht und führen infolge ungünstiger Beeinflussung von Strömungen zu erheblichen → Erosionen. Sie werden daher heute nur noch in Sonderfällen gebaut, vor allem wegen des geringen Platzbedarfs und bei geringen hydrodynamischen Beanspruchungen. *Lecher*

Kugelstrahlen → Oberflächenbehandlung

Kulturtechnik. Mit den technischen Gesichtspunkten der Nutzung von Boden und Wasser sowie der Erschließung landwirtschaftlich genutzter Flächen befaßtes Fachgebiet. In Deutschland wurde es im wesentlichen mit dem landwirtschaftlichen → Wasserbau in das Bauingenieurwesen (daher hier vielfach „Kulturbauwesen" üblich), mit dem Meliorationswesen in die Landwirtschaft integriert. War ursprünglich die Tätigkeit vorwiegend auf die Melioration (→ Bodenverbesserung), d. h. primär auf die → Entwässerung landwirtschaftlicher Nutzflächen einschl. → Hochwasserschutz, die Flurbereinigung und den Bau von Wirtschaftswegen ausgerichtet, so gewannen in diesem Jahrhundert die → Bewässerung (Bild), die → Wasserversorgung und → Abwasserreinigung sowie an der Nordseeküste die Landgewinnung (→ Vorlandgewinnung) an Bedeutung. Heute geht es nicht mehr in erster Linie um die Steigerung der landwirtschaftlichen Erträge. Besonders wichtig wurde die Erhaltung bzw. Verbesserung des Naturhaushaltes. Dazu gehören → Bodenschutz und → Gewässerschutz sowie die Wiederherstellung von Naturräumen einschl. der Wiederherstellung naturnaher Fließgewässer (→ Renaturierung). *Lecher*

Literatur: *Schmid, W.:* Die Abteilung VIII für Kulturtechnik und Vermessung an der Eidg. Techn. Hochschule Zürich im Wandel der Zeit. Vermessung, Photogrammetrie. Kulturtechnik 84 (1986), S. 390/93.

Kulturtechnik: Feldberegnung. (Quelle: Röhren- und Pumpenwerk Bauer, Voitsberg)

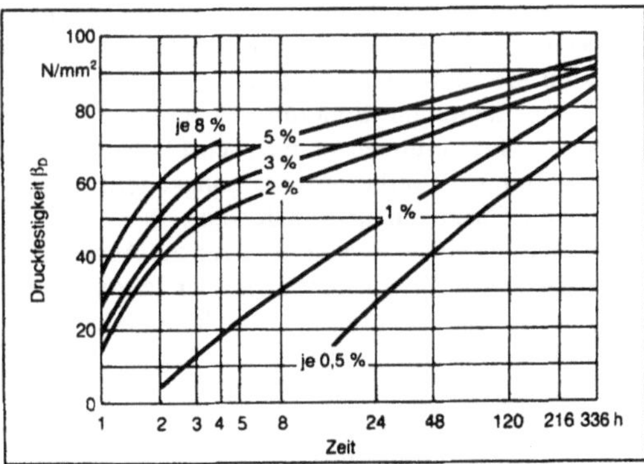

Kunstharzmörtel, Kunstharzbeton 1: Druckfestigkeit von UP-Mörtel in Abhängigkeit von der Zeit und der Härter- und Beschleunigermenge.
Beispiel: Cyclohexanonperoxid (CHP) plus Kobaltbeschleuniger zu gleichen Anteilen

Kunstharzbeschichtung → Anstrich

Kunstharzkleber → Leim

Kunstharzleim → Leim

Kunstharzmörtel, Kunstharzbeton. Mörtel und Betone mit polymeren Bindemitteln unterscheiden sich von den üblichen zementgebundenen Betonen in ihren Gebrauchseigenschaften vor allem durch ihre sehr hohe chemische Beständigkeit. Bedeutsam sind auch die wesentlich höhere Zugfestigkeit, der kleine → Elastizitätsmodul, das Fehlen eines Kapillarporensystems und die sehr rasche Festigkeitsentwicklung. Die Kosten sind hoch. Weitere geläufige Bezeichnungen sind Reaktionsharzmörtel und PC (Polymer Concrete).

☐ Härtungsmechanismus: Zum Erreichen besonderer Eigenschaften können Mörtel und Betone statt mit → Zementleim mit flüssigen Kunstharzen als → Bindemittel hergestellt werden. Verwendet werden Reaktionsharzsysteme auf der Basis von ungesättigten Polyestern (UP), Epoxidharzen und Methacrylatharzen, die kalthärtend sind, d. h. ohne Temperung oberhalb der Raumtemperatur vollständig aushärten können (DIN 16945).

Bei Polyester wird das in reaktionsfähigem Styrol gelöste Harz durch Zugabe relativ kleiner Mengen (einige Prozent der Masse) eines organischen Peroxids als Härter und eines Beschleunigers zu einem Duromer vernetzt. Die Eigenschaften bei Verarbeitung und Härtung sowie nach der Aushärtung hängen von der Wahl des Härtungssystems ab. Die Verarbeitungszeit läßt sich bei vorgegebenem Härtersystem durch Variation der Menge an Härter und Beschleuniger von rd. 1 min bis rd. 2 h einstellen. Zum Vermeiden zu hoher Erwärmung der Bauteile bei der Erhärtung und dadurch hervorgerufener → Eigenspannungen, Verwölbungen und Riß-

bildungen sollten UP-Betone nur mit der für eine vollständige Aushärtung und die erforderliche Aushärtungsgeschwindigkeit notwendigen Zugabemenge an Härter und Beschleuniger hergestellt werden. Den Zusammenhang zwischen Festigkeitsentwicklung und Härter- und Beschleunigermenge zeigt Bild 1. Die Endfestigkeit ist in weiten Grenzen von der Zusatzmenge unabhängig. Unvollständiges Aushärten, d. h. Vorhandensein von verdampfbarem Reststyrol im erhärteten Beton, hat schlechte Langzeiteigenschaften zur Folge. Ursachen können zu geringe Härter- und Beschleunigerzusätze und zu geringe Aushärtetemperaturen sein. Wegen der äußerst guten Haftung von UP an den meisten Werkstoffen müssen die benutzten Geräte unmittelbar nach Gebrauch mit Lösemitteln gereinigt werden. Üblich sind Aceton (explosionsgefährlich) und Methylenchlorid (Dichlormethan, gesundheitsschädlich, gute Absaugung erforderlich). Als → Schalungstrennmittel sind für den → Zementbeton übliche Schalungsöle ungeeignet. Verwendet werden Polyvinylalkohol (PVA), Silicone und Hartwachse. Bei Lagerung und Verarbeitung der Einzelkomponenten sind arbeitshygienische und technische Vorsichtsmaßnahmen erforderlich.

Zur Kalthärtung von Epoxidharzen verwendet man vorwiegend flüssige aliphatische Polyamine und Polyamidoamine. Diese werden als Monomere im Polyadditionsprinzip in das Polymer an festgelegten Stellen eingebaut. Sie müssen aus diesem Grunde in genau dosierter Menge homogen mit dem Grundharz vermischt werden. Eine Mengenvariation zur Steuerung der Erhärtungsgeschwindigkeit ist nicht möglich. Bereits geringe Abweichungen vom chemisch erforderlichen Mischungsverhältnis ergeben technisch unbrauchbare Produkte. Die Härterkomponente bestimmt weitgehend die Verarbeitungs- und Gebrauchseigenschaften. Die Härtung ist je nach Reaktivität bei minimalen Temperaturen zwischen Raumtemperatur und ±0 °C möglich. Im Gegensatz zu den Verhältnissen bei UP-Harzen stören zeitweilig zu niedrige Temperaturen die Erhärtung nicht; sie verzögern sie nur. Nacherhärtungen bei möglichst hohen Temperaturen (Tempern) verbessern die Langzeiteigenschaften und die Chemikalienbeständigkeit.

Die Härtung von → Reaktionsharzen auf Acrylsäureesterbasis (PMMA) vollzieht sich über Peroxidhärter (Polymerisationsstarter) zu Thermoplasten oder Duromeren. Dabei wird der pulverförmige Härter entweder einer Lösung von Polymerisat (PMMA) in zugehörigen Monomeren (Gießharzsystem) oder in Mischung mit Polymerpulver dem flüssigen Monomergemisch (MoPo-System) zugegeben. Als Polymerisationsaktivatoren verwendet man in beiden Fällen tertiäre aliphatische Amine. Während bei dem Gießharzsystem eine relativ genaue Dosierung der Komponenten erforderlich ist, ist das MoPo-System von der Dosierung weitgehend unabhängig. Die Aushärtung der üblichen PMMA-Systeme geschieht innerhalb von rd. 20 min bis 1 h. Minimaltemperaturen von ±0 °C und auch tiefer sind möglich.

☐ Verarbeitung: Die Zuschläge für Kunstharzbeton werden nach den gleichen technologischen Grundsätzen wie bei Zementbeton zusammengesetzt. Wegen der hohen Harzkosten muß besonderer Wert auf ein möglichst hohlraumarmes Zuschlaggemisch gelegt werden. Die Korngruppen gibt man daher sehr fein abgestuft zu. Die Konsistenz regelt man durch geeignete Wahl der Harz-Härter-Viskosität. Fast alle Harze erfordern getrocknete Zuschläge, da bereits die → Ausgleichsfeuchte bei normaler Luftfeuchte zu nennenswerten Eigenschaftsverschlechterungen führt. Die Ursachen liegen in chemischen Einflüssen auf die Polymerbildung und in der physikalischen Wirkung von Wasserhüllen um die Zuschläge, die die Haftung des Harzes beeinträchtigen. Eine Silanisierung der Zuschlagoberflächen kann technisch vorteilhaft sein, führt jedoch zu merklich höheren Kosten.

☐ Festbetoneigenschaften: Die Festigkeiten von Kunstharzbetonen sind bei Raumtemperatur denjenigen von hochfesten Zementbetonen überlegen. Insbesondere ist die Zugfestigkeit nennenswert höher, ebenfalls die Frühfestigkeit, vor allem bei niedrigen Umgebungstemperaturen (Bild 2). Die Form der Spannungs-Dehnungs-Linien ist der hochfester Zementbetone ähnlich. Die Bruchdehnung liegt je nach Festigkeit mit 5–10 mm/m höher. Der Elastizitätsmodul ist bei gleicher Zuschlagart etwas kleiner als der hochfesten Zementbetons. Die Kriechzahlen bewegen sich bei Raumtemperatur zwischen $\varphi = 1{,}5$ und $\varphi = 3{,}0$ und damit im Bereich des Zementbetons. Bereits bei geringen Temperaturerhöhungen können merklich erhöhte Kriechmaße auftreten, dabei sind das Harzsystem und der Aushärtungsgrad maßgeblich. Die Zeitstandfestigkeit für zehn Jahre beträgt im Temperaturbereich bis rd. 50 °C etwa 65% der bei gleicher Temperatur gemesse-

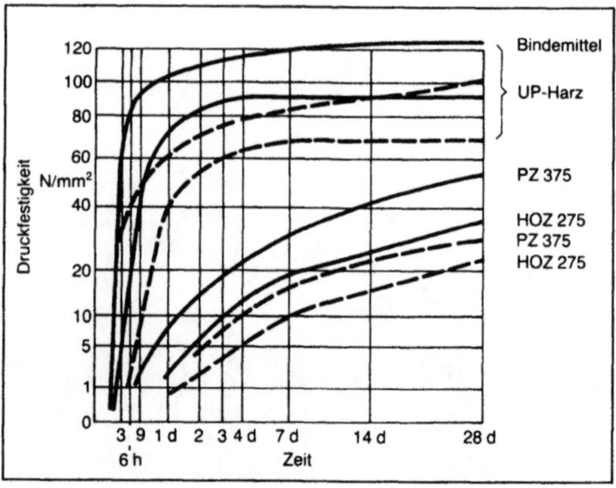

Kunstharzmörtel, Kunstharzbeton 2: Druckfestigkeitsentwicklung von Betonen mit unterschiedlichen Bindemitteln.
---- Lagerung bei +5 °C, —— Lagerung bei + 20 °C, Abszisse und Ordinate im √-Maßstab

nen Kurzzeitfestigkeit, sofern die → Glasübergangstemperatur wenigstens 10 K über der Prüftemperatur liegt. Bei bewehrten Kunstharzbetonen ist zu beachten, daß bereits feinste Risse in der Zugzone zur Stahlkorrosion führen können, da kein alkalischer Schutz wie im Zementbeton vorhanden ist. Bewehrungsstähle müssen daher nach den Regeln des → Stahlbaues korrosionsgeschützt werden oder es sind Bewehrungsstäbe aus faserverstärkten Kunststoffen zu verwenden. Die volumenbezogenen Kosten von Kunstharzbeton betragen etwa das 5- bis 10fache eines hochwertigen Zementbetons.

☐ Kunstharzleichtbeton: Tragende und selbsttragende Wand- und Fassadenelemente lassen sich werkmäßig aus Kunstharzschaumstoff mit Zuschlägen aus Blähglas, Blähton oder Blähschiefer herstellen. An die Schaumstoffmatrix werden im wesentlichen folgende Anforderungen gestellt:

– günstiger und beeinflußbarer zeitlicher Ablauf von Schäumvorgang und Erhärtung,

– exothermer Schäumprozeß, regulierbar in Abhängigkeit von der Wärmekapazität der Zuschläge (Vermeiden von zu hohen Eigenspannungen und „Verbrennen" des Harzes),

– niedrige Schaumviskosität, um dichte Zuschlagpackungen einwandfrei zu durchströmen,

– geringe Schalungsdrücke (Schäumdrücke).

Als günstigste Bindemittel haben sich spezielle Polyesterharze erwiesen. Man wendet drei Herstellverfahren an:

– Beim Mischverfahren werden zunächst die einzelnen Harzkomponenten dosiert und gemischt und dann in einem Betonmischer den Zuschlägen zugegeben. Nach gutem Durchmischen füllt man das formbare, ungeschäumte Zuschlagharzgemisch in die Schalung. Danach schäumt das Harz auf, füllt die Haufwerkporen und erhärtet.

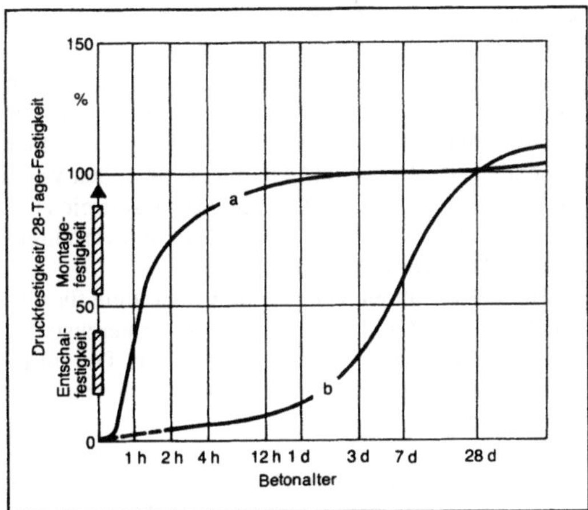

Kunstharzmörtel, Kunstharzbeton 3: Druckfestigkeit von Zement- und Hartschaumleichtbeton (normale Mischung) in Abhängigkeit von der Zeit.

a Hartschaumbeton, b Zementbeton, Abszisse im logarithmischen Maßstab

– Beim Injektionsaufsteigverfahren wird zunächst trockener Zuschlag in die Schalung gegeben. Über Injektionsrohre oder Öffnungen im Schalungsboden bringt man dann das ungeschäumte Harz in das Haufwerk ein.

– Mit geringster maschineller Ausrüstung läßt sich beim Aufgußverfahren arbeiten. In die mit Zuschlag gefüllte Schalung wird von oben ungeschäumtes Harz gegossen. Dieses läuft bis auf den Schalungsgrund und schäumt dann von unten nach oben die Hohlräume aus.

Die Startzeiten bis zum Beginn des Aufschäumvorganges betragen rd. 5 min, die Entschalfestigkeiten werden nach rd. 1 h erreicht (Bild 3). Die Festigkeiten und Wärmeleitfähigkeiten hängen stark von der Betonrohdichte und damit vor allem von der Zuschlagart ab. Folgende Eigenschaften sind erreichbar:

Druckfestigkeit: 6 N/mm^2,
Biegezugfestigkeit: 1,5 N/mm^2,
Elastizitätsmodul: 4 500 N/mm^2,
Feuerwiderstandsklasse: F 30 (F 60). *Sasse*

Kunstschnee. Maschinell hergestellter Schnee für den Schisport in schneearmen Perioden. Zwei Gerätetypen:
– Propellermaschinen (ca. 500 kg) zerstäuben Wasser durch kleine Düsen, das in der Luft gefriert. Die Eispartikel werden durch einen Ventilator weggeblasen. Wirkungsvoll arbeiten die Geräte bei Lufttemperaturen unter –4 °C. Der Wasserdurchsatz beträgt 50 bis 500 l/min. Sie verbrauchen relativ wenig Energie.
– Bei den Druckluftmaschinen (rd. 15 kg) werden Luft und Wassertröpfchen unter Druck (5 bis 10 bar beim Arlberg-Jet) gemischt und durch eine Düse ausgeblasen. Sie sind auch bei einer Lufttemperatur um 0 °C, dann allerdings mit deutlich größerem Energiever-

brauch, einsetzbar. Der Wasserdurchsatz liegt bei 50 bis 200 l/min, in Sonderfällen bis 400 l/min.
– Hybridanlagen (Kombination beider Gerätetypen) nutzen mit den leiseren Propeller-Geräten die Inversionskälte in Tallagen, liefern mit den Druckluftgeräten bei den dann höheren Temperaturen oder stärkeren Wechsel-Winden im oberen Bereich auch dort noch zufriedenstellende Ergebnisse. Erforderliche Infrastruktur: Entnahme (Saugleitung), Zentralstation (→ Pumpen, → Kompressoren, Steuerung, evtl. → Entkeimung), Leitungen (Wasser und zumeist auch elektrischer Strom bei Propelleranlagen, Wasser und Druckluft bei den Druckluftanlagen, evtl. Wasserspeicher). Der Energieaufwand liegt zwischen 2 und 7 kWh/m^3. Eine größere Anlage (30 ha) verbraucht für 30 cm Fertigschnee etwa ⅓ der Energie eines 60-Bettenhotels (Wintersaison mit 3,5 Monaten). Aus 1 m^3 Wasser werden durchschnittlich 2,3 m^3 K. erzeugt; d. h. 30 cm Schnee erfordern pro ha 1 300 m^3 Wasser. Im erwähnten Fall der 30 cm Schnee auf 30 ha sind es 40 000 m^3 Wasser. *Lecher*

Kunststoff, geschäumt → Schaumkunststoff

Kunststoff, glasfaserverstärkter. Ähnlich wie die Stahlbewehrung im → Beton erhöht die Einlagerung von Fasern, deren Festigkeit und → Elastizitätsmodul größer als die der Matrix sind, die → Tragfähigkeit und → Steifigkeit von Kunststoffbauteilen (Bild 1). Obwohl zahlreiche Kunststoffe und Fasermaterialien denkbar sind und auch für die unterschiedlichen Anwendungsbereiche eingesetzt werden, haben im Bauwesen wegen der zu stellenden Anforderungen und aus wirtschaftlichen Gründen fast ausschließlich glasfaserverstärkte Polyesterharze Bedeutung. Der Verbundbaustoff g. K. (GFK) wird dabei anders als der Verbundbaustoff → Stahlbeton i. d. R. als quasihomogener Stoff angesehen. Außer der Erhöhung der Festigkeit und des Elasti-

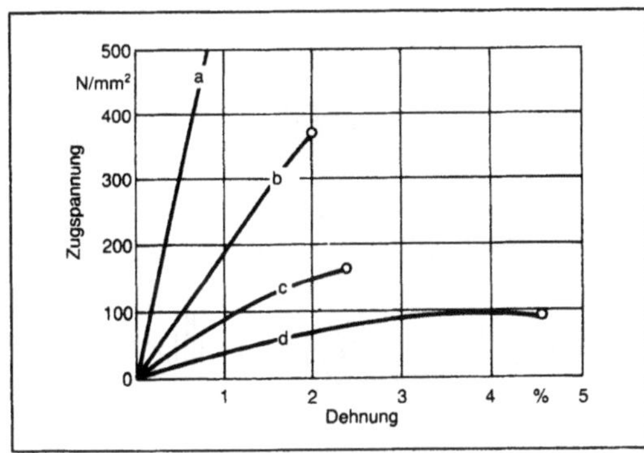

Kunststoff, glasfaserverstärkter 1: Spannungs-Dehnungs-Linien von Glasfaserpolyesterharz.

a Glasfaser $ß_z$ = 1 500 N/mm^2, b Polyesterharz mit 60% Glasfasergewebe, c Polyesterharz mit 40% Glasfasermatte, d Polyesterharz

zitätsmoduls bewirken die Fasern auch eine Herabsetzung des Schrumpfens, des Kriechens, der Temperaturempfindlichkeit und der → Brennbarkeit. Auf einer Reihe von Spezialgebieten haben Serienbauteile aus fabrikmäßig hergestelltem GFK einen festen Marktanteil, z. B. platten- und schalenförmige Dachkonstruktionen, Lichtwände und Kuppeln, Fassadenelemente, Silos, Flüssigkeitsbehälter, Tanks, Großrohre, Abgaskamine, Kühltürme, Schwimmbecken, Betonschalungen, große Verkehrszeichen, Licht- und Fahnenmaste, Gewächshäuser, Radome. Darüber hinaus gibt es zahlreiche gestalterisch und ingenieurmäßig anspruchsvolle Einzelbauwerke.

GFK-Bauteile enthalten je nach Erfordernissen und Herstellverfahren rd. 20–70% (auf die Masse bezogen, das sind 10–55% volumenbezogen) Textilglasfasern. Diese werden als 5–15 μm dicke Filamentfäden aus der Schmelze alkaliarmer Borsilikatgläser gezogen. Man faßt 100–200 Fäden zu Spinnfäden zusammen, rd. 60 von diesen wiederum zu einem Glasfaserstrang (Roving). Auf Grund des wesentlich größeren Fadendurchmessers und der fehlenden Spaltbarkeit ist Textilglas im Gegensatz zu → Asbest weder bei der Herstellung noch bei der Verarbeitung biologisch kritisch. Zur Verbesserung der Haftung zwischen Glas und Kunstharzmatrix werden die Fasern mit einem Haftvermittler (meist auf Silanbasis) vorbehandelt. Glasfasern verwendet man zur Herstellung von GFK in folgenden Formen:
– Rovings (auch flächenhaft mit wenigen Querfäden als Unidirektionalgewebe),
– Glasseidenmatten (ungerichtete Kurzfasern),
– Glasseidengewebe (in verschiedenen Gewebebindungsarten).

Je nach der Orientierung der Fasern zur Beanspruchungsrichtung ergeben sich in der Laminatebene anisotrope Festigkeiten und Verformungskennwerte. Zur Verstärkung oberflächennaher Feinschichten (Gelcoat-schichten) werden Vliese (sehr dünne Glasfasermatten) verwendet, die aus Kunststoffasern bestehen können. Diese Schichten sollen bewirken, daß durch eine bestimmte „Harzüberdeckung“ der Glasfasern (rd. 0,3–0,6 mm) das Laminat gegen Feuchtigkeitsaufnahme entlang der Fasern und daraus resultierenden Verlust an Haftung geschützt wird. Gegenüber faserfreien Gelcoatschichten ergeben sich qualitative und verfahrenstechnische Verbesserungen.

□ Herstellverfahren. Die Herstelltechnologie für GFK ist eng mit der Größe und Geometrie der herzustellenden Bauteile und der Stückzahl verknüpft. Die für das Bauwesen wichtigsten Verfahren werden im folgenden erläutert.

– Handlaminieren. Als → Schalung werden unbeheizte, offene „Werkzeuge“, z. B. Holzformen verwendet, auf die man zunächst die Gelcoatschicht und dann mit dem Pinsel Flüssigharz aufträgt. In dieses werden die Fasermatten und/oder -gewebe eingelegt und mit Handrollen eingearbeitet (Bild 2). Der erreichbare Glasanteil liegt massebezogen bei 35–40%. Die Bauteiloberfläche ist nur auf der Werkzeugseite glatt. Es können fast beliebig geformte und große Bauteile hergestellt werden. Da der Geräteaufwand sehr gering, die Arbeitskosten aber sehr hoch sind, eignet sich das Verfahren vorzugsweise für Einzelanfertigungen oder kleine Stückzahlen.

– Faser-Harz-Spritzen. Das Verfahren ist weitgehend mit dem Handlaminieren identisch. Der wesentliche Unterschied besteht darin, daß die Glasfaser in Form geschnittener Rovingstücke gemeinsam mit dem Harz aus einer Düse gegen die Form gespritzt wird. Schichtdicke und Glasgehalt sind unvermeidlichen Schwankungen unterworfen. Wegen der Teilmechanisierung lassen sich auch mittlere Stückzahlen wirtschaftlich herstellen.

– Vakuum- bzw. Niederdruckverfahren. Zwischen einer Unter- und Oberform werden die Verstärkungen trocken eingelegt. Das Harz wird mit niedrigem Druck eingepreßt und mittels Vakuum entlüftet. Die Formen sind meist beheizbar, so daß kurze Taktzeiten möglich sind. Es sind zwar große, aber nur geometrisch einfache Formen möglich.

– Preßverfahren. Bis auf die Harzzugabe ist das Verfahren mechanisiert. Bei Verwendung vorimprägnierter Verstärkungen (Prepregs) erfordert es hohe Pressenkräfte. Mittelgroße, geometrisch einfache Bauteile, z. B. Kellerlichtschächte, können in guter Qualität in kurzen Taktzeiten produziert werden.

– Ziehverfahren. Hergestellt werden in kontinuierlichem Arbeitsgang ebene oder gewellte Platten sowie Profile aller Art. Bei Rovingverstärkung lassen sich in Längsrichtung sehr hohe Glasgehalte erreichen (massebezogen bis 70%).

– Schleuderverfahren. Das Verfahren zur Rohrherstellung in einer rotierenden Trommel ähnelt dem zur Herstellung von Schleuderbetonrohren. Üblich sind Rohrdmr. zwischen 50 und 2 000 mm.

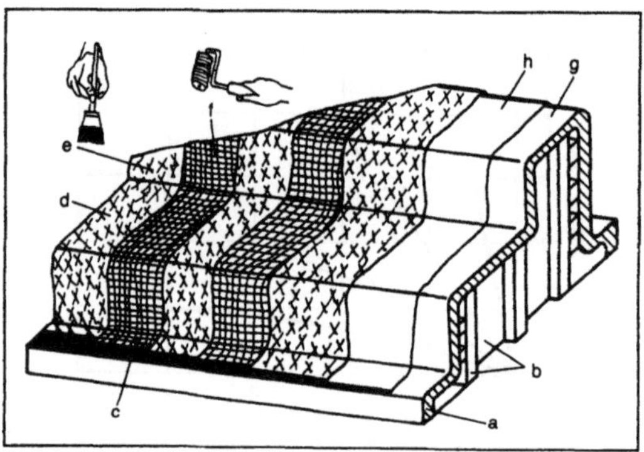

Kunststoff, glasfaserverstärkter 2: Handlaminieren.

a Werkzeug, b Werkzeugaussteifung, c Glasseidengewebe, d Glasseidenmatte, e Auftragen mit Pinsel, f Verdichten mit Rolle, g Trennmittel, h Feinschicht

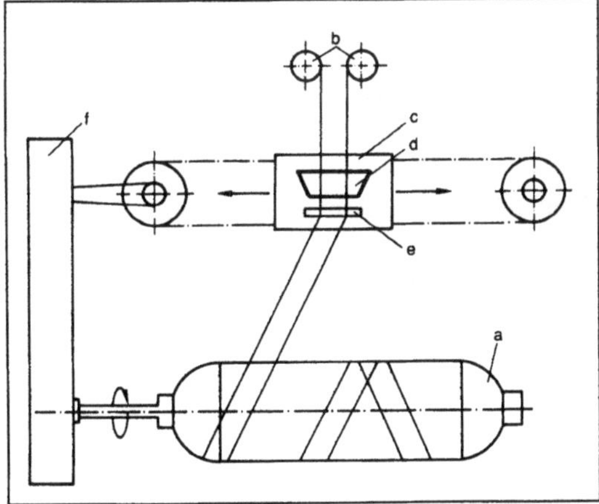

Kunststoff, glasfaserverstärkter 3: Wickelverfahren (Biaxiales Wickeln).

a Kern, b Spule, c Support, d Tränkbad, e Fadenführung, f Antriebseinheit

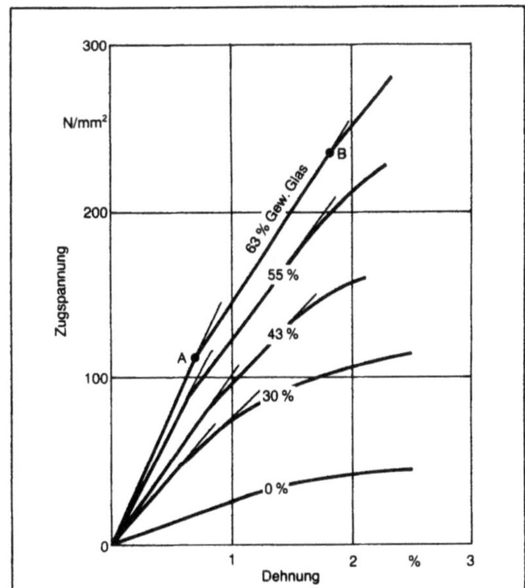

Kunststoff, glasfaserverstärkter 4: Spannungs-Dehnungs-Linien bei unterschiedlichem Glasgehalt.
A Harzfestigkeit überschritten, B erste Fäden reißen

– Wickelverfahren. Auf einem rotierenden Kern (horizontal bis rd. 3 m Durchmesser, stehend bis rd. 10 m) wickelt man zur Herstellung von Rohren und Silos lagenweise harzgetränkte Rovings, Matten oder Gewebe auf. Silos großen Durchmessers mit Fassungsvermögen bis 1 000 m³ können vor Ort aus transportfähigen Einzelschüssen zusammengeklebt (laminiert) werden (Bild 3).

☐ Eigenschaften. Die Entscheidung, ob eine bestimmte Bauaufgabe unter Anwendung faserverstärkter Kunststoffe gelöst werden soll, ist meist eine Kostenfrage. Von großer Bedeutung dabei ist, daß die Vor- und Nachteile der in Betracht kommenden Baustoffe in ein geschlossenes Konzept der konstruktiven Ausbildung, Herstellung und Montage eingebracht werden. Diese Optimierungsarbeit ist wegen der großen Bandbreite der von zahlreichen Parametern abhängigen Kunststoffeigenschaften schwierig. Generell sind die folgenden Eigenschaften von GFK als günstig anzusehen:
– geringes festigkeitsbezogenes Eigengewicht,
– hohe Festigkeit, verbunden mit der einfachen Möglichkeit, eine den Beanspruchungen entsprechende anisotrope Verstärkung zu verwirklichen,
– große Freizügigkeit in der Formgebung,
– sehr gute Korrosionsbeständigkeit, vor allem auch bei Säureangriff,
– in Sonderfällen: hohe innere → Dämpfung, Transluzenz, elektromagnetische Durchlässigkeit.

Die zu beachtenden Nachteile gegenüber herkömmlichen Baustoffen liegen vor allem in
– den relativ kleinen Elastizitätsmoduln,
– der Temperaturabhängigkeit der mechanischen Kennwerte,
– dem noch nicht ganz sicher vorhersehbaren Alterungsverhalten,

– dem ungünstigen → Brandverhalten (in Sonderfällen).

Die Angabe üblicher definierter Zahlenwerte der mechanischen Eigenschaften von Kunststoffen für den entwerfenden Ingenieur ist wegen der komplexen Zusammenhänge zwischen Spannung, Verformung, Temperatur und Zeit nicht möglich. Im Falle der faserverstärkten Kunststoffe kommt als weitere Variable der Fasergehalt hinzu. Tabellenwerke sind wegen der notwendigerweise breiten Streubereiche nur für Überschlagsrechnungen brauchbar. In Bild 4 ist die Abhängigkeit der Spannungs-Dehnungs-Linie im Kurzzeitversuch vom Glasgehalt dargestellt. Die Kurven weisen jeweils zwei schwach ausgeprägte Knickpunkte auf. Bei → Dehnungen von rd. 0,5% wird die Zugfestigkeit des Harzes überschritten: Es treten Mikrorisse in der Matrix auf. (Ein gleichartiges Verhalten wird bei Stahlbetonbauteilen bei Überschreiten der → Betonzugfestigkeit beobachtet.) Bei rd. 70–80% der Zugfestigkeit reißen die ersten, zufällig hoch belasteten oder Schwachstellen aufweisenden Fasern. Bei Glasgehalten oberhalb rd. 40% massebezogen (rd. 25% volumenbezogen) ist die Krümmung der Spannungs-Dehnungs-Linie nur sehr gering. Das Bruchverhalten ist weitgehend spröde; es wird überwiegend von der Glaskomponente bestimmt. *Sasse*

Kunststoffdispersion. In Wasser fein verteilte (dispergierte) thermoplastische Kunststoffe, die nach Trocknung durch Verdunsten oder kapillares Saugen des Untergrundes mehr oder weniger dampfdichte

Filme bilden. Verwendet werden heute meist weichmacherfreie Kunststoffe, vor allem Polyvinylacetate (PVAC), Polyvinylmethacrylate (PVA), Polyvinylprionate (PVP) sowie Misch- und Copolymerisate daraus. Durch geeignete Harz- und Pigmentauswahl sind sie unterschiedlichsten Beanspruchungen anpaßbar, z. B. als heizölbeständige Beschichtungen (prüfzeichenpflichtig), scheuerbeständige Wand- und Deckenfarben, wetterbeständige Fassadenfarben und putzähnliche → Anstriche mit grobkörnigen → Füllstoffen.

Sasse

Kunststoffdispersionsfarbe. Aus → Kunststoffdispersionen und → Pigmenten hergestellte Anstrichstoffe werden K. genannt. Im täglichen Sprachgebrauch werden an Stelle des Begriffes K. auch die Begriffe Dispersionsfarbe und Latexfarbe angewendet. *Sasse*

Kunststoffrohr → Rohr aus Kunststoff

Kunststoffvergüteter Beton → Zementbeton, kunststoffmodifizierter

L

Lack. Mit L. wird ein → Beschichtungsstoff bezeichnet, der einen gut verlaufenden, einwandfrei durchhärtenden → Anstrich mit einem je nach dem Verwendungszweck zu fordernden Widerstand gegen Witterungseinflüsse oder mechanische oder chemische Einflüsse ergibt. L. enthalten zumeist in organischen Lösemitteln gelöste Filmbildner. Aus Gründen der geringen Umweltbelastung (Vermeiden von Lösemitteldämpfen) verwendet man zunehmend auch L. mit wasserlöslichen, trocknenden, organischen Filmbildnern und Wasser als → Lösemittel, die nach dem Trocknen ihre Wasserlöslichkeit verlieren; weiterhin gibt es Zweikomponentenlacke, → Mehrkomponentenlacke usw. L. ist also ein Sammelbegriff für verschiedenartige Erzeugnisse der Lackindustrie. Man kann etwa folgende Wortzusammensetzungen für die Kennzeichnung von L. anwenden:

□ nach dem → Bindemittel: z. B. Alkydharzlack, Asphaltlack, Nitrocelluloselack, Öllack. L., die nach dem Bindemittel gekennzeichnet sind, müssen so viel von diesem Bindemittel enthalten, daß dessen typische Eigenschaften für den L. charakteristisch sind;

□ nach dem Lösemittel: z. B. Spirituslack;

□ nach der Reihenfolge im Anstrichaufbau: z. B. Vorlack, Decklack, Einschichtlack;

□ nach der Art der Trocknung: z. B. Einbrennlack;

□ nach der Art der Anwendung: z. B. Tauchlack, Spritzlack;

□ nach der Art des Oberflächeneffektes: z. B. Mattlack, Reißlack;

□ nach dem Lackierobjekt (Anstrichträger): z. B. Dachlack, Fußbodenlack;

□ nach sonstigen Merkmalen: z. B. Transparentlack, Weißlack, Klarlack, Zweikomponentenlack, Pulverlack. *Sasse*

Lader. L. sind diskontinuierlich arbeitende Geräte. Lockeren Boden nehmen sie schaufelartig, gewachsenen Boden spatenartig auf. Sie werden einerseits als reine Ladegeräte, andererseits auch für Transportaufgaben im Nahbereich eingesetzt. L. entwickelten sich aus Planiergeräten. An Stelle des Schildes trat die hydraulisch bewegbare Ladeschaufel, die sich vor der Vorderachse befindet. Nach der Art des Fahrwerks unterscheidet man → Radlader und → Raupenlader. → Baggerlader haben als Zusatzeinrichtung am Heck einen schwenkbaren Tieflöffel. Der Radlader zeichnet sich aus durch hohe Fahrgeschwindigkeit und große Betriebssicherheit, der Raupenlader durch größere Traktion und damit höhere Grabkraft, der Baggerlader

durch große Vielseitigkeit. Bei den Fahrladern unterscheidet man Frontlader, Überkopflader und Schwenkschaufellader. Der Frontlader stößt seine Schaufel in den Boden oder das Haufwerk, wobei sie sich füllt. Dann wird die Ladeschaufel angehoben, die ganze Maschine fährt zurück und macht zum Entleeren eine seitliche Wendung (Spitzkehre). Überkopf- oder Kombilader entleeren ihre Ladeschaufel über Kopf in ein hinter ihnen stehendes Transportgerät. Beim Ladevorgang entfällt die Spitzkehre und wird durch einfaches Hin- und Herfahren ersetzt. Der Schaufelinhalt ist verhältnismäßig klein. Schwenkschaufellader verfügen über eine um 180° schwenkbare Schaufel. Der → Bagger überbrückt die Distanz zwischen Lade- und Entladeort durch Drehen des Oberwagens. Der L. muß hierzu fahren und beschreibt dabei durch Vor- und Rückwärtsfahren Spitzkehren. Bei Wirtschaftlichkeitsvergleichen zwischen Bagger und L. rechtfertigt sich der L. durch seine Mobilität. Die daraus folgende Beanspruchung des Fahrwerks reduziert die Lebensdauer der Geräte auf 4–5 Jahre. Die Leistungsfähigkeit des L. wird nicht durch seine Schaufelgröße bestimmt. Große Schaufeln benötigen große Spielzeiten. Entscheidend ist die Leistung in m^3/h. *Kühn*

Laderaumsaugbagger. Bei den L. (Hopperbagger) handelt es sich um vollwertige Seeschiffe mit seitlichen Saugrohren, an deren Ende ein Schleppkopf pflügend über den Boden gezogen wird (Bild). Die Leistung der L. wird entscheidend durch die Ausbildung der Schleppköpfe beeinflußt, die mit verschiedenen

Laderaumsaugbagger: Ablassen des seitlichen Saugrohres.

Lösehilfen (Reißzähnen, Druckwasserdüsen, rotierenden Messern) ausgestattet und in ihrer Form besonders auf das zu baggernde Material abgestimmt sind. L. haben einen eigenen Laderaum, in den das Fördergemisch gepumpt wird. Im Laderaum setzt sich der Boden durch Sedimentation ab, das Wasser fließt über → Überläufe ab. Die größten Geräte dieser Art haben ein Fassungsvermögen bis 10 000 m^3. Das Entleeren des Laderaums geschieht entweder durch Abpumpen oder Verklappen (Split-Hoppersaugbagger) nach den gleichen Verfahren wie bei → Schuten. Die Haupteinsatzbereiche der L. liegen im Vertiefen und Freihalten von Schiffahrtsrinnen. *Kühn*

Längsträger. Als L. bezeichnet man im Gegensatz zu den Querträgern vorwiegend die Träger in Haupttragrichtung (→ Hauptträger), die auf den Querträgern aufgelagert sind; bei → Brücken: die Träger parallel zur Brückenachse. *Laermann*

Längswerk → Regelungsbauwerk

Lärm. Mit L. werden Geräusche und Schalle benannt, die die Stille oder eine gewollte Schallaufnahme stören oder auch Geräusche und Schalle, die zu Belästigungen oder zu Gesundheitsstörungen führen; Geräusche werden zu L., wenn sie eine beeinträchtigende Wirkung auf den Menschen haben.

L., Geräusch und Schall werden häufig gleichbedeutend benutzt, wobei jedoch zu betonen ist, daß die Begriffe Schall und Geräusch den mit physikalischen Größen beschreibbaren Schwingungsvorgang kennzeichnen, L. dagegen die nicht einfach zu erfassenden subjektiv-individuellen Faktoren, die in der persönlichen Situation der beschallten Person begründet sind, mit berücksichtigt.

L. ist mit Schallpegelmessern, die die physikalischen Größen Schalldruck, Frequenz, zeitlicher Verlauf des Schalldrucks erfassen, nicht zu messen (→ Lärmwirkung). *Strauch*

Literatur: Lärm und Lärmwirkungen, Ein Beitrag zur Klärung von Begriffen. Bundesminister des Inneren, 2/1980. – Belästigung durch Lärm: Psychische und körperliche Reaktionen, Interdisziplinärer Arbeitskreis für Lärmwirkungsfragen beim Umweltbundesamt, Berlin, Z. für Lärmbekämpfung **37** (1990).

Lärmschutzwand, Lärmschutzwall. Zur Verminderung der Schallausbreitung im Freien, vor allem bei stark befahrenen Straßen, werden L. verwendet (Bild). Im „Schallschatten" des Hindernisses – wenn man den Lärmerzeuger nicht mehr sieht – tritt eine verminderte Schallausbreitung auf. Die Abminderung beträgt je nach Tiefe des Schattenbereichs etwa 5 – 15 dB. Der dann noch störende Schall kommt dabei in aller Regel nicht durch die Abschirmwand hindurch, sondern durch Schallbeugung an der Oberkante der Abschirmwand zum Hörer. Deshalb spielt nicht die Art des Materials der Wand, sondern nur die Höhe der Wand eine entscheidende Rolle: je höher, desto wirksamer. Auch in

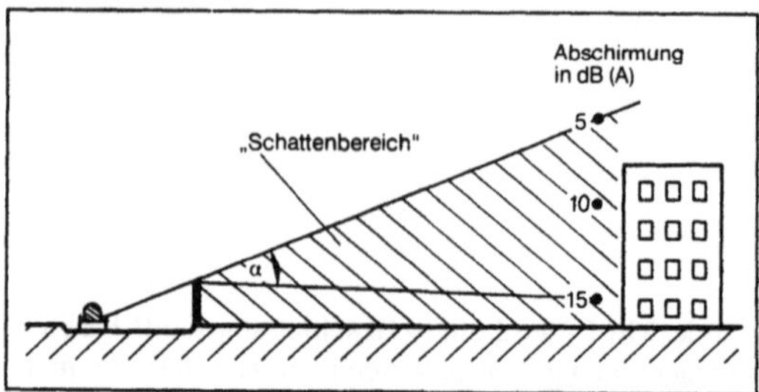

Lärmschutzwand, Lärmschutzwall: Zur Wirkung einer Abschirmwand an Straßen.

der Wirkung von Abschirmwall und -wand besteht kein nennenswerter Unterschied, sofern sie beide gleich hoch sind. Die Abschirmwand ist um so wirksamer, je höher sie ist, je näher die Lärmquelle und der zu schützende Bewohner an der Wand sind und je größer der im Bild eingetragene Winkel α ist. *Gösele*

Literatur: DAL „Lärmschutz an Straßen" (1979), hrsgg. v. Deutscher Arbeitsring für Lärmbekämpfung, Darmstadt. – DIN 18 005: Schallschutz im Städtebau. Tl. 1: Berechnungs- und Bewertungsgrundlagen. – *Reinhold, G.:* Die Wirkung von Abschirmeinrichtungen zur Lärmminderung an Straßen. Straßenb. u. Verkehrstechn. (1974), H. 157, hrsgg. v. Bundesmin. f. Verkehr, Bonn. – Richtlinien für den Lärmschutz an Straßen RLS-81. Der Bundesminister für Verkehr.

Lärmwirkung. Mit L. wird die Reaktion eines Menschen auf ihn einwirkende Schallereignisse bezeichnet.

Eine L. ist u. a. abhängig von Eigenschaften des Geräusches, von Eigenarten der Person, auf die das Geräusch einwirkt, wie auch von Bedingungen des Umfeldes, in dem das Geräusch erlebt wird.

Wesentliche Eigenschaften des Geräusches sind mit physikalischen Größen beschreibbar und meßbar. Hierzu gehören der die Lautstärke charakterisierende Schalldruckpegel, das Frequenzspektrum, der zeitliche Schallpegelverlauf und die Häufigkeit des Geräuschauftretens während der Einwirkdauer.

Die ebenfalls die Wirkung beeinflussenden Eigenarten der Person, wie z. B. die subjektive Bewertung des Geräusches (Einstellung zum Geräuschverursacher, zum Betreiber der Geräuschquelle), die Persönlichkeitsstruktur, die physiologische Lage der beschallten Person, Intention während des Geräuschauftritts, Reaktion zur vermuteten Vermeidbarkeit, zur Untätigkeit oder Nachlässigkeit von Behörden, Aufsichts- oder Überwachungsstellen, sind meßtechnisch nicht zu erfassen.

Untersuchungen über den Zusammenhang zwischen der Wirkung von Geräuschen und den physikalischen Beschreibungsgrößen dieser Geräusche haben ergeben, daß zwischen der Geräuschwirkung bei einzelnen Personen und den physikalischen Größen nur ein loser Zusammenhang besteht. Die Untersuchungen haben gezeigt, daß bei einzelnen Personen nur zu etwa ⅓ mit den vorgenannten physikalischen Beschreibungsgrößen die Wirkung des Geräusches zu erklären ist. Die restliche Wirkung ist auf bereits erwähnte subjektiv-individuelle Faktoren, die in der persönlichen Situation des Betroffenen liegen, sowie auf die Umfeldbedingungen des Geräuschauftrittes zurückzuführen.

Die Wirkung von Geräuschen beim Menschen kann von unterschiedlicher Art sein. Besondere Bedeutung haben die Wirkungsbereiche:
– Störung der Kommunikation und der Informationsverarbeitung,
– Beeinflussung des physischen Gleichgewichts,
– Minderung des psychischen Wohlbefindens,
– Beeinträchtigung von Schlaf,
– Beeinträchtigung von Leistung,
– Hörverlust.

Bei den im Immissionsschutz auftretenden Geräuschen kann aufgrund von Vorwissen über die Schallpegelhöhe dieser Geräusche die Wirkungsart „Hörverlust" vernachlässigt werden. Im allgemeinen dürfte hier auch die Wirkungsart „Beeinflussung des physischen Gleichgewichts" eine zu vernachlässigende Rolle spielen, allerdings ist nicht auszuschließen, daß bei bestimmten Personen bei einer dauernden „Minderung des psychischen Wohlbefindens" eine „Beeinflussung des physischen Gleichgewichts" folgen kann, da die Grenze zwischen diesen beiden Wirkungsarten je nach Persönlichkeitsstruktur fließend sein kann.

Bei den üblichen Geräuschsituationen dürfte die Wirkungsart „Minderung des psychischen Wohlbefindens" eine wesentliche Rolle spielen. Bei dieser Wirkungsart spielen die das Geräuscherleben mitbestimmenden Umfeldbedingungen wie Ärger über den Geräuschver-

ursacher, über evtl. Aufsichtspflichtverletzungen der Verantwortlichen, Nichteingehen auf Vorschläge zur Emissionsminderung u. ä. eine wesentliche Rolle, kurz: hier spiegelt sich im allgemeinen gesprochen die individuell empfundene Störung und Belästigung des Geräusches wider.

Geräusche im Schlafraum können den Schlaf des Menschen beeinträchtigen, sie können u. a.
– die Schlaftiefe verändern,
– das Einschlafen verhindern oder erschweren,
– die unterschiedlichen Schlafstadien verkürzen.

Die in Laborexperimenten und Felduntersuchungen ermittelten Ergebnisse über Zusammenhänge zwischen Schallpegeln im Schlafraum und Schlafstörungen variieren stark.

Sozialwissenschaftliche Untersuchungen zu Schlafstörungen in Abhängigkeit von außen vor dem Schlafraum vorliegenden Mittelungspegeln der Geräusche durch Befragen der Bewohner ergaben, daß bei Mittelungspegeln von 40–45 dB(A) keiner der Befragten sich wesentlich gestört fühlte und bei Mittelungspegeln von 70 dB(A) 65% der Befragten sich wesentlich gestört fühlten.

Aufgrund der bisher vorliegenden Ergebnisse zu Schlafstörungen sollte für einen ungestörten Schlaf durch → Straßenverkehrsgeräusche der Mittelungspegel im Schlafraum 30 dB(A) nicht überschreiten.

Die Tabelle gibt den Stand der L.-Forschung über den Zusammenhang zwischen Geräuschkenngrößen (Beurteilungspegel und maximaler Schalldruckpegel) und Wirkungsphänomenen an. *Strauch*

Lärmwirkung. Tabelle: Zusammenhang zwischen akustischen Werten und L.

Anhaltswerte			Lärmwirkungen
Mittelungspegel L_m dB (A)		Maximalpegel dB (A)	
außen	innen	innen	
–	38	40	Schlafqualitätsänderungen
–	–	40	Schwellenwert für – physiologische Änderungen (EEG im Wachzustand)
–	45	–	– Kommunikationsstörungen
45–55	–	–	Bevölkerungsreaktionen (0–20% Gestörte)
–	–	55	– vegetative Reaktionen im Schlaf
–	–	55	99% Satzverständlichkeit
–	–	60	Schwellenwert für Aufwachen
–	–	60	Primäre Wirkungen (vegetativ)
65	–	–	Deutliche Bevölkerungsreaktionen (30–70% Gestörte, 5–15% Beschwerden)
–	–	75	Signifikante vegetative Wirkungen
80	–	–	60–90% der Bevölkerung stark gestört
–	85	–	Beginn der Lärmschwerhörigkeit
–	–	100	Mögliche Grenze des physiologischen Gleichgewichts
–	–	≥130	Extraaurale Symptome mit Krankheitswert

Quelle: Umweltgutachten 1987 (nach Jansen)

Literatur: *Jansen, G.,* u. *W. Klosterkötter*: Lärm und Lärmwirkungen, Ein Beitrag zur Klärung von Begriffen, Bundesminister des Inneren. (Hrsg), Februar 1980. – Interdisziplinärer Arbeitskreis für Lärmwirkungsfragen beim Umweltbundesamt, Berlin: Belästigung durch Lärm: Psychische und körperliche Reaktionen, Zeitschrift für Lärmbekämpfung **37** (1990). – Der Rat von Sachverständigen für Umweltfragen; Umweltgutachten 1987. Stuttgart–Mainz 1987, S. 392–401.

Lager. L. haben die Aufgabe, die am jeweiligen Auflagerpunkt wirkenden Schnittgrößen (Kräfte, Momente) aus dem Überbau aufzunehmen und sicher auf das → Widerlager zu übertragen und dabei Relativbewegungen (Verschiebungen, Verdrehungen) möglichst zwängungsfrei zu ermöglichen. Die dazu erforderlichen Rotations- und Translationsbewegungen werden durch die Lagermechanismen Rollen, Gleiten oder Verformen ermöglicht (Tabelle). In den beiden letzten Jahrzehnten ist aus verschiedenen Gründen (Veränderungen der Bauweisen, Entwicklung neuer Werkstoffe, Kosten) die Entwicklung von stählernen Kipp- und Rollenlagern weg und hin zu Lagertypen gegangen, bei denen die Bewegungen durch Gleiten und Verformen von Kunststoffen ermöglicht werden (→ Gleitlager, → Verformungslager). Die noch junge Lagertechnik im Hochbau verwendete von Anfang an Kunststofflager. Das Gesamtgebiet der Lagertechnik ist durch die zahlreichen Bauartvarianten sehr umfangreich. Einen Überblick gibt die umfassende Norm DIN 4141.

Sasse

Lager. Tabelle: L-Grundformen und Wirkungsweisen.

	Rotation	Translation
Rollen (abwälzen)	stählernes Kipplager	Rollenlager
Gleiten	festes Kalottenlager	Gleitlager
Verformen	Topflager	Elastomerlager

Keine eindeutige Trennung zwischen Rotation und Translation bei Ein-Rollenlagern und Elastomerlagern

Lagerfläche. Bestandteil der → Baustelleneinrichtung. Die L. ist im Baustelleneinrichtungsplan auszuweisen. Sie wird für die Zwischenlagerung von Baustoffen, z. B. → Bewehrungsstahl, Einbauteilen, Fertigteilen, Mauerziegeln, → Holz, → Schalung usw., benötigt. Die L. soll mit einem → Hebezeug erreichbar sein, um die Lade- und Transportvorgänge möglichst arbeitssparend durchführen zu können. Bei Großbauvorhaben wird vielfach die für den Ausbau und die technische Gebäudeausrüstung benötigte L. vom Auftraggeber vorgeschrieben, um eine reibungslose Versorgung der Baustelle zu ermöglichen. Gleiches gilt für die Zwischenlagerung von → Bodenaushub. Bei innerstädtischen Baustellen ist die L. meist sehr beschränkt, so daß Baustoffe innerhalb des Bauwerks, z. B. auf einer fertiggestellten Decke, gelagert werden müssen.

Drees

Lagertechnik → Lager

Lagerungsdichte. Größe, durch die die Zustandsform eines körnigen Bodens beschrieben wird. Dabei vergleicht man den Porenanteil n oder die Porenzahl e mit im Laboratorium ermittelten Extremwerten n_{max}, n_{min} oder e_{max}, e_{min}. Zwischen Porenanteilen und Porenzahlen bestehen die Beziehungen:

$$e = \frac{n}{1-n}, \quad e_{max} = \frac{n_{max}}{1-n_{max}}, \quad e_{min} = \frac{n_{min}}{1-n_{min}}.$$

Die Ermittlung der Extremwerte ist in DIN 18 125 geregelt. Die lockerste Lagerung mit e_{max} oder n_{max} ermittelt man versuchstechnisch durch loses Einfüllen des körnigen Bodens mit einem Trichter oder einer Handschaufel in einen Meßzylinder. Die Werte e_{min} oder n_{min} sind die Werte für die dichteste Lagerung. Sie werden entweder anschließend an derselben Menge unter Auflast und Verdichtung mit einer Stimmgabel oder aber durch lagenweises Einrütteln unter Wasserabsaugen bestimmt. Neuerdings wird auch die Rütteltischmethode empfohlen.

Den Porenanteil n eines körnigen Erdstoffes bestimmt man üblicherweise durch das Ersatzverfahren. Aus einem → Planum wird eine Bodenmenge entnommen, das Loch mit einer dünnen → Folie abgedichtet und anschließend mit Wasser ausgelitert. Als sehr effizient hat sich hier das Wasserballongerät erwiesen. Das Trockengewicht der Bodenmenge dividiert durch das Aushubvolumen ergibt die Trockenwichte γ_d. Der Porenanteil beträgt dann:

$$n = 1 - \gamma_d / \gamma_s,$$

mit γ_s als Kornwichte, die für körnigen Erdstoff $\gamma_s = 26{,}5$ kN/m^3 beträgt. Der Verdichtungszustand eines körnigen Erdstoffes ist definiert zu:

$$L. \ D = \frac{n_{max} - n}{n_{max} - n_{min}} \quad \text{oder}$$

bezogene

$$L. \ I_D = \frac{e_{max} - e}{e_{max} - e_{min}}$$

Zwischen beiden Werten besteht die Beziehung

$$D = \frac{1 + e_{min}}{1 + e} \cdot I_D.$$

Körnige Erdstoffe mit $I_D < 1/3$ heißen locker, mit $1/3 \leq I_D \leq 2/3$ mitteldicht und mit $I_D > 2/3$ dicht gelagert. L. mit $I_D > 1$ kommen in der Natur vor oder lassen sich durch geeignete Verdichtung einer Aufschüttung herstellen. Für tiefer anstehende körnige Erdstoffe wird die L. aus Sondierungsergebnissen abgeschätzt (→ Sondierung). *Meißner*

Lagerungsverhältnis. Lagerung der einzelnen geologischen Schichten im → Gebirge mit näheren Angaben, wie Mulden- und Sattelbildung, Neigung (→ Streichen, Fallen), evtl. Durchtrennung und Kluftfüllung, Schichtung, Schieferung usw. *Wagner*

Lagesicherheit des Gleises → Oberbau

Lamellenstoß. Längsstoß zweier → Bretter, die überwiegend durch Keilzinkung, aber auch durch → Schäftung zu einer Brettlamelle zusammengesetzt werden, um anschließend zu Brettschichtholzträgern weiterverarbeitet zu werden. *Dröge*

Laminat → Kunststoff, glasfaserverstärkter

Land-Stadt-Wanderung → Bevölkerungswanderung

Landesplanung. Der Planungsebene → Raumordnung nachgeordnet stellt die L. im Verantwortungsbereich der Bundesländer die Umsetzung der dort entwickelten Ziele in Landesentwicklungspläne und Programme dar. Ziel ist, trotz unterschiedlicher topographischer, wirtschaftlicher, sozialer und kultureller Gegebenheiten zwar nicht gleichartige, aber doch gleichwertige Entwicklungsbedingungen herzustellen. Aufgabe der L. ist es also, übergeordnete, überörtliche und zusammenfassende Ideen anschaulich zu machen, insbes. für die infrastrukturellen Erfordernisse sowie alle raumbedeutsamen Planungen aufeinander abzustimmen. Allerdings ist die Durchsetzungsmöglichkeit dieser Ziele nur in dem Maße möglich, als sie an der → Planungshoheit der Gemeinden nicht scheitert. Speziell reichen die Möglichkeiten der L. meist nicht aus, einen Interessenausgleich durchzusetzen, wenn sich Konflikte unter den Gemeinden ergeben, etwa bei der Ansiedlung von neuen Industrien oder von Verbrauchermärkten mit dem Ziel, Arbeitsplätze zu schaffen und das Steueraufkommen zu verbessern (→ Planungsebene). *Spengelin*

Literatur: *Kappert, G.*: Landesentwicklungsprogramme. In: Grundriß der Raumplanung. Hannover 1982. – *Ley, N.*: Landesplanung. In: Handwörterbuch der Raumforschung und Raumordnung. Hannover 1970. – *Masuhr, J.*: Raumordnungsprogramme und -pläne der Länder. In: Grundriß der Raumplanung. Hannover 1982.

Landschaftspflege. Bei der Straßenplanung stellt die landschaftspflegerische Ausführungsplanung innerhalb des landschaftspflegerischen Fachbeitrags, der die ökologische Risikoeinschätzung, die → Umweltverträglichkeitsstudie, die landschaftspflegerische Begleitplanung und die landschaftspflegerische Ausführungsplanung umfaßt, den Abschluß dar. In den RAS-LP2 wird die landschaftspflegerische Ausführungsplanung, d. h. alle Maßnahmen des Naturschutzes und der L., ausführungsreif entwickelt und dargestellt. Die landschaftspflegerischen Maßnahmen ergeben sich aus dem landschaftspflegerischen Begleitplan, dem landschaftspflegerischen Ausführungsplan oder, falls vorgenannte Vorgaben fehlen, aus der Entwicklung entsprechender Konzepte. Inhalt der RAS-LP2 sind die landschaftspflegerische Ausführungsplanung, die landschaftspflegerische Baudurchführung und die Biotopentwicklungs- und Biotoppflegemaßnahmen.

Unter landschaftspflegerischer Baudurchführung an Straßen und Wegen versteht man bautechnische und vegetationstechnische Maßnahmen. Sie sind für die Landschaftsgestaltung im → Straßenbau erforderlich und erfüllen verkehrstechnische Aufgaben zur optischen Führung, Beeinflussung der Fahrgeschwindigkeit, Erkennbarkeit von Knotenpunkten, als Blend-, Auffang-, Wind- und Schneeschutz. Darüber hinaus werden landschaftspflegerische Aufgaben erfüllt, um die Landschaft zu gliedern und die biologische Vielfalt sowie schutzwürdige Flächen und Objekte zu erhalten. Zu den Aufgaben der L. zählen auch der Schutz gegen Lärm, Staub und Abgase, die optische Abschirmung der Straße, die Eingliederung von Bauwerken, die Gestaltung von Entnahmestellen, Deponien und Rückhaltebecken, die Verbesserung des Geländeklimas und der Schutz der Tierwelt. Für den Straßenbau wird die landschaftspflegerische Baudurchführung von großer Wichtigkeit, die zum Schutz gegen → Erosion, Rutschungen, Steinschlag und Lawinen notwendig sind. Frisch entstandene Erdbauwerke, vor allem die Böschungen an → Einschnitten und Dämmen, müssen schnellstmöglich die notwendige Standfestigkeit sowie eine ausreichende Widerstandsfähigkeit gegen die Einwirkung der Witterung bekommen. Außer der Befestigung will man eine wirksame und schnelle Vernarbung des Eingriffs in die Landschaft durch den Straßenbau mit Hilfe einer Begrünung erreichen.

So werden unbefestigte Seitenstreifen, Böschungen, → Bermen und andere Flächen, die durch den Bau von Straßen entstanden, durch Ansaat oder Maßnahmen des → Lebendverbaus festgelegt, um einen wirksamen Schutz gegen Erosionen durch Wind und → Oberflächenwasser zu erreichen. Böschungen und Hänge kann man mit Hilfe von tiefwurzelnden Gehölzen und Maßnahmen des Lebendverbaus gegen Rutschungen sichern. Zum Schutz gegen Steinschlag und Lawinen trägt ein dichter und geschlossener Bewuchs bei. Technische Sicherungsmaßnahmen werden in vielen Fällen darüber hinaus noch zusätzlich erforderlich. Bäume, Sträucher, Gräser und Kräuter erfüllen besonders in den Bauweisen des Lebendverbaus bautechnische Aufgaben und können Stützwände, Pflasterungen und Rinnenbefestigungen ganz oder teilweise ersetzten. Der Wirkungsbereich des Lebendverbaus ist die Oberfläche und die oberflächennahe Zone. Er hat zum Ziel, erosions- und rutschgefährdete Gesteins- und Bodenschichten durch eine Pflanzendecke zu schützen. Die „Richtlinien für die Anlage von Straßen" (RAS) enthalten Hinweise für die Planung und die Anwendung der vielfältigen Verfahren des Lebendverbaus, die von der Ansaat und Pflanzung auf extremen Standorten über die Ansaat und Pflanzung in Verbindung mit Behelfsbauten bis hin zu 15 unterschiedlichen Bauweisen reichen. Außer dem Lebendverbau können auch andere bautechnische Maßnahmen zur Sicherung von erosions- und rutschgefährdeten Gesteins- und Bodenschichten zur Anwendung kommen. Hierzu zählen Sicherungsmaßnahmen mit Hilfe von Erdankern, → Geotextilien, Schutznetze, Stützwände, Drahtschotterkästen, Böschungspflaster und Schutzzäune.

Beckedahl

Literatur: Richtlinien für die Anlage von Straßen (RAS). Teil: Landschaftsgestaltung (RAS-LG). Abschn. 3: Lebendverbau (RAS-LG3). – Richtlinien für die Anlage von Straßen, Teil: Landschaftspflege, Abschn. 2: Landschaftspflegerische Ausführung (RAS-LP2).

Landschaftsplanung. Parallel zu allen städtebaulichen → Planungsebenen muß die Planung der unbebauten und aller in die → Bauflächen hineingreifenden oder in ihnen enthaltenen Landschaftsflächen geplant werden. So gibt es den Landschaftsrahmenplan parallel zur → Regionalplanung, den Landschaftsplan auf der Ebene des → Flächennutzungsplanes und den Grünordnungsplan auf der Ebene des → Bebauungsplanes. Auch die Planungsmethoden sind im Prinzip gleich. Im besonderen wird es darum gehen, im Rahmen der Bestandsaufnahmen durch Positiv- und Negativkarten die Geländeflächen, die für eine künftige Bebauung u. U. in einer Stufenfolge in Betracht kommen, von den Flächen zu unterscheiden, die aus Gründen des Naturschutzes, des Landschaftsschutzes oder der Erhaltung wichtiger ökologischer Zusammenhänge von Bebauung, Verkehrswegen oder anderen Eingriffen verschont bleiben sollen (Bild, S. 411). *Spengelin*

Literatur: *Kiemstedt, H.:* Die Sicherung der natürlichen Ressourcen in der Raumplanung. In: Grundriß der Raumplanung. Hannover 1982. – *Spengelin, Gerlach, Glauner* u. a.: Stadtbild und Stadtlandschaft. Bonn, BMBau Nr. 02.009.

Landschaftsschutzgebiet. Rechtsverbindlich festgesetztes Gebiet mit besonderem Schutz von Natur und Landschaft zur Erhaltung oder Wiederherstellung der Leistungsfähigkeit des Naturhaushaltes oder der Nutzungsfähigkeit der Naturgüter. Auch wegen charakteri-

stischer Eigenheiten des Landschaftsbildes oder wegen ihrer besonderen Bedeutung für die Erholung (im örtlichen und überörtlichen Sinn) können L. ausgewiesen werden.

Rund ein Viertel der Fläche des alten Bundesgebiets sind L. In den neuen Ländern wurden schon in DDR-Zeiten L. festgesetzt, die inzwischen erweitert werden. *Spengelin*

Landschaftswasserbau. Maßnahmen des → Hochwasser- und → Erosionsschutzes, der → Gewässerregelung sowie für Erholungs- und Naturschutzaufgaben, soweit sie wassergebunden sind. Folgende Maßnahmen, typische Anlagen und Bauwerke für die Landschaftswasserwirtschaft sind u. a.: Gewässerregelung und -unterhaltung; → Wildbachverbauung und → Lawinenschutz; → Deiche; → Hochwasserrückhaltebecken; → Wehre; → Sohlenstufen; → Brücken, Durchlässe; → Siele, → Sperrwerke; Sicherung der Strände, Vorländer (→ Vorlandgewinnung) und Abbruchkanten (→ Küstenschutz); Hochwasserwarndienst (→ Hochwasservorhersage); wassergebundene Maßnahmen für Erholung und Naturschutz, z. B. → Moorregeneration. Dem Hochwasser-, Küsten-, Erosions- und Lawinenschutz kommt in Zeiten steigenden Lebensstandards, bei dem die zu schützenden Objekte immer anfälliger gegen Schäden werden, zunehmende Bedeutung zu, vor allem in den urbanen Gebieten und im Zuge von Verkehrswegen. Aber auch der Schutz landwirtschaftlich genutzter Flächen vor unzeitigen Überflutungen ist für viele Landwirte eine Existenzfrage. Zum L. zählen auch die diversen wasserwirtschaftlichen Maßnahmen bei Gestaltung und Betrieb von Erholungs- und Sportanlagen und in der Dritten Welt der Erosionsschutz und der Kampf gegen das Vordringen der Wüsten. *Lecher*

Langerscher Balken. Er gehört zu den Systemen der versteiften → Stabbogen (Bild). Unter der Annahme gelenkiger Verbindungen in allen Knoten ist der Stabbogen nur durch Normalkräfte belastet, der als → Vollwand- oder → Fachwerkträger ausgebildete Versteifungsträger übernimmt die Biegemomente und den Horizontalschub aus dem → Bogen. Bei steifem Stabbogen sind auch die in diesem auftretenden Biegebeanspruchungen zu berücksichtigen. *Laermann*

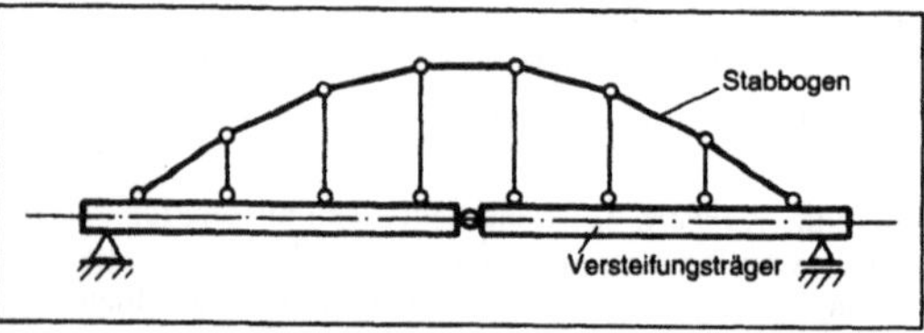

Langerscher Balken: Statisch bestimmter Balken mit hochliegendem Stabbogen.

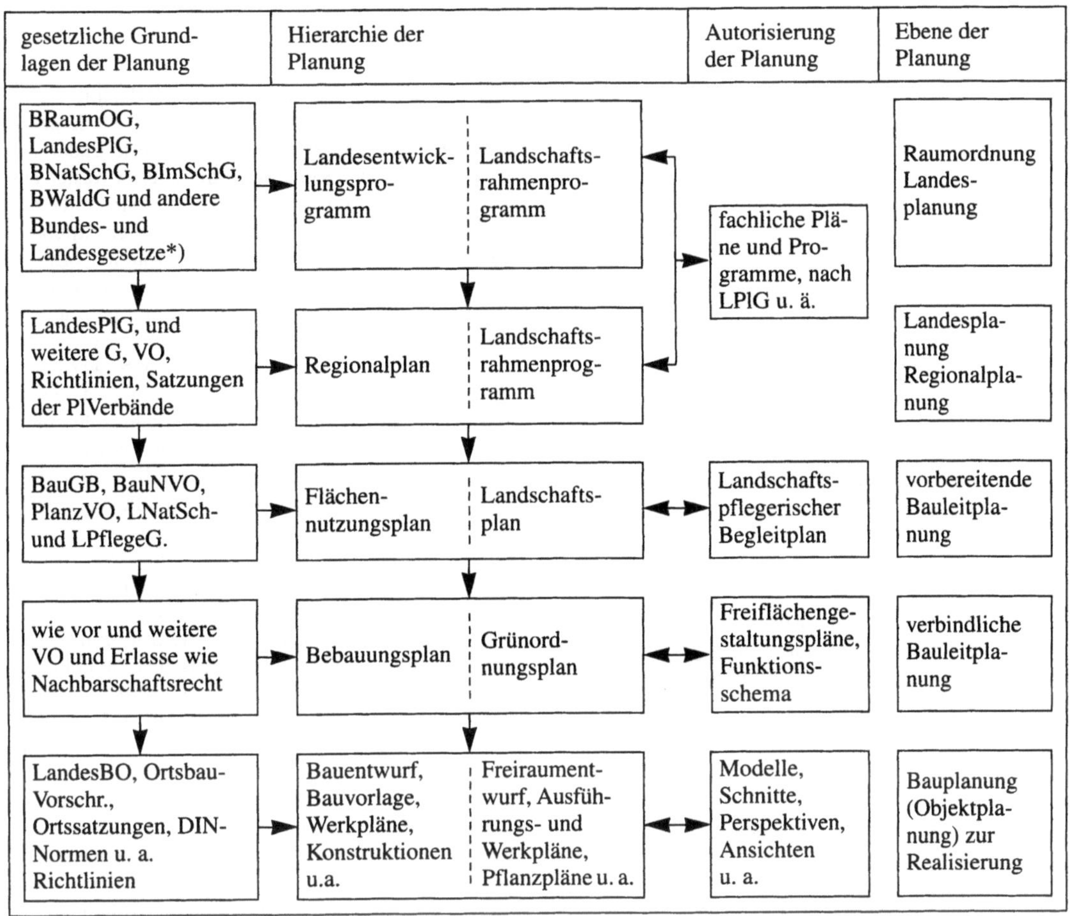

gesetzliche Grundlagen der Planung	Hierarchie der Planung		Autorisierung der Planung	Ebene der Planung
BRaumOG, LandesPlG, BNatSchG, BImSchG, BWaldG und andere Bundes- und Landesgesetze*)	Landesentwicklungsprogramm	Landschaftsrahmenprogramm	fachliche Pläne und Programme, nach LPlG u. ä.	Raumordnung Landesplanung
LandesPlG, und weitere G, VO, Richtlinien, Satzungen der PlVerbände	Regionalplan	Landschaftsrahmenprogramm		Landesplanung Regionalplanung
BauGB, BauNVO, PlanzVO, LNatSch- und LPflegeG.	Flächennutzungsplan	Landschaftsplan	Landschaftspflegerischer Begleitplan	vorbereitende Bauleitplanung
wie vor und weitere VO und Erlasse wie Nachbarschaftsrecht	Bebauungsplan	Grünordnungsplan	Freiflächengestaltungspläne, Funktionsschema	verbindliche Bauleitplanung
LandesBO, Ortsbau-Vorschr., Ortssatzungen, DIN-Normen u. a. Richtlinien	Bauentwurf, Bauvorlage, Werkpläne, Konstruktionen u.a.	Freiraumentwurf, Ausführungs- und Werkpläne, Pflanzpläne u. a.	Modelle, Schnitte, Perspektiven, Ansichten u. a.	Bauplanung (Objektplanung) zur Realisierung

Landschaftsplanung: Übersicht.

*) BRaumOG Bundesraumordnungsgesetz
LandesPlG Landesplanungsgesetze der Länder
BNatSchG Bundesnaturschutzgesetz
BImSchG Bundesimmissionsschutzgesetz
BWaldG Bundeswaldschutzgesetz
BauGB Baugesetzbuch

BauNVO Baunutzungsverordnung
PlanzVO Planzeichenverordnung
LNatSch- und LPflegeG Naturschutz und Landschaftspflegegesetze der Länder
LandesBO Bauordnungen der Länder
G Gesetz(e)
VO Verordnung

Lasteinleitung. Die konzentrierte punktförmige L. führt im Gegensatz zur Linien-L. zu örtlichen Spannungsspitzen, die bei entsprechender Größe in den statischen Nachweisen zu erfassen sind. Betroffen sind vornehmlich die Auflager- und Einzellastpunkte bei Biegeträgern sowie die Radlastpunkte bei Kranbahnträgern. Die Krafteinleitung bei den festen Auflagenlastpunkten ist mit eingeschweißten Aussteifungsblechen, die dem Kraftfluß anzupassen sind, konstruktiv problemlos lösbar. Die Einleitung der i.d.R. relativ großen beweglichen Radlasten bei → Kranen, die zu einem zweiachsigen Spannungszustand im Stegblech führen, ist nur über die Stegfläche $A_{Steg}=b \cdot t_1$ möglich (Bild, S. 412). Überschreitungen der Spannungsgrenzen, z. B. der zulässigen → Vergleichsspannung, bedingen eine Vergrößerung der Stegblechdicke von t_2 auf t_1. Bei Kranen mit sehr hohen Radlasten wird aus wirtschaftlichen Gründen vielfach nur das Oberteil des Stegbleches verstärkt ausgebildet.

Sedlacek/Scholz

Lastplattenversuch → Plattendruckversuch

Lastturm. L. sind mehrere einzelne → Rüststützen (Rüstgeräte), die zu einer turmartigen Konstruktion zusammengefaßt sind. Sie werden als abstützendes Element mit im Gegensatz zur Rüststütze großer Grund-

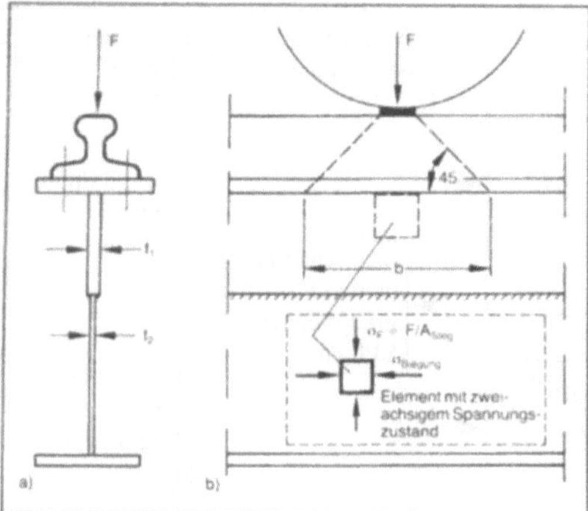

Lasteinleitung: Kranträger.

a) Querschnitt
b) Ansicht.

fläche meist zusammen mit Rüstträgern zur Abtragung von Lasten aus → Schalung und Eigengewicht bei der Erstellung von höheren Bauwerken (→ Brücken) mit großer Längenausdehnung auf den tragfähigen Untergrund eingesetzt (Bild). *Kühn*

Lastturm: Einsatz von L. im Brückenbau.

Lastverteilung. Stark konzentriert angreifende Kräfte oder Lasten müssen in Bauwerken i. a., spätestens bis zum Baugrund, auf eine ausreichend große Fläche verteilt werden. Bei Stabwerkskonstruktionen sieht man hierzu Lastverteilungsträger vor. Bei Konstruktionen mit Scheiben- oder Plattentragwerken wird die L. zu einem lokalen Problem der → Lasteinleitung. Hierbei treten oft örtlich begrenzte Spannungsspitzen auf. Bei → Brücken mit mehreren Längsträgern werden aus der Verkehrsbelastung herrührende Einzellasten auch in Querrichtung über die Brückenfahrbahnplatte auf die nicht unmittelbar belasteten → Längsträger verteilt (Querverteilung der Lasten). *Mehlhorn*

Lastwagen. L. (Lkw) sind selbstfahrende, luftbereifte, z. T. geländegängige Transportwagen (→ Fördergerät). Ihr Aufbau ist entweder als festmontierte Ladefläche („Pritsche") oder als ebenso festmontierter Kasten ausgeführt. L. zum Transport von Schüttgut sind mit einem nach hinten und/oder nach beiden Seiten kippbaren (→ Hinterkipper, 3-Seitenkipper), wannenförmigen Transportbehälter versehen. Dank unterschiedlicher Wechselsysteme ist es weitgehend möglich, auf ein Lkw-Chassis beinahe alle Aufbauformen im Wechsel aufzusetzen. Die L. im → Baubetrieb werden in Straßen- und Geländefahrzeuge unterteilt. Erstere müssen den Vorschriften der Straßenverkehrszulassungsordnung (StVZO) genügen und haben entsprechend dem Gesamtgewicht und der gesetzlich zulässigen Achslast bis zu vier Achsen, die evtl. alle angetrieben sein können. Die Geländefahrzeuge mit meist wesentlich höherem Gesamtgewicht (bis über 300 t), auch Schwerlastkraftwagen (Skw) genannt, sind zumeist als → Muldenkipper ausgeführt. Muldenkipper sind L. zum Erd- und Gesteinstransport, deren muldenförmiger Hinterkipperaufbau mittels eines Bords über die Führerkabine ragt und bei dem an Stelle einer hinteren Bordwand eine Schrägfläche das Herabfallen der Ladung verhindert. *Kühn*

Lawinenschutz. Zum L. gehören alle Maßnahmen, um Menschen, Siedlungen, Verkehrswege u. a. vor Lawinen zu schützen. Lawinen sind Schneemassen, die bei raschem Abfließen an steilen Hängen, Rinnen u. ä. infolge der Bewegungsenergie oder der von ihnen verursachten Luftdruckwellen oder durch ihre Ablagerungen Gefahr oder Schäden verursachen. Unterschieden werden: Lockerschneelawinen (Staublawinen, Grundlawinen) und Schneebrettlawinen. Der L. kann aktiver oder passiver Art, temporär oder permanent sein. Der temporäre L. ist aktiv durch künstliches Auslösen von Lawinen (Abtreten, mit Hilfe von Rüttel- und Kipptischen, durch Sprengen, Abschießen u. a.), passiv durch Einrichten eines Lawinenwarndienstes, Aufstellen von Warnanlagen, Sperren von Verkehrswegen und Pisten sowie durch Evakuieren von Personen. Der permanente L. ist aktiv im Anrißgebiet durch technische (→ Stützverbau, → Verwehungsverbau), forstliche und kombinierte forsttechnische Maßnahmen, passiv vor allem in der Sturzbahn und im Ablagerungsgebiet durch technische (Ablenkverbau, Bremsverbau, Lawinenbunker), forstliche, kombinierte forsttechnische Maßnahmen sowie durch Maßnahmen der → Raumordnung (→ Gefahrenzonenplan). Der Ablenkverbau dient der Ablenkung, Aufspaltung oder Überführung von Lawinen. Als Ablenkverbau eignen sich u. a. Leitdämme, Spaltkeile, Galerien und Ebenhöh, d. h. flache Anschüttungen lawinenseits des zu schützenden Objektes (Bild). Mit dem Bremsverbau, z. B. Fallböden, Brems-

Lawinenschutz: Ebenhöh zum Schutz eines Stallgebäudes im Kanton Glarus (Schweiz).

keilen, Bremshöckern, Höckersperren, Lawinensperren in der Art von → Wildbachsperren, Bremskegeln, lassen sich die Geschwindigkeit der Lawinen verlangsamen und die Lawinenbahn verkürzen. Lawinenbunker werden in gefährdeten Häusern eingebaut.

Lecher

Lebendverbau. Eine Begrünung von Böschungen und Erdbauwerken zum Schutze vor Bodenerosion. Eine Erhöhung der → Standsicherheit läßt sich durch L. nicht erreichen. Auf die Böschung bringt man einen Oberboden von 8 – 12 cm Dicke auf, der bei Böschungen, die steiler als 1 : 1,5 sind, auch durch → Faschinen oder Schrägfurchen, neuerdings auch zunehmend durch Geogitter oder Kunststoffgewebe, gesichert wird. Gras, Lupinen usw. werden eingesät. Die Verwendung von Rasensoden oder Rollrasen ist wegen hoher Kosten auf Ausnahmefälle beschränkt. Ab Böschungsneigungen von 1 : 1,25 begrünt man die Böschungen meistens im Anspritzverfahren. Durch Einbau lebender Hölzer in Form von Flechtwerk aus Weidenholz oder Busch- und Heckenanlagen kann gleichzeitig ein Wasserentzug aus dem Boden durch → Evapotranspiration erreicht werden.

Meißner

Lebensraum. Als L. oder → Biotop wird die Umwelt einer real existierenden Lebensgemeinschaft und die Ganzheit ihrer äußeren Bedingungen bezeichnet. Als wesentliche L. werden Boden, Wasser, Luft unterschieden. Dabei können einzelne Biotope nicht isoliert betrachtet werden, im Regelfall bilden sie mit anderen Biotopen Biotopverbundsysteme.

In den L. verteilen sich die Lebensgemeinschaften der Menschen, Tiere, Pflanzen und Mikroorganismen. Sie bilden in ihrer Gesamtheit ein vernetztes Kreislaufsystem. Die Pflanzen wirken als Produzenten, die Menschen und Tiere als Konsumenten und die zersetzenden Kleinlebewesen und Mikroorganismen als Reduzenten.

Insgesamt gibt es ca. 48 000 Tier- und Pflanzenarten in der Bundesrepublik. Auch viele Arten, die der Mensch als „Unkräuter" und „Ungeziefer" bezeichnet, sind unverzichtbare Bestandteile der Lebensgemeinschaften.

Veränderungen der L. durch den Menschen führen zu einer dramatischen Verringerung der Arten, so sind über ein Drittel des Artenbestandes der Pflanzen und zwei Drittel der Tierarten gefährdet oder vom Aussterben bedroht. Dabei ist das Verschwinden einzelner Tier- und Pflanzenarten auch ein Signal für die Verschlechterung unserer Lebensbedingungen.

In der gesamten Umweltpolitik wird → Umweltschutz als zentrales Anliegen bei der städtebaulichen Entwicklung eingestuft. Schutzausweisungen für die L. sowie Schutzprogramme für die Lebensgemeinschaften, Einzelmaßnahmen des Naturschutzes und der → Landschaftspflege und die Würdigung ökologischer Faktoren und Kreisläufe werden in den nächsten Jahren eine wesentliche Aufgabe für die ökologische → Stadtplanung sein.

Spengelin

Legionellen. Krankheiterregender Bakterienstamm, dessen Existenz erstmals mit der spektakulären „Legionärskrankheits-Episode" in USA mit zahlreichen Todesfällen bekannt wurde. Es dauerte eine Reihe von Jahren, die Ursachen zu klären: L., Bakterien, die im Staub, aber auch im Wasser (ausnahmsweise) bei Temperaturen bis knapp 60 °C vorkommen, bevorzugt auch auf Duschköpfen, und mit kleinen Wasserpartikeln auf dem Weg über die Lunge zu Erkrankungen führen können.

Pfeiff

Lehnentunnel. Ein L. ist ein am Berghang gebauter (angelehnter) → Tunnel.

Wagner

Lehrgerüst. L. sind Hilfsgerüste (→ Rüstgerät) zur Unterstützung von frisch gemauerten oder betonierten → Tragwerken so lange, bis diese selbsttragend sind. Entsprechend seinem Namen ist das L. die Lehre, d. h. die Form der unteren Seite des späteren Tragwerks; daraus resultiert die Forderung nach möglichst großer Unverformbarkeit. L. können aus allen zu den Rüstgeräten zählenden Bauelementen, d. h. → Rüststützen, → Lasttürmen, Rüstträgern usw., erstellt werden. Generell unterscheidet man zwischen voll unterstützten und freitragenden L. Unter voll unterstützten L. sind die auf volle Länge gleichmäßig, mittels Rüststützen o. ä. unterstützten L. zu verstehen, während sich freitragende L. meist nur an den Endpunkten des Bauwerks abstützen können, weil z. B. große Täler überspannt werden müssen; solche L. können schon als Ingenieurbauwerke bezeichnet werden.

Kühn

Leichtbeton. L. ist Beton mit einer Rohdichte ≤ 2 000 kg/m³. Durch diese kleinere Rohdichte (→ Leichtbetonrohdichte) wird Beton, Stahlbeton und → Spannbeton leichter. Man kann größere → Spannweiten von Konstruktionen erreichen und unter ihnen liegende Bauteile und Gründungen schwächer dimensionieren. Mit Rohdichten bis < 300 kg/m³ wird die Wärmeleitfähigkeit (→ Leichtbetoneigenschaften) so günstig, daß man sogar Wärmedämmschichten aus L.

herstellen kann. Die bessere Wärmedämmung führt auch zu günstigeren Verhältnissen beim Betonieren bei niedrigen Temperaturen und zu einem besseren Feuerwiderstand. Schließlich werden durch den kleineren → Elastizitätsmodul (→ Leichtbetonformänderung) → Schwingungen und Horizontalkräfte bei Erdbeben gedämpft. Porige Leichtzuschläge mit Ausnahme der regional begrenzt vorkommenden Naturbimse und Lavaschlacken stellt man künstlich durch Blähen bei hohen Temperaturen her (→ Betonzuschlag). Sie sind dadurch mit hohen Energiekosten belastet, die nur in beschränktem Rahmen durch die genannten Vorteile ausgeglichen werden können. Die Anfang der 70er Jahre herrschende Leichtbetoneuphorie wurde durch das enorme Ansteigen der Ölpreise so stark gedämpft, daß heute der Leichtbetonanteil am Gesamtbetonvolumen – abgesehen von der Mauersteinproduktion – bei maximal 1% liegt.

L. läßt sich auf verschiedene Art und Weise herstellen. Zunächst kann die Betonporigkeit durch den Ersatz der dichten Normalzuschläge durch porige Leichtzuschläge erhöht werden. Auch wenn allgemein die Druckfestigkeit mit der Rohdichte abnimmt (→ Leichtbetondruckfestigkeit), kann man doch bei der Verwendung kornfester Leichtzuschläge mit Rohdichten um etwa 1 600 kg/m^3 Druckfestigkeiten wie beim → Normalbeton erreichen. Die niedrigste Rohdichte, die man mit festen Leichtzuschlägen erzielen kann, ist etwa 800 kg/m^3. Bei der Verwendung weicher Schaumstoffkugeln aus Polystyrol läßt sich der Wert auf 600 kg/m^3 senken. Ein zweiter Schritt ist das Entfeinen des gemischtkörnigen → Zuschlags, d. h. das Weglassen der feineren Korngruppen, bis ggf. nur noch eine Korngruppe übrigbleibt (Einkornbeton). Dadurch werden Haufwerksporen erzeugt; der Beton hat kein geschlossenes Gefüge mehr. Der → Zementleim sitzt nur noch auf dem Korn und läßt die Zwickel dazwischen frei. Die Rohdichte kann dadurch bei festen Zuschlägen bis etwa 500 kg/m^3 bei etwa 2 N/mm^2 Druckfestigkeit, bei Kunststoffschaumkugeln bis auf 250 kg/m^3 reduziert werden. Ein anderer Weg der L.-Herstellung ist das Aufblähen oder Aufschäumen von flüssigem → Mörtel durch Treibmittel (Gasbeton) bzw. Schäume (→ Schaumbeton). *Wesche*

Leichtbetondruckfestigkeit. Im Gegensatz zum → Normalbeton, bei dem der → Zementstein immer das schwächste Glied im Zweiphasenstoff → Beton ist, spielt bei kornporigem → Leichtbeton bei Druckfestigkeiten unter etwa 30 N/mm^2 immer die Festigkeit des Zuschlagkorns eine maßgebende Rolle. Die vom Normalbeton bekannte Gesetzmäßigkeit, nach der die → Betondruckfestigkeit praktisch gleich der Zementsteinfestigkeit ist, die wiederum durch den Wasser-Zement-Wert (→ Zementleim) und die Normdruckfestigkeit des Zementes (→ Erhärten) bestimmt ist, gilt beim Leichtbeton nur bis zur sog. Grenzfestigkeit. Unterhalb dieser Grenzfestigkeit beteiligen sich

Zuschlag und Zementstein gleichmäßig an der Lastaufnahme, oberhalb wirken die Zuschlagkörner je nach ihrer Belastbarkeit mehr oder weniger als Fehlstellen, durch die die Festigkeit des im Extrem allein tragenden Zementsteins vermindert wird. Für jeden Zuschlag (→ Betonzuschlag) gibt es also eine maximal erreichbare Betondruckfestigkeit, die durch die Kornfestigkeit des Zuschlags gegeben ist und die auch durch Steigerung der Matrixfestigkeit praktisch nicht weiter erhöht werden kann. Bei der Beurteilung der Zementsteinfestigkeit (Betondruckfestigkeit) ist zu beachten, daß das poröse Zuschlagkorn einen Teil des Anmachwassers aufsaugt, was bei der Berechnung des Wasser-Zement-Wertes zu berücksichtigen ist. Da beim Leichtbeton wegen der kleineren Rohdichte (→ Leichtbetonrohdichte) auch Betone mit kleineren Festigkeiten eingesetzt werden, wird Leichtbeton nach DIN 4219 im Gegensatz zum Normalbeton (Betondruckfestigkeit) nicht nur in die Festigkeitsklassen LB 25 bis LB 55, sondern auch LB 8, LB 10 und LB 15 eingeteilt. Druckfestigkeit und Rohdichte des Leichtbetons sind zwar bei gleicher Zuschlagart eng miteinander korrelierbar, über den gesamten Zuschlagbereich hinweg spielen aber Kornfestigkeit und Kornporigkeit eine so große Rolle, daß die Beziehung mit einem Streubereich von etwa ±50% behaftet ist. Eine Zusammenfassung von Rohdichte- und Festigkeitsklassen ist daher nicht möglich. *Wesche*

Leichtbetoneigenschaften. Rohdichte (→ Leichtbetonrohdichte), Druckfestigkeit (→ Leichtbetondruckfestigkeit) und Formänderungen (→ Leichtbetonformänderung) sind Gegenstand gesonderter Stichworte. Der Wärmedehnungskoeffizient von → Leichtbeton beträgt zwischen 5,0 · 10^{-6}/K und 12,0 · 10^{-6}/K, im Mittel 8,0 · 10^{-6}/K, ist also um rd. 2,0 · 10^{-6}/K kleiner als bei → Normalbeton. Die Wärmeleitfähigkeit von Leichtbeton ist entsprechend der → Porigkeit, die sich in der Rohdichte ausdrückt, wesentlich niedriger als die von Normalbeton. Sie beträgt für kornporigen Leichtbeton bei Rohdichten von 800–2 000 kg/m^3 zwischen etwa 0,30 und 1,20 W/(m K). Obwohl die Wasseraufnahme des Leichtbetons, die durch die Porenstruktur und vor allem durch die Dichtheit der Außenhaut der Leichtzuschlagkörner bestimmt wird, meist größer als die des Normalbetons ist, ist die Wasserundurchlässigkeit beider Betonarten etwa gleich groß (→ Betondichtheit). Bei der Verwendung frostbeständiger Leichtzuschläge ist richtig zusammengesetzter kornporiger Leichtbeton ausreichend frostwiderstandsfähig vor allem, wenn der Feuchtigkeitsgehalt der Zuschläge weit genug unter der Sättigung liegt. *Wesche*

Leichtbetonformänderung. Da der Zuschlag den → Elastizitätsmodul (E-Modul) des → Betons maßgebend beeinflußt und der E-Modul von Leichtzuschlägen sehr klein ist, liegt der E-Modul von → Leichtbeton mit Werten zwischen etwa 5 000 und 25 000 N/mm^2

wesentlich niedriger als der von → Normalbeton. Bei gleicher Festigkeitsklasse beträgt der E-Modul von Leichtbeton nur etwa 30 bis 70% der Werte von Normalbeton. Daher sind die elastischen Verformungen des Leichtbetons bei gleicher Beanspruchung (Spannung) im Mittel 1,5 bis 3mal so groß. Da die Rohdichte des Betons den E-Modul stärker beeinflußt als die Druckfestigkeit, ist in DIN 4219 (Stahlleichtbeton) der E-Modul entsprechend den Rohdichteklassen festgelegt (→ Leichtbetonrohdichte). Die Kriechmaße von Leichtbetonen mit gut verarbeitbaren Zuschlägen, die keine wesentlich größeren Zementleimgehalte als Normalbetone haben, sind in der Größenordnung vergleichbarer Normalbetone oder sogar niedriger. Da aber die elastischen Verformungen von Leichtbetonen wesentlich größer sind, sind die Kriechzahlen von Leichtbetonen, d. h. die auf die elastischen Verformungen bezogenen Kriechverformungen, meist wesentlich kleiner als bei Normalbeton (→ Betonkriechen). Da die stärker verformbaren Körner des Leichtzuschlags das Schwinden des Zementsteins weniger behindern als beim Normalbeton (→ Betonschwinden), muß bei wenig kornfesten Zuschlägen, also vor allem bei Leichtbetonen mit kleiner Druckfestigkeit, mit höheren Endschwindmaßen als bei Normalbeton gerechnet werden. Sonst gilt i. a., daß bei gleichem Zementsteingehalt, gleichen Zementsteineigenschaften und normal feuchtem Zuschlag die Schwindverformungen von kornporigem Leichtbeton etwa gleich oder nur wenig höher sind als bei Normalbeton. *Wesche*

Leichtbetonrohdichte. → Leichtbeton wird an Stelle von → Normalbeton verwendet, wenn entweder das Gewicht eines Bauteils oder Bauwerks verringert werden soll oder im Hochbau Wärmeschutzforderungen gestellt werden. Gewicht und Wärmeleitfähigkeit sind von der Rohdichte abhängig, die damit beim Leichtbeton eine Zielgröße bei der Herstellung und eine Lieferbedingung ist. Die L. beträgt zwischen 250 und 2 000 kg/m^3. Stahlleichtbeton wird nach DIN 4219 außer in Festigkeitsklassen (→ Leichtbetondruckfestigkeit) auch in Rohdichteklassen von 1,0–2,0 eingeteilt, deren Ziffer die obere Grenze eines Bereichs von 0,2 kg/dm^3 angibt. *Wesche*

Leim. Im → Holzbau Ausdruck für → Kleber, die der flächenfesten Verbindung von Holz und Holzwerkstoffen dienen. Nach den Ausgangsstoffen unterscheidet man:
□ tierischen Eiweißleim (Glutinleim, Kaseinleim, Blutalbuminleim),
□ Stärkeleim,
□ Kunstharzleim.

Im Holzbau werden i. d. R. spezielle bauaufsichtlich zugelassene Kunstharzleime verwendet, da tierische L. und Stärkeleime nicht feuchtigkeits- und pilzbeständig sind. Überwiegend kommen härtbare Kunstharzleime (Kunstharzkleber) zur Anwendung.

□ Resorcinharzleim: hochwertiges, aber auch teures Kondensationsprodukt aus Resorcin und Formaldehyd. Ohne nennenswerten Einfluß auf die Leimeigenschaften wird zur Kostensenkung oft ein bestimmter Prozentsatz Phenolharz zugesetzt. Als Füllmittel kommen Schlämmkreide, Kokosnußschalenmehl u. ä. vor. Resorcinharzleim verwendet man bei Innen- und Außenbauteilen.
□ Harnstoffharzleim: Kondensationsprodukt aus synthetischem Harnstoff (Abfallprodukt der Ammoniakgewinnung) mit Formaldehyd. Den L. kann man im Holzbau nur mit geeigneten Füllmitteln, z. B. ausgehärtetem Kunstharzmehl, verwenden, da er sehr spröde ist und keine fugenfüllenden Eigenschaften hat. Harnstoffharzleime dürfen nur im Innenbereich, d. h. in trockenem, nicht zu warmem Klima angewendet und keiner dauernden direkten → Bewitterung ausgesetzt werden (→ Leimfuge, → Leimverbindung, → Verleimung). *Dröge*

Literatur: *Halász, R. v.*, u. *C. Scheer* (Hrsg.): Holzbau-Taschenbuch. Bd. 1. 9. Aufl. Berlin 1996.

Leimfuge. Ensteht überall dort, wo zwei Holzteile flächenfest verklebt werden, und hat vorwiegend die Aufgabe, Kräfte durch Scherspannungen von einem Bauteil auf das andere zu übertragen (→ Leim, → Leimverbindung, → Verleimung). *Dröge*

Leimverbindung. Dient der kraftschlüssigen Verbindung von Tragwerksteilen (z. B. durch → Schäftung oder Keilzinkung) oder Einzelhölzern durch Verklebung mit → Leim (→ Leimfugen, → Verleimung). *Dröge*

Leistung, besondere. Begriff der VOB Teil C, Allgemeine Technische Vertragsbedingungen für Bauleistungen. B. L. sind Leistungen, die nicht → Nebenleistungen sind und nur dann zur vertraglichen Leistung gehören, wenn sie in der → Leistungsbeschreibung besonders erwähnt sind. Eine Nebenleistung ist z. B. das Vorhalten der → Baustelleneinrichtung für die eigene Leistung; eine b. L. dagegen das Bereitstellen vom Teil der Baustelleneinrichtung für andere Unternehmer oder den Auftraggeber. Ist das Bereitstellen für andere Unternehmer oder den Auftraggeber nicht besonders in der Leistungsbeschreibung erwähnt, so muß ein solches Bereitstellen gesondert vergütet werden. *Drees*

Leistungsbeschreibung. Beschreibung der vom → Bauunternehmer zu erstellenden → Bauleistung, wie z. B. Wohnhaus, Verwaltungsgebäude, Brücke, Straße. Nach § 9 Nr. 3 VOB/A soll die Bauleistung i. d. R. durch eine allgemeine Darstellung der Bauaufgabe (Baubeschreibung) und ein in Teilleistungen gegliedertes → Leistungsverzeichnis beschrieben werden. Gefordert wird eine eindeutige und erschöpfende Beschreibung der Leistung, die alle Bewerber im gleichen Sinn verstehen müssen, so daß sie ihre Preise sicher und ohne umfangreiche Vorarbeiten berechnen können. Dabei soll dem Auftragnehmer kein ungewöhnliches Wagnis für Umstände und Ereignisse aufgebürdet werden, auf die er keinen Einfluß hat und deren Einwirkung auf die Preise und Fristen er nicht im voraus schätzen kann. *Drees*

Leistungsprogramm. Sonderform der → Leistungsbeschreibung, wenn auch der Entwurf dem Wettbewerb unterstellt werden soll. Das L. umfaßt eine Beschreibung der Bauaufgabe, in der sowohl der Zweck der fertigen Leistung als auch der an sie gestellten technischen, wirtschaftlichen, gestalterischen und funktionsbedingten Anforderungen angegeben sind, sowie ggf. ein Musterleistungsverzeichnis, in dem die Mengenangaben ganz oder teilweise offengelassen sind. Näheres ist hierzu in § 9 Nr. 10 bis 12 VOB/A geregelt. *Drees*

Leistungsvertrag. Vertragsform, bei der die → Vergütung nach Leistung bemessen wird und nicht z. B. nach → Selbstkosten oder nach vorher vereinbarten Stundensätzen, die durch Stundenlohnzettel nachgewiesen werden. In der Regel rechnet man beim L. die Leistung nach Einheitspreisen ab; dabei ermittelt man die ausgeführten Mengen gem. den Bestimmungen der Bauabrechnung. In geeigneten Fällen, wenn die Leistung nach Ausführungsart und Umfang genau bestimmt und mit einer Änderung nicht zu rechnen ist, kann die Vergütung auch durch eine Pauschalsumme (→ Pauschalvertrag) festgesetzt werden. *Drees*

Leistungsverzeichnis. Aufgliederung der → Bauleistung in Teilleistungen, die nach ihrer technischen Beschaffenheit und für die Preisbildung als in sich gleichartig anzusehen sind. Die Teilleistungen oder Positionen werden zu ihrer Identifizierung mit einer Ordnungsnummer versehen (Positionsnummer). Beispiele für Positionen:
– rauhe Schalung für Wände,
– Beton B 35 für Stützen,
– Einrichten und Räumen der Baustelle.
Die Teilleistungen werden im L. mit zugehörigen Mengen angegeben. Der Bieter hat den Einheitspreis und den Gesamtpreis jeder Position einzusetzen. Abgerechnet wird nach tatsächlich ausgeführten Mengen unter Einsetzen des vertraglich vereinbarten Einheitspreises. Ungleichartige Leistungen sollen nach § 9 Nr. 8 (1) VOB/A unter einer Positionsnummer nur dann zusammengefaßt werden, wenn eine Teilleistung gegenüber einer anderen für die Bildung eines Durchschnittspreises ohne nennenswerten Einfluß ist. *Drees*

Leistungswert.
1. Manchmal statt → Vorgabezeit verwendeter synonymer Begriff.

2. Begriff der → Kalkulation von maschinenintensiven Arbeiten:

$$\frac{\text{erbrachte Arbeit}}{\text{verbrauchte Zeit}},$$

z. B. Bagger 800 m³/d. *Drees*

Leiter. Sie gehören zu den wichtigsten Ausrüstungsgegenständen der Feuerwehren und dienen sowohl der Rettung von Menschen aus brennenden Gebäuden wie auch der Brandbekämpfung. In manchen Ländern besteht die Vorschrift, daß mehrgeschossige → Bauwerke stets fest angebaute Feuerleitern besitzen müssen. Beherbergungsbetriebe in mehrgeschossigen Gebäuden, die ganz oder überwiegend aus brennbaren Baustoffen errichtet sind, müssen in einzelnen Ländern Strickleitern in jedem Aufenthaltsraum bereithalten, die im Bedarfsfalle ein Verlassen des Bauwerks durch das Fenster ermöglichen. *Kordina*

Lichtelement. Nur mit Kunststoffen ist es möglich, lichtdurchlässige tragende Bauteile herzustellen, also die Funktionen Wand, Dach und Fenster zu vereinen. Die konstruktiven und gestalterischen Möglichkeiten sind außerordentlich vielseitig. Sie reichen von einfachen ebenen → Platten über Lichtkuppeln und → Faltwerke bis zu Seilnetzdächern und pneumatisch gestützten Großhallen.

☐ Ebene und gewellte Wand- und Deckplatten. Glasklare, opak durchscheinende und eingefärbte Platten werden in Standardgrößen vorzugsweise aus PMMA, PC, PVC und GFK hergestellt. Die Lichtdurchlässigkeit beträgt 70–98%; sie kann bei PVC und GFK im Laufe der Zeit durch Alterungseinflüsse zurückgehen. Zur Erhöhung der → Steifigkeit und der Wärmedämmung werden statt einschaliger Platten zunehmend hohlkastenähnliche Stegplatten (Bild) und Platten mit lichtdurchlässigem porösen Kern verwendet. Im Vergleich zum spröden und harten Mineralglas sind die genannten Kunststoffe schlagzäh (ballwurfsicher und meist auch hagelschlagsicher), allerdings relativ kratz-

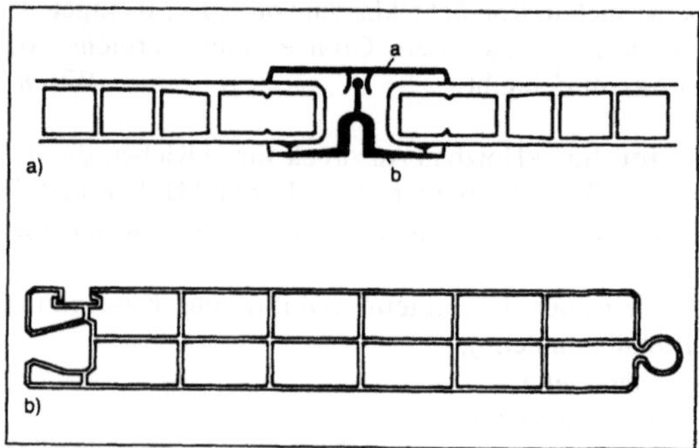

Lichtelement: Lichtdurchlässige Stegplatten.
a) Stegdoppelplatte
b) Dreifachplatte.

a Abdeckleiste aus PVC-hart, b Unterteil aus Aluminium

empfindlich. Sie sind splittersicher wie Sicherheitsgläser und bieten einen sehr guten Schutz gegen Einbruchversuche. Als vorteilhaft gilt für zahlreiche Anwendungsbe-reiche die Möglichkeit, diffuse, schattenfreie Ausleuchtung des Innenraumes zu erhalten (Sheddachwirkung). Anwendungsbereiche sind der Sporthallen- und Werkhallenbau, Dächer über Fahrzeugabstellplätzen, Verladerampen und Pausenhallen, Wartehallen, Großgewächshäuser usw. Ein besonders bekanntes Beispiel ist die Eindeckung des Seilnetzdaches des Münchener Olympiastadions. Die verwendeten gereckten PMMA-Platten weisen seit über 15 Jahren keine wesentlichen Eigenschaftsveränderungen auf und sind völlig wartungsfrei. → Stützweiten bis über 20 m können in Form von GFK-Kassettenplatten als Großoberlichter oder selbständige Dachplatten überbrückt werden. Das geringe Eigengewicht ermöglicht auch technisch einfache und kostengünstige Lösungen bei beweglichen (verschiebbaren) Wänden und Dächern.

☐ Lichtkuppeln. Ein- und zweischalige Lichtkuppeln werden serienmäßig bis rd. 2 m Stützweite (in Sonderfällen bis rd. 8 m) aus PMMA und auch aus CAB, GFK und PC hergestellt. Aus Lüftungs- und Rauchabzugsgründen lassen sie sich auch von Hand oder motorisch öffnen. Gegenüber glasklaren Kuppeln ergeben opak durchscheinende Kuppeln eine gleichmäßigere Ausleuchtung der Innenräume (→ Membran). *Sasse*

Lichtraumprofil. In der Eisenbahn-Bau- und Betriebsordnung (EBO) wird für Fahrzeuge und ggf. Ladung festgelegt, wieweit sie in Höhe und Breite über die Schienenoberkante bzw. Gleismitte hinausragen dürfen. Entsprechendes gilt auch für Straßenbahnen gemäß der Straßenbahn-Bau- und Betriebsordnung. Das L. entsteht aus der Fahrzeugbegrenzung, vergrößert um Sicherheitsräume, die dem Bewegungsspiel und der Ausladung der Fahrzeuge in Gleisbögen sowie den Unregelmäßigkeiten der Gleislage Rechnung tragen. Bei Unterschreitung bestimmter Halbmesser muß das Lichtraumprofil verbreitert werden.

Aus dem L. ergibt sich der → Gleisabstand. Bei Eisenbahnen gibt es neben der Umgrenzung des lichten Raumes den freizuhaltenden Raum. Dieser ragt seitlich über das L. hinaus und ist bei Neubauten und größeren Umbauten einzuhalten. Außerdem werden besondere Angaben über den Raum für den Durchgang der Stromabnehmer bei → Oberleitung gemacht. In überhöhten Bögen neigt sich das L. entsprechend der Gleisquerneigung. Für Straßenbahnen regelt die BOStrab die Abstände gegenüber Bauwerken, sonstigen Gegenständen, anderen Schienenfahrzeugen und dem übrigen Verkehr.

Für den kombinierten Verkehr ist der vorhandene Lichtraum zu klein. Lkw auf Eisenbahnwagen überschreiten das L. in der Höhe und im oberen Bereich in der Breite. Daher sind sowohl Spezialwagen mit geringer Ladehöhe erforderlich, damit die 4,80 m Maximalhöhe von 4 m hohen Lkw (nach StVO) nicht über-

schritten wird, als auch ein erweiterter Lichtraum, damit die bis 2,5 m breiten Fahrzeuge den oberen Bereich des L. nicht überschreiten. → Neubaustrecken und Altstrecken, auf denen Züge des kombinierten Verkehrs fahren, werden mit einem erweiterten L. ausgestattet. *Kracke/Runge*

Lieferform → Holz

Lift-Slab-Verfahren (auch Hub-Decken-Verfahren). Spezielles Bauverfahren zur Herstellung von Bauwerken mit mehreren übereinander angeordneten Massivdecken. Im Gegensatz zum normalen Bauablauf, bei dem man die Massivdecken in ihrer endgültigen Höhenlage im Bauwerk herstellt, werden beim L.-S.-V. alle Decken übereinander am Boden des Bauwerks gefertigt; dabei dient die jeweils untere als → Schalung der nächsten Decke. Sind alle Decken hergestellt, werden sie in die endgültige Lage gehoben und verankert. Der Vorteil des Verfahrens ist die kostengünstige Herstellung der Deckenplatten am Boden (wenig Schalung, wenig Rüstung). Außerdem läßt sich die Bauzeit dadurch verkürzen, daß man die einzelnen Decken teilweise bereits zeitlich parallel mit den Arbeiten an der Gründung und den aussteifenden Teilen betonieren kann. Nachteilig ist der komplizierte Hub-Vorgang. Das L.-S.-V. erfordert eine sehr gute Planung hinsichtlich Bauablauf und Konstruktionsdetails. *Mehlhorn*

Liniendiagramm. Darstellung des Bauablaufs in einem zweidimensionalen Koordinatensystem mit den Achsen Zeit und Weg (Bild). Das L., auch → Zeit-Weg-Diagramm genannt, wird vor allem beim Herstellen vorwiegend eindimensional ausgerichteter Bauwerke eingesetzt, so z. B. für Tunnel, Rohrleitungen, Straßen. Es erlaubt eine übersichtliche → Ablaufplanung, da die kritische Annäherung der in der gleichen Spur (mehrspuriger Straßenbau) befindlichen → Fertigungsgruppen erkannt werden kann. Gleiches gilt, wenn eine kritische Zeit, z. B. für die Erhärtung einer

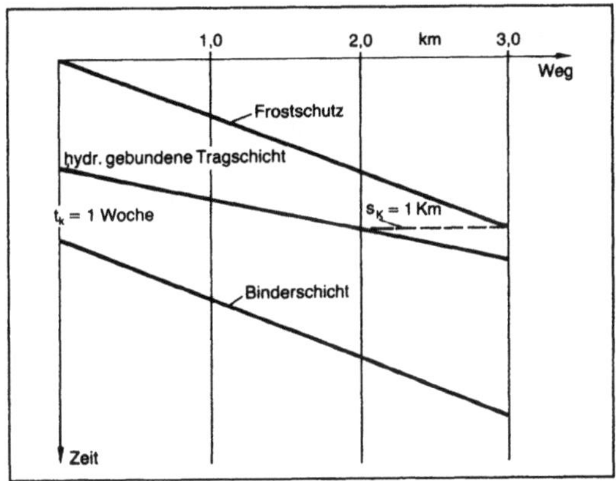

Liniendiagramm: Darstellung des Bauablaufs.

t_k kritischer Zeitabstand, s_k kritischer Wegabstand

hydraulisch gebundenen → Tragschicht, nicht unterschritten werden darf. Sind in einem L. viele Einzelabläufe und Termine darzustellen, so verliert es an Übersichtlichkeit. Es wird dann nur noch zur Planung benutzt. Zur Darstellung geht man auf ein → Balkendiagramm über, das die einzelnen Abläufe und Termine wie bei einem Hochbau nacheinander aufführt.

Drees

Liquefaction. Verflüssigung von Boden durch Zunahme des Porenwasserdruckes und Abnahme der → Scherfestigkeit. Durch Entspannen des Porenwassers, wie z. B. bei der → Elektroosmose oder dem Vakuumverfahren (→ Brunnen), verfestigt sich der Boden schlagartig. Bei gesättigten körnigen Erdstoffen und zyklischen Beanspruchungen, wie sie z. B. im Offshore-Bauen oder bei Erdbebenbelastungen auftreten, besteht eine Gefährdung durch L. Bei Entlastung eines Bodenvolumens entsteht eine Dilatation mit Unterdruck im Porenwasser, und Wasser sickert von außen zu. Durch die nachfolgende Belastung versucht der Boden dann zu kontrahieren; ein Teil des Druckes wird aber vom Porenwasser aufgenommen. Mit zunehmender Zyklenzahl können sich so große Porenwasserüberdrücke aufbauen. In durchlässigen, grobkörnigen Erdstoffen kann sich dieses Phänomen nicht einstellen, da ein kurzzeitiger Druckabbau durch Strömen des Wassers möglich ist.

Meißner

Lochfraß. Mit L. wird eine spezielle Korrosionsform bei Metallen bezeichnet, bei der – im Bauwesen überwiegend infolge Chloridangriffes – die Passivschicht eines alkalisch geschätzten Stahles örtlich begrenzt durchbrochen wird. Es entstehen tiefe, oft auf wenige mm^2 begrenzte Korrosionskrater, die bei zugbelasteten Stählen zu hohen Spannungsspitzen und plötzlichem Bruch führen können. Der weit überwiegende Teil der Stahloberfläche ist dabei korrosionsfrei und es treten kaum sichtbare Korrosionsprodukte auf (→ Betonstahlkorrosion, → Spannstahlkorrosion).

Sasse

Lockergestein. Nach ihrer Entstehung umfassen die L. Fluß-, See- und Meeresablagerungen, glaziale Bildungen, äolische Sedimente (Löß, Flugsand) und umgelagerte Verwitterungsbildungen; ferner unverfestigte vulkanische Tuffe (Pyroklastite). Ihre Porosität reicht von ungefähr 20% in groben, schlecht sortierten Flußablagerungen bis zu über 98% in weichen Schlämmen und organischem Material. Am häufigsten sind Porositäten zwischen 25 und 65%. Die nutzbaren → Hohlraumanteile reichen von fast 0 bis zu ungefähr 50%; dabei sind als typische Werte für reine Schluffe und Tone weniger als 10%, für → Kiese und grobe → Sande mehr als 20% anzusehen. Die → Durchlässigkeitskoeffizienten der L. variieren über mehr als acht Zehnerpotenzen. Während für Tone Durchlässigkeitskoeffizienten in der Größenordnung von 10^{-10} m/s bekannt sind, werden in sandigen und kiesigen Grund-

wasserleitern Werte zwischen 10^{-5} und 10^{-2} m/s gemessen. Die waagerechte → Durchlässigkeit ist meist größer als die lotrechte Durchlässigkeit. Die L. umfassen Tone (<0,002 mm), Schluffe (0,002–0,06 mm), Sande (0,06–2,0 mm), Kiese (2,0–60 mm) und lockere Haufwerke aus Steinen und Blöcken (>60 mm). Die Korngrößen werden für Körner >0,06 mm durch eine → Siebanalyse und für kleinere Partikel durch eine Schlämmanalyse bestimmt und in Kornverteilungssummenlinien (Siebkurven, Kornverteilungskurven) dargestellt (Bild). In der Siebanalyse trennt man die Bodenpartikel mit Rundloch- oder Maschensieben von definierter Größe in Kornfraktionen. Bei den Schlämmverfahren wird die Korngröße aus der Sinkgeschwindigkeit bestimmt.

Mattheß

Literatur: Arbeitskreis „Wasser und Mineralöl" (Hrsg.): Beurteilung und Behandlung von Mineralölunfällen auf dem Lande im Hinblick auf den Gewässerschutz. Bad Godesberg 1969. – *Mattheß, G.,* u. *K. Ubell:* Allgemeine Hydrogeologie – Grundwasserhaushalt. Berlin, Stuttgart 1983.

Löscheinrichtung → Feuerlöschanlage, → Feuerlöscher

Löschgas → Feuerlöschanlage

Löschwasserstrahl. Als Mittel der unmittelbaren Brandbekämpfung ist Löschwasser das am häufigsten eingesetzte Löschmittel der Feuerwehren. Für einzelne → Brandversuche nach DIN 4102, Tl. 2, ist als Abschluß des Brandversuches die Beaufschlagung des noch heißen Versuchsstückes mit einem L. vorgesehen, um die Haftfestigkeit von Brandschutzbekleidungen nach einem Brandangriff zu prüfen.

Kordina

Lösemittel. Flüssigkeit, die → Bindemittel von organischen → Beschichtungsstoffen ohne chemische Umsetzung zu lösen (verdünnen) vermag, um sie auf die zur Verarbeitung erforderliche → Viskosität einzustellen, und die sich im Regelfall bei der Filmbildung verflüchtigt. L. beeinflussen nicht (oder nur in unbedeutendem Umfang) die chemischen Eigenschaften der Beschichtungsstoffe, dagegen maßgeblich das physikalische Verhalten der noch flüssigen Stoffe (z. B. Viskosität, Penetrationsverhalten, Benetzung, Filmbildungsverhalten).

Sasse

Lohnkosten. Summe der Löhne, die in einem Angebot kalkuliert wurden; auch Summe der Löhne, die von einem Unternehmen während einer Periode gezahlt wurden. Der Bruttolohn umfaßt auch Urlaubsgeld sowie geldwerte Vorteile, die der Lohnsteuer und der Sozialversicherung unterworfen werden. Der Bruttolohn ist der gesamte Arbeitslohn vor Abzug der Steuern und der Sozialversicherungsbeiträge im Gegensatz zum Nettolohn, bei dem diese Abzüge bereits vorgenommen sind.

Drees

Lohnnebenkosten. Personalkosten, die zusätzlich zu den → Lohnkosten entstehen, insbes. Auslösungen und

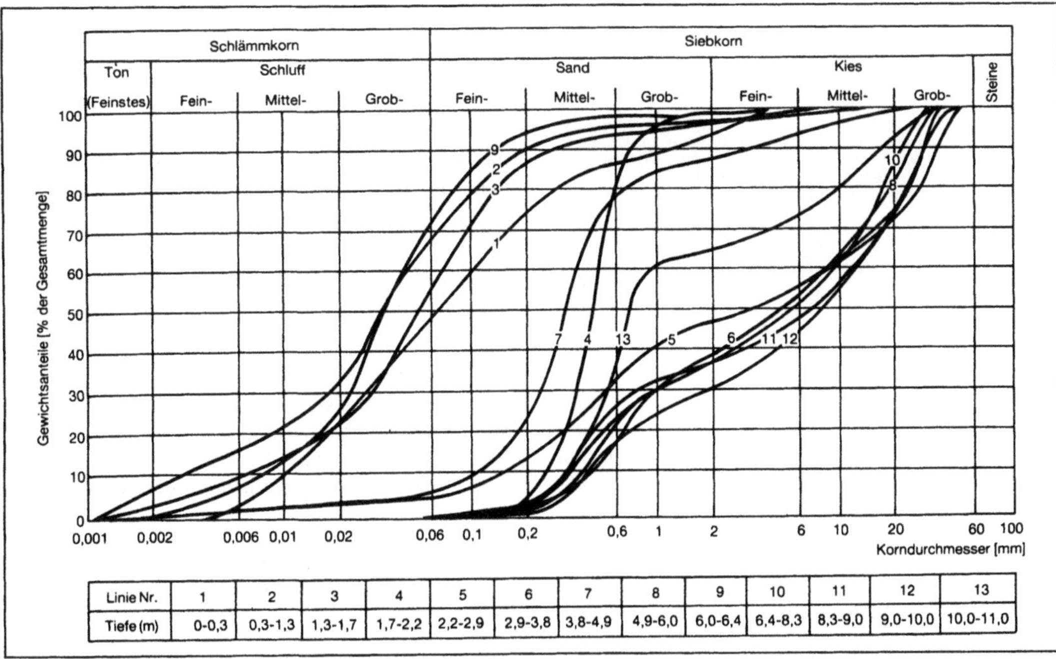

Linie Nr.	1	2	3	4	5	6	7	8	9	10	11	12	13
Tiefe (m)	0-0,3	0,3-1,3	1,3-1,7	1,7-2,2	2,2-2,9	2,9-3,8	3,8-4,9	4,9-6,0	6,0-6,4	6,4-8,3	8,3-9,0	9,0-10,0	10,0-11,0

Lockergestein: Kornverteilungssummenlinien. Niederterrassensedimente des Rheins in einer Bohrung bei Bonn-Bad Godesberg. (Arbeitskreis Wasser und Mineralöl 1969)

Wegegelder sowie vergütete Reisekosten von und zur Arbeitsstelle. Die Höhe der L. hängt von der Lage der Baustelle und der Bausparte ab. Maschinenintensive Bauarbeiten, wie z.B. Straßendeckenbau, die einen ständigen Stamm an Maschinenführern und Facharbeitern voraussetzen, haben hohe L., da die Baustellen meist mindestens 40 km oder zwei Wegestunden entfernt von dem Einstellungsort (Geschäftssitz des Unternehmens) liegen. *Drees*

Lokomotive. Als Zugmaschinen werden kompakte L. (Bild) unterschiedlicher Antriebsart eingesetzt. Die Dimensionierung ergibt sich aus der geforderten Fahrgeschwindigkeit, dem Gewicht des beladenen Zugs,

Lokomotive: Tunnellokomotive.

den maximalen Neigungen sowie der Gleisgeometrie. Das L.-Gewicht, ungefähr 10% des gesamten Zuggewichts, ist für Zug- und Bremskräfte, die Motorleistung für die erreichbare Geschwindigkeit entscheidend. Angetrieben werden die L. mit Diesel- oder Elektromotoren. Ihre Energie erhalten die Elektromotoren von Akkumulatoren, deren Kapazität für mindestens eine Schicht ausreichen muß, oder seltener über eine aufwendige → Oberleitung. Druckluftmotoren sind im → Tunnelbau die Ausnahme. Wegen der Schlagwettersicherheit werden sie überwiegend im → Bergbau eingesetzt.

Die Bau-L. sind dem Zwecke angepaßte Sonderbauformen, d.h. sie haben meist Schmalspurfahrwerk zwischen 600 und 900 mm und können engere Kurvenradien bei kleineren Geschwindigkeiten durchfahren als die in Normalspur eingesetzten Typen. *Kühn*

Lore. Im → Tunnelbau spielen die Muldenwagen und die Seitenentlader bei den schienengebundenen Transportmitteln die größte Rolle. Bei den Muldenwagen, auch Rotationskipper genannt, ist der Wagenkasten starr mit dem Fahrgestell verbunden (Bild). Das Fassungsvermögen beträgt zwischen 2 und 8 m³. Die Entleerung geschieht mit speziellen Kreisel- und Rotationskippanlagen, da keine eigenen Entlademechanismen vorhanden sind. Die Seitenentlader sind als Einseitenentlader ausgebildet. Das Kippen übernehmen pneumatische bzw. hydraulische Druckzylinder, die die drehbare Seitenwand bewegen. Zum Entladen der Ein-

Lore: Rotationskippanlage.

seitenselbstentlader fahren die Wagen an einer Rampe entlang, die das Kippen der Kästen bewirkt. Die Geschwindigkeit des Zuges beträgt dabei 4–5 km/h. Zum Entleeren werden bei diesem Verfahren für jede L. nur wenige Sekunden benötigt. *Kühn*

Los-Arbeitsgemeinschaft (Los-Arge). Zusammenschluß von → Bauunternehmen zum Zweck der Ausführung eines Bauwerks, bei dem die → Dach-Arbeitsgemeinschaft das Bauwerk nach Losen aufteilt und bei der ein Los einer aus Mitgliedern der Dach-Arbeitsgemeinschaft gebildeten L.-A. mittels Nachunternehmervertrag zur Ausführung übergeben wird. *Drees*

Lüftungswärmeverlust. Durch gezieltes Lüften, aber auch durch undichte → Fugen, speziell Fensterfugen, findet aufgrund des Luftwechsels ein Wärmeaustausch statt.

Die durch Fensterlüftung hervorgerufenen L. sind abhängig von der Fensterkonstruktion (Kippfenster, Wendeflügel o. ä.), von den Luftströmungsbedingungen vor und im Gebäude (Querlüftung) und vor allem von den Lüftungsgewohnheiten der Nutzer, weil durch diese Parameter die Menge an Luft beeinflußt wird, die von außen in den Raum strömt und dort erwärmt werden muß. Für die Berechnung dieses lüftungsbedingten Luftstromes wird die → Luftwechselzahl verwendet.

Der durch die Fugen in das Rauminnere eindringende Luftstrom wird mit Hilfe des → Fugendurchlaßkoeffizienten ermittelt. Der L. kann bei extremen Witterungsverhältnissen ein Vielfaches des → Transmissionswärmeverlustes betragen. Aus hygienischer und energetischer Sicht ist eine „Stoßlüftung", d. h. intervallmäßiges Lüften, zu bevorzugen. *Cziesielski*

Luftfeuchtigkeit. Der Wasserdampfgehalt der Luft wird als L. bezeichnet. Die absolute L. wird in g Wasser je m³ Luft angegeben, die relative L. im Verhältnis der tatsächlichen zur maximal möglichen L. Für die Planung und Beurteilung von Raumluftzuständen und Zustandsänderungen wird in der technischen Gebäudeausrüstung das h-x-Diagramm für feuchte Luft ver-

wendet. Übliche Werte der relativen L. im Raum liegen zwischen 25 und 70%, vorzugsweise zwischen 40 und 60%. *Diehl*

Luftfeuchtigkeit, absolute. Unter der a. L. c versteht man die auf das Luftvolumen bezogene Wasserdampfmasse m, die in dem Luftvolumen enthalten ist:

$$c = \frac{m}{V} \text{ in kg/m}^3$$

Die a. L. wird auch als Wasserdampfkonzentration oder Wasserdampfdichte bezeichnet. *Cziesielski*

Luftfeuchtigkeit, relative. Luft besteht aus einem Gemisch von trockener Luft und Wasserdampf. Die Wasserdampfdichte c (entspricht der absoluten Luftfeuchtigkeit) wird aus der Masse m des im Luftvolumen V enthaltenen Wasserdampfes berechnet:

$$c = m/V \text{ in kg/m}^3.$$

Im Fall, daß die Luft wasserdampfgesättigt ist, folgt mit der dann enthaltenen Wasserdampfmasse m_s:

$$c_s = m_s/V.$$

Das Verhältnis $c/c_s \cdot 100$ wird als r. L. φ bezeichnet und in % angegeben:

$$\varphi = 100 \ c/c_s.$$

Im Bereich von rd. $-20\,°C$ bis rd. $+30\,°C$ gilt unter Beachtung der Zustandsgleichung der Gase hinreichend genau:

$$\varphi = 100 \cdot p_D/p_{DS}$$

es bedeuten:

p_D Wasserdampfteildruck der Luft in Pa,
p_{DS} Wasserdampfsättigungsdruck der Luft ebenfalls in Pa. *Cziesielski*

Luftfilter. L. haben die Aufgabe, Stäube und Gase aus Luftströmen abzuscheiden. Das geschieht durch chemische und/oder Sorptionsvorgänge. Je nach der Partikelgröße des abzuscheidenden Staubes unterscheidet man Grobstaub- oder Vorfilter, Feinstaubfilter und Schwebstofffilter. Sie werden hintereinander angeordnet.

Einmalfilter, die den Staub einlagern und ansammeln, bedürfen der regelmäßigen Wartung und Erneuerung, weil mit dem Staub auch Geruchsstoffe angesammelt werden. Automatisch generierende Filter sind aufwendiger, aber vorteilhaft. Auch sie bedürfen regelmäßiger Kontrolle. *Diehl*

Literatur: *Recknagel/Sprenger/Schramek:* Taschenbuch für Heizung und Klimatechnik. München 1994/95.

Luftförderanlage. Herzstück der L. (→ Rohrförderung) ist die Fullerpumpe. Sie besteht im wesentlichen aus einer schnell laufenden Verwirbelungsschnecke, die das feinkörnige Fördergut in einen Düsenkasten einträgt. Dort wird es von der aus Düsen expandierenden Druckluft in das daran anschließende Rohrleitungssystem geblasen. Gröberes Fördergut kann man z. B. aus einem unter Überdruck stehenden Arbeitsraum fördern, indem es einem aus diesem Arbeitsraum herausführenden Rohr größeren Durchmessers zugeschaufelt und von der ausströmenden Luft mitgerissen wird. Diese Anlagen benötigen einen entsprechend leistungsfähigen → Kompressor (→ Betonspritzmaschine). *Kühn*

Luftschalldämmaß. Maß für die → Luftschalldämmung von Bauteilen, wie Wände, → Decken, Fenster u. ä. Das L. R in dB ist in folgender Weise definiert:

$$R = 10 \lg \frac{P_1}{P_2};$$

in der Gleichung bedeuten:
R   Schalldämmaß,
P_1 auf das trennende Bauteil auffallende Schalleistung,
P_2 in den Nachbarraum abgestrahlte Schalleistung.

Aus dieser physikalischen Definition ist für praktische Zwecke folgender Zusammenhang für die Schallübertragung zwischen zwei Räumen abgeleitet:

$$R = L_1 - L_2 + 10 \lg S/A.$$

mit:
L_1 → Schallpegel im Senderaum,
L_2 Schallpegel im Empfangsraum,
S   Fläche der Trennwand bzw. Decke,
A   äquivalente → Schallabsorptionsfläche im Empfangsraum.

Wenn R, z. B. im Bau, auch die Schallübertragung über Nebenwege mit umfaßt, wird es mit einem Beistrich versehen (R'). Das L. hängt von der Frequenz ab; es steigt in der Regel mit der Frequenz. Für die praktische Anwendung wird nach DIN 52 210, Tl. 4, ein Mittelwert verwendet, das bewertete Schalldämmaß R_w bzw. R'_w. Beispiele für die Größenordnung von R'_w-Werten sind in der Tabelle genannt. *Gösele*

Luftschalldämmaß. Tabelle: Beispiele für das bewertete Schalldämmaß R'_w

Bauteil	R'_w dB
normale Zimmertür, undicht	20
18 mm Holzspanplatte	25
Zwischenwand aus 115 mm Hochlochziegeln, verputzt	47
Wohnungstrennwand aus 240 mm Kalksandvollsteinen, verputzt	55
doppelschalige Haustrennwand aus 240 mm Mauerwerk, sorgfältig ausgeführt	67

Literatur: DIN 52 210. Tl. 4: Bauakustische Prüfungen. Luft- und Trittschalldämmung. Ermittlung von Einzahlangaben. – DIN 4109: Schallschutz im Hochbau. Ausg. 1989.

Luftschalldämmung. Eigenschaft eines Bauteils, z. B. einer Trennwand oder Decke, die Übertragung von Luftschall von einem Raum zu einem Nachbarraum zu vermindern. Kennzeichnung durch das bewertete Schalldämmaß R'_w. Die L. hängt vor allem von drei Eigenschaften der Bauteile ab:
– von der Dichtheit des Bauteils; offene Fugen an Anschlüssen sowie durchgehende Fugen und Kanäle in der Fläche verringern die Schalldämmung sehr stark;
– von der Masse je Flächeneinheit bei einschaligen Bauteilen; je schwerer, desto höher ist die Schalldämmung (Bild 1);

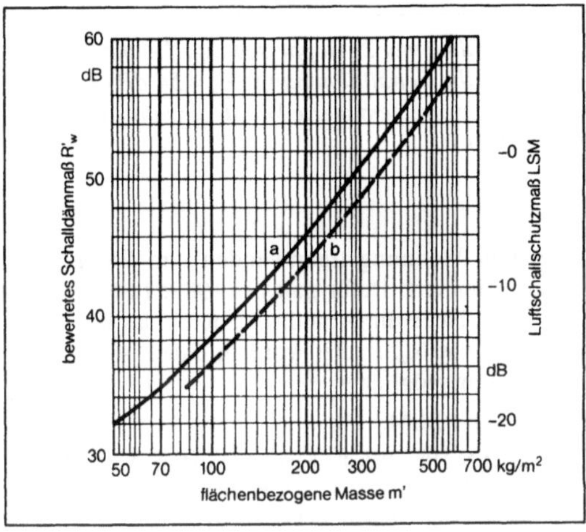

Luftschalldämmung 1: Bewertetes Schalldämmaß R'_w von einschaligen Bauteilen, abhängig von ihrer flächenbezogenen Masse.

a Meßwerte, b Rechenwerte nach DIN 4109

– bei doppelschaligen Bauteilen von der Masse je Flächeneinheit der Schalen und ihrem Schalenabstand sowie von etwaigen Schallbrücken. Bei geeignetem Aufbau kann dabei mit kleiner Masse eine hohe Schalldämmung erreicht werden (Bild 2, S. 422). Allerdings ist es auch möglich, durch eine ungünstige Ausbildung die Schalldämmung gegenüber gleichschweren Bauteilen wesentlich zu verschlechtern (→ Resonanzeffekt). *Gösele*

Literatur: DIN 4109: Schallschutz im Hochbau. Ausg. 1989. – *Gösele, K.,* u. *W. Schüle:* Schall – Wärme – Feuchte. 10. Aufl. Wiesbaden: 1996. – *Kurtze, G.:* Physik und Technik der Lärmbekämpfung. Karlsruhe 1964.

Luftschallschutzmaß. Bis vor kurzem verwendete Einzahlangabe nach DIN 4109, Ausg. 1962, für die → Luftschalldämmung eines Bauteils. Kurzbezeichnung: LSM. Dieses Maß war an der baurechtlich festgelegten Mindestanforderung an die Luftschalldäm-

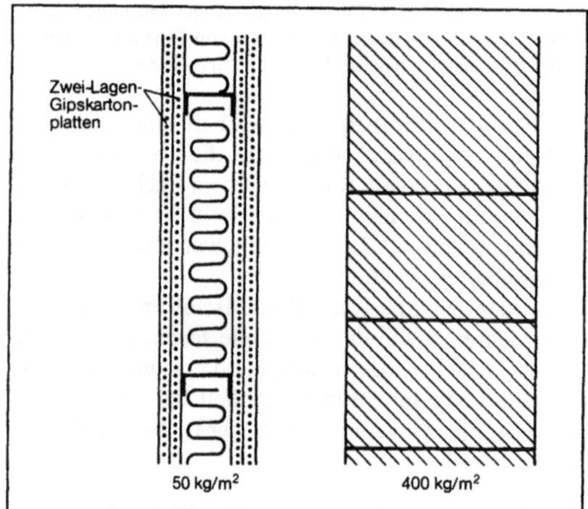

Luftschalldämmung 2: Doppelschalige Leichtwand, die etwa dieselbe Schalldämmung ($R'_w = 54$ dB) aufweist wie eine schwere gemauerte Wand, obwohl sie wesentlich leichter ist.

Luftwechselzahl. Tabelle 1: Anhaltswerte für L. β bei verschiedenen Fensterstellungen.

Fensterstellung	β [h⁻¹]
Fenster zu, Türen zu	0 bis 0,5
Fenster in Kippstellung, Rolladen zu	0,3 bis 1,5
Fenster in Kippstellung, Rolladen auf	0,8 bis 4,0
Fenster halb geöffnet	5 bis 10
Fenster ganz geöffnet	8 bis 15
Fenster und Türen ganz geöffnet (gegenüberliegend)	>20

Luftwechselzahl. Tabelle 2: Erfahrungswerte für die erforderliche L. in Abhängigkeit von der Raumnutzung nach Recknagel *e. a.*

Raumart	β [h⁻¹]
Baderäume	4 bis 6
Bibliotheken	3 bis 5
Kantinen	6 bis 8
Sitzungszimmer	6 bis 8

mung von Wohnungstrennwänden und Wohnungsdecken orientiert. Dafür galt bis 1989: LSM mindestens 0 dB. Neuerdings ist das L. durch das bewertete Schalldämmaß R'_w ersetzt worden; dabei ist folgende Umrechnung möglich:

$$R'_w = 52 \text{ db} + \text{LSM}.$$

Gösele

Literatur: DIN 4109: Schallschutz im Hochbau. Ausg. 1962. – DIN 52210. Tl. 4: Bauakustische Prüfungen. Luft- und Trittschalldämmung. Ermittlung von Einzahlangaben.

Luftschichtdicke, diffusionsäquivalente. Die d. L. s_d in m gibt an, wie dick eine ruhende Luftschicht ist, die den gleichen → Wasserdampf-Diffusionsdurchlaßwiderstand hat wie eine Baustoffschicht der Dicke s mit der → Wasserdampf-Diffusionswiderstandszahl μ:

$$s_d = \mu \cdot s.$$

Cziesielski

Luftwäscher. Bauteil zur adiabaten Anhebung der Luftfeuchte in raumlufttechnischen Anlagen. Die hauptsächlichen L.-Bauarten sind Sprühbefeuchter (Düsenreihen mit Tropfenabscheidern), Rieselbefeuchter (Wasser rieselt über Kontaktkörperpakete) und Kaltdampfgeneratoren (große Tropfen werden durch Resonanzschwingungen zu Mikrotropfen). Das überschüssige Wasser wird ggf. aufgefangen und durch eine Pumpe wieder dem Kreislauf zugeführt. Die Hygiene erfordert eine Aufbereitung des Kreislaufwassers, mögliche Kalkablagerungen ggf. eine Vorbehandlung des Zusatzwassers.

Diehl

Luftwechselzahl. Die L. β gibt an, wie oft je Stunde das Luftvolumen eines Raumes durch Lüften ausgetauscht wird. Nach der → Wärmeschutzverordnung

wird für Wohnungsbauten auch aus hygienischen Gründen die L. festgelegt zu

$$\beta = \frac{\dot{V}}{V_R} = 0,8 \left[\text{h}^{-1}\right]$$

Es bedeuten:
β   Luftwechselzahl [h⁻¹],
$\dot{V}$ Luftvolumenstrom von außen in den zu belüftenden Raum [m³/h],
V_R Volumen des zu belüftenden Raumes [m³],

Anhaltswerte für L. β bei verschiedenen Fensterstellungen werden in Tabelle 1 angegeben.

In Tabelle 2 sind Erfahrungswerte für die erforderliche L. in Abhängigkeit von der Raumnutzung angegeben.

Im Hinblick darauf, daß die Lüftungsintensität im wesentlichen von der Anzahl der Personen in dem zu lüftenden Raum und von der Art der Nutzung des Raumes abhängt, wird in DIN 1946 statt der erforderlichen Luftwechselzahl β der erforderliche Luftvolumenstrom (Luftwechselrate) der Frischluft angegeben (Tabelle 3, S. 423).

Cziesielski

Literatur: *Recknagel, H., E. Sprenger* u. *W. Hönmann:* Taschenbuch für Heizung und Klimatechnik. München – Wien, 1995.

Lutte. Eine L. ist eine Röhre zum Lufttransport bei der → Bewetterung.

Wagner

Lysimeter. L. (Lösungsmesser) sind mit gestörtem oder ungestörtem Boden gefüllte Behälter zur Messung der Durchsickerung und des Bodenwasserhaushaltes. Sie dienen außerdem zur Untersuchung des Nährstoffhaushalts der Böden und des Nährstoffverlustes im → Sickerwasser bei verschiedenen landwirt-

Luftwechselzahl. Tabelle 3: Erforderliche Außenluftvolumenströme für die einzelnen Wohnungsgruppen ohne Berücksichtigung fensterloser Räume.

Wohnungsgruppe	Wohnungsgröße m^2	Geplante Belegung Personen	Grundlüftung m^3/h	Gesamtlüftung m^3/h
I	≤50	bis 2	60	60
II	>50			
	≤80	bis 4	90	120
III	>80	bis 6	120	180

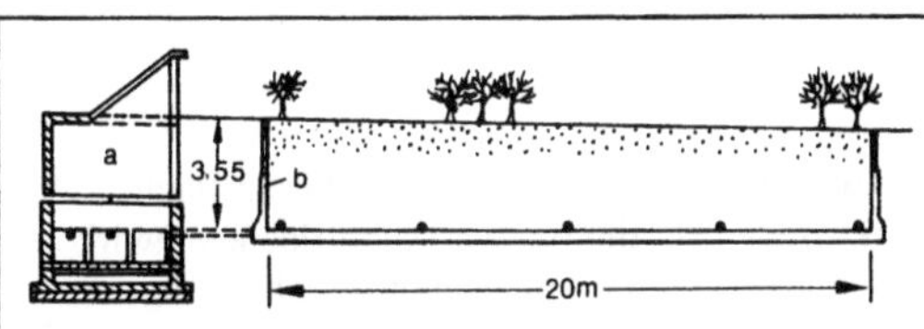

Lysimeter: Großlysimeter nach Flender.

a Meßschacht, b Spundwand

schaftlichen Nutzungen. L. sind so versenkt aufgestellt, daß ihre Oberfläche mit der Umgebung in gleicher Höhe abschließt. Bei Bepflanzung des L. kann außer der Bodenverdunstung auch die der jeweiligen Pflanzenart entsprechende → Evapotranspiration gemessen werden. Als L.-Füllung dienen häufig ungestörte Bodenmonolithe (Monolithlysimeter). Bei den nichtwägbaren L. (Durchsickerungsmessern) ergibt sich die → Verdunstung im langjährigen Mittel aus der Differenz von → Niederschlag und Durchsickerung. Nichtwägbare L. können erhebliche Dimensionen annehmen, z.B. das Großlysimeter Typ *Flender* mit 20 m×20 m Fläche und rd. 3,50 m Tiefe (Bild). Wägbare L. erlauben, außer der Durchsickerung auch die → Vorratsänderung des Bodenwassers in den Bodenmonolithen gravimetrisch oder mit der → Neutronensonde zu messen. *Matth*ß

Literatur: *Matth.ß, G.,* u. *K. Ubell*: Allgemeine Hydrogeologie – Grundwasserhaushalt. Berlin, Stuttgart 1983.

M

Mängelanspruch.
☐ Ansprüche des Auftraggebers auf Mängelbeseitigung und → Schadensersatz vor der → Abnahme.

Wenn fehlerhafte Stoffe oder Bauteile bereits eingebaut sind oder sich die Leistung in sonstiger Weise bereits während der Ausführung als mangelhaft oder vertragswidrig erweist, so ist sie vom Auftragnehmer auf eigene Kosten durch eine mangelfreie Leistung zu ersetzen. Darüber hinaus haftet der Auftragnehmer, wenn er den Mangel oder die Vertragswidrigkeit zu vertreten hat, auf Ersatz des daraus entstehenden Schadens.
☐ Ansprüche des Auftraggebers nach der Abnahme.

Die eigentlichen Gewährleistungsansprüche, die nach der Abnahme der Werkleistung erwachsen, sind in den Vorschriften § 13 Nr. 5–7 VOB/B geregelt.
☐ Nachbesserung § 13 Nr. 5 VOB/B (→ Nachbesserung)
☐ Minderung § 13 Nr. 6 VOB/B (→ Minderung)
☐ Schadensersatz § 13 Nr. 7 VOB/B (Schadensersatz). *Olshausen*

Literatur: *Ingenstau/Korbion*: VOB-Kommentar. Teil A u. B. Düsseldorf 1993.

Magnesitbinder. M. ist ein mineralisches → Bindemittel, das durch Mischen von kaustischer Magnesia nach DIN 273, Tl. 1, und Magnesiumchloridlösung nach DIN 273, Tl. 2, entsteht. Er erhärtet sehr schnell, hat hohe Festigkeiten, ist aber ein Luftbindemittel, d. h. nicht wasserbeständig. M. wird ausschließlich, meist unter Zugabe von → Füllstoffen, z. B. Holzspäne, zu → Estrichen (→ Mörtel) verarbeitet (Steinholz). *Wesche*

Mahlfeinheit. Je feiner ein → Zement gemahlen wird, um so größer ist seine spezifische Oberfläche. Dadurch reagiert dieser Zement schneller mit dem Anmachwasser, d. h. er erhärtet schneller. Die M. kann sich auch nachteilig auswirken: Ist sie zu klein, so ist keine völlige Hydratation möglich (→ Erhärten). Ist sie zu groß, so hat der Zement einen größeren Bedarf an Anmachwasser, das die Festigkeit vermindert (→ Zementstein), und es ist mit einem schnelleren und stärkeren → Schwinden zu rechnen. DIN 1164 fordert eine M. mit einer spezifischen Oberfläche von mindestens $2\,200\ \mathrm{cm^2/g}$. Die derzeit verwendeten Zemente haben M. zwischen $2\,700$ und $5\,000\ \mathrm{cm^2/g}$. Außer der spezifischen Oberfläche ist auch noch die Kornverteilung für den Erhärtungsverlauf maßgebend: Bei gleicher Oberfläche kann es sich um eine eng begrenzte Korngruppe oder um eine breitere Kornverteilung handeln. Je nachdem wie diese Kornverteilung mit der Kornverteilung anderer Feinststoffe im Beton (Feinstzuschlag, Zusatzstoffe) zusammenpaßt, kann sie die Betoneigenschaften günstig oder ungünstig beeinflussen. *Wesche*

Mantelreibung. Die in der Grenzfläche Bauwerk–Boden auf die Bauwerksoberfläche einwirkende → Schubspannung. Auf ebenen Flächen angreifende Schubspannungen heißen auch Wandreibungen. Bei Pfählen greift die M. am Schaftmantel an. Verschiebt sich der → Pfahl relativ zum Boden nach unten, so vollzieht sich über die M. eine Lastabtragung in den Untergrund. Bei entgegengesetzter Relativverschiebung, wie sie z. B. durch eine Konsolidierung oder durch eine → Grundwasserabsenkung entsteht, belastet der umgebende Boden den Pfahl zusätzlich, und es tritt eine negative Mantelreibung auf. Werte sind in DIN 4014 und DIN 1054 angegeben. Eine M. zur Lastabtragung tritt auch bei Verpreßpfählen nach DIN 4128 in der Krafteintragungsstrecke oder z. B. bei den Verfahren der bewehrten Erde sowie der Bodenvernagelung an der Oberfläche der Zugbänder oder der Gewindestähle auf. Die lastabtragend wirkende M. bei Pfählen, Ankern oder Nägeln kann durch Nachinjektionen nennenswert vergrößert werden. Auf den Baufortschritt hemmend wirkt die M. z. B. beim Durchpressen von Rohren oder beim Absenken von → Brunnen oder Senkkästen. Um sie zu reduzieren, wird in solchen Fällen Bentonitsuspension in einen Spalt zwischen Bauwerksoberfläche und Erdstoff gefüllt. *Meißner*

Mark. Zellen im Zentrum eines Holzquerschnitts, die bei den meisten Hölzern frühzeitig absterben und dann nur noch Luft führen. Es hat geringe Festigkeit und andere ungünstige Eigenschaften. Sein Durchmesser beträgt im älteren Stamm rd. 1–2 mm. *Wesche*

Maserung. M. (Textur, Zeichnung) ist die natürliche Zeichnung des → Holzes. Je nach der Art des Schneid- oder Schälverfahrens lassen sich bei jedem Holz verschiedene Texturen erzeugen. Die ausdrucksstärkste M. wird durch den → Tangentialschnitt erreicht. *Dröge*

Massivbau. Herstellung von → Bauwerken unter Errichtung der tragenden Konstruktionsteile aus → Mauerwerk, → Beton, → Stahlbeton und/oder

→ Spannbeton. Dabei ist es nicht erheblich, wie dick die einzelnen Konstruktionsteile sind. Häufig sind nämlich auch Massivbauteile, vor allem im → Fertigteilbau, recht filigran ausgeführt. *Mehlhorn*

Materialaufbereitungsgerät. Die Aufbereitungstechnik im Bauwesen umfaßt das Herstellen von mineralischem Baustoff hauptsächlich aus Naturstein (Fels- und → Lockergestein) als → Zuschlag für → Zementbeton und für bituminöse Massen sowie als ungebundene und mit Bindemitteln verfestigte Korngemische oder als Einzelkörnungen und als abgestufte Steingrößen. Analog arbeitet die Wiederaufbereitung von Abbruchmaterial im Sinne des → Recycling. Im Sonderfall werden bindige Böden als Erdbaustoff aufbereitet. Die Aufbereitung der Ausgangsstoffe für → Bindemittel (→ Zement, Kalk, Gips) gehört zu einem besonderen Herstellungszweig. Es bestehen die Aufbereitungstechniken mit den maschinellen Anlagen und Einrichtungen zur Zerkleinerung durch Brechen und Mahlen, der Klassierung und Sortierung mittels Sieben, Sichten, Waschen und Entwässern. Weitere Verfahrensbereiche sind die Trocknung und die Entstaubung. den einzelnen Aufbereitungsstufen sind Förder- und Transportabläufe zugeordnet. Für die Baustelle kommt die eigene Herstellung von Zuschlag und anderer Körnungen nur noch bei besonderen Bauvorhaben in Betracht. Vor allem erfordert der Bau von Staumauern im Hochgebirge allein schon wegen des Transports, daß der Zuschlag an Ort und Stelle aus brauchbarem Festgestein oder auch aus Moräne hergestellt werden muß. Ebenso ist der Zuschlag bei Projekten in abgelegenen Gebieten, wo eine Zulieferung von Zuschlag nicht besteht, nach Möglichkeit in der Umgebung zu gewinnen. *Kühn*

Materialeinbaugerät. Geräte zum Materialeinbau sind ortsveränderliche Maschinen und Anlagen, mit denen in → Mischanlagen hergestellte Baustoffe, z. B. Beton oder Bitumengemische, in ihre zweckbestimmte Form gebracht werden, wo sie unter Ablauf chemischer Reaktionen und mechanischer Einwirkungen ihre Endfestigkeit erreichen. Im → Straßenbau finden Einbaugeräte als Fertiger für Beton- und Schwarzdeckentragschichten Verwendung. Bis auf Unterschiede hinsichtlich der Verarbeitung von Bitumen und Beton ist der prinzipielle Aufbau dieser Geräte gleich. Zunächst wird das angelieferte Material mit einem Verteiler über die herzustellende Fläche gleichmäßig verteilt und dann mit Planiergeräten und Verdichtungsgeräten abgezogen und verdichtet. Für die Herstellung ebener Betonflächen im Hoch- und Tiefbau sind zusätzlich zu diesen Geräten → Vakuumanlagen im Einsatz, die einen erheblichen Rationalisierungseffekt im Bauablauf haben. Weitere Einbaugeräte für Beton sind → Betonspritzmaschinen, mit denen Auskleidungen von Tunnels und Stollen, Fels- und Böschungssicherungsarbeiten und

Instandsetzungsarbeiten an bestehenden Bauteilen vorgenommen werden. Zum Einbau von → Putz und → Mörtel an lotrechten Flächen dienen → Verputzmaschinen. *Kühn*

Literatur: *Kühn, G.*: Die Bauausführung. In: Beton-Kalender 1986, Tl. II. Berlin 1986.

Materialherstellungsgerät. Unter Geräten für die Materialherstellung im Bauwesen sind sämtliche Maschinen und Anlagen zu verstehen, die aus Einzelstoffen unterschiedlichster Art einen Baustoff herstellen, der erst nach Weiterverarbeitung und Ablauf chemischer Reaktionen seine endgültige Form und Festigkeit erhält. Diese Baustoffe sind zum einen alle hydraulisch gebundenen Mineralstoffgemische, wie → Beton und → Mörtel, die in sämtlichen Bereichen des Bauwesens Anwendung finden, zum anderen alle bituminösen Mischprodukte, die vor allem im → Straßenbau als → Tragschicht oder im → Wasserbau als → Abdichtung eingebaut werden. Die Herstellung dieser Stoffe geschieht in speziellen → Mischanlagen, die in → Betonbereitungsanlagen, Bitumenmischanlagen und Gußasphaltmischanlagen unterschieden werden. In diesen Anlagen sind sämtliche Einrichtungen zusammengefaßt, die man zum Herstellen des Materials braucht. Die Anlagen bestehen aus folgenden Bauteilen: → Silos, die der Lagerung der Bindemittel und auch z. T. der Zuschlagstoffe dienen, Zuteilgeräten und Beschickern, die für den Materialfluß innerhalb der Anlage sorgen und Mischern, die aus den in → Dosieranlagen und Wägeanlagen abgemessenen Einzelkomponenten ein homogenes Gemisch herstellen. Man unterscheidet Mischanlagen mit vertikalem oder horizontalem Arbeitsablauf, Anlagen mit chargenweise oder kontinuierlich arbeitendem → Mischer und mobile oder stationäre Anlagen. *Kühn*

Materialtransportgerät. Geräte für den Materialtransport sind i. a. ortsfeste oder bewegliche Einrichtungen (Geräte oder Maschinen) zum kontinuierlichen oder diskontinuierlichen Transport von flüssigem oder festem Baumaterial und Bauhilfsstoffen auf einem festgelegten Transportweg. Der Materialtransport kann zur Baustelle, von der Baustelle und innerhalb der Baustelle geschehen, z. B. von der Baustelle und zur Baustelle mit Lkws auf öffentlichen Straßen oder innerhalb mit Skws auf nichtöffentlichen Baustraßen. Zu den M. gehören

☐ alle Maschinen, für die Erd- und Felsbewegung, dabei weniger die Löse- und Ladegeräte (→ Bagger u. ä., die auch zum Fördern über kurze Distanzen eingesetzt werden können), sondern vor allem die dazugehörigen gleisgebundenen Transportmittel wie Förderwagen, → Lokomotiven, die gleislosen Fördergeräte (→ Transportsystem) wie → Lastwagen, Anhänger und die Fördereinrichtungen des Naßbaggerbetriebs (→ Wasserbaugerät);

□ alle Geräte zum lotrechten bzw. waagrechten Transport von Baumaterialien, Bauhilfsstoffen und Baugeräten auf der Baustelle wie Baukrane (→ Kran) in jeder Bauform, Becherwerke, Bandförderer, → Schneckenförderer (→ Hebezeug) und → Pumpen zur Wasser-, Wasser/Feststoff-Gemisch- und Betonförderung. Die systematische Unterteilung geschieht am besten in Transportsysteme, Hebezeuge, Fördergeräte und Pumpen. *Kühn*

Literatur: DIN 15001: Krane. – DIN 15201. Tl. 1: Stetigförderer. – *Kühn, G.*: Der maschinelle Erdbau. Stuttgart 1984. – *Kühn, G.*: Die Bauausführung. In: Beton-Kalender 1986. Tl II. Berlin 1986.

Matrizenmethode. Diese reduziert die einzelnen numerischen Operationen in der Baustatik auf systematische Prozesse von Matrizenoperationen, die mittels Computerrechnungen ausgeführt werden. Ebene und räumliche → Stabtragwerke und → Fachwerke werden in einzelne Elemente unterteilt und die Schnittkräfte wie die Formänderungen an den Elementen berechnet. Die Unterteilung in diese Elemente orientiert sich an Knoten, Gelenken und Lasteinleitungspunkten. Es wird zwischen Kraftgrößenmethode und der inversen Weggrößenmethode unterschieden, je nachdem ob zuerst die → Verträglichkeitsbedingungen oder die → Gleichgewichtsbedingungen formuliert und dann die Schnittkräfte bzw. die Verformungen berechnet werden.

□ Kraftgrößenmethode. Unter der Annahme eines elastischen → Stoffgesetzes sind die Formänderungen $\vec{v}$ an den Elementen mit den Schnittkräften $\vec{S}$ über die Nachgiebigkeitsmatrix $\vec{f}$, die von den geometrischen Abmessungen und den Materialeigenschaften der einzelnen Elemente abhängt, miteinander verknüpft: $\vec{v} = \vec{f} \cdot \vec{S}$.

Bei statisch unbestimmten Systemen, das sind solche Systeme, bei denen die Gleichgewichtsbedingungen zur Bestimmung der Schnittkräfte nicht ausreichen, sondern zusätzlich Verträglichkeitsbedingungen eingeführt werden müssen, ergeben sich die Schnittkräfte zu $\vec{S} = \vec{K}_0 \cdot \vec{P} + \vec{K}_1 \cdot \vec{X}$. Es bezeichnet $\vec{K}_0$ die Matrix des Einheitslastzustandes infolge äußerer Lasten $\vec{P}$, $\vec{K}_1$ die Matrix der Einheitslastzustände infolge der statisch unbestimmten Kraftgrößen $\vec{X}$. Die Elemente dieser Matrizen sind die Schnittkräfte der Lastzustände in einem statisch bestimmten, kinematisch unverschieblichen System, dem Grundsystem. Nach dem Satz von *Castigliano* nehmen die statisch Unbestimmten $\vec{X}$ einen solchen Wert an, daß die Gesamtformänderungsarbeit des Tragsystems zu einem Minimum wird. Daraus folgen die Schnittkräfte

$$\vec{S} = (\vec{K}_0 - \vec{K}_1 \cdot \vec{D}_1^{-1} \cdot \vec{D}_0) \, \vec{P} = \vec{K} \cdot \vec{P},$$

$$\text{mit } \vec{D}_0 = \vec{K}_1' \cdot \vec{f} \cdot \vec{K}_0, \ \vec{D}_1 = \vec{K}_1' \cdot \vec{f} \cdot \vec{K}_1,$$

und schließlich die Formänderungen $\vec{v} = \vec{f} \cdot \vec{K} \cdot \vec{P}$.

Sind Verformungen $\vec{\delta}$ anstelle von Lasten $\vec{P}$ vorgegeben, so ergeben sich aus der Beziehung $\vec{\delta} = \vec{K} \cdot \vec{v}$ nach einigen Matrizenoperationen die zu den Verformungen $\vec{\delta}$ assoziierten Lasten $\vec{P} = \vec{F}^{-1} \cdot \vec{\delta}$, $\vec{F} = \vec{K}' \cdot \vec{f} \cdot \vec{K}$,

und weiterhin die Schnittkräfte $\vec{S} = \vec{K} \cdot \vec{F}^{-1} \cdot \vec{\delta}$ sowie die Formänderungen $\vec{v} = \vec{f} \cdot \vec{K} \cdot \vec{F}^{-1} \cdot \vec{\delta}$.

□ Weggrößenmethode. Die Schnittkräfte $\vec{S}$ sind mit den Formänderungen über die Steifigkeitsmatrix $\vec{g}$ miteinander verknüpft: $\vec{S} = \vec{g} \cdot \vec{v}$. Die Steifigkeitsmatrix $\vec{g}$ ist mithin die Inverse der Nachgiebigkeitsmatrix $\vec{f}$. Bei kinematisch unbestimmten Systemen können die Formänderungen nicht allein aus den Verträglichkeitsbedingungen ermittelt werden, sondern es sind zusätzlich Gleichgewichtsbedingungen einzuführen. Mit den Matrizen L_0 der Einheitsverschiebungszustände infolge vorgegebener Verschiebungen $\vec{\delta}$ und L_1 der Einheitsverschiebungszustände infolge der kinematisch unbestimmten Verschiebungen $\vec{Y}$ betragen die Verformungen $\vec{v} = \vec{L}_0 \cdot \vec{\delta} + \vec{L}_1 \cdot \vec{Y}$. In diesem Fall liefert der Satz von *Castigliano* die Formänderungen

$$\vec{v} = (\vec{L}_0 - \vec{L}_1 \cdot \vec{C}_1^{-1} \cdot \vec{C}_0) \, \vec{\delta}$$

$$\text{mit } \vec{C}_0 = \vec{L}_1' \cdot \vec{g} \cdot \vec{L}_0, \ \vec{C}_1 = \vec{L}_1' \cdot \vec{g} \cdot \vec{L}$$

und weiterhin die Schnittkräfte $\vec{S} = \vec{g} \cdot \vec{L} \cdot \vec{\delta}$.

Sind anstatt der Verformungen $\vec{\delta}$ Kräfte $\vec{P}$ gegeben, so ergibt sich aus $\vec{P} = \vec{L}' \cdot \vec{S}$ nach einigen Matrizenoperationen die Beziehung zwischen den Kräften $\vec{P}$ und den assoziierten Verschiebungen $\vec{\delta}$ zu $\vec{\delta} = \vec{G}^{-1} \cdot \vec{P}$ mit $\vec{G} = \vec{L}' \cdot \vec{g} \cdot \vec{L}$. Andererseits gilt nach der Kraftgrößenmethode $\vec{P} = \vec{F}^{-1} \cdot \vec{\delta}$, mithin ist die Matrix $\vec{G}$ die Inverse zur Matrix $\vec{F}$. Dies verdeutlicht ebenfalls den inversen Charakter der beiden beschriebenen Methoden. Für eingeprägte Verformungen $\vec{v}_0$, z. B. aus Temperaturbeanspruchungen, Stützenverschiebungen, Vorspannung, lassen sich analoge Beziehungen formulieren. *Laermann*

Literatur: *Livesley, R. K.*: Matrix Methods of Structural Analysis. Oxford-London-Paris 1964.

Mauermörtel. Die wesentlichen Aufgaben des M. im → Mauerwerk sind das kraftschlüssige Verbinden und der Ausgleich von Maßtoleranzen der → Mauersteine.

Es werden drei Arten, nämlich Normalmörtel, Leichtmörtel und → Dünnbettmörtel, unterschieden:

– Leichtmörtel werden wegen ihrer geringen Rohdichte und Wärmeleitfähigkeit für wärmedämmendes Mauerwerk mit besonders wärmedämmenden Mauersteinen verwendet.

– Dünnbettmörtel können nur mit besonders maßhaltigen Mauersteinen, den Plansteinen, vermauert werden.

– Mehr als 80% aller → Mörtel werden als Werkmörtel und zwar als Werktrockenmörtel, Werk-Vormörtel, Mehrkammer-Silomörtel oder verarbeitungsfertige Werkfrischmörtel hergestellt.

Die Verarbeitbarkeitszeit von Werkfrischmörteln beträgt i. a. bis zu rd. 40 Stunden. Nach ihren Festigkeitsanforderungen (Normalmörtel) bzw. nach den Wärmedämmeigenschaften (Leichtmörtel) werden die Mörtel in verschiedene Gruppen I bis III bzw. LM21 und LM36 eingeteilt. Dünnbettmörtel entspricht der Gruppe III. *Schubert*

Mauerstein. Alle Steine, die für die Herstellung von → Mauerwerk verwendet werden. Dies sind natürliche Steine (Natursteine) sowie künstlich hergestellte M. Der Anteil von Mauerwerk aus Natursteinen ist heute sehr gering. Natursteine werden meistens für Verblendschalen (Sichtmauerwerk) verwendet. Hauptsächliche Steinarten bei den künstlichen M. – im folgenden nur mit M. bezeichnet – sind Betonsteine (Leichtbeton- und Normalbetonsteine), Kalksandsteine, Mauerziegel und Porenbetonsteine. Die M. werden als Vollsteine (Porenbetonsteine, ausschließlich) oder als Lochsteine in verschiedenen Größen (Formaten – sehr kleines Steinformat (DF), großformatige Steine (Blöcke) sowie Elemente von einem halben Quadratmeter Wandfläche und mehr) hergestellt. Die Steinrohdichte liegt im Bereich von 0,4 bis 2,5 kg/dm^3, die Steindruckfestigkeit zwischen den Festigkeitsklassen 2 bis 60, üblicherweise bis 28 N/mm^2. Durch Verringerung der Steinscherbenrohdichte und/oder durch einen großen Anteil wärmeschutztechnisch günstig ausgebildeter Lochungen kann die Wärmeleitfähigkeit von M. sehr stark bis auf nahezu 0,10 W/(m · K) verringert werden. Diese hochwärmedämmenden M. werden für Außenbauteile mit hohen Wärmeschutzanforderungen eingesetzt. M. mit hohem Frostwiderstand (hoher Druckfestigkeit) und besonderen Anforderungen an die ästhetische Beschaffenheit der Steinoberflächen werden als Vormauersteine oder Verblender für außenliegendes Sichtmauerwerk verwendet.

Zur Erleichterung des Mauerns sind die Steingewichte bei Handverlegung nach oben begrenzt, und es sind vielfach bei den großformatigen Steinen Verlegehilfen (besonders geformte Grifflochungen) angeordnet.

Außer den genormten M. gibt es zahlreiche bauaufsichtlich zugelassene M. mit besonderen Eigenschaften und Anwendungsbereichen. *Schubert*

Mauersteinprüfung. Die M. dient der Ermittlung von Materialkennwerten zur Beurteilung eines → Mauersteins für einen bestimmten Verwendungszweck.

Mauersteine werden zur Herstellung von tragendem und nicht tragendem → Mauerwerk verwendet und müssen vorrangig geregelte Anforderungen an die Festigkeit erfüllen. Werden an das Mauerwerk zusätzliche Anforderungen an den → Wärme- oder → Schallschutz, bei unverputztem Mauerwerk auch an die Witterungsbeständigkeit und an das optische Aussehen gestellt, so müssen die Mauersteine hierfür geeignete Materialeigenschaften aufweisen, die durch Prüfung nachzuweisen sind.

Die Prüfung von Mauersteinen ist nach der Art des zur Herstellung des Mauersteins verwendeten Baustoffs in Normen geregelt (s. Tabelle rechts).

Um die Materialkennwerte der Mauersteine aus den verschiedenen Baustoffen vergleichen zu können, sind die im folgenden beschriebenen Prüfungen zur Ermitt-

lung der Form, der Maße, der Steinrohdichte und der Druckfestigkeit weitgehend einheitlich.

Zur Herstellung eines sachgerechten Mauerwerksverbandes sind die Anforderungen an die Form und die Maße aller Mauersteine gleich und damit nach gleichem Vorgehen zu bestimmen, z. B. ist die Länge, Breite und Höhe des zu prüfenden Mauersteins als arithmetisches Mittel aus je zwei senkrecht zueinander ausgeführten Messungen zu bestimmen.

Die Steinrohdichte der Mauersteine, ein Kennwert für den Wärme- oder Schalldämmwert des Mauerwerks, ergibt sich durch Division der Masse des bei 105 °C bis zur Massenkonstanz getrockneten Mauersteins durch das Steinvolumen V (Produkt aus Länge, Breite und Höhe). Nach dem Mittelwert der Steinrohdichte und dem kleinsten Einzelwert sind die geprüften Mauersteine einer Rohdichteklasse zuzuordnen.

Die Druckfestigkeit der Mauersteine, die das Tragverhalten des daraus hergestellten Mauerwerks maßgeblich bestimmt, wird bei allen Mauersteinen mit einer Steinhöhe ≥ 113 mm am ganzen Stein, bei einer Steinhöhe ≤ 71 mm an aufeinandergemauerten Mauersteinen bestimmt. Um die Druckspannung in dem zu prüfenden Mauerstein gleichmäßig über die → Lagerflächen der Mauersteine einzuleiten, sind Unebenheiten in den Lagerflächen z. B. mit Zementmörtel (ein Raumteil Zement und ein Raumteil Feinsand 0 bis 1 mm) eben und gleichlaufend, möglichst rissefrei, abzugleichen. Nach ausreichendem Erhärten und Austrocknen der Abgleichschichten wird der Probekörper in eine Druckprüfmaschine möglichst zentrisch eingebaut und bis zum Bruch belastet. Hierbei ist die Belastung langsam und stetig so zu steigern, daß die Druckspannung je Sekunde um 0,1 N/mm^2 bis 0,3 N/mm^2 zunimmt.

Die Druckfestigkeit dieser Prüfkörper ergibt sich durch Division der Höchstlast, die der Mauerstein vor dem Bruch aushält, durch die Lagerfläche.

Da Mauerwerk aus Mauersteinen größerer Steinhöhe eine höhere Druckfestigkeit aufweist als Mauerwerk aus Mauersteinen geringerer Steinhöhe, ist zur Bestimmung der Mauersteinfestigkeit die Prüfkörperfestigkeit mit dem in der Tabelle auf S. 428 angegebenen Formfaktor zu multiplizieren.

Anhand der bei dieser Prüfung ermittelten Einzel- und Mittelwerte sind die Mauersteine einer Druckfestigkeitsklasse zuzuordnen, die wiederum das Tragverhalten des Mauerwerks bestimmt.

Ziegel	DIN 105	Teile 1 bis 5
Kalksandsteine	DIN 106	Teile 1 und 2
Hüttensteine	DIN 398	
Gasbetonsteine	DIN 4165	
Betonsteine	DIN 18149, DIN 18151 DIN 18152, DIN 18153	

Mauersteinhöhe mm	Formfaktor f
≤ 155	1,0
175	1,1
238	1,2

Werden Mauersteine zur Herstellung von unverputztem Außenmauerwerk verwendet, so müssen diese Vormauersteine frostbeständig sein. Die Frostbeständigkeit der Mauersteine wird nach dem in DIN 52252 Teil 1 beschriebenen Verfahren bestimmt. Hierbei werden die wassersatten Prüfkörper an Luft einem Temperaturgefälle bis −15 °h deren Beanspruchungsarten denen in der Natur auftretenden näher kommen dürften.

Neben den bisher beschriebenen Prüfungen können noch baustoffspezifische Prüfungen an Mauersteinen erforderlich sein, wie z. B. die Bestimmung von schädlichen, treibenden Einschlüssen oder von schädlichen und ausblühenden Salzen bei Ziegeln.

Sollen die Mauersteine gegenüber den von der Steinart und Rohdichteklasse abhängigen genormten Werten höhere Anforderungen an den Wärme- oder Schallschutz erfüllen, so sind diese durch → Mauerwerksprüfungen nachzuweisen. Das Einhalten der genormten Materialkennwerte ist durch eine Überwachung nach DIN 18200, bestehend aus Eigen- und Fremdüberwachung, zu kontrollieren. Die M. soll damit gewährleisten, daß die vorgegebenen Steineigenschaften sicher erreicht werden. *Rehm/Zeus*

Mauertafel. M. sind aus Hochlochziegeln im Verband hergestellte Wandtafeln zur Errichtung von Gebäuden aus → Mauerwerk. Die Tafeln werden im Werk vorgefertigt, zur Baustelle transportiert und dort montiert. *Mehlhorn*

Mauerwerk.
Massivbau. Als M. werden aus natürlichen oder künstlichen Steinen hergestellte Bauteile bezeichnet. Aus M. führt man vorzugsweise Wände, in Sonderfäl-

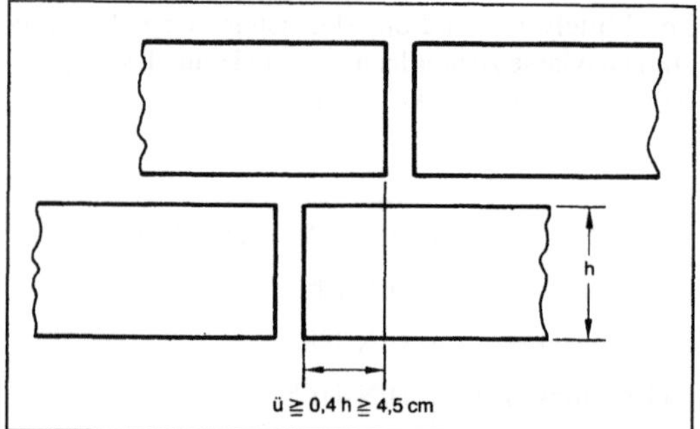

Mauerwerk 1: Überbindemaß ü, bezogen auf die Steinhöhe.

len auch Deckenplatten aus. Auch die Überbrückung von Öffnungen mit M. ist möglich, wenn man → Bogen ausführt. Zwischen den einzelnen Steinen der Wände werden → Fugen aus → Mörtel angeordnet. Die horizontalen Fugen nennt man Lagerfugen, die vertikalen Stoßfugen. Die Dicke der Fugen beträgt bei den vorzugsweise verwendeten künstlichen Steinen rd. 1 cm. Die Steine sind im Verband zu mauern, d. h. die Stoßfugen übereinanderliegender Schichten müssen versetzt sein. Das Überbindemaß ü (Bild 1) muß mindestens 40% der Steinhöhe h und mindestens 4,5 cm betragen. Die Steine einer Schicht sollen gleiche Höhe haben.

Die Zugfestigkeit des M. ist sehr klein und unzuverlässig. Sie darf deshalb i. a. nicht in Rechnung gestellt werden. Die Bauwerke sind deshalb so zu konstruieren, daß die Mauerwerkswände vorwiegend druckbeansprucht werden. Beim Nachweis der Aufnahme horizontaler Lasten sind die aufnehmbaren → Schubspannungen sehr klein und von der gleichzeitig wirkenden → Normalspannung abhängig. Es ist deshalb darauf zu achten, daß die zur Aufnahme horizontaler Lasten herangezogenen Wände eine möglichst hohe ständig wirkende vertikale Last erhalten. Die Druckfestigkeit des M. ist vor allem von der Gesteinsart, der Mauerwerksart und dem verwendeten Fugenmörtel abhängig. Selbstverständlich hat die → Qualität der handwerklichen Ausführung ebenfalls einen wesentlichen Einfluß auf die → Mauerwerksfestigkeit. Die Schlankheit der Mauerwerkskörper beeinflußt die Ausnutzbarkeit der Festigkeit des M.

Vor allem aus gestalterischen Gründen wird Sichtmauerwerk mitunter unter Verwendung natürlicher Steine ausgeführt. Natursteine für M. dürfen nur aus gesundem Gestein gewonnen werden. Ungeschützt dem Witterungswechsel ausgesetztes M. muß witterungsbeständig sein. Geschichtete Steine sind im Bauwerk so zu verwenden, wie es ihrer natürlichen Schichtung entspricht. Die Lagerfugen sollen rechtwinklig zum Kraftangriff liegen. Die Steinlängen sollen das vier- bis fünffache der Steinhöhen nicht über- und die Steinhöhe nicht unterschreiten.

Der Verband bei Naturstein-M. muß im ganzen handwerksgerecht sein. Es wird deshalb gefordert, daß
– an der Vorder- und Rückfläche nirgends mehr als drei Fugen zusammenstoßen,
– keine Stoßfuge über mehr als zwei Schichten durchgeht,
– auf zwei Läufer mindestens ein Binder folgt oder Binder- und Läuferschichten miteinander abwechseln,
– die Tiefe der Binder etwa das 1½fache der Schichthöhe, mindestens aber 30 cm beträgt,
– die Tiefe der Läufer etwa gleich der Schichthöhe ist und
– die Überdeckung der Stoßfugen bei Schichtenmauerwerk mindestens 10 cm und bei Quadermauerwerk mindestens 15 cm beträgt.

In der Feinheit der Ausführung und Erscheinung sich steigernd werden unterschieden:

428

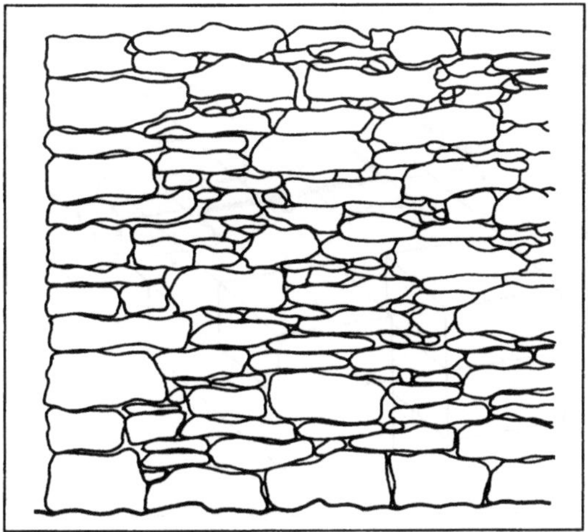

Mauerwerk 2: Trocken-M.

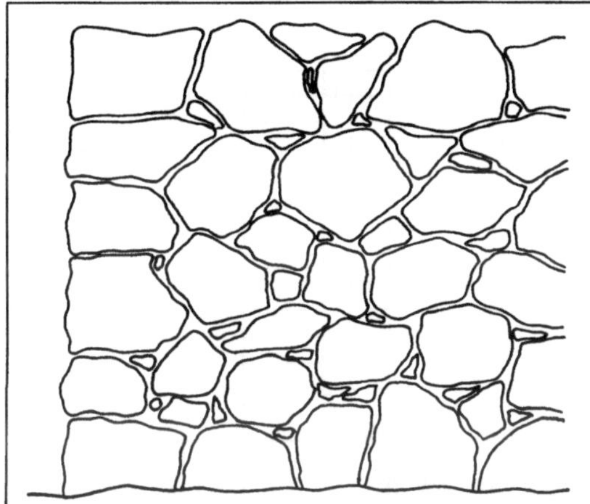

Mauerwerk 3: Zyklopen-M.

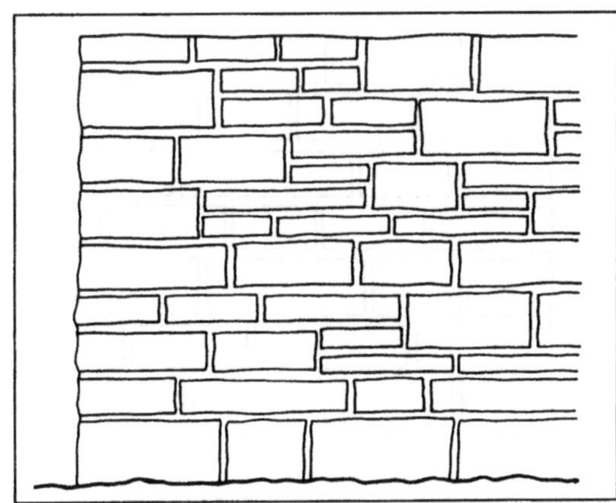

Mauerwerk 4: Unregelmäßiges Schichten-M.

ander stehen. Die Schichthöhe wechselt innerhalb einer Schicht und in den verschiedenen Schichten, jedoch wird das M. in seiner ganzen Dicke in Abschnitten von höchstens 1,50 m rechtwinklig zur Kraftrichtung ausgeglichen.

☐ Unregelmäßiges Schichten-M. (Bild 4). Die Steine der Sichtfläche erhalten auf mindestens 15 cm Tiefe bearbeitete Lager- und Stoßfugen, die zueinander und zur Oberfläche senkrecht stehen. Die Fugen der Sichtfläche betragen nicht mehr als 3 cm. Die Schichthöhe wechselt innerhalb einer Schicht und in den verschiedenen Schichten in mäßigen Grenzen; jedoch wird das M. in seiner ganzen Dicke in Abschnitten von höchstens 1,50 m rechtwinklig zur Kraftrichtung ausgeglichen.

☐ Regelmäßiges Schichten-M. Es gilt das gleiche wie für das unregelmäßige Schichten-M. Allerdings wechselt innerhalb einer Schicht die Höhe der Steine nicht. Jede Schicht wird senkrecht zur Kraftrichtung ausgeglichen. Bei Gewölben, Kuppeln und dgl. gehen die Lagerfugen über die ganze Gewölbedicke hindurch. Die Schichtsteine werden daher auf ihrer ganzen Tiefe in den Lagerfugen bearbeitet, während bei den Stoßfugen eine Bearbeitung auf 15 cm Tiefe genügt.

☐ Quader-M. (Bild 5). Die Steine bearbeitet man genau nach den angegebenen Maßen. In den weitaus meisten Fällen wird M. aus künstlichen Steinen, den Mauersteinen, im Verband hergestellt. Die verwendeten Steine sind bezüglich ihrer Abmessungen genormt. Die Ausführung entspricht dem in Bild 5 dargestellten Quader-M., dabei sind die einzelnen Schichtdicken gleich.

Auch mit künstlichen Steinen wird häufig für Außenwände Sicht-M. hergestellt. Bezüglich der Anforderungen an die Witterungsbeständigkeit gilt natürlich auch das für natürliche Steine Gesagte. Man unterscheidet einschaliges Verblend-M. (Bild 6), das vollfugig und kraftschlüssig zu mauern ist, und zweischaliges M. mit durchgehender Luftschicht (Bild 7). Die Fugen

☐ Trocken-M. (Bild 2). Es darf nur für Schwergewichtsmauern (→ Stützmauer) eingesetzt werden. Bruchsteine werden ohne Verwendung von Mörtel unter geringer Bearbeitung in richtigem Verband so aneinander verlegt, daß möglichst enge Fugen und kleine Hohlräume verbleiben. Die Hohlräume zwischen den Steinen füllt man durch kleinere Steine so aus, daß durch Einkeilen Spannung zwischen den → Mauersteinen entsteht.

☐ Zyklopen-M. (Bild 3) und Bruchstein-M. Wenig bearbeitete Bruchsteine werden im ganzen M. im Verband und satt in Mörtel verlegt. Das Bruchsteinmauerwerk wird in seiner ganzen Dicke und in Abschnitten von höchstens 1,50 m rechtwinklig zur Kraftrichtung ausgeglichen.

☐ Hammerrechtes Schichten-M. Die Steine der Sichtfläche erhalten auf mindestens 12 cm Tiefe bearbeitete Lager- und Stoßfugen, die ungefähr rechtwinklig zuein-

Mauerwerk 5: Quader-M.

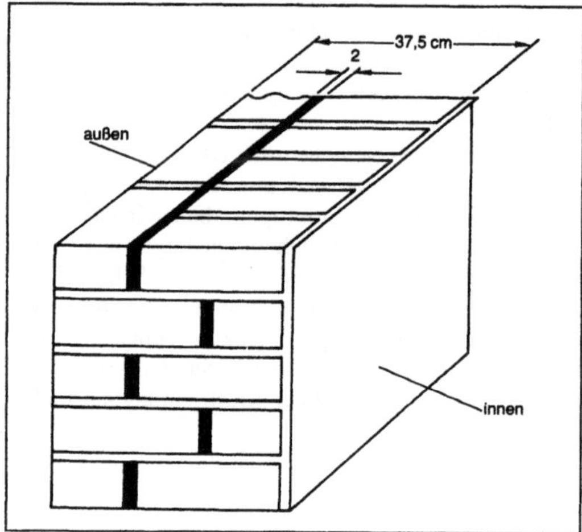

Mauerwerk 6: Einschaliges M.

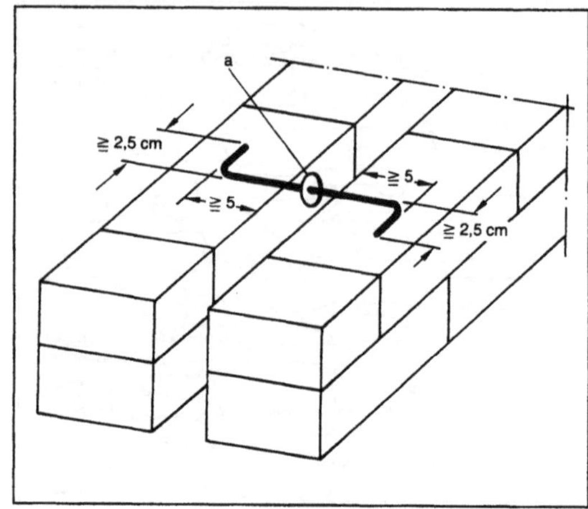

Mauerwerk 7: Zweischaliges M. mit Luftschicht.
a Kunststoffscheibe

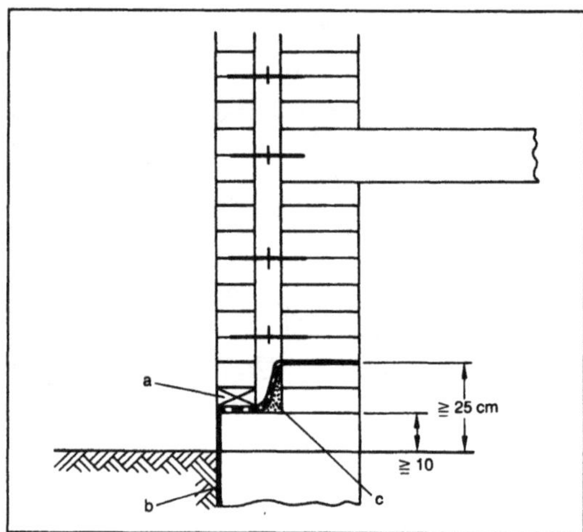

Mauerwerk 8: Untere Sperrschicht eines zweischaligen M. mit Luftschicht.

a Lüftungsstein, b Dichtung, c Untermörtelung

der Sichtfläche werden rd. 1,5 cm tief ausgekratzt und anschließend ausgefugt. Bei einschaligem Sichtmauerwerk weist jede Mauerschicht mindestens zwei Steinreihen auf, zwischen denen eine durchgehende, schichtweise versetzte, hohlraumfrei vermörtelte 2 cm dicke Längsfuge verläuft. Bei zweischaligem M. werden die beiden Mauerschalen durch Drahtanker aus nichtrostendem Stahl miteinander verbunden. Die Innenschale und die Geschoßdecken schützt man an den Fußpunkten der Luftschichten gegen Feuchtigkeit (Bild 8). Die Dichtung wird im Bereich der Luftschicht mit Gefälle nach außen verlegt. M. kann man auch als → Mauertafel, → Verbundtafel oder → Vergußtafel im Werk vorfertigen. Die vorgefertigten Teile werden dann zum Einbauort transportiert und ähnlich wie Großtafelbauten nach den Regeln des → Fertigteilbaues zusammengesetzt. *Mehlhorn*

Literatur: DIN 1053: Mauerwerk – Berechnung und Ausführung.

Berechnung. M. sind Bauteile aus → Mauersteinen – Natursteine oder künstlich hergestellte Steine –, die im Verband (versetzte Stoß- und Lagerfugen) verlegt und i. d. R. durch → Mörtel im Stoß- und/oder Lagerfugenbereich verbunden werden (Bild 9, 10). M. ist in DIN 1053 Teile 1 bis 3 genormt. Die Bedeutung von M. aus Natursteinen ist vergleichsweise gering. Im wesentlichen handelt es sich heute um den Neubau oder Ersatz einzelner Bauteile bzw. Bauteilbereiche. Eine wichtige kulturhistorische Aufgabe ist die Instandsetzung und Erhaltung von bedeutenden Natursteinbauwerken.

M. aus künstlichen Mauersteinen – im folgenden nur als M. bezeichnet – wird mit Leicht- und Normalmör-

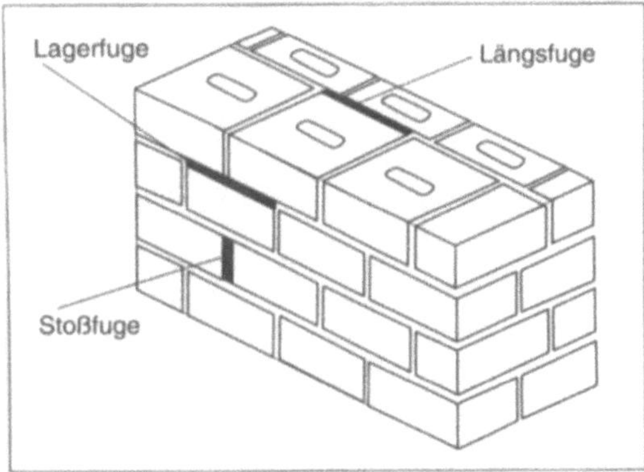

Mauerwerk 9: Mauerwerkverband – Lager-, Stoß-, Längsfugen.

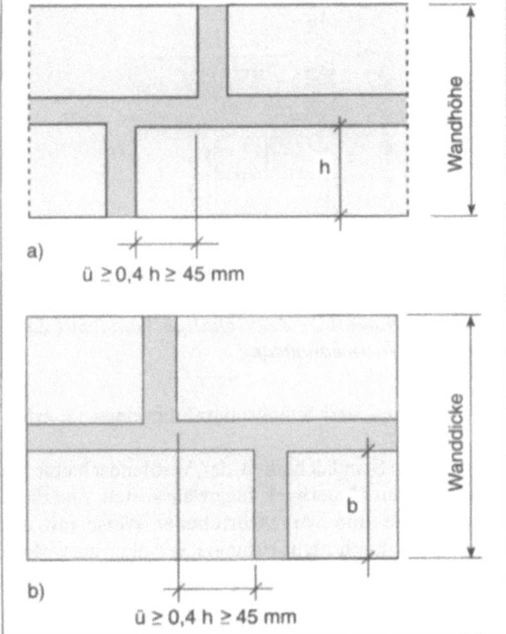

Mauerwerk 10: Überbindemaß ü.

a) Stoßfugen (Ansicht)
b) Längsfugen (Längsschnitt)

tel (→ Mauermörtel) mit Sollfugendicken von 10 mm (Stoßfuge) und 12 mm (Lagerfuge) ausgeführt. Dünnbettmauerwerk besteht aus besonders maßhaltigen Mauersteinen (Plansteinen) und → Dünnbettmörtel mit einer Sollfugendicke von 1 bis 3 mm. Heute wird M. zunehmend mit teil- oder unvermörtelten Stoßfugen (Nut- und Federausbildung der Steinstoßflächen) ausgeführt. Unter bestimmten Randbedingungen kann auch Trocken-M. aus Plansteinen ohne Mauermörtel angewendet werden.

M. ist ein Baustoff des Hochbaus, der in erster Linie für Druckbeanspruchung geeignet ist. Die Beanspruchbarkeit auf Zug, Biegezug und Schub ist wesentlich geringer als auf Druck. Zug- bzw. Biegezugspannungen dürfen nur parallel zu den Lagerfugen und auch nur in geringem Maße in Rechnung gestellt werden.

Die DIN 1053 Teil 1 behandelt die Berechnung und Ausführung von M. und enthält Angaben über die Zusammensetzung, die Anwendungsbereiche und die Anforderungen an Mauermörtel. Die Bemessung von M. kann nach einem vereinfachten Verfahren unter Zugrundelegung von zulässigen Spannungen oder genauer unter Bezug auf das Traglastverfahren erfolgen. In der Norm sind auch Regeln für die Konstruktion von M.-Bauten enthalten. Die DIN 1053 Teil 2 befaßt sich mit M. nach Eignungsprüfung, das jedoch bisher keine besondere Bedeutung erlangt hat. In der DIN 1053 Teil 3 wird bewehrtes Mauerwerk behandelt, wobei sich die DIN hauptsächlich auf M. mit statisch in Rechnung gestellter → Bewehrung bezieht. Die Anwendbarkeit von bewehrtem M. nach Teil 3 ist auf Grund des damaligen Erkenntnisstandes begrenzt und wird derzeit durch bauaufsichtliche Zulassungen erweitert.

M. unterliegt wie auch andere Baustoffe lastbedingten Formänderungen und solchen aus Temperatur- und Feuchteeinwirkung. Die Rißsicherheit von M.-Bauteilen kann mit Hilfe der bekannten Formänderungskennwerte (DIN 1053 Teil 1) und Näherungsverfahren rechnerisch beurteilt werden.

Bauseits werden vor allem Wand- und Pfeilerbauteile aus M. hergestellt. Im zunehmenden Maße werden großformatige Mauersteine bzw. Elemente unter Einsatz von mechanischen Verlegehilfen verwendet. Auch für den Mörtelauftrag werden Hilfsmittel, wie z. B. Mörtelschlitten, eingesetzt. Eine wesentliche Rationalisierung und Qualitätsverbesserung bzw. -sicherung kann man durch Einsatz von werksgefertigten Montagebauteilen (Wand- und Deckenbauteile) erreichen (DIN 1053 Teil 4, in Bearbeitung). Durch bauwerksgerechte automatisierte Vorfertigung werden erhebliche Kostenvorteile und Bauzeitverkürzungen erreicht.

Durch die vielfältigen Kombinationsmöglichkeiten von Mauersteinen und Mauermörtel mit jeweils unterschiedlichen Festigkeits-, Verformungs- und bauphysikalischen Eigenschaften können M.-Bauteile für viele unterschiedliche Aufgaben (hohe → Tragfähigkeit, → Schallschutz, → Wärmeschutz, → Feuchteschutz) funktionswirksam, wirtschaftlich und ästhetisch ansprechend eingesetzt werden.   *Schubert*

Mauerwerkbauteil. → Mauerwerk wird im wesentlichen angewendet für auf Druck beanspruchte Wand- und Pfeilerbauteile. Die Wandbauteile können als tragende und nichttragende Bauteile (z. B. nichttragende, leichte Trennwände, Ausfachungen) einschalig oder zweischalig sowie als Sichtmauerwerk oder bekleidet (z. B. mit Putz) ausgeführt werden. Bei außenliegendem

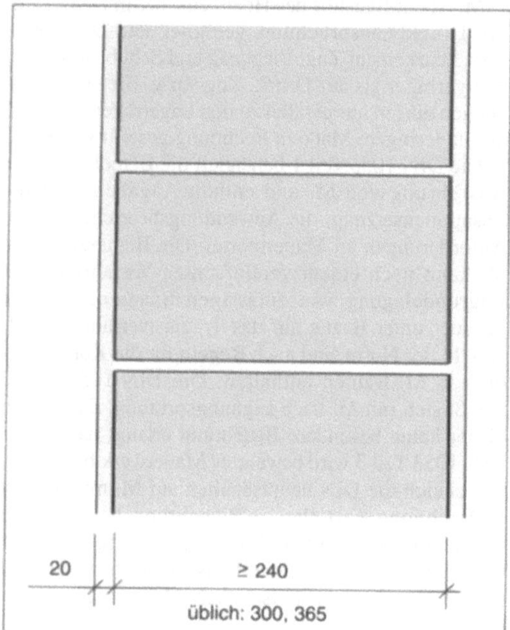

Mauerwerkbauteil 1: Einschalige Wand, außen geputzt – Normal-, Leichtputz

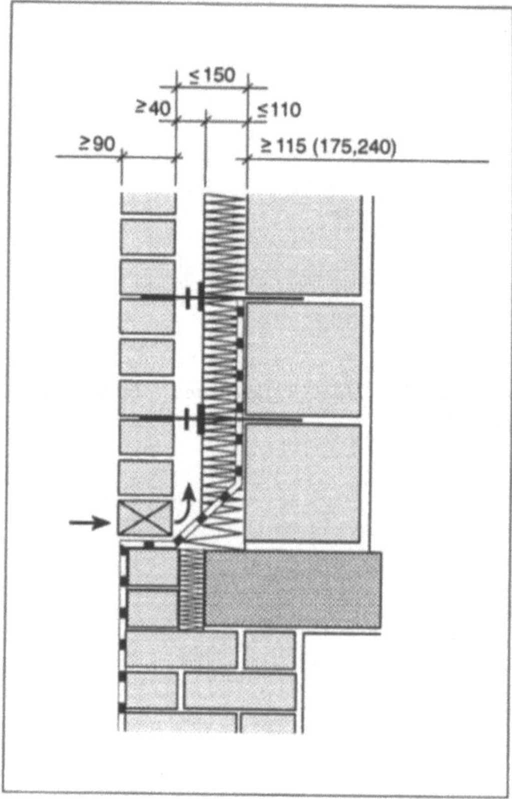

Mauerwerkbauteil 2: Zweischalige Wand mit Luftschicht und Wärmedämmung

Sichtmauerwerk sind besondere Anforderungen an die → Mauersteine und die Ausführung (vollständiges, sachgerechtes Verfugen) zu stellen. Die Mauerwerkaußenwand muß eine Vielzahl von Anforderungen (→ Tragfähigkeit, → Schallschutz, → Wärmeschutz, → Feuchteschutz) erfüllen. Dafür stehen verschiedene Wandkonstruktionen zur Auswahl. Die bedeutendsten sind:
– die einschalige Außenwand beidseitig verputzt oder außen bekleidet (Bild 1),
– die zweischalige Außenwand mit Luftschicht ohne und mit Wärmedämmschichten (Bild 2),
– die zweischalige Außenwand mit Kerndämmung (Bild 3, S. 433) sowie
– die einschalige Außenwand mit Wärmedämmverbundsystem (Bild 4, S. 433).

Während bei der einschaligen Außenwand das Mauerwerk alle wesentlichen Anforderungen alleine erfüllen muß, führen die zweischalige und die einschalige Wand mit Wärmedämmverbundsystem zu einer Funktionstrennung. Bei der zweischaligen Wand übernimmt die Außenschale den → Witterungsschutz und muß den ästhetischen Gesichtspunkten genügen, die Innenschale muß im wesentlichen die ausreichende Tragfähigkeit sicherstellen, zum Schallschutz beitragen und je nach Wärmedämmung zwischen den Mauerwerkschalen bestimmte Wärmedämmeigenschaften aufweisen. Bei der Konstruktion mit Kerndämmung ist die Funktionstrennung eindeutig: Hier hat die Innenschale wie auch bei der Außenwand mit Wärmedämmverbundsy-

stem nur Trag- und Schallschutzfunktionen zu erfüllen.

Um die → Standsicherheit der Verblendschalen bei zweischaligem Mauerwerk zu gewährleisten, sind diese in geeigneter und vorgeschriebener Weise mit der Innenschale durch nicht rostende → Anker zu verbinden.

Durch die verfügbaren verschiedenen Außenwandkonstruktionen ist es möglich, auch sehr hohe Anforderungen an die Tragfähigkeit, den Witterungsschutz sowie den Schall- und Wärmeschutz zu erfüllen.

Schubert

Mauerwerksfestigkeit. Als → Mauerwerk werden aus natürlichen oder künstlichen Steinen hergestellte Bauteile bezeichnet. In den horizontalen Lager- und vertikalen Stoßfugen werden die Steine mit → Mörtel miteinander verbunden.

Die M. ist abhängig von der Festigkeitsklasse der verwendeten Steine, vom verwendeten Mörtel und von der Qualität der Herstellung des Mauerwerks.

Man unterscheidet Rezeptmauerwerk und Mauerwerk nach Eignungsprüfung (→ Bemessung), für die die Festigkeit des Mauerwerks und die daraus herge-

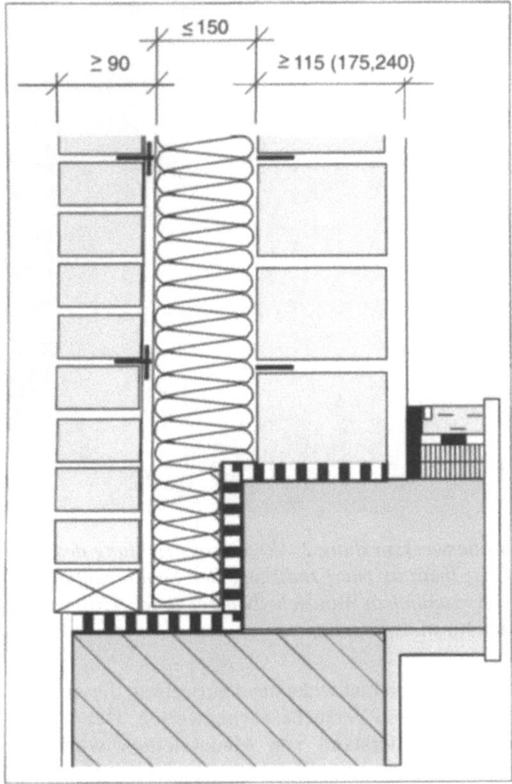

Mauerwerkbauteil 3: Zweischalige Wand mit Kerndämmung

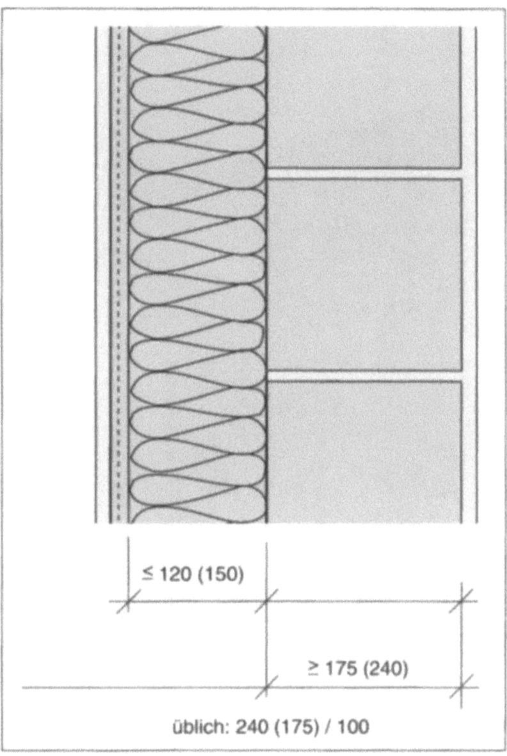

Mauerwerkbauteil 4:   Wärmedämmverbundsystem (WDVS)

leiteten zulässigen Beanspruchungen unterschiedlich festgelegt sind.   *Mehlhorn*

Mauerwerksprüfung. Die M. dient der Ermittlung von Materialeigenschaften zur Beurteilung des Anwendungsbereichs des untersuchten → Mauerwerks.

Mauerwerk wird zur Herstellung von tragenden oder nicht tragenden Wänden eingesetzt, wobei an diese meist auch besondere Anforderungen an den → Wärmeschutz oder → Schallschutz gestellt werden. Für tragende Wände wird nach DIN 1053 unterschieden zwischen Rezeptmauerwerk und Mauerwerk nach Eignungsprüfung.

Die Eigenschaften von Rezeptmauerwerk, wie Druckfestigkeit und Schubfestigkeit, sind in Abhängigkeit von der verwendeten Mauersteinfestigkeitsklasse, Mörtelart und Mörtelgruppe in DIN 1053 geregelt; die wärme- und feuchteschutztechnischen Kennwerte können DIN 4108 oder DIN 4109 entnommen werden.

Das Tragverhalten von Mauerwerk nach Eignungsprüfung ist durch eine Druckfestigkeitsprüfung an Mauerwerksprüfkörpern zu untersuchen, um hiernach die Einstufung in Mauerwerksfestigkeitsklassen vorzunehmen.

Die Druckfestigkeit von Mauerwerk wird nach DIN 18554 ermittelt, wobei die zum Errichten des Mauerwerks vorgesehenen → Mauersteine und → Mauermörtel zu verwenden sind. Hiervon werden → Pfeiler gemauert, deren Breite zwei Steinlängen, deren Dicke die Steinbreite und deren Höhe mindestens fünf Steinschichten und mindestens das Einfache der Pfeilerbreite und mindestens das Dreifache der Pfeilerdicke beträgt.

Diese Prüfkörper werden in einer Druckprüfmaschine mit steifem Lastverteilungsbalken mittig eingebaut und mit konstanter Druckkraftzunahme bis zum Bruch belastet (Bild 1).

Die Druckfestigkeit des Mauerwerks ergibt sich durch Division der Höchstkraft durch den belasteten Querschnitt des Prüfkörpers.

Aufgrund der Prüfergebnisse ist dann die Einstufung in eine Mauerwerksfestigkeitsklasse nach DIN 1053 vorzunehmen. Ist neben der Druckfestigkeit des Mauerwerks auch der → Elastizitätsmodul zu bestimmen, so werden in halber Höhe der Pfeiler über eine Steinreihe hinweg vier Längenmeßgeräte, z.B. Meßuhren oder Induktivgeber, befestigt, um nach fünfmaligem Belasten der Pfeiler bis zu einem Drittel der voraussichtlichen Höchstkraft die → Dehnung (Zusammendrückung) abzulesen. Der Elastizitätsmodul wird als

*Mauerwerksprüfung 1: Druckprüfmaschine mit einge-
bautem Mauerwerksprobekörper zur Ermittlung der
Mauerwerksfestigkeit.*

*Mauerwerksprüfung 2: Versuchsvorrichtung des Otto-
Graf-Instituts zur Ermittlung der Schubtragfähigkeit
von raumhohen Wandscheiben bei gleichzeitig wirken-
der Normalspannung.*

Sekantenmodul aus der Spannung bei einem Drittel der
Druckfestigkeit und der bei dieser Spannung aufgetretenen mittleren Dehnung errechnet.

Bei der Beurteilung von Mauerwerk für aussteifende
Wände kann die Ermittlung der Schubtragfähigkeit
erforderlich sein. Die Schubtragfähigkeit einer Wandscheibe kann im Versuch nur ermittelt werden, wenn
die Querkräfte in die zu prüfende Wandscheibe so eingeleitet werden, daß die → Schubspannungen über den
ganzen Probekörper gleichförmig verteilt und gleich
groß sind. Hierzu wurde am Otto-Graf-Institut, Stuttgart, eine Prüfvorrichtung entwickelt, die es ermöglicht, die Schubtragfähigkeit einer stockwerkshohen
Wand bei unterschiedlicher Auflast zu ermitteln
(Bild 2). Über einem Schubrahmen aus relativ steifen
Stahlbetonbalken werden die Querkräfte über eine diagonale Zugvorrichtung in die Ränder der Wandscheibe
möglichst gleichmäßig eingeleitet, wobei die Auflast
über sechs Spanngehänge, ebenfalls mit hydraulischen
Pressen, auf die Wandscheibe aufgebracht wird. Bei
Erreichen der Schubtragfähigkeit versagt die zu untersuchende Wandscheibe durch Rißbildung senkrecht zur
Hauptzugspannung bei der Prüfung ohne Auflast etwa
unter einem Winkel von 45° zur Horizontalen.

Zur Verbesserung der Wärmedämmung von Mauerwerk werden Mauersteine und Mauermörtel hergestellt,
die gegenüber den genormten Baustoffen einen höheren

→ Wärmedurchlaßwiderstand aufweisen; dieser Kennwert ist durch Versuche nachzuweisen. Der Wärmedurchlaßwiderstand von Mauersteinen wird nach
DIN 52611 an einer Wand aus den zu untersuchenden
Mauersteinen gemessen, die als Trennwand zwischen
zwei Räumen unterschiedlicher Temperaturen eingebaut wird. Die Lufttemperatur in den beiden Räumen
wird konstant gehalten, so daß im Beharrungszustand
ein gleichbleibender Wärmestrom durch den Probekörper fließt. Der Wärmedurchlaßwiderstand des
Probekörpers ergibt sich dann durch Division der Temperaturdifferenz zwischen den Oberflächen des Probekörpers durch die Wärmestromdichte im Probekörper. Die Wärmestromdichte kann mit Wärmestrom-
meßplatten oder einem Heizkasten aus der z. B. dem
Heizkasten zugeführten Leistung und der bei der Messung erfaßten Fläche des Prüfkörpers bestimmt werden.

Die Eigenschaften des Mauerwerks wird nach Vorliegen dieser Kennwerte durch eine laufende → Mauersteinprüfung und Mauermörtelprüfung gewährleistet.

Rehm/Zeus

Literatur: *Manns, W., H. Schneider,* u. *K. Zeus:* Einfluß hoher
Normalspannungen auf die Schubtragfähigkeit von geschoßho-
hen Mauerwerks-Wandscheiben. Schriftenreihe des Otto-Graf-
Instituts Heft 76.

Maximalhochwasser. Wahrscheinlich höchstes zu
erwartendes → Hochwasser (maximierter Abfluß);
wichtig für die auf höchste Sicherheit zu bemessen-
den wasserbaulichen Anlagen, z. B. Hochwasserentlastung von Staudämmen. Auf der Basis der vorliegenden
relativ kurzen Meßreihen mit Hochwasserwahrschein-

lichkeiten (→ Ereignis, hydrologisches, Wahrscheinlichkeit) zu arbeiten ist fragwürdig und unsicher. Angemessener sind → Niederschlag-Abfluß-Beziehungen (N-A-Beziehungen) unter Berücksichtigung ungünstiger Bedingungen: Maximalniederschlag, evtl. in Verbindung mit Schneeschmelze, ungünstige Gebietsverhältnisse, z. B. gefrorener Boden. Bei der Bestimmung des Maximalniederschlages (engl.: PMP probable maximum precipitation) unterscheidet man vor allem zwei völlig unterschiedliche Verfahren:

☐ Niederschlagsmodelle arbeiten auf physikalischer Grundlage mit dem maximal möglichen Wassergehalt einer Luftsäule über dem → Einzugsgebiet.

☐ Wahrscheinlichkeitstheoretisch geschieht die Berechnung über $x_T = \bar{x} + k \cdot s_x$ (→ Ereignis, hydrologisches, Häufigkeit), bei der der Häufigkeitsfaktor k zu maximieren ist. *Lecher*

Medienversorgung. Die M. umfaßt Anlagen zur Speicherung, Fortleitung und Behandlung von allen Medien, die Produktionsanlagen oder Verbrauchern durch Rohrleitungen zugeführt werden. Dies sind insbes. Druckluft, Wasser, Sauerstoff, Stickstoff, Acetylen, Argon, Helium, Erdgas, Ammoniak, Kohlendioxyd, Öle und Wasserstoff. Von zunehmender Bedeutung ist – vor allem bei der Lebensmittelverarbeitung, der pharmazeutischen Industrie und der Mikroelektronik – die Reinheit der Medien an der Zapfstelle. *Diehl*
Literatur: *Recknagel/Sprenger/Schramek:* Taschenbuch für Heizung und Klimatechnik. München 1994/95.

Meeresschwinde. M. sind Öffnungen der Karstoberfläche an Küsten, an denen Meerwasser landeinwärts fließt. *Mattheß*
Literatur: *Mattheß, G.,* u. *K. Ubell:* Allgemeine Hydrogeologie – Grundwasserhaushalt. Berlin, Stuttgart 1983.

Mehrfachschraubmaschine. Für die wirkungsvolle Montage des Gleisoberbaus sind festgezogene Befestigungsmittel eine wichtige Voraussetzung. M. haben hierfür mehrere Vielfachschraubköpfe, die gegenüber dem Maschinenrahmen längsverschieblich angeordnet sind. Die Maschine kann kontinuierlich weiterfahren, während die Schraubköpfe an die → Schrauben bzw. Muttern herangeführt werden. Sie läßt sich sowohl zum Festschrauben als auch zum Lösen von Muttern einsetzen. Durch hydraulische Steuerung des Schraubaggregates ist ein gleichmäßiges Drehmoment gewährleistet. *Kühn*

Mehrkomponentenharz → Reaktionsharz

Mehrkomponentenlack. M. sind → Lacke, die kurz vor der Verarbeitung in genau einzuhaltendem Mischungsverhältnis aus zwei oder drei flüssigen Komponenten zusammengesetzt werden. Der feste Film bildet sich durch chemische Reaktionen der monomeren oder vorpolymerisierten Ausgangsstoffe zu einem Poly-

mer (Kunststoff). Da der chemische Prozeß temperaturabhängig ist, sind bestimmte Mindesttemperaturen bei der Verarbeitung einzuhalten. Da kein Dispersionsmittel oder Lösemittel entweichen muß, ist der Film sehr dampfdiffusionsdicht, und es können große → Schichtdicken erreicht werden. Beispiele für M. sind PUR-Lacke, EP-Lacke, Polyesterlacke. *Sasse*

Membran. M. sind flächige Bauteile, die in ihrer Ebene zugfest, jedoch nicht druckfest sind und die keine Biegefestigkeit haben. Kunststoffmembranen werden als Aeromembranen zwischen festen Punkt- und Linienauflagern oder über Seilnetzkonstruktionen ausgespannt oder tragen sich als pneumatische Konstruktionen durch geringen inneren Überdruck. Als Geomembranen werden sie zu großflächigen → Abdichtungen im → Erdbau verwendet. Durchlässige → Geotextilien dienen als M. für Entwässerungs- bzw. Filterzwecke im Erdbau. Der Aufbau von Kunststoffmembranen ist i. d. R. dreischichtig: Eine obere und eine untere Deckschicht aus thermoplastischem Material sorgen für eine Abdichtung gegen Flüssigkeitsdurchtritt und schützen das Gewebe vor mechanischen und chemischen Angriffen. Eine mittlere Gewebelage dient überwiegend als Festigkeitsträger. Als Werkstoff für die Deckschichten wird meist PVC-weich verwendet, für erhöhte Anforderungen an die → Dauerhaftigkeit und Brandsicherheit auch PTFE oder ähnliche Fluorpolymere. Für die Gewebelage setzt man meist Polyester ein, zur Erzielung der Brennbarkeitsklasse A2 (nicht brennbar) auch Glasfaser und Aramid in Verbindung mit Deckschichten aus PTFE. *Sasse*
Literatur: Überdachungen aus Kunststoff: Eine Bilddokumentation. Kunststoffe im Bau 18 (1983) Nr. 2, S. 78/85.

Mergelgestein → Tongestein

Merkblatt. M. – für den Bereich der → Siedlungswasserwirtschaft, also → Trinkwasser und Abwasser – sind im Rahmen der fachtechnischen Gemeinschaftsarbeit unter der Federführung der Fachorganisationen → ATV und → DVGW erarbeitete Grundsätze für die Planung, den Betrieb und die Überwachung von Anlagen in diesem Ver-/Entsorgungsbereich. Sie sollen dem Planer und Prüfer Hinweise der Vorbereitung, → Bemessung, Planung und Realisierung sowie Hilfen zur Planung und über einen ordnungsgemäßen Betrieb der verschiedenen Anlagen geben. Sie werden ergänzt durch Arbeitsblätter, Richtlinien, Hinweise und oft auch durch eine beratende Hilfe aus den Arbeitsgruppen.

Sie können so ein Hinweis auf die juristisch bedeutenden allgemein anerkannten Regeln der Technik, selten auch den Stand der Technik sein.

Die hier und auch bei der einschlägigen Normenarbeit beteiligter Mitglieder geleistete ehrenamtliche Arbeit stellt ein erhebliches Wissens- und Erfahrungspotential zur Verfügung, das auch international geschätzt wird.

Die Arbeitsergebnisse der Arbeitskreise durchlaufen einen mehrstufigen Beschlußprozeß mit Gelbdruck-Veröffentlichung der Entwürfe, Fristen für Einsprüche, Einspruchbehandlung und dann schließlich Überarbeitung bis zum Weißdruck (ATV-A 400, DVWG-GW 100). *Pfeiff*

Messerfurnier. Wird aus vorgedämpften Holzblöcken gewonnen, von denen ein Messerblock hobelartig die Furniere abhebt. *Dröge*

Messerschild. M. (Bild) bestehen aus Messern, die man einzeln vorpressen kann, ohne die auftretenden Reaktionskräfte, die über Reibung vom ruhenden Teil des Schildmantels abgetragen werden, auf die nachfolgende Tunnelauskleidung zu übertragen, die beliebig ausführbar ist. So kann z. B. der einschalige Ausbau (extrudierter Stahlfaserbeton) zum Einsatz kommen, bei dem direkt hinter dem Schildmantel der Ringraum zwischen Schalung und Gebirge mit Stahlfaserbeton verfüllt wird. Ansonsten ist aber jede Art von Tunnelauskleidung wie auch Abbaueinrichtung anwendbar. *Kühn*

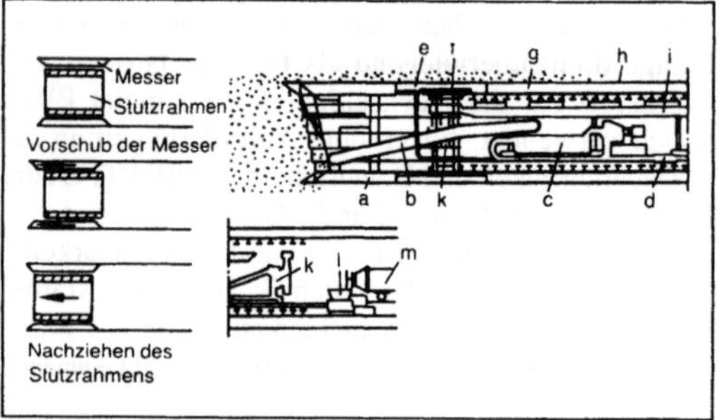

Messerschild: M.-Vortrieb mit extrudierter Tunnelschale.

a Messerschild, b Kettenförderer, c Förderpumpe, d Spülförderleitung, e Stirnschalung, f Betonförderleitung, g Stahlfaserbeton, h Umsetzschalung, i Segmentförderer, k Erektor, l Betonförderpumpe, m Betontransportwagen

Messervortrieb. Tunnelvortrieb bzw. → Schildvortrieb mit Hilfe eines → Messerschildes als wandernder Sicherung (Bild). *Wagner*

Metallschichtholz. Verbundsperrholz aus metallbewehrtem → Sperrholz. Die Verbindung von Holz und Metall beruht auf mechanischer und spezifischer → Adhäsion (intermolekulare Anziehung zwischen Werkstoff und Bindemittel). Die spezifische Adhäsion tritt nur ein, wenn beide Stoffe gleichpolig sind. Deshalb behandelt man das Metall vor dem Verkleben chemisch. Als → Leime kommen Phenolharze zur Anwendung, die mit synthetischem Kautschuk oder mit thermoplastischem Kunstharz vermischt werden, möglichst schwindfrei und/oder elastisch sind. Nach den Verleimungsarten unterscheidet man direktes Abbinden bei

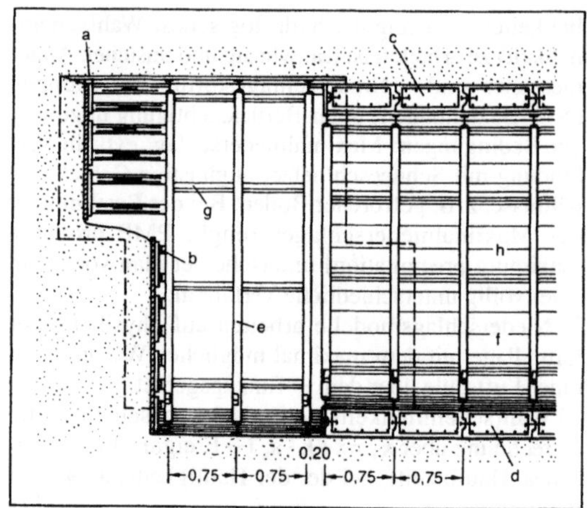

Messervortrieb: Ausführungsbeispiel.

a Vortriebsmesser, b Brustverbau, c Stahlbetongewölbe, d Sohlengewölbe, e Ausbruchbogen, f Schalbogen, g Abstandhalter

hoher Temperatur, Zweistufenabbinden durch Zugabe von Primär- und Sekundärbindemitteln und direktes Abbinden bei Raumtemperatur. M. wird beim Beplanken von Eisenbahnwagen, bei Skiern, Badmintonrackets, im Segelflugzeugbau, als tragender Fußbodenbelag u. a. m. eingesetzt. *Dröge*

Metamorphit. M. sind durch Umwandlung (Metamorphose) entstandene Gesteine. Sie weisen Schieferungsfugen und Klüfte auf, die durch Verwitterung in Erdoberflächennähe und in tektonischen Störungszonen vergrößert sind. Offene, grundwasserführende Klüfte reichen von der oberflächennahen → Auflockerungszone mit abnehmender Klaffweite bis in mehr als 100 m Tiefe. Die M. haben in der oft mehrere zehn Meter mächtigen Verwitterungsdecke besonders bei grusigem oder brockig-splittrigem Zerfall grobkörniger Ausgangsgesteine nennenswerte → Hohlraumanteile und → Durchlässigkeit. Die Porosität der frischen Gneise beträgt 0,1–3% und die der kristallinen Schiefer 0,5–5%. Bei zunehmender Verwitterung können Porositäten bis zu 50% mit hohen nutzbaren Hohlraumanteilen erreicht werden. Für die Gesteinsdurchlässigkeitskoeffizienten der Tonschiefer werden Werte zwischen $2{,}1 \cdot 10^{-12}$ und $3 \cdot 10^{-6}$ m/s, der kristallinen Schiefer Werte zwischen $7 \cdot 10^{-12}$ und $4{,}2 \cdot 10^{-5}$ m/s angegeben. Nennenswerte Gesteinsdurchlässigkeiten treten nur im Verwitterungsbereich auf. Die Gebirgsdurchlässigkeit ist besonders bei unverwittertem Gestein manchmal um drei Zehnerpotenzen höher als die Gesteinsdurchlässigkeit und in hohem Maße richtungsabhängig. Die mittleren Brunnenleistungen von M. betragen meist zwischen 0,5 und 1,5 l/s, erreichen in intensiv geklüfteten oder verwitterten Bereichen auch höhere Werte. Brunnenleistungen bis zu 18,9 l/s sind bekannt. *Mattheß*

Literatur: *Mattheß, G.,* u. *K. Ubell*: Allgemeine Hydrogeologie – Grundwasserhaushalt. Berlin, Stuttgart 1983.

Mietergarten → Freizeiteinrichtung

Mikrobewässerung. Wasser- und Energie sparendes Bewässerungsverfahren, hinsichtlich Wasserverbrauch zwischen → Beregnung und → Tropfbewässerung liegend. Mit dem gewachsenen Umweltbewußtsein gewinnt die M. an Bedeutung. Die ortsfeste Anlage und der Wasserdruck (0,2 – 2 bar) entspricht prinzipiell der der Tropfbewässerung. Ausgebracht wird das Wasser (> 10 l/h) durch Kleinstregner, Mikrojets, Sprühdüsen, u. a. Zum Vergleich: Bei der Tropfbewässerung wird pro Tropfelement 1 – 10 l/h abgegeben. Vorteil gegenüber der Tropfbewässerung: höhere Betriebssicherheit (leichteres Überwachen, höhere Bodenfeuchte).

Lecher

Minderung. Nachträgliche Herabsetzung der → Vergütung auf Verlangen des Auftraggebers und als Gewährleistungsanspruch § 13 Nr. 6 VOB/B geregelt.

Ist danach die Beseitigung eines vorliegenden Mangels unmöglich oder würde sie einen unverhältnismäßig hohen Aufwand erfordern, und wird sie deshalb vom Auftragnehmer verweigert, so kann der Auftraggeber M. der Vergütung verlangen. Der Auftraggeber kann ausnahmsweise auch dann M. der Vergütung verlangen, wenn die Beseitigung des Mangels für ihn unzumutbar ist. Für die Berechnung der M. finden die gesetzlichen Vorschriften der §§ 634 Abs. 4, 472 BGB entsprechende Anwendung. *Olshausen*

Literatur: *Ingenstau/Korbion*: VOB-Kommentar. Teil A u. B. 1993. Düsseldorf.

Mindestanforderungen (Abwasser). System bundeseinheitlicher Vorschriften für das Einleiten von Abwasser in ein Gewässer entsprechend § 7 a Wasserhaushaltsgesetz (WHG) in der Fassung vom 23. 9. 1986 (zuletzt geändert durch G. v. 27. 6. 1994, BGBl. I S. 1440). Dabei wird zur Verbesserung der Gewässergüte vorgeschrieben, daß die Bundesregierung mit Zustimmung des Bundesrates allgemeine Verwaltungsvorschriften über M. an das Einleiten von Abwasser – unabhängig von der Gewässergüte der einzelnen Gewässer – erläßt. Diese Vorschriften sind von jedem Einleiter mindestens einzuhalten. Die Festlegung der M. basiert auf den allgemein anerkannten Regeln der Technik. Die Bundesländer haben das Recht und zum Teil die Pflicht, die M. zu verschärfen, sofern die Situation des Gewässers dies erfordert. Durch die inzwischen erlassenen 48 (Stand 1. 1. 1994) allgemeinen Verwaltungsvorschriften über M. wurden für den größten Teil der Abwassereinleitungen in Deutschland M. in Verwaltungsvorschriften festgelegt. *Lecher*

Literatur: *Wüsthoff, A.*, et al.: Handbuch des deutschen Wasserrechts. Loseblattsammlung. Berlin 1958 ff.

Mineralfarbe. Bezeichnung für die in wäßriger Dispersion oder Lösung als Anstrichmittel angewendeten anorganischen → Bindemittel, z.B. Kalk, Weißzement, Silicatfarben (Wasserglas). Die Erhärtung geschieht durch chemische Reaktion. Die Filme zeigen matte Oberflächen und hohe Wasserdampfdurchlässigkeit. Sie sind verschmutzungsempfindlich, nicht schlagregendicht, imprägnierbar und überstreichbar. Man wendet sie vorzugsweise auf → Putz, → Beton und → Mauerwerk an. *Sasse*

Mineralfaser, künstliche (KMF). K. M. umfassen anorganische amorphe Fasern mit den Gruppen textile und nichttextile Glasfasern (Bild). Daneben gibt es die anorganischen kristallinen Fasern mit den im wesentlichen genutzten Vertretern Kohlenstoff-Fasern und Metallwollen und die organischen Faserstoffe auf der Basis von Polyacrylnitril und oxidiertem Polyacrylnitril, von Polyvinylalkoholen und → Polyolefinen, von Polyfluorethylen und Polyaramiden. Viele Faserarten werden für spezifische Anwendungen auch als Ersatzstoffe für → Asbest eingesetzt.

Die nach nichttextilen Verfahren hergestellten Faserstoffe zeigen keine parallele Orientierung. Die Fasern

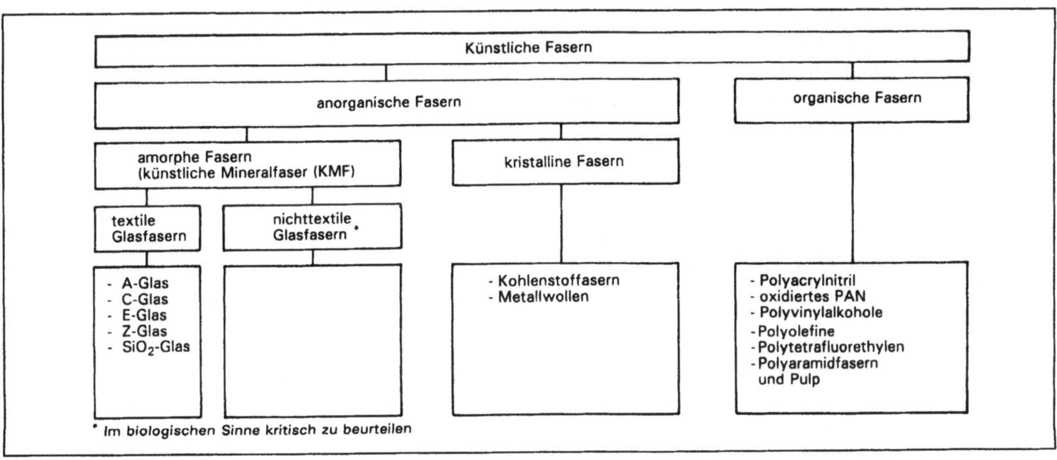

Mineralfaser, künstliche: Einteilung.

haben Längen im Bereich von Zentimetern. Die Durchmesser der Einzelfasern sind stark unterschiedlich und streuen um den Faktor von 100; der untere Grenzbereich liegt bei Werten z. T. deutlich unter $1-2$ µm. Der Gehalt der Anzahl kritischer Fasern beträgt bei Dicken unter 2 µm bis zu etwa 80%, bei Dicken unter 1 µm bis zu etwa 50%. Die dickeren Faseranteile üben die bekannten Hautreizeffekte (Jucken) aus. Mineralwollen sind nicht längs spaltbar.

Glas-, Gesteins- und Schlackenwolle (ihre Farbe ist gelb bis braun) werden im Hochbau zur Wärmedämmung in Form von einseitig kaschierten Bahnen und Platten, zur Schalldämmung in Form von in der Regel ein- oder zweiseitig kaschierten Platten oder Filzen sowie als Akustikdeckenplatten, vorzugsweise beschichtet, eingesetzt. Als Asbest-Ersatzstoffe haben sie keine große Bedeutung. Die Produkte enthalten Bindemittel, die den Fasern Halt geben sollen.

Keramische Wolle (ihre Farbe ist weiß) findet im Bau in der Regel keine Anwendung, sondern wird für Hochtemperaturbereiche in der Industrie eingesetzt.

Im September 1993 wurde von der Senatskommission der DFG zur Prüfung gesundheitsschädlicher Arbeitsstoffe (*MAK-Kommission*) eine neue Bewertung des krebserzeugenden Potentials von anorganischen Faserstäuben (Fasern, die eine Länge von größer als 5 µm, einen Durchmesser von kleiner als 3 µm und ein Verhältnis von Länge zu Durchmesser von größer als 3 zu 1 aufweisen) in der Liste der gesundheitsschädlichen Arbeitsstoffe (*MAK-Werte-Liste*) veröffentlicht.

Faserstäube von Attapulgit/Palygorskit, Kaliumtitanat und keramischen Fasern wurden aufgrund der Ergebnisse von Tierversuchen als krebserzeugend eingestuft (Gruppe „III A 2"). Glas- und Steinwollefasern wirken krebserzeugend in Tierversuchen mit direkter Applikation der Fasern in das Zielorgan und sind nach Auffassung der MAK-Kommission wie krebserzeugende Arbeitsstoffe zu behandeln (Gruppe „als ob III A 2"). Alle anderen anorganischen Faserstäube (mit der Ausnahme von Gips und Wollastonit) sind als Stoff mit begründetem Verdacht auf krebserzeugende Wirkung eingestuft (Gruppe „III B").

In der Gruppe „III B" der MAK-Werte-Liste wurden k. M. mit Durchmessern unter 1 µm bereits seit 1980 geführt.

Im Ergebnis einer vom Bundesgesundheitsamt (*BGA*) federführend vorbereiteten internationalen Expertenanhörung im Dezember 1993, vorgelegt als Bericht der beteiligten Behörden im März 1994, bestätigen die Bundesoberbehörden BGA, Bundesanstalt für Arbeitsschutz (*BAU*) und Umweltbundesamt (*UBA*) ihre Auffassung, daß zahlreiche k. M. (z. B. Faserstäube von Glas- oder Steinwollen) die Kriterien einer Einstufung gemäß EU-Richtlinie 93/21/EWG als krebserzeugende Arbeitsstoffe der Kategorie 2 („krebserzeugend im Tierversuch") erfüllen.

Anfang Mai 1994 wurde vom Ausschuß für Gefahrstoffe (*AGS*), der den Bundesminister für Arbeit und Sozialordnung in Fragen des Arbeitsschutzes berät, ein neuartiges Einstufungskonzept für Faserstäube, ausgehend von dem aus der chemischen Zusammensetzung bestimmten Kanzerogenitäts-Index K_I, zur Aufnahme in die neue Technische Regel für Gefahrstoffe TRGS 905 vorgeschlagen. Danach sind glasige Faserstäube mit einem $K_I \leq 30$ als krebserzeugende Stoffe der Kategorie 2 gemäß Anhang I Nr. 1.4.2.1 GefStoffV einzustufen. Glasige Faserstäube mit $K_I > 30$ und $K_I < 40$ werden in Kategorie 3 („begründeter Krebsverdacht") eingestuft; für Faserstäube mit einem $K_I \geq 40$ erfolgt keine Einstufung. Die Einstufung kann auch auf der Grundlage von Ergebnissen geeigneter Tierversuche vorgenommen werden. Faserstäube handelsüblicher Glas- oder Steinwolle weisen i. a. einen $K_I \leq 30$ auf und sind damit als krebserzeugende Stoffe einzustufen. Diesem Einstufungskonzept, das der AGS mit dem Konsens aller Sozialpartner verabschiedet hat, folgte das Bundesministerium für Arbeit und Sozialordnung und nahm die Regelungen zum Kanzerogenitäts-Index für Faserstäube in die TRGS 905 auf, die Ende Juni 1994 erstmals veröffentlicht wurde.

Im April 1994 legte das Umweltbundesamt die Ergebnisse von Untersuchungen über die Innenraumbelastung durch Faserstäube aus eingebauten Mineralwolle-Dämmstoffen vor, wobei der Schwerpunkt dieser Untersuchungen auf Räumen mit unverkleidet eingebauten Mineralwolle-Erzeugnissen z. B. zum → Schallschutz auf abgehängten Decken lag, die wegen ihres direkten Kontaktes zum Innenraum das höchste Potential der Abgabe von Faserstäuben in die Innenraumluft aufweisen.

Im Juni 1994 fand unter Federführung des Umweltbundesamtes eine weitere Sachverständigenanhörung der drei Bundesoberbehörden zu Maßnahmen der Verringerung der Risiken durch KMF und zur Bewertung möglicher Alternativen statt. Dabei wurden eine Reihe von vielversprechenden Alternativen und neuen Entwicklungen von Dämmstoffen mit günstigeren gesundheitlichen und ökologischen Eigenschaften erkennbar. Insbesondere gehören hierzu die Bemühungen der Mineralwolle-Hersteller, kurzfristig Materialien herzustellen, deren Faserstäube nach der Bewertung gemäß TRGS 905 nicht mehr als krebserzeugende Stoffe einzustufen sind.

Konkrete Angaben über die technische Erprobung dieser neuen Materialien und zur Zeitplanung einer Markteinführung der Produkte stehen bisher noch aus. Seit 1995 haben einige Hersteller von Mineralwolle-Dämmstoffen ihre vollständige Produktpalette auf Erzeugnisse umgestellt, deren Faserstäube nach der TRGS 905 weder als krebserzeugende noch als krebsverdächtige Stoffe einzustufen sind.

Bei Neuprodukten für die Wärme- und Schalldämmung kommen wegen des hohen Umweltnutzens derartiger Maßnahmen nur solche Alternativen in Frage, die den gleichen Nutzen bieten bei geringeren Bedenken oder geringeren Auswirkungen auf Gesundheit und Umwelt. *Lohrer*

Literatur: DFG: MAK- und BAT-Werte-Liste 1993; Mitt. 29 der Senatskommission zur Prüfung gesundheitsschädlicher Arbeitsstoffe (1993); DFG: MAK- und BAT-Werte-Liste 1994; Mitt. 30 der Senatskommission zur Prüfung gesundheitsschädlicher Arbeitsstoffe (1994); DFG: MAK- und BAT-Werte-Liste 1995; Mitt. 31 der Senatskommission zur Prüfung gesundheitsschädlicher Arbeitsstoffe (1995); Weinheim. – *Fischer, M.* (Hrsg.): Krebsgefährdung durch künstliche Mineralfasern. BGA-Schriften 4/94. München. – *Poeschel, et al.*: Umweltrelevanz künstlicher Fasern als Substitute für Asbest. Bericht des Battelle-Institutes für das Umweltbundesamt; Bd. 10 (1978) in der Schriftenreihe Materialien des Umweltbundesamtes. Berlin. – *Pott, F.*: Die Faser als krebserzeugendes Agens. Zbl. Hyg. B 184 (1987) S. 1–23. – Technische Regel für Gefahrstoffe TRGS 905: Verzeichnis krebserzeugender, erbgutverändernder oder fortpflanzungsgefährdender Stoffe, Ausg. April 1995; Bundesarbeitsblatt 4, 1995; Änderung der Neufassung der TRGS 905; Bundesarbeitsblatt 6, 1995. – Umweltbundesamt: Untersuchungen zur Innenraumbelastung durch faserförmige Feinstäube aus eingebauten Mineralwolle-Erzeugnissen; UBA-Texte 30/94, Umweltbundesamt Berlin 1994. – Verordnung zum Schutz vor gefährlichen Stoffen (Gefahrstoffverordnung – GefStoffV) in der Fassung vom 26. Oktober 1993 (Bundesgesetzblatt Teil I, S. 1782), zuletzt geändert durch die Verordnung vom 19. September 1994 (Bundesgesetzblatt Teil I, S. 2557).

Mineralstoff. M. sind die festen Bestandteile von Baustoffgemischen. Sie werden in natürliche und künstliche M. (→ Mineralstoff, künstlicher; → Mineralstoff, natürlicher) unterteilt. Ein Korngemisch aus M. nennt man M.-Gemisch. Zu den natürlichen M. zählen Felsgestein, das in Steinbrüchen durch Brechen und Absieben in Lieferkörnungen gewonnen wird, → Lockergesteine, wie → Kies und → Sand, sowie die als Lavaschlacke bezeichnete porenreiche vulkanische Schlacke. Die durch Aufschmelzen, Brennen oder Sintern hergestellten M. bezeichnet man als künstliche M. Im → Straßenbau werden die M. in Schichten, die mit → Bindemittel gebunden sind, oder in Tragschichten ohne Bindemittel eingesetzt. Die Nutzungsdauer der Straßen hängt wesentlich von der Qualität der M. und der M.-Gemische ab. Die Anforderungen an die M. sowie deren Güteüberwachung- und -prüfung sind in umfangreichen Regelwerken festgelegt. *Beckedahl*

Literatur: Richtlinien für die Güteüberwachung von Mineralstoffen im Straßenbau (RGMin-StB). – Technische Lieferbedingungen für Mineralstoffe im Straßenbau (TLMin-StB). – Technische Prüfvorschriften für Mineralstoffe im Straßenbau (TPMin-StB).

Mineralstoff, künstlicher. K. M. sind durch Aufschmelzen, Brennen oder Sintern hergestellte Mineralstoffe. Zu den k. M. sollen hier auch die industriellen Nebenprodukte gezählt werden, die mit dieser Definition nicht übereinstimmen, um damit das Spektrum der im → Straßenbau verwendeten Baustoffe zu vervollständigen. Zu den ältesten im Straßenbau verwendeten k. M. zählt die Hochofenschlacke, die nach Eisenhüttenschlacke und Metallhüttenschlacke unterschieden wird. Unter Eisenhüttenschlacke ist Hochofen- und Stahlwerkschlacke zu verstehen. Eisenhüttenschlacke entsteht als Gesteinsschmelze bei der Herstellung von Roheisen. Sie erstarrt je nach Abkühlungsbedingung zu kristalliner Hochofenstückschlacke, zu poriger Hochofenschaumschlacke oder zu feinkörnigem Hüttensand. Hochofenstückschlacke wird durch Brechen und/oder Sieben zu Edelsplitt, Edelbrechsand, Schotter, Splitt, Brechsand, Füller und Korngemisch verarbeitet. Hochofenschlacken können nach dem „Merkblatt über Hochofenschlacken im Straßenbau" in Abhängigkeit von der Sorte in allen Schichten des → Oberbaus und für den → Unterbau verwendet werden. Zu den im Straßenbau zum Einsatz kommenden industriellen Nebenprodukten, für die im „Merkblatt über die Verwendung von industriellen Nebenprodukten im Straßenbau" einheitliche Voraussetzungen für die Verwendung hinsichtlich Bezeichnung und Beurteilung geschaffen wurden, zählen Müllverbrennungsaschen, Nebengestein der Steinkohle, Schmelzkammergranulat und → Steinkohlenflugasche. *Beckedahl*

Mineralstoff, natürlicher. Unter n. M. wird eine Anhäufung oder ein Gemenge loser oder fest verbundener natürlich entstandener Mineralien verstanden, die in magmatische Gesteine, Sedimentgesteine und metamorphe Gesteine unterteilt werden. Die Magmagesteine entstanden aus schmelzflüssigem Magma: Aus relativ langsam abgekühltem Magma wurde das Tiefengestein und aus schneller abgekühltem Magma das Ergußgestein. Beide Arten der magmatischen Gesteine unterscheiden sich durch ihr Gefüge, das sich während der Kristallisation ausbildete. Zu den im → Straßenbau verwendeten Magmagesteinen oder Erstarrungsgesteinen gehören die Tiefengesteine Granit, Syenit, Diorit und Gabbro sowie die Ergußgesteine Quarzporphyr, Andesit, Basalt, Melaphyr, Basaltlava und Diabas. Sedimentgesteine sind durch Verwitterung entstandene Gesteinsmaterialien, die in Ablagerungen vorkommen. Im Straßenbau verwendet man die Sedimentgesteine Quarzit, Grauwacke, Kalk und Dolomit. Durch erhöhten Druck, erhöhte Temperatur oder durch eine teilweise oder völlige Aufschmelzung von Magma- oder Sedimentgesteinen bildeten sich die metamorphen Gesteine. Zu den im Straßenbau vertretenen metamorphen Gesteinen zählen Gneis und Amphibolit. → Lockergesteine, wie → Kies und → Sand, setzt man rund, aber auch gebrochen im Straßenbau ein. Die Eigenschaften, die n. M. aufweisen müssen, sind die Verwitterungsbeständigkeit (Frostbeständigkeit, Raumbeständigkeit), die Festigkeit sowie granulometrische Eigenschaften (Reinheit, Kornform, Bruchflächigkeit und Affinität zu Bitumen). Für Mineralstoffgemische sind Anforderungen an die Korngrößenverteilung und Frostempfindlichkeit zu erfüllen.

Nach der Gesteinsgewinnung durch Sprengen und Baggern bereitet man die Gesteine für die Verwendung in der Straße z. B. durch Brechen und Sieben auf. Die durch Sieben gewonnenen Körnungen werden nach

Füller (Korndurchmesser bis 0,09 mm), Sand (0,09–2 mm), Splitt (2–31,5 mm) und Schotter (31,5–63 mm) unterschieden. Rundkorn über 2 mm wird als Kies bezeichnet. Ungebrochene Mineralstoffe, die man auch Rundkorn nennt, sind vornehmlich Kies und Natursand, wenn ihre Oberfläche zu weniger als zur Hälfte aus Bruchflächen besteht. Zu den gebrochenen Mineralstoffen (Brechkorn) werden Schotter, Splitt, Brechsand, Edelsplitt, Edelbrechsand und Füller sowie Hüttensand (→ Mineralstoff, künstlicher) und Lavaschlacke gezählt. *Beckedahl*

Mischanlage.
Materialherstellung. M. dienen der Herstellung eines Baustoffs. Sie werden hinsichtlich der entstehenden Produkte in → Betonbereitungsanlagen, bituminöse M. und Gußasphalt-M. unterteilt. In diesen Anlagen sind sämtliche Arbeitsgänge, wie Lagern, Zuteilen, Dosieren, → Beschicken, → Mischen und Entleeren in einer Gesamtanlage zusammengefaßt. Man unterscheidet M. mit horizontalem und vertikalem Arbeitsablauf, Anlagen mit chargenweise oder kontinuierlich arbeitendem Mischer und mobile oder stationäre Anlagen.
Straßenbaugerät. Die Betonherstellung auf der Deckenbaustelle ist auf eine oder zwei → Betonzusammensetzungen in großer Menge und kurzer Bauzeit eingestellt. Es bestehen besondere Forderungen an Güte und Verarbeitbarkeit, insbes. an Gleichmäßigkeit. Man bereitet den Beton, getrennt nach Sorte in zwei M. oder wechselweise in einer M. Die Leistung geht bis zu 400 m/h (verd. Beton). Wichtig ist eine zügige Übergabe des Betons in die → Transportfahrzeuge (Kippsattelanhänger). Dem kurzzeitigen Baustelleneinsatz entsprechend sind die Anlagen aus meist fahrbaren bzw. verladbaren Teilkomponenten zusammengestellt. Diese M. dienen ebenfalls zur Herstellung von zementgebundenem Material für Tragschichten (HGT). M. für bituminöse Massen sind auf die besondere Aufbereitung des Heißeinbauverfahrens ausgerichtet. Die Körnungen werden insgesamt in Trockentrommeln getrocknet und erwärmt. Das Körnungsgemenge wird

i. a. wieder abgesiebt und in der M. gespeichert. Auf Baustellen, wo man größere Mengen einer Mischgutsorte verarbeitet, kann diese Zwischenversiebung entfallen. Die (erneut zusammengesetzte) Körnung und das ebenfalls erwärmte → Bindemittel (Mischguttemperatur 180 °C) werden in beheizten Mischern, absatzweise in Trogmischern (Bild), die mit besonderen Werkzeugen ausgerüstet sind, und in kontinuierlich arbeitenden Trommelmischern, die auch mit der Trockentrommel kombiniert sein können, vermischt. Anlagen, die auf Vorrat produzieren, haben isolierte Übergabesilos. In auf Baustellen liegenden, in stationären Anlagen stehenden beheizten Behältern ist das Bindemittel gelagert. Filtereinrichtungen dienen der Entstaubung und auch der Rückgewinnung des notwendigen Füllers. Dosiervorrichtungen, Zwischenlager und Brennstofftanklager vervollständigen eine Anlage. Im Inland bestehen hauptsächlich ortsgebundene Mischwerke, die im Durchschnitt 40 000–60 000 t/a produzieren und den größten Teil der Straßenbaustellen versorgen. *Kühn*

Mischer. M. in der Baustoffherstellung sind Maschinen, die die Aufgabe haben, die Einzelkomponenten, wie Zuschlagstoffe, Bindemittel, Wasser und Zusatzstoffe, so lange zu vermischen, bis eine homogene Vermengung erzielt ist. Für die Betonherstellung unterscheidet man absatzweise und stetig arbeitende Betonmischer. Diese M. sind bis auf wenige Ausnahmen als ortsfeste Geräte in → Betonbereitungsanlagen fest installiert. Absatzweise arbeitende Maschinen (Chargenmischer), bei denen sich die Betonrezeptur nach jedem Spiel verändern läßt, werden in → Trommelmischer (→ Freifallmischer) sowie in → Trogmischer und → Tellermischer, die beide zu den Zwangsmischern gehören, unterteilt. Außerdem sind selbstfahrende Mischmaschinen im Einsatz, die als Transportbetonmischer das Bindeglied zwischen Betonwerk und Baustelle bilden. In Mischanlagen, in denen große Mengen des gleichen Mischguts herzustellen sind, wie z. B. in Bitumenmischanlagen oder → Betonmischanlagen für den Straßen- und Staudammbau, werden → Stetigmischer eingesetzt. In DIN 459 (Neufassung 1984) sind die normalen Baugrößen mit den Nenninhalten angegeben. Der Nenninhalt ist mit der verdichteten Frischbetonmenge (Verdichtungsmaß 1,45) fest-gelegt. *Kühn*

Mischgut → Asphaltmischgut

Mischpolymerisatharz-Lackfarbe. Vorzugsweise auf Acrylat-Copolymer-Basis aufgebauter, lösemittelhaltiger Außenanstrichstoff. Er ist begrenzt wasserdampfdurchlässig und hat Eigenschaften ähnlich wie → Acrylharzlacke. *Sasse*

Mischungsentwurf für Beton. Der Beton ist (neben dem Mörtel) der einzige Baustoff, den man auf

Mischanlage: Trogmischer für bituminöses Mischgut.

der Baustelle bzw. im Transportbetonwerk in seiner Zusammensetzung verändern kann. Beim Entwurf der Zusammensetzung (→ Betonzusammensetzung) eines Betons stellt sich die Aufgabe, die Mischung aus Zement, Zuschlag, Wasser und ggf. Zusatzstoffen und Zusatzmitteln zu finden, die den Anforderungen, denen der Beton später ausgesetzt ist, am besten entspricht und die den Bestimmungen und Richtlinie genügt. zwischen den Eigenschaften eines Betons einerseits und denen seiner Ausgangsstoffe und deren Mischungsverhältnis sowie dem Alter und den Umweltbedingungen andererseits bestehen Abhängigkeiten (→ Betondruckfestigkeit), die es ermöglichen, die Bedingungen für die Herstellung von Beton mit bestimmten Eigenschaften anzugeben. Wegen der sehr großen Anzahl von Einflußgrößen kann die erforderliche Zusammensetzung eines Betons nur näherungsweise angegeben werden. Meist muß eine Eignungsprüfung (→ Festbeton) nachweisen, daß der Beton mit den in Aussicht genommenen Ausgangsstoffen und Mischungsanteilen unter den gegebenen Verhältnissen die gewünschten Eigenschaften erreicht. Im allgemeinen stimmt man den M. auf Mindestzementgehalt, Konsistenz (→ Frischbeton) und Druckfestigkeit (Betondruckfestigkeit) ab. Zunächst wird der Wasser-Zement-Wert ermittelt, daraus Wasser- und Zementbedarf berechnet und der Luftgehalt des Frischbetons geschätzt. Nach Berechnung des Zuschlagbedarfs läßt sich nun das Mischungsverhältnis Zement: Zuschlag: Wasser bestimmen. Um das Zugabewasser zu ermitteln, muß noch der → Feuchtigkeitsgehalt des Zuschlags vom Wasserbedarf abgezogen werden. Für den Entwurf der Betonzusammensetzung gibt es zahlreiche Verfahren. *Wesche*

Literatur: *Wesche, K.*; Baustoffe für tragende Bauteile, Bd. 2; 2. Aufl. Wiesbaden 1981; s. bes. S. 220/30.

Mischwasser. Werden zur Ortsentwässerung die Schmutzwässer und die Regenwässer als M. in gemeinsamen Kanälen abgeleitet, spricht man vom Mischverfahren (oder Mischsystem) der Ortsentwässerung. Bei → Entwässerung im → Trennverfahren fließen die Schmutz- und Regenwässer je in einem eigenen Kanalnetz, meist in parallel geführten Kanälen, ab. Bisher ist in Deutschland überwiegend das Mischverfahren gewählt, neuerdings wird oft das Trennverfahren bevorzugt, wenn Regenwasser auf den Grundstücken untergebracht oder leicht zu oberirdischen Abflußwegen gebracht werden kann. *Pfeiff*

Mittellohn. Arithmetisches Mittel der Löhne der auf der Baustelle eingesetzten gewerblichen Arbeitnehmer. Je nach Zusammensetzung wird er bezeichnet als

☐ M. A: arithmetisches Mittel der Arbeiterlöhne einschl. Überstundenvergütung, übertarifliche Zulagen, tarifliche Zulagen, z. B. für Erschwernisse, Vermögensbildung;

☐ M. AS: M. A und zusätzlich die auf den Lohn entfallenden Sozialkosten, wie z. B. Krankenversicherung, Arbeitslosenversicherung, Rentenversicherung, Vorruhestandsumlage, Urlaubs- und Feiertagsbezahlung, Lohnfortzahlung im Krankheitsfall usw. Die Sozialkosten betragen etwa 90 bis 105% der Lohnkosten;

☐ M. ASL: M. A und Sozialkosten S sowie die Lohnnebenkosten L;

☐ M. APSL: Mittellohn ASL und zusätzlich das auf den einzelnen umgelegte Gehalt des aufsichtführenden Poliers oder Schachtmeisters.

Der M. ASL, der den → Selbstkosten des Unternehmens ohne Aufsichtsanteil entspricht, betrug 1995 je nach Höhe der → Lohnnebenkosten, Krankenstand und Zusammensetzung der Kolonnen etwa 48,– bis 52,– DM/h, in Extremfällen bei hohen Lohnnebenkosten auch 60,– DM. Werden die Kosten der Aufsicht umgelegt, dann erhöht sich dieser Satz um etwa 5,– DM/h. Im M. ist kein Gemeinkostenzuschlag und keine Umsatzsteuer (MWSt) enthalten, die den M. verdoppeln könnten. *Drees*

Mittelpfette. Beim Hausdach etwa in der Mitte zwischen Traufe und First liegende → Pfette, die Bestandteil des Unterstützungsstuhles ist (→ Dachstuhl). *Dröge*

Mobilität. Die Häufigkeit der Ortsveränderungen zwischen den werktäglichen Aktivitäten wie Wohnen, Arbeiten, Besorgen, Einkaufen, Besuche, Erholen, Bilden wird als M. bezeichnet. Der Grad der M. ist von großem Einfluß auf die Planung des Standortgefüges.

Sie ist ebenso eine Folge der persönlichen Lebensgewohnheiten (→ Motorisierungsgrad) wie der räumlichen Mischung bzw. Entmischung der Flächennutzungen in Stadt und Region.

Dabei hängt die Fahrtenhäufigkeit stark von Siedlungsart und Erschließung, auch von der Frequenz der öffentlichen Verkehrsmittel ab (Tabelle). *Spengelin*

Mobilität. Tabelle: Vergleich der mittleren Weglänge und Wegdauer, bezogen auf die Verkehrsmittel.

	Mittlere Entfernung in km	Mittlere Dauer in Minuten
zu Fuß	1,2	17,6
Rad/Mofa	2,5	14,8
Moped/Krad	7,7	17,7
Pkw	13,3	21,4
ÖPNV	15,3	41,1

Modal-Split. Teilung der Verkehrsarbeit auf verschiedene Verkehrsmittel (individuelle und/oder kollektive), abhängig von Reisezweck, Verkehrssystem und Netztypologie. In der Regel ist M.-S. die Verkehrsaufteilung zwischen motorisiertem Individualverkehr (IV)

und Öffentlichem Personennahverkehr mit Bahn oder Bus (ÖPNV). In neueren Verkehrsmodellen wird auch versucht, die Substituierung der kurzen Ortsveränderungen durch Radverkehr und attraktiven Fußgängerverkehr einzubeziehen.

Interessant ist der Zusammenhang zwischen Alter und Verkehrsmittelwahl, wobei Fahrrad und Fußwege bei Personen von 10 bis 18 Jahren überwiegen, gefolgt vom ÖPNV. Mehr als die Hälfte der Verkehrsbewegungen der 21- bis 45-jährigen entfällt auf den IV. In höherem Alter gewinnt der Anteil des Fußgängerverkehrs an Bedeutung (→ Motorisierungsgrad).

Die öffentlich-rechtliche Beförderungspflicht obliegt den Verkehrsunternehmen, die eine Beförderungsleistung öffentlich anbieten (Eisenbahnen gemäß der Eisenbahn-Verkehrsordnung, den Straßenbahn-, Omnibus- und Linienverkehr mit Kraftfahrzeugen sowie den Taxen gemäß Personenbeförderungs-Gesetz und den Fluglinienverkehr im Sinne des Luftverkehrsgesetzes).

Um die Attraktivität des ÖPNV zu steigern, wird zunehmend der Verkehrsverbund eingeführt. Hier werden ohne Fusion der Unternehmen wesentliche Zuständigkeiten für die Netz-, Fahrplan- und Tarifgestaltung einer besonderen Organisation übertragen. Ziel ist es, für den Fahrgast sich ergebende Nachteile durch organisierte Zusammenarbeit auszugleichen. Als erster Zusammenschluß wurde 1965 der „Hamburger Verkehrsverbund" gegründet. *Spengelin*

Modellversuch. In der → Bodenmechanik und im → Grundbau führt man den M. häufig zur Überprüfung einer Theorie oder zur Klärung der kinematischen Zusammenhänge bei → Grenzzuständen des Bodens aus. Um aus M. Rückschlüsse auf den Prototyp ziehen zu können, müssen beide einander sowohl mechanisch wie auch geometrisch ähnlich sein. Die Zusammenhänge werden durch Modellgesetze dargestellt. Ist für ein Randwertproblem der vollständige Satz der Parameter gegeben, so können nach dem π-Theorem der Dimensionsanalyse aus den dimensionsbehafteten Parametern dimensionslose Variable gebildet werden, die dann einzige Variable des Modellgesetzes sind. Die Dimensionsanalyse klärt Maßstabseffekte. Bei körnigem Boden bleibt aber die Korngröße i. a. unberücksichtigt. Im Modell wird üblich der gleiche Erdstoff mit der gleichen → Lagerungsdichte und derselben Struktur wie beim Prototyp verwendet. Allerdings sollte der Verkleinerungsmaßstab des Modells keinen Grenzwert überschreiten, von dem ab der Korndurchmesser etwa 1% der relevanten Modellabmessungen erreicht. Auch in Gleitzonen kann sich der Maßstabseffekt bemerkbar machen. Im Modell und im Prototyp sollten die Dicken der Gleitzonen dem Modellmaßstab genügen; tatsächlich entstehen bei gleichem Erdstoff aber auch gleiche Gleitzonenabmessungen. Bei kohäsiven Böden ist es noch schwieriger, die Modellgesetze einzuhalten. Hier müssen im Modell entweder sehr weiche Modellmassen oder aber eine Zentrifuge verwendet werden, durch die eine große Erdstoffwichte erzeugt wird. *Meißner*

Modernisierungsgebot. Das Städtebauförderungsgesetz enthielt erstmalig ein M., das in förmlich festgesetzten Sanierungsgebieten galt. Die damit verbundenen Absichten wurden im § 177 des → Baugesetzbuches übernommen. Hierdurch will man erreichen, daß ein Eigentümer, der den Verfall eines Gebäudes mit guter Bausubstanz nicht verhindert, gezwungen werden kann, die Mängel zu beheben. Das Gesetz definiert dabei Mißstände und Mängel, wenn allgemeine Anforderungen an gesunde Wohn- und Arbeitsverhältnisse nicht bestehen oder die äußere Beschaffenheit des Gebäudes das Straßen- und Ortsbild erheblich beeinträchtigt oder wenn das Gebäude, das wegen städtebaulicher, geschichtlicher oder künstlerischer Bedeutung erhalten werden soll, verfällt. Das Gesetz regelt auch, inwieweit sich die Gemeinde an den Modernisierungs- und Instandsetzungskosten beteiligt.

Spengelin

Mörtel. M. sind Gemische, die aus einem oder mehreren miteinander verträglichen Bindemitteln bestehen und i. d. R. mineralische → Zuschläge bis zu 4 mm Größtkorn enthalten. Anorganische M. werden mit Wasser angemacht und erhärten durch chemische Bindung von Wasser sowie Kohlensäure an das → Bindemittel. Ihnen können Zusätze beigegeben werden, um bestimmte Eigenschaften zu erreichen oder zu beeinflussen.

Man unterscheidet im wesentlichen folgende Mörtelarten:
□ Nach der Anwendung: → Mauermörtel, Putzmörtel, Estrichmörtel, Einpreßmörtel, Verlegemörtel, Verfugmörtel, Ausbesserungsmörtel;
□ Nach der Bindemittelart: Zementmörtel, Kalkmörtel, Kalkzementmörtel, Putz- und Mauerbindermörtel, Gipsmörtel, Kalkgipsmörtel, Anhydritmörtel, Anhydritkalkmörtel, Magnesiamörtel, → Kunstharzmörtel;
□ Nach dem Zuschlag: Feinmörtel, Grobmörtel, Leichtmörtel;
□ Nach Konsistenz und Verarbeitung: steifer, weicher, kellengerechter M., Fließmörtel, Gießmörtel, Spritzmörtel, → Dünnbettmörtel;
□ Nach Herstell- und Lieferverfahren: Baustellenmörtel, Werkmörtel;
□ Nach dem Zustand des M.: Frischmörtel, Naßmörtel, Werkfrischmörtel, Werkvormörtel, Werktrockenmörtel, Festmörtel;
□ Nach dem Erhärtungsvorgang bei mineralischen M.: Luftmörtel (Erhärtung ausschließlich an der Luft, wasserlöslich) und hydraulische M. (Erhärtung an der Luft und unter Wasser, wasserbeständig).

Putz- und Mauermörtel werden nach DIN 18550, Tl. 2, bzw. DIN 1053, Tl. 1, nach der Art des Bindemittels in Mörtelgruppen eingeteilt (Tabelle). Den Mörtelgruppen sind bestimmte Mindestdruckfestigkeiten

Mörtel. Tabelle: M-Gruppen.

Mörtel-gruppe	Bindemittel
I	Luftkalk, Wasserkalk, hydraulischer Kalk (→ Baukalk)
I	bei Mauermörtel
II	bei Putzmörtel hochhydraulischer Kalk (→ Baukalk), Putz- und Mauerbinder
II	Luft- und Wasserkalk + Zement
II	bei Mauermörtel hochhydraulischer Kalk oder Putz- und Mauerbinder + Zement
II a	bei Mauermörtel Wasserkalk, hochhydraulischer Kalk oder Putz- und Mauermörtel + Zement
III	Zement
III a	bei Mauermörtel Zement
IV	bei Putzmörtel Gips, Gips + Kalk (→ Baugips)
V	bei Putzmörtel Anhydrit, Anhydrit + Kalk (→ Anhydritbinder)
Org	bei Putzmörtel Kunstharz

zugeordnet, die aber i. a. nicht nachgewiesen zu werden brauchen, wenn die in DIN 18550 bzw. DIN 1053 vorgeschriebene Zusammensetzung eingehalten wird. Die M. müssen auch eine Reihe anderer Anforderungen erfüllen, z. B. an die Haftscherfestigkeit sowie die Querverformbarkeit und die Trockenrohdichte (Leichtmörtel). Werkmörtel nach DIN 18 557 werden als Vormörtel, Werkfrisch- oder Trockenmörtel geliefert. Vormörtel sind Naßmörtel mit nichthydraulisch erhärtenden Bindemitteln (Gruppe I), die auf der Baustelle durch Zumischen von Zement zu M. der Gruppe II oder IIa aufbereitet werden können. Werkfrischmörtel ist ein kellenfertiger M., der auf der Baustelle ohne weitere Maßnahmen etwa 36 h lang verarbeitbar ist. Trockenmörteln darf man auf der Baustelle nur noch das Wasser zugeben. Sie werden als Sackware oder lose im Silo geliefert.

Mauermörtel (DIN 1053, Tl. 1) – Normal-, Leicht- und Dünnbettmörtel – haben die Aufgabe,
– die Zwischenräume (→ Fugen) zwischen den → Mauersteinen auszufüllen und mit diesen das → Mauerwerk zu bilden,
– die Mauersteine kraftschlüssig zu verbinden und die auftretenden Druck-, Schub-, Zug- und Biegespannungen aufzunehmen bzw. zu übertragen und
– einen ausreichenden Feuchtigkeits-, → Schall- und → Wärmeschutz im Fugenbereich zu gewährleisten.

Bei Sichtmauerwerk werden die Fugen i. a. auf etwa 1,5 mm Tiefe mit einem steiferen Verfugmörtel ausgefugt, der aber ausreichend dicht sein muß. Vorzuziehen ist jedoch der direkte Fugenglattstrich. Die Fugendicke von Mauerwerk mit Normal- und Leichtmörtel soll nach DIN 1053, Tl. 1, für die Stoßfugen 10 mm und für die Lagerfugen 12 mm betragen. Damit sollen die Maßabweichungen der Wandbausteine ausgeglichen werden, die je nach Steinart bis zu ±7 mm betragen kön-

nen. Bei besonderen „Plansteinen" (Kalksandsteine, Gasbetonsteine, nachbearbeitete Ziegel) lassen sich diese Abweichungen auf ± 1 – 1,5 mm und damit die Fugendicke bis auf etwa 2 – 3 mm reduzieren. Die Steine werden dann mit einem Dünnbettmörtel verbunden, den man i. d. R. aus Zement, Feinsand und organischen Zusätzen herstellt, die die Verarbeitbarkeit und das Wasserrückhaltevermögen des M. verbessern sollen. Die Vorteile des Dünnbettmörtels sind:
– wirtschaftlicheres Aufbringen des M. mit besonderen Verfahren, z. B. mit Zahnspachtel,
– geringerer Mörtelanteil, dadurch geringere Baufeuchtigkeit,
– auch ohne Verwendung von Leichtmörtel bessere Wärmedämmung der Wand.

Der übliche Mauermörtel hat eine wesentlich größere Wärmeleitfähigkeit als hochwärmedämmende Wandbausteine. Trotz des relativ geringen Fugenanteils von etwa 5 – 10 % ist der Einfluß des M. auf die Wärmedämmung des Mauerwerks bei Verwendung dieser Wandbausteine erheblich. Es empfiehlt sich daher, auch die Wärmedämmung im Fugenbereich durch Verwendung eines Leichtmörtels mit kleiner Rohdichte zu erhöhen, dessen Zuschlag i. a. aus Blähton, Naturbims, Blähglimmer oder Blähperlit besteht.
☐ Putzmörtel (DIN 18 550). Als → Putz werden M. aus mineralischen Bindemitteln oder Kunstharzbindemitteln im frischen Zustand ein- oder mehrlagig auf Wände und Decken aufgetragen. Sie übernehmen außer gestalterischen vor allem bauphysikalische Aufgaben für den Feuchtigkeits-, Wärme-, Schall- und → Brandschutz. Die Anforderungen an die Putzmörtel richten sich nach diesen Aufgaben, nach dem Ort der Verwendung, nach dem Aufbau, nach der Putzweise und nach der Oberflächenstruktur. In DIN 18 550, Tl. 1, sind Putzsysteme angegeben, mit denen diese Anforderun-

gen erfüllt werden und die auf den Putzmörtelgruppen aufbauen (Tabelle). Besonderen gestalterischen Aufgaben dienen die Edelputze, die als Trockenmörtel geliefert werden und die meist durch Farbe und Zuschlagauswahl eine besondere Oberflächenstruktur aufweisen.

☐ Estrichmörtel (DIN 18560). → Estriche sind Mörtelschichten als Bodenbeläge, die auf einem tragenden Untergrund oder auf einer zwischenliegenden Trenn- oder Dämmschicht hergestellt werden, unmittelbar nutzfähig sind oder mit einem Belag versehen werden. Man unterscheidet Estriche nach folgenden Begriffen:
– nach der Konstruktion Verbundestrich, Estrich auf Trennschicht, schwimmender Estrich (auf einer Dämmschicht),
– nach dem Herstellverfahren einschichtiger, zweischichtiger Estrich, Baustellenestrich, Fertigteilestrich,
– nach der Art von Bindemittel und Zuschlag Anhydritestrich (→ Anhydritbinder), Gußasphaltestrich, Magnesiaestrich (→ Magnesitbinder), Zementestrich (Zement), Hartstoffestrich.

Als Hartstoffe werden nach DIN 1100 Natursteine, dichte Schlacken, Metalle, Elektrokorund, Siliciumcarbid und deren Gemische verwendet.

☐ Einpreßmörtel (DIN 4227, Tl. 5). Einpreßmörtel wird ausschließlich als → Zementleim oder Zementmörtel hergestellt und bevorzugt im Spannbetonbau verwendet, um die Spannglieder vollständig zu umhüllen und dadurch den Korrosionsschutz der Spannstähle zu gewährleisten. Außerdem setzt man Einpreßmörtel im Tunnel- und Stollenbau, im Talsperrenbau (Verfestigung des Baugrundes durch Mörtelinjektionen) sowie allgemein zum Ausfüllen von Hohlräumen (Auskolkungen, Auswaschungen) ein. Beim Einpressen von Zementmörtel in Spannkanäle ist i.d.R. der Zusatz einer Einpreßhilfe (→ Betonzusatz) erforderlich. Sie soll den Wasserbedarf vermindern, das Fließvermögen verbessern und den frischen M. geringfügig auftreiben. Die treibende Wirkung des Zusatzmittels ist erwünscht, um der durch Sedimentation und Schrumpfen bedingten Volumenverringerung entgegenzuwirken und damit die sonst im oberen Bereich der Spannglieder entstehenden Hohlräume zu vermeiden. *Wesche*

Mörtel, kunststoffmodifizierter. Zementmörtel/-beton, dem zur Beeinflussung der Frisch- und Festeigenschaften organische Stoffe (→ Kunststoffdispersionen, wasserdispergierbare Kunststoffpulver, wasseremulgierbare → Reaktionsharze) bis zu etwa 5% seiner Gesamttrockenmasse zugesetzt werden. Die international übliche Abkürzung lautet PCC (Polymer Cement Concrete, → Zementbeton, kunststoffmodifizierter). Gegenüber reinem Zementmörtel/-beton weist PCC vor allem
– bessere Adhäsion an Betonoberflächen
– höhere Zugfestigkeiten
– geringeren E-Modul
– besseres Wasserrückhaltevermögen und
– ggf. erhöhte Frühfestigkeiten
auf. Er wird daher vorzugsweise verwendet für
☐ Verbundestriche
☐ Außenputze
☐ Betoninstandsetzungen
☐ Steinergänzungsmörtel in der baulichen → Denkmalpflege. *Sasse*

Mörtelprüfung. Die M. dient der Ermittlung von Mörteleigenschaften zur Beurteilung des Anwendungsbereichs des → Mörtels. Die Prüfung der Mörtel mit mineralischen Bindemitteln ist weitgehend in DIN 18555 geregelt. Die Anforderungen sind nach dem Anwendungsbereich der Mörtel als → Mauermörtel, als → Putz oder als → Estrich in den zugehörigen Baustoffnormen festgelegt.

Die Prüfung eines Mörtels ist auf den Anwendungsbereich des Mörtels abzustimmen, wobei die Art des → Bindemittels bei der Herstellung, Lagerung und Prüfung des Mörtels zu berücksichtigen ist. In der Regel werden nach dem Anwendungsbereich der Mörtel folgende Eigenschaften geprüft:

☐ Mauermörtel. → Konsistenz und Luftgehalt des Frischmörtels: Trockenrohdichte, Biegezugfestigkeit und Druckfestigkeit des Festmörtels. Bei Leichtmauermörteln kann auch die Längs- und Querdehnung im statischen Druckversuch, bei verzögerten Mauermörteln und bei Dünnbettmörteln auch die Haftscherfestigkeit zu prüfen sein. Wird einem Mauermörtel mit mineralischem Bindemittel ein Zusatzmittel zur Beeinflussung des Wasserrückhaltevermögens zugegeben, so ist die Wirksamkeit des Zusatzmittels durch die Prüfung des Wasserrückhaltevermögens nach dem Filterplattenverfahren zu beurteilen. Bei Dünnbettmörteln für die Plansteinvermauerung kann noch die Prüfung der Verarbeitungs- und Korrigierbarkeitszeit erforderlich sein.

☐ Putzmörtel. Konsistenz des Frischmörtels; Trockenrohdichte, Biegezugfestigkeit und Druckfestigkeit des Festmörtels. Bei Innen- und Außenputzen kann noch die Haftfestigkeit und die Wasserdampfdurchlässigkeit nach DIN 52616, bei Außenputzen allein die Witterungsbeständigkeit und der Wasseraufnahmekoeffizient nach DIN 52617 zu prüfen sein. Wird der Außenputz zur Verbesserung der Wärmedämmung eingesetzt, so ist noch an dem hierfür verwendeten Mörtel die Wärmeleitfähigkeit nach DIN 52612 zu untersuchen.

☐ Estrich. Konsistenz des Frischmörtels; Trockenrohdichte, Biegezugfestigkeit und Druckfestigkeit des Festmörtels. Bei Estrichen, deren Oberfläche unmittelbar der Nutzung ausgesetzt sind, ist bei Verwendung von Anhydrit oder Zement als Bindemittel der Schleifverschleiß nach DIN 52108, bei Magnesia als Bindemittel die Oberflächenhärte nach DIN 272 zu bestimmen.

Bei der Herstellung der Mörtel und Lagerung der Prüfkörper sind die Besonderheiten der Bindemittel, die ein unterschiedliches Verhalten bei Feuchtlagerung aufweisen, zu berücksichtigen. So sind gips- oder anhydrithaltige Mörtel und Magnesiamörtel möglichst bald nach der Herstellung trocken zu lagern, während Baukalkmörtel, Zementmörtel und andere Mörtel mit hydraulischen Bindemitteln bis zu sieben Tagen nach der Herstellung einer Feuchtlagerung bedürfen.

Die Häufigkeit der M. bei der Eigen- und Fremdüberwachung ist in den Anwendungsnormen, bei werksmäßiger Herstellung der Mauer- und Putzmörtel in DIN 18557 festgelegt. *Rehm/Zeus*

Mohr-Bruchhypothese. Zur Beschreibung der Bruchfestigkeit u. a. von Erdstoffen verwendetes Kriterium nach *O. Mohr*. Dieser Bruchhypothese liegt die Annahme zugrunde, daß der Bruch eines Werk- oder Baustoffes auf die Überschreitung der → Scherfestigkeit τ in der Bruchfläche zurückzuführen ist. Die Scherfestigkeit ist dabei von der Struktur des Werk- oder Baustoffes und von der auf die Bruchfläche einwirkenden → Normalspannung σ abhängig, so daß die Kohäsion und die Reibungsfestigkeit zu unterscheiden sind. Darüber hinaus beruht die M.-B. auf der Annahme, daß nur die maximale und die minimale → Hauptspannung Einfluß auf den Bruch eines Werk- oder Baustoffes haben. Die Bruchfestigkeit wird im Laborversuch an repräsentativen Prüfkörpern unter triaxialer Beanspruchung mit $\sigma_1 > \sigma_2 = \sigma_3$ ermittelt. Die Hüllkurve an die im Mohrschen τ,σ-Diagramm aufgetragenen Bruchspannungskreise beschreibt dann die Bruchfestigkeit des Werk- oder Baustoffes für beliebige Beanspruchungszustände. Bei → Festgesteinen ist die Mohrsche Bruchgrenzkurve parabelförmig gekrümmt. Sie läßt sich vereinfachend für den jeweiligen Beanspruchungsbereich als Gerade idealisieren und wird dann als *Coulomb-Mohrsche* Bruchbedingung bezeichnet. Die die Bruchfestigkeit eines Werk- oder Baustoffes kennzeichnenden Parameter sind der Winkel der inneren Reibung φ und die Kohäsion c. Die Scherbruchfestigkeit τ ergibt sich aus folgender Beziehung:
$\tau(\sigma) = \sigma \cdot \tan\varphi + c.$ *Wagner*

Literatur: *Wittke, W.*: Felsmechanik. Berlin 1984.

Mohrscher Kreis. Dieser erlaubt die zeichnerische Darstellung eines allgemeinen ebenen und räumlichen Spannungszustandes in einem Punkt eines belasteten Festkörpers.

□ Ein ebener Spannungszustand wird durch drei unabhängige Komponenten $\sigma_{\alpha\beta}$ des → Spannungstensors oder durch die beiden Hauptnormalspannungen σ_γ und eine Hauptrichtung (die zweite steht darauf senkrecht) beschrieben. Wenn $\sigma_{11} > \sigma_{22}$, $\sigma_1 > \sigma_2$, sind der Mittelpunkt M des M. K. auf der Normalspannungsachse durch $\frac{1}{2}(\sigma_{11} + \sigma_{22})$ bzw. $\frac{1}{2}(\sigma_1 + \sigma_2)$ und der Radius R durch $\frac{1}{2}(\sigma_1 - \sigma_2)$ – dies ist die Hauptschubspannung – oder durch $\sigma_{12}/\sin 2\varphi$ gegeben, wobei $\sphericalangle\varphi$ die Hauptrichtung gegen die Achsen eines kartesischen

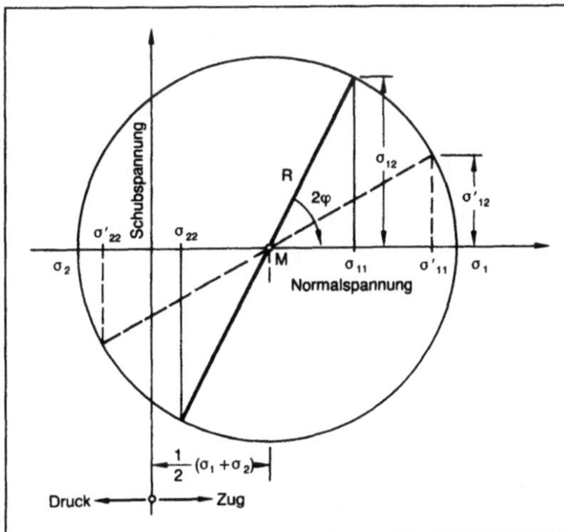

Mohrscher Kreis 1: Ebener Spannungszustand.

Koordinatensystems x_α angibt (Bild 1). Damit können die Spannungskomponenten, bezogen auf jedes beliebige Koordinatensystem x'_α, also in beliebig gerichteten Schnitten, graphisch bestimmt werden (gestrichelte Linie in Bild 1).

□ Ein räumlicher Spannungszustand ist durch sechs Komponenten σ_{ij} des Spannungstensors oder durch die drei Hauptnormalspannungen σ_k und die Hauptrichtungen (die drei Achsen stehen senkrecht aufeinander) vollständig beschrieben. Die Darstellung der Spannungen in der Ebene ist an keine Voraussetzung über die zu dieser Ebene senkrechten Spannungen σ_{33}, σ_{13} und σ_{23} gebunden. Sie gilt, wie von *Otto Mohr* 1882 erstmals angegeben, also auch für den dreidimensionalen Spannungszustand. Wenn $\sigma_1 > \sigma_2 > \sigma_3$ und deren Richtung gegeben sind, lassen sich drei Spannungskreise, ein Hauptkreis und zwei eingeschlossene Nebenkreise, zeichnen mit den Radien

$$R_1 = \frac{1}{2}(\sigma_1 - \sigma_2), \quad R_2 = \frac{1}{2}(\sigma_2 - \sigma_3) \text{ und}$$

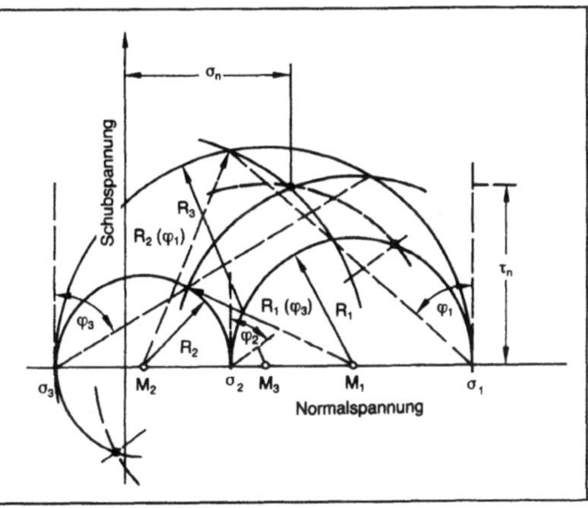

Mohrscher Kreis 2: Räumlicher Spannungszustand.

$R_3 = \frac{1}{2}(\sigma_1 - \sigma_3)$ und mit den Mittelpunkten

M_1 bei $\frac{1}{2}(\sigma_1 + \sigma_2)$, M_2 bei $\frac{1}{2}(\sigma_2 + \sigma_3)$ und

M_3 bei $\frac{1}{2}(\sigma_3 + \sigma_1)$ auf der Normalspannungsachse

(Bild 2). Die Darstellung erlaubt es, den Spannungsvektor $\vec{\sigma}_n$ in einer beliebig gerichteten Schnittfläche, zerlegt in die beiden Komponenten σ_n und τ, zu berechnen. *Laermann*

Mole → Hafen

Momentenausgleichsverfahren. Das *Cross*-Verfahren wurde 1924 von dem amerikanischen Ingenieur *Hardy Cross* entwickelt. Es dient zur Ermittlung der Stabendmomente von Durchlaufbalken und Rahmentragwerken. Mathematisch gesehen ist es ein Relaxationsverfahren, nach dem die Stabendmomente durch schrittweise Annäherung gefunden werden. Durch Iteration läßt sich jede gewünschte Genauigkeit erzielen. Längenänderungen der Stäbe infolge Normalkraft werden nicht berücksichtigt.

Zunächst betrachtet man alle Knoten als starr eingespannt und berechnet die Festeinspannmomente infolge äußerer Belastung. Sodann werden an den einzelnen Knoten nacheinander die Einspannungen gelöst. Der jeweils betrachtete Knoten i erfährt eine Verdrehung, bis das Momentengleichgewicht wiederhergestellt, also das Differenzmoment ΔM_i „ausgeglichen" ist. Dieses verteilt sich im Verhältnis der Biegesteifigkeiten

$k_{in} = 4\,EI_{in}/l_{in}$ für beidseitig eingespannte bzw.

$k_{in} = 3\,EI_{in}/l_{in}$

für einseitig gelenkig angeschlossene Stäbe auf die im Knoten i einmündenden Stäbe nach den Verteilungszahlen

$$\mu_{in} = k_{in} / \sum_n k_{in}.$$

Von den Ausgleichsmomenten $\Delta M_{in} = -\mu_{in}\Delta M_i$ wird ein Anteil γ_{in} zu den Stabenden an den abliegenden Knoten „fortgeleitet". Bei feldweise konstantem Trägheitsmoment I_{in} beträgt diese Fortleitungszahl unter Berücksichtigung der von *Cross* eingeführten Vorzeichenregelung $\gamma_{in} = +1/2$. Nach dem Ausgleich wird der Knoten in der jetzt verformten Lage wieder festgesetzt, am nächsten Knoten das Differenzmoment ΔM aus Volleinspannmomenten infolge äußerer Lasten und den übertragenen Ausgleichsmomenten ermittelt und der beschriebene Vorgang an diesem Knoten wiederholt. Nacheinander sind Momentenverteilung und -fortleitung an allen Knoten wiederholt vorzunehmen, bis die Differenzmomente beliebig klein, also praktisch zu null geworden sind.

Das Verfahren setzt voraus, daß die Knoten nur eine Verdrehung, hingegen keine Verschiebungen erfahren, das → Tragwerk also unverschieblich ist, z. B. → Durch

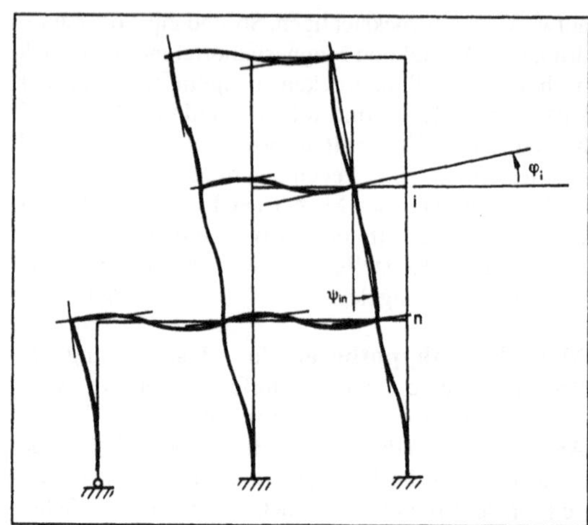

Momentenausgleichsverfahren 1: Verschiebliches Tragwerk (Stockwerkrahmen).

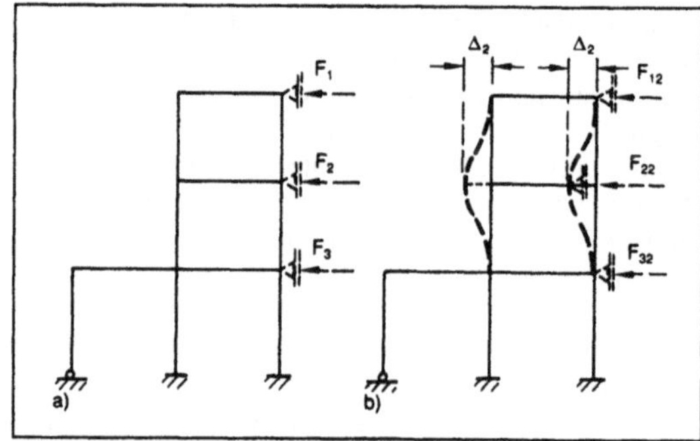

Momentenausgleichsverfahren 2: Stockwerkrahmen mit Festhaltekräften.
a) Unverschieblich durch Festhaltekräfte.
b) Gelöste Festhaltungen.

laufträger mit starrer Stützung. Bei verschieblichen Tragwerken treten außer den Knotendrehwinkeln φ_i auch Stabdrehwinkel ψ_{in} auf (Bild 1). In einem solchen Falle wird das Tragwerk durch gedachte Auflager zunächst unverschieblich gemacht und der Momentenausgleich vorgenommen (Bild 2). Auf Grund von Gleichgewichtsbetrachtungen berechnet man die Auflagerreaktionen F_{ro}, die „Festhaltekräfte". Nacheinander werden dann die einzelnen Festhaltungen r gelöst und eine beliebige Verschiebung Δ_r vorgegeben, für diese die Festeinspannmomente der entsprechenden Stäbe berechnet, dafür der Momentenausgleich vorgenommen und anschließend die Festhaltekräfte $F_{r\rho}$ ermittelt. Die Reaktionen in den gedachten Auflagern müssen im Endzustand verschwinden:

$$F_r = F_{ro} + \sum_\rho c_\rho \cdot F_{r\rho} = 0.$$

Daraus folgen die Faktoren c_ρ, mit denen die ausgeglichenen Verschiebungsmomente M_ρ zu multiplizieren und den ausgeglichenen Momenten M_0 des unverschieblichen Zustandes infolge äußerer Lasten zu überlagern sind:

$$M = M_0 + \sum_\rho c_\rho M_\rho.$$

Das Verfahren läßt sich auch bei veränderlichen Trägheitsmomenten der Stäbe und gekrümmtem Verlauf der Stabachsen anwenden, wenn man die entsprechenden Verteilungs- und Fortleitungszahlen berechnet.

Im Gegensatz zum Verfahren von *Cross* werden beim M. von *G. Kani*, ebenfalls ein iteratives Verfahren, die Knotendrehwinkel φ und die Stabdrehwinkel ψ gleichzeitig erfaßt. Zunächst hält man alle Knotenpunkte durch Festhaltekräfte und Festhaltemomente unverschieblich und unverdrehbar fest. Würden diese Festhaltungen alle gleichzeitig gelöst, würde sich das Tragwerk unter äußerer Belastung so weit verformen, bis ein Gleichgewichtszustand erreicht ist. Dieser Endzustand wird nun schrittweise herbeigeführt, indem nacheinander jeweils nur eine Festhaltung gelöst, die Umlagerung der Biegemomente berechnet und danach die Festhaltung wieder angebracht wird. Diesen Iterationsprozeß setzt man so lange fort, bis sich beim Lösen irgendeiner Festhaltung keine oder nur vernachlässigbar kleine Formänderungen einstellen. Entsprechend den Beziehungen zwischen den Stabendmomenten und den Knoten sowie den Stabdrehwinkeln unter Berücksichtigung der Volleinspannmomente aus äußerer Belastung

$$M_{in} = M_{in}^o + k_{in}(2\varphi_i + \varphi_n + 3\psi_{in})$$

setzen sich die Ausgleichsmomente aus Verdrehungsanteilen M'_{in} infolge φ und Verschiebungsanteilen M''_{in} infolge ψ zusammen. Die letzteren gewinnt man aus Verschiebungsgleichungen – für ein r-fach verschiebliches System (Bild 1) werden r Gleichungen benötigt – auf Grund von Gleichgewichtsbetrachtungen, die auch nach dem Prinzip der virtuellen Verrückung aufgestellt werden können. Die Stabendmomente setzen sich in jedem Iterationsschritt aus den Momenten des festgehaltenen Systems und den iterativ gewonnenen Verdrehungs- und Verschiebungsanteilen, z. B. für beidseitig eingespannte Stäbe:

$$M_{in} = M_{in}^o + 2M'_{in} + M'_{ni} + M''_{in},$$

zusammen. Anders als beim *Cross*-Verfahren ergeben sich als Endwerte der Iteration die endgültigen Stabmomente. Das Verfahren nach *Kani* führt bei vielfach verschieblichen Tragwerken i. d. R. zwar schneller zum Endergebnis als das *Cross*-Verfahren. Dafür hat dieses aber den Vorteil der besseren Übersichtlichkeit und Einfachheit. *Laermann*

Literatur: *Hirschfeld, K.*: Baustatik. 3. Aufl. Berlin 1969. – *Raczat, G.*: Das vervollständigte Cross-Verfahren in der Rahmenberechnung. 3. Aufl. Berlin 1962.

Montage. Im → Stahlbau erfolgt die Fertigung der Konstruktion in den Werkstätten der Stahlbauunternehmen. Die dort vorgefertigten Einheiten werden zur Baustelle befördert (Straße, Schiene, Wasserwege) und mit Hilfe der Montagegeräte montiert.

Aus Kostengründen werden immer größere Einheiten im Werk hergestellt. Eine Begrenzung ist durch die Hallengröße und die Krankapazität im Werk sowie durch den Transportweg gegeben. Gegebenenfalls werden wegen Überschreitung der zulässigen Transportabmessungen im Straßenverkehr Sondertransporte mit Polizeischutz durchgeführt, um die lohnintensiven Baustellenarbeiten zu reduzieren.

Die Montagezustände sind bei großen Bauwerken, insbes. bei Großbrücken, statisch nachzuweisen. Das statische System im M.-Zustand kann gegenüber dem Endzustand ganz unterschiedlich sein. So ist z. B. beim Freivorbau einer Brücke das statische System im M.-Zustand ein Kragarm und im Endzustand ein → Durchlaufträger. M.-Berechnungen sind u. U. für mehrere Bauzustände zu führen. Sie sind, wie die Berechnung für den Endzustand, grundsätzlich der Behörde zur Prüfung vorzulegen. *Sedlacek/Scholz*

Montagegerät für Fertigteilbrücken. Bei der Fertigteilbauweise von → Brücken werden die Brückenelemente entweder in → Feldfabriken oder auf dem schon fertiggestellten Brückenabschnitt hergestellt und dann von einem Pfeilertisch aus (Verbindungselement Pfeiler/Brückenbalken) symmetrisch nach beiden Seiten vorgebaut. Die einzelnen Segmente werden aneinanderbetoniert (Plombenbeton) oder aneinandergeklebt und über Spannkabel zusammengehalten. Für die Transport- und Hubarbeiten während des Fertigteilein-

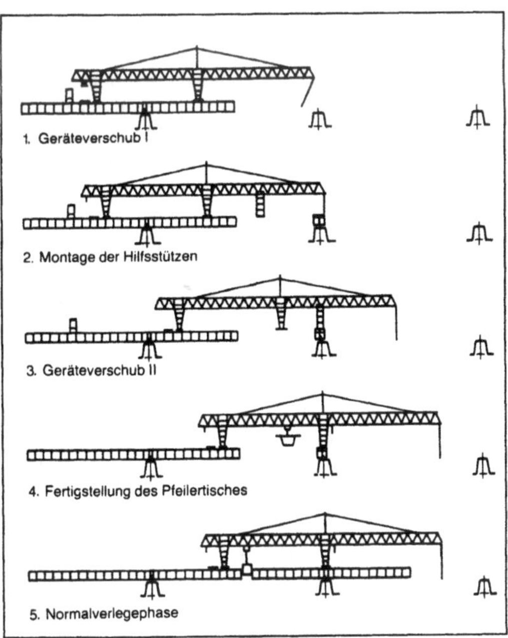

Montagegerät für Fertigteilbrücken: Umsetzvorgang und Arbeitsweise eines Verlegegerätes.

baus benötigt man ein Verlegegerät (Bild). Wegen der Ausmaße von Fertigteilen im Brückenbau müssen Verlegegeräte für die Bewegung schwerer Lasten ausgelegt sein. Gleichzeitig ist millimetergenaues Arbeiten für die Verlegung der Fertigteile notwendig. Die Einsatzgrenzen des Verlegegeräts werden im wesentlichen durch die Größe der Fertigteile und die Feldlängen der Brücken festgelegt. Das Verlegegerät besteht hauptsächlich aus einem Gitterausleger, an dessen Unterseite ein Katzfahrwerk angebracht ist. Der Gitterausleger steht während des Arbeitseinsatzes auf Stützen, die für den Umsetzvorgang des Gerätes auf Schienen verfahrbar sind. Die Stützen einer Seite stehen dabei auf dem Kragarm des bisher ausgeführten Brückenteils, die anderen auf dem nächsten Brückenpfeiler. Nach Vollendung des Feldes und der nächsten Feldhälfte wird das Gerät umgesetzt. Umsetzvorgang: Das Gerät fährt bis zum Ende des neuen Kragarms, so daß der Gitterausleger bis zur nächsten Stütze reicht, stützt sich dort auf einer verfahrbaren Hilfsstütze ab und fährt anschließend so weit vor, bis die Mittelstützen den nächsten Brückenpfeiler erreichen. Der Umsetzvorgang ist damit vollzogen, das Gerät kann weiterarbeiten. *Kühn*

Moorregeneration. Rückentwicklung von durch → Entwässerung usw. in Kulturland umgewandelten früheren Mooren. Wenn wie im humiden Küstenklima die klimatische → Wasserbilanz Niederschlag – Verdunstung positiv ist und der → Abfluß des überschüssigen Wassers weitgehend unterbunden werden kann, ist als erster Schritt die Wiedervernässung möglich. Die anschließende → Renaturierung mit der mittelfristigen Wiedereinbürgerung von moortypischen Pflanzengesellschaften und – auf diese folgend – standortgemäßen Biozönosen hängt vor allem vom keimfähigen Sporen- und Samenvorrat im wiedervernäßten Moor und seiner Umgebung ab. Unter M. schließlich kann nur ein langfristiger (Jahrhunderte!) Prozeß verstanden werden. Die Genese typischer Moorprofile ist außer von den vorherrschenden hydrologischen nicht zuletzt auch von den trophischen Gegebenheiten abhängig. Da sich Wiedervernässungen abhängig von Topographie, Stratigraphie, Torfart, Zersetzungsgrad und Lagerungsdichte mehr oder weniger stark auf die umgebenden Flächen auswirken, sind im Hinblick auf die Forderung nach integriertem Naturschutz aus hydrologischer Sicht und zum Schutz vor schädigenden → Immissionen Pufferzonen um ein zu regenerierendes Moor erforderlich. *Lecher*

Moorsprengung. → Bodenaustausch, bei dem man wenig tragfähige weiche Böden oder Torfe durch → Sande oder → Kiese verdrängt. Die Verdrängung geschieht durch Sprengungen. Anwendungsgebiet ist vor allem der Verkehrswegebau. Das System ist im Bild dargestellt. Auf den weichen Untergrund wird Sand

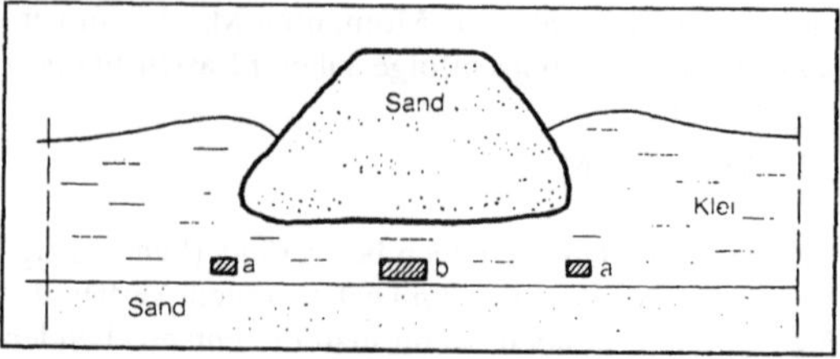

Moorsprengung: M.-Verfahren.
a Vorfeldmine, b Hauptmine

aufgeschüttet, der durch sein Eigengewicht bereits den weichen Boden teilweise verdrängt. Anschließend bringt man unter den Rändern der Aufschüttung Vorfeldminen und unter dem mittleren Bereich der Schüttung die stärkeren Hauptminen an. Zunächst zündet man die Vorfeldminen. Dadurch weicht der weiche Boden seitlich aus. Etwa 1 s danach folgt die Zündung der Hauptminen. Die Aufschüttmasse wird angehoben und verdrängt beim Absinken gemeinsam mit der Sprengwirkung den noch anstehenden weichen Boden seitwärts. *Meißner*

Motorisierungsgrad. Die von der Shell-AG regelmäßig erstellten Prognosewerte, die ursprünglich von einer absoluten Sättigungsgrenze von 3,3 Ew/Pkw ausgingen, wurden immer wieder übertroffen. Insbesondere die soziologische Entwicklung der Familienstruktur (Vater, Großvater, Sohn mit eigener Wohnung und eigenem Auto statt Großfamilie) und die Frauenemanzipation waren in der Vorkriegszeit (erste Prognose) nicht vorhersehbar.

Die Neuzulassungen und der Pkw-Bestand steigen voraussichtlich trotz erhöhter Kosten, wenn auch mit verminderter Stärke, weiter an. *Spengelin*

Motorschürfwagen. M. (Motorscraper) sind eine Kombination aus Lade- und → Transportfahrzeug und bestehen aus einem ein- oder zweiachsigen Triebkopf und dem kardanisch aufgesattelten Einachsschürfwagen. Sie vereinen praktisch Anhängescraper und Zugmaschine, die hier aber mit Reifenfahrwerk ausgestattet ist, in einem Gerät. M. haben in der klassischen Form mit Einachsantrieb (Frontantrieb und frei mitlaufenden Hinterrädern) eine Leistung von 130–410 kW, einen Kübelinhalt von 6,3–24,5 m^3, ein Betriebsgewicht von 15–58 t und Schneidbreiten zwischen 2,3 und 3,7 m. Zum Beladen wird der Schürfbehälter während der Vorwärtsfahrt über der rd. 30 m langen und 3 m breiten Schürfbahn so weit abgesenkt, daß die Vorderkante den Boden schneidet und der geschnittene, bis maximal 50 cm dicke Span in den Kübel geschoben wird. Die Entleerung geschieht ebenfalls während der Fahrt mit einem Schieber in eine rd. 30 cm hohe, für die Verdichtung ideale Schüttlage. Durch entsprechende

Anordnung der Fahrspur erreicht man eine gute Vorverdichtung.

Wegen des niedrigen Kraftschlusses der Reifen – sie werden während der Transportphase für Geschwindigkeiten bis 60 km/h benötigt – können M. den Schürfwiderstand beim Ladevorgang nur z. T. überwinden und sich nur zu 40–50% selbst füllen. Da die hier benötigte Motorleistung zum Transport nicht erforderlich ist, wird sie „extern" aufgebracht. In der klassischen Form bedeutet dies: Zuhilfenahme einer Schubraupe, die sich hinter den Scraper setzt und ihn durch die Schürfstrecke schiebt. Da die Fahrgeschwindigkeit des Reifenfahrwerks stark von der Beschaffenheit des Weges abhängt, wird zu dessen Pflege ein Erdhobel (→ Grader) eingesetzt. Schubraupe und Grader kommen zu ihrer besseren Auslastung üblicherweise zusammen mit drei M. zum Einsatz. Twin-Power-Scraper (Tandemscraper) versuchen die Schubraupe durch einen zusätzlichen Heckmotor und den dadurch erzeugten Kraftschluß der belasteten Hinterachse zu ersetzen. Bei Elevatorscrapern ist vor der Kübelschneide ein Stegförderer angeordnet, der den angestauten Boden in den Kübel transportiert und so den Schürfwiderstand reduziert.

Eine wichtige Arbeitstechnik ist der Push-Pull-Betrieb, bei dem sich zwei M. jeweils selbst beim Laden helfen: Während der eine schürft, schiebt der andere, und wenn der erste Scraper voll ist, zieht er den zweiten, der dann schürft. Das hohe Leistungsvermögen macht den M. zur dominierenden Maschine auf der Erdbaustelle. Er arbeitet in erster Linie auf Mittel- und Langstrecken, d. h. bei Förderweiten von 300 bis über 1 000 m. Nutzlast und Umlauf des im Kreisverkehr arbeitenden Geräts sind bei der Leistungsermittlung die wichtigsten Parameter. Viele arbeitsdynamische Einflüsse und starke Witterungsempfindlichkeit machen ihn aber zu einem sehr wetterabhängigen Gerät bei Erdbewegungen.   *Kühn*

Müll → Abfall

Muldenkipper. Bei größeren Transportlängen werden M. (Dumper) eingesetzt. Es gibt sie als Hinter- oder Seitenkipper. Der Muldeninhalt beträgt zwischen 0,5 und 15 m^3. Zur Minimierung der Bewetterungskosten im → Tunnelbau erfolgt der Antrieb durch schadstoffarme Dieselmotoren.   *Kühn*

Multimomentaufnahme. Verfahren der Zeitermittlung, insbes. für Baustellen gut geeignet, da hierdurch mehrere Beschäftigte von einem Zeitnehmer beobachtet werden können. Bei der M. ersetzt man die Zeitmessung mit Stoppuhr durch das Zählen der Häu-

figkeit des Auftretens eines → Arbeitsvorgangs oder eines Arbeitsteilvorgangs. Der Zeitwert einer Beobachtung entspricht dem → Beobachtungsintervall. Wird z. B. ein Teilvorgang bei der Beobachtung von drei Arbeitern während 4 h Beobachtungsdauer 132mal beobachtet und beträgt das Beobachtungsintervall 1,0 min, so entspricht dies 132 · 1,0 = 132 min. Der Zeitanteil am gesamten beobachteten Arbeitsablauf ist dann

$$\frac{132}{3 \cdot 4 \cdot 60} \cdot 100 = 18,3\%.$$

Man unterscheidet die M. mit unregelmäßigen Beobachtungsintervallen und die systematische M. mit gleichbleibenden Beobachtungsintervallen. Unregelmäßige (zufallbedingte) Beobachtungsintervalle werden insbes. bei Arbeitsabläufen verwendet, die rhythmisch ablaufen, da sonst systematische Fehler auftreten. Angewendet werden sie vor allem bei Verteilzeitaufnahmen in der verarbeitenden Industrie. Da aber auf Baustellen keine rhythmisch ablaufenden Arbeitsvorgänge auftreten, ist hier die systematische Zeitaufnahme mit gleichbleibenden Beobachtungsintervallen anzuwenden. Das Beobachtungsintervall hängt von der Anzahl der zu beobachtenden Arbeiter ab. Bei einer kleinen Anzahl wird man 0,5–1,0 min wählen, bei größerer Anzahl 2–3 min. Will man eine ganze Baustelle erfassen, so hat man Rundgänge durchzuführen.

Die Genauigkeit der ermittelten Zeit (Zeitdifferenz zwischen dem beobachteten und dem wahren, aber unbekannten Wert) hängt von der Anzahl der Beobachtungen je Teilvorgang und der Beobachtungen insgesamt sowie der Häufigkeit des ununterbrochenen Auftretens der Beobachtungen ab. Es ist also ganz wesentlich für die Genauigkeit obigen Beispiels, ob die 132 Beobachtungen aus z. B. 10 oder 100 ununterbrochenen Abläufen stammen. Bei nur 10 ununterbrochenen Abläufen handelt es sich um eine stetig ablaufende Arbeit, bei 100 dagegen um eine wenig organisierte Arbeit mit fortwährendem Wechsel der Tätigkeit, so daß hier die Fehlerwahrscheinlichkeit wesentlich größer ist.

Voraussetzung für eine systematische M. ist, daß der kleinste zu beobachtende Teilvorgang nicht kürzer als das Beobachtungsintervall ist. Dies bedeutet, daß bei der Beobachtung einer größeren Anzahl von Beschäftigten, die ein größeres Beobachtungsintervall erfordert, kleine Teilvorgänge zu größeren zusammengefaßt werden müssen. Die systematische M. bezeichnet man auch als Gruppenzeitaufnahme, weil mit ihr → Fertigungsgruppen durch einen Zeitnehmer aufgenommen werden können, im Gegensatz zur Stoppuhraufnahme, bei der nur eine Person beobachtet wird.   *Drees*

N

n–1-Bedingung. Eine mehrfeldrige Wehranlage [n · B_F] ist für den Bemessungshochwasserabfluß HQ_b so zu bemessen, daß dieser auch bei Ausfall eines Wehrfeldes [(n–1) · B_F] schadlos abgeführt werden kann. Dabei darf der Oberwasserspiegel OW bis zum festgelegten Stauziel z_H ansteigen (Bild).   *Muth*

Literatur: DVWK-Merkblatt 216: Betrachtungen zur (n–1)-Bedingung an Wehren.

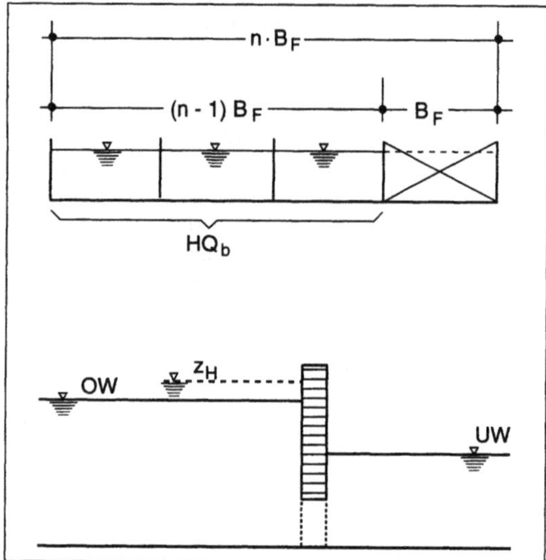

(n–1) Bedingung: Schematische Darstellung

Nachbarschaft. Der amorphen Wucherung der Städte sollte in dem ursprünglich auch soziologisch begründeten Konzept der N. (*engl.*: neigborhood-unit) eine die Entwicklung regulierende Planungsidee gegenübergestellt werden: In den USA nahm das Prinzip als Stadtbaukonzept, dem „gemeinschaftsbildende Kräfte" zugesprochen wurden, zuerst konkrete Formen an (Radburnplan in New Jersey, 1928). Auch in der „gegliederten und aufgelockerten Stadt" von *J. Göderitz, R. Rainer und H. Hoffmann* (1957) wurde die Vorstellung entwickelt, Stadterweiterungsgebiete und auch neue Trabantenstädte aus überschaubaren städtebaulichen Einheiten zu bilden, die durch öffentliche Grünflächen zugleich getrennt und verbunden sind. Die Größenordnung von 5 000–7 000 Ew., die etwa dem Einzugsbereich einer Grundschule entspricht, wählte man als Richtwert. Besonders die Neuen Städte der „ersten Generation" in England nach dem Zweiten

Weltkrieg verwirklichten dieses Konzept, das auch eine hierarchische Abstufung von → Wohnfolgeeinrichtungen und Infrastruktureinrichtungen vorsah (→ Strukturmodell). Wenn auch in bezug auf die mobilen erwachsenen Bewohner die Vorstellung nur partiell zutraf, daß sich auf Grund dieser Gliederung Nachbarschafts- und Freundschaftsverhältnisse bevorzugt entwickeln – Verwandtschafts- und Freundschaftsbeziehungen spannen sich i. d. R. über größere Agglomerationen – hat die N. als Erlebnis- und Aktionsraum vor allem für Kinder, aber auch für ältere Leute eine nachprüfbare Bedeutung.   *Spengelin*

Literatur: *Bahrdt, H. P.*: Die moderne Großstadt. Hamburg 1969; Humaner Städtebau. Hamburg 1968. – *Göderitz, J., R. Rainer* u. *H. Hoffmann*: Die gegliederte und aufgelockerte Stadt. Tübingen 1957. – *Jacobs, J.*: Tod und Leben großer amerikanischer Städte. Berlin 1963. – *Klages, H.*: Der Nachbarschaftsgedanke. Köln 1968. – *Pfeil, E.*: Die Familie im Gefüge der Großstadt. Hamburg 1965.

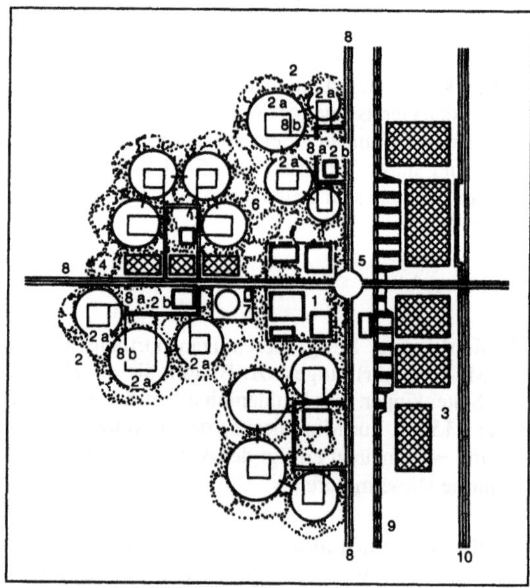

Nachbarschaft: Eine aus N. gebildete Stadt. (J. Göderitz, R. Rainer u. H. Hoffmann 1957)

1 Zentrum, Verwaltung, Geschäfte, 2 Nachbarschaft, 2 a Wohnbereich, 2 b Nachbarschaftsschwerpunkt, 3 Industrie und Gewerbe, 4 Kleingewerbe zwischen Nachbarschaft und Hauptverkehrsstraße, 5 Hauptverkehrsknoten, 6 Erholungsflächen und Grünverbindungen, 7 Sportgebiet, 8 Hauptverkehrsstraße, 8 a Sammelstraße, 8 b Anliegerstraße, 9 Eisenbahn, 10 Schiffahrtskanal

Nachbesserung. Gewährleistungsanspruch des Auftraggebers nach der → Abnahme: Der Auftragnehmer ist verpflichtet, alle während der Verjährungsfrist hervortretenden Mängel, die auf vertragswidrige Leistung zurückzuführen sind, auf seine Kosten zu beseitigen, wenn es der Auftraggeber vor Ablauf der Gewährleistungsfrist schriftlich verlangt (§ 13 Nr. 5 VOB/B).
Olshausen

Nachbruchverhalten. Spannungs-Dehnungs-Verhalten von Gesteinen, Gebirge, Beton oder anderen Materialien nach Überschreiten der Bruchfestigkeit. Dieses Verhalten ist i. d. R. von einer zunehmenden Verformungsfähigkeit bei abnehmender → Tragfähigkeit gekennzeichnet. Generell handelt es sich um einen zeitabhängigen Vorgang. Fehlt die Querstützung, wie im Falle einer einaxialen Belastung, ist mit einem maximalen Festigkeitsabfall im Nachbruchbereich zu rechnen. Mehrachsige Spannungszustände heben dagegen die sich einstellende Restfestigkeit erheblich an. Bei einer Berechnung kann der Abfall auf die Restfestigkeit auf verschiedene Weise simuliert und unterschiedlichen Gebirgseigenschaften zugeordnet werden. *Wagner*

Nachhallzeit. N. ist die Zeit, bis zu der der → Schallpegel in einem mit Schall gefüllten Raum nach Abschalten der Schallquelle um 60 dB abgenommen hat (Bild). Übliche N. betragen (ohne Absorptionsmaßnahmen):

☐ in Wohnräumen   rd. 0,4–0,5 s,
☐ in Vortragsräumen   rd. 0,8 s,
☐ in Konzertsälen   rd. 1–1,5 s,
☐ in Sporthallen   rd. 3–5 s.

Die N. ist für die Verständlichkeit von Sprache und die Wiedergabe von Musik in Räumen von großer Bedeutung. Sie soll dort einen optimalen Wert – nicht zu lang und nicht zu kurz – aufweisen. Dies kann durch geeignete → Verkleidungen erreicht werden. *Gösele*
Literatur: *Cremer, L.:* Wissenschaftliche Grundlagen der Raumakustik. Bd. 1–3. Stuttgart. – DIN 52216: Bauakustische Prüfungen. Messung der Nachhallzeit in Zuhörer-Räumen. – *Furrer, W., u. A. Lauber:* Raum- und Bauakustik für Architekten. Basel 1972.

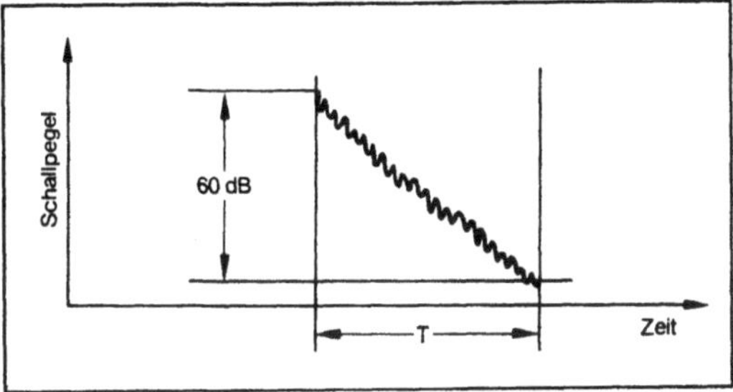

Nachhallzeit: Abklingvorgang in einem mit Schall erfüllten Raum nach Abschalten der Schallquelle.

Nachkalkulation. Kontrolle der in der → Vorkalkulation eingesetzten → Aufwands- und → Leistungswerte sowie der Preise. Die N. setzt ein auf der Baustelle geführtes Berichtswesen voraus, das die Zuordnung der angefallenen Arbeiter- und Maschinenstunden zu den ausgeführten Leistungen ermöglicht. Da sich die Untergliederung des nach Abrechnungsgesichtspunkten aufgestellten Leistungsverzeichnisses in Positionen nicht für die Berichterstattung auf der Baustelle eignet, wird die → Bauleistung nach dem → Bauarbeitsschlüssel (BAS) ermittelt. *Drees*

Nachklärung. Als N. bezeichnet man die Abtrennung der absetzbaren Stoffe als → Schlamm aus dem Abwasserstrom im Verlauf der biologischen Reinigung nach der biologischen Behandlungsstufe. Diese N. ist immer beim Belebtschlammverfahren, außerdem bei hochbelasteten Tropfkörperanlagen, meist auch bei den verschiedenen Tauchkörpersystemen erforderlich und damit ein Teil der zweiten Reinigungsstufe (biologische Reinigung). Bevorzugt setzt man horizontal oder vertikal durchflossene rechteckige oder runde → Absetzbecken zur N. ein. Da der aus ihr resultierende Schlamm meist von feinerer Struktur als der der ersten mechanischen Abwasserreinigungsstufe ist, bestimmt die N. bei höherem Durchsatz der Niederschlagabflüsse in Mischverfahrennetzen vor allem die hydraulische Kapazität der Reinigungsanlage. *Pfeiff*

Nachläufer → Vortriebsmaschine

Nachtragskalkulation. → Kalkulation von außervertraglichen Leistungen oder vertraglichen Leistungen, bei denen sich der Preis infolge geänderter Umstände der Bauausführung geändert hat. Die N. ermöglicht dem Auftraggeber die Prüfung des geforderten Preises auf Angemessenheit. *Drees*

Nachunternehmer. Auftragnehmer, der im Auftrag eines anderen Unternehmers eine Leistung erbringt und somit nicht im Vertragsverhältnis zum Bauherrn steht; häufige Form der Zusammenarbeit im Bauwesen. Hierdurch kann der wirtschaftliche Vorteil von spezialisierten Unternehmen ausgenutzt werden, wenn der Betrieb des Auftragnehmers nicht auf die Leistungen des N. eingerichtet ist. Dies ist z. B. beim Verlegen von Bewehrung, häufig auch bei Schalarbeiten und Mauerarbeiten sowie bei allen → Vergaben an → Generalunternehmer oder -übernehmer üblich. Die Zusammenarbeit mit N. hat die Flexibilität der → Bauunternehmen gefördert und sich positiv auf die Wirtschaftlichkeit der Bauausführung ausgewirkt, sofern der N. die geforderte → Qualität gewährleistet. *Drees*

Nagel. Überwiegend auf Biegung beanspruchter Drahtstift mit aufgestauchtem Kopf. Er dient zur Herstellung von mechanischen Verbindungen im → Holzbau. Einen höheren Widerstand gegen Beanspruchung in Schaftrichtung (Herausziehen) bieten Sondernägel, z. B. Rillennägel mit quergerilltem Schaft, und Schraubnägel. Beim Einbau von N. in Feuchträumen oder bei direkter → Bewitterung müssen sie mit einem Korrosionsschutz versehen sein. N. werden mit Hämmern in das Holz getrieben oder als Maschinenstifte mit Nagelmaschinen eingeschossen. Zur Reduzierung des Eintreibwiderstandes können sie mit Gleitfett bestrichen oder mit Harz überzogen werden (→ Nagelbild, → Nagelverbindung). *Dröge*

Nagelbild. Gibt die genaue Anordnung der Nägel einer → Nagelverbindung mit Hilfe von Rasterlinien (Rißlinien) an, neben deren Kreuzungspunkten die Nägel in das Holz eingetrieben werden sollen. Die Nägel werden i. a. gegeneinander versetzt angeordnet. Die Richtung der Rißlinien bestimmt man durch den Faserverlauf der zu verbindenden Holzteile. Die Abstände der Rißlinien müssen mindestens den erforderlichen Nagelabständen entsprechen (→ Nagel, Nagelverbindung). *Dröge*

Nagelverbindung. Dient dem Zusammenfügen verschiedener Holztragwerksteile mit Hilfe von Nägeln. Die N. gehört zu den mechanischen Verbindungen und kann bei Verwendung normaler Nägel nur Kräfte senkrecht zur Schaftrichtung, bei Rillen- und Schraubnägeln auch Kräfte in Schaftrichtung übertragen. N. werden überwiegend ein- oder zweischnittig ausgeführt. Je Kraftanschlußfuge müssen i. a. mindestens vier durch gleichgerichtete Kräfte beanspruchte Nagelscherflächen vorhanden sein. Zur Verminderung der Spaltgefahr sind erst die vier Ecknägel und anschließend die restlichen Nägel, in Querreihen von außen nach innen, einzutreiben. Um ein Herausziehen der Nägel unter Last zu vermeiden, sind Mindesteinschlagtiefen erforderlich. Die → Tragfähigkeit einer N. ist von der Einbindetiefe, dem Schaftdurchmesser und der Biegesteifigkeit der Nägel sowie der Lochleibungsfestigkeit des Holzes abhängig. In Nadelholz beträgt gem. DIN 1052 die zulässige Nagelbelastung zul N_1 je Scherfläche in N

$$\text{zul } N_1 = \frac{500\, d_n^2}{10 + d_n},$$

mit d_n als Schaftdurchmesser des Nagels in mm.

Um die Tragfähigkeit der N. zu steigern und gleichzeitig die Spaltgefahr zu verringern, können die Nagellöcher vorgebohrt werden ($d \approx 0,9\, d_n$). Höhere zulässige Nagelbelastungen ergeben sich gegenüber Nadelholz bei der Verwendung von Laubhölzern, wie z. B. Eiche, Buche (wegen erhöhter Spaltgefahr nur vorgebohrt), Baufurnierplatten und Stahlblechen. Stahlbleche und Baufurnierplatten werden vorzugsweise zur mehrschnittigen Ausnutzung der Nägel eingeschaltet (→ Nagel, → Nagelbild, → Holznagelbau). *Dröge*

Literatur: *Halász, R. v.,* u. *C. Scheer* (Hrsg.): Holzbau-Taschenbuch. Bd. 1. 9. Aufl. Berlin 1996. – *Dröge, G.*: Grundzüge des Holzbaues. Bd. 1. 2. Aufl. Berlin 1993.

Naßbagger. Grundsätzlich kann man zwei verschiedene Baggergruppen unterscheiden:
☐ Geräte, die das Material mechanisch lösen und fördern (→ Schwimmgreifer, Eimerkettenbagger),
☐ Geräte, die das Material mechanisch-hydraulisch lösen und hydraulisch fördern (Grund-/Schutensauger, → Schneidkopfsaugbagger, → Schneidradbagger, → Unterwasserschaufelradbagger, → Laderaumsaugbagger). *Kühn*

Naßfilmdicke → Schichtdicke

Naturkautschuk. Der N. (NR) wird in Großplantagen aus dem weißen, milchigen Saft (Latex) gewonnen, der beim Anritzen der Stämme des Heveabaumes ausfließt. Er ist kettenförmig aus Isoprenmolekülen aufgebaut und kann wegen seines Gehaltes an Doppelbindungen durch Schwefel räumlich vernetzt werden. Diese Doppelbindungen sind bei den weichen, im Bauwesen verwendeten Sorten nur teilweise durch die brückenbildenden Atome abgesättigt. Hierdurch altert der Gummi an der Atmosphäre, vor allem durch Sonnenlicht, verhältnismäßig stark, was sich in einer ausgeprägten Versprödung äußert. Mit Schwefel vernetzt (Weichgummi) verwendet man NR für Fußbodenbeläge, Feuchtigkeitsisolierungen, Brücken- und Hochbaulager; mit Chlor vernetzt (Chlorkautschuk) als Rohstoff für hochwertige Korrosionsschutzanstriche. Wegen seiner sehr guten mechanischen Eigenschaften (Festigkeit, Bruchdehnung, Zähigkeit), seiner Kältefestigkeit und seines (noch) geringen Preises hat NR noch einen sehr hohen Marktanteil, weniger allerdings im Bauwesen, hier vor allem für → Elastomerlager und → Transportbänder. *Sasse*

Naturschutzgebiet. Zur Erhaltung von Lebensgemeinschaften oder des → Lebensraumes bestimmter wildwachsender Pflanzen oder wildlebender Tierarten, aus wissenschaftlichen, naturgeschichtlichen oder landeskundlichen Gründen oder wegen ihrer Seltenheit, besonderen Eigenart oder hervorragenden Schönheit rechtsverbindlich festgesetztes Gebiet, in dem ein besonderer Schutz von Natur und Landschaft in seiner Gesamtheit oder in einzelnen Teilen erforderlich ist (vgl. § 13 BNatSchG). *Spengelin*

Naturschutzgesetz → Landschaftsplanung

Natursteinprüfung. Das Ergebnis einer N. dient der Beurteilung eines Natursteins für einen bestimmten Verwendungszweck.

Nach ihrem Verwendungszweck können Natursteine z. B. einer hohen Druck- oder Biegezugfestigkeit, einer hohen schlagenden oder verschleißenden Beanspruchung, bei Verlegung im Freien einer hohen Verwitterungsbeanspruchung ausgesetzt sein. Ist die Beanspruchung bekannt, kann die Prüfung der Natursteine gezielt durchgeführt werden.

Wird ein Naturstein im Freien eingesetzt, so ist die Prüfung auf Wetterbeständigkeit die wichtigste Grundlage zur Beurteilung des Gesteins und ist grundsätzlich vor der Ermittlung der Festigkeitseigenschaft durchzuführen.

Um das Verhalten eines Gesteins unter Witterungseinflüssen abzuschätzen, hat sich folgendes Vorgehen bei der N. als zweckmäßig erwiesen:

☐ Beurteilung des Gesteins an der Lagerstätte und Gewinnungsstelle oder an bestehenden Vergleichsbauten. Hierbei ist vor allem auf Verwitterungserscheinungen, ihre Art und Tiefe an der Oberfläche des zu beurteilenden Natursteins zu achten, wie z.B. scherbiger, bröckeliger oder mulmiger Zerfall, Sonnenbrand, Vergrusung, Rindenbildung, → Ausblühungen usw. Diese Beobachtungen sind dann bei Berücksichtigung der klimatischen Verhältnisse – Häufigkeit, Art und Verteilung der Niederschläge, Anzahl und Größe der Temperaturwechsel u.a. – zu bewerten.

☐ Ermittlung gesteinskundlicher Kennwerte, wobei vor allem die Gesteinsart, der Mineralbestand und das Gefüge des Natursteins zu bestimmen sind. Diese Untersuchungen können durch Prüfungen an Dünnschliffen und durch Messung des Porenraumes ergänzt werden.

☐ Durchführung physikalisch-chemischer Prüfungen nach Art und Mineralbestand des Gesteins, wie z.B. die Prüfung auf Sonnenbrand bei Basalten, der Tonzwischenlager bei Sedimentgesteinen oder die Prüfung auf Rosten bei Vorhandensein von Pyrit, Markasit, Magnetkies oder Biotit.

Nach dem Ergebnis dieser Prüfungen können Natursteine in drei Gruppen der Verwitterungsbeständigkeit eingeteilt werden (DIN 52 106). Neben den zahlreichen Natursteinen, die bei allen Verwendungsarten als verwitterungsbeständig oder nicht verwitterungsbeständig zu bezeichnen sind, gibt es eine große Übergangsgruppe, deren Beständigkeit sehr von der Verwendung abhängt und die erst nach weiteren physikalisch technologischen Prüfungen dann als brauchbar oder als nicht brauchbar für den vorgesehenen Verwendungszweck zu bezeichnen sind.

Die hierzu anzuwendenden Prüfungen sind die Bestimmung der Porosität, der Wasseraufnahme und des Sättigungswertes nach DIN 52 103 und des Verhaltens bei Frost-Tauwechselbeanspruchung nach DIN 52 104.

Die Wasseraufnahme und der Sättigungswert geben Hinweise auf den für die Durchfeuchtung eines Natursteins maßgebenden Porengehalt und dessen Verteilung. Der Frost-Tauwechselversuch zeigt das Verhalten des Natursteins bei einer bestimmten Durchfeuchtung und mehrmaliger Frosteinwirkung auf.

Zur Beurteilung eines Natursteins hinsichtlich seines Verhaltens bei Druck- oder Biegezugbelastung, bei stoßender oder schleifender Beanspruchung ist an herausgearbeiteten Proben die Druck- oder Biegezugfestigkeit nach DIN 52 105 oder DIN 52 112, die Schlagfestigkeit nach DIN 52 107 oder der Schleißverschleiß nach DIN 52 108 zu bestimmen.

Werden darüber hinaus noch Anforderungen an den Naturstein, z.B. hinsichtlich chemischer Beständigkeit oder dekorativem Aussehen gestellt, sind mit einer hierfür geeigneten Materialprüfungsanstalt Sonderprüfungen zu vereinbaren.　　　　　　　　　　*Rehm/Zeus*

Natursteinschäden. Hauptbestandteile der wichtigsten Natursteine, insbesondere der → Sandsteine, sind Silikate in Form von Quarzpartikeln, die mit Karbonaten miteinander vernetzt sind. Diese Karbonate gegen Verwitterung besonders empfindlich. Daher sind Kalksteine, Marmor, Dolomite und kalk- bzw. magnesiumhaltige Sandsteine besonders gefährdet. Schwefeldioxid ist der Hauptschädiger, aber auch Stickstoffverbindungen in Wechselwirkung mit nitrophilen Bakterien können den Stein schädigen. Zusätzliche Voraussetzung für den Korrosionsprozeß ist die Anwesenheit von Wasser, entweder als hohe relative → Luftfeuchtigkeit oder als Wasserfilm. Selbst Schwefeldioxid-Konzentrationen bis $1\,700\ \mathrm{mg\,m^{-3}}$ bewirken keinerlei Schäden am Marmor bei gleichzeitig trockener Luft.

Unabwendbar ist im feuchten Medium eine natürliche Verwitterung entsprechend der Reaktion

$$CaCO_3 + CO_2 + H_2O \rightarrow Ca(HCO_3)_2 \rightarrow$$
$$Ca^{2+} + 2\,HCO_3^-.$$

Das entstehende Calciumbicarbonat ist im Gegensatz zum Calciumcarbonat in hohem Maße wasserlöslich und wird daher durch Regen ausgewaschen. Eine bedeutend schnellere Reaktion erfolgt durch Schwefeldioxid entsprechend

$$CaCO_3 + SO_2\,(1/2\,O_2 + 2\,H_2O -$$
$$CaSO_4 \cdot 2\,H_2O + CO_2.$$

Hierbei entsteht als Zwischenprodukt Calciumsulfit in unterschiedlichem Hydrationszustand, d.h. $CaSO_3 \cdot n\,H_2O$ mit $n = 0{,}5$, 2 oder 5. Die Oxidation von Schwefeldioxid wird an der Oberfläche der Materialien durch katalytische Substanzen, die z.B. als Eisen und Mangan in der Staubauflagerung enthalten sind, wesentlich begünstigt. Auch Auflagerung von Ruß oder Flugasche oder Anwesenheit von Stickstoffdioxid und insbesondere Ozon beschleunigen den Korrosionsprozeß durch erhöhte Oxidation.

Die Reaktion setzt zunächst die Adsorption des gasförmigen Schwefeldioxids an der Steinoberfläche voraus. Dieser Mechanismus ist entgegen weit verbreiteter Ansicht weit wirkungsvoller als die Aufnahme der Sulfit- oder Sulfat-Ionen in Form des sog. Sauren Regens. So sind die im Regen stark exponierten Teile eines → Gebäudes i.a. nur gering geschädigt, weil der Regen die trocken adsorbierten Schadstoffe immer wieder abwäscht. Bei der Adsorption wird die Depositionsgeschwindigkeit, die für Schwefeldioxid bei maximal $0{,}3\ \mathrm{cm\,s^{-1}}$ liegt, wesentlich von der Anwesenheit eines Feuchtigkeitsfilms an der Steinoberfläche sowie dem Grad der → Alkalität des Materials bestimmt. Interessant ist der Vergleich mit der im Windkanal ermittelten Depositionsgeschwindigkeit der IRMA als optimale Senke, die je nach Windgeschwindigkeit 0,5 bis 1,5 cm s^{-1} beträgt. Dieses Ergebnis steht in guter Übereinstimmung mit parallelen Freilandexpositionen von Steinplättchen und IRMA, bei denen eine SO$_2$-Immissionsrate von 120 mg m^{-2} d^{-1}, gemessen mit IRMA, einer SO$_2$-Aufnahme von etwa 25 mg m^{-2} d^{-1} beim Krensheimer Muschelkalk bzw. von etwa 60 mg m^{-2} d^{-1} beim Baumberger Kalksandstein gegenüberstanden. Diese Steinarten unterscheiden sich sowohl in der Porosität (12 bzw. 20%) als auch in der Wasserkapazität (6 bzw. 16%). Bei dieser Untersuchung waren zwei Probenserien exponiert worden, für die getrennt die Korrelationen ermittelt wurden. Die Korrelationskoeffizienten betrugen für den Baumberger Sandstein $r^2 = 0,88$ und $r^2 = 0,92$ sowie für den Krensheimer Muschelkalk $r^2 = 0,56$ und $r^2 = 0,72$.

In Anwesenheit von Sulfaten bildet sich ebenfalls Calciumsulfat bzw. in Anwesenheit von Nitrat Calciumnitrat entsprechend folgender Reaktion

$$CaCO_3 + SO_4^{2-} + 2\,H^+ + H_2O \rightarrow$$
$$CaSO_4 \cdot 2\,H_2O + CO_2$$

$$CaCO_3 + 2\,NO_3^- + 2\,H^+ \rightarrow$$
$$Ca(NO_3)_2 + CO_2 + H_2O.$$

Schließlich können auch Ammoniumsalze reagieren, z. B. entsprechend der Reaktion

$$(NH_4)_2SO_4 + CaCO_3 \rightarrow$$
$$CaSO_4 + (NH_4)_2CO_3;$$
bzw.

$$NH_4HSO_4 + CaCO_3 \rightarrow$$
$$CaSO_4 + NH_4HCO_3,$$

oder NH$_3$ bzw. NH$_4^+$ werden durch nitrifizierende Bakterien zunächst zu NO$_3^-$ aufoxidiert. In jedem Fall entstehen lösliche Produkte.

In der Regel dringt das trocken deponierte Schwefeldioxid mit der Feuchtigkeit in das Steininnere bis in max. 25 mm Tiefe, hauptsächlich aber bis 5 mm unterhalb der Steinoberfläche ein. Daher erfolgt die Gipsbildung vorwiegend innerhalb dieser Anreicherungszone unterhalb der Steinoberfläche. Zum Auswaschen des Gipses durch Regen kommt als wesentlicher Wirkungsmechanismus noch der Kristallisationsdruck hinzu, mit der Folge einer flächenhaften Absprengung der äußersten, wenige Millimeter dicken Steinschicht, weil bei der Umwandlung von Calcit zu Anhydrit eine Volumenvergrößerung um 28% entsteht. Bei der Hydration kommen weitere 19% hinzu. Das plattenartige Absprengen der äußeren Steinschichten kann immer wieder vorkommen.

Der aus dem Stein herausgelöste Gips kristallisiert an der Steinoberfläche und nimmt dabei kohlenstoffhaltige Partikel aus der Atmosphäre, aber auch Mikroorganismen auf. Daraus bildet sich eine schwarze Kruste,

die das Austrocknen der Steine verhindert und somit den Korrosionsprozeß beschleunigt.

Stickstoffoxide (NO$_x$) reagieren, verglichen mit Schwefeldioxid, nur langsam mit Carbonatgesteinen. Wichtig ist die Wechselwirkung mit Schwefeldioxid, wobei Stickstoffmonoxid die Oxidation des Schwefeldioxids herabsetzt, Stickstoffdioxid die Oxidation hingegen erhöht. Bei einem molaren NO/NO$_2$-Verhältnis von 12 sind die Redox-Verhältnisse gerade ausgeglichen. Eine Umsetzung der Stickstoffoxide mit dem Calciumcarbonat setzt eine vorherige Oxidation zu Salpetersäure voraus.

In neuerer Zeit wurde auch die Bedeutung von Bakterien, z. B. der Gattung Thiobacillus, als mikrobiologische Steinzerstörer erkannt. Diese oxidieren Schwefelverbindungen, einschließlich Schwefelwasserstoff als Beispiel einer Schwefelverbindung, auf niedrigster Oxidationsstufe. Algen, Pilze und Flechten wirken wegen ihrer Kohlendioxid-Ausscheidung ebenfalls korrosiv. Außerdem verlängern sie, wie die schwarzen Krusten, die Durchfeuchtungsphase des Steins.

Kunststeine, einschließlich Beton, können ebenfalls von der immissionsbedingten → Korrosion betroffen sein. I. a. ist aber ihre Widerstandskraft gegenüber Luftverunreinigungen deutlich höher als die der karbonathaltigen Sandsteine. *Prinz*

Nebenleistung. Leistung, die gem. VOB/C auch ohne Erwähnung in der → Leistungsbeschreibung zur vertraglichen Leistung gehört. N. sind z. B. Schutz- und Sicherheitsmaßnahmen nach den → Unfallverhütungsvorschriften oder Beseitigen der → Abfälle und des → Bauschutts, die aus den Arbeiten des Unternehmers herrühren. Einrichten und → Räumen der Baustelle sowie Vorhalten der → Baustelleneinrichtung zählen zu den N., wenn sie nicht durch besondere Ansätze in der Leistungsbeschreibung erfaßt sind. *Drees*

Nebennutzung. Planmäßige, nur mittelbar der Erfüllung der Arbeitsaufgabe dienende Nutzung eines → Betriebsmittels. Die N. umfaßt z. B. An- und Abtransporte, Auf- und Abladen, Auf- und Abbau, Umbau, Fahren in Arbeitsstellung, Wartungsarbeiten. Die Durchführung von Reparaturen ist als störungsbedingtes Unterbrechen zu klassifizieren. *Drees*

Nebenprodukt, industriell. Als i. N. werden Sekundärrohstoffe bezeichnet, die bei industriellen Prozessen anfallen und als Baustoffe oder Baustoffkomponenten vorteilhaft eingesetzt werden können. Traditionelle Vertreter sind Hochofenschlacken und daraus hergestellte granulierte Hüttensande, die wegen ihrer latenthydraulischen Eigenschaften seit mehr als 100 Jahren als Bestandteile von Hochofenzementen im Bauwesen verwertet werden. In jüngerer Zeit finden vermehrt auch → Kraftwerksnebenprodukte Verwendung in Baustoffen. *Schießl*

Nebentätigkeit. Planmäßige, nur mittelbar der Arbeitsaufgabe dienende Tätigkeit. Sie ist Bestandteil der Gliederung der → Ablaufarten; zu verwenden bei der Ablaufanalyse von Arbeitsabläufen. Ziel ist die Verbesserung des Arbeitsablaufs, um einen möglichst hohen Anteil der → Haupttätigkeit zu erhalten, die der Erfüllung der Arbeitsaufgabe unmittelbar dient. Typische N. auf Baustellen sind z. B. Holen von Werkzeugen und Baustoffen, Lesen von Plänen, Suchen von Schalungsteilen, die nicht ordnungsgemäß abgelegt sind. Schlecht organisierte Arbeitsabläufe weisen einen hohen Anteil der Nebentätigkeit aus, teilweise 30% und mehr.   *Drees*

Nenndruck. Der N. (PN) ist eine Kennzahl ohne Angabe einer Einheit. Er gibt den Druck an, für den genormte Rohrleitungsteile bei Zugrundelegung eines bestimmten, in der jeweiligen Maßnorm genannten Ausgangswerkstoffes und der Temperatur von 20 °C ausgelegt sind (DIN 2401). Beispielsweise bedeutet PN 16 einen Druck von 16 bar. Die N. sind genormt; ihre Staffelung reicht von PN 1 bis PN 6400.   *Muth*

Nennspannung. N. ist der auf der Grundlage der technischen Festigkeitslehre ermittelte rechnerische Spannungswert, z. B.

$$\sigma = \frac{N}{A} \pm \frac{M}{W}$$

(σ → Normalspannung, N Normalkraft, M Biegungsmoment, A Fläche und W Widerstandsmoment des Querschnitts). Er ist ein Durchschnittswert, der Einflüsse aus z. B. → Eigenspannungen, Fertigungstoleranzen usw. (→ Imperfektion) nicht berücksichtigt. Die wirklichen Spannungen können mit ihren Spitzenwerten an vielen Stellen des Bauteils erheblich über der N. liegen. Bei statischer → Beanspruchung plastizieren die Spannungsspitzen jedoch heraus und gefährden somit das Bauwerk nicht. Diese Fließfähigkeit kennzeichnet die hervorragende Werkstoffeigenschaft von Stahl.

Sedlacek/Scholz

Nennweite. Die N. (DN ≙ Nenndurchmesser) ist eine Kennzahl ohne Angabe einer Einheit, die bei Rohrleitungssystemen als kennzeichnendes Merkmal zueinander gehörender Teile benutzt wird (DIN 2402). Sie entspricht annähernd den lichten Durchmessern der Anlageteile. Beispielsweise ist DN 400 eine Leitung mit einem Innendurchmesser von etwa 400 mm. Die Nennweiten sind genormt; ihre Staffelung reicht von DN 1 bis DN 4000.   *Muth*

Netzplan. Darstellung eines Arbeitsablaufs durch Knoten und Pfeile. Hierdurch lassen sich die zwischen den → Arbeitsvorgängen herrschenden Abhängigkeiten darstellen, so daß Änderungen im Arbeitsablauf eines Vorgangs in ihrer Auswirkung auf andere Vorgänge und das gesamte Projekt erkannt und berechnet werden können. Zu unterscheiden sind knotenorientierte N., bei denen der Vorgang dem Knoten zugeteilt wird, und

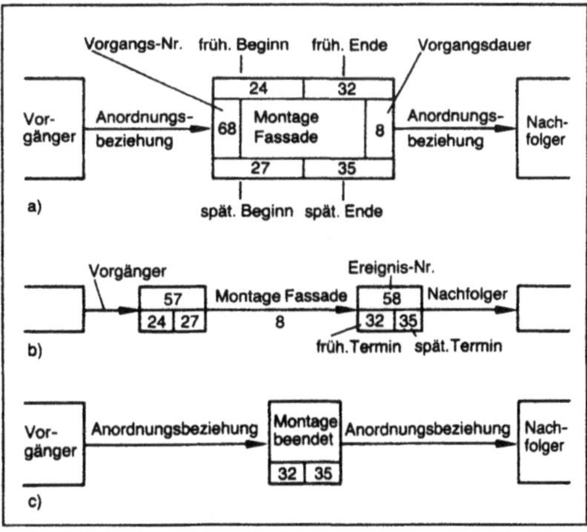

Netzplan 1: Verschiedene Netze.
a) Vorgangsknotennetz
b) Vorgangspfeilnetz
c) Ereignisknotennetz.

pfeilorientierte N., bei denen der Vorgang dem Pfeil entspricht. Knoten-N. werden auch als Tätigkeitsgraphen, Pfeil-N. als Ereignisgraphen bezeichnet (Bild 1). Der Vorteil der Knoten-N. liegt in der einfacheren und übersichtlicheren Darstellung. Allerdings ist eine zeitabhängige Darstellung nicht möglich, da die Zeitdauer eines Vorgangs als Knoten (und somit dimensionslos) dargestellt wird. Demgegenüber erlaubt der Pfeil-N. eine zeitproportionale Darstellung der Vorgänge, deren Anfang und Ende durch die Knoten als „Ereignisse" begrenzt ist. Es handelt sich also um eine Art vernetzten Balkenplan. Nachteilig ist jedoch eine gewisse Unübersichtlichkeit und eine größere Anzahl von Vorgängen, da man zur Aufrechterhaltung der Logik des N. „Scheinvorgänge" (dummies) einführen muß. Hierdurch wird der N. größer als notwendig und schwieriger zu berechnen.

Jeder Vorgang ist durch einen frühesten und spätesten Beginn (Früh- und Spätstart) und durch ein frühestes und spätestes Ende festgelegt. Hierdurch ergibt sich die Möglichkeit von Verschiebungen einzelner Vorgänge, ohne daß dies den Ablauf gefährdet. Die Zeitdifferenz zwischen den frühesten und spätesten Terminen wird als → Pufferzeit bezeichnet. Je nach der Art einer Pufferzeit bezeichnet man sie als Gesamtpufferzeit, freie Pufferzeit, freie Rückwärtspufferzeit oder als unabhängige Pufferzeit. Die einzige Pufferzeit, die tatsächlich ohne Einfluß auf andere Vorgänge bleibt, ist die unabhängige Pufferzeit (Bild 2). Alle anderen Pufferzeiten vermindern, wenn sie verbraucht sind, die Pufferzeiten anderer Vorgänge. Die Reihenfolge der Vorgänge ohne Pufferzeit wird als kritischer Weg bezeichnet. Er bestimmt das früheste Ende des gesamten Ablaufs. Jede Verschiebung eines aus dem kritischen Weg liegenden

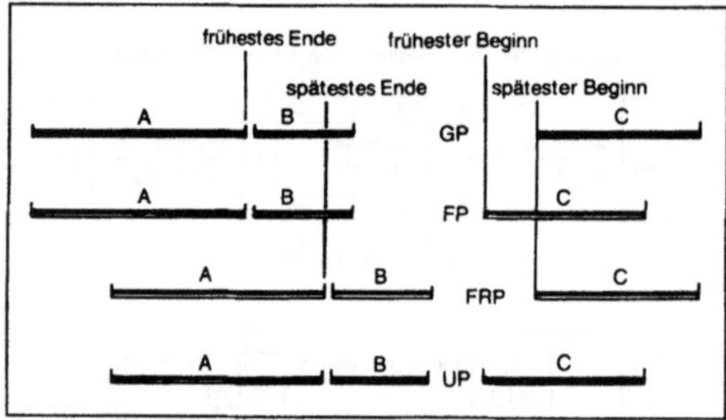

Netzplan 2: *Definition und Zuordnung der Pufferzeiten.*

Pufferzeit	Vorgänger A	Nachfolger C
gesamte Pufferzeit GP	früheste Lage	späteste Lage
freie Pufferzeit FP	früheste Lage	früheste Lage
freie Rückwärtspufferzeit FRP	späteste Lage	späteste Lage
unabhängige Pufferzeit UP	späteste Lage	früheste Lage

Vorgangs führt zu einer Verschiebung des Endtermins, falls die Verschiebung (Verzögerung) nicht durch Umstrukturierung des Netzes oder durch Verkürzung der Dauer nachfolgender Vorgänge aufgeholt wird.

N. setzt man für vielfältige Aufgaben ein. Ursprünglich wurden sie für die Planung und Kontrolle militärischer Projekte und für Kraftwerksbauten entwickelt. Sie fanden jedoch schnell umfangreiche Anwendung überall dort, wo große und aus vielen einzelnen Vorgängen bestehende Projekte zu planen und zu kontrollieren waren, so z. B. im Bauwesen, im Schiffbau, im Kraftwerkbau, im Anlagenbau, im Maschinenbau. Sie können nicht nur für die Steuerung einzelner Projekte, sondern auch für die Steuerung umfangreicher Fertigungssysteme eingesetzt werden. Im Bauwesen haben sie ihre besondere Bedeutung im → Projektmanagement gefunden, das für die → Ablaufplanung und → Ablaufkontrolle der Planung und Bauausführung großer Bauvorhaben eingesetzt wird, so z. B. bei Verwaltungsgebäuden, Großklärwerken, Krankenhäusern, da man hier Tausende von Vorgängen, die auf viele planende und ausführende Unternehmen verteilt sind, im Ablauf planen und kontrollieren muß. Jedoch hat es sich bewährt, daß die unmittelbare Ausführung mit Balkenplänen gesteuert wird, da diese für die Ausführenden leichter zu lesen und zu verstehen sind.

Bei Beginn eines Bauvorhabens empfiehlt sich das Aufstellen eines übergreifenden → Rahmenplans, der nur die wichtigsten Zwischentermine (Meilensteine) enthält. Dieser Rahmenplan wird durch detailliertere N. ergänzt, die je nach Detaillierungsgrad als Generalnetzplan oder Steuerungsnetzplan bezeichnet werden.

Ein Aufstellen sehr detaillierter N. bereits zu Beginn einer Baumaßnahme (Planung oder Bauausführung) empfiehlt sich nicht, da sich die unumgänglichen Änderungen, z. B. Planänderungen, witterungsbedingte Schwierigkeiten, auf die einzelnen Vorgänge auswirken, ohne jedoch den Rahmennetzplan hinfällig zu machen. Insbesondere sollten die Steuerungspläne erst dann angefertigt werden, wenn man alle Schwierigkeiten geklärt hat, so daß die Bedingungen der Ausführung der einzelnen Vorgänge bekannt sind. Wichtig für den Erfolg der Netzplantechnik ist die ständige Kontrolle durch Soll-Ist-Vergleich und Durchführung der daraus resultierenden Maßnahmen zur Einhaltung des vorgegebenen Ablaufs. Es empfiehlt sich deshalb beim Aufstellen von N., bestimmte Zeitreserven einzuplanen, um in Zwangssituationen diese Reserven aktivieren zu können, so daß der Endtermin eingehalten wird.

N. können zusätzlich mit Kapazitäten, z. B. eingesetzte Arbeitskräfte, oder Kosten belegt werden, so daß sich das vorzuhaltende Personal und die entstehenden Kosten der Ausführung in Abhängigkeit vom Ablauf ermitteln lassen. Insbesondere führt die zusätzliche Angabe des Personals zur Ermittlung von Engpässen, so daß frühzeitig Gegenmaßnahmen getroffen werden können, z. B. durch Umstrukturierung des Bauablaufs oder durch Hinzuziehen weiterer Unternehmen. Wegen der Komplexität der N. – und auch zur Gewährleistung einer fehlerfreien Ablaufplanung – empfiehlt sich der Einsatz von Rechenprogrammen, die insbes. bei der Ablaufkontrolle (updating) nützlich sind. Netzplanprogramme werden vielfach mit Zeichenprogrammen verknüpft, so daß Netz- und Balkenpläne mit Hilfe rechnergesteuerter Zeichenanlagen (plotter) zeichnerisch dargestellt und schnell geändert werden können. Bekannte Programme sind z. B. CPM, MPM, SINET, PROJACS, PPS, TEPLAN. Ihre Anwendung hängt von den gewünschten Ausdrucken, den Programmanforderungen und den zur Verfügung stehenden Rechenanlagen ab. *Drees*

Neubaustrecke. Zur Beseitigung von Kapazitätsengpässen, zur Anpassung des Schienennetzes an die Verkehrsströme, zur Anpassung der Infrastruktur an neuzeitliche Anforderungen in bezug auf → Lichtraumprofil, Streckengeschwindigkeit und Streckenausrüstung sowie zur Steigerung der Reisegeschwindigkeiten zwischen Ballungszentren mit hohem Verkehrsaufkommen in Konkurrenz zu Pkw und Flugzeug werden in aller Welt Eisenbahnstrecken neugebaut (N.) oder grundlegend umgebaut (→ Ausbaustrecke).

In Europa wurde hierzu vom Internationalen Eisenbahnverband (UIC) 1973 ein Infrastruktur-Leitplan aufgestellt, der für die wichtigsten nationalen und internationalen Strecken („Leitplanstrecken") Qualitätsanforderungen definiert und aufgrund des derzeitig Vorhandenen kapazitive Engpässe lokalisiert.

In Übereinstimmung mit diesem Leitplan wurden in mehreren Ländern N. und Ausbaustrecken konzipiert.

Die Investitionen werden dabei von den jeweiligen Staatshaushalten finanziert und sind im allgemeinen mit allen nationalen Verkehrsträgern abgestimmt (in Deutschland durch den → Bundesverkehrswegeplan) – um Parallelinvestitionen in der Verkehrsinfrastruktur zu vermeiden.

Die Deutsche Bahn sieht N. dort vor, wo durch Ausbau vorhandener Strecken eine gründliche Verbesserung der Verkehrsverhältnisse nicht erreicht werden kann. Als erste Maßnahmen sind die beiden N. (NBS) Hannover–Würzburg (327 km) und Mannheim–Stuttgart (99 km) gebaut und im Juni 1991 eröffnet worden. Planmäßig wird auf den N. eine Höchstgeschwindigkeit von 250 km/h gefahren. Teilweise läßt die Streckentrassierung auch eine Geschwindigkeit von 300 km/h zu.

Diese beiden N. werden nicht nur von schnellen Triebzügen befahren, sondern auch von lokomotivbespannten Reisezügen und Güterzügen mit Geschwindigkeiten von z. T. 120 km/h. Dieser Mischbetrieb bestimmt maßgeblich die Trassierungsparameter und Ausrüstung der N. Die maximale Längsneigung beträgt deshalb nur 12,5‰, was zu einem sehr hohen Tunnelanteil insbesondere auf der Strecke Hannover–Würzburg führt. Der Mindesthalbmesser (→ Radius) ist für solche N. auf 7 000 m festgelegt, nur in Ausnahmefällen ist ein Radius von 5 100 m zulässig. Der → Gleisabstand beträgt 4,70 m. Die → Tunnelquerschnitte haben wegen der Verwendung des Erweiterten Regellichtraumes (Lichtraumprofil) und aus aerodynamischen Gründen eine Größe von 81 m^2.

N. werden nicht nur an ihren Endpunkten, sondern an weiteren Stellen mit dem bestehenden → Streckennetz verknüpft, um eine abschnittsweise Nutzung auf möglichst vielen verschiedenen Relationen zu ermöglichen. Um langsamere Züge überholen zu können, sind im Abstand von rd. 20 km Überholungsbahnhöfe angeordnet. Die beiden Richtungsgleise sind alle 7 km durch Überleitstellen miteinander verbunden, die einen Gleiswechselbetrieb (auch das Gegengleis kann signaltechnisch gesichert – z. B. zur Vorbeifahrt an instandhaltungsbedingt gesperrrten Abschnitten – befahren werden) möglich machen. Die Weichenverbindungen der Überleitstellen können mit einer Geschwindigkeit von 130 km/h befahren werden.

Derzeit befindet sich die N. Hannover–Berlin im Bau, die 1997 fertiggestellt sein wird. Auf Teilabschnitten wird der Betrieb aber schon früher aufgenommen. Im Dreijahresplan für den Ausbau des Schienenwegenetzes des Bundes für die Jahre 1995 bis 1997 sind folgende N.-Projekte in den Finanzplan aufgenommen:

□ Köln–Rhein/Main,

□ Karlsruhe–Offenburg–Freiburg–Basel (z. T. als Ausbaustrecke),

□ Stuttgart–Augsburg (z. T. als Ausbaustrecke),

□ Nürnberg–Ingolstadt–München (z. T. als Ausbaustrecke) und

□ Hanau–Nantenbach/Würzburg–Iphofen (z. T. als Ausbaustrecke).

Die N. Köln–Rhein/Main wird ausschließlich dem Personenverkehr dienen und deshalb nur von sehr schnellen Zügen befahren. Die Trassierungsparameter lassen sich deshalb geländeangepaßter (z. B. kleinere Mindestradien, größere Längsneigungen) gestalten. Wie bei den TGV-Strecken der französischen Staatsbahnen SNCF ist hier z. B. eine maximale Längsneigung von 35‰ zulässig.

Während auf den ersten N. bis auf wenige Versuchsabschnitte grundsätzlich ein Schotteroberbau (→ Oberbau) mit Betonschwellen (→ Schwellen) eingebaut wurde, ist bei allen zukünftigen N. in der Planungsphase vom Einbau der festen Fahrbahn auszugehen. Nur wenn sich der Schotteroberbau zweifelsfrei als vorteilhafter darstellt, ist eine vergleichende Wirtschaftlichkeitsbetrachtung durchzuführen. Auch auf der N. Hannover–Berlin wird die feste Fahrbahn auf ca. 100 km realisiert.

Die neben den N. geplanten und z. T. bereits fertiggestellten Ausbaustrecken sind sog. Hauptabfuhrstrecken, die dem technischen Standard der N. angepaßt werden. Maßnahmen zur Steigerung der Streckenkapazität und zur Verbesserung der Betriebsqualität sind z. B. der mehrgleisige Ausbau von Streckenabschnitten, Anpassung der signaltechnischen Einrichtungen in Schnellfahrabschnitten, Linienverbesserungen für Geschwindigkeiten bis zu 200 km/h, Verbesserungen der Bahnstromversorgung, Anlagen für den Gleiswechselbetrieb und Beseitigung von → Bahnübergängen.
Kracke/Runge

Neutronensonde. Die N., die man in ein vorgebohrtes Loch in den Untergrund einführt, erlaubt die Bestimmung der Feuchtigkeitsänderungen in der wasserungesättigten Zone. Eine Neutronenquelle strahlt schnelle, energiereiche Neutronen (10 MeV – 10 keV) in den Untergrund ab. Sie werden von Wasserstoffkernen gebremst, bis sie energiearm (thermisch, 1 eV – 0,01 eV) sind. Kalium-, Eisen-, Chlorid- und andere Elementkerne fangen diese thermischen Neutronen auf; dabei entsteht γ-Strahlung. Die induzierte γ-Strahlung oder die langsamen Neutronen mißt man mit einem Szintillometer. Da das Wasser die Hauptmenge des Wasserstoffes stellt, ist die gemessene Aktivität oder die Dichte thermischer Neutronen dem Wassergehalt des Untergrundes in der Bohrlochumgebung proportional.
Mattheß

Nichtlinearität, geometrische. Die Verformungen u_i eines elastischen Körpers und deren erste Ableitungen nach x_j sind nicht mehr infinitesimal, sondern endlich. Der verformte Zustand nach der Belastung ist dann wesentlich verschieden vom Zustand vor der Belastung. Die → Gleichgewichtsbedingungen sind deshalb für den verformten Zustand zu formulieren. Außerdem müssen bei den Komponenten des → Verzerrungstensors nichtlineare Terme berücksichtigt werden, die bei infinitesimalen Verformungen als von höherer Ordnung klein vernachlässigt werden können. In der Kontinuumsmechanik sind zwei Betrachtungsweisen möglich, die *Lagrange*sche, bei der der Beobachter mit dem betrachteten Volumelement des Körpers „verbunden" ist und alle Vorgänge von diesem Standpunkt aus beschreibt, und die *Euler*sche, bei der der Beobachter fest mit dem Ausgangszustand „verbunden" ist. Bei → Stabtragwerken führt die Berücksichtigung der g. N. auf die Theorie 2. Ordnung. Bei → Platten wie bei Schalen mit großen (endlichen) Verformungen reichen die klassischen linearen Theorien zur Beschreibung der Beanspruchungszustände nicht mehr aus. Bei allen → Tragwerken sind i. d. R. dann auch Stabilitätsuntersuchungen erforderlich. *Laermann*

Nichtlinearität, physikalische. Der lineare Zusammenhang zwischen Spannungen und → Verzerrungen besteht nicht mehr, das → *Hooke*sche Gesetz ist nicht mehr gültig. Dies kann schon bei kleinen Verzerrungen je nach den das Werkstoffverhalten beschreibenden → Stoffgesetzen der Fall sein, so daß geometrische Linearität mit p. N. verknüpft werden kann. Beide Nichtlinearitätserscheinungen können aber auch gleichzeitig auftreten. Das nichtlineare Stoffverhalten ist mit den Methoden der Materialprüfung zu bestimmen und ggf. durch geeignete nichtlineare Funktionen zu beschreiben. Vielfach ist eine schrittweise lineare Approximierung und die Anwendung inkrementeller Berechnungsverfahren möglich. *Laermann*

Nichtoffenes Verfahren → Verfahren, nichtoffenes/offenes

Niederschlag. Atmosphärischer N., die Einnahmegröße in der hydrologischen → Wasserbilanz, entsteht bei der Abkühlung von Luftmassen mit einem gegebenen Wasserdampfgehalt unter den Sättigungspunkt der Luft für → Wasserdampf (Taupunkt). Der Wasserdampf kondensiert an in der Luft schwebenden Aerosolteilchen aus organischem Material (Sporen und Pollen), aus mineralischen Stoffen (vulkanischer Staub, getrocknete Sprühteilchen der Ozeanflächen, feinkörnige Minerale) natürlicher oder anthropogener Herkunft oder aus kleinsten Eisteilchen. Durch Ausbringung von Kondensationskernen (meist Kaliumjodidkristalle) kann N. ausgelöst werden. Zu N. kommt es hauptsächlich an Fronten von Tiefdruckkernen, durch aufwärtsgerichtete Konvektionsströmung einer warmen Luftmasse oder durch die adiabatische Abkühlung von Luftmassen an der Leeseite von Höhenzügen und Gebirgsschwellen. Die atmosphärischen N. werden nach dem Vorgang der Niederschlagsbildung sowie nach Form und Art ihres Auftretens unterschieden (Tabelle). Für die hydrologische Wirkung der N. ist außer der Art die Niederschlagsdauer und -intensität von Bedeutung.

Hydrologisch sind die in größeren Mengen auftretenden Formen Regen und Schnee am wichtigsten. Tau und Reif spielen in Mitteleuropa i. a. eine untergeordnete Rolle. Der mittlere Tauertrag liegt hier schätzungsweise in der Größenordnung 25 bis 30 mm/a. Die Nebelniederschläge (Ablagerung von Nebeltröpfchen an Bäumen und Sträuchern) liefern auch in Mitteleuropa z. T. erhebliche Zusatzwassermengen, in den Mittelgebirgen örtlich mehr als das Dreifache des normalgemessenen N. Auf der Erdoberfläche fallen im Mittel 973 mm/a, auf die Festländer 746 mm/a, in Europa 657 mm/a und in der Bundesrepublik Deutschland (alt) 837 mm/a (neu 768 mm/a) (Bild). *Mattheß*

Literatur: *Baumgartner, A., u. E. Reichel*: Die Weltwasserbilanz. München 1975. – *Mattheß, G., u. K. Ubell*: Allgemeine Hydrogeologie – Grundwasserhaushalt. Berlin, Stuttgart 1983. – *Tardy, Y.*: Le cycle de l'eau. Paris 1986.

Niederschlag-Abfluß-Beziehung. In der Ingenieurhydrologie (→ Hydrologie) zur Hochwasserberechnung

Niederschlag. Tabelle: Einteilung atmosphärischer N.

Hauptgruppen nach dem Vorgang der Niederschlagsbildung	Form des Niederschlags je nach Temperaturverhältnissen	
	flüssiger Niederschlag	fester Niederschlag
fallender Niederschlag (mittelbare Kondensation bzw. Sublimation in der freien Atmosphäre, Niederschlag aus Wolken)	Regen Sprühregen (Nieseln)	Schnee Hagel Griesel Reifgraupeln Frostgraupeln Eiskörner Eisnadeln
abgesetzter Niederschlag (unmittelbare Kondensation bzw. Sublimation des Wasserdampfes an oder nahe der Erdoberfläche)	Nebelniederschlag Tau Taubeschlag	Reif Rauhreif Rauhfrost Frostbeschlag Glatteis

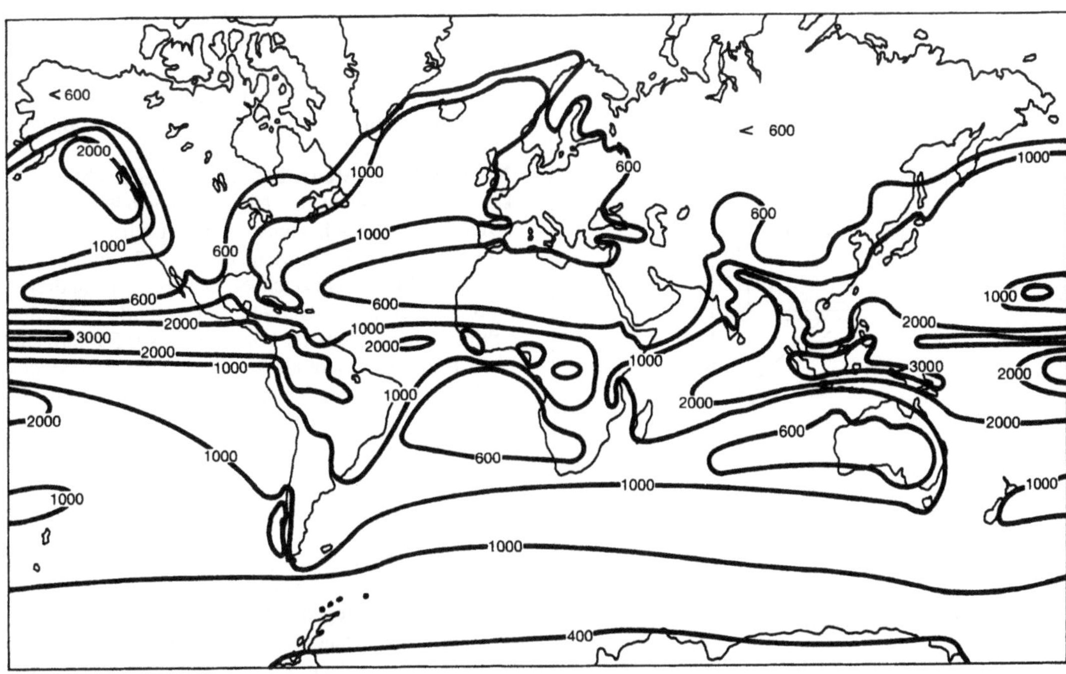

Niederschlag: Niederschlagshöhe (in mm/a) auf der Erdoberfläche. (Tardy 1986, Baumgartner/Reichel 1975)

eingesetzte Verfahren auf der Basis vorgegebener Niederschlagshöhen. In vielen Fällen liegen für die Bemessung wasserbaulicher Anlagen keine oder nicht ausreichende Abflußmeßwerte vor. Die Ermittlung des Bemessungshochwassers aus Niederschlagsdaten gehört daher zu den Standarduntersuchungen hydrologischer Praxis. Die Dauer der zu berücksichtigenden Niederschlagshöhe entspricht der Fließzeit vom entferntesten Punkt des → Einzugsgebietes, da Ereignisse längerer Dauer geringere Niederschlagsintensitäten bzw. Regenspenden aufweisen und bei kürzerer Dauer nicht das gesamte Gebiet überregnet wird. Einfachste N.-A.-B. ist der Abflußbeiwert, der aus Tabellen entnommen werden kann. Er charakterisiert die jeweiligen Gebietseigenheiten nur unvollkommen. Daher kommt er lediglich für einfache Fälle und kleine Einzugsgebietsgrößen zur Anwendung, z. B. beim Flutplanverfahren zur Berechnung von Regen- und Mischwasserkanälen in Siedlungsgebieten:

$$Q_r = r \cdot \psi_s \cdot A_E$$

mit Q_r Regenabfluß in l/s, r Regenspende in l/(s · ha), ψ_s Spitzenabflußbeiwert, A_E Fläche des Einzugsgebietes in ha. Bei den etwa ab Mitte der 60er Jahre eingesetzten N-A-Modellen erfaßt man die gebietsspezifischen N.-A.-B. durch über Naturmessungen zu ermittelnde Modellparameter. Die Modelle werden an Hand der Meßwerte (→ Niederschläge, Abflußganglinien) mehrerer Abflußereignisse geeicht. Wesentlich ist auch, daß bei den N-A-Modellen die gesamte Hochwasser-

ganglinie ermittelt wird und nicht nur – wie beim Flutplanverfahren – der Wert des Spitzenabflusses. Dies ist insbes. bei der Planung von → Hochwasserrückhaltebecken wichtig. Bei allen N-A-Modellen sind eingangs zu bestimmen: → Gebietsniederschlag, abflußwirksamer Niederschlag, Direktabfluß. Typische Beispiele für N-A-Modelle sind: Einheitsganglinienverfahren, → Hyreun-Verfahren, → Speichermodelle, → Flußgebietsmodelle u. a. *Lecher*

Niederschlagmeßwesen. Als Niederschlagmeßgrößen bestimmt man i. a. die Niederschlagshöhe, die Niederschlagsdauer und die → Niederschlagsintensität (Niederschlagsstärke); beim Schnee die Schneehöhe, die → Schneedichte und den Wassergleichwert (→ Wasseräquivalent) der Schneedecke. Den → Niederschlag mißt man punktuell in Auffanggefäßen. Die flächenhafte Radarniederschlagsmeßmethode wird zur Bestimmung von Grenzen, Orientierung und Bewegung von Regenfeldern und – im hydrologischen Bereich – für die → Hochwasservorhersage eingesetzt. Zu Punktmessungen des Niederschlages dienen:

□ Regenmesser, Auffangfläche 200 cm², Auffanghöhe 1 m über Boden (Bild 1), an windigen Orten mit einem Schutztrichter versehen,

□ Gebirgsniederschlagsmesser, Auffangfläche 500 cm², Auffanghöhe 1,90 m,

□ Niederschlagssammler (Totalisatoren), die den Niederschlag über Monate, Halbjahre oder Jahre sammeln oder

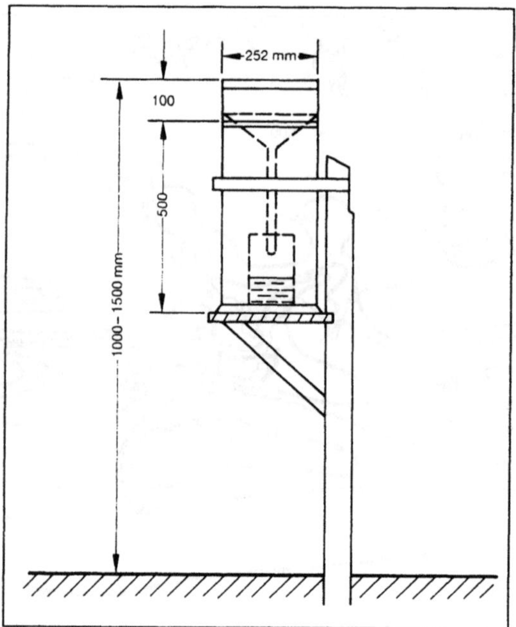

Niederschlagmeßwesen 1: Niederschlagsmesser.

☐ Registrierende Geräte (Niederschlagsschreiber). Die Niederschlagsschreiber (Schreibregenmesser) liefern fortlaufende Aufzeichnungen über Niederschlagshöhe, -dauer und -intensität.

Die Schneehöhe (Mächtigkeit der Schneedecke) wird mit Schneepegeln als Hand- oder Standgerät gemessen. Die Schneedichte und den Wassergleichwert der Schneedecke bestimmt man mit dem Schneeausstecher, einem zylindrischen Entnahmegerät mit einer Ausstechfläche von 200 cm². Die ausgestochene Schneeprobe wird geschmolzen und die Masse des Wassers

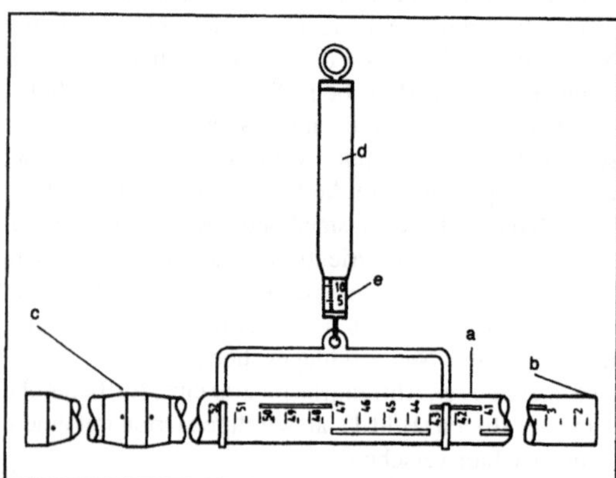

Niederschlagmeßwesen 2: Schneeausstecher mit geeichter Waage.

a Schneebohrer, b Schneide, c Schraubverbindung, d Federwaage, e Gewichtsskala

(Wassergleichwert) bestimmt. Der so gewonnene Wert, dividiert durch die Schneehöhe, ergibt die Schneedichte. Der Wassergleichwert kann auch durch Wägung mit Hilfe einer zu dem Schneeausstecher geeichten Waage direkt bestimmt werden (Bild 2).   *Mattheß*

Niederschlagsintensität. Die N. (Niederschlagsstärke) ist der Quotient aus Niederschlagshöhe und Zeit (DIN 4049-3). Nach seiner Intensität wird der Regen als schwach (<2,5 mm/h), mäßig (2,6–7,5 mm/h) oder stark (>7,5 mm/h) bezeichnet. Dauer- oder Landregen sind über größeren Gebieten auftretende → Niederschläge einer Intensität von mehr als 0,5 mm/h und einer Dauer von mehr als 6 h. Starkregen sind Niederschläge, deren Niederschlagshöhe P_i (in mm) im Zusammenhang mit der Dauer des Regens t (in min) mindestens

$$P_i = \sqrt{5t - \left(\frac{t}{24}\right)^2}$$

beträgt. Als Wolkenbruch wird ein großtropfiger Starkregen mit einer Mindestintensität von 60 mm/h bezeichnet. Starkregen treten sehr oft in Schauern auf. Dies sind kurz andauernde Niederschläge (Regen-, Niesel-, Schnee- und Graupelschauer). Der N. kommt hydrologisch eine beträchtliche Bedeutung zu. Kurze, intensive Regenfälle können oberirdisch schnell abfließen. Bei Dauerniederschlägen mit geringer Intensität kann dagegen der Versickerungsanteil und damit der Beitrag zur → Grundwasserneubildung größer sein (→ Abfluß).   *Mattheß*

Literatur: DIN 4049-3: Hydrologie. Begriffe zur quantitativen Hydrologie. Ausg. 1994.

Niederschlagwasser. N. (Regenwasser) ist ein Teil des → Wasserkreislaufs der Erde. → Niederschlag fällt als Regen, Schnee, Hagel, Nebelreißen und Tau an. Daraus ergibt sich der Regenwasserabfluß oberirdisch, oberflächennah und über das → Grundwasser. Der mittlere jährliche Niederschlag von 837 mm in Deutschland entspricht einer Wassermasse von 8 370 m³/ha, von der rd. 38% als → Oberflächenwasser, beeinflußt aus den nassen und trockenen Depositionen aus der Atmosphäre, dem berührten Bodenkörper und den Abwassereinleitungen zum Meer abfließen. N. besorgt so die großräumige Luftreinigung, die Reinigung des Bewuchses und auch des Bodens. Da N. von „sauberen" Oberflächen, z.B. Dächern, Terrassen, sauber gehaltenen Wohnstraßen und Gärten, sauberer als das aus → Kläranlagen nach der Reinigung abfließende Abwasser ist, wird es zukünftig zunehmend anzustreben sein, die N. auf begrünten Flächen zu versickern oder oberirdisch im → Trennverfahren in die Wasserläufe abzuleiten. Nur die stärker verschmutzten Oberflächenabflüsse von N. werden in den Kläranlagen zu behandeln sein. Regenwasser ist (wahrscheinlich schon immer) sauer (pH=6–4,5), heute regional aus der Luftbelastung vor allem aus SO_2 und NO_x oft verstärkt sauer. Erst am Boden nimmt es nennenswert neutralisierende Salzanteile auf. *Pfeiff*

Niedrigwasseranalyse. Untersuchung der in stehenden und fließenden Gewässern auftretenden niedrigen Wasserstände und → Abflüsse auf ihre Größe, Dauer und Wahrscheinlichkeit des Auftretens. Bei Niedrigwasserereignissen sind u. a. wichtig: die Größe des Wasserstandes oder des Abflusses, die Dauer des Niedrigwasserereignisses, die Häufigkeit (→ Ereignis, hydrologisches, Wahrscheinlichkeit) des Niedrigwasserereignisses (Bild), eine Quantifizierung der Schwere der damit verbundenen Schwierigkeiten, z. B. durch die Ermittlung des Bedarfsdefizits, der zeitliche Abstand (Aufeinanderfolge) der Ereignisse, die Eintrittszeit, z. B. Vegetationsperiode und die räumliche Ausdehnung von Niedrigwasserperioden. N. sind für die verschiedensten Bereiche der → Wasserwirtschaft bedeutungsvoll. Für die Beurteilung der Gewässerbeschaffenheit (→ Gewässerreinhaltung) z. B. sind es die Zusammenhänge zwischen Niedrigwasserabfluß, zugehöriger Niedrigwasserabflußperiodendauer und Häufigkeit. *Lecher*

Literatur: *Rubach, H.:* Statistische Untersuchungen über Niedrigwasserabfluß und Sauerstoffhaushalt am Beispiel der Leine. Mitt. Inst. Wasserwirtsch., Hydrologie u. landw. Wasserbau Univ. Hannover, H. 54 (1984).

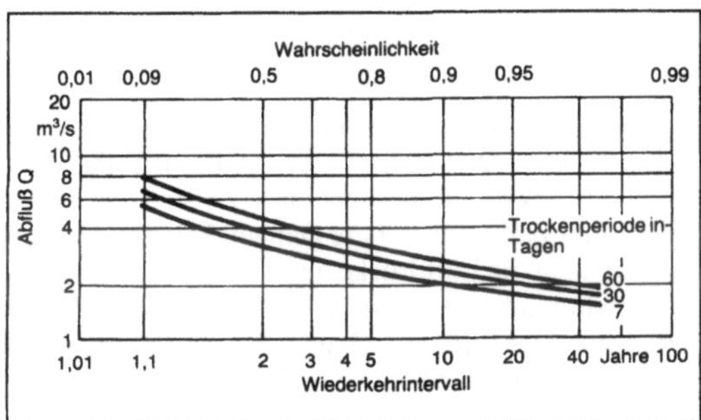

Niedrigwasseranalyse: Dauerabflußhäufigkeit von Niedrigwasserperioden.

Niet. N. sind → Verbindungsmittel. Der N. besteht aus dem Schaft und dem Setzkopf. Er wird im hellrotglühenden Zustand in die vorbereiteten Bohrungen gesteckt und am Setzkopf durch den Döpper unverrückbar gehalten. Mit Hilfe des druckluftgetriebenen Niethammers staucht man zunächst den Nietschaft; dann schlägt man den Schließkopf. Infolge der Abkühlung und der damit verbundenen Verkürzung des Schaftes entsteht eine beachtliche Klemmkraft zwischen den zu verbindenden Stahlteilen. Bei der Berechnung der N. einer Verbindung dürfen die Klemmkräfte wegen der Unsicherheit hinsichtlich ihrer Existenz nicht berücksichtigt werden. N. sind deswegen nur auf Abscheren und Lochleibung zu berechnen. Der N. war bis zur Einführung der Schweißtechnik das wichtigste Verbindungsmittel im → Stahlbau. Er wurde in den Jahren ab etwa 1955 durch die → Schweißverbindung und auch durch die hochfeste → Schraube verdrängt. In heutiger Zeit führt man Nietverbindungen im Stahlbau aus Wirtschaftlichkeitsgründen nicht mehr aus. Im Leichtmetallbau dagegen, z. B. im Flugzeugbau, ist der N., allerdings mit sehr kleinem Durchmesser und kaltgeschlagen, noch immer das bevorzugte Verbindungsmittel. *Sedlacek/Scholz*

Nitrifikation → Denitrifikation

Nivellement. Allgemein versteht man unter der Bezeichnung N. ein Verfahren zur Messung von Höhenunterschieden zwischen zwei oder mehreren Punkten. Im engeren Sinne ist gewöhnlich das nachstehend dargestellte geometrische N. gemeint, doch fallen auch andere Verfahren, wie z. B. das hydrostatische → Nivellement und die trigonometrische Höhenmessung, unter diesen Oberbegriff.

Das Grundprinzip ist sehr einfach und war bereits in der Antike bekannt. Um den Höhenunterschied zwischen zwei Punkten P_1 und P_2 zu bestimmen, stellt man auf diesen senkrechte Maßstäbe (Nivellierlatten) auf. Zwischen diesen Latten, aber nicht notwendigerweise auf deren Verbindungsgeraden, wird ein Nivellier aufgestellt. Dies ist ein Gerät mit einem Zielfernrohr, dessen Zielachse horizontal eingerichtet werden kann. Aus Bild 1 entnimmt man die elementare Formel für den Höhenunterschied zwischen den Lattenstandpunkten P_1 und P_2:

$$\Delta H = H_2 - H_1 = R - V.$$

Die Werte R (Rückblick) und V (Vorblick) sind die jeweiligen Lattenablesungen. Die Horizontierung der Zielachse kann durch das Einspielen einer Libelle oder – sehr viel häufiger und anwendungsfreundlicher – über ein schweregebundenes automatisches Regelsystem erfolgen. Entsprechende Geräte (Nivelliere) sind in

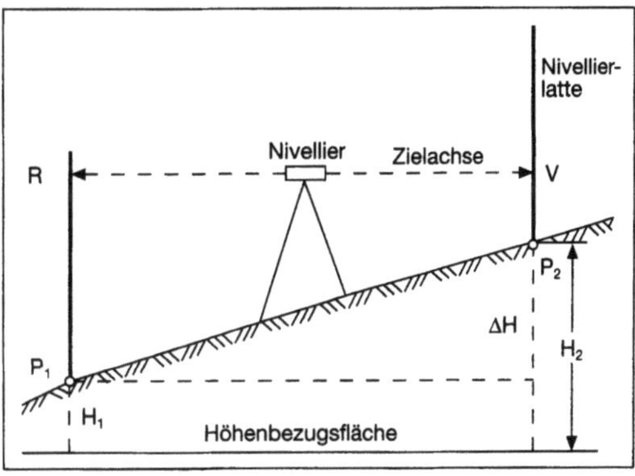

Nivellement 1: Grundprinzip des geometrischen N. (Nivellieraufstellung).

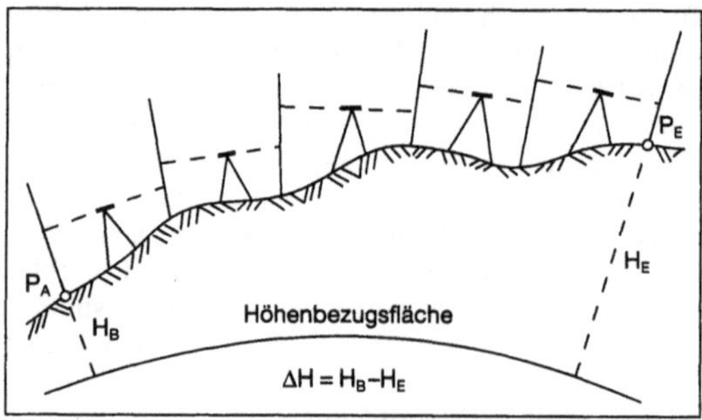

Nivellement 2: Liniennivellement zwischen zwei Punkten P_A und P_E.

vielfältiger Ausführung und für unterschiedliche Genauigkeitsansprüche erhältlich. Die Ablesungen R und V können bei einigen Gerätesystemen auch automatisch an codierten Latten vorgenommen werden.

Das Grundprinzip des geometrischen N. läßt sich durch fortlaufendes Aneinanderreihen von Nivellieraufstellungen zu einem Liniennivellement (Bild 2) erweitern. Derartige N.-Linien können lokal begrenzt sein, sie können aber auch schleifenförmig zu N.-Netzen verknüpft werden, die Länder und Kontinente überdecken (→ Höhensystem). Bei höchstem geräte- und meßtechnischem Aufwand erzielt man eine Genauigkeit von 1 mm (Standardabweichung) über Punktabstände von etwa 10 km. *Pelzer*

Nivellement, hydrostatisches. Das h. N. beruht auf dem Prinzip der kommunizierenden Röhren (Bild 1). Dieses besagt in vereinfachter Form, daß in verbundenen Gefäßen eine Flüssigkeit überall gleich hoch steht. Strenger ausgedrückt sind die Flüssigkeitsspiegel verbundener Gefäße als Teile ein und derselben Niveaufläche aufzufassen (→ Höhensystem).

Das Prinzip gilt freilich nur unter idealisierten Bedingungen, nämlich für eine Flüssigkeit von homogener Dichte und für gleichen Luftdruck oberhalb der Flüssigkeitsspiegel. Beide Bedingungen sind unter realen Verhältnissen nicht streng erfüllt, was bei der Nutzung des Prinzips für meßtechnische Zwecke zu beachten ist.

In seiner einfachsten Form besteht ein hydrostatisches Meßsystem aus zwei Standgefäßen, die durch ein Rohr oder einen Schlauch miteinander verbunden sind. Man spricht auch von einem Schlauchwaagensystem (Bild 2). Der Abbildung entnimmt man die Grundgleichung

$$H_2 = H_1 + (l_2 - l_1) + (W_2 - W_1).$$

Die Werte l_1 und l_2 können mit Hilfe geeigneter Ablesevorrichtungen bestimmt werden. Die Differenz der Flüssigkeitsstände W_1 und W_2 folgt vereinfacht aus der nachstehenden Gleichgewichtsbedingung

$$p_1 + g_1 \rho_1 (W_1 - H_0) = p_2 + g_2 \rho_2 (W_2 - H_0),$$

p_1, p_2 Luftdruck über der Flüssigkeitsoberfläche,
ρ_1, ρ_2 Dichte der Flüssigkeit in den aufsteigenden Ästen des Systems,
g_1, g_2 Schwerebeschleunigung an den Endpunkten,
H_0 Niveau des Druckausgleichs.

Mit Mittelwerten W, p und g für Flüssigkeitsstand, Dichte und Schwere ergibt sich aus dieser Bedingung

$$W_2 - W_1 = \frac{p_2 - p_1}{\rho\, g} - \frac{W - H_0}{\rho} (\rho_2 - \rho_1).$$

Diese Differenz der Flüssigkeitsstände wird bei geringen Genauigkeitsansprüchen (z. B. im Stahl- oder Hochbau) gewöhnlich vernachlässigt, sie liegt meist unter 1 cm. Falls eine höhere Genauigkeit erforderlich ist, kann man die Luftdrücke und die von der Temperatur abhängenden Flüssigkeitsdichten messen und berücksichtigen. Höchste Genauigkeit ($\approx 0{,}01$ mm) ist allerdings nur erreichbar, wenn die Luftdruckdifferenz

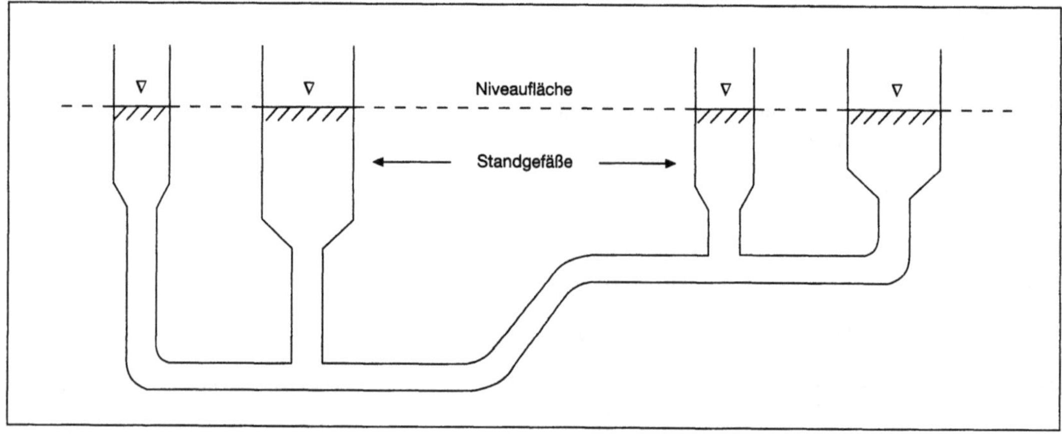

Nivellement, hydrostatisches 1: Prinzip der kommunizierenden Röhren.

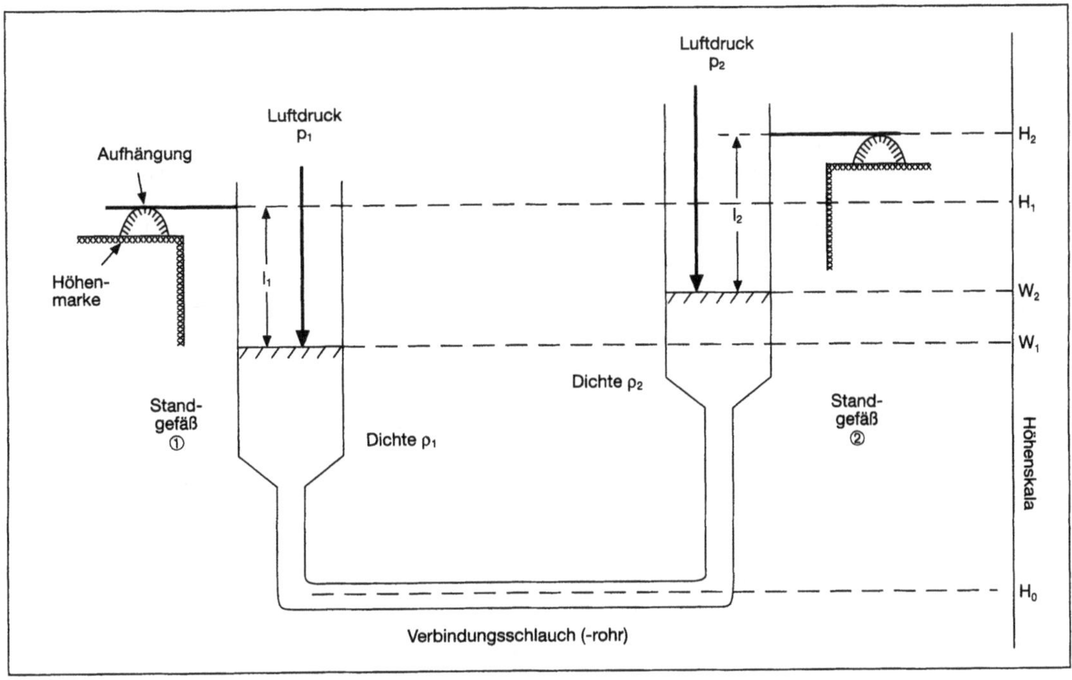

Nivellement, hydrostatisches 2: Schlauchwaagensystem.

(p_2-p_1) gerätetechnisch zum Verschwinden gebracht wird; dies gelingt in einem geschlossenen System durch einen Druckausgleichsschlauch zwischen den Standgefäßen.

Das h. N. ist relativ leicht automatisierbar und eignet sich deshalb gut zur Langfristüberwachung gefährdeter Bauwerke und Anlagen (→ Bauwerksüberwachung, geodätische). *Pelzer*

Nivellierstopf- und Richtmaschine. N.- u. R. sind kombinierte Geräte zum Unterstopfen der → Schwellen und Ausrichten der Gleisgeometrie. Hydraulische Hebe- und Richtaggregate greifen das → Gleis mit Hebehaken entweder an den Schienenköpfen oder unter dem Schienenfuß und heben es an, so daß die dahinter angeordneten Stopfaggregate die Schwellen unterstopfen können. Die Gleisgeometrie kann berichtigt werden, da durch das Anheben der Gleise auch eine Verschiebung möglich ist; hierbei wird die Maschine mittels Laserrichttechnik geführt. Für Weichen und Kreuzungen benötigt man spezielle Ausführungen dieses Maschinentyps, deren Stopfaggregate seitenverschiebbar sind, so daß der gesamte Weichenbereich bearbeitet werden kann. *Kühn*

NÖT (Abk. Neue Österreichische Tunnelbauweise). *Eine unter bestimmten Bedingungen (u. a. mehr oder weniger standfester Untergrund, möglichst ohne empfindliche Bebauung über Tage) wirtschaftliche*

→ Tunnelbauweise. Es handelt sich dabei um ein im wesentlichen österreichisches Konzept (*Rabcewicz, Müller, Pacher*), wobei nach dem Tunnelausbruch eine erste Sicherung aus → Spritzbeton auf das anstehende → Gebirge aufgebracht wird, um größere Bewegungen desselben zu verhindern. Man will damit erreichen, daß die Verformungen des Gebirges groß genug sind, um Spannungsumlagerungen zur Entlastung des Ausbaues zu ermöglichen, aber klein genug, um Verformungen zu verhindern, die die Tragfähigkeit des Gebirges beeinträchtigen. Bei Bedarf wird später eine zweite Ortbetonschale eingebaut. Die wissenschaftlichen Grundlagen der N. werden in der → Felsmechanik abgehandelt, aber sowohl die geomechanischen wie auch die statischen Zusammenhänge dieser sog. Spritzbetonbauweise sind wissenschaftlich noch nicht vollständig geklärt und bedürfen noch erheblicher Forschungsarbeit. *Wagner*

Literatur: Definition der NÖT: Schriftenreihe der Forschungsgesellschaft für das Straßenwesen im Österreichischen Ingenieur- und Architektenverein, Heft 74, 1980. – *Müller, L.*: Felsbau. Bd. 3. Stuttgart 1978. – *Zachow*: Dimensionierung zweischaliger Tunnel im Fels auf der Grundlage von in-situ-Messungen. Forschungsergebnisse aus dem Tunnel- und Kavernenbau. Bd. Nr. 16. Inst. für Unterird. Bauen, Universität Hannover, 1995.

Normalbeton. N. ist → Beton mit geschlossenem Gefüge und einer Festbetonrohdichte von mehr als $2\,000$ kg/m^3, höchstens $2\,800$ kg/m^3 (meist zwischen

2 200 und 2 500 kg/m³). Wenn keine Verwechslung mit Leicht- oder Schwerbeton möglich ist, wird er nur als Beton bezeichnet. Leichter N. ist ein Beton mit einer Rohdichte zwischen 2 000 und 2 100 kg/m³, der sowohl Normal- als auch Leichtzuschlag enthält. N. kann unterschiedlich bezeichnet werden, z. B. nach
– dem Erhärtungszustand: → Frischbeton, → Festbeton,
– der Festigkeitsklasse: B 5 – B 55,
– der Zementart: Portlandzementbeton,
– der Zuschlagart: Kiessandbeton,
– der Konsistenz: → Fließbeton,
– der Transportart: Pumpbeton,
– der Art des Einbringens: → Unterwasserbeton,
– der Art des Verdichtens: Rüttelbeton,
– der Art der Herstellung: → Transportbeton,
– dem Ort der Verarbeitung: → Ortbeton.

☐ Thermische Eigenschaften. Da Beton ein relativ schlechter Wärmeleiter ist, heizt er sich durch die beim → Erhärten entstehende → Hydratationswärme auf. Diese hängt vor allem von der Hydratationswärme des Zements ab und kann somit durch Verwendung von Zementen mit niedriger Hydratationswärme bei niedrigem Zementgehalt maßgeblich verringert werden. Bei der Erwärmung tritt bereits ein Temperaturgefälle vom Kern zum Rand hin auf, das sich bei Abkühlung, die von außen nach innen verläuft, noch verstärken kann. Dabei zieht sich der Beton außen zusammen, während er sich ggf. innen noch ausdehnt. Die dadurch entstehenden Randzugspannungen werden in den ersten Tagen durch die Plastizität des noch gering erhärteten bzw. die Relaxation des jungen Betons noch abgebaut. Bei wachsendem → Elastizitätsmodul (Beton) können die Zugspannungen aber, vor allem bei massigen Bauteilen mit Temperaturunterschieden bis 40 K, so groß werden, daß sie die Zugfestigkeit überschreiten und zu Rissen führen. Die Spannungen werden außer vom Temperaturgefälle vor allem vom Wärmedehnungskoeffizienten α_T beeinflußt, der bei N. zwischen $5 \cdot 10^{-6}$/K und $14 \cdot 10^{-6}$/K schwankt und am stärksten von Betonzuschlagart und Zuschlagmenge abhängt. Im Mittel kann man bei Kiessandbeton mit $\alpha_T = 10 \cdot 10^{-6}$/K rechnen, d.h., ein Bauteil mit einer Länge von 10 m dehnt sich bei Erwärmung oder Abkühlung von 10 K um 1 mm. Die Wärmedehnungskoeffizienten von Beton und Stahl sind etwa gleich, was eine wesentliche Voraussetzung für den Verbundbaustoff → Stahlbeton ist. Die Wärmeleitfähigkeit des Stahles ist jedoch rd. 30mal größer als die des Betons, d.h. die Temperatur und die → Dehnung des Stahles verändern sich schneller als die des Betons, was bei schnell ablaufenden Temperaturänderungen, z.B. bei Bränden, zu hohen Zwängungsspannungen und damit zu Zerstörungen führen kann. Die Wärmeleitfähigkeit des N. beträgt je nach Zuschlagart und Feuchtigkeitsgehalt des Betons zwischen 0,9 und 3,5 W/(K · m) und ist damit wesentlich größer als die der meisten anorganisch-nichtmetallischen Baustoffe. Bei Bauteilen mit Wärmeschutzanforderungen müssen daher Wärme-

dämmschichten oder an Stelle von N. → Leichtbeton (→ Leichtbetoneigenschaften) verwendet werden.

Wesche

Normalspannung. N. sind die Komponenten des → Spannungstensors σ_{ij}, die normal zu den Flächen eines differentiellen Schnittelementes gerichtet sind. Bei Stäben, die nur durch Normalkraft N (Zug, Druck) beansprucht sind, ist die N. konstant über den Querschnitt mit der Fläche A verteilt:

$$\sigma = \pm \frac{N}{A}.$$

Infolge eines Biegemomentes M sind die N. linear über den Querschnitt verteilt (Bild):

$$\sigma = -\frac{M}{I_3} \cdot x_2;$$

dabei ist I_3 das Trägheitsmoment um die Querschnittsachse x_3.

Laermann

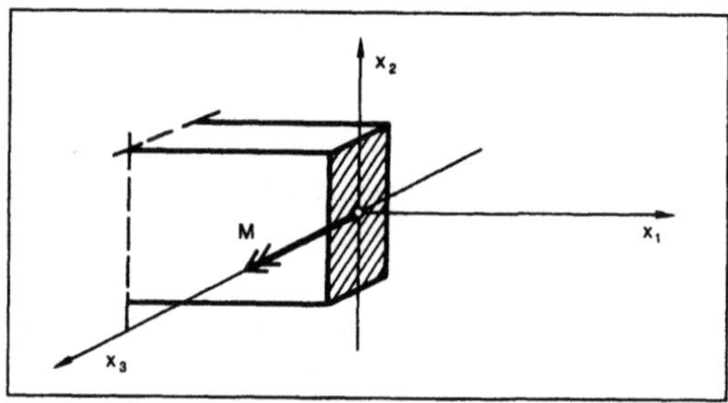

Normalspannung: Auf den Querschnitt wirkendes Biegemoment.

Normbrand. Brandbelastung entsprechend DIN 4102, Tl. 2.

Kordina

Normschallpegeldifferenz. Die N. D_n ist nach DIN 52210, Tl. 1, die Luftschallpegeldifferenz zwischen zwei Räumen, wenn der Empfangsraum eine festgelegte → Schallabsorptionsfläche, meist 10 m² Fläche, hat. Sie kann jedoch auch, vor allem im Ausland, auf eine → Nachhallzeit des Empfangsraumes von 0,5 s bezogen sein. Sie entspricht etwa der Schallpegeldifferenz zwischen zwei Räumen, die der Benutzer im praktischen Fall vorfindet. Die N. hängt von der Frequenz des Schalls ab. Als Mittelwert wird die bewertete N. verwendet. Die Mittelbildung geschieht in gleicher Weise wie beim bewerteten Schalldämmaß. Die Zahlenwerte zwischen bewerteter N. und bewertetem Schalldämmaß unterscheiden sich zahlenmäßig i. d. R. nur um wenige Dezibel.

Gösele

Literatur: DIN 52210. Tl. 1: Bauakustische Prüfungen. Luft- und Trittschalldämmung. Meßverfahren.

Normtrittschallpegel. N. ist der → Schallpegel je Terz (früher je Oktave), der in einem Raum unter einer

Decke auftritt, wenn auf der Decke ein Normhammerwerk nach DIN 52210, Tl. 1, arbeitet. Dieser → Pegel ist auf eine → Schallabsorptionsfläche von $10\ m^2$ bezogen. Man wendet den Begriff auch an, wenn der Meßraum nicht unmittelbar unter der beklopften Decke liegt. Der Verlauf des N. in Abhängigkeit von der Frequenz wird in einem Diagramm aufgetragen. Vor 1984 bestimmte Werte beziehen sich auf den Schallpegel je Oktave, danach ermittelte Werte dagegen meist auf die Bandbreite einer Terz. Die letztgenannten Werte sind um rd. 5 dB niedriger als die für die Bandbreite einer Oktave bestimmten Werte. *Gösele*
Literatur: DIN 52210. Tl. 1: Bauakustische Prüfungen. Luft- und Trittschalldämmung. Meßverfahren.

Normtrittschallpegel, äquivalenter bewerteter.
Dieses Maß dient dazu, massive Rohdecken (Decken ohne Fußbodenaufbau) bezüglich ihrer trittschalldämmenden Eigenschaften zu kennzeichnen.

Dabei wird berücksichtigt, wie sich die Decke verhält, wenn sie mit einem trittschalldämmenden Fußboden versehen wird. Es gibt nämlich Decken, die als Rohdecke zwar einen verhältnismäßig günstigen bewerteten Normtrittschallpegel L_{nw} aufweisen, sich jedoch durch einen schwimmenden Estrich o. ä. verhältnismäßig wenig verbessern lassen. Dabei wird rechnerisch nach DIN 52210, Tl. 4 nachgeprüft, wie groß der bewertete Normtrittschallpegel L_{nw} der jeweiligen Decke wäre, wenn sie mit einem bestimmten, in seinen Verbesserungseigenschaften in DIN 52210, Tl. 4 festgelegten Fußboden (mit einem $\Delta L_w = 20$ dB) versehen würde.

Die Kenntnis des ä. b. N. L_{nweq} bildet die Grundlage für die näherungsweise Vorherbestimmung des bewerteten Normtrittschallpegels L_{nw} von wohnfertigen Decken nach folgender einfacher Beziehung:

$$L_{nw} = L_{neq} - \Delta L_w\,,$$

ΔL_w ist dabei das Verbesserungsmaß des Fußbodenaufbaus.

Bei vielen massiven Decken ist der zahlenmäßige Unterschied zwischen dem L_{nwo} der Rohdecke und ihrem L_{nweq} gering. Früher ist anstelle von L_{nweq} das äquivalente → Trittschallschutzmaß TSM_{eq} verwendet worden. Sie lassen sich folgendermaßen ineinander umrechnen:

$$L_{nweq} = 63\ dB - TSM_{eq}. \qquad \textit{Gösele}$$

Literatur: DIN 52210, Tl. 4: Luft- und Trittschalldämmung, Einzahlangaben. – *Gösele, K.*: Zur Beurteilung des Trittschallschutzes von Rohdecken. Ges. Ing. **85** (1964), S. 261.

Normtrittschallpegel, bewerteter.
Der b. N. L_{nw} bzw. L'_{nw} ist nach DIN 52210, Tl. 4 ein Mittelwert über den in Abhängigkeit von der Frequenz bestimmten → Normtrittschallpegel (je Terz). Je niedriger die Werte sind, um so besser ist der Trittschallschutz einer Decke. Der b. N. L'_{nw} läßt sich aus dem bisher üblichen → Trittschallschutzmaß TSM, das in DIN 4109, Ausg. 1989 weiter benutzt wird, folgendermaßen berechnen:

$$L_{nw} = 63\ dB - TSM. \qquad \textit{Gösele}$$

Literatur: DIN 52210. Tl. 4: Bauakustische Prüfungen. Luft- und Trittschalldämmung. Ermittlung von Einzahlangaben.

Nut und Feder. Dienen der Verbindung von → Platten, → Brettern oder → Bohlen, z. B. gespundete Bohle. Die Feder ist eine schmale, überwiegend dünne Holzleiste, die aus dem Brettquerschnitt gehobelt oder gefräst wird. Die Nut befindet sich auf der gegenüberliegenden Seite des Brettes und ist so ausgearbeitet, daß sie die Feder aufnehmen kann. *Dröge*

Nutzholz. Rohholz, das zu → Bauholz oder zu Holzwerkstoffen verarbeitet werden soll. Man unterscheidet Langnutzholz (Stämme und Stangen) und → Schichtholz (aufgeschichtete Rundlinge oder Spaltstücke). *Dröge*

Nutzung, bauliche → Baunutzungsverordnung

Nutzungsdauer. Zeitspanne, ausgedrückt in Jahren oder Monaten, in der ein Gerät erfahrungsgemäß wirtschaftlich eingesetzt werden kann. Die N. wird beeinflußt vom Verschleiß des Geräts, vom Aufwand für Wartung, Pflege und Reparaturen, von der Wertminderung durch Witterungseinflüsse und von der technischen Überalterung (BGL 1981, Nr. 4.1 der Vorbemerkungen). In der → Baugeräteliste (BGL) ist die N. in Nutzungsjahren und Vorhaltemonaten ausgedrückt. Die Nutzungsjahre der BGL stimmen mit den amtlichen steuerlichen Afa-Tabellen für das Baugewerbe überein. Die Nutzungsjahre der BGL brauchen deshalb nicht mit den betriebsindividuellen Werten übereinzustimmen, da die Randbedingungen des einzelnen Unternehmens von denen der Afa-Tabelle abweichen können. Außer der Angabe der N. in Jahren ist auch die Angabe in Betriebsstunden möglich. Die übliche N. von Baumaschinen liegt zwischen sechs und acht Jahren. Es kommen jedoch auch N. von vier Jahren, z. B. Planierraupen und Radlader, und von zehn oder zwölf Jahren, z. B. Brecher, schwere Seilbagger, und mehr als zwölf Jahren, z. B. Wasserbaugeräte, vor. Zur Ermittlung der kalkulatorischen Geräteabschreibung wird der Neuwert auf die Vorhaltemonate verteilt (lineare → Abschreibung). *Drees*

O

Oberbau.

Straßenbau. Der Teil der → Straßenbefestigung oberhalb des → Planums wird mit O. bezeichnet. Durch die Arbeiten an Untergrund bzw. → Unterbau wurde ihm ein profilgerechtes → Fundament mit einem auf ganzer Fläche anzustrebenden möglichst gleichen Verformungsmodul von $E_{v2} \geq 45$ MN/m^2 gegeben. Das Bild 1 zeigt als O. eine Schichtenkombination aus bis zu drei → Tragschichten und der → Decke, die wiederum schichtweise aus der → Binderschicht und der → Deckschicht aufgebaut sein kann. Es sind also maximal bis zu fünf Schichten vorgesehen.

Beckedahl/Lücke

Schienenverkehr. Die eigentliche Fahrbahn der Schienenverkehrsmittel wird O. genannt. Er wird eingeteilt in den Schotteroberbau, der auch als „klassischer" O. bezeichnet wird, und den schwellen- bzw. schotterlosen O. Andere Bezeichnungen hierfür sind (Trag)-Platten-oberbau und O. mit fester Fahrbahn. Der O. hat die Aufgabe, die auf ihm rollenden Eisenbahnfahrzeuge sicher zu tragen und zu führen und die auftretenden vertikalen und horizontalen Kräfte in den → Unterbau abzuleiten.

Der → Bahnkörper besteht aus Unterbau und O., wobei dem Schotteroberbau die → Schienen, → Schienenbefestigungen (Kleineisen), → Schwellen, die Schotterbettung und die Planumsschutzschicht zugerechnet werden (Bild 2). Der klassische Oberbau mit Schotterbettung ist im Prinzip seit mehr als hundert Jahren unverändert. Lediglich einige Bauteile wurden aufgrund technischer Weiterentwicklungen verändert.

Die Schienen nehmen die → Radlasten und die Führungskräfte auf und leiten sie an die Schwellen weiter. Hierfür ist eine kraftschlüssige Verbindung zwischen Schienen und Schwellen erforderlich, die mit Hilfe von Schienenbefestigungen hergestellt wird. Die größeren Auflagerflächen der Schwellen reduzieren die Flächenpressungen, so daß diese vom Schotter aufgenommen, weiter abgebaut und in den Unterbau übertragen werden können. Unter der Radlast erfährt der Oberbau eine Einfederung, die z. B. im geraden → Gleis bei einer Achslast von 20 t in Abhängigkeit vom Schienenprofil, der Schwellenteilung und dem Untergrund durchschnittlich 1 bis 3 mm beträgt. Diese Einfederung aktiviert die Trägerwirkung der Schiene, was wiederum eine Übertragung der Radlast auf mehrere Schwellen zur Folge hat. Fünf bis sieben Schwellen werden so an der Lastaufnahme beteiligt.

Die horizontalen Längskräfte, z. B. Bremskräfte oder Kräfte infolge Temperaturänderungen, werden in den Auflagerflächen der Schwellen durch Reibung und von

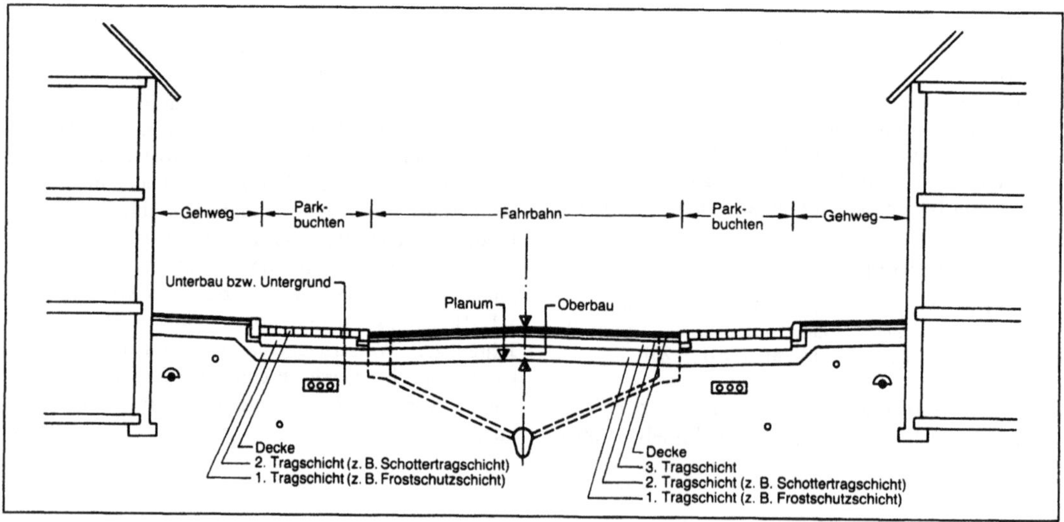

Oberbau 1: Lage und Begrenzung sowie Bezeichnungen der einzelnen Elemente eines Straßenaufbaus bei geschlossener Ortslage.

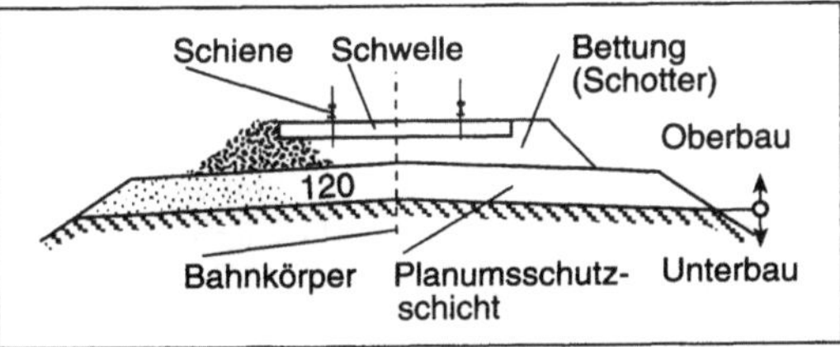

Oberbau 2: Schematische Darstellung

den Schwellenseiten auf die Einschotterung direkt abgeleitet.

Wie die Schwellen hat auch der Schotter die Aufgabe, die Lasten auf eine größere Fläche zu verteilen. Außerdem soll er den O. durch ungehindertes Durchsickern des Niederschlages trockenhalten und die Gleisschwellen in unverrückbarer Lage sichern. Verwendet wird Hartsteinschotter der Körnung 30 bis 65 mm. Seitlich reicht die Einschotterung mindestens 40 cm über die Schwellenköpfe hinaus (Querverschiebewiderstand), unter den Schwellen hat der Bettungskörper am Schienenauflager eine Regelstärke von 30 cm.

Oberbautechnische Einflußgrößen auf die Lagesicherheit sind der Quer- und Längsverschiebewiderstand des Gleises im Schotterbett, Durchschubwiderstand, Verdrehwiderstand und die Rahmensteifigkeit des Gleisrostes.

Der Querverschiebewiderstand des Gleises hängt vom Verdrehwiderstand der Schienen auf den Schwellen und vom Verschiebewiderstand der Schwellen im Schotter ab. Einen Einfluß hat auch die vertikale Belastung des Gleises durch Fahrzeuge. Der Längswiderstand ist der Widerstand gegen eine Verschiebung längs der Gleisachse. Er hängt vom Verschiebewiderstand der Schwellen im Schotter ab, der von der Schwellenform und dem Schwellenmaterial abhängig ist. Mit Durchschubwiderstand wird der Widerstand gegen Verschiebung der Schienen in ihrer Längsrichtung auf den Schwellen bezeichnet. Er ist abhängig von der Verspannung der Schienen auf den Schwellen und der Reibungsfläche zwischen Schiene und Schwelle. Der Widerstand gegen Verdrehung der Schiene auf die Unterlagplatte wird Verdrehwiderstand genannt. Er ist abhängig von der Verspannfähigkeit der Befestigungsmittel. Rahmensteifigkeit und Verdrehwiderstand einer Schienenbefestigung stehen in gegenseitiger Abhängigkeit. Ein hoher Verdrehwiderstand läßt eine hohe Rahmensteifigkeit erwarten.

Störungen der Gleislage teilt man nach Entstehungs- und Erscheinungsformen ein.

Eine Gleisverdrückung resultiert aus Richtungsfehlern im Gleis, die durch schlechten Untergrund, Zwangspunkte oder Fehler in der Baudurchführung entstanden sind. Weitere Ursachen können örtliche Spannungsspitzen im Gleis oder eine Reduzierung des Querverschiebewiderstandes und der Rahmensteifigkeit sein.

Gleisverwerfungen kommen bei hohen Temperaturen und ungenügend verstopftem Gleis oder gelösten Verbindungsmitteln vor. Geringer Verdrehwiderstand in der Schienenbefestigung und mangelhafter Querverschiebewiderstand in der Bettung begünstigen die Entstehung von Gleisverwerfungen. Sie treten unter einem überrollenden Zug nicht unter der ersten, sondern unter der letzten Achse auf.

Gleisverschiebungen entstehen an den Stellen, an denen senkrechte und waagerechte Kräfte, ausgehend von einer Schwachstelle mit Anfangslagefehler und vermindertem Schotterwiderstand, nach Oberbauarbeiten wirken. Die Anfangsamplitude wird unter schnell fahrenden Fahrzeugen immer größer. Es kommt zu resonanzartigen Aufschauklungen bis zur Entgleisung (→ Gleislagestabilität).

Für die Herstellung und Ausbildung der Bettung ist für ein- und zweigleisige Strecken ein genormter Querschnitt geschaffen worden, der sog. Regel-Bettungsquerschnitt. Unter der Betriebsbelastung verschiebt sich die Gleislage allmählich aus der geometrischen Sollage, so daß ein Richten und Stopfen des Gleises erforderlich ist (→ Gleisbau). Darüber hinaus muß nach gewisser Zeit die Elastizität des Schotterbetts durch eine Bettungsreinigung wiederhergestellt werden. Diese Nachteile des im Schotter „schwimmenden" Gleisrostes versucht man durch schotterlose Oberbauformen zu vermeiden. Insbesondere, da erhöhte Achslasten, größere Betriebsbelastungen, höhere Fahrgeschwindigkeiten und gestiegene Fahrkomfortansprüche (Gleislagegenauigkeit) immer häufigere Gleislagekorrekturen erforderlich machen.

Neben einer Verstärkung des herkömmlichen O. hatte die Deutsche Bundesbahn (DB) schon vor mehr als 20 Jahren damit begonnen, Betonplattenkonstruktionen (Plattenoberbau) – wie sie ähnlich aus dem U-Bahn- und Stadtbahnbau bekannt sind – zu entwickeln. Beim O. mit fester Fahrbahn wird die klassische Schwellen-Schotter-Konstruktion in der Regel durch eine starre und durchlaufend bewehrte Betonplatte ersetzt.

Die Vorteile des Querschwellengleises im Schotterbett liegen aber immer noch in den geringeren Herstellungskosten als bei einer schotterlosen Konstruktion, der problemlosen Veränderung der Gleislage, der einfachen Höhenregulierung bei Setzungen und der guten Körper- und → Luftschalldämmung. Außerdem gewährleistet der Schotteroberbau eine gute Anpassungsfähigkeit z. B. bei Änderung von Betriebskonzepten, die zusätzliche oder örtlich anders gelegene Weichenverbindungen erfordern. Bei einer schotterlosen Gleiskonstruktion ist ein entsprechender Umbau nur unter massiven Störungen des Betriebsablaufes durch langdauernde Gleissperrungen zu verwirklichen. Da das Verhalten des Schottergleises aus langjähriger Erfahrung bekannt und überschaubar ist, ergeben sich für die Gleiserhaltung (Unterhaltung und Erneuerung) keine Probleme. Sie ist vollmechanisiert und in kurzen Sperrpausen realisierbar (Gleisbau). *Kracke/Runge*

Oberflächenbehandlung.

Baustoffe. Bauteiloberflächen sind i.d.R. ohne eine gezielt vorgenommene O. nicht zur Aufnahme einer Beschichtung (eines → Anstrichs) geeignet. Hauptzweck der auf den jeweiligen Fall abzustimmenden Behandlung ist die Erzeugung eines angemessen tragfähigen und eine größtmögliche Haftung ermöglichenden → Untergrundes.

☐ Mineralische Baustoffe. Je nach den örtlichen Bedingungen umfaßt die O. folgende Teilschritte:

– Entfernung der losen Partikel bzw. der nicht tragfähigen Schichten und bei Beton einer ggf. vorhandenen dichten, glatten Zementsteinschicht. Bei Instandsetzungsmaßnahmen an Stahlbetonbauten müssen in der Umgebung der Bewehrungsstähle oft auch die karbonatisierten und/oder chloridverseuchten Betonbereiche entfernt werden. Die Abreißzugfestigkeit von Betonoberflächen sollte mindestens 1 N/mm^2 betragen; dies läßt sich bei manchen Substraten allerdings nicht erreichen. Die üblichen Methoden sind: Sandstrahlen (mit ölfreier Luft), Bürsten, Vakuumstrahlen (Saugstrahlen), Flammstrahlen, Kugelstrahlen, Fräsen, Wasser- oder Dampfstrahlen (Bild 1).

– Reinigung der Oberfläche von allen haftungsverhindernden Ablagerungen, wie Staub, Öl (Schalöl), Nachbehandlungsfilmen, organischem Bewuchs, Altanstrichen. Es sollten nach Möglichkeit schonende Verfahren angewendet werden, z. B. Wasserstrahlen, Dampfstrahlen, Waschen mit Detergentien oder leichtes Sandstrahlen.

– Natürliches oder künstliches Trocknen der Oberfläche bis zu einem erforderlichen Grad. Ein sichtbarer Wasserfilm muß in jedem Falle vermieden werden. Auch der Feuchtigkeitsgehalt in Tiefen bis 10 oder 20 mm sollte bei Beton niedriger bis mittlerer Festigkeit massebezogen rd. 2–4% nicht überschreiten.

Die einzelnen Anstrichstoffe weisen unterschiedliche Empfindlichkeiten gegenüber Wasser im Verarbeitungszeitraum auf. Bei Epoxidharzen ist dies eine Frage des angewendeten Härtersystems. Die einzelnen Arten der Vorbehandlungsverfahren haben jeweils wieder zahlreiche Variationsmöglichkeiten, so z. B. für das Sandstrahlen:

– Strahlmittelsorte,
– Strahlmittelgeometrie,
– Strahlguthärte (Betonfestigkeit, Zuschlagart),
– Strahlabstand,
– Auftreffgeschwindigkeit,
– Auftreffwinkel,
– Strahlmitteldurchsatz,
– Strahleinwirkdauer,
– Wasserzusatzmenge.

☐ Baustahl. Die → Dauerhaftigkeit von organischen Beschichtungen hängt in hohem Maße von einer sachgemäßen Vorbereitung der Stahloberflächen ab. Beeinflußt wird vor allem die Haftung und damit die Gefahr des Unterrostens und des Abblätterns. Der Ausgangs-

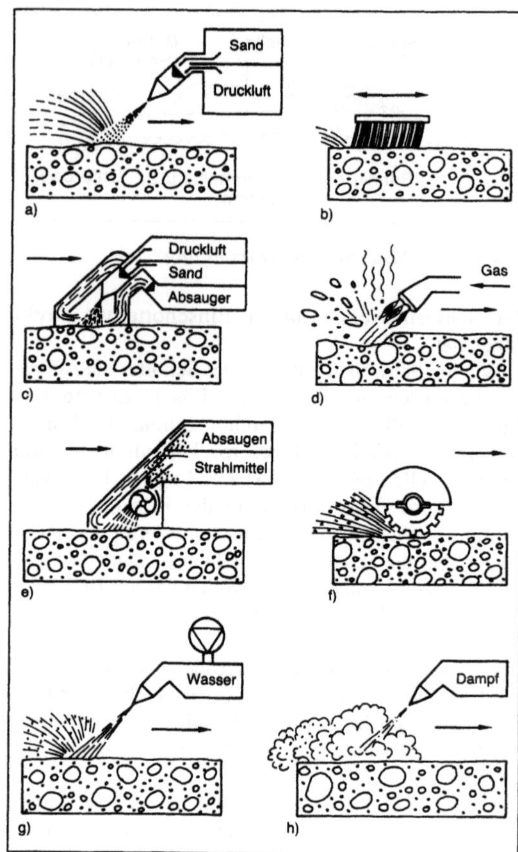

Oberflächenbehandlung 1: Vorbehandlungsverfahren für Beschichtungsarbeiten auf mineralischen Untergründen.
a) Sandstrahlen
b) Bürsten mit Drahtbürste
c) Vakuumstrahlen (Saugstrahlen)
d) Flammstrahlen
e) Kugelstrahlen
f) Fräsen
g) Wasserstrahlen
h) Dampfstrahlen

zustand der vorzubereitenden Flächen wird nach DIN 55928 in vier Stufen (Rostgrade) eingeteilt:

– Rostgrad A: Stahloberfläche mit festhaftendem Zunder bedeckt und überwiegend rostfrei,
– Rostgrad B: Stahloberfläche mit beginnender Zunderabblätterung und beginnendem Rostangriff,
– Rostgrad C: zunderfreie oder mit losem Zunder bedeckte Stahloberfläche mit wenigen Rostnarben,
– Rostgrad D: zunderfreie Stahloberfläche mit zahlreichen Rostnarben.

Stahlbauteile sollten möglichst schon im Zustand A oder A bis B vorbereitet werden. Auch bei gleichem Reinheitsgrad lassen die anderen Rostgrade geringe

Oberflächenbehandlung. Tabelle: Normreinheitsgrade für Stahloberflächen

Normrein-heitsgrad	Verfahren	wesentliche Merkmale
Sa 1	Strahlen (Druckluft-strahlen, Saugkopf-strahlen, Naßstrahlen)	lose Anteile von Zunder, Rost und Altbeschichtung sind entfernt; i. d. R. nicht ausreichend
Sa 2		bis auf wenige fest haftende Reste sind Zunder, Rost und Alt-beschichtungen entfernt; fallweise ausreichend, wenig gebräuch-lich
Sa 2½		Zunder, Rost und Altbeschichtungen sind soweit entfernt, daß Re-ste lediglich als leichte Schattierungen sichtbar sind; meist ausrei-chend
PSA 2½		wie Sa 2½, jedoch verbleibenden festhaftenden Anteilen von Alt-beschichtungen (P partiell gereinigt); vielfach ausreichend
Sa 3		Zunder, Rost und Altbeschichtungen sind nach Augenschein voll-ständig entfernt; selten erforderlich
St 2	Handentrostung, maschinelle Entrostung	lose Anteile von Zunder und Altbeschichtungen sind entfernt, Rost ist bis zu schwachem Stahlglanz entfernt
St 3		wie St 2, jedoch Rostentfernung bis zu deutlichem Stahlglanz, Entfernen von Altbeschichtungen kann vereinbart werden
Fl	Flammstrahlen	Zunder, Rost und Altbeschichtungen sind so weit entfernt, daß Re-ste lediglich als Schattierungen sichtbar sind
Be	Beizen	Beschichtungen müssen vorher entfernt worden sein, Zunder und Rost werden vollständig entfernt

Schutzdauern mit gleicher Beschichtung erwarten. Vor-bereitungsarbeiten sollen nicht bei ungünstiger Witte-rung (Regen, Kondenswasserbildung) durchgeführt werden. Der zu fordernde Reinheitsgrad hängt ab von:
– dem vorgesehenen → Beschichtungssystem,
– den zu erwartenden Beanspruchungen,
– dem Rostgrad,
– dem vorgesehenen Entrostungsverfahren,
– wirtschaftlichen Erwägungen.

Als Bezugsgröße dienen Normreinheitsgrade (Tabel-le). Als technisch optimale Oberflächenvorbereitung ist zwar der höchste Reinheitsgrad anzusehen; das wirt-schaftliche Optimum ist jedoch häufig bereits bei gerin-gerem Aufwand erreicht. In den meisten Fällen reichen die Reinheitsgrade Sa 2½ bzw. PSA 2½ völlig aus. Höhe-re Reinheitsgrade (Sa 3, St 3) erfordern nicht nur einen sehr hohen Aufwand, sie sind vor allem auf Baustellen nur bei günstigsten Witterungsbedingungen zu errei-chen bzw. bis zur Beschichtung zu halten. Sie sollten nur bei sehr hohen Korrosionsbeanspruchungen und hohen zu erwartenden Instandhaltungsaufwendungen angewendet werden. Beispielhaft zeigt Bild 2 den außerordentlich hohen Einfluß der Oberflächenvorbe-reitung auf die Lebensdauer. Obwohl wegen der zahl-reichen weiteren, in den dargestellten Versuchen nicht variierten Parameter generelle Schlußfolgerungen aus

der Darstellung nicht gezogen werden können, wird deutlich, wie hoch der Einfluß des Reinheitsgrades, des Entrostungsverfahrens und des Beschichtungssystems sein kann. *Sasse*

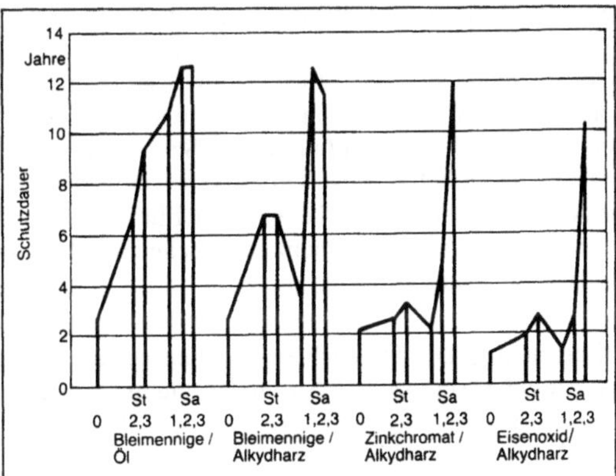

Oberflächenbehandlung 2: Einfluß verschiedener Normreinheitsgrade Sa, St (gem. Tabelle) auf die Schutzdauer.
Je eine Grundbeschichtung und eine Deckbeschichtung (Pin-selauftrag)

Straßenbau. Eine O. besteht im Anspritzen der Straßenoberfläche mit bitumenhaltigem → Bindemittel und Abstreuen mit Edelsplitt, der auch mit Bindemittel umhüllt sein kann. Der Splitt wird nach dem Abstreuen durch Walzen in den aufgespritzten Bindemittelfilm eingedrückt. Zum Anspritzen verwendet man kationische → Bitumenemulsionen, → Fluxbitumen oder polymermodifizierte Bitumen. Als Abstreumaterial wählt man Edelsplitte 2/5–8/11 mm, die sehr sauber, von guter Kornform und schwer polierbar sein müssen. O. werden im Rahmen der → Straßenerhaltung zur Sanierung von Oberflächen tragfähiger Straßen verwendet. *Beckedahl*

Literatur: Merkblatt für die Erhaltung von Asphaltstraßen. – Zusätzliche Technische Vertragsbedingungen und Richtlinien für den Bau von Fahrbahndecken aus Asphalt (ZTVAsphalt-StB).

Oberflächenschutzschicht. O. sind Schlämmen auf Bitumenbasis. Sie sind sehr dünn und werden daher mit kalt oder warm verarbeitbarem → Bindemittel, wie → Bitumenemulsion oder → Fluxbitumen, ausgeführt. Bitumenschlämmen sind kalt verarbeitbare, gießbare Gemische aus korngestuften, feinkörnigen → Mineralstoffen und Bitumenemulsion. Sie können zum Schließen offener Asphaltschichten dienen. Hierfür verwendet man sehr feinkörnige (→ Füller, Feinsand) Mineralstoffgemische und anionische Bitumenemulsionen, was u. U. die → Griffigkeit der fertigen O. herabsetzt. Bei kationischen Bitumenemulsionen können gröbere Körnungen eingesetzt werden. Schichten mit einer Körnung 0/5 mm (Schlämmüberzüge) bezeichnet man als dünne Asphaltschichten im → Kalteinbau. O. tragen nicht direkt zur Tragfähigkeit des Straßenaufbaus bei, erhöhen diese jedoch mittelbar durch den Schutz gegen Wassereindringung. *Beckedahl*

Literatur: Zusätzliche Technische Vertragsbedingungen für den Bau von Fahrbahndecken aus Asphalt (ZTVAsphalt-StB).

Oberflächenwasser. Wasser aus natürlichen oder künstlichen oberirdischen Gewässern, wie Bach-, Fluß-, See-, Stauanlagen- oder Talsperrenwasser. Dementsprechend ist O. immer von der Qualität des Niederschlagwassers bestimmt (Tau, Regen, Schnee). Es variiert – jahreszeitlich bedingt – in seiner jeweiligen Temperatur und je nach den zurückgelegten Fließwegen auf oder im Boden auch in seinem chemischen und biologischen Bestand. *Pfeiff*

Oberleitung. Die O., auch Fahrleitung genannt, hat die Aufgabe, eine sichere Stromübertragung von den Unterwerken entlang der elektrifizierten Strecke auf die fahrenden Triebfahrzeuge zu gewährleisten.

Die Fahrleitung kommt bei Fernbahnen sowie bei den Nahverkehrsmitteln Straßenbahn und Stadtbahn zum Einsatz. Für die kontaktbehaftete Stromabnahme sind die Fahrzeuge i. d. R. auf dem Dach mit Scheren- oder Einholmstromabnehmern (Stromabnehmer) ausgerüstet. Bei einigen S- und U-Bahnen werden seitliche Stromschienen und entsprechende seitliche Schleifer für die Energieübertragung eingesetzt.

Fahrleitung und Stromabnehmer bilden zusammen mit dem Fahrweg ein System hintereinandergeschalteter Massen, die über Federn und Dämpfungselemente miteinander gekoppelt sind. Insbesondere bei hohen Geschwindigkeiten treten z. B. durch Unregelmäßigkeiten im Fahrweg Schwingungen auf, die dazu führen können, daß sich der Stromabnehmer vom Fahrdraht löst. Durch entsprechende Konstruktion sowohl der O. als auch des Stromabnehmers sollen diese Kontaktunterbrechungen möglichst vermieden werden, so daß eine unterbrechungslose Stromabnahme ermöglicht wird. Ein wesentliches Kriterium hierfür ist eine möglichst gleichmäßige Elastizität der Fahrleitung zwischen den einzelnen Stützpunkten bei gleichzeitig hoher mechanischer → Dämpfung. Dieses kann durch eine möglichst starke Verspannung und kleine Mastabstände erreicht werden.

Für den Einsatz bei geringen Geschwindigkeiten gibt es auch einfache Fahrleitungskonstruktionen.

Auf Strecken mit O. muß zusätzlich zur Umgrenzung des lichten Raumes Platz für den Durchgang des Stromabnehmers freigehalten werden, in den die Fahrleitung hineinragt. Die Mindesthöhe des freizuhaltenden Raums beträgt 5,45 m über Schienenoberkante.

Stromschienen haben gegenüber der Fahrleitung oberhalb des → Gleises folgende Vorteile:
– geringe Höhe des Lichtraumes (niedrige Tunnelbaukosten),
– ausreichender Leitungsquerschnitt für große Stromstärken bei Gleichstrombetrieb.

Die Ausführung der Stützpunkte und Halterung der Stromschiene richtet sich nach Art der Stromabnahme, die von unten, seitlich oder selten von oben durch am Drehgestell des Fahrzeugs angebrachte Stromabnehmer erfolgt. *Kracke/Runge*

Oberwasser. Gewässerstrecke unmittelbar oberhalb einer Fallstufe (Unterbrechung des Wasserspiegels durch eine natürliche oder künstliche Stufe; → Sohlenstufe, → Stauanlage). Sinngemäß wird als Unterwasser die Gewässerstrecke unmittelbar unterhalb der Fallstufe bezeichnet. *Lecher*

Objektschutz, definierter. Während DIN 4102 darauf abzielt, den Bauteilen eine begrenzte → Feuerwiderstandsdauer zuzuordnen, und das Versagen des Bauteils nach Ablauf dieser Zeit in Kauf nimmt, ist der d. O. darauf ausgerichtet, das Bauwerk auch nach dem denkbar größten Brandangriff weiterhin nutzen zu können, notfalls nach einfach vorzunehmenden Reparaturen. Eine kennzeichnende Aufgabe des d. O. bestand beispielsweise bei der brandschutztechnischen Innenauskleidung des Elbtunnels, da ein Versagen des Tunnels im Falle des Brandes eines Lkw mit brennbarer Ladung unter keinen Umständen hingenommen werden kann. *Kordina*

Literatur: *Kordina* u. *Haksever*: Fire engineering design of the new Reichsbrücke in Vienna. ACI Spec. Publ. 80 (1983). – *Kordina* u. *Krampf*: Empfehlungen für brandschutztechnisch richtiges Konstruieren von Betonbauwerken. DAfStb., H. 352.

Objektüberwachung. Begriff der Honorarordnung für Architekten und Ingenieure (→ HOAI); für Gebäude, Freianlagen und raumbildende Ausbauten in § 15 Abs. 2 Nr. 8 HOAI festgelegt. Die O. umfaßt in erster Linie die Überwachung der Ausführung des Objekts auf Übereinstimmung mit der → Baugenehmigung oder Zustimmung, den Ausführungsplänen und den → Leistungsbeschreibungen sowie mit den allgemein anerkannten Regeln der Technik und den einschlägigen Vorschriften. Weitere wichtige Aufgaben sind u. a. das Koordinieren der an der O. Beteiligten, das Aufstellen und Überwachen eines Zeitplans, das Führen eines Bautagebuchs, das gemeinsame → Aufmaß mit den bauausführenden Unternehmen, die → Abnahme der Bauleistungen, die Rechnungsprüfung, das Auflisten der Gewährleistungsfristen, die Kostenkontrolle sowie das Überwachen der bei der Abnahme der Bauleistung festgestellten Mängel.

Drees

Öffentliches Baurecht. Dem ö. B. als Teilbereich des öffentlichen Rechts und insbesondere des öffentlichen Verwaltungsrechts sind dabei besonders zuzuordnen: Das Planungsrecht, das Bodenordnungsrecht und das Bauordnungsrecht. Diese Bereiche des ö. B. sind vor allem geregelt im Bundesbaugesetz, im Städtebauförderungsgesetz, in der → Baunutzungsverordnung, in den → Bauordnungen der Länder, in den verschiedenen Straßengesetzen und schließlich in der Gewerbeordnung und im Immissionsschutzgesetz.

Gegenstand des öffentlichen Planungsrechts ist die überörtliche Planung oder auch → Raumordnung und die örtliche Planung oder auch → Bauleitplanung, die im Bundesbaugesetz geregelt sind. Dazu gehören vor allem die Aufstellung von → Flächennutzungsplänen und → Bebauungsplänen.

Neben dem Planungsrecht von Bedeutung ist das Bodenordnungsrecht, das insbesondere das Baunutzungsrecht, geregelt in der Baunutzungsverordnung, umfaßt.

Schließlich spielt das Bauordnungsrecht für die Durchführung eines Bauvorhabens eine entscheidende Rolle; es findet seinen Niederschlag in den Landesbauordnungen der einzelnen Länder und regelt die Beschaffenheit von Bauwerken mit dem Ziel, Gefahren für die Allgemeinheit und die Nachbarn abzuwenden und Verunstaltungen zu vermeiden. *Vygen*

Literatur: *Vygen, K.*: Bauvertragsrecht und VOB u. BGB. Wiesbaden-Berlin 1991.

Ökobilanz. Ö. stellen den rechnerischen Versuch dar, die Umweltbelastungen von Produkten umfassend zu bestimmen und vergleichbar zu machen, so ökologisch zu bewerten.

Dabei wird versucht, aus den Einsatzstoffen (und deren Gewinnung und Anlieferung) über die Zubringerwege (Transporte, Umschlag) und den Produktionsablauf bis zum fertigen Produkt (Energie, Belastung von Luft, Wasser und Boden, evtl. auch Mensch und Tier, Pflanzen mit dem Aufwand und der Belastung aus den nötigen Reinigungs-/Behandlungsprozessen) alle Umweltbelastungen zu erfassen und auch ökologisch, was immer alles dazu gehört oder gehören könnte zu bewerten.

Notwendig ist dabei immer, vorher Ziele und Wertungen vorzugeben. Dabei wird – bisher vor allem – nach Quantität- oder ökotoxikologischer Zielsetzung vorgegangen.

Bisher wird vor allem auf den Energiebedarf bei all diesen Prozessen und die daraus entstehende CO_2-Belastung der Luft (als Maßstab auch für andere treibhausrelevante Komponenten) als Vergleichmaßstab abgestellt. Andere „ökologische" Maßstäbe sind umstritten und eröffnen ein weites Feld der möglichen (manipulierten) Ergebnisse, je nach Bedarf.

Das Umweltbundesamt hat hierzu einige Studien veranlaßt und ist bemüht, die Regeln und Systeme für Ö. zu entwickeln. In den USA und England sind Systeme in Baukastenart als „Life Cycle Assessment" (LCA) für diese Aufgabe seit einigen Jahren entwickelt.

Die Umweltmedizin, vor allem auch mit ökotoxikologischen Fragen befaßt, ist erst in ersten Ansätzen bei uns vorhanden. *Pfeiff*

Literatur: *Grahl, B.*, u. *E. Schminke*: Bewertungs- und Entscheidungsprozesse im Rahmen der Ökobilanz. Umweltwissenschaften und Schadstofforschung (1995) Nr. 2. Landsberg.

Ölunfall. Ö. sind alle Vorgänge, bei denen Öl oder auch Leichtkraftstoffe, auch chlorierte und andere Kohlenwasserstoffe (KW, CKW) aus geschlossenen Behältern unkontrolliert austreten. Durch eine umfangreiche Gesetzgebung und Verordnungen ist Vorsorge getroffen, Ö. weitgehend zu vermeiden. Besonders wurde der Schutz von Trinkwasserfassungsgebieten (hindurchführende Straßen), ebenso aber auch der Umgang mit wassergefährdenden Stoffen bei unter- oder oberirdischer Lagerung geregelt. Die Gefährlichkeit von Öl ist um so größer, je leichter und „flüssiger" die auslaufenden Stoffe sind und je durchlässiger der Boden oder Beton ist, da sie dann schon bei kleinen Mengen das Grundwasser erreichen können. Schweröle bleiben meist bereits als „Imprägnierung" in den Bodenhohlräumen haften. Inzwischen wurden Techniken entwickelt, Schäden aus Öl zu lokalisieren, einzugrenzen und nach einigen Jahren durch geeignete Aufnahme sowie Abbau- und Reinigungsmaßnahmen auch zu sanieren. *Pfeiff*

Off-shore-Bauwerk. O.-s.-B. errichtet man ortsfest in offener See. Sie werden überwiegend durch Wellenschlag und Strömungskräfte beansprucht. Außer den konstruktiven Regeln zur Bemessung des Bauwerkes sind in den letzten Jahren insbes. bodenmechanische und grundbauliche Probleme in den Vordergrund getreten, die den Entwurf von O.-s.-B. wesentlich beeinflussen. O.-s.-B. sind heute weitgehend ein Synonym für ortsfeste Bohrinseln zur Gewinnung von Öl und Gas aus dem Meeresgrund. Viele Jahre war Stahl das traditionelle Baumaterial für O.-s.-B. Die einfachen Stahlbohrinseln bestehen aus vier tragenden Stahlrohren, die durch Verstrebungen gegen Ausknicken gesichert sind. Um ein einseitiges Abheben eines → Pfahles vom Meeresgrund zu verhindern, werden die tragenden Stahlrohre zug- und druckfest an Ankerpfähle aus Stahl angeschlossen. Die Ankerpfähle werden in die tragenden Stahlrohre (Hülsenrohre) gestellt und von dort in den Meeresgrund gerammt. Nach der Herstellung der Stahlrohrbohrinseln unterscheidet man:

☐ Stahlrohrtürme, die auf Schleppkähnen transportiert und am vorgesehenen Standort mit Hilfe von → Kranen abgesenkt werden. Die Anwendung ist auf Wassertiefen bis etwa 150 m begrenzt. Voraussetzung für das Absenken ist eine ruhige See.

☐ Stahlrohrtürme, die mit später wieder zu entfernenden Schwimmkörpern versehen sind. Am vorgesehenen Standort senkt man den Stahlrohrturm durch kontrolliertes Fluten der Schwimmkörper langsam ab. Es bestehen weniger Risiken als bei dem Absenken mit Kranen.

☐ Stahlplattformen als Schwergewichtskonstruktionen. Die Konstruktionen werden vor allem dann ausgeführt, wenn am Meeresboden Fels ansteht und ein Einrammen von Pfählen nicht möglich ist. Das Eigengewicht ist so zu wählen, daß die → Standsicherheit der Stahlkonstruktion gewährleistet ist.

Schwergewichtskonstruktionen, die vorwiegend aus → Stahlbeton bestehen, setzte man in den letzten Jahren vor allem in der Nordsee ein. Das Konstruktionsprinzip dieser Schwergewichtsbohrinseln geht aus dem Bild hervor. Außer zur Aufnahme von Ballast dienen einige der Behälter unmittelbar oberhalb des Meeresbodens als Zwischenlager für das geförderte Öl. In der Regel werden die Schwergewichtskonstruktionen unmittelbar auf dem Meeresboden gegründet. Pfahlgründungen sind die Ausnahme. Die im Bild eingetragenen Betonschürzen verhindern ein Unterspülen der Bohrinsel. Weitere Konstruktionsformen für Bohrinseln, wie z. B. mit Stahlseilen abgespannte, schlanke Stahlrohrtürme, sind in der Erprobung (Boss 76). O.-s.-B. müssen so konstruiert sein, daß keine Gefährdung der Konstruktion durch chemische Beanspruchung und durch → Korrosion infolge des umgebenden Wassers und der Luft entsteht. Sie müssen statische und dynamische Belastungen aufnehmen können. Das Langzeitverhalten der Konstruktionen unter Lastwechseln, wie sie durch die Wellen und den Wind auftreten, ist nachzuweisen.

Seit dem Einsatz von Schwergewichtsbohrinseln nimmt die → Bodenmechanik im Off-shore-Bauen eine entscheidende Rolle ein. Besondere Verfahren zur

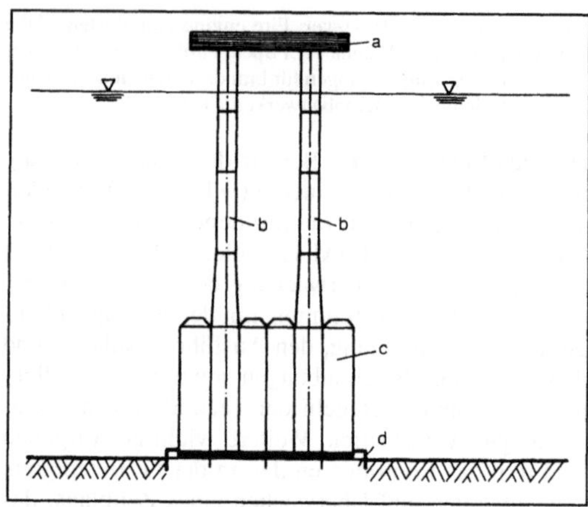

Off-shore-Bauwerk: Schema einer Schwergewichtsbohrinsel aus Stahlbeton.

a Plattform für Bohrtürme, Aufbauten usw., b Turm, c Behälter für Ballast und Zwischenlagerung von Öl, d Betonschürze.

Erkundung des Meeresbodens waren zu entwickeln. An Sand und Ton mußte im Laboratorium das Verhalten der → Bodenproben unter zyklischen Belastungen festgestellt werden. Schwerpunkte sind Untersuchungen zum Shake-down-Verhalten und zur Verflüssigung (→ Liquefaction) des Bodens (→ Bodenmechanik). Die Gründungen der O.-s.-B. müssen so ausgelegt sein, daß sich mit den Bodenkennwerten aus Langzeitversuchen eine ausreichende Standsicherheit nachweisen läßt.

Meißner

Literatur: Boss 76, Behaviour of Off-shore Structures. Proc. First Intern. Conf. Aug. 1976, Univ. Trondheim (Norwegen).

Off-shore-Technik. Immer öfter werden wichtige Minerale unter Wasser gewonnen, weil sie im (trockenen) Tagebau restlos ausgebeutet oder unter Wasser wirtschaftlicher zu gewinnen sind. Man denke nur an die Sand- und Kiesvorkommen für die Betonbereitung. Für die Kiesgewinnung bis derzeit 100 m Wassertiefe werden Tiefsauger (→ Naßbagger bis 40 m Wassertiefe) und schwimmende Greifbagger bis 100 m Wassertiefe eingesetzt. Immer größere Bedeutung erhält die Gewinnung von Erzen (z. B. Manganknollen) bis 6000 m Wassertiefe. Dazu sind Kollektoren entwickelt worden, die das locker auf der Tiefsee-Grundfläche liegende Material einsammeln und in eine Sauganlage weiterleiten, die es in die → Aufbereitungsanlage an der Wasseroberfläche drückt. Im Baubetrieb werden sog. Amphibien-Bulldozer (mit Schnorchel-Einrichtung) für bis zu 7 m Wassertiefe, darüber hinaus Unterwasser-Bulldozer bis 80 m Wassertiefe (mit Steuerung und Energieversorgung von einem Begleitschiff über Wasser) eingesetzt. Auch → Schaufelradbagger sind bereits für Wassertiefen bis 100 m projektiert worden (Bild).

Kühn

Off-shore-Technik: Schaufelradbagger.

Offenes Verfahren → Verfahren, nichtoffenes/offenes

Omega-Verfahren. Verfahren zur Bemessung von Knickstäben, bei dem man mit Hilfe der Omega-Zahlen (ω) Probleme der nichtlinearen Bemessung dadurch vereinfacht, daß man den linearen Weg zur Bemessung über die zulässigen Spannungen verwendet (Verzweigungstheorie). Zur Bestimmung der Omega-Zahlen wird die maximale Verformung des imperfekten, beidseitig gelenkig gelagerten Druckstabes im verformten Gleichgewichtszustand ermittelt. Durch Gleichgewichtsbetrachtungen lassen sich mit ihr die maximalen Spannungen im Mittelquerschnitt des → Stabes bestimmen. Beim Erreichen der zulässigen Spannung entspricht die Druckkraft F der → Traglast (→ Grenzlast) F_{kr}. Durch entsprechendes Umformen und Vereinfachen erhält man eine Bestimmungsgleichung für den Schlankheitsgrad λ in Abhängigkeit vom → Elastizitätsmodul, von der zulässigen und der kritischen Spannung. Hieraus lassen sich für bestimmte Schlankheiten entsprechende Tragspannungen σ_{kr} bestimmen, aus denen unter Berücksichtigung von Sicherheitsfaktoren die Omega-Zahlen errechnet werden ($\sigma = \sigma_{zul}/\sigma(\lambda)_{zul}$). Omega-Zahlen sind für unterschiedliche Werkstoffkenngrößen verschieden. Um das Verfahren allgemein anwenden zu können, müssen für andersgelagerte Stäbe Vergleichsschlankheiten bestimmt werden. Das O.-V. ist nicht unumstritten, da es mehr oder weniger von der Realität abweichende Werte ergibt, die durch die Sicherheitsfaktoren korrigiert werden müssen. *Dröge*

Literatur: *Dröge, G.*: Grundzüge des Holzbaues. Bd. 1. 2. Aufl. Berlin 1993.

Ortbeton. Beton, der als → Frischbeton in Bauteile in ihrer endgültigen Lage eingebracht wird und dort erhärtet (Gegenteil: Fertigteile). *Wesche*

Ortsbrust. Abbaufront vor Ort im → Tunnelbau. *Wagner*

Ortssatzung. O. sind von der jeweiligen Gemeinde kraft gesetzlicher Vollmacht erlassene ortsgesetzliche Regelungen für bestimmte Bereiche der Versorgung, z. B. mit → Trinkwasser, oder der → Entsorgung, z. B. der Ortsentwässerung oder Abfallbeseitigung, gelegentlich auch der → Fernwärmeversorgung. *Pfeiff*

473

P

Parallelwerk → Regelungsbauwerk

Pareto-Analyse → Qualitätsmanagement-Werkzeuge

Parkanlage → Bebauungsplan, → Landschaftsplanung

Parkleitsystem. Technisch-organisatorisches Verfahren zur Lenkung der Benutzung von Anlagen des ruhenden → Verkehrs. Das P. erfordert die möglichst automatisierte Meldung freier Stellplätze und die darauf aufbauende Signalisierung für den Zielverkehr des entsprechenden Gebiets. Das P. wird auch operativ z. B. bei Großveranstaltungen bis zur Zwangsführung des Zielverkehrs und damit vorgeschriebener Parkplatzbenutzung angewendet.

Die verkehrstechnische Ausführung wird mit den Komponenten: Wegweiser, Übertragungssystem, Zentrale, Anzeige-Tableau realisiert. *Spengelin*

Passage. Als P. werden allgemein Durchgänge durch ein Gebäude, die zwei unterschiedliche Straßen oder Plätze miteinander verbinden, bezeichnet. Im „höheren" Sinn handelt es sich um von oben belichtete, meist mit Glas überdachte Straßen, die beidseitig mit Einzelgeschäften, gastronomischen Betrieben, auch Theatern, Kinos oder Kabaretts ausgestattet sind. Zu Ende des 19. Jahrhunderts sind P. in vielen europäischen Großstädten entstanden, als bekannteste muß die Galeria in Mailand bezeichnet werden. Heute ist die P. zunehmend integrierter Bestandteil von Fußgängerbereichen in Stadtzentren, wobei oft auch das Untergeschoß und ein Galeriegeschoß in die gewerbliche Nutzung einbezogen werden. *Spengelin*

Literatur: *Geist, J. F.:* Passagen. München 1978

Pauschalvertrag. Form des → Leistungsvertrages, bei der man für die gesamte → Bauleistung eine Pauschalsumme als → Vergütung festsetzt im Gegensatz zum → Einheitspreisvertrag, bei dem die Vergütung auf Grund der Mengenberechnung der ausgeführten Teilleistungen und der vereinbarten Einheitspreise ermittelt wird. Die Pauschalsumme bleibt auch dann unverändert, wenn sich bei der Bauausführung Mehr- oder Mindermengen bei der vereinbarten Bauleistung ergaben. Das Mengenrisiko verbleibt also Auftraggeber und Auftragnehmer bei Minder- oder Mehrmengen. Nur nachträglich vereinbarte Leistungen, die zum Zeitpunkt der Festlegung der Pauschalsumme unbekannt waren, führen zu Änderungen der Pauschalsumme. Der P. sollte nur dann vereinbart werden, wenn die Leistung nach Ausführungsart und Umfang genau bestimmt und mit

einer Änderung bei der Ausführung nicht zu rechnen ist. Der P. wird häufig bei → Vergabe der Bauleistung an → Generalunternehmer oder → Generalübernehmer vereinbart. *Drees*

PC → Kunstharzmörtel, Kunstharzbeton

PCC → Mörtel, kunststoffmodifizierter, → Zementbeton, kunststoffmodifizierter

Pegel. Meßstelle zur Beobachtung von Wasserständen. In der → Bodenmechanik und im → Grundbau setzt man P. zur Messung von Grundwasserständen, auch von Schicht- oder Kluftwasser, ein. Dabei werden üblicherweise bereits zur → Untergrunderkundung abgeteufte Bohrungen als Pegelmeßstellen ausgebaut. Ausführliche Konstruktionsregeln sind in DIN 4021 zusammengestellt. P. für Beobachtungsdauern bis zu etwa einem Jahr darf man auch in den Untergrund rammen oder einspülen. Bei längeren Beobachtungsdauern ist der Einbau in einem Bohrloch erforderlich (Bild). Für das Peilrohr genügt ein Innendurchmesser von 25–50 mm. Im Sumpfrohr lagern sich Schwebstoffe ab. Die Filterrohre sind mit schmalen Schlitzen versehen und können zum Schutz gegen Schwebstoffe noch

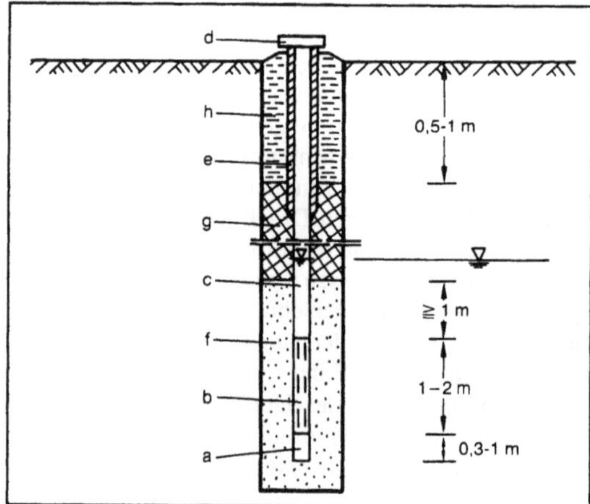

Pegel: Grundwassermeßstelle.

a Sumpfroh
b Filterrohr } Peilrohr
c Aufsatzrohr
d Kappe
e Schlupfmantel
f Filtersand
g Bohrgut
h Abdichtung (Ton oder Lehm)

mit Geweben oder Kiesklebefiltern ummantelt werden. Der Filtersand muß den Filterregeln genügen (→ Filtermaterial) und besteht i. a. aus Körnungen von höchstens 1–2 mm Dmr. Die obere Lehm- oder Tonabdichtung soll verhindern, daß → Oberflächenwasser in den P. fließt. Das Peilrohr wird durch eine Kappe abgeschlossen, die sich auch unterhalb der Geländeoberfläche befinden kann. Zum Schutze vor Frosthebungen ist ggf. ein Schlupfmantel vorzusehen. Die Wasserstände werden i. d. R. durch Lichtlote, Brunnenpfeifen oder Schwimmgeräte eingemessen. *Meißner*

Permeabilität → Durchlässigkeit

Pfahl. P. sind im → Grundbau verwendete Konstruktionselemente, über die i. a. Bauwerkslasten in tiefer gelegene tragfähige Bodenschichten abgetragen werden. Die Pfahlwiderstände setzen sich aus der Pfahlmantelkraft Q_m und der Pfahlfußkraft Q_s zusammen (Bild 1). In Gruppen zusammenstehende P. werden i. a. durch starre Kopfbalken oder -platten zu einem Pfahlrost oder Pfahlwerk verbunden (Bild 2). Tragen die P. wie in Bild 1 und 2 die Lasten auf eine tragfähige Bodenschicht ab, so spricht man von einer stehenden Pfahlgründung. Schwebende bzw. schwimmende Pfahlgründungen, bei denen die P. in nicht ausreichend tragfähigen Schichten enden, werden zur Vergleichmäßigung oder Reduzierung von → Setzungen herangezogen. Für die Herstellung und Dimensionierung von P. und Pfahlgründungen sind in Deutschland die Vorschriften DIN 1054, DIN 4014, DIN 4026 und DIN 4128 oder die entsprechenden nationalen Anpas-

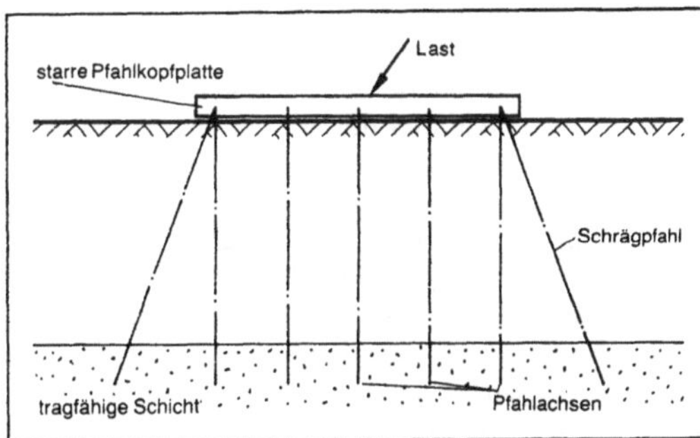

Pfahl 2: Pfahlwerk.

sungsnormen, die durch DIN NN-100 gekennzeichnet sind, zu beachten.

Nach der Art des Pfahlbaustoffes unterscheidet man Beton-, Stahlbeton-, Spannbeton-, Stahl- oder Holzpfähle. Verdichtungspfähle aus → Lockergestein, wie z. B. Rüttelstopfpfähle, fallen unter die Rubrik → Bodenverbesserung. Die erst vor wenigen Jahren entwickelten HDI-P. bestehen aus einem Gemisch aus Boden und Zement und werden nach dem → Hochdruckinjektionsverfahren hergestellt. Es wird weiter zwischen Bohr- und Verdrängungspfählen sowie Ort- und Fertigpfählen unterschieden. Bei Bohrpfählen wird zunächst ein Hohlraum im Boden hergestellt und üblicherweise der P. dann vor Ort betoniert. Der Hohlraum kann wie bei Schneckenbohrpfählen oder bei flüssigkeitsgestützten Bohrlöchern unverrohrt oder aber verrohrt sein. Nach der Art des Einbringens der Verrohrung unterscheidet man verrohrte Bohrpfähle, Ortrammpfähle sowie Rüttelpfähle. Fertigpfähle werden auf der Baustelle oder andernorts vorfabriziert und als Verdrängungspfähle in den Untergrund gerammt oder eingerüttelt, wobei Spülhilfe möglich ist, oder aber in Bohrlöcher eingestellt.

Fertigpfähle haben gegenüber den Ortpfählen den Vorteil, daß sie in kontrollierbarer Güte hergestellt und nach dem Einbringen in den Untergrund sofort belastet werden können. Andererseits setzt die Anwendung von Fertigpfählen in Form von Rammpfählen einen besonders guten Untergrundaufschluß voraus (→ Untergrunderkundung), der eine zuverlässige Voraussage über die Pfahllängen ermöglicht. Aber auch dann kann es u. U. erforderlich werden, nicht tiefer rammbare P. zu kappen oder P., die zum Erreichen der tragfähigen Schicht zu kurz sind, zu verlängern. Bei Verdrängungspfählen (DIN 4026) wird der Boden am Pfahlfuß verdrängt. Die besonders stark beanspruchte Pfahlspitze schützt man bei Holzpfählen z. T. durch besondere stählerne Pfahlschuhe; bei Stahlbetonpfählen wird eine zusätzliche, engere Querbewehrung am Pfahlfuß angeordnet. Die Pfahlköpfe sind bei Rammpfählen durch Rammhauben vor Beschädigungen zu schützen. Der Schlag sollte immer in Achsrichtung des P. geführt werden. Die Rammgeräte können mit langsam wirkenden Frei-

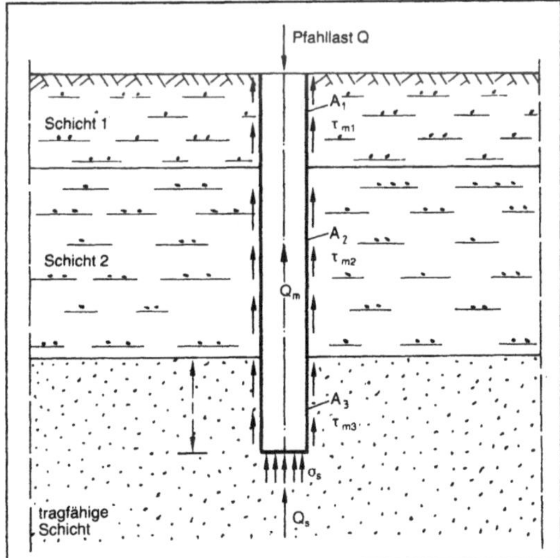

Pfahl 1: Bezeichnungen bei P.-Gründungen.

τ_{mi}	Mantelreibung	
Q_m	Pfahlmantelkraft	$\left(Q_m = \sum_{i=1}^{n} A_1 \tau_{mi} \right)$
σ_s	Spitzendruck	
Q_s	Pfahlfußkraft	
l	Einbindelänge	

fallbären, die ein größeres Gewicht als das des P. haben sollten, mit Explosionsbären oder mit automatischen Schnellschlaghämmern versehen werden. Im innerstädtischen Bauen sind die → Rammbären schallgeschützt auszuführen.

Zur Abtragung horizontaler Bauwerkslasten sind in einer Pfahlgruppe auch Schrägpfähle herzustellen (Bild 2). Die Rammgeräte sind i.d.R. so konstruiert, daß P. mit einer Neigung von 4:1 ohne Mehraufwand ausgeführt werden können. Für Neigungen bis 1:1 sind Sonderausrüstungen erforderlich. Oberhalb der tragfähigen Schicht darf das Rammen durch eine Spülhilfe erleichtert werden.

Holzpfähle verwendete man bereits im Altertum zur Abtragung von Bauwerkslasten, wie Pfahlgründungen am Bodensee, in Ravenna oder z.B. auch die Gebäudegründungen in Venedig zeigen. Voraussetzungen für die → Dauerhaftigkeit dieser Gründungen ist jedoch, daß sich das Holz ständig unterhalb des Wasserspiegels befindet. Liegen die Hölzer im Bereich des schwankenden Wasserspiegels, so beginnen sie ohne die heute bekannten Holzimprägnierverfahren nach wenigen Jahren zu faulen, wie das Beispiel Venedig zeigt. Heute werden Holzpfähle vor allem zur Gründung nicht bleibender Bauwerke, wie vor allem von Schalgerüsten, verwendet. Gelegentlich führt man sie auch in aggressivem Grundwasser aus. Der Querschnitt der von Borke befreiten P. ist i.d.R. rund. Der Durchmesser sollte in Abhängigkeit von der Pfahllänge zu $d = 20$ cm + l gewählt werden, wobei l in m einzusetzen ist und d die Dimension cm hat.

Stahlbetonrammpfähle sind die am häufigsten verwendeten Fertigpfähle. Sie haben i.d.R. einen quadratischen Querschnitt. Als Fertigpfähle, die auch in Bohrlöcher abgelassen werden, haben sie jedoch auch rechteckige, I-förmige oder – bei großen Durchmessern – auch ringförmige Querschnitte. Stahlbetonrammpfähle werden liegend hergestellt. Als Mindestquerschnitt gilt 20×20 cm. Der größte in DIN 4026 enthaltene Querschnitt für Stahlbetonrammpfähle ist 40×40 cm. Die P. werden nach den Regeln des → Stahlbetons bewehrt. Um bei sehr langen P. die sonst erforderlichen hohen Rammgeräte zu vermeiden, werden lange P. aus mehreren Teilen zusammengesetzt. An den Abschnittsenden sind dann Kupplungen angebracht, die Zug- und Druckkräfte sowie Biegemomente übertragen können. P. mit extrem großen Abmessungen rammte man zum Bau der *Maracaibo*-Brücke (Venezuela). Die Hohlpfähle aus → Spannbeton hatten einen Außendurchmesser von 91,4 cm, eine größte Länge von 60 m und ein Gewicht von 500 kN. Zum Rammen wurde ein Fallgewicht von 200 kN eingesetzt.

Ist ein Ziehen von Fertigpfählen vorgesehen, wie es z.B. bei einem vorübergehenden Baugrubenverbau üblich ist, so sind Stahlpfähle am wirtschaftlichsten. Ein breites Anwendungsgebiet finden Stahlrammpfähle im Hafen- und → Wasserbau. Die Querschnittsprofile lassen sich ohne größeren Mehraufwand den stati-

schen Erfordernissen anpassen. Ausgeführt werden I-Profile, Kastenprofile, Rohrquerschnitte usw., die abschnittsweise verstärkt werden können und durch Anschweißen einfach zu verlängern sind. Der Stahlquerschnitt kann gleichermaßen Druck- wie auch Zugkräfte aufnehmen. Wesentliche Nachteile der Stahlpfähle bestehen in der Korrosionsanfälligkeit des Stahles und – wenn keine Wiederverwendung vorgesehen ist – in den hohen Materialkosten.

Bohrpfähle sind in der DIN 4014 genormt. Der Boden wird üblicherweise durch Spezialgreifer, Schappen oder Schnecken aus den Pfahllöchern gefördert. Für Kohäsionswerte $c_u \leq 15$ kPa ist stets eine Verrohrung vorzusehen. Nach Erreichen der Endteufe wird in das Bohrloch der Bewehrungskorb abgelassen und der Beton über Schüttrohre eingebracht. Unterhalb des Grundwassers ist im → Kontraktorverfahren zu betonieren. Der Beton wird durch die Erschütterungen beim Ziehen des Bohrrohres verdichtet. Bei Preßbetonbohrpfählen geschieht die Verdichtung des Betons und das Ziehen des Bohrrohres durch einen Luftüberdruck bis zu 6 bar. Ist das Grundwasser betonaggressiv oder soll die negative Mantelreibung reduziert werden, so kommen häufig Hülsenpfähle zur Ausführung. Dabei wird in das Bohrloch zunächst eine dünnwandige Hülse gestellt, die später die Oberfläche des P. ist.

Bei Schnecken mit kleinem Innenrohr wird beim Zurückdrehen der Schnecke der Boden gefördert und gleichzeitig betoniert. Ein Bewehrungskorb kann bei diesen P. erst nachträglich in den noch flüssigen Beton eingerüttelt werden.

Ortbetonrammpfähle vereinigen die hohe → Tragfähigkeit der Verdrängungspfähle mit der Flexibilität der Ortpfähle. Ein am Fuß verschlossenes Rohr wird in den Untergrund gerammt. Wie beim Rammpfahl entsteht eine Volumenverdrängung unterhalb des Pfahlfußes. Der P. selbst wird dann wie ein Ortbetonpfahl bewehrt und betoniert.

Kleinbohrpfähle (DIN 4128) lassen sich bereits bei sehr beengten räumlichen Verhältnissen, wie z.B. in Kellern ab etwa 2 m Höhe, herstellen. Der P.-Durchmesser beträgt etwa 20 cm. Kleinbohrpfähle werden vor allem bei Unterfangungsmaßnahmen und zu Sanierungszwecken angewendet. Vielfach verwendet man sie heute aber auch zur Aufnahme von Zugkräften; sie wirken dann wie → Anker. Im Bohrverfahren mit Spülhilfe wird zunächst ein Bohrloch hergestellt, das ohne Schwierigkeiten auch durch bestehende Fundamente hindurch gebohrt werden kann. Bei Wurzelpfählen werden Bewehrungskörbe, bei Gewipfählen Stahlstäbe und bei Tubixpfählen Stahlrohre in das Bohrloch gestellt und dieses dann mit Beton verfüllt oder mit Mörtel verpreßt.

Das Tragverhalten von P. läßt sich durch Probebelastungen oder anhand von Tabellenwerten bestimmen. P. müssen eine größere Länge als 5 m haben, um die in DIN 4014 und DIN 4026 enthaltenen zulässigen Pfahlbelastungen anwenden zu können. Die in Tabellen zusammengestellten → Traglasten sind als konservativ anzusehen und hängen von den Untergrundverhältnissen und der Belastungsart ab. Auf Druck beanspruchte Verdrängungspfähle müssen i. a. 3 m, Bohrpfähle wenigstens 2,5 m in die tragfähige Bodenschicht einbinden. Bei Fels verringert sich die Einbindelänge. Die Einbindelänge von auf Zug beanspruchten P. beträgt wenigstens 5 m. In einer Gruppe sind Mindestabstände bei Verdrängungspfählen einzuhalten. Die Ermittlung der zulässigen Pfahlkräfte bei Rammpfählen mit Hilfe von Rammformeln ist nur in wenigen Ausnahmefällen gestattet.

Zur Erhöhung der zulässigen Pfahllasten dürfen Fußverbreiterungen vorgenommen werden. An Stahlrammpfählen werden seitlich Flügel angeschweißt, Bohrpfähle werden zur Vergrößerung der Aufstandsfläche und damit der Pfahlfußkraft unterschnitten. Nachinjektionen zur Erhöhung der Pfahltraglasten sind ebenfalls möglich.

Eine wesentliche Beeinträchtigung des Pfahltragverhaltens kann durch negative Mantelreibung und/oder Fließdrücke auftreten. Negative Mantelreibung tritt auf, wenn sich der Untergrund oberhalb der tragfähigen Schicht relativ stärker setzt als der P. Eine negative Mantelreibung ergibt sich stets dann, wenn nachträglich auf die Geländeoberfläche Lasten, wie z. B. Aufschüttungen, aufgebracht werden und weiche bindige Schichten anstehen oder wenn → Grundwasserabsenkungen vorgenommen werden. Unter einseitigen Oberflächenlasten, wie z. B. bei tiefgegründeten Brückenwiderlagern, weicht ein breiiger bindiger Boden seitlich aus. Es kommt zu einem Umfließen und einer zusätzlichen Horizontalbelastung der P. durch Fließdruck. Die daraus resultierende Biegebeanspruchung erfordert häufig eine starke Zusatzbewehrung der P.

Sollen P. höher belastet werden, als es nach den Entwurfswerten der Normen zulässig ist oder weichen die Untergrundverhältnisse von den Voraussetzungen für die Anwendung der Tabellenwerte ab oder liegen für den speziellen Baugrund keine Erfahrungswerte vor, sind Probebelastungen durchzuführen. Die Pfahllasten werden dabei schrittweise aufgebracht und die Setzungen gemessen. Als Ergebnis erhält man ein Last-Weg-Diagramm (Bild 3). In Abhängigkeit von Setzungskriterien ergeben sich dann die zulässigen Pfahllasten.

Pfahlwerke sollten möglichst so entworfen werden, daß sie statisch bestimmt sind. Bei größeren Pfahlwerken für z. B. Brückenpfeiler oder Hochhäuser sind jedoch statisch unbestimmte Pfahlwerke nicht zu vermeiden. Zur Ermittlung der Pfahlkräfte und Pfahlkopfverschiebungen kommt dann vor allem das Matrizenverfahren von *Schiel* in Betracht. Die Pfahlkopfplatte wird als Starrkörper behandelt. Bei der Ermittlung der Pfahlkräfte betrachtet man nur die Längenänderungen der P. Eine Berücksichtigung unterschiedlicher Pfahlsetzungen ist möglich, aber nicht üblich. Einspannungen der P. an der Kopfplatte, Annahmen zur Lagerung

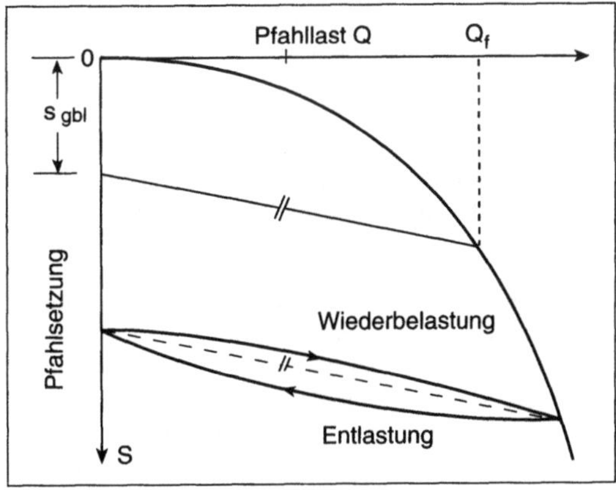

Pfahl 3: Pfahlprobebelastung und Setzungskriterien.

$Q_{zul} = Q_f/\eta$
Q_{zul} zulässige Pfahllast
Q_f Grenzlast
η Sicherheitsfaktor
Rammpfähle: Q_f aus $s_{gbl} = 0,025 \, d$
Bohrpfähle: 1.) $Q_F = Q(s_g)$, $s_g = 0,1 \cdot D_F$
          2.) $Q_f = Q(k_s)$, k_s: Kriechmaß
(s. Empfehlungen des AK 2.1 der DGGT).

am Pfahlfuß sowie eine seitliche Bettung lassen sich rechnerisch erfassen.

Dynamische Prüfmethoden dienen neben der vergleichenden Tragfähigkeitsprüfung sowie einer Optimierung des Rammsystems bei Rammpfählen auch zur Qualitätssicherung. Die Integritätsprüfung gibt eine Aussage über die Qualität sowie die Geometrie eines hergestellten P. Grundgedanke der Prüfverfahren ist die eindimensionale Stoßwellenausbreitung. Eine am Pfahlkopf eingeleitete Druckwelle wandert entlang des P. und wird im Idealfall am Pfahlfuß reflektiert. Jede Änderung der Materialgüte oder des Querschnittes wie z. B. Einschnürungen, Verdickungen oder Bruchfugen erzeugt zusätzliche Reflexionen. Die Zeitdifferenz der primären Welle zu den von den Störstellen reflektierten Wellen gibt dann Aufschluß über die Tiefenlage der Ursache. Hinweise auf die Art der Störung ergeben sich aus dem Vergleich zum Belastungssignal.

Zur dynamischen Tragfähigkeitsermittlung sind das *CASE*- sowie das *CAPWAP*-Verfahren bekannt. Bei beiden Verfahren wird für einen Prüfschlag die → Dehnung ε sowie die Beschleunigung a am Pfahlkopf aufgezeichnet. Die gesuchte Pfahltragfähigkeit ergibt sich bei dem CASE-Verfahren aus der Differenz der totalen Tragfähigkeit und dem bei der Rammung infolge von Trägheits- und Dämpfungskräften auftretenden Widerstandsanteil. Die Auswertung des *CAPWAP*-Verfahrens liefert unter Zugrundelegung eines numerischen Modells für den P. den durch die Stoßbelastung aktivierten Bodenwiderstand, die Verteilung der Mantelreibung sowie die Last-Setzungs-Kurve für Pfahlkopf und Pfahlfuß.

Wegen der Vielzahl der variablen Einflußgrößen eignen sich beide Verfahren nur bedingt für eine unabhängige Voraussage von Pfahltraglasten. Gebräuchlich ist vielmehr eine Verknüpfung mit einer Probebelastung. Weisen sämtliche dynamisch geprüften P. ähnliche Werte wie der Probebelastungs-P. auf, kann der Schluß gezogen werden, daß auch das Tragverhalten sämtlicher P. etwa gleich ist. *Meißner/Becker*

Pfahlwand. Dient zur Befestigung der Baugrubenwände bei den offenen und halboffenen → Tunnelbauweisen. Dabei setzt man die Pfähle entweder dicht an dicht, oder sie überschneiden sich. Im letzteren Fall wird erst jeder zweite → Pfahl betoniert, aber nicht bewehrt. In einem zweiten Arbeitsgang setzt man dann bewehrte Pfähle dazwischen, die die zuerst betonierten anschneiden. *Wagner*

Pfahlziehgerät. In den Boden gerammte, vibrierte oder gepreßte Stahlträger, Holzpfähle, Stahlbetonpfähle oder Spundbohlen („Rammgüter") sind oft nur Bauhilfsmittel und nicht Bauwerksbestandteile. Sie müssen meist wieder beseitigt werden (Materialrückgewinnung und Hindernisfreiheit des Baugrunds). Bei Abbruch- oder Reparaturarbeiten von Gründungsbauwerken muß man Träger, → Pfähle oder → Bohlen ziehen. Dazu sind z. T. außerordentlich große Zugkräfte erforderlich. Ihre Größe hängt von der Profiloberfläche, der Verformung des Rammguts beim Einrammen, der Eindringtiefe im Boden und bei Spundbohlen von der Schloßreibung (wächst im Laufe der Zeit erheblich an) ab. Zum Ziehen verwendet man statisch wirkende, sehr leise Geräte, wie Kleinhebezeug mit Dreibock und Flaschenzug, Hebe- und Wuchtbäume und hydraulische Hebeböcke. → Bagger und → Krane können Rammgüter nur mit statischem Zug ziehen. Dynamisch wirkende P. sind ähnlich wie Rammhämmer aufgebaut; ihre Schlagwirkung ist aber nach oben gerichtet. Sie werden beim Schlagen nach oben gezogen von Kranen bzw. Baggern, von Winden an Böcken, Rammgerüsten, Mäklern und klemmen sich entweder hydraulisch am Rammgut fest oder werden damit verbolzt. Pfähle werden mit Ketten- oder Seilschlingen umfaßt. Als P. verwendet man überwiegend Vibrationsbäre, indem sie zusammen mit dem angeklemmten Rammgut während des Vibrierens vom Trägergerät nach oben gezogen werden. *Kühn*

Pfeiler (auch Stütze genannt). Den Ausdruck P. verwendet man vorwiegend im Mauerwerksbau und im Brückenbau für senkrechte, vorwiegend durch Normalkräfte beanspruchte Tragwerksteile. *Mehlhorn*

Pfeilerschalung → Stützenschalung

Pfennigklausel. Berechnungsformel für die Ermittlung der Mehr- oder Minderkosten infolge Lohnänderungen. Für die Berechnung der P. gilt folgende Formel:

$$\frac{\text{Personalkostenanteil in } \%_0}{\text{maßgebender Lohn in } \%_0}$$

Der Bieter hat bei der Verwendung der P. die voraussichtlichen Lohnkostenänderungen nicht in seinem → Mittellohn zu berücksichtigen, sondern den Mittellohn auf der z. Z. der Angebotsabgabe geltenden Basis zu berechnen. Mehrkosten werden ihm später beim Eintreten der Lohnerhöhung vergütet. Dabei wird die erbrachte → Bauleistung mit dem angebotenen Lohnänderungssatz multipliziert. Zur Wertung der Angebote hat der Auftraggeber die sich aus dem angebotenen Lohnänderungssatz voraussichtlich ergebenden Mehrkosten zur Angebotssumme hinzuzufügen.
Beispiel:
Personalkostenanteil 47,5% (475‰),
maßgebender Lohn 25,00 DM/h (2 500 Pf/h),
Änderungssatz 475/2 500 = 0,19‰/Pf,
erbrachte Leistung 2 000 000,– DM,
Lohnerhöhung 60 Pf,
zu vergütende Lohnerhöhung
2 000 000 × 60 × 0,19/1 000 = 22 800.–
Im allgemeinen wird eine Selbstbeteiligung in Höhe von 0,5% der Abrechnungssumme verlangt. Dieser nicht vergütete Betrag ist bei der Berechnung des Mittellohns einzukalkulieren. *Drees*

Pfette.
Holzbau. Vorwiegend auf Biegung beanspruchter → Balken aus Nadelholz, der bei geneigten Dachflächen die parallel zur Dachfallinie verlaufenden → Sparren unterstützt und die Lasten bei Hausdächern auf die Dachstuhlunterstützungen (Stiele oder Böcke) und bei Dachtragwerken von Hallenbauten auf die Binder überträgt. Im Zusammenwirken mit Kopfbändern und Unterstützungsstielen kann der Stabzug P. – Kopfband – Stiel zur Längsaussteifung des Dachtragwerkes herangezogen werden (→ Dachstuhl). *Dröge*

Stahlbau. Die P. ist ein Träger zur Aufnahme der Dachhaut. Im Regelfall ist sie parallel zum Dachfirst angeordnet und nimmt entweder die Dachhaut direkt oder über in der Dachfallinie angeordnete → Sparren auf. Bei Stahlkonstruktionen besteht die P. meist aus gewalzten I-Profilen oder in Sonderfällen aus kaltverformten dünnwandigen Blechprofilen unterschiedlicher Querschnittsform. Sparren führt man im → Stahlbau aus Kostengründen normalerweise nicht aus: Die Dachhaut liegt direkt auf den P. auf. Die Stahlpfetten werden in den meisten Fällen als → Durchlaufträger mit biegesteifen Kopfplattenstößen konzipiert. Die früher oftmals verwendete Gerber-P. (Gelenkpfette) kommt heute wegen des ungünstigen Montageablaufes und aus wirtschaftlichen Gründen nur noch selten zur Anwendung. Wegen der aus der Dachneigung bedingten Schräglage der P. und der daraus resultierenden Biegebeanspruchung über die schwache Trägerachse bei I-Profilen (Bild) werden die P. mittels Zugstangen, die im → First zu den Pfettenauflagerpunkten gespreizt sind, im Feldbereich abgestützt. Ein Fortfall der Zugstange führt auf unwirtschaftliche Lösungen. *Sedlacek/Scholz*

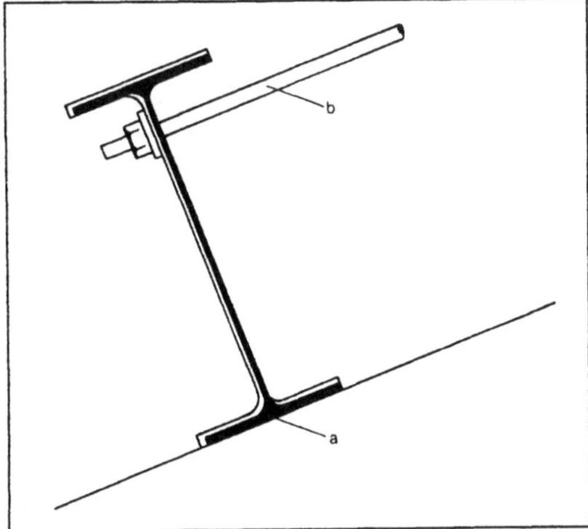

Pfette: Stützung einer Dachpfette durch eine Zugstange.

a P., b Zugstange

Pflasterdecke.

P. bestehen aus Pflaster einschl. der Pflasterbettung. Man bezeichnete sie früher als schwere → Decken, um damit ihre besondere Widerstandsfähigkeit gegenüber der Beanspruchung durch schwere eisenbereifte Fuhrwerksräder zum Ausdruck zu bringen. Dieser Vorteil der praktisch unbegrenzten Verschleißfestigkeit wird auch heute noch genutzt, und zwar an Stellen mit übermäßigen Drehbeanspruchungen, wie Ein-, Aus- und Überfahrten, auf Parkplätzen und in Parkbuchten. Es stehen sowohl natürliche wie auch künstliche Pflastersteine in Höhen zwischen 40 und 160 mm zur Verfügung. Sie werden in einem Pflasterbett unmittelbar auf der oberen → Tragschicht versetzt oder auch in noch nicht erhärtete hydraulisch gebundene Tragschichten eingedrückt. Die Wasserdichtung erzielt man durch Einfegen von → Mörtel oder durch Ausgießen der → Fugen mit speziellen Fugenvergußmassen.

Ein bevorzugtes Einsatzgebiet für P. ist der Stadtstraßenbau. Ursachen hierfür sind einmal gestalterische Gründe und zum anderen die gute Ein- und Anpassungsfähigkeit in unregelmäßig geformte und durch Einbauten gestörte Befestigungsflächen. Die Befahrbarkeitsgüte von P. ist gegenüber derer → Asphaltdecken und → Betondecken geringer. Sie werden aus diesem Grunde auch als Geschwindigkeitsregulativ eingesetzt. Auf P. sind die Abrollgeräusche i. a. höher als auf anderen Decken. *Beckedahl/Lücke*

Pflugbagger.

Beim P. wird der Boden – ähnlich wie beim Scraper – durch eine waagerechte Schneide gelöst. Hinter dieser Schneide ist ein Förderband angebracht, das die seitlich nebenherfahrenden Transportgeräte belädt. Hierbei ist darauf zu achten, daß immer genügend Transportgeräte zur Verfügung stehen, damit Stillstandzeiten des P. vermieden werden. *Kühn*

Pfosten.

Ein P. (Ständer, Stütze, Stiel) ist ein senkrecht stehender, vorwiegend durch eine Drucknormalkraft beanspruchter Kant- oder Rundholzstab, bei dem die Stabenden gehalten sind und die Druckkraft über Kontakt in die Hirnholzflächen eingeleitet wird (→ Dachstuhl, → Fachwerkträger, → Rähm). *Dröge*

pH-Wert.

Maßzahl, die dem negativen Zehnerlogarithmus der Wasserstoffionen-Konzentration in einer Flüssigkeit entspricht. Säuren haben hohe H^+-Konzentrationen (pH-W. unterhalb 7), Basen zeigen pH-W. zwischen 7 und rd. 14. Der pH-W. kennzeichnet im Betonbau den Bereich, in dem der → Betonstahl bzw. → Spannstahl alkalisch vor → Korrosion geschützt ist (→ Betonstahlkorrosion, → Karbonatisierung). *Sasse*

Phosphatreduzierung.

P-Verbindungen haben – wie auch N-Verbindungen – im Wasser eine „düngende" Wirkung, sie sind die Voraussetzung für Algen und Pflanzenwachstum und biologische Prozesse im Wasser. Diese Düngung ist besonders wirksam bei stehenden Gewässern. Biologisches Wachstum im Gewässer bedingt – um aerobe Verhältnisse zu erhalten – immer auch ein ausreichendes Sauerstoffangebot, daß in den tieferen Wasserzonen dann oft nicht mehr gegeben ist, auch bei fehlender Wasserzirkulation. Daraus können sich Eutrophierungserscheinungen ergeben.

Zum Schutz – vor allem – der Nord- und Ostsee wird bei uns seit einigen Jahren gesetzlich bei der → Abwasserreinigung auch die Reduzierung von P und N verlangt, nachdem die Reduzierung von P in den Waschmitteln schon seit 1977/80/87 gesetzlich gefordert und weitgehend durchgeführt war. Die N-Reduzierung erfolgt vor allem durch eine Nitrifikation/Denitrifikation.

Für die P. im Abwasser – vor allem aus den menschlichen Abgängen (1,9 gP/E/d) stammend – hat sich neben der zuerst angewandten chemischen Ausfällung der P-Verbindungen durch Fällmittel (Fe^+, Al^+) später auch eine Methode der biologischen Überführung der Phosphate in den Belebtschlamm als gangbar – aber sehr empfindlich – erwiesen, so daß oft die Fällung zusätzlich – zur Sicherheit – nötig ist.

Je nach Größe der → Kläranlage ist eine Reduzierung auf bis zu 1 mg/l an P verlangt (ab 20 000 Einwohner E + Einwohnergleichwerte EG).

Als diese Forderung – N und P in den Reinigungsanlagen erheblich zu reduzieren – rechtlich bindend vorgegeben wurde, schätzte man den Aufwand für Einrichtungen hierfür auf ca. 15 Mrd. DM Investitionssumme. In letzter Zeit werden bis zu 50 Mrd. DM genannt, da an den Anlagen oft sehr erhebliche Erweiterungen nötig sind, um die Vorgaben sicher einzuhalten. Dazu kommen erhebliche Betriebskosten. *Pfeiff*

Photogrammetrie. Bei den photogrammetrischen Verfahren werden im Prinzip zwei zusammengehörige, beliebig im Raum liegende Bilder so ausgewertet, daß das von den Bildern erfaßte Objekt nach Lage und Geometrie dargestellt und die ermittelten Daten rechnerisch und graphisch weiterverarbeitet werden können.

Zur Auswertung muß die „innere Orientierung" (Bildhauptpunkte, Bildweite) der Aufnahmeinstrumente (Kamera) und die „äußere Orientierung" (Koordinaten des Objektbezugspunktes, räumliche → Richtungswinkel der Achse des Aufnahmeinstrumentes zu Bildhauptpunkt und zu den Bildmarken) gegeben sein.

Photogrammetrische Meßverfahren können u. a. im Bauwesen eingesetzt werden
– zur Kontrolle der planmäßigen Ausführung der Bauwerke
– zur Überwachung eventueller Verformungen im Gebrauchszustand (auch Langzeitbeobachtungen) (→ Bauwerksvermessung). *Laermann*

PIC → Beton, kunstharzimprägnierter

Pier → Kai

Pigment. P. sind in Lösemitteln und/oder Bindemitteln praktisch unlösliche, organische oder anorganische, bunte oder unbunte Farbmittel. Alte Benennungen sind „Farbkörper" oder „Körperfarbe". P. erfüllen im → Anstrich verschiedene Aufgaben: Farbgebung, Schutz des → Bindemittels, des → Untergrundes und der Haftzone vor Witterungseinflüssen (vor allem UV-Strahlung), Erhöhung der Gasdichtheit, z. T. passivierende Korrosionsschutzwirkung auf metallischen Untergründen („aktive" P.). Nicht alle P. sind mit üblichen Bindemitteln chemisch verträglich. Bei Außenanwendung ist auf die UV-Beständigkeit zu achten. *Sasse*

Pilotstollen → Vorstollen

Pilzdecke. Als P. werden kreuzweise bewehrte Stahlbetonplatten bezeichnet, die ohne Zwischenschaltung von Unterzügen oder Trägern unmittelbar auf Stahlbetonsäulen ruhen (→ Flachdecke) und mit diesen biegefest verbunden sind. Zwischen Platte und Stütze sind die Pilzköpfe zwecks besserer → Lastverteilung und zur Reduzierung der Biege- und → Schubspannungen im Auflagerbereich angeordnet. P. lassen sich wie sich kreuzende → Durchlaufträger mit elastisch eingespannten Stützen bzw. wie ein → Stockwerkrahmen berechnen; dabei darf man annehmen, daß der durchlaufende Träger auf dem jeweils querverlaufenden Träger wie auf einer stetigen elastischen Unterlage ruht. *Laermann*

Planfeststellung. Durch Rechtsvorschrift angeordnetes förmliches Verwaltungsverfahren, in dem über die Zulässigkeit bedeutsamer Vorhaben entschieden und die öffentlich-rechtlichen Beziehungen zwischen dem Träger des Vorhabens und den durch den Plan Betrof-

fenen rechtsgestaltend geregelt werden. Im Bereich der → Wasserwirtschaft betrifft dies u. a. die Wasserbenutzung (→ Wasserhaushaltsgesetz (WHG), § 14), den Gewässerausbau, Deich- und Dammbauten, die den Hochwasserabfluß beeinflussen (WHG, § 31), den Wasserstraßenausbau (WaStrG, → Wasserrecht). Alle Beteiligten, deren Belange durch das Vorhaben berührt werden, sind vor der Entscheidung anzuhören. Die P.-Behörde entscheidet unter Abwägung aller Belange. Bei Eingriffen in Natur und Landschaft, die mit dem Vorhaben verbunden sind, entscheidet die P.-Behörde auch über deren Zuständigkeit sowie über Ausgleichs- und Ersatzmaßnahmen. Der Planfeststellungsbeschluß ist auch den bekannten Betroffenen, über deren Einwendungen entschieden worden ist, individuell zuzustellen. Gegenüber mehr als 300 Beteiligten kann die individuelle Zustellung durch öffentliche Bekanntmachung ersetzt werden. Als Ausbau im Rechtssinne bedarf die Herstellung, Beseitigung oder wesentliche Umgestaltung eines (oberirdischen) Gewässers grundsätzlich der vorherigen Durchführung eines P.-Verfahrens. Die notwendige Abgrenzung zwischen Unterhaltungs- und Ausbaumaßnahmen (→ Gewässerunterhaltung) kann sich im Einzelfall als schwierig erweisen. *Lecher*

Planiergerät. P. im → Beton- und → Straßenbau dienen zum Verteilen und Abziehen von eingebautem Material und zur Herstellung einer ebenen, maßhaltigen Oberfläche. Sie sind entweder als nachlaufender Teil eines Fertigers oder als handgeführte Einzelgeräte, → Abziehbohlen oder → Rotationsglätter im Betonbau eingesetzt. Zusammen mit fest montierten Außenrüttlern eignen sich Abziehbohlen gleichzeitig zum Verdichten und Glätten der Oberfläche. *Kühn*

Planierraupe. P. (auch Kettendozer) sind Kettengeräte mit frontseitig angebrachtem Planierschild, das hydraulisch oder nur noch selten mechanisch heb- und senkbar und kipp- und neigbar ist (Bild). Als Kenngrößen gelten die Motorleistung des installierten Dieselmotors und das Betriebsgewicht. Je nach Ausführung

Planierraupe: Kettendozer D 10.
Leistung: 552 kW, Betriebsgewicht: 79 t, Schildbreite: 6 m

erreichen die Geräte eine Leistung von 29–552 kW, Betriebsgewichte von 3,56–81,64 t und Schildbreiten von 2,17–6,0 m. Geräte mit unveränderlich in rechtem Winkel zur Fahrtrichtung stehendem Quer- oder Brustschild bezeichnet man als Bulldozer. Hat die P. ein Schwenkschild, das innerhalb eines bestimmten Winkels zur Fahrtrichtung verstellbar ist, so spricht man von einem Angledozer. Weitere Schildformen sind das U-Schild, das Semi-U-Schild, eine Kombination aus Brust- und U-Schild, und die Tilteinrichtung zur Schildverstellung um die Mittelachse. P. werden heute z. T. mit lasergesteuerten Nivellierungseinrichtungen ausgerüstet.

P. sind Universalgeräte und werden oft zur Bodenverfüllung, zum Mutterbodenabtrag und zu Verteilarbeiten auf der Kippe eingesetzt. Dabei lösen sie das Material auf einer Schürfstrecke von rd. 10 m, schieben es vor sich her und erstellen Grobplanum oder – bedingt – auch Feinplanum. Ihr Einsatzgebiet liegt in der Kurzstrecke (bis rd. 75 m), wo das Aufladen des Materials nicht wirtschaftlich wäre. Mit angebauter Aufreißeinrichtung können Kettendozer sogar weichen Fels lösen. Seitlicher → Abfluß des Bodens vor dem Schild, was durch Seitenbleche verhindert werden kann, die Schürftiefe, die Arbeitsgeschwindigkeit sowie das Profil des Schilds sind einige Faktoren, die die Leistung der P. beeinflussen. Während nur noch kleinere Geräte über Direktantrieb verfügen, zeichnen sich fast alle leistungsfähigeren Dozer durch vollhydraulische Antriebe, Planetenschaltgetriebe, Drehmomentwandler, Kastenprofilträger, pendelnde Kettenaufhängung, gehärtete und dauergeschmierte Laufketten und Schildstabilisatoren aus. Durch nach oben versetzte Antriebsräder wird versucht, die Teile der Kraftübertragung vor vertikalen Fahrstößen, abrasivem Material, Schlamm und Wasser zu schützen und so eine längere Lebensdauer der Teile zu erreichen. Außer den üblichen Geräten werden Moorraupen gebaut, die niedrige statische Bodenbelastungen verursachen. Moorraupen weisen bei den meisten Typen bei gleicher Leistung, etwas höherem Betriebsgewicht und breiterem Schild ungefähr die doppelte Aufstandsfläche der (speziellen) Bodenplatten auf. Als weitere Sonderform werden Planierraupen mit hydrostatischem Antrieb hergestellt, bei denen das mechanische Getriebe entfällt. *Kühn*

Planum. Mit P. wird die Grenzfläche zwischen Untergrund bzw. → Unterbau und → Oberbau bezeichnet. Es ist die technisch bearbeitete Oberfläche des Untergrundes bzw. des Unterbaus, deren geometrische Merkmale, wie Ebenheit und Querneigung sowie Mindestanforderungen an die Stand- bzw. → Tragfähigkeit, in den „Zusätzlichen Technischen Vertragsbedingungen für Erdarbeiten im Straßenbau" (ZTVE-StB) festgelegt sind. Läßt sich die geforderte Tragfähigkeit nicht erreichen, muß die Einhaltung der Grenzwerte durch geeignete Maßnahmen, wie → Bodenaustausch, → Bodenverbesserung, → Boden-

verfestigung angestrebt werden. Die geforderte Stand- und Tragfähigkeit des Bodens ist wichtig, da das P. das → Widerlager für den Einbau und für das Verdichten der nächsten Schicht ist. Durch eine hohe Stand- und Tragfähigkeit des P. wird die Verdichtungswirkung in der darüberliegenden Schicht positiv beeinflußt. Der anstehende Boden des Untergrundes wird vor der Bearbeitung durch eine Bodenerkundung, wie Schürfungen, Bohrungen und Sondierungen, untersucht, um die technische Bearbeitungsfähigkeit, die Aus- und Einbaufähigkeit bei Bodenabtrag (→ Einschnitt) und Bodenaufschüttung (Damm) für den → Erdbau festzustellen. Der vom Mutterboden befreite, abgetragene und aufgeschüttete Boden wird verdichtet und liegt nach Abschluß der Erdarbeiten in der vorgesehenen Höhenlage. Die so hergestellte Oberfläche, das P., hat das notwendige, den Erfordernissen des Querneigungsverlaufs der Trasse angepaßte Quergefälle. *Beckedahl*

Planumverbesserungsmaschine. P. haben im → Gleisbau die Aufgabe, das vorhandene → Planum durch Austausch des Schotterbetts zu verbessern. Die Maschine besteht im wesentlichen aus drei Hauptteilen: Antriebseinheit, Hauptgerät für Aushub des Altmaterials und Neumaterialeinbau, Hebe- und Richteinrichtung mit Stopfaggregat. Der mittlere Teil der Maschine hebt das Gleis an, und der Schotter wird durch eine Aushubkette entfernt. Im gleichen Arbeitstakt wird anschließend das Neumaterial eingebracht, einplaniert und verdichtet, um eine plane Kies-Sand-Schicht zu erhalten. Darauf bringt man den neuen Schotter und läßt das Gleis wieder ab. Der nachfolgende Geräteteil sorgt für das Ausrichten der → Schienen und das Stopfen der → Schwellen. Hauptteil und Stopfeinrichtung der Maschine verfügen über Schotterspeicher, so daß bei zyklischer Anlieferung des Materials eine kontinuierliche Arbeitsweise der Maschine gewährleistet ist. *Kühn*

Planung, integrierte. Bei der i. P. arbeiten Bauherr, Architekt und Fachplaner bzw. Fachfirma der technischen Gebäudeausrüstung so frühzeitig zusammen, daß die energetische Optimierung eines Gebäudes bereits im Stadium des Vorentwurfes beginnt. Dabei wird seine Kubatur, das Baumaterial mit seinen physikalischen Eigenschaften, die Gestaltung der Fassade und die Ausrichtung zur Himmelsrichtung ebenso berücksichtigt wie die gewünschten Raumkonditionen und die dafür notwendigen gebäudetechnischen Anlagen. Das Ziel besteht darin, diese Anlagen an sich und deren Leistung auf ein Minimum zu reduzieren. Das gelingt, indem die inneren und äußeren Lasten des Gebäudes reduziert werden. Ein wesentliches Werkzeug zur Vorausermittlung der Lasten und Leistungen ist die Simulationsrechnung mit Hilfe von leistungsfähigen Computern und speziellen Programmen für die energetische Simulation, die Raumströmungssimulation, die Anlagensimulation und die Lichtsimulation. Die Regelparameter ergeben sich aus den Simulationsrechnungen. Das Ergebnis ist ein energieoptimiertes Gebäude mit maßgeschneiderten technischen Anlagen und niedrigstmöglichen Betriebskosten. *Diehl*

Planung, wasserwirtschaftliche. Artikulation der Erfordernisse zur Ergreifung wasserwirtschaftlicher Maßnahmen (→ Wasserwirtschaft), Erarbeiten von Lösungsvarianten und Bewerten der Projektwirkungen (technisch, ökologisch, wirtschaftlich u.a.) als Grundlage politischer Entscheidungen. In Deutschland sind folgende w. P. gesetzlich (→ Wasserhaushaltsgesetz) definiert:

☐ wasserwirtschaftlicher → Rahmenplan,

☐ → Abwasserbeseitigungsplan und

☐ → Bewirtschaftungsplan.

In der Wasserwirtschaft ist zwischen Planung und Entwurf zu unterscheiden. Der Entwurf umfaßt im wesentlichen die technische Gestaltung von Bauwerken. Dagegen hat die w. P. die Aufgabe, unter Beachtung ökologischer, sozialer, verteilungsrelevanter Konsequenzen möglichst wirtschaftlich das vorhandene Wasserdargebot zu nutzen und die Bevölkerung vor den schädigenden Einflüssen des Wassers zu schützen. Im Hinblick darauf, daß die Lebensdauer einer wasserwirtschaftlichen Anlage durch fachgerechte Unterhaltung und sukzessive Erneuerung fast beliebig verlängert werden kann, sind als Untersuchungszeitraum für Wirtschaftlichkeitsrechnungen Zeitspannen von 50 bis 100 Jahren üblich. Die Kosten eines Projektes setzen sich aus den Anlagekosten und den Betriebskosten einschl. Erhaltungs- und Erneuerungskosten zusammen (Tabelle). Unsicherheiten in der Ertragsberechnung können mit Hilfe einer Sensitivitäts- oder einer Risikoanalyse erfaßt werden. Im Bereich der Nutzwasserwirtschaft (Wasserwirtschaft) entsprechen die Erträge mehr oder weniger dem Erlös aus dem Verkauf eines Produktes. Bei Projekten der Schutzwasserwirtschaft wird statt eines Ertrages – vereinfacht ausgedrückt – der abgewendete Schaden als Nutzen angesetzt. *Lecher*

Planungsbehörde → Planungsebene

Planungsebene. P. (Tabelle, S. 483) bestehen innerhalb einer hierarchisch abgestuften inhaltlichen und rechtlichen Zuständigkeit, die sich auf die Größenordnung des zu beplanenden Gebietes bezieht. In der Regel muß die jeweils nachgeordnete Planung aus den Vorgaben der übergeordneten Planung entwickelt werden: → Raumordnung, → Landesplanung, → Regionalplanung, → Stadtplanung, insbes. → Bauleitplanung. Zugleich gilt jedoch das sog. Gegenstromprinzip bzw. -verfahren, das bezweckt, daß die Ordnung des Gesamtraumes auch die besonderen Gegebenheiten und Erfordernisse der Einzelräume berücksichtigt (Koordinationsregel in § 1 Raumordnungsgesetz). Hieraus ergibt sich die Notwendigkeit der Abstimmung der Raumordnung des Bundes mit den Landesplanungen der Länder und dieser wieder mit den Planungen der Gemeinden. *Spengelin*

Planungshoheit. Artikel 28 des Grundgesetzes und das → Baugesetzbuch begründen das Recht und die Pflicht der Gemeinden, ihre Bauleitpläne in eigener Verantwortung aufzustellen, um ihre städtebauliche Entwicklung zu ordnen. Diese P. wird jedoch durch eine Vielzahl von Gesetzen z.T. wieder stark eingeschränkt. So hat sich die Planung der Gemeinden den Zielen von → Raumordnung, → Landesplanung, → Regionalplanung und übergeordneten Fachplanungen, z.B. der Bundesfernstraßen, anzupassen. Die Verwirklichung der Planungsziele, soweit es sich nicht um Vorhaben handelt, in denen die Gemeinde selbst auf Grund eigener Finanzmittel bzw. durch Finanzhilfen von Bund und Land als Bauherr auftritt, hängt dann letztlich von der Bereitschaft privater oder öffentlicher Bauherren ab, nach den Festsetzungen der → Bebauungspläne auch zu investieren und zu bauen.

Spengelin

Planungsmethode. Die Methode der städtebaulichen Planung auf den verschiedenen → Planungsebenen geht i.d.R. nach folgenden Schritten vor sich:
☐ Bestandsaufnahme. Hier geht es darum, alle für die künftige Planung wichtigen Daten zu erfassen (z.B. Bevölkerung, Gebäudestruktur, Nutzungsstruktur, → Dichtewerte, Struktur des → Erschließungsnetzes) sowie um die Erfassung der naturräumlichen Gliederung, die zusammen mit der historischen Entwicklung der Stadt insbes. die Charakteristiken der Unverwechselbarkeit des Erscheinungsbildes der Stadt begründen.

Planung, wasserwirtschaftliche. Tabelle: Jährliche Betriebs- und Unterhaltungskosten ausgewählter Objekte in % der Baukosten. (Vischer)

Objekt	%	Objekt	%
Talsperren und Staubecken	0,1	Betonleitungen	1,0
Fassungs- und Rückgabebauwerke	1,0	Holzleitungen	8,0
Wasserkraftzentralen	1,0	Bewässerungsnetz	3,0
Übertragungsleitungen	1,0	Beton- und Stahlbrücken	3,0
unverkleidete Kanäle	2,0	Holzbrücken	8,0
verkleidete Kanäle	1,0	Schützen, Windwerke, verschiedene	
Stahlleitungen	1,5	Metallkonstruktionen	1,5

Planungsebenen. Tabelle: P. im Gebiet der Bundesrepublik Deutschland.

Planungsträger	Politisches Gremium (Gesetzgeber)	Planungs-instrument	Bezugsgebiet (Planungs-raum)	Darstellungen bzw. Maßstab	Planungsin-stanz (Behörde)
Bund (Bundes-republik Deutschland)	Bundestag	Bundesraum-ordnung	gesamtes Gebiet der Bundes-republik Deutschland	Raumordnungs-programm, Raum-ordnungs-bericht (Text)	Bundes-regierung, Bundes-ministerien
Länder	Landtage	Landes-planung: Landesraum-ordnung (generelle Leitlinien)	jeweiliges Bundesland bzw. Stadtstaat	Landesraum-ordnungs-programm, Landes-entwicklungs-programm (Text, Pläne 1:200000)	Landes-regierung, Landesmini-sterien
Regierungs-bezirke	(Regionale Planungs-versammlung)	Regional-planung: regionale Raumordnung (konkrete Ziele der Landes-raumordnung)	Planungs regionen, Planungs-räume	Regional pläne, Gebietsent-wicklungspläne (Text, Pläne 1:100000, 1:50000, 1:25000)	Bezirks-regierung
Landkreise, kommunale Zweck-verbände, z. B. Verband Großraum Hannover	Kreistage (Regional-parlament)	Fachplanungen	Gebiet des Landkreises (regionaler Planungsraum)	regionales Raum-ordnungs-programm (Text, Pläne 1:50000, 1:25000)	Kreis-verwaltung (Oberkreis-direktor), Verwaltung des Regionalen Planungs-verbandes
Gemeinden (Städte, Einheits-gemeinden, Samt-gemeinden bzw. Verbands-gemeinden)	Gemeinderat bzw. Stadtrat oder Stadt-verordneten-versammlung	Stadtplanung: Bauleit-planung (städtebau-liche Entwick-lung und Ordnung), kommunale Entwicklungs-planung, Struktur-planung (Rahmen-planung)	gesamtes Gemeinde-gebiet bzw. Stadtgebiet	Flächen-nutzungsplan (vorbereiten-der Bauleit-plan) (Erläu-terungstext, Pläne 1:10.000, 1: 5.000)	Bau-verwaltungen (Planungsäm-ter) der Gemeinden und Städte bzw. (im Auf-trag) Kreis- oder Verbands-verwaltungen, Planungsver-bände oder freie Planer
			gesamtes Stadtgebiet oder größere Teilgebiete	Strukturplan (Rahmenplan), evtl. als Selbst-bindung vom Rat beschlos-sen. Pläne (1:2500, 1:2000)	
			Plangebiete (Teilgebiete) der Gemeinde mit abgegrenz-tem Geltungs-bereich	Bebauungsplan (verbindlicher Bauleitplan) (Begründung, Pläne 1:1000, 1: 500)	

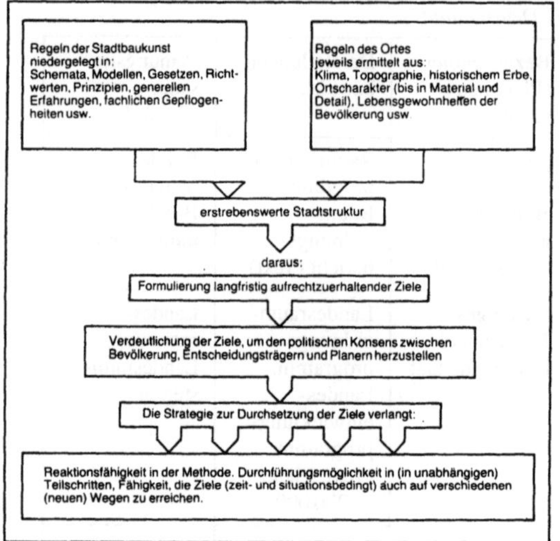

Planungsmethode: Regelgruppen.

☐ Prognose. Hier wird, ausgehend von verschiedenen Projektionen (Status quo bzw. unterschiedliche politische Ziele), die künftige Entwicklung in Alternativen dargestellt; dabei liefert besonders die Wirtschaftsprognose Hinweise für den künftigen Bedarf an Grundstücks- und Nutzfläche, die Verkehrsprognose Hinweise für die Bewältigung des fließenden und ruhenden Verkehrs.

☐ Entwicklung von Planungskonzepten (räumliches Konzept, funktionales Konzept, Erschließungskonzept usw.), deren Zusammenschau optimiert werden muß. Dabei bietet es sich im Sinne des notwendigen Interessenausgleiches der Fachplanungen an, für alle Konzepte Alternativen zu entwickeln, damit jedes fachliche Interesse wenn irgend möglich nur in dem Maße in den Gesamtplan eingeführt wird, als es die ebenfalls zu berücksichtigenden anderen Interessen in ihrer Entwicklung nicht allzusehr behindert.

Nachdem sich Planer etwa seit der Jahrhundertwende mit den Problemen auseinanderzusetzen begannen, entwickelte sich in der Gegenwart die allgemeine Erkenntnis über die Bedeutung der Stadtgestalt zur Verpflichtung, naturräumliche Besonderheiten zu erhalten oder wieder zum Vorschein zu bringen, wo sie „verschüttet" sind. So sind es dementsprechend zwei Regelgruppen, die die Stadterscheinung bestimmen und bei der Planung berücksichtigt werden müssen (Bild):
– die Regeln der Stadtbaukunst und Planungskunst; diese Regeln sind von bestimmter Dauer und Allgemeinverbindlichkeit, und
– die Regeln des Ortes, deren Interpretation aus den besonderen Standortbedingungen immer von neuem vorgenommen werden muß. *Spengelin*

Literatur: *Albers, G.*: Stadtplanung als komplexer Steuerungsvorgang. In: Grundriß der Stadtplanung. Hannover 1983. – *Böhlk, W.*: Methoden zur Abbildung der Wirklichkeit, ihre Analyse und Prognose. In: Grundriß der Stadtplanung. Hannover 1983. – *Braam, W.*: Stadtplanung: Aufgabenbereiche – Planungsmethoden – Rechtsgrundlagen. Düsseldorf 1987. – *Eisfeld, D.*: Organisation der Stadtplanung. In: Grundriß der Stadtplanung. Hannover 1983. – *Hesse, J. J.*: Methoden der Bewertung und Entscheidungsfindung. In: Grundriß der Stadtplanung. Hannover 1983.

Planungsverband → Planungsebene

Planzeichenverordnung (PlanzVO). Um eine einheitliche Darstellung für die → Bauleitplanung zu erreichen, wurde die P. erlassen. Sie bestimmt, daß als Unterlagen Karten zu verwenden sind, die in Genauigkeit und Vollständigkeit den Zustand des Plangebietes in einem für den Planinhalt ausreichenden Grade erkennen lassen. Die Maßstäbe sind so zu wählen, daß der Inhalt der Bauleitpläne eindeutig dargestellt oder festgesetzt werden kann. Aus den Planunterlagen für → Bebauungspläne sollen sich die Flurstücke mit ihren Grenzen, die vorhandenen baulichen Anlagen, die Straßen, Wege und Plätze sowie die Geländehöhe ergeben. In einer Anlage zur Verordnung wird eine schwarzweiße und eine farbige Fassung zur Kennzeichnung aller innerhalb eines Gemeindegebietes vorkommenden unterschiedlichen Flächenarten sowie von Begrenzungen wahlweise angeboten. Für das Maß der Nutzung, für Bauweisen und für Einrichtungen und Anlagen zur Versorgung (öffentliche und private Dienstleistungen, Gemeinbedarf usw.) wurden besondere Piktogramme entwickelt. Soweit Darstellungen des Planinhalts erforderlich sind, für die in der Anlage keine oder keine ausreichenden Planzeichen vorliegen, können solche sinngemäß entwickelt werden. *Spengelin*

Planzeit. → Vorgabezeit für die Leistungsentlohnung, die man bei ähnlichen Arbeitsaufgaben ermittelt und deren Arbeitsverfahren und Arbeitsmethoden genau festgelegt sind. P. werden im Bauwesen in Richtwerttabellen festgehalten, die man entsprechend den vorliegenden Ausführungsbedingungen an die tatsächlichen Verhältnisse anpassen muß, um die richtige Vorgabezeit zu erhalten. Nach → REFA sind P. Soll-Zeiten für bestimmte Abschnitte, deren Ablauf mit Hilfe von Ablaufgrößen beschrieben ist. Ein Planzeitbereich ist eine Zusammenfassung von → Arbeitssystemen, deren → Arbeitsbedingungen ähnlich sind und die entweder eine ähnliche Arbeitsaufgabe erfüllen oder ähnliche Arbeitsverfahren aufweisen. *Drees*

Plastizitätstheorie. Das mechanische Verhalten von → Tragwerken kann durch plastische Verformungen, die irreversibel sind, grundlegend beeinflußt werden. Während für elastische Werkstoffe bei Be- und Entlastung dieselbe Beziehung zwischen Spannung und Dehnung besteht, gelten bei plastischen Werkstoffen unterschiedliche Gesetzmäßigkeiten. Es gibt keine eindeutige umkehrbare Beziehung mehr zwischen Spannung und Dehnung: Nach der Entlastung bleiben i. a. Verformungen zurück. Ein Be- und Entlastungszyklus

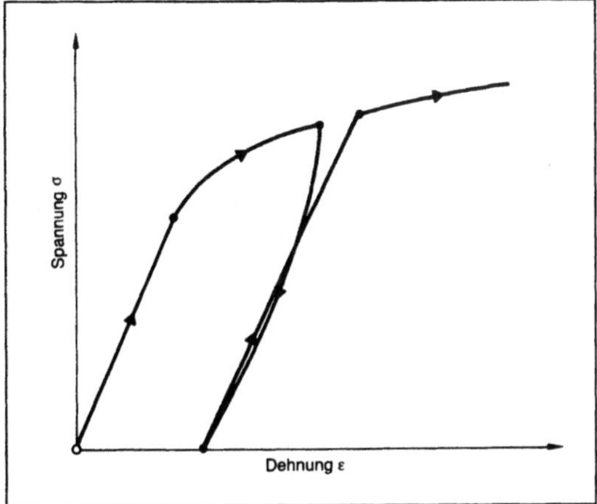

Plastizitätstheorie 1: Elastische Hysteresisschleife.

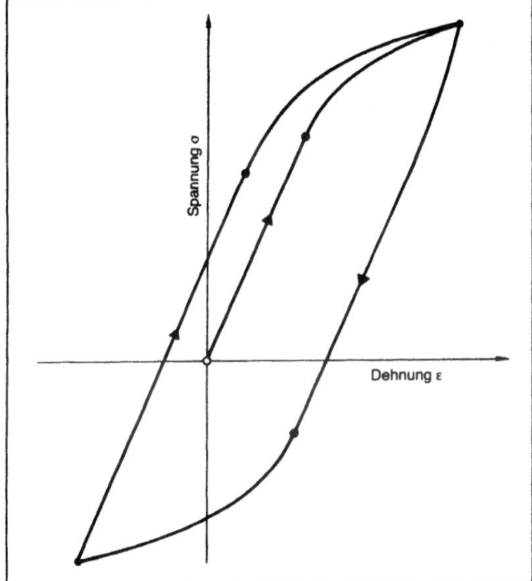

Plastizitätstheorie 2: Plastische Hysteresisschleife.

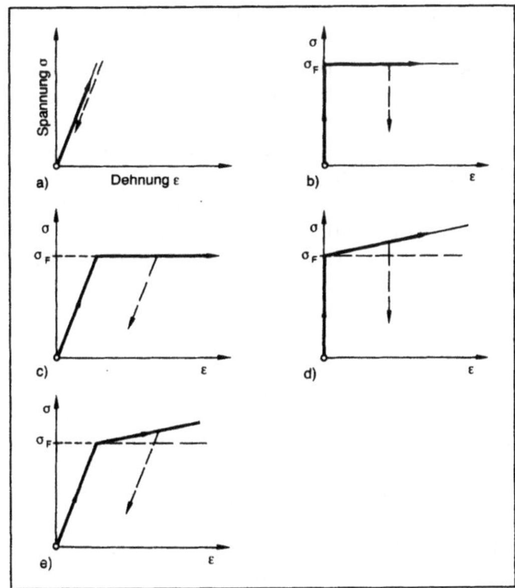

Plastizitätstheorie 3: Werkstoffmodelle.
a) Linearelastisch
b) Starr-idealplastisch
c) Linearelastisch-idealplastisch
d) Starr-linearverfestigend
e) Linearelastisch-linearverfestigend.

σ_F Fließgrenze

ist mit Energieverlusten verbunden; diese dissipierte Energie wird in Wärme umgewandelt. Elastisch-plastische Werkstoffe verhalten sich bis zum Erreichen einer charakteristischen Spannung σ_F elastisch, oberhalb dieses Wertes plastisch. Bild 1 zeigt die Hysteresisschleife bei Be- und Entlastung. Bei einer Belastungsumkehr tritt der *Bauschinger*-Effekt auf; der volle Belastungszyklus wird im σ, ε-Diagramm durch eine geschlossene Kurve, die zugehörige plastische Hysteresisschleife, dargestellt (Bild 2). Zur Reduzierung mathematischer Schwierigkeiten führt man idealisierte, lineare Werkstoffmodelle ein (Bild 3). In der Regel wird bei Trag-

werksberechnungen linearelastisches-idealplastisches Werkstoffverhalten zugrunde gelegt (Bild 3 c). Im allgemeinen setzt sich die Gesamtdehnung aus einem elastischen Anteil und einen plastischen Anteil zusammen.

Beim einachsigen Spannungszustand läßt sich leicht entscheiden, wann die → Fließgrenze überschritten wird. Mittels der → Elastizitätstheorie wird der Fließbeginn an der maximal beanspruchten Stelle im Tragwerk bestimmt. Die weitere Untersuchung muß man nach der P. vornehmen. Mit Erreichen der Fließgrenze an der Stelle maximaler → Beanspruchung ist das Tragvermögen einer Konstruktion nicht erschöpft. Die Beanspruchungen lagern sich in die Tragelemente oder in die Bereiche des Tragwerks um, deren Beanspruchung noch im elastischen Bereich liegen. Bei biegebeanspruchten Tragwerken, wie z. B. Durchlaufträgern und Rahmentragwerken, bilden sich beim Überschreiten der → Fließspannung → Fließgelenke aus. Je nach dem Grad der statischen Unbestimmtheit eines Tragsystems können sich mit zunehmender Belastung nacheinander weitere Fließgelenke ausbilden. Es entsteht eine kinematische → Fließgelenkkette, bis die → Traglast erreicht ist. Dies ist der Fall, wenn zwischen den Spannungen bzw. den Schnittgrößen und den äußeren Lasten kein stabiles Gleichgewicht mehr erhalten werden kann. Die → Gleichgewichtsbedingungen sind am verformten System zu formulieren (Theorie 2. Ordnung).

Auch wenn ein Tragsystem nach der Elastizitätstheorie gegen Überschreitung der Fließgrenze gesichert werden kann, ist nicht auszuschließen, daß in lokal begrenzten Bereichen hoher Spannungskonzentration Plastizieren eintritt (Abbau von Spannungsspitzen). Beim allgemeinen, dreidimensionalen Spannungszustand sind zur Beurteilung, ob die Grenze des elastischen Zustandes erreicht ist, Fließbedingungen (Fließkriterien) einzuführen, die als Funktionen im Spannungsraum angegeben werden:

$$f = f(\sigma_{ij}, k)$$

wobei die Konstante k die Fließgrenze des Werkstoffs bestimmt. Im elastischen Zustand ist $f < 0$, im plastischen Zustand ist $f = 0$. Im Hauptspannungsraum lassen sich die Fließbedingungen übersichtlich formulieren: $f(\sigma_i, k) = 0$ wird durch die Fließfläche dargestellt. Liegt der Spannungsvektor des betrachteten Zustandes innerhalb, ist der betrachtete Punkt des Körpers im elastischen Zustand; liegt der Endpunkt des Vektors auf der Fließfläche, ist der plastische Zustand erreicht. Ein hydrostatischer Spannungszustand hat keinen Einfluß auf das Erreichen des plastischen Zustandes. Entscheidend ist nur der Spannungsdeviator s_{ij} ($\rightarrow$ Spannungstensor).

Die am häufigsten angewandten Fließbedingungen sind die Fließbedingung

□ nach *Huber, v. Mises, Hencky*:

$$f = \frac{1}{2}\sigma_{ij} s_{ij} - \tau_F^2 = 0,$$

mit τ_F als Schubspannung, die bei reinem Schub Fließen auslöst, und die Fließbedingung

□ nach *Tresca*: $f = \tau_{max}^2 - 4\tau_F^2 = 0$,

mit τ_{max} als Differenz der größten und kleinsten Hauptnormalspannung.

Ist der Grenzzustand erreicht, sind Stoffgesetze für den elastisch-idealplastischen Körper einzuführen, um die Formänderungen im plastischen Zustand zu bestimmen:

□ Nach *Lévy, v. Mises* sind die Inkremente der Gesamtverzerrungen proportional den Komponenten des Spannungsdeviators: $d\varepsilon_{ij} = d\lambda\, s_{ij}$,

□ nach *Prandtl, Reuss* betragen sie

$$de_{ij} = \frac{1}{2G} ds_{ij} + d\lambda\, s_{ij}, \text{ und}$$

□ nach *Hencky* gilt
bei Belastung ($f = 0$, $df = 0$):

$$e_{ij} = \left(\frac{1}{2G} + \Lambda\right) s_{ij},$$

bei Entlastung ($f = 0$, $df < 0$): $de_{ij} = \frac{1}{2G} ds_{ij}$

mit dem Verzerrungsdeviator e_{ij} (Verzerrungstensor). Es sind $d\lambda$ und Λ Funktionen, die sich in Abhängigkeit von σ_{ij} und $d\varepsilon_{ij}$ von Punkt zu Punkt ändern. Mit A^P, der Arbeit der Spannungen s_{ij} während der plastischen Verzerrungen e_{ij}^P und dA^P, der Arbeit der Spannungen s_{ij} auf dem Verschiebungsweg de_{ij} gilt:

$$d\lambda = \frac{dA^P}{2\tau_F^2}; \quad \Lambda = \frac{A^P}{2\tau_F^2}$$

Die Beanspruchungsanalyse elastisch-plastischer Zustände ist i. a. schwierig, weil die Grundgleichungen nicht den Zustand, sondern nur dessen Änderung beschreiben, die Grenzen zwischen elastischen und plastischen Bereichen unbekannt sind, die Zustände durch unterschiedliche Gleichungen (linear/nichtlinear) beschrieben werden und das Superpositionsgesetz nicht gilt. Um diese Schwierigkeiten zu reduzieren, werden in der Tragwerksanalyse vielfach die Fließbedingungen linearisiert, nur der plastische Grenzzustand untersucht und die Untersuchungen mittels rechnerorientierter numerischer Verfahren iterativ auf elastische Lösungen zurückgeführt. *Laermann*

Literatur: *Betten, J.*: Elastizitäts- und Plastizitätslehre. Wiesbaden 1984. – *Kaliszky, S.*: Plastizitätslehre. Theorie und technische Anwendungen. Düsseldorf 1984.

Platte. Als P. werden ebene $\rightarrow$ Flächentragwerke definiert, die vorwiegend senkrecht zu ihrer Mittelfläche belastet und damit auf Biegung beansprucht sind; ihre maßgebenden Verformungen sind die Verschiebungen u_3 senkrecht zur Mittelfläche. Im Bauwesen vorkommende P. sind vorwiegend Rechteck-, Kreis- und Kreisringplatten sowie schiefe P., aber auch andere polygonal begrenzte P. Es können einzelne P. zu in einer oder zwei Richtungen durchlaufenden Plattenfeldern zusammengesetzt werden; sie können von konstanter oder veränderlicher Dicke sein. Sie können außerdem mit Versteifungsrippen in einer oder mehreren Richtungen versehen sein (Rippendecken, Kassettendecken, orthotrope $\rightarrow$ Platte im Stahlbau). Die unterschiedlichsten Auflagerbedingungen können auftreten: frei drehbare, unverschiebliche oder elastisch nachgiebige Lagerung, starre oder elastische Einspannung, Punktlagerung.

Unter der Annahme, daß die Plattendicke klein gegen die geometrischen Randabmessungen (dünne P.) ist und die Durchbiegungen wiederum klein gegen die Plattendicke sind, wird die Berechnung der Plattenbiegefläche u_3 (x_1, x_2) bei konstanter Plattendicke unter Vernachlässigung der Verformungen u_1 und u_2 der Plattenmittelfläche und unter Vernachlässigung der Spannungskomponenten senkrecht zur Mittelfläche nach der Kirchhoffschen Plattentheorie vorgenommen. Die Integration der inhomogenen Differentialgleichung 4. Ordnung liefert die Biegefläche u_3 (x_1, x_2). Nach den Schnittkraft-Deformations-Beziehungen können dann die Biege- und Drillungsmomente sowie die Querkräfte berechnet werden. Überschreiten die Durchbiegungen die Größenordnung der Plattendicke, so sind auch die $\rightarrow$ Verzerrungen in der Mittelfläche zu berücksichtigen. Dann ist eine Berechnung des $\rightarrow$ Verformungszustandes nach geometrisch-nichtlinearer Theorie, etwa nach der Theorie von *von Karmán*, erforderlich. Man erhält zwei gekoppelte Differentialgleichungen 4. Ordnung. Die Wirkung der Spannungen senkrecht zur Mittelfläche kann nach der Theorie von *Reißner* berücksichtigt werden. Es ergeben sich danach zwei simultane Differentialgleichungen 4. bzw. 2. Ordnung.

Dicke P., deren Dicke in die Größenordnung der Randabmessungen reicht, sind nach den Theorien der Kontinuumsmechanik als dreidimensionales Problem zu untersuchen. Geschlossene Lösungen der jeweiligen Differentialgleichungen liegen nur für wenige Sonderfälle vor. Mit der heute verfügbaren Rechentechnik stehen jedoch für alle vorkommenden Fälle diskrete Lösungsverfahren, wie das finite → Differenzenverfahren, die → Finite-Elemente-Methode (FEM) oder die → Randelementemethode (BEM) zur Verfügung. Wird die P. zusätzlich zur Belastung senkrecht zur Mittelfläche noch durch Druckspannungen in der Mittelfläche beansprucht, was auch ohne äußere Kräfte bei großen Durchbiegungen der Fall ist, so ist die Instabilitätserscheinung des Plattenbeulens zu untersuchen.

Laermann

Platte, orthotrope. Darunter sind senkrecht zu ihrer Ebene belastete ebene → Flächentragwerke zu verstehen, die in zwei zueinander senkrechten Richtungen in der Fläche unterschiedliche Biegesteifigkeiten N aufweisen:

$$N_x = \frac{E_x I_x}{1-\mu_x \mu_y}, \quad N_y = \frac{E_y I_y}{1-\mu_x \mu_y}$$

Diese Orthotropie kann dadurch bedingt sein, daß entweder die Werkstoffeigenschaften, also die → Elastizitätsmoduli und die → Querkontraktionszahlen oder Trägheitsmomente konstruktiv bedingt unterschiedliche Werte aufweisen, wie z. B. bei Rippenplatten, Wellblechtafeln oder Trapezblechen. *Laermann*

Plattenbalken. Ein vorwiegend im → Massivbau häufig vorkommendes Tragelement. Beim P. (Bild) wirkt die → Platte, die zur Lastabtragung senkrecht zum Träger angeordnet wurde, bei der Lastabtragung in Längsrichtung des Trägers mit. Ein wichtiges Maß für die Mitwirkung ist die mittragende Breite. Durch die Mitwirkung der Platte steigt sowohl die → Steifigkeit als auch die → Tragfähigkeit des P. i. a. erheblich.

Mehlhorn

Plattenband. Diese Gliederförderer sind in schwerer Ausführung hauptsächlich für stärkste Beaufschlagung durch grobstückiges Brechgut (bis über 1 m Kantenlänge) als Austragseinrichtung am Schüttbunker oder als gesonderte Aufgabeeinrichtung, dabei auch mit angebautem Schütttrichter, eingesetzt. Der Förderstrang besteht aus einzelnen Stahlplattenprofilen in Überlappung, zwischen feststehenden Seitenwangen laufend oder mit seitlichen Aufkantungen beim Trog-P. und mit

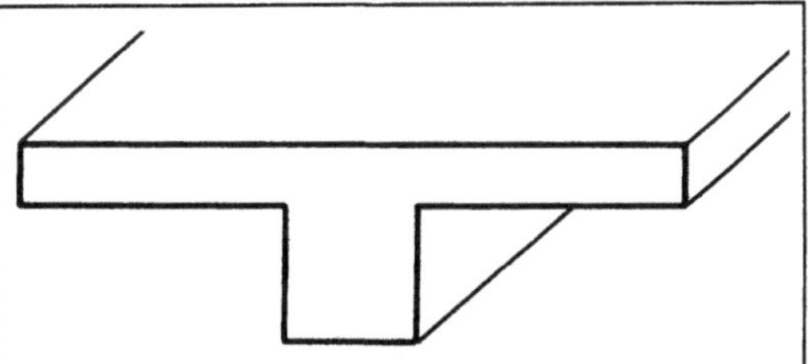

Plattenbalken: Schematische Darstellung.

zusätzlichen Stegen beim Zellen-P. Je nach Profilierung läßt sich eine Steigung bis zu 30° überwinden. Mit Querschoten, die erforderlich sind, wenn der Steigungswinkel größer als der Böschungswinkel des Fördergurtes ist, erreicht man eine Steigung bis über 45°. Der Antrieb geschieht zwangsgeführt durch eine Gliederkette oder zwei gesonderte Gliederketten über den Turas; die Platten lagern auf Laufrollen auf der → Tragkonstruktion. P. sind deswegen durch direkten Aufprall von Schüttgut belastbar. Bei langsamer Fördergeschwindigkeit, die meist regelbar ist, ergibt sich mit der Baubreite und der möglichen Füllhöhe eine große Förderleistung. *Kühn*

Plattenbauweise. Betonfertigteilbau unter Verwendung geschoßhoher, meist raumgroßer Wand- und Deckenelemente (→ Großtafelbau). *Mehlhorn*

Plattenbeulen. Eine → Scheibe kann unter Druckbeanspruchung bei einer kritischen Größe der Belastung ausbeulen, d. h. es treten auch Verformungen senkrecht zur Mittelfläche, also in Richtung der Achse x_3, auf. Solche Verformungen entsprechen jedoch der vorwiegenden Verformung von biegebeanspruchten → Platten. Deshalb wird diese Instabilitätserscheinung mit P. bezeichnet. Derselbe Effekt kann bei Platten auftreten, wenn diese außer durch eine Querbelastung noch durch Druckkräfte oder auf Schub in ihrer Ebene beansprucht werden bzw. wenn große Durchbiegungen u_3 entstehen. Die kritische → Beanspruchung wird als Beullast oder Beulspannung bezeichnet. Bei der Lösung der Differentialgleichung für P. ist man vorwiegend auf Näherungslösungen angewiesen (→ Stabilitätstheorie).

Laermann

Plattenbreite, mittragende. Der → Plattenbalken ist neben der → Platte und dem Rechteckquerschnitt das wichtigste und typischste Tragelement des → Betonbaus. Die tatsächliche Spannungsverteilung in der Platte kann man mit Hilfe der → Elastizitätstheorie ermitteln. Da der Plattenbalkenquerschnitt eines der wichtigsten Bauelemente des Betonbaus ist, ist es besonders wichtig, über ein einfaches Verfahren zur → Bemessung dieses Querschnitts zu verfügen.

Unter der Einwirkung eines Biegemoments M ergibt sich nach der Elastizitätstheorie in der Gurtplatte eine

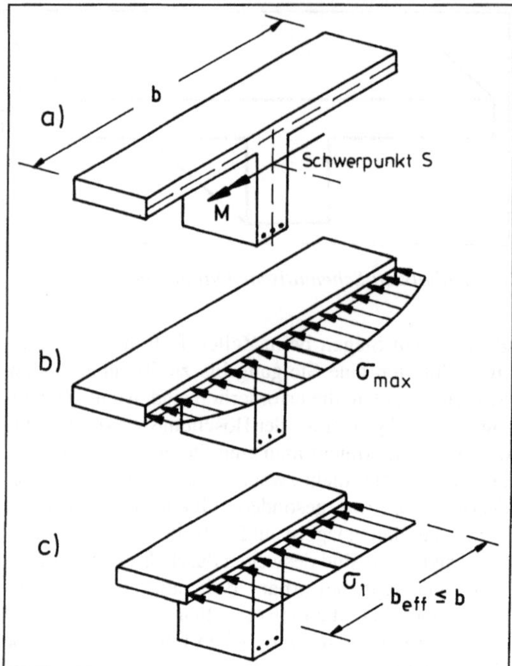

Plattenbreite, mittragende: m. P. eines Plattenbalkens
a) Querschnitt und Momenten-Belastung
b) wirkliche Spannungsverteilung im Gurt
c) rechnerische Spannungsverteilung im Gurt bei reduzierter m. P. b_{eff}

über die Breite veränderliche Spannungsverteilung, die Biegespannungen nehmen vom Bereich über dem Steg her zu den Enden der Gurtplatten hin ab (Bild).

Um den Plattenbalken vereinfacht bemessen zu können, wird eine sog. m. P. b_{eff} (Bild c) eingeführt. Diese im Vergleich zur wirklich vorhandenen Breite b (Bild a) reduzierte mittragende Breite b_{eff} (Bild c) ist so definiert, daß im Gurt mit der mittragenden Breite b_{eff} eine konstante Spannung σ_1 (Bild c) wirkt, daß diese rechnerisch konstante Spannung σ_1 gerade so groß ist, daß sie mit dem nach der Elastizitätstheorie ermittelten Größtwert σ_{max} (Bild b) über dem Steg übereinstimmt. *Mehlhorn*

Plattendruckversuch. Ein in DIN 18 134 geregelter → Feldversuch zur Kontrolle der Zusammendrückbarkeit und damit der → Tragfähigkeit und Verdichtung eines Planums. Der Versuch dient vor allem im → Straßen- und Flugplatzbau zur Ermittlung des Verformungsmoduls E_v und des Bettungsmoduls k_s. Die Versuchseinrichtung besteht aus einer steifen Lastplatte mit d = 30, 60 oder 76,2 cm Durchmesser, der Lastvorrichtung mit Gegengewicht, z. B. Lkw-Achse, und einer Meßeinrichtung. Die Wahl des Plattendurchmessers richtet sich nach der Dicke der zu prüfenden Schicht. Die Einflußtiefe reicht bis etwa 1,5 d. Am häu-

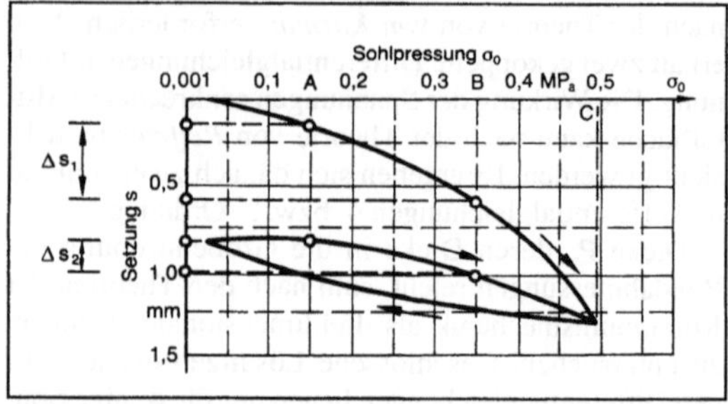

Plattendruckversuch: Druck-Setzungs-Verhalten im P.
A $0,3\sigma_{0max}$
B $0,7\sigma_{0max}$
C σ_{0max}

figsten wird die Platte d = 30 cm verwendet, die bis zu einer größten Sohlpressung von $\sigma_0 = 0,5$ MPa oder einer größten Setzung von s = 5 mm belastet wird. Für die Größtlast ist das zuerst erreichte Kriterium maßgebend. Die Belastung wird in mindestens sechs etwa gleichgroßen Lastschritten aufgebracht. Danach entlastet man in drei Stufen. Nach vollständiger Entlastung erfolgt ein erneuter Belastungszyklus, jedoch nur bis zur vorletzten Stufe des Erstbelastungszyklus. Das Versuchsergebnis besteht in einem Druck-Setzungs-Diagramm mit einer Erstbelastungskurve und Ent- und Wiederbelastungsschleifen (Bild).

Der Verformungsmodul E_v wird nach der Beziehung

$$E_v = 0,75 \cdot d \cdot \frac{\Delta \sigma_0}{\Delta s}$$

ermittelt; dabei ist $\Delta \sigma_0$ die Spannungsdifferenz zwischen $0,3\,\sigma_{0max}$ und $0,7\,\sigma_{0max}$ und Δs die dazugehörige Setzungsdifferenz.

Zur Berechnung der Verformungsmoduln E_{v1} (Erstbelastung) und E_{v2} (Wiederbelastung) werden die Druck-Setzungslinien durch ein Polynom zweiten Grades ausgeglichen:

$$s = a_0 + a_1 \cdot \sigma_0 + a_2 \cdot \sigma_0^2,$$

wobei a_0, a_1 und a_2 die Konstanten des Polynoms sind. Mit $\sigma_0 = \sigma_{0max}$ aus der Erstbelastung ergibt sich dann für beide Werte die Beziehung:

$$E_{vi} = \frac{0,75 \cdot d}{a_{1i} + a_{2i} \cdot \sigma_{0max}}$$

Der Bettungsmodul k_s wird i. d. R. aus dem Erstbelastungsast eines Versuches mit der 76,2-cm-Platte ermittelt. Es besteht die Definition $k_s = \sigma_0/s$, mit σ_0 als der zu s = 1,25 mm gehörenden Sohlpressung. Für Verkehrsflächen sind in den Zusätzlichen Technischen Vorschriften und Richtlinien für Erdarbeiten im Straßenbau (ZTVE) Mindestwerte E_{v2} und Verhält-nisse E_{v2}/E_{v1} detailliert vorgeschrieben. Das Verhältnis E_{v2}/E_{v1} beschreibt das Verhalten der Schicht bei Wiederbelastungen. In weitgestuften Kiesen ist z. B. $E_{v2}/E_{v1} \leq 2,2$

und $E_{v2} \geq 120$ MPa bei einem Verdichtungsgrad Dpr $\geq 103\%$ einzuhalten. *Meißner/Becker*

Plattengründung. Flächengründung, bei der Bauwerkslasten über eine (Stahlbeton-)Platte in den Untergrund abgetragen werden. Eine P. wird i. a. dann gewählt, wenn für ein Gebäude eine Grundwasserwanne erforderlich ist. Wirtschaftlich ist eine P., wenn ansonsten eine Vielzahl eng beieinander stehender Einzel- oder Streifenfundamente ausgeführt werden müßten. Durch die Platte wird eine weitgehend gleichmäßige → Setzung des Gebäudes erzwungen. Gründungsplatten dimensioniert und bemißt man i. a. nach dem → Bettungs- oder → Steifemodulverfahren. Die Verteilung der Sohlnormalspannungen unter der Platte hängt neben der Art, Größe sowie dem Ort der Bauwerkslasten, dem Untergrundaufbau und der Gründungstiefe auch vom Verhältnis der → Steifigkeit des Gesamtbauwerks (Platte und Aufbauten) zu der Untergrundsteifigkeit ab. Im Falle starrer → Fundamente (bzw. starrer Bauwerke) vereinfacht sich die Ermittlung der Sohldruckverteilung. Eine Zusammenstellung von Berechnungsverfahren für Gründungsplatten enthält DIN 4018. *Meißner/Becker*

Plattenrüttler. P. sind Verdichtungsgeräte, die in erster Linie aus einer Platte oder mehreren Platten bestehen, die mit Schwingungserregern verbunden sind. Kleinere Geräte werden handgeführt, größere auch an Trägerfahrzeuge, z. B. Raupenwagen, Unimog, angebaut. P. eignen sich in erster Linie zum Verdichten von nichtbindigen Böden, schwachbindigen Sanden, Kiesen, Schotter und Schlacken, aber auch für Magerbeton und bituminöse Decken. Für P. gelten die Zentrifugalkraft des Erregers und die Arbeitsbreite als kennzeichnende Größen. Als Erreger- und Fahrantrieb dient je nach Ausführung ein Benzin- oder Dieselmotor. Kleinstgeräte werden auch noch mit Elektroantrieb gebaut. Die Kraft überträgt man normalerweise durch Fliehkraftkupplung und Keilriemenantrieb, teilweise über eine stoßabsorbierende Zwischenscheibe, auf das Vibrationselement. Über eine oder zwei Gelenkwellen werden Kreisschwingungen oder gerichtete → Schwingungen erzeugt. Die auf die Grundplatte übertragenen Zentrifugalkräfte rufen abwärts gerichtete Verdichtungsschläge und durch ihre Horizontalkomponenten Fahrbewegungen hervor. Sind mehrere Unwuchten gegenläufig angeordnet, kann durch Neigung ihrer Richtungen vorwärts oder rückwärts gefahren werden. Bei seitlich exzentrisch verstellbar gelagerten Unwuchten sind auch Drehbewegungen möglich. Manche Firmen statten ihre Geräte auch mit hydraulischem Vor- und Rücklauf aus. Klein- und Mittelgeräte eignen sich wegen ihrer guten Wendigkeit und ihrer geringen Arbeitsbreite gut für enge Baustellen, z. B. Kabel- und Leitungsgraben. Schwere Rüttelplatten werden z. B. zum Einrütteln von Pflaster benutzt. Je schwerer die Maschinen sind, desto niedriger ist üblicherweise ihre

Schwingungsfrequenz. Mehr-P. sind schwere Großflächenrüttler, die z. B. beim Straßen- und Flugplatzbau eingesetzt werden. Es handelt sich hier um mehrere miteinander gelenkig verbundene Rüttelplatten, von denen jede einen eigenen Unwuchtregler hat. Die Beweglichkeit der Platten gestattet ein Anpassen an Unebenheiten des Bodens und somit ein gleichmäßiges Verdichten auf ganzer Arbeitsbreite. Großflächenrüttler haben bei vier bis sechs nebeneinander angeordneten Platten ein Gewicht bis 8 t bei rd. 70 kW Gesamtleistung der Dieselmotoren. *Kühn*

Plutonit. P. sind magmatische Gesteine. Sie sind durch Klüfte und andere → Trennfugen in unterschiedlich große Blöcke zerlegt. Der Abstand der Klüfte nimmt von der oberflächennahen → Auflockerungszone zur Tiefe hin zu, die Klaffweite der Klüfte ab. Grundwasserführende Klüfte tiefer als 100 m sind selten. Dennoch wurden offene, grundwasserführende Klüfte auch in mehr als 1 000 m Tiefe nachgewiesen. Das frische Gestein weist Porositäten unter 3%, meist unter 1% auf. Die Gesteinsdurchlässigkeit kann praktisch vernachlässigt werden. Nutzbare → Hohlraumanteile und eine nennenswerte → Durchlässigkeit beruhen auf der Klüftung und der Verwitterung. Die Verwitterung der P. liefert je nach den klimatischen oder paläoklimatischen Verhältnissen durchlässige, grusige bzw. brockige oder fast undurchlässige tonige bzw. allitische Verwitterungsprodukte. Die Mächtigkeit der Verwitterungsdecke hängt vom Klima, von der Dauer des Verwitterungsprozesses und der Intensität der → Erosion ab. Die Verwitterungsdecke beträgt in Gebieten mit intensiver Verwitterung meist $15-30$ m, gelegentlich mehr als 100 m. Charakteristisch ist der grusige Zerfall durch Lockerung des Korngefüges (Vergrusung). Die Porosität der Grusmassen beträgt in den losen Aggregaten bis zu 50% und nimmt mit abnehmendem Verwitterungsgrad zur Tiefe hin auf $2-10\%$ ab. Der → Durchlässigkeitskoeffizient von unverwittertem Granit ist niedrig ($5 \cdot 10^{-13}$ bis $2 \cdot 10^{-12}$ m/s), nimmt aber bei Verwitterung zu ($3 \cdot 10^{-6}$ bis $5 \cdot 10^{-5}$ m/s). Als Gebirgsdurchlässigkeitskoeffizient werden Werte zwischen 10^{-4} m/s und 10^{-8} m/s angegeben. Er nimmt mit der Tiefe ab. Die → Brunnen sind meist weniger als $45-75$ m, selten über 100 m tief. Von P. sind mittlere Brunnenleistungen zwischen 0,01 und 2,4 l/s bekannt. *Mattheß*

Literatur: *Mattheß, G.,* u. *K. Ubell*: Allgemeine Hydrogeologie – Grundwasserhaushalt. Berlin, Stuttgart 1983.

PMMA → Acrylat

Polder. Durch → Deiche geschützte, zumindest zeitweise unter dem Meeres-, See- oder Flußwasserspiegel liegende Landfläche. Aus dem P., den man an der deutschen Nordseeküste auch als Koog bezeichnet, fließt das Wasser nur bei niedrigem Außenwasserstand frei (natürliche → Vorflut) durch ein → Siel ab. Bei hohem

Außenwasserstand wird das im P. anfallende Wasser im Binnentief oder Fleetgraben, einem überbreiten Vorflutergraben, bzw. im Mahlbusen, einer teichartigen Erweiterung des → Vorfluters, gespeichert. Bei länger dauernder Sielschlußzeit reicht der durch Fleetgraben oder Mahlbusen geschaffene Ausgleichsraum vielfach nicht aus, das Wasser muß über ein → Schöpfwerk (künstliche Vorflut) abgepumpt werden. *Lecher*

Polier. Führungskraft der Baustelle. Anleitung und Überwachung der ihm unterstellten Beschäftigten, insbes. auf Ausführungsqualität, erbrachte Leistung und Einhaltung der Arbeitsschutzbestimmungen. Im Tiefbau wird der P. als Schachtmeister bezeichnet. Der P. muß eine Ausbildung als Facharbeiter besitzen und sich in Fortbildungskursen weitergebildet haben. Zu erstreben ist das Ablegen der Meisterprüfung in einem Handwerkszweig. Der P. ist arbeitsrechtlich ein Angestellter, der Werkpolier (Hilfspolier) arbeitsrechtlich ein Arbeiter. *Drees*

Poller. P. sind pilzförmige Vorrichtungen zum Festmachen von Schiffen. Es gibt einfache P. oder Doppelpoller, Plattformpoller, Kantenpoller, Nischenpoller oder Haltekreuze. In → Schleusen kommen Schwimmpoller zur Anwendung, die in einer meist beheizbaren Wandnische geführt sind. P. nehmen gleichzeitig mehrere Trossen auf; ihr Abstand beträgt etwa 30 m. Der Pollerzug (100 bis 800 kN) ist von der Schiffsgröße abhängig. An Flüssen mit starker Strömung werden 1 500 kN erforderlich. Der Pollerzug kann jeden beliebigen Winkel zur Längsrichtung des Ufers annehmen. *Muth*

Polstergründung. Austausch von Boden unterhalb einer Gründung (→ Bodenverbesserung). Üblich ist der Austausch eines anstehenden, stark zusammendrückbaren Bodens durch ein körniges Material. Dadurch verringern sich die → Setzungen. In Einzelfällen kann aber auch ein Ersatz durch weiches Material ratsam sein, wenn so die Setzungen vergleichmäßigt und Verkantungen ausgeschlossen werden. *Meißner*

Polychloropren. P. (CR) hat ähnliche Eigenschaften wie → Ethylen-Propylen-Terpolymer (EPDM), dabei ein breites Spektrum von Modifikationen. Es wird für Dichtungs- und Dachbahnen, Dichtungsprofile, → Elastomerlager und als Kontaktkleber verwendet. *Sasse*

Polyethylen, chlorsulfoniertes. Chlorsulfonylpolyethylen (CSM) wird für schweißbare Bahnen oder für mineralisch gefüllte Spritzmassen zu → Abdichtungen und Auskleidungen verwendet. (→ Polyolefine) *Sasse*

Polymer-Zement-Beton → Zementbeton, kunststoffmodifizierter

Polymermörtel → Kunstharzmörtel

Polyolefin. Die P. sind Thermoplaste, deren bautechnisch interessierende Eigenschaften trotz ähnlichen molekularen Aufbaues sehr uneinheitlich sind und die im Gegensatz zu fast allen anderen Kunststoffen echte Streckgrenzen aufweisen.

□ *Polyethylen (PE).* Strukturmäßig ist PE der einfachste Kunststoff, da er aus einer reinen Kohlenwasserstoffkette besteht:

$$\left(-\overset{\overset{\displaystyle H}{|}}{\underset{\underset{\displaystyle H}{|}}{C}}-\overset{\overset{\displaystyle H}{|}}{\underset{\underset{\displaystyle H}{|}}{C}}-\overset{\overset{\displaystyle H}{|}}{\underset{\underset{\displaystyle H}{|}}{C}}-\overset{\overset{\displaystyle H}{|}}{\underset{\underset{\displaystyle H}{|}}{C}}-\right)_n$$

Die Eigenschaften von PE hängen vor allem von seiner Dichte ab. Man unterscheidet PE-weich mit Dichten von rd. 0,92 g/cm^3 und PE-hart mit Dichten von rd. 0,96 g/cm^3. Weitere Größen, die auf technisch wichtige Eigenschaften Einfluß nehmen, sind die mittlere relative Molekülmasse und ihre Verteilung, die Molekülgestalt und der Kristallisationsgrad. Die Festigkeiten und die Temperaturabhängigkeiten der beiden PE-Typen unterscheiden sich grundlegend. PE-weich hat nahezu die Verformbarkeit von Elastomeren, ist jedoch als reiner Thermoplast spritzgießbar, extrudierbar und schweißbar. Gegenüber PVC -weich hat es den Vorteil, keinen Weichmacher zu enthalten. Zur Erhöhung der sonst schlechten UV-Beständigkeit wird PE häufig mit geringen Mengen Ruß gefüllt. Das sonst durchsichtig bis opak durchscheinende Material wird dadurch schwarz. Zugbeanspruchte Bauteile, z.B. Druckrohre, neigen bei Kontakt mit oberflächenaktiven Stoffen zu Spannungsrißkorrosion; dies ist z.B. bei Abwasserleitungen zu beachten. Verbesserungen lassen sich durch spezielle Molekularstrukturen (Kristallstruktur, relative Molekülmasse, vor allem Vernetzung nach dem Formteilherstellen) erzielen; dies gilt auch für die Schlagzähigkeiten und Zeitstandfestigkeiten bei höheren Temperaturen. Wichtige Anwendungsgebiete von PE im Bauwesen sind:

– Dachbahnen als Copolymerisat in Mischung mit Bitumen,

– Dichtungsbahnen für Mülldeponien, Absetzbecken, Trinkwasserreservoirs, Tunnel,

– Folien für Dampfsperren, Dachunterspannbahnen und Trennschichten unter schwimmenden Estrichen; Erdbaufolien,

– Freispiegel- und Druckrohre, auch für Erd- und Unterwasserverlegung in der Wasserversorgung, Abwasserentsorgung, Heizung.

□ *Polypropylen (PP).* Im molekularen Aufbau unterscheidet sich PP von PE durch die regelmäßige Anordnung einer kurzen CH_3-Seitengruppe:

$$(-\overset{\overset{\displaystyle H}{|}}{\underset{\underset{\displaystyle H}{|}}{C}}-\overset{\overset{\displaystyle H}{|}}{\underset{\underset{\displaystyle CH_3}{|}}{C}}-)_n$$

Hierdurch werden vor allem die Zeitstandfestigkeiten und die Wärmebeanspruchbarkeit verbessert. Trotz einer sehr starken Produktionszunahme ist die Anwendung im Bauwesen noch wenig bedeutend. Hergestellt werden vor allem Rohrleitungen für die Warmwasserversorgung und für Fußbodenheizungen.

☐ *Polyisobutylen* (*PIB*). Das PIB-Molekül weist in der Grundeinheit zwei gegenüberliegende CH_3-Gruppen auf:

$$(-\overset{\overset{\displaystyle H}{|}}{\underset{\underset{\displaystyle H}{|}}{C}}-\overset{\overset{\displaystyle CH_3}{|}}{\underset{\underset{\displaystyle CH_3}{|}}{C}}-)_n$$

Hierdurch entsteht ein bei Raumtemperatur gummielastisches Material, das im Bauwesen vorzugsweise für Abdichtungsarbeiten verwendet wird, z. B. Dichtungsbahnen gegen nichtdrückendes und drückendes Wasser, Dachbahnen, Korrosionsschutzauskleidungen. PIB kann flächenhaft aufgeklebt werden, auch mit Bitumen, und an den Stößen mit Warmluft oder → Lösemittel verschweißt werden.

☐ *Polybuten* (*PB*). PB (auch PB-1 oder Polybutylen) enthält in der Moleküleinheit eine CH_2-CH_3-Seitengruppe:

$$(-\overset{\overset{\displaystyle H}{|}}{\underset{\underset{\displaystyle H}{|}}{C}}-\overset{\overset{\displaystyle H}{|}}{\underset{\underset{\displaystyle C_2H_5}{|}}{C}}-)_n$$

Es hat ähnliche Eigenschaften wie PE-hart und PP, zeigt aber vor allem bei höheren Temperaturen bessere Festigkeiten und geringeres → Kriechen sowie eine bessere Spannungsrißbeständigkeit. Hauptverwendungsbereiche sind Heißwasser- und Großrohrleitungen im Industriebau und für Fernheizsysteme. Vorteilhaft ist der kleine → Elastizitätsmodul, der relativ enge Biegeradien auch bei großen erdverlegten Rohren ermöglicht. *Sasse*

Polysulfidkautschuk.

P. (SR) ist ein als Zweikomponentenmaterial auf der Baustelle bei Raumtemperatur vulkanisierendes, sehr alterungsbeständiges → Elastomer, das vorzugsweise für Fugenmassen und Behälterauskleidungen, auch als hochwertiger elastischer → Kleber eingesetzt wird. *Sasse*

Polyurethan-Lackfarbe.

P.-L. (PUR-Lacke, DD-Lacke) sind in vielen Modifikationen im Handel befindliche Ein- oder Zweikomponentenlacke, die sehr dehnfähige bis sehr harte Filme ergeben. Sie sind für alle festen, trockenen Untergründe geeignet, nicht aber bei feuchter Witterung verarbeitbar. Bei UV-Beanspruchung vergilben hellfarbige → Anstriche etwas; einige Typen neigen bei → Bewitterung zum Kreiden. *Sasse*

Polyvinylchlorid.

P. (PVC) ist mengenmäßig wegen seiner im Verhältnis zum niedrigen Preis günstigen Eigenschaften einer der bedeutendsten Kunststoffe im Bauwesen. Es wird in zahllosen Modifikationen, auch als Copolymerisat, als „Legierung" und in weichgemachter Form angewendet. Wegen seines hohen Chlorgehaltes ist PVC ohne weitere Zusätze schwer entflammbar (Klasse B1 nach DIN 4102). Allerdings entstehen im Brandfall Chlorgase, die in Verbindung mit Feuchtigkeit (Löschwasser) zu Folgeschäden an empfindlichen Bauteilen (→ Spannbeton mit direktem Verbund) und vor allem an Maschinen und elektronischen Geräten führen können. Diese Schäden können im Einzelfall beträchtliche Höhe erreichen und den direkten → Brandschaden weit übersteigen. In vielen Fällen kann es daher zweckmäßig sein, auf den Einsatz von PVC, z.B für Lüftungskanäle, Bodenbeläge, Kabelisolierungen, zugunsten teurerer Materialien zu verzichten.

☐ PVC-hart. PVC-hart wird in großem Umfang für Rohrleitungen aller Art eingesetzt. In Abhängigkeit von verschiedenen Herstellparametern ist dabei eine bestimmte Anfälligkeit gegen Sprödbrüche, vor allem unter dem Einfluß dynamischer Belastungen und bestimmter organischer Bestandteile des Fördergutes (bei Abwasser- und Gasrohren) zu beachten. In schlagfester Modifikation werden Platten und Profile als Fassadenelemente, Fensterrahmen, Lichtelemente, Regenrohre und -rinnen, Rolladenprofile usw. eingesetzt. Die Witterungsbeständigkeit derartiger Elemente kann außerordentlich hoch sein.

☐ PVC-weich. Wenn bestimmte organische Stoffe mit PVC in Mengen von rd. 20–50% gemischt werden, entsteht ein bei Raumtemperatur gummielastisches Material. Das Bild zeigt beispielhaft die Veränderung der Verformbarkeit gegenüber PVC-hart. Ursache ist die Verringerung der zwischenmolekularen Anziehungskräfte durch Vergrößerung des Molekülabstandes infolge der physikalisch zwischengelagerten niedermolekularen Anteile. Außer dem Standardweichmacher DOP gibt es zahlreiche weitere Weichmacher, die sich hinsichtlich folgender Eigenschaften des Endproduktes unterscheiden: Wärmebeständigkeit, Dampfdiffusion, Versprödung bei niedrigen Temperaturen, Wasserbeständigkeit, UV-Stabilität, Flammwidrigkeit, Farbbeständigkeit, Flüchtigkeit (Weichmacherwanderung, Migration), Erfüllung der Forderungen des Lebensmittelrechtes, Preis. Das Nichtbeachten der Möglichkeit von Weichmacherwanderung in angrenzende polymere Werkstoffe kann zu kostenaufwendigen Schäden führen. So kann z.B. die dichtende PVC-weich-Bahn verspröden und bei Belastung reißen, verstärkt z.B.

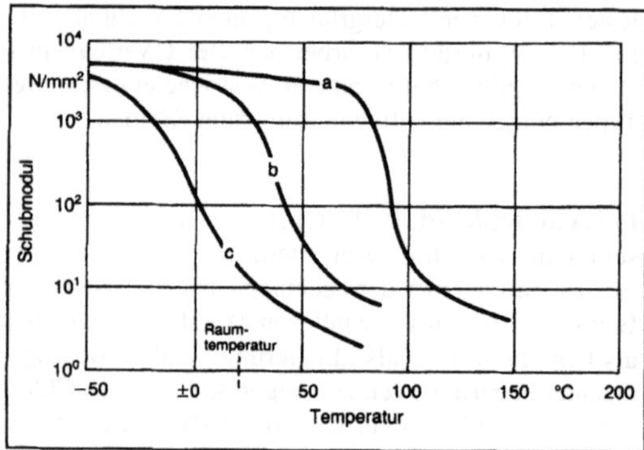

Polyvinylchlorid: Veränderung der elastischen Eigenschaften von PVC durch Zugabe des Weichmachers DOP (Dioctylphtalat).

a PVC-hart, DOP 0%, b PVC-weich, DOP 20%, c PVC-weich, DOP 40%

durch angrenzende weichwerdende harte Schaumstoffe. Im Bauwesen wird PVC-weich hauptsächlich für folgende Anwendungen eingesetzt: Dichtungs- und Dachbahnen, Fußbodenbeläge, Dichtungsprofile (Fugenbänder im Betonbau, Dichtungsprofile bei Fertigteilen). *Sasse*

Ponton. Unter einem P. versteht man einen allseitig geschlossenen, quaderförmigen Schwimmkörper, der zum Transport von Baugeräten oder als Arbeitsplattform benutzt wird. Mehrere P. verbindet man oft miteinander, um die → Tragfähigkeit oder die Grundfläche zu vergrößern. Die Tragfähigkeit reicht heute bis ca. 20 000 t; gesamte Baustelleneinrichtungen werden schwimmend zu Auslandsbaustellen transportiert.

Kühn

Porenbeton. P. (früher als Gasbeton bezeichnet) ist kein Beton, sondern wird aus einem flüssigen → Mörtel hergestellt, der aus → Bindemittel (meist Zement und Kalk), gemahlenem silicatreichem Zuschlag, z. B. Quarzsand, und einem Treibmittel (meist Aluminiumpulver) besteht. Dieses Treibmittel reagiert mit dem Calciumhydroxid des Bindemittels. Dabei wird Wasserstoff frei, der den Mörtel soweit aufbläht, bis er die Form ausfüllt. Die Bauteile werden nach dem → Erstarren dampfgehärtet, wobei der Zuschlag, dessen Reaktionsfläche durch das Mahlen vergrößert wurde, durch die hohen Temperaturen reaktionsfähig wird und sich mit dem CaO des Bindemittels zu ähnlichen Kalksilicathydraten hoher Festigkeit verbindet, wie sie bei der Zementerhärtung auftreten (→ Erhärten). Bei Rohdichten zwischen 300 und 1 000 kg/m³ liegt die → Porigkeit zwischen 60 und 90%. Die Druckfestigkeit reicht bis etwa 10 N/mm², der → Elastizitätsmodul bis etwa 3 000 N/mm². Der Wärmedehnungskoeffizient beträgt etwa $8 \cdot 10^{-6}$/K, die Wärmeleitfähigkeit etwa 0,14 bis 0,25 W/(m · K). Durch die Bindung des Calcium-

hydrats der Bindemittel an die Silicate des Zuschlags ist P. nur wenig alkalisch (pH=9 bis 10,5). Außerdem ist er durch die hohe Porigkeit stark durchlässig gegenüber Wasserdampf und dem Sauerstoff der Luft. Der Betonstahl in bewehrtem P. muß daher immer durch einen besonderen Überzug geschützt werden.

Schießl/Wesche

Porengrundwasserleiter. P. umfassen kiesige und sandige Ablagerungen in Flußtälern, Glazialgebieten, Küstenebenen und großen tektonischen Tälern sowie Flugsande. Die → Durchlässigkeitskoeffizienten betragen meist in der Größenordnung von 10^{-5} bis 10^{-3} m/s (selten 10^{-2} m/s), bei den Flugsanden in der Größenordnung von 10^{-5} bis 10^{-4} m/s. Die Brunnenleistungen können in großkörnigen Ablagerungen bei entsprechender Mächtigkeit 100 l/s übersteigen. Poröse Karstgesteine und → Kluftgrundwasserleiter (→ Sandsteine, verwitterte → Plutonite und → Metamorphite) können örtlich die Eigenschaften eines P. aufweisen.

Mattheß

Literatur: *Mattheß, G.,* u. *K. Ubell*: Allgemeine Hydrogeologie – Grundwasserhaushalt. Berlin, Stuttgart 1983.

Porigkeit. Fast alle Eigenschaften der Baustoffe werden von ihrer P. beeinflußt, besonders aber die Festigkeiten, die Formänderungen, das Verhalten gegenüber Wasser, Gasen und Witterungseinflüssen, die Abnutzung und das thermische Verhalten. Jede Pore verringert Festigkeit und Wärmeleitfähigkeit und erhöht Formänderungen und Verschleiß. Beim Verhalten gegenüber Wasser, Gasen und Witterungseinflüssen sowie bei der → Korrosion spielt es außerdem eine wesentliche Rolle, ob die Poren offen oder geschlossen sind. Bei offenen Poren, die meist als zusammenhängende Kapillarporen in Erscheinung treten, können Wasser, Gase und angreifende Stoffe in den Baustoff eindringen und dort entsprechend wirken oder sogar durch den Stoff durchdringen. Ein Baustoff mit nur geschlossenen Poren verhält sich dagegen hinsichtlich dieser Eigenschaften im wesentlichen wie ein nichtporöser Stoff. Zur Beurteilung der Baustoffeigenschaften ist daher in erster Linie die Größe des Porenraumes, d. h. die P., aber auch die Größe der einzelnen Poren, ihre Art und Verteilung wichtig. Da die Rohdichte die Poren einschließt, die Dichte sie aber ausschließt, kann die P. aus diesen beiden Eigenschaften ermittelt werden. Für einen → Festbeton mit einer Trockenrohdichte von 2 300 kg/m³ und einer Dichte von 2 650 kg/m³ ergibt sich eine Gesamt-P.

$$p = \left(1 - \frac{2300}{2650}\right) \cdot 100 = 13,2\%.$$

Bei allen Hölzern schwankt die Dichte nur gering um 1 540 kg/m³, während die Rohdichten zwischen 80 kg/m³ bei Balsaholz und 1 300 kg/m³ bei Pockholz liegen können. Dementsprechend betragen die Gesamt-P.

$$p = \left(1 - \frac{80}{1540}\right) \cdot 100 = 94,8\% \text{ bis}$$

$$p = \left(1 - \frac{1300}{1540}\right) \cdot 100 = 15,6\%.$$

Wesche

Porosität → Hohlraumanteil

Portalkran. Der P. zeichnet sich durch hohe Hubkapazität aus und wird im Baubetrieb vor allem für den Vertikaltransport schwerer Lasten in Anfahr- und Zielschächten bei Rohr- und Preßvortrieben benutzt. Über die beiden Portalstützen ist er längsverfahrbar, während den Quertransport eine Laufkatze am Kranbalken besorgt. Im Prinzip ersetzt der Portalkran zwei einhüftige → Turmdrehkrane, wobei sein Neuwert nur etwa 60% der beiden Turmdrehkrane (bei gleicher Hub- und Transportkapazität) ausmacht. *Kühn*

Portfolio → Qualitätsmanagement-Werkzeuge

Prallbrecher. Der im Gehäuse laufende Rotor ist mit festen Schlagleisten symmetrisch besetzt. Das eingegebene Gut wird von diesen erfaßt, in sich gebrochen und in Prallräume, die durch verschiedene, in größerem Abstand angebrachte Pralleisten abgeteilt sind, geschleudert und wieder zurückgeworfen. Dieser Vorgang wiederholt sich in einer Staffelung in einem Viertel des Brechergehäuses. Die maximale Korngröße wird durch den maßgebenden Spalt zwischen Schlagleistenkante und letzter Pralleiste eingestellt. Bei manchen Bauarten kann man die gewünschte Körnung durch eingesetzte Roste entnehmen. Andere Konstruktionen haben mehrere gestuft hintereinander gesetzte Rotoren. Kleinere Geräte werden außerdem in horizontaler Ausrichtung mit einer Rundummahlbahn gebaut. Die Prallzerkleinerung ist für mittelhartes Gestein, für Beton und sonstigen festen → Bauschutt besonders vorteilhaft. Durch Werkstoffauswahl und Gestaltung dehnt man den wirtschaftlichen Einsatz bis in die Hartzerkleinerung aus. Mit einem Zerkleinerungsgrad von 10 : 1 bis 50 : 1 bei über 200 – 1 400 min^{-1} (untere Werte für P., obere für Prallmühlen) wird die Grob- bis Feinzerkleinerung umfaßt (Bild). *Kühn*

Prallmühle → Prallbrecher

Preisgleitklausel. Preisvorbehalt, der eine Änderung des vertraglich vereinbarten Preises zuläßt. Er wird dann vereinbart, wenn eine wesentliche Änderung der Preisermittlungsgrundlagen zu erwarten ist, deren Eintritt oder Ausmaß ungewiß ist. Die bekannteste P. ist die → Pfennigklausel für die Erstattung von Lohnerhöhungen infolge Lohnabschlüssen durch Tarifverhandlungen; sie wird i. a. nur vom öffentlichen Auftraggeber

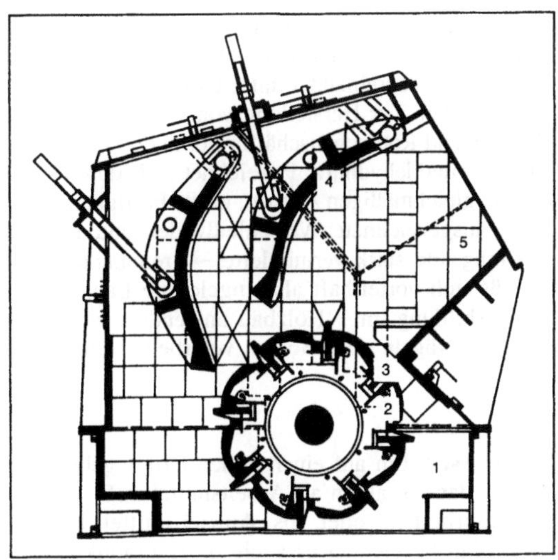

Prallbrecher: Konstruktionsschema eines Grob-P.

1 Prallbrechergehäuse, 2 Rotor, 3 Einschiebeschlagleisten, 4 Prallschwinge, 5 Gehäusepanzerplatte

vereinbart. Eine Stoff-P. betrifft die Verwendung von Erdölprodukten im → Erd- und → Straßenbau, da deren Preis teilweise erheblichen Schwankungen ausgesetzt und kalkulativ nicht zu erfassen ist. Bei nichtöffentlichen Auftraggebern werden P. nur selten vereinbart, da das Preisrisiko hier als ein normales unternehmerisches Risiko angesehen wird. *Drees*

Preisspiegel. Vergleich der Einheitspreise bei der Auswertung der Angebote verschiedener Bieter. Mit Hilfe des P. ist es möglich, unterschiedliche Auffassungen über den Aufwand zu ermitteln, der mit der Ausführung der Position verbunden ist. Die Erfahrung zeigt, daß auch bei eng beieinander liegenden Angebotssummen die Einheitspreise in größerem Umfang streuen können. Dabei sind Streubreiten von ±25% nicht ungewöhnlich. Bei Positionen kleineren Umfangs, die nur wenig Einfluß auf den angebotenen Gesamtpreis haben, kann die Streuung noch wesentlich größer sein. P. werden i. a. nur für drei bis fünf Bieter aufgestellt. Weichen die Preise des billigsten Bieters, dem der Zuschlag erteilt werden soll, in einigen Positionen erheblich von denen der Konkurrenten ab, so ist in der Verhandlung gem. § 24 Nr. 1 (1) eine Unterrichtung über die geplante Art der Durchführung, die Bezugsquellen von Stoffen und Bauteilen sowie die Angemessenheit der Preise unumgänglich, wenn nötig durch Einsicht in die vorzulegenden Preisermittlungsgrundlagen. *Drees*

Preßnagelung. Die P. erzeugt den erforderlichen Preßdruck bei → Leimverbindungen, z. B. bei der → Verleimung der Gurthölzer von Vollwandträgern mit dem Steg. *Dröge*

Preßschichtholz. → Schichtholz, bei dem mit Kunstharz imprägnierte Schälfurniere bei gleichgerichtetem Faserverlauf übereinander unter Druck und Hitze verpreßt werden. Zur Herstellung von P. verwendet man überwiegend Rotbuchenschälfurnier und Phenol- oder Kresolformaldehydharz. P. zeichnet sich durch hohe Dichte, gleichmäßigen Aufbau, große Festigkeit, hohe Härte, ausgezeichneten Verschleißwiderstand, geringe Quellung und stark verminderte → Brennbarkeit aus. Es läßt sich vorteilhaft als eingeleimte Lamelle bei Stoßausbildung im → Holzbau anwenden, wird aber auch mit Nägeln oder Bolzen verarbeitet eingesetzt.
Dröge

Preßwasser. Ein auf einen hohen Druck gebrachtes Wasser, das vor allem als Arbeitsmittel, z. B. zu Reinigungsarbeiten, oder als Antriebsmittel benutzt wird. Man bezeichnet es auch als Hydraulikwasser. P. wird für spezielle Aufgaben mit bestimmten Zusätzen, z. B. als Emulsion, verwendet. Drücke von 10–30 bar sind üblich; für bestimmte spezielle Aufgaben kommen auch Drücke bis zu einigen 100 bar vor. Dieser Druck wird üblicherweise durch → Pumpen erzeugt und gewöhnlich über Druckbehälter mit einem speichernden Gaspolster (→ Ausdehnungsgefäß) auf die erforderliche kontinuierliche oder stoßweise Abgabe eingerichtet. P. setzt man über spezielle Düsen für die jeweilige Aufgabe ein. Wegen enger Bohrungen muß entweder → Trinkwasser oder aufbereitetes → Oberflächenwasser verwendet werden. Mit P. nimmt man die Hochdruckkanalreinigung bei nicht begehbaren Kanälen (bis etwa 700 mm DN) vor. Dabei treten Wasserstrahlen aus der Düse nach vorn, zur Seite, vor allem aber nach hinten aus. Die Rückstoßwirkung der nach hinten gerichteten Wasserstrahlen bewirkt die Fortbewegung der Düse mit angeschlossenem Hochdruckschlauch nach vorn durch den Kanal.
Pfeiff

Prinzip der virtuellen Verrückung. An die Stelle der → Gleichgewichtsbedingungen kann als allgemein gültiges Grundgesetz der Mechanik das P. der v. V. eingeführt werden. Dieses besagt, daß ein Gleichgewichtszustand daran erkannt werden kann, daß für ihn die bei einer kleinen Änderung des Formänderungszustandes geleistete Arbeit aller wirkenden Kräfte zusammen gleich null sein muß:

$$\sum (\vec{P}_a + \vec{P}_i)\, \Delta \vec{r}' = 0,$$

wenn $\Delta \vec{r}'$ eine scheinbare oder virtuelle Verrückung ist. $\vec{P}_a$ und $\vec{P}_i$ bezeichnen die äußeren bzw. inneren Kräfte eines gegebenen Lastzustandes.
Laermann

Privates Baurecht → Baurecht

Privatgleisanschluß. P. verbinden private Ladestellen mit dem Netz der öffentlichen Bahn. Sie gehören zu den nichtbundeseigenen Eisenbahnen des nichtöffentlichen Verkehrs. P. unterliegen der Genehmigungspflicht nach dem jeweiligen Landeseisenbahngesetz (Gesetzliche Grundlagen). Die eisenbahntechnische Prüfung erfolgt durch die jeweilige Landeseisenbahnaufsicht. Die Bundesländer haben diese Aufgabe entweder Einrichtungen der Deutschen Bahn oder ausgewählten Ingenieurbüros übertragen.

Neben den Eisenbahngesetzen der Länder (LEG) regelt die → Verordnung über den Bau und Betrieb von Anschlußbahnen (BOA) die öffentlich-rechtlichen Beziehungen zwischen Anschließern und Eisenbahnen des öffentlichen Verkehrs. Die privatrechtlichen Verhältnisse werden durch die „Allgemeinen Bedingungen für Privatgleisanschlüsse (PAB)" bestimmt. Im Gegensatz zu den Anschlußbahnen im Sinne der BOA, bei denen der Anschließer den Eisenbahnbetrieb mit eigenen schienengebundenen Triebfahrzeugen und eigenem Betriebspersonal durchführt, wird bei Gleisanschlüssen die Bedienung mit einer Lok einer Eisenbahn des öffentlichen Verkehrs (z. B. DB-Lok) durchgeführt.

Bei P. lassen sich grundsätzlich folgende Anlagenteile unterscheiden: die Anschlußstelle (Anschlußweiche) an die Eisenbahn des öffentlichen Verkehrs oder das Stammgleis, das Zuführungs- oder Verbindungsgleis (Stammgleis), die Übergabegruppe, die Rangier- oder Ordnungsgleise (mit Auszieh- und Umfahrgleis), die Abstellgleise und die Ladegleise an den Ladestellen. Je nach Art und Umfang des Verkehrsaufkommens und der Art der Betriebsführung sind die Anlagenteile unterschiedlich ausgebildet und entfallen auch teilweise. Kleine Gleisanschlüsse haben oft nur ein Ladegleis; das Zustellen und Abholen der Wagen an den Ladestellen wird durch Eisenbahnen des öffentlichen Verkehrs – z. B. DB AG – durchgeführt. In diesen Fällen sind keine Übergabeanlagen und Ordnungsgleise erforderlich. Bei mittleren bis großen Gleisanschlüssen mit mehreren Ladestellen müssen die in der Regel bunt (d. h. nicht sortiert) zugeführten Wagen nach den verschiedenen Verwendungsstellen in Ordnungsgleisen ausrangiert werden (Sortieren, Sammeln). Wird bei mittleren bis großen Gleisanschlüssen der Betrieb vom Anschließer mit eigenen Triebfahrzeugen durchgeführt, so wird eine besondere Übergabegruppe benötigt.

Die Bedeutung der P. für den Güterverkehr wird daran deutlich, daß mehr als 2/3 des gesamten Wagenladungsverkehrs hier Quelle oder Ziel haben. Mehr als 1/3 des Schienengüterverkehrs der DB AG haben sowohl Quelle als auch Ziel in einem Gleisanschluß.
Kracke/Runge

Probenentnahme. P. dienen der Untersuchung der boden- und felsmechanischen Eigenschaften und Bestimmung der notwendigen Kennwerte im Laboratorium. Im → Lockergestein gewinnt man die → Bodenproben mit speziellen Entnahmegeräten. Sie reichen vom einfachen Entnahmestutzen bis zum Entnahmegerät mit Fußklappen, Kugelventil und Kolben für mehr oder weniger bindige Böden. Für Fels gibt es das Kernbohrverfahren, eine Spülbohrung mit Bohrkrone und Plastikschlauch zur Aufnahme der Bohrkerne.

Wagner

Probestau. Nach der Fertigstellung einer → Stauanlage ist deren Gebrauchsfähigkeit durch einen P. nachzuweisen. Während des P. ist vor allem die Dichtheit der Anlageteile zu kontrollieren. Der erste Aufstau ist stufenweise nach einem festgelegten Plan bis zum Erreichen des → Stauzieles vorzunehmen. Nach erfolgreich verlaufenem P. kann die Anlage in Betrieb gehen. Beim P. sind außer den technischen Gesichtspunkten auch ökologische Aspekte zu beachten. Kann das erforderliche Wasservolumen nicht in der vorgesehenen Zeit zur Verfügung gestellt werden, ist die Gebrauchsfähigkeit mit einer kleineren Stauhöhe zu untersuchen, oder der P. ist zu wiederholen.

Muth

Produktivitätstest. → Multimomentaufnahme, bei der nur nach Tätigkeit und Unterbrechen der Tätigkeit unterschieden wird, ohne die Gründe hierfür näher zu spezifizieren. Der P. kann durch Rundgänge auf einer Baustelle in Abständen von etwa 1/2 h durchgeführt werden. Er gibt einen ersten Anhalt über die Ablauforganisation und mögliche Produktivitätssteigerungen.

Drees

Profil, kaltverformtes. Man unterscheidet die Kaltverformung im Stahlwerk, z. B. Herstellung hochfester Spannstähle, und bei der Verarbeitung, z. B. die Herstellung von Kaltprofilen durch Kaltwalzung oder Abkantung. Durch diese Vorgänge werden zwar die Streckgrenze und die Zugfestigkeit erhöht, aber das vorteilhafte Fließvermögen des Stahles wird stark reduziert. Es kommt zur Versprödung des Materials, im Grenzfall zum verformungslosen Sprödbruch. Auch die Schweißeignung des k. P. kann beeinträchtigt werden. Zusätzlich unterliegen die kaltverformten Bereiche einer zeitlichen Veränderung der Materialeigenschaften, die man als → Alterung bezeichnet. Diese Nachteile lassen sich beheben, wenn man die k. P. auf rd. 450 °C erwärmt. Dann bildet sich ein entspanntes Kristallgefüge, das in seinen Eigenschaften dem ursprünglichen, unverformten Material entspricht. Diesen Vorgang nennt man Spannungsarmglühen. Der Vorteil der Kaltprofile liegt in der Vielfalt der herstellbaren Querschnittsformen und in der Anpassung der Abmessungen an den Verwendungszweck. Das für die Preisbildung ausschlaggebende Stahlgewicht läßt sich dadurch weitgehend minimieren. Kaltprofile werden i. d. R. nicht für Haupttragkonstruktionen eines Bauwerkes verwendet, sondern in erster Linie für Bauteile, für die die vorgenannten Nachteile nur eine geringe Rolle spielen, bei-

spielsweise für Wand- und Dachkonstruktionen (→ Pfette) im Hallenbau.

Sedlacek/Scholz

Profildichtung. P. sind vorgefertigte Dichtstoffe, die je nach Einsatzgebiet unterschiedliche Querschnittsformen aufweisen (Bild). P. können aus imprägnierten Weichschaumbändern, aus weichgemachten thermoplastischen Kunststoffen oder aus Elastomeren bestehen.

Sasse

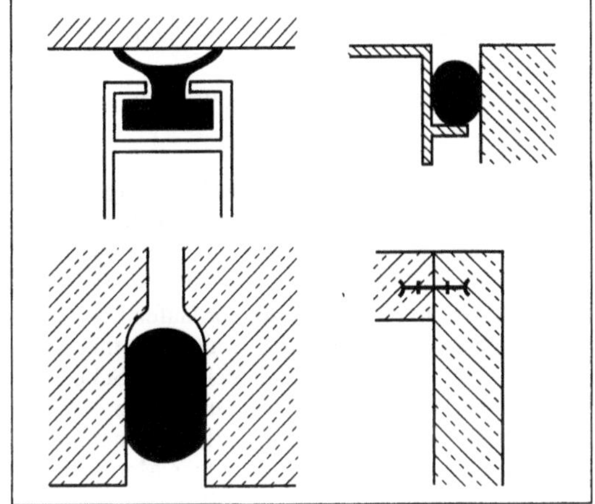

Profildichtung: Ausführungsbeispiele.

Profilsicherung. Sicherung der Gewässerprofile (Sohle, Böschung) gegen → Erosion und damit gegen Veränderungen durch tote (Totbau) und lebende Baustoffe (Lebendbau). Bei der Planung ist die Sicherung der Gewässerprofile immer im Zusammenhang mit ihrer Geometrie, der Linienführung des Gewässers und dem Sohlengefälle zu sehen. Der Nachweis der Bettstabilität beschränkt sich i. a. auf die Ermittlung der beim Bemessungshochwasser auftretenden Schleppspannungen. Die jeweils vorhandenen Werte müssen kleiner als die für das anstehende Sohlenmaterial zulässigen sein. Letztere werden DIN 19661, Tl. 2, oder der einschlägigen Literatur entnommen. In der Vergangenheit sicherte man Gewässerprofile überwiegend mit technischen Mitteln unter Verwendung toter Baustoffe. Totbau ist die Befestigung mit toten künstlichen und natürlichen Stoffen, wie Steine, Beton, Metall, Bitumen, Kunststoff, Holz. Er ist ein ingenieurtechnischer Verbau mit technisch-wirtschaftlicher Zielsetzung. Die landschaftsökologische Wirkung ist jedoch i. a. gering. Profilsicherungen mit toten Baustoffen benötigen wenig Platz, da sie auch für steile und senkrechte Böschungen anwendbar sind, können für stärkste → Beanspruchungen eingesetzt werden, sind sofort nach Einbau wirksam und können je nach Forderung wasserdurchlässig oder -undurchlässig sein.

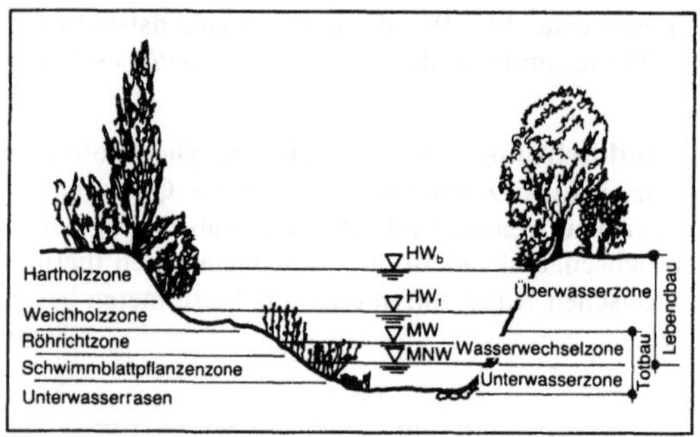

Profilsicherung: Gewässerprofil mit Belastungs- und Vegetationszonen.

HW_b Bemessungshochwasser, HW usw. Hydrometrie

Im Hinblick auf eine naturnahe Gewässergestaltung ist man bemüht, die P. soweit wie möglich unter Verwendung oder Mitverwendung von lebenden Pflanzen vorzunehmen (Lebendbau). Die Wirksamkeit des Lebendbaues als P. liegt in der fortlaufenden Durchwurzelung und Festigung des Bodens (→ Ingenieurbiologie), in seinem flächenabdeckenden Schutz der Böschungen, in der Regeneration und in der Selbstregulation. Der lebende Baustoff „Pflanze" engt infolge der Ansprüche der Pflanzen und ihrer Merkmale die Anwendungsmöglichkeiten des Lebendbaues ein. Die Wahl toter oder lebender Baustoffe richtet sich zunächst nach der Überflutungsdauer des zu schützenden Bereiches. Maßgebend sind die pflanzensoziologisch bedingten Vegetationszonen (Bild). Die für den Lebendbau in der Röhrichtzone wichtigsten Pflanzen sind: Rohrglanzgras, Binsen und Rohrkolben. Oberhalb der Röhrichtzone sind es in erster Linie Rasen und Gehölze der Weich- und Hartholzzone. Hier sind vor allem Weiden (für Gewässer über 5 m Sohlenbreite) und Roterlen zu nennen. Da beide Bauweisen Vor- und Nachteile aufweisen, liegt es nahe, Tot- und Lebendbau in kombinierter Bauweise so einzusetzen, daß die jeweiligen Vorteile ausgenutzt werden können.

Lecher

Literatur: *Lange, G.,* u. *K. Lecher* (Hrsg.): Gewässerregelung, Gewässerpflege. 3. Aufl. Hamburg, Berlin 1993. – *Schlüter, U.:* Pflanze als Baustoff. Berlin, Hannover 1986.

Projektentwicklung. Entwicklung eines Bauwerks (Projekt) von der Beschaffung des Grund und Bodens bis zur Übergabe an den Nutzer. Die P. beginnt mit einer Machbarkeitsstudie, bestehend aus Standortplanung, Rahmenplanung des Bauwerks, Kosten- oder Renditeberechnung und Rahmenterminplan. Erst nach Feststellung der Machbarkeit beginnt der entscheidende Schritt der P. mit der Aufstellung des Raum- und Funktionsprogramms, in dem insbes. der → Flächenbedarf und die Nutzung festgelegt werden. Durch ein auf Flächenwerten aufbauendes Flächenmo-

dell (Testphase) können frühzeitig die Realisierbarkeit und die Investitionskosten ermittelt werden. Das Ergebnis wird entweder in einen Entwurfswettbewerb oder in die Entwurfsphase übergeleitet. Nach Fertigstellung der Planung kann die Bauausführung auf den Markt gebracht und an → Bauunternehmen zur Herstellung übergeben werden. Die P. endet mit dem Beginn der Eigen- oder Fremdnutzung. Typische Beispiele für die P. sind der Eigentumswohnungsbau und der Bau von Büro- und Verwaltungsgebäuden für die Vermietung an Fremdnutzer: Ein erfolgreicher Projektentwickler muß sowohl eine genaue Kenntnis des Marktes als auch gute bereichsübergreifende technische Kenntnisse und ein gutes Organisationsvermögen haben.

Drees

Projektmanagement. Modernes betriebliches Führungsinstrument zur Lösung von bereichsübergreifenden Aufgaben, beispielsweise Entwicklung und Erstellung von komplizierten Einzelerzeugnissen (z. B. Flugzeuge, Kraftwerke, Hoch- und Tiefbauten, Schiffe). Im Bauwesen meist gleichbedeutend mit → Projektsteuerung.

Drees

Projektsteuerung. Meist gleichbedeutend mit → Projektmanagement verwendet. Konzentration aller mit der Planung und Bauausführung zusammenhängender Koordinationsaufgaben in einer Hand. Der Projektsteuerer (Projektmanager) hat dabei eine übergreifende Funktion wahrzunehmen und ist dem Bauherrn für den Erfolg des Projektes verantwortlich. Die P. beginnt mit der → Projektentwicklung, d. h. mit der Grundlagenermittlung als der ersten Planungsstufe. Auf Grund der dabei erhaltenen Information muß der Projektmanager einen Zeit- und Kostenrahmen vorgeben, in dem sich das Projekt zu halten hat. Mit fortschreitender Präzisierung des Projekts durch die beauftragten Planer (Architekt, Tragwerksplaner, Fachingenieure, Gutachter) in den Stufen Vorplanung, Entwurfsplanung, Genehmigungsplanung, Ausführungsplanung, → Vergabe können die Zeit- und Kostenvorgaben ständig weiter eingeengt werden. Der Projektsteuerer muß über ein umfassendes Wissen auf dem Projektgebiet verfügen, ohne jedoch selbst Planer zu sein. Durch fortlaufendes Überwachen des Projektablaufs hat der Projektsteuerer zu gewährleisten, daß die Zeit- und Kostenvorgaben eingehalten werden (Soll-Ist-Vergleich mit Angabe der zu treffenden Maßnahmen). Seine Tätigkeit beschränkt sich aber nicht nur auf die Planung, sondern schließt auch die Bauausführung und meist auch die Inbetriebnahme ein. Der Erfolg der Projektsteuerung ist um so größer, je früher ein Projektmanagement für ein Projekt eingerichtet wird.

In § 31 → HOAI ist die Definition der P. eingeschränkt, da sich nach dem dort ausgewiesenen Leistungsbild die Tätigkeit auf die Übernahme von Bauherrenaufgaben beschränkt, wie z. B. Klärung der Aufgabenstellung und der Voraussetzungen für den Einsatz von Planern, Aufstellen von Organisations-, → Termin- und → Zahlungsplänen, Koordinierung und Kontrolle der Projektbeteiligten (jedoch ohne ausführende Unternehmen), Fortschreibung der Planungsziele und Klärung von Zielkonflikten, laufende Information des Auftraggebers über die Projektabwicklung und Herbeiführen von Entscheidungen des Auftraggebers, Koordinierung und Kontrolle der Bearbeitung von Finanzierungs-, Förderungs- und Genehmigungsverfahren. Meist umfaßt die P. folgende Leistungen: Grundlagenermittlung, Wirtschaftlichkeitsuntersuchungen, Projektorganisation, Planung und Kontrolle des Ablaufs von Planung und Bauausführung, Planung und Kontrolle der Kosten. Arbeitsmittel der → Ablaufplanung ist die Netzplantechnik, mit der das Projekt mit seinen Abhängigkeiten zeitlich erfaßt und berechnet wird. Die Terminkontrolle vergleicht Soll-Termine und Ist-Termine. Aus dem aufgestellten → Netzplan läßt sich die Auswirkung der Terminabweichungen erkennen, so daß Steuerungsmaßnahmen zur Termineinhaltung getroffen werden können.

Für die Kostenermittlung verwendet man die Elementmethode. Hierbei wird das Projekt in Kostenelemente zerlegt, denen man aktuelle Marktpreise zuordnet. Mit fortschreitender Planung werden die Kostenelemente verfeinert und schließlich in den Kostenanschlag überführt, der die Kostenvorgabe für die Vergabe der Bauleistungen bildet. Während der Bauausführung werden laufend Soll- und Ist-Kosten kontrolliert (Kostenüberwachung), um die vorgegebenen Kosten einzuhalten. Außerdem stellt man einen Finanzierungsplan auf, aus dem der Abfluß der Geldmittel entnommen wird. Kontrolliert werden Soll-Abfluß und Zahlungsausgang. Die Kostenüberwachung ist also ein geschlossenes Kontrollsystem sämtlicher bei der Planung und Bauausführung auftretender Zahlungsvorgänge, mit dem Betrag und Zeitpunkt der Zahlungen überwacht werden. Oberstes Ziel der P. ist die Erstellung eines Bauwerks, das die vorgegebene Funktion und architektonische → Qualität erfüllt, innerhalb der geplanten Termine und Kosten und bei größtmöglicher Wirtschaftlichkeit. *Drees*

Proportionalitätsgrenze. Solange sich die Spannungen proportional zu den → Dehnungen verhalten, z.B. bei Laststeigerung die Dehnungen im gleichen Verhältnis wie die Spannungen zunehmen, reagiert der Stahl voll elastisch (→ Hookesches Gesetz).

Dem Grenzwert, bei dem erstmals bleibende Dehnungen auftreten, bei dem also das lineare Spannungs-Dehnungs-Verhalten in ein nicht lineares übergeht, ist die P. zugeordnet.

Die P. wird auch mit Elastizitätsgrenze bezeichnet. Sie spielt in der klassischen → Stabilitätstheorie bei der Berechnung der Verzweigungslasten eine bedeutende Rolle. Für Baustahl ist in den Regelwerken die P. mit $0,8 \cdot \sigma_F$ festgelegt (→ Fließgrenze σ_F). *Sedlacek/Scholz*

Prüfkosten → Qualitätskosten

Pufferkapazität. In der Betontechnologie spricht man von basischer P., wenn man das Vermögen eines zementgebundenen Betons oder Mörtels beschreiben will, der durch Anwesenheit alkalischer Bindemittelsubstanz (→ Karbonatisierung) Widerstand leistet. Eine hohe P. verlangsamt das Absinken des → pH-Wertes und verzögert den Karbonatisierungsfortschritt. *Sasse*

Pufferzeit. Die Zeit, um die ein → Arbeitsvorgang innerhalb der frühesten und spätesten Termine verschoben werden kann, ohne Auswirkungen auf den Ablauf und den Endtermin zu haben (→ Netzplan). Unterschieden werden
☐ Gesamt-P.,
☐ freie P.,
☐ freie Rückwärts-P.,
☐ unabhängige P.
Nur die unabhängige P. ist wirklich völlig unabhängig von irgendwelchen Einflüssen auf andere Vorgänge. Bei den anderen P. wird durch eine Verschiebung eines Arbeitsvorgangs nach hinten (Inanspruchnahme des spätesten Termins) u.U. der bei anderen Vorgängen vorhandene Puffer völlig aufgezehrt, so daß diese Vorgänge nunmehr kritisch werden. *Drees*

Pumpe. Die gebräuchlichsten P. des Baubetriebs sind die nach dem Verdrängungsprinzip arbeitenden Kolben-P., die zu den Strömungsmaschinen zählenden Rotations-P. und die mit dem Lufthebeverfahren arbeitende Mammut-P. In der Kolben-P. wird die Förderarbeit mittels Volumenänderung in einem Zylinderraum geleistet. Die Volumenänderung erbringt ein hin- und hergehender Kolben. Bei gleichzeitigem Öffnen und Schließen des der Kolbenbewegungsrichtung entsprechenden Saug- oder Druckventils entsteht der periodisch unterbrochene Volumenstrom. Die Vorteile der Kolben-P. sind hohe Drücke, Selbstansaugung und guter Wirkungsgrad. Demgegenüber sind als Nachteile vor allem die kleine Fördermenge sowie die aus der diskontinuierlichen Förderweise resultierenden hohen Massenkräfte zu erwähnen. Bei der Rotations-P. (Kreisel-P.) rotiert ein Lauf-, Schaufel- oder Kanalrad im kreisförmigen P.-Gehäuse, das unter Ausnutzung der Zentrifugalkraft die in der P. befindliche Flüssigkeit nach außen schleudert (→ Druckerhöhung) und durch den radial abgehenden Druckstutzen abfördert; dabei entsteht gleichzeitig im Pumpeninnern am axial zuführenden Saugstutzen Unterdruck und somit eine kontinuierliche Strömung. Bei der Mammut-P. (Bild), die nach dem Lufthebeverfahren arbeitet, wird Luft in das untere Ende eines Rohrs eingeblasen, was dort zu einer Minderung der Dichte führt; die Druckdifferenz

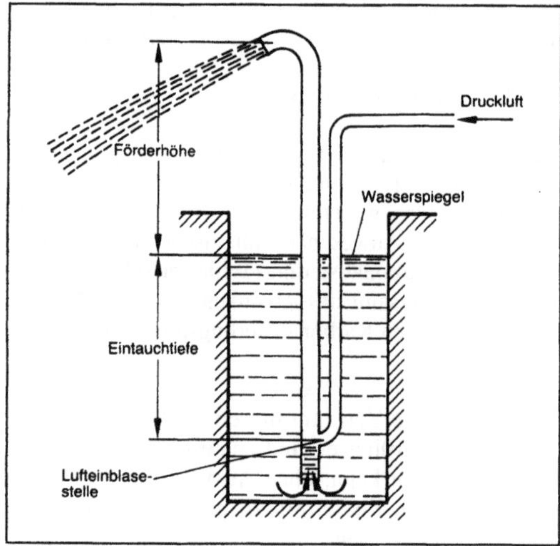

Pumpe: Prinzipzeichnung einer Mammutpumpe.

zur Umgebung reißt das zu fördernde Materialgemisch nach oben. *Kühn*

Pumpensumpf. Vertiefung in einem → Planum, wie z. B. in einer Baugrubensohle, in die man gefaßtes Wasser leitet, das dann durch eine Pumpe einem → Vorfluter zugeführt wird. Der P. ist Systembestandteil bei offenen → Wasserhaltungen (→ Grundwasserabsenkung). Er wird üblicherweise aus → Bohlen, → Spundwänden, geschlitzten Filterrohren mit Durchmessern von etwa 1 m oder auch Brunnenringen gebildet. Seitliche Schlitze oder Öffnungen müssen durch Filter oder Tresse so geschützt sein, daß kein Feinkorn eingespült werden kann. Die → Sohle des Pumpensystems ist i. a. offen. Um einen hydraulischen Grundbruch und ein Einschwemmen von Feinkorn auszuschließen, muß die Sohle gesichert werden. *Meißner*

Pumpwerk. P. sind in der → Siedlungswasserwirtschaft zentrale Wasser- oder Abwasserförderanlagen, bei denen vor allem Kreiselpumpen die Förderung besorgen. Dabei werden die Pumpen „naß", z. B. als Unterwasserpumpen (Pumpe und Motor zusammengebaut und eingetaucht), in → Brunnen oder → Pumpensümpfen eingesetzt. Die „halbnasse" Aufstellung mit eingetauchter Pumpe und trocken aufgestelltem Motor verliert wegen betrieblicher Nachteile (Schwingungen, großer Raumbedarf) zunehmend an Bedeutung. Außerdem gibt es die „trockene" Aufstellung, bei der Pumpe und Motor trocken im P. stehen. Hier muß das Wasser aus dem meist tieferliegenden Brunnen oder Sumpf entweder von der Pumpe angesaugt werden, was nur bis zu etwa 8–9 m praktisch möglich ist, oder über eine Vakuumpumpe mit Vorlage der

Saugseite der Pumpe zugebracht werden. Fließgeschwindigkeiten auf der Saug- und Druckseite von 2–1 m/s sind meist wirtschaftlich und bestimmen die Rohrquerschnitte. Fördermenge und -druck sind durch die Pumpenkennlinie vorgegeben und je nach Pumpentyp, Laufradtyp, Laufraddurchmesser und Drehzahl variabel. Meist gehören Trafoanlagen sowie Schalt- und Überwachungsanlagen zum P. Bezogen auf die aufgewendete Energie erreicht man Wirkungsgrade μ von 80–95%. *Pfeiff*

Putz. Eine dünne Mörtelschicht (→ Mörtel), rd. 0,5–2,5 cm dick, auf Wänden, Decken und anderen Bauteilen zu deren Schutz, jedoch auch häufig zur Zierde, heißt P. Der Außenputz soll in erster Linie das Regenwasser abweisen und das Durchfeuchten der Konstruktion verhindern. Innenputze sollen im wesentlichen die Oberfläche der Konstruktion glätten. Bei Flächen, auf denen P. ungenügend haften (Holz, Stahl), werden Putzträger verwendet. Hierfür nahm man früher häufig Rohrmatten, heute meist Rippenstreckmetalle (Rabitz). P. werden entweder nach ihren Bindemitteln (Kalk-, Zement-, Gipsputz usw.) oder nach ihrer Verarbeitungsart (Spritz-, Kratz-, Waschputz) benannt. Trockenputz nennt man die → Verkleidung von Innenwänden mit Gipskartonplatten oder ähnlichen Materialien, die die Aufgabe des Innenputzes übernehmen, jedoch bei der Herstellung nicht die Feuchtigkeit des normalen Innenputzes haben. *Mehlhorn*

Putz- und Mauerbinder. P- u. M. (PM-Binder) nach DIN 4211 ist ein feingemahlenes, mineralisches, hydraulisches → Bindemittel für Putz- und Mauermörtel (→ Mörtel). Es besteht aus Zement und Gesteinsmehl und enthält oft noch Kalkhydrat und Zusätze zur Verbesserung der Verarbeitbarkeit und des Wasserrückhaltevermögens. Seine Festigkeit entspricht der eines hochhydraulischen Kalkes (→ Baukalk). *Wesche*

Putzfestiger → Grundierung

Puzzolan. P. sind kieselsäurehaltige oder kieselsäure- und tonerdehaltige, natürliche oder künstliche Stoffe ohne selbständiges Bindevermögen, die zusammen mit Wasser und Kalk wasserunlösliche Verbindungen mit zementartigen Eigenschaften bilden. Der Name P. kommt von *Pozzuoli* (*lat.* Puteoli), einer Stadt am Vesuv. Natürliche P. sind entweder in geologischen Zeiträumen entstandene Umwandlungsprodukte vulkanischer Auswurfmassen bzw. erhärteter Lavaschlammströme, z. B. Traß (Eifel, Bayern, Steiermark), Phonolit und Lava (Eifel), Santorinerde (Thira), Puzzolanerde (Italien), oder Ablagerungen hydraulischer Kieselsäureverbindungen organischen Ursprungs (Sedimentpuzzolane, z. B. Kieselgur, Diatomeenerde, Molererde). Vorwiegend verwendet man heute jedoch künstliche P., die entweder als industrielle → Nebenprodukte anfallen (Flugasche, Silicastaub) oder durch thermische Behandlung (getempertes Gesteinsmehl) gewonnen werden. Flugasche (FA) ist ein weitgehend verglaster, mineralischer Staub, der überwiegend aus den nicht brennbaren Bestandteilen von Steinkohlen oder Hartbraunkohlen besteht und als Verbrennungsrückstand von Elektrofiltern der Kohlekraftwerke abgezogen wird. Silicastaub (SF, Silica fume) ist ein weitgehend amorpher, mineralischer Staub, der beim Schmelzen von (Ferro-)Silicium-Legierungen entsteht.

Wesche

PVC → Polyvinylchlorid

PVC-Lackfarbe. Rasch trocknender, einkomponentiger → Anstrich mit guter chemischer Beständigkeit und mittlerer Witterungsbeständigkeit. *Sasse*

Pylon. Turmartiger → Pfeiler. Bezeichnung für griechische Tempeltore mit zwei turmartigen Seitenbauten. Heute wird der Ausdruck vorwiegend für solche Brückenpfeiler verwendet, die wesentlich über das eigentliche Brückenbauwerk hinausragen. P. kommen deshalb vor allem bei Hänge- und Schrägkabelbrücken vor. *Mehlhorn*

Q

QFD (Abk. Systematische Qualitätsplanung; Quality Function Deployment) → Qualitätsmanagement-Werkzeuge

Qualität. Beschaffenheit, die ein Produkt und somit auch eine Dienstleistung aufweist in bezug auf die entsprechend festgelegten und vorausgesetzten Forderungen. Unter Beschaffenheit ist somit die Gesamtheit aller Merkmale und Merkmalswerte zu verstehen, die das Produkt aufweist. Ein Q.-Merkmal ist in der Regel auch ein Prüfmerkmal (Begriffe: DIN 55350 Teil 11).

Voraussetzung für die Einhaltung der geforderten Q. ist daher ihre exakte Beschreibung (→ Qualitätsmanagement-System). *Jungwirth*

Qualitätsaudit. Eine systematische und unabhängige Untersuchung für interne oder externe Zwecke zur Beurteilung der Notwendigkeit von Verbesserungen oder Korrekturmaßnahmen.

Hinsichtlich der Vorbereitung und Durchführung von Q.-A. sei auf DIN ISO 10011 verwiesen. Es wird im System-, Prozeß- und Produkt-Audit unterschieden. Das Audit kann intern, intern bei Externen (z. B. Nachunternehmern) oder ein Fremd- oder Externes Audit (z. B. Zertifizierungsaudit) sein (→ Qualitätsmanagement-System). *Jungwirth*

Qualitätsbeauftragter-Bau → Ausbildung im Qualitätsmanagement

Qualitätskosten. Die Wirksamkeit eines → Qualitätsmanagement-Systems ist in bezug auf Kosten zu untersuchen. Dabei sind die Q. in drei Gruppen zu unterteilen:
☐ Fehlerverhütungskosten
☐ Prüfkosten
☐ Fehlerkosten
In Abhängigkeit des Qualitätsniveaus, d. h. der auftretenden Fehler, verlaufen die beiden erstgenannten Kosten gegenläufig zu den Fehlerkosten. Das sich daraus ergebende Gesamtkostenminimum ist anzustreben.

Weitere Gruppierungen nennt DIN ISO 8402, indem von qualitätsbezogenen Kosten und Verlusten die Rede ist (Kosten der Konformität und der Nichtkonformität). Schließlich taucht in DIN EN ISO 9004.1 noch der Begriff Qualitätsverlust auf (→ Qualitätsmanagement-System). *Jungwirth*

Literatur: *Fuhr, H., Göpel, R. A., Jungwirth, D., Otto, Th.*: Qualitätsmanagement im Bauwesen. Düsseldorf, 1996.

Qualitätskreis → Qualitätsmanagement-System

Qualitätsmanagement-Anweisung (QM-Anweisung). Anweisung, in der Regel schriftlich, durch die Art und Weise festgelegt wird, wie, durch wen und wann eine bestimmte Tätigkeit durchzuführen und deren Ergebnis zu dokumentieren ist. Auf Schwachstellen wird aufmerksam gemacht. Vorhandene techn. Regeln werden einbezogen.

Man unterscheidet in der Regel in Arbeitsanweisungen (bestimmter Arbeitsvorgang) und in Verfahrensanweisungen (bestimmter Ablauf, der das Ergebnis des herzustellenden Produktes beeinflußt) (→ Qualitätsmanagement-System). *Jungwirth*

Qualitätsmanagement-Bewertung (QM-Review). Formelle Bewertung einer Einheit. Im Zuge der erklärten Qualitätspolitik durch die oberste Leitung muß die zielbezogene Eignung und Wirksamkeit des → Qualitätsmanagement-Systems überprüft, bewertet sowie die Wirtschaftlichkeit des Systems abgefragt werden (DIN EN ISO 9000 ff.). *Jungwirth*

Qualitätsmanagement-Element (QM-Element). Elemente des → Qualitätsmanagement-Systems. Sie sind in DIN EN ISO 9000 ff. beschrieben. *Jungwirth*

Qualitätsmanagement-Handbuch (QM-Handbuch). Dokument, das die Qualitätspolitik, das → Qualitätsmanagement-System und die qualitätsbezogene Vorgehensweise eines Unternehmens darlegt. *Jungwirth*

Qualitätsmanagement-System (QM-System). Der Codex *Hammurabi*, Zunftzeichen, Made in Germany, das RAL-Gütezeichen sind Meilensteine zur Qualitätsprüfung, Qualitätssicherung (QS), Qualitätsmanagement (QM), zum Total Qualitätsmanagement (TQM). „Qualität ist das Anständige" (Th. Heuss).

Seit ca. 15 Jahren in nationalen und internationalen Normen beschrieben, ist die DIN-EN-ISO-9000-Reihe Grundlage für Q.-S. in der stationären Industrie und im Dienstleistungsgewerbe (BS 5750 für Großbritannien, SN 029100 für Schweiz sind inhaltsgleich). Begleitende Normen für Begriffe sind die DIN 55350-Reihe bzw. DIN ISO 8402, Leitfäden für Qualitäts-Audits gibt DIN-ISO-10011-Reihe. Zertifizierungskriterien nennt die EN 450xx.

Die Übertragung auf das Vokabular, auf die Eigenarten der Bauwirtschaft und Ingenieurbüros erfolgte mit

Unterstützung der Verbände wie Bauindustrieverband, Baugewerbe, Deutscher Beton-Verein, beratende Ingenieure usw. Nach zögerlicher Akzeptanz vor ca. 10 Jahren entwickelte sich eine Eigendynamik. Leitmotive sind: Auf Anhieb richtig, Vorausdenken, Motivation, Kundenzufriedenheit, Q.-S. rechnet sich, schlankes System, kein Papiertiger. Q.-S. ist ein globales Organisationssystem, angepaßt an das jeweilige Unternehmen in Anlehnung an die DIN-EN-ISO-9000-Reihe (August 1994):

☐ 9000-1 bis 4 Leitfaden zur Auswahl und Anwendung der verschiedenen Modelle
☐ 9001 Modell zur Darlegung von QS/QM für Betriebe mit Planung, Entwicklung, Produktion, Montage und Wartung z.B. in großen Baufirmen, Consulting
☐ 9002 Modell zur Darlegung von QS/QM für Betriebe mit Produktion, Montage und Wartung z.B. mittlere Baufirmen und bei Baustofflieferanten
☐ 9003 Modell zur Darlegung von QS/QM für Betriebe mit Endprüfung, z.B. Betonwaren, Handwerk
☐ 9004-1 bis 4 Leitfaden für QS/QM und Elemente eines QM-Systems

Der Betroffene möge sich je nach Betrieb oder Kundenwunsch den einzelnen Modellen zuordnen. Alle am Bau Beteiligten von der Planung über die Ausführung, zur Nutzung bis zur Entsorgung sind im Qualitätskreis eingebunden und über Schnittstellen (potentielle Fehlerquellen) verbunden.

Im → Qualitätsmanagement-Handbuch wird das Q.-S. dargelegt und auf die einzelnen → Qualitätsmanagement-Elemente eingegangen. → Qualitätsmanagement-Anweisungen (Verfahrensanweisungen, Arbeitsanweisungen) werden zusammengestellt (Datenbank). Projekt- oder objektbezogen ist eine → Qualitätsplanung vorzusehen.

Folgende Qualitätsmanagement-Elemente sind zu beachten und zu bearbeiten, dabei wird nachfolgend DIN EN ISO 9001 zugrunde gelegt (siehe Klammer mit Abschnittangabe). Das Vokabular ist an die Belange des Bauens angepaßt:
– Oberste Leitung (4.1): Muß Verpflichtung zur Qualität kundtun, einen Verantwortlichen benennen (Qualitätsbeauftragter-Bau), Mittel zur Verfügung stellen und laufende → Qualitätsmanagement-Bewertung durchführen. Organisation und Verantwortlichkeit ist zu benennen.
– Q.-S. (4.2): In einem Qualitätsmanagement-Handbuch darlegen. Verfahrens- und Arbeitsanweisungen sind aufzuführen.
– Vertragsprüfung (4.3): Auf Vollständigkeit und Widersprüchlichkeit prüfen. Ist notwendiges Potential vorhanden?
– Planung und Entwicklung (4.4 Designlenkung): Vollständigkeit, Verantwortlichkeit, Sachkunde sicherstellen.

– Lenkung der Dokumente und Daten (4.5): Unterschriftenregelung, Änderungsdienst festlegen.
– Einkauf von Produkten einschließlich Nachunternehmerleistung (4.6 Beschaffung): Nachunternehmerbewertung!
– Vom Kunden beigestellte Produkte (4.7)
– Kennzeichnung und Rückverfolgbarkeit von Produkten (4.8)
– → Arbeitsvorbereitung und Ausführung (4.9 Prozeßlenkung): Planung spezieller Bauabläufe
– Prüfungen, Aufzeichnungen (4.10): Wie Eignungs-, Zwischen-, Endprüfungen
– Prüfmittelüberwachung (4.11)
– Prüfstatus, Kennzeichnung des Prüfzustandes (4.12)
– Vorgehen bei Abweichung vom Soll, einschließlich → Gewährleistung (4.13 Lenkung fehlerhafter Produkte); was passiert „wenn" vorab klären
– Korrektur- und Vorbeugemaßnahmen (4.14) bei systematischen Fehlern
– Handhabung, Lagerung, Verpackung, Konservierung und Versand (4.15)
– Lenkung von Qualitätsaufzeichnungen, Aufbewahrungszeiten, Archivierung (4.16)
– Internes Qualitäts-Audit (4.17)
– Schulung des Personals in fachlicher Hinsicht (4.18)
– Wartung (4.19)
– Statistische Methoden (4.20)

Der ausgebildete Qualitätsbeauftragte paßt vorhandene, gewachsene Firmenstrukturen in das durch DIN EN ISO 9000ff. vorgegebene Schema, integriert Personal und vorhandene Anweisungen. Damit wird Akzeptanz erreicht. Das so gelebte System kann von akkreditierten Gesellschaften zertifiziert werden.

→ Qualitätskosten sind zu verfolgen. Zur Entscheidungsfindung stehen eine Vielzahl an → Qualitätsmanagement-Werkzeugen (Tools) zur Verfügung. Eine optimale Ergänzung des Q.-S. wird durch Einführung von → Qualitätszirkel erreicht.

Moderne Firmenführung in Verbindung mit Lean Production, Just in Time, Kaizen oder Simultaneous Engineering sind ohne Q.-S. nicht mehr denkbar.

Im bauaufsichtlich/gesetzlich geregelten Bereich (→ Akkreditierung) oder bei den Regelungen aus der Europäischen Union EU (z.B. Bauproduktenrichtlinie) hat man sich noch nicht eindeutig zum Q.-S. bekannt. Die Praxis würde dies begrüßen, um nicht zwei verschiedene Q.-S. zu haben. Immerhin kann die in der Bauregelliste A, Teil 1 für bestimmte Produkte geforderte werkseigene Produktionskontrolle zur Erlangung des Überwachungs-Zeichens als eine Untereinheit zu den Elementen des Q.-S. nach DIN EN ISO 9000ff. angesehen werden.

Eine Erweiterung ist im Total-Quality-Management-System zu sehen, das unternehmenübergreifende Organisationsformen erfaßt, um umfassende Kundenzufriedenheit zu erzielen. Haftungsfragen sind mit einzubeziehen, um z.B. dem BGH-Urteil VII ZR 5/91 vom 12.03.1992 zu entgehen, das dem Fehlen einer Organisation, die grobe Fehler erkennen läßt, arglistigem Verschweigen gleichsetzt und die Gewährleistung auf 30 Jahre verlängert. Auch Fragen des → Umweltschutzes (Öko-Audit) und der Gesundheit sind mit einzubeziehen (integrierte Management-Systeme).

Jungwirth

Literatur: *Fuhr, H., Göpel, R. A., Jungwirth, D., Otto, Th.*: Qualitätsmanagement im Bauwesen. Düsseldorf, 1996. – Leitlinien Qualitätssicherung im Bauwesen; Hauptverband der Deutschen Bauindustrie, Wiesbaden, 1993. – Deutscher Beton-Verein e. V.: Qualitätssicherung; Wiesbaden, 1992. – Information des Haftpflichtverbandes der Deutschen Industrie (HDI): Rechtliche Aspekte der Zertifizierung von QMS; L. Rothe, Hannover; QZ 38, 1993, S. 475. – Information des Haftpflichtverbandes der Deutschen Industrie (HDI). H-III 10/89 (06/92).

Qualitätsmanagement-Werkzeuge. Neben den klassischen statistischen Methoden gibt es eine Vielzahl an Werkzeugen und Strategien, um Voraussagen und Wertungen für ergebnisorientiertes Vorgehen zu machen, sog. Tools. Einige klassische Methoden seien in Stichworten beschrieben.

☐ FMEA (Fehler-Möglichkeiten und Einfluß-Analyse): Um Risiko und Schwachstellen zu erkennen, werden im Vorfeld verschiedene Abläufe verglichen und nach einem Punktschema 1 bis 10 abgefragt nach:
– welche Fehler können auftreten,
– wie hoch ist die Entdeckungswahrscheinlichkeit und
– wie gravierend wirkt sich der Fehler aus?
Eine Risiko-Prioritätszahl RPZ kann zwischen $1 \times 1 \times 1 = 1$ und $10 \times 10 \times 10 = 1\,000$ liegen. Anzustreben ist eine RPZ < 100.

☐ QFD (Quality Function Deployment): Systematische Methode der → Qualitätsplanung bestehend aus Verbraucher-/Kundenbefragung, Auswertung, Bewertung und Festlegung der Vorgehensweise, um bestimmte Qualitätsmerkmale unter Beachtung der Wirtschaftlichkeit zu erfüllen. Tabellarisch ausgewertet ergibt sich wegen Rückführungsmöglichkeit die Form eines aufgesetzten Dreiecks: House of Quality

☐ Pareto-Analyse (auch ABC-Analyse): nach dem italienischen Prof. *Pareto* benannte Methode, um aus einer Vielzahl von Einflußgrößen diejenigen herauszufinden, welche am häufigsten auftreten bzw. sich am stärksten auswirken. Entsprechend sind Schwerpunkte zu setzen.

☐ Ishikawa-Diagramm, auch Ursachen-/Wirkungs-Diagramm genannt: nach dem japanischen Prof. *Ishikawa* benannt und wegen der Gestalt des Diagramms auch als „Fischgrät-Diagramm" bezeichnet. Es verdeutlicht das Zusammenwirken der einzelnen Produktionskomponenten.

☐ Portfolio: Sie sind vielseitig anwendbar, um sich mit dem Wettbewerb zu vergleichen. Marktattraktivität wird dem relativen Wettbewerbsvorteil/der Wettbewerbsstellung im Diagramm gegenübergestellt und gewichtet.

Daneben seien noch schlagwortartig angerissen das Brainstorming, Projektmanagement, Benchmarking, Seven Tools, Excellence Leadership, Kraftfeldanalyse, Flußdiagramme, Histogramme, Korrelations-Diagramme, Kaizen, Kan ban usw. (→ Qualitätsmanagement-System).

Jungwirth

Literatur: *Masing, W.*: Handbuch der Qualitätssicherung. München-Wien, 1994. – DIN Fachbereich 32: Grundlagen zur Festlegung von Anforderungen und Prüfplänen für die Überwachung von Baustoffen und Bauteilen mit Hilfe statistischer Betrachtungsweisen. Berlin, 1989. – *Heinhold, J., Gaede, K. W.*: Ingenieur-Statistik. München, 1964. – *Sell, R.*: Statistische Festigkeitsbeurteilung bei Beton, Zementtaschenbuch 1962. Wiesbaden, 1962. – *Fuhr, H., Göpel, R. A., Jungwirth, D., Otto, Th.*: Qualitätsmanagement im Bauwesen. Düsseldorf, 1996. – *Hering, E. u. A.*: Qualitätssicherung für Ingenieure. Düsseldorf, 1993. – DGQ Qualitätsmanagement in der Bauwirtschaft, DGQ Frankfurt, 1993. – *Hansen, W.* et al.: Qualitätsmanagement im Unternehmen. Berlin-Heidelberg, 1993. – *Hinterhuber, H. H.*: Strategische Unternehmensführung, Berlin-New York, 1977. – *Dunst, H. K.*: Portfolio-Management. Berlin, 1983.

Qualitätsmanagementingenieur → Ausbildung im Qualitätsmanagement

Qualitätsmanager → Ausbildung im Qualitätsmanagement

Qualitätsplanung. Neben den allgemein gültigen Darlegungen des → Qualitätsmanagement-Systems im → Qualitätsmanagement-Handbuch sind ggf. projekt- und objektabhängig spezielle Festlegungen hinsichtlich Organisation und Ablauf zu beschreiben. Diese Q. richtet sich in Aufwand und Umfang nach der Bedeutung der → Bauleistung oder nach vertraglichen Forderungen. Üblicherweise unterscheidet man drei Klassen. Für die einfachste Klasse genügt die Existenz des allgemeinen Qualitätsmanagement-Systems mit Qualitätsmanagement-Handbuch. Für mittlere Bauaufgaben genügen sog. Baustelleneröffnungs- und -schlußgespräche, die protokolliert werden und ggf. das Bauleiterhandbuch. Für große, sicherheitsrelevante, riskante Bauaufgaben sind spezielle Q. zu erstellen, die konkret auf die einzelnen Qualitätsmanagement-Elemente, wie diese im Qualitätsmanagement-Handbuch beschrieben sind, eingehen. Der Hauptverband der Deutschen Bauindustrie (HBi) hat dazu ein Merkblatt mit Hinweise zur Erstellung herausgebracht.

Jungwirth

Qualitätssicherung (*engl.* Quality Assurance). Wegen internationalem Bedeutungswandel ist dieser Begriff neben → Qualitätsplanung und Qualitätslenkung Teilbereich von Qualitätsmanagement (→ Qualitätsmanagement-System).

Jungwirth

Qualitätssicherungsplan. Im → Grund- und → Erdbau läßt sich eine nachträgliche Ortung oder Reparatur von Mängeln nicht oder aber nur mit erheblichem Aufwand vornehmen. Der Qualitätssicherung der Bauausführung kommt daher größte Bedeutung zu. Im Deponie-, Straßen- sowie Dammbau sind bestimmte Kontrollen zwingend vorgeschrieben.

Die Qualitätssicherung soll gewährleisten, daß die dem Stand der Technik entsprechenden Qualitätskriterien sowie die in Genehmigungsbescheiden enthaltenen Auflagen eingehalten werden. Sie erstreckt sich sowohl auf die → Qualität der eingebauten Materialien als auch auf diejenige der Bauausführung. Im Deponiebau ist eine dreistufige Qualitätsüberwachung vorgeschrieben: Eigenüberwachung des Unternehmers, Fremdüberwachung durch ein unabhängiges Ingenieurbüro oder Institut sowie behördliche Überwachung. Zur Festlegung geeigneter Einbaumaterialien sind in einer Vorstufe Eignungsversuche durchzuführen.

Die Qualitätskriterien werden im Q. (QS-Plan) festgelegt. Darin sind die Zuständigkeiten und Aufgaben der Bauüberwachung geregelt, die Anforderungen an die zum Einbau vorgesehenen Materialien sowie deren Einbau festgelegt und es sind die Art und der Umfang der Qualitätsprüfung angegeben.

Empfehlungen zum Aufbau und zur Darlegung eines Q. enthalten die Normen DIN ISO 9000 bis DIN ISO 9004. Näheres ist auch in der DIN 55 350 geregelt. Grundsätze der Qualitätssicherung für Deponiebauwerke sind vom Arbeitskreis der Deutschen Gesellschaft für Geotechnik (DGGT) „Geotechnik und Deponien und Altlasten" in Empfehlungen zusammengefaßt. *Meißner/Becker*

Qualitäts-Zirkel (*engl.* Quality-Circles). Das Funktionieren eines → Qualitätsmanagement-Systems setzt voraus, daß die oberste Leitung das Konzept von oben nach unten – top-down – durchsetzt. Q. arbeiten dagegen von der Basis nach oben (bottom up). So werden konkrete Probleme durch Gruppen gelöst, die von einem neutralen Moderator betreut werden. Das System funktioniert nur dann, wenn diese Vorschläge auch von der Führung angenommen werden. So kann der Q. zur Synergie und Fehlerreduktion im Qualitätsmanagement-System beitragen. *Jungwirth*

Literatur: *Bundgard, W., Wiendieck, G.*: Qualitätszirkel als Instrument zeitgemäßer Betriebsführung. Landsberg, 1986. – *Strombach, M. E.*: Qualitätszirkel und Kleingruppenarbeit als praktische Organisationsentwicklung. Frankfurt, 1986.

Quelle. Eine Q. ist ein natürlicher, örtlich begrenzter Grundwasseraustritt, auch nach künstlicher Fassung (DIN 4049-3). Eine Grundquelle ist eine unter Wasser austretende Q. Tritt das Wasser auf größerer Erstreckung aus, spricht man von einer Quellenlinie. Quellenlinien können an tektonische Störungen oder Schichtgrenzen geknüpft sein. Quellengruppen treten dann auf, wenn ein → Grundwasserleiter in größerer Breite ausstreicht oder eine Häufung wasserführender Klüfte auftritt. Wasseraustritte, deren Schüttung keinen sichtbaren → Abfluß hervorruft, können als Naßstellen oder Grundwasseraustritte in verteilter Form bezeichnet werden. Sie nehmen oft große Flächen ein. Episodische Q. (Hungerquellen) weisen nach jahrelangem Versiegen plötzlich gewaltige → Quellschüttungen auf. Bei intermittierenden Q. wechseln Schüttung und völliges Versiegen mehr oder weniger regelmäßig ab.

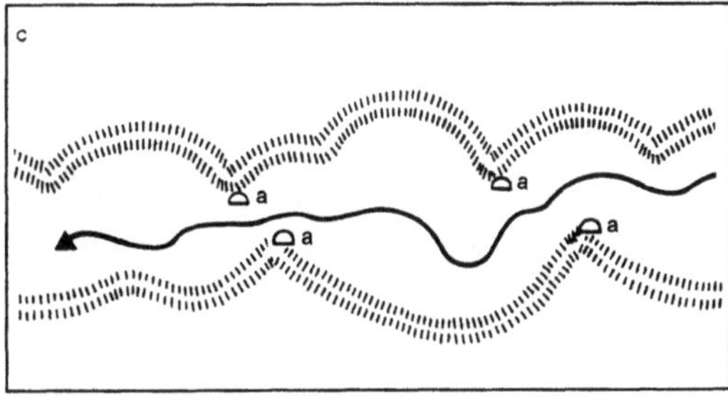

Quelle 1: Quellenaustritte durch Abnahme der Breite des Grundwasserleiters.

a Quelle

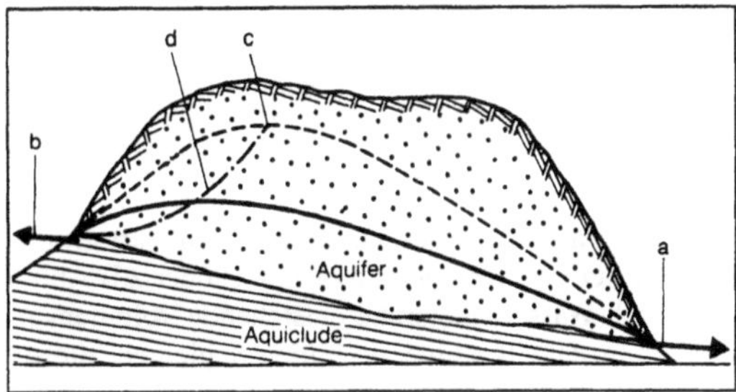

Quelle 2: Quellenaustritte als Schichtquelle oder Überfallquelle an Schichtgrenzen.

a Schichtquelle, b Überfallquelle, c Grundwasserscheide bei hohem Wasserstand, d Grundwasserscheide bei niedrigem Wasserstand

Q. können nach der Schüttung, der Art des Grundwasserleiters, der geologischen Struktur, der chemischen Beschaffenheit, der Wassertemperatur, der Richtung der Grundwasserbewegung und nach der Beziehung zur Topographie klassifiziert werden. Q. mit großen Schüttungen treten in Karstgebieten und in Gebieten mit vulkanischen Gesteinen und Sandsteinen auf. Die wasserreichsten Q. haben Schüttungen bis 200 m³/s (Sorgue-Q. bei Fontaine-de-Vaucluse, Südfrankreich), mit durchschnittlich 29 m³/s (4,5–200 m³/s).

Zu Q. kommt es bei Verringerung der Mächtigkeit oder Breite (Bild 1) des Grundwasserleiters, weiterhin bei Abnahme der → Durchlässigkeit durch Zunahme von feinkörnigem Material oder durch Abnahme der Klüftung. Schuttquellen treten am Fuße von Bergsturzmassen und Schutthalden über schlecht durchlässigem Untergrund zutage. Sie werden durch örtlich gebildetes → Grundwasser oder durch unter dem Schutt verborgene Q. gespeist. Schichtquellen entstehen an den Ausbißstellen der Grenze zwischen grundwasserleitenden und -nichtleitenden Schichten. Bei einfallenden Schichten zeigen die tiefer liegenden Q. eine höhere Schüttung (Bild 2). Überfallquellen treten in schüssel- oder muldenförmigen Strukturen, in denen Grundwasserleiter über Grundwassernichtleitern anstehen, an den tiefsten Stellen der undurchlässigen Umrandung auf. Stauquellen entstehen dort, wo → Grundwassernichtleiter einen Grundwasserleiter überlagern und so das Grundwasser zum Austritt zwingen. Verwerfungsquellen (Kluftquellen) treten an Klüften auf, an denen durch lotrechte oder waagerechte Verschiebungen Grundwasserleiter an Grundwassernichtleiter anstoßen, außerdem an orographischen Tiefpunkten von grundwasserführenden Klüften und Hohlraumsystemen.

Nach dem Quellmechanismus unterscheidet man absteigende Q., denen das Grundwasser mit freier Grundwasseroberfläche zufließt, und aufsteigende Q. mit gespanntem Grundwasser oder mit Auftrieb durch Gase, wie Wasserdampf, Kohlendioxid, Kohlenwasserstoffe oder Stickstoff (Sprudelquellen).

Mattheß

Literatur: *Mattheß, G.*, u. *K. Ubell*: Allgemeine Hydrogeologie – Grundwasserhaushalt. Berlin, Stuttgart 1983.

Quellen.

Grundbau. Bei Tonmineralien der Smektitgruppe (wichtigster Vertreter: Montmorillonit) oder z.B Anhydrit durch Wasseranlagerung entstehende Volumenvergrößerung. Die Tonminerale bilden Schichten, die im trockenen Zustand einen Abstand von ca. 1,4–1,6 nm haben. Bei Kontakt mit Wasser weitet sich der Schichtabstand auf, und es wird Wasser angelagert. Der Ton quillt; dabei kann eine Volumenvergrößerung um das Vielfache des Ausgangsvolumens entstehen. Bei stützenden Flüssigkeiten führt das Q. des Tones zu einer Verfestigung der Suspension. Calciumsulfathaltiges Gestein, wie Gipskeuper, quillt, wenn sich Anhydrit ($CaSO_4$) irreversibel in Gips ($CaSO_4 + 2H_2O$) umwandelt. Dabei können Volumenzunahmen von bis zu 60% auftreten. Der Quellvorgang ist besonders ausgeprägt, wenn das Anhydrit pulverförmig verteilt auftritt. Bei Behinderung von Quellverformungen entstehen Quelldrücke. Diese sind im → Tunnelbau häufig so groß, daß die Auskleidung zerstört wird, besonders dann, wenn kein Sohlgewölbe vorhanden ist. Im → Straßenbau können Quellverformungen in Einschnittstrecken zu Hebungen von mehreren Dezimetern führen.

Die Quellverformungen nehmen mit zunehmenden Druckentlastungen stark zu. Sind Quellverformungen nicht zugelassen, so muß i.d.R. ein Wasserzutritt zum quellfähigen Gebirge verhindert werden. Die Bestimmung der quellfähigen Bestandteile eines Bodens kann halbquantitativ mit der Methylenblau-Methode erfolgen. Methylenblau ($C_{16}H_{18}N_3SCl \cdot 3H_2O$) ist ein organischer Farbstoff, der von quellfähigen Tonmineralien bis zu einem Maximum adsorbiert wird. Durch Vergleich mit einem Kalibrierton sind dann Aussagen über die quellfähigen Anteile eines Tons möglich.

Meißner/Becker

Holzbau. Volumenausdehnung bei Wasseraufnahme. Das Q. des Holzes ist bei Vollholz i.a. reversibel. Es nimmt im Feuchtebereich zwischen 5 und 20% fast linear zu. Deshalb gibt man die prozentualen Quellmaße für je 1% Holzfeuchteänderung an. Das Q. ist in tangentialer Richtung am größten, radial etwa halb so groß und longitudinal i.a. vernachlässigbar gering. Bei manchen Holzwerkstoffen ist das Q., insbes. an den Plattenrändern irreversibel.

Dröge

Literatur: *Halász, R. v.*, u. *C. Scheer* (Hrsg.): Holzbau-Taschenbuch. Bd. 1. 9. Aufl. Berlin 1996.

Quellfassung. Quellwasser ist dem → Grundwasser zuzurechnen. Es steht dort an, wo auf einer undurchlässigen Bodenschicht Wasserschichten in durchlässigem Boden oberflächennah oder als → Quelle austreten. Die Q. ist meist eine nahezu waagerechte Fassung. Sie besteht immer aus einem unterirdisch angelegten Sickerbereich (→ Dränage, → Siedlungswasserwirtschaft) auf der wasserführenden Bodenschicht, der sich aus Steinen, grobem Material, → Kies, → Sand (in Fließrichtung vom feineren zum gröberen Material abgestuft) zusammensetzt, einem durchlässigen Fassungsrohr, einer Quellkammer, einem Sammelbecken zur Entsandung oder einer Sammelrinne. Aus der Quellkammer wird das Wasser für die → Wasserversorgung entnommen. Die Q. ist durch einen verschließbaren Deckel oder eine Tür zugängig; sie soll belüftet sein. Ein → Überlauf über Schwelle und Rohr oder nur über ein Rohr ins Freie ermöglicht den Abfluß bei größerem Zufluß. Dieser Notüberlauf ist außen durch eine Froschklappe gegen Rückstau und den Zutritt von Lebewesen gesichert.

Q. können auch durch Stollen bergmännisch erstellt werden.

Pfeiff

Quellschüttung. Q. ist die ausfließende Wassermenge je Zeiteinheit, sie wird in l/s oder m^3/s angegeben. Q.-Messungen erfassen den Grundwasserabfluß direkt. Die Q. wird hauptsächlich durch die → Durchlässigkeit des Grundwasserleiters, die Größe des → Einzugsgebietes und die Höhe der → Grundwasserneubildung beeinflußt. Bei hoher Durchlässigkeit können sich große Wassermengen auf kleinen Flächen konzentrieren. Bei schlechten Grundwasserleitern ist das Wasser gezwungen, in vielen kleinen → Quellen oder über eine große Fläche verteilt auszutreten. Die zeitlichen Änderungen der Q. werden außer durch das hydrologische Geschehen auch durch die hydrogeologischen Eigenschaften des Einzugsgebietes bestimmt (→ Austrocknungskoeffizient). Quellen aus Grundwasserleitern mit großer Speicherfähigkeit (→ Hohlraumanteil) weisen meist nur sehr geringe Schüttungsschwankungen auf.

Mattheß

Quellungsdruck. Entsteht bei der mit Quellvorgängen verbundenen Wasseraufnahme des → Holzes und gleichzeitiger Dehnungsbehinderung. Beispielsweise sprengten die Ägypter Felsen mit Hilfe von quellenden Holzkeilen.

Dröge

Querkontraktionszahl. Sie wird auch Querdehnzahl genannt und ist wie der → Elastizitätsmodul eine Materialkenngröße (→ Stoffgesetz). *Laermann*

Querschlag. → Querverbindung zu einem zweiten Tunnelbauwerk (→ Tunnelbau). *Wagner*

Querträger. Q. sind Träger, vielfach Trägerscharen, die senkrecht zur Haupttragrichtung bei Hoch- und Brückenbauten angeordnet und i.d.R. als auf den Hauptträgern aufgelagert betrachtet werden. *Laermann*

Querverbindung. In der → Siedlungswasserwirtschaft sind Q. Verbindungen zwischen Trinkwasserversorgungssystemen. Bei der Trinkwasserversorgung ist besondere Sorgfalt erforderlich, um Risiken jeder Art von Trinkwasserverunreinigung auszuschalten. Eine hohe Versorgungssicherheit nach Menge und Wasserdruck im Trinkwassernetz ist notwendig. In der Praxis werden daher Q. eingerichtet, die die Versorgungssicherheit erhöhen. In bestimmten Fällen können sie aber auch Risiken der Verschmutzung des Trinkwassers mit sich bringen. Dies hängt davon ab, ob die Q. zwischen Versorgungssystemen mit stets gleicher Trinkwassergüte, z.B. zwischen benachbarten → Wasserversorgungsunternehmen (WVU), oder zu einem Netz mit → Eigenversorgung, zur Notversorgung bei Störungen oder zum Druckausgleich bei Verbrauchspitzen besteht.

Bei einer Q. zu Systemen, die ständig oder gelegentlich auch anderes, evtl. schmutziges oder schädliches Wasser oder andere Flüssigkeiten führen oder zu solchen Versorgungssystemen hinleiten, können sich unzulässige oder kritische Verschmutzungen ergeben. Dies ist z.B. der Fall, wenn die Q. über Schlauchanschlüsse oder feste Anschlüsse vom Trinkwassernetz (Hydrant, Zapfstelle, Brause) zu gefüllten Wannen, Becken, Betriebswasser ohne Trinkwassergüte oder zu andere Flüssigkeiten führenden Systemen hergestellt wird und wenn so ein höherer Druck im Fremdsystem als im Trinkwassernetz vorliegt. Dies kann bei Druckabfall durch Entnahme, Brüche oder Störungen, auch bei Entleerungen wegen Reparaturarbeiten zustande kommen. Dabei kann unsauberes Wasser in das Trinkwasserversorgungssystem „angesaugt" oder „eingedrückt" werden. Nach DIN 1988 sind daher solche Q. nur über mindestens 40 mm freie Fallstrecken vom Trinkwassernetz in das „fremde" System zulässig, oder es sind speziell zugelassene Rohrtrenner, Übergangssysteme oder in einer hochgeführten Schleife oben installierte Entlüfter bzw. Belüfter einzurichten. Diese verhindern, daß bei fallendem Druck im Trinkwassersystem Nichttrinkwasser aus tiefer liegenden Behältern „angesaugt" wird, eine Situation, die z.B. bei jeder Badewanne entstehen kann. *Pfeiff*

Querwerk → Regelungsbauwerk

R

Radburnsystem → Erschließungsnetz

Radialschnitt. Der R. (Spiegelschnitt) verläuft durch die Längsachse und den Durchmesser des Baumstammes. Im R. verlaufen die Jahrringe als parallele Linien in Längsrichtung (→ Bast). *Dröge*

Radius. Der R. als Gleisbogenhalbmesser ist ein Trassierungselement (→ Trassierung), das die zulässige Höchstgeschwindigkeit maßgeblich beeinflußt. Im Eisenbahnbau werden deshalb möglichst gestreckte Linienführungen mit langen Geraden und/oder möglichst großen R. angestrebt. Die Eisenbahn-Bau- und Betriebsordnung (EBO) schreibt für durchgehende Hauptgleise bei Hauptbahnen einen Mindestradius von 300 m vor. Bei Nebenbahnen sind 180 m zulässig. In Gleisbögen mit sehr kleinen R. sind Spurerweiterungen (→ Spurweite) erforderlich, um Zwängungen zu vermeiden. Das → Lichtraumprofil muß bei kleinen R. ebenfalls vergrößert werden. Bei → Neubaustrecken ist für den Bogenhalbmesser ein Regelwert von 7 000 m vorgesehen. In Ausnahmefällen wird ein R. von 5 100 m zugelassen.

Eine Richtungsänderung soll möglichst stetig erfolgen, deshalb sind ggfs. zwischen Geraden und Gleisbögen und auch zwischen Gleisbögen mit verschiedenen R. Übergangsbögen anzuordnen. Um die Fliehkraft (Seitenbeschleunigung) bei einer Bogenfahrt zu reduzieren, wird in der Regel die bogenäußere Schiene angehoben (Überhöhung). *Kracke/Runge*

Radlader. R. sind Ladegeräte mit Reifenfahrwerk, die mit der vorn sitzenden Schaufel laden, aber auch Transportaufgaben im Nahbereich ausführen können. Sie werden normalerweise gebaut mit:

☐ 20–590 kW Leistung,

☐ 0,5–10,5 m³ Schaufelinhalt,

☐ 3–100 t Betriebsgewicht.

Geräte mit Motorleistung unter 60 kW baut man mit verschiedenen Lenk- und Antriebssystemen, Direktantrieb, Knicklenkung, Allradlenkung bzw. Vorder- oder Hinterachslenkung. Stärkere Geräte werden fast ausschließlich mit Knicklenkung, Drehmomentwandler oder hydrostatischem Antrieb ausgerüstet. Eine Grenzlastregelung (Power-Balance-System) erlaubt eine stufenlose Leistungsverzweigung zwischen Lenkung, Arbeitshydraulik und Fahrantrieb. Der Kraftfluß geschieht üblicherweise durch ein Lastschaltgetriebe (Full-Powershift-Getriebe) und über Planetengetriebe in den Radnaben. Die Ladeschaufel ist über ein Gestänge mit dem Rahmen verbunden. Die Geometrie dieses Gestänges ermöglicht ein schnelles Füllen und Auskippen der Schaufel (Z-Gestänge, fluchtende Gestänge). Hohe Wendigkeit und Fahrgeschwindigkeiten bis 40 km/h und die daraus resultierende Mobilität machen den R. zum Universalgerät für viele kleine, schnelle Einsätze. Als Nachteil muß seine geringe Grabkraft gesehen werden. Mit großen Schaufelinhalten haben sich die R. weite Einsatzgebiete erschlossen und stehen in direkter Konkurrenz zu den → Hydraulikbaggern. *Kühn*

Radlast. Die R. hat wesentlichen Einfluß auf die Oberbaubeanspruchung. Sie muß durch die einzelnen Elemente des → Oberbaues aufgenommen und sicher in den Untergrund weitergeleitet werden. Dabei ist die wirksame R. zugrunde zu legen, die sich aus der statischen R. und senkrechter Zusatzkräfte z. B. aus der Verlagerung des Radsatzes infolge Schrägstellung des Fahrzeuges zusammensetzen. Diese Zusatzkräfte können je nach Bogenhalbmesser (→ Radius), Überhöhung, Fahrgeschwindigkeit und Schwerpunkthöhe des Fahrzeuges 10–25% der statischen R. betragen.

Die Eisenbahnstrecken werden entsprechend der zulässigen R. bzw. Achslasten klassifiziert, die sich aus der Oberbaubeschaffenheit und der → Tragfähigkeit der Kunstbauwerke (→ Brücken) ergeben. Gemäß Eisenbahn-Bau- und Betriebsordnung (EBO) sind Oberbau und Bauwerke so auszubilden, daß auf Hauptbahnen Achslasten von 18 t und bei Neubauten mindestens 20 t zugelassen werden können. Die höchste zulässige Achslast beträgt auf bestimmten Strecken 22,5 t, dies gilt auch für die → Neubaustrecken der Deutschen Bahnen. *Kracke/Runge*

Rähm. Unter R. (Rahmholz, Rahme oder Dachträger) versteht man:

☐ an einer Fachwerkwand längs über unterstützende Stiele (Ständer) durchlaufendes → Kantholz, das als Auflager von senkrecht zu ihm verlaufenden Balken einer Geschoßdecke dient (Bild),

☐ Kantholz, das als Längsholz in Verbindung mit Kopfbändern und Pfosten als Auflager von Kehlbalken dient und das Dachtragwerk in Längsrichtung aussteift (Sonderform des Kehlriegeldaches, die vorwiegend in Ost- und Süddeutschland vorkommt). *Dröge*

Räumer. Maschinelle Einrichtung zum kontinuierlichen oder diskontinuierlichen Räumen des in → Absetzbecken, Flotationsanlagen, → Sandfängen oder Abscheidern abgesetzten oder aufgeschwemmten

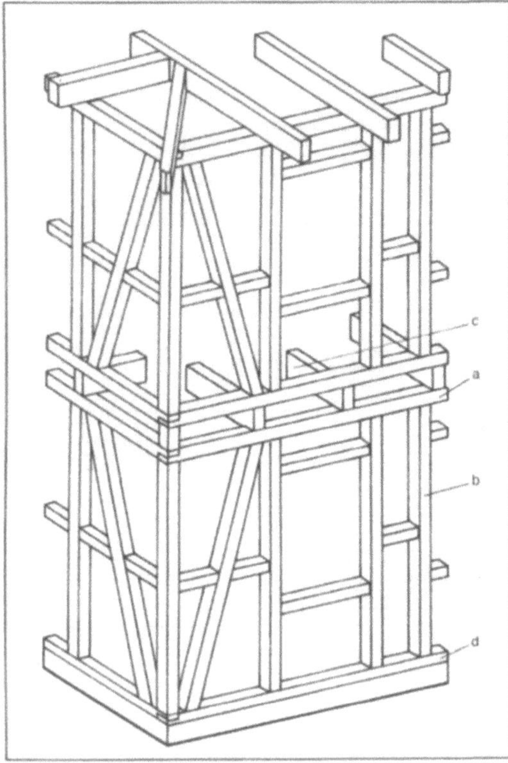

Rähm: R. im Fachwerkhausbau.

a R., b Stiel, c Deckenbalken, d Schwelle

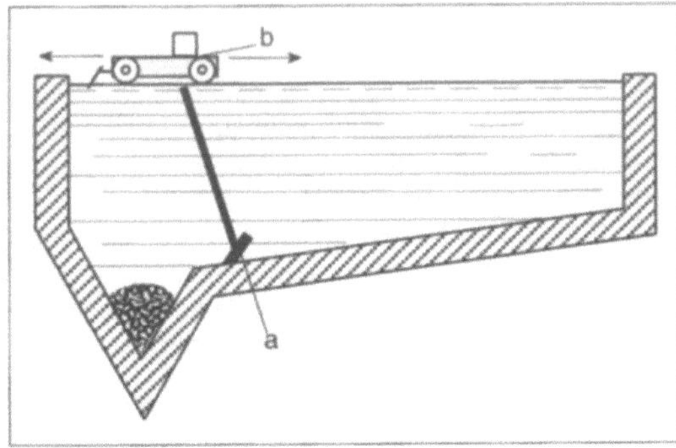

Räumer: R. für Rechteckbecken.

a Schlammräumschild, b fahrbare Räumerbrücke mit Schwimmschlammräumer

→ Schlammes. Der Bandräumer ist an einem endlosen Band in ständigem Umlauf und räumt evtl. in zwei Richtungen (oben und unten). Der Schildräumer (Kratzer oder Schieber) schiebt den Schlamm vor sich her oder kratzt ihn vom Boden in Längsrichtung in einen Schlammsammelraum (Bild). Er wird oft beim Rücklauf (auf Rechteckbecken) hochgefahren und räumt dann Schwimmschlamm. Er kann aber auch, z.B.

immer beim Rundbecken, mit einem zweiten oberen Schwimmschlammräumerschild versehen sein und Boden- und Schwimmschlamm in gleicher Richtung räumen. Um Schaumbildung (Detergentien!) zu unterbinden, kann über den R. ein Wasserschleier auf die Wasseroberfläche gespritzt werden. Bei mehreren parallel geschalteten Rechteckbecken gibt es gelegentlich auch Querfahreinrichtungen, um mehrere Becken mit einem R. zu bedienen. Für bestimmte Aufgaben, z.B. die Rücklaufschlammaufnahme in Nachklärbecken der biologischen Reinigung oder Sandfängen, können Saugräumer eingesetzt werden. In Kombination mit Bürsten können R. auch Abflußrinnen sauberhalten. R. baut man vor allem in Stahl oder Edelstahl; selten werden auch Aluminiumteile eingesetzt. Sie laufen seitlich geführt teils auf Schienen, teils auf Gummirädern. R. müssen bei jeder Witterung betrieben werden können. Sie sind meist elektrisch angetrieben und nach verschiedenen Kriterien gesteuert (Zeit, Geschwindigkeit, Schlammspiegel). *Pfeiff*

Rahmenplan, wasserwirtschaftlicher. Umfassende Zusammenstellung des Wasserdargebotes und des → Wasserbedarfes sowie der Möglichkeiten, den Wasserbedarf aus dem vorhandenen Dargebot unter Beachtung des → Hochwasserschutzes und der Reinhaltung der Gewässer zu decken. Er ist kein zur Ausführung bestimmter Entwurf, sondern soll die Grundlagen für wasserwirtschaftliche Maßnahmen im Planungsraum bei größtmöglichem Nutzen und geringstem Schaden liefern. Die begrenzt vorhandenen Wasservorräte und steigende Ansprüche durch verschiedenartigste Nutzungen bedingen eine planmäßige Bewirtschaftung des festzustellenden und nutzbaren Dargebots sowie eine Ordnung und Abstimmung aller wasserwirtschaftlichen Maßnahmen unter Sicherung des → Wasserkreislaufs. Mit dem im → Wasserhaushaltsgesetz gesetzlich verankerten w. R. (Bild, S. 508) sollen die Nachteile der Einzelplanung vermieden, gegensätzliche Interessen nach übergeordneten Gesichtspunkten ausgeglichen sowie eine Wirtschaftslenkung und eine → Raumordnung auf der Basis einer geordneten → Wasserwirtschaft ermöglicht werden. Der Rahmenplan hat die Aufgabe, für ein größeres, wasserwirtschaftlich sinnvoll abgegrenztes Gebiet – in der Regel für das Niederschlagsgebiet (→ Einzugsgebiet) eines Gewässers – nachzuweisen:

☐ das gesamte natürliche und nutzbare Wasserdargebot,

☐ den heutigen → Wasserbedarf und seine Entwicklung auf absehbare Zeit (i. a. 30 Jahre) für alle Bedarfszweige,

☐ die Möglichkeit der Deckung des Bedarfs aus dem Dargebot.

Die Schlußfolgerungen enthält der wasserwirtschaftliche Entwicklungsplan, in dem alle Maßnahmen zusammengefaßt sind, die aus den → Wasserbilanzen resultieren und zum sinnvollen Verwalten und Erhalten

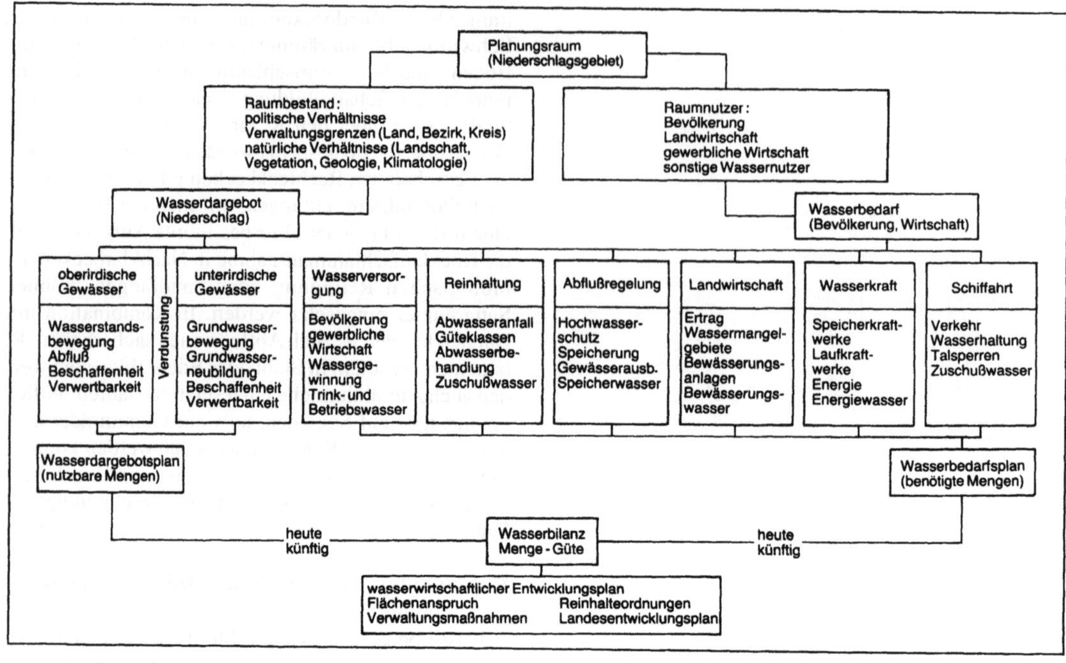

Rahmenplan, wasserwirtschaftlicher: Umfang und Inhalt des w. R.

des Wasserschatzes für erforderlich gehalten werden. Die Bearbeitung eines derart umfangreichen Werkes, das alle die Wasserwirtschaft beeinflussenden Elemente des Raumbestandes und der Raumnutzer eingehend erfaßt, beansprucht einige Jahre. Eine solche Grundlage läßt aber nicht die heute allgemein erforderlichen kurzfristigen Entscheidungen zu. Für die Praxis hilfreicher sind daher auf Teilbereiche der Wasserwirtschaft beschränkte Planungsinstrumente (→ Planung, wasserwirtschaftliche). *Lecher*

Rahmenscherversuch → Scherversuch, direkter

Rahmentafelschalung. R. „für vertikale Bauteile" sind entsprechend den Richtlinien des Güteschutzverbandes Betonschalungen (GSV) rechteckige → Schalungselemente und zählen laut → Baugeräteliste zur Gruppe 9, sonstige Geräte, bzw. Gruppe 96, Rüstungen, Schalungen, Stützen. Sie bestehen aus einem äußeren, allseitig umlaufenden Rahmen aus Stahl oder Aluminium, der durch Querriegel verbunden ist.

Der Tafelbelag Schalhaut besteht überwiegend aus → Sperrholz der DIN 68792, mit Dicken von 12–22 mm.

Rastertafelschalungen bestehen wie R. ebenfalls aus einem umlaufenden Rahmen und kreuzweise eingebauten innenliegenden Riegeln.

R. werden in drei Gruppen unterteilt:

☐ Schwere großflächige R. mit:
– mindestens 3 m^2 Tafelfläche
– zul. Frischbetondruck $\geq$ 60 kN/m^2

☐ Mittlere R. mit:
– mindestens 2 m^2 Tafelfläche
– Tafelgewicht $\leq$ 70 kg/St.
– zul. Frischbetondruck $\geq$ 45 kN/m^2

☐ Leichte R. mit:
– Tafelgewicht $\leq$ 50 kg/St.
– zul. Frischbetondruck $\geq$ 30 kN/m^2.

R. aus Stahl wurden erstmals 1930 in Deutschland, in den Maßen 1,50×1,00 m, als kranunabhängige handversetzbare Schalelemente eingesetzt.

R. aus Holz waren schon früher im Einsatz und sind mittlerweile nicht mehr in Gebrauch.

R. für vertikale Bauteile gehören zur Standard- bzw. Universalschalung und haben die Trägerwandschalungen mehr und mehr in die Anwendungsbereiche der Sonder- und Spezialschalungen verdrängt.

F. Hoffmann

Literatur: Richtlinien für Rahmentafelschalungen. GSV (Güteschutzverband Betonschalungen), 47877 Willich.

Rammbär. R. sind das schlagende Element des → Rammgerätes. Man unterscheidet: Freifallbär, Dampfbär, Dieselbär, Schnellschlagbär, Hydraulikbär, Vibrationsbär, Impulsbär.

☐ Freifallbär: Ein Fallgewicht wird über mechanische → Winden gehoben und fällt durch seine Schwerkraft auf das Rammgut. Die Schlagzahl beträgt 10–20 Schläge/min.

☐ Dampfbär: Der Dampfbär wird meistens für schwierige Rammarbeiten und schweres Rammgut verwendet. Er besteht aus Zylinder und Kolben. Der schwere

Rammbär 1: Schwerer Dieselbär schlägt auf einen Betonpfahl.

Rammbär 2: Impuls-R. wird auf I-Träger aufgesetzt.

Gußzylinder wird mit Dampf gehoben und leistet als Fallgewicht die Schlagarbeit. Am höchsten Punkt der Zylinderaufwärtsbewegung wird die Dampfzufuhr unterbrochen und der im Innern befindliche Dampf durch Auspufföffnungen ins Freie geleitet. Die Steuerung ist von Hand, halbautomatisch oder vollautomatisch möglich. Die Handsteuerung bzw. die halbautomatische Steuerung hat den Vorteil der individuell regelbaren Fallhöhe (max. rd. 1,5 m).

☐ Dieselbär: Dabei (Bild 1) kommt zum rein mechanischen Schlag des fallenden Schlagkolbens noch eine zusätzliche Schlagwirkung durch den Explosionsdruck hinzu. Wie die Erfahrungen gezeigt haben, ist die Schlagwirkung von Dieselbären etwa 50% größer als die der gleich großen (Fallgewicht) Dampf- oder Freifallbäre.

☐ Schnellschlagbär: Er wird auch als Rammhammer oder Schnellschlaghammer bezeichnet und mit Druckluft oder Dampf betrieben. Den Gasdruck nutzt man nicht nur zum Heben, sondern auch zum Beschleunigen des Kolbens bei der Abwärtsbewegung (wechselseitige Beaufschlagung des Kolbens). Dadurch lassen sich eine doppelte Wirkung beim Schlagaustausch und höhere Schlagzahlen je Minute (rd. 120–250) erzielen. Wegen des kleineren Gewichts und der hohen Schlagzahl bei kleinerem Fallgewicht benötigen die Schnellschlagbä-

re kein → Rammgerüst und werden frei reitend eingesetzt. Ihnen verwandt sind bestimmte Hydraulikhämmer. Sie schlagen besonders schnell (300–600 Schläge/min), sind etwas leiser als die anderen Hämmer und lassen sich verhältnismäßig einfach schalldämpfen.

☐ Hydraulikbär: Der Hydrobär arbeitet nach dem Prinzip des Schnellschlagbäres, wird jedoch ölhydraulisch betrieben, was eine hydraulische Kraftstation erforderlich macht. Neben dem doppelt beaufschlagten Bär ist eine einfachere Bauart im Gebrauch, bei der – ähnlich dem Dampfbär – das Fallgewicht hydraulisch lediglich geschoben wird. Der Hydraulikbär wird meist an Hydraulikbaggern angebracht.

☐ Impulsbär: Er schlägt nicht, sondern treibt das Rammgut durch Druckstöße (Impulse) in den Boden ein. Ist fest (Klemmbacken) mit dem Rammgut verbunden. Neuartige Impulsrammen (Bild 2) basieren auf folgendem Funktionsprinzip: Ein mit dem Rammgut verbundener Kolben steht zwischen zwei hoch vorgespannten Ölsäulen und ist von einer Masse umgeben. Bei der schlagartigen Entspannung einer der vorgespannten Ölsäulen wird die Masse beschleunigt und dadurch eine Impulskraft erzeugt. Die Masse schlägt beim Rammen nicht auf das Rammgut, sondern dieses wird ausschließlich durch die Impulskraft eingetrieben. Die Impulsramme eignet sich sowohl zum Einrammen als auch zum Ziehen aller Rammgutarten. Über die einstellbare Impulskraft und Impulsfolge (stufenlos regelbar) kann das Gerät den Bodenverhältnissen angepaßt werden. Starke Neigungen für Rammen und Ziehen sind gut möglich. Die Geräuschentwicklung ist mäßig, ohne daß ein besonderer → Schallschutz erforderlich ist.

☐ Vibrationsbär: Der Vibrationsbär wird an das Rammgut angeklemmt (hydraulische Klemmzange). Der Antrieb geschieht elektrisch, in neuerer Zeit immer mehr hydraulisch. Ein Motor treibt zwei gegenläufige Unwuchten an, die gerichtete Schwingungen erzeugen. Dadurch wird das Korngerüst im Boden zum Mitschwingen angeregt und die → Mantelreibung herabgesetzt. Druckunterstützung ist nicht angebracht; das Rammgut muß frei schwingen können und dringt auf Grund seines Eigengewichts und des Bärgewichts in den Boden ein. Spülhilfen können u. U. von großem Nutzen sein. Der Erfolg hängt von der Erregerkraft (Kenngröße), der Frequenz, der Beschleunigung und der Amplitude ab. *Kühn*

Rammformel. Beziehung zur Abschätzung des Tragverhaltens von Rammpfählen. Eine R. darf nach DIN 4026 nur in ganz bestimmten Fällen zur Abschätzung der → Tragfähigkeit verwendet werden. In allen bisher entwickelten zahlreichen Formeln setzt man die Rammarbeit $A_R = R \cdot h$ gleich der Arbeit $A = F_{dyn} \cdot s - A_v$. Es bedeuten: R das Gewicht eines Freifallbären, h die Fallhöhe, F_{dyn} ein konstant angenommener Eindringwiderstand, s die Pfahlsetzung unter dem Rammschlag und A_v eine Dissipationsarbeit. Durch die Beziehung für A_v unterscheiden sich die verschiedenen Ansätze. Von R. zu unterscheiden sind dynamische Pfahlprüfungen, bei denen das Pfahltragverhalten aus gemessenen Wellenfortpflanzungen hergeleitet wird (→ Pfahl). *Meißner*

Rammgerät. Zum lotrechten oder geneigten Eintreiben von Rammelementen bzw. Rammgütern (Stahlträger, Spundbohlen, Spunddielen, Holz- und Stahlbetonpfähle, Rohre) in den Untergrund werden Rammen verwendet. Vorteile der Rammen sind rasches, wirtschaftliches Arbeiten, eingerammte Elemente sind sofort belastbar. Nachteile sind: Bei vielen Rammen hohe bis extreme Geräuschemission (Minderung mittels Lärmschutzkamin möglich), → Erschütterungen des Untergrunds und damit der Nachbarbebauung. Ein eintreibendes Element (→ Rammbär, Rammhammer) ist an einem Trägergerät (→ Rammgerüst auf → Rammwagen, → Bagger, → Kran) eingesetzt und wird von einem am Trägergerät befestigten Mäkler geführt, wenn es nicht freireitend arbeitet. Es schlägt/vibriert/preßt das Rammgut z. T. über eine Rammhaube (Futter zur besseren Kraftübertragung und Schonung des Rammguts) in den Untergrund. Universalrammen bilden eine komplette, verfahrbare Geräteeinheit und bestehen aus Rammgerüst, Rammwagen, Mäkler, Winden und Vorrichtungen für die Aufnahme des Rammguts. Der Antrieb geschieht mit Dampf, dieselmechanisch oder vornehmlich dieselhydraulisch. Rammeinrichtungen sind

Zusatzgeräte (zum Anbau an einen Raupenbagger) und bestehen aus drehbarem, absenkbarem Mäkler mit hydraulischer, beweglicher Führung am Bagger und einem zusätzlichen Hydraulikaggregat. *Kühn*

Rammgerüst. Das R. ist am Rammenoberwagen befestigt und trägt den Mäkler, der den → Rammbär und den → Pfahl führt. Ältere Bockgerüste, handliche Leichtgerüste oder universelle R. werden unterschieden. Daneben gibt es Hilfsgerüste für Rammungen im Wasser und in unebenem Gelände. Sie ermöglichen leichte Ortsveränderung der Ramme und exaktes Arbeiten. Hilfsgerüste werden, wenn möglich, für weitere Bauarbeiten am selben Bauwerk mitbenutzt. Die Ramme steht dann auf einem → Rammwagen, der auf dem Hilfsgerüst quer- und längsverfahrbar angeordnet ist. Zum Herstellen der Baugrubenwände bei Leitungsgrabenarbeiten setzt man fahrbare Portalrammgerüste mit einem oder zwei Mäklern ein. Sie erlauben es, beide Wände gleichzeitig abzuspunden. *Kühn*

Rammsondiergerät. R. bestehen aus einer Eintreibvorrichtung, meist mit fahrbarem Untergestell, sowie aus der Sonde im engeren Sinn, einem schlanken Stahlstab (DIN 4094 empfiehlt Stahlrohrgestänge), der mit einem Fallgewicht bei konstanter Fallhöhe in den Boden gerammt wird. Die Auftragung der festgestellten Schlagzahlen für jeweils 10 cm Eindringung in Abhängigkeit von der Tiefe läßt Änderungen der Bodenbeschaffenheit gut erkennen (Bild). Um die → Mantelreibung am Sondengestänge möglichst auszuschalten, ist die Sondenspitze gegenüber dem Gestänge leicht ver-

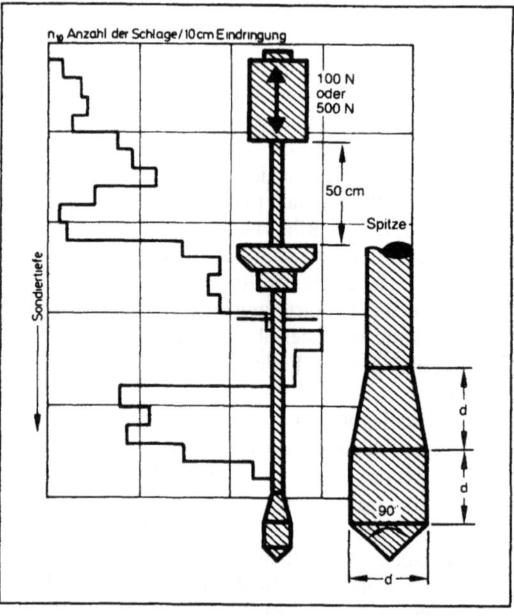

Rammsondiergerät: R. und typisches Rammprotokoll.
LRS 5: d=2,52 cm, SRS 10: d=3,56 cm, SRS 15: d=4,37 cm

dickt. Dadurch wird auch das Ziehen der Sonde erleichtert. R. mit Fallgewichten zwischen 10 und 50 kg Masse sind nach DIN 4094, Tl. 1 (1974) genormt. Darüber hinaus gibt es ein Großgerät mit Fallgewichten bis 200 kg Masse, das für größere Tiefen und härtere Böden als übliche Geräte eingesetzt werden kann.

Kühn

Rammwagen. Obwohl eine Ramme über den Unterwagen verfahrbar ist, bereitet das Umsetzen des Gerätes größere Schwierigkeiten. Um dies zu erleichtern, insbes. bei Reihenrammungen zur Herstellung von Pfahlrosten, wird die Ramme mit ihrem Unterwagen auf einen R. gesetzt. Dieser ist längsverfahrbar, der Unterwagen mit Ramme dazu querverfahrbar. Auch bei Rammungen im Wasser stellt man die Ramme vor allem zur Gewährleistung der nötigen Präzision der Rammarbeit (Wellen, Tidehub, usw.) oft auf einen R., der seinerseits wieder auf einem vorher eingerammten Hilfsgerüst (Holzpfähle, schwimmende Bockramme) untergebracht ist. *Kühn*

Randarbeit. Sammelbezeichnung für solche → Arbeitsvorgänge auf einer Baustelle, die „am Rande" mit ausgeführt werden und meist als Ablaufart → Nebentätigkeit oder sonstige Tätigkeit einzuordnen, also keine → Haupttätigkeit sind. Hierzu gehören z. B. Abladen, Aufräumen, Herholen von Baustoffen, Suchen von Arbeitswerkzeug, Beseitigen von Abfällen, Ausbessern von Mängeln, Wege zwischen Arbeitsstätte und Tagesunterkunft, Beseitigen von Oberflächenwasser, Durchführen von Schutz- und Sicherheitsmaßnahmen. Diese R. nehmen große Teile der gesamten Arbeitszeit ein und können bis zu 30 oder 40% der gesamten Arbeitszeit betragen. Verbesserungen der Produktivität zielen in erster Linie auf die Herabsetzung dieser Zeitanteile durch verbesserte Ablauforganisation. *Drees*

Randelemente-Methode. Mittels vollständiger Lösungen für lineare Theorien werden über Gebietsintegrale, die sich bei einfachen Geometrien geschlossen darstellen lassen, Beziehungen zwischen den Spannungen (bzw. Schnittkräften) und den Verschiebungen auf dem Rand eines Teilgebietes, das der Geometrie des Bauteiles entspricht, abgeleitet. Ausgehend vom Satz von *Betti*, der 2. *Green*schen Identität, wird mit Hilfe von Grundlösungen eine Integraldarstellung für die Verschiebungsfunktion u eines Bauteiles hergeleitet. Der Verlauf der Randwerte der konjugierten Weg- und Kraftgrößen des realen Bauteiles muß nun so abgestimmt sein, daß sich dieses im Gleichgewicht befindet. Nach der diskreten R.-M. werden in n diskreten Randpunkten mittels des Satzes von *Betti* die Randwerte (Spannungen, Schnittkräfte, Verformungen) des realen *Bauteils* bestimmt und dann zweckmäßige Ansatzfunktionen für die Randelemente eingeführt. Genügen die Randfunktionen den das Problem beschreibenden Integralgleichungen, so hat die mit diesen Funktionen konstruierte Einflußfunktion genau diese Funktionen als Randwerte. Mit der *Somigliana*-Identität läßt sich dann das Verschiebungsfeld eines elastischen Körpers darstellen. Die R.-M. bietet gegenüber der → Finite-Elemente-Methode den Vorteil, daß nur der Rand des Gebietes diskretisiert werden muß. *Laermann*

Literatur: *Brebbia, C. A.,* u. *S. Walker:* Boundary Element Techniques in Engineering. London 1980. – *Hartmann, F.:* Methode der Randelemente. Berlin 1987.

Raster → Wohngebietsstruktur

Rasterstruktur → Strukturmodell

Rastertafelschalung → Rahmentafelschalung

Rauchabzug. R. und Wärmeabzüge sind vor allem im Industriebau vorgeschrieben, um im Falle eines Brandes eine möglichst rasche Abfuhr von Rauch und Wärme aus dem brennenden → Brandabschnitt sicherzustellen. Auch die Treppenhäuser von Hochhäusern sind mit R. auszustatten. *Kordina*

Literatur: DIN 18230.

Rauchdichte. R. ist eine objektiv schwer bestimmbare Größe. Sie ist kennzeichnend für die Sichtverhältnisse in einem verrauchten Bauwerk. Die R. hängt in erster Linie vom Gehalt der Heißgase an Schwebstoffen ab. *Kordina*

Literatur: DIN 50055.

Rauchentwicklung. R. und → Rauchdichte sind im Rahmen der Brennbarkeitsprüfungen nach DIN 4102, Tl. 1, und des Studiums der natürlichen Brände sorgfältig beobachtete Phänomene. Die Verteilung des Rauches innerhalb des → Brandabschnittes und deren Veränderung durch Zu- bzw. Abluftvorgänge wird im einzelnen verfolgt. *Kordina*

Rauchgas. R. sind die bei offener Verbrennung auftretenden Heißgase. Je nach der Art der → Brandlast enthalten die R. mehr oder weniger viele Schwebstoffe, u. a. Ruß und toxische oder Augen- bzw. Atemwege reizende Anteile. Starke R.-Entwicklung mit erheblicher Sichtbehinderung wird schon bei vergleichsweise kleinen Wohnungsbränden beobachtet, weil viele der heute noch in Verwendung befindlichen Kunststoffe eine besonders intensive → Rauchentwicklung im Brandfalle aufweisen. Die Zusammensetzung der R. ermittelt man im Rahmen von Forschungsarbeiten. Im Regelfalle wird die Veränderung des Sauerstoffgehaltes im → Brandabschnitt, die Bildung von CO_2 bzw. CO in engen Zeitschritten festgestellt (Rauchgasanalyse). *Kordina*

Literatur: *Birth, Lemke* u. *Polthier:* Handbuch Brandschutz. Landsberg/Lech 1980.

Rauchgasentschwefelungsgips. Das bei Verbrennung fossiler Brennstoffe in Kraftwerken oder industriellen Verbrennungsprozessen mit dem Rauchgas entweichende Schwefeldioxid wird aus Umweltschutzgründen in Rauchgasentschwefelungsanlagen (REA) aus dem Rauchgas abgeschieden. Beim vorwiegend eingesetzten Naßentschwefelungsverfahren wird gegen den Rauchgasstrom ein Gemisch aus Wasser und reaktionsfähigem Branntkalk eingeblasen. Das Reaktionsprodukt ist $CaSO_4 \cdot 2\,H_2O$ (Dihydrat), der Entschwefelungsgrad beträgt bei optimierten Anlagen mehr als 99%. Das in der REA anfallende Dihydrat hat i. d. R. einen hohen Reinheitsgrad und wird zu → Baugips weiterverarbeitet (α-Halbhydrat, β-Halbhydrat).
Schießl

Rauhbettmulde. Die R. ist ein muldenförmiges Gerinne (Bild), 125–300 cm breit, 20 bis 35 cm tief, mit großer Rauheit und starkem Längsgefälle (1 : 1,5 bis 1 : 10) mit hochgradig turbulentem Abfluß (→ Rauhgerinneabfluß). Für das Anlegen von Gerinnen mit auf kurzen Strecken großen Höhenunterschieden gibt es zwei konventionelle Lösungsmöglichkeiten: Bau von gepflasterten offenen Gerinnen geringen Gefälles mit in geeigneten Abständen zwischengeschalteten Absturztreppen und Anordnung von unterirdisch verlegten Rohren mit einzelnen Absturzschächten. Beide Bauweisen sind sowohl in der Herstellung als auch in der Unterhaltung teuer und gegenüber Überlastungen empfindlich. Die nach dem Vorbild der Wildbäche des Gebirges gebauten R. gewährleisten einen raschen und kontinuierlichen Abbau der Fließenergie, ohne daß zusätzliche Energieumwandlungsbauwerke (→ Sohlenabsturz) erforderlich sind. *Lecher*
Literatur: Richtlinien für die Anlage von Straßen (RAS). Teil: Entwässerung. Köln 1987.

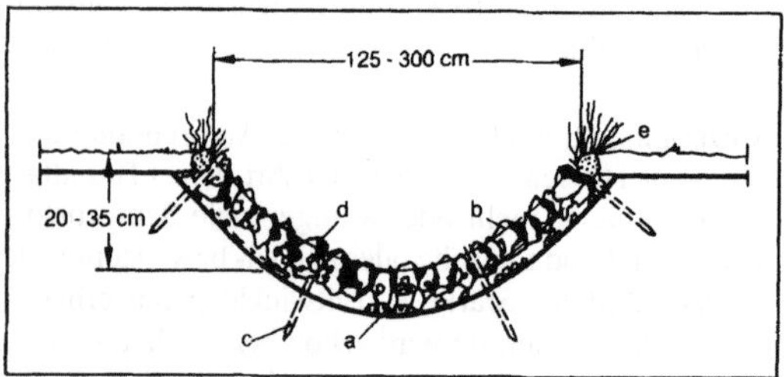

Rauhbettmulde: Regelform der R.

a Kiessand, b Steinsatz, c Holzpfahl, d Grobschotter, e Weidenrutenbündel

Rauhgerinneabfluß. Abflußvorgang mit hochgradiger Turbulenz (wildbachartiger Charakter), der durch die Kombination von starkem Gefälle und großer relativer Rauheit hervorgerufen wird. Der R. wurde mit der Entwicklung der Blockrampe (→ Sohlenrampe) und der

→ Rauhbettmulde in den 50er und 60er Jahren auch für den konstruktiven Wasserbau wichtig. *Lecher*

Raumluftbefeuchter. Gerät, welches im Raum angeordnet ist, um dessen Luft, insbesondere während der Heizperiode, zu befeuchten. Das Wirkungsprinzip ist Verdunstung, Zerstäubung oder Verdampfung.

Diehl

Raumluftströmung. Für die im Raum sich ausbildende Luftströmung sind insbes. die Anordnung und Art der verwendeten Luftdurchlässe, die Parameter der eingeleiteten Zuluftströme sowie die Verteilung und Intensität der Wärmequellen im Raum bestimmend. Die durch die Luftdurchlässe austretenden Zuluftstrahlen vermischen sich mehr oder weniger mit der Raumluft (Induktion) und bewirken je nach Form, Richtung und Impulsaustausch unterschiedliche Strömungscharakteristiken.

Für die Raumluftinduktion ist die Turbulenz der Luftströmung, d. h. die Häufigkeit und Größe der Geschwindigkeitsschwankungen, erfaßt durch den Turbulenzgrad, maßgebend. Der Turbulenzgrad ist ein Maß für die Schwankungen, bezogen auf den Mittelwert der Luftgeschwindigkeit. Turbulente Luftstrahlen (hoher Turbulenzgrad) haben eine hohe Induktionswirkung und erzeugen somit eine intensive Mischlüftung mit gleichmäßiger Schadstoffverdrängung. Durch turbulenzarme Strahlen (niedriger Turbulenzgrad) dagegen wird auf die Raumluft ein Verdünnungseffekt mit geringer Raumluftvermischung ausgeübt. Grundsätzlich ist zwischen den Formen der
– turbulenzarmen Verdrängungsströmung,
– Schichtenströmung,
– turbulenten Mischströmung
zu unterscheiden.

Die turbulenzarme Verdrängungsströmung wird dort eingesetzt, wo aus produktionstechnischen oder hygienischen Gründen hohe Luftreinheiten im Arbeitsbereich eingehalten werden müssen (Reinraumtechnik, aseptische Operationsräume). Zu der hierzu notwendigen gleichmäßigen Verdrängung der Raumluft (keine Vermischung und Querbewegungen) sind spezifisch hohe Volumenströme gleichmäßig (geringer Turbulenzgrad) und großflächig (Filterflächen, Lochbleche) von der Decke zum Fußboden oder umgekehrt bzw. zwischen den Seitenwänden zu bewegen.

Bei der Schichtenströmung werden durch eine örtlich begrenzte induktionsarme Zulufteinführung in Form von Strahlbündeln (Lochblech-, Siebdurchlaß) die im Arbeits- bzw. Aufenthaltsbereich wirksam werdenden Wärmelasten bzw. Schadstoffe überwiegend durch Verdrängung abgeführt. Je nach Anordnung der Zuluft- und Abluftdurchlässe werden hierdurch unterschiedlich belastete Luftschichten im Raum (ungleiche Temperatur- und Schadstoffverteilung) aufgebaut.

Bei turbulenter Mischströmung vermischen sich durch Impulsaustausch am Strahlrand die Luftstrahlen sehr rasch mit der Raumluft, so daß für die sich hierbei ausbildende R.-Form ein relativ gleichmäßiger Temperatur- und Schadstoffkonzentrations-Verlauf kennzeichnend ist (Luftrate, Raumbelastungsgrad = 1). Zu unterscheiden ist hierbei zwischen der diffusen und tangentialen Luftführung. *Diehl*

Literatur: *Fitzner, K.:* Impulsarme Luftzufuhr durch Quellüftung. Heiz.-Lüft.-Haustechn. 39 (1988) Nr. 4, S. 173/81. – *Loew, W.:* Der Luftentnahmeraum beeinflußt das Strömungsbild. Reinraumtechn. 2 (1988) Nr. 5, S. 24/30. – VDI 2083: Reinraumtechnik: Bau, Betrieb und Wartung. Ausg. Nov. 1991.

Raumlufttechnik. Die R. wird unterteilt in freie Lüftung (Fenster, Schächte, Dachhauben) und mechanische Lüftung (RLT-Anlagen) mit und ohne Lufterneuerung. Je nach Ausstattung erfüllt sie dabei die Aufgaben: Abführen von Luftverunreinigungen und Wärmelasten, Zufuhr von Außenluft bzw. aufbereiteter Luft und Wärme und ggf. Schutzdruckhaltung gegen das Eindringen ungewollter Umgebungsluft. Komfort-Klimaanlagen stellen unter Berücksichtigung der Behaglichkeitskriterien wie Strahlungssymmetrie, optimaler Temperatur und Feuchte und minimalem Fremdstoffanteil in der Luft gesunde Lebensbedingungen für den Menschen sicher. Bei besonderen Anforderungen wie hohen Schadstoffemissionen oder hoher Wärmeentwicklung in Räumen (z.B. Produktionshallen, Laboren, OP-Räumen) werden gezielte örtliche Absaugung, angepaßte Luftzuführung und bei Bedarf genau definierte Luftströmungen wie turbulenzarme Verdrängungsströmung oder Schichtlüftung in den Räumen oder den betroffenen Teilbereichen hergestellt. Die geforderte Luftqualität bestimmt den Grad der Lufterneuerung bzw. die Außenluftraten. Sie können je Person zwischen 10 m³/h (Kaufhäuser) und 90 m³/h (Besprechungszimmer für Raucher) betragen. *Diehl*

Raumordnung. R. steht in der Hierarchie der → Planungsebenen an oberster Stelle. Sie ist eine staatliche Aufgabe, die ihre Zielsetzung aus räumlichen Leitvorstellungen der Verfassung (Grundgesetz und anderer raumgestaltender Gesetze) ableitet: freie Entfaltung der Persönlichkeit, Freizügigkeit, freie Berufs- und Standortwahl, angemessene Grundausstattung mit Einrichtungen der Infrastruktur. Dabei soll sich die Ordnung der Einzelräume in die Ordnung des Gesamtraumes einfügen und umgekehrt (Gegenstromprinzip). Die Aufgaben der R. bestehen darin, gesunde Lebens- und Arbeitsbedingungen sowie ausgewogene wirtschaftliche, soziale und kulturelle Verhältnisse zu schaffen und weiterzuentwickeln und in Gebieten, in denen diese Ziele noch nicht erreicht sind, entsprechende Strukturverbesserungen durchzuführen. In der Bundesrepublik Deutschland liegen besondere Schwerpunkte in den durch die → Bevölkerungswanderung entstandenen Verdichtungsräumen, aber auch in den ländlichen Räumen und in zurückgebliebenen Gebieten etwa zwischen den neuen und den alten Bundesländern (Abwanderungsräume).

Diese Aufzählung zeigt bereits, daß die Ziele der R. unterschiedlich sein können je nachdem, ob es sich um Gebiete mit gesunder oder nicht bzw. noch nicht gesunder Struktur handelt. Es liegt auf der Hand, daß in Zeiten des Wirtschaftswachstums das Konkurrenzproblem unter den Gebietskörperschaften eine geringere Bedeutung hatte als in Zeiten der Stagnation. Die Bundesrepublik Deutschland ist in vorhandene oder im Ansatz vorhandene Verdichtungsbänder bzw. Achsensysteme und in Gebiete gegliedert, in denen nichtlandwirtschaftliche Arbeitsplätze nur in größerer Entfernung erreichbar sind. Eine Bedeutung hierfür und für die Versorgung haben dabei die → zentralen Orte. Im Bundesraumordnungsgesetz vom 8. April 1965 sind Ziele, Aufgaben und Grundsätze der Raumordnung umfassend beschrieben. Seit 1967 stellt die Ministerkonferenz für R. bundeseinheitliche Grundsätze auf. Im Jahre 1975 beschlossen Bund und Länder gemeinsam ein Bundesraumordnungsprogramm. Die Bundesregierung hat mehrmals Raumordnungsberichte herausgegeben. Um die Ziele und Grundsätze der R. in die Tat umzusetzen, stellen die Länder im Rahmen der → Landesplanung Landesentwicklungspläne und -programme sowie im Rahmen der → Regionalplanung Regionalpläne auf. Darüber hinaus gibt es für einzelne Ressorts spezielle Fachpläne, z.B. für Frei- und Erholungsflächen, für Straßenbau und Bundesbahn.

In den meisten Bundesländern gibt es ein gesetzlich verankertes R.-Verfahren (landesplanerisches Verfahren). Es dient den Dienststellen der Landesplanung zur Prüfung fremder sowie eigener Planungen und wird durchgeführt, wenn anzunehmen ist, daß die Planung eines Planungsträgers zugleich die Interessen anderer Planungsträger berührt. Hierdurch will man die Übereinstimmung aller Stellen herbeiführen, die im Bereich eines Raumordnungsplanes Fach- und Einzelplanungen vertreten, ausführen oder von diesen betroffen werden. Der Erkenntnis folgend, daß Raumordnungsprobleme grenzüberschreitend sind, gab es schon seit den 50er Jahren die unterschiedlichsten Initiativen, (Minister-) Konferenzen und Institutionen, die auf eine europäische Raumordnungspolitik gerichtet sind. Ausgangssituation für Ziele einer solchen Politik sind die großen räumlichen Strukturunterschiede, die bereits innerhalb der Staaten und der grenzüberschreitend wirksamen Regionen der EU bestehen. *Spengelin*

Literatur: *Dietrichs, B.:* Bundesraumordnungsprogramm. In: Grundriß der Raumplanung. Hannover 1982. – Handwörterbuch der Raumforschung und Raumordnung. Hrsgg. v. d. Akademie für Raumforschung und Landesplanung. Hannover 1970. – Daten zur Raumplanung. Hannover 1981, 1983. – *Malchus, V.:* Raumordnung und Raumordnungspolitik auf europäischer Ebene. In: Grundriß der Raumplanung. Hannover 1982. – *Spitzer, H.:* Raumnutzungslehre. Stuttgart 1991

Raumschalung. Als R. (auch → Tunnelschalung) werden Systeme bezeichnet, bei denen Wände und

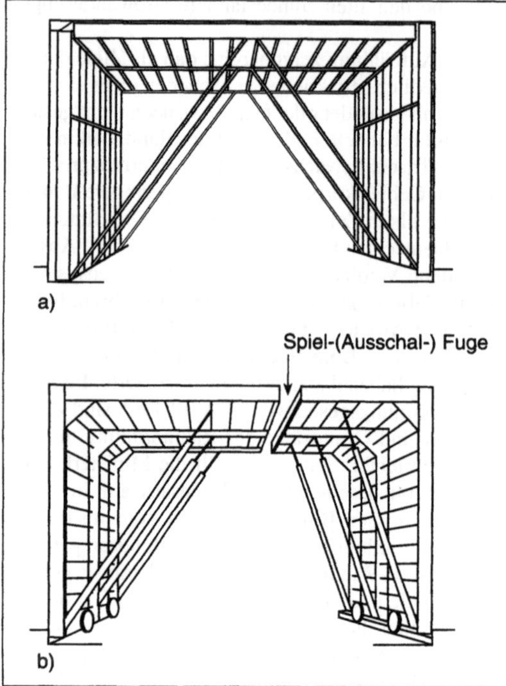

Raumschalung: Ausführung mit Stahlrippen und Stahl-Schalhaut.
a) Volltunnel-Typ
b) Halbtunnel-Typ.

Decken in einem Arbeitsgang betoniert werden können. Ein weiterer wirtschaftlicher Aspekt liegt darin, daß die dafür konzipierten und teureren Schalungseinheiten schnell umgeschlagen werden müssen, d.h. die Ausschalfristen auf ein Minimum beschränkt bleiben. Die Geräte sind so ausgelegt, daß z.B. im Großwohnungsbau innerhalb 24 Stunden die Tätigkeiten
– → Schalung
– → Bewehrung
– → Beton
– Einbauteile
– Ausschalen
zu erfolgen haben.

Als R.-Systeme im Hochbau gibt es zwei Grundsatztypen aus Stahl (Bild):
– Volltunnel
– Halbtunnel.

Die Einsatzbereiche für R. sind sehr eingeschränkt, da hierfür große Wohneinheiten, d.h. eine hohe Serie notwendig wird, um gegen andere → Schalungssysteme zu konkurrieren.

R. und Tunnelschalungen sind von der Begrifflichkeit nicht eindeutig festgelegt. *F. Hoffmann*

Raumzelle. Tages- oder Schlafunterkunft, auch Magazine, auf Baustellen; entweder als stapelbarer → Container mit Stahlrahmen oder als absetzbarer Wagenaufbau in Holzkonstruktion. Die Tendenz geht ganz eindeutig zu Containern, da diese wesentlich robuster als hölzerne R. und vielseitiger verwendbar sind. Die Abmessungen sind meist auf dem englischen Fußmaß aufgebaut (rd. 30 cm). R. können gemeinsam mit der ständigen Einrichtung transportiert werden und sind wegen der geringen Auf- und Abbaukosten wirtschaftlicher als → Baracken. R. müssen der → Arbeitsstättenverordnung und den zugehörigen Richtlinien entsprechen. *Drees*

Raupenlader. R. zeichnen sich durch hohe Wendigkeit (Drehen im Stand) und kleine Bodendrücke aus. Sie werden in Normalausführung mit einer Leistung von 30–260 kW gebaut. Dabei faßt die Schaufel 0,5–4 m^3 Material bei einem Konstruktionsgewicht des Laders von 4–42 t. Das Raupenfahrzeug erzeugt hohe Vortriebs- und Reißkräfte und hat ein großes Steigvermögen. Dem steht im Vergleich zum → Radlader eine begrenzte Mobilität durch Fahrgeschwindigkeiten bis nur rd. 10 km/h gegenüber. Hydrostatische Getriebe ermöglichen ein Wenden mit kraftschlüssigen Ketten. Durch den unabhängigen, auch gegenläufigen Antrieb jeder Fahrwerkseite können Fahr- und Lenkbewegungen bis zum Drehen auf der Stelle ausgeführt werden. Automatische Grenzlastregelung ermöglicht eine stufenlose Anpassung der Fahrgeschwindigkeit an den Zugkraftbedarf. Durch verschiedene Bodenplattenbreiten (Zweisteg-Dreisteg) läßt sich die spezifische Bodenbelastung dem Gelände anpassen. Pendelnde Laufrollenrahmen mit Quertraversen sorgen für größere tragende Kettenfläche auf unebenem Boden und damit für eine bessere Ausnutzung der Zugkraft. Stützenzapfen übertragen das Maschinengewicht auf den Laufrollenwagen. Dadurch werden Fahrbahnstöße reduziert und nicht auf die Antriebsräder oder die Seitenantriebe übertragen. *Kühn*

REA-Gips → Rauchgasentschwefelungsgips

Reaktionsharz. Als R. werden Monomere oder Oligomere bezeichnet, die nach Mischung mit niedermolekularen Reaktionsmitteln (Härtern, Beschleunigern) chemisch vernetzen und drucklos aushärten. Für das Bauwesen sind vor allem bei üblichen Umgebungstemperaturen härtende Polyesterharze (UP) und Epoxidharze (EP) sowie Polyurethanharze (PUR) und Methacrylatharze (PMMA) von Bedeutung. Im weiteren Sinne zählen auch zu Elastomeren vernetzende → Fugendichtungsmassen zu den R. Zur Verarbeitung mischt man mindestens zwei in sich chemisch nicht reaktive „Komponenten" in genau festgelegtem Verhältnis sehr innig miteinander. Je nach Harztyp und Temperatur führt die Erhärtungsreaktion nach wenigen Minuten bis einigen Stunden zu einer Viskositätserhöhung, die die Verarbeitungszeit begrenzt (Bild 1). Diese „Topfzeit" beträgt einige Minuten bis einige

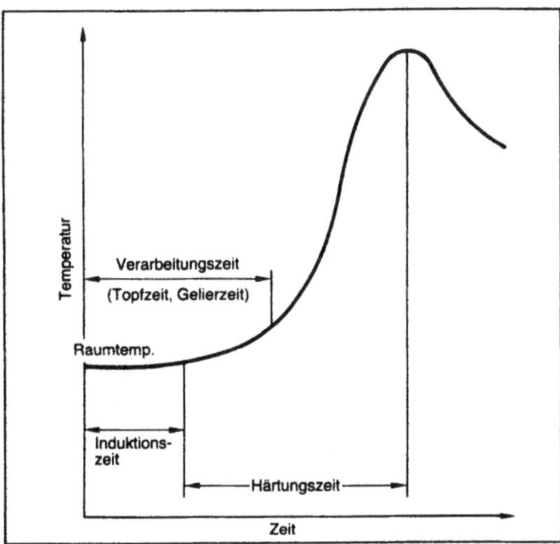

Reaktionsharz 1: Reaktionsablauf.

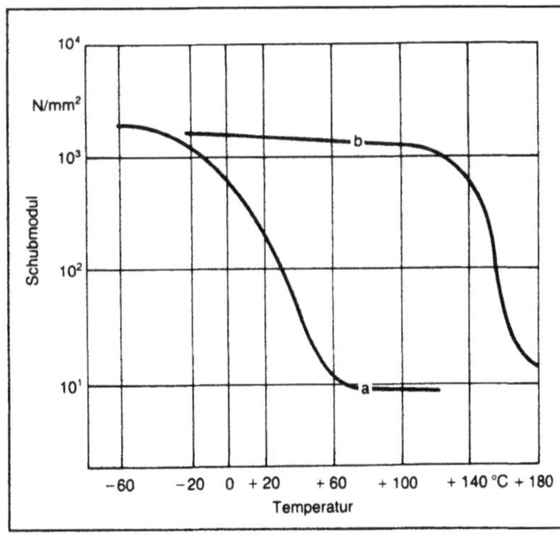

Reaktionsharz 2: Elastische Eigenschaften unterschiedlicher R.

a elastisches Harz (Weichharz), b wärmestandfestes Harz

Stunden bei 20 °C. Durch die chemische Reaktion zwischen den Komponenten wird Wärme frei, die kurzzeitig bei großen Ansatzmengen zu Temperaturen von über 100 °C im Kunststoff führen kann. Wegen der außerordentlichen Klebkraft der Harze an fast allen Stoffen müssen die Verarbeitungsgeräte innerhalb der Topfzeit mit Speziallösungsmitteln gereinigt werden.

☐ Polyesterharze (UP). Aus Diolen und Dicarbonsäuren werden durch Polykondensation (Veresterung) unterschiedliche Typen von ungesättigten, d. h. Doppelbindungen enthaltenen Polyestern als „Grundharze" hergestellt. Diese bringt man durch Lösen in Styrol in eine der späteren Verarbeitung angepaßte Viskosität und Reaktivität. Die Grundharze bestimmen weitgehend die Endeigenschaften des ausgehärteten R., wie mechanische und thermische Eigenschaften, Witterungsbeständigkeit, Chemikalienbeständigkeit. Die Härtung geschieht durch Vernetzung der Grundharzmoleküle durch Styrol (Mischpolymerisation) unter Wärmeabgabe bei einem Volumenschwund von rd. 6–8%. Man startet die Reaktion erst, wenn zum im Styrol gelösten Grundharz ein Härter (Katalysator) gemischt wird. Hierzu verwendet man meist organische Peroxide, deren Wirkung wiederum erst durch besondere Maßnahmen, wie
– Wärmezufuhr (≥80 °C) oder
– Beschleunigerzugabe (Amine oder → Kontaktverbindungen)
ausgelöst wird. Je nach Harzsystem entstehen bei Raumtemperatur weiche Polymerisate oder mehr oder weniger wärmestandfeste Harze (Bild 2). Die Grundharze sind leicht entzündlich, Peroxide und Aminbeschleuniger ätzend, Styroldämpfe gesundheitsschädlich und Mischungen aus Härter und Beschleuniger explosionsgefährdet. Die Schutzvorschriften der Gewerbeaufsicht für die Verarbeitung sind sorgfältig einzuhalten. Voll ausgehärtete UP-Harze sind dagegen physio-

logisch völlig indifferent. Alle technisch wichtigen Eigenschaften werden auch bei kalthärtenden Systemen durch eine mehrstündige Temperung in Öfen oder unter Strahlern bei rd. 70–80 °C teilweise wesentlich verbessert. Durch Wahl des Harzsystems und/oder durch Zusatzstoffe lassen sich folgende Eigenschaften der ausgehärteten Produkte erreichen:
– Schwerentflammbarkeit, z. B. durch Zusatz von Antimontrioxid,
– erhöhte chemische Korrosionsbeständigkeit,
– Hydrolyse- und Verseifungsbeständigkeit,
– Flexibilisierung,
– erhöhte Witterungsbeständigkeit,
– Schäumbarkeit.

Anwendungsgebiete im Bauwesen sind → Mörtel und → Betone, → Schaumbetone, glasfaserverstärkte Bauteile, Beschichtungen und → Kleber.

☐ Epoxidharze (EP). Epoxidharze enthalten charakteristische reaktive Ringstrukturen der Form

$$-\underset{\underset{\displaystyle O}{\diagdown\diagup}}{\overset{\displaystyle H}{\underset{\displaystyle |}{C}}}-\overset{\displaystyle H}{\underset{\displaystyle |}{C}}-H$$

Durch Polyaddition mit „aktive" Wasserstoffatome enthaltenden Monomeren (Säuren, Alkoholen, Aminen, Amiden) entstehen unter geringem Härtungsschwund Duromere mit vielfältigen Eigenschaften. Die Molekularstrukturen sind kompliziert (Bild 3). Die neu entstandene OH-Gruppe ermöglicht weitere Additionsreaktionen unter Umlagerung des H-Atoms. Die EP-Härter wirken nicht wie bei den UP-Harzen katalytisch anregend, sondern stellen selbst die Brücken zwischen den vorpolymerisierten Harzen her. Sie müssen daher extrem genau dosiert und eingemischt werden. Jede

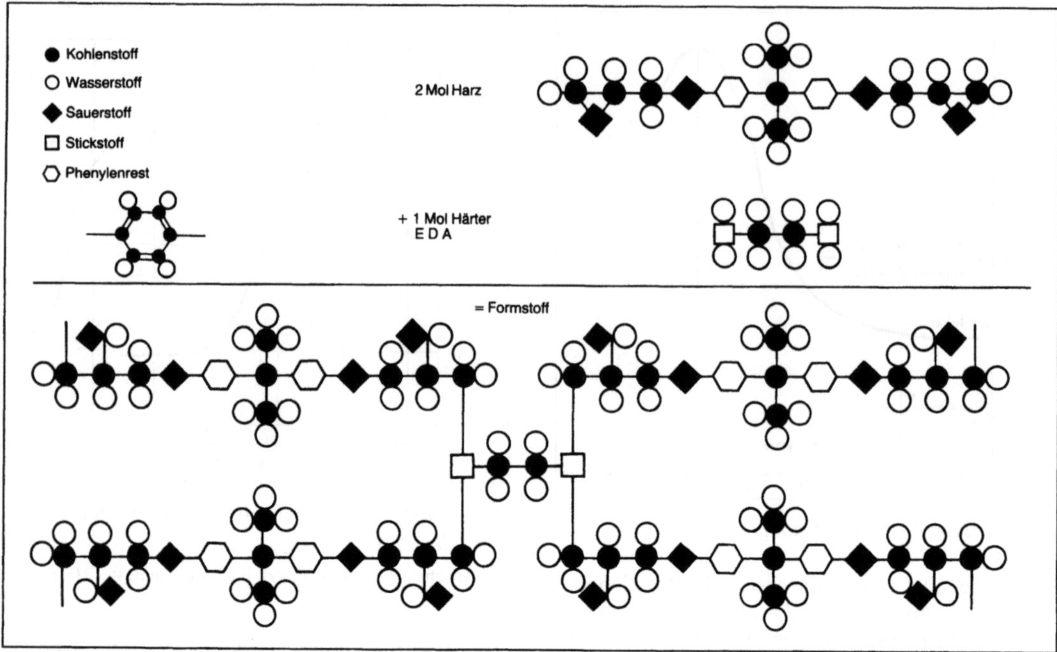

Reaktionsharz 3: Prinzip der Härtung eines EP-Harzes.

Reaktionsharz. Tabelle 1: EP-Harze für das Bauwesen und zugehörige Verdünner.

Harze	Reaktivverdünner	Lösemittel
Bisphenol A und Bisphenol F, mit unterschiedlichen relativen Molekülmassen	Butylglycidether Kresylglycidether, 2-Ethylhexylglycidether, Monoglycidether, Benzylalkohol	Aromate (Benzol, Xylol), Alkohole Ester, Glykolether, Ketone

Reaktionsharz. Tabelle 2: Härter für EP-Systeme des Bauwesens und zugehörige Verdünner.

Härter	Reaktivverdünner
cycloalipathische Amine, Polyaminoamide, modifizierte (aliphatische) Polyamide, jeweils in Mischungen miteinander	Ester, Nonylphenol, Amine

Teeren und → Polysulfidkautschuk möglich; es entstehen dabei elastomerähnliche Produkte. Die Verarbeitungs- und Gebrauchseigenschaften können durch zahlreiche Hilfs- und Füllstoffe maßgeblich beeinflußt werden (Tabelle 3). Einige Härtertypen, vor allem Amine, wirken ätzend. Die gewerbeaufsichtlichen Vorschriften sind zu beachten.

Die Eigenschaften von ausgehärteten UP- und EP-Harzen überschneiden sich in weiten Bereichen. Bei hohen Anforderungen, z. B. hinsichtlich Wasserunempfindlichkeit bei der Verarbeitung oder Dauerbeständigkeit in alkalischer Umgebung, sind die entsprechend ausgewählten EP-Harze überlegen; allerdings sind sie auch deutlich teurer. EP-Harze verwendet man im Bauwesen in erster Linie für Beschichtungen und Mörtel, z. B. für Estriche, Vergußmassen, Ausgleichschichten, Reparaturmörtel u. a. Wichtige Gebiete sind auch Verklebungen, z. B. von Fertigteilen, Neu-Altbeton, und Rißinjektionen sowie kunstharzmodifizierte Mörtel.

Sasse

Mehr- oder Mindermenge führt zu unvollständigen Reaktionen und verschlechterten technischen Eigenschaften. Der weitaus überwiegende Teil der Harze ist vom sehr einheitlichen Bisphenol-A-Typ, den man zur Viskositätserniedrigung häufig mit Lösemitteln oder Reaktivverdünnern mischt, die in das Polymer eingebaut werden (Tabelle 1). Die Vielfalt der Verarbeitungs- und Endeigenschaften wird vorzugsweise durch den Typ und die Modifikation des Härters bzw. der Härterkombination bestimmt (Tabelle 2). Beeinflußt werden können u. a. die Viskosität, die Reaktivität, die Wasserverträglichkeit, die chemische Beständigkeit. Mischungen, die zu chemischen Vernetzungen führen, sind mit

Reaktionsharz. Tabelle 3: Hilfs- und Füllstoffe für Verdünner.

Flexibili-satoren	Thixotro-piermittel	Pigmente	Füllstoffe
chlorierte Olefine, Ester, Diphthalat, Urethan, Benzylalkohol, Polysulfidkautschuk	Pflanzen-ölderivate, natürliche Kieselsäure, Bentonit	Eisenoxide, Titanoxide, weitere Schwermetalloxide, organische Farbstoffe	Quarzmehl, Feinsande, Schwerspat, Talkum, Zement

Reaktionsharzmörtel → Kunstharzmörtel, Kunstharzbeton

Rechen. Schutzvorrichtung zum Zurückhalten von → Treibsel. Er wird in Freispiegelgerinnen vor dem Einlauf von Verrohrungen, Dükern (→ Kreuzungsbauwerk), vor → Grundablässen und vor dem Einlauf von Turbinen eingebaut. R. bestehen aus runden oder flachen Stäben. Die Rechenfläche kann eben oder räumlich, dann meist als Kugelabschnitt, ausgebildet sein. Durch räumliche Ausbildung des R. als Kasten oder Kegelabschnitt kann ein Versetzen vermindert werden. Die Neigung der Rechenstäbe gegen die Horizontale beträgt üblicherweise 70°. Die Rechenfläche muß auch bei → Hochwasser frei zugänglich sein, um die notwendige Reinigung bei Verlegung vornehmen zu können. Die Geschwindigkeit vor der Rechenfläche sollte 1,0 m/s, in der Rechenfläche 1,5 m/s, bei teilweise versetztem Rechen 2,0 m/s nicht überschreiten. Je nach Stabdicke und Stababstand unterscheidet man zwischen Feinrechen und Grobrechen. Die durch einen R. verursachten hydraulischen Verluste ergeben einen Aufstau im Gewässer, der vom → Formbeiwert ξ_R der Stäbe, der Rechenneigung δ, dem Verhältnis von Stabdicke s zu Stababstand b und der Geschwindigkeitshöhe $v^2/2\,g$ abhängt. Üblich ist die Stauformel nach *Kirschmer:*

$$h_R = \xi_R \cdot \sin\delta \cdot (s/b)^{4/3} \cdot v^2/2\,g$$

Bei der → Wasserfassung für Triebwerksbeileitungen werden auch liegende R. (Tiroler Wehr) gebaut.

Muth

Recycling.

Abfalltechnik. R. umfaßt alle Maßnahmen und Handlungen mit dem Ziel, noch verwertbare Stoffe oder Produkte ganz oder teilweise weiterer Nutzung zugänglich zu machen sowie Ressourcen, also auch Energie und Stoffe, schonend und sparsam zu nutzen. Schon seit Jahrhunderten ist R. für Stoffe, wie Gold, Silber, Kupfer und allgemein Metalle, eine gängige Praxis. Bekannt ist der Rückfluß von Eisen und anderen Metallen über die Schrottsammlung, von Textilien über die Lumpensammlung, von Altglas und von Altpapier schon im vorigen Jahrhundert. Die Dung- und Jauchewirtschaft in der Landwirtschaft ist eine sehr alte Recyclingtechnik. Alle → Kreislaufwassernutzungen und → Kaskadennutzungen von Wasser oder Stoffen sind ein R. Dieses gibt es auch beim Wasser, Altöl, bei Autowracks und -reifen, bei Kunststoffen und vielen in Produkten verarbeiteten Stoffen. Die landwirtschaftliche Nutzung der Abwasserschlämme sowie die auf Abwasserreinigungsanlagen und bei der Land- und Forstwirtschaft betriebene Methangasproduktion aus organischen Abfällen sind ein weiteres Beispiel für R.

Mit dem zunehmenden Anfall von → Abfall komplexer Zusammensetzung (Auto, Elektrogeräte, Computer, Fernseher usw.) wird es nötig, daß bereits in der Planung von Geräten und Anlagen/Einrichtungen auch die Frage der einfachen, möglichen Demontage nach dem Nutzungsablauf und/oder deren gegebener Weg zum R. technisch einbezogen wird.

Pfeiff

Straßenbau. Die Wiederverwendung von Baustoffen (R.) ist das Erstellen einer Bauleistung mit → Mineralstoffen bzw. Mineralstoffgemischen, die zuvor schon als Baustoffe eingesetzt waren. Diese können unaufbereitet oder entsprechend dem neuen Verwendungszweck aufbereitet sein. Haben solche Baustoffe auf Grund ihrer Herkunft, ihres Herstellungsverfahrens, des → Bindemittels oder vergleichbarer Eigenschaften gemeinsame Merkmale, bezeichnet man die so zusammengefaßten Baustoffe als Stoffgruppe. Eine Wiederverwendung kann dann eingeschränkt oder ausgeschlossen werden, wenn schädliche Verunreinigungen in solchen Mengen in einem Baustoff oder einer Baustoffgruppe enthalten sind, daß sie aus bautechnischen Gründen oder im Hinblick auf die Umweltbeeinträchtigung bedenklich ist. R.-Baustoffe werden i. d. R. beim Abbruch, Aufbruch, Umbau und Ausbau von Hoch- und Tiefbauten sowie von Verkehrswegen i. a. als Gemische aus mehreren Einzelstoffen anfallen. Man unterteilt sie in ungebundene, hydraulisch und Bitumen gebundene Stoffe. Nach dem „Merkblatt über die Verwendung von industriellen Nebenprodukten im Straßenbau. Teil: Wiederverwendung von Straßenbaustoffen" unterscheidet man sieben verschiedene Stoffgruppen und elf verschiedene Verwendungsbereiche (Tabelle).

Unter dem Baustoff-R. für den Straßenbau hat besonders die Wiederverwendung von → Asphalt zunehmend an Bedeutung gewonnen. Man unterscheidet beim Ausbauasphalt (früher Altasphalt) den Aufbruchasphalt, der durch Aufbrechen mehrerer Lagen oder Schichten in Schollen entsteht, und den Fräsasphalt, der durch lagenweises Fräsen zurückgewonnen wird. Als Asphaltgranulat wird zerkleinerter Ausbauasphalt bezeichnet unabhängig davon, ob es sich um gebrochenen Aufbruchasphalt oder um Fräsasphalt handelt. Das Asphalt-

Recycling. Tabelle: Verwendungsmöglichkeiten von Recyclingbaustoffen.

	Stoffgruppe / Verwendungsbereiche	A Lärmschutzwälle	B ungeb. Verkehrsfl. und Wegebau	C1 Unterbau	C2 Hinterfüllung und Überschüttung-	D1 Verfüllung von Leitungsgräben	D2 Bodenverfestigung und Untergrundverbesserung	E Tragschichten ohne Bindemittel	F hydraulisch gebundene Tragschichten	G1 Asphalttragschichten	G2 Asphaltdeck- und Asphaltbinderschichten	H Betontragschichten
								Oberbau				
1	Asphalt	●	●	○	○	○	○	○	○*)	●**)	●**)	
2	Beton, Betonwerksteine	●	●	●	●	●	●	●	●	○		●
3	sonst. hydr. geb. Materialien	●	●	●	●	●	●	●	●	○		●
4	Naturwerksteine, gebr. ungebr. Materialien, Gleisschotter	●	●	●	●	●	●	●	●	●	●	●
5	Kies, Sand	●	●	●	●	●	●	●	●	●	○	●
6	sonst. mineralische Massen (z.B. bindige und verwitterungsempfindliche Stoffe)	●	○	●	○	○	○					
7	Ziegel, Mauerwerk, Steinzeug	●	●	●	○	●	●	○	○			○*)

● Verwendung möglich
○ Verwendung bedingt möglich
*) Als Beimengung zu den Stoffgruppen 2–5 je nach Laboruntersuchung oder auf Grund von Praxiserfahrungen.
**) s. „Merkblatt für die Erhaltung von Asphaltstraßen – Teil: Bauliche Maßnahmen – Wiederverwendungen von Asphalt".

R. wird nach zwei grundsätzlich verschiedenen Verfahren unterschieden, dem R. auf der Straße und dem R. in der → Mischanlage. Zu dem R. auf der Straße zählen die Verfahren „Repave" und „Remix", bei denen man die vorhandene → Deckschicht durch Zugabe von neuem Asphalt qualitativ verbessert und ebnet. Bei beiden Verfahren wird die vorhandene, schadhafte Deckschicht aufgeheizt und aufgelockert. Bei den Repave-Verfahren verlegt man eine neue Deckschicht aus → Asphaltbeton darüber und verdichtet sie zusammen mit der erwärmten alten Deckschicht. Bei den Remix-Verfahren wird die alte Deckschicht aufgenommen, in einem Mischer mit neuem → Asphaltmischgut, Splitt oder Bitumen vermischt und anschließend eingebaut und verdichtet. An Mischanlagen praktiziert man die Zugabe von Asphaltgranulat schon seit Jahren. Sein Masseanteil kann in Extremfällen bis zu 80% betragen. *Beckedahl*

Literatur: DIN 4030: Beurteilung betonangreifender Wässer, Böden und Gase. – Merkblatt für die Beurteilung der Korrosionsgefährdung von Eisen und Stahl im Erdbau. – Richtlinien für bautechnische Maßnahmen an Straßen in Wassergewinnungsgebieten (RiStWag).

Reduktionsverfahren. Mit diesem Verfahren können → Zustands- und → Einflußlinien an statisch bestimmten wie statisch unbestimmten, über mehrere Felder durchlaufenden Trägern mit beliebigem Trägheitsmomentenverlauf ermittelt werden. Das R. ist in die Gruppe der finiten Verfahren einzuordnen und eignet sich wegen seiner schematischen Rechenprozedur besonders für den Einsatz auf EDV-Anlagen. Das → Tragwerk wird in einzelne Elemente von der Länge λ_j aufgeteilt. Mittels Übertragungsmatrizen führt man die Zustandsvektoren $\vec{v}_j$ an den beliebig wählbaren Elementgrenzen bzw. dort, wo Rand- oder Zwischenbedingungen zu erfüllen sind, auf einen Anfangsvektor $\vec{v}_0$ zurück; daher die Bezeichnung des Verfahrens.

Jedes Element j mit den Elementgrenzen j−1 und j wird als Kragträger betrachtet. Der Zustandsvektor

$$\vec{v}_j^T = (y_j \frac{I_c}{I_i}, \varphi_j \frac{I_c}{I_i}, M_j, Q_j, 1)$$

kann mit der Abschnittsmatrix $\vec{A}_j$ aus dem Zustandsvektor $\vec{v}_{j-1}$ berechnet werden:

$$\vec{v}_j = \vec{A}_j \cdot \vec{v}_{j-1} = \vec{A}_j \cdot \vec{A}_{j-1} \cdot --- \vec{A}_2 \cdot \vec{A}_1 \cdot \vec{v}_0;$$

dabei folgt $\vec{A}_j$ aus den Differentialbeziehungen am biegebeanspruchten geraden Stabelement. Mittels des d'Alembertschen Ansatzes ergibt sich für das Differentialgleichungssystem $\frac{d}{dx}\vec{v}_j = \vec{U}_j \cdot \vec{v}_j$ die Lösung $\vec{v}_j = \exp(\vec{U}_j \cdot \lambda_j)\vec{v}_{j-1}$, mit der Matrixfunktion $\exp(\bar{U}_j \cdot \lambda_j)$, die gleich der Abschnittsmatrix $\bar{A}_j$ ist. Für einen Einfeldträger berechnet sich der Zustandsvektor $\vec{v}_n$ am Stabende zu $\vec{v}_n = \vec{F} \cdot \vec{v}_o$; die Feldmatrix $\vec{F}$ bezeichnet das Produkt aller Abschnittsmatrizen $\bar{A}_j$. Diese Beziehung beschreibt vier lineare Gleichungen mit acht unbekannten Komponenten der Zustandsvektoren $\vec{v}_0$ und $\vec{v}_n$. Vier weitere Aussagen folgen aus den je zwei Auflagerbedingungen an den Stabenden. Bei statisch bestimmten ($\rightarrow$ Gerber-Träger) und statisch unbestimmten durchlaufenden Trägern sind die jeweiligen Bedingungen an den Feldgrenzen zu berücksichtigen. Bei der Übertragung der Zustandsvektoren von einem Feld zum folgenden erfährt mindestens eine Komponente eine sprunghafte Änderung. Sie wird deshalb als Sprunggröße bezeichnet. Mit dem Sprungvektor $\Delta\vec{v}_r$, der Zusammenfassung aller Sprunggrößen an der Feldgrenze r, überträgt man den Zustandsvektor von Feld r nach Feld r+1. Mit Hilfe der Zwischenbedingungen wird jeweils eine der beiden in den Beziehungen enthaltenen Unbekannten abgelöst, so daß stets nur zwei Unbekannte auftreten. Das Verfahren ist auch auf mehrachsige und dynamische $\rightarrow$ Beanspruchungen entsprechend anwendbar. *Laermann*

REFA. Abk. für den 1924 gegründeten Reichsausschuß für Arbeitszeitermittlung. Verband für Arbeitsstudien und Betriebsorganisation e. V. Vereinssitz ist Darmstadt. R. ist ein technisch-wissenschaftlicher gemeinnütziger Verein, dessen Ziel die Entwicklung und Anwendung praktikabler Methoden zur Verbesserung der Wirtschaftlichkeit und der Humanisierung der Arbeit ist. In ihm sind etwa 30000 Fachleute zusammengeschlossen, die sich beruflich diesem Arbeitsgebiet widmen. Der Verband weist 36 Fachausschüsse auf, in denen die R.-Lehre für die einzelnen Industriezweige aufbereitet und anwendbar gemacht wird. Die Grundsatzarbeit wird dabei vorwiegend vom REFA-Institut (Kurt-Hegner-Institut) Darmstadt geleistet. Der Verband ist föderalistisch nach Gebiets- und Landesverbänden strukturiert. Herausgegeben werden Buchreihen und Zeitschriften. Grundlage der Arbeit ist die REFA-Methodenlehre. Für das Bauwesen ist der Fachausschuß Bauwesen zuständig, der „REFA in der Baupraxis" als spezielle Methodenlehre für das Bauwesen herausgibt. Das Wissen wird insbes. auch durch Lehrgänge und Vortragsveranstaltungen verbreitet, in denen eine Stufenausbildung zu einer gestuften Abschlußqualifikation führt. *Drees*

Referenzellipsoid. Bezugsfläche der Landesvermessung für die Koordinatenberechnung des $\rightarrow$ Festpunktfeldes. Als mathematisch leicht zu behandelnde Rechenfläche soll es die mathematische $\rightarrow$ Erdfigur, das $\rightarrow$ Geoid, in einem Vermessungsgebiet approximieren. Als R. wird i. a. R. ein schwach abgeplattetes Rotationsellipsoid gewählt, dessen Rotationsachse parallel zur Rotationsachse der Erde verläuft. Die Parameter eines solchen R., die große Halbachse a und die Abplattung f (Ellipsoid), wurden im 18. und 19. Jahrhundert an verschiedenen Stellen der Erde durch $\rightarrow$ Gradmessung bestimmt. Dabei erhielt man als Folge von lokalen Anomalien des Geoids und wegen der unvermeidbaren Meßunsicherheit leicht unterschiedliche Zahlenwerte für diese Parameter. Die Landesvermessungsdienststellen der verschiedenen Länder mußten sich damals für ein bestimmtes R. entscheiden und haben dieses gewöhnlich auch später beibehalten, weil die Umstellung aller Berechnungen auf ein anderes, möglicherweise besseres Ellipsoid sehr arbeitsaufwendig gewesen wäre. So wurde z. B. in Preußen das 1840 berechnete *Bessel*-Ellipsoid verwendet, das später auch vom Deutschen Reich und von der Bundesrepublik Deutschland übernommen wurde. In der ersten Hälfte des 20. Jahrhunderts konnten Ellipsoide berechnet werden, die sich auf Datenmaterial aus global immer besser verteilten Vermessungen stützten. Daraus entwickelte sich die Forderung nach einem weltweit zu verwendenden R. Ein Beispiel ist das 1924 durch die Internationale Union für Geodäsie und Geophysik (IUGG) empfohlene Internationale Ellipsoid, das 1909 von *J. F. Hayford* berechnet worden war. In jüngster Zeit eröffnet die Satellitengeodäsie die Möglichkeit zur Bestimmung eines globalen R., dessen Zentrum im Erdschwerpunkt liegt, dessen Figurenachse mit der Rotationsachse der Erde (bis auf die Polbewegung) zusammenfällt und das sich dem Geoid bestmöglichst anpaßt. Zur Zeit wird von der IUGG das „Geodätische Bezugssystem 1980" empfohlen (Tabelle). *Pelzer*

Regelungsbauwerk. R. werden in einem natürlichen oberirdischen Fließgewässer angeordnet. Sie dienen der Stabilisierung der Strömungs-, Wasserstands- und Sohlen-(Geschiebe-)verhältnisse. Die beabsichtigte Umbil-

Referenzellipsoid. Tabelle: Parameter von R.

Name	Jahr der Bestimmung	Große Halbachse m	Abplattung	Hauptanwendungsgebiet
Bessel	1840	6 377 397	1 : 299,15	Bundesrepublik Deutschland
Hayford	1909	6 378 388	1 : 297,00	international
Krassowski	1940	6 378 245	1 : 298,00	Osteuropa
Referenzsystem 1980	1980	6 378 137	1 : 298,26	international

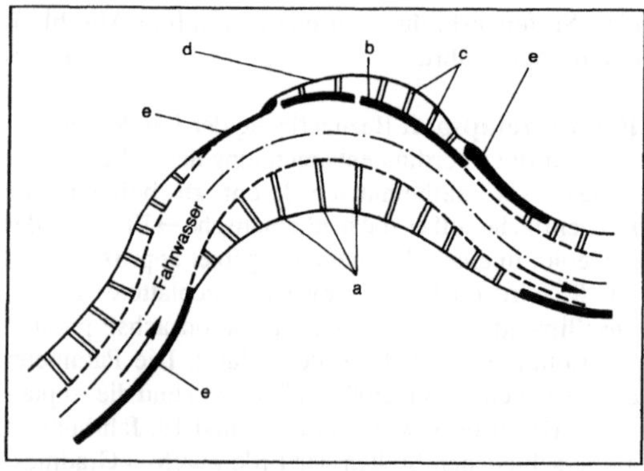

Regelungsbauwerk: Einbauten in Fließgewässern.

a Querwerk (Buhne), b Parallelwerk (Längswerk), c Traverse, d Uferanbruch, e Uferdeckwerk

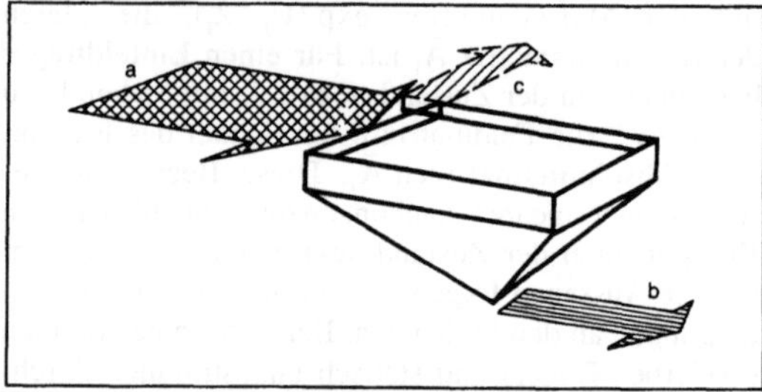

Regenentlastung 1: Regenüberlaufbecken im Hauptschluß (Fangbecken).

a Zulauf, b Ablauf über Drossel, c Überlauf

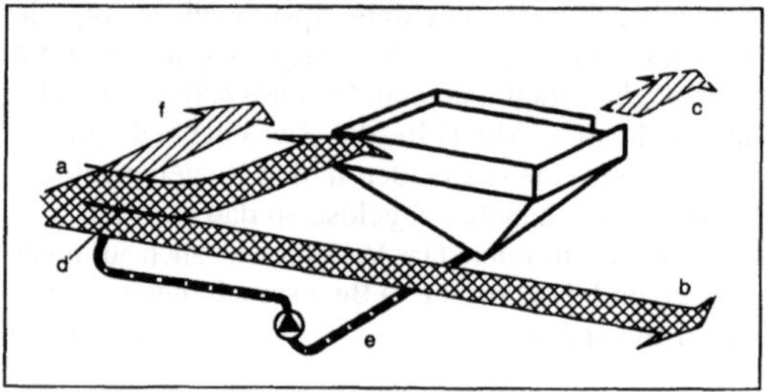

Regenentlastung 2: Regenüberlaufbecken im Nebenschluß (Durchlaufbecken).

a Zulauf, b Ablauf über Drossel, c Überlauf vorgeklärt, d Trennbauwerk, e Entleerung, f Überlauf

dung des Flußbettes auf gesteuerte, natürliche Weise erstreckt sich auf seinen Querschnitt und seine Linienführung. Die Einbauten werden quer und parallel zur Fließrichtung erstellt.

Querwerke (Buhnen) sind dammartige Querbauten, die vom Ufer aus in den Fluß vorgestreckt werden und das → Fahrwasser in Abständen a ≤ 1,5 l (Buhnenlänge) tangieren (Bild). Sie lassen sich durch Längenänderung leicht einer verlegten Fahrwasserrinne anpassen. Dagegen ist die unruhige Strömung am Buhnenkopf nachteilig, so daß die Schiffahrt die volle Fahrwasserbreite nicht ausnutzt. Querwerke werden in Gruppen (Buhnenfeld) auf der Krümmungsinnenseite eingebaut, um die Sohlentransportfähigkeit gezielt im Fahrwasserbereich zu konzentrieren. Sie bestehen aus einer Schüttung mit Wasserbausteinen.

Parallelwerke (Längswerke) sind längsverlaufende Dämme, die an der Außenseite einer Flußkrümmung aus Steinmaterial geschüttet werden (Bild). Dadurch ist für Schiff und Strömung eine kontinuierliche Führung gegeben. Der Nachteil gegenüber den Querwerken liegt in der sehr aufwendigen Anpassung im Fall einer späteren Änderung der Linienführung.

Grundschwellen sind Querbauten in der Flußsohle. Sie wurden früher zum Verbau von → Kolken, zur Stabilisierung der Flußsohle oder zur Hebung des Wasserstandes gebaut. Wegen der mangelnden Beständigkeit und Wirksamkeit und vor allem wegen der für die Schiffahrt ungünstigen örtlichen Abflußerscheinungen werden sie als Regelungsmittel an Wasserstraßen nicht mehr eingesetzt.   *Muth*

Regenentlastung. Der R. dienen bei der Ortsentwässerung im Mischverfahren Maßnahmen zur Speicherung der stärker verschmutzten Regenabflüsse und der Entlastung von weniger verschmutztem Regenwasser über Regen- und Notüberläufe direkt zu → Vorflutern. Ein deutlich ausgebildeter Schmutzstoß bei Regenbe-

ginn ist nur bei kleinen Netzabschnitten, für rd. 10−20 ha entwässerter, befestigter Fläche zu beobachten. Bei größeren Flächen überlagern sich die Abschwemmungen aus Teilgebieten und deren Oberflächen und aus Ablagerungen im Kanalnetz. Dabei treten Frachtspitzen zu verschiedenen Zeiten je nach der Netzsituation auf. Zur Speicherung der meist stärkeren Schmutzabschwemmungen bei Regenbeginn werden durch Drosselung des Abflusses an geeigneten R.-Stellen des Netzes und bis in die Kanalscheitelhöhe hochgezogene Überlaufschwellen sowohl die gegebenen Kanalstauräume, häufig auch hierfür überdimensionierte Stauraumkanäle eingerichtet (→ Rückhalteanlage). Dazu kommen oft zusätzliche Speicherräume, ständig durchflossene (Hauptschluß) oder seitlich am Kanal eingerichtete (Nebenschluß) Regenüberlaufbecken (Bild 1, 2). Auch diese sind i. d. R. mit einer festen oder gesteuerten Drossel und einem Beckenüberlauf am Trennbauwerk (entsprechend dem Regenüberlauf) versehen. Man spricht vom Fangbecken, um nur den ersten Schmutzstoß zu fangen, der später über die Drossel und → Kläranlage abläuft. Nach der Füllung folgt die R. dann über ein Wehr/einen Beckenüberlauf in Höhe etwa des Rohrscheitels. Bei dem als Durchlaufbecken eingerichteten Regenüberlaufbecken ist am Ende des Speicherraums auch noch ein Klärüberlauf eingerichtet, über den ein Teil (der durch das Becken geleitete Durchfluß) mit einer bestimmten Absetzwirkung in Becken vorgereinigt, vor allem bei kleinen Regenabflüssen entlastet werden kann.

Da Kanalnetze im Mischverfahren bei großen Netzen ein erhebliches Speichervolumen für Regenwasser aufweisen, das bei flächenhaft vorkommender Überregung nicht immer überall ausgenutzt wird, geht die Tendenz dahin, durch steuerbare Verschlüsse die vorhandenen Speicher so zu nutzen, daß die über Überläufe zu Vorflutern (Gewässer) entlastete „Schmutzfracht" gering bleibt (Stauraumbewirtschaftung). *Pfeiff*

Regenerierung von Brunnen. Eine R. v. B. wird nötig, wenn sich – vor allem im engeren Brunnenbereich – aus dem Eisengehalt im Wasser „Verockerungen" ergeben, aus chemisch/biologischen Prozessen der Fe-Ausfällung. Es gibt eine Reihe, vor allem chemischer Methoden, diese – den Wasserzufluß zum Brunnen immer stärker mindernden – Verockerungen zu beseitigen durch Spülung und Abpumpen des Spülwassers mit Säureanteilen. *Pfeiff*

Regenwasser → Niederschlagwasser

Regenwassernutzung. Ein Teil des täglich verwendeten → Trinkwassers kann durch Regenwasser ersetzt werden. Das gilt vor allem für die Gartenbewässerung, die Toilettenspülung und ggf. Putz- und Wascharbeiten. Erfahrungen haben gezeigt, daß damit von dem durchschnittlichen Trinkwasserbedarf pro Person und Tag von ca. 140 l etwa 40 l eingespart werden können. Zur Erfassung des Regenwassers bieten sich Dachflächen an. Die Falleitungen werden ggf. bereits mit Sieben vor groben Verunreinigungen wie Laub geschützt und in einen Sammelbehälter geführt, wo sich durch Strömungsberuhigung Schwebstoffe absetzen. → Pumpen fördern das Wasser nach Bedarf über Filter und Rohrleitungen den Zapfstellen zu. Kritik gegen die R. kommt vor allem von Hygienikern und Trinkwasserversorgern, die befürchten, daß durch Verwechslungen bei der Installation und beim Zapfen verunreinigtes Wasser getrunken werden könnte. Dem muß durch deutliche Kennzeichnung von Leitungen und Zapfstellen und sorgfältige Anlagenausführung begegnet werden. Hygienische Bedenken gegen mit Regenwasser gewaschene Wäsche konnten durch Untersuchungen der Umweltbehörde Hamburg widerlegt werden. Sie ergaben, daß nach dem Trocknen der Wäsche keine Beanstandungen vorlagen. Nachteilig kann der Aufwand für das Reinigen der Filter und des Schwebstoff-Absetzbeckens sein. Einige Bundesländer fördern die Nutzung von Regenwasser durch Zuschüsse. Speicher für Regenwasser sollten nicht zu klein ausgelegt werden (min. 1 m^3 je Person), um auch in Tagen ohne → Niederschlag auf die Trinkwasser-Nachspeisung verzichten zu können. Sie darf unter keinen Umständen zu

einer Beeinträchtigung der → Wasserqualität im Trinkwassernetz führen. *Diehl*

Regionalplanung. Eine Planungsregion wird durch sozioökonomische und naturräumliche Elemente, den werktäglichen Nahverkehr auf Straße und Schiene und den Naherholungsverkehr begrenzt. Sie ist nicht an Gemeinde- oder Kreisgrenzen gebunden. Mittelpunkt kann eine Großstadt oder Mittelstadt, aber auch eine Kleinstadt sein. Eine Planungsregion besteht aus einer großen Anzahl von Gemeinden unterschiedlicher Größe und Struktur, die ganz oder zu einem Teil zur Region gehören. In einzelnen Fällen erstreckt sie sich über mehrere Bundesländer, z. B. die Stadtstaaten Hamburg und Bremen und ihr jeweiliges Umland sowie der Raum Rhein-Neckar. Die Notwendigkeit einer grenzübergreifenden Planung wird schon daraus ersichtlich, daß in vielen Regionen die Städte zusammengewachsen sind. In der Rangfolge der → Planungsebenen hat die R. ihren Platz zwischen der staatlichen Landesplanung und der gemeindlichen → Bauleitplanung, die die Ziele von → Raumordnung und → Landesplanung konkretisiert. Das Aufstellen und Ausarbeiten der Regionalpläne regeln die Bundesländer unterschiedlich. Von den bestehenden Planungsgemeinschaften und -verbänden haben nur wenige den Charakter eines Verbandes mit über die Planung hinausgehenden Aufgaben, z. B. der bereits 1920 gegründete Siedlungsverband Ruhrkohlenbezirk, der 1962 gegründete Verband Großraum Hannover oder der Umlandverband Frankfurt. Es wäre Aufgabe der R., für die Gemeinden der Region Entwicklungsziele zu fixieren, etwa über
– die künftige Größenordnung der Einwohnerzahl,
– die künftige Größenordnung der Arbeitsplatzzahl und die Gliederung nach Wirtschaftsbereichen,
– die künftige Ausstattung mit Einrichtungen von überörtlicher Bedeutung (Verwaltung, Bildungswesen, Gesundheitswesen, Erholung u. a.).

Diese Absicht steht oft im Widerspruch zum teils verständlichen Eigennutz der Gemeinden. *Spengelin*
Literatur: *Heide von der, H. J.:* Kreisentwicklungsplanung. In: Grundriß der Raumplanung. Hannover 1982. – *Schmitz, G.:* Regionalpläne. In: Grundriß der Raumplanung. Hannover 1982.

Regionalstadt. Das permanente Wachsen der städtischen Agglomeration und die damit verbundenen Ereignisse:

□ die zunehmende Konzentration der Arbeitsplätze, vor allem des tertiären Sektors in den Verdichtungsräumen, besonders im historischen Kern der Städte,

□ die Dezentralisation der → Wohnflächen innerhalb einer weiten Umlandzone, besonders in landschaftlich bevorzugten Lagen (Zersiedlung) sowie, daraus folgend:

□ die außerordentliche Zunahme des → Flächenbedarfs für gewerbliche Anlagen aller Art, für den Wohnungsbau und seine Folgeeinrichtungen und für Verkehrsanlagen führten zur die Stadtgrenzen überspringenden → Regionalplanung, deren letzte Konsequenz die R. ist. „In ihr wird eine Dezentralisation der Aufgaben bei gleichzeitiger Konzentration der einzelnen Elemente erstrebt. Die Dezentralisation ermöglicht ein elastisches Wachsen in überschaubaren Teilen, die Konzentration gewährleistet die vollwertige technische Erschließung – Straße, Wasser, Entwässerung, Energie, Wärme, Müllabfuhr –, die Versorgung mit allen erforderlichen wirtschaftlichen, sozialen und kulturellen Einrichtungen und die Erhaltung der freien Landschaftsräume" *(Wortmann)*. In diesem Sinne kann man durchaus die → Gartenstadt von *Ebenezer Howard* als frühes Modell ansehen.

Das Ziel einer Größenbegrenzung der Kernstadt, das bei *Howard* im Vordergrund steht, hat – wenn auch weniger kulturkritisch eingefärbt – bis in die jüngste Zeit hinein immer wieder zu Modellvorstellungen geführt, bei denen sich nach dem Prinzip der konzentrierten Dezentralisation ein System locker miteinander und mit der Kernstadt verknüpfter Trabanten- oder Satellitenstädte zusammenfügt. Bekannt geworden ist das von *Rudolf Hillebrecht* im Jahr 1962 entwickelte R.-Modell (Bild), eine Art Zentren- und Städteverbund, bei dem in einem Abstand von etwa 20 km um die Kernstadt Nebenzentren angeordnet sind, die stark von ihrer Funktion als Standort unterschiedlicher öffentlicher und privater Einrichtungen geprägt sind. Die in

einer Entfernung von 40 km um die Kernstadt herum gelegenen Klein- und Mittelstädte sollten selbständige zentrale Orte bleiben, ggf. in dieser Funktion gestärkt werden, um auch auslagerungswillige Industrie- und Gewerbebetriebe aus der Kernstadt aufnehmen zu können. Die in den R.-Modellen vorgesehenen neuen selbständigen Zentren setzen allerdings ein erhebliches Entwicklungspotential und schnelle Realisierbarkeit voraus, wenn sie der Gravitationskraft des Hauptzentrums entgegenwirken sollen. Zudem ist eine auf Langfristigkeit angelegte Planung, unterstützt durch antizyklische Steuerung der Investitionen und auch Subventionen, erforderlich. Nachdem in den vergangenen Jahrzehnten die Regionalplanung insgesamt und damit auch das Modell der R. nicht die ihr zukommende Bedeutung erfahren hat, sind die damit verbundenen leitbildhaften Überlegungen – sowohl auf Grund der Problematik, die sich bei der Stadtentwicklung in den neuen Ländern ergibt, als auch durch die sich abzeichnende europäische Regionalisierung – zu erneuter Bedeutung gelangt. *Spengelin*

Reichsversicherungsordnung. Abkürzung RVO: Grundlegendes Sozialversicherungsgesetz aus dem Jahre 1911, in dem der Aufbau der Sozialversicherung festgelegt wurde. Die RVO ist heute Bestandteil des Sozialgesetzbuchs. In ihm sind Krankenversicherung, Unfallversicherung und Rentenversicherung der Arbeiter geregelt. Die RVO regelt insbes. auch das Tätigwerden der Berufsgenossenschaften sowie die → Unfallverhütung und die Erste Hilfe. Geregelt ist in ihr auch die Überwachung der Arbeitsstätten und die Aufbringung der Mittel sowie deren Verwendung.

Drees

Reifendozer. R. sind Radschlepper mit vorgebautem Planierschild (meist Brustschild). Sie sind die einfachste Form reifenfahrbarer Planiergeräte und werden mit Leistungen zwischen rd. 130 und 550 kW hergestellt. Üblicherweise verfügen R. über Allradantrieb und Knicklenkung. In seiner Arbeitsweise ähnelt der R. dem Kettendozer und wird vorwiegend zum Abschieben von Boden oder zum groben Planieren eingesetzt. Die grundlegenden Unterschiede zum Kettengerät sind durch die Fahrwerkeigenschaften bedingt. So erlaubt das Reifenfahrwerk mittlere Fahrgeschwindigkeiten von 30 km/h und damit Einsatzweiten bis 100 m und mehr. Hierdurch können Raddozer neben Gradern auch zur Wegepflege im gleislosen Erdbau eingesetzt werden. Dagegen beschränkt die durch die geringe Aufstandsfläche bedingte hohe Bodenpressung und der relativ geringe Kraftschluß der Reifen besonders in nassen und tonigen Böden das Einsatzgebiet des R. auf überwiegend leichtere Bodenarten. Seinen erhöhten Bodendruck nutzt der R., indem er – ähnlich wie die → Gummiradwalze – mit den Reifen eine Verdichtungswirkung auf den Boden ausübt. R. werden auch als Schubhilfe für Schürfwagen eingesetzt. *Kühn*

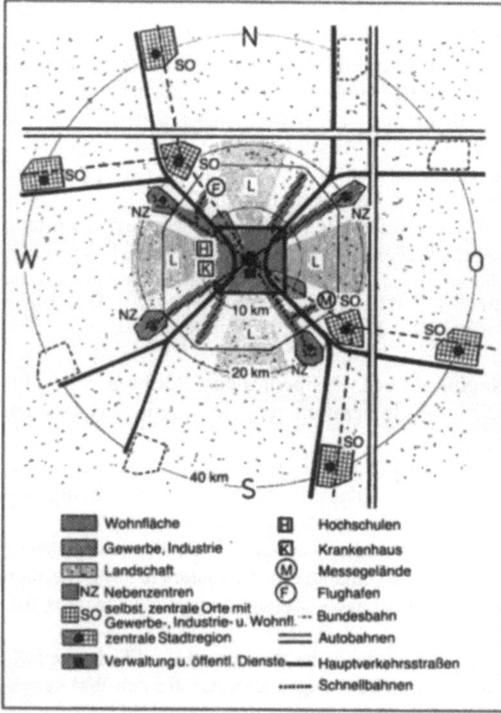

Regionalstadt: Modell einer R. nach R. Hillebrecht.

Reifholz. Bei Reifholzbäumen (Weißtanne und Fichte) beginnt zwar die Verkernung damit, daß sich die Poren und Tracheiden mit Luft füllen und dadurch kein Wasser mehr leiten können, hört aber dann auf. Da keine Farbstoffe eingelagert werden, ist der Kern nicht sichtbar. Beim Kernreifholz (Ulme und Esche) befindet sich zwischen feuchtem Splint und trockenem, gefärbtem Kern ein Ring trockenen und unverfärbten Holzes.

Wesche

Reinheitsgrad → Oberflächenbehandlung

Reißlänge. Länge eines aufgehängten → Stabes, bei der dieser unter seinem Eigengewicht reißen würde. Die R. eines trocknen Stabes aus europäischer Fichte beträgt rd. 22 km. *Dröge*

Reißlinie. Verlauf des Bruchrisses bei der Zugbeanspruchung von → Holz und Holzwerkstoffen. Die R. verläuft bei einer Kraftrichtung parallel der Faser in splittriger Form im Mittel rechtwinklig zur → Faserrichtung und bei Baufurnierplatten bei beliebigem → Kraft-Faser-Winkel immer rechtwinklig zur schwächsten Faser. *Dröge*

Literatur: VDI-Ber. 547. Ingenieurholzbau. Düsseldorf 1985.

Rekultivierung. Rückverwandeln von ehemaligen Sand-, Kies- oder Kohlegruben, Böschungen, → Halden, → Deponien und Müllkippen, aber auch von durch Wassererosion, Entwaldung oder nicht standortgemäße Nutzung zerstörten Landschaften in land- oder forstwirtschaftlich bzw. anderweitig nutzbaren Flächen durch technische und/oder biologische Maßnahmen. Technische Maßnahmen sind vielfach erforderlich, um für die Pflanzen minimale Wachstumsbedingungen zu schaffen (Boden, Bodenfeuchtigkeit, Erosions- und Windschutz usw.). Technische Maßnahmen sind u. a.: Bodenanschüttung und -austausch, → Salzbodenmelioration, → Wildbachverbauung, → Hangsicherung, Windschutzanlagen. Die biologischen Maßnahmen gehören im wesentlichen zum Bereich der → Ingenieurbiologie. Im einzelnen sind dies: Aussaat von Gräsern und Kräutern, Einbau von Fertigrasen (Ballen, Soden, Rasenstücke, Rollrasen, Rasenmatten), Einbringen von ausschlagfähigen Pflanzenteilen (Ruten, Zweige, Steckhölzer und Wurzelstücke; Rhizome, Sprößlinge, Halmstecklinge), Pflanzen von Gehölzen (Büsche, Bäume) u. a. Bei bestimmten Eingriffen, z.B. beim Bodenabbau, besteht eine Verpflichtung zur R. *Lecher*

Relaxation. Allgemeine Bezeichnung für Nachwirkungserscheinungen, die dadurch charakterisiert sind, daß ein Bauteil nicht direkt, sondern mehr oder weniger langsam auf eine Änderung der äußeren Kräfte reagiert. Bei Baustahl wird unter R. die Abnahme der → Beanspruchung bei konstant gehaltener → Dehnung verstanden. Bei einer konstanten Belastungszeit von etwa 10 min stellt sich im Laborversuch die statische → Fließspannung ein, die zur Beurteilung der plastischen Eigenschaften des Baustahles verwendet wird. *Sedlacek/Scholz*

Renaturierung. Mit der R. werden naturferne, d.h. weitgehend nach technischen Gesichtspunkten gestaltete Wasserläufe oder durch → Entwässerung u. a. in Kulturland umgewandelte Flächen in einen natürlichen oder zumindest naturnahen Zustand rückgewandelt. Eine echte R. von Fließgewässern ist in Anbetracht der vielfältigen Auswirkungen des wirtschaftenden Menschen im → Einzugsgebiet i. a. praktisch nicht möglich. Daher wird bei Fließgewässern auch von Rehabilitation gesprochen. Grundlage ist eine weitgehende Reinigung der einzuleitenden Abwässer und die Verbesserung bzw. Wiederherstellung des Selbstreinigungsvermögens des Gewässers. Die Standortverhältnisse können u. a. verbessert werden durch:

☐ Verbesserung der Gewässergeometrie, d. h. der Linienführung, der Querschnitte bzw. des Gefälles, z. B. durch den Bau von → Sohlenrampen,

☐ Aktivierung von Altwässern, nötigenfalls Zusammenschluß zu Altwassersystemen bzw. Schaffung von Feuchtflächen,

☐ Einbau von standortgemäßem Sohlen- und Böschungsmaterial (→ Profilsicherung),

☐ Röhrichtanpflanzungen in der Wasserwechselzone, falls möglich kombiniert mit der Anlage von Gehölzen im Uferbereich sowie von Schutzpflanzungen in der Talau (Bild),

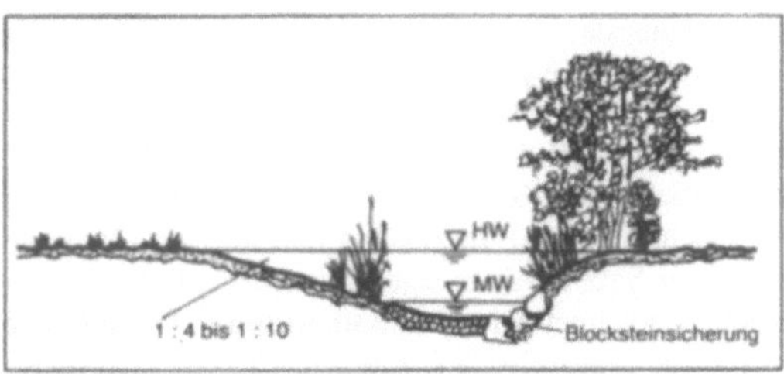

Renaturierung: Sicherung des Prallufers in Flußkrümmungen durch Gehölze.

☐ Anlage von → Habitatelementen (Belebungselementen),

☐ Aufforstung ungenutzter Flächen mit standortgemäßen Holzarten,

☐ Nutzung der Talau im Überschwemmungsbereich nur als Grünland oder als Auwald,

☐ Ausweisen naturnaher Bereiche in der Flußau entsprechend ihrer Qualität als geschützte Reservate (→ Naturschutzgebiete, Feuchtbiotope),

☐ planmäßige → Rekultivierung von Kiesabbauflächen,

☐ Bepflanzen der Ränder der Niederterrassen, die zumeist als Geländestufen ausgebildet sind.

Die jeweils in Betracht kommenden Maßnahmen müssen von Fall zu Fall geprüft werden. Dabei müssen die Eingriffe mit ihren Kosten und ihrem Einfluß auf den Naturhaushalt in vernünftiger Relation zum angestrebten Ziel stehen. Eine enge Zusammenarbeit zwischen Technikern und Biologen wird es erleichtern, die richtige Kombination von Maßnahmen zu finden.

Bei den Mooren ist die R. lediglich eine Stufe im Gesamtrahmen einer Rückentwicklung. Sie geht von der Wiedervernässung über die R. zur → Moorregeneration. *Lecher*

Literatur: *Lange, G., u. K. Lecher* (Hrsg.): Gewässerregelung, Gewässerpflege. 3. Aufl. Hamburg, Berlin 1993.

Reparaturkosten. Kosten für die Instandhaltung der Maschinen und Geräte. Nicht dazu gehören die Wartung und Pflege sowie die Beseitigung von Gewaltschäden. Die R. unterteilt man nach den Vorbemerkungen zur → Baugeräteliste (BGL) 1991 in Instandhaltung, d.h. Aufrechterhaltung der Betriebsbereitschaft während des Baustelleneinsatzes, und Instandsetzung, d.h. Ausführung aller Reparaturen außerhalb des Baustelleneinsatzes, um das Gerät für einen neuen Baustelleneinsatz in den bestmöglichen Betriebszustand zu versetzen und die volle Leistungsfähigkeit zu erzielen. Die Instandsetzung wird oft auch als Grund- und Schlußreparatur bezeichnet. Die Schlußreparatur fällt nach Ende des Baustelleneinsatzes an, die Grundreparatur in größeren Zeitabständen und kann – bei tiefgreifenden Reparaturen und Ersatz vieler Maschinenteile und Baugruppen – zu einer Verlängerung der → Nutzungsdauer führen. In der BGL 1991 sind die R. als Durchschnittsbetrag, verteilt auf die gesamte Nutzungsdauer des Geräts, angegeben. Je nach der Art des Geräts liegen die gesamten R. während der Nutzungszeit in der BGL 1991 zwischen 60 und 100% des Neuwerts; dabei gilt der untere Wert für Betonbaugeräte, der obere für Erdbaugeräte. Die Beträge für → Abschreibung, → Verzinsung und Reparatur werden in einem Satz zusammengefaßt, den man als Gerätemiete bezeichnet. Diese (kalkulatorische) Gerätemiete wird der Baustelle als Entgelt für die Zurverfügungstellung des Geräts belastet. *Drees*

Resonanz. Bei erzwungenen → Schwingungen ist die Amplitude vom Verhältnis der Erregerfrequenz zur Eigenfrequenz(-en) des Systems abhängig. Sind beide nahezu gleich groß, werden die Amplituden bei schwacher → Dämpfung sehr groß. In diesem kritischen Bereich besteht die Gefahr der R., das schwingende System erleidet hohe → Beanspruchungen, die zu Schäden, u.U. zur Zerstörung führen. *Laermann*

Resonanzeffekt bei Verkleidungen. Durch eine ungeeignet dimensionierte → Verkleidung von Bauteilen kann die Schalldämmung von Wänden und Decken stark verschlechtert werden. Die Verschlechterung beruht auf dem Auftreten einer ausgeprägten → Resonanz mitten im hörbaren Frequenzgebiet (Resonanzeffekt). Bringt man einen → Putz oder eine andere Form der Verkleidung, z.B. Gipskartonplatten, über eine federnde Zwischenschicht, z.B. Hartschaumplatten, vor

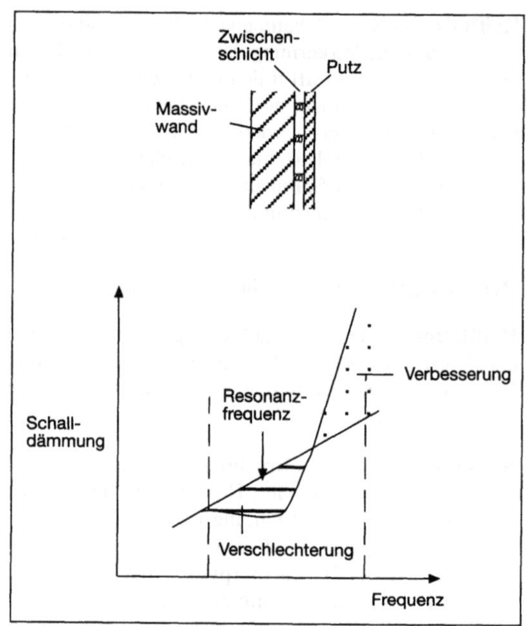

Resonanzeffekt 1: Prinzipdarstellung zur Verschlechterung der Luftschalldämmung von Wänden durch eine Verkleidung auf einer steifen Zwischenschicht.

a ohne Verkleidung, b mit Verkleidung

einer Massivdecke oder massiven Wand an (Bild 1), so entsteht ein Resonator; dabei bildet der Putz die Masse und die Zwischenschicht die Federung. In der Nähe der Resonanzfrequenz wird dadurch die Schalldämmung stark verschlechtert (schraffierter Bereich in Bild 1). Werden solche Verkleidungen auf beiden Seiten angebracht, so verdoppelt sich die Verschlechterung (Bild 2). Im Mittel beträgt die Verschlechterung dann etwa 10 dB. Dieser Effekt macht sich auch auf die Schallängsdämmung bemerkbar. Werden z.B. zur Verbesserung der Wärmedämmung an der Innenseite von Außenwänden Hartschaumplatten mit Gipskartonplatten angebracht, verschlechtert sich die Schalldämmung zwischen den übereinander- oder nebeneinanderliegenden Wohnungen um etwa 10 dB. Der Effekt tritt dann auf, wenn die Zwischenschicht nicht weichfedernd, sondern mäßig steif ist. Sehr steife Dämmschichten sind wiederum unschädlich. Viele schalltechnische Mängel in Bauten sind auf diesen R. zurückzuführen. *Gösele*

Literatur: DIN 4109: Schallschutz im Hochbau. Ausg. 1989. – *Gösele, K.:* Verschlechterung der Schalldämmung von Decken und Wänden durch anbetonierte Wärmedämmplatten. Gesundh.-Ing. (1961), S. 333. – *Gösele, K., u. B. Kühn:* Wärmedämmung von Außenwänden und Schallschutz. Gesundh.-Ing. **96** (1975), S. 149/55.

Reststoff. Bei der Produktion oder Wirtschaft anfallende Stoffe, deren Verwertung kurzfristig nicht realisierbar, langfristig und im Sinne des → Recyclings

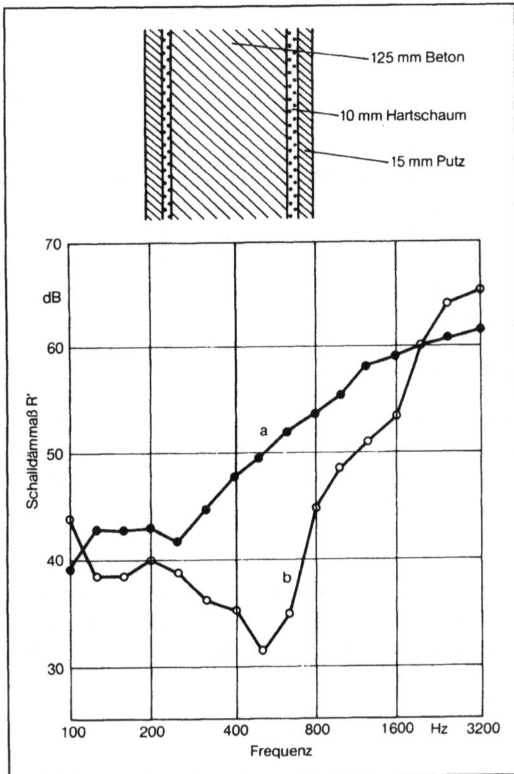

Resonanzeffekt 2: Resonanzverhalten eines beidseitig an einer Wand angebrachten Putzes auf einer Zwischenschicht aus 10 mm Hartschaum.

a ohne Verkleidung, b mit Verkleidung

jedoch wahrscheinlich möglich und wirtschaftlich sinnvoll sein kann. R. sind nach den früheren Abfallgesetzen kein → Abfall, da „der Besitzer sich ihrer nicht entledigen will". Im Rahmen des Immissionsschutz-Gesetzes wurde bei uns später die Verwertung der R. – wo wirtschaftlich möglich – verlangt. Ein typisches Beispiel für R. sind bestimmte Industrie- oder Gewerbestäube mit einem hohem Anteil an seltenen oder wertvollen Metallen oder anderen Stoffen. Ihre Verwertung wird möglicherweise lohnend, wenn der Preis dieser Stoffe eine bestimmte Höhe erreicht, was derzeit aber bei weitem noch nicht dem Marktpreis entspricht. Es wäre wirtschaftlich unvernünftig, diese Stäube mit hohem Aufwand, z. B. als → Sonderabfall, zu beseitigen, wenn es Möglichkeiten gibt, sie einzulagern oder aufzuhalden, um sie später zu verwerten. Aus der andersartigen europäischen Abfall-Definition – Teile des Abfalls sollten „handelbar" sein – wurde es schließlich für Deutschland notwendig, den früheren (juristisch bedeutsamen) Abfallbegriff aufzugeben und den europäischen Vorgaben zu folgen. Damit sind nach der neuen Definition R. auch „Abfall" im Sinne des Kreis-

laufwirtschaftsgesetzes KrW-/AbfG (1994), § 3 Begriffsbestimmung. R. müssen – nach dem Immissionsschutzgesetz – wo wirtschaftlich möglich verwertet werden. Das neue Abfallgesetz von 1994 regelt dies nun ab 1996 umfassend sehr viel detaillierter. *Pfeiff*

Resttragfähigkeit. Der Begriff R. aus der → Brandschutzforschung gibt an, welchen Bruchteil der ursprünglich vorhanden gewesenen → Tragfähigkeit ein Bauteil nach einem Brandangriff noch hat. Die R. kann an dem betreffenden Bauteil selbst nach Abkühlung oder, z. B. bei der Beurteilung des Bauwerkszustandes nach einem Schadenfeuer, auf rechnerischem Wege bestimmt werden. Als Grundlage dient die Feststellung der noch vorhandenen Festigkeiten der Konstruktionsbaustoffe in den vom Brand betroffenen Bauteilen.

Kordina

Restwasser. Nach einer Ausleitung oder Speicherung im Fließgewässer zu verbleibender → Abfluß. Für diverse Nutzungen (z. B. Wasserkraftnutzung, → Energiewasserwirtschaft) wird das Wasser von Fließgewässern vielfach zurückgehalten (→ Talsperre) und/oder umgeleitet. Um die ökologische Leistungsfähigkeit des Gewässers nicht zu stark einzuschränken, ist ein verbleibender Mindestabfluß erforderlich. Gebräuchlich sind folgende Methoden:
– Formeln beruhen vorwiegend auf hydrographisch-statistischen und flußhydraulischen Kenngrößen, wie durchschnittlicher Mittel- oder Niedrigwasserabfluß, Einzugsgebietsgröße, Unterschreitungsabfluß (z. B. Q_{347}), Abflußtiefe, Abflußgeschwindigkeit.
– Verfahren (z. B. Mehrzielplanungsverfahren, Nutzwertanalyse), die eine Vielzahl möglicher Aspekte berücksichtigen können (ökologische Auswirkungen, Freizeitwert, Landschaftsästhetik, Wirtschaftlichkeit, u. a.) oder die fundierte Ergebnisse für einen Teilbereich liefern (z. B. Habitatangebot für Benthonbewohner).

Mit Formeln erhalten wir vorwiegend konstante Mindestabflüsse. Zeitlich gestaffelte oder dynamische Mindestabflüsse sind weitgehend den sog. „Verfahren" vorbehalten. Bei der Mehrzielplanung u. ä. wird durch die Verfahrensweise der Eindruck „objektiver" Ergebnisse erweckt. Wegen der subjektiven Wichtung der Eingangsgrößen sind die ermittelten Mindestabflüsse u. U. ebenso fehlerhaft wie bei den einfachen Restwasserformeln. „Verbesserte Ansätze" basieren auf physikalisch, chemisch oder anderweitig definierbaren, numerisch erfaßbaren Ansprüchen der standorttypisch vorkommenden Organismen. *Lecher*

Rettungseinrichtung. R. sind die insbesondere von den Feuerwehren bereitgehaltenen Einrichtungen, um Menschen aus brennenden Bauwerken zu bergen. Außer den Leitern sind dies vor allem Sprungtuch, Rutschen und Rettungsschläuche. *Kordina*

Revisionsverschluß → Armatur

Revitalisierung, städtische. Maßnahmen, die einer allgemeinen Verbesserung von Standortkriterien dienen, insbes. solche, die die → Wohnqualität steigern, werden als R. bezeichnet, wenn sie sich auf Stadtquartiere beziehen, in denen Qualitätsdefizite vorhanden sind. Diese manifestieren sich z. B. durch eine größere Anzahl leerstehender Wohnungen oder durch problematische Sozialstruktur, z. B. viele Arme, Alte und Ausländer. Hiervon sind nicht nur Gebiete betroffen, in denen → Sanierung vorgenommen werden soll, sondern auch Neubaugebiete der 50er bis 80er Jahre (u. a. Großsiedlungen sowie kleinere Quartiere in ungünstiger Lage und mit hohen → Dichtewerten und monotoner Architektur), die in bezug auf technische Ausstattung durchaus befriedigend sind. Die Maßnahmen beziehen sich vor allem auf Verbesserung der Fassade, Schaffung von Gemeinschaftsräumen im Haus und Errichtung zusätzlicher → Wohnfolgeeinrichtungen, Verbesserung der privat und kollektiv zu nutzenden Grünflächen, → Verkehrsberuhigung, bei Neubaugebieten auch auf Verbesserung der Verkehrsanbindungen zur Innenstadt. *Spengelin*

Richtmaschine → Nivellierstopf- und Richtmaschine

Richtungsmessung. Geodätisches Meßverfahren zur Bestimmung von Horizontalwinkeln mit einem → Theodolit. Von einem Standpunkt aus werden mehrere Zielpunkte nacheinander angezielt und die jeweiligen Richtungen am Horizontalkreis des Theodolits abgelesen. Der Theodolit steht mit lotrechter Stehachse in einem Standpunkt P_0 (Bild), die Orientierung des Horizontalkreises ist beliebig. Jeder Zielpunkt muß in zwei Fernrohrlagen angemessen werden, um den Einfluß restlicher Justierfehler des Theodolits (Zielachsfehler, Kippachsfehler) zu eliminieren. Man zielt deshalb zunächst nacheinander die Punkte P_1, P_2, ..., P_n an und erhält die Kreisablesungen r'_1, r'_2, ..., r'_n. Nach einem Wechsel der Fernrohrlage werden die Messungen wiederholt und die Ablesungen r''_1, r''_2, ..., r''_n erhalten. Das Mittel aus den zu einem Zielpunkt gehörenden Ablesungen ist dann vom Einfluß der Justierfehler frei. Dieser gesamte Meßvorgang wird als das Messen eines Richtungssatzes bezeichnet. Während der Messung eines Richtungssatzes darf sich die Orientierung des Teilkreises nicht verändern. Man ist deshalb bei hohen Genauigkeitsansprüchen bemüht, nur wenige Richtungen in einen Richtungssatz aufzunehmen und dadurch die Meßzeit kurz zu halten, insbes. bei labiler Aufstellung des Theodolits. Der kürzeste Richtungssatz umfaßt zwei Zielpunkte, doch spricht man dann besser von → Winkelmessung. *Pelzer*

Literatur: *Kahmen, H.*: Vermessungskunde II. Berlin 1986.

Richtungswinkel. Winkel zur Orientierung einer ellipsoidischen oder ebenen Strecke AB in einem geodätischen → Koordinatensystem (Bild 1). Der Winkel zählt rechtsläufig von einer Parallelen zur x-Achse bis zur Strecke AB. In einem ebenen Koordinatensystem (Bild 2) bezieht sich der ebene R. auf die Gerade AB, und es gilt die einfache Beziehung $t_{BA} = t_{AB} + 200$ gon. Auf einem → Referenzellipsoid dagegen bezieht sich der ellipsoidische R. auf die geodätische Linie von A nach B; dabei gilt i. a. $T_{BA} \neq T_{AB} + 200$ gon. Die Berechnung der R. zwischen zwei Punkten zählt zu einer der beiden geodätischen → Hauptaufgaben. *Pelzer*

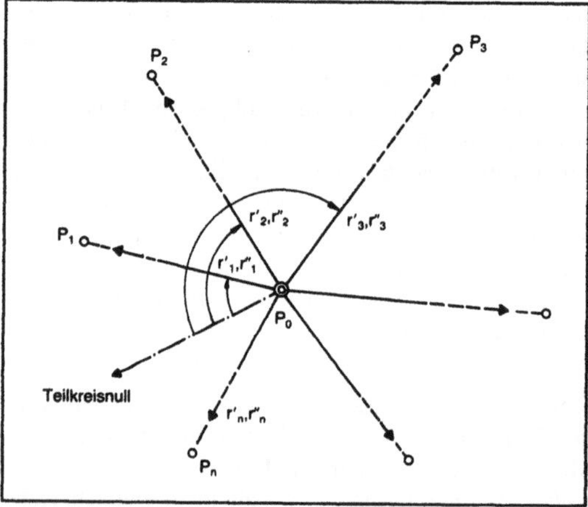

Richtungsmessung: Messung eines Richtungssatzes.

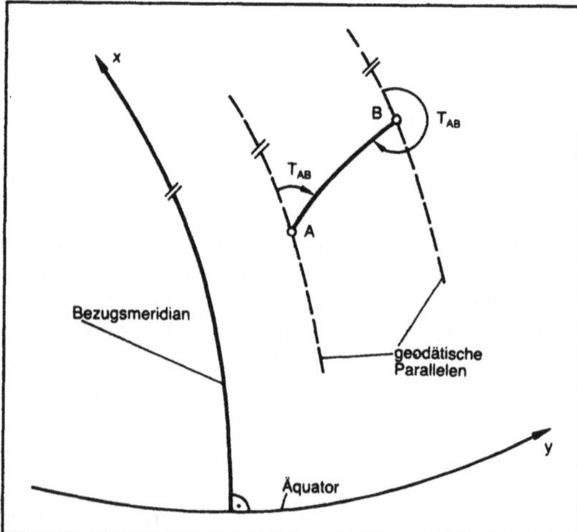

Richtungswinkel 1: Ellipsoidischer R.

Rieselbewässerung. Wasser fließt im Gefälle über die zu bewässernde Fläche und sickert dabei in den Boden. R. (→ Bewässerung) wird seit Tausenden von Jahren

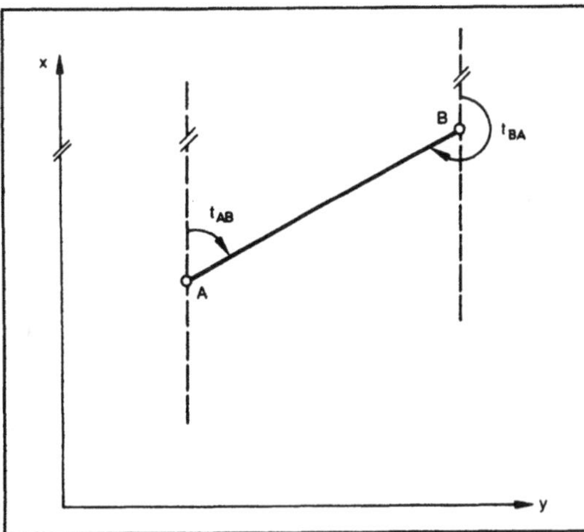

Richtungswinkel 2: Ebener R.

angewandt. Schwerpunkt der modernen Feldpraxis liegt in der Wasserkontrolle, mit der u. a. Vernässung und Versalzung (→ Salzbodenmelioration) vermieden werden können. Dazu ist es notwendig, die unproduktive Versickerung in den Untergrund (auf den Feldern und in den Verteilerkanälen) sowie die Regulierungsverluste (übermäßige Wasserzuteilung, schlecht arbeitende Reguliereinrichtungen) zu vermindern. Die Rieselverfahren lassen sich im wesentlichen einteilen in:

☐ Streifenbewässerung,

☐ Furchenbewässerung und

☐ Rillenbewässerung.

Die Streifenbewässerung kommt insbes. für Grünland und andere flächig wachsende Kulturen, z.B. Getreide, zum Einsatz. Die Bewässerungsfläche besteht aus bis zu 20 m breiten, durch niedrige Erdwälle getrennte und in Richtung des Geländegefälles verlaufenden Streifen. Diese müssen zum Erzielen eines gleichmäßigen Abflusses über die Breite des Streifens auf ±30 mm genau planiert werden. Die Furchenrieselung bietet sich vor allem für in Reihen angebaute Kulturen (Kartoffeln, Rüben, Mais, Zuckerrohr, Baumwolle u. a.) an. Weniger offene Wasserflächen bewirken geringere Verdunstungsverluste. Die 20–40 cm breiten und 15–25 cm tiefen Furchen werden V-förmig oder gerundet hergestellt; der Furchenabstand beträgt 25 bis rd. 150 cm. Im Obst- und Weinbau sind bis über 1 m breite, flache Furchen zu finden. Bei Geländeneigungen von etwa 5–12% sind die Furchen wegen der Erosionsgefahr schräg zur Hangneigung angelegt. Dies führt in steileren Lagen zur Konturfurchenbewässerung, bei der die Furchen annähernd den Höhenlinien folgen. Bei der Rillenbewässerung leitet man in flache, wellblechartig angelegte Furchen von 10 cm Tiefe in 40–75 cm Abstand voneinander je Rille 0,06–0,60 l/s Wasser. Das Verfahren eignet

sich für Bewässerungsflächen mit unregelmäßiger Oberfläche bei mittleren bis schweren Böden sowie für mechanisierbare, dicht stehende Kulturen, z.B. Getreide. *Lecher*

Rigole. Mit Splitt, Kies oder Kiessand gefüllter Graben in einer Böschung, durch den Hangwasser gefaßt und abgeleitet wird. Zwischen der Grabenverfüllung und dem gewachsenen Boden wird häufig zuvor ein → Filtervlies verlegt. Ist die Rigolenfunktion auch bei Frost notwendig, so ist die Rigolensohle bis unter die Frosteindringtiefe (→ Frostkriterium) zu führen. Im Bereich des Deponiebaus dienen R. sowohl zur Gas- als auch zur → Wasserfassung. *Meißner/Becker*

Rinde. Dauergewebe des Baumes, das außerhalb des → Kambiums vom Holz gebildet wird (→ Bast). *Dröge*

Ringanker. Ein i. a. umlaufender oberer Mauerabschlußbalken aus → Stahlbeton. R. werden oft zur Verankerung der Dachkonstruktion gegen Windsogasten benutzt. Sie werden angeordnet, um die Aussteifung der gemauerten Wände zu verbessern. *Mehlhorn*

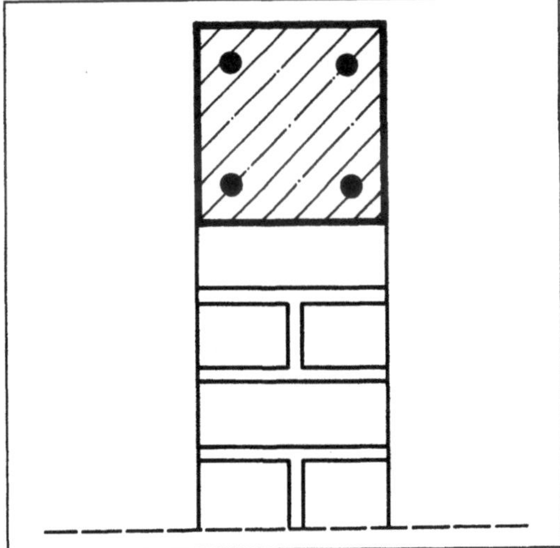

Ringanker: Ausführungsbeispiel.

Ringkeildübel. Einlaßdübel aus einem Metallring, der in eine vorgefräste Nut eingelegt wird. Er wird im → Holzbau unter bestimmten Voraussetzungen auch als Hirnholzverbindung für → Brettschichtträger verwendet. *Dröge*

Literatur: *Halász, R. v.,* u. *C. Scheer* (Hrsg.): Holzbau-Taschenbuch. Bd. 1. 9. Aufl. Berlin 1996.

Ringschluß. In der modernen → Geostatik geht man von der Vorstellung aus, daß der → Tunnelausbau als geschlossene Röhre (Ring) seine optimale Tragwirkung erreicht. Bauverfahrensbedingt wird ein → Tunnel jedoch oft abschnittweise in Teilquerschnitten, z. B. → Kalotte, → Strosse und schließlich → Sohle, aufgefahren und auch gesichert. Der Abstand der einzelnen Betriebspunkte – Kalottenbrust, Strossenbrust, Sohlaushub – kann dabei mehrere hundert Meter erreichen. Der R. (Sohlschluß) ist dann vollzogen, wenn nach dem Sohlaushub die Sohlschale (Sohlgewölbe) eingebaut und statisch wirksam ist. Die Zeit, die bezogen auf einen Betrachtungsquerschnitt vom ersten Öffnen des Gebirges in der Kalotte bis zum Einbau der Sohlschale verstreicht, wird als R.-Zeit (Sohlschlußzeit) bezeichnet. Sie ist ein insbes. gebirgsabhängiger Kennwert mit wesentlicher tunnelstatischer und ausführungstechnischer Bedeutung. Die R.-Zeit kann im bedingt standfesten Fels je nach Gebirgsart zwischen nur wenigen Stunden und mehreren Monaten schwanken, aber auch Jahre betragen. In besonderen Fällen kann man auch auf den Einbau einer Sohlschale verzichten. Dann wird der Sohlschluß allein durch das Gebirge realisiert. Im nichtstandfesten → Lockergestein ist die R.-Zeit praktisch null, d. h. das Gebirge muß gleichzeitig mit dem Auffahren gesichert werden.

Wagner

Rippenkuppel. Sie besteht aus radial angeordneten biegesteifen Rippen über n-eckigem Grundriß. Dazwischen können entsprechend der Meridiankurve gekrümmte Stahlbetonplatten oder Stahlleichtbauelemente zum Raumabschluß, auch zur Aussteifung und zur Aufnahme tangentialer Lasten, angeordnet werden.

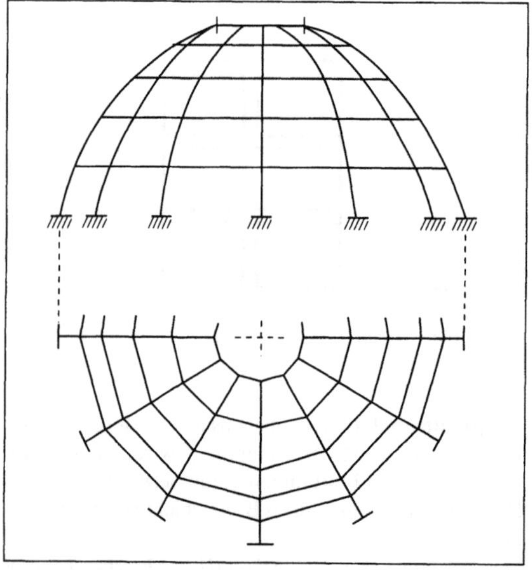

Rippenkuppel: Schematische Darstellung

Die Tragrippen sind im Scheitel meist in einem biege- und verdrehungssteifen Druckring abgestützt, der ggf. auch eine Laterne trägt. Im einfachsten Fall kann eine Rippenkuppel aus sich kreuzenden Dreigelenkbogen zusammengesetzt werden.

Laermann

Rißabdichtung → Rißverpressung

Rißsanierung → Rißverpressung

Rißverpressung. Risse in Massivbauteilen (→ Beton, → Mauerwerk, Naturstein) müssen mit geeigneten Materialien kraftschlüssig oder abdichtend verfüllt werden, wenn sie die → Standsicherheit, die → Dauerhaftigkeit oder die Gebrauchseigenschaften des Bauwerks beeinträchtigen. Alle Teile eines Bauwerkes führen ständig und unvermeidbar infolge von Änderungen der mechanischen Belastung, der Temperatur und ggf. der Feuchtigkeit Formänderungen aus. Hierdurch entstehen einerseits mechanische Spannungen und andererseits Bewegungen getrennter Bauteile gegeneinander im Bereich planmäßiger Dehnungsfugen und unplanmäßiger Risse. Selbst wenn die das → Aufreißen eines Querschnittes bewirkende Ursache entfallen ist (→ Kriechen, → Schwinden, einmalige Überbelastung usw.), werden auch bei ruhenden („toten") Rissen ständig sehr kleine Rißweitenänderungen auftreten. Diese sind i. d. R. von üblichen Dünnbeschichtungen und auch von Zementmörteln nicht zu überbrücken, d. h. diese Beschichtungen reißen im Bereich der Untergrundrisse ebenfalls. Bei unter Wasserdruck stehenden Bauteilen, wie Behältern, Schwimmbecken, in Grundwasser stehenden Unterkellerungen, Tunneln, müssen zum Vermeiden von Durchfeuchtungen feine Risse nur dann geschlossen werden, wenn sie sich im Laufe der Zeit nicht durch Kalkablagerungen o. ä. selbst abdichten. Risse lassen sich durch folgende Maßnahmen dauerhaft sanieren:
– Überdecken mit rißüberbrückenden Beschichtungen,
– kraftschlüssiges → Verpressen mit Injektionsharzen,
– Injektion mit Polyurethanen, die im Spalt zu geschlossenzelligem, zähelastischem Schaumstoff aufblähen,
– Abdichten mit elastischen Fugenmassen nach den Regeln der Dehnungsfugentechnik.
☐ Kraftschlüssiges Verpressen von Rissen. Die ursprünglich vorgesehene und vor dem Auftreten des Risses vorhandene monolithische Wirksamkeit eines Bauteiles läßt sich durch nachträgliches Verpressen des Risses mit geeigneten Kunstharzen oder speziell zusammengesetzte Feinzementsuspensionen wiederherstellen. Voraussetzung für eine erfolgreiche Verpressung ist, daß die Rißursache
– entweder durch den Abbau der Zwängungskraft infolge der Rißentstehung beseitigt wurde, z. B. bei Schwindrissen,
– oder als äußere Einwirkung nicht mehr besteht, z. B. außerplanmäßige Montagebelastung oder Erdbeben.

Anderenfalls käme es auch bei gelungener Verpressung an einer benachbarten Stelle zum erneuten Aufreißen. Die Verfahrenstechniken unterscheiden sich im Detail. Sie haben auch bestimmte bevorzugte Anwendungsbereiche. Im Grundsatz wendet man jedoch stets das folgende bewährte Verfahren an: Es werden niedrigviskose, ungefüllte und lösemittelfreie Epoxidharze verwendet. In Form der speziell für Verpreßaufgaben entwickelten bzw. „formulierten" Injektionsharze erfüllen sie in Verbindung mit bestimmten Anwendungsbeschränkungen hinsichtlich Untergrundfeuchte und Temperatur alle ingenieurmäßigen Forderungen. Sie ermöglichen vollständige Rißverfüllung bis rd. 0,05 mm Weite, haften gut auf allen mineralischen und metallischen Untergründen und sind beständig in alkalischer Umgebung. Die Ausgangsviskositäten zum Erzielen guter Rißverfüllung bei gleichzeitig nicht zu hohem Einpreßdruck und nicht zu langer Verpreßdauer betragen etwa zwischen 100 und 1 000 mPa s bei Raumtemperatur. Neuerdings werden auch Injektionsstoffe auf der Basis von Feinstzementen angewendet.

Die Arbeiten an der Baustelle beginnen mit dem Vorbereiten der Injektionsöffnungen. Diese werden alle 20–50 cm entlang des Risses vorgesehen. Die Abstände legt man in Abhängigkeit von der Rißweite, der Bauteildicke, der → Viskosität und dem Einpreßdruck fest. Die Injektionsstoffe werden über

– kleine, mit einem → Kleber am Riß fixierte Röhrchen,
– in Bohrlöcher verkeilte, abgedichtete Rohrstutzen („Packer") oder
– frei aufsetzbare, mit Gummiprofilen abgedichtete Mundstücke

eingesetzt. Den übrigen Rißbereich deckt man dem vorgesehenen Injektionsdruck entsprechend mit Spachtelmasse ab. Mit hand- oder motorgetriebenen Hydraulikpressen wird der Injektionsstoff so lange eingepreßt, bis er an der benachbarten (bei Vertikalrissen der nächst höheren) Injektionsöffnung austritt.

□ → Abdichtung gegen drückendes Wasser. Zur Abdichtung gegen Wasserdurchtritt werden schnell reagierende, wasserunempfindliche Harzsysteme verwendet. Da es hierbei nicht auf hohe Festigkeiten ankommt, sind elastische und bei Wasserkontakt schaumartig aushärtende PUR-Harze vorteilhaft. *Sasse*

Robotik. Im Gegensatz zur → Automation arbeitet der Maschinen-Roboter nach einem Steuerprogramm, das ihm über ein vorbereitetes Ausführungsprogramm oder über ferngesteuerte Befehle eingegeben wird. Beispiele hierfür sind der „Automatische Maurer" und der „Automatische Baggerführer", wobei der Ausdruck „automatisch" hier falsch interpretiert wird. Diese Geräte arbeiten nicht automatisch, also mit Sensoren, sondern nach Steuerprogrammen. So werden im ersten Fall die Mauersteine nach Programm gesetzt, um den „menschlichen Maurer" zu entlasten; im zweiten Fall wird das Grab- oder Ladegerät zumindest teil-programmgesteuert, wobei der Maschinist jeweils nur die Änderungen der Befehlswerte gegenüber dem vorgebenen Programm einstellt. *Kühn*

Rohmaterialgewinnungsgerät. Das Ausgangsmaterial an → Festgestein wird im Steinbruch, das → Lockergestein in Gruben trocken oder in Gewässern naß gewonnen. Es kommen die üblichen Methoden des Abbaus und der Gewinnung, so des Steinbruchbetriebes für gebrochenen Naturstein, der Erdbautechnik in Sand- und Kiesgruben und der Naßbaggertechnik, zur Anwendung. Im Steinbruch geschieht das Lösen des anstehenden Fels durch Bohren und Sprengen; eingesetzt sind noch in der Mehrheit druckluftbetriebene, neuzeitlich hydraulisch betriebene Bohrgeräte für Großlochbohrungen (hauptsächlich 90 mm Dmr.). Die Abbruchhöhen sollen aus sicherheitstechnischen Gründen höchstens 30 m betragen. Das Verladen des gesprengten Materials übernehmen → Bagger mit Felsklappschaufel, neuerdings auch mit Tieflöffel; vielfach sind → Radlader eingesetzt. Der Abtransport geschieht durch → Hinterkipper oder Schwerlastwagen (Skw), seltener durch → Bandförderung zur zentral errichteten → Aufbereitungsanlage. Nichtstationäre Teilanlagen, die nahe an die Abbauzone bewegt werden, fanden bisher bei der Zuschlagherstellung keine Verwendung. Im Vergleich dazu gibt es kompakte mobile Anlagenteile, die für wechselnde Einsätze hinsichtlich ihrer eigenen Transportfähigkeit auf der Straße oder per Bahn ausgelegt sind.

Eine wichtige Arbeit ist das Behandeln von übergroßen Felsstücken, die für eine unmittelbare Weiterverarbeitung nicht geeignet sind. Sie müssen aus dem Sprenghaufwerk aussortiert und maschinell mittels Baggermeißel oder Fallgewicht nachzerkleinert werden. Nachsprengungen sind zu vermeiden. Für Schüttungen oder für einen Verbau bestimmte Steine verwendet man meistens ohne weitere Nachbearbeitung. Sie sind dann direkt aus dem gelösten Material nach Größe und Form auszusortieren. Andererseits ist das Ergebnis des Lösens in maximaler Stückgröße und Zusammensetzung an der ausgewählten bzw. installierten Zerkleinerungsmaschine, die ein begrenztes Schluckvermögen hat, durch Änderung der Bohr- und Sprengarbeit den Gegebenheiten des Gesteinsvorkommens ständig anzugleichen.

Die Gewinnung von → Sand und → Kies kann im Trockenen oder unter Wasser geschehen. Zum Abbau an der Grubenwand sind hauptsächlich Radlader, seltener Bagger mit Ladeschaufel eingesetzt. Transportiert werden die Massen im Skw bzw. Hinterkipper, seltener über → Transportband zur zentralen Klassieranlage. Neuerdings sind auch hier mobile Einrichtungen nahe der Abbauwand eingesetzt. Die Baggerung unter Wasser bis über 40 m Baggertiefe führen → Schwimmgreifer, in geringerer Tiefe ebenso → Saugbagger mit Grundsaugern aus. Die Förderung an Land ist im ersten Fall über schwimmende Bandanlagen, im zweiten Fall durch ebenfalls schwimmende Rohrleitungen möglich. Vielfach sind Klappschuten eingesetzt, die in Ufernähe das Ladegut verklappen, von wo es durch eine Saugpumpe und Rohrleitungen direkt in die Aufbereitungsanlage gefördert wird. Andernfalls kann das verklappte Gut wie bei jeder landnahen Baggerung auch von Schrappwerken, Baggern mit Schleppschaufel oder Tieflöffel, seltener mit Greifer in Fahrzeuge geladen werden. *Kühn*

Rohr. Im Bereich des Rohrleitungsbaues für gasförmige, flüssige und feste Transportgüter jeglicher Art haben sich die Kunststoffe einen großen Marktanteil verschafft. Verwendungsgebiete sind meist erdverlegte Leitungen für Gase, Trinkwasser, Abwasser, Fernwärme, Schüttgüter sowie → Dränagen. Hauptsächlich verwendet werden PP, PE-hart und PVC-hart. Für spezielle Bereiche setzt man auch GFK, Reaktionsharzbetone, ABS, PB, PE-weich, PE-vernetzt, PVC-schlagzäh und PVCC (nachchloriert) ein. Gegenüber anderen für die R.-Herstellung verwendeten Baustoffen (Stahl, Beton, Keramik) haben Kunststoffe eine vorteilhafte Kombination von Eigenschaften, die zu ihrer heutigen Marktbedeutung führte: geringes Gewicht (Transport, Verlegung), glatte Wände der Bauteile (geringe Inkrustationsgefahr), außerordentliche Korrosionsbeständigkeit, großer Verschleißwiderstand, einfache Verbindungs- und Abzweigetechnik. Problematisch ist bei einigen Herstellverfahren, Werkstoffen und Transportmedien die mögliche Neigung zur Spannungsrißkorrosion bei innendruckbelasteten Rohren. Die Verformbarkeit der Rohrwand unter Auflast, Innendruck und Erddruck erfordert aufwendigere Berechnungsverfahren als für starre R. aus Beton oder Keramik. Die Zeitstandfestigkeiten sind stark von der Temperatur und dem Werkstofftyp abhängig. Im Bereich der → Fernwärmeversorgung sind für die Hauptleitungen (120–140 °C) Stahlrohre mit Wärmedämmungen aus PUR/PIR-Hartschaumstoffen üblich. GFK-R. auf der Basis heißgehärteter Aminepoxidharze sind bis rd. 110 °C erprobt. Für die örtlichen Verteilernetze (80–100 °C) kommen R. aus vernetztem PE, PP und PB in Betracht. Der kleine → Elastizitätsmodul von PE-weich und auch von PE-hart ermöglicht bei kleinen Rohrdurchmessern das Verlegen sehr langer Schüsse von Trommeln und generell enge Kurvenradien ohne spezielle Krümmerformteile. Es werden PE-R. bis 180 mm Außendurchmesser in Längen bis 300 m aufgetrommelt. Bei Erdverlegung ist nur ein sehr schmaler Aushub erforderlich, da die Verbindungsarbeiten außerhalb des Grabens ausgeführt werden können. *Sasse*

Rohrförderung. Unter R. ist zu verstehen, daß in einem geschlossenen Rohrleitungssystem mit Hilfe eines Trägermediums (Luft, Wasser o. ä.) feinst- bis feinkörniges Transportgut z. T. auch mit grobkörnigen Beimischungen transportiert wird. Die anschließende Separierung von Trägermedium und Transportgut ist hierbei nicht immer einfach zu bewerkstelligen. Im Baubetrieb ist vor allem die hydraulische Förderung von Bedeutung, bei der das Fördergut an der Löse- bzw. Abbaustelle zusammen mit Wasser angesaugt (→ Wasserbaugerät, → Naßbagger) oder unter Zusatz von Wasser direkt in Rohrleitungen zur Kippe (Spülfeld, → Absetzbecken) mittels → Baggerpumpen oder → Schlammpumpen gefördert wird. Die pneumatische Förderung (→ Luftförderanlage) wendet man vor allem zum Transport feinster Materialien (Zement, Kalk usw.) in fest installierten Materialaufbereitungs- und Materialherstellanlagen an; dabei läßt sich zusätzlich noch ein Trocknungs- oder Kühlungseffekt bei Benutzung von erwärmter bzw. abgekühlter Luft erzielen. Weiter findet die pneumatische Förderung zum Einbringen von → Spritzbeton im Trockenspritzverfahren (→ Betonspritzmaschinen) Verwendung. Auch kann fließfähiges Material, z. B. Beton mit breiiger bis plastischer Konsistenz, mittels → Feststoffpumpen (→ Betonpumpen) durch Rohrleitungen zur Einbaustelle gepumpt werden. Die erzielbare Förderweite liegt für rein hydraulische Förderung (Naßbaggerbetrieb) in der Ebene bei 2 500 m, läßt sich jedoch durch Zwischenschalten weiterer Pumpstationen steigern. Für Betonpumpen beträgt die maximale Förderhöhe 400 m. *Kühn*

Rohrmaterial. Je nach der Art der → Wasserversorgung oder -entsorgung, z. B. → Wasserqualität, Temperatur, Druck, Bodensituation, setzt man unterschiedliches R. ein. Beim → Rohrnetz für → Trinkwasser wird vor allem Stahl und Guß (meist Sphäroguß), gelegentlich auch → Faserzement (früher Asbestzement, z. B. Heraklith) gewählt, für → Betriebswasser kommt auch Kunststoff in Betracht. Beim Kanalnetz konkurrieren Steinzeug, Beton/Stahlbeton, Faserzement, selten Guß/Stahl oder Klinkermauerwerk und gelegentlich auch Kunststoff als R. Bei der → Versorgungsinstallation im Haus herrscht das verzinkte oder schwarze (rohe) Stahlrohr vor neben Kunststoff und gelegentlich auch Kupfer oder Edelstahl. Aus dem vorigen Jahrhundert vor allem findet man gelegentlich Bleirohre, selten auch Zinn- oder Zinkrohre und seit etwa 1950 für bestimmte Zwecke, z. B. für → Warm- oder → Heizungswasser, Kupfer, später zunehmend und heute weit verbreitet auch verschiedene Kunststoffe. Bei der → Grundstückentwässerungsanlage verwendet man für die Grundleitungen im Boden oder unter dem Bauwerk vor allem Steinzeug oder Guß; außerdem ist Kunststoff zugelassen. Auch für die zugänglichen Installationen der Hausentwässerung hat sich neben Steinzeug und Guß (selten Stahl oder Edelstahl) weitgehend Kunststoff als R. etabliert. *Pfeiff*

Rohrnetz. Man spricht vom R. meist nur bei der → Wasserversorgung mit → Trink- oder auch mit → Betriebswasser für die verschiedensten Zwecke, z. B.

Kühl-, Lösch-, Warm-, Press- und Kesselspeise- sowie Heizungswasser. Das R. verteilt das Wasser von der Fassung bis zum Verbraucher. Es ist ein beim Trinkwasser meist unterirdisches, verzweigtes und oft auch vermaschtes System von Zubringer-, Haupt-, Versorgungs- und Anschlußleitungen. Verbundrohrnetze sind überörtliche R., die von mehreren Wasserwerken im ständigen oder nur im Notfall im Verbund betrieben werden. Das Ortsrohrnetz besteht aus Hauptleitungen (meist ohne → Hausanschlüsse) und Versorgungsleitungen (mit Hausanschlüssen). Das Verästelungsnetz entspricht der Struktur eines Baumes. Das Ringnetz hat an den Verästelungen immer auch Vermaschungen, so daß jeder Anschließer auf mindestens zwei Wegen versorgt werden kann. Der Zubringer ist die Leitung von der Fassung zum Versorgungsgebietrohrnetz. Oft ist der Zubringer eine Fernleitung, z. B. vom Bodensee nach Stuttgart oder vom Harz nach Bremen. Die Anschlußleitung ist beim R. die Zuleitung bis zur Übergabe an die jeweilige → Versorgungsinstallation des einzelnen Grundstücks; dies ist meist die Absperrarmatur hinter dem Wasserzähler der Meßanlage. Für die Rohre verwendet man unterschiedliche Rohrmaterialien. Sie sind beim Trinkwasser amtlich durch eine Prüfstelle zugelassen. Je nach dem Betriebsüberdruck sind Abschnitte des R. für einen bestimmten → Nenndruck (Hochzone – Tiefzone) ausgelegt und mit einem bestimmten Prüfdruck geprüft. Für den Betrieb ist es notwendig, daß das R. durch eingebaute → Armaturen in Teilen abzusperren ist. Immer sind Meßanlagen, meist für Feuerlösch- und Spülzwecke auch Hydranten, in etwa 100 m Abständen eingerichtet. Das frostfrei verlegte Rohrnetz hat an Tiefpunkten Entleerungen, an Hochpunkten oft auch Entlüftungen. *Pfeiff*

Rohrschirm. Eine stationäre Sicherung für schwierige → Unterfahrungen, bei der eben noch begehbare bzw. bekriechbare Stahlrohre (Durchmesser > 1,00 m) dicht an dicht in den Boden eingepreßt und ausbetoniert werden (Bild). Im Schutz eines solchen Rohrmantels werden dann in Abständen einzelne Kavernen ausgehoben, mit einem tragenden Betonrahmen versehen und diese schließlich zum gesamten → Tunnel erweitert; dabei hängt man zwischen den Rahmen meist Fertigteile ein. Der Personal-, Material- und Bodentransport wird über einzelne, nicht ausbetonierte Rohre abgewickelt. Schon aus diesem Grunde bleiben R. auf kürzere Strecken beschränkt. R. lassen sich längs und quer zur Tunnelachse einbringen. *Wagner*

Rohrvortrieb. Ein Stollenbauverfahren, bei dem über Tage hergestellte Fertigteile (Rohrschüsse) unter Tage nacheinander von einem Schacht aus (Hauptpressenstation) mit einem → Vortriebsschild und zusätzlichen Zwischenpressenstationen vorgetrieben werden (Bild). Mit dem Vortriebsschild läßt sich die Rohrvor-

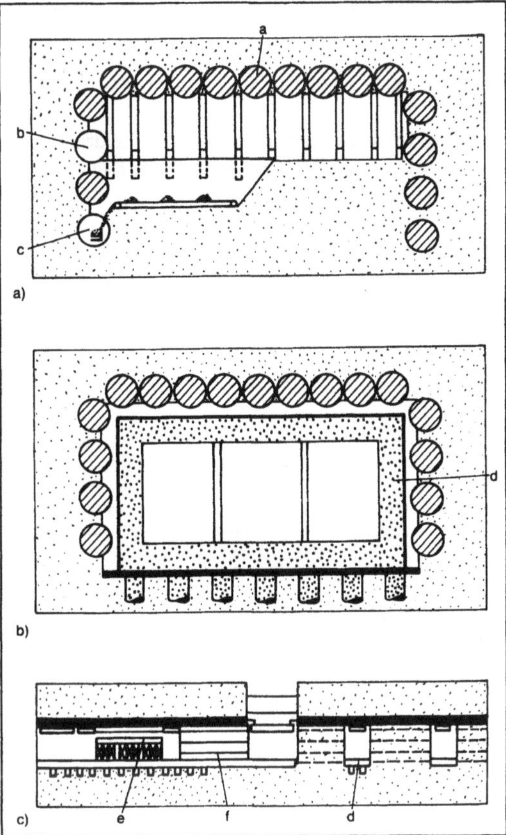

Rohrschirm: Herstellen eines R.
a) Querschnitt. Aushub einer Kaverne
b) Querschnitt. Einbau eines Betonrahmens
c) Längsschnitt.

a ausbetonierte Röhre, b Röhre für Personen- und Materialtransport, c Röhre für Bodentransport, d Betonrahmen, e Fertigteil, f Aussteifung

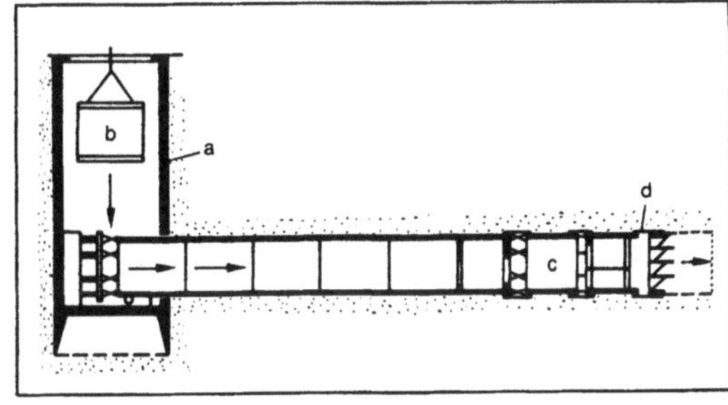

Rohrvortrieb: Längsschnitt.

a Schacht mit Hauptpressenstation, b Fertigteil (Rohrschuß), c Vortriebseinrichtung, d Vortriebsschild

pressung oder die Rohrtour steuern. Zur Verminderung der Reibung preßt man zwischen Gebirge und Stollenwand eine thixotrope Flüssigkeit. Die → Fugen zwischen den Rohrschüssen werden mit einem Rollgummiband abgedichtet. *Wagner*

Literatur: *Mandel/Wagner*: Verkehrs-Tunnelbau. Berlin 68. – *Scherle, M.*: Rohrvortrieb. Bd. 1–4. Düsseldorf 1977/82.

Rohrvortriebsanlage. R. dienen dem hydraulischen Vorpressen von Rohrleitungen bis 3 m Durchmesser. Für begehbare Rohre (Innendurchmesser mindestens 800 mm nach Definition der Tiefbauberufsgenossenschaft) bestehen die R. im wesentlichen aus:
– dem Schneidschuh bzw. dem Arbeitsrohr mit Schneidschuh oder vollflächig abbauenden Maschinen (→ Hydroschild) sowie
– der Förderanlage,

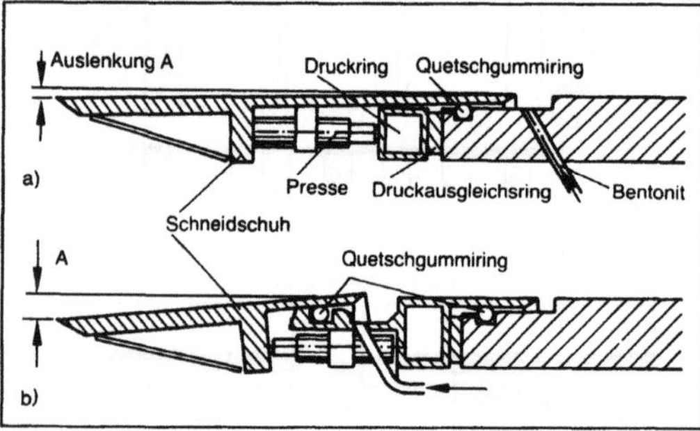

Rohrvortriebsanlage 1: Schneidschuh.
a) Einteiliger Schneidschuh
b) Zweiteiliger Schneidschuh.

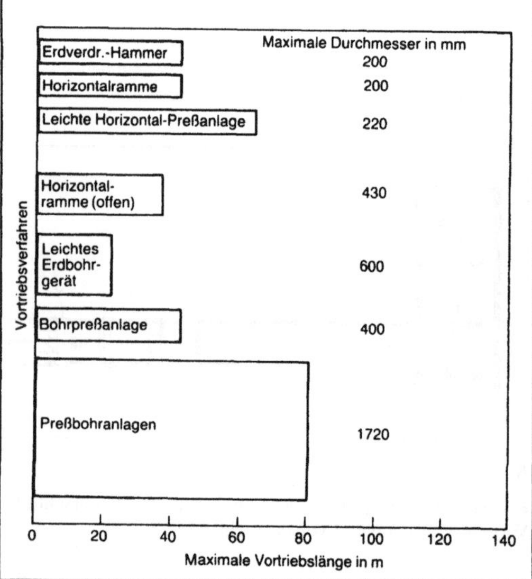

Rohrvortriebsanlage 2: Vortriebsverfahren für nichtbegehbare Rohrleitungen.

– der Hauptpreßstation und evtl. Zwischenpreßstationen, die bei langen Vortriebstrecken oder gekrümmten Trassen erforderlich sind.

Der dem ersten Rohr vorgestellte, über hydraulische Pressen verstellbare, ein- oder zweiteilige Schneidschuh (Bild 1) dient dem Vorschneiden des Bodens und der Steuerung der gesamten Rohrtour. Das Arbeitsrohr ist ein zwischen Schneidschuh und erstem Vortriebsrohr angeordnetes Stahlsegment, in dem Einrichtungen zur Steuerung des Schneidschuhs sowie zum Abbau und Transport des Bodens (Zughacke, Fräslader, Baggerarm, Schnecke) fest integriert sind. Das Abfördern des Bodens kann man chargenweise in Wagen gleislos oder gleisgebunden, z. B. mittels Seilwinden oder Akkutransportern, bzw. stetig mittels Bandanlage oder hydraulischem Rohrtransport vornehmen. Die Hauptpreßstation besteht meist aus Stahlbauteilen, wie Druckring, Widerlager und Rohrgleitbahn sowie der Hydraulikanlage. Diese umfaßt Hydropumpenaggregat, Steuerpult, Versorgungsleitungen sowie eine der erforderlichen Vortriebskraft entsprechende Anzahl (mindestens zwei) symmetrisch angeordneter Hydraulikzylinder, die meist teleskopartig ausfahrbar sind.

Zum Vortrieb nicht begehbarer Rohrleitungen sind unterschiedliche Anlagen auf dem Markt (Bild 2). Der Erdverdrängungshammer (Bodendurchschlagrakete) besteht aus einem länglichen zylindrischen Gehäuse, in dessen Innerem ein mit Druckluft (6–7 bar) angetriebener Schlagkolben auf einen längsbeweglichen Kopf schlägt, der seinerseits den erforderlichen Hohlraum im Boden zum Nachziehen des zylindrischen Gehäuses herstellt. Der Erdverdrängungshammer kann auch als Horizontalramme am hinteren Ende eines einzutreibenden Rohrs angesetzt werden. Bei der leichten Preßanlage geschieht der Vortrieb durch Verdrängen des Bodens durch statisches Einpressen (hydraulischer oder pneumatischer Antrieb) eines mit einem Rammschuh ausgerüsteten Druckgestänges. Das leichte Erdbohrgerät arbeitet mit einer Bohrschnecke, die mit einem am Grundrahmen der Maschine montierten Hebelgestänge vorgetrieben wird. Bohrpreßgeräte sind im Prinzip größere Erdbohrgeräte, die man in Stahlröhren (Vortrieb u. a. mit Seilwinde oder Greifzug) einsetzt. Preßbohrgeräte bilden gegenüber den Bohrpreßgeräten eine maschinentechnische Einheit, die aus dem Preßbohraggregat, dem Bohrkopf und den Förderschnecken besteht. In den letzten Jahren wurden weiterhin zahlreiche steuerbare Vortriebsysteme für nichtbegehbare Rohrleitungen entwickelt, die nach unterschiedlichen Grundprinzipien, u. a. ähnlich den Preßbohrgeräten oder Hydroschilden, arbeiten. *Kühn*

Rollen → Applikationstechnik

Rollmeißel. Werkzeug für → Vollschnittmaschinen zum Abbau von Fels und standfestem Gebirge. Je nach Gebirge gibt es verschiedene Ausführungen: Diskrollmeißel (Bild), Zahnrollmeißel, mit Warzen besetz-

Rollmeißel: Bohrkopf mit dreifachen Diskrollmeißeln.

te R. usw. (→ Vortriebsmaschine, → Abbauwerkzeug). *Wagner*

Rostgrad → Oberflächenbehandlung

Rostsieb. Dieses Vorklassiergerät wird in vielfältiger Ausführung eingesetzt. Der Förderstrom bewegt sich bei den Stangenrosten längs, bei den Stabrosten und Rollenrosten quer zur Trennöffnung. Der starre Stangenrost besteht im einfachsten Aufbau aus normalen Profilträgern, sonst aus speziellen R.-Stäben, die 35–50° geneigt im Abstand der gewünschten Trenngröße fest verlegt sind; ähnlich ist der starre Stabrost mit Querstäben. Bewegliche R. haben einen motorischen Antrieb. So werden die längsgerichteten R.-Stäbe beim Pendelrost abwechselnd einzeln, beim Schockrost zusammen an der Austragsseite angehoben und fallen gelassen. Der Schubscheider bewegt sich in der Neigung hin und her; der Wanderstabrost hat ein umlaufendes Band mit Querstäben. Eine Sonderform ist der Stangensizer, der aus verschränkt angeordneten Kragstangen besteht, die unter der wechselnden Belastung des Schüttguts schwingen. Im Vergleich zum Kragträgerrost ist seine Spaltweite bedeutend größer als die Trenngröße.

Rollenroste (Bild) weisen mehrere gleichlaufend angetriebene Achsen auf, die mit gegeneinander versetzten Mitnehmerscheiben bestückt sind. Die Anzahl

Rostsieb: Rollenrost.

der Wellen und ihren Abstand untereinander paßt man den Einsatzbedingungen an. Das direkt aufgegebene oder über Schubwagen beschickte grobstückige Haufwerk wird wackelnd weitertransportiert. Dadurch löst sich anhaftender Lehm ab und scheidet beigemengte Erde aus. Die ineinandergreifenden Scheiben reinigen sich von selbst; Verstopfungen werden vermieden. Rollenroste haben trotz starker Belastung eine lange Lebensdauer. Der sog. Wobbler hat Walzenglieder mit ellipsenförmigem Querschnitt, die um 90° versetzt sind. Das aufgegebene Gestein führt dadurch noch stärkere Taumelbewegungen aus. Durch die größeren Öffnungen wird gröberes Korn abgetrennt. *Kühn*

Rotarybohrgerät. R. sind Bohrgeräte für Tiefbohrungen, bei denen zum kontinuierlichen Transport des Bohrguts von der Bohrlochsohle nach oben eine thixotrope Stützflüssigkeit, z.B. Wasser mit Ton oder Bentonit versetzt (Dickspülung), verwendet wird. Der Rollenbohrkopf ist mit Zahnrollen-, Disken- oder Warzenmeißeln besetzt, die das zu erbohrende Material (harter Boden, weicher Fels) keilförmig zerspanen (Quetschbruch). Die Stützflüssigkeit erhöht die Festigkeit der Bohrlochwand. Beim R. gelangt der Spülstrom im Rechtsspülverfahren (direktes Spülverfahren) durch das Bohrgestänge zur Bohrlochsohle und steigt von dort zusammen mit dem Bohrgut zwischen Bohrgestänge und Bohrlochwand nach oben, wo das Bohrgut im → Absetzbecken oder mittels Sieben und Abscheidevorrichtungen eliminiert wird. *Kühn*

Rotationsglätter. R. sind runde handgeführte Glättmaschinen mit Benzin- oder Elektromotor und einem Arbeitsdurchmesser bis max. 1,2 m. Sie dienen zum Glätten von Betonoberflächen, die man vorzugsweise nach dem Vakuumverfahren mit → Vakuumanlagen erstellt. Wird eine griffige Oberflächenstruktur der Betonoberfläche wie beispielsweise für Parkdecks und Industriefußböden gewünscht, genügt im ersten Arbeitsgang ein Abscheiben mit dem Glätteller. Für Betonoberflächen mit dem Charakter von → Sichtbeton, d.h. besonders glatte Oberflächen, ist ein zweiter maschineller Übergang mit Glättungsblättern vorzunehmen. Die Glättmaschinen lassen sich auch dann einsetzen, wenn der Beton nicht „vakuumiert", sondern nur mit statischen oder dynamischen → Abziehbohlen abgezogen und verdichtet wurde. *Kühn*

Rotationsschale. Die R. ist die wichtigste Schalenform für den Kuppel- und Behälterbau. Kuppeln sind eine der ältesten Bauformen, z.B. das Pantheon in Rom (2. Jh. n.Chr.), die Hagia Sophia in Istanbul (um 530), die Peterskirche in Rom (um 1600). Die → Stützweiten dieser Bauwerke sind um so beeindruckender, als den Erbauern nur → Mauerwerk aus natürlichen oder künstlichen Steinen als Baumaterial zur Verfügung stand. Die Geometrie dieser Kuppeln ist so gestaltet, daß in Meridian- wie in Ringrichtung nur Druckspan-

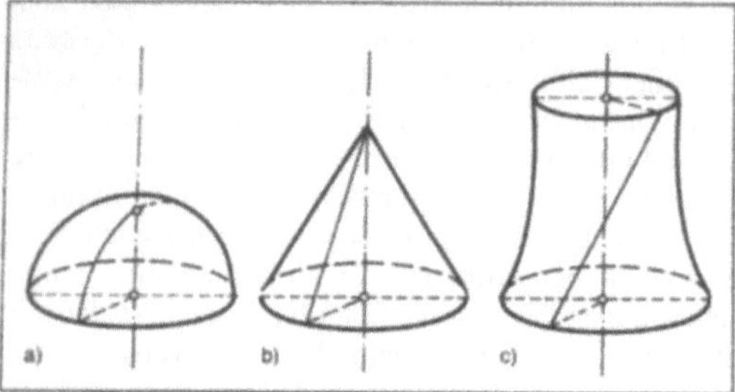

Rotationsschale 1: Grundformen von Schalen.
a) Erzeugende ist ein Viertelkreisbogen (Halbkugel)
b) Erzeugende ist eine Gerade, die die Schalenachse
schneidet (Kegel)
c) Erzeugende ist zur Schalenachse geneigt, schneidet
diese jedoch nicht (einschaliges Hyperboloid).

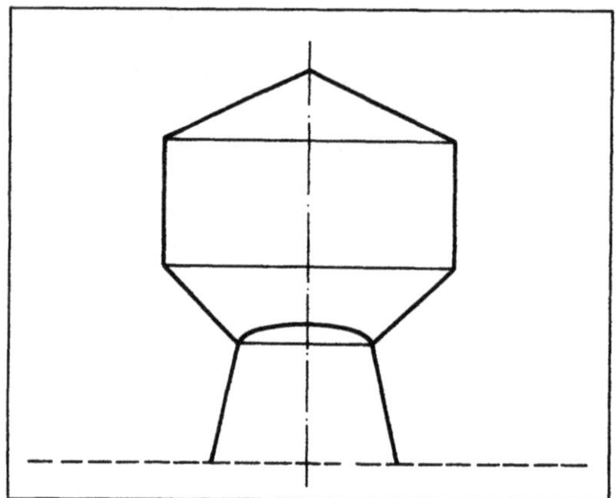

Rotationsschale 2: Kombinierte Schalen.

nungen auftreten (Gewölbe). Die Mittelfläche einer
Rotationsschale entsteht durch Rotation einer Erzeugenden (Meridian) um die Schalenachse. Diese Erzeugende kann
– eine Kurve sein, z. B. Kreis-, Parabel-, Ellipsen- oder
Kettenlinienabschnitt (Bild 1 a);
– eine Gerade sein, die die Schalenachse schneidet
(Kegel) (Bild 1 b), wobei der Schnittpunkt auch im
Unendlichen liegen kann, oder
– zur Schalenachse geneigt sein, diese selbst aber nicht
schneiden (Bild 1 c). In diesem Fall entsteht ein einschaliges Hyperboloid; diese Schalenform findet vorwiegend für Naturzugkühltürme Anwendung.
Diese Grundformen der Schalen werden häufig je
nach Funktion des Bauwerkes zu weiteren kombinierten Formen zusammengesetzt (Bild 2). R., die achsensymmetrisch belastet sind, weisen an jeder Stelle vorwiegend zwei Tragwirkungen auf, die eines Meridiangewölbes und die eines horizontalen Ringes. Bei positivem Krümmungsmaß liefert deshalb die Membrantheorie (→ Schalentragwerk) bereits erste und vielfach
ausreichende Näherungslösungen. Randbedingungen

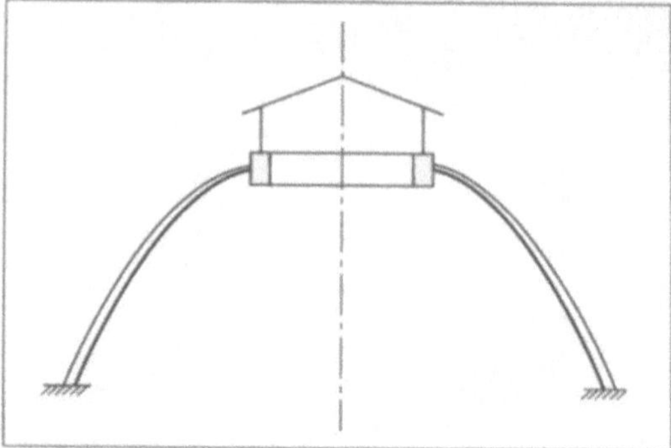

Rotationsschale 3: Offene Schale mit Laterne

und Unstetigkeiten, vor allem bei kombinierten Schalenformen, sind über die Biegetheorie zu erfassen. Charakteristisch ist das i. a. rasche Abklingen der Biegebeanspruchungen. Raumüberdeckende R. sind oft mit
einer Öffnung im Scheitel versehen, die von einer
Laterne (Bild 3) überdeckt wird. Ein Druckring nimmt
die Lasten aus dieser Laterne auf; durch unterschiedliches Verformungsverhalten von Druckring und Schale
entstehen in dieser Biegespannungen, je nach konstruktiver Durchbildung im Druckring Torsionsbeanspruchungen. *Laermann*

Rückbau. R. beinhaltet bei → Städtebau und → Verkehrsnetzgestaltung ein Maßnahmenbündel einschließlich einer Reduzierung der Bodenversiegelung,
Anpflanzungen im Straßenraum, Anlage von Radwegen, Parkierungsanlagen, Einengung der Fahrbahn u. a.
Die Maßnahmen beziehen sich primär auf die Umgestaltung von ursprünglich dem Fern- und Durchgangsverkehr gewidmeten Straßenabschnitten (z. B. Ortsdurchfahrten von Bundesstraßen, die etwa durch neue
Umgehungsstraßen ihre Funktion verloren haben). Ziel
ist die „Rückgewinnung" des öffentlichen Raumes für
zusätzliche Nutzungen, die sowohl stadtgestalterische
als auch merkantile Funktionen haben.
Im Extremfall ergibt sich durch Aufpflasterung eine
einheitliche Verkehrsfläche bei Anheben der Fahrbahn
auf Trottoirhöhe, um das Entwurfsprinzip → Verkehrsberuhigung (Mischung der Verkehrsarten) am besten
zu realisieren. Man unterscheidet Vollaufpflasterung
und partielle Aufpflasterung, mit einer minimalen
Länge von 5 m, die optisch und fahrdynamisch als
bremsendes Element wirkt. Auch die Reduzierung der
wasserundurchlässigen   Oberflächenbefestigungen
durch Anpflanzungen, Betonrasensteine, Schotterrasen,
Ökosteine mit dem Ziel, das gesamte Ökosystem zu
verbessern, sind Elemente des R. *Spengelin*

Rückhalteanlage. R. in der → Siedlungswasserwirtschaft dienen vor allem dazu, → Niederschlagwasser in
Speicherräumen (Regenbecken, Regenüberlaufbecken,
Regenrückhaltebecken) zurückzuhalten. Dabei wird das

Regenbecken beim Mischverfahren und beim Regenwasserkanal des →Trennverfahrens benutzt, um Abflußspitzen durch Einspeichern zurückzuhalten. Regenbecken gestatten (durch anschließende Drosseln) nur einen beschränkten Abfluß in das weiterführende Kanalnetz. Man dimensioniert sie beim Regenrückhaltebecken so, daß eine Regenfracht, wie sie alle fünf bis zehn oder gar 20 Jahre einmal vorkommt, voll gespeichert werden kann. Für seltene größere Frachten aus Niederschlägen werden Notüberlaufwege eingerichtet. Zum Regenüberlaufbecken gehört immer ein →Überlauf (Beckenüberlauf), der nach Füllung des Speicherraums über ein →Wehr bzw. eine Schwelle eine →Regenentlastung zu einem →Vorfluter ermöglicht. Speicherung und Überlauf sind beim Mischverfahren Maßnahmen der Regenentlastung. *Pfeiff*

Rücklage. R. ist in der Hydrologie die Vergrößerung des ober- und unterirdischen Wasservorrats während der Zeiten der positiven klimatischen →Wasserbilanz in Mitteleuropa im Winter (→Vorratsänderung). *Mattheß*

Rückstauebene. Die R. ist nach DIN 1986 eine von der örtlichen Behörde festgelegte Ebene, bis zu der Stau im Kanalnetz nach DIN 4045 vorkommen kann (Bild). Dies bedingt, daß unterhalb dieser Höhe bei der Grundstückentwässerung besondere Maßnahmen zu treffen sind. Sofern die zuständige Behörde (→Ortssatzung) die R. nicht festlegt, was früher in der Praxis fast die Regel war, bestimmt seit 1978 DIN 1986, daß „mindestens die Straßenhöhe an der Anschlußstelle" als R. zu gelten hat. Tatsächlich muß beim Mischverfahren und beim Regenwasserkanal des →Trennverfahrens bei speziellen Starkregen immer mit vorkommendem Stau im Kanalnetz bis zu rd. 30 cm (an starken Gefälle-Übergängen auch mehr) über der Straßenhöhe gerechnet

werden. Nach DIN 1986 sind alle offenen Fließstrecken unter der R. gegen Rückstau vom Kanalnetz her durch Rückstausicherungen, bei sanitären Anlagen durch Abwasserhebeanlagen (→Pumpen) mit bis über die R. hochgeführter Rohrschleife gesichert zu entwässern. Nach der Ortssatzung haftet die Gemeinde i. d. R. nicht für Rückstauschäden, wo solche Rückstausicherungen fehlen. *Pfeiff*

Rückwärtsschnitt. Eine der klassischen Grundaufgaben der geodätischen Punktbestimmung (→Vorwärtsschnitt). Zur Bestimmung der Koordinaten eines Neupunktes N werden auf diesem die Winkel α und β zu drei gegebenen Punkten A, B und M gemessen (Bild). Für die Berechnung des R., also für die Ermittlung der Koordinaten von N, existieren zahlreiche Lösungen. Die erste davon geht auf *W. Snellius* (1617) zurück. Eine besonders elegante Lösung zeigte *Collins* (1671), indem er den R. auf die Lösung zweier Vorwärtsschnitte zurückführte: Die drei Punkte A, B und N legen einen Kreis fest, bei dem die gemessenen Winkel α und β als Peripheriewinkel in N erscheinen. Die Gerade NM schneidet diesen Kreis im Collinsschen Hilfspunkt H. Nach einem bekannten Satz über die Peripheriewinkel am Kreis treten die Winkel α und β auch in den Punkten B und A auf, so daß der Hilfspunkt H über der Basis AB als Vorwärtsschnitt berechnet werden kann. In einem zweiten Schritt ermittelt man in H die Richtungswinkel t_{HB}, t_{HM} und t_{HA} sowie daraus die Differenzwinkel φ und ψ, die wiederum auch in A und B auftreten. Der gesuchte Neupunkt N läßt sich damit ebenfalls als Vorwärtsschnitt bestimmen. Diese wie auch jede andere Lösung versagt, wenn die Punkte A, B, M und N auf ein und demselben, dem „gefährlichen Kreis" liegen, weil dann die Punkte H und M zusammenfallen. In der Nähe

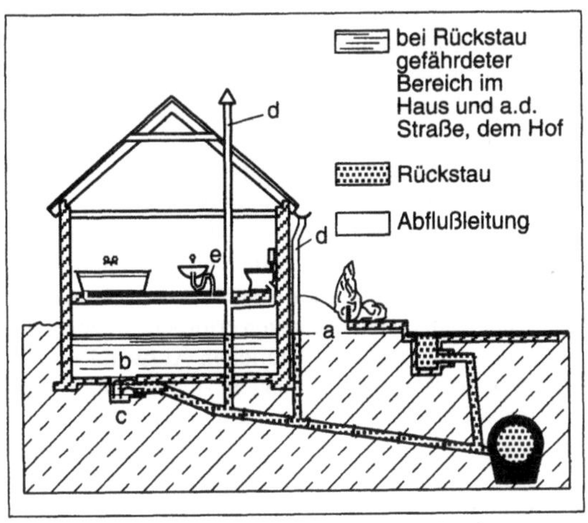

Rückstauebene: Hausentwässerung bei Rückstau.

a Rückstauebene, b Bodenablauf, c Rückstausicherung, d Lüftung, e Wasserverschluß (Syphon)

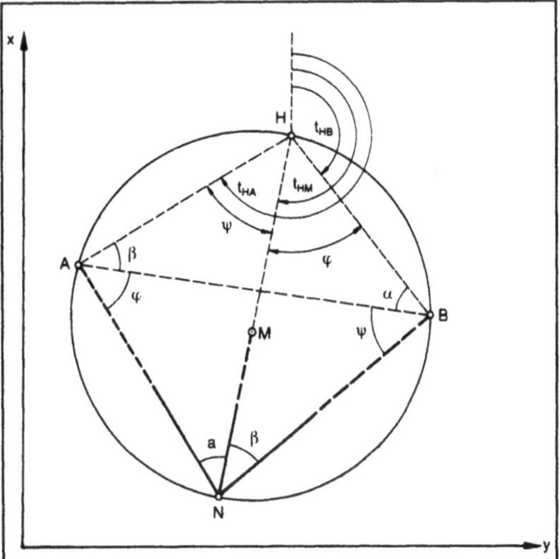

Rückwärtsschnitt: Lösung des R. nach Collins.

535

des gefährlichen Kreises kann die Lösung sehr unsicher werden. *Pelzer*

Rüstgerät. R. dienen dazu, die → Schalung (→ Schalungsgerät) für frisch gemauerte oder betonierte → Tragwerke zu unterstützen und bis zur Erhärtung von → Mörtel und → Beton das Gewicht von Tragwerk und Schalung in die tragfähige Bodenschicht abzutragen. Ausgehend von zimmermannsmäßig erstellten → Tragkonstruktionen, zunächst aus Holz, entwickelte man die R. später in verfahrensabhängigen Ausführungsvarianten weiter. Holz wurde durch Stahl und Leichtmetall ersetzt. Die Einzelrüststützen (→ Rüststütze) des voll unterstützten → Lehrgerüstes entwickelten sich zu → Lasttürmen, und um größere → Spannweiten zu überbrücken, entstanden → Rüstträger sowie andere Rüstgerätbauformen (→ Verschubgerüst und → Vorschubgerüst). *Kühn*
Literatur: *Kühn, G.*: Die Bauausführung. In: Beton-Kalender 1986. Tl. II. Berlin 1986.

Rüststütze. R. oder Rüstungsstützen (→ Rüstgerät) dienen als abstützendes Element zwischen der → Schalung und dem tragfähigen Untergrund. Die einfachste Form der R. ist der Holzstempel. Die nächste Ausführungsform ist die teleskopierbare Stahlrohrstütze (Einrohrstütze) mit über Schraubspindel verlängerbarem oder verkürzbarem Kopf- und Fußstück. Die dritte Variante ist die teleskopierbare bzw. verlängerbare R. als fester Verbund aus drei oder mehr Stahlrohrprofilen oder anderen Profilen. Auch diese R. haben Kopf- und Fußstücke, die den exakten erforderlichen Längen angepaßt werden können. Der Verbund von mehreren Profilen resultiert daraus, daß ein Einzelprofil bei größeren Lasten und der damit erforderlichen größeren Knicksteifigkeit wesentlich unhandlicher ausfallen würde als ein Verbundprofil. *Kühn*

Rüstträger. Ein R. ist ein vornehmlich auf Biegung beanspruchter, geschweißter → Fachwerk- und → Vollwandträger bei → Traggerüsten (→ Gerüst). *Sedlacek/Scholz*

Rüstzeit. Nach → REFA Bestandteil der Auftragszeit, die sich aus R. und Ausführungszeit zusammensetzt. Die R. ist der unveränderliche Teil der Auftragszeit, der für das Vorbereiten und Abschließen der Arbeit entsteht und der anteilig auf die hergestellten Mengen zu verteilen ist. So kann man z. B. das Auswechseln der Arbeitsausrüstung eines Baggers (Hochlöffel gegen Tieflöffel) als Rüsten verstehen, da anschließend der Aushub ausgeführt wird und die Aushubzeit vom Auswechseln des Löffels völlig unabhängig ist. Nach REFA Bau sind An- und Abtransport sowie Auf- und

Abbau eines Geräts und das Umrüsten als R. definiert. *Drees*

Rüttelschreiber. Registrierendes Meßgerät für die selbsttätige Zeitmessung. Es besteht aus einem Uhrwerk, das eine Registrierscheibe antreibt, auf die ein Schreibstift eine Schreibspur aufzeichnet. Da die Breite der Schreibspur durch die → Erschütterungen beim Arbeiten einer Maschine beeinflußt wird, läßt sich bei der Auswertung der Scheibe erkennen, ob die Maschine stillstand oder arbeitete. Nicht erkennen läßt sich der Grund eines Stillstands und auch nicht die Effizienz der beobachteten Maschine. R. werden verwendet, wenn man in einer Arbeitsstudie die → Einsatzzeit und → Betriebszeit näher analysieren will. Zur Erläuterung der Auswertung ist ein Tagesbericht des Maschinenführers unabdingbar. Der R. wird verhältnismäßig selten auf Baustellen eingesetzt, da sich ähnliche Erkenntnisse auch aus der erbrachten Tagesleistung, z. B. durch Zählen der geladenen Lkw oder Aufmessen der gefertigten Straßendecke, gewinnen lassen. *Drees*

Rütteltisch. R. sind ortsfeste oder fahrbare Stahlkonstruktionen mit einer über Federn oder Gummipuffern abgefederten Tischplatte, die durch → Außenrüttler in Schwingung versetzt wird. Man setzt sie bei der Herstellung von Betonwaren und Fertigteilen vorzugsweise bei flächenhaften Bauteilen, wie Wandplatten oder Decken ein, wo auch Sonderbauformen, wie Rüttelkipptische Anwendung finden. *Kühn*

Rüttler → Verdichtungsgerät

Rundbrecher. R. haben einen ringförmigen Brechraum. Ein kegelförmiger, unten exzentrisch geführter Brechkörper bewegt sich pendelnd-kreisend (ohne Eigendrehung) gegen den Brechmantel. Damit ist der zweiaxiale Brechablauf vom → Backenbrecher mit auf die dritte Richtung über den Umfang des Brechraumes, jedoch unter zusätzlicher Scherwirkung ausgedehnt. Der kreisende Brechkörper bildet zugleich den notwendigen Energiespeicher. Erforderlich sind Sicherheitsvorkehrungen gegen Überlastung. Verschiedentlich sind solche Einrichtungen mit einer hydraulischen Spaltverstellung kombiniert. R. haben spezifisch eine höhere Mengenleistung und einen geringeren → Energiebedarf im Vergleich zu Backenbrechern. Große als Vorbrecher eingesetzte Einheiten erfordern wegen ihrer Bauhöhe einen größeren baulichen Aufwand an der Einsatzstelle. Kleinere, kompakt gebaute R. bieten auch für eine vorübergehende Verwendung Vorteile. *Kühn*

Rundholz → Baurundholz

S

Sägeschnitt. Von der Säge (Hand-, Kreis-, Bandsäge) beim Trennen eines Werkstoffteils in zwei Teile erzeugter Schnitt. Im → Holzbau wird der S. auch zur Erhöhung der Paßgenauigkeit bei Druckstößen eingesetzt, indem man die zu stoßenden Enden sich berührend voreinanderlegt und dann mit der Säge die Stoßfuge erneut trennt. *Dröge*

Sättigung. Die S. S_i durch eine Flüssigkeit i ist definiert als ihr Volumenanteil V_i am Hohlraumanteil V_h :
$S_i = V_i/V_h$. *Mattheß*

Sättigungsdampfdruck. Dampf entsteht über einer Flüssigkeit, wenn es den Flüssigkeitsmolekülen gelingt, die Flüssigkeit auf Grund ihrer Bewegungsenergie zu verlassen und in das Gas über der Flüssigkeit zu gelangen. Dieser Vorgang wird → Verdunstung genannt. Je nach der Menge der in die Luft gelangenden Flüssigkeitsmoleküle unterscheidet man zwischen gesättigtem bzw. ungesättigtem Dampf (→ Taupunkttemperatur). Für ein Gemisch aus Gasen mit ungesättigten und gesättigten Dämpfen gilt, daß sich der Gesamtdruck des Gasgemisches p_{ges} aus dem Teildruck p_L der Luft und dem Teildruck p_D des Dampfes zusammensetzt (Daltonsches Gesetz):

$$p_{ges} = p_L + p_D \cdot$$

Der bei einer Temperatur maximal mögliche Gehalt an Dampf (Sättigungsgehalt) übt den Sättigungsdampfdruck p_{Ds} aus. Mit zunehmender Temperatur steigt der S. (Bild), da die Flüssigkeitsmoleküle wegen ihrer größeren Bewegungsenergie in die Luft gelangen können und dort von der Luft bis zur → Sättigung aufgenommen werden. *Cziesielski*

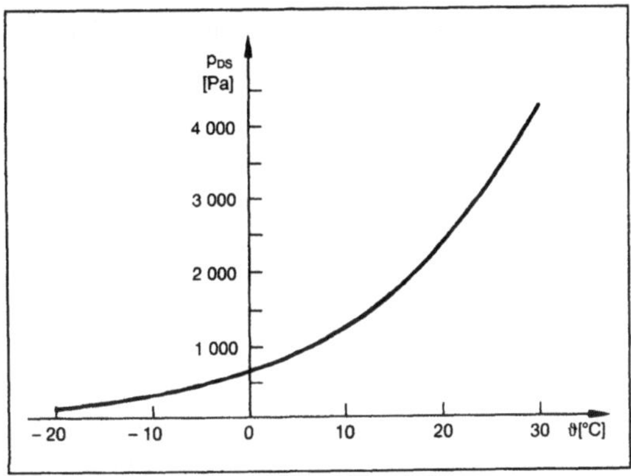

Sättigungsdampfdruck: Wasserdampfsättigungsdruck p_{Ds} in Abhängigkeit von der Lufttemperatur.

Säulenschalung → Stützenschalung

Salzbodenmelioration. Entsalzung landwirtschaftlich zu nutzender Böden, vor allem durch Auswaschen im Rahmen der → Bewässerung und Abtransport gelöster Salze über ein wirksames Entwässerungssystem. Neutralsalzböden mit hohem Salzgehalt, aber kleinem Anteil an austauschbarem Natrium werden i. d. R. allein durch Auswaschen der Salze melioriert (→ Kulturtechnik). Alkaliböden verfügen über hohe Natriumanteile bei geringem Salzgehalt. Dabei bewirkt das Übermaß an Natriumionen außer toxischen Effekten bei Pflanzen einen Strukturzerfall des Bodens. Zur Melioration dieser Böden führt man i. a. lösliches Kalzium zu, das Natrium ersetzt und bodenaufbauend wirkt. Salzalkaliböden haben sowohl hohe Neutralsalz- als auch hohe Natriumgehalte und werden nach Zufuhr von löslichem Kalzium im Austausch gegen Natrium durch Auswaschen der Salze melioriert. *Lecher*

Literatur: *Massing, L.,* u. *P. Wolff:* Melioration von Salz- und Alkaliböden – eine praktische Anleitung. Der Tropenlandwirt. Z. f. d. Landwirtsch. der Tropen und Subtropen (1987) Beih. Nr. 30.

Salzgebirge. Bezeichnung für Gebirgsarten, die im wesentlichen aus → Salzgesteinen aufgebaut sind. Ursprünglich entstanden diese Salzlagerstätten als marine Sedimente weltweit in verschiedenen geologischen Zeiten, in Nordwestdeutschland z. B. im Rotliegenden und im Zechstein, d. h. vor etwa 200 Mio. Jahren, und wurden in der Folgezeit mitunter von mehreren 1 000 m mächtigen Sedimenten überlagert. Da Salzgesteine, wie Stein- und Kalisalze, im Vergleich zu Silikatgesteinen bereits unter Lagerstättendruck und -temperatur eine hohe Verformbarkeit und außerdem eine mit $\rho = 2{,}2$ t/m^3 (Steinsalz) kleinere Dichte aufweisen, stiegen die Salzgesteine an vielen Stellen der Erde im Lauf der Jahrmillionen mit lokal unterschiedlicher Intensität insbes. im Bereich von Schwächezonen des Deckgebirges auf, mitunter bis an die Geländeoberfläche. Diesen Salzaufstieg nennt man Halokinese. Strukturell zu unterscheiden sind flach gelagertes Schichtensalz einerseits und Salzlinsen, Salzstöcke sowie Salzmauern andererseits. In Nordwestdeutschland sind mehr als 200 Salzstöcke bekannt. Außer der bergmännischen Gewinnung von Stein- und Kalisalzen werden heute auf Grund besonderer physikochemischer Eigenschaften der Salzgesteine, insbes. des Steinsalzes, Speicherkavernen zur Öl- und Gasbevorratung mit Volumen von mehreren hunderttausend Kubikmetern im S. angelegt (→ Kavernenbau). Für die Zukunft ist darüber hinaus die Endlagerung toxischer und radioaktiver Abfallstoffe in Salinarstrukturen vorgesehen. Das thermomechanische Verhalten des Salinargebirges im Einwirkungsbereich technischer Maßnahmen wird im Rahmen der → Salzmechanik untersucht. *Wagner*

Salzgestein. S. sind im wesentlichen aus Salzmineralen aufgebaute Gesteine. Sie entstanden durch → Verdunstung von Meerwasser und werden daher auch als Evaporite bezeichnet (Tabelle). S. treten gebirgsbildend auf (→ Salzgebirge). *Wagner*

Salzgestein. Tabelle: Wichtige S. (Quelle: Taschenbuch für den Tunnelbau. Essen 1985)

Salzgestein	Hauptgemengteile
Steinsalz (Halitgestein)	Halit
Sylvinit	Sylvin, Halit
Carnallitit	Carnallit, Halit
Hartsalz ⟨ kieseritisch / langbeinitisch / anhydritisch	Sylvin, Halit, Kieserit / Langbeinit, Halit Sylvin / Sylvin, Halit, Anhydrit
Kainitit	Kainit, Halit
Anhydritgestein	Anhydrit, Halit
Salzton	Quarz, Glimmer, Anhydrit Magnesit, Dolomit, Halit

Salzmechanik. Vor etwa 30 Jahren entstandenes Teilgebiet der → Gebirgsmechanik mit der Aufgabe, die durch technische Eingriffe in das → Salzgebirge im Rahmen bergbaulicher oder kavernenbautechnischer Aktivitäten bewirkten Vorgänge zu erfassen, zu analysieren und zu prognostizieren. Damit stellt die S. die wissenschaftlichen Grundlagen für den Hohlraumbau im Salzgebirge bereit. Der Hohlraumbau im Salzgebirge umfaßt den konventionellen und soltechnischen → Bergbau auf Stein- und Kalisalze, den Speicherkavernenbau und zukünftig den Bau von Endlagern zur Beseitigung radioaktiver und toxischer Abfälle aus der Biosphäre. Vor allem für den Bau von Endlagern mit den aus sicherheitstechnischen Gründen hohen Anforderungen an die Aussagekraft der Prognosemodelle und den notwendigen Langzeituntersuchungen sind die Erkenntnisse der S. von zentraler Bedeutung. Im einzelnen befaßt sich die S. mit der Entwicklung einer Versuchs- und Meßtechnik zur Erkundung und Beobachtung der In-Situ-Verhältnisse, z. B. Gebirgsaufbau, Primärspannungen, Laugen- und Gaseinschlüsse, Tragwerksüberwachung. Ferner sind Modellvorstellungen zu erarbeiten, mit deren Hilfe das beobachtete Gebirgsverhalten in der Umgebung vorhandener untertägiger Hohlräume interpretiert und – auf diesen Erfahrungen aufbauend – das zu erwartende Gebirgsverhalten in der Umgebung neu aufzufahrender Hohlräume zuverlässig prognostiziert werden kann. Dazu sind erforderlich: Laborversuche an Gesteinsprüfkörpern, das Formulieren von Gesetzmäßigkeiten zur Beschreibung der thermomechanischen Eigenschaften des anstehenden Salzgebirges, das Entwickeln von Berechnungsmodellen und das Aufstellen von Kriterien, mit deren Hilfe die vorausberechneten Spannungen und Verformungen bewertet und in Entwurfsempfehlungen umgesetzt werden können. Von besonderer Bedeutung ist dabei der Nachweis der → Standsicherheit des Hohlraumes für die relevanten Betriebsbedingungen. Die Entwicklung einer speziellen S. im Rahmen der Gebirgsmechanik liegt darin begründet, daß sich Stein- und Kalisalze von den meisten anderen Felsgesteinen durch eine signifikante plastische und viskose Verformbarkeit auszeichnen. Diese Materialeigenschaften führen dazu, daß sich im Salinargebirge einerseits Spannungsspitzen nicht aufbauen und Bruchvorgänge i. d. R. daher allmählich und in Begleitung großer Verformungen ablaufen und andererseits die Hohlräume einer ständigen → Konvergenz unterliegen.

Während in der modernen → Felsmechanik das mechanische und hydraulische Verhalten des Gebirgsverbandes wesentlich in Abhängigkeit von seinem → Trennflächengefüge gesehen wird, sind im Salzgebirge mechanisch oder hydraulisch wirksame Trennflächen nur untergeordnet vorhanden, so daß sich Gesteins- und Gebirgsverhalten weitgehend entsprechen. S. kann daher bezüglich der Stoffgesetzforschung als Korngefügemechanik mit der Konsequenz betrieben werden, daß sich hieraus eine Verbindung zu den mit großer Intensität erforschten polykristallinen Feststoffen, z. B. den Metallen, ergibt. Bemerkenswert ist das bei vielen → Salzgesteinen schon unter Lagerstättenbedingungen ausgeprägte nichtlineare, sowohl spannungs- wie auch temperatur- und zeitabhängige Verformungsverhalten. Realistische Berechnungen im Rahmen von Standsicherheitsanalysen setzen daher entsprechende → Stoffgesetze, z. B. rheologische Modelle, voraus. Da mit traditionellen analytischen Berechnungsverfahren, die auf dem Aufstellen und Lösen von Differentialgleichungen beruhen, weder diese stofflichen noch die mitunter komplexen geologischen und geometrischen Randbedingungen hinreichend zu erfassen sind, ist die praktische Anwendung der in der S. erarbeiteten Erkenntnisse eng mit der Entwicklung leistungsfähiger Computer und zugehöriger numerischer Berechnungsverfahren, wie der Methode der finiten Elemente, verbunden. *Wagner*

Literatur: *Lux, K. H.*: Gebirgsmechanischer Entwurf und Felderfahrungen im Salzkavernenbau. Stuttgart 1984.

Salzstock. S. (Diapir oder Salzdom) bezeichnet eine spezielle Struktur des → Salzgebirges. Ihre halokinetische Entstehung aus ursprünglich flach gelagerten marinen Sedimenten ist auf die hohe Verformbarkeit und den Dichteunterschied zwischen → Salzgesteinen und Deckgebirge zurückzuführen. Salzstöcke haben eine große wirtschaftliche Bedeutung als Lagerstätten der Stein- und Kalisalze. Außerdem sind an den Flanken oft Erdöl/Erdgas-Lagerstätten zu finden. In speziell ausgesolten Kavernen werden flüssige und gasförmige Energieträger gespeichert. Zukünftig ist auch eine Endlagerung toxischer und radioaktiver Abfallstoffe vorgesehen. *Wagner*

Sammler. In der → Siedlungswasserwirtschaft bezeichnet man als S. vor allem Systemteile der Ortsentwässerung, gelegentlich auch Verteilersysteme der Wasserversorgung, bei der mehrere Versorgungsstränge, z. B. der Hausinstallation, aus einem S. beginnen. Dem Hauptgeländegefälle folgend beginnt die Ortsentwässerung an Hochpunkten. Es gilt, diese Anfangstränge möglichst bald in Nebensammlern zu einem größeren Abfluß zusammenzufassen und auf möglichst kurzen Wegen zum Tiefpunkt des Systems zu bringen. Meist ist dies die → Kläranlage, evtl. auch ein → Pumpensumpf, wo das Abwasser gehoben werden muß. Mehrere solcher Nebensammler zusammengefaßt nennt man Hauptsammler. Größere Kanalnetze haben meist mehrere Hauptsammler, die ein ganzes Hauptsammelsystem ergeben. Beim → Trennverfahren unterscheidet man den Schmutz- und den Regenwasser-S. Je nach der Größe des Kanalnetzes sind S. oft begehbare Rohre (ab 70 oder 80 cm DN) von erheblichen Abmessungen (bis rd. 4 m DN). *Pfeiff*

Sand. Natürliches oder künstliches Korngemenge mit einer Korngröße zwischen 0 und 4 mm. Man spricht bei einer Korngröße von
– 0/0,25 mm von Feinstsand,
– 0/1 mm von Feinsand,
– 1/4 mm von Grobsand.

Gebrochenes Material heißt Brechsand und wird nach der Korngröße analog bezeichnet, z. B. Feinstbrechsand. *Wesche*

Sandfang. Im S. sollen die gröberen kiesig-sandigen Anteile mineralischer Herkunft in der → Vorreinigung der → Kläranlage aus dem Abwasser entfernt werden, da sie den Betrieb folgender Reinigungsstufen sonst belasten und stören. Sand ist in Pumpensümpfen und im Faulraum unerwünscht. Die Sandabscheidung gelingt durch eine ausreichend lange Fließstrecke mit erzwungener Fließgeschwindigkeit von 0,3 m/s, auf der sich Sand und gröberes mineralisches Material absetzt. Bei dem belüfteten S. erreicht man durch eingeblasene Luft ein Absetzen der mineralischen Anteile herunter bis zur Sandfraktion gegen die geringe Aufwärtsströmung aus der Luftbewegung. Dabei werden die leichteren organischen Schlamm- und Leichtstoffanteile durch den Flotationsprozeß in Bewegung gehalten oder als Schwimmschlamm ausgeschäumt (→ Abscheider). Der abgesetzte Sand wird durch Preßluft aus dem Trichter zuerst aufgelockert und damit gewaschen und

dann nach dem Mammut-Pumpen-Prinzip im Luft-Wasser-Sandgemisch in Sammelgefäße gefördert oder über fahrbare → Räumer abgesaugt. Gelegentlich folgt noch eine Sandwäsche, bevor der Sand durch Deponieren beseitigt wird. *Pfeiff*

Sandstein. S. (Psephite, Psammite) umfassen aus hydrogeologischer Sicht S., Quarzite, Konglomerate und Grauwacken, die Porositäten (→ Hohlraumanteil) zwischen 0,4 und 35%, gelegentlich bis zu 49,7% aufweisen. Die Porosität der grobklastischen Sedimentsteine hängt vor allem von der → Sortierung, der Korngröße, der Kornform und vom Diagenesegrad ab. Bis rd. 1 000 m Mächtigkeit der überlagernden Schichten nimmt die Porosität hauptsächlich durch Setzung um im Mittel 25% gegenüber der Ausgangsporosität ab. Etwa ab 1 500 m Versenkungstiefe kommen Drucklösung an den Berührungsstellen der Körner und Neubildungen von Quarz im Porenraum hinzu. Die Porosität von S. wird von der Menge und der Verteilung des Bindemittels, z. B. Tonminerale, Kalkspat, Dolomit, Kieselsäure und Eisenoxidhydrat, bestimmt. Das nutzbare Kluftvolumen beträgt bei S. weniger als 0,1 bis 4%. Es nimmt allgemein zur Tiefe hin ab. Die Gesteinsdurchlässigkeit liegt größenordnungsmäßig zwischen 10^{-14} und 10^{-4} m/s. Sie ist durch eine dichtere Packung der Körner und eine Verminderung des Hohlraumanteils durch das Bindemittel allgemein ein bis drei Größenordnungen niedriger als die → Durchlässigkeit entsprechender Lockersedimente. Im allgemeinen ist die Gesteinsdurchlässigkeit senkrecht zur → Schichtung durch eine Feinschichtung unterschiedlich durchlässiger Lagen oder orientiert eingelagerter anisotrop gestalteter Mineralkörner, z. B. Glimmerlagen, kleiner als parallel zur Schichtung. Gesteinsdurchlässigkeiten $> 10^{-6}$ m/s tragen zur Brunnenleistung in S. bei. Der nutzbare Hohlraumanteil in den Poren wirkt bei entsprechender Durchlässigkeit als Ausgleichsspeicher. In den meisten Gebieten, besonders bei tektonischer Beanspruchung, ist jedoch die Trennfugendurchlässigkeit von weit größerer Bedeutung als die Gesteinsdurchlässigkeit. *Matthéß*
Literatur: *Matthéß, G.,* u. *K. Ubell:* Allgemeine Hydrogeologie – Grundwasserhaushalt. Berlin, Stuttgart 1983.

Sandstrahlen → Oberflächenbehandlung

Sanierung.
Städtebau. Maßnahmen der S. sollen ein Gebiet mit städtebaulichen Mißständen wesentlich verbessern und umgestalten. Dies betrifft die bauliche und wirtschaftliche Struktur sowie besonders die Erfordernisse des → Umweltschutzes und die Gestalt des Orts- und Landschaftsbildes unter Einbeziehung des Denkmalschutzes. Die S. bezieht die Beseitigung baulicher Anlagen und Neubebauung, Modernisierung, Ersatzbauten und Ersatzanlagen mit ein. Da sich S.-Maßnahmen i. a. R. auf bebaute und bewohnte Bereiche beziehen, muß durch ein verschärftes Abwägungsgebot gesi-

chert sein, daß die Belange der Betroffenen (vor allem Eigentümer, Mieter und Pächter) und die der Allgemeinheit im richtigen Verhältnis berücksichtigt werden. Für Maßnahmen, deren einheitliche Vorbereitung und zügige Durchführung im öffentlichen Interesse liegen, wurde 1971 das StBauFG erlassen und mehrfach novelliert. Es ergänzte das allgemeine Städtebaurecht des BBauG um Sonderbestimmungen. Die die S. betreffenden Paragraphen wurden im wesentlichen in den ersten Teil des zweiten Kapitels des → Baugesetzbuches (BauGB) übernommen. Der §136 führt die Mißstände auf, die behoben werden sollen, und nennt die Ziele der Verbesserung, §140 ff. regelt die Durchführung, §149 die Aufstellung der Finanzierungsübersicht.

Ausgehend von der Intensität des Eingriffs kann man unterscheiden:

☐ Modernisierung: Verbesserung durch bauliche Maßnahmen im Sinne der Begriffsbestimmung des Wohnungsmodernisierungsgesetzes,

☐ Objektsanierung: grundlegende Instandsetzung zur Erhaltung von Gebäuden,

☐ Wohnumfeldverbesserung: → Verkehrsberuhigung, Umgestaltung der Grundstücksfreiflächen, Fassadenrenovierung, erneuerte Farbgebung, Bepflanzung und

☐ Teil- und Flächensanierung: Abbruch und Neubau, Neuordnung der Grundstücke und Erschließung.

Die Ziele der S. können sich sowohl auf Stadterneuerung als auf Stadtumbau richten. Unter Erneuerung wird i.d.R. verstanden, daß sich die gegebene Nutzung nicht wesentlich ändert. Dabei hängt die Regenerationsfähigkeit eines Stadtteils auch von der ökonomischen Leistungsfähigkeit seiner Bewohner ab, die einen angemessenen Teil an den Kosten aufbringen müssen. In den meisten Fällen wird es nicht möglich sein, alle nötigen Aufwendungen durch die öffentliche Hand zu tragen. Bund, Land und Gemeinden übernehmen jedoch die „unrentierlichen Kosten". Planungsgewinne, die auf der Wertsteigerung der Grundstücke durch die S. beruhen, sollen an die Gemeinde zurückfallen (Ausgleichsbeträge, Boden). Häufig ist bereits zur Erreichung des Zieles „Erneuerung" auch „Umbau" unausweichlich, etwa die Umleitung des Verkehrs auf neue Trassen, die Freilegung von Flächen für Grünanlagen, Schulen und Kindergärten, Auskernen von Innenhöfen und damit der Abbruch von Gewerbe- oder Wohnsubstanz. Der eigentliche Grund für den Stadtumbau ist jedoch die Erhaltung und Förderung der Funktionsfähigkeit einer Stadt unter sich verändernden Umständen und Bedürfnissen, damit sie ihre sozialen, ökonomischen und kulturellen Aufgaben erfüllen kann. „Der entscheidende Unterschied zwischen einer Stadterneuerung und einem Stadtumbau besteht darin, daß im ersten Fall auf Veränderung verzichtet wird, im zweiten Fall jedoch an politischen Zielsetzungen orientierte Veränderungen durchgesetzt werden sollen." „Stadtumbauten können häufig nicht im Einvernehmen mit den örtlichen Betroffenen durchgesetzt werden.

Stadtumbauten verlangen fast immer von den in einem Bereich Wohnenden oder Arbeitenden Opfer zugunsten eines gesamtstädtischen Interesses. Vorhandene, mehr oder weniger stabile, soziale oder ökonomische Systeme werden gestört. Ein Stadtumbaukonzept wird häufig nur strittig durchgesetzt werden können" (*Hanns Adrian*). *Spengelin*

Literatur: *Adrian, H.*: Stadterneuerung und Stadtumbau. In: Grundriß der Stadtplanung. Hannover 1983. – *Boeddinghaus, G.*: Stadterhaltung – Stadtgestaltung. 1982. – *Breitling, P.*: Sanierung und städtebauliche Denkmalpflege. In: Grundriß der Stadtplanung. Hannover 1983. – *Patellis, S. u. N., u. D. Pokora*: Stadtumbau – Stadtsanierung, Bestandsaufnahme und Planung. München 1973. – *Spengelin, F., H. Wunderlich* u. a.: Stadtbild und Gestaltung. Bonn, BMBau Nr. 02.033.

Siedlungswasserwirtschaft. Die S. im Bereich der Siedlungswasserwirtschaft umfaßt vor allem beim → Trinkwasser die Findung und Beseitigung von Verlusten aus Undichtheiten in den Versorgungsnetzen, daneben gelegentlich qualitative Probleme, die schwierig zu bereinigen sind.

Die S. umfaßt beim Abwasser die Beseitigung von – jetzt bei kleinen unzugänglichen Rohrdimensionen feststellbaren – Rohrschäden und Undichtheiten. Daneben oft auch die hydraulische Fragestellung „rechnerisch" nicht ausreichender Leistung der Netze. Bei den Rohrschäden sprechen wir von Reparatur (Instandsetzung örtlich begrenzter Schäden), von S. oder einer „Renovierung" als „Maßnahmen zur Verbesserung der aktuellen Funktionsfähigkeit... unter vollständiger oder teilweiser Einbeziehung ihrer ursprünglichen Substanz" (DIN EN 752 und ATV M 143, Teil 1). Die weitgehend verbreitete Methode ist die Erneuerung.

Die hydraulische S. umfaßt meist planerische Maßnahmen der Entlastung, → Querverbindung, Ausnutzung der Netzspeicher, ehe man zum Ersatz durch Neubau greift.

Die S. bei Altlasten kann durch Abtragen der betroffenen Bodenteile, Einschließung oder verschiedene Reinigungsmaßnahmen des betroffenen Bodens und Wassers erfolgen, wenn sie jeweils nötig ist. *Pfeiff*

Sanitärtechnik. Die S. umfaßt die Anlagen der technischen Gebäudeausrüstung, die der Hygiene und Gesundheit der Menschen dienen: die Trinkwasserversorgung und die → Abwasserentsorgung. → Trinkwasser wird aus dem kommunalen Netz oder aus eigenen → Brunnen bezogen. Für hygienisch untergeordnete Zwecke wie WC-Spülung und Gartenbewässerung kann auch → Regenwassernutzung sinnvoll sein. Abwasser wird durch kommunale Netze abgeführt oder in Sickergruben eingeleitet, ggf. getrennt als Schmutzwasser (zum Klärwerk) und Regenwasser (in → Vorfluter). Belastetes Abwasser muß man vorbehandeln, ggf. neutralisieren. *Diehl*

Literatur: DIN 1986: Entwässerungsanlagen für Grundstücke. – DIN 1988: Technische Regeln für Trinkwasser-Installationen. –

DIN 2000: Zentrale Trinkwasserversorgung. – DIN 2001: Einzel-Trinkwasserversorgung.

Sanitätsraum. Gemäß § 49 der → Arbeitsstättenverordnung vom 20. März 1975 muß auf einer Baustelle, auf der ein Arbeitgeber mehr als 50 Arbeitnehmer beschäftigt, ein S. oder eine ähnliche Einrichtung vorhanden sein. Der S. unterliegt der Vorschrift ZH 1/507 der → Bauberufsgenossenschaften. Meist wird ein → Container von 6 m Länge eingesetzt, der mit Liege, Untersuchungsstuhl, Instrumententisch, Notfallmedizin u. a. m. ausgerüstet ist, um eine ärztliche Behandlung auf der Baustelle zu ermöglichen (Bild). Der S. ist insbes. dann von Bedeutung, wenn kein Krankenhaus in der Nähe ist und das Eintreffen des Rettungswagens längere Zeit dauert. Erfahrungsgemäß wird der S. einer Stadtbaustelle bei Unfällen kaum in Anspruch genommen. Anders ist es, wenn die Baustelle weit von einem Krankenhaus entfernt ist und der herbeigerufene Arzt auf der Baustelle behandeln muß. *Drees*

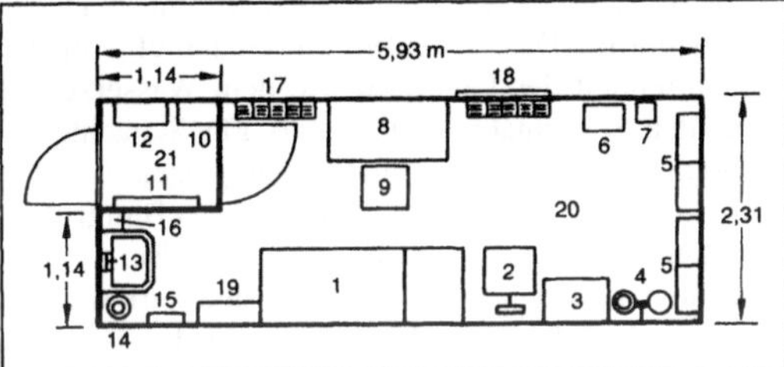

Sanitätsraum: Vorschlag der Tiefbau-Berufsgenossenschaft für einen S.

1 Liege (2,0 m×0,70 m), 2 Behandlungsstuhl, 3 Verbandstisch, fahrbar (0,66 m×0,40 m), 4 Waschständer mit Schüssel, 5 Materialschrank, Vorratsschrank, Medikamentenschrank, Verbandsstoffe, 6 Abwerfbehälter, 7 Akkunotleuchte, 8 Schreibtisch (1,20 m×0,60 m), 9 Schreibtischstuhl, 10 Krankentrage, 11 Auffahrtrampe, 12 Verbandkasten, 13 Waschbecken, 14 Abwerfbehälter, 15 Handtuchspender, 16 Heißwasserboiler, 17 Heizkörper, 18 Fenster, mattiert, 19 Vakuummatratze, 20 Fußbodenbelag, rutschsicher mit hochgezogenen Kanten, 21 Windfang

Saprobiensystem. System zur Beurteilung der Wassergüte eines Gewässers nach dem Vorkommen und der Anzahl bestimmter typischer Mikroorganismen (Saprobien). Das S. wurde von *R. Kolkwitz* und *M. Marsson* aufgestellt (1908/1909), von *H. Liebmann* revidiert (1950/60) und später durch physikalisch-chemische und bakteriologische Befunde ergänzt. Die vier wesentlichen Gruppen des S. entsprechen den vier charakteristischen Zuständen auch natürlicher Gewässer: Das schnellfließende, kalte, sauerstoffreiche und kaum verunreinigte Forellengewässer der Gebirgsbäche ist oligosaprob. Der typische, noch munter fließende, mäßig verunreinigte Fluß wird biologisch als β-mesosaprob gekennzeichnet. Der träge, bereits als stark verunreinigt bezeichnete Fluß ist nach dem S. α-mesosaprob. Hier findet sich eine ebenso typische biologische Biozönose der Lebewesen bis zu bestimmten Fischen, die hier noch leben können, wie bei der polysaproben S.-Stufe, die außergewöhnlich stark verunreinigtes Wasser bezeichnet, das in der unbelasteten Natur in Mündungszonen mit großen Schlammbänken natürlich anzutreffen ist. *Pfeiff*

Sattelholz.
☐ Auf → Sparren oder → Balken genageltes, oftmals keil- oder bogenförmiges → Kantholz, das der Veränderung der Parallelkantigkeit dient, um z. B. bei horizontal verlegten Dachbalken eine Neigung der Oberkante zu erreichen (Bild 1);
☐ Über Holzstützen angeordnetes, kurzes Querholz zur Verstärkung des Auflagerbereiches eines Unterzugholzes oder → Rähms (Bild 2). *Dröge*

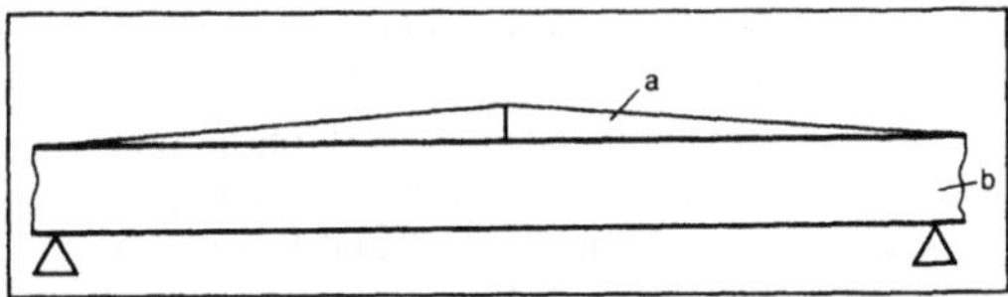

Sattelholz 1: S. auf Deckenbalken.
a S., b Deckenbalken

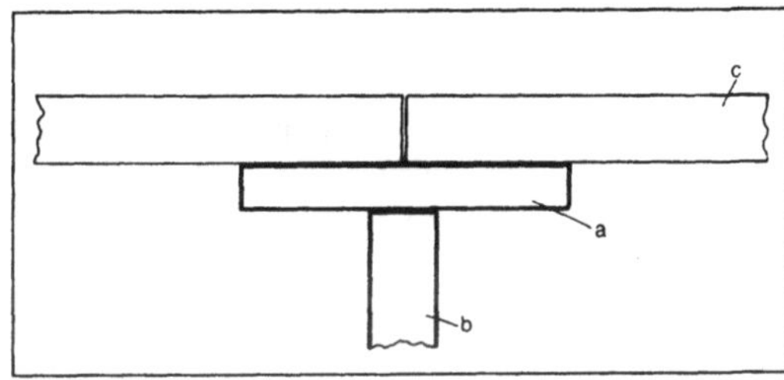

Sattelholz 2: S. zur Verstärkung des Auflagerbereichs.
a S., b Stiel (Pfosten), c Pfette oder Rähm

Sauberkeitsschicht. Als S. versteht man landläufig eine Schicht aus einem Mineralstoffgemisch, mit der eine saubere und relativ ebene Fläche geschaffen wird, auf der auch bei sonst feuchtem und bindigem Boden Arbeiten, wie das Verlegen von Rohren, möglich sind. Vielfach wird mit S. auch eine → Filterschicht bezeichnet. *Beckedahl*

Sauerstoffbedarf. Alle Lebensvorgänge sind chemisch gesehen eine Oxidation, d. h. Umsetzung durch Sauerstoff (O_2). Der S. ist der dabei benötigte O_2. Beim Abbau organischer Stoffe geschieht dies aerob, bei Abwesenheit von freiem (gelösten) Sauerstoff anaerob, indem durch biologische Prozesse Sauerstoff durch Reduktion gewonnen wird. In der → Siedlungswasserwirtschaft ist die → Abwasserreinigung und → Selbstreinigung der Gewässer, in der Abfalltechnik die

→ Kompostierung ein biologischer Prozeß mit S. Die → Abfallverbrennung ist ein solcher physikalisch-chemischer Prozeß. Maßstab für den S. chemischer Natur ist der chemische S. CSB (engl.: COD). Der biologische S. wird durch den biochemischen S. BSB (engl.: BOD) gemessen und mit der Dauer (in Tagen) dieses Bedarfes bis zum Abbau als Index angegeben, also z. B. BSB_5 (in fünf Tagen) oder BSB_1 oder auch BSB_{20}. Gewässer haben einen BSB_5 von etwa 1–5 mg/l, das häusliche Abwasser von einigen 100 mg/l. Der CSB ist je nach Abwasser und Abbauzustand der organischen Anteile etwa 2–6mal höher. Hinweise auf den S. gibt auch der TOC (totale organische Kohlenstoffgehalt) eines Abwassers oder Gewässers. *Pfeiff*

Saugbagger. Die einfachste Form der hydraulisch lösenden und fördernden Geräte für die Erdbewegung sind die S. Sie bestehen aus einem Schwimmkörper, von dem aus man ein Saugrohr auf den Gewässerboden abläßt. Mit einer Kreiselpumpe wird das Boden-Wasser-Gemisch angesaugt und über eine Rohrleitung zum Bestimmungsort (Schute, Spülfeld) gepumpt. Man unterscheidet Grundsauger (Bild) und Schutensauger. Das Einsatzgebiet der Grundsauger beschränkt sich auf frei zufließende, gut saugbare Böden, wie Fein-, Mittel- und Grobsand. Beim Saugen entstehen Krater und Furchen, so daß mit S. kein → Planum hergestellt werden kann. Eine Variante des Grundsaugers ist der Schutensauger, der zusätzlich zur Saugeinrichtung Hochdruckspülrohre zur Fluidisierung des in den Schuten abgelagerten Materials hat. Das Versetzen der S. geschieht über → Winden, deren Seilenden entweder an Pollern oder an Ankern befestigt werden. *Kühn*

Saugbagger: Grundsauger.

Saugbohranlage. Beim Saugbohren wird das Spülmittel (Wasser) aus dem Spülteich in das Bohrloch geleitet und dort das Spülgut (Bohrklein), mittels einer Saugpumpe auf dem → Bohrgerät durch das Bohrge-

stänge abgesaugt und wieder dem Spülteich zugeführt, in dem sich dann das transportierte Material absetzt (indirektes Verfahren oder Linksspülverfahren). Durch die immer gleichbleibenden Förderbedingungen ist das Saugbohrverfahren verhältnismäßig unabhängig vom Bohrdurchmesser. Anwendung des Verfahrens: Große Bohrtiefe (bis 500 m), bei großen und sehr großen Bohrlochdurchmessern (bis 3 000 mm) immer gleichbleibende Spülungsmenge. *Kühn*

Schachtbau. Verfahrensweise beim Abteufen und Sichern von Schächten. Schächte haben i. d. R. einen Kreisquerschnitt und eine lotrechte Achse. Zur Lotrechten bis zu 30° geneigte Schächte heißen Schrägschächte. Ist die Achse des Hohlraumes noch stärker geneigt, so spricht man von Schrägstollen. Schächte werden in Bergwerken für die Seilfahrt, Förderung und Wetterführung, im → Tunnelbau als Anfahrschächte und zur Belüftung, bei Wasserkraftwerken zur Druckerzeugung, zum Druckausgleich und zur Belüftung, allgemein als Zugänge zu unterirdischen Hohlräumen sowie als Hauptbauwerke für Speicher und → Deponien benötigt. Das Abteufverfahren hängt von der Beschaffenheit des Untergrundes, dem Wasserzufluß sowie den Schachtabmessungen ab. Für Schächte bis rd. 30 m unterhalb des Grundwasserspiegels (seichte Schächte) sind Bauverfahren wie für → Baugruben (Brunnen oder Senkkästen) wirtschaftlich. Bei tieferen Schächten muß man i. d. R. zunächst eine stark wasserführende Schicht aus → Lockergestein durchfahren, bevor das → Festgestein angetroffen wird. Das Abteufen im Lockergestein geschieht im Schutze einer Frostwand (→ Gefrierverfahren) oder einer injizierten Schachtwand (→ Injektionstechnik). In beiden Fällen wird der anstehende Boden soweit abgedichtet und verfestigt, daß er sowohl den Wasser- als auch den → Erddruck aufnehmen kann. Durch das Gefrierverfahren oder die Injektionstechnik hergestellte Schachtwände werden in einem Zuge bis zum weniger wasserdurchlässigen Festgestein geführt. Dadurch vermeidet man, daß Wasser durch die Schachtsohle in den Schacht einsickert.

Der teilweise verfestigte oder gefrorene Boden wird durch Sprengungen, Preßlufthämmer oder Verfahren des Erdbaus gelöst. Das gelöste Haufwerk wird durch Förderkübel nach übertage geschafft. Im Festgestein wendet man fast ausschließlich das → Sprengverfahren an. Wie im Tunnelbau werden heute auch im S. suspensionsgestützte Schilde verwendet. Vorauseilende, tiefführende Dichtwände sind in diesem Fall nicht mehr notwendig. Der Suspensionsdruck entspricht dem von der Tiefe abhängigen Wasserdruck. Die Auskleidung tieferer Schächte geschieht üblicherweise in mehreren Schritten. Der schalenförmige Ringquerschnitt kann als Verbundquerschnitt wirkend oder aber auch aus einzelnen Schalen bestehend berechnet werden. Je nach der Sperrwirkung nehmen im letzteren Fall innenliegende Schalen den Wasserdruck und außenliegende

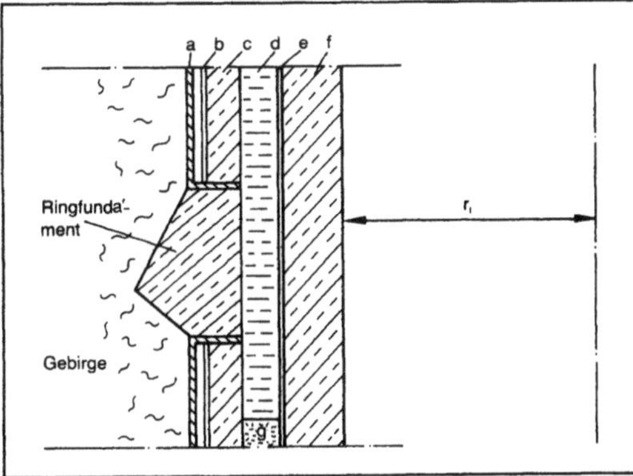

Schachtbau: Schachtauskleidung.

a Zementsuspension
b Liner Plates   } Ausbau
c erste Betonschale
d Bitumen
e Stahlröhre
f Betonschale
g Sandasphalt

den Erddruck auf. Im Lockergestein mit durchgehendem Grundwasserspiegel beträgt der gesamte Seitendruck

$$p_a = 1,3 \cdot \gamma_w \cdot z;$$

dabei sind z die Tiefe und γ_w die Wasserwichte.

Wichtige Kriterien beim Entwurf der Auskleidung sind außer der Lastaufnahme die → Abdichtung und das Kriech- oder Konsolidierverhalten des Gebirges. Die Auskleidung muß absolut wasserdicht sein. Sie muß aber auch mit dem umgebenden Gebirge so gut verbunden sein, daß an der Grenzfläche keine Wasserströmung in Schachtachse stattfindet. Diese Forderung ist von besonderer Bedeutung, wenn → Grundwasser nur in einzelnen Stockwerken auftritt und ein Wasserdruck auch dort nur berücksichtigt ist. Treten im Gebirge noch zeitabhängige Zusammendrückungen auf, so sieht man in der Auskleidung eine Gleitschicht vor. Dadurch wird eine nennenswerte Zusatzbelastung der Schachtwand in Achsialrichtung vermieden (Bild).

Die erste Schachtwandsicherung besteht aus dem Ausbau. Dieser wird dem Ausbruch möglichst unmittelbar folgend von oben nach unten hergestellt. Dazu betoniert man Ringfundamente in Abständen von rd. 15−20 m. Diese dienen als Auflager für den Ausbau bis zum darüberliegenden Fundament. Dargestellt ist ein Ausbau aus Liner Plates, einer Betonschale und verpreßter Zementsuspension. Alternativ sind auch Formsteine mit dazwischengelegten Holzscheiben üblich. Der Ausbau ist eine erste Sicherung der Schachtwand und wird in der Statik durch einen → Ausbauwiderstand berücksichtigt. Nach Erreichen der endgültigen Schachtsohle oder eines Festgesteins, auf das die Last der Schachtauskleidung abgesetzt werden kann, stellt

man die Auskleidung von unten nach oben her. Durch die Bitumenschicht (Bild) wird ein achsensymmetrischer Spannungszustand erzwungen. Diese Schicht wirkt auch als Gleitschicht bei noch auftretenden Gebirgszusammendrückungen. Die aus Blechen zusammengeschweißte Stahlröhre ist die Sperrschicht gegen Wasser. Die davor betonierte Schale muß dann den gesamten Wasserdruck aufnehmen.

Andere Auskleidungen bestehen aus zwei Stahlröhren oder aus Tübbings. In nahezu inkompressiblem Untergrund kann die Bitumenschicht entfallen. Zwischen Ausbau und Gebirge kann man auch eine chemische Lösung verpressen. Die Lastaufnahmen durch die Auskleidung sowie die Lastabtragungen durch Ringfundamente oder Fundamente in der Schachtsohle müssen nachgewiesen werden. Die Beulsicherheit des Ringquerschnittes muß gewährleistet sein. Bei Verbundquerschnitten muß man außerdem eine ausreichende Verdübelung der einzelnen Schalen vorsehen, um ein Ablösen zu verhindern. *Meißner*

Schadenfeuer → Brand, natürlicher

Schadensersatz. Bei → Gewährleistung: Im Falle einer mangelhaften Leistung ist der Auftraggeber nicht auf die Gewährleistungsansprüche, → Nachbesserung und → Minderung (§ 13 Nr. 5 u. 6 VOB/B) beschränkt, sondern kann auch nach der → Abnahme S. verlangen. Voraussetzungen: Wenn ein Mangel, der die Gebrauchsfähigkeit erheblich beeinträchtigt (wesentlicher Mangel), auf ein Verschulden des Auftragnehmers oder seines Erfüllungsgehilfen zurückzuführen ist, ist der Auftragnehmer dann außerdem verpflichtet, dem Auftraggeber den Schaden an der baulichen Anlage zu ersetzen, zu deren Herstellung, Instandhaltung oder Änderung die (mangelhafte) Leistung dient (§ 13 Nr. 7 Abs. 1 VOB/B: Im Hinblick auf den Haftungsumfang auch kurz „kleiner Schadensersatzanspruch" genannt). Den darüber hinausgehenden Schaden hat der Auftragnehmer aber nur unter bestimmten Voraussetzungen zu ersetzen, die im § 13 Nr. 7 Abs. 2 VOB/B unter den Punkten a) bis d) präzisiert sind.

Bei Behinderung und Unterbrechung der Ausführung (§ 6 Nr. 6 VOB/B) sind die hindernden Umstände von einem Vertragsteil zu vertreten, so hat der andere Teil Anspruch auf Ersatz des nachweislich entstandenen Schadens, des entgangenen Gewinns aber nur bei Vorsatz oder grober Fahrlässigkeit.

Im übrigen wird die Haftung der Vertragsparteien in § 10 VOB/B geregelt mit weiteren Verweisen auf das BGB. *Korbion/Hochstein*

Literatur: *Korbion/Hochstein*: VOB-Vertrag. 1994. Düsseldorf.

Schäftung. S. (Schaften, Anschaften) ist die Verlängerung eines Holzstabes durch Ansetzen eines anderen Stabes von meist gleichem Querschnitt durch keilförmigen Übergreifungsstoß. Die Verbindung in den schrägen Flächen des Übergreifungsbereichs geschieht durch → Leim (Neigung der Schrägflächen zur Stab-

achse 1 : 10 bis 1 : 14) oder mechanische Verbinder, z. B.
Nägel, Schraubenbolzen, → Dübel.   *Dröge*
Literatur: *Halász, R. v.,* u. *C. Scheer* (Hrsg.): Holzbau-Taschen-
buch. Bd. 1. 9. Aufl. Berlin 1996.

Schaffußwalze.
S. sind Verdichtungsgeräte, deren
Walzen mit kräftigen, schaffußartigen Dornen bestückt
sind. Die 14–18 Schaffüße je m^2 Walzenfläche sind
bis rd. 20 cm lang und kneten den Boden kräftig
durch. Der durch sie aufgebrachte Walzdruck ist größer
als der einer geschlossenen Walzfläche. Die Form der
Füße ist für die Verdichtungswirkung von großer
Bedeutung, da der verdichtete Boden durch das Her-
ausdrehen der Füße z. T. wieder aufgelockert werden
kann. Bei S. beträgt der Walzdruck rd. 300 N/cm^2 Aufstandsfläche (ohne Ballast). S. werden meist als einachsige Anhängewalzen oder als Wechselbandagen für
Walzenzüge gebaut. Man stellt sie fast nur noch mit
zuschaltbaren Vibrationseinrichtungen (→ Vibrationswalze) her. Sonderbauweisen sind Keilfuß- und
Stampfwalzen. Keilfußwalzen haben eine etwas
gedrungenere Gestalt der Füße und erreichen mit Ballast rd. 500 N/cm^2. Stampfwalzen haben statt der
Schaffüße kurze, breite Stampffüße und sind besonders
für bindige, aber auch für rollige Böden geeignet. Eine
weitere Sonderform sind die Müllverdichter (Kompak-
tor).   *Kühn*

Schale → Schalentragwerk

Schale, biegeweiche.
Für schalldämmende → Ver-
kleidungen und doppelschalige Wände werden bevorzugt b. S. verwendet. Man versteht darunter → Platten
oder Schalen, deren → Grenzfrequenz mindestens
2 000 Hz beträgt. Sie weisen einen anomal geringen
→ Abstrahleffekt auf. B. S. sind z. B. Gipskartonplatten,
bis etwa 20 mm dicke → Holzspanplatten, Sperrholzplatten, Faserzementplatten.   *Gösele*
Literatur: *Cremer, L.,* u. *M. Heckl:* Körperschall. 2. Aufl. Berlin
1996. – DIN 4109: Schallschutz im Hochbau. Ausg. 1989.

Schalenbeulen.
Ein Stabilitätsverlust kann bei Scha-
len durch Ausbildung örtlicher Beulen eintreten, deren
Abmessungen klein im Vergleich zum Schalenradius
sind. Die Bestimmung der kritischen Last P_{kr} einer solchen Stabilität „im kleinen" ist analog der → Stabilitätstheorie von Stäben und Platten möglich: Die Ausgangsform wird mit unendlich dicht benachbarten
Gleichgewichtslagen verglichen. Als Grundzustand
kommen hauptsächlich nur Spannungszustände in
Betracht, für die die Näherung der Membrantheorie
zulässig ist, weil in der Regel nur bei biegungsfreien
Grundzuständen Verzweigungspunkte auftreten. Für
Nachbarzustände sind jedoch Biegemomente zu
berücksichtigen. Es kann auch Durchschlagen eintreten. Die Ausgangsform wird dann mit Gleichgewichts-
formen verglichen, die aus der Ausgangsform durch
große Verschiebungen hervorgehen. Unter idealen

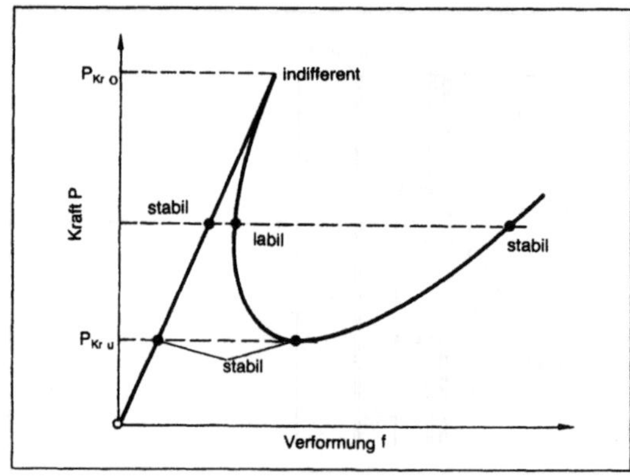

Schalenbeulen: Kraft-Verformungs-Kurve.

Bedingungen erreicht die Belastung einen oberen kritischen Wert $P_{kr\,o}$. Danach tritt ein Stabilitätsverlust „im
großen" ein, d. h. ein sprunghafter Übergang in eine
neue Gleichgewichtsform (Durchschlagen) mit der
unteren kritischen Last $P_{kr\,u}$, die als Stabilitätskriterium
bei Schalen dienen kann (Bild). Anfangsausbiegungen
– dazu zählen auch anfängliche Beulen – ungleichmäßige Spannungsverteilung, → Eigenspannungen,
Querbelastungen, Temperaturbeanspruchungen und die
Belastungsgeschwindigkeit beeinflussen die Stabilität
von Schalen wesentlich. Die realen Beullasten liegen
immer weit unterhalb der Verzweigungslast $P_{kr\,o}$.
Genaue Stabilitätsnachweise erfordern die Anwendung
nichtlinearer Theorien.   *Laermann*

Schalentragwerk.
Als Schale wird ein → Flächen-
tragwerk definiert, dessen Mittelfläche einfach oder
doppelt gekrümmt ist. Anwendungsgebiete im Bauwesen sind vorwiegend Kuppeln, → Hallen und → Behälter. Auch Druckkessel und große Rohrleitungen
gehören dazu. Die gebräuchlichsten Schalenformen
sind die → Rotationsschalen, → Zylinderschalen,
→ Translationsschalen, → Hyparschalen. Für die Berechnung der Schalen werden i. a. einige grundlegende
Annahmen gemacht. Unter der Voraussetzung, daß die
Schalendicke klein gegen ihre übrigen Abmessungen
ist, werden die → Normalspannungen senkrecht zur
Mittelfläche vernachlässigt. Alle Punkte, die vor der
Verformung auf einer Normalen zur Mittelfläche liegen, mögen auch nach der Verformung auf einer Geraden liegen, die ebenfalls Normale zur verformten Mittelfläche ist. Die Formänderungen sind klein im Verhältnis zur Schalendicke.

Für die Berechnung der inneren Kräfte stehen sechs
→ Gleichgewichtsbedingungen zur Verfügung, die aus
der Formulierung des Kräftegleichgewichts in drei
Richtungen und des Momentengleichgewichts um drei
Achsen an einem Schnittelement folgen. Diesen
Gleichgewichtsbedingungen stehen i. a. zehn unbe-
kannte Schnittkräfte gegenüber. In den meisten Fällen
ist es möglich, den Spannungszustand in einer Schale in

einen Membranspannungszustand und einen Biegespannungszustand aufzuteilen. Beim ersteren werden alle Querkräfte, Biege- und Drillungsmomente vernachlässigt. Dies ist nur zulässig, wenn bei den Randbedingungen kein Widerspruch zu den Gleichgewichtsbedingungen auftritt, d. h. die Schale so gelagert bzw. gestützt ist, daß es keine Behinderung der Verformungen in Richtung der vernachlässigten Schnittkräfte gibt und die verbleibenden Randkräfte tangential zur Mittelfläche eingeleitet werden. Weiterhin darf es keine senkrecht zur Mittelfläche angreifenden Einzellasten und keine sprunghaften Änderungen der Schalendicke geben. Unter diesen Bedingungen reichen die drei Bedingungen des Kräftegleichgewichts aus, um die Meridian-, Ring- und Schubkräfte tangential zur Mittelfläche zu berechnen. Der Membranspannungszustand ist innerlich statisch bestimmt.

Sind diese Bedingungen nicht erfüllt, so müssen sechs Gleichgewichtsbedingungen für alle zehn Schnittkräfte aufgestellt sowie zusätzliche Formänderungsbedingungen eingeführt werden. Im Prinzip werden die → Dehnungen und → Verzerrungen über die Schalendicke und die Änderungen der Tangentenneigungen durch die drei Verschiebungsgrößen u_i der Mittelfläche ausgedrückt, diese dann in die Spannungs-Dehnungs-Beziehungen (→ *Hooke*esches Gesetz bei linear-elastischem Stoffverhalten) eingeführt und die Schnittkräfte durch Integration der Spannungen über die Schalendicke als Funktionen der Formänderungen u_i bzw. deren Ableitungen formuliert. Diese Beziehungen setzt man dann in die Gleichgewichtsbedingungen ein, so daß sich schließlich drei simultane Differentialgleichungen ergeben, die die Formänderungen u_i als Unbekannte enthalten.

Die Integration dieser Differentialgleichungen liefert unter Berücksichtigung der Randbedingungen schließlich die Schnittkräfte selbst. Lösungen sind jeweils nur für bestimmte Schalenformen gegeben oder möglich. Als allgemeine Lösungsverfahren für jede Schalenform und beliebige Belastung kommen diskrete numerische Verfahren, wie z. B. die → Finite-Elemente-Methode, in Betracht. Für eine Reihe von Schalenformen kann der Beanspruchungszustand weitgehend durch den Membranspannungszustand beschrieben werden; Randstörungen und Unstetigkeiten erfaßt man nach der Biegetheorie. Die Biegebeanspruchungen treten in nennenswerter Größe nur in der Umgebung der Störstelle auf und klingen rasch ab. Dies gilt nicht für Schalen mit negativem Krümmungsmaß, wie z. B. das einschalige Rotationshyperboloid (Rotationsschalen), bei denen sich Unstetigkeiten der Randwerte über die ganze Schale fortpflanzen. Bei Schalenformen, die unter der Einwirkung äußerer Lasten große Verformungen aufweisen, und bei Stabilitätsuntersuchungen (Beulen) ist die geometrische → Nichtlinearität zu berücksichtigen. *Laermann*

Literatur: *Flügge, W.*: Statik und Dynamik der Schalen. 3. Aufl. Berlin 1962. – *Girkmann, K.*: Flächentragwerke. 6. Aufl. Wien 1974. – *Pflüger, A.*: Elementare Schalenstatik. 4. Aufl. Berlin 1967.

Schallabsorption. Wenn Schall auf eine Raumoberfläche trifft, kann ein Teil der einfallenden Schallenergie in Wärme umgewandelt werden. Man spricht dann von S. Es werden mehrere Arten von Schallabsorbern unterschieden (Bild oben):

☐ Poröse Schallabsorber. Die Umwandlung der Schallenergie geschieht in den meisten Fällen durch Reibung an den engen Kanälen der in ein poröses Material eindringenden Schallwelle. Solche porösen Schallabsorber sind z. B. Mineralwolle, Holzwolle und textile Gewebe. Ihre Schallabsorption nimmt mit zunehmender Frequenz stark zu.

☐ Plattenresonatoren. S. ist jedoch auch an völlig glatten Oberflächen möglich, wenn Platten, Folien o. ä. mit Luftabstand vor einer Decke oder Wand angebracht sind. Dabei treten → Resonanzen (Masse: Platte, Feder: Hohlraum) mit entsprechend hohen Schwingungsamplituden auf, die wiederum zu erhöhten Luftschwingungen im Hohlraum und dort wieder zu Reibung führen.

☐ Hohlraumresonatoren. Sie wirken in analoger Weise. Hohlraumresonatoren bestehen aus einem Hohlraum (Feder) und einer engen Zugangsöffnung (Masse) sowie einem Strömungswiderstand, der in der Öffnung oder im Hohlraum angeordnet sein kann.

Die Resonatoren wirken nur in einem begrenzten Frequenzbereich, in der Nähe der Resonanzfrequenz, stark absorbierend (Bild). Durch die Verwendung mehrerer unterschiedlich abgestimmter Resonatoren läßt sich eine Absorption in einem breiten Frequenzgebiet erreichen. Die Luftschallabsorption wird zur Lärmminderung in Räumen sowie zur Nachhallregulierung in Vortragsräumen u. ä. benötigt. *Gösele*

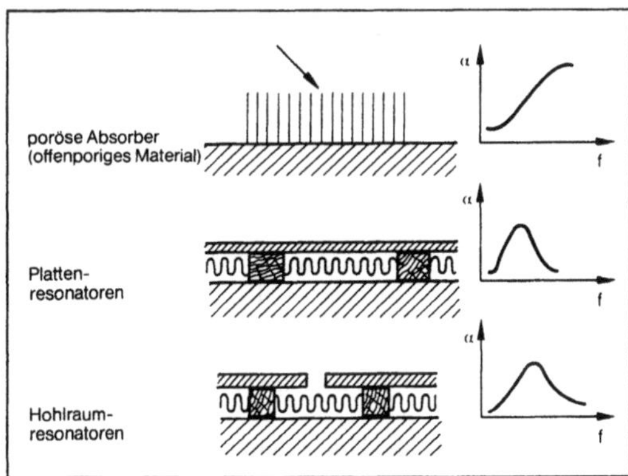

Schallabsorption: Zu unterscheidende Formen von S.: Absorptionsgrad α in Abhängigkeit von der Frequenz f.

Literatur: *Cremer, L.*: Die wissenschaftlichen Grundlagen der Raumakustik. Bd. 1–3. Stuttgart. – *Furrer, W., u. A. Lauber*: Raum- und Bauakustik, Lärmabwehr. Basel 1972. – *Kurtze, G.*: Physik und Technik der Lärmbekämpfung. Karlsruhe 1964.

Schallabsorptionsfläche. Sie ist als äquivalente S. die gedachte Fläche, die – mit einem Material des → Schallabsorptionsgrades $\alpha = 1$ (völlige Absorption) versehen – den gleichen Anteil an Schallenergie in einem Raum absorbieren würde wie die in dem Raum vorhandenen Wände, Decken und Gegenstände. Ein normaler möblierter Wohnraum hat eine äquivalente Absorptionsfläche zwischen 10 und 20 m². Diese äquivalente Absorptionsfläche kann sowohl berechnet (wenn die Absorptionsgrade der Oberflächen bekannt sind) als auch relativ einfach über eine Nachhallzeit-Messung gemessen werden. *Gösele*

Literatur: DIN 52210. Tl. 1: Bauakustische Prüfungen. Luft- und Trittschalldämmung. Meßverfahren. – DIN 52212: Bauakustische Prüfungen. Bestimmung des Schallabsorptionsgrades im Hallraum.

Schallabsorptionsgrad. Der S. α gibt an, wie groß der Anteil der absorbierten Schallenergie einer auf eine Oberfläche einfallenden Schallwelle bezogen auf die eingefallene Energie ist (Bild). Der S. einer Oberfläche hängt von der Frequenz und vom Einfallswinkel des Schalls ab. Er wird in der Regel nach dem Hallraumverfahren gem. DIN 52212 gemessen, dabei belegt man eine Prüffläche mit dem zu untersuchenden Material und mißt die → Nachhallzeit des Raumes ohne und mit dem Prüfmaterial. Der so gemessene S. wird mit α_s bezeichnet. Mit Hilfe der Rohrmethode nach DIN 52215 kann der S. an kleinen Proben gemessen werden, allerdings nur bei senkrechtem Einfall.

Gösele

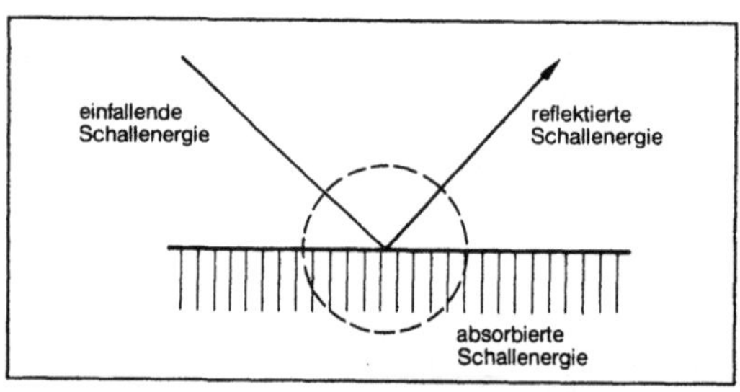

Schallabsorptionsgrad: Prinzipielle Darstellung.

Literatur: *Cremer, L.:* Die wissenschaftlichen Grundlagen der Raumakustik. Bd. 1–3. Stuttgart. – DIN 52212: Bauakustische Prüfungen. Bestimmung des Schallabsorptionsgrades im Hallraum. – DIN 52215: Bauakustische Prüfungen. Bestimmung des Schallabsorptionsgrades und der Impedanz im Rohr.

Schallängsdämmaß. Unter dem S. R_L versteht man die quantitative Angabe der Längsdämmung für die Übertragung entlang eines flankierenden Bauteils. Es ist folgendermaßen definiert (Bild):

$$R_L = 10 \lg \frac{P_1}{P_2}$$

in der Gleichung bedeuten:
P_1 auf die Trennfläche auffallende Schalleistung,

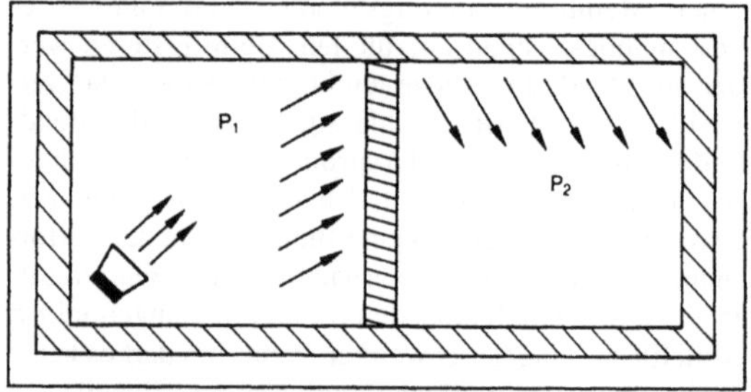

Schallängsdämmaß: Zur Definition des S. R_L.

P_2 von dem flankierenden Bauteil im Empfangsraum abgestrahlte Schalleistung.

Das S. ist von der Frequenz abhängig. Es wird nach DIN 52210, Tl. 4, über den bauakustisch üblichen Frequenzbereich 100–3150 Hz ein bewertetes S. R_{Lw} in analoger Weise wie beim bewerteten S. R_w gebildet. Diese Werte sind vor allem notwendig, um die → Luftschalldämmung in Skelettbauten vorherzuberechnen. In DIN 52210, Tl. 7, ist die Messung im Prüfstand beschrieben. Zahlreiche Rechenwerte für verschiedene Längsbauteile sind in DIN 4109 angegeben. *Gösele*

Literatur: DIN 4109: Schallschutz im Hochbau. Beibl. 1, Ausg. 1989. – DIN 52210. Tl. 7: Bauakustische Prüfungen. Luft- und Trittschalldämmung. Bestimmung des Schall-Längsdämm-Maßes. – DIN 52217: Bauakustische Prüfungen. Flankenübertragung. Begriffe.

Schallängsleitung (auch Flankenübertragung). Die Schallübertragung zwischen zwei benachbarten Räumen in Bauten findet nicht nur durch die Trennwand oder Trenndecke, sondern auch über die flankierenden Bauteile auf den in Bild 1 dargestellten Wegen statt. Diese Übertragung Ff bezeichnet man als Längsleitung, die anderen Wege als Flankenübertragung. Sie begrenzt die maximal erreichbare Schalldämmung, auch wenn noch so hoch schalldämmende Trennwände oder Trenndecken verwendet werden. Dies führt dazu, daß bei üblichen Massivdecken mit schwimmenden → Estrichen die Luftschallübertragung zwischen übereinander liegenden Räumen nur noch durch Längsleitung bzw. Flankenübertragung erfolgt. Will man die Schalldämmung verbessern, muß die Längsleitung ver-

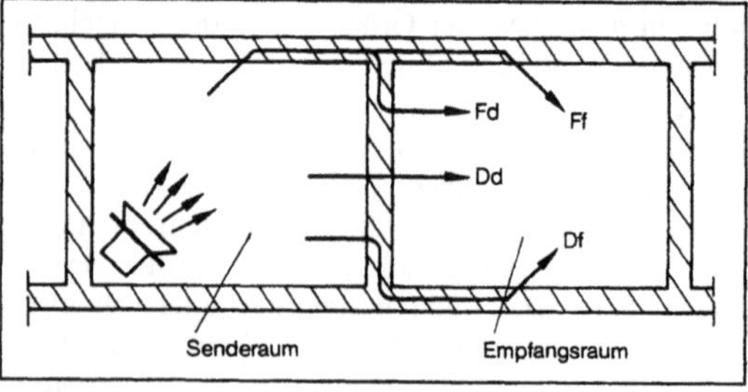

Schallängsleitung 1: Wege der Luftschallübertragung zwischen zwei Räumen.

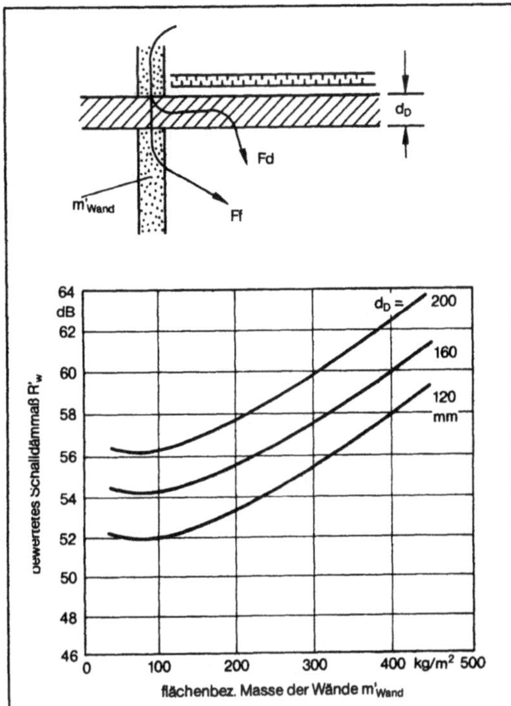

Schallängsleitung 2: Bewertetes Schalldämmaß R'_w von Decken mit schwimmenden Estrichen, abhängig von der flächenbezogenen Masse der Längswände und der Dicke d_D der Deckenplatte.

ringert werden. Dies ist jedoch sehr aufwendig, weil dabei vier Bauteile in jedem Raum verändert werden müssen, so daß man dies normalerweise nicht tut. Die Längsleitung und die Flankenübertragung lassen sich durch folgende Maßnahmen verringern:

☐ Verwendung schwerer Längsbauteile,

☐ Verkleidung der Längsbauteile mit Vorsatzschalen,

☐ sehr schwere Ausbildung der Wohnungstrennwand oder -decke.

Die Einflüsse der ersten und dritten Maßnahme sind in Bild 2 für das bewertete Schalldämmaß R'_w für zwei übereinander liegende Räume dargestellt. Mit zunehmender Masse der Wände erhöht sich bei sonst gleicher Decke die Dämmung (Einfluß der ersten Maßnahme). Ebenso erhöht sie sich mit zunehmender Deckendicke d_D (Einfluß der dritten Maßnahme). Die Längsleitung und Flankenübertragung begrenzt die → Luftschalldämmung in massiven Bauten auf etwa 55–60 dB. Die Flankenübertragung kann neuerdings vorherberechnet werden. So wird sie in DIN 4109, Ausg. 1989, im Beibl. 1 bei den dort angegebenen Ausführungsbeispielen berücksichtigt. *Gösele*

Literatur: DIN 4109: Schallschutz im Hochbau. Ausg. 1989. – DIN 52217: Bauakustische Prüfungen. Flankenübertragung. Begriffe. – *Gösele, K.*: Berechnung der Luftschalldämmung in Massivbauten unter Berücksichtigung der Schall-Längsleitung. Bauphys. 6 (1984), S. 79/84 u. 121/26.

Schallimmissions-Richtwerte. Zum Schutz der Bewohner vor → Lärm aus benachbarten Gewerbegebieten sind in VDI 2058, Bl. 1, sowie in der → TA Lärm höchstzulässige Werte des → Schallpegels vor fremden Gebäuden festgelegt. Diese Werte sind je nach dem vorliegenden Baugebiet unterschiedlich. Sie sind in der Tabelle für die Tag- und die Nachtzeit angegeben und gelten für eine Messung bei offenem Fenster. *Gösele*

Literatur: DIN 18005: Schallschutz im Städtebau. Tl. 1: Berechnungs- und Bewertungsgrundlagen. – Richtlinie VDI 2058. Bl. 1: Beurteilung von Arbeitslärm in der Nachbarschaft. – Richtlinie VDI 2571: Schallausbreitung von Industriebauten. – TA Lärm: Technische Anleitung zum Schutz gegen Lärm. Köln.

Schallimmissions-Richtwerte. Tabelle: Immissionsrichtwerte des zulässigen Schallpegels vor fremden Gebäuden nach VDI 2058, Bl. 1.

Einwirkungsort	Immissionsrichtwert in db(A)	
	tags	nachts
nur gewerbliche Anlagen (Industriegebiete)	70	70
vorwiegend gewerbliche Anlagen (Gewerbegebiete)	65	50
weder vorwiegend gewerbliche Anlagen, noch vorwiegend Wohnungen (Mischgebiete)	60	45
vorwiegend Wohnungen (allgemeine Wohngebiete)	55	40
ausschließlich Wohnungen (reines Wohngebiet)	50	35
Kurgebiete, Krankenhäuser	45	35

Schallpegel, A-bewertet. Der A-b. S. L_A ist der mit der Frequenzbewertung A nach DIN IEC 651 bewertete Schallpegel (Bild S. 548). Dadurch soll die Frequenzabhängigkeit der Empfindung des menschlichen Ohres näherungsweise berücksichtigt werden, das bei gleich großen Schallpegeln die tiefen Frequenzen weniger laut empfindet als höhere Frequenzen, z.B. um 100 Hz. Der A-Schallpegel in dB, häufig aus praktischen Gründen, wenn auch nicht ganz normgerecht, mit dB (A) bezeichnet, ist die Größe, die in Vorschriften u. ä. zur Kennzeichnung der Stärke von Geräuschen benutzt wird. In der Tabelle auf S. 548 ist eine Übersicht über den A-Schallpegel verschiedener Geräusche gegeben. In Wohnräumen sollten fremde Geräusche,

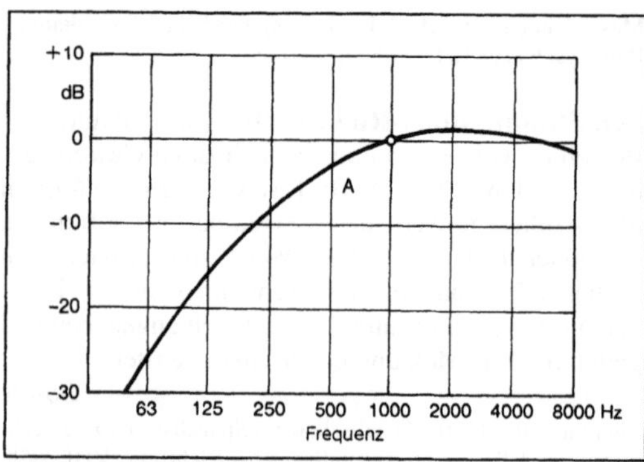

Schallpegel, A-bewertet: Korrektur an Schallpegelanzeige bei Messung des A-b. S.

Schallpegel, A-bewerteten. Tabelle: Richtwerte für den A-Schallpegel verschiedener Geräusche.

Fabriksaal einer Spinnerei	90 – 100 dB(A)
Verkehrslärm in lauter Sprache	70 – 80 dB(A)
sehr laute Sprache	70 dB(A)
normale Sprache	60 db(A)
ruhiger Raum, tagsüber	25 – 30 dB(A)
ruhiger Raum, nachts (abseits vom Verkehr)	10 – 20 dB(A)

z. B. von haustechnischen Anlagen, von Ausnahmen abgesehen nachts nicht lauter als 30 dB (A) sein. Dies ist noch deutlich hörbar. *Gösele*
Literatur: DIN IEC 651.

Schallschutz. Geräusche aus haustechnischen Anlagen sollen in Wohnungen nach DIN 4109, Ausg. 1989, i. d. R. nachts keine höheren A-bewerteten → Schallpegel als 30 dB (A) erzeugen. Ausnahmen gibt es bei Lüftungsanlagen sowie neuerdings bei Wasserleitungsgeräuschen, die bis 35 dB (A) erzeugen dürfen. Die Verringerung der beim Betätigen der Einrichtungen auftretenden Geräusche kann durch eine Verringerung der Wechselkräfte an den Armaturen, Pumpen, Relais, Motoren u. ä. geschehen. So wurden die Geräusche von Wasserarmaturen – bedingt durch strömungsgünstigere Ausführung – in den letzten beiden Jahrzehnten um etwa 20 dB (A) und mehr vermindert. Die zweite Maßnahme zur Geräuschminderung in den Räumen besteht im Einschalten einer Körperschalldämmung (weiche Federung) zwischen Lärmerzeuger und Gebäudestruktur an den Befestigungsstellen. Die z.Z. wichtigsten Störungen von haustechnischen Anlagen stammen von der Sanitärinstallation in Bädern u.ä., während z.B. Heizanlagen und Aufzüge wenig zu Beanstandungen beitragen. Dies ist auf die ungenügende, aber auch praktisch schwierige Körperschallisolation der sanitären Einrichtungsgegenstände (WC-Schüssel,

Badewanne) gegen Wände und Decken zurückzuführen. *Gösele*
Literatur: DIN 4109: Schallschutz im Hochbau. Ausg. 1989. – Richtlinie VDI 2081: Geräuscherzeugung und Lärmminderung in Raumlufttechnischen Anlagen. – Richtlinie VDI 2566: Lärmminderung an Aufzugs-Anlagen. – Richtlinie VDI 2715: Lärmminderung an Warm- und Heißwasser-Heizungsanlagen. – Schallschutz am Bau. Literaturdokumentation RIB. Stuttgart.

Schallschutzfenster. S. haben eine höhere → Luftschalldämmung als üblicherweise in Gebäuden vorhandene Fenster. Wesentliche Einflußgrößen für eine hohe Luftschalldämmung von Fenstern sind:
– Dicke und Art der Verglasung,
– schalltechnische Konstruktion und Werkstoff des Fensterrahmens,
– → Dichtung des Fensterflügels gegenüber dem Blendrahmen und
– Dichtung des Blendrahmens gegenüber dem anschließenden Gebäudeteil (→ Mauerwerk).

Die Luftschalldämmung einer Glasscheibe hängt von deren Dicke ab. So beträgt z.B. das bewertete Schalldämmaß R_W einer 4 mm dicken Glasscheibe 30 dB, einer 16 mm dicken Scheibe etwa 38 dB.

Zur Erreichung höherer Schalldämmwerte werden Mehrscheiben-Verglasungen benutzt.

S. unterscheidet man nach ihrer Konstruktion in Einfach-, Verbund- und Kastenfenster.

Einfachfenster bestehen aus einem Rahmen und einem oder mehreren Fensterflügeln, die Einfach- oder Mehrfachverglasungen haben können. Die Schalldämmaße dieser Fenster liegen zwischen 20 und 45 dB je nach Konstruktion, Verglasung und Dichtungsgüte.

Verbundfenster haben zwei hintereinander angeordnete Fensterflügel mit einem Abstand bis zu 10 cm. Mit solchen Fensterkonstruktionen sind Dämmaße zwischen 35 und 50 dB zu erreichen.

Kastenfenster bestehen aus zwei in größerem Abstand als bei Verbundfenster getrennt oder mit gemeinsamen Rahmen eingebauten Einfachfenstern, mit denen Schalldämmaße bis über 55 dB zu erreichen sind.

Zur Dämmwirkung verschiedener Fenster-Konstruktionen sind Angaben in VDI 2719 gemacht. Hiernach werden S. in 6 Schallschutzklassen eingeteilt. Für die einzelnen Klassen gelten folgende bewertete Schalldämmaße R'_W des am Bau funktionsfähig eingebauten Fensters:

Schallschachtklasse	R'_w in dB
1	25–29
2	30–34
3	35–39
4	40–44
5	45–49
6	≥ 50

Strauch

Literatur: DIN 4109: Schallschutz im Hochbau, Anforderungen und Nachweise. 11/1989. – DIN 52210, Teil 5: Bauakustische Prüfungen, Luft- und Trittschalldämmung, Messung der Luftschalldämmung von Fenstern und Außenwänden am Bau. 8/1984. – DIN EN 20140: Akustik; Messung der Luftschalldämmung in Gebäuden und von Bauteilen. 1995. – VDI 2719: Schalldämmung von Fenstern und deren Zusatzeinrichtungen. 8/1987.

Schalung. Beton-S. oder Schalungsformen dienen im Beton- und Stahlbetonbau einerseits der Formgebung der zu erstellenden Betonkonstruktionsteile, andererseits dem äußeren Erscheinungsbild der → Betonflächen und müssen solange unverrückbar vorgehalten werden, bis der Beton seine Standfestigkeit erreicht hat.

Betonschalungen bestehen aus unterschiedlichsten Geräten und Baustoffen, die der gewünschten Form Eigenstabilität verleihen und werden, je nach Anwendung, aus verschiedenen Einzelteilen vor Ort zusammengefügt, oder als ganzes (Element) gefertigt, angeliefert.

Zusätzlich zur flächigen S.-Form finden → Traggerüste bei Massivtragwerken Einsatz. Eine begrifflich klare Unterscheidung zwischen flächigen, ebenen S.-Formen und Traggerüsten ist – insbesondere bei Horizontalkonstruktionen – nicht immer gegeben.

Man unterscheidet nach → Schalungssystemen und -arten.

Die Schalungsarbeiten werden nach
– Lohnleistungen und
– Schalungsmaterialien (Schalungsgeräte)
unterteilt, kalkuliert und ggf. vergeben.

Als S.-Lohnleistungen werden üblicherweise nur die Lohnleistungen bezeichnet, die ausschließlich vor Ort, d. h. am und für das jeweilige Objekt anfallen. Es handelt sich dabei um folgende Einzelleistungen:
– Einmessen von vorgegebenen Meßpunkten, Nivellieren
– Einschalen, einschl. → Schalungsgerüste
– Ausschalen, Zwischenlagern, Zwischentransporte
– Zwischenreinigung, Trennmittelauftrag
– Grobreinigung Arbeitsplatz.

Zu den S.-Neben-Zusatzleistungen zählen folgende Einzelleistungen:
– Auf- und Abladen
– Elementfertigung (Montagen und Demontagen von → Sonderschalungen)
– Aussparungen, Einbauteile, Fugenbänder
– Arbeits-Schutzgerüste, Abdeckungen
– Schlußreinigung.

Schalungsmaterialien bzw. -stoffe sind im Gegensatz zu Geräten kurzlebige Güter und unterliegen im allgemeinen höherem Verschleiß. Schalungsmaterialien werden deshalb meist objektabhängig betrachtet und je nach Lebensdauer und Verschleiß abgeschrieben. Schalungsmaterialien werden – mit Ausnahme der Schalhaut, innerhalb von → Rahmentafelschalungen – zu Lasten der Schalungsgeräte immer mehr verdrängt. Zu den Schalungsmaterialien und Stoffen zählen u. a.
– Schalhautplatten aller Art, → Schalungshaut
– Massivholzbretter
– Kanthölzer aller Dimensionen
– → Schalungsanker
– Gerüstbohlen
– Trennmittel, Nägel, Schrauben etc.   *F. Hoffmann*
Literatur: *Hoffmann, F. H.:* Aufwand und Kosten zeitgemäßer Schalverfahren. 2. Aufl. Neu-Isenburg 1996.

Schalungsanker. Konstruktionen zum gegenseitigen oder einseitigen Halten von Betonschalungen. Sie übernehmen die auf die Schalungskonstruktionen (Elemente) wirkenden Beanspruchungen aus dem Frischbetondruck (DIN 18218).

S.-Konstruktionen bestehen aus
– Ankerplatten
– Ankerverschlüsse
– Ankerstäbe
– Abstandhalter.

Ankerplatten und Ankerverschlüsse können eine Einheit bilden. Ankerstäbe sind Rund-, Flach- oder Formstäbe nach DIN 17100. Abstandhalter sichern einerseits den lichten Abstand zwischen den zweiseitig gestellten Schalungskonstruktionen und andererseits dienen sie der Umhüllung wiedergewinnbarer Ankerstäbe.

S. werden auch unterschieden nach
– im Beton verbleibend
– wiedergewinnbar.   *F. Hoffmann*
Literatur: DIN 18216.

Schalungsart → Schalungssystem

Schalungsdruck → Betondruck

Schalungselement. Als S. werden Schalungsformen bezeichnet, bei denen die Größe und Geometrie der Schalungsfläche primär im Vordergrund stehen. Darunter zählen alle Formen, bei denen Schalhaut und das unmittelbar damit verbundene Schalhauttraggerippe (→ Gerüst) zu Einheiten unterschiedlicher Größe zusammengefügt ist. Großflächenelemente zählen ebenso dazu wie Rahmen- und Rastertafeln, ob hand- oder maschinen(serien)gefertigt.

Die Form der S. ist abhängig von der Form der Betonkonstruktion, ob als Einzelform (z. B. Säulen, Stützen) oder ebene Flächenteile (z. B. Einzelwandabschnitte oder geschlossene Räume).

Als S. werden auch Einzelteile bezeichnet, die ein Systemprogramm komplettieren.   *F. Hoffmann*

Schalungsgerät. S. gehören nach der → Baugeräteliste (BGL) zu den Baugeräten und damit im weitesten

Sinne zu den temporären Geräten, Bauhilfen oder Hilfsmitteln im Stahlbetonbau.

S. sind langlebige Güter und zählen zur Gerätehauptgruppe 9. Kleinere Geräte, bzw. kurzlebige Materialien gehören nicht zu dieser Kategorie. S. werden über monatliche Abschreibungs- und Verzinsungssätze in Prozent vom Neuwert bewertet und sind zuzüglich monatlicher Reparaturkostenanteile in der BGL ausgewiesen. Sie werden objektunabhängig eingesetzt. Zu den Hauptgeräten zählen u. a.

– Baustützen aus Stahl oder Aluminium
– Träger aus Holz, Aluminium, Stahl
– Rahmentafeln aller Größen, Gewichte und Systeme
– Rahmenstützen aus Stahl und Aluminium
– Standardelemente für Fundamente, Säulen, Wände, Decken
– Gerüste unterschiedlicher Art und Systeme
– Sonderschalungselemente zum Gleiten, Klettern, Rundbauten
– Zargen (UZ, Fundamente). *F. Hoffmann*

Schalungsgerüst (auch → Lehrgerüst). Nach DIN 4421 dienen → Traggerüste, dazu gehören auch die Tragglieder von S., „der Stützung von Massiv-Tragwerken, bis diese ausreichende → Tragfähigkeit erreicht haben".

Zu den S. gehören Gerüstbauteile wie
– Baustützen aus Stahl oder Aluminium
– Schrägstützen zur Ausrichtung von → Schalungselementen
– Rahmenstützen als mehrteilige Stützen bei Deckenbauteilen
– Konsolgerüste
– Schalungsträger.

Für S. nach Gruppe I (DIN 4421) müssen Zulassungsbescheide an der Verwendungsstelle zur Überprüfung vorliegen.

Für Schalungskonstruktionen, die über die Kriterien der Gerüstgruppe I hinausgehen, sind rechnerische Nachweise und Übersichtszeichnungen erforderlich. *F. Hoffmann*

Literatur: DIN 4421 und CEN/TC 53.

Schalungshaut. Die S. ist unmittelbar dem ein- oder aufzubringenden → Frischbeton ausgesetzt. Ihr obliegen demzufolge mehrere Funktionen gleichzeitig. Im einzelnen sind dies
– optisch-ästhetische,
– formgebend-gestalterische,
– dichtende (dem Auslaufen von Betonschlämpfe entgegenwirkend),
– wirtschaftliche.

Als S.-Typen finden Verwendung
☐ Massivholz-Bretter, Stumpfstoß, gespundet (Wechselfalz, Nut- und Feder, Dreieck-, Keil- oder Schweinsrückenspundung)
☐ Hartfaserplatten, Spanplatten (DIN 68 763)
☐ Dreischichtenplatten (DIN 18 215)
☐ Sperrholzplatten (DIN 68 792)
☐ Kunststoffplatten oder Matrizen
☐ Metall.

Die Auswahl bestimmter S.-Typen hängt primär von der Einsatzhäufigkeit (Wirtschaftlichkeit) ab. Spezielle Formgebung und optische Ansprüche schränken die große Auswahl auf dem Baumarkt erheblich ein. *F. Hoffmann*

Literatur: *Schmidt-Morsbach*: Betonflächen und Schalungshaut. Berlin.

Schalungsplanung. Der Schalungsplan stellt die Form und Konstruktion des Bauhilfsmittels Schalung dar, also das Negativ, während der Schalplan (Konstruktionsplan) die zu schalenden Baukörper/Bauteile, also das Positiv ausweisen muß. Schalungspläne sind Werkpläne zur Herstellung bestimmter Formen oder zur Darstellung der Formen und ihrer Mittel.

Zur S. gehört auch die Darstellung des taktweisen Einsatzes der Schalungsformen, nebst den erforderlichen Arbeits- und → Schutzgerüsten nach DIN 4420. Taktpläne oder Stellpläne für Schalungsformen beinhalten mehr die Umrisse bzw. Positionierung der verschieden eingeplanten Elemente und die Abschnitte einzelner Takte.

S. und Taktplanung erfolgt zunehmend über → CAD.

Unter → Schalungsvorbereitung oder schalungsvorbereitende Maßnahmen sind alle die Tätigkeiten einzuordnen, die aus ausführungstechnischen und planerischen Mitteln im Vorfeld der Hauptleistungen notwendig sind. Schalungsvorbereitung hat zum Ziel, die optimale und wirtschaftlichste Lösung für ein bestimmtes Bauobjekt zu finden.

Der Schalungsvorbereitung geht die Bauvorbereitung voraus.

Zur Bauvorbereitung gehören die
– Zerlegung der Bauabschnitte in möglichst gleichartige Bauteile,
– Schaffung der Voraussetzung großer Serien,
– Ermöglichung rationeller Arbeitsverfahren und damit Schaffung der Grundvoraussetzung zum
– Einsatz wirtschaftlicher → Schalungssysteme und Arten.

Zur Schalungsvorbereitung gehören die
– Überprüfung der auszuführenden Mengen und Unterteilung in schalungsspezifische Positionen,
– → Ausschreibung für Subangebote oder aber Disposition innerhalb des Betriebes (bei Eigenleistung),
– Werkplanung für → Sonderschalungen,
– Takt- und Einsatzplanung der Regelschalung.

Große Bauunternehmungen verfügen sowohl über eigene Schalungsbüros als auch Schalungsvorfertigungsstätten. Daran angeschlossen sind notwendigerweise die Verwaltung und Lagerung des Schalungsgeräteparks. *F. Hoffmann*

Literatur: *Hoffmann, F. H.*: Schalungstechnik mit System. Wiesbaden 1993.

Schalungssystem. Als S. werden die Formen bezeichnet, die „in sich komplett" und nach Plan logisch geordnet sind. Dazu gehören z. B.
- Rahmen- und Rastertafelsysteme, die nach bestimmten Modulen konzipiert und sämtliche Einzelteile auf das Gesamtprogramm lückenlos abgestimmt sind (→ Rahmentafelschalung).
- industriell gefertigte Trägerschalungselemente (Wände, Säulen) (→ Trägerschalung), die ein in sich schlüssiges Programm darstellen.
- → Kletterschalungen, Selbstkletterschalungen
- → Gleitschalungen, die vorwiegend mit bestimmten, aber nicht ausschließlich dafür konstruierten Geräten und Einzelteilen ausgestattet sind.
- → Raumschalungen

S. sind häufig herstellerseits orientiert und werden unter entsprechenden Bezeichnungen gehandelt.

Als Schalungsart bezeichnet man die Art und Weise (Verwendungsart) des Einsatzes bestimmter S., Methoden und Konstruktionen.

Nach Art des Bauvorhabens (Regel- oder Sonderbauteile) sind dies
□ objektunabhängige Regel-Standard-Universal-Schalungen, wie z. B.
- Raster-, Rahmensysteme etc.
□ objektabhängige Schalungen, nur auf das Bauvorhaben bezogene Sonder-/Spezialschalungen wie z. B. Tunnel-, Gleit-, Kletter-, Fahr-, Tischschalungen, für die Vorfertigungs-, Montage- und Demontageleistungen auf und außerhalb der Baustelle anfallen.

Nach Art der einzelnen Baukonstruktionen, Bauteilglieder sind dies bauteilspezifische Schalungsformen wie z. B.
- Wand-, Stützen-, Fundamentschalungen (für vertikale Bauteile)
- Decken-, UZ-, Plattenschalungen (für horizontale Bauteile).

Nach Art der Bewegung (Einsatz an der Baustelle) sind dies
□ kranunabhängig handhabbare (manuelle) gewichtslimitierte Schalungsteile, die von einer Person bewegt werden können (≤ 25 kg/St.)
□ kranabhängige Schalungskonstruktionen-Systeme u. dgl., ohne Gewichtslimitierung, wie z. B. → Großflächenschalungen, schwere Rahmentafelsysteme
□ Gleitschalungen, Kletterschalungen, Hubschalungen, → Senkschalungen, Fahrschalungen (Wanderschalungen).   *F. Hoffmann*

Schalungstisch → Tischschalung

Schalungstrennmittel. Trennmittel für Betonschalungen, früher „Schalöle" genannt – gehören zu den Bauhilfsstoffen, oder Schalungsmaterialien. S. haben die Aufgabe, den Ausschalvorgang problemlos, d. h. ohne Schäden an Schalungs- und → Betonflächen sicherzustellen. Heutige Trennmittel sollen darüber hinaus „umweltfreundlich" sein.

Unterschiedliche Schalhautqualitäten verlangen unterschiedliche Trennmittelqualitäten und Auftragsstärken.   *F. Hoffmann*

Schalungsvorbereitung. Bestandteil der → Arbeitsvorbereitung, um eine möglichst wirtschaftliche Arbeitsausführung bei Schalarbeiten zu erreichen. Die S. beginnt mit einer Analyse der einzuschalenden Fläche und ordnet diese dem geplanten Arbeitsablauf zu. Aus der Einsatzzeit/Schalvorgang und der erforderlichen → Bauleistung im Schalbereich läßt sich die vorzuhaltende Schalmenge ermitteln. Parallel hierzu verläuft die Untersuchung der am besten geeigneten → Schalungssysteme. Im allgemeinen wird man auf die im Unternehmen vorhandenen Schalungssysteme zurückgreifen. Soweit besondere Anfertigungen notwendig sind, sollen diese vorzugsweise auf dem Bauhof durchgeführt werden, falls eine Schalungswerkstatt vorhanden ist. Bei Großbaustellen ist dies auch auf der Baustelle möglich, wenn dort eine maschinell ausreichend ausgestattete und überdachte Schalungswerkstatt eingerichtet wird. Bei besonderen Anforderungen ziehen es heute die Bauunternehmen meist vor, sich Vorschläge von den Schalungsherstellern machen zu lassen und diese mit der Anfertigung der → Schalung zu beauftragen. In manchen Fällen wird auch die gesamte Schalarbeit an einen spezialisierten Subunternehmer vergeben, der über erfahrene Schalkolonnen verfügt. Der S. kommt besondere Bedeutung zu, da vielfach ein Drittel der auf der Baustelle anfallenden Arbeitsstunden auf Schalarbeiten entfällt. Zu einer guten S. gehört auch ein Schalungseinsatzplan, der auf den → Ablaufplan für die Herstellung des Bauwerks abgestimmt ist (→ Schalungsplanung).   *Drees*

Schalwagen. Fahrbares Gerüst zur Aufnahme der → Schalung für den Betonausbau eines → Tunnels.   *Wagner*

Schaufelradbagger. Der S. ist ein kontinuierlich förderndes Massengewinnungsgerät. Prinzipiell (Bild) ist ihre Gestaltung für das jeweilige Gerät und den jeweiligen Einsatz sehr unterschiedlich. Das Graborgan ist ein Rad, an dessen Umfang mit Schneiden ausgerüstete Schaufeln angeordnet sind. Dieses Schaufelrad bewegt sich um die eigene Achse und in Richtung seiner Achse im Abbaumaterial und gewährleistet somit einen kontinuierlichen Förderstrom. Um das Schaufelrad in seinem Arbeitsbereich unabhängig zu machen, muß es vor allem ortsveränderlich sein. Es wird daher auf einem Fahrwerk, meist Raupenfahrwerk angeordnet. Um die seitliche Bewegung des Rades gegen das zu grabende Material über eine genügend lange Strecke, wie es für den Abbau von großen Massen erforderlich ist, zu erreichen, bringt man das Schaufelrad auf einem langen schwenkbaren Ausleger an. Hierzu liegt über

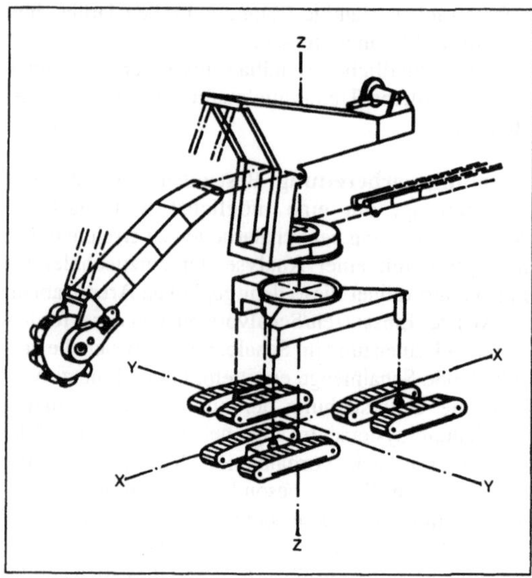

Schaufelradbagger: Hauptkomponenten eines S.

dem Fahrwerk ein mit dem Fahrwerk verbundener Unterbau und auf diesem drehbar gelagert der schwenkbare Oberbau, der den Schaufelradausleger aufnimmt. Die für das Heben und Senken des Schaufelrads erforderliche Einrichtung befindet sich ebenfalls im drehbaren Oberbau. Damit das Schaufelrad in einer Höhenlage mehrere Schnitte ausführen kann, muß ein Vorschieben des Rads nach Beendigung eines Schnitts möglich sein. Je nachdem wie dieser Vorschub erreicht wird, unterscheidet man zwei Gruppen von S. Beim S. mit Vorschub kann bei feststehendem Gerät der Abstand des Schaufelrades von der Schwenkachse des drehbaren Oberbaues in einem bestimmten Bereich verändert (vorgeschoben) werden. Beim vorschublosen S. läßt sich eine waagrechte Verschiebung des Schaufelrads nur mit dem Fahrwerk vollziehen. Dies ist die heute gebräuchliche Bauweise.

Der S. kann überall dort wirtschaftlich eingesetzt werden, wo über einen längeren Zeitraum große Fördermengen zu bewegen sind. Er eignet sich daher besonders für den Einsatz im Tagebau, bei großen Bauvorhaben und im Haldenbetrieb. Sein Haupteinsatzgebiet aber ist der Tagebau, wo er oft in Kombination mit anderen Abbaugeräten für den Abbau des leicht lösbaren Materials eingesetzt wird. Durch Erhöhung der Antriebsleistung ist auch ein Einsatz in härterem Material (bis hin zum vorgesprengten weichen Fels!) möglich. Wichtig für den erfolgreichen Einsatz von S. ist, daß alle nachgeordneten Fördermittel dessen Förderleistung weitertransportieren können. Für kleine bis mittlere Förderleistungen wählt man oft die Gerätekombination S.-Bandwagen, für hohe Förderleistungen die Kombination S.-Bandbrücke-Verladestation. Auch im → Erdbau kann man, z.B. beim Bau von Autobah-

nen, Kanälen oder Staudämmen, mit S. arbeiten; dabei werden die gelösten Massen entweder mit Skw oder Bandanlagen abtransportiert oder im Kanalbau seitlich verstürzt. Für die im Erdbau oft verwendeten kleineren Geräte entwickelten die Hersteller Standardgeräte. Die Bauweise der Standardgeräte ist gedrungen, ihre Abmessungen und damit auch ihre Dienstmasse sind verhältnismäßig klein. Sie werden als Kompaktgeräte bezeichnet. *Kühn*

Schaumbeton. Beim S. erzeugt man eine sehr feine und gleichmäßige Porenstruktur durch das Einführen von Schaumbläschen in einen flüssigen → Mörtel. Diese werden vorwiegend durch die Zugabe von getrennt vorgefertigtem Schaum gebildet, den man mit Hilfe von Schaumbildnern auf Kunststoffbasis herstellt und der nach dem Mischen noch sehr stabil ist. Dadurch ist das Schaumbetongefüge i. a. gleichmäßiger und damit günstiger als das Gefüge des Gasbetons, der durch das Aufblähen Zonen unterschiedlicher → Porigkeit aufweist. Die Eigenschaften des S. sind ähnlich denen des Gasbetons, doch ist die Relation zwischen Rohdichte und Druckfestigkeit wegen der gleichmäßigen und auch feineren Porenstruktur günstiger, d. h. bei gleicher Rohdichte kann die Druckfestigkeit größer sein. *Wesche*

Schaumbetonprüfung → Gasbetonprüfung

Schaumkunststoff. Schaumstoffe werden im Bauwesen zur Behinderung des Wärmedurchtrittes durch Bauteile und zur Verringerung der Trittschallausbreitung eingesetzt. Für die Schaumerzeugung gibt es unterschiedliche Verfahren. Einige von ihnen sind nur werkmäßig möglich, andere eignen sich auch zur Anwendung auf der Baustelle (PUR und UF). Die Festigkeiten und Elastizitätsmoduln hängen von der Art des Grundwerkstoffes und der Porenstruktur ab; sie steigen mit der Rohdichte etwa linear an. Die Wärmeleitfähigkeiten haben bei bestimmten Rohdichten einen Minimalwert. Ihr Ansteigen bei sehr kleinen Rohdichten erklärt sich aus der dann stattfindenden Konvektionsströmung innerhalb der immer feststoffärmer werdenden Schaumstoffstruktur (Bild). Bei Angaben zur Wärmeleitfähigkeit ist zu beachten, daß die Meßwerte zeit-, temperatur- und feuchtigkeitsabhängig sind. Die Wärmeschutznorm DIN 4108 berücksichtigt dies durch pauschalierte Zuschläge, die sich auf die normalen Verhältnisse im Bauwerk beziehen.

Bedingt durch die Schaumstruktur (Anteil geschlossen- bzw. offenzelliger Poren) und die Einsatzbedingungen können S. in der Praxis unterschiedliche Mengen Wasser enthalten. Bei geschlossenzelligen Schaumstoffen ist die Wasseraufnahme normalerweise etwa null. Unter bauphysikalisch sehr ungünstigen Bedingungen können sich im Laufe längerer Zeit infolge Diffusion und Taupunktunterschreitung auch geschlossenzellige Schaumstoffe teilweise mit Wasser füllen.

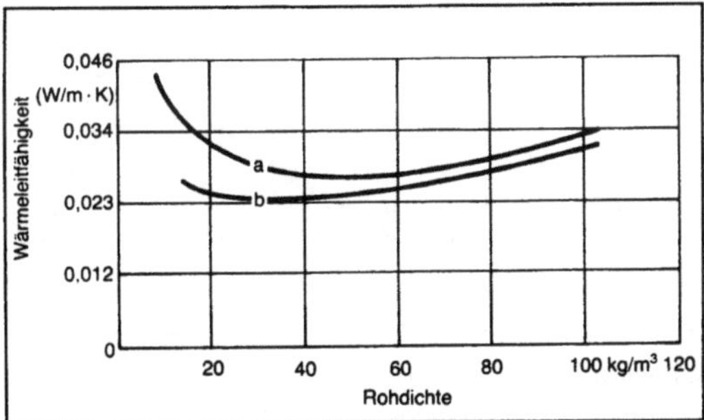

Schaumkunststoff: Wärmeleitfähigkeit als Funktion der Rohdichte.

a PS-Schaumstoff, b PUR-Hartschaumstoff

Auch wenn die in der Praxis beobachteten Mengen im Verhältnis zum Gesamtvolumen des Schaumstoffes mit 5–30% je nach Schaumstofftyp gering sind, so vergrößern sich die Wärmeleitfähigkeiten doch beträchtlich (auf 120–400%). Ursache ist die etwa 25fach höhere Leitfähigkeit des Wassers gegenüber Luft. Noch ungünstiger liegen die Verhältnisse, wenn das Wasser in den Schaumstoffporen gefriert: Die Leitfähigkeit des Eises ist rd. 100mal so hoch wie die der Luft. Die sehr geschlossene Porenstruktur von PS-Extruderschaumstoff ergibt eine außerordentlich niedrige Wasseraufnahmefähigkeit auch unter sehr ungünstigen Bedingungen und damit eine hohe Sicherheit für die dauerhafte Einhaltung der Wärmeleitfähigkeit. Extruderschaumstoffe lassen sich daher z. B. auch unter Parkdecks, Terrassen und eingeerdeten isolierten Lagertanks

und im → Straßenbau einsetzen. Zulässige Druckbeanspruchungen müssen in Abhängigkeit von Zeit und Temperatur festgelegt werden.

Alle im Bauwesen eingesetzten S. müssen mindestens normal entflammbar sein (Klasse B 2 der DIN 4102). Auch allseitig umschlossene Dämmschichten, z. B. unter → Estrichen, dürfen nicht leicht entflammbar sein (Klasse B 3). DIN 18 164 legt bestimmte Rohdichteklassen und Festigkeiten für die Verwendung zu unterschiedlichen Zwecken fest (Tabelle). Die Wärmeleitfähigkeiten sind in sechs Gruppen zwischen ≤0,02 und ≤0,045 W/mK eingeteilt. DIN 4108, Tl. 4, gibt Rechenwerte für die Wärmeleitfähigkeiten und → Wasserdampf-Diffusionswiderstandszahlen genormter Schaumstoffe an.

Beim PUR-Ortschaumverfahren wird das Reaktionsgemisch über eine Mischspritzpistole auf den zu beschichtenden Untergrund aufgespritzt, wo es sofort aufschäumt und innerhalb von Sekunden bis Stunden (je nach System) klebfrei aushärtet. Anwendungsbeispiele sind Flachdächer (gleichzeitig Wärmedämmung und → Abdichtung) und Befestigung von Türzargen und Fensterrahmen. Die Haftung auf nahezu allen Untergründen ist außerordentlich gut. Bei Außenanwendung sollte ein UV-Schutzanstrich oder eine Bekiesung vorgesehen werden. *Sasse*

Scheibe. Als S. werden in der Festigkeitslehre ebene → Flächentragwerke definiert, die ausschließlich in ihrer Mittelebene durch äußere Kräfte, zu denen auch die Auflagerreaktionen zählen, sowie Massenkräfte belastet sind, so daß mit Ausnahme der Instabilitätser-

Schaumkunststoff. Tabelle: Genormte Dämmstoffe für das Bauwesen.

		Mindesttrockenrohdichte				Mindest-festigkeit
		PF	PS Partikel	PS Extruder	PUR	
		kg/m³				N/mm²
W	Wärmedämmstoffe, nicht druckbelastet, z. B. in Wänden und belüfteten Dächern	30	15	25	30	0,10*)□)○)
WD	Wärmedämmstoffe, druckbelastet, z. B. unter druckverteilenden Böden (ohne Trittschallanforderung) und in Flachdächern unter der Dachhaut	35	20	25	30	0,10*)
WS	Wärmedämmstoffe mit erhöhter Belastbarkeit für Sondereinsatzgebiete, z. B. Parkdecks	35	30	30	30	0,15*)
T	Trittschalldämmstoffe, druckbelastet, z. B. bei Wohnungstrenndecken	keine Anforderungen				0,02○)

*) Druckspannung bei 10% Stauchung oder Druckfestigkeit, je nach Bruchverhalten
□) für PS-Partikelschaum gilt *) nicht
○) Zugfestigkeit, gilt nur für PS-Partikelschaum

scheinung → Plattenbeulen auch nur Verformungen in dieser Ebene auftreten. Im Bauwesen kommen rechteckig, gelegentlich auch polygonal begrenzte S. als Wandscheiben mit und ohne Öffnungen, als wandartige Einfeldträger, bei denen die Trägerhöhe in die Größenordnung der → Stützweite reicht, und als durchlaufende wandartige Träger vor; ebenso gibt es Kreis- und Kreisringscheiben. Konsolen, auch aus → Walzprofilen, untersucht man als S., wenn die Höhe etwa gleich der Länge ist. Nach der Theorie der S. sind auch Details von Konstruktionselementen, wie z.B. bei Bohrungen, Aussparungen, Kerben und Einleitungsstellen konzentrierter Lasten, zu untersuchen. Nach dem *St. Venant*schen Prinzip ist dies jedoch vielfach nur im Störbereich notwendig. In der Regel kann ein ebener Spannungszustand angenommen werden, d.h. die Spannungskomponenten σ_{33}, σ_{31}, σ_{32} sind gleich null zu setzen; infolge der Querdehnung ist dann $\varepsilon_{33} \neq 0$. Wird ein in Richtung der Achse x_3 unendlich langes Prisma durch Kräfte belastet, die längs x_3 konstant und senkrecht dazu gerichtet sind, so kann man sich eine S. herausgetrennt denken, für die $\varepsilon_3 = 0$ oder zumindest unabhängig von den Querschnittskoordinaten x_1, x_2 ist. In solchen Fällen ist ein ebener Formänderungszustand ($\sigma_{33} \neq 0$) gegeben (s. z.B. keilförmige S., Halbebene). Für beide Zustände ergibt sich nach Einführung einer Spannungsfunktion F über die Verträglichkeitsbedingungen eine homogene Differentialgleichung 4. Ordnung in F. Eine geschlossene Integration ist für Kreis-, Kreisringscheiben, die keilförmige S. und die Halbebene sowie für Sonderfälle der Rechteckscheiben, allerdings oft nicht widerspruchsfrei, möglich. Allgemein können diskrete Verfahren, wie das → Differenzenverfahren und die → Finite-Elemente-Methode, angewandt werden. *Laermann*

Scherfestigkeit. Größte in einem → Scherversuch erreichbare → Schubspannung. Scherversuche in der → Bodenmechanik sind vor allem der Rahmenscherversuch (→ Scherversuch, direkter) und der → Triaxialversuch. Beim direkten Scherversuch wird eine Probe

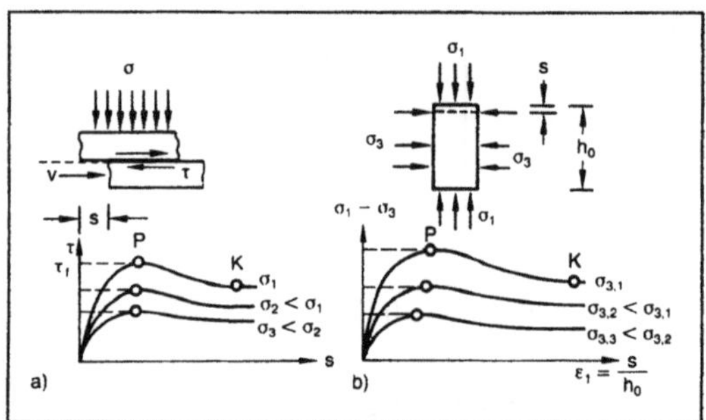

Scherfestigkeit 1: Versuchsergebnisse.
a) Rahmenscherversuche (direkte Scherversuche)
b) Triaxialversuche $\sigma_v = \sigma_3 = konst.$

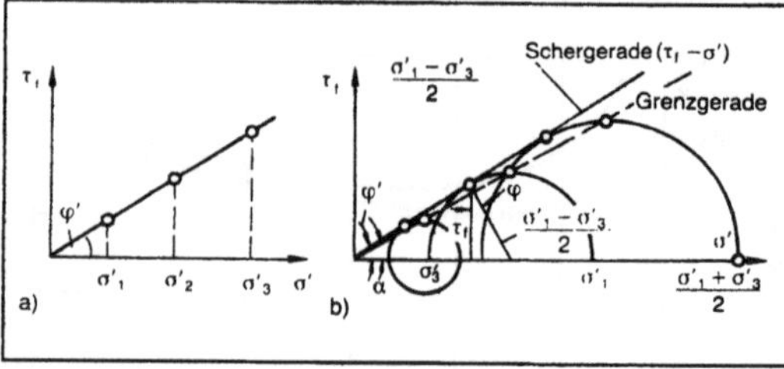

Scherfestigkeit 2: Schergeraden.
a) Rahmenscherversuche (direkte Scherversuche)
b) Triaxialversuche.

mit der Spannung σ belastet und abgeschert (Bild 1a). Man ermittelt die in der Scherfläche mobilisierte Schubspannung τ. Es ergeben sich für unterschiedliche σ-Werte die dargestellten τ,s-Arbeitslinien. Im Triaxialversuch ist die Probe allseitig belastet. Ausgehend vom isotropen Spannungszustand mit $\sigma'_1 = \sigma'_3 = \sigma_y$ wird die Probe durch Anstieg der Spannungsdifferenz $\sigma'_1 = \sigma'_3$ verformt (Bild 1b). Für unterschiedliche isotrope Spannungszustände σ_v ergeben sich die dargestellten Arbeitslinien. Der Zustand, in dem der Größtwert von τ oder $\sigma'_1 = \sigma'_3$ der Arbeitslinien erreicht ist, heißt Grenzzustand. Nach größeren Wegen s verlaufen die Arbeitslinien nahezu horizontal: Die kritischen Zustände sind erreicht. Die Schubspannungen im Grenzzustand heißen Scherfestigkeiten τ_f. Für die Triaxialversuche ergeben sich die τ_f-Werte erst durch Auftragen der Versuchsergebnisse in die Mohrsche Spannungsebene. Nehmen wir $\sigma_3 = \sigma_v$ als konstant während der Versuche an, so ergeben sich z.B. für drei Einzelversuche die in Bild 2b) dargestellten Scher- und Grenzgeraden. Auch die τ_f-Werte aus direkten Scherversuchen liegen auf einer Geraden (Bild 2a). Die Schergeraden (Bild 2a, b) werden durch die Gleichung

$$\tau_f = \sigma' \cdot \tan \varphi',$$

die Grenzgerade in der $\sigma'_1 - \sigma'_3$ und $\sigma'_1 + \sigma'_3$ Auftragung durch

$$\sigma'_1 - \sigma'_3 = \tan \alpha \cdot (\sigma'_1 + \sigma'_3)$$

beschrieben. Es bestehen die Verknüpfungen

$$\tau_f = \cos \varphi \cdot (\sigma'_1 - \sigma'_3) \text{ und}$$
$$\sin \varphi = \tan \alpha$$

Bei bindigen Böden hängen die S. von den Dränbedingungen während des Versuchs und den Vorlasten ab. Ist z.B. im direkten Scherversuch die Probe vor Beginn des Abscherens unter der Spannung σ_v konsolidiert, wird aber nur unter $\sigma < \sigma_v$ abgeschert, so heißt die Probe überkonsolidiert. Schergeraden für überkonsolidierte Proben sind in Bild 3a dargestellt. Gleiche Ergebnisse erhält man aus Triaxialversuchen. Triaxialversuche, bei denen nach der isotropen Konsolidierung der Probe unter der allseitigen Spannung σ_v keine weitere → Dränage während des Abscherens zugelassen wird, heißen CU-Versuche, Versuche mit weiterer Drä-

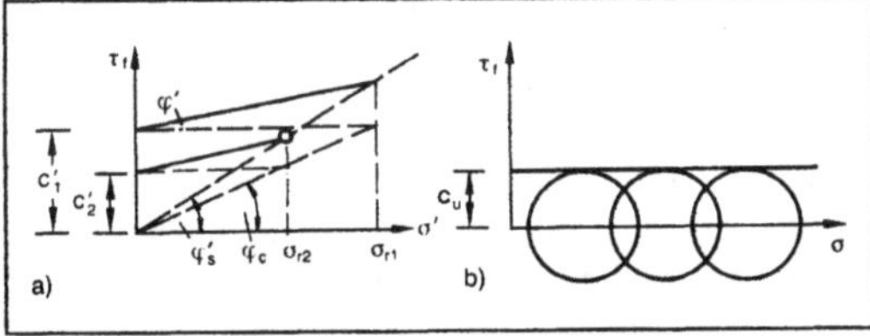

Scherfestigkeit 3: Darstellung von S.
a) Überkonsolidierte, dränierte Versuche (D-Versuche)
b) CU-Versuche $\sigma_v = konst.$

nage D-Versuche (Triaxialversuch). D-Versuche ergeben Schergeraden wie in Bild 3 a, CU-Versuche solche wie in Bild 3 b aufgetragen.

Die Gleichungen der Schergeraden heißen Schergesetze. Sie verknüpfen die S. mit den → Normalspannungen. Für den allgemeinen Fall der Schergeraden in Bild 3 a haben *Krey* und *Tiedemann* das Schergesetz zu

$$\tau_f = \sigma' \cdot \tan \varphi' + \sigma_v \cdot \tan \varphi_c$$

formuliert, mit φ' als Reibungswinkel und $c' = \sigma_v \cdot \tan \varphi_c$ als Kohäsion des Bodens; φ' und c' heißen Scherparameter. Die Werte der Scherparameter aus direkten Scherversuchen und aus Triaxialversuchen sind etwa gleich. Für einen festen σ_v-Wert eines Bodens lautet das Schergesetz auch

$$\tau_f = c' + \sigma' \cdot \tan \varphi'.$$

Diese Beziehung wird als *Coulomb*sches Schergesetz bezeichnet. Schert man in D-Versuchen normalkonsolidierte Proben aus bindigem Boden ab, also Proben, die vom konsolidierten Spannungszustand aus abgeschert werden und somit nicht überkonsolidiert sind, so erhalten wir eine Schergerade, die durch den Koordinatenursprung verläuft und unter φ'_s geneigt ist (Bild 3a); φ'_s ist der Winkel der Gesamtscherfestigkeit. In CU-Versuchen ist für feste σ_v-Werte der Reibungswinkel φ_u etwa null. Wir erhalten nur eine Kohäsion c_u, die als Kohäsion des undränierten Bodens bezeichnet wird (Bild 3b), und proportional zu σ_v ist. Mit den Ergebnissen eines CU-Versuches ermittelt man ggf. die Anfangsstandsicherheit, mit den Ergebnissen eines D-Versuches die Endstandsicherheit eines Bauwerkes, wie z. B. einer Dammaufschüttung (→ Böschungsstandsicherheit). *Meißner*

Scherversuch, direkter. Beim Rahmenscherversuch oder d. S. wird in einer → Bodenprobe eine Scherfuge erzwungen. In zwei übereinanderliegenden Rahmen oder Ringen wird eine meist gestörte Bodenprobe eingebaut und durch eine Vertikallast F belastet (Bild). Bei quadratischen Proben sind übliche Kantenabmessungen 6 oder 10 cm. Die jeweilige Probenhöhe beträgt etwa ein Drittel der Kantenlänge. An der Ober- und Unterfläche der Probe sind zur freien → Entwässerung Filtersteine angeordnet. Damit die Probe während des

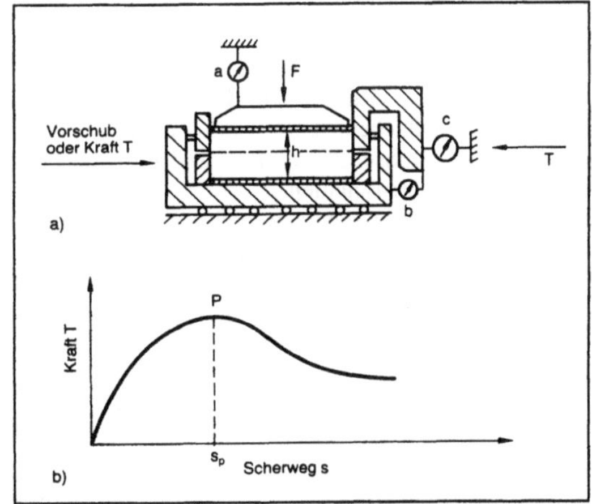

Scherversuch, direkter: Schematische Darstellung.
a) Schergerät.

a Wegmeßuhr (Δh), b Wegmeßuhr (s), c Dynamometer

b) Meßergebnis.

Versuches nicht austrocknet (→ Kapillarität), ist die äußere Scherbox mit Wasser gefüllt.

Der Schervorgang besteht aus einer Relativverschiebung der unteren gegenüber der oberen Rahmenhälfte. Üblicherweise wird nur die untere Rahmenhälfte durch die Steigerung einer Horizontalkraft (kraftgesteuerter Versuch) oder eine konstante Vorschubgeschwindigkeit (weggesteuerter Versuch) bewegt. Gemessen wird der Scherwiderstand T in der Scherfläche und der Scherweg s. In kraftgesteuerten Versuchen versagt die Probe nach Erreichen der größten Last (Punkt P im Bild). Bei weggesteuerten Versuchen läßt sich auch der Entfestigungsbereich durchfahren. Als Ergebnis der Versuchsauswertung erhält man die Scherspannung τ in der Scherfuge in Abhängigkeit von der → Normalspannung σ aus F. Der Zusammenhang von τ und σ ist durch Schergesetze gegeben (→ Bodenmechanik).

Meißner/Becker

Schichtdicke. Dicke einer Beschichtungslage (→ Beschichtungssystem) im frischen Zustand (Naßschichtdicke) bzw. nach Trocknung oder Härtung (Trockenschichtdicke). Es werden unterschieden:
– Systemspezifische Mindestschichtdicke ($d_{min\,s}$): Sie ergibt sich aus den bisher vorliegenden praktischen Erfahrungen bei der Verarbeitung und Nutzung von Oberflächenschutzsystemen (OS-System). Sie ist, bezogen auf die für die Funktion hauptsächlich wirksamen Schichten, für jedes OS-System festgelegt.
– Systemspezifische Maximalschichtdicke ($d_{max\,s}$): Sie ergibt sich aufgrund praktischer Erfahrungen bei Verarbeitung und Nutzung von Oberflächenschutzsystemen und ist bei Bedarf für die OS-Systeme festgelegt.

– Produktspezifische Mindestschichtdicke ($d_{min\,p}$): Sie ergibt sich aus den Anforderungen an die Funktionstüchtigkeit für ein bestimmtes Produkt. Sie wird in der Grundprüfung ermittelt und darf nicht kleiner als ($d_{min\,s}$) sein. Maßgebend hierfür sind u. a. die geforderten CO_2-Diffusionseigenschaften und ggf. die Rißüberbrückungseigenschaften.

– Produktspezifische Maximalschichtdicke ($d_{max\,p}$): Sie ergibt sich aus den Anforderungen an die Funktionstüchtigkeit für ein bestimmtes Produkt. Sie wird in der Grundprüfung ermittelt und darf nicht größer als ($d_{max\,s}$) sein. Maßgebend hierfür sind u. a. die geforderten H_2O-Diffusionseigenschaften.

– Sollschichtdicke (d_{soll}): Sie ist eine aufgrund von statischen Annahmen ermittelte Schichtdickenvorgabe, die nach der Ausführung im Mittel auf der maßgeblichen Fläche mindestens erreicht werden muß, damit die produktspezifische Mindestschichtdicke ($d_{min\,p}$) mit 95%iger → Sicherheit an keiner Stelle unterschritten wird. Maßgebend für den erforderlichen → Zuschlag, um den (d_{soll}) über ($d_{min\,p}$) liegt, sind die Streuungen der gemessenen S. und die Anzahl der durchgeführten Messungen.

– Mittlere Auftragsschichtdicke (d): Sie ergibt sich als Mittelwert aller über die maßgebliche Fläche verteilten Einzelmessungen nach Aussonderung von echten Ausreißern, d darf (d_{soll}) nicht unter- und ($d_{max\,p}$) nicht überschreiten.

Es gilt folgende Zuordnung:

$$d_{min\,s} \leq d_{min\,p} \leq d_{soll} \leq d \leq d_{max\,p} \leq (d_{max\,s}).$$

Sasse

Schichtholz. Mit Kunstharzleimen verpreßte, faserparallel übereinander angeordnete Schälfurniere. Bisher wurden überwiegend Buchenschälfurniere mit Dicken von 0,2–1,5 mm verarbeitet. Neuerdings sind S.-Platten mit Abmessungen bis zu 1,80 m × 20 m aus 3 mm dicken geschäfteten Fichtenschälfurnieren im Handel. Auf Grund der hohen Zugfestigkeit parallel zur → Faserrichtung läßt sich S. besonders gut als Zugstoßlasche einsetzen, kann in großen Abmessungen aber auch zu Trägern und Belägen verarbeitet werden. Der Preßdruck bei der → Verleimung des Holzes hat entscheidenden Einfluß auf die Festigkeitseigenschaften. Häufig ordnet man zur Erhöhung der Querfestigkeit einige Furniere querfaserig zu den anderen Lagen an (Furnierplatte, → Preßschichtholz, → Bau-Furnierschichtholz).

Dröge

Schichtung. Unter S. wird der Lagenaufbau einzelner mehr oder weniger mächtiger sowie sich mehr oder weniger weit erstreckender Schichten verstanden, wobei sich die einzelnen Lagen voneinander durch Farbe, Kornaufbau, Kornform, Korngröße oder stoffliche Zusammensetzung unterscheiden lassen.

Wagner

Literatur: Grundbegriffe der Felsmechanik und der Ingenieurgeologie. Hrsgg. v. d. Dt. Ges. Erd- u. Grundbau. Essen 1982.

Schiene. Die Stahlschienen als kennzeichnendes Merkmal gaben der Eisenbahn ihren Namen. Zusammen mit den → Schienenbefestigungen, → Schwellen, der → Bettung und Planumsschutzschicht bilden sie den → Oberbau. Die S. hat zwei wesentliche Funktionen zu erfüllen, nämlich die → Radlasten aufzunehmen und auf die Schwellen zu übertragen und den rollenden Radsatz zu führen.

Für die Aufgabe als Träger ist das Schienenprofil maßgebend. Das daraus resultierende Widerstandsmoment hat Auswirkungen auf die auftretenden Biegezugspannungen sowie auf die → Dauerfestigkeit und den Unterhaltungsaufwand. Mit zunehmender Geschwindigkeit der Fahrzeuge wächst die Streuung der dynamischen Kräfte. Dies bedeutet bei gleichem Schienenprofil eine Zunahme der Spannungen; sie können nur bis zur Grenze der zulässigen Werte hingenommen werden. Eine Anhebung der Mindestzugfestigkeit hat nur eine geringfügige Erhöhung der Dauerfestigkeit zur Folge. Erreicht die Spannung das zulässige Höchstmaß, so muß ein größeres Profil gewählt werden. Fragen des Verschleißes spielen dabei eine untergeordnete Rolle.

Für das Verhalten der S. als Spurführungselement ist jedoch wegen des mechanischen Verschleißes insbesondere in engen Bögen die Festigkeit des Schienenwerkstoffes von besonderer Bedeutung; sie bestimmt das Verhalten der S. im unmittelbaren Bereich der Räder mit Auswirkungen auf Verschleiß, Verquetschungen und Fahrkantenausbrüche. In engen Bögen, in denen diese Gebrauchseigenschaften für die Lebensdauer der S. wichtig sind, empfiehlt sich der Einsatz von S. der Sondergüte.

Der Anteil extrem enger Halbmesser und starker Neigungen ist auf den Hauptabfuhrstrecken der Deutschen Bahnen gering; deshalb stehen nicht der Schienenverschleiß, sondern die → Tragfähigkeit der S. bei hohen Geschwindigkeiten und ihre Dauerfestigkeit im Vordergrund.

Beim Querschwellengleis hat die S. als statisches System betrachtet die Funktion eines Durchlaufträgers mit stetiger elastischer Auflagerung. Dadurch entsteht in der Mitte der Schienenfußunterseite eine kritische Biegespannung, die zum Dauerbruch führen kann. Zwischen der Trägerwirkung der S. und der → Steifigkeit der Auflagerung des Gleisrostes besteht eine Wechselwirkung. Je weicher die Auflagerung, um so stärker wird die Radlast in Längsrichtung verteilt. Dabei wird die S. verstärkt auf Biegung beansprucht (und dementsprechend die Beanspruchung des Schotters erhöht). Die elastische Einfädelung der S. ist allerdings eine wesentliche Voraussetzung für einen ruhigen Radsatzlauf. Ein absolut starres → Gleis würde nicht nur den Fahrkomfort mindern, sondern auch die Kräfte zwischen Fahrzeug und Gleis vergrößern.

Die Biegebeanspruchung von S. ist stark abhängig vom Zustand des Oberbaus und von der Fahrgeschwindigkeit. Bei der Bemessung der S. für diese dynamische Biegezugspannung ist von der Gestaltfestigkeit, d. h. einer Dauerschwingfestigkeit der S. als Träger auszugehen. S. des Profils S 54 und IC 60 sind diesen Beanspruchungen gewachsen.

Bei der Produktion der S. werden 30 m lange Stücke hergestellt, die werksseitig zu 120 m langen Regelschienen zusammengeschweißt werden. Versuche mit längeren Schienenstücken laufen. Auf der Baustelle werden die Schienenstränge weiter verschweißt und schließlich bei einer bestimmten Verspannungstemperatur endlos verschweißt (durchgehend geschweißtes Gleis).

Es entstanden eine Vielzahl von Schienenformen, von denen heute die Breitfußschiene bei allen Bahnen eingesetzt wird. Sie ist im Querschnitt symmetrisch und besteht aus Kopf, Fuß und Steg. 1830 wurde die Breitfußschiene zum ersten Mal gewalzt. Für Schienenbahnen, die einen gemeinsamen Verkehrsraum mit dem Straßenverkehr haben, werden sog. Rillenschienen verwendet.

Eine besondere, noch weitgehend unerforschte Erscheinung bei der Abnutzung der S. stellen die Riffel dar. Hierunter versteht man Wellen auf der Schienenlauffläche mit einem Abstand von 3–6 mm und einem Höhenunterschied von 0,1–0,3 mm. Die Riffel erzeugen besonders bei schnellfahrenden Zügen stark heulende Geräusche und lockern durch ihre Schwingungserregung die Befestigungsmittel. Wenn noch kein Auswechseln der S. ansteht, müssen Riffel durch Schleifen beseitigt werden. *Kracke/Runge*

Schienenbearbeitungsmaschine. S. sind Geräte zur Verbesserung der Schienenoberfläche. Unebenheiten der → Schiene mit geringer Tiefe können abgeschliffen werden. Hierzu verwendet man Schleifsteine, die hydraulisch auf die Schiene gepreßt und in längsoszillierende Bewegung versetzt werden. Das Schleifen geschieht somit durch die oszillierende Bewegung wie auch durch die kontinuierliche Vorwärtsfahrt des Gerätes. Die Berührungslänge der Schleifsteine, verbunden mit der Oszillation, bewirkt, daß sie der Wellenbewegung der Schienenoberfläche nicht folgt. Tiefergehende Unebenheiten der Schiene bzw. Verformungen des Schienenkopfes oder Materialausbrüche verlangen eine größere Materialabtragung, als dies durch Schleifen möglich wäre. In mehreren Arbeitsschritten wird das Profil der Schiene durch Abhobeln wiederhergestellt. Die Hobelaggregate stützen sich über mehrere Rollen auf die Schiene ab; horizontale Rollen sorgen für die seitliche Führung. Der Andruck des Aggregats wird hydraulisch vorgenommen. Die Werkzeuge der Hobelaggregate sind austauschbar, um unterschiedliche Hobelmesser einsetzen zu können. Durch den Einsatz von mehreren Stützrollen in Gleislängsrichtung folgt der Hobel nicht den Unebenheiten des → Gleises. Zur Entfernung der beim Hobeln angefallenen Metallspäne wird an die S. ein Spänesammler angehängt, der mittels Magneten die Späne aufsammelt und über Förderbänder auf die Ladefläche befördert. *Kühn*

Schienenbefestigung. Die S. stellt die kraftschlüssige Verbindung zwischen Schiene und Schwelle her und gehört somit zum → Oberbau. Sie hat alle zwischen Schiene und Schwelle auftretenden Horizontal- und Vertikalkräfte sowie die beim Bremsen, Anfahren und bei Temperaturschwankungen entstehenden Längskräfte aufzunehmen. Ferner gewährleistet sie allgemein die → Spurweite und beim lückenlosen → Gleis die hier besonders wichtige Rahmensteifigkeit des Gleisrostes. Dabei wird durch die Befestigungteile und Spannmittel keine starre Verbindung, sondern eine dauerhaft-elastische Lagerung der Schiene erreicht. Eine Schienenunterlage (Pappelholz- oder Kunstoffplättchen) trägt zur Elastizität der Befestigung bei, verbessert aber in erster Linie die Reibungsverhältnisse (Durchschubwiderstand) und ermöglicht eine elektrische Isolierung der Schiene (Gleisschaltmittel).

Die einfachste Art, Schiene und Schwelle miteinander zu verbinden, besteht darin, daß man die Schiene direkt auf die Schwelle aufsetzt und mit ihr verschraubt (Oberbau Hs auf Holzschwellen) oder mit Hilfe von Schienenspannägeln befestigt (Oberbau Hf auf Holzschwellen). Von den zahlreichen Entwicklungen in diesem Bereich kommt bei der Holzschwelle bevorzugt der „K"-Oberbau zur Anwendung. Es handelt sich hierbei um eine indirekte S. Eine zwischengelagerte Rippenplatte, die im Schienenauflager im Verhältnis 1:40 geneigt ist, bewirkt eine gute Verteilung der Last auf die Schwellen.

Bei den Betonschwellen hat sich in Verbindung mit der Verwendung der UIC-60-Schiene die direkte S. „W" durchgesetzt. Wegen der geringen Zahl der Einzelteile und der Möglichkeit der Vormontage eignet sich der „W"-Oberbau insbesondere auch für maschinelle Verfahren beim → Gleisbau und -umbau.

Schotterlose Gleiskonstruktionen, die z. B. auf Tunnelsohlen und Brücken zum Einsatz kommen, erfordern aufwendigere S. Aufgrund geringer Lagetoleranzen der Schienen werden doppeltindirekte Befestigungen verwendet, die Höhen- und Seitenkorrekturen ermöglichen. *Kracke/Runge*

Schienenverkehrserschütterungen. S. sind die durch den Betrieb von Schienenfahrzeugen auf Schienenverkehrswegen erzeugten → Erschütterungen. Sie werden durch den Betrieb von gleisgebundenen Fahrzeugen bei Eisenbahnen, S-Bahnen, U-Bahnen und Straßenbahnen verursacht und über die Gleise und deren → Bettung in den umgebenden Boden eingeleitet.

Für die Größe der durch die Wechselwirkungen zwischen Fahrzeug und Fahrweg verursachten Erschütterungen und damit für die Größe der Schwingungsamplituden der in benachbart zur Trasse gelegenen Ge-

bäuden auftretenden Erschütterungsimmissionen sind insbesondere folgende Einflüsse maßgebend:
– die technischen und betrieblichen Bedingungen der eingesetzten Fahrzeuge, wie Zuggattung, Imperfektionen am Radsatz (Radriffeln), Flachstellen der Räder, Achslastkonfigurationen, Art der Drehgestelle, der Bremsen, der abgefederten bzw. nicht abgefederten Massen, der Vorbeifahrtgeschwindigkeit,
– der → Oberbau und die Gleislagerung, wie Schienen- und Schwellenart, Anomalien am Laufweg (Gleislage), Schienenriffeln, Unebenheiten und Wellen auf den → Schienen,
– Art, Lage und Beschaffenheit der Bahnstrecke bzw. des Bahnbauwerks, wie Gleisstrecke in Geländegleichlage, in Dammlage, im → Einschnitt, im → Tunnel, auf einer Brücke,
– die Form des Geländes zu beiden Seiten der Trasse,
– die Beschaffenheit des Bodens, in dem die Ausbreitung der S. in Form von Oberflächenwellen und/oder Raumwellen stattfindet, z.B. die Art des Bodens und seiner Bodenabsorption, Bodenschichtungen, anstehendes Grundwasser,
– die Lage, Beschaffenheit und Gründung der betroffenen Gebäude längs der Bahnstrecken.

Wegen der zahlreichen und häufig ortsabhängigen Einflußparameter ist eine Erschütterungsprognose bei S. schwierig und mit Unsicherheiten behaftet.

In Gebäuden neben Schienenverkehrswegen wurde durch Erschütterungsmessungen festgestellt, daß die S. oft mit Frequenzen im Bereich von etwa 5 Hz bis zu etwa 150 Hz auftreten. Die S. können Werte erreichen, die deutlich oberhalb der Wahrnehmungsschwelle liegen. Durch die Wahrnehmung der Erschütterungen können Belästigungen der Betroffenen verursacht werden. Durch in Gebäude eingeleitete S. wird oft auch durch den von Raumbegrenzungsflächen abgestrahlten Körperschall deutlich hörbarer Sekundärschall erzeugt.

Hinweise zur Beurteilung von S. sind im Regelwerk DIN 4150, T. 2, enthalten. Maßnahmen zur Minderung von S. können durchgeführt werden am Eisenbahnfahrzeug selbst, z.B. durch Beseitigen von Radriffeln und Flachstellen, durch Maßnahmen an den Gleisanlagen (Oberbau), durch Beseitigen von Schienenriffeln und Gleisinhomogenitäten oder durch den Einbau von Unterschottermatten, durch Maßnahmen an den Betriebszuständen, Änderung der Zuglänge oder der Vorbeifahrtgeschwindigkeit. Auf dem Ausbrei-

tungsweg kann durch neben der Trasse dicht an der Bahnstrecke oder dicht vor dem schutzbedürftigen Objekt senkrecht eingebrachte Abschirmmatten eine Verminderung der S. erreicht werden. Auch durch eine Passivisolierung der schutzbedürftigen Objekte, z.B. durch eine Gebäudeisolierung, ist eine Verminderung der S. zu erzielen. *Splittgerber*

Literatur: DIN 45672 „Schwingungsmessungen in der Umgebung von Schienenverkehrswegen", Teil 1: Meßverfahren, Ausg. Sept. 1991; Teil 2: Auswerteverfahren, Ausg. Entw. Sept. 1994. – *Hettwer, H. et al.*: Erschütterungen an Verkehrswegen. Universität-Gesamthochschule Essen, 1986. – *Melke, J.*: Erschütterungen und Körperschall des landgebundenen Verkehrs – Prognose und Schutzmaßnahmen – Forschungsber. Juli 1995, Veröffentlichung vorgesehen in: Materialien des Landesumweltamtes NRW, Essen. – *Haupt, W.*: Ausbreitung von Erschütterungen an Schienenverkehrswegen. In Steinwachs, M. (Hrsg.): Ausbreitung von Erschütterungen im Boden und Bauwerk. 3. Jtg. DGEB, Trans Tech Publications, Clausthal, 1988. – *Rücker, W.*, u. *S. Said*: Einwirkung von U-Bahnerschütterungen auf Gebäude; Anregung, Ausbreitung und Abschirmung. In Chouw, N. u. G. Schmid (Hrsg.): Erschütterungsausbreitung und Erschütterungsreduzierung, Wawe 1994, Bochum 1994.

Schiffahrtskanal. Ein S. wird künstlich zur Verbindung und Ergänzung natürlicher → Binnenwasserstraßen angelegt. Ein S. verbindet zwei schiffbare Flüsse über die Wasserscheide hinweg. Ein Seitenkanal verläuft neben einem nicht für den Ausbau geeigneten Wasserlauf. Umgehungskanäle führen abschnittweise um Hindernisse (Flußschleifen, Schutzgebiete u.a.) in der natürlichen Wasserstraße. Stillwasserkanäle haben keine Fließbewegung und daher in der gesamten Haltung einen gleichbleibenden Wasserspiegel. Schwankungen treten nur durch Windeinwirkung und kurzzeitige Hochwasserentlastung auf. S. haben i.d.R. keine natürlichen Zuflüsse. Den Wasserverbrauch durch Verdunstung, Versickerung und Schleusen gleicht man aus benachbarten → Einzugsgebieten über Pumpwerke aus. Der Querschnitt eines S. wird in Stadtbereichen, Fels- und → Bergsenkungsgebieten in Rechteckform mit seitlichen → Spundwänden, sonst in Trapezform (Bild) ausgebildet. Die mögliche Schiffsgeschwindigkeit und die Bemessung der Deckwerke zur Auskleidung hängen vom → Fahrwasser ab. *Muth*

Schiffahrtszeichen. Anlage mit visuellem oder ohne visuelles Zeichen, mit oder ohne Einrichtungen zum Erzeugen und Aussenden von Lichtzeichen, Schallzei-

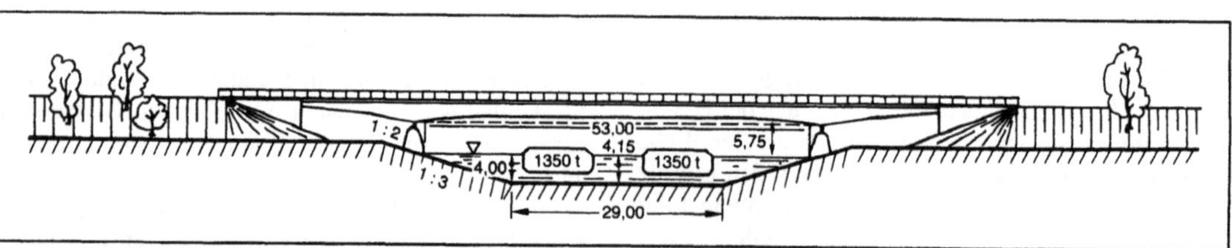

Schiffahrtskanal: Querschnitt des Elbeseitenkanals.

chen oder Funkzeichen für die Sicherung und Erleichterung des Schiffsverkehrs sowie der Einrichtungen der → Binnenwasserstraßen. Das ein S. kennzeichnende Merkmal ist seine Kennung, wie Form, Farbe, Symbol, Aufschrift oder Anzahl, Anordnung, Aufeinanderfolge, Dauer und Farbe von Lichterscheinungen, Schallwellen oder elektromagnetischen Wellen im nichtsichtbaren Bereich. S., die mit visuellen oder auditiven Mitteln (Tafelzeichen, Körperzeichen, Signallicht, Schallzeichen) Aussagen unterschiedlicher Bedeutung im Wechsel vermitteln, bezeichnet man als Signalanlage. Ein Signallicht, das der Bezeichnung von Punkten oder Linien dient, wird Feuer genannt. Werden an Stelle einer Befeuerung schwimmbare, visuelle S. verwendet, handelt es sich um eine Betonnung. Ortsfeste Anlagen mit Bemannung zur Warnung werden als Wahrschauen bezeichnet.   *Muth*

Schiffshebewerk. Ein S. dient der Schiffahrt wie eine → Schleuse zur Überwindung von Gefällestufen in → Binnenwasserstraßen. Es kommt bei außergewöhnlich großen (Fallhöhe H > 25 m), aber auch bei mittleren Fallhöhen in Schiffahrtskanälen in Betracht, wenn der Wasserverbrauch kritisch ist. S. können mit, aber auch ohne Wasserfüllung arbeiten (Naß- oder Trockenförderung). Gegenüber einer Schleuse sind die Hub- und Senkgeschwindigkeiten wesentlich größer. Dagegen ist die Länge des Troges für den Transport der Schiffsgefäße aus technischen Gründen auf 90 m begrenzt. Nach Typen wird unterschieden:
□ Hebewerk mit lotrechter Förderung,
□ Hebewerk mit schräger Förderung.

Je nach Antrieb und Lagerung des Troges gibt es bei lotrechter Förderung (Bild) Schwimmerhebewerke, Gegengewichts-, Druckluft-, Druckwasser-, Trommel- und Waagebalkenhebewerke; ebenso wäre eine Tauchschleuse möglich. Hebewerke mit schräger Förderung (geneigte Ebene, Schrägaufzüge) baut man mit Längsförderung (1 : 10 bis 1 : 50) oder Querförderung (1 : 2 bis 1 : 8). Die Tröge sind mit Seilzügen und Gegengewichten ausgestattet. Zu diesem Typ zählen auch die

Schiffshebewerk: Hebewerk mit lotrechter Förderung (Henrichenburg-Waltrop am Dortmund-Ems-Kanal).

Wasserkeilhebewerke, in denen das Schiff ohne Trog in einer Förderrinne transportiert wird.   *Muth*
Literatur: *Partenscky, H.-W.*: Binnenverkehrswasserbau. Schiffshebewerke. Berlin 1984.

Schiftsparren. S. (Schifter) ist ein bei abgewalmten Dächern spitzwinklig auf den in der Verschneidungskante der Dachflächen verlaufenden Grat- oder Kehlsparren auftreffender, in der Fallinie der Dachflächen liegender → Sparren. Unterschieden werden glatte Anschiftung und Anschiftung mit Klaue (Bild) (→ Dachstuhl).   *Dröge*
Literatur: *Halász, R. v.*, u. *C. Scheer* (Hrsg.): Holzbau-Taschenbuch. Bd. 1. 9. Aufl. Berlin 1996.

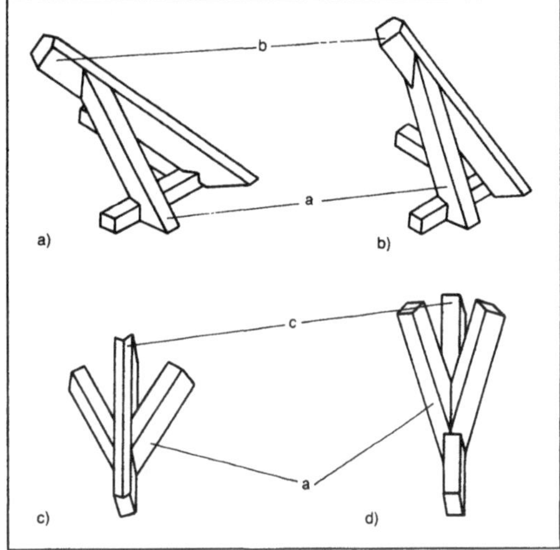

Schiftsparren: Möglichkeiten der Anschiftung.
a), c) Glatte Anschiftung
b), d) Anschiftung mit Klaue.

a Schiftsparren, b Gratsparren, c Kehlsparren

Schiftung. S. (Schiften) ist die Ermittlung der wahren, geometrischen Abmessungen (Form, Winkel, Länge und Verschneidung) hölzerner Konstruktionselemente, die schiefwinklig aufeinandertreffen. Man unterscheidet:
– praktische S.: Die wahren, geometrischen Abmessungen der Konstruktionselemente werden durch das „Austragen" auf dem Reißboden ermittelt;
– rechnerische S.: Alle wahren, geometrischen Abmessungen werden rechnerisch ermittelt und in genaue Abbundzeichnungen (M. 1 : 10) übertragen;
– mechanische S.: Anreißen der Stabenden unter Zuhilfenahme mechanischer Rechen- und Anreißgeräte (Schiftapparate).
– computerunterstützte S.: S. im Rahmen von Abbundprogrammen (→ Abbund) mit anschließender Bearbeitung der Holzteile auf EDV-gesteuerten Abbundmaschinen.

Der Zimmermann versteht unter S. i. a. die Ausführung von Konstruktionen abgewalmter Dächer (→ Dachstuhl). *Dröge*
Literatur: *Halász, R. v.,* u. *C. Scheer* (Hrsg.): Holzbau-Taschenbuch. Bd. 1. 9. Aufl. Berlin 1996.

Schild → Schildvortrieb

Schildvortrieb. Aus der → Getriebezimmerung und dem → Messervortrieb hervorgegangene bewegliche Sicherung: Ein starrer Stahlzylinder wird mit hydraulischen Pressen, die sich über den gesamten Umfang verteilt an der Innenseite des Schildes befinden und sich in Tunnellängsrichtung auf der bereits fertiggestellten Tunnelauskleidung abstützen, in das Gebirge gedrückt. Gleichzeitig baut man an der → Ortsbrust, ggf. mit einem Brustverbau (Bild 1), im Schutze des Schildes den Boden ab. Das Gebirge ist somit zu keinem Zeitpunkt ungestützt. Der Ansatz von einzelnen Pressengruppen bzw. ungleichmäßig angesetzte Pressenkräfte machen eine Steuerung des Schildes und damit

Kurvenfahrten möglich. Der Schwanz des Schildes umschließt die fertige Tunnelröhre und erlaubt dadurch nach dem Vorfahren des Schildes den Einbau eines weiteren meist aus → Tübbingen (Ringsegmenten) zusammengesetzten Ausbauringes. Im Schutze der fertigen Auskleidung wird ein Nachläufer hinter dem Schildmantel hergezogen, der die Anlagen zum Abtransport des Abraumes sowie zum Abtransport und zum Einbau der Tübbinge beherbergt (Bild 2). Mit Hilfe eines Versetzarmes (Erektors), der sich um die Tunnelachse dreht, baut man die Ringsegmente ein.

S. werden in gebrächen Gesteinen, stark druckhaftem Gebirge, in rolligen → Lockergesteinen und in schwimmendem Gebirge ausgeführt. Ihr bevorzugter Einsatz liegt im innerstädtischen U-Bahnbau bei Tunneln mit geringer → Überdeckung, da der starre Schild die Verformungen des Gebirges und somit die → Setzungen an der Geländeoberfläche auf ein Minimum reduziert. Werden zum Abbau vor Ort Spezialbagger oder → Teilschnittmaschinen eingesetzt, spricht man von mechanischen Schilden (Elbtunnel). Komplette → Vollschnittmaschinen nennt man S.-Maschinen (z. B. U-Bahnbau in Hamburg, Hannover, Moskau, Leningrad, London, Paris, Wien). Mit Druckluft im Grundwasser wird der S. zum Druckluftschildvortrieb und mit einer → Stützflüssigkeit (thixotropen Flüssigkeit) vor Ort zum Thixo- oder Hydroschildvortrieb. Für schwimmendes Gebirge gibt es Saugschilde. Beim Moskauer U-Bahnbau, insbes. zum Bau der Haltestellen setzte man mit Erfolg Kalotten- oder Halbschilde ein. Diese liefen links und rechts auf den bereits fertiggestellten, durchgehenden Streckentunneln und waren so die wandernde Sicherung für die zwischen den Tunneln aufzufahrenden, riesigen Haltestellenhallen (→ Rohrvortrieb). *Wagner*
Literatur: *Apel, F.:* Tunnel mit Schildvortrieb. Düsseldorf 1968.

Schildvortriebsmaschine → Schildvortrieb, → Vortriebsmaschine

Schimmelpilz. Sinkt die raumseitige Oberflächentemperatur eines Bauteils (Wand, Decke) derart, daß

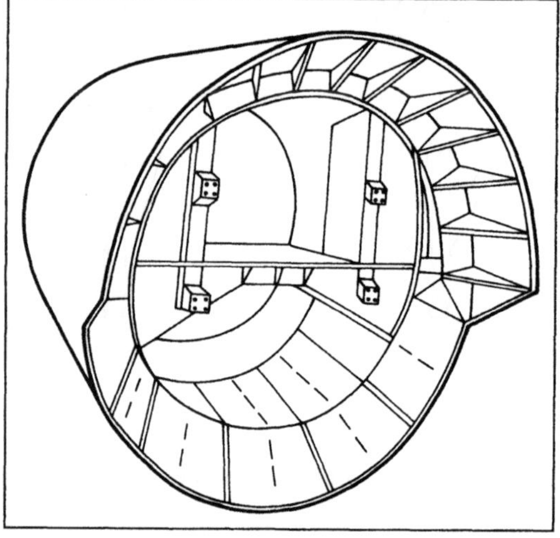

Schildvortrieb 1: Schild für Brustverbau.

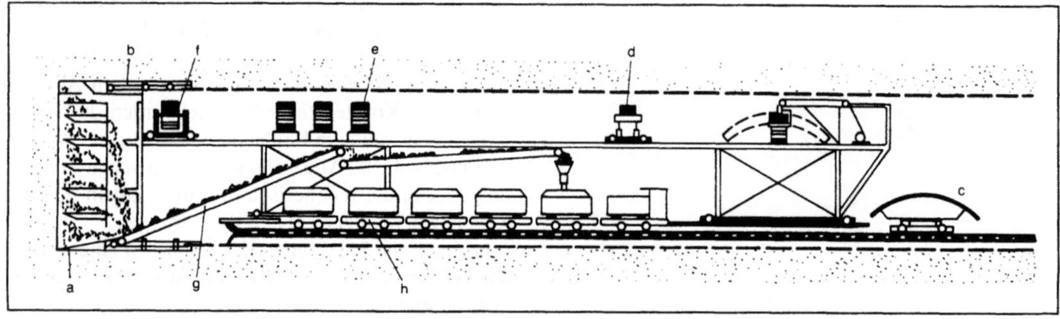

Schildvortrieb 2: Vortrieb mit mechanischem Schild.

a mechanischer Schild, b hydraulische Presse, c Tübbingantransport, d Tübbingtransportwagen, e Abstellplatz für Tübbinge, f Tübbingversetzgerät, g Förderband, h Stollenkipper

Schimmelpilz: S. aufgrund einer Tauwasserbildung im Bereich einer konstruktiven Wärmebrücke.

sie niedriger ist als die → Taupunkttemperatur, kommt es zur Tauwasserbildung auf diesen Bauteilen. In Abhängigkeit von der Intensität des Tauwasseranfalls sowie der Sorptionsfähigkeit der Bauteiloberfläche muß hierbei die Tauwasserbildung nicht unbedingt immer sofort augenfällig werden. Vielmehr kann es erst mit der Zeit durch Feinstaubablagerungen auf den feuchteren Bauteiloberflächen zu Verfärbungen kommen (Phantombildung), die auf die Tauwasserbildung im Bereich einer → Wärmebrücke hindeuten. Als weitere Folge der raumseitigen Oberflächentemperaturabsenkung kann S.-Bildung auftreten (Bild).

Zur Beurteilung der Tauwasserfreiheit werden die in DIN 4108 vorgegebenen Randbedingungen von 20 °C und 50% relativer Luftfeuchte bei einem inneren Wärmeübergangswiderstand von 0,17 W/(m^2 · K) und einer Außentemperatur von −15 °C für die Ermittlung der Taupunkttemperatur herangezogen. Die kritische Oberflächentemperatur, bei der es zur S.-Bildung kommen kann, beträgt unter Ansatz der in DIN 4108 vorgegebenen Randbedingungen

kritisch $\vartheta \approx + 9{,}3\,°C$ (d.h. $\approx +10\,°C$).

Nach neueren Erkenntnissen ist es für das Auftreten von S. nicht unbedingt erforderlich, daß → Tauwasser auf der inneren Bauteiloberfläche anfällt; je nach Oberflächenmaterial kann schon bei relativen Feuchtegehalten von über ca. 75% bis 80%, bezogen auf die dazugehörige Oberflächentemperatur, eine S.-Bildung entstehen. Das bedeutet, daß bei einer Raumluft mit den Werten $\vartheta = +20\,°C$ und $\varphi = 50\%$ die Bauteiloberflächentemperatur, bei der S. entsteht,

kritisch $\vartheta \approx + 12{,}6\,°C$.

beträgt.

Ungünstig angeordnete Einrichtungsgegenstände, die einen Luftwechsel an Außenbauteiloberflächen verhindern oder wesentlich mindern, können auch zu einer Absenkung der Bauteiloberflächentemperatur führen und damit zur Tauwasserbildung beitragen oder sie bewirken. Schränke sollten daher nicht direkt an Außenwände gestellt werden, nicht vom Boden bis zur Decke reichen oder einen geschlossenen Sockel aufweisen.

Bauteiloberflächen, auf denen sich ein Tauwasserniederschlag bildet oder bei denen sich ein erhöhter → Feuchtigkeitsgehalt einstellt, sind Sammelstellen für Staub- und Schimmelpilzsporen. Zum Wachstum benötigen die Schimmelpilzsporen Sauerstoff, Feuchtigkeit sowie Proteine, die sie aus organischen Kohlenwasserstoffen oder aus Stickstoffen beziehen können. Darüber hinaus benötigen sie zum Wachstum auch einige Mineralien. Die Nahrungsquellen können sowohl flüssiger als auch fester Art sein. Das Wachstum der S.

wird entscheidend vom Material der Bauteiloberflächen beeinflußt. Auf ungestrichenem Beton und Putzoberflächen breitet sich der S. relativ langsam aus, solange nicht in den Poren der Bauteiloberfläche Staubansammlungen das Wachstum begünstigen. Eine günstige Nahrungsquelle stellen Dispersionsfarbanstriche, Textil-, Rauhfaser- und Papiertapeten dar. Glasoberflächen, keramische Fliesen, aber auch Vinyl-Schaumstofftapeten stellen einen ungünstigen Nährboden für S. dar, so daß es auf Bauteilen mit diesen Oberflächen nur in Ausnahmefällen (starke Verschmutzung) zu S.-Bildungen kommt. *Cziesielski*

Schlagbohrgerät.

Tiefbau. Ein an einem Drahtseil hängender schwerer Meißel fällt ständig aus einer bestimmten Höhe auf die Bohrlochsohle und zertrümmert den Untergrund. Anschließend räumt man mit einem Bohrgreifer o. ä. die Bohrlochsohle vom Bohrgut: Ablassen des Greifers – beim Aufprall füllt er sich –, Hochziehen, Ausleeren. Diese S. sind langsam arbeitende, robuste Geräte. Im → Lockergestein werden Schlaggreifer verwendet, die meißeln, sich füllen und entleeren können. In wasserführenden Kiesböden läßt sich eine Kiespumpe zur Förderung des Bohrguts verwenden. Typischer Vertreter für trocken arbeitende S. mit Verrohrung ist das Benotogerät mit hydraulischem Schreitwerk. Auch Bohren am Dreibock mit → Winde und separater → Verrohrungsmaschine wird noch durchgeführt (geringe Gerätekosten).

Steinbruchtechnik. S. sind Geräte, die vorwiegend in sehr hartem Gestein eingesetzt werden, in dem das Drehbohrverfahren versagt. Beim Schlagbohren schlägt ein mit Druckluft beaufschlagter Freiflugkolben periodisch auf das einsteckende Ende des Bohrschafts. Nach jedem Schlag wird der Bohrmeißel während des Kolbenrückhubes um einen bestimmten Winkel, der von der Gesteinshärte abhängig ist, weitergedreht. Durch die Trennung von Kolben und Bohrer bleibt der Schaft mit der Bohrspitze immer auf der Bohrlochsohle sitzen. Das Bohrgestänge läßt sich verlängern. S. werden in mittelhartem bis härtesten Gestein mit Bohrlochdurchmessern bis 120 mm eingesetzt. In schwer zu durchbohrendem Gestein bildet das Schlagbohren die wirtschaftlichste Methode.

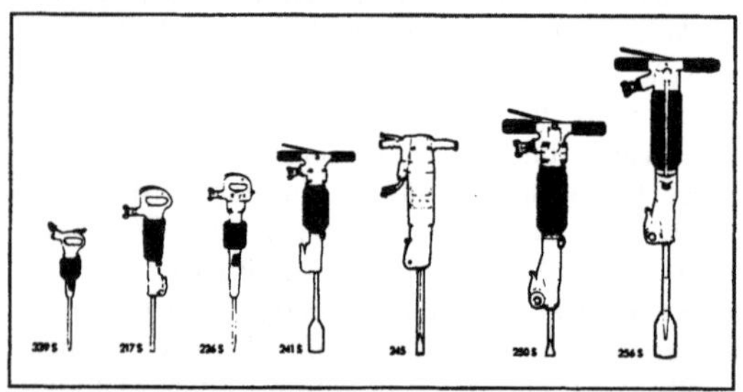

Schlagbohrgerät: Pneumatisch angetriebene Bohrhämmer.

S. können als Bohrhämmer (Bild) oder → Bohrwagen ausgeführt sein. Die Bohrhämmer werden mit Druckluft angetrieben. Ihr Gewicht liegt zwischen 10 und 30 kg, der Lochdurchmesser geht bis 80 mm, die Bohrtiefe bis 5 m. Die Bohrhämmer zeichnen sich durch leichte Handhabung, universelle Einsatzmöglichkeiten in allen Gesteinen und niedrige Betriebskosten aus. Im Steinbruch finden sie bei Sohllochbohrungen und Knäpperbohrungen ihre Anwendung. Zum Austrag des Bohrkleins dient eine Luft- oder Wasserspülung, die durch den zentralen Spülkanal im Bohrstahl dem Bohrlochtiefsten zugeführt wird. Das Abstützen und Andrücken des Bohrers ist durch eine Vorschubstütze, eine Spannsäule oder ein Dreifußgestell möglich, so daß der Bedienungsmann weitgehend entlastet wird. Hydraulisch angetriebene Bohrhämmer können als Hydraulikbohreinheiten zum Anbau an einen → Bagger ausgeführt sein. Leichtbohrwagen haben als Träger einen einachsigen Unterwagen, auf dem die S. montiert ist. Sie sind meist ohne eigenen Fahrantrieb. Die erzielbaren Bohrtiefen liegen bei 15 m. Die Bohrsäule kann vertikal und horizontal geschwenkt werden. Größere S. sind ebenfalls auf einem Bohrwagen mit einem geländegängigen Reifen- oder Raupenfahrwerk und eigenem Fahrantrieb installiert. Sie können sowohl mit einem vollhydraulischen als auch mit einem kombinierten hydraulisch-pneumatischen Antriebssystem ausgerüstet sein. Bei den Maschinen dieser Bauart wird der Bohrer pneumatisch, der Vorschub und die Drehbewegung hydraulisch angetrieben. Die Bohrlafette ist auch hier nach allen Seiten schwenkbar. *Kühn*

Schlagregen. Ein S. ist ein von der senkrechten Fallrichtung (Normalregen) durch den Wind abgelenkter Regen. Die Größe der Ablenkung des senkrecht nach unten fallenden Regens ist von der Fallgeschwindigkeit der Regentropfen und der Windgeschwindigkeit abhängig. Die Schlagregenstärke wird durch die Regenintensität und die Windgeschwindigkeit bestimmt. Die Regenintensität läßt sich durch die Wassermenge je m^3 Luft beschreiben, womit gleichzeitig auch das zugehörige Tropfenspektrum näherungsweise festgelegt ist. Der erforderliche → Witterungsschutz von Bauteilen hängt von der S.-Beanspruchung ab. In DIN 4108 sind den drei → Schlagregenbeanspruchungsgruppen entsprechende Baukonstruktionen zugeordnet, die den Regenbeanspruchungen genügen. Die Prüfung von Fenstern gegenüber S.-Beanspruchung geschieht z. B. nach DIN 18055. Möglich ist eine weitgehend naturgetreue Nachahmung eines künstlichen S. zur Überprüfung von Bauteilen im Labor.

Cziesielski

Literatur: *Cziesielski, E., u. B. Maerker:* Erzeugung eines künstlichen Schlagregens für die Bauteilprüfung. Bauphys. (1985) Nr. 3, S. 74/79.

Schlagregenbeanspruchungsgruppe. Gebäude oder einzelne Bauteile werden in Abhängigkeit von

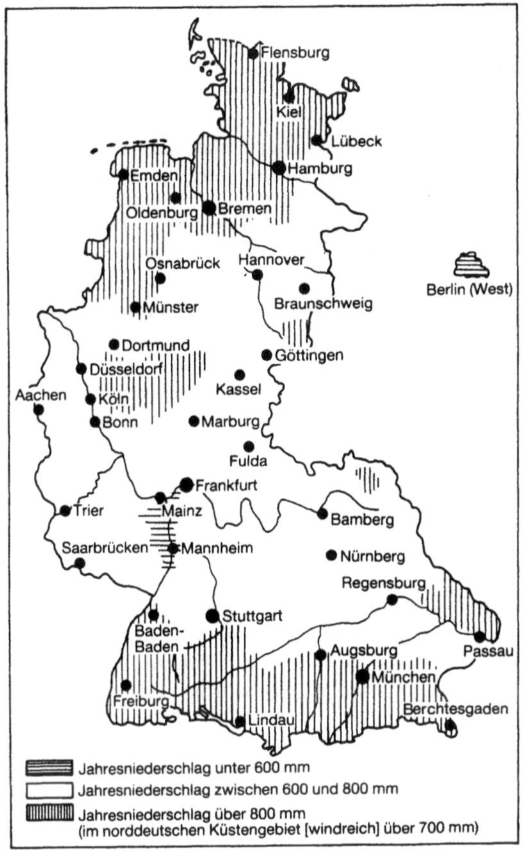

Schlagregenbeanspruchungsgruppe: Regenkarte nach DIN 4108 T. 3, auf Grund des mittleren Jahresniederschlages.

ihrer Schlagregenbeanspruchung den Beanspruchungsgruppen I, II oder III nach DIN 4108 T. 3, zugeordnet. Außer den geographischen und klimatischen Bedingungen (Regen und Wind, s. Bild) werden bei der Zuordnung der Gebäude in die einzelnen Gruppen auch die örtliche Lage der Häuser (freistehend, geschützt) sowie die Gebäudegeometrie (Hochhaus, Dachüberstand) berücksichtigt. *Cziesielski*

Schlamm. Als S. (auch Klärschlamm) bezeichnet man in der → Siedlungswasserwirtschaft alle bei der → Abwasserreinigung aus dem Abwasser entfernten wasserhaltigen Stoffe. Der S. aus der mechanischen Reinigung ohne die → Vorreinigung durch → Rechen, Siebe oder → Sandfang ist der Primärschlamm (Vorklärschlamm), der aus der biologischen Reinigung ist der Sekundärschlamm. Man spricht von Schwimmschlamm oder bei der Flotation von Flotationsschlamm sowie von Dickschlamm. Der Wassergehalt in % des S. wird auf den Anteil der im S. enthaltenen Trockenmasse bezogen. Er beträgt meist 99–95%, letzterer Wert erst nach Eindickung, beim Tropfkörperschlamm auch

noch etwas weniger. Bei ausgefaultem, stabilisiertem Naßschlamm ergeben sich Wassergehalte von 87–85%, getrocknet und stichfest-erdig bis zu etwa 55% und konditioniert sowie in Schlammpressen behandelt weniger, gelegentlich auch unter 40%. Der Anteil organischer Verbindungen im Frischschlamm aus kommunalem Abwasser liegt in der Praxis bei rd. 60–80% der Trockenmasse; der Rest ist mineralischer Natur. Man bestimmt die Anteile aus dem Glühverlust. Diese faulfähigen organischen Verbindungen werden entweder aerob (durch → Belüftung) oder anaerob (durch → Faulung) zu etwa ⅔ des gesamten organischen Anteils stabilisiert. Der stabilisierte S. hat den Geruch und das Aussehen von Humus.

Während die aerobe Schlammstabilisierung ein exothermer Vorgang ist, entwickelt sich bei der Faulung ein Gasgemisch aus rd. 60% Methan und 40% Kohlensäure. Technisch ausgefault wird mesophil im engen Bereich von 35–37 °C und in kürzerer Frist thermophil bei über rd. 54 °C. Die geringen H_2S-Anteile des Faulgases muß man zur Nutzung meist entfernen (Entschwefelung, z. B. über Raseneisen). Die aerobe Schlammstabilisierung durch Belüftung und Umwälzung in Becken dauert viele Stunden. Anaerob wird meist in geschlossenen Faulbehältern in rd. 50–30 Tagen bei möglichst gleichbleibender Temperatur und kontinuierlicher Frischschlammzugabe und Faulschlammentnahme ausgefault. Das gewonnene Faulgas verwertet man zur Heizung und/oder Stromerzeugung. Gelegentlich wird auch in offenen Faulräumen ausgefault; dann oft in Erdbauweise, ohne das Gas zu nutzen. *Pfeiff*

Schlammpumpe. Mit den S. fördert man im Gegensatz zu den → Schmutzwasserpumpen sehr stark verunreinigtes Wasser. Dies bedeutet, daß die hohe Feststoffkonzentration im Flüssigkeitsstrom und in den darin enthaltenen abrasiven Schmutzpartikeln einen hohen Verschleiß für Kolben, Ventile u. ä. zur Folge hat, so daß diese aus entsprechend festeren und unempfindlicheren Materialien als bei reiner → Wasserförderung gefertigt sein müssen. Entsprechend sind die Durchgangsquerschnitte der unter → Pumpen beschriebenen Typen den größeren Feststoffpartikeln angepaßt. *Kühn*

Schlammstabilisierung → Schlamm

Schlepp-Platte. Am Übergang zwischen Straße und → Brücke treten → Setzungen bei der Erdschüttung hinter dem → Widerlager der Brücke auf. Dadurch entstehen Höhenunterschiede in der Fahrbahn, die in voller Höhe erst nach vielen Jahren auftreten. Auch gut verdichtete Dämme setzen sich mehr als die Brückenwiderlager. Diese Unterschiede treten verstärkt auf, wenn die Widerlager tief gegründet sind und der Damm auf bindigem Boden liegt. Um diese Höhenunterschiede zu mildern, insbesonders Höhensprünge zu vermeiden, kann man eine S.-P. anordnen, die auf dem

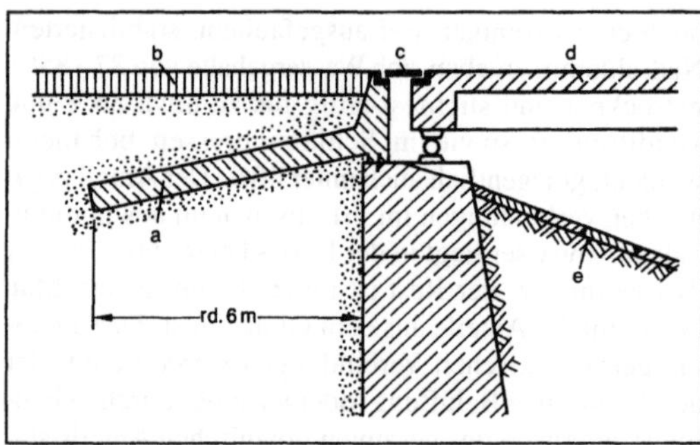

Schlepp-Platte: Ausführung.

a Schlepp-Platte, b Fahrbahn, c Fahrbahnübergang, d Brücke,
e Pflasterung

Widerlager drehbar aufliegt und auf der Hinterfüllung
elastisch gebettet wird (Bild).   *Mehlhorn*

Schleuse. Verkehrsbauwerk an → Binnenwasserstraßen
zur Überwindung eines Höhenunterschiedes. Entsprechend der Aufgabe ist sie ein Einzelbauwerk einer
→ Staustufe oder – an Wasserstraßen ohne nennenswerte Fließbewegung – selbst eine → Stauanlage. Demnach wird zwischen Fluß-, Kanal- und Seeschleusen
(Dockschleusen) unterschieden.

Seeschleusen ordnet man an Einfahrten zu Seehäfen
an, um den Hafenbetrieb von den Tidebewegungen
abzuschirmen. Sie unterscheiden sich lediglich in den
Abmessungen und Gründungsproblemen von den Bin-
nenschiffahrtsschleusen. Der Hauptbestandteil einer S.
ist die Kammer (Bild 1) als Raum zum Fördern der
unterschiedlichen Schiffgefäße. Durch ruhiges Füllen
und Entleeren wird der Wasserstand mit den Schiffen
um das Maß der Fallhöhe bis zur Ausspiegelung mit
dem Außenwasserstand gehoben und gesenkt. Einfache
Kammerschleusen sind am häufigsten an Binnenwasserstraßen anzutreffen. Sie haben eine nutzbare Kam-
merlänge und Kammerbreite, die der Größe und Art

der am häufigsten verkehrenden Güterschiffe angepaßt
ist. Der große Wasserdruck wird seitlich durch Schwergewichtsmauern, Stahlbetonrahmen oder → Spundwände abgefangen. Das Oberwasser staut man durch
ein massives Betonhaupt. Bei gefüllter Kammer werden
die Wasserdruckkräfte am unteren Kammerende durch
einen massiven Betonteil abgeleitet. Im massiven Ober-
oder Unterhaupt sind das Ober- oder Untertor und die
Revisionsverschlüsse untergebracht.

Eine Schachtschleuse (H > 15 m) ist eine Schleusen-
sonderform, die aus baulichen Gründen am Unterhaupt
über dem Untertor eine Betonwand aufweist. Kessel-
schleusen haben eine beidseitige Kammerverbreite-
rung. Eine Kopfschleuse (Sackschleuse) wird bei spitz-
winkliger Einmündung Kanal/Fluß ausgebildet. Dabei
liegen die Häupter etwa parallel nebeneinander. Es
bestehen Nachteile durch Manövriertätigkeit in der
Kammer. Eine Kuppelschleuse besteht aus mehreren
S. hintereinander; dabei ist das Oberhaupt der einen S.
gleichzeitig das Unterhaupt der nächsten, bergwärts
folgenden S. Eine Schleusentreppe wird aus mehreren
S. hintereinander gebildet. Bei ihr liegen jedoch kurze
Kanalhaltungen jeweils zwischen den Bauwerken.
Zur Einsparung von Schleusungswasser in Schiffahrtskanälen werden Zwillings- und Sparschleusen notwendig (Bild 2). Eine Zwillingsschleuse besteht aus zwei
parallel zueinander liegenden S., deren Füllsysteme
eine Querverbindung aufweisen. Fahren beide S. im
gegenläufigen Takt, so kann etwa die Hälfte der vollen
Kammer zum Füllen der leeren umgeleitet werden.
Eine Sparschleuse muß man mit zusätzlichen Zwi-
schenspeichern versehen, die als offene Becken seitlich
in Terrassenform oder in einem Bauwerk in Etagen
angeordnet werden können.

S. sind mit unterschiedlichen Torkonstruktionen am
Oberhaupt und Unterhaupt anzutreffen. Dies ist auf die
jeweilige Funktion (Füllorgan, Eisabfuhr, Hochwasserentlastung), den Stand der technischen Entwicklung
und die Erfahrungen an einer Wasserstraße zurückzuführen. Je nach Bewegungsart unterscheidet man Hub-,
Klapp-, Senk-, Stemm-, Schiebe- oder Drehtore. Am

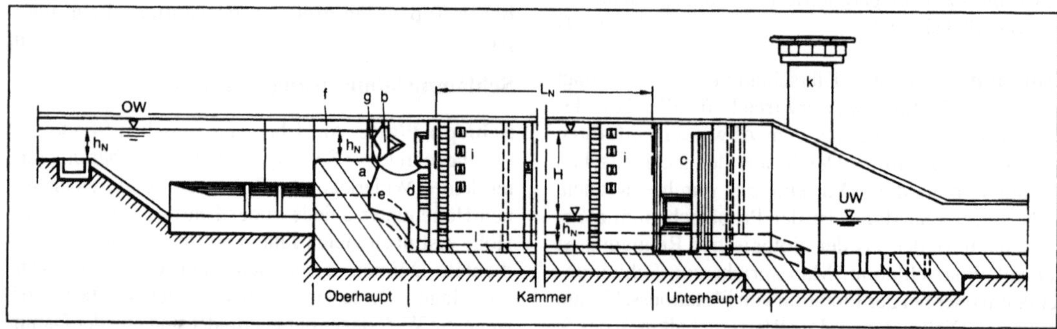

Schleuse 1: Elemente einer S.

L_N Nutzlänge, h_N Mindestfahrwassertiefe, H Fallhöhe, a hochliegender Drempel, b Obertor, c Untertor, d Prallwand, e Toskammer,
f Freibord, g Notverschluß, h Steigleiter, i Poller, k Steuerstand, l Füllkanäle

Schleuse 2: Sparschleuse Uelzen mit drei seitlichen Speicherbecken.

Unterhaupt scheiden Klapp-, Senk- und Drehtore aus. Es gibt zahlreiche Ausführungsarten von Füll- und Entleersystemen, prinzipiell:

☐ Vorkopffüllung und -entleerung an den Kammerenden
– durch Tore mit Schikanen zur Energieumwandlung,
– durch kurze Torumläufe mit Verschlüssen;

☐ Füllung oder Entleerung durch Längskanäle mit Stichkanälen zur Kammer
– in den Kammerwänden, wegen der Entleerung mit durchgehend konstantem Querschnitt,
– unter der Kammersohle als Grundkanäle;

☐ Füllung oder Entleerung durch verzweigte oder verschachtelte Leitungssysteme unter der Kammersohle, die getrennt durch Zubringerkanäle beschickt werden.

Wegen der Trägheit der Wassersäulen beim Anfahren und der Druckänderungen nach jeder Abzweigstelle läßt sich eine gleichmäßige Beschickung oder → Entnahme über die ganze Kammer allein durch gleichmäßige Verteilung einer Vielzahl von Füllöffnungen nicht erreichen. *Muth*

Literatur: *Partenscky, H.-W.*: Binnenverkehrswasserbau. Schleusenanlagen. Berlin 1986.

Schlitzfräse. S. zeichnen sich ähnlich wie → Schlitzgreifer durch ein schweres, am Baggerseil hängendes Gestell mit langen seitlichen Führungen aus. Als → Abbauwerkzeuge dienen zwei von der Baggerhydraulik angetriebene, gegenläufig um eine horizontale Achse drehende und mit Zähnen bestückte Fräsräder, die den Boden im Schlitz abfräsen und zur Saugöffnung befördern. Es gibt Fräsbohrverfahren, bei denen man mit gegenläufigen Bohrwerkzeugen und zusätzlichen Seitenschneiden sowie Verfahren, bei denen man mit am Gestänge starr geführtem, rotierendem Fräskopf arbeitet. *Kühn*

Schlitzgerät. S. dienen dem Aushub von Erdschlitzen, die nach dem Ausbetonieren die → Baugrube als

Konstruktionsschlitzwand oder als Dichtungsschlitzwand umschließen. S. lassen sich einteilen in:
– speziell konstruierte schwere → Schlitzgreifer, am Seil geführt und mit mechanischer oder hydraulischer Schließvorrichtung,
– Schlitzgreifer mit hydraulischer Schließvorrichtung, an starrem oder teleskopierbarem Gestänge (Kellystange) geführt, und
– Schneidwerkzeuge, Hohlmeißel (Schlagbohrverfahren) oder → Schlitzfräsen mit kontinuierlicher hydraulischer Förderung (Bentonitdickspülung) des Aushubgutes durch Bohrgestänge oder Saugleitung, was gegenüber dem universelleren Greifverfahren relativ geringe Verschmutzungen und Verluste verursacht. *Kühn*

Schlitzgreifer. Seilgeführte S. als Hilfsmittel zur Durchörterung von Bodenschichten sind die gebräuchlichsten Schlitzgeräte. Der S. zeichnet sich gegenüber herkömmlichen Greifern durch seine langen seitlichen Führungen und durch sein Zusatzgewicht aus, das zur Überwindung von Auftrieb und Zähigkeit der → Stützflüssigkeit dient. Die Greiferschaufeln, teilweise auch die Führungsrohre, sind austauschbar und lassen sich Schlitzbreiten von rd. 500 – 1 200 mm anpassen. Wegen des Gewichts- und Andruckverlusts beim Anheben wurden hydraulische S. mit Kellystange entwickelt, die sich durch höhere Schließkraft und kürzere Arbeitsspiele, aber auch durch höhere Investitions- und Reparaturkosten sowie längere Rüstzeiten/Umrüstzeiten auszeichnen. Die vom Baggerseil gehaltene Kellystange kann dabei zusätzlich in einem rechteckigen, am Baggerausleger kardanisch aufgehängten Kastenmäkler geführt werden. *Kühn*

Schlitzwand. Eine von der Geländeoberfläche aus hergestellte Stahlbetonwand, die zur Sicherung und → Abdichtung von Baugrubenwänden sowie zur Abtragung von Bauwerkslasten dient. In Form von Dichtungswänden werden sie häufig zur Sicherung von Altlaststandorten verwendet. Von der Geländeoberfläche oder einem Voreinschnitt aus werden 1 – 1,5 m tiefe Leitwände hergestellt. Dadurch ist ein Kantenschutz des späteren Schlitzes und eine Führung des Schlitzwandgreifers oder der S.-Fräse gegeben. Diese Geräte heben den Boden zwischen den Leitwänden aus oder lösen diesen. Gleichzeitig wird eine → Stützflüssigkeit (Bentonitsuspension) so verfüllt, daß deren Spiegel stets etwa in Höhe der Leitwandoberkante steht. Der Aushub erfolgt in der Flüssigkeit, die die unverbauten Wände des Schlitzes sichert. Nach Erreichen der Endtiefe wird ein Bewehrungskorb in die Stützflüssigkeit abgesenkt und der Beton im → Kontraktorverfahren eingebracht. Die dabei aus dem Schlitz verdrängte Suspension wird in → Absetzbecken gepumpt, wo mitgeführter Feinboden sedimentiert, und danach erneut in den Schlitz geleitet.

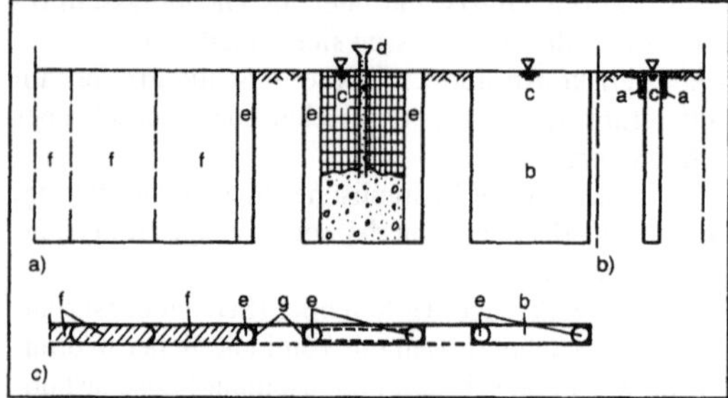

Schlitzwand: Ansicht, Längsschnitt und Querschnitt einer S.
a) Ansicht
b) Querschnitt
c) Längsschnitt.

a Leitwand, b ausgehobene Lamelle, c Bentonitsuspension, d Schüttrohr, e Abschalrohr, f fertige Lamelle, g Ecken: Sandfüllung

Üblicherweise werden S. im Lamellenverfahren hergestellt. Die Lamellen sind 3–5 m lang und werden überspringend ausgehoben und betoniert (Bild). Um saubere Lamellenstirnflächen zu erhalten, werden vor dem Einbringen des Bewehrungskorbes Abschalrohre oder profilierte Stahlbetonfertigteile an den Schlitzwandenden abgelassen. Die Schlitzwandbreiten liegen bei etwa 40–120 cm und sind durch die Breite des Schlitzwandgreifers oder der Schlitzwandfräse vorgegeben. Die Wandtiefen sind bei Einsatz von Fräsen praktisch unbegrenzt. Bis zu 100 m tiefe Wände wurden bereits ausgeführt. Um Lotabweichungen zu begrenzen, werden bei tieferen S. auch zunächst genauer herstellbare Bohrungen abgeteuft, darin die Abschalrohre oder Stahlbetonprofile hineingestellt und dann erst der Schlitz ausgehoben.

Sollen S. in Form von Dichtwänden z. B. unterhalb eines Dammes die Unterläufigkeit durch eine Talüberlagerung oder bei Deponien und Altlasten den seitlichen Austritt kontaminierter Wässer in die Umgebung verhindern, so beläßt man häufig die Suspension im Schlitz (Einphasen-Verfahren). Durch Zugabe von Zement oder anderen Bindern wird eine Verfestigung der Suspension erreicht. Bei erhöhten Sicherheitsanforderungen an die Dichtigkeit der Wand, wie z. B. bei Deponien, kann in Wandmitte noch zusätzlich eine → Folie oder eine → Spundwand eingehängt werden.

Wird nach Herstellen des Schlitzes die stützende Flüssigkeit durch die Dichtungssuspension ausgetauscht, so spricht man von dem Zweiphasen-Verfahren.

Für den mit Stützflüssigkeit gefüllten Schlitz sind Sicherheitsnachweise nach DIN 4126 zu führen. Für S. in grobporigen Böden sind als ergänzende Nachweise erforderlich: plötzliches Abströmen der Stützflüssigkeit, Bestimmung der Eindringtiefe der Suspension sowie Nachweis gegen Herausfallen von Einzelkörnern. *Meißner/Becker*

Schlüsselfertigbau. Bauausführung, die sich in einer einzigen → Vergabe über sämtliche zur Herstellung des Bauwerks erforderlichen Leistungsbereiche zu einem Pauschalpreis erstreckt. Auch als *Turnkey Construction* bezeichnet. Das Bauwerk wird durch einen einzigen Unternehmer (General Contractor) ausgeführt, der sich zahlreicher → Nachunternehmer bedient und das Bauwerk bezugsfertig dem Auftraggeber übergibt.

Der Vorteil liegt in der frühzeitigen Nennung eines Pauschalpreises; er setzt jedoch eine vollständige und abgeschlossene Planung voraus. Außerdem hat der Auftraggeber nur einen einzigen Vertragspartner. Nachteilig ist die Trennung des Auftraggebers von den ausführenden Nachunternehmern, auf die er keinen Einfluß mehr hat. Nachteilig ist bei unzureichender Planung das Entstehen von erheblichen Mehrkosten, falls nicht der Pauschalpreis durch eine Preisliste ergänzt wird, in der mögliche Zusatzleistungen oder Änderungen bereits durch Preise festgelegt sind. Der S. ist das bevorzugte Bauverfahren für den Serien- und Eigentumswohnungsbau und für Investoren-Projekte beim Bau von Büro- und Verwaltungsgebäuden. Er ist nicht geeignet für Bauvorhaben, bei denen gleichzeitig geplant und gebaut wird. *Drees*

Schlußanstrich → Deckanstrich

Schlußrechnung → Abrechnung, → Schlußzahlung

Schlußzahlung. Zahlung, mit der der Auftraggeber sämtliche Zahlungen auf die vereinbarte → Vergütung abschließt. Die S. wird auf Grund der Schlußrechnung geleistet, in der sämtliche erbrachten Leistungen aufgeführt werden. Die S. ergibt sich aus der Schlußrechnung abzüglich aller darauf geleisteten → Abschlags- und → Vorauszahlungen. Eine vorbehaltlose Annahme der S. schließt Nachforderungen aus; ein Vorbehalt ist innerhalb 24 Tagen nach Zugang zu erklären. Der Auftragnehmer ist über die S. schriftlich zu unterrichten und auf die Ausschlußwirkung hinzuweisen. Die S. ist innerhalb 2 Monaten nach Zugang der Schlußrechnung zu leisten. Für die S. gilt § 16 Abs. 2 VOB/B (→ Abrechnung). *Drees*

Schmutzwasserpumpe. S. (Baupumpen) werden vor allem zur Förderung von leicht verunreinigtem Wasser, z. B. bei der Wasserhaltung, aus Baugruben verwandt. Sie unterscheiden sich durch leicht vergrößerte Durchgangsquerschnitte und etwas robustere Bauweise bei reduzierter Förderleistung von reinen → Wasserpumpen. *Kühn*

Schneckenförderer. Fördergeräte, die stetig mit einem rotierenden, schraubenförmigen, durchgehenden oder unterbrochenen Körper (Förderschnecke) staubfeines bis grobkörniges Schüttgut in einem feststehenden Trog oder Rohr über kurze Förderweiten verschieben. Folgende Bauarten werden unterschieden:

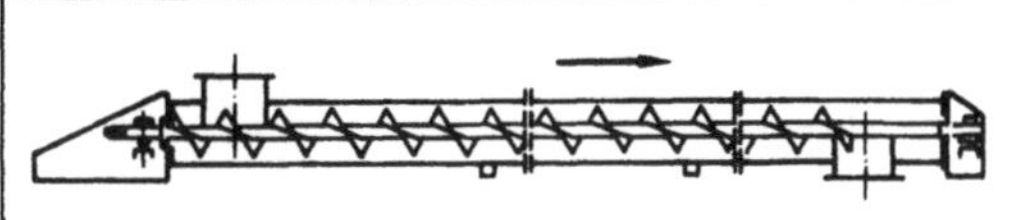

Schneckenförderer: Rohr-S.

☐ S. mit Vollschnecke, bei denen die Förderschnecke den vollen Förderquerschnitt des Rohrs oder Trogs füllt (Bild);

☐ S. mit Bandschnecke, bei denen ein wendelförmig gebogenes Flachstahlband, das mit einzelnen Armen gegen die Schneckenwelle abgestützt ist, den Förderquerschnitt nur z. T. füllt;

☐ S. mit Rührschnecke, in denen auf der durchgehenden Welle schrägsitzende Schaufeln, Paddeln oder Rührflügel angebracht sind, die wiederum nur einen Teil des Förderquerschnitts füllen.

Ein weiterer Anwendungsfall ist die Sandschnecke, die z. B. in Kiesgewinnungsanlagen aus dem Waschwasser den abgespülten Sand zurückgewinnt und ihn gleichzeitig entwässert. *Kühn*

Schneckenpumpwerk. S. werden oft bei → Kläranlagen zur → Abwasserhebung eingesetzt. Sie bestehen aus einer in einer Stahlhalbschale eingesetzten rotierenden „archimedischen Spirale" mit oben trockenliegendem Antrieb.

Sie haben den Vorteil, über einen großen Volumenförderbereich – wie er beim tageszeitlich sehr unterschiedlichen Abwasseranfall an Kläranlagen/Abwasserreinigungsanlagen gegeben ist – einen ziemlich gleichbleibend guten Wirkungsgrad der Energieumsetzung zu haben. Ihre Hubhöhe ist allerdings auf 10–15 m begrenzt, es werden aber auch mehrere Stufen vorkommen, durch hintereinander geschaltete Schnecken. *Pfeiff*

Schneedichte. Die S. ist der Quotient aus der Masse des Schnees und seinem Volumen. *Mattheß*
Literatur: DIN 4049-3: Hydrologie. Begriffe zur quantitativen Hydrologie. Ausg. 1994.

Schneidkopfsaugbagger. Modifizierte → Saugbagger, bei denen um die Saugrohröffnung ein Schneidkopf rotiert, der den Boden mechanisch löst und dem Saugmund zuführt. Dadurch erstreckt sich der Einsatzbereich der S. vom Feinsand über bindige Böden bis zum leichten Fels. Je nach Einsatzfall wird der Schneidkopf mit Schneidblättern oder Zähnen bestückt. In seiner Arbeitsweise unterscheidet sich der S. durch eine kontinuierliche, alternierende Schwenkbewegung um einen am Heck angeordneten Schwenkpfahl vom Saugbagger. Die gesamt installierte Leistung kann bis 20 000 kW betragen; dabei entfallen auf den Schneidkopf rd. 4 500 kW und auf die Förderpumpen 12 000 kW. *Kühn*

Schneidradbagger. Meist werden → Schneidkopfsaugbagger zur Gewinnung von bindigem Boden (z. B. Kleiboden) unter Wasser benutzt. Diese arbeiten im Sichelschnitt und haben den Nachteil, daß sie – da der Schneidkopf ständig in der gleichen Drehrichtung rotiert –, nur in einer Schwenkrichtung die volle Leistung erbringen, da sie in der anderen Schwenkrichtung gewissermaßen „mit dem Strich" arbeiten. Diesen Nachteil vermeidet der S., der dem → Schaufelradbagger im Tagebau entspricht, und hier in beiden Schwenkrichtungen die volle Grableistung erbringt, da die Schaufelkanten nach beiden Seiten gleich gut schneiden. Um die Leistung noch zu steigern, sind Doppel-Schneidräder entwickelt worden, wobei jedes der beiden Schaufelräder nur in einer Schwenkrichtung – dafür aber mit maximaler Grableistung – schneidet. Installiert ist das einfache oder doppelte Schneidrad an einem üblichen Pumpenbagger (z. B. Schneidkopfbagger), wobei die gelöste Bodenmasse aus einem Zwischenbehälter oder direkt aus den Schaufeln gesaugt wird (Bild, S. 568). *Kühn*

Schnellumbauzug. S. (SUZ) entfernen Altgleise und verlegen → Gleise in kontinuierlicher Fließbandtechnik.
☐ Methode 1: Die Altgleise werden in Einzelabschnitte aufgeschnitten. Der S. hebt die Gleisjoche mit den Schwellen an. → Portalkräne laden die Gleisjoche zum Abtransport auf Materialwagen. Neue Gleisjoche werden anschließend zum Aufbau des neuen Gleises verlegt und miteinander verschweißt.

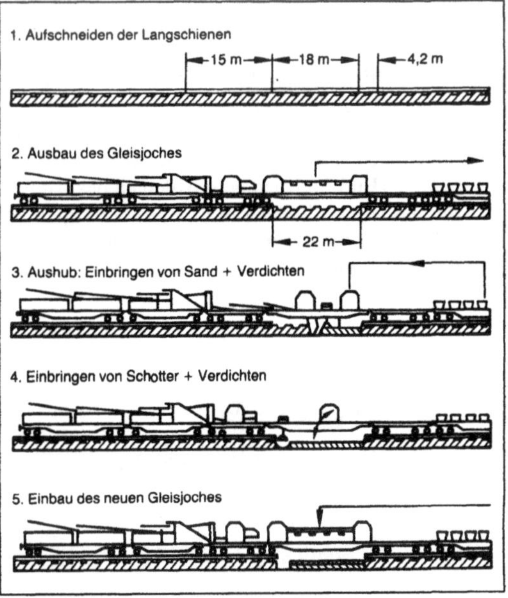

Schnellumbauzug 1: Arbeitsablauf Variante 1.

Schneidradbagger: S. mit Einsatz.

☐ Methode 2: Die Altschienen werden ausgebaut und die Altschwellen anschließend aufgenommen. Schienen und Schwellen trennt man getrennt. Das neue Gleis wird aus Einzelschwellen und Langschienen aufgebaut.

Beim Aufbau der Maschinen dominieren zwei Varianten:

– Variante 1 (Bild 1): Das Vorderteil des Umbauzuges fährt auf den Altgleisen, das Mittelteil baut die Altgleise aus und die neuen ein, während das hintere Teil der Maschine bereits auf den Neugleisen fährt.

– Variante 2 (Bild 2): Nach dem Abtragen des Altgleises fährt das vordere Teil der Maschine auf Raupenketten in der Baulücke, während sich das hintere Teil auf den Neugleisen bewegt. *Kühn*

Schnittklasse. Die S. von Bauschnittholz gibt Auskunft über den zulässigen Anteil der beim → Einschnitt stehenbleibenden → Baumkante am Umfang von rechteckigen Kantholzquerschnitten. Bisher wurden nach DIN 4074 (12/58) unterschieden:

☐ S. S: scharfkantiges Bauschnittholz ohne Baumkanten,

☐ S. A: vollkantiges Bauschnittholz mit geringen Baumkanten,

☐ S. B: fehlkantiges Bauschnittholz,

☐ S. C: sägegestreiftes Bauschnittholz.

In DIN 4074 (9/89) werden nur noch Sortierklassen unterschieden, die außer der zulässigen Baumkante auch andere, die Festigkeit des Bauschnitt-

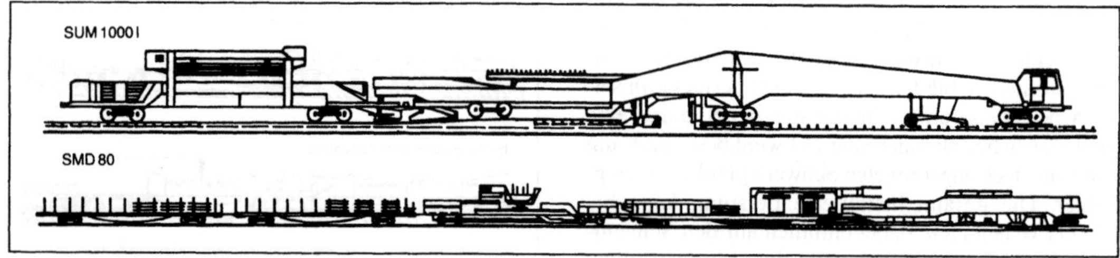

Schnellumbauzug 2: Arbeitsablauf Variante 2.

holzes beeinflussende Merkmale enthalten: Sortierklasse S 7 mit Querschnitt gem. S. C, Sortierklasse S 10 mit Querschnitt gem. S. B, Sortierklasse S 13 mit Querschnitt gem. S. A. *Dröge*

Literatur: *Dröge, G.*: Grundzüge des Holzbaues. Bd. 1. 2. Aufl. Berlin 1993.

Schöpfwerk. → Pumpwerk zur Entwässerung von Niederungsflächen, denen natürliche Vorflut zur freien Entwässerung zeitweise oder ständig fehlt. Flußschöpfwerke müssen gegen zumeist längere Zeit dauernde Flußhochwässer schöpfen und in dieser Zeit den gesamten Zulauf pumpen. Tideschöpfwerke entwässern im Bereich von Ebbe und Flut liegende → Polder, d.h. sie entwässern gegen stark schwankende Außenwasserstände. Sie sollen die bei niedrigen Außenwasserständen natürliche Vorflut durch das → Siel meist nur ergänzen. Nur selten, wenn der Binnenpegel unter Tideniedrigwasser liegt, haben sie alle Zuflüsse abzupumpen. Dann ähneln sie Tiefgebietsschöpfwerken. Ein S. besteht aus:
– Einlauf mit → Rechen,
– Pumpe bzw. Pumpen mit Antriebsmotor(en) ggf. mit Getriebe(n),
– → Druckleitung mit Absperrschieber und
– Auslauf mit Rückschlagklappe oder Absperrschütz (→ Wehr).

Wichtig ist eine sorgfältige Abstimmung von Schöpfwerkleistung, Volumen des Speicherraumes, z. B. Fleetgraben (Polder), und Zulauf. *Lecher*

Schornstein. Der S. ist die Verbindung zwischen einer Feuerstätte und der Atmosphäre. Durch den thermischen Auftrieb, hilfsweise durch Ventilator, erzeugt er den Unterdruck (Zug) im Feuerraum, um die Verbrennungsluft anzusaugen. Feuerstätten mit guter Wärmeausnutzung erzeugen Rauchgase mit niedrigen Temperaturen, denen die S. durch gute Wärmedämmung und hohe Strömungsgeschwindigkeiten (enge Querschnitte) angepaßt werden müssen. Wenn die Rauchgase im S. ihren Säure- oder Wasserdampftaupunkt unterschreiten, muß der S. säurefest ausgeführt sein. Die lichte Weite von S. berechnet man nach DIN 4705. Für die Ausführung sind die Feuerungsverordnungen der Länder und DIN 18160 maßgebend. Für die → Schornsteinhöhe sind die → Bauordnungen der Länder und ggf. das Bundesimmissionsschutzgesetz mit der Technischen Anleitung zur Reinhaltung der Luft oder der Großfeuerungs-Anlagen-Verordnung zu beachten. *Diehl*

Literatur: DIN 4705: Berechnung von Schornsteinabmessungen. – DIN 18160: Hausschornsteine. – Feuerungsverordnungen der Bundesländer.

Schornsteinhöhe. → Schornsteine dienen zur Ableitung von Abgasen in die Atmosphäre. Die geltenden Vorschriften zur Reinhaltung der Luft (z. B. → TA Luft) stellen bestimmte Anforderungen an die Ableitungsbedingungen der Abgase. Danach sind die Abgase so abzuleiten, daß ein ungestörter Abtransport mit der freien Luftströmung ermöglicht wird. Darüber hinaus jedoch ist die S. (Schornsteinbauhöhe) so festzulegen, daß eine ausreichende Verdünnung der Abgase erfolgt. Die so ermittelte S. ist die erforderliche → Schornsteinmindesthöhe.

Die Grundlage für die Bemessung der erforderlichen S. liefert ein *Gauß*-Fahnenmodell (Gauß-Modell). Es errechnet bei Kenntnis der in der Zeiteinheit emittierten Schadstoffmenge in Abhängigkeit von der S. und den meteorologischen Ausbreitungs-Situationen die in der Umgebung des Schornsteins auftretenden Immissionskonzentrationen. Bei Vorgabe eines Schwellenwerts für die Immissionskonzentrationen, der nicht überschritten werden soll, kann dann die S. errechnet werden, bei der der Schwellenwert gerade eingehalten ist. In hohem Maße hängt die sich ergebende S. (Schornsteinbauhöhe) von der effektiven Quellhöhe ab.

Bei einer gegebenen meteorologischen Ausbreitungssituation vermindert sich die maximale Immissionskonzentration proportional mit dem Quadrat der S. Mit zunehmender S. verschiebt sich die maximale → Immission zu größeren Entfernungen. Bei labiler Temperaturschichtung der Atmosphäre liegt das Maximum näher als bei stabiler Temperaturschichtung.

Bei Abgasmengen von $50\,000\ \mathrm{m^3\,h^{-1}}$ und Abgastemperaturen von $120\,°\mathrm{C}$ liegt das Immissionsmaximum im Jahresmittel bei einer Schornsteinbauhöhe von $H = 50\ \mathrm{m}$ in ca. 500 m Entfernung, bei $H = 150\ \mathrm{m}$ in ca. 1000 m Entfernung. Bei gleicher Abgasmenge würde bei $H = 300\ \mathrm{m}$ die Entfernung ca. 2000 m betragen. Bei Schornsteinbauhöhen von $H = 300\ \mathrm{m}$ sind jedoch eher Abgasmengen von $1\,000\,000\ \mathrm{m^3\,h^{-1}}$ als typisch anzusehen. In diesem Fall läge bei $H = 300\ \mathrm{m}$ das Immissionsmaximum im Jahresmittel im Entfernungsbereich um 5000 m.

Die Verdünnungswirkung von Schornsteinen (Verhältnisfaktor von Emissions- zu Immissionskonzentration) hängt gleichfalls stark von der effektiven Quellhöhe und damit von der Abgasmenge und der Abgastemperatur ab. Die nachfolgend genannten Verdünnungsfaktoren gelten für eine Abgasmenge von $1\,000\,000\ \mathrm{m^3\,h^{-1}}$ und eine Abgastemperatur von $120\,°\mathrm{C}$.

Bezogen auf den maximalen Jahresmittelwert der Immissionskonzentration betragen die Verdünnungsfaktoren bei $H = 50\ \mathrm{m}$ rd. 300000, bei $H = 150\ \mathrm{m}$ rd. 5000000, bei $H = 300\ \mathrm{m}$ rd. 18000000. Bezogen auf die maximalen 98-Perzentile der Häufigkeitsverteilung der Immissionskonzentrationen liegen die Verdünnungsfaktoren bei $H = 50\ \mathrm{m}$ bei rd. 25000, bei $H = 150\ \mathrm{m}$ bei rd. 250000 und bei $H = 300\ \mathrm{m}$ bei 1200000.

Hohe Schornsteine vermindern die Immissionsbelastung im unmittelbaren Einflußbereich der Emittenten deutlich. Bei weiträumiger Betrachtung sind jedoch hohe Schornsteine kein ausreichendes Mittel zur Luftreinhaltung. Bei hohen Schornsteinen werden die Schadstoffe über große Entfernungen (Ferntransport) transportiert. Die chemischen Umsetzungsprodukte der Abgase (z. B. Sulfat, Nitrat) werden auch noch in großen Entfernungen abgelagert und können hier negative Auswirkungen auf Boden, Wasser und Biosphäre haben. Generell ist daher eine Verminderung der Schadstoffströme an der Quelle anzustreben. *Külske*

Schornsteinmindesthöhe. Die nach den Vorschriften der Nr. 2.4 der → TA Luft zur Immissionsbegrenzung erforderliche Schornsteinbauhöhe (→ Schornsteinhöhe). Sie kann in Abhängigkeit von der Schadstoffkomponente aus einem Nomogramm (Nr. 2.4.3 TA Luft) entnommen werden, wenn folgende Größen bekannt sind: Abgasmenge in $m^3 h^{-1}$, Abgastemperatur in °C, Schornsteindurchmesser in m, Schadstoffmenge in $kg\,h^{-1}$. Die so ermittelte S. ist mit Zuschlägen zu versehen zur Berücksichtigung der Höhe der Bebauung und des Bewuchses in der Umgebung des Emittenten. Ein weiterer Zuschlag ist erforderlich, wenn der Emittent in einem Tal liegt oder die Ausbreitung durch Geländeerhebungen gestört ist.

Der → Schornstein soll mindestens eine Höhe von 10 m über der Flur haben und den Dachfirst um 3 m überragen, um die unmittelbare → Nachbarschaft nicht zu beeinträchtigen. Bei höheren Gebäuden in der Nachbarschaft sowie bei Gebäuden, die zu einem Herabziehen der Abgasfahne zum Boden führen (Leewirbelbildung), sind Sonderuntersuchungen erforderlich. In der Regel sollten Schornsteinhöhen 250 m nicht überschreiten. Ergibt sich aus dem Nomogramm der TA Luft eine größere Schornsteinhöhe als 200 m, sollen Emissionsbegrenzungen vorgenommen werden. *Külske*

Schottertragschicht. Die S. ist eine → Tragschicht aus hohlraumarmen, korngestuften Schotter-Splitt-Sand-Gemischen ohne Bindemittel. Für die Spannungsverteilung ist die Reibung des Korngerüstes sowie die Verspannung zwischen den Einzelkörnern maßgebend, die durch das Verdichten beim Einbau und durch das Nachverdichten infolge der Verkehrsbelastung erzeugt wird. Da ungebundene Tragschichten keine → Kohäsion aufweisen, lassen sich nur kleine Zugspannungen aufnehmen und dies nur, weil die Kornverspannung einen dem Prinzip der → Vorspannung bei → Spannbeton folgenden Effekt bewirkt. Um die Reibung zwischen den Körnern zu ermöglichen, müssen sich diese geringfügig gegeneinander verschieben können. Daher ist es das Ziel, bei der Zusammensetzung der Mineralstoffe für die S., aber auch für die → Kiestragschicht, die Reibung so groß und die Verschiebung so klein wie möglich zu halten. Dies läßt sich erreichen, indem man ein zusammenhängendes Gerüst aus grobem Korn ausbildet und die verbleibenden Hohlräume mit gut abgestuften Körnern (möglichst mit rauher und gebrochener Oberfläche) ausfüllt, so daß das Mineralstoffgemisch einen geringen Hohlraumgehalt aufweist und die Körner untereinander eine hohe Anzahl an Berührungs- bzw. Reibungspunkten erhalten.

Ein gut durchgemischtes und dadurch homogen zusammengesetztes Mineralstoffgemisch ist ebenso Voraussetzung für eine gute Wirkung der Tragschichten ohne Bindemittel wie eine intensive Verdichtung. Durch die Zugabe von Wasser wird einer Entmischung während des Transportes vorgebeugt. Wasser dient darüber hinaus als Hilfsmittel zur Verminderung der Reibung zwischen den Körnern während des Verdichtungsvorganges. Daraus läßt sich ableiten, daß in den Klimaperioden, in denen der → Feuchtigkeitsgehalt der Tragschichten ohne Bindemittel ansteigt, die Tragwirkung nachläßt. Anforderungen, die an S. sowohl hinsichtlich der verwendeten Mineralstoffe (Mineralstoff, künstlicher; Mineralstoff, natürlicher) und ihrer Zusammensetzung als auch im eingebauten Zustand gestellt werden, sind in den „Zusätzlichen Technischen Vertragsbedingungen und Richtlinien für Tragschichten im Straßenbau" (ZTVT-StB) und den mitgeltenden Regelwerken zusammengestellt. *Beckedahl*

Schotterverteil- und Planiermaschine. Bei den S.- u. P. (Bild) bewegt ein Mittelpflug den Schotter in der Bettungskrone und Flankenpflüge bringen den Schotter von den Flanken in den Bereich des Mittelpfluges. Überschüssiger Schotter läßt sich über Förderbandsysteme in ein Schottersilo am Kopf der Maschine vor den übrigen Arbeitseinrichtungen fördern. Bei Bedarf kann dieser Schotter über Entladeöffnungen in den Bereich der Stopfzone oder Bettungsflanke wieder abgegeben werden. Durch die besondere Lage der Entladeöffnungen (vor den Pflügen) reicht in der Regel ein Arbeitsgang aus, um ein vollständig bearbeitetes Schotterbett herzustellen. *Kühn*

Schotterverteil- und Planiermaschine: Ansicht.

Schrägseilbrücke → Brücke, → Hängebrücke

Schrämmeißel → Abbauwerkzeug

Schrappanlage. S. sind Fördereinrichtungen in horizontalen → Betonbereitungsanlagen. Man unterscheidet Hand- und Radialschrapper. Radialschrapper werden überwiegend zur Beschickung von Sternlagern und in Verbindung mit Linearfahrwerken, teilweise auch für Reihenlagerung eingesetzt. Beim Sternlager ist der Radialschrapper aus einem Drehwerk und einem Kopfring auf dem Dosierstern aufgebaut. Bei einer Reihenlagerung verwendet man Linearfahrwerke mit oder ohne Drehwerk oder auch mit einem Kopfring. Radial-

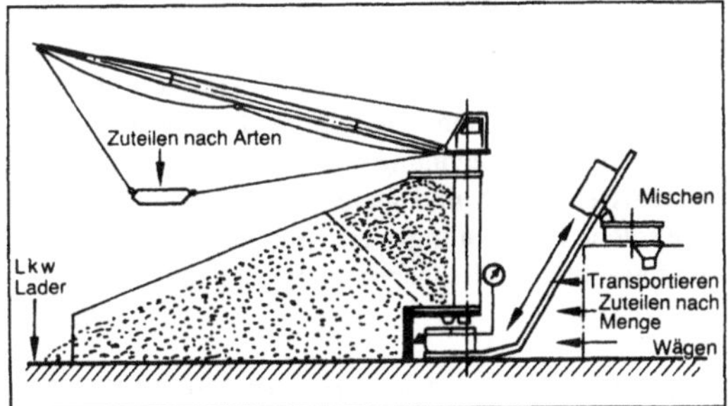

Schrappanlage: Radialschrapper.

schrapper (Bild) bestehen aus einem am Drehwerk angelenkten Gittermastausleger mit Längen zwischen 8,5 und 20 m, einem angehängten Schrappkübel mit Inhalt zwischen 150 und 900 l und einer auf dem Drehwerk montierten Antriebs- und Steuereinrichtung. Über eine elektrisch angetriebene Zweiseilwinde und eine Seilkinematik wird der Schrappkübel leer mit dem Rückholseil ausgeworfen und gefüllt mit dem Zugseil nach oben gegen den Zuteiler gezogen, wo man ihn im Aktivteil der Zuschlagbox entleert. Hieraus wird das Material über Zuteilöffnungen durch Schwerkraftfluß in den → Beschicker dosiert, gewogen und zum → Mischer transportiert. Die Steuerung des Schrappwerks läßt sich wahlweise manuell aus einem auf dem Drehkranz befindlichen Bedienungsstand oder vollautomatisch vornehmen. Beim Automatikschrapper ist zusätzlich zur Programmautomatik für den Schrappbetrieb eine Schwenkwerksautomatik und eine Boxenvollmeldung eingebaut. Diese Technik erlaubt die Überwachung des Materialvorrates und steuert das Schrappwerk immer zu der Box, in der die Aktivlagermenge unterschritten ist. Der Handschrapper, bei dem die Schrappschaufel manuell am Zugseil geführt wird, findet bei der Betonbereitung nur noch in wenigen Einsatzfällen Verwendung. Er hat jedoch in einer Vielzahl anderer Förderaufgaben (Schiffsentladung, Waggonentladung, Getreideentladung, Kohlenbunkerung usw.) noch einen festen Platz. *Kühn*

Schraube. Die S. ist ein lösbares → Verbindungsmittel für Anschlüsse und Montagestöße. Sie dient zur Übertragung von Scher- und Zugkräften. Eine S. besteht aus Kopf, Schaft mit Gewinde, Sechskantmutter und Unterlegscheibe. Sie wird im → Stahlbau in den Größen M 12 bis M 36 und vorwiegend in den Materialgüten 4.6, 5.6, 8.8, 10.9 verwendet. Der 10fache Wert der ersten Ziffer gibt die Bruchgrenze in kN/cm², das Produkt aus beiden Ziffern die Streckgrenze ebenfalls in kN/cm² der S. an (DIN 18 800). S. der Gütegruppen 4.6 und 5.6 bezeichnet man als rohe S., die S. der Güte 8.8 und 10.9 als hochfeste S. Rohe S. eignen sich nur für SL-Verbindungen (Scher-Lochleibung). Auch hochfeste S. werden häufig in SL-Verbindungen verwendet, jedoch sinnvollerweise nur, solange die Scherbeanspruchung maßgebend ist. In GV-Verbindungen (gleitfest) sind nur planmäßig vorgespannte, hochfeste S. zugelassen. Die Kraftübertragung geschieht durch Reibung zwischen den zu verbindenden Bauteilen. Die HV-S. (hochfest vorgespannt) wird vorteilhaft auch zur Übertragung axialer Zugkräfte in biegesteifen Kopfplattenanschlüssen verwendet. *Sedlacek/Scholz*

Schreitbagger. Der S. (*Walking Dragline*) ist ein Schleppschaufel- oder Schürfkübelbagger, der statt einem Kettenfahrwerk ein Schreitwerk hat. Schreitwerke werden vornehmlich bei sehr großen Schürfkübelbaggern (ab etwa 1 000 t Gewicht) verwendet, wenn man mit der Bodenpressung unter 2,5 N/cm² heruntergehen muß. Voraussetzung für die Wahl eines S. ist der Einsatz in stationärem Betrieb, z. B. Tagebau. Das Schreitwerk dient dabei nur zum Umsetzen des Geräts. Während des Betriebs ist der Bagger auf einer großen Grundplatte abgestützt, auf der der Oberwagen über einen Rollen- oder Kugelkranz um 360° schwenkbar gelagert ist. Die seitlich in Exzenterscheiben oder Kurbelgetrieben aufgehängten Schreitkufen befinden sich dabei in angehobener Stellung. Zur Ortsveränderung (Bild) muß man den Oberwagen mit den Schreitkufen gegen die Fahrtrichtung schwenken. Dann wird durch das Schwenkwerkgetriebe der Bagger (Oberwagen nach rückwärts) umgesetzt. *Kühn*

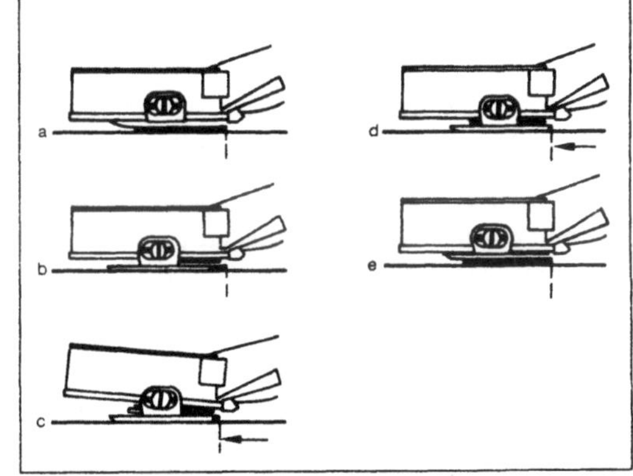

Schreitbagger: Schreitwerk.

a Arbeitsstellung, Schreitwerke angehoben, b Beginn der Schreitbewegung, Schreitkufen auf Boden angepreßt, c Schreitbewegung, Gerät angekippt, Auflast wird von den Schreitkufen übernommen, d Ende der Schreitbewegung, e Schreitkufen angehoben, Arbeitsstellung

Schreitinsel. S. (Bild) sind eine spezielle Ausführung der Hubinseln. Sie haben die doppelte Anzahl von Stützbeinen und können sich somit „schreitend" vorwärts bewegen. Der Schreitvorgang geht wie folgt vor sich: Während die S. auf vier Beinen steht, schiebt man die anderen vier Beine angehoben in einem Pfahlwagen vor. Danach werden die vorgeschobenen Beine auf den Meeresboden abgesenkt und tragen nun ihrerseits die

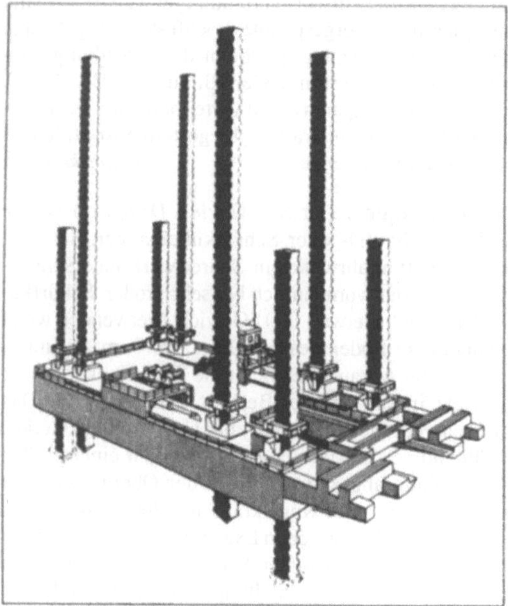

Schreitinsel: Systemskizze einer S.

S., so daß man die bisherigen Standbeine anheben kann. Diese werden dann ebenfalls vorwärts bewegt und wieder abgelassen, so daß der Schreitvorgang von neuem beginnen kann. *Kühn*

Schrott. Sammelbegriff für Alteisen, vielfach auch für andere Altmetalle. Eisen kann man immer wieder aus S. mit niedrigerem Aufwand als aus Erz und Kohle neu erschmelzen. Es kann im → Recycling (→ Abfalltechnik) durch Sammeln, evtl. Aufbereiten zum Zerkleinern, Sortieren und Kompaktieren als S. wieder genutzt und so erneut zu einem Handelsobjekt werden. Rund ⅓ der Stahlerzeugung wird durch S. gedeckt, vor allem auch die in den Stahlwerken und Elektroöfen erschmolzenen Stähle. Der S. wird nach Herkunft und Sauberkeit sortiert und teils nach verschiedenen Sorten nach Qualitäten, d. h. gegebener Verunreinigung durch andere Metalle paketiert. Es gibt inzwischen auch einen hohen Schrottanteil aus Altautos und deren Zerkleinerung zur Verwertung in zentralen Shredderanlagen. *Pfeiff*

Schubfeld. Der Begriff des S. tauchte erstmalig im Flugzeugbau bei der Berechnung von ausgesteiften Scheiben und Sandwichscheiben auf. Der Begriff läßt sich auch auf Walz- oder Blechprofile, hohe geschweißte (oder genietete) Stahlprofile und ähnlich ausgebildete Stahlbeton- bzw. Spannbetonfertigteile übertragen. Die → Normalspannungen werden „gebündelt" als Normalkräfte den Aussteifungen bzw. Flanschen der Profile zugewiesen, während die Schubkräfte bzw. → Schubspannungen von den dazwischen lie-

genden, scheibenförmigen Stegen aufgenommen werden. Eine solche Aufteilung des Tragverhaltens zwischen den Einzelelementen eines Tragsystems führt zu einer übersichtlichen Vorstellung der Lastabtragung, erleichtert die Berechnung der → Beanspruchungen des Systems erheblich und gleicht den Nachteil aus, daß eine solche Betrachtungsweise nur eine Annäherung an den tatsächlichen Beanspruchungszustand ist. *Laermann*

Schubmittelpunkt. Die Wirkungslinien der Resultierenden der → Schubspannungen infolge Belastungen parallel zu den Querschnittsachsen schneiden sich im Schubmittelpunkt M. Geht die Querkraft nicht durch den S., so ist ihr Moment in bezug auf diesen Punkt das Torsionsmoment. Die Wirkungslinie einer äußeren Belastung muß also durch den S. gehen, wenn keine Torsionsbeanspruchung entstehen soll. Der S. liegt stets auf Symmetrieachsen des Querschnitts (Bild). *Laermann*

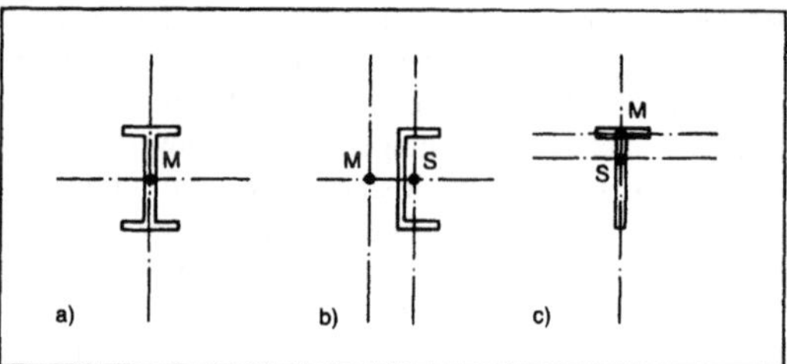

Schubmittelpunkt: Lage des S.
a) I-Profil
b) U-Profil
c) T-Profil.
M Schubmittelpunkt, S Schwerpunkt

Schubmodul. Im Gültigkeitsbereich des → Hookeschen Gesetzes (elastischer Verformungsbereich) stellt der S. G die Proportionalitätskonstante zwischen der → Gleitung γ und der → Schubspannung τ dar:

$$G = \tau/\gamma$$

Der S. ist im Gegensatz zum → Elastizitätsmodul keine unabhängige Werkstoffkenngröße, sondern eine Funktion vom Elastizitätsmodul E und von der Querkontraktion μ (Kehrwert = Poissonsche Konstante). Für isotropen Werkstoff besteht der theoretische Zusammenhang

$$G = \frac{E}{2(1+\mu)}$$

Bei Stahl beträgt $\mu = 0{,}3$. *Sedlacek/Scholz*

Schubspannung. S. sind die Komponenten des → Spannungstensors, die tangential zu den Flächen eines differentiellen Schnittelementes gerichtet sind. Aus den → Gleichgewichtsbedingungen an diesem folgt, daß $\sigma_{ik} = \sigma_{ki}$; i,k $\in$ [1/3]. Für einen auf Biegung

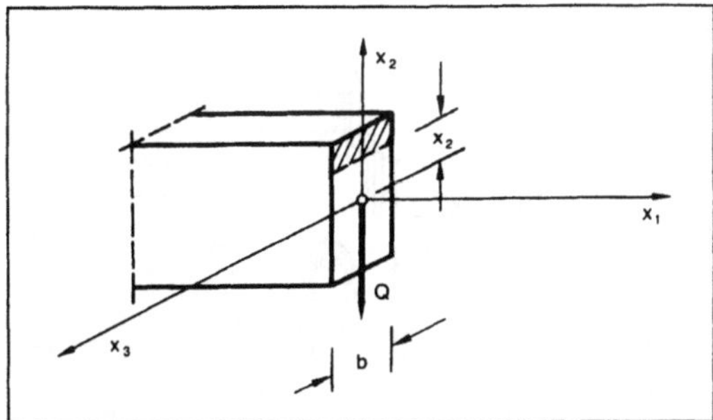

Schubspannung: Bestimmung der S. im Querschnitt.

mit Querkraft beanspruchten Träger ergibt sich die S. über die Querschnittshöhe zu

$$\sigma_{21}(x_2) = Q\,\frac{S}{I_3 \cdot b},$$

mit dem statischen Moment S des Querschnittsteiles oberhalb x_2 in bezug auf die Querschnittsachse x_3. Man erhält den Mittelwert der S. über die Querschnittsbreite b (Bild). *Laermann*

Schubwagenspeiser. Diese diskontinuierlich arbeitenden Vorrichtungen, auch Schub(wagen)aufgeber genannt, dienen gleichzeitig als Abzugsgerät unter Bunker und Silo und als → Beschicker von Aufbereitungsmaschinen. In schwerer Konstruktion und in großen Abmessungen sind sie besonders für Grobmaterial und große Fördermengen geeignet. Der auf Rollen hin und her laufende, über Exzenter und Kurbelstange bewegte Schubwagen entnimmt das aufrutschende Gut und gibt es bei Hubumkehr portionsweise ab. Die Fördermenge kann durch Änderung der Hubweite sowie der Hubzahl am Kurbeltrieb eingestellt werden. Es gibt auch eine Kombination dieser Beschickerart mit einem angesetzten Rost oder Lochsieb, die mit Schwingungserregung wirkungsvoll ist und Schubscheider/Vibroschubscheider genannt wird. *Kühn*

Schürfe. Gruben, Schlitze oder Schächte, die zum Aufschluß des Untergrundes dienen. Begehbare S. müssen entsprechend DIN 4124 gesichert werden. S. stellt man i. d. R. nur bis zu Tiefen von 3 m her. Sie ermöglichen eine Inaugenscheinnahme des oberflächennahen Untergrundaufbaues oder auch der Gründungskörper eines Bauwerkes. Aus S. lassen sich problemlos Sonderproben entnehmen. Regeln für die Herstellung von S. sind in DIN 4021 genannt. *Meißner*

Schürfraupe. S. oder Schürfkübelraupen sind Raupenschlepper, die zwischen dem Raupenfahrwerk einen eingebauten Schürfkübel haben (Bild 1). Mit der zusätzlichen Ausrüstung einer Planier- und Reißeinrichtung werden sie zu einem ausgesprochenen

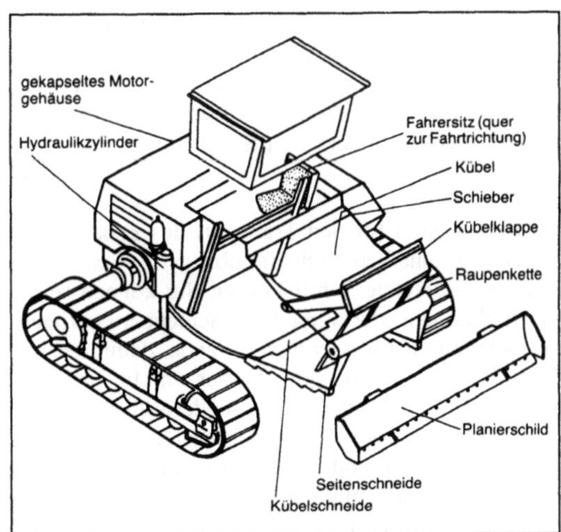

Schürfraupe 1: Konstruktionsteile einer S.

Schürfraupe 2: Arbeitsweise einer S.

Vielzweckgerät. S. können, auf sich allein gestellt, alle Erdbewegungsarbeiten, wie Lösen, Laden, Transportieren, Vorkopfschütten, Verteilen, Verdichten, Reißen und Planieren, ausführen und sind universal einsetzbare Einmanngeräte. Bild 2 zeigt die Arbeitsweise einer S. Sie senkt bei der Fahrt den Kübel ab und schürft mit den Kübel- und Seitenschneiden den Boden nach innen. Danach wird die Klappe hydraulisch geschlossen und der Kübel zum Transport 30–40 cm angehoben. Beim Entleeren wird der Boden durch einen Schieber ausgestoßen. Der Einsatzbereich der Schürfkübelraupe liegt in Kurz- und Mittelstrecken (20–500 m), dort wo die Förderweite für → Planierraupen zu lang und für → Bagger-Lkw-Betrieb bzw. Scraper zu kurz ist. Die S. ist auf mitteleuropäische Boden- und Wetterverhältnisse zugeschnitten und im Gegensatz zu anderen Flachbaggern nahezu wetterunabhängig. Mit einem Raupenfahrwerk ausgerüstet ist die Maschine zwar langsam (bis 15 km/h), weist aber einen Bodendruck von nur $0,08-0,02$ N/mm^2 auf und ist deshalb auch in aufgeweichtem Gelände manövrierfähig. Bei solchen Bodenverhältnissen kann sie wirtschaftliche Förderweiten bis 1 000 m erreichen. Die S. kann auch im Wasser bis 1 m Tiefe arbeiten, mit einer Wateinrichtung sogar bis 1,80 m. Sie verrichtet ihre Arbeit im Pendelverkehr, d. h. sie fährt bis ans Ende der Auftragsstrecke und schüttet den Boden rückwärts fahrend in der gewünschten Einbaudicke ohne Zeitverlust aus, wie er durch Wenden beim Kreisverkehr entsteht. Darin und in ihrer „Selbständigkeit" – kein gegenseitiges Abstimmen mehrerer Geräte ist notwendig – liegt ein bedeutender Vorzug der S. Als einziges Schürfgerät erreicht sie beladen eine Steigfähigkeit von 36%.

Kühn

Schute. S. sind für den Transport des gebaggerten Bodens (→ Eimerkettenschwimmbagger, → Schwimmgreifer) eingesetzte Schiffskörper. Sie können selbst angetrieben sein oder werden von Schleppern gezogen. Ihr Laderaum hat wasserdichte Wände, damit das mit dem Boden geförderte Wasser nicht in den Schiffsrumpf eindringen kann, sondern über → Überläufe abfließt. Je nach der Entleerungsart unterscheidet man Spül-, Klapp- und Spaltklappschuten. Die S. lassen sich zwar auch mit einem Greifer entleeren, doch wird man aus Zeitgründen versuchen, eines der anderen Verfahren anzuwenden. Zum Entleeren der Spülschuten wird dem gebaggerten Boden soviel Wasser zugesetzt, daß er aus dem Laderaum abgepumpt werden kann. Die Klappschuten haben im Schiffsboden Klappen, die zum Entleeren des gebaggerten Bodens geöffnet werden, sobald sich die S. über der Ablagerungsstelle befindet. Bei den Spaltklappschuten ist der Schiffsrumpf wie bei den Split-Hoppersaugbaggern (→ Laderaumsaugbagger) längsgeteilt. Beim Entleeren werden die beiden Schiffshälften, die über Deck mit Drehgelenken verbunden sind, durch Hydraulikzylinder auseinandergeklappt.

Kühn

Schuttergerät. S. dienen zum Verladen und Abtransportieren von Ausbruchmaterial. Zum Erzielen hoher Tunnelvortriebsgeschwindigkeiten muß die Vortriebseinheit den Lade- und Transportgeräten angepaßt sein. Prinzipiell bieten sich der gleisgebundene und der gleislose Betrieb an. Die Geräte für das Schuttern, den Lade- und Übergabevorgang des Ausbruchmaterials, können fahrwerksmäßig mit den Geräten für den Transport übereinstimmen. Die Auswahl des optimalen Verfahrens und der jeweiligen Geräte ist von Querschnitt, Tunnellänge, Neigung der Sohle und den geforderten Transportleistungen abhängig. In Tunneln mit Querschnitten bis rd. 10 m^2 wird wegen der beengten Platzverhältnisse überwiegend der Gleisbetrieb (bis max. 3% Steigung) eingesetzt. Zwischen 10 und 20 m^2 Fläche konkurrieren beide Verfahren. Bei → Tunnelquerschnitten > 20 m^2 sind gleislose S.- und Transportgeräte meist wirtschaftlicher. Kennzeichnend für S. sind:

– Fahrwerk: Rad, Ketten, Gleis,
– Antrieb: Diesel, Elektro, Druckluft, Hydraulik,
– Ladeeinrichtung: Schaufel, Löffel, Kratzer, Schrapper,
– Entladeeinrichtung: Front-, Seiten-, Überkopfkipper, Förderband.

Zum Schuttern beim gleislosen Betrieb verwendet man heute je nach Randbedingungen → Radlader,

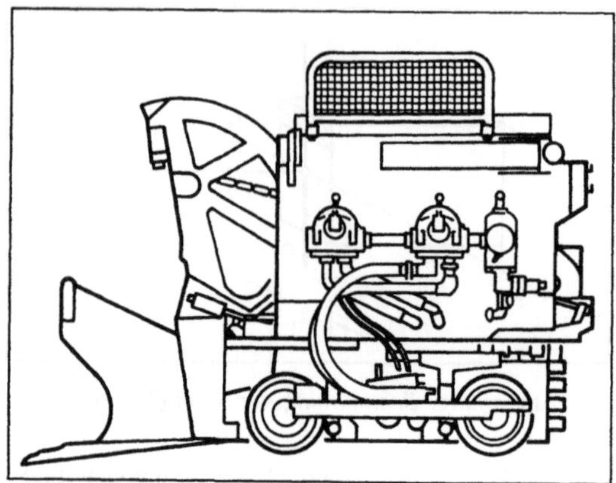

Schuttergerät: Wurfschaufellader.

→ Raupenlader, Hoch- und Tieflöffel in Standard- oder Spezialausführung sowie auf Ketten fahrende Seiten- und Überkopflader, die es auch als schienengebundene Geräte gibt. Besteht die Gefahr der Auflockerung der Tunnelsohle, ist Raupenfahrwerken der Vorzug zu geben, oder die Sohle muß befestigt werden. Zughackenlader, Hummerscherenlader, Frässcheiben- und Stoßschaufellader werden kaum als Einzelgeräte eingesetzt und kommen im → Tunnelbau fast nur im Zusammenhang mit → Teilschnittmaschinen oder kleinen Schilden zur Anwendung. Wurfschaufellader (Bild) gehören zu den Überkopfladern und sind auf Grund ihrer geringen Abmessungen für kleine Tunnelquerschnitte prädestiniert. Das an der → Ortsbrust in die Schaufel aufgenommene Ausbruchmaterial wird dabei über Kopf in die dahinter befindlichen Transportgeräte geladen. Für größere Querschnitte können Seitenkipplader zum Schuttern verwendet werden, die mit schwenkbaren und teleskopierbaren Schaufelauslegern ausgestattet sind und damit das Be- und Entladen in die daneben stehenden Transportgeräte ohne Rangieraufwand ermöglichen. Des weiteren gibt es Spezialladegeräte, die mittels Kratzarmen, Schaufeln oder Tieflöffelauslegern das Haufwerk Plattenband- oder Kettenförderern zuführen, die es nach hinten zu den Transporteinrichtungen befördern. Diese S. gibt es z. T. wahlweise in Ausführungen mit Gleis-, Raupen- oder Reifenfahrwerk.

Kühn

Schutterung. Aufnahme und Abtransport des Ausbruchsmaterials (Abraum) bei der Herstellung unterirdischer Bauwerke. Die Schutterzeit beeinflußt wesentlich die zu erreichende Abbaugeschwindigkeit. Die → Schuttergeräte lassen sich wie folgt charakterisieren:

– Ladeeinrichtung: Schaufel, Kratzer, Schrapper,
– Fahrwerk: Gleisbetrieb, Ketten, Rad,
– Antrieb: Diesel, Elektro, Druckluft, Hydraulik,
– Entladesysteme: Seitenkipper, Frontalkipper, Überkopfkipper.

Beim Einsatz von → Vollschnittmaschinen werden i. d. R. zumindest für die Anfangsstrecke Förderbänder eingesetzt. *Wagner*

Schutzgerüst. S. sind Fanggerüste, die Personen vor tieferem Absturz bewahren, und Schutzdächer, die Personen, Maschinen und Geräte gegen herabfallende Gegenstände schützen. Zu den Absturzsicherungen gehören u. a. Auffangnetze, Dachschutzwände und die Fanggerüste im engeren Sinn. Die Breite der Fanggerüste hängt vom lotrechten Abstand zwischen Gerüstbelag und Absturzkante ab. Schutzdächer haben eine Mindestbreite von 1,50 m, wenn nichts anderes vorgeschrieben ist (Bild). *Drees*

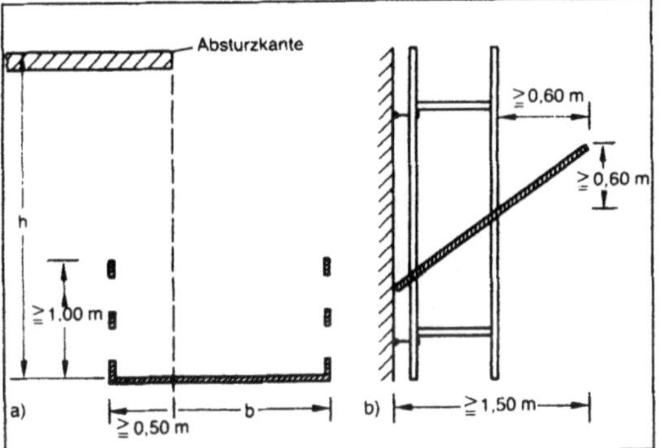

Schutzgerüst: S. und Schutzdach nach Vorschrift der Bauberufsgenossenschaft. Aufriß.
a) S.

lotrechter Abstand h bis 2 m		3 m,	4 m,
minimale Breite b	1 m	1,3 m	1,8 m

b) Schutzdach.

Schutzmaßnahmen für Beton. Bei chemischem → Angriff auf Beton reicht in den meisten Fällen ein aktiver Schutz durch betontechnologische (→ Betonwiderstandsfähigkeit) und konstruktive Maßnahmen, um Beton-, Stahlbeton- und Spannbetonbauwerke gegen die verschiedensten Angriffe über lange Zeit ausreichend widerstandsfähig zu machen. Nur bei sehr starkem Angriff benötigt der Beton einen passiven Schutz durch besondere Schutzschichten.

Konstruktiv sind folgende Maßnahmen wichtig:
– Fernhalten und Ableiten von Niederschlägen,
– Vermeiden zu dünner Bauteile,
– sorgfältige konstruktive Durchbildung mit ausreichender Anordnung von Dehnungsfugen, um unkontrollierte Risse zu vermeiden,
– Vermeiden von Arbeitsfugen,
– unvermeidbare Arbeitsfugen sorgfältig planen und ausführen sowie
– ausreichende Betondeckung an allen Stellen (→ Betonstahlkorrosion).

Als Schutzschichten kann man auf den Beton aufbringen (→ Oberflächenbehandlung):
– → Imprägnierungen, → Hydrophobierungen und → Versiegelungen bis etwa 0,1 mm Dicke,
– Dünnbeschichtungen (→ Anstriche) bis etwa 0,4 mm Dicke,
– Dickbeschichtungen bis etwa 4 mm Dicke (→ Beschichtungsstoff),
– Mörtelbeschichtungen bis etwa 20 mm Dicke (→ Mörtel),
– → Folien, Dichtungsbahnen,
– Bekleidungen aus keramischen und metallischen Stoffen und aus Kunststofftafeln,
– Verbundausführung verschiedener Verfahren.

Die Auswahl und die erforderliche Dicke hängen von der Art und Stärke des Angriffs und von den Aufgaben und der Ausführung des Bauteils ab. *Wesche*

Schwalbenschwanzverbindung. Zimmermannsmäßige Verbindung, die in Form von → Verblattungen und → Verkämmungen vielfältig angewendet wurde, z. B. Verbindungen wie Längsträgerstoß, Kopfband–Kopfbandbalken, Eckverbände im Blockhausbau, Rähm–Deckenbalken. Auf Grund der beträchtlichen Querschnittsschwächungen, des Auftretens von Exzentrizitäten und hohem Arbeitsaufwand wurde die Schwalbenschwanzverbindung durch einfachere Verbindungen verdrängt, z. B. durch → Versatz, → Dollen, Stahlblechformteile u. a. *Dröge*
Literatur: *Halász, R. v.*, u. *C. Scheer* (Hrsg.): Holzbau-Taschenbuch. Bd. 1. 9. Aufl. Berlin 1996.

Schwarte. S. (Schwärtling) ist ein einseitig glatt geschnittenes, auf der anderen Seite rundes (Rundschwarte) oder sägegestreiftes → Brett, das als Abfallprodukt beim Sägen von Schnittholz durch einen → Tangentialschnitt an der Außenkante des Stammes entsteht. S. werden vielseitig weiterverarbeitet, z. B. in der Holzwerkstoffindustrie zu Spänen, Holzwolle, Zellulose, im Bau- und Bergbauwesen als Schalungs- und Verkleidungsmaterial oder als Brennmaterial für Holztrocknungsanlagen, Raumbeheizung u. ä. (Bild). *Dröge*

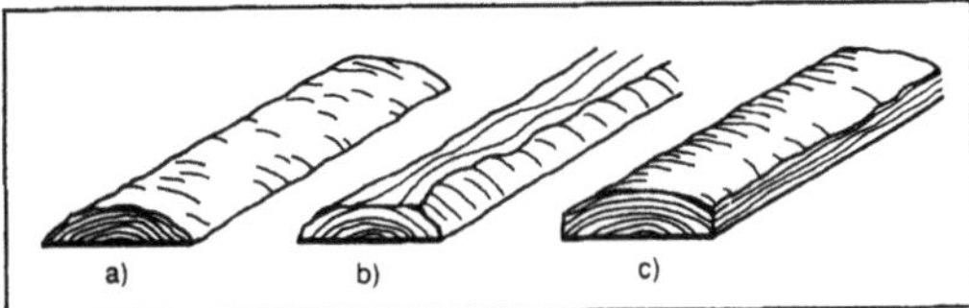

Schwarte: Arten von S.
a) Rundschwarte
b) Brettschwarte
c) Angesäumte S.

Schwarzdeckenfertiger. Die bituminöse Decke ist mehrschichtig aus → Deckschicht und Binderschicht(en) auf der → Tragschicht aufgebaut; der Fertigungsgang ist damit vorgegeben. Besondere Anforderungen bestehen in der Ebenheit und der Verdichtung der Schichten. Hier ist der Einsatzbereich des Straßenfertigers mit Raupen- oder Reifenfahrwerk. Die ursprünglich nur als Verteilgeräte geeigneten Fertiger sind zur teilweisen, in neuerer Auslegung – bei hinreichender Unterlage – zur vollständigen Verdichtung der Schichten entwickelt. Das Gerätesystem umfaßt den Aufnahmebehälter, ein Förder- und Verteilaggregat mit Abzugsband und querliegender Schnecke und die Einbau- und Verdichtungselemente, bestehend aus Stampf- und Vibrationseinrichtung. Für den vorherrschenden → Heißeinbau von bituminösem Mischgut sind die Arbeitswerkzeuge elektrisch oder mit Gasfeuerung beheizt. Besondere Ausrüstungen des automatischen Nivellierens über Drahtführung oder auf der Unterlage und die Anlenkung des Einbauverdichtungsaggregates sowie der Verstellung der Arbeitsbreite vervollkommnen die Geräte. Ansonsten werden → Binderschichten durch 8-t-Walzen mit Glattmantel und die Deckschicht mit 6-t-Glattmantelwalzen, beides auch mit Vibration, verdichtet. → Gußasphalt verarbeitet man mit besonderen Geräten, die für größere Bauleistungen auf Schienen geführt, in moderner Ausführung auf Raupen- oder Reifenfahrwerk zu einem Zug zusammengestellt sind. Das vom Ausfahrkocher bzw. -mischer entleerte Material wird von einer angebauten Verteilerschaufel ausgebreitet, von der Einbaubohle abgezogen, mit Splitt bestreut und sofort abgewalzt. Das Beheizen der Bohle sowie ihre Arbeitsbewegung bewirkt das ständige Plastifizieren des Asphaltgemenges. Im bituminösen → Straßenbau benutzt man außerdem eine Vielzahl an Hilfsgeräten, u. a. Spritzgeräte für das Bindemittel im kalten und erwärmten Zustand.

Kühn

Schweißen von Thermoplasten. Das Verschweißen von Thermoplasten hat sich im Bauwesen als werkstoffgerechtes und sicheres Fügeverfahren bewährt. Im Gegensatz zum Metallschweißen werden weder Flamme (Schweißbrenner) noch Lichtbogen (Elektroden) verwendet, da die Kunststoffe sowohl brennbar als auch elektrisch nicht leitfähig sind. Das Ineinanderfließen der plastifizierten Schweißzonen der zu verbindenden Bauteile geschieht durch Erwärmen mittels Heißluft, Kontakt zu Heizelementen oder durch Anlösen mittels Lösemitteln. Für Sonderzwecke ist die Erwärmung auch durch Reibung, Ultraschallenergie oder im Hochfrequenzfeld möglich. Duroplaste und Elastomere haben wegen ihrer vernetzten Molekularstruktur keinen plastischen Verformungsbereich und sind daher nicht schweißbar. Grundsätzlich ist es auch möglich, unterschiedliche Thermoplaste miteinander zu verschweißen. Dabei ist natürlich zu beachten, daß die Erweichungstemperaturen und das Anlösungsverhalten unterschiedlich sind. Hieraus und aus unterschiedlichen

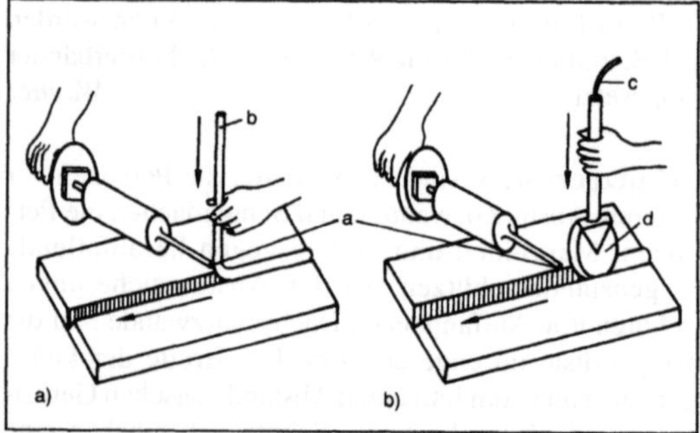

Schweißen von Thermoplasten 1: Heißgasschweißen.
a) Bei harten Thermoplasten.
b) Bei weichen Thermoplasten.

a Heißgas, b Zusatzstab, c Zusatzschnur, d Andrückrolle

polaren Oberflächenspannungen können sich verringerte Nahtfestigkeiten ergeben.

□ Heißgasschweißen. In einem von Hand geführten – beim S. von großen Bahnen auch motorisch angetriebenen – Schweißgerät wird Luft elektrisch erhitzt und über ein Gebläse auf den Grund- und den Zusatzwerkstoff geführt. Die Schweißfugen müssen in Form von V- oder X-Nähten vorbereitet sein; auch Kehlnähte sind möglich. Bei Überlappungsstößen von Weichfolien ist keine Nahtvorbereitung erforderlich. Die erzielbare Schweißnahtgüte hängt in hohem Maße vom handwerklichen Können und von der Sorgfalt des Schweißers ab. Er muß ohne Hilfe von Meßgeräten die wesentlichen Schweißparameter Temperatur, Luftmenge, Anpreßdruck und Geschwindigkeit nach dem Aussehen der Naht einregeln und bemüht sein, alle Einflußgrößen konstant zu halten. Witterungseinflüsse, wie Temperatur, Feuchte, Wind, sowie Verschmutzungen, vor allem auf Erdbaustellen, erschweren die Aufgabe. Häufige Güteprüfungen sind erforderlich (Bild 1).

□ Heizelementschweißen. Die zu verbindenden Flächen werden durch Kontakt mit einem elektrisch beheizten Metallkörper auf die erforderliche Schweißtemperatur gebracht und nach Entfernen des Heizelementes bis zum Erkalten aneinandergedrückt. Das Verfahren ist weitgehend mechanisierbar. Auch unter Baustellenbedingungen können mit Hilfe tragbarer Geräte, z. B. bei erdverlegten Großrohren, problemfrei Stumpfstöße ausgeführt werden; ähnliches gilt für das Heizkeilschweißen (Überlappungsstöße) von → Folien. Die erreichbaren Nahtfestigkeiten betragen 75–95% der Zugfestigkeiten des Grundmaterials. Sie hängen in komplexer Weise von den zeitlich nicht konstanten Druck- und Temperaturverhältnissen ab. Auch hier sind häufige Güteprüfungen zu empfehlen (Bild 2).

□ Kaltschweißen (Lösemittelschweißen, Quellschweißen). Die zu verbindenden Flächen werden durch Bestreichen mit einem spezifisch wirkenden

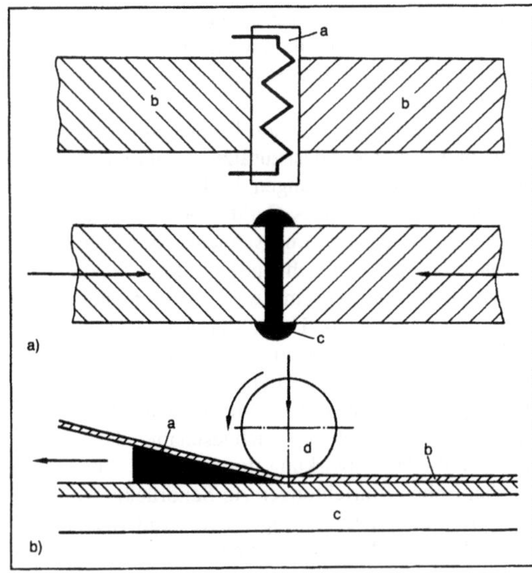

Schweißen von Thermoplasten 2: Heizelementschweißen.

a) Stumpfschweißung.

a Heizelement, b Werkstück, c Schweißnaht

b) Heizkeilschweißung.

a Heizkeil, b verschweißte Folien, c Unterlage, d Druckrolle

Lösemittel plastifiziert (angequollen) und anschließend gegeneinander gepreßt. Das Verfahren ähnelt einer Verklebung. Da in der Bindeebene jedoch eine Vermengung der Polymermoleküle der beiden Bauteile stattfindet und Adhäsionskräfte gegenüber Kohäsionskräften zurückstehen, ist die Bezeichnung S. gerechtfertigt. *Sasse*

Schweißverbindung. Einzelteile im → Stahlbau verbindet man heute in großem Maße durch Schweißen. Dies gilt insbes. für in der Werkstatt gefertigte Bauteile, die i. d. R. völlig geschweißt sind. Auch für Baustellenverbindungen setzt man außer den Schraubenverbindungen, die vorwiegend im Hoch- und Industriebau Anwendung finden, auch S. ein, vor allem im Brücken- und Großbrückenbau. So sind z. B. bei den neueren Straßenbrücken über den Rhein die Stöße der Versteifungsträger an der Baustelle vollständig verschweißt. Das im Stahlbau wichtigste Verfahren ist die Lichtbogenschweißung. Es wurde bereits 1892 von *Slavianoff* entwickelt und ist im Stahlbau fast ausschließlich in Gebrauch. Die Lichtbogenschweißung kommt als

☐ Handschweißung mit umhüllter Stabelektrode,

☐ Unterpulverschweißung und

☐ Schutzgasschweißung

zur Anwendung. Im Gegensatz zur ruhenden Belastung zeigen die Schweißnähte bei wechselnder (schwingender) Dauerbelastung Festigkeitsabminderungen infolge

nie ganz zu vermeidender Einbrandkerben; auch Schweißnahtanrisse und Poren können auftreten. Der Grad des Festigkeitsabfalls infolge der Kerbwirkung wirkt sich besonders bei dauerbeanspruchten Kehlnähten aus (→ Kerbe). Durch konstruktive Maßnahmen, z. B. stetige Übergänge bei Verstärkungen und Dickensprüngen, hochwertige Schweißnahtherstellung, Schleifen von Schweißnähten usw., kann die Kerbwirkung herabgesetzt werden. *Sedlacek/Scholz*

Schwelbrand. S. ist eine Vorstufe des vollentwickelten Brandes. Er schließt an die Zündphase an und führt zu einer allmählichen Flammenausbreitung.

Kordina

Schwelle. Die S. haben die Aufgabe, die vom Fahrzeug aufgebrachten Kräfte in den Untergrund abzuleiten, die Stabilität des Gleisrostes und eine gleichbleibende → Spurweite zu gewährleisten. Sie wirken als Träger auf zwei Stützen mit überkragenden Enden. Die Schienenauflager stellen dabei die Stützen und der Bettungsdruck die Belastung dar. Es treten folglich sowohl Druck- als auch Biegekräfte auf, die von den S. aufgenommen werden müssen. Wesentliche Einflußfaktoren für die auftretenden Beanspruchungen sind Schwellenteilung (-abstand), -größe und -form.

Die Schwellenteilung auf den Hauptbahnen der Deutschen Bahnen beträgt etwa 60 cm. Ein geringerer Schwellenabstand würde z. B. zu Schwierigkeiten beim Einsatz von Oberbaumaschinen führen oder diesen zumindest sehr verteuern. Die S. haben i. a. eine Länge von 2,60 m. Für eine Verlängerung der S., die zu einer Reduzierung der Spannungen führen würde, besteht derzeit kein Bedarf.

Die S. bestehen aus Weichholz (Lärche oder Kiefer), → Hartholz (Eiche, Buche oder Tropenhölzer), → Beton oder Stahl. Bei Gleiserneuerung mit Schwellenaustausch werden heute meist Betonschwellen eingebaut (rd. 75%), die restlichen S. sind Hartholzschwellen. Im Gesamtnetz der DB lagen 1991 etwa 43% aller Gleise auf Betonschwellen, 39% auf Holzschwellen und 18% auf Stahlschwellen. Bei den Weichen ist die Situation anders, 92% liegen auf Holz-, 6% auf Stahl- und 2% auf Betonschwellen.

Holzschwellen können mehrmals verwendet werden, da die Befestigung der → Schienen auf den S. nicht an einen festen Punkt gebunden ist. Zum Schutz gegen Witterungseinflüsse muß das Holz behandelt werden.

Die Betonschwelle wurde 1884 vom Franzosen *Monier* erfunden und bei der Deutschen Bundesbahn von 1949 bis 1952 einem Großversuch unterzogen. Ab 1952 wurden dann Einblockschwellen mit → Vorspannung eingeführt. Eine andere Bauart ist die sog. Zweiblockschwelle, bei der die beiden Betonblöcke im Bereich der Aufstandsflächen durch Stahlprofile miteinander verbunden sind (Bild S. 578). Die Betonschwelle kann kostengünstig gefertigt werden. Durch

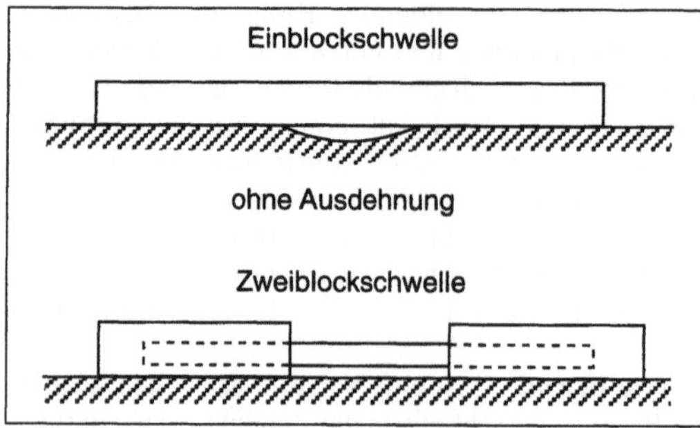

Schwelle: Ein- und Zweiblockschwellen

ihr hohes Gewicht wird eine hohe Lagesicherheit erreicht. Das hohe Gewicht bedingt jedoch eine maschinelle Verlegung der Betonschwellen.

Die ersten Stahlschwellen befanden sich bereits 1850 in der Erprobung. Die Stahlschwelle wurde ständig weiterentwickelt und kommt heute vorwiegend auf Nebengleisen zum Einsatz. Die trogförmige Ausbildung gibt großen Widerstand gegen Längs- und Querkräfte. Stahl steht als Werkstoff fast unbegrenzt zur Verfügung. Ein Nachteil der S. ist, daß das Schotterbett unter der S. schlecht zu verdichten ist. Außerdem ist die elektrische Isolierung der beiden Schienen gegeneinander problematisch.

Seit 1980 wurde im Rahmen eines vom BMFT (Bundesminister für Forschung und Technologie) geförderten Forschungsvorhabens eine Stahlschwelle neuer Güte entwickelt. Sie besteht aus zwei S-förmig gebogenen Breitflanschträgern und zwei geraden Trägerabschnitten. Die wesentlichen Merkmale sind Doppelaufleger und Dreiecksverband im Gleisrost. Infolge ihres Aussehens wird sie Y-S. genannt. Die Y-S. weist eine geringe Bauhöhe und einen sehr hohen Querverschiebewiderstand durch die eingeschlossene Schottermasse auf; dadurch ist kein Vorkopfschotter mehr nötig. Dies hat zur Folge, daß insgesamt ein geringer Schotterbedarf für das Gleis notwendig ist. Die Y-S. läßt eine lange Lebensdauer erwarten, hat ein leichtes Gewicht und bietet eine hohe Eigensteifigkeit des Gleisrostes.

Kracke/Runge

Schwertwaschmaschine. Ein Trog mit geneigter Sohle oder ein ebener Trog, auch schräg mit Deckel aufgestellt, ist mit einer Welle oder zwei Wellen parallel zur Unterkante ausgestattet: Einwellen- und Zweiwellenschwertwäscher (Bild). An den Wellen sind Rührwerkzeuge, die Schwerter, kreuzweise angesetzt. Von einer Stirnseite des Troges, bei dem schiefen Trog die tiefere Stirnseite, bei dem schrägstehenden die untere, wird das zu reinigende Gemenge zugegeben und durchgerührt, so daß sich die Körnung und die Beimengungen scheiden. Die gereinigte Körnung wird weiter, auch nach oben, befördert und ausgetragen. Die Bauarten sind für unterschiedliche Bedingungen aus-

gelegt, z. B. die eine Bauart für eine Körnung 0/70 mit geringem Feinkornanteil, eine andere nur für die Körnung 3/30–3/60; dabei ist das Unter- und Überkorn vorher abzutrennen.

Eine großflächig bauende Einheit als kombinierte Kies- und Sandwäsche ist zusätzlich mit Lösewerkzeugen und Wascheinrichtungen der Kammerwäsche ausgerüstet. Ein kompaktes Gerät gibt die Kombination einer Förderentwässerungsschnecke mit Schwertern besonderer Form, die nicht nur Umrühren, sondern eine Pulsation ergeben. Hiermit wird auf einfachem Wege eine Beimengung an Holz, Lehm und Humus aus Kies restlos entfernt. Kammerwäscher, die lediglich eine Spülwirkung haben, können nur ungebundene Verunreinigungen auswaschen. Sie werden intensiv wirkenden Waschmaschinen nachgeschaltet. Gleichwohl läßt sich die Waschwirkung (besser: Spülwirkung) der mechanischen Einrichtungen zur Sandrückgewinnung, wie Kratzbänder, Schöpfräder, Entwässerungsschnecken und Sandfänge, benutzen. Ebenso findet in den hydraulischen Klassierern, in denen Strömungskräfte benutzt werden, eine Abtrennung von bindigen Anteilen als Schwebstoffe und Feinst- bzw. Feinkörnung statt. In der hydraulischen Setzmaschine wird die unterschiedliche Sinkgeschwindigkeit von Körpern gleicher Form und Größe, jedoch unterschiedlicher Dichte ausgenutzt; dabei verstärken pulsierende Wasserbewegungen oder auch Stahlkugeln den Trennvorgang über einen Siebboden. Aufschwimmende Bestandteile werden von der Oberfläche abgezogen. Der Hydrobandscheider (Aquamator) besteht aus einem Kastenförderband mit durchhängendem Obertrum, das mit Wasser gefüllt ist. Gegen die Bandlaufrichtung bildet sich eine Wasserströmung heraus, mit der sich gleich dem Wellenauslauf am Strand Schmutzstoffe und leichte Schadstoffe aus dem Rohgut aussondern, während der schwerere Sand und Kies am anderen Ende ausgetragen werden.

Der Vibrationswäscher ist ein mit Wasser gefüllter Kasten mit wellenförmigem, schräg angesetztem

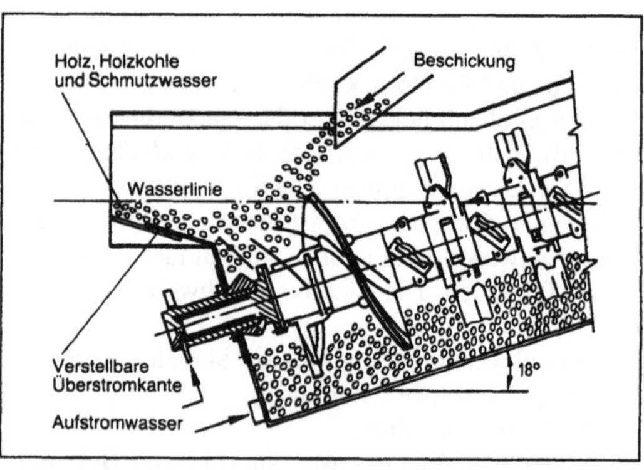

Schwertwaschmaschine: Kieswäscher mit Schwert und Schnecke.

Boden. Mit Vibration auch im Resonanzbereich durch Kurbeltrieb tritt eine Abscheidung von Schadstoffen bei gleichzeitiger Förderung des gereinigten Guts die Steigung hinauf zur Austragsstelle ein. Die Schadstoffe führt man seitlich ab. Die genannten Einrichtungen werden oftmals eigentlichen Waschmaschinen zwecks Ausscheidung von leichten Beimengungen, wie Kohle, Torf und Holz, nachgeschaltet. *Kühn*

Schwimmgreifer. Der S. wird von einem → Portalkran, der auf → Pontons montiert ist, auf den Gewässerboden abgelassen. Er eignet sich besonders zur Rohstoffgewinnung (→ Sand, → Kies) aus großen Tiefen (bis 100 m Wassertiefe) und bei ungleichmäßigen Böden, wo man die anderen → Naßbagger nicht einsetzen kann. Da ein Arbeitsspiel (Hochziehen – Entleeren – Ablassen) bei diesen Tiefen sehr viel Zeit kostet, setzt man sehr große Greifer mit bis zu 50 m^3 Fassungsvermögen ein. Das von den S. geförderte Material wird in → Silos zwischengelagert, bevor es entweder auf Pontons schwimmenden Förderbändern oder → Schuten übergeben wird. *Kühn*

Schwimmkran. Auf → Pontons fest installierte → Krane, die sich vor allem durch ihre Tragkraft (bis zu 2000 t) von Landgeräten unterscheiden. Die notwendige hohe Tragkraft ergibt sich einerseits aus dem Gewicht der zu hebenden Lasten (Bauteile von Schiffen, Fertigteile beim Brückenbau, Bergungsarbeiten), andererseits aus den gegenüber Landgeräten größeren Hebelarmen. Deshalb müssen häufig mehrere S. zusammen eingesetzt werden, um eine Last zu heben (Schiffshebung). *Kühn*

Schwinde. S. sind Stellen der Erdoberfläche, an denen oberirdische Gewässer im durchlässigen Untergrund ganz oder teilweise versinken (bei großen Öffnungen in Karst- und Kluftgrundwasserleitern) oder versickern (bei porösen → Lockergesteinen). Bekannt sind die großen S. der Donau zwischen Immendingen (rd. 654 m NN) und Fridingen (rd. 618 m NN), deren Wasser in der 12 km bzw. 20 km entfernten Aachquelle (475 m NN) wieder austritt. *Mattheß*
Literatur: *Mattheß, G.,* u. *K. Ubell*: Allgemeine Hydrogeologie – Grundwasserhaushalt. Berlin, Stuttgart 1983.

Schwingfestigkeit → Ermüdung, → Wöhlerlinie

Schwingförderrinne. Mit Vibration wirken verschiedene Vorrichtungen, die zugleich als kontinuierlich arbeitende Abzugsgeräte und als Förderer sowie als Aufgeber, dabei mit einer bestimmten Dosierung, arbeiten. Durch konstruktive Ausführung und Schwingungsauslegung wird eine breite Anwendungsspanne für eine gleichmäßige Förderung und dosierte Beschickung von sehr feinkörnigem bis sehr grobkörnigem Gut bei hoher Förderleistung erreicht. Es bestehen bei den S. ähnliche Antriebstechniken wie bei den

→ Vibrationssieben. Außer dem Ablauf Transportieren und Dosieren läßt sich in Kombination mit Rosten und Lochblechen eine Kornabtrennung oder mit feinen Schlitzen bzw. Sieböffnungen eine → Entwässerung vornehmen. Je nach bevorzugter Verwendung und maschineller Gestaltung sind Bezeichnungen, wie Bunkerabzugsförderer, Bunkerabzugsrinne, Unwuchtförderer, Dosierförderrinne, Vibrationsaufgeber üblich. *Kühn*

Schwingung. S. sind Bewegungen innerhalb eines Kraftfeldes. Die harmonische S. ist der einfachste Fall eines Schwingungsvorganges. Der Schwingungsausschlag hängt von der Zeit in der Form $x = A \sin \omega t$ ab. Die periodische S. wird als Überlagerung mehrerer harmonischer S. mit verschiedenen Amplituden und Frequenzen dargestellt. Sie wiederholt sich innerhalb jeder Periode mit allen ihren Eigenschaften. Bei nichtperiodischen S. wiederholen sich nur einzelne Eigenarten, bis zur stochastischen Bewegung bzw. Erregung. Weiterhin wird unterschieden in

□ freie S., die auftreten, wenn das System bei einmaliger Energiezufuhr sich selbst überlassen bleibt;

□ gedämpfte S., die allmählich infolge unterschiedlicher Dämpfungsursachen abklingen;

□ erzwungene S., bei denen periodisch veränderliche Erregerkräfte für Energiezufuhr sorgen, z. B. Maschinenfundamente;

□ angefachte S., die im Bauwesen, z. B. als Windschwingungen von → Hängebrücken und schlanken → Schornsteinen, → Türmen und → Hochhäusern, Bedeutung haben;

□ stabile S., bei denen das System infolge dauernder Energiezufuhr (periodisch, nichtperiodisch, stochastisch) in einen Beharrungszustand übergeht und die zugeführte Energie sich mit den Verlusten infolge → Dämpfung ausgleicht. Auch diese können für ein Bauwerk wegen der damit verbundenen Materialermüdung gefährlich werden.

Weiterhin ist zwischen freien, ungedämpften und freien, gedämpften S. zu unterscheiden, bei denen keine dynamischen Lasten auftreten. Damit lassen sich die → Eigenfrequenz oder die Eigenschwingzeit eines Systems bestimmen. Bei erzwungenen S. infolge von Erregerkräften (periodisch, nichtperiodisch einschl. Stoß, stochastisch) sind die Antwortschwingungen des Bauwerks zu bestimmen. Aus dem Abstimmungsverhältnis, dem Verhältnis der Kreisfrequenz der Erregerschwingung zu der des Systems und dem Vergrößerungsfaktor, der vom Dämpfungsmaß abhängt, folgt der Phasenverschiebungswinkel. Damit kann beurteilt werden, ob ein System
– hoch abgestimmt ist: Die Massenkräfte und ein Teil der Erregerkräfte stehen im Gleichgewicht mit den Federkräften (Rückstellkräfte), die Dämpfungskräfte im Gleichgewicht mit einem Teil der Erregerkräfte;
– sich im Resonanzzustand befindet: Erregerkräfte und Dämpfungskräfte stehen im Gleichgewicht mit Mas-

sen- und Federkräften, der Vergrößerungsfaktor wird unendlich;
– tief abgestimmt ist: Die Federkräfte und ein Teil der Erregerkräfte stehen im Gleichgewicht mit den Massenkräften, ein anderer Teil der Federkräfte mit den Dämpfungskräften. *Laermann*

Literatur: *Klotter, K.*: Technische Schwingungslehre. Bd. 1. Berlin 1951.

Schwingungsmessung. Abhängig von der jeweiligen Fragestellung werden Geschwindigkeitsmessungen durchgeführt, wenn diese Informationen über das Maß einer Störung infolge → Schwingungen liefern, oder Beschleunigungsmessungen, wenn die Auswirkungen höherer Frequenzen bewertet werden müssen. Als Meßverfahren kommen hauptsächlich piezoelektrische, piezoresistive, ohmsche, induktive, kapazitive, interferometrische, supersonische Verfahren in Frage.

Wichtig ist die optimale Wahl der Meßstellen, an denen Störungen oder/und Defekte zu erwarten sind, z. B. maximale Amplituden von Verformungen, Spannungskonzentrationen; sie sind anhand der Entwurfsberechnung, einschl. Computersimulation, auszuwählen. Nach automatisierter Erfassung, Speicherung und Aufbereitung (Filterung) der Meßdaten werden diese als Vorgabe in das mathematische Entwurfsmodell, heute meist auf der Grundlage diskreter Rechenverfahren (→ Differenzenverfahren, → Finite-Elemente-Methode, → Randelemente-Methode) eingeführt, um die zur Beurteilung des aktuellen Bauwerkszustandes erforderlichen Vergleichswerte zu erhalten.

Laermann

Sedimentationsanalyse. Verfahren, mit dem für Kornanteile $< 0{,}125$ mm einer → Bodenprobe die Korngrößenverteilung bestimmt wird. Das Verfahren ist durch DIN 18 123 geregelt. Etwa 50 g Erdstoff rührt man in einem Standzylinder mit rd. 1 l Wasser zu einer Suspension auf, die man anschließend stehen läßt. In die Suspension wird ein Aräometer (Tauchwaage) eingesetzt und in festgelegten Zeitabständen die Eintauchtiefe abgelesen. Die Auswertung nimmt man nach *Stokes* vor. Körner mit großem Durchmesser sedimentieren schneller als kleine Körner. Die Dichte der Suspension nimmt von oben her allmählich ab und die Eintauchtiefe des Aräometers entsprechend zu. Ermittelt wird der prozentuale rechnerische Korndurchmesser d, der nach der Zeit t die Tiefe d_s des Aräometerschwerpunktes erreicht hat. Die Ergebnisse werden im halblogarithmischen Maßstab in Form der Korngrößenverteilungskurve dargestellt. Diese schließt bei gemischtkörnigen Erdstoffen an die Kurve der → Siebanalyse an.

Meißner

Seeretention. Ausgleichende Wirkung von Wasserflächen (Seen, Speicherbecken, → Überschwemmungsgebiete) durch Retention (Zurückhaltung) auf die zeitlichen Abflußschwankungen. Die S. kann als Sonderfall des → Hochwasserwellenablaufs bei horizontaler Wasserspiegellage aufgefaßt werden. Wasserwirtschaftlich ist es wichtig, natürliche Retentionsflächen zu erhalten. Zum modernen → Hochwasserschutz gehört, künstliche Retentionsräume zu schaffen (→ Hochwasserrückhaltebecken). *Lecher*

Literatur: *Maniak, U.:* Hydrologie und Wasserwirtschaft. 3. Aufl., Berlin 1993.

Segmentbauart. Bauverfahren mit Fertigteilen, das besonders im Spannbetonbrückenbau angewendet wird. Dabei ordnet man die → Fugen normal zur Brückenachse an. Die Fugen der Bauteilabschnitte (Segmente) werden mit Verzahnung versehen und mit Fugenmörtel ausgefüllt. Durch Spannglieder, die die Fugen kreuzen, erzeugt man einen Spannungszustand, der es ermöglicht, die Schubkräfte im Bruchzustand allein über die Verzahnung zu übertragen. Die Schubfestigkeit des Fugenmörtels wird im Bruchzustand also nicht in Anspruch genommen. Im Gebrauchszustand beteiligt sich der Fugenmörtel an der Aufnahme der Schubkräfte. Darüber hinaus dient der Fugenmörtel zum Ausgleich unvermeidlicher Unebenheiten zwischen den Kontaktflächen aneinanderstoßender Fugen und zum Korrosionsschutz der Spannstähle. Der Entwurf von Spannbetonbrücken in S. erfordert besonders sorgfältige konstruktive Überlegungen, insbes. bei der Anordnung und Ausbildung der Spannglieder. Treten in den Fugen unerwünschte, klaffende Risse auf, so sind die Spannglieder nicht nur durch → Korrosion gefährdet, sondern werden wegen großer Spannungsänderungen, besonders durch dynamische Belastungen, beansprucht, was zu Ermüdungsbrüchen führen kann. *Mehlhorn*

Seil. Ein wichtiges Konstruktionselement im → Stahlbau. Sie werden durch Zugkräfte beansprucht und dienen in erster Linie zur Überwindung großer Stützweiten. Hauptanwendungsgebiet der S. im konstruktiven Ingenieurbau sind der Großbrückenbau, z. B. Schrägseilbrücken und → Hängebrücken; der Großhallenbau, z. B. Flugzeug- und Messehallen; Abspannungen für Maste sowie der Bau von Tribünenüberdachungen und Seilnetzkonstruktionen. Ein weiteres großes Anwendungsgebiet sind die Förderanlagen wie z. B. Großbagger, → Kabelkrane und Seilbahnen.

Man unterscheidet geschlagene offene oder vollverschlossene Spiralseile (DIN 3051) und Paralleldrahtbündel (Bild).
– Die Spiralseile bestehen aus einer oder mehreren Lagen von Drähten, die schraubenlinienförmig um einen Kerndraht gewunden (geschlagen) werden.
– Offene Spiralseile bestehen nur aus Runddrähten (bis etwa 5 mm ∅) oder Litzen. Sie werden nur dann eingesetzt, wenn an den Korrosionsschutz keine besonderen Anforderungen gestellt werden.
– Vollverschlossene Spiralseile besitzen dagegen in den äußeren Lagen profilierte Drähte in Keil- und Z-Form mit ca. 6 mm Einzeldrahthöhe. Die Formdrähte werden

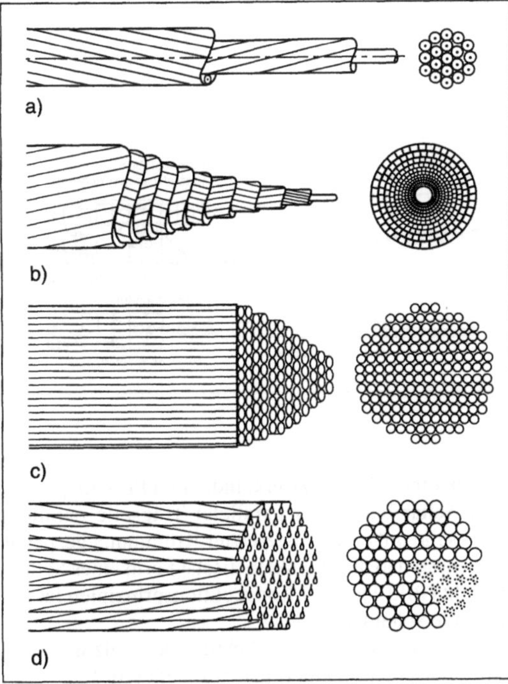

Seil: In der Bautechnik verwendete S.-Arten
a) Zweilagiges Litzen-Spezialseil
b) Verschlossenes Spiralseil: Runddrähte, ⌀ 5,1 mm,
Profildrähte H = 6,0 mm
c) Drahtbündel aus Runddrähten, ⌀ 7 mm
d) Litzenbündel, Litze, ⌀ 16 mm.

infolge der spiralförmigen Windung bei der Verseilung und nach dem Einbau verstärkt durch die Zugbeanspruchung aneinandergepreßt und bilden dadurch praktisch eine geschlossene Oberfläche. Der große Vorteil dieser Seilart ist die geringe Korrosionsanfälligkeit. Vollverschlossene S. werden bis ca. 120 mm Durchmesser hergestellt und im konstruktiven Ingenieurbau bevorzugt als Tragseile eingesetzt.
– Paralleldrahtbündel bestehen vorwiegend aus Runddrähten, Durchmesser bis 7 mm, oder seltener aus Litzen. Sie sind parallel zu ihrer Längsachse angeordnet und werden kontinuierlich oder in Abständen zu Bündeln zusammengefaßt.

Bei Hängebrücken mit großen Stützweiten kommen Paralleldrahtbündel mit vielen hundert Einzeldrähten zum Einsatz, die im sog. Luftspinnverfahren an Ort und Stelle hergestellt werden. Die Einzeldrähte werden dabei nacheinander von Verankerung zu Verankerung über die → Pylone gezogen.

Sehr große Seillängen, wie sie bei extremen Hängebrückenstützweiten auftreten, sind das Hauptanwendungsgebiet von Paralleldrahtbündeln. Denn die vollverschlossenen Spiralseile, die im Verseilwerk in der erforderlichen Gesamtlänge hergestellt und zum Ein-

satzort transportiert werden müssen, kommen allein wegen des hohen Eigengewichtes und der damit verbundenen großen Transportprobleme dafür nicht in Betracht. *Sedlacek/Scholz*

Seilbagger. → Bagger, die fast alle Bewegungen ihrer Baggerwerkzeuge mit Hilfe von Windwerken und Drahtseilen ausführen. Im → Erdbau werden S. meist mit Raupenfahrwerk verwendet, das zur Verbesserung der Standfestigkeit bei einigen Konstruktionen ausgefahren werden kann (Spurverbreiterung). Aus konventionell mechanisch angetriebenen S. haben sich z.T. vollhydraulische Seilmaschinen entwickelt, die Dieselmotoren mit gekoppelter Hydraulikpumpe antreiben. Die Arbeitsbewegungen der Geräte werden ganz oder teilweise durch hydrostatische Antriebe ausgeführt. Der S. zeichnet sich durch eine robuste und damit betriebssichere Bauweise aus. Die Größenordnung von handelsüblichen S. liegt zwischen 12 und 74 t Betriebsgewicht. Bei Motorleistungen von 51,5–226 kW verfügen sie über eine maximale Hubkraft von 10–70 t. Reine Schürfkübelbagger (Draglines), die auch mit einem Schreitwerk ausgerüstet sein können, übersteigen diese Werte. Der Ausleger ist ein Gitterwerkträger, mit dem Auslegerlängen in Normalausführung bis 30 m erreicht werden können. Außer Hoch- und Tieflöffel, die sichelförmig graben, sind Greifer und Eimerseileinrichtungen die wichtigsten Arbeitswerkzeuge. Daneben sind S. als Trägergeräte für Ramm- und Bohreinrichtungen geeignet und können für Kranarbeiten eingesetzt werden (kraftschlüssiges Senken). Die → Winden haben eine Freifalleinrichtung, die den Einsatz von → Stampfplatten zur Zertrümmerung oder Verdichtung von grobstückigem, sperrigem Felsmaterial ermöglichen. *Kühn*

Seilförderung. Die S. ist das einzige → Transportsystem, das sich den jeweiligen Geländeverhältnissen, auch den schwierigsten, gut anpassen läßt. Es überspannt Täler und Flüsse und kann Steigungen bis zu 45° überwinden. Es kommen zwei Systeme zum Einsatz:
☐ die Einseilbahn, deren Förderseil gleichzeitig Trag- und Zugfunktion hat,
☐ die Zweiseilbahn (Bild S. 582), bei der die Trag- und Zugfunktion auf jeweils ein Drahtseil verteilt ist.
Beide Systeme können sowohl im Umlauf als auch als Pendelbahn (→ Kabelkrane) ausgeführt sein, wobei die Pendelbahn nur bei außergewöhnlichen Verhältnissen Verwendung findet und die Förderleistung je nach Förderweite beträchtlich geringer sein kann. Für den Betrieb sind normalerweise eine Be- und Entladestation erforderlich, die gleichzeitig Antriebs- bzw. Seilspannstation sein kann. Zu den einfachsten und bekanntesten Streckenbauwerken zählen die Stützen (→ Pylone), dazu die Doppelstützen und die Kuppengerüste, die der seilschonenden und für die Wagen sanften Überfahrt großer Seilablenkungen dienen, sowie die Schutznetz- und Schutzbrückenkonstruktionen als Siche-

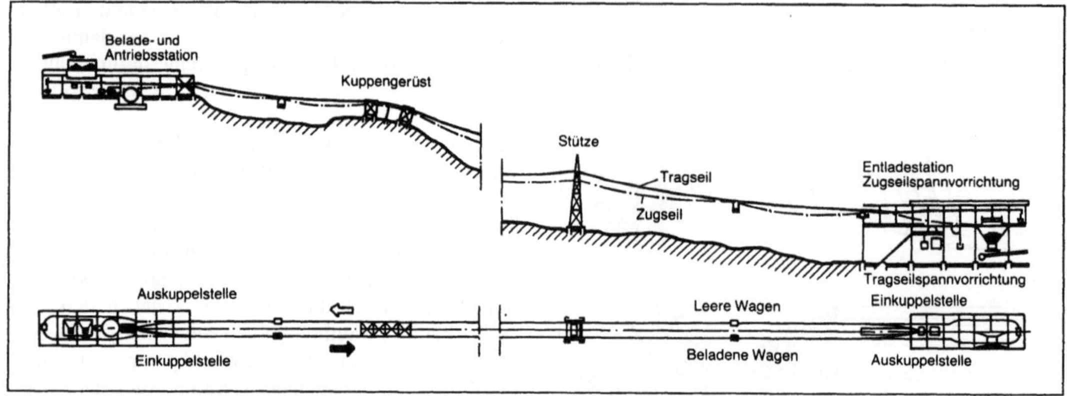

Seilförderung: Zweiseilumlaufbahn.

rungseinrichtungen gegen herabfallende Stücke. Ein weiteres Betriebselement ist das Drahtseil, das je nach Funktion und Belastung als Spiralseil (Tragseil bei geringerer Belastung), Litzenseil (Zugseil) oder verschlossenes Seil (Tragseil für schwere Beanspruchung) ausgeführt ist. Zum Materialtransport werden Gondeln oder Transportgefäße der verschiedensten Formen (Wannen, Betonkübel usw.) eingesetzt, die entweder fest oder über eine mitgeführte → Winde mit dem Tragseil verbunden sind. Die maximalen Einzellasten betragen 30 t. *Kühn*

Seilnetz. Seilkonstruktionen, wie z.B. → Hängebrücken, Seilbahnen, Hängedächer und S.-Konstruktionen, werden immer dann gewählt, wenn große → Spannweiten mit möglichst geringem Eigengewicht und Materialaufwand zu überbrücken sind. Der große Vorteil von Seilkonstruktionen liegt darin, daß ihre Elemente nur auf Zug beansprucht werden, die Zugglieder beliebig lang hergestellt und ihre Zugfestigkeit voll ausgenutzt werden können. Nachteilig hingegen ist, daß sich die Form nahezu widerstandslos den aufgebrachten Lasten anpaßt und in Verbindung mit dem geringen Eigengewicht derartige Konstruktionen leicht zu → Schwingungen angeregt werden, insbes. unter Windbelastung. Dies wird durch → Vorspannung über Spannseile vermieden. Das Tragseil kann so große Lasten bei relativ kleinen Verformungen aufnehmen. Zur Raumüberdeckung verbindet man solche Trag- und Spannseile zu einem Seilnetzwerk, indem im Prinzip quer zu einer Schar hängender paralleler Tragseile parallele Spannseile mit entgegengesetzter Krümmung gespannt werden, so daß die charakteristische Form eines Sattels entsteht (Bild 1). Zwei Konstruktionsprinzipien lassen sich unterscheiden:

☐ Das S. wird zwischen in Richtung des Seilzuges starren Randträgern montiert und gespannt (Bild 2).

☐ Das S. wird im spannungslosen Zustand auf einer Bezugsfläche, meist über einer Ebene, hergestellt und unter Einleitung der Vorspannung in seine Endlage gebracht, so daß ein räumlich vorgespanntes Seilnetz entsteht, das mindestens zwischen vier, nicht in einer Ebene liegenden Festpunkten aufgespannt ist. An Stelle der steifen Randträger werden verstärkte Randseile angeordnet (Bild 3).

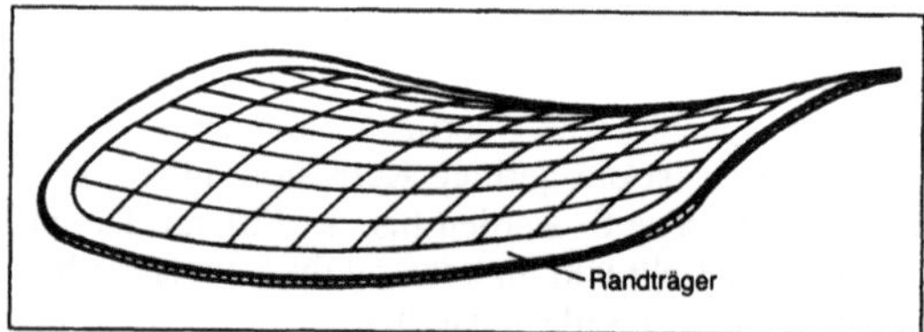

Seilnetz 2: Seilnetzwerk zwischen starren Randträgern.

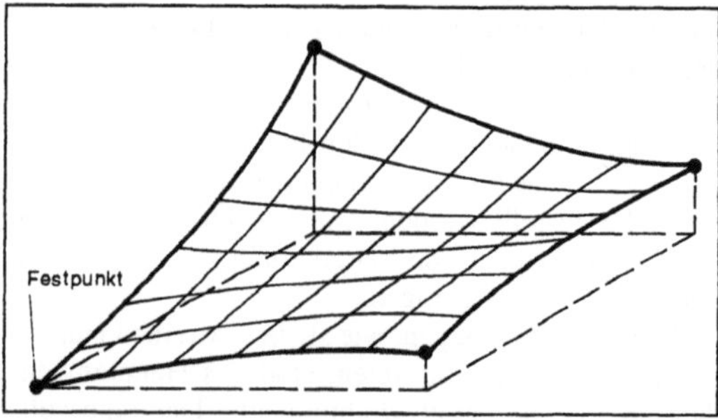

Seilnetz 3: Seilnetzwerk zwischen verstärkten Randseilen.

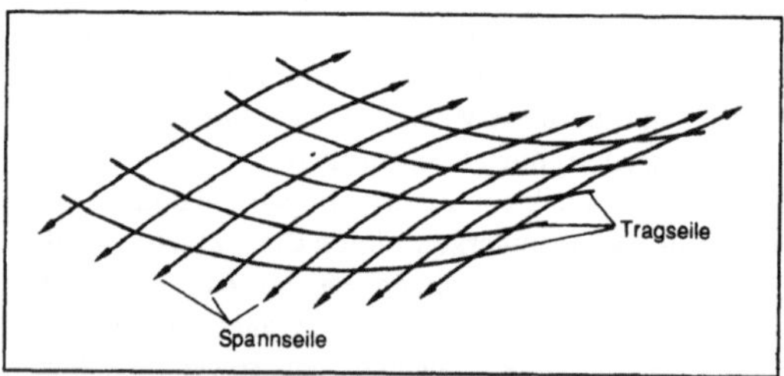

Seilnetz 1: Seilnetzwerk aus Trag- und Spannseilen.

Erst im Vorspannungszustand entsteht die Geometrie der Netzfläche und der gesamten tragenden Konstruktion als Gleichgewichtszustand gegeneinander vorgespannter Bauteile. Geometrie, Größe und Verteilung der Vorspannkräfte in jedem Element, die Maschengeometrie des Netzes, die Art der Berandung, die Ausrichtung der Netzseile zum Verlauf der Randseile und die Dehnsteifigkeiten beeinflussen sich wechselseitig. Im Vorspannungszustand steht ein S. unter einem Spannungszustand, der je nach der Geometrie der Netzfläche ohne äußere Lasten bereits einen großen Teil der zulässigen Seilspannungen aufbraucht. Daraus und aus fertigungstechnischen Gründen ergeben sich außerordentlich hohe Anforderungen an die Maßvorgaben, den „Zuschnitt", und die Fertigung. Das vorgefertigte Dach muß, nachdem es in die planmäßige Lage gebracht worden ist, seinen vorberechneten Vorspannungszustand erreichen. Dazu muß man es bei der Montage exakt um das Maß der Seildehnungen kleiner als nach dem planmäßigen Abstand der Festpunkte erforderlich und unter Berücksichtigung der Verformungen der Randseile herstellen. *Laermann*

Seilschlagbohrmaschine. Eine im Steinbruchbetrieb für die Herstellung von Großbohrlöchern verwandte Variante der Schlagbohrmaschinen, die nach dem Prinzip des freien Falls arbeitet. Einen bis zu mehreren Tonnen schweren Schlagmeißel läßt man aus bestimmter Höhe fallen, so daß das Gestein durch die Auftreffwucht der Bohrerspitze zertrümmert wird. S. eignen sich für die Herstellung von Sprenglöchern mit großen Durchmessern und großen Tiefen und lassen sich in praktisch jedem Gestein einsetzen. Nachteilig ist, daß nur lotrecht gebohrt werden kann und daß man von Zeit zu Zeit den Bohrfortschritt unterbrechen muß, um das Bohrklein aus dem Loch zu entfernen. Hierzu muß man den Meißel ganz aus dem Bohrloch herausziehen. Wegen dieser zeitraubenden Nebenarbeiten wird mit diesem Verfahren nur dann gearbeitet, wenn wirtschaftlichere Methoden versagen (Großlochbohrmaschinen). Da leistungsstarke hydraulisch und pneumatisch angetriebene Bohrmaschinen zur Verfügung stehen, kann man auf die Anwendung des Seilschlagbohrverfahrens weitgehend verzichten. *Kühn*

Sektorenrichtlinie, EG-. Richtlinie des Rates der EG vom 17. September 1990 betreffend die Auftragsvergabe durch Auftraggeber im Bereich Wasser-, Energie- und Verkehrsversorgung sowie im Telekommunikationssektor. Sie verpflichtet die Mitgliedstaaten der EU, Bauaufträge mit einem Gesamtauftragswert der Baumaßnahme von 5 Millionen ECU (European Currency Unit) ohne Umsatzsteuer nach dieser Richtlinie auszuschreiben, um einen gemeinsamen Baumarkt zu schaffen (→ Verfahren, nichtoffenes/offenes; → Verhandlungsverfahren). Die Baumaßnahme ist dem Amt für amtliche Veröffentlichung der EU in Luxemburg zwecks Bekanntmachung im Amtsblatt der EU mitzuteilen. *Drees*

Selbstkletterschalung → Kletterschalung

Selbstkosten. Summe der dem Unternehmen bei der Ausführung entstehenden Kosten, zusammengesetzt aus
☐ → Einzelkosten der Teilleistungen,
☐ → Baustellengemeinkosten,
☐ allgemeine → Geschäftskosten,
☐ Umsatzsteuer.

S. und kalkulatorischer Gewinnzuschlag ergeben den Selbstkostenpreis. Hiervon zu unterscheiden ist der Marktpreis, der durch die Marktverhältnisse bestimmt wird und somit unter den S. liegen kann. *Drees*

Selbstkostenerstattungsvertrag. Vertragsform nach Verordnung PR-Nr. 1/72 und § 5 VOB/A, bei der die → Bauleistung nach → Selbstkosten vergeben wird; nur ausnahmsweise zulässig, wenn die Bauleistungen vor der Vergabe nicht eindeutig und so erschöpfend bestimmt werden können, daß eine einwandfreie Preisermittlung möglich ist. Selbstkostenpreise können entweder als Selbstkostenfestpreis auf Grund einer → Vorkalkulation oder als Selbstkostenerstattungspreis auf Grund einer → Nachkalkulation abgeschlossen werden. Bei der Vergabe ist festzulegen, wie Löhne, Stoffe, Gerätevorhaltung und andere Kosten einschl. der → Gemeinkosten zu vergüten sind und wie der Gewinn zu bemessen ist. *Drees*

Selbstlöschend. Begriff aus DIN 4102, Tl. 1, der bei der Beurteilung des → Brandverhaltens von Baustoffen eine wesentliche Rolle spielt. Er bezeichnet die Eigenschaft von Baustoffen, die nach Entzündung mit einer Pilotflamme von selbst wieder auslöschen. *Kordina*

Selbstreinigung. Die S. der Gewässer bewirken alle natürlichen biologisch-physikalisch-chemischen Vorgänge, die den Gewässergütezustand „reinigend" verbessern. Hierzu gehört vor allem der biologisch bedingte Abbau bis zur Stabilisierung oder schließlich Mineralisierung der natürlich oder anthropogen bedingt im Gewässer vorhandenen organischen Stoffe. Dieser biologische Abbau durch Mikro- und Makroorganismen ist ein natürlich aerober oder/und anaerober Prozeß mit einem bestimmten → Sauerstoffbedarf. Er ist vom Angebot an Nährstoffen, von der Temperatur, der Turbulenz (durch Strömung, Wind, Wellen und Gewässergeometrie), der Lichteinwirkung, der Sauerstoffbildung durch Pflanzen und von der ökologischen Saprobiensituation des jeweiligen Gewässers abhängig. Hinzu kommen Absetzeffekte, die zu einer besseren Durchsichtigkeit und besserer Durchlichtung beitragen können. Je nach den eingebrachten (anthropogen oder auch natürlich) belastenden Stoffen im Wasser kann durch die S. der Gehalt an Sauerstoff bis auf einen für bestimmte Lebewesen kritischen Wert sinken und so Sterben auslösen. Ebenso können sich aus den Faulungsprozessen des Bodenschlamms Probleme für das Gewässer ergeben. *Pfeiff*

Senkkasten. Baukörper, der durch Aushub von Boden bis auf den geplanten Gründungshorizont abgesenkt wird. Am gebräuchlichsten sind S. aus Stahlbeton. Während des Absenkens betoniert man die aufgehenden Wände. Das Verfahren wird überwiegend dort eingesetzt, wo die Gründungsebene unterhalb des Grundwasserspiegels liegt. Nach dem Aushubverfahren wird zwischen einem offenen S. und dem Druckluftsenkkasten unterschieden. Beim offenen S. ist – wie auch bei der Brunnenherstellung – die → Sohle von oben her für Bagger oder Förderpumpen zugänglich. Der Außen- und Innenwasserspiegel stehen auf gleicher Höhe. Hingegen ist beim Druckluftsenkkasten (Caisson) eine Zwischendecke angeordnet, die eine etwa 2–2,5 m hohe Arbeitskammer nach oben hin luftdicht abschließt (Bild). In der Arbeitskammer verhindert Druckluft, daß Wasser eindringt. Der Überdruck beträgt etwa 2–4 m Wassersäule. In der Arbeitskammer des Druckluftsenkkastens wird der Boden in Handarbeit oder durch Elektrofahrzeuge gelöst und durch die Materialschleuse abtransportiert. Mit zunehmendem Luftdruck nehmen die Nettoarbeitszeit und die Leistung rasch ab. Während bei einem Luftüberdruck von $p \leq 100$ kPa noch eine Arbeitszeit von acht Stunden je Tag gestattet ist, sinkt dieser Wert für $p \geq 240$ kPa auf vier Stunden Arbeitszeit und vier Stunden Ausschleuszeit ab. Nach der Druckluftverordnung darf ein größter Luftdruck in Arbeitskammern von 300 kPa nicht überschritten werden. Somit ist die größte Gründungstiefe nach diesem Verfahren auf 30 m unterhalb des geschlossenen Wasserspiegels begrenzt.

Der Absenkvorgang bei S. ist bodenmechanisch eine planmäßig erzeugte Folge von → Grundbrüchen unter

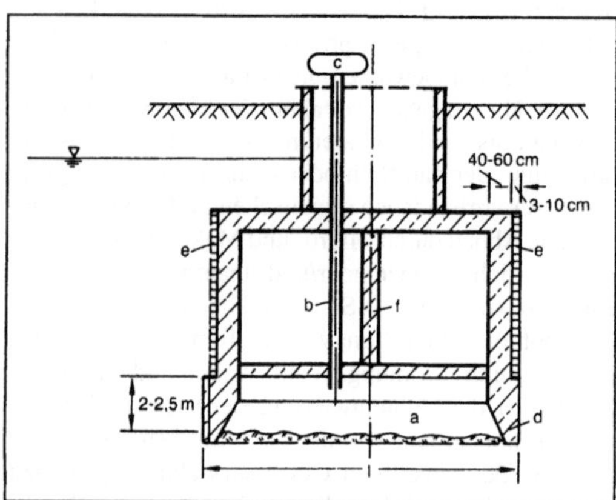

Senkkasten: Druckluft-S.

a Arbeitskammer (Druckluft), b Schachtrohr(e), c Material- und Personenschleuse(n), d Schneide mit Führung, e Bentonitsuspension, f Zwischenwand bei $l \geq 8$ m

den Senkkastenschneiden. Die Absenkgeschwindigkeit wird durch die Aushubtiefe an den Schneiden, durch Ballast sowie durch einen Luftüberdruck in der Arbeitskammer gesteuert. In einem Absenkplan müssen alle nach oben oder unten auf den S. einwirkenden Kräfte oder Lasten einander gegenübergestellt werden. Die Sicherheiten gegen ein Durchsacken oder ein Hängenbleiben des S. sind nachzuweisen. Eine Bentonitsuspension am Außenmantel des S. verhindert, daß zu große Mantelkräfte entstehen. S. werden überwiegend als Gründungskörper für z.B. Brückenpfeiler oder -widerlager, für Stauwehre oder für Kaianlagen verwendet. Anwendungsgebiet ist aber auch der → Tunnelbau, bei dem man einzelne Abschnitte im Senkkastenverfahren absenkt und später verbindet. *Meißner*

Senkkastenbauweise → Caissonbauweise

Senkschalung. Bei hohen Bauwerken, bei denen nachträglich Decken einbetoniert werden müssen, wie z.B. in → Gleitschalung erstellte Bauteile, eignet sich der Einsatz der S.

Die Bauweise geht von oben nach unten ohne die Verwendung einer Rüstung. Die → Schalung wird über Schieber in vorher erstellte Öffnungen abgelegt.

Das erstmalige Heben der Schalung und der Unterkonstruktion sowie das Senken, erfolgt mittels hydraulischer Heber, die am Kopf des Bauwerks montiert sind.

Einsatzgebiete sind z.B. Vorräume bei Treppenhauskernen oder Stahlbetonplatten bei → Schornsteinen.

F. Hoffmann

Literatur: GSB, Gleitschnellbau, Köln.

Setzung. Vertikalverschiebung der Geländeoberfläche durch Zusammendrückung des Untergrundes. Zusammendrückungen entstehen durch Zusatzspannungen im Boden, wie sie vor allem durch Bauwerkslasten verursacht werden. Zusatzspannungen können aber auch bei → Grundwasserabsenkungen entstehen, wenn die Auftriebswirkung entfällt. Durch Ausspülungen oder → Erschütterungen, das Schrumpfen feinkörniger Böden sowie durch das Nachgeben von Stützwänden oder unterirdischen Hohlräumen entstehende Verschiebungen heißen Sackungen oder Senkungen.

Für die konventionelle Ermittlung der S. unter einem Gründungskörper müssen der Zusammendrückungsmodul E_m eines Bodens und die Spannungsausbreitung im Untergrund bekannt sein. Der Zusammendrückungsmodul kann aus Ergebnissen von S.-Messungen rückgerechnet oder mit Hilfe von Laboratoriumsversuchen bestimmt werden (→ Kompressionsversuch). Unmittelbares Ergebnis des Kompressionsversuches ist der Steifemodul E_s. Mit einem Korrekturfaktor κ nach DIN 4019 läßt sich E_m zu

$$E_m = E_s / \kappa$$

abschätzen. Die Ermittlung der Spannungsausbreitung basiert auf der *Boussinesq*schen Beziehung (1885).

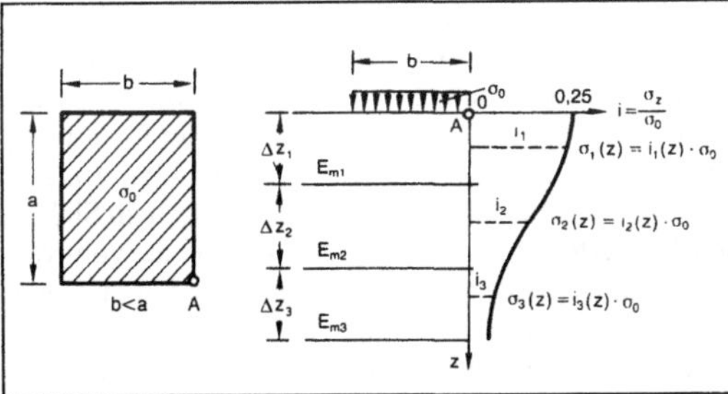

Setzung: Spannungsermittlung unter dem Eckpunkt A einer mit σ_0 gleichmäßig belasteten Rechteckfläche nach Steinbrenner.

Danach ist in beliebigen Punkten eines → Halbraumes die Spannung durch eine Last auf der Halbraumoberfläche bekannt. Es ist ein linear-elastisches Materialverhalten angenommen. *Steinbrenner* (1934) bestimmte mit der *Boussinesq*schen Lösung und durch Integration über gleichmäßig belastete Rechteckflächen die Spannungsausbreitung unter den Eckpunkten von Rechteckflächen (Bild). Die S. unterhalb des Eckpunktes beträgt

$$s = \sum_{i=1}^{n} s_i$$

dabei ist $s_i = \dfrac{\Delta z \cdot \sigma_i(z)}{E_{mi}}$

die Zusammendrückung einer einzelnen Schicht i mit dem Zusammendrückungsmodul E_{mi}, der Zusatzspannung σ_i und der Dicke Δz_i. Durch Integration der i-Werte über z erhalten wir den Setzungsbeiwert

$$f_s = \int_0^{z_g} i(z) \cdot d\left(\frac{z}{b}\right)$$

mit dem die Eckpunktsetzung unmittelbar zu

$$s = \frac{b \cdot \sigma_0}{E_m} \cdot f_s$$

ermittelt werden kann. Bei geschichtetem Untergrund ist eine Teilintegration über einzelne Schichten mit unterschiedlichen E_m-Werten erforderlich. S.-Berechnungen werden bis zu einer Grenztiefe z_g geführt (DIN 4019). Die Grenztiefe z_g ist ein Maß für die Mächtigkeit der zusammendrückbaren Schicht. Sie gibt die Tiefe an, in der die lotrechte Zusatzspannung etwa 20% der Spannung aus der Bodenüberlagerung beträgt. Dies ist unter einem → Fundament der Breite b gewöhnlich in einer Tiefe z=b bis z=2b der Fall.

Durch Superposition einzelner Teilflächen läßt sich für jeden Punkt innerhalb oder außerhalb einer Fundamentgrundrißfläche die S. ermitteln. Da unter den üblicherweise starren Fundamenten tatsächlich keine gleichmäßige Sohlpressung auftritt, müssen die Werte noch korrigiert werden. Die mittlere S. s_m eines starren Fundamentes beträgt

$$s_m \approx 0{,}75 \cdot s_s \,.$$

Dabei ist s_s die Mittelpunktsetzung des Fundamentes bei Annahme einer gleichmäßigen Sohlpressung.

Exzentrische Einwirkungen oder Momenteneinwirkungen führen zu Verkantungen des Fundamentes. Unterschiedliche S. benachbarter Fundamente werden als S.-Differenzen bezeichnet. Zwängungskräfte daraus sind entweder von der Überbaukonstruktion aufzunehmen, oder aber es sind entsprechende Setzungsfugen im Bauwerk anzuordnen.

Für beliebige Verteilungen der Sohlpressungen sowie beliebige Geometrien der Grundflächen können die S. mit Hilfe des *Newmark*-Verfahrens ermittelt werden.

Beispielhafte Erläuterungen zur Berechnung der lotrechten Spannungsverteilung im Baugrund unter lotrechten Linien- und Punktlasten, Gleichlasten mit rechteckigem, kreisförmigem oder beliebig geformtem Grundriß sowie waagrechten Einzel-, Linien-, Rechteck- oder Dreieckslasten enthalten die Empfehlungen der Deutschen Gesellschaft für Geotechnik (DGGT) des Arbeitskreises „Verformungen des Baugrundes bei baulichen Anlagen (EVB)".

Gleichmäßige S. können von den Bauwerken i. a. schadlos aufgenommen werden. Schadensursachen sind häufig S.-Differenzen. Die Setzungsdifferenzen können anhand der rechnerischen Gesamtsetzungen s wie folgt abgeschätzt werden:
→ Flachgründung: $\Delta s/s \approx 1/2$, Bohrpfahlgründung: $\Delta s/s \approx 1/3$, Rammpfahlgründung: $\Delta s/s \approx 1/4$.

Bei Muldenbildung unterhalb eines Bauwerks können als zulässige Neigungsänderungen benachbarter Bauwerkspunkte i. a. angenommen werden:
$\Delta s/l \approx 1/500$ Sicherheitsgrenze zur Vermeidung jeglicher Risse
$\Delta s/l \approx 1/300$ architektonische Schäden (Risse im → Putz) und
$\Delta s/l \approx 1/150$ konstruktive Schäden (Risse im → Tragwerk).

Dabei ist Δs die Setzungsdifferenz und l der Abstand der Nachbarpunkte. *Meißner/Becker*

Sicherheit. Eine wesentliche Aufgabe des Ingenieurs ist es, Konstruktionen zu entwerfen, die während einer vorgegebenen → Nutzungsdauer allen auftretenden → Beanspruchungen mit S. in einwandfreiem Zustand standhalten. Es soll also das Versagen von Bauwerken bzw. ihrer einzelnen Bauteile verhindert werden. Im allgemeinen sollte dabei der Gebrauch des Wortes Versagen nicht auf den Zusammenbruch beschränkt bleiben, sondern die Gebrauchstauglichkeit der Bauwerke einschließen. Um mit S. den auftretenden Beanspruchungen standzuhalten, muß der Ingenieur beim Entwurf die Abmessungen des Bauwerkes bzw. Bauteiles so festlegen und die zu verwendenden Baumaterialien hinsichtlich Festigkeit und Verformungsverhalten so auswählen, daß das Bauwerk bzw. Bauteil den äußeren

Beanspruchungen während der gesamten Nutzungszeit widersteht. Es sind also sowohl die auftretenden als auch die aufnehmbaren Beanspruchungen (Festigkeit) zu ermitteln und miteinander zu vergleichen. Diesem Vergleich entsprechend schlug *Rüsch* 1954 vor, zwei Gruppen von S.-Beiwerten einzuführen. Die eine Gruppe der S.-Beiwerte soll die Unsicherheit bei der Ermittlung der Beanspruchungen, die andere die Unsicherheiten bei den vorausgesetzten Festigkeiten abdecken.

Ist γ_1 der Teilsicherheitsbeiwert zur Erfassung der Unsicherheit der Beanspruchung und γ_2 der Teilsicherheitsbeiwert zur Erfassung der Unsicherheit der vorausgesetzten Festigkeit, so ist der Gesamtsicherheitsbeiwert γ von γ_1 und γ_2 abhängig:

$$\gamma = f\left(\gamma_1, \gamma_2\right).$$

In den beiden Teilsicherheitsbeiwerten sind vor allem die folgenden Unsicherheiten erfaßt.

□ Teilsicherheitsbeiwert γ_1:
– Unsicherheiten in den Lastannahmen, z. B. zufälliges Auftreten von Windböen,
– Unsicherheiten als Folge von Baumaßnahmen, z. B. unplanmäßige Stützensenkungen;

□ Teilsicherheitsbeiwert γ_2:
– Streuung der Güte der Werkstoffe (für verschiedene Werkstoffe unterschiedlich, insbes. abhängig von der Überwachung bei der Herstellung),
– Unsicherheiten durch örtliche Fehlstellen oder nicht erfaßte → Eigenspannungen,
– Unsicherheiten durch Ausführungsfehler (ungenaue Abmessungen).

Seit den Anfängen des Ingenieurbaues bis vor wenigen Jahrzehnten ging man bei der Bemessung der Ingenieurbauwerke vom Konzept der zulässigen Spannungen aus. Dabei wurden die Beanspruchungen, ausgedrückt durch die Spannungen nach der klassischen → Elastizitätstheorie, die Proportionalität zwischen Spannungen und → Verzerrungen voraussetzt, ermittelt. Diese so berechneten Spannungen σ mußten kleiner als die zulässigen Spannungen sein, die man durch Division der vorausgesetzten Festigkeit R durch den Sicherheitsbeiwert γ erhält:

$$\sigma \leq \frac{R}{\gamma}.$$

Die Festigkeiten für verschiedene Werkstoffe streuen unterschiedlich stark. Auch die tatsächlich auftretenden Beanspruchungen weichen mehr oder weniger von den ermittelten ab, was von den bei der Ermittlung der Beanspruchungen getroffenen Idealisierungen abhängt. Bestehende Normen schreiben deshalb Sicherheitsbeiwerte unterschiedlicher Größe vor, die vom verwendeten Baustoff, von der Belastung und in manchen Fällen auch vom Bauverfahren abhängen.

Als Folge der raschen technischen Entwicklungen im Ingenieurbau, die zur Folge haben, daß oft bei der Gestaltung von Bauwerken Neuland betreten werden muß, wird in verschiedenen Ländern am Ausbau einer einheitlichen Sicherheitstheorie gearbeitet, die auf wahrscheinlichkeitstheoretischer Grundlage beruht. Als Sicherheitsmaß wählt man dabei die Überlebenswahrscheinlichkeit bzw. Zuverlässigkeit der Baukonstruktion. Die Fachleute sind sich darüber einig, daß auch im Bauwesen eine absolute S. nicht erreichbar ist. Wie in allen Bereichen muß auch hier ein Restrisiko in Kauf genommen werden.

Entsprechend den beiden zu vergleichenden Größen Beanspruchbarkeit R und Beanspruchung S, die beide streuende Größen sind, müssen wir wissen, wie häufig beliebig ausgewählte Werte von R und S in der Menge aller möglichen Werte auftreten, d. h. wie wahrscheinlich ihr Auftreten ist. Am Beispiel der Überprüfung der Druckfestigkeit von Betonwürfeln soll die Verteilung von R erläutert werden (*Kreyszig* 1977). Es liegen die in der Tabelle angegebenen 90 Ergebnisse von Würfelprüfungen vor. Faßt man die einzelnen Ergebnisse zu Klassen zusammen, z. B. 13 Klassen mit einer jeweiligen Klassenbreite von 2,5 MN/m², so erhält man ein Histogramm (Bild 1), aus dem die absolute Häufigkeit der Druckfestigkeitsverteilung ersichtlich ist. Meist wird das Histogramm für die relative Häufigkeit aufgetragen. Summiert man die relativen Häufigkeiten längs der Merkmalachse auf, so ergibt sich das Diagramm der relativen Summenhäufigkeit (Bild 2).

Der Mittelwert der n = 90 vorliegenden Ergebnisse folgt:

$$\overline{R} = \frac{1}{n} \sum_{i=1}^{n} R_i$$

Sicherheit. Tabelle: Gemessene Druckfestigkeit in MN/m² von 90 Betonwürfeln mit der Kantenlänge 20 cm.

35,8	39,2	36,8	32,4	30,7	30,8	23,5	22,8	23,7	31,7
34,6	27,6	29,9	28,4	29,3	33,0	37,6	38,1	33,3	38,9
37,1	33,3	33,4	36,4	44,3	48,9	40,1	43,1	35,4	36,6
32,8	34,1	37,4	27,9	30,2	32,0	45,3	45,8	41,0	26,1
27,9	24,4	35,3	34,5	36,1	30,1	40,2	37,9	25,0	23,0
27,8	33,5	34,2	30,0	29,0	35,2	35,8	23,9	34,9	31,5
35,9	39,7	39,4	32,4	33,6	35,2	32,8	30,2	31,6	28,5
28,5	30,3	31,4	31,8	35,5	27,1	24,5	20,9	24,6	27,2
31,7	32,2	38,6	32,8	37,8	36,8	35,3	41,9	34,4	35,5

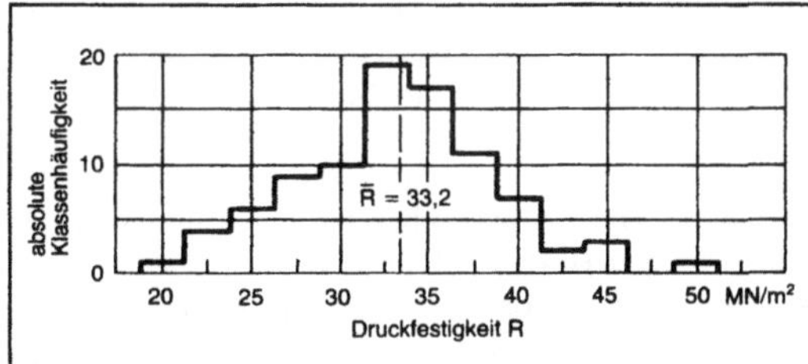

Sicherheit 1: Absolute Häufigkeit der zu Klassen zusammengefaßten festgestellten Druckfestigkeiten der Stichprobe.

$\bar{R}$ Mittelwert

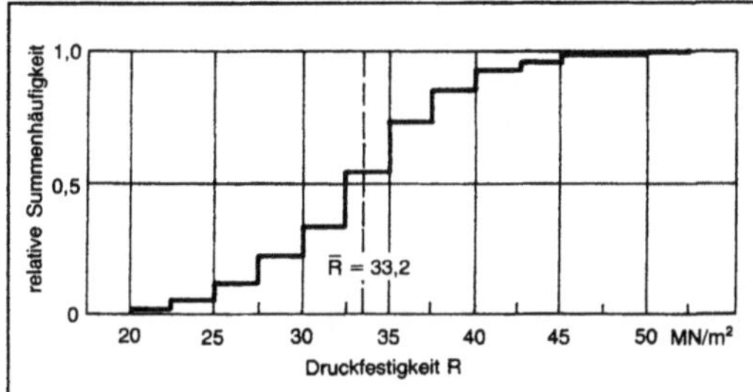

Sicherheit 2: Relative Summenhäufigkeit der zu Klassen zusammengefaßten festgestellten Druckfestigkeiten der Stichprobe.

$\bar{R}$ Mittelwert

Für das hier behandelte Beispiel beträgt $\bar{R}=33{,}2$ MN/m². Zur Beschreibung der Schwankungen der Druckfestigkeit sind Abweichungen nach oben und unten gleichwertig zu werten. Deshalb ist es zweckmäßig, von den Quadraten der Abweichungen der Einzelergebnisse vom Mittelwert auszugehen. Man erhält die mittlere Abweichung der Druckfestigkeit:

$$s_R = \sqrt{\frac{\sum\limits_{i=1}^{n}\left(R_i - \bar{R}\right)^2}{n-1}}$$

Sie wird auch als Standardabweichung der Stichprobe bezeichnet. Für unser Beispiel beträgt die Standardabweichung $s_R=5{,}5$ MN/m². Im vorliegenden Beispiel handelt es sich nur um eine willkürlich begrenzte Auswahl aus allen möglichen Werten der Druckfestigkeit des hergestellten Betons, weil nicht die gesamte Produktion, sondern nur eine bestimmte Probenanzahl untersucht werden kann. Die Ergebnisse werden als Stichprobe aus der Grundgesamtheit aller möglichen Werte bezeichnet. Deshalb bleibt der wahre Mittelwert m_R der Grundgesamtheit unbekannt. Der errechnete Mittelwert $\bar{R}$ ist demzufolge nur ein Schätzwert für den Mittelwert der Grundgesamtheit. Der Schätzwert ist um so genauer, je mehr Proben untersucht werden und je weniger die Einzelergebnisse voneinander

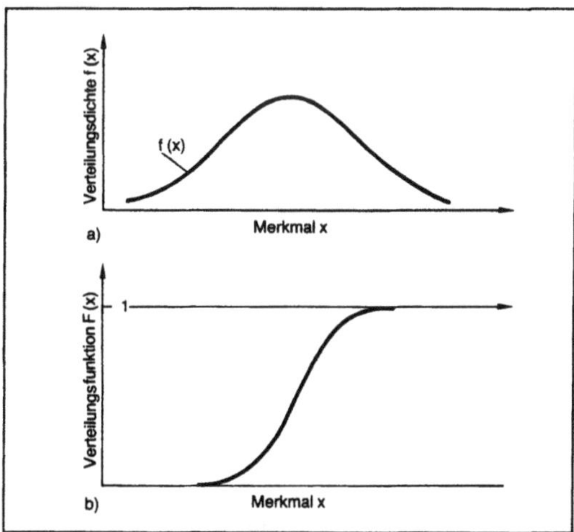

Sicherheit 3: Verteilungsdichte bzw. Verteilungsfunktion eines Merkmales einer Grundgesamtheit.
a) Verteilungsdichte f(x)
b) Verteilungsfunktion F(x).

abweichen. Analoges gilt für die Standardabweichung s_R der Grundgesamtheit.

Bei einem Übergang von der Stichprobe zur Grundgesamtheit werden die unstetigen Verläufe des Histogrammes und des Diagrammes der Summenhäufigkeit stetig. Wir bezeichnen diese Funktionen dann Verteilungsdichte f(x) des Merkmals x bzw. Verteilungsfunktion F(x) (Bild 3). Die Funktionsverläufe von f(x) bzw. F(x) sind unbekannt. Man erhält sie am einfachsten graphisch durch Zeichnen von Ausgleichskurven für das Histogramm bzw. das Diagramm der Summenhäufigkeit. Liegen genügend Untersuchungen über statistische Festigkeitsverteilungen für unter bestimmten Bedingungen hergestellte Materialien vor, kann man für bestimmte Fälle unter Anwendung der Wahrscheinlichkeitsrechnung auf die wahrscheinliche relative Festigkeitsverteilung $f_R(r)$ schließen, wenn die mittlere Festigkeit und die Standardabweichung durch Stichprobenuntersuchungen ermittelt wurden. Analog ist für die wahrscheinliche Verteilung der relativen Beanspruchung $f_S(s)$ zu verfahren. Man erhält die in Bild 4 dargestellten normierten Verteilungen.

Aus Bild 4 auf S. 588 kann man nun erkennen, daß die Konstruktion zuverlässig ist, wenn für ein beliebiges Wertepaar R und S die Beanspruchbarkeit R größer als die Beanspruchung S ist. Die Wahrscheinlichkeit des Versagens p_f erhält man zu:

$$p_f = \int\limits_{0}^{\infty} \int\limits_{0}^{S} f_S\,(s)\cdot f_R\,(r)\cdot dr \cdot ds.$$

Baut man das Bemessungskonzept auf der Versagenswahrscheinlichkeit p_f als Sicherheitsmaß auf, so sind für die → Grenzzustände (Bruch- oder Gebrauchsfähigkeitsgrenzzustände) Werte p_f festzulegen, die nicht

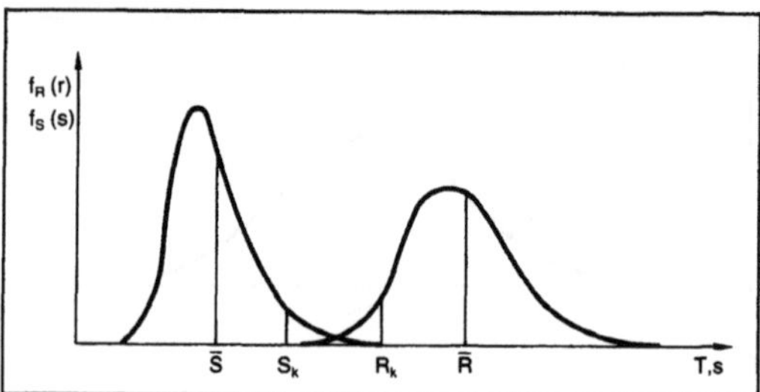

Sicherheit 4: Wahrscheinlichkeitsdichte der Beanspruchung S und der Beanspruchbarkeit R.

überschritten werden dürfen. Definiert man noch charakteristische Werte (Bild 4) für die Beanspruchung S_k und die Beanspruchbarkeit R_k, die mit einer bestimmten Wahrscheinlichkeit nicht über- bzw. unterschritten werden, so erhält man daraus den erforderlichen Sicherheitsbeiwert γ zu:

$$\gamma = \frac{R_k}{S_k}$$

Wegen der meist sehr hohen Lastannahmen liegt S_k am rechten Rand der Wahrscheinlichkeitsdichte und wegen der als 5%-Fraktile definierten Nennfestigkeit (d. h. nur 5% der untersuchten Proben dürfen einen festgelegten Wert, z. B. eine definierte Nennfestigkeit, unterschreiten) R_k am linken Rand. Den zentralen Sicherheitsfaktor γ_0 erhält man entsprechend aus dem Quotienten der Mittelwerte:

$$\gamma_0 = \frac{\bar{R}}{\bar{S}}.$$

Es ist deutlich zu erkennen, daß sich in Abhängigkeit von den zu vergleichenden Werten, z. B. Fraktil- oder Mittelwerte, sehr unterschiedliche S.-Faktoren ergeben können. Wenn man von S. spricht, ist deshalb zunächst eine eindeutige Abklärung der Begriffe erforderlich. Anderenfalls sind Mißverständnisse unvermeidbar.

Mehlhorn

Literatur: *Krevszig, E.*: Statistische Methoden und ihre Anwendungen. Göttingen 1974. – *Rüsch, H.*: Einfluß des Sicherheitsbegriffs auf die technischen Regeln für vorgespannten Beton. Schweiz. Arch. 20 (1954), S. 85. – *Rüsch, H.*, u. *R. Rackwitz*: Die Bedeutung des Begriffes Versagenswahrscheinlichkeit in der Sicherheitstheorie für Bauwerke. Entwickeln, Konstruieren, Bauen. München 1972.

Sicherheitskonzept. Für Bauwerke ist allgemein nachzuweisen, daß gegenüber → Grenzzuständen eine ausreichende → Sicherheit besteht. Dieser Nachweis wurde früher auch im → Grundbau überwiegend durch Verwendung einer Globalsicherheit erbracht. Danach ist die für den Versagenszustand des Bauwerks (Bauteils) notwendige Last zu ermitteln und durch die vorhandene Last zu dividieren (Traglastverfahren). Der Quotient muß größer als ein vorgegebener Sicherheitswert γ sein. Durch die europäische Normung ist im Bauwesen ein neues S. eingeführt, das auf probabilistischen Ansätzen basiert. Nach diesem Konzept sind die stochastischen Größen mit Sicherheitskoeffizienten (Partial- oder Teilsicherheitsbeiwerten) zu beaufschlagen, deren Werte von den Verteilungen der Größen abhängen. Die stochastischen Größen können sowohl Einwirkungen (Lasten) als auch Widerstände (→ Kohäsion etc.) sein. Mit den so festgelegten Größen ist nachzuweisen, daß gegenüber Grenzzuständen noch Sicherheiten bestehen. Als Grenzzustände sind definiert:

☐ Grenzzustand der → Tragfähigkeit oder des Versagens (GZ1). Es bestehen die Fallunterscheidungen:

– GZ1A: Versagen der Lagesicherheit des Bauwerks (im Grundbau: Sicherheit gegen Auftrieb),

– GZ1B: Versagen konstruktiver Bauteile (im Grundbau: → Fundamente und Stützbauwerke),

– GZ1C: Versagen des Baugrunds: Gleiten, → Grundbruch, Böschungs- und Geländebruch;

☐ Grenzzustand der Gebrauchstauglichkeit (GZ2): Im Grundbau üblicherweise dann gegeben, wenn eine noch zulässige Verformung oder → Setzung erreicht ist.

Es ist nachzuweisen, daß die Grenzzustände mit hinreichender Wahrscheinlichkeit nicht erreicht werden. Dies ist im Grenzzustand 1 der Fall, wenn die Grenzzustandsgleichung

$$R \geq S \text{ oder } Z = r - S \geq 0$$

erfüllt ist, wobei S die Einwirkungen (Belastungen eines Bauteils) und R die resultierenden Widerstände (Einflußgrößen, die den Einwirkungen entgegenstehen) sind. Die beiden Größen S und R sind Zufallsvariable, die statistische Verteilungen f(S) und f(R) aufweisen, wie sie im Bild a dargestellt sind. Die darin angegebenen Größen m und σ sind die Mittelwerte sowie die Standardabweichungen der Verteilungen. Im Abschnitt A gilt $Z = R - S < 0$, das Bauwerk (Bauteil) versagt. Der Versagenszustand hängt somit entscheidend von den Verteilungen ab, durch die die stochastischen Größen approximiert sind.

Für den Überschneidungsbereich A (Bild a) ist bei Bauwerken noch ein gewisser theoretischer Wert zugelassen. Für die Variable Z wird i. a. eine Versagenswahrscheinlichkeit $p_f = 10^{-6}$ gewählt (Bild b). Der Abstand des Mittelwertes vom Koordinatenursprung beträgt dann $\beta \cdot \sigma_z$ ($\beta = 4,75$), wobei β Sicherheitsindex heißt.

Die Einwirkungen, die einen Grenzzustand verursachen, werden durch γ_F-Werte erhöht. Einwirkungen können direkt in Form von Lasten, die am Bauwerk oder Boden angreifen oder auch indirekt, z. B. als Verformungen infolge Temperaturänderung auftreten. Sie werden klassifiziert als ständige Einwirkungen (G), veränderliche Einwirkungen (Q) sowie Unfall-Einwirkungen (A).

Den Einwirkungen wirken die Widerstände entgegen. In letzteren sind die Scherfestigkeitsparameter i. a. die dominierenden Größen, die auch die größten Streuungen aufweisen. Diese Parameter können z. B. expe-

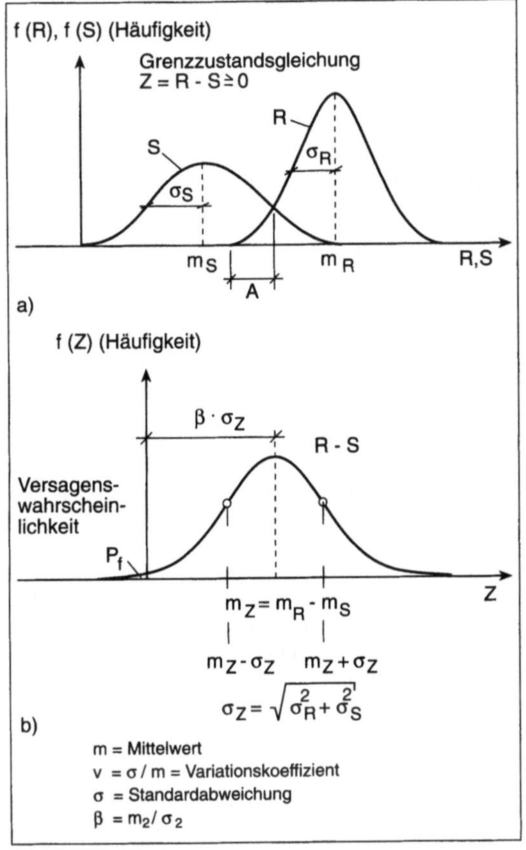

Sicherheitskonzept: Schematische Darstellung des Grenzzustandes der Gebrauchstauglichkeit.

rimentell ermittelt werden. Als Ergebnisse der Versuche sollten charakteristische Werte (Index k) angegeben werden, die, dividiert durch entsprechende Partialsicherheitswerte γ_m, die Bemessungswerte (Index d) ergeben, z. B.

$$\tan \varphi_d = \tan \varphi_k / \gamma_\varphi$$

$$c_d = c_k / \gamma_c$$

Die charakteristischen Werte müssen auf der „sicheren Seite" vom Mittelwert liegen und zu diesem einen ausreichend großen Abstand haben. Mit den Bemes-

sungswerten ist nachzuweisen, daß noch ein ausreichender Abstand zu einem Grenzzustand besteht.

In nachfolgender Tabelle sind die Teilsicherheitsbeiwerte für den Grenzzustand GZ1 (nach Entwurf ENV 1997-1, 8/94) zusammengestellt. Für außergewöhnliche Situationen dürfen alle Teilsicherheitsbeiwerte gleich Eins angenommen werden. Veränderliche Einwirkungen, die sich günstig auswirken, werden nicht berücksichtigt ($\gamma_F = 0$).

Für den Nachweis von Grenzzuständen der Gebrauchstauglichkeit ist die Teilsicherheit für alle ständigen und veränderlicher Einwirkungen gleich Eins, wenn nicht ausdrücklich anders bestimmt ist. Bei den Widerständen ist für Grenzzustände der Gebrauchstauglichkeit stets $\gamma_m = 1$ anzunehmen. Es ist i. a. nachzuweisen, daß die zulässige Verformung nicht überschritten wird.

Für den Nachweis eines Grenzzustandes sind alle ständigen (G_K) sowie veränderlichen (Q_K) Einwirkungen in Form von Einwirkungskombinationen zusammenzustellen. Werte verschiedener Einwirkungsfaktoren enthält z. B. der EC 1. *Meißner/Becker*

Sicherheitsleistung. Die Sicherheit dient dazu, die vertragsgemäße Ausführung der Leistung und die → Gewährleistung sicherzustellen. Wenn im Vertrag nichts anderes vereinbart ist, kann die Sicherheit durch Einbehalt oder Hinterlegung von Geld oder durch Bürgschaft eines im Inland zugelassenen Kreditinstituts oder Kreditversicherer geleistet werden (§ 17 Nr. 1 (2) und Nr. 2 VOB/B). Folgende S. sind zu unterscheiden:

☐ S. für die Ausführung (Ausführungsgarantie),
☐ S. für die Gewährleistung (Gewährleistungsgarantie),
☐ S. für → Vorauszahlungen des Auftraggebers (Vorauszahlungsgarantie).

Die Ausführungs- und Vorauszahlungsgarantie werden i. a. durch Bürgschaft eines Kreditinstituts oder Kreditversicherers gegeben, die Gewährleistungsgarantie dagegen durch Einbehalte bei den Zahlungen (meist 5 – 10%). Einbehaltene Zahlungen können nach → Abnahme durch eine Bürgschaft ersetzt werden, so daß der gesamte Rechnungsbetrag damit zur Auszahlung kommt. *Drees*

Sicherheitstechnik
Baubetrieb. Gesamtheit aller Maßnahmen, die zur Erzielung einer größtmöglichen → Arbeitssicherheit im

Sicherheitskonzept. Tabelle: Teilsicherheitsbeiwerte für den Grenzzustand GZ1.

| | Einwirkungen, γ_F-Werte | | | Bodenparameter, γ_m-Werte | | | |
| | ständig | | veränderlich | | | | |
Fall	ungünstig	günstig	ungünstig	$\tan \varphi$	c'	c_u	q_u
A	1,00	0,95	1,50	1,10	1,30	1,20	1,20
B	1,35	1,00	1,50	1,00	1,00	1,00	1,00
C	1,00	1,00	1,30	1,25	1,60	1,40	1,40

Baubetrieb getroffen werden. Die S. umfaßt folgende Bereiche:

☐ Organisation der innerbetrieblichen Arbeitssicherheit,

☐ Sicherheitsbestimmungen für Bauarbeiten,

☐ Sicherheitsbestimmungen für Arbeitsplätze und Verkehrswege,

☐ Absturzsicherungen,

☐ Sicherheitsbestimmungen für → Gerüste,

☐ Sicherheitsbestimmungen für elektrische Anlagen und → Betriebsmittel,

☐ Sicherheitsbestimmungen für Maschinen und Geräte,

☐ Sicherheitsbestimmungen für → Hebezeuge,

☐ Sicherheitsbestimmungen für die Verwendung gefährlicher Arbeitsstoffe,

☐ Sicherheitsbestimmungen für Flüssiggas,

☐ Sicherheitsbestimmungen für Schweißen und Schneiden,

☐ persönliche Schutzausrüstungen. *Drees*

Unterirdisches Bauen. Sicherungsmaßnahmen im Felstunnelbau dienen im wesentlichen dem Erhalt der Gebirgstragfähigkeit sowie dem Schutz der Vortriebsmannschaft gegen herabstürzende Gesteinsteile. Man unterscheidet vorläufige und endgültige Sicherungen; dabei wird die vorläufige Sicherung im Bauzustand zur Erlangung einer höheren Tragfähigkeitsreserve zu einer endgültigen Sicherung erweitert. An Stelle der klassischen Sicherungsmaßnahmen mit Zimmerungen, Verzügen und massiven Mauerwerksgewölben bestehen heute die Sicherungsmittel überwiegend aus Tunnelbögen, Bewehrungsmatten, Ankern und Spritzbeton. Der Vorteil im Einsatz dieser vorläufigen Sicherungsmaßnahmen liegt in einer umfassenden und schnellen → Versiegelung des Hohlraumrandes wie es mit Zimmerungen nicht zu erreichen ist, einer Verkeilung der Kluftkörper und somit einer erheblich verbesserten Stabilisierung des → Gebirges. Nach Abklingen der Verformungen vervollständigt eine aus → Ortbeton bestehende Innenschale das Gesamttragwerk und trägt zur Erhöhung der → Standsicherheit bei. Im → Schildvortrieb übernimmt der Schild die vorläufige Stützung des Gebirges, in dessen Schutz dann das Gebirge abgebaut und durch → Tübbinge oder eine Ortbetonschale endgültig gesichert werden kann. *Wagner*

Sichtbeton. S. ist Beton, dessen Oberfläche ganz oder teilweise ein vorausbestimmtes Aussehen hat, z. B. durch besondere Art der → Schalung oder Betonverarbeitung oder durch nachträgliche → Oberflächenbehandlung, und der mindestens strukturell sichtbar bleibt. Es gibt verschiedene Arten gestalteter Betonoberflächen, die man auch kombinieren kann.

– Betonoberflächen ohne Bearbeitung, die die Struktur der Schalung zeigen,

– Betonoberflächen, die mechanisch bearbeitet werden, bei jungem Beton durch Auswaschen (Waschbeton), bei ausreichend erhärtetem Beton durch Sandstrahlen, Flammstrahlen, steinmetzmäßige Bearbeitung,

– Betonoberflächen mit Dünnbeschichtungen (→ Anstrich). *Wesche*

Sickerraum → Deckschicht

Sickerströmung. Strömung einer Flüssigkeit, i. d. R. Wasser, im Untergrund. Die im Boden üblicherweise laminare Strömung wird durch ein Strömungsnetz gekennzeichnet, das aus Stromlinien und dazu orthogonalen Potentiallinien besteht. Die Stromlinien beschreiben bei stationärer Strömung den Pfad eines Wasserteilchens; Potentiallinien sind Linien gleicher hydraulischer Druckhöhe. Ein Strömungsnetz wird konstruiert, indem man zunächst die Berandungen als Strom- oder Potentiallinien festlegt. Im durchströmten Bereich werden nun Strom- und Potentiallinien so eingetragen, daß diese sich rechtwinklig schneiden und möglichst Quadrate einschließen. Zwischen zwei beliebigen benachbarten Potentiallinien besteht dann stets der gleiche Potentialhöhenunterschied Δh, und durch jede von zwei Stromlinien begrenzte Stromröhre fließt die gleiche Wassermenge q. Die Geschwindigkeit einer laminaren Strömung wird durch das *Darcysche Gesetz*

$$v = k \cdot i$$

beschrieben; v ist die → Filtergeschwindigkeit und k der → Durchlässigkeitskoeffizient des Bodens (→ Bodenmechanik). Der hydraulische Gradient i läßt sich für jeden Punkt des Strömungsnetzes als Quotient aus dem Potentialhöhenunterschied Δh und dem Abstand der Potentiallinien berechnen. Mit dem Querschnitt einer Stromröhre und der an dieser Stelle ermittelten Filtergeschwindigkeit kann dann die Wassermenge $q = v \cdot A$ einer Stromröhre und für die Gesamtzahl der Stromröhren die Wassermenge Q des gesamten durchströmten Bereiches ermittelt werden.

Der Potentialverlust zwischen zwei Potentiallinien wird durch → Strömungswiderstände im Boden verursacht. Auf das Korngerüst wirkt die Strömungskraft

$$F_s = V \cdot \gamma_w \cdot i$$

mit V als durchströmtem Volumen. F_s ist bei Standsicherheitsuntersuchungen als zusätzliche Volumenkraft zu berücksichtigen. S. oder → Grundwasserströmungen spielen in zahlreichen Gebieten des → Grundbaus, wie z. B. der → Grundwasserabsenkung, der Wasserdrucklast auf Verbauwände, der Auftriebssicherheit oder im → Dammbau eine entscheidende Rolle. Häufig ist es dabei zur Ermittlung von Wassermengen und Wasserdruckverteilungen ausreichend, wenn die Sickerlinie des durchströmten Bereiches konstruiert wird, die die oberste Stromlinie eines durchströmten Bereiches ist. *Meißner*

Sickerwasser. S. erfüllt in der wasserungesättigten Zone unregelmäßig begrenzte Bereiche und bewegt sich unter dem Einfluß der Schwerkraft vorzugsweise nach unten (→ Wasser, unterirdisches). *Mattheß*

Siebanalyse. Trennung eines Erdstoffes in Körnungsgruppen mit Hilfe von Prüfsieben. Geräte und Verfahren sind in DIN 18 123 geregelt. Für Korndurchmesser kleiner als 0,125 mm muß eine → Sedimentationsanalyse durchgeführt werden. Den Feinkornanteil bei Mischböden trennt man durch Auswaschen über einem Feinsieb vom Grobkorn. Die gesamte → Bodenprobe oder nur der vom Feinkorn befreite Grobkornanteil werden im Trocknungsofen bei 105 °C getrocknet und nach Abkühlung durch aufeinandergesetzte Siebe gesiebt. Die Gewichtsanteile der Siebrückstände in % über dem Korndurchmesser aufgetragen ergeben die Korngrößenverteilungskurve. *Meißner*

Sieblinie. Graphische Darstellung der → Kornzusammensetzung von → Betonzuschlägen. Sie gibt i. a. den Rückstand auf den zugehörigen Prüfsieben an. Stetige S. haben einen lückenlosen Kornaufbau, bei unstetigen S. fehlen einzelne Korngruppen. *Wesche*

Siebmaschine. Das zerkleinerte Gestein und das gebaggerte Gut ist in die gewünschten Körnungen, in Korngruppen (Lieferkörnungen) nach dem Größt- bzw. Kleinstkorn aufzuteilen. Man bezeichnet Körnungen von 0–4 mm als → Sand, Natursand oder Brechsand, von 4–32 mm als → Kies oder Splitt und über 32 mm als Grobkies oder Schotter. Dieses Klassieren nach der Korngröße geschieht hauptsächlich durch S., die mit Siebböden in der genormten Trennweite ausgerüstet sind. Eine Sonderstellung nehmen die sog. Sizer ein, bei denen die Trennöffnung größer als die abgetrennte Korngröße ist. Die angewandte Siebtechnik wird nach dem Bewegungsablauf des Siebgutes in die Wälzsiebung mit → Trommelsieben und in die Wurfsiebung mittels → Vibrationssieben unterschieden. Siebsysteme mit anderen Kornbewegungen, so bei Plansieben in der Ebene oder bei Taumelsieben in der Querebene zum Siebboden, fanden in der Aufbereitungstechnik des Baubetriebs keine Anwendung.

S. sind als Eindecker mit lediglich einem Siebboden oder als Mehrdecker (Bild) für verschiedene Trenngrößen aufgebaut. Eindecker können in „fallender" oder in „steigender" Masche angeordnet sein. Im ersten Fall sind die Siebe kleinerer Trennweite weniger beansprucht, im zweiten Fall wird die schwierige Absiebung von Feinkorn erleichtert; die eine Weise baut hoch, die andere ausgestreckt. Zwischen der Siebgüte, dem Grad der Abtrennung und der Siebleistung besteht ein strenger Zusammenhang. Dabei kann nur ein enger Sektor zwischen Maschenweite und aufgegebener Menge praktisch genutzt werden; mit kleinerer Körnung und größerer Aufgabemenge nehmen Leistung und Güte einer Absiebung ab. Die Schwierigkeit in der

Siebmaschine: Mehrdeckersieb.

Absiebung bilden die „Grenzkörner", die gleich und auch etwas kleiner als die vorhandene Öffnung des Siebbodens sind. Weiter treten durch die „Klemmkörner" in unregelmäßiger Form Verstopfungen der Sieböffnungen ein, die während des Betriebes zu beseitigen sind.

Die Klassierung von zerkleinertem Gestein mit wenig Feuchtigkeit, die im Aufbereitungsprozeß noch verschwindet, zu Schotter, Splitt und Brechsand geschieht in der Trockensiebung unter reichlicher Staubbildung. Kies und Sand haben von Natur aus eine höhere Eigenfeuchte bis hin zur Nässe. In der Feuchtsiebung fallen besonders beim Sand oberhalb eines bestimmten Wassergehalts die Siebleistung und die Siebgüte stark ab. Es wird besser die Naßsiebung mit zusätzlicher Wasserzugabe durch Bebrausen auf dem Sieb vorgenommen. Eine Absiebung völlig unter Wasser, bei der außer dem Auftrieb partielle Strömungskräfte an der Korntrennung mitwirken, ist mit Siebgut kleiner Kornrohdichte, z. B. Bims, erfolgreich.

Die technisch-wirtschaftliche Grenze der mechanischen Siebtrennung liegt i. a. bei rd. 2–1 mm Korngröße. In einem derartigen Fall der Klassierung großer Mengen kleiner Körnungen kommen besondere Siebe zur Anwendung. Eine Erhöhung der Durchsatzleistung bringen die Dünnschichtsiebung und die Beladungsdicke bis zum Doppelten des Trennkorns bei einer im Gegensatz zum üblichen vergrößerten, auch gegengerichteten Wurfweite, einer stärkeren Neigung des Siebbodens und bei einer gesteigerten Transportgeschwindigkeit des Siebguts. Im übrigen setzen hier nichtmechanische Verfahrensweisen ein, wie das hydraulische Klassieren und Sortieren (nach Dichte) sowie das Sichten unter Luftbewegung. *Kühn*

Siedlungswasserwirtschaft. Der Begriff der S. wurde erst in den 60er/70er Jahren eingeführt. Er umfaßt die → Wasserversorgung vor allem mit → Trinkwasser (Versorgung) und die gesamte → Abwassertechnik (→ Entsorgung), also die → Kanalisation für das

Sammeln und Ableiten und die → Abwasserreinigung für das Behandeln und Beseitigen der Abwässer. Die S. behandelt darüber hinaus auch die benachbarten bzw. betroffenen Bereiche der Abwasserchemie, -biologie, -technologie, ferner die → Gewässerreinhaltung und den → Gewässerschutz, die Gewässerbiologie und Bereiche der → Hydrologie, Ökologie und → Geohydrologie sowie die Geochemie. *Pfeiff*

Siel. Bauwerk mit selbsttätiger Verschlußeinrichtung zum Durchführen eines Gewässers durch einen → Deich. Nicht abgedeckte S. (Deichschleusen) dienen sowohl der → Vorflut der dahinter liegenden Niederungsflächen als auch der örtlichen Schiffahrt. Diese kann die Deichschleusen aber nur bei nahezu ausgeglichenem Wasserstand benutzen. Die bedeckten S. baut man als im Querschnitt etwa vierkantige Kastensiele oder als meist runde Röhrensiele. Hergestellt werden S. aus Stahlbeton oder aus betonumhüllten Stahlrohren. Als Verschlüsse dienen auf der Außenwasserseite bei Kastensielen selbsttätige Stemmtore (→ Schleuse), bei Röhrensielen meist Rückschlagklappen. Binnenseitig sind viele S. mit Ebbetoren oder Schützenverschlüssen versehen, um ein zu tiefes Absinken der Binnenwasserstände zu verhindern. Der Zufluß aus dem Poldergebiet (→ Polder) wird während der Sielschlußzeit im Binnentief (Mahlbusen, Fleetgraben) gespeichert. Sobald der Außenpeil bei wieder sinkendem Außenwasser tiefer als der durch den Zufluß zum Binnentief angehobene Binnenwasserstand gesunken ist, beginnt der Sielzug. *Lecher*

Silan → Hydrophobiermittel

Siliconharz → Hydrophobiermittel

Siliconkautschuk. Während fast alle im Bauwesen verwendeten Kunststoffe aus Kohlenstoffketten (auch mit Ringstrukturen) aufgebaut sind, wird die kontinuierliche Struktur der Silicone von Silicium-Sauerstoff-Ketten gebildet. Den sehr unterschiedlichen Si-Werkstoffen ist ihre außerordentlich hohe Temperaturstabilität, ihr hydrophobes Verhalten und ihre chemische Beständigkeit gemeinsam. S. sind zwei- oder einkomponentige Fugenmassen hoher Temperaturbelastbarkeit, auch in hellen Farben. *Sasse*

Silo. Das Wort stammt aus dem Spanischen und bezeichnet (unterirdische) schachtförmige Behälter zur Aufbewahrung von landwirtschaftlichen Schüttgütern. Heute verstehen wir unter S. im bautechnischen Sinne Schüttgutbehälter aus Holz, Stahl oder Stahlbeton, deren Höhe im Verhältnis zu den Grundrißabmessungen groß ist. Die Silowände bilden i. a. ein lotrechtes Prisma vorwiegend mit Kreisen oder gleichseitigen Vielecken als Grundriß. Die Behälter sind oben durch die Silodecke mit einer oder mehreren Ein-

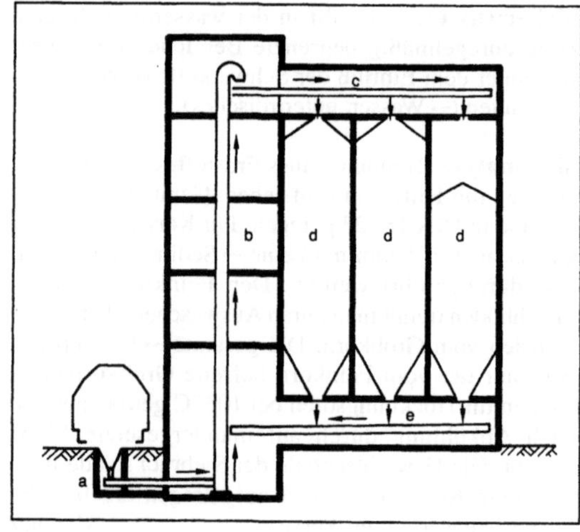

Silo 1: Siloanlage.

a Zuliefer- bzw. Entladeanlage, b Höhenförderanlage, c obere Horizontalverteiler, d Silozelle, e unterer Horizontalförderer

füllöffnungen abgeschlossen. Den unteren Abschluß bildet meistens eine für die Entleerung des S. vorgesehene trichterförmige Auslaßöffnung. Wenn mehrere Behälter in einem Bauwerk zusammengefaßt sind, wird der Begriff S. für die gesamte Anlage verwendet, und der einzelne Behälter wird Silozelle genannt.

S. plant und baut man meist für ein spezielles Gut, da dieses einen entscheidenden Einfluß auf die Formgebung sowie die Wahl der Baustoffe hat. Wir unterscheiden Be- und Entladeanlage, Höhenförderung, obere und untere Verteileranlagen und die eigentlichen Silozellen (Bild 1). Die Silogüter können bezüglich ihres Einflusses auf die Konstruktion in folgende Klassen unterteilt werden:

☐ staubförmige Güter mit einem Korndurchmesser ≤ 0,1 mm, z. B. Getreidemehl, Zement,

☐ körniges Silogut, z. B. Getreide, Hülsenfrüchte, Kaffee, Salze.

Zusätzlich zur Körnigkeit und zum Winkel der inneren Reibung ist die Kohäsion für die Frage des Fließverhaltens wichtig. Das Entleerungsverhalten hat außer auf die Konstruktion selbst noch einen wesentlichen Einfluß auf die auftretenden Belastungen im S. Für staubförmige Güter, die z. T. nur sehr begrenzt fließfähig sind, wird zum Entleeren durch spezielle Einbauten am Zellenboden mittels Druckluft eine Fluidisierung des Gutes erreicht. Bild 2 zeigt die grundsätzlich möglichen Fließvorgänge bei der Entleerung der S. und ihren Einfluß auf die horizontale Druckbelastung p_h der Silowände. Der Massenfluß bedingt relativ steile und damit hohe Auslauftrichter. Diese Fließform ist für Güter, die sich leicht entmischen oder die wegen ihrer begrenzten Haltbarkeit nach dem First-in-first-out-Verfahren behandelt werden sollten, anzustreben.

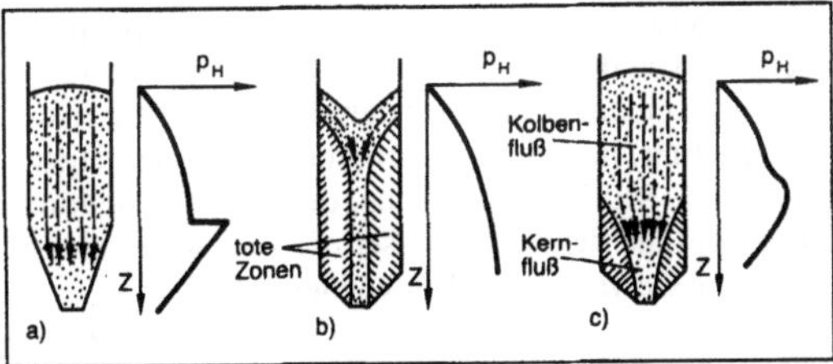

Silo 2: Fließvorgänge mit den entsprechenden hori-
zontalen Drücken p_h auf die Silowände.
a) Massenfluß
b) Kernfluß
c) Kern- und Kolbenfluß.

Die generellen Belastungsannahmen für S. sind in der Bundesrepublik Deutschland durch DIN 1055 geregelt. Man geht davon aus, daß die auf die Silowände wirkenden Lasten mit zunehmender Tiefe exponentiell von null auf einen Maximalwert wachsen. Dieser Maximalwert ist vom Eigengewicht, vom Winkel der inneren Reibung und von der Geometrie des S. abhängig. Außerdem gelten für die Zustände „Füllen" und „Entleeren" unterschiedliche Extrema. Durch das Zusammenfassen in Siloblöcke ist die Frage der Zellenform wegen des horizontalen Tragverhaltens (Beanspruchung und Verformung) und wegen des Ausnutzungsgrades (aufnehmbares Schüttvolumen zur erforderlichen Wandfläche) von besonderer Bedeutung. Als kleinere Anlagen werden in der Landwirtschaft S. auch für die Herstellung und Lagerung von Futter (Silage) verwendet. *Mehlhorn*

Literatur: DIN 1055: Lastannahmen für Bauten. Tl. 6: Lasten in Silozellen.

Silodruck. Durch Nachgeben des Tunnelfirstes Aktivierung von Reibungskräften längs zweier vertikaler Bruchfugen seitlich über dem Tunnelprofil. Dadurch Abminderung des Firstdruckes auf den → Tunnel unter gleichzeitiger Mehrbelastung der seitlich des Ausbruchsquerschnittes gelegenen Gebirgsteile.
Terzaghi hat die theoretisch-mechanische Erläuterung des Vorganges am Rechteck-Stollen erläutert, da dann diese Vorgänge eindeutiger sind. Beim Kreisprofil reduzieren sich alle von *Terzaghi* beschriebenen Vorgänge wesentlich, da dann eine Durchbiegung im → First weniger ausgeprägt ist. *Houska* hat versucht, auch diesen Fall theoretisch zu erfassen. *Wagner*

Literatur: v. *Terzaghi, K.*: Theoretische Bodenmechanik. Berlin-Heidelberg, 1954. – *Wagner, H.*: Verkehrstunnelbau. Berlin-München, 1968.

Siloxan → Hydrophobiermittel

Smith-Diagramm. Das S.-D. ist ein Dauerfestigkeitsschaubild, das aus mehreren → Wöhlerlinien entwickelt wird, indem man aus Dauerschwingversuchen mit unterschiedlicher Mittelspannung σ_m und konstanter Lastspielzahl N für jedes σ_m aus der Wöhlerlinie

die → Dauerfestigkeit bestimmt. Das sich so ergebende Diagramm nach *Smith* stellt die Oberspannung σ_o und Unterspannung σ_u in Abhängigkeit von der Mittelspannung σ_m dar. Innerhalb der Schleife mit den Grenzlinien σ_o und σ_u liegt der dauerfeste Beanspruchungsbereich. Um größere bleibende Verformungen zu vermeiden, werden über der → Fließgrenze σ_F liegende Dauerfestigkeiten nicht ausgenutzt, sondern die maximale Normalspannung σ_o wird durch die → Fließspannung σ_F nach oben begrenzt. Weist ein Bauteil Kerbwirkungen und → Eigenspannungen auf, nähert sich das S.-D. mit Zunahme dieser Wirkungen zwei parallelen Geraden, und die Spannungsdifferenz $\Delta\sigma = \sigma_o - \sigma_u$ wird nahezu konstant. *Sedlacek/Scholz*

Sohle. S. bezeichnet im Tunnelbau den unteren Bereich eines → Tunnelquerschnitts, der beim Vortrieb in Teilquerschnitten zuletzt aufgefahren wird. Die konstruktive Ausbildung der Tunnelsohle ist wesentlich von der → Tragfähigkeit des anstehenden Gebirges abhängig. Während man früher das Tunnelbauwerk statisch als „Gewölbe auf Widerlagern" ansah und dementsprechend hufeisenförmige Tunnelquerschnitte mit dicken Mauerwerks- oder Betonschalen insbes. im Gewölbe- und Kämpferbereich entwickelte, wird heute der Tunnel als geschlossene dünnwandige Schale ausgebildet. Nur wenn in Ausnahmefällen das Gebirge im Sohlbereich in der Lage ist, die dort auftretende Beanspruchung auch bei fehlender Sohlschale aufzunehmen, verzichtet man auf ein Sohlgewölbe. *Wagner*

Sohlenabsturz. Ein S. ist eine → Sohlenstufe in Fließgewässern (→ Gewässerregelung) mit lotrechter oder steil geneigter (bis 1 : 3) Absturzwand zum Schutz von Sohle und Böschungen gegen → Erosion. Ebenso wie bei den → Sohlenrampen wird das Längsgefälle durch den Absturz in einer kurzen, u. U. besonders zu sichernden Strecke (Tosbecken oder Sturzbett direkt unterhalb des Absturzes) konzentriert (→ Sohlenbauwerk). Hergestellt sind S. aus Holz, Stahl, Beton oder Bruchsteinmauerwerk. Absturzbauwerke verhindern vielfach eine Wanderung von Wasserlebewesen entgegen der Fließrichtung. Sohlengleiten und Sohlenrampen sind daher vorzuziehen. Fischtreppen (→ Fischaufstiegshilfen) sind nur als sehr unvollkommener Ersatz anzusehen. *Lecher*

Sohlenbauwerk. Bauwerk, das zum Schutz gegen → Erosion (→ Gewässerregelung) in der Gewässersohle eingebaut wird. Es erstreckt sich quer zur Fließrichtung über die gesamte Gewässerbreite (Bild). In → Sohlenstufen wird ein Teil des Gesamtgefälles zusammengefaßt, so daß oberhalb, u. U. auch unterhalb des Bauwerkes ein geringeres Sohlengefälle als im unverbauten Gerinne entsteht. Hydraulisch wichtig ist der bei größeren → Abflüssen im Bereich des Bauwerkes auftretende Fließwechsel. Schwellen legen die Gewässersohle

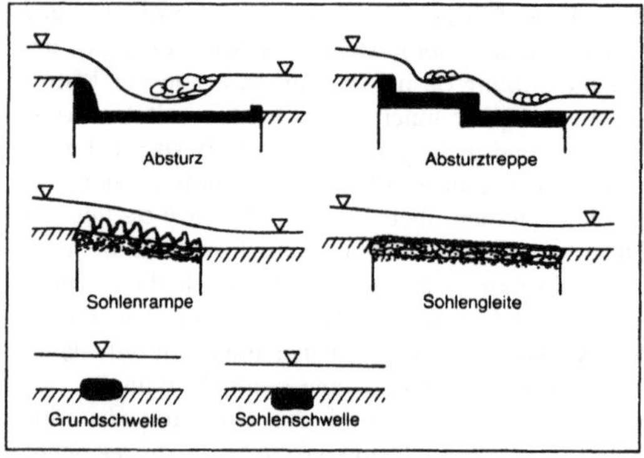

Sohlenbauwerk: Typen von S.

fest. Sie sollen das Eintiefen der Sohle verhindern. Jedoch sind Sohlenveränderungen im Bereich der Schwellen oft unvermeidbar. Sohlenschwellen schließen mit der Sohle bündig ab. Ragen sie über diese hinaus, werden sie als Grundschwellen bezeichnet. Schwellen sind hydraulisch nicht wirksam. *Lecher*

Sohlenrampe. Man unterscheidet glatte und rauhe S., Sohlengleiten und Schußrinnen. Bei glatten Rampen (glatte Oberfläche) wird eine Neigung von 1:4 bis 1:8 bevorzugt. Rauhe S. legt man meist mit Neigungen von 1:10 an. Bei ihnen wird ein mehr oder weniger großer Teil der Energie bereits auf der rauhen Oberfläche durch Reibung umgewandelt (→ Rauhgerinneabfluß). Sohlengleiten mit einem Gefälle von 1:10 bis 1:30 sind möglichst rauh ausgeführt. Sie eignen sich insbes. für Flachlandabschnitte der Gewässer. Schußrinnen mit einer Neigung von zumeist 1:3 bis 1:10 werden vorwiegend im Zusammenhang mit Hochwasserentlastungsanlagen von → Talsperren und → Hochwasserrückhaltebecken gebaut. Der Schußboden ist i.d.R. glatt. *Lecher*

Sohlenstufe. Zu den S. (→ Sohlenbauwerk) zählen die Sohlenabstürze, → Sohlenrampen, Absturztreppen und Stützschwellen. Abstürze haben eine senkrechte oder bis 1:3 geneigte Absturzwand. Für das Bemessungshochwasser ist die hydraulische Wirksamkeit nachzuweisen. Diese ist mit zweifachem Fließwechsel (strömender Abfluß im Ober- und im Unterwasser, schießender Abfluß im Bereich des Bauwerkes) und gestauter Deckwalze gegeben (Bild). Im Gegensatz

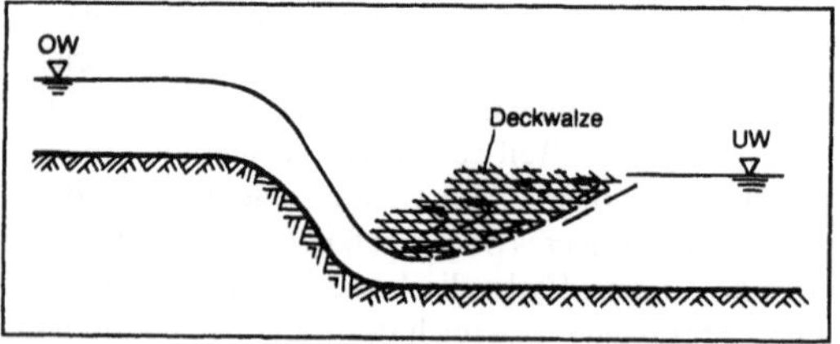

Sohlenstufe: Absturz mit Deckwalze.

zum Absturz vollzieht sich bei den Absturztreppen der Übergang von der Oberwasser- in die Unterwasserebene nicht in einem Schritt, sondern kaskadenartig (Kaskadenabsturz) in mehreren dicht hintereinander liegenden Stufen. Mit Stützschwellen, deren Krone deutlich höher liegt als die Sohle, lassen sich auch tief eingeschnittene Gewässerstrecken wieder aufhöhen.
Lecher

Sohlschluß → Ringschluß

Sohlschwelle. Unteres Querholz beim → Türstock.
Wagner

Soilcrete-Verfahren. Firmenbezeichnung für das → Hochdruckinjektionsverfahren. *Meißner*

Solverfahren. Spezielles, im Vergleich zum konventionellen Bergbau sehr wirtschaftliches Verfahren zur Gewinnung von Stein- und Kalisalzen sowie zur Herstellung von Kavernen im → Salzgebirge für Speicher- und Deponiezwecke. Der Grundgedanke des Verfahrens beruht auf der Wasserlöslichkeit verschiedener → Salzgesteine sowie auf der natürlichen Dichtheit des Salzgebirges, die eine zusätzliche technische Abdichtung nicht erfordert. Beim S. teuft man zunächst eine Bohrung in das Salzgebirge ab, verrohrt bis ins Salzgebirge und zementiert zum Gebirge hin. Dann werden die Solrohrstränge in die Bohrung gehängt. Der eigentliche Solprozeß beginnt mit dem Einpumpen von Frischwasser durch die Bohrung in den abzubauenden (Solegewinnung) bzw. aufzufahrenden (→ Kavernenbau) Gebirgsbereich. Das Wasser löst das an den Stößen zunächst der Bohrung und dann des allmählich entstehenden Hohlraumes anstehende Salz und sättigt sich dabei auf. Die so entstehende Sole wird nach über Tage verdrängt und abgeleitet. Zum gezielten Bau von Kavernen in gebirgsmechanisch vorgegebenen Abmessungen stehen zwei S. zur Verfügung:
☐ Beim direkten S. wird das Frischwasser durch den inneren Solstrang gepumpt, tritt im Bohrlochtiefsten in den Hohlraum aus und löst das anstehende Gebirge. Die Sole wird durch den Ringraum zwischen innerer und äußerer Solrohrtour verdrängt.
☐ Beim indirekten S. führt man im Gegensatz dazu Frischwasser durch den Ringraum zwischen äußerer und innerer Rohrtour zu, während die Sole durch den inneren Rohrstrang nach über Tage verdrängt wird.
Der Solprozeß wird überwiegend als Kombination der beiden S. entsprechend den Vorgaben aus einer theoretischen Solsimulation im Rahmen der Solplanung geführt. Der spezifische Frischwasserbedarf beträgt $7-8$ m^3 je m^3 Hohlraum. Speicherkavernen werden mit Solraten bis zu 300 m^3/h gesolt. Da die soltechnisch aufgefahrenen Kavernen nicht befahrbar sind und somit eine direkte Überwachung bezüglich Form und Abmessungen nicht möglich ist, hat man spezielle

Meßsonden zur indirekten Hohlraummessung entwickelt. *Wagner*

Sonderabfall. Der bisher nur schwer abgrenzbare Begriff Sondermüll ist durch die „besonders überwachungsbedürftigen Abfälle" nach § 2, Abs. 2, und § 11, Abs. 3, des Abfallbeseitigungs-Gesetzes von 1972/77, jetzt Abfallgesetz von 1986: „Gesetz zur Vermeidung und Entsorgung von Abfällen" erfaßt. Danach (§ 2.2) sind S. Abfälle „aus gewerblichen oder sonstigen wirtschaftlichen Unternehmen, die nach Art, Beschaffenheit oder Menge in besonderem Maße gesundheits-, luft- oder wassergefährdend, explosibel oder brennbar sind oder Erreger übertragbarer Krankheiten enthalten oder hervorbringen können." Die Behörde kann nach § 11.2 Nachweisbücher über Abfälle, die nicht als Hausabfall beseitigt werden, verlangen. Nachweisbücher sind für die speziell unter § 2.2 fallenden Abfälle „ohne besonderes Verlangen" zu führen (seit 1972). Diese Nachweisbuchführung über Begleitscheine wurde durch eine besondere Abfallbestimmungsverordnung nach § 11.3 geregelt. Dabei gab ein von der Länder-Arbeits-Gemeinschaft „Abfall" schon seit 1973 herausgegebener und teilweise ergänzter Katalog mit 5-stelligen Kennziffern der einzelnen Stoffe die Grundlage hierfür. Die durch Verordnungen immer weitergehenden Regelungen fassen die Bestimmung von Abfällen (1990) und von Rohstoffen (1990) die Überwachung (1990), die grenzüberschreitende Verbringung (1988), die Überwachung des Altöls (1987) und seiner Inhaltsstoffe die Rücknahme und Verwertung gebrauchter halogenierter Lösemittel und den bei alledem immer auch beteiligten Betriebsbeauftragten für Abfall. *Pfeiff*

Sonderabfalldeponie (SAD). Besonders überwachungsbedürftige Abfälle können je nach Beschaffenheit in oberirdischen S. oder in Untertagedeponien abgelagert werden.

In der → TA Abfall Teil 1 sind im Anhang D für oberirdische S. zur Minimierung der Sickerwasser- und Gasemissionen Anforderungen an die besonders überwachungsbedürftigen Abfälle und deren Inhaltsstoffe gestellt. Dadurch sollen mobile, langlebige wasserlösliche Schadstoffe sowie organische Bestandteile, die auf Grund von Umsetzungsprozessen in der → Deponie zu einer erhöhten Freisetzung von Schadstoffen führen können, von der Ablagerung ausgeschlossen werden.

Besonders überwachungsbedürftige Abfälle, die diese Kriterien nicht erfüllen, müssen, um oberirdisch abgelagert werden zu können, zuvor biologisch, chemisch-physikalisch oder thermisch so behandelt werden (→ Abfallbehandlung), daß die Bedingungen des Anhanges D durch die → Reststoffe eingehalten werden bzw. die Reststoffe einer Verwertung zugeführt werden können. Ansonsten kommt für die Ablagerung der besonders überwachungsbedürftigen Abfälle nur die Untertagedeponie in Frage, in Ausnahmefällen auch die Monodeponie.

Für oberirdische S. werden besondere Anforderungen an die Standortbedingungen hinsichtlich des geologischen Untergrundes und der Lage zum Grundwasserspiegel, zu Trinkwasser- und Heilquellenschutzgebieten etc. gestellt. Im Hinblick auf die Langzeitsicherheit von Deponien ist die natürliche Eignung eines S.-Standorts mit einem sehr gering durchlässigen, naturdichten Untergrund, zum Beispiel eine Tonschicht, eine wesentliche Voraussetzung.

Für die Deponieabdichtungssysteme von oberirdischen S. werden in der TA Abfall Teil 1 sowohl für die Deponiebasisabdichtung als auch für die Deponieoberflächenabdichtung (Deponieabdichtung) Kombinationsdichtungssysteme, bestehend aus einer mineralischen Dichtungsschicht und aus einer Kunststoffdichtungsbahn, vorgeschrieben. *Neuenhahn*

Sonderschalung. Zu den S. oder Spezialschalungen zählen alle Schalungen, die speziell für bestimmte Baukonstruktionen, Bauarten und Einsätze gefertigt werden, auch wenn dafür Systemschalungen zur Verfügung stehen.

Dazu gehören
– speziell gefertigte Großflächenelemente
– → Tischschalungen aus losen Teilen
– automatisch arbeitende Schalungskonstruktionen
– → Gleitschalungen u. ä.
– → Tunnelschalungen
– Säulenschalungen mit Pilzköpfen
– Pfeilerschalungen mit besonderen geometrischen Anforderungen
– profilierte Stabformteile.

Der Einsatz von S. setzt eine fachlich fundierte Schalungsplanung-Vorbereitung voraus. Sonder- und Spezialelemente werden meist in Betrieben der Schalungshersteller oder in Schalungsbetrieben gefertigt und ganz oder in Teilen zur Baustelle geliefert.
F. Hoffmann

Sondiergerät. S. dienen zur In-Situ Bodenerkundung bzw. zum Nachprüfen der Verdichtung von Schüttungen mit relativ geringem Aufwand; dabei sind qualitative, in Verbindung mit Aufschlußbohrungen auch quantitative Aussagen über Bodeneigenschaften und -aufbau, wie Stabilität und Schichtenverlauf, möglich. Man unterscheidet Ramm-S., Druck-S., Seitendrucksonden (Pressiometer) sowie Isotopensonden, die die Absorption der von einem radioaktiven Präparat ausgehenden Strahlung im Boden messen, und Flügelsonden, an deren Spitze vier um 90° versetzte Bleche („Flügel") angebracht sind. Nach dem Eindrücken in den Boden wird die Flügelsonde langsam gedreht und dabei das zum Abscheren des Bodenzylinders erforderliche Drehmoment gemessen. Im Wasser werden alle auf dem Festland gebräuchlichen S. eingesetzt. Die → Sondierungen nimmt man auf einem schwimmenden Geräteträger (→ Ponton, → Hubinsel) von einer seitlichen Kragarmplattform oder, falls vorhanden, vom Rand einer Öffnung im Schiffsrumpf aus vor. Negativ beeinflußt werden die Sondierergebnisse durch das ungeführte Zwischengestänge zwischen S. und Gewässerboden und durch Roll- bzw. Stampfbewegungen des Schiffskörpers. *Kühn*

Sondierung. Verfahren zur Erkundung und Untersuchung des Untergrundes. Durch S. lassen sich Schichtgrenzen, Hindernisse sowie Hohlräume im Untergrund feststellen. Sie sind i. d. R. eine Ergänzung zu Bohrungen oder → Schürfen. Zwischen diesen Aufschlüssen werden im engeren Abstand die weniger aufwendigen S. niedergebracht. Gleiche Sondierergebnisse lassen dann den Schluß zu, daß im untersuchten Gebiet einheitlich der aus den Aufschlüssen bekannte Boden ansteht. Die Ergebnisse weisen weiter Anhaltspunkte zur → Lagerungsdichte nichtbindiger Böden, zur Zustandsform bindiger Böden sowie zur Zusammendrückbarkeit und zur → Scherfestigkeit von Böden auf.

Die Tragfähigkeit und die notwendige Länge von Pfählen läßt sich ebenfalls anhand von Sondierergebnissen festlegen. Von großem Einfluß auf die Sondierergebnisse ist u. a. die Lage des Grundwasserspiegels, die Ungleichförmigkeitszahl U sowie der Gesteinsanteil bei rolligen Böden und z. B. die faserige Struktur bei Torf, die im Vergleich zur Zusammendrückbarkeit des Torfes zu einem zu hohen Sondierwiderstand führt. Es ist zwischen Druck-, Schlag- und Dreh-S. zu unterscheiden.

Bei der Druck- oder Spitzendruck-S. (DIN 4094) wird ein dünner Stab, der eine kegelförmige Spitze mit einem Durchmesser von 3,56 cm hat, in den Untergrund gedrückt. Der Widerstand gegen das Eindringen des Stabes setzt sich aus dem Spitzendruck und der → Mantelreibung zusammen, die getrennt gemessen und aufgetragen werden. Ab einem Spitzendruck von 10 MN/m² bezeichnet man bei → Tiefgründungen einen Baugrund als tragfähig.

Bei Schlag-S. wird der dynamische Widerstand des Untergrundes gegen das Eindringen eines Stabes mit einer dickeren, kegelförmigen Sondenspitze gemessen. Als Maß für die Untergrundbeschreibung dient die Anzahl der Schläge, die für ein Eindringen der Sonde von je 10, 20 oder 30 cm nötig ist. Die wichtigsten Rammsonden (Schlagsonden) sind die leichte Sonde (DPL) mit einem Spitzendurchmesser von 3,56 cm, die schwere Sonde (DPH) mit einen Spitzendurchmesser von 4,37 cm und die Standardsonde (SPT), mit der bei Pfahlgründungen von der Bohrlochsohle ab der Eindringwiderstand gemessen wird (Standard Penetration Test). Die leichte Rammsonde ist eine Weiterentwicklung des Künzelstabes, der als Vollquerschnitt oder mit einem Schlitz (Schlitzsonde) ausgebildet ist und dann zur Entnahme kleinerer → Bodenproben dient. Die

leichte Rammsonde und der Künzelstab lassen sich bis in etwa 7 m, die schwere Rammsonde bis in etwa 25 m Tiefe einsetzen.

Drehsonden oder Flügelsonden (DIN 4096) bestehen aus vier rechtwinklig aufeinander stehenden Flügelblättern, mit denen zylindrische Scherflächen im Boden hergestellt werden. Als Ergebnis erhält man die Scherfestigkeit c_u des undränierten Bodens. Das Verhältnis der c_u-Werte, die sich bei erstmaliger Entstehung der Scherfläche und nach erneuten Drehungen der Sonde ergeben, wird als Sensitivität bezeichnet. In kleinerem Maßstab führt man Flügel-S. auch an Proben im Laboratorium aus.

Seitendrucksonden oder Pressiometer werden in Bohrlöchern eingesetzt. Über eine Gummiblase oder einen Hydraulikzylinder bringt man auf die Bohrlochwand einen Seitendruck auf und mißt die dabei entstehenden Radialverschiebungen. Aus den Ergebnissen lassen sich Verformungs- und Bettungsmoduln herleiten, die zum Abschätzen der Pfahlverschiebungen bei seitlicher Belastung verwendet werden.

Die Wände unverrohrter Bohrlochabschnitte in standfestem Gebirge lassen sich mit Hilfe von optischen Bohrlochsonden in Augenschein nehmen. Mit einem Spiegel- und Prismensystem oder einer Fernsehsonde kann so der Untergrundaufbau und die Lage von Klüften im Fels festgestellt werden. Zur Bestimmung der Wichte des feuchten Bodens und seines Wassergehaltes führt man gelegentlich auch Isotopensondierungen aus. Die Sondierungen können sowohl von der Geländeoberfläche aus als auch in Bohrlöchern vorgenommen werden. Mit der Gammasonde mißt man die Feuchtwichte, mit der → Neutronensonde den Wassergehalt. Vor den Messungen sind Eichversuche durchzuführen. *Meißner/Becker*

Sonnenschutz. Die Energiedurchlässigkeit der Fenster kann durch S.-Anlagen erheblich vermindert werden. Die S.-Anlagen sind bereits bei der Planung des Gebäudes zu berücksichtigen. Man unterscheidet natürliche und künstliche S.-Systeme (Bild 1). Bei den künstlichen S.-Anlagen wird zwischen außenliegenden und innenliegenden Vorrichtungen unterschieden. S.-Vorrichtungen sind am wirkungsvollsten, wenn sie außen (vor der Verglasung) angebracht sind und das gesamte Fenster beschatten.

Die Wirksamkeit der S.-Vorrichtungen läßt sich durch den Abminderungsfaktor z kennzeichnen (Tabelle), wobei der Gesamtenergiedurchlaßfaktor des Fenster g_F vom Energiedurchlaßgrad g der Verglasung und dem Abminderungsfaktor z bestimmt wird:

$$g_F = G \cdot z$$

Außenliegende S.-Vorrichtungen sind so auszubilden, daß zwischen ihnen und der Fassade Luft entlangstreichen kann und so die Abführung der sich vor der Fassade bildenden Wärme gewährleistet wird. Der sonst entstehende Wärmestau kann die Wirksamkeit

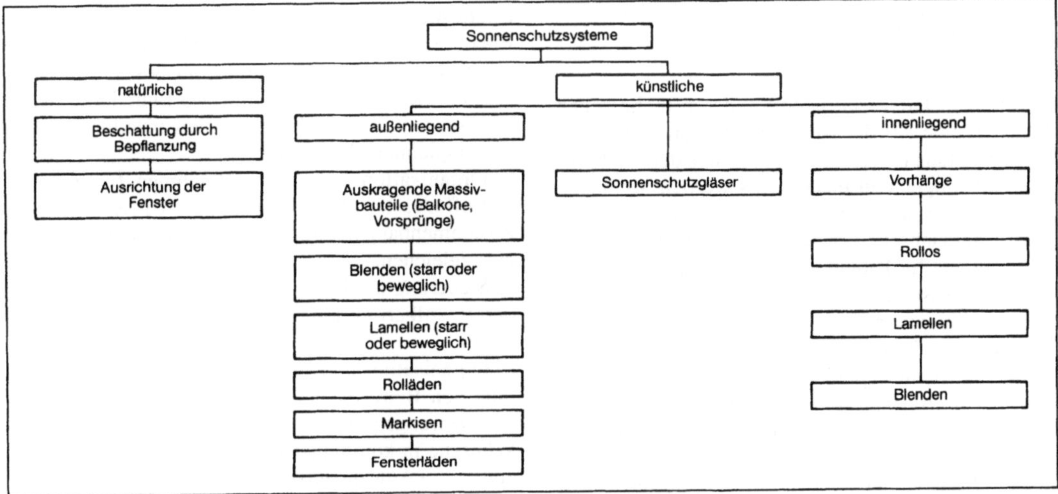

Sonnenschutz 1: S.-Vorrichtungen. Übersicht.

Sonnenschutz. Tabelle: Abminderungsfaktor z für S.-Vorrichtungen.

Sonnenschutzvorrichtung	z
fehlende Sonnenschutzvorrichtung	1,0
innenliegend und zwischen den Scheiben liegend	
Gewebe bzw. Folien*)	0,4 bis 0,7
Jalousien	0,5
außenliegend	
Jalousien, drehbare Lamellen, hinterlüftet	0,25
Jalousien, Rolläden, Fensterläden, feststehende oder drehbare Lamellen	0,3
Vordächer, Loggien	0,3
Markisen, oben und seitlich ventiliert	0,4
Markisen, allgemein	0,5

*) Die Abminderungsfaktoren z können auf Grund der Gewebestruktur, der Farbe und der Reflexionseigenschaften sehr unterschiedlich sein. Im Einzelfall ist der Nachweis in Anlehnung an DIN 67 507 zu führen. Ohne Nachweis darf nur der ungünstigere Grenzwert angewendet werden.

der Anlagen erheblich reduzieren (Bild 2). Wegen des tageszeitlich unterschiedlichen Sonnenstandes hängt die Wirksamkeit der S.-Vorrichtungen auch von der Himmelsrichtung der Fensteranordnung ab.

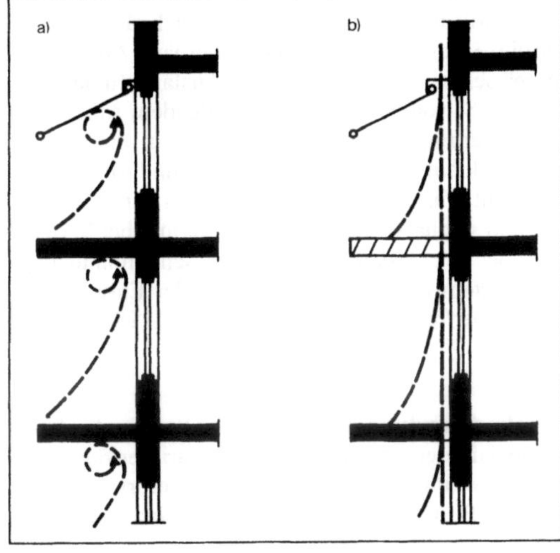

Sonnenschutz 2: S.-Vorrichtung.
a) Wärmestau durch nicht abgeführte Luft
b) Abführung der Wärme durch Luftbewegung zwischen Fassade und S.-Vorrichtung.

Bewegliche S.-Vorrichtungen weisen den Vorzug auf, entsprechend der tatsächlichen Sonnenstrahlung eingesetzt werden zu können. Dadurch kann man unnötige Lichtminderungen im Rauminnern bei geringer Sonnenintensität vermeiden. Zusätzliche thermische Belastungen eines Raumes ergeben sich jedoch, wenn bei Sonnenstrahlung die S.-Vorrichtungen der benachbarten Räume nicht benutzt werden. Dieser Nachteil läßt sich durch eine zentrale Bedienung und Steuerung der beweglichen S.-Vorrichtungen vermeiden. Als weitere S.-Vorrichtungen können insbesondere auch S.-Gläser eingesetzt werden. Auf die Verfälschung der Tageslichtfarbe sei hingewiesen.   *Cziesielski*

Literatur: *Cziesielski, E., K. Daniels* u. *H. Trümper:* Ruhrgashandbuch. Stuttgart 1985.

Sortierung. Die S. ist neben anderen technischen Methoden eine Art der Aufbereitung von Abfall, um eine Verwertung (→ Recycling) im Sinne der → Abfallwirtschaft möglich zu machen. Es wurden Methoden entwickelt, um die S. maschinell zu erledigen, z. B. durch Magnetabscheider für metallische Stoffe oder → Windsichter für Papier, Kunststoff, Leichtanteile im Müll unter Ausnutzung der Fallkurve (je nach Dichte und Form) in einem Windstrahl und auch durch Siebung. Anlagen dieser frühen technischen Entwicklung sind in der Bundesrepublik Deutschland kaum mehr, wohl aber im Ausland im Betrieb. Sie tauchen neuerdings zum Recycling mit neuen Techniken wieder auf. Die S.-Ergebnisse waren außer bei der Magnetabscheidung der Metalle meist unbefriedigend. So setzte sich bald die Einsicht durch, daß nur eine S. bereits an der Anfallstelle (Quelle), im Haushalt oder Betrieb, Recycling deutlich fördern kann. Die Altpapier-, Altglasoder Textilsammlung ist daher eine solche Form der S. wie die → Kompostierung kompostierbarer Abfälle. Im europäischen und überseeischen Ausland findet man auch die S. von in der Küche anfallendem Abfall und Zerkleinerung durch in den Spülablauf eingebaute Abfallzerkleinerer (rotierende Messer) und Abschwemmung mit Wasser über die Kanalisation zur → Kläranlage und so zur Ausfaulung/Stabilisierung bei Verwertung über ihre Gasausbeute und evtl. Schlammnutzung. Dies System ist in Deutschland mit der Entwicklung in den 50er/60er Jahren durch die DIN 1986 „verboten". *Pfeiff*

Sozialaufwendungen. Summe aller Kosten, die durch die Sozialgesetzgebung oder durch Tarifverträge oder durch freiwillige soziale Leistungen verursacht sind. Wichtige Bestandteile der Sozialkosten sind unter anderem:
☐ Krankenversicherung,
☐ Rentenversicherung,
☐ Arbeitslosenversicherung,
☐ Lohnfortzahlung im Krankheitsfall,
☐ bezahlter Urlaub und bezahlte Feiertage,
☐ bezahlte Ausfalltage zwischen Weihnachten und Neujahr,
☐ Unfallversicherung,
☐ Zusatzversorgung,
☐ Vorruhestandsbezahlung,
☐ Vermögensbildung,
☐ Schwerbeschädigten-Ausgleichsabgabe.

Die S. sind in den letzten Jahren ständig gestiegen, und zwar sowohl absolut als auch prozentual auf den Lohn bezogen. Der lohnbezogene %-Satz hat sich in den letzten 30 Jahren verdreifacht. Die S. (Sozialkosten) betragen heute rd. 90–105% des Lohns einer produktiven Arbeitsstunde. *Drees*

Sozialplanung. Allgemein gesehen umfaßt S. in der Praxis der → Stadtplanung alle Maßnahmen, die die Lebensqualität verbessern sollen, insbes.:
☐ Entwicklung und Ausbau sozialer Einrichtungen und Dienste gem. sozialpolitischen Zielvorstellungen, z. B. Jugendplanung, Altenplanung,
☐ Organisation von Hilfsmaßnahmen für einzelne Betroffene, z. B. um Nachteile bei Umsetzungen im Zusammenhang mit Sanierungs- oder Verkehrsplanung auszugleichen,
☐ Steuerung der Entwicklung und Zusammensetzung der Bevölkerung eines Gebietes (Sozialstrukturplanung),
☐ Organisation und Förderung der Interessenvertretung von Betroffenen, besonders von benachteiligten Bevölkerungsgruppen, die nicht in der Lage sind, ihre Wünsche in kommunalen Entscheidungsprozessen zu äußern (→ Anwaltsplanung).

Im Städtebauförderungsgesetz von 1971 wurde der Sozialplan verankert, der, etwas verändert, mit dem Härteausgleich in §§ 180 und 181 des → Baugesetzbuches übernommen wurde. Er bezieht sich vor allem auf Maßnahmen im Rahmen der → Sanierung. Dabei soll die Gemeinde Vorstellungen entwickeln und mit den Betroffenen erörtern, die nachteilige Auswirkungen auf die persönlichen Lebensumstände der im Gebiet Wohnenden und Arbeitenden möglichst vermeiden oder zum mindesten weitgehend mildern. Dies bedeutet eine Bestandsaufnahme: Die sozialen und wirtschaftlichen Verhältnisse der Betroffenen werden ermittelt, die möglichen negativen Folgen abgeschätzt und bei Erörterungen diskutiert. Das Ergebnis ist schriftlich darzustellen. Das Ergebnis soll zu Nutzungs- und Bauvorschlägen für bessere Lebensbedingungen in jedem Haus und – soweit nötig – zu einem finanziellen Härteausgleich durch die Gemeinde bei unvermeidbaren nachteiligen Folgen für die Bewohner führen. *Spengelin*

Literatur: *Spiegel, E.:* Die Stadt als soziales Gefüge. In: Grundriß der Stadtplanung. Hannover 1983. – *Spiegel, E.:* Neue Haushaltypen, Entstehungsbedingungen, Lebenssituation, Wohn- und Standortverhältnisse. Frankfurt/Main 1986.

Spätholz. Wird am Ende der Wachstumsperiode (Hochsommer bis Herbst) vom → Kambium gebildet. Es besteht im Gegensatz zum Frühholz meist aus dunkleren, dickwandigen und englumigen Zellen und dient vorzugsweise der Festigung. Seine Breite und Beschaffenheit ist von den Wachstumsbedingungen abhängig. So lassen sich beispielsweise bei Tropenhölzern wegen der fehlenden Winterruhe oft keine Unterschiede zwischen Früh- und S. erkennen. Früh- und S. ergeben zusammen einen Jahresring (→ Bast). *Dröge*

Spannbeton. → Stahlbeton, bei dem ein Teil der → Bewehrung, die Spannstähle, vorgedehnt werden. Durch die Vordehnung der Spannstähle wird die Konstruktion vorgespannt, d. h. bei einem äußerlich statisch bestimmten System wird ein Eigenspannungszustand

erzeugt, bei dem im → Spannstahl Zugkräfte, im Beton Druckkräfte entstehen. Bei äußerlich statisch unbestimmten Systemen treten zusätzlich Zwangsschnittgrößen auf. Durch das Vorspannen wird vor allem erreicht, daß
– die Beanspruchungen und Verformungen insgesamt geringer sind als die ohne → Vorspannung, weil der Eigenspannungszustand den Beanspruchungen aus äußeren Lasten entgegenwirkt, was entsprechend auch für die Verformungen gilt;
– die → Dehnungen im Zugbereich des Betons kleiner sind als ohne Vorspannung, was bei gut bewehrten Konstruktionen zu kleineren Rißbreiten führt;
– durch die Vordehnung der Spannstähle für diese Stähle höhere Festigkeiten ausgenutzt werden können, was zu kleineren erforderlichen Gesamtstahlmengen führt;
– als Folge der geringeren Dehnungen im Zugbereich des Betons geringere Bereiche reißen, wodurch die Konstruktion insgesamt steifer bleibt als ohne Vorspannung, was ebenfalls zu geringeren Verformungen führt. Hierbei ist aber zu beachten, daß wegen der vorgenannten Vorteile insgesamt Querschnitt gespart wird, was andererseits zu geringeren → Steifigkeiten führt. Bei zweckmäßiger Wahl der Querschnittsabmessungen und Vorspannung sind aber die Verformungen bei vorgespannten Stahlbetonkonstruktionen kleiner als bei nicht vorgespannten. *Mehlhorn*

Spannbetondecke. Im → Straßenbau werden Decken aus → Spannbeton i. d. R. nicht hergestellt. Der Vorteil der S. gegenüber der → Betondecke ist eine geringere Konstruktionsdicke in Verbindung mit dem Wegfall von → Fugen auf großer Fläche. Diesen Vorteil erreicht man, indem der Beton durch Einsatz von Spanngliedern eine dauernde Druckvorspannung erhält. Dadurch werden die für Beton besonders schädlichen, aus den Temperatur- und Verkehrsbelastungen herrührenden Biegezugspannungen mehr oder weniger überdrückt. Für → Straßenbefestigungen ist dieser Vorteil wirtschaftlich kaum auszunutzen. Vornehmlich im Ausland sind auf schwerst belasteten Start- und Landebahnen von → Flugplatzbefestigungen S. zum Einsatz gekommen. *Beckedahl*

Spannbetonstahl → Spannstahl

Spannstahl. S. werden zur Vorspannung im → Spannbeton verwendet. Sie müssen wegen der Spannungsverluste infolge des Kriechens des Betons wesentlich höhere Festigkeiten aufweisen als Betonstähle. S. sind in Deutschland nicht genormt. Sie bedürfen einer allgemeinen bauaufsichtlichen Zulassung. Hinsichtlich der Herstellung und Anwendung unterscheidet man Drähte, Stäbe und Litzen. Alle drei Arten lassen sich entweder einzeln oder zusammengefaßt zu Bündeln zur Vorspannung des Betons einsetzen. Drähte von 5 bis 14 mm Dmr. stellt man mit glatter, profilierter (schwache Rippung) und gerippter (starke Rippung) Oberfläche her, die hohen Festigkeiten erreicht man außer

mit einer geeigneten chemischen Zusammensetzung durch Ziehen und/oder Vergüten. Stäbe werden gereckt und vergütet und in Durchmessern bis 36 mm mit glatter und gerippter Oberfläche hergestellt. Bei Gewinderippenstählen ermöglichen die in Gewindeform aufgewalzten Rippen besonders wirtschaftliche Verankerungen. Litzen werden aus drei bzw. sieben glatten Drähten hergestellt. Zur Bezeichnung der Spannstahlsorte gibt man jeweils die Streckgrenze (0,2% bleibende Dehnung) und die Zugfestigkeit an. Drähte und Litzen sind in den Festigkeitsklassen St 1325/1470 bis St 1570/1770, Stäbe in den Festigkeitsklassen St 835/1030 bis St 1080/1230 im Markt. S. sind grundsätzlich nicht schweißbar und nicht warmbiegegeeignet. Wegen der besonderen Korrosionsempfindlichkeit der S. (→ Spannstahlkorrosion) sind bei Transport und Montage besondere Maßnahmen erforderlich, um einen Korrosionsangriff vor dem endgültigen Schutz durch den Beton bzw. den Einpreßmörtel auszuschließen. *Schießl*

Spannstahlkorrosion. Zu der unter → Betonstahlkorrosion beschriebenen abtragenden Korrosion kommen bei Spannstählen noch die beiden Korrosionsarten Spannungsrißkorrosion und Wasserstoffversprödung hinzu. Beide Korrosionsarten treten nur auf, wenn eine örtliche → Depassivierung der Spannstahloberfläche eingetreten ist, können aber bei praktisch vernachlässigbaren Querschnittsminderungen zu spröden Brüchen und damit zu einem völligen Versagen führen. Wegen dieser Sprödbruchgefahr sind die Anforderungen an Dicke und Undurchlässigkeit der Betonüberdeckung für Spannstähle höher als für Betonstähle. Aus demselben Grund ist der zulässige Chloridgehalt in Spannbetonbauteilen mit 0,2% Cl⁻, bezogen auf die Zementmasse, sehr niedrig festgelegt. Während des Transportes und der Montage von Spannstählen ist durch besondere Schutzmaßnahmen sicherzustellen, daß eine Korrosion der Spannstähle ausgeschlossen bleibt. *Schießl*

Spannstahlprüfung. Durch die Spannbetonbauweise ist die Möglichkeit gegeben, auch bei großen Spannweiten und hohen Lasten schlanke Baukörper und geringe Durchbiegungen zu erhalten. Diese Bauweise führte zur Entwicklung von hochfesten Baustählen, den sogenannten Spannstählen, unterschiedlichster Beschaffenheit und Qualität.

Sie werden in den Bauwerken hohen Anforderungen unterworfen. Im Vordergrund stehen dabei
– hohe Streckgrenze bei gleichzeitiger ausreichender Verformbarkeit,
– ausreichende Elastizität der Stähle auf Dauer (geringe Spannungsrelaxation),
– ausreichendes Dauerschwingverhalten (auch der Spanngliedverankerungen) der Stähle und
– ausreichende Beständigkeit bzw. Unempfindlichkeit gegenüber → Korrosion und Spannungsrißkorrosion.

Spannstähle werden als Stäbe, Drähte und Litzen geliefert. Die hohen Anforderungen und die Eigenschaften dieser Stähle erfordern eine umfassende Gütesicherung bei der Herstellung.

Die Gütesicherung beinhaltet die Durchführung von Zulassungs- und Überwachungsprüfungen. Erst aufgrund von Zulassungsversuchen erhält ein Stahlwerk die Genehmigung, eine Spannstahlsorte gemäß Zulassungsbescheid des Instituts für Bautechnik, Berlin, zu produzieren. Während der Produktion sind laufende, stichprobenartige Überwachungsprüfungen vorzunehmen. Die Überwachungsprüfungen unterteilen sich in Prüfungen durch die Qualitätsstelle des Stahlwerkes (Eigenüberwachung) und in Prüfungen durch eine von der obersten Bauaufsichtsbehörde anerkannte, unabhängige Prüfstelle (Fremdüberwachung). Sämtliche Prüfungsergebnisse werden nach bestimmten Zeitabständen zusammengefaßt und nach festgelegten Bewertungskriterien statistisch ausgewertet.

Die in den Zulassungsbescheiden aufgeführten Anforderungen sowie mechanische und technologische Eigenschaften der jeweiligen Spannstahlsorte werden durch folgende Untersuchungen ermittelt und überwacht:

☐ Mit geeigneten Meßverfahren werden Durchmesser und Querschnitt bzw. Gewicht des → Spannstahles ermittelt und nach den im Zulassungsbescheid aufgeführten Toleranzgrenzen ausgewertet. Bei Stabstählen mit Gewinderippen und bei profilierten oder gerippten Drähten wird zusätzlich die Oberflächengestalt hinsichtlich Nennabmessungen und Toleranzgrenzen überprüft.

☐ Im Zugversuch werden die Festigkeits- und Verformungseigenschaften untersucht. Beim Spannstahl sind festgelegt: Zugfestigkeit, Streckgrenze, Elastizitätsgrenze, → Elastizitätsmodul, Bruchdehnung, Brucheinschnürung und Gleichmaßdehnung. Außerdem liefert der Zugversuch die für die jeweilige Spannstahlsorte typische Spannungs-Dehnungs-Linie. Bei Drähten und Litzen wird darüber hinaus innerhalb von Zulassungsversuchen der Abfall der Zugfestigkeit nach einem einmaligen Hin- und Herbiegevorgang bestimmt.

☐ Das Verhalten von Spannstahl bei dynamischer → Beanspruchung wird im Dauerschwingversuch ermittelt. Die Ergebnisse dieser Versuche werden in der Regel im Wöhlerschaubild oder auch im Dauerfestigkeitsschaubild nach Smith dargestellt.

☐ Ein für Spannstahl wichtiges Prüfkriterium ist das Relaxationsverhalten des Stahles. Zur Bestimmung des Spannungsverlustes in Abhängigkeit von der Zeit werden daher Relaxationsversuche bei unterschiedlichen Anfangsspannungen durchgeführt.

☐ Der Einfluß von möglichen mechanischen Beschädigungen an der Baustelle auf das Festigkeits- und Verformungsverhalten des Stahles wird in Form von Kerbzugversuchen untersucht.

☐ Zur Ermittlung der Beständigkeit bzw. Empfindlichkeit des Spannstahles gegenüber wasserstoffinduzier-

tem Sprödbruch (Wasserstoffversprödung) werden Spannungskorrosionsversuche durchgeführt.

☐ Die Verformungsfähigkeit von Spannstahl wird bei Stäben im Faltversuch und bei Litzen und Drähten im Hin- und Herbiegeversuch geprüft.

☐ Die Einhaltung der in den Zulassungsbescheiden aufgeführten chemischen Zusammensetzung der Stähle wird ebenfalls laufend überwacht.

Nur bei Zulassungsversuchen werden außerdem noch folgende Untersuchungen vorgenommen: Bei Stäben ist die Ermittlung des Arbeitsmoduls und bei Litzen die Ermittlung des Seilrecks erforderlich. Für Spannstahlsorten, die bei Spannbettfertigung durch direkten Verbund verankert werden dürfen, sind Kennwerte für das Verbundverhalten festzulegen.

Die Durchführung aller S. erfolgt nach vorgeschriebenen Mindestprobezahlen. *Rehm/Beul*

Literatur: *Richtlinien für Zulassungs- und Überwachungsprüfungen an Spannstählen – Fassung 1978. –* Hrsg.: Institut für Bautechnik.

Spannung, mechanische. An einem Körper möge eine Gleichgewichtsgruppe von äußeren Kräften angreifen. Denkt man sich den Körper durch einen *beliebigen Schnitt in zwei Teile zerlegt* und einen Teil einschl. der daran angreifenden äußeren Kräfte entfernt, so muß dessen Wirkung auf den anderen Teil durch zusätzliche innere Kräfte in der Schnittfläche ersetzt werden, damit der Gleichgewichts- und der Formänderungszustand erhalten bleiben. Diese inneren Kräfte sind stetig über die Schnittfläche verteilt, so daß jedem differentiellen Flächenelement dA ein Kraftvektor $d\vec{P}$ zukommt. Der Differentialquotient $d\vec{P}/dA$ strebt mit Grenzübergang $dA \rightarrow 0$ einem Grenzwert zu, der als S. bezeichnet wird. Die S. in einer differentiellen Schnittfläche ist ebenfalls eine gerichtete Größe, die in Komponenten normal und tangential zu dA, die → Normalspannungen und die → Schubspannungen, zerlegt werden kann. Wird aus dem Körper ein differentielles räumliches Schnittelement mit den Kantenlängen dx_i, $i \in [1/3]$ herausgeschnitten, so greift an jeder der sechs Flächen ein Spannungsvektor an, der in drei Komponenten in Richtung der Koordinatenachsen x_i zerlegt werden kann, die Komponenten des → Spannungstensors σ_{ij} (→ Normalspannung, → Schubspannung).

Laermann

Spannungstensor. Der Spannungszustand in einem beliebigen Punkt P des Kontinuums liegt fest, wenn drei Spannungsvektoren bezüglich dreier Flächenelemente durch P, deren Normalen nicht komplanar sein dürfen, vorgegeben sind. Werden als Bezugsflächen die drei durch P gehenden, zueinander orthogonalen Koordinatenebenen gewählt (Bild), so sind die drei auf die Flächeneinheit bezogenen Spannungsvektoren $\sigma_i = (\sigma_{ij})$, i, $j \in [1/3]$ mit den Komponenten σ_{ij} zu betrachten. Diese bilden, in einer Matrix zusammengestellt, den Spannungstensor σ_{ij}. Komponenten mit glei-

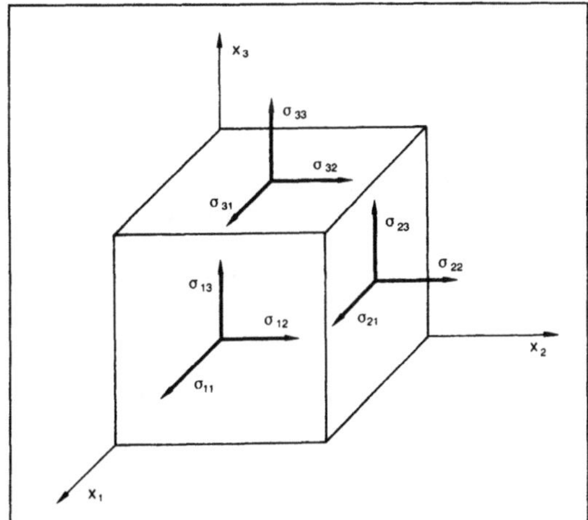

Spannungstensor: Spannungen am differentiellen räumlichen Schnittelement.

chen Indizes $(i=j)$ sind → Normalspannungen, bei Komponenten mit $i \neq j$ handelt es sich um → Schubspannungen. Der S. ist symmetrisch. Mit der mittleren Normalspannung

$$s = \frac{1}{3}\sigma_{ii} = \frac{1}{3}(\sigma_{11} + \sigma_{22} + \sigma_{33})$$

kann der S. in einen Kugeltensor $s \cdot \delta_{ij}$ (mit dem Kronecker-Symbol δ_{ij}) und einen Spannungsdeviator $s_{ij} = \sigma_{ij} - s \cdot \delta_{ij}$ aufgeteilt werden.　　*Laermann*

Spannungstheorie 2. Ordnung. Die Einhaltung des Gleichgewichtes zwischen der äußeren Belastung und den inneren Schnittkräften ist die wichtigste Forderung beim → Standsicherheitsnachweis. Am einfachsten gestaltet sich die Berechnung bei Anwendung der Theorie 1. Ordnung, bei der das Gleichgewicht am unverformten System formuliert wird (Bild 1):

$M(x) = A x = f(x)$: Gleichgewicht

$v'' = -\dfrac{A x}{E I}$: Biegedifferential-Gleichung, wobei $A = F\,b/l$ ist.

Wird die Verformung bei der Formulierung des Gleichgewichtes berücksichtigt, das entspricht der Theorie 2. Ordnung, dann gilt (Bild 2):

$M(x, v) = A x + S v = f(x, v)$

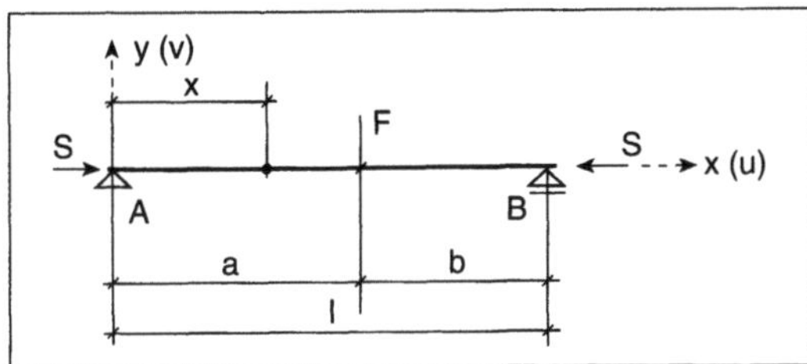

Spannungstheorie 2. Ordnung 1: Prinzipielle Darstellung der Theorie 1. Ordnung.

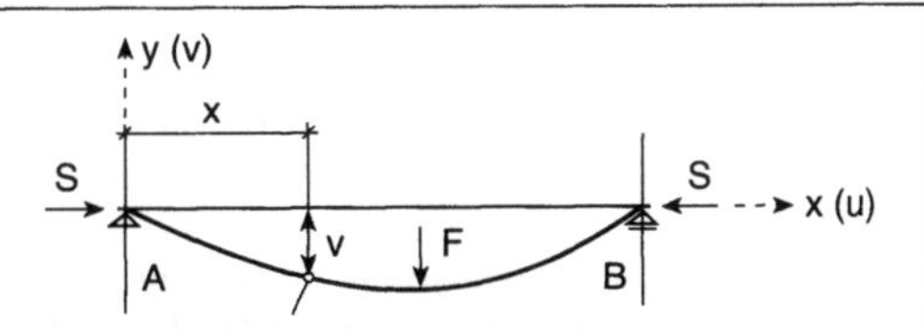

Spannungstheorie 2. Ordnung 2: Prinzipielle Darstellung.

$$v'' = -(A x + S v)\frac{1}{E I},$$

hierin ist $S v$ der Zusatzterm infolge Theorie 2. Ordnung.

Die Differentialgleichung ist bei Theorie 1. Ordnung homogen und bei Theorie 2. Ordnung inhomogen. Die Lösung für 2. Ordnung führt für $F = o$ zur Verzweigungslast des zentrisch gedrückten Stabes, d. h. zum Stabilitätskriterium des Knickens. Mathematisch handelt es sich hierbei um ein Eigenwertproblem. Für $F \neq o$ führt die Lösung zur S. 2. O. Generell gilt, daß die → Stabilitätstheorie auf der S. 2. O. basiert.

Da für Theorie 2. Ordnung keine Linearität mehr zwischen Last und Verformung besteht, müssen die äußeren Lasten vorab um den vorgeschriebenen Sicherheitsfaktor γ erhöht werden.

Es ist dann nachzuweisen, daß mit dem γ-fachen Lastzustand an keiner Stelle des statischen Systems die → Fließspannung σ_F überschritten wird.

Das Superpositionsgesetz, das bei Theorie 1. Ordnung gilt, ist bei Theorie 2. Ordnung nicht mehr anwendbar, d. h. die statischen Größen unterschiedlicher Lastfälle können nicht mehr überlagert werden.

Die Anwendung der S. 2. O. ist aus Sicherheitsgründen dann erforderlich, wenn in einem → Tragwerk Druckbeanspruchungen auftreten und die Gefahr von Instabilitätserscheinungen besteht. Die Anwendung der S. 2. O. ist bei zugbeanspruchten Tragwerken eine Frage der Wirtschaftlichkeit.　　*Sedlacek/Scholz*

Spannungstrajektorie. S. sind zwei Kurvenscharen, die orthogonal zueinander verlaufen. Sie sind Linien gleicher Richtung der Hauptnormalspannungen in einem zweidimensionalen Beanspruchungszustand, geben also die Richtungen an, in denen die angreifenden Kräfte in einer → Scheibe weitergeleitet werden. Sind die Hauptspannungsrichtungen bestimmt, so können die Trajektorien dergestalt gezeichnet werden, daß sie diese Richtungen zu Tangenten haben.

Laermann

Spannverfahren. Unter S. versteht man im Spannbeton-Bereich die Art und den Zeitpunkt der Erzeugung der → Vorspannung, die Art der Verankerung der Spannstähle, die Art der Kopplung der Spannglieder und die Art der Herstellung des Verbundes zwischen den Spanngliedern und dem Beton. Wir unterscheiden

☐ in Abhängigkeit von der Verbundwirkung:
– Vorspannung ohne, mit sofortigem und mit nachträglichem Verbund;

☐ in Abhängigkeit von der Art der Verankerung:
– Endverankerungen mit besonderen Ankerkörpern,
– Endverankerungen durch Verbund zwischen → Spannstahl und Beton,
– Endverankerung durch einbetonierte Schlaufen;

☐ in Abhängigkeit vom Zeitpunkt der Vorspannung:
– Vorspannen vor dem → Erhärten des Betons,
– Vorspannen nach dem Erhärten des Betons.

Bei der Vorspannung ohne Verbund liegen die Spannglieder außerhalb oder – z. B. bei → Flachdecken – innerhalb des Betonquerschnitts des vorzuspannenden Bauteils. Bei der Vorspannung mit sofortigem Verbund werden die Spannglieder nach dem Vorspannen so in den Beton eingebettet, daß gleichzeitig mit dem Erhärten des Betons die Verbundwirkung entsteht. Bei der Vorspannung mit nachträglichem Verbund wird der Beton zunächst ohne Verbundwirkung zwischen Spanngliedern und Beton vorgespannt. Später wird die Verbundwirkung hergestellt. *Mehlhorn*

Spannweite. Die S. ist die Entfernung zwischen den Unterstützungspunkten einer Baukonstruktion. Im Brückenbau ist es die freie Länge zwischen den Stützpunkten auf den Pfeilern, bei Schrägseil- und → Hängebrücken die Entfernung zwischen den → Pylonen. Die S. ist identisch mit der auch gebräuchlichen Bezeichnung → Stützweite. *Sedlacek/Scholz*

Sparren. Unmittelbar unter der Dacheindeckung liegendes Tragglied, das i. d. R. parallel zur Fallinie der geneigten Dachfläche verläuft, oberseitig die → Dachlatten oder die Dachschalung und unterseitig – bei ausgebauten Dachräumen – eine Verkleidung aufnimmt. Der S. besteht vorzugsweise aus → Kantholz, kann bei größeren Stützweiten aber auch aus Brettschichtholz, einem I-Träger oder → Fachwerkträger ausgeführt werden. Der bevorzugte Abstand beträgt 0,60 – 1,20 m. Der S. wird vorwiegend auf Biegung beansprucht, kann in Sparrendächern, Kehlriegeldächern oder in Bindergespärren von Pfettendächern zusätzlich auch größere Normalkräfte erhalten (→ Dachstuhl). *Dröge*
Literatur: *Halász, R. v.,* u. *C. Scheer* (Hrsg.): Holzbau-Taschenbuch. Bd. 1. 9. Aufl. Berlin 1996.

Sparrendach → Dachstuhl

Sparrenpfette. Pfette, die die Dachhaut direkt trägt und auf Querträgern aufliegt, z. B. bei Hallenbauten. Voraussetzung für die Anwendung ist, daß die Dacheindeckung entsprechend große Abstände überspannen kann, z. B. Trapezblecheindeckung (→ Pfette). *Dröge*

Sparrenzimmerung. Alte Holzbauweise im → Tunnelbau für den Vollausbruch zur Aufnahme einer Ver-

pfählung längs der Tunnelachse (→ Tunnelzimmerung). *Wagner*

Sparschleuse → Schleuse

Speicherbemessung. Festlegung der Größe (Speicherinhalt) künstlicher Wasserspeicher (→ Stauanlagen u. a.) mit dem Ziel, das Wasserdargebot zeitlich dem → Wasserbedarf anzugleichen. Wasserwirtschaftlich bedeutsam sind dabei nicht zuletzt auch die Wirtschaftlichkeit (Kosten-Nutzen-Relation) und die Sicherheit der Bedarfsdeckung. Die Wirkungsweise des Speichers läßt sich am einfachsten durch die Summenkurve des Zuflusses $V_Z = \int Q_Z \cdot dt$ und der Entnahme V_A darstellen; dabei ist die Differenz D von Bedeutung (Bild). Gewöhnlich wird gleichzeitig auch die Ganglinie des Speicherinhalts S betrachtet. Außer der → Seeretention und dem Summenlinienverfahren setzt man vorwiegend die lineare und die dynamische Speicheroptimierung sowie die Speichersimulation ein. Bei letzterer wird der Vorgang der Speicherfüllung und -entleerung rechnerisch nachvollzogen. *Lecher*

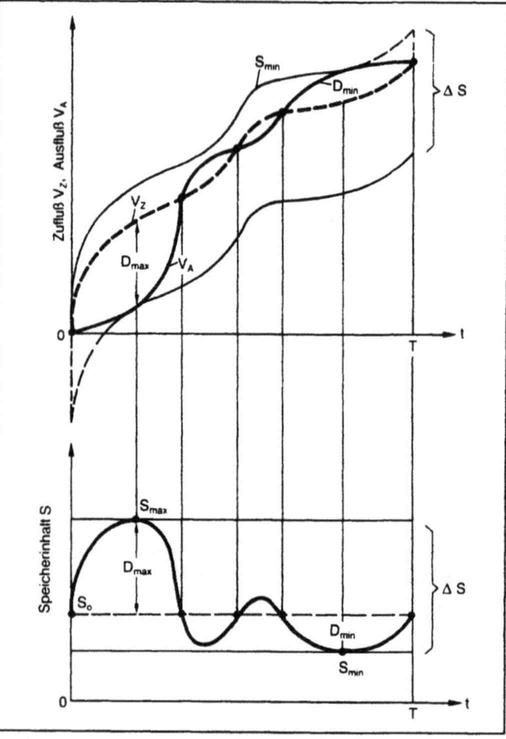

Speicherbemessung: Summenkurven V_Z und V_A des Zu- und Ausflusses eines Speichers und zugehörige Ganglinie des Speicherinhalts S. (Vischer)

Speichermodell. In der Ingenieurhydrologie (→ Hydrologie) vielfach benutztes Verfahren der Abflußberechnung aus vorgegebenen → Niederschlägen, bei dem man das → Einzugsgebiet rechnerisch durch einen Speicher oder ein System von Speichern ersetzt denkt. Elementarer Modellbaustein ist der Einzellinearspeicher. Der → Abfluß (Ausfluß aus dem Speicher) $Q_A(t)$ ist proportional zum Speicherinhalt $S(t)$:

$$S(t) = K \, Q_A(t).$$

Weitere Beziehung für den Speichervorgang ist die Kontinuitätsbedingung: Der Zufluß entspricht dem Abfluß plus Speicherinhaltsänderung:

$$Q_z(t) = Q_A(t) + dS/dt.$$

jeweils für das gewählte Zeitintervall Δt. Eine lineare Speicherkaskade erhält man durch Hintereinanderschalten von n linearen Einzelspeichern. Der Ausfluß eines Speichers ergibt den Zufluß zum nächsten. Beim Modell von *Nash* haben die einzelnen Speicher dieselbe Speicherkonstante K; als Zufluß zum ersten Speicher werden die abflußwirksamen Niederschläge eingesetzt. Es gibt außerdem die nichtlineare Speicherkaskade und die parallele Speicherkaskade. *Lecher*

Literatur: *Maniak, U.*: Hydrologie und Wasserwirtschaft. 3. Aufl., Berlin 1993.

Sperrabfall. Sperrige → Abfälle, die aus Gründen der Praktikabilität nicht geeignet sind, zusammen mit dem Hausabfall oder Gewerbeabfall eingesammelt und behandelt, verbrannt oder deponiert zu werden: zusammengefaltete Kartons, Möbelstücke, Kücheneinrichtungen, Holz nennenswerter Abmessungen usw. Die Gemeinden oder Träger der Abfallsammlung verteilen Listen, auf denen vermerkt ist, was zum S. zählt. Im S. sind meist große Anteile verwertbarer, zum → Recycling oder allgemein in der Abfallwirtschaft noch einsetzbarer Stoffe. Der S. wird in speziell mit Brech- und Kompaktierungseinrichtungen versehenen Sammelfahrzeugen, gelegentlich auch nur mit Lastwagen, eingesammelt und oft erst nach → Sortierung entweder zur Verbrennung oder zur → Deponie gebracht. Für bestimmte technische Einrichtungen werden dabei zunehmend Sonderregelungen aus dem neuen Kreislaufwirtschaftsgesetz (1994) geschaffen, wegen bedenklichen Anteilen, z.B. bisher bei Kühlanlagen (Kühlschränke FCKW), Kraftfahrzeugen (Öle), Leuchtröhren (Gase), zukünftige Elektro-/Elektronische Geräte usw., mit dem Ziel der Verwertung von Anteilen. Damit ist nun auch der Bereich des S., bei dem erhebliche Anteile noch nutzbarer Stoffe oder Anlagenteile enthalten sein können, im Kreislaufwirtschaftsgesetz in die Forderung „vermeiden, verwerten, beseitigen" einbezogen. *Pfeiff*

Sperrholz. Platten von mindestens drei symmetrisch kreuzweise zu ihrer Mittelebene angeordneten, miteinander verleimten Schälfurnieren. Die maximale Dicke für → Deckfurniere beträgt 3,2 mm, für Innenfurniere 4,4 mm. Die Eigenschaften der Platte lassen sich durch den Aufbau, die Furnieranzahl und -dicke sowie die Wahl der Hölzer (in einer Platte unterschiedliche Höl-

zer möglich) entscheidend beeinflussen. Die Druck- und Zugfestigkeit ist bei einem Kraftfaserwinkel von 0° und 90° zum Deckfurnier am ausgeprägtesten. Die 45°-Festigkeit läßt sich durch Verwendung dünnerer Furniere erhöhen. Ausgeglichene Festigkeit für alle → Kraft-Faser-Winkel ist durch Einfügen von 45°-Furnieren zusätzlich zu den vorhandenen 0°- und 90°-Furnieren zu erreichen (ähnlich wie → Sternholz).

Durch den Preßvorgang bei der Herstellung ist die Plattendicke rd. 8–9% kleiner als die Summe der Furnierdicken. Für tragende Bauteile werden Baufurniersperrholz (BFU-S.) aus unterschiedlichen Holzarten entsprechend DIN 68 705, Tl. 3, und güteüberwachtes BFU-S. aus Buche nach DIN 68 705, Tl. 5, unterschieden. Für letzteres lassen sich die Festigkeiten β für jeden Plattenaufbau errechnen.

$$\beta_{z,0°} = B_z \cdot \delta_m \text{ und } \beta_{z,90°} = B_z \cdot (1 - \delta_m),$$
$$\beta_{D,0°} = B_D \cdot \delta_m \text{ und } \beta_{D,90°} = B_D \cdot (1 - \delta_m);$$

genähert: $B_z = 100 \text{ N/mm}^2$; $B_D = 52 \text{ N/mm}^2$;

genau:

$$B_z = \frac{45}{e^{(1,3 t_L - 1)}} + 100 \text{ in N/mm}^2,$$

$$B_D = \frac{36}{e^{(1,9 t_L - 1)}} + 60 \text{ in N/mm}^2;$$

$$\beta_{z,45°} = \beta_{D,45°} = \frac{33}{e^{(1,6 t_L^{0,65} - 1)}} + 10,2 \text{ in N/mm}^2.$$

In den Gleichungen bedeuten:

δ_m Anteil der Lagen parallel der Faserrichtung der Deckfurniere am vollen Plattenquerschnitt,

t_L mittlere Furnierlagendicke in mm.

$t_L = a/n$

a Plattendicke in mm

n Anzahl der Furniere   *Dröge*

Literatur: *Dröge, G., u. H. Damm*: Die Zug- und Druckfestigkeiten von Bau-Furniersperrholz aus Buche. Z. Bauen mit Holz (1988) Nr. 7. – *Dröge, G., u. S. Kramer*: Die Lochleibungsbruchspannungen von Bau-Furniersperrholz nach DIN 68 705, Tl. 5. Z. Bauen mit Holz (1988) Nr. 8. – *Dröge, G.*: Grundzüge des Holzbaues. Bd. 1. 2. Aufl., Berlin 1993.

Sperrmüll → Sperrabfall

Sperrwerk. Bauwerk zum zeitweiligen Verschluß eines Flusses gegen die Einwirkung der Tidehochwässer. Es beseitigt die Sturmflutgefahr für die Niederungsgebiete entlang der Tidestrecke des Flusses, ermäßigt in bestimmten, vom Tideverlauf abhängigen Grenzen die Hochwasserstände des Flusses und verbessert damit die Vorflutverhältnisse (→ Vorflut) sowie die Höhenlage des Grundwasserspiegels. Nach der Hollandsturmflut von 1953 und der Sturmflut von Februar 1962 erwies sich eine beschleunigte Verbesserung des → Küstenschutzes u.a. durch Flußabdämmungen als dringend notwendig. An der deutschen Nordseeküste sind alle Nebenflüsse im Tidebereich der Ströme Ems, Weser und Elbe sowie die Eider durch 24 Sturmflutsperrwerke (Bild) gesichert. Durch die S.

Sperrwerk: Leda-Sperrwerk bei Leer/Ems.

wurde die Hauptdeichlinie erheblich verkürzt. Damit ließen sich die Deichunterhaltungskosten wesentlich verringern, die → Deichverteidigung erleichtern und das Schadensrisiko einschränken.   *Lecher*

Spezifikation, technische. Begriff des Vergaberechts gem. Allgemeine Vergabebestimmungen VOB/C Abschnitt 2 oder 3 oder 4.

T. S. sind sämtliche, insbesondere in den → Verdingungsunterlagen enthaltenen, technischen Anforderungen an eine → Bauleistung, ein Material, ein Erzeugnis oder eine Lieferung, mit deren Hilfe die Bauleistung, das Material, das Erzeugnis oder die Lieferung so bezeichnet werden können, daß sie ihren durch den öffentlichen Auftraggeber festgelegten Verwendungszweck erfüllen.   *Drees*

Spielzeit. Zeit für den Ablauf eines ständig sich wiederholenden → Arbeitsvorgangs, wie z. B. Bagger-S. oder Umlaufzeit (S.) für Abtransport von Aushub. Die S.-Berechnung ist insbes. bei der → Kalkulation von Erdarbeiten wichtig, da sie zusammen mit den Kosten/h die Kosten je Produktionseinheit liefert.   *Drees*

Splintholz. Lebender Teil des Baumstammes, der für den Transport von Wasser und Nährstoffen sowie deren Speicherung mitverantwortlich ist. S. unterscheidet sich bei den Kernholzarten (→ Kernholz) farblich deutlich vom meist dunkleren Kernholz. In trockenem Zustand ist es anfällig für Schädlingsbefall. Bei einigen Kernholzbäumen wird es wegen der geringen Bestän-

digkeit nicht als → Bauholz verarbeitet, z. B. Eiche, Azobé.   *Dröge*

Splittmastixasphalt. Nicht zu verwechseln mit → Asphaltmastix ist der S. Er setzt sich aus einem splittreichen Mineralstoffgemisch mit Ausfallkörnung aus 6,0–7,5% (bezogen auf die Masse) → Straßenbaubitumen als Bindemittel und aus 0,3–1,5% stabilisierenden Zusätzen, wie Faserstoffen (organisch, mineralisch), Kieselsäure oder Polymeren (Pulvergranulat) zusammen. S. besteht aus einem dauerhaft zusammenhaltenden Splittgerüst, dessen Hohlräume mit Asphaltmastix weitgehend ausgefüllt sind. Damit kann eine hohlraumarme, widerstandsfähige und verkehrssichere → Deckschicht hergestellt werden, deren → Lagerungsdichte und Korngrößenverteilung sich unter Verkehr kaum ändern. Deckschichten aus S. eignen sich wegen ihrer hohen Verschleiß- und Standfestigkeit besonders für schwer belastete Straßen.   *Beckedahl*

Sprengbild. Anordnung der Bohrlöcher verschiedener Einbrucharten. Grundsätzlich werden zwei Formen unterschieden:

☐ Schrägeinbrüche (Kegel-, Keil-, Pyramiden- und Fächereinbruch) und

☐ Paralleleinbrüche (Parallel-, Staffel-, Brenner- und Coromanteinbruch).

Im ersten Fall wird zunächst ein Schrägeinbruch herausgeschossen, so daß für Folgeschüsse die Gesteinsverspannung vermindert ist. Die Bohrlöcher sollen sich nicht berühren oder überschneiden. Die Form des

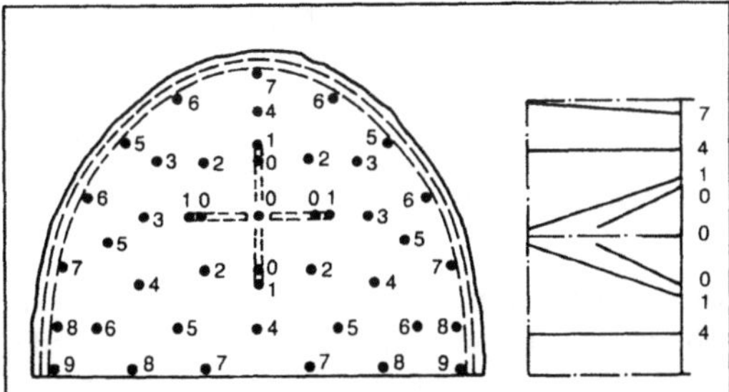

Sprengbild 1: Kegeleinbruch. (Quelle: Wild)

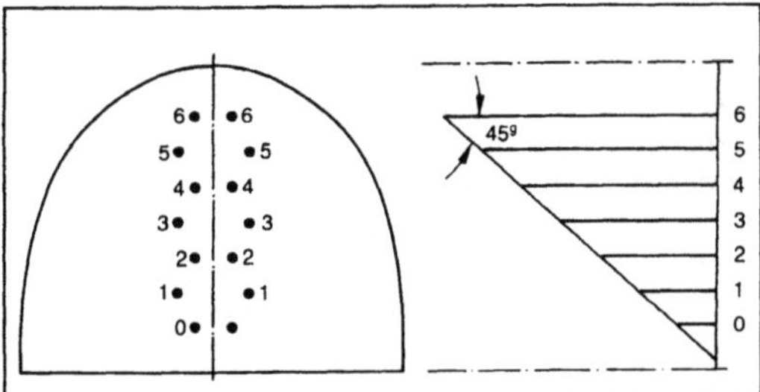

Sprengbild 2: Staffeleinbruch. (Quelle: Wild)

Einbruchs ist durch die Namensgebung charakterisiert. Anwendbar sind Kegeleinbrüche (Bild 1) oder Keileinbrüche in zähharten Gesteinen, während die Pyramiden- oder Fächereinbrüche vorwiegend in deutlich geschieferten oder geklüfteten Gesteinen angebracht sind. Im Falle der Paralleleinbrüche sind die Bohrlöcher entweder alle besetzt, und der erforderliche Zertrümmerungseffekt ist durch eine bestimmte Zeitstufenanordnung von Millisekundenzündern zu erreichen – Parallel- und Staffeleinbruch (Bild 2) – oder die Schüsse wirken zunächst nicht gegen die freie → Ortsbrust, sondern auf den Leerraum nicht geladener Ausdehnungslöcher. Erst später gezündete Schußgruppen werfen das gesprengte Material heraus – Brenner- und Coromanteinbruch. Die endgültige Formgebung des ausgesprengten Hohlraumes wird durch am Rand angesetzte Helfer-, Kranz- oder Eckschüsse mit geringeren Sprengladungen erreicht. *Wagner*

Literatur: *Wild, H. W.:* Sprengtechnik im Bergbau, Tunnel- und Stollenbau. Essen 1984.

Sprengerschütterungen.

Mit S. werden die → Erschütterungen bezeichnet, die bei der Durchführung aller Arten von Sprengungen in der Umgebung des Sprengortes erzeugt werden. Durch die schlagartige Umsetzung des Sprengstoffs, z. B. bei Gewinnungssprengungen in Steinbrüchen, aber auch bei Bausprengungen und seismischen Sprengungen, werden durch einen Teil der freigesetzten Energie elastische Verformungen der Bodenteilchen bewirkt, die sich als Wellen ausbreiten.

Bei → Abbruchsprengungen, die zum kostengünstigen Abbruch besonders von hohen Schornsteinen, Fördertürmen, Hochhäusern, Brücken, usw. angewendet werden, ist für die größten verursachten Erschütterungsamplituden in aller Regel nicht die Energie des eingesetzten Sprengstoffs maßgebend, sondern diejenige der herabstürzenden Baumassen.

Baugrubensprengungen werden zur Herstellung von Baugruben, Gräben, Felsböschungen und zum Vortrieb von Tunneln bei oberflächennah anstehendem Fels angewendet. Beim Felsabtrag wird eine Schonung des stehenbleibenden Gebirges, ein profilgenaues Sprengen und ein glatter Abriß gefordert. Dabei werden oft Sprengstoffe mit großer Detonationsgeschwindigkeit verwendet, die beachtliche Detonationsknalle verursachen können. Bei Baugrubensprengungen sind auch die Erschütterungsimmissionen zu beachten, um nachteilige Wirkungen auf vorhandene Bebauung in der Nachbarschaft zu vermeiden.

Angaben zur Beurteilung von S. sind im Regelwerk DIN 4150 „Erschütterungen im Bauwesen", T. 2 (Ausg. Dez. 1992) und im Teil 3 (Ausg. Mai 1986) gemacht. Dabei ist zwischen der Einwirkung von S. auf Bauwerke und Bauteile und der Einwirkung auf Menschen beim Aufenthalt in Gebäuden zu unterscheiden. Ziel der Maßnahmen zur Verminderung der S. ist es, Gefährdungen, erhebliche Nachteile und erhebliche Belästigungen in der Umgebung des Sprengortes zu vermeiden. Die Stärke der S. bei Gewinnungssprengungen ist besonders von der Lademenge abhängig. Die Sprengungen mit großen Einzelladungen, die mit Momentzündung abgetan werden, verursachen relativ starke Erschütterungen. Durch Verkleinerung der Lademengen, durch Aufteilen in Teilladungen, die zeitlich verzögert gezündet werden, wird die Anregung der S. in mehrere kurzzeitig hintereinander auftretende Erregungen aufgeteilt. Die Verwendung von Zündern in Form von Zeitzündern hat bei Großbohrlochsprengungen nicht nur zu einer besseren Zerkleinerung des Haufwerks, sondern auch zur Verminderung von S. geführt. Bei der Anwendung von Kurzzeitzündern mit Zündfolgeintervallen von 20 bis 30 ms hat sich zur Herabsetzung der gleichzeitig zur Detonation gelangenden Sprengstoffmenge die Verwendung von nur einer Zünderzeitstufe für ein Bohrloch bewährt. Auf die Stärke der verwendeten S. haben damit auch die Wandhöhe, die Vorgabe, der Abstand der Bohrlöcher und die Verspannung einen großen Einfluß. Weiterhin hat auch je nach vorliegenden geologischen Einflußgrößen die Abbaurichtung Einfluß auf die Stärke der in der Umgebung des Sprengortes auftretenden S. *Splittgerber*

Literatur: *Schubart, H. E.,* u. *E. Thümmel:* Einfluß der Sprengtechnik und der Lagerstättenstruktur auf die Stärke und Ausbreitung von Bodenerschütterungen bei Gewinnungssprengungen. Geol. Jb. E 6, 1976. – *Splittgerber, H.:* Einflüsse auf die

Stärke von Erschütterungen bei Gewinnungssprengungen. Schriftenreihe der Landesanstalt für Immissionsschutz des Landes NRW, Nr. 42, Essen, 1977. – *Hinzen, K.-G.,* u. *R. Sharon:* Verringerung von Sprengerschütterungen durch Zündzeitoptimierung und elektronische Zünder – ein Beispiel aus der Praxis. Nobel-Hefte (1991) Nr. 2/3/4. – *Arnold, K.:* Einwirkungen von Sprengerschütterungen auf Menschen in Gebäuden. Nobel-Hefte (1993) Nr. 1.

Sprengmittel. S. sind alle für eine Sprengung notwendigen Materialien, wie → Sprengstoffe, Zündmittel (→ Zünder, Leitungen und → Zündmaschinen) und Verdämmungen. *Wagner*

Sprengstoff. S. sind bei Zündung explodierende chemische Verbindungen oder Gemische aus leicht brennbaren Kohlenstoffverbindungen mit Sauerstoffträgern. Alle für Sprengungen im unterirdischen Hohlraumbau zugelassenen S. müssen mehr Sauerstoff enthalten, als für die Verbrennung erforderlich ist, d. h. ihre Sauerstoffbilanz muß positiv sein. S. sind durch folgende Kennwerte festgelegt:

☐ Gasdruck: Druck der Expansionsgase in einem vorgegebenen Raum. Zu errechnen unter der Annahme des idealen Gasgesetzes $p \cdot v = \text{konst.}$ Der Gasdruck nimmt mit dem Ausweichen des Gebirges ab.

☐ Normalvolumen (Schwaden- oder spezifisches Gasvolumen): Volumen der bei der explosiven Umsetzung entstehenden Gase bei 0 °C und Atmosphärendruck. Das Volumen wird in l/kg S. angegeben.

☐ Detonationsgeschwindigkeit: Geschwindigkeit, mit der die Detonation im S. fortschreitet. Je nach S., Zünd- und Anwendungsbedingungen ist sie > 5 000 m/s.

☐ Ladedichte: Verhältnis der Masse des S. zum Volumen des Laderaumes.

☐ Brisanz: Zertrümmernder Effekt einer Ladung auf die unmittelbare Umgebung. Hohe Brisanz führt zur Zermalmung der Gesteine, geringe Brisanz zur Rissebildung. Einen Vergleich der Brisanz verschiedener S. ermöglicht das Produkt aus Ladedichte, Normalvolumen und Detonationsgeschwindigkeit. Je größer dieser Wert ist, desto höher ist auch die Brisanz des S.

Eine Übersicht über Gesteinssprengstoffe liefert die Einteilung gem. DIN 20 163. *Wagner*
Literatur: *Wild, H. W.:* Sprengtechnik im Bergbau, Tunnel- und Stollenbau. Essen 1984.

Sprengtechnik. S. ist die Verfahrenstechnik für das Sprengen, d. h. das gewaltsame Aufreißen und Zerteilen von Sprengobjekten. Im unterirdischen Hohlraumbau, d. h. im → Tunnelbau, Stollen-, Schacht- und → Kavernenbau, dient die S. dem Loslösen des Gesteins beim Auffahren von Hohlräumen unter Tage. Die Sprengarbeit umfaßt alle für das Sprengen notwendigen Tätigkeiten und wird nach einem Sprengplan ausgeführt. Dabei ist der → Sprengstoff als Werkzeug und das Gebirge (Sprengobjekt) als Werkstoff zu betrachten.

Zwischen Sprengstoff und Gebirge besteht also eine Wechselwirkung, die optimal sein soll. Diese Optimierung wird dank der verschiedenen → Sprengverfahren erreicht. *Wagner*
Literatur: *Wild, H. W.:* Sprengtechnik im Bergbau, Tunnel- und Stollenbau. Essen 1984.

Sprengverfahren. Anwendung verschiedener → Sprengmittel bzw. → Sprengstoffe in unterschiedlichen Gesteinsarten. Von grundsätzlichem Interesse ist dabei die dynamische Wirkung der Sprengstoffe. Während brisante Sprengstoffe mit einer schnellen Gasentwicklung eine stark zertrümmernde Wirkung ausüben, wie die im → Tunnelbau häufig angewandten Ammongelite, basieren Sprengstoffe mit einer langsamen Gasentwicklung mehr auf einer schiebenden Wirkung (Donarite). Dementsprechend ist auch der Einsatzbereich. Im ersten Fall wird die Anwendung meist auf den Bereich des Einbruchs, im zweiten Fall mehr auf die Helfer- und Kranzschüsse begrenzt sein. Die Sprengwirkung nimmt mit wachsender Entfernung von der Sprengladung ab. Die Sprengladungen müssen sich daher bei größeren Ausbruchquerschnitten gegenseitig ergänzen, was in den Sprengbildern zum Ausdruck kommt. Bei gebirgsschonenden S. bleiben die → Erschütterungen weitgehend auf den Ausbruchquerschnitt beschränkt. Außer einer hohen Profilgenauigkeit bleibt dann auch die Gebirgsfestigkeit in unmittelbarer Hohlraumnähe erhalten; dies bedeutet: verminderte Kosten für die Sicherungsmaßnahmen. Sprengstoffe müssen als Ladung fachgerecht in dafür vorgesehene Bohrlöcher eingebracht werden. Die Idealform einer Ladung ist die Kugel. Da der Laderaum aber i. d. R. durch Bohren hergestellt wird, also zylindrisch ist, unterscheidet man je nach dem Verhältnis von Durchmesser zu Länge der Ladung geballte und gestreckte Ladungen (Bild). Alle zu einer erfolgreichen Spren-

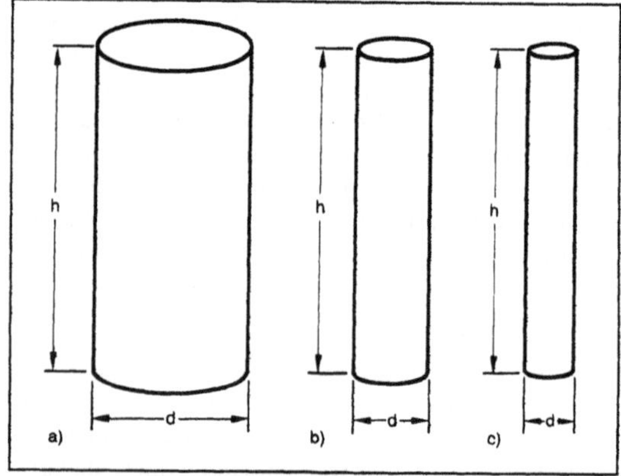

Sprengverfahren: Ladungsformen. (Quelle: Wild)
a) Geballte Ladung: $h/d \leq 2$
b) Gestreckt-geballte Ladung: $2 < h/d < 4$
c) Gestreckte Ladung: $h/d \geq 4$

gung erforderlichen Zutaten sind die Sprengmittel. Die optimale Anordnung der Sprenglöcher sind die → Sprengbilder. *Wagner*
Literatur: *Wild, H. W.*: Sprengtechnik im Bergbau, Tunnel- und Stollenbau. Essen 1984.

Springquelle → Geysir

Sprinkleranlage.
S. zählen zu den → Feuerlöschanlagen, die vor allem im Industriebau eingesetzt werden mit dem Ziel, einen Entstehungsbrand noch vor Eintreffen der Feuerwehr zu löschen oder zumindest einzugrenzen. *Kordina*
Literatur: Verband der Sachversicherer: Richtlinien für Sprinkler-Anlagen. Köln.

Spritzbeton.
Spritzmörtel und S. (DIN 18551) werden durch Schlauchleitungen mit Druckluft gefördert und durch eine Spritzdüse mit hoher Geschwindigkeit gegen die Auftragsfläche geschleudert. Der Beton wird dadurch auf der Auftragsfläche stark verdichtet. Bei entsprechender Vorbehandlung von erhärtetem Beton als Auftragsfläche ist seine Haftfestigkeit an der Auftragsfläche größer als die → Betonzugfestigkeit. Man unterscheidet zwischen Naßspritzverfahren, bei dem das fertige Naßgemisch durch die Förderleitung transportiert wird, und Trockenspritzverfahren, bei dem ein Trockengemisch gefördert und das Wasser erst an der Spritzdüse zugegeben wird. Spritzmörtel und S. verwendet man vor allem im Stollen- und Tunnelbau zur Festigung des anstehenden Gesteins hinter Beton und → Mauerwerk oder als alleinige Schale bis zu 30 cm Dicke und zu Verstärkungs- und Sanierungsarbeiten an Bauteilen. Eine besondere Art des S. ist der Faserspritzbeton, bei dem man dem Trocken- oder Naßgemisch 3−6% Stahlfasern von 0,3−0,5 mm Dmr. und 20−30 mm Länge zugibt. Er wird vor allem dort angewendet, wo die Zugfestigkeit und Bruchdehnung des normalen S. nicht ausreichen oder eine kleinere Dicke wirtschaftlicher ist. *Wesche*

Spritzbetonbauweise → NÖT, → Spritzbeton

Sprudelquelle.
S. (gasführende Quellen) unterscheiden sich durch ihre kontinuierliche → Quellschüttung grundsätzlich von → Geysiren, aus denen das Wasser chargenweise ausgetrieben wird. Das Gas-Wasser-Gemisch enthält Gasblasen (Kohlendioxid, Stickstoff und Kohlenwasserstoffe) und weist so gegenüber Wasser eine verminderte Dichte auf. Demselben Druck in der Tiefe entspricht daher in der gasführenden → Quelle eine höhere Flüssigkeitssäule als in der gasblasenfreien Umgebung. *Mattheß*
Literatur: *Mattheß, G.*, u. *K. Ubell*: Allgemeine Hydrogeologie – Grundwasserhaushalt. Berlin, Stuttgart 1983.

Spundwand.
Bauwerk zur Sicherung von Geländesprüngen und zur → Abdichtung von → Baugruben. Eine S. besteht aus einzelnen → Bohlen, die durch zugfeste Schlösser miteinander verbunden sind und üblicherweise in den Untergrund gerammt werden. S.-Bohlen aus Holz oder Beton werden nur noch sehr selten verwendet; die Regel sind Profile aus Stahl. Man unterscheidet Tafel- und Normalprofile sowie Kanaldielen. Bei nennenswerten Erd- und Wasserdrucklasten werden die kräftigen Normalprofile verwendet, die i. a. als Doppelbohlen gerammt werden. Eine Ausführungsmöglichkeit eines S.-Bauwerkes zeigt das Bild. Die S. ist durch einen Gurt und einen Spundwandanker ausgesteift. Der Anker ist am erdseitigen Ende an einer Ankerplatte oder einer Ankerwand befestigt. Anker und Ankerplatte oder Ankerwand verlegt man in Gräben. Der Gurt kann auch vor der Wand angeordnet werden. Anstatt Spundwandanker und rückwärtiger Anschlußkonstruktion können Verpreßanker, Kleinbohrpfähle oder Ankerpfähle verwendet werden. Nach der Anzahl der Ankerlagen unterscheidet man zwischen einfach und mehrfach verankerten S.-Bauwerken. Für unverankerte und für einfach verankerte S. bestehen einfache Bemessungsverfahren. Davon sind das graphische Verfahren und das Ersatzbalkenverfahren bei beliebigem Untergrundaufbau anwendbar. Das Nomogrammverfahren nach *Blum* (1950) setzt voraus, daß unterhalb des Belastungsnullpunktes der Wandein-

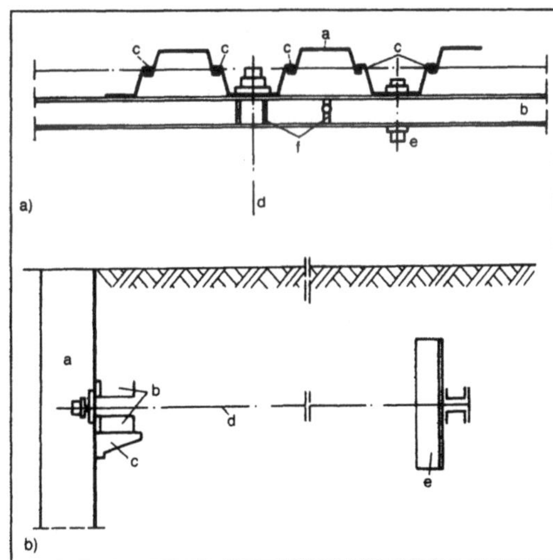

Spundwand: Längs- und Querschnitt einer S. mit S.-Anker.

a) Längsschnitt

a Spundbohle, b Gurt, c Schloß, d Anker, e Ankerbolzen, f Aussteifung

b) Querschnitt.

a Spundbohle, b Gurt, c Konsole, d Anker, e Ankerwand oder Ankerplatte

bindetiefe ein einheitlicher Boden ansteht. Bemessungshinweise und Beispiele sind u. a. im Spundwand-Handbuch aufgeführt. *Meißner*

Literatur: Spundwand-Handbuch. Berechnungen. Dortmund. – EAU: Empfehlungen des Arbeitsausschusses f. Ufereinfassungen.

Spurweite. Die Eisenbahn-Bau- und Betriebsordnung (EBO) definiert die S. eines → Gleises als kleinsten Abstand der Innenflächen der Schienenköpfe. Wegen der Schienenkopfabrundungen und der Schrägstellung der → Schiene wird sie im Bereich von 0 bis 14 mm unter Schienenoberkante (SO) gemessen. Das Grundmaß der S. beträgt 1 435 mm und darf 1 465 mm bei Hauptbahnen nicht überschreiten und den Wert von 1 430 mm nicht unterschreiten. In engen Gleisbögen mit einem → Radius von weniger als 200 m ist das Grundmaß der S. um bis zu 20 mm zu erweitern.

Das Grundmaß der S. von 1 435 mm wird auch Normal-, Regel- oder Vollspur genannt. Es geht auf *Stephenson* zurück, dessen erste Eisenbahn von Stockton nach Darlington eine S. von 4 Fuß 8 1/2 Zoll = 1 435 mm hatte. S. über 1 435 mm werden als Breitspur, unter 1 435 mm als Schmalspur bezeichnet. Weltweit existieren etwa 30 verschiedene S. zwischen 381 mm und 1 676 mm.

Weltweit haben ca. 64% aller Eisenbahnstrecken Normalspur, 11,8% sowjetische Breitspur (1 524 mm), 7,7% Kapspur (1 067 mm) und 7,5% Meterspur (1 000 mm). Die unterschiedlichen S. erklären sich daraus, daß je nach den örtlichen Gegebenheiten die bessere Anpassung der Trasse an das Gelände (Schmalspur) oder die Fahrannehmlichkeit und Leistungsfähigkeit (Breitspur) im Vordergrund der Entscheidung gestanden haben. Nicht unerheblichen Einfluß hatten auch strategische Überlegungen. Ein Wechsel der S. bedeutete auch, daß militärische Gegner nicht problemlos mit Zügen in das eigene Land eindringen konnten.

In Europa sind die → Streckennetze fast aller Bahnverwaltungen in Normalspur. Strecken mit eher regionalen oder touristischen Aufgaben z. B. in Bergregionen sind meist als Schmalspurbahnen gebaut. Nur Finnland, die Staaten der GUS, Spanien, Portugal und Irland haben im Streckennetz Breitspur. In Spanien werden neue Strecken in Normalspur erstellt, Strecken mit Verbindung nach Frankreich (und Anschluß an die Normalspur) sollen in den nächsten Jahren umgespurt werden. Untergrundbahnen in Deutschland haben Normalspur, Straßenbahnen in der Regel Normalspur oder Meterspur.

Für das Zusammenwirken von Rad und Schiene (Spurführung) ist die S. in Verbindung mit dem Abstand und den Abmessungen der Räder und der Form der Spurkränze maßgebend (Radsatz). S. und Radabstand (Spurmaß) sind so festgelegt, daß normalerweise die Radsätze im Gleis zur Vermeidung von Zwängen einen seitlichen Spielraum (Spurspiel) haben. Er beträgt bei den Deutschen Bahnen in geraden Streckenabschnitten 10 bis 11 mm. Innerhalb des Spurspiels können sich die Radsätze quer zur Gleisachse verschieben und beschreiben beim Rollen eine Wellenbahn um die Gleislängsachse (Fahrzeuglauf). *Kracke/Runge*

Stab. Ein Bauteil gilt als S., wenn die Abmessungen des Querschnitts im Vergleich zur Länge der Stabachse klein sind, so daß die → Dehnungen senkrecht zur Stabachse gegenüber der Dehnung in Richtung der Stabachse vernachlässigt werden können. Der Verschiebungszustand wird durch die elastische Linie der Stabachse und die Verdrehungen der Querschnittsachsen beschrieben. Den Querschnitt nimmt man auch im verformten Zustand des S. als eben an. Ein räumliches → Stabtragwerk setzt sich aus einzelnen S. zusammen, die gelenkig oder biegeelastisch miteinander verbunden sind. *Laermann*

Stabbogen, versteifter. Unter der Annahme gelenkiger Knotenverbindungen ist der S. nur durch Normalkräfte belastet. Der als → Vollwand- oder → Fachwerkträger ausgebildete Versteifungsträger übernimmt die Biegemomente. Im Gegensatz zum → *Langer*schen Balken kehrt sich beim v. S. die Krümmung des Bogens (Polygonzug) vom Versteifungsträger ab. Zur Aufnahme des Bogenschubes sind daher → Widerlager erforderlich (Bild). *Laermann*

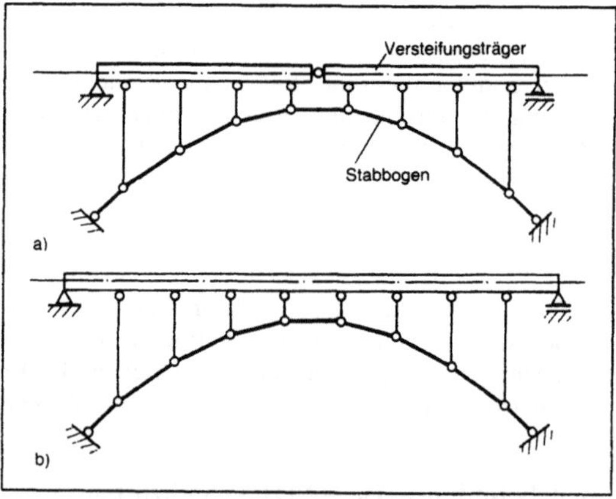

Stabbogen, versteifter: Schematische Darstellung.
a) Statisch bestimmter S.
b) Statisch unbestimmter S.

Stabilisier- und Verdichtungsmaschine. Nach Oberbauarbeiten (Bettungsreinigung, Gleisneubau bzw. Gleisumbau) ist die Lage der Schottersteine des Gleisoberbaus zueinander verändert. Die anschließende Belastung des → Gleises durch Züge bewirkt eine Verdichtung des Schottergefüges, das zu ungleichmäßigen Setzungen des → Oberbaus führen kann. S. nehmen diese Setzung durch eine horizontale Vibration im Zusammenhang mit einer vertikalen Belastung kontrolliert vorweg. Dadurch wird erreicht, daß sich die

Schotterkörner dichter lagern und großflächiger berühren, was eine geringere Druckbeanspruchung bei Lastübertragung und einen erhöhten Querverschiebewiderstand bewirkt. *Kühn*

Stabilitätstheorie. Nach der S. untersucht man Tragsysteme, bei denen am Gleichgewicht außer den äußeren Kräften auch die Widerstandskräfte beteiligt sind, die in dem System durch die eingetragenen elastischen Verformungen geweckt werden. Wesentliches Merkmal eines Stabilitätsproblems ist die Mehrdeutigkeit: Zu einem Belastungszustand können mehrere Verschiebungszustände gehören. Im Prinzip kann zwischen drei Arten von Stabilitätsproblemen unterschieden werden (Bild):
– Die Kraft-Verformungs-Kurve erreicht die Grenzlast P_{Gr}.
– Die Kraft-Verformungs-Kurve verzweigt sich bei einer bestimmten Belastung. Die kritische Last P_{kr} ist die Verzweigungslast.
– Schon im spannungslosen Zustand ist eine benachbarte Gleichgewichtslage möglich (statisch bestimmtes Stabilitätsproblem).

Außerdem sind drei verschiedene Gleichgewichtszustände zu betrachten:
☐ Bei stabilem Gleichgewicht ist das System bestrebt, nach einer Störung der Gleichgewichtslage wieder von selbst in die Ausgangslage zurückzukehren.
☐ Bei labilem Gleichgewicht bewirkt eine Störung, daß sich das System aus der Ausgangslage entfernt.
☐ Bei indifferentem Gleichgewicht befindet sich das System auch nach einer Störung wieder in einer Gleichgewichtslage.

Unter der Annahme einer gleichmäßigen Steigerung der Belastung geht der stabile Gleichgewichtszustand eines → Tragwerks mit Erreichen einer kritischen Laststufe, die von der Art der Belastung und den elastischen Eigenschaften des Tragwerks bzw. der Tragwerkselemente abhängt, in einen labilen oder indifferenten über. Für Stabilitätsprobleme in der Baustatik ist charakteristisch, daß der Gleichgewichtszustand stets indifferent ist. Es existieren mehrere Gleichgewichtslagen. Eine weitere Steigerung der Belastung kann zu einem neuen stabilen wie zu einem labilen Zustand und damit zum Versagen des Tragwerks führen. (Ein ähnliches Versagen kann auch durch dynamische Belastungen bedingt sein, wenn dadurch die kinetische Stabilität des Tragwerks verlorengeht). Zur Lösung von Stabilitätsproblemen gibt es im wesentlichen zwei Methoden:
☐ Die Gleichgewichtsmethode, die in der Untersuchung der → Gleichgewichtsbedingungen besteht, die am verformten System zu formulieren sind (Theorie 2. Ordnung), unabhängig von der Art und Größe der lastabhängigen Verformungen;
☐ Die Energiemethode, die aus dem Energieerhaltungssatz folgt, nach dem die Arbeit der inneren Kräf-

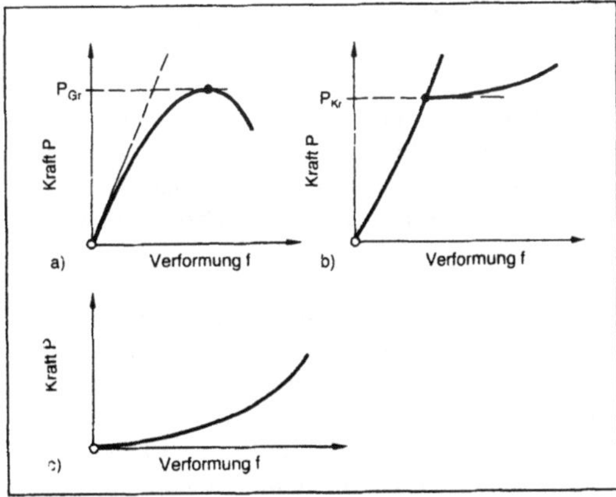

Stabilitätstheorie: Drei Arten von Stabilitätsproblemen.
a) Kraft-Verformungs-Kurve mit Grenzlast P_{Gr}
b) Kraft-Verformungs-Kurve mit Verzweigungslast P_{kr}
c) Statisch bestimmtes Stabilitätsproblem.

te nur vom endgültigen → Verformungszustand und nicht vom Verformungsweg abhängt.

Ist zur Störung einer Gleichgewichtslage keine äußere Kraft notwendig, bleibt also das Potential Π beim Übergang von einer Ausgangslage in einen benachbarten Zustand unverändert, so ist der Ausgangszustand indifferent. Die Änderung der potentiellen Energie infolge einer Störung ist ein Kriterium für die Art des Gleichgewichts, sofern überhaupt ein Potential existiert. Demnach ist ein Gleichgewichtszustand indifferent, wenn mindestens eine zweite spezielle Variation der potentiellen Energie des Ausgangszustandes gleich null wird ($\delta^2\Pi = 0$). Ein Gleichgewichtszustand ist stabil, wenn die zweite Variation der potentiellen Energie der Ausgangslage stets positiv ist ($\delta^2\Pi > 0$); er ist labil, wenn mindestens eine zweite spezielle Variation negativ ist ($\delta^2\Pi < 0$).

In der S. werden die Verformungen eines Tragwerks als Unbekannte eingeführt. Die das jeweilige Problem beschreibenden Differentialgleichungen leitet man aus den Gleichgewichtsbedingungen unter Berücksichtigung der geometrischen Beziehungen und des Werkstoffverhaltens ab. Da das Gleichgewicht am verformten System zu formulieren ist, sind diese Differentialgleichungen i. a. nichtlinear mit variablen Koeffizienten. Normalerweise werden die Tragwerke als idealisierte Systeme mit exakt planmäßiger Geometrie und entsprechender Belastung aufgefaßt. Theoretisch kann der kritische Lastzustand P_{kr} erreicht werden, ohne daß die ihn charakterisierenden Verformungen vorher auftreten; diese treten plötzlich auf (Bild b). Ein reales Tragwerk dagegen verhält sich anders wegen eventuell vorhandener Vorverformungen, Abweichungen von der planmäßigen Geometrie (→ Imperfektionen), Abweichungen vom idealelastischen Werkstoffverhalten (z. B. plastisches Werkstoffverhalten, Rißbildung beim Stahlbeton). Bei zunehmender Belastung treten schon Verformungen im Sinne der nach der S. möglichen Verformungen auf. Der → Grenzzustand des Tragwerks wird dann durch die Grenzlast P_{Gr} bestimmt (Bild a). Der Instabilitätsfall axial beanspruchter Stäbe wird als → Knicken bezeichnet. Bei gleichzeitiger Verdrehung und seitlichem Ausweichen des Stabquerschnittes aus der Symmetrieebene liegt → Kippen bzw. → Biegedrillknicken vor.

Bei → Flächentragwerken (→ Scheiben, → Platten, Schalen) werden die Instabilitätserscheinungen als Beulen bezeichnet. Zur Untersuchung solcher Stabilitätsfälle nimmt man an, daß die Platten- bzw. Schalendicke klein gegenüber den Abmessungen der Mittelfläche ist, normal zur Mittelfläche wirkende Spannungen ohne Einfluß sind, eine Normale zur Mittelfläche gerade bleibt und auch nach Verformung normal zur Mittelfläche gerichtet ist. Man nimmt außerdem an, daß die Dicke unverändert bleibt, also auch der Verformungszustand als zweidimensional betrachtet werden kann. Für die Berechnung der → Beanspruchungen im Ausgangszustand (Grundzustand) wird stets der Membranspannungszustand zugrunde gelegt. Erst beim Ausbeulen sind für die Nachbarzustände Biegemomente, Drillmomente und Querkräfte zu berücksichtigen (→ Plattenbeulen, → Schalenbeulen). Bei dünnen Platten können sich stabile Gleichgewichtszustände oberhalb P_{kr} einstellen, die noch im Bereich vertretbarer Verformungen liegen, während bei dünnen Schalen die Verzweigungslast eine theoretische Grenze ist, die nie erreicht wird. *Laermann*

Literatur: *Pflüger, A.:* Stabilitätsprobleme der Elastostatik. 3. Aufl. Berlin 1975.

Stabtragwerk. Ein S. setzt sich aus Stäben zusammen, die gelenkig oder biegeelastisch miteinander verbunden sein können. Die Stäbe können Normalkräfte, Querkräfte sowie Biege- und Drillungsmomente im allgemeinsten Fall räumlicher Beanspruchung aufnehmen. Der → Verformungszustand läßt sich durch die Verschiebungen in Richtung der Stabachse und senkrecht dazu in Richtung der Querschnittsachsen, durch die Drehungen des Querschnitts um diese Achsen sowie die Verdrehung um die Stabachse beschreiben. Es wird angenommen, daß die Querschnitte selbst eben bleiben. Die Stäbe können gekrümmt sein (→ Bogen). Solche Stäbe mit über die Stablänge konstantem oder veränderlichem Trägheitsmoment werden im Gegensatz zu Fachwerken biegesteif und/oder verdrehungssteif oder gelenkig zu ebenen und räumlichen Stabtragwerken verbunden. Diese Tragsysteme des Hoch-, Tief- und Brückenbaus können je nach den Verbindungen und den Auflagerbedingungen statisch bestimmt oder statisch unbestimmt sein (Bild) (→ Stockwerkrahmen). *Laermann*

Stadt, konzentrische → Strukturmodell

Stadtflucht → Bevölkerungswanderung

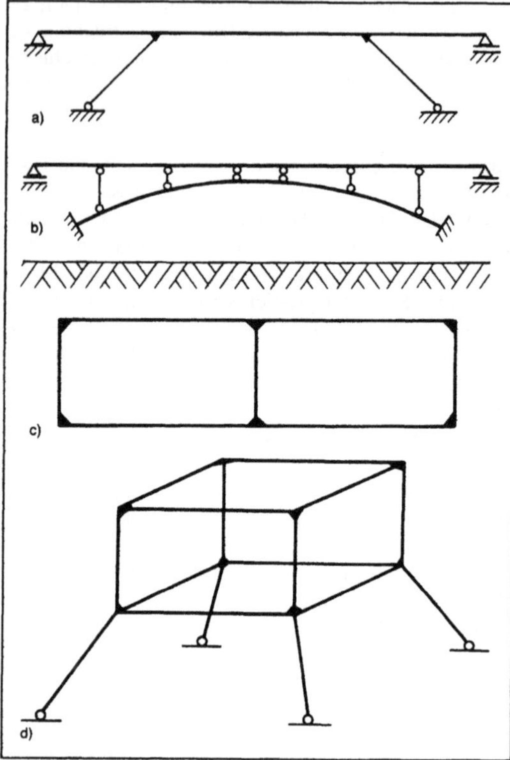

Stabtragwerk: Formen von S.
a) Rahmenbrücke
b) Bogenbrücke mit aufgeständerter Fahrbahn
c) Rahmenquerschnitt eines Tunnels
d) Räumliches Rahmentragwerk.

Stadtklima. Von allgemeinen Wetterzuständen des unbebauten freien Landes deutlich unterschiedenes Spezialklima, das durch Art und Maß der Bebauung, Industrie und den Stadtverkehr beeinflußt wird (Dunstglocke, Smog). Wichtig ist in diesem Zusammenhang auch die Beschaffenheit der Geländeoberflächen.

Generell sind die Temperaturen in den Städten im Jahresdurchschnitt um 0,5 bis 1 °C höher als im Umland. Absolute Temperaturunterschiede zwischen Innenstadt und Umland können bis über 10 °C differieren (Bild). *Spengelin*

Literatur: *Rossow, W. u. a.:* Bauen in der Landschaft. Lanspringe 1984

Stadtlandschaft. In der wissenschaftlichen Geographie wurde der Begriff S. zur Kennzeichnung eines durch menschliche Siedlungstätigkeit geprägten Typus der Kulturlandschaft um 1920 durch *Siegfried Passarge* eingeführt. Er vertrat die Auffassung, daß Städte in ihrer sehr individuellen räumlichen Erscheinung als vom Menschen geschaffene Kunstlandschaften sich aus der übrigen Landschaft deutlich herausheben. Im Gegensatz zu der damit verbundenen reinen Zustandsbeschreibung war die S. im modernen → Städtebau und

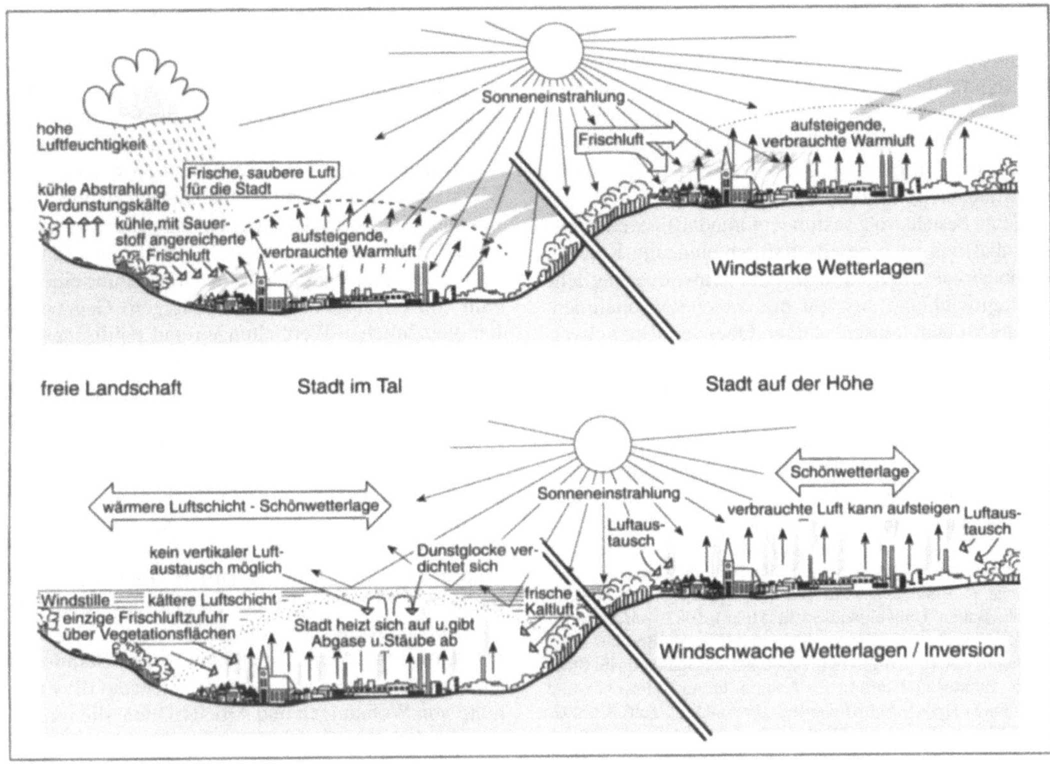

Stadtklima: Bebaute Flächen beeinflussen das Klima. Durch eine entsprechende Raumordnung kann Klima positiv beeinflußt werden (Quelle: Rossow, W. 1984).

in der → Landesplanung das Entwicklungsziel einer baulich aufgelockerten, von Grünflächen durchdrungenen und in einzelne Wirtschafts- und Siedlungskerne gegliederten sowie mit der Naherholungslandschaft eng verbundenen Stadt, die zukünftiger Lebensauffassung mehr als die überkommenen Formen früherer Epochen entspräche. Ein Gestaltungsprinzip, das „Unüberschaubares, Maßstabloses in überschaubare und maßvolle Teile gliedern sollte" (*Hans Scharoun*, 1946). Absicht war das Gegenbild zur „steinernen Stadt", durchaus in teilweiser Kongruenz mit den Zielen der → Charta von Athen und der Gartenstadtbewegung (→ Strukturmodell).   *Spengelin*

Literatur: *Passarge, S.*, et al.: Stadtlandschaften der Erde. Hamburg 1930. – *Reichow, H. B.*: Organische Stadtbaukunst. Braunschweig 1948. – *Wortmann, W.*: Der Gedanke der Stadtlandschaft. In: Raumforschung und Raumordnung. Heidelberg/Berlin 1941.

Stadtplanung → Städtebau

Stadtplanung, ökologische. Die Eingriffe des Menschen in die natürliche Umwelt durch städtebauliche Maßnahmen gefährden vielfach die ökologischen Kreisläufe. Versteht man die „Ökologie" als die „Lehre vom Haushalten" – und Haushalten beinhaltet Beschei-

denheit in den Ansprüchen und ein kluges Abwägen von Aufwand und Wirkung – dann ist dies gerade dann, wenn öffentliche und private Mittel knapp sind, eine besondere Verpflichtung. Es geht darum, nicht nur die Investitionskosten, sondern vor allem die Folgekosten gering zu halten. Das bedeutet auch insbesondere, mit dem natürlichen → Lebensraum und den vorhandenen Lebensgemeinschaften sorgsam umzugehen und sie gesund zu erhalten. In diesem Sinne ist „Nachhaltige Entwicklung" zu einer weithin akzeptierten Forderung der Bundes-, Landes- und Kommunalpolitik geworden (→ Standortgefüge, polyzentrisches).

Ziel der ökologisch orientierten S. ist es, die Bedürfnisse der Menschen auf ein Gleichgewicht mit den Bedingungen des Stoff-, Wasser- und Energiehaushaltes der Natur abzustimmen. Ökologische Qualitäten entstehen dort, wo die Ressourcen der Natur zur Basis aller Planungsüberlegungen gemacht werden.

Wichtige Voraussetzungen beim Planen, Bauen und Nutzen ist deshalb ein ausgeprägtes Bewußtsein für ökologische Abhängigkeiten und die Erkenntnis, daß alle Handlungen und Maßnahmen innerhalb vernetzter Zusammenhänge stehen. Ökologische Wirkungen betreffen stoffliche Austauschvorgänge und Energiefluß zwischen den Teilkomplexen Boden, Wasser (→ Oberflächen- und → Grundwasser), Luft (Bioklima, Stadtklima), Vegetation (Schutzfunktion und Fauna).

Umweltgerechtes Bauen bezieht insbesondere auch die Handlungsfelder Energie, Grün- und Freiflächen, Abfall in den Planungsprozeß ein. Daraus resultiert die Berücksichtigung folgender Planungsbereiche: Stadtklima und Luftqualität, Grundwasser und Gewässer, Grünflächen und Biotope, Boden.

Heute besteht trotz sektoraler Grundlagen weder wissenschaftlich noch gesellschaftlich eindeutig Konsens darüber, wie Stadtökologie oder umweltverträgliche Stadtentwicklung aussieht und welche Maßnahmenbündel zu dem konsensfähigen Oberziel „Umweltverbesserung" führen. So stellt die Berücksichtigung der ökologischen Belange in der S. eine zentrale Herausforderung dar. Um die Probleme zu lösen, bedarf es insbesondere einer ganzheitlichen Sicht, einer Kontinuität der Ziele sowie langfristiger Planungen.

Spengelin

Literatur: Bundesministerium für Raumordnung, Bauwesen und Städtebau (Hrsg.): Stadtökologie. Bonn 1994. – *Grohé, Th.; Ranft, F.* (Hrsg.): Ökologie und Stadterneuerung. Köln 1988. – *Krusche, P.; Althaus, D.; Gabriel, I.; Weig-Krusche, M.*: Ökologisches Bauen. Umweltbundesamt (Hrsg.). 1982. – *Marahrens, W.; Ax, Chr.; Buck, G.* (Hrsg.): Stadt und Umwelt. Bremen 1990. – *Schäfer, R.* u. a.: Normierung ökologischer Standards im Städtebau. Bundesministerium für Raumordnung, Bauwesen und Städtebau (Hrsg.), Schriftenreihe „Forschung" Heft Nr. 492, Bonn 1992. – *Schwier, V.*: Ökologische Festsetzungen in Bebauungsplänen. Niedersächsisches Sozialministerium (Hrsg.). Hannover 1992. – *Spengelin, F.; Naumann, D.-J.*: Ökologische Qualitäten im Städtebau – Eine Aufforderung zur Diskussion; Niedersächsisches Sozialministerium (Hrsg.). Hannover 1993

Stadtsoziologie → Sozialplanung

Städtebau. S. und Stadtplanung müssen im umfassenden Sinn als eine Ordnungs- und Gestaltungsaufgabe gesehen werden. Ausgangspunkt ist die Verpflichtung zur Daseinsfürsorge für die Bevölkerung unter Berücksichtigung der → Bevölkerungswanderung. Dabei bezieht sich die Stadtplanung einerseits geographisch mit dem → Flächennutzungsplan jeweils auf das gesamte Gemeindegebiet und wirkt damit in Addition flächendeckend für das ganze Land und zielt andererseits inhaltlich auf die Planung und Errichtung bzw. Erneuerung menschlicher Agglomerationen jeder Größenordnung, also nicht nur von Städten. Durch die → Bauleitplanung nimmt die Gemeinde im Rahmen der → Planungshoheit systematisch Einfluß auf die Verteilung der menschlichen Tätigkeiten im Raum, d. h. die Flächenzuweisung und Zuordnung der Funktionen in bebauten und unbebauten Gebieten. Hierbei sind Standortkriterien zu berücksichtigen; die rechtzeitige Erstellung der öffentlichen Infrastruktur und der → Wohnfolgeeinrichtungen, die ihrerseits wieder private Investitionen am richtigen Ort provozieren sollen, sind eine wichtige Voraussetzung der Planrealisierung.

Im Sinne des sog. Gegenstromprinzips ist Stadtplanung die unterste der → Planungsebenen, und dabei diejenige, die den größten Praxisbezug hat, wird sie doch fortwährend mit Interessenkollisionen der verschiedensten Gruppen und Institutionen sowie einzelner aus wirtschaftlichen, gesellschaftlichen, sozialen, ökologischen, historischen und anderen Gründen konfrontiert. Die Ordnung der Stadtstruktur in einem marktwirtschaftlichen System muß darauf ausgerichtet sein, die Marktkräfte durch Planungsmaßnahmen zu überlagern, um diese unter sozialpolitischen und gesamtwirtschaftlichen Zielsetzungen zu beeinflussen (Bodenordnung). Somit sind bei jeder planerischen Maßnahme eine Vielzahl von physischen (raumabhängigen) Gegebenheiten, persönlichen Werthaltungen und politischen Entscheidungen sowie deren Verflechtungen und Wechselwirkungen zu beachten. Dies bedeutet, daß sich die Planung auf eine Kenntnis dieser Zusammenhänge gründen muß, die es erlaubt, die unmittelbaren wie auch die mittelbaren Folgen ihrer Maßnahmen einigermaßen zutreffend abzuschätzen (→ Planungsmethode).

Die räumliche Verteilung der Nutzungen für die Funktionsabläufe ist in zweierlei Hinsicht von wachsender Bedeutung: zum einen auf Grund der zunehmenden arbeitsteiligen Differenzierung aller wirtschaftlichen Aktivitäten, die auch zu einer zunehmenden Differenzierung ihrer Raum- und Standortansprüche führte, zum anderen in Hinsicht auf die Zuordnung von Wohnungen und Arbeitsstätten, die im Zuge der industriellen Revolution, später auch in den tertiären Arbeitsbereichen (→ Wirtschaftssektor) zunehmend auseinanderfielen. Dieser Tatsache müssen nun auch die wechselseitigen Verkehrsbeziehungen zwischen den Standorten Rechnung tragen (→ Erschließungsnetz, → Verkehrsnetzgestaltung).

Nicht zuletzt ist bei allen Planungsvorgängen die formale → Qualität von großer Bedeutung, also die Wirkung der dritten Dimension, und damit auch die Erscheinung der durch Gebäude, Vegetation, Bodenmodellierung, Wasser usw. begrenzten Außenräume und deren Kombination im Sinne eines spannungsreichen Kontinuums (→ Gliederung, naturräumliche). Hier ergibt sich der direkte Zusammenhang aller städtebaulichen Überlegungen mit den funktionalen und formalen Bedingungen der → Gebäudetypen, insbes. für Wohnungen und Verwaltungsgebäude, mit den Problemen, die mit → Funktionstrennung bzw. -mischung und den daraus resultierenden → Strukturmodellen bzw. → Wohngebietsstrukturen und → Wohnformen verbunden sind.

Alle Festsetzungen im Rahmen der Bauleitplanung verändern bestehende Zustände und Eigentumsverhältnisse mit positiven oder negativen Ergebnissen für die Eigentümer. Da Raumplanung, zu der auch die Stadtplanung als unterste Planungsebene gehört, eine Aufgabe der Allgemeinheit ist, also des Bundes, der Länder, der Planungsverbände und der Gemeinden, kann sie in einem Rechtsstaat, wie ihn das Grundgesetz garantiert, mit Maßnahmen, die in Rechte natürlicher und juristischer Personen eingreifen, nur auf der Grundlage von Gesetzen verwirklicht werden. Aus diesem Grunde haben die → Bebauungspläne als Satzung der Gemeinde Gesetzeskraft. Der Planung durch die Behörde bzw. freie Planer obliegt die Vorbereitung der Ratsentscheidung durch exakte Unterlagen und Hinweise auf mögliche Sekundärfolgen. Dabei spielen Gestaltungsfragen, die die Identifikation der Bewohner beeinflussen, ebenso eine Rolle wie der mögliche Konflikt zwischen kurzfristigen Erfolgen und langfristig notwendiger Sicherung natürlicher Lebensgrundlagen (→ Landschaftsplanung, → Gliederung, naturräumliche). Hieraus ergibt sich die Verpflichtung der Gemeinde aus dem → Baugesetzbuch, die auch in der Rechtsprechung über Planungsfragen eine zentrale Rolle spielt: öffentliche und private Belange gegeneinander und untereinander gerecht abzuwägen.   *Spengelin*

Literatur: *Albers, G.*: Wesen und Entwicklung der Stadtplanung. In: Grundriß der Stadtplanung. Hannover 1983. – *Bahrdt, H. P.*: Umwelterfahrung. Soziologische Betrachtungen über den Beitrag des Subjekts zur Konstitution von Umwelt. München 1974. – *Benevolo, L.*: Die Geschichte der Stadt. Frankfurt 1983. – *Conrads, U.*: Programme und Manifeste zur Architektur des 20. Jahrhunderts. Frankfurt/Main 1964. – *Giedion, S.*: Raum, Zeit, Architektur. Ravensburg 1965. – *Lynch, K.*: Das Bild der Stadt. Berlin 1963. – *Mitscherlich, A.*: Die Unwirtlichkeit unserer Städte, Anstiftung zum Unfrieden. Frankfurt/Main 1965. – *Mumford, L.*: Die Stadt. Köln 1961. – *Schwab, G.*, u.a.: Stadt, Kultur, Natur. Ber. im Auftr. d. Landesregierung v. Baden-Württemberg. Stuttgart 1987. – *Tamms, F.*, u. *W. Wortmann*: Städtebau. Darmstadt 1973.

Stahlbau. Der S. im klassischen Sinne umfaßt die ingenieurmäßige Bearbeitung und die Herstellung von Bauwerken, bei denen die → Tragkonstruktion aus Baustahl besteht.

Die Hauptanwendungsgebiete sind Tragkonstruktionen für
- → Hallen für Sport, Verkehr und Industrie,
- → Gebäude (Skelettbau) für Ein- und Mehrgeschoßbauten, Hochhäuser
- Industrieanlagen unterschiedlicher Art, z.B. für Kraftwerkbauwerke, Hochofenanlagen, → Schornsteine
- → Krane und Kranbahnen
- Tribünenüberdachungen für Sportstadien
- → Brücken für Straßen- und Schienenverkehr, z.B. Schrägseilbrücken, → Hängebrücken, Fachwerkbrücken, → Bogenbrücken
- Stahlwasserbauwerke, z.B. Schleusentore, Wehrverschlüsse
- → Behälter, → Silos, Bunker, Großrohrleitungen
- Förder- und Lagertechnik, z.B. Großbagger, Hochregale
- Off-shore-Technik
- Maste, Türme, Antennen
- Gerüstbauwerke.

Die Stahlbauweise ist etwa 200 Jahre alt. Der Beginn wird in der Literatur mit dem Bau der ersten gußeisernen Bogenbrücke mit 31 m Spannweite über den Severn bei Broseley in England (1779) gleichgesetzt.

Stahlbau: Severnbrücke in England (1779) aus Gußeisen mit 31 m Stützweite.

Diese Brücke existiert noch heute, sie wird als Fußgängerbrücke genutzt (Bild).

Mit dem Beginn des Zeitalters der Industrialisierung (1. Hälfte des 19. Jahrhunderts), insbesondere durch den Eisenbahnbau, setzte eine intensive Entwicklung im S. ein. Bahnhofshallen, Bahnsteigüberdachungen und vor allem Brücken für den Schienenverkehr wurden in großer Zahl gebaut.

Das zunächst verwendete Gußeisen wurde sehr bald (Mitte bis Ende des vorigen Jahrhunderts) durch den Werkstoff Stahl abgelöst, der in seiner Qualität ständig verbessert wurde und damit die Voraussetzung zum Bau immer größerer und kühnerer stählerner Bauwerke schuf.

Bereits 1855 wurde z.B. in den USA die Hängebrücke über die Niagaraschlucht mit 250 m Spannweite und 1857 die Weichsel-Fachwerkbrücke mit 130 m Spannweite in Schweißeisen, einer Vorstufe des Flußstahles, errichtet.

Die weitere Entwicklung im S. wurde in erster Linie durch den Brückenbau zunächst für den Schienenverkehr und später auch für den Straßenverkehr geprägt.

Die Fertigung der Stahlkonstruktion erfolgt im Gegensatz zum Stahlbetonbauwerk nach Werkstattzeichnungen in den Werkstätten der Stahlbauunternehmen. Aus wirtschaftlichen Gründen werden möglichst großformatige Bauteile hergestellt, deren maximale Größe jedoch durch die Krankapazität, die Werkstattgröße und den Transportweg von der Werkstatt zur Baustelle auf Straße, Schiene oder Wasserstraßen begrenzt ist.

Im Hochbau kommen vorwiegend gewalzte Profilträger zur Anwendung, im Brückenbau aus Einzelblechen zusammengeschweißte Vollwandträger.

Die Stoß- und Anschlußausbildung erfolgt vorwiegend mit hochfesten Schrauben, teilweise werden sie auch vollständig an der Baustelle geschweißt.

Die klassischen Nietverbindungen werden nicht mehr ausgeführt.   *Sedlacek/Scholz*

Stahlbeton. S., ein Verbundbaustoff, der aus einer Kombination der beiden Baustoffe Stahl und Beton besteht, eroberte sich wegen seiner Anpassungsfähigkeit an die verschiedensten Gestaltungs- und Herstellungsmöglichkeiten sowie seiner Wirtschaftlichkeit rasch weite Gebiete des Bauwesens. Zur Übertragung von Druckkräften ist der Beton der bei weitem billigste Baustoff. Der wesentliche Nachteil des Betons, seine kleine Zugfestigkeit, die nur einen Bruchteil seiner Druckfestigkeit beträgt, konnte durch die Entwicklung des S., bei dem im Beton eingebettete Stahlstäbe die Zugkräfte aufnehmen und dem Beton die Aufnahme der Druckkräfte zugewiesen sind, überwunden werden (Bild 1). Die hohe Widerstandsfähigkeit des Betons gegen Einflüsse der Witterung, des Feuers und gegen chemische Angriffe trugen ebenfalls maßgebend dazu bei, daß der S. das Gesicht des heutigen Bauens in erheblichem Maße prägt. Dies gilt für den einfachen Wohnungsbau und den Industriebau mit seiner Vielzahl an Bauwerksformen und seinen weitgespannten Hallen mit stützenfreien Flächen sowie für die zahlreichen Verkehrsbauten, die Straßen und Brücken. Der Wasser- und Grundbau ist ohne S. nicht mehr vorstellbar.

Der S. hat seit Beginn dieses Jahrhunderts eine so weite Verbreitung gefunden, daß man sich oft nicht bewußt macht, wie verhältnismäßig jung er ist. Der Beton selbst ist jedoch ein sehr alter Werkstoff, wenn man ihn unabhängig von der Existenz des Zements als Gemisch aus Sand und Kies definiert, das nach Versetzen eines mit Wasser flüssig gemachten Bindemittels steinartige Gestalt annimmt. So definiert war dieser Werkstoff bereits im Altertum bekannt. Als eigentlicher Beton wird jedoch das erhärtete Gemisch bezeichnet, das mit Zement als Bindemittel zustande kommt. Im Jahre 1824 entdeckte der Engländer *Aspdin* den Portlandzement, ein Bindemittel, das an der Luft und im Wasser erhärtet. Es verdankt seinen Namen seiner Ähnlichkeit mit einem Gestein von der Halbinsel Portland. In der Mitte des vorigen Jahrhunderts wurden zunächst in der Hauptsache künstliche Steine mit dem neuen Werkstoff Beton hergestellt. Der S. begann damit, daß man in das flüssige Betongemisch Drähte und Eisenstangen einlegte, um so die Widerstandsfähigkeit der künstlichen Steine gegen Stoßbeanspruchungen zu erhöhen. Bereits aus dem Jahre 1835 sind Versuche von *Brunel* mit bandeisenbewehrten Mauerbalken bekannt. *Hyatt*, ein Amerikaner, begann etwa 1850 systematisch mit Trag- und Brandversuchen an eisenbewehrtem Beton. Die weitere Entwicklung ist vor allem mit *Lambot, Monier, Koenen, Hennebique* und *Mörsch* verbunden.

Obwohl die Ideen zur Verwendung des → Spannbetons nur wenige Jahre nach dem Beginn der Stahlbetonbauweise entwickelt wurden, erlebte die Spannbetonbauweise ihre stürmische Entwicklung erst in den letzten fünf Jahrzehnten. Die große zeitliche Differenz zwischen der Idee des Vorspannens des Betons und der praktischen Ausführung ist vor allem darauf zurückzuführen, daß die zur Entwicklung des Spannbetons notwendigen Kenntnisse des Werkstoffs Beton fehlten und daß erst die Herstellung hochfester Stähle der Spannbetonbauweise die weitere Entwicklungsmöglichkeit

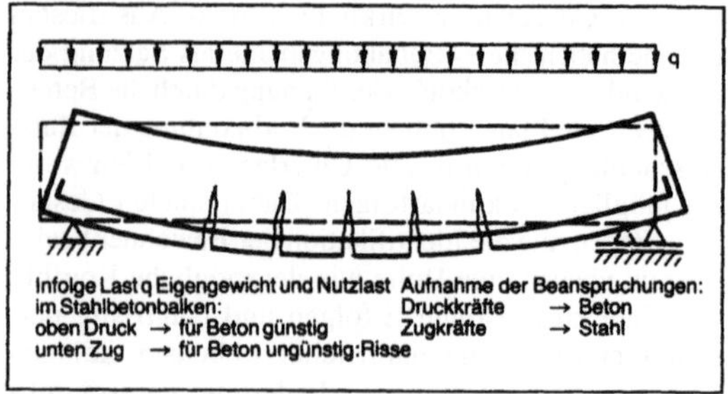

Stahlbeton 1: Prinzip des S.

gab. Vor allem *Freyssinet*, der sich seit Anfang dieses Jahrhunderts mit dem Gedanken der → Vorspannung beschäftigte, hatte maßgebenden Anteil an der Entwicklung grundlegender Erkenntnisse zu dieser Bauweise.

In nichtvorgespannten, auf Zug bzw. Biegezug beanspruchten Stahlbetonkonstruktionen bzw. -konstruktionsteilen treten Risse (Bild 1) regelmäßig bereits unter → Gebrauchslast auf, da die Dehnfähigkeit des Betons kaum größer als 0,1‰ ist. Beim Überschreiten dieser Betondehnung kommt es zu Rißbildungen im Beton. Die vorher vom Beton und von der → Bewehrung gemeinsam aufgenommenen Zugkräfte müssen nun im Riß von der Bewehrung allein getragen werden. Zwischen Beton und Bewehrung wirkende → Schubspannungen, die Verbundspannungen genannt werden, übertragen die im Riß in der Bewehrung voll vorhandene Zugkraft allmählich auf den Beton. Ist die Betonspannung über die Verbundspannungen wieder soweit gewachsen, daß die Dehnfähigkeit des Betons erschöpft ist, kommt es zur nächsten Rißbildung usw. Durch geeignete konstruktive Maßnahmen ist eine möglichst gute Verbundwirkung anzustreben, durch die sich bei gleichbleibenden, genügend kleinen Rißbreiten – große Rißbreiten sind für das Bauwerk schädlich: → Korrosion der Stahlbewehrung – eine größere Rißanzahl mit kleinen Rißabständen ergibt. Dadurch läßt sich bei gleichbleibender Rißbreite eine größere Stahlspannung ausnutzen. Da bei zu kleinen Rißabständen die Verbundwirkung aufhören würde, sind der Verwendung bzw. Ausnutzung von Stählen hoher Festigkeiten als Bewehrung im Stahlbetonbau Grenzen gesetzt. Bei Spannbetonbauteilen, bei denen also der Beton vorgespannt ist, wodurch er unter Gebrauchslast nur in geringerem Maße auf Zug beansprucht wird, gelten diese Grenzen für die Ausnutzbarkeit hochfester Stähle nicht in der gleichen Weise. Durch die Vorspannung soll oder kann jedoch nicht erreicht werden, daß der Beton völlig rissefrei bleibt; Zugspannungen im Beton werden zugelassen. Zur Aufnahme der Zugkräfte legt man außer der vorgespannten Bewehrung schlaffen Betonstahl ein, der die Aufgabe hat, die entstehenden Risse fein zu verteilen und so die Rißbreiten klein zu halten.

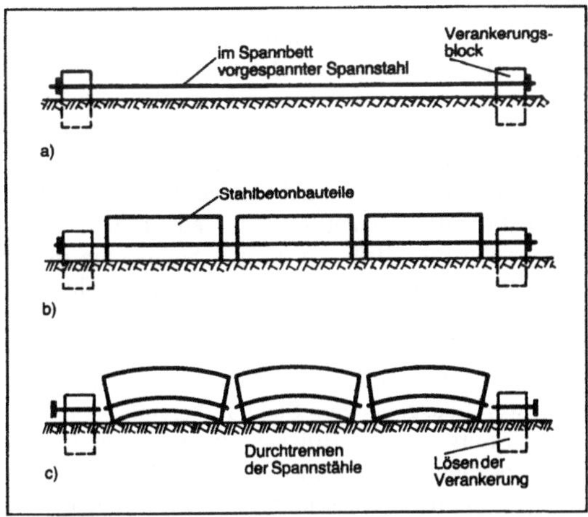

Stahlbeton 2: Prinzip der Spannbettvorspannung.

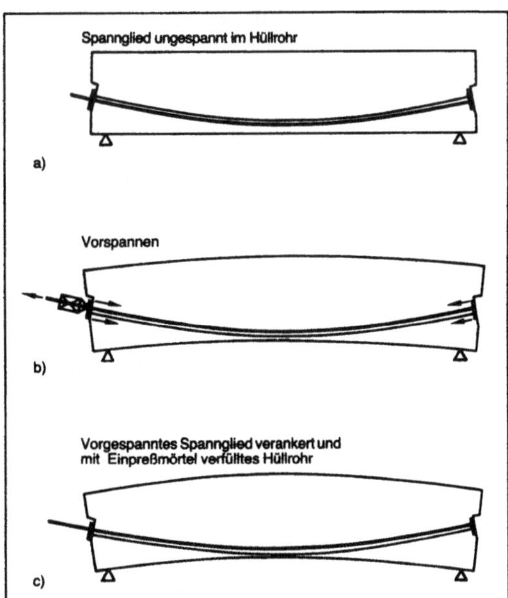

Stahlbeton 3: Prinzip der Vorspannung mit nachträglichem Verbund.

Die Vorspannung kann verschiedenartig erzeugt werden (→ Spannverfahren). In den meisten Fällen spannt man Spannglieder aus Stahl vor und verbindet sie in vorgespanntem Zustand mit dem Beton. Bei der Erzeugung der Vorspannung mittels Spanngliedern aus hochfestem Stahl unterscheiden wir grundsätzlich in Abhängigkeit vom Zeitpunkt des Vorspannens der Spannglieder, das Vorspannen vor und das Vorspannen nach dem → Erhärten des Betons. Beim Vorspannen vor dem Erhärten des Betons, der Spannbettvorspannung, wird der vorgespannte Spannstahl an den Enden in ortsfesten Blöcken verankert (Bild 2 a). Da die Endverankerungen relativ teuer sind, verwendet man meist sehr lange Spannbahnen (rd. 100 m lang und darüber hinaus). Erst nach dem Spannen der Spannstähle wird der Beton eingebracht und verdichtet, meist auch die schlaffe Bewehrung nach dem Versetzen der seitlichen → Schalungen der einzelnen S.-Bauteile (Bild 2 b). In der Regel stellt man viele gleichartige Einzelbauteile gleichzeitig her. Mit dem Erhärten des Betons wird der Verbund zwischen Spannstahl und Beton wirksam. Schließlich löst man nach ausreichender Erhärtung des Betons die äußere Verankerung des Spannstahls und durchtrennt die Spannstähle zwischen den einzelnen Bauteilen.

Wegen des Verbundes zwischen → Spannstahl und Beton kann sich der Spannstahl nicht auf die Länge verkürzen, die er vor dem Spannen hatte. Bei idealem Verbund zwischen Spannstahl und Beton müssen sich der Spannstahl und der Beton um das gleiche Maß verkürzen. Da der Betonquerschnitt viel größer als der Spannstahlquerschnitt ist, verbleibt im Spannstahl der größte Teil der vorher aufgebrachten Vorspannkraft. Die im Spannstahl verbleibende Kraft wirkt als Vorspannkraft auf den Beton. Weil beim Aufbringen der Vorspannkraft auf den Beton zwischen Spannstahl und Beton bereits Verbund besteht, spricht man bei dieser Art Vorspannung auch von Spannbeton mit sofortigem

Verbund. Wegen der exzentrischen Lage der Spannglieder im Betonquerschnitt heben sich die Stahlbetonbauteile beim Aufbringen der Vorspannkraft von der Schalung ab (Bild 2 c). Dadurch belastet das Eigengewicht gleichzeitig mit dem Vorspannen des Betons das S.-Bauteil durch Biegung. Wegen der hohen Anforderungen an die Verbundwirkung werden vorzugsweise dünne, profilierte Spanndrähte oder Litzen verwendet. Meist führt man diese Spannstähle gerade. In manchen Werken setzt man jedoch auch bei der Spannbettvorspannung umgelenkte Spannstähle ein.

Während die Spannbettvorspannung bzw. Vorspannung mit sofortigem Verbund hauptsächlich in ortsfesten Werken bei der Herstellung von Spannbetonfertigteilen angewendet wird, erzeugt man auf Baustellen die Vorspannung des Betons i. d. R. mit Spannverfahren mit nachträglichem Verbund. Dabei werden Spannstähle in Hüllrohren ungespannt (Bild 3 a) innerhalb der Schalung verlegt und befestigt. Die Spannstähle, die aus Drähten oder Litzen bestehen, bleiben innerhalb der Hüllrohre beweglich und lassen sich nach dem Erhärten des Betons unter Verwendung besonderer Spanneinrichtungen vorspannen und verankern (Bild 3 b). Nach dem Vorspannen werden die Hüllrohre, die durch die Spannstähle nicht vollständig ausgefüllt sind, mit Einpreßmörtel ausgefüllt (Bild 3 c). Dadurch entsteht nachträglich der Verbund zwischen Spannstahl und Beton, und die Spannstähle werden gegen Korrosion geschützt. Ein wesentliches Merkmal der Spannverfahren mit nachträglichem Verbund ist, daß die Spannglieder weitgehend beliebige Vorspannführung erlauben, die nur durch die Biegsamkeit der

Spannglieder und einzuhaltende Mindestkrümmungsradien beschränkt wird. Es ist auch möglich, die Spannglieder an beliebigen Stellen des Tragwerks enden zu lassen. Nur die Anspannstellen müssen während des Spannvorganges zugänglich sein. Es ist deshalb möglich, für beliebige Stellen Größe, Lage und Richtung der erforderlichen Vorspannkräfte sowie den Zeitpunkt ihres Aufbringens den Erfordernissen anzupassen. *Mehlhorn*

Stahlbrücke. Eine S. ist eine → Brücke, die ausschl. aus dem Werkstoff Stahl besteht. Die ersten größeren Brücken entstanden am Ende des 18. Jahrhunderts. Sie wurden damals noch aus gußeisernen Tragelementen hergestellt. Mit dem Beginn des 19. Jahrhunderts setzte in Zusammenwirkung mit der Industrialisierung, insbes. durch den Eisenbahnbau, eine intensive Entwicklung im Brückenbau ein. Das Gußeisen wurde durch den Werkstoff Stahl abgelöst, dessen Qualität ständig verbessert werden konnte und der damit neben den Fortschritten bei den theoretischen Berechnungsmethoden die Voraussetzung zur Überwindung großer und größerer → Spannweiten schuf. Die ersten Großbrücken (vorwiegend Fachwerkbrücken) entstan-

den, so z. B. die Weichselbrücken 1857 aus Schweißeisen und 1891 aus Flußstahl mit jeweils 130 m Spannweite. Als Verbindungsmittel dienten ausschl. → Niete und → Schrauben. Ein wesentlicher Fortschritt im Stahlbrückenbau trat ein, als sich etwa in den Jahren 1925–1955 der Wandel von der Niet- zur → Schweißverbindung vollzog. Bis auf wenige Ausnahmen werden seit rd. 30 Jahren ausnahmslos entweder vollständig geschweißte Brücken oder in Segmenten in der Werkstatt geschweißte Brückenteile ausgeführt, die man auf der Baustelle an den Montagestößen mittels hochfester Schrauben zusammenfügt. Mit der Entwicklung der orthotropen → Platte, einer vollständig geschweißt ausgebildeten Stahlfahrbahnplatte, die als statisch mitwirkendes Brückenelement in das Haupttragwerk einbezogen wird (Neckarbrücke Mannheim 1950, Rheinbrücke Düsseldorf/Neuß 1951), begann der moderne Stahlgroßbrückenbau, der zu den sehr leichten und eleganten Brückenformen der heutigen Zeit führte (Rheinbrücke Düsseldorf-Flehe 1980, Köhlbrand-Hochbrücke Hamburg 1974).

Aus der Vielzahl der ausgeführten Brückensysteme läßt sich –unabhängig vom Werkstoff– die folgende Klassifizierung der Haupttragsysteme vornehmen (Bild): Balkenbrücke, Fachwerkbrücke, Rahmenbrücke, → Bogenbrücke, Schrägseilbrücke, Hängebrücke (→ Brücke). Für Straßenbrücken sind alle aufgeführten Typen in Stahl geeignet, für Eisenbahnbrücken dagegen entfallen die Schrägseil- und die Hängebrücken wegen ihrer größeren Verformungen. Allen Tragwerksystemen gemeinsam ist die in heutiger Zeit als orthotrope Platte ausgebildete Stahlfahrbahnplatte. Dies gilt sowohl für die Straßenbrücken als auch für die Eisenbahnbrücken. Wegen der in früheren Jahren nur begrenzt zur Verfügung stehenden Berechnungsverfahren und Berechnungsmöglichkeiten (Rechenschieber) war man bestrebt, die Brückenkonstruktionen so zu gliedern, daß den einzelnen Bauteilen getrennte Wirkungsweisen zugeordnet werden konnten. Dadurch gelang es, die einzelnen Haupttragglieder, z. B. → Querträger, → Längsträger, → Hauptträger, getrennt voneinander als ebene Tragwerksteile zu berechnen. Im heutigen Zeitalter der elektronischen Rechenanlagen ist die Berechnung der Brückensysteme unter Heranziehung aller Haupttragwerkteile in ein gemeinsames räumliches Gesamtsystem kein Problem. Die Zusammenwirkung der Haupttragwerkteile wird sogar noch durch konstruktive Lösungen, z. B. die orthotrope Fahrbahnplatte, verstärkt, um insbes. aus wirtschaftlichen Gründen kostengünstige Lösungen zu erhalten.

Sedlacek/Scholz

Stahltrapezprofil → Trapezprofilblech

Stampfbohle. Bauteil eines Fertigers, das entsprechend der Tragschichtdicke in verschiedene Hubhöhen eingestellt werden kann und die Aufgabe hat, das ein-

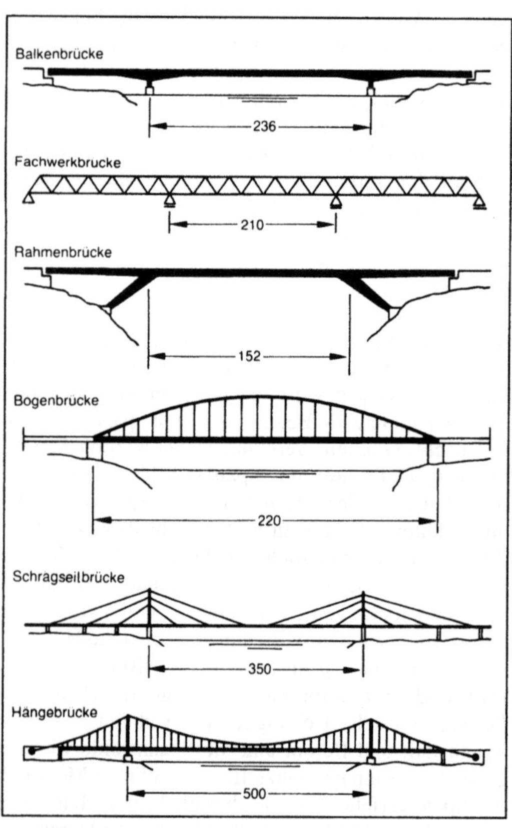

Stahlbrücke: Klassifizierung der Haupttragsysteme.

gebaute Material zu verdichten (→ Verdichtungs-gerät). *Kühn*

Stampfer. Handgeführte Geräte, die zur stampfenden Verdichtung bindiger, aber auch rolliger Böden und erdfeuchten Betons dienen. Nach ihrer Bau- und Arbeitsweise unterscheidet man Explosions-S. und Vibrations-S. Explosions-S. werden durch die Explosion eines Kraftstoff-Luft-Gemisches hochgeschleudert und fallen dann auf den Boden zurück. Hinsichtlich ihrer Funktion sind sie mit Explosionsdieselbären zu vergleichen. Der freie Fall und ein Teil des Explosionsdruckes wird für das Verdichten des Bodens wirksam. Senkrecht hochspringende Geräte bezeichnet man als Stampframmen; schräg hoch- und vorwärtsspringende Geräte als „Frösche". Die Sprunghöhe beträgt meist rd. 40 cm, die Schlagzahl 70 min^{-1}. Der Delmag-Frosch (Bild) springt bei jeder Explosion 15−20 cm parabelförmig nach vorne. Er eignet sich auch zur Verdichtung von grobscholligem Material und hat eine Tiefenwirkung bis 1 m. Die Geräte erreichen Sprunghöhen von 30−40 cm bei Schlagfrequenzen von 50−60 min^{-1} und Gewichten von über 1 t. Vibrations-S. sind Geräte, deren Mehrfederschwingsystem meist von Verbrennungsmotoren, seltener auch von Elektromotoren angetrieben wird. Ihre Wirkung beruht auf der Verbindung von Vibration und Stampfschlag. Vibrations-S. haben eine kleine → Stampfplatte und durch deren Schrägstellung einen Eigenvorlauf. In der Regel werden Vibrations-S. bis rd. 150 kg Betriebsgewicht und bis 5 kW Leistung gebaut. Sie erreichen Schlagzahlen bis rd. 650 min^{-1}. Vibrations-S. können noch in schmalen Gräben und auf sehr beengtem Raum arbeiten, z. B. Unterstopfen von Rohren, Hinterfüllungen. Sie werden deshalb oft für Ausbesserungsarbeiten und zum Verdichten von Randstreifen eingesetzt. Durch ihre hohe Schlagfrequenz und die relativ kleine Stampffläche bringen sie im Vergleich zu Vibrationsplatten (→ Plattenrüttler) höhere Verdichtungswirkung. *Kühn*

Stampfplatte. S. sind meist Stahlgewichte, die durch → Seilbagger angehoben werden und die dann auf den Boden fallen (Bild S. 618). Diese Freifallkranstampfer werden vorwiegend zur Zertrümmerung von Felsbrocken und Verdichtung von steinigen, bindigen Böden benutzt. Die S. haben ein Gewicht von 2−3 t.

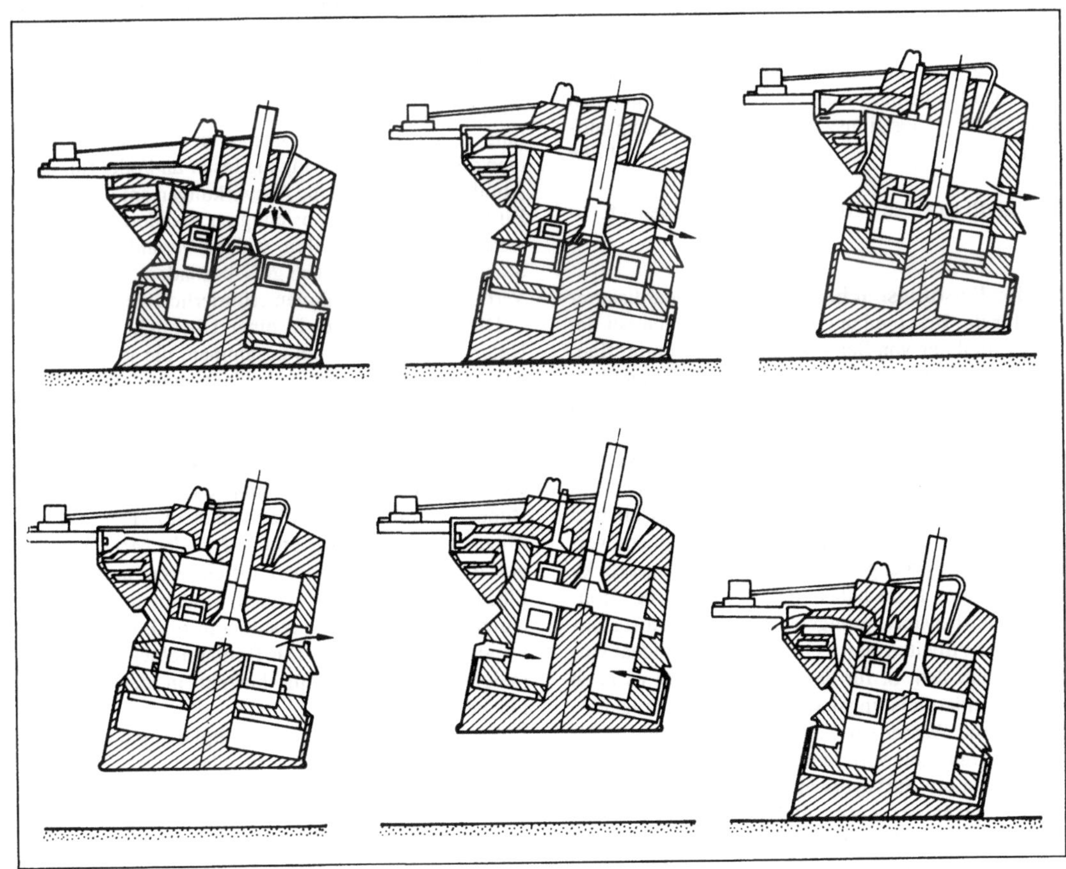

Stampfer: Arbeitsweise des Delmag-Frosches.

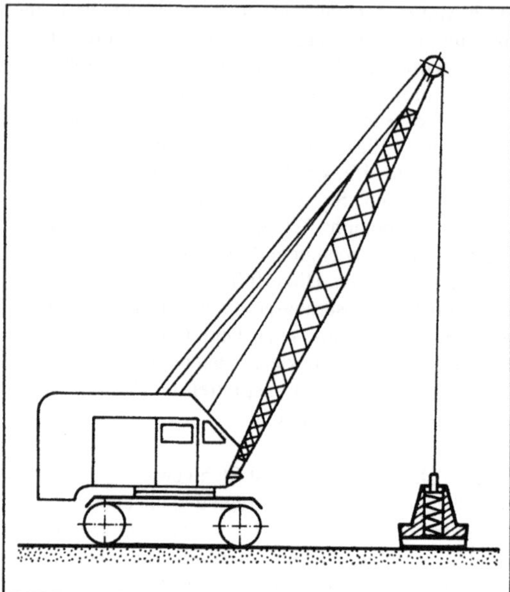

Stampfplatte: Seilbagger mit S.

Die Platten eignen sich nicht zum Verdichten von Dammrändern und müssen in ausreichendem Abstand von Gebäuden benutzt werden. Deshalb übernehmen immer mehr → Vibrationswalzen die Verdichtungsaufgaben.   *Kühn*

Standardbauweise → Bemessung, → Straßenbefestigung

Standardleistungsbuch. Sammlung standardisierter Texte für die Beschreibung von Teilleistungen bei der → Ausschreibung von Bauarbeiten. Das S. für das Bauwesen wird vom Deutschen Institut für Normung herausgegeben. Es umfaßt die üblicherweise im Hochbau vorkommenden → Bauleistungen und ist nach Leistungsbereichen gegliedert, die den Normen der VOB/C entsprechen. Die Texte der Teilleistungen werden aus Textteilen zusammengesetzt, die verschlüsselt und abgespeichert sind. Durch Aufrufen der Nummern werden die in einer Datei gespeicherten Texte ausgedruckt. Standardisierte Texte haben sich vor allem bei Rohbauarbeiten bewährt, weniger dagegen bei Ausbauarbeiten und Arbeiten der technischen Gebäudeausrüstung. Außer dem S. für das Bauwesen gibt es noch den → Standardleistungskatalog für den Brücken-, Straßen- und Wasserbau, den der Bundesminister für Verkehr herausgibt. Vorbild der S. waren die von englischen Quantity Surveyors aufgestellten Standardleistungsverzeichnisse, soweit nicht bereits bei öffentlichen Verwaltungen Musterleistungsbücher und Musterleistungsverzeichnisse vorlagen. Vielfach verfügen ausschreibende Architektur- und Ingenieurbüros über eigene Musterleistungsverzeichnisse mit standardisierten Texten.   *Drees*

Standardleistungskatalog. Sammlung standardisierter Texte für die Beschreibung von Brücken-, Straßen- und Wasserbauarbeiten, hrsgg. v. Bundesminister für Verkehr.   *Drees*

Standardleistungsverzeichnis. Sammlung standardisierter Texte für die Beschreibung von Leistungen, insbes. → Bauleistungen.   *Drees*

Standardsondiergerät. Ein Sonderfall der Rammsondiergeräte ist das S. (SPT – Standard Penetration Test). Es besteht aus einem aufklappbaren, mit Schneidringen versehenen Entnahmestutzen, den man mit dem Fallgewicht des → Rammbärs von 63,5 kg und der Fallhöhe von 76,2 cm im verrohrten Bohrloch 45 cm tief in den Erdboden rammt. Dabei wird die Anzahl der für die letzten 30 cm erforderlichen Schläge gezählt. Die hohle Sonde hat einen Innendurchmesser von 3,49 cm. Sie gestattet die gleichzeitige Entnahme von → Bodenproben.   *Kühn*

Standortbestimmung, bodenkundliche. Eignungsbewertung eines Standortes hinsichtlich seiner geologischen, geomorphologischen, bodenkundlichen, klimatologischen, hydrologischen sowie pflanzenkundlichen Standorteigenschaften. Bei einer Standortbeurteilung, z. B. bei der Ausweisung von Flächen für Deponien oder für die Ausbringung fester und/oder flüssiger Abfallstoffe, müssen die Auswirkungen anthropogener Einflüsse auf den beabsichtigten Standort untersucht werden. Es ist zu prüfen, welche Veränderungen am Standort eintreten und ob ggfs. besondere Schutz- oder Verbesserungsmaßnahmen erforderlich werden.

Die DIN 4220 faßt in einer Übersicht diejenigen Untersuchungsverfahren zusammen, die je nach Aufgabenstellung sowie Dringlichkeitsstufe vorzunehmen sind.   *Meißner/Becker*

Standortgefüge, polyzentrisches. Die kritische Problematik der Regionen und damit auch der Städte in der Bundesrepublik Deutschland liegt im Gegensatz zu früheren Epochen in der großen Zahl der Menschen, die auf die Agglomerationen reflektieren und in den Flächenansprüchen der Bauten, Straßen und sonstigen Nutzungen, die daraus resultieren (→ Bevölkerungswanderung, Mobilität). Das Primärproblem einer optimalen Stadtentwicklung besteht in der richtigen Flächenwidmung.

Auch eine ökologische → Stadtplanung und ein entsprechender Umbau der vorhandenen, ja weitgehend starren und resistenten Strukturen der Agglomerationen – dabei kommt dieser „Umbau" jedoch nicht ohne ergänzenden „Neubau" zum Erfolg – ist nur möglich durch das Planungskonzept der „dezentralen Konzentration".

Dabei muß der Begriff „Nachhaltigkeit" – positiv interpretiert – zu einer polyzentralen Entwicklung des Raumes – im kleinen und im großen – führen, eingedenk dessen, daß die spürbaren Vorteile der Bundesrepublik gegenüber seit Jahrhunderten zentral regierten Ländern nicht zuletzt darauf beruhen, daß nicht nur die Vielfalt der Kultur, sondern auch der Wirtschaft und die allgemeine Lebensqualität weitgehend der Kleinstaaterei der vergangenen Epochen zu danken ist. In diesem Zusammenhang ist auch der Schutz des Außenbereichs, insbesondere auch seiner Erholungsfunktion wichtig.

Baurecht durch → Bauleitplanung dürfte nur noch dort geschaffen werden, wo zuverlässig auch Verkehrsvermeidung resultiert, z.B. auf Brachen im bebauten „Innen-Gebiet", auf Flächen in dessen unmittelbarer Umgebung, die aus heute nicht mehr triftigen Gründen bisher nicht bebaut wurden und im Einzugsbereich von Entwicklungsachsen, die durch den ÖPNV bedient werden (→ Modal-Split). Wichtig ist auch die Nähe vorhandener, insbesondere auch erweiterbarer und ergänzbarer, öffentlicher und privater Infrastruktureinrichtungen.

Verfolgt man das Prinzip der optimalen Flächenwidmung, ergibt sich als Ziel ein p. S. bzw. eine polyzentrische Agglomeration. Das heißt auch Schaffung bzw. Ausbau weitgehend versorgungsstarker Quartierzentren mit Dienstleistungseinrichtungen, die Arbeitsplätze in die Wohngebiete bringen. Daß man da der Gravitationskraft der Kernstädte entgegenarbeiten muß – und das wird nicht einfach sein –, darf nicht verschwiegen werden.

Hier muß sich der moderne Städtebau in besonderem Maße bewähren. Allerdings verlangt das auch eine kommunalpolitische Priorität, sowohl für die Verfahren, als auch im Mitteleinsatz, der dann aber positive Folgen durch das Nachziehen privater Investitionen haben wird. *Spengelin*

Standortkriterium. Die auch in den Bauleitplänen dargestellten verschiedenartigen Nutzungen stellen unterschiedliche Ansprüche an ihren Standort innerhalb des Stadtgebietes. Diese Ansprüche resultieren sowohl aus ihren allgemeinen Funktionsbedingungen als auch aus den jeweiligen örtlichen Gegebenheiten. Für die ersteren sind zwei Faktoren von entscheidender Bedeutung, die nur begrenzt substituierbar sind: Die Zuordnung zu Einrichtungen von zentraler Bedeutung, besonders zu Gemeinbedarfseinrichtungen, und die Zuordnung zum → Verkehrssystem (Infrastruktur). Die örtlichen Gegebenheiten (Topographie, Bodengüte, Baugrund, Entwässerungsmöglichkeiten, klimatische Bindungen, Vegetation, Aussicht usw.) enthalten meist zahlreiche Bindungen und Einschränkungen, sind aber auch Ansätze für ein Gestaltungskonzept, das zur Stärkung und Betonung der Stadtindividualität führt. Standorte können allerdings auch im Hinblick auf die Ansprüche der einzelnen Nutzungen auf- und zuberei-

tet werden. In gewissem Ausmaß lassen sich örtliche Gegebenheiten durch baulich-technische Eingriffe verändern und den jeweiligen Nutzungen anpassen. Dabei wird die Wirtschaftlichkeit entsprechender Maßnahmen unter dem Gesichtspunkt der Knappheit geeigneter Standorte zu beurteilen sein. In neuerer Zeit zeigt sich, daß der Ausbau der Informationstechnologie die Wahlfreiheit bei Standorten verstärkt. „Weiche" Standortfaktoren, wie Image, Wohn- und Freizeitwert gewinnen an Bedeutung.

Das städtebauliche Konzept einer Zuordnung der Nutzungen zueinander hat dem Grundprinzip zu folgen, den Aufwand für die Infrastruktur, besonders die Verkehrsinfrastruktur, so gering wie möglich zu halten, ohne die wechselseitige Erreichbarkeit, vor allem die Vielfalt der Wahlmöglichkeiten zwischen den verfügbaren Wohnungen, Arbeitsplätzen, Einkaufs- und Erholungsmöglichkeiten zu beschränken. Dies erfordert zunächst eine unmittelbare Zuordnung der hochzentralen Einrichtungen, d. h. der Einrichtungen mit dem größten Einzugsbereich, zu den Knotenpunkten des Nahverkehrssystems; sodann eine Art hierarchischer Abstufung, die Einrichtungen geringerer Zentralität zwar auch in günstiger Verkehrslage, zugleich aber in immer größerer Nähe zu den jeweiligen Einzugsbereichen anordnet. Zumindest Läden und Dienstleistungen für den täglichen Bedarf sollten ebenso wie Schulen und Kirchen von der Wohnung aus zu Fuß zu erreichen sein.

Für die Zuordnung von Wohnungen und Arbeitsstätten gibt es keine eindeutigen Regeln. Struktur und Entwicklung der Arbeitsmärkte in einer arbeitsteiligen Gesellschaft bringen es mit sich, daß sich ein Ausgleich von Angebot und Nachfrage, vor allem zwischen spezialisierten Berufen und spezialisierten Arbeitsplätzen, i. d. R. nur über größere Räume und Entfernungen vollzieht. Aber auch bei weniger spezialisierten Berufen entsprechen unmittelbare Zuordnungen, wie sie etwa bei den Zechen- und Arbeiterkolonien des 19. Jahrhunderts üblich waren, heute weder dem Bedürfnis nach beruflicher Freizügigkeit noch der Bedeutung anderer Standortfaktoren (Nähe zu Schulen und Ausbildungseinrichtungen, zu Einkaufs- und Erholungsmöglichkeiten, zu den Arbeitsplätzen weiterer erwerbstätiger Haushaltsmitglieder). Gleichwohl dürfen günstige Zuordnungsmöglichkeiten nicht außer acht gelassen werden. Dies betrifft vor allem Arbeitsplätze für Frauen, die bei Halbtagsbeschäftigung auf kurze Arbeitswege angewiesen sind. Aber auch eine möglichst gleichmäßige Auslastung des Verkehrssystems in den Spitzenstunden spricht für eine nicht zu großflächige Untergliederung in Bereiche mit überwiegender Wohn- und überwiegender Arbeitsnutzung.

Spengelin

Standsicherheit.
Massivbau. Die S. eines Bauwerks oder eines Bauteils, das vereinfacht als starrer Körper aufgefaßt

wird, ist gewährleistet, wenn es seine Gleichgewichtslage nicht verliert (z. B. Umkippen einer Stützwand). Zur Gewährleistung der ausreichenden S. gehört aber auch, daß der Grenzzustand der → Tragfähigkeit des verformbaren Bauwerks oder Bauteils nicht erreicht wird (→ Grenzzustand). *Mehlhorn*

Unterirdisches Bauen. Unter S. eines unterirdischen Hohlraums wird der Gleichgewichtszustand verstanden, bei dem die sich aus der Herstellung des Hohlraums ergebenden Spannungsumlagerungen im Gebirge abgeklungen sind und keine weiteren Verformungen auftreten. Die S. hängt einerseits von den Sicherungsmaßnahmen und andererseits vom Tragverhalten des Gebirges ab. Insbesondere sind folgende Faktoren von erheblichem Einfluß:

☐ Gebirgsfestigkeit,
☐ Größe und Richtung des Gebirgsdrucks,
☐ freie Stützweite,
☐ Vortriebsgeschwindigkeit,
☐ Form des Querschnitts.

Während sich die S. z. B. für Lockergesteintunnel im → Schildvortrieb mit geringer Überdeckung mittlerweile genügend genau abschätzen läßt, bestehen für Felstunnel in größeren Tiefen noch erhebliche Schwierigkeiten. Der Tragfähigkeitsnachweis der Gesamtkonstruktion wird neben tunnelstatischen Überlegungen über → Verformungsmessungen während der Herstellungsphase erbracht. *Wagner*
Literatur: *Rokahr, B.*, u. *K. H. Lux*: Zur Vorbemessung tiefliegender Tunnel im Fels. In: Taschenbuch für den Tunnelbau 1986. Essen 1985.

Standsicherheitsnachweis. Für jedes Bauwerk, auch für einzelne Bauteile ist nachzuweisen, daß die Spannungen und ggf. die Verformungen unter den vorgegebenen äußeren Belastungen wie Eigengewicht, Nutzlasten, auch zu erwartenden anderen Beanspruchungen wie z. B. Schnee-, Windlasten, Temperaturbeanspruchungen, Erd- und Wasserdruck, Beschleunigungskräfte aus Erdbeben usw., in den ungünstigsten Kombinationen vorgegebene Grenzwerte nicht überschreiten. Diese Grenzwerte werden in Normen und Richtlinien auf der Grundlage der Werkstoffeigenschaften unter Berücksichtigung der möglichen Streubreiten von Lasteinwirkungen und Werkstoffverhalten und jeweiligen Sicherheitsbeiwerte festgelegt. *Laermann*

Standzeit. Im Felshohlraumbau die Zeit, in der Hohlraumrandflächen ohne Sicherungsmaßnahmen standfest bleiben. Die Kenntnis der S. erlaubt damit eine Abschätzung der für die Ausführung der Sicherungsmaßnahmen zur Verfügung stehenden Zeit. Die S. bietet die Möglichkeit einer Beurteilung der Gebirgsbeschaffenheit, da sie integral das zeitliche Verhalten des Gebirges während seiner Entfestigung infolge des Vortriebs widerspiegelt. Sie wird daher oft als Grundlage für eine → Gebirgsklassifizierung herangezogen.

Abhängigkeiten bestehen im wesentlichen von geologischen Faktoren, die das Gebirgsverhalten beeinflussen, wie von der Art und Lage des Trennflächengefüges, dem → Gebirgsdruck sowie der Gebirgsfestigkeit und der Hohlraumform. *Wagner*

Stauanlage. Eine S. staut das Wasser eines Gewässers. Sie besteht aus einem → Absperrbauwerk und dem zugehörigen Staubecken. Entsprechend ihrer Zweckbestimmung werden unterschieden: → Talsperren, → Hochwasserrückhaltebecken, → Staustufen, Pumpspeicherbecken, Sedimentationsbecken, Stauteiche und Geschiebesperren. Während Sedimentationsbecken dem Rückhalt absetzbarer Stoffe dienen, werden in Geschiebesperren vom Gewässer transportierte lapide Feststoffe zurückgehalten. S. mit teichartigen Becken, wie Fischteiche, bezeichnet man als Stauteiche. *Muth*

Stauhaltungsdamm → Staustufe

Staumauer. S. sind Ingenieurbauwerke, die errichtet werden, um → Stauanlagen (meist → Talsperren) zu bilden. Im Gegensatz zu Staudämmen (→ Dammbau) sind S. vorwiegend aus Beton. Die S. hat primär die Aufgabe, dem Wasserdruck des Stauwerkes standzuhalten. Früher wurden die S. vorwiegend als Schwergewichtsmauern ausgeführt. Bei ihnen sind das Mauergewicht und die Geometrie so zu wählen, daß die Resultierende aus Wasserdruck und Gewicht etwa in das mittlere Drittel der Bodenfugen fällt, um die → Standsicherheit zu gewährleisten. Heute führt man häufig Bogen-S. aus (Bild 1). Hier wird ein Teil der auftretenden horizontalen Wasserkräfte durch Bogentragwirkung an die Talwände abgegeben. Diese Konstruktion kann jedoch nur

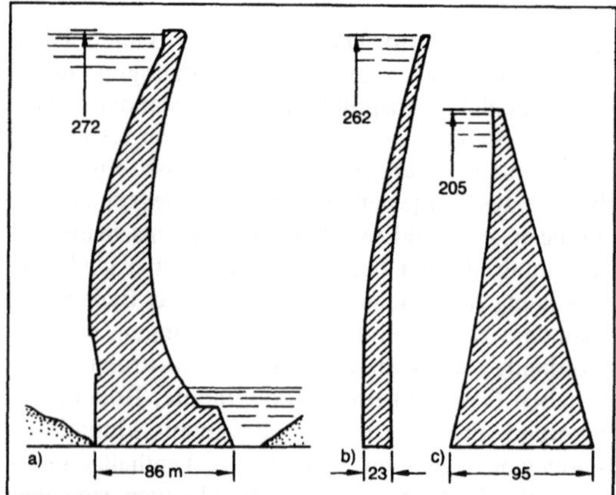

Staumauer 1: Querschnitte von drei Bogen-S.
a) Inguri (UdSSR)
b) Vajont (Italien)
c) Ross (USA).

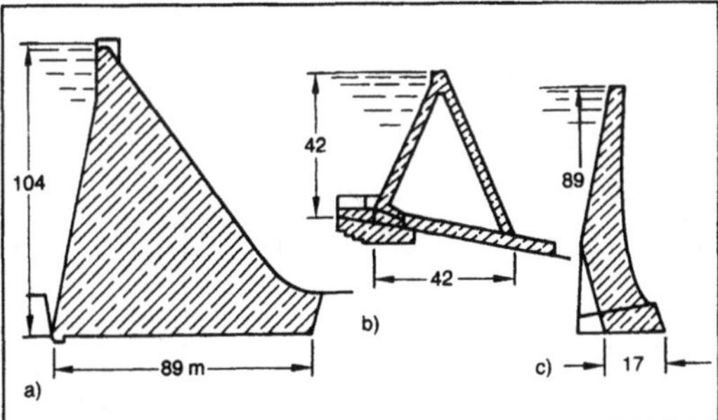

Staumauer 2: Querschnitte verschiedener Mauertypen.
a) Gewichtsstaumauer Salto (Italien)
b) Hohlpfeilerstaumauer Poglio (Italien)
c) Bogenstaumauer Marèges (Frankreich).

bei relativ schmalen und tiefen Taleinschnitten mit entsprechend tragfähigen Felsformationen an den Seiten zur Anwendung kommen. Gegenüber den Gewichtsstaumauern ergeben sich erhebliche Materialeinsparungen.

Ein weiterer Konstruktionstyp von S. ist die Pfeiler-S. bzw. die Hohlpfeiler-S.. Bei ihr wird durch Neigung der wasserseitigen Wandfläche und durch Vergrößerung der Sohlfläche erreicht, daß die Resultierende aus Wasserdruck und Eigengewicht durch das mittlere Drittel der Sohlfuge geht. Die Pfeiler-S. kommen vor allem bei breiten Talquerschnitten zur Anwendung. Außer diesen Haupttypen werden auch Mischkonstruktionen, z.B. Gewichtsbogenstaumauern oder Pfeilerstaumauern mit Bogenschalen zwischen den Pfeilern, ausgeführt (Bild 2). Für die Gestaltung der S. sind auch die strömungstechnischen Bedingungen der → Überläufe bzw. der Hochwasserentlastungsanlagen zu berücksichtigen.

Bei der Planung von S. ist besonders auf die Probleme der Arbeitsfugen und deren Dichtigkeit zu achten, denn bei den hier anfallenden großen Massen und entsprechend hohen Bauzeiten können sich große Zeitdifferenzen zwischen der Herstellung benachbarter Bauabschnitte einstellen. Bei Massenbetonen ergeben sich auch erhöhte Probleme aus den auftretenden Temperaturen infolge Hydratation des Zementes. Man muß spezielle Kühlsysteme während des Baues benutzen, um vorgegebene Temperaturdifferenzen einzuhalten. Um die Dichtigkeit der S. zu gewährleisten, entwickelte man spezielle Vorspanntechniken mittels eingebauter Druckkissen, um die aus Temperaturbelastungen auftretende Zugbeanspruchung zu begrenzen.

Mehlhorn

Literatur: *Huber, H.:* Kölnbreinsperre – Neue Wege in der Technik des Massenbetons. Beton- und Stahlbetonbau (1979) Nr. 5. – *Press, H.:* Stauanlagen und Wasserkraftwerke. Tl. 1: Talsperren. 2. Aufl., Berlin 1958.

Stauregelung → Staustufe

Staustufe. S. dienen der Stauregelung von Flüssen, wenn ein ausreichendes Fahrwasser mit → Regelungsbauwerken nicht hergestellt werden kann. Die S. ist eine Mehrzweckanlage, die für die Schiffahrt, die Energienutzung, den → Hochwasserschutz und die → Bewässerung von Interesse ist. Bauliche Bestandteile (Kontrollbauwerke) sind: → Wehr, → Schleuse, Kraftwerk und Stauhaltungsdämme (Bild). Die Lage der Einzelbauwerke richtet sich nach den Strömungs- und Geschiebeverhältnissen. In Krümmungen werden Schleuseneinfahrten in den beruhigten Bereich am Innenbogen, Kraftwerke dagegen an das Außenufer gelegt, wo der Feststofftransport stark zurückgeht. Mit Rücksicht auf die Hochwasserführung setzt man das Kraftwerk aus dem Hauptgerinne in eine Bucht zurück. Die Länge der Stauhaltungen ist vom natürlichen Längsgefälle des Flusses abhängig. Zur Vermeidung zu großer Fallhöhen wird die erforderliche Fahrwassertiefe durch Baggerungen im Bereich unterhalb einer Stufe hergestellt. S. bilden Stützschwellen für die sonst bewegliche Sohle. Dadurch kommt der Geschiebetransport zum Erliegen. Am Ende einer S.-Kette bilden sich daher Erosionskeile, weil hier der Transport weitergeht, von oberhalb jedoch kein Ausgleich zugeführt werden kann. Andererseits entstehen in der aufgeweiteten Zone oberhalb einer S. Verlandungen durch suspendierte Materialien.

Muth

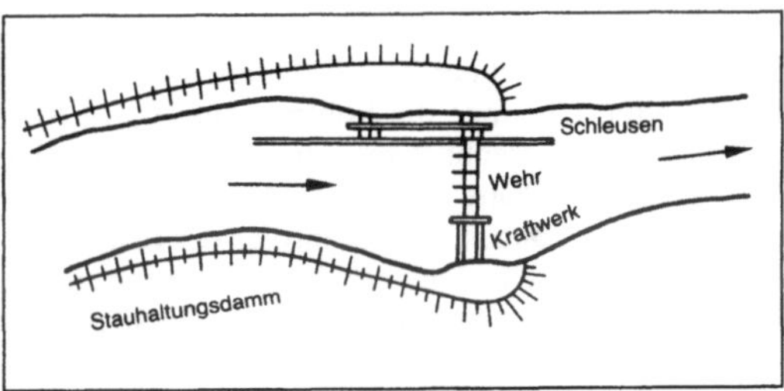

Staustufe: Schematische Darstellung.

Stauwasser → Grundwasser

Stauziel. Die nach der Zweckbestimmung der → Stauanlage beim Regelbetrieb zulässige Wasserspiegelhöhe (Bild, S. 622).

Lecher

Steckverbindung → Klemmverbindung

Steifemodulverfahren. Verfahren zur Berechnung der Sohldruckverteilung unter Flächengründungen aus Platten oder Streifen unter Berücksichtigung der Biegesteifigkeit dieser Gründungskörper und der → Beanspruchung durch Biegemomente. Bis auf die Setzungsberechnungen sind die weiteren Schritte zur Ermittlung der Sohldruckverteilung identisch denjenigen des → Bettungsmodulverfahrens. Während beim Bettungs-

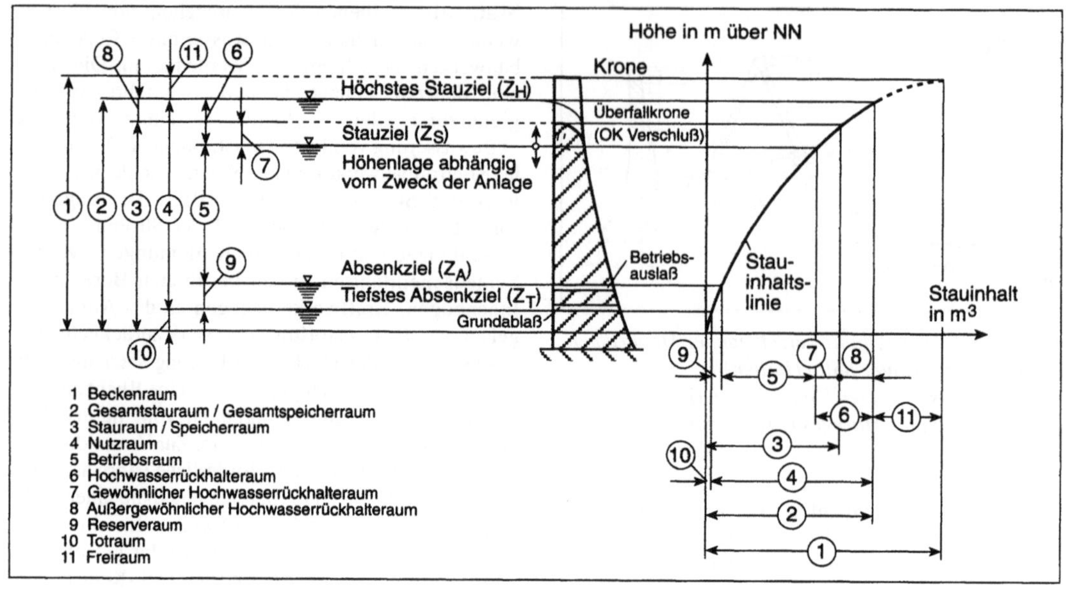

1 Beckenraum
2 Gesamtstauraum / Gesamtspeicherraum
3 Stauraum / Speicherraum
4 Nutzraum
5 Betriebsraum
6 Hochwasserrückhalteraum
7 Gewöhnlicher Hochwasserrückhalteraum
8 Außergewöhnlicher Hochwasserrückhalteraum
9 Reserveraum
10 Totraum
11 Freiraum

Stauziel: Speicherräume und Ziele (DIN 4048 T. 1)

modulverfahren eine vereinfachte Setzungsabschätzung vorgenommen wird, ermittelt man die → Setzungen beim S. auf der Grundlage der *Boussinesq*schen Theorie. Danach hängt die Setzung s_i des Punktes i auch von benachbarten Lasten ab. Eine Gründungsplatte wird in n fiktive Streifen mit der Breite a unterteilt. Unter dem Randstreifen 1 betrage die Sohlpressung $\sigma_0 = 1$ MPa (Bild a). Dann berechnet man im kennzeichnenden Querschnitt der Platte unter den Mittelpunkten k der Streifen die Setzungen s_{k0} (σ_0) infolge der Flächenlast σ_0 des Streifens 1. Die erhaltene Setzungsmulde (Bild b), ist die Setzungseinflußlinie für die Streifenlasten q_k.

$$s_1 = \sum_{k=1}^{n} s_{k0} \cdot \frac{q_k}{\sigma_0}.$$

Die Ermittlung der Einflußlinie ist aufwendig, wenn die Setzung s_{k0} für eine größere Zahl n unter jedem

Streifenschwerpunkt berechnet werden muß. Nach einer von *Kany* vorgeschlagenen Beziehung läßt sich der Aufwand entscheidend reduzieren. Danach kann man die Einflußlinie zutreffend durch

$$s_{i0} = \frac{s_{30} \cdot s_{10}}{s_{30} + (s_{10} - s_{30})\left(\dfrac{i-1}{2}\right)^{1,5}},$$

i = 1, ... n, approximieren. Man braucht somit nur noch die Setzungen unter dem Mittelpunkt 1 des belasteten Plattenstreifens und unter dem Punkt 3 im Abstande 2 a zu ermitteln. Weitere Schritte zur Ermittlung der noch unbekannten Sohlpressungen q_k beim Bettungsmodulverfahren. *Meißner*

Steifigkeit, dynamische. Darunter versteht man die S. von Dämmschichten bei schnell verlaufenden dynamischen Vorgängen, ausgedrückt in MN/m³. Die für die Verlegung von schwimmenden Estrichen benötigten Dämmschichten sind dann schalltechnisch wirksam, wenn sie eine ausreichend kleine d. S. haben. Bei den hauptsächlich eingesetzten offenporigen Dämmschichten, wie z.B. Mineralfaserplatten, setzt sich die d. S. s′ aus zwei Anteilen zusammen:

$$s' = s'_L + s'_G;$$

dabei ist s'_L die S. der eingeschlossenen Luft und s'_G die S. des tragenden Gerüstes der Dämmschicht. Bei modernen Dämmschichten ist die Gefügesteifigkeit etwa in der Größe der Luftsteifigkeit, eher etwas geringer. Eine weitere Verringerung der Gefügesteifigkeit, die praktische Nachteile (leichter zerstörbar) hätte, würde deshalb keine entscheidende Verbesserung der

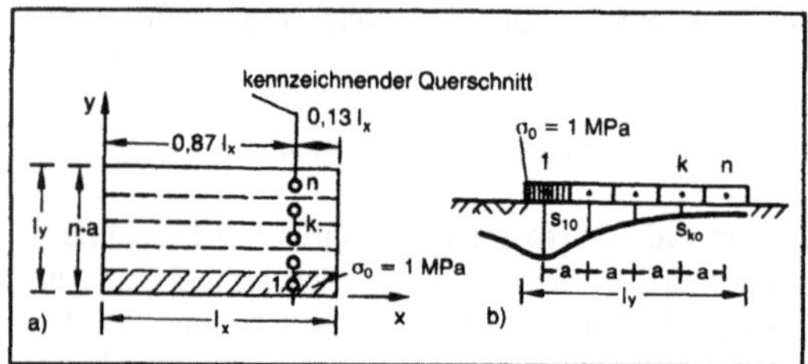

Steifemodulverfahren: Setzungseinflußlinie für eine Gründungsplatte.
a) Gründungsplatte
b) Setzungseinflußlinie.

Steifigkeit, dynamische. Tabelle: Übersichtswerte über die dynamische Steifigkeit s′ verschiedener Trittschalldämmschichen.

Dämmschichten	$\dfrac{s'}{MN/m^3}$
15–25 mm Mineralfaserplatten (für Trittschallzwecke)	8 – 15
30 mm Polystyrolschaumstoffplatten, speziell elastifiziert (für Trittschallzwecke)	10 – 15
10 mm Polystyrolplatten, normalsteif (nicht für Trittschallzwecke)	60 – 200
13 mm Holzfaserdämmplatten	150
10 mm Korkplatten	rd. 500

Gesamtsteifigkeit mehr bringen, da die Luftsteifigkeit in jedem Fall vorhanden wäre. Früher übliche, extrem weiche Matten hatten deshalb – entgegen der landläufigen Meinung – keine schalltechnischen Vorteile, sondern nur praktische Nachteile. Für das Kennzeichnen der Eignung von Schalldämmstoffen wird die d. S. nach DIN 52214 gemessen. Eine Übersicht über die S. verschiedener Dämmstoffen ist in der Tabelle gegeben. Bei güteüberwachten Dämmstoffen nach DIN 18164 bzw. 18165 ist die d. S. auf den Bezeichnungen hinter dem Buchstaben T in MN/m^3 jeweils zahlenmäßig angegeben. *Gösele*

Literatur: *Cremer, L.,* u. *M. Heckl:* Körperschall. Berlin 1996. – DIN 18165: Faserdämmstoffe für das Bauwesen. Tl. 2: Dämmstoffe für die Trittschalldämmung. – DIN 52214: Bauakustische Prüfungen. Bestimmung der dynamischen Steifigkeit von Dämmschichten für schwimmende Estriche. – *Gösele, K.:* Die Bestimmung der dynamischen Steifigkeit von Trittschalldämmstoffen. boden, wand und decke (1960) Nr. 4 u. 5.

Steinbruchgerät. S. sind die in einem Steinbruch zur Materialgewinnung, Materialaufbereitung und Materialtransport eingesetzten Geräte. Das in einem Steinbruch zu gewinnende Material kann sowohl hochwertiges Gestein, z. B. Marmor, als auch Schüttmaterial für den Straßen-, Hafen- oder Dammbau sein. Die Gewinnungsmethode ist von der gewünschten Größe und Bruchform des Materials abhängig. Man trägt das Material stufenweise ab, indem man dieses zu einer freien Fläche hin sprengt. Dazu müssen in das Gestein zunächst Sprenglöcher senkrecht, schräg oder horizontal gebohrt werden (→ Bohrgerät). Anordnung, Durchmesser und Tiefe der Bohrlöcher und somit die Auswahl der Bohrgeräte hängen von dem gewählten → Sprengverfahren ab. Die Gesteinsbohrmaschinen unterscheiden sich in ihrem Aufbau erheblich. Sämtliche Maschinentypen arbeiten nach dem Prinzip des Drehbohrens (→ Drehbohrgerät), Schlagbohrens

(→ Schlagbohrgerät) oder Drehschlagbohrens (→ Drehschlagbohrgerät). Weit verbreitet ist das Großbohrlochsprengverfahren, bei dem Wände in Höhen bis zu 30 m abgebaut werden. Die Großbohrlöcher mit Durchmessern von 60–250 mm und Tiefen bis zu 150 m werden mit Hilfe von Großbohrlochgeräten gebohrt. Nach dem Laden der Sprenglöcher und der Sprengung muß das gewonnene Haufwerk weiter zerkleinert und von störenden Verunreinigungen befreit werden (→ Zerkleinerungsgerät). Dabei ist der Transport des von einem Bagger oder Lader aufgenommenen Materials innerhalb des Steinbruchs über eine Bandstraße möglich. Bei wechselnden Abbaustellen übergibt das mobile Aufgabegerät (Lader) das Material den Transportfahrzeugen, die es der Aufbereitungsanlage zuführen. *Kühn*

Steinkohlenflugasche. Steinkohle wird vor der Verbrennung im Kraftwerkskessel aufgemahlen und als Staub in den Brennerraum eingeblasen. Die mitaufgemahlenen Gesteinsbestandteile der Rohkohle schmelzen bei den hohen Temperaturen im Brennerraum auf und werden mit dem Rauchgasstrom mitgeführt. Nach dem Verlassen des Brennerraumes erstarren die zwischen etwa 1 μm und 100 μm großen Partikel nahezu schlagartig. Als Feststoffe werden sie in Elektrofiltern aus dem Rauchgas abgeschieden. Wegen des raschen Erstarrens weisen sie eine glasige Struktur auf, die eine puzzolanische Reaktivität bewirkt. S. sind wegen ihrer Korngröße, die etwa der Korngröße von Zementen entspricht, und ihrer puzzolanischen Reaktivität als Bindemittelbestandteil in zement- und kalkgebundenen Baustoffen geeignet. Praktisch die gesamte Menge der in Deutschland anfallenden S. wird als Betonzusatzstoff eingesetzt. Dazu benötigen S. eine kraftwerkskesselbezogene Bauaufsichtliche Zulassung des Deutschen Instituts für Bautechnik, Berlin. Nach den geltenden Zulassungsbescheiden (zukünftig nach dem europäischen Regelwerk) dürfen als Betonzusatzstoff eingesetzte S. auf den Wasser-Zement-Wert und den Zementgehalt zu einem gewissen Prozentsatz angerechnet werden (→ Betonzusatz). *Schießl*

Sternholz. Lagenholz, bei dem die aufeinanderfolgenden Furniere mit einem Winkel von i. a. 30°, sternförmig zur → Faserrichtung versetzt, übereinander verleimt werden (Konstantplatte). Der Plattenaufbau geschieht parallel zur Mittelfläche. Durch diese Furnieranordnung sind die mechanischen Eigenschaften des S. weitgehend von der Faserrichtung unabhängig. S. wird als Preßsternholz im Maschinenbau für geräuscharme und schmierfrei laufende Zahnräder eingesetzt. Es läßt sich wie Blech verarbeiten, ist aber auf Grund des hohen Abfalles bei der Herstellung teuer. *Dröge*

Stetigmischer. Mischmaschinen, die kontinuierlich Mischgut liefern und zur Herstellung von Beton und

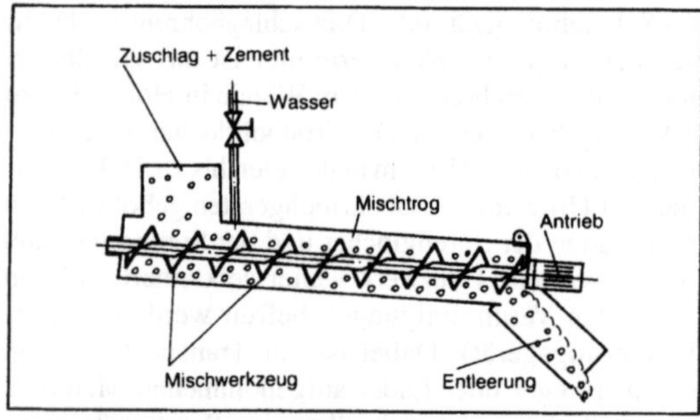

Stetigmischer: Trogdurchlaufmischer.

Mischgut für hydraulisch gebundene Tragschichten (HGT) im Straßenbau verwendet werden. In der Bauweise unterscheidet man Mischer, bei denen das Mischgefäß als geneigter Zylinder mit innen befestigten Misch- und Förderschaufeln (Trommeldurchlaufmischer) oder als geneigter Trog mit ein oder zwei Mischwellen (Trogdurchlaufmischer, Bild) ausgebildet ist. Während des Durchlaufens zur Entleerseite hin wird das aufgeladene Material gemischt und laufend ausgetragen. Die Ausgangsstoffe werden über Förderbänder und Förderschnecken dosiert und kontinuierlich zugegeben. Von Vorteil sind S. zur Herstellung von großen Mengen Materials, bei der man das Mischrezept selten wechselt. *Kühn*

Stichelmeißel. Spanabhebender Meißel für → Vortriebsmaschinen. *Wagner*

Stichprobe. Die Frage der S.-Art spielt aus dem → Abwasserabgabengesetz (AbwAG) eine Rolle, da Abgaben für bestimmte Komponenten des Abwassers nach der Menge und Belastung des in Gewässer eingeleiteten (gereinigten) Abwassers berechnet werden.

Für die Ermittlung der Belastung sind Analysen notwendig und diese bedingen eine bestimmte Probenahme des Abwassers. Je nachdem, über welche Zeit und mit welcher Häufigkeit oder Kontinuität die Proben geschöpft werden, ergeben sich statistisch recht unterschiedliche mittlere Analysenergebnisse der Inhaltsstoffe, da im Abwasser diskontinuierlich erhebliche Schwankungen von bis zu ±100% und mehr vorkommen können.

Die S. kann „von Hand" oder kontinuierlich durch Schöpfen oder Abpumpen abflußproportional entnommen werden. Üblich sind S. über 1 h, 2 h oder 24 h. Man spricht dann von qualifizierten S. Bei der Mittelwertbildung oder Höchstwerten werden z. B. 4 von 5 Proben erfaßt. Je nach der S.-Art und -verwertung können sich so erhebliche Abgabenunterschiede ergeben. *Pfeiff*

Stilliegezeit. Zeit, in der sich ein Gerät zwar auf der Baustelle, jedoch nicht im Einsatz befindet: Es liegt still. Die → Baugeräteliste (BGL) 1991 empfiehlt eine

Abminderung der Gerätemieten vom 11. Stilliegetag an, und zwar 75% der Beträge für Abschreibung und Verzinsung und 8% für Wartung und Pflege. *Drees*

Stirnversatz → Versatz

Stockwerkrahmen. Als S. werden mehrgeschossige, regelmäßige Stabtragwerke des Stahl- und Stahlbetonhochbaus bezeichnet (Bild). Man untersucht sie als ebene oder räumliche → Stabtragwerke je nachdem, ob das gesamte Tragsystem zur Aufnahme horizontaler Lasten ausgesteift ist oder nicht. Im Stahlbau kommen als Aussteifungen diagonale Streben als Windverbände oder – wie vorwiegend beim Stahlbetonskelettbau – aussteifende Kerne, wie Treppenhäuser und Fahrstuhlschächte und/oder steife Wandscheiben, in Betracht. Die horizontalen Kräfte werden über steife Deckenkonstruktionen auf die Aussteifungen übertragen. *Laermann*

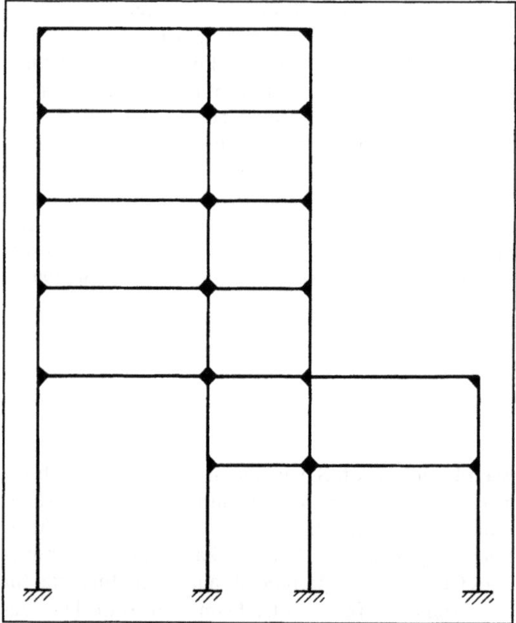

Stockwerkrahmen: Schematische Darstellung.

Störung. Alle mit der Unterbrechung des Gesteinsverbandes verbundenen tektonischen Vorgänge und Erscheinungsformen, die erkennbare Merkmale von Relativbewegungen auf den Trennflächen zeigen, werden unter dem Sammelbegriff S. zusammengefaßt. *Wagner*

Literatur: Grundbegriffe der Felsmechanik und der Ingenieurgeologie. Hrsgg. v. d. Dt. Ges. Erd- u. Grundbau. Essen 1982.

Stoff, latent-hydraulisch. Latent-hydraulisch sind Stoffe, die feingemahlen mit Wasser angemacht zwar hydraulisch erhärten, dabei aber zuviel Zeit benötigen, um technisch verwertbare Festigkeiten zu erreichen. Die „schlummernde" Hydraulizität muß daher durch einen Anreger geweckt werden, der meist alkalisch ist, aber auch sulfatisch sein kann. Als alkalischer Anreger wird Calciumhydroxid verwendet, das entweder als Kalk zugegeben wird oder das bei der Zugabe von Portlandzement während der Erhärtung ($\rightarrow$ Erhärten) entsteht. Als l.-h. S. wird nur Hochofenschlacke genutzt ($\rightarrow$ Zement), die bei der Eisenherstellung anfällt. Sie ist eine Kalk-Tonerde-Silicat-Schmelze, die hauptsächlich CaO, SiO_2 und Al_2O_3 enthält. Ihre Zusammensetzung ist ähnlich der des Portlandzementes. Sie ist jedoch kalkärmer (rd. 50 bis 60% CaO gegenüber PZ mit rd. 60–70% CaO) und enthält kaum Fe_2O_3.

Wesche

Stoff, wassergefährdend. Die EG gab 1976 eine sog. schwarze Liste I gefährlicher Stoffe (toxisch, langlebig, bioakkumulierend) und eine sog. graue Liste II gewässerschädlicher Stoffe heraus. Mit der 4. Novelle des $\rightarrow$ Wasserhaushaltsgesetzes (WHG) wurden im § 19 als Stoffe aufgelistet:

☐ Rohöle, Benzine, Dieselkraftstoffe und Heizöle,
☐ andere flüssige und gasförmige Stoffe, die geeignet sind, Gewässer zu verunreinigen oder sonst in ihren Eigenschaften nachteilig zu verändern.

Rohrleitungen für den Transport dieser Stoffe, auch auf dem Werksgelände, sind genehmigungspflichtig. Nach WHG sind für das Lagern, Abfüllen und Umschlagen, neuerdings auch für das Behandeln, Herstellen und Verwenden dieser Stoffe besondere Regelungen eingeführt. Sie wurden seit 1986 auf den Produktionsbereich der gewerblichen Wirtschaft und öffentliche Einrichtungen ausgedehnt. Besondere Vorschriften betreffen dabei Grundwasserschutzgebiete. Sie gelten für „feste, flüssige und gasförmige Stoffe…, die geeignet sind, nachhaltig die physikalische, chemische oder biologische Beschaffenheit des Wassers nachteilig zu verändern". Dies sind insbes.

☐ Säuren, Laugen,
☐ Alkalimetall, Siliciumlegierungen mit über 30% Silicium, metallorganische Verbindungen, Halogene, Säurehalogenide, Metallcarbonyle und Bleisalze,
☐ Mineral- und Teeröle sowie deren Produkte,
☐ flüssige und wasserlösliche Kohlenwasserstoffe, Alkohole, Aldehyde, Ketone, Ester, halogen-, stickstoff- und schwefelhaltige Verbindungen,
☐ Gifte.
☐ Mit Einschränkungen auch Jauche, Gülle und Silagesickersäfte.

Die Gefährlichkeit für Abwässer ist mit dem WHG (1992) definiert aus „der Besorgnis einer Giftigkeit, Langlebigkeit, Anreicherungsfähigkeit oder einer krebserzeugenden, fruchtschädigenden oder erbgutverändernden Wirkung". Durch Rechtsverordnungen sind die Herkunft und die – wachsende – Liste dieser gefährlichen Stoffe inzwischen präzisiert und – soweit es sich um Abwässer handelt – ist nach § 7a eine Reinigung nach dem Stand der Technik – evtl. auch bereits am Ort des Anfalls, d. h. vor einer Verdünnung durch andere Abwässer – dann durchzuführen.

Lecher/Pfeiff

Stoffgesetze. S. stellen eine Verknüpfung von Spannungen und Formänderungen bzw. einer Formänderungsgeschichte dar und sollen das Materialverhalten eines Stoffes unter Einwirkungen zutreffend beschreiben. Bei viskosen Materialien sind die S. zusätzlich von der Zeit abhängig.

In zahlreichen Anwendungsfällen des Grundbaus werden vereinfachte S. verwendet. Das einfachste S. ist das $\rightarrow$ *Hook*sche Gesetz, das eine lineare Verknüpfung zwischen Spannungen und Formänderungen beschreibt und für einaxiale Spannungszustände lautet:

$$\sigma = E \cdot \varepsilon,$$

E ist der $\rightarrow$ Elastizitätsmodul. Dieses Gesetz wird z.B. auch üblicherweise zur Ermittlung von Spannungsausbreitungen unter Gründungskörpern herangezogen.

Für die Beschreibung mehrachsiger Spannungs-Verformungszustände verwendet man zweckmäßigerweise die Tensordarstellung. In der Bodenmechanik werden vor allem der symmetrische *Cauchy*sche Spannungstensor $\tilde{T}$ (σ_{ij}) sowie der symmetrische *Green-Lagrange*sche Deformationstensor $\tilde{E}$ (ε_{ij}) verwendet. Die symmetrischen Tensoren $\tilde{T}$ und $\tilde{E}$ können vereinfacht auch durch die Vektoren $\{\sigma\}$ sowie $\{\varepsilon\}$ dargestellt werden. Die Stoffbeziehung lautet dann:

$$\{\sigma\} = [C] \{\varepsilon\},$$

wobei [C] als Stoffmatrix bezeichnet wird. [C] ist im einfachsten Fall die linear elastische Stoffmatrix [D]. Treten auch plastische Formänderungen auf, ergeben sich z.B. die inkrementellen Spannungen zu:

$$\{\Delta\sigma\} = [D] \{\Delta\varepsilon\} - \{\Delta\varepsilon_p\} = [C] \{\Delta\varepsilon\}.$$

In dieser Beziehung heißt [C] die elasto-plastische Stoffmatrix.

Das Materialverhalten von Boden ist i.a. durch elasto-plastische S. zu beschreiben. Anhand einer Fließfunktion sowie einer Fließregel läßt sich die elasto-plastische Stoffmatrix herleiten. Durch die Fließfunktion sind Spannungszustände beschrieben, für die auch plastische Formänderungen entstehen. Für Spannungspunkte innerhalb des durch die Fließfunktion einbeschriebenen Körpers werden üblicherweise elastische oder pseudo-elastische Formänderungen angenommen.

Bezugsgröße in der Fließfunktion kann die plastische Formänderung (*engl.* strain hardening oder strain softening) oder die Dissipationsarbeit (work hardening) sein. In beiden Fällen besteht eine Aufweitung der Fließfläche und im Falle der Entfestigung (strain softening) ein Schrumpfen.

Die Richtung der plastischen Verformungsinkremente wird durch die sog. Fließregel festgelegt. Es ist zwischen einer deviatorischen und einer volumetrischen Fließregel zu unterscheiden. Eine spezielle Fließregel ist die sog. Normalitätsbedingung. Danach ist der Vektor der plastischen Verformungsinkremente stets normal zur Fließfläche gerichtet, ein Verhalten, das bezüglich der Volumenänderungen bei Böden üblicherweise nicht beobachtet wird. Zutreffender ist die Annahme einer deviatorischen Fließregel sowie einer Dilatationsfunktion, durch die plastische Volumenänderungen erfaßt werden.

Die deviatorische Fließregel basiert auf einem plastischen Potential, das mit der Schnittkurve der Fließfläche in der Deviatorebene zusammenfallen kann. Die Fließregel heißt dann assoziiert. Unterscheiden sich hingegen das plastische Potential und die Fließkurve voneinander, spricht man von einer nichtassoziierten Fließregel. Der Betrag der plastischen Verformungsinkremente wird durch die Konsistenzbedingung bestimmt. Bei einer Belastung muß z.B. der neue Spannungszustand auf einer Fließfläche liegen, die im Falle des strain-hardening-Gesetzes durch den gesuchten plastischen Formänderungsvektor beschrieben wird.

In anderen S. der → Bodenmechanik ist das Konzept der Potentialfunktion fallengelassen. Hypoelastische oder -plastische Gesetze geben Beziehungen einerseits zwischen den Spannungsraten sowie andererseits den Dehnungsraten (hypoelastisch) und den Spannungen (hypoplastisch) an. Weitere Zustandsvariable können einbezogen werden. Die Stoffmatrix für das hypoplastische Modell ist i.a. nicht symmetrisch.

Meißner/Becker

Stollen → Tunnel

Stoß, elastischer. Unter einem S. versteht man die Wechselwirkung zweier Körper bei ihrem Zusammentreffen, die zu einer Änderung der Impulse beider Körper führt. Es gilt der Impulserhaltungssatz. Wichtig ist die Unterscheidung zwischen einem elastischen und einem unelastischen S. Beim e. S. ist die Summe der kinetischen Energien beider Körper vor und nach dem S. gleich. Zur Unterscheidung zwischen elastischem und unelastischem S. dient der Stoßkoeffizient k. Es gilt:

$$k = \frac{v_2' - v_1'}{v_1 - v_2},$$

mit $0 \leq k \leq 1$;

$k = 1$: vollkommen e. S.,

$k = 0$: vollkommen unelastischer S.

Die Größen v_1, v_2 und v_1', v_2' sind die Projektionen der Geschwindigkeit der beiden Körper auf die Stoßgerade vor bzw. nach dem Stoß. (Die Stoßgerade ist die gemeinsame Normale auf die Oberflächen der beiden zusammenstoßenden Körper in ihrem Berührungspunkt).

Laermann

Strahlenschutzbeton. Die Abschirmwirkung von S. ist von den Anteilen chemischer Elemente im Beton abhängig, nach denen die Abschirmbetone in DIN 25413 klassifiziert werden. Sie steigt darüber hinaus mit der Rohdichte und dem Wassergehalt. Die hohe Rohdichte schützt gegen γ-Strahlen und wird durch die Zugabe von Schwerzuschlägen an Stelle von Normalzuschlägen erreicht. Der Neutronenfluß wird durch den Wassergehalt des Betons gebremst, der allerdings bei hohen Temperaturen durch den Austrocknungseffekt beträchtlich sinken kann. In diesem Fall muß man dem Beton bei der Herstellung kristallwasserhaltige Zuschläge oder borhaltige Zusatzstoffe zugeben. Wenn der Beton gleichzeitig tragende Funktionen übernimmt, ist die Widerstandsfähigkeit des Betons selbst gegen Strahlung zu berücksichtigen.

Wesche

Straßenaufbruch. S. ist als Abfall unter den Oberbegriff des → Bauabfalls eingeordnet; er fällt an bei der Reparatur, Erneuerung oder Verlegung (Abbau) bestehender Straßen. S. bezieht sich nur auf den Straßenoberbau und damit auf die Straßendecke und die darunter liegende Tragschicht.

Umweltrelevant sind beim S. lediglich bituminöse → Trag- und → Deckschichten. Unter bituminösen Bindemitteln wurden früher ohne Differenzierung Bitumen und teerhaltige Bindemittel verstanden. Heute unterscheidet man → Straßenbaubitumen und Straßenpech (Straßenteer) bzw. bitumenhaltige und pech-(teer-)haltige Bindemittel. Die Bezeichnung Asphaltstraßenbau bezieht sich nur auf bitumengebundene Trag- bzw. Deckschichten; unter → Asphalt versteht man ein Gemisch aus Bitumen und Mineralstoffen (*griech.* asphaltos = Erdharz).

Als „bituminöses" Bindemittel wird praktisch nur noch Bitumen eingesetzt, nachdem Straßenpech seit Jahren wegen seines Gehalts an kanzerogenen Substanzen (polyzyklische aromatische Kohlenwasserstoffe) im Straßenbau vermieden wird; nach Nr. 4.1 der TRGS 551 dürfen Stein- oder Braunkohlenteerpech oder sonstige Bindemittel mit einem Gehalt an Benzo-a-pyren von 50 mg/kg und mehr im Straßenbau nicht verwendet werden.

In aller Regel sind sowohl die Straßendecke als auch die Tragschichten beim Ausbau im selben stofflichen Zustand wie beim ursprünglichen Einbau; Verunreinigungen durch die Straßenbenutzung sind zwar punktuell (z. B. Unfälle mit Chemikalien- oder Ölverlust) nicht auszuschließen, insgesamt aber nicht gegeben. Von daher gesehen eignen sich die ausgebauten Stoffgruppen nach entsprechender Aufbereitung grundsätzlich von vornherein zur gleichartigen Wiederverwendung. Bitumenhaltiger S. kann ebenso wie mineralisches Material sowohl auf der Baustelle in mobilen Anlagen als auch in transportgünstigen stationären Anlagen aufbereitet werden. Allerdings fallen bei Straßenerneuerungsarbeiten gelegentlich noch teergebundene Trag-

Straßenaufbruch. Tabelle: Bewertung der Umweltverträglichkeit einzelner Verfahrensschritte bei der Wiederverwendung von Ausbauasphalt und von pechhaltigen Ausbaustoffen (nach GuVWS 1991).

Verfahrensschritt	Ausbaustoff	Gewinnung, Transport Aufbereitung	Zwischenlagerung	Verarbeitung	Einbau	fertige Schicht
Heißverarbeitung in Asphalt-Mischanlagen	Asphalt	U	U	U	U	U
	schwach pechhaltig	L	W	L	L	U
	stärker pechhaltig	zur Zeit keine arbeitsplatz- und umweltverträgliche Verfahren bekannt				
Heißverarbeitung in Baustellenmischverfahren	Asphalt	U		U	U	U
	schwach pechhaltig	L		L	L	U
	stärker pechhaltig	zur Zeit aus Arbeitsschutzgründen abzulehnen				
Kaltverarbeitung mit Bitumenemulsion, geschäumtem Bitumen oder hydraulischen Bindemitteln	Asphalt	U	U	U	U	U
	schwach pechhaltig	L	W	L	U	U
	stärker pechhaltig	LL	WW	L	U	W
Kaltverarbeitung in Schichten ohne Bindemittel	Asphalt	U	U	U	U	U
	schwach pechhaltig	L	W	L	U	WW
	stärker pechhaltig	ohne besondere Maßnahmen aus Gewässerschutzgründen abzulehnen				

U = umweltverträglich
L = geringe Schadstoffemissionen in die Luft möglich
W = geringe Gewässerbeeinträchtigungen möglich

LL = stärkere Schadstoffemissionen in die Luft möglich
WW = stärkere Gewässerbeeinträchtigungen möglich

Für die Bewertung der Schadstoffemissionen und der Gewässerbeeinträchtigung liegen noch keine bundeseinheitlichen Kriterien vor. Bei den mit L oder W gekennzeichneten Verfahrensschritten ist nachzuweisen, daß die Anforderungen an den Arbeitsschutz, die Luftreinhaltung und den Gewässerschutz eingehalten werden. Bei den mit LL oder WW gekennzeichneten Verfahrensschritten ist durch geeignete Verfahren sicherzustellen, daß die Grenzwerte zur Einhaltung der Anforderungen des Arbeitsschutzes, der Luftreinhaltung und des Gewässerschutzes nicht überschritten werden.

oder Deckschichten-Ausbaustoffe als S. an; nach Nr. 4.1 i. V. mit Nr. 5.2.4 der TRGS 551 ist die Wiederverwendung dieses Materials zulässig, sofern durch Mischung mit Bitumen ein Gehalt an Benzo-a-pyren von < 50 mg/kg im wiedereinzubauenden Bindemittelanteil gewährleistet wird. Die Tendenz geht aber – auch bei der Überarbeitung der TRGS 551 – dahin, das Nichtverdünnungs-Prinzip durchzusetzen und die stark pechhaltigen Ausbaustoffe nach bloßer Zerkleinerung mit Bitumen- oder Zementemulsion aufzubereiten und kalt einzubauen; durch dieses Verfahren wird die Eluierbarkeit der Schadstoffe in erheblichem Umfang reduziert und bei ordnungsgemäßer Verdichtung sogar vermieden.

An wiederverwendbares S.-Material werden hohe Anforderungen sowohl hinsichtlich der Baustoffqualität als auch hinsichtlich der → Umweltverträglichkeit gestellt; letzterer Aspekt ist von der Forschungsgesellschaft für Straßen- und Verkehrswesen bewertet worden (Tabelle). Danach ist die Wiederverwendung von bitumenhaltigem S.-Material (Ausbauasphalt) unter Umweltgesichtspunkten unproblematisch. Bei pech-

(teer-)haltigem Material bestehen jedoch Umwelt- und Arbeitsschutzbedenken, die zumindest die Wiederverwendung von stärker pech-/teerhaltigen Ausbaustoffen erheblich einschränken (siehe vorhergehenden Absatz).

Nicht verwertbarer S. kann unter den Bedingungen der → TA Siedlungsabfall grundsätzlich auf Siedlungsabfalldeponien abgelagert werden. *Dreyhaupt*

Literatur: Forschungsgesellschaft für Straßen- und Verkehrswesen, Arbeitsgruppe Asphaltstraßen (Hrsg.): GuVWS = Grundsätze für die umweltverträgliche Verwendung und Wiederverwendung von Straßenbaustoffen, Ausg. 1991. Köln 1991. – TRGS 551: Pyrolyseprodukte aus organischem Material. Ausg. April 1993; Bundesarbeitsblatt 4/1993, S. 47. – Forschungsgesellschaft für Straßen- und Verkehrswesen, Arbeitsgruppe Asphaltstraßen (Hrsg.): Merkblatt für die Wiederverwendung pechhaltiger Ausbaustoffe im Straßenbau unter Verwendung von Bitumenemulsionen, Ausgabe 1993, Köln 1993.

Straßenbau. Unter S. versteht man den Teil des Bauwesens, der sich mit der Planung, der Herstellung, der Erhaltung (→ Straßenerhaltung) und der Verbesserung des dem Straßenverkehr dienenden Wegenetzes befaßt.

Benutzer dieses Systems sind in der Hauptsache Kraftfahrzeuge aller Kategorien, aber auch Fuhrwerke, Radfahrer und Fußgänger. Die Aufgabe des S. ist es, diesem Kreis den jeweiligen Bedürfnissen gerechte Verkehrsflächen zu schaffen und vorzuhalten. Die diesbezüglich gestellten Anforderungen sind: möglichst kurze, umweglose Verbindungsmöglichkeiten, dem Bedarf entsprechender Fahrraum sowie dessen ganzjährige Benutzbarkeit mit einem auch bei schneller Fahrt hohen Sicherheits- und angemessenem Komfortniveau. Die Oberfläche der in der Straßentrasse vom Mutterboden befreiten und durch Abtragen oder Aufschütten auf richtige Höhe gebrachten Befestigungsunterlage nennt man → Planum. Der dort anstehende Boden kann i. d. R. einer direkten Belastung durch Fahrzeuge nicht standhalten. Seine mechanischen Steifigkeits- und Festigkeitseigenschaften sind zumeist gering und zudem starken örtlichen und zeitlichen Schwankungen unterworfen. Durch aufzubringende Befestigungsschichten soll deshalb die erforderliche, von allen äußeren Einflüssen möglichst unabhängige und gleichmäßige Standfestigkeit und Tragfähigkeit geschaffen werden. Für die Lösung dieser Bauaufgabe stehen eine Reihe von Materialien zur Verfügung, aus denen sich versteifende und festere Beläge herstellen lassen. In sinnvoller Anordnung übereinandergelagert ergeben sie die für die Befestigungsoberfläche geforderte → Befahrbarkeit.

Die Befestigung soll die an der Oberfläche konzentriert angreifende Last mit zunehmender Tiefe auf größere Bereiche verteilen und dadurch die wirksame Spannung immer so weit herabsetzen, bis diese von dem jeweiligen Material und schließlich auch von dem schwächsten Element, dem Boden, der Unterlage, über eine hinreichend lange Zeit ertragen werden kann. Außer der Festigkeit muß auch die zumeist kleine Steifigkeit der Unterlage bis zur Fahrfläche hin auf ein solches Maß angehoben werden, daß der Rollvorgang durch Verformungen praktisch nicht mehr erschwert wird. Der Steifigkeitsaufbau soll von unten nach oben monoton in möglichst kleinen Stufen vorgenommen werden, weil dadurch der Beanspruchungszustand der Befestigung günstig beeinflußt und somit ihre Haltbarkeit gefördert wird. Nach dem in Deutschland gültigen Regelwerk teilt man das Bauwerk Straße in die Bereiche Untergrund bzw. → Unterbau und → Oberbau ein. Letzterer kann aus bis zu drei Tragschichten und der Decke bestehen, die bei der → Asphaltdecke aus der → Binderschicht und der → Deckschicht aufgebaut ist.

Außer den konstruktiven Fragen sind beim S. eine Reihe entwässerungstechnischer Aufgaben zu lösen. Zur Erstellung einer sicher, angenehm und problemlos benutzbaren, umweltgerechten Fahrfläche gehören weiterhin noch die der Verkehrsleitung dienenden Einrichtungen sowie der Schutz bewohnter Gebiete vor dem Verkehrslärm (Lärmschutzwall/-wand).

Technischer Fortschritt und Rationalisierungsmaßnahmen führten dazu, daß eine Straße heute nicht mehr gebaut, sondern gefertigt wird. Der in den Aufgabetrichter der Fertigungsmaschine gegebene Baustoff soll diesen möglichst als ein auf gewünschte Dicke und Breite geformtes, naht- und fugenlos verlegtes Band verlassen. Die Wandlung gegen früher besteht darin, daß das Aufgabegut nicht mehr zusammensetzbare Einzelstücke sind, sondern eine Schütt- bzw. Gießmasse mit zunächst ausreichender Formbarkeit ist, die nach dem Verlegungsvorgang hochgradige Festkörpereigenschaften annimmt. Der geeignete Stoff, der diese Forderung erfüllt und sich auch ansonsten als günstig erwies, sind Kornhaufwerke aus natürlichen oder künstlichen Mineralstoffen (→ Mineralstoff, künstlicher; → Mineralstoff, natürlicher) sowohl mit hydraulischem Bindemittel oder Bitumen.

Mit zunehmender Vervollkommnung des Straßennetzes und der gleichzeitigen Abnutzung der bereits bestehenden Verkehrswege ging der Straßenneubau zurück, und die Erneuerung abgenutzter Objekte nahm zu. Mit dieser Wandlung fiel in ständig steigendem Maß Ausbaugut an, das nach heutigen Erkenntnissen bei entsprechender Aufbereitung wiederverwendbar ist und das sinnvollerweise einem erneuten Einsatz zugeführt wird. → Recycling des Baumaterials ist heute im Straßenbau eine unabdingbare und gängige Methode. Außer den Altbaustoffen bilden weiterhin eine Reihe von Industrierückständen die Rohstoffgrundlage einer Veredlung zu Straßenbaustoffen, die an der Stelle der in der Natur vorkommenden Ausgangsstoffe treten können.

Ein Fahrbahnaufbau ist nicht nur als ein belastbares Bauwerk anzusehen, das man allein nach Tragfähigkeitsgesichtspunkten auszurichten hat. Die viel weiter gefaßte Aufgabe des heutigen Straßenkonstrukteurs besteht darin, mit der Standsicherheit und Haltbarkeit seines Bauwerkes gleichzeitig die Voraussetzungen für die Befahrbarkeit der Straße zu schaffen. Unter diesem Begriff versteht man die Ermöglichung eines ganzjährigen, sicheren, bequemen, schnellen, umweltschonenden und wirtschaftlichen Verkehrs von Personen und Gütern. Die geforderten Eigenschaften ergeben in ihrer Gesamtheit ein Bewertungsmaß für den Gebrauchszustand der Straße. Seine Beurteilung ist bislang nur durch subjektive Befunde möglich. In den USA wurden trotz dieser Unvollkommenheit für die vier wichtigsten Merkmale des Fahrbahnzustandes, die Längsunebenheit, die Querunebenheit, den Riß- und Flickstellenbestand, Quantifizierungsmaßstäbe und ein funktioneller Zusammenhang für die vier Größen aufgestellt. Das Ergebnis dieser Bemühungen ist der → Befahrbarkeitsbeiwert PSI (Present Serviceability Index).

Eine Straße ist ein Verbrauchsobjekt, dessen Güte durch die Beanspruchungen aus Verkehr und Klima aufgezehrt wird. Der Begriff Güte ist in diesem Sinne als eine Menge einer nicht stofflichen Substanz zu verstehen, deren Aufzehrung sich nach außen hin durch die Verschlechterung des Gebrauchszustandes äußert. Bei der Bemessung einer Straßenkonstruktion sind somit zwei Mengen, die den Verbrauchsvorgang verursachende Belastungsmenge und die Menge der verfügbaren Gütesubstanz, so aufeinander abzustimmen, daß in dem vorgesehenen Nutzungszeitraum der Gebrauchszustand einen Mindestwert nicht unterschreitet. Die Belastungsmenge und die Zustandsgrenze sind in dieser Aufgabe die vorgegebene, die Gütesubstanzmenge die gesuchte Größe. Sie ergibt sich aus den Abmessungen und den mechanischen Eigenschaften der Gesamtheit der Aufbauelemente. Außer der Straßenbemessung (→ Bemessung) in der Praxis mit Hilfe von Standardbauweisen bemüht man sich im wissenschaftlichen Bereich um die Entwicklung geeigneter Methoden, mit denen auf theoretisch-rechnerischem Wege die komplexen Zusammenhänge zwischen Belastung, Substanz und Zustand geklärt und Prognosen über die → Nutzungsdauer gemacht werden können. Die allen derartigen Verfahren gleiche Vorgehensweise besteht darin, zunächst aus den äußeren Belastungen den inneren Beanspruchungszustand der Konstruktion zu errechnen und aus diesem sodann mit Hilfe von Schadensmodellen den Verbrauch der Gütesubstanz und die daraus resultierenden Verschlechterungen des Gebrauchszustandes der Fahrbahn abzuleiten.

Beckdahl/Lücke/Gerlach

Literatur: Merkblatt für die Erhaltung von Betonstraßen (MEB). – Merkblatt für die Erhaltung von Asphaltstraßen. – Merkblatt über die mechanischen Eigenschaften von Asphalt. – Merkblatt über Hochofenschlacken im Straßenbau. – Merkblatt über die Verwendung von industriellen Nebenprodukten im Straßenbau. – Richtlinien für die Anlage von Straßen (RAS). Teil: Landschaftsgestaltung. (RAS-LG). – Richtlinien für die Güteüberwachung von Mineralstoffen im Straßenbau (RG Min-StB). – Richtlinien für die Standardisierung von Verkehrsflächen (RStO). – Technische Lieferbedingungen für Mineralstoffe im Straßenbau (TL Min-StB). – Technische Prüfvorschriften für Mineralstoffe im Straßenbau (TP Min-StB). – Technische Vertragsbedingungen und Richtlinien für den Bau von Fahrbahndecken aus Asphalt (ZTVAsphalt-StB). – Zusätzliche Technische Vertragsbedingungen und Richtlinien für den Bau von Fahrbahndecken aus Beton (ZTV Beton). – Zusätzliche Technische Vertragsbedingungen und Richtlinien für Erdarbeiten im Straßenbau (ZTVE-StB). – *Wehner/Siedeck/Schulze* (Hrsg.): Handbuch des Straßenbaus. Bd. 1, Berlin, 1977 u. 1979.

Straßenbaubitumen. Die schwersten Bestandteile des Erdöls sind die Bitumen. Man trennt sie i. a. durch Destillation von den leichteren Bestandteilen. Hierzu erhitzt man das Rohöl zunächst auf rd. 300 °C und gewinnt aus den entstehenden Dämpfen in einem Destillationsturm unter Atmosphärendruck Benzin und Petroleum. Die restlichen Bestandteile des Erdöls werden wieder erhitzt und in einen zweiten Destillationsturm mit erniedrigtem Druck geleitet, in dem schwererflüchtige Öle gewonnen werden und Destillationsbitumen zurückbleibt. Je mehr dieser Öle im Bitumen enthalten sind, um so weicher sind diese. S. wird in sieben Härtegraden hergestellt (Tabelle), die man durch die Penetration (Einsinktiefe) einer mit 1 N belasteten standardisierten Nadel bei 25 °C bestimmt. S. müssen den Anforderungen nach DIN 1995 entsprechen und werden mit dem Buchstaben B und der mittleren Penetration (ausgedrückt in 1/10 mm) bezeichnet. Je weicher ein S. ist, desto höher ist die Penetration.

S. ist ein thermoplastischer Stoff, der bei hohen Temperaturen flüssig ist und mit absinkenden Temperaturen zähflüssig und bei tiefen Temperaturen fest und glasartig spröde wird. Das Bindemittel S. weist aufgrund seiner thermoplastischen Eigenschaften in Abhängigkeit von der Temperatur und der Belastungszeit ein unterschiedliches Verformungsverhalten auf. Bei Temperaturen, die unterhalb des Brechpunktes liegen, verhält sich das Bindemittel fast ausschließlich elastisch und unabhängig von der Belastungszeit. Die durch eine Last hervorgerufenen Verformungen sind klein und gehen nach der Entlastung sofort vollständig zurück. Wird die Spannung größer als die Festigkeit, tritt ein Sprödbruch ein. Steigen die Temperaturen des S. über den Brechpunkt bis hin zum Erweichungspunkt, so verringert sich die Steifigkeit, und die Verformung unter der Last steigt an. Nach Entlastung geht nur ein Teil der Verformung spontan zurück, ein weiterer Teil der Verformung geht zeitabhängig zurück, und ein weiterer Verformungsanteil bleibt bestehen. Das Relaxationsvermögen (Fähigkeit zum inneren Fließen) des S. inner-

Straßenbaubitumen. Tabelle: Härtegrade nach DIN 1995.

Sorte	(B 300)	B 200	B 80	B 65	B 45	B 25	(B 15)
Penetration 1/10 mm	250–320	160–210	70–100	50–75	35–50	20–30	10–20
Erweichungspunkt R + K °C	27–37	37–44	44–49	49–54	54–59	59–67	67–72
Erweichungspunkt K–S °C	16–24	24–30	30–35	35–40	40–45	45–53	53–58
Brechpunkt *Fraaß* max. °C	–20	–15	–10	–8	–6	–2	+3
Dichte 25/25 i. M. g/cm^3	1.01	1.02	1.03	1.03	1.04	1.04	1.04
Verarbeitungstemperaturen							
zum Abfüllen (1 500 mm^2/s) °C	96	101	112	117	123	134	146
zum Mischen (200 mm^2/s) °C	130	136	148	155	161	172	185
zum Spritzen (50 mm^2/s) °C	167	173	186	(193)	(200)	(213)	(226)

halb dieses Temperaturbereiches bewirkt, daß trotz bestehenbleibender Verformungen keine Spannungen zurückbleiben. Bei Temperaturen über dem Erweichungspunkt nimmt die Viskosität (Zähigkeit) soweit ab, daß sich das S. wie eine Flüssigkeit verhält. Die Grenztemperaturen ermittelt man nach verschiedenen Verfahren. Die untere Grenztemperatur ist der Brechpunkt, der durch den Versuch nach *Fraaß* gem. DIN 52012 durchgeführt wird. Die obere Grenztemperatur ist der Erweichungspunkt Ring und Kugel nach DIN 52011. Die Temperaturspanne zwischen beiden Grenztemperaturen wird Plastizitätsspanne genannt. Je größer diese ist, desto flexibler ist das Bindemittel. Wird ein Mineralstoffgemisch mit S. gemischt, so entsteht → Asphalt, der für → Straßenbefestigungen verwendet wird. Die Temperatur- und Belastungsdauer, denen die Verkehrsflächenbefestigung ausgesetzt ist, sind die maßgeblichen Auswahlgrößen für die zu verwendende Bindemittelsorte, die weder zum Erweichen, noch zum Sprödbruch neigen sollte. *Beckedahl*

Literatur: DIN 1995: Bituminöse Bindemittel für den Straßenbau. – DIN 52010: Prüfung von Bitumen. Bestimmung der Nadelpenetration. – DIN 52011: Prüfung von Bitumen. Bestimmung des Erweichungspunktes Ring und Kugel. – DIN 52012: Prüfung von Bitumen. Bestimmung des Brechpunktes nach *Fraaß*.

Straßenbaubitumen. Tabelle: Härtegrade nach DIN 1995.

Straßenbaugerät. Neben dem maschinellen Erdbau hat der Straßenbau den höchsten Stand an Mechanisierung erreicht, was eine erhebliche Leistungssteigerung, die mit einer verbesserten Arbeitsausführung verbunden ist, und eine relative Minderung der Baukosten brachte. Namentlich im Deckenbau wurde eine stetige Rationalisierung mit ständiger Verringerung des Personalaufwands betrieben. Die Bauaufgaben reichen vom Fernstraßenbau mit Baulosen über 10–15 km Strecke bis hin zu kleineren Bauobjekten im Siedlungswesen. Mit dem Nachlassen der Neubautätigkeit verlagert sich das Baugeschehen auf den Ausbau und die Erneuerung vorhandener Straßen. Aus dem konstruktiven Straßenaufbau ergibt sich die Gliederung der Bauverfahren mit dem Einsatz der S. Die technische Entwicklung führte einerseits zu Spezialmaschinen hoher Leistungsfähigkeit, die allein für einen bestimmten Bauvorgang zu verwenden sind, andererseits werden vorhandene Geräte möglichst vielseitig eingesetzt. Zudem strebt man durch Standardisierung des Straßenoberbaus, der aus → Trag- und → Deckschichten oberhalb des → Planums besteht, rationelle Bauweisen an. *Kühn*

Straßenbefestigung. Die Schichten der Straßen im → Oberbau und → Unterbau bzw. Untergrund im Bereich der Verkehrsflächen und befestigten Seitenstreifen werden S. genannt. Das Flächenbauwerk Straße liegt in seiner gesamten Ausdehnung auf dem → Planum. Dieses ist die bearbeitete Oberfläche des Unterbaus (im Dammbereich) bzw. Untergrundes (im Einschnittbereich). Der Unterbau bzw. Untergrund kann erforderlichenfalls über eine → Bodenverbesserung, eine → Bodenverfestigung oder einen → Bodenaustausch eine ausreichende Tragfähigkeit erhalten. Der Teil der S., der über dem Planum liegt, ist der Oberbau. Im Straßenbau werden die Befestigungen nach ihrer Deckenart in Bauweisen mit → Asphaltdecke, → Betondecke und → Pflasterdecke unterschieden. Die unter der Decke liegende → Tragschicht kann mit → Bindemittel gebunden oder auch ungebunden sein; dabei bestehen diese Schichten ganz oder größtenteils aus → Mineralstoff natürlichen oder künstlichen Ursprungs oder aus Recyclingbaustoffen (bzw. Zusätzen daraus).

Die Bemessung von S. nimmt man in Deutschland i. d. R. durch Standardbauweisen vor. S. müssen Frosteinwirkungen widerstehen können. Daher wird abhängig von der → Frostempfindlichkeitsklasse des anstehenden Bodens und unter Berücksichtigung örtlicher Gegebenheiten eine Mindestdicke des frostsicheren Aufbaus gefordert, die meist eine → Frostschutzschicht erforderlich macht. Lediglich beim vollgebundenen Oberbau (→ Asphaltoberbau) wird eine Frostschutzschicht von vornherein nicht erforderlich. Liegt die Frostschutzschicht, die → Kiestragschicht oder die → Schottertragschicht direkt auf dem Planum auf, so ist ggf. eine → Filterschicht oder ein → Filtervlies anzuordnen.

Schichten aus → Asphaltmischgut können im → Heißeinbau, → Kalteinbau oder → Warmeinbau erstellt werden. Die Asphaltdecke besteht aus der → Deckschicht und aus der → Binderschicht. Bei geringer Verkehrsbelastung kann die Binderschicht auch entfallen; darüber hinaus lassen sich Decke und Tragschicht durch eine → Tragdeckschicht ersetzen. Die Deckschicht kann man aus → Asphaltbeton bzw. → Walzasphalt, → Asphaltmastix, → Splittmastixasphalt, → Dränasphalt oder → Gußasphalt herstellen. Der Zustand der Oberflächen von S. prägt die → Befahrbarkeit von Straßen, die durch den → Befahrbarkeitsbeiwert ausgedrückt wird. Fällt dieser unter ein bestimmtes Maß, so werden Straßeninstandsetzungen (→ Straßenerhaltung) notwendig. *Beckedahl*

Straßenbeton. S. (Beton für Fahrbahndecken) wird an der Oberfläche besonders stark durch Verschleiß, Wärmedehnung, Frost-Tau-Wechsel und Taumittel beansprucht. Für Zusammensetzung, Herstellung und Nachbehandlung bestehen daher in der ZTV-Beton besondere Anforderungen, z. B. Zusatz eines Luftporenmittels. *Wesche*

Literatur: Zusätzliche Technische Vorschriften und Richtlinien für den Bau von Fahrbahndecken aus Beton (ZTV-Beton) 1978 Nr. 1.

Straßenerhaltung. Die S. umfaßt alle Maßnahmen, die der Substanzerhaltung, der Erhaltung des Gebrauchswertes für den Straßennutzer und ggf. auch der Verbesserung von Umweltbedingungen dienen. Der Straßennutzer beurteilt den Gebrauchswert der

→ Straßenbefestigung nach dem Oberflächenzustand über visuelle und akustische Eindrücke sowie über Signale, die ihm das Fahrzeug übermittelt. Diese Wechselwirkung zwischen Fahrbahn, Fahrzeug und Fahrer läßt sich mit dem → Befahrbarkeitsbeiwert beschreiben, der das mittlere Fahrgefühl aller Kraftfahrer widerspiegelt und geeignet ist, die augenblickliche → Befahrbarkeit von Straßen zu bewerten. Längsunebenheiten, Spurrinnen, Risse und Flickstellen, aber auch die → Griffigkeit sind die wesentlichen Oberflächenmerkmale, die sich in Abhängigkeit von der Nutzung (Anzahl der Lastübergänge, Achsgewichte, Bereifung, Geschwindigkeit), des verwendeten Materials (Asphalt, Beton, Pflaster, Mineralstoffgemische, Boden), von den klimatischen Bedingungen (Frost, Feuchtigkeit, Wärme) sowie den örtlichen Gegebenheiten (Längsneigung, Fahrstreifenbreite, Fahrstreifenanzahl, Außerorts-, Innerortsstraßen) im Laufe der Nutzungsdauer verändern. Zur S. gehören die Zustandskontrolle, die Wartung bzw. betriebliche Unterhaltung und die bauliche Erhaltung, bei der man bauliche Unterhaltung, Instandsetzungen und Erneuerungen unterscheidet.

Bei der Zustandskontrolle wird in periodischen Abständen der Zustand des Straßenkörpers, des Zubehörs, der Nebenanlagen und der angrenzenden Vegetation erfaßt. Die Zustandskontrolle führt man entweder auf der Grundlage visuell-sensitiver Wahrnehmungen, unterstützt durch einfache Hilfsmittel, vom Fahrzeug aus und/oder durch Begehung oder auf meßtechnischer Grundlage mit speziellen Geräten und Verfahren durch.

Zu der betrieblichen Unterhaltung bzw. Wartung von Straßen zählen Reinigungs-, Pflegearbeiten und → Winterdienst. Bauliche Maßnahmen zur Erhaltung des Straßenkörpers, des Zubehörs und der Nebenanlagen faßt man unter dem Oberbegriff bauliche Erhaltung zusammen.

Der Unterbegriff bauliche Unterhaltung bezeichnet bauliche Sofortmaßnahmen und Maßnahmen kleineren Umfangs, die nur eine geringfügige Gebrauchswerterhöhung der Straßen bewirkt. Zu diesen Arbeiten sind Schlaglochbeseitigung, Abstreuen, kleinere Oberflächenbehandlungen, Spurrinnenauffüllungen auf kürzeren Abschnitten, Pflege einzelner schadhafter → Fugen sowie Abfräsen von Verformungen zu rechnen. Instandsetzungen sind bauliche Maßnahmen größeren Umfangs, mit denen eine erhebliche Gebrauchswertsteigerung verbunden ist. In der Regel erstrecken sich Instandsetzungsarbeiten über eine volle Fahrstreifenbreite und betreffen nur die → Deckschicht.

Zu den Instandsetzungsarbeiten sind Oberflächenbehandlung in größeren Flächen, Hoch- oder Tiefeinbau einer Deckschicht, z. B. Repave-Remix-Verfahren (→ Recycling, → Straßenbau), Spurrinnenbeseitigung größeren Umfangs, großflächige Umpflasterungen und Pflege durchgehend schadhafter Fugen zu zählen. Maßnahmen, die einer Neuherstellung gleichkommen und den vollen Gebrauchs- und Substanzwert der Befestigung wiederherstellen, nennt man Erneuerungen. Sie werden i. a. über die volle Fahrstreifenbreite, häufig auch über die gesamte Befestigungsbreite ausgeführt und betreffen mehr als die Deckschicht.

Im Gegensatz zu den Bauwerken des konstruktiven Ingenieurbaus bemißt man das Bauwerk Straße für eine bestimmte Nutzungsdauer. Die „Substanz" der Straßenbefestigung wird durch die Verkehrs- und Klimabeanspruchungen kontinuierlich aufgezehrt. Um den Bestand zu erhalten, muß der Verlust laufend ersetzt werden. Unter dem Begriff Substanz ist in diesem Zusammenhang weniger der stoffliche Inhalt des Straßenkörpers zu verstehen, als vielmehr ein Vorrat substanzbewahrender Eigenschaften. Jede Konstruktion muß man davon mit einem Anfangsbestand ausstatten, der auf die Verkehrsmenge abgestimmt werden muß, die während der Nutzungsdauer zu erwarten ist. Zwischen der unsichtbaren Verlustmenge der abstrakten inneren Substanz, der ihren Verbrauch verursachenden äußeren Einwirkungen und der zumindest an der Oberfläche erkennbaren Zustandsänderung besteht ein Zusammenhang, der bislang noch nicht vollständig erforscht ist. Die Zustandsgröße wird infolge der äußeren Einwirkungen durch Verkehr und das Klima in Abhängigkeit von der vorhandenen Substanz unterschiedlich stark abgebaut. Je langsamer diese Vorgänge ablaufen, desto mehr zustandsbewahrende innere Substanz ist vorhanden.

Der Zustand von Straßen mit → Betondecke kann durch mangelhafte Fugenfüllung hochgepreßte Fugenvergußmassen, Kantenschäden, Abwandern von Platten, durchgehende Risse, Oberflächenschäden, Hohlräume im Fugenbereich, Stufen, Setzungen, reduzierte Griffigkeit und durch zerstörte Platten vermindert werden. Prüfverfahren zur Feststellung des Zustandes der Straßenbefestigung mit Betondecke sowie die zu ergreifenden baulichen Maßnahmen bei vorhandenen Schäden sind in dem „Merkblatt für die Erhaltung von Betonstraßen" (MEB) aufgeführt. Die Zustandsverminderung von Fahrbahnen mit Asphaltdecke ist durch Verschleiß, Verformungen, Risse und/oder verminderte Griffigkeit gekennzeichnet. Prüfverfahren, mit denen der Zustand von Asphaltstraßen erfaßt werden kann, und die für die Beseitigung von Schäden erforderlichen Maßnahmen enthält das Merkblatt für die Erhaltung von Asphaltstraßen, Teil: Allgemeine Ausführungen und Teil: Bauliche Maßnahmen. *Beckedahl*

Straßenkategorie. Aus der Lage im Verkehrsnetz und den verschiedenen Nutzungsansprüchen ergibt sich die Einordnung von Straßenabschnitten in Kategoriengruppen. Kreisstraßen, Landstraßen und Bundesfernstraßen bilden zusammen das klassifizierte Fernstraßennetz der Bundesrepublik Deutschland. Aus diesen Bezeichnungen ergibt sich auch die Zuständigkeit für Herstellung (Baulast) und Unterhaltung.

Maßgebend für die Dimensionierung von Straßen unterschiedlicher Kategorie innerhalb von bebauten

Gebieten sind die „Empfehlungen für die Anlage von Erschließungsstraßen EAE 85/95", in welcher zahlreiche Entwurfselemente aufgeführt sind. Planung und Entwurf von innerörtlichen Erschließungsstraßen sind städtebauliche Planungs- und Gestaltungsaufgaben, die sich von der → Verkehrsnetzgestaltung bis zur Detailgestaltung an den Bedürfnissen aller Nutzer orientieren soll. So hat jeder Straßenraum zwei Hauptfunktionen:

☐ Als „städtebaulicher Raum" ist er Erlebnisraum und nutzungsbezogener Freiraum. Hieraus leiten sich Forderungen für den Aufenthalt von Personen bis zum Kinderspiel ab.

☐ Als „Verkehrsraum" hat er die Aufgabe, für den Fußgängerverkehr, den Radverkehr, den öffentlichen Personennahverkehr und den individuellen Kraftfahrzeugverkehr die notwendigen Verbindungen zu gewährleisten und gegebenenfalls angrenzende Grundstücke zu erschließen.

Dabei soll sich die Erschließungsplanung in ein übergeordnetes Konzept, welches Verkehrswege, Freiflächenplanung, städtebauliche Infrastruktur und Standortplanung umfaßt, einfügen. Hieraus ergibt sich eine hierarchische Ordnung. Für Stadtkerngebiete, Kernrandgebiete und Wohngebiete kann man in erster Linie und generell von folgenden S. für den Kfz-Verkehr ausgehen:

– Hauptverkehrsstraßen sollten möglichst anbaufrei sein.

– Hauptsammelstraßen (anbaufrei und angebaut) erlauben Linienbusverkehr mit dichter Busfolge und die Bewältigung großer Verkehrsstärken. Die Möglichkeiten geschwindigkeitsdämpfender Maßnahmen sind begrenzt.

– Sammelstraßen eignen sich in Wohngebieten, in denen der Schwerlastverkehr in der Regel unbedeutend, eine Geschwindigkeitsdämpfung dagegen häufig wünschenswert ist. Sie erschließen die

– Anliegerstraßen: angebaute Straßen mit maßgebender Erschließungsfunktion und in der Regel wichtiger Aufenthaltsfunktion, die dem unmittelbaren Anschluß der Grundstücke oder Gebäude dienen. Durchgangsverkehr ist auszuschließen. Besondere Beachtung verdient der ruhende Verkehr. Auch Industrieanliegerstraßen und Zulieferstraßen für Gewerbegebiete sind Anliegerstraßen, die vorwiegend dem Wirtschaftsverkehr dienen. *Spengelin*

Literatur: Forschungsgesellschaft für Straßen- und Verkehrswesen: Empfehlungen für die Anlage von Erschließungsstraßen EAE 85/95.

Straßenverkehrserschütterungen. S. sind die durch den Verkehr von Kraftfahrzeugen auf Straßen erzeugten → Erschütterungen. Folgende Faktoren haben Einfluß auf die Größe der verursachten Erschütterungen: Die Unebenheiten der Fahrbahn (z.B. Schlaglöcher, Querrinnen), der Fahrzeugtyp (z.B. Lkw, Omnibusse), das Verhältnis der gefederten und ungefederten Massen des Fahrzeugs, die Art der Deck- oder Verschleißschicht

und der → Unterbau bzw. die → Tragschicht der Straße, das Fahrzeuggewicht, die Brems- und Beschleunigungsvorgänge, die Fahrzeuggeschwindigkeit und die Art des anstehenden Bodens. In der Tendenz sind die Erschütterungen beim Betrieb von Lkw und Omnibussen erheblich größer als beim Betrieb von Pkw. Insbesondere bei der Fahrt von Gleiskettenfahrzeugen, z.B. Panzern, durch bebaute Gebiete können erhebliche Erschütterungen in Gebäuden verursacht werden. S. können durch schweren Aufbau der Straße und durch eine glatte Oberfläche der Deck- oder Verschleißschicht der Straße vermindert werden und auch durch konstruktive Maßnahmen an den Fahrzeugen, z.B. durch abgestimmte Federungen von Aufbau und Fahrwerk, laufruhige Motoren und Getriebe sowie durch niedrige Achslasten.

Hinweise zur Beurteilung der Einwirkung von S. auf Menschen in Gebäuden sind im Regelwerk DIN 4150, T. 2 (Ausg. Dez. 1992) enthalten. *Splittgerber*

Literatur: *Koch, H. W.*: Verminderung der Verkehrserschütterungen nach dem Ausbau einer Bundesstraße. Straße und Autobahn **16** (1965) Nr. 11. – *Splittgerber, H.*: Über die Erschütterungsimmissionen durch Straßen- und Schienenverkehr. Int. Verkehrswesen **27** (1975) Nr. 5. – *Melke, J.*: Erschütterungen und Körperschall des landgebundenen Verkehrs – Prognose und Schutzmaßnahmen – Forschungsber. Juli 1995, Veröffentlichung vorgesehen in: Materialien des Landesumweltamtes NRW, Essen. – *Haupt, W.*: Ausbreitung von Erschütterungen an Schienenverkehrswegen. In Steinwachs, M. (Hrsg.): Ausbreitung von Erschütterungen im Boden und Bauwerk. – 3. Jtg. DGEB, Trans Tech Publications, Clausthal, 1988.

Straßenverkehrsgeräusche. S. sind die durch den Verkehr von Kraftfahrzeugen auf Straßen erzeugten Geräusche.

Verursacht werden die Geräusche vom Motor, von Motornebenaggregaten, von der Motorkühlung, von der Luftansauganlage und der Auspuffanlage (Geräusche am Auslaß des Auspuffs sowie Abstrahlung von der Rohroberfläche), vom Triebwerk (Schalt- und Ausgleichsgetriebe), dem Abrollen der Reifen, der Luftströmung an der Karosserie sowie häufig durch Klappern der Fahrzeugaufbauten bei Lastkraftwagen.

Die Schalldruckpegel dieser einzelnen Geräuschquellen sind vom Betriebszustand des Fahrzeugs abhängig. Zwischen Fahren mit geringer Motordrehzahl und geringer Geschwindigkeit und Fahren mit maximaler Geschwindigkeit treten Pegelunterschiede zwischen 15 und 25 dB(A) je nach Fahrzeugart auf.

Beim Fahren mit Geschwindigkeiten bis etwa V = 50 km/h werden die S. von Motor-, Triebwerks- und Auspuffgeräuschen bestimmt, oberhalb dieser Geschwindigkeit überwiegen Rollgeräusche und Strömungsgeräusche des Fahrzeugs.

Nach § 49 der Straßenverkehrs-Zulassungs-Ordnung müssen Kraftfahrzeuge die in EG-Richtlinien festgelegten Emissionswerte für Geräusche einhalten. Geprüft wird nach einem vorgeschriebenen Emissionsmeßverfahren, das den maximalen Vorbeifahrtpegel in

7,5 m Abstand von der Fahrzeuglängsachse bei beschleunigter Fahrt des Kraftfahrzeugs ermittelt.

Die Belastung eines Wohngebiets durch S. wird durch die Summe aller Kraftfahrzeugfahrten auf den Straßen innerhalb und außerhalb des Gebiets verursacht. Die Geräuschbelastung in der Umgebung einer Straße wird im wesentlichen bestimmt durch
– die Anzahl der Fahrzeuge pro Zeiteinheit,
– die Zusammensetzung des Straßenverkehrs (Pkw- und Lkw-Anteil),
– die Fahrgeschwindigkeit,
– die Straßenoberfläche,
– Steigungen und Einflüsse lichtzeichengesteuerter Kreuzungen,
– den Abstand von der Straße und
– schallmindernde Hindernisse auf dem Schallausbreitungsweg zwischen Straße und Immissionsort im Wohngebiet.

In Anlage 1 zur Verkehrslärmschutzverordnung (16. BImSchV) und in den Richtlinien für den Lärmschutz an Straßen (RLS 90) sind Berechnungsverfahren für S. beschrieben, mit denen Beurteilungspegel für die Tageszeit und für die Nachtzeit in Abhängigkeit von den oben genannten Einflußgrößen zu bestimmen sind.

→ Immissionsgrenzwerte, die von Beurteilungspegeln der S. geplanter oder zu ändernder Straßen nicht überschritten werden dürfen, sind ebenfalls in der Verkehrslärmschutzverordnung festgelegt. *Strauch*

Strecke. Langgestreckter, im Zuge der Ausrichtung einer Sohle planmäßig hergestellter Hohlraum in einem Bergwerk mit einem Querschnitt von 10 bis etwa 25 m^2, der eine söhlige oder nur schwach geneigte Lage aufweist. Zu unterscheiden sind S. im Gestein (Gesteinsstrecken) und in der Lagerstätte (Abbaustrecken, Flözstrecken). Die S. stellen die Verbindung zwischen den Abbauen und den Schächten her. Sie dienen zur Befahrung (Personenbeförderung), zur Wetterführung, zur Förderung der abgebauten Wertstoffe und der anfallenden Nebengesteine sowie zum Transport von Ausbaumitteln, Baustoffen, Versatz oder Betriebsmitteln. *Wagner*

Streckennetz. Das S. der Deutschen Bahn AG umfaßte am 1. 1. 1995 40 355 km. Bis auf 146 km Schmalspurbahnen sind alle Strecken mit einer Spurweite von 1 435 mm (Normalspur) gebaut. Auf einer Länge von 17 054 km sind die Strecken mit Oberleitung bzw. Stromschienen versehen, so daß etwa 42,3% des Gesamt-S. elektrisch betrieben werden. Deutlich mehr als die Hälfte aller Strecken (23 414 km) sind eingleisig.

Die meisten Strecken dienen sowohl dem Personen- als auch dem Güterverkehr. Die Überlagerung verschiedener Zugsysteme auf einem gemeinsamen Fahrweg wird als Mischverkehr bezeichnet. Auch auf den bisher in Betrieb genommenen → Neubaustrecken verkehren Personen- und Güterzüge. Die geplante Hoch-

geschwindigkeitsstrecke Köln–Rhein/Main ist dagegen als reine Personenverkehrsstrecke geplant. Bei anderen Bahnverwaltungen (z. B. SNCF: Französische Staatsbahn) sind die Neubaustrecken ausschließlich dem schnellen Personenverkehr vorbehalten. Die beim Mischbetrieb vorhandenen verschiedenen Zuggattungen bestimmen die Leistungsfähigkeit der Strecken und wirken sich auch auf die Trassierungselemente (→ Trassierung) und die technische Streckenausrüstung aus. Bei der DB AG wird lediglich auf 924 km ausschließlich Personenverkehr und auf 7 629 km ausschließlich Güterverkehr betrieben.

Das S. wird in Haupt- und Nebenbahnen eingeteilt. Hauptbahnen sind Bahnen mit größerer Verkehrsbedeutung, hohen Geschwindigkeiten, großen Zuggewichten und hohen Zugzahlen. Es gelten strenge Vorschriften für Betriebsführung und Sicherung. Nebenbahnen (Höchstgeschwindigkeit < 100 km/h) weisen eine geringere Verkehrsbedeutung und entsprechend geringere Anforderungen an die baulichen Anlagen und Betriebsführung auf.

Im S. der Deutschen Bahn AG liegen zahlreiche Bahnhöfe, Haltepunkte und Haltestellen. Das S. wird ergänzt durch etwa 11 300 → Privatgleisanschlüsse, wobei es sich zum Teil um sehr umfangreiche Gleisanlagen handelt.

Vor dem Zweiten Weltkrieg war das S. der Deutschen Reichsbahn auf Berlin ausgerichtet. Durch die Teilung Deutschlands ergaben sich völlig neue Verkehrsströme, die nun hauptsächlich in Nord-Süd-Richtung verliefen. Die Deutsche Bundesbahn mußte den Verkehr trotz der geänderten Randbedingungen jahrzehntelang auf einem Netz abwickeln, das unter ganz anderen Gesichtspunkten geplant war. Die Folgen waren unattraktive Reisezeiten und Überlastungen vor allem auf den Nord-Süd-Strecken. Zur Lösung dieser Probleme wurden → Neubaustrecken und → Ausbaustrecken geplant und gebaut. Aber erst 1979 wurde der erste Abschnitt einer neuen Eisenbahnstrecke in Betrieb genommen. Es handelte sich hierbei um das Teilstück Hannover–Rethen der Neubaustrecke Hannover–Würzburg, die 1991 in voller Länge in Betrieb genommen wurde. Die Eisenbahninfrastruktur wurde damit im Vergleich zum Fernstraßenbau erst mit großer Verspätung und entsprechenden Wettbewerbsnachteilen an die Verkehrsströme angepaßt.

Eine ähnliche Sachlage ergab sich nach der Wiedervereinigung. Die alten Ost-West- bzw. Berlin-Verbindungen, die ihre Bedeutung nun z. T. zurückerlangen, waren wegen unterlassener Instandhaltungsmaßnahmen selten eine nachfragergerechte Alternative zum Straßenverkehr. Der große Nachholbedarf ist durch entsprechende Projekte im → Bundesverkehrswegeplan berücksichtigt. Hier sind auch alle anderen großen Infrastrukturmaßnahmen für Bundesschienenwege festgelegt.

Das Ausbauprogramm für das Netz der Deutschen Bahn AG sieht Neubaustrecken dort vor, wo durch Ausbau vorhandener Strecken eine wesentliche Verbesserung der Verkehrsverhältnisse nicht möglich ist. Darüber hinaus sind Ausbaustrecken vorgesehen. Dieses sind Strecken, die dem technischen Standard der Neubaustrecken angepaßt werden.

Infolge der zentralen Lage der Bundesrepublik Deutschland in Europa können die Neu- und Ausbaustrecken der Deutschen Bahn AG nicht isoliert vom Ausbau der Infrastruktur benachbarter Eisenbahnen betrachtet werden. Sie sind daher zugleich auch ein wichtiger Bestandteil eines geplanten europäischen Hochgeschwindigkeitsnetzes (Hochgeschwindigkeitsverkehr).

Die in den letzten Jahrzehnten immer stärker werdende Konkurrenz des Straßenverkehrs führte u. a. dazu, daß das Verkehrsaufkommen insbesondere in ländlichen Bereichen zurückging und Strecken nicht mehr wirtschaftlich betrieben werden konnten. Streckenstillegungen waren die Folge. Nach dem Zweiten Weltkrieg wurden Strecken mit einer Gesamtlänge von mehr als 5 000 km stillgelegt. Die Entscheidung für oder gegen eine Streckenstillegung kann jedoch häufig nicht nur nach wirtschaftlichen Gesichtspunkten gefällt werden, sondern muß auch politische Aspekte berücksichtigen. *Kracke/Runge*

Streichen → Applikationstechnik

Streichen, Fallen. Unter S. versteht man allgemein die Richtung der Schnittlinie einer Gesteinsfläche mit der Horizontalebene bezogen auf geographisch Nord. Das F. (Einfallen) ist der Winkel zwischen der Fallinie einer Fläche und der Horizontalebene. Das S. wird üblicherweise von Nord über Ost gemessen, so daß nur Werte von 0 bis 180° auftreten. Die Richtung des Einfallens wird nur mit dem Quadranten angegeben. Daraus ergibt sich für die Raumstellung einer Fläche: 120°/5°/NE (S./F./Quadrant). Die im Bergbau häufig verwendete Winkelangabe in Gon ($1\,\text{gon} = \pi/200\,\text{rad}$) ist im Felsbau nicht üblich. *Wagner*

Literatur: Grundbegriffe der Felsmechanik und der Ingenieurgeologie. Hrsgg. v. d. Dt. Ges. Erd- u. Grundbau. Essen 1982.

Streichwehr. Ein S. ist ein parallel oder schräg zur Fließrichtung angeordnetes → Wehr, bei dem das Wasser seitlich überläuft. Es wird zur Hochwasserentlastung in Gewässern und in der Kanalisation verwendet. In Gerinnen mit strömendem Abfluß, das sind relativ flach geneigte Gerinne, ergeben sich drei mögliche Formen des Wasserspiegels entlang der Streichwehrkrone:
– in Fließrichtung ansteigender Wasserspiegel längs des S.,
– im oberen Streichwehrbereich fallender Wasserspiegel, Wechselsprung längs des S. mit anschließendem Wasserspiegelanstieg,
– längs des S. fallender Wasserspiegel, unterhalb des S. Übergang zum strömenden Abfluß im Unterwasser durch Wechselsprung.

Bei einer *Froude*-Zahl Fr > 0,75 ist der Abfluß nicht mehr von der Überfallhöhe abhängig. Eine Verlängerung des S. bringt keine nennenswerte Zunahme des Abflusses. Das S. ist in diesem Fall nicht überlastbar. *Muth*

Strömungswiderstand, längenspezifisch. Der l. S. von Faserdämmstoffen, offenporösen Schäumen u. ä. gibt den auf die Längeneinheit bezogenen → Strömungswiderstand (Druckdifferenz/Strömungsgeschwindigkeit) in $\text{N} \cdot \text{s/m}^4$ an, der für die → Schallabsorption in Räumen, vor allem jedoch für die → Dämpfung von Hohlräumen in zweischaligen Bauteilen von Bedeutung ist. Er wird nach DIN 52 213 gemessen, indem Luft durch das zu prüfende Material gedrückt und dabei Druckabfall und Luftdurchlaß gemessen wird. Er ist um so größer, je dichter das Material ist. Für die Unterdrückung von → Resonanzen in der Luftschicht von doppelschaligen Bauteilen wird von den eingelegten Faserdämmstoffen verlangt, daß sie einen l. S. von mindestens $5\,\text{kN\,s/m}^4$ aufweisen. Dies erreichen schon relativ leichte Mineralfaserfilze. Für schallabsorbierende Wand- und Deckenverkleidungen sind meist höhere Strömungswiderstände als der oben genannte Wert zweckmäßig. *Gösele*

Literatur: Autorenkollektiv Lärmbekämpfung. Berlin 1974. – *Cremer, L.:* Die wellentheoretischen Grundlagen der Raumakustik. Bd. III. Stuttgart 1950. – DIN 52 213: Bauakustische Prüfungen. Statische Bestimmung des Strömungswiderstandes. – *Gösele, K. u. U.:* Einfluß der Hohlraumdämpfung auf die Steifigkeit von Luftschichten bei Doppelwänden. Acustica 38 (1977), S. 159.

Stromversorgung. Strom ist die wichtigste Energie auf der Baustelle, da Baumaschinen mit Ausnahme fahrbarer Geräte fast ausschl. Elektroantrieb aufweisen. Das Baustellennetz wird über einen → Anschlußschrank an das Versorgungsnetz des Energieversorgungsunternehmens (EVU) angeschlossen. Von dort aus wird der Strom über Verteilerschränke an die Abnehmer (Maschinen, Unterkünfte) weitergeleitet. Nur in Ausnahmefällen geschieht die S. mittels eigener Erzeugung durch Generatoren, die durch Dieselmotoren angetrieben werden (Stromaggregate). Baustellennetze betreibt man i. a. mit 380-V-Drehstrom. Bei ausgedehnten Großbaustellen, z. B. im Staudammbau, kann auch ein Primärnetz mit 5 oder 10 kV installiert werden, an das man dann das eigentliche Netz oder Teilnetz über Transformatoren anschließt. Hierdurch läßt sich der sonst wegen der großen Leitungslänge auftretende Spannungsabfall vermeiden. *Drees*

Strosse. Beim Tunnelvortrieb in Teilquerschnitten ist die S. der mittlere Bereich des → Tunnelquerschnitts neben der → Kalotte im oberen und der → Sohle im unteren Bereich. Der S.-Abbau wird bei größeren Tunnelquerschnitten entweder wechselseitig auf halber S.-Breite oder mit einer Mittelrampe vorgenommen, so daß ständig eine Verbindung zwischen der voreilenden Kalottenortsbrust und dem rückwärtigen Tunnel besteht. Über diese S.-Rampe läuft der Transport von Ausbruchmaterial und Baustoffen von der bzw. zur → Ortsbrust ab. Aus tunnelstatischer Sicht ist zu beachten, daß beim S.-Vortrieb die bereits eingebaute Kalottenschale unterfahren wird, so daß erneut Spannungsumlagerungen und Verformungen im Gebirge und Ausbau aktiviert werden. Im Bergbau versteht man unter S. die untere horizontale Begrenzungsfläche in der Lagerstätte, von der aus die jeweilige Gewinnung beginnt.

Wagner

Strukturmodell. Seit der Jahrhundertwende, mit dem großen Wachsen der Agglomerationen, haben modellhafte Überlegungen zur Erklärung der Stadtstruktur große Bedeutung erlangt. Sie ermöglichen das Einordnen der außerordentlich vielfältigen städtischen Phänomene in größere Zusammenhänge. Auch die stärkere Hinwendung zu einer prozessualen Interpretation der Planung in den 60er Jahren mindert diesen Wert nicht, solange man Modelle nicht als Idealstadtkonzepte mißinterpretiert und solange es gelingt, die örtlichen Besonderheiten herauszuarbeiten und für eine individuelle Lösung fruchtbar zu machen. Da S. allerdings auf ein bestimmtes Abstraktionsniveau angewiesen sind, können sie den Regeln des Ortes nicht Rechnung tragen. Sie müssen die Vielfalt städtischer Funktionen auf relativ wenige und allgemeine Kategorien reduzieren und diese in eine möglichst eindeutige räumliche Beziehung bringen. Gerade wegen dieses Abstraktionsniveaus haben sie für die praktische Planung, vor allem als Bezugsrahmen für die Auseinandersetzung mit konkreten Entwicklungskonzepten, großen Wert. Sie unterstützen zudem das systematische Denken in Alternativen und erleichtern den Vergleich zwischen diesen.

Das Netz der Hauptverkehrstraßen und der Standort der wichtigsten öffentlichen Räume und Infrastruktureinrichtungen, also die Zentralitätsstruktur, sind modellbestimmende Elemente und Charakteristiken. Eine erste Untergliederung der Modellansätze läßt sich daher am leichtesten auf dieser Grundlage vornehmen. Dabei treten vier Grundtypen hervor:

☐ das an der historischen Stadtentwicklung orientierte, auf ein ausgeprägtes Zentrum bezogene konzentrische Modell mit einem auf dieses Zentrum ausgerichteten System von Radial- und Ringstraßen;

☐ das Satellitensystem zum Vermeiden unkontrollierten Wachstums, ein hierarchisches Modell, in dem einem zentralen Bereich oder einer Zentralstadt weitgehend autarke, durch Grünzüge getrennte und vom Durchgangsverkehr freie Stadtteile oder Trabantenstädte zugeordnet sind. Ein weiterführendes Modell, das bewußt die Grenzen überspringt, ist das der → Regionalstadt;

☐ das auf einem gleichmäßigen Straßenraster beruhende Modell, das keinen Standort in besonderem Maße begünstigt und daher auf Flexibilität und Austauschbarkeit hin angelegt ist;

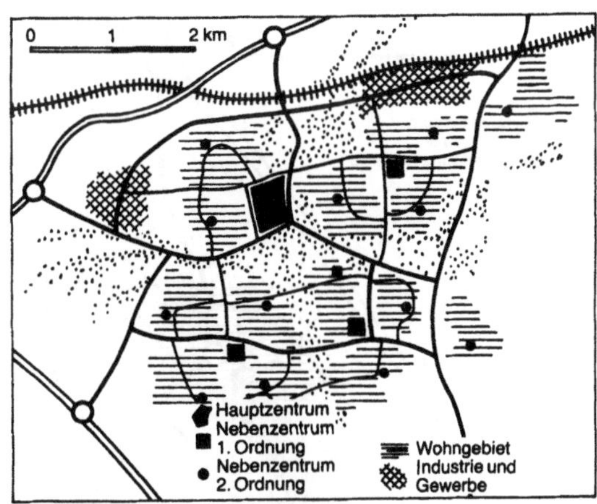

Strukturmodell 1: Harlow (England), die gegliederte Stadt.

Gegründet 1947 für rd. 80 000 Ew. (Entwurf *Frederick Gibberd*). Die Gliederung in vier Nachbarschaften, die durch Grünzüge getrennt sind, nimmt topographische Gegebenheiten auf. Es gibt ein Hauptzentrum, drei Zentren zweiten Ranges und viele kleine Nachbarschaftszentren.

☐ das Linearsystem, die an Hauptverkehrssträngen aufgereihten Siedlungsflächen mit parallel angeordneten Nutzungszonen, die sich, von der Bandstadt-Idee ausgehend, auch verzweigen können und so dem konzentrischen Modell ähnlich werden.

Allen die Zentralitätsstruktur erweiternden Modellen ist gemeinsam, daß sich mehrere Stadtzellen, die meist als Nachbarschaftseinheiten mit jeweils eigenen Nachbarschaftszentren gedacht sind, um ein gemeinsames größeres Zentrum, das Bezirks- oder Stadtteilzentrum, gruppieren, das damit eine zweite Zentralitätsstufe bildet. Bei einer Stadtgröße von bis zu 200 000 Ew. folgt darauf das Hauptzentrum als dritte und höchste Zentralitätsstufe. Bei größeren Städten wird i. d. R. noch eine weitere Stufe, etwa im Sinne eines städtischen Nebenzentrums eingeschoben.

Erste Beispiele für eine Systematisierung der verschiedenen Größenordnungen von Zentren finden sich in den frühen 40er Jahren in der schwedischen Planung, und zwar insbes. in den Überlegungen für die Stadterweiterung von Stockholm. Generelle Anwendung findet sie dann in den Strukturkonzepten für die britischen neuen Städte der „ersten Generation", deren Entwürfe aus den späten 40er und den 50er Jahren stammen. Ein typisches Beispiel ist der von *Frederick Gibberd* im Jahre 1947 entworfene Gesamtplan von *Harlow* (Bild 1). In der Bundesrepublik Deutschland fand vor allem das 1957 veröffentlichte Konzept der „gegliederten und aufgelockerten Stadt" *(J. Göderitz, R. Rainer, H. Hoffmann)* weite Verbreitung; dies nicht zuletzt wegen der Auflockerung durch zahlreiche Grünflächen, die sowohl zwischen die einzelnen Nachbarschaftseinheiten wie zwischen diese und das Stadtzen-

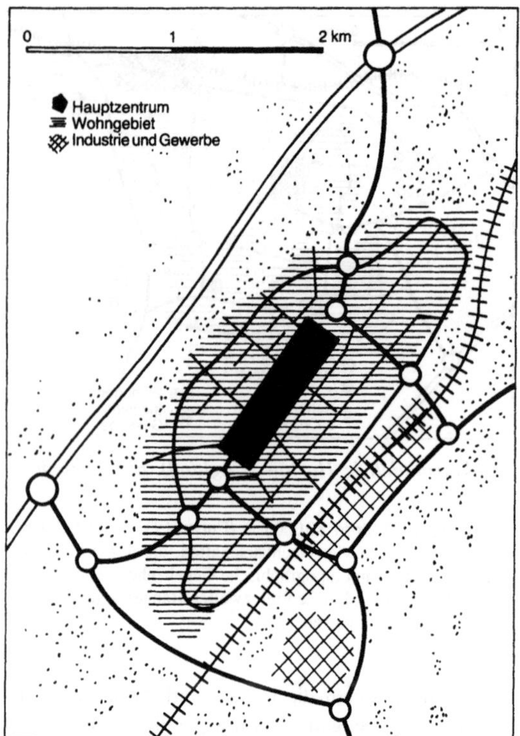

Strukturmodell 2: Cumbernauld (Schottland), die kompakte Stadt.

Gegründet 1956 für rd. 50 000 Ew. *(Hugh Wilson).* Auf einem Höhenzug liegt das lineare, mehrgeschossige Zentrum, das von der Erschließungsstraße unterfahren wird. Die kurzen Entfernungen (bei großer Dichte) sollen weitere größere Zentren entbehrlich machen.

trum gelegt waren. Gegenmodelle, die auf kurze Wege und „Urbanität durch Dichte" gerichtet waren, führten in den späten 50er Jahren zu kompakten Strukturen (Bild 2). Rasterstrukturen und die flächenhafte Ausdehnung auf der Grundlage eines Systems gleichwertiger Verkehrsstraßen sind seit der Antike ein Charakteristikum vieler „gegründeter" Städte. Sie werden i. d. R. mit dem Namen von Milet verbunden, waren aber auch im alten China verbreitet. Sie haben in starkem Maße den Städtebau Nordamerikas bestimmt. Ein Rastermodell mit enormer Maschenweite hat *Le Corbusier* in seinem Plan für die Provinzhauptstadt Chandigarh (1957) verwirklicht. Dabei haben die einzelnen Rasterfelder eine Größe von knapp 1 km^2, sind vom Durchgangsverkehr befreit und unterschiedlichen Nutzungsbereichen zugewiesen. Das annähernd im geographischen Mittelpunkt der Stadt liegende Rasterfeld ist für das Stadtzentrum vorgesehen, während das Regierungszentrum exklusiv am Rande liegt.

Ein ähnliches Konzept, mit stärkerer funktionaler Differenzierung der Hauptstraße, hat *Colin Buchanan* mit seinem „gerichteten Raster" (*engl.:* directional grid)

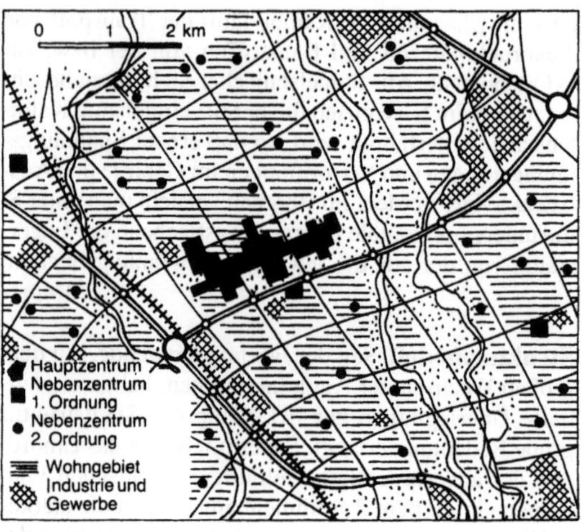

Strukturmodell 3: Milton Keynes (England), Stadtanlage mit Rasterstruktur.

Gegründet 1969 für rd. 200 000 Ew. (Nicholis Associates). Die von den anbaufreien Straßen umschlossenen Quartiere umfassen Flächen von 50–100 ha. Das Hauptzentrum wird von der Stadtautobahn tangiert. Es gibt drei Nebenzentren und in den weitgehend im Flachbau errichteten Quartieren mehrere lokale Zentren.

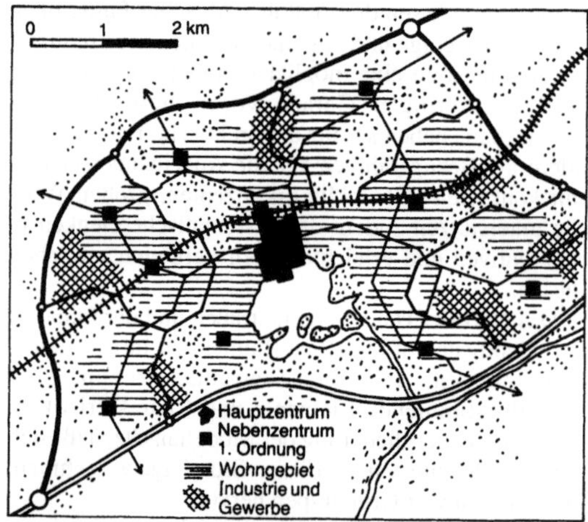

Strukturmodell 4: Almere-Stad (Niederlande), Stadtanlage mit Sternstruktur.

Gegründet 1974 für 80 000–100 000 Ew. (Rijksdienst voor de Jisselmeerpolders). Zwischen den vom Zentrum ausgehenden relativ dicht bebauten Bändern liegen Freiflächen: Wiese, Wald und Wasser.

vorgeschlagen. Es wurde der Planung für die städtebauliche Entwicklung in South Hampshire zugrunde gelegt. Auch eine der jüngsten der britischen neuen Städte, Milton Keynes (Bild 3), ist aus der Grundvorstellung eines gerichteten Rasters entwickelt worden. Die Vorteile der → Bandstadt – die kurzen Wege vom bebauten Gebiet zu den Freiflächen – ohne deren Nachteile – das Fehlen ausgeprägter Standorte für zentrale

Einrichtungen – versuchten die Kamm-, Kreuz- und Sternmodelle zu verwirklichen. Eine solche mit mehreren kompakten Kernen ausgestattete Sternstruktur ist die holländische Planung Almere-Stad (Bild 4 S. 637) im Poldergebiet. Das Hauptzentrum grenzt an einen großen See. Von hier verlaufen strahlenförmig Bänder mit großer Wohndichte, zwischen denen Grünzonen bis zum Kern reichen. Die Haupterschließung geschieht weitgehend anbaufrei in Schlaufenform von den Stadtautobahnen aus. Die Untererschließung verbindet die Bänder, die Nebenzentren und das Hauptzentrum miteinander. Das Rückgrat der Bänder bilden unabhängig von den Straßen geführte Buslinien.   *Spengelin*

Literatur: *Albers, G.*, u. a.: Zur Ordnung der Siedlungsstruktur. Hannover 1974. – *Spengelin, F.*: Ordnung der Stadtstruktur. In: Grundriß der Stadtplanung. Hannover 1983.

Stülpschalung. Wandverkleidung aus sich waagerecht überlappenden Brettern in Breiten von 22–26 cm. Die → Bretter befestigt man mit Nägeln oder Schrauben an einer Unterlattung; dabei bringt man je Latte und Brett nur eine Schraube (→ Nagel) an. Die Bretter überlappen sich jeweils um 3–4 cm. Sie können zwangfrei schrumpfen und quellen (Bild).   *Dröge*

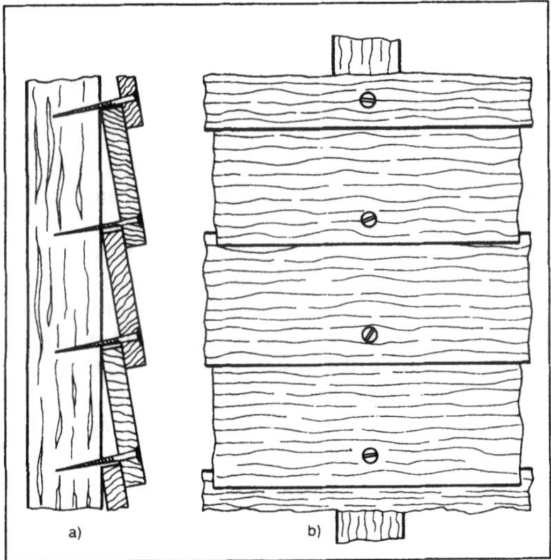

Stülpschalung: Richtig verlegte S.

a) Schnitt
b) Ansicht.

Stützenschalung. Moderne S. bestehen meist aus zweigeteilten Schalungsformen im L-Format, die außen entweder über Eck, d. h. querschnittsorientiert über die L-Zwingenkonstruktion gehalten (→ Trägerschalung) und diagonal verankert werden, oder nach dem Windmühlenprinzip stufenweise verstellbar, die innerhalb der Rahmentafelkonstruktion über Lochreihen gegenseitig verbunden werden (Bild).

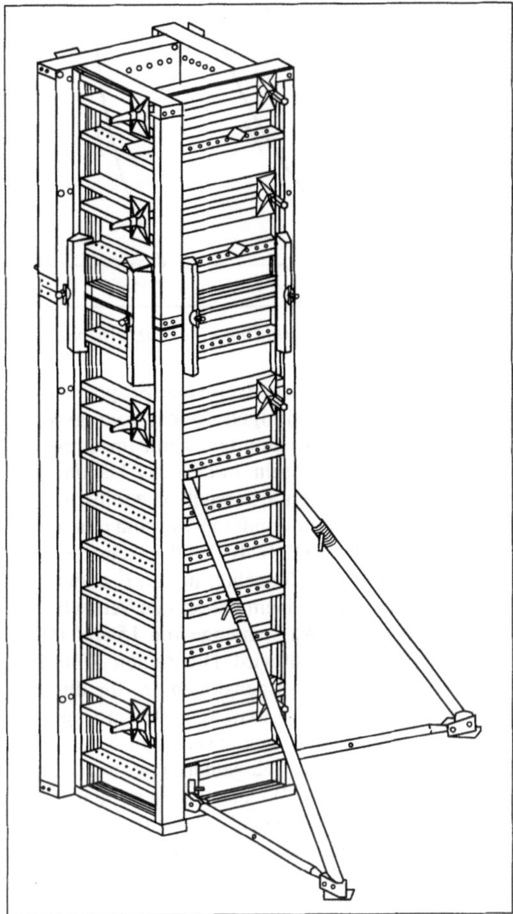

Stützenschalung: Ausführung mit Rahmentafelelementen in der Höhe aufgestockt.

– Stützen sind vor allem rechteckige oder auch vieleckige Bauglieder (Stabteile),
– kreisrunde Stützglieder werden vorwiegend als Säulen oder Rundstützen bezeichnet,
– → Pfeiler sind Stützglieder mit unterschiedlichen Querschnittsflächen, die auch Horizontallasten aufzunehmen haben.

Pfeilerschalungen sind je nach Größe und Geometrie des Querschnittes sowohl nach beiden Prinzipien herstellbar, aber auch nach Wandschalungsart durchgeankert. Pfeilerschalungen werden je nach Höhe auch in → Gleit- oder → Kletterschalung hergestellt. Für größere und geometrisch anspruchsvolle Querschnitte werden häufig → Sonderschalungen genutzt.   *F. Hoffmann*

Stützflüssigkeit. Suspension, die z. B. in ein unverrohrtes Bohrloch oder in eine Lamelle einer → Schlitzwand verfüllt wird. Der Flüssigkeitsdruck muß größer als der von außen wirkende Wasserdruck und → Erd-

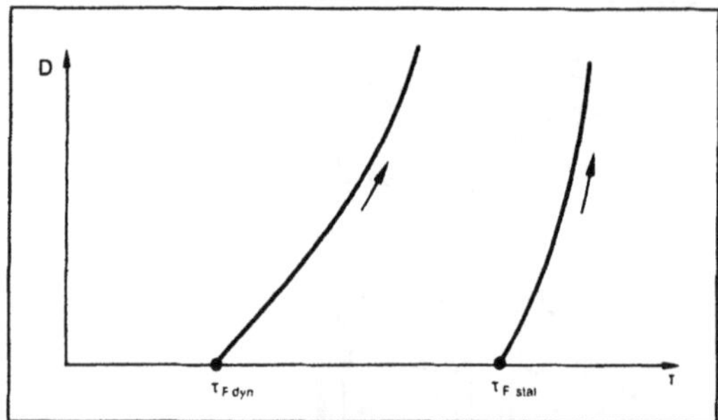

Stützflüssigkeit: Scherverhalten einer thixotropen S.

druck sein. Die S. ist üblicherweise eine Suspension aus Wasser und sehr feinkörnigen Tonen, vorzugsweise stark quellfähigen → Bentoniten, kann im Grenzfall aber auch reines Wasser sein. In DIN 4127 ist die Herstellung und Prüfung von S. geregelt. Die feinkörnigen Tone heißen dort Schlitzwandtone. Sie sind durch z. B. „Schlitzwandton DIN 4127-44-33-63" gekennzeichnet. Darin bedeutet 44 den Tongehalt in kg/m^3 derjenigen Suspension, aus der in einem genormten Versuch (Filterpreßversuch) eine Wassermenge von 15 cm^3 innerhalb von 7,5 min gepreßt wird. Die Zahlen 33 und 63 geben Tongehalte der Suspensionen an, für die sich → Fließgrenzen von $\tau_F = 5$ bzw. $\tau_F = 50$ N/m^2 ergeben. Die Bestimmung der Fließgrenze erfolgt i. a. mit Hilfe des Pendelgeräts oder des Kugelharfengeräts. Bei beiden Verfahren wird der Widerstand einer sich in der Suspension bewegenden Kugel ermittelt.

Die Tonsuspension ist eine thixotrope Flüssigkeit, für die mit zunehmender Standzeit eine Verfestigung eintritt. In genormten Versuchen (Rotationsviskosimeter) ergeben sich zwischen dem Schergeschwindigkeitsgefälle D = dv/dx (Verzerrungsgeschwindigkeit) und der Scherspannung τ die im Bild dargestellten, für thixotrope Flüssigkeiten charakteristischen Kurven. Scherspannungen, von denen ab → Verzerrungen beobachtet werden, heißen Fließgrenzen. Die Fließgrenze $\tau_{F\,dyn}$ gehört zu einer gerade umgerührten, der Wert $\tau_{F\,stat}$ zu einer bereits 16 h in Ruhe befindlichen Flüssigkeit. Das Scherverhalten ist weitgehend reversibel. Die Fließgrenzen τ_F gelten für Flüssigkeiten, die eine Temperatur von 20 °C haben und nach einer Ruhezeit von 1 min untersucht wurden. Eine relative Viskositätsbestimmung kann mit Hilfe des Marsh-Trichters oder des Kasiometers durchgeführt werden. Die vollständige Prüfung einer Suspension schließt die Dichtebestimmung der Suspension (Spülungswaage), sowie nach DIN 4127 die Bestimmung des Massenanteils an Chlorid und letztendlich die Wassergehaltsbestimmung nach DIN 18 121 ein.

Zur Erhöhung der Wichte einer S. kann Steinmehl oder Feinsand zugegeben werden. In grobkörnige Böden dringt die Suspension ein, die stützende Wirkung kann dadurch nennenswert reduziert werden. Durch Erhöhung des Tonanteils läßt sich die Eindring-

tiefe verringern. Die Fließgrenze muß auch so groß sein, daß keine Bodenkörner aus der Wand fallen; andererseits muß die Suspension so leichtflüssig sein, daß sie von Beton leicht zu verdrängen ist. Vor Wiederverwendung einer Suspension müssen in einer Regenerierungsanlage grobkörnige Schwebstoffe durch Sedimentieren oder Sieben entfernt werden.

Meißner/Becker

Stützkern. Ein im mittleren Bereich der → Ortsbrust beim Vortrieb zunächst stehengelassener Gebirgsblock, der in weniger tragfähigen Gebirgsarten zur Stützung der temporären Ortsbrust eingesetzt wird. Der S. bewirkt eine frühzeitige Stabilisierung des Gebirges im noch ungesicherten Vortriebsbereich, führt aber auch zu einer Behinderung der Ausbruchs- und Sicherungsarbeiten. *Wagner*

Stützmauer. Zur Aufnahme einseitiger Schübe geeignete Mauer. Diese ist vor allem zur Absicherung von Höhendifferenzen im Gelände erforderlich. S. werden aus Beton, Mauerwerk oder Stahlbeton hergestellt (→ Grundbau). *Mehlhorn*

Stützverbau. S. ist ein → Lawinenschutz durch Schneerechen und Schneebrücken (Bild 1), Arlbergzäune, Terrassierungen, Mauern, Netzwerke u. a. Aufgabe ist, das Abgleiten von Lawinen zu verhindern oder Schneebewegungen auf ein unschädliches Maß zu reduzieren. Der S. reicht von den höchstliegenden Anrißlinien (unter dem Wächtenbereich) talwärts, bis entweder die Geländeneigung auf unter 30° zurückgeht oder die Restlawine keine wesentlichen Schäden mehr erwarten läßt. Schneerechen und -brücken bestehen aus Holz und/oder Stahl. Die Neigung des Rostes variiert, ist häufig 15° aus der Hangnormalen talwärts geneigt, niemals jedoch lotrecht (Schneerechen sind steiler als Schneebrücken). Arlbergzäune haben eine in Drahtseile eingeflochtene Bedielung (Bild 2). Die Stützen aus Stahl sind zumeist bergseitig durch Zugstangen oder -seile zusätzlich verankert. Netzwerke dienen vor allem

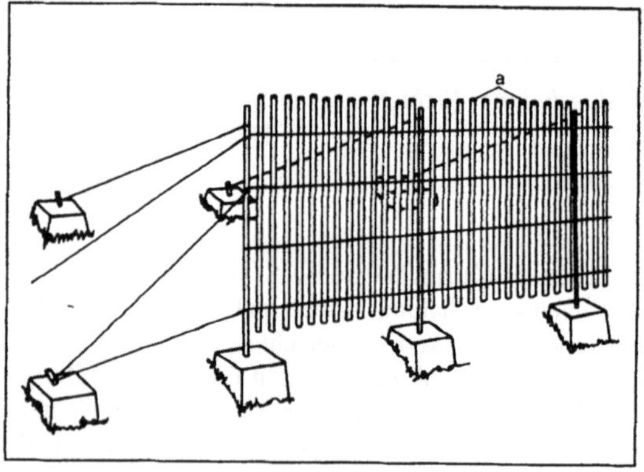

Stützverbau 1: Schneebrücke.

Stützverbau 2: Arlbergzaun.

a Rundhölzer

der Absicherung einer Verbauung im oberhalb gelegenen Steilgelände und der Steinschlagsicherung. *Lecher*

Stützweite. S. (freie S.) ist der Abstand von der → Ortsbrust bis zum bereits, z. B. durch Anker und Spritzbeton (Außenschale), gesicherten Gebirgsbereich. Die Größe dieses zunächst nach dem Abschlag bauverfahrensbedingt für eine bestimmte Zeit ungesicherten Gebirgsbereiches entspricht überwiegend der Abschlaglänge und hat wesentlichen Einfluß auf das Tragverhalten des Gebirges im Ortsbrustbereich, insbes. auch auf Verformungen und schädliche Gebirgsauflockerungen. Die dem jeweiligen Gebirge aus gebirgsmechanischer Sicht in Verbindung mit seiner → Standzeit zumutbare S. bestimmt außer technischen Gesichtspunkten somit auch die maximal mögliche Abschlaglänge und hat damit Einfluß auf das Vortriebsverfahren. *Wagner*

Stundenlohnvertrag. Vertragsform für → Bauleistungen geringeren Umfangs, die überwiegend → Lohnkosten verursachen (§ 5 Nr. 2 VOB/A und Verordnung PR-Nr. 1/72). Dabei werden die Lohn- und Gehaltskosten der Baustelle, Lohn- und Gehaltsnebenkosten der Baustelle, Stoffkosten der Baustelle, Kosten der Einrichtungen, Geräte, Maschinen und die maschinellen Anlagen der Baustelle, Fracht-, Fuhr- und Ladekosten, Sozialkassenbeiträge und Sonderkosten, die bei wirt-

schaftlicher Betriebsführung entstehen, mit angemessenem Zuschlag für → Gemeinkosten und Gewinn (einschl. allgemeinem Unternehmerwagnis) zuzüglich Umsatzsteuer vergütet (§ 15 Nr. 1 (2) VOB/B). Für die → Abrechnung sind werktäglich oder wöchentlich Listen (Stundenlohnzettel) einzureichen. Stundenlohnarbeiten werden insbes. bei Kleinarbeiten und bei Instandhaltungsarbeiten ausgeführt. *Drees*

Styrol-Butadien-Kautschuk. (SBR). S.-B.-K. ist ein Copolymerisat aus Butadien und Styrol etwa im Verhältnis 3 : 1. Es ähnelt dem → Naturkautschuk (NR) und wird in reiner Form im Bauwesen vorzugsweise in Latexform zur Modifizierung von Zementmörteln und für Gummiformteile verwendet. *Sasse*

Subunternehmer → Nachunternehmer

Süßwasser/Salzwasser-Grenze. Die Höhenlage der S./S.-G. in gespannten und freien Grundwasserleitern an Meeresküsten ist bei hydrostatischem Gleichgewicht zwischen Süßwasser und Salzwasser durch

$$h_o \cdot \rho_o = h_o \cdot \rho_w \cdot (h_o + h_w)$$

beschrieben (Bild), mit den Höhenlagen der Grenzfläche unter Meeresspiegel h_o und des Süßwasserspiegels über dem Meeresspiegel h_w sowie den Dichten des Salz- und des Süßwassers ρ_o und ρ_w. Bei einer Dichte von $\rho_o = 1{,}026$ g/cm^3 und $\rho_w = 1{,}000$ g/cm^3 gilt die *Ghijben-Herzberg*-Gleichung

$$h_o = 38\, h_w.$$

Mattheß

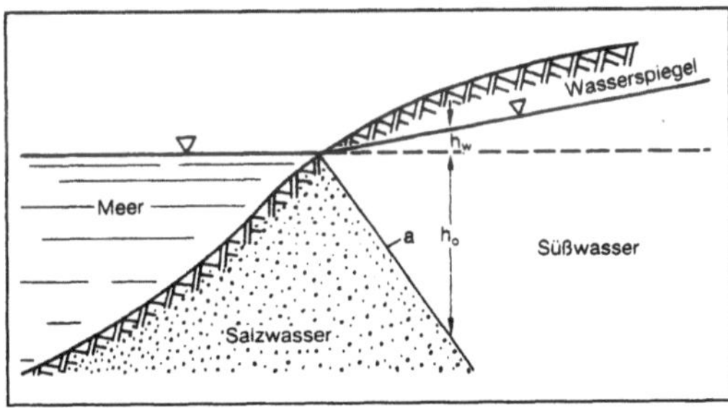

Süßwasser/Salzwasser-Grenze: Grenzfläche an einem freien Grundwasserleiter an den Küsten unter hydrostatischen Bedingungen.

a Grenzfläche

Literatur: *Mattheß, G.,* u. *K. Ubell*: Allgemeine Hydrogeologie – Grundwasserhaushalt. Berlin, Stuttgart 1983.

Suffosion. Umlagerung und Transport von Feinkornanteilen im vorhandenen Porenraum eines Erdstoffkörpers durch Strömung. Die Struktur des tragenden Korngerüstes ändert sich dabei nicht. Es entstehen somit noch keine Deformationen, die zu → Setzungen führen könnten. Man unterscheidet zwischen der inneren S. in einem Erdstoffkörper, der äußeren S. an freien Oberflächen und der Kontakt-S. an Schichtgrenzen. Vorgänge, bei denen außer einem Materialtransport auch die Struktur des tragenden Korngerüstes verändert wird, heißen → Erosionen. *Meißner*

System, artesisches. A. S. enthalten gespanntes → Grundwasser, dessen Druckspiegel über der Erdoberfläche liegt und frei ausfließende (artesische) Brunnen ermöglicht. Das typische a. S. ist das muldenförmige artesische Becken, in dem ein oder mehrere → Grundwasserleiter von Grundwassernichtleitern überlagert werden. Die Grundwasserleiter treten an den umgebenden Randgebirgen zutage, wo sich Grundwasser neu bildet. Der Druckwasserspiegel senkt sich vom Neubildungsgebiet leicht beckenwärts und liegt im Inneren des Beckens über der Erdoberfläche (Bild). Beispiele sind das Pariser Becken und das Große Artesische Becken in Australien. Häufig bestehen a. S. aus Grundwasserleiter- und -nichtleiterabfolgen, die an einer Flexur steil aufgerichtet sind. Das in den Hochgebieten neugebildete Grundwasser fließt in die tieferen, flachgelagerten Teile des Systems ab und steht dort unter artesischem Druck. Beispiele dafür sind die artesischen Grundwässer in North und South Dakota (USA) in der Dakota-Formation. Wird der Grundwasserleiter von etwas durchlässigen Schichten (Grundwasserhemmer, → Aquitarden) überlagert, so ist das darunter befindliche Wasser nur halbgespannt. Unter diesen Bedingungen steigt der Druckspiegel nur selten mehr als 1,50–3,0 m über die Obergrenze des Grundwasserleiters. Die Grundwasserleiter und -nichtleiter a. S. sind nicht völlig starr. Dies erklärt, daß sich

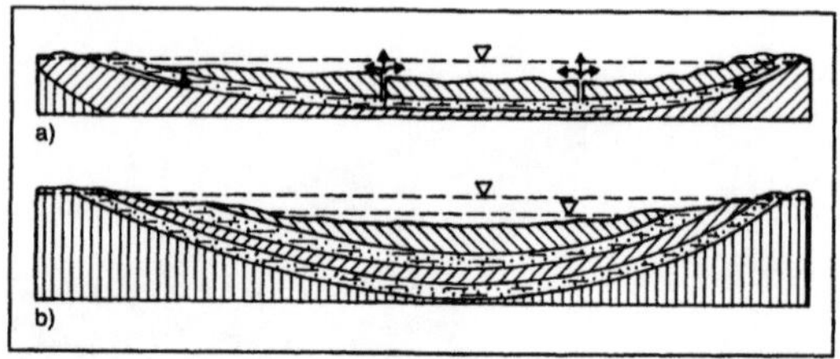

System, artesisches: Schnitt durch ein artesisches Becken.
a) Ein Grundwasserstockwerk
b) Zwei Grundwasserstockwerke unterschiedlicher Druckhöhe.

→ Wasserförderungen nur innerhalb eines Umkreises von maximal einigen zehn Kilometern um die Brunnen meßbar auswirken und sich die Druckänderungen allmählich vollziehen. Die Flexibilität artesischer Grundwasserleiter erklärt die gegenläufigen Wasserspiegelschwankungen bei Luftdruckänderungen, die gleichsinnigen Wasserspiegelschwankungen durch Meeresspiegelschwankungen (Tidenhub, Windstau), durch zeitweises Aufbringen von Lasten, durch seismische Wellen, durch periodische Verformungen der Erdkruste als Folge der Mond- und Sonnenanziehung (Erdtiden) und die Absenkung der Erdoberfläche in der Nähe von Förderbrunnen (Landsenkung). *Mattheß*

Literatur: *Mattheß, G.,* u. *K. Ubell*: Allgemeine Hydrogeologie – Grundwasserhaushalt. Berlin, Stuttgart 1983.

T

TA Abfall Teil 1. Kurzbezeichnung für: Zweite allgemeine Verwaltungsvorschrift zum Abfallgesetz (TA Abfall) Teil 1: Technische Anleitung zur Lagerung chemisch/physikalischen, biologischen Behandlung, Verbrennung und Ablagerung von besonders überwachungsbedürftigen Abfällen vom 12. März 1991 (GMBl. S. 139). Diese TA Abfall wird nach der Entstehungsgeschichte der zugehörigen Abfallbestimmungsverordnung (Verordnungen nach AbfG) im Sprachgebrauch auch als *TA Sonderabfall* bezeichnet.

Kernstück ist die Anforderung, (Sonder-)Abfälle nur noch so abzulagern, daß von ihnen auch langfristig keine Gefahren für Mensch und Umwelt ausgehen.

Dieses Ziel kann durch aufwendige Deponietechnik allein nicht erreicht werden, weil die Standzeit technischer Barrieren kurz ist im Vergleich mit der Langlebigkeit von Schadstoffen (z. B. Schwermetallen).

Vielmehr müssen die Abfälle, abhängig von ihren Bestandteilen und Eigenschaften, durch Behandlungsverfahren so verändert werden, daß sie sicher zu deponieren sind.

Um Abfälle bzw. die in ihnen enthaltenen organischen und/oder anorganischen Schadstoffe zu inertisieren, unlöslich zu machen und möglichst auch im Volumen zu reduzieren, sind geeignete biologische, chemische oder physikalische Behandlungsverfahren einzusetzen. Zur Zerstörung organischer Schadstoffe eignen sich besonders thermische Verfahren. Abfälle, für die es keine geeigneten Behandlungsverfahren gibt, sind in Untertagedeponien abzulagern, die einen weitgehenden Ausschluß aus der Biosphäre gewährleisten.

Die TA Abfall T. 1 beschreibt die gemäß Stand der Technik gebotenen technischen und organisatorischen Anforderungen an Zwischenlager, chemisch/physikalische und biologische Behandlungsanlagen, Verbrennungsanlagen, oberirdische Deponien und Untertagedeponien.

Es muß jedoch auch gewährleistet sein, daß Sonderabfälle vorrangig verwertet werden und daß nicht verwertbare Abfälle tatsächlich die geforderten Behandlungsstufen durchlaufen, bevor sie obertägig oder untertägig abgelagert werden.

Hierzu wurde in Verbindung mit der Abfall- und Reststoffüberwachungs-Verordnung ein Kontroll- und Überwachungsinstrument, der Entsorgungsnachweis, eingeführt. Er verknüpft ein hohes Maß an Eigenverantwortung der Abfallerzeuger und -entsorger mit der notwendigen behördlichen Kontrolle.

Die TA Abfall T. 1 enthält für den Katalog der besonders überwachungsbedürftigen Abfälle jeweils Hinweise auf vorzugsweise anzuwendende Entsorgungsverfahren, wobei unterschieden wird nach

– CPB = Chemisch-physikalischer Behandlung
– HMV = → Hausabfallverbrennung
– SAV = Sonderabfallverbrennung
– HMD = Hausabfalldeponie
– SAD = → Sonderabfalldeponie
– UTD = Untertagedeponie
– MD = Monodeponie.

Die definitive Zuordnung zu einem bestimmten Entsorgungsverfahren muß im Entsorgungsnachweis an Hand der Zuordnungskriterien der TA Abfall erfolgen. Größere Bedeutung hat dabei die Beschränkung der obertägigen Ablagerung auf Abfälle, die hinsichtlich einer Reihe von Eigenschaften und Inhaltsstoffen bestimmte Grenzwerte (Eluatwerte nach Anhang D der TA Abfall) nicht übersteigen.

In Anhängen zur TA Abfall T. 1 sind darüber hinaus Mindestanforderungen an Planfeststellungsunterlagen, Analyseverfahren sowie spezielle Anforderungen an obertägige Deponien angegeben.   *Schnurer*

TA Lärm. Die TA L. ist eine Verwaltungsvorschrift der Bundesregierung, die die zuständigen Immissionsschutzbehörden bei der Auslegung und Anwendung des BImSchG heranzuziehen haben. Sie ist bereits am 16. 7. 1968 zu der damals noch geltenden Vorschrift des § 16 der Gewerbeordnung erlassen worden (Beilage zum Bundesanzeiger Nr. 137 vom 26. 7. 1968); durch § 66 Abs. 2 BImSchG wurde sie als Verwaltungsvorschrift zum BImSchG aufrechterhalten.

Die TA L. gilt unmittelbar nur für genehmigungsbedürftige Anlagen; die in ihr enthaltenen Regelungen können jedoch sinngemäß (nicht schematisch!) auch zur Beurteilung der Geräuschimmissionen von nicht genehmigungsbedürftigen Anlagen herangezogen werden. Nach Nr. 2.211 TA L. darf eine Genehmigung für Neuanlagen nur erteilt werden, wenn die → Immissionsrichtwerte im gesamten Einwirkungsbereich der Anlage außerhalb der Werksgrundstücksgrenzen ohne Berücksichtigung einwirkender Fremdgeräusche nicht überschritten werden. Die Immissionsrichtwerte sind in Nr. 2.321 TA L. differenziert nach der Schutzbedürftigkeit von sieben verschiedenen Gebietsarten und nach Werten für den Tag und die Nacht (22.00 Uhr bis 6.00 Uhr) festgelegt. Ausführlich wird in der TA L. das Verfahren zur Ermittlung der Geräuschimmissionen geregelt (Nr. 2.4). Für Lärmschutzmaßnahmen wird die Einhaltung des jeweiligen Standes der Lärmbekämpfungstechnik gefordert (Nr. 2.31).

Z. Z. wird der Erlaß einer neuen TA L. vorbereitet, deren unmittelbarer Anwendungsbereich sich auch auf nicht genehmigungsbedürftige Anlagen und Baustellen erstrecken soll. *Hansmann*

Literatur: *Bethge, D.,* u. *H. Meurers*: Technische Anleitung zum Schutz gegen Lärm (TA Lärm). – *Christ, J.*: Technische Anleitung zum Schutz gegen Lärm (TA Lärm).

TA Luft. Die TA L. ist eine normkonkretisierende und (teilweise) auch eine ermessenslenkende Verwaltungsvorschrift der Bundesregierung zum BImSchG (Erste Allgemeine Verwaltungsvorschrift zum BImSchG vom 27. 2. 1986, Gemeinsames Ministerialblatt der Bundesministerien 1986, 95 ff.). Sie gilt für genehmigungsbedürftige Anlagen und enthält Anforderungen zum Schutz vor und zur Vorsorge gegen schädliche Umwelteinwirkungen. Für die zuständigen Behörden ist sie in Genehmigungsverfahren, bei nachträglichen Anordnungen nach § 17 sowie bei Ermittlungsanordnungen nach §§ 26, 28 und 29 BImSchG bindend; eine Abweichung ist nur zulässig, wenn ein atypischer Sachverhalt vorliegt oder wenn der Inhalt offensichtlich nicht (mehr) den gesetzlichen Anforderungen entspricht (z. B. bei einer unbestreitbaren Fortentwicklung des Standes der Technik). Bei behördlichen Entscheidungen nach anderen Rechtsvorschriften, insbesondere bei Anordnungen gegenüber nicht genehmigungsbedürftigen Anlagen, können die Regelungen der TA L. entsprechend herangezogen werden, wenn vergleichbare Fragen zu beantworten sind.

Die TA L. besteht aus vier Teilen. Von besonderer Bedeutung für das Genehmigungsverfahren ist Teil 2. Dieser Teil enthält wichtige Aussagen zur Konkretisierung des Begriffs der schädlichen Umwelteinwirkungen. Dazu werden in Nr. 2.5 Immissionswerte festgelegt, bei deren Einhaltung in der Regel davon auszugehen ist, daß dem Schutzprinzip (§ 5 Abs. 1 Nr. 1 BImSchG) entsprochen ist. Mit den Immissionswerten sind Kenngrößen für die Immissionsbelastung zu vergleichen, die aus den Kenngrößen der durch andere Anlagen verursachten → Immissionen (Vorbelastung) und den durch Ausbreitungsrechnung ermittelten Kenngrößen für den von der betroffenen Anlage verursachten Immissionsbeitrag (Zusatzbelastung) zu bilden sind. Bei Überschreitung eines Immissionswerts zum Schutz vor Gesundheitsgefahren darf eine Genehmigung nur erteilt werden, wenn die Zusatzbelastung irrelevant ist (geringer als 1% des Langzeitimmissionswertes). Bei Überschreitung eines Immissionswerts zum Schutz vor erheblichen Nachteilen und Belästigungen ist eine Sonderfallprüfung durchzuführen. Eine solche ist nach Nr. 2.2.1.3 TA L. auch erforderlich, wenn hinreichende Anhaltspunkte dafür bestehen, daß schädliche Umwelteinwirkungen durch luftverunreinigende Stoffe hervorgerufen werden können, für die die TA L. keine Immissionswerte enthält.

Um dem Vorsorgeprinzip (§ 5 Abs. 1 Nr. 2 BImSchG) zu genügen, schreibt die TA L. vor, daß die Emissionen entsprechend den Anforderungen in Teil 3 TA L. zu begrenzen und die verbleibenden Emissionen in bestimmter Weise (in der Regel über ausreichend dimensionierte Schornsteine; Nr. 2.4 TA L.) in die Atmosphäre abzuleiten sind. Zur Begrenzung der Emissionen enthält die TA L. in Teil 3 neben bestimmten technischen Anforderungen (z. B. zur Abgaserfassung) Emissionswerte, die die nach dem Stand der Technik erreichbare Abgasreinigung für bestimmte luftverunreinigende Stoffe kennzeichnen. Für einzelne Anlagearten werden die allgemeinen Anforderungen zur Emissionsbegrenzung in Nr. 3.3 TA L. modifiziert.

Teil 4 regelt die Anpassung aller bestehenden Anlagen an die Anforderungen der TA L. und legt hierfür bestimmte Fristen fest. Die Fristen für die → Sanierung liegen zwischen *unverzüglich* (bei bestehenden schädlichen Umwelteinwirkungen) und 10 Jahren (bei aufwendigen Vorsorgemaßnahmen an bestimmten Anlagen). In den neuen Bundesländern begann der Fristablauf am 1. 7. 1990; alle Fristen sind dort außerdem um ein Jahr verlängert (§ 67a Abs. 3 BImSchG). *Hansmann*

Literatur: *Davids, P.,* u. *M. Lange*: Die TA Luft 86. – *Feldhaus, G., H. Ludwig* u. *P. Davids*: Die TA Luft 86, Deutsches Verwaltungsblatt 1986, 641 ff. – *Hansmann, K.*: TA Luft, Sonderdruck. Aus: Landmann/Rohmer: Umweltrecht, Band I. – *Hansmann, K.,* u. *O. A. Schmitt*: Erläuterungen zur TA Luft. In: Boisserée/Oels/Hansmann/Schmitt: Immissionsschutzrecht, 3. Aufl., Band II, B III 1.4.1. – *Jost, D.*: Die neue TA Luft. – *Kutscheidt, E.*: Die Änderung der TA Luft aus der Sicht der Rechtsprechung, Neue Zeitschrift für Verwaltungsrecht 1983, 581 ff. – *Kalmbach, S.,* u. *J. Schmölling*: Technische Anleitung zur Reinhaltung der Luft, Berlin 1993.

TA Siedlungsabfall. Dritte Allgemeine Verwaltungsvorschrift zum Abfallgesetz: Technische Anleitung zur Verwertung, Behandlung und sonstigen Entsorgung von Siedlungsabfällen vom 14. Mai 1993 (Beil. BAnz. Nr. 99). Analog zu den besonders überwachungsbedürftigen Abfällen in der → TA Abfall Teil 1 werden technische und organisatorische Anforderungen für die Entsorgung von Siedlungsabfällen und gemeinsam damit entsorgte Produktionsabfälle vorgegeben.

Für Siedlungsabfälle sind zunächst die Möglichkeiten einer stofflichen Verwertung auszuschöpfen. Die Anforderungen betreffen die getrennte Erfassung, die Schadstoffentfrachtung und die eigentliche Verwertung. Mengenmäßig besonders relevant sind hierfür → Bauabfälle (Verwertung zu Sekundärbaustoffen) sowie Klärschlämme und Bioabfälle (Verwertung zur Bodenverbesserung, Biogas).

Hauptziel für die nicht verwertbaren (Rest-)Abfälle ist, daß deren Ablagerung auch langfristig nicht zu Schäden für die Umwelt oder die Gesundheit führen darf. Deshalb werden nur noch inerte, unter Deponiebedingungen nicht weiter chemisch/-biologisch abbaubare und möglichst unlösliche Abfälle zur Ablagerung in → Deponien zugelassen.

Für abzulagernde Abfälle gelten Zuordnungskriterien (Anhang B zur TA S.) mit Anforderungen an die Festigkeit, an organische Anteile sowie an die Eluate.

Sofern Siedlungsabfälle die Ablagerungskriterien nicht erfüllen, müssen sie durch eine geeignete Vorbehandlung deponiefähig gemacht werden. Nach dem Stand der Technik sind derzeit nur thermische Behandlungsverfahren in der Lage, die Ablagerungskriterien für die Rückstände zu erfüllen; darüber hinaus sollen energetische und stoffliche Verwertungsmöglichkeiten der Rückstände genutzt und das Volumen der abzulagernden Abfälle minimiert werden (je nach Art der Vorbehandlung und Umfang der Rückstandsverwertung auf ein Drittel bis weit unter 1% möglich). Der Bedarf an neuen Deponien kann somit drastisch reduziert werden.

Die TAS. gibt ferner technische und organisatorische Anforderungen an die unterschiedlichen Abfallentsorgungsanlagen vor, wie Sortieranlagen, Kompostwerke, Zwischenlager, Behandlungsanlagen und Deponien. *Schnurer*

Tagebaugerät. T. sind die beim Abbau einer Lagerstätte im Tagebau eingesetzten maschinellen Einrichtungen, die fast immer in Kombination untereinander zum Einsatz kommen. Nutzmaterialien (Braunkohle, Steinkohle, Bauxit, Kreide, Kalkstein, Eisenerze, Ölsande und Phosphate) gewinnt man weltweit zunehmend im Tagebau. Zudem werden nach der Tagebaumethode (deutsche Abbaumethode) mit dem Arbeitstakt Gewinnen – Fördern – Verkippen riesige Erdmassen bewegt (Oroville-Erdddamm, Landgewinnungsprojekte) und Wasserschiffahrtsstraßen (Suezkanal, Jonglei-Kanal) errichtet. Die Gewinnung von Erdmassen geschieht durch Eimerkettenbagger, Walking Draglines (→ Schreitbagger) und → Schaufelradbagger, die Förderung durch → Transportbrücken, Großraumwagen auf Gleisen (→ Gleisförderung) oder/und durch Bänder (→ Bandstraßen), die Materialzwischenlagerung durch → Grabenaufnehmer und Haldengeräte, und schließlich die Verkippung des Abraums durch Absetzer oder Transportbrücken. Der wirtschaftliche Einsatz von T. beginnt bei der Gewinnung und Förderung von rd. 1 Mio. m^3 fester Erdmasse. Die höchsten Förderleistungen werden mit den Großgeräten aus der Familie der Schaufelradbagger erreicht (Bild). Die Entwick-

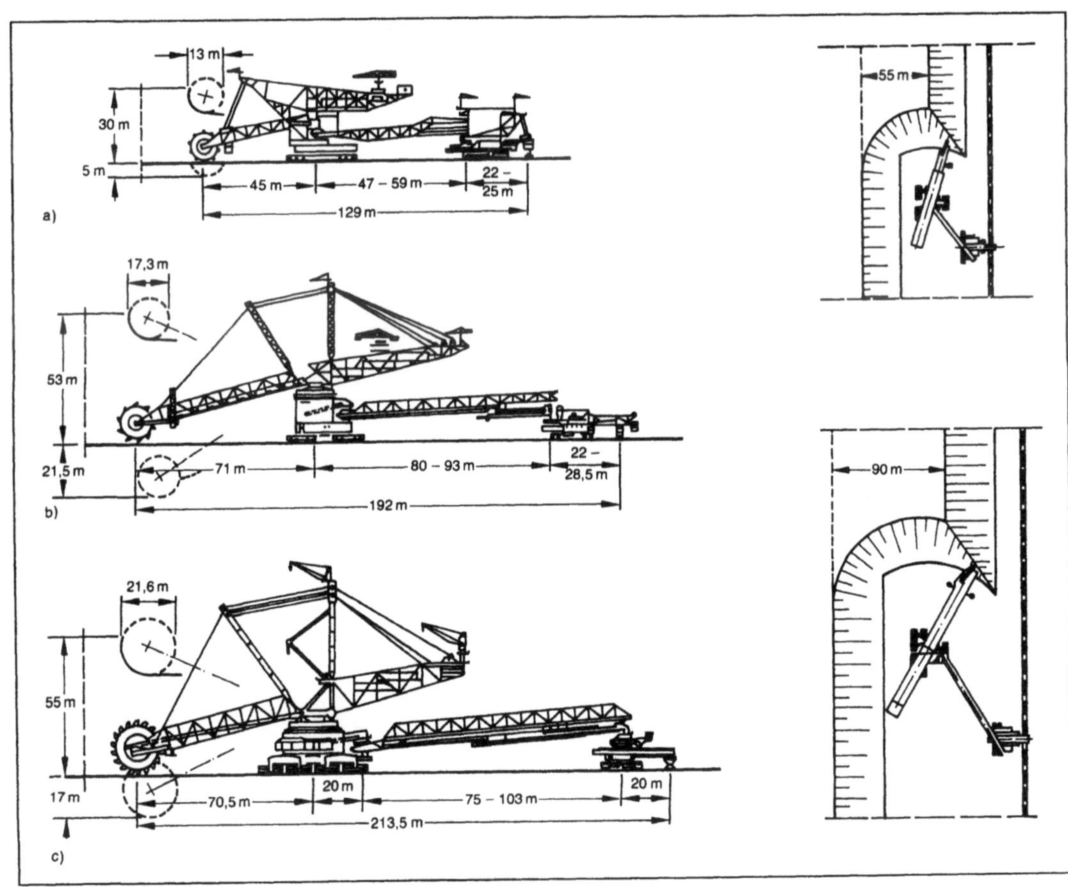

Tagebaugerät: Schaufelradbagger.
a) Tagesleistung 60 000 m³. b) Tagesleistung 110 000 m³. c) Tagesleistung 240 000 m³.

lung führt zu immer größeren Teufen mit steigenden Fördermengen. Abbau und Beseitigung des Abraums nimmt man auf 10–20 m breiten Sohlen vor, die in 20–50 m Höhe stufenweise hinabführen. In hartem Gestein werden die Etagenabschnitte gebohrt (Bohrgeräte) und gesprengt, während man in weichem Material das Erdreich in dünnen Schnitten abschält. Förderleistungen bis zu 300 000 m^3 (Festkubikmeter) werden dabei im 24-h-Einsatz erreicht. Dies entspricht einer Füllung von 18 Eisenbahnwaggons in der Minute. Der Aufbau und die Installierung eines Großgerätes mit allen Hilfseinrichtungen (Bänder, Absetzer) dauert bis zu 4 Jahre. Die Lebensdauer der Geräte beträgt 30 Jahre und mehr. Die Anschaffungskosten sind relativ hoch, werden jedoch durch kontinuierliche Arbeitsweise und hohe Verfügbarkeit ausgeglichen.   *Kühn*

Literatur: *Durst, W.,* u. *W. Vogt:* Schaufelradbagger. Clausthal-Zellerfeld 1986.

Tagewerk. Bauleistung, die von einem Beschäftigten an einem Tag erbracht wird; verwendet bei der Fertigungsplanung zur Ermittlung der Anzahl der einzusetzenden Arbeitskräfte oder zur Ermittlung der → Fertigungszeit.

Beispiel:
Deckenschalung 600 m^2, Arbeitsaufwand 0,8 h/m^2; erforderlich 480 h; 8 h/d ergibt 480/8 = 60 Tagewerke. Taktzeit 2 Wochen = 10 d.
Erforderliche Anzahl von Arbeitskräften: 60 Tagewerke/10 d = 6 Arbeitskräfte.   *Drees*

Taktschiebebrückengerät. Beim Taktschiebe-Verfahren (Bild) wird der Überbau an einer im Widerlagerbereich fest installierten Fertigungsstelle (→ Feldfabrik) in Abschnittlängen von etwa 15–30 m hergestellt und die so wachsende Brücke zum anderen Widerlager hin verschoben. Zum Vorschub dienen hydraulische Pressen, die sich an einem im Boden verankerten Widerlager abstützen. Damit das Kragmoment nicht zu groß wird, ist am Brückenkopf ein Vorbauschnabel (a im Bild) biegesteif befestigt, der so lang sein muß, daß er sich auf dem nächsten Pfeiler abstützen kann, bevor der Brückenüberbau überbeansprucht

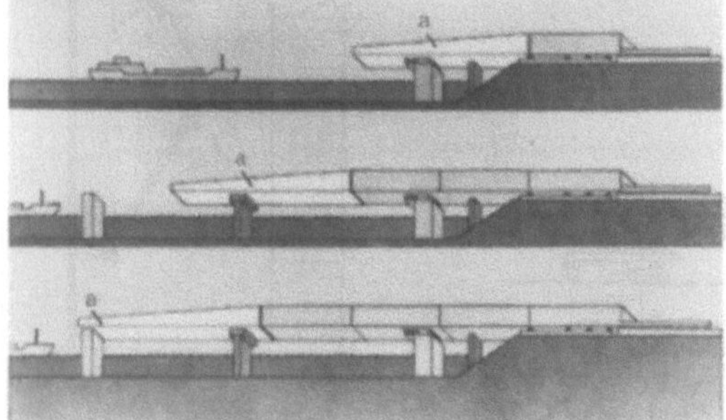

Taktschiebebrückengerät: Schema des T.
a Vorbauschnabel

wird. Hilfspfeiler im Brückenfeld verringern die freie Feldlänge und ermöglichen eine kürzere Bauweise des Vorbauschnabels. Die Pfeilerköpfe sind mit → Gleitlagern ausgerüstet, um das Verschieben des Brückenträgers zu ermöglichen.   *Kühn*

Talsperre. Bauwerk, das quer zu einem Wasserlauf die Talbreite abschließt und das Gewässer aufstaut. T. dienen meist mehreren der nachgenannten Aufgaben gleichzeitig:
☐ → Wasserversorgung (für → Trinkwasser oder → Bewässerung),
☐ Wasserstandsregulierung gegen Hochwassergefahr oder gegen Niedrigwasser (Schiffahrt),
☐ Energiegewinnung durch Stromerzeugungsanlagen.

T. werden entweder als Staudämme (→ Dammbau) oder als → Staumauer ausgeführt. Ob Staumauern oder Staudämme zur Anwendung gelangen, ist vorwiegend von der Talform, den geologischen Verhältnissen des Untergrundes und z. T. auch von den zur Verfügung stehenden Baustoffen abhängig. Bei der Projektierung einer T. sind umfangreiche Untersuchungen der Bodenverhältnisse in der Umgebung des vorgesehenen Stand-

Talsperre: Vajont-Bogenstaumauer (Italien).

Talsperre. Tabelle: Die höchsten T. der Erde.

Name	Staat	Fluß	Fertig-stellung	Typ *)	Konstruktion			
					Höhe m	Länge m	Volumen $10^3 \cdot m^3$	Stauvolumen Mio. m^3
Rogun	UdSSR	Vakhsh	1989	SD	300	660	75 500	13 300
Nurek	UdSSR	Vakhsh	1980	ED	300	704	58 000	10 500
Grande Dixence	Schweiz	Dixence	1961	GM	285	695	6 000	401
Inguri	UdSSR	Inguri	1980	BM	272	680	3 960	1 100
Vajont	Italien	Vajont	1961	BM	262	190	351	169
Chicoasen	Mexiko	Grijalva	1980	SD	261	485	15 370	1 613
Alvaro Obregon	Mexiko	Tenasco	1980	SD	260	88	3	13
Guavio	Kolumbien	Guavio	1989	SD	246	380	16 800	950
Sayano-Shushensk	UdSSR	Yenisei	1988	GM	245	1 066	9 075	31 300
Mica	Kanada	Columbia	1973	ED	242	792	32 111	24 700
Chivor	Kolumbien	Bata	1975	SD	237	310	11 174	815
Mauvoisin	Schweiz	Dranse de Bagne	1957	BM	237	520	2 030	181
El Cajon	Honduras	Humuya	1985	BM	234	382	1 600	6 500
Chirkey	UdSSR	Sulak	1978	BM	233	333	1 358	2 780
Oroville	USA	Feather	1968	ED	230	2 109	61 164	4 364
Bhakra	Indien	Sutlej	1963	GM	226	518	4 130	9 621
Hoover	USA	Colorado	1936	BM	221	379	3 364	34 852
Ernstbach	BR Deutsch-land	Wisper	1981	BM	101	415	400	44

*) SD Steindamm   ED Erddamm   GM Gewichtsstaumauer   BM Bogenstaumauer

ortes bezüglich Tragfähigkeit und Strömungsverhaltens durchzuführen. Bei der Planung größerer T. müssen außer den beabsichtigten Auswirkungen, z. B. dem → Hochwasserschutz, auch die Nebenerscheinungen, wie z. B. die Veränderung des Grundwasserspiegels, oder die geologische Belastung durch die z. T. enormen Wassermassen oder die eventuellen Auswirkungen auf das lokale Klima beachtet werden.

Das Bild zeigt die 1961 fertiggestellte 262 m hohe Bogenstaumauer des Vajont in Italien, die seinerzeit höchste T., die zwei Jahre nach ihrer Fertigstellung traurige Berühmtheit erlangte: Ein Teil des Gebirges stürzte in den Stausee, dessen Wassermassen sich über die Staumauer hinweg in das Tal ergossen und 2000 Menschen umkommen ließen. Die Bogenstaumauer hielt. In der Tabelle sind die höchsten T. der Erde sowie die höchste T. der Bundesrepublik Deutschland aufgeführt. Die Tabelle wurde in bezug auf die Stauhöhe aufgestellt. Es gibt jedoch eine große Anzahl T. mit geringeren Stauhöhen, aber wesentlich größerem Stauvolumen. Ein komplettes aktuelles Register aller T. mit einer Stauhöhe größer als 15 m wird von der International Commission on Large Dams (ICOLD) in Paris geführt. *Mehlhorn*

Tangentialschnitt. Der T. (Flader-, Fladen-, Sehnenschnitt) wird durch eine Parallele zur Stammlängsachse und durch eine Tangente oder Sehne des Stammkreises geführt. Wegen der Abholzigkeit des Stammes ruft der T. einen den Höhenschichtlinien ähnlichen Anschnitt der Jahrringe hervor. Diese Textur ist im Möbelbau sehr beliebt (→ Bast). *Dröge*

Tariflohn. Der im Rahmen eines Tarifvertrags von den Tarifparteien vereinbarte Lohn. Der T. wird im Bauhauptgewerbe zusammen mit der Bauzulage (Ausgleich für nicht bezahlte Schlechtwettertage in der Zeit vom 1. April bis 15. November) zum Gesamttarifstundenlohn zusammengefaßt. Der Gesamttarifstundenlohn eines Spezialbaufacharbeiters (Berufsgruppe IIIb) wird als Ecklohn bezeichnet. An ihm wird die vereinbarte Erhöhung des T. gemessen. Die anderen → Berufsgruppen erhalten davon abweichende Tariflohnerhöhungen. *Drees*

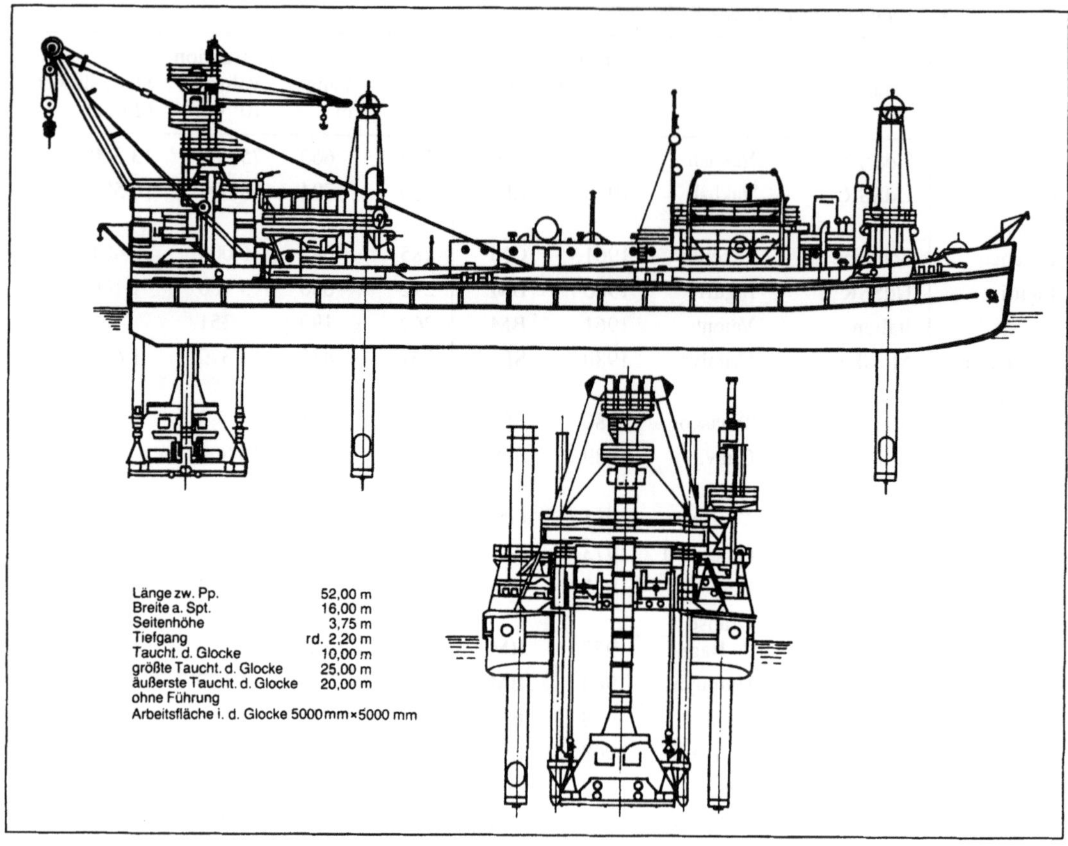

Taucherglocke: Schiff mit einer T.

Taucherglocke. T. (Bild) werden außer der Druckluftgründung bei speziellen Wasserbauaufgaben oder Unterwasserreparaturaufgaben eingesetzt. Am Gerüst hängend oder freischwimmend ähneln sie in Aufbau und Arbeitsweise einer im Wasser schwebenden Arbeitskammer. Das Tragschiff übernimmt auch die Aufgabe der Drucklufterzeugung, der Energieversorgung und der Werkstatt. In den festen Gerüsten sind Schachtrohre mit Schleusen eingebaut. In den freischwimmenden T. müssen wegen der Schwimmstabilität und des Tauchvorgangs Flut- und Lenztanks vorhanden sein. Die Schachtrohre mit den Schleusen sowie Arbeitsbühnen für eine begrenzte Tiefe sind an der Glocke fest eingebaut.   *Kühn*

Tauchkörper. Einrichtung zur biologischen Reinigung des Abwassers durch einen biologischen Rasen, der sich auf den kontinuierlich oder diskontinuierlich in das Abwasser eingetauchten T.-Oberflächen ausbildet. Die neueren rotierenden Kunststofftauchkörpersysteme haben verschiedene, möglichst groß eingerichtete Oberflächen, die etwa zur Hälfte in abwasserdurchflossene Becken eintauchen. Durch die langsame Rotation der T. werden die auftauchenden Oberflächen etwa für die gleiche Zeit, die sie im Abwasser eingetaucht sind, aus der Luft mit Sauerstoff versorgt. Dieser Wechsel von Adsorption bzw. teilweiser Absorption der Schmutzanteile, vor allem organischer Natur, und auch Abschwemmung flockiger Anteile aus dem biologischen Rasen ergibt die biologische Reinigung des Abwassers bei sehr geringem Energieaufwand nur für die Rotation der T. Meist wird noch eine → Nachklärung nötig. Diese Technik der biologischen Reinigung hat sich vor allem bei kleineren Anlagen und beim → Trennverfahren als wirtschaftlich und zweckmäßig erwiesen, konnte sich aber bisher nicht durchsetzen. T. waren um die Jahrhundertwende oft eingesetzt als feststehende T. in Abwasseranlagen. Sie werden auch neuerdings für bestimmte Aufgaben wieder so eingesetzt als statische Bio-Reaktoren SBR bei diskontinuierlicher Beschickung.   *Pfeiff*

Taumittelangriff. Frostschäden (→ Betonverhalten bei niedrigen Temperaturen) werden auch durch Taumittel hervorgerufen oder verstärkt und treten als flächenhafte Abtragungen auf. Auf Straßen werden meist Natriumchlorid bis etwa −10 °C, seltener Calcium- und Magnesiumchlorid bei niedrigeren Temperaturen bis etwa $-20\,°C$ gestreut. Auf den Beton wirken die Salze nicht oder nur schwach angreifend. Sie bringen jedoch immer mehr Probleme an Brückenbauwerken durch die → Betonstahlkorrosion. Auf Flugplätzen verwendet man künstlichen Harnstoff oder Alkohole, um keine Korrosion von Flugzeugteilen zu verursachen. Harnstofflösungen können im Beton bei Temperaturen über $+20$ bis $+30\,°C$ zu Ammoniak und Kohlensäure zersetzt werden, die beide betonangreifend sind. Taumittel bringen Schnee und Eis auf dem Beton durch die Gefrierpunkterniedrigung des Wassers zum Schmelzen und entziehen die dazu notwendige Schmelzwärme fast ausschließlich dem Beton. Der Beton kann sowohl durch die dabei auftretende schockartige Abkühlung der Betonoberfläche als auch durch schichtenweises Gefrieren des Betons zerstört werden, wenn tiefere Schichten durch das Überschneiden von Gefrierpunkt- und Temperaturkurve eher gefrieren als darüberliegende Schichten. Eine sichere Beständigkeit gegen Taumittel läßt sich nur durch den Zusatz von Luftporenmitteln erreichen (→ Betonzusatz).

Wesche

Taupunkttemperatur. In der Luft befindet sich Wasser in dampfförmigem Zustand. Die von der Luft maximal aufnehmbare Wasserdampfmenge (Wasserdampfsättigungsgehalt) ist von der Lufttemperatur abhängig. Unter der T. wird die Temperatur verstanden, bei der der in der Luft vorhandene Wasserdampfgehalt zum Wasserdampfsättigungsgehalt wird. Bei Abkühlung der Luft unter die T. fällt Wasser in flüssigem Aggregatzustand (→ Tauwasser) an. *Cziesielski*

Tauwasser. Als T. wird die Feuchtigkeit bezeichnet, die aus der Luft an der Oberfläche von Bauteilen oder im Innern von Bauteilen anfällt, wenn die Luft unter ihre → Taupunkttemperatur abkühlt. In Abhängigkeit von der vorhandenen Raumlufttemperatur und der relativen → Luftfeuchtigkeit kann die Taupunkttemperatur nach Bild 1 ermittelt werden. Zur Vermeidung von T. auf Bauteiloberflächen muß die Oberflächentemperatur eines Bauteiles höher als die Taupunkttemperatur sein. Die Oberflächentemperatur des Bauteils ist vom → Wärmedurchlaßwiderstand des Bauteiles, der Innen- und Außenlufttemperatur und dem Wärmeübergangswiderstand abhängig. Aus Bild 2 können die Bedingungen abgelesen werden, die unter Beachtung von Bild 1 für eine Tauwasserfreiheit erforderlich sind. Den Tauwasseranfall im Innern von Bauteilen berechnet man näherungsweise nach dem Glaserverfahren.

Cziesielski

Literatur: *Cziesielski, E., K. Daniels* u. *H. Trümper:* Ruhrgashandbuch. Stuttgart 1985.

Teerprüfung → Bitumenprüfung

Teich. Eine in der → Abwassertechnik vielfach genutzte Einrichtung mit unterschiedlichen Aufgaben: Es gibt

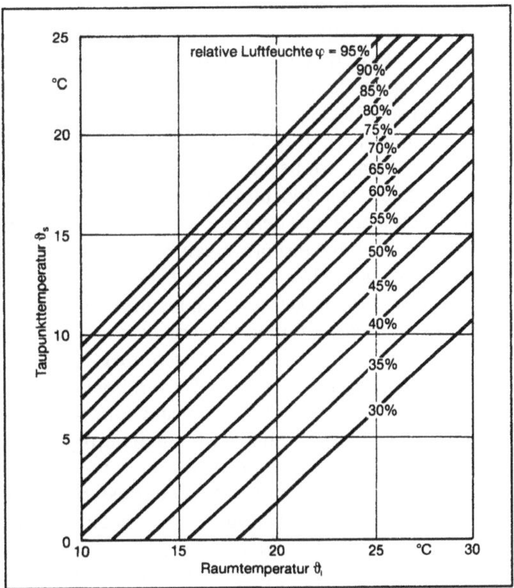

Tauwasser 1: Zusammenhang zwischen Raumlufttemperatur, relativer Luftfeuchte und Taupunkttemperatur. (Cziesielski/Daniels/Trümper)

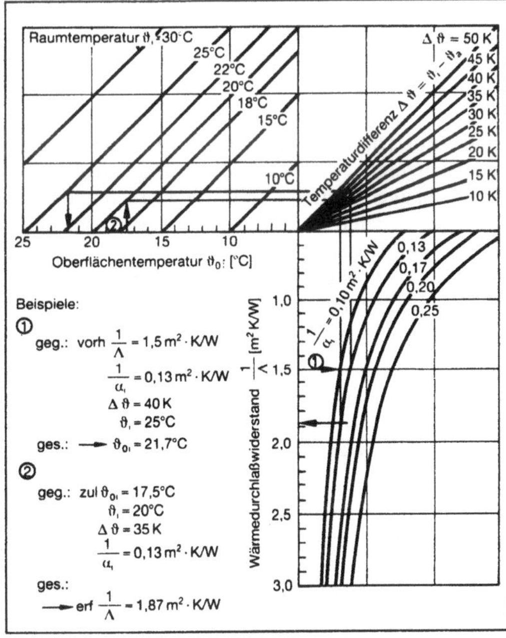

Tauwasser 2: Zusammenhang zwischen Oberflächentemperatur ϑ_{oi}, Innenlufttemperatur ϑ_{Li}, Außenlufttemperatur ϑ_{La}, innerem Wärmeübergangswiderstand $1/\alpha_i$ und Wärmedurchlaßwiderstand $1/\Lambda$ ($1/\alpha_a = 0,04\ m^2 \cdot K/W$). (Cziesielski/Daniels/Trümper)

Klärteiche, Fischteiche, Oxidationsteiche, Schlamm- und Faulteiche, (künstlich) belüftete T., Schönungsteiche und Abwasserteiche. Auch die neuerdings besonders herausgestellten Wurzelraum- oder Schilfkläranlagen sind sehr flache, künstlich angelegte T. (Wurzelraum-, Schilfteich). T. sind i. d. R. ursprünglich nicht dicht, es sei denn, sie liegen in nur selten anstehenden natürlichen, dichten Bodenformationen (Ton, Fels). Sie dichten sich jedoch aus dem mit der Zeit mineralisierten Bodenschlamm meist in einigen Betriebsjahren verhältnismäßig gut selbst ab. Derzeit wird häufig eine Dichtung mit Folien oder anderen technischen Lösungen bei befürchteter Grundwasserbeeinflussung verlangt, obwohl oder weil unser Wissen über die Reinigungswirkung der Böden gering ist (Vorsorge). T. richtet man bevorzugt bei kleineren, meist ländlichen Anlagen ein, wo Gelände hierfür gewöhnlich verfügbar ist. Sie haben meist eine gute Pufferwirkung, um erhöhte Zuflüsse auszugleichen (→ Regenentlastung beim Mischverfahren). T. haben außer der mechanischen Klärwirkung durch Absetzen immer auch eine teilweise biologische Klärwirkung. Besonders in warmen Zonen kommt dazu evtl. auch eine Reinigung durch Algenwachstum. Durch Sonnenstrahlung können Wasserpflanzen für eine erhebliche Sauerstoffeintragung sorgen, die es sonst nur aus der Luft, vor allem bei Windbewegung der Oberfläche, oder durch eine künstliche Belüftung gibt. Vor allem bei Fischteichen ist eine solche Belüftung oft notwendig. Schlammteiche sind offene Erdfaulräume, in denen stabilisierter Schlamm gespeichert oder auch ausgefault werden kann. Den Schönungsteich setzt man oft noch nach der biologischen Reinigung ein.   *Pfeiff*

Teilschild. Diese Schilde haben mobile oder integrierte Abbaugeräte, wie → Teilschnittmaschinen (TSM) (Bild), baggermontierte Tieflöffelausrüstungen oder Ausleger, an deren Ende Meißel- oder Bohrköpfe angebracht sind; bekannt sind auch Reißdornschilde. Die Abbaugeräte können gesteins-, querschnitts- und/oder leistungsbedingt auf einer Abbaubühne oder mehreren

Abbaubühnen montiert sein. Bei gesteinsbedingten Änderungen der Abbaubedingungen, z. B. Hindernisse, feste Einlagerungen, können teilflächig abbauende Teilschnittmaschinen relativ leicht ausgetauscht werden, da Abförder- und Ausbaueinrichtungen als weitgehend unabhängig von der Abbaumethode anzusehen sind. Teilschnittmaschinen sind bis 120 N/mm^2 einachsialer Druckfestigkeit wirtschaftlich einsetzbar. Hoher Quarzgehalt und höhere Druckfestigkeiten über eine längere Vortriebsstrecke bedingen einen großen Verschleiß der auf Längs- oder Querschneidköpfen montierten Rundschaftmeißel. Probleme können bei der Staubbekämpfung auftreten.   *Kühn*

Teilschnittmaschine. T. mit Antriebsleistungen von 50–500 kW werden elektrisch oder elektrohydraulisch betrieben, haben Dienstgewichte von 20–100 t und fahren profilgenau mit Schneidköpfen (Längs- bzw. Querschneidkopf), Schlagköpfen (Hydraulikhämmern), Tieflöffelausrüstung oder auch Zughackenladern Querschnitte von 1 m^2 bis über 100 m^2 auf. Die Reaktionskräfte infolge des Abbauvorganges werden über Raupenfahrwerke mit Pratzenverspannung abgetragen. Eine Bedüsung des Schneidkopfes reduziert die Staubentwicklung. Die Arbeitsweise von Längs- und Querschneidköpfen (Bild) bedingt unterschiedliche Schneidleistungen und Profilgenauigkeiten. Neuentwicklungen sind profil- und richtungsgesteuerte T. Das gelöste Ausbruchmaterial nehmen integrierte Kratz- oder Scherenlader auf, die an mittig oder an den Seiten angebrachte Fördereinrichtungen übergeben. Die am Schneidkopfausleger befestigten Absauglutten nehmen den Frässtaub des feinstückigen Materialabbaus direkt neben dem Schneidkopf auf. Schlagkopfmaschinen sind auf Trägergeräten installierte und auslegermontierte schwere Hydraulikhämmer zum großstückigen Zerlegen des Gesteins. Das *Wohlmeyer*-Prinzip ist in mehreren Varianten verwirklicht. Bei dem mit mehreren Frässcheiben ausgestatteten Bohrkopf drehen sich die mit Meißeln

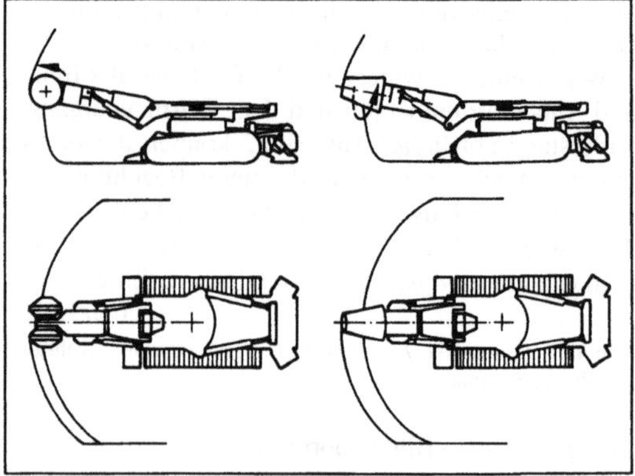

Teilschild: Baggerarmschild mit Teilschnittmaschine.

Teilschnittmaschine: Schneidvorgang bei Längs- bzw. Querschneidkopf.

bestückten Scheiben gegenläufig zur Drehrichtung des Bohrkopfes und fräsen dabei die → Ortsbrust unter gleichzeitigem Hinterschneiden ab. *Kühn*

Teleskopbagger. Ein → Hydraulikbagger mit üblichem Raupen- oder Mobilunterwagen und Oberwagen mit einem starren Ausleger, der vollhydraulisch je nach Gerätegröße bis 5 m teleskopierbar ist. Dadurch erreichen T. Reichweiten zwischen 3,6 und 15,4 m. Die Betriebsgewichte ohne Werkzeuge betragen zwischen 4,1 und 33 t. Der in einem Block gelagerte Ausleger kann aus der Horizontalen um rd. 30° nach oben und bis zu 90° nach unten hydraulisch geschwenkt werden. Aus der großen Anzahl an Ausrüstungen kommen häufig Tieflöffel mit Planierschild und Abbruchwerkzeuge zum Einsatz. Durch das geradlinige Teleskopieren des Auslegers eignet sich der T. zum exakten Profilieren von Gräben und Böschungen im Tiefschnitt. Auf Grund niedriger Bauhöhe und verkürzter Schwenkradien ist der T. auch für den Tunnel- und Stollenbau sowie für den Bergbau ab 2 m Durchmesser gut geeignet. In der Hüttenindustrie wird er zur Reinigung von Hoch- und Schmelzöfen verwendet. *Kühn*

Tellermischer. T. arbeiten nach dem Verfahrensprinzip des Zwangsmischers. Sie haben ein feststehendes oder drehendes zylindrisches Mischgefäß, meist mit senkrechter Achse, in dem drehende oder feststehende Mischwerkzeuge zentrisch oder exzentrisch angeordnet sind. Daraus ergeben sich Mischgutbewegungen im Gegen- oder Gleichstromprinzip. Beim Ring-T. (Bild) hat das feststehende Mischgefäß einen ringförmigen Mischraum, d. h. die Mittelzone ist ausgespart. Die Mischwerkzeuge drehen meist in einer Richtung. Bei einer neueren Konstruktion sind gegenläufig drehende Mischwerkzeuge in mehreren Ebenen angeordnet. Das Mischgefäß wird von oben gefüllt, das Entleeren geschieht über ein hydraulisch oder pneumatisch betätigtes, nach außen drehendes Bodensegment. Abriebfeste Schleißbleche schützen den Innenraum des Mischers. *Kühn*

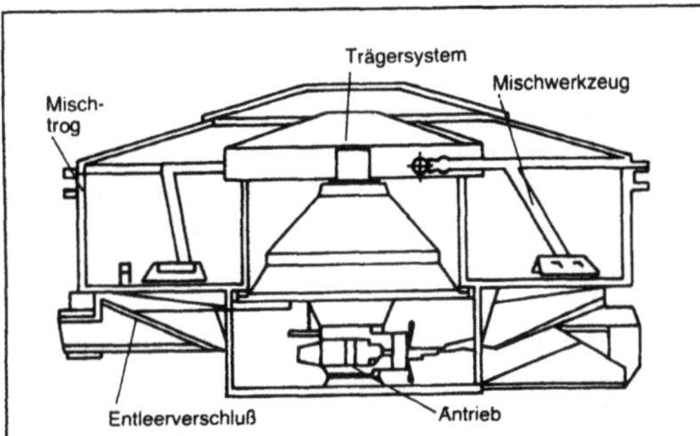

Tellermischer: Ring-T.

Temperatureinwirkung. Die Einwirkungen von Temperaturänderungen auf Baukonstruktionen werden in der Regel für einen quasi-stationären Zustand untersucht, d. h. es wird angenommen, daß die Temperatur bereits solange eingewirkt hat bis sich über die Dicke des Bauteils in Richtung des Wärmestroms eine lineare Verteilung eingestellt hat. Dieses kann eine gleichmäßige Verteilung sein und eine Längenänderung der Abmessungen bewirken oder eine ungleichmäßige, die eine Krümmung bzw. Krümmungsänderung zur Folge hat. Werden diese Formänderungen nicht durch Lager- und sonstige Randbedingungen behindert, wie dies bei statisch bestimmten Tragwerken der Fall ist, treten keine Spannungen auf, anderenfalls werden Zwängungsspannungen ausgelöst. Bei stationärer, insbesondere schockartiger T. sind dynamische Effekte und die Zeitabhängigkeit zu berücksichtigen. *Laermann*

Temperaturverlauf. Die Kenntnis des T. in einem Bauteil ist notwendig, um
– die Tauwasserbildung im Bauteilinnern infolge von Dampfdiffusion berechnen zu können (→ Glaserdiagramm) sowie um
– Formänderungen/Zwängungsspannungen zu ermitteln.

Im stationären Temperaturzustand ist bei einem mehrschichtigen Bauteil der Temperaturgradient innerhalb jeder Bauteilschicht direkt proportional dem → Wärmedurchlaßwiderstand der Schicht j mit der Dicke s_j und umgekehrt proportional dem Wärmedurchgangswiderstand 1/k des Gesamtbauteiles:

$$\Delta\vartheta_j = \frac{s_j/\lambda_j}{1/k}\,(\vartheta_{Li} - \vartheta_{La}).$$

Die Berechnung des T. geschieht entweder tabellarisch oder graphisch. *Cziesielski*

Terminliste. Liste mit einer Aufstellung der bei der Bauausführung einzuhaltenden Termine. Man verwendet sie an Stelle eines Balken-, Linien- oder Netzplans, manchmal auch zusätzlich, um insbes. Zwischentermine vertraglich festzulegen. Die T. wird auch als Kontrollinstrument zum Soll-Ist-Vergleich der Termine eingesetzt. Sie steht als Ausdruck einer DV-Anlage mit Angabe der Vertragstermine und mit zusätzlichen Spalten zum Eintrag der Ist-Termine zur Verfügung, so daß die Terminplanung fortgeschrieben werden kann. *Drees*

Terminplan. Plan zur Darstellung von Ausführungsterminen; meist Bestandteil des → Werkvertrags, insbes. des → Bauvertrags. Gemäß § 11 Nr. 2 (2) VOB/A gilt: „Wird ein Bauzeitenplan aufgestellt, damit die Leistungen aller Unternehmer sicher ineinandergreifen, so sollen nur die für den Fortgang der Gesamtarbeit wichtigen Einzelfristen als vertraglich bindende Fristen

(Vertragsfristen) bezeichnet werden". Nach § 5 Nr. 1 VOB/B gelten im Bauzeitplan (T.) enthaltene Fristen nur dann als Vertragsfristen, wenn dies im Vertrag ausdrücklich vereinbart ist (Ablaufplan, → Bauzeitplan).

Drees

Theodolit. Geodätisches Instrument zur Messung von Horizontalwinkeln (genauer: zur → Richtungsmessung) und von Vertikalwinkeln. Ein Unterbau mit drei Fußschrauben zur Lotrechtstellung der Stehachse trägt den Horizontalkreis (Bild). Darüber befindet sich die gegenüber dem Unterbau drehbare Alhidade mit dem Fernrohr und dem Vertikalkreis. Nach dem Anzielen eines Punktes mit dem Fernrohr lassen sich die Richtung des Zielpunktes am Horizontalkreis und der → Vertikalwinkel am Vertikalkreis ablesen. Beim klassischen T. liest man an besonderen Ablesemikroskopen ab. In modernen T. werden die Kreise elektrooptisch abgetastet und die Kreisablesungen automatisch registriert. Die drei Hauptachsen eines T. sind die Stehachse, die Kippachse und die Zielachse. Diese Achsen sollen bestimmte Aufstellungs- bzw. Justierbedingungen erfüllen: Die Stehachse soll lotrecht stehen, die Kippachse soll senkrecht zur Stehachse und die Zielachse senkrecht zur Kippachse verlaufen. Abweichungen davon werden als Stehachs-, Kippachs- oder Zielachsfehler bezeichnet. Die Verfälschung einer Richtung durch eventuelle Zielachs- und Kippachsfehler läßt sich durch Messung in zwei Fernrohrlagen (Richtungsmessung) vollständig kompensieren. Dies gilt nicht für die Auswirkung eines Stehachsfehlers, der besonders bei steilen Visuren sehr gefürchtet ist.

Pelzer

Literatur: *Kahmen, H.*: Vermessungskunde II. Berlin 1986.

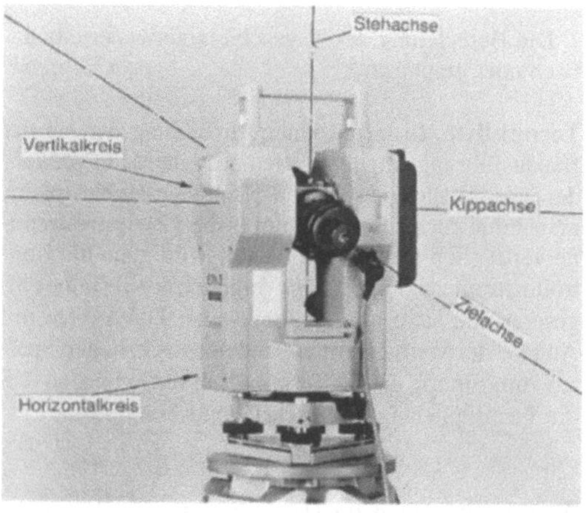

Theodolit: Ansicht.

Thermalquelle. T. sind Quellen, deren Wasser eine Mindestwassertemperatur von 20 °C aufweisen. Die erhöhten Temperaturen sind vor allem auf eine Er-

wärmung durch den irdischen Wärmestrom auf tiefreichenden Wanderwegen zurückzuführen. Sie sind häufig Verwerfungsquellen (→ Quelle), die in Quellen- oder Thermenlinien angeordnet sind. So sind z. B. Teplitz und Karlsbad an ein Bruchliniensystem am Südrand des Erzgebirges und Baden-Baden an ein Nebenspaltensystem des Oberrheingrabens geknüpft.

Matthe ß

Thixoschild → Hydroschild

Thixotropie.

Baukunststoffe. Eigenschaft bestimmter Stoffgemische, bei mechanischer Beanspruchung leicht fließend, im Ruhezustand gelartig steif zu sein. → Mörtel und → Beschichtungssysteme können durch Zugabe bestimmter Stoffe (Thixotropiemittel) in ihren Verarbeitungseigenschaften so verändert werden, daß sie trotz niedriger → Viskosität (guter Spritz- und Streichbarkeit) von vertikalen Flächen oder Unterseiten von Bauteilen nicht abtropfen oder ablaufen.

Sasse

Grundbau. T. bezeichnet den Übergang vom flüssigen (Sol) in einen gallertartig-festen Zustand (Gel) und umgekehrt. Die Sol-Gel-Umwandlung ist beliebig oft wiederholbar.

Werden bestimmte tonige Suspensionen z. B. Bewegungen oder Schwingungen ausgesetzt, so wechseln sie schlagartig ihren Aggregatzustand und gehen unvermittelt in den flüssigen Zust and über (thixotroper Zusammenbruch). Im Ruhezustand stellt sich wieder der feste, gallertartige Zustand ein (thixotrope Verfestigung).

Die Suspensionen (→ Stützflüssigkeiten) werden üblicherweise durch Zugabe von Na-Bentonit sowie Zuschlägen (Feinsand) zu Wasser hergestellt. Thixotrope Suspensionen sind ab einem gewissen Tonanteil sowie einer gewissen Dichte stabil. Sie dringen dann kaum in den umgebenden Boden ein, dichten ihn aber in einer Grenzzone ab. Ihr Flüssigkeitsdruck reicht aus, den Erddruck eines senkrechten Schlitzes oder Bohrloches aufzunehmen. Die Dichte einer Suspension ohne Zuschläge beträgt $1,05-1,07$ t/m³.

Stützende Flüssigkeiten (Stützflüssigkeit) werden im → Grundbau zur Stützung unverrohrter Bohrungen, bei → Schlitzwänden sowie im → Tunnelbau verwendet. Beim Absenken von Brunnen, Senkkästen oder Caissons wird die stützende Flüssigkeit zwischen dem Erdreich und dem Bauwerk als Gleithilfe eingebracht. Dadurch wird die → Mantelreibung nennenswert verringert und der Absenkvorgang kontrollierbarer. Eine gleiche Funktion hat die stützende Flüssigkeit auch beim → Rohrvortrieb.

Bei der Standortsicherung von → Altlasten wird die dichtende Funktion der Bentonitsuspension genutzt. Es werden Dichtungswände hergestellt, die aus einer Bentonitsuspension und Zementzugabe bestehen. Zur Abschirmung von Gebäuden gegen → Erschütterungen können mit Bentonit gefüllte Schlitze hergestellt werden.

Der Nachweis der → Standsicherheit des mit stützender Flüssigkeit gefüllten Schlitzes ist in der DIN 4126 geregelt.

Die Aktivitätszahl:

$$I_A = \frac{I_P}{m_T/m_D}$$

gibt eine Aussage zur T. von Böden. Hierbei bezeichnet m_T die Trockenmasse der Körner mit $d \leq 0{,}002$ mm und m_D die Trockenmasse der Körner mit $d \leq 0{,}4$ mm. Die Größe I_p ist die Plastizitätszahl (→ Bodenmechanik).

Meißner/Becker

Tiefbaugerät. Aufgabe der T. ist, die Gründungssohle eines Bauwerks (Hochbauten, Industriebauten, Verkehrswege, Brückenwiderlager, Wasserbauwerke) anzulegen und dieses an den tragfähigen Untergrund anzuschließen sowie unterirdische Leitungen zur Ver- und Entsorgung der Bauwerke herzustellen. Dies kann jeweils auf zwei grundsätzlich verschiedene Arten geschehen: bei Gründungsarbeiten: → Flachgründung (mit Fundamentplatte) oder → Tiefgründung (auf Pfählen, Pfahlrosten); bei Leitungsbauarbeiten: Verlegen in offener Baugrube oder unterirdischer Vortrieb. Herstellen von Gründungen, Umschließung von Baugruben und Gräben, Wasserhaltung, Abdichtungen, Vortriebsarbeiten sind wesentliche Arbeitsabschnitte bei den meisten Tiefbauarbeiten, für die es Ausführungsalternativen mit grundverschiedenem Geräteeinsatz gibt:

□ geböschte Baugrube (Erdbaugeräte),

□ Baugrube mit gesicherten Wänden (Rammgeräte, Ankerbohrgeräte, Schlitzgeräte, Pfahlziehgeräte),

□ Pfahlgründung: Rammpfähle (Rammgeräte, Bohrpreß- und Einpreßgeräte), Bohrpfähle (Bohrgeräte), Ortpfähle (Bohrgeräte, Verrohrungsmaschinen), Rüttelpfähle (Vibrationsbäre),

□ Brunnengründung,

□ Senkkastengründung,

□ Caissongründung.

Als Hilfsbetriebe benötigt der Tiefbau fast immer Wasserhaltung, oft → Drucklufthaltung, → Kältehaltung zur vorübergehenden Vereisung des Bodens und Injektionsmaßnahmen zur dauernden Verfestigung bzw. Abdichtung des Baugrunds; für Leitungsbau: Erdbaugeräte, Grabenbaugeräte, → Rohrvortriebsanlagen; zur Sicherung von Baugrubenwänden und Böschungen: Ankerbohrgeräte; für Baugrunduntersuchungen zur Dimensionierung der erforderlichen Maßnahmen: Sondiergeräte. Der verwirrend vielfältige Geräteeinsatz hat in den vielen Rahmenbedingungen jeder Tiefbaustelle seine Ursache: Geologie des Untergrundes, Grundwasser und Wassergehalt des Bodens, Klima, Größe und Art der zu gründenden Last, vorhandener Platz und Transportmöglichkeiten für die Bauausführung, zulässige Emissionen von Geräusch und Erschütterungen, vorgesehene Bauzeit, Preisniveau für menschliche Arbeitskraft und für Geräteeinsatz, in der Bauregion vorhandene T. Unter Berücksichtigung all dieser Gesichtspunkte muß das wirtschaftlichste Verfahren mit dem zweckmäßigsten Geräteeinsatz gewählt werden.

Kühn

Literatur: DIN 4014. Tl. 1: Bohrpfähle herkömmlicher Bauart. – DIN 4094: Tiefbau. – DIN 20301: Gesteinsbohrtechnik – Begriffe, Einheiten, Formelzeichen. – DIN 20302: Gesteinsbohreinrichtungen – Begriffe. – Hauptverband der Deutschen Bauindustrie (Hrsg.): BGL-Baugeräteliste 1981. Wiesbaden 1981. – *Heuer, H., J. Gubany* u. *G. Hinrichsen*: Baumaschinen-Taschenb. 3. Aufl. Wiesbaden 1984. – *Maidl, B.*: Handbuch des Tunnel- und Stollenbaus. Bd. I: Konstruktionen u. Bauverfahren. Essen 1984. – *Smoltczyk, U.* (Hrsg.): Grundbau-Taschenb. Tl. 2. Berlin 1982.

Tiefbehälter. Wasserspeicher, der keinen Einfluß auf den Versorgungsdruck eines Wasserversorgungsnetzes hat. T. sind meist erdüberschüttet und werden gewöhnlich in Betonbauweise erstellt. Wie alle Speicher dienen T. vor allem dem Ausgleich zwischen der Förderung und dem Verbrauch. Sie sind daher mit Pumpwerken so kombiniert, daß z. B. der erforderliche Wasservorrat im T. dem Versorgungsgebiet der Pumpenanlagen vorgehalten werden kann. T. sind auch Durchlaufbehälter bei der Wasserfassungs-, Wasseraufbereitungs- und/oder Wasserförderanlage. Sie können außer der Mengenpufferung oft auch durch die Misch- und Absetzvorgänge im Speicher eine die Qualität ausgleichende und verbessernde Wirkung haben. Oft werden T. auch als Steuerorgane für die Förderanlagen der Wasserfassungen und der Versorgung des Netzes eingesetzt. T. benutzt man auch für den Löschwasservorrat, und zwar in den verschiedensten Größen und Bauweisen, um das zu schützende Objekt für eine mit der Feuerversicherung vorgegebene Löschdauer mit dem geforderten Löschwasserstrom zu versorgen. Hierbei gelten besondere Richtlinien des Verbandes Deutscher Sachversicherer, z. B. für Sprinkler- oder Sprühwasseranlagen und deren Löschwasservorhaltung. Probleme können sich aus biologischem Bewuchs auf den benetzten Beton-, Stahl- oder Anstrich-Oberflächen ergeben, ebenso – bei Lichtzutritt – aus Algenwachstum.

Pfeiff

Tiefgründung. Die Bauwerkslasten werden z. B. durch Pfähle, Schlitzwände, Brunnen oder Senkkästen in tiefer gelegene Bodenschichten abgetragen. Von T. sind → Flachgründungen zu unterscheiden. T. werden ausgeführt, wenn unterhalb eines flach gegründeten Bauwerkes oder eines Nachbarbauwerkes unzulässige → Setzungen oder Setzungsdifferenzen entstehen würden. Bei überbauten Böschungen kann man durch eine Pfahlgründung vermeiden, daß die Böschung aufgefüllt werden muß. Darf man Hohlräume, wie z. B. Tunnel, durch eine Überbauung nicht zusätzlich beanspruchen, so können die Bauwerkslasten durch seitlich der

Hohlräume gelegene T. abgetragen werden. Weitere Gründe für die Ausführung einer T. können darin bestehen, daß bei Flachgründungen die Gefahr von Unterspülungen oder Auskolkungen besteht oder auch größere Horizontallasten in den Untergrund abgetragen werden müssen. *Meißner*

Tiefgrundmittel → Grundierung

Tieflochhammer. T. oder Versenkhämmer sind eine Variante der Schlagbohrmaschinen, bei denen die Schlagenergie im Gegensatz zu herkömmlichen Schlagbohrgeräten nicht auf das obere Ende des Bohrschafts, sondern unten direkt hinter der Bohrschneide aufgebracht wird. Der Schlagkolben befindet sich hinter der Bohrkrone und wird durch das Bohrgestänge mit Druckluft versorgt. Somit fallen die bei größeren Bohrtiefen auftretenden Übertragungsverluste der Schlagenergie im Bohrgestänge weg. Das Wechseln der Bohrkrone geschieht mit einem außerhalb des Bohrlochs stationierten Drehmotor. Weitere Vorteile der T. bestehen darin, daß die Antriebsluft des Schlagkolbens direkt zum Spülen des Bohrlochs verwendet werden kann und daß eine genauere Führung des Bohrlochverlaufs gewährleistet wird. Nachteilig ist bei Reparaturen am Schlagwerk der notwendige Ausbau des Bohrgestänges. *Kühn*

Tischlerplatte. Die T. (Stabsperrholz, Stäbchensperrholz, Konstruktions- oder Möbelplatte) ist ein → Sperrholz aus zwei Absperrfurnieren und/oder zwei → Deckfurnieren und einer dickeren, rechtwinklig zur Furnierfaserrichtung liegenden Mittellage aus Leisten, Streifen, Stäben und Brettern. Nach der Art der Mittellage werden unterschieden:

☐ Stabsperrholz: Mittellage aus verleimten oder blockverleimten Einzelstäben von etwa 24 mm Breite;

☐ Stäbchensperrholz: Mittellage aus blockverleimten, hochkantgestellten Schälfurnieren mit Dicken von 5–8 mm;

☐ Streifensperrholz: Mittellage aus nicht miteinander verleimten Stäben von rd. 24 mm Dicke;

☐ Brettsperrholz: Mittellage aus verleimten, herzfreien Brettern, zur Erhöhung des Stehvermögens auch mit wechselseitigen Einschnitten als Ritzplatte;

☐ T. mit Mittellage aus Span- oder Faserplatte oder mit Hohlräumen.

Die Gefahr des Verwerfens oder der Wellenbildung ist bei Stäbchensperrholz am geringsten. Als Multiplexplatten bezeichnet man T. mit mehr als zwei Furnieren. T. werden z. B. im Möbelbau, für Türblätter oder als Schaltafeln eingesetzt. *Dröge*

Tischschalung. T. oder Schalungstische gehören zu den horizontalen → Großflächenschalungen und leiten ihren Namen vom Aussehen der tischähnlichen Schalkonstruktion ab. T. sind überall dort wirtschaftlich einsetzbar, wo die Zahl gleichbleibender Einsätze

„fünf" übersteigt und im Außenbereich der Decken – auch bei Randunterzügen –, erforderliche Sicherheitsgerüste für darüberliegende Arbeiten integriert sind.

T. werden wie → Sonderschalungen in Schalungsbetrieben, d. h. außerhalb des Bauobjektes gefertigt und auf den Baustellen restmontiert. T.-Konstruktionen sind, sofern die
– Serie ausreichend, ≥ 5fach,
– Raumbegrenzung dies zuläßt,
– Hebezeuge entsprechend ausgelegt sind,
die wirtschaftlichste aller Deckenschalungslösungen.

Als schalhauttragende Konstruktionen werden meist Holz- oder Aluträger üblicher Bauart genutzt. *F. Hoffmann*

Tongestein. Als Pelite (Tone) werden unabhängig vom Mineralbestand Gesteine bezeichnet, deren → Kornzusammensetzung zu mehr als 50% aus Teilchen < 2 μm besteht. Pelitische Gesteine enthalten über 10% Körner < 2 μm. Nach diagenetischer Verfestigung bilden sie die Ton-, Schluff- und Mergelsteine. Auf Grund ihrer Feinkörnigkeit haben sie nur eine kleine → Durchlässigkeit und wirken hydrologisch als → Grundwassernichtleiter (→ Aquicluden) und Grundwasserhemmer (→ Aquitarden). Die Porosität (→ Hohlraumanteil) der T. nimmt als Folge von mechanischer Druckwirkung mit wachsender Überdeckungstiefe von 50–90% in frisch abgelagerten Sedimenten auf 20–25% bis in 800 m Tiefe und auf rd. 5–7% bis in 3 000 m Tiefe ab. Bei noch größerer Überlagerungsmächtigkeit werden Porositäten um und unter 1% gemessen. Die zunehmende Verdichtung beruht auf der Austreibung des Porenwassers und der Verformung der Mineralkörner. Der Gesteinsdurchlässigkeitskoeffizient von T. liegt i. a. deutlich unter 10^{-8} m/s, meist in der Größenordnung 10^{-10} bis 10^{-12} m/s. Die Gebirgsdurchlässigkeitskoeffizienten erreichen durch das Vorhandensein von → Trennfugen Werte in der Größenordnung von 10^{-8} bis 10^{-7} m/s. Schluffe und Tone weisen höhere waagerechte als lotrechte Durchlässigkeiten auf. Für die hydrologische Wirksamkeit der T. als Sperrschichten ist das Vorhandensein wasserwegsamer Trennfugen von Bedeutung, wie sie bei tektonischer Beanspruchung oder unter dem Einfluß der oberflächennahen Entspannung auftreten; weiterhin das Quellungsverhalten gegenüber dem auf Trennfugen eindringenden Wasser (quellfähige Tone können Trennfugen praktisch abdichten), ferner das mechanische Verhalten gegenüber tektonischen Bewegungen. Bei plastischer Verformung der Gesteine entstehen keine offenen Trennfugen. Außer der auf hydraulischen Potentialunterschieden beruhenden Wasserbewegung und einem damit verbundenen Stofftransport ist auch eine auf Konzentrationsunterschieden beruhende Wasser- und Stoffbewegung in pelitischen Schichten möglich (→ Diffusion). *Mattheß*

Literatur: *Mattheß, G.,* u. *K. Ubell*: Allgemeine Hydrogeologie – Grundwasserhaushalt. Berlin, Stuttgart 1983

Tonnenschale → Zylinderschale

Torsion, freie (auch *St.-Venant*-Torsion). Ein gerader Stab sei an einem Ende ($x_1 = 0$) fest gegen Verdrehung um die Achse x_1 eingespannt, am anderen Ende durch ein Torsionsmoment M_D belastet. Dann verdreht sich jeder Querschnitt um einen Winkel $\varphi_1(x_1) = \vartheta \cdot x_1$ um die Längsachse. Der Faktor ϑ wird als Verwindung bezeichnet. Sie ist dem angreifenden Torsionsmoment proportional: $\vartheta = M_D/G \cdot I_D$, also mit dem Gleitmodul G von den Werkstoffeigenschaften und mit dem Torsionswiderstand I_D des Querschnitts von dessen Geometrie abhängig. Die *St.-Venant*sche Theorie geht von der Annahme aus, daß keine → Normalspannungen in Richtung der Längsachse auftreten, sondern nur → Schubspannungen in den Querschnitten. Sie ist an die Querschnittsform, die Art der Belastung und der Lagerung gebunden (freie Verformung in Längsrichtung des Stabes). *Laermann*

Total-Quality-Management (Abk. TQM). Im Gegensatz zum → Qualitätsmanagement-System (QM-System), stellt das TQM eine unternehmensübergreifende Organisationsform dar, mit dem Ziel, umfassende Kundenzufriedenheit zu erzielen. Dabei werden auch die nichtproduktiven Einheiten (z. B. Telefondienst) miteinbezogen. TQM setzt ein gut funktionierendes QM-System voraus. Marketing, Stand der Wissenschaft und Technik, Rechts- und Haftungsfragen, Umweltfragen, Gesundheits- und → Arbeitsschutz sowie Wirtschaftlichkeit sind mit einzubeziehen.

Jungwirth

Toxizität. T. ist für die Beurteilung der Gefährlichkeit von Rauchgasen eine wichtige Eigenschaft. Als gefährlich im Sinne der T. gilt insbes. die Entstehung von CO. *Kordina*

Trabantenstadt. Die T. ist ein auf einer übergeordneten Planungsentscheidung zur Verhinderung eines unkontrollierten bzw. amorphen Wachstums großer Städte (→ Landesplanung) beruhendes städtisches Gemeinwesen, das im Bereich einer Stadtregion, eines → Verdichtungsraumes oder eines übergeordneten zentralen Ortes liegt, eine ausgeprägte ökonomische, strukturelle und funktionelle, im Idealfall auch politische Selbständigkeit aufweist und i. d. R. mehr als 20000 Ew. hat. Das Konzept geht davon aus, daß die T. in einem kurzen Zeitraum (20–30 Jahre) entsteht und eine projektierte endliche Größe nicht überschreitet. Wenn gegen Ende der Maßnahme weiterer Bevölkerungsdruck entsteht, ist die Gründung einer neuen T. nötig. Hinsichtlich ihrer Funktionen sind die new towns im Umkreis von London, die neuen Stadtgründungen von Zoetermeer bei Den Haag und Almere bei Amsterdam sowie die villes nouvelles in Frankreich T. mit Einwohnerzahlen von 50000 bis über 200000. In Nord-

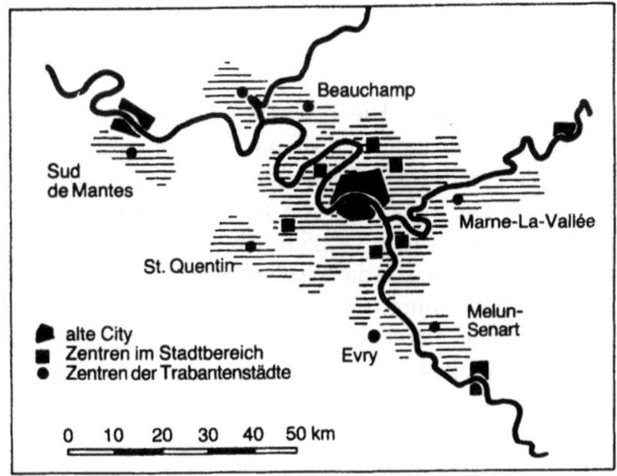

Trabantenstadt: Die villes nouvelles um Paris.

rhein-Westfalen trifft dieser Begriff für Meckenheim bei Bonn zu, während die als eigenständige Gemeinwesen geplanten neuen Städte Hochdahl, Wulfen und Sennestadt inzwischen ihre kommunale Selbständigkeit verloren haben und in vorhandene Nachbarstädte eingemeindet wurden. Ähnlich wie in Großbritannien, wo man von klassischen Konzepten der new towns zur verstärkten Förderung entwicklungsfähiger kleinerer Städte (expanding towns) überging, beobachtet man seit den 70er Jahren auch in der Bundesrepublik Deutschland eine Hinwendung zum Ausbau vorhandener Zentren niedriger Ordnung bzw. zur „Innenentwicklung". Die Einwanderungswelle (→ Bevölkerungswanderung) machte allerdings insbes. nach dem Ende der 80er Jahre unabhängig von einem beträchtlichen Nachholbedarf auch wieder die Planung größerer zusammenhängender Stadtquartiere erforderlich (→ Entwicklungsbereich). Vielfach werden in der Umgangssprache auch Großsiedlungen, wie Bremen-Vahr, Nürnberg-Langwasser oder München-Neu Perlach, als T. bezeichnet, auf die aber die Definition der Selbständigkeit nicht zutrifft, obwohl sie teilweise mehr als 50000 Ew. haben. *Spengelin*

Träger öffentlicher Belange. Nach dem → Baugesetzbuch (§ 4) müssen die Gemeinden bei der Aufstellung von Bauleitplänen die T. ö. B., die von der Planung berührt werden können, möglichst frühzeitig beteiligen. In ihrer Stellungnahme haben sie der Gemeinde Aufschluß über beabsichtigte oder eingeleitete Planungen zu geben. Für die Abgabe der Stellungnahmen soll eine angemessene Frist gesetzt werden. Nach Zustimmung sind die T. ö. B. an die Planung gebunden. Die Liste der so zu beteiligenden Institutionen umfaßt z. B. Kirchen, Gewerkschaften, Industrie- und Handelskammern, Fachplanungsämter, Versorgungsunternehmen (Gas, Wasser, Strom), Bundesbahn, Bundespost, Häfen und Flughäfen, Rundfunkanstalten, private und öffentliche Schulen, Bundeswehr, Denkmalschutz, die Landkreise bei kreisangehörigen Gemeinden, regionale Planungsgemeinschaften usw. *Spengelin*

Trägerbohlwand. Die T. wurde ursprünglich „Berliner Verbau" genannt, weil sie um die Jahrhundertwende für den Berliner U-Bahn-Bau entwickelt wurde. T. stellt man zur Sicherung von Baugrubenwänden her. Sie bestehen aus in 1,5–2,5 m Abständen gerammten Stahlprofilträgern mit dazwischen eingelegten und verkeilten Holzbohlen. Gegenüberliegende T. werden durch Gurte und (früher) Steifen abgestützt. Inzwischen sind eine Vielzahl von Varianten entstanden. Wenn Rammerschütterungen oder Geräusche vermieden werden sollen oder wenn harte Schichten anstehen, stellt man die Bohlträger in vorgebohrte Löcher. Der Raum zwischen Träger und Bohrlochwand wird mit Magerbeton oder rolligem Erdstoff gefüllt. Als Träger verwendet man heute vielfach IPB-Profile, die eine größere Quersteifigkeit als I-Träger haben. Die für den Baubetrieb hinderlichen Steifen werden i. a. durch → Anker ersetzt. Statt der Holzbohlen sind auch andere Holzprofile, Kanaldielen, Stahlbetonplatten oder auch Spritzbeton üblich. Die Stahlbetonplatten senkt man kontinuierlich mit dem Baugrubenaushub zwischen den Trägern ab. *Meißner*

Trägerrost. Der T. besteht aus zwei Scharen meist paralleler Träger, die zumeist rechtwinklig in den Kreuzungspunkten miteinander verbunden sind, so daß sie dort gleiche Durchbiegungen haben müssen. Liegen beide Scharen übereinander und sind sie lotrecht zu den Trägerachsen nur durch starre Gelenkstäbe miteinander verbunden, so sind ihre Formänderungen im übrigen unabhängig voneinander. Fast immer sind die Träger jedoch biege- und torsionssteif miteinander verbunden, so daß sie in den Kreuzungspunkten auch gleiche Verdrehungen erfahren müssen; dabei wird auch der Querbiegungs- und Verdrehungswiderstand in Anspruch genommen. Bei Stahlträgern (I- und U-Profilen) ist diese Wirkung geringer als bei Stahlbetonquerschnitten. Die T. können zweiseitig (Brückenträgerrost) oder vierseitig aufgelagert sein. Während bei einzeln nebeneinander liegenden Trägern nur der jeweils belastete Träger beansprucht wird, verteilt sich die Last bei T. auf alle Träger. Dadurch ist eine wesentlich günstigere Ausnutzung des Tragvermögens des ganzen Systems möglich. Die T. können auch mit oberer bzw. oberer und unterer Deckenplatte ausgeführt werden. Dies ist im Hoch- und Brückenbau zumeist der Fall. Bei sehr dichter Anordnung der Trägerscharen (Rippen) mit Deckblechen spricht man von orthotropen → Platten. *Laermann*

Trägerschalung. Darunter werden alle Schalungsarten bzw. -systeme verstanden, bei welchen die schalhauttragende Konstruktion aus seriengefertigten Trägern bestehen, sei es aus Holz, Stahl oder Aluminium. Die weitaus am häufigsten genutzten Träger bestehen

aus Holz, entweder aus Steg-/Flanschprofilen oder Gitter-Dreieckstrebenprofilen.

T. nehmen bei vertikalen Bauteilen, vor allem bei Wänden, nach den → Rahmentafelschalungen den zweiten Platz ein, bei den horizontalen Bauteilen liegen sie dagegen weit vor den Rahmentafelsystemen.

T. bei Wänden werden seltener in losen Einzelteilen, häufiger als vorgefertigte Elemente verwandt (kranabhängig).

T. für Decken werden meist, mit Ausnahme bei Schalungstischen, in losen Teilen ein- und ausgeschalt (kranunabhängig). *F. Hoffmann*

Tränkung → Versiegelung

Tragdeckschicht. T. aus → Asphalt erfüllen bei → Wegebefestigungen sowie bei Straßen untergeordneter Bedeutung der Bauklasse VI nach den RStO (→ Bemessung, → Straßenbefestigung) und auf Pkw-Parkplätzen gleichzeitig die Funktion von → Tragschicht und → Deckschicht. Das Mischgut besteht aus einem korngestuften Mineralstoffgemisch mit Bitumen als Bindemittel. T. werden einlagig in einer Schichtdicke zwischen 5 und 10 cm im → Heißeinbau erstellt und können als selbständige Bauweise oder zur Verstärkung alter Wegebefestigungen eingesetzt werden. Bei der Verdichtung des Mischgutes wirken sich vor allem in der kühleren Jahreszeit größere Einbaudicken günstig aus. T. sind i. d. R. wirtschaftlicher als → Asphalttragschichten mit Deckschichten. Der Mischgutzusammensetzung von T. muß man immer dann besondere Aufmerksamkeit widmen, wenn diese Bauweise auf Verkehrsflächen zum Einsatz kommt, bei denen schweres → Verdichtungsgerät wegen des → Unterbaus oder Untergrunds nicht verwendet werden kann. *Beckedahl*

Literatur: *Zusätzliche Technische Vertragsbedingungen und Richtlinien für den Bau von Fahrbahndecken aus Asphalt (ZTVAsphalt-StB). – Zusätzliche Technische Vertragsbedingungen und Richtlinien für die Befestigung ländlicher Wege (ZTV-LW).*

Tragfähigkeit. Unter T. ist der Widerstand gegen kurzzeitige Verformungen zu verstehen. Dabei ist zwischen der T. während des Bauzustandes auf Schichten ohne Bindemittel bzw. auf dem → Planum (Untergrund, → Unterbau, → Frostschutzschicht, → Kiestragschicht, → Schottertragschicht) und auf vorhandenen Verkehrswegebefestigungen zu deren strukturellen Analyse zu unterscheiden. Die T. kann mit verschiedenen Meßverfahren ermittelt werden, wobei grundsätzlich in statische, quasistatische und dynamische Meßverfahren unterschieden wird. Als Meßgrößen bzw. Zustandsindikatoren dienen die Einsenkung bzw. Deflexion, die Einflußlinie und/oder die Deflexionsmulde. Bei allen Meßverfahren wird eine Last auf die Straßenoberfläche aufgebracht und die daraus resultierende Reaktion der → Straßenbefestigung erfaßt. Der

Quotient aus der aufgebrachten Last und der maximalen Einsenkung bzw. Deflexion im Lastzentrum wird → Steifigkeit genannt.

Zur Bestimmung der T. auf Schichten ohne Bindemittel und auf dem Planum während des Bauzustandes wird als statisches Meßverfahren der → Plattendruckversuch eingesetzt. Als Zustandsindikator wird hier der Verformungsmodul E_{v2} verwendet. Als dynamisches Meßverfahren kann ein leichtes Fallgewichtsgerät nach der „Technischen Prüfvorschrift für Boden und Fels im Straßenbau TP BF – StB Teil 8.3" eingesetzt werden.

In Deutschland werden zur Bestimmung der T. einer vorhandenen Straßenbefestigung als quasistatische Meßverfahren der *Benkelman*-Balken, der Deflektograph *Lacroix* und als dynamisches Meßverfahren das Fallgewicht-Deflektometer eingesetzt. Neben diesen Meßverfahren existieren noch der dynamische Lastplattenversuch (wird in Deutschland i. d. R. nicht mehr angewendet) und ein schnellfahrendes Meßsystem mit Laser-Abtastung (zur Zeit in der Erprobungsphase). Während die Messung mit dem *Benkelman*-Balken die Entlastungsreaktion der Straße erfaßt (Rückfederung) wird mit dem Deflektograph *Lacroix* die Belastungsreaktion (Einfederung) einer Straßenbefestigung ermittelt. Je nach Ausrüstung der quasistatischen Meßverfahren kann neben der maximalen Einsenkung im Lastzentrum auch der zeitliche Verlauf der Einsenkung eines Punktes der Straßenoberfläche während der Bewegung der Last, die Einflußlinie, aufgezeichnet werden.

Die quasistatischen Meßverfahren verwenden als Belastung einen Lkw-Zwillingsreifen mit definierter Last, wobei durch den Zeitverlauf der Belastung bzw. Entlastung die Trägheitskräfte vernachlässigbar klein sind.

Dynamische T.-Meßverfahren benutzen dagegen eine kurzzeitige Belastung von 10 ms bis 100 ms Dauer, die eine Berücksichtigung der Trägheitskräfte erfordern. Beim Fallgewichts-Deflektometer (FWD) wird eine Fallmasse aus definierter Höhe fallen gelassen, wodurch ein von der Zeit abhängiger Kraftimpuls über eine Belastungsplatte in die Straßenbefestigung eingeleitet wird. Die zeitabhängige Reaktion des Straßenaufbaus, die Deflexion, wird an der Straßenoberfläche i. d. R. innerhalb und außerhalb des Lastzentrums durch Meßwertaufnehmer erfaßt. Bewertungshintergründe, um die T. für die → Bemessung von Verstärkungen (Erhaltung) zu nutzen, werden zur Zeit erarbeitet. Hierbei besteht insbesondere beim Einsatz auf → Asphaltdecken eine große Schwierigkeit bei der Berücksichtigung des Temperatureinflusses, vor allem bei der Normierung der T. in bezug auf eine Referenztemperatur. *Beckedahl*

Literatur: *Buseck:* Tragverhalten von Straßenbefestigungen, Überprüfung der Verträglichkeit zwischen gemessenen und gerechneten Einsenkungslinien von Straßenbefestigungen. Forschung Straßenbau und Straßenverkehrst. (1989) Nr. 572. –

Hürtgen/Straube/Beckedahl: Begleitende Forschung zur Einführung des Falling Weight Deflectometer in Deutschland. IGSV Veröffentl. (1993) Nr. 1. – Techn. Prüfvorschr. für Boden und Fels im Straßenbau, TP BF-StB.

Traggerüst. T., früher → Lehrgerüste, dienen in der Regel
– der Stützung von Massiv-Tragwerken, bis diese ausreichende Tragfähigkeit erreicht haben,
– der Aufnahme der beim Herstellen, Instandhalten, Ändern oder Beseitigen von baulichen Anlagen auftretenden Lasten von Bauteilen, Geräten und Transportmitteln,
– der vorübergehenden Lagerung von Baustoffen, Bauteilen und Geräten.

Sie sind Baukonstruktionen, die im allgemeinen an der Verwendungsstelle aus Einzelteilen zusammengesetzt und wieder auseinandergenommen werden können.

Zu den T. gehören auch deren Gründungen.

Zu den T.-Bauteilen zählen nicht nur Primärrüstglieder wie z. B.
– Rahmenstützen aus Stahl oder Aluminium,
– Gerüstrohre und Kupplungen,
– schwere → Rüststützen ein- oder mehrstielig,
– schwere → Rüstträger (Vollwand- oder Gitterträger)
sondern auch
– Schalhaut,
– leichte Schalhautträger,
– Baustützen aus Stahl oder Aluminium.

T. werden nach DIN 4421 in drei Gruppen eingestuft, wobei die der Gruppe I vor allem im Schalungsbau als → Schalungsgerüste Verwendung finden.

Die Gruppen II und III werden dagegen bei schweren Massivbauteilen eingesetzt. *F. Hoffmann*

Tragkonstruktion, elastisch gebettet. Hierbei sind die Beanspruchungen im → Tragwerk vom Verformungsverhalten der elastischen → Bettung oder Lagerung und dieses wiederum vom Verformungsverhalten des Tragwerks abhängig. Zur Berechnung werden bei Einzelauflagerung (z. B. Durchlaufträgern) diese durch elastische Felder ersetzt. Bei flächenhafter Gründung eines Bauwerks (z. B. Platten- oder Streifenfundamenten) kann die Berechnung nach dem Bettungsmodul- oder dem Streifenmodulverfahren erfolgen.

Laermann

Traglast. Allgemein wird der bei gegebener Lastkombination und unter Berücksichtigung von Materialplastizierung vom → Tragwerk maximal aufnehmbare Lastzustand als T. bezeichnet. Dies gilt sowohl für die Berechnung nach der genaueren Fließzonentheorie als auch nach der näherungsweisen Fließgelenktheorie (→ Fließgelenk). Speziell bei Anwendung der Fließgelenktheorie wird die Definition der T. erweitert als die Last, unter der das Tragwerk nach Ausbildung einer hinreichenden Anzahl von Fließgelenken zur kinematischen Kette wird (→ Fließgelenkkette).

Sedlacek/Scholz

Tragschicht. Mit T. wird eine Befestigungsschicht im Bereich zwischen Planum und Decke bezeichnet, deren Hauptfunktion in ihrer druckverteilenden Wirkung besteht. Die Standardaufbauten von Straßen sehen in dem genannten Bereich eine Anordnung von zwei bis drei T. vor, die eine Wahl zwischen verschiedenen Materialien zulassen und damit eine Anpassung an örtliche Gegebenheiten ermöglichen. Die im Regelwerk des Straßenbaus in Deutschland erfaßten T.-Varianten lassen sich folgendermaßen gliedern:

☐ T. ohne Bindemittel: Zu ihnen gehören die → Frostschutzschicht sowie die → Kiestragschicht und die → Schottertragschicht.

☐ T. mit hydraulischen Bindemitteln. Diese Kategorie umfaßt die hydraulisch gebundene T. und die Betontragschicht.

☐ → Asphalttragschichten.

Das in den ZTVT-StB behandelte Bausystem wird für besondere Anwendungsgebiete, wie ländliche Wege (→ Wegebefestigung) und → Flugplatzbefestigungen durch gesonderte Aufbauvorschläge ergänzt. Außerdem stehen Sonderbauweisen zur Verfügung mit z. B. wärmedämmenden T. oder mit voll gebundenem Oberbau (→ Asphaltoberbau). Alle T. sind Bestandteil des frostsicheren Oberbaus. Die unmittelbar auf dem Planum aufliegende T. kann die Funktion einer Frostschutzschicht übernehmen. *Beckedahl/Lücke*

Literatur: Zusätzliche Technische Vertragsbedingungen und Richtlinien für Tragschichten im Straßenbau (ZTVT-StB).

Tragwerk. T. im Bauwesen sind in der Regel vielteilige räumliche Gebilde, deren einzelne Elemente sich durch besondere geometrische Eigenschaften auszeichnen: → Stab (gerade oder gekrümmt), → Scheibe, → Platte, → Schalentragwerk; → Stabtragwerk, Fachwerk, → Stockwerkrahmen, Rahmentragwerk.

Laermann

Translationsschale. Die T. entsteht dadurch, daß eine Erzeugende, die gerade oder gekrümmt sein kann, längs vorgegebener, über dem Grundriß paralleler Leitkurven L_1 und L_2 geführt wird, von denen eine wiederum eine Gerade sein kann (Bild). *Laermann*

Transmissionswärmeverlust. Der T. Q_T in W erfaßt die durch → Wärmeleitung entstehenden → Wärmeverluste. Er wird mit dem mittleren Wärmedurchgangskoeffizienten k_m und der gesamten wärmetauschenden Hüllfläche A des Gebäudes bei gegebener Temperaturdifferenz berechnet:

$$Q_T = k_m \cdot A \cdot \Delta\vartheta.$$

Der stündliche T. wird dem Transmissionswärmebedarf gleichgesetzt. *Cziesielski*

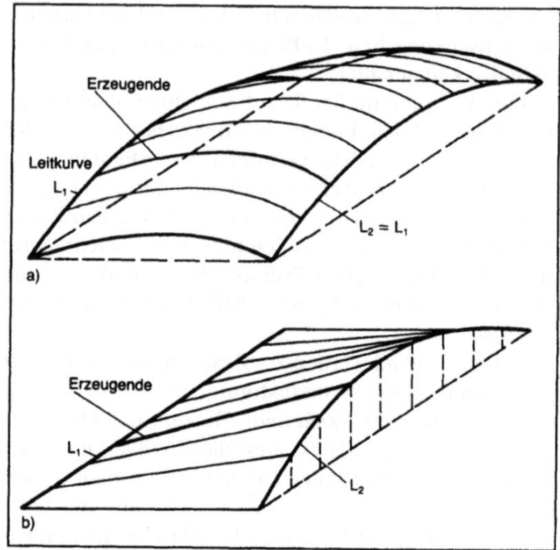

Translationsschale: Bildungsmöglichkeiten.
a) Eine gekrümmte Erzeugende wird längs zweier Leitkurven geführt
b) Eine gerade Erzeugende wird längs einer Leitkurve und einer Leitgeraden geführt (Konoidschale).

Transmissivität. Die T. T eines gespannten homogenen Grundwasserleiters mit der Mächtigkeit M und dem Durchlässigkeitskoeffizienten k_f ist durch $T = k_f \cdot M$ definiert.

Bei freiem → Grundwasser ist die T. T das Produkt des Durchlässigkeitskoeffizienten k_f des homogenen Grundwasserleiters und der mittleren wassergesättigten Mächtigkeit H_m: $T = k_f \cdot H_m$.

Bei geschichteten Gesteinen ist die T. die Summe der Transmissivitäten der Einzelschichten. *Mattheß*

Transport, gleisloser. Zum Abtransport des gelösten Materials gibt es vor allem im Tunnelbau außer dem Gleisbetrieb den gleislosen Betrieb mit Radfahrzeugen und die hydraulische Förderung. Die Radfahrzeuge sind in der Lage, größere Steigungen zu überwinden. Der → Tunnelquerschnitt muß für einen reibungslosen Transportablauf das gleichzeitige Passieren zweier Fahrzeuge zulassen. Als → Transportfahrzeuge gibt es → Fahrlader und → Muldenkipper. Sie wurden speziell für den Tunnel- und Stollenbau entwickelt und zeichnen sich durch geringe Abmessungen, Knicklenkung und hohe Wendigkeit aus. Der Einsatz von Schüttelrutschen und Förderbändern als Transportmittel im Tunnelbau bleibt wegen der hohen Investitionskosten und der Staubbelastung die Ausnahme. *Kühn*

Transportband. Bandförderer aus Gummigurten unterschiedlichen Querschnitts und unterschiedlicher Profilierung mit Gewebe oder Stahlseileinlagen sind das universelle Stetigfördermittel für Schüttgüter bis 300 mm Korn- bzw. Stückgröße. Als Einzelgerät wird das bewegliche Förderband in Stahlprofil- oder Blechträgerkonstruktion in Längen bis 10 m versetzbar und bis 20 m fahrbar eingesetzt. In stationäre Anlagen fest installierte Förderbänder übernehmen die Transportabläufe zwischen den Anlageteilen und zugleich das → Beschicken der zugehörigen Aufbereitungsmaschinen. Kurzgebaute Einheiten sind als Abzugsbänder mit feststehenden Seitenwangen oder mit kastenförmigem Bandquerschnitt (Kastenfördergurt) an Bunkern oder Silos in Verbindung mit Verschlußorganen, wie Schieber und Klappen, angeordnet. Sie erfüllen zugleich, steuer- bzw. regelbar über den Antrieb, die Funktionen des Zuteilens und Bemessens, volumetrisch als Dosierbänder, gewichtsmäßig als Wiegebänder. Gurtförderer größerer Dimension und Leistungsfähigkeit sind zu → Bandstraßen angelegt. Für geringere Anforderungen lassen sich kürzere Einzelbänder aneinanderreihen; dabei brauchen die einzelnen Übergabestellen zusätzliche Einrichtungen gegen Streuverluste. Die Förderleistung der → Bandförderung richtet sich nach der Geschwindigkeit, der Breite und Querschnittsform des Gurts; ein muldenförmiger Gurt hat einen größeren Füllquerschnitt als ein Flachgurt. Die Leistung hängt von der zu überwindenden Steigung ab; die Grenzsteigung beträgt rd. 25° für glatte Förderbänder. Bei besonderen Fördergurten, die mit Stegen besetzt oder mit Quer- und Längswänden versehen sind, geht die überwindbare Steigung bis 50°. Einen starken Einfluß haben naturgemäß die Schütteigenschaften des geförderten Gutes. Bandförderer erfordern einen besonderen Aufwand an Wartung und Pflege. Außer Schutzvorrichtungen sind wirksame Reinigungseinrichtungen gem. → Unfallverhütungsvorschrift (UVV Stetigförderer) anzubringen. *Kühn*

Transportbeton. Beton, dessen Bestandteile in einer Anlage außerhalb der Baustelle abgemessen und meist auch gemischt werden und der an der Baustelle in einbaufertigem Zustand mit den geforderten Frischbetoneigenschaften und in der vereinbarten Zusammensetzung übergeben wird. *Wesche*

Transportbrücke. T., Bandbrücken oder Bandwagen werden als kontinuierliche Förderverbindung zwischen Gewinnungsgerät und → Bandstraße eingesetzt, um wechselnde Abstände und Höhenunterschiede auszugleichen. T. haben Raupenfahrwerk, damit eine schnelle Verfahrbarkeit des Gerätes gewährleistet ist. Man unterscheidet Standard-T. und – für größere Förderleistungen – T. mit mehreren parallel geführten Bändern. Zur Fördergutaufnahme hat die T. eine Übergabeschurre (Bild) und zur Fördergutabgabe eine Abwurftrommel mit → Übergabevorrichtung. *Kühn*

Transportfahrzeug. Bei den T. gibt es außer den handelsüblichen Lastkraftwagen (Lkw) spezielle Erdbau-

Transportbrücke: Übergabeschurre.

fahrzeuge, die ausschließlich für das Transportieren und Entladen des Bodens eingesetzt werden. Der Einsatz der Fahrzeuge ist im Erdbau nur in Kombination und leistungsmäßiger Abstimmung mit entsprechendem Ladegerät sinnvoll. Je nach der Art des T. rechnet man für den erforderlichen Muldeninhalt mit drei bis zehn Schaufeln des Ladegeräts. Als Kenngröße gilt die Nutzlast. Die wirtschaftlichen Einsatzdistanzen liegen normalerweise zwischen 3 und 10 km. Die meisten T. haben Lastschaltgetriebe, Drehmomentwandler und Planetengetriebe in den Radnaben. Manche Fahrzeuge sind allradgetrieben. Differentialsperren erhöhen ihre Geländegängigkeit. Je nach Bauart verfügen sie üblicherweise über hydraulische Servolenkung oder hydrostatische Knicklenkung. Die Förderleistung der T. hängt im wesentlichen von der Fahrzeuggröße und den erzielten Fahrgeschwindigkeiten ab (Bild, S. 658). Der Zustand der Baustraßen ist für die Fahrwiderstände und somit für die Transportgeschwindigkeit von großer Bedeutung; deshalb sollte der Pflege der Fahrstraßen besonderes Augenmerk gelten. Damit die Fahrzeuge in jedem Gang mit der zugehörigen maximalen Geschwindigkeit gefahren werden können und der Verschleiß gering bleibt, ist der Einsatz von Gradern oder Reifendozern für einen wirtschaftlichen gleislosen Erdbau unerläßlich. Weitere Faktoren, die die Leistungsfähigkeit eines Fahrzeugs bestimmen, sind die Wendigkeit, größtmögliche Sicherheit gegen Ausfälle und

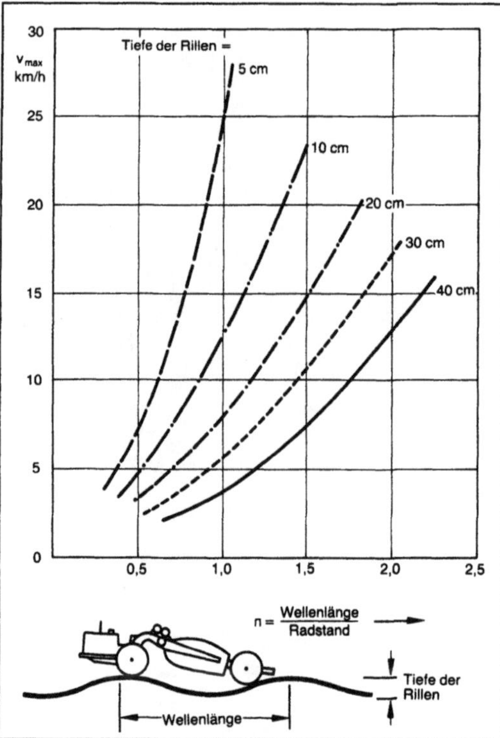

Transportfahrzeug: Maximale Fahrgeschwindigkeiten der Reifenfahrzeuge bei unterschiedlicher Fahrbahnwelligkeit (Querrillen).

das Verhalten beim Entleeren. Die Höchstgeschwindigkeit von T. beträgt rd. 60 km/h auf gepflegten Baustraßen, die mittlere Steigfähigkeit rd. 10%, auf kurzen Strecken auch mehr. Die Flexibilität der Fahrzeuge erlaubt den Einsatz sowohl auf Linien- als auch auf Flächenbaustellen. *Kühn*

Transportmischer. Mischmaschinen, die auf einem Lkw-Fahrgestell aufgebaut sind und je nach Herstellungsverfahren werkgemischten oder fahrzeuggemischten Beton liefern. Bei werkgemischtem Beton sind sie das Bindeglied zwischen der Betonbereitungsanlage und der Baustelle. Dabei wird während des Transports vorher fertig gemischtes Mischgut bzw. die abgemessene Zuschlag/Zement-Menge in der langsam drehenden Trommel ($2-6$ min^{-1}) bewegt (agitiert) und an der Baustelle noch einmal durchgemischt bzw. nach Wasserzugabe fertig gemischt ($10-12$ min^{-1}). Der Bauart nach sind Fahrmischer mit den Trommelumkehrmischern vergleichbar. Die schrägliegende Mischtrommel hat jedoch nur eine Öffnung, durch die sie beschickt und entleert wird. Als Mischwerkzeuge dienen zwei um 180° am Umfang versetzte durchgehende, schneckenförmige Mischspiralen, die folgende Funktionen erfüllen:

□ Einziehen des werkgemischten Betons bzw. der ungemischten Betonkomponenten bei fahrzeuggemischtem Beton;
□ In-Bewegung-Halten (Agitieren) des werkgemischten Betons bzw. Mischen der eingefüllten Komponenten bei fahrzeuggemischtem Beton;
□ Entleeren des fertig gemischten Betons durch Umkehren der Trommeldrehrichtung.

Die Entleerung geschieht über einen besonders angeordneten Auslauftrichter und eine schwenkbare Rutsche. Von den Belademöglichkeiten Top- oder Hecklader wird nur noch der letztgenannte angeboten. Fahrmischertrommeln baut man mit Nenninhalten von $4-10$ m^3 auf 3- oder 4-Achs-Fahrgestellen oder Sattelaufliegern. Einige Hersteller bieten den Transportbetonmischer auch als Wechselaufbausystem an. Den hydrostatischen Antrieb der Mischtrommel kann bei allen Mischergrößen der Fahrzeugmotor oder ein separater Dieselmotor besorgen. Für die Weiterbeförderung des Betons im eingeschränkten Bereich gibt es Fahrmischer mit angebautem Bandförderer oder fest installierter → Betonpumpe. Hierdurch muß allerdings i. d. R. die Nutzladung der Trommel verringert werden. *Kühn*

Transportsystem. Es gibt sechs im Baubetrieb gebräuchliche T., die man entsprechend den an sie gestellten Anforderungen auswählt, wie Förderleistung, Förderweite und örtliche Baustellengegebenheiten, d. h. Bodenbeschaffenheit, Tragfähigkeit des Untergrunds, Geländeform, Förderweite, Beweglichkeit, Unabhängigkeit vom Wettereinfluß usw. Zu den T. gehören (Tabelle) die → Gleisförderung, der → Bagger-Lkw-Betrieb, der Flachbaggerbetrieb, die → Bandförderung, die → Rohrförderung sowie die → Seilförderung. *Kühn*

Trapezprofilblech. T. (Stahltrapezprofile) stellt man aus ebenen, extrem dünnen, verzinkten oder zusätzlich kunststoffbeschichteten Stahlblechen durch Kaltverformung her. Sie werden vorwiegend für Dacheindeckungen und Wandverkleidungen verwendet. Die Mindestdicke beträgt für Dachelemente 0,75 mm, für Deckenelemente 0,88 mm. Die Wirkungsweise der T. als → Biegeträger zur Ableitung der örtlichen Lasten ist nicht allein für die Tragfähigkeit maßgebend, sondern wegen der sehr geringen Blechdicke spielt das Beulverhalten der gedrückten Blechbereiche eine maßgebende Rolle bei der Bemessung. T. für Dächer und Geschoßdecken sind zulassungspflichtig. *Sedlacek/Scholz*

Trassierung. Während die Linienführung die theoretische Verbindung zwischen zwei Orten bezeichnet, ist die Trassenführung die praktisch mögliche Verbindung im Gelände. Sie richtet sich zum einen nach äußeren Gegebenheiten, u. a. Topographie, Geologie und Siedlungsstruktur. Andererseits sind auch fahrdynamische Aspekte (Fahrdynamik) zu beachten.

Transportsystem. Tabelle: Auswahlkriterien.

	1	2	3	4	5	6
Transportsystem	Gleisförderung	Bagger-Lkw-Betrieb	Flachbagger-betrieb	Bandförderung	Seilförderung	Hydr. Förderung
Fahrbahn Steigung (max.)	Schienen 2,5 %	Baustraße 10 %	Gelände 50 %	Bandstraße 14-17°	Tragseil 45°	Spülrohr 3 %
Geländeoberfläche						
Förderleistung	- individuell sehr unterschiedlich			bis 10 000m³/h	100-1000t/h	bis 3000m³/h fest
Stückgröße	grob	grob	grob	feinkörnig	kleinstückig	Sand
Klebendes Material	gut geeignet	gut	gut	schlecht	schlecht	schlecht
Wirt. Förderweite	5-20 km	3-10 km	1-2000 m	1-5 km (100 km)	0,5 - 8 km (80 km)	1-3 km
Beweglichk. d. Fahrbahn	starr	umlegbar	flexibel	verschiebbar	starr	verschiebbar
Bodentragfähigk., kN/m²	>100	500-800	50-300	>50	-	>50
Struktur d. Baustelle	Linie	Netz	Fläche	Linie	Linie	Linie
Verlegen d. Fahrbahn	Rücken	-	-	Rücken	-	Rücken
Hilfsgeräte	Dozer	Grader	Grader, Dozer	Dozer	-	Dozer

Im Gegensatz zu anderen Verkehrssystemen (Straße, Schiffahrt, Luftfahrt) sind die Fahrzeuge des Rad-Schiene-Systems „zwangs"- oder „spurgeführt". Aus diesen technischen Eigenschaften folgt eine T. mit relativ starrer Linienführung (nur ein Freiheitsgrad) und erhöhtem konstruktiven Aufwand für Verzweigungen und Kreuzungen. Infolge der geringen Reibung von Stahl auf Stahl ergeben sich eine geringe Steigfähigkeit, lange Bremswege und ein geringer Energiebedarf für den Transport großer Lasten. Die Eisenbahn-T. ist eine Grenzwert-T., d. h. T.-Parameter werden aus fahrdynamischen und fahrgeometrischen Überlegungen bestimmt. Zu beachten sind der Fahrkomfort (vom Kunden subjektiv akzeptierte Grenzen für Beschleunigung und Verzögerung) und Ladegutsicherheit.

Die T. einer Eisenbahnstrecke besteht aus der Aneinanderreihung bzw. Überlagerung von T.-Elementen im Lageplan (Grade, Gleisbogen, Übergangsbogen), im Höhenplan (Grade, Ausrundung) und im Querschnitt (Überhöhung, Überhöhungsrampe). Für die einzelnen T.-Elemente werden T.-Parameter gewählt, die nach den Kriterien Sicherheit, Fahrgastkomfort und Ladegutsicherheit, Wirtschaftlichkeit und → Umweltverträglichkeit bestimmt werden.

Anders als in der Straßentrassierung ist für die Eisenbahn die horizontale Grade das günstigste T.-Element. Diese kann jedoch nicht immer verwendet werden. Für die T.-Elemente Krümmungen (Gleisbogen, Übergangsbögen), Querneigungen (Überhöhungen), Längsneigungen und ihre Ausrundungen sowie Verbindungselemente (Weichen, Kreuzungen, Kreuzungsweichen) sind Nachweise erforderlich. Längsneigung und Gleisbogen zählen zu den wichtigsten T.-Elementen, da sie die Höchstgeschwindigkeit einer Strecke entscheidend beeinflussen.

Nach der Eisenbahn-Bau- und Betriebsordnung (EBO) soll die Längsneigung der freien Strecke 12,5‰ bei Hauptbahnen und 40‰ bei Nebenbahnen nicht übersteigen. Für → Neubaustrecken gelten abweichend davon 18‰ als obere Grenze. Früher wurden steilere Strecken gebaut: Höllentalbahn 55‰, Geislinger Steige 23‰. Bei Stadtschnellbahnen und Stadtbahnen liegt der Höchstwert bei 40‰. Die Längsneigung von Bahnhofsgleisen soll gemäß EBO 2,5‰ nicht überschreiten. I. a. wird sie jedoch auf 1,67‰ (1 : 600) begrenzt, um die Gefahr zu verringern, daß abgestellte Wagen unbeabsichtigt in Bewegung geraten. Außerdem soll durch die geringe Längsneigung von Bahnhofsgleisen das Anfahren und Bremsen von Zügen erleichtert werden.

Bei der T. soll nach Möglichkeit eine gleichbleibende maßgebende Steigung erreicht werden; d. h. in Gleisbögen ist die Längsneigung wegen des Bogenwiderstandes entsprechend niedriger zu wählen. Die Neigungswechsel werden ausgerundet.

Der Bogenhalbmesser soll gemäß EBO in durchgehenden Hauptgleisen nicht weniger als 300 m betragen, bei Nebenbahnen mindestens 180 m. Kleinere Halbmesser kommen in Industriegleisanschlüssen (→ Privatgleisanschluß, Werkbahn) vor. Die zulässige Fahrgeschwindigkeit nimmt mit dem Bogenhalbmesser zu. Es wird deshalb eine möglichst gestreckte Trassenführung angestrebt.

Für einen bestimmten Bogenhalbmesser hängt die zulässige Höchstgeschwindigkeit von der Überhöhung des Gleises und der zulässigen Seitenbeschleunigung ab, die ein Maß für Komfort und Laufruhe der Fahrzeuge ist. Mit Überhöhung wird der Höhenunterschied der beiden Schienenoberkanten bezeichnet. Durch die Überhöhung wird die parallel zur Gleisebene verlaufende Fliehkraftkomponente um die Eigengewichtskomponente verringert.

Man spricht bei vorgegebener Geschwindigkeit von ausgleichender Überhöhung, wenn beide Kraftkomponenten gleich groß sind und sich demzufolge aufheben. Bei höherer Geschwindigkeit wirkt ein Fliehkraftüberschuß nach der Bogenaußenseite (Überhöhungsfehlbetrag), bei kleineren Geschwindigkeiten ein Hangabtriebüberschuß zur Bogeninnenseite (Überhöhungsüberschuß).

Aus Komfortgründen und zur Verringerung der Oberbau- und Fahrzeugbeanspruchung werden zwischen Gleisbögen und Geraden bzw. Gleisbögen mit unterschiedlichen Radien Übergangsbögen zwischengeschaltet. Sie ermöglichen eine stetige und querruckarme Krümmungsänderung (Ruck = Änderung der Seitenbeschleunigung nach der Zeit, Dimension m/s³). Der Übergangsbogen fällt mit der Überhöhungsrampe zusammen. Die Krümmungsänderung soll proportional zur Überhöhungsänderung sein. Maßgebend für die Übergangsbogenlänge ist im Eisenbahnbau die Länge der Überhöhungsrampe, auf der sich die Verwindung vollzieht. *Kracke/Runge*

Treiben. T. (chemisches → Quellen), ist eine Dehnung durch chemische Umsetzungen (meist durch Wasserbindung), bei denen das Umsetzungsprodukt mehr Volumen benötigt als der Ausgangsstoff. Es tritt vor allem bei Zementen auf, aber auch bei der Hydratation von Salzen in den Poren anorganischer Baustoffe (Naturstein, Mörtel und Beton, keramische Baustoffe). Bei Zement unterscheidet man Kalk-, Magnesia-, Gips- und Alkalitreiben.

Kalktreiben tritt auf, wenn man die Rohstoffmischung des Zementes nicht so eingestellt hatte, daß das gesamte CaO von den Hydraulefaktoren (Zement) gebunden wurde und dadurch freies CaO (Freikalk) im Zementstein enthalten ist. Dieser Kalk hydratisiert nur sehr langsam, dehnt sich dabei um das 1,7fache aus und kann dadurch den inzwischen weitgehend erhärteten Zementstein so auf Zug beanspruchen, daß er zerstört wird.

Magnesiatreiben wird durch die Hydratation des freien Magnesiumoxids (MgO) hervorgerufen. Da das Magnesiumoxid als Periklas aber sehr viel langsamer als der freie Kalk hydratisiert, macht sich der Treibvorgang erst nach einigen Jahren bemerkbar. Außerdem ist das Volumen des Mg(OH)$_2$ 2,2fach größer als das Ausgangsvolumen, d. h. das Magnesiatreiben ist gefährlicher als das Kalktreiben.

Gipstreiben tritt auf, wenn der Gipsgehalt eines Zementes seiner chemischen Zusammensetzung (→ Zement) nicht angepaßt, der zugesetzte Gips beim → Erstarren nicht verbraucht und nur noch sehr langsam im erhärteten Zementstein Calciumaluminatsulfathydrat gebildet wird. Die dabei gebundenen 32 H$_2$O-Moleküle führen zu einem 8mal größeren Volumen und damit zu noch größeren Treibdehnungen als beim Kalk- oder Magnesiatreiben.

Alkalitreiben entsteht durch Wechselwirkung zwischen alkaliempfindlichen Zuschlägen und den Alkalien des Zementes. *Wesche*

Treibsel (auch Treibzeug, Treibgut). T. ist durch das Gewässer angeschwemmtes Material. Durch T. wird die obere Grenze nach hohen Wasserständen angezeigt. Diese Linie wird als Treibsellinie (Geschwemmsellinie) bezeichnet. Ein befestigter Weg auf der Außenberme

zur Räumung des angeschwemmten Materials ist der Treibselräumweg. Vor → Rechen bei Kläranlagenzuläufen wird T. durch Rechenreinigungsmaschinen aufgenommen. Vor Dükern wird T. mit Rechen zurückgehalten. *Muth*

Trennflächengefüge. Oberbegriff für das Gesamtgefüge eines Gebirges in der → Felsmechanik. Das T. ist die Anordnung nach Lage, Form und Art sämtlicher Flächen, entlang derer der Zusammenhalt des Gebirges gestört ist, so bei Klüften, Schieferungen, Störungen. Ursachen für die Ausbildung des T. sind in der tektonischen Beanspruchung, dem Erkalten und Erstarren vulkanischer Gesteine sowie in Schrumpfungsvorgängen geschichteter Sedimentgesteine zu suchen. Der stark anisotrope Charakter des Gesteins beeinflußt in erheblichem Maße die felsmechanischen Eigenschaften. Insofern kommt der Beschreibung der Geometrie des T. mit Hilfe geeigneter Kennwerte große Bedeutung zu. Dies betrifft sowohl die Raumstellung der Trennflächen (→ Streichen, Fallen) wie auch den → Durchtrennungsgrad, die Wasserdurchlässigkeit und die Oberflächenbeschaffenheit der Kluftfläche. *Wagner*

Trennfuge. Aus → Festgesteinen aufgebaute Gebirge sind durch T., wie Spalten, Klüfte, Schicht-, Schieferungs- und Abkühlungsfugen und Lösungshohlräume in geschlossene Gesteinsblöcke unterschiedlicher Form und Größe zerlegt. Offene Klüfte werden ab rd. 80 m Tiefe deutlich seltener, wurden jedoch in mehreren tausend Metern Tiefe in Sediment- und Kristallingesteinen erbohrt. In derartig großen Tiefen nehmen die Kluftvolumina (→ Hohlraumanteile) auf Bruchteile von 1 % ab. Bankungs- und Schieferungsfugen tragen i. a. erst dann zum nutzbaren Hohlraumanteil bei, wenn sie durch tektonische Beanspruchung geöffnet sind. *Matheß*

Trennfugendurchlässigkeit → Durchlässigkeit

Trennverfahren. System der Ortsentwässerung, bei dem Schmutzwässer und Regenwässer in getrennten Systemen gesammelt und abgeleitet werden. Das konkurrierende, bei uns häufiger angewendete Mischverfahren besorgt dies in einem System gemeinsamer Ableitung. Das T. bedingt die getrennte Ableitung von Schmutz- und Regenwasser schon bei der → Grundstückentwässerungsanlage und der Hausentwässerung. Der Vorteil des T. ist, daß die → Kläranlage gleichmäßiger beaufschlagt wird und daß bei richtiger Einrichtung der Schmutzwasserkanal nicht ein- oder überstaut werden kann. In den meist knapper als beim Mischverfahren dimensionierten Regenwasserkanälen ist dagegen ein Einstau bei stärkerem Regen immer möglich. Meist liegt der Schmutzwasserkanal tiefer, um Systemkreuzungen beider Kanäle zu ermöglichen und die tieferen Kellerräume zu entwässern. Neuerdings wird angestrebt, Kellerräume durch → Pumpen oder → Hebeanlagen zu entwässern, so daß Überschwemmungen vermieden werden (vom Kanalnetz her) und die Kanäle flacher und im Keller zugänglich (nicht unter der Kellersohle liegend) sind. Daraus ergeben sich geringere Kosten. Schmutzwasserkanäle brauchen nur den Trockenwetterabfluß aus dem Trinkwasserverbrauch der Haushalte und des Gewerbes aufzunehmen. In der Praxis ist bekannt, daß in dieses Schmutzwasserkanalsystem auch unerwünschte Abflüsse aus dem Grundwasser (Undichtigkeiten, → Dränagen), → Niederschlagwasser (Schachtundichtigkeiten, Schachtdeckel mit Lüftungen, überschwemmte Straßen und → Fehlanschlüsse) und → Fremdwasser gelangen. Es wird daher vorsorglich ein Zuschlag von 50–100% auf den bekannten tatsächlichen Schmutzwasserabfluß berücksichtigt. Das Schmutzwassersystem, das meist mit Rohren von 200 mm DN beginnt, erreicht nur selten nennenswert größere Rohrdimensionen. Es ist bei ordnungsgemäßer Einrichtung praktisch frei von Rückstau, da Zusetzungen kaum vorkommen. Die flacheren Regenwasserkanäle dagegen, die mit Rohrdurchmessern von 250–300 mm beginnen, haben wegen der bei Starkregen anfallenden großen Abflüsse oft wesentlich größere Abmessungen. *Pfeiff*

Triangulation. Klassisches geodätisches Meßverfahren zur Koordinatenbestimmung für Punkte eines Lagefestpunktfeldes. Die Festpunkte bilden ein Dreiecksnetz, dessen Winkel mit dem → Theodolit gemessen werden. Das klassische Triangulationsprinzip (Bild) wurde bis zur Mitte des 20. Jahrhunderts angewendet. Für die an der physischen Erdoberfläche gelegenen Punkte $P_1, \ldots, P_n$ sollen die Lagekoordinaten auf einem → Referenzellipsoid oder in einer Abbildungsebene (→ Abbildung, geodätische) bestimmt werden. Dazu benötigt man vorab die geographischen Koordinaten (Ellipsoid) eines Fundamentalpunktes und das Azimut von dort zu einem Nachbarpunkt. Diese können durch astronomische Beobachtungen ermittelt werden. In der Abbildungsebene entsprechen diesen Werten die ebenen Koordinaten x_o, y_o und der ebene Richtungswinkel t_o. Nach Messung sämtlicher Winkel in den Drei-

ecken lassen sich die Punktkoordinaten aus trigonometrischen Formeln herleiten. Voraussetzung ist allerdings, daß die Länge wenigstens einer Dreiecksseite des Triangulationsnetzes (Basisvergrößerungsseite) bekannt ist (→ Basismessung). Neuere Entwicklungen der geodätischen Meßtechnik haben die früher konkurrenzlose Triangulationsmethode zur geodätischen Punktbestimmung stark in den Hintergrund gedrängt (→ Trilateration). *Pelzer*

Triaxialversuch. Der T.- oder Dreiaxialversuch ist ein in der DIN 18 137, Teil 2, geregelter Versuch zur Ermittlung der Scherparameter für Böden. Der Versuch wird an zylindrischen Probekörpern durchgeführt, die radial durch einen Wasser- oder Luftdruck und axial durch Stempellasten F_z belastet werden (Bild). Die durch eine Gummihülle seitlich abgedichtete Bodenprobe wird in eine Druckzelle eingebaut. O-Ringe pressen die Gummihülle gegen die Fuß- und Kopfplatte, so daß die Probe seitlich luft- und wasserdicht abgeschlossen ist. In der Druckzelle wird dann ein Wasserdruck (bis etwa 0,1 MPa auch Luftdruck) erzeugt, der die Probe allseitig belastet (isotroper Spannungszustand). Proben aus grobkörnigem Erdstoff werden nur kurzzeitig, Schluff- oder Tonproben bis zu mehreren Tagen isotrop beansprucht (Konsolidierung). An den

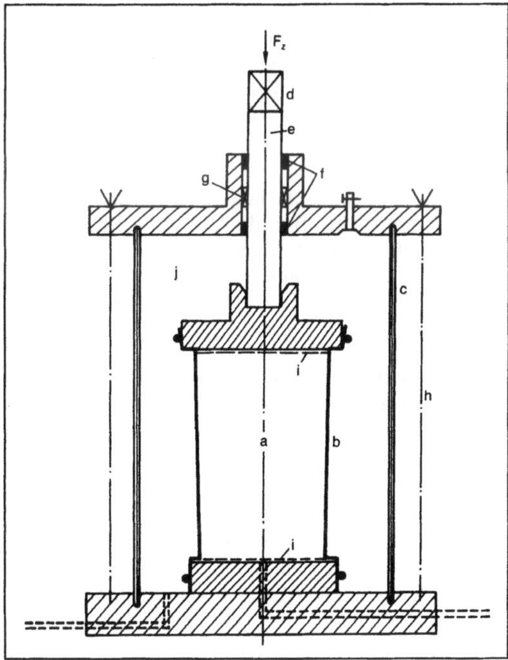

Triaxialversuch: Triaxialgerät.

a Bodenprobe, b Gummihülle mit O-Ringen an den Endplatten, c Druckzelle, d Kraftmeßdose, e Laststempel, f Führung, g Abdichtung, h Zugstange, i Gleitschicht, j Zellflüssigkeit oder Druckluft

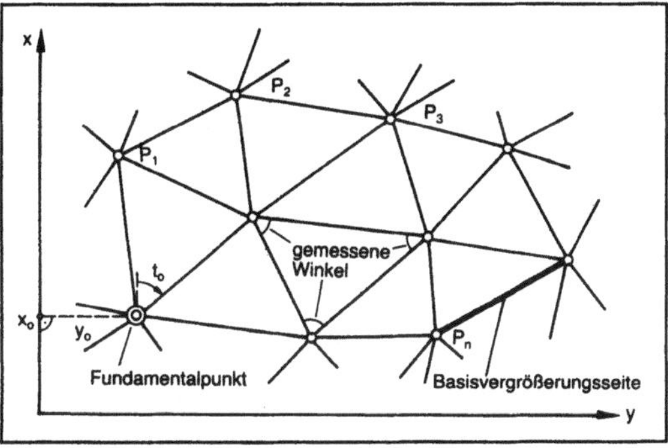

Triangulation: Prinzip eines klassischen T.-Netzes.

isotropen Zustand schließt sich der Abschervorgang an. In konventionellen Versuchen bleibt der Zellendruck während des Versuches konstant und die Axialspannung σ_z wird erhöht. Die Axialbeanspruchung wird in weggesteuerten Versuchen durch einen konstanten Vortrieb des Laststempels und in kraftgesteuerten Versuchen durch schrittweise Lasterhöhung erzeugt. In den sog. Kompressions- oder Extensionsversuchen ändert sich außer der Axialspannung σ_z auch der Zelldruck und damit die Radialspannung σ_r ($\rightarrow$ Bodenmechanik). Versuchsbedingung ist, daß die Spannungssumme während des gesamten Versuches konstant bleibt. Der Probekörper wird in den T. i.d.R. bis zum Erreichen des Bruchzustandes verformt.

Je nach der Bodenart und der Sättigung der Proben werden mehrere Versuchsarten unterschieden. Ein Unterscheidungskriterium ist, ob sich während der Probenverformung in der Probe ein Porenwasserüberdruck aufbaut. Genormt sind der D-Versuch (konsolidiert, dräniert), der CU-Versuch (konsolidiert, undräniert) und der UU-Versuch (unkonsolidiert, undräniert). „Dräniert" oder „undräniert" weist darauf hin, ob während des Abschervorganges Wasser aus der Probe austreten oder in sie einsickern kann. Außer der Stempellast F_z, dem Zellendruck σ_r und dem Vertikalvorschub mißt man bei bestimmten Versuchen auch den Porenwasserdruck in der Probe und die Radialverschiebungen. Die Hauptverformungen und -spannungen in Axial- und Radialrichtung ergeben sich unmittelbar aus den Meßergebnissen. Die entsprechenden Werte für die Tangentialrichtung werden nach der *Haar-Karmann*schen Hypothese gleich den jeweiligen Radialwerten gesetzt. Versuchsergebnisse sind Arbeitslinien sowie Scherparameter für bestimmte Schergesetze (Bodenmechanik).

In sog. „echten" Dreiaxialgeräten werden kubische Proben untersucht. Bei dieser aufwendigen Versuchseinrichtung sind die Spannungs- und Verformungsgrößen in den drei Raumrichtungen unabhängig voneinander regelbar. *Meißner/Becker*

Trigonitträger. Gitterträger, bei dem man die Füllstäbe an den Knotenpunkten mittels Keilzinkung verleimt. Die zweiteiligen Gurthölzer werden mit den Gitterstäben vernagelt. Einen eventuellen Gurtholzstoß führt man mit verleimter Keilzinkung aus. T. kommen in Dach- und Deckentragwerken und im Schalungsbau zum Einsatz. Die Ausführungsvorschriften sind in einer Sonderzulassung geregelt. Zur $\rightarrow$ Verleimung wird ausschließlich Resorcinharzleim verwendet (Bild).

Dröge

Literatur: *Halász, R. v.*, u. *C. Scheer* (Hrsg.): Holzbau-Taschenbuch. Bd. 1. 9. Aufl. Berlin 1996.

Trilateration. T. ist ein geodätisches Meßverfahren zur Koordinatenbestimmung für Punkte eines Lagefestpunktfeldes. Die Festpunkte bilden ein geodätisches

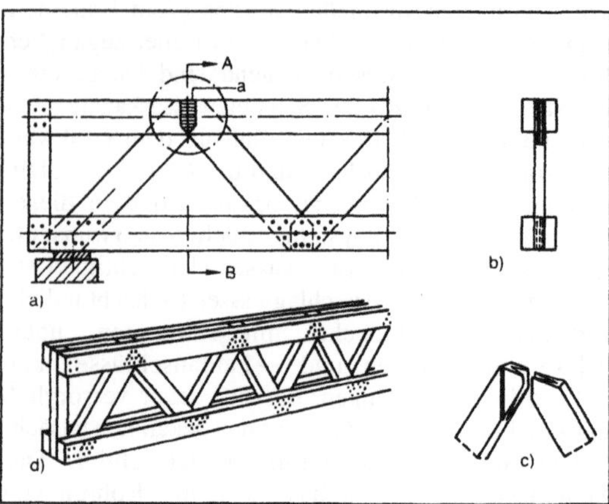

Trigonitträger: Ansicht, Schnitt, Detail und axonometrische Darstellung.
a) Ansicht
b) Schnitt A–B
c) Detail A
d) Axonometrische Darstellung.

a Leimfläche

Netz, dessen Grundfigur das Diagonalviereck ist (Bild). Gemessen werden die Seiten und Diagonalen dieser Vierecke. Es besteht eine enge Verwandtschaft und zugleich Polarität zum klassischen Verfahren der $\rightarrow$ Triangulation, bei dem man Winkel in Dreiecken mißt. Das Verfahren der T. nutzt die Vorteile, die die elektronische Distanzmessung gegenüber der klassischen $\rightarrow$ Winkelmessung insbes. bei größeren Abständen der Netzpunkte bietet. Dort ist speziell die Mikrowellendistanzmessung erheblich wirtschaftlicher, weil weniger witterungsabhängig, und zudem noch genauer als die Winkelmessung. Für kürzere Punktabstände (< 20 km) bevorzugte man eine Kombination von Triangulation und T. und erhielt dadurch geodätische Netze von sehr homogener Genauigkeit. Sowohl die Triangulation als auch die T. sind seit einigen Jahren durch die Verfahren

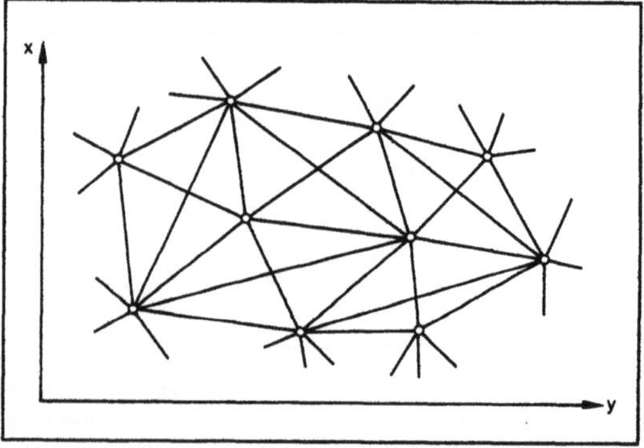

Trilateration: Netzbild eines T.-Netzes.

der Satellitengeodäsie fast vollständig verdrängt worden. *Pelzer*
Literatur: *Pelzer, H.* (Hrsg.): Geodätische Netze in Landes- und Ingenieurvermessung II. Stuttgart 1985.

Trinkwasser. T. ist ein Lebensmittel und erfordert daher im Umgang und Gebrauch besondere Sorgfalt. Nach DIN 2000 werden an T. besondere Anforderungen hinsichtlich Herkunft, Sauberkeit und Frische, Chemismus, Temperatur und bakteriologischer Reinheit gestellt. Nach europäischen und deutschen Vorschriften sind für einzelne Komponenten Grenzwerte vorgeschrieben, um dem Geschmack, gesundheitlichen Belangen und der praktischen Nutzung für viele Zwecke (Haushalt, Gewerbe, Netzerhaltung und -betrieb) gerecht zu bleiben. Von besonderer Bedeutung sind dabei Salze, wie Chloride und Nitrate, Härte, Kohlensäure sowie Zink, Blei, Zinn, Cadmium, Quecksilber, Schwermetalle und sonstige spezielle Schadstoffe. T. fällt unter das Lebensmittel- und das Seuchengesetz. Es darf daher nur mit Stoffen in Kontakt kommen, die weder seine Qualität beeinträchtigen noch gesundheitsschädlich sind. Personal, das zu Arbeiten an T.-Anlagen zugelassen ist, muß nach dem Lebensmittelgesetz regelmäßig überwacht werden.

In der T.-Aufbereitungs-Verordnung sind Grenzwerte der Veränderung durch T.-Aufbereitung festgelegt, z. B. bei → pH-Wert, P^+, Si^+, Ag^+. Diese Grenzwerte werden vom Gesundheitsamt überwacht. Dadurch wird geregelt, wie T. chemisch und bakteriologisch zu überwachen ist, die Phosphat-Verordnung regelt den Einsatz von Waschmitteln, je nach der Härte des T. Die Liste der dabei zu prüfenden Stoffanteile wird zunehmend länger, der Aufwand höher. Die technischen Vorschriften für T.-Leitungen auf Grundstücken und in Bauwerken sind in DIN 1988 und die für → Wasserfassungen, → Wasseraufbereitung und → Wasserspeicherung in DIN 2000 zusammengefaßt. Darüber hinaus gibt es spezielle technische Vorschriften des Deutschen Vereins der Gas- und Wasserfachleute (→ DVGW), der auch die Zulassung zu Arbeiten an T.-Anlagen für Betriebe und Produkte, Bauteile und Baustoffe regelt. Schließlich ist der → Korrosion besondere Aufmerksamkeit zu widmen, da das T. in ihm enthaltenes Gas, vor allem CO_2, O_2, je nach Druck, Temperatur und Strömungszustand freisetzt oder aufnimmt. Im T. sind immer Salze und Gase gelöst und bis zu 100 Keime/ml enthalten, die sich auf Nährböden bei geeigneten Umweltbedingungen entwickeln. Dazu gehören auch eisen-, mangan- und sulfatreduzierende und einige Gruppen virulenter (bei Zimmertemperatur über längere Zeit) Bakterien. Bei Lichtzutritt entwickeln sich Algen.

T. hat bei geschützter Zuleitung Temperaturen von mindestens 5–10 °C und von höchstens 15–16 °C je nach Herkunft, Netz und Jahreszeit. Bei höheren Außentemperaturen kann es bei nicht wärmeisolierten Rohren in Räumen, im Freien und gelegentlich auch im Boden zu schädlichen Kondensationserscheinungen kommen (Beschlagen). Zum Frostschutz ist je nach der Region, Bodenart und evtl. Wärmeisolierung eine Überdeckung von 1,00–1,80 m in Deutschland frostsicher. Ein anderer, aufwendiger Frostschutz besteht im ausreichenden „Durchlaufenlassen" von Wasser. T. wird in Deutschland nicht nur als Lebensmittel (2–4 l/Einwohner und Tag), sondern auch für sanitäre Zwecke, als Reinigungs- und Transportmittel und als Feuerlöschmittel benutzt. Man braucht es auch für gewerbliche und industrielle Zwecke. Dabei gibt es teils einen Ge-, teils einen Verbrauch, ersteres z. B. durch Mehrfachnutzung in Kreislauf oder Kaskade, letzteres z. B. bei Produktionsprozessen oder bei Verlusten und beim Verdunsten. In der → Siedlungswasserwirtschaft in Deutschland gilt bisher das Prinzip der „einsträngigen" Versorgung für alle diese Aufgaben. Anderenorts gibt es gelegentlich auch eine Zweitwasserversorgung mit minderwertiger Wassergüte für Betriebs- und/oder Transportzwecke, wozu nicht immer unbedingt T.-Qualität nötig ist.

Die Ressourcen für das T. in Deutschland sind → Grundwasser, uferfiltriertes und angereichertes Grundwasser sowie → Oberflächenwasser. Quellwasser ist Grundwasser. Die Fassungsbereiche für die öffentliche T.-Versorgung sind durch T.-Schutzgebiete für bestehende und auch künftige Nutzungen nach dem → Wasserhaushaltsgesetz (WHG) und den Landeswassergesetzen geschützt. Dabei werden die Zone I (Fassungsbereich), Zone II (engere Schutzzonen) und Zone III (weitere Schutzzonen) unterschieden. Im Jahre 1979 waren danach durch förmliche Verfahren von rd. 14 000 Schutzgebieten für Grundwasser (rd. 50 für T.-Talsperren und rd. 10 für Seen) mehr als 6 700 T.-Schutzgebiete festgesetzt. Davon betroffen waren durch die Zonen I und II rd. 1,5% sowie I, II und III rd. 10,9% der Fläche der Bundesrepublik Deutschland. 1994 waren in Baden-Württemberg so bereits 17,4% der Landesfläche Wasserschutzgebiet für 2 477 Fälle. Bis 1998 sollen mit ca. 28% der Landesfläche alle Schutzgebiete festgelegt sein. In diesen Zonen sind gesetzliche Nutzungsbeschränkungen bis zu → Enteignungen möglich. Sie sind an durchführenden Straßen durch Schilder gekennzeichnet.

Besondere Konflikte ergeben sich mit der Landwirtschaft aus den europäischen Regelungen für Nitrat (vorher bei uns 90 mg/l zulässig) aus dem neuen Grenzwert von 50 mg/l, empfohlen sogar 25 mg/l und der Schädlingsbekämpfungs-Rückstände von 0,1 µg/l (früher in solchen Konzentrationen nicht nachweisbar) für einen Stoff, 0,5 µg/l für mehrere Stoffe. Es wird damit notwendig, durch Beratung und Hilfen auf die Landwirtschaft Einfluß zu nehmen. Zur Aufwandabdeckung werden in einigen Ländern besondere Gebühren für die Wasser-/Grundwasserentnahme erhoben (Baden-Württemberg, Hessen). *Pfeiff*

663

Trittschall. Man versteht darunter die Geräusche, die unter einer Decke bei ihrem Begehen entstehen, im weiteren Sinne auch Geräusche durch andere unmittelbare und mittelbare Körperschallanregungen von Decken an ihrer Oberseite, z.B. durch Nähmaschine, Schreibmaschine, spielende Kinder. Für die meßtechnische Kennzeichnung werden die Gehgeräusche und die anderen Körperschallanregungen näherungsweise durch ein Normhammerwerk nach DIN 52210, Tl. 1, ersetzt, das periodisch auf die Decke klopft. Dieses Geräusch ist in der Regel ungefähr 20–25 dB lauter als Gehgeräusche. Es enthält auch mehr höhere Frequenzen als das Gehgeräusch. Versuche, dieses Hammerwerk durch ein anderes zu ersetzen, das den Gehvorgang besser wiedergibt, sind bisher gescheitert.

Gösele

Literatur: *Cremer, L.,* u. *M. Heckl:* Körperschall. Berlin 1996. – DIN 52210. Tl. 1: Bauakustische Prüfungen. Luft- und Trittschalldämmung. Meßverfahren. – *Gösele, K.:* Zur Dämmung von Gehgeräuschen. Gesundh.-Ing. (1959), S. 11.

Trittschalldämmung. T. ist die Eigenschaft bestimmter Deckenbauteile, die Übertragung des → Trittschalls in unter ihnen liegende Räume, aber auch in andere nicht unmittelbar angrenzende Räume, zu vermindern. Bei massiven Decken haben sich folgende Einflußgrößen als besonders wirksam erwiesen:

☐ Decken schwer ausbilden: Beim Verdoppeln der Deckenmasse wird eine Verbesserung um rd. 10 dB erreicht.

☐ Verlegen eines weichfedernden Gehbelags, vor allem eines Teppichbelags: Verbesserung bis etwa 30 dB.

☐ Verlegen eines schwimmenden Estrichs auf einer weichfedernden Dämmschicht mit geringer dynamischer Steifigkeit: Verbesserung bis etwa 30 dB.

Die ersten beiden Verbesserungen sowie die erste und die dritte Verbesserung lassen sich jeweils addieren, die beiden letzteren jedoch nicht.

Die unterseitige → Verkleidung von Massivdecken ist für den Trittschallschutz in Massivbauten nur bei sehr leichten Decken von Bedeutung. Davon ausgenommen sind Skelettbauten mit leichten, biegeweichen Zwischenwänden. Dort können unterseitige Deckenverkleidungen Verminderungen des übertragenen Trittschalls in der Größe von 15 bis 25 dB ergeben. Hier tritt die sonst störende Trittschallübertragung über die massiven Wände nicht auf.

Gösele

Literatur: DIN 4109: Schallschutz im Hochbau. Ausg. 1989.

Trittschallschutzmaß. Das T. oder TSM nach DIN 4109, Ausg. 1962, diente zur zahlenmäßigen Kennzeichnung der → Trittschalldämmung. Es ist inzwischen durch den bewerteten Normtrittschallpegel L_{nw} ersetzt worden, wobei folgende Umrechnung möglich ist: $L_{nw} = 63$ dB – TSM. Es wird aus dem gemessenen → Normtrittschallpegel je Oktave durch Vergleich mit einer Bewertungskurve B (früher Soll-

Kurve) berechnet (Bild 1). Diese Bewertungskurve wird solange verschoben (B' in Bild 1), bis die Überschreitung Ü durch die Meßwerte (M) im Mittel 2 dB beträgt (schraffierter Bereich). Die Verschiebung von B nach B' in dB ist das T. Die Werte des TSM bewegen sich zwischen etwa –15 dB (Rohdecken) und 25 dB (gute Decken mit schwimmendem Estrich und Teppichbelag). In DIN 4109, Ausg. 1989, sind folgende Grenzwerte für Mehrfamilienhäuser genannt:

Mindestanforderungen   10 dB,
erhöhter Schallschutz   17 dB.

In Bild 2 ist eine Häufigkeitsverteilung des T. bei Wohnraumdecken in Mehrfamilienhäusern dargestellt.

Gösele

Literatur: DIN 4109: Schallschutz im Hochbau. Ausg. 1962 u. 1989. – DIN 52210. Tl. 4: Bauakustische Prüfungen. Luft- und Trittschalldämmung. Ermittlung von Einzahlangaben. – *Gösele, K.,* u. *W. Schüle:* Schall – Wärme – Feuchte. 10. Aufl. Wiesbaden 1996.

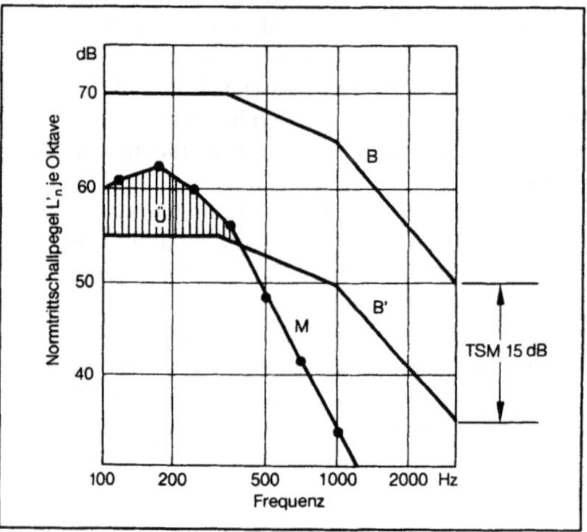

Trittschallschutzmaß 1: Zur Bestimmung des T. von Decken nach DIN 4109.

M Meßwerte

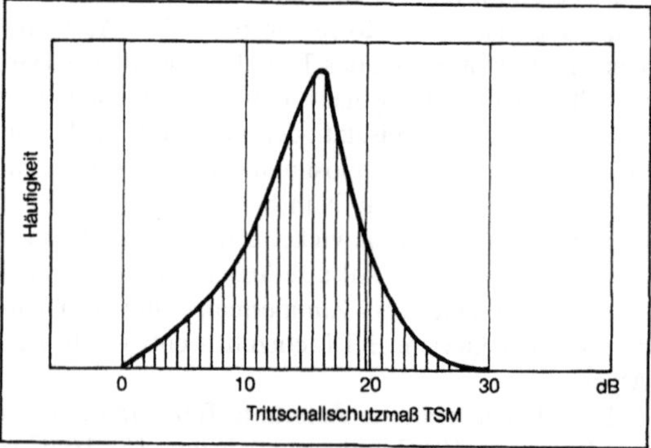

Trittschallschutzmaß 2: Häufigkeitsverteilung des T. von Wohnungstrenndecken.

Trittschallschutzmaß, äquivalentes → Normtrittschallpegel, äquivalenter bewerteter

Trittschallverbesserungsmaß. Das T. in dB gibt zahlenmäßig die Verbesserung der → Trittschalldämmung einer Massivdecke durch einen aufgebrachten Fußbodenaufbau, z. B. einen Gehbelag, einen schwimmenden Estrich o. ä., an. In der Tabelle ist ein Überblick über die erreichbaren Werte gegeben. In DIN 4109 (1989), Beibl. 1, sind weitere Werte angegeben. Das T. ΔL_w ist die Erhöhung des → Trittschallschutzmaßes einer in ihren schalltechnischen Eigenschaften in DIN 52210, Tl. 4, festgelegten Massivdecke. Ein T. von 20 dB beispielsweise bedeutet, daß bei einer Massivdecke der bewertete → Normtrittschallpegel durch den betrachteten Fußboden um etwa 20 dB verringert wird. Die Kenntnis des T. ist für die Vorherberechnung des Trittschallschutzes einer geplanten Massivdecke notwendig. *Gösele*

Literatur: DIN 4109: Schallschutz im Hochbau. Ausg. 1989. – *Gösele, K.,* u. *W. Schüle:* Schall – Wärme – Feuchte. 10. Aufl. Wiesbaden 1996.

Trittschallverbesserungsmaß. Tabelle: ΔL_w gebräuchlicher Fußbodenausführungen.

Fußbodenausführung	ΔL_w dB
Gehbeläge aus PVC, Linoleum, Gummi o. ä.	
ohne unterseitige Dämmschicht	5 – 10
mit zusätzlicher Dämmschicht	12 – 15
Teppichbeläge	20 – 30
schwimmende Estriche (aus beliebigem Material)	
auf 15–20 mm dicken Mineralfaserplatten	rd. 30
auf 30 mm Polystyrolschaumplatte, elastifiziert	rd. 25 – 30
auf Polystyrolhartschaumplatten normalhart	20 – 25
Holzfußboden auf Lagerhölzern	20

Trockenfilmdicke → Schichtdicke

Trocknungsanlage. Im → Heißeinbau bituminöser Massen ist die Körnung zunächst zu trocknen und im selben Arbeitsgang auf die notwendige Mischtemperatur (mindestens 150 – 200 °C) zu erhitzen. Diese Trocknung und Erwärmung wird in Trommeltrocknern (Bild) vorgenommen, die vorzugsweise im Gegenstrom der Heizgase, bei einer Bauart, der Kombination von Trockentrommel und → Trommelmischer, im Gleichstrom, arbeiten. In einem zylindrischen, über einen Reibradantrieb mit rd. 10 min^{-1} gedrehten Behälter wird

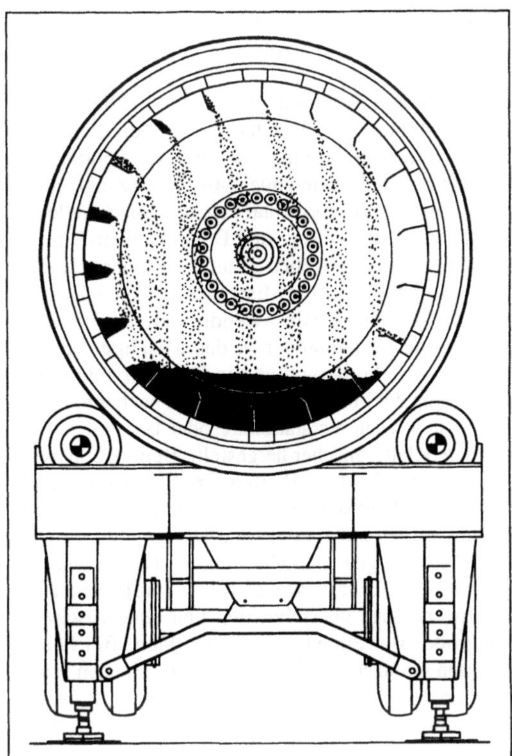

Trocknungsanlage: Querschnitt eines Trommeltrockners.

das vordosierte Korngemenge am etwas höher liegenden Ende meist über ein Becherwerk stetig zugegeben, von den an der Innenwand angebrachten Schaufeln aufgenommen und durch den Heißgasstrahl und die Flammenfront fallen gelassen; das trockene und erwärmte Gut verläßt am tieferliegenden Ende die Trockentrommel. Das Abgas mit Wasserdampf und Staub wird der Entstaubungseinrichtung von vor- bzw. nachgeschalteten Exhaustern zugeführt. Im → Betonbau ist bei niedrigen Temperaturen eine Erwärmung des Zuschlags erforderlich, was außer mit einer Bedampfung, durch die sich Kondensat bildet, mit einer Heißlufteinleitung oder mit einer indirekten Erwärmung geschehen kann. In beiden Fällen ist eine Verminderung der Eigenfeuchte bis hin zum Trocknen verbunden. Eine Erwärmung und Trocknung in Öfen oder mit Wärmestrahlern, dabei mit Bandförderung, ist im Baubetrieb selten. Für Trockenmörtel und -beton ist der Zuschlag zu trocknen. Ansonsten läßt sich die Verlustarbeit in Zerkleinerungsmaschinen insbes. von Feinbrechern und Mühlen gleichsam zum Trocknen ausnutzen, weitaus wirksamer noch mit der Einleitung von Heißgas.

Kühn

Trocknungszeit. Zeitspanne zwischen Auftrag eines flüssigen Beschichtungsstoffes und Erreichen eines bestimmten Zustandes während der Filmbildung z. B. staubtrocken, klebfrei, griffest.   *Sasse*

Trogmischer. T. sind ähnlich wie → Tellermischer Mischsysteme in → Mischanlagen, bei denen die Mischwirkung durch eine zwangsweise Führung des Mischguts mittels rotierender Mischwerkzeuge erzielt wird. T. haben eine horizontal liegende Mischwelle und werden in Einwellentrog- und Doppelwellen-T. unterschieden. Beim Einwellen-T. sind an einer zentralen Welle zwei gegenläufige Mischwendel von ⅔ Troglänge befestigt. Diese Mischwendel tauchen bei jeder Umdrehung nacheinander in das Mischgut ein und erzeugen eine Förderwirkung in Umfangrichtung und in Richtung der Mischwelle von außen nach innen. Einwellen-T. werden als stationäre oder bewegliche und kippbare Klettermischer hergestellt. Beim Doppelwellenmischer (Bild) arbeiten zwei gegenläufige Mischwendel mit spiralenförmig angeordneten Einzelschaufeln rotierend in zwei parallel liegenden zylindrischen Mischtrögen. Das Mischgut wird innen über den Verschluß gefördert, wo sich die Laufbahnen der Mischwerkzeuge überschneiden und eine Mischzone mit großer Bewegungsintensität bilden. Bei beiden Bauarten schützen abriebfeste Schlußbleche den Innenraum des Mischers. T. sind in Baugrößen bis 3 m³ verdichtetem Beton im Einsatz.   *Kühn*

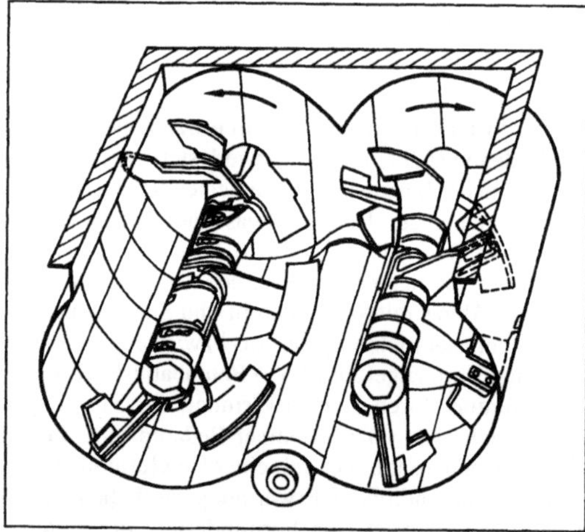

Trogmischer: Doppelwellen-T.

Trommelbagger. Der T. arbeitet mit einem trommelartig geformten Schaufelrad, das den Boden abschält. Im Gegensatz zum → Schaufelradbagger sitzt das Abbauwerkzeug nicht an einem Ausleger, sondern ist seitlich neben dem Fahrwerk angebracht. Das kontinuierlich gelöste Material wird mit einem Förderband auf Transportgeräte übergeben.   *Kühn*

Trommelmischer. Mischmaschinen, bei denen sich die Mischtrommel um eine horizontale oder geneigte

Achse dreht. Die Trommel ist meistens beidseitig konisch verjüngt. Auf der Innenwand der Mischtrommel sind als Mischwerkzeuge Schaufeln oder Schneckenwendeln angebracht. Die Mischwirkung entsteht durch Anheben des Mischgutes mittels der an der Trommelinnenseite angebrachten Mischwerkzeuge, bis die Haftreibung zwischen Mischgut, Mischwerkzeug und Trommelwand aufgehoben wird; danach fällt das Mischgut zurück. Durch die Drehung der Mischtrommel und den Anstellwinkel der Mischwerkzeuge entsteht auch eine Axialbewegung, die den Mischeffekt verbessert. Die T. zeichnen sich durch unkomplizierte und robuste Konstruktion, einfache Verfahrensweise, im Vergleich geringe Verschleißempfindlichkeit, einfache Bedienung und Wartung, flexible Einsatzbereitschaft und niedrige Anschaffungskosten aus. Man unterscheidet hinsichtlich der Entleerung drei verschiedene Systeme: → Kipptrommelmischer, → Umkehrmischer und → Gleichlaufmischer.   *Kühn*

Trommelsieb. Durch Umwälzen des Siebguts wirken T., die aus einem zylindrischen Behälter mit unterschiedlichen Sieböffnungen (mit steigender Masche) im Mantel oder aus mehreren ineinander gesetzten Siebtrommeln verschiedener Sieböffnungen (bei fallender Masche) aufgebaut sind. Gedreht wird das T. über einen in der Drehzahl vom Trommeldurchmesser abhängigen Trommelantrieb. T. zeichnen sich durch ihre einfache Konstruktion und Antriebsweise aus, die keine Erschütterung hervorruft. Von Nachteil ist der relativ geringe Durchsatz, der höhere Energiebedarf und die im besonderen nicht hinreichende Siebgüte sowie der fehlende Selbstreinigungseffekt der Sieböffnungen gegenüber den dynamisch wirkenden → Siebmaschinen. Siebtrommeln sind noch gebräuchlich zur Vorabscheidung zusammen mit der Wäsche grober Körnungen, beispielsweise aus Moräne.   *Kühn*

Trommelwaschmaschine. Ein geschlossener zylindrischer Behälter, der an der Innenwand mit schaufelartigen Mitnehmern versehen ist, wird durch einen Reibantrieb gedreht. Das zu reinigende, an einem Ende über eine Rutsche ständig zugegebene Gut wird wiederholt aus dem Wasser gehoben und bis zur Abscheidung der bindigen Bestandteile, aber auch der Feinstanteile im Sand wieder eingeworfen. Währenddessen wird das Gut in der Trommel weiterbefördert und ausgetragen. Die Trübe mit dem Ausgewaschenen fließt getrennt ab. Es kann eine Siebtrommel zugeschaltet sein. Eine Bauweise hat eine schräg gestellte Trommel. Beim Trommelauflöser, der zugleich nach Größe klassiert und nach Dichte sortiert, dreht sich in einem kurzen feststehenden Trog eine Schlämmtrommel, die mit dem Rohgut befüllt wird. Durch Schlitze im Mantel tritt das Abgesonderte aus. Der darin enthaltene Feinsand separiert; er und das Grobe werden getrennt ausgebracht. Unterwassersortiereinrichtungen bestehen aus einem länglichen Trog, in dem sich eine Rohrwelle mit angebauter Siebtrommel dreht. Das Rohgut, je nach Bautyp Kies oder Sand, wird zugleich gewaschen und klassiert bzw. sortiert. Fördereinrichtungen tragen das gewonnene Gut sowie das Abgeschiedene aus. Zum Vorwaschen werden Rührwerkzeuge, sog. Schwerter, angebracht. *Kühn*

Tropenholz. Wächst in den tropischen, meist am Äquator gelegenen immergrünen Regenwäldern. Wegen der gleichbleibenden Wachstumsbedingungen über das Jahr lassen sich kaum Jahrringgrenzen feststellen. Bei den schweren Laubhölzern kommt es oft zu anorganischen Einlagerungen bei der Verkernung, was die Verarbeitung sehr erschwert. *Dröge*

Tropfbewässerung. Bewässerungsverfahren (→ Bewässerung), bei dem das Wasser über spezielle Tropfelemente kontinuierlich entsprechend dem Bedarf der Pflanzen aus dem Rohrleitungssystem in den Boden gelangt. Das Verfahren hat vor allem in ariden Klimagebieten eine weltweite Verbreitung gefunden. Zunehmend wird es aber auch in humiden Klimazonen eingesetzt. Die Anlage besteht aus der Kopfeinheit (Absperr-, Drossel- und Dosierventile, Manometer, Düngerbehälter und Filter), der Haupt- und Verteilerleitung und der Tropfleitung mit aufgesetzten oder eingebauten Tropfelementen. Letztere sind düsen- oder mikrokanalartig ausgebildet. Einfacher geschieht die Wasserabgabe durch Rohre aus porösem Kunststoff, über eingebaute poröse Kapseln u. a. Vorteile der T. sind z. B.:

☐ Wasserzufuhr entsprechend Bedarf, geringe Verdunstung und Versickerung,

☐ eingeschränkter Unkrautwuchs,

☐ Möglichkeit der Verwendung relativ salzhaltigen Wassers.

Nachteilig sind u. a.:

– hohe Anlagekosten,

– höhere Anforderungen an Sauberkeit des Wassers (Verstopfungsgefahr),

– Empfindlichkeit bezüglich Betriebsstörungen (geringer Wasservorrat im Boden). *Lecher*

Tropfkörper. T. sind meist zylindrische Raumkörper von rd. 2–4 m Höhe zur → Abwasserreinigung. Sie wurden früher aus einer groben Steinkörnung, heute zunehmend aus großflächigen Kunststoffelementen hergestellt. Die T. werden gewöhnlich von oben mit Hilfe von Drehsprengern mit gleichmäßig verteiltem Abwasser berieselt, das über den biologischen Rasen des Raumkörpers durchsickert und am Boden als biologisch bzw. teilbiologisch gereinigtes Abwasser abgeleitet wird (Bild). Die Drehsprenger zirkulieren durch den Rückstoß des seitlich aus Bohrungen austretenden Abwassers. Man unterscheidet schwach- und hochbelastete T. Schwach belastete T. werden mit weniger als 0,1 m/h (m^3/h je m^2) Oberflächenbelastung beschickt, so daß das in den Hohlräumen und auf den Oberflächen

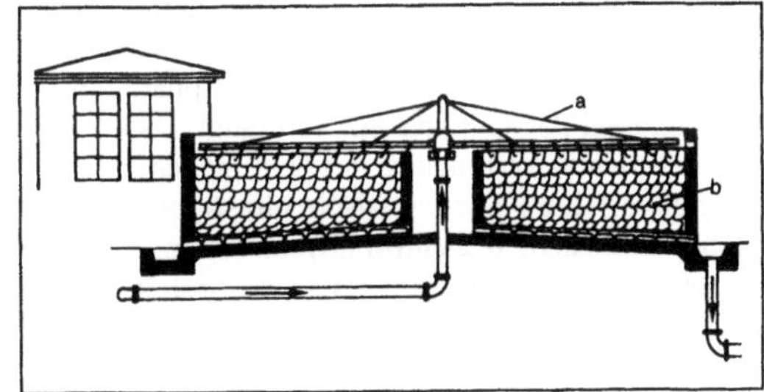

Tropfkörper: Hochlast-T.

a Drehsprenger, b Schüttkörper (Packung)

des Raumkörpers aus biologischem Rasen und Schlamm gebildete belebte Abbauprodukt von Zeit zu Zeit stoßweise ausgeschwemmt wird. Bei den neueren hochbelasteten T. mit einer Oberflächenbelastung immer über 0,8–1 m/h erreicht man eine deutliche Spülwirkung durch den höheren Abwasserdurchsatz/m^2 Grundfläche. Diese auch Spültropfkörper genannten T. werden so laufend von einem Teil des aus dem biologischen Reinigungsprozeß entstehenden Schlamms freigespült, so daß sich ein etwa gleichbleibender Durchsatz- und Reinigungseffekt ergibt. Um diese Spülwirkung zu erreichen, ist es erforderlich, einen Teil des Durchsatzes durch Pumpen im Kreislauf umzusetzen (Rückpumpen). Dabei ist dann immer eine → Nachklärung der Abwässer nach dem Tropfkörperdurchgang nötig. *Pfeiff*

Tübbing. Fertigteil aus Beton, Stahl oder Gußeisen für den → Tunnelausbau unter Tage. Er wird über Tage fabrikmäßig hergestellt, im Tunnel zum Gesamtausbau zusammengefügt und i. d. R. in den Stößen verschraubt. Man unterscheidet Massiv-T. (Betonblock-T.) und Kassetten-T. (Beton, Stahl oder Gußeisen). Bei Wasserandrang müssen die T.-Fugen (Stöße) besonders abgedichtet werden. Früher stemmte man dazu in eine schwalbenschwanzförmige Nut Blei, Asbest- oder Quellzement ein. Heute verwendet man Kunststoffbänder, die vor dem Einbau in eine in den Stößen vorgesehene Nut verlegt werden. In weitgehend homogenem, isotropem und wasserfreiem Gebirge, z. B. Ton, lassen sich Gelenktübbinge verwenden, d. h. die Tübbingstöße werden als Gelenke ausgebildet. Ein solcher Ausbau kann keine Biegemomente aufnehmen, sondern nur Normalkräfte in Richtung der Schale übertragen. Da nur Druckkräfte auftreten, können solche T. sehr viel wirtschaftlicher hergestellt werden. Diese Entwicklung stammt vom U-Bahnbau in London, wo Gelenktübbinge mit Erfolg im Londoner Ton eingesetzt werden konnten, und zwar sowohl als Beton- wie auch als Gußeisenausführung. In sehr schwierigem Gebirge haben sich Gußeisentübbinge bewährt, da sie sich in den Stößen mit hochfesten Schrauben vorspannen und so zu einem biegesteifen Ring zusammenfügen lassen und da sie gegenüber Stahl offenbar weniger

korrosionsempfindlich sind. Der früher übliche Grauguß (GG 14–25) mit Lamellengraphit wird heute immer mehr durch den hochwertigen Sphäroguß mit Kugelgraphit (GGG 40 bis 80) verdrängt. Dies bedeutet, daß man in Verbindung mit dem modernen Vakuumgießverfahren auch statisch günstigere Formen gießen kann, z.B. Wellenform, Keulenform. *Wagner*
Literatur: *Maidl, B.*: Handbuch des Tunnel- und Stollenbaus. Konstruktion und Verfahren. Essen 1984. – *Mandel/Wagner*: Verkehrs-Tunnelbau. Berlin 1968.

Türstock. Teil der → Getriebezimmerung: Holz- oder Eisenrahmen, der aus Kappe, Stempel und Sohlschwelle zur Aufnahme der Verpfählung besteht.
Wagner

Tunnel. Im Gegensatz zu Kavernen langgestreckte unterirdische Hohlräume für den Verkehr (Eisenbahn-, Straßen-, Schiffs- und Fußgängertunnel), für den Transport von Wasser und im Bergbau als Zubringer zu den Lagerstätten. T. mit kleineren Querschnitten sind Stollen. *Wagner*

Tunnelabdichtung. Schutz unterirdischer Bauwerke und der darin befindlichen Anlagen gegen Durchfeuchtung durch → Grundwasser, → Bergwasser oder → Oberflächenwasser. Dazu muß man entweder das Gebirge durch Injektionen wasserundurchlässig machen oder das Bauwerk selbst abdichten. Letzteres ist mit wasserdichtem Beton oder durch Aufbringen bituminöser → Abdichtungen, Stahl- oder Kunststoffabdichtungen zu erreichen, die in Bahnen auf dem Abdichtungsträger verlegt und danach an den Nähten und Stößen verschweißt werden. Fugen oder Stöße lassen sich durch spezielle Fugendichtungen aus Blei, Asbestzement oder durch Kunststoffbänder schließen. Besonders im Gebirgstunnelbau werden T. häufig durch → Dränagen ergänzt. *Wagner*
Literatur: *Kretschmer, M.*, u. *E. Fliegner*: Unterwassertunnel in offener und geschlossener Bauweise. Berlin 1987. – *Maidl, B.*: Handbuch des Tunnel- und Stollenbaus. Konstruktion und Verfahren. Essen 1984.

Tunnelausbau. T. ist die statisch tragende Tunnelauskleidung. Im standfesten Gebirge benötigt man keinen Ausbau. Treten aber Gebirgsbewegungen auf, wie Kriechen (das Gebirge kommt wieder zur Ruhe) oder Fließen (die Bewegungen gehen weiter) oder ist gar ein Zusammenbruch des Gebirges zu befürchten, muß ein Ausbau, d.h. eine statisch tragende, die anfallenden Lasten aufnehmende Auskleidung eingebracht werden. Diese kann bestehen aus:
☐ → Mauerwerk (Klinker oder Naturstein),
☐ → Ortbeton oder aus
☐ Fertigteilen, d.h. Tübbingen aus Stahl, Gußeisen oder Beton (Bild).
Werkstoff, Konstruktion und Statik eines solchen Ausbaus richten sich nach dem Verwendungszweck und den Gebirgsverhältnissen (Belastung, Wasseran-

Tunnelausbau: Betonkassettentübbinge.

drang usw.). Die Belastung muß definiert werden und kann beispielsweise aus dem Silodruck, dem → Auflockerungsdruck, unter der Annahme einer unendlich ausgedehnten gelochten Scheibe oder – bei geringer Überdeckung – aus der vollen Auflast ermittelt werden. Daraus und mit den konstruktiven Vorgaben ergibt sich dann der statische Berechnungsansatz, z.B. als steifer Ring, als Gliederkette, als Ring mit elastischer Bettung, nach der Vorstellung des → Ausbauwiderstandes oder nach kontinuumsmechanischen Überlegungen (zwei- oder dreidimensional). Im letzteren Falle sind allerdings genaue geologische und gebirgsmechanische Kenntnisse (Lagerungsverhältnisse, Kennwerte, Wasser) erforderlich, um den notwendigen, verhältnismäßig hohen Aufwand zu rechtfertigen.
Wagner
Literatur: *Maidl, B.*: Handbuch für den Tunnel- und Stollenbau. Konstruktion und Verfahren. Essen 1984. – *Wittke, W.*: Felsmechanik. Berlin 1984.

Tunnelausbau, zweischaliger. In wasserführendem Gebirge ist es vielfach erforderlich, einen T. zweischalig auszuführen. Dazu wird nach dem Entfernen des Grundwassers (Absenkung, Druckluft, Dränagen, Abschlauchung) für die Bauzeit eine erste Außenschale aus → Ortbeton oder → Spritzbeton eingezogen. Dieser folgt später eine zweite Innenschale als endgültiger statisch tragender Ausbau und als Abdichtungsträger der ebenfalls in Ortbeton oder aber aus Fertigteilen (→ Tübbing) hergestellt werden kann. Diese Innenschale muß i.d.R. die gesamte Last aufnehmen, da die Außenschale u.U. mit der Zeit verrottet. Auch die Spritzbetonbauweise (→ NÖT) wäre in diesem Sinne ein z.T. *Wagner*

Tunnelauskleidung → Tunnelausbau

Tunnelbau. Teilgebiet des umfassenderen unterirdischen Bauens. Man unterscheidet offene Bauweisen (Bild 1) und halboffene Bauweisen (Bild 2) an Land und im Wasser sowie geschlossene Bauweisen (Bild 3, S. 670) bzw. bergmännische Bauweisen (Tabelle). Der

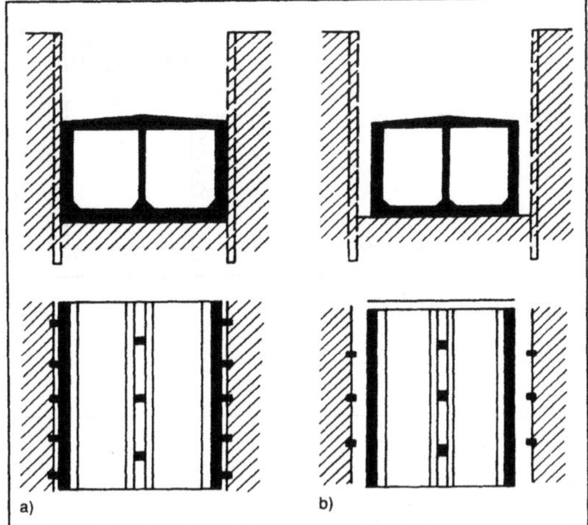

Tunnelbau 1: Offene Bauweisen an Land.
a) Berliner Bauweise
b) Hamburger Bauweise.

Vortrieb geschieht mit → Vortriebsmaschinen oder mit Hilfe der Sprengtechnik. Der Ausbau besteht aus → Mauerwerk (Klinker oder Naturstein), Beton (→ Ortbeton, → Spritzbeton, → Tübbingen) oder Eisen (Stahltübbingen, Gußeisentübbingen). Im Wasser bzw. unter Wasser oder im Grundwasser bedient man sich bei offenen Bauweisen einer → Grundwasserabsenkung oder einer offenen → Wasserhaltung und bei geschlossenen Bauweisen unter Tage einer Grundwasserabsenkung, des → Druckluftverfahrens oder des Thixoverfahrens (flüssigkeitsgestützte Ortsbrust). *Wagner*

Literatur: *Kretschmer, M.,* u. *E. Fliegner:* Unterwassertunnel in offener und geschlossener Bauweise. Berlin 1987. – *Maidl, B.:* Handbuch des Tunnel- und Stollenbaus. Konstruktion und Verfahren. Essen 1984. – *Mandel/Wagner:* Verkehrs-Tunnelbau. Berlin 1968. – Taschenbuch für den Tunnelbau. Hrsgg. v. d. Dt. Ges. Erd- u. Grundbau Essen.

Tunnelbau. Tabelle: Tunnelbauweisen.

offene Bauweisen (über Tage)
offene Bauweisen an Land
offene Bauweisen im Wasser (→ Einschwimmverfahren)

halboffene Bauweisen
halboffene Bauweisen an Land (→ Schlitzwand, → Pfahlwand)
halboffene Bauweisen im Wasser

geschlossene Bauweisen (unter Tage)
alte (bergmännische) Bauweisen (→ Tunnelzimmerung)
Deutsche Bauweise oder Kernbauweise
Belgische Bauweise oder Unterfangungsbauweise
Österreichische Bauweise oder Aufbruch- bzw. Strossenbauweise
Englische Bauweise oder Vortriebsbauweise
Italienische Bauweise oder Versatzbauweise

moderne (bergmännische) Bauweisen mit wandernder Sicherung in nicht standfestem Gebirge
Messervortriebsverfahren (Messerschild)
Schildvortriebsverfahren (→ Schildvortrieb, → Vortriebsmaschine, → Hydroschild, → Druckluftverfahren, → Rohrvortrieb)
moderne (bergmännische) Bauweisen mit stationärer Sicherung in bedingt standfestem Gebirge
Spritzbetonbauweisen (→ NÖT, Neue Österreichische Bauweise, → Vortriebsmaschine, → Sprengtechnik)
Bauweisen mit Verzugsblechen in ziemlich standfestem Gebirge

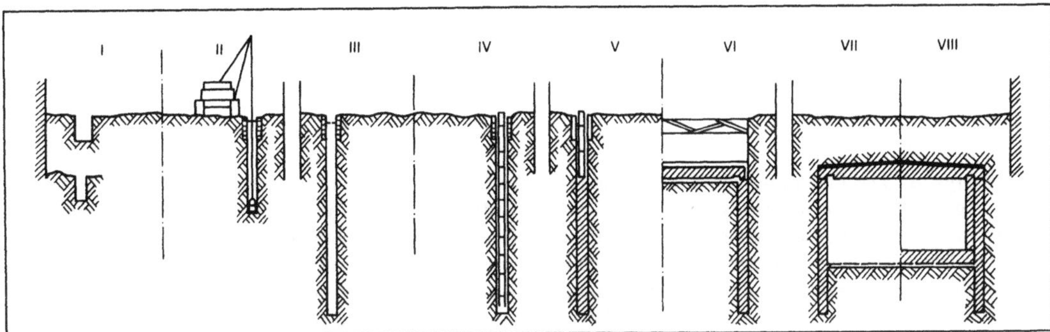

Tunnelbau 2: Halboffene Bauweise an Land. Schlitzwandbauweise.

I, II, … VIII Reihenfolge der Bauabschnitte

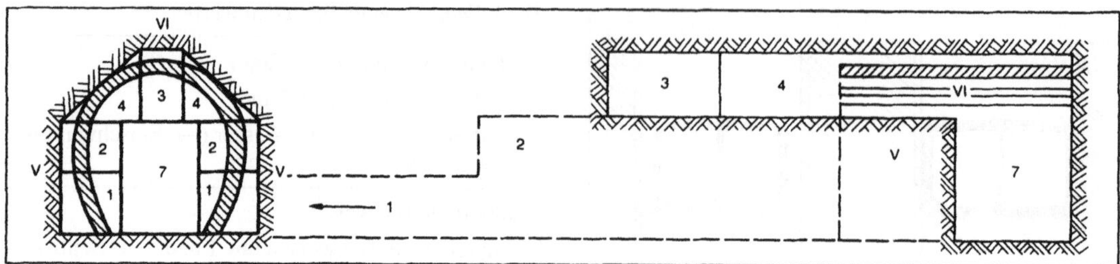

Tunnelbau 3: Geschlossene Bauweise. Deutsche Bauweise (Kernbauweise).
1, 2, 3...7, V, VI Reihenfolge der Bauabschnitte

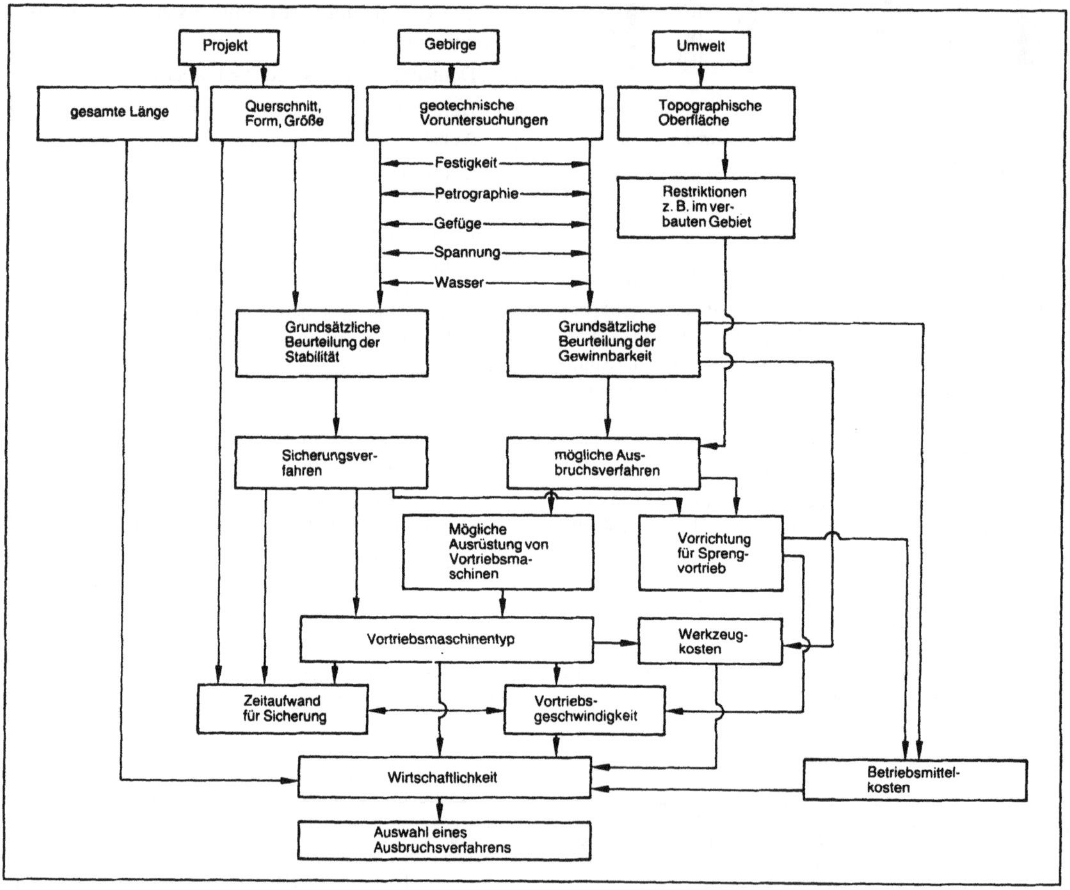

Tunnelbaugerät: Verfahrensauswahl.

Tunnelbaugerät. Die Erstellung von Tunnelbauwerken bzw. (genereller) von unterirdischen Hohlraumbauten ist in offener oder geschlossener Bauweise über oder unter dem Grundwasserspiegel ausführbar. Die maschinentechnische Bewältigung der Bauaufgabe wird weitgehend durch die Beschaffenheit des Untergrunds sowie durch die Art und Funktion des Bauwerks bestimmt. Die Entwicklung auf dem Gebiet der unterirdischen Herstellung von Hohlraumbauten hat einen technischen Standard erreicht, der nahezu jede Art der Aufgabenstellung bewältigen läßt. Die Auswahl des Bauverfahrens richtet sich weitgehend nach technischen und wirtschaftlichen Kriterien (Bild).

Die Herstellung eines unterirdischen Hohlraumes umfaßt den Abbau des Gesteins, die Sicherung des geschaffenen Hohlraumes, den Abtransport des Bohrgutes, die Belüftung und ggf. den Ausbau des Hohlraumes (→ Schuttergerät). Je nach dem Vortriebsverfahren können diese Vorgänge kontinuierlich oder müssen in vom Vortrieb getrennten Schritten ausgeführt werden. Beim Bohr- und Sprengvortrieb (→ Bohrgerät) geschieht die Sicherung nach den Vorgängen Bohren, Beladen, Sprengen und Lüften, während man bei einem Vortrieb mit einer im Schild installierten → Vollschnittmaschine (→ Tunnelvortriebsmaschine) den Bodenabbau (Bohrkopf), die Sicherung (Bohrkopf, Tübbingausbau), die Belüftung (Staubschild, mitgeführte Lutten) und den Abtransport des Bohrgutes (Förderbänder) gleichzeitig vornehmen kann.

Die verfahrenstechnische Entwicklung ist durch Bauweisen und Vortriebsverfahren gekennzeichnet. Ausgehend von kleinen, mit früheren Sicherungsmaßnahmen beherrschbaren Querschnitten sind bis heute noch die Belgische und Deutsche Bauweise bekannt, mit denen Querschnitte $> 100 \, \text{m}^2$ unter Einsatz von → Teilschnittmaschinen und Anwendung der Neuen Österreichischen Tunnelbaumethode (→ NÖT) aufgefahren werden. Maschinentechnisch setzt man bodenbedingt den Bohr- und Sprengvortrieb und den mechanisierten Vortrieb mit Tunnelvortriebsmaschinen (Teilschnitt-, Vollschnitt- und Schildmaschinen) ein. Spritzbeton und auch Stahlfaserbeton haben die maschinelle Verfahrenstechnik flexibler und universeller gemacht. Unterstützt wird diese Entwicklung durch andere Sparten der Baumaschinenindustrie auf dem Gebiet der Aufbereitungs- und Transporttechnik. Zu nennen sind hier vor allem Aufbereitungs- und Separieranlagen für Vortriebe mit Suspensionsschilden und die Aufbereitungs-, -transport- und -verteilungseinrichtungen für den Spritz- und Ortbeton. Der maschinelle Vortrieb kann durch eine Reihe von zusätzlichen Maßnahmen und Einrichtungen, wie Druckluhthaltung, Vereisung und Bodeninjektionen, ergänzt werden. Die zukünftige Entwicklung ist auf Erhöhung der maschinellen Leistungsfähigkeit und die Humanisierung der Arbeit untertage ausgerichtet, die durch Verbesserungen im Detail und Einsatz der Elektronik erzielt werden.

Kühn

Literatur: *Maidl, B.*: Handb. des Tunnel- und Stollenbaus. Bd. I: Konstruktionen u. Bauverfahren. Essen 1984.

Tunnelbauweise, geschlossene. T. unter Tage.
Wagner

Tunnelbauweise, offene. T. über Tage bzw. von der Oberfläche her zugängliche Baugruben, in denen das Tunnelbauwerk erstellt und erst später mit Boden abgedeckt wird. *Wagner*

Tunnelbeleuchtung. Künstliche Beleuchtung des Tunnelinneren. Eine T. im engeren Sinn beschränkt sich auf längere Straßentunnel und Untergrundbahnhaltestellen. Dort muß für eine ausreichende Adaption gesorgt werden, d. h. einen Übergang vom Tageslicht zur T. im Einfahrbereich, um eine gleichmäßige, ausreichende Sicht des Fahrers zu gewährleisten bzw. dem

Fahrer eine Anpassung seiner Augen an die T. zu ermöglichen. Bei Eisenbahntunneln reicht i. d. R. eine Signalbeleuchtung aus. *Wagner*

Tunnelbelüftung. Im Gegensatz zur → Bewetterung (Belüftung im Bauzustand und generell im Bergbau) ist die T. für den Tunnelbetrieb erforderlich. Man unterscheidet:

☐ natürliche Belüftung durch Wind, Höhen- bzw. Druck- und Temperaturunterschiede an den Portalen,

☐ durch Fahrzeuge hervorgerufenen Kolbeneffekt und

☐ künstliche Belüftung.

Da die natürliche Belüftung und der Kolbeneffekt schwanken und unzuverlässig sind, geht man bei einer Bemessung nur von einer künstlichen Belüftung aus. Die erforderliche Frischluftmenge ist eine Funktion der Anzahl der Fahrzeuge, der mittleren Masse der Fahrzeuge und eines Summenbeiwertes, der u. a. die CO-Produktion, die zulässige CO-Konzentration, die Geschwindigkeit der Fahrzeuge und die Neigung der Fahrbahn berücksichtigt. Die Leistung der Ventilatoren zur Förderung der Frischluftmenge hängt von dem während der Luftförderung zu überwindenden Druckunterschied ab. Dieser ist eine Funktion der Luftgeschwindigkeit, der Luftmenge, der Luftdichte, der

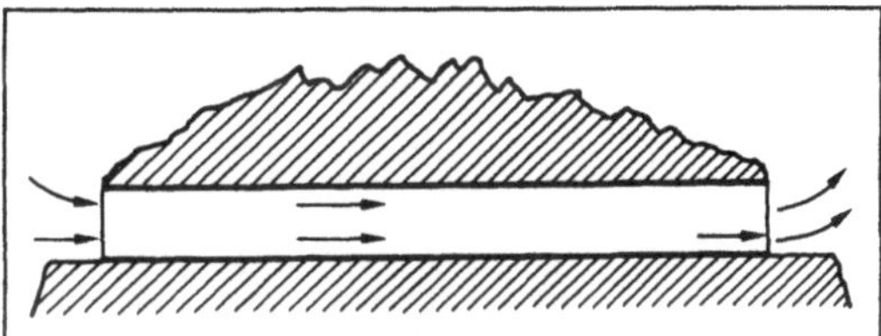

Tunnelbelüftung 1: Längsbelüftung.

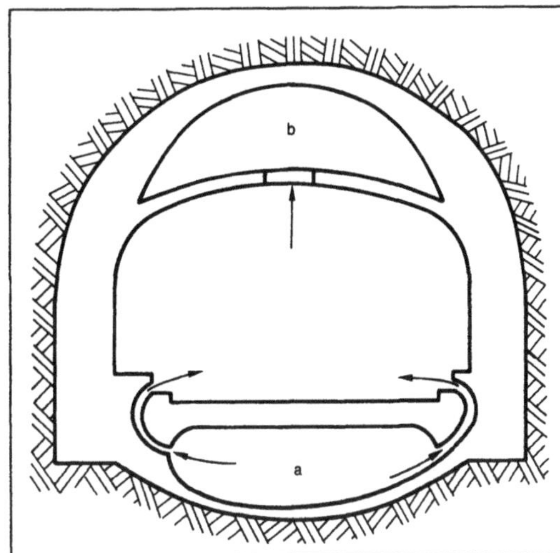

Tunnelbelüftung 2: Querbelüftung.

a Zuluft, b Abluft

Kanalabmessungen und der Wandrauhigkeiten. Die erforderliche Frischluftmenge kann dem → Tunnel in Form einer Längsbelüftung (Bild 1, S. 671), Halbquerbelüftung oder Querbelüftung (Bild 2, S. 671) zugeführt werden. Für die Auswahl der Anlage ist die Tunnellänge und die Fahrzeugmenge maßgebend. Die Luft wird über ein Lüftergebäude, das die erforderlichen Ventilatoren enthält, der Atmosphäre entnommen. *Wagner*

Tunnelbrücke. Ein Unterwassertunnel, der auf Pfeilern auf dem Untergrund aufgelagert oder im Schwebezustand bzw. unter Auftrieb mit Ankerseilen am Untergrund festgehalten wird, also nicht unterirdisch verläuft. *Wagner*

Tunnelportal. Ein wichtiges Hilfsbauwerk des Tunnels ist das T. (Tunnelhaupt), das als Teil des Tunneltragwerks anzusehen ist (Bild). Es hat die Aufgabe
– die Tunnelmündungen sowie die Voreinschnitte gegen ein Abrutschen von Gesteinsmassen von der Böschung her zu schützen,
– die von der Böschung abfließenden Niederschlagswässer vom Tunnel fernzuhalten,
– den Tunnelmündungen eine der Bedeutung des Bauwerkes angemessene architektonische Ausgestaltung zu geben. *Wagner*

Tunnelportal: Portal eines modernen Straßentunnels.

Tunnelprofil → Tunnelquerschnitt

Tunnelquerschnitt. Die Form des T. ist vom Verwendungszweck, der Statik, den Strömungsverhältnissen usw. abhängig. Man unterscheidet Rechteck- und Kreisformen, Ellipsen-, Hufeisen- und Maulprofile, aber auch kompliziertere zusammengesetzte Formen, z. B. für Haltestellen (Bild). Zur Orientierung und Ortsangabe innerhalb eines T. dienen die Begriffe → Kalotte (oberer Bereich), → Ulmen (mittlerer Bereich), → Sohle (unterer Bereich) oder → First (oberster Punkt der Kalotte), Schulterpunkte (Fußpunkt der Kalotte bzw. oberes Ende der Ulmen), → Kämpfer (Fußpunkte der Ulmen bzw. seitliche Begrenzung der Schale). *Wagner*

Literatur: *Szechy, K.*: Tunnelbau. Wien 1969.

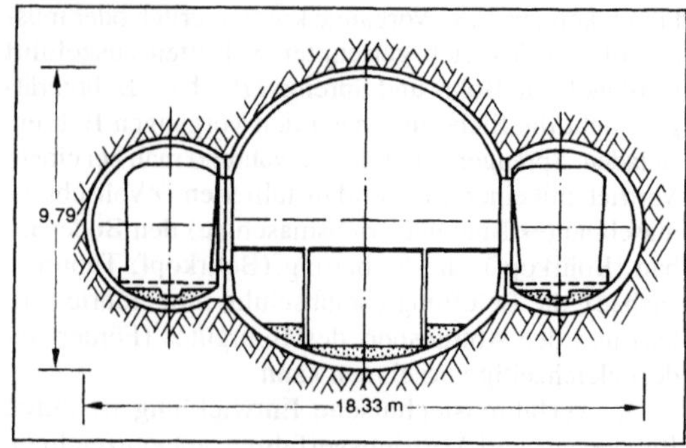

Tunnelquerschnitt: Querschnitt des verengten Haltestellentyps der Leningrader Metro. (Szechy 1969)

Tunnelsanierung. Ausbesserung schadhafter Tunnelbauwerke. Bauwerkschäden treten mitunter schon während der Herstellungsphase auf, sind aber häufiger als Altersschäden zu beobachten, die aus den geologischen Randbedingungen, fehlerhafter Baukonstruktion und Herstellung sowie Entfestigungen und Verrottungen verwendeter Baumaterialien resultieren. Als typische Alterserscheinungen sind anzusehen:
☐ Wasseraustritte und Durchfeuchtungen des Mauerwerks,
☐ Mörtelentfestigung und Auswaschung,
☐ Verwitterung von Mauersteinen,
☐ Schalenablösungen,
☐ Mauerwerksrisse,
☐ Verdrückungen des Tunnelgewölbes.

Die Schäden treten in vielfachen Kombinationen auf. Die meisten Schäden an älteren Tunneln werden durch Hohlräume hinter dem Tunnelgewölbe verursacht, die auf eine mangelhafte oder nicht ausgeführte Hinterpackung oder auf im Laufe der Zeit vermoderndes Verbauholz zurückzuführen sind. An diesen Stellen wird das Gebirge nicht unterstützt. Dadurch können rückschreitende lokale Verbrüche entstehen, die dann im Sinne eines örtlich begrenzten → Auflockerungsdruckes das Mauerwerk zerstören. Aus diesem Grunde wird im modernen Tunnelbau die Möglichkeit einer Hohlraumbildung hinter der Tunnelauskleidung beispielsweise durch Spritzbeton oder durch Verpressen des Ringspaltes beim Schildvortrieb erheblich vermindert.
Wagner

Tunnelschalung. Als T. (→ Sonderschalung) werden die Schalungs-/Traggerüstkonstruktionen im Ingenieurbau und Tiefbau genannt, deren Aufgabe es ist, bei Tunnel-/Stollenbauten die Wand-Decken-Betonkonstruktion in mehreren Takten und möglichst in einem Arbeitsgang herzustellen.

Die Vielfalt an Tunnelprofilen in diesem Sektor verlangt eine Vielfalt an Schalungsmodellen, so daß Serienbauteile seltener zum Einsatz gelangen. Deshalb werden T. meist nur als Sonderschalungen gehandelt. Speziell gefertigte T. im Ingenieur-, Tief- und Wasserbau

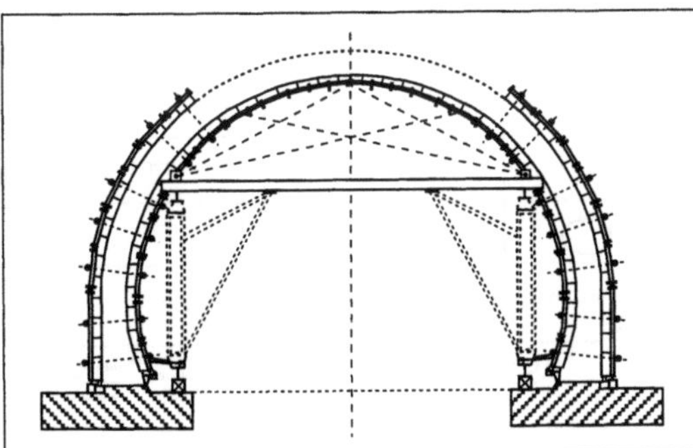

Tunnelschalung: Offene Bauweise mit Standardgeräten.

werden eingesetzt im
– Kanalbau (Wasserwirtschaft)
– U-Bahn-/S-Bahnbereich und Straßenbau (Verkehrsbau) in offener (Bild) und in bergmännischer, geschlossener Bauweise.   *F. Hoffmann*

Tunnelstatik. Im Hochbau über Tage läßt sich die Bauwerksstatik nach bestimmten Regeln klar und eindeutig formulieren. Im unterirdischen Hohlraumbau dagegen (→ Bauen, unterirdisches) wird das meistens nicht ohne weiteres möglich sein, da nämlich das einen Tunnel umgebende Gebirge Belastung und stützendes Element zugleich ist und der stützende bzw. belastende Anteil nur abgeschätzt werden kann. Dabei ist die übergeordnete → Geostatik vorrangig die Gleichgewichtsbetrachtung im Gebirge vor, während und nach dem Hohlraumausbruch; die T. dagegen die der das Gebirge tragenden künstlichen Konstruktion. Für eine diesbezügliche statische Berechnung müssen also je nach dem anstehenden Gebirge passende Belastungsmodelle entworfen werden. Beispielsweise:

In Oberflächennähe, d.h. bis zu einer Tiefe, die je nach Gebirge noch dem zwei- bis dreifachen Tunneldurchmesser entsprechen kann, wird der → Tunnelausbau so konzipiert, daß er gegebenenfalls das gesamte darüber befindliche Gebirge aufzunehmen vermag.

Darunter wird die Auflast i.d.R. nach dem anstehenden mehr oder weniger standfesten Gebirge abgemindert, d.h. es wird angenommen, daß sich ein Teil des Deckgebirges selber trägt. Diese abgeminderte Auflast kann nun
– als Streckenlast auf den Ausbau angesetzt werden oder
– in selteneren Fällen, wenn sich diese evtl. als → Auflockerungsdruck definieren läßt (Kommerell), als vom übrigen Gebirge abgelöste dreieck-, parabel- oder ellipsenförmige Auflast angesetzt werden.

In ziemlich standfestem Gebirge bis hin zu gesundem, wenig geklüftetem Fels kann die Belastung gegebenenfalls vollständig dem Gebirge zugewiesen und u.U. auf einen Ausbau ganz verzichtet werden, wenn sich das Gebirge als elastisches Kontinuum definieren

läßt. Eine aus Sicherheitsgründen (→ Bergschlag) trotzdem eingebaute Auskleidung hätte dann gegenüber dem umgebenden Gebirge lediglich die Funktion eines → Ausbauwiderstandes.

Statische Berechnungen des Tunnelausbaus lassen sich in der Praxis meistens mit sog. statischen Bettungsverfahren bewältigen, sofern sich der Ausbau statisch als elastisch gebettet definieren läßt. In schwierigeren Fällen sind u.U. jedoch zwei- oder dreidimensionale sog. theoretische Kontinuumsverfahren vorteilhafter (gelochtes Kontinuum oder gelochte Scheibe, evtl. mit Lochrandverstärkung), sofern sich das Gebirge als elastisches Kontinuum definieren läßt. Voraussetzung für eine einigermaßen zutreffende unterirdische Hohlraumstatik ist aber immer eine möglichst genaue Kenntnis des anstehenden Gebirges, dessen einschlägiger Kennwerte anhand von Feld- und Laborversuchen und eine entsprechende Erfahrung.   *Wagner*
Literatur: Taschenbuch für den Tunnelbau. Hg.: Deutsche Gesellschaft für Geotechnik (ersch. jährlich seit 1977). – *Girkmann*: Flächentragwerke. Wien. – *Mandel/Wagner*: Verkehrstunnelbau. Berlin, 1968.

Tunnelvortriebsmaschine. Beim maschinellen Tunnelvortrieb werden → Teilschnittmaschinen, → Vollschnittmaschinen und → Erweiterungstunnelbohrmaschinen eingesetzt. T. unterscheiden sich hauptsächlich in konstruktiven Merkmalen und Arbeitsweise und können in Schildkonstruktionen integriert sein (Bild, S. 674).   *Kühn*

Tunnelzimmerung. Ursprünglich wandernde Holzsicherungen zur Abstützung von Stollen und Tunnel während des Ausbruchs bzw. Vortriebs. Dazu gehören: die → Getriebezimmerung mit → Türstock aus Kappe, Stempel und Sohlschwelle für die Aufnahme der Pfähle (Verpfählung) zur Abstützung im Stollen sowie für große Querschnitte im Vollausbruch die → Sparrenzimmerung (Bild 1, S. 674) zur Aufnahme der Pfähle in Tunnellängsrichtung und die → Jochzimmerung (Bild 2, S. 674) zur Aufnahme der Pfähle in Tunnelquerrichtung. Da für die → Schalung des späteren Betonausbaus die alte Aussteifung entfernt und durch eine kleinere neue ersetzt werden mußte, war der Aufwand an Zeit und Material so groß, daß neue wirtschaftlichere Sicherungen entwickelt werden mußten. Mit der Kunzschen Rüstung war es beispielsweise möglich, Ausbruchsbögen und Schalungsbögen (Stahl) gleichzeitig einzubauen. Auch ersetzte man mit der Zeit Türstöcke und Holzpfähle durch Stahl und den Vorschlaghammer durch Schraubenspindeln, was wirtschaftlichere Abmessungen und schnelleren Vortrieb zur Folge hatte. Daraus entwickelten sich schließlich der → Messervortrieb und → Schildvortrieb.   *Wagner*

Turm. Bauwerk mit großer Höhe und relativ kleiner Grundfläche. T. wurden in fast allen Kulturen der Menschheit gebaut und waren oft Sinnbilder für Größe

Gebirgsart	Lockergestein	Festgestein			
Gebirgsbeschaffenheit	weich	mild	mittelhart	hart	sehr hart
Druckfestigkeit	gering	bis 60 N/mm^2	60-120 N/mm^2	120-220 N/mm^2	>220 N/mm^2
Ausbruchsform					
Ausbruchsart	Vollschn.- Teilschn.- Schild Hydrojet	Vollschnitt	Teilschnitt	Vollschnitt	
Schneidsystem	pendelnd / rotierend	rotierend	Wohlmeyer	rotierend — Hochdruckwasserstrahl — therm.	
Schneidwerkzeuge	Schrämen	Schrämen / Fräsen / Disken Meißeln	Fräsen / Schrämen m. Düse / Disken / Warzen Meißel / Rollenmeißel	Disken / Warzen- / Düsen- / Rollenmeißel	
Vorwärtsbewegung	hydraulisch / Raupenfahrzg.	Schreitwerk / Raupenfahrwerk	Schreitwerk		
Antrieb Bohrkopf	elt. / hydr.	elt.	hydr.	elt.-mech.	elt. / elt.-mech.

Tunnelvortriebsmaschine: Einsatzsystematik für T.

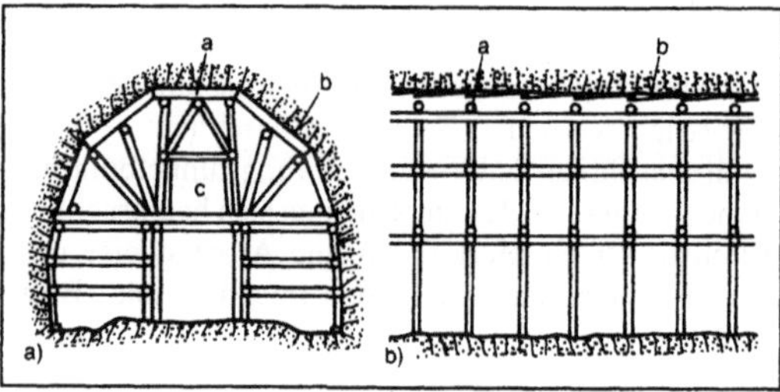

Tunnelzimmerung 1: Sparrenzimmerung (Querträgerzimmerung).

a Sparren, b Pfahl, c Mittelschwelle
a) Querschnitt
b) Längsschnitt.

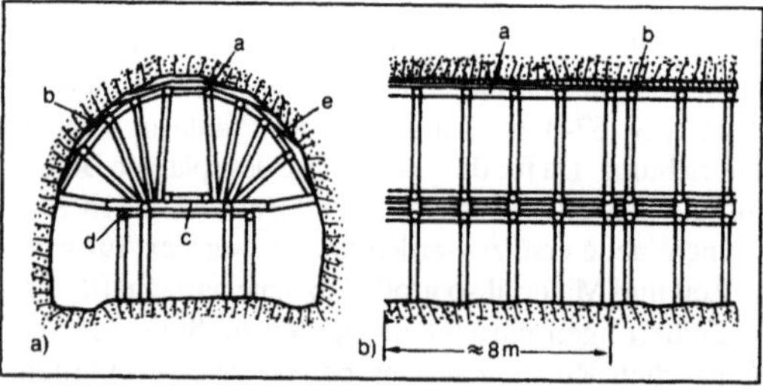

Tunnelzimmerung 2: Jochzimmerung (Längsträgerzimmerung).

a Joch oder Kronbalken, b Pfahl, c Schwelle, d Unterzug,
e Spannriegel
a) Querschnitt
b) Längsschnitt.

und Stärke. Sie haben in den meisten Religionen durch ihre in den Himmel weisende Form eine Bindewirkung Erde–Himmel bzw. Mensch–Gott. Heute erfüllen die meisten T. technische Funktionen als → Wassertürme oder Fernmeldetürme. Sowohl für Wassertürme als auch für Fernmeldetürme hat sich in den letzten Jahrzehnten eine Hinwendung von Stahlkonstruktionen zu Stahlbetonkonstruktionen ergeben. Der Eiffelturm, bereits Ende des letzten Jahrhunderts gebaut und damals das höchste Bauwerk der Erde (rd. 300 m), ist als Stahlgitterkonstruktion ausgeführt. Für die Fernmeldetürme haben sich die freistehenden Stahlbetonkonstruktionen (Bild) gegenüber abgespannten Stahlmasten auch bei niedrigeren T. wegen ihrer größeren Steifigkeit und der damit verbundenen geringeren Schwingungen bei Windbelastungen durchgesetzt. Der erste T. dieser Art war der Fernmeldeturm in Stuttgart (erbaut 1956), der Vorbild für die nachfolgenden T. ist und auch besonders durch eine harmonische Gestaltung besticht.

Für die bevorzugte Wahl kreisförmiger Querschnitte für den Turmgrundriß sind außer ästhetischen Gesichtspunkten vorwiegend aerodynamische Gründe maßgebend. Der Fernmeldeturm in Toronto (Kanada) hat jedoch einen Y-förmigen Querschnitt. Der ausschlaggebende Grund für diese Grundrißform war der Wunsch, die gläsernen Aufzüge zu den Restaurants an den Außenflächen zu führen. Wie bei den meisten anderen Fernmeldetürmen ist der obere Turmteil eine Stahlkonstruktion, die die Antennenanlagen trägt. Unter Wind- bzw. Sturmbeanspruchungen erleiden diese Bauwerke Horizontalverschiebungen bis zu 30 cm. Bei den kleinen Frequenzen (0,1–0,5 Hz) sind die Bewegungen für Menschen, die sich in den Arbeitsräumen aufhalten, allerdings kaum wahrnehmbar. Es sind auch erhebliche Horizontalbewegungen infolge Sonneneinstrahlung (einseitige Erwärmung) zu beobachten. Bei der Konzeption hoher T. ist darauf zu achten, daß die Eigenfrequenzen der Konstruktion nicht mit den Frequenzen der Winderregung (auch der Frequenz der Windablösung – quer zur Windrichtung) zusammenfallen und

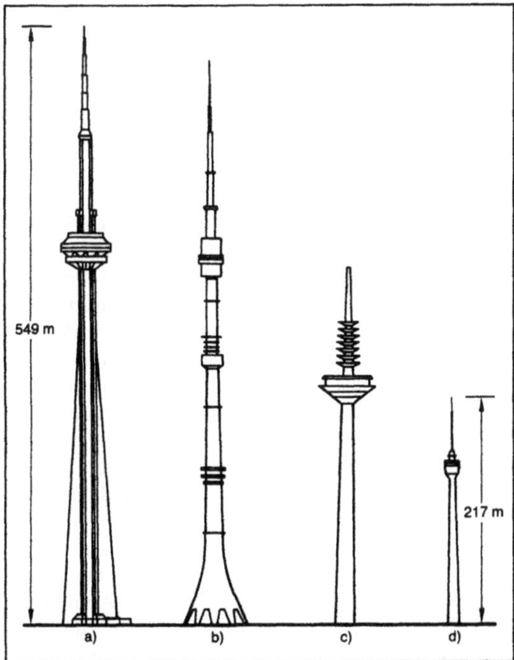

Turm: Ausgewählte Fernmeldetürme aus Stahlbeton.
a) Toronto (Kanada) 549 m
b) Moskau (UdSSR) 537 m
c) Frankfurt (BR Deutschland) 331 m
d) Stuttgart (BR Deutschland) 217 m.

dadurch Resonanzerscheinungen auftreten können. Ein weiteres Problem ist die Fundamentierung von hohen T. Hier haben sich vorgespannte Ringfundamente bewährt. Der Durchmesser dieser Fundamente braucht i. a. kaum mehr als ein Zehntel der Höhe des T. zu betragen. Er ist jedoch von den Bodenverhältnissen sowie den Größen der Kopfbauten und der Antennenplattformen abhängig. Da hohe T. das Bild ihrer Umgebung stark beeinflussen, ist eine ausgewogene Gestaltung sehr wichtig. Auch bei Wassertürmen, die wegen ihrer Funktion i. a. nicht mehr als 30–40 m über ihre Umgebung ragen, durch das in der Höhe erforderliche große Volumen jedoch sehr auffällig sind, ist die Gestaltung besonders wichtig. *Mehlhorn*

Turmdrehkran. Turmartige Krane meist in Leichtbauweise mit hoch angelenktem Ausleger. Man unterscheidet sie nach folgenden konstruktiven Merkmalen:
– Ausführung des Auslegers (Bild 1),
– Anordnung des Schwenkwerkes: unten liegend, d. h. Turm und Ausleger drehen gemeinsam („Unterdreher"); oben liegend, d. h. Turm steht fest, nur der Ausleger dreht („Oberdreher"),

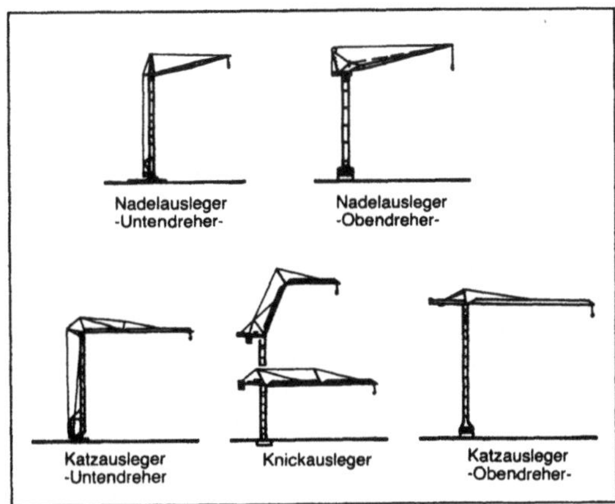

Turmdrehkran 1: Auslegerarten.

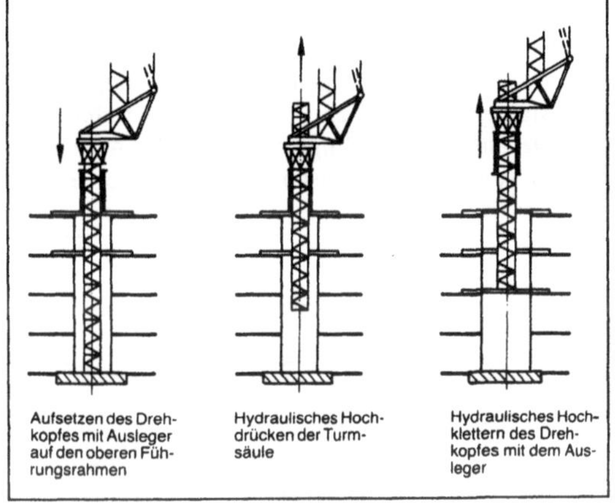

Turmdrehkran 2: Kletterkran.

– Ausführung des Fahrwerks (Gleisfahrwerk mit und ohne Portal, Raupen-, Reifenfahrwerk),
– Turmbewegung (schwenkbar, stationär, selbstkletternd).

Der Arbeitsbereich, den die T. bestreichen, wird über die verschiedenen Möglichkeiten der Ausladungsveränderung bestimmt, und zwar durch:
– Verfahren der Laufkatze,
– Höhenverstellung des Auslegers,
– Verschieben eines Teleskopauslegers,
– Verfahren des gesamten Kranes.

Bild 2 zeigt eine Sondervariante des T., einen Kletterkran mit Turm von begrenzter Länge, der in mehreren Geschossen verankert wird und entsprechend dem Baufortschritt von Geschoß zu Geschoß „klettert". *Kühn*

U

Überblattung → Verblattung

Überdeckung. Ü. (Überlagerung, Deckgebirge) ist das über einem Hohlraum (Tunnel, Stollen, Kaverne) im Locker- oder Festgebirge anstehende → Gebirge. Aus dem Aufbau und der Mächtigkeit der Ü. können in Verbindung mit der morphologischen Situation die primären → Gebirgsspannungen abgeschätzt werden, die im Rahmen der → Geostatik eine wesentliche Bedeutung haben. *Wagner*

Übergabevorrichtung. Ü. oder Übergabestellen (Bild) sind Unterbrechungen in einer → Bandstraße. Da Bandstraßen nicht endlos sein können und teilweise starke Richtungsänderungen notwendig sind, werden Ü. installiert. Da sie den Förderstrom unterbrechen, sind sie auf die unbedingt erforderliche Anzahl zu beschränken. Die wichtigsten Ü. sind die Übergabe-

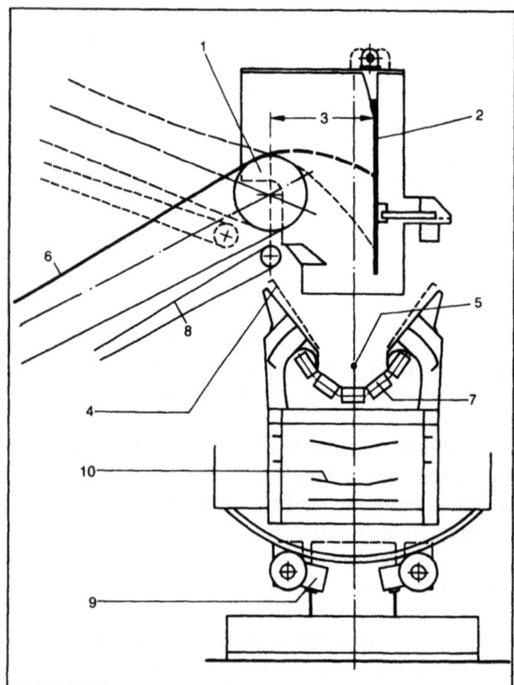

Übergabevorrichtung: Systemskizze einer Ü.

1 Abwurftrommel, 2 Prallwand, 3 Abstand Prallwand – Trommelmitte, 4 Seitenschurre, verstellbar, 5 Mittelpunkt der Horizontierkreisbahn, 6 Auslegerband, 7 Aufgaberollen (Girlanden), 8 Schmutzband, 9 Führungsrollen der Horizontiereinrichtung des Brückenbandes, 10 Schmutzband des Brückenbandes

stelle im Schaufelrad, die Übergabestelle in Drehmitte, die Übergabestelle zum Absetzer und die Übergabestellen auf den Bandstraßen. Ü. bestehen zwischen zwei unabhängig voneinander laufenden Förderbändern. Ihre Aufgabe ist, das Fördergut von dem anfördernden auf das abfördernde Band überzuleiten. Bedingt durch die Arbeitsweise müssen sich die Drehstellung und die Neigung zwischen den Bändern verändern lassen. Die Bedingung für eine einwandfreie Abförderung des Förderguts ist eine möglichst mittige und lotrechte Aufgabe des Förderguts auf das abfördernde Band unabhängig davon, in welcher Stellung sich die Bänder befinden. Der Fallstrahl des Förderguts muß in jeder Stellung des anfördernden Bands in die Lotrechte umgeleitet werden, was durch die konstruktive Anordnung einer Prallwand oder Prallklappe geschieht. Sie ist in der Waagrechten und aus der lotrechten Lage verstellbar, damit eine optimale Anpassung an die verschiedenen Betriebsstellungen gewährleistet ist. Zwischen Prallwand und Abwurftrommel des ankommenden Bandes muß ein genügender Freiraum für den Durchgang des Förderguts bleiben. Nach einer Faustformel soll der Abstand nicht kleiner als das 1,3fache der Förderbandbreite sein. Um den gesamten Förderstrom auf das abfördernde Band zu leiten, muß die Übergabeschurre die Abwurftrommel komplett umfassen. Die Schurre ist soweit nach unten zusammenzuziehen, daß der Förderstrom mittig in der Drehachse des Ober- und Unterbaus auf das abfördernde Band geleitet wird und daß die Austrittsöffnung enger als die Breite der Auffangschurre des abfördernden Bands ist. Die Schurre des abfördernden Bandes muß in allen Höhenstellungen des Bands die Austrittsöffnung der Übergabeschurre umgreifen. Die Seitenteile der Schurre, auf die ein Teil des Förderstroms auftreffen kann, müssen verstellbar sein. *Kühn*

Übergangsbogen → Trassierung

Überhöhung → Trassierung

Überlauf (auch Übereich). Eine den oberen Wasserspiegel begrenzende Einrichtung in einem Wasserbehälter, Speicher, Becken oder auch in einem Abschnitt der Entwässerungsanlage. Es gibt Notüberläufe, die nur in seltenen Fällen oder Notsituationen der Füllung bzw. Überfüllung wirksam werden. Regenüberläufe haben meist eine Überlaufwehrschwelle mit einer für den erwarteten höchsten Überlaufabfluß ausgelegten Länge. Bei der → Wasserversorgung mit Trink- oder Betriebswasser ist der Ü.

entweder ein Standrohr, eine Trichteroberkante oder auch eine Überlaufkante in einem Sammelkasten, oft aber auch nur eine einfache, in Überlaufhöhe liegende rechteckige Aussparung in der Wand oder ein waagerecht hinausführendes Rohr. Immer wird das über den Ü. ablaufende Wasser meist unbenutzt abgeleitet. Ü. bei Staubecken und Talsperren müssen oft große Wassermassen schadlos abführen können. Bei der → Entwässerung gestattet der Ü. eine vorgesehene, geplante Wasserabführung oder Umleitung, z. B. an Rechen, die sich zusetzen, an Rinnen, wenn sie über ein Soll-Maß gefüllt sind, an Sammel- oder Behandlungsbecken der Regen- oder Abwasserbehandlung (Notüberlauf). Auch hier führt der Ü. das so übergeleitete oder entlastete Wasser meist ohne weitere Behandlung in einen Ü.-Kanal. Jedes Waschbecken, Spülbecken, Duschbecken, jede Wanne hat einen Ü., der ein Überlaufen des jeweiligen Beckens verhindern soll. Bei einer → Kaskadennutzung wird Überlaufwasser jeweils in der nächsten Stufe nutzbar. Bei manchen Einrichtungen ist ein ständiger Durchlauf in Bädern mit dem Ü. gegeben.

Pfeiff

Überleitung → Kreuzungsbauwerk

Überschwemmungsgebiet. Durch Ausufern von Wasser eingenommene Fläche. Als „Ausufern" ist das Übertreten von Wasser über den Rand des Gewässerbettes zu verstehen. Das Gewässerbett selbst gehört nicht zum Ü. Die seitliche Begrenzung des Ü. verschiebt sich je nach Wasserstand. Nach § 32 des → Wasserhaushaltsgesetzes (WHG) sind Gebiete, die bei → Hochwasser überschwemmt werden, zu Ü. zu erklären, soweit es die Regelung des Wasserabflusses erfordert. Die jeweiligen Landeswassergesetze (→ Wasserrecht) enthalten Vorschriften, die den schadlosen Abfluß des Hochwassers sichern. Des weiteren sind Ü. nach WHG in das → Wasserbuch einzutragen.

Die Erklärung zum Ü. erfolgt in der Regel in Form von Rechtsverordnungen bzw. ordnungsbehördlichen Verordnungen. Sie sind von den Gemeinden bei der → Bauleitplanung zu beachten und entgegenstehende Bebauungspläne sind rechtswidrig. Doch auch wenn die Erklärung zum Ü. rechtlich zwingend ist und von Amts wegen zu erfolgen hat, hinkt Festsetzung hinter der Notwendigkeit stark hinterher. Strittig ist häufig auch noch, ob mit dem Ü. das Gebiet gemeint ist, das bei mittleren Hochwasserständen überflutet wird, oder ob darunter das beim höchsten bekannten Hochwasserstand überschwemmte Gebiet zu verstehen ist. In der Praxis wird regelmäßig vom 100jährlichen Hochwasser (→ Ereignis, hydrologisches, Wahrscheinlichkeit) für die Festsetzung auszugehen sein.

Lecher

Literatur: *Göttle, A.*: Zukunftsweisender Hochwasserschutz in Deutschland – Forderungen, Voraussetzungen, Lösungen –. Z. f. Kulturtechnik und Landentwicklung 37 (1996).

Uferfiltration. Die U. ist ein Verfahren zur Erhöhung des Grundwasserdargebotes: Wasser gelangt aus Oberflächengewässern in den Untergrund und wird nach einem Fließweg durch einen → Porengrundwasserleiter als Uferfiltrat gewonnen. Das hierfür erforderliche Potentialgefälle erzeugt man durch Absenken des Grundwassers in der Nähe des Oberflächengewässers. Die Beschaffenheit des Uferfiltrates paßt sich in Abhängigkeit von Fließweg und Verweilzeit der Grundwasserbeschaffenheit an.

Mattheß

Literatur: Künstliche Grundwasseranreicherung. Hrsg. v. Bundesministerium des Innern. Berlin 1985.

Uferspeicherung. Der Verlauf des Basis- oder Grundwasserabflusses während einer Hochwasserwelle wird durch die U. beeinflußt. Bei ansteigendem Wasserstand im → Vorfluter nimmt das Grundwassergefälle und damit der Grundwasserbürtige Abfluß ab und hört schließlich bei höheren Flußwasserständen ganz auf. Steigt der Wasserstand noch weiter, so kann vorübergehend ein landwärtiger Gradient entstehen: Der Vorfluter speist in das Grundwasser ein, und im Uferbereich wird bis zum neuerlichen Abfallen der Wasserstände eine bestimmte Wassermenge aus dem Fluß gespeichert. Das aus dem Fluß stammende Seihwasser oder Uferfiltrat tritt als negativer Grundwasser-bürtiger Abfluß in Erscheinung.

Mattheß

Uferstreifen. Geländestreifen entlang des Gewässers, soweit er als funktionale Einheit vorrangig gewässerökologischen Belangen dient. Zum Lebensraum „Fließgewässer" gehört neben dem eigentlichen Gewässerbett auch das terrestrische Umland. Die Funktionen des U. in der Tallandschaft umfassen somit
- wasserbautechnische Aufgaben, wie z. B. Ufer- und → Erosionsschutz durch Wurzelwerk und Röhrichtsäume,
- Funktion der biologischen Wirksamkeit der Gewässer bzw. der Gewässergüte, wie Anreicherung des gelösten Sauerstoffs durch Beschattung und Temperaturverringerung des Wasserkörpers als auch Eintrag von Biomasse durch Laubabfall usw.,
- Lebensraumfunktionen sowohl als Ganzlebensraum als auch als Teillebensräume, wie Flucht-, Überwinterungs-, Brut-, Wohn- und Ausbreitungsbiotope,
- Funktionen zur Verbesserung der ökologischen Raumausstattung, wie Vernetzung noch vorhandener schutzwürdiger → Biotope, aber auch Refugial- und Ersatzökotope,
- Filterfunktion gegen Eintrag von Stoffen aus dem Hinterland in die Gewässer sowie als Pufferstreifen zwischen Gewässer und genutzter Tallandschaft,
- Funktion als Arten- und Genpotential für eine ordnungsgemäße Landwirtschaft sowie
- Funktionen für die Nutzung durch den Menschen als Erholungsraum für Freizeitaktivitäten und zur ästhetischen Gestaltung des Landschaftsbildes.

Die Breite des U. sollte, je nach Gewässergröße, mindestens 5 bis 10 m betragen. Anzustreben ist, die

677

Fläche aus der Nutzung zu nehmen. Aber auch eine Verringerung der Nutzung ist nützlich.	*Lecher*
Literatur: *Hoisl, R. u. a.* (Hrsg.): Uferstreifen – unverzichtbare Bestandteile von Tallandschaften, Schwerpunktheft Z. f. Kulturtechnik und Landentwicklung (1994) 35.

Ulme. Seitenteil eines Tunnelbauwerkes; der obere Teil ist die → Kalotte, der untere Teil die → Sohle.
	Wagner

Ulmenstollen. Konstruktiv besonders stabil ausgeführte Seitenstollen zur Stützung der Kalottenfüße eines in schwierigen Untergrundverhältnissen evtl. gefährdeten → Tunnels im Bauzustand.	*Wagner*

Umkehrmischer. Diese Bauart mit waagerecht liegender Mischtrommel hat i. d. R. zwei gegenüberliegende Öffnungen zum → Beschicken und Entleeren (Bild). Die Umkehrung der Drehrichtung bewirkt über die besonders geformte Beschaufelung das Entleeren des Mischers. Mehrere Mischschaufeln sind so gestellt, daß sie in umgekehrter Drehrichtung die Mischung schnell nach der Entleerungsöffnung transportieren. Am Trommelkegel angebrachte schneckenartig geformte Bleche erfassen das Mischgut und befördern es nach außen. In dieser Ausführung reichen die Nenninhalte bis 1 000 l. Eine besondere Bauform des U. ist der Transportbetonmischer, der eine schrägstehende Trommel mit nur einer Öffnung zum Einfüllen und Entleeren hat. Er wird mit Nenninhalten von 4 000 – 10 000 l gebaut.	*Kühn*

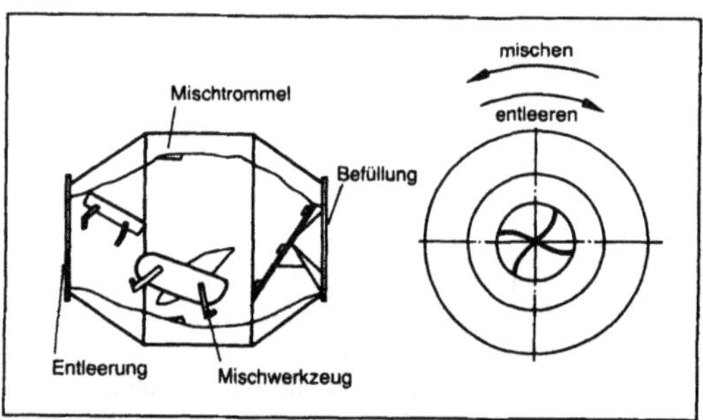

Umkehrmischer: Trommel-U.

Umwelt. Jedes Lebewesen ist von einem Stück Welt umgeben oder umschlossen, mit dem es in wechselseitige(n) Beziehungen steht oder eintritt und von dem letztlich auch seine Existenz abhängt. Dies ist der naturwissenschaftliche Inhalt des Begriffes Um-Welt, der zwei grundsätzlich wichtige Vorstellungen einschließt:
– U. ist stets auf Lebewesen bezogen. Es gibt keine U. an sich.
– U. setzt Beziehungen und Abhängigkeiten voraus und ist spezifischer als die Umgebung; mit anderen Worten: Umgebungs-Bestandteile sind für ein Lebewesen belanglos, während U.-Bestandteile stets eine bestimmte Bedeutung für das Bezugsobjekt Lebewesen haben.

Lebewesen sind zwar von ihrer U. abhängig, beeinflussen diese aber ihrerseits und bilden mit ihr ein Beziehungsgeflecht. Die Lehre von den Beziehungen heißt Ökologie. Das Bild zeigt diese Zusammenhänge in vereinfachter Form und stellt zugleich die Grundlage eines allgemeinen Umweltsystems dar, worin das Beziehungsgeflecht durch eine Serie von Doppelpfeilen veranschaulicht wird.

Jede Art von Lebewesen – Pflanzen, Tiere, Mensch, Mikroorganismen – stellt spezifische Ansprüche an die U. und stellt ihr eigenes Beziehungsgeflecht her. Daher gibt es so viele U. wie es Arten von Lebewesen gibt – und deren Zahl beträgt viele Millionen. Im strengen Sinne gibt es *die* U. demnach nicht. Dennoch ist der allgemeine Begriff brauchbar und auch zulässig, weil es viele Organismen mit ähnlichen U.-Ansprüchen gibt und sie deswegen miteinander vergesellschaftet vorkommen. Der jeweilige subjektive U.-Begriff der Angehörigen verschiedener menschlicher Kulturkreise erschwert jedoch verständlicherweise die Einigung über Auffassungen und Lösungswege globaler Umweltprobleme. Er macht die Notwendigkeit eines objektiven U.-Begriffes um so deutlicher.

☐ Allgemein wird zunächst zwischen einer unbelebten und einer belebten U. unterschieden. Die unbelebte U. ist entweder immaterieller Art (Licht, Wärme, magnetische oder elektrische Felder, Radioaktivität, Schall bzw. Lärm) oder durch Stoffe (Materie) und Stoffgemische in festem, flüssigem oder gasförmigem Zustand verkörpert, die wiederum die Umweltmedien Luft, Wasser, Gesteine, Böden darstellen. Die belebte U. ist die Gesamtheit aller Lebewesen, die jeweils mit einem Bezugs-Lebewesen in Beziehung stehen (können); sie werden in gleichartige (z. B. für den Menschen die Mitmenschen) und andersartige, diese wieder in Pflanzen, Tiere und Mikroorganismen unterteilt – entsprechend in eine pflanzliche, tierische und mikrobielle U. Eine mehr partnerschaftliche Auffassung der Mensch-Umwelt-Beziehung ersetzt den Begriff der belebten U. gern durch Mitwelt.

☐ Eine andere allgemeine U.-Gliederung unterscheidet eine strukturelle und eine funktionelle U. – wiederum bezogen auf bestimmte Lebewesen. Eine anschauliche räumlich-strukturelle Darstellung der U. verwendet das Bild der Umweltschalen als erste Differenzierung des Umweltsystems.

Für einen Menschen ist die innerste Umweltschale seine Kleidung; auf sie folgen die Wände des Raums, in dem er sich aufhält, dann die Wohnung, der der Raum angehört, das Haus, in dem die Wohnung liegt, die Stadt, zu der das Haus gehört, und wiederum deren räumliche U. und so fort. Die äußerste dieser Schalen ist das Sonnensystem, weil die Sonne für jedwedes Leben benötigt wird. Diese Umweltschalen können nicht säuberlich voneinander getrennt werden, sondern durchdringen einander; z. B. muß das Sonnenlicht von der äußersten Schale auch bis zur innersten Schale vordringen können. Andererseits wird ein so wichtiger

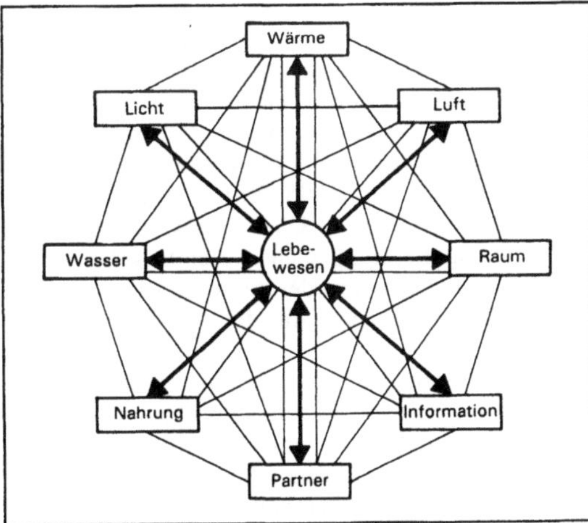

Umwelt: Die Elementar-Bedürfnisse der Lebewesen, zugleich Mindestansprüche der Lebewesen an ihre U., die geeignete Bedingungen und Ressourcen bereithalten muß.

Umweltbestandteil wie die Luft durch das Umweltschalen-Bild in einzelne Bereiche aufgeteilt, so die Innenraumluft zwischen Mensch und den Wänden seines Aufenthaltsraums bzw. der Wohnung, die Luft des Stadtgebiets, des Stadtumlands usw., die sämtlich voneinander verschieden sein und unterschiedlich wirken können, aber dennoch auch als Einheit gesehen werden müssen.

Mit funktioneller U. werden die von der U. zu erbringenden Leistungen beschrieben, die das Bezugs-Lebewesen zur Erfüllung seiner Lebensbedürfnisse benötigt. Bei Zugrundelegung eines rein biologischen U.-Begriffs spricht man von Elementarbedürfnissen wie Nahrung, Raum, Licht, Luft, Wärme, Wasser, Obdach/Behausung (Bild), um einen Unterschied zu kulturellen oder zivilisatorischen Bedürfnissen des Menschen wie Elektrizität, Mobilität usw. herzustellen. Diese Unterscheidung kann für das Setzen von Prioritäten im → Umweltschutz von Wichtigkeit sein.

☐ Als Haupt-Umweltfunktionen hat der Rat von Sachverständigen für Umweltfragen unterschieden:
- Produktionsfunktionen
- Trägerfunktionen
- Informationsfunktionen
- Regelungsfunktionen.

Die Produktionsfunktionen dienen der Versorgung der Menschen, aber ebenso aller anderen Organismen, mit Gütern und Produkten. Diese können aus der nichtlebenden natürlichen U. stammen, und zwar aus erneuerbaren oder aus nicht erneuerbaren Ressourcen. Die Erfüllung der Produktionsfunktionen ist mit Eingriffen in die U. verbunden oder ruft Veränderungen in dieser hervor.

Die – bisher wenig diskutierten – Trägerfunktionen der U. bestehen darin, daß diese die Aktivitäten,

Erzeugnisse und Abfälle aller Organismen und insbesondere der Menschen aufnehmen und tragen (ertragen) muß. Die Erfüllung der Trägerfunktionen bedeutet ebenfalls Eingriffe in die U. oder Veränderungen in derselben. Trägerfunktionen knüpfen oft unmittelbar an Produktionsfunktionen an, so z.B. wenn Umweltgüter in besonderen Anlagen oder Betrieben gewonnen, verarbeitet, verteilt und entsorgt werden. Von wesentlicher Umweltwirkung sind auch die Trägerfunktionen für Verkehr, Transport und Kommunikation sowie für Freizeit und Erholung.

Die Informationsfunktionen dienen den Organismen zur Orientierung in ihrer U., zur Wahl eines zweckmäßigen Verhaltens in ihr und vor allem zur Regelung ihrer Bedürfnisbefriedigung. Informationen sind sozusagen die Nahrung für die Sinnesorgane oder Rezeptoren der Organismen und stellen eine – hauptsächlich auf Strukturen beruhende – Signal-U. dar. Zu ihr gehören auch das Landschafts- oder Stadtbild und die Anzeige des Umweltzustandes durch Indikatoren.

Regelungsfunktionen sind wirksam, um elementar wichtige Prozesse und Abläufe in der U., die insgesamt auch als Naturhaushalt bezeichnet werden, aufeinander abzustimmen, an- oder auszugleichen, um eine Art von Gleichgewicht (Fließgleichgewicht) aufrechtzuerhalten oder auch Folgen von Eingriffen aufzufangen. Zu den Regelungsfunktionen gehören einerseits Säuberungs- oder Reinigungsfunktionen wie die sog. → Selbstreinigung der Gewässer, die Filterwirkung der Wälder, andererseits Schutz oder Stabilisierungsfunktionen wie die Abschirmung kosmischer Strahlung durch die stratosphärische Ozonschicht oder die Speicherung oder Unschädlichmachung belastender Chemikalien in den Böden. Viele dieser natürlichen Regelungsfunktionen sind durch unüberlegte menschliche Einwirkungen geschädigt oder außer Kraft gesetzt worden, obwohl sie unentbehrlich sind, und werden dann, soweit möglich, durch technische Regelungen ersetzt.

☐ Damit ist bereits zu einer weiteren, letzten Gliederung der U. übergeleitet, bei der die natürliche U. (Natur) der vom Menschen gemachten, anthropogenen (auch kultürlichen, künstlichen oder technischen) U. gegenübergestellt wird. Für die natürliche U. kann z.B. der tropische Regenwald, für die anthropogene U. eine Großstadt als Symbol gelten; beide sind durch spezifische Lebewesen einschließlich der Menschen gekennzeichnet, die mit wenigen Ausnahmen nicht austauschbar sind und den Lebewesen-Umwelt-Bezug damit beweisen.

Zwischen natürlicher und anthropogener U. gibt es viele Übergänge und außerdem räumliche Durchdringungen. Eine im strengen Sinne natürliche U. existiert nicht mehr, weil der menschliche Einfluß, z.B. durch Luftverschmutzung oder Tourismus allgegenwärtig ist und auch → Naturschutzgebiete oder Nationalparks betrifft. *Haber*

Literatur: Der Rat von Sachverständigen für Umweltfragen (SRU): Umweltgutachten 1987. Stuttgart–Mainz 1988. – *Fritsch,*

B.: Mensch – Umwelt – Wissen. Evolutionsgeschichtliche Aspekte des Umweltproblems. 2. Aufl. Zürich 1991.

Umweltschutz. Unter U. in der technischen Gebäudeausrüstung werden alle Maßnahmen verstanden, die geeignet sind, den Lebensraum von Menschen und Tieren vor schädlichen Einwirkungen zu bewahren. Er umfaßt insbes. die Verringerung von Schadstoffen in Rauchgas, Fortluft und Abwasser, korrekte Entsorgung der → Reststoffe, wie Asche und Filtrat, und verantwortungsbewußten Umgang mit wasser- oder luftgefährdenden Stoffen, wie Heizöl oder Kältemitteln. Ein weiterer Schwerpunkt liegt in der Lärmminderung.

Diehl

Literatur: Bundes-Immissionsschutzgesetz v. 15. März 1974 mit Durchführungsverordnungen. – TA Luft: Technische Anleitung zur Reinhaltung der Luft v. 27. Februar 1986. – TA Lärm: Technische Anleitung zum Schutz gegen Lärm v. 16. Juli 1968.

Umweltverträglichkeit. Der U. von Baustoffen wird wegen ihrer Bedeutung in jüngerer Zeit zunehmend Aufmerksamkeit geschenkt. Sie ist als eine wesentliche Eigenschaft auch in die Grundanforderungen der europäischen Bauproduktenrichtlinie aufgenommen worden. Umweltbelastungen durch Baustoffe können durch Auslaugen (Schwermetalle, Laugen, Salze, organische Substanzen) und Ausgasen (anorganische und organische Substanzen) schädlicher Stoffe sowie Abgabe radioaktiver Strahlung entstehen. Als Schutzgüter sind in einschlägigen Regelwerken Wasser, Boden und Luft definiert.

Schießl

Umweltverträglichkeitsprüfung (UVP).

Städtebau. Ein Verfahren mit Beteiligung der Öffentlichkeit, das der Erfassung, Beschreibung und Bewertung der Auswirkungen eines stadt-, bau- oder verkehrsplanerischen Vorhabens auf Menschen, Tiere und Pflanzen, Boden, Wasser, Luft, Klima und Landschaft (einschließlich der jeweiligen Wechselwirkungen) sowie auf Kultur- und sonstige Sachgüter dient. Wenn die Entscheidung über die Zulässigkeit des Vorhabens im Rahmen mehrerer Verwaltungsverfahren erfolgt, besteht die U. aus der Gesamtheit aller Verfahren zur Erfassung, Beschreibung und Bewertung von Umweltauswirkungen. Im Vorfeld der → Bauleitplanung kann die U. große Bedeutung haben.

Kernstücke der hier geltenden Gesetzgebung sind das Gesetz über die U. (UVPG) vom 12. Februar 1990, das Bundesnaturschutzgesetz (BNatSchG) und das Bundes-Immissionsschutzgesetz (BImSchG).

Von der U. sind besonders folgende Maßnahmen betroffen: neue Baugebiete, Kraftwerke, Abfallentsorgung, Abwasserbehandlungsanlagen, Gewässerneugestaltung, -umgestaltung, Hafen-, Damm-, Deichbau, Verkehr (Straße/Schiene/Flugplatz), touristische Großprojekte, Bodenabbau, bergbauliche Vorhaben, Richtfunkstrecken und -türme, Windkraftanlagen.

Spengelin

Wasserwirtschaft. Teilinstrument der ökologischen Projektbewertung; bewertet Eingriffe in den → Wasserhaushalt hinsichtlich der zu erwartenden Auswirkungen auf die Natur. In Deutschland ist, auf der Basis des Gesetzes über die Umweltverträglichkeit (UVPG) vom 12.2.1990 bzw. der UVP-Verwaltungsvorschrift (UVPVwV) vom 17.5.1995, für folgende wasserwirtschaftliche Vorhaben eine UVP vorgeschrieben:
– Herstellung, Beseitigung und wesentliche Umgestaltung eines Gewässers oder seiner Ufer sowie von Deich- und Dammbauten, die einer → Planfeststellung bedürfen;
– Ausbau, Neubau und Beseitigung einer Bundeswasserstraße, die der Planfeststellung bedürfen;
– Bau und Betrieb sowie wesentliche Änderung einer Abwasserbehandlungsanlage, die der Zulassung nach § 18 c WHG (→ Wasserhaushaltsgesetz) bedürfen.

In den Bundesländern Baden-Württemberg, Berlin und Nordrhein-Westfalen ist darüber hinaus für große Grundwasserentnahmen eine UVP erforderlich.

UVP-pflichtig sind unter bestimmten Voraussetzungen außerdem wasserwirtschaftlich relevante Vorhaben der → Abfallentsorgung, für den Ferntransport von Öl oder Gas und zur Gewinnung von Kohle und sonstigen nichtenergetischen Bodenschätzen, u. a.

Lecher

Literatur: BfG (Bundesanstalt für Gewässerkunde): Richtlinie für das Planfeststellungsverfahren zum Ausbau oder Neubau von Bundeswasserstraßen (PlanfR-WaStrG), Teil B (Umweltverträglichkeitsprüfung an Bundeswasserstraßen). Koblenz 1995. – LAWA (Länderarbeitsgemeinschaft Wasser): UVP-Leitlinien, Arbeitsmaterialien für die Umweltverträglichkeitsprüfung in der Wasserwirtschaft (Entwurf). Mainz 1995. – *Storm, P. C.* u. *T. Bunge* (Hrsg.): Handbuch der Umweltverträglichkeitsprüfung. Berlin 1988.

Umweltverträglichkeitsstudie (UVS). Spezieller Schritt im Rahmen der → Umweltverträglichkeitsprüfung etwa zur Linienbestimmung einer Verkehrstrasse oder der Auswirkungen von besonderen Bauvorhaben. Kern der U. ist die Bestimmung eines relativ konfliktarmen Korridors oder Standortes. Gemäß dem Merkblatt zur U. in der Straßenplanung (MUVS) werden im Untersuchungsraum die unterschiedlichen Flächenansprüche überlagert, wobei sich ein großes Konfliktpotential ergibt. Durch Kombination der Flächen mit den geringsten „Schäden" bei der Überlagerung ergeben sich (u. U. auch alternative) konfliktärmere Zonen.

Das Hauptproblem ist die Bewertung der Eingriffe, deren sogenannte Eingriffserheblichkeit, Eingriffsverträglichkeit und deren Kompensierung durch Ausgleichsmaßnahmen.

Spengelin

Unfallverhütung. Wesentliche Aufgabe der Berufsgenossenschaften als Träger der gesetzlichen Unfallversicherung (s. hierzu → Reichsversicherungsordnung, drittes Buch, §§ 546 und 708 bis 711). Hierzu haben die Berufsgenossenschaften eine Reihe von → Unfallverhütungsvorschriften, Sicherheitsregeln, Merkheften und Merkblättern herausgebracht, deren Einhaltung die

Unfallhäufigkeit senkt. Eine wichtige Aufgabe der Berufsgenossenschaft ist die Überwachung gem. RVO §§ 712 bis 720. In den Betrieben sind Sicherheitsfachkräfte und Sicherheitsbeauftragte zu ernennen, deren Aufgabe die Beratung des Unternehmers in allen Fragen der → Arbeitssicherheit ist. Die Bestellung richtet sich nach dem Gesetz über Betriebsärzte, Sicherheitsingenieure und andere Fachkräfte für Arbeitssicherheit und nach der Unfallverhütungsvorschrift Sicherheitsingenieure und andere Fachkräfte für Arbeitssicherheit. *Drees*

Unfallverhütungsvorschriften. Von den Berufsgenossenschaften erlassene Vorschriften, um Unfälle zu vermeiden und die → Arbeitssicherheit in den Betrieben zu erhöhen. Sie beziehen sich im wesentlichen auf die Ausführung von Bauarbeiten, auf Maschineneinsatz, Arbeitsverfahren, Verwendung gefährlicher Stoffe, Steinbruch- und Taucherarbeiten. *Drees*

Ungleichförmigkeitsgrad. Der U. U ist der Quotient der aus der jeweiligen Kornverteilungskurve bei 60% und 10% abzulesenden Korngrößen d_{60} und d_{10}:

$$U = d_{60}/d_{10}.$$

Er ist ein Maß für die Kornsortierung in einem → Lockergestein. *Mattheß*

Unterbau.

Straßenbau. U. ist der künstlich hergestellte Erdkörper (Dammschüttung) zwischen Untergrund und → Oberbau. Er wird erforderlich, wenn die vorgesehene Höhenlage des → Planums mit dem anstehenden Untergrund nicht zu erreichen ist. Als Baumaterial für den U. verwendet man i. d. R. geeigneten anstehenden Boden aus den Einschnittbereichen. Wenn möglich soll in diesem Zusammenhang bereits beim Entwurf der Trasse ein weitgehender Massenausgleich angestrebt werden. Ansonsten muß man den Boden aus Seitenentnahmen gewinnen. Auch geeignete industrielle Nebenprodukte, Haldenmaterial sowie Altbaustoffe (→ Mineralstoff, künstlicher; → Recycling) eignen sich für den → Dammbau. Das Material wird je nach Beschaffenheit durch Baggern, Reißen, wenn notwendig auch durch Sprengen gelöst, mit dem Lkw zur Einbaustelle gefördert, dort in ganzer Dammbreite lagenweise verteilt und verdichtet. Die jeweiligen Schichthöhen richten sich nach der Art des Stoffes und der Verdichtungsmethode; sie betragen zwischen 0,3 und 1 m. Bei Seitenentnahmen von sandigem Boden kann man den Dammkörper auch durch Rohrleitungen einspülen. Die Anforderungen an den U. entsprechen den beim Untergrund verlangten Eigenschaften. Auch beim U. kann wenn nötig eine → Bodenverbesserung oder → Bodenverfestigung vorgenommen werden.

Beckedahl/Lücke

Literatur: Zusätzliche Technische Vertragsbedingungen und Richtlinien für Erdarbeiten im Straßenbau (ZTVE-StB).

Schienenverkehr. Der → Bahnkörper besteht im eisenbahntechnischen Sinn aus dem → Oberbau (→ Schienen, → Schwellen, → Bettung, Planumsschutzschicht und Kleineisen) und dem U. Zum U. gehört alles, was unterhalb der Planumsschutzschicht liegt, z. B. Dämme, → Einschnitte, → Brücken, → Tunnel, Stützmauern und Entwässerungsanlagen. Die Verordnung über den Bau und Betrieb von Straßenbahnen (BOStrab) unterscheidet zwischen U. und Erdbauwerken. Der U. ist der für die Aufnahme des Oberbaues bestimmte tragende Boden und bei geschlossenem Oberbau (z. B. in der Gleiszone der vom Kraftfahrzeug- und Fußgängerverkehr benutzten Straßenfahrbahn) die straßenbautechnische Tragschicht. Zu den Erdbauwerken zählen Dämme und Einschnitte. *Kracke/Runge*

Unterbodenmelioration. Bearbeitung des Unterbodens zur Gefügeverbesserung durch Tieflockern oder Tiefpflügen ggf. in Verbindung mit Meliorationskalkung (→ Dränung, → Wasserwirtschaft). Als Tieflockern wird das flächenhafte Aufbrechen und Anheben eines mindestens 40 cm tiefen Bodenbereiches mit einem Lockerungsgerät verstanden. Tieflockern ist bei Böden möglich, die geologisch verdichtet (dichte Verwitterungs- oder Sedimentationsschicht) oder genetisch verdichtet oder verfestigt sind, z. B. Toneinschlämmungshorizonte. Solche Böden sind wechselfeucht, d. h. teils zu naß, teils zu trocken. Tiefpflügen ist das Unterfahren und Umwenden eines mindestens 60 cm tiefen Bodenbereiches mit einem für diesen Zweck besonders konstruierten Tiefpflug. Das Tiefpflügen ist dort empfehlenswert, wo verschiedene Bodenschichten (-horizonte) zerstört und/oder miteinander vermischt werden sollen. Durch den Einsatz von Tiefkulturpflügen wurden in Nordwestdeutschland während der ersten 25 Jahre nach 1947 mehr als 120 000 ha flachgründiges Moor und Anmoor vorwiegend über Sand zu Sandmischkulturen hergerichtet.

Lecher

Unterfahrung. Unterhalb eines Bauwerkes wird ein Hohlraum, wie z. B. ein → Tunnel oder Stollen, hergestellt. Die Bauwerkslasten müssen dann über z. T. neu herzustellende Konstruktionen in den Untergrund abgetragen werden. Zusätzliche Gebäudeverschiebungen resultieren vor allem aus Herstelleinflüssen und Verformungen während des Vortriebs der Hohlräume und zu geringen Anteilen aus Verschiebungen des Ausbaus und der Auskleidung. Schwelleinflüsse durch den Aushub, also Entlastungen des Untergrundes, machen sich gegenüber den größeren → Setzungen i. a. nicht bemerkbar. Hat der Boden eine ausreichend große → Kohäsion und sind auch noch mehrere Zentimeter Setzungen und Setzungsdifferenzen für ein Bauwerk zulässig, so kann man die U. wie bei einem Freifeld ausführen. Andernfalls müssen besondere Abstützungsmaßnahmen vorgesehen werden. Die Vielfalt dieser Methoden reicht vom Jochbalkenvortrieb bis zum bergmännischen Vortrieb von Stollen. Verformungsarme U., bei denen zusätzliche Bauwerkssetzungen auf nur wenige Millimeter begrenzt werden können, lassen sich mit Kleinbohrpfählen (→ Pfahl) und mit einer Rohrschirmdecke erzielen. Bei beiden Konstruktionen wird zunächst das Bauwerk großflächig abgestützt, bevor man mit dem Tunnelvortrieb beginnt.

Unter den Gründungskörpern eines Bauwerkes, wie z. B. Einzel-, Streifenfundamenten oder Gründungsplatten, stellt man von der Geländeoberfläche oder vom Keller aus Kleinbohrpfähle her. Diese tragen die gesamte Bauwerkslast in den tieferen Untergrund ab. Eine Stabwand kann als spätere Baugrubenwand dienen (Bild 1). Es folgt ein Teilaushub unterhalb des abgefangenen Bauwerkes, und die Tunneldecke wird betoniert. Deckenauflager sind die Stabwand und z. B. eine außerhalb des Bauwerkgrundrisses ausgeführte Schlitzwand. Den weiteren Tunnelvortrieb nimmt man untertage vor. Nachdem zwischen Bauwerk und Tunnel-

decke eine kraftschlüssige Abstützung hergestellt ist, werden die im → Lichtraumprofil stehenden Kleinbohrpfähle abgetrennt und die ansonsten auftretenden Deckendurchbiegungen durch Anspannen von Spanngliedern kompensiert.

Bild 2 zeigt das System der Rohrschirmdecke. Die Decke schützt das darüberstehende Bauwerk während des Tunnelvortriebs ab und ist gleichzeitig Decke des späteren Tunnels. Von z. B. einem Vorstollen aus werden Stahlrohre mit einem Durchmesser von etwa 1,50 m vorgetrieben. Die Rohre sind noch begehbar, so daß am Rohrende der Boden abgebaut werden kann. Jedes Rohr setzt sich aus einzelnen, etwa 3 m langen Schüssen zusammen, die verschraubt sind. Reichen Erdauflager für die Decke nicht aus, so schafft man in Zwischenstationen sowie am endgültigen Rohrende erweiterte Arbeitsräume, von denen aus Kleinbohrpfähle hergestellt werden. Diese dienen als Deckenauflager und in Form der Stabwand als vorläufige Tunnelwand. In die Rohre schiebt man Bewehrungskörbe und betoniert die Rohre. Der Tunnelvortrieb kann danach im Schutze der Decke ausgeführt werden.

Meißner

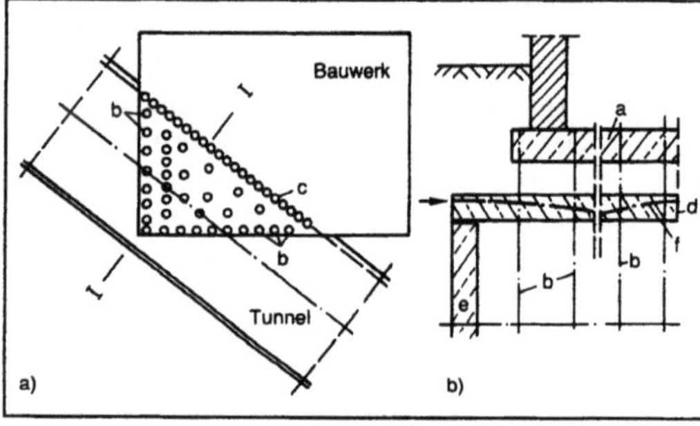

Unterfahrung 1: U. mit Hilfe von Kleinbohrpfählen.
a) Grundriß
b) Schnitt I–I.

a Gründungsplatte, b Kleinbohrpfahl, c Stabwand, d Tunneldecke, e Schlitzwand, f Spannglied

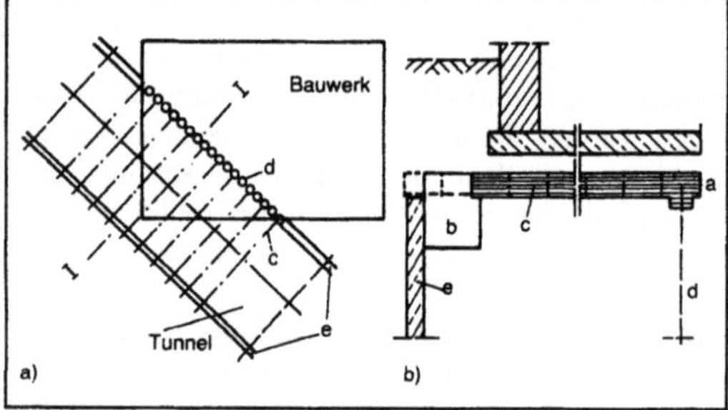

Unterfahrung 2: U. im Schutz einer Rohrschirmdecke.
a) Grundriß
b) Schnitt I–I.

a Rohrschirmdecke, b Vorstollen, c Stahlrohr, d Stabwand, e Schlitzwand

Unterfangung. Unterhalb eines → Fundamentes stellt man eine Konstruktion her, durch die die Fundamentlast in den tieferliegenden Untergrund abgetragen wird. Dabei wird Boden unter dem Fundament teilweise ausgeräumt oder zumindest bereichweise in seiner Struktur verändert. Außer bei einfachen Fällen, die in DIN 4123 definiert sind, muß man für alle relevanten Bauzustände erdstatische Sicherheitsnachweise führen. Die in DIN 4123 geregelten Fälle decken den großen Bereich der Unterfangungsarbeiten für Gebäude bis zu fünf Geschossen ab. Die Gebäude müssen durch Deckenscheiben und Querwände ausreichend ausgesteift sein, und die Lasten müssen im U.-Bereich durch lastverteilende Streifenfundamente oder Platten in den Untergrund abgetragen werden. Weitere vorausgesetzte Bedingungen für den Aushub und den Grundwasserspiegel zeigt das Bild. So darf z. B. eine angrenzende Baugrube nicht tiefer als bis zu 5 m unter der ursprünglichen Geländeoberfläche ausgehoben werden. In einem Zuge darf neben der Gebäudewand höchstens bis zum Niveau der Kellersohlenoberfläche des bestehenden Bauwerks abgegraben werden, und die Böschung bis zur Baugrubensohle muß flacher als 1 : 2 geneigt sein. Sind alle Voraussetzungen erfüllt, so kann man von einer ausreichenden → Standsicherheit der vorhandenen Fundamente ausgehen.

Der weitere Baugrubenaushub muß abschnittweise vorgenommen werden. Entweder werden vom Böschungsfuß aus Stichgräben vorgetrieben oder Schächte an der Gebäudewand abgeteuft. Die Vorschriften (DIN 4124) für den Verbau von Gräben und Schächten sind dabei zu beachten. Von einer Aushubtiefe von 1,25 m ab ist demnach i. d. R. ein Verbau vorzusehen. Auf Graben- oder Schachtbreite unterfängt

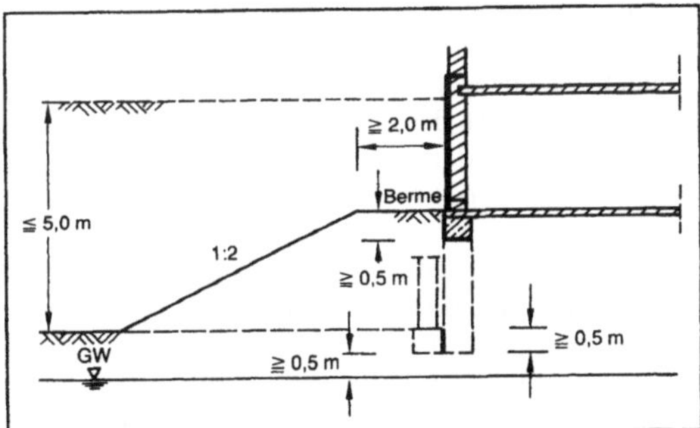

Unterfangung: Zulässiger Baugrubenaushub nach DIN 4123.

man dann das bestehende Fundament und stellt gleichzeitig einen Abschnitt des neuen Fundamentes her. Begonnen wird mit den Arbeiten in Bereichen mit den größten Gebäudelasten. Querwände sind dabei auf einer ausreichenden Länge zusätzlich zu unterfangen. Sonst besteht die Gefahr zu großer Sackungen unter den Querwandanschlüssen und zusätzlicher Belastung der Unterfangungswände durch größere horizontale Erddrücke. Auch bei sorgfältiger Ausführung der U.-Arbeiten nach DIN 4123 müssen zusätzliche Fundamentverschiebungen in der Größenordnung von 1 cm eingeplant werden. Um dieses Maß kann man das unterfangene Gebäudeteil zwar durch Stahlkeile oder hydraulische Pressen wieder anheben. In einzelnen Bauphasen sind → Setzungen und Setzungsdifferenzen aber nicht zu vermeiden. Außer Einflüssen aus dem Herstellverfahren sind es Spannungsumlagerungen im Untergrund, die zu den Verschiebungen führen.

Lassen sich die Voraussetzungen nach DIN 4123 nicht mehr einhalten, so sind erdstatische Nachweise zu führen (→ Bodenmechanik). Bei der konventionellen abschnittweisen Nachgründung muß man wenig biegesteife Fundamente zunächst vorübergehend abstützen. Von Stichgräben oder Schächten aus werden dazu Joche durch vorauseilende Träger und Stempel hergestellt. Die eigentliche U.-Konstruktion kann aus Streifenfundamenten, Scheiben oder aus Preßpfählen (früher auch gelegentlich verwendet) bestehen. Bei letzterem werden von der Fundamentsohle aus etwa 1 m lange Pfahlabschnitte in den Boden gedrückt, die zusammengesetzt einen → Pfahl ergeben. Pressenwiderlager ist das Bauwerksfundament. Dieses Verfahren ersetzt man heute durch die sicherer und wirtschaftlicher herzustellenden Kleinbohrpfähle (DIN 4128). Sie haben einen Durchmesser bis zu 30 cm (Pfahl) und können von der Geländeoberfläche oder vom Kellerfußboden aus hergestellt werden. Ein Freilegen der Fundamentsohle zur Herstellung der U.-Konstruktion entfällt. Fundamente können durchbohrt werden. Die Lastabtragung vom Fundament auf die Pfähle geschieht durch → Mantelreibung oder zusätzlich

durch konsolförmige Verdickungen unterhalb der Fundamente.

Ein traditionelles U.-Verfahren ist die → Bodenverfestigung. Beim Injektionsverfahren (→ Injektionstechnik) preßt man eine Zementsuspension oder eine chemische Lösung in die Poren des Erdstoffes. Der verfestigte Boden erreicht Betonfestigkeit und ist eine dauerhafte U.-Konstruktion. Komplikationen treten allerdings bei einem inhomogenen Untergrundaufbau auf, da die verschiedenen Verpreßmaterialien nur für bestimmte Bodenarten geeignet sind. Von der Bodenart unabhängig ist das → Gefrierverfahren. Das Porenwasser im Erdstoff wird gefroren. Der Frostkörper erreicht gleichfalls Betonqualität. Es muß bei diesem Bauhilfsverfahren jedoch sichergestellt werden, daß nach dem Auftauen keine unzulässigen Sackungen unter den Fundamenten auftreten. Eine Weiterentwicklung des Injektionsverfahrens ist das HDI-Verfahren (→ Hochdruckinjektionsverfahren). Nahezu setzungsfrei werden ähnlich wie bei Kleinbohrpfählen von der Geländeoberfläche oder der Kellersohle aus HDI-Pfähle unter den abzufangenden Bauwerksteilen hergestellt. *Meißner*

Untergrund. Der unmittelbar unter dem → Oberbau ggf. → Unterbau angrenzende anstehende Boden/Fels wird im Straßenbau als U. bezeichnet. Er ist der naturgegebene Baugrund der Straße. Seine Beschaffenheit untersucht man mittels → Schürfe, Bohrungen und → Sondierungen. Nach dem stofflichen Aufbau (Korngrößenverteilung) und den bodenphysikalischen Eigenschaften ordnet man den Boden nach DIN 18 196 Bodengruppen zu. Hinsichtlich der Lösbarkeit der Boden- und Felsarten werden sie in sieben Klassen eingeteilt. Grundlage für diese Einordnung ist DIN 18 300. Beide Einteilungen sind die Grundlage für die Beurteilung der Frostempfindlichkeit, der mechanischen Eigenschaften im Hinblick auf das Verhalten der Gesamtbefestigung wie auch für die Verarbeitbarkeit beim Bau. Maßgebend für die Frostempfindlichkeit (→ Frostempfindlichkeitsklasse) sind die Korngrößenverteilung und die Plastizität des Bodens. Danach unterscheidet man den Boden als nicht, als gering bis mittel oder als sehr frostempfindlich. Im Zusammenhang mit der Frosteinwirkungszone, der Lage der Trasse und Gradiente, der Wasserverhältnisse und der Ausführung der Straßenrandbereiche beeinflußt diese Einteilung gemäß den RStO (→ Bemessung, → Straßenbefestigung) die Dicke des frostsicheren Oberbaus.

In konstruktiver Hinsicht sind bezüglich der Tragfähigkeit und Standfestigkeit des U. als Baugrund der mit dem → Plattendruckversuch zu ermittelnde Verformungsmodul E_{v2} sowie der Verdichtungsgrad D_{Pr} von Bedeutung. Im Regelwerk des Straßenbaus in Deutschland geht man davon aus, daß auf der Oberseite des U. im Bauzustand ein Verformungsmodul E_{v2} von mindestens 45 MN/m^2 und ein Verdichtungsgrad D_{Pr} von 100–103% vorhanden sind. Lassen sich diese Werte mit üblichen Arbeitsmethoden, z. B. durch mechanisches Verdichten des anstehenden Bodens, nicht erreichen, so ist dieser durch Verbessern (→ Bodenverbesserung) der Korngrößenverteilung mittels Einmischen entsprechender Körnungen oder Kalk, in schwierigen Fällen auch durch Verfestigen (→ Bodenverfestigung) mit hydraulischem oder bitumenhaltigem → Bindemittel aufzubereiten. Ungeeignet und kaum verbesserungsfähig sind feinkörnige Böden mit hohem Wassergehalt oder aus überwiegend organischen Bestandteilen. In diesen Fällen müssen → Bodenaustausch, → Moorsprengungen oder Pfahlgründungen vorgenommen werden. *Beckedahl/Lücke*

Literatur: DIN 18196: Erdbau. Bodenklassifikation für bautechnische Zwecke. – DIN 18300: Allgemeine Technische Vertragsbedingungen für Bauleistungen (ATV) Erdarbeiten.

Untergrundbahnbau. Untergrundbahnen werden nach den Regeln des unterirdischen Bauens bzw. des → Tunnelbaues erstellt. Erschwerend kommt dabei die Bewältigung des Verkehrs über Tage während der Bauzeit und die Verlegung der innerstädtischen Leitungen aller Art hinzu. Solange U-Bahnen den Straßenzügen folgen, bevorzugt man i.d.R. offene oder halboffene Bauweisen. Müssen aber größere Gebäudekomplexe unterfahren werden, können auch geschlossene Bauweisen unter Tage vorteilhafter sein. Bei hohem Grundwassserstand muß man wegen der Setzungsempfindlichkeit bestimmter Böden, z.B. Ton, Moor, Faulschlamm, Torf, oder mancher Bebauung oft auf eine billigere → Grundwasserabsenkung verzichten und das wesentlich teurere → Druckluftverfahren wählen. *Wagner*

Untergrunderkundung. Sie liefert einen Aufschluß über den Aufbau des Untergrundes, wie z.B. die Lage und Mächtigkeit einzelner Bodenschichten oder die Lage des Grundwasserspiegels. Aus den Aufschlüssen kann man Proben entnehmen und im Laboratorium untersuchen. Die Erkundungen können zur Untersuchung eines Baugrundes oder aber auch zur Auffindung eines geeigneten Baustoffvorkommens durchgeführt werden. U. lassen sich nur stichprobenartig vornehmen. Richtlinien für Baugrunderkundungen sind in DIN 1054 festgelegt. Auch bei einer nach den anerkannten Regeln der Bautechnik ausgeführten Baugrunderkundung verbleibt noch eine Restwahrscheinlichkeit, daß weniger tragfähige Bereiche im Untergrund nicht erfaßt und diese erst während der Bauausführung Ursache für Mehrkosten oder später für zusätzliche Bauwerksbeanspruchungen sind. Dieses Baugrundrisiko wird i.a. vom Bauherrn getragen. Für größere Bauvorhaben vollzieht sich der Ablauf der Baugrunderkundung häufig wie folgt:

– Der Bauherr läßt Unterlagen über das geplante Bauwerk erstellen. Ein Bodenmechanik- und Grundbauinstitut bzw. -büro erhält den Auftrag zur Ausarbeitung eines Leistungsverzeichnisses für die Baugrunduntersuchungen.

– Der Bauherr schreibt die Arbeiten aus und beauftragt ein Bohrunternehmen mit den Aufschlußarbeiten. Der Bodenmechaniker überwacht die Arbeiten und veranlaßt ggf. auch, daß der im → Leistungsverzeichnis enthaltene Umfang der Aufschlußarbeiten entsprechend den angetroffenen örtlichen Verhältnissen abgeändert wird.

– An Proben aus den Aufschlüssen ermittelt man im Grundbauinstitut bodenmechanische Parameter und arbeitet ein → Baugrundgutachten aus.

Erkundungen stellt man vor allem in Form von Schürfgruben, Bohrungen, Sondierungen (DIN 4021), durch Messung von Wellenausbreitungen sowie durch Stollen und Schächte an. Nach DIN 1054 soll der Abstand der Bohrlochansatzpunkte bei Baugrunderkundungen kleiner als 25 m sein. Die Bohrlochtiefe richtet sich nach den Abmessungen des Gebäudes und der Fundamente sowie der Sohlpressungen. Sie sollte mindestens 6 m betragen. Für Fundamente ist als Tiefe das Dreifache, für Platten das Eineinhalbfache der Gründungsbreite angegeben. Bei Pfahlgründungen reduzieren sich diese Soll-Tiefen auf zwei Drittel; dabei rechnen die Bohrtiefen jedoch ab Pfahlfußebene. Überlagern sich die Spannungen aus einzelnen Fundamenten in größerer Tiefe, so sollte als Bohrtiefe ab Gründungssohle das Dreifache der größten Gründungskörperbreite oder – falls größer – das Eineinhalbfache der Bauwerksbreite gewählt werden. Grundsätzlich ist zu beachten, daß die Bohrungen erst in einer Tiefe enden sollten (Endteufe), von der ab keine wesentlichen Rückwirkungen durch evtl. anstehende, ungünstigere Bodenschichten auf das Setzungsverhalten oder die → Standsicherheit des Bauwerkes (→ Bodenmechanik) zu erwarten sind.

Das Bohrgerüst kann als Hydraulikgerät mit ausschwenkbarem Ausleger fest auf einem Fahrzeug montiert sein oder aber auch aus einem vom Fahrzeug unabhängigen Bohr- oder Dreibock bestehen. Zum Bohrgerät gehören Bohrrohre, Bohrgestänge oder ggf. ein Seil mit Kabelwinde oder Seilrolle, die eigentlichen Bohrer und Hilfsgeräte. Die Bohrrohre schützen die Bohrlöcher im → Lockergestein vor dem Einsturz. Unterhalb des Grundwasserspiegels muß im Lockergestein die Verrohrung vorschneiden, und im Bohrloch muß der Wasserspiegel höher als der Grundwasserspiegel anstehen. Der übliche Rohrinnendurchmesser liegt in der Größenordnung von 160 mm, für Greiferbohrungen ab 400 mm und bei den Verfahren mit durchgehender Gewinnung der Kerne bei etwa 100 mm. Als Bohrgeräte werden bei den Verfahren mit unvollständiger Gewinnung der → Bodenproben Ventilbohrer für Sand und Kies, Schappen für bindige Böden, Spiralbohrer, Meißel zum Zerkleinern großer Steine und Greifer für Böden mit größeren Steinanteilen verwendet (Bild 1). Üblich sind heute die Verfahren mit durchgehender Kerngewinnung. Das Lösen des Bodens kann dabei drehend, rammend oder drückend geschehen. Einzelheiten, wie Spülhilfen, Bohrwerk-

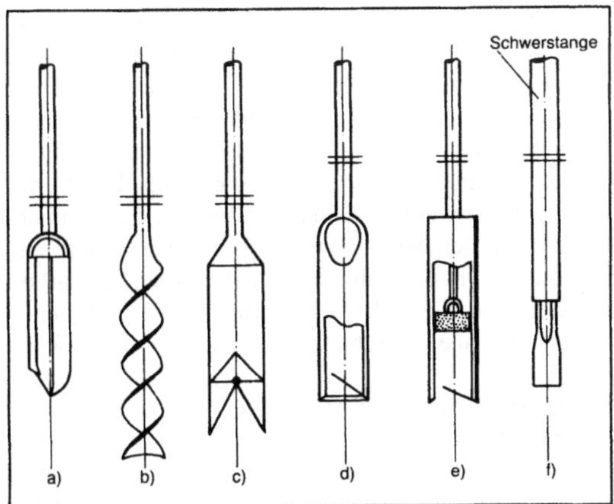

Untergrunderkundung 1: Bohrgeräte für nichtgekernte Bodenproben.
a) Schappe
b) Zylindrischer Spiralbohrer
c) Greifer
d) Ventilbohrer oder Schlammlöffel mit Ventil
e) Kiespumpe
f) Meißel.

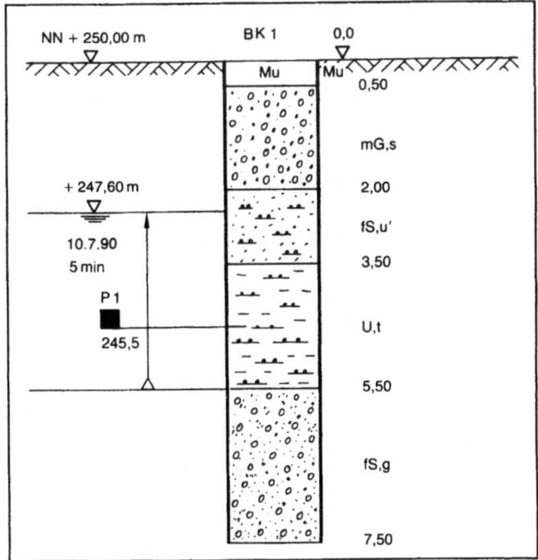

Untergrunderkundung 2: Bodenprofil. Ergebnis einer Aufschlußbohrung.

P1 Sonderprobe, y Anstieg gespannten Grundwassers, Mu Mutterboden, mG Mittelkies, s sandig, fS Feinsand, u′ leicht schluffig, t tonig, U Schluff, g kiesig

zeuge, Anwendungshinweise oder Bohrdurchmesser, sind in DIN 4021 zusammengestellt.

Die aus Aufschlüssen zu entnehmenden Proben sind in fünf Güteklassen unterteilt. Mit Güteklasse 1 sind Proben bezeichnet, die gleiche Eigenschaften wie der anstehende Boden haben. Die Proben werden auch als Sonderproben oder ungestörte Proben (UP) bezeichnet. Aus Bohrlöchern kann man sie mit einem Entnahmestutzen und aufgesetztem Schlammstutzen ziehen. Aus jeder Schicht bindigen Bodens ist mindestens eine, bei größeren Schichtdicken mindestens alle 2,5 m eine weitere Probe zu entnehmen. Die Proben sind unmittelbar nach der Entnahme zu versiegeln und werden erst im Laboratorium aus den Entnahmestutzen herausgedrückt. Gestörte Bodenproben oder Bohrproben lassen i. a. nur noch eine Aussage über die Schichtfolge zu und sind in Klasse 5 eingruppiert. Sie werden in verschlossenen Gläsern oder Plastikbehältern aufbewahrt. Der Entnahmeabstand sollte < 1 m sein. Durchgehende Kerne lagert man in Plastikschläuchen, aufklappbaren Plastikrohren oder Kernkisten.

Die Gebirgsfestigkeit hängt entscheidend vom → Trennflächengefüge ab. Bei großen Bauvorhaben werden daher begehbare Schächte oder Erkundungsstollen ausgeführt. Die häufigsten Aufschlußmethoden im → Festgestein sind allerdings auch hier Bohrungen, die im Rotationsverfahren abgeteuft werden. Durch Einsatz von Doppelkernrohren lassen sich weitgehend unzerstörte Kerne gewinnen. Mit zunehmender Gesteinshärte verwendet man als Bohrkronen: Zahnkronen, Hartstiftkronen, Schrotkronen oder Diamantkronen. Als Entscheidungshilfe für die Auswahl des

geeigneten Bohrverfahrens kann eine Zusammenstellung in DIN 4021 herangezogen werden. Wichtiger Bestandteil einer U. ist die Feststellung von Grundwasserständen und -strömungen. Regeln sind in DIN 4021 enthalten. Langzeitbeobachtungen nimmt man mit Pegeln vor. Die Bohrergebnisse sind gemäß DIN 4023 in Schichtenverzeichnisse einzutragen und in Bohrprofilen (Bild 2) darzustellen sowie gem. DIN 4022 zu benennen. *Meißner*

Literatur: DIN 4021: Baugrund. Erkundung durch Schürfe und Bohrungen sowie Entnahme von Proben. – DIN 4022. Tl. 1, 2 u. 3: Baugrund und Grundwasser. Benennen und Beschreiben von Boden und Fels. Schichtenverzeichnis für Bohrungen. – DIN 4023: Baugrund- und Wasserbohrungen. Zeichnerische Darstellung der Ergebnisse. – DIN 1054: Baugrund: Zulässige Belastung des Baugrunds. – Grundbau-Taschenbuch. Tl. 1. 4. Aufl. Berlin 1990.

Untergrunderkundung, geophysikalische. Es wird zwischen seismischen, dynamischen, gravimetrischen und geoelektrischen Verfahren unterschieden. Erreichbar sind i. a. nur großflächige Aufschlüsse. Ein detaillierter Baugrundaufschluß muß dann ergänzend mit den Verfahren der → Untergrunderkundung durchgeführt werden. Mit seismischen und dynamischen Verfahren lassen sich Schichtgrenzen, Einlagerungen und Hohlräume im Untergrund lokalisieren. Aus den Meßwerten können Parameter für das elastische Verhalten des Bodens bei kleinen Deformationen ermittelt werden (→ Baugrunddynamik). Die Untersuchungen lassen sich von der Geländeoberfläche aus oder in Bohrlöchern ausführen. Gemessen werden die Wellengeschwindigkeiten und deren Ausbreitungen. Beim seismischen Verfahren erzeugt man das Wellenfeld durch eine → Erschütterung, während beim dynamischen Verfahren eine periodische Erregung ein stationäres Wellenfeld im Untergrund entstehen läßt. *Meißner*

Unterwasser → Oberwasser

Unterwasserbeton. Da Beton nur durch die Hydratation des Zementes erhärtet (→ Erhärten), kann er auch unter Wasser eingesetzt werden. Es ist jedoch dafür zu sorgen, daß er als geschlossene Masse erhalten bleibt und sich der Wasser-Zement-Wert (→ Frischbeton) nicht durch Wasseraufnahme erhöht. Er wird deshalb mit Trichterrohren, die in den Beton münden, mit Kübeln, die auf dem Boden oder Beton nach unten aufgeklappt werden, durch Pumpen oder mit Hydroventilen eingebracht. Durch eine besondere → Kornzusammensetzung und spezielle Zusatzmittel, z. B. Sibovertahren, kann erreicht werden, daß der Frischbeton gegenüber hydromechanischer Beanspruchung zusammenhängend und stabil bleibt. Er kann so von schwimmenden Großpaletten über Wasser in der vorgesehenen Menge und Dicke verteilt und im freien Fall über 5 m Wassertiefe frei durch das Wasser gestürzt werden, ohne daß er sich entmischt oder → Bindemittel ausgewaschen wird. *Wesche*

Unterwasserbodenuntersuchungsgerät. Das U. (UBUG) hat ein Raupenfahrwerk, mit dessen Hilfe es auf dem Gewässerboden zu den Untersuchungspunkten fahren kann. Es wird von einem Führungsstand, der an der Wasseroberfläche auf einem Schiff, Ponton o. ä.

steht, über ein Verbindungskabel gesteuert. Die Steuerung kann über eine Unterwasserfernsehkamera und Sensoren überwacht werden. Mit diesem Gerät (Bild) können fast alle über Wasser gebräuchlichen Bodenuntersuchungen (Druck- und → Flügelsondierungen, Bodenprobenentnahme, bodenmechanische Werte) durchgeführt werden. Es hat den Vorteil, daß es unabhängig von der Wellenbewegung, der Wassertiefe und den Stampf- bzw. Rollbewegungen des Schiffes arbeiten kann und die Bodenkennwerte direkt vom Meeresboden aus ohne Zwischengestänge aufnimmt. *Kühn*

Unterwasserschaufelradbagger. Der U. ist eine der neuesten Geräteentwicklungen im Naßbaggerbereich. Von dem → Schneidkopfsaugbagger unterscheidet er sich dadurch, daß anstatt des Schneidkopfes ein Schaufelrad am Ende des Saugrohrs angebracht ist. Im Vergleich zu den Schneidkopfsaugbaggern fördern die U. in beiden Schwenkrichtungen gleichviel, so daß ihre Gesamtförderleistung höher liegt. *Kühn*

Unterzugschalung. Unterzüge werden, je nach Höhe und Bewehrungsanteil, entweder vor oder gleichzeitig mit der Decke betoniert. Balken dagegen sind allseitig freie Baustabteile, die ohne Verbindung mit anderen Bauteilen herstellbar sind. Unterzüge bzw. Balken werden im Bodenbereich mit Schalungsgeräten und Schalungsmaterialien üblicher Art hergestellt, unter zusätzlicher Verwendung von speziellen UZ-Zargen.

Bei vorbetonierten Unterzügen und Balken können die Seitenschalungen nach oben überschießen und oberhalb des einzubringenden Betons geankert werden. *F. Hoffmann*

Unterwasserbodenuntersuchungsgerät: Ausführungsbeispiel.

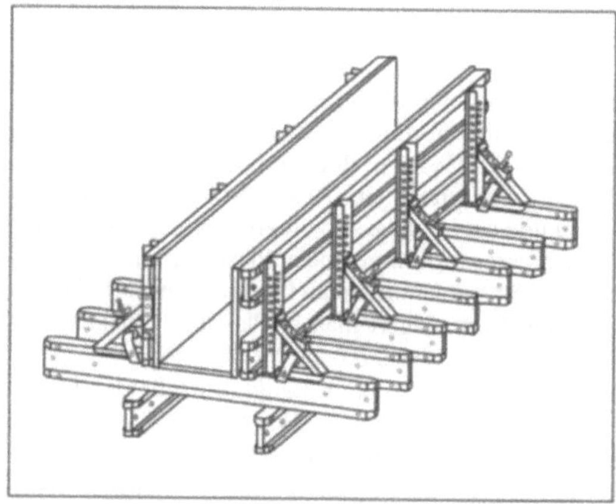

Unterzugschalung: Ausführung mit Holzträger und Stahlzargen.

V

Vakuumabsenkung. Die Entwässerung von Mittel- und Feinschluffen ist nur möglich, wenn die Molekularanziehung zwischen Wasser und Boden überwunden wird. Dies geschieht durch → Vakuumanlagen. Eine solche Anlage besteht aus einem Vakuumkessel, an dem über eine Sammelleitung mehrere Punktbrunnen angeschlossen sind (Bild). Über diese Punktbrunnen wirkt der Unterdruck auf den Boden, dem auf diese Art und Weise Wasser entzogen wird. Das Wasser gelangt über die Sammelleitung in den Vakuumkessel und von dort mit Hilfe einer Tauchpumpe zum → Vorfluter.   *Kühn*

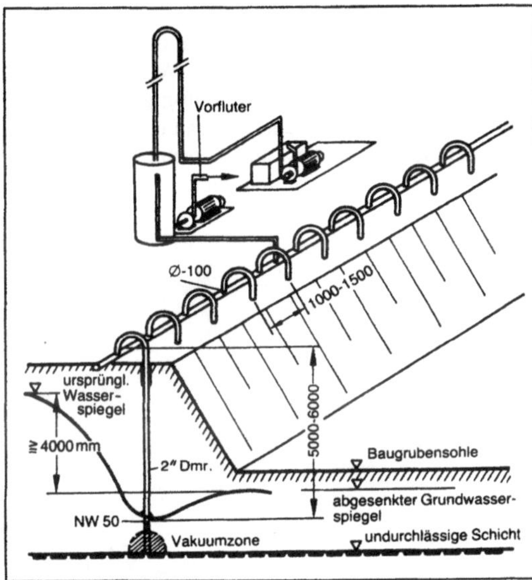

Vakuumabsenkung: Vakuumanlage mit Punktbrunnen.

Vakuumanlage. V. werden im → Betonbau eingesetzt, um eine besonders schnelle Frühfestigkeit des Betons zu erreichen und damit die Rückgewinnung der → Schalung zu beschleunigen. Mit der Vakuumbehandlung wird dem Beton nach dem Einbringen und Abziehen mit → Abziehbohlen das überschüssige, nicht für die Hydratation benötigte Wasser wieder entzogen. Die mobile Anlage besteht aus einer Vakuumpumpe mit Unterdruckkessel, einem mehrteiligen Vakuumteppich und den erforderlichen Schlauchverbindungen. Auf den abgezogenen Betonflächen werden zuerst Filtermatten ausgelegt, die auf ihrer unteren, dem Beton zugewandten Seite ein Filtergewebe haben, das das Abfließen des Feinmaterials, insbes. des → Zement-

leims, mit dem Wasser verhindert. Auf der oberen Seite der Matten liegt ein dreidimensionales Plastikgitter, das „Dränagekanäle" zwischen der Betonoberfläche und dem Vakuumteppich freihält.

Auf die Filtermatten wird der Vakuumteppich aufgelegt, so daß die Betonfläche abgedeckt und luftdicht verschlossen ist. Die Vakuumteppiche werden mit Schlauchleitungen an die Vakuumpumpe angeschlossen. In diesem Aggregat wird der normale atmosphärische Druck bis zu 90% reduziert und dieser Unterdruck in die Betonfläche eingeleitet. Dadurch lastet auf dem Vakuumteppich und dem Beton ein effektiver Druck von rd. 0,8 bar. Dieser Druck von umgerechnet rd. 80 kN/m^2 preßt den Beton zusammen und bewirkt, daß die Zuschlagstoffe dichter gelagert werden und gleichzeitig ein Teil des freien Wassers, das nicht im Hydratationsprozeß des Zements gebunden ist, herausgepreßt wird. Das Wasser tritt an die Oberfläche des Betons und läuft durch die Dränagekanäle der Filtermatten und durch die Schlauchleitungen zur Vakuumpumpe.

Die Vakuumbehandlung ist also – zusätzlich zur normalen dynamischen Verdichtung des Betons mit Rüttlern – eine statische Verdichtung bei gleichzeitiger Reduzierung des W/Z-Werts. Der ursprüngliche Wasserzementwert des Betons wird um 10–20% vermindert. Dieser Vorgang ist für die erheblichen Verbesserungen der Betoneigenschaften ausschlaggebend. Die Dauer der Vakuumbehandlung beträgt etwa 1–2 min/cm Deckendicke in Abhängigkeit von dem Kornaufbau der Betonmischung. In einem Arbeitstakt unterzieht man eine Betonfläche von 50–60 m^2 gleichzeitig der Vakuumbehandlung mit zwei Vakuumteppichen und einer Vakuumpumpe. Direkt anschließend an die Vakuumbehandlung wird die bereits begehbare Oberfläche mit einem → Rotationsglätter abgescheibt. Dadurch entsteht eine griffige Struktur, wie sie beispielsweise für Parkdecks und Industriefußböden erwünscht ist. Im Erdbau dienen V. der Entwässerung von Mittel- und Feinschluffen (→ Vakuumabsenkung).   *Kühn*

Vakuumbeton. V. ist ein plastischer bis weicher Beton, der nach dem Einbringen in die Schalung durch ein besonderes Absaugverfahren vom Überschußwasser befreit wird. Durch das Absaugen entsteht in den Poren ein Unterdruck von 8000 bis 9000 bar, der zu einer hohen Gründruckfestigkeit des Betons (Festigkeit des → Frischbetons im verdichteten Zustand) führt und bei geeigneten Bauteilen (Wände, Säulen) ein sofortiges Ausschalen erlaubt. Das Verfahren wird heute im wesentlichen bei waagerechten, direkt beanspruchten Betonoberflächen angewendet, um den Widerstand gegen Verschleiß, Frost- und Tausalzeinfluß zu erhöhen und das → Schwinden und die Reißneigung zu verringern. Da die Absaugwirkung mit der Tiefe abnimmt, ist sie im oberen Bereich am größten, d. h. dort, wo der Beton i. a. am stärksten beansprucht wird.　　*Wesche*

Vakuumentwässerung. Spezielle Form der Ortsentwässerung. Der Abwassertransport wird – ähnlich wie bei der → Druckentwässerung – nicht durch Nutzung des natürlichen Geländegefälles betrieben, sondern durch erzeugten Unterdruck. Man setzt die V. daher zur Entwässerung von meist kleinen, weiträumigen Häusergruppen oder Siedlungen häufig im Flachland und bei schwierigen Grundwassersituationen gelegentlich aber auch in modernen Verkehrsmitteln (Flugzeug, ICE-Züge) ein. Das System fand bisher keine breite Anwendung, da sein Funktionieren entscheidend davon abhängig ist, daß das nur bis zu 0,9 bar überhaupt einfach erzielbare Vakuum auch ständig erhalten bleibt. Erforderlich ist daher stets eine Vakuumstation, um das geschlossene Vakuumentwässerungsnetz, das dicht sein muß, immer zur Abwasserförderung bis zur geplanten Sammelstelle bereit zu halten. Die Vakuumstation liegt nahe bei der Sammelstelle. Der Transport jeder aufgegebenen Abwassermenge eines angeschlossenen Anwesens geschieht in einer Pfropfenströmung infolge des Unterdrucks. Dabei sind spezielle Vakuumverschlüsse mit Stauraum und Notstauraum bei jedem Anschließer und auch bei der Vakuumzentrale erforderlich. Bei der V. ist i. d. R. ein zum Sammelpunkt führendes Verästelungsnetz (kein Ringnetz!) – im Längsschnitt sägezahnähnlich ausgebildet – notwendig. Ein Mindestrohr von 65 bis 80 mm, evtl. bis 200 mm DN, ist üblich. Längen bis zu rd. 4 km sind denkbar. Auch Kombinationen mit dem üblichen Kanalnetz sind möglich.　　*Pfeiff*

Ventilationsverhältnis. Begriff aus der → Brandschutzforschung. Er beschreibt die Art und Menge der Luftzufuhr zum → Brandabschnitt. Man spricht von einem ventilationsgesteuerten Brand, wenn die → Brandlast nur in dem Maße abbrennen kann, wie hinreichend Sauerstoff zugeführt wird. Ein brandlastgesteuerter Brand liegt vor, wenn Sauerstoff im Überfluß vorhanden ist. Bei Bränden in Wohngebäuden wird als V. vielfach die gesamte Fensterfläche im Verhältnis zur gesamten Oberfläche des Brandabschnittes bezeichnet.　　*Kordina*
Literatur: DIN 18 230.

Veränderungssperre. Die V., die in den §§ 14–18 des → Baugesetzbuches verankert ist, hat den Zweck, Neu- und Umbauten sowie Nutzungsänderungen auf den Flächen, für die ein → Bebauungsplan aufgestellt werden soll, befristet zu verbieten, höchstens jedoch für 2–4 Jahre. Eine solche V. wird als → Ortssatzung

beschlossen. Hierdurch soll ein Entschädigungsanspruch von Eigentümern für bauliche oder wertverändernde Maßnahmen, die u. U. den Zielen des Planes widersprechen, während der Aufstellung des Bebauungsplanes verhindert werden. V. wenden die Gemeinden häufig an, weil das Aufstellen bzw. das Genehmigen eines Bebauungsplanes meistens geraume Zeit beansprucht und sich dabei auch die Zielvorstellungen mehrmals ändern können. Ähnlich wie eine V. wirkt auch die „förmliche Festlegung" eines Gebietes im Rahmen der → Sanierung nach § 142 ff. des Baugesetzbuches.　　*Spengelin*

Verankerung → Anker

Verbaugerät. V. dienen im Tiefbau der vorübergehenden Grabenwandsicherung. Sie werden unterschieden in:
☐ Grabenverbauhilfsgeräte: Stellkästen oder Führungsschienen zum Einbringen von lotrechten oder waagerechten Verbauteilen aus Holz oder Stahl;
☐ Verbaufelder: aus Einzelteilen unter Verwendung von Holzbohlen zusammengesetzte Verbaueinheiten;
☐ Verbauplatten: großflächige, mittig gestützte (Bild) oder randgestützte Elemente, die mit den Streben eine Verbaueinheit bilden, bzw. in Gleitschienen oder Doppelgleitschienen geführte Stahlplatten;

Verbaugerät: Einbau mittig gestützter Verbauplatten.

☐ Dielenkammerelemente: aus seitlichen Plattenelementen niedriger Bauart und üblichen Stützen zusammengesetzte Elemente, die Kanaldielen beim Einrammen oder -drücken führen und gleichzeitig im oberen Grabenbereich aussteifen (Gurtung).

Beim Auffahren von Tunneln in Gebirgen ungenügender Standfestigkeit muß vor dem endgültigen Ausbau des Hohlraums eine vorübergehende Sicherung geschaffen werden, um Menschenleben und die → Bauwerke nicht zu gefährden. Die Entwicklung der Geräte für den Verbau und damit zur Sicherung des Tunnels während des Vortriebs wurde durch die zur Verfügung stehenden Baumaterialien stark geprägt. Bestand früher eine klare Trennung zwischen vorübergehender und endgültiger Ausbruchsicherung, so sind heute die Übergänge fließend. *Kühn*

Verbindungsmittel. Dienen der Herstellung von → Holzverbindungen. Sie lassen sich gliedern in:

☐ V. für mechanische Verbindungen: Hierzu gehören → Bolzen, Paßbolzen, Stabdübel, → Dübel, → Dollen, Holzschrauben, Nägel und Bauklammern;

☐ → Leime: vorwiegend Resorcin- und Harnstoffharz-Formaldehyd-Kondensate. *Dröge*

Literatur: *Halász, R. v.,* u. *C. Scheer* (Hrsg.): Holzbau-Taschenbuch. Bd. 1. 9. Aufl. Berlin 1996.

Verblattung. Zimmermannsmäßige Verbindung für Längsträgerstöße, Eckverbindungen u. ä. Es gibt vielfältige Ausführungsformen, z. B. Kreuzblatt, Schwalbenschwanzblatt, schräges Blatt, Hakenblatt, gerades Blatt, die fast alle weitgehend durch Stahlblechformteile, Laschen u. a. verdrängt wurden, u. a. wegen Querschnittsschwächungen, Querzugspannungen im Anschnitt, Herstellungsaufwand (Bild) (→ Schwalbenschwanzverbindung). *Dröge*

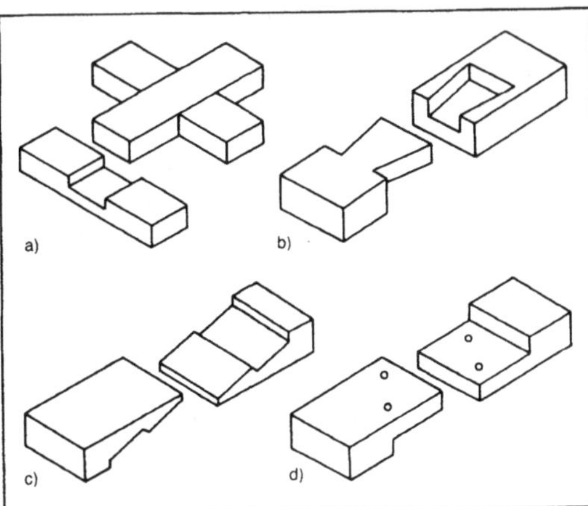

Verblattung: Ausführungsnormen.
a) Einfache Kreuzverblattung
b) Halb eingelassener Schwalbenschwanz
c) Schräges Hakenblatt
d) Einfache gerade V.

Literatur: *Halász, R. v.,* u. *C. Scheer* (Hrsg.): Holzbau-Taschenbuch. Bd. 1. 9. Aufl. Berlin 1996. – *Garzmann, M.* (Hrsg.): Die Alte Waage in der Braunschweiger Neustadt. Bd. 35. Braunschweig 1993.

Verbrennung. Exotherme Reaktion eines Stoffes mit einem Oxidationsmittel in Verbindung mit Flammen und/oder Glimmen und ggf. Rauch (DIN 50060). Sie setzt zu ihrer Entstehung eine Mindesttemperatur der → Brandlast voraus und ist nach der Temperaturentwicklung und → Abbrenngeschwindigkeit von der Luftzufuhr, also von den Ventilationsverhältnissen, abhängig. *Kordina*

Literatur: *Günther*: Verbrennung und Feuerungen. Berlin 1984.

Verbruch. Schadensfall im untertägigen Hohlraumbau, bei dem Teile des Gebirges in den bereits aufgefahrenen und evtl. auch schon gesicherten Hohlraum einbrechen. V. können sich relativ langsam in Verbindung mit großen Gebirgsverformungen oder aber sehr plötzlich ohne meßbare Verformungen und damit ohne Vorankündigung (Gebirgsschlag im → Bergbau) entwickeln. Bei oberflächennah aufgefahrenen Hohlräumen kann sich der Bruchvorgang progressiv von unter Tage zur Tagesoberfläche ausbreiten (Tagbruch). Die besondere Gefahr von V. liegt darin, daß es sehr schwierig ist, ihr Auftreten zeitlich und örtlich vorherzusagen. V. treten fast ausschließlich im Bauzustand bzw. in von Vortriebs- oder Abbauarbeiten betroffenen Gebirgsbereichen auf. Sie entstehen durch eine örtliche Überbeanspruchung des Gebirges, die auf lokale, nicht erkannte bzw. erkennbare Schwächezonen im Gebirge selbst oder auf unzureichend bemessene Sicherungsmittel zurückzuführen ist. Auch ausführungstechnische Mängel beim Einbau der Sicherungsmittel können die Ursache sein. Oft lassen sich bei entsprechender visueller und meßtechnischer Überwachung überbeanspruchte Gebirgsbereiche so rechtzeitig erkennen, daß noch vor Eintreten des V. zusätzliche Sicherungsmittel zur Stabilisierung des Tragsystems eingebaut werden können. Das rechtzeitige Erkennen und auch Beherrschen von kritischen Tragwerkszuständen ist auch deshalb von großer Bedeutung, weil außer der Gefahr für die Vortriebsmannschaft die → Sanierung eines V. einen hohen technischen, zeitlichen und finanziellen Aufwand erfordert. *Wagner*

Verbundkonstruktion. Konstruktionen, bei denen Stahlprofile im Brücken- und Hochbau und Stahlbetonteile auf Grund schubfester Verbindung miteinander planmäßig zusammenwirken. Dadurch ergeben sich auch bei hohen Lasten und großen Spannweiten relativ kleine Querschnittsabmessungen. Das unterschiedliche Materialverhalten von Stahl und Beton, z. B. → Schwinden und → Kriechen, ist zu berücksichtigen. Durch besondere Verbundmaßnahmen (Verdübelung) ist die Übertragung unterschiedlicher Schubkräfte zu sichern. Ein Vorteil solcher Konstruktionen liegt u. a. darin, die Spannungszustände im Gebrauchszustand durch das

Montage- und Herstellverfahren günstig zu beeinflussen. *Laermann*

Verbundmittel. Je nach Art der Verbundsicherung unterscheidet man nachgiebigen und starren Verbund. Beim starren Verbund wird durch entsprechende Wahl

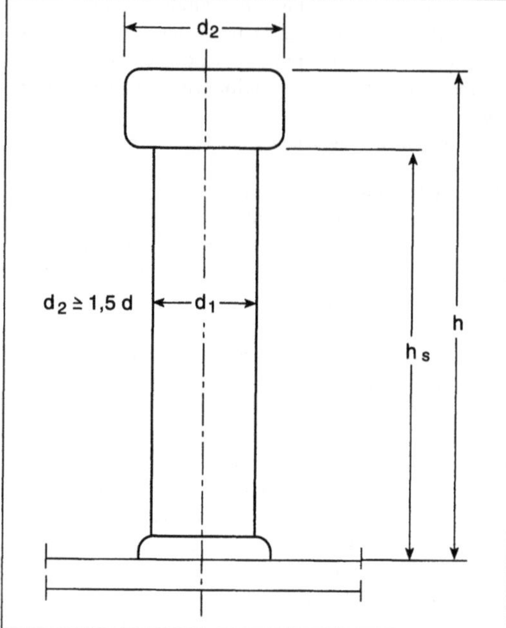

Verbundmittel 1: Kopfbolzendübel.

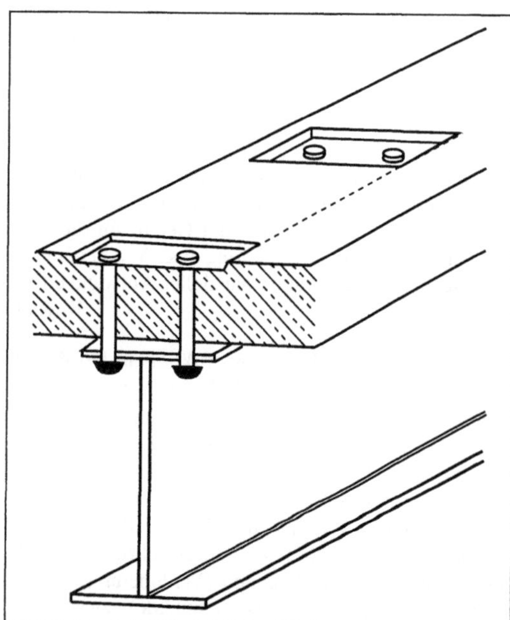

Verbundmittel 2: Reibungsverbund.

der V. der Beton mit dem Stahlträger so verbunden, daß keine Verschiebung zwischen den Bauteilen auftritt, die in der statischen Berechnung berücksichtigt werden müßte.

Zur Erzielung der starren Verbundwirkung werden heute fast ausnahmslos Kopfbolzendübel verwendet (Bild 1). Sie werden mit Hilfe eines speziellen Schweißgerätes stumpf auf den Stahlgurt aufgeschweißt und stellen eine außerordentliche wirtschaftliche Lösung dar.

Auch der Reibungsverbund (Bild 2), der durch Aufklemmen des Betongurtes auf den Stahlträger mittels hochfester → Schrauben erzielt wird, zählt zu den starren V. *Sedlacek/Scholz*

Verbundtafel. In liegenden Schalungen vorgefertigte Teile aus Hohlziegeln mit profilierten Außenwandungen zur Herstellung von Gebäuden aus geschoßhohen Ziegelfertigteilen. Durch die profilierten Außenwandungen wird über Betonrippen der zum Zusammenwirken erforderliche Verbund zwischen den einzelnen Ziegeln erzielt. *Mehlhorn*

Verdachtsfläche. Kurzform für Altlast-V. bzw. altlastverdächtige Fläche im Zusammenhang mit Altablagerung und Altstandort. Die Begriffe Altablagerung und Altstandort sind hinsichtlich ihrer Verunreinigungs- und Gefährdungssituation zunächst wertfreie Bezeichnungen. Besteht aber aufgrund ihrer Entstehung der konkrete Verdacht, daß Verunreinigungen vorliegen und daß von diesen Gefahren für Mensch und Umwelt ausgehen oder in Zukunft ausgehen können, dann werden diese Flächen als V. bezeichnet. Wenn kein Schadstoffpotential und keine Emissionen nachgewiesen werden, entfällt die Einordnung als V.

Aus Vorsorgegründen wird jede Altablagerung und jeder Altstandort im Rahmen der Altlastenerfassung zu einer V., die hinsichtlich ihrer Auswirkungen auf den Menschen sowie auf die belebte und unbelebte Umwelt zu bewerten ist (Gefährdungsabschätzung). Rechtlich wird bei den Auswirkungen von der Beeinträchtigung des Allgemeinwohls bzw. von einer Gefahr für Rechtsgüter des Einzelnen oder der Allgemeinheit gesprochen. Zu den V. zählen auch alle rüstungsaltlastverdächtigen Flächen und ehemals genutztes militärisches Gelände (Rüstungsaltlasten).

Während in den alten Bundesländern nur stillgelegte Anlagen, Grundstücke und Flächen zur Erfassung als V. herangezogen werden, sind in den neuen Bundesländern in der Vergangenheit aufgrund der Altlastendefinition in der ehemaligen DDR auch in Betrieb befindliche Ablagerungsplätze und Betriebsstandorte sowie Flächen mit großflächigen Kontaminationen in die Erfassung aufgenommen worden. Die Erfassung ist sowohl in den alten als auch in den neuen Bundesländern noch nicht vollständig abgeschlossen. *Thoenes*
Literatur: SRU: Altlasten. Stuttgart 1990. – SRU: Altlasten II. Stuttgart 1995. – *Wieczorek, B.*: Altlasten, eine ökologische Herausforderung. Umwelt **12** (1991) S. 537/40.

Verdichtungsgerät. V. im Erdbau sind Geräte zum Erhöhen der → Lagerungsdichte von Böden, zum Vermeiden von → Setzungen und zum Erhöhen der Tragfähigkeit. V. im Erdbau arbeiten nach vier verschiedenen Wirkungsweisen:
☐ durch Eigengewicht,
☐ durch Stampfen,
☐ durch Kneten,
☐ durch Eigengewicht und Vibration.

Durch hohes Eigengewicht drücken statische Walzen (→ Glattwalze) den Boden zusammen. Durch Stampfen verdichten → Stampfplatten und Explosionsstampfer. → Gummiradwalzen, → Schaffußwalzen und Kompaktoren kneten das Material durch Walkwirkung der aufgeschweißten Füße. Mit Vibrationsverdichtung arbeiten → Vibrationswalzen und → Plattenrüttler. Die verschiedenen Wirkungen werden je nach Aufgabenstellung und Konsistenz des Materials vielfach kombiniert. Bei rolligen Böden und Schotter kommen in erster Linie Rüttelplatten und Vibrationswalzen in Betracht. Bei bindigen Böden finden hauptsächlich Schaffußwalzen, Gummiradwalzen und statische Walzen ihre Anwendung (Tabelle).

Für die Leistungsermittlung von V. sind Schütthöhe, Fahrgeschwindigkeit, Anzahl der Übergänge, Frequenz der Vibrationseinrichtung, Arbeitsbreite und Überlappung die maßgeblichen Parameter. Je nach Bodenart, Bodeneigenfeuchte, → Kornzusammensetzung und Art des Geräts müssen diese Parameter angepaßt werden. Zu viele Übergänge wirken sich negativ auf das Gerät und die Verdichtungsleistung aus. Zur Verdichtungsarbeit gehört auch die Kontrolle des eingebauten Materials. Außer punktuellen Bodenuntersuchungen, wie Lastplattendruckversuch und Ermittlung der Proctordichte, entwickelt man für Walzen elektronische Verdichtungsmesser, die eine kontinuierliche Bestimmung

Verdichtungsgerät. Tabelle: Verdichtungseignung der Böden und zweckmäßige Verdichtungsmethoden.

	Rütteln		Rütteln und Druck	Druck		Stampfen		Kneten
	Rüttler	Mammutrüttler	Vibrationswalze	Glattwalze	Gummiradwalze	Explosionsstampfer	Stampfbagger	Schaffußwalze
rollige Böden								
Steine		+					+	
Geröll		+					+	
Kies	+							
Sand	+				+			
bindige Böden								
weich (mit Steingerüst)	+			+				
plastisch					+			+
hart						+		
krümelige Böden								
krümelig				+	+			+
bröckelig			+	+				
schollig			+			+		
plattige Körnung								
schieferig						+		
plattig							+	
bankig							+	
Schotter, Blöcke								
Schotter < 100 mm Dmr.	+		+				+	
Schotter > 100 mm Dmr.		+						
gebrochenes Haufwerk		+						
grobe Blöcke		+						
gemischte Böden								
viel Korn, wenig Binder			+					
viel Binder, wenig Korn								+

der erreichten Tragfähigkeit gestatten (Terrameter BTM, Omegameter). Inhomogenität und Veränderung der Konsistenz des Bodens werden erkennbar und können mit einem Registriergerät, z.B. Linienschreiber, dokumentiert werden. Die Aufnehmereinheit ist an der Bandage montiert und mißt die Veränderung in der Bewegung der vibrierenden Bandage in Abhängigkeit von wechselnden Bedingungen im Material. Andere Systeme zeigen aktuelle Verdichtungszunahmen und Zeitpunkt der optimalen Verdichtung an, z.B. Case Vibromax, Compatronic.

V. für die Betonverdichtung lassen sich in statische und dynamische Geräte einteilen. Statische Geräte, wie z.B. Betonstampfer kommen kaum noch zum Einsatz. Die dynamischen V. für flächenhafte Betonverdichtung sind den Geräten zur Schwarzdeckenverdichtung sehr ähnlich, z.T. kommen die gleichen Geräte zum Einsatz. Als Bauteil eines Fertigers besteht das V. i.a. aus einer Vibrationsbohle (→ Abziehbohle), die durch einen Schwingungserreger (→ Außenrüttler) in kreisförmige oder lineare Schwingungen versetzt wird. Im Betonbau finden V. in Form von Außenrüttlern bei → Schalungen (Schalungsrüttler), → Rütteltischen oder Innenrüttlern (Tauchrüttler) Verwendung. *Kühn*

Verdichtungsraum. Der Begriff V. ist seit dem Ersten Raumordnungsbericht der Bundesregierung im Jahre 1963, insbesondere aber durch das Raumordnungsgesetz vom 8.4.1965, zum festen Bestandteil der Definitionen der Raumordnungsdisziplinen geworden. Der Begriff „Ballung", der eher negativ interpretierbar war, wurde hierdurch ersetzt. Zur Abgrenzung der V. von anderen Gebieten dient z.B. eine kombinierte Einwohner-Arbeitsplatzdichte, wobei die Belastung des Raumes durch das Wohnen (Einwohnerdichte) und durch den Arbeitsplatz (Arbeitsplatzdichte) zum Ausdruck kommt. Diese Methode basiert auf der Überlegung, daß die typischen Erscheinungen der V. hiermit in einem engen Zusammenhang stehen und außerdem in der Regel auch mit einer überdurchschnittlichen Bevölkerungszunahme verbunden sind.

Durch diese Konzentration auf relativ enger Fläche kann das Gleichgewicht der Kräfte der Natur (biologisch, wasserwirtschaftlich und klimatisch) empfindlich gestört werden (→ Lebensraum). Der Naturhaushalt bedarf deshalb im Bereich der V. eines besonderen Schutzes. Die in diesem Zusammenhang erforderlichen Maßnahmen der → Landschaftspflege haben zugleich die Aufgabe, Erholungsraum für den arbeitenden Menschen zu erhalten und nach Möglichkeit zu verbessern und zu vermehren (→ Stadtplanung, ökologische). *Spengelin*

Literatur: *Boustedt, O., Müller, G.,* u. *Schwarz, K.*: Zum Problem der Abgrenzung von Verdichtungsräumen. In: Mitteilungen aus dem Institut für Raumordnung, Nr. 61. Bad Godesberg 1968. – Dichteprobleme in Landesplanung und Städtebau. In: Deutsche Akademie für Städtebau und Landesplanung, Mitteilungen 11, Sonderausgabe (1967). – *Isenberg, G.*: Die Ballungsgebiete in der Bundesrepublik. Institut für Raumforschung, Vorträge 6. Bad Godesberg 1957. – *Müller, G.*: Versuche und Möglichkeiten der Abgrenzung von Verdichtungsräumen. In: Raumforschung und Raumordnung, 24 (1966) Nr. 2, S. 49–60.

Verdingungsordnung für Bauleistungen. Vom Deutschen Verdingungsausschuß für Bauleistungen erarbeitete und vom Deutschen Institut für Normung herausgegebene Regelungen (abg. VOB). Die VOB besteht aus den Teilen A, B und C:
☐ VOB/A: Allgemeine Bestimmungen für die → Vergabe von Bauleistungen (DIN 1960),
☐ VOB/B: Allgemeine Vertragsbedingungen für die Ausführung von Bauleistungen (DIN 1961),
☐ VOB/C: Allgemeine Technische Vertragsbedingungen für Bauleistungen.

Teil A regelt das Verfahren für die Vergabe von Bauleistungen und ist bei öffentlichen oder überwiegend mit öffentlichen Mitteln finanzierten Bauvorhaben anzuwenden. Für den nicht öffentlichen Auftraggeber besteht keine Anwendungspflicht, jedoch wird z.B. § 9 VOB/A, in dem die Anforderungen an eine sachgerechte → Leistungsbeschreibung niedergelegt sind, in der Rechtsprechung als maßgeblich herangezogen.

Teil B und Teil C ergänzen das Werkvertragsrecht des Bürgerlichen Gesetzbuchs (BGB) durch spezielle, auf die besonderen Bedingungen des Bauens abgestellte Regelungen. Teil B wird i.a. auch bei nichtöffentlichen → Bauverträgen vereinbart. In ihm ist niedergelegt, was generell für die Vertragsgestaltung und für die Abwicklung als gerecht und billig empfunden wird. Bei der Auslegung von Verträgen, für die die VOB/B nicht vereinbart wurde, kann diese aber einen Anhalt geben, was im Baugewerbe üblich ist und den Vertragspartnern als zumutbar angesehen werden kann. Durch Vereinbarung von VOB/B wird auch VOB/C Vertragsbestandteil.

Teil C ist eine Zusammenfassung von technischen Vertragsbedingungen, gegliedert nach Leistungsbereichen (Gewerken), die jeweils bestimmten Bauarten oder Gewerbezweigen entsprechen. Die Allgemeinen Technischen Vertragsbedingungen für Bauleistungen enthalten insbes. technische Regelungen für Stoffe und Bauteile, Ausführung, Nebenleistungen und Abrechnung. In den meisten Fällen werden diese allgemeinen Vorschriften durch Zusätzliche Technische Vertragsbedingungen (Vorschriften) ergänzt, die Auftraggeber erlassen, die ständig Bauvorhaben durchführen. Sie regeln die speziellen technischen Anforderungen, die dieser Auftraggeber an die für ihn erstellten Bauwerke stellt. Bekannt sind vor allem die vom Bundesminister für Verkehr erlassenen Zusätzlichen Technischen Vorschriften (ZTV) für den Straßenbau. *Drees*

Verdingungsunterlagen. Gesamtheit aller Unterlagen, die dem Bieter für die Ermittlung seines Angebots zur Verfügung gestellt werden. Die V. enthalten meist:
– Allgemeine Vertragsbedingungen für die Ausführung von Bauleistungen (VOB/B),

– Zusätzliche Vertragsbedingungen (ZVB),
– Besondere Vertragsbedingungen (BVB),
– Allgemeine Technische Vorschriften (VOB/C),
– Zusätzliche Technische Vorschriften (ZTV),
– allgemeine Darstellung der Bauaufgabe,
– nach Teilleistungen gegliedertes → Leistungsverzeichnis (LV),
– Zeichnungen,
– Probestücke,
– Gutachten,
– Berechnungen, Erläuterungen, Hinweise.

Die V. sind so umfassend aufzustellen, daß die geforderte Leistung eindeutig und erschöpfend beschrieben wird (s. hierzu auch §§ 9 und 10 VOB/A sowie VOB/C, Abschn. O, Hinweise für die Leistungsbeschreibung).

Drees

Verdunstung. Die V. ist ein physikalischer Prozeß, bei dem Wasser unterhalb des Siedepunktes aus dem flüssigen oder festen Zustand in den gasförmigen Zustand (→ Wasserdampf) übergeht. Die hierfür erforderliche Energie beträgt je cm^3 Wasser bei 0 °C 2 500,8 J, bei 100 °C 2 262,8 J. Sie wird von der Sonne ausgestrahlt und beträgt an der Erdoberfläche im Mittel $13{,}4 \cdot 10^{-2}$ J/(cm$^2 \cdot$ s) = 11 640 J/(cm$^2 \cdot$ d). Die Gesamt-V. umfaßt Evaporation und Transpiration (Pflanzenverdunstung). Die Evaporation ist ein rein physikalischer, kinetischer Prozeß, der durch den Wärmehaushalt des Wasserkörpers oder der Schnee- bzw. Eisdecke und den Luftaustausch über der verdunstenden Fläche bestimmt ist. Am bedeutendsten ist die Evaporation von den freien Wasserflächen der Meere, Seen und Fließgewässer (Seeverdunstung); daneben tritt sie auf den feuchten Landflächen der Erde auf. Die Evaporation von Infiltrationswasser aus dem unbewachsenen Boden wird Bodenverdunstung, die von Eis und Schnee ohne flüssige Zwischenphase Sublimation genannt. Die Interzeptionsverdunstung ist die unmittelbare Evaporation vom Kronendach des Waldes und der übrigen Vegetation. Sie ergibt sich als Differenz aus Freilandniederschlag minus Niederschlag unter dem Kronendach der Bäume, minus Stammabfluß. Interzeptionsverdunstung und Stammabfluß sind von der Art und dem Alter der Bäume, von der Bestandsdichte und von der Jahreszeit abhängig. Anthropogene Evaporationsanteile sind die Oberflächenverdunstung von Versiegelungsflächen (Dächer, Straßen) und die Brauchwasserverdunstung in Industrie- und Siedlungsgebieten (rd. 10–15% des gesamten Brauchwassers).

Die Transpiration ist die Abgabe von Wasserdampf in die Atmosphäre durch die Pflanzen. Der Prozeß umfaßt die Wasseraufnahme aus dem Boden, den Transport im Gefäßsystem der Pflanzen und das Verdampfen des Wassers aus den Spaltöffnungen der Blätter. Die Dichte und die Öffnungsweite der Spaltöffnungen ist artspezifisch, wird aber durch Umweltbedingungen, wie Luft- und Bodenfeuchtigkeit und Lichtstärke (Tag-Nacht-Periodizität), beeinflußt. Die Spaltöffnungen schließen sich bei Dunkelheit oder bei ungenügender Wasserzufuhr und steuern so in begrenztem Umfang die Verdunstungsrate. Die Transpiration beeinflussen: Sonnenscheindauer und -einstrahlung, Temperatur, → Luftfeuchtigkeit, Windbewegung, Verfügbarkeit des Wassers (Niederschlagshöhe, Tiefe des Grundwasserspiegels) und Wasserbeschaffenheit. Der von der Pflanze nutzbare Wasservorrat im Untergrund wird an grundwasserfernen Standorten durch den permanenten → Welkepunkt begrenzt. Die Pflanzen entziehen dem unterirdischen Wasservorrat i. a. mehr Wasser als die direkte Bodenevaporation. Die Evaporation, die durch das Vorkommen von Rissen und Spalten sowie durch den kapillaren Aufstieg des Bodenwassers begünstigt wird, ist nämlich bei Sandböden nur im obersten Meter, bei Lehmböden nur in den obersten drei Metern wirksam. Demgegenüber können Pflanzenwurzeln (Eichen) → Kapillar- und → Grundwasser aus mehreren zehn Metern Tiefe fördern. Die Höhe der Transpiration hängt demnach in besonderem Maße vom → Wasserbedarf der einzelnen Pflanzenarten ab. Dabei ist eine deutliche

Verdunstung. Tabelle: Wurzeltiefe einjähriger Kulturpflanzen sowie kapillare Steighöhe und Grenzflurabstände bei verschiedenen Bodenarten. (Mattheß/Ubell 1983)

Bodenart	Wurzel-tiefe m	kapillare Steig-höhe*) m	Grenz-flur-abstand m
kiesiger Sand	0,5	0,7	1,2
Mittelsand	0,6	0,9	1,5
Feinsand	0,6	1,7	2,3
lehmiger Sand	0,7	2,3	3,0
sandiger Lehm	0,8	1,3	2,1
sandig-toniger Lehm	0,8	0,9	1,7
schluffiger Ton$^\circ$)	0,6	0,8	1,4
schluffiger Ton$^\square$)	0,8	1,6	2,4
toniger Schluff, Löß$^\square$)	1,2	2,6	3,8
toniger Schluff$^\circ$)	1,0	2,2	3,2

*) Wasserspannung Untergrenze Wurzelraum 1 MPa, kapillare Aufstiegsrate 0,2 mm/d
$^\circ$) hohe Lagerungsdichte

Zunahme der Transpirationshöhe mit wachsender Biomassenproduktion und der Intensivierung der Landwirtschaft zu beobachten. Mit zunehmendem Grundwasserflurabstand können immer weniger Pflanzenarten Grundwasser und → Kapillarraum erreichen, so daß der relative Anteil der Transpiration (Pflanzenverdunstung) an der → Evapotranspiration abnimmt, bis schließlich das Grundwasser außerhalb der Reichweite auch tiefwurzelnder Pflanzen liegt. Dieser Grenzflurabstand weist für verschiedene Boden- und Pflanzenarten unterschiedliche Werte auf (Tabelle). Allgemein errechnet er sich aus der Summe der kapillaren Steighöhe und der Wurzeltiefe, die von der Art und dem Entwicklungszustand der Pflanzen und von den Bodeneigenschaften abhängig ist.   *Mattheß*

Literatur: *Matthe ß, G.*, u. *K. Ubell*: Allgemeine Hydrogeologie – Grundwasserhaushalt. Berlin, Stuttgart 1983. – *Tardy, Y.*: Le cycle de l'eau. Paris 1986.

Verdunstungsmessung. Die größtmögliche Evaporation kann direkt mit Geräten gemessen werden, bei denen das Wasser von feuchten Oberflächen an Papierscheiben (Atmometer), auf feuchten porösen Keramikkörpern (Evaporometer) oder von offenen Wasserflächen (Evaporimeter, Wildsche Waage, Verdunstungskessel oder -tanks) verdunstet. Verdunstungskessel oder -tanks sind als Land- und Floßkessel eingesetzte runde Wannen mit Durchmessern zwischen 20 cm und mehreren Metern, die die → Verdunstung von der freien Wasserfläche als Differenz von Wasserspiegeländerung und Niederschlag messen. Das Standardgerät ist der Landverdunstungskessel des U.S. Weather Bureau, Class-A-Pan (Bild)

Die Transpiration läßt sich durch Messen des Massenverlustes abgepflückter Blätter mit Präzisionswaagen in den ersten zwei Minuten nach dem Abpflücken oder mit großen Tanks, in denen Kulturpflanzen wachsen, aus der erforderlichen Wasserzufuhr bestimmen. Bei kleinen Grundwasserflurabständen ergibt sich die Transpiration aus der Analyse der täglichen → Grundwasserspiegelschwankungen näherungsweise als Produkt aus der maximalen Geschwindigkeit des Spiegelanstiegs und dem nutzbaren → Hohlraumanteil. Zur Messung der Bodenverdunstung und der → Evapotranspiration dienen → Lysimeter.

Die aktuelle Evaporation ausgedehnter natürlicher Wasserkörper (Seen, Talsperren) kann man durch Multiplikation der in Verdunstungskesseln gemessenen Verdunstungswerte mit einem Kesselkoeffizienten näherungsweise ermitteln. In Einzelfällen läßt sich aus den in Verdunstungskesseln gemessenen Werten der Wasserbedarf bestimmter Pflanzenarten ableiten.

Die Gesamtverdunstung (Gebietsverdunstung) größerer Gebiete kann nicht direkt gemessen werden. Sie ergibt sich nach der Wasserhaushaltsgleichung als Differenz von → Gebietsniederschlag und Gebietsabfluß. Rechnerisch kann die Gebietsverdunstung mit Hilfe theoretischer und empirischer Beziehungen nähe-

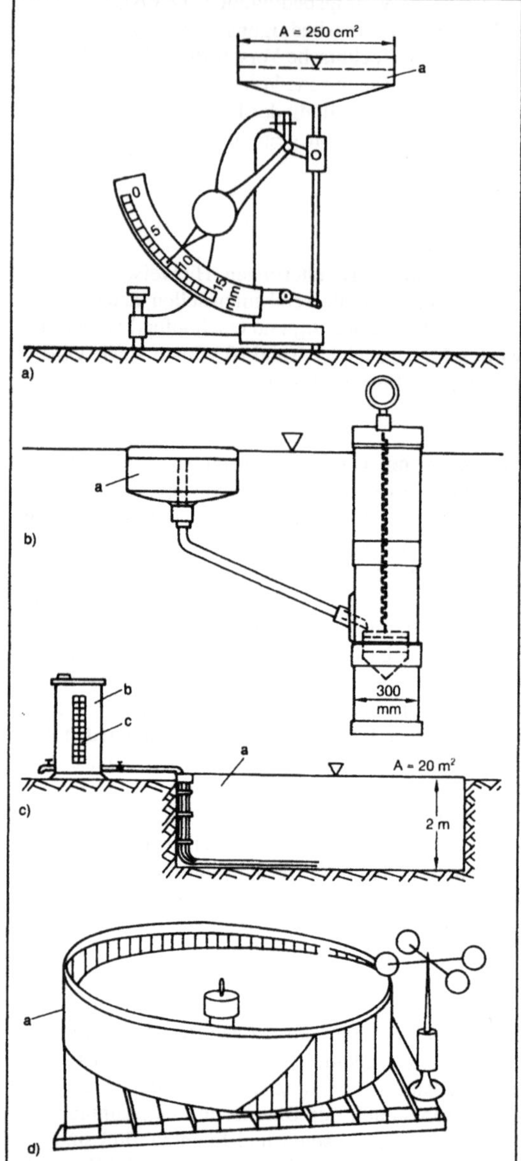

Verdunstungsmessung: Meßgeräte.
a) Wildsche Verdunstungswaage
b) Floßverdunstungskessel
c) Landverdunstungskessel
d) Landverdunstungskessel des U.S. Weather Bureau, Class-A-Pan.

a Meßkegel, b Reservoir, c Meßglas

rungsweise bestimmt werden. Die rechnerische Bestimmung der Verdunstung stützt sich auf Klimadaten, wie Strahlung, Sonnenscheindauer, Lufttemperatur, Luftdruck, Luftfeuchte, Windgeschwindigkeit und Bewölkung. Die aktuelle Evapotranspiration (Gebietsverdunstung) eines bestimmten Gebietes unter natürlichen Bedingungen erhält man ferner durch Messen oder Berechnen des lotrechten, aus der Verdunstung resultierenden Wasserdampftransportes bei bekannter Feuchteverteilung und bekanntem Geschwindigkeitsprofil der Luftströmung über einem ausgedehnten Gebiet. *Mattheß*

Literatur: *Mattheß, G.,* u. *K. Ubell:* Allgemeine Hydrogeologie – Grundwasserhaushalt. Berlin, Stuttgart 1983.

Verfahren, nichtoffenes/offenes. Begriff des Vergaberechts gemäß → EG-Baukoordinierungsrichtlinie. Das n. V. entspricht der beschränkten Ausschreibung gem. § 3 Nr. 1 Abs. 2 VOB/C (§ 3 a Nr. 1 Abschnitt b VOB/C Abschnitt 2).

Das o. V. entspricht der öffentlichen Ausschreibung gem. § 3 VOB/C Nr. 1 Abs. 1 (§ 3 Nr. 1 Abs. a VOB/C Abschnitt 2). *Drees*

Verfahrensanweisung (*engl.* company procedures) → Qualitätsmanagement-Anweisung

Verfahrensvergleich. Vergleich von Bauverfahren auf ihre Kostenwirksamkeit. Ziel des V. ist die Ermittlung des Bauverfahrens, das unter den gegebenen Umständen die geringstmöglichen Kosten verursacht. Der V. wird i. a. als statischer → Kostenvergleich ausgeführt. Er beruht weitgehend auf kalkulatorischen Annahmen und Erfahrungen aus → Nachkalkulationen vergleichbarer Bauvorhaben. Wegen des damit verbundenen Risikos ist eine eindeutige Aussage bei nahe beieinander liegenden Kosten kaum möglich, da Änderungen in den Kalkulationsannahmen leicht zu einer Veränderung der Reihenfolge der Lösungen führen. Es handelt sich also beim V. um vergleichende Kostenschätzungen, die stets mit einer bestimmten Irrtumswahrscheinlichkeit verbunden sind. Dennoch leistet der V. beim Durchdenken der möglichen Bauverfahren gute Dienste und läßt die Risiken erkennen. Besonders gut geeignet ist er dann, wenn Bauverfahren mit sehr unterschiedlichen → Kostenverläufen miteinander verglichen werden sollen, z. B. Bauverfahren mit hohen Fixkosten und geringen variablen Kosten einerseits und geringen Fixkosten und hohen variablen Kosten andererseits, wie es z. B. bei der Entscheidung über die Verwendung von baustellengemischtem Beton oder Transportbeton der Fall ist. Sehr viel schwieriger sind dagegen Vergleiche zu beurteilen, bei denen es zu „schleifenden Schnitten" kommt (Bild). *Drees*

Verformungslager. Für Lagerungsaufgaben, bei denen große Verdrehwinkel und relativ kleine Verschiebungen zwischen Überbau und Auflagerbank auftreten, setzt man → Lager ein, die die gummielastischen Verformungseigenschaften von Elastomeren ausnutzen.

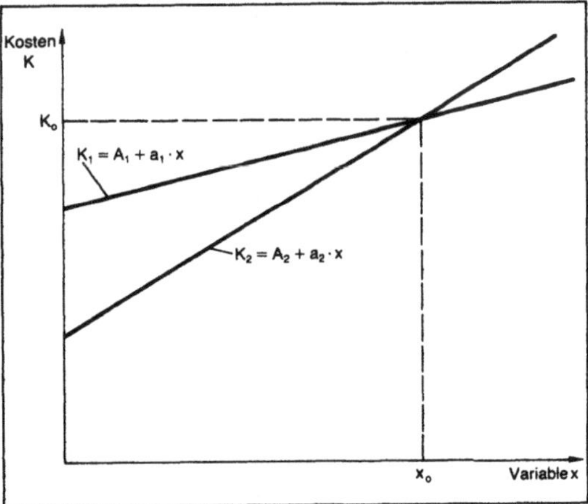

Verfahrensvergleich: Schematische Darstellung.
Verglichen werden Verfahren 1 und 2, dargestellt durch ihre Kostengleichungen K_1 und K_2. Die Größe x_0 ist der Wert der Variablen x, z. B. Betonmenge oder Vorhaltezeit, bei der Verfahren 1 kostengünstiger als Verfahren 2 wird.

Verwendet werden drei Hauptgruppen von Elastomeren:
– → Naturkautschuk (NR). Er ist bei Ozon- und UV-Angriff nicht sehr alterungsbeständig, gut kältebeständig und in der Flamme schmelzend;
– Chloroprenkautschuk (CR): Seit 50 Jahren ist CR bekannt und in der Technik bewährt, sehr alterungsbeständig, schwer entflammbar. In der Kälte versteift er früher als Naturkautschuk;
– Ethylen-Propylen-Kautschuk (EPDM): Sein Verhalten ist ähnlich wie das von CR; hinsichtlich Festigkeiten ist er jedoch schlechter, in der Kälte etwas besser, billiger als dieser. Zur Zeit ist die Vulkanisationshaftung auf Stahl noch schlecht.

Die Gummielastizität erlaubt die Ausnutzung der leichten Horizontalverformbarkeit und Verdrehbarkeit bei kleinen Vertikalsenkungen. Anders als bei → Gleitlagern entsteht der höchste Verschiebungswiderstand nicht zu Beginn der Bewegung, sondern es bauen sich mit steigender Verschiebung und Verdrehung elastische Rückstellkräfte bzw. Rückstellmomente auf. Bei stoßartigen Belastungen versteifen Elastomere beträchtlich. Bei Temperaturen unterhalb des → Glasübergangstemperatur findet eine starke, reversible Versprödung statt, die die Verwendung in → Elastomerlagern in diesem Temperaturbereich unmöglich macht. Die einzelnen Elastomertypen verhalten sich leicht unterschiedlich. Hohe Dauergebrauchstemperaturen bedürfen einer sorgfältigen Begutachtung, um beschleunigte thermische → Alterung auszuschalten. Die in den bauaufsichtlichen Zulassungen angegebene Maximaltemperatur von + 70 °C gilt nur für vorübergehende Beanspruchung. Gegen übliche Bauchemikalien sind die für Lagerzwecke eingesetzten Elastomertypen beständig. Vorsicht ist bei Ölen und Lösungsmitteln

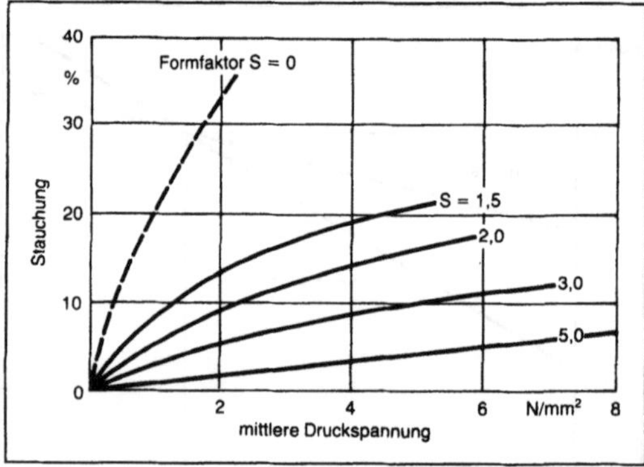

Verformungslager 1: Stauchung unbewehrter Elastomerlager als Funktion der mittleren Druckspannung bei unterschiedlichem Formfaktor.

S = 0 theoretische Kurve aus Elastizitätsmodul

(Benzin) geboten. In feuchtwarmen Gebieten besteht die Möglichkeit einer Schädigung durch Mikroorganismen. Die Beimischung fungizider oder termitenfeindlicher Stoffe zum → Elastomer ist möglich.

☐ Bauart unbewehrte Elastomerlager. → Platten oder Streifen aus CR oder EPDM werden in großem Umfang zur Auflagerung kleiner bis mittelgroßer Bauteile, vor allem von Fertigteilen aus Stahl- und Spannbeton, im Hochbau verwendet. Werkstoff, Bemessung und Einbau sind durch Normung (DIN 4141) geregelt. Die vertikale Einfederung ist nur zu geringen Anteilen eine Funktion des → Elastizitätsmoduls. Wegen der dreiaxialen Spannungsverhältnisse tritt die Lagergeometrie in den Vordergrund. Man benutzt dabei den Formfaktor S, der das Verhältnis von gedrückter Fläche (Lagergrundfläche) zu freier Seitenfläche angibt (Bild 1). Ein Bruch unbewehrter Elastomerlager ist nicht möglich. Bei Überbelastung wird der Lagerwerkstoff aus dem Lagerspalt herausgequetscht.

☐ Bauart bewehrte Elastomerlager. Bewehrte Elastomerlager stellt man gem. DIN 4141 her, oder sie bedür-

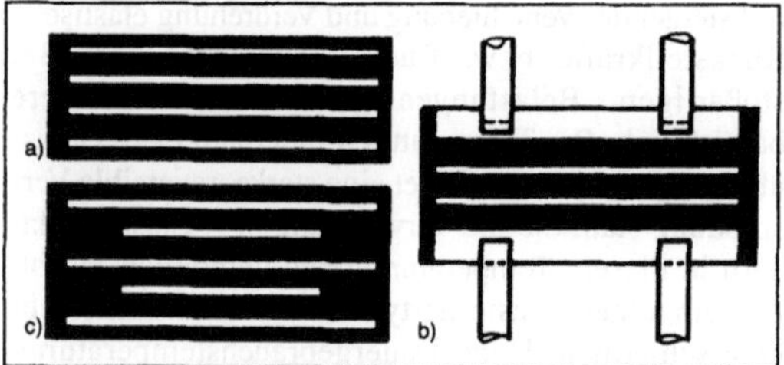

Verformungslager 2: Bewehrte Elastomerlager.

weiße Flächen: Stahl, schwarze Flächen: Elastomer

a) Unverankertes, bewehrtes Standardelastomerlager.
b) Bewehrtes Standardelastomerlager mit Dollen zur Verankerung im angrenzenden Beton.
c) Kippweiches bewehrtes Elastomerlager.

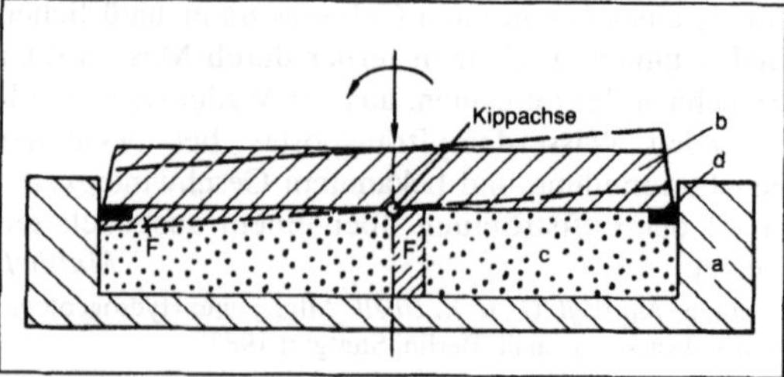

Verformungslager 3: Topflager.

Bei Drehung um die Kippachse bewegt sich die Gummimasse F von der stärker belasteten zur schwächer belasteten Lagerhälfte.
a Topf, b Deckel, c Gummiplatte, d Dichtungsring

fen einer allgemeinen bauaufsichtlichen Zulassung, in der die weitgehend standardisierten Bauformen aufgeführt sind (Bild 2). Verankerungen werden dann erforderlich, wenn die Gefahr des Durchrutschens des üblicherweise lose aufgelegten Lagers besteht. Die einvulkanisierten Stahlbleche verhindern ein zu starkes seitliches Herauswölben von Elastomer bei Vertikalbeanspruchung. Verdrehung und Verschiebung werden dagegen nicht behindert. Ein Bruch tritt bei Vertikalüberlastung durch Zerreißen der Bewehrungsbleche auf, die Sicherheit liegt zwischen 5 und 10. Ein plötzliches Abstürzen des aufgelagerten Bauteils, wie z.B. beim Bruch eines Rollenlagers, tritt dabei nicht auf.

☐ Bauart Verformungsgleitlager. Verformungsgleitlager sind eine Kombination aus einem Gleitlager und einem bewehrten Elastomerlager. Der Zweck ist, die die Lebensdauer eines Gleitlagers begrenzenden Gesamtgleitwege dadurch gering zu halten, daß die kleinen Einzelverschiebungen, die bei Brücken häufig den weitaus höchsten Anteil am aufsummierten Gleitweg haben, dem Elastomerlager zugewiesen werden. Dieses verformt sich nämlich bei kleinen Verschiebungen unter so kleinen Rückstellkräften, daß das Gleitlager dabei wegen seines als „Ansprechschwelle" wirkenden Anfahrreibungswiderstandes in Ruhe bleibt. Vorzugsweise für Hochbaulagerungen wurden auch Verformungsgleitlager mit zeitlich begrenzt wirksamem Gleitteil entwickelt. Bei ihnen kann auf eine aufwendige Dauerschmierung verzichtet werden, da sie nur für einmalige große Bewegungen als Gleitlager wirken sollen, z.B. → Schwinden und → Kriechen bei Betonbauteilen. Die späteren periodisch auftretenden kleinen Bewegungen werden vom Elastomerlager aufgenommen.

☐ Bauart Topflager. Das seitliche Ausweichen von Elastomer bei Druckbeanspruchung läßt sich außer durch → Bewehrung auch dadurch verhindern, daß man das Material in einem stählernen „Topf" mit beweglichem, abgedichtetem „Deckel" einschließt (Bild 3). Die eingeschlossene Gummiplatte verhält sich bei hohen Drücken wie eine inkompressible Flüssigkeit. Bei Drehung des Deckels um die Kippachse des Lagers bewegt sich das Elastomer von den stärker belasteten zu den schwächer belasteten Bereichen. Dabei kommt es zu keinem völligen Druckausgleich wie in einer Flüssigkeit, sondern es tritt ein Rückstellmoment auf, das bei der Berechnung der angrenzenden Bauteile zu berücksichtigen ist. Die konstruktiv und materialtechnisch schwierigste Stelle des Topflagers ist seine → Dichtung. Wenn sie versagt, tritt Elastomer aus dem Topf aus, und die Stahlteile des Ober- und Unterteils bekommen Kontakt. *Sasse*

Verformungsmessung. Zur → Bauwerksüberwachung stehen statische wie dynamische Meßverfahren auf der Basis optischer, elektrischer, akustischer und radiometrischer Meßtechniken zur Verfügung. Verschiedene Verfahren arbeiten mit Sensoren, die unmittelbar am Bauwerk die Meßwerte aufnehmen (Verformungen, Dehnungen, Rißbildung und Rißausbreitung), z. B. mittels Dehnmeßstreifen, induktiven und kapazitiven Sensoren zu Verschiebungsmessungen, optischen Sensoren für interferometrische Messungen, Glasfaser-(Lichtwellenleiter-)Sensoren, Positions-sensitiven Dioden, Ultraschalldetektoren. Andere Verfahren wie z. B. optische Triangulationsverfahren, Verfahren der Tachymetrie, der → Photogrammetrie oder Verfahren basierend auf das → Global-Positioning-System messen aus mehr oder weniger großen Distanzen die Bewegungen von am Bauwerk markierten Meßpunkten. Für alle Verfahren gilt, daß die jeweiligen Meßdaten, gegebenenfalls mittels Datenfernübertragung, digitalisiert an einen Rechner übertragen, gespeichert, aufbereitet und anschließend in Verbindung mit dem jeweiligen Entwurfsmodell des Bauwerks ausgewertet werden. Die so ermittelten Ist-Werte können
– mit den Entwurfswerten verglichen,
– ihre Änderung über die Zeit
verfolgt werden. Darüber werden Informationen über kritische Beanspruchungszustände, Restnutzungsdauer bzw. evtl. notwendige Reparatur- und Ertüchtigungsmaßnahmen gewonnen. *Laermann*

Verformungszustand. Unter der Wirkung von Eigengewicht, äußerer Belastung, Temperatur und Auflagerverschiebungen erfahren → Tragwerke aller Art Verformungen, die von den jeweiligen inneren Kräften infolge der Belastungen ausgelöst werden. Der V. eines Tragwerkes hängt auch von der Art der Konstruktion selbst sowie vom Verhalten der Werkstoffe ab. Bei elastischem Stoffverhalten ist der V. reversibel, während sich das Tragwerk bei elastisch-plastischem Stoffverhalten nach Entlastung nicht wieder in den Ausgangszustand rückverformt. Bei zeitabhängigem Stoffverhalten, z. B. → Kriechen, verändert sich der V. über die Zeit. *Laermann*

Vergabe. Gesamtheit aller Schritte von der Aufstellung der → Verdingungsunterlagen bis zur Erteilung des → Zuschlags, für den öffentlichen Auftraggeber geregelt in VOB/A. Zu unterscheiden sind:
☐ öffentliche V.,
☐ beschränkte V.,
☐ freihändige V..

Die öffentliche V. von → Bauleistungen ist mit der öffentlichen → Ausschreibung verbunden, bei der Bauleistungen nach öffentlicher Aufforderung zur Einreichung von Angeboten durch eine unbeschränkte Anzahl von Bietern vergeben werden. Die öffentliche Ausschreibung findet statt, wenn nicht die Eigenart der Leistung oder besondere Umstände eine Abweichung rechtfertigen.

Bei der beschränkten Ausschreibung sollen i. a. nur drei bis acht fachkundige, leistungsfähige und zuverlässige Bewerber aufgefordert werden (§ 8, Nr. 2 (2) VOB/A). Die beschränkte Ausschreibung soll nur stattfinden, wenn:
– die Leistung nach ihrer Eigenart nur von einem beschränkten Kreis von Unternehmern ausgeführt werden kann,
– die öffentliche Ausschreibung für den Auftraggeber oder die Bewerber einen unverhältnismäßig großen Aufwand erfordert,
– eine öffentliche Ausschreibung kein annehmbares Ergebnis gehabt hat,
– die öffentliche Ausschreibung aus anderen Gründen, z. B. Dringlichkeit, Geheimhaltung, unzweckmäßig ist.

Bei der freihändigen V. findet keine Ausschreibung statt. Der Bewerber reicht sein Angebot ein, das vom Auftraggeber geprüft und in den Verhandlungen vom Bewerber näher erläutert wird, um den Auftraggeber eingehend zu unterrichten, so daß dieser die Angemessenheit der Preise beurteilen kann. Eine freihändige V. soll nur stattfinden, wenn:
– nur ein bestimmter Unternehmer für die Ausführung in Betracht kommt,
– die Leistung nach Art und Umfang vor der Vergabe nicht eindeutig und erschöpfend festgelegt werden kann,
– sich eine kleine Leistung von einer vergebenen größeren Leistung nicht ohne Nachteil trennen läßt,
– die Leistung besonders dringlich ist,
– nach Aufhebung einer Ausschreibung eine erneute Ausschreibung kein annehmbares Ergebnis verspricht.

Näheres zu den Arten der V. ist in § 3 VOB/A geregelt. Der nichtöffentliche Auftraggeber vergibt seine Leistungen meist nach beschränkter Ausschreibung oder durch freihändige V. *Drees*

Vergleichsspannung. Bei allen Festigkeitsnachweisen treten i. d. R. mehrachsige Spannungszustände auf, z. B. in der Ebene die Kombination aus → Normalspannung σ_x und → Schubspannung τ, ggf. zusätzlich die Normalspannung σ_y (Bild S. 698). Der typische Fall für das Auftreten von σ_y liegt bei der Einleitung der Radlast in den Kranträgersteg vor (→ Lasteinleitung). Der Fall des räumlichen Spannungszustandes, der infol-

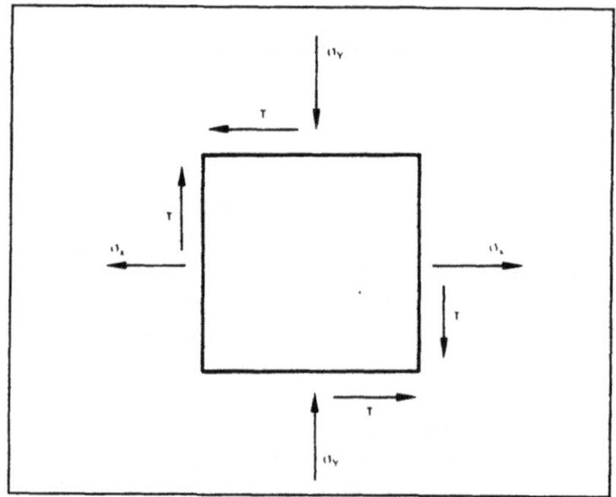

Vergleichsspannung: Ebener Spannungszustand aus den Normalspannungen σ_x und σ_y und der Schubspannung τ.

ge einer zusätzlichen, quer zur Blechebene wirkenden Normalspannung σ_z entsteht, ist wegen der im Stahlbau verwendeten dünnwandigen Bauteile sehr selten. Mehrachsige Spannungszustände erfaßt man rechnerisch über die V. σ_v. Durch sie wird ein mehrachsiger Spannungszustand eines Bauteiles auf eine einachsige Beanspruchung zurückgeführt, die sich im Zugversuch eindeutig ermitteln läßt. Die in den Regelwerken angegebene V.-Formel für den ebenen Spannungszustand (σ_x, σ_y, τ)

$$\sigma_v = \sqrt{\sigma_x^2 + \sigma_y^2 - \sigma_x \cdot \sigma_y + 3 \cdot \tau^2}$$

basiert auf der Fließbedingung nach der Hypothese von der konstanten Gestaltänderungsenergie, die den Anstrengungsgrad des Stahles durch mehrachsige Spannungszustände beschreibt. Die Normalspannungen sind vorzeichengerecht einzuführen. Falls σ_x und σ_y gleiche Vorzeichen aufweisen (beide Druck oder beide Zug), verringert sich σ_v. Sind sie dagegen unterschiedlich, ist der Anstrengungsgrad und damit σ_v größer. *Sedlacek/Scholz*

Vergütung. Entgelt gem. § 2 VOB/B für die vom Unternehmer erbrachte → Bauleistung. Die V. wird nach den vertraglichen Einheitspreisen und den tatsächlich ausgeführten Leistungen berechnet, wenn keine andere Vergütungsart, z. B. durch Pauschalsumme, vereinbart ist. Der § 2 VOB/B enthält zahlreiche Bestimmungen zur Berechnung der V., wenn die Ausführung von der vertraglich vereinbarten Leistung abweicht, so z. B. bei Mengenabweichungen, Änderungen des Bauentwurfs, Ausführung im Vertrag nicht vorgesehener Leistungen, Leistungen ohne Auftrag, Übernahme von Leistungen durch den Auftraggeber. Bei allen Abweichungen vom Vertrag gilt, daß sich die V. nach den Grundlagen der Preisermittlung für die vertragliche

Leistung und den besonderen Kosten der geforderten Leistung richtet. *Drees*

Vergußtafel. In liegenden Formkästen vorgefertigte Wandtafeln, bei denen die → Fugen zwischen den in die Form eingelegten Ziegeln ausbetoniert werden. Aus diesen geschoßhohen, vorgefertigten → Ziegelfertigbauteilen werden Geschoßbauten hergestellt.

Mehlhorn

Verhandlungsverfahren. Begriff des Vergaberechts gemäß → EG-Baukoordinierungsrichtlinie. Das V. entspricht der Freihändigen → Vergabe gem. § 3 Nr. 1 Abs. 3 VOB/C (siehe hierzu § 3 a Nr. 1 Abschnitt c VOB/C Abschnitt 2). Beim V. wendet sich der Auftraggeber an ausgewählte Unternehmer und verhandelt mit einem oder mehreren dieser Unternehmer über den Auftragsinhalt, ggf. nach Öffentlicher Vergabebekanntmachung.

Drees

Verjährung. Das Recht, von einem anderen ein Tun oder Unterlassen zu verlangen (Anspruch), unterliegt der V. nach § 194 BGB. Die V. beginnt regelmäßig mit dem Entstehen des Anspruchs – im Werkvertragsrecht mit dem Zeitpunkt der → Abnahme –, und tritt durch Ablauf der Verjährungsfrist ein. Nach der gesetzlichen Werkvertrag-Regelung, § 638 BGB, verjähren Gewährleistungsansprüche wegen mangelhafter Leistung bei Arbeiten an einem Grundstück in einem Jahr, bei Arbeiten an einem Bauwerk in fünf Jahren. Abweichend davon finden sich in der VOB verschiedene besondere Gewährleistungsfristen. Nach der Grundregel § 13 Nr. 4 VOB/B verjähren Gewährleistungsansprüche, sofern im Vertrag keine andere Verjährungsfrist – also z. B. auch die gesetzliche – vereinbart wurde, bei Bauwerken und Holzerkrankungen binnen zwei Jahren, bei Arbeiten an einem Grundstück oder wegen der vom Feuer berührten Teile von Feuerungsanlagen in einem Jahr. *Olshausen*
Literatur: *Korbion/Hochstein*: VOB-Vertrag. 1994. Düsseldorf. – *Ingenstau/Korbion*: VOB-Kommentar. Teil A u. B. 1993. Düsseldorf.

Verkämmung. Zimmermannsmäßige Verbindung, die bei aufeinanderliegenden, sich kreuzenden Hölzern eine gegenseitige Verschiebung verhindern soll. V. sind z. B. Kreuz- und Schwalbenschwanzkamm (Bild).

Dröge
Literatur: *Halász, R. v.*, u. *C. Scheer* (Hrsg.): Holzbau-Taschenbuch. Bd. 1. 9. Aufl. Berlin 1996. – *Garzmann, M.* (Hrsg.): Die Alte Waage in der Braunschweiger Neustadt. Bd. 35. Braunschweig 1993.

Verkarstung. V., eine Erweiterung der Poren- und Trennfugensysteme, entsteht durch das fließende Wasser in löslichen Anhydrit-, Gips-, Kalk- und Dolomitgesteinen. Die Löslichkeit ist in reinem Wasser bei Sulfatgesteinen beträchtlich höher als die von Karbonatgesteinen. Das für die Löslichkeit der Karbonate in

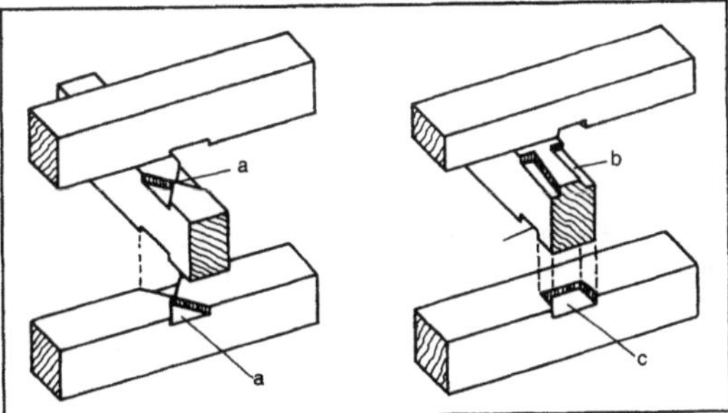

Verkämmung: Sich kreuzende Hölzer mit V.

a Kreuzkamm, b Schwalbenschwanzkamm, c Stufenkamm

Gegenwart von freiem Kohlendioxid gültige Gleichgewichtssystem wird in vereinfachter Form durch die Beziehungen

$$x\ CaCO_3 + x\ H_2O + (x+y)CO_2 \rightleftarrows$$
$$x\ Ca^{2+} + 2x\ HCO_3^- + y\ CO_2$$
$$y = K_T \cdot x^3$$

erfaßt, mit K_T als temperaturabhängigem Proportionalitätsfaktor. Das zur Karbonatlösung benötigte freie CO_2 stammt, außer aus der Atmosphäre, vor allem aus der anaeroben und aeroben biologischen Umsetzung organischer Substanzen (Humusstoffe) im → Boden. Bei der Mischung zweier Grundwässer mit unterschiedlichen HCO_3-Gehalten, die sich jeweils im Kalk-Kohlensäure-Gleichgewicht befinden, entstehen kalkaggressive Mischwässer, die wesentlich zur Kalklösung und V. beitragen können (Mischungskorrosion). Die großen CO_2-Mengen in der Grundluft, die in humid-tropischen Klimabereichen als Folge der üppigen Vegetation und des durch die Feuchtigkeit begünstigten Abbaus der organischen Substanzen wirksam sind, führen zur intensivsten V. In ariden und polaren Gebieten dagegen ist dieser Prozeß nicht oder nur sehr langsam möglich. Die hier beobachteten Karsterscheinungen entstanden in früheren geologischen Epochen bei entsprechenden Klimaverhältnissen (Paläokarst).

Die Auflösung der Karbonat- und Sulfatgesteine geht i. a. von Klüften und Schichtfugen, gelegentlich auch von besonders durchlässigen porösen Zonen aus und erweitert diese zu Karstgerinnen, die aus Spalten, Röhren- und Höhlenwasserwegen von unterschiedlichster Gestalt und Größe bestehen. Kleinere Hohlräume, wie kleinere Kavernen, Karstkanäle und Spalten herrschen vor. Größere Höhlen, lange Kanäle und tiefe Schluckschlunde sind selbst in intensiv verkarsteten Gebieten vergleichsweise selten. Karsthöhlen können beträchtliche Ausdehnung erreichen: bis zu 1332 m Höhenunterschied zwischen ihrem höchsten und tiefsten Punkt (Gouffre de la Pierre St. Martin, Pyrenäen), bis zu 322 km Höhlenlänge, d. h. die addierte Länge aller Höhlen eines Systems (Flint Mammoth Cave System, Kentucky). Die Bindung der Grundwasserbewegung und der damit verknüpften Auflösungserschei-

nungen an die Klüftung wird an der Ausrichtung von Höhlensystemen nach den vorherrschenden tektonischen Linien (Verwerfungen, Sattel- und Muldenachsen) deutlich. *Mattheß*

Literatur: *Mattheß, G.*, u. *K. Ubell*: Allgemeine Hydrogeologie – Grundwasserhaushalt. Berlin, Stuttgart 1983.

Verkehr, ruhender. Sammelbegriff für alle abgestellten Fahrzeuge; differenzierbar nach beheimateten und Besucherfahrzeugen des jeweiligen Bezugsgebietes.

Ein privater Pkw steht in der Regel 20 bis 23 Std./Tag und benötigt praktisch ständig einen Stellplatz. Aus den Quelle-Ziel-Beziehungen resultiert auf das gesamte Stadtgebiet bezogen ein höherer Bedarf, der bis zu 1,7 Stellplätze pro Fahrzeug betragen kann. In Wohngebieten beansprucht der r. V. bei ebenerdigen Parkplätzen etwa 15%, der fließende Verkehr lediglich 8% des Wohnbaulandes. Dieses Flächen- bzw. Raumproblem läßt sich in Bereichen hoher baulicher Verdichtung nur durch technisch-konstruktive Maßnahmen lösen. Das verkehrsorganisatorische Ziel besteht darin, den Parkraumbedarf in der Reihenfolge der sozialen Rangfolge zu gewährleisten. Dies führt zur Parkraumbewirtschaftung. Die Lage und Ausbildung der Parkierungsflächen in Wohngebieten, Arbeitsstätten, Gebieten mit → Cityfunktionen ist eine wichtige städtebauliche Planungsaufgabe, die auch im → Bebauungsplan ihren Niederschlag findet.

Ebenerdige Parkflächen außerhalb der Straßenfläche mit Ein- und Ausfahrt (gemeinsam oder getrennt ausgebildet) können die größte Flächenausdehnung und die höchste Kapazität an Stellplätzen erreichen. Daraus ergeben sich besondere Anforderungen für ihre Gestaltung, Organisation und Standortwahl.

Um den → Modal-Split zugunsten des ÖPNV zu beeinflussen und den individuellen Zielverkehr von den Parkraumnot-Bereichen fernzuhalten, wird z. B. das Park-and-Ride-System angewandt. Es handelt sich um gebrochenen Verkehr zwischen Schienenverkehrsmitteln und Pkw: In den schwächer besiedelten Außenbezirken oder Vororten werden individuelle Verkehrsmittel genutzt und an Schnellbahnhaltestellen geparkt. Mit dem Park-and-Ride-System ergänzen sich so die Vorteile von Individualverkehr und öffentlichem Verkehr: Die Bündelung vieler Verkehrsbeziehungen auf eine Schnellbahnachse ergibt ein ÖPNV-gerechtes Verkehrsaufkommen. *Spengelin*

Verkehrsberuhigung. Ein Komplex baulicher und verkehrsorganisatorischer Maßnahmen, die in zumeist bestehenden oder geplanten, entweder überwiegend für Wohnfunktion vorgesehenen Gebieten oder in Gebieten mit → Cityfunktionen vorgenommen werden. Die Maßnahmen dienen der Erhöhung der Verkehrssicherheit (Fahrverbote, Geschwindigkeitsminderung) und der Verbesserung der Lebensbedingungen (Gewinn von Freifläche, Verringerung der Abgas- und Lärmbelastung) (Cityfunktion, → Wohngebietsstruktur). Die V. wird durch Reduzierung des Kraftfahrzeugverkehrs und verantwortungsbewußtes, aufmerksames und rücksichtsvolles Verkehrsverhalten, durch Veränderungen im Straßennetz (Abweisung des Durchgangsverkehrs, Minimierung der Fahrwege im Wohngebiet), entsprechende Querschnittsausbildung und -gestaltung (Aufpflasterungen, Einbau von Schwellen, Wechsel der Fahrgassen, Anordnung von Grünflächen u. a.) erreicht. Wesentliches Merkmal der V. kann auch die gemeinsame Führung der Verkehrsarten und, daraus resultierend, die Mehrfachnutzung der Verkehrsflächen, die zu einer Aufwandsminimierung an befestigten Flächen und gleichzeitig zu einer besseren Freiraumnutzung und -gestaltung führt. Das heißt z. B. in Wohngebieten Fahren, Gehen, Spielen auf einer Fläche (Mischprinzip) oder in Kerngebieten Fußgängerzonen, durch die, um den ÖPNV attraktiver zu machen, Straßenbahnen, Busse, evtl. auch Taxis fahren dürfen.

Bereits vor dem Zweiten Weltkrieg gab es einzelne Hauptgeschäftsstraßen (z. B. Hohe Straße in Köln), die in Fußgängerzonen umgewandelt wurden. Im heutigen Sinne entstanden in vielen Städten ab Mitte der 60er Jahre teilweise großräumige Fußgängerzonen, öffentlich zugängliche Flächen, die den Fußgängern vorbehalten sind, u. U. mit zeitlich begrenztem Liefer- und Anlieferverkehr. Das mit diesen Maßnahmen verbundene Ziel ist es, die Innenstädte attraktiver zu machen.

Die teilweise auf große Teile, insbesondere historischer Innenstädte, ausgedehnte V. führt zur Verlagerung des motorisierten Individualverkehrs und muß sich in der Anlage von am Rande der Zonen angeordneten Parkmöglichkeiten niederschlagen. *Spengelin*

Verkehrsnetzgestaltung. Bewußte planerische Ausformung eines Verkehrsnetzes nach vorgegebenen Prinzipien. Diese sind städtebaulicher, ökonomischer, verkehrstechnischer und verkehrspolitischer Natur.

Straßennetze mit komplementärem Fußwegnetz können zangenartig oder mit Außenring bzw. mit Innenring ausgebildet werden (→ Erschließungsnetz).

Modellhaft können Netze zur Erschließung großräumiger Flächen als Radial-Ring-System mit Zentralknoten oder mit City-Ring sowie als Orthogonalraster, Hexagonalraster, Dreieckraster und Verbundnetz dargestellt werden.

Zum Instrumentarium der V. gehört auch die Verkehrslenkung mit Weg- und Vorwegweisung, Abbiegeverboten, Einbahnstraßen und befristete Teil- und Vollsperrungen und Alternativroutenangebote. *Spengelin*

Verkehrssystem. Gesamtheit der funktionell miteinander verknüpften Komponenten im Verkehr einer Stadt oder einer Region. Im allgemeinen ist eine Differenzierung nach Teilsystemen in Abhängigkeit von der Verkehrsart, vom Verkehrsmittel, vom Verkehrsnetz oder von der Art und Weise der Erschließung üblich, ohne daß jedoch in jedem Fall eindeutige Zuordnungen

und Abgrenzungen möglich sind. So unterscheidet man z. B. im Stadtverkehr ein ÖPNV-, Straßen-, Fußwege-, Radwegesystem oder nach der Art der Erschließung eines Wohngebietes z. B. ein Raster-, Innenring-, Außenring-, Verästelungs- oder Zangensystem (→ Erschließungsnetz, → Verkehrsnetzgestaltung). Eine isolierte Betrachtungsweise einzelner Teilsysteme ist unzulässig, da nur im komplexen Zusammenwirken aller Teilsysteme das V. einer Stadt seinen Aufgaben gerecht wird. *Spengelin*

Literatur: *Knoflacher, H.:* Zur Harmonie von Stadt und Verkehr. Wien 1993

Verkleidung, schalldämmende. Zur Verbesserung der → Luftschalldämmung von Wänden werden Verkleidungen (Bekleidungen) angebracht, die meist aus dünnen Platten, wie z. B. Gipskartonplatten, → Holzspanplatten, dünnen Putzschalen auf Putzträgern, bestehen. Sie werden in einem Abstand von etwa 30–50 mm von der Wand angebracht; den Hohlraum füllt man mit Mineralwolleplatten oder -matten. Die verschiedenen Ausführungen unterscheiden sich nach der Art der Befestigung: Teils werden sie unmittelbar an der zu verbessernden Wand befestigt, teils an frei stehenden Ständern (Bild). Die Verbesserung der Luftschalldämmung der Wand beträgt je nach Ausführung zwischen etwa 10 und 20 dB. Infolge des großen Einflusses der → Schallängsleitung ergeben sich jedoch im prakti-

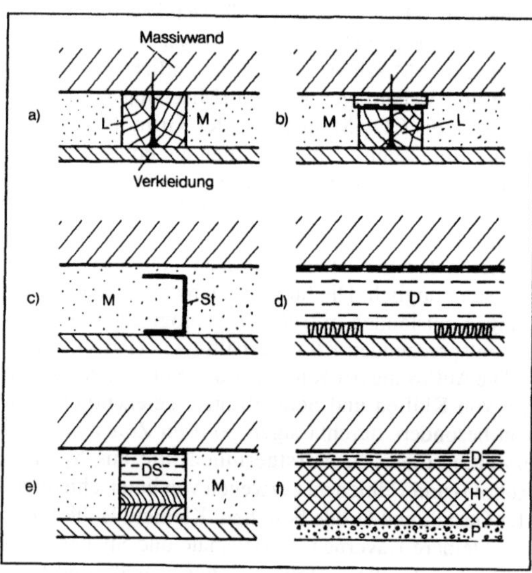

Verkleidung, schalldämmende: Verschiedene Ausführungen von s. V. vor Massivwänden.

a) Leisten L, unmittelbar angenagelt, M Mineralwolle.
b) Leisten L über Dämmstreifen angenagelt, M Mineralwolle.
c) freistehende Ständer St aus Holz oder Stahlblech, M Mineralwolle.
d) Faserdämmplatten D angeklebt.
e) einzelne Leisten mit Dämmstreifen DS angeklebt, M Mineralwolle.
f) freitragende Holzwolleleichtbauplatten H mit Putz P.

schen Fall für die Schalldämmung zwischen den beiden Räumen nur Verbesserungen des bewerteten Schalldämmaßes R'_w von etwa 3–6 dB, abhängig von der Masse der zu verbessernden Wand. Diese Verbesserung läßt sich – im Gegensatz zur landläufigen Meinung – praktisch nicht durch die Ausbildung der Verkleidung beeinflussen. *Gösele*
Literatur: DIN 4109: Schallschutz im Hochbau. Beibl. 1, Ausg. 1989.

Verlegung, geschlossene → Kanalverlegung

Verlegung, offene → Kanalverlegung

Verleimung. Sammelbegriff für die Herstellungsarten von → Leimverbindungen. Der V.-Prozeß besteht aus drei Arbeitsgängen: dem Leimauftrag (Beleimung), dem Pressen und dem Aushärten des → Leimes; dabei geschehen Pressen und Aushärten teilweise gleichzeitig. Nach dem Herstellungsort wird die industrielle von der Montage- oder Baustellenverleimung unterschieden. Der Leim kann bei kleinen Flächen mit Pinsel oder Spachteln, bei größeren Flächen (Brettern, Bohlen, Furnieren, Platten) mit Leimauftragsmaschinen aufgebracht werden. Es gibt Maschinen mit Leimauftragswalzen, die von Hand oder Motor angetrieben werden, und Leimgießmaschinen, bei denen man den Leim in Fäden auf das Bauteil gießt. Letztere eignen sich für hohe Durchlaufgeschwindigkeiten, können den Leim aber nur von einer Seite auftragen. Der Preßdruck kann niedrig oder hoch sein. Beim Pressen mit niedrigem Preßdruck fixiert man die Bauteile, z. B. Brettschichtholz, während des Aushärtens; das Pressen mit hohem Preßdruck dient der Herstellung von verdichteten Holzwerkstoffen, z. B. Preßschicht- oder Preßsperrholz, → Flachpreßspanplatten. In der Regel bindet der Leim vorwiegend während des Pressens ab. Die Abbindezeit wird wesentlich von der Temperatur des Bauteils und der relativen → Luftfeuchtigkeit beeinflußt.

Nach der Höhe der Temperatur unterscheidet man: Kaltleimung (bis 30 °C), temperierte Leimung (30–50 °C), Warmleimung (50–80 °C) und Heißleimung (über 80 °C). Warm- und Heißleimung werden für die Serienfertigung angewendet, da sich hierbei die Abbindezeiten stark reduzieren und somit Preßvorrichtungen und Leimräume gut nutzen lassen. Für die Wärmezufuhr in die → Leimfugen gibt es folgende Verfahren:

☐ Wärmezufuhr durch Wärmeleitung entweder in Wärmekammern oder mit elektrischer Widerstandsheizung durch aufgelegte Stahlplatten;
☐ elektrische Widerstandsheizung mittels in der Leimfuge verlegter Drähte;
☐ elektrische Widerstandsheizung mittels leitender Leimzusätze, z. B. besonders vorbereiteter Acetylenruß;
☐ Hochfrequenzverfahren, bei dem man das zu verleimende Bauteil zwischen zwei Stahlplatten (Elektro-

den) bringt, die an einen Wechselstromgenerator angeschlossen sind. Die so erzeugte Rotation der Moleküle erzeugt Wärme. Nach der Lage der Elektroden unterscheidet man Quererhitzung, Parallelerhitzung und Streufelderhitzung;
☐ Erwärmen der Leimschichten durch Mikrowellenbestrahlung.

Nach einer vom V.-Prozeß und vom Leim abhängigen Preßzeit müssen die Bauteile in einer bestimmten Zeit nachhärten und dürfen während dieser Zeit nicht belastet werden. *Dröge*
Literatur: *Halász, R. v.*, u. *C. Scheer* (Hrsg.): Holzbau-Taschenbuch. Bd. 1. 9. Aufl. Berlin 1996.

Verlustquelle. Bezeichnung für Teile eines Arbeitsablaufs oder Bereiche eines Unternehmens, die nicht gedeckte Kosten aufweisen. Es ist Aufgabe der Unternehmensleitung, diese V. aufzufinden und zu beseitigen. Auf der Baustelle geschieht dies vor allem durch Soll-Ist-Vergleich und durch → Arbeitsstudien, im Unternehmen durch die Aussagen des Rechnungswesens. Hierzu ist es notwendig, daß das Unternehmen in ergebnisorientierte Bereiche (Profit Centers) aufgelöst wird, für die sich ein Periodenerfolg ermitteln läßt. Da diese in den meisten Fällen innerbetriebliche Leistungen verrechnen, kommt der richtigen Abgrenzung der Leistung und Kosten besondere Bedeutung zu.

Drees

Vermessungskunde. V. (→ Geodäsie) ist die Wissenschaft von der Ausmessung und Abbildung der Erdoberfläche, in einem engeren Sinne das Lehr- und Forschungsgebiet, das sich mit den Vermessungsmethoden beschäftigt. Die V. im engeren Sinne setzt sich aus zahlreichen, mehr oder weniger selbständigen Teildisziplinen zusammen. Von diesen behandeln einige bestimmte Anwendungsbereiche (z. B. Erdmessung, Landesvermessung, Seevermessung, Ingenieurvermessung), während bei anderen allgemeine methodische Fragen im Vordergrund stehen (geodätische Meßverfahren, Instrumentenkunde, → Photogrammetrie). Mit der Auswertung der Vermessungsergebnisse und mit ihrer numerischen und graphischen Darstellung beschäftigen sich die → Ausgleichungsrechnung und die → Kartographie. *Pelzer*
Literatur: *Großmann, W.*, u. *H. Kahmen*: Vermessungskunde I. Berlin 1985. – *Kahmen, H.*: Vermessungskunde II. Berlin 1986.

Verordnung über den Bau und Betrieb der Straßenbahnen (Abk. BOStrab). Die BOStrab (Straßenbahn-Bau- und Betriebsordnung) ist eine gemäß § 57 des Personenbeförderungsgesetzes (PBefG) erlassene Rechtsverordnung mit Gesetzeskraft für den Bau und Betrieb der Straßenbahnen. Dabei gelten im Sinne der Verordnung auch Hoch- und Untergrundbahnen, Schwebebahnen und Stadtbahnen als Straßenbahnen (S-Bahnen nicht). Betriebsanlagen (gegenüber der Eisenbahn-Bau- und Betriebsordnung kennt die BOStrab anstelle des Begriffs → Bahnanlagen nur den Begriff Betriebsanlagen) und Fahrzeuge müssen nach den Vorschriften dieser Verordnung sowie nach den von der Genehmigungsbehörde und von der technischen Aufsichtsbehörde im Interesse der Sicherheit und Ordnung getroffenen Anordnungen gebaut sein. In den Anlagen zur BOStrab sind u. a. Bestimmungen für das Messen der Mindestabstände (→ Lichtraumprofil), Gleisneigung und Gleisbogen sowie Signalbilder festgelegt.

Eine künftige Neufassung der entsprechenden Verordnung wird den Titel „Verordnung über den Bau und Betrieb der Stadtbahnen" (BoStrab) tragen. Der Rechtsbegriff „Stadtbahn" wird künftig der Sammelbegriff sein, der in den Rechtsvorschriften alle spurgebundenen Ortsverkehrssysteme zusammenfaßt. Danach wird dann sowohl eine Straßenbahn als auch eine U-Bahn eine „Stadtbahn" sein. Der Begriff „Straßenbahn" wird also im rechtlichen Sinne nicht weiter bestehen.

Kracke/Runge

Verordnung über den Bau und Betrieb von Anschlußbahnen (Abk. BOA). Die BOA ist eine gemäß § 3 des Allgemeinen Eisenbahngesetzes (AEG) erlassene Rechtsverordnung mit Gesetzeskraft für den Bau und Betrieb der Anschlußbahnen des nichtöffentlichen Verkehrs. Hierzu zählen Privatanschlußbahnen, → Privatgleisanschlüsse, Werkbahnen und Grubenbahnen. Für Anschlußbahnen des öffentlichen Verkehrs gilt § 1 der Eisenbahn-Bau- und Betriebsordnung (EBO). Bei den Anschlußbahnen führt der Anschließer den Eisenbahnbetrieb mit eigenen schienengebundenen Fahrzeugen und eigenem Betriebspersonal durch, während im Gegensatz dazu bei den Gleisanschlüssen die Bedienung mit einer Lok einer Eisenbahn des öffentlichen Verkehrs (z. B. DB-Lok) erfolgt. Für Anschlußbahnen muß ein Eisenbahnbetriebsleiter bestellt werden. Neben den Landeseisenbahngesetzen (LEG) regelt die BOA des zuständigen Bundeslandes die öffentlich-rechtlichen Beziehungen (Genehmigung und Aufsicht) zwischen Anschließern und Eisenbahnen des öffentlichen Verkehrs. Die Aufsicht über die nichtbundeseigenen Eisenbahnen, also auch über die Anschlußbahnen und Gleisanschlüsse übt das jeweilige Land aus (Bezirksregierungen). Die Länder können diese Aufsichtspflicht ganz oder teilweise der Deutschen Bahn AG übertragen. Die BOA enthält grundlegende Bestimmungen über Bahnanlagen, Fahrzeuge und maschinelle Anlagen sowie Bahnbetrieb. In den Anlagen sind u. a. Umgrenzung des lichten Raumes, Fahrzeugbegrenzung und Signale festgelegt.

Kracke/Runge

Verpreßanker. V. bestehen aus Stahlzuggliedern, die in Bohrlöcher in den Baugrund eingebaut und am erdseitigen Ende in einem durch Einpressen von Zementmörtel hergestellten, örtlich begrenzten Verpreßkörper

verankert werden. Über den Verpreßkörper werden die zu verankernden Kräfte vom Stahlzugglied in den Baugrund (Boden oder Feld) übertragen. Diese Kraftübertragung vom Verpreßkörper in den Baugrund erfolgt über die Mantelfläche des sehr rauhen, annähernd zylindrischen Verpreßkörpers. Am Bauwerk oder den zu verankernden → Bauteil werden die Kräfte über einen Ankerkopf in das Stahlzugglied eingeleitet. Das Stahlzugglied, das meistens vorgespannt ist, wird in der freien Länge freibeweglich in einem Kunststoffhüllrohr geführt und ist gegen Korrosion geschützt. Im Bereich der freien Länge werden vom Stahlzugglied keine Kräfte in den Baugrund übertragen. Das Kunststoffhüllrohr ist ausreichend steif, damit es nicht aus dem vom Baugrund auf das Rohr ausgeübten Seitendruck eingedrückt wird.

Die V. werden z. B. zur Sicherung von Baugrubenumschließungen (→ Spundwände, Bohrpfahl- und → Schlitzwände), zur Sicherung gegen Gleiten (→ Hangsicherung) und gegen → Kippen (Stützbauwerke, Türme), zur Verankerung von Zugseilen (Hänge- und Spannbandbrücken, Zeltdächer, abgespannte Maste), zur Sicherung gegen → Auftrieb und im Talsperren- und Felshohlraumbau eingesetzt.

Man unterscheidet Kurzzeit- und Daueranker. Kurzzeitanker werden in der Regel nur für eine Dauer von höchstens zwei Jahren eingesetzt. Durch Probebelastungen werden die V. nach ihrer Herstellung in der sog. Abnahmeprüfung auf ihre Tragfähigkeit hin überprüft. Grundlage für die Bemessung, Ausführung und Prüfung der V. ist die DIN 4125.

Mehlhorn

Literatur: DIN 4125 (11/90). Verpreßanker; Kurzzeitanker und Daueranker. Bemessung, Ausführung, Prüfung.

Verpressen. Unter V. wird im Bereich der Betoninstandsetzung das Füllen von Rissen unter Druck über spezielle Einfüllstutzen (Bohrpacker, Klebepacker) verstanden (→ Rißverpressung). *Sasse*

Verputzmaschine. Fahrbare oder stationäre Geräte zum Fördern und Aufspritzen von Mörtel und Feinbeton. Je nach Fördermenge, Förderweite und zu verarbeitendem Größtkorn kommen mechanische oder pneumatische Geräte zum Einsatz. Bei den mechanischen Geräten wird der Mörtel aus einem Mischtrog über eine horizontal laufende Schraube einem Schleuderrad zugeführt und über eine Wurfeinrichtung ausgebracht. Die pneumatisch arbeitenden Geräte fördern den Mörtel über eine Pumpenanlage, die meist aus einer Doppelkolbenpumpe besteht, zur Verwendungsstelle, wo er mittels Druckluft angeworfen wird (→ Betonspritzmaschine). Die Leistung derartiger Verputzgeräte kann bis etwa 80 l/min bei Förderweiten bis rd. 140 m und Förderhöhen bis rd. 50 m betragen. Zum Antrieb der Pumpenhydraulik und des Verdichters können Elektro- oder Dieselmotoren eingesetzt werden. *Kühn*

Verrohrung → Kreuzungsbauwerk

Verrohrungsmaschine. V. dienen der Einbringung von Stahlrohren als Bohrlochwandsicherung bei der Erstellung von Bohrpfählen, Verbauträgern, Brunnen, Schächten usw. Hydraulische V. bestehen aus einem meist gelenkig an das Bohrträgergerät angeschlossenen Grundrahmen mit zwei horizontal liegenden Hydraulikzylindern zur Steuerung der oszillierenden Rohrbewegung und zwei vertikalen Hydraulikzylindern zum Ziehen und Drücken der Bohrrohre sowie evtl. einer zusätzlichen oberen Rohrführung. Drehbewegung und Kräfte werden über eine hydraulisch spannbare Schelle auf die Verrohrung übertragen; dabei werden Drehmomente und Zugkräfte vom Trägergerät bzw. vom Boden aufgenommen. Druckkräfte lassen sich nur in dem Maße aktivieren, wie man das Gewicht des Trägergerätes auf die Senkzylinder übertragen kann. Ausnahmen bilden Bohranlagen, bei denen die Hub- und Senkzylinder starr mit dem Grundgerät verbunden sind. Der Antrieb der Hydraulik geschieht durch die Baggerhydraulik des Trägergerätes (geringe Personal- und Investitionskosten) oder durch separate Hydraulikaggregate (gleichzeitiges Bohren und Verrohren möglich).

Die hydraulischen V. werden für Verrohrungsdurchmesser zwischen 400 und 2500 mm ausgeführt und sind dabei für Drehmomente von 50–2000 kNm ausgelegt. Die üblichen Verrohrungstiefen liegen meist unter 50 m. Unter günstigen Voraussetzungen können Verrohrungstiefen bis rd. 100 m erreicht werden. Bei der druckluftbetriebenen Hochstrasser-Weise-Schwinge führen die Gewichte am Ende der beiden Schwingarme eine Drehung um die Rohrachse aus und übertragen ihre Bewegungsenergie über zwei Anschläge auf das Bohrrohr. Eine Anlenkung an ein Trägergerät ist nicht erforderlich. Nachteilig erweisen sich die hohe Geräuschentwicklung, das Setzen eines Führungsrohrs sowie die benötigte große Krankapazität zum Aufstellen der Rohre, die dann allerdings an einem Stück eingebracht werden können. Die Bohrlochverrohrung läßt sich zum Abteufen auch mittels spezieller Vibratoren in Schwingung versetzen. Diese Vibratoren, die ähnlich arbeiten wie beim Rammen, sind auf die Rohre aufgesetzt oder als Doppelvibratoren um das Rohr angeordnet; dabei haben letztere den Vorteil, daß das Rohr oben offen bleibt. Dadurch kann man Bohr- und Verrohrungsarbeiten gleichzeitig oder in schnellem Wechsel nacheinander vornehmen. Die einzelnen Rohrsegmente müssen bei diesem Verfahren aus Verschleißgründen durch Schweißen verbunden werden. *Kühn*

Versammlungsstätten-Verordnung → Bauordnung

Versatz. Zimmermannsmäßige → Kontaktverbindung, mit der schräg auf einen Knoten- oder Auflagerpunkt zulaufende, druckbeanspruchte Tragwerkselemente angeschlossen werden. Nach der Lage der → Versatz-

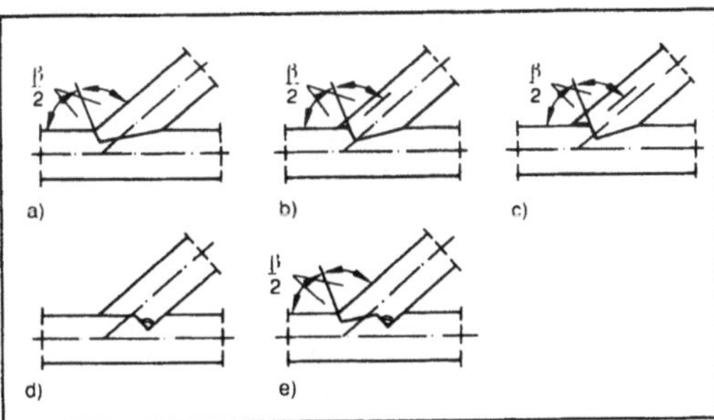

Versatz 1: Versatzarten.
a) Stirnversatz
b) Brustversatz
c) Rückversatz
d) Fersenversatz
e) Doppelter V.

flächen unterscheidet man Stirnversatz, Brustversatz, Rückversatz, Fersenversatz und mehrfachen V., z.B. doppelter V. als Kombination aus Stirn- und Fersenversatz (Bild 1). Die Neigung der Versatzfläche ist i. a. die Winkelhalbierende des stumpfen Anschlußwinkels β, um Spaltwirkungen oder das Herausrutschen des Stabes zu vermeiden. Eine Ausnahme bildet der Fersenversatz, bei dem die Versatzfläche im rechten Winkel zur Stabachse steht. Durch eine ausreichend dimensionierte Einschnittiefe ist die einwandfreie Kraftübertragung an der Versatzfläche gewährleistet. Dies setzt jedoch eine maßhaltige Herstellung voraus, besonders beim doppelten V. Dem durch das → Schwinden des Holzes bedingten Klaffen der Versatzflächen wird bei ihrer Bemessung durch entsprechend hergeleitete Formeln Rechnung getragen. Da beim Stirn- und Fersenversatz Stabachse und Kraftwirkungslinie nicht identisch sind, ist das entstehende Exzentrizitätsmoment bei der Bemessung zu berücksichtigen. Die erforderliche Vorholzlänge ergibt sich aus der maximal zulässig übertragbaren Scherkraft im → Gurtholz und sollte mindestens 200 mm betragen. Mit der zurückspringenden

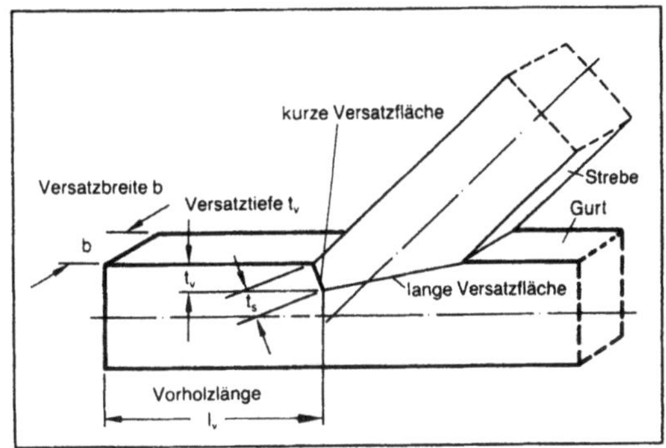

Versatz 2: Gebräuchliche Bezeichnungen am Beispiel des Stirnversatzes.

Versatzfläche beim Brust-, Rück- und Fersenversatz ergibt sich eine größere Vorholzlänge (Bild 2). Bei allen V. sind die Hölzer durch Bolzen, Nägel, Laschen o. ä. in ihrer Lage zu sichern (→ Versatzbreite, → Versatzfläche, → Versatztiefe, → Vorholz). *Dröge*
Literatur: *Dröge, G.:* Grundzüge des Holzbaues. Bd. 1. 2. Aufl. Berlin 1993.

Versatzbreite. Wirksame Breite der → Versatzfläche. Sie kann durch seitlich angeschlossene Beihölzer verbreitert werden und entspricht i. a. der Strebenbreite (→ Versatz). *Dröge*

Versatzfläche.
☐ Kurze V.: Sie ist die hauptsächlich wirksame Kontaktfläche beim → Versatz und ergibt sich geometrisch aus der Winkelhalbierenden des stumpfen Anschlußwinkels, der → Versatzbreite und der → Versatztiefe, rechnerisch aus der zulässig übertragbaren Druckspannung schräg zur → Faserrichtung.
☐ Lange V.: Verbindungsebene zwischen der Unterkante der kurzen V. und der Schnittkante von Gurt und Strebe im spitzen Anschlußwinkel. *Dröge*

Versatztiefe. Senkrecht zur Gurtachse gemessene Einschnittiefe (¼ bis ⅙ der Gurthöhe) der kleinen → Versatzfläche. Sie kann, wenn erforderlich, durch Beihölzer oder Stahlschuhe vergrößert werden (→ Versatz). *Dröge*

Verschubgerüst. V. (auch Rüstgeräte) sind → Lehrgerüste, die abschnittweise als Ganzes verschoben werden. Sie finden vor allem im Brückenbau Verwendung (→ Brückenbaugerät), wenn die zu erstellende Brücke aus einer größeren Anzahl gleichlanger Brückenfelder mit annähernd gleicher Höhe besteht (Bild). Das auf einer Verschubeinrichtung stehende Lehrgerüst einschl. → Schalung wird nach Fertigstellung eines Bauabschnitts in den nächsten Abschnitt längs oder quer mittels → Winden oder Hydraulikpressen verschoben. *Kühn*

Versiegelung. Der Begriff V. (Tränkung) wird noch für unterschiedliche Anstrich- und Schutzverfahren angewendet, z. B. im Sinne von → Imprägnierung, Untergrundverfestigung, → Grundierung oder auch im Sinne von Absperrung. Meist bezeichnet heute allerdings V.

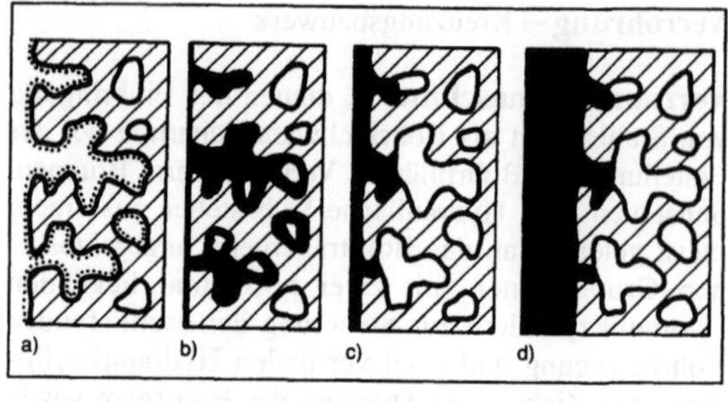

Versiegelung: Beschichtungsarten.
a) Hydrophobierung
b) V. (Tränkung)
c) Dünnbeschichtung (Anstrich mit Grundierung)
d) Mörtelbeschichtung (Dickbeschichtung mit Grundierung).

ein eigenständiges Schutzverfahren, das oberflächennahe Poren verschließt, jedoch keinen wirksamen Beschichtungsfilm bildet (Bild). Eine V. wird i. d. R. ohne Verwendung von → Pigmenten, die die Eindringtiefe verringern würden, ausgeführt, so daß der Untergrund farblich und in bestimmtem Umfang auch hinsichtlich seiner Oberflächenstruktur erkennbar bleibt. Meist werden lösemittelhaltige, witterungs- und alkalibeständige Kunstharze, z. B. → Acrylate oder EP-Harze, verwendet. Auch Kombinationen mit hydrophobierenden Mitteln, die die Verschmutzungsneigung verringern, sind üblich. Wichtigste Voraussetzung für den Erfolg einer V. ist eine sorgfältige Untergrundvorbehandlung: Trocknen bzw. Trockenlegen, Reinigen, Entfernen ungeeigneter Untergrundschichten, Beseitigen örtlicher Schadstellen (→ Oberflächenbehandlung). Insbesondere bereitet das Ausfüllen und Überdecken von Haarrissen und von tiefgehenden Rissen Schwierigkeiten. Vor allem bei wenig festem, porösem Untergrund, wie Beton, Putz, Naturstein, ist zu beachten, daß eine mit Kunstharz getränkte Außenschale einen wesentlich höheren Elastizitätsmodul und eine höhere Wärmedehnzahl als der Untergrund hat. Die Eigenschaften des Betons in der versiegelten Zone entsprechen den Eigenschaften eines polymerisierten Betons (→ Beton, kunstharzimprägnierter). Hierdurch können erhebliche Zwängungsspannungen auftreten, die zum schalenförmigen Abplatzen führen können. Ein mehr-

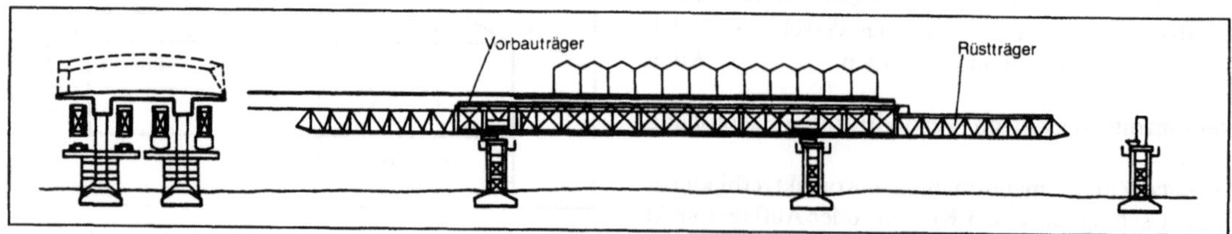

Verschubgerüst: Einsatz im Brückenbau.

faches Auftragen des Kunstharzes, beginnend mit stark verdünntem Harz und endend mit lösungsmittelfreiem Harz, bewirkt eine tiefe Verzahnung im Porensystem und vermeidet eine scharfe Trennung zwischen getränkter Zone und Untergrund.   *Sasse*

Versorgungsinstallation. Alle der → Wasserversorgung, speziell mit → Trinkwasser, dienenden Einrichtungen an Rohrleitungen im Hause. Dazu gehören auch die Armaturen und Installationen in Küchen und Sanitärräumen und Sicherungen gegen Rücksaugen in das Trinkwassernetz nach DIN 1988. Die V. beginnen mit dem → Hausanschluß des Wasserversorgungsunternehmens (WVU) gewöhnlich in einem zugänglichen Keller oder Schacht vom Schieber ab hinter dem Wasserzähler, den das WVU i. d. R. gegen eine Zählermiete zur Verfügung stellt. Üblich ist ein Filter, um Sand und Rostteile aus dem Rohrnetz zurückzuhalten. Eine Druckmessung vor und hinter diesem Filter (oft ein Kerzenfilter aus Keramik oder Kunststoff) dient der Kontrolle der eintretenden Zusetzung. Die gelegentlich folgende Dosierung zur → Wasserkonditionierung oder → Wasseraufbereitung ist bei kleinen Anlagen oft wegen der Dosiergenauigkeit problematisch. Meist folgt dann die Aufteilung in einen Kaltwasser- und Warmwasserversorgungsstrang, evtl. auch noch einen für die Warmwasserzirkulation. Schließlich folgen bei Handbrausen an Wannen Sicherungen durch Belüftungsventile gegen Rücksaugen, die jeweils über eine freie Strecke in einen Trichterablauf entwässern. Zuletzt werden vor den Zapfstellen Ventile, häufig auch Feinfilter, vor den Zapfhähnen/Brausen und evtl. Temperaturregelarmaturen eingesetzt. Daneben findet sich die Warmwasserbereitung, oft auch dezentral an der einzelnen Zapfstelle, als Durchlauf- oder Speicheranlage. Nur vom WVU zugelassene Installateure dürfen diese V. für Trinkwasser ausführen. Die V. werden aus unterschiedlichem, zugelassenen → Rohrmaterial hergestellt.   *Pfeiff*

Verstädterung → Bevölkerungswanderung

Verteilermast. Die Funktion bzw. Hauptaufgabe der V. im Bauwesen ist das Tragen und gezielte Führen (→ Fördergerät) der Pumpbetonleitung beim Betoneinbau. Unterschieden werden:

☐ V. auf der Autobetonpumpe, d. h. ein Lkw dient als Trägergerät sowohl für die Betonpumpe als auch für den V.,

☐ V. auf einem Kranturm (Bild) und

☐ V. als Auf- bzw. → Anbaugerät für verschiedenste Trägergeräte, z. B. an Turmdrehkranen. Der Arbeitsbereich der im Transportzustand gefalteten V. auf Autobetonpumpen beträgt sowohl in der Weite als auch in der Höhe bis zu 80 m.   *Kühn*

Verteilerschrank. Bestandteil der Baustellenstromversorgung. Der V. (Bild) wird an den → Anschluß-

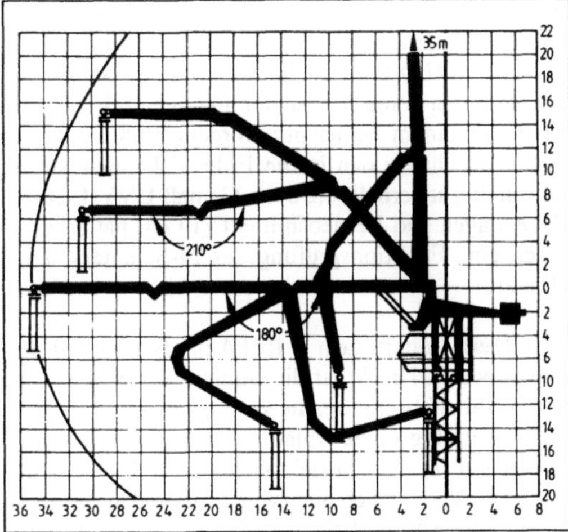

Verteilermast: V. auf Kranturm.

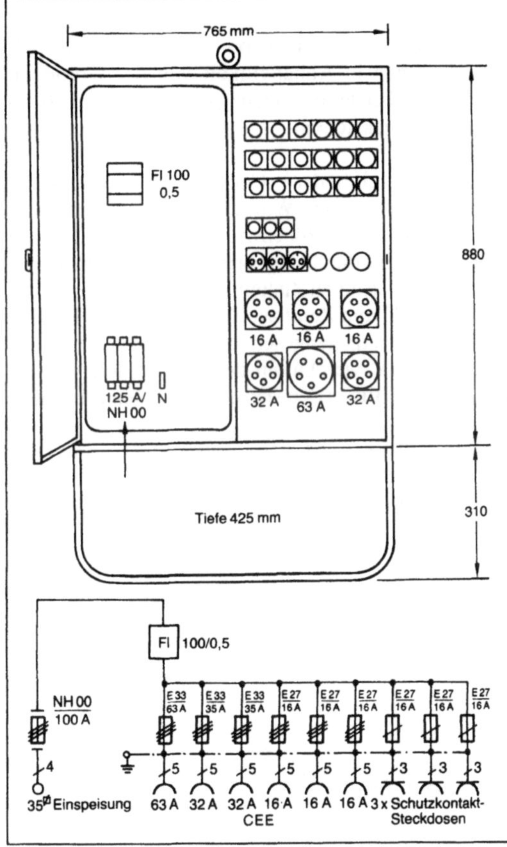

Verteilerschrank: V. mit neun Abgängen.

schrank oder am Hauptverteilerschrank angeschlossen. Er enthält die Verbraucherabgänge, die jeweils einzeln abgesichert sind. V. und Anschlußschrank können (bei kleineren Baustellen) zu einem Anschluß-Verteiler-Schrank zusammengefaßt werden. Jeder V. enthält eine Fehlerstrom-(FI) Schutzschaltung. Die FI-Schaltung vergleicht den hereinfließenden und den abfließenden Strom. Bei einem Fehler mit Körperschluß registriert der Schutzschalter den in die Erde fließenden Strom und schaltet innerhalb 0,2 s ab. Gemäß UVV Elektrische Anlagen und Betriebsmittel (VBG 4) hat arbeitstäglich eine Funktionsprüfung des FI-Schalters stattzufinden. *Drees*

Verteilzeit. Zeitart nach → REFA als Bestandteil der → Vorgabezeit. Die V. ist die Summe der Soll-Zeiten aller → Ablaufabschnitte, die zusätzlich zur planmäßigen Ausführung eines Ablaufs durch den Menschen erforderlich sind; sie bezieht sich auf die Mengeneinheit 1. Die V. setzt sich aus zwei Zeitarten zusammen: Die sachliche V. enthält Soll-Zeiten für zusätzliche Tätigkeit und störungsbedingtes Unterbrechen; die persönliche V. enthält die Soll-Zeiten für persönlich bedingtes Unterbrechen. Da diese Ablaufarten unregelmäßig auftreten und nicht vorherbestimmt werden können, wird die V. auf Grund von langdauernden Verteilzeitaufnahmen in Abhängigkeit von der Grundzeit ermittelt und bei der Festsetzung der Vorgabezeit als %-Zuschlag berücksichtigt. *Drees*

Vertikalwinkel. In der → Geodäsie ein in einer Vertikalebene gemessener Winkel. Er ist entweder als Zenitwinkel oder als Höhenwinkel definiert (Bild). Die Vertikalebene ist durch die Lotrichtung in einem Standpunkt und durch einen Zielpunkt festgelegt. Der Zenitwinkel z zählt vom Zenit zur Zielrichtung, der Höhenwinkel α im entgegengesetzten Sinne von der Horizontalen aus. V. werden mit dem → Theodolit gemessen. Aus dem Bild lassen sich die folgenden Beziehungen ablesen:

0 gon (Zenit) $\leq z \leq$ 200 gon (Nadir),
100 gon (Zenit) $\geq \alpha \geq -$ 100 gon (Nadir),
$z + \alpha = 100$ gon. *Pelzer*

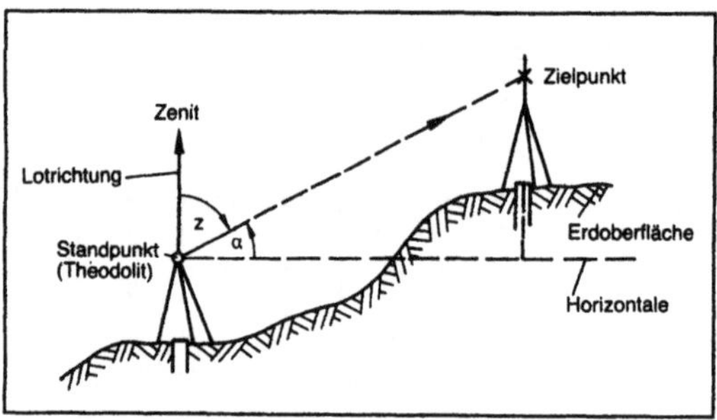

Vertikalwinkel: Zenitwinkel z und Höhenwinkel α.

Verträglichkeitsbedingung. Da sich alle sechs Elemente des → Verzerrungstensors durch die drei Verschiebungskomponenten ausdrücken lassen, sind die → Verzerrungen nicht unabhängig voneinander. Sie sind über die V. miteinander verknüpft, die sich ergeben, wenn in den Verzerrungs-Verschiebungs-Beziehungen die Verschiebungskomponenten eliminiert werden. Die V. besagen anschaulich, daß auch im verformten Zustand die Schnittelemente nahtlos aneinanderpassen müssen. *Laermann*

Vertragsstrafe. Verspricht der Schuldner dem Gläubiger für den Fall, daß er seine Verbindlichkeiten nicht oder nicht in gehöriger Weise erfüllt, die Zahlung einer Geldsumme als Strafe (V.), so ist die Strafe verwirkt, wenn er in Verzug kommt (§ 339 BGB). Für den → Bauvertrag setzen die Bestimmungen voraus, daß Grund und Höhe der V. in den Besonderen (BVB) oder Zusätzlichen (ZVB) Vertragsbedingungen entsprechend § 10 Nr. 4 Abs. 1 f VOB/A ausdrücklich und wirksam vereinbart sind. Ist die V. für den Fall vereinbart, daß der Auftragnehmer nicht in der vorgesehenen Frist erfüllt, so wird sie fällig, wenn der Auftragnehmer in Verzug gerät (§ 11 Nr. 2 VOB/B). Für den Fall einer in ABG vereinbarten V. ist eine zeitliche oder betragsmäßige Höchstgrenze festzulegen. *Olshausen*
Literatur: *Ingenstau/Korbion*: VOB/B-Kommentar. 1993. Düsseldorf.

Verwehungsverbau. V. ist ein → Lawinenschutz durch Beeinflussung der Schneeablagerungen (Verändern der örtlichen Windverhältnisse) mit Hilfe von Schneezäunen, Kolktafeln, Triebschneewänden u. a. Als Standorte kommen entsprechend windexponierte Lagen in der Nähe häufiger Triebschneeansammlungen und Wächtenbildungen in Betracht. Schneezäune (Bild 1) stehen quer zur Hauptwindrichtung, dienen der Schneeablagerung im Luv. Schneewände haben im Gegensatz zu den Schneezäunen eine horizontale Bedielung. Mit Kolktafeln (Bild 2) soll vor allem die Wächtenbildung örtlich vermindert werden. Der Erfolg von V. und auch ihr Bestand hängen weitgehend von der zutreffenden Beurteilung des örtlichen Windfeldes und damit von der richtigen Standortwahl ab. *Lecher*

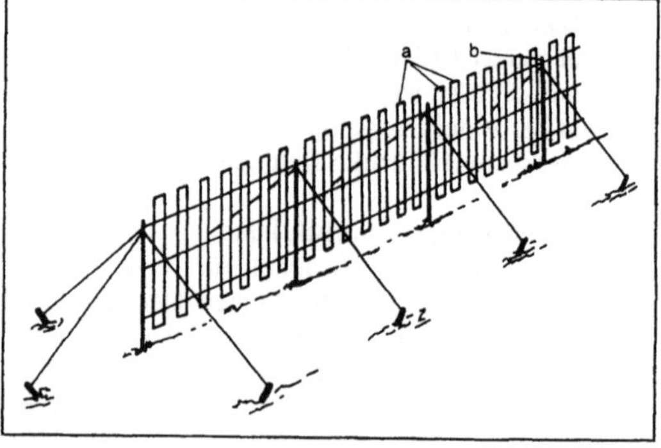

Verwehungsverbau 1: Schneezaun.

a Bretter 24 mm, b Stahlzaunpfosten

Verwehungsverbau 2: Kolktafel.

Verzerrung. Jeder Körper erfährt unter der Einwirkung von äußeren Kräften, Zwängungskräften und → Eigenspannungen Verformungen, die bei elastischem → Stoffgesetz ebenfalls elastisch sind. Für ein differentielles Schnittelement sind die an den Schnittflächen angreifenden Spannungen als äußere Kräfte zu betrachten. Unter der Wirkung der → Normalspannungen erfahren die Kantenlängen dx_i eine Längenänderung Δdx_i, die, auf die ursprüngliche Länge bezogen, als → Dehnung bezeichnet wird. Unter der Wirkung der → Schubspannungen erleiden die im unverzerrten Zustand rechten Winkel eine Änderung γ_{ij}, die als → Gleitung bezeichnet wird. Diese V. haben keine Einheit und sind bei den im Bauwesen gegebenen Voraussetzungen der kleinen Formänderungen i. d. R. klein gegen eins. Nach Elimination von Starrkörperverschiebungen sind daher auch die Ableitungen der Formänderungen u_i eines Punktes klein gegen eins, die höheren Ableitungen vernachlässigbar. Damit ergibt sich die Beziehung zwischen den sechs Komponenten des → Verzerrungstensors und den drei Verschiebungskomponenten:

$$\varepsilon_{ij} = \frac{1}{2}\left(\frac{\partial u_i}{\partial x_j} + \frac{\partial u_j}{\partial x_i}\right).$$

Gleiche Indizes bezeichnen die Dehnungen, ungleiche Indizes die Gleitungen (halbe Winkeländerung γ_{ij}). *Laermann*

Verzerrungstensor. Die bezogenen Verformungen (→ Dehnungen und → Gleitungen) betragen in einem orthogonalen Koordinatensystem mit den Verschiebungen u_i in Richtung der Koordinatenachsen (→ Verzerrung)

$$\varepsilon_{ij} = \frac{1}{2}\left(\frac{\partial u_i}{\partial xj} + \frac{\partial u_i}{\partial x_i}\right), \, i, j \in [1/3].$$

In einer Matrix zusammengestellt bilden diese ε_{ij} die Komponenten eines zweistufigen, symmetrischen Tensors, des V. Unter Verwendung der Volumdehnung $e = \varepsilon_{ii} = \varepsilon_{11} + \varepsilon_{22} + \varepsilon_{33}$ läßt sich der V. in zwei Anteile aufspalten: Den Kugeltensor $\frac{1}{3} e \, \delta_{ij}$ (mit dem Kronecker-Symbol δ_{ij}) und den Verzerrungsdeviator $e_{ij} = \varepsilon_{ij} - \frac{1}{3} e \, \delta_{ij}$. *Laermann*

Verzinsung. Zahlung von Beträgen auf den Nennwert eines Kapitals als Entgelt für dessen Bereitstellung. Bei der Berechnung der Gerätekosten als kalkulatorische Verzinsung des in den Geräten gebundenen Kapitals eingesetzt, insbes. als Bestandteil der Gerätemiete; in der → Baugeräteliste (BGL) 1991 mit $p = 6{,}5\%$ berücksichtigt. Da sich das in den Geräten gebundene Kapital während der → Nutzungsdauer linear von 100% (Neuwert) auf 0% vermindert, wird vereinfacht die V. auf das halbe Kapital berechnet und auf die Vorhaltemonate verteilt. *Drees*

Verzweigungsdämmaß. Das V. D_V eines Längsbauteils, z. B. einer Außenwand, gibt nach DIN 52217 an, in welchem Maße der Körperschallpegel beim Übertritt von einem Raum zum Nachbarraum geschwächt wird (Bild). Diese Schwächung kann im speziellen Fall nur wenige Dezibel betragen, in anderen Fällen 25–30 dB. Sie hängt vor allem von dem Verhältnis der flächenbezogenen Massen von trennendem zu flankierendem Bauteil sowie davon ab, ob eine kraftschlüssige Verbindung zwischen beiden besteht. Das V. kann näherungsweise für massive Bauteile berechnet und auf einfache Weise am Bau gemessen werden. *Gösele*

Literatur: DIN 52217: Bauakustische Prüfungen. Flankenübertragung. Begriffe. – *Gösele, K.:* Berechnung der Luftschalldämmung in Massivbauten unter Berücksichtigung der Schall-Längsleitung. Bauphys. **6** (1984), S. 79/84 u. 121/26.

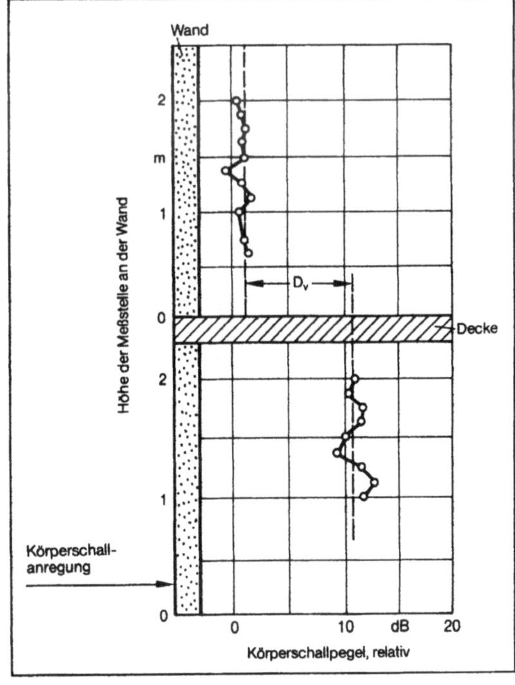

Verzweigungsdämmaß: Meßbeispiel für die Bestimmung des V. D_V bei einer Außenwand.

VESYS-Konzept → Befahrbarkeit.

Vianello-Verfahren → Ersatzstabverfahren

Vibrationssieb. Es gibt eine Vielfalt von Arbeits- und Wirkschemen der Wurfsiebe. Der allgemeine Aufbau besteht in dem bewegten Siebkasten mit fest gespannten Siebböden und Drahtgewebe, neuerdings auch aus Kunststofformteilen. Merkmale der ersten Unterscheidung sind der Steilwurf und der Flachwurf des Siebguts sowie die Art und Weise der Vibrationserregung: durch rotierende Unwuchtmassen bzw. geradlinig bewegte Schwingmassen, d.h. massenerregt, oder durch ein Kurbelgetriebe, d.h. wegerregt. Der Betrieb ist bei den Schüttelsieben unterhalb, bei den Resonanzsieben im Bereich und bei den Schwingsieben oberhalb der → Eigenfrequenz, an der sich die Schwingbreite erheblich vergrößert. Kenngrößen der Wurfsiebung sind Schwingweite, Frequenz und Schwingungsform, die Wurfrichtung, die Siebbodenneigung und die Siebgutbeladung. Die Wurfkennziffer (Wurfzahl) ist der Quotient der Komponenten normal zur Siebfläche aus Schwingungsbeschleunigung und Erdbeschleunigung. Die Maschinenkennziffer ist das einfache Verhältnis von maximaler Erregerbeschleunigung zur Erdbeschleunigung.

Das Exzenterschwingsieb (Bild) hat einen zentral angeordneten Exzenterantrieb; die Enden des Siebkastens sind federnd abgestützt. Dieses Sieb eignet sich für die Trocken- und Naßabsiebung besonders von Mittel- und Grobkörnung. In robuster Ausführung dient es als Großkornscheider. Die Frequenz geht bis 25 Hz, die Schwingweite steigt bis 20 mm, z.T. bis 40 mm; die Maschinenkennzahl beträgt 4–6. Das Kreisschwingsieb mit einem Unwuchterreger, meist an einer Welle im Schwerpunkt, wird stets im überkritischen Bereich, d.h. über die Eigenfrequenz betrieben. Es ist einfach gebaut; die Unwucht läßt sich verstellen. Eingesetzt ist es für die Naß- und Trockenabsiebung von Körnungen unter 50 mm. Die Frequenz geht bis 50 Hz, die Schwingweite reicht bis 10 mm, die Maschinenkennziffer ist 4–6. Moderne Schwingsiebe mit ummontierbaren Unwuchterregerpaaren (Doppelunwuchtsiebe), bei denen sich die Schwingbewegung, Frequenz bis 50 Hz, mehr längs oder normal zur Siebebene ausrichten läßt, umfassen einen weiten Einsatzbereich. Das niedrige Eigengewicht und die mögliche Beladung stehen in einem schwingungsgünstigen Massenverhältnis. Mit wählbarer Drehzahl und einstellbarer Unwucht ist die Schwingweite leichter anzupassen. Es wird eine Absiebung von fein bis grob, intensiv bis schonend, dabei für trocken bis naß ermöglicht. Beim Schwingsieb mit hervorgehobener Schwingungsrichtung, wegerregt über Kurbeltrieb oder massenerregt durch nichtpaarige Unwuchterreger, so beim Ellipsenschwingsieb, werden die Vorteile sowohl der Kreisschwingung als auch der Linearschwingung genutzt und deren Nachteile vermieden. Frequenz, Schwing-

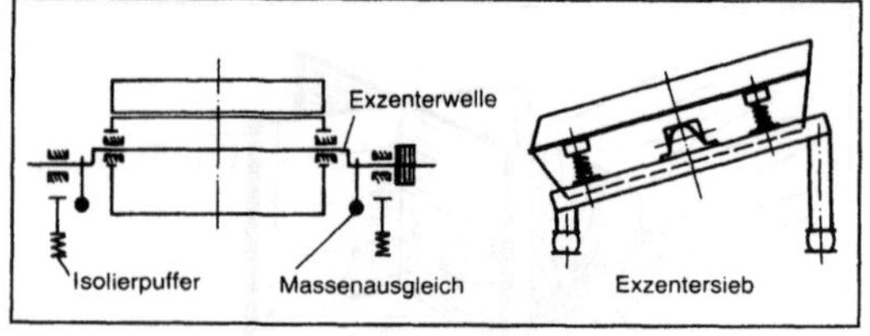

Vibrationssieb: Exzenterschwingsieb.

weite und Wurfkennzahl lassen sich vor Ort nach den Gegebenheiten ausrichten. Sein Einsatzfeld umfaßt das des Exzenterschwingsiebs und das des Kreisschwingsiebs, jedoch ist es weitaus unempfindlicher gegen Schwankungen der Beladung und hinsichtlich des Antriebs. Es bietet hohe Betriebssicherheit; der Selbstreinigungseffekt ist ausgeprägt. *Kühn*

Vibrationswalze. V. (auch Rüttelwalzen) sind → Glattwalzen oder → Schaffußwalzen, die über eine Vibrationseinrichtung verfügen. Sie verdichten sowohl durch das Aufbringen ihres Gewichtes als auch mit Hilfe der von Unwuchterregern erzeugten gerichteten oder ungerichteten Schwingungen. Die Vibration vermindert die innere Reibung des Materials, begünstigt die Überwindung der Wasserbindekräfte und bringt so das Material zum „Fließen". Dadurch erreichen Rüttelwalzen unter sonst gleichen Voraussetzungen höhere Arbeitsleistungen als vergleichbare statische Walzen. V. haben mit Ausnahme der Linienlast bei ausgeschalteter Vibration keine ausgesprochene Kennziffer. Sie werden vorwiegend als Tandemwalzen, aber auch als Anhängewalzen gebaut und verdrängen die rein statischen Geräte dieser Art immer mehr. Je nach der Größe der Walzen eignen sie sich für die unterschiedlichsten Bodenarten, die größten Typen sogar für Fels.

Einrad- und Zweiradrüttelwalzen sind in der kleinsten Form handgeführt und vielseitig verwendbar. Einradwalzen kommen als Anhängewalzen in sehr schweren Ausführungen z.B. bei Dammbauten auch für schwerste Böden zum Einsatz (bis 25 t Betriebsgewicht; 100 kW Dieselmotorleistung für Rüttlerunwucht; 2–2,5 m Bandagenbreite). Zweiradwalzen (Tandemwalzen) werden entweder mit zwei gleichgroßen Walzen und symmetrischer Gewichtsverteilung oder mit Walzen unterschiedlicher Durchmesser und asymmetrischer Gewichtsverteilung mit und ohne Lenkung gebaut. Bei kleineren Maschinen sind die Walzen in einem starren Rahmen gelagert. Größere Tandem-V. (bis 13 t Gewicht und 105 kW Leistung) haben eine in einem Drehrahmen gelagerte Vorderwalze, die zum Lenken des Fahrzeuges dient. Andere Ausführungen verfügen über eine Knicklenkung, die ebenso wie der Fahr- und Erregerantrieb hydrostatisch arbeitet. Der Fahrantrieb wirkt auf einen oder beide Walzenkörper. Der Allbandagenantrieb hat den Vorteil, daß sich vor der Bandage kein Materialstau bildet (Glattwalze). Bei

Geräten mit Lenkwalze vibriert nur die nichtgelenkte Walze. Bei knickgelenkten Fahrzeugen ist Vibrationsantrieb an beiden Bandagen möglich.

Größere Geräte lassen sich mit einer Frequenz- bzw. Amplitudenverstellung und Sperrvorrichtung der Unwuchten gegen Fliehkraftaddition ausrüsten. V. baut man so, daß Schwingungen nur im Walzenkörper entstehen und nicht auf den Rahmen übertragen werden. Vibrationsschaffußwalzen eignen sich vorwiegend für bindige bis stark bindige Böden. Der Einsatz des Vibrators bedingt einen wesentlichen Unterschied des Arbeitsvorganges gegenüber statischen Schaffußwalzen. Bei eingeschalteter Vibration muß die Schütthöhe mindestens 40 cm betragen. Durch Umkleiden der Bandagen mit schalenförmigen Teilen kann man manche Vibrationsschaffußwalze in Vibrationsglattwalzen umbauen, um dann einen Oberflächenschluß zu erreichen. V. haben eine große Tiefenwirkung, so daß je nach Material z. T. Lagen bis 1,5 m Dicke eingebaut werden können. Da jeder Verdichtungsschlag eine Mulde erzeugt, ist die Fahrgeschwindigkeit bei Anforderungen an die Oberflächenebenheit gering (meist nur bis 5 km/h). *Kühn*

Vieleckkuppel. Eine regelmäßige V. entsteht dadurch, daß mehrere kongruente Zylinder so zum Schnitt gebracht werden, daß die Kämpferlinien ein regelmäßiges Vieleck bilden. Die Schnittkanten heißen → Grate und werden konstruktiv als Verstärkungsrippen ausgebildet. Die V. wird i. d. R. als offene Kuppel mit einem Laternenring (Druckring) ausgebildet (Bild 1). Am → Kämpfer muß die Kuppel unverschieblich gelagert oder in einem Fußring (Zugring) gehalten sein. Wenn der Normalschnitt der Schale am Kämpfer eine lotrechte Endtangente hat, ist der Fußring momentenfrei. Es sind vielfältige Variationen möglich. Besonders herausgestellt sei die V. mit rechteckig verlaufender Kämpferlinie (Bild 2 a), die bei quadratischem Grundriß auf das Klostergewölbe führt (Bild 2 b). *Laermann*

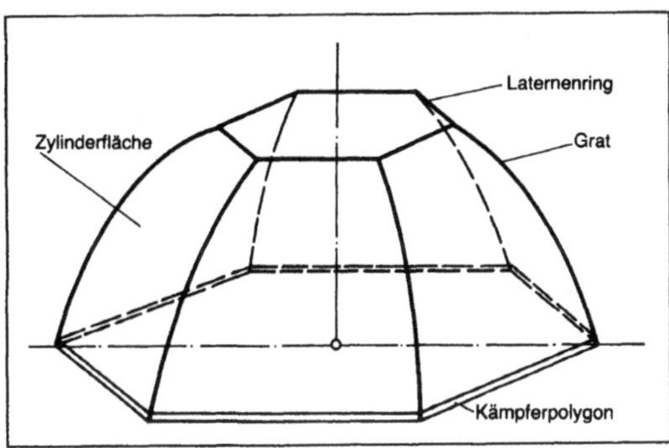

Vieleckkuppel 1: Offene Kuppel mit Laternenring.

Viskoelastizitätstheorie. Gegenstand der V. ist das zeitabhängige Verhalten von Werkstoffen. Mit → Krie-

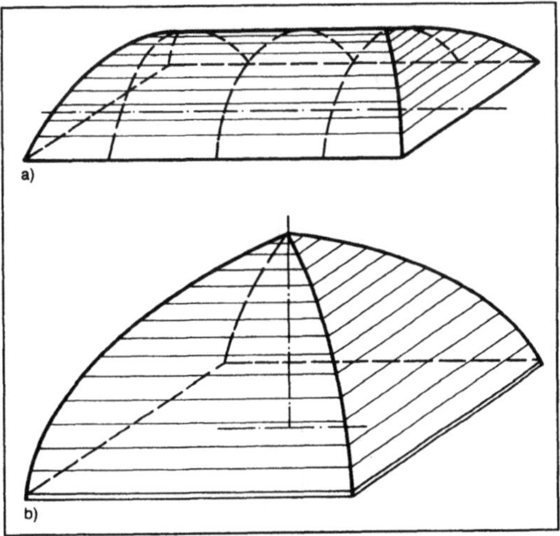

Vieleckkuppel 2: Unterschiedliche Kämpferlinien. a) V. mit rechteckig verlaufender Kämpferlinie b) V. mit quadratisch verlaufender Kämpferlinie (Klostergewölbe).

chen bezeichnet man dabei das Zunehmen der Verformungen bei konstanter Last, mit Relaxation das Abnehmen der Spannungen bei eingetragener elastischer Verformung und mit Retardation die Rückstellung der Kriechverformungen nach Entlastung. Entsprechend den zwei unabhängigen Stoffkonstanten eines linearelastischen, isotropen und homogenen Materials werden die konstitutiven Gleichungen, die die viskoelastischen Spannungs-Dehnungs-Beziehungen beschreiben, durch zwei voneinander unabhängige, lineare Operatorenpaare in Abhängigkeit von der Zeit ausgedrückt.

$$P_1(s_{ij}) = Q_1(e_{ij}),$$
$$P_2(s) = Q_2(e);$$

P_1, P_2, Q_1, Q_2 sind zeitabhängige lineare Operatoren, s_{ij} und e_{ij} der Spannungs- bzw. der Dehnungsdeviator, s und e der sphärische Spannungs- bzw. Dehnungstensor.

Das Verhalten viskoelastischer Werkstoffe läßt sich durch Kombinationen von elastischen Federn und viskosen Dämpfern beschreiben. Mittels Materialprüfungen ist zu ermitteln, durch welche Kombination das jeweilige Stoffverhalten zutreffend beschrieben werden kann. Grundelemente sind das *Maxwell*-Element (Bild 1 a, S. 710), für das gilt:

$$\sigma + p_1\dot{\sigma} = q_1\dot{\varepsilon}$$

und das *Kelvin*-Element (Bild 1 b), mit der Beziehung:

$$\sigma = q_0\varepsilon + q_1\dot{\varepsilon}.$$

Die Größen $\dot{\sigma}$ und $\dot{\varepsilon}$ sind die Ableitungen der Spannung bzw. der → Dehnung nach der Zeit t. Durch eine weitere Kombination erhält man z. B. das 3-Parameter-Modell, das aus einem *Kelvin*-Element und einer Feder besteht (Bild 1 c). Kompliziertere Modelle sind die *Kelvin*-Kette, bei der mehrere *Kelvin*-Elemente in Serie

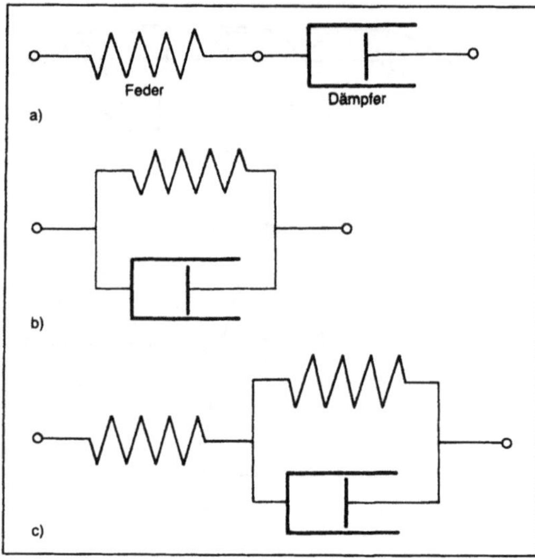

Viskoelastizitätstheorie 1: Elemente zur Beschreibung des viskoelastischen Verhaltens der Werkstoffe.
a) Maxwell-Element
b) Kelvin-Element
c) 3-Parameter-Modell.

angeordnet werden, und das *Maxwell*-Modell, bei dem man *Maxwell*-Elemente parallel anordnet. In diesen Fällen ist zur Darstellung des → Stoffgesetzes die Schreibweise mit Integraloperatoren vorteilhaft, die aus dem Superpositionsprinzip nach *Boltzmann* folgt. Ist die Kriechnachgiebigkeit I(t) des Werkstoffes bekannt, so ergibt sich die zeitabhängige Dehnung aus der zeitveränderlichen Spannung durch Addition der jeweils zum Zeitpunkt τ hinzukommenden Spannungsinkre-

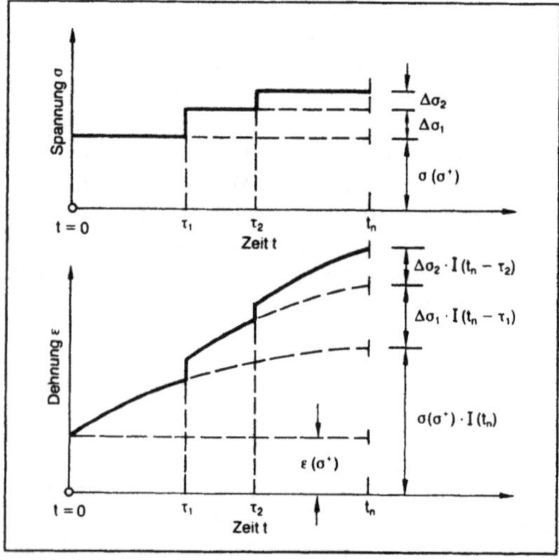

Viskoelastizitätstheorie 2: Zeitabhängige Spannung und zeitabhängige Dehnung.

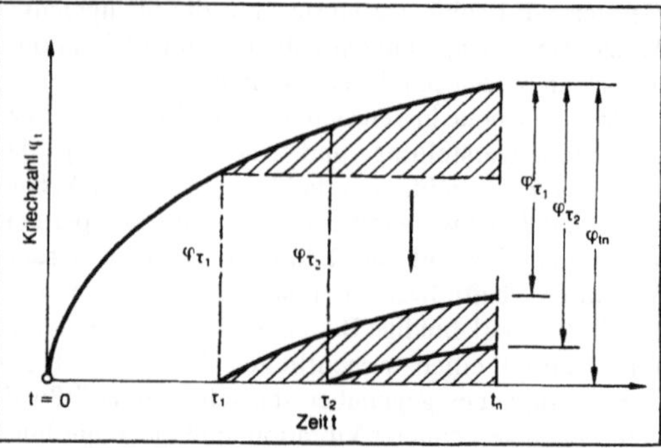

Viskoelastizitätstheorie 3: Kriechkurve des Betons.

mente $\partial\sigma(\tau)/\partial\tau$, multipliziert mit der Kriechnachgiebigkeit (Bild 2), also bei bekannter Spannungsgeschichte

$$\varepsilon(t) = \sigma(0^+)\,I(t) + \int\limits_{0^+}^{t} I(t-\tau)\frac{\partial\sigma(\tau)}{\partial\tau}\,d\tau.$$

Bei bekannter Dehnungsgeschichte lautet die inverse Integralgleichung mit dem Relaxationsmodul G(t)

$$\sigma(t) = \varepsilon(0^+)\,G(t) + \int\limits_{0^+}^{t} G(t-\tau)\frac{\partial\varepsilon(\tau)}{\partial\tau}\,d\tau.$$

Für mehrdimensionale Beanspruchungszustände ergeben sich für die deviatorischen und sphärischen Anteile des → Spannungs- bzw. des → Verzerrungstensors entsprechende Beziehungen mit den Kriechnachgiebigkeiten bei Schub bzw. im hydrostatischen Zustand I(t) und H(t) sowie den entsprechenden Relaxationsmodulen G(t) und K(t). Diese Materialfunktionen sind voneinander abhängig. Zur eindeutigen Beschreibung des Stoffverhaltens genügt daher die Bestimmung eines der beiden Wertepaare im Materialtest.

Das Kriechverhalten des Werkstoffes Beton wird nach der Theorie von *Dischinger* vielfach durch ideale Kriechkurven φ_t beschrieben. Diese sind für Dauerlasten, die zu Zeitpunkten τ_i aufgebracht werden, die gleichen wie für die ab t=0 geltenden (Bild 3), während im Gegensatz dazu nach der zuvor beschriebenen Theorie für jede neu aufgebrachte Belastung die Kriechgeschichte neu beginnt (Bild 2). Zur Berechnung des Kriecheinflusses von Beton auf die Schnittkräfte von → Tragwerken aus Stahl- und Spannbeton wird angenommen, daß die zeitabhängigen Verformungen, bezogen auf das Zeitintervall dτ, stets den zu diesem Zeitpunkt vorhandenen Verformungen aus Dauerlasten proportional sind. Sie ergeben sich aus den elastischen Verformungen zum Zeitpunkt t=0, für die stets der „federnde" Elastizitätsmodul E_0 maßgebend ist:

$$\dot{\varepsilon}(t) = \varepsilon(0^+)\,\dot{\varphi}_t.$$

Die Ansätze zur Ermittlung der elastischen und zeitabhängigen Verformungen führen auf Differentialgleichungen. Für die endgültigen Schnittkräfte bzw. Spannungen ist nicht der Verlauf der Kriechkurven, sondern nur der Endwert $\varphi_t = \varphi_\infty$ maßgebend. Dieser ist aus Materialtests zu ermitteln. *Laermann*

Literatur: *Dischinger, F.:* Elastische und plastische Verformungen der Eisenbetontragwerke und insbesondere der Bogenbrücken. Bauing. 20 (1939). – *Flügge, W.:* Viscoelasticity. 2. Aufl. Berlin 1976. – *Nowacki, W.:* Theorie des Kriechens – Lineare Viskoelastizität. Wien 1965.

Viskosität. Die Moleküle einer Flüssigkeit sind nicht unabhängig voneinander, sondern in ungeordneter Struktur durch van-der-Waals-Kräfte verbunden. Beim Fließen werden diese Bindungen ständig gesprengt und neu gebildet. Das Fließverhalten flüssiger Baustoffe (Zementleim, bituminöse Baustoffe, Kunststoffkomponenten, Bautenschutzmittel) wird in Rotationsrheometern (Viskosimeter) in einer laminaren Scherströmung gemessen oder mit unterschiedlichen Prüftechniken (z. B. Auslauf-Viskosimeter) abgeschätzt. Ein aus derartigen Versuchen ableitbarer Kennwert ist die V. *Sasse*

VOB → Verdingungsordnung für Bauleistungen

Vollprofilmaschine. Sonderbaumaschinen für den Kanalbau. Sie dienen zur Herstellung eines Feinplanums, zum Aufbringen und Verdichten von → Filtermaterial und zum Einbringen und Verdichten des jeweiligen Einbaumaterials. V. arbeiten grundsätzlich sowohl bei den Planierarbeiten als auch beim Einbau in Kanalachse in einem kontinuierlichen Arbeitsgang. Als Planiergeräte können V. je nach Bodenverhältnissen eine Leistung bis zu 180 m³/h erzielen. Hauptarbeitswerkzeuge sind Eimerketten und Becherwerke. Das → Baggergut wird über eine Rutsche bei der Berme ausgeworfen. Mit neueren Maschinen dieses Typs wird angestrebt, den Gesamtaushub des Kanalprofils durchzuführen. Für die Kanalauskleidung eingesetzt bearbeiten die V. das gesamte Kanalprofil mit Sohle, Böschungen und Dammkronen. Die Arbeitswerkzeuge richten sich nach den Erfordernissen des Beton- und Asphalteinbaus. Beim Betoneinbau werden Einbauleistungen bis 90 m³/h erzielt. Beim Einbau in Kanallängsrichtung ergeben sich relativ wenig Arbeitsfugen, die eine zeit- und kostenaufwendige Nachbehandlung erfordern. Ein weiterer Vorteil liegt darin, daß sich die → Mischanlagen durch den kontinuierlichen Einbau voll ausnutzen lassen. Verfahrenstechnisch kann die Längsmaschine als optimal angesehen werden. Da die Profilmaschinen eine aufwendige Konzeption haben, sind sie i. a. schwerer und teurer als andere Kanalbaumaschinen (→ Böschungsmaschine). Ihr wirtschaftlicher Einsatz ist daher vom Kanalquerschnitt, vom Umfang des Kanalbauloses und von der Wiederverwendbarkeit abhängig. V. werden i. d. R. bei kleineren und einfacheren Kanalquerschnitten mit Profillinien bis max. 25 m eingesetzt. *Kühn*

Vollschnittmaschine. V. (VSM) bauen die gesamte → Ortsbrust vollflächig in einem Arbeitsgang (Bohr-

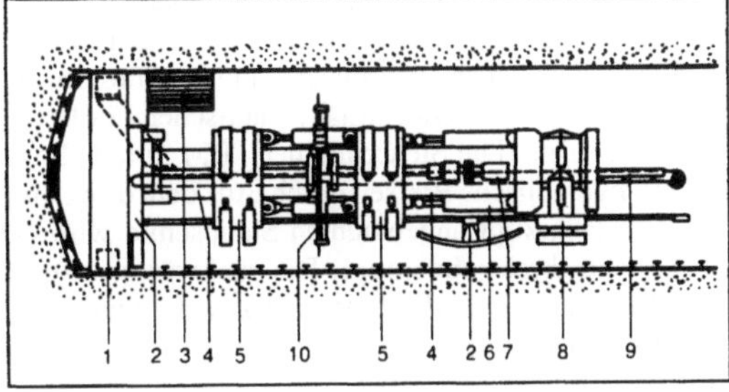

Vollschnittmaschine: Tunnelbohrmaschinensystem.
1 Bohrkopf mit hydraulisch verstellbarem Mantel, 2 Ausbausetzvorrichtung und Transportsystem, 3 Bohrkopfmantelverlängerung, 4 Innenkelly, 5 2teilige Außenkelly mit Spannschilden und Verstellzylinder, 6 Vorschubzylinder, 7 Bohrkopfantrieb, 8 hintere Abstützung, 9 Förderband, 10 Ankerbohrgerät

kopfumdrehung) ab. Sie sind i. d. R. Tunnelbohrmaschinen (TBM), deren Hauptkomponenten Bohrkopf, Bohrkopfträger, Bohrkopfantriebsmotoren, Maschinenrahmen, Verspann- und Vorschubeinrichtungen sind. Komplettiert wird die Vortriebseinrichtung mit Ausbauversetzeinrichtungen und mit auf Nachläufern montierten Steuer- und Transporteinrichtungen (Bild). Durch Rotation des Bohrkopfes werden die aufgebrachten Rollenbohrwerkzeuge (Disken-, Warzen- oder Zahnmeißel) auf der Ortsbrust unter Andruck abgerollt. Dabei scheren sie durch Überbeanspruchung das Gestein unter Chipbildung seitlich der Meißelwirkungslinien ab. Der Bohrkopf (bis rd. 12 m Durchmesser) wird elektrisch oder hydraulisch mit stufenloser Regulierung der Drehzahl angetrieben. Als Vorschubkraft sind je Meißelhalterung rd. 100–250 kN installiert. Zusätzlich kann man den Abbauvorgang mit Hochdruckwasserstrahlen unterstützen. Dabei werden neben dem Rollenbohrwerkzeug mit dem Wasserstrahl Rillen geschnitten, die das Abscheren der Gesteinsstücke erleichtern. Das Auswechseln der Meißel geschieht bei modernen Maschinen aus dem rückwärtigen Bohrkopfraum heraus. Der nahezu kontinuierliche Betriebsablauf wird durch den Umsetzvorgang einer TBM nach Abbohren eines Hubs unterbrochen, der durch die Zweiteilung des Maschinenrahmens der dargestellten TBM in Innen- und Außenkelly und deren versetzte Verspannabläufe bewirkt wird. Die Innenkelly bzw. der innere Maschinenrahmen ist mit dem Bohrkopfträger fest verbunden und bewegt sich beim Bohren axial vorwärts. Die Außenkelly dient dabei als Führung des inneren Rahmens.

Die Einleitung der Reaktionskräfte in die Tunnellaibung erfolgt beim Bohrvorgang durch Abstützen auf dem letzten Tübbingring oder über seitlich angebrachte Verspannpratzen, die entweder horizontal oder diagonal sternförmig angeordnet sind. Nach Abbohren eines Hubs löst man die Verspannung, um einen weiteren Hub vorzupressen und erneut zu verspannen. Am Umfang des Bohrkopfes angebrachte Kratzer und

Schaufeln nehmen das Bohrgut auf, geben es auf ein Förderband, mit dem Übergabebunker beschickt werden, die an gleislose oder gleisgebundene Fördermittel mit Förderbändern oder mit hydraulischer Förderung gekoppelt sind. Die Steuerung der TBM mittels Laser führen hydraulische Pressen durch. Aus dem direkt hinter dem Bohrkopf angebrachten Staubschild wird der Bohrstaub direkt abgesaugt. Bei rückwärtig offenen TBM besprüht man die Ortsbrust zwecks Staubreduzierung mit Wasser. *Kühn*

Vollwandträger. Der V. hat im Gegensatz zum → Fachwerkträger eine geschlossene Stegfläche. Er wird im Stahlbau als → Walzprofil oder in zusammengesetzter Form als geschweißter Blechträger eingesetzt. Die Blechträger lassen sich an den Verwendungszweck und an die Beanspruchung optimal anpassen; nahezu alle Formen sind schweißtechnisch zu realisieren. Wegen der hohen Herstellungskosten gibt man jedoch, zumindest im Stahlhochbau, den vollwandigen Walzträgern den Vorzug, soweit die lieferbaren Profilformen und -größen für den Anwendungszweck ausreichen. Vorzüge der V. im Vergleich mit den Fachwerkträgern sind die günstigeren Unterhaltungskosten, die kleine Bauhöhe und die in den meisten Fällen einfachere Montage. Vollwandblechträger haben i. d. R. sehr schlanke Stege und sind deswegen stark beulgefährdet. Durch vertikale und horizontale Aussteifungsbleche in rechnerisch festgelegten Abständen ist die Beulsicherheit sehr viel wirtschaftlicher zu erreichen als durch Verstärkung des Stegbleches. Ein weiterer Stabilitätsfall liegt vor, wenn der gedrückte Gurt eines V. über größere Abstände seitlich nicht gehalten ist. Der Gurt ist dann auf seine Stabilität gegen seitliches Ausweichen (→ Kippen) zu untersuchen.

Sedlacek/Scholz

Literatur: *Petersen, Ch.*: Stahlbau. Braunschweig 1988; s. bes. S. 579.

Vorauszahlung. Zahlung, die vom Auftraggeber vor der Bauausführung auf die vereinbarte → Vergütung geleistet wird. Sie kann auch nach Vertragsabschluß vereinbart werden. Üblicherweise hat der Auftragnehmer für die V. eine Sicherheit zu leisten. V. werden auf die nächstfälligen Zahlungen angerechnet, so

daß sich hierdurch die Höhe der V. ständig vermindert. *Drees*

Vorbauwagen. Im Gegensatz zum → Vorschubgerüst, bei dem zwei oder mehr Vorbauträger auf einem Rüstträger oder über Konsolen bzw. Querträger an den Pfeilern verschoben werden, besteht der V. aus einer kompletten Arbeitsbühne, die mit zwei Fahrwerken ausgerüstet ist und auf einem Rüstträger verfahren wird (Bild). Das Gewicht des V. ist im Vergleich zum Vorschubgerüst wesentlich höher, und der Führungsträger ist bei entsprechend schwerer Konstruktion kürzer. Der Vorteil des V. liegt darin, daß die Arbeitsbühne mit sämtlichen Hilfseinrichtungen (Schalung, Kranbahn für Betontransport usw.) einen von Hilfsgeräten weitgehend unabhängigen Betriebsablauf gestattet. Der V. hat die Länge eines Brückenfelds und ist in gewissem Sinn eine wenn auch aufwendige Weiterentwicklung des Vorschubgerüsts. *Kühn*

Vorderkipper. (auch Dumper). Fahrzeuge, die eine an der Vorderseite aufgesetzte schüsselförmige Mulde haben, die durch einen Kippmechanismus nach vorn entleert werden kann. Man verwendet V. in Europa nur als Kleinfahrzeuge. Das durchschnittliche Betriebsgewicht von Dumpern liegt zwischen 1 und 5 t bei 6–53 kW Motorleistung, 0,33–1,7 m³ Muldeninhalt und 0,5–3,3 t Zuladegewicht. Im Tunnel- und Stollenbau benutzt man größere Geräte mit einem Fassungsvermögen der Mulde von etwa 6–8 m³ Material. V. werden bis etwa 2 t Nutzlast mit Vorderachsantrieb, größere mit Allradantrieb und auch mit Knicklenkung ausgerüstet. Sie sind sehr wendig und können im Pendelbetrieb ohne Wenden verkehren. Vorwärts und rückwärts fahren sie gleich schnell mit Geschwindigkeiten um 20 km/h. Der Fahrersitz und die Lenksäule sind vielfach um 180° drehbar. *Kühn*

Vorflut. Möglichkeit des Wassers, mit natürlichem Gefälle oder durch künstliche Hebung abzufließen. Als → Vorfluter werden der V. dienende natürliche oder künstliche Gewässer bzw. Rohrleitungen bezeichnet. In Fließgewässern kann die V. durch Verkrautung des Wasserlaufes, Sinkstoffablagerungen, Böschungsabbrüche, im Abflußquerschnitt aufwachsendes Gehölz u. a. eingeschränkt sein. Durch Maßnahmen der

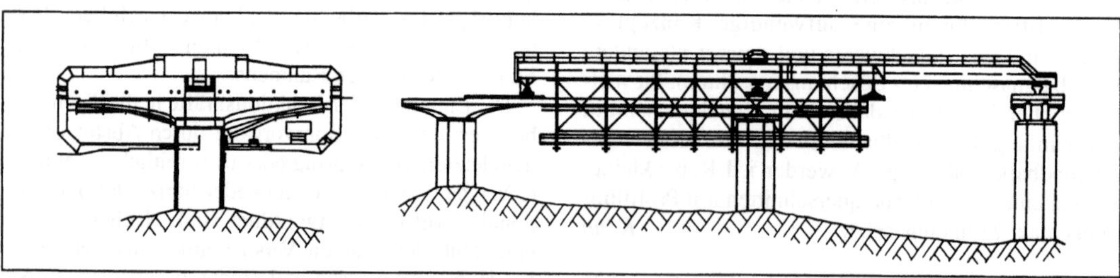

Vorbauwagen: V. mit obenlaufendem Führungsträger.

→ Gewässerunterhaltung stellt man die für die gegebene Landnutzung erforderliche V. wieder her. Im Rahmen einer → Gewässerregelung wird sie durch Tieferlegen der Sohle ggf. zu hoch liegender Schwellen (→ Sohlenbauwerk), Durchlässe u. a. sowie durch Beseitigen von Querschnittsverengungen und durch Strecken einer stark gewundenen Linienführung (damit Vergrößern des Gefälles) verbessert. Bei allen diesen Eingriffen sind die vielfach negativen Auswirkungen auf die Ökologie im und am Gewässer zu beachten. Bei der künstlichen V. werden tief liegende sowie bei → Hochwasser durch → Deiche vor Überflutung geschützte Flächen (→ Polder) über → Schöpfwerke entwässert. Künstliches Gefälle liegt dann vor, wenn das Sohlengefälle eines Vorfluters oder Dräns (→ Dränung) deutlich steiler als die Geländeneigung ist. Bei freier V. (natürliche V.) fließt das Wasser eingedeichter Flächen durch Durchlässe im Deich (→ Siel) ab.

Lecher

Vorfluter. Alle Gewässer (Gräben, Wasserläufe, Bäche, Flüsse, Teiche, Seen, Staue), die es dem Wasser oder Abwasser ermöglichen, im freien Gefälle oder nach Hebung abzufließen (natürliche oder künstliche → Vorflut). In der → Siedlungswasserwirtschaft benutzt man den Begriff des V. vor allem für die Möglichkeit, Abwasser abzuleiten.

Pfeiff

Vorgabezeit. V. nach → REFA sind Soll-Zeiten für von Menschen und Betriebsmitteln ausgeführte Arbeitsabläufe (Bild). V. für den Menschen enthalten Grundzeiten, → Erholungszeiten und → Verteilzeiten; V. für das Betriebsmittel enthalten Grundzeiten und Verteilzeiten.

Drees

Vorhaltezeit. Nach den Vorbemerkungen zur → Baugeräteliste (BGL) 1991 ist es die Zeit, in der ein Gerät einer Baustelle zur Verfügung steht und anderweitig nicht darüber verfügt werden kann. Die V. beginnt mit dem Datum des Versands zum Einsatzort oder zum Bauhof; sie endet mit dem Datum der Freimeldung. Bei Rücktransport zum Bauhof umfaßt die V. auch die Zeiten für Verladung und Transport. Die V. wird in der BGL in Monaten angegeben. Sie beträgt etwa 60–70% der → Nutzungsdauer. Die während der Nutzungsdauer entstehenden Kosten für → Abschreibung, → Verzinsung und Reparatur werden auf die Vorhaltemonate gleichmäßig verteilt.

Drees

Vorholz. Allgemein der Holzbereich, der durch unter Last stehende Verbindungen oder → Verbindungsmittel abgeschert werden kann, beispielsweise beim → Dübel oder → Versatz. Hieraus ergeben sich z. T. auch die zulässigen Abstände bei Verbindungsmitteln. Beim Versatz ist das V. das Stück des → Gurtholzes, das beim Überschreiten der zulässigen Scherspannungen vor der kurzen Versatzfläche abscheren würde. Dementsprechend ergibt sich die erforderliche Vorholzlänge aus der zulässigen übertragbaren Scherspannung. Die Scherfuge verläuft i. d. R. parallel zur Gurtachse in Höhe des Einschnittgrundes. Die Vorholzlänge sollte mindestens 200 mm betragen und mit nicht mehr als dem 8fachen der → Versatztiefe in Rechnung gestellt werden.

Dröge

Vorinformationsverfahren. Begriff des Vergaberechts gem. § 17a VOB/C Abschnitt 2. Die Vorinformation dient zur Bekanntmachung einer beabsichtigten baulichen Anlage mit einem geschätzten Gesamtauftragswert von mindestens 5 Millionen ECU. Sie ist nach Genehmigung der Planung dem Amt für Veröffentlichungen der Europäischen Gemeinschaften zu übermitteln und kann außerdem in Tageszeitungen, amtlichen Blättern und Fachzeitschriften veröffentlicht werden, um die Bauunternehmen zur Abgabe einer Bewerbung zu veranlassen.

Drees

Vorkalkulation. Die vor der Leistungserstellung durchgeführte Kostenermittlung. Im Gegensatz hierzu steht die → Nachkalkulation, die nach Abschluß der Leistung vorgenommen wird und somit die Überprüfung der Ansätze der V. möglich macht. Den Begriff V. verwendet man synonym mit → Kalkulation und → Angebotskalkulation. Im weiteren Sinn umfaßt die V.

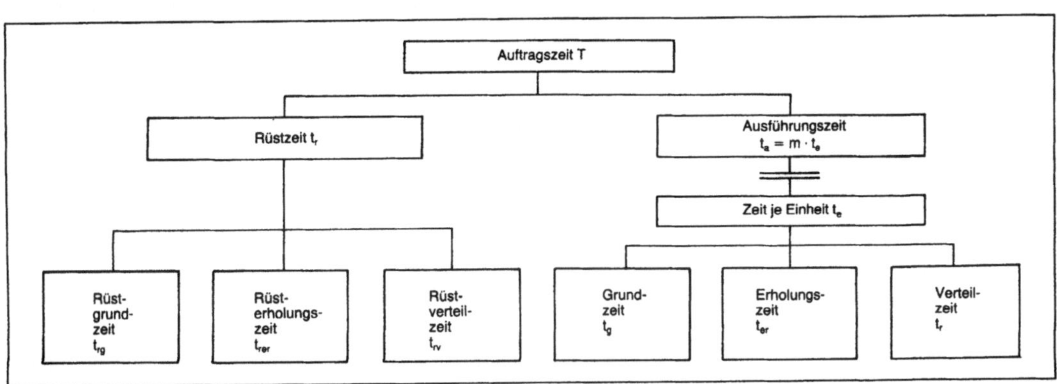

Vorgabezeit: V. nach REFA für einen Auftrag (Auftragszeit T).

die Angebotskalkulation, die Vertragskalkulation (Überprüfung des Ergebnisses der Auftragsverhandlungen auf die kalkulierten Kosten), die → Arbeitskalkulation (Kalkulation der Kosten nach durchgeführter Fertigungsplanung) und die → Nachtragskalkulation. Statt Vertragskalkulation wird vielfach auch der Begriff → Auftragskalkulation verwendet. *Drees*

Vorlandgewinnung. Maßnahme zur Entwicklung eines begrünten Landes vor einem Deich, durch das die Angriffskräfte am Deich vermindert werden sollen (→ Küstenschutz). Durch Förderung der natürlichen Sedimentation (Schlickablagerung) mit technischen und biologischen Mitteln, u. a. Anlage von Lahnungen, Grüppen (Bild 1) wird Deichvorland geschaffen oder vorhandenes erweitert. Dazu legt man vor den Deichen rechteckige Sedimentationsfelder von 100 m×200 m (Ostfriesland) bzw. 400 m×400 m (Schleswig-Holstein) an. Sie sind durch niedrige Dämme, die Lahnungen oder Schlengen, aus Buschmaterial oder Steinen, abgegrenzt und haben an der Seeseite Öffnungen zum Ein- und Ausfließen des Tidewassers. Die bis über MThw (Mittleres Tidehochwasser) reichenden Lah-

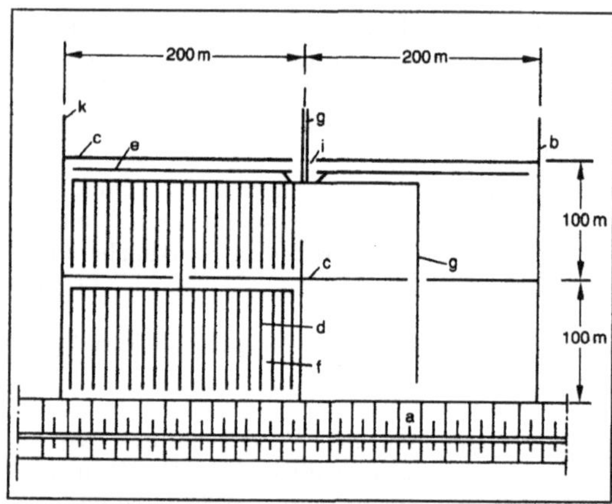

Vorlandgewinnung 1: Deich mit Lahnungsfeldern für die Vorlandgewinnung in Ostfriesland. (H. F. Erchinger)

a Deich, b Längslahnung, c Querlahnung, d Grüppen, e Bewurfsgrüppe, f Beete, g Hauptgraben, i Durchlaß, k Abweiser

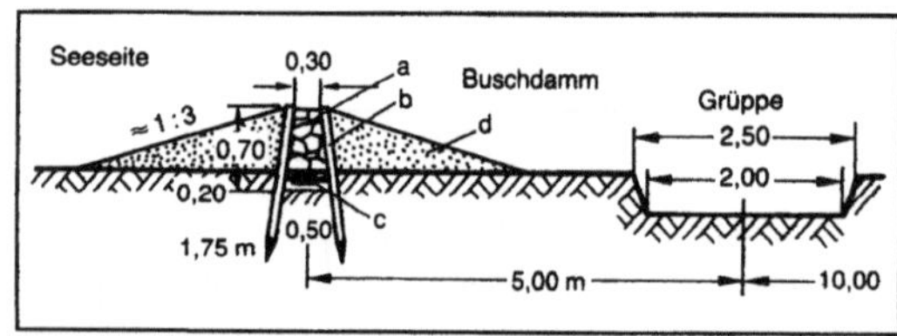

Vorlandgewinnung 2: Buschdamm und Grüppe. (H. F. Erchinger)

a Busch, b Holztafel, c Stroh, d Wattboden

nungen bewirken in den Feldern eine Wasserberuhigung und verhindern bei normalen Tiden größere Strömungen und Wellenbewegungen, so daß sich die feinen Sedimente ablagern können. Erreicht die Bodenoberfläche etwa 0,4 m unter MThw und hat sich der erste Bewuchs von Queller (*Salicornia herbacea* L.) und Schlickgras (*Spartina townsendii*) eingestellt, werden in 10 m Abstand breite, flache Grüppen (Rinnen) von Spezialbaggern gezogen und der Aushub in Beetmitte abgelegt (Bild 2). *Lecher*

Vorratsänderung. V. ist in der → Hydrologie die Differenz aus → Rücklage und → Aufbrauch, die gemittelt über ein bestimmtes Gebiet in Millimeter Wasserhöhe angegeben wird (DIN 4049-3). Die unterirdischen Wasservorratsänderungen setzen sich aus denen der wasserungesättigten Zone und des Grundwassers zusammen. V. treten im wasserungesättigten Bereich durch → Infiltration, → Verdunstung und → Grundwasserneubildung, im Grundwasserbereich durch den Grundwasserab- und -zufluß, durch Grundwasser-bürtigen Abfluß, durch Grundwasserförderung und durch die natürliche und künstliche Grundwasserneubildung ein. Diese V. zeigen sich in den → Grundwasserspiegelschwankungen an. *Matheß*

Literatur: DIN 4049-3: Hydrologie. Begriffe zur quantitativen Hydrologie. Ausg. 1994. – *Matheß, G.*, u. *K. Ubell*: Allgemeine Hydrogeologie – Grundwasserhaushalt. Berlin, Stuttgart 1983.

Vorreinigung. Die V. umfaßt nach der Begriffsbestimmung der Siedlungswasserwirtschaft Maßnahmen zum Entfernen in der späteren Reinigung störender Anteile. Dies ist bei der Entnahme zur Wassernutzung oder Aufbereitung gewöhnlich eine Rechen- oder Siebpassage zum Zurückhalten von Grobstoffen und Sperrgut. Bei der Abwasserbehandlung ist dies ebenso zuerst eine Passage über einen, gelegentlich auch zwei Rechen (grob und fein), dann i. d. R. durch einen Sandfang, um mineralische Anteile bis zu einer bestimmten Korngröße abzuscheiden und (selten) auch noch eine Fett- oder Schwimmstoffabscheidung, die häufig mit dem Sandfang kombiniert ist. Dabei setzt man neuerdings oft den belüfteten Sandfang ein, in dem durch eingetragene Luft und so gegebene Umwälzströmung die leichteren Grobanteile organischer Herkunft in Schwebe gehalten und erst in den folgenden mechanischbiologischen Stufen der Reinigung erfaßt werden. Im Hinblick auf die wesentliche biologische Reinigung bezeichnet man vielfach auch die mechanische Reinigung in → Absetzbecken – nach heutigem Stand nicht immer notwendig – noch als V. Das bei der V. anfallende Rechengut wird oft gepreßt, gelegentlich zerkleinert und dem Abwasser wieder zugegeben oder als Abfall behandelt. Den ausgeschiedenen Sand wäscht man bei besonderen Anforderungen, um faulfähige organische Anteile abzusondern, und deponiert ihn als nahezu inertes Material. Schwimmstoffe und Öl kommen meist in die Faulräume der Abwasserreinigungsanlage oder zur Verbrennung. *Pfeiff*

Vorschubgerüst. V. sind Stahlkonstruktionen (→ Fachwerkträger, seltener Vollwandkonstruktionen) mit der Aufgabe, die für die Erstellung von Betonbrückenbauwerken notwendigen → Schalungen zu tragen. Sie bieten durch die freitragende Konstruktion weitgehende Unabhängigkeit vom Gelände sowie hohe Baugeschwindigkeiten. Ein V. besteht meist aus einem → Rüstträger (rd. 2½fache Länge eines Brückenfelds) und mehreren Vorbauträgern, die gleitend oder rollend auf dem Rüstträger fortbewegt werden und die Schalung tragen (Bild). Statt des Rüstträgers (System Gardinenstange), der auf Pfeilern aufliegt, können auch Konsolen verwendet werden, die seitlich an den Pfeilerwänden montiert sind. Auch beiderseits auskragende → Querträger finden Verwendung, um die Vorbauträger aufzunehmen. Der Einsatz von V. lohnt sich nicht bei kurzen Loslängen oder Losen mit starken Krümmungen. *Kühn*

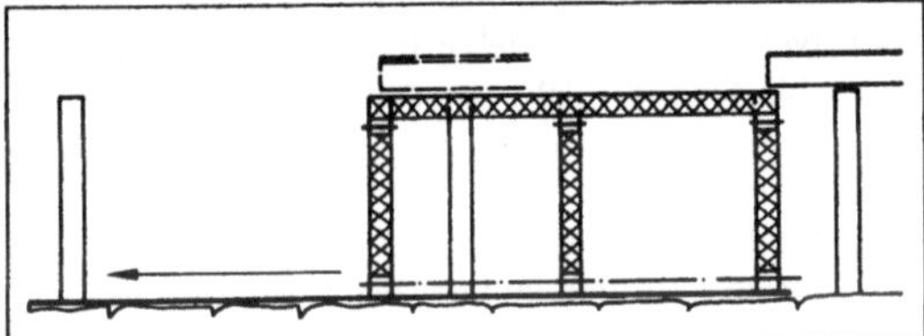

Vorschubgerüst: V. mit untenlaufenden Rüstträgern.

Vorspannung.
Baustatik. Die Wirkung der V. auf ein → Tragwerk bzw. Teile eines Tragwerks kann mit den üblichen Methoden der Baustatik wie ein äußerer Lastfall untersucht werden. Es werden sowohl Schnittkräfte wie auch Verformungen ausgelöst in Abhängigkeit von der Art der Spanngliedführung und dem System des Tragwerks. Im Prinzip können, wie an einem Balken dargestellt (Bild a–c), drei Fälle unterschieden werden:
☐ Bei zentrischer V. wird eine Normalkraft (Druckkraft) eingeleitet (Bild a)
☐ Bei einer stetig gekrümmten Spanngliedführung wird neben der Normalkraft über die Umlenkkräfte infolge der Richtungsänderungen der Spanngliedachse zusätzlich ein Biegemoment in den Balken eingeleitet (Bild b)
☐ Bei einer polygonartigen Spanngliedführung außerhalb des Balkenquerschnitts werden nur in den Umlenkpunkten Einzelkräfte in den Balken eingeleitet, die ebenfalls eine Biegebeanspruchung bewirken (Bild c). *Laermann*
Massivbau. Der Grundgedanke der V. ist, den aus Lasten entstehenden Spannungen einen gewollten entgegenwirkenden Spannungszustand zu überlagern.

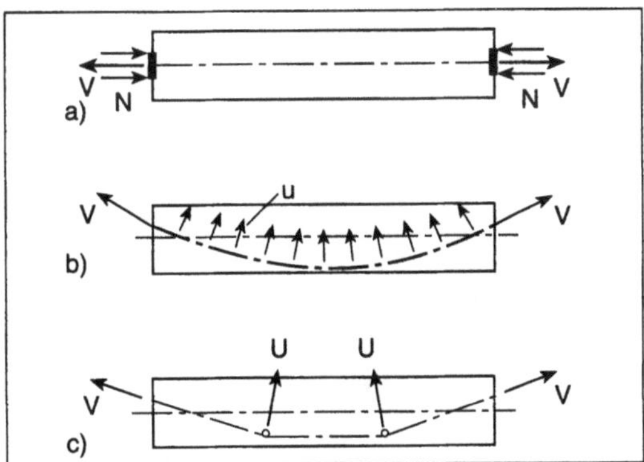

Vorspannung: Wirkung auf einen Balken.
a) zentrisch
b) stetig gekrümmte Spanngliedführung
c) polygonartige Spanngliedführung.

Das Prinzip der V. ist sehr alt. Als Beispiele seien das aus Holzdauben und Stahlringen hergestellte Faß, das hölzerne Rad und das Rad des Fahrrads genannt.

Beton, einer der wichtigsten Baustoffe dieses Jahrhunderts, hat bekanntlich im Vergleich zu seiner Druckfestigkeit nur eine geringe Zugfestigkeit, und diese Zugfestigkeit ist meistens zum Tragen der Lasten gar nicht verfügbar, weil sie durch unvermeidbare innere Spannungen teilweise oder ganz aufgebracht wird. In den Beton wird deshalb Betonstahl als Bewehrung eingebaut, der dort angeordnet wird, wo das Bauteil auf Zug beansprucht wird. Man nennt dies Stahlbeton. Der Betonstahl, als Bewehrung in den Beton eingebaut, kann aber die Bildung von Rissen in zugbeanspruchten Bereichen des Stahlbetontragwerks nicht verhindern, sondern nur die Rißbreiten begrenzen.

Darüber hinaus wird aber auch von der bereits erläuterten Idee der V. im → Betonbau Gebrauch gemacht. Man überlagert im Betontragwerk durch V. gezielt einen Eigenspannungszustand, der den aus Lasten entstehenden Beanspruchungen entgegenwirkt. Man spricht dann von → Spannbeton.

Die V. kann verschiedenartig erzeugt werden. In den meisten Fällen wird die V. erzeugt, indem Spannglieder aus Stahl vorgedehnt (vorgespannt) werden und im vorgespannten Zustand mit dem Beton verbunden werden. *Mehlhorn*

Vorstollen. V., Richtstollen oder Pilotstollen dienen entweder der besseren Gebirgserkundung oder einem günstigeren Vortrieb, um sie anschließend zum vollen Profil aufzuweiten. *Wagner*

Vortriebsmaschine. Zum Auffahren unterirdischer Hohlräume, insbes. im → Tunnelbau. Man unterscheidet → Teilschnittmaschinen und → Vollschnittmaschinen. Eine Teilschnittmaschine ist ein auf einem Raupenfahrzeug montierter Schwenkarm mit Fräskopf

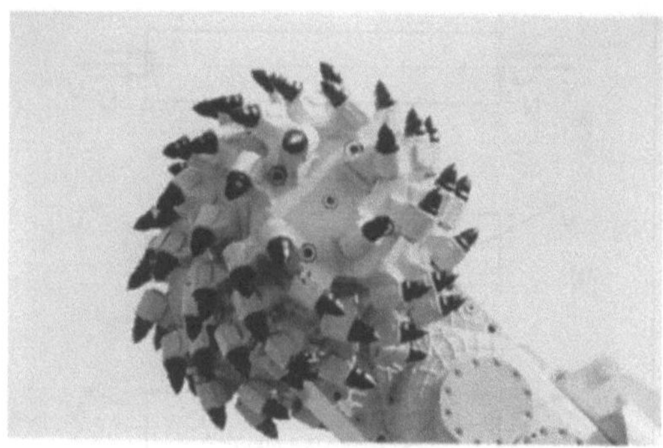

Vortriebsmaschine 1: Bohrkopf einer Teilschnittmaschine.

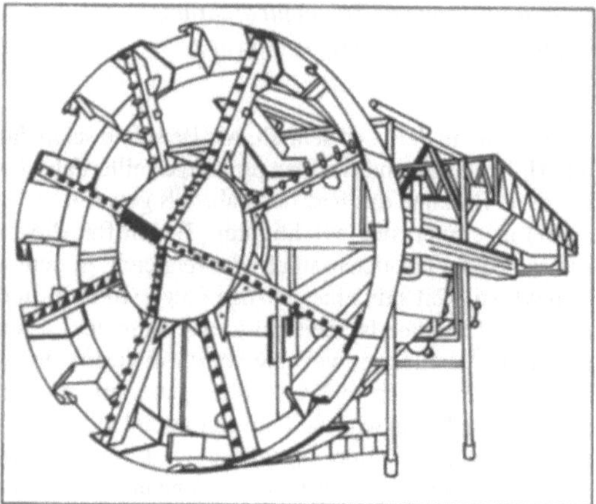

Vortriebsmaschine 2: Vollschnittmaschine mit Schneidmeißelbohrkopf und Axialantrieb.

(Bild 1). Vollschnittmaschinen (Bild 2) für standfestes und nichtstandfestes Gebirge haben einen Bohrkopf, der je nach Gebirge mit entsprechenden → Abbauwerkzeugen, wie Rollmeißeln, Schräm-, Schneid- oder Stichelmeißeln (im standfesten Gebirge) oder mit Schneidmessern (im nichtstandfesten Gebirge) ausgerüstet ist. Da das nichtstandfeste Gebirge gegen Einsturz oder Nachfall gestützt werden muß, montiert man die V. in einen → Vortriebsschild und rüstet sie mit einem Brustschutz oder Brustverbau aus. Man spricht dann auch von Schild-V. Der Antrieb eines Bohrkopfes geschieht über eine zentrale Welle (Hohlwelle oder Trommel) – dabei fräsen die Abbauwerkzeuge konzentrische Kreise, oder über ein Planetenantriebssystem – dabei wird der zentrale Antrieb auf einzelne Frässcheiben übertragen, deren Abbauwerkzeuge Hypo- oder Epizykloidenbahnen ausführen. Beim Planetenantriebssystem ist der Abbau wesentlich intensiver, da sich die Zykloidenbahnen vielfach überschneiden. Gegebenenfalls verfügen die V. über einen Versetzarm zum Einbau der Tübbinge. Den Vortrieb besorgen bei Schild-V. hydraulische Pressen, die über dem gesamten Umfang angeordnet sind und sich auf dem Ausbau abstützen. Mit diesen Pressen läßt sich die Maschine auch steuern. Ist kein Schild oder Ausbau vorhanden oder besteht dieser lediglich aus einer Versiegelung aus Spritzbeton, stützt sich die V. auf ausfahrbaren Pratzen ab, die gegen das Gebirge gepreßt werden. Im Nachläufer der Maschine sind alle weiteren Teile, die der Versorgung dienen, untergebracht.

Die Bohrköpfe der V. haben eine an die Gebirgsbeschaffenheit und -festigkeit angepaßte Bestückung. Die Messer sind an Schneidarmen montiert. Zwischen ihnen – getrennt davon – ist der Brustverbau so angeordnet, daß er bei ziemlich standfestem Gebirge ganz oder auch teilweise entfernt werden kann. Für standfeste Gebirge werden auf den Schneidarmen Stichel oder Schrämmeißel befestigt, deren Abstände sich nach der Zähigkeit des Gebirges richten (konzentrisch schneidende Maschinen). Wird an Stelle einer zentralen Antriebswelle eine Trommel gewählt, reduziert sich das äußere Drehmoment, und die → Standzeit der Stichel wird gesteigert (englischer Trommelbagger). Ordnet man die Schrämmeißel auf Frässcheiben an, überschneiden sich die Abbaubahnen, und der Abbau wird intensiver, d. h. der Vortrieb u. U. gesteigert. Sehr standfestes bis felsiges Gebirge bewältigt man am besten mit Rollmeißeln, die einzeln, paarweise oder in Gruppen bis zu vier auf einer Achse auf dem zentral angetriebenen Bohrkopf montiert sind und selbst ohne eigenen Antrieb mitrollen und das Gebirge durch Keilwirkung und Druck zermahlen. Bei zähem Gebirge wird der Abbauerfolg evtl. mit Hilfe von Zahnrollmeißeln noch verstärkt. Zahlreiche Sonderkonstruktionen vervollständigen die Vielfalt der Abbaumöglichkeiten. Beispielsweise können Messer und Stichel oder Schräm- und Rollmeißel kombiniert werden. Durch Hintereinanderschalten unterschiedlich großer Bohrköpfe wird es möglich, in einem Arbeitsgang kleinere Stollendurchmesser auf größere Tunneldurchmesser aufzuweiten. Mit Hilfe von seitlich im Kämpferbereich angeordneten und in Tunnelrichtung drehenden Schrämwalzen lassen sich auch Hufeisenprofile maschinell auffahren.   *Wagner*

Literatur: *Maidl, B.*: Handbuch des Tunnel- und Stollenbaus. Konstruktion und Verfahren. Essen 1984. – *Mandel/Wagner*: Verkehrs-Tunnelbau. Berlin 1968.

Vortriebsschild. Bei V., die mittels Pressen in das Erdreich gedrückt werden, unterscheidet man offene und geschlossene Systeme. Bei den offenen Systemen ist die → Ortsbrust direkt zugänglich, während bei geschlossenen Systemen die Abbaukammer mit einem Medium zur Stützung der Ortsbrust gefüllt und vom rückwärtigen Schildteil durch ein Druckschott abgetrennt ist. Hinsichtlich des Abbaus unterscheidet man → Handschilde und mechanisierte Schilde (→ Messerschild, → Teilschild, Vollschild), die mit teil- oder vollflächig arbeitenden Werkzeugen den Boden abbauen (Bild 1), und Sonderbauweisen. V. haben einen starren,

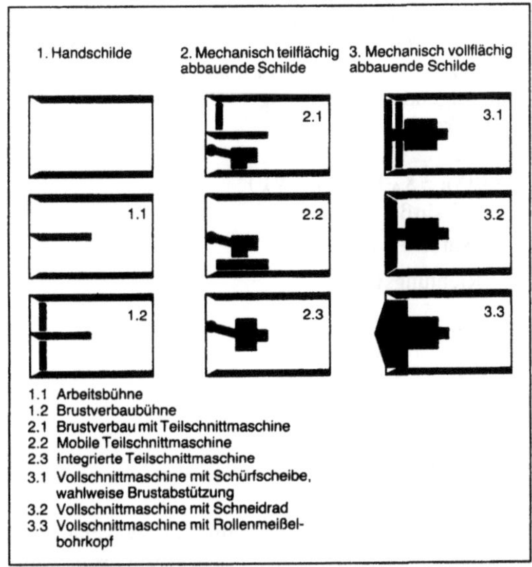

Vortriebsschild 1: Schildsysteme.

in Messer (Messerschild) oder Teilmesser aufgegliederten Schildmantel, der oval, kreis- oder hufeisenförmig ausgebildet sein kann und dessen Durchmesser von < 800 mm (nicht begehbar) bis zu 12 m reicht. Die Vorschubkräfte werden direkt über Pressen, die sich meist am Ausbau abstützen, oder wie beim → Rohrvortrieb über die Vortriebsrohre aufgebracht. Die Steuerpressen für die Schildsteuerung greifen meist am Schildgelenk an. Der Ausbruchquerschnitt läßt sich durch den Ausbau mit Tübbingen in Stahl, Gußeisen oder Stahlbeton (Bild 2) durch eine extrudierte Schale, durch Spritz- oder Ortbeton sichern. Die Abförderung wird tunnel-

geometrisch (Querschnitt, Länge, Gradiente usw.) bedingt hydraulisch, schienengebunden, gleislos oder mit Band ausgeführt. Der Einsatzbereich von Schildmaschinen erstreckt sich vorwiegend auf weniger standfeste, wasserführende Böden. Mannschaft und Gerät sind während jeder Vortriebsphase auf Grund der vollständigen Stützung der Ausbruchsflächen durch das Schild geschützt.

Zu den Sonderbauweisen gehören der Haubenschild, bei dem im Firstbereich die Schneide zum Schutz des Personals um Arbeitsraumtiefe vorgezogen ist. Ist die Haube in einzelne Messer unterteilt, so spricht man vom Poling-Plate-Schild. Der schwanzlose Schild endet hinter den Pressen. Der Einbau der Auskleidung erfordert hier einen vorübergehend standfesten Boden und wird außerhalb des Schildmantels vorgenommen. Geschlossene Systeme haben meist vollflächig abbauende Schneideinrichtungen. In Einzelfällen setzt man auch Cutterbagger (Thixschild) oder Spüldüsen (Hydrojet) zum Bodenabbau ein. Im druckdicht abgeschlossenen Abbauraum wird dabei die Ortsbrust mit Luft, Wasser, Suspension, abgebautem Boden und/oder der Abbaueinrichtung selbst gestützt oder wie beim Membranschild mit Bentonit besprüht. Der Abtransport des Bodens geschieht in druckdichten Systemen hydraulisch (Suspensionsschild) oder mit Förderschnecken (Mixschild, Earth-Pressure-Schild). Die Vortriebsmannschaft hält sich während des Vortriebs im atmosphärischen Vortriebsbereich auf.

Die vollmechanisierten geschlossenen Schilde gliedern sich in die Verdrängungsschilde, Druckluftschilde, Hydroschilde (Bild 3, S. 718) und Earth-Pressure-Schilde. Fließende Böden können mit dem Verdrängungsschild (Blind Shield) abgebaut werden, der bis auf wenige Durchlaßschlitze vollkommen geschlossen

Vortriebsschild 2: Schildvortrieb mit Tübbingausbau.

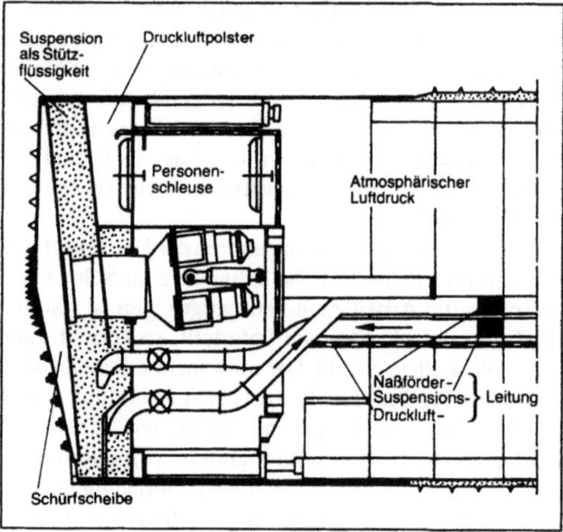

Vortriebsschild 3: Hydroschild.

ist. Beim Druckluftschild wird die Ortsbrust mit Druckluft gestützt. Das Material, das möglichst wenig luftdurchlässig sein darf, baut man mit → Teil- oder → Vollschnittmaschinen ab. Bei den Suspensionsschilden verwendet man Wasser oder – wie beim → Hydroschild – eine Bentonitsuspension. Gelöst wird das Abbaumaterial überwiegend mit Vollschnittmaschinen. Bei einer Stabilisierung der Ortsbrust durch den abgebauten Boden und den Bohrkopf selbst spricht man von erddruck- und wasserdruckausgleichenden Schilden. Ihre neuesten Ausführungen weisen eine über den Querschnitt differenzierte Druckbeaufschlagung auf (→ Schildvortrieb). *Kühn*

Vorwärtsschnitt. Neben dem → Rückwärtsschnitt eine der klassischen Grundaufgaben der geodätischen Punktbestimmung. Dabei werden die Koordinaten eines Neupunktes N durch die Messung von Horizontalwinkeln auf zwei bekannten Punkten A und B ermittelt (Bild). Der einfachste Fall des V. liegt vor, wenn zwischen den gegebenen Punkten A und B gegenseiti-

ge Sichtverbindung besteht, so daß die Winkel α und β gemessen werden können. Mit den gegebenen Koordinaten x_A, y_A und x_B, y_B der Punkte A und B ergibt sich dann folgender Rechengang:

☐ Strecken:

$$c = \sqrt{(x_B - x_A)^2 + (y_B - y_A)^2}$$
$$b = c\,\frac{\sin\beta}{\sin(\alpha+\beta)}$$

☐ → Richtungswinkel:

$$t_{AB} = \arctan\frac{y_B - y_A}{x_B - x_A}$$
$$t_{AN} = t_{AB} - \alpha$$

☐ Koordinaten:

$$y_N = y_A + b\,\sin t_{AN}$$
$$x_N = x_A + b\,\cos t_{AN}$$

Wenn sich keine Sichtverbindung zwischen den Punkten A und B herstellen läßt, müssen ersatzweise die Fernziele F_A und F_B angezielt werden, und die Winkel α und β lassen sich dann indirekt bestimmen.

Pelzer

Literatur: *Kahmen, H.*: Vermessungskunde II. Berlin 1986.

Vulkanit. V. (Ergußgesteine) sind Erstarrungsprodukte von Magmen an der Erdoberfläche. Sie umfassen Effusiva und Tuffgesteine (Pyroklastite). In den V. treten Porositäten zwischen 0,1 und 50% auf. Der auf → Trennfugen beruhende nutzbare → Hohlraumanteil beträgt meist weniger als 5%, selbst in guten V.-Grundwasserleitern. Die Nutzporosität ist mit Ausnahme hohlraumreicher Gesteinsschlacken und Breccienzonen meist sehr gering. Der Hohlraumanteil kann örtlich durch Verwitterung erhöht sein. Die → Durchlässigkeit der V. beruht in erster Linie auf den Trennfugen. Begrabene schlecht durchlässige Böden, Lagergänge, dichte Basaltlagen, Aschen, verfestigte Tuffe und undurchlässige Sedimentschichten bilden die Sohl- oder Deckschicht für schwebende oder gespannte Grundwasservorkommen. Lotrecht die Gesteine durchsetzende Gänge wirken als unterirdische Staumauern, hinter denen sich erhebliche Grundwassermengen ansammeln können. Der Gebirgsdurchlässigkeitskoeffizient der verschiedenen vulkanischen Gesteine reicht von praktisch 0 bis mehr als 10^{-2} m/s. Junge basaltische und andesitische Gesteine weisen die höchsten, Tuffe und Ganggesteine die niedrigsten Durchlässigkeiten auf. Innerhalb der Eruptivmasse ist die waagerechte Durchlässigkeit durch Lavahöhlen und brecciöse Zonen meistens viel größer als die lotrechte Durchlässigkeit. Vortertiäre Lavaströme sind infolge der Füllung der Hohlräume durch sekundäre Minerale und Verwitterungsbildungen meist weniger durchlässig als jüngere Ströme. Die Gesteinsdurchlässigkeitskoeffizienten variieren in der Größenordnung zwischen 10^{-11} und 10^{-7} m/s, die Gebirgsdurchlässigkeitskoeffizienten junger Basal-

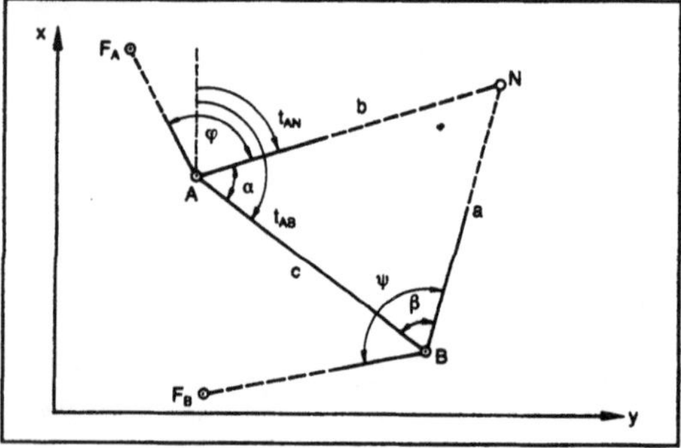

Vorwärtsschnitt: Grundfigur des V.

te in der Größenordnung von 10^{-4} bis 10^{-3} m/s und die vortertiärer Basalte in der Größenordnung von 10^{-6} bis 10^{-9} m/s.

Die Brunnenleistungen variieren in jungen V. von trockenen Fehlbohrungen bis zu 700 l/s und erreichen in vortertiären V. bis zu 12,6 l/s. Die Brunnenleistungen sind in Trachyten und Rhyoliten erfahrungsgemäß gering. Bei den Pyroklastiten treten Porositäten zwischen 6 und 87,3% auf, von denen auf den Bims Werte zwischen 50 und 87,3% entfallen. Die Gesteinsdurchlässigkeitskoeffizienten variieren zwischen $2{,}8 \cdot 10^{-15}$ und $8 \cdot 10^{-6}$ m/s. Die in den verfestigten Tuffen auftretenden Trennfugen ermöglichen Brunnenleistungen bis zu 90 l/s. *Mattheß*

Literatur: *Mattheß, G.,* u. *K. Ubell*: Allgemeine Hydrogeologie – Grundwasserhaushalt. Berlin, Stuttgart 1983.

W

Wärme-Kraft-Kopplung. Mit W.-K.-K. werden Verfahren bezeichnet, die es erlauben, gleichzeitig elektrischen Strom und Nutzwärme zu produzieren. In Anlagen der technischen Gebäudeausrüstung sind dies z. B. Dampfturbinen mit Dampfanzapfung oder Gegendruckbetrieb und Dampfnutzung zu Heizzwecken sowie Blockheizkraftwerke: mit Verbrennungskraftmaschinen angetriebene Generatoren, deren Abgas-, Kühlwasser- und ggf. Schmierölwärme zu Heizzwecken verwendet wird. *Diehl*
Literatur: VDI 2067. Bl. 7: Blockheizkraftwerke.

Wärmeabzug → Rauchabzug

Wärmebilanzrechnung. Begriff aus der → Brandschutzforschung, der für die rechnerisch-theoretische Beschreibung des Massen- und Energieaustausches in einem natürlichen Brande zwischen der → Brandlast einerseits und den → Rauchgasen, der Zu- und Abluft sowie den Umgebungsbauteilen andererseits verwendet wird. W. setzt man vor allem in solchen Fällen an, wo mögliche Brandszenarien in komplex zusammengesetzten Bauwerken oder Bauwerksteilen beschrieben werden sollen, ohne daß unmittelbar Versuchsergebnisse zur Verfügung stehen. Sie wurden beispielsweise herangezogen, um die wahrscheinliche Temperaturentwicklung in unterirdischen Verkehrsanlagen beim Brand einzelner Fahrzeuge oder in Kernkraftwerken zu bestimmen. *Kordina*
Literatur: *Dobbernack*: Wärmebilanzrechnungen in Brandräumen unter Berücksichtigung der Mehrzonenmodellbildung. TU Braunschweig.

Wärmebrücke. W. sind örtlich begrenzte Bereiche in raumumschließenden Bauteilen, in denen ein erhöhter Wärmefluß von der warmen zur kalten Seite hin auf-

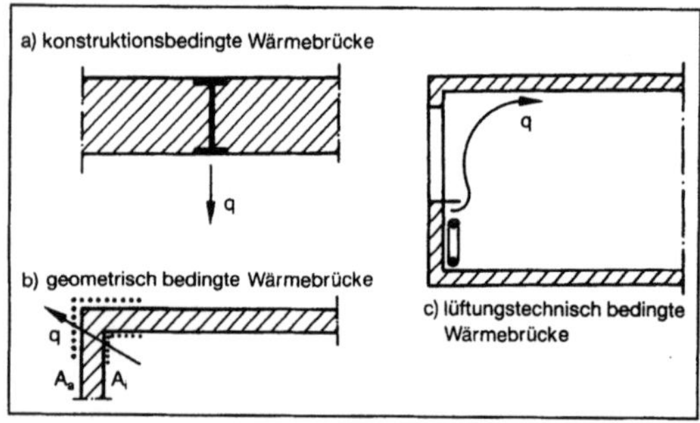

Wärmebrücke 1: W.-Übersicht.

tritt. Mit der Erhöhung der Wärmestromdichte ist eine Absenkung der Temperatur auf der raumseitigen Bauteiloberfläche verbunden, und es besteht somit die Gefahr der Tauwasserbildung. Nach Erscheinungsform können folgende W. unterschieden werden (Bild 1):
– konstruktionsbedingte W.,
– geometrisch bedingte W. sowie
– lüftungstechnisch bedingte W.

W. sind oft Ursache von Bauschäden. Nach DIN 4108 sind konstruktionsbedingte W. in wärmeübertragenden Bauteilen weitgehend unzulässig. Es muß an allen Stellen ein Mindestwärmedurchlaßwiderstand eingehalten werden. Geometrisch und lüftungstechnisch bedingte W. werden in DIN 4108 nicht erfaßt. Der Einfluß von W. läßt sich nach folgenden Verfahren ermitteln:

☐ Analytische Verfahren: Zur Erfassung der Effekte mehrdimensionaler und kleinformatiger Wärmebrücken sind aufwendige Rechenverfahren nach der FE-Methode erforderlich, die mit Rechenanlagen durchgeführt werden müssen. Näherungsweise kann man für großformatige, konstruktionsbedingte W. den mittleren → Wärmedurchgangskoeffizienten bzw. den mittleren → Wärmedurchlaßwiderstand nach DIN 4108 bestimmen.

☐ Versuchstechnische Verfahren: Durch Messungen am Objekt, z. B. nach der Heizkastenmethode, können → Temperaturverläufe mehrdimensional erfaßt und Wärmeströme ermittelt werden. Es ist damit möglich, für sämtliche W. den Einfluß auf den Wärmebedarf festzustellen und die Gefahr der Tauwasserbildung zu überprüfen.

☐ Thermographische Verfahren: Mit Hilfe einer Infrarotkamera wird die von den Außenbauteilen abgestrahlte Wärme aufgenommen und auf einem Bildschirm wiedergegeben. Mit modernen Aufnahmegeräten lassen sich dabei kleinste Temperaturunterschiede bis zu 0,2 K erfassen und sichtbar machen. Mit dem Infrarotverfahren ist es möglich, versteckte Mängel in der Wärmedämmung qualitativ (nicht quantitativ) zu erkennen.

Durchdringen metallische Verbindungsmittel eine Wärmedämmschicht, so stellen sie W. dar (Bild 2). – Der Einfluß der W. kann durch außen- und innenseitige Deckschichten auf der Wärmedämmung erheblich beeinflußt werden. Schichten mit hoher Wärmeleitfähigkeit auf der Außenseite der Wärmedämmung stellen eine große wärmetauschende Fläche dar, so daß die minimale Oberflächentemperatur auf der Innenseite erheblich verringert wird. Deckschichten mit hoher

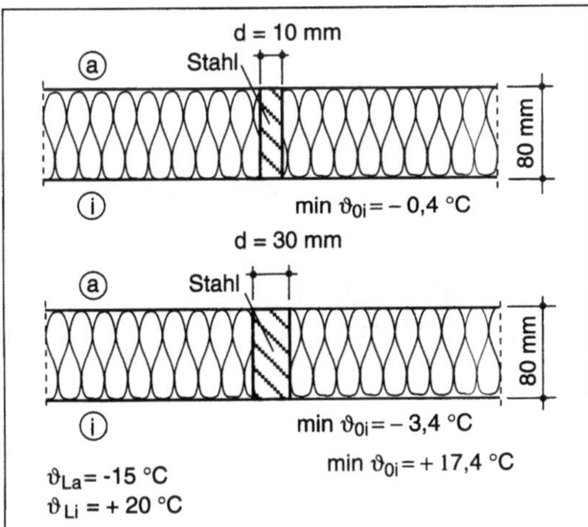

Wärmebrücke 2: Punktförmige W. – Auswirkungen auf die minimale Oberflächentemperatur min ϑ_{oi}.

Wärmeleitfähigkeit auf der Innenseite der Wärmedämmung führen aufgrund der vergrößerten Wärmeeinzugsfläche (die durch die W. transportierte Wärmemenge ist konstant) zu einer erheblichen Anhebung der minimalen Oberflächentemperatur. In Bild 3 ist der Einfluß unterschiedlicher Deckschichten auf die minimale Oberflächentemperatur dargestellt. Der durch die innenseitig angeordnete Deckschicht bewirkte „Ausgleichseffekt" ist deutlich zu erkennen.

Der Einfluß durchgehender Betonstege im Bereich von Betonsandwichplatten (Dreischichtenplatten) auf die minimale innere Wandoberflächentemperatur ist in Bild 4, S. 722, dargestellt. Es ist ersichtlich, daß schon eine W. von wenigen mm Breite zu Tauwasserschäden führt.

Um den Einfluß extrem dünner streifenförmiger W. aufzuzeigen, wird auf einer Untersuchung von *Achtziger* verwiesen (Bild 5, S. 723). Es wird deutlich, daß selbst bei dünnen Aluminiumfolien, die im Bereich der Randabschlüsse von Paneelen angeordnet werden, der Wärmedurchgang erheblich erhöht wird.

In der Tabelle, S. 724, ist der Einfluß geometrischer W. auf die minimale Oberflächentemperatur im Rauminnern dargestellt. Ein Beispiel für eine W. infolge undichter Fugen ist in Bild 6, S. 724, dargestellt: Bei der Montage der stählernen Sandwichtafeln für eine Halle wurde der Fugendichtstoff zwischen den einzelnen Wandelementen nicht hinreichend komprimiert. In der mit einem Lüftungsgebläse versehenen Halle wurde ein Überdruck erzeugt; die warme, feuchtigkeitsgesättigte Luft strömte durch die Fugen: Es bildete sich im Fugenbereich → Tauwasser und im Winter Eis. Zur → Sanierung wurden sämtliche Fugen von innen mit Fugenbändern aus Polysulfid abgeklebt, um die Luftdichtigkeit der Fugen sicherzustellen. Planungshinweise zum Erzielen eines wirksamen → Wärmeschutzes

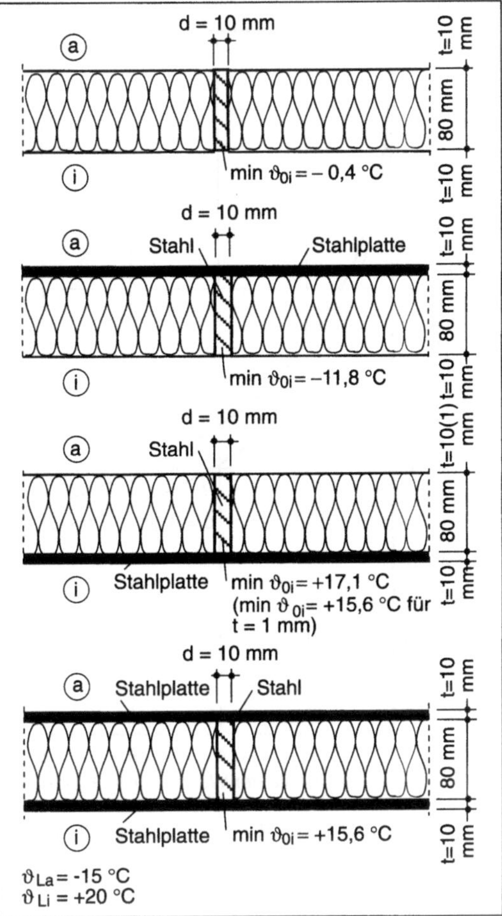

Wärmebrücke 3: Einfluß unterschiedlich angeordneter Deckschichten auf die minimale Oberflächentemperatur min ϑ_{oi}.

unter Vermeidung von W. werden z. B. in der genannten Literatur angegeben.   *Cziesielski*

Literatur: *Cziesielski, E.:* Wärmebrücken im Hochbau. Bautechn. (1985) Nr. 5, S. 141/49. – *Cziesielski, E.,* u. *B. Maerker:* Bauphysikalisches Verhalten von Stahl-Kassetten-Wänden. Stahlbau (1982) Nr. 4, S. 109/15. – *Mainka, G.-W.,* u. *H. Paschen:* Wärmebrückenkatalog. Stuttgart 1986. – *Heindl, W.* u. a.: Wärmebrücken. Berlin – Wien, 1987. – *Achtziger, J.:* Verfahren zur Beurteilung des Wärmeschutzes und der Wärmebrücken von mehrschichtigen Außenwänden und Maßnahmen zur Vermeidung der Transmissionswärmeverluste von Fassaden. Dissertation an der TU Berlin, 1990.

Wärmedämmstoff. Durch das Anordnen von W. soll die Wärmeübertragung durch Bauteile eingeschränkt werden. Die Übertragung der Wärmeenergie geschieht durch

- Leitung,
- → Konvektion und
- Strahlung.

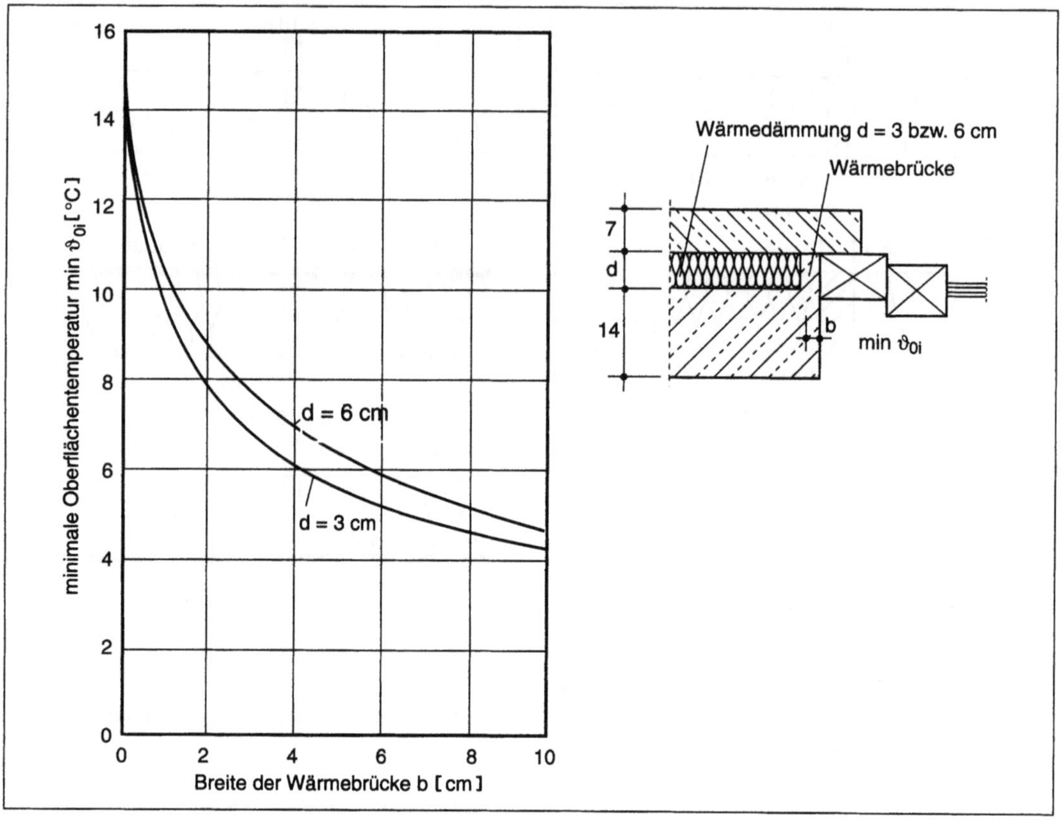

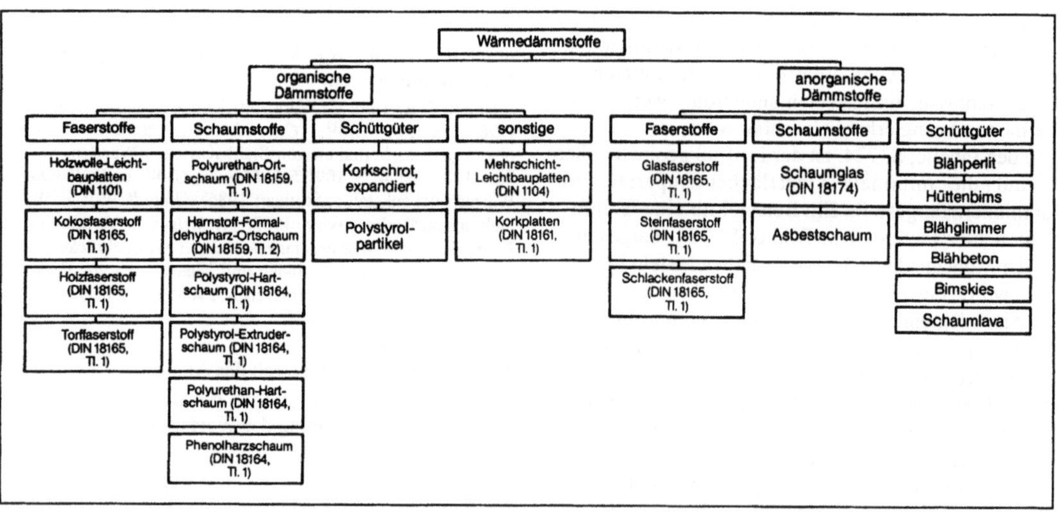

Wärmebrücke 4: Einfluß der Betonstege im Bereich von Fensteranschlägen auf die minimale innere Wandoberflächentemperatur.

Wärmedämmstoff: Übersicht.

	Paneelaufbau	Wärmedurchgangskoeffizient $k \, [W / (m^2 \cdot K)]$		Erhöhung des Wärmedurch-gangs [%]
		mit Kantenband	ohne Kantenband	
1	92 / 25 — Alu / Alu	1,90 mit 8,0 µm Alu	1,17	62
		1,65 mit 5,0 µm Alu		41
2	70 / 90 — Alu / Glas	0,77 mit 8,0 µm Alu	0,53	45
		0,53 mit PVC - Band		0
3	60 — Faserzement / PUR / Faserzement	0,89 mit 5,0 µm Alu	0,48	85
4	50 — Alu / Alu	1,99 mit 8,0 µm Alu	1,20	66

Wärmebrücke 5: Einfluß von Kantenabklebungen zur Abdichtung des Randverbundes auf den Wärmedurchgangskoeffizienten k von Verbundpaneelen nach Achtziger.

Der Anteil der → Wärmeleitung an der Wärmeübertragung in den W. ist in der Regel dominierend. Die W. bestehen aus einem Stoffgerüst mit dazwischengelagerten Poren. Der Volumenanteil der Poren beträgt bei hochwirksamen Dämmstoffen bis zu 98%; der Porenanteil bestimmt in hohem Maße die Wärmeleitfähigkeit λ des Dämmstoffes. Die Poren können in sich abgeschlossen sein, aber auch teilweise oder vollständig miteinander in Verbindung stehen. Nach der Porenstruktur werden daher die Dämmstoffe in

– geschlossenzellig,
– gemischtzellig und
– offenzellig

unterteilt. Das dampfdiffusionstechnische Verhalten der Dämmstoffe wird im wesentlichen von der Porenstruktur beeinflußt.

Hinsichtlich der Materialien unterscheidet man die Dämmstoffe in

– anorganische Stoffe,
– organische Stoffe und
– gemischt organisch-anorganische Stoffe.

Das Bild gibt einen Überblick über die W. in Abhängigkeit von der Stoffbasis und der Stoffstruktur. Soweit es sich um genormte Materialien handelt, sind die entsprechenden Dämmstoffnormen angegeben. W. weisen in Abhängigkeit von der Dichte, der Stoffstruktur und der Stoffbasis unterschiedliche bauphysikalische und mechanische Eigenschaften auf. Sie werden deshalb in den Dämmstoffnormen bestimmten Anwendungsbereichen zugeordnet, die durch ein Kurzzeichen gekennzeichnet sind (Tabelle, S. 724). *Cziesielski*

Literatur: *Cziesielski, E., K. Daniels* u. *H. Trümper:* Ruhrgashandbuch. Stuttgart 1985.

Wärmebrücke. Tabelle: Einfluß der Gebäudegeometrie auf die minimale Oberflächentemperatur

Konstruktion	$\vartheta_{01\,min}$ in °C	
	d = 4 cm	d = 6 cm
ungestörte Wand $\alpha_o = 25$ a $\alpha_i = 8$ i d	17,0	17,9
kleinere Wärme-übergangszahl $\alpha_i = 5$ d	15,5	16,7
zweidim. Winkel a $\alpha_i = 5$ i d	13,0	14,7
dreidim. Ecke d 8 a i $\alpha_i = 5$	11,3	13,0
d dreidim. Ecke mit Attika	7,8	9,6

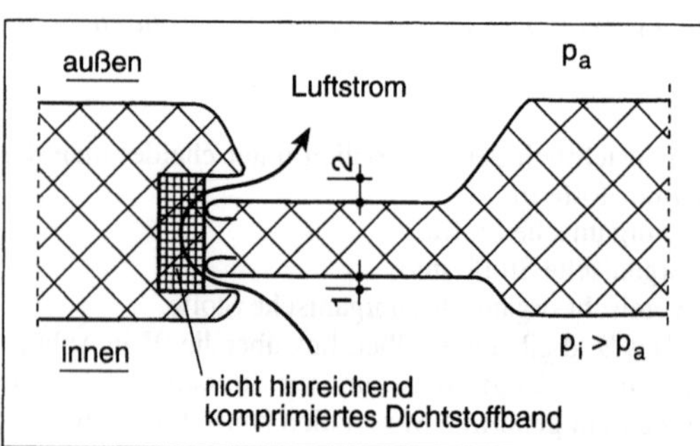

Wärmebrücke 6: Undichte Fuge gegenüber Luftströmungen im Bereich einer Sandwichwand aufgrund ungenügender Kompression des Dichtbandes.

Wärmedurchgangskoeffizient. Der W. k ist die Wärmemenge in J, die in 1 s durch 1 m² eines Bauteiles im stationären Temperaturzustand hindurchgeht, wenn der Temperaturunterschied zwischen den beider-

Wärmedämmstoff. Tabelle: Anwendungsbereich von W. nach DIN 18 165.

Typkurz-zeichen	Verwendung im Bauwerk
W	Wärmedämmstoffe, nicht druckbelastet, z. B. in Wänden und belüfteten Dächern
WD	Wärmedämmstoffe, druckbelastet, z. B. unter druckverteilenden Böden (ohne Trittschallanforderung) und in unbelüfteten Dächern unter der Dachhaut
WDH	Wärmedämmstoff mit erhöhter Druckbelastbarkeit unter druckverteilenden Böden, z. B. Parkdecks für Lkw, Feuerwehrfahrzeuge
WDS	Wärmedämmstoffe, z. B. in Wänden und belüfteten Dächern, auch druckbelastbar unter druckverteilenden Böden ohne Anforderungen an die Trittschalldämmung, in unbelüfteten Dächern unter der Dachhaut und Parkdecks
WS	Wärmedämmstoffe mit erhöhter Belastbarkeit, für Sondereinsatzgebiete, z. B. Parkdecks
WV	Wärmedämmstoffe mit Beanspruchung auf Abreiß- und Scherfestigkeit, z. B. für angesetzte Vorsatzschalen ohne Unterkonstruktion
WZ	Wärmedämmstoffe mit leichter Zusammendrückbarkeit, z. B. in Wand- und Deckenhohlräumen
T	bei Decken mit Anforderungen an den Luft- und Trittschallschutz nach DIN 4109 T 2 z. B. bei Wohnungstrenndecken

seits angrenzenden Luftschichten 1 K beträgt. Der k-Wert ist für die Berechnung des Wärmebedarfs eines Gebäudes und die Auslegung der Heizungsanlage von grundlegender Bedeutung. Je kleiner der k-Wert, desto geringer der Transmissionswärmebedarf.

Die Berechnung des k-Wertes für ein ebenes, geschichtetes Bauteil geschieht wie folgt:

$$k = \frac{1}{\dfrac{1}{\alpha_i} + \dfrac{1}{\Lambda} + \dfrac{1}{\alpha_a}}$$

mit k in W/m² K. In der Gleichung bedeuten:
α_i, α_a Wärmeübergangskoeffizient, → Konvektion; die Rechenwerte für $1/\alpha_i$ und $1/\alpha_a$ sind für baupraktische Berechnungen DIN 4108 zu entnehmen.
$1/\Lambda$ → Wärmedurchlaßwiderstand des Bauteiles.

Cziesielski

Wärmedurchgangskoeffizient, äquivalenter. Der ä. W. $k_{eq,F}$ wird für transparente Bauteile (Fenster) angegeben. Er berücksichtigt nach der → Wärmeschutzverordnung außer dem → Transmissionswärmeverlust entsprechend der Definition des Wärmedurchgangskoeffizienten k_F → Wärmegewinne durch Sonnenstrahlung. Nach *Hauser* kann der Einfluß einer insbesondere während der Nacht angebrachten wärmedämmenden Abdeckung der Fenster, z. B. durch Rolläden, Fensterläden, Vorhänge zusätzlich berücksichtigt werden. Der ä. W. ist vom Strahlungsgewinn abhängig, der durch den Strahlungsgewinnquotienten S_F ausgedrückt wird. Dieser hängt von der Fensterorientierung, dem Fensterflächenanteil, den klimatischen Bedingungen am Standort des Gebäudes und vom Heizbetrieb ab. Nach der Wärmeschutzverordnung können die in der Tabelle angegebenen S_F-Werte unter Berücksichtigung des Gesamtenergiedurchlaßgrades g der Verglasung bei der Ermittlung von $k_{eq,F}$ verwendet werden:

$$k_{eq,F} = k_F - S_F \cdot g,$$

mit $k_{eq,F}$ in W/m² K.

Wärmedurchgangskoeffizient, äquivalenter. Tabelle 1: Rechenwerte für den Strahlungsgewinnkoeffizienten S_F.

Orientierung	S_F in W/(m² K)
Süd	2,4
Ost, West	1,65
Nord	0,95

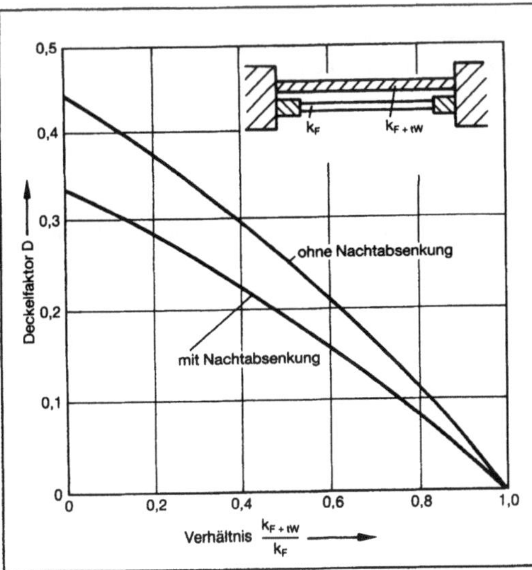

Wärmedurchgangskoeffizient, äquivalenter: Abminderungsgröße D für Fenster mit temporärem Wärmeschutz k_{tw}. (Nach Hauser)

Der Gesamtenergiedurchlaßgrad g schwankt zwischen g = 0,65 – 0,80 für eine Zweischeibenisolierverglasung und g = 0,20 – 0,80 für reflektierende Sonnenschutzgläser. Der Einfluß einer während der Nacht auf das Fenster aufgebrachten Abdeckung auf den k-Wert des Fensters k_F ist vom k-Wert der Abdeckung k_{tw} und vom Heizbetrieb (Heizung mit oder ohne Nachtabsenkung) abhängig. Der Abminderungsfaktor D ist nach *Hauser* für einen durchschnittlichen Raum, bei schwacher Lüftung und den Klimadaten von Essen im Bild angegeben:

$$k_{eq,F} = k_F \, (1 - D).$$

Der äquivalente k-Wert eines Fensters unter gleichzeitiger Berücksichtigung des Strahlengewinns und einer temporären Abdeckung während der Nacht folgt zu

$$k_{eq,F} = k_f \, (1 - D) - g \cdot S_F. \qquad \textit{Cziesielski}$$

Literatur: *Hauser, G.:* Passive Solarenergienutzung durch Fenster, Außenwände und temporäre Wärmeschutzmaßnahmen. Heiz., Lüft., Haustechn. 34 (1983), S. 111, 144, 200 u. 259.

Wärmedurchgangskoeffizient, mittlerer. Der m. W. k_m gibt den Transmissionswärmeverlust Q_T an, der im Mittel je wärmeübertragender Fläche A des Gebäudes und je Temperaturdifferenz zwischen Innen- und Außenluft im stationären Temperaturzustand aus dem Gebäudeinnern abfließt. Im Gegensatz zu k_m beschreibt der Wärmedurchgangskoeffizient k nur den → Transmissionswärmeverlust durch ein bestimmtes Bauteil des Gebäudes (Wand, Fenster, Dach u. ä.). In Bild 1 sind die maßgeblichen Wärmeströme Q_i aus einem Gebäude dargestellt. Die für die Berechnung eines Wärmestromes maßgebliche Temperaturdifferenz $\Delta\vartheta_i$ ist bei den einzelnen Bauteilen nicht gleich, so daß zur Vereinheitlichung die Temperaturdifferenz mit einem Korrekturfaktor multipliziert wird. Nach der → Wärmeschutzverordnung beträgt z. B. der Korrek-

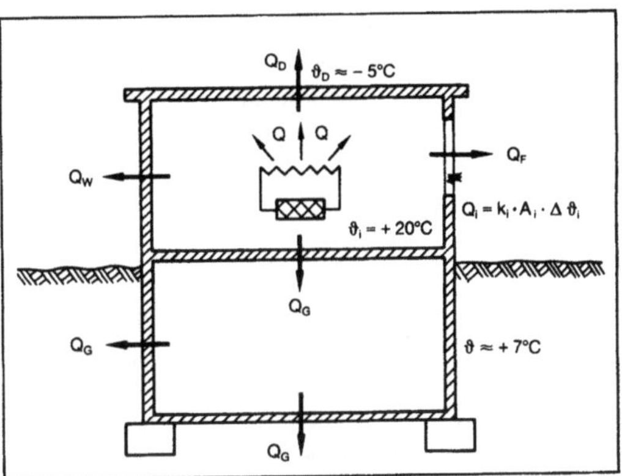

Wärmedurchgangskoeffizient, mittlerer 1: Schematische Darstellung der Wärmeströme aus einem beheizten Gebäude.

turfaktor für Bauteile, die gegen das Erdreich stoßen, 0,5, weil im Erdreich die Temperatur nahezu konstant im Mittel rd. $+7\,°C$ beträgt, während die Außenlufttemperatur ϑ_{La} zu $-10\,°C$ anzunehmen ist. Für Dächer wurde der Korrekturfaktor zu 0,8 festgelegt, um den Einfluß der Sonnenstrahlung, der auf horizontalen Bauteilen besonders groß ist, zu berücksichtigen. Der m. W. folgt damit zu:

$$k_m = \frac{k_w \cdot A_w + k_F \cdot A_F + 0,8 \cdot k_D \cdot A_D}{A_w + A_F + A_D + A_G + A_{DL} + A_{AB}} +$$
$$+ \frac{0,5 \cdot k_G \cdot A_G + k_{DL} \cdot A_{DL} + 0,5 \cdot k_{AB} \cdot A_{AB}}{A_w + A_F + A_D + A_G + A_{DL} + A_{AB}}$$

Es bedeuten die Indizes für die k-Werte und Flächen der einzelnen Bauteile:

w Außenwand,
F Fenster,
D Dach,
G Kellerdecke gegen unbeheizten Keller, erdberührte Wand- und Bodenflächen von beheizten → Räumen,
DL Decken, die das Bauteil nach unten gegen die Außenluft abgrenzen,
AB Bauteile, die das Gebäude gegen Teile mit wesentlich niedrigerer Temperatur abgrenzen, z. B. nichtbeheiztes Treppenhaus o. ä.

Der Transmissionswärmebedarf Q_T eines Gebäudes folgt mit dem k_m-Wert zu:

$$Q_T = k_m \cdot A \cdot \Delta\vartheta.$$

Für ein Gebäude mit gleichem Volumen und gleichem k_m-Wert der Außenbauteile wird der → Wärmeverlust wesentlich von der Größe der gesamten Gebäudehüllfläche A beeinflußt. Je stärker ein Baukörper gegliedert ist (Pavillonbauweise), um so größer ist die Hüllfläche und damit der Energiebedarf (Bild 2). In der Wärmeschutzverordnung (WSchV) wurde bei der Festlegung des maximal zulässigen Wärmebedarfs davon ausgegangen, daß für sämtliche Gebäude unabhängig von der Gestaltung ein gleichwertiger → Wärmeschutz einzuhalten ist. Es wurde gefordert, daß der Wärmebedarf zur Erwärmung eines m^3 umbauten Raumes und je K Temperaturdifferenz konstant sein soll. Daraus folgt:

$$\frac{Q_T}{V \cdot \Delta\vartheta} = \frac{k_m \cdot A \cdot \Delta\vartheta}{V \cdot \Delta\vartheta} = k_m \cdot \frac{A}{V} = \text{konst};$$
$$k_m = \frac{\text{konst}}{A/V}.$$

Vielfach argumentierte man, daß die Berechnung des k_m-Wertes numerisch zu aufwendig sei. Daraufhin wurde zusätzlich ein vereinfachter Nachweis in der WSchV zugelassen: Für Dächer, Bauteile, die an das Erdreich oder an unbeheizte Räume grenzen, sind Maximalwerte k_{max} einzuhalten.

Cziesielski

Literatur: *Cziesielski, E., H. Daniels* u. *H. Trümper:* Ruhrgashandbuch. Stuttgart 1985.

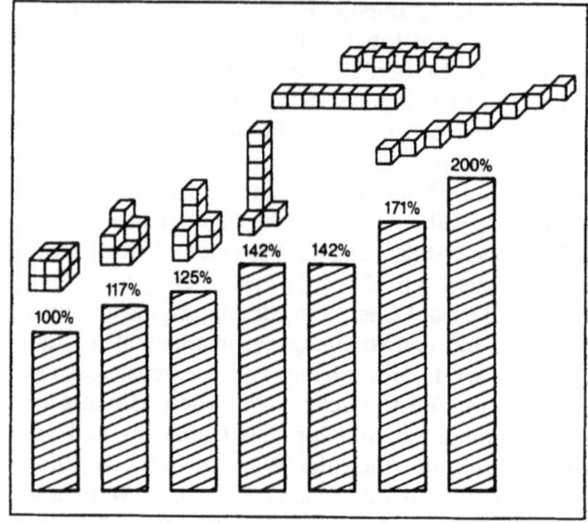

Wärmedurchgangskoeffizient, mittlerer 2: Transmissionswärmebedarf von Gebäuden gleichen Volumens in Abhängigkeit von der Gebäudeform, unter der Annahme, daß über jede Grenzfläche die gleiche Wärmemenge abströmt.

Wärmedurchlaßkoeffizient → Wärmedurchlaßzahl

Wärmedurchlaßwiderstand. Der W. $1/\Lambda$ kennzeichnet den Widerstand eines Bauteiles gegen das Durchströmen von Wärme im Temperaturbeharrungszustand bei einer Temperaturdifferenz von 1 K zwischen den Bauteiloberflächen. Der W. ist von der/den Wärmeleitfähigkeit(en) und der/den Dicke(n) der Bauteilschicht(en) abhängig. Die Einheit des W. lautet $m^2\,K/W$. Je größer der W., desto besser das wärmeschutztechnische Verhalten. Der W. $1/\Lambda$ von ebenen Bauteilen, die aus n hintereinander angeordneten Schichten bestehen, die jeweils die Wärmeleitfähigkeit λ_i und die Dicke d_i aufweisen, wird wie folgt berechnet:

$$\frac{1}{\Lambda} = \sum_{i=1}^{n} \frac{d_i}{\lambda_i}.$$

Für Bauteile mit komplizierter Formgebung kann der W. durch Versuche ermittelt werden (Heizkastenmethode, Bild, S. 727). *Cziesielski*

Wärmedurchlaßzahl. Die W. Λ ist der Kehrwert des → Wärmedurchlaßwiderstandes. Sie ist die Wärmemenge in J, die in 1 s durch 1 m^2 eines Bauteiles von der Dicke d in m bei einem stationären Temperaturunterschied von 1 K zwischen den beiden Oberflächen fließt. Die Einheit der W. ist $J/(s \cdot m^2 \cdot K) \triangleq W/(m^2 \cdot K)$. Die Berechnung der W. eines einschichtigen, ebenen Bauteils der Dicke d und der → Wärmeleitzahl λ folgt zu:

$$\Lambda = \lambda / d.$$ *Cziesielski*

Wärmegewinn, solarer. Durch die anfallende Solarenergie kann ein Wärmegewinn erzielt werden. Nach

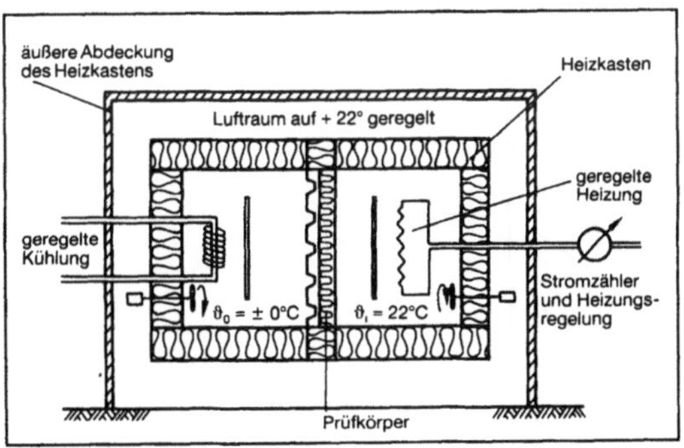

Wärmedurchlaßwiderstand: Prinzip der Wärmedurchgangsprüfung (Heizkastenmethode nach DIN 52 611).

der → Wärmeschutzverordnung wird der s. W. Q_S aus dem Strahlungsangebot I, dem → Gesamtenergiedurchlaßgrad der Verglasung g und der Fensterfläche A ermittelt. Das Strahlungsangebot ist von der Orientierung der Fenster abhängig. Für Deutschland gilt:

Nordorientierung $\qquad$ $I = 160 \ \mathrm{kWh/(m^2 \cdot a)}$
Ost-Westorientierung $\quad$ $I = 275 \ \mathrm{kWh/(m^2 \cdot a)}$
Südorientierung $\qquad$ $I = 400 \ \mathrm{kWh/(m^2 \cdot a)}$

S. W. dürfen nur bis zu einem Fensterflächenanteil von ⅔ der Außenwandfläche berücksichtigt werden.

Cziesielski

Wärmeleitung. W. ist der Wärmetransport innerhalb von festen, flüssigen und gasförmigen Stoffen von einem Ort höherer Temperatur zu einem Ort tieferer Temperatur. Schlechte Wärmeleiter sind wirksame → Wärmedämmstoffe; gute Wärmeleiter sind entsprechend schlechtere Dämmstoffe. Der Vorgang der W. läßt sich vereinfachend so darstellen, daß die Ionen eines Baustoffes auf einem räumlichen Gitterwerk angeordnet sind. Die Ionen werden durch die Molekularkräfte „federnd" zusammengehalten. Die Wärme in einem festen Körper ist als Energie der Ionenschwingungen gespeichert. Wird Energie zugeführt, so erhöhen sich Frequenz und Amplitude der Ionenschwingung (Zunahme der Bewegungsenergie). Durch die Schwingungsanregung treten die Ionen in Wechselwirkung, und Schwingungsenergie/Wärme wird von einem Ion auf das andere übertragen. Die Intensität der Wärmeübertragung wird im wesentlichen von der „Federkonstanten" zwischen den Ionen bestimmt. Bei straffer Koppelung (feste Baustoffe) findet eine intensive Wärmeübertragung, bei „weichen" Koppelungen, z. B. Gasen, eine geringere Wärmeübertragung statt.

Cziesielski

Wärmeleitzahl. Die W. λ gibt an, welche Wärmemenge in 1 h durch 1 m² einer 1 m dicken Schicht eines Stoffes beim Dauerzustand der Beheizung hindurchgeleitet wird, wenn der Temperaturunterschied zwischen den beiden Bauteiloberflächen 1 K beträgt. Die Einheit von λ ist $\mathrm{W/(m \cdot K)}$. Bau- und Wärmedämmstoffe sind

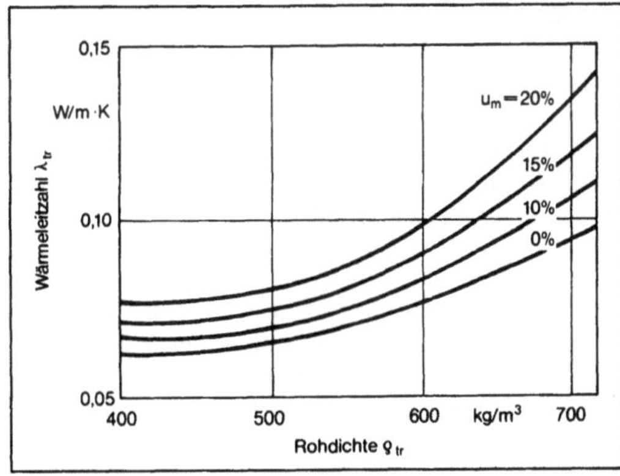

Wärmeleitzahl 1: Abhängigkeit der W. λ von der Rohdichte ρ und dem Feuchtegehalt des Baustoffes u.

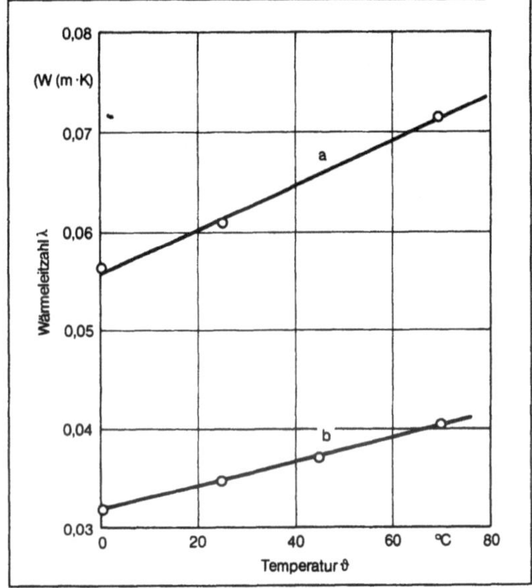

Wärmeleitzahl 2: Abhängigkeit der W. λ von der Temperatur des Baustoffes ϑ. (nach Lutz et al.)

a Schaumglas
b Polystyrolhartschaum

i. d. R. mehr oder weniger poröse Stoffe, d. h. Stoffe, die Lufträume enthalten. Die Wärmeleitfähigkeit poröser Materialien liegt daher zwischen der der festen Materie und der von Luft (kleine Wärmeleitzahl). Je poröser ein Stoff ist, um so näher liegt seine W. bei der der Luft. Mit steigender Rohdichte (geringere Porosität) nimmt die W. zu (Bild 1). Sind die Poren des Baustoffes mit Wasser oder Wasserdampf gefüllt, so steigt mit zunehmendem Feuchtegehalt u auch die W. (Bild 1). Die W. für Baustoffe bestimmt man nach DIN 52 612 im trockenen Zustand. Für die sich in der → Ausgleichsfeuchte befindenden Baustoffe werden die W. mit einem Zuschlag (in Abhängigkeit vom Material) versehen und anschließend gerundet. Die so ermittelten Werte sind die Rechenwerte der W. λ_R, die den wärmeschutztechnischen Berechnungen zugrunde zu legen sind (DIN 4108). Die W. ist auch von der Temperatur abhängig (Einfluß der Wärmeübertragung durch Strahlung im Bereich der Poren, Bild 2, S. 727). *Cziesielski*

Literatur: *Lutz, P.,* et al.: Lehrbuch der Bauphysik. Stuttgart 1985.

Wärmerückgewinnung. Ein Mittel zur → Energieeinsparung ist die Rückgewinnung der Wärme (ggf. auch Kälte) aus Stoffströmen, die ein Gebäude oder eine Anlage verlassen. Am weitesten verbreitet auf dem Gebiet der Gebäudeausrüstung ist die W. bei raumlufttechnischen Anlagen. Dabei werden folgende Systeme angewendet:

– Luft-Luft-Wärmetauscher zur Übertragung der Wärme z.B. von der Abluft auf die Zuluft über eine Trennfläche. Dazu müssen die Luftströme zueinander geführt werden mit ggf. hohem Aufwand u.a. für Luftleitungen und -Transportenergie. Die Rückwärmezahl ist hoch.

– Rotationswärmetauscher mit hygroskopischer Speichermasse haben noch höhere Rückwärmezahlen, weil zusätzlich zur Wärme ein Teil der Feuchte zurückgewonnen werden kann. Auch hier müssen die Luftströme zueinander geführt werden mit ggf. hohem Aufwand u.a. für Luftleitungen und -Transportenergie. Die Übertragung unerwünschter Stoffe von der Abluft auf die Zuluft wird durch Spülzonen begrenzt.

– Kreislaufverbundsysteme (KV) bestehen aus je einem Wärmetauscher auf der Abluft- und der Zuluftseite, die mit einem hydraulischen Wärmetransportsystem mit Rohrleitungen und Umwälzpumpe verbunden sind. Sie haben niedrigere Rückwärmezahlen. Die Luftleitungen müssen nicht zueinander geführt werden. Die Wärmeausbeute kann durch das Zwischenschalten einer Wärmepumpe vergrößert werden. *Diehl*

Wärmeschutz. Die Aufgaben des baulichen W. bestehen in folgendem:

☐ Gesunderhaltung und Schaffen einer thermischen Behaglichkeit:

– Gesunderhaltung der Nutzer durch Schaffen der klimatischen Randbedingungen (Raumlufttemperatur, Oberflächentemperatur der Bauteile),

– Ermöglichen einer optimalen körperlichen und geistigen Leistungsfähigkeit;

☐ → Energieeinsparung:

– Heizkosteneinsparung während der Heizzeit,

– Einsparung der Kosten für die Klimatisierung durch Maßnahmen des sommerlichen W.;

☐ Vermeidung von Zwangsspannungen:

– Verhindern von thermisch bedingten Zwangsspannungen, z.B. „schiebendes Flachdach".

Die Energieeinsparung durch den baulichen W. hat in letzter Zeit im wesentlichen aus zwei Gründen zunehmend an Bedeutung gewonnen:

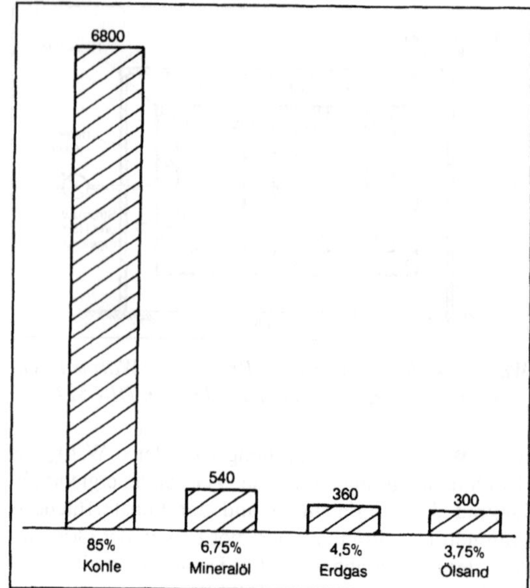

Wärmeschutz 1: Weltreserven fossiler Brennstoffe. (VWEW Frankfurt 1981)

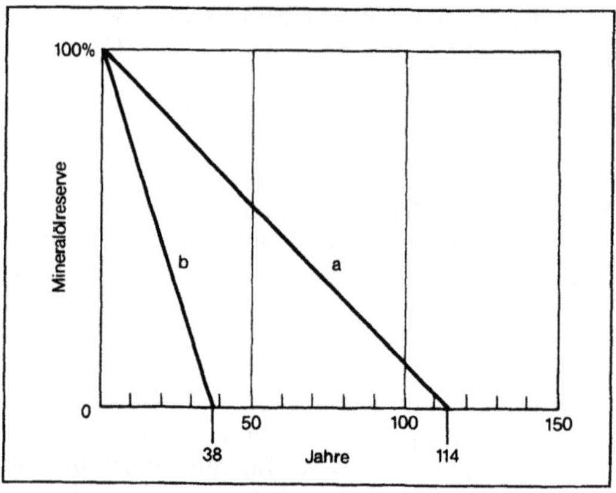

Wärmeschutz 2: Abnahme der Erdölreserven. (VWEW Frankfurt 1981)

a jährlicher Ölverbrauch bleibt konstant
b jährlicher Ölverbrauch nimmt wie bisher jährlich um 5% zu

☐ Verknappung der weltweit vorhandenen Energiereserven,

☐ Emission von Treibhausgasen (CO_2) bei der Verbrennung fossiler Brennstoffe.

In Bild 1 sind die derzeit bekannten Weltenergiereserven an fossilen Brennstoffen dargestellt. Sie betragen: $E \approx 8\,000 \cdot 10^3$ Mill. t SKE (SKE = Steinkohleeinheit). Der derzeitige Jahresverbrauch beträgt rd. 9 500 Mill. t SKE; davon deckt das Erdöl rd. 49%, also etwa 4 700 Mill. t SKE/a. In Bild 2 ist die Abnahme der z. Z. bekannten Mineralölreserven unter der Annahme eines jährlich konstanten Ölverbrauches (a in

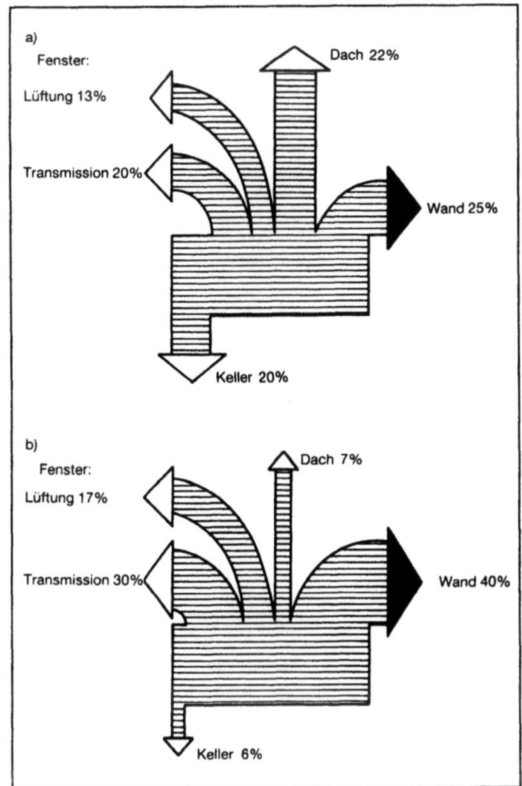

Wärmeschutz 3: Transmissions- und Lüftungswärmeverluste nach Gertis.
a) Freistehendes Einfamilienhaus
b) Wohnhaus mit zehn Geschossen.

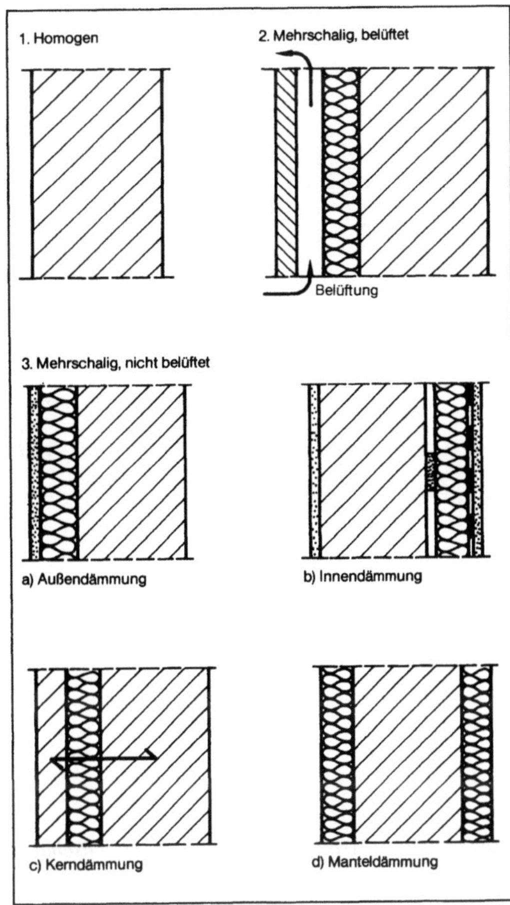

Wärmeschutz 4: Wärmeschutztechnische Prinzipien bei der Ausbildung von Außenwandkonstruktionen.

Bild 2) und unter der Annahme, daß der jährliche Ölverbrauch weltweit wie bisher um rd. 5% zunimmt (Zunahme der Weltbevölkerung) angegeben (b in Bild 2). Es ist müßig, darüber zu diskutieren, ob die Kurve a oder b in Bild 2 in quantitativer Hinsicht zutrifft oder nicht. Tatsache ist, daß in absehbarer Zeit die Erdölreserven versiegen werden, daß die Suche nach alternativen Energiequellen zwingend vorangetrieben und daß parallel dazu der Energieverbrauch gedämpft werden muß.

Um durch bauliche Maßnahmen Energie einzusparen, müssen die → Wärmeverluste im Bauwesen analysiert werden. Bild 3 gibt einen Überblick über die → Transmissions- und → Lüftungswärmeverluste eines Einfamilienhauses im Vergleich zu einem mehrgeschossigen → Gebäude. Die erhöhte Ausnutzung der Energie ist z. B. durch eine verbesserte Heizungstechnik (Brennereinstellung, Blockkraftwerke u. ä.) zu erreichen. Die → Wärmerückgewinnung läßt sich durch maschinentechnische Anlagen (insbesondere bei Räumen mit einem hohen Anteil an Energie in der Fortluft) oder auch durch Abluftfenster vornehmen. Bei den baulichen Maßnahmen zur Energieeinsparung kommt der

Gebäudegeometrie eine besondere Bedeutung zu: Je gedrungener ein Baukörper ist, um so geringer ist der Anteil an wärmetauschender Außenfläche und um so geringer ist damit der → Transmissionswärmeverlust. Der Einfluß der Gebäudegeometrie wurde in der → Wärmeschutzverordnung berücksichtigt (Verhältnis A/V).

Der W. der Gebäudehüllfläche geschieht dadurch, daß man die Bauteile wärmedämmend ausführt. Flachdächer werden durch eine ausreichend dick bemessene Wärmedämmschicht (meistens Kunstharzschaum), die über der tragenden Decke aufgebracht wird, gedämmt. Je nach konstruktiver Ausbildung der Flachdächer werden einschalige und zweischalige (belüftete) Flachdächer unterschieden. In Bild 4 sind in einer Übersicht Außenwandkonstruktionen nach der Lage der Wärmeschutzschicht dargestellt. Für die Fenster werden in der Regel Zwei- oder Dreischeibenisolierverglasungen gewählt, sofern nicht aus schallschutztechnischen Gründen Kastenfenster zur Anwendung gelangen (Bild 5, S. 730). Der wärmeschutztechnische Nachweis

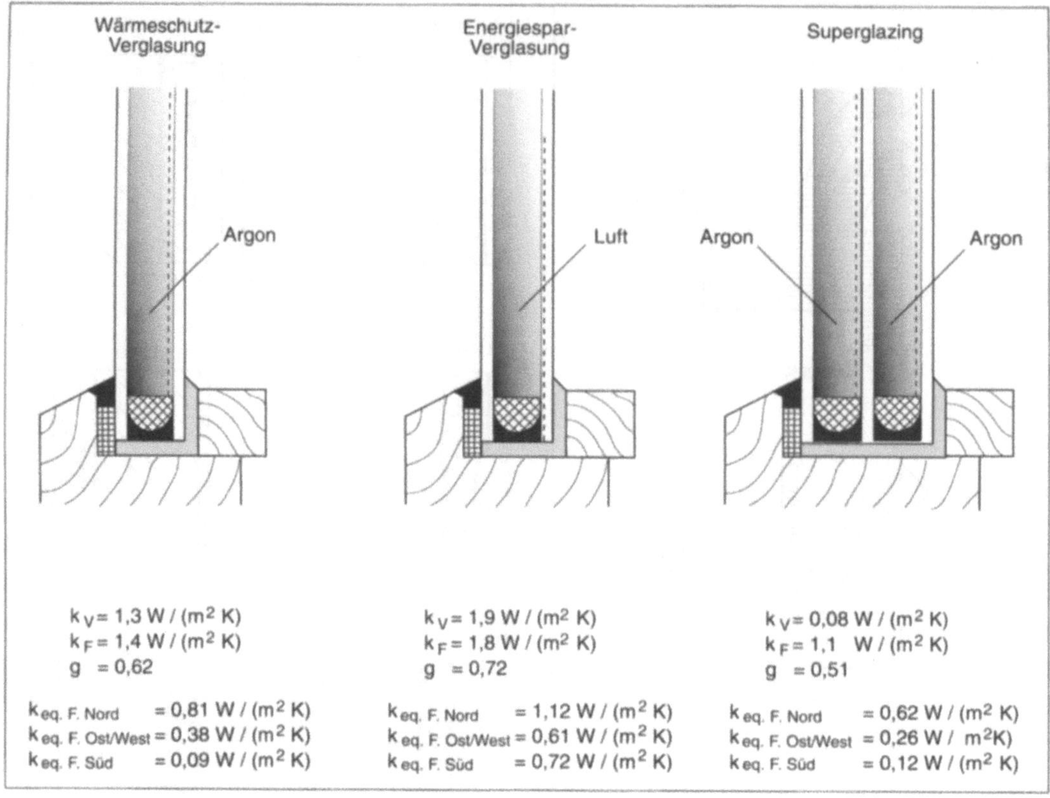

Wärmeschutz 5: Wärmeschutztechnische Eigenschaften von Fenster-Verglasungen [2]

für Gebäude ist in der Wärmeschutzverordnung und in DIN 4108 geregelt. *Cziesielski*

Literatur: Energiebilanzen der Bundesrepublik Deutschland. Arbeitsgemeinschaft Energiebilanzen VWEW Frankfurt 1981. – Bundesminister für Wirtschaft (BMWi): Wärmeschutz bei Gebäuden, 1994.

Wärmeschutz, sommerlicher. Die Außenlufttemperatur weist im Sommer große Schwankungen zwischen den Höchstwerten am Tag und den nächtlichen Tiefstwerten auf. Die Tageshöchstwerte übersteigen oft die gewünschte Raumtemperatur. Zusätzlich kann eine Erhöhung der Raumlufttemperatur durch Sonnenstrahlung verursacht werden, da die Fenster als „Strahlenfalle" wirken: Die kurzwellige, energiereiche Sonnenstrahlung kann durch das Glas in das Rauminnere gelangen und die Innenbauteile und die Raumluft erwärmen. Die von den Innenbauteilen emittierte langwellige Wärmestrahlung wird von der Verglasung nicht hindurchgelassen, so daß es zu einer Aufheizung im Rauminnern kommt (Treibhauseffekt). Die Erhöhung der Raumlufttemperatur wird durch folgende Parameter bestimmt:

☐ Wärmeeinstrahlung, abhängig von der geographischen Lage und der Fensterorientierung,

☐ Art, Anzahl und Größe der transparenten Außenbauteile, z. B. Fenster, Glasbausteinwände, Lichtkuppeln,

☐ Vorrichtungen zum → Sonnenschutz,

☐ Wärmeabfuhr aus dem Raum durch die Lüftung,

☐ Wärmespeicherfähigkeit der Innenbauteile: Die eingestrahlte Energie erwärmt nur in dem Maße die Rauminnenluft, wie sie nicht die Innenbauteile erwärmt,

☐ instationäre Wärmeleiteigenschaften der nichttransparenten Innenbauteile.

Der Einsatz von großen Glasflächen als architektonisches Gestaltungsmittel und der Einsatz von Leichtbaukonstruktionen haben es erforderlich werden lassen, für Gebäude ohne raumlufttechnische Anlagen Anforderungen hinsichtlich des s. W. zu stellen. Da der Gesamtenergiedurchlaßgrad g der Fenster sowie der Fensterflächenanteil f, bezogen auf die Außenwandfläche, für die Raumlufttemperatur maßgebend ist, wird nach DIN 4108 der Nachweis eines zulässigen Wertes g · f gefordert (Tabelle):

$$g \cdot f = g \cdot z_1 \cdot z_2 \ldots z_f \cdot f.$$

Die Werte für den Gesamtenergiedurchlaßgrad g und den Abminderungsfaktor z (Sonnenschutz) sind DIN 4108 zu entnehmen. *Cziesielski*

Wärmeschutz, sommerlicher. Tabelle: Höchstwerte g · f in Abhängigkeit von den natürlichen Lüftungsmöglichkeiten und der Innenbauart nach DIN 4108.

Innenbauart	empfohlene Höchstwerte g · f*)	
	erhöhte natürliche Belüftung nicht vorhanden	erhöhte natürliche Belüftung vorhanden
leicht	0,12	0,17
schwer	0,14	0,25

*) f Fensterflächenanteil, bezogen auf die Fenster enthaltende Außenwandfläche (lichte Rohbaumaße):

$$f = \frac{A_f}{A_W + A_F}$$

Wärmeschutzverordnung. Die W. wurde aufgrund des Gesetzes zur Einsparung von Energie in Gebäuden vom 22.7.1976, zuletzt geändert durch Gesetz von 1994, erlassen. Das Ziel der W. ist es, den Heizwärmeverbrauch und damit die Emission von CO_2 zu verringern.

Die W. unterscheidet
– Gebäude mit normalen Innentemperaturen,
– Gebäude mit niedrigen Innentemperaturen (mehr als 12 °C, aber weniger als 19 °C und mehr als 4 Monate im Jahr beheizt),
– bauliche Änderungen bestehender Gebäude.

Bei Gebäuden mit normalen Innentemperaturen ist nachzuweisen, daß der vorhandene volumenbezogene bzw. flächenbezogene Jahresheizwärmebedarf kleiner oder gleich dem maximal zulässigen volumenbezogenen bzw. flächenbezogenen Jahresheizwärmebedarf ist. Der vorhandene Jahresheizwärmebedarf wird als Energiebilanz aus dem Transmissionswärmebedarf und dem Lüftungswärmebedarf sowie den internen und solaren Gewinnen eines Gebäudes ermittelt.

Für kleine Wohngebäude mit bis zu zwei Vollgeschossen und nicht mehr als drei Wohneinheiten gelten die Anforderungen an den Jahresheizwärmebedarf auch dann als erfüllt, wenn die in der W. genannten maximalen → Wärmedurchgangskoeffizienten nicht überschritten werden (→ Energieeinsparung). *Cziesielski*

Wärmespeicher. In der technischen Gebäudeausrüstung werden W. eingesetzt, um starke Belastungsspitzen im Tagesablauf auszugleichen, z.B. bei gewerblichen Duschanlagen, als Pufferspeicher z.B., um die Taktfrequenz von Wärmepumpen und Blockheizkraftwerken zu verringern oder um Zeiten ohne Wärmezufuhr zu überbrücken, z.B. bei Sonnenheizanlagen, Nachtspeicherheizungen. Als Speichermedium werden vorwiegend Wasser bzw. – bei Kälteanlagen – Eis, bei Nachtspeicherraumheizgeräten Feststoffe verwendet.
Diehl

Literatur: *Recknagel/Sprenger/Schramek:* Taschenbuch für Heizung und Klimatechnik. München 1994/95.

Wärmeverluste. Bei den W. im Bauwesen werden die → Transmissions- und → Lüftungswärmeverluste sowie die Heizungsverluste unterschieden. In Abhängigkeit von der Gebäudeform sind die einzelnen W. für

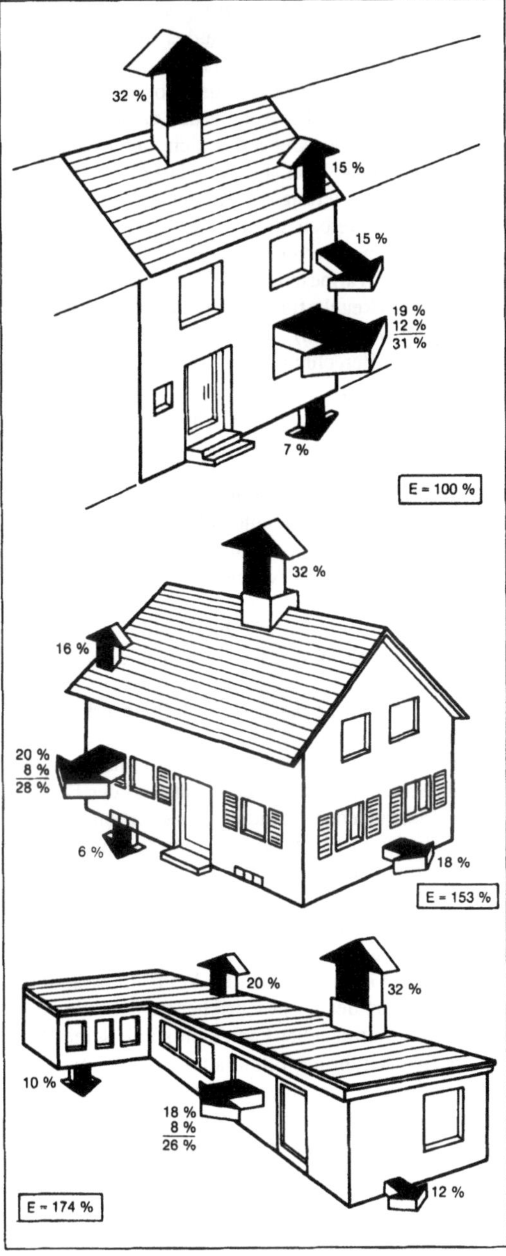

Wärmeverluste: Wärmeströme durch einzelne Bauteile und Heizungsverluste für Gebäude unterschiedlicher Form, aber gleichen Gebäudevolumens (Energiesparbuch 1977).

Bei den Fenstern gibt die obere Zahl jeweils den Transmissionswärmeverlust, die untere Zahl den Lüftungswärmeverlust an.

die entsprechenden Bauteile im Bild angegeben. Die Transmissionswärmeverluste entstehen auf Grund der → Wärmeleitung durch die die Gebäudehülle bildenden Bauteile. Maßgebend für den Transmissionswärmeverlust ist der mittlere → Wärmedurchgangskoeffizient dieser Bauteile. Der Lüftungswärmeverlust entsteht beim Lüften eines Gebäudes und infolge der undichten Fugen insbes. im Bereich der Fenster und Türen. Die Lüftungswärmeverluste dominieren in dem Maße, wie der → Wärmeschutz des Gebäudes steigt, weil die Lüftung des Gebäudes nicht unter das hygienisch erforderliche Maß absinken darf (→ Wohnhygiene). Zur Quantifizierung der Parameter, die die W. im Bauwesen beschreiben, dienen

☐ → Wärmeschutzverordnung,

☐ DIN 4108 (Wärmeschutz im Hochbau),

☐ DIN 4701 (Regeln für die Berechnung des Wärmebedarfs von Gebäuden),

☐ VDI 2067 (Berechnung der Kosten von Wärmeversorgungsanlagen). *Cziesielski*

Literatur: BM Bau: Energiesparbuch. Schriftenr. des BM Bau, H. 04.024, 1977.

Wagnis. Die in der unternehmerischen Tätigkeit enthaltene Verlustgefahr. Zu unterscheiden sind:

☐ besondere Bauwagnisse, die zu Kostenabweichungen infolge nicht vorhersehbarer Umstände der Herstellung führen,

☐ Kalkulationswagnisse, die durch fehlerhafte → Kalkulationen bedingt sind, z. B. Auslassen von Kostenbestandteilen, und

☐ Unternehmenswagnisse, wie z. B. Preisverfall infolge Überkapazitäten.

Bauwagnisse kann man z. T. durch eine Versicherung abdecken, mit der die z. B. während der Bauausführung auftretenden Schäden versichert sind. Meist werden die W. in einem besonderem Zuschlag für W. und Gewinn berücksichtigt. *Drees*

Wahlposition. Die W. (Alternativposition) ist die Position eines Leistungsverzeichnisses, die gegenüber einer zugehörigen Grundposition die Wahl einer anderen Ausführungsart der ausgeschriebenen → Bauleistung zuläßt. Der Auftraggeber kann sich somit seine Wahl bis zur Bauausführung offenhalten. Die W. wird oft angewendet, um eine preisgünstigere Ausführungsvariante einer Bauleistung vor der Erteilung des → Zuschlags zu erhalten, ohne jedoch später eine Änderung am → Leistungsverzeichnis durch Fortfall der vertraglichen und Ausführung einer außervertraglichen Leistung vornehmen zu müssen. *Drees*

Walzasphalt. W. und gießbarer Asphalt sind zwei grundsätzlich verschiedene Arten von → Asphaltmischgut, deren maßgeblicher Unterschied der Hohlraumgehalt ist. Bei → Gußasphalt und → Asphaltmastix sind die Hohlräume im Mineralstoffgemisch mit Bitumen voll ausgefüllt, das Mischgut ist hohlraumfrei und braucht nicht verdichtet zu werden. Es wird beim Einbau von Hand oder mit speziellen Einbaugeräten vergossen und verstrichen. Zu den W. zählen → Asphaltbeton, → Asphaltbinder, → Splittmastixasphalt sowie Mischgut für die → Tragdeckschicht und die → Asphalttragschicht. Im Mischgut für W. sind die Hohlräume im Mineralstoffgemisch mit Bitumen nur soweit ausgefüllt, daß bei maximaler Lagerungsdichte noch ein Resthohlraumgehalt existiert. Das anfangs relativ lockere Mischgut muß nach dem Einbau durch Straßenfertiger bis auf den Resthohlraumgehalt mit Walzen verdichtet werden. Während das Mischgut des Gußasphaltes durch einen mit Splitt versteiften Mörtel charakterisiert werden kann, der im heißen Zustand das Verstreichen ermöglicht, später die Splittkörner einbettet, schützt und somit den entscheidenden Beitrag zur Standfestigkeit liefert, wird das Korngerüst des W. durch einen wesentlich weicheren Mörtel lediglich verklebt. Dieser Mörtel, der ein bis zu 3,5fach kleineres Füller/Bitumen-Verhältnis und weicheres Straßenbaubitumen aufweist als Gußasphalt, unterstützt im heißen Zustand die Walzverdichtung und bewirkt im abgekühlten Zustand eine dauerhafte Verklebung und Stabilisierung des standfesten Korngerüstes. Die Einbautemperaturen von W. liegen zwischen 120 und 180 °C (Gußasphalt 200–250 °C). Die mechanischen Eigenschaften des Asphalts sind von der jeweiligen Mischgutzusammensetzung abhängig. *Beckedahl*

Literatur: Merkblatt für die mechanischen Eigenschaften von Asphalt.

Walzenbrecher. Das Brechgut wird zwischen zwei gegenläufigen Walzen (Bild) oder zwischen einer Walze und einer Brechbacke drückend zerkleinert. Die Walzenmäntel sind je nach Anforderung gezahnt, geriffelt oder glatt ausgebildet. Zum Überlastungsschutz ist eine Walze oder die Brechbacke federnd gelagert. Mit einem Zerkleinerungsgrad 3 bis 4:1, Drehzahl über 30 min^{-1} beim Brecher, bis 250 min^{-1} bei der Mühle dienen sie der Feinzerkleinerung von weichem und mittelhartem Gestein. *Kühn*

Walzenbrecher: Arbeitsschema eines Zwei-W.

Walzprofil. Im Stahlbau werden gewalzte Profile, Flachstähle und Bleche hauptsächlich in den Materialgüten St 37 und St 52 verarbeitet. Soweit es die statischen und konstruktiven Anforderungen zulassen, kommen aus Kostengründen weitgehend W. zum Einsatz. Dies gilt insbes. für Konstruktionen des Stahlhochbaues. Das am meisten verarbeitete W. ist das I-Profil. Es ist heute auch in allen Schweißgüten herstellbar, so daß auch die Fertigung geschweißter Bauteile aus W. kein Problem ist. Die Palette der W. reicht vom I-Profil über das U-, T- und Winkelprofil bis hin zu den Rohr- und Kastenprofilen. *Sedlacek/Scholz*

Literatur: Stahlbau-Profile. 16. Aufl. Hrsgg. v. Ver. Dt. Eisenhüttenleute.

Wandschalung. Schalungsformen für Wände oder wandartige Bauteile, für die eine große Auswahl an Geräten, Stoffen, Systemen, Elementformen und Schalhautmaterialien zur Verfügung stehen. Schalungsformen und Systeme für Wände sind meist auch einsetzbar für andere vertikale Bauteile wie z.B. Brüstungen, Attiken, Überzüge, Stützen und Fundamente.

Für W. eignen sich
- → Rahmentafelschalungen
- → Trägerschalungen
- Lose-Teile-Schalungen (vor allem in Paßbereichen)
- Gleit- oder → Kletterschalungen, soweit von der Bauwerkshöhe wirtschaftlich anwendbar
- → Sonderschalungen.

Alle diese Schalungsarten und -systeme können zu Großflächenelementen (→ Großflächenschalung) zusammengefügt werden. *F. Hoffmann*

Warmeinbau. → Asphaltbeton im W. sollte nur noch in Ausnahmefällen als → Deckschicht auf Straßen verwendet werden und dann nur, wenn die Verkehrsbelastung gering ist. Nach den „Zusätzlichen Technischen Vertragsbedingungen und Richtlinien für den Bau von Fahrbahndecken aus Asphalt" (ZTVAsphalt-StB) setzt sich das Mischgut für den W. aus einem korngestuften Mineralstoffgemisch sowie → Fluxbitumen zusammen und wird bei 60–130 °C eingebaut und verdichtet. Erst wenn der größte Teil des im → Bindemittel (Straßenbau) enthaltenen Fluxöls entwichen ist, sollte sich die nur infolge der nachverdichtenden Wirkung des Verkehrs zu erreichende endgültige Lagerungsdichte einstellen. Daraus verbietet sich der Einsatz von Asphaltbeton im W. bei Straßen mit hohem Schwerverkehrsaufkommen, da ansonsten mit einer übermäßigen Spurrinnenbildung zu rechnen ist. Um das Entweichen des im Bindemittel enthaltenen Fluxöls zu ermöglichen, muß die Deckschicht nach der Walzverdichtung über einen genügend großen Hohlraumgehalt verfügen und darf nicht mit einem Oberflächenabschluß versiegelt werden. Asphaltbeton im W. darf man nicht mit Gummiradwalzen verdichten. *Beckedahl*

Warmwasser. W. (auch Brauchwarmwasser) ist ein auf üblicherweise etwa 40–60 °C erwärmtes Trinkwasser, das im Haushalt für sanitäre Zwecke und sonstige Gebrauchszwecke vorgehalten wird. Im Gewerbe kann es für betriebliche Zwecke auch auf bis zu rd. 90 °C

erwärmt werden. Man verteilt es meist parallel zum kalten Trinkwasser in einem eigenen W.-System. Das W. wird im W.-Aufbereiter erwärmt. Der Netzdruck des bei Entnahme am Zapfhahn in den W.-Behälter nachströmenden kalten Wassers ergibt die W.-Versorgung. Diese W.-Bereitung geschieht in Durchlaufanlagen bei hoher sekundlicher Wärmeleistung oder in größeren W.-Speichern mit vorgehaltenem W. bei geringerer Wärmeleistung. Die W.-Bereitung erfolgt durch Strom, bei Speichern bevorzugt billigen Nachtstrom, oder Gas, z.B. in Durchlauferhitzern, häufig auch durch das → Heizungswasser. In letzter Zeit wird gelegentlich Solarenergie, in Deutschland meist neben anderen Energiequellen, benutzt, eine kostspielige Anschaffung der dann billigen Energie. Um das W. immer nahe an den Zapfstellen vorzuhalten, richtet man häufig ein drittes System, das W.-Zirkulationssystem, meist über eine Zirkulationspumpe ein. W. ist an der Zapfstelle rot, Kaltwasser blau markiert. Da sich je nach der Wasserhärte und dem CO_2-Gehalt infolge physikalisch-chemisch bedingter Veränderungen des Wassers ausgeschiedene Gasanteile und ausgefällte Calcium- und Magnesiumsalze bevorzugt an den erwärmten Oberflächen in steinartig-kristalliner oder weicher, schlammiger Form absetzen, kann es zu → Korrosion und anderen Schäden kommen; dies gilt auch für das Zirkulationssystem. Durch geeignete einheitliche Materialien, spezielle Oberflächen oder durch → Wasserkonditionierung kann man diesen Risiken begegnen. Bei Temperaturen <50 °C können sich im W.-Netz und in den Zapfstellen (Brausen) → Legionellen, die Verursacherbakterien der Legionärskrankheit, vermehren. *Pfeiff*

Wartezeit. Bei der → Kalkulation zu berücksichtigende Unterbrechungen eines Arbeitsablaufs, insbes. bei → Arbeitsketten, so z.B. Warten eines Fertigers auf Antransport von Schwarzmischgut oder Warten eines Fahrzeugs auf Beladen durch den Bagger. W. lassen sich wegen der im Baubetrieb unvermeidlich auftretenden Störungen nicht ausschließen, so z.B. Verlängerung der Fahrzeit eines Fahrzeugs infolge eines Verkehrsstaus. W. sind durch einen → Zuschlag zur rechnerisch ermittelten Ausführungszeit zu berücksichtigen. *Drees*

Waschanlage. Mit bindigem Boden behaftete und vermengte Körnungen an Sand und Kies sind zu reinigen. Desweiteren müssen Bestandteile an Holz, Torf und Kohle ausgesondert werden. Ist die Beimengung noch gering, reicht oftmals eine scharfe Bebrausung während des Klassierens auf → Vibrationssieben aus. Bei einem größeren Gehalt an Ton und Lehm wird ein besonderer Aufbereitungsgang erforderlich. Gröberes Korn wird in Maschinen in der Art von Trog- und Trommelmischern aufbereitet, bei denen im autogenen Mahlprinzip das Kieskorn sich selber aneinander oder an der geriffelten Behälterauskleidung von dem Anhaftendem abreibt, wobei sich sogar eckiges Korn abrundet. Eine derartige Tongrinder genannte Einrichtung bearbeitet Kieskörnung im Gemenge 4–120 mm mit bis zu 20% Beimengung an toniger Substanz. Seit alters her sind besondere Waschmaschinen in der Durchgangs- bzw. Gegenstrom- und Tauchverfahrensweise im Gebrauch. *Kühn*

Waschmittelgesetz. Das Gesetz über die Umweltverträglichkeit von Wasch- und Reinigungsmitteln (Wasch- und Reinigungsmittelgesetz – WRMG) von 1975 in der Fassung vom 5. März 1987 (BGBl. I S. 875) erlaubt, durch Rechtsverordnungen bestimmte Anforderungen an die in Wasch- und Reinigungsmitteln enthaltenen Stoffe zu stellen. Darüber hinaus können gewässerschädigende Stoffe verboten oder beschränkt werden. Rahmenrezepturen nebst Änderungen müssen dem Bundesumweltamt in Berlin mitgeteilt werden. Schließlich ist der Verbraucher von den Produzenten über gewässerschonende Verwendung der Mittel aufzuklären, z. B. durch Beschriften der Verpackung, Angabe von Dosierungsempfehlungen. Das WRMG wird ergänzt durch die Rechtsverordnung über die Abbaubarkeit anionischer und nichtionischer grenzflächenaktiver Stoffe (Tensidverordnung – TensV) von 1977, zuletzt in der Fassung vom 4. Juni 1986 (BGBl. I S. 851). Damit dürfen nur noch solche Wasch- und Reinigungsmittel in den Verkehr gebracht werden, bei denen die anionischen und nichtionischen Tenside im Gewässer nach einem vorgeschriebenen Prüfverfahren zu mindestens 80% primär abbaubar sind. Zu erwähnen ist in diesem Zusammenhang auch die Phosphathöchstmengenverordnung (PHöchstMengV) vom 4. Juni 1980 (BGBl. I S. 664). Mit ihrer Hilfe ist der Eintrag der Phosphate aus Waschmitteln in das Abwasser in zwei Stufen bis zum 1. Januar 1984 auf ungefähr die Hälfte der Ausgangswerte vermindert worden (→ Wasserrecht). *Lecher*

Wasser, betonaggressives → Betonaggressivität

Wasser, juveniles. J. W. wird bei der Primärentgasung der Magmen freigesetzt und erstmals dem Wasserkreislauf zugeführt (→ Wasserkreislauf, geologischer). *Matheß*

Wasser, unterirdisches. Hydrologisch ist das u. W. der wasserungesättigten Zone und der (wassergesättigten) Grundwasserzone zuzuordnen. Die Grundwasseroberfläche liegt in porösen Gesteinen im unteren Teil des → Kapillarraumes, in dem bereits wassergesättigte Verhältnisse existieren. In der wasserungesättigten Zone kommen feste Untergrundmaterialien sowie Wasser in Form von → Adsorptionswasser, → Kapillarwasser, → Sickerwasser und Grundluft zusammen vor, in der Grundwasserzone feste Untergrundmaterialien und → Grundwasser. Außer diesen Formen des u. W. gibt es das Wasser in Einzelhohlräumen und das chemisch im Gestein gebundene oder in Magmen gelöste Wasser.

Unterhalb des zusammenhängenden Grundwasserkörpers kommt Wasser in Einzelhohlräumen unterschiedlicher Größe vor. Es kann sich um isolierte Klüfte und Porenräume handeln, daneben um Wassereinschlüsse, wie sie in vielen Kristallen vorkommen. Diese Einschlüsse nehmen nicht am hydrologischen → Wasserkreislauf teil. Wasser ist als Hydratwasser in zahlreichen Mineralen enthalten und wird bei der Verwitterung und der Metamorphose als Hydratwasser gebunden oder freigesetzt; Beispiel: Bindung von Wasser bei der Umwandlung von Anhydrit $CaSO_4$ in Gips $CaSO_4 \cdot 2H_2O$ und von Kalifeldspat $KAlSi_3O_8$ in Kaolinit $Al_2Si_2O_5(OH)_4$. Beim umgekehrten Prozeß werden erhebliche Wassermengen freigesetzt, z. B. bei der Umwandlung von 1 m^3 Gips in Anhydrit 0,486 m^3. In erumpierenden Magmen sind Wassergehalte bis zu 0,9% (bez. auf die Masse) bekannt, die deutlich unter der Löslichkeit von Wasser in Magmen liegen, wie sie bei Laboruntersuchungen bestimmt werden. Die Löslichkeit hängt an der Temperatur und vom Wasser- bzw. Gesamtdruck, weniger vom Chemismus der Schmelzen ab. Das Wasser in den Magmen stammt nach ^{18}O-Analysen z. T. aus dem Wasserkreislauf, z. T. aus der Aufschmelzung von kristallwasserhaltigen Silicaten (Muskovit, Biotit, Amphibol, Chlorit) in Subduktionszonen (Plattentektonik). *Matheß*

Literatur: *Matheß, G.*, u. *K. Ubell*: Allgemeine Hydrogeologie – Grundwasserhaushalt. Berlin, Stuttgart 1983.

Wasser, vadöses → Kreislaufwasser

Wasseräquivalent. Das W. (früher Wassergleichwert) der Schneedecke, ist das Wasser (fest, flüssig, gasförmig), das in der Schneedecke gebunden ist, ausgedrückt als Wasserhöhe über einer horizontalen Fläche.

Matheß

Literatur: DIN 4049-3: Hydrologie. Begriffe zur quantitativen Hydrologie. Ausg. 1994.

Wasseranlagerungswert. Der W. (Hygroskopizität, Hygroskopizitätsziffer) ist die Wassermenge in % der Masse des trockenen Bodens, die der Boden enthält, wenn bei weiterer Wasserzufuhr keine Benetzungswärme mehr frei wird. *Matheß*

Wasseraufbereitung.
   Gebäude. Der Kalk des Füllwassers bildet eine Rostschutzschicht, die bei kleineren Anlagen bis etwa 50 kW Wärmeleistung ausreicht, um der → Korrosion entgegenzuwirken. Bei größeren Anlagen, mehrmaliger Nachspeisung oder Werkstoffen mit starken Affinitätsunterschieden wird eine Aufbereitung des Umlaufwassers und ggf. auch des Füllwassers erforderlich. Als Verfahren kommen → Enthärtung, Alkalisierung, Sauerstoffbindung, Zudosierung von Schutzschichtbildnern (z. B. Aminen) und – bei Dampfanlagen – Entgasung in Betracht. *Diehl*

Literatur: VDI 2035: Verhütung von Schäden durch Korrosion und Steinbildung in Warmwasserheizungsanlagen.

Wasserversorgung. Wasser für die → Wasserversorgung oder speziell → Trinkwasser fällt in der Natur als Rohwasser nach Aussehen, Geschmack, Geruch, Temperatur, Chemismus und Keimgehalt nicht immer so an, wie es gebraucht wird. Es muß daher durch Aufbereitung in den jeweils nötigen Zustand gebracht werden. Vom hochwertigsten Grundwasser zum oft belasteten → Oberflächenwasser wird die W. umfangreicher. Beim uferfiltrierten Grundwasser ist die W. von den Anteilen aus diesen beiden Herkunftsarten abhängig. Die W. des Grundwassers kann folgende Schritte umfassen: Durch eine → Entsäuerung entfernt man aggressives, freies oder gebundenes bzw. halbgebundenes Kohlensäuregas CO_2, durch eine → Enteisenung, gleichzeitig meist auch eine Entmanganung, entfernt man die gelösten zweiwertigen Eisen- und Mangananteile (Braunfärbung) durch chemische, biologische und physikalische Prozesse bis zu den geforderten Grenzwerten. Bei besonderen Anforderungen, z. B. für gewerblich-industriell genutztes Wasser, kann man auch eine → Enthärtung des Wassers vornehmen, um die Calcium- und Magnesiumverbindungen bleibender, gebundener oder halbgebundener Art aus dem Wasser teilweise oder ganz zu entfernen. Nur in speziellen Fällen kommt auch eine → Entkeimung in Betracht, um alle bedenklichen Keime im Wasser unschädlich zu machen; dies wird bei Oberflächenwasser immer nötig sein. Beim Oberflächenwasser ist außer der Grobreinigung durch → Rechen eine Schönung und Vorklärung im Becken oder in → Teichen, eine Bodenbehandlung über Versickerung und Bodenpassage zur Temperaturanpassung und eine Zustandsverbesserung wie beim natürlichen Grundwasser, meist auch eine Fällung und Filterung und schließlich eine Aktivkohlebehandlung nötig. In Betracht kommen auch Mischungen verschiedener Rohwässer und spezielle Wasseraufbereitungsaufgaben, z. B. bei der W. von Meerwasser zu Trinkwasser durch Verdampfung und Kondensation.

Es gibt eine europäische Regelung, welche Qualität – chemisch – ein Rohwasser als Ressource für Trinkwasser durch Aufbereitung mindestens aufweisen muß; dies ist oft auch ein Ziel für die anzustrebende Gewässergüte. *Pfeiff*

Wasseraufnahmefähigkeit. Fähigkeit eines Bodens, Wasser kapillar anzusaugen und zu halten. Der Boden wird zuvor bei 60 °C bis zur Gewichtskonstanz getrocknet. Die W. hängt von der Plastizität des Bodens sowie der Art der Tonminerale ab.

Die nach 24 Stunden angesaugte Wassermenge w_{max} wird auf die Trockenmasse G_t bezogen und als Wasserbindevermögen w_B bezeichnet:

$$w_B = \frac{w_{max}[g]}{G_t[g]} \cdot 100 \quad [\text{Trockengewicht} - \%]$$

Die Untersuchungen werden mit einem von *Enslin-Neff* entwickelten Gerät durchgeführt (Bild). Über w_B

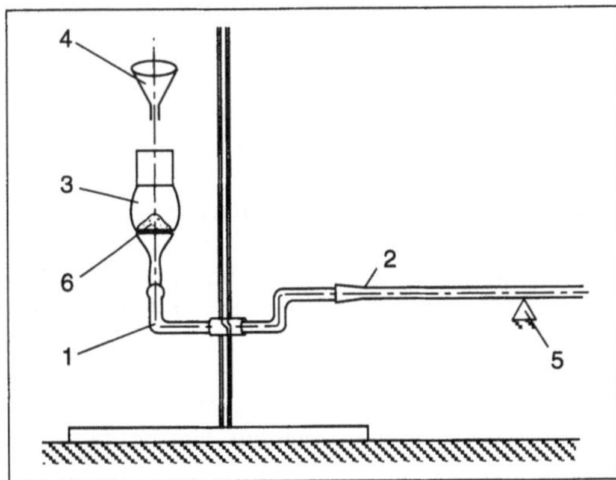

Wasseraufnahmefähigkeit: Wasseraufnahmegerät nach Enslin-Neff

1 Glasverbindungsrohr, 2 Meßrohr, gefüllt mit Wasser (Nennvolumen, 1 ml bzw. 2 ml), 3 Glasaufsatz mit eingeschmolzener Glasfilterplatte, 4 Einfülltrichter mit kurzem Stiel, 5 Auflager, 6 Bodenprobe

läßt sich näherungsweise auf die quellfähigen Tonanteile eines Bodens schließen. *Meißner/Becker*

Wasserbau, landwirtschaftlicher. Wasserwirtschaftliche und wasserbauliche Maßnahmen zur Erhaltung und Steigerung der Bodenfruchtbarkeit. Dazu gehören: die → Entwässerung und → Bewässerung landwirtschaftlich genutzter Flächen, Maßnahmen der Sicherung der → Vorflut, die → Abwasser- und → Gülleverregnung sowie die Verwertung anderer organischer Abfallstoffe (Klärschlamm u. a.) und wasserbauliche Maßnahmen im Zusammenhang mit der Fischerei, z. B. Fischteiche. Die Bereiche der Kulturlanderhaltung und -gewinnung werden heute im Rahmen der Landschaftswasserwirtschaft (→ Rekultivierung zerstörter Bodenflächen, → Erosionsschutz, → Gewässerregelung) oder des → Küsteningenieurwesens (→ Küstenschutz, → Vorlandgewinnung) bearbeitet, waren aber lange Zeit Teil des l. W. Folgende Maßnahmen, Anlagen und Bauwerke sind u. a. für den l. W. typisch: Entwässerung (Vorflutbeschaffung, z. B. Gräben, → Siele, → Dränung; → Schöpfwerke), Bewässerung (Wassergewinnungsanlagen, z. B. Brunnen), → Wehre, Kies- und → Sandfänge, Kanal- und Rohrnetze, Speicherbecken, z. B. → Talsperren, → Hochbehälter, Windschutzanlagen, Beregnungsanlagen (→ Beregnung) und andere Formen der → Wasserverteilung. *Lecher*

Wasserbaugerät. Die konventionellen Hauptaufgabengebiete des Wasserbaus umfassen Baumaßnahmen,
– die die Nutzung des Wassers durch den Menschen ermöglichen,
– die den Menschen bzw. das Land vor den Angriffen des Wassers schützen,
– die der Landgewinnung dienen.

Die dabei eingesetzten Baugeräte lassen sich in zwei Gruppen einteilen:
☐ Baugeräte, die von Land aus bzw. von einem schwimmenden Geräteträger aus eingesetzt werden,
☐ reine W., die für den speziellen Einsatz auf oder im Wasser konzipiert sind.

In die erste Gerätegruppe gehören alle konventionellen Baugeräte und Maschinen, die an Land eingesetzt werden. Als schwimmende Geräteträger stehen → Pontons, → Hub- und → Schreitinseln zur Auswahl, für Montagearbeiten in offenem Gewässer setzt man → Schwimmkrane ein.

Die Baugeräte der zweiten Gruppe unterscheiden sich grundsätzlich von denen auf dem Festland. Sie müssen nicht nur für die eigentliche Bauaufgabe konzipiert sein, sondern zusätzlich noch für die umfeldspezifischen Anforderungen, die sich aus der Arbeit in offenem Gewässer ergeben. Sie sind oft Schiff und Baugerät in einem; dabei muß das Baugerät den widrigen Umgebungsbedingungen angepaßt werden. So entzieht sich der Bauprozeß unter Wasser der visuellen Beobachtungsmöglichkeit, die Entfernungen zwischen Baumaschine und Bauobjekt sind größer, die Baumaschinen haben keinen festen Untergrund, sondern sind den Wind- und Wellenbewegungen ausgesetzt.

Eine der Hauptaufgaben des Wasserbaus besteht darin, unter Wasser liegenden Boden von einem Ort zu einem anderen zu transportieren. Einsatzbeispiele sind das Vertiefen von Schiffahrtsrinnen, die Landgewinnung und das Fördern von Rohstoffen (→ Sand, → Kies). Die zur Bodenansprache notwendigen Bodenuntersuchungsgeräte unterscheiden sich von denen an Land. Als Lösegeräte für unter Wasser liegende Böden kommen entweder → Schwimmgreifer, Eimerkettenbagger oder → Unterwasserschaufelradbagger zum Einsatz, die in ihrer Arbeitsweise den an Land arbeitenden Geräten ähneln, oder reine → Naßbagger, wie die → Saugbagger, → Schneidkopfsaugbagger und → Laderaumsaugbagger. Der Transport der Böden geschieht entweder hydraulisch oder mit Spül-, Klapp- oder Spaltklappschuten. *Kühn*

Wasserbedarf.

Allgemein. Der W. hängt von der Struktur und dem Entwicklungsstand einer Gemeinde/eines Landes ab. In ländlichen Gemeinden Mitteleuropas beträgt der W. (einschl. Kleingewerbe) 100–120 l/(E · d), in Entwicklungsländern bis zu 30 l/(E · d). In mitteleuropäischen Großstädten kann der W. bis zu 250 l/(E · d) und in Metropolen bis zu 600 l/(E · d) (New York 600, Moskau 600, Paris 500) betragen. Für die Industrieländer Europas und Nordamerikas rechnet man für die nächsten 20–30 Jahre mit einer Zunahme auf 400–1 000 l/(E · d). Für die Bundesrepublik Deutschland wird ein Anstieg des W. auf 73,2 Mrd. m^3 bis zum Jahr 2000 vorausgesagt. Die prognostizierte Gesamtwasserbedarfszunahme beträgt für die Bundesrepublik durchschnittlich 5,5%/a, ohne Berücksichtigung der Elektrizitätswerke 1,4%/a. Der W. wird in der Bundesrepublik Deutschland durch → Grundwasser aus → Brunnen und → Quellen (71,9%), Uferfiltrat und angereichertes Grundwasser (17,4%) sowie durch Wasser aus Seen, Flüssen und Talsperren gedeckt. Träger der → Wasserförderung und Versorgungsanlagen sind außer den öffentlichen Wasserwerken die Industrie und die Landwirtschaft. *Mattheß*

Literatur: *Mattheß, G.,* u. *K. Ubell:* Allgemeine Hydrogeologie – Grundwasserhaushalt. Berlin, Stuttgart 1983.

Bewässerung. Wasserverbrauch des Pflanzenbestandes (Pflanzen-Bodensystem). Er umfaßt außer dem von den Pflanzen verdunsteten (transpirierten) und in das Pflanzengewebe eingelagerten Wasser auch das von der Bodenoberfläche durch → Verdunstung (Evaporation) abgegebene Wasser sowie die übrigen Wasserverluste im Bewässerungssystem (Wirkungsgrad). Für Bewässerungsplanungen arbeitet man i. a. mit regional gültigen Erfahrungswerten. Die potentielle → Evapotranspiration, d. h. die Summe der Verdunstung am Standort, berechnet man mit Hilfe teilweise empirisch ermittelter Formeln unter Verwendung klimatologischer Daten, wie Tageslänge (Sonnenscheindauer), Globalstrahlung, Temperatur, Luftfeuchte (Sättigungsdefizit), Niederschlag und Windgeschwindigkeit sowie meist noch besonderer Pflanzen-, Boden- und Korrekturkoeffizienten (Bild). Bekannte Formeln stammen von *Haude* (nach DIN 19685 für die Verhältnisse in Deutschland), *Blaney-Criddle, Penman* u. a. Der jährliche Wasserverbrauch für die → Bewässerung wird für die alten Bundesländer Deutschlands auf 200 bis 300 Mill./m^3 geschätzt, mit rd. 25% Oberflächenwasser, 70% Grundwasser und 5% Abwasser (→ Abwasserverregnung). *Lecher*

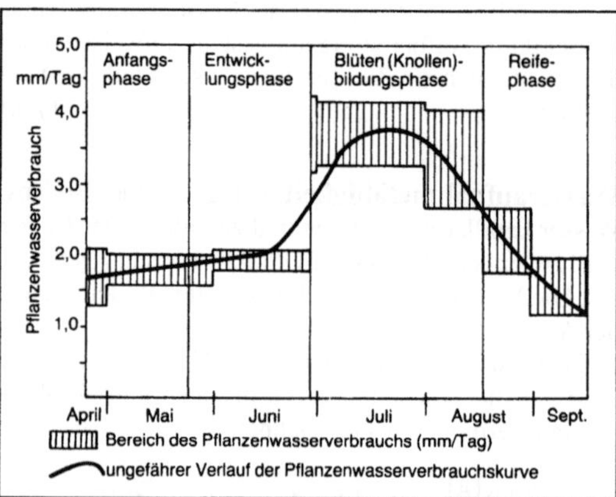

Wasserbedarf: Nach verschiedenen Formeln berechneter Pflanzenwasserverbrauch im Kartoffelanbau. (W. Achtnich)

Wasserbilanz, klimatische. Die k. W. ist die Differenz von → Niederschlag und → Verdunstung. Sie verdeutlicht den Einfluß des zeitlichen klimatischen Ablaufes für einen Ort und ein Zeitintervall. Positive Werte dieser Differenz zeigen einen Wasserüberschuß, negative ein Wasserdefizit an. Die k. W. wird aus den gemessenen Klimadaten täglich, für ein Zeitintervall von zehn Tagen (Dekadensumme), eines Monats, eines Jahres oder einer Jahresreihe berechnet.   *Mattheß*
Literatur: *Matheß, G.,* u. *K. Ubell*: Allgemeine Hydrogeologie – Grundwasserhaushalt. Berlin, Stuttgart 1983.

Wasserbuch. Von Verwaltungsbehörden (→ Wasserwirtschaftsverwaltung) geführtes Verzeichnis über Rechtsverhältnisse an einem Gewässer. Nach dem → Wasserhaushaltsgesetz (WHG § 37) sind alle nicht nur vorübergehenden Zwecken dienenden Erlaubnisse, Bewilligungen, alte Rechte und Befugnisse sowie → Wasserschutz- und → Überschwemmungsgebiete einzutragen. Eintragungen in das W. sind gebühren- und kostenfrei. Die Einsicht ist jedem gestattet, der ein berechtigtes Interesse nachweist. Näheres regeln die Wassergesetze der Länder (→ Wasserrecht). Die Landeswassergesetze enthalten insbes. Vorschriften über die Einrichtung und Führung des W., über das Verfahren bei Eintragungen in das W. und über das Recht zur Einsichtnahme. Die Länder haben in ihren Landeswassergesetzen auch vielfach (Ausnahme z. B. Bayern) bestimmt, daß über die o. a. Rechtsverhältnisse hinaus weitere Rechtsverhältnisse einzutragen sind. Hierbei geht es vor allem um Quellschutzgebiete, um Entscheidungen über die → Gewässerunterhaltung und den Gewässerausbau, um Entscheidungen über den → Hochwasserschutz sowie um Entscheidungen über Zwangsrechte.   *Lecher*

Wasserdampf. W. entsteht durch Verdunsten von Wasser: Es treten so lange Wassermoleküle in die Luft, bis sich ein Gleichgewichtszustand einstellt. W. ist demzufolge ein Gas, das sich mit dem Wasser in thermodynamischem Gleichgewicht befindet. W. ist als Gas unsichtbar. Die Menge der von der Luft aufnehmbaren W.-Menge ist stark temperaturabhängig (→ Sättigungsdampfdruck). Die Luft kann mit W. gesättigt sein; sie kann ungesättigt oder übersättigt sein. Im Falle der Übersättigung ist die den Sättigungsgehalt überschreitende W.-Menge im flüssigen Aggregatzustand in der Luft enthalten (Tröpfchen, die als Nebel oder Wolken in Erscheinung treten).   *Cziesielski*

Wasserdampf-Diffusionsdurchlaßwiderstand. Unter dem Wasserdampf-Diffusionsdurchlaßkoeffizienten Δ eines Bauteiles versteht man die Wasserdampfmenge m, die bei Vorhandensein eines stationären Wasserdampf-Diffusionsstromes durch 1 m² des Bauteiles in 1 h bei einer Dampfdruckdifferenz Δp

zwischen den angrenzenden Lufträumen von 1 Pa hindurchgeht:

$$\Delta = \frac{m}{A \cdot t \cdot \Delta p}$$

mit Δ in kg/(m² · h · Pa). Der Kehrwert von Δ gibt den Widerstand des Bauteiles (W.-D.) gegenüber diffundierenden Wassermolekülen an. Nach DIN 4108 wird $1/\Delta$ einer Baustoffschicht der Dicke s und der → Wasserdampf-Diffusionswiderstandszahl μ näherungsweise berechnet zu:

$$\frac{1}{\Delta} = 15 \cdot 10^5 \cdot \mu \cdot s \text{ in } m^2 \cdot h \cdot Pa/kg.$$ *Cziesielski*

Wasserdampf-Diffusionsstromdichte. Die W.-D. i_D gibt die Wasserdampfmasse m_D an, die unter der Wirkung eines Wasserdampfteildruckgefälles pro Zeiteinheit t bezogen auf die Flächeneinheit A diffundiert:

$$i_D = \frac{m_D}{A \cdot t} \text{ in } kg/(m^2 \cdot h).$$ *Cziesielski*

Wasserdampf-Diffusionswiderstandszahl. Die W.-D. μ ist ein Baustoffkennwert. Sie gibt an, wievielmal dichter der betreffende Baustoff gegen diffundierende Wassermoleküle ist als eine gleich dicke, ruhende Luftschicht. Definitionsgemäß ist für ruhende Luft $\mu = 1$. Für porige, massive Baustoffe, bei denen das feste Gefüge diffusionsdichter ist als Luft, muß damit die W.-D. größer 1 sein. Man bestimmt μ nach DIN 52615, Bl. 1. Für die wichtigsten Baustoffe sind die entsprechenden μ-Werte in DIN 4108 T. 4, aufgeführt.

Cziesielski

Wasserdampfdiffusion. Die Atmosphäre besteht aus einem Gemisch aus trockener Luft und Wasserdampf. Der am Barometer ablesbare Luftdruck setzt sich aus dem Teildruck der trockenen Luft und dem Teildruck des Wasserdampfes zusammen. Zwischen Räumen mit Luft von gleichem Gesamtdruck, aber unterschiedlichen Teildrücken findet ein Austausch der Gasmoleküle statt, bis gleiche Teildrücke der Luft vorliegen. Dieser Vorgang wird als Dampfdiffusion bezeichnet. Die Geschwindigkeit der → Diffusion und die Menge des diffundierenden Dampfes sind nicht nur von der Temperatur- und Dampfdruckdifferenz zwischen zwei Räumen abhängig, sie werden auch von der Dampfdichtigkeit der trennenden Bauteile und ihrer Baustoffe bestimmt.   *Cziesielski*

Wasserdampfteildruck. Die Luft ist ein Gemisch mehrerer Gase: Sauerstoff, Wasserdampf, Edelgase, Stickstoff u. a. Der am Barometer ablesbare Gesamtdruck p_{ges} der Luft setzt sich aus dem Druck der trockenen Luft (sämtliche Gase mit Ausnahme des Wasserdampfes) p_L und dem Druck des Wasserdampfes p_D zusammen (Daltonsches Gesetz):

$$p_{ges} = p_L + p_D.$$

Die Größe des W. ist von der Menge des Wasserdampfes in der Luft abhängig. Ist die Luft wasserdampfgesättigt, so bezeichnet man den vorhandenen W. als Wasserdampfsättigungsdruck p_s ($\rightarrow$ Sättigungsdampfdruck). Die Größe des Wasserdampfsättigungsdruckes kann nach DIN 4108 in Abhängigkeit von den Temperaturbereichen ermittelt werden:

$$p_s = a\,(b + \frac{\vartheta}{100\,°C})\,n\;.$$

Die drei Parameter a, b und n sind aus folgender Tabelle zu entnehmen:

Wasserdampfteildruck. Tabelle: Parameter zur Ermittlung des Wasserdampfsättigungdruckes.

	$0\,°C \le \vartheta \le 30\,°C$	$-20\,°C \le \vartheta \le 0\,°C$
a	288,68 Pa	4,689 Pa
b	1,098	1,486
n	8,02	12,30

Ist die Luft nicht wasserdampfgesättigt, folgt für den W. p_D unter Berücksichtigung der vorhandenen relativen $\rightarrow$ Luftfeuchtigkeit φ:

$$p_D = \varphi \cdot p_s\;. \qquad\qquad \textit{Cziesielski}$$

Wasserdurchlässigkeitsmessung. Bei den im Talsperrenbau üblichen W. (WD-Test) wird in eine nach oben (Einfachpacker) oder nach oben und unten (Doppelpacker) abgeschlossene, 1–5 m lange Bohrlochstrecke Wasser eingepreßt. Bei ansteigendem und bei absteigendem Druck registriert man die bei den einzelnen Druckstufen in das Gebirge eintretende Wassermenge und errechnet daraus die Aufnahmemenge je Zeiteinheit bei einem einheitlichen Druck. Für regionale Bereiche gelten empirische Beziehungen zwischen den Ergebnissen der W. und dem $\rightarrow$ Durchlässigkeitskoeffizienten. *Mattheß*

Literatur: *Mattheß, G.,* u. *K. Ubell:* Allgemeine Hydrogeologie – Grundwasserhaushalt. Berlin, Stuttgart 1983.

Wasserenthärtung $\rightarrow$ Enthärtung

Wasserfassung. Wasser muß in einfachster Form geschöpft werden. In der Technik spricht man von der W. Beim $\rightarrow$ Grundwasser spricht man von $\rightarrow$ Quellfassung, gelegentlich auch von $\rightarrow$ Dränagen oder von $\rightarrow$ Brunnen, beim $\rightarrow$ Oberflächenwasser von den $\rightarrow$ Entnahmen im Bachlauf, Fluß oder See. Die ursprüngliche Form der W. war die $\rightarrow$ Quelle, später der Brunnen. Bei der Quellfassung wie bei allen W. für Trinkwasser ist Vorsorge gegen jede denkbare Verschmutzung des Wassers zu treffen. Die Zisterne, eine Oberflächenwasser

fassung, ist in Deutschland für Trinkwasser wegen der erheblichen Verunreinigungsgefahr nicht üblich, sie kommt für untergeordnete Wassernutzungen gelegentlich in Betracht, um trinkwasserartiges Wasser zu sparen. Während die Quellfassungen meist horizontale W. sind, ist der Brunnen nach seiner ursprünglichen Aufgabe, auch tiefere Grundwasserschichten zu erschließen, eine vertikale Fassung. In den letzten 30 Jahren haben sich aus den USA kommend vereinzelt auch Kombinationen horizontaler oder schräger W. mit vertikalen Brunnen eingebürgert, um den Fassungsbereich des Brunnens zu erweitern. Auch bei der W. durch Brunnen muß man den Zutritt von Oberflächenwasser verhindern, besonders im Brunnenkopfbereich. Es gibt sehr viele Formen der Brunnen-W. Die Entnahmen von Oberflächenwasser sind meist turmartige, je nach der Größe oft kaum wahrnehmbare Bauwerke. Vor allem die W. des Grundwassers sind durch Wasserschutzzonen nach dem $\rightarrow$ Wasserhaushaltsgesetz (WHG) besonders geschützt, auch in Vorsorge für spätere W. *Pfeiff*

Wasserförderung. Wo die $\rightarrow$ Wasserversorgung nicht durch natürliches Gefälle aus gegenüber dem Verbraucher hochliegender $\rightarrow$ Wasserfassung möglich ist, wird eine W. notwendig; man spricht auch von Hebung zur $\rightarrow$ Wasserverteilung. Dabei werden heute meist elektrisch betriebene Motoren und Pumpen eingesetzt. Ältere W.-Systeme, wie Wasserräder, Antriebe durch Tierkraft, spielen bei uns keine Rolle. Durch Wind oder solar angetriebene W.-Anlagen werden regional zunehmend neu installiert. In bestimmten Fällen fördert man Wasser nach dem Heberprinzip (bis zu Höhen von knapp 10 m), pneumatisch (Druckluft, Gas) auch über größere Höhen. Bei zentraler Wasserversorgung, z.B. für Trinkwasser, geschieht die notwendige W. entweder direkt oder über $\rightarrow$ Pumpwerke aus Förderbrunnen oder anderen Wasserfassungen in das Rohrnetz oder in einen Hoch- oder Tiefbehälter, im Flachland oft auch in einen $\rightarrow$ Wasserturm. *Pfeiff*

Wassergleichwert $\rightarrow$ Wasseräquivalent

Wasserhaltung. Reicht die Baugrube für die Sohle eines Bauwerks in den Grundwasserspiegel hinein, so muß sie trocken gehalten werden. Die hierfür notwendigen Maßnahmen bezeichnet man als W. Abhängig von der Bodenart, dem Wasserandrang und der erforderlichen Absenktiefe kommen verschiedene Verfahren der W. zum Einsatz (Bild). *Kühn*

Wasserhaltung, offene. Bei der o. W. wird das der Baugrube in kleinen Mengen zufließende Wasser zu einer tieferliegenden Stelle geleitet, wo ein $\rightarrow$ Pumpensumpf ausgehoben und eine Pumpe installiert ist (Bild). Die eingesetzte Pumpe ist meist eine Tauchpumpe, die

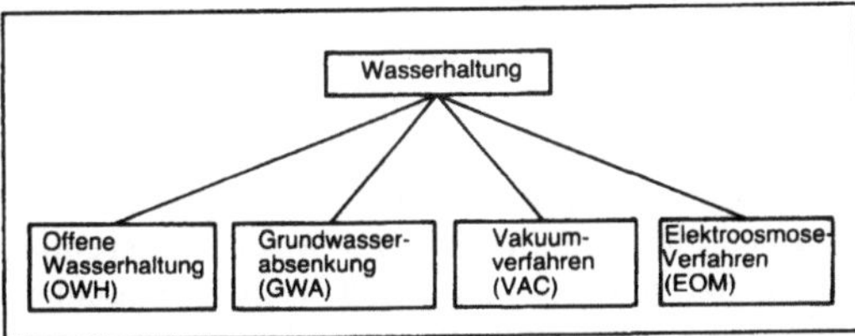

Wasserhaltung: W.-Arten.

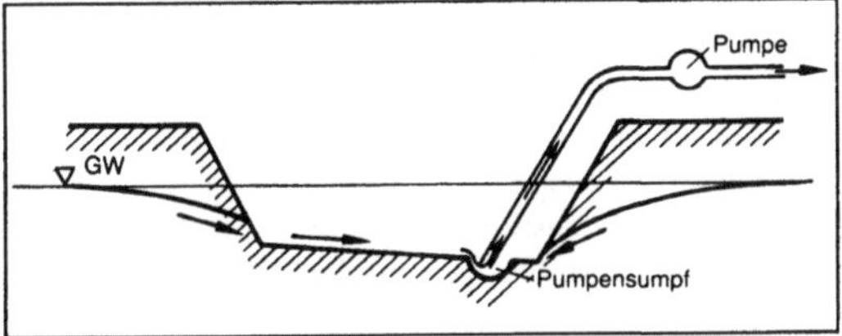

Wasserhaltung, offene: Schema.

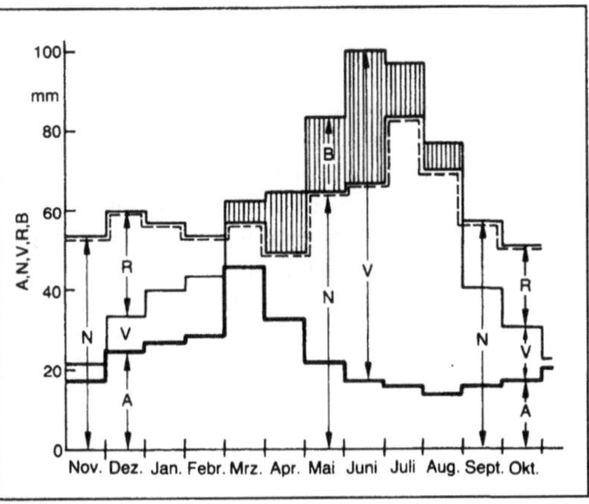

Wasserhaushalt: Beispiel der W.-Beziehungen im Verlauf des Jahres.

A Abfluß, B Aufbrauch, N Niederschlag, R Rücklage, V Verdunstung

direkt im Pumpensumpf steht. Daneben ist es aber auch möglich, Membran- oder Kanalradpumpen zu verwenden, die außerhalb der Baugrube stehen können. Die wichtigste Eigenschaft der Pumpen, die bei der o. W. eingesetzt werden, ist die Fähigkeit, auch verschmutztes Wasser zu fördern. *Kühn*

Wasserhaushalt.

Wasserwirtschaft. Gegenüberstellung der durch Messung, Berechnung oder Schätzung zahlenmäßig erfaßten Wasserhaushaltsgrößen Niederschlag N, Verdunstung V, Abfluß A, Rücklage R und Aufbrauch B in der im langjährigen Durchschnitt gültigen Grundgleichung des Wasserhaushalts N = A + V, oder in der für kürzere Zeiträume, in denen die Änderung der im und auf dem Boden, z. B. Schnee befindlichen Wasservorräte nicht vernachlässigt werden darf, anzuwendenden erweiterten Wasserhaushaltsgleichung N = A + V + (R − B) (Bild). Das Abflußjahr wird so gewählt, daß der Term (R − B) möglichst klein bleibt, d. h. daß der in einem Abflußjahr gefallene Niederschlag noch im selben Jahr abfließt. In Deutschland wählte man die Zeitspanne vom 1. November bis 31. Oktober und bezeichnete die Abflußjahre mit dem Jahr, in dem der Zeitraum Januar bis Oktober liegt.

Lecher

Anthropogene Einflüsse. Der W. wird in vielfältiger Weise vom Menschen beeinflußt. Durch Ausbringen von Kondensationskeimen in den Wolken verändert man z. B. die regionale Niederschlagsverteilung und durch Ausbringen monomolekularer Fluidfilme (Cctylalkohole, Öle, Wachse) auf See- oder Talsperrenoberflächen setzt man die Verdunstung in ariden Gebieten herab. Der Abflußvorgang wird durch Hoch-

und Niedrigwasserregulierung, durch Talsperren und Gewässerausbau, durch Eindeichung und durch den Wasserverbrauch der privaten Haushalte und der Industrie verändert. Die Urbanisierung macht sich durch eine Erhöhung des Energie- und Wasserverbrauches, durch Beschleunigung des oberirdischen Abflusses und Herabsetzung der → Grundwasserneubildung infolge der Versiegelung der Landoberfläche und der Regenwasserkanalisation, durch Erhöhung des Abwasseranfalles und der Hochwasserspitzen sowie durch Veränderung des Kleinklimas bemerkbar. Die Grundwasserentnahmen durch gemeindliche und gewerbliche Wasserwerke, bei großflächigen und örtlichen Absenkungen bei baulichen und bergbaulichen Sümpfungsmaßnahmen sowie bei der landwirtschaftlichen Melioration durch → Entwässerung und Vorflutregelung greifen unmittelbar in den Grundwasserhaushalt ein. Die Grundwasserneubildung wird durch → Infiltration von Überschußwassermengen bei der landwirtschaftlichen → Bewässerung und → Beregnung und bei künstlicher Grundwasseranreicherung und → Uferfiltration erhöht. *Mattheß*

Literatur: *Mattheß, G.,* u. *K. Ubell*: Allgemeine Hydrogeologie – Grundwasserhaushalt. Berlin, Stuttgart 1983.

Wasserhaushaltsgesetz. Das Gesetz zur Ordnung des Wasserhaushalts (WHG) von 1957, in der Fassung der Bekanntmachung vom 23. September 1986 (BGBl. I S. 1529, 1654, zuletzt geändert durch G. v. 26. 8. 1992, BGBl. I S. 1564), trifft als Rahmengesetz des Bundes (Art. 75 Nr. 4 GG) grundlegende Bestimmungen über wasserwirtschaftliche Maßnahmen. Der sachliche Geltungsbereich des WHG erstreckt sich auf oberirdische Gewässer (Flüsse, Seen usw.), auf Küstengewässer und auf das Grundwasser (§ 1). Entsprechend der zentralen Aussage des WHG (§ 1 a Abs. 1) sind die Gewässer so zu bewirtschaften, daß sie dem Wohl der Allgemeinheit und im Einklang mit ihm auch dem Nutzen einzelner dienen und jede vermeidbare Beeinträchtigung unterbleibt. Wichtigstes ordnungsrechtliches Instrumentarium des WHG ist die Erlaubnis- und Bewilligungspflicht (§ 2) für Gewässerbenutzungen (§ 3). Benutzungen im Sinne des WHG sind u. a. das Entnehmen von Wasser sowie das Einbringen von Stoffen, insbes. auch von Abwasser (§ 7 a). Eine Erlaubnis (§ 7) oder Bewilligung (§ 8) ist zu versagen, soweit von der beabsichtigten Benutzung eine Beeinträchtigung des Wohls der Allgemeinheit, vor allem eine Gefährdung der allgemeinen → Wasserversorgung, zu erwarten ist (§ 6). Das WHG kennt eine Reihe aufeinander abgestimmter Planungsinstrumente, nämlich die → Abwasserbeseitigungspläne (§ 18 a Abs. 3), die Reinhalteordnungen (§ 27), die wasserwirtschaftlichen → Rahmenpläne (§ 36) sowie die → Bewirtschaftungspläne (§ 36 b). Die Bestimmungen des WHG werden durch die Wassergesetze der Länder (→ Wasserrecht) konkretisiert und ergänzt. *Lecher*

Wasserheizsystem. Ein W. besteht aus einer zentralen Wärmeerzeugung, einem wassergefüllten Rohrnetz zur Verteilung der Wärme und Rückführung des ausgekühlten Wassers sowie Wärmeverbrauchern, die die Wärme an die Raumluft oder das Trinkwasser übertragen. Die Wasserumwälzung kann durch Umwälzpumpen oder durch Schwerkraft geschehen. Die Verteilsysteme werden nach der Anordnung ihrer Hauptleitungen als „obere" und „untere" Verteilung und nach der Art der Stränge als Einrohr-, Zweirohr- oder *Tichelmann*-Verteilung bezeichnet. *Diehl*

Literatur: DIN 4751: Heizungsanlagen bis 120 °C. Sicherheitstechnische Ausrüstung. Tl. 1–3. – DIN 4752: Heißwasserheizungsanlagen.

Wasserkonditionierung. Durch W. kann man dem Wasser bestimmte erwünschte, vom natürlichen Wasserzustand abweichende chemische/bakteriologische Eigenschaften geben. Bekannt ist vor allem die W. durch Dosieren spezieller Phosphate, um die Härteausfällung bei der Erwärmung in weicher Form statt steiniger Kristallisation zu erreichen, z. B. beim → Warmwasser. So gibt es in bestimmten Fällen auch einen Korrosionsschutz. Bei Temperaturen >60 °C kommen gelegentlich auch nachteilige Wirkungen vor. Silikate und verschiedene andere Korrosionsschutzmittel setzt man z. B. beim Heizwasserkreislauf oder auch beim → Trinkwasser für die → Versorgungsinstallationen (im Hause) ein. Generelle Angaben für Wirkung und Erfolg lassen sich nicht machen. Oft empfehlen sich hierzu systematische Voruntersuchungen über längere Zeit, da die Kosten der W. immerhin bis zu 0,30 DM/m³ und auch mehr erreichen können. Die Fluordosierung auf

rd. 1 mg/l wird bei uns abgelehnt. Sie dient anderenorts der Zahnerhaltung, vor allem bei Kindern. Auch die → Entkeimung ist eine W., z. B. durch Silber, Ozon oder → Enthärtung. Man praktiziert sie oft nur für die Versorgungsinstallation. In letzter Zeit wird auch die magnetische Beeinflussung des Wassers gelegentlich eingesetzt, um die Härteausfällungen (weichschlammig statt steinig) zu beeinflussen. Die Methode ist in ihrer Wirkung umstritten. *Pfeiff*

Wasserkreislauf: Bilanzgleichungen. Die → Wasserbilanz ist die mengenmäßige Erfassung von Komponenten des W. und der → Vorratsänderung des Wassers in einem Betrachtungsgebiet während einer Betrachtungszeitspanne (DIN 4049). Der → Wasserhaushalt für ein bestimmtes Zeitintervall (Monat, Jahr, Jahresreihe) wird, bezogen auf die Fläche des Untersuchungsgebietes, durch fünf Hauptkreislaufkomponenten erfaßt:

$$P = R + ET + (S_+ - S_-),$$

mit dem auf das Gebiet fallenden Niederschlag P, der aus dem Gebiet ober- und unterirdisch abfließenden Wassermenge R, der Verdunstung ET aus dem Gebiet, der Vergrößerung des ober- und unterirdischen Wasservorrates (→ Rücklage) S_+ des Gebietes und der Verminderung des ober- und unterirdischen Wasservorrates (→ Aufbrauch) S_- des Gebietes. Außer dem → Niederschlag, dem → Abfluß und der → Verdunstung werden alle anderen Wasserhaushaltsgrößen durch die Vorratsänderung $S_{\pm} = S_+ - S_-$ berücksichtigt. In längeren Zeitintervallen gleichen sich Rücklage und Aufbrauch aus, so daß man die Vorratsänderung vernachlässigen kann. Die Wasserbilanzgleichung eines Flußgebietes im langjährigen Mittel vereinfacht sich zu

$$P = R + ET.$$

In den humiden Gebieten ist die Differenz aus Niederschlag und Verdunstung ständig positiv und erzeugt einen Abfluß, in ariden Gebieten zeigen negative Differenzwerte abflußlose Zeiten an. *Mattheß*

Literatur: DIN 4049-3: Hydrologie. Begriffe zur quantitativen Hydrologie. Ausg. 1994. – *Matheß, G.,* u. *K. Ubell:* Allgemeine Hydrogeologie – Grundwasserhaushalt. Berlin, Stuttgart 1983.

Wasserkreislauf, geologischer. Die am Kreislauf teilnehmende Wassermenge ist über geologische Zeiten hinweg nicht konstant: 97% des beweglichen Wassers wurde im Laufe der Erdgeschichte durch die primäre Entgasung der Magmen aus dem Erdinneren freigesetzt. Die gegenwärtige Freisetzungsrate wird auf 0,37 km³/a geschätzt. Dem hydrologischen → Wasserkreislauf werden Wassermengen auf geologische Zeiten durch Festlegung von Wasser in neugebildeten Verwitterungsmineralen und im Porenraum neu abgelagerter Sedimente entzogen. Bei der Tiefenmetamorphose und im Bereich der Verschluckungszonen wird dieses Wasser in die magmatischen Schmelzen einbezogen und kann nach geologischen Zeitintervallen bei der Abkühlung der Magmen wieder freigesetzt werden (g. W.). Eine Abschätzung der Größenordnung der Bindungsrate von Wasser in Verwitterungsmineralen ergibt $0,77 \text{ km}^3/\text{a}$ (Größenordnung der Entgasungsrate). Hinzu kommt eine im jährlich neu abgelagerten Sedimentvolumen ($1,5 \text{ km}^3$) langfristig eingeschlossene Wassermenge von $0,015 \text{ km}^3/\text{a}$. *Mattheß*

Literatur: *Mattheß, G.,* u. *K. Ubell*: Allgemeine Hydrogeologie – Grundwasserhaushalt. Berlin, Stuttgart 1983.

Wasserkreislauf, hydrologischer. Das irdische Wasser nimmt am h. W. teil, der → Verdunstung, → Niederschlag, oberirdischen Abfluß, → Infiltration, unterirdischen Abfluß und Grundwasserabstrom umfaßt (Bild).

Für geologisch kurze Zeiten ist davon auszugehen, daß das Klima, die mittlere Meeresspiegelhöhe und die Gesamtmenge des an diesem hydrologischen Kreislauf teilnehmenden Wassers konstant sind. Die an diesem Vorgang teilnehmenden Wasserarten und ihre Mengenanteile gehen aus Tabelle 1 hervor. Der W. beginnt mit der Verdunstung von Meerwasser, setzt sich mit dem landwärtigen Transport des Wasserdampfes fort, der kondensiert als Niederschlag auf die Festländer fällt und von dort als oberirdischer und unterirdischer Abfluß wieder ins Meer zurückkehrt. Außer diesem globalen Kreislauf treten kürzere Kreisläufe auf. So fällt z. B. der größere Teil des verdunsteten Wassers wieder als Niederschlag ins Meer, und ein Teil des auf dem Festland verdunsteten Wassers fällt dort als Niederschlag und verdunstet erneut. Die Verweilzeiten des

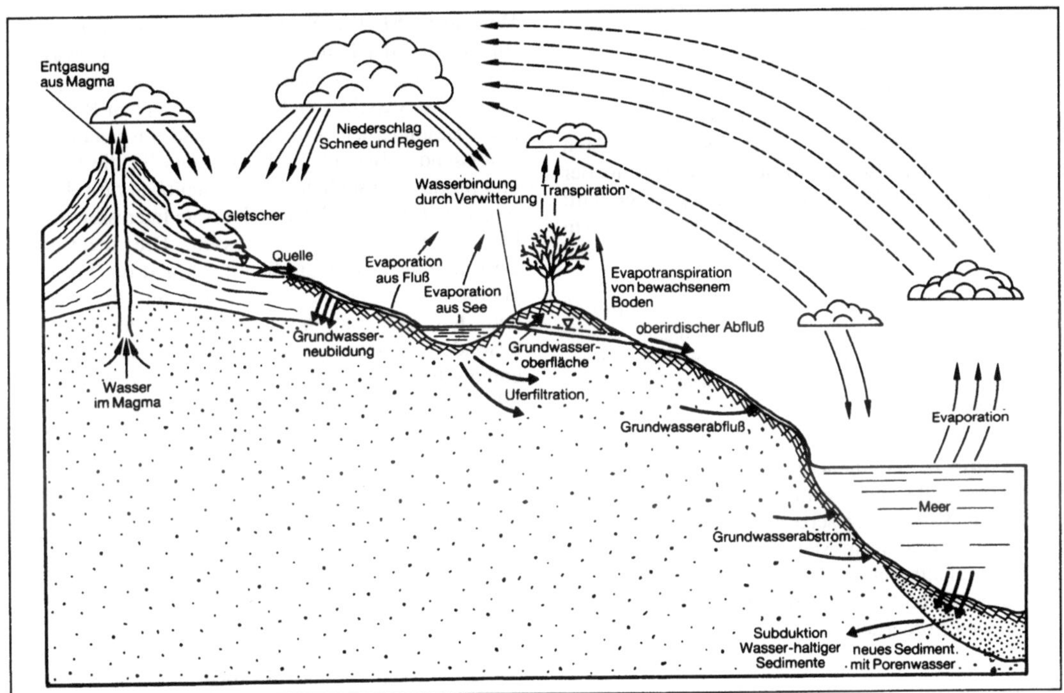

Wasserkreislauf, hydrologischer: Schematische Darstellung.

Wasserkreislauf, hydrologischer. Tabelle 1: Zusammensetzung der Hydrosphäre. (Garells/MacKenzie 1971)

	Gesamtmasse 10^{20} g	Gesamtvolumen 10^9 km^3	Anteil %
Ozeane	13 000	1,37	79,65
Porenwasser in Sedimenten (einschließlich Grundwasser)	3 300	0,33	19,19
Eis	200	0,02	1,16
Flüsse, Seen	0,3	0,00003	0,002
Atmosphäre	0,13	0,000013	0,0008
insgesamt	17 200	1,72	100

Wasserkreislauf, hydrologischer. Tabelle 2: Verweilzeiten im Wasserkreislauf. (Nace 1967)

Erscheinungsform	Verweilzeit Jahre
Ozeane	40 000
Gletscher, Eis der Polar- und Hochgebirge	10 000
Grundwasser bis 4 000 m Tiefe	5 000
Süßwasserseen	100
Salzwasserseen und Binnenmeere	100
Bodenfeuchte	1
Wasserläufe (mittlerer unverzüglicher Inhalt)	1
Wasser der Atmosphäre	0,1

Wassers in den einzelnen Teilbereichen des W. sind unterschiedlich (Tabelle 2). Die Antriebsenergie für den W. ist die Sonnenwärme, die das Wasser verdunsten läßt und die feuchte Luft erwärmt. Etwa ein Drittel der Sonnenenergie, die dauernd auf die Erde gelangt, wird bei der Verdunstung von Wasser verbraucht. Bei den Niederschlägen wird ein Teil der verbrauchten Energie, die latente Verdunstungswärme, wieder abgegeben.

Mattheß

Literatur: *Garrels, R. M.*, u. *F. T. MacKenzie*: Evolution of Sedimentary Rocks. New York 1971. – *Nace, R. L.*: Water Resources: A Global Problem with Local Roots. Environment. Sci. Techn. 1 (1967), S. 550/60.

Wasserpumpe. Sämtliche unter Pumpen erläuterten Pumpentypen können zum Pumpen von unverschmutzten Wasser eingesetzt werden. Sie werden im Baubetrieb vor allem in Materialherstellungsanlagen und Materialaufbereitungsanlagen benötigt. Für verschmutztes Wasser, Schlamm oder Dickstoffe sind Spezialpumpen erforderlich.

Kühn

Wasserqualität. Beurteilung der Wasserbeschaffenheit für die → Bewässerung landwirtschaftlicher Kulturen in physikalischer, chemischer und biologischer Hinsicht sowie entsprechend den örtlichen Einsatzbedingungen (Klima, Boden, Pflanzen, Bewässerungsverfahren). Physikalisch sind vor allem Temperatur und Schwebstoffgehalt bedeutsam. Zu kaltes Wasser ($< 15\,°C$) verlangsamt das Wachstum. Schwebstoffe erschweren vielfach den Betrieb (u. a. zusätzliche Reinigungs- und Instandhaltungskosten). Wegen erhöhter Selbstdichtung von Kanälen und u. U. düngender Wirkung bewertet man sie auch positiv. Weitgehend bestimmt wird die Eignung des Bewässerungswassers durch den Gehalt an gelösten Stoffen (chemische Beschaffenheit). Diese wirken schädigend auf Kulturpflanzen durch

– erhöhten osmotischen Druck des Wassers und damit Schwierigkeit der Wasseraufnahme durch die Wurzeln bei höherem Salzgehalt,
– Verringerung der → Durchlässigkeit des Bodens infolge Auswaschens von Calcium oder den Einfluß des Natriumgehaltes,
– Toxizität, im wesentlichen durch Bor-, Chlor- und Natriumgehalt,
– weitere Auswirkungen, z. B. übermäßiges vegetatives Wachstum, Halmlagerung und verzögerte Reife durch zuviel Nitrat- oder Ammoniumstickstoff u. a.

Biologisch ist der Gehalt an Mikroorganismen (Bakterien, Viren) und anderen Kleinlebewesen bedeutsam, die entweder selbst schädliche Stoffe enthalten bzw. ausscheiden oder als Indikatoren für die Belastung des Wassers mit Schadstoffen dienen.

Lecher

Wasserrecht. Das W. umfaßt die Vorschriften des Bundes und der Länder im Bereich des → Gewässerschutzes und der → Wasserwirtschaft. Das heutige W. gehört fast ausschließlich dem öffentlichen Recht an. Seine Besonderheit besteht darin, daß entsprechend der umfassenden Bedeutung des Wassers für die Umwelt und für das menschliche Zusammenleben oft sehr verschiedenartige öffentliche und private Interessen in Einklang gebracht werden müssen. Die rechtlichen Bestimmungen über die Schiffahrt und die Fischerei gehören, auch soweit sie die Benutzung des Wassers betreffen, nicht zum W. Diese Materialien sind durch besondere Gesetze geregelt. Das Grundgesetz (GG) enthält die für das W. wichtigen Artikel 70 bis 75 und 89. Das 1957 erlassene → Wasserhaushaltsgesetz (WHG), Rahmengesetz des Bundes gem. Art. 75 GG, gilt dz. in der Fassung vom 26. 8. 1992. Die abschließenden gesetzlichen Regelungen hatten die einzelnen Länder durch den Erlaß eigener Wassergesetze zu schaffen. Zur Lösung einzelner Rechtsfälle müssen – soweit sie Vorschriften des WHG ausfüllen – zumeist das Bundes- und das jeweilige Landesgesetz nebeneinander herangezogen werden. Ein Deichgesetz gibt es nur in Niedersachsen. In den anderen Ländern sind die Deiche in das jeweilige Wassergesetz integriert.

Die Rechtsverhältnisse an den Bundeswasserstraßen sind im Rahmen einer besonderen Zuständigkeit des Bundes (Art. 89 GG) durch das → Bundeswasserstraßengesetz (WaStrG) geregelt. Mit dem → Abwasserabgabengesetz (AbwAG) von 1976 (Bundesgesetz gem. Art. 75 Nr. 4 GG) wurde zum Schutz der Gewässer Neuland betreten. Als Teil der Notstandsgesetzgebung erließ man das Wassersicherstellungsgesetz (WasSG) vom 24. August 1965 (BGBl. I S. 1225). Ebenfalls ein Rahmengesetz des Bundes (GG Art. 74 Nr. 24) ist das Abfallgesetz (AbfG) von 1986. Ab 1. 10. 1996 wird das AbfG ersetzt durch das Gesetz zu Vermeidung, Verwerten und Beseitigen von Abfällen (Kreislaufwirtschafts- und Abfallgesetz – KrWAbfG) vom 27. 9. 1994 (BGBl. I S. 2705). Das → Wasserverbandsgesetz (WVG) von 1991 gehört gem. Entscheid des Bundesverfassungsgerichtes vom 25. August 1955 zum Bereich der konkurrierenden Gesetzgebung des Bundes. Außerhalb der Landeswassergesetze gibt es an wasserrechtlichen Vorschriften u. a. das Detergentiengesetz (5. September 1961) und das Altölgesetz (23. Dezember 1968). Außer den vorstehend genannten Gesetzen enthalten auch andere Rechtsmaterien, insbes. das Naturschutzrecht, das Bergrecht, das Baurecht, das Bundesfernstraßengesetz, das Atomrecht und das Flurbereinigungsgesetz, wasserrechtlich bedeutsame Einzelvorschriften.

Internationale wasserrechtliche Bestimmungen (Vereinbarungen) gewinnen zunehmend an Bedeutung. Sie befassen sich vor allem mit Fragen der → Gewässerreinhaltung, so z. B. die Londoner Konvention von 1973 zur Verhütung von Meeresverschmutzungen von Schiffen aus, das Übereinkommen von Paris (1974) zur Verhütung der Meeresverschmutzung vom Land aus sowie die Europäische Gewässerschutzkonvention zum Schutz internationaler Gewässer (1974/75). Außerdem gibt es verschiedene Richtlinien der Europäischen Union (EU-Richtlinien) u. a. über Qualitätsanforderungen an Oberflächengewässer für Trinkwassergewinnung (1975), über die Qualität der Badegewässer (1975), über Eindämmung der Verunreinigung infolge der Ableitung bestimmter gefährlicher Stoffe in Gewässer (1976), über Qualität von Wasser für den menschlichen Gebrauch (1980), Informationsaustausch... Qualität des Oberflächensüßwassers (1977), Verschmutzung von Grundwasser (1979), zum Schutz des Rheins gegen chemische Verunreinigung (1976).

Lecher

Literatur: *Wüsthoff, A.*, et al.: Handbuch des deutschen Wasserrechts. Loseblattsammlung und Kommentare (sechs Bände), Berlin.

Wasserrückkühlung. Die W. in Kälteanlagen der technischen Gebäudeausrüstung geschieht durch offene → Kühltürme mit Verdunstungskühlung durch direkten oder durch geschlossene Kühltürme mit indirektem Außenluftkontakt. Die Außenluft wird durch lastabhängig zuschaltbare Ventilatoren oder durch Naturzug zugeführt. Frostschutz läßt sich bei offenen Kühltürmen durch Begleitheizung, bei geschlossenen durch Frostschutzmittel erzielen. Offene W. erfordern eine regelmäßige Wasserentsalzung und -Nachspeisung, ggf. Algenbekämpfung. *Diehl*

Literatur: *Recknagel/Sprenger/Schramek:* Taschenbuch für Heizung und Klimatechnik. München 1994/95.

Wasserschutzgebiet. Sicherung der Trinkwasserversorgung durch Verbote, Nutzungsbeschränkungen und Duldungspflichten im Einzugsgebiet von Grundwasserentnahmen, von Trinkwassertalsperren, Seen und Flußwasserentnahmen. Es ist besser, die Ursachen der Wassergefährdungen zu bekämpfen, als die entstandenen Folgen, etwa durch komplizierte → Wasseraufbereitung, zu beheben. Grundlage für die rechtlichen Verfahren sind das → Wasserhaushaltsgesetz (WHG) und die entsprechenden Wassergesetze der Länder (→ Wasserrecht). In der Schutzgebiets-Anordnung werden die Verbote, Nutzungsbeschränkungen und Duldungspflichten festgelegt. Als naturwissenschaftliche Richtlinien gelten die einschlägigen DVGW-Arbeitsblätter. Schutzgebietsgröße und Schutzanordnungen richten sich neben Art und Größe der möglichen Gefährdung nach der möglichen Reinigungswirkung der Deckschichten, der Reinigungskraft des Grundwasserleiters, der Einlagerung von Schichten geringer Durchlässigkeit, auch solcher von geringer Höhe, der Verweildauer. Es werden unterschieden: Zone I Fassungsbereich, Zone II engere Schutzzone und Zone III weitere Schutzzone. Diese Zonen sind u. U. jeweils in A und B unterteilt. *Lecher*

Literatur: DVGW-Arbeitsblätter W 101 bis 103: Richtlinien für Trinkwasserschutzgebiete (1975, 1995).

Wasserspannung. Das Wasser in der ungesättigten Zone steht unter Unterdruck. Dieser negative hydrostatische Druck wird als W. (Saugspannung) bezeichnet und mit Tensiometern gemessen. Die W. gibt man in der Bodenkunde üblicherweise als pF-Wert in lg cm Wassersäule an. Bei abnehmendem Wassergehalt steigt die W. Die Beziehung zwischen Wassergehalt und W., die W.-Kurve (pF-Kurve), hängt von Porengrößenverteilung, Porosität, Gefüge und Gehalt an organischer Substanz ab. Die W.-Kurve ist für Be- und Entwässerung durch die gegensätzliche Wirkung von Porenengpässen, unterschiedliche Lufteinschlüsse sowie Veränderungen der Benetzbarkeit verschieden. *Mattheß*

Wasserspeicherung. W. dient zum Ausgleich größerer Druckschwankungen bei Verbrauchspitzen im → Rohrnetz und zum Tagesausgleich zwischen günstigen Förderzeiten (billiger Nachtstrom) und dem Verbrauchsablauf sowie der Vorhaltung einer ständigen Löschwasserreserve. Es ist üblich, etwa einen Tagesbedarf zur W. vorzuhalten. Der W. dienen Tief- oder → Hochbehälter; → Wassertürme sind Hochbehälter spezieller Bauweise. Erdbehälter sind der Bauweise nach bei der W. als Tief- oder Hochbehälter, je nach ihrer Höhenlage im Rohrnetz, immer mit Boden überschüttet unterirdisch angelegt. Es gibt runde und rechteckige Grundrißformen. Je nach ihrer Einschaltung im Rohrnetz spricht man von Durchlauf-, Gegen- und gelegentlich Seitenbehältern. Dies hängt von der Lage zur → Wasserfassung und der Förderung in das Rohrnetz ab. *Pfeiff*

Wasserstrahlen → Oberflächenbehandlung

Wasserstraße → Binnenwasserstraße

Wasserturm. → Hochbehälter für Trink- oder Betriebswasser, den man baut, wenn in der Nähe des Versorgungsgebiets Geländeerhebungen um mindestens 30 bis zu 80 m nicht vorhanden sind. Er war früher in diesen Fällen fast die Regel, wurde aber etwa seit den 50er Jahren zunehmend durch Druckerhöhungsanlagen mit daneben liegendem Wasserspeicher abgelöst. Eine wesentliche Funktion des W. ist, für den Brandfall eine Mindestlöschwasserreserve vorzuhalten und für den normalen Betriebsfall den Druck im Netz auch bei schwankendem Verbrauch zu stabilisieren. Da W. gegenüber Erdbehältern ein Mehrfaches an Erstellungsaufwand verursachen, werden sie knapper ausgelegt. Meist ist der W. daher für ¼ bis ⅓ eines Tagesbedarfs an → Trinkwasser bemessen. Beim Betriebswasser können betriebliche Gesichtspunkte, z. B. bestimmte Notversorgungsfälle, andere Bemessungen bedingen. W. werden meist in Stahlbeton erstellt, früher bevorzugt in Stahl. Sie sind seit einigen Jahrzehnten zunehmend zu interessanten Architekturbauwerken vorzugsweise mit runden Grundrissen geworden. Gelegentlich können W. mit anderen Bauwerken kombiniert werden, so daß die Funktion des Bauwerks nicht mehr erkennbar ist. W. waren und sind typische Ingenieurbauwerke von meist hohem, planerisch-konstruktivem Anspruch. *Pfeiff*

Wasserverbandsgesetz. Gesetz über Wasser- und Bodenverbände (WVG) vom 12. 2. 1991 (BGBl. I S. 405) regelt die Rechtsverhältnisse der Verbände und die Rechtsbeziehungen zu den Verbandsmitgliedern (weitere Bestimmungen können in den Rechtsvorschriften des jeweiligen Landes und in der Satzung festgelegt sein). Wasser- und Bodenverbände sind Körperschaften des öffentlichen Rechts und werden für gesetzlich zugelassene Aufgaben gegründet. Dies sind u. a.:
☐ Herstellung und Unterhaltung von Gewässern (→ Wasserrecht),
☐ → Ent- und → Bewässerung von Grundstücken und Schutz vor Hochwasser und Sturmfluten,
☐ Abführung und Reinigung von Abwasser,
☐ Beschaffung von Trink- und Brauchwasser,
☐ Verbesserung des Kulturzustandes von Böden.
Die Mitglieder bestehen entweder aus den jeweiligen Eigentümern der im Verbandsgebiet liegenden Grundstücke und Anlagen (dingliche Mitglieder) oder aus den für ein Gewässer Unterhaltungspflichtigen, aus öffentlich-rechtlichen Körperschaften, z. B. Gemeinden, oder besonders zugelassenen Personen. Die staatliche Aufsicht (i. a. Landkreis) hat sicherzustellen, daß der Wasser- und Bodenverband im Einklang mit den Gesetzen und der Satzung verwaltet wird. Der Vorstand des Verbandes stellt jährlich im voraus für alle Einnahmen und Ausgaben einen Haushaltsplan und bei Bedarf Nachträge auf. Die nach dem Vorteilsmaßstab, d. h. im Verhältnis der Vorteile, zu erhebenden Beiträge sind öffentliche Lasten. Sie können im Verwaltungswege beigetrieben werden und haften auf den Grundstücken der dinglichen Mitglieder, ohne daß es einer Eintragung in das Grundbuch bedarf. *Lecher*

Wasserverlust. W. entstehen im gesamten Bereich der öffentlichen → Wasserversorgung vor allem mit → Trinkwasser. Sie treten außerdem im Bereich der → Versorgungsinstallation, d. h. beim Verbraucher auf. Sie summieren sich aus Meßungenauigkeiten zwischen den verschiedenen Messungen des Wasserversorgungsunternehmens (WVU) und denen der Verbraucher. Erhebliche Verluste entstehen aus Undichtigkeiten im → Rohrnetz, in den Leitungen und Armaturen im Boden (Schieber, Rohrabzweige der → Hausanschlüsse, Pumpen) und ähnlich in den Hausinstallationen. Durch Undichtigkeiten an Hydranten ebenso wie an allen Zapfstellen kann ständig nicht meßbar Wasser versickern. Schließlich wird zum Rohrnetzbetrieb meist nicht gemessenes Wasser zum Spülen verbraucht, wie überhaupt → Entnahmen über Hydranten für Feuerlöschzwecke grundsätzlich nicht oder nur ausnahmsweise gemessen und nachgewiesen werden. W. der → Wasserversorgungsunternehmen, die unter 10% der insgesamt verteilten Wassermenge liegen, sieht man daher bereits als normal und unter 8% meist schon als günstig. W. über 10% kommen häufig vor, und selbst Verluste von über 20% müssen bei älteren Rohrnetzen gelegentlich registriert werden.

Es gibt eine Reihe von Methoden – oft auf akustischer Basis –, die Verlust-/Schadenstellen zu lokalisieren. *Pfeiff*

Wasserversorgung. Die W. umfaßt das → Trinkwasser und in Fällen der gewerblichen, industriellen und häuslichen Nutzung das → Betriebswasser (Brauch- oder Nutzwasser). Man spricht gelegentlich auch von der Bewässerung/Versorgung, zu der man dann immer auch die Entwässerung/Entsorgung benötigt. In der → Siedlungswasserwirtschaft gehört zur W. jedoch nur das Trinkwasser. Neuerdings rechnet man aufgefangenes und auch in Sammelbehältern (Zisternen) erfaßtes und genutztes → Niederschlagwasser (Regenwasser) dazu. Es wird als Betriebswasser, im Garten oder zur Versickerung auf eigenem Grundstück oder zur Speisung von Teichen und Tümpeln genutzt.

Zur zentralen W., die in der Bundesrepublik Deutschland überwiegend durch → Wasserversorgungsunternehmen (WVU) – neuerdings gelegentlich auch privatwirtschaftlich – betrieben wird, gehören Anlagen der → Wasserfassung, → Wasseraufbereitung, → Wasserverteilung, → Wasserförderung, → Wasserspeicherung und → Wasserkonditionierung. Die Wasserversorgungsfachleute und Wasserversorgungsbetriebe haben einen berufständischen Erfahrungsaustausch über den Deutschen Verein der Gas- und Wasserfachleute (→ DVGW). Über diesen Verein werden die technischen Regeln und einschlägigen DIN für die W. als „Regelwerk Wasser" in Arbeits- und Merkblättern, Hinweisen und DIN-Normen (jetzt auch europäischen EN-DIN) erarbeitet und veröffentlicht. Dies Regelwerk wird teilweise von Fall zu Fall von den Ländern als Verordnung (VO) in Vorschriften umgesetzt.

Außer der zentralen W. gibt es für einzelne Grundstücke auch eine → Eigenversorgung, besonders wenn das W.-System dies aus räumlichen Gründen (lange Zuleitung, geringe Abnahme), zeitlichen Gründen (Anschlußleitung erst später vorgesehen) oder aus Kapazitätsgründen (hoher Verbrauch, Verbrauchsspitzen) erfordert. Oft ist die Eigenversorgung auch historisch gewachsen. Die W. der öffentlichen Hand regelt beim Trinkwasser eine → Ortssatzung, die an eine Mustersatzung angepaßt ist. Danach gibt es eine Versorgungspflicht des WVU und einen Anschlußzwang des Anliegers, sobald dessen Versorgung aus baulichen und betrieblichen Gründen mit ausreichender Menge bei ausreichendem Druck im Rohrnetz möglich ist. Zur Notfallversorgung wird zunehmend versucht, nicht mehr benutzte Wasserquellen betriebsfähig zu erhalten. Im Jahre 1990 waren in den alten Bundesländern über 98%, in den neuen etwa 95% der Einwohner der Bundesrepublik Deutschland an die öffentliche W. angeschlossen. Die Wasserabgabe an private Haushalte und Kleingewerbe betrug 1970 je Einwohner im Mittel 118 l/d und 1983 147 l/d. Seit 1980 stagniert dieser Verbrauch nahezu und er betrug z. B. 1989 und 1990 146 l/E/d. Er schwankte – je nach der Gemeindegröße – in den alten Ländern für Haushalte dabei zwischen 120 und 65 l/E/d, für Haushalt und öffentlichen Bedarf zwischen 140 und 75 l/E/d (1972).

In den letzten Jahren entwickelt sich eine zunehmende Tendenz zum Sparen von Trinkwasser, z. B. im Spülkasten des WC, in der Küche und nicht zuletzt auch aus wirtschaftlichen Gründen bei den steigenden Wassergebühren im Gewerbe und der Industrie (hier Mehrfachnutzung des Wassers in Kreislauf und Kaskade). In Japan ist die Nutzung des Handwaschbeckenabflusses zur WC-Spülung (Kaskadennutzung) schon bekannt und genutzt. Wir verfügen bisher über ausreichende Wasserressourcen und -kapazitäten für längere Zeiträume. Es gibt lediglich einzelne Engpässe aus der regionalen Hydrogeologie. Ein Trinkwassernotstand ist nicht gegeben und auch nicht zu erwarten. Probleme können sich langfristig – ausnahmsweise örtlich begrenzt auch kurzfristig – aus der nur in Spuren wirksamen Verunreinigung durch persistente Stoffe ergeben. Durch die seit den 70er Jahren und neuerdings seit 1987 verschärften gesetzlichen Regelungen (→ Wasserhaushaltsgesetz § 19) über wassergefährdende Stoffe und den Umgang mit diesen wurde die Vorsorge hierzu verbessert. Dies gilt für den Transport, den Umschlag, die Lagerung und den Umgang mit solchen Stoffen. Andererseits können sich Probleme ergeben aus europäischen oder deutschen verschärften Grenzwert-Anforderungen für bekannte oder zukünftige Stoffanteile im Nano- oder Pico-Gramm-Bereich. Letzten Endes sind Spuren aller existierenden beständigen chemischen Verbindungen in der Luft und im Boden auch im Wasser gegeben. *Pfeiff*

Wasserversorgungsunternehmen. WVU befassen sich in der öffentlichen → Wasserversorgung mit → Trinkwasser. Es sind Unternehmen unterschiedlicher Gesellschaftsformen, vorherrschend Eigenbetriebe der Kommunen, Zweckverbände als Wasserverbände, selten auch privatwirtschaftliche Unternehmen. Betreiber sind überwiegend Stadtwerke für mehrere Aufgabenbereiche der Kommunen. Die Organisationsformen der WVU sind in den Ländern und regional oft unterschiedlich. Für diese Aufgabe gelten jeweils → Ortssatzungen über den Anschluß an die Trinkwasserversorgung mit Anschluß- und Benutzungspflicht bei öffentlich rechtlichen W. Die Wasserpreise müssen kostendeckend sein. Der mittlere Preis in Deutschland lag 1994 bei 2,70 DM/m^3, bei einem Anstieg von 1993 auf 1994 von 8,53%. Vergleichbar waren 1994 in Frankreich 1,76, Großbritannien 1,44 oder USA 0,84 DM/m^3. *Pfeiff*

Wasserverteilung. Beim → Trinkwasser geschieht die W. über ein → Rohrnetz mit einem Druck, der an der Zapfstelle jedes Verbrauchers noch mindestens 1,5 bar (entsprechend rd. 15 m Wassersäule) und auch nicht viel mehr als 3–4 bar (höchstens 6 bar) betragen soll. Von dem frostfrei eingebauten Versorgungsrohrstrang des Wasserversorgungsunternehmens (WVU) führt eine abzweigende Hausanschlußleitung über einen Schieber bzw. ein Ventil, außen liegend, meist in einen Kellerraum. Nach der gas- und wasserdichten Mauerdurchführung folgt im Raum ein weiterer Schieber bzw. ein Ventil und ein Wassermesser (Zähler), dann ein Abschluß für die hier beginnende → Versorgungsinstallation zur W. auf dem Grundstück und/oder im Haus. Maßgeblich hierfür ist DIN 1988. Nach Ortssatzung reicht die Zuständigkeit des Wasserversorgungsunternehmens meist bis zu diesem Zähler, in Fließrichtung hinter der Meßeinrichtung. Der notwendige Rohrnetzdruck wird vom jeweiligen freien Wasserspiegel in einem → Hochbehälter bestimmt. Wenn bei hügeligem Gelände mehrere Versorgungszonen nach der Höhe gestaffelt nötig sind (Bild), kann der Druck in den tieferen Zonen auch durch einen eigenen Behälter oder in einfachen Fällen durch eine Druckminderungskammer oder ein Druckminderungsventil „gehalten" werden. Befindet sich die → Wasserfassung tiefer als das Versorgungsgebiet, so ist eine → Wasserförderung nötig.

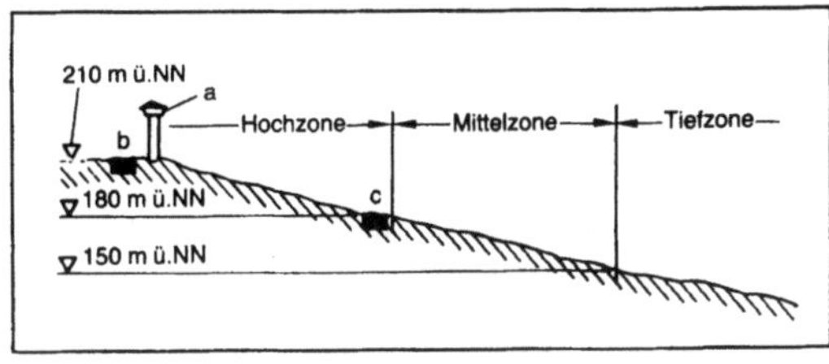

Wasserverteilung: Drei übereinander liegende Versorgungszonen.

a Wasserturm für die Hochzone, b Mittelzonenbehälter, c Tiefzonenbehälter

Der Wasserdruck schwankt beim Verbraucher, da vom Ausgangswasserspiegel (freier Wasserspiegel im Behälter) zum Abnehmer je nach dem momentanen Verbrauch im Wasserverteilungsgebiet Druckhöhenverluste entstehen. Diese Verluste sind von der Rohrwandrauhigkeit, vom Durchfluß und geringfügig von der Wassertemperatur abhängig. Mitgeführte Luft kann erhebliche Druckverluste bringen. Deshalb sollen Entlüftungen an Netzhochpunkten die Luft immer rasch abscheiden. Ausscheidungen aus dem Wasser ergeben sich z.B. durch sinkenden Druck oder Temperaturzunahme, wie sie im Rohrnetz und in der Versorgungsinstallation des Verbrauchers immer vorkommen. Daher entlüftet man auch die Hochpunkte der Versorgungsinstallation im Hause. Bereiche des Netzes, die abwechselnd vom Wasser oder Luft berührt werden, sind besonders durch Korrosion gefährdet. Korrosions- aber auch Verkeimungsgefahr besteht auch bei stagnierendem Durchfluß und der Temperaturzunahme für das Wasser. *Pfeiff*

Wasserwegsamkeit → Durchlässigkeit

Wasserwirtschaft. Zielbewußte Ordnung aller menschlichen Einwirkungen auf das ober- und unterirdische Wasser. Soweit diese Einwirkungen baulicher Art sind, werden sie zum Wasserbau gezählt. Aufgabe der W. ist,
– die inneren Zusammenhänge des → Wasserkreislaufes zu erforschen,
– die Grenzen der Nutzungsmöglichkeiten des Wassers festzustellen,
– die Wasservorkommen gegen nachteilige Einwirkungen zu schützen,
– den lebenswichtigen Rohstoff Wasser dem Menschen nutzbar zu machen und seine sparsame Bewirtschaftung zu gewährleisten,
– die Gewässer zu pflegen,
– die Wasserbeschaffenheit zu erhalten oder zu verbessern und
– den Lebensraum des Menschen vor der zerstörenden Gewalt des Wassers zu schützen.

Fachleute der W. erarbeiten dazu in engem Zusammenwirken mit Fachkräften unterschiedlichster Disziplinen wasserwirtschaftliche Pläne (Planung, wasserwirtschaftliche), die dann Entscheidungshilfen für die → Wasserwirtschaftsverwaltung und die Raumordnungsbehörden sind. Sie tragen damit maßgebend zur Gestaltung unseres Lebensraumes und zur Erhaltung einer gesunden Umwelt bei.

Zur Befriedigung seiner ständig steigenden Bedürfnisse greift der Mensch immer nachhaltiger und folgenschwerer in den natürlichen Kreislauf des Wassers (→ Niederschlag, ober- und unterirdischer → Abfluß, → Verdunstung) ein und beeinflußt Menge und Güte des verfügbaren Wassers durch zahllose Wasserentnahmen, Wassereinleitungen und andere Bauten im und am Gewässer. In der Europäischen Wassercharta von

1968 heißt es: „Die Vorräte an gutem Wasser sind nicht unerschöpflich. Deshalb wird es immer dringender, sie zu erhalten, sparsam damit umzugehen und, wo immer möglich, zu vermehren." In diesem Sinne sind die Ziele von Forschung, Planung und Bautätigkeit sowie der wasserrechtlichen Vorschriften (→ Wasserrecht) zu sehen.

Thematisch läßt sich die W. gliedern in:
☐ Schutzwasserwirtschaft mit → Hochwasserschutz, → Erosionsschutz, → Abwasser- und → Abfalltechnik, → Entwässerung sowie
☐ Nutzwasserwirtschaft mit → Wasserversorgung, → Bewässerung, → Energiewasserwirtschaft, Wasserverkehr (→ Hafen, → Schiffahrtskanal), Erholung und Naturschutz (soweit wassergebunden).

Eine andere Gliederung geht mehr von den unmittelbaren Anwendungsgebieten aus:
☐ Landschaftswasserwirtschaft mit Hochwasser- und Erosionsschutz, Schutz vor Verlandungen, wassergebundene Maßnahmen für Erholung und Naturschutz,
☐ → Siedlungswasserwirtschaft mit Wasserversorgung, Abwasser- und Abfalltechnik,
☐ Landwirtschaftlicher Wasserbau mit Ent- und Bewässerung,
☐ Energiewasserwirtschaft mit Bau und Betrieb von Wasserkraftanlagen sowie Kühlwassernutzung und
☐ Verkehrswasserwirtschaft mit der Anlage und dem Betrieb von Wasserstraßen und Häfen.

Alle wesentlichen Aufgaben in der W. orientieren sich an Zielen und Bedürfnissen der Gesellschaft. Auftraggeber sind daher i.a. nicht private Bauherren, sondern Bund, Länder und Kommunen. Das breite Aufgabenspektrum reicht von den ersten Schritten der großräumigen Planung (→ Planung, wasserwirtschaftliche) über die kontinuierliche Lenkung der Entwicklungsprozesse bis zum Bau und Betrieb von Einzelbauwerken. Dabei lassen sich zwei große Aufgabengruppen unterscheiden:
– mehrere Fachgebiete umfassende, vorwiegend soziologisch, technisch, ökonomisch und ökologisch geprägte Aufgaben im Rahmen eines stetigen Gesamtplanungsprozesses zur systematischen Vorbereitung von Entscheidungen politischer Gremien über anzustrebende räumliche Entwicklungsziele und über Maßnahmen zu ihrer Verwirklichung und
– vorwiegend technisch orientierte Spezialaufgaben mit dem Ziel, Einzelbauwerke für die verschiedenen wasserwirtschaftlichen Aufgaben zu entwerfen, wirtschaftlich zu bauen und optimal zu betreiben. Künftig werden sich die Aufgaben der W. vielfach von den großen Planungen und Entwürfen des landwirtschaftlichen Wasserbaus, des Verkehrswasserbaus sowie des Küstenschutzes auf Maßnahmen der Erhaltung, des Umbaus und des optimalen Betriebes sowie auf die Verbesserung der ökologischen Verhältnisse verlagern. Die Planungsaufgaben werden komplexer, sozio-ökonomische und ökologische Gesichtspunkte werden den Planungsprozeß in verstärktem Maße beeinflussen. Mit

der zunehmenden Kleinräumigkeit von Entwurfs- und Gestaltungsaufgaben und mit zunehmender Verknappung der öffentlichen Finanzen hat die Durchsetzung wasserwirtschaftlicher Maßnahmen bei den Betroffenen und den politischen Entscheidungsträgern zwischenzeitlich eine mindestens ebenso große Bedeutung erlangt wie die Fertigung technisch einwandfreier Entwürfe. Darüber hinaus ist zu erwarten, daß Aufgaben der W. in außereuropäischen Ländern, vor allem in den Tropen und Subtropen, an Bedeutung gewinnen.

Lecher

Wasserwirtschaftsverwaltung. Behörden, in deren Verantwortung der Vollzug des → Wasserhaushaltsgesetzes, der Wassergesetze der Länder sowie der übrigen wasserrechtlichen Vorschriften (→ Wasserrecht) liegt. In den größeren Bundesländern gibt es einen dreistufigen Verwaltungsaufbau. Er besteht aus dem zuständigen Ministerium (je nach Bundesland Umwelt-, Innen- oder Landwirtschaftsministerium) als oberster, den Regierungspräsidien als oberer und den Landratsämtern, Landkreisen bzw. kreisfreien Städten als unterer Verwaltungsebene. Im Saarland, in Schleswig-Holstein und den meisten neuen Bundesländern gibt es nur einen zweistufigen Verwaltungsaufbau, der aus der oberen und unteren Verwaltung besteht. Ebenfalls eine abweichende Verwaltungsorganisation haben die Länder Berlin, Bremen und Hamburg als Stadtstaaten. Zur fachtechnischen Beratung der unteren Wasserbehörden sind Wasserwirtschaftsämter, Ämter für Wasser- und Bodenschutz u.ä. als technische Fachbehörden bestimmt. Beim Bund sind zu nennen:

☐ Bundesministerium für Verkehr (BMV) mit der Bundeswasserstraßenverwaltung (Wasser- und Schiffahrtsdirektionen und nachgeordnete Wasser- und Schiffahrtsämter), der Bundesanstalt für Gewässerkunde in Koblenz, der Bundesanstalt für Wasserbau in Karlsruhe, dem Deutschen Hydrographischen Institut in Hamburg u.a.;

☐ Bundesministerium für Ernährung, Landwirtschaft und Forsten (BMELF), zuständig für sämtliche wasserwirtschaftlichen und kulturtechnischen (→ Kulturtechnik) Aufgaben im ländlichen Raum einschl. der Maßnahmen zur Abflußregelung und des Hochwasserschutzes sowie des Küstenschutzes an Nord- und Ostsee;

☐ Bundesministerium für Umwelt, Naturschutz und Reaktorsicherheit (BMU) mit der Abteilung Wasserwirtschaft, Abfallwirtschaft; es bearbeitet die allgemeine Wasserwirtschaft, die Abfallwirtschaft und → Gewässerreinhaltung; zum Geschäftsbereich des BMU gehört das Umweltbundesamt in Berlin;

☐ Bundesministerium für Wirtschaft (BMW); es ist verantwortlich für volkswirtschaftliche Probleme der Wasserwirtschaft, insbes. auf den Gebieten der Energie, der Wasserversorgung und des Abwasserwesens; zugeordnet ist die Bundesanstalt für Geowissenschaften und Rohstoffe in Hannover;

☐ Bundesministerium für wirtschaftliche Zusammenarbeit (BMZ); es ist für Fragen der Entwicklungshilfe zuständig.

Lecher

Wechselsystem. W. sind Sammel- und Transportsysteme, bei denen jeweils bei der Abfuhr eines nach Sammlung gefüllten Behälters ein leerer Behälter gebracht und aufgestellt wird. W. nutzt man in großem Umfang in der → Abfalltechnik, sowohl im kommunalen wie auch im gewerblich-industriellen Bereich. So werden z.B. Altpapiersammlungen zum → Recycling (Abfalltechnik) vor allem im W. mit Hilfe von Containern unterschiedlicher Größe durchgeführt; dabei transportiert das → Transportfahrzeug den „aufgesattelten" → Container. Auch im Baubereich, zur Sammlung und Abfuhr von → Bauschutt, und häufig im gesamten industriellen Bereich, für Schlacken, verschiedenste Abfälle oder Rest- und verwertbare Recyclingstoffe, arbeitet man mit Containern im Wechselsystem. Das Wechseln geschieht meist auf Abruf.

Pfeiff

Wegebefestigung. W. umfassen Rad- und Gehwege sowie land- und forstwirtschaftliche Wege. Die Aufbauten für Rad- und Gehwege sind in den RStO (→ Bemessung, → Straßenbefestigung) enthalten. Sie erfüllen außer ihren speziellen verkehrstechnischen Aufgaben und der an sich unerwünschten Wirkung der Bodenversiegelung eine straßenschonende und -erhaltende Funktion, indem sie die Frostunempfindlichkeit der durch sie eingerahmten Fahrbahnbefestigungen verringern. Die Befestigungen für land- und forstwirtschaftliche Wege umfassen einfache Aufbauten, bei denen lediglich eine → Bodenverbesserung bzw. → Bodenverfestigung mit → Oberflächenbehandlung vorgenommen wurde, bis hin zu den Straßenbauweisen der Bauklassen IV und V der RStO vergleichbaren Konstruktionen. Maßgebend für die Konstruktionsart und Dickenbemessung der W. sind die Verkehrsbedeutung und die → Nutzungsdauer. Außer den im Straßenbau üblichen Decken (→ Asphalt, → Beton, Pflaster) werden im Wegebau auch → Deckschichten ohne Bindemittel (Straßenbau) verwendet, die den Vorteil geringer Herstellungskosten und einer im Interesse der Naturerhaltung liegenden Wasserdurchlässigkeit bieten. Sie erfordern andererseits hohe Unterhaltungskosten bzw. sind bei schlechten Witterungsbedingungen nur bedingt oder nicht befahrbar.

Zur Verringerung der Herstellungskosten werden W. häufig nicht frostsicher (→ Frostschutzschicht) ausgebaut. Man muß sie dann insbes. während der Tauperiode sperren bzw. die Verkehrsbelastung beschränken. Bei guter → Entwässerung (Straßenbau) von Untergrund bzw. → Unterbau brauchen solche Einschränkungen, deren Einhaltung im übrigen nur schwer durchzusetzen ist, nicht ergriffen zu werden. Daher wird auf die Entwässerung der (schwachen) W. besonderer Wert gelegt. Speziell für den Wirtschaftswege-

bau entwickelte man Bauweisen mit Betonspurwegverbundplatten oder Betonfertigteilplatten sowie mit → Tragdeckschichten und Spurbahnen. Die Tragdeckschicht wird wegen ihrer monolithischen, einschichtigen und einlagigen Herstellbarkeit im Wegebau gegenüber → Asphaltdecke und → Asphalttragschicht bevorzugt und ist auch für geringer belastete Straßenbefestigungen geeignet. *Beckedahl/Gerlach*
Literatur: Zusätzliche Technische Vertragsbedingungen und Richtlinien für die Befestigung ländlicher Wege (ZTV-LW).

Weggrößenverfahren. Das W. ist das zum → Kraftgrößenverfahren inverse Verfahren zur Bestimmung der Beanspruchungen in statisch unbestimmten, biegesteifen → Stabtragwerken. Als unbekannte Größen führt man die Verformungen ein und formuliert die Beziehungen zwischen den Verformungen und den Schnittkräften. Mit diesen werden dann die → Gleichgewichtsbedingungen aufgestellt, die zu einem linearen Gleichungssystem in den unbekannten Verformungen führen. In der Baustatik werden i. a. nur die Wirkungen der Momente auf die Formänderungen berücksichtigt. Deshalb kommen als Weggrößen bei Rahmentragwerken Knotendrehwinkel φ_i und Stabdrehwinkel ψ_{ik} in Betracht. Für einen aus dem Tragsystem herausgetrennten Stab (Bild) lauten die Schnittkraft-Deformations-Beziehungen

$$\begin{bmatrix} M_{ik} \\ M_{ki} \end{bmatrix} = \begin{bmatrix} M_{ik}^{o} \\ M_{ik}^{o} \end{bmatrix} + \begin{bmatrix} \bar{g}_{ik} \end{bmatrix} \cdot \begin{bmatrix} \psi_{ik} \\ \varphi_i \\ \varphi_k \end{bmatrix} \quad (1),$$

$$\begin{bmatrix} Q_{ik} \\ Q_{ki} \end{bmatrix} = \begin{bmatrix} Q_{iko} \\ Q_{kio} \end{bmatrix} + \frac{1}{l_{ik}} \left(M_{ik}^{o} + M_{ki}^{o} \right) \begin{bmatrix} +1 \\ -1 \end{bmatrix} +$$

$$+ \frac{1}{l_{ik}} \begin{bmatrix} \bar{\bar{g}}_{ik} \end{bmatrix} \begin{bmatrix} \psi_{ik} \\ \varphi_i \\ \varphi_k \end{bmatrix} \quad (2).$$

Die Matrizen $[\bar{g}_{ik}]$ und $[\bar{\bar{g}}_{ik}]$ hängen von den jeweiligen kinematischen Randbedingungen des Stabes sowie von seiner Geometrie (→ Steifigkeit) ab; M_{ik}^{o}, M_{ki}^{o}, sind die Volleinspannmomente, Q_{iko}, Q_{kio} die Querkräfte eines beidseitig gelenkig angeschlossenen Stabes infolge äußerer Belastung. Die Gleichgewichtsbedingungen

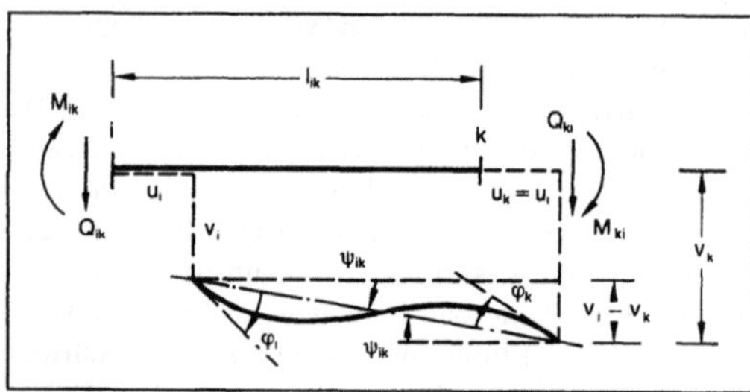

Weggrößenverfahren: Schnittgrößen und Weggrößen am Stab.

$\sum\limits_{k} M_{ik} = 0$ für jeden Knoten i liefern die Bestimmungsgleichungen für die Knotendrehwinkel φ_i. Die Bedingungen $\sum\limits_{r} H = 0$ für einen horizontal verschieblichen Rahmen liefern für jedes Stockwerk s eine Bestimmungsgleichung für den bei Vernachlässigung der Stabverformungen infolge von Normalkräften über alle r Stützen konstanten Stabdrehwinkel ψ_s. Allgemein stehen bei einem n-fach verschieblichen Rahmentragwerk somit n Verschiebungsgleichungen zur Verfügung. Diese können auch mittels des Arbeitssatzes aufgestellt werden, was insbesondere für beliebige Rahmentragwerke vorteilhaft ist, bei denen die einzelnen Stäbe nicht rechtwinklig in die Knoten einmünden.
Laermann

Wehr. → Absperrbauwerk als Teil einer → Staustufe oder → Flußsperre, das der Hebung des Wasserstandes und meist auch der Regelung des Abflusses dient. Zweck des Aufstaues ist das Ausleiten von Wasser aus dem Wasserlauf zur Energieerzeugung, für einen → Schiffahrtskanal oder für einen Bewässerungskanal. Die Anzahl der Wehrfelder ist so zu wählen, daß sich bei Ausfall oder Reparatur eines Verschlusses der → Bemessungsabfluß durch die übrigen Wehrfelder schadlos abführen läßt → (n–1)-Bedingung. Ein W. wird mit Staukörper und ohne Wehrverschluß als festes W. oder ohne Staukörper mit Wehrverschluß als bewegliches W. erstellt. Eine Sonderform des festen W. ist das → Heberwehr, bei dem der Oberwasserspiegel beim Abfluß über die Überfallkrone nicht nennenswert ansteigt. Beim kombinierten W. sind Staukörper und Wehrverschluß übereinander angeordnet. Ein parallel oder schräg zur Fließrichtung angeordnetes W. bezeichnet man als → Streichwehr. Es wird üblicherweise als festes W. ausgeführt (Bild 1). Bei einem Schlauchwehr entsteht der Stau durch einen an der Gewässersohle verankerten, füllbaren, flexiblen Hohlkörper. W., die durch Anstau des Wasserspiegels in einem Gewässer den Grundwasserspiegel anheben und stützen, nennt man Kulturwehre.

Der bewegliche Teil eines W. ist der Wehrverschluß. Ein an den Wehrpfeilern gelagerter, in Nischen geführter Wehrverschluß ist ein Schütz. Führt dieses eine Aufwärtsbewegung aus, wird es als Hubschütz bezeichnet. Einen um seine Unterkante drehbar gelagerten Wehrverschluß bezeichnet man als Klappe. Zwei sich dachförmig gegeneinander abstützende Klappen, die hydraulisch gesteuert werden, sind eine Doppelklappe (Dachwehr). Ein Sektor ist ein unterwasserseitig gelagerter, hydraulisch gesteuerter Wehrverschluß mit zylindrischer Stauwand und bis zum Gelenk reichendem Überlaufrücken mit unten offenem Tragwerk. Als Segment wird ein mechanisch gesteuerter Wehrverschluß mit unterwasserseitig angeordneten, auf Druck beanspruchten, drehbaren Armen (Drucksegment) oder mit oberwasserseitig angeordneten, auf Zug beanspruchten, drehbaren Armen (Zugsegment) bezeichnet.

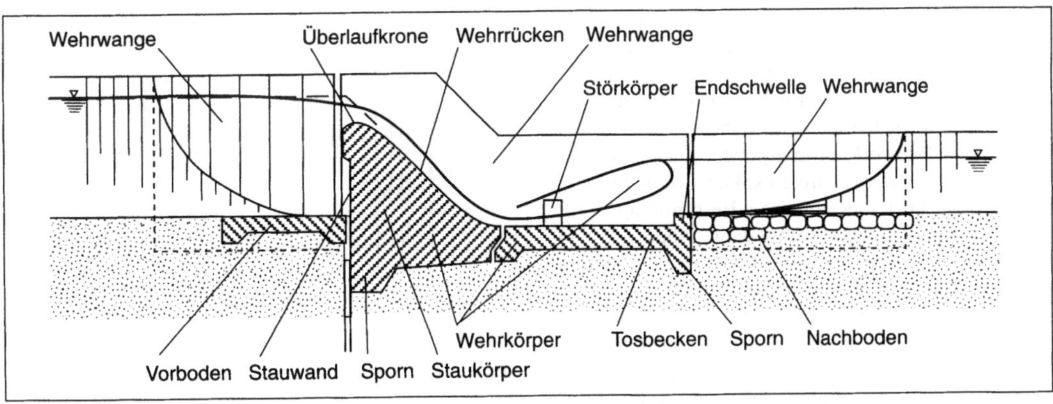

Wehr 1: Festes W.

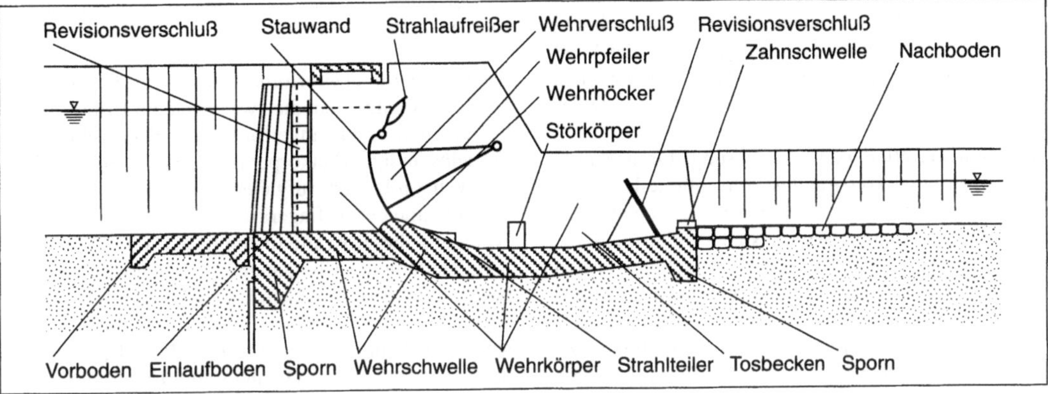

Wehr 2: Bewegliches W.

Eine Walze ist ein an den Wehrpfeilern gelagerter, zylindrischer Wehrverschluß, während eine Trommel ein oberwasserseitig gelagerter, drehbarer, hydraulisch gesteuerter Wehrverschluß mit geschlossenem Querschnitt ist. Zweiteilige Wehrverschlüsse sind beispielsweise Hakendoppelschütz, Schütz oder Segment mit Stauklappe u. ä. Bei den beschriebenen Betriebsverschlüssen sind Revisionsverschlüsse (Notverschlüsse) in Form von Dammbalken, Dammtafeln oder Dammnadeln für Wartungs- und Reparaturarbeiten erforderlich. *Muth*

Literatur: DIN 4048-1: Wasserbau; Begriffe, Stauanlagen.

Weiche → Gleisverbindung

Weichenumbauzug. Für den Umbau von Weichen werden spezielle W. (WUZ) eingesetzt, deren Funktionsweise weitestgehend der von → Schnellumbauzügen entspricht. Zunächst werden die Weichen ausgebaut, das Schottermaterial gereinigt und neu geschüttet und einplaniert, die neue Weiche eingebaut und anschließend der Schotter unterstopft und verdichtet. Zum Schluß bearbeitet man die Weichen mit Schleifmaschinen, um die Nahtstellen zu glätten. *Kühn*

Weichmacher. Zur Erziehung gummielastischer Verformbarkeit bei Raumtemperatur werden insbesondere dem → PVC und einigen Beschichtungsrohstoffen W. in Mengen bis rd. 40 M.-% zugesetzt. Die Vermengung erfolgt rein physikalisch, chemische Bindungen zum Polymer treten nicht auf. Die → Diffusion in angrenzende Stoffe bezeichnet man als W.-wanderung; sie kann sehr unerwünschte Folgeeffekte aufweisen. *Sasse*

Welkepunkt, permanenter. Der p. W. PWP ist der Wassergehalt eines Bodens, bei dem der Wasserverlust durch Transpiration einer Pflanze nicht mehr durch Nachlieferung ersetzt wird, so daß diese welkt. Das Matrixpotential entspricht bei diesem Zustand für die meisten Pflanzen $1,5 \cdot 10^4$ cm WS bzw. pF 4,2 (→ Wasserspannung). Dieser Wert wird daher konventionell als allgemeingültig angenommen. *Mattheß*

Werkvertrag. Gemäß § 631 BGB definierter Vertrag, durch den sich der Unternehmer zur Herstellung des versprochenen Werks, der Besteller zur Entrichtung der vereinbarten Vergütung verpflichtet. → Bauverträge unterliegen regelmäßig den Bestimmungen für W. Durch den W. ist der Unternehmer verpflichtet, den herbeizuführenden Erfolg zu gewährleisten, d. h. ein mängelfreies Bauwerk zu übergeben. Dies gilt auch dann, wenn das Bauwerk trotz exakter Befolgung von Normen, Vorschriften, Richtlinien, Bestimmungen mit Mängeln behaftet ist, und selbst dann, wenn z. B. ein Mangel auf eine Norm zurückzuführen ist. Die für den W. geltenden gesetzlichen Bestimmungen sind in §§ 631 bis 650 BGB enthalten. Da §§ 631 ff. BGB nicht auf die besonderen Erfordernisse des Bauens zugeschnitten sind, wurde vom Deutschen Verdingungsausschuß, in dem Auftraggeber und Auftragnehmer zusammenarbeiten, die → Verdingungsordnung für Bauleistungen (VOB) geschaffen, in der zusammengefaßt ist, was auf Grund allgemeiner Erfahrung bei der Ausführung von Bauleistungen als zweckdienlich und gerecht empfunden wird. Die Teile B und C der VOB ergänzen die Bestimmungen des Werkvertragsrechts.

Drees

Wetterradar. Niederschlagsmessung durch Radar. Auch ein optimal konzipiertes konventionelles Meßnetz (Niederschlagsmeßwesen) liefert nur selten realistische Werte flächenbezogener Niederschlagsmengen. Das W. ermöglicht es nun, alle Niederschlagsformen annähernd in Echtzeit in einer für praktische Erfordernisse (z. B. → Hochwasservorhersage, Haftungsfragen nach Schadensfällen) hinreichenden Genauigkeit zu messen. Das W.-Gerät sendet elektromagnetische Impulse im Gigahertz-Frequenzband aus, wodurch die wieder zum Radargerät zurückgestrahlten Energieanteile des Niederschlags erfaßt werden. Die benutzte Wellenlänge hängt weitgehend von der zu messenden → Niederschlagsintensität ab. In den Tropen mit sehr hohen Intensitäten werden S-Band(10 cm)-Radargeräte benutzt, da Starkregen bei dieser Wellenlänge das Radarecho weniger abschwächen. In gemäßigten Zonen wird dagegen in der Regel das C-Band (5,6 cm) benutzt. Vor allem bei der Messung von Hagel eingesetzt wird hingegen das X-Band(3 cm)-Radargerät – meist in Verbindung mit einem S-Band-Gerät. Die Radardaten gelangen per Standleitung oder Datex-P zum nächsten Kommunikationsrechner des Deutschen Wetterdienstes (DWD). Dort können die Bilder von jedem anderen Netzknoten aus abgerufen werden. Aus den lokalen Radarbildern wird u. a. das großräumige Übersichtsbild (Kompositbild) zusammengefügt und einmal pro Stunde verteilt. Von dem im Endausbau (16 Stationen) das Bundesgebiet weitgehend deckenden Radarverbund des DWD waren 1995 neun Stationen in operationellem Betrieb. Seit 1993 sind sie in einen europäischen Radarverbund integriert. *Lecher*

Widerlager. Die Bezeichnung W. ist historisch auf die Anordnung der bei → Bogenbrücken zur Aufnahme

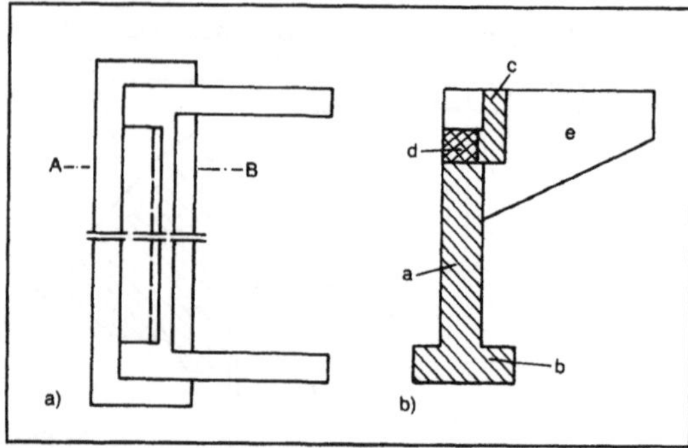

Widerlager 1: Geschlossenes W. mit frei auskragenden Flügeln.
a) Horizontalschnitt
b) Schnitt A – B.

a Widerlagerwand, b Fundament, c Kammerwand, d Auflagerbank, e Flügel

des Kämpferdruckes erforderlichen W. zurückzuführen. Heute wird allgemein die zwischen dem Brückenüberbau und dem Erddamm erforderliche Konstruktion, die ein selbständiger Baukörper ist, als W. bezeichnet. Dieses W. hat folgende Aufgaben zu erfüllen:
– Aufnahme der Auflagerkräfte aus dem Überbau und Ableitung dieser Kräfte in den Baugrund.
– Herstellung des Überganges zwischen Brückenüberbau und Fahrbahn auf dem Damm.
– Sicherung des Dammes im Übergangsbereich zwischen Brückenüberbau und Damm (Flügel); Aufnahme des → Erddruckes des Dammes zum Lichtraum.
– Gewährleistung des erforderlichen Bewegungsraumes für die auftretenden Verformungen des Überbaues (Kammerwand).

In Bild 1, einem W. mit frei auskragenden Flügeln, sind die Begriffe Widerlagerwand, Fundament, Kammerwand, Auflagerbank und Flügel angegeben. Hinsichtlich des Konstruktionsprinzips unterscheidet man geschlossene W. und aufgelöste W. Als geschlossene W. werden solche mit bis zum Fundament durchgehender Widerlagerwand und mit dieser Widerlagerwand verbundenen Flügeln verstanden. Das in Bild 2 dargestellte W. zählt zu den geschlossenen W. Es wird oft auch als Kastenwiderlager bezeichnet; der Flügel kann dabei auch durchgehend gegründet werden (also kein Teil des Flügels frei auskragend). Außerdem unterscheidet man bei den geschlossenen W. noch zwischen Schwergewichtsmauern und Stahlbetonwiderlagern. Von Sonderfällen abgesehen haben allerdings die Schwergewichtsmauern bei modernen Brückenkonstruktionen kaum noch eine Bedeutung. Bei sehr breiten W. werden mitunter die Widerlagerwände durch Anordnung von Dehnfugen getrennt. Die frei auskragenden Flügel bringen bei nicht zu langen Flügeln insbes. bei hohen W. gegenüber den gegründeten Flügeln wirtschaftliche Vorteile. Sehr hohe W. löst man zweckmäßigerweise in verschiedene Scheiben auf (Bild 3). *Mehlhorn*

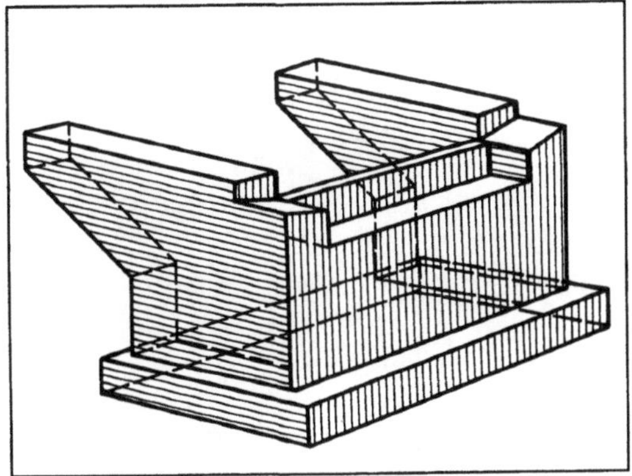

Widerlager 2: Kastenwiderlager (geschlossenes W.).

Widerlager 3: Scheibenwiderlager (aufgelöstes W.).

Widerstandsfähigkeit von Zement → Zementstein

Wildbachsperre. Querwerk (→ Gerinnesicherung) mit einer Absturzhöhe von 1,5 bis rd. 7 m. Sie hat als Konsolidierungssperre (→ Geschieberegelung) die Aufgabe, Sohlenerosion durch Anheben der Sohle (Bild 1) zu verhindern (damit Verringerung des Längsgefälles, Verbreiterung des Wasserspiegels und Verringerung der Wassertiefe) und den Fuß der Seitenhänge evtl. im Verbund mit weiteren Sperren in der Form einer Sperrentreppe zu stützen. Als Geschieberückhalte- und als Dosiersperre (Bild 2) soll sie dem Wildbach Geschiebe entziehen bzw. das Geschiebe dosiert abführen und damit u. a. Schäden durch Vermurung verhindern. Zu den ältesten im Alpengebiet bekannten Bautypen der → Wildbachverbauung gehören W. in Steinkastenbauweise. Bis etwa in die 50er Jahre wurden W. vorwiegend in Beton mit Bruchsteinmauerwerk an der Luftseite als verlorener Schalung gebaut; heute werden sie fast ausschließlich in Beton errichtet. Lediglich in Ausnahmefällen kommen andere Bauweisen, z. B. Drahtschotterkästen, zum Einsatz. *Lecher*

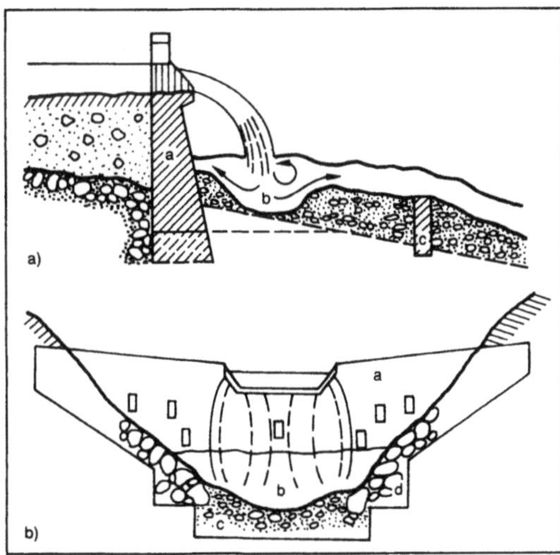

Wildbachsperre 1: Konsolidierungssperre.
a) Schnitt.
a Sperre, b Kolk, c Gegen- oder Vorsperre

b) Ansicht.
a Sperre, b Kolk, c Gründung, d Uferschutz

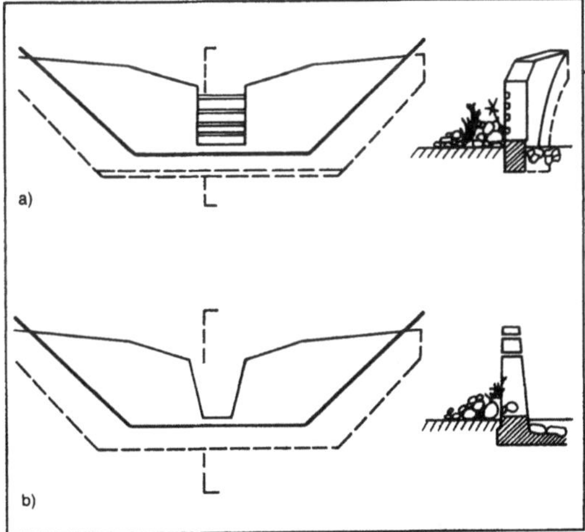

Wildbachsperre 2: Dosiersperre (Entleerungssperre).
a) Balkensperre
b) Schlitzsperre.

Wildbachverbauung. Alle, auch vorbeugende Maßnahmen, die im → Einzugsgebiet und Einflußbereich eines Wildbaches darauf abzielen, die schädigende Wirkung des Hochwasserabflusses und des Sedimenttransportes zu begrenzen. Dazu gehören insbes. der Ausbau und die Unterhaltung der Gewässer (→ Gerinnesicherung), die Sanierung der Feststoffherde, Maßnahmen der Bewirtschaftung vor allem forstlicher und landwirtschaftlicher Art zur Minderung von schädli-

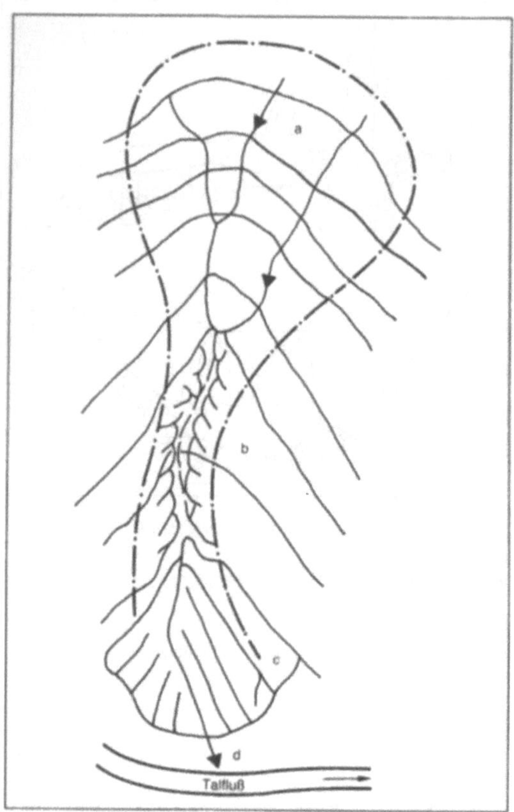

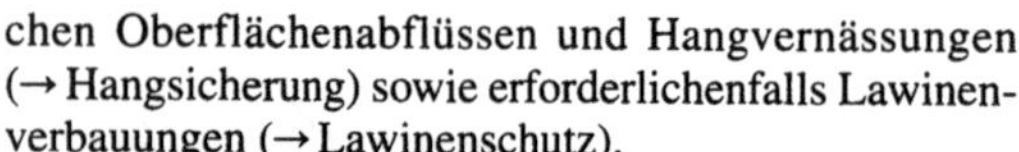

Wildbachverbauung 1: Hochgebirgswildbach.

a Sammelgebiet, b Tobel oder Klamm, c Schwemmkegel, d flacher Tallauf

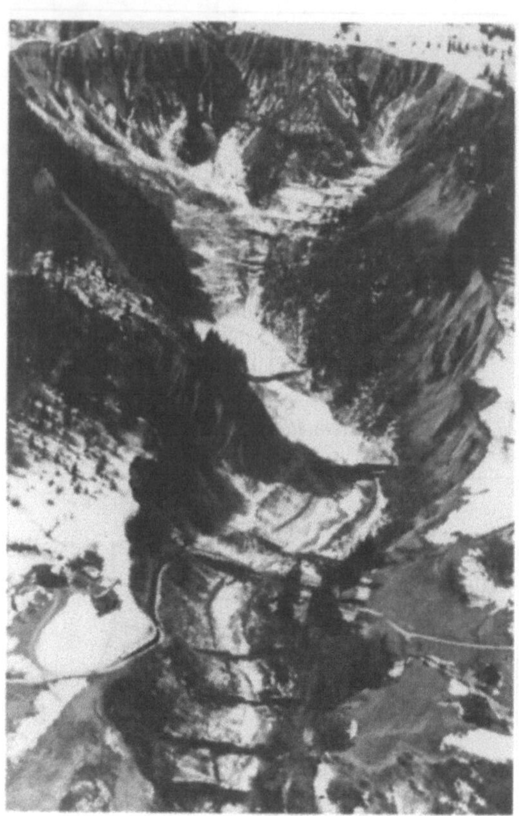

Wildbachverbauung 2: Altschuttwildbach (Schesatobel bei Bludenz/Österreich).

chen Oberflächenabflüssen und Hangvernässungen (→ Hangsicherung) sowie erforderlichenfalls Lawinenverbauungen (→ Lawinenschutz).

Wildbäche sind zumeist kurze, gefällereiche Gewässer, die nach Starkniederschlägen sprunghaft anschwellen, dabei Sohlen- und Böschungserosionen bewirken und große Geschiebemassen (→ Geschieberegelung) in Bewegung setzen, die sie oftmals schadenbringend in ihren Unterläufen ablagern. In verhältnismäßig kurzer Zeit kann der Abfluß wieder zurückgehen oder auch ganz versiegen, und ebenso rasch hört auch die Geschiebeführung wieder auf. Die Verbauungsgrundsätze unterscheiden sich für die einzelnen Wildbachtypen in wesentlichen Punkten. Bei Hochgebirgswildbächen (Bild 1) ist das Gebiet der Geschiebeerzeugung (Sammelgebiet) scharf von dem der Ablagerung (Schwemmkegel) getrennt. Dazwischen liegt der Bereich der Nullarbeit (Tobel-, Klammstrecke). An den Schwemmkegel schließt sich manchmal ein oft flacher Tallauf zum Fluß, dem Vorfluter (→ Vorflut), im Sohlental an. Der von Altschuttwildbächen (Bild 2) transportierte Schutt bildete sich vor der geologischen Gegenwart, ist somit älter als die jetzige Bachtätigkeit.

Jungschuttwildbäche verfrachten in jüngster Zeit durch Verwitterung entstandenen Schutt, der auch in der Gegenwart durch Verwitterung offener Felswände fortwährend neu gebildet wird. Mittelgebirgswildbäche haben i. d. R. einen längeren Lauf mit geringerem Gefälle und keine scharfe Trennung zwischen den Gebieten der Geschiebeerzeugung und der Geschiebeablagerung, oftmals auch keine Tobel- bzw. Klammstrecke und keinen Schwemmkegel. Statt dessen haben sie eine Geschiebeumlagerungsstrecke mit abwechselnder → Erosion und Sedimentation.

In den steilen Gräben mit V-Querschnitt ist der Bachlauf weitgehend vorgezeichnet. Er kann jedoch infolge von Seitenschurf, Verdrängung durch einen Seitenbach oder Verklausung seinen Grundriß ändern. Bei verbreiterter Talsohle sind ebenfalls Verschiebungen der Bachachse zu erwarten. Mit Querwerken und Längswerken lassen sich die Fließrichtung und die Höhenlage der Sohle sowie deren Gefälle festlegen und der schadlose Ablauf von Wasser und Feststoff sicherstellen. Längswerke verhindern den Seitenschurf, stützen die Seitenhänge und riegeln Anbrüche ab. Zudem legen sie den Verlauf des Gerinnes fest und konzentrieren den

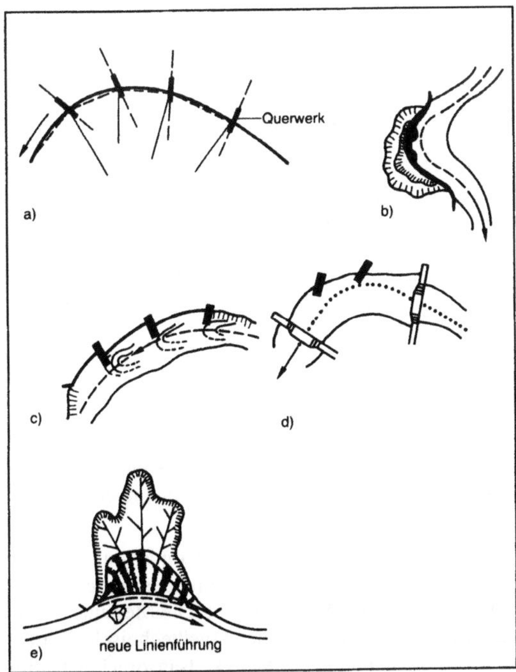

*Wildbachverbauung 3: Gerinneführung und Sicherung.
(H. Grubinger)*
*a) Verschwenkung der Längsachsen der Querwerke in
der Bachkrümmung*
b) Längswerk mit Elefantensporn (Schildkrötensporn)
c) Längswerk mit Spornen (in murenden Bächen)
d) Sporne und Querwerke
*e) Verbauung eines vernäßten Hanganbruchs mit Hang-
entwässerung; neue Linienführung mittels Längswerk
und Buschbauten.*

Abfluß. Als freistehende Leit- oder Uferdeckwerke,
Buhnen, Sporne (kurze Buhnen der W.) und Schalen
wirken sie einzeln oder werden je nach Bachgefälle mit
Querwerken zu Systemen kombiniert (Bild 3).
Schwemmkegel sind bevorzugte Siedlungsplätze. Sie
werden landwirtschaftlich genutzt und von Verkehrswegen gekreuzt. Man muß sie daher vor Überflutung
und Ablagerungen schützen. Zu den indirekten Maßnahmen der W. gehören → Gefahrenzonenpläne.

Lecher

Literatur: *Grubinger, H.:* Wildbachverbauung. In: Gewässerregelung, Gewässerpflege. Hrsg. v. *G. Lange* u. *K. Lecher.* 3. Aufl.
Hamburg, Berlin 1993.

Winde. W. zählen zu den → Hebezeugen und dienen
zum einen dem relativ geringen Anheben von Bauteilen, Lasten usw. zu Montagezwecken bzw. dem Transport über kleine Hubhöhen, zum andern für z. T. sehr
große Förderweiten. Zu ihnen gehören:
□ Flaschenzüge, deren Huborgan entweder aus einem
Seil oder einer Kette besteht, die sowohl von Hand als
auch mit E-Motor angetrieben wird. Angehängt an ein

einfaches Bockgerüst oder an einem auskragenden Träger wird der Flaschenzug zum wesentlichen Bestandteil
dieser Konstruktionen mit Kranfunktion;
□ Zahnstangen- und Schrauben-W.; hier ist das Tragorgan entweder eine Zahnstange, die über Stirn- oder
Schraubenradvorgelege meist mittels Handkurbel angetrieben wird, oder eine Schraubenspindel mit kleiner
Gewindesteigung, die sich auch mit E-Motor betreiben
läßt;
□ Hebeböcke, bei denen das Tragmedium Wasser oder
Hydrauliköl mittels Hand oder angetriebener Pumpe in
einen Kolben o. ä. gepreßt wird;
□ Trommel- oder Kabel-W., die im wesentlichen aus
einer Seiltrommel evtl. für mehrere Seillagen, Getriebe
und einem Antrieb mit Bremse bestehen. Sie ermöglichen je nach Seillänge, -querschnitt, entsprechendem
Trommeldurchmesser und Getriebeüber- bzw. unter-
setzung beliebig große Förderweiten und befördern
Trag- bzw. Zuglasten in alle Richtungen. *Kühn*

Windrispe. Die W. (Windlatte) dient der Längsaussteifung des Dachtragwerks und der Ableitung der
Windkräfte in Dachlängsrichtung auf den Unterbau.
Wird sie aus Brettern oder Bohlen gefertigt, ist sie unter
den Sparren, als Stahl- oder Leichtmetallband auch auf
den Sparren zu befestigen (→ Dachstuhl).

Dröge

Windsichter. Beim Sichten wirkt sich ein hier eigens
erzeugter Luftstrom zur Trennung eines Gemisches
trockener, auch heißer Feinstkörnung aus. Der Streu-
tellersichter mit innen erzeugtem Luftstrom hat einen
(rotierenden) Aufgabeteller zwecks Einstreuung des
aufgegebenen Guts in die spiralförmige Luftbewegung,
die die feineren Anteile von den gröberen abtrennt. Je
nach Ausführung liegt die Untergrenze der Abtrennung
zwischen 0,03 – 0,6 mm Korngröße. Bei der anderen
Bauart mit extern erzeugtem Luftstrom (Feinseparator)
liegt die Trenngrenze zwischen 0,003 und 0,15 mm.
Den Sichtern sind Gesteinsmühlen wegen der günstigeren Ausbeute an verlangter Körnung im Kreislauf
zugeschaltet. Auch Zyklone, in denen sich Teilchen aus
dem eingeblasenen Feinstgemenge unter der Wirkung
von Fliehkraft und Schwerkraft abscheiden, können
zum Sichten verwendet werden (Bild). *Kühn*

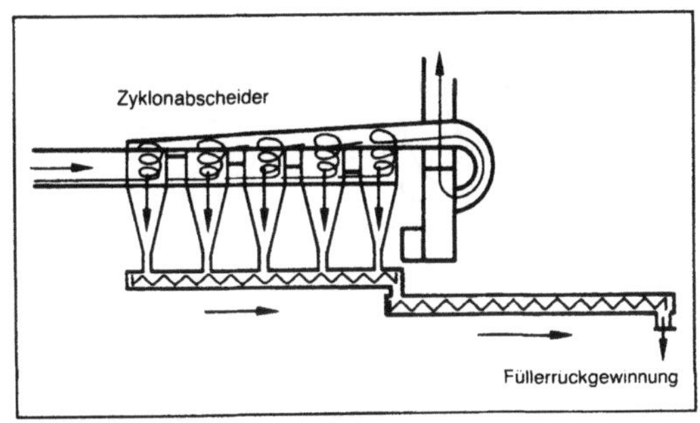

Windsichter: Zyklon zur Füllerrückgewinnung.

Winkelmessung. Geodätisches Meßverfahren zur Bestimmung von Horizontal- und Vertikalwinkeln mit Hilfe eines → Theodolits. Ein → Horizontalwinkel wird mit dem Theodolit nicht direkt gemessen, sondern indirekt aus der Differenz von zwei Richtungen eines Richtungssatzes (→ Richtungsmessung) gebildet (Bild 1). Auf dem Standpunkt P_0 des Theodolits liest man die Richtungen $r_1 \ldots r_n$ zu den Zielpunkten $P_1 \ldots P_n$ ab. Diese Richtungen sind von der (beliebigen) Orientierung des Teilkreises abhängig. Ein Winkel $w_{ik}=r_k-r_i$ dagegen ist von der Teilkreisorientierung unabhängig. Auf diese Weise können Winkel zwischen beliebigen Richtungen gebildet werden. Im engeren Sinne versteht

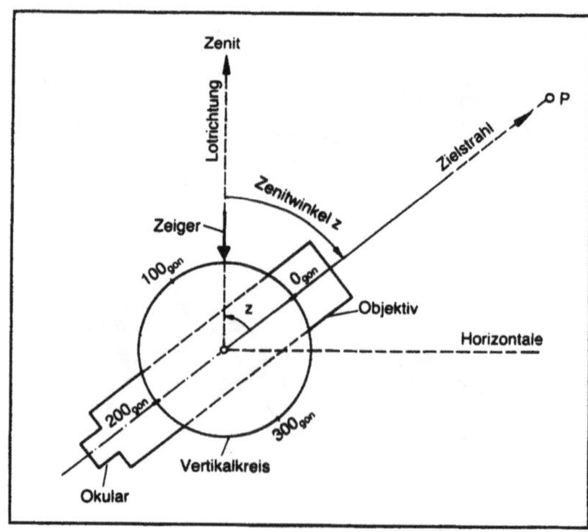

Winkelmessung 3: Messung des Zenitwinkels.

man unter der Messung eines Horizontalwinkels einen Richtungssatz mit nur zwei Richtungen, deren Differenz den gesuchten Winkel ergibt. Die Messung derartig kurzer Richtungssätze bietet meßtechnische Vorteile, so daß sie bei hohen Genauigkeitsansprüchen häufig angewendet wird. Ein Beispiel ist die in der Landesvermessung verbreitete „W. in allen Kombinationen", bei der man alle Winkel zwischen den Zielpunkten einzeln mißt (Bild 2). → Vertikalwinkel können am Vertikalkreis des Theodolits unmittelbar abgelesen werden. Bild 3 zeigt dies für den Zenitwinkel z. Der Vertikalkreis ist in der dargestellten Weise linksläufig geteilt. Den Zenitwinkel z liest man an einem Zeiger ab, der mit Hilfe einer Libelle oder durch ein Pendelsystem in die Lotrichtung gestellt wird. *Pelzer*

Literatur: *Kahmen, H.:* Vermessungskunde II. Berlin 1986.

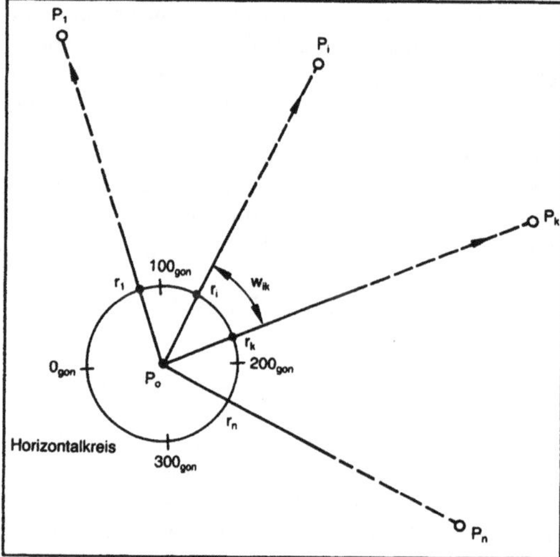

Winkelmessung 1: Horizontalwinkel als Differenz zweier Richtungen.

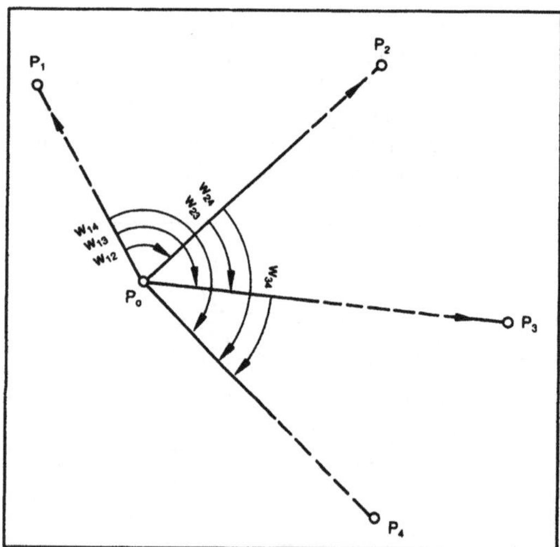

Winkelmessung 2: W. in allen Kombinationen.

Winterdienst. Als W. bezeichnet man alle Maßnahmen mit dem Ziel, die Verkehrssicherheit für Personen und Fahrzeuge auf Gehwegen und Straßen bei Schnee und Eis möglichst weitgehend sicherzustellen. Hierzu gehört die Schneeräumung, die auf den Gehwegen oft durch die → Ortssatzung den Anliegern obliegt, oft aber auch von der Gemeinde oder festbestellten Unternehmern besorgt wird. Für die Schneeräumung der Straßen sind die jeweils für diese Straßen verantwortlichen Kommunen, Kreise oder staatlichen Dienststellen (Autobahn) zuständig. Ebenso ist die Abstumpfung der Oberflächen bei Schnee- oder Eisglätte geregelt; dabei wird durch scharfen Sand, Splitt, Asche oder Schlacken abgestumpft, durch spezielle Salze Schnee oder Eis aufgetaut. Dieser Tausalzeinsatz ist wegen der Nebenwirkungen (Versalzen des Bodens, des Grund- und Tauwassers, Schäden beim betroffenen Bewuchs und bei Fahrbahnen, Bauwerken, Brücken, Fahrzeugen) im letzten Jahrzehnt stark eingeschränkt, in manchen Orten sogar per Ortssatzung verboten. Man bemüht sich daher seit längerem, weniger schädliche Auftauverfahren zu finden, z. B. beheizte Fahrbahnen, Brücken, Garagenzufahrten. *Pfeiff*

Wirkungsgrad der Bewässerung. Verhältnis der von den Pflanzen verbrauchten zur bereitgestellten Wassermenge. Der W. d. B. in der Gesamtanlage und in ihren Teilbereichen ist eine wertvolle Entscheidungshilfe für die Planung einer → Bewässerungsanlage und ein Kriterium für die Qualität des Bewässerungseinsatzes. Der Gesamtwirkungsgrad η liegt bei der Oberflächenbewässerung (→ Bewässerung) i. d. R. zwischen 10 und 50%; bei → Beregnung, → Mikro- und → Tropfbewässerung kann er 70 bis 90% erreichen. Durch Reduzierung der Verluste lassen sich daher wesentliche Einsparungen an Bewässerungswasser erzielen. *Lecher*

Wirtschaftlichkeitsgrenze. Beim → Verfahrensvergleich die Grenze, bei der ein Verfahren in seiner Wirtschaftlichkeit von einem anderen konkurrierenden Verfahren abgelöst wird. W. können z. B. von der hergestellten Menge, von der Bauzeit, von der Höhe des Stundenlohns oder anderen Variablen abhängig sein. *Drees*

Wirtschaftssektor. In der Fachliteratur werden die Arbeitsstätten i. a. in drei Sektoren untergliedert:
☐ primärer Sektor: Land- und Forstwirtschaft, Jagd, Fischerei, Bergbau (dieser gelegentlich auch dem sekundären Sektor zugeordnet),
☐ sekundärer Sektor: Handwerk, verarbeitende Industrie und Versorgungsbetriebe (Gas, Elektrizität, Wasser), Bauindustrie,
☐ tertiärer Sektor: private und öffentliche Dienstleistungen (Verteilung, Handel, Transport, Banken, Versicherungen, öffentliche Verwaltung).

In der neueren Literatur taucht gelegentlich auch der Begriff des quartären Sektors auf, der manchmal mit den freizeitorientierten Dienstleistungen, manchmal mit Forschung und Entwicklung gleichgesetzt wird. Im Verlauf der wirtschaftlichen Entwicklung hat der primäre Sektor in den Industriestaaten an Bedeutung verloren. Die Beschäftigung in diesem Sektor und sein Beitrag zum Volkseinkommen (Sozialprodukt) nehmen ab. Vor der industriellen Revolution waren noch rd. 80% aller Erwerbstätigen in der Landwirtschaft beschäftigt, 10% im sekundären Sektor (vor allem im Handwerk) und 10% in Dienstleistungsbereichen. Nachdem die Vereinigten Staaten von Amerika ein Vorreiter in der Entwicklung waren, sind inzwischen in der Bundesrepublik Deutschland nur noch etwa 5% im primären Sektor tätig, rd. 45% im sekundären und 50% im tertiären. Die Zahlen werden sich noch weiter zugunsten der Dienstleistungen verschieben, da die Produktionsumstellungen bei der → Industrialisierung weitere Arbeitskräfte freisetzen werden (Tabelle).

Die Wirtschaftszweige des sekundären und des tertiären Sektors siedeln sich mit Vorliebe da an, wo die günstigsten Standortkriterien gegeben sind, d. h. möglichst nahe an Zulieferern, Absatzmärkten und Arbeitsmärkten. Sollen bestimmte Unternehmen dazu bewogen werden, sich in bestimmten, meist unterentwickelten Regionen niederzulassen, so hat in Anbetracht der grundsätzlich freien Standortwahl die → Entwicklungsplanung vor allem folgende Ansatzpunkte: Sie kann durch Vorleistungen, z. B. Infrastruktur, die Standortfaktoren verbessern, oder sie muß die Nachteile eines Standorts, z. B. durch Subventionen und Steuererleichterungen, ausgleichen. Gleichwohl ist solchen Maßnahmen, die sich gegen den Trend richten, der auch durch „Fühlungsvorteile" der Ballungsräume bestimmt wird, nicht immer Erfolg beschieden. *Spengelin*
Literatur: *Borchard, K.*: Arbeitsstätten. In: Grundriß der Stadtplanung. Hannover 1983. – Prognos: Wohnungspolitik und Stadtentwicklung. Schriftenr. „Städtebauliche Forschung" BMBau, H. 03.084, Bonn 1980, S. 177. – *Schussmann, K.*: Die Stadt als Wirtschaftsgefüge. In: Grundriß der Stadtplanung. Hannover 1983.

Witterungsschutz. Maßnahmen des W. haben die Aufgabe, ein Gebäude dauerhaft vor Witterungseinflüssen (→ Schlagregen, Regen mit nachfolgender Frostbeanspruchung, Schnee, Atmosphärilien) zu bewahren sowie die von Witterungseinflüssen ungestörte Nutzung der Räume im Gebäude sicherzustel-

Wirtschaftssektor. Tabelle: Prognose der Arbeitsplatzstruktur (Quelle: Prognos).

Wirtschaftsbereich	1977		1990		2000		2030 Variante 1		2030 Variante 2	
	Mio.	%	Mio.	%	Mio.	%	Mio.	%	Mio.	%
Land- und Forstwirtschaft	1,7	7	1,0	4	0,7	3	0,3	2	0,5	2
Prod. Gewerbe	11,2	45	11,7	45	9,9	40	5,2	31	7,6	31
Dienstleistungen	8,5	34	8,8	34	8,9	36	7,4	44	10,8	44
Staat u. Sozialvers.	3,6	14	4,4	17	4,9	20	3,9	24	5,9	24
insges. Mio.	24,9		26,0		24,5		16,8		21,7	
Veränderung gegenüber 1977 %	100		104		98		67		87	

Differenzen in %-Werten durch Runden

len. Dazu ist es erforderlich, den direkten Wassereintritt in das Gebäude zu verhindern und die einzelnen Bauteile vor übermäßiger Wasseraufnahme zu schützen (verminderter Wärmeschutz, Frostschäden, Korrosionsschäden, Erhaltung der Bausubstanz). Die Intensität der Witterungsbeanspruchung ist vom Standort des Bauwerkes (→ Schlagregenbeanspruchungsgruppe) und von der Orientierung der einzelnen Bauteile abhängig. In Mitteleuropa sind insbesondere die nach Westen und Südwesten orientierten Gebäudeseiten am stärksten durch die Witterung beansprucht (Wetterseiten). Die Durchfeuchtung der Bauteile ist außer von der Intensität der Witterungsbeanspruchung auch vom Material

Witterungsschutz. Tabelle 1: Mechanismen des Wassereintritts in ein Bauteil.

Ursache	Größe der Öffnung	Bemerkung
Kapillarkraft	t = 0,01 – 0,5 mm	Bei Kapillaren unter t = 0,1 mm ist trotz zunehmender Kapillarkraft die beförderte Wassermenge gering (baupraktisch uninteressant). Bei t > 0,5 mm wird die Kapillarkraft für den Wassertransport bedeutungslos (Rißbreiten im Stahlbeton).
Schwerkraft	t > 0,5 mm	Für t ≦ 0,5 mm kein Eindringen durch Schwerkraft, da die Oberflächenspannung des Wassers ein Einfließen der Regentropfen verhindert.
kinetische Energie	t > 4 mm	Auf Grund der Bewegungsenergie der Regentropfen können diese in Spalten und Risse eindringen (Größere Beanspruchung als bei Schwerkraft).
Luftströmung	t = 1 – 4 mm	Bei Vorhandensein einer Wandundichtigkeit (Luftströmung infolge Δ p) verursacht der Luftaustausch eine Mitführung der Wassertropfen.

Witterungsschutz. Tabelle 2: Wasseraufnahmekoeffizienten. (Schwarz).

Material	Wasseraufnahmekoeffizient $kg/(m^2 \cdot h^{0,5})$
Vollziegel	3 bis 25
Kalksandstein	3 bis 8
Schwerbeton	1 bis 2
Bimsbeton	2 bis 3
Gasbeton	4 bis 8
Gipsbauplatte	40 bis 70
Weißkalkputz	7
Kalkzementputz	2 bis 4
Zementputz	2 bis 3
Kunststoffdispersionsbeschichtung	0,05 bis 0,2

des Bauteils sowie der konstruktiven Durchbildung und Dicke des Bauteils abhängig.

Das Eindringen des → Niederschlages in die Bauteile hängt von der Poren- und Kapillarstruktur des Baustoffes, aus dem die Bauteile bestehen, sowie von den Spalten, Rissen und Fugen in den Bauteilen ab. Als Mechanismen, die das Eindringen des Niederschlages bewirken, zählen die Kapillarkraft, die Schwerkraft, die kinetische Energie der Regentropfen sowie Luftströmungen (Tabelle 1). Die Saugfähigkeit der Baustoffe und deren Oberflächenbeschichtungen wird durch den Wasseraufnahmekoeffizienten w beschrieben. Er gibt die Wassermenge an, die in der Zeiteinheit je m^2 Bauteilfläche aufgenommen wird (Tabelle 2). Die Einheit ist $kg/m^2h^{0,5}$; der Exponent berücksichtigt das nichtlineare Saugverhalten der Baustoffe. Auf dem Wege der → Wasserdampfdiffusion findet im wesentlichen ein Austrocknen des Bauteiles bis zur Gleichgewichtsfeuchte (→ Ausgleichsfeuchte) statt. Dem Eindringen des Schlagregens wird durch zwei Abdichtungsprinzipien entgegengewirkt (Bild):
– die einstufige Dichtung,
– die zweistufige Dichtung.

Bei der einstufigen Dichtung befindet sich die regen- und winddichte Sperrschicht in der äußeren Wandebene. Je nach der vorhandenen Schlagregenbeanspruchungsgruppe sind an die Sperrschicht unterschiedliche Anforderungen zu stellen: Auf der einen Seite soll so wenig Feuchtigkeit wie möglich in die Wand eindringen; ein Maß dafür ist der Wasseraufnahmekoeffizient (Tabelle 2). Auf der anderen Seite soll evtl. in die Wand eindringender Schlagregen in Trockenzeiten aus der Wand diffundieren können. Hierfür ist der Diffusionswiderstand der äußeren Sperrschicht zu begrenzen.

Bei Außenwänden mit zweistufigem Abdichtungssystem strebt man eine Funktionsentflechtung im

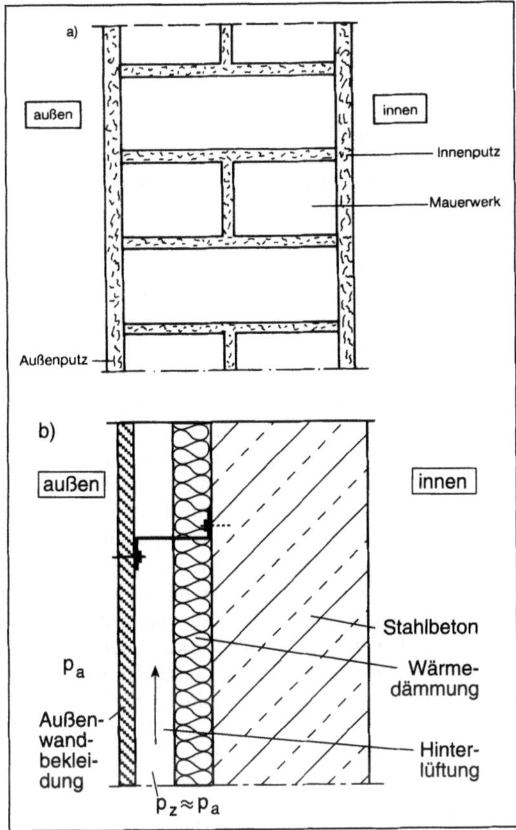

Witterungsschutz: Abdichtungsprinzipien.
a) Einstufige Dichtung
b) Zweistufige Dichtung.

Bereich der einzelnen Wandschichten an (Bild): Die Regensperre (Außenwandbekleidung) wird durch einen Luftspalt von der Winddichtung getrennt. Wenn im Luftspalt auf Grund der offenen Fugen bzw. der Belüftung am Wandkopf und Wandfuß der gleiche Winddruck vor und hinter der Regensperre herrscht ($p_a \approx p_z$), so fehlt der treibende Druck, der den Schlagregen in den Belüftungsspalt preßt. Das Prinzip der zweistufigen Dichtung wird auch bei der → Fugenabdichtung (druckausgleichende Fuge), bei der Fugenabdichtung zwischen Fensterflügel und Blendrahmen (Fugenabdichtung) und bei Dacheindeckungen angewendet: Die geringen Niederschlagsmengen, die durch die Fugen zwischen den Dachziegeln hindurchtreten, leitet man auf der Unterspannbahn ab. Dazu ist es erforderlich, daß die Unterspannbahn an die Regenrinne angeschlossen wird. Aus dampfdiffusionstechnischen Gründen muß die Unterspannbahn weitgehend wasserdampfdurchlässig sein. Wandkonstruktionen, die auf Grund der Erfahrung den Schlagregenbeanspruchungsgruppen I bis III entsprechen, sind in DIN 4108 aufgeführt. Für nicht in DIN 4108 klassifizierte Wandkon-

struktionen ist eine Schlagregenprüfung durchzuführen. Nach dem derzeitigen Stand des Wissens bietet sich die von *Cziesielski* und *Maerker* (1985) beschriebene Prüfmethode an. *Cziesielski*

Literatur: *Cziesielski, E., K. Daniels u. H. Trümper:* Ruhrgashandbuch. Stuttgart 1985. – *Cziesielski, E. u. B. Maerker:* Erzeugung eines künstlichen Schlagregens für die Bauteilprüfung. Bauphys. (1985) Nr. 3, S. 74/79. – *Künzel, H.:* Witterungsbeanspruchung von Außenwänden. Aachener Bausachverständigentage 1980. Wiesbaden 1980. – *Schwarz, B.:* Die kapillare Wasseraufnahme von Baustoffen. Gesundh.-Ingenieur (1973) Nr. 7, S. 206/11.

Wöhlerlinie. Die W. ist eine auf der Grundlage einer großen Anzahl von Laborversuchen festgelegte Kennlinie für das Werkstoffverhalten bei schwingender (veränderlicher) Beanspruchung. Bei den Schwingversuchen hält man die Spannungsamplituden konstant und mißt die Lastspielzahlen N bis zum Bruch. Die Wertepaare Spannungsamplitude (Beanspruchung) und zugehörige Bruchlastspielzahl (Lebensdauer) als Diagramm dargestellt ergeben die W. (Bild 1). Für jede Ausführungsform oder Verbindungsart, insbes. für jeden Schweißnahttyp, werden mittels umfangreicher Versuchsreihen W. in Abhängigkeit von den Kerbfällen ermittelt. Zum besseren Erkennen der Grenzlastspielzahl wählt man i. d. R. eine Darstellung der W. mit logarithmischer Teilung der Lastspielachse (Bild 2, S. 758). Die Abhängigkeit der ertragenen Beanspruchung von den Lastspielzahlen bis zum Versagen ist durch drei Bereiche unterschiedlichen Verhaltens gekennzeichnet:

☐ Kurzzeitfestigkeit (statische Festigkeit),
☐ Zeitfestigkeit,
☐ Dauerfestigkeit.

Für Stahl zeigt die W. bei halblogarithmischer Auftragung etwa bei $2 \cdot 10^6$ Lastspielen einen deutlichen Knick. Von dieser Stelle ab verläuft die W. annähernd parallel zur Lastspielachse. Bei Aluminiumlegierungen beginnt die asymptotische Annäherung erst bei sehr viel höheren Lastspielzahlen, etwa bei $500 \cdot 10^6$.

Für die in neuerer Zeit zur Versuchsplanung und Auswertung der Versuchsergebnisse angewendete Methode der mathematischen Statistik ist die logarithmische Darstellung der W. besonders geeignet. Hierbei wird

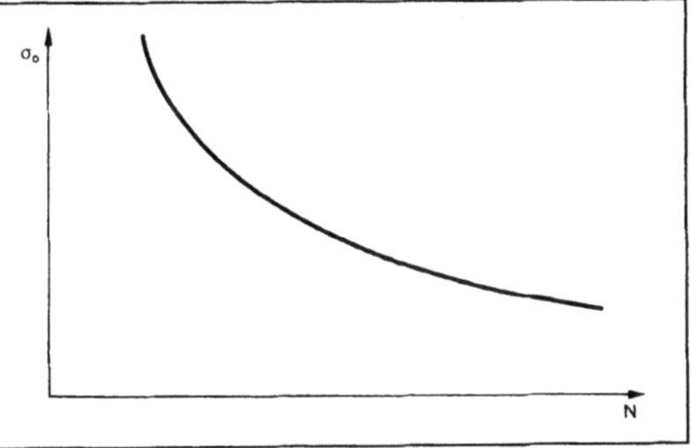

Wöhlerlinie 1: W. für die Oberspannung σ_o.

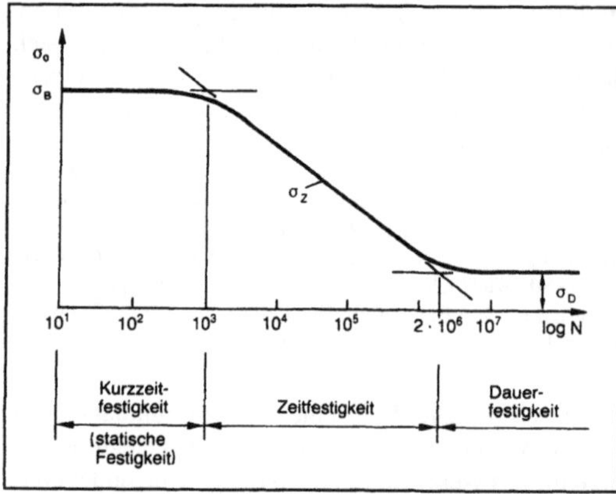

Wöhlerlinie 2: W. für die Oberspannung σ_o bei konstanter Unterspannung σ_u in halblogarithmischer Darstellung.

N Lastspielzahl, σ_Z Zeitfestigkeit, σ_B statische Festigkeit, σ_D Dauerfestigkeit

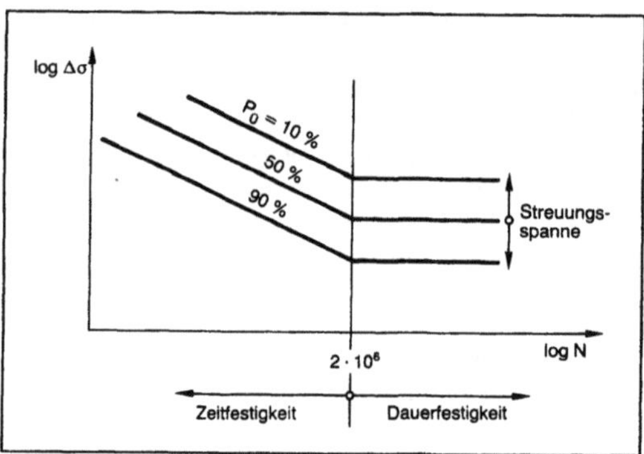

Wöhlerlinie 3: W. gleicher Überlebenswahrscheinlichkeit im logarithmischen Maßstab.

$P_{\ddot{U}}$ Überlebenswahrscheinlichkeit

nicht nur log N, sondern auch die logarithmische Teilung der Spannungsachse, log σ bzw. log $\Delta\sigma$ = log $(\sigma_o - \sigma_u)$, eingeführt. Die Spannungsdifferenz $\Delta\sigma$ zwischen Ober- und Unterspannung verwendet man häufig als Bemessungsgrundlage. Da die Versuchswerte bei den Schwingversuchen streuen, hat man den Begriff der Überlebenswahrscheinlichkeit eingeführt, der den prozentualen Anteil der unter gleichen Beanspruchungen geprüften Proben bezeichnet, die eine bestimmte Lastspielzahl noch ohne Bruch überleben. Die Linien gleicher Überlebenswahrscheinlichkeit $P_{\ddot{U}}$ sind im logarithmischen Koordinatennetz angenähert parallele Geraden. Die Zeitfestigkeit bei $P_{\ddot{U}}$ = 90% für $2 \cdot 10^6$ Lastspiele nennt man Dauerfestigkeit (Bild 3). Mit Hilfe der W. werden Dauerfestigkeitsschaubilder aufgestellt ($\to$ Smith-Diagramm, $\to$ Haigh-Diagramm).

Sedlacek/Scholz

Literatur: *Roik, K.*: Vorlesung über Stahlbau, Grundlagen. 2. Aufl. Berlin 1983.

Wölbkrafttorsion. Die St.-Venant-Torsion ($\to$ Torsion, freie) erfordert in jedem Querschnitt eine unbehinderte Verwölbung, d. h. die einzelnen Punkte des Querschnitts erfahren eine Verschiebung u_1 in Richtung der Längsachse x_1. Eine Behinderung der Verwölbung führt zu $\to$ Normalspannungen σ_{11}; sie werden Wölbspannungen genannt. Greift z. B. in der Mitte eines beidseitig eingespannten Stabes ein Torsionsmoment M_D an, so werden die beiden Hälften durch ein Moment $M_D/2$ in entgegengesetztem Drehsinne beansprucht. Die am Angriffspunkt des Torsionsmomentes liegenden benachbarten Querschnitte würden bei freier Torsion entgegengesetzte Verwölbungen erfahren und somit nach der Verformung nicht mehr zusammenpassen. Die gegenseitigen Verschiebungen u_1 müssen also gleich null sein; das Torsionsmoment M_D muß an der Angriffsstelle durch W. und damit durch Wölbspannungen übertragen werden. Die Wölbspannungen weisen keine resultierende Schnittkraft auf. Die Größe und der Verlauf hängen von der Querschnittsform und von den Randbedingungen (Lagerbedingungen) des Stabes ab. In manchen Fällen ist die Wirkung der W. lokal begrenzt oder auch im Vergleich zu den übrigen Beanspruchungen vernachlässigbar klein. Fast immer ist sie bei allen zweiflanschigen Stabquerschnitten zu berücksichtigen, bei denen die W. besonders groß ist.

Laermann

Wohnfläche. Das qualitative Verhältnis zwischen W. und Wohnumfeld hat sowohl funktionale als auch wirtschaftliche Konsequenzen. Dabei ergeben sich bereits quantitativ interessante Relationen zwischen den innerhalb einer gleich großen Grundstücksfläche möglichen Gebäudeabständen bzw. zur möglichen Ausnutzung der Grundstücksfläche, ausgedrückt durch die FGZ ($\to$ Baunutzungsverordnung) (Bild).

Der schematische Vergleich zeigt, ausgehend sowohl von gleicher Grundstücksfläche als auch gleicher Bruttogeschoßfläche, daß die Abstandsfläche zwischen den Gebäuden bei 10 m Haustiefe dem vorschriftsmäßigen Betrag von 2 H (der Addition der gegenüberliegenden Gebäudehöhen), in diesem Fall 24 m, entspricht. Bei Vergrößerung der Haustiefe auf 19 m ermöglicht dies einen Hausabstand von 38,8 m, was 3,23 H entspricht. Hieraus ergibt sich sowohl eine Verbesserung der funktionalen Nutzung der Gebäudezwischenräume (Mietergärten für die Erdgeschoßwohnungen und dergleichen sind möglich), als auch die Voraussetzung einer ausreichenden „optischen Diskretion".

Andererseits ergäbe sich, wenn man den Abstand 2 H beibehält, eine Reduzierung der Grundstücksfläche um etwa 25% und damit – bei eingeschränkter Funktion des Wohnumfeldes, das durch zusätzliche bauliche Maßnahmen kompensiert werden müßte – eine verbesserte Relation zwischen Baukosten und Grundstückskosten.

Spengelin

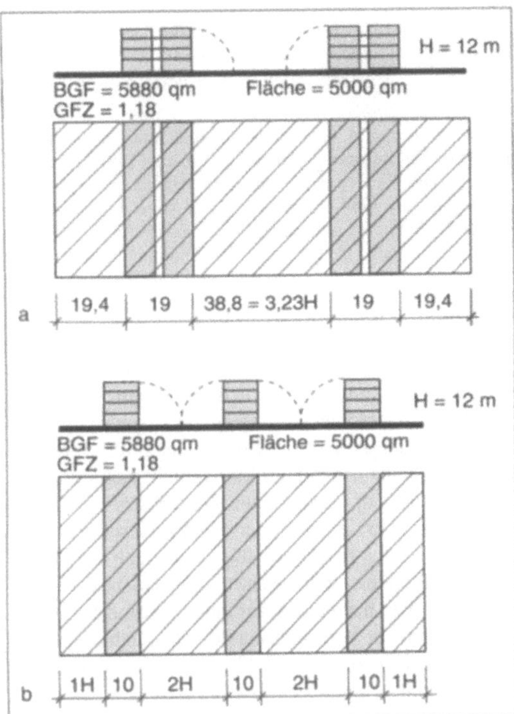

Wohnfläche: Schematischer Vergleich der Abstandsflächen zwischen Gebäuden.
a) gleiche Fläche, besserer Abstand bei größerer Haustiefe
b) gleiche Fläche, normaler Abstand bei normaler Haustiefe

Wohnfolgeeinrichtung. Eine Differenzierung der Nutzfläche einer Stadt leitet sich aus einer Spezifizierung der Funktionen ab, denen sie zu widmen sind. Dies führt zu einer Untergliederung in

□ „Wohnen" als Oberbegriff für eine Vielzahl von Tätigkeiten, die sich im engeren Wohnbereich abspielen;

□ „Erwerbsarbeit", die seit der industriellen Revolution i. d. R. außerhalb der Wohnung geleistet wird;

□ „Erholung", Entspannung und andere Freizeittätigkeiten, soweit sie nicht im engeren Wohnbereich stattfinden;

□ „Versorgung" mit öffentlichen Leistungen;

□ „Versorgung" mit Gütern und privaten Dienstleistungen.

Die für die zwei letzteren Kategorien nötigen Gebäude werden als W. oder Gemeinbedarfseinrichtungen bezeichnet. Sie sind gemeinsam mit den → Freizeiteinrichtungen ein wesentlicher Teil der städtischen Infrastruktur. Im wesentlichen handelt es sich – außer den die → Wohnqualität im unmittelbaren Wohnbereich beeinflussenden Anlagen – um die folgenden Bereiche des Gemeinbedarfs: Erziehungs- und Bildungseinrichtungen, Einrichtungen der Jugendpflege, Einrichtungen der Sozialfürsorge, der Altenhilfe und des Gesundheitswesens, Einrichtungen der öffentlichen Verwaltung und Sicherheit, kulturelle Einrichtungen, Einzelhandelsgeschäfte und private Dienstleistungseinrichtungen. Für die insgesamt und im einzelnen hierfür erforderlichen Grundstücksflächen, die im → Flächennutzungsplan ausgewiesen werden, hat man immer versucht, Richtwerte aufzustellen, mit denen die städtebauliche Planung von Fall zu Fall arbeiten kann. Es zeigte sich allerdings, daß sich die menschlichen Lebensbedürfnisse nicht in vollem Umfang wissenschaftlich erfassen lassen. Sie hängen auch von Werturteilen ab, die sich ändern können, denen zwar mit den Mitteln der empirischen Sozialforschung nachgegangen werden kann, deren Schlüssigkeit wissenschaftlich jedoch nicht zu beweisen ist.

Insgesamt sind die W. mit einer Fläche zwischen 9 und 14 m²/Ew. im öffentlichen Sektor und zwischen 2,50 und 7,50 m²/Ew. im privaten Dienstleistungssektor und damit durchschnittlich zu etwa 10–15% an der besiedelten Stadtfläche beteiligt. Die Investitionskosten belaufen sich im öffentlichen Bereich auf Beträge zwischen etwa 7 000 und 12 000 DM/Ew. nach dem Preisstand des Jahres 1982. Während öffentliche W. überwiegend vom Staat und von den Gemeinden gebaut und unterhalten werden, liegt insbes. die Güterversorgung weitgehend in privater Hand. Dies ist insofern von Bedeutung, als für private W. zwar Flächen im → Bebauungsplan festgesetzt werden, ob und wann sie gebaut werden, jedoch meist der Privatinitiative überlassen bleibt. So sind die Bewohner langsam wachsender neuer Wohngebiete oft über Jahre hinweg ohne Einkaufsmöglichkeiten, weil sich kein Unternehmer von der Einrichtung eines Ladens genug Gewinn verspricht. Ähnliches trifft auch auf die ärztliche Versorgung zu. Bei den Städten in den neuen Bundesländern mußte, gegenüber dem Zustand in den alten Ländern, eine sowohl in der Qualität als auch in der Quantität beträchtliche Unterversorgung festgestellt werden. Insbesondere zeigten die Kernstädte in keiner Weise den für die Attraktivität eines lebendigen Zentrums notwendigen Ladenbesatz. Auf Grund der weit überproportional einsetzenden Errichtung von Einkaufszentren und Verbrauchermärkten an Stadträndern bzw. in Nachbargemeinden von größeren Städten und dem damit verbundenen Kaufkraftabfluß gestaltet sich die nötige → Revitalisierung der Innenstädte höchst problematisch. *Spengelin*

Literatur: *Borchard, K.*: Gemeinbedarf. In: Grundriß der Stadtplanung. Hannover 1983. – *Difu*: Kommunaler Investitionsbedarf bis 1990. Berlin 1980. – *Weeber + Partner*: Gemeinschaftseinrichtungen. Stuttgart 1975.

Wohnform. Unter dem Aspekt der → Wohnqualität steht die größtmögliche Individualisierung des Wohnens, die das Einfamilienhaus (→ Gebäudetyp) gestattet, bei den Wohnwünschen nahezu aller Bevölke-

rungsgruppen an vorderster Stelle. Hieraus ergibt sich die planerische Aufgabe, dessen Vorteile so weit wie möglich auch auf solche W. zu übertragen, die sich in flächensparenden Gebäudetypen in konzentrierter Flachbauweise oder im Geschoßbau realisieren lassen, und sie weitestgehend mit den Vorteilen zu verbinden, die Einfamilienhäuser bieten. Dabei zeigt sich, daß gerade die Befriedigung unterschiedlicher Ansprüche an W. und Wohnsituation, wie sie sich aus der verschiedenartigen Größe und Zusammensetzung der Haushalte und aus unterschiedlichen Berufs- und Einkommensverhältnissen ergeben, im Geschoßbau in besonderem Maße möglich ist. Entsprechend den sich hieraus ergebenden individuellen Wohnbedürfnissen können die Wohnungen differenziert werden je nach
– der Lage der Wohnung im Gebäude,
– der Größe der Wohnung, die zusätzlich durch Schalträume variiert werden kann,
– der Form der Zuordnung der Räume innerhalb der Wohnung,
– der Art der Raumnutzung.   *Spengelin*
Literatur: *Hackelsberger, Ch.*: Plädoyer für eine Befreiung des Wohnens aus den Zwängen sinnloser Perfektion. Braunschweig 1983. – *Juckel, L.* (Hrsg.): Haus, Wohnung, Stadt. Hamburg 1986. – *Klotz, H.* (Hrsg.): *Ernst May* und das neue Frankfurt. Berlin 1986.

Wohngebietsstruktur. Wohngebäude und Wohnbauflächen nehmen den größten Teil des bebauten Stadtgebietes in Anspruch. Dabei hat das mit der industriellen Revolution verbundene Bevölkerungswachstum der Städte seit der Mitte des 19. Jahrhunderts, insbes. in den Ballungsgebieten, eine enorme Ausdehnung der Baufläche zur Folge gehabt. Auch dort, wo die planmäßige Erweiterung des Stadtgebietes nicht über die Festlegung der Straßenzüge und Fluchtlinien hinausging, haben die Veränderungen der ökonomischen und sozialen Rahmenbedingungen, der bau- und bodenrechtlichen Vorschriften und der formalen Zielvorstellungen, im Laufe der Zeit zu bis heute ablesbaren, sehr unterschiedlichen städtebaulichen Grundstrukturen geführt. Nach dem Zweiten Weltkrieg wurde der Zeilenbau das gebräuchlichste Grundschema für neue Wohngebiete in Europa. Diese Bauweise zeigte sich allerdings wenig geeignet, primäres Gestaltungsprinzip großer Baugebiete zu werden, da die gegenüber der vorindustriellen Zeit vielfach vergrößerten Flächen mit gleichen oder ähnlichen Einzelelementen nicht überzeugend gegliedert werden konnten. Hieraus ergaben sich Konzepte für städtebauliche Ensembles (Cluster), die unterschiedliche → Gebäudetypen räumlich zusammenfaßten. Weiterhin wurde in den 70er Jahren die Großform entwickelt: Das einzelne Haus, früher deutlich ablesbare Hülle einer begrenzten Anzahl von Wohnungen, integrierte man in ein umfassendes vielgeschossiges und teilweise abgestaffeltes Baugebilde. Zugleich führten Überlegungen zu einer Wiederaufnahme von Straßenrandbebauung; dabei dienen die so

entstandenen Wohnhöfe nunmehr als allen Bewohnern zugängliche Freifläche. Durch Addition solcher Blöcke entstehen rasterartige Strukturen. Bei allen Figurationen spielen Bestrebungen zur → Verkehrsberuhigung eine große Rolle.   *Spengelin*
Literatur: *Hinzen, A.* u. a.: Umweltqualität und Wohnstandorte. Ratgeber f. d. Bebauungsplanung. Wiesbaden 1983. – *Schumacher, F.*: Das Werden einer Wohnstadt. Hamburg 1932, Nachdruck Hamburg 1984. – *Spengelin, F., G. Nagel* u. *H. Luz*: Wohnen in den Städten. Lamspringe 1984. – *Spengelin, F.*: Wohnung und Wohnumfeld. In: Grundriß der Stadtplanung. Hannover 1983.

Wohnhof → Wohngebietsstruktur

Wohnhygiene. Die W. wird im wesentlichen durch die Schadstoffkonzentration in der Raumluft beeinflußt. Um der Luftverschlechterung entgegenzuwirken, müssen die Schadstoffe durch Lüften weggeführt werden. Zu den Schadstoffen in der Luft zählen: Kohlendioxid, Kohlenmonoxid, Gerüche und Schwebstoffe, Wärmeüberschuß, z. B. im Sommer (→ Wärmeschutz, sommerlicher) oder bei übermäßigem Heizen im Winter (→ Behaglichkeit, thermische), sowie insbes. → Wasserdampf. Bei normaler Raumnutzung sind Lüftungsmaßnahmen zur Verringerung des CO_2-Gehaltes in der Luft nicht erforderlich. Kohlenmonoxid kann nur in Räumen mit offenen Feuerstellen auftreten (Gasherd, Ofenheizung); bei fehlender Verbrennungsluft (Lüftung) tritt u. U. eine für den Menschen tödliche Kohlenmonoxidkonzentration auf. Gerüche und Schwebstoffe, z. B. Zigarettenrauch, müssen durch Lüften abgeführt werden. In DIN 1946 sind Richtwerte für die Lüftungsraten in Abhängigkeit von der Raumnutzung angegeben; z. B. gilt für Einzelbüros $30 - 50$ m^3 Frischluft/(h und Person). Der Anteil des Wasserdampfes in der Raumluft (→ Luftfeuchtigkeit, relative) beeinflußt die thermische Behaglichkeit und verursacht im Bereich von → Wärmebrücken → Tauwasser. Als Folge von Tauwasser können → Schimmelpilze auf den Bauteilen wachsen, die u. U. asthmatische Erkrankungen u. ä. verursachen können. Durch Lüften, insbes. „Stoßlüftung"=intervallmäßiges Lüften, soll der schädliche Wasserdampf aus dem Rauminnern abgeführt werden.   *Cziesielski*
Literatur: Die Be- und Entlüftung von Wohn- und Aufenthaltsräumen. Hrsg.: Gretsch-Unitas Ditzingen 1982.

Wohnqualität, städtebauliche. Unabhängig von allen städtebaulich bestimmten Zielsetzungen über die Gestalt der Stadt und deren → Wohngebietsstrukturen erwies sich der Wunsch eines Großteils der Bevölkerung nach einem eigenen Haus und nach einer in irgendeiner mit den Begriffen „Natur" und „Grün" in Verbindung zu bringenden Umwelt als eines der beständigsten Elemente der Stadtentwicklung. Er ist auch nach wie vor das wichtigste Motiv der Stadtflucht (→ Wohnform). Eine Umkehr dieser Tendenz ist auch deswegen kaum zu erwarten, weil der Anteil der Haushalte, die in Ein- und Zweifamilienhäusern wohnen, in der Bundesrepublik Deutschland im Vergleich zu anderen Industriestaaten, wie etwa Holland, Schweden, England, den USA, noch immer relativ niedrig ist. Es liegt nicht nur an Finanzierungsschwierigkeiten und unzureichender Rentabilität des sozialen und freifinanzierten Mietwohnungsbaus, wenn im Jahr 1978 der Anteil der Wohnungen in Ein- und Zweifamilienhäusern an den fertiggestellten Wohnungen 70% betrug (in England, Schweden, USA 75%). Vielmehr führte die enge Verbindung von Eigentumsdenken, besonderer staatlicher Förderung und Vorteilen der Wohnform dazu, daß in der Bundesrepublik das Einfamilienhaus weit überwiegend als Eigenheim gedacht und gebaut wird. In anderen Ländern, vor allem in England, ist dies viel weniger der Fall. Dort gibt es auch einen umfangreichen Bestand an Einfamilienhäusern zur Miete. Dies ist besonders wichtig für junge Familien mit kleinen Kindern, die noch nicht genügend Kapital bilden konnten, um die nötigen Eigenleistungen für eine Hausfinanzierung zu erbringen.

Auch wenn von den Fällen abgesehen wird, bei denen sichere Kapitalanlage, Steuerpräferenzen oder Statusgewinn die Hauptursache des Wunsches nach dem Einfamilienhaus sind, bleibt eine große Mehrheit von Haushalten, in denen der Wunsch nach individueller Lebensgestaltung und erweiterten Handlungsspielräumen, nach „Verdinglichung der eigenen Identität" im Bereich des Wohnens am ehesten im (freistehenden) Einfamilienhaus zu verwirklichen ist. Außer der Hausform ist es aber auch die Qualität des Umfeldes, das die Wohnentscheidung beeinflußt. Bei einer umfangreichen Befragung von Haushalten, die im Laufe des Jahres 1971 in Hamburg umgezogen waren, zeigte sich, daß – unabhängig von der Größe und Zusammensetzung der Haushalte – „Grün" und „Ruhe" die entscheidenden Faktoren waren, die in den Vorstellungen der Bewohner den Lagewert der Wohnung bestimmten. Auch eine Umfrage unter den im Jahre 1976 in Frankfurt am Main umgezogenen Haushalte zeigte, welches Gewicht bei Entscheidungen über den Wohnstandort solchen Eigenschaften der Wohnumgebung zukommt, die i. a. eher in den → Außenbereichen der Städte anzutreffen sind. Aus diesen Umständen ergibt sich die besondere Aufgabe – nicht zuletzt im Sinne ökologischer → Stadtplanung, deren wichtigstes Kriterium der sparsame Umgang mit Grund und Boden ist – Wohnformen nicht nur zu entwickeln, sondern auch entsprechend zu propagieren, in welchen möglichst viele positive Charakteristiken des Einfamilienhauses in den Geschoßwohnungsbau integriert werden. Es gilt also, zwar keine gleichartige, aber eine gleichwertige → Wohnqualität zu entwickeln, die zugleich urbane Eigenschaften aufweist. Dabei ist eine sinnvolle Relation von bebauter und freier Grundstücksfläche von Bedeutung (→ Wohnfläche/→ Wohnumfeld).
Spengelin

Wohnumfeld → Wohnfläche

Wohnungsbauträger → Bauherr

Wohnungsmarkt → Wohnungspolitik

Wohnungspolitik. Alle Maßnahmen der öffentlichen Hand zur Erhaltung, Verteilung und Nutzung des Wohnungsbestandes sowie zur Schaffung neuen Wohnraums gehören zur W. Zuständig sind auf Bundesebene der Bundesminister für Raumordnung, Bauwesen und Städtebau und auf Landesebene unterschiedlich die Innenminister, Sozialminister oder Bausenatoren. Generell ist für die W. alles geeignet, durch das sich Einfluß auf das öffentliche und private Wohnungsangebot und die Wohnungsnachfrage (Mietzahlungsbereitschaft und -fähigkeit) nehmen läßt:
☐ Baurechtspolitik: Steuerung nach Art und Maß der Nutzung. Träger sind die Gemeinden;
☐ Infrastrukturmaßnahmen einschl. Wohnumfeldmaßnahmen. Träger sind die Gemeinden, z.T. Bund und Länder;
☐ finanzielle Wohnungsbauförderung einschl. Modernisierung und Sanierung: zinsgünstige Darlehen, Zins und Annuitätszuschüsse und Mietsubventionen, z.B. Wohngeld usw. Träger sind überwiegend Bund und Länder, aber auch Gemeinden mit eigenen Programmen bzw. durch Beteiligung;
☐ Beratung: Bau- bzw. Modernisierungsberatung, Mieterberatung, Wohnungsvermittlung usw. Träger sind die Gemeinden.

Die Anforderungen an die öffentliche Wohnungspolitik resultieren aus den besonderen Eigenschaften des Gutes „Wohnen", die bei allein marktwirtschaftlicher Steuerung nicht hinreichend berücksichtigt würden.

Bei der ersten Gebäude- und Wohnungszählung nach dem Zweiten Weltkrieg ergab sich für die Bundesrepublik Deutschland ein Bestand von rd. 10 Mio. Wohnungen. Ende 1978 waren es etwa 24 Mio. Die relativ schnelle Beseitigung der Kriegszerstörungen bei gleichzeitiger Anpassung an quantitativ und qualitativ wachsende Ansprüche wurde durch ein hohes Neubauvolumen ermöglicht, das ab 1953 die Grenze von 500 000 Wohnungen pro Jahr überschritt und seither konjunktur- und rezessionsbedingt schwankte (Bild, S. 762). Seit etwa 1985 entsprach die Anzahl der vorhandenen Wohnungen näherungsweise der der Haushalte. Während in den 50er Jahren der soziale Wohnungsbau, insbes. der Mietwohnungsbau, überwog, übernahm seit den 70er Jahren der freifinanzierte Bau, besonders der Bau von Einfamilienhäusern die Führung. Die → Wohnfläche je Einwohner und die Qualität der Ausstattung stiegen kontinuierlich.

Künftiger Wohnungsbedarf wird resultieren aus:
– weiterer Zunahme vor allem der Einpersonenhaushalte (Familienaufsplitterung);
– zunehmender Wohnfläche je Person, die in den alten Bundesländern im Mittel im nichtlandwirtschaftlichen Bereich von 22,3 m² 1965 über 26,4 m² 1972 auf über 37 m² 1995 stieg. Eine Sättigungsgrenze ist vorerst

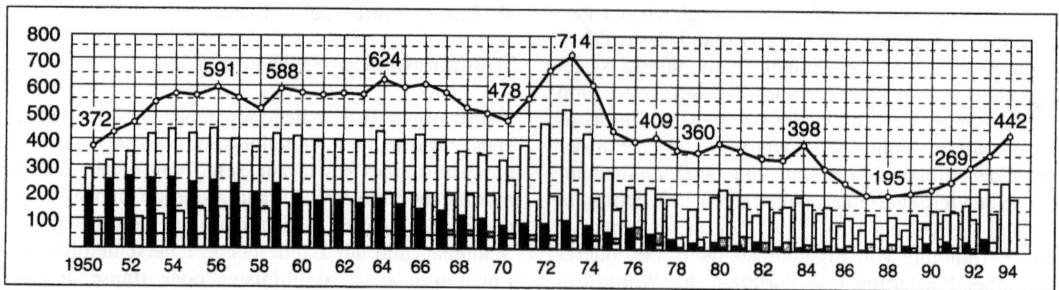

Wohnungspolitik: Fertiggestellte Wohnungen 1950 bis 1994 in der Bundesrepublik Deutschland in 1 000.

linke Säule: Mehrfamilienhäuser
rechte Säule: Eigenheime (Häuser mit 1–2 WE)
■ □ sozialer Wohnungsbau
□ davon zweiter Förderweg

nicht erkennbar (Zürich z. Zt. etwa 50 m², Neue Bundesländer 25 bis 28 m²);
– Verminderung des Altbaubestandes im Zuge von Sanierungs- und Modernisierungsmaßnahmen (Entkernung der Blockinnenbereiche zur Verbesserung der Wohnumfeldqualität);

– regionalem Wohnungsbedarf (→ Bevölkerungswanderung).
– zunehmender Einwanderung (Asylbewerber, Aussiedler, Umsiedler) seit Ende der 80er Jahre. Weitere Entwicklungen auf Grund des europäischen Binnenmarktes sind noch nicht absehbar.   *Spengelin*

Z

Zahlungsplan. Plan der → Abschlagszahlungen an den Auftragnehmer in Abhängigkeit vom Baufortschritt. Der Z. tritt bei → Pauschalverträgen an die Stelle der Abschlagsrechnungen, Abschlagszahlungen, Schlußrechnungen und → Schlußzahlungen, da nicht nach Positionen und Einheitspreisen, sondern mit einer Pauschalvergütung abgerechnet wird. Der Z. verbindet die Fertigstellungsphasen der Bauausführung mit Abschlagszahlungen auf die Pauschalvergütung.

Beispiel:

§ 3 Abs. 2 der Makler- und Bauträgerverordnung (MaBV) vom 7. November 1990 für die Erstellung und den Verkauf von Bauwerken, wie z. B. Eigentumswohnungen, durch Bauträger:

- 30 v. H.   Eigentumsübertragung am Grundstück
- 28 v. H.   Rohbaufertigstellung
- 17,5 v. H. Fertigstellung Rohinstallation einschl. Innenputz
- 10,5 v. H. Fertigstellung Schreiner- und Glaserarbeiten ohne Türblätter
- 10,5 v. H. Bezugsfertigkeit und Zug um Zug gegen Besitzübergabe
- 3,5 v. H.   nach vollständiger Fertigstellung.   *Drees*

Zapfen. Verbindung im zimmermannsmäßigen Holzbau. Der Z. wird allein oder mit anderen → Holzverbindungen, wie z. B. → Versatz und → Verblattung, ausgeführt. Man setzt ihn ein: als Schlitzzapfen im Firstgelenk von Sparren- und Kehlbalkendächern, als Verbindung von Pfosten mit Riegel, Pfette oder Schwelle, als Zapfenblatt bei Längsträgerstößen, als Winkelzapfen bei Eckverbindungen, von Rähm oder Riegel mit Pfosten, als Verbindung von Sparren mit Kehlbalken, als Anschluß von Pfosten oder Pfette mit Strebe u. a. m. Wegen des hohen Arbeitsaufwandes bei der Herstellung und der sich ergebenden Querschnittsschwächungen wurde er durch andere → Verbindungsmittel, wie z. B. Blechformteile, Zangen, Dübel, Dollen, verdrängt, hat aber bei der Instandsetzung und Rekonstruktion historischer Holzbauten wieder Bedeutung erlangt (Bild).   *Dröge*

Literatur: *Garzmann, M.* (Hrsg.): Die Alte Waage in der Braunschweiger Neustadt. Bd. 35. Braunschweig 1993.

Zeilenbau → Wohngebietsstruktur

Zeit-Weg-Diagramm. Gleichbedeutend mit → Liniendiagramm: zeichnerische Darstellung des Bauablaufs in einem Z.-W.-D., aus dem die Vortriebszeit in Abhängigkeit vom zurückgelegten Weg abgelesen werden

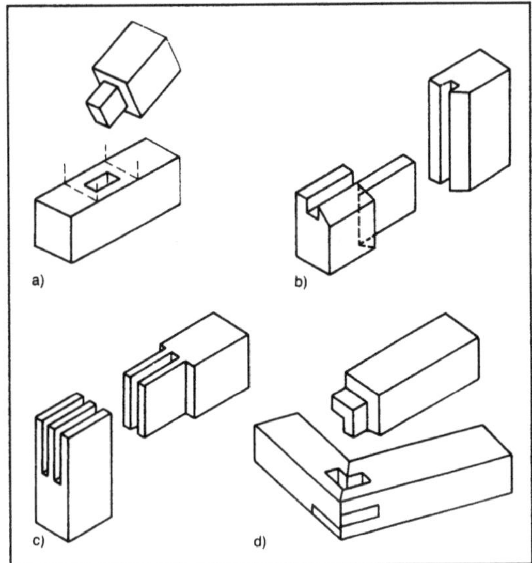

Zapfen: Z.-Verbindungen.
a) Gerader, zurückgesetzter Z.
b) Gerader, genuteter und gefälzter Z.
c) Doppelte gerade Z.-Verbindung
d) Winkelzapfen.

kann. Man verwendet das Z.-W.-D. vielfach bei vorwiegend eindimensional ausgerichteten Bauwerken, wie z. B. Straßen, Tunnel, Rohrleitungen.   *Drees*

Zeitreihenanalyse. Zerlegung einer hydrologischen Datenreihe (→ Abflüsse u. a.) in ihre Komponenten (Trend, Perioden, Sprünge, Zufallsanteile u. a.) zum Zweck der hydrologischen Vorhersage und der Entwicklung synthetischer Reihen (Bild). Eine Ganglinie (Abflußganglinie) kann man sich als Überlagerung analytisch unterschiedlicher Prozesse vorstellen. Eine sich langjährig entwickelnde Änderung des Klimas oder die allmähliche Erweiterung der Siedlungsgebiete führt zu einer entsprechenden Verschiebung des Jahres- oder Monatsmittelwertes: Die Daten erhalten einen Trend $x_t(t)$. Der zweite Prozeß entsteht beispielsweise durch die jahreszeitlichen Schwankungen der Sonneneinstrahlung. Hierdurch bekommt die Ganglinie eine periodische Komponente $x_p(t)$. Eine Zufallskomponente $x_r(t)$ wird durch die veränderlichen Wetterlagen eingeführt, und schließlich kann der Bau einer Wasserableitung zu einem Sprung $x_s(t)$ in der Ganglinie führen.

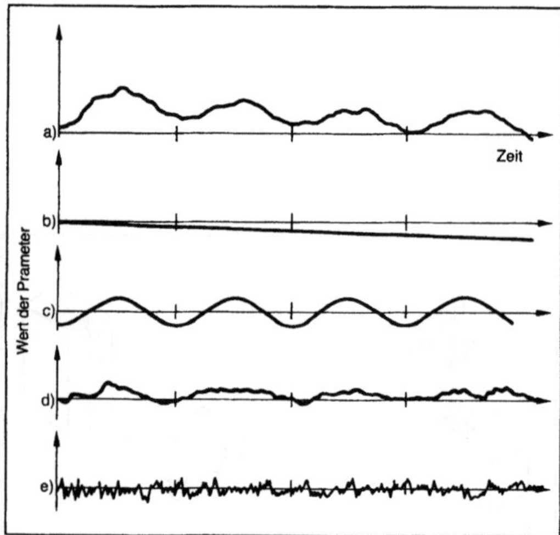

Zeitreihenanalyse: Zerlegung einer Zeitreihe. (Nach Maniak)
a) Zeitreihe
b) Trend (hier linear)
c) Periodische Komponente
d) Autokorrelativer Anteil
e) Zufallsanteil.

Bei Annahme einer additiven Wirkung setzt sich die Ganglinie wie folgt zusammen:

$$x(t) = x_t(t) + x_p(t) + x_r(t) + x_s(t).$$

Vorhersage: Aus dem bisherigen Verlauf einer Zeitfunktion wird auf ihren Verlauf in der Zukunft geschlossen. Vorsicht ist bei der Berücksichtigung von Trends und Perioden geboten. Dies gilt insbes. dann, wenn ihre Ursachen nicht bekannt sind.

Entwicklung synthetischer Reihen: Aus einer vorhandenen Zeitreihe von relativ kurzer Dauer soll eine längere Zeitreihe erzeugt werden. Obgleich diese synthetische Reihe grundsätzlich nicht mehr Information enthält als die Ausgangsreihe, erhält man doch wertvolle Hinweise, weil die synthetische Reihe neue Kombinationen der Teilprozesse aufweist und sich damit bisher nicht aufgetretene Abfolgen von Werten, z.B. Trockenperioden, ergeben können, die bis jetzt wegen der Kürze der Meßreihe nicht beobachtet wurden. Besonders wichtig ist das Verfahren bei der Planung von Langzeitspeichern (→ Speicherbemessung).

Ein Beispiel für die Anwendung der Z. ist das zu den klassischen Verfahren zählende, in den 60er Jahren entwickelte *Fiering*-Modell, das in der folgenden Art sehr erfolgreich zur Entwicklung synthetischer Reihen von Monatsabflüssen eingesetzt wurde:

$$x_{i+1} = \bar{x} + b \cdot (x_i - \bar{x}) + t_{i+1} \cdot s \cdot (1 - r^2)^{1/2};$$

in der Gleichung bedeuten: x_i Abfluß im Monat i, $\bar{x}$ Mittelwert der → Stichprobe, b Regressionskoeffizient des Monatsabflusses x + 1 zum Abfluß im Monat i, t_i

standardisierte Zufallsabweichung der Stichprobe, s Standardabweichung der Stichprobe, r Korrelationskoeffizient zwischen den Abflüssen in aufeinander folgenden Intervallen. *Lecher*

Zeitstudie. Gleichbedeutend mit Zeitaufnahme: Aufnahme der Ist-Zeit eines Arbeitsablaufs. Hierzu ist der Arbeitsablauf in → Ablaufabschnitte zu unterteilen. Außerdem sind die → Arbeitsbedingungen sowie alle sonstigen Einflußgrößen festzuhalten, die für die ermittelten Zeiten von Bedeutung sind. Im Mittelpunkt der Zeitaufnahme steht das Beobachten des Ist-Ablaufs durch den Zeitnehmer (Arbeitsstudienmann). Das Ergebnis der Beobachtung wird von ihm protokolliert; die Angaben müssen reproduzierbar sein. Ziel einer Zeitaufnahme sind vor allem die Verbesserung der Ablauforganisation durch Aufdeckung und Beseitigung von Verlustquellen und die Ermittlung von → Planzeiten, aus denen sich → Vorgabezeiten berechnen lassen. Im Bauwesen verwendet man zur Zeitaufnahme (Gruppenzeitaufnahme) vorwiegend das systematische Multimomentverfahren, bei dem die eigentliche Zeitmessung mittels Stoppuhr durch das Erfassen der Häufigkeit zuvor festgelegter → Ablaufarten ersetzt wird. Das Stoppuhrverfahren setzt man nur dann ein, wenn für eine einzelne Person oder eine Maschine eine Zeitaufnahme vorgenommen werden soll.

Drees

Zement. Z. sind feingemahlene hydraulische Bindemittel, die ohne vorherige Luftlagerung unter Wasser erhärten können und dann unter Wasser beständig sind. Sie bestehen im wesentlichen aus Verbindungen von CaO mit SiO_2, Al_2O_3 und Fe_2O_3, die durch Sintern oder Schmelzen entstanden sind. Mit wenigen Ausnahmen, die aber im Bauwesen keine Rolle spielen, werden sie auf Portlandzementbasis hergestellt, und zwar als reine Portlandzemente (PZ) oder durch Zumahlen von reaktionsfähigen oder inerten Stoffen zum PZ-Klinker.

Zu den reaktionsfähigen Stoffen zählen vor allem
– granulierte Hochofenschlacke (Hüttensand), die durch schnelles Abkühlen aus dem Schmelzfluß zur glasigen Erstarrung gebracht wurde,
– Traß, ein feingemahlener vulkanischer Tuffstein mit 50–70% reaktionsfähiger Kieselsäure und
– Flugasche, die im Elektrofilter von Steinkohlenkraftwerken abgeschieden wird.

Als inerter Stoff wird bisher nur Kalksteinmehl (auch als Kreide) verwendet. Zusammen mit Wasser erhärtet der Z. zum → Zementstein (→ Erhärten) und verkittet die groben und feinen Körner des Zuschlags (→ Betonzuschlag) zum Beton, dessen Eigenschaften im wesentlichen von den Eigenschaften des Z. und der Struktur des Zementsteins abhängen.

Der am meisten verwendete Z. ist der Portlandzement (PZ). Er ist ein hydraulisches Bindemittel, das aus innig gemischten und gleichmäßig verteilten, besonders aufbereiteten Rohstoffen hergestellt wird,

die Calciumoxid (CaO), Tonerde (Al_2O_3), Kieselsäure (SiO_2) und Eisenoxid (Fe_2O_3) enthalten. Er wird bis zur Sinterung gebrannt und muß die Bedingungen der DIN 1164 erfüllen. Die Bestandteile sind im PZ in folgenden Anteilen (massebezogen) enthalten und werden aus folgenden Rohstoffen gewonnen:
- 61 – 69% CaO aus Kalkstein, Mergel, Kreide,
- 4 – 8% Al_2O_3 aus Ton und Mergel,
- 18 – 24% SiO_2 aus Ton, Quarzsand, Hochofenschlacke, Flugasche,
- 1 – 4% Fe_2O_3 aus Ton, Bauxit, Kiesabbrand.

Die Rohstoffe werden gemahlen und je nach Ausgangsprodukt entweder im Naßverfahren (Dickschlammverfahren) oder im Trockenverfahren gemischt und aufbereitet. Den Rohschlamm bzw. das Rohmehl brennt man im Schacht- oder Drehofen bis zur Sinterung bei 1 400 bis 1 500 °C zu Klinker (Der Name Klinker stammt daher, daß der Rohschlamm früher zu Rohlingen im Ziegelformat geformt und im Ringofen „klingend" hart gebrannt wurde). Die abgekühlten, etwa walnußgroßen Klinkerkörner werden in Kugelmühlen unter Zugabe von Calciumsulfat (→ Erstarren) gemahlen. Zur Herstellung von weißem und farbigem Beton verwendet man weißen PZ, der aus eisen- und manganarmen Rohstoffen unter besonderen Brenn-, Abkühl- und Mahlbedingungen hergestellt wird. Außer dem PZ sind die wichtigsten Z. Eisenportlandzement (EPZ) und Hochofenzement (HOZ), die aus PZ-Klinker und granulierter Hochofenschlacke (Hüttensand) zusammengesetzt und zusammen gemahlen werden. EPZ enthält massebezogen bis 35%, HOZ bis 80% Hüttensand. Die Produktion aller anderen Z. (Traßzement, Traßhochofenzement, Flugaschezement, Ölschieferzement, Portland-Kalkstein-Z.) liegt in der Bundesrepublik Deutschland unter 1% der gesamten Zementproduktion. *Wesche*

Zementbeton, kunststoffmodifizierter. Werden normalen Zementbetonmischungen bei der Herstellung im Werk oder auf der Baustelle Kunststoffe in Form wäßriger Dispersionen von Thermoplasten oder in Form wasseremulgierter, reaktionsfähiger Duroplastvorprodukte zugegeben, so lassen sich bestimmte unerwünschte Frischbeton- und Festbetoneigenschaften verbessern. Ziele der Modifikationen sind: bessere Verarbeitbarkeit, höhere Zug- und Haftfestigkeiten, bessere Chemikalienbeständigkeit, günstigeres Verschleißverhalten. Kunstharzmodifizierte Betone und Mörtel werden im internationalen Sprachgebrauch als Polymer Cement Concretes (PCC), bei Verwendung wasseremulgierter EP-Harze auch als Epoxi Cement Concretes (ECC) bezeichnet.

□ Dispergierte Thermoplaste. Handelsüblich sind dispergierte Kunststoffe mit Teilchengrößen von rd. 0,1 – 5 μm Dmr. aus Polyvinylacetat, Polymethylmethacrylat, Butadienstyrol, Polyvinylpropionat und zahlreichen Modifikationen und Mischpolymerisaten dieser Stoffe. Die dispergierten Kunstharze sind Bestandteile

der kontinuierlichen Phase des Baustoffes Beton, des → Zementsteines. Dabei ist ihr Anteil wesentlich höher als der der Betonzusatzmittel, die die mechanischen Eigenschaften des erhärteten Betons nicht oder nur unwesentlich beeinflussen. Im Sinne der deutschen Bauvorschriften handelt es sich um Betonzusatzstoffe (→ Betonzusatz), die bei Anwendung im Stahlbetonbau einer bauaufsichtlichen Zulassung auf Grund von Brauchbarkeits- und Unschädlichkeitsprüfungen bedürfen.

Der Einfluß der Kunststoffteilchen muß von dem der Hilfsstoffe unterschieden werden. Die Emulgatoren und sonstigen Hilfsstoffe greifen in grundsätzlich gleicher Weise in den Hydratationsprozeß des Zementes ein wie die chemisch gleichartigen niedermolekularen bekannten Betonzusatzmittel. Dabei treten z. B. Veränderungen der Erstarrungszeiten, Verflüssigungseffekte und Luftporenbildungen auf. Mit den Eigenschaften der verwendeten Kunststoffe haben die genannten Eigenschaftsveränderungen direkt nichts zu tun. Ein indirekter Einfluß besteht insofern, als bestimmte Kunstharze spezielle Hilfsstoffe erfordern können. Die Wirkung der dispergiert vorliegenden Kunststoffteilchen beruht im Gegensatz dazu wahrscheinlich vorwiegend auf deren physikalischen Eigenschaften, zu denen auch wirksame zwischenmolekulare Anziehungskräfte zu rechnen sind. Gegen die Hypothese einer einfachen Verklebung von Hydratationsprodukten untereinander und von Zementstein mit Zuschlagkörnern sprechen theoretische Überlegungen und Versuchsergebnisse. So ist die Wirkung sehr harter, kaum klebfähiger Harze nicht grundsätzlich anders als die weicher Harze.

Die Wasserempfindlichkeit mancher Systeme ist auf unterschiedliche Ursachen zurückzuführen: Alle linear aufgebauten Polymere neigen zu mehr oder weniger ausgeprägten Quell- und Schwinderscheinungen durch Aufnahme von Wassermolekülen zwischen die nur mechanisch verfilzten Molekülketten. Dadurch werden die mechanischen Eigenschaften des Harzes verschlechtert und innere Gefügespannungen erzeugt. Bei einigen Kunststoffzusätzen bilden sich bei niedrigen Temperaturen oder unter ständiger Wasserlagerung die für die günstigen Festigkeiten und Diffusionswerte erforderlichen filmartigen Strukturen nicht aus. Die früher häufig beobachtete Verschlechterung bereits erreichter Betoneigenschaften nach jahrelanger Feuchtlagerung hat eine andere Begründung: In stark alkalischer Umgebung, wie sie im durchfeuchteten Beton vorliegt, neigen manche Kunstharze zu mehr oder weniger ausgeprägten Hydrolyse- bzw. Verseifungserscheinungen. Hierdurch tritt eine allmähliche Zerstörung der Makromoleküle auf, was naturgemäß Auswirkungen auf die Betonfestigkeit hat. Bei hohen Harzzusätzen und guter Verteilung im Zementsteingefüge können andererseits einige Dispersionen offensichtlich die chemische Beständigkeit erhöhen. Die neueren Kunstharzdispersionen haben sich bei Innen-

und Außenputzen sowie als Ausbesserungsmörtel bei Betoninstandsetzungen gut bewährt.

☐ Zweikomponentenharze. Noch in der Entwicklung befindet sich die Verwendung von wasseremulgierbaren und im alkalischen Medium beständigen Epoxidharzen (EP) zur Herstellung kunstharzmodifizierter Betone. Die Harz-Härter-Mischung wird als wäßrige Emulsion ohne oberflächenaktive Hilfsstoffe (Emulgatoren) dem → Frischbeton zugegeben. Die Erhärtungsvorgänge des Zementes und des Kunstharzes vollziehen sich je nach Bedingungen nacheinander oder nebeneinander. Mit emulgiertem Epoxidharz modifizierte Zementbetone werden zur Unterscheidung von den mit Thermoplasten modifizierten PCC auch als ECC (Epoxi Cement Concrete) bezeichnet. Das entstehende Zementstein-Kunstharz-Gefüge kann sehr verschiedenartig sein. Es beeinflußt stark die mechanischen Eigenschaften des ausgehärteten Mörtels bzw. Betons. Bei Zusatzmengen von etwa 10% der Zementmasse ergeben sich deutliche Steigerungen der Festigkeiten, vor allem der Zugfestigkeit, der chemischen Beständigkeit und des Widerstandes gegen → Karbonatisierung. Vor allem für Instandsetzungsarbeiten an geschädigten Beton- und Natursteinbauwerken ist die sehr gute und dauerhafte → Adhäsion am Untergrund von Bedeutung. *Sasse*

Zementleim. Z. wird aus Zement und Wasser gebildet. Mit dem Zuschlag wird er zu Beton. Das Wasser ist für die Verarbeitung, Verdichtung und Erhärtung des Betons notwendig. Je mehr Wasser zugegeben wird, d. h. je größer das Verhältnis von Wasser (w) zur Zementmasse (z), der Wasser-Zement-Wert (w/z oder ω) ist, um so flüssiger ist der Z. und um so leichter ist er zu verarbeiten und zu verdichten. Durch unvollkommene Verdichtung entstehen Luftporen (Verdichtungsporen), die die Druckfestigkeit und andere Eigenschaften verschlechtern (→ Zementstein). Das Fließverhalten des Z. ist zusammen mit der Rolligkeit des Zuschlages für die → Konsistenz des Betons maßgebend. Beim → Mörtel spielt es eine besondere Rolle beim Einpressen in Spannkanäle, Lockerböden und Fels. Z. wird durch → Erhärten zu Zementstein. *Wesche*

Zementmörtel, polymermodifizierter → Mörtel, kunststoffmodifizierter

Zementprüfung. Die Anforderungen an die Materialeigenschaften genormter Zemente sind in DIN 1164 und DIN EN 196 festgelegt. Die darin enthaltenen Prüfgrößen umfassen die chemisch-mineralogische Zusammensetzung der Zemente sowie physikalische Kennwerte wie → Mahlfeinheit, Erstarrungsverhalten, Raumbeständigkeit, Festigkeitsverhalten, → Hydratationswärme und Widerstand gegen Sulfatangriff.

Die chemische Zusammensetzung der Zemente wird mit naßchemischen oder anderen vergleichbaren Verfahren bestimmt. Dabei sind Grenzwerte definiert, die nicht über- bzw. unterschritten werden dürfen. Derartige Grenzwerte gelten für den Glühverlust, den Kohlendioxidgehalt, den unlöslichen Rückstand und den Sulfat- und Chloridgehalt des Zements sowie den Magnesiumoxidgehalt des Portlandzementklinkers.

Die mengenmäßigen Anteile der Ausgangskomponenten Portlandzementklinker, Hüttensand, Traß und gebrannter Ölschiefer müssen je nach Zementart innerhalb vorgegebener Bereiche liegen. Die Anteile an Hüttensand oder Traß werden dabei über mikroskopische bzw. chemische Verfahren ermittelt.

Das Prüfverfahren zur Ermittlung der Mahlfeinheit umfaßt die Bestimmung des Siebrückstandes auf dem Prüfsieb 0,2 mm und die Berechnung der spezifischen Oberfläche anhand von Luftdurchlässigkeitsmessungen. Das Maß für die Luftdurchlässigkeit ist dabei die Zeit, in der eine bestimmte Luftmenge unter festgelegten Bedingungen ein Zementbett durchströmt.

Die Prüfung des Erstarrungsverhaltens beruht auf der Beobachtung der zeitlichen Veränderung des rheologischen Verhaltens eines Prüfkörpers (→ Zementleim mit definierter Ausgangsviskosität = „Normsteife"). Das Maß für den Erstarrungsbeginn bzw. das Erstarrungsende ist die jeweilige Eindringtiefe einer mit einem Zusatzgewicht versehenen Nadelsonde.

Die Raumbeständigkeit wird nach *Le Chatelier* an erstarrtem Zementleim überprüft. Der Zement gilt als raumbeständig, wenn die Spreizung des Le-Chatelier-Ringes nach dreistündiger Behandlung in kochendem Wasser ein festgelegtes Maß nicht überschreitet.

Bei der Prüfung des Festigkeitsverhaltens eines Zement wird die Druckfestigkeit von definierten Normmörtelprismen nach 2-, 7- und 28tägigem Erhärten unter Wasser bei 20 ± 1 °C bestimmt. Dabei wird in einer genormten Druckprüfmaschine die auf den Probekörper einwirkende Kraft kontinuierlich bis zum Bruch des Körpers gesteigert. Zusätzlich zur Druckfestigkeit kann auch noch die Biegezugfestigkeit an Mörtelprismen bestimmt werden.

Die bei der Hydratation eines Zement freiwerdende Wärme wird mit einem Lösungskalorimeter ermittelt. Dabei wird getrennt die Lösungswärme des unhydratisierten Zements und einer daraus hergestellten Zementsteinprobe in einem Säuregemisch gemessen. Die Hydratationswärme errechnet sich aus der Differenz dieser beiden Lösungswärmen.

An Zemente mit hohem Sulfatwiderstand sind besondere Anforderungen bezüglich ihrer chemischmineralogischen Zusammensetzung geknüpft. Bei der bauaufsichtlichen Zulassung nicht genormter Zemente wird häufig das Festigkeitsverhalten nach vorangegangener Sulfatlagerung geprüft. *Rehm/Laskowski*

Zementstein. Durch → Erhärten des → Zementleims entsteht Z.

☐ Porenraum. Um Beton gut verarbeiten zu können, wird beim Anmachen i. a. mehr Wasser zugegeben, als zur Wasserbindung (Hydratation) erforderlich ist.

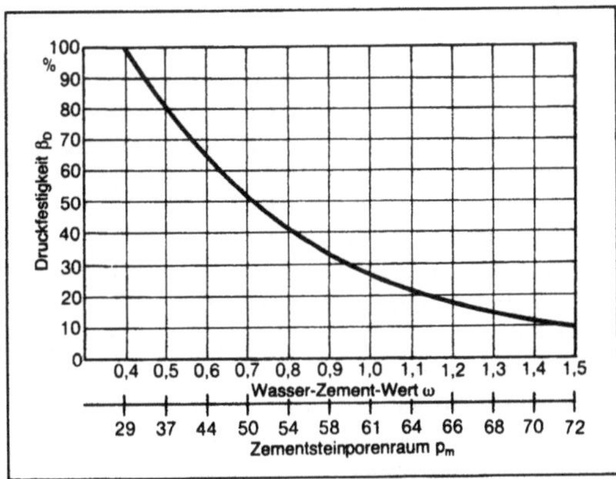

Zementstein: Beziehung zwischen Druckfestigkeit β_D und Wasser-Zement-Wert ω bzw. Zementsteinporenraum p_m. (Hummel 1959)

Dadurch entstehen beim Erhärten des Zementleims je nach Lagerung (Wasser-, Feucht-, Luftlagerung) leere oder mehr oder weniger gefüllte Wasserporen im Z. Über das chemisch gebundene Wasser hinaus ist noch ein Teil des Wassers in den Poren des Zementgels (→ Erstarren) physikalisch als Gelwasser gebunden, das für die vollständige Hydratation dringend benötigt wird. Bei völliger Hydratation machen chemisch gebundenes Wasser und Gelwasser etwa 40% der Zementmasse aus, entsprechend einem Wasser-Zement-Wert (Zementleim) $\omega \approx 0,40$. Erst bei $\omega > 0,40$ bilden sich also Kapillarporen im Z. Mit etwa 27% Gelporen ist bereits kapillarfreier, völlig hydratisierter Z. stark porös.

Die Art der Füllung der Poren (Luft oder Wasser) ist für den Einfluß des Porenraumes auf die Festigkeitseigenschaften des Z. für die in der Praxis verwendeten Betone nahezu gleichgültig. Da normaler Beton schon i. a. einen w/z-Wert über 0,5 hat und die durch das Anmachwasser entstandenen Poren über $\omega = 0,5$ den größten Teil des Zementsteinporenraumes ausmachen, ist der w/z-Wert für diesen die maßgebende Größe. Sein Einfluß auf die Druckfestigkeit des Z. findet im Wasser-Zement-Wert-Gesetz seinen → Niederschlag (Bild). Man kann feststellen, daß die Druckfestigkeit etwa im gleichen Maße abnimmt, wie der Zementsteinporenraum zunimmt, d. h. die Verminderung der Druckfestigkeit des Z. und damit des Betons bei größerem w/z-Wert ist auf die Erhöhung des Zementsteinporenraumes durch den größeren Wasseranteil zurückzuführen.

□ Formänderungen. Die Formänderungen des erhärteten Z. bestimmen zusammen mit den Formänderungen des Zuschlags die Formänderungen des Betons. Besonders → Schwinden und → Kriechen des Betons werden von den Eigenschaften des Z. beeinflußt. Schwinden und Kriechen hängen mit der Verteilung des Wassers im Zementgel (Erstarren) und im Kapillarporenraum und deren Veränderung zusammen. Die kleinen Gelparti-

kel werden durch chemische Bindung, Oberflächenenergie und Van-der-Waals-Kräfte verbunden. Trockener Z. nimmt in feuchter Umgebung Wasser auf, das bis etwa 45% relativer Luftfeuchte auf der Oberfläche der Gelpartikel adsorbiert wird, bei höherer Umgebungsfeuchte zwischen die Gelpartikel kriecht und durch Spaltdruck die nichtchemischen Bindungen löst. Dadurch dehnt sich der Z. aus: Er quillt. Bei Austrocknung zieht er sich zusammen: Er schwindet. In den Kapillarporen des Z. mit einem w/z-Wert $> 0,40$ treten bei Austrocknung Kapillarspannungen auf, die den Z. noch mehr zusammenziehen. Das Schwinden ist also von den Umgebungsbedingungen und dem w/z-Wert abhängig. Es dauert je nach diesen Bedingungen bis zu mehreren Jahren und beträgt nach dieser Zeit mehrere Millimeter je Meter.

Bei Belastung, vor allem bei Austrocknung, werden die Gelpartikel zusammen- und das Wasser dazwischen herausgedrückt: Der Z. kriecht. Feuchter Z. kriecht bei jeder Dauerlast über einen Zeitraum von mehreren Jahren. Trocknet junger, wenige Stunden alter Beton auf der Oberfläche stark aus, so führen die Kapillarspannungen im Porenwasser des noch plastischen und daher leicht verformbaren Betons zum Frühschwinden, das mehrfach größer als das normale Schwinden ist und bei großflächigen Bauteilen zu zentimeterbreiten Rissen führen kann. Eine besondere Formänderung des Zementleims ist das Wasserabsondern oder Bluten, eine Sedimentation vor dem Erstarren. Bei zu hohem Wassergehalt bzw. zu geringem Feinststoffgehalt im Zementleim oder Frischbeton sinken die Feststoffteile ab, und das verdrängte Anmachwasser steigt auf. Dadurch wird die Festigkeit an der Oberfläche geringer. Unter groben Zuschlagkörnern und unter Bewehrungsstählen bilden sich große Wasserporen, die die Haftung verringern, und in Einpreßgliedern (→ Mörtel) bilden sich Hohlräume, die den Verbund zwischen Spannstahl und Beton verhindern.

□ Widerstandsfähigkeit. Für die Widerstandsfähigkeit des Z. gegen physikalischen und chemischen Angriff spielt der Porenraum eine maßgebende Rolle. Wegen der geringen Größe der Gelporen (nur Raum für wenige Wassermoleküle) kann das flüssige Wasser praktisch nur durch den Kapillarporenraum transportiert werden. Dieser wird bei vollkommener Hydratation von etwa w/z = 0,5 ab so groß, daß ein zusammenhängendes Kapillarporensystem entsteht: Der Z. wird wasserdurchlässig. Das eingedrungene Wasser kann angreifende Stoffe mitführen und dadurch den Z. chemisch zerstören. Es kann in den Poren gefrieren und durch die dabei auftretende Ausdehnung des Wassers den Z. physikalisch schädigen. Die Gefriertemperatur des Wassers sinkt jedoch mit abnehmender Porengröße. Bei den kleinen Gelporen liegt sie unterhalb der Frosttemperaturen, die in unserem Klima auftreten. Kapillarporenfreier Z. ist daher unter praktischen Verhältnissen frostbeständig. *Wesche*

Literatur: *Hummel, A.:* Beton-ABC. 12. Aufl. Berlin 1959.

Zentraler Ort. In der → Raumordnung werden Gemeinden, deren soziale, wirtschaftliche und kulturelle Einrichtungen nicht nur der örtlichen Bevölkerung, sondern auch den Einwohnern umliegender Ortschaften (Verflechtungsbereich) dienen, als z. O. bezeichnet. Kriterien hierfür sind die Anzahl der Einwohner im Verflechtungsbereich sowie die Größe und Vielfalt der Versorgungseinrichtungen (Infrastruktur, → Wohnfolgeeinrichtung). Die Bezeichnung für eine Hierarchie und die entsprechende Definition ist in den Bundesländern teilweise unterschiedlich. Generell mag aber gelten:

☐ Das Oberzentrum soll mindestens 100 000 Ew. haben und einen Einzugsbereich von 150 000–200 000 Ew. Es sollte über folgende Einrichtungen verfügen: Fachschulen, Museen, Theater, Bibliotheken, Warenhäuser mit vollem Sortiment, öffentliche Verkehrsmittel, IC- bzw. D-Zug-Station sowie evtl. Universität sowie ein Großkrankenhaus.

☐ Das Mittelzentrum hat einen Verflechtungsbereich von 20 000–100 000 Ew. Hier sollten vorhanden sein: zur Hochschulreife führende Schulen, Berufsschule, Volksschule, Krankenhaus mit mehreren Fachabteilungen, Fachgeschäfte, Kaufhaus, mehrere Geldinstitute.

☐ Ein Unterzentrum versorgt 10 000–20 000 Ew. mit Gesamtschule, Bücherei, Fach- und Zahnärzten, Geschäften für Verbrauchsgüter, viele Handwerksbetriebe, Personen- und → Güterbahnhof.

☐ Ein Grund- oder Kleinzentrum hat einen Einzugsbereich von 5 000–10 000 Ew. Es verfügt über: Mittelpunktschule (Hauptschule mit Förderstufe), Ärzte, Apotheke, Geschäfte für den täglichen und wöchentlichen Bedarf, mehrere Handwerksbetriebe, Haltestellen von Linienomnibussen oder Bundesbahn.

Der Raumordnungsbericht 1991 des Bundesministers für Raumordnung, Bauwesen und Städtebau stellt die Notwendigkeit leistungsfähiger Oberzentren heraus, um die wirtschaftliche Entwicklung der Regionen und eine ausgeglichene Siedlungsstruktur zu sichern.

In der Bundesrepublik gibt es sowohl einpolige als auch mehrpolige Oberzentren (z. B. München, Fulda, Schwerin bzw. Mannheim/Ludwigshafen oder Erlangen/Fürth/Nürnberg). Laut Raumordnungsbericht 1993 leben als Resultat der Bevölkerungsentwicklung in den letzten Jahrzehnten knapp 35% der Bevölkerung in Städten über 100 000 Einwohner, und zwar in den neuen Bundesländern über 40%, in den alten Ländern gut 30%. *Spengelin*

Literatur: *Gebhard, H.*: Planungsprobleme ländlicher Siedlungen. In: Handwörterbuch der Raumforschung und Raumordnung. Hannover 1970. – *Klöpper, R.*: Zentrale Orte und ihre Bereiche. In: Handwörterbuch der Raumforschung und Raumordnung. Hannover 1970. – BMBau, Raumordnungsbericht 1991

Zerkleinerungsgerät. Das Zerkleinern von Gestein für die Verwendung im Bauwesen umfaßt das Grob-zerkleinern durch Brechen sowie das Fein- und Feinstzerkleinern durch Mahlen zu den verlangten Körnungen. Es reicht über einen Größenbereich von oftmals mehr als 1 m Kantenlänge im gesprengten Material bis zum Gesteinsmehl noch unter 0,1 mm Korngröße. Das Brechen wird meist zweistufig vorgenommen: Grobbrechen auf rd. 50–100 mm Korngröße, Feinbrechen auf rd. 5–10 mm Korngröße. Beide Stufen bezeichnet man auch als Vor- und Nachbrechen. Durch Grobmahlen werden Körnungen unter 4 bis rd. 0,1 mm, darunter durch Feinmahlen gezielt gewonnen. Abgesehen davon entsteht bei jedem Brechvorgang mehr oder minder Fein- und Feinstgut. Die Auswahl der Z. richtet sich naturgemäß nach der Art des Gesteins, der Zusammensetzung und Stückgröße des Aufgabegutes sowie nach den gewünschten Körnungen, außer nach der geforderten Durchsatzleistung und nicht zuletzt nach den Betriebsbedingungen. Hochwertige → Mineralstoffe für den Straßendeckenbau werden aus Hartgestein (Druckfestigkeit über 180 N/mm^2 bei Ergußgestein) gewonnen. Demnach handelt es sich hierbei um eine ausgesprochene Hartzerkleinerung, bei der sonstige Eigenschaften des Gesteins, wie Zähigkeit oder Sprödigkeit, von Belang sind. Als sehr ungünstig gilt die Abrasivität eines Gesteins, die erhöhten Verschleiß der Zerkleinerungswerkzeuge mit sich bringt. Ein weiterer Arbeitsbereich besteht in der Zerkleinerung von mittelhartem Gestein (über 120 N/mm^2 Druckfestigkeit bei Schichtgestein) beispielsweise zu Baustoffen für den Straßenunterbau. Die Wiederaufbereitung von Abbruchmaterial, auch Beton, gehört der Weichzerkleinerung an. Bei den unterschiedlichen Gesteinseigenschaften gibt es geeignete Zerkleinerungsmethoden, die es mit den unterschiedlich wirkenden Maschinen auszunutzen gilt. Hartes Gestein wird durch Druck und Schlag wirksam zerkleinert. Die Prallzerkleinerung ist bei mittelhartem und weicherem Gestein sehr von Vorteil. Mit den geeigneten Zerkleinerungsmethoden sind spezifische Arbeitsweisen des Zerkleinerungswerkzeugs verbunden; dabei wird nach der Bewegungsfrequenz in langsam bis schnell unterschieden. Eine Kenngröße bildet der (geometrische) Zerkleinerungsgrad, das Verhältnis der Ausmaße von Maulweite zu Austrittsspalt. *Kühn*

Zertifizierung. Lebt eine Firma die im → Qualitätsmanagement-Handbuch (QM-Handbuch) festgelegten Zusagen, kann sie sich durch eine anerkannte, akkreditierte Stelle zertifizieren lassen. Das Qualitäts-Audit läuft nach DIN EN 10011 ab und ist in DIN ISO 8402 definiert. Nach in der Regel vier Vertragsabschnitten kann das Zertifikat erlangt werden. Drei Jahre erfolgt jährlich ein Überwachungsaudit. Das Zertifikat kann dann verlängert werden. Die vier Vertragsabschnitte lauten:

☐ Frageliste

☐ Beurteilung des QM-Handbuches

☐ Audit im Unternehmen, ggf. Vor-Audit

☐ Beurteilung, ob Zertifizierungsbedingungen erfüllt sind; Erteilung des Zertifikates. *Jungwirth*

Ziegelfertigbauteil. Großformatige Z. sind raumgroße Wandtafeln und Deckenplatten, die man aus Ziegeln und verbindendem Mörtel bzw. Beton vorfertigt. Die Ziegel werden zur Abtragung der auftretenden Druckkräfte herangezogen. Zur Aufnahme von Zugkräften legt man → Bewehrung ein. Die Bewehrungsstäbe werden in Rippen oder in Aussparungen der Ziegel angeordnet und in Beton oder Mörtel eingebettet. Man unterscheidet:
– Vergußtafeln, die als Wandtafeln in liegenden Formkästen hergestellt werden,
– Verbundtafeln, die man liegend aus Hohlziegeln mit profilierten Außenwandungen fertigt,
– Mauertafeln, die als raumbreite Tafeln aus im Verbund stehenden Hochlochziegeln bestehen und
– Stahlsteindeckenplatten (aus Deckenziegeln vorgefertigte Stahlbetonplatten). *Mehlhorn*

Zünder. Z. leiten die Detonation brisanter → Sprengstoffe über eine Initialladung ein. Bei den gebräuchlichen Brücken-Z. geschieht dies über eine metallische Glühbrücke auf einem Zündsatz, entweder unmittelbar (Momentenzünder) oder über einen Verzögerungssatz (Zeitzünder). Ausgelöst wird die Zündung durch eine → Zündmaschine. *Wagner*
Literatur: *Wild, H. W.:* Sprengtechnik im Bergbau, Tunnel- und Stollenbau. Essen 1984.

Zündmaschine. Tragbares Gerät mit eigener Stromquelle, das zum → Zünden elektrischer Zünder dient. Die früher üblichen dynamo-elektrischen Z. wurden von Kondensatorzündmaschinen abgelöst. Vorteile der letzteren sind die elektrische Energiespeicherung und der gleichmäßig abgegebene Strom; beides ist wichtig für eine sichere Zündung der Zünder. *Wagner*
Literatur: *Wild, H. W.:* Sprengtechnik im Bergbau, Tunnel- und Stollenbau. Essen 1984.

Zulageposition. Bestandteil des → Leistungsverzeichnisses. Der Einheitspreis einer Z. wird dem Einheitspreis der zugehörigen Grundposition zugeschlagen, falls die in der Z. beschriebene Erschwernis auftritt. Die Z. verwendet man z. B. beim Erdaushub, falls statt des in der Grundposition beschriebenen üblichen bindigen oder rolligen Bodens nunmehr Fels ausgehoben werden muß (Felszulage). Z. und Grundposition sind also stets zusammen zu betrachten. Bei der → Kalkulation ermittelt man meist den Gesamtaufwand für die erschwerte Leistung und zieht dann den Aufwand der Grundposition ab, so daß der Einheitspreis der Z. durch Bildung einer Preisdifferenz berechnet wird. *Drees*

Zusatzmittelprüfung. Die Prüfung von Zusatzmitteln soll die Unschädlichkeit der Mittel in Beton und Mörtel sowie die Wirksamkeit entsprechend der Wirkungsgruppe gewährleisten. Zusatzmittel werden in die Wirkungsgruppen Betonverflüssiger (BV), Luftporenbildner (LP), Dichtungsmittel (DM), Verzögerer (VZ), Erstarrungs- und Erhärtungsbeschleuniger (BE), Einpreßhilfen (EH), Stabilisierer (ST) und Fließmittel (FM) unterteilt.

Für die Verwendung in Beton und Mörtel nach DIN 1045 bedürfen die Zusatzmittel eines Prüfzeichens des Instituts für Bautechnik, Berlin. Die Prüfung von Zusatzmitteln ist in gesonderten Richtlinien festgelegt. Dabei sind im wesentlichen die Gleichmäßigkeit, die chemischen Eigenschaften, die Verträglichkeit und die Wirksamkeit nachzuweisen.

Die Gleichmäßigkeit der flüssigen Zusatzmittel wird durch Beobachten von Absetzerscheinungen in einem Standglas, die Gleichmäßigkeit der pulverförmigen Zusatzmittel durch Beobachtung der Entmischungsneigung bei der Handhabung geprüft.

Die chemischen Eigenschaften von Zusatzmitteln werden durch die Bestimmung des Gehalts an Halogen (außer Fluor) beschrieben. Für Zusatzmittel, die in Beton mit alkaliempfindlichem Zuschlag verwendet werden, ist der Alkaligehalt als Na_2O-Äquivalent nach DIN 1164 zu bestimmen.

Die Verträglichkeit von Zusatzmitteln der Wirkungsgruppen BV, LP, DM, VZ, ST und FM wird nach DIN 1164 durch die Prüfung auf Raumbeständigkeit und durch das Erstarrungsverhalten von Zementlein mit und ohne Zusatzmittel nach DIN 1164 geprüft. Für Zusatzmittel aller Wirkungsgruppen ist darüber hinaus nachzuweisen, daß bei der elektrochemischen Prüfung mit dem sog. potentiostatischen Halteversuch keine korrosionsfördernde Wirkung auf Betonstahl erkennbar ist.

Die Wirksamkeit von Zusatzmitteln wird entsprechend der Wirkungsgruppe durch Vergleichsprüfungen am → Zementleim, → Mörtel oder → Beton mit und ohne Zusatzmittel geprüft. Für Betonverflüssiger gilt als Beurteilungsmaßstab der Wasserbedarf beim Normsteifeversuch nach DIN 1164. Luftporenbildner müssen Anforderungen sowohl an den Luftgehalt des → Frischbetons als auch an die Luftporenkennwerte im → Festbeton erfüllen. Dichtungsmittel werden anhand des aufgenommenen Wassers bei zwei Lagerungszyklen beurteilt. Verzögerer haben Anforderungen an das Erstarrungsverhalten von Zementleim zu erfüllen. Die Wirksamkeit von Erstarrungsbeschleunigern wird an Beton mit Hilfe des Ausbreitmaßes festgestellt. Erhärtungsbeschleuniger werden nach Unterschieden in der Druckfestigkeitsentwicklung von Mörtelprismen beurteilt. Einpreßhilfen müssen die in DIN 4227 festgelegten Anforderungen hinsichtlich Fließvermögen, Raumänderung und Druckfestigkeit erfüllen. Die Wirksamkeit von Stabilisierern wird an Zementleim sowie Beton durch die Bestimmung der Wasserabsonderung geprüft. Fließmittel werden anhand der Differenz des Ausbreitmaßes des Betons beurteilt.

Die Überwachung von Zusatzmitteln besteht aus Eigen- und Fremdüberwachung und wird in Überwachungsrichtlinien sowie in DIN 18 200 geregelt.

Rehm/Laskowski

Literatur: Richtlinien für die Zuteilung von Prüfzeichen für Betonzusatzmittel (Prüfrichtlinien). Hrsg.: Institut für Bautechnik, Berlin, Fassung Februar 1984. – Richtlinien für die Überwachung von Betonzusatzmitteln (Überwachungsrichtlinien). Hrsg.: Institut für Bautechnik, Berlin, Fassung Oktober 1985.

Zuschlag.

1. Begriff der → Bauauftragsrechnung: Die → Gemeinkosten werden mit Hilfe eines Z. den direkt der Leistung zurechenbaren → Einzelkosten zugeordnet. Im allgemeinen erhalten die → Lohnkosten einen hohen, die übrigen Kostenarten einen geringen Z.

2. Begriff des Vertragsrechts: Annahme des Vertragsangebotes gem. §§ 145 ff. BGB. Wird auf ein Angebot rechtzeitig und ohne Abänderungen der Z. erteilt, so ist damit nach allgemeinen Rechtsgrundsätzen der Vertrag abgeschlossen, auch wenn spätere urkundliche Festlegung vorgesehen ist (§ 28 Nr. 2(1) VOB/A). *Drees*

Zuschlagsfrist. Die in den → Verdingungsunterlagen ausgewiesene Frist, innerhalb der der → Zuschlag erteilt werden muß. Der Bieter ist während der Z. an sein Angebot gebunden (Bindefrist). Gemäß § 19 Nr. 1 VOB/A beginnt die Z. mit dem Eröffnungstermin. Sie soll so kurz wie möglich und nicht länger bemessen werden, als der Auftraggeber für eine zügige Prüfung und Wertung der Angebote benötigt. Das Ende der Z. soll durch einen Kalendertag bezeichnet werden.

Drees

Zuschlagskalkulation. Die Z. (Umlagekalkulation) ist ein Begriff der → Bauauftragsrechnung. Sie ist eine Kalkulation, bei der die → Gemeinkosten im Zuge der Einheitspreisbildung mit Hilfe eines (%-)Zuschlags den → Einzelkosten zugerechnet werden. *Drees*

Zustandslinie. Z. bezeichnen den Verlauf der Schnittkräfte längs der Systemlinien des gesamten Tragwerkes für einen gegebenen Lastzustand. Im Gegensatz dazu bezeichnen → Einflußlinien den Einfluß einer rollenden Last P = 1 auf die Schnittgröße an einer bestimmten Stelle des Tragsystems (Bild).

Laermann

Zuteilgerät. Z. in → Mischanlagen sind Fördereinrichtungen für Zuschlagstoffe, Bindemittel und Zusatzstoffe. Die Auswahl der zur Anwendung kommenden Geräte wird durch die jeweils verwendete Lagerung, Anlagenform und -leistung und die Materialeigenschaften bestimmt. Für die Zuschlagstofförderung in Materialvorratsbehälter von Horizontalanlagen setzt man Förderbänder (→ Bandförderung) und → Schrappanlagen ein, bei der Befüllung von Silos in Vertikal-

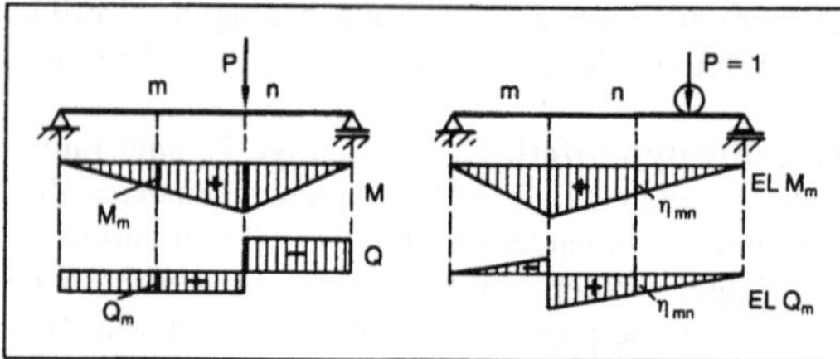

Zustandslinie: Z. und Einflußlinie.
a) Momentenlinie M und Querkraftlinie Q für einen im Punkt n durch eine Einzellast belasteten Träger auf zwei Stützen
b) Einflußlinie für das Moment M und die Querkraft Q im Punkt m eines durch eine bewegliche Einzellast beanspruchten Trägers auf zwei Stützen.

anlagen (Mischtürme) finden außer Förderbändern auch Becherwerke Verwendung. Die Förderung von Bindemitteln und pulverförmigen Zusatzstoffen geschieht über Förderschnecken, die bei längeren Förderwegen hintereinander geschaltet werden können.

Kühn

Zwangsmischer. Kontinuierlich oder diskontinuierlich arbeitende → Mischer in Anlagen zur Materialherstellung. Bei Mischern nach diesem Verfahrensprinzip wird die Mischwirkung im Gegensatz zu den Freifallmischern durch eine zwangsweise Führung des Mischguts mittels Mischwerkzeugen erzielt. Bauformen dieser Mischer sind → Trogmischer und → Tellermischer. *Kühn*

Zweikomponentenharz → Reaktionsharz

Zweirohrverteilung. Bei → Wasserheizsystemen mit Z. erhalten alle Wärmeverbraucher aus der Vorlaufleitung Heizwasser mit der gleichen Temperatur und geben das ausgekühlte Heizwasser wieder an die Rücklaufsammelleitung ab. Die Wärmeverbraucher sind hydraulisch gesehen parallel angeordnet. Eine gleichmäßige Versorgung setzt gleichgroße Strömungswiderstände dieser parallelen Wasserwege voraus. Die Rohrführung nach *Tichelmann* ist eine Sonderform mit nahezu gleichen Widerständen aller Verbraucheranschlüsse. *Diehl*

Literatur: *Recknagel/Sprenger/Schramek:* Taschenbuch für Heizung und Klimatechnik. München 1994/95.

Zwischenabfluß. Der Z. ist der Teil des Abflusses, der dem → Vorfluter unterirdisch mit nur geringer Verzögerung zufließt (DIN 4049-3). Er vollzieht sich in erdoberflächennahen Bodenschichten, wenn sich kurzzeitig seichte, schwebende Grundwasserkörper ausbilden, oberhalb der geschlossenen Grundwasseroberfläche, häufig über bevorzugte Bahnen, wie Pflugsohlen, Wühlgänge von Tieren und Wurzelzonen. *Mattheß*

Literatur: DIN 4049-3: Hydrologie. Begriffe zur quantitativen Hydrologie. Ausg. 1994. – *Mattheß, G.*, u. *K. Ubell*: Allgemeine Hydrogeologie – Grundwasserhaushalt. Berlin, Stuttgart 1983.

Zwischenanstrich. Z. werden zwischen → Grundierung und → Deckanstrich angeordnet, um spezielle Anforderungen an das → Beschichtungssystem zu erfüllen, die vom Deckanstrich wegen seines andersartigen Aufgabenprofiles nicht wahrgenommen werden können. Z. haben vorzugsweise folgende Aufgaben:
– Farbe und ggf. Struktur des Untergrundes sollen möglichst vollständig so überdeckt werden, daß der Schlußanstrich nur auf seine eigentliche Aufgabe abgestimmt zu werden braucht. Dazu pigmentiert man Zwischenanstriche relativ hoch. Bei füllstoffreichen, dicken → Anstrichen ist darauf zu achten, daß die → Lösemittel vollständig abgedampft sind, bevor man den Schlußanstrich aufbringt. Im fertigen Anstrich können andernfalls leicht Blasenbildungen auftreten.
– Da der Schlußanstrich keine großen Gegensätze im Farbton ausgleichen kann, ist die Pigmentierung bereits auf den vorgesehenen Farbton abzustimmen. Es ist dabei zu beachten, daß nicht alle → Pigmente mit allen Bindemitteln verträglich sind und daß bei Außenanwendung Farbtonveränderungen durch Einwirkung des Sonnenlichtes vermieden werden müssen.
– Soll die Beschichtung eine gegen aggressive Gase dichte Absperrwirkung erreichen, so sind vor allem die Z. aus diffusionsdichten → Beschichtungsstoffen herzustellen.
Eine manchmal übersehene Fehlerquelle ist es, daß bei chemisch aushärtenden Zwei-Komponenten-Anstrichen, z.B. auf EP-Basis, oder bei nicht witterungsbeständigen Anstrichstoffen, z.B. Alkydharzlacken, bis zur Überdeckung mit dem Schlußanstrich zu lange gewartet wird. Hierdurch können sich Adhäsionsschwierigkeiten ergeben. Ferner muß bei Verwendung von Anstrichmitteln, die nicht Bestandteil eines vom Hersteller empfohlenen Systems sind, darauf geachtet werden, daß die verschiedenen Anstrichmittel miteinander lösemittel- und weichmacherverträglich sind. *Sasse*

Zwischenbeschichtung → Deckanstrich

Zyklogramm. In der Fertigungsplanung verwendete Bezeichnung für die Darstellung einer zyklisch verlaufenden, d.h. regelmäßig wiederkehrenden Arbeit. Sie wird insbes. in der Literatur der ehemaligen DDR für die taktmäßig ablaufenden Montagevorgänge im → Fertigteilbau verwendet. *Drees*

Zylinderschale. Die Kreiszylinderschale als Behälter, mit lotrechter Schalenachse, zählt zu den → Rotationsschalen. Bei Kreiszylinderschalen mit horizontal liegender Achse, wie sie z.B. als Rohrleitungen vorkommen, ist die Dehnsteifigkeit wesentlich größer als die Biegesteifigkeit, und schon kleine Kräfte rufen

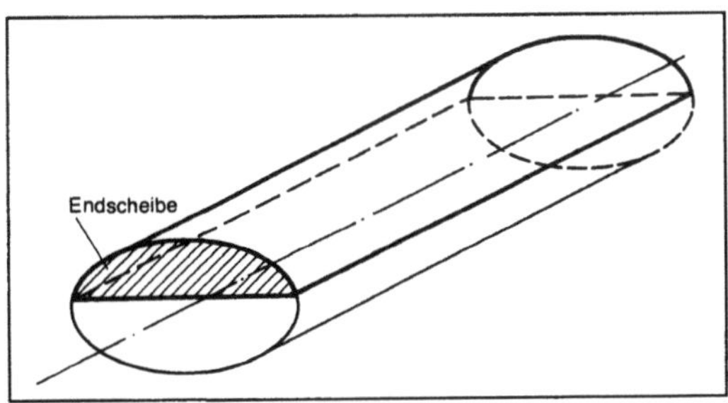

Zylinderschale 1: Aus Z. mit geschlossener Querschnittkurve herausgeschnittenes Element als Dachkonstruktion.

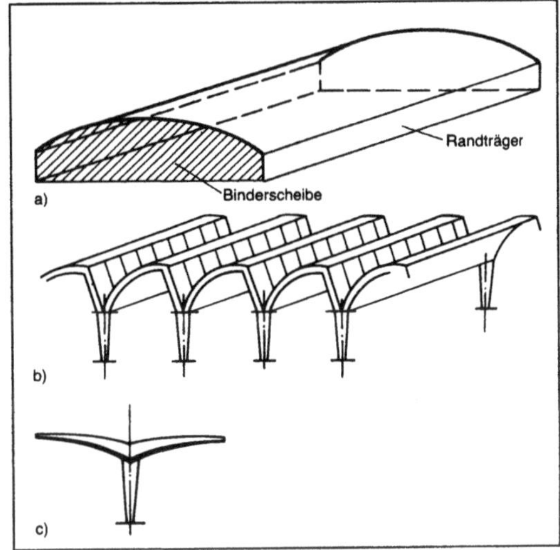

Zylinderschale 2: Dachkonstruktionen.
a) Einzelschale
b) Sheddach
c) Kragdach.

große Formänderungen hervor. Wenn man jedoch Scheiben anordnet, die in ihrer Ebene steif, senkrecht dazu aber biegeweich sind, werden äußere Kräfte im wesentlichen durch Ausnutzung der Dehnsteifigkeit, also über Membranspannungen, abgetragen. Als Dachkonstruktion kommen aus einer Z. mit geschlossener Querschnittskurve herausgeschnittene Segmente in Betracht (Bild 1), die ebenfalls durch Binderscheiben ausgesteift sind. Als Querschnittskurven lassen sich dann außer Kreisbögen auch z.B. Parabel und Ellipse verwenden. Eine solche Schale wird auch als Tonnenschale bezeichnet. Dachkonstruktionen kann man als Einzelschale (Bild 2a), oder Schalenreihe mit und ohne Randträger, in Shedform (Bild 2b), oder als Kragdach (Bild 2c), ausbilden. In jedem Falle aber treten an den Längsrändern Randstörungen auf, die zu Biegebeanspruchungen führen und über die Biegetheorie (→ Schalentragwerk) ermittelt werden müssen. *Laermann*